핵심이론 & 핵심공식 + 17개년 기출문제

산업위생관리산업기사
기출문제집 필기

서영민, 조만희 지음

BM (주)도서출판 **성안당**

■ **도서 A/S 안내**

성안당에서 발행하는 모든 도서는 저자와 출판사, 그리고 독자가 함께 만들어 나갑니다.

좋은 책을 펴내기 위해 많은 노력을 기울이고 있습니다. 혹시라도 내용상의 오류나 오탈자 등이 발견되면 **"좋은 책은 나라의 보배"**로서 우리 모두가 함께 만들어 간다는 마음으로 연락주시기 바랍니다. 수정 보완하여 더 나은 책이 되도록 최선을 다하겠습니다.

성안당은 늘 독자 여러분들의 소중한 의견을 기다리고 있습니다. 좋은 의견을 보내주시는 분께는 성안당 쇼핑몰의 포인트(3,000포인트)를 적립해 드립니다.

잘못 만들어진 책이나 부록 등이 파손된 경우에는 교환해 드립니다.

저자 문의 e-mail : po2505ten@hanmail.net (서영민)
본서 기획자 e-mail : coh@cyber.co.kr (최옥현)
홈페이지 : http://www.cyber.co.kr   전화 : 031) 950-6300

산업위생관리산업기사 필기 기출문제집

기출문제 위주의 빠르고 확실한 합격
스터디플래너

Plan 1 60일 완성
Plan 2 30일 완성

		확실한 합격 플랜			최단기 합격 플랜	
핵심요점 정리 핵심요점은 문제를 풀어보기에 앞서 반드시 공부해야 하는 필수이론입니다. 일주일 정도의 시간을 두고 꼼꼼하게 학습하시기 바랍니다.	산업위생관리산업기사 핵심이론 & 핵심공식	☐ DAY 01	☐ DAY 02		☐ DAY 01	☐ DAY 02
		☐ DAY 03	☐ DAY 04		☐ DAY 03	☐ DAY 04
		☐ DAY 05	☐ DAY 06		☐ DAY 05	☐ DAY 06
			☐ DAY 07			☐ DAY 07
17개년 기출문제 풀이 평균 60점만 맞으면 합격할 수 있는 필기시험을 짧은 시간 안에 준비하는 데 가장 중요한 것은 반복하여 출제되는 기출문제를 공략하는 것입니다. 이 책에는 2009년부터 2025년까지 17년간 출제된 모든 기출문제가 정확하고 상세하게 풀이되어 있습니다. 다년간의 기출문제를 풀다 보면 회차가 거듭될수록 문제들이 반복되는 것을 알 수 있습니다. 특히 자주 출제되는 문제들도 파악할 수 있는데, 이러한 문제는 다시 출제될 가능성이 높은 중요한 문제이므로 반복 학습을 통해 확실하게 알고 넘어가야 하며, 반복해도 자꾸 틀리거나 암기가 되지 않는 문제는 별도로 체크해두고 시험 전에 반드시 확인하셔야 합니다.	2009년 1회 ㅣ 2회 ㅣ 3회	☐ DAY 08	☐ DAY 09	☐ DAY 10	☐ DAY 08	
	2010년 1회 ㅣ 2회 ㅣ 3회	☐ DAY 11	☐ DAY 12	☐ DAY 13	☐ DAY 09	
	2011년 1회 ㅣ 2회 ㅣ 3회	☐ DAY 14	☐ DAY 15	☐ DAY 16	☐ DAY 10	
	2012년 1회 ㅣ 2회 ㅣ 3회	☐ DAY 17	☐ DAY 18	☐ DAY 19	☐ DAY 11	
	2013년 1회 ㅣ 2회 ㅣ 3회	☐ DAY 20	☐ DAY 21	☐ DAY 22	☐ DAY 12	
	2014년 1회 ㅣ 2회 ㅣ 3회	☐ DAY 23	☐ DAY 24	☐ DAY 25	☐ DAY 13	
	2015년 1회 ㅣ 2회 ㅣ 3회	☐ DAY 26	☐ DAY 27	☐ DAY 28	☐ DAY 14	
	2016년 1회 ㅣ 2회 ㅣ 3회	☐ DAY 29	☐ DAY 30	☐ DAY 31	☐ DAY 15	
	2017년 1회 ㅣ 2회 ㅣ 3회	☐ DAY 32	☐ DAY 33	☐ DAY 34	☐ DAY 16	
	2018년 1회 ㅣ 2회 ㅣ 3회	☐ DAY 35	☐ DAY 36	☐ DAY 37	☐ DAY 17	
	2019년 1회 ㅣ 2회 ㅣ 3회	☐ DAY 38	☐ DAY 39	☐ DAY 40	☐ DAY 18	
	2020년 1·2회 ㅣ 3회	☐ DAY 41	☐ DAY 42	☐ DAY 43	☐ DAY 19	
	2021년 1회 ㅣ 2회 ㅣ 3회	☐ DAY 44	☐ DAY 45		☐ DAY 20	
	2022년 1회 ㅣ 2회 ㅣ 3회	☐ DAY 46	☐ DAY 47	☐ DAY 48	☐ DAY 21	
	2023년 1회 ㅣ 2회 ㅣ 3회	☐ DAY 49	☐ DAY 50	☐ DAY 51	☐ DAY 22	
	2024년 1회 ㅣ 2회 ㅣ 3회	☐ DAY 52	☐ DAY 53	☐ DAY 54	☐ DAY 23	☐ DAY 24
	2025년 1회 ㅣ 2회 ㅣ 3회	☐ DAY 55	☐ DAY 56	☐ DAY 57	☐ DAY 25	☐ DAY 26
최종 마무리 시험이 일주일 앞으로 다가왔습니다. 기출문제는 그동안 체크해둔 오답 문제와 빈출 문제 위주로 정리하시고, 마지막으로 핵심요점을 잘 숙지하고 있는지 꼼꼼하게 확인 후 시험에 임하시기 바랍니다.	과년도 복습		☐ DAY 58	☐ DAY 59	☐ DAY 27	☐ DAY 28
	핵심요점 복습		☐ DAY 60		☐ DAY 29	☐ DAY 30

산업위생관리산업기사 필기 기출문제집

기출문제 위주의 빠르고 확실한 합격
스터디플래너

Plan 3
나만의 합격플랜

		1회독	2회독
핵심요점 정리	산업위생관리산업기사 핵심이론 & 핵심공식	☐ __월__일 ~ __월__일	☐ __월__일 ~ __월__일
17개년 기출문제 풀이	2009년 1회 ǀ 2회 ǀ 3회	☐ __월__일 ~ __월__일	☐ __월__일 ~ __월__일
	2010년 1회 ǀ 2회 ǀ 3회	☐ __월__일 ~ __월__일	☐ __월__일 ~ __월__일
	2011년 1회 ǀ 2회 ǀ 3회	☐ __월__일 ~ __월__일	☐ __월__일 ~ __월__일
	2012년 1회 ǀ 2회 ǀ 3회	☐ __월__일 ~ __월__일	☐ __월__일 ~ __월__일
	2013년 1회 ǀ 2회 ǀ 3회	☐ __월__일 ~ __월__일	☐ __월__일 ~ __월__일
	2014년 1회 ǀ 2회 ǀ 3회	☐ __월__일 ~ __월__일	☐ __월__일 ~ __월__일
	2015년 1회 ǀ 2회 ǀ 3회	☐ __월__일 ~ __월__일	☐ __월__일 ~ __월__일
	2016년 1회 ǀ 2회 ǀ 3회	☐ __월__일 ~ __월__일	☐ __월__일 ~ __월__일
	2017년 1회 ǀ 2회 ǀ 3회	☐ __월__일 ~ __월__일	☐ __월__일 ~ __월__일
	2018년 1회 ǀ 2회 ǀ 3회	☐ __월__일 ~ __월__일	☐ __월__일 ~ __월__일
	2019년 1회 ǀ 2회 ǀ 3회	☐ __월__일 ~ __월__일	☐ __월__일 ~ __월__일
	2020년 1·2회 ǀ 3회	☐ __월__일 ~ __월__일	☐ __월__일 ~ __월__일
	2021년 1회 ǀ 2회 ǀ 3회	☐ __월__일 ~ __월__일	☐ __월__일 ~ __월__일
	2022년 1회 ǀ 2회 ǀ 3회	☐ __월__일 ~ __월__일	☐ __월__일 ~ __월__일
	2023년 1회 ǀ 2회 ǀ 3회	☐ __월__일 ~ __월__일	☐ __월__일 ~ __월__일
	2024년 1회 ǀ 2회 ǀ 3회	☐ __월__일 ~ __월__일	☐ __월__일 ~ __월__일
	2025년 1회 ǀ 2회 ǀ 3회	☐ __월__일 ~ __월__일	☐ __월__일 ~ __월__일
최종 마무리	과년도 복습	☐ __월__일 ~ __월__일	☐ __월__일 ~ __월__일
	핵심요점 복습	☐ __월__일 ~ __월__일	☐ __월__일 ~ __월__일

머리말

   이 책은 한국산업인력공단의 최근 출제기준에 맞추어 구성하였으며, 산업위생관리산업기사 필기시험을 준비하시는 수험생 여러분들이 가장 효율적으로 공부하실 수 있도록 핵심요점 및 지난 17년간의 기출문제를 상세하게 풀이하여 정성껏 실었습니다.

   이 책은 다음과 같은 내용으로 구성하였습니다.

첫째, 필수이론만을 정리하여 핵심요점을 간결하게 정리하였다.
둘째, 최근 17년간 기출문제를 수록하였으며, 모든 문제는 상세한 해설을 통하여 이해도를 높였다.
셋째, 가장 최근에 개정된 산업안전보건법의 내용을 정확하게 수록하고, 기출문제에도 개정내용을 철저히 반영하여 해설하였다.

   차후 실시되는 기출문제 해설을 통해 미흡하고 부족한 점을 계속 보완해 나가도록 노력하겠습니다.
   끝으로, 이 책을 출간하기까지 끊임없는 성원과 배려를 해주신 성안당 관계자 여러분과 주경야독 윤동기 이사님, 인천에 친구 김성기님, 그리고 항상 많은 격려해 주는 서지혜님에게 깊은 감사를 드립니다.

저자 **서영민**

시험안내

1 기본 정보

(1) 개요

업무상 취급하는 원료, 부산물 또는 제품자체의 독성과 작업장의 소음, 먼지, 고열, 가스 등에 의해서 난청, 진폐증, 만성중독증 등의 직업병이 발생할 수 있는 작업환경이 늘어나면서 근로자들의 인권보호와 생존권보호 차원에서 작업장의 환경 측정 및 개선에 관한 전문적인 지식을 소유한 인력을 양성하고자 자격제도를 제정하였다.

(2) 진로 및 전망

① 환경 및 보건 관련 공무원, 각 산업체의 보건관리자, 작업환경 측정업체 등으로 진출할 수 있다.
② 종래 직업병 발생 등 사회문제가 야기된 후에야 수습대책을 모색하는 사후관리차원에서 벗어나 사전의 근본적 관리제도를 도입, 산업안전보건 사항에 대한 국제적 규제 움직임에 대응하기 위해 안전인증제도의 정착, 질병 발생의 원인을 찾아내기 위하여 역학조사를 실시할 수 있는 근거(「산업안전보건법」 제6차 개정)를 신설, 산업인구의 중·고령화와 과중한 업무 및 스트레스 증가 등 작업조건의 변화에 의하여 신체부담작업 관련 뇌·심혈관계 질환 등 작업 관련성 질병이 점차 증가, 물론 유기용제 등 유해화학물질 사용 증가에 따른 신종 직업병 발생에 대한 예방대책이 필요하는 등 증가 요인으로 인하여 산업위생관리산업기사 자격취득자의 고용은 증가할 예정이나, 사업주에 대한 안전·보건관련 행정규제 폐지 및 완화에 의하여 공공부문보다 민간부문에서 인력수요가 증가할 것이다.

(3) 연도별 검정현황

연도	필기			실기		
	응시	합격	합격률	응시	합격	합격률
2024	2,144명	791명	36.9%	1,081명	458명	42.4%
2023	2,445명	868명	35.5%	930명	571명	61.4%
2022	2,168명	732명	33.8%	902명	555명	61.5%
2021	2,032명	743명	36.6%	890명	514명	57.8%
2020	1,655명	736명	44.5%	1,010명	594명	58.8%
2019	1,862명	775명	41.6%	1,288명	466명	36.2%
2018	1,826명	763명	41.8%	1,308명	518명	39.6%
2017	1,837명	805명	43.8%	1,289명	355명	27.5%
2016	1,666명	688명	41.3%	1,029명	265명	25.8%
2015	1,485명	519명	34.9%	855명	229명	26.8%
2014	1,331명	522명	39.2%	747명	295명	39.5%

2 시험 정보

(1) 시험 일정

회 차	필기시험 원서접수	필기시험	필기시험 합격 예정자 발표	실기시험 원서접수	실기시험	합격자 발표
제1회	1월	2월	3월	3월	4월	6월
제2회	4월	5월	6월	6월	7월	9월
제3회	7월	8월	9월	9월	11월	12월

[비고] 1. 원서접수 시간 : 원서접수 첫날 10시~마지막 날 18시까지입니다.
　　　　　(가끔 마지막 날 밤 24:00까지로 알고 접수를 놓치는 경우도 있으니 주의하기 바람!)
　　　 2. 필기시험 합격예정자 및 최종합격자 발표시간은 해당 발표일 9시입니다.
※ 원서 접수 및 시험일정 등에 대한 자세한 사항은 Q-net 홈페이지(www.q-net.or.kr)에서 확인하시기 바랍니다.

(2) 시험 수수료

- 필기 : 19,400원
- 실기 : 20,800원

(3) 취득 방법

① 시행처 : 한국산업인력공단
② 관련학과 : 대학 및 전문대학의 보건관리학, 보건위생학 관련학과
③ 시험과목
- 필기 : [제1과목] 산업위생학 개론
　　　　 [제2과목] 작업환경 측정 및 평가
　　　　 [제3과목] 작업환경 관리
　　　　 [제4과목] 산업환기
- 실기 : 작업환경관리 실무

④ 검정방법
- 필기 : 객관식(4지 택일형) / 80문제(과목당 20문항) / 1시간 20분(과목당 20분)
- 실기 : 필답형 / 10~20문제 / 2시간 30분

⑤ 합격기준
- 필기 : 100점을 만점으로 하여 과목당 40점 이상, 전 과목 평균 60점 이상
- 실기 : 100점을 만점으로 하여 60점 이상

출제기준

산업위생관리산업기사(필기)
• 적용기간 : 2025.01.01. ~ 2029.12.31.

[제1과목] 산업위생학 개론

주요 항목	세부 항목	세세 항목
1. 산업위생	(1) 역사	① 외국의 산업위생 역사 ② 한국의 산업위생 역사
	(2) 정의 및 범위	① 산업위생의 정의 ② 산업위생의 범위
	(3) 산업위생관리의 목적	① 산업위생의 목적 ② 산업위생의 윤리강령
2. 산업피로	(1) 산업피로	① 산업피로의 정의 및 종류 ② 피로의 원인 및 증상
	(2) 작업조건	① 에너지소비량 ② 작업강도 ③ 작업시간과 휴식 ④ 교대작업 ⑤ 작업환경
	(3) 개선대책	① 산업피로의 측정과 평가 ② 산업피로의 예방 ③ 산업피로의 관리 및 대책
3. 인간과 작업환경	(1) 노동생리	① 근육의 대사과정 ② 산소 소비량 ③ 작업자세
	(2) 인간공학	① 들기작업 ② 단순 및 반복 작업 ③ VDT 증후군 ④ 노동생리 ⑤ 근골격계 질환 ⑥ 작업부하 평가방법 ⑦ 작업환경의 개선
	(3) 산업심리	① 산업심리의 정의 ② 산업심리의 영역 ③ 직무 스트레스 원인 ④ 직무 스트레스 평가 ⑤ 직무 스트레스 관리 ⑥ 조직과 집단 ⑦ 직업과 적성

주요 항목	세부 항목	세세 항목
	(4) 직업성 질환	① 직업성 질환의 정의와 분류 ② 직업성 질환의 원인과 평가 ③ 직업성 질환의 예방대책
4. 실내 환경	(1) 실내오염의 원인	① 물리적 요인 ② 화학적 요인 ③ 생물학적 요인
	(2) 실내오염의 건강 장애	① 빌딩 증후군 ② 복합 화학물질 민감 증후군 ③ 실내오염 관련 질환
	(3) 실내오염 평가 및 관리	① 유해인자 조사 및 평가 ② 실내오염 관리기준 ③ 관리적 대책
5. 산업재해	(1) 산업재해 발생원인 및 분석	① 산업재해의 개념 ② 산업재해의 분류 ③ 산업재해의 원인 ④ 산업재해의 분석 ⑤ 산업재해의 통계
	(2) 산업재해 대책	① 산업재해의 보상 ② 산업재해의 대책
6. 관련 법규	(1) 산업안전보건법	① 법에 관한 사항 ② 시행법령에 관한 사항 ③ 시행규칙에 관한 사항 ④ 산업보건기준에 관한 사항
	(2) 산업위생 관련 고시에 관한 사항	① 노출기준 고시 ② 작업환경 측정 등 관련 고시 ③ 물질안전보건자료(MSDS) 관련 고시

[제2과목] 작업환경 측정 및 평가

주요 항목	세부 항목	세세 항목
1. 측정원리	(1) 시료채취	① 측정의 정의 ② 작업환경 측정의 목적 ③ 작업환경 측정의 종류 ④ 작업환경 측정의 흐름도 ⑤ 작업환경 측정 순서와 방법 ⑥ 준비작업 ⑦ 유사 노출군의 결정 ⑧ 유사 노출군의 설정방법 ⑨ 단위작업장소의 측정설계
	(2) 시료 분석	① 보정의 원리 및 종류 ② 정도 관리 ③ 측정치의 오차 ④ 화학 및 기기 분석법의 종류 ⑤ 유해물질 분석절차 ⑥ 포집시료의 처리방법 ⑦ 기기분석의 감도와 검출한계 ⑧ 표준액 제조, 검량선, 탈착효율 작성
2. 분진 측정	(1) 분진 농도	① 분진의 발생 및 채취 ② 분진의 포집기기 ③ 분진의 농도 계산
	(2) 입자 크기	① 입자별 기준, 국제통합기준 ② 크기표시 및 침강속도 ③ 입경 분포 분석
3. 유해인자 측정	(1) 화학적 유해인자	① 노출기준의 종류 및 적용 ② 화학적 유해인자의 측정원리 ③ 입자상 물질의 측정 ④ 가스 및 증기상 물질의 측정
	(2) 물리적 유해인자	① 노출기준의 종류 및 적용 ② 소음 진동 ③ 고온과 한랭 ④ 습도 ⑤ 이상기압 ⑥ 조도 ⑦ 방사선
	(3) 측정 기기 및 기구	① 측정목적에 따른 분류 ② 측정기기의 종류 ③ 흡광광도법 ④ 원자흡광광도법, 유도결합플라스마(ICP) ⑤ 크로마토그래피
	(4) 산업위생 통계처리 및 해석	① 통계의 필요성 ② 용어의 이해 ③ 자료의 분포 ④ 평균 및 표준편차의 계산 ⑤ 자료 분포의 이해 ⑥ 측정결과에 대한 평가 ⑦ 노출기준의 보정 ⑧ 작업환경 유해도 평가

[제3과목] 작업환경 관리

주요 항목	세부 항목	세세 항목
1. 입자상 물질	(1) 종류, 발생, 성질	① 입자상 물질의 정의 ② 입자상 물질의 종류 ③ 입자상 물질의 모양 및 크기 ④ 입자상 물질별 특성
	(2) 인체에 미치는 영향	① 인체 내 축적 및 제거 ② 입자상 물질의 노출기준 ③ 입자상 물질에 의한 건강장애 ④ 진폐증 ⑤ 석면에 의한 건강장애 ⑥ 인체 방어기전
	(3) 처리 및 대책	① 입자상 물질의 발생 예방 ② 입자상 물질의 관리 및 대책
2. 물리적 유해인자 관리	(1) 소음	① 소음의 생체 작용 ② 소음에 대한 노출기준 ③ 소음관리 및 예방대책 ④ 청력 보호구
	(2) 진동	① 진동의 생체 작용 ② 진동의 노출기준 ③ 진동 관리 및 예방대책 ④ 방진 보호구
	(3) 기압	① 이상기압의 정의 ② 고압환경에서의 생체 영향 ③ 감압환경에서의 생체 영향 ④ 이상기압에 대한 대책
	(4) 산소결핍	① 산소결핍의 정의 ② 산소결핍의 인체 장애 ③ 산소결핍 위험 작업장의 작업환경 측정 및 관리대책
	(5) 극한온도	① 온열요소와 지적온도 ② 고열장애와 인체 영향 ③ 고열 측정 및 평가 ④ 고열에 대한 대책 ⑤ 한랭의 생체 영향 ⑥ 한랭에 대한 대책

주요 항목	세부 항목	세세 항목
	(6) 방사선	① 전리방사선의 개요 및 종류 ② 전리방사선의 물리적 특성 ③ 전리방사선의 생물학적 작용 ④ 비전리방사선의 개요 및 종류 ⑤ 비전리방사선의 물리적 특성 ⑥ 비전리방사선의 생물학적 작용 ⑦ 방사선의 관리대책 ⑧ 방사선의 노출기준
	(7) 채광 및 조명	① 조명의 필요성 ② 빛과 밝기의 단위 ③ 채광 및 조명방법 ④ 적정조명수준 ⑤ 조명의 생물학적 작용 ⑥ 조명의 측정방법 및 평가
3. 보호구	(1) 각종 보호구	① 개념의 이해 ② 호흡기의 구조와 호흡 ③ 호흡용 보호구의 종류 및 선정방법 ④ 호흡용 보호구의 검정규격 ⑤ 눈 보호구 ⑥ 피부 보호구 ⑦ 기타 보호구
4. 작업공정 관리	(1) 작업공정 개선대책 및 방법	① 작업공정 분석 ② 분진공정 관리 ③ 유해물질 취급공정 관리 ④ 기타 공정 관리

[제4과목] 산업 환기

주요 항목	세부 항목	세세 항목
1. 환기 원리	(1) 유체흐름의 기초	① 산업환기의 의미와 목적 ② 환기의 기본원리 ③ 유체의 역학적 원리 ④ 공기의 성질과 오염물질 ⑤ 공기압력 ⑥ 압력손실 ⑦ 흡기와 배기
	(2) 기류, 유속, 유량, 기습, 압력, 기온 등 환기 인자	① 기류의 종류, 원인, 대책 ② 기습의 원인 및 대책 ③ 유속의 계산 ④ 유량의 산출 ⑤ 압력의 영향 ⑥ 기온의 영향
2. 전체 환기	(1) 희석, 혼합, 공기순환	① 희석의 개요 ② 희석의 방법 및 효과 ③ 혼합의 개요 ④ 혼합 방법 및 효과 ⑤ 공기순환시스템
	(2) 환기량과 환기방법	① 유해물질에 대한 전체 환기량 ② 환기량 산정방법 ③ 환기량 평가 ④ 공기교환횟수 ⑤ 환기방법의 종류
	(3) 흡·배기시스템	① 환기시스템 ② 공기공급시스템 ③ 공기공급방법 ④ 공기 혼합 및 분배 ⑤ 배출물의 재유입 ⑥ 설치, 검사 및 관리
3. 국소 배기	(1) 후드	① 후드의 종류 ② 후드의 선정방법 ③ 후드 제어속도 ④ 후드의 필요환기량 ⑤ 후드의 정압 ⑥ 후드의 압력손실 ⑦ 후드의 유입손실
	(2) 덕트	① 덕트의 직경과 원주 ② 덕트의 길이 및 곡률반경 ③ 덕트의 반송속도 ④ 덕트의 압력손실 ⑤ 설치 및 관리
	(3) 송풍기	① 송풍기의 기초이론 ② 송풍기의 종류 ③ 송풍기의 선정방법 ④ 송풍기의 동력 ⑤ 송풍량 조절방법 ⑥ 작동점과 성능곡선 ⑦ 송풍기 상사법칙 ⑧ 송풍기 시스템의 압력손실 ⑨ 연합운전과 소음대책 ⑩ 설치 및 관리
	(4) 공기정화장치	① 선정 시 고려사항 ② 공기정화기의 종류 ③ 입자상 물질의 처리 ④ 가스상 물질의 처리 ⑤ 압력손실 ⑥ 집진장치의 종류 ⑦ 흡수법 ⑧ 흡착법 ⑨ 연소법
4. 환기시스템	(1) 성능검사	① 국소배기시설의 구성 ② 국소배기시설의 역할 ③ 점검의 목적과 형태 ④ 점검 사항과 방법 ⑤ 검사장비 ⑥ 필요 환기량 측정 ⑦ 압력 측정
	(2) 유지관리	① 국소배기장치의 검사주기 ② 자체검사 ③ 유지보수 ④ 공기공급시스템

차례

PART 01. 핵심이론 & 핵심공식

01 필기 핵심이론

- 01. 산업위생 일반 ······································· 3
- 02. 피로(산업피로) ······································· 7
- 03. 인간공학 ··· 10
- 04. 작업환경, 작업생리와 근골격계 질환 ······ 11
- 05. 직무 스트레스와 적성 ··························· 13
- 06. 직업성 질환과 건강관리 ······················· 14
- 07. 실내오염과 사무실 관리 ······················· 16
- 08. 평가 및 통계 ······································· 17
- 09. 「산업안전보건법」의 주요 내용 ············· 18
- 10. 「산업안전보건기준에 관한 규칙」의 주요 내용 ·· 20
- 11. 「화학물질 및 물리적 인자의 노출기준」의 주요 내용 ·· 22
- 12. 「화학물질의 분류·표시 및 물질안전보건자료에 관한 기준」의 주요 내용 ······················ 22
- 13. 산업재해 ··· 23
- 14. 작업환경측정 ······································· 24
- 15. 표준기구(보정기구)의 종류 ··················· 26
- 16. 가스상 물질의 시료채취 ······················· 27
- 17. 입자상 물질의 시료채취 ······················· 31
- 18. 가스상 물질의 분석 ····························· 34
- 19. 입자상 물질의 분석 ····························· 36
- 20. 「작업환경측정 및 정도관리 등에 관한 고시」의 주요 내용 ··· 39
- 21. 산업환기와 유체역학 ··························· 42
- 22. 압력 ··· 43
- 23. 전체환기(희석환기, 강제환기) ··············· 45
- 24. 국소배기 ··· 47
- 25. 후드 ··· 48
- 26. 덕트 ··· 52
- 27. 송풍기 ·· 54
- 28. 공기정화장치 ······································· 55
- 29. 국소배기장치의 유지관리 ····················· 59
- 30. 작업환경 개선 ····································· 61
- 31. 개인보호구 ·· 63
- 32. 고온 작업과 저온 작업 ························· 66
- 33. 이상기압과 산소결핍 ··························· 69
- 34. 소음진동 ··· 71
- 35. 방사선 ·· 76
- 36. 조명 ··· 80
- 37. 입자상 물질과 관련 질환 ····················· 81
- 38. 유해화학물질과 관련 질환 ··················· 84
- 39. 중금속 ·· 90
- 40. 독성과 독성실험 ································· 96
- 41. 생물학적 모니터링, 산업역학 ··············· 99

02 필기 핵심공식

- 01. 표준상태와 농도단위 환산 ················· 103
- 02. 보일-샤를의 법칙 ······························· 104
- 03. 허용기준(노출기준, 허용농도) ············· 104
- 04. 체내흡수량(안전흡수량) ····················· 105
- 05. 중량물 취급의 기준(NIOSH) ··············· 106
- 06. 작업강도와 작업시간 및 휴식시간 ······· 107
- 07. 작업대사율(에너지대사율) ··················· 108
- 08. 습구흑구온도지수(WBGT) ··················· 108
- 09. 산업재해의 평가와 보상 ····················· 109
- 10. 시료의 채취 ······································· 110
- 11. 누적오차(총 측정오차) ························ 111
- 12. 램버트-비어 법칙 ······························· 111
- 13. 기하평균과 기하표준편차 ··················· 112
- 14. 유해·위험성 평가 ······························· 113
- 15. 압력단위 환산 ··································· 113
- 16. 점성계수와 동점성계수의 관계 ··········· 114
- 17. 유체 흐름과 레이놀즈수 ····················· 114
- 18. 밀도보정계수 ····································· 114
- 19. 압력 관련식 ······································· 115
- 20. 압력손실 ··· 115
- 21. 전체환기량(필요환기량, 희석환기량) ···· 118
- 22. 열평형 방정식(열역학적 관계식) ········· 121
- 23. 후드의 필요송풍량 ····························· 121
- 24. 송풍기의 전압, 정압 및 소요동력 ······· 123
- 25. 송풍기 상사법칙 ································ 124
- 26. 집진장치와 집진효율 관련식 ··············· 125
- 27. 헨리 법칙 ·· 125
- 28. 보호구 관련식 ··································· 126
- 29. 공기 중 습도와 산소 ·························· 127
- 30. 소음의 단위와 계산 ··························· 127
- 31. 음의 압력레벨·세기레벨, 음향파워레벨 ·· 128
- 32. 주파수 분석 ······································· 130
- 33. 평균청력손실 평가방법 ······················· 130
- 34. 소음의 평가 ······································· 131
- 35. 실내소음 관련식 ································ 132
- 36. 진동가속도레벨(VAL) ·························· 133
- 37. 증기위험지수(VHI) ····························· 133
- 38. 산업역학 관련식 ································ 134

[제4과목] 산업 환기

주요 항목	세부 항목	세세 항목
1. 환기 원리	(1) 유체흐름의 기초	① 산업환기의 의미와 목적 ② 환기의 기본원리 ③ 유체의 역학적 원리 ④ 공기의 성질과 오염물질 ⑤ 공기압력 ⑥ 압력손실 ⑦ 흡기와 배기
	(2) 기류, 유속, 유량, 기습, 압력, 기온 등 환기 인자	① 기류의 종류, 원인, 대책 ② 기습의 원인 및 대책 ③ 유속의 계산 ④ 유량의 산출 ⑤ 압력의 영향 ⑥ 기온의 영향
2. 전체 환기	(1) 희석, 혼합, 공기순환	① 희석의 개요 ② 희석의 방법 및 효과 ③ 혼합의 개요 ④ 혼합 방법 및 효과 ⑤ 공기순환시스템
	(2) 환기량과 환기방법	① 유해물질에 대한 전체 환기량 ② 환기량 산정방법 ③ 환기량 평가 ④ 공기교환횟수 ⑤ 환기방법의 종류
	(3) 흡·배기시스템	① 환기시스템 ② 공기공급시스템 ③ 공기공급방법 ④ 공기 혼합 및 분배 ⑤ 배출물의 재유입 ⑥ 설치, 검사 및 관리
3. 국소 배기	(1) 후드	① 후드의 종류 ② 후드의 선정방법 ③ 후드 제어속도 ④ 후드의 필요환기량 ⑤ 후드의 정압 ⑥ 후드의 압력손실 ⑦ 후드의 유입손실
	(2) 덕트	① 덕트의 직경과 원주 ② 덕트의 길이 및 곡률반경 ③ 덕트의 반송속도 ④ 덕트의 압력손실 ⑤ 설치 및 관리
	(3) 송풍기	① 송풍기의 기초이론 ② 송풍기의 종류 ③ 송풍기의 선정방법 ④ 송풍기의 동력 ⑤ 송풍량 조절방법 ⑥ 작동점과 성능곡선 ⑦ 송풍기 상사법칙 ⑧ 송풍기 시스템의 압력손실 ⑨ 연합운전과 소음대책 ⑩ 설치 및 관리
	(4) 공기정화장치	① 선정 시 고려사항 ② 공기정화기의 종류 ③ 입자상 물질의 처리 ④ 가스상 물질의 처리 ⑤ 압력손실 ⑥ 집진장치의 종류 ⑦ 흡수법 ⑧ 흡착법 ⑨ 연소법
4. 환기시스템	(1) 성능검사	① 국소배기시설의 구성 ② 국소배기시설의 역할 ③ 점검의 목적과 형태 ④ 점검 사항과 방법 ⑤ 검사장비 ⑥ 필요 환기량 측정 ⑦ 압력 측정
	(2) 유지관리	① 국소배기장치의 검사주기 ② 자체검사 ③ 유지보수 ④ 공기공급시스템

차 례

PART 01. 핵심이론 & 핵심공식

CHAPTER 01 필기 핵심이론

01. 산업위생 일반 ·· 3
02. 피로(산업피로) ··· 7
03. 인간공학 ·· 10
04. 작업환경, 작업생리와 근골격계 질환 ········· 11
05. 직무 스트레스와 적성 ································· 13
06. 직업성 질환과 건강관리 ····························· 14
07. 실내오염과 사무실 관리 ····························· 16
08. 평가 및 통계 ··· 17
09. 「산업안전보건법」의 주요 내용 ················· 18
10. 「산업안전보건기준에 관한 규칙」의 주요 내용 ·· 20
11. 「화학물질 및 물리적 인자의 노출기준」의 주요 내용 ·· 22
12. 「화학물질의 분류·표시 및 물질안전보건자료에 관한 기준」의 주요 내용 ······················· 22
13. 산업재해 ··· 23
14. 작업환경측정 ··· 24
15. 표준기구(보정기구)의 종류 ························· 26
16. 가스상 물질의 시료채취 ···························· 27
17. 입자상 물질의 시료채취 ···························· 31
18. 가스상 물질의 분석 ···································· 34
19. 입자상 물질의 분석 ···································· 36
20. 「작업환경측정 및 정도관리 등에 관한 고시」의 주요 내용 ··· 39
21. 산업환기와 유체역학 ································· 42
22. 압력 ··· 43
23. 전체환기(희석환기, 강제환기) ···················· 45
24. 국소배기 ··· 47
25. 후드 ··· 48
26. 덕트 ··· 52
27. 송풍기 ··· 54
28. 공기정화장치 ··· 55
29. 국소배기장치의 유지관리 ··························· 59
30. 작업환경 개선 ··· 61
31. 개인보호구 ··· 63
32. 고온 작업과 저온 작업 ······························ 66
33. 이상기압과 산소결핍 ································· 69
34. 소음진동 ··· 71
35. 방사선 ··· 76
36. 조명 ··· 80
37. 입자상 물질과 관련 질환 ···························· 81
38. 유해화학물질과 관련 질환 ························ 84
39. 중금속 ··· 90
40. 독성과 독성실험 ·· 96
41. 생물학적 모니터링, 산업역학 ··················· 99

CHAPTER 02 필기 핵심공식

01. 표준상태와 농도단위 환산 ······················· 103
02. 보일-샤를의 법칙 ····································· 104
03. 허용기준(노출기준, 허용농도) ·················· 104
04. 체내흡수량(안전흡수량) ···························· 105
05. 중량물 취급의 기준(NIOSH) ··················· 106
06. 작업강도와 작업시간 및 휴식시간 ·········· 107
07. 작업대사율(에너지대사율) ························ 108
08. 습구흑구온도지수(WBGT) ······················· 108
09. 산업재해의 평가와 보상 ·························· 109
10. 시료의 채취 ··· 110
11. 누적오차(총 측정오차) ······························ 111
12. 램버트-비어 법칙 ····································· 111
13. 기하평균과 기하표준편차 ························ 112
14. 유해·위험성 평가 ····································· 113
15. 압력단위 환산 ·· 113
16. 점성계수와 동점성계수의 관계 ··············· 114
17. 유체 흐름과 레이놀즈수 ·························· 114
18. 밀도보정계수 ··· 114
19. 압력 관련식 ··· 115
20. 압력손실 ··· 115
21. 전체환기량(필요환기량, 희석환기량) ······· 118
22. 열평형 방정식(열역학적 관계식) ·············· 121
23. 후드의 필요송풍량 ··································· 121
24. 송풍기의 전압, 정압 및 소요동력 ············ 123
25. 송풍기 상사법칙 ······································· 124
26. 집진장치와 집진효율 관련식 ··················· 125
27. 헨리 법칙 ·· 125
28. 보호구 관련식 ·· 126
29. 공기 중 습도와 산소 ································ 127
30. 소음의 단위와 계산 ································· 127
31. 음의 압력레벨·세기레벨, 음향파워레벨 ·· 128
32. 주파수 분석 ··· 130
33. 평균청력손실 평가방법 ···························· 130
34. 소음의 평가 ··· 131
35. 실내소음 관련식 ······································· 132
36. 진동가속도레벨(VAL) ······························· 133
37. 증기위험지수(VHI) ··································· 133
38. 산업역학 관련식 ······································· 134

PART 02. 과년도 출제문제 (17개년 기출문제 풀이)

2009년 제1회 산업위생관리산업기사 / 09-1
2009년 제2회 산업위생관리산업기사 / 09-19
2009년 제3회 산업위생관리산업기사 / 09-37

2010년 제1회 산업위생관리산업기사 / 10-1
2010년 제2회 산업위생관리산업기사 / 10-19
2010년 제3회 산업위생관리산업기사 / 10-37

2011년 제1회 산업위생관리산업기사 / 11-1
2011년 제2회 산업위생관리산업기사 / 11-19
2011년 제3회 산업위생관리산업기사 / 11-38

2012년 제1회 산업위생관리산업기사 / 12-1
2012년 제2회 산업위생관리산업기사 / 12-17
2012년 제3회 산업위생관리산업기사 / 12-35

2013년 제1회 산업위생관리산업기사 / 13-1
2013년 제2회 산업위생관리산업기사 / 13-18
2013년 제3회 산업위생관리산업기사 / 13-35

2014년 제1회 산업위생관리산업기사 / 14-1
2014년 제2회 산업위생관리산업기사 / 14-19
2014년 제3회 산업위생관리산업기사 / 14-37

2015년 제1회 산업위생관리산업기사 / 15-1
2015년 제2회 산업위생관리산업기사 / 15-18
2015년 제3회 산업위생관리산업기사 / 15-36

2016년 제1회 산업위생관리산업기사 / 16-1
2016년 제2회 산업위생관리산업기사 / 16-17
2016년 제3회 산업위생관리산업기사 / 16-33

2017년 제1회 산업위생관리산업기사 / 17-1
2017년 제2회 산업위생관리산업기사 / 17-16
2017년 제3회 산업위생관리산업기사 / 17-33

2018년 제1회 산업위생관리산업기사 / 18-1
2018년 제2회 산업위생관리산업기사 / 18-17
2018년 제3회 산업위생관리산업기사 / 18-35

2019년 제1회 산업위생관리산업기사 / 19-1
2019년 제2회 산업위생관리산업기사 / 19-19
2019년 제3회 산업위생관리산업기사 / 19-37

2020년 제1·2회 산업위생관리산업기사 / 20-1
2020년 제3회 산업위생관리산업기사 / 20-16

2021년 제1회 산업위생관리산업기사 / 21-1
2021년 제2회 산업위생관리산업기사 / 21-18
2021년 제3회 산업위생관리산업기사 / 21-35

2022년 제1회 산업위생관리산업기사 / 22-1
2022년 제2회 산업위생관리산업기사 / 22-18
2022년 제3회 산업위생관리산업기사 / 22-36

2023년 제1회 산업위생관리산업기사 / 23-1
2023년 제2회 산업위생관리산업기사 / 23-18
2023년 제3회 산업위생관리산업기사 / 23-35

2024년 제1회 산업위생관리산업기사 / 24-1
2024년 제2회 산업위생관리산업기사 / 24-18
2024년 제3회 산업위생관리산업기사 / 24-36

2025년 제1회 산업위생관리산업기사 / 25-1
2025년 제2회 산업위생관리산업기사 / 25-19
2025년 제3회 산업위생관리산업기사 / 25-37

산업위생관리산업기사는 2020년 4회 시험부터 CBT(Computer Based Test) 방식으로 시행되었습니다. 이에 따라, 2021년부터는 수험생의 기억 등에 의해 복원된 기출복원문제를 수록하였으며, 성안당 문제은행서비스(exam.cyber.co.kr)에서 실제 CBT 형태의 산업위생관리산업기사 온라인 모의고사를 제공하고 있습니다.
※ 온라인 모의고사 응시방법은 이 책의 표지 안쪽에 수록된 쿠폰에서 확인하실 수 있습니다.

산업위생관리산업기사 필기 기출문제집
www.cyber.co.kr

PART 01

산업위생관리산업기사 필기
핵심이론 & 핵심공식

- Chapter 01. 필기 핵심이론
- Chapter 02. 필기 핵심공식

산업위생관리산업기사 필기 기출문제집

PART 01. 핵심이론 & 핵심공식

필기 핵심이론

핵심이론 01 산업위생 일반

1 산업위생의 정의 및 관리 목적

① 산업위생의 정의 - 미국산업위생학회(AIHA, 1994)
  근로자나 일반 대중(지역주민)에게 질병, 건강장애와 안녕방해, 심각한 불쾌감 및 능률 저하 등을 초래하는 작업환경 요인과 스트레스를 예측·측정·평가하고 관리하는 과학과 기술이다.
② 산업위생관리의 목적
  ㉠ 작업환경과 근로조건의 개선 및 직업병의 근원적 예방
  ㉡ 작업환경 및 작업조건의 인간공학적 개선
  ㉢ 작업자의 건강보호 및 작업능률(생산성) 향상
  ㉣ 근로자의 육체적·정신적·사회적 건강을 유지 및 증진
  ㉤ 산업재해의 예방 및 직업성 질환 유소견자의 작업 전환

2 한국 산업위생의 주요 역사

연도	주요 역사
1953년	「근로기준법」 제정·공포(우리나라 산업위생에 관한 최초의 법령) ※ 근로기준법의 주요 내용 : 안전과 위생에 관한 조항 규정 및 산업재해를 방지하기 위하여 사업주로 하여금 의무 강요
1981년	「산업안전보건법」 제정·공포 ※ 산업안전보건법의 목적 : 근로자의 안전과 보건을 유지·증진, 산업재해 예방, 쾌적한 작업환경 조성
1986년	유해물질의 허용농도 제정
1987년	한국산업안전공단 및 한국산업안전교육원 설립
1991년	원진레이온㈜ 이황화탄소(CS_2) 중독 발생 (1991년에 중독을 발견, 1998년에 집단적 직업병 유발)

3 외국 산업위생의 시대별 주요 인물

시대	인물	내용
B.C. 4세기	Hippocrates	광산에서의 납중독 보고(※ 납중독 : 역사상 최초로 기록된 직업병)
1493~1541년	Philippus Paracelsus	"모든 화학물질은 독물이며, 독물이 아닌 화학물질은 없다. 따라서 적절한 양을 기준으로 독물 또는 치료약으로 구별된다"고 주장(독성학의 아버지)
1633~1714년	Bernardino Ramazzini	• 이탈리아의 의사로, 산업보건의 시조, 산업의학의 아버지로 불림 • 1700년에「직업인의 질병(De Morbis Artificum Diatriba)」을 저술 • 직업병의 원인을 크게 두 가지로 구분(작업장에서 사용하는 유해물질, 근로자들의 불완전한 작업이나 과격한 동작)
18세기	Percivall Pott	• 영국의 외과의사로, 직업성 암을 최초로 보고 • 어린이 굴뚝청소부에게 많이 발생하는 음낭암(scrotal cancer) 발견하고, 원인물질은 검댕 속 여러 종류의 다환방향족 탄화수소(PAH)라고 규명
20세기	Alice Hamilton	• 미국 최초의 산업위생학자·산업의학자이자, 현대적 의미의 최초 산업위생전문가(최초 산업의학자) • 20세기 초 미국 산업보건 분야에 크게 공헌

4 산업위생 분야 종사자의 윤리강령(윤리적 행위의 기준) – 미국산업위생학술원(AAIH)

구분	주요 역사
산업위생 전문가로서의 책임	• 성실성과 학문적 실력 면에서 최고수준을 유지한다. • 과학적 방법의 적용과 자료의 해석에서 경험을 통한 전문가의 객관성을 유지한다. • 전문 분야로서의 산업위생을 학문적으로 발전시킨다. • 근로자, 사회 및 전문 직종의 이익을 위해 과학적 지식을 공개하고 발표한다. • 산업위생활동을 통해 얻은 개인 및 기업체의 기밀은 누설하지 않는다. • 전문적 판단이 타협에 의하여 좌우될 수 있거나 이해관계가 있는 상황에는 개입하지 않는다.
근로자에 대한 책임	• 근로자의 건강보호가 산업위생전문가의 일차적 책임임을 인지한다. • 근로자와 기타 여러 사람의 건강과 안녕이 산업위생전문가의 판단에 좌우된다는 것을 깨달아야 한다. • 위험요인의 측정·평가 및 관리에 있어서 외부 영향력에 굴하지 않고 중립적(객관적) 태도를 취한다. • 건강의 유해요인에 대한 정보(위험요소)와 필요한 예방조치에 대해 근로자와 상담(대화)한다.
기업주와 고객에 대한 책임	• 결과 및 결론을 뒷받침할 수 있도록 정확한 기록을 유지하고, 산업위생 사업의 전문가답게 전문부서들을 운영·관리한다. • 기업주와 고객보다는 근로자의 건강보호에 궁극적 책임을 두고 행동한다. • 쾌적한 작업환경을 조성하기 위하여 산업위생 이론을 적용하고 책임감 있게 행동한다. • 신뢰를 바탕으로 정직하게 권하고, 성실한 자세로 충고하며, 결과와 개선점 및 권고사항을 정확히 보고한다.
일반 대중에 대한 책임	• 일반 대중에 관한 사항은 학술지에 정직하게 사실 그대로 발표한다. • 적정(정확)하고도 확실한 사실(확인된 지식)을 근거로 전문적인 견해를 발표한다.

5 산업위생 단체와 산업보건 허용기준의 표현

① 미국정부산업위생전문가협의회(ACGIH ; American Conference of Governmental Industrial Hygienists)
  매년 화학물질과 물리적 인자에 대한 노출기준(TLV) 및 생물학적 노출지수(BEI)를 발간하여 노출기준 제정에 있어서 국제적으로 선구적인 역할을 담당하고 있는 기관
② 미국산업안전보건청(OSHA ; Occupational Safety and Health Administration)
  PEL(Permissible Exposure Limits) 기준 사용(법적 기준, 우리나라 고용노동부 성격과 유사함)
③ 미국국립산업안전보건연구원(NIOSH ; National Institute for Occupational Safety and Health)
  REL(Recommended Exposure Limits) 기준 사용(권고사항)
④ 미국산업위생학회(AIHA ; American Industrial Hygiene Association) : WEEL 사용
⑤ 우리나라 고용노동부 : 노출기준 사용

6 ACGIH에서 권고하는 허용농도(TLV) 적용상 주의사항

① 대기오염 평가 및 지표(관리)에 사용할 수 없다.
② 24시간 노출 또는 정상작업시간을 초과한 노출에 대한 독성 평가에는 적용할 수 없다.
③ 기존 질병이나 신체적 조건을 판단(증명 또는 반증자료)하기 위한 척도로 사용할 수 없다.
④ 작업조건이 다른 나라에서 ACGIH-TLV를 그대로 사용할 수 없다.
⑤ 안전농도와 위험농도를 정확히 구분하는 경계선이 아니다.
⑥ 독성의 강도를 비교할 수 있는 지표는 아니다.
⑦ 피부로 흡수되는 양은 고려하지 않은 기준이다.

7 주요 허용기준(노출기준)의 특징

구분	특징
시간가중 평균농도 (TWA ; Time Weighted Average)	1일 8시간, 주 40시간 동안의 평균농도로서, 거의 모든 근로자가 평상 작업에서 반복하여 노출되더라도 건강장애를 일으키지 않는 공기 중 유해물질의 농도
단시간 노출농도 (STEL ; Short Term Exposure Limits)	근로자가 1회 15분간 유해인자에 노출되는 경우의 기준(허용농도)
최고노출기준 (최고허용농도, C ; Ceiling)	근로자가 작업시간 동안 잠시라도 노출되어서는 안 되는 기준(허용농도)
시간가중 평균노출기준 (TLV-TWA)	ACGIH에서의 노출상한선과 노출시간 권고사항 • TLV-TWA의 3배 : 30분 이하 • TLV-TWA의 5배 : 잠시라도 노출 금지

8 노출기준에 피부(SKIN) 표시를 하여야 하는 물질

① 손이나 팔에 의한 흡수가 몸 전체 흡수에 지대한 영향을 주는 물질
② 반복하여 피부에 도포했을 때 전신작용을 일으키는 물질
③ 급성 동물실험 결과 피부 흡수에 의한 치사량(LD_{50})이 비교적 낮은 물질
④ 옥탄올-물 분배계수가 높아 피부 흡수가 용이한 물질
⑤ 다른 노출경로에 비하여 피부 흡수가 전신작용에 중요한 역할을 하는 물질

9 공기 중 혼합물질의 화학적 상호작용(혼합작용) 구분

구분	상대적 독성수치 표현
상가작용(additive effect)	2+3=5
상승작용(synergism effect)	2+3=20
잠재작용(potentiation effect, 가승작용)	2+0=10
길항작용(antagonism effect, 상쇄작용)	2+3=1

10 ACGIH에서 유해물질의 TLV 설정·개정 시 이용 자료(노출기준 설정 이론적 배경)

① 화학구조상 유사성
② 동물실험 자료
③ 인체실험 자료
④ 사업장 역학조사 자료 ◀ 가장 신뢰성 있음

11 기관장애 3단계

① 항상성(homeostasis) 유지단계 : 정상적인 상태
② 보상(compensation) 유지단계 : 노출기준 설정단계
③ 고장(breakdown) 장애단계 : 비가역적 단계

핵심이론 02 | 피로(산업피로)

1 피로(산업피로)의 일반적 특징

① 피로는 고단하다는 주관적 느낌이라 할 수 있다.
② 피로 자체는 질병이 아니라, 가역적인 생체변화이다.
③ 피로는 작업강도에 반응하는 육체적 · 정신적 생체현상이다.
④ 정신적 피로와 신체적 피로는 보통 함께 나타나 구별하기 어렵다.
⑤ 피로현상은 개인차가 심하므로 작업에 대한 개체의 반응을 어디서부터 피로현상이라고 타각적 수치로 나타내기 어렵다.
⑥ 피로의 자각증상은 피로의 정도와 반드시 일치하지는 않는다.
⑦ 노동수명(turn over ratio)으로도 피로를 판정할 수 있다.
⑧ 작업시간이 등차급수적으로 늘어나면 피로회복에 요하는 시간은 등비급수적으로 증가하게 된다.
⑨ 정신 피로는 중추신경계의 피로를, 근육 피로는 말초신경계의 피로를 의미한다.

2 피로의 3단계

① 1단계 - 보통피로 : 하룻밤 자고 나면 완전히 회복
② 2단계 - 과로 : 단기간 휴식 후 회복
③ 3단계 - 곤비 : 병적 상태(과로가 축적되어, 단시간에 회복될 수 없는 단계)

3 피로물질의 종류

크레아티닌, 젖산, 초성포도당, 시스테인, 시스틴, 암모니아, 잔여질소

4 피로 측정방법의 구분

① 산업피로 기능검사(객관적 피로 측정방법)
  ㉠ 연속측정법
  ㉡ 생리심리학적 검사법 : 역치측정, 근력검사, 행위검사
  ㉢ 생화학적 검사법 : 혈액검사, 뇨단백검사
  ㉣ 생리적 방법 : 연속반응시간, 호흡순환기능, 대뇌피질활동
② 피로의 주관적 측정을 위해 사용하는 방법
  CMI(Cornell Medical Index)로 피로의 자각증상을 측정

5 지적속도의 의미

작업자의 체격과 숙련도, 작업환경에 따라 피로를 가장 적게 하고 생산량을 최고로 올릴 수 있는 가장 경제적인 작업속도

6 전신피로의 원인(전신피로의 생리학적 현상)

① 혈중 포도당 농도 저하 ◀ 가장 큰 원인
② 산소공급 부족
③ 혈중 젖산 농도 증가
④ 근육 내 글리코겐 양의 감소
⑤ 작업강도의 증가

7 전신피로 · 국소피로의 평가

구분	전신피로	국소피로
평가방법	작업종료 후 심박수(heart rate)	근전도(EMG)
평가결과	심한 전신피로상태 : HR_1이 110을 초과하고 HR_3와 HR_2의 차이가 10 미만인 경우	정상근육과 비교하여 피로한 근육에서 나타나는 EMG의 특징 • 저주파(0~40Hz) 영역에서 힘(전압)의 증가 • 고주파(40~200Hz) 영역에서 힘(전압)의 감소 • 평균주파수 영역에서 힘(전압)의 감소 • 총 전압의 증가

8 산소부채의 의미

산소부채(oxygen debt)란 운동이 격렬하게 진행될 때 산소 섭취량이 수요량에 미치지 못하여 일어나는 산소부족현상으로, 산소부채량은 원래대로 보상되어야 하므로 운동이 끝난 뒤에도 일정 시간 산소를 소비한다.

9 산소 소비량과 작업대사량

① 근로자의 산소 소비량 구분
    ㉠ 휴식 중 산소 소비량 : 0.25L/min
    ㉡ 운동 중 산소 소비량 : 5L/min
② 산소 소비량 – 작업대사량의 환산
    산소 소비량 1L ≒ 5kcal(에너지량)

10 육체적 작업능력(PWC)

① 젊은 남성이 일반적으로 평균 16kcal/min(여성은 평균 12kcal/min) 정도의 작업을 피로를 느끼지 않고 하루에 4분간 계속할 수 있는 작업강도이다.
② 하루 8시간(480분) 작업 시에는 PWC의 1/3에 해당된다. 즉, 남성은 5.3kcal/min, 여성은 4kcal/min이다.
③ PWC를 결정할 수 있는 기능은 개인의 심폐기능이다.

11 RMR에 의한 작업강도 분류

RMR	작업(노동)강도	실노동률(%)
0~1	경작업	80 이상
1~2	중등작업	80~76
2~4	강작업	76~67
4~7	중작업	67~50
7 이상	격심작업	50 이하

12 교대근무제 관리원칙(바람직한 교대제)

① 각 반의 근무시간은 8시간씩 교대로 하고, 야근은 가능한 짧게 한다.
② 2교대인 경우 최소 3조의 정원을, 3교대인 경우 4조를 편성한다.
③ 채용 후 건강관리로 체중, 위장증상 등을 정기적으로 기록해야 하며, 근로자의 체중이 3kg 이상 감소하면 정밀검사를 받아야 한다.
④ 평균 주작업시간은 40시간을 기준으로, '갑반 → 을반 → 병반'으로 순환하게 한다.
⑤ 근무시간의 간격은 15~16시간 이상으로 하는 것이 좋다.
⑥ 야근 주기는 4~5일로 한다.
⑦ 신체 적응을 위하여 야간근무의 연속일수는 2~3일로 하며, 야간근무를 3일 이상 연속으로 하는 경우에는 피로 축적현상이 나타나게 되므로 연속하여 3일을 넘지 않도록 한다.
⑧ 야근 후 다음 반으로 가는 간격은 최소 48시간 이상의 휴식시간을 갖도록 하여야 한다.
⑨ 야근 교대시간은 상오 0시 이전에 하는 것이 좋다(심야시간을 피함).
⑩ 야근 시 가면은 반드시 필요하며, 보통 2~4시간(1시간 30분 이상)이 적합하다.

13 플렉스타임(flex-time) 제도

작업장의 기계화, 생산의 조직화, 기업의 경제성을 고려하여 모든 근로자가 근무를 하지 않으면 안 되는 중추시간(core time)을 설정하고, 지정된 주간 근무시간 내에서 자유 출퇴근을 인정하는 제도, 즉 작업상 전 근로자가 일하는 중추시간을 제외하고 주당 40시간 내외의 근로조건하에서 자유롭게 출퇴근하는 제도

14 산업피로의 예방과 대책

① 불필요한 동작을 피하고, 에너지 소모를 적게 한다.
② 동적인 작업을 늘리고, 정적인 작업을 줄인다.
③ 장시간 한 번 휴식하는 것보다 단시간씩 여러 번 나누어 휴식하는 것이 피로회복에 도움이 된다.
④ 작업에 주로 사용하는 팔은 심장 높이에 두도록 하며, 작업물체와 눈과의 거리는 명시거리로 30cm 정도를 유지하도록 한다.
⑤ 원활한 혈액의 순환을 위해 작업에 사용하는 신체부위를 심장 높이보다 위에 두도록 한다.

핵심이론 03 | 인간공학

1 인간공학 활용 3단계

① 1단계 – 준비단계
　인간공학에서 인간과 기계 관계 구성인자의 특성이 무엇인지를 알아야 하는 단계
② 2단계 – 선택단계
　세부 설계를 하여야 하는 인간공학의 활용단계
③ 3단계 – 검토단계
　인간공학적으로 인간과 기계 관계의 비합리적인 면을 수정·보완하는 단계

2 인간공학에 적용되는 인체측정방법

① 정적 치수(구조적 인체치수)
　동적인 치수에 비하여 데이터 수가 많아 표(table) 형태로 제시 가능
② 동적 치수(기능적 인체치수)
　정적인 치수에 비해 상대적으로 데이터가 적어 표(table) 형태로 제시 어려움

3 동작경제의 3원칙

① 신체의 사용에 관한 원칙
② 작업장의 배치에 관한 원칙
③ 공구 및 설비의 설계에 관한 원칙

핵심이론 04 | 작업환경, 작업생리와 근골격계 질환

1 L$_5$/S$_1$ 디스크

L$_5$/S$_1$ 디스크는 척추의 디스크(disc) 중 앉을 때와 서 있을 때, 물체를 들어 올릴 때와 쥘 때 발생하는 압력이 가장 많이 흡수되는 디스크이다.

2 수평 작업영역의 구분

구분	내용
정상작업역 (표준영역, normal area)	• 상박부를 자연스런 위치에서 몸통부에 접하고 있을 때 전박부가 수평면 위에서 쉽게 도착할 수 있는 운동범위 • 위팔(상완)을 자연스럽게 수직으로 늘어뜨린 채 아래팔(전완)만으로 편안하게 뻗어 파악할 수 있는 영역 • 앉은 자세에서 위팔은 몸에 붙이고, 아래팔만 곧게 뻗어 닿는 범위
최대작업역 (최대영역, maximum area)	• 팔 전체가 수평상에 도달할 수 있는 작업영역 • 어깨에서 팔을 뻗어 도달할 수 있는 최대영역 • 움직이지 않고 상지를 뻗어서 닿는 범위

3 바람직한 VDT 작업자세

① 위쪽 팔과 아래쪽 팔이 이루는 각도(내각)는 90° 이상이 적당하다.
② 화면을 향한 눈의 높이는 화면보다 약간 높은 것이 좋고, 작업자의 시선은 수평선상으로부터 아래로 5~10°(10~15°) 이내여야 한다.

4 노동에 필요한 에너지원

대사의 종류	구분	내용
혐기성 대사 (anaerobic metabolism)	정의	근육에 저장된 화학적 에너지
	대사의 순서 (시간대별)	ATP(아데노신삼인산) → CP(크레아틴인산) → [Glycogen(글리코겐) or Glucose(포도당)]
호기성 대사 (aerobic metabolism)	정의	대사과정(구연산 회로)을 거쳐 생성된 에너지
	대사의 과정	[포도당(탄수화물), 단백질, 지방] + 산소 ⇨ 에너지원

※ 혐기성과 호기성 대사에 모두 에너지원으로 작용하는 것은 포도당(glucose)이다.

5 비타민 B₁의 역할

작업강도가 높은 근로자의 근육에 호기적 산화를 촉진시켜 근육의 열량 공급을 원활히 해주는 영양소로, 근육운동(노동) 시 보급해야 한다.

6 ACGIH의 작업 시 소비열량(작업대사량)에 따른 작업강도 분류(고용노동부 적용)

① 경작업 : 200kcal/hr까지 작업
② 중등도작업 : 200~350kcal/hr까지 작업
③ 중작업(심한 작업) : 350~500kcal/hr까지 작업

7 근골격계 질환 발생요인

① 반복적인 동작
② 부적절한 작업자세
③ 무리한 힘의 사용
④ 날카로운 면과의 신체 접촉
⑤ 진동 및 온도(저온)

8 근골격계 질환 관련 용어

① 누적외상성 질환(CTDs ; Cumulative Trauma Disorders)
② 근골격계 질환(MSDs ; Musculo Skeletal Disorders)
③ 반복성 긴장장애(RSI ; Repetitive Strain Injuries)
④ 경견완증후군(고용노동부, 1994, 업무상 재해 인정기준)

9 근골격계 질환을 줄이기 위한 작업관리방법

① 수공구의 무게는 가능한 줄이고, 손잡이는 접촉면적을 크게 한다.
② 손목, 팔꿈치, 허리가 뒤틀리지 않도록 한다. 즉, 부자연스러운 자세를 피한다.
③ 작업시간을 조절하고, 과도한 힘을 주지 않는다.
④ 동일한 자세로 장시간 하는 작업을 피하고 작업대사량을 줄인다.
⑤ 근골격계 질환을 예방하기 위한 작업환경 개선의 방법으로 인체 측정치를 이용한 작업환경 설계 시 가장 먼저 고려하여야 할 사항은 조절가능 여부이다.

10 근골격계 부담작업에 근로자를 종사하도록 하는 경우 유해요인 조사

① 설비·작업공정·작업량·작업속도 등 작업장 상황
② 작업시간·작업자세·작업방법 등 작업조건
③ 작업과 관련된 근골격계 질환 징후 및 증상 유무 등
※ 유해요인 조사는 위 사항을 포함하며 3년마다 실시한다.

핵심이론 05 | 직무 스트레스와 적성

1 NIOSH에서 제시한 직무 스트레스 모형에서 직무 스트레스 요인

작업요인	환경요인(물리적 환경)	조직요인
• 작업부하 • 작업속도 • 교대근무	• 소음 · 진동 • 고온 · 한랭 • 환기 불량 • 부적절한 조명	• 관리유형 • 역할요구 • 역할 모호성 및 갈등 • 경력 및 직무 안전성

2 직무 스트레스 관리

개인 차원의 관리	집단(조직) 차원의 관리
• 자신의 한계와 문제 징후를 인식하여 해결방안 도출 • 신체검사를 통하여 스트레스성 질환 평가 • 긴장이완훈련(명상, 요가 등)으로 생리적 휴식상태 경험 • 규칙적인 운동으로 스트레스를 줄이고, 직무 외적인 취미, 휴식 등에 참여하여 대처능력 함양	• 개인별 특성요인을 고려한 작업근로환경 • 작업계획 수립 시 적극적 참여 유도 • 사회적 지위 및 일 재량권 부여 • 근로자 수준별 작업 스케줄 운영 • 적절한 작업과 휴식시간 • 조직구조와 기능의 변화 • 우호적인 직장 분위기 조성 • 사회적 지원 시스템 가동

3 산업 스트레스의 발생요인으로 작용하는 집단 갈등 해결방법

집단 간의 갈등이 심한 경우	집단 간의 갈등이 너무 낮은 경우(갈등 촉진방법)
• 상위의 공동 목표 설정 • 문제의 공동 해결법 토의 • 집단 구성원 간의 직무 순환 • 상위층에서 전제적 명령 및 자원의 확대	• 경쟁의 자극(성과에 대한 보상) • 조직구조의 변경(경쟁부서 신설) • 의사소통(커뮤니케이션)의 증대 • 자원의 축소

4 적성검사의 분류

① 신체검사(신체적 적성검사, 체격검사)
② 생리적 기능검사(생리적 적성검사) : 감각기능검사, 심폐기능검사, 체력검사
③ 심리학적 검사(심리학적 적성검사) : 지능검사, 지각동작검사, 인성검사, 기능검사

핵심이론 06 | 직업성 질환과 건강관리

1 직업병의 원인물질(직업성 질환 유발물질, 작업환경의 유해요인)

① 물리적 요인 : 소음·진동, 유해광선(전리·비전리 방사선), 온도(온열), 이상기압, 한랭, 조명 등
② 화학적 요인 : 화학물질(유기용제 등), 금속증기, 분진, 오존 등
③ 생물학적 요인 : 각종 바이러스, 진균, 리케차, 쥐 등
④ 인간공학적 요인 : 작업방법, 작업자세, 작업시간, 중량물 취급 등

2 직업성 질환의 예방

① 1차 예방 : 원인 인자의 제거나 원인이 되는 손상을 막는 것
② 2차 예방 : 근로자가 진료를 받기 전 단계인 초기에 질병을 발견하는 것
③ 3차 예방 : 치료와 재활 과정

3 작업공정별 발생 직업성 질환

① 용광로 작업 : 고온장애(열경련 등)
② 제강, 요업 : 열사병
③ 갱내 착암작업 : 산소 결핍
④ 채석, 채광 : 규폐증
⑤ 샌드블라스팅 : 호흡기 질환
⑥ 도금작업 : 비중격천공
⑦ 축전지 제조 : 납중독

4 유해인자별 발생 직업병

① 크롬 : 폐암
② 수은 : 무뇨증
③ 망간 : 신장염
④ 석면 : 악성중피종
⑤ 이상기압 : 폐수종
⑥ 고열 : 열사병
⑦ 한랭 : 동상
⑧ 방사선 : 피부염, 백혈병
⑨ 소음 : 소음성 난청
⑩ 진동 : 레이노(Raynaud) 현상
⑪ 조명 부족 : 근시, 안구진탕증

5 건강진단의 종류

① 일반 건강진단
② 특수 건강진단
③ 배치 전 건강진단
④ 수시 건강진단
⑤ 임시 건강진단

6 건강진단 결과 건강관리 구분

건강관리 구분		건강관리 구분 내용
A		건강한 근로자
C	C_1	직업병 요관찰자
	C_2	일반 질병 요관찰자
D_1		직업병 유소견자
D_2		일반 질병 유소견자
R		제2차 건강진단 대상자

※ "U"는 2차 건강진단 대상임을 통보하고 30일을 경과하여 해당 검사가 이루어지지 않아 건강관리 구분을 판정할 수 없는 근로자를 말한다.

7 신체적 결함에 따른 부적합 작업

① 간기능 장애 : 화학공업(유기용제 취급 작업)
② 편평족 : 서서 하는 작업
③ 심계항진 : 격심 작업, 고소 작업
④ 고혈압 : 이상기온 · 이상기압에서의 작업
⑤ 경견완증후군 : 타이핑 작업
⑥ 빈혈증 : 유기용제 취급 작업
⑦ 당뇨증 : 외상 입기 쉬운 작업

핵심이론 07 | 실내오염과 사무실 관리

1 실내오염 관련 질환의 종류

① 빌딩증후군(SBS)
② 복합화학물질 민감 증후군(MCS)
③ 새집증후군(SHS)
④ 빌딩 관련 질병현상(BRI) : 레지오넬라병

2 실내오염인자 중 주요 화학물질

① 포름알데히드
  ㉠ 페놀수지의 원료로서 각종 합판, 칩보드, 가구, 단열재 등으로 사용된다.
  ㉡ 눈과 상부 기도를 자극하여 기침과 눈물을 야기하고, 어지러움, 구토, 피부질환, 정서불안정의 증상을 나타낸다.
  ㉢ 접착제 등의 원료로 사용되며, 피부나 호흡기에 자극을 준다.
  ㉣ 자극적인 냄새가 나고, 메틸알데히드라고도 한다.
  ㉤ 일반주택 및 공공건물에 많이 사용하는 건축자재와 섬유 옷감이 그 발생원이다.
  ㉥ 「산업안전보건법」상 사람에 충분한 발암성 증거가 있는 물질(1A)로 분류한다.

② 라돈
  ㉠ 자연적으로 존재하는 암석이나 토양에서 발생하는 토륨(thorium), 우라늄(uranium)의 붕괴로 인해 생성되는 자연방사성 가스로, 공기보다 9배 정도 무거워 지표에 가깝게 존재한다.
  ㉡ 무색·무취·무미한 가스로, 인간의 감각으로 감지할 수 없다.
  ㉢ 라듐의 α 붕괴에서 발생하며, 호흡하기 쉬운 방사성 물질이다.
  ㉣ 라돈의 동위원소에는 Rn^{222}, Rn^{220}, Rn^{219}가 있고, 이 중 반감기가 긴 Rn^{222}가 실내공간의 인체 위해성 측면에서 주요 관심대상이며, 지하공간에서 더 높은 농도를 보인다.
  ㉤ 방사성 기체로서 지하수, 흙, 석고실드(석고보드), 콘크리트, 시멘트나 벽돌, 건축자재 등에서 발생하여 폐암 등을 발생시킨다.

3 실내환경에서 이산화탄소의 특징

① 환기의 지표물질 및 실내오염의 주요 지표로 사용된다.
② CO_2의 증가는 산소의 부족을 초래하기 때문에 주요 실내오염물질로 적용된다.
③ 직독식 또는 검지관 kit로 측정한다.
④ 쾌적한 사무실 공기를 유지하기 위해 CO_2는 1,000ppm 이하로 관리해야 한다.

4 사무실 오염물질 관리기준

오염물질	관리기준
미세먼지(PM 10)	$100\mu g/m^3$ 이하
초미세먼지(PM 2.5)	$50\mu g/m^3$ 이하
이산화탄소(CO_2)	1,000ppm 이하
일산화탄소(CO)	10ppm 이하
이산화질소(NO_2)	0.1ppm 이하
포름알데히드(HCHO)	$100\mu g/m^3$ 이하
총휘발성 유기화합물(TVOC)	$500\mu g/m^3$ 이하
라돈(radon)	$148Bq/m^3$ 이하
총부유세균	$800CFU/m^3$ 이하
곰팡이	$500CFU/m^3$ 이하

※ 1. 관리기준은 8시간 시간가중 평균농도 기준이다.
　2. 라돈은 지상 1층을 포함한 지하에 위치한 사무실에만 적용한다.

5 베이크아웃

베이크아웃(bake out)이란 새로운 건물이나 새로 지은 집에 입주하기 전 실내를 모두 닫고 30℃ 이상으로 5~6시간 유지시킨 후 1시간 정도 환기를 하는 방식을 여러 번 하여 실내의 VOC나 포름알데히드의 저감효과를 얻는 방법이다.

핵심이론 08 | 평가 및 통계

1 산업위생 통계의 대푯값

기하평균, 중앙값, 산술평균값, 가중평균값, 최빈값

2 중앙값의 의미

중앙값(median)이란 N개의 측정치를 크기 중앙값 순서로 배열 시 $X_1 \leq X_2 \leq X_3 \leq \cdots \leq X_n$이라 할 때 중앙에 오는 값이다. 값이 짝수일 때는 중앙값이 유일하지 않고 두 개가 될 수 있는데, 이 경우 중앙 두 값의 평균을 중앙값(중앙치)으로 한다.

3 위해도 평가 결정의 우선순위

① 화학물질의 위해성
② 공기 중으로의 확산 가능성
③ 노출 근로자 수
④ 물질 사용시간

핵심이론 09 「산업안전보건법」의 주요 내용

1 중대재해의 정의

① 사망자가 1명 이상 발생한 재해
② 3개월 이상의 요양을 요하는 부상자가 동시에 2명 이상 발생한 재해
③ 부상자 또는 직업성 질병자가 동시에 10명 이상 발생한 재해

2 작업환경 측정 주기 및 횟수

① 사업주는 작업장 또는 작업공정이 신규로 가동되거나 변경되는 등으로 작업환경 측정대상 작업장이 된 경우에는 그 날부터 30일 이내에 작업환경 측정을 실시하고, 그 후 반기에 1회 이상 정기적으로 작업환경을 측정하여야 한다. 다만, 작업환경 측정결과가 다음의 어느 하나에 해당하는 작업장 또는 작업공정은 해당 유해인자에 대하여 그 측정일부터 3개월에 1회 이상 작업환경을 측정해야 한다.
　㉠ 화학적 인자(고용노동부장관이 정하여 고시하는 물질만 해당)의 측정치가 노출기준을 초과하는 경우
　㉡ 화학적 인자(고용노동부장관이 정하여 고시하는 물질은 제외)의 측정치가 노출기준을 2배 이상 초과하는 경우
② 제①항에도 불구하고 사업주는 최근 1년간 작업공정에서 공정 설비의 변경, 작업방법의 변경, 설비의 이전, 사용 화학물질의 변경 등으로 작업환경 측정결과에 영향을 주는 변화가 없는 경우 1년에 1회 이상 작업환경 측정을 할 수 있는 경우
　㉠ 작업공정 내 소음의 작업환경 측정결과가 최근 2회 연속 85dB 미만인 경우
　㉡ 작업공정 내 소음 외의 다른 모든 인자의 작업환경 측정결과가 최근 2회 연속 노출기준 미만인 경우

3 보건관리자의 업무

① 산업안전보건위원회 또는 노사협의체에서 심의·의결한 업무와 안전보건관리규정 및 취업규칙에서 정한 업무
② 안전인증대상 기계 등과 자율안전확인대상 기계 등 중 보건과 관련된 보호구(保護具) 구입 시 적격품 선정에 관한 보좌 및 지도·조언
③ 위험성평가에 관한 보좌 및 지도·조언
④ 작성된 물질안전보건자료의 게시 또는 비치에 관한 보좌 및 지도·조언
⑤ 산업보건의의 직무
⑥ 해당 사업장 보건교육계획의 수립 및 보건교육 실시에 관한 보좌 및 지도·조언
⑦ 해당 사업장의 근로자를 보호하기 위한 다음의 조치에 해당하는 의료행위
    ㉠ 자주 발생하는 가벼운 부상에 대한 치료
    ㉡ 응급처치가 필요한 사람에 대한 처치
    ㉢ 부상·질병의 악화를 방지하기 위한 처치
    ㉣ 건강진단 결과 발견된 질병자의 요양 지도 및 관리
    ㉤ ㉠부터 ㉣까지의 의료행위에 따르는 의약품의 투여
⑧ 작업장 내에서 사용되는 전체환기장치 및 국소배기장치 등에 관한 설비의 점검과 작업방법의 공학적 개선에 관한 보좌 및 지도·조언
⑨ 사업장 순회점검, 지도 및 조치 건의
⑩ 산업재해 발생의 원인 조사·분석 및 재발 방지를 위한 기술적 보좌 및 지도·조언
⑪ 산업재해에 관한 통계의 유지·관리·분석을 위한 보좌 및 지도·조언
⑫ 법 또는 법에 따른 명령으로 정한 보건에 관한 사항의 이행에 관한 보좌 및 지도·조언
⑬ 업무 수행 내용의 기록·유지
⑭ 그 밖에 보건과 관련된 작업관리 및 작업환경관리에 관한 사항으로서 고용노동부장관이 정하는 사항

4 보건관리자의 자격

① 「의료법」에 따른 의사
② 「의료법」에 따른 간호사
③ 산업보건지도사
④ 「국가기술자격법」에 따른 산업위생관리산업기사 또는 대기환경산업기사 이상의 자격을 취득한 사람
⑤ 「국가기술자격법」에 따른 인간공학기사 이상의 자격을 취득한 사람
⑥ 「고등교육법」에 따른 전문대학 이상의 학교에서 산업보건 또는 산업위생 분야의 학위를 취득한 사람

핵심이론 10 「산업안전보건기준에 관한 규칙」의 주요 내용

1 특별관리물질의 정의

특별관리물질이란 발암성 물질, 생식세포 변이원성 물질, 생식독성 물질 등 근로자에게 중대한 건강장애를 일으킬 우려가 있는 물질을 말한다.

① 벤젠
② 1,3-부타디엔
③ 1-브로모프로판
④ 2-브로모프로판
⑤ 사염화탄소
⑥ 에피클로로히드린
⑦ 트리클로로에틸렌
⑧ 페놀
⑨ 포름알데히드
⑩ 납 및 그 무기화합물
⑪ 니켈 및 그 화합물
⑫ 안티몬 및 그 화합물
⑬ 카드뮴 및 그 화합물
⑭ 6가크롬 및 그 화합물
⑮ pH 2.0 이하 황산
⑯ 산화에틸렌 외 20종

2 허가대상 유해물질 제조·사용 시 근로자에게 알려야 할 유해성 주지사항

① 물리적·화학적 특성
② 발암성 등 인체에 미치는 영향과 증상
③ 취급상의 주의사항
④ 착용하여야 할 보호구와 착용방법
⑤ 위급상황 시의 대처방법과 응급조치 요령
⑥ 그 밖에 근로자의 건강장애 예방에 관한 사항

3 국소배기장치 사용 전 점검사항

① 덕트 및 배풍기의 분진상태
② 덕트 접속부가 헐거워졌는지 여부
③ 흡기 및 배기 능력
④ 그 밖에 국소배기장치의 성능을 유지하기 위하여 필요한 사항

4 허가대상 유해물질(베릴륨 및 석면 제외) 국소배기장치의 제어풍속

물질의 상태	제어풍속(m/sec)
가스 상태	0.5
입자 상태	1.0

5 소음작업의 구분

구분	관리기준
소음작업	1일 8시간 작업을 기준으로 85dB 이상의 소음이 발생하는 작업
강렬한 소음작업	• 90dB 이상의 소음이 1일 8시간 이상 발생되는 작업 • 95dB 이상의 소음이 1일 4시간 이상 발생되는 작업 • 100dB 이상의 소음이 1일 2시간 이상 발생되는 작업 • 105dB 이상의 소음이 1일 1시간 이상 발생되는 작업 • 110dB 이상의 소음이 1일 30분 이상 발생되는 작업 • 115dB 이상의 소음이 1일 15분 이상 발생되는 작업
충격 소음작업	소음이 1초 이상의 간격으로 발생하는 작업으로서 다음의 1에 해당하는 작업 • 120dB을 초과하는 소음이 1일 1만 회 이상 발생되는 작업 • 130dB을 초과하는 소음이 1일 1천 회 이상 발생되는 작업 • 140dB을 초과하는 소음이 1일 1백 회 이상 발생되는 작업

6 소음작업, 강렬한 소음작업, 충격 소음작업 시 근로자에게 알려야 할 주지사항

① 해당 작업장소의 소음수준
② 인체에 미치는 영향과 증상
③ 보호구의 선정과 착용방법
④ 그 밖에 소음으로 인한 건강장애 방지에 필요한 사항

7 적정공기와 산소결핍

구분	정의
적정공기	• 산소 농도의 범위가 18% 이상 23.5% 미만인 수준의 공기 • 탄산가스 농도가 1.5% 미만인 수준의 공기 • 황화수소 농도가 10ppm 미만인 수준의 공기 • 일산화탄소의 농도가 30ppm 미만인 수준의 공기
산소결핍	공기 중의 산소 농도가 18% 미만인 상태

8 밀폐공간 작업 프로그램의 수립·시행 시 포함사항

① 사업장 내 밀폐공간의 위치 파악 및 관리방안
② 밀폐공간 내 질식·중독 등을 일으킬 수 있는 유해·위험 요인의 파악 및 관리방안
③ 밀폐공간 작업 시 사전 확인이 필요한 사항에 대한 확인절차
④ 안전보건 교육 및 훈련
⑤ 그 밖에 밀폐공간 작업 근로자의 건강장애 예방에 관한 사항

핵심이론 11 「화학물질 및 물리적 인자의 노출기준」의 주요 내용

1 노출기준 표시단위

① 가스 및 증기 : ppm 또는 mg/m^3
② 분진 : mg/m^3
③ 석면 및 내화성 세라믹 섬유 : 세제곱센티미터당 개수(개/cm^3)
④ 고온 : 습구흑구온도지수(WBGT)
④ 소음 : dB(A)

2 발암성 정보물질의 표기

① 1A : 사람에게 충분한 발암성 증거가 있는 물질
② 1B : 실험동물에서 발암성 증거가 충분히 있거나, 실험동물과 사람 모두에게 제한된 발암성 증거가 있는 물질
③ 2 : 사람이나 동물에서 제한된 증거가 있지만, 구분 1로 분류하기에는 증거가 충분하지 않은 물질

핵심이론 12 「화학물질의 분류·표시 및 물질안전보건자료에 관한 기준」의 주요 내용

1 경고표지의 색상

경고표지 전체의 바탕은 흰색, 글씨와 테두리는 검은색으로 한다.

2 물질안전보건자료 작성 시 포함되어야 할 항목 및 그 순서

① 화학제품과 회사에 관한 정보
② 유해성·위험성
③ 구성 성분의 명칭 및 함유량
④ 응급조치 요령
⑤ 폭발·화재 시 대처방법
⑥ 누출사고 시 대처방법
⑦ 취급 및 저장 방법
⑧ 노출 방지 및 개인보호구
⑨ 물리·화학적 특성
⑩ 안정성 및 반응성
⑪ 독성에 관한 정보
⑫ 환경에 미치는 영향
⑬ 폐기 시 주의사항
⑭ 운송에 필요한 정보
⑮ 법적 규제 현황
⑯ 그 밖의 참고사항

핵심이론 13 ː 산업재해

1 ILO(국제노동기구)의 상해 분류

① 사망
② 영구 전노동 불능 상해(신체장애등급 1~3급)
③ 영구 일부 노동 불능 상해(신체장애등급 4~14급)
④ 일시 전노동 불능 상해
⑤ 일시 일부 노동 불능 상해
⑥ 응급조치 상해
⑦ 무상해 사고

2 산업재해의 기본 원인(4M)

① Man(사람)
② Machine(기계, 설비)
③ Media(작업환경, 작업방법)
④ Management(법규 준수, 관리)

3 재해 발생비율

하인리히(Heinrich)	버드(Bird)
1 : 29 : 300	1 : 10 : 30 : 600
• 1 : 중상 또는 사망(중대사고, 주요 재해) • 29 : 경상해(경미한 사고, 경미 재해) • 300 : 무상해사고(near accident), 유사 재해	• 1 : 중상 또는 폐질 • 10 : 경상 • 30 : 무상해사고 • 600 : 무상해, 무사고, 무손실 고장(위험순간)

4 하인리히의 도미노이론(사고 연쇄반응)

사회적 환경 및 유전적 요소(선천적 결함) ⇨ 개인적인 결함(인간의 결함) ⇨ 불안전한 행동·상태(인적 원인과 물적 원인) ⇨ 사고 ⇨ 재해

5 산업재해 예방(방지) 4원칙

① 예방가능의 원칙
② 손실우연의 원칙
③ 원인계기의 원칙
④ 대책선정의 원칙

6 하인리히의 사고 예방(방지) 대책의 기본원리 5단계

① 제1단계 : 안전관리조직 구성(조직)
② 제2단계 : 사실의 발견
③ 제3단계 : 분석 평가
④ 제4단계 : 시정방법의 선정(대책의 선정)
⑤ 제5단계 : 시정책의 적용(대책 실시)

핵심이론 14 │ 작업환경측정

1 보일-샤를의 법칙

① 보일의 법칙
일정한 온도에서 기체 부피는 그 압력에 반비례한다. 즉, 압력이 2배 증가하면 부피는 처음의 1/2배로 감소한다.
② 샤를의 법칙
일정한 압력에서 기체를 가열하면 온도가 1℃ 증가함에 따라 부피는 0℃ 부피의 1/273만큼 증가한다.
③ 보일-샤를의 법칙
온도와 압력이 동시에 변하면 일정량의 기체 부피는 압력에 반비례하고, 절대온도에 비례한다.

2 게이-뤼삭의 기체반응 법칙

게이-뤼삭(Gay-Lussac)의 기체반응 법칙이란 일정한 부피에서 압력과 온도는 비례한다는 표준가스 법칙이다.

3 작업환경측정의 목적 - AIHA

① 근로자 노출에 대한 기초자료 확보를 위한 측정
② 진단을 위한 측정
③ 법적인 노출기준 초과 여부를 판단하기 위한 측정

4 작업환경측정의 종류

구분	내용
개인시료 (personal sampling)	• 작업환경측정을 실시할 경우 시료채취의 한 방법으로서, 개인시료채취기를 이용하여 가스·증기, 흄, 미스트 등을 근로자 호흡위치(호흡기를 중심으로 반경 30cm인 반구)에서 채취하는 것 • 작업환경측정은 개인시료채취를 원칙으로 하고 있으며, 개인시료채취가 곤란한 경우에 한하여 지역시료를 채취 • 대상이 근로자일 경우 노출되는 유해인자의 양이나 강도를 간접적으로 측정하는 방법
지역시료 (area sampling)	• 작업환경측정을 실시할 경우 시료채취의 한 방법으로서, 시료채취기를 이용하여 가스·증기, 분진, 흄, 미스트 등 유해인자를 근로자의 정상 작업위치 또는 작업행동범위에서 호흡기 높이에 고정하여 채취 • 단위작업장소에 시료채취기를 설치하여 시료를 채취하는 방법

5 작업환경측정의 예비조사

① 예비조사의 측정계획서 작성 시 포함사항
  ㉠ 원재료의 투입과정부터 최종제품 생산공정까지의 주요 공정 도식
  ㉡ 해당 공정별 작업내용, 측정대상 공정 및 공정별 화학물질 사용실태
  ㉢ 측정대상 유해인자, 유해인자 발생주기, 종사 근로자 현황
  ㉣ 유해인자별 측정방법 및 측정소요기간 등 필요한 사항
② 예비조사의 목적
  ㉠ 유사노출그룹(동일노출그룹, SEG ; HEG)의 설정
  ㉡ 정확한 시료채취전략 수립

6 유사노출그룹(SEG) 설정의 목적

① 시료채취 수를 경제적으로 할 수 있다.
② 모든 작업의 근로자에 대한 노출농도를 평가할 수 있다.
③ 역학조사 수행 시 해당 근로자가 속한 동일노출그룹의 노출농도를 근거로, 노출 원인 및 농도를 추정할 수 있다.
④ 작업장에서 모니터링하고 관리해야 할 우선적인 그룹을 결정하기 위함이다.

핵심이론 15 | 표준기구(보정기구)의 종류

1 1차 표준기구

표준기구	정확도
비누거품미터(soap bubble meter) ◀ 주로 사용	±1% 이내
폐활량계(spirometer)	±1% 이내
가스치환병(mariotte bottle)	±0.05~0.25%
유리 피스톤미터(glass piston meter)	±2% 이내
흑연 피스톤미터(frictionless piston meter)	±1~2%
피토튜브(pitot tube)	±1% 이내

2 2차 표준기구

표준기구	정확도
로터미터(rotameter) ◀ 주로 사용	±1~25%
습식 테스트미터(wet-test meter)	±0.5% 이내
건식 가스미터(dry-gas meter)	±1% 이내
오리피스미터(orifice meter)	±0.5% 이내
열선식 풍속계(열선기류계, thermo anemometer)	±0.1~0.2%

핵심이론 16 | 가스상 물질의 시료채취

1 증기의 의미

임계온도 25℃ 이상인 액체·고체 물질이 증기압에 따라 휘발 또는 승화하여 기체상태로 변한 것을 증기라고 한다.

2 시료채취방법의 종류별 활용

구분	내용
연속시료채취를 활용하는 경우	• 오염물질의 농도가 시간에 따라 변할 때 • 공기 중 오염물질의 농도가 낮을 때 • 시간가중평균치로 구하고자 할 때
순간시료채취를 활용하는 경우	• 미지 가스상 물질의 동정을 알려고 할 때 • 간헐적 공정에서의 순간 농도변화를 알고자 할 때 • 오염 발생원 확인을 요할 때 • 직접 포집해야 하는 메탄, 일산화탄소, 산소 측정에 사용
순간시료채취를 적용할 수 없는 경우	• 오염물질의 농도가 시간에 따라 변할 때 • 공기 중 오염물질의 농도가 낮을 때 • 시간가중평균치를 구하고자 할 때

3 일반적으로 사용하는 순간시료채취기

① 진공 플라스크
② 검지관
③ 직독식 기기
④ 스테인리스 스틸 캐니스터(수동형 캐니스터)
⑤ 시료채취백(플라스틱 bag)

4 다이내믹 매소드(dynamic method)의 특징

① 희석공기와 오염물질을 연속적으로 흘려보내 일정한 농도를 유지하면서 만드는 방법이다.
② 알고 있는 공기 중 농도를 만드는 방법이다.
③ 농도변화를 줄 수 있고 온도·습도 조절이 가능하다.
④ 제조가 어렵고, 비용도 많이 든다.
⑤ 다양한 농도범위에서 제조가 가능하다.
⑥ 가스, 증기, 에어로졸 실험도 가능하다.
⑦ 소량의 누출이나 벽면에 의한 손실은 무시할 수 있다.
⑧ 지속적인 모니터링이 필요하다.
⑨ 매우 일정한 농도를 유지하기가 곤란하다.

5 흡착의 종류별 주요 특징

① 물리적 흡착
  ㉠ 흡착제와 흡착분자(흡착질) 간 반데르발스(Van der Waals)형의 비교적 약한 인력에 의해서 일어난다.
  ㉡ 가역적 현상이므로 재생이나 오염가스 회수에 용이하다.
  ㉢ 일반적으로 작업환경측정에 사용한다.
② 화학적 흡착
  ㉠ 흡착제와 흡착된 물질 사이에 화학결합이 생성되는 경우로서, 새로운 종류의 표면 화합물이 형성된다.
  ㉡ 비가역적 현상이므로 재생되지 않는다.
  ㉢ 흡착과정 중 발열량이 많다.

6 파과

① 파과는 공기 중 오염물이 시료채취 매체에 포함되지 않고 빠져나가는 현상이다.
② 흡착관의 앞층에 포화된 후 뒤층에 흡착되기 시작하여 결국 흡착관을 빠져나가고 파과가 일어나면 유해물질 농도를 과소평가할 우려가 있다.
③ 일반적으로 앞층의 1/10 이상이 뒤층으로 넘어가면 파과가 일어났다고 하고, 측정결과로 사용할 수 없다.

7 흡착제 이용 시료채취 시 영향인자

영향인자	세부 영향
온도	온도가 낮을수록 흡착에 좋다.
습도	극성 흡착제를 사용할 때 수증기가 흡착되기 때문에 파과가 일어나기 쉬우며, 비교적 높은 습도는 활성탄의 흡착용량을 저하시킨다.
시료채취속도 (시료채취량)	시료채취속도가 크고 코팅된 흡착제일수록 파과가 일어나기 쉽다.
유해물질 농도 (포집된 오염물질의 농도)	농도가 높으면 파과용량(흡착제에 흡착된 오염물질량)은 증가하나, 파과공기량은 감소한다.
혼합물	혼합기체의 경우 각 기체의 흡착량은 단독 성분이 있을 때보다 적어진다.
흡착제의 크기 (비표면적)	입자 크기가 작을수록 표면적과 채취효율이 증가하지만, 압력강하가 심하다.
흡착관의 크기 (튜브의 내경, 흡착제의 양)	흡착제의 양이 많아지면 전체 흡착제의 표면적이 증가하여 채취용량이 증가하므로 파과가 쉽게 발생되지 않는다.

8 탈착방법의 구분

① **용매탈착** : 비극성 물질의 탈착용매로는 이황화탄소를 사용하고, 극성 물질에는 이황화탄소와 다른 용매를 혼합하여 사용한다.
② **열탈착** : 흡착관에 열을 가하여 탈착하는 방법으로 탈착이 자동으로 수행되며, 분자체 탄소, 다공중합체에서 주로 사용한다.

9 흡착관의 종류별 특징

흡착관의 종류	구분	내용
활성탄관 (charcoal tube)	활성탄관을 사용하여 채취하기 용이한 시료	• 비극성류의 유기용제 • 각종 방향족 유기용제(방향족 탄화수소류) • 할로겐화 지방족 유기용제(할로겐화 탄화수소류) • 에스테르류, 알코올류, 에테르류, 케톤류
	탈착용매	이황화탄소(CS_2)를 주로 사용
실리카겔관 (silica gel tube)	실리카겔관을 사용하여 채취하기 용이한 시료	• 극성류의 유기용제, 산(무기산 : 불산, 염산) • 방향족 아민류, 지방족 아민류 • 아미노에탄올, 아마이드류 • 니트로벤젠류, 페놀류
	장점	• 극성이 강하여 극성 물질을 채취한 경우 물, 메탄올 등 다양한 용매로 쉽게 탈착함 • 추출용액(탈착용매)가 화학분석이나 기기분석에 방해물질로 작용하는 경우는 많지 않음 • 활성탄으로 채취가 어려운 아닐린, 오르토-톨루이딘 등의 아민류나 몇몇 무기물질의 채취가 가능 • 매우 유독한 이황화탄소를 탈착용매로 사용하지 않음
	실리카겔의 친화력 (극성이 강한 순서)	물 > 알코올류 > 알데히드류 > 케톤류 > 에스테르류 > 방향족 탄화수소류 > 올레핀류 > 파라핀류
다공성 중합체 (porous polymer)	장점	• 아주 적은 양도 흡착제로부터 효율적으로 탈착이 가능 • 고온에서 열안정성이 매우 뛰어나기 때문에 열탈착이 가능 • 저농도 측정이 가능
	단점	• 비휘발성 물질(이산화탄소 등)에 의하여 치환반응이 일어남 • 시료가 산화·가수·결합 반응이 일어날 수 있음 • 아민류 및 글리콜류는 비가역적 흡착이 발생함 • 반응성이 강한 기체(무기산, 이산화황)가 존재 시 시료가 화학적으로 변함
분자체 탄소	특징	• 비극성(포화결합) 화합물 및 유기물질을 잘 흡착하는 성질 • 거대 공극 및 무산소 열분해로 만들어지는 구형의 다공성 구조 • 사용 시 가장 큰 제한요인 : 습도

10 액체 포집법에서 흡수효율(채취효율)을 높이기 위한 방법

① 포집액의 온도를 낮추어 오염물질의 휘발성을 제한한다.
② 두 개 이상의 임핀저나 버블러를 연속적(직렬)으로 연결하여 사용하는 것이 좋다.
③ 시료채취속도(채취물질이 흡수액을 통과하는 속도)를 낮춘다.
④ 기포의 체류시간을 길게 한다.
⑤ 기포와 액체의 접촉면적을 크게 한다(가는 구멍이 많은 fritted 버블러 사용).
⑥ 액체의 교반을 강하게 한다.
⑦ 흡수액의 양을 늘려준다.
⑧ 액체에 포집된 오염물질의 휘발성을 제거한다.

11 수동식 시료채취기의 특징

① 원리 : 공기채취 펌프가 필요하지 않고, 공기층을 통한 확산 또는 투과되는 현상을 이용한다.
② 적용원리 : Fick의 제1법칙(확산)
③ 결핍(starvation)현상
    ㉠ 수동식 시료채취기(passive sampler) 사용 시 최소한의 기류가 있어야 하는데, 최소기류가 없어 채취가 표면에서 일단 확산에 의하여 오염물질이 제거되면 농도가 없어지거나 감소하는 현상이다.
    ㉡ 결핍현상을 제거하는 데 필요한 가장 중요한 요소는 최소한의 기류 유지(0.05~0.1m/sec)이다.

12 검지관의 장단점

구분	내용
장점	• 사용이 간편함 • 반응시간이 빨라 현장에서 바로 측정 결과를 알 수 있음 • 비전문가도 어느 정도 숙지하면 사용할 수 있지만, 산업위생전문가의 지도 아래 사용되어야 함 • 맨홀, 밀폐공간에서의 산소부족 또는 폭발성 가스로 인한 안전이 문제가 될 때 유용하게 사용 • 다른 측정방법이 복잡하거나 빠른 측정이 요구될 때 사용
단점	• 민감도가 낮아 비교적 고농도에만 적용이 가능 • 특이도가 낮아 다른 방해물질의 영향을 받기 쉽고, 오차가 큼 • 대개 단시간 측정만 가능 • 한 검지관으로 단일물질만 측정이 가능하여 각 오염물질에 맞는 검지관을 선정함에 따른 불편함이 있음 • 색변화에 따라 주관적으로 읽을 수 있어 판독자에 따라 변이가 심하며, 색변화가 시간에 따라 변하므로 제조자가 정한 시간에 읽어야 함 • 미리 측정대상 물질의 동정이 되어 있어야 측정이 가능함

핵심이론 17 | 입자상 물질의 시료채취

1 흄의 생성기전 3단계

① 1단계 : 금속의 증기화
② 2단계 : 증기물의 산화
③ 3단계 : 산화물의 응축

2 공기역학적 직경과 기하학적 직경

구분		내용
공기역학적 직경 (aero-dynamic diameter)		대상 먼지와 침강속도가 같고 단위밀도가 $1g/cm^3$이며, 구형인 먼지의 직경으로 환산된 직경
기하학적(물리적) 직경	마틴 직경 (Martin diameter)	• 먼지의 면적을 2등분하는 선의 길이로 선의 방향은 항상 일정하여야 함 • 과소평가할 수 있는 단점이 있음
	페렛 직경 (Feret diameter)	• 먼지의 한쪽 끝 가장자리와 다른 쪽 가장자리 사이의 거리 • 과대평가될 가능성이 있는 입자상 물질의 직경
	등면적 직경 (projected area diameter)	• 먼지의 면적과 동일한 면적을 가진 원의 직경으로, 가장 정확한 직경 • 측정은 현미경 접안경에 porton reticle을 삽입하여 측정

3 ACGIH의 입자 크기별 기준(TLV)

입자상 물질	정의	평균입경
흡입성 입자상 물질 (IPM ; Inspirable Particulates Mass)	호흡기의 어느 부위(비강, 인후두, 기관 등 호흡기의 상기도 부위)에 침착하더라도 독성을 유발하는 분진	$100\mu m$
흉곽성 입자상 물질 (TPM ; Thoracic Particulates Mass)	기도나 하기도(가스교환 부위)에 침착하여 독성을 나타내는 물질	$10\mu m$
호흡성 입자상 물질 (RPM ; Respirable Particulates Mass)	가스교환 부위, 즉 폐포에 침착할 때 유해한 물질	$4\mu m$

※ 평균입경 : 폐 침착의 50%에 해당하는 입자의 크기

4 여과 포집 원리(6가지)

① 직접차단(간섭)
② 관성충돌
③ 확산
④ 중력 침강
⑤ 정전기 침강
⑥ 체질

5 각 여과기전에 대한 입자 크기별 포집효율

① 입경 0.1μm 미만 입자 : 확산
② 입경 0.1~0.5μm : 확산, 직접차단(간섭)
③ 입경 0.5μm 이상 : 관성충돌, 직접차단(간섭)
※ 가장 낮은 포집효율의 입경은 0.3μm이다.

6 입자상 물질 채취기구

기구	구분	내용
10mm nylon cyclone (사이클론 분립장치)	정의/원리	• 호흡성 입자상 물질을 측정하는 기구 • 원심력을 이용하여 채취하는 원리
	특징	10mm nylon cyclone과 여과지가 연결된 개인시료채취 펌프의 채취유량은 1.7L/min이 가장 적절(이 채취유량으로 채취하여야만 호흡성 입자상 물질에 대한 침착률을 평가할 수 있기 때문)
	입경분립 충돌기에 비해 갖는 장점	• 사용이 간편하고 경제적임 • 호흡성 먼지에 대한 자료를 쉽게 얻을 수 있음 • 시료 입자의 되튐으로 인한 손실 염려가 없음 • 매체의 코팅과 같은 별도의 특별한 처리가 필요 없음
Cascade impactor (입경분립충돌기, 직경분립충돌기, anderson impactor)	정의/원리	• 흡입성 입자상 물질, 흉곽성 입자상 물질, 호흡성 입자상 물질의 크기별로 측정하는 기구 • 공기 흐름이 층류일 경우 입자가 관성력에 의해 시료채취 표면에 충돌하여 채취하는 원리
	장점	• 입자의 질량 크기 분포를 얻을 수 있음 • 호흡기의 부분별로 침착된 입자 크기의 자료를 추정 • 흡입성·흉곽성·호흡성 입자의 크기별로 분포와 농도를 계산
	단점	• 시료채취가 까다로움 • 비용이 많이 듦 • 채취준비시간이 과다 • 되튐으로 인한 시료의 손실이 일어나 과소분석 결과를 초래할 수 있어 유량을 2L/min 이하로 채취

7 여과지(여과재) 선정 시 고려사항(구비조건)

① 포집대상 입자의 입도분포에 대하여 포집효율이 높을 것
② 포집 시의 흡인저항은 될 수 있는 대로 낮을 것
③ 접거나 구부리더라도 파손되지 않고 찢어지지 않을 것
④ 될 수 있는 대로 가볍고 1매당 무게의 불균형이 적을 것
⑤ 될 수 있는 대로 흡습률이 낮을 것
⑥ 측정대상 물질의 분석상 방해가 되는 것과 같은 불순물을 함유하지 않을 것

8 막여과지의 종류별 특징

① MCE막 여과지(Mixed Cellulose Ester membrane filter)
  ㉠ 산에 쉽게 용해되고 가수분해되며, 습식 회화되기 때문에 공기 중 입자상 물질 중의 금속을 채취하여 원자흡광법으로 분석하는 데 적당하다.
  ㉡ 흡습성(원료인 셀룰로오스가 수분 흡수)이 높아 오차를 유발할 수 있어 중량분석에는 적합하지 않다.
  ㉢ NIOSH에서는 금속, 석면, 살충제, 불소화합물 및 기타 무기물질에 추천한다.
② PVC막 여과지(Polyvinyl chloride membrane filter)
  ㉠ 가볍고 흡습성이 낮기 때문에 분진의 중량분석에 사용한다.
  ㉡ 수분에 영향이 크지 않아 공해성 먼지, 총 먼지 등의 중량분석을 위한 측정에 사용하며, 금속 중 6가크롬 채취에도 적용한다.
  ㉢ 유리규산을 채취하여 X선 회절법으로 분석하는 데 적절하다.
③ PTFE막 여과지(Polytetrafluoroethylene membrane filter, 테프론)
  열, 화학물질, 압력 등에 강한 특성을 가지고 있어 석탄 건류나 증류 등의 고열 공정에서 발생하는 다핵방향족 탄화수소를 채취하는 데 이용한다.
④ 은막 여과지(silver membrane filter)
  균일한 금속은을 소결하여 만들며, 열적·화학적 안정성이 있다.

9 계통오차의 종류

① 외계오차(환경오차) : 보정값을 구하여 수정함으로써 오차를 제거
② 기계오차(기기오차) : 기계의 교정에 의하여 오차를 제거
③ 개인오차 : 두 사람 이상 측정자의 측정을 비교하여 오차를 제거

핵심이론 18 | 가스상 물질의 분석

1 가스 크로마토그래피(gas chromatography)

① 원리

기체 시료 또는 기화한 액체나 고체 시료를 운반기체(carrier gas)에 의해 분리관(칼럼) 내 충전물의 흡착성 또는 용해성 차이에 따라 전개(분석시료의 휘발성을 이용)시켜 분리관 내에서 이동속도가 달라지는 것을 이용, 각 성분의 크로마토그래피적(크로마토그램)을 이용하여 성분을 정성 및 정량하는 분석기기이다.

② 장치 구성

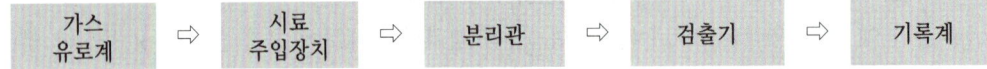

㉠ 분리관(column ; 칼럼, 칼럼오븐)
  ⓐ 역할
    분리관은 주입된 시료가 각 성분에 따라 분리(분배)가 일어나는 부분으로 G.C에서 분석하고자 하는 물질을 지체시키는 역할을 한다.
  ⓑ 분리관 충전물질(액상) 조건
    • 분석대상 성분을 완전히 분리할 수 있어야 한다.
    • 사용온도에서 증기압이 낮고 점성이 작은 것이어야 한다.
    • 화학적 성분이 일정하고 안정된 성질을 가진 물질이어야 한다.
  ⓒ 분리관 선정 시 고려사항
    • 극성
    • 분리관 내경
    • 도포물질 두께
    • 도포물질 길이
  ⓓ 분리관의 분해능을 높이기 위한 방법
    • 시료와 고정상의 양을 적게 한다.
    • 고체지지체의 입자 크기를 작게 한다.
    • 온도를 낮춘다.
    • 분리관의 길이를 길게 한다(분해능은 길이의 제곱근에 비례).
㉡ 검출기(detector)
  ⓐ 불꽃이온화 검출기(FID)
    • 분석물질을 운반기체와 함께 수소와 공기의 불꽃 속에 도입함으로써 생기는 이온의 증가를 이용하는 원리이다.
    • 유기용제 분석 시 가장 많이 사용하는 검출기이다(운반기체 : 질소, 헬륨).
    • 매우 안정한 보조가스(수소-공기)의 기체 흐름이 요구된다.
    • 큰 범위의 직선성, 비선택성, 넓은 용융성, 안정성, 높은 민감성이 있다.

- 할로겐 함유 화합물에 대하여 민감도가 낮다.
- 주분석대상 가스는 다핵방향족 탄화수소류, 할로겐화 탄화수소류, 알코올류, 방향족 탄화수소류, 이황화탄소, 니트로메탄, 메르캅탄류이다.
ⓑ 전자포획형 검출기(ECD)
  - 유기화합물의 분석에 많이 사용하는 검출기이다(운반기체 : 순도 99.8% 이상 헬륨).
  - 검출한계는 50pg이다.
  - 주분석대상 가스는 할로겐화 탄화수소화합물, 사염화탄소, 벤조피렌 니트로화합물, 유기금속화합물이며, 염소를 함유한 농약의 검출에 널리 사용된다.
  - 불순물 및 온도에 민감하다.
ⓒ 열전도도 검출기(TCD)
ⓓ 불꽃광도검출기(FPD) : 이황화탄소, 니트로메탄, 유기황화합물 분석에 이용한다.
ⓔ 광이온화검출기(PID)
ⓕ 질소인 검출기(NPD)

2 고성능 액체 크로마토그래피(HPLC ; High Performance Liquid Chromatography)

① 원리
물질을 이동상과 충진제와의 분배에 따라 분리하므로 분리물질별로 적당한 이동상으로 액체를 사용하는 분석기이며, 고정상과 액체 이동상 사이의 물리화학적 반응성의 차이를 이용하여 분리한다.

② 검출기 종류
  ㉠ 자외선검출기
  ㉡ 형광검출기
  ㉢ 전자화학검출기

③ 장치 구성

3 이온 크로마토그래피(IC ; Ion Chromatography)

① 원리
이동상 액체 시료를 고정상의 이온교환수지가 충전된 분리관 내로 통과시켜 시료 성분의 용출상태를 전기전도도 검출기로 검출하여 그 농도를 정량하는 기기로, 음이온 및 무기산류(염산, 불산, 황산, 크롬산) 분석에 이용한다.

② 검출기 : 전기전도도 검출기

③ 장치 구성

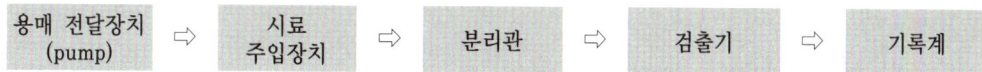

핵심이론 19 | 입자상 물질의 분석

1 금속 분석 시 정량법
① 검량선법
② 표준첨가법
③ 내부표준법

2 흡광광도법(분광광도계, absorptiometric analysis)
① 원리
빛(백색광)이 시료 용액을 통과할 때 흡수나 산란 등에 의하여 강도가 변화하는 것을 이용하는 것으로서 시료물질의 용액 또는 여기에 적당한 시약을 넣어 발색시킨 용액의 흡광도를 측정하여 시료 중의 목적성분을 정량하는 방법이다.

② 기기 구성

| 광원부 | ⇨ | 파장선택부 | ⇨ | 시료부 | ⇨ | 검출기, 지시기 |

㉠ 광원부
ⓐ 가시부와 근적외부 광원 : 텅스텐램프
ⓑ 자외부의 광원 : 중수소방전관
㉡ 시료부 – 흡수셀의 재질
ⓐ 유리 : 가시부·근적외부 파장에 사용
ⓑ 석영 : 자외부 파장에 사용
ⓒ 플라스틱 : 근적외부 파장에 사용
㉢ 측광부(검출기, 지시기)
ⓐ 자외부·가시부 파장 : 광전관, 광전자증배관 사용
ⓑ 근적외부 파장 : 광전도셀 사용
ⓒ 가시부 파장 : 광전지 사용

3 원자흡광광도법(atomic absorption spectrophotometry)
① 원리
시료를 적당한 방법으로 해리시켜 중성원자로 증기화하여 생긴 기저상태의 원자가 이 원자 증기층을 투과하는 특유 파장의 빛을 흡수하는 현상을 이용하여 광전 측광과 같은 개개의 특유 파장에 대한 흡광도를 측정하여 시료 중의 원소 농도를 정량하는 방법이다.

② 적용 이론
램버트–비어(Lambert–Beer) 법칙

③ 기기 구성

㉠ 광원부 : 속빈 음극램프(중공음극램프, hollow cathode lamp)
㉡ 시료 원자화부 – 불꽃원자화장치
  ⓐ 빠르고 정밀도가 좋으며, 매질 효과에 의한 영향이 적다는 장점이 있다.
  ⓑ 금속화합물을 원자화시키는 것으로, 가장 일반적인 방법이다.
  ⓒ 불꽃을 만들기 위한 조연성 가스와 가연성 가스의 조합 : 아세틸렌–공기
    • 대부분의 연소 분석 ◀ 일반적으로 많이 사용
    • 불꽃의 화염온도는 2,300℃ 부근

④ 장점
  ㉠ 쉽고 간편하다.
  ㉡ 가격이 흑연로장치나 유도결합플라스마–원자발광분석기보다 저렴하다.
  ㉢ 분석시간이 빠르다(흑연로 장치에 비해 적게 소요됨).
  ㉣ 기질의 영향이 작다.
  ㉤ 정밀도가 높다.

⑤ 단점
  ㉠ 많은 양의 시료가 필요하며, 감도가 제한되어 있어 저농도에서 사용이 곤란하다.
  ㉡ 점성이 큰 용액은 분무구를 막을 수 있다.

4 유도결합플라스마 분광광도계(ICP ; Inductively Coupled Plasma, 원자발광분석기)

① 원리
금속원자마다 그들이 흡수하는 고유한 특정 파장이 있다. 이 원리를 이용한 분석이 원자흡광광도계이고, 원자가 내놓는 고유한 발광에너지를 이용한 것이 유도결합플라스마 분광광도계이다.

② 기기 구성

③ 장점
  ㉠ 비금속을 포함한 대부분의 금속을 ppb 수준까지 측정할 수 있다.
  ㉡ 적은 양의 시료를 가지고 한 번에 많은 금속을 분석할 수 있는 것이 가장 큰 장점이다.
  ㉢ 한 번에 시료를 주입하여 10~20초 내에 30개 이상의 원소를 분석한다.
  ㉣ 화학물질에 의한 방해로부터 거의 영향을 받지 않는다.
  ㉤ 검량선의 직선성 범위가 넓다. 즉, 직선성 확보가 유리하다.

④ 단점
  ㉠ 분광학적 방해 영향이 있다.
  ㉡ 컴퓨터 처리과정에서 교정이 필요하다.
  ㉢ 유지관리 비용 및 기기 구입가격이 높다.

5 섬유의 정의와 분류

① 섬유(석면)의 정의
   공기 중에 있는 길이가 5μm 이상이고, 너비가 5μm보다 얇으면서 길이와 너비의 비가 3 : 1 이상의 형태를 가진 고체로서, 석면섬유, 식물섬유, 유리섬유, 암면 등이 있다.
② 섬유의 구분
   ㉠ 인조섬유
   ㉡ 자연섬유(석면)
      ⓐ 사문석 계통 : 백석면(크리소타일)
      ⓑ 각섬석 계통 : 청석면(크로시돌라이트), 갈석면(아모사이트), 액티노라이트, 트레모라이트, 안토필라이트

6 석면 측정방법의 종류별 특징

측정방법	특징
위상차 현미경법	• 석면 측정에 가장 많이 사용 • 다른 방법에 비해 간편하나, 석면의 감별이 어려움
전자 현미경법	• 석면시료를 가장 정확하게 분석 • 석면의 성분 분석(감별분석)이 가능 • 값이 비싸고, 분석시간이 많이 소요
편광 현미경법	석면 광물이 가지는 고유한 빛의 편광성을 이용
X선 회절법	• 단결정 또는 분말시료(석면 포함 물질을 은막 여과지에 놓고 X선 조사)에 의한 단색 X선의 회절각을 변화시켜 가며 회절선의 세기를 계수관으로 측정하여 X선의 세기나 각도를 자동적으로 기록하는 장치를 이용하는 방법 • 석면의 1차·2차 분석에 적용 가능

핵심이론 20 「작업환경측정 및 정도관리 등에 관한 고시」의 주요 내용

1 정확도와 정밀도

① 정확도
정확도란 분석치가 참값에 얼마나 접근하였는가 하는 수치상의 표현이다.
② 정밀도
정밀도란 일정한 물질에 대해 반복 측정·분석을 했을 때 나타나는 자료 분석치의 변동 크기가 얼마나 작은가 하는 수치상의 표현이다.

2 단위작업장소

작업환경측정대상이 되는 작업장 또는 공정에서 정상적인 작업을 수행하는 동일노출집단의 근로자가 작업을 행하는 장소이다.

3 시료채취 근로자 수

① 단위작업장소에서 최고 노출근로자 2명 이상에 대하여 동시에 개인시료방법으로 측정하되, 단위작업장소에 근로자가 1명인 경우에는 그러하지 아니하며, 동일 작업 근로자 수가 10명을 초과하는 경우에는 매 5명당 1명 이상 추가하여 측정하여야 한다. 다만, 동일 작업 근로자 수가 100명을 초과하는 경우에는 최대 시료채취 근로자 수를 20명으로 조정할 수 있다.
② 지역시료채취방법으로 측정을 하는 경우 단위작업장소 내에서 2개 이상의 지점에 대하여 동시에 측정하여야 한다. 다만, 단위작업장소의 넓이가 50평방미터 이상인 경우에는 매 30평방미터마다 1개 지점 이상을 추가로 측정하여야 한다.

4 농도 단위

① 가스상 물질 : ppm, mg/m^3
② 입자상 물질 : mg/m^3
③ 석면 : 개/cm^3
④ 소음 : dB(A)
⑤ 고열(복사열) : WBGT(℃)

5 입자상 물질 측정위치

① 개인시료 채취방법으로 작업환경측정을 하는 경우에는 측정기기를 작업 근로자의 호흡기 위치에 장착한다.
② 지역시료 채취방법의 경우에는 측정기기를 분진 발생원의 근접한 위치 또는 작업근로자의 주작업 행동범위 내의 작업 근로자 호흡기 높이에 설치한다.

6 검지관 방식의 측정

① 검지관 방식으로 측정할 수 있는 경우
  ㉠ 예비조사 목적인 경우
  ㉡ 검지관 방식 외에 다른 측정방법이 없는 경우
  ㉢ 발생하는 가스상 물질이 단일물질인 경우
② 검지관 방식의 측정위치
  ㉠ 해당 작업근로자의 호흡기 및 가스상 물질 발생원에 근접한 위치
  ㉡ 근로자 작업행동범위의 주작업위치에서, 근로자의 호흡기 높이

7 소음계

① 소음계의 청감보정회로 : A특성
② 소음계의 지시침 동작 : 느림(slow)

8 누적소음노출량 측정기의 기기설정

① criteria=90dB
② exchange rate=5dB
③ threshold=80dB

9 소음측정 위치 및 시간

① 소음측정위치
  ㉠ 개인시료 채취방법으로 작업환경측정을 하는 경우에는 소음측정기의 센서 부분을 작업근로자의 귀 위치(귀를 중심으로 반경 30cm인 반구)에 장착한다.
  ㉡ 지역시료 채취방법의 경우에는 소음측정기를 측정대상이 되는 근로자의 주작업행동범위 내의 작업 근로자 귀 높이에 설치한다.
② 소음측정시간
  ㉠ 단위작업장소에서 소음수준은 규정된 측정위치 및 지점에서 1일 작업시간 동안 6시간 이상 연속 측정하거나 작업시간을 1시간 간격으로 나누어 6회 이상 측정한다.
  ㉡ 다만, 소음의 발생특성이 연속음으로서 측정치가 변동이 없다고 자격자 또는 지정측정기관이 판단한 경우에는 1시간 동안을 등간격으로 나누어 3회 이상 측정한다.

10 정도관리 종류

① 정기정도관리
② 특별정도관리

11 고열의 측정

① 측정기기
  고열은 습구흑구온도지수(WBGT)를 측정할 수 있는 기기 또는 이와 동등 이상의 성능을 가진 기기를 사용한다.
② 측정방법
  ㉠ 단위작업장소에서 측정대상이 되는 근로자의 주작업위치에서 측정한다.
  ㉡ 측정기의 위치는 바닥면으로부터 50cm 이상, 150cm 이하의 위치에서 측정한다.
  ㉢ 측정기를 설치한 후 충분히 안정화시킨 상태에서 1일 작업시간 중 가장 높은 고열에 노출되는 시간을 10분 간격으로 연속하여 측정한다.

12 온도 표시

구분	온도	구분	온도
상온	15~25℃	냉수(冷水)	15℃ 이하
실온	1~35℃	온수(溫水)	60~70℃
미온	30~40℃	열수(熱水)	약 100℃
찬 곳	따로 규정이 없는 한 0~15℃의 곳	–	–

13 용기의 종류 및 사용목적

① **밀폐용기** : 이물이 들어가거나 내용물이 손실되지 않도록 보호
② **기밀용기** : 공기 및 가스가 침입하지 않도록 내용물을 보호
③ **밀봉용기** : 기체 및 미생물이 침입하지 않도록 내용물을 보호
④ **차광용기** : 광화학적 변화를 일으키지 않도록 내용물을 보호

14 분석 용어

① "항량이 될 때까지 건조한다 또는 강열한다"란 규정된 건조온도에서 1시간 더 건조 또는 강열할 때 전후 무게의 차가 매 g당 0.3mg 이하일 때를 말한다.
② 시험조작 중 "즉시"란 30초 이내에 표시된 조작을 하는 것을 말한다.
③ "감압 또는 진공"이란 따로 규정이 없는 한 15mmHg 이하를 뜻한다.
④ 중량을 "정확하게 단다"란 지시된 수치의 중량을 그 자릿수까지 단다는 것을 말한다.
⑤ "약"이란 그 무게 또는 부피에 대하여 ±10% 이상의 차가 있지 아니한 것을 말한다.
⑥ "회수율"이란 여과지에 채취된 성분을 추출과정을 거쳐 분석 시 실제 검출되는 비율을 말한다.
⑦ "탈착효율"이란 흡착제에 흡착된 성분을 추출과정을 거쳐 분석 시 실제 검출되는 비율을 말한다.

핵심이론 21. 산업환기와 유체역학

1 산업환기의 목적

① 유해물질의 농도를 감소시켜 근로자들의 건강을 유지·증진
② 화재나 폭발 등의 산업재해를 예방
③ 작업장 내부의 온도와 습도를 조절
④ 작업 생산능률을 향상

2 연속방정식

① 연속방정식 적용법칙 : 질량보존의 법칙
② 유체역학의 질량보존 원리를 환기시설에 적용하는 데 필요한 공기 특성의 네 가지 주요 가정 (전제조건)
　㉠ 환기시설 내외(덕트 내부와 외부)의 열전달(열교환) 효과 무시
　㉡ 공기의 비압축성(압축성과 팽창성 무시)
　㉢ 건조공기 가정
　㉣ 환기시설에서 공기 속 오염물질의 질량(무게)과 부피(용량)를 무시

3 베르누이 정리

① 베르누이(Bernouili) 정리 적용법칙 : 에너지 보존법칙
② 베르누이 방정식 적용조건
　㉠ 정상유동
　㉡ 비압축성·비점성 유동
　㉢ 마찰이 없는 흐름, 즉 이상유동
　㉣ 동일한 유선상의 유동

4 레이놀즈수

① 정의
　레이놀즈수(Reynolds number)란 유체 흐름에서 관성력과 점성력의 비를 무차원수로 나타낸 것으로, Re로 표기한다.
② 크기에 따른 구분
　㉠ 층류(Re < 2,100) : 관성력 < 점성력
　㉡ 난류(Re > 4,000) : 관성력 > 점성력

핵심이론 22 | 압력

1 압력의 종류

① 정압
  ㉠ 밀폐된 공간(duct) 내 사방으로 동일하게 미치는 압력, 즉 모든 방향에서 동일한 압력이며, 송풍기 앞에서는 음압, 송풍기 뒤에서는 양압이다.
  ㉡ 공기 흐름에 대한 저항을 나타내는 압력이며, 위치에너지에 속한다.
  ㉢ 양압은 공간벽을 팽창시키려는 방향으로 미치는 압력이고, 음압은 공간벽을 압축시키려는 방향으로 미치는 압력이다. 즉 유체를 압축시키거나 팽창시키려는 잠재에너지의 의미가 있다.
  ㉣ 정압을 때로는 저항압력 또는 마찰압력이라고 한다.
  ㉤ 정압은 속도압과 관계없이 독립적으로 발생한다.

② 동압(속도압)
  ㉠ 공기의 흐름방향으로 미치는 압력이고 단위체적의 유체가 갖고 있는 운동에너지이다. 즉, 동압은 공기의 운동에너지에 비례한다.
  ㉡ 공기의 운동에너지에 비례하여 항상 0 또는 양압을 갖는다. 즉, 동압은 공기가 이동하는 힘으로 항상 0 이상이다.

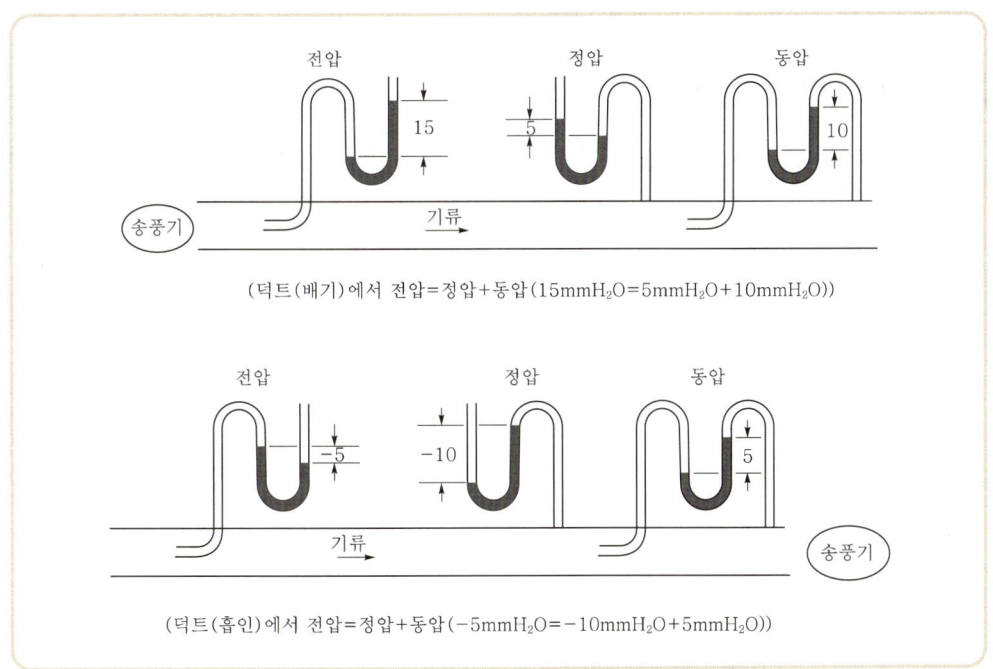

┃송풍기 위치에 따른 정압, 동압, 전압의 관계┃

2 베나수축

① 관 내로 공기가 유입될 때 기류의 직경이 감소하는 현상, 즉 기류면적의 축소현상이다.
② 베나수축에 의한 손실과 베나수축이 다시 확장될 때 발생하는 난류에 의한 손실을 합하여 유입손실이라 하고, 후드의 형태에 큰 영향을 받는다.
③ 베나수축은 덕트 직경 D의 약 $0.2D$ 하류에 위치하며, 덕트의 시작점에서 덕트 직경 D의 약 2배쯤에서 붕괴한다.

3 덕트 압력손실

① 마찰압력손실
② 난류압력손실

4 합류관 연결방법

① 주관과 분지관을 연결 시 확대관을 이용하여 엇갈리게 연결한다.
② 분지관과 분지관 사이 거리는 덕트 지름의 6배 이상이 바람직하다.
③ 분지관이 연결되는 주관의 확대각은 15° 이내가 적합하다.
④ 주관 측 확대관의 길이는 확대부 직경과 축소부 직경 차의 5배 이상 되는 것이 바람직하다.
⑤ 합류각이 클수록 분지관의 압력손실은 증가한다.

5 흡기와 배기의 차이

공기 속도는 송풍기로 공기를 불 때 덕트 직경의 30배 거리에서 1/10로 감소하나, 공기를 흡인할 때는 기류의 방향과 관계없이 덕트 직경과 같은 거리에서 1/10로 감소한다.

핵심이론 23 | 전체환기(희석환기, 강제환기)

1 전체환기의 정의 및 목적

① 전체환기의 정의
 전체환기는 외부에서 공급된 신선한 공기와의 혼합으로 유해물질 농도를 희석시키는 방법으로, 자연환기방식과 인공환기방식으로 구분된다.
② 전체환기의 목적
 ㉠ 유해물질 농도를 희석·감소시켜 근로자의 건강을 유지·증진
 ㉡ 화재나 폭발을 예방
 ㉢ 실내의 온도 및 습도를 조절

2 전체환기의 적용조건

① 유해물질의 독성이 비교적 낮은 경우. 즉, TLV가 높은 경우 ◀ 가장 중요한 제한조건
② 동일한 작업장에 다수의 오염원이 분산되어 있는 경우
③ 유해물질이 시간에 따라 균일하게 발생할 경우
④ 유해물질의 발생량이 적은 경우 및 희석공기량이 많지 않아도 될 경우
⑤ 유해물질이 증기나 가스일 경우
⑥ 국소배기로 불가능한 경우
⑦ 배출원이 이동성인 경우
⑧ 가연성 가스의 농축으로 폭발의 위험이 있는 경우
⑨ 오염원이 근무자가 근무하는 장소로부터 멀리 떨어져 있는 경우

3 전체환기시설 설치의 기본원칙

① 오염물질 사용량을 조사하여 필요환기량을 계산한다.
② 배출공기를 보충하기 위하여 청정공기를 공급한다.
③ 오염물질 배출구는 가능한 한 오염원으로부터 가까운 곳에 설치하여 '점환기'의 효과 얻는다.
④ 공기 배출구와 근로자의 작업위치 사이에 오염원을 위치해야 한다.
⑤ 공기가 배출되면서 오염장소를 통과하도록 공기 배출구와 유입구의 위치를 선정한다.
⑥ 작업장 내 압력을 경우에 따라서 양압이나 음압으로 조정해야 한다.
⑦ 배출된 공기가 재유입되지 못하게 배출구 높이를 적절히 설계하고 창문이나 문 근처에 위치하지 않도록 한다.
⑧ 오염된 공기는 작업자가 호흡하기 전에 충분히 희석되어야 한다.
⑨ 오염물질 발생은 가능하면 비교적 일정한 속도로 유출되도록 조정해야 한다.

4 전체환기의 종류별 특징

① 자연환기
  ㉠ 정의
     작업장의 개구부(문, 창, 환기공 등)를 통하여 바람(풍력)이나 작업장 내외의 온도, 기압의 차이에 의한 대류작용으로 행해지는 환기를 의미한다.
  ㉡ 자연환기의 장단점

구분	내용
장점	• 설치비 및 유지보수비가 적게 들며, 소음 발생 적음 • 적당한 온도 차이와 바람이 있다면 운전비용이 거의 들지 않음
단점	• 외부 기상조건과 내부 조건에 따라 환기량이 일정하지 않아 작업환경 개선용으로 이용하는 데 제한적임 • 정확한 환기량 산정이 힘듦. 즉, 환기량 예측자료를 구하기 힘듦

② 인공환기(기계환기)
  ㉠ 인공환기의 종류별 특징

종류	특징
급배기법	• 급·배기를 동력에 의해 운전하는 가장 효과적인 인공환기방법 • 실내압을 양압이나 음압으로 조정 가능 • 정확한 환기량이 예측 가능하며, 작업환경 관리에 적합
급기법	• 급기는 동력, 배기는 개구부로 자연 배출 • 실내압은 양압으로 유지되어 청정산업(전자산업, 식품산업, 의약산업)에 적용
배기법	• 급기는 개구부, 배기는 동력으로 함 • 실내압은 음압으로 유지되어 오염이 높은 작업장에 적용

  ㉡ 인공환기의 장단점

구분	내용
장점	• 외부 조건(계절변화)에 관계없이 작업조건을 안정적으로 유지할 수 있음 • 환기량을 기계적(송풍기)으로 결정하므로 정확한 예측이 가능함
단점	• 소음 발생이 큼 • 운전비용이 증가하고, 설비비 및 유지보수비가 많이 듦

핵심이론 24 | 국소배기

1. 국소배기 적용조건

① 높은 증기압의 유기용제인 경우
② 유해물질 발생량이 많은 경우
③ 유해물질 독성이 강한 경우(낮은 허용 기준치를 갖는 유해물질)
④ 근로자 작업위치가 유해물질 발생원에 가까이 근접해 있는 경우
⑤ 발생주기가 균일하지 않은 경우
⑥ 발생원이 고정되어 있는 경우
⑦ 법적 의무 설치사항인 경우

2. 전체환기와 비교 시 국소배기의 장점

① 전체환기는 희석에 의한 저감으로서 완전 제거가 불가능하지만, 국소배기는 발생원상에서 포집·제거하므로 유해물질의 완전 제거가 가능하다.
② 국소배기는 전체환기에 비해 필요환기량이 적어 경제적이다.
③ 작업장 내의 방해기류나 부적절한 급기에 의한 영향을 적게 받는다.
④ 유해물질로부터 작업장 내의 기계 및 시설물을 보호할 수 있다.
⑤ 비중이 큰 침강성 입자상 물질도 제거 가능하므로 작업장 관리(청소 등) 비용을 절감할 수 있다.
⑥ 유해물질 독성이 클 때도 효과적 제거가 가능하다.
※ 국소배기에서 효율성 있는 운전을 하기 위해 가장 먼저 고려할 사항 : 필요송풍량 감소

3. 국소배기장치의 설계순서

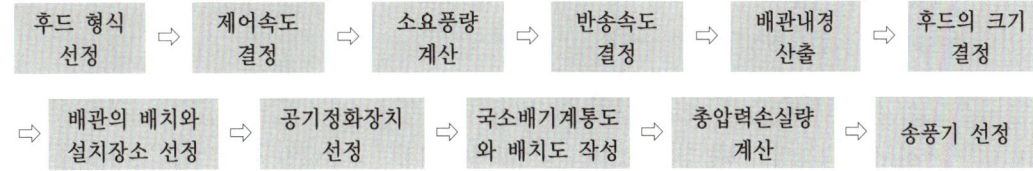

4. 국소배기장치의 구성

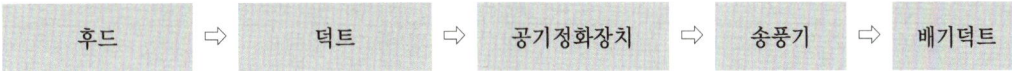

핵심이론 25 | 후드

1 후드 설치기준

① 유해물질이 발생하는 곳마다 설치할 것
② 유해인자의 발생형태 및 비중, 작업방법 등을 고려하여 해당 분진 등의 발산원을 제어할 수 있는 구조로 설치할 것
③ 후드의 형식은 가능한 한 포위식 또는 부스식 후드를 설치할 것
④ 외부식 또는 리시버식 후드를 설치하는 때에는 해당 분진 등의 발산원에 가장 가까운 위치에 설치할 것

2 제어속도(포촉속도, 포착속도)

① 정의
후드 근처에서 발생하는 오염물질을 주변 방해기류를 극복하고 후드 쪽으로 흡인하기 위한 유체의 속도, 즉 유해물질을 후드 쪽으로 흡인하기 위하여 필요한 최소풍속
② 제어속도 결정 시 고려사항
  ㉠ 유해물질의 비산방향(확산상태)
  ㉡ 후드에서 오염원까지의 거리
  ㉢ 후드 모양
  ㉣ 작업장 내 방해기류(난기류의 속도)
  ㉤ 유해물질의 사용량 및 독성
③ 제어속도 범위(ACGIH)

작업조건	작업공정 사례	제어속도(m/sec)
• 움직이지 않는 공기 중에서 속도 없이 배출되는 작업조건 • 조용한 대기 중에 실제 거의 속도가 없는 상태로 발산하는 경우의 작업조건	• 액면에서 발생하는 가스나 증기, 흄 • 탱크에서 증발·탈지 시설	0.25~0.5
비교적 조용한(약간의 공기 움직임) 대기 중에서 저속도로 비산하는 작업조건	• 용접·도금 작업 • 스프레이 도장 • 주형을 부수고 모래를 터는 장소	0.5~1.0
발생기류가 높고 유해물질이 활발하게 발생하는 작업조건	• 스프레이 도장, 용기 충전 • 컨베이어 적재 • 분쇄기	1.0~2.5
초고속 기류가 있는 작업장소에 초고속으로 비산하는 경우	• 회전연삭 작업 • 연마 작업 • 블라스트 작업	2.5~10

3 관리대상 유해물질·특별관리물질 관련 국소배기장치 후드의 제어풍속

물질의 상태	후드 형식	제어풍속(m/sec)
가스 상태	포위식 포위형	0.4
	외부식 측방 흡인형	0.5
	외부식 하방 흡인형	0.5
	외부식 상방 흡인형	1.0
입자 상태	포위식 포위형	0.7
	외부식 측방 흡인형	1.0
	외부식 하방 흡인형	1.0
	외부식 상방 흡인형	1.2

4 후드가 갖추어야 할 사항(필요환기량을 감소시키는 방법)

① 가능한 한 오염물질 발생원에 가까이 설치한다(포집식 및 리시버식 후드).
② 제어속도는 작업조건을 고려하여 적정하게 선정한다.
③ 작업이 방해되지 않도록 설치해야 한다.
④ 오염물질 발생특성을 충분히 고려하여 설계해야 한다.
⑤ 가급적이면 공정을 많이 포위한다.
⑥ 후드 개구면에서 기류가 균일하게 분포되도록 설계한다.
⑦ 공정에서 발생 또는 배출되는 오염물질의 절대량을 감소시킨다.

5 후드 입구의 공기 흐름(후드 개구면 속도)을 균일하게 하는 방법

① 테이퍼(taper, 경사접합부) 설치
② 분리날개(splitter vanes) 설치
③ 슬롯(slot) 사용
④ 차폐막 이용

6 플레넘(충만실)

플레넘(plenum)은 후드 뒷부분에 위치하며 개구면 흡입유속의 강약을 작게 하여 일정하게 하므로 압력과 공기 흐름을 균일하게 형성하는 데 필요한 장치로, 가능한 설치는 길게 하며 배기효율을 우선적으로 높여야 한다.

7 후드 선택 시 유의사항(후드의 선택지침)

① 필요환기량을 최소화하여야 한다.
② 작업자의 호흡 영역을 유해물질로부터 보호해야 한다.
③ ACGIH 및 OSHA의 설계기준을 준수해야 한다.
④ 작업자의 작업방해를 최소화할 수 있도록 설치해야 한다.
⑤ 상당거리 떨어져 있어도 제어할 수 있다는 생각, 공기보다 무거운 증기는 후드 설치위치를 작업장 바닥에 설치해야 한다는 생각의 설계오류를 범하지 않도록 유의해야 한다.
⑥ 후드는 덕트보다 두꺼운 재질을 선택하고, 오염물질의 물리화학적 성질을 고려하여 후드 재료를 선정한다.
⑦ 후드는 발생원의 상태에 맞는 형태와 크기여야 하고, 발생원 부근에 최소제어속도를 만족하는 정상 기류를 만들어야 한다.

8 후드의 형태별 주요 특징

종류	내용
포위식 후드	• 발생원을 완전히 포위하는 형태의 후드 • 후드의 개구면 속도가 제어속도가 됨 • 국소배기장치의 후드 형태 중 가장 효과적인 형태로, 필요환기량을 최소한으로 줄일 수 있음 • 독성 가스 및 방사성 동위원소 취급 공정, 발암성 물질에 주로 사용
외부식 후드	• 후드의 흡인력이 외부까지 미치도록 설계한 후드이며, 포집형 후드라고도 함 • 작업여건상 발생원에 독립적으로 설치하여 유해물질을 포집하는 후드로, 후드와 작업지점과의 거리를 줄이면 제어속도가 증가함
외부식 슬롯 후드	• 후드 개방부분의 길이가 길고 높이(폭)가 좁은 형태로, [높이(폭)/길이]의 비가 0.2 이하 • 슬롯 후드에서도 플랜지를 부착하면 필요배기량을 저감(ACGIH : 환기량 30% 절약)
리시버식(수형) 천개형 후드	• 운동량(관성력) : 연삭·연마 공정에 적용 • 열상승력 : 가열로, 용융로, 용해로 공정에 적용 • 필요송풍량 계산 시 제어속도의 개념이 필요 없음
Push-Pull (밀어 당김형) 후드	• 제어길이가 비교적 길어서 외부식 후드에 의한 제어효과가 문제가 되는 경우에 공기를 밀어주고(push) 당겨주는(pull) 장치로 되어 있음 • 도금조 및 자동차 도장공정과 같이 오염물질 발생원의 상부가 개방되어 있고 개방면적이 큰 작업공정에 적용 • 장점 : 포집효율을 증가시키면서 필요유량을 대폭 감소시키고, 작업자의 방해가 적으며, 적용이 용이함(일반적인 국소배기장치의 후드보다 동력비가 적게 소요) • 단점 : 원료의 손실이 크고, 설계방법이 어려움

9 무효점 이론(Hemeon 이론)

① **무효점**(제로점, null point) : 발생원에서 방출된 유해물질이 초기 운동에너지를 상실하여 비산속도가 0이 되는 비산한계점을 의미한다.
② **무효점 이론** : 필요한 제어속도는 발생원뿐만 아니라, 이 발생원을 넘어서 유해물질의 초기 운동에너지가 거의 감소되어 실제 제어속도 결정 시 이 유해물질을 흡인할 수 있는 지점까지 확대되어야 한다는 이론이다.

10 후드의 분출기류(분사구 직경과 중심속도의 관계)

① **잠재중심부** : 배출구 직경의 5배까지
② **천이부** : 배출구 직경의 5배부터 30배까지
③ **완전개구부** : 배출구 직경의 30배 이상

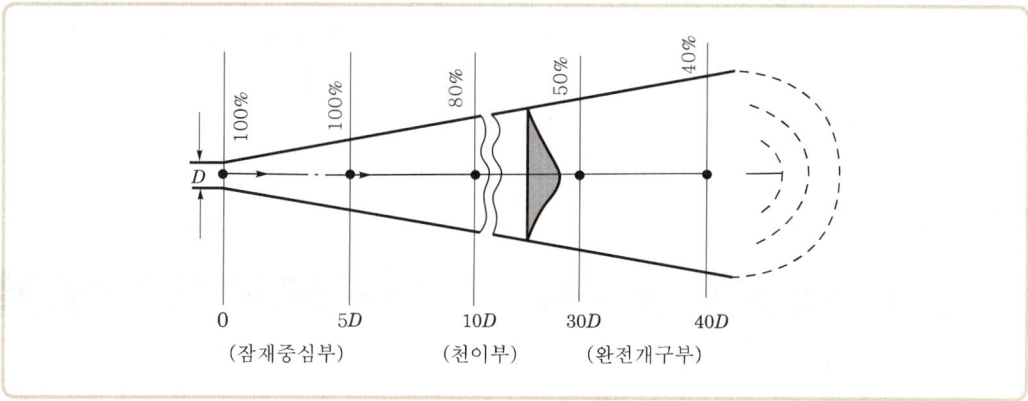

11 공기공급(make-up air) 시스템이 필요한 이유

① 국소배기장치의 원활한 작동과 효율 유지를 위하여
② 안전사고를 예방하기 위하여
③ 에너지(연료)를 절약하기 위하여
④ 작업장 내의 방해기류(교차기류)가 생기는 것을 방지하기 위하여
⑤ 외부 공기가 정화되지 않은 채로 건물 내로 유입되는 것을 막기 위하여

핵심이론 26 | 덕트

1 덕트 설치기준(설치 시 고려사항)

① 가능하면 길이는 짧게 하고 굴곡부의 수는 적게 할 것
② 접속부의 안쪽은 돌출된 부분이 없도록 할 것
③ 덕트 내부에 오염물질이 쌓이지 않도록 이송속도를 유지할 것
④ 연결부위 등은 외부 공기가 들어오지 않도록 할 것(연결부위는 가능한 한 용접할 것)
⑤ 가능한 후드의 가까운 곳에 설치할 것
⑥ 송풍기를 연결할 때는 최소 덕트 직경의 6배 정도 직선구간을 확보할 것
⑦ 직관은 하향 구배로 하고 직경이 다른 덕트를 연결할 때에는 경사 30° 이내의 테이퍼를 부착할 것
⑧ 원형 덕트가 사각형 덕트보다 덕트 내 유속분포가 균일하므로 가급적 원형 덕트를 사용하며, 부득이 사각형 덕트를 사용할 경우에는 가능한 정방형을 사용하고 곡관의 수를 적게 할 것
⑨ 곡관의 곡률반경은 최소 덕트 직경의 1.5 이상(주로 2.0)을 사용할 것
⑩ 덕트의 마찰계수는 작게 하고, 분지관을 가급적 적게 할 것

2 반송속도의 적용

유해물질	예	반송속도(m/sec)
가스, 증기, 흄 및 극히 가벼운 물질	각종 가스, 증기, 산화아연 및 산화알루미늄 등의 흄, 목재 분진, 솜먼지, 고무분, 합성수지분	10
가벼운 건조먼지	원면, 곡물분, 고무, 플라스틱, 경금속 분진	15
일반 공업 분진	털, 나무 부스러기, 대패 부스러기, 샌드블라스트, 그라인더 분진, 내화벽돌 분진	20
무거운 분진	납 분진, 주조 후 모래털기 작업 시 먼지, 선반 작업 시 먼지	25
무겁고 비교적 큰 입자의 젖은 먼지	젖은 납 분진, 젖은 주조 작업 발생 먼지, 철분진, 요업분진	25 이상

※ 반송속도 : 후드로 흡인한 오염물질을 덕트 내에 퇴적시키지 않고 이송하기 위한 송풍관 내 기류의 최소속도

3 총 압력손실 계산방법

① 정압조절평형법(유속조절평형법, 정압균형유지법)
  ㉠ 정의
    저항이 큰 쪽의 덕트 직경을 약간 크게 하거나 감소시켜 저항을 줄이거나 증가시킴으로써 합류점의 정압이 같아지도록 하는 방법
  ㉡ 적용
    분지관의 수가 적고 고독성 물질이나 폭발성·방사성 분진을 대상으로 사용
  ㉢ 정압조절평형법의 장단점

구분	내용
장점	• 예기치 않은 침식, 부식, 분진 퇴적으로 인한 축적(퇴적) 현상이 일어나지 않음 • 잘못 설계된 분지관, 최대저항경로(저항이 큰 분지관) 선정이 잘못되어도 설계 시 쉽게 발견 가능 • 설계가 정확할 경우 가장 효율적인 시설임
단점	• 설계 시 잘못된 유량을 고치기 어려움(임의로 유량을 조절하기 어려움) • 설계가 복잡하고 시간이 소요됨 • 설치 후 변경이나 확장에 대한 유연성이 낮음 • 효율 개선 시 전체를 수정해야 함

② 저항조절평형법(댐퍼조절평형법, 덕트균형유지법)
  ㉠ 정의
    각 덕트에 댐퍼를 부착하여 압력을 조정하고, 평형을 유지하는 방법
  ㉡ 적용
    분지관의 수가 많고 덕트의 압력손실이 클 때 사용(배출원이 많아서 여러 개의 후드를 주관에 연결한 경우)
  ㉢ 저항조절평형법의 장단점

구분	내용
장점	• 시설 설치 후 변경에 유연하게 대처가 가능 • 최소 설계 풍량으로 평형 유지가 가능 • 설계 계산이 간편하고, 고도의 지식을 요하지 않음
단점	• 평형상태 시설에 댐퍼를 잘못 설치 시 또는 임의의 댐퍼 조정 시 평형상태가 파괴됨 • 부분적 폐쇄 댐퍼는 침식, 분진 퇴적의 원인이 됨 • 최대저항경로 선정이 잘못되어도 설계 시 쉽게 발견할 수 없음

핵심이론 27 송풍기

1 원심력 송풍기의 종류별 특징

송풍기의 종류	구분	내용
다익형 송풍기 (multi blade fan)	주요 특징	• 전향 날개형(전곡 날개형, forward-curved blade fan)이라고 하며, 많은 날개(blade)를 갖고 있음 • 송풍기의 임펠러가 다람쥐 쳇바퀴 모양으로, 회전날개가 회전방향과 동일한 방향으로 설계됨 • 높은 압력손실에서는 송풍량이 급격하게 떨어지므로 이송시켜야 할 공기량이 많고 압력손실이 작게 걸리는 전체환기나 공기조화용으로 널리 사용
	장점	• 동일 풍량, 동일 풍압에 대해 가장 소형이므로, 제한된 장소에 사용 가능 • 설계가 간단함 • 회전속도가 느려 소음이 적음 • 저가로 제작이 가능
	단점	• 구조·강도상 고속 회전이 불가능 • 효율이 낮음(약 60%) • 동력상승률(상승구배)이 크고 과부하되기 쉬워 큰 동력의 용도에 적합하지 않음
평판형 송풍기 (radial fan)	주요 특징	• 플레이트(plate) 송풍기, 방사 날개형 송풍기 • 날개가 다익형보다 적고, 직선으로 평판 모양을 하고 있어 강도가 매우 높게 설계되어 있음 • 깃의 구조가 분진을 자체 정화할 수 있도록 되어 있음
	적용	시멘트, 미분탄, 곡물, 모래 등의 고농도 분진 함유 공기나 마모성이 강한 분진, 부식성이 강한 공기를 이송하는 데 사용
	압력 손실	• 압력손실이 다익형보다 약간 높음 • 효율도 65%로 다익형보다는 약간 높으나, 터보형보다는 낮음
터보형 송풍기 (turbo fan)	주요 특징	• 후향 날개형(후곡 날개형, backward-curved blade fan)은 송풍량이 증가해도 동력이 증가하지 않는 장점을 가지고 있어 한계부하 송풍기라고도 함 • 회전날개(깃)가 회전방향 반대편으로 경사지게 설계되어 있어 충분한 압력을 발생시킬 수 있음
	장점	• 장소의 제약을 받지 않음 • 통상적으로 최고속도가 높아 송풍기 중 효율이 가장 좋으며, 송풍량이 증가해도 동력은 크게 상승하지 않음 • 하향구배 특성이기 때문에 풍압이 바뀌어도 풍량의 변화가 적음 • 송풍기를 병렬로 배치해도 풍량에는 지장이 없음
	단점	• 소음이 큼 • 고농도 분진 함유 공기 이송 시 집진기 후단에 설치해야 함

2 송풍기 법칙(상사 법칙, law of similarity)

구분	법칙
회전속도 (회전수)	• 풍량은 회전속도(회전수)비에 비례한다. • 풍압은 회전속도(회전수)비의 제곱에 비례한다. • 동력은 회전속도(회전수)비의 세제곱에 비례한다.
회전차 직경 (송풍기 크기)	• 풍량은 회전차 직경(송풍기 크기)의 세제곱에 비례한다. • 풍압은 회전차 직경(송풍기 크기)의 제곱에 비례한다. • 동력은 회전차 직경(송풍기 크기)의 오제곱에 비례한다.

3 송풍기의 풍량 조절방법

① 회전수 조절법(회전수 변환법) : 풍량을 크게 바꾸려고 할 때 가장 적절한 방법
② 안내익 조절법(vane control법) : 송풍기 흡입구에 6~8매의 방사상 날개를 부착, 그 각도를 변경함으로써 풍량을 조절
③ 댐퍼 부착법(damper 조절법) : 댐퍼를 설치하여 송풍량을 조절하기 가장 쉬운 방법

핵심이론 28 공기정화장치

1 전처리 집진장치의 종류

① 중력 집진장치
② 관성력 집진장치
③ 원심력 집진장치

2 원심력 집진장치(cyclone)

① 입구 유속
　㉠ 접선유입식 : 7~15m/sec
　㉡ 축류식 : 10m/sec 전후
② 특징
　㉠ 설치장소에 구애받지 않고 설치비가 낮으며, 유지·보수 비용이 저렴하다.
　㉡ 미세입자에 대한 집진효율이 낮고, 분진 농도가 높을수록 집진효율이 증가한다.
　㉢ 미세입자를 제거할 때 가장 큰 영향인자는 사이클론의 직경이다.
　㉣ 원통의 길이가 길어지면 선회기류가 증가하여 집진효율이 증가한다.
③ 블로다운(blow-down)
　사이클론의 집진효율을 향상시키기 위한 하나의 방법으로서, 더스트박스 또는 호퍼부에서 처리가스의 5~10%를 흡인하여 선회기류의 교란을 방지하는 운전방식이다.

[블로다운의 효과]
㉠ 사이클론 내의 난류현상을 억제시킴으로써 집진된 먼지의 비산을 방지(유효원심력 증대)
㉡ 집진효율 증대
㉢ 장치 내부의 먼지 퇴적을 억제하여 장치의 폐쇄현상을 방지(가교현상 방지)

3 세정식 집진장치(wet scrubber)

① 세정식 집진장치의 종류

구분	종류
유수식(가스분산형)	S형 임펠러형, 로터형, 분수형, 나선안내익형, 오리피스 스크러버
가압수식(액분산형)	벤투리 스크러버, 제트 스크러버, 사이클론 스크러버, 분무탑, 충진탑
회전식	타이젠 워셔, 임펄스 스크러버

② 장단점

장점	단점
• 습한 가스, 점착성 입자를 폐색 없이 처리 가능 • 인화성·가연성·폭발성 입자를 처리 • 고온가스의 취급이 용이 • 설치면적이 작아 초기비용이 적게 듦 • 단일장치로 입자상 외에 가스상 오염물을 제거	• 폐수 발생 및 폐슬러지 처리비용이 발생 • 공업용수의 과잉 사용 • 연소가스가 포함된 경우에는 부식 잠재성이 있음 • 추울 경우에 동결 방지장치가 필요 • 백연 발생으로 인한 재가열시설이 필요

4 여과 집진장치(bag filter)

① 원리
함진가스를 여과재(filter media)에 통과시켜 입자를 분리·포집하는 장치로서 $1\mu m$ 이상인 분진의 포집은 99%가 관성충돌과 직접 차단, $0.1\mu m$ 이하인 분진은 확산과 정전기력에 의하여 포집하는 집진장치이다.

② 탈진방법
㉠ 진동형(shaker type)
㉡ 역기류형(reverse air flow type)
㉢ 펄스제트형(pulse-jet type)

③ 장단점

장점	단점
• 집진효율이 높으며, 집진효율은 처리가스의 양과 밀도변화에 영향이 적음 • 다양한 용량을 처리 • 연속집진방식일 경우 먼지부하의 변동이 있어도 운전효율에는 영향이 없음 • 설치 적용범위가 광범위	• 고온, 산·알칼리 가스일 경우 여과백의 수명단축 • 250℃ 이상의 고온가스를 처리할 경우 고가의 특수 여과백을 사용 • 여과백 교체 시 비용이 많이 들고 작업방법이 어려움 • 가스가 노점온도 이하가 되면 수분이 생성되므로 주의

5 전기 집진장치

① 원리

함진가스의 이온화 ⇨ 분진입자의 대전 ⇨ 분진입자 진극으로의 이동 및 포집 ⇨ 포집된 분진입자의 전하상실 및 중성화 ⇨ 집진극으로부터 분진입자의 제거

② 장점
   ㉠ 집진효율이 높다(0.01μm 정도 포집 용이, 99.9% 정도 고집진효율).
   ㉡ 광범위한 온도범위에서 적용이 가능하며, 폭발성 가스의 처리도 가능하다.
   ㉢ 고온의 입자상 물질(500℃ 전후) 처리가 가능하여 보일러와 철강로 등에 설치할 수 있다.
   ㉣ 압력손실이 낮고 대용량의 가스 처리가 가능하며, 배출가스의 온도강하가 적다.
   ㉤ 운전 및 유지비가 저렴하며, 넓은 범위의 입경에도 집진효율이 높다.

③ 단점
   ㉠ 설치비용이 많이 든다.
   ㉡ 설치공간을 많이 차지한다.
   ㉢ 설치된 후에는 운전조건 변화에 유연성이 적다.
   ㉣ 전압변동과 같은 조건변동(부하변동)에 쉽게 적응이 곤란하다.
   ㉤ 먼지 성상에 따라 전처리시설이 요구되며, 가연성 입자 처리는 곤란하다.

④ 분진의 비저항(전기저항)
   ㉠ 전기집진장치의 성능 지배요인 중 가장 큰 것이 분진의 비저항이다.
   ㉡ 집진율이 가장 양호한 범위는 비저항 $10^4 \sim 10^{11} \Omega \cdot cm$의 범위이다.

6 배기구 설치규칙(15-3-15)

① 배출구와 공기를 유입하는 흡입구는 서로 15m 이상 떨어져야 한다.
② 배출구의 높이는 지붕 꼭대기나 공기 유입구보다 위로 3m 이상 높게 하여야 한다.
③ 배출되는 공기는 재유입되지 않도록 배출가스 속도를 15m/s 이상으로 유지한다.

7 유해가스 처리장치의 종류별 주요 특징

① 흡수법

구분	내용
흡수액 구비조건	• 용해도가 클 것 • 점성이 작고, 화학적으로 안정할 것 • 독성이 없고, 휘발성이 적을 것 • 부식성이 없고, 가격이 저렴할 것 • 용매의 화학적 성질과 비슷할 것
충진제 구비조건 (충진탑)	• 압력손실이 적고, 충전밀도가 클 것 • 단위부피 내 표면적이 클 것 • 대상 물질에 부식성이 작을 것 • 세정액의 체류현상(hold-up)이 작을 것 • 내식성이 크고, 액가스 분포를 균일하게 유지할 수 있을 것

② 흡착법

구분	내용
흡착제 선정 시 고려사항	• 흡착탑 내에서 기체 흐름에 대한 저항(압력손실)이 작을 것 • 어느 정도의 강도와 경도가 있을 것 • 흡착률이 우수할 것 • 흡착제의 재생이 용이할 것 • 흡착물질의 회수가 용이할 것
특징	• 처리가스의 농도변화에 대응할 수 있음 • 오염가스를 거의 100% 제거 • 회수가치가 있는 불연성·희박농도 가스 처리에 적합 • 조작 및 장치가 간단 • 처리비용이 높음

③ 연소법

구분	내용
장점	• 폐열을 회수하여 이용 • 배기가스의 유량과 농도 변화에 잘 적응 • 가스 연소장치의 설계 및 운전조절을 통해 유해가스를 거의 완전히 제거
단점	시설 투자비 및 유지관리비가 많이 소요

핵심이론 29 | 국소배기장치의 유지관리

1 측정도구

① 흡기 및 배기 능력 검사 측정도구 : 열선식 풍속계
② 후드의 흡입기류 방향 검사 측정도구 : 발연관(연기발생기, smoke tester)

2 송풍관(duct)과 송풍기의 검사

구분	덕트의 두께	덕트의 정압	송풍기 벨트
측정	초음파 측정기	수주마노미터 또는 정압탐침계를 부착한 열식 미풍속계	벨트를 손으로 눌러서 늘어진 치수를 조사
판정	처음 두께의 1/4 이상	초기 정압의 ±10% 이내	벨트의 늘어짐이 10~20mm일 것

3 성능시험 시 시험장비 중 반드시 갖추어야 할 측정기(필수장비)

① 발연관
② 청음기 또는 청음봉
③ 절연저항계
④ 표면온도계 및 초자온도계
⑤ 줄자

4 송풍관 내의 풍속 측정계기

① 피토관
② 풍차 풍속계
③ 열선식 풍속계
④ 마노미터

5 열선식 풍속계의 원리 및 특징

① 열선식 풍속계(thermal anemometer)는 미세한 백금 또는 텅스텐의 금속선이 공기와 접촉하여 금속의 온도가 변하고, 이에 따라 전기저항이 변하여 유속을 측정한다.
② 기류속도가 낮을 때도 정확한 측정이 가능하다.
③ 가열된 공기가 지나가면서 빼앗는 열의 양은 공기의 속도에 비례한다는 원리를 이용하며 국소배기장치 검사에 공기 유속을 측정하는 유속계 중 가장 많이 사용된다.

6 카타온도계의 원리 및 특징

① 카타온도계(kata thermometer)는 기기 내 알코올이 위 눈금(100°F)에서 아래 눈금(95°F)까지 하강하는 데 소요되는 시간을 측정하여 기류를 간접적으로 측정한다.
② 기류의 방향이 일정하지 않은 경우, 실내 0.2~0.5m/sec 정도의 불감기류 측정 시 사용한다.

7 압력 측정기기

① 피토관
② U자 마노미터(U자 튜브형 마노미터)
③ 경사 마노미터
④ 아네로이드 게이지
⑤ 마그네헬릭 게이지

8 정압 측정에 따른 고장의 주원인

① 송풍기 정압이 갑자기 증가한 경우의 원인
  ㉠ 공기정화장치의 분진 퇴적
  ㉡ 덕트 계통의 분진 퇴적
  ㉢ 후드 댐퍼가 닫힘
  ㉣ 후드와 덕트, 덕트의 연결부위가 풀림
  ㉤ 공기정화장치의 분진 취출구가 열림
② 공기정화장치 전후에 정압이 감소한 경우의 원인
  ㉠ 송풍기 자체의 성능 저하
  ㉡ 송풍기 점검구의 마개가 열림
  ㉢ 배기 측 송풍관이 막힘
  ㉣ 송풍기와 송풍관의 플랜지(flange) 연결부위가 풀림

9 후드 성능 불량의 주요 원인

① 송풍기의 송풍량 부족
② 발생원에서 후드 개구면까지의 거리가 긺
③ 송풍관의 분진 퇴적
④ 외기 영향으로 후두 개구면의 기류 제어 불량
⑤ 유해물질의 비산속도가 큼

핵심이론 30 | 작업환경 개선

1 작업환경 개선의 기본원칙(작업환경 개선원칙의 공학적 대책)
① 대치(대체)
② 격리(밀폐)
③ 환기
④ 교육

2 대치(substitution)의 방법
① 공정의 변경
   ㉠ 금속을 두드려 자르던 공정을 톱으로 절단하는 공정으로 변경
   ㉡ 페인트를 분사하는 방식에서 담그는 형태(함침, dipping)로 변경 또는 전기흡착식 페인트 분무 방식 사용
   ㉢ 작은 날개로 고속 회전시키던 송풍기를 큰 날개로 저속 회전시킴
   ㉣ 자동차산업에서, 땜질한 납을 깎을 때 이용하는 고속 회전 그라인더를 oscillating-type sander로 대치
   ㉤ 자동차산업에서, 리베팅 작업을 볼트·너트 작업으로 대치
   ㉥ 도자기 제조공정에서, 건조 후 실시하던 점토 배합을 건조 전에 실시
② 시설의 변경
   ㉠ 고소음 송풍기를 저소음 송풍기로 교체
   ㉡ 가연성 물질 저장 시, 유리병을 안전한 철제통으로 교체
   ㉢ 흄 배출 후드의 창을 안전유리로 교체
③ 유해물질의 변경
   ㉠ 아조염료의 합성원료인 벤지딘을 디클로로벤지딘으로 전환
   ㉡ 금속제품의 탈지(세척)에 사용하는 트리클로로에틸렌(TCE)을 계면활성제로 전환
   ㉢ 성냥 제조 시 황린(백린) 대신 적린 사용 및 단열재(석면)를 유리섬유로 전환
   ㉣ 세탁 시 세정제로 사용하는 벤젠을 1,1,1-트리클로로에탄으로 전환
   ㉤ 세탁 시 화재 예방을 위해 사용하는 석유나프타를 퍼클로로에틸렌(4-클로로에틸렌)으로 전환
   ㉥ 세척작업에 사용되는 사염화탄소를 트리클로로에틸렌으로 전환
   ㉦ 주물공정에서 주형을 채우는 재료를 실리카 모래 대신 그린(green) 모래로 전환
   ㉧ 금속 표면을 블라스팅(샌드블라스트)할 때 사용하는 재료를 모래 대신 철구슬(철가루)로 전환
   ㉨ 단열재(보온재)로 사용하는 석면을 유리섬유나 암면으로 전환
   ㉩ 유연휘발유를 무연휘발유로 전환

3 격리(isolation)의 방법

① 저장물질의 격리
② 시설의 격리
③ 공정의 격리
④ 작업자의 격리

4 분진 발생 억제(발진의 방지)

① 작업공정 습식화
　㉠ 분진의 방진대책 중 가장 효과적인 개선대책
　㉡ 착암, 파쇄, 연마, 절단 등의 공정에 적용
　㉢ 취급 물질은 물, 기름, 계면활성제 사용
② 대치
　㉠ 원재료 및 사용재료의 변경
　㉡ 생산기술의 변경 및 개량
　㉢ 작업공정의 변경

5 발생분진 비산 방지방법

① 해당 장소를 밀폐 및 포위
② 국소배기
③ 전체환기

6 분진 작업장의 환경관리

① 습식 작업
② 발산원 밀폐
③ 대치(원재료 및 사용재료)
④ 방진마스크(개인보호구)
⑤ 생산공정의 자동화 또는 무인화
⑥ 작업장 바닥을 물세척이 가능하도록 처리

핵심이론 31 | 개인보호구

1 개인보호구의 주요 내용

보호구	구분	내용
방진마스크	여과재의 분진 포집능력에 따른 구분(분리식)	• 특급 : 분진포집효율 99.95% 이상(안면부 여과식은 99.0% 이상) • 1급 : 분진포집효율 94.0% 이상 • 2급 : 분진포집효율 80.0% 이상
	특급방진마스크의 사용장소	• 베릴륨 등과 같이 독성이 강한 물질들을 함유한 분진 등의 발생장소 • 석면 취급 장소
	선정조건 (구비조건)	• 흡기저항 및 흡기저항 상승률이 낮을 것(일반적 흡기저항 범위 : 6~8mmH$_2$O) • 배기저항이 낮을 것(일반적 배기저항 기준 : 6mmH$_2$O 이하) • 여과재의 포집효율이 높을 것 • 착용 시 시야 확보가 용이할 것(하방 시야가 60° 이상이어야 함) • 중량은 가벼울 것 • 안면에서의 밀착성이 클 것 • 침입률 1% 이하까지 정확히 평가가 가능할 것
	여과재(필터)의 재질	• 면, 모 • 합성섬유 • 유리섬유 • 금속섬유
방독마스크	흡수제 (흡착제)의 재질	• 활성탄 ◀ 비극성(유기용제)에 일반적으로 사용, 가장 많이 사용되는 물질 • 실리카겔(silicagel) ◀ 극성에 일반적으로 사용 • 염화칼슘(soda lime) • 제오라이트(zeolite)
송기마스크 (공기호흡기)	정의	산소가 결핍된 환경 또는 유해물질의 농도가 높거나 독성이 강한 작업장에서 사용
	종류	• 호스마스크 • 에어라인마스크
	송기마스크를 착용하여야 할 작업	• 환기를 할 수 없는 밀폐공간에서의 작업 • 밀폐공간에서 비상시에 근로자를 피난시키거나 구출하는 작업 • 탱크, 보일러 또는 반응탑의 내부 등 통풍이 불충분한 장소에서의 용접작업 • 지하실 또는 맨홀의 내부, 기타 통풍이 불충분한 장소에서 가스 배관의 해체 또는 부착 작업을 할 때 환기가 불충분한 경우 • 국소배기장치를 설치하지 아니한 유기화합물 취급 특별장소에서 관리대상 물질의 단시간 취급 업무 • 유기화학물을 넣었던 탱크 내부에서 세정 및 도장 업무

보호구	구분	내용	
자가공기 공급장치 (SCBA)	정의	공기통식이라고도 하며, 산소나 공기 공급 실린더를 직접 착용자가 지니고 다니는 호흡용 보호구	
	종류별 특징	폐쇄식 (closed circuit)	• 호기 시 배출공기가 외부로 빠져나오지 않고 장치 내에서 순환 • 개방식보다 가벼운 것이 장점 • 사용시간은 30분~4시간 정도 • 산소 발생장치는 KO_2 사용 • 단점 : 반응이 시작하면 멈출 수 없음
		개방식 (open circuit)	• 호기 시 배출공기가 장치 밖으로 배출 • 사용시간은 30분~60분 정도 • 호흡용 공기는 압축공기를 사용(단, 압축산소 사용은 폭발 위험이 있기 때문에 절대 사용 불가) • 주로 소방관이 사용
차광안경 (차광보호구)	정의	유해광선을 차단하여 근로자의 눈을 보호하기 위한 것(고글, goggles)	
손보호구 (면장갑)	특징	• 날카로운 물체를 다루거나 찰과상의 위험이 있는 경우 사용 • 가죽이나 손가락 패드가 붙어 있는 면장갑 권장 • 촉감, 구부러짐 등이 우수하나 마모가 잘 됨 • 선반 및 회전체 취급 시 안전상 장갑을 사용하지 않음	
산업용 피부보호제 (피부보호용 도포제)	종류별 특징	① 피막형성형 피부보호제 (피막형 크림)	• 분진, 유리섬유 등에 대한 장애 예방 • 적용 화학물질 : 정제 벤드나이드겔, 염화비닐수지 • 분진, 전해약품 제조, 원료 취급 작업 시 사용
		② 소수성 물질 차단 피부보호제	• 내수성 피막을 만들고 소수성으로 산을 중화함 • 적용 화학물질 : 밀납, 탈수라노린, 파라핀, 탄산마그네슘 • 광산류, 유기산, 염류(무기염류) 취급 작업 시 사용
		③ 차광성 물질 차단 피부보호제	• 타르, 피치, 용접 작업 시 예방 • 적용 화학물질 : 글리세린, 산화제이철 • 주원료 : 산화철, 아연화산화티탄
		④ 광과민성 물질 차단 피부보호제 : 자외선 예방 ⑤ 지용성 물질 차단 피부보호제 ⑥ 수용성 물질 차단 피부보호제	
귀마개 (ear plug)	장점	• 부피가 작아서 휴대가 쉬움 • 안경과 안전모 등에 방해가 되지 않음 • 고온 작업에서도 사용 가능 • 좁은 장소에서도 사용 가능 • 귀덮개보다 가격이 저렴	
	단점	• 귀에 질병이 있는 사람은 착용 불가능 • 여름에 땀이 많이 날 때는 외이도에 염증을 유발할 수 있음 • 제대로 착용하는 데 시간이 걸리며 요령을 습득하여야 함 • 차음효과가 일반적으로 귀덮개보다 떨어짐 • 사람에 따라 차음효과 차이가 큼 • 더러운 손으로 만지게 되면 외청도를 오염시킬 수 있음	

보호구	구분	내용
귀덮개 (ear muff)	장점	• 귀마개보다 차음효과가 일반적으로 높으며, 일관성 있는 차음효과를 얻을 수 있음 • 동일한 크기의 귀덮개를 대부분의 근로자가 사용 가능 • 귀에 염증이 있어도 사용 가능 • 귀마개보다 차음효과의 개인차가 적음 • 근로자들이 귀마개보다 쉽게 착용할 수 있고, 착용법을 틀리거나 잃어버리는 일이 적음 • 고음 영역에서 차음효과가 탁월
	단점	• 부착된 밴드에 의해 차음효과가 감소 • 고온에서 사용 시 불편 • 머리카락이 길 때, 안경테가 굵거나 잘 부착되지 않을 때 사용 불편 • 장시간 사용 시 꽉 끼는 느낌이 있음 • 보안경과 함께 사용하는 경우 다소 불편하며, 차음효과가 감소 • 가격이 비싸고, 운반과 보관이 쉽지 않음 • 오래 사용하여 귀걸이의 탄력성이 줄거나 귀걸이가 휜 경우 차음효과가 떨어짐

2 보호장구 재질에 따른 적용물질

보호장구 재질	적용물질
Neoprene 고무	비극성 용제와 극성 용제 중 알코올, 물, 케톤류 등에 효과적
천연고무(latex)	극성 용제 및 수용성 용액에 효과적(절단 및 찰과상 예방)
Viton	비극성 용제에 효과적
면	고체상 물질(용제에는 사용 못함)
가죽	용제에는 사용 못함(기본적인 찰과상 예방)
Nitrile 고무	비극성 용제에 효과적
Butyl 고무	극성 용제에 효과적(알데히드, 지방족)
Ethylene vinyl alcohol	대부분의 화학물질을 취급할 경우 효과적
Polyvinyl chloride	수용성 용제

3 청력보호구의 차음효과를 높이기 위한 유의사항

① 사용자 머리와 귓구멍에 잘 맞을 것
② 기공이 많은 재료를 선택하지 말 것
③ 청력보호구를 잘 고정시켜서 보호구 자체의 진동을 최소화할 것
④ 귀덮개 형식의 보호구는 머리카락이 길 때와 안경테가 굵어서 잘 부착되지 않을 때에는 사용하지 말 것

핵심이론 32 | 고온 작업과 저온 작업

1 온열요소

① 기온
② 기습(습도)
③ 기류
④ 복사열

2 지적온도와 감각온도

① 지적온도(적정온도, optimum temperature) : 인간이 활동하기에 가장 좋은 상태인 이상적인 온열조건으로, 환경온도를 감각온도로 표시한 것
② 감각온도(실효온도, 유효온도) : 기온, 습도, 기류(감각온도 3요소)의 조건에 따라 결정되는 체감온도

3 불감기류

① 0.5m/sec 미만의 기류
② 실내에 항상 존재
③ 신진대사 촉진(생식선 발육 촉진)
④ 한랭에 대한 저항을 강화시킴

4 고온순화기전

① 체온조절기전의 항진
② 더위에 대한 내성 증가
③ 열생산 감소
④ 열방산능력 증가

5 고열 작업장의 작업환경 관리대책

① 작업자에게 국소적인 송풍기를 지급한다.
② 작업장 내에 낮은 습도를 유지한다.
③ 열 차단판인 알루미늄 박판에 기름먼지가 묻지 않도록 청결을 유지한다.
④ 기온이 35℃ 이상이면 피부에 닿는 기류를 줄이고, 옷을 입혀야 한다.
⑤ 노출시간을 한 번에 길게 하는 것보다는 짧게 자주하고 휴식하는 것이 바람직하다.
⑥ 증발방지복(vapor barrier)보다는 일반 작업복이 적합하다.

6 고열장애의 종류와 주요 내용

보호구	구분	주요 내용
열사병 (heatstroke)	정의	고온다습한 환경(육체적 노동 또는 태양의 복사선을 두부에 직접적으로 받는 경우)에 노출될 때 뇌 온도의 상승으로 신체 내부의 체온조절중추에 기능장애를 일으켜서 생기는 위급한 상태로, 고열장애 중 가장 위험성이 큼
	발생	• 체온조절중추(특히 발한중추) 기능장애에 의해 발생(체내에 열이 축적되어 발생) • 혈액 중 염분량과는 관계없음
	증상	• 중추신경계의 장애 • 뇌막혈관이 노출되면 뇌 온도의 상승으로 체온조절중추 기능에 나타나는 장애
	치료	• 체온조절중추에 손상이 있을 때는 치료효과를 거두기 어려우며, 체온을 급히 하강시키기 위한 응급조치방법으로 얼음물에 담가서 체온을 39℃까지 내려주어야 함 • 울열 방지와 체열이동을 돕기 위하여 사지를 격렬하게 마찰
열피로 (heat exhaustion), 열탈진 (열소모)	정의	고온 환경에서 장시간 힘든 노동을 할 때 주로 미숙련공(고열에 순화되지 않은 작업자)에 많이 나타나는 상태
	발생	• 땀을 많이 흘려(과다 발한) 수분과 염분 손실이 많을 때 • 탈수로 인해 혈장량이 감소할 때
	증상	• 체온은 정상범위를 유지하고, 혈중 염소 농도는 정상 • 실신, 허탈, 두통, 구역감, 현기증 증상을 주로 나타냄
	치료	휴식 후 5% 포도당을 정맥주사
열경련 (heat cramp)	정의	• 가장 전형적인 열중증의 형태로서, 주로 고온 환경에서 지속적으로 심한 육체적인 노동을 할 때 나타남 • 주로 작업 중에 많이 사용하는 근육에 발작적인 경련이 일어나는데, 작업 후에도 일어나는 경우가 있음 • 팔이나 다리뿐만 아니라, 등 부위의 근육과 위에 생기는 경우가 있음
	발생	지나친 발한에 의한 수분 및 혈중 염분 손실(혈액의 현저한 농축 발생)
	증상	• 체온이 정상이거나 약간 상승하고, 혈중 Cl⁻ 농도가 현저히 감소 • 낮은 혈중 염분 농도와 팔·다리의 근육 경련(수의근 유통성 경련) • 통증을 수반하는 경련은 주로 작업 시 사용한 근육에서 흔히 발생 • 중추신경계통의 장애는 일어나지 않음
	치료	• 체열 방출을 촉진시키고, 수분 및 NaCl 보충(생리식염수 0.1% 공급) • 증상이 심한 경우 생리식염수 1,000~2,000mL를 정맥주사
열실신 (heat syncope), 열허탈 (heat collapse)	정의	고열 환경에 노출될 때 혈관운동장애가 일어나 정맥혈이 말초혈관에 저류되고 심박출량 부족으로 초래하는 순환부전으로, 대뇌피질의 혈류량 부족이 주원인이며, 저혈압과 뇌의 산소부족으로 실신하거나 현기증을 느낌
	발생	고온에 순화되지 못한 근로자가 고열 작업 수행 시(염분·수분 부족은 관계 없음)
	증상	• 체온조절기능이 원활하지 못해 결국 뇌의 산소부족으로 의식을 잃음 • 말초혈관 확장 및 신체 말단부 혈액이 과다하게 저류됨
	치료	예방 관점에서 작업 투입 전 고온에 순화되도록 함
열성발진 (heat rashes), 열성혈압증	정의	작업환경에서 가장 흔히 발생하는 피부장애로 땀띠(prickly heat)라고도 하며, 끊임없이 고온다습한 환경에 노출될 때 주로 문제
	발생	피부가 땀에 오래 젖어서 생기고, 옷에 덮여 있는 피부 부위에 자주 발생
	증상	땀 증가 시 따갑고 통증 느낌
	치료	냉목욕 후 차갑게 건조시키고 세균 감염 시 칼라민 로션이나 아연화 연고를 바름

7 고온과 저온에서의 생리적 반응

① 고온에 순화되는 과정(생리적 변화)
  ㉠ 간기능이 저하한다(cholesterol/cholesterol ester의 비 감소).
  ㉡ 처음에는 에너지 대사량이 증가하고 체온이 상승하나, 이후 근육이 이완되고 열생산도 정상으로 된다.
  ㉢ 위액분비가 줄고 산도가 감소하여 식욕부진, 소화불량을 유발한다.
  ㉣ 교감신경에 의해 피부혈관이 확장이 된다.
  ㉤ 심장박출량은 처음엔 증가하지만, 나중엔 정상으로 된다.
  ㉥ 혈중 염분량이 현저히 감소하고, 수분 부족상태가 된다.
② 저온(한랭)환경에서의 생리적 기전(반응)
  ㉠ 감염에 대한 저항력이 떨어지며 회복과정에 장애가 온다.
  ㉡ 피부의 급성일과성 염증반응은 한랭에 대한 폭로를 중지하면 2~3시간 내에 없어진다.

구분	고온	저온
1차 생리적 반응	• 발한(불감발한) 및 호흡 촉진 • 교감신경에 의한 피부혈관 확장 • 체표면 증가(한선)	• 피부혈관(말초혈관) 수축 및 체표면적 감소 • 근육긴장 증가 및 떨림 • 화학적 대사(호르몬 분비) 증가
2차 생리적 반응	• 혈중 염분량 현저히 감소 및 수분 부족 • 심혈관, 위장, 신경계, 신장 장애	• 표면조직의 냉각 • 식욕 변화(식욕 항진 ; 과식) • 혈압 일시적 상승(혈류량 증가)

8 전신체온강하(저체온증)

① 정의 : 저체온증(general hypothermia)은 심부온도가 37℃에서 26.7℃ 이하로 떨어지는 것을 말하며, 한랭환경에서 바람에 노출되거나, 얇거나 습한 의복 착용 시 급격한 체온강하가 일어난다.
② 증상 : 전신 저체온의 첫 증상은 억제하기 어려운 떨림과 냉감각이 생기고, 심박동이 불규칙하게 느껴지며 맥박은 약해지고, 혈압이 낮아진다.
③ 특징 : 장시간의 한랭폭로에 따른 일시적 체열(체온) 상실에 따라 발생하며, 급성 중증 장애이다.
④ 치료 : 신속하게 몸을 데워주어 정상체온으로 회복시켜 주어야 한다.

9 동상의 구분

① 1도 동상 : 홍반성 동상
② 2도 동상 : 수포성 동상
③ 3도 동상 : 괴사성 동상

핵심이론 33 | 이상기압과 산소결핍

1 고압환경의 특징

① 고압환경 작업의 대표적인 것은 잠함작업이다.
② 수면하에서의 압력은 수심이 10m 깊어질 때 1기압씩 증가한다.
③ 수심이 20m인 곳의 절대압은 3기압이며, 작용압은 2기압이다.
④ 예방으로는 수소 또는 질소를 대신하여 마취현상이 적은 헬륨으로 대치한 공기를 호흡시킨다.

2 고압환경의 2차적 가압현상(2차성 압력현상)

구분	주요 내용
질소가스의 마취작용	• 공기 중의 질소가스는 정상기압에서는 비활성이지만 4기압 이상에서 마취작용을 일으키는데, 이를 다행증(공기 중의 질소가스는 3기압 이하에서는 자극작용)이라고 함 • 질소가스 마취작용은 알코올중독의 증상과 유사
산소중독	• 산소의 분압이 2기압이 넘으면 산소중독 증상을 보임. 즉, 3~4기압의 산소 혹은 이에 상당하는 공기 중 산소분압에 의하여 중추신경계의 장애에 기인하는 운동장애를 나타내는데, 이것을 산소중독이라고 함 • 고압산소에 대한 폭로가 중지되면 증상은 즉시 멈춤(가역적)
이산화탄소의 작용	• 이산화탄소 농도의 증가는 산소의 독성과 질소의 마취작용을 증가시키는 역할을 하고 감압증의 발생을 촉진 • 이산화탄소 농도가 고압환경에서 대기압으로 환산하여 0.2%를 초과해서는 안 됨

3 감압병(decompression, 잠함병)

① 고압환경에서 Henry 법칙에 따라 체내에 과다하게 용해되었던 불활성 기체(질소 등)는 압력이 낮아질 때 과포화상태로 되어 혈액과 조직에 기포를 형성하여 혈액순환을 방해하거나 주위 조직에 기계적 영향을 줌으로써 다양한 증상을 유발한다.
② 감압병의 직접적인 원인은 혈액과 조직에 질소기포의 증가이다.
③ 감압병의 치료로는 재가압 산소요법이 최상이다.
④ 감압병을 케이슨병이라고도 한다.

4 감압에 따른 용해질소의 기포 형성효과

용해질소의 기포는 감압병의 증상을 대표적으로 나타내며, 감압병의 직접적인 원인은 체액 및 지방조직의 질소기포 증가이다.
[감압 시 조직 내 질소기포 형성량에 영향을 주는 요인]
① 조직에 용해된 가스량
② 혈류변화 정도(혈류를 변화시키는 상태)
③ 감압속도

5 감압병의 예방 및 치료

① 고압환경에서의 작업시간을 제한하고, 고압실 내의 작업에서는 탄산가스의 분압이 증가하지 않도록 신선한 공기를 송기한다.
② 감압이 끝날 무렵에 순수한 산소를 흡입시키면 예방적 효과가 있을 뿐 아니라 감압시간을 25% 가량 단축할 수 있다.
③ 고압환경에서 작업하는 근로자에게 질소를 헬륨으로 대치한 공기를 호흡시킨다.
④ 헬륨-산소 혼합가스는 호흡저항이 적어 심해 잠수에 사용한다.
⑤ 일반적으로 1분에 10m 정도씩 잠수하는 것이 안전하다.
⑥ 감압병 증상 발생 시에는 환자를 곧장 원래의 고압환경상태로 복귀시키거나 인공고압실에 넣어 혈관 및 조직 속에 발생한 질소의 기포를 다시 용해시킨 다음 천천히 감압한다.
⑦ 헬륨은 질소보다 확산속도가 커서 인체 흡수속도를 높일 수 있으며, 체외로 배출되는 시간이 질소에 비하여 50% 정도 밖에 걸리지 않는다. 또한 헬륨은 고압에서 마취작용이 약하다.
⑧ 귀 등의 장애를 예방하기 위해서는 압력을 가하는 속도를 매 분당 $0.8kg/cm^2$ 이하가 되도록 한다.

6 고공증상 및 고공성 폐수종(저기압이 인체에 미치는 영향)

① 고공증상
  ㉠ 5,000m 이상의 고공에서 비행 업무에 종사하는 사람에게 가장 큰 문제는 산소부족(저산소증)이다.
  ㉡ 항공치통, 항공이염, 항공부비감염이 일어날 수 있다.
② 고공성 폐수종
  ㉠ 고공성 폐수종은 어른보다 순화적응속도가 느린 어린이에게 많이 발생한다.
  ㉡ 고공 순화된 사람이 해면에 돌아올 때 자주 발생한다.
  ㉢ 산소공급과 해면 귀환으로 급속히 소실되며, 이 증세는 반복해서 발병하는 경향이 있다.

7 산소농도에 따른 인체장애

산소농도 (%)	산소분압 (mmHg)	동맥혈의 산소포화도(%)	증상
12~16	90~120	85~89	호흡수 증가, 맥박수 증가, 정신집중 곤란, 두통, 이명, 신체기능 조절 손상 및 순환기 장애자 초기증상 유발
9~14	60~105	74~87	불완전한 정신상태에 이르고 취한 것과 같으며, 당시의 기억상실, 전신탈진, 체온상승, 호흡장애, 청색증 유발, 판단력 저하
6~10	45~70	33~74	의식불명, 안면창백, 전신근육경련, 중추신경장애, 청색증 유발, 경련, 8분 내 100% 치명적, 6분 내 50% 치명적, 4~5분 내 치료로 회복 가능
4~6 및 이하	45 이하	33 이하	40초 내에 혼수상태, 호흡정지, 사망

※ 공기 중의 산소분압은 해면에 있어서 159.6mmHg(760mmHg×0.21) 정도이다.

8 산소결핍증(hypoxia, 저산소증)

① 저산소상태에서 산소분압의 저하, 즉 저기압에 의하여 발생되는 질환이다.
② 무경고성이고 급성적·치명적이기 때문에 많은 희생자가 발생한다. 즉, 단시간에 비가역적 파괴현상을 나타낸다.
③ 생체 중 최대 산소 소비기관은 뇌신경세포이다.
④ 산소결핍에 가장 민감한 조직은 대뇌피질이다.

핵심이론 34 소음진동

1 소음의 단위

① dB : 음압수준을 표시하는 한 방법으로 사용하는 단위로 dB(decibel)로 표시
② sone : 1,000Hz 순음의 음의 세기레벨 40dB의 음의 크기를 1sone으로 정의
③ phon : 1,000Hz 순음의 크기와 평균적으로 같은 크기로 느끼는 1,000Hz 순음의 음의 세기레벨로 나타낸 것

2 음원의 위치에 따른 지향성

구분	지향계수(Q)	지향지수(DI)
음원이 자유공간(공중)에 있을 때	$Q=1$	DI=10log1=0dB
음원이 반자유공간(바닥 위)에 있을 때	$Q=2$	DI=10log2=3dB
음원이 두 면이 접하는 구석에 있을 때	$Q=4$	DI=10log4=6dB
음원이 세 면이 접하는 구석에 있을 때	$Q=8$	DI=10log8=9dB

※ 지향계수(Q) : 특정 방향에 대한 음의 저항도, 특정 방향의 에너지와 평균에너지의 비
  지향지수(DI) : 지향계수를 dB단위로 나타낸 것으로, 지향성이 큰 경우 특정 방향 음압레벨과 평균 음압레벨과의 차이

3 등청감곡선과 청감보정회로의 관계

① 40phon : A청감보정회로(A특성)
② 70phon : B청감보정회로(B특성)
③ 100phon : C청감보정회로(C특성)

4 역2승법칙

점음원으로부터 거리가 2배 멀어질 때마다 음압레벨이 6dB씩 감쇠한다.

5 소음성 난청의 특징

① 감각세포의 손상이며, 청력손실의 원인이 되는 코르티기관의 총체적인 파괴이다.
② 전음계가 아니라, 감음계의 장애이다.
③ 4,000Hz에서 심한 이유는 인체가 저주파보다는 고주파에 대해 민감하게 반응하기 때문이다.

6 C_5-dip 현상

소음성 난청의 초기단계로, 4,000Hz에서 청력장애가 현저히 커지는 현상

7 소음성 난청에 영향을 미치는 요소

① 소음 크기 : 음압수준이 높을수록 영향이 크다(유해함).
② 개인 감수성 : 소음에 노출된 모든 사람이 똑같이 반응하지 않으며, 감수성이 매우 높은 사람이 극소수 존재한다.
③ 소음의 주파수 구성 : 고주파음이 저주파음보다 영향이 크다.
④ 소음의 발생특성 : 지속적인 소음 노출이 단속적인(간헐적인) 소음 노출보다 더 큰 장애를 초래한다.

8 우리나라 노출기준 : 8시간 노출에 대한 기준 90dB(5dB 변화율)

1일 노출시간(hr)	소음수준[dB(A)]
8	90
4	95
2	100
1	105
1/2	110
1/4	115

9 우리나라 충격소음 노출기준

소음수준[dB(A)]	1일 작업시간 중 허용횟수
140	100
130	1,000
120	10,000

※ 충격소음 : 최대음압수준이 120dB 이상인 소음이 1초 이상의 간격으로 발생하는 것

10 배경소음의 정의

배경소음이란 환경소음 중 어느 특정 소음을 대상으로 할 경우, 그 이외의 소음을 말한다.

11 누적소음 노출량 측정기의 정의 및 기준

① 정의

누적소음 노출량 측정기(noise dosemeter)란 개인의 노출량을 측정하는 기기로서, 노출량(dose)은 노출기준에 대한 백분율(%)로 나타낸다.

② 법정 설정기준
  ㉠ criteria : 90dB
  ㉡ exchange rate : 5dB
  ㉢ threshold : 80dB

12 소음대책

구분	소음대책
발생원 대책	• 발생원에서의 저감 : 유속 저감, 마찰력 감소, 충돌 방지, 공명 방지, 저소음형 기계의 사용 • 소음기, 방음커버 설치 • 방진·제진
전파경로 대책	• 흡음·차음 • 거리감쇠 • 지향성 변환(음원 방향의 변경)
수음자 대책	• 청력보호구(귀마개, 귀덮개) 착용 • 작업방법 개선

※ 소음발생의 대책으로 가장 먼저 고려할 사항 : 소음원의 밀폐, 소음원의 제거 및 억제

13 청각기관의 음전달 매질

① 외이 : 기체(공기)
② 중이 : 고체
③ 내이 : 액체

14 진동수(주파수)에 따른 구분

① 전신진동 진동수(공해진동 진동수) : 1~90Hz
② 국소진동 진동수 : 8~1,500Hz
③ 인간이 느끼는 최소진동역치 : 55±5dB

15 진동의 크기를 나타내는 단위(진동 크기 3요소)

① 변위
② 속도
③ 가속도

16 전신진동에 의한 생체반응에 관여하는 인자

① 진동의 강도
② 진동수
③ 진동의 방향(수직, 수평, 회전)
④ 진동 폭로시간(노출시간)

17 공명(공진) 진동수

① 3Hz 이하 : 멀미(motion sickness)를 느낌
② 6Hz : 가슴, 등에 심한 통증
③ 13Hz : 머리, 안면, 볼, 눈꺼풀 진동
④ 4~14Hz : 복통, 압박감 및 동통감
⑤ 9~20Hz : 대·소변 욕구, 무릎 탄력감
⑥ 20~30Hz : 시력 및 청력 장애
※ 두부와 견부는 20~30Hz 진동에 공명(공진)하며, 안구는 60~90Hz 진동에 공명한다.

18 레이노 현상(Raynaud's phenomenon)

① 손가락에 있는 말초혈관운동의 장애로 인하여 수지가 창백해지고 손이 차며 저리거나 통증이 오는 현상이다.
② 한랭작업조건에서 특히 증상이 악화된다.
③ 압축공기를 이용한 진동공구, 즉 착암기 또는 해머 같은 공구를 장기간 사용한 근로자들의 손가락에 유발되기 쉬운 직업병이다.
④ Dead finger 또는 White finger라고도 하고, 발증까지 약 5년 정도 걸린다.

19 진동 대책

구분	대책
발생원 대책	• 가진력(기진력, 외력) 감쇠 • 불평형력의 평형 유지 • 기초중량의 부가 및 경감 • 탄성 지지(완충물 등 방진재 사용) • 진동원 제거 • 동적 흡진
전파경로 대책	• 진동의 전파경로 차단(수진점 근방의 방진구) • 거리감쇠

20 주요 방진재료의 장단점

① 금속스프링

장점	단점
• 저주파 차진에 좋음 • 환경요소에 대한 저항성이 큼 • 최대변위 허용	• 감쇠가 거의 없음 • 공진 시에 전달률이 매우 큼 • 로킹(rocking)이 일어남

② 방진고무

장점	단점
• 고무 자체의 내부 마찰로 적당한 저항을 얻을 수 있음 • 공진 시의 진폭도 지나치게 크지 않음 • 설계자료가 잘 되어 있어서 용수철 정수(스프링 상수)를 광범위하게 선택 • 형상의 선택이 비교적 자유로워 여러 가지 형태로 된 철물에 견고하게 부착할 수 있음 • 고주파 진동의 차진에 양호	• 내후성, 내유성, 내열성, 내약품성이 약함 • 공기 중의 오존(O_3)에 의해 산화 • 내부 마찰에 의한 발열 때문에 열화

③ 공기스프링

장점	단점
• 지지하중이 크게 변하는 경우에는 높이 조정변에 의해 그 높이를 조절할 수 있어 설비의 높이를 일정 레벨로 유지시킬 수 있음 • 하중부하 변화에 따라 고유진동수를 일정하게 유지할 수 있음 • 부하능력이 광범위하고 자동제어가 가능 • 스프링정수를 광범위하게 선택할 수 있음	• 사용 진폭이 적은 것이 많아 별도의 댐퍼가 필요한 경우가 많음 • 구조가 복잡하고 시설비가 많이 듦 • 압축기 등 부대시설이 필요 • 안전사고(공기누출) 위험

핵심이론 35 | 방사선

1 전리방사선과 비전리방사선의 구분

구분	종류
전리방사선(이온화방사선)	• 전자기방사선 : X-Ray, γ선 • 입자방사선 : α선, β선, 중성자
비전리방사선	자외선(UV), 가시광선(VR), 적외선파(IR), 라디오파(RF), 마이크로파(MW), 저주파(LF), 극저주파(ELF), 레이저

※ 전리방사선과 비전리방사선의 경계가 되는 광자에너지의 강도 : 12eV

2 전리방사선의 주요 단위

구분	정의	주요 내용
뢴트겐 (Röntgen, R)	조사선량 단위	• 1R(뢴트겐)은 표준상태에서 X선을 공기 1cc(cm^3)에 조사하여 발생한 1정전단위(esu)의 이온(2.083×10^9개 이온쌍)을 생성하는 조사량으로, 1g의 공기에 83.3erg의 에너지가 주어질 때의 선량을 의미 • $1R = 2.58 \times 10^{-4}$쿨롬/kg
래드 (rad)	흡수선량 단위	• 조사량에 관계없이 조직(물질)의 단위질량당 흡수된 에너지량을 표시하는 단위 • 관용단위인 1rad는 피조사체 1g에 대하여 100erg의 방사선에너지가 흡수되는 선량 단위(=100erg/gram=10^{-2}J/kg) • 100rad를 1Gy(Gray)로 사용
큐리 (Curie, Ci), 베크렐 (Becquerel, Bq)	방사성 물질량 단위	• 라듐(Radium)이 붕괴하는 원자의 수를 기초로 해서 정해졌으며, 1초간 3.7×10^{10}개의 원자붕괴가 일어나는 방사성 물질의 양(방사능의 강도)으로 정의 • Bq과 Ci의 관계 : $1Bq = 2.7 \times 10^{-11}Ci$
렘 (rem)	생체실효선량 단위	관련식 : rem=rad×RBE 여기서, rem : 생체실효선량, rad : 흡수선량, RBE : 상대적 생물학적 효과비(rad를 기준으로 방사선효과를 상대적으로 나타낸 것) ※ X선, γ선, β입자 : 1(기준) 　열중성자 : 2.5, 느린중성자 : 5, α입자 · 양자 · 고속중성자 : 10
그레이 (Gray, Gy)	흡수선량 단위	• 방사선 물질과 상호작용한 결과 그 물질의 단위질량에 흡수된 에너지 • 1Gy=100rad=1J/kg
시버트 (Sievert, Sv)	생체실효선량· 등가선량 단위	• 흡수선량이 생체에 영향을 주는 정도를 표시 • 1Sv=100rem

※ 흡수선량 : 방사선에 피폭된 물질의 단위질량당 흡수된 방사선의 에너지
　생체실효선량 : 전리방사선의 흡수선량이 생체에 영향을 주는 정도를 표시하는 선당량
　등가선량 : 인체의 피폭선량을 나타낼 때 흡수선량에 해당 방사선의 방사선 가중치를 곱한 값

3 α선, β선, γ선의 주요 특징

구분	특징
α선(α입자)	• 방사선 동위원소의 붕괴과정 중 원자핵에서 방출되는 입자로서 헬륨 원자의 핵과 같이 2개의 양자와 2개의 중성자로 구성됨. 즉, 선원(major source)은 방사선 원자핵이고 고속의 He 입자 형태 • 외부 조사보다 동위원소를 체내 흡입·섭취할 때 내부 조사의 피해가 가장 큰 전리방사선
β선(β입자)	• 원자핵에서 방출되는 전자의 흐름으로, α입자보다 가볍고 속도는 10배 빠르므로 충돌할 때마다 튕겨져서 방향을 바꿈 • 외부 조사도 잠재적 위험이 되나, 내부 조사가 더 큰 건강상 위해
γ선	• 원자핵의 전환 또는 붕괴에 따라 방출하는 자연발생적인 전자파 • 전리방사선 중 투과력이 강함 • 투과력이 크기 때문에 인체를 통할 수 있어 외부 조사가 문제시됨

4 전리방사선의 인체 투과력, 전리작용 및 감수성

① 인체 투과력 순서

중성자 > X선 or γ선 > β선 > α선

② 전리작용 순서

α선 > β선 > X선 or γ선

③ 감수성 순서

[골수, 흉선 및 림프조직(조혈기관) / 눈의 수정체, 임파선(임파구)] > 상피세포 내피세포 > 근육세포 > 신경조직

5 방사선의 외부 노출에 대한 방어대책

① **노출시간** : 방사선에 노출되는 시간을 최대로 단축
② **거리** : 거리의 제곱에 비례해서 감소
③ **차폐** : 원자번호가 크고 밀도가 큰 물질이 효과적

6 자기장의 단위

① 자기장의 단위는 전류의 크기를 나타내는 가우스(G, Gauss)이다.
② 자장의 강도는 자속밀도와 자화의 강도로 구한다.
③ 자속밀도의 단위는 테슬라(T, Tesla)이다.
④ G와 T의 관계는 $1T = 10^4 G$, $1mT = 10G$, $1\mu T = 10mG$이고, $1mG$는 $80mA$와 같다.
⑤ 자계의 강도 단위는 A/m(mA/m), T(μT), G 등을 사용한다.

7 자외선의 분류와 인체작용

① UV-C(100~280nm) : 발진, 경미한 홍반
② UV-B(280~315nm) : 발진, 경미한 홍반, 피부노화, 피부암, 광결막염
③ UV-A(315~400nm) : 발진, 홍반, 백내장, 피부노화 촉진

8 자외선의 주요 특징

① 280(290)~315nm[2,800(2,900)~3,150 Å]의 파장을 갖는 자외선을 도르노선(Dorno-ray)이라고 하며, 인체에 유익한 작용을 하여 건강선(생명선)이라고도 한다.
② 200~315nm의 파장을 갖는 자외선을 안전과 보건 측면에서 중시하여 화학적 UV(화학선)라고도 하며, 광화학반응으로 단백질과 핵산분자의 파괴, 변성작용을 한다.
③ 자외선이 생물학적 영향을 미치는 주요 부위는 눈과 피부이며, 눈에 대해서는 270nm에서 가장 영향이 크고, 피부에서는 295nm에서 가장 민감한 영향을 미친다.
④ 자외선의 전신작용으로는 자극작용이 있으며, 대사가 항진되고 적혈구, 백혈구, 혈소판이 증가한다.
⑤ 자외선은 광화학적 반응에 의해 O_3 또는 트리클로로에틸렌(trichloro ethylene)을 독성이 강한 포스겐(phosgene)으로 전환시킨다.
⑥ 자외선 노출에 가장 심각한 만성 영향은 피부암이며, 피부암의 90% 이상은 햇볕에 노출된 신체부위에서, 특히 대부분의 피부암은 상피세포 부위에서 발생한다.
⑦ 자외선의 파장에 따른 흡수정도에 따라 'arc-eye(welder's flash)'라고 일컬어지는 광각막염 및 결막염 등의 급성 영향이 나타나며, 이는 270~280nm의 파장에서 주로 발생한다.
⑧ 피부 투과력은 체표에서 0.1~0.2mm 정도이고 자외선 파장, 피부색, 피부 표피의 두께에 좌우된다.

9 적외선의 주요 특징

① 적외선은 대부분 화학작용을 수반하지 않는다.
② 태양복사에너지 중 적외선(52%), 가시광선(34%), 자외선(5%)의 분포를 갖는다.
③ 조사 부위의 온도가 오르면 혈관이 확장되어 혈액량이 증가하며, 심하면 홍반을 유발하고, 근적외선은 급성 피부화상, 색소침착 등을 유발한다.
④ 적외선이 흡수되면 화학반응을 일으키는 것이 아니라, 구성분자의 운동에너지를 증가시킨다.
⑤ 유리 가공작업(초자공), 용광로의 근로자들은 초자공 백내장(만성폭로)이 수정체의 뒷부분에서 발병한다.
⑥ 강력한 적외선은 뇌막 자극으로 의식상실(두부장애) 유발, 경련을 동반한 열사병으로 사망을 초래한다.
⑦ 적외선에 강하게 노출되면 안검록염, 각막염, 홍채위축, 백내장 장애를 일으킨다.

10 가시광선의 주요 특징

① 생물학적 작용
  ㉠ 신체반응은 주로 간접작용으로 나타난다. 즉, 단독작용이 아닌 외인성 요인, 대사산물, 피부이
     상과의 상호 공동작용으로 발생한다.
  ㉡ 가시광선의 장애는 주로 조명부족(근시, 안정피로, 안구진탕증)과 조명과잉(시력장애, 시야협
     착, 암순응의 저하), 망막변성으로 나타난다.
② 작업장에서의 조도기준

작업등급	작업등급에 따른 조도기준
초정밀작업	750lux 이상
정밀작업	300lux 이상
보통작업	150lux 이상
단순일반작업	75lux 이상

11 마이크로파의 주요 특징

① 마이크로파와 라디오파는 하전을 시키지는 못하지만 생체분자의 진동과 회전을 시킬 수 있어 조직
   의 온도를 상승시키는 열작용에 영향을 준다.
② 마이크로파의 열작용에 가장 영향을 받는 기관은 생식기와 눈이며, 유전에도 영향을 준다.
③ 마이크로파에 의한 표적기관은 눈이다.
④ 중추신경에 대한 작용은 300~1,200MHz에서 민감하고, 특히 대뇌측두엽 표면부위가 민감하다.
⑤ 마이크로파로 인한 눈의 변화를 예측하기 위해 수정체의 ascorbic산 함량을 측정한다.
⑥ 혈액 내의 변화, 즉 백혈구 수 증가, 망상적혈구 출현, 혈소판의 감소를 유발한다.
⑦ 1,000~10,000MHz에서 백내장, ascorbic산의 감소증상이 나타나며, 백내장은 조직온도의 상승
   과 관계가 있다.

12 레이저의 주요 특징

① 레이저는 유도방출에 의한 광선증폭을 뜻하며, 단색성·지향성·집속성·고출력성의 특징이 있어
   집광성과 방향조절이 용이하다.
② 레이저파 중 맥동파는 레이저광 중 에너지의 양을 지속적으로 축적하여 강력한 파동을 발생한다.
③ 레이저광 중 맥동파는 지속파보다 그 장애를 주는 정도가 크다.
④ 감수성이 가장 큰 신체부위, 즉 인체표적기관은 눈이다.
⑤ 피부에 대한 작용은 가역적이며, 피부손상, 화상, 홍반, 수포형성, 색소침착 등이 있다.
⑥ 눈에 대한 작용은 각막염, 백내장, 망막염 등이 있다.

핵심이론 36 | 조명

1 빛과 밝기의 단위

단위	의미	특징
럭스 (lux)	조도	• 1루멘(lumen)의 빛이 $1m^2$의 평면상에 수직으로 비칠 때의 밝기인 조도의 단위 • 조도는 어떤 면에 들어오는 광속의 양에 비례하고, 입사면의 단면적에 반비례 • 조도$(E) = \dfrac{lumen}{m^2}$
칸델라 (candela, cd)	광도	광원으로부터 나오는 빛의 세기인 광도의 단위
촉광 (candle)	광도	• 빛의 세기인 광도를 나타내는 단위로, 국제촉광을 사용 • 지름이 1인치인 촛불이 수평방향으로 비칠 때 빛의 광강도를 나타내는 단위 • 밝기는 광원으로부터 거리의 제곱에 반비례 • 조도$(E) = \dfrac{I}{r^2}$
루멘 (lumen, lm)	광속	• 1촉광의 광원으로부터 한 단위입체각으로 나가는 광속의 국제단위 • 광속이란 광원으로부터 나오는 빛의 양을 의미하고, 단위는 lumen • 1촉광과의 관계 : 1촉광=4π(12.57)루멘
풋캔들 (foot candle)	밝기	• 1루멘의 빛이 1ft 떨어진 $1ft^2$의 평면상에 수직으로 비칠 때 그 평면의 빛 밝기를 나타내는 단위 • 풋캔들(ft cd) = $\dfrac{lumen}{ft^2}$ • 럭스와의 관계 : 1ft cd=10.8lux, 1lux=0.093ft cd
램버트 (lambert)	밝기	• 빛의 휘도 단위로, 빛을 완전히 확산시키는 평면의 $1ft^2(1cm^2)$에서 1lumen의 빛을 발하거나 반사시킬 때의 밝기를 나타내는 단위 • 1lambert=3.18candle/m^2(candle/m^2=nit ; 단위면적에 대한 밝기)

2 채광(자연조명)방법

구분	방법
창의 방향	• 많은 채광을 요구할 경우 남향이 좋음 • 균일한 조명을 요구하는 작업실은 북향(또는 동북향)이 좋음
창의 높이와 면적	• 창을 크게 하는 것보다 창의 높이를 증가시키는 것이 조도에 효과적 • 횡으로 긴 창보다 종으로 넓은 창이 채광에 유리 • 채광을 위한 창의 면적은 방바닥 면적의 15~20%(1/5~1/6 또는 1/5~1/7)가 이상적
개각과 입사각(앙각)	• 창의 실내 각 점의 개각은 4~5°, 입사각은 28° 이상이 좋음 • 개각이 클수록 또는 입사각이 클수록 실내는 밝음

3 조명방법

구분	방법
직접조명	• 반사갓을 이용하여 광속의 90~100%가 아래로 향하게 하는 방식 • 효율이 좋고, 천장면의 색조에 영향을 받지 않고, 설치비용이 저렴 • 눈부심이 있고, 균일한 조도를 얻기 힘들며, 강한 음영을 만듦
간접조명	• 광속의 90~100%를 위로 향해 발산하여 천장, 벽에서 확산시켜 균일한 조명도를 얻을 수 있는 방식 • 눈부심이 없고, 균일한 조도를 얻을 수 있으며, 그림자가 없다. • 효율이 나쁘고, 설치가 복잡하며, 실내의 입체감이 작아지고, 설비비가 많이 소요된다.

4 전체조명과 국부조명의 비

전체조명의 조도는 국부조명에 의한 조도의 1/10 ~ 1/5 정도이다.

5 인공조명 시 고려사항

① 작업에 충분한 조도를 낼 것
② 조명도를 균등하게 유지할 것
③ 주광색에 가까운 광색으로 조도를 높여줄 것
④ 장시간 작업 시 가급적 간접조명이 되도록 설치할 것
⑤ 일반적인 작업 시 빛은 작업대 좌상방에서 비추게 할 것

핵심이론 37　입자상 물질과 관련 질환

1 입자의 호흡기계 침적(축적)기전

① **충돌(관성충돌, impaction)** : 지름이 크고(1μm 이상) 공기흐름이 빠르며 불규칙한 호흡기계에서 잘 발생
② **침강(중력침강, sedimentation)** : 침강속도는 입자의 밀도와 입자 지름의 제곱에 비례하며, 지름이 크고(1μm) 공기흐름 속도가 느린 상태에서 빨라짐
③ **차단(interception)**  : 섬유(석면) 입자가 폐 내에 침착되는 데 중요한 역할
④ **확산(diffusion)** : 미세입자의 불규칙적인 운동, 즉 브라운 운동에 의해 침적되며, 지름 0.5μm 이하의 것이 주로 해당되고, 전 호흡기계 내에서 일어남
⑤ **정전기**

2 입자상 물질에 대한 인체 방어기전

① 점액 섬모운동
  ㉠ 가장 기초적인 방어기전(작용)이며, 점액 섬모운동에 의한 배출 시스템으로 폐포로 이동하는 과정에서 이물질을 제거하는 역할을 한다.
  ㉡ 기관지(벽)에서의 방어기전을 의미한다.
  ㉢ 정화작용을 방해하는 물질 : 카드뮴, 니켈, 황화합물, 수은, 암모니아 등
② 대식세포에 의한 작용(정화)
  ㉠ 대식세포가 방출하는 효소에 의해 용해되어 제거된다(용해작용).
  ㉡ 폐포의 방어기전을 의미한다.
  ㉢ 대식세포에 의해 용해되지 않는 대표적 독성 물질 : 유리규산, 석면 등

3 직업성 천식의 원인물질

구분	원인물질	직업 및 작업
금속	백금	도금
	니켈, 크롬, 알루미늄	도금, 시멘트 취급자, 금고 제작공
화학물	Isocyanate(TDI, MDI)	페인트, 접착제, 도장작업
	산화무수물	페인트, 플라스틱 제조업
	송진 연무	전자업체 납땜 부서
	반응성 및 아조 염료	염료 공장
	Trimellitic anhydride(TMA)	레진, 플라스틱, 계면활성제 제조업
	Persulphates	미용사
	Ethylenediamine	래커칠, 고무 공장
	Formaldehyde	의료 종사자
약제	항생제, 소화제	제약회사, 의료인
생물학적 물질	동물 분비물, 털(말, 쥐, 사슴)	실험실 근무자, 동물 사육사
	목재분진	목수, 목재공장 근로자
	곡물가루, 쌀겨, 메밀가루, 카레	농부, 곡물 취급자, 식품업 종사자
	밀가루	제빵공
	커피가루	커피 제조공
	라텍스	의료 종사자
	응애, 진드기	농부, 과수원(귤, 사과)

4 진폐증의 분류

구 분		종류 및 주요 특징
분진 종류에 따른 분류 (임상적 분류)	유기성 분진에 의한 진폐증	농부폐증, 면폐증, 연초폐증, 설탕폐증, 목재분진폐증, 모발분진폐증
	무기성(광물성) 분진에 의한 진폐증	규폐증, 탄소폐증, 활석폐증, 탄광부진폐증, 철폐증, 베릴륨폐증, 흑연폐증, 규조토폐증, 주석폐증, 칼륨폐증, 바륨폐증, 용접공폐증, 석면폐증
병리적 변화에 따른 분류	교원성 진폐증	• 규폐증, 석면폐증, 탄광부진폐증 • 폐포조직의 비가역적 변화나 파괴 • 간질반응이 명백하고 그 정도가 심함 • 폐조직의 병리적 반응이 영구적
	비교원성 진폐증	• 용접공폐증, 주석폐증, 바륨폐증, 칼륨폐증 • 폐조직이 정상이며 망상섬유로 구성 • 간질반응이 경미 • 분진에 의한 조직반응은 가역적인 경우가 많음

5 규폐증과 석면폐증의 원인 및 특징

구 분	규폐증(silicosis)	석면폐증(asbestosis)
원인	• 결정형 규소(암석 : 석영분진, 이산화규소, 유리규산)에 직업적으로 노출된 근로자에게 발생 • 주요 원인물질은 혼합물질이며, 건축업, 도자기작업장, 채석장, 석재공장, 주물공장, 석탄공장, 내화벽돌 제조 등의 작업장에서 근무하는 근로자에게 발생	흡입된 석면섬유가 폐의 미세기관지에 부착하여 기계적인 자극에 의해 섬유증식증이 진행
인체영향 및 특징	• 폐조직에서 섬유상 결절이 발견 • 유리규산(SiO_2) 분진 흡입으로 폐에 만성섬유증식증이 나타남 • 자각증상으로는 호흡곤란, 지속적인 기침, 다량의 담액 등이 있지만, 일반적으로는 자각증상 없이 서서히 진행 • 폐결핵은 합병증으로 폐하엽 부위에 많이 생김	• 석면을 취급하는 작업에 4~5년 종사 시 폐하엽 부위에 다발 • 인체에 대한 영향은 규폐증과 거의 비슷하지만, 폐암을 유발한다는 점으로 구별됨 • 늑막과 복막에 악성중피종이 생기기 쉬우며 폐암을 유발 • 폐암, 중피종암, 늑막암, 위암을 일으킴

6 석면의 주요 특징

① 정의 : 석면은 위상차현미경으로 관찰했을 때 길이가 $5\mu m$이고, 길이 대 너비의 비가 최소한 3 : 1 이상인 입자상 물질이다.
② 장애
  ㉠ 석면 종류 중 청석면(크로시돌라이트, crocidolite)이 직업성 질환(폐암, 중피종) 발생 위험률이 가장 높다.
  ㉡ 일반적으로 석면폐증, 폐암, 악성중피종을 발생시켜 1급 발암물질군에 포함된다.

핵심이론 38 | 유해화학물질과 관련 질환

1 유해물질이 인체에 미치는 영향인자

① 유해물질의 농도(독성)
② 유해물질에 폭로되는 시간(폭로빈도)
③ 개인의 감수성
④ 작업방법(작업강도, 기상조건)

2 NOEL(No Observed Effect Level)

① 현재의 평가방법으로는 독성 영향이 관찰되지 않는 수준이다.
② 무관찰 영향수준, 즉 무관찰 작용량을 의미한다.
③ NOEL 투여에서는 투여하는 전 기간에 걸쳐 치사, 발병 및 생리학적 변화가 모든 실험대상에서 관찰되지 않는다.
④ 양-반응 관계에서 안전하다고 여겨지는 양으로 간주한다.
⑤ 아급성 또는 만성독성 시험에 구해지는 지표이다.

3 유해물질의 인체 침입경로

① 호흡기 : 유해물질의 흡수속도는 그 유해물질의 공기 중 농도와 용해도, 폐까지 도달하는 양은 그 유해물질의 용해도에 의해서 결정된다. 따라서 가스상 물질의 호흡기계 축적을 결정하는 가장 중요한 인자는 물질의 수용성 정도이다.
② 피부 : 피부를 통한 흡수량은 접촉 피부면적과 그 유해물질의 유해성과 비례하고, 유해물질이 침투될 수 있는 피부면적은 약 $1.6m^2$이며, 피부흡수량은 전 호흡량의 15% 정도이다.
③ 소화기 : 소화기(위장관)를 통한 흡수량은 위장관의 표면적, 혈류량, 유해물질의 물리적 성질에 좌우되며 우발적이고, 고의에 의하여 섭취된다.

4 금속이 소화기(위장관)에서 흡수되는 작용

① 단순확산 또는 촉진확산
② 특이적 수송과정
③ 음세포 작용

5 발암성 유발물질

① 크롬화합물
② 니켈
③ 석면
④ 비소
⑤ tar(PAH)
⑥ 방사선

6 호흡기에 대한 자극작용 구분(유해물질의 용해도에 따른 구분)

① 자극제의 구분

자극제	종류	
상기도 점막 자극제	• 암모니아(NH_3) • 아황산가스(SO_2) • 아크로레인($CH_2=CHCHO$) • 크롬산 • 염산(HCl 수용액) 및 불산(HF)	• 염화수소(HCl) • 포름알데히드(HCHO) • 아세트알데히드(CH_3CHO) • 산화에틸렌
상기도 점막 및 폐 조직 자극제	• 불소(F_2) • 염소(Cl_2) • 브롬(Br_2) • 황산디메틸 및 황산디에틸	• 요오드(I_2) • 오존(O_3) • 청산화물 • 사염화인 및 오염화인
종말(세)기관지 및 폐포 점막 자극제	• 이산화질소(NO_2) • 염화비소(삼염화비소 : $AsCl_3$)	• 포스겐($COCl_2$)

② 사염화탄소(CCl_4)의 특징
  ㉠ 특이한 냄새가 나는 무색의 액체로, 소화제, 탈지세정제, 용제로 이용한다.
  ㉡ 신장장애 증상으로 감뇨, 혈뇨 등이 발생하며, 완전 무뇨증이 되면 사망할 수 있다.
  ㉢ 피부, 간장, 신장, 소화기, 신경계에 장애를 일으키는데, 특히 간에 대한 독성작용이 강하게 나타난다. 즉, 간에 중요한 장애인 중심소엽성 괴사를 일으킨다.
  ㉣ 가열하면 포스겐이나 염소(염화수소)로 분해되어 주의를 요한다.

③ 포스겐($COCl_2$)의 특징
  ㉠ 태양자외선과 산업장에서 발생하는 자외선은 공기 중의 NO2와 올레핀계 탄화수소와 광학적 반응을 일으켜 트리클로로에틸렌을 독성이 강한 포스겐으로 전환시키는 광화학작용을 한다.
  ㉡ 공기 중에 트리클로로에틸렌이 고농도로 존재하는 작업장에서 아크용접을 실시하는 경우 트리클로로에틸렌이 포스겐으로 전환될 수 있다.
  ㉢ 독성은 염소보다 약 10배 정도 강하다.

7 질식제의 구분

구 분	정의	종류
단순 질식제	원래 그 자체는 독성 작용이 없으나 공기 중에 많이 존재하면 산소분압의 저하로 산소공급 부족을 일으키는 물질	• 이산화탄소(CO_2)　　• 메탄가스(CH_4) • 질소가스(N_2)　　　• 수소가스(H_2) • 에탄, 프로판, 에틸렌, 아세틸렌, 헬륨
화학적 질식제	• 직접적 작용에 의해 혈액 중의 혈색소와 결합하여 산소운반능력을 방해하는 물질 • 조직 중의 산화효소를 불활성시켜 질식작용(세포의 산소 수용능력 상실)	• 일산화탄소(CO) • 황화수소(H_2S) • 시안화수소(HCN) : 독성은 두통, 갑상선 비대, 코 및 피부 자극 등이며, 중추신경계 기능의 마비를 일으켜 심한 경우 사망에 이르며, 원형질(protoplasmic) 독성이 나타남 • 아닐린($C_6H_5NH_2$) : 메트헤모글로빈(methemoglobin)을 형성하여 간장, 신장, 중추신경계 장애를 일으킴(시력과 언어 장애 증상)

※ 효소 : 유해화학물질이 체내로 침투되어 해독되는 경우 해독반응에 가장 중요한 작용을 하는 물질

8 유기용제의 증기가 가장 활발하게 발생할 수 있는 환경조건

높은 온도와 낮은 기압

9 할로겐화 탄화수소 독성의 일반적 특성

① 공통적인 독성작용으로 대표적인 것은 중추신경계 억제작용이다.
② 일반적으로 할로겐화 탄화수소의 독성 정도는 화합물의 분자량이 클수록, 할로겐원소가 커질수록 증가한다.
③ 대개 중추신경계의 억제에 의한 마취작용이 나타난다.
④ 포화탄화수소는 탄소수가 5개 정도까지는 길수록 중추신경계에 대한 억제작용이 증가한다.
⑤ 할로겐화된 기능기가 첨가되면 마취작용이 증가하여 중추신경계에 대한 억제작용이 증가하며, 기능기 중 할로겐족(F, Cl, Br 등)의 독성이 가장 크다.
⑥ 알켄족이 알칸족보다 중추신경계에 대한 억제작용이 크다.

10 유기용제의 중추신경계 영향

① 유기화학물질의 중추신경계 억제작용 순서
　　알칸 < 알켄 < 알코올 < 유기산 < 에스테르 < 에테르 < 할로겐화합물(할로겐족)
② 유기화학물질의 중추신경계 자극작용 순서
　　알칸 < 알코올 < 알데히드 또는 케톤 < 유기산 < 아민류
③ 방향족 유기용제의 중추신경계에 대한 영향 크기 순서
　　벤젠 < 알킬벤젠 < 아릴벤젠 < 치환벤젠 < 고리형 지방족 치환 벤젠

11 방향족 유기용제의 종류별 성질

구 분	성질
벤젠 (C_6H_6)	• ACGIH에서는 인간에 대한 발암성이 확인된 물질군(A1)에 포함되고, 우리나라에서는 발암성 물질로 추정되는 물질군(A2)에 포함됨 • 벤젠은 영구적 혈액장애를 일으키지만, 벤젠 치환 화합물(톨루엔, 크실렌 등)은 노출에 따른 영구적 혈액장애는 일으키지 않음 • 주요 최종 대사산물은 페놀이며, 이것은 황산 혹은 글루크론산과 결합하여 소변으로 배출됨 (즉, 페놀은 벤젠의 생물학적 노출지표) • 방향족 탄화수소 중 저농도에 장기간 폭로(노출)되어 만성중독(조혈장애)을 일으키는 경우에는 벤젠의 위험도가 가장 큼 • 장기간 폭로 시 혈액장애, 간장장애, 재생불량성 빈혈, 백혈병(급성뇌척수성)을 일으킴 • 혈액장애는 혈소판 감소, 백혈구감소증, 빈혈증을 말하며, 범혈구감소증이라 함 • 골수 독성물질이라는 점에서 다른 유기용제와 다름 • 급성중독은 주로 마취작용이며, 현기증, 정신착란, 뇌부종, 혼수, 호흡정지에 의한 사망에 이름 • 조혈장애는 벤젠 중독의 특이증상임(모든 방향족 탄화수소가 조혈장애를 유발하지 않음)
톨루엔 ($C_6H_5CH_3$)	• 인간에 대한 발암성은 의심되나, 근거자료가 부족한 물질군(A4)에 포함됨 • 방향족 탄화수소 중 급성 전신중독을 유발하는 데 독성이 가장 강한 물질(뇌 손상) • 급성 전신중독 시 독성이 강한 순서 : 톨루엔 > 크실렌 > 벤젠 • 벤젠보다 더 강하게 중추신경계의 억제재로 작용 • 영구적인 혈액장애를 일으키지 않고(벤젠은 영구적 혈액장애), 골수장애도 일어나지 않음 • 생물학적 노출지표는 소변 중 o-크레졸 • 주로 간에서 o-크레졸로 되어 소변으로 배설됨
다핵방향족 탄화수소류 (PAH)	• 일반적으로 시토크롬 P-448이라 함 • 벤젠고리가 2개 이상 연결된 것으로, 20여 가지 이상이 있음 • 대사가 거의 되지 않아 방향족 고리로 구성되어 있음 • 철강 제조업의 코크스 제조공정, 담배의 흡연, 연소공정, 석탄건류, 아스팔트 포장, 굴뚝 청소 시 발생 • 비극성의 지용성 화합물이며, 소화관을 통하여 흡수됨 • 시토크롬 P-450의 준개체단에 의하여 대사되며, 대사에 관여하는 효소는 P-448로 대사되는 중간산물이 발암성을 나타냄 • 대사 중에 산화아렌(arene oxide)을 생성하고, 잠재적 독성이 있음 • 배설을 쉽게 하기 위하여 수용성으로 대사되는데, 체내에서 먼저 PAH가 hydroxylation(수산화)되어 수용성을 도움

12 벤지딘의 주요 특징

① 염료, 직물, 제지, 화학공업, 합성고무 경화제의 제조에 사용한다.
② 급성 중독으로 피부염, 급성방광염을 유발한다.
③ 만성 중독으로는 방광, 요로계 종양을 유발한다.

13 주요 유기용제의 종류별 성질

구 분	성 질
메탄올 (CH_3OH)	• 주요 독성 : 시각장애, 중추신경 억제, 혼수상태를 야기 • 대사산물(생물학적 노출지표) : 소변 중 메탄올 • 시각장애기전 : 메탄올 → 포름알데히드 → 포름산 → 이산화탄소 (즉, 중간대사체에 의하여 시신경에 독성을 나타냄)
메틸부틸케톤(MBK), 메틸에틸케톤(MEK)	• 투명 액체로 인화성·폭발성이 있음 • 장기 폭로 시 중독성 지각운동, 말초신경장애를 유발 • MBK는 체내 대사과정을 거쳐 2,5-hexanedione을 생성
트리클로로에틸렌 (삼염화에틸렌, 트리클렌, $CHCl=CCl_2$)	• 클로로포름과 같은 냄새가 나는 무색투명한 휘발성 액체로, 인화성·폭발성이 있음 • 고농도 노출에 의해 간 및 신장에 대한 장애를 유발 • 폐를 통하여 흡수되고, 삼염화에탄올과 삼염화초산으로 대사됨
염화비닐 (C_2H_3Cl)	• 장기간 폭로될 때 간조직세포에서 여러 소기관이 증식하고, 섬유화 증상이 나타나 간에 혈관육종(hemangiosarcoma)을 유발 • 장기간 흡입한 근로자에게 레이노 현상을 유발
이황화탄소 (CS_2)	• 주로 인조견(비스코스레이온)과 셀로판 생산 및 농약공장, 사염화탄소 제조, 고무제품의 용제 등에 사용 • 중추신경계통을 침해하고 말초신경장애 현상으로 파킨슨증후군을 유발하며, 급성마비, 두통, 신경증상 등을 유발(감각 및 운동 신경 모두 유발) • 급성으로 고농도 노출 시 사망할 수 있고 1,000ppm 수준에서 환상을 보는 정신이상을 유발(기질적 뇌손상, 말초신경병, 신경행동학적 이상) • 청각장애는 주로 고주파 영역에서 발생
노말헥산 [n-헥산, $CH_3(CH_2)_4CH_3$]	• 페인트, 시너, 잉크 등의 용제 및 정밀기계의 세척제 등으로 사용 • 장기간 폭로될 경우 독성 말초신경장애가 초래되어 사지의 지각상실과 신근마비 등 다발성 신경장애 유발 • 2000년대 외국인 근로자에게 다발성 말초신경증을 집단으로 유발한 물질 • 체내 대사과정을 거쳐 2,5-hexanedione 물질로 배설
PCB (polychlorinated biphenyl)	• Biphenyl 염소화합물의 총칭이며, 전기공업, 인쇄잉크 용제 등으로 사용 • 체내 축적성이 매우 높기 때문에 발암성 물질로 분류
아크릴로니트릴 (C_3H_3N)	• 플라스틱 산업, 합성섬유 제조, 합성고무 생산공정 등에서 노출되는 물질 • 폐와 대장에 주로 암을 유발
디메틸포름아미드 (DMF ; Dimethylformamide)	• 피부에 묻으면 피부를 강하게 자극하고, 피부로 흡수되어 건강장애 등의 중독증상 유발 • 현기증, 질식, 숨가쁨, 기관지 수축을 유발

14 유기용제별 대표적 특이증상(가장 심각한 독성 영향)

유기용제	특이증상
벤젠	조혈장애
염화탄화수소	간장애
이황화탄소	중추신경 및 말초신경 장애, 생식기능장애
메틸알코올(메탄올)	시신경장애
메틸부틸케톤	말초신경장애(중독성)
노말헥산	다발성 신경장애
에틸렌클리콜에테르	생식기장애
알코올, 에테르류, 케톤류	마취작용
염화비닐	간장애
톨루엔	중추신경장애
2-브로모프로판	생식독성

15 피부의 색소 변성에 영향을 주는 물질

① 타르(tar)
② 피치(pitch)
③ 페놀(phenol)

16 화학물질 노출로 인한 색소 증가 원인물질

① 콜타르
② 햇빛
③ 만성 피부염

17 첩포시험

① 첩포시험(patch test)은 알레르기성 접촉피부염의 진단에 필수적이며 가장 중요한 임상시험이다.
② 피부염의 원인물질로 예상되는 화학물질을 피부에 도포하고 48시간 동안 덮어둔 후 피부염의 발생 여부를 확인한다.
③ 첩포시험 결과 침윤, 부종이 지속된 경우를 알레르기성 접촉 피부염으로 판독한다.

18 기관별 발암물질의 구분

① 국제암연구위원회(IARC)의 발암물질 구분

구분	내용
Group 1	인체 발암성 확인물질(벤젠, 알코올, 담배, 다이옥신, 석면 등)
Group 2A	인체 발암성 예측·추정 물질(자외선, 태양램프, 방부제 등)
Group 2B	인체 발암성 가능물질(커피, 피클, 고사리, 클로로포름, 삼염화안티몬 등)
Group 3	인체 발암성 미분류물질(카페인, 홍차, 콜레스테롤 등)
Group 4	인체 비발암성 추정물질

② 미국산업위생전문가협의회(ACGIH)의 발암물질 구분

구분	내용
A1	인체 발암 확인(확정)물질(석면, 우라늄, Cr^{+6} 화합물)
A2	인체 발암이 의심되는 물질(발암 추정물질)
A3	• 동물 발암성 확인물질 • 인체 발암성을 모름
A4	• 인체 발암성 미분류물질 • 인체 발암성이 확인되지 않은 물질
A5	인체 발암성 미의심물질

19 정상세포와 악성종양세포의 차이점

구분	정상세포	악성종양세포
세포질/핵 비율	(악성종양 세포보다) 높음	낮음
세포와 세포의 연결	정상	소실
전이성, 재발성	없음	있음
성장속도	느림	빠름

핵심이론 39 중금속

1 납(Pb)

① 개요

기원전 370년 히포크라테스는 금속추출 작업자들에게서 심한 복부 산통이 나타난 것을 기술하였는데, 이는 역사상 최초로 기록된 직업병이다.

② 발생원
    ㉠ 납 제련소(납 정련) 및 납 광산
    ㉡ 납축전지(배터리 제조) 생산
    ㉢ 인쇄소(활자의 문선, 조판 작업)
③ 축적 : 납은 적혈구와 친화력이 강해, 납의 95% 정도는 적혈구에 결합되어 있다.
④ 이미증(pica)
    ㉠ 1~5세의 소아환자에게서 발생하기 쉽다.
    ㉡ 매우 낮은 농도에서 어린이에게 학습장애 및 기능저하를 초래한다.
⑤ 납중독의 기타 증상 : 연산통, 만성신부전, 피로와 쇠약, 불면증, 골수 침입
⑥ 적혈구에 미치는 작용
    ㉠ K^+과 수분 손실
    ㉡ 삼투압이 증가하여 적혈구 위축
    ㉢ 적혈구의 생존기간 감소
    ㉣ 적혈구 내 전해질 감소
    ㉤ 미숙적혈구(망상적혈구, 친염기성 혈구) 증가
    ㉥ 혈색소(헤모글로빈) 양 저하, 망상적혈구수 증가, 혈청 내 철 증가
    ㉦ 적혈구 내 프로토포르피린 증가
    ㉧ 소변 중 코프로포르피린 증가
⑦ 납중독 확인(진단)검사(임상검사)
    ㉠ 소변 중 코프로포르피린(coproporphyrin) 배설량 측정
    ㉡ 소변 중 델타아미노레불린산(δ-ALA) 측정
    ㉢ 혈중 징크프로토포르피린(ZPP ; Zinc protoporphyrin) 측정
    ㉣ 혈중 납량 측정
    ㉤ 소변 중 납량 측정
    ㉥ 빈혈검사
    ㉦ 혈액검사
    ㉧ 혈중 알파아미노레불린산(α-ALA) 탈수효소 활성치 측정
⑧ 납중독의 치료

구분	치료
급성중독	• 섭취 시에는 즉시 3% 황산소다 용액으로 위세척 • Ca-EDTA를 하루에 1~4g 정도 정맥 내 투여하여 치료(5일 이상 투여 금지) ※ Ca-EDTA : 무기성 납으로 인한 중독 시 원활한 체내 배출을 위해 사용하는 배설촉진제(단, 신장이 나쁜 사람에게는 사용 금지)
만성중독	• 배설촉진제 Ca-EDTA 및 페니실라민(penicillamine) 투여 • 대중요법으로 진정제, 안정제, 비타민 $B_1 \cdot B_2$를 사용

2 수은(Hg)

① 개요

우리나라에서는 형광등 제조업체에 근무하던 '문송면' 군에게 직업병을 야기시킨 원인인자가 수은이며, 17세기 유럽에서 신사용 중절모자를 제조하는 데 사용함으로써 근육경련(hatter's shake)을 유발시킨 기록이 있다.

② 발생원

구분	발생원
무기수은 (금속수은)	• 형광등, 수은온도계 제조 • 체온계, 혈압계, 기압계 제조 • 페인트, 농약, 살균제 제조 • 모자용 모피 및 벨트 제조 • 뇌홍[$Hg(ONC)_2$] 제조
유기수은	• 의약, 농약 제조 • 종자 소독 • 펄프 제조 • 농약 살포 • 가성소다 제조

③ 축적

㉠ 금속수은은 전리된 수소이온이 단백질을 침전시키고 -SH기 친화력을 가지고 있어 세포 내 효소반응을 억제함으로써 독성작용을 일으킨다.
㉡ 신장 및 간에 고농도 축적현상이 일반적이다.
㉢ 뇌에 가장 강한 친화력을 가진 수은화합물은 메틸수은이다.
㉣ 혈액 내 수은 존재 시 약 90%는 적혈구 내에서 발견된다.

④ 수은에 의한 건강장애

㉠ 수은중독의 특징적인 증상은 구내염, 근육진전, 전신증상으로 분류된다.
㉡ 수족신경마비, 시신경장애, 정신이상, 보행장애, 뇌신경세포 손상 등의 장애가 나타난다.
㉢ 전신증상으로는 중추신경계통, 특히 뇌조직에 심한 증상이 나타나 정신기능이 상실될 수 있다 (정신장애).
㉣ 유기수은(알킬수은) 중 메틸수은은 미나마타(minamata)병을 유발한다.

⑤ 수은중독의 치료

구분	치료
급성중독	• 우유와 계란의 흰자를 먹여 단백질과 해당 물질을 결합시켜 침전 • 위세척(5~10% S.F.S 용액) 실시(다만, 세척액은 200~300mL를 넘지 않을 것)
만성중독	• 수은 취급을 즉시 중지 • BAL(British Anti Lewisite) 투여 • 1일 10L의 등장식염수를 공급(이뇨작용 촉진) • Ca-EDTA의 투여는 금기사항

3 카드뮴(Cd)

① 개요

1945년 일본에서 이타이이타이병이란 중독사건이 생겨 수많은 환자가 발생한 사례가 있는데, 이는 생축적, 먹이사슬의 축적에 의한 카드뮴 폭로와 비타민 D의 결핍에 의한 것이었다.

② 발생원
  ㉠ 납광물이나 아연 제련 시 부산물
  ㉡ 주로 전기도금, 알루미늄과의 합금에 이용
  ㉢ 축전기 전극
  ㉣ 도자기, 페인트의 안료
  ㉤ 니켈카드뮴 배터리 및 살균제

③ 축적
  ㉠ 체내에 축적된 카드뮴의 50~75%는 간과 신장에 축적되고, 일부는 장관벽에 축적된다.
  ㉡ 흡수된 카드뮴은 혈장단백질과 결합하여 최종적으로 신장에 축적된다.

④ 카드뮴에 의한 건강장애

구분	건강장애
급성중독	• 호흡기 흡입 : 호흡기도, 폐에 강한 자극증상(화학성 폐렴) • 경구 흡입 : 구토·설사, 급성 위장염, 근육통, 간·신장 장애
만성중독	• 신장기능 장애 • 골격계 장애 • 폐기능 장애 • 자각 증상

⑤ 카드뮴중독의 치료
  ㉠ BAL 및 Ca-EDTA를 투여하면 신장에 대한 독성작용이 더욱 심해지므로 금한다.
  ㉡ 안정을 취하고 대중요법을 이용하는 동시에 산소 흡입, 스테로이드를 투여한다.
  ㉢ 치아에 황색 색소침착 유발 시 글루쿠론산칼슘 20mL를 정맥주사한다.
  ㉣ 비타민 D를 피하주사한다(1주 간격으로 6회가 효과적).

4 크롬(Cr)

① 개요

비중격연골에 천공이 대표적 증상으로, 근래에는 직업성 피부질환도 다량 발생하는 경향이 있으며, 3가 크롬은 피부흡수가 어려우나, 6가 크롬은 쉽게 피부를 통과하므로 6가 크롬이 더 해롭다.

② 발생원
  ㉠ 전기도금 공장
  ㉡ 가죽, 피혁 제조
  ㉢ 염색, 안료 제조
  ㉣ 방부제, 약품 제조

③ 축적

6가 크롬은 생체막을 통해 세포 내에서 3가로 환원되어 간, 신장, 부갑상선, 폐, 골수에 축적된다.

④ 크롬에 의한 건강장애

구분	건강장애
급성중독	• 신장장애 : 과뇨증(혈뇨증) 후 무뇨증을 일으키며, 요독증으로 10일 이내에 사망 • 위장장애 • 급성 폐렴
만성중독	• 점막장애 : 비중격천공 • 피부장애 : 피부궤양을 야기(둥근 형태의 궤양) • 발암작용 : 장기간 흡입에 의한 기관지암, 폐암, 비강암(6가 크롬) 발생 • 호흡기 장애 : 크롬폐증 발생

⑤ 크롬중독의 치료

㉠ 크롬 폭로 시 즉시 중단하여야 하며, BAL, Ca-EDTA 복용은 효과가 없다.

※ 만성 크롬중독의 특별한 치료법은 없다.

㉡ 사고로 섭취 시 응급조치로 환원제인 우유와 비타민 C를 섭취한다.

5 베릴륨(Be)

① 발생원

㉠ 합금, 베릴륨 제조

㉡ 원자로 작업

㉢ 산소화학합성

㉣ 금속 재생공정

㉤ 우주항공산업

② 베릴륨에 의한 건강장애

㉠ 급성중독 : 염화물, 황화물, 불화물과 같은 용해성 베릴륨 화합물은 급성중독을 일으킨다.

㉡ 만성중독 : 육아 종양, 화학적 폐렴 및 폐암을 유발하며, 'neighborhood cases'라고도 한다.

6 비소(As)

① 개요

자연계에서는 3가 및 5가의 원소로서 삼산화비소, 오산화비소의 형태로 존재하며, 독성작용은 5가보다는 3가의 비소화합물이 강하다. 특히 물에 녹아 아비산을 생성하는 삼산화비소가 가장 강력하다.

② 발생원
   ㉠ 토양의 광석 등 자연계에 널리 분포
   ㉡ 벽지, 조화, 색소 등의 제조
   ㉢ 살충제, 구충제, 목재 보존제 등에 많이 이용
   ㉣ 베어링 제조
   ㉤ 유리의 착색제, 피혁 및 동물의 박제에 방부제로 사용
③ 흡수
   ㉠ 비소의 분진과 증기는 호흡기를 통해 체내에 흡수되며, 작업현장에서의 호흡기 노출이 가장 문제가 된다.
   ㉡ 비소화합물이 상처에 접촉함으로써 피부를 통하여 흡수된다.
   ㉢ 체내에 침입된 3가 비소가 5가 비소 상태로 산화되며, 반대현상도 나타난다.
   ㉣ 체내에서 −SH기 그룹과 유기적인 결합을 일으켜서 독성을 나타낸다.
④ 축적
   ㉠ 주로 뼈, 모발, 손톱 등에 축적되며, 간장, 신장, 폐, 소화관벽, 비장 등에도 축적된다.
   ㉡ 골(뼈)조직 및 피부는 비소의 주요한 축적장기이다.

7 망간(Mn)

① 개요
철강 제조 분야에서 직업성 폭로가 가장 많으며, 계속적인 폭로로 전신의 근무력증, 수전증, 파킨슨증후군이 나타나고 금속열을 유발한다.

② 발생원
   ㉠ 특수강철 생산(망간 함유 80% 이상 합금)
   ㉡ 망간건전지
   ㉢ 전기용접봉 제조업, 도자기 제조업

③ 망간에 의한 건강장애

구분	건강장애
급성중독	• MMT(Methylcyclopentadienyl Manganese Trialbonyls)에 의한 피부와 호흡기 노출로 인한 증상 • 급성 고농도에 노출 시 조증(들뜸병)의 정신병 양상
만성중독	• 무력증, 식욕감퇴 등의 초기증세를 보이다, 심해지면 중추신경계의 특정 부위를 손상(뇌기저핵에 축적되어 신경세포 파괴)시키고, 노출이 지속되면 파킨슨 증후군과 보행장애가 나타남 • 안면의 변화(무표정하게 됨), 배근력의 저하(소자증 증상) • 언어장애(언어가 느려짐), 균형감각 상실

8 금속증기열

① 개요
    ㉠ 금속이 용융점 이상으로 가열될 때 형성되는 고농도의 금속산화물을 흄 형태로 흡입함으로써 발생되는 일시적인 질병이다.
    ㉡ 금속증기를 들이마심으로써 일어나는 열로, 특히 아연에 의한 경우가 많아 아연열이라고도 하는데, 구리, 니켈 등의 금속증기에 의해서도 발생된다.

② 발생 원인물질
    ㉠ 아연(산화아연)
    ㉡ 구리
    ㉢ 망간
    ㉣ 마그네슘
    ㉤ 니켈

③ 증상
    ㉠ 금속증기에 폭로되고 몇 시간 후에 발병되며, 체온상승, 목의 건조, 오한, 기침, 땀이 많이 발생하고, 호흡곤란을 일으킨다.
    ㉡ 증상은 12~24시간(또는 24~48시간) 후에는 자연적으로 없어진다.
    ㉢ 기폭로된 근로자는 일시적 면역이 생긴다.
    ㉣ 금속증기열은 폐렴, 폐결핵의 원인이 되지는 않는다.
    ㉤ 월요일열(monday fever)이라고도 한다.

핵심이론 40 | 독성과 독성실험

1 독성과 유해성

① 독성 : 유해화학물질이 일정한 농도로 체내의 특정 부위에 체류할 때 악영향을 일으킬 수 있는 능력으로, 사람에게 흡수되어 초래되는 바람직하지 않은 영향의 범위, 정도, 특성을 의미한다.
② 유해성 : 근로자가 유해인자에 노출됨으로써 손상을 유발할 수 있는 가능성이다.
    ㉠ 유해성 결정요소(독성과 노출량)
        ⓐ 유해물질 자체의 독성
        ⓑ 유해물질 자체의 특성
        ⓒ 유해물질 발생형태
    ㉡ 유해성 평가 시 고려요인
        ⓐ 시간적 빈도와 시간
        ⓑ 공간적 분포
        ⓒ 노출대상의 특성
        ⓓ 조직적 특성

2 독성실험에 관한 용어

용어	의미
LD_{50}	• 유해물질의 경구투여 용량에 따른 반응범위를 결정하는 독성검사에서 얻은 용량 (반응곡선에서 실험동물군의 50%가 일정 기간 동안에 죽는 치사량을 의미) • 치사량 단위는 [물질의 무게(mg)/동물의 몸무게(kg)]로 표시함 • 통상 30일간 50%의 동물이 죽는 치사량 • 노출된 동물의 50%가 죽는 농도의 의미도 있음 • LD_{50}에는 변역 또는 95% 신뢰한계를 명시하여야 함
LC_{50}	• 실험동물군을 상대로 기체상태의 독성물질을 호흡시켜 50%가 죽는 농도 • 시험 유기체의 50%를 죽게 하는 독성물질의 농도
ED_{50}	• 사망을 기준으로 하는 대신, 약물을 투여한 동물의 50%가 일정한 반응을 일으키는 양 • ED는 실험동물을 대상으로 얼마의 양을 투여했을 때 독성을 초래하지 않지만, 실험군의 50%가 관찰 가능한 가역적인 반응이 나타나는 작용량, 즉 유효량을 의미
TL_{50}	시험 유기체의 50%가 살아남는 독성물질의 양
TD_{50}	시험 유기체의 50%에서 심각한 독성반응을 나타내는 양, 즉 중독량을 의미

3 생체막 투과에 영향을 미치는 인자

① 유해화학물질의 크기와 형태
② 유해화학물질의 용해성
③ 유해화학물질의 이온화 정도
④ 유해화학물질의 지방 용해성

4 생체전환의 구분

① 제1상 반응 : 분해반응이나 이화반응(이화반응 : 산화반응, 환원반응, 가수분해반응)
② 제2상 반응 : 제1상 반응을 거친 물질을 더욱 수용성으로 만드는 포합반응

5 독성실험 단계

① 제1단계(동물에 대한 급성폭로 실험)
  ㉠ 치사성과 기관장애(중독성 장애)에 대한 반응곡선을 작성
  ㉡ 눈과 피부에 대한 자극성 실험
  ㉢ 변이원성에 대하여 1차적인 스크리닝 실험
② 제2단계(동물에 대한 만성폭로 실험)
  ㉠ 상승작용과 가승작용 및 상쇄작용 실험
  ㉡ 생식영향(생식독성)과 산아장애(최기형성) 실험
  ㉢ 거동(행동) 특성 실험
  ㉣ 장기독성 실험
  ㉤ 변이원성에 대하여 2차적인 스크리닝 실험

6 최기형성 작용기전(기형 발생의 중요 요인)

① 노출되는 화학물질의 양
② 노출되는 사람의 감수성
③ 노출시기

7 생식독성의 평가방법

① 수태능력 실험
② 최기형성 실험
③ 주산, 수유기 실험

8 중요 배출기관

① 신장
  ㉠ 유해물질에 있어서 가장 중요한 기관이다.
  ㉡ 사구체 여과된 유해물질은 배출되거나 재흡수되며, 재흡수 정도는 소변의 pH에 따라 달라진다.
② 간
  ㉠ 생체변화에 있어 가장 중요한 조직으로, 혈액흐름이 많고 대사효소가 많이 존재하며 어떤 순환기에 도달하기 전에 독성물질을 해독하는 역할을 하고, 소화기로 흡수된 유해물질을 해독한다.
  ㉡ 간이 표적장기가 되는 이유
    ⓐ 혈액의 흐름이 매우 풍부하여 혈액을 통해 쉽게 침투가 가능하기 때문
    ⓑ 매우 복합적인 기능을 수행하여 기능의 손상 가능성이 매우 높기 때문
    ⓒ 문정맥을 통하여 소화기계로부터 혈액을 공급받아 소화기관을 통해 흡수된 독성물질의 일차적인 표적이 되기 때문
    ⓓ 각종 대사효소가 집중적으로 분포되어 있고 이들 효소활동에 의해 다양한 대사물질이 만들어져 다른 기관에 비해 독성물질의 노출 가능성이 매우 높기 때문

9 중독 발생에 관여하는 요인

① 공기 중 폭로농도
② 폭로시간
③ 작업강도
④ 기상조건
⑤ 개인감수성
⑥ 인체 내 침입경로
⑦ 유해물질의 물리화학적 성질

핵심이론 41 | 생물학적 모니터링, 산업역학

1 근로자의 화학물질에 대한 노출 평가방법 종류

① 개인시료 측정(personal sample)
② 생물학적 모니터링(biological monitoring)
③ 건강 감시(medical surveillance)

2 생물학적 모니터링

① 생물학적 모니터링의 목적
  ㉠ 유해물질에 노출된 근로자 개인에 대해 모든 인체 침입경로, 근로시간에 따른 노출량 등의 정보를 제공한다.
  ㉡ 개인위생보호구의 효율성 평가 및 기술적 대책, 위생관리에 대한 평가에 이용한다.
  ㉢ 근로자 보호를 위한 모든 개선대책을 적절히 평가한다.

② 생물학적 모니터링의 장단점

구분	내용
장점	• 공기 중의 농도를 측정하는 것보다 건강상 위험을 보다 직접적으로 평가 • 모든 노출경로(소화기, 호흡기, 피부 등)에 의한 종합적인 노출을 평가 • 개인시료보다 건강상 악영향을 보다 직접적으로 평가 • 건강상 위험에 대하여 보다 정확히 평가 • 인체 내 흡수된 내재용량이나 중요한 조직부위에 영향을 미치는 양을 모니터링
단점	• 시료채취가 어려움 • 유기시료의 특이성이 존재하고 복잡함 • 각 근로자의 생물학적 차이가 나타남 • 분석의 어려움이 있고, 분석 시 오염에 노출될 수 있음

③ 생물학적 모니터링의 방법 분류(생물학적 결정인자)
  ㉠ 체액(생체시료나 호기)에서 해당 화학물질이나 그것의 대사산물을 측정하는 방법(근로자의 체액에서 화학물질이나 대사산물의 측정)
  ㉡ 실제 악영향을 초래하고 있지 않은 부위나 조직에서 측정하는 방법(건강상 악영향을 초래하지 않은 내재용량의 측정)
  ㉢ 표적과 비표적 조직과 작용하는 활성 화학물질의 양을 측정하는 방법(표적분자에 실제 활성인 화학물질에 대한 측정)

3 화학물질의 영향에 대한 생물학적 모니터링 대상

① 납 : 적혈구에서 ZPP
② 카드뮴 : 소변에서 저분자량 단백질
③ 일산화탄소 : 혈액에서 카르복시헤모글로빈
④ 니트로벤젠 : 혈액에서 메트헤모글로빈

4 생물학적 모니터링과 작업환경 모니터링 결과 불일치의 주요 원인

① 근로자의 생리적 기능 및 건강상태
② 직업적 노출특성상태
③ 주변 생활환경
④ 개인의 생활습관
⑤ 측정방법상의 오차

5 생물학적 노출지수(BEI, 노출지표, 폭로지수, 폭로지표)

① 혈액, 소변, 호기, 모발 등 생체시료(인체조직이나 세포)로부터 유해물질 그 자체 또는 유해물질의 대사산물 및 생화학적 변화를 반영하는 지표물질로, 생물학적 감시기준으로 사용되는 노출기준이다.
② ACGIH에서 제정하였으며, 산업위생 분야에서 전반적인 건강장애 위험을 평가하는 지침으로 이용된다.
③ 작업의 강도, 기온과 습도, 개인의 생활태도에 따라 차이가 있다.
④ 혈액, 소변, 모발, 손톱, 생체조직, 호기 또는 체액 중 유해물질의 양을 측정·조사한다.
⑤ 첫 번째 접촉하는 부위의 독성 영향을 나타내는 물질이나 흡수가 잘 되지 않은 물질에 대한 노출평가에는 바람직하지 못하고, 흡수가 잘 되고 전신적 영향을 나타내는 화학물질에 적용하는 것이 바람직하다.

6 생체시료의 종류

① 소변
  ㉠ 비파괴적으로 시료채취가 가능하다.
  ㉡ 많은 양의 시료 확보가 가능하여 일반적으로 가장 많이 활용한다.
  ㉢ 시료채취과정에서 오염될 가능성이 있다.
  ㉣ 불규칙한 소변 배설량으로 농도 보정이 필요하다.
  ㉤ 보존방법은 냉동상태(−20 ~ −10℃)가 원칙이다.
② 혈액
  ㉠ 시료채취과정에서 오염될 가능성이 적다.
  ㉡ 휘발성 물질 시료의 손실 방지를 위하여 최대용량을 채취해야 한다.
  ㉢ 생물학적 기준치는 정맥혈을 기준으로 하며, 동맥혈에는 적용할 수 없다.
  ㉣ 분석방법 선택 시 특정 물질의 단백질 결합을 고려해야 한다.
  ㉤ 시료채취 시 근로자가 부담을 가질 수 있다.
  ㉥ 약물 동력학적 변이요인들의 영향을 받는다.
③ 호기
  ㉠ 호기 중 농도 측정은 채취시간, 호기상태에 따라 농도가 변하여 폐포 공기가 혼합된 호기시료에서 측정한다.
  ㉡ 노출 전과 노출 후에 시료를 채취한다.
  ㉢ 수증기에 의한 수분 응축의 영향을 고려한다.
  ㉣ 노출 후 혼합 호기의 농도는 폐포 내 호기 농도의 2/3 정도이다.

7 화학물질에 대한 대사산물(측정대상 물질), 시료채취시기

화학물질	대사산물(측정대상 물질) : 생물학적 노출지표	시료채취시기
납 및 그 무기화합물	혈액 중 납	중요치 않음(수시)
	소변 중 납	
카드뮴 및 그 화합물	소변 중 카드뮴	중요치 않음(수시)
	혈액 중 카드뮴	
일산화탄소	호기에서 일산화탄소	작업 종료 시(당일)
	혈액 중 carboxyhemoglobin	
벤젠	소변 중 총 페놀	작업 종료 시(당일)
	소변 중 t,t-뮤코닉산(t,t-muconic acid)	
에틸벤젠	소변 중 만델린산	작업 종료 시(당일)
니트로벤젠	소변 중 p-nitrophenol	작업 종료 시(당일)
아세톤	소변 중 아세톤	작업 종료 시(당일)
톨루엔	혈액, 호기에서 톨루엔	작업 종료 시(당일)
	소변 중 o-크레졸	
크실렌	소변 중 메틸마뇨산	작업 종료 시(당일)
스티렌	소변 중 만델린산	작업 종료 시(당일)
트리클로로에틸렌	소변 중 트리클로로초산(삼염화초산)	주말작업 종료 시(주말)
테트라클로로에틸렌	소변 중 트리클로로초산(삼염화초산)	주말작업 종료 시(주말)
트리클로로에탄	소변 중 트리클로로초산(삼염화초산)	주말작업 종료 시(주말)
사염화에틸렌	소변 중 트리클로로초산(삼염화초산)	주말작업 종료 시(주말)
	소변 중 삼염화에탄올	
이황화탄소	소변 중 TTCA	–
	소변 중 이황화탄소	
노말헥산(n-헥산)	소변 중 2,5-hexanedione	작업 종료 시(당일)
	소변 중 n-헥산	
메탄올	소변 중 메탄올	–
클로로벤젠	소변 중 총 4-chlorocatechol	작업 종료 시(당일)
	소변 중 총 p-chlorophenol	
크롬(수용성 흄)	소변 중 총 크롬	주말작업 종료 시 주간작업 중
N,N-디메틸포름아미드	소변 중 N-메틸포름아미드	작업 종료 시(당일)
페놀	소변 중 메틸마뇨산(소변 중 총 페놀)	작업 종료 시(당일)

※ 혈액 중 납(mercurytotal inorganic lead in blood)
  소변 중 총 페놀(s-phenylmercapturic acid in urine)
  소변 중 메틸마뇨산(methylhippuric acid in urine)

8 유병률과 발생률

① 유병률
  ㉠ 어떤 시점에서 이미 존재하는 질병의 비율, 즉 발생률에서 기간을 제거한 것을 의미한다.
  ㉡ 일반적으로 기간유병률보다 시점유병률을 사용한다.
  ㉢ 인구집단 내에 존재하고 있는 환자수를 표현한 것으로, 시간단위가 없다.
  ㉣ 여러 가지 인자에 영향을 받을 수 있어 위험성을 실질적으로 나타내지 못한다.

② 발생률
  ㉠ 특정 기간 위험에 노출된 인구집단 중 새로 발생한 환자수의 비례적인 분율, 즉 발생률은 위험에 노출된 인구 중 질병에 걸릴 확률의 개념이다.
  ㉡ 시간차원이 있고, 관찰기간 동안 평균인구가 관찰대상이 된다.

9 측정타당도

구분		실제값(질병)		합계
		양성	음성	
검사법	양성	A	B	A+B
	음성	C	D	C+D
합계		A+C	B+D	-

① 민감도 = A/(A+C)
② 가음성률 = C/(A+C)
③ 가양성률 = B/(B+D)
④ 특이도 = D/(B+D)

필기 핵심공식

핵심공식 01 표준상태와 농도단위 환산

1 표준상태

① 산업위생(작업환경측정) 분야 : 25℃, 1atm(24.45L)
② 산업환기 분야 : 21, 1atm(24.1L)
③ 일반대기 분야 : 0℃, 1atm(22.4L)

2 질량농도(mg/m³)와 용량농도(ppm)의 환산(0℃, 1기압)

① ppm ⇨ mg/m³

$$mg/m^3 = ppm(mL/m^3) \times \frac{분자량(mg)}{22.4mL}$$

② mg/m³ ⇨ ppm

$$ppm(mL/m^3) = mg/m^3 \times \frac{22.4mL}{분자량(mg)}$$

3 퍼센트(%)와 용량농도(ppm)의 관계

$$1\% = 10,000ppm$$

핵심공식 02 | 보일-샤를의 법칙

온도와 압력이 동시에 변하면, 일정량의 기체 부피는 압력에 반비례하고 절대온도에 비례한다는 법칙

$$V_2 = V_1 \times \frac{T_2}{T_1} \times \frac{P_1}{P_2}$$

여기서, P_1, T_1, V_1 : 처음의 압력, 온도, 부피
P_2, T_2, V_2 : 나중의 압력, 온도, 부피

핵심공식 03 | 허용기준(노출기준, 허용농도)

1 시간가중 평균농도(TWA)

$$\text{TWA} = \frac{C_1 T_1 + \cdots\cdots + C_n T_n}{8}$$

여기서, C : 유해인자의 측정농도(ppm 또는 mg/m³)
T : 유해인자의 발생시간(시간)

2 노출지수(EI ; Exposure Index)

노출지수가 1을 초과하면 노출기준을 초과한다고 평가

$$\text{EI} = \frac{C_1}{\text{TLV}_1} + \frac{C_2}{\text{TLV}_2} + \cdots\cdots + \frac{C_n}{\text{TLV}_n}$$

여기서, C_n : 각 혼합물질의 공기 중 농도
TLV_n : 각 혼합물질의 노출기준

3 액체 혼합물의 구성 성분을 알 경우 혼합물의 허용농도

$$\text{혼합물의 허용농도(mg/m}^3) = \frac{1}{\dfrac{f_a}{\text{TLV}_a} + \dfrac{f_b}{\text{TLV}_b} + \cdots\cdots + \dfrac{f_n}{\text{TLV}_n}}$$

여기서, f_a, f_b, $\cdots$, f_n : 액체 혼합물에서 각 성분의 무게(중량) 구성비(%)
TLV_a, TLV_b, $\cdots$, TLV_n : 해당 물질의 TLV(노출기준, mg/m³)

4 비정상 작업시간의 허용농도 보정

① OSHA의 보정방법

㉠ 급성중독을 일으키는 물질(대표적인 물질 : 일산화탄소)

$$\text{보정된 노출기준} = \text{8시간 노출기준} \times \frac{\text{8시간}}{\text{노출시간/일}}$$

㉡ 만성중독을 일으키는 물질(대표적인 물질 : 중금속)

$$\text{보정된 노출기준} = \text{8시간 노출기준} \times \frac{\text{40시간}}{\text{작업시간/주}}$$

② Brief와 Scala의 보정방법

$$\text{보정된 노출기준} = \text{RF} \times \text{노출기준(허용농도)}$$

$$\text{이때, 노출기준 보정계수(RF)} = \left(\frac{8}{H}\right) \times \frac{24-H}{16} \quad \left[\text{일주일 : RF} = \left(\frac{40}{H}\right) \times \frac{168-H}{128}\right]$$

여기서, H : 비정상적인 작업시간(노출시간/일, 노출시간/주)
16 : 휴식시간 의미(128 : 일주일 휴식시간 의미)

핵심공식 04 체내흡수량(안전흡수량)

1 체내흡수량(SHD)

$$\text{SHD} = C \times T \times V \times R$$

여기서, C : 공기 중 유해물질 농도(mg/m³)
T : 노출시간(hr)
V : 호흡률(폐환기율)(m³/hr)
R : 체내 잔류율(보통 1.0)

2 Haber 법칙

환경 속에서 중독을 일으키는 유해물질의 공기 중 농도(C)와 폭로시간(T)의 곱은 일정(K)하다는 법칙(단시간 노출 시 유해물질지수는 농도와 노출시간의 곱으로 계산)

$$C \times T = K$$

핵심공식 05 　중량물 취급의 기준(NIOSH)

1 감시기준(AL)

$$\text{AL}(\text{kg}) = 40\left(\frac{15}{H}\right)(1 - 0.004|V - 75|)\left(0.7 + \frac{7.5}{D}\right)\left(1 - \frac{F}{F_{\max}}\right)$$

여기서, H : 대상 물체의 수평거리
　　　　V : 대상 물체의 수직거리
　　　　D : 대상 물체의 이동거리
　　　　F : 중량물 취급 작업의 분당 빈도
　　　　$F_{\max}$: 인양 대상 물체의 취급 최빈수

2 최대허용기준(MPL)

$$\text{MPL}(\text{kg}) = 3 \times \text{AL}$$

3 권고기준(RWL)

$$\text{RWL}(\text{kg}) = L_C \times \text{HM} \times \text{VM} \times \text{DM} \times \text{AM} \times \text{FM} \times \text{CM}$$

여기서, L_C : 중량상수(부하상수)(23kg : 최적 작업상태 권장 최대무게)
　　　　HM : 수평계수
　　　　VM : 수직계수
　　　　DM : 물체 이동거리계수
　　　　AM : 비대칭각도계수
　　　　FM : 작업빈도계수
　　　　CM : 물체를 잡는 데 따른 계수(커플링계수)

4 중량물 취급기준(LI ; 들기지수)

$$\text{LI} = \frac{\text{물체 무게}}{\text{RWL}}$$

핵심공식 06 | 작업강도와 작업시간 및 휴식시간

1 피로예방 최대 허용작업시간(작업강도에 따른 허용작업시간)

$$\log T_{\text{end}} = 3.720 - 0.1949E$$

여기서, T_{end} : 허용작업시간(min)
　　　　E : 작업대사량(kcal/min)

2 피로예방 휴식시간비(Hertig 식)

$$T_{\text{rest}} = \left(\frac{E_{\max} - E_{\text{task}}}{E_{\text{rest}} - E_{\text{task}}}\right) \times 100$$

여기서, T_{rest} : 피로예방을 위한 적정 휴식시간비(60분 기준으로 산정)(%)
　　　　$E_{\max}$: 1일 8시간 작업에 적합한 작업대사량(PWC의 1/3)
　　　　E_{rest} : 휴식 중 소모대사량
　　　　E_{task} : 해당 작업의 작업대사량

3 작업강도

$$\text{작업강도}(\%\text{MS}) = \frac{\text{RF}}{\text{MS}} \times 100$$

여기서, RF : 작업 시 요구되는 힘
　　　　MS : 근로자가 가지고 있는 최대 힘

4 적정 작업시간

$$\text{적정 작업시간}(\sec) = 671{,}120 \times \%\text{MS}^{-2.222}$$

여기서, %MS : 작업강도(근로자의 근력이 좌우함)

핵심공식 07 작업대사율(에너지대사율)

1 작업대사율(RMR)

$$RMR = \frac{\text{작업대사량}}{\text{기초대사량}} = \frac{\text{작업 시 소요열량} - \text{안정 시 소요열량}}{\text{기초대사량}}$$

2 계속작업 한계시간(CMT)

$$\log CMT = 3.724 - 3.25 \log RMR$$

3 실노동률(실동률)

$$\text{실노동률}(\%) = 85 - (5 \times RMR)$$

핵심공식 08 습구흑구온도지수(WBGT)

1 옥외(태양광선이 내리쬐는 장소)

$$WBGT(℃) = (0.7 \times \text{자연습구온도}) + (0.2 \times \text{흑구온도}) + (0.1 \times \text{건구온도})$$

2 옥내 또는 옥외(태양광선이 내리쬐지 않는 장소)

$$WBGT(℃) = (0.7 \times \text{자연습구온도}) + (0.3 \times \text{흑구온도})$$

핵심공식 09 산업재해의 평가와 보상

1 산업재해 평가지표

① 연천인율

$$연천인율 = \frac{연간\ 재해자\ 수}{연평균\ 근로자\ 수} \times 1{,}000 = 도수율 \times 2.4$$

② 도수율(빈도율, FR)

- $도수율 = \dfrac{일정\ 기간\ 중\ 재해발생건수}{일정\ 기간\ 중\ 연\ 근로시간\ 수} \times 1{,}000{,}000 = \dfrac{연천인율}{2.4}$
- $환산도수율(F) = \dfrac{도수율}{10}$

③ 강도율(SR)

- $강도율 = \dfrac{일정\ 기간\ 중\ 근로손실일수}{일정\ 기간\ 중\ 연\ 근로시간수} \times 1{,}000$

  이때, $근로손실일수 = 총휴업일수 \times \dfrac{300}{365}$
- $환산강도율(S) = 강도율 \times 100$

④ 종합재해지수(FSI)

$$종합재해지수 = \sqrt{도수율 \times 강도율}$$

⑤ 사고사망만인율

$$사고사망만인율 = \frac{사고사망자\ 수}{상시근로자\ 수} \times 10{,}000$$

2 산업재해 보상평가(손실평가)

① 하인리히(Heinrich)

$$\begin{aligned}총\ 재해코스트 &= 직접비 + 간접비\ (이때,\ 직접비 : 간접비 = 1 : 4) \\ &= 직접비 \times 5\end{aligned}$$

② 시몬즈(Simonds)

$$총\ 재해코스트 = 보험코스트 + 비보험코스트$$

핵심공식 10 시료의 채취

1 공기채취기구(pump)의 채취유량

$$\text{채취유량(L/min)} = \frac{\text{비누거품이 통과한 용량(L)}}{\text{비누거품이 통과한 시간(min)}}$$

2 정량한계와 표준편차, 검출한계의 관계

$$\begin{aligned}\text{정량한계} &= \text{표준편차} \times 10 \\ &= \text{검출한계} \times 3 (\text{또는 } 3.3)\end{aligned}$$

3 회수율과 탈착률

① 회수율

$$\text{회수율(\%)} = \frac{\text{분석량}}{\text{첨가량}} \times 100$$

② 탈착률

$$\text{탈착률(\%)} = \frac{\text{분석량}}{\text{첨가량}} \times 100$$

4 가스상·입자상 물질의 농도 계산

① 가스상 물질의 농도(흡착관 이용)

$$\text{농도} = \frac{(\text{앞층 분석량} + \text{뒤층 분석량}) - (\text{공시료 앞층 분석량} + \text{공시료 뒤층 분석량})}{\text{펌프 유량(L/min)} \times \text{시료채취시간(min)} \times \text{탈착효율}}$$

② 입자상 물질의 농도(여과지 이용)

$$\text{농도} = \frac{(\text{채취 후 무게} - \text{채취 전 무게}) - (\text{공시료 채취 후 무게} + \text{공시료 채취 전 무게})}{\text{펌프 유량(L/min)} \times \text{시료채취시간(min)} \times \text{회수효율}}$$

5 Lippmann 식에 의한 침강속도

입자 크기가 1~50μm인 경우 적용

$$V = 0.003 \times \rho \times d^2$$

여기서, V : 침강속도(cm/sec)
　　　　ρ : 입자 밀도(비중)(g/cm^3)
　　　　d : 입자 직경(μm)

핵심공식 11 　누적오차(총 측정오차)

$$누적오차 = \sqrt{E_1^2 + E_2^2 + E_3^2 + \cdots + E_n^2}$$

여기서, E_1, E_2, E_3, $\cdots$, E_n : 각 요소에 대한 오차

핵심공식 12 　램버트-비어 법칙

$$흡광도 = \log\frac{1}{투과율}$$
$$= \log\frac{입사광의\ 강도}{투사광의\ 강도}$$

핵심공식 13 기하평균과 기하표준편차

산업위생 분야에서는 작업환경측정 결과가 대수정규분포를 취하는 경우, 대푯값으로 기하평균을, 산포도로 기하표준편차를 널리 사용한다.

1 기하평균(GM)

$$\log(\mathrm{GM}) = \frac{\log X_1 + \log X_2 + \cdots + \log X_n}{N}$$

2 기하표준편차(GSD)

$$\log(\mathrm{GSD}) = \left[\frac{(\log X_1 - \log \mathrm{GM})^2 + (\log X_2 - \log \mathrm{GM})^2 + \cdots + (\log X_N - \log \mathrm{GM})^2}{N-1}\right]^{0.5}$$

3 변이계수(CV)

측정방법의 정밀도를 평가하는 계수로, %로 표현되므로 측정단위와 무관하게 독립적으로 산출되며, 변이계수가 작을수록 자료가 평균 주위에 가깝게 분포한다는 의미

$$\mathrm{CV}(\%) = \frac{표준편차}{평균치} \times 100$$

4 그래프로 기하평균, 기하표준편차를 구하는 방법

① 기하평균 : 누적분포에서 50%에 해당하는 값
② 기하표준편차 : 84.1%에 해당하는 값을 50%에 해당하는 값으로 나누는 값

$$\mathrm{GSD} = \frac{84.1\%에\ 해당하는\ 값}{50\%에\ 해당하는\ 값} = \frac{50\%에\ 해당하는\ 값}{15.9\%에\ 해당하는\ 값}$$

핵심공식 14 유해·위험성 평가

1 표준화값

$$\text{표준화값} = \frac{\text{TWA or STEL}}{\text{허용기준}}$$

2 최고농도

- 최고농도(ppm) = $\dfrac{\text{증기압 or 분압}}{760} \times 10^6$
- 최고농도(%) = $\dfrac{\text{증기압 or 분압}}{760} \times 10^2$

3 증기화 위험지수(VHI)

$$\text{VHI} = \log\left(\frac{C}{\text{TLV}}\right)$$

여기서, TLV : 노출기준
  C : 포화농도(최고농도 : 대기압과 해당 물질의 증기압을 이용하여 계산)
  $\dfrac{C}{\text{TLV}}$: VHR(Vapor Hazard Ratio)

핵심공식 15 압력단위 환산

1기압 = 1atm = 760mmHg = 10,332mmH$_2$O = 1.0332kg$_f$/cm^2 = 10,332kg$_f$/m^2
    = 14.69psi(lb/ft^2) = 760Torr = 10,332mmAq = 10.332mH$_2$O = 1013.25hPa
    = 1013.25mb = 1.01325bar = 10,113×10^{5}dyne/cm^2 = 1.013×10^{5}Pa

핵심공식 16 점성계수와 동점성계수의 관계

$$동점성계수(\nu) = \frac{점성계수(\mu)}{밀도(\rho)}$$

핵심공식 17 유체 흐름과 레이놀즈수

1 단시간에 흐르는 유체의 체적

$$Q = A \times V$$

여기서, Q : 유량, A : 유체 통과 단면적, V : 유체 통과 속도

2 레이놀즈수(Re)

$$Re = \frac{밀도 \times 유속 \times 직경}{점성계수} = \frac{유속 \times 직경}{동점성계수} = \frac{관성력}{점성력}$$

레이놀즈수의 크기에 따른 구분
① 층류($Re < 2,100$)
② 천이 영역($2,100 < Re < 4,000$)
③ 난류($Re > 4,000$)
※ 산업환기 일반 배관 기류 흐름의 Re 범위 : $10^5 \sim 10^6$

핵심공식 18 밀도보정계수

$$\bullet\ d_f(\text{무차원}) = \frac{(273+21)(P)}{(\text{℃}+273)(760)}$$
$$\bullet\ \rho_{(a)} = \rho_{(s)} \times d_f$$

여기서, d_f : 밀도보정계수, P : 대기압(mmHg, inHg), ℃ : 온도
$\rho_{(a)}$: 실제 공기의 밀도
$\rho_{(s)}$: 표준상태(21℃, 1atm)의 공기 밀도(1.203kg/m^3)

핵심공식 19 | 압력 관련식

1 전압과 동압, 정압의 관계

$$전압 = 동압 + 정압$$

※ 전압 : TP(Total Pressure), 동압 : VP(Velocity Pressure), 정압 : SP(Static Pressure)

2 공기 속도와 속도압(동압)의 관계

① 공기 밀도(비중량)가 주어진 경우

$$\text{VP} = \frac{\gamma V^2}{2g}, \quad V = \sqrt{\frac{2g\text{VP}}{\gamma}}$$

② 공기 밀도(비중량)가 주어지지 않은 경우

$$V = 4.043\sqrt{\text{VP}}, \quad \text{VP} = \left(\frac{V}{4.043}\right)^2$$

여기서, V : 공기 속도, VP : 속도압

핵심공식 20 | 압력손실

1 후드의 압력손실

① 후드의 정압(SP_h)

$$SP_h = 가손실 + 유입손실 = \text{VP}(1+F)$$

여기서, VP : 속도압(mmH$_2$O), F : 유입손실계수

② 후드의 압력손실(ΔP)

$$\Delta P = F \times \text{VP}$$

③ 유입계수(Ce) : 후드의 유입효율

$$Ce = \frac{실제\ 유량}{이론적인\ 유량} = \frac{실제\ 흡인유량}{이상적인\ 흡인유량} = \sqrt{\frac{1}{1+F}} \quad \left(이때,\ F = \frac{1}{Ce^2} - 1\right)$$

※ Ce가 1에 가까울수록 압력손실이 작은 후드를 의미한다.

2 덕트의 압력손실

① 덕트의 압력손실(ΔP)

$$\Delta P = \text{마찰압력손실} + \text{난류압력손실}$$

※ 덕트 압력손실 계산의 종류
- 등가길이(등거리) 방법 : 덕트의 단위길이당 마찰손실을 유속과 직경의 함수로 표현하는 방법
- 속도압 방법 : 유량과 유속에 의한 덕트 1m당 발생하는 마찰손실로, 속도압을 기준으로 표현하는 방법이며, 산업환기 설계에 일반적으로 사용

② 원형 직선 덕트의 압력손실(ΔP)

$$\Delta P = \lambda \times \frac{L}{D} \times \text{VP}$$

이때, $\lambda = 4f$

여기서, λ : 관마찰계수(무차원)
  L : 덕트 길이(m)
  D : 덕트 직경(m)
  VP : 속도압
  f : 페닝마찰계수

③ 장방형 직선 덕트의 압력손실(ΔP)

$$\Delta P = \lambda(f) \times \frac{L}{D} \times \text{VP}$$

이때, $\lambda = f$, $D = \frac{2ab}{a+b}$

여기서, a, b : 각 변의 길이

④ 곡관의 압력손실(ΔP)

$$\Delta P = \xi \times \text{VP} \times \left(\frac{\theta}{90}\right)$$

여기서, ξ : 압력손실계수
  θ : 곡관의 각도

※ 새우등 곡관의 개수
- D(직경) ≤ 15cm인 경우 : 새우등 3개 이상
- D(직경) > 15cm인 경우 : 새우등 5개 이상

3 확대관의 압력손실

① 정압회복계수(R)

$$R = 1 - \xi$$

② 확대관의 압력손실(ΔP)

$$\Delta P = \xi \times (VP_1 - VP_2)$$

여기서, VP_1 : 확대 전의 속도압(mmH$_2$O)
VP_2 : 확대 후의 속도압(mmH$_2$O)

③ 정압회복량($SP_2 - SP_1$)

$$SP_2 - SP_1 = (VP_1 - VP_2) - \Delta P$$

여기서, SP_1 : 확대 후의 정압(mmH$_2$O)
SP_2 : 확대 전의 정압(mmH$_2$O)

④ 확대측 정압(SP_2)

$$SP_2 = SP_1 + R(VP_1 - VP_2)$$

4 축소관의 압력손실

① 축소관 압력손실(ΔP)

$$\Delta P = \xi \times (VP_2 - VP_1)$$

여기서, VP_1 : 축소 후의 속도압(mmH$_2$O)
VP_2 : 축소 전의 속도압(mmH$_2$O)

② 정압감소량($SP_2 - SP_1$)

$$SP_2 - SP_1 = -(VP_2 - VP_1) - \Delta P = -(1 + \xi)(VP_2 - VP_1)$$

여기서, SP_1 : 축소 후의 정압(mmH$_2$O)
SP_2 : 축소 전의 정압(mmH$_2$O)

핵심공식 21 | 전체환기량(필요환기량, 희석환기량)

1 평형상태인 경우 전체환기량

$$Q = \frac{G}{\text{TLV}} \times K$$

여기서, G : 시간당 공기 중으로 발생된 유해물질의 용량(L/hr)
  TLV : 허용기준
  K : 안전계수(여유계수)

※ K 결정 시 고려요인
  • 유해물질의 허용기준(TLV) : 유해물질의 독성을 고려
    - 약한 독성의 물질 : TLV ≥ 500ppm
    - 중간 독성의 물질 : 100ppm < TLV < 500ppm
    - 강한 독성의 물질 : TLV ≥ 100ppm
  • 환기방식의 효율성(성능) 및 실내 유입 보충용 공기의 혼합과 기류 분포를 고려
  • 유해물질의 발생률
  • 공정 중 근로자들의 위치와 발생원과의 거리
  • 작업장 내 유해물질 발생점의 위치와 수

2 유해물질 농도 증가 시 전체환기량

① 초기상태를 $t_1=0$, $C_1=0$(처음 농도 0)이라 하고, 농도 C에 도달하는 데 걸리는 시간(t)

$$t = -\frac{V}{Q'}\left[\ln\left(\frac{G-Q'C}{G}\right)\right]$$

여기서, V : 작업장의 기적(용적)(m³)
  Q' : 유효환기량(m³/min)
  G : 유해가스의 발생량(m³/min)
  C : 유해물질 농도(ppm) : 계산 시 10^6으로 나누어 계산

② 처음 농도 0인 상태에서 t시간 후의 농도(C)

$$C = \frac{G\left(1 - e^{-\frac{Q'}{V}t}\right)}{Q'}$$

3 유해물질 농도 감소 시 전체환기량

① 초기시간 $t_1=0$에서의 농도 C_1으로부터 C_2까지 감소하는 데 걸리는 시간(t)

$$t = -\frac{V}{Q'}\ln\left(\frac{C_2}{C_1}\right)$$

② 작업 중지 후 C_1인 농도에서 t분 지난 후 농도(C_2)

$$C_2 = C_1 e^{-\frac{Q'}{V}t}$$

4 이산화탄소 제거 목적의 전체환기량

① 관련식

$$Q = \frac{M}{C_S - C_O} \times 100$$

여기서, Q : 필요환기량(m^3/hr)
M : CO_2 발생량(m^3/hr)
C_S : 작업환경 실내 CO_2 기준농도(%)(약 0.1%)
C_O : 작업환경 실외 CO_2 기준농도(%)(약 0.03%)

② 시간당 공기교환횟수(ACH)
㉠ 필요환기량 및 작업장 용적

$$ACH = \frac{\text{필요환기량}(m^3/hr)}{\text{작업장 용적}(m^3)}$$

㉡ 경과된 시간 및 CO_2 농도 변화

$$ACH = \frac{\ln(\text{측정 초기 농도} - \text{외부 } CO_2 \text{ 농도}) - \ln(\text{시간 경과 후 } CO_2 \text{ 농도} - \text{외부 } CO_2 \text{ 농도})}{\text{경과된 시간}}$$

5 급기 중 재순환량 및 외부 공기 포함량

① 급기 중 재순환량

$$\text{급기 중 재순환량} = \frac{\text{급기 중 } CO_2 \text{ 농도} - \text{외부 공기 중 } CO_2 \text{ 농도}}{\text{재순환공기 중 } CO_2 \text{ 농도} - \text{외부 공기 중 } CO_2 \text{ 농도}} \times 100$$

② 급기 중 외부 공기 포함량

$$\text{급기 중 외부 공기 포함량} = 100 - \text{급기 중 재순환량}$$

6 화재·폭발 방지 전체환기량

① 전체환기량

$$Q = \frac{24.1 \times S \times W \times C \times 10^2}{M.W \times LEL \times B}$$

여기서, Q : 필요환기량(m³/min)
  S : 물질의 비중, W : 인화물질 사용량(L/min), C : 안전계수
  M.W : 물질의 분자량, LEL : 폭발농도 하한치(%), B : 온도에 따른 보정상수

② 실제 필요환기량(Q_a)

$$Q_a = Q \times \frac{273 + t}{273 + 21}$$

여기서, Q_a : 실제 필요환기량(m³/min)
  Q : 표준공기(21℃)에 의한 환기량(m³/min)
  t : 실제 발생원 공기의 온도(℃)

7 혼합물질 발생 시 전체환기량

① 상가작용
각 유해물질의 환기량을 계산하고, 그 환기량을 모두 합하여 필요환기량으로 결정

$$Q = Q_1 + Q_2 + \cdots\cdots + Q_n$$

② 독립작용
가장 큰 값을 선택하여 필요환기량으로 결정

8 발열 및 수증기 발생 시 필요환기량

① 발열 시(방열 목적) 필요환기량(Q)

$$Q = \frac{H_s}{0.3 \Delta T}$$

여기서, H_s : 작업장 내 열부하량(kcal/hr), ΔT : 급·배기(실내·외)의 온도차(℃)

② 수증기 발생 시(수증기 제거 목적) 필요환기량(Q)

$$Q = \frac{W}{1.2 \Delta G}$$

여기서, W : 수증기 부하량(kg/hr), ΔG : 급·배기의 절대습도 차이(kg/kg 건기)

핵심공식 22   열평형 방정식(열역학적 관계식)

$$\Delta S = M \pm C \pm R - E$$

여기서, ΔS : 생체 열용량의 변화(인체의 열축적 또는 열손실)
        M : 작업대사량(체내 열생산량)
        C : 대류에 의한 열교환, R : 복사에 의한 열교환
        E : 증발(발한)에 의한 열손실(피부를 통한 증발)

핵심공식 23   후드의 필요송풍량

1 포위식 후드

$$Q = A \times V$$

여기서, Q : 필요송풍량(m^3/min), A : 후드 개구면적(m^2), V : 제어속도(m/sec)

2 외부식 후드

① 자유공간 위치, 플랜지 미부착(오염원에서 후드까지의 거리가 덕트 직경의 1.5배 이내일 때만 유효)

$$Q = V(10X^2 + A) : 기본식$$

여기서, X : 후드 중심선으로부터 발생원(오염원)까지의 거리(m)

② 자유공간 위치, 플랜지 부착(플랜지 부착 시 송풍량을 약 25% 감소)

$$Q = 0.75 \times V(10X^2 + A)$$

③ 작업면 위치, 플랜지 미부착

$$Q = V(5X^2 + A)$$

④ 작업면 위치, 플랜지 부착 ◀ 가장 경제적인 후드 형태

$$Q = 0.5 \times V(10X^2 + A)$$

3 외부식 슬롯 후드

$$Q = C \cdot L \cdot V_c \cdot X$$

여기서, C : 형상계수[전원주 : 5.0(ACGIH : 3.7)
3/4원주 : 4.1
1/2원주(플랜지 부착 경우와 동일) : 2.8(ACGIH : 2.6)
1/4원주 : 1.6)]
L : 슬롯 개구면의 길이(m)
X : 포집점까지의 거리(m)

4 리시버식(수형) 천개형 후드

① 난기류가 없을 경우(유량비법)

$$Q_T = Q_1 + Q_2 = Q_1\left(1 + \frac{Q_2}{Q_1}\right) = Q_1(1 + K_L)$$

여기서, Q_T : 필요송풍량(m³/min)
Q_1 : 열상승기류량(m³/min)
Q_2 : 유도기류량(m³/min)
K_L : 누입한계유량비

② 난기류가 있을 경우(유량비법)

$$Q_T = Q_1 \times [1 + (m \times K_L)] = Q_1 \times (1 + K_D)$$

여기서, m : 누출안전계수(난기류의 크기에 따라 다름)
K_D : 설계유량비

※ 리시버식 후드의 열원과 캐노피 후드 관계

$$F_3 = E + 0.8H \ \Rightarrow \ H/E\text{는 0.7 이하로 설계}$$

여기서, F_3 : 후드의 직경
E : 열원의 직경
H : 후드의 높이

핵심공식 24 | 송풍기의 전압, 정압 및 소요동력

1 송풍기 전압(FTP)

$$FTP = TP_{out} - TP_{in}$$
$$= (SP_{out} + VP_{out}) - (SP_{in} + VP_{in})$$

여기서, TP_{out} : 배출구 전압, TP_{in} : 흡입구 전압
VP_{out} : 배출구 속도압, VP_{in} : 흡입구 속도압
SP_{out} : 배출구 정압, SP_{in} : 흡입구 정압

2 송풍기 정압(FSP)

$$FSP = FTP - VP_{out}$$
$$= (SP_{out} - SP_{in}) + (VP_{out} - VP_{in}) - VP_{out}$$
$$= (SP_{out} - SP_{in}) - VP_{in}$$
$$= (SP_{out} - TP_{in})$$

3 송풍기 소요동력(kW, HP)

- $kW = \dfrac{Q \times \Delta P}{6,120 \times \eta} \times \alpha$
- $HP = \dfrac{Q \times \Delta P}{4,500 \times \eta} \times \alpha$

여기서, Q : 송풍량(m^3/min)
ΔP : 송풍기 유효전압(전압, 정압)(mmH_2O)
η : 송풍기 효율(%)
α : 안전인자(여유율)(%)

핵심공식 25 · 송풍기 상사법칙

1 회전수비

① 풍량은 회전수비에 비례

$$\frac{Q_2}{Q_1} = \frac{\text{rpm}_2}{\text{rpm}_1}, \quad Q_2 = Q_1 \times \frac{\text{rpm}_2}{\text{rpm}_1}$$

② 압력손실은 회전수비의 제곱에 비례

$$\frac{\Delta P_2}{\Delta P_1} = \left(\frac{\text{rpm}_2}{\text{rpm}_1}\right)^2, \quad \Delta P_2 = \Delta P_1 \times \left(\frac{\text{rpm}_2}{\text{rpm}_1}\right)^2$$

③ 동력은 회전수비의 세제곱에 비례

$$\frac{\text{kW}_2}{\text{kW}_1} = \left(\frac{\text{rpm}_2}{\text{rpm}_1}\right)^3, \quad \text{kW}_2 = \text{kW}_1 \times \left(\frac{\text{rpm}_2}{\text{rpm}_1}\right)^3$$

2 송풍기 크기(회전차 직경)비

① 풍량은 송풍기 크기비의 세제곱에 비례

$$\frac{Q_2}{Q_1} = \left(\frac{D_2}{D_1}\right)^3, \quad Q_2 = Q_1 \times \left(\frac{D_2}{D_1}\right)^3$$

② 압력손실은 송풍기 크기비의 제곱에 비례

$$\frac{\Delta P_2}{\Delta P_1} = \left(\frac{D_2}{D_1}\right)^2, \quad \Delta P_2 = \Delta P_1 \times \left(\frac{D_2}{D_1}\right)^2$$

③ 동력은 송풍기 크기비의 오제곱에 비례

$$\frac{\text{kW}_2}{\text{kW}_1} = \left(\frac{D_2}{D_1}\right)^5, \quad \text{kW}_2 = \text{kW}_1 \times \left(\frac{D_2}{D_1}\right)^5$$

핵심공식 26 집진장치와 집진효율 관련식

1 원심력 집진장치의 분리계수

원심력 집진장치(cyclone)의 잠재적인 효율(분리능력)을 나타내는 지표

$$\text{분리계수} = \frac{\text{원심력(가속도)}}{\text{중력(가속도)}} = \frac{V^2}{R \cdot g}$$

여기서, V : 입자의 접선방향 속도(입자의 원주 속도)
R : 입자의 회전반경(원추 하부반경)
g : 중력가속도
※ 분리계수가 클수록 분리효율이 좋다.

2 여과 집진장치 여과속도

$$V = \frac{\text{총 처리가스량}}{\text{여과포 1개의 면적}(\pi DH) \times \text{여과포 개수}}$$

여기서, V : 여과속도

3 직렬조합(1차 집진 후 2차 집진) 시 총 집진율

$$\eta_T = \eta_1 + \eta_2(1 - \eta_1)$$

여기서, η_T : 총 집진율(%)
η_1 : 1차 집진장치 집진율(%)
η_2 : 2차 집진장치 집진율(%)

핵심공식 27 헨리 법칙

$$P = H \times C$$

여기서, P : 부분압력
H : 헨리상수
C : 액체성분 몰분율

핵심공식 28 | 보호구 관련식

1 방독마스크의 흡수관 파과시간(유효시간)

$$\text{유효시간} = \frac{\text{표준유효시간} \times \text{시험가스 농도}}{\text{작업장의 공기 중 유해가스 농도}}$$

※ 검정 시 사용하는 표준물질 : 사염화탄소(CCl_4)

2 보호계수(PF ; Protection Factor)

보호구를 착용함으로써 유해물질로부터 보호구가 얼마만큼 보호해 주는가의 정도

$$PF = \frac{C_o}{C_i}$$

여기서, C_o : 보호구 밖의 농도, C_i : 보호구 안의 농도

3 할당보호계수(APF ; Assigned Protection Factor)

작업장에서 보호구 착용 시 기대되는 최소보호정도치

$$APF \geq \frac{C_{air}}{PEL} (= HR)$$

여기서, C_{air} : 기대되는 공기 중 농도
PEL : 노출기준
HR : 유해비
※ APF가 가장 큰 것 : 양압 호흡기 보호구 중 공기공급식(SCBA, 압력식) 전면형

4 최대사용농도(MUC ; Maximum Use Concentration)

APF의 이용 보호구에 대한 최대사용농도

$$MUC = \text{노출기준} \times APF$$

5 차음효과(OSHA)

$$\text{차음효과} = (NRR - 7) \times 0.5$$

여기서, NRR : 차음평가지수

핵심공식 29 | 공기 중 습도와 산소

1 상대습도

$$상대습도(\%) = \frac{절대습도}{포화습도} \times 100$$

2 산소분압

$$산소분압(mmHg) = 기압(mmHg) \times \frac{산소농도(\%)}{100}$$

핵심공식 30 | 소음의 단위와 계산

1 음의 크기(sone)와 음의 크기 레벨(phon)의 관계

- $S = 2^{\frac{(L_L - 40)}{10}}$
- $L_L = 33.3 \log S + 40$

여기서, S : 음의 크기(sone)
L_L : 음의 크기 레벨(phon)

2 합성소음도(전체소음, 소음원 동시 가동 시 소음도)

$$L_{합} = 10 \log \left(10^{\frac{L_1}{10}} + 10^{\frac{L_2}{10}} + \cdots\cdots + 10^{\frac{L_n}{10}} \right)$$

여기서, $L_{합}$: 합성소음도(dB)
$L_1 \sim L_n$: 각 소음원의 소음(dB)

3 음속

$$C = f \times \lambda, \quad C = 331.42 + (0.6t)$$

여기서, C : 음속(m/sec), f : 주파수(1/sec), λ : 파장(m), t : 음 전달 매질의 온도(℃)

핵심공식 31 음의 압력레벨·세기레벨, 음향파워레벨

1 음의 압력레벨(SPL)

$$\text{SPL} = 20\log\left(\frac{P}{P_o}\right)$$

여기서, SPL : 음의 압력레벨(음압수준, 음압도, 음압레벨)(dB)
  P : 대상 음의 음압(음압 실효치)(N/m^2)
  P_o : 기준음압 실효치(2×10^{-5}N/m^2, 20μPa, 2×10^{-4}dyne/cm^2)

2 음의 세기레벨(SIL)

$$\text{SIL} = 10\log\left(\frac{I}{I_o}\right)$$

여기서, SIL : 음의 세기레벨(dB)
  I : 대상 음의 세기(W/m^2)
  I_o : 최소가청음 세기(10^{-12}W/m^2)

3 음향파워레벨(PWL)

$$\text{PWL} = 10\log\left(\frac{W}{W_o}\right)$$

여기서, PWL : 음향파워레벨(음력수준)(dB)
  W : 대상 음원의 음향파워(watt)
  W_o : 기준 음향파워(10^{-12}watt)

4 SPL과 PWL의 관계식

① 무지향성 점음원 – 자유공간에 위치할 때

$$\text{SPL} = \text{PWL} - 20\log r - 11 \text{ (dB)}$$

② 무지향성 점음원 – 반자유공간에 위치할 때

$$\text{SPL} = \text{PWL} - 20\log r - 8 \text{ (dB)}$$

③ 무지향성 선음원 – 자유공간에 위치할 때

$$\text{SPL} = \text{PWL} - 10\log r - 8 \text{ (dB)}$$

④ 무지향성 선음원 – 반자유공간에 위치할 때

$$\text{SPL} = \text{PWL} - 10\log r - 5 \text{ (dB)}$$

여기서, r : 소음원으로부터의 거리(m)

※ 자유공간 : 공중, 구면파
　반자유공간 : 바닥, 벽, 천장, 반구면파

5 점음원의 거리감쇠 계산

$$\text{SPL}_1 - \text{SPL}_2 = 20\log\left(\frac{r_2}{r_1}\right) \text{ (dB)}$$

여기서, SPL_1 : 음원으로부터 $r_1(\text{m})$ 떨어진 지점의 음압레벨(dB)
　　　SPL_2 : 음원으로부터 $r_2(\text{m})(r_2 > r_1)$ 떨어진 지점의 음압레벨(dB)
　　　$\text{SPL}_1 - \text{SPL}_2$: 거리감쇠치(dB)

※ 역2승법칙 : 점음원으로부터 거리가 2배 멀어질 때마다 음압레벨이 6dB(=20log2)씩 감쇠

핵심공식 32 | 주파수 분석

1 1/1 옥타브밴드 분석기

$$\frac{f_U}{f_L} = 2^{\frac{1}{1}}, \ f_U = 2f_L$$

$$중심주파수(f_c) = \sqrt{f_L \times f_U} = \sqrt{f_L \times 2f_L} = \sqrt{2}\,f_L$$

$$밴드폭(bw) = f_c\left(2^{\frac{n}{2}} - 2^{-\frac{n}{2}}\right) = f_c\left(2^{\frac{1/1}{2}} - 2^{-\frac{1/1}{2}}\right) = 0.707 f_c$$

2 1/3 옥타브밴드 분석기

$$\frac{f_U}{f_L} = 2^{\frac{1}{3}}, \ f_U = 1.26 f_L$$

$$중심주파수(f_c) = \sqrt{f_L \times f_U} = \sqrt{f_L \times 1.26 f_L} = \sqrt{1.26}\,f_L$$

$$밴드폭(bw) = f_c\left(2^{\frac{n}{2}} - 2^{-\frac{n}{2}}\right) = f_c\left(2^{\frac{1/3}{2}} - 2^{-\frac{1/3}{2}}\right) = 0.232 f_c$$

핵심공식 33 | 평균청력손실 평가방법

1 4분법

$$평균청력손실(dB) = \frac{a + 2b + c}{4}$$

여기서, a : 옥타브밴드 중심주파수 500Hz에서의 청력손실(dB)
$\quad\quad\ \ b$: 옥타브밴드 중심주파수 1,000Hz에서의 청력손실(dB)
$\quad\quad\ \ c$: 옥타브밴드 중심주파수 2,000Hz에서의 청력손실(dB)

2 6분법

$$평균청력손실(dB) = \frac{a + 2b + 2c + d}{6}$$

여기서, d : 옥타브밴드 중심주파수 4,000Hz에서의 청력손실(dB)

핵심공식 34 소음의 평가

1 등가소음레벨(등가소음도, Leq)

$$\text{Leq} = 16.61 \log \frac{n_1 \times 10^{\frac{L_{A1}}{16.61}} + \cdots\cdots + n_n \times 10^{\frac{L_{An}}{16.61}}}{\text{각 소음레벨 측정치의 발생기간 합}}$$

여기서, Leq : 등가소음레벨[dB(A)]
L_A : 각 소음레벨의 측정치[dB(A)]
n : 각 소음레벨 측정치의 발생시간(분)

2 누적소음폭로량

$$D = \left(\frac{C_1}{T_1} + \cdots\cdots + \frac{C_n}{T_n}\right) \times 100$$

여기서, D : 누적소음폭로량(%)
C : 각 소음레벨발생시간
T : 각 폭로허용시간(TLV)

3 시간가중 평균소음수준(TWA)

$$\text{TWA} = 16.61 \log\left[\frac{D(\%)}{100}\right] + 90$$

여기서, TWA : 시간가중 평균소음수준[dB(A)]

4 소음의 보정노출기준

$$\text{보정노출기준[dB(A)]} = 16.61 \log\left(\frac{100}{12.5 \times h}\right) + 90$$

여기서, h : 노출시간/일

핵심공식 35 | 실내소음 관련식

1 평균흡음률

$$\bar{\alpha} = \frac{\sum S_i \alpha_i}{\sum S_i} = \frac{S_1\alpha_1 + S_2\alpha_2 + S_3\alpha_3 + \cdots}{S_1 + S_2 + S_3 + \cdots}$$

여기서, $\bar{\alpha}$: 평균흡음률
$S_1,\ S_2,\ S_3$: 실내 각 부의 면적(m^2)
$\alpha_1,\ \alpha_2,\ \alpha_3$: 실내 각 부의 흡음률

2 흡음력

$$A = \sum_{i=1}^{n} s_i\, \alpha_i$$

여기서, A : 흡음력(m^2, sabin)
$S_i,\ \alpha_i$: 각 흡음재의 면적과 흡음률

3 흡음대책에 따른 실내소음 저감량

$$NR = SPL_1 - SPL_2 = 10\log\left(\frac{R_2}{R_1}\right) = 10\log\left(\frac{A_2}{A_1}\right) = 10\log\left(\frac{A_1 + A_\alpha}{A_1}\right)$$

여기서, NR : 소음 저감량(감음량)(dB)
$SPL_1,\ SPL_2$: 실내면에 대한 흡음대책 전후의 실내 음압레벨(dB)
$R_1,\ R_2$: 실내면에 대한 흡음대책 전후의 실정수(m^2, sabin)
$A_1,\ A_2$: 실내면에 대한 흡음대책 전후의 실내흡음력(m^2, sabin)
A_α : 실내면에 대한 흡음대책 전 실내흡음력에 부가(추가)된 흡음력(m^2, sabin)

4 잔향시간

실내에서 음원을 끈 순간부터 직선적으로 음압레벨이 60dB(에너지밀도가 10^{-6} 감소) 감쇠되는 데 소요되는 시간

$$T = \frac{0.161\,V}{A} = \frac{0.161\,V}{S\bar{\alpha}} \quad \left(\text{이때},\ \bar{\alpha} = \frac{0.161\,V}{ST}\right)$$

여기서, T : 잔향시간(sec), V : 실의 체적(부피)(m^3)
A : 총 흡음력(m^2, sabin), S : 실내의 전 표면적(m^2)

5 투과손실

① 투과손실(TL ; Transmission Loss)

$$TL(dB) = 10\log\frac{1}{\tau} = 10\log\left(\frac{I_i}{I_t}\right)$$

이때, $\tau = \frac{I_t}{I_i}\left(\tau = 10^{-\frac{TL}{10}}\right)$

여기서, τ : 투과율
I_i : 입사음의 세기
I_t : 투과음의 세기

② 수직입사 단일벽 투과손실

$$TL(dB) = 20\log(m \cdot f) - 43$$

여기서, m : 벽체의 면밀도(kg/m^2)
f : 벽체에 수직입사되는 주파수(Hz)

핵심공식 36 | 진동가속도레벨(VAL)

$$VAL(dB) = 20\log\left(\frac{A_{rms}}{A_0}\right)$$

여기서, A_{rms} : 측정대상 진동가속도 진폭의 실효치값
A_0 : 기준 실효치값(10^{-5}m/sec^2)

핵심공식 37 | 증기위험지수(VHI)

$$VHI = \log\left(\frac{C}{TLV}\right)$$

여기서, C : 포화농도(최고농도 : 대기압과 해당 물질 증기압을 이용하여 계산)
$\frac{C}{TLV}$: VHR(Vapor Hazard Ratio)

핵심공식 38 | 산업역학 관련식

1 유병률과 발생률의 관계

$$유병률(P) = 발생률(I) \times 평균이환기간(D)$$

단, 유병률은 10% 이하, 발생률과 평균이환기간이 시간경과에 따라 일정하여야 한다.

2 상대위험도(상대위험비, 비교위험도)

비노출군에 비해 노출군에서 질병에 걸릴 위험도가 얼마나 큰가를 의미

$$상대위험도 = \frac{노출군에서의\ 질병발생률}{비노출군에서의\ 질병발생률} = \frac{위험요인이\ 있는\ 해당군의\ 해당\ 질병발생률}{위험요인이\ 없는\ 해당군의\ 해당\ 질병발생률}$$

① 상대위험비 = 1인 경우, 노출과 질병 사이의 연관성 없음 의미
② 상대위험비 > 1인 경우, 위험의 증가를 의미
③ 상대위험비 < 1인 경우, 질병에 대한 방어효과가 있음을 의미

3 기여위험도(귀속위험도)

위험요인을 갖고 있는 집단의 해당 질병발생률의 크기 중 위험요인이 기여하는 부분을 추정하기 위해 사용하는 것으로, 어떤 유해요인에 노출되어 얼마만큼의 환자 수가 증가되어 있는지를 의미

$$기여위험도 = 노출군에서의\ 질병발생률 - 비노출군에서의\ 질병발생률$$

4 교차비

특성을 지닌 사람들의 수와 특성을 지니지 않은 사람들의 수와의 비

$$교차비 = \frac{환자군에서의\ 노출\ 대응비}{대조군에서의\ 노출\ 대응비}$$

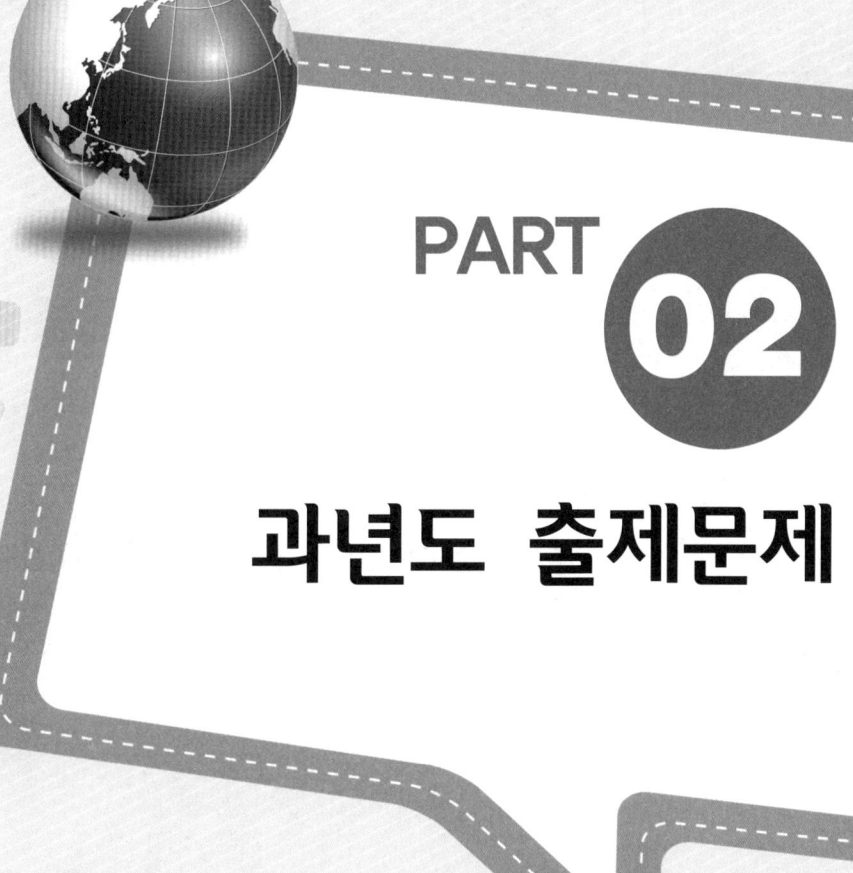

PART 02

과년도 출제문제

산업위생관리산업기사 필기 기출문제집

PART 02. 과년도 출제문제

제1회 산업위생관리산업기사

과년도 출제문제 | 2009.03.01

제1과목 | 산업위생학 개론

01 산업안전보건법상 실내공기 오염물질의 측정방법으로 틀린 것은?
① 석면분진 : PVC 필터에 의한 채취
② 이산화질소 : 고체 흡착관에 의한 채취
③ 일산화탄소 : 전기화학검출기에 의한 채취
④ 이산화탄소 : 비분산적외선검출기에 의한 채취

풀이

구 분	채 취	분 석
석면분진	MCE 필터	위상차현미경법에 의한 계수 (단, 위상차현미경법으로 석면과 비석면의 구분이 안 될 경우 주사전자현미경 이용)
이산화질소	고체 흡착관	화학발광법 (살츠만법)
일산화탄소	전기화학 검출기	비분산적외선 분석법(NDIR)
이산화탄소	비분산적외선 검출기	비분산적외선 분석법(NDIR)

※ 법규 변경사항, 학습 안 하셔도 무방합니다.

02 styrene(TLV=20ppm)을 사용하는 작업장의 근로자가 1일 11시간 작업했을 때, OSHA 보정방법으로 보정한 허용기준은 약 얼마인가?
① 11.8ppm   ② 13.8ppm
③ 14.6ppm   ④ 16.6ppm

풀이 OSHA의 보정방법
$$\text{보정된 허용기준} = \text{8시간 노출기준} \times \frac{\text{8시간}}{\text{노출시간/일}}$$
$$= 20\text{ppm} \times \frac{8}{11} = 14.55\text{ppm}$$

03 무게 8kg인 물건을 근로자가 들어올리는 작업을 하려고 한다. 해당 작업조건의 권장무게한계(RWL)가 5kg이고, 이동거리가 20cm일 때에 들기지수(LI ; Lifting Index)는 얼마인가? (단, 근로자는 10분씩 2회, 1일 8시간 작업한다.)
① 1.2
② 1.6
③ 3.2
④ 4.0

풀이 들기지수(중량물 취급지수, LI)
$$\text{LI} = \frac{\text{물체 무게(kg)}}{\text{RWL(kg)}} = \frac{8}{5} = 1.6$$

04 산업피로의 예방대책과 가장 거리가 먼 것은 어느 것인가?
① 동적인 작업을 정적인 작업으로 바꾼다.
② 개인별 작업량을 조절한다.
③ 작업과정에 적절한 간격으로 휴식시간을 둔다.
④ 작업환경을 정비, 정돈한다.

풀이 산업피로 예방대책
㉠ 불필요한 동작을 피하고, 에너지 소모를 적게 한다.
㉡ 동적인 작업을 늘리고, 정적인 작업을 줄인다.
㉢ 개인의 숙련도에 따라 작업속도와 작업량을 조절한다.
㉣ 작업시간 중 또는 작업 전후에 간단한 체조나 오락시간을 갖는다.
㉤ 장시간 한 번 휴식하는 것보다 단시간씩 여러 번 나누어 휴식하는 것이 피로회복에 도움이 된다.

정답 01.① 02.③ 03.② 04.①

05 자동차 부품을 생산하는 A 공장에서 250명의 근로자가 1년 동안 작업하는 가운데 21건의 재해가 발생하였다면 이 공장의 도수율은 약 얼마인가?

① 35
② 36
③ 42
④ 43

[풀이]
$$도수율 = \frac{재해발생건수}{연근로시간수}$$
$$= \frac{21}{250 \times 2,400} \times 10^6$$
$$= 35$$

06 우리나라에서 현재 시행되고 있는 건강관리 구분(판정등급) 중 'D₁'의 내용으로 옳은 것은?

① 일반건강진단에서의 질환 의심자
② 건강관리상 사후관리가 필요 없는 자
③ 직업성 질병의 소견을 보여 사후관리가 필요한 자
④ 일반질병으로 진전될 우려가 있어 추적관찰이 필요한 자

[풀이]

건강관리 구분		건강관리 구분 내용
A		건강관리상 사후관리가 필요 없는 자 (건강한 근로자)
C	C₁	직업성 질병으로 진전될 우려가 있어 추적관찰이 필요한 자(직업병 요관찰자)
	C₂	일반질병으로 진전될 우려가 있어 추적관찰이 필요한 자(일반질병 요관찰자)
D₁		직업성 질병의 소견을 보여 사후관리가 필요한 자(직업병 유소견자)
D₂		일반질병의 소견을 보여 사후관리가 필요한 자(일반질병 유소견자)
R		건강진단 1차 검사결과 건강수준의 평가가 곤란하거나 질병이 의심되는 근로자(제2차 건강진단 대상자)

※ "U"는 2차 건강진단 대상임을 통보하고 30일을 경과하여 해당 검사가 이루어지지 않아 건강관리 구분을 판정할 수 없는 근로자

07 다음 중 산업재해를 평가하는 통계값이 아닌 것은?

① 연천인율
② 강도율
③ 종합재해지수
④ 이환율

[풀이] 산업재해 평가지표
㉠ 연천인율
㉡ 도수율(빈도율)
㉢ 강도율
㉣ 종합재해지수(FSI)
㉤ 환산재해율

08 영상표시단말기(VDT) 작업자의 건강장애를 예방하기 위한 방법으로 적절하지 않은 것은?

① 서류받침대는 화면과 같은 높이로 맞추어 작업한다.
② 작업자의 발바닥 전면이 바닥면에 닿는 자세를 취한다.
③ 위 팔(upper arm)은 자연스럽게 늘어뜨리고, 팔꿈치의 내각은 90° 이상으로 한다.
④ 작업자의 시선은 수평선상으로 10~15° 위를 바라보도록 한다.

[풀이] 화면을 향한 눈의 높이는 화면보다 약간 높은 것이 좋고, 작업자의 시선은 수평면상으로부터 아래로 5~10°(10~15°) 이내이어야 한다.

09 가장 적절한 교대근무제에 해당하는 것은?

① 각 조의 근무시간은 12시간 이상으로 한다.
② 적응성을 위하여 야간근무는 4일 이상으로 연속한다.
③ 3조 3교대로 연속 근무하는 것이 가장 효과적이다.
④ 야근종료 후에는 최소 48시간 이상의 휴식시간을 두는 것이 바람직하다.

정답 05.① 06.③ 07.④ 08.④ 09.④

풀이 **교대근무제 관리원칙(바람직한 교대제)**
㉠ 각 반의 근무시간은 8시간씩 교대로 하고, 야근은 가능한 짧게 한다.
㉡ 2교대면 최저 3조의 정원을, 3교대면 4조를 편성한다.
㉢ 채용 후 건강관리로서 정기적으로 체중, 위장증상 등을 기록해야 하며, 근로자의 체중이 3kg 이상 감소하면 정밀검사를 받아야 한다.
㉣ 평균 주 작업시간은 40시간을 기준으로 갑반→을반→병반으로 순환하게 한다.
㉤ 근무시간의 간격은 15~16시간 이상으로 하는 것이 좋다.
㉥ 야근의 주기를 4~5일로 한다.
㉦ 신체의 적응을 위하여 야간근무의 연속일수는 2~3일로 하며 야간근무를 3일 이상 연속으로 하는 경우에는 피로축적현상이 나타나게 되므로 연속하여 3일을 넘기지 않도록 한다.
㉧ 야근 후 다음 반으로 가는 간격은 최저 48시간 이상의 휴식시간을 갖도록 하여야 한다.
㉨ 야근 교대시간은 상오 0시 이전에 하는 것이 좋다(심야시간을 피함).
㉩ 야근 시 가면은 반드시 필요하며, 보통 2~4시간(1시간 30분 이상)이 적합하다.
㉪ 야근 시 가면은 작업강도에 따라 30분에서 1시간 범로로 하는 것이 좋다.
㉫ 작업 시 가면시간은 적어도 1시간 30분 이상 주어야 수면효과가 있다고 볼 수 있다.
㉬ 상대적으로 가벼운 작업은 야간근무조에 배치하는 등 업무내용을 탄력적으로 조정해야 하며 야간작업자는 주간작업자보다 연간 쉬는 날이 더 많아야 한다.
㉭ 근로자가 교대일정을 미리 알 수 있도록 해야 한다.
㉮ 일반적으로 오전근무의 개시시간은 오전 9시로 한다.
㉯ 교대방식(교대근무 순환주기)은 낮근무, 저녁근무, 밤근무 순으로 한다. 즉, 정교대가 좋다.

10 주로 앉아서 일하는 사람에게서 요통재해가 증가한다는 보고가 있다. 운전작업 시 주의사항 중 요통예방을 위한 동작으로 바람직하지 않은 것은?
① 척추의 자연곡선을 유지해야 한다.
② 다리는 최대한 뻗고 상체를 뒤로 젖힌다.
③ 차에 타고 내릴 때 갑자기 몸을 회전하지 않는다.
④ 주기적으로 차에서 내려 걷는 등 가벼운 운동을 한다.

풀이 **앉아서 하는 운전작업 시 주의사항**
㉠ 방석과 수건을 말아서 허리에 받쳐 최대한 척추가 자연곡선을 유지하도록 한다.
㉡ 운전대를 잡고 있을 때에는 상체를 앞으로 심하게 기울이지 않는다.
㉢ 상체를 반듯이 편 상태에서 허리를 약간 뒤로 젖힌 자세가 좋다.
㉣ 차 등을 타고 내릴 때 몸을 회전해서는 안 된다.
㉤ 큰 트럭에서 내릴 때에는 뛰어서는 안 된다.
㉥ 주기적으로 차에서 내려 걷는 등 가벼운 운동을 한다.

11 다음 중 소변을 이용한 생물학적 모니터링에 대한 설명으로 틀린 것은?
① 비파괴적 시료채취가 가능하다.
② 많은 양의 시료확보가 가능하다.
③ 비교적 일정한 소변 배설량으로 농도보정이 필요없다.
④ 시료채취과정에서 시료가 오염될 가능성이 높다.

풀이 **생체시료인 소변을 이용한 생물학적 모니터링**
㉠ 비파괴적으로 시료채취가 가능하다.
㉡ 많은 양의 시료확보가 가능하여 일반적으로 가장 많이 활용된다.
㉢ 시료채취 과정에서 오염될 가능성이 높다.
㉣ 불규칙한 소변 배설량으로 농도보정이 필요하다.
㉤ 채취시료는 신속하게 검사한다.
㉥ 보존방법은 냉동상태(-20~$-10°C$)가 원칙이다.
㉦ 뇨 비중 1.030 이상 1.010 이하, 뇨 중 크레아티닌 3g/L 이상 0.3g/L 이하인 경우 새로운 시료를 채취해야 한다.

12 다음 중 산업위생관리의 목적에 대한 설명과 가장 거리가 먼 것은?
① 작업환경 개선 및 직업병의 근원적 예방
② 직업성 질병 및 재해성 질병의 판정과 보상
③ 작업환경 및 작업조건의 인간공학적 개선
④ 작업자의 건강보호 및 생산성의 향상

정답 10.② 11.③ 12.②

[풀이] **산업위생관리의 목적**
㉠ 작업환경과 근로조건의 개선 및 직업병의 근원적 예방
㉡ 작업환경 및 작업조건의 인간공학적 개선(최적의 작업환경 및 작업조건으로 개선하여 질병을 예방)
㉢ 작업자의 건강보호 및 생산성 향상(근로자의 건강을 유지·증진시키고 작업능률을 향상)
㉣ 근로자들의 육체적, 정신적, 사회적 건강을 유지 및 증진
㉤ 산업재해의 예방 및 직업성 질환 유소견자의 작업전환

13 노출기준 선정의 이론적인 배경과 가장 거리가 먼 것은?

① 동물실험자료
② 화학적 성질의 안정성
③ 인체실험자료
④ 사업장 역학조사자료

[풀이] **TLV 설정 및 개정 시 근거자료**
㉠ 화학구조상의 유사성
㉡ 동물실험자료
㉢ 인체실험자료
㉣ 사업장 역학조사자료

14 금속과 같은 고체물질이 용해되어 액상물질이 되고, 이것이 가스상의 물질로 기화된 후 다시 응축되면서 발생하는 미세입자를 무엇이라 하는가?

① dust   ② mist
③ fume   ④ smoke

[풀이] **흄 생성기전 3단계**
㉠ 1단계 : 금속의 증기화
㉡ 2단계 : 증기물의 산화
㉢ 3단계 : 산화물의 응축

15 근로자의 피로예방을 위한 적정 휴식시간을 산출하기 위하여 미국의 Hertig가 제시한 공식은? (단, $T_r(\%)$: 휴식시간비, E_m : 1일 8시간 작업에 적합한 작업대사량, E_t : 해당 작업의 작업대사량, E_r : 휴식 중에 소모되는 대사량)

① $T_r(\%) = \dfrac{(E_m - E_t)}{(E_r - E_t)} \times 100$

② $T_r(\%) = \dfrac{(E_t - E_m)}{(E_m - E_r)} \times 100$

③ $T_r(\%) = \dfrac{(E_r - E_t)}{(E_m - E_t)} \times 100$

④ $T_r(\%) = \dfrac{(E_m - E_r)}{(E_t - E_m)} \times 100$

[풀이] **피로예방 휴식시간비(Hertig식)**
$T_{\text{rest}}(\%) = \left[\dfrac{E_{\max} - E_{\text{task}}}{E_{\text{rest}} - E_{\text{task}}}\right] \times 100$: Hertig식
여기서, $T_{\text{rest}}(\%)$: 피로예방을 위한 적정 휴식시간비. 즉 60분을 기준하여 산정
$E_{\max}$: 1일 8시간 작업에 적합한 작업대사량(PWC의 1/3)
E_{task} : 해당 작업의 작업대사량
E_{rest} : 휴식 중 소모대사량

16 다음 중 산업피로에 관한 설명으로 틀린 것은 어느 것인가?

① 피로는 곤비, 보통피로, 과로로 나눌 수 있다.
② 곤비는 주관적 피로감으로 단시간의 휴식으로 회복될 수 있다.
③ 보통피로는 하룻밤 잠을 자고 나면 완전히 회복되는 상태를 말한다.
④ 다음날까지도 피로상태가 지속되는 것을 과로라고 한다.

[풀이] **피로의 3단계**
피로도가 증가하는 순서의 의미이며, 피로의 정도는 객관적 판단이 용이하지 않다.
㉠ 보통피로(1단계) : 하룻밤을 자고나면 완전히 회복하는 상태이다.
㉡ 과로(2단계) : 다음날까지도 피로상태가 지속되는 피로의 축적으로, 단기간 휴식으로 회복될 수 있으며, 발병 단계는 아니다.
㉢ 곤비(3단계) : 과로의 축적으로 단시간에 회복될 수 없는 단계를 말하며, 심한 노동 후의 피로현상으로 병적 상태를 의미한다.

17 다음 중 직업성 질환을 유발하는 물리적 원인이 아닌 것은?

① 저온　　② 이상기압
③ 금속증기　④ 전리방사선

풀이 **직업병의 원인물질(직업성 질환 유발물질)**
㉠ 물리적 요인 : 소음·진동, 유해광선(전리·비전리 방사선), 온도(온열), 이상기압, 한랭, 조명 등
㉡ 화학적 요인 : 화학물질(대표적 : 유기용제), 금속증기, 분진, 오존 등
㉢ 생물학적 요인 : 각종 바이러스, 진균, 리케차, 쥐 등
㉣ 인간공학적 요인 : 작업방법, 작업자세, 작업시간, 중량물 취급 등

18 다음 중 산업안전보건법상 보건관리자의 자격기준에 해당하지 않는 자는?

① '의료법'에 의한 의사
② '의료법'에 의한 간호사
③ '국가기술자격법'에 의한 산업안전기사
④ '고등교육법'에 의한 전문대학에서 산업보건 관련 학위를 취득한 사람

풀이 **보건관리자의 자격**
㉠ "의료법"에 따른 의사
㉡ "의료법"에 따른 간호사
㉢ 산업보건지도사
㉣ "국가기술자격법"에 따른 산업위생관리산업기사 또는 대기환경산업기사 이상의 자격을 취득한 사람
㉤ "국가기술자격법"에 따른 인간공학기사 이상의 자격을 취득한 사람
㉥ "고등교육법"에 따른 전문대학 이상의 학교에서 산업보건 또는 산업위생 분야의 학위를 취득한 사람

19 다음 중 산업보건의 시조라 불리며, 최초로 직업병에 대해 언급한 사람은?

① Pott　　　② Agricola
③ Galen　　 ④ Ramazzini

풀이 **Bernardino Ramazzini(1633~1714년)**
(1) 산업보건의 시조로, 산업의학의 아버지로 불린다(이탈리아 의사).
(2) 1700년에 저서 '직업인의 질병(De Morbis Artificum Diatriba)'을 썼다.
(3) 직업병의 원인을 크게 두 가지로 구분하였다.
　㉠ 작업장에서 사용하는 유해물질
　㉡ 근로자들의 불완전한 작업이나 과격한 동작
(4) 20세기 이전에 인간공학 분야에 관하여 원인과 대책에 대해 언급하였다.

20 다음 중 전신진동을 일으키는 주파수의 범위로 가장 적절한 것은?

① 1~80Hz　　② 200~500Hz
③ 1,000~2,000Hz　④ 4,000~8,000Hz

풀이 ㉠ 전신진동 주파수 : 1~80Hz(1~90Hz)
㉡ 국소진동 주파수 : 8~1,500Hz

제2과목 | 작업환경 측정 및 평가

21 유도결합플라스마 원자발광분석기에 관한 설명으로 틀린 것은?

① 동시에 많은 금속을 분석할 수 있다.
② 원자들은 높은 온도에서 많은 복사선을 방출하므로 분광학적 방해영향이 있을 수 있다.
③ 검량선의 직선성 범위가 넓다.
④ 이온화에너지가 낮은 원소들은 검출한계가 낮다.

풀이 **유도결합플라스마 원자발광분석기(ICP)**
이온화에너지가 낮은 원소들은 검출한계가 높으며 또한 다른 금속의 이온화에 방해를 준다.
　- **유도결합플라스마 분광광도계(ICP ; 원자발광분석기)**
(1) 장점
　㉠ 비금속을 포함한 대부분의 금속을 ppb 수준까지 측정할 수 있다.
　㉡ 적은 양의 시료를 가지고 한 번에 많은 금속을 분석할 수 있는 것이 가장 큰 장점이다.
　㉢ 한 번에 시료를 주입하여 10~20초 내에 30개 이상의 원소를 분석할 수 있다.
　㉣ 화학물질에 의한 방해로부터 거의 영향을 받지 않는다.
　㉤ 검량선의 직선성 범위가 넓다. 즉 직선성 확보가 유리하다.

정답 17.③ 18.③ 19.④ 20.① 21.④

ⓑ 원자흡광광도계보다 더 줄거나 적어도 같은 정밀도를 갖는다.
(2) 단점
  ㉠ 원자들은 높은 온도에서 많은 복사선을 방출하므로 분광학적 방해영향이 있다.
  ㉡ 시료분해 시 화합물 바탕방출이 있어 컴퓨터 처리과정에서 교정이 필요하다.
  ㉢ 유지관리 및 기기 구입가격이 높다.
  ㉣ 이온화에너지가 낮은 원소들은 검출한계가 높고, 다른 금속의 이온화에 방해를 준다.

22 표준가스에 관한 법칙 중 여러 성분이 있는 용액에서 증기가 나올 때 증기의 각 성분의 부분압은 용액의 분압과 평형을 이룬다는 것을 나타내는 것은?
① 게이-뤼삭의 법칙
② 라울트의 법칙
③ 보일-샤를의 법칙
④ 하인리히의 법칙

풀이 라울트(Raoult)의 법칙
용액 증기압=용매 증기압+용매 몰분율

23 '지역시료채취'의 용어 정의로 가장 옳은 것은? (단, 작업환경측정 및 정도관리 등에 관한 고시 기준)
① 시료채취기를 이용하여 가스, 증기, 분진, 흄, 미스트 등을 근로자의 작업위치에서 호흡기 높이로 이동하며 채취하는 것을 말한다.
② 시료채취기를 이용하여 가스, 증기, 분진, 흄, 미스트 등을 근로자의 작업행동범위에서 호흡기 높이로 이동하며 채취하는 것을 말한다.
③ 시료채취기를 이용하여 가스, 증기, 분진, 흄, 미스트 등을 근로자의 작업위치에서 호흡기 높이에 고정하여 채취하는 것을 말한다.
④ 시료채취기를 이용하여 가스, 증기, 분진, 흄, 미스트 등을 근로자의 작업행동범위에서 호흡기 높이에 고정하여 채취하는 것을 말한다.

풀이 지역시료채취
시료채취기를 이용하여 가스·증기·분진·흄(fume)·미스트(mist) 등을 근로자의 작업행동범위에서 호흡기 높이에 고정하여 채취하는 것을 말한다.

24 투과퍼센트가 50%인 경우 흡광도는?
① 0.3
② 0.4
③ 0.5
④ 0.6

풀이 흡광도$(A) = \log \dfrac{1}{투과율} = \log \dfrac{1}{0.5} = 0.3$

25 다음 유해물질농도를 측정한 결과 벤젠 4ppm(노출기준 10ppm), 톨루엔 64ppm(노출기준 100ppm), n-헥산 12ppm(노출기준 50ppm)이었다면 이들 물질의 복합노출지수(exposure index)는? (단, 상가작용 기준)
① 1.28
② 1.46
③ 1.64
④ 1.82

풀이 노출지수(EI)
$EI = \dfrac{4}{10} + \dfrac{64}{100} + \dfrac{12}{50} = 1.28$

26 누적소음노출량 측정기를 사용하여 소음을 측정하고자 할 때 우리나라 기준에 맞는 criteria 및 exchange rate는? (단, A 특성 보정)
① 90dB, 10dB
② 90dB, 5dB
③ 80dB, 10dB
④ 80dB, 5dB

풀이 누적소음노출량 측정기 사용 시 기기설정 기준
㉠ criteria=90dB
㉡ exchange rate=5dB
㉢ threshold=80dB

정답 22.② 23.④ 24.① 25.① 26.②

27 가스상 물질의 분석 및 평가를 위해 '알고 있는 공기 중 농도'를 만드는 방법인 dynamic method에 관한 설명으로 틀린 것은?

① 아주 일정한 농도를 유지하기 어렵다.
② 지속적인 모니터링이 필요하다.
③ 만들기가 간단하고 경제적이다.
④ 다양한 농도범위에서 제조가 가능하다.

풀이 dynamic method
㉠ 희석공기와 오염물질을 연속적으로 흘려주어 일정한 농도를 유지하면서 만드는 방법이다.
㉡ 알고 있는 공기 중 농도를 만드는 방법이다.
㉢ 농도변화를 줄 수 있고 온도·습도 조절이 가능하다.
㉣ 제조가 어렵고 비용도 많이 든다.
㉤ 다양한 농도범위에서 제조 가능하다.
㉥ 가스, 증기, 에어로졸 실험도 가능하다.
㉦ 소량의 누출이나 벽면에 의한 손실은 무시할 수 있다.
㉧ 지속적인 모니터링이 필요하다.
㉨ 매우 일정한 농도를 유지하기가 곤란하다.

28 다음 중 검지관의 장점으로 틀린 것은?

① 사용이 간편하다.
② 특이도가 높다.
③ 반응시간이 빠르다.
④ 밀폐공간에서 산소부족 또는 폭발성 가스로 인한 안전이 문제가 될 때 유용하게 사용할 수 있다.

풀이 검지관 측정법
(1) 장점
㉠ 사용이 간편하다.
㉡ 반응시간이 빨라 현장에서 바로 측정 결과를 알 수 있다.
㉢ 비전문가도 어느 정도 숙지하면 사용할 수 있지만 산업위생전문가의 지도 아래 사용되어야 한다.
㉣ 맨홀, 밀폐공간에서의 산소부족 또는 폭발성 가스로 인한 안전이 문제가 될 때 유용하게 사용된다.
㉤ 다른 측정방법이 복잡하거나 빠른 측정이 요구될 때 사용할 수 있다.

(2) 단점
㉠ 민감도가 낮아 비교적 고농도에만 적용이 가능하다.
㉡ 특이도가 낮아 다른 방해물질의 영향을 받기 쉽고 오차가 크다.
㉢ 대개 단시간 측정만 가능하다.
㉣ 한 검지관으로 단일물질만 측정 가능하여 각 오염물질에 맞는 검지관을 선정함에 따른 불편함이 있다.
㉤ 색변화에 따라 주관적으로 읽을 수 있어 판독자에 따라 변이가 심하며, 색변화가 시간에 따라 변하므로 제조자가 정한 시간에 읽어야 한다.
㉥ 미리 측정대상 물질의 동정이 되어 있어야 측정이 가능하다.

29 pH 3.4인 HNO_3의 농도는? (단, 완전해리 기준)

① 2.98×10^{-4}M
② 3.98×10^{-4}M
③ 4.98×10^{-4}M
④ 5.98×10^{-4}M

풀이 HNO_3 완전해리 : $[H^+]=[HNO_3^-]$ 의미
$pH=-\log[H^+]$
$[H^+]=10^{-pH}=10^{-3.4}=0.0003981(3.981 \times 10^{-4})$M
$[H]=[HNO_3]=3.981 \times 10^{-4}$M

30 가스상 유해물질을 검지관방식으로 측정하는 경우 측정시간간격과 측정횟수가 옳은 것은?

① 측정지점에서 1일 작업시간 동안 1시간 간격으로 3회 이상 측정하여야 한다.
② 측정지점에서 1일 작업시간 동안 1시간 간격으로 4회 이상 측정하여야 한다.
③ 측정지점에서 1일 작업시간 동안 1시간 간격으로 6회 이상 측정하여야 한다.
④ 측정지점에서 1일 작업시간 동안 1시간 간격으로 8회 이상 측정하여야 한다.

풀이 검지관방식으로 측정하는 경우에는 1일 작업시간 동안 1시간 간격으로 6회 이상 측정하되 측정시간마다 2회 이상 반복 측정하여 평균값을 산출하여야 한다. 다만, 가스상 물질의 발생시간이 6시간 이내일 때에는 작업시간 동안 1시간 간격으로 나누어 측정하여야 한다.

31 입자의 크기를 고려한 측정기구 중 사이클론이 입경분립충돌기에 비해 가지는 장점이 아닌 것은?

① 사용이 간편하고 경제적이다.
② 시료입자의 되튐으로 인한 손실염려가 없다.
③ 매체의 코팅과 같은 별도의 특별한 처리가 필요 없다.
④ 입자의 질량크기 분포를 얻을 수 있다.

풀이 직경분립충돌기(cascade impactor)
(1) 장점
 ㉠ 입자의 질량크기 분포를 얻을 수 있다(공기흐름속도를 조절하여 채취입자를 크기별로 구분 가능).
 ㉡ 호흡기의 부분별로 침착된 입자크기의 자료를 추정할 수 있다.
 ㉢ 흡입성, 흉곽성, 호흡성 입자의 크기별로 분포와 농도를 계산할 수 있다.
(2) 단점
 ㉠ 시료채취가 까다롭다. 즉, 경험이 있는 전문가가 철저한 준비를 통해 이용해야 정확한 측정이 가능하다(작은 입자는 공기흐름속도를 크게 하여 충돌판에 포집할 수 없음).
 ㉡ 비용이 많이 든다.
 ㉢ 채취준비시간이 과다하다.
 ㉣ 되튐으로 인한 시료의 손실이 일어나 과소분석결과를 초래할 수 있어 유량을 2L/min 이하로 채취한다.
 ㉤ 공기가 옆에서 유입되지 않도록 각 충돌기의 조립과 장착을 철저히 해야 한다.

32 직경이 7.5cm인 흑구온도계의 측정시간으로 적절한 기준은?

① 5분 이상   ② 15분 이상
③ 20분 이상 ④ 25분 이상

풀이 고열의 측정기기와 측정시간

구 분	측정기기	측정시간
습구온도	0.5℃ 간격의 눈금이 있는 아스만통풍건습계, 자연습구온도를 측정할 수 있는 기기 또는 이와 동등 이상의 성능이 있는 측정기기	• 아스만통풍건습계 : 25분 이상 • 자연습구온도계 : 5분 이상
흑구 및 습구흑구온도	직경이 5cm 이상 되는 흑구온도계 또는 습구흑구온도(WBGT)를 동시에 측정할 수 있는 기기	• 직경이 15cm일 경우 : 25분 이상 • 직경이 7.5cm 또는 5cm일 경우 : 5분 이상

※ 고시 변경사항, 학습 안 하셔도 무방합니다.

33 nucleopore 여과지에 관한 설명으로 틀린 것은?

① 폴리카보네이트로 만들어진다.
② 강도는 우수하나 화학물질과 열에는 불안정하다.
③ 구조가 막 여과지처럼 여과지 구멍이 겹치는 것이 아니고 체(sieve)처럼 구멍이 일직선으로 되어있다.
④ TEM 분석을 위한 석면의 채취에 이용된다.

풀이 nucleopore 여과지
 ㉠ 폴리카보네이트 재질에 레이저빔을 쏘아 만들어지며, 구조가 막 여과지처럼 여과지 구멍이 겹치는 것이 아니고 체(sieve)처럼 구멍(공극)이 일직선으로 되어 있다.
 ㉡ TEM(전자현미경) 분석을 위한 석면의 채취에 이용된다.
 ㉢ 화학물질과 열에 안정적이다.
 ㉣ 표면이 매끄럽고 기공의 크기는 일반적으로 0.03~8μm 정도이다.

34 납이 발생하는 공정에서 공기 중 납농도를 측정하기 위해 공기시료를 0.550m^3 채취하였고 이 시료를 10mL의 10% HNO$_3$에 용해시켰다. 원자흡광분석기를 이용하여 시료 중 납을 분석하여 검량선과 비교한 결과 시료 용액 중 납의 농도가 46μg/mL로 나타났다면 채취한 시간 동안 공기 중 납의 농도(mg/m^3)는?

① 0.24   ② 0.44
③ 0.64   ④ 0.84

정답 31.④ 32.① 33.② 34.④

[풀이] 납의 농도(C)
$$C(\text{mg/m}^3) = \frac{\text{분석농도} \times \text{용해부피}}{\text{공기채취량}}$$
$$= \frac{46\mu g/mL \times 10mL}{0.55 m^3}$$
$$= 836.4 \mu g/m^3 \times 10^{-3} mg/\mu g$$
$$= 0.84 mg/m^3$$

35 미국 ACGIH 정의에서 가스교환부위, 즉 폐포에 침착할 때 유해한 물질인 호흡성 먼지(RPM ; Respirable Particulate Mass)의 평균입경(50% 침착되는 평균 입자크기)은 어느 것인가?

① 10μm
② 4μm
③ 2μm
④ 1μm

[풀이] ACGIH 입자크기별 기준(TLV)
(1) 흡입성 입자상 물질
 (IPM ; Inspirable Particulates Mass)
 ㉠ 호흡기의 어느 부위(비강, 인후두, 기관 등 호흡기의 기도 부위)에 침착하더라도 독성을 유발하는 분진이다.
 ㉡ 입경범위는 0~100μm이다.
 ㉢ 평균입경(폐침착의 50%에 해당하는 입자의 크기)은 100μm이다.
 ㉣ 침전분진은 재채기, 침, 코 등의 벌크(bulk) 세척기전으로 제거된다.
 ㉤ 비암이나 비중격천공을 일으키는 입자상 물질이 여기에 속한다.
(2) 흉곽성 입자상 물질
 (TPM ; Thoracic Particulates Mass)
 ㉠ 기도나 하기도(가스교환 부위)에 침착하여 독성을 나타내는 물질이다.
 ㉡ 평균입경은 10μm이다.
 ㉢ 채취기구는 PM 10이다.
(3) 호흡성 입자상 물질
 (RPM ; Respirable Particulates Mass)
 ㉠ 가스교환 부위, 즉 폐포에 침착할 때 유해한 물질이다.
 ㉡ 평균입경은 4μm(공기역학적 직경이 10μm 미만인 먼지가 호흡성 입자상 물질)이다.
 ㉢ 채취기구는 10mm nylon cyclone이다.

36 유량, 측정시간, 회수율 및 분석 등에 의한 오차가 각각 15%, 3%, 9% 및 5%일 때 누적오차(%)는?

① 약 22.5
② 약 20.5
③ 약 18.5
④ 약 16.5

[풀이] 누적오차(E_c)
$$E_c = \sqrt{15^2 + 3^2 + 9^2 + 5^2} = 18.4\%$$

37 분진발생 작업장에서 5.0L/min의 유량으로 5시간 시료를 포집하고 시료채취 전후의 여과지 무게를 측정한 결과 각각 0.0721g과 0.0742g이었다. 작업장의 분진농도는?

① 1.4mg/m³
② 2.4mg/m³
③ 3.4mg/m³
④ 4.4mg/m³

[풀이] 분진농도(C)
$$C(\text{mg/m}^3) = \frac{(0.0742 - 0.0721)g \times 1,000 mg/g}{5.0 L/min \times 300 min \times (m^3/1,000L)}$$
$$= 1.4 mg/m^3$$

38 다음 중 1차 표준기구에 해당하는 것은?

① rotameter
② thermo-anemometer
③ mariotte bottle
④ wet-test meter

[풀이] 공기채취기구의 보정에 사용되는 1차 표준기구의 종류

표준기구	일반 사용범위	정확도
비누거품미터 (soap bubble meter)	1mL/분 ~30L/분	±1% 이내
폐활량계 (spirometer)	100~600L	±1% 이내
가스치환병 (mariotte bottle)	10~500mL/분	±0.05 ~0.25%
유리피스톤미터 (glass piston meter)	10~200mL/분	±2% 이내
흑연피스톤미터 (frictionless piston meter)	1mL/분 ~50L/분	±1~2%
피토튜브 (pitot tube)	15mL/분 이하	±1% 이내

정답 35.② 36.③ 37.① 38.③

39 공기 중 벤젠(분자량=78.1)을 활성탄관에 0.1L/min의 유량으로 2시간 동안 채취하여 분석한 결과 5.0mg이 나왔다. 공기 중 벤젠의 농도는 몇 ppm인가? (단, 공시료에서는 벤젠이 검출되지 않았으며 25℃, 1기압 기준)

① 약 70 ② 약 90
③ 약 110 ④ 약 130

풀이 벤젠농도(C)

$$C(\text{mg/m}^3) = \frac{5.0\text{mg}}{0.1\text{L/min} \times 120\text{min} \times (\text{m}^3/1{,}000\text{L})}$$
$$= 416.7\text{mg/m}^3$$
$$\therefore C(\text{ppm}) = 416.7\text{mg/m}^3 \times \frac{24.45}{78.1}$$
$$= 130.4\text{ppm}$$

40 목재공장의 작업환경 중 분진농도를 측정하였더니 5ppm, 7ppm, 5ppm, 7ppm, 6ppm이었다. 기하평균은?

① 5.3ppm ② 5.5ppm
③ 5.7ppm ④ 5.9ppm

풀이 기하평균(GM)

$$\log\text{GM} = \frac{\log 5 + \log 7 + \log 5 + \log 7 + \log 6}{5} = 0.773$$
$$\therefore \text{GM} = 10^{0.773} = 5.93\text{ppm}$$

제3과목 | 작업환경 관리

41 작업환경에서 발생하는 유해요인을 감소시키기 위한 공학적 대책과 가장 거리가 먼 것은?

① 유해성이 적은 물질로 대치
② 개인보호장구의 착용
③ 유해물질과 근로자 사이에 장벽 설치
④ 국소 및 전체 환기시설 설치

풀이 개인보호장구의 착용은 2차적(수동적) 대책이다.

42 저온환경이 인체에 미치는 영향으로 틀린 것은?

① 식욕 감소
② 피부혈관의 수축
③ 말초혈관의 수축
④ 근육 긴장

풀이 한랭(저온)환경에서의 생리적 기전(반응)
한랭환경에서는 체열방산 제한, 체열생산을 증가시키기 위한 생리적 반응이 일어난다.
㉠ 피부혈관이 수축(말초혈관이 수축)한다.
  • 피부혈관 수축과 더불어 혈장량 감소로 혈압이 일시적으로 저하되며 신체 내 열을 보호하는 기능을 한다.
  • 말초혈관의 수축으로 표면조직의 냉각이 오며 1차적 생리적 영향이다.
  • 피부혈관의 수축으로 피부온도가 감소하고 순환능력이 감소하여 혈압은 일시적으로 상승한다.
㉡ 근육긴장의 증가와 떨림 및 수의적인 운동이 증가한다.
㉢ 갑상선을 자극하여 호르몬 분비가 증가(화학적 대사작용이 증가)한다.
㉣ 부종, 저림, 가려움증, 심한 통증 등이 발생한다.
㉤ 피부표면의 혈관·피하조직이 수축 및 체표면적이 감소한다.
㉥ 피부의 급성일과성 염증반응은 한랭에 대한 폭로를 중지하면 2~3시간 내에 없어진다.
㉦ 피부나 피하조직을 냉각시키는 환경온도 이하에서는 감염에 대한 저항력이 떨어지며 회복과정에 장애가 온다.
㉧ 저온환경에서는 근육활동, 조직대사가 증가되어 식욕이 항진된다.

43 방진재인 공기스프링에 관한 설명으로 틀린 것은?

① 부하능력이 광범위하다.
② 압축기 등 부대시설이 필요하다.
③ 사용 진폭이 적어 별도의 댐퍼가 필요 없다.
④ 하중의 변화에 따라 고유진동수를 일정하게 유지할 수 있다.

정답 39.④ 40.④ 41.② 42.① 43.③

[풀이] 공기스프링
(1) 장점
 ㉠ 지지하중이 크게 변하는 경우에는 높이 조정 변에 의해 그 높이를 조절할 수 있어 설비의 높이를 일정 레벨로 유지시킬 수 있다.
 ㉡ 하중부하 변화에 따라 고유진동수를 일정하게 유지할 수 있다.
 ㉢ 부하능력이 광범위하고 자동제어가 가능하다.
 ㉣ 스프링 정수를 광범위하게 선택할 수 있다.
(2) 단점
 ㉠ 사용 진폭이 적은 것이 많아 별도의 댐퍼가 필요한 경우가 많다.
 ㉡ 구조가 복잡하고 시설비가 많이 든다.
 ㉢ 압축기 등 부대시설이 필요하다.
 ㉣ 안전사고(공기누출) 위험이 있다.

44 작업환경대책의 기본원리인 '대치'에 관한 내용으로 틀린 것은?
① 성냥제조 시 적린을 황린으로 대치한다.
② 금속을 두들겨서 자르던 것을 톱으로 절단하여 소음을 줄인다.
③ 염화탄화수소 취급장에서 네오프렌 장갑 대신 폴리비닐알코올 장갑을 사용한다.
④ 야광시계 자판에 radium을 인으로 대치한다.

[풀이] 성냥제조 시 황린(백린) 대신 적린으로 대치한다.

45 다음 중 전리방사선에 속하는 것은?
① 가시광선 ② X선
③ 적외선   ④ 라디오파

[풀이] 이온화방사선 ─ 전자기방사선(X-Ray, γ선)
(전리방사선) └ 입자방사선(α입자, β입자, 중성자)

46 직포공장의 소음(음압실효치)을 측정하였더니 0.4N/m²였다. 음압레벨은 몇 dB인가? (단, 사람이 들을 수 있는 최소음압실효치는 0.00002N/m²이다.)
① 80   ② 83
③ 86   ④ 89

[풀이] 음압레벨(SPL)
$$SPL = 20\log\frac{P}{P_0} = 20\log\frac{0.4}{2\times 10^{-5}} = 86\text{dB}$$

47 방독마스크의 흡착제로 주로 사용되는 물질과 가장 거리가 먼 것은?
① 활성탄   ② 실리카겔
③ soda lime ④ 금속섬유

[풀이] 흡수제의 재질
㉠ 활성탄(activated carbon) : 가장 많이 사용되는 물질이며 비극성(유기용제)에 일반적으로 사용
㉡ 실리카겔(silicagel) : 극성에 일반적으로 사용
㉢ 염화칼슘(soda lime)
㉣ 제오라이트

48 출력이 1.0W인 작은 음원에서 약 10m 떨어진 점의 음압레벨(SPL)은? (단, 무지향성 점음원이며 자유공간에 있다고 가정함)
① 83dB   ② 89dB
③ 93dB   ④ 98dB

[풀이] 점음원, 자유공간의 음압레벨(SPL)
$$SPL = PWL - 20\log r - 11$$
$$PWL = 10\log\frac{1}{10^{-12}} = 120\text{dB}$$
$$\therefore SPL = 120 - 20\log 10 - 11 = 89\text{dB}$$

49 레이노 현상(Raynaud's phenomenon)은 다음 중에서 어느 것에 의해 일어나는 건강장애인가?
① 온열   ② 소음
③ 기압   ④ 진동

[풀이] 레이노 현상(Raynaud's phenomenon)
㉠ 손가락에 있는 말초혈관운동의 장애로 인하여 수지가 창백해지고 손이 차며 저리거나 통증이 오는 현상이다.
㉡ 한랭작업조건에서 특히 증상이 악화된다.
㉢ 압축공기를 이용한 진동공구, 즉 착암기 또는 해머 같은 공구를 장기간 사용한 근로자들의 손가락에 유발되기 쉬운 직업병이다.
㉣ dead finger 또는 white finger라고도 하고 발증까지 약 5년 정도 걸린다.

정답 44.① 45.② 46.③ 47.④ 48.② 49.④

50 일반적인 공해진동의 진동수 범위로 맞는 것은?

① 1~90Hz ② 300~500Hz
③ 1,000~2,000Hz ④ 4,000~8,000Hz

[풀이] 공해진동의 진동수는 전신진동 진동수와 동일하다.
㉠ 공해진동 진동수 : 1~90Hz
㉡ 국소진동 진동수 : 8~1,500Hz

51 피조사체 1g에 대하여 100erg의 방사선에너지가 흡수되는 선량 단위의 약자를 나타낸 것은?

① R ② Ci
③ rem ④ rad

[풀이] 래드(rad)
㉠ 흡수선량 단위
㉡ 방사선이 물질과 상호작용한 결과 그 물질의 단위질량에 흡수된 에너지 의미
㉢ 모든 종류의 이온화방사선에 의한 외부노출, 내부노출 등 모든 경우에 적용
㉣ 조사량에 관계없이 조직(물질)의 단위질량당 흡수된 에너지량을 표시하는 단위
㉤ 관용단위인 1rad는 피조사체 1g에 대하여 100erg의 방사선에너지가 흡수되는 선량단위 (=100erg/gram=10^{-2}J/kg)
㉥ 100rad를 1Gy(Gray)로 사용

52 다음 중 고열환경에서 노동으로 인한 인체 건강장애 중에 열사병의 주요원인은?

① 탈수와 염분상실
② 말초혈관 운동신경의 조절장애
③ 체온조절중추의 기능장애
④ 순환부전

[풀이] 열사병(heatstroke)
(1) 개요
㉠ 열사병은 고온다습한 환경(육체적 노동 또는 태양의 복사선을 두부에 직접적으로 받는 경우)에 노출될 때 뇌 온도의 상승으로 신체 내부의 체온조절 중추에 기능장애를 일으켜서 생기는 위급한 상태를 말한다.
㉡ 고열로 인해 발생하는 장애 중 가장 위험성이 크다.
㉢ 태양광선에 의한 열사병은 일사병(sunstroke)이라고 한다.
(2) 발생
㉠ 체온조절중추(특히 발한 중추)의 기능장애에 의한다(체내에 열이 축적되어 발생).
㉡ 혈액 중의 염분량과는 관계없다.
㉢ 대사열의 증가는 작업부하와 작업환경에서 발생하는 열부하가 원인이 되어 발생하며, 열사병을 일으키는 데 크게 관여한다.

53 광원으로부터 나오는 빛의 세기인 광도의 단위로 적절한 것은?

① 루멘 ② 럭스
③ 칸델라 ④ 풋 램버트

[풀이] 칸델라(candela, cd) ; 광도
㉠ 광원으로부터 나오는 빛의 세기를 광도라고 한다.
㉡ 단위는 칸델라(cd)를 사용한다.
㉢ 101,325N/m² 압력하에서 백금의 응고점 온도에 있는 흑체의 1m²인 평평한 표면 수직 방향의 광도를 1cd라 한다.

54 귀덮개의 장점으로 틀린 것은?

① 귀마개보다 차음효과가 일반적으로 크며 개인차이가 적다.
② 크기를 다양화하여 차음효과를 높일 수 있다.
③ 근로자들이 착용하고 있는지를 쉽게 확인할 수 있다.
④ 귀에 이상이 있을 때에도 착용할 수 있다.

[풀이] 귀덮개
(1) 장점
㉠ 귀마개보다 일관성 있는 차음효과를 얻을 수 있다.
㉡ 귀마개보다 차음효과가 일반적으로 높다.
㉢ 동일한 크기의 귀덮개를 대부분의 근로자가 사용 가능하다(크기를 여러 가지로 할 필요가 없음).
㉣ 귀에 염증이 있어도 사용 가능하다(질병이 있을 때도 가능).
㉤ 귀마개보다 차음효과의 개인차가 적다.
㉥ 근로자들이 귀마개보다 쉽게 착용할 수 있고 착용법을 틀리거나 잃어버리는 일이 적다.
㉦ 고음영역에서 차음효과가 탁월하다.

정답 50.① 51.④ 52.③ 53.③ 54.②

(2) 단점
   ㉠ 부착된 밴드에 의해 차음효과가 감소될 수 있다.
   ㉡ 고온에서 사용 시 불편하다(보호구 접촉면에 땀이 남).
   ㉢ 머리카락이 길 때와 안경테가 굵거나 잘 부착되지 않을 때는 사용하기가 불편하다.
   ㉣ 장시간 사용 시 꼭 끼는 느낌이 있다.
   ㉤ 보안경과 함께 사용하는 경우 다소 불편하며, 차음효과가 감소한다.
   ㉥ 가격이 비싸고 운반과 보관이 쉽지 않다.
   ㉦ 오래 사용하여 귀걸이의 탄성이 줄었을 때나 귀걸이가 휘었을 때는 차음효과가 떨어진다.

55 자연조명에 관한 설명으로 틀린 것은?

① 천공광(天空光)이란 태양광선의 직사광을 말하며 1년을 통해 주광량의 50% 정도의 비율이다.
② 창의 면적은 바닥면적의 15~20%가 이상적이다.
③ 지상에서의 태양조도는 약 100,000lux 정도이다.
④ 실내 일정 지점의 조도와 옥외 조도와의 비율을 %로 표시한 것을 주광률이라고 한다.

[풀이] 천공광이란 태양의 빛이 하늘에서 구름, 먼지 등으로 확산, 산란되어 형성되는 것을 말한다.

56 적외선에 관한 설명으로 틀린 것은?

① 가시광선보다 긴 파장으로 가시광선에 가까운 곳을 근적외선, 먼 쪽을 원적외선이라고 부른다.
② 적외선은 대부분 화학작용을 수반한 운동에너지 증대로 온도를 상승시킨다.
③ 적외선 백내장은 초자공 백내장 등으로 불리며 수정체의 뒷부분에서 시작된다.
④ 피부장애로는 충혈, 혈관확장(혈액순환촉진 : 치료에 응용되기도 함), 괴사가 있다.

[풀이] 적외선은 물질에 흡수되어 열작용을 일으키므로 열선 또는 열복사라고 부른다.

57 다음 내용의 ( ) 안에 알맞은 것은?

(㉮)Hz 순음의 음의 세기레벨, (㉯)dB의 음의 크기를 1sone이라 한다.

① ㉮ 4,000, ㉯ 20
② ㉮ 4,000, ㉯ 40
③ ㉮ 1,000, ㉯ 20
④ ㉮ 1,000, ㉯ 40

[풀이] sone
㉠ 감각적인 음의 크기를 나타내는 양이며 1,000Hz에서의 압력수준 dB을 기준으로 하여 등감곡선을 소리의 크기로 나타내는 단위이다.
㉡ 1,000Hz 순음의 음의 세기레벨, 40dB의 음의 크기를 1sone으로 정의한다.

58 방진재료인 금속스프링에 관한 설명으로 틀린 것은?

① 최대변위가 허용된다.
② 고주파 차진에 좋다.
③ 감쇠가 거의 없다.
④ 공진 시에 전달률이 매우 크다.

[풀이] 금속스프링
(1) 장점
   ㉠ 저주파 차진에 좋다.
   ㉡ 환경요소에 대한 저항성이 크다.
   ㉢ 최대변위가 허용된다.
(2) 단점
   ㉠ 감쇠가 거의 없다.
   ㉡ 공진 시에 전달률이 매우 크다.
   ㉢ 로킹(rocking)이 일어난다.

59 장기간 사용하지 않은 오래된 우물에 들어가서 작업하는 경우 작업자가 반드시 착용해야 할 개인보호구는?

① 입자용 방진마스크
② 유기가스용 방독마스크
③ 일산화탄소용 방독마스크
④ 송기형 호스마스크

정답 55.① 56.② 57.④ 58.② 59.④

[풀이] 산소결핍장소에는 송기형 호스마스크를 착용하여야 한다.

60 방진마스크에 관한 설명으로 틀린 것은?
① 흡기, 배기 저항은 낮은 것이 좋다.
② 흡기저항 상승률은 높은 것이 좋다.
③ 무게중심은 안면에 강한 압박감을 주지 않는 위치에 있어야 한다.
④ 안면의 밀착성이 커야 하며 중량은 가벼운 것이 좋다.

[풀이] 방진마스크의 선정조건(구비조건)
㉠ 흡기저항 및 흡기저항 상승률이 낮을 것
 (일반적 흡기저항 범위 : 6~8mmH₂O)
㉡ 배기저항이 낮을 것
 (일반적 배기저항 기준 : 6mmH₂O 이하)
㉢ 여과재 포집효율이 높을 것
㉣ 착용 시 시야확보가 용이할 것(하방시야가 60° 이상 되어야 함)
㉤ 중량은 가벼울 것
㉥ 안면에서의 밀착성이 클 것
㉦ 침입률 1% 이하까지 정확히 평가 가능할 것
㉧ 피부접촉부위가 부드러울 것
㉨ 사용 후 손질이 간단할 것
㉩ 무게중심은 안면에 강한 압박감을 주지 않는 위치에 있을 것

제4과목 | 산업환기

61 직경이 3μm이고, 비중이 6.6인 흄(fume)의 침강속도는 약 몇 cm/sec인가?
① 0.01
② 0.12
③ 0.18
④ 0.26

[풀이] 침강속도(cm/sec)
$V = 0.003 \times \rho \times d^2$
$= 0.003 \times 6.6 \times 3^2$
$= 0.18 \text{cm/sec}$

62 다음 중 외부식 후드가 아닌 것은?
① 루바형 후드 ② 캐노피형 후드
③ 그리드형 후드 ④ 슬롯형 후드

[풀이] 후드의 형식과 적용작업

방식	형태	적용작업의 예
포위식	• 포위형 • 장갑부착 상자형	• 분쇄, 마무리작업, 공작기계, 체분저조 • 농약 등 유독물질 또는 독성 가스 취급
부스식	• 드래프트 챔버형 • 건축부스형	• 연마, 포장, 화학 분석 및 실험, 동위원소 취급, 연삭 • 산세척, 분무도장
외부식	• 슬롯형 • 루바형 • 그리드형 • 원형 또는 장방형	• 도금, 주조, 용해, 마무리작업, 분무도장 • 주물의 모래털기작업 • 도장, 분쇄, 주형 해체 • 용해, 체분, 분쇄, 용접, 목공기계
레시버식	• 캐노피형 • 원형 또는 장방형 • 포위형 (그라인더형)	• 가열로, 소입(담금질), 단조, 용융 • 연삭, 연마 • 탁상 그라인더, 용융, 가열로

63 외부식 후드는 발생원과 어느 정도의 거리를 두게 됨으로써 발생원 주위에 방해기류가 발생되어 후드의 흡인유량을 증가시키는 요인이 된다. 다음 중 방해기류의 방지를 위해 설치하는 설비가 아닌 것은?
① 플랜지 ② 댐퍼
③ 칸막이 ④ 풍향판

[풀이] 국소배기시설에서의 댐퍼는 소요풍량 및 압력손실을 조절하는 데 필요한 설비이다.

64 다음 중 관 내 속도압에 관한 설명으로 틀린 것은?
① 공기의 비중량에 비례한다.
② 유속의 제곱에 비례한다.
③ 제어속도와 반비례한다.
④ 중력가속도와 반비례한다.

[풀이]
$$VP(\text{속도압}) = \frac{\gamma \cdot V^2}{2g} \text{ (mmH}_2\text{O)}$$
여기서, γ : 비중(kg/m³)
V : 공기속도(m/sec)
g : 중력가속도(m/sec²)

65 직선덕트 내에 흐르는 기체의 양이 20m³/min 일 때 덕트의 압력손실이 15mmH₂O였다. 동일한 덕트 내에 30m³/min의 기체량을 흐르게 하면 압력손실은 약 얼마가 발생하겠는가?
① 22.51mmH₂O ② 25.83mmH₂O
③ 33.75mmH₂O ④ 45.24mmH₂O

[풀이]
$\left(\dfrac{Q_2}{Q_1}\right)^2 = \dfrac{P_2}{P_1}$ 에서 $\left(\dfrac{30}{20}\right)^2 = \dfrac{P_2}{15}$

$\therefore P_2 = \left(\dfrac{30}{20}\right)^2 \times 15 = 33.75 \text{mmH}_2\text{O}$

66 가로, 세로가 각각 0.4m, 1m인 플랜지가 달린 개구형 후드의 배기량을 90m³/min으로 할 오염원에서의 제어속도를 0.5m/sec로 유지하기 위해서는 제어거리를 얼마로 하여야 하는가? (단, 플랜지 부착을 고려하며, Della Valle 식을 적용한다.)
① 0.4m ② 0.5m
③ 0.6m ④ 0.7m

[풀이] 후드는 자유공간에 위치(문제상 개구형), 플랜지 부착조건이므로
$Q = 60 \times 0.75 \times V_c(10X^2 + A)$ 에서
$10X^2 + A = \dfrac{Q}{60 \times 0.75 \times V_c}$

$\therefore X = \left[\dfrac{\left(\dfrac{90}{60 \times 0.75 \times 0.5}\right) - 0.4}{10}\right]^{\frac{1}{2}} = 0.6\text{m}$

67 다음 중 여과집진장치의 집진원리가 아닌 것은?
① 관성충돌 ② 차단
③ 확산 ④ 원심력

[풀이] **여과집진장치(bag filter)**
함진가스를 여과재(filter media)에 통과시켜 입자를 분리, 포집하는 장치로서 1μm 이상의 분진의 포집은 99%가 관성충돌과 직접 차단에 의하여 이루어지고, 0.1μm 이하의 분진은 확산과 정전기력에 의하여 포집하는 집진장치이다.

68 21℃, 1atm에서 공기 1몰의 부피는 약 얼마인가?
① 22.12L ② 23.22L
③ 24.12L ④ 24.45L

[풀이] 21℃ 부피(V)
$V = 22.4\text{L} \times \dfrac{273 + 21}{273} = 24.12\text{L}$

69 다음 중 전기집진장치의 장점이 아닌 것은?
① 압력손실이 비교적 작다.
② 고온가스의 처리가 가능하다.
③ 넓은 범위의 입경에 집진효율이 높다.
④ 가연성 입자의 처리에 효과적이다.

[풀이] **전기집진장치**
(1) 장점
 ㉠ 집진효율이 높다(0.01μm 정도 포집 용이, 99.9% 정도 고집진 효율).
 ㉡ 광범위한 온도범위에서 적용이 가능하며, 폭발성 가스의 처리도 가능하다.
 ㉢ 고온의 입자성 물질(500℃ 전후) 처리가 가능하여 보일러와 철강로 등에 설치할 수 있다.
 ㉣ 압력손실이 낮고 대용량의 가스 처리가 가능하고 배출가스의 온도강하가 적다.
 ㉤ 운전 및 유지비가 저렴하다.
 ㉥ 회수가치 입자포집에 유리하며, 습식 및 건식으로 집진할 수 있다.
 ㉦ 넓은 범위의 입경과 분진농도에 집진효율이 높다.
 ㉧ 습식집진이 가능하다.
(2) 단점
 ㉠ 설치비용이 많이 든다.
 ㉡ 설치공간을 많이 차지한다.
 ㉢ 설치된 후에는 운전조건의 변화에 유연성이 적다.
 ㉣ 먼지성상에 따라 전처리시설이 요구된다.
 ㉤ 분진포집에 적용되며, 기체상 물질제거에는 곤란하다.

정답 65.③ 66.③ 67.④ 68.③ 69.④

ⓑ 전압변동과 같은 조건변동(부하변동)에 쉽게 적응이 곤란하다.
ⓒ 가연성 입자의 처리가 곤란하다.

70 다음 중 송풍기 설계 시 주의사항으로 적합하지 않은 것은?

① 송풍량과 송풍압력을 만족시켜 예상되는 풍량이 변동범위 내에서 과부하하지 않고 운전이 되도록 한다.
② 송풍관의 중량을 송풍기에 가중시키지 않는다.
③ 배기가스 입자의 종류와 농도 등을 고려하여 송풍기의 형식과 내마모 구조를 설계한다.
④ 송풍기와 배관 간에 flexible bypass를 설치하여 송풍량을 증가시킨다.

풀이 송풍기 설계 시 주의사항
㉠ 송풍량과 송풍압력을 완전히 만족시켜 예상되는 풍량의 범위 내에서 과부하하지 않고 안전한 운전이 되도록 한다.
㉡ 송풍관의 중량을 송풍기에 가중시키지 않는다.
㉢ 송풍배기의 입자농도와 마모성을 고려하여 송풍기의 형식과 내마모구조를 설계한다.
㉣ 먼지와 함께 부식성 가스를 흡인하는 경우 송풍기의 자재선정에 유의하여야 한다.
㉤ 흡입 및 배출 방향이 송풍기 자체 성능에 영향을 미치지 않도록 한다.
㉥ 송풍기와 덕트 사이에 flexible을 설치하여 진동을 절연한다.
㉦ 송풍기 정압이 1대의 송풍기로 얻을 수 있는 정압보다 더 필요한 경우 송풍기를 직렬로 연결한다.

71 다음 중 베르누이의 정리에 대한 설명으로 가장 적절한 것은?

① 압력은 체적에 반비례하고, 절대온도에 비례한다.
② 관에 유발된 전체 외력의 합은 운동량 플러스의 변화량과 같다.
③ 압축성이며 점성이 있는 실제 유체의 정상류를 기준으로 한다.
④ 유입된 에너지의 총량은 유출된 에너지의 총량과 같다.

풀이 베르누이 정리에 의해 국소배기장치 내의 에너지 총합은 에너지의 득, 실이 없다면 언제나 일정하다. 즉 에너지 보존법칙이 성립한다.

72 폭발방지를 위한 환기량은 해당 물질의 공기 중 농도를 어느 수준 이하로 감소시키는 것인가?

① 노출기준 하한치
② 폭발농도 하한치
③ 노출기준 상한치
④ 폭발농도 상한치

풀이 폭발농도 하한치(%) : LEL
㉠ 혼합가스의 연소가능범위를 폭발범위라 하며 그 최저농도를 폭발농도하한치(LEL), 최고농도를 폭발농도상한치(UEL)라 한다.
㉡ LEL이 25%이면 화재나 폭발을 예방하기 위해서는 공기 중 농도가 250,000ppm 이하로 유지되어야 한다.
㉢ 폭발성, 인화성이 있는 가스 및 증기 혹은 입자상 물질을 대상으로 한다.
㉣ LEL은 근로자의 건강을 위해 만들어 놓은 TLV보다 높은 값이다.
㉤ 단위는 %이며, 오븐이나 덕트처럼 밀폐되고 환기가 계속적으로 가동되고 있는 곳에서는 LEL의 1/4를 유지하는 것이 안전하다.
㉥ 가연성 가스가 공기 중의 산소와 혼합되어 있는 경우 혼합가스 조성에 따라 점화원에 의해 착화된다.

73 송풍관의 곡관각이 90°일 때 압력손실이 6mmH$_2$O라면 곡관각을 60°로 변경하였을 때의 압력손실은 얼마인가?

① 4mmH$_2$O
② 5mmH$_2$O
③ 6mmH$_2$O
④ 7mmH$_2$O

풀이 곡관 압력손실(ΔP)
$$\Delta P = 6 \times \frac{60°}{90°}$$
$$= 4\text{mmH}_2\text{O}$$

74 국소배기시스템에 일반적으로 사용하는 원심력 송풍기가 아닌 것은?
① 프로펠러 송풍기 ② 평판형 송풍기
③ 전향날개형 송풍기 ④ 터보 송풍기

[풀이] 원심력식 송풍기
㉠ 다익형(전향날개형) 송풍기
㉡ 평판형(방사날개형) 송풍기
㉢ 터보형(후향날개형) 송풍기

75 복합환기시설의 합류점에서 각 분지관의 정압차가 5~20%일 때 정압평형이 유지되도록 하는 방법으로 가장 적절한 것은 어느 것인가?
① 압력손실이 적은 분지관의 유량을 증가시킨다.
② 압력손실이 적은 분지관의 직경을 작게 한다.
③ 압력손실이 큰 분지관의 유량을 증가시킨다.
④ 압력손실이 큰 분지관의 직경을 작게 한다.

[풀이] 정압 차이가 5~20%라는 의미는
$0.8 \leq \dfrac{낮은\ SP}{높은\ SP} < 0.95$이다.
∴ 정압이 낮은 쪽의 유량을 증가시킨다.

76 다음 중 송풍기의 상사 법칙에 관한 설명으로 틀린 것은?
① 풍량은 송풍기 회전수와 정비례한다.
② 풍압은 회전차의 직경에 반비례한다.
③ 풍압은 송풍기 회전수의 제곱에 비례한다.
④ 동력은 송풍기 회전수의 세제곱에 비례한다.

[풀이] 송풍기 상사 법칙
㉠ 풍량은 회전수비에 비례한다.
㉡ 풍압은 회전수비의 제곱에 비례한다.
㉢ 동력은 회전수비의 세제곱에 비례한다.

77 집진장치의 한 종류인 사이클론에서 분리능력을 나타내는 분리계수에 대한 설명으로 틀린 것은?
① 분리계수는 중력가속도에 비례한다.
② 분리계수는 반경분속도에 비례한다.
③ 분리계수는 기류의 주분속도의 제곱에 비례한다.
④ 분리계수는 원심력을 중력에 의한 침강력으로 나눈값이다.

[풀이] 분리계수(separation factor)
사이클론의 잠재적인 효율(분리능력)을 나타내는 지표로 이 값이 클수록 분리효율이 좋다.
분리계수 $= \dfrac{원심력(가속도)}{중력(가속도)} = \dfrac{V^2}{R \cdot g}$
여기서, V : 입자의 접선방향속도(입자의 원주속도)
R : 입자의 회전반경(원추하부반경)
g : 중력가속도

78 후드의 유입계수가 0.82이고, 동압이 20mmH$_2$O일 때 후드의 압력손실은 약 얼마인가?
① 5mmH$_2$O ② 10mmH$_2$O
③ 15mmH$_2$O ④ 20mmH$_2$O

[풀이] 후드의 압력손실(ΔP)
$\Delta P = F \times VP$
∴ $F = \dfrac{1}{Ce^2} - 1 = \dfrac{1}{0.82^2} - 1 = 0.487$
$= 0.487 \times 20 = 9.74$mmH$_2$O

79 다음 중 국소배기에서 덕트 반송속도에 대한 설명으로 틀린 것은?
① 분진의 경우 반송속도가 낮으면 덕트 내에 분진이 퇴적할 우려가 있다.
② 가스상 물질의 반송속도는 분진의 반송속도보다 낮다.
③ 덕트 반송속도는 송풍기 용량에 맞춰 가능한 높게 설정한다.
④ 같은 공정에서 발생되는 분진이라도 수분이 있는 것은 반송속도를 높여야 한다.

[정답] 74.① 75.① 76.② 77.① 78.② 79.③

[풀이] 반송속도는 오염물질을 이송하기 위한 송풍관 내 기류의 최소속도를 의미하며 유해물질의 종류에 맞게 선정되어야 한다.

80 다음 중 전체환기시설을 설치하기에 가장 적절한 곳은?
① 오염물질의 독성이 높은 경우
② 근로자가 오염원에서 가까운 경우
③ 오염물질이 한 곳에 모여 있는 경우
④ 오염물질이 시간에 따라 균일하게 발생하는 경우

[풀이] **전체환기(희석환기) 적용 시 조건**
㉠ 유해물질의 독성이 비교적 낮은 경우, 즉 TLV가 높은 경우(가장 중요한 제한조건)
㉡ 동일한 작업장에 다수의 오염원이 분산되어 있는 경우
㉢ 유해물질이 시간에 따라 균일하게 발생할 경우
㉣ 유해물질의 발생량이 적은 경우 및 희석공기량이 많지 않아도 될 경우
㉤ 유해물질이 증기나 가스일 경우
㉥ 국소배기로 불가능한 경우
㉦ 배출원이 이동성인 경우
㉧ 가연성 가스의 농축으로 폭발의 위험이 있는 경우
㉨ 오염원이 근무자가 근무하는 장소로부터 멀리 떨어져 있는 경우

제1과목 | 산업위생학 개론

01 다음 중 노출기준에 대한 설명으로 틀린 것은?

① 시간가중평균노출기준(TLV-TWA)은 거의 모든 근로자가 나쁜 영향을 받지 않고 노출될 수 있는 농도이다.
② 단시간노출기준(TLV-STEL)은 저농도에서 급성중독을 초래하는 유해물질에 적용된다.
③ 최고노출기준(TLV-C)은 자극성 가스나 독작용이 빠른 물질에 적용된다.
④ 단시간상한값(excursion limits)은 TLV-TWA가 설정되어 있는 유해물질 중에 독성자료가 부족하여 TLV-STEL이 설정되어 있지 않은 물질에 적용될 수 있다.

[풀이] 단시간노출농도(STEL ; Short Term Exposure Limits)
근로자가 1회 15분간 유해인자에 노출되는 경우의 기준(허용농도)을 의미하며, 이 기준 이하에서는 노출간격이 1시간 이상인 경우 1일 작업시간 동안 4회까지 노출이 허용될 수 있다. 또한 고농도에서 급성중독을 초래하는 물질에 적용된다.

02 교대근무제를 운영함에 있어서 고려되어야 할 사항으로 가장 적절한 것은?

① 야간근무의 연속은 최소 4~5일로 한다.
② 일반적으로 오전근무의 개시시간은 오전 11시로 한다.
③ 야간근무 종료 후 다음 야간근무 시작할 때까지의 간격은 8시간으로 한다.
④ 3교대제일 경우 최소 4개조로 편성한다.

[풀이] 교대근무제 관리원칙(바람직한 교대제)

㉠ 각 반의 근무시간은 8시간씩 교대로 하고, 야근은 가능한 짧게 한다.
㉡ 2교대면 최저 3조의 정원을, 3교대면 4조를 편성한다.
㉢ 채용 후 건강관리로서 정기적으로 체중, 위장증상 등을 기록해야 하며, 근로자의 체중이 3kg 이상 감소하면 정밀검사를 받아야 한다.
㉣ 평균 주 작업시간은 40시간을 기준으로 갑반→을반→병반으로 순환하게 한다.
㉤ 근무시간의 간격은 15~16시간 이상으로 하는 것이 좋다.
㉥ 야근의 주기를 4~5일로 한다.
㉦ 신체의 적응을 위하여 야간근무의 연속일수는 2~3일로 하며 야간근무를 3일 이상 연속으로 하는 경우에는 피로축적현상이 나타나게 되므로 연속하여 3일을 넘기지 않도록 한다.
㉧ 야근 후 다음 반으로 가는 간격은 최저 48시간 이상의 휴식시간을 갖도록 하여야 한다.
㉨ 야근 교대시간은 상오 0시 이전에 하는 것이 좋다(심야시간을 피함).
㉩ 야근 시 가면은 반드시 필요하며, 보통 2~4시간(1시간 30분 이상)이 적합하다.
㉪ 야근 시 가면은 작업강도에 따라 30분에서 1시간 범위로 하는 것이 좋다.
㉫ 작업 시 가면시간은 적어도 1시간 30분 이상 주어야 수면효과가 있다고 볼 수 있다.
㉬ 상대적으로 가벼운 작업은 야간근무조에 배치하는 등 업무내용을 탄력적으로 조정해야 하며 야간작업자는 주간작업자보다 연간 쉬는 날이 더 많아야 한다.
㉭ 근로자가 교대일정을 미리 알 수 있도록 해야 한다.
㉮ 일반적으로 오전근무의 개시시간은 오전 9시로 한다.
㉯ 교대방식(교대근무 순환주기)은 낮근무, 저녁근무, 밤근무 순으로 한다. 즉, 정교대가 좋다.

PART 02 과년도 출제문제

03 미국정부산업위생전문가협의회(ACGIH)에서 제시한 허용농도 적용상의 주의사항으로 틀린 것은?

① 독성의 강도를 비교할 수 있는 지표이다.
② 대기오염평가 및 관리에 적용할 수 없다.
③ 반드시 산업위생전문가에 의하여 적용되어야 한다.
④ 기존의 질병이나 육체적 조건을 판단하기 위한 척도로 사용할 수 없다.

풀이 ACGIH(미국정부산업위생전문가협의회)에서 권고하고 있는 허용농도(TLV) 적용상 주의사항
㉠ 대기오염평가 및 지표(관리)에 사용할 수 없다.
㉡ 24시간 노출 또는 정상작업시간을 초과한 노출에 대한 독성 평가에는 적용할 수 없다.
㉢ 기존의 질병이나 신체적 조건을 판단(증명 또는 반증 자료)하기 위한 척도로 사용할 수 없다.
㉣ 작업조건이 다른 나라에서 ACGIH-TLV를 그대로 사용할 수 없다.
㉤ 안전농도와 위험농도를 정확히 구분하는 경계선이 아니다.
㉥ 독성의 강도를 비교할 수 있는 지표는 아니다.
㉦ 반드시 산업보건(위생)전문가에 의하여 설명(해석), 적용되어야 한다.
㉧ 피부로 흡수되는 양은 고려하지 않은 기준이다.
㉨ 산업장의 유해조건을 평가하기 위한 지침이며, 건강장애를 예방하기 위한 지침이다.

04 다음 중 직업성 질환을 유발하는 물리적 원인이 아닌 것은?

① 금속증기
② 이상기압
③ 저온환경
④ 전리방사선

풀이 직업병의 원인물질(직업성 질환 유발물질)
㉠ 물리적 요인 : 소음·진동, 유해광선(전리·비전리 방사선), 온도(온열), 이상기압, 한랭, 조명 등
㉡ 화학적 요인 : 화학물질(대표적 : 유기용제), 금속증기, 분진, 오존 등
㉢ 생물학적 요인 : 각종 바이러스, 진균, 리케차, 쥐 등
㉣ 인간공학적 요인 : 작업방법, 작업자세, 작업시간, 중량물 취급 등

05 다음 중 세계 최초로 보고된 '직업성 암'에 관한 내용으로 틀린 것은?

① 18세기 영국에서 보고되었다.
② 보고된 병명은 진폐증이다.
③ Percivall Pott에 의하여 규명되었다.
④ 발병자는 어린이 굴뚝청소부로 원인물질은 검댕(soot)이었다.

풀이 Percivall Pott는 영국의 외과의사로 직업성 암을 최초로 보고하였으며, 어린이 굴뚝청소부에게 많이 발생하는 음낭암을 발견하였다.

06 고온의 노출기준 단위로 옳은 것은?

① K
② R
③ ℃
④ °F

풀이 고온의 노출단위는 WBGT(℃)이다.

07 다음 중 [보기]에서 직업성 질환이라고 할 수 있는 경우로만 나열한 것은?

[보기]
㉮ 건설현장에서 추락하여 왼쪽 다리를 절단한 경우
㉯ 작업장에서 염산을 운반 도중 엎질러 손에 화상을 입은 경우
㉰ 5년 동안 사염화탄소 세척작업 후 이로 인하여 간장장애를 얻은 경우
㉱ 조선소에서 15년 동안 용접작용을 하면서 부자연스런 자세로 인하여 요통이 발생한 경우
㉲ 클로로술폰산 운반 탱크로리가 전복하여 클로로술폰산의 누설로 인해 운전자의 폐조직이 손상을 입은 경우

① ㉮, ㉰
② ㉰, ㉱
③ ㉯, ㉰, ㉱
④ ㉮, ㉱, ㉲

풀이 직업성 질환은 열악한 작업환경 및 유해인자에 장기간 노출된 후에 발생하는 특성이 있다. 이에 해당하는 내용은 ㉰, ㉱항이다.

정답 03.① 04.① 05.② 06.③ 07.②

08 육체적 작업능력(PWC)이 15kcal/min인 근로자가 8시간 동안 물체 운반작업을 하고 있다. 휴식 시 대사량은 1.5kcal/min이고, 작업대사량은 9kcal/min일 때 시간당 휴식시간은 약 얼마인가? (단, Hertig 식을 적용한다.)

① 15분 ② 18분
③ 29분 ④ 32분

풀이 휴식시간 비율 $T_{rest}(\%)$

$$T_{rest} = \left[\frac{PWC의 \frac{1}{3} - 작업대사량}{휴식대사량 - 작업대사량}\right] \times 100$$

$$= \left[\frac{(15 \times \frac{1}{3}) - 9}{1.5 - 9}\right] \times 100$$

$$= 53.3\%$$

∴ 휴식시간 = 60min × 0.533 = 32min
작업시간 = (60 − 32)min = 28min

09 기초대사량이 60kcal/hr인 근로자가 시간당 300kcal가 소비되는 작업을 실시할 경우 작업대사율은 약 얼마인가? (단, 안정 시 소비되는 에너지는 기초대사량의 1.5배이다.)

① 1.4 ② 3.5
③ 3.8 ④ 5.2

풀이 작업대사율(RMR)

$$RMR = \frac{작업 시 대사량 - 안정 시 대사량}{기초대사량}$$

$$= \frac{[300kcal/hr - (60kcal/hr \times 1.5)]}{60kcal/hr} = 3.5$$

10 다음 중 사무실 공기관리지침에 관한 설명으로 틀린 것은?

① 총 부유세균은 연 1회 이상 측정한다.
② 시료채취는 사무실 면적이 1,000m²를 초과하는 경우에는 500m²당 1곳씩 추가하여 채취한다.
③ 측정은 사무실 바닥면으로부터 0.9~1.5m 높이에서 한다.
④ 공기의 측정시료는 사무실 내에서 공기질이 가장 나쁠 것으로 예상되는 2곳 이상에서 채취한다.

풀이 시료채취는 사무실 면적이 500m²를 초과하는 경우에는 500m²당 1곳씩 추가하여 채취한다.

11 다음 중 산업재해의 기본 원인인 4M에 해당하지 않는 것은?

① Material ② Man
③ Media ④ Management

풀이 산업재해의 기본 원인(4M)
㉠ Man(사람): 본인 이외의 사람으로 인간관계, 의사소통의 불량을 의미한다.
㉡ Machine(기계, 설비): 기계, 설비 자체의 결함을 의미한다.
㉢ Media(작업환경, 작업방법): 인간과 기계의 매개체를 말하며 작업자세, 작업동작의 결함을 의미한다.
㉣ Management(법규준수, 관리): 안전교육과 훈련의 부족, 부하에 대한 지도·감독의 부족을 의미한다.

12 사무실 공기관리지침에서 정하는 오염물질과 관리기준이 올바르게 연결된 것은?

① 이산화탄소(CO_2): 1,000ppm 이하
② 일산화탄소(CO): 100ppm 이하
③ 포름알데히드(HCHO): 0.1ppm 이하
④ 이산화질소(NO_2): 0.1ppm 이하

풀이 사무실 오염물질 관리기준

오염물질	관리기준
미세먼지(PM 10)	100μg/m³ 이하
초미세먼지(PM 2.5)	50μg/m³ 이하
일산화탄소(CO)	10ppm 이하
이산화탄소(CO_2)	1,000ppm 이하
이산화질소(NO_2)	0.1ppm 이하
포름알데히드(HCHO)	100μg/m³
총휘발성 유기화합물(TVOC)	500μg/m³ 이하
라돈(radon)	148Bq/m³ 이하
총부유세균	800CFU/m³ 이하
곰팡이	500CFU/m³ 이하

정답 08.④ 09.② 10.② 11.① 12.①

13 근로자의 약한 손의 힘이 평균 40kP라 할 때 이 근로자가 무게 16kg인 물체를 두 손으로 들어올릴 경우 작업강도(%MS)는 얼마인가?

① 5 ② 16
③ 20 ④ 40

[풀이] 작업강도(%MS) = $\frac{RF}{MS} \times 100 = \frac{8}{40} \times 100 = 20\%MS$

14 다음 중 유해물질과 생물학적 노출지표로 이용되는 대사산물의 연결이 잘못된 것은?

① 벤젠 – 소변 중의 총 페놀
② 크실렌 – 소변 중의 메틸마뇨산
③ 트리클로로에틸렌 – 소변 중의 트리클로로초산
④ 톨루엔 – 소변 중의 만델린산

[풀이] 화학물질에 대한 대사산물(측정대상물질), 시료채취시기

화학물질	대사산물(측정대상물질) : 생물학적 노출지표	시료채취시기
납	혈액 중 납	중요치 않음
	소변 중 납	
카드뮴	소변 중 카드뮴	중요치 않음
	혈액 중 카드뮴	
일산화탄소	호기에서 일산화탄소	작업 종료 시
	혈액 중 carboxyhemoglobin	
벤젠	소변 중 총 페놀	작업 종료 시
	소변 중 t,t-뮤코닉산 (t,t-muconic acid)	
에틸벤젠	소변 중 만델린산	작업 종료 시
니트로벤젠	소변 중 p-nitrophenol	작업 종료 시
아세톤	소변 중 아세톤	작업 종료 시
톨루엔	혈액, 호기에서 톨루엔	작업 종료 시
	소변 중 o-크레졸	
크실렌	소변 중 메틸마뇨산	작업 종료 시
스티렌	소변 중 만델린산	작업 종료 시
트리클로로에틸렌	소변 중 트리클로로초산 (삼염화초산)	주말작업 종료 시
테트라클로로에틸렌	소변 중 트리클로로초산 (삼염화초산)	주말작업 종료 시
화학물질	대사산물(측정대상물질) : 생물학적 노출지표	시료채취시기
트리클로로에탄	소변 중 트리클로로초산 (삼염화초산)	주말작업 종료 시
사염화에틸렌	소변 중 트리클로로초산 (삼염화초산)	주말작업 종료 시
	소변 중 삼염화에탄올	
이황화탄소	소변 중 TTCA	-
	소변 중 이황화탄소	
노말헥산 (n-헥산)	소변 중 2,5-hexanedione	작업 종료 시
	소변 중 n-헥산	
메탄올	소변 중 메탄올	-
클로로벤젠	소변 중 총 4-chlorocatechol	작업 종료 시
	소변 중 총 p-chlorophenol	
크롬 (수용성 흄)	소변 중 총 크롬	주말작업 종료 시, 주간작업 중
N,N-디메틸포름아미드	소변 중 N-메틸포름아미드	작업 종료 시
페놀	소변 중 메틸마뇨산	작업 종료 시

15 근육운동에 필요한 에너지를 생성하는 방법에는 혐기성 대사와 호기성 대사가 있다. 다음 중 혐기성 대사의 에너지원이 아닌 것은?

① 아데노신삼인산 ② 크레아틴인산
③ 글리코겐 ④ 지방

[풀이] 혐기성 대사(anaerobic metabolism)
(1) 근육에 저장된 화학적 에너지를 의미한다.
(2) 혐기성 대사 순서(시간대별)
ATP(아데노신삼인산) → CP(크레아틴인산) → glycogen(글리코겐) or glucose(포도당)
※ 근육운동에 동원되는 주요 에너지원 중 가장 먼저 소비되는 것은 ATP이다.

16 다음 중 직업성 질환과 주된 물리적 원인의 연결이 옳은 것은?

① 열사병 – 고열
② 잠함병 – 부적절한 조명
③ 관절염 – 한랭환경
④ CTDs – 소음

정답 13.③ 14.④ 15.④ 16.①

[풀이] ② 잠함병 : 이상기압
③ 관절염 : 진동
④ CTDs : 단순반복작업

17 산업안전보건법령상 사업주는 근골격계 부담 작업에 근로자를 종사하도록 하는 경우에는 몇 년마다 유해요인조사를 실시하여야 하는가?
① 1년　② 2년
③ 3년　④ 4년

[풀이] 근골격계 부담작업에 근로자를 종사하도록 하는 경우의 유해요인 조사사항
다음의 유해요인 조사를 3년마다 실시한다.
㉠ 설비·작업공정·작업량·작업속도 등 작업장 상황
㉡ 작업시간·작업자세·작업방법 등 작업조건
㉢ 작업과 관련된 근골격계 질환 징후 및 증상 유무 등

18 다음 중 산업안전보건법령상의 보건관리자의 자격에 해당되지 않는 사람은?
① 산업보건지도사
② 산업위생관리산업기사 자격 취득자
③ 전문대학에서 산업위생 관련 학위를 취득한 사람
④ 전문대학에서 보건위생 관련 학과를 졸업하고, 산업보건위생에 관한 학과목을 9학점 이상 수료한 자

[풀이] 보건관리자의 자격
㉠ "의료법"에 따른 의사
㉡ "의료법"에 따른 간호사
㉢ 산업보건지도사
㉣ "국가기술자격법"에 따른 산업위생관리산업기사 또는 대기환경산업기사 이상의 자격을 취득한 사람
㉤ "국가기술자격법"에 따른 인간공학기사 이상의 자격을 취득한 사람
㉥ "고등교육법"에 따른 전문대학 이상의 학교에서 산업보건 또는 산업위생 분야의 학위를 취득한 사람

19 50명의 근로자가 작업하는 사업장에서 1년 동안 3건의 재해로 인하여 15일의 근로손실일수가 발생하였다면 이 사업장의 도수율은 얼마인가? (단, 근로자는 1일 8시간씩 연간 300일 근무하였다.)
① 25　② 50
③ 125　④ 300

[풀이] $$\text{도수율} = \frac{\text{일정기간 중 재해발생건수}}{\text{일정기간 중 연근로시간수}} \times 10^6$$
$$= \frac{3}{50 \times 8 \times 300} \times 10^6 = 25$$

20 다음 중 산업안전보건법령상 '강렬한 소음작업'에 해당하는 것은?
① 85dB 이상의 소음이 1일 8시간 이상 발생하는 작업
② 90dB 이상의 소음이 1일 6시간 이상 발생하는 작업
③ 95dB 이상의 소음이 1일 4시간 이상 발생하는 작업
④ 100dB 이상의 소음이 1일 1시간 이상 발생하는 작업

[풀이] 강렬한 소음작업
㉠ 90dB 이상의 소음이 1일 8시간 이상 발생하는 작업
㉡ 95dB 이상의 소음이 1일 4시간 이상 발생하는 작업
㉢ 100dB 이상의 소음이 1일 2시간 이상 발생하는 작업
㉣ 105dB 이상의 소음이 1일 1시간 이상 발생하는 작업
㉤ 110dB 이상의 소음이 1일 30분 이상 발생하는 작업
㉥ 115dB 이상의 소음이 1일 15분 이상 발생하는 작업

제2과목 | 작업환경 측정 및 평가

21 가스크로마토그래피에서 칼럼(column)의 역할은 어느 것인가?
① 전개가스의 예열
② 가스전개와 시료의 혼합
③ 용매탈착과 시료의 혼합
④ 시료성분의 분배와 분리

[풀이] 분리관(column)은 주입된 시료가 각 성분에 따라 분리(분배)가 일어나는 부분으로 GC에서 분석하고자 하는 물질을 지체시키는 역할을 한다.

정답 17.③　18.④　19.①　20.③　21.④

PART 02 과년도 출제문제

22 0.2N – K₂Cr₂O₇(분자량 294.18) 500mL를 만들 때 K₂Cr₂O₇의 필요량은?
① 2.1g ② 4.9g
③ 6.3g ④ 8.2g

풀이
$$\frac{0.2eq}{L} \times 0.5L = K_2Cr_2O_7(g) \times \frac{1eq}{(294.18/6)g}, \; (6: 당량)$$
$$\therefore \; K_2Cr_2O_7 = 4.9g$$

23 소리의 음압수준이 87dB인 기계 5대가 동시에 가동하면 전체 음압수준은?
① 약 94dB
② 약 96dB
③ 약 98dB
④ 약 99dB

풀이 합성소음도(L_P)
$$L_P = 10\log\left(10^{\frac{87}{10}} \times 5\right)$$
$$= 94dB$$

24 다음 중 실리카겔에 대한 친화력이 가장 큰 물질은?
① 방향족탄화수소류
② 알데히드류
③ 올레핀류
④ 에스테르류

풀이 실리카겔의 친화력
물 > 알코올 > 알데히드류 > 케톤류 > 에스테르류 > 방향족탄화수소류 > 올레핀류 > 파라핀류

25 산에 쉽게 용해되므로 입자상 물질 중 금속을 채취하여 원자흡광법으로 분석하는 데 적당하며 유리섬유, 석면 등 현미경분석을 위한 시료채취에도 이용되는 막 여과지는?
① glass fiber membrane filter
② poly vinylchloride membrane filter
③ mixed cellulose ester membrane filter
④ thillon membrane filter

풀이 MCE막 여과지(Mixed Cellulose Ester membrane filter)
㉠ 산에 쉽게 용해된다.
㉡ 산업위생에서는 거의 대부분이 직경 37mm, 구멍 크기 0.45~0.8μm의 MCE막 여과지를 사용하고 있어 작은 입자의 금속과 fume 채취가 가능하다.
㉢ MCE막 여과지는 산에 쉽게 용해되고 가수분해되며, 습식 회화되기 때문에 공기 중 입자상 물질 중의 금속을 채취하여 원자흡광법으로 분석하는 데 적당하다.
㉣ 시료가 여과지의 표면 또는 가까운 곳에 침착되므로 석면, 유리섬유 등 현미경 분석을 위한 시료채취에도 이용된다.
㉤ 흡습성(원료인 셀룰로오스가 수분 흡수)이 높은 MCE막 여과지는 오차를 유발할 수 있어 중량분석에 적합하지 않다.
㉥ MCE막 여과지는 산에 의해 쉽게 회화되기 때문에 원소분석에 적합하고 NIOSH에서는 금속, 석면, 살충제, 불소화합물 및 기타 무기물질에 추천하고 있다.

26 어떤 물질에 대한 분석방법의 정량한계는 10μg이다. 0.1mg/m³의 농도를 검출하기 위해서는 공기량을 최소 얼마나 채취하여야 하는가?
① 1L ② 10L
③ 100L ④ 1,000L

풀이 정량한계를 기준으로 최소채취량이 결정되므로
$$\frac{LOQ}{농도} = \frac{10\mu g \times (mg/10^3 \mu g)}{0.1mg/m^3} = 0.1m^3 \;(100L)$$

27 개인시료채취라 함은 근로자의 호흡기 위치에서 채취하는 것을 말한다. 근로자의 호흡기 위치로 가장 적절한 것은? (단, 고용노동부 고시 기준)
① 근로자의 호흡기를 중심으로 반경 30cm인 반구
② 근로자의 호흡기를 중심으로 반경 50cm인 반구
③ 근로자의 호흡기를 전방으로 반경 60cm인 반구
④ 근로자의 호흡기를 전방으로 반경 90cm인 반구

정답 22.② 23.① 24.② 25.③ 26.③ 27.①

[풀이]
- ⊙ **개인시료채취**: 개인시료채취기를 이용하여 가스·증기·분진·흄(fume)·미스트(mist) 등을 근로자의 호흡위치(호흡기를 중심으로 반경 30cm인 반구)에서 채취하는 것을 말한다.
- ⓒ **지역시료채취**: 시료채취기를 이용하여 가스·증기·분진·흄(fume)·미스트(mist) 등을 근로자의 작업행동범위에서 호흡기 높이에 고정하여 채취하는 것을 말한다.

28 사이클론 분립장치가 관성충돌형 분립장치보다 유리한 장점이 아닌 것은?

① 매체의 코팅과 같은 별도의 특별한 처리가 필요없다.
② 호흡성 먼지에 대한 자료를 쉽게 얻을 수 있다.
③ 시료의 되튐 현상으로 인한 손실염려가 없다.
④ 입자의 질량크기별 분포를 얻을 수 있다.

[풀이] 10mm nylon cyclone이 입경분립충돌기에 비해 갖는 장점
- ⊙ 사용이 간편하고 경제적이다.
- ⓒ 호흡성 먼지에 대한 자료를 쉽게 얻을 수 있다.
- ⓒ 시료입자의 되튐으로 인한 손실 염려가 없다.
- ⓔ 매체의 코팅과 같은 별도의 특별한 처리가 필요없다.

29 다음 중 옥외(태양광선이 내리쬐지 않는 장소)에서 습구흑구온도지수(WBGT)의 산출방법은? (단, NWB : 자연습구온도, DT : 건구온도, GT : 흑구온도)

① $WBGT = 0.7NWB + 0.3GT$
② $WBGT = 0.7NWB + 0.3DT$
③ $WBGT = 0.7NWB + 0.2DT + 0.1GT$
④ $WBGT = 0.7NWB + 0.2GT + 0.1DT$

[풀이] 습구흑구온도지수(WBGT)의 산출식
- ⊙ 옥외(태양광선이 내리쬐는 장소)
 $WBGT(℃) = 0.7 \times 자연습구온도 + 0.2 \times 흑구온도 + 0.1 \times 건구온도$
- ⓒ 옥내 또는 옥외(태양광선이 내리쬐지 않는 장소)
 $WBGT(℃) = 0.7 \times 자연습구온도 + 0.3 \times 흑구온도$

30 다음 중 직독식 기구인 검지관의 사용 시 장점으로 틀린 것은?

① 복잡한 분석이 필요없고 사용이 간편하다.
② 빠른 시간에 측정결과를 알 수 있다.
③ 물질의 특이도(specificity)가 높다.
④ 맨홀, 밀폐공간에서 유용하게 사용될 수 있다.

[풀이] 검지관 측정법
(1) 장점
- ⊙ 사용이 간편하다.
- ⓒ 반응시간이 빨라 현장에서 바로 측정 결과를 알 수 있다.
- ⓒ 비전문가도 어느 정도 숙지하면 사용할 수 있지만 산업위생전문가의 지도 아래 사용되어야 한다.
- ⓔ 맨홀, 밀폐공간에서의 산소부족 또는 폭발성 가스로 인한 안전이 문제가 될 때 유용하게 사용된다.
- ⓜ 다른 측정방법이 복잡하거나 빠른 측정이 요구될 때 사용할 수 있다.

(2) 단점
- ⊙ 민감도가 낮아 비교적 고농도에만 적용이 가능하다.
- ⓒ 특이도가 낮아 다른 방해물질의 영향을 받기 쉽고 오차가 크다.
- ⓒ 대개 단시간 측정만 가능하다.
- ⓔ 한 검지관으로 단일물질만 측정 가능하여 각 오염물질에 맞는 검지관을 선정함에 따른 불편함이 있다.
- ⓜ 색변화에 따라 주관적으로 읽을 수 있어 판독자에 따라 변이가 심하며, 색변화가 시간에 따라 변하므로 제조자가 정한 시간에 읽어야 한다.
- ⓗ 미리 측정대상 물질의 동정이 되어 있어야 측정이 가능하다.

31 불꽃방식의 원자흡광광도계의 일반적인 장단점으로 틀린 것은?

① 가격이 흑연로장치에 비하여 저렴하다.
② 분석시간이 흑연로장치에 비하여 적게 소요된다.
③ 시료량이 적게 소요되며 감도가 높다.
④ 고체시료의 경우 전처리에 매트릭스를 제거하여야 한다.

정답 28.④ 29.① 30.③ 31.③

> **[풀이]** 불꽃원자화장치의 장단점
> (1) 장점
>   ㉠ 쉽고 간편하다.
>   ㉡ 가격이 흑연로장치나 유도결합플라스마-원자발광분석기보다 저렴하다.
>   ㉢ 분석이 빠르고, 정밀도가 높다(분석시간이 흑연로장치에 비해 적게 소요).
>   ㉣ 기질의 영향이 적다.
> (2) 단점
>   ㉠ 많은 양의 시료(10mL)가 필요하며, 감도가 제한되어 있어 저농도에서 사용이 힘들다.
>   ㉡ 용질이 고농도로 용해되어 있는 경우, 점성이 큰 용액은 분무구를 막을 수 있다.
>   ㉢ 고체시료의 경우 전처리에 의하여 기질(매트릭스)을 제거해야 한다.

32 다음 중 작업환경측정에 사용하는 2차 유량측정장치(2차 표준)에 해당되지 않는 것은?

① 로터미터(rotameter)
② 오리피스미터(orifice meter)
③ 폐활량계미터(spiro meter)
④ 습식 테스트미터(wet-test-meter)

> **[풀이]** 2차 표준기구의 종류
>
> | 표준기구 | 일반 사용범위 | 정확도 |
> |---|---|---|
> | 로터미터(rotameter) | 1mL/분 이하 | ±1~25% |
> | 습식 테스트미터 (wet-test-meter) | 0.5~230L/분 | ±0.5% 이내 |
> | 건식 가스미터 (dry-gas-meter) | 10~150L/분 | ±1% 이내 |
> | 오리피스미터 (orifice meter) | - | ±0.5% 이내 |
> | 열선기류계 (thermo anemometer) | 0.05~40.6m/초 | ±0.1%~0.2% |

33 일정한 물질에 대해 분석치가 참값에 얼마나 접근하였는가 하는 수치상의 표현은?

① 정확도　② 분석도
③ 정밀도　④ 대표도

> **[풀이]** ㉠ 정확도 : 분석치가 참값에 얼마나 접근하였는가 하는 수치상의 표현이다.
> ㉡ 정밀도 : 일정한 물질에 대해 반복 측정·분석했을 경우 나타나는 자료 분석치의 변동 크기가 얼마나 작은가 하는 수치상의 표현이다.

34 다음 중 노출기준을 설정하기 위한 이론적 배경을 설명한 것으로 가장 거리가 먼 것은?

① 사업장 역학조사 등으로 얻은 자료를 근거로 설정한다.
② 동물실험을 한 결과를 근거로 설정한다.
③ 화학구조상의 유사성과 연계하여 설정한다.
④ 물리적 안정성을 평가하여 설정한다.

> **[풀이]** 노출기준을 설정하기 위해서는 화학적 안정성을 평가한다.
> - TLV 설정 및 개정 시 근거자료
>   ㉠ 화학구조상의 유사성
>   ㉡ 동물실험자료
>   ㉢ 인체실험자료
>   ㉣ 사업장 역학조사자료

35 목재가공 공정에서 분진을 측정하였다. 총 시료채취유량이 120L일 때 분진의 농도(mg/m³)는? (단, 여과지의 무게 : 측정 전 0.01167g, 측정 후 0.01217g, 공시료의 무게 : 측정 전 0.01202g, 측정 후 0.01208g)

① 2.54　② 3.67
③ 4.17　④ 5.34

> **[풀이]** 농도(mg/m³)
> $$= \frac{[(\text{시료채취 후 여과지 무게} - \text{시료채취 전 여과지 무게}) - (\text{시료채취 후 공여과지 무게} - \text{시료채취 전 공여과지 무게})]}{\text{공기채취량}}$$
> $$= \frac{(12.17-11.67)\text{mg} - (12.08-12.02)\text{mg}}{120\text{L} \times (\text{m}^3/1,000\text{L})}$$
> $$= 3.67\text{mg/m}^3$$

36 0.01%(v/v)은 몇 ppm인가?

① 1　② 10
③ 100　④ 1,000

정답 32.③ 33.① 34.④ 35.② 36.③

풀이 $0.01\% \times \dfrac{10,000\text{ppm}}{\%} = 100\text{ppm}$

37 순수한 물 1.0L의 몰수는?
① 35.6 moles   ② 45.6 moles
③ 55.6 moles   ④ 65.6 moles

풀이 M(mol/L) = 1mol/18g × 0.9998425g/mL × 1,000mL/L
= 55.55 mol/L(M)

38 작업장 공기 중 사염화탄소(TLV=10ppm)가 7ppm, 1,2-디클로로에탄(TLV=50ppm)이 5ppm, 1,2-디브로메탄(TLV=20ppm)이 9ppm일 때 노출지수는?
① 1.05   ② 1.15
③ 1.25   ④ 1.35

풀이 노출지수(EI)
$EI = \dfrac{7}{10} + \dfrac{5}{50} + \dfrac{9}{20} = 1.25$

39 0℃, 1atm에서 H_2 10L는 273℃, 380mmHg 상태에서 몇 L인가?
① 40   ② 50
③ 60   ④ 70

풀이 $\dfrac{P_1 V_1}{T_1} = \dfrac{P_2 V_2}{T_2}$

$\therefore V_2 = V_1 \times \dfrac{T_2}{T_1} \times \dfrac{P_1}{P_2}$

$= 10 \times \dfrac{273+273}{273+0} \times \dfrac{760}{380} = 40L$

40 활성탄관에 흡착된 비극성 물질의 탈착용매로 쓰이는 화학물질은?
① 에탄올   ② 이황화탄소
③ 헥산   ④ 클로로포름

풀이 용매탈착
(1) 비극성 물질의 탈착용매는 이황화탄소(CS_2)를 사용하고 극성 물질에는 이황화탄소와 다른 용매를 혼합하여 사용한다.

(2) 활성탄에 흡착된 증기(유기용제-방향족탄화수소)를 탈착시키는 데 일반적으로 사용되는 용매는 이황화탄소이다.
(3) 용매로 사용되는 이황화탄소의 단점
  ㉠ 독성 및 인화성이 크며 작업이 번잡하다.
  ㉡ 특히 심혈관계와 신경계에 독성이 매우 크고 취급 시 주의를 요한다.
  ㉢ 전처리 및 분석하는 장소의 환기에 유의하여야 한다.
(4) 용매로 사용되는 이황화탄소의 장점
  탈착효율이 좋고 가스크로마토그래피의 불꽃이온화검출기에서 반응성이 낮아 피크의 크기가 작게 나오므로 분석 시 유리하다.

제3과목 | 작업환경 관리

41 귀덮개와 비교하여 귀마개에 대한 설명으로 틀린 것은?
① 부피가 작아서 휴대하기가 편리하다.
② 좁은 장소에서 머리를 많이 움직이는 작업을 할 때 사용하기 편리하다.
③ 제대로 착용하는 데 시간이 적게 소요되며, 용이하다.
④ 일반적으로 차음효과는 떨어진다.

풀이 귀마개
(1) 장점
  ㉠ 부피가 작아서 휴대가 쉽다.
  ㉡ 안경과 안전모 등에 방해가 되지 않는다.
  ㉢ 고온작업에서도 사용 가능하다.
  ㉣ 좁은 장소에서도 사용 가능하다.
  ㉤ 가격이 귀덮개보다 저렴하다.
(2) 단점
  ㉠ 귀에 질병이 있는 사람은 착용이 불가능하다.
  ㉡ 여름에 땀이 많이 날 때는 외이도에 염증유발 가능성이 있다.
  ㉢ 제대로 착용하는 데 시간이 걸리며 요령을 습득하여야 한다.
  ㉣ 차음효과가 일반적으로 귀덮개보다 떨어진다.
  ㉤ 사람에 따라 차음효과 차이가 크다(개인차가 큼).
  ㉥ 더러운 손으로 만짐으로써 외청도를 오염시킬 수 있다(귀마개에 묻어 있는 오염물질이 귀에 들어갈 수 있음).

정답 37.③ 38.③ 39.① 40.② 41.③

42 진동으로 손가락의 말초혈관운동장애 때문에 손가락이 창백해지고 동통을 느끼는 현상은?

① silicosis 현상
② crowd poison 현상
③ caisson disease 현상
④ Raynaud's 현상

풀이 레이노 현상(Raynaud's 현상)
㉠ 손가락에 있는 말초혈관운동의 장애로 인하여 수지가 창백해지고 손이 차며 저리거나 통증이 오는 현상이다.
㉡ 한랭작업조건에서 특히 증상이 악화된다.
㉢ 압축공기를 이용한 진동공구, 즉 착암기 또는 해머 같은 공구를 장기간 사용한 근로자들의 손가락에 유발되기 쉬운 직업병이다.
㉣ dead finger 또는 white finger라고도 하고 발증까지 약 5년 정도 걸린다.

43 채광을 위한 창의 면적은 바닥면적의 몇 %가 이상적인가?

① 10~15% ② 15~20%
③ 20~25% ④ 25~30%

풀이 창의 높이와 면적
㉠ 보통 조도는 창을 크게 하는 것보다 창의 높이를 증가시키는 것이 효과적이다.
㉡ 횡으로 긴 창보다 종으로 넓은 창이 채광에 유리하다.
㉢ 채광을 위한 창의 면적은 방바닥 면적의 15~20%(1/5~1/6)가 이상적이다.

44 고열장애인 열경련에 관한 설명으로 틀린 것은?

① 일반적으로 더운 환경에서 고된 육체적 작업을 하면서 땀으로 흘린 염분손실을 충당하지 못할 때 발생한다.
② 염분을 공급할 때는 식염정제를 사용하여 빠른 공급이 될 수 있도록 하여야 한다.
③ 열경련 환자는 혈중 염분의 농도가 낮기 때문에 염분관리가 중요하다.
④ 통증을 수반하는 경련은 주로 작업 시 사용한 근육에서 흔히 발생한다.

풀이 열경련
(1) 발생
㉠ 지나친 발한에 의한 수분 및 혈중 염분 손실 시 발생한다(혈액의 현저한 농축 발생).
㉡ 땀을 많이 흘리고 동시에 염분이 없는 음료수를 많이 마셔서 염분 부족 시 발생한다.
㉢ 전해질의 유실 시 발생한다.
(2) 증상
㉠ 체온이 정상이거나 약간 상승하고 혈중 Cl⁻ 농도가 현저히 감소한다.
㉡ 낮은 혈중 염분농도와 팔과 다리의 근육경련이 일어난다(수의근 유통성 경련).
㉢ 통증을 수반하는 경련은 주로 작업 시 사용한 근육에서 흔히 발생한다.
㉣ 일시적으로 단백뇨가 나온다.
㉤ 중추신경계통의 장애는 일어나지 않는다.
㉥ 복부와 사지 근육에 강직, 동통이 일어나고 과도한 발한이 발생한다.
㉦ 수의근의 유통성 경련(주로 작업 시 사용한 근육에서 발생)이 일어나기 전에 현기증, 이명, 두통, 구역, 구토 등의 전구증상이 일어난다.
(3) 치료
㉠ 수분 및 NaCl을 보충한다(생리식염수 0.1% 공급).
㉡ 바람이 잘 통하는 곳에 눕혀 안정시킨다.
㉢ 체열방출을 촉진시킨다(작업복을 벗겨 전도와 복사에 의한 체열방출).
㉣ 증상이 심하면 생리식염수 1,000~2,000mL를 정맥주사한다.

45 다음 중 고압환경에서 작업하는 사람에게 마취작용(다행증)을 일으키는 가스는 어느 것인가?

① 이산화탄소
② 수소
③ 질소
④ 헬륨

풀이 고압환경에서의 2차적 가압현상
㉠ 질소가스의 마취작용
㉡ 산소중독
㉢ 이산화탄소의 작용

정답 42.④ 43.② 44.② 45.③

46 고압환경에서의 질소마취는 몇 기압 이상의 작업환경에서 발생하는가?
① 1기압 ② 2기압
③ 3기압 ④ 4기압

풀이 질소가스의 마취작용
㉠ 공기 중의 질소가스는 정상기압에서는 비활성이지만 4기압 이상에서 마취작용을 일으키며 이를 다행증이라 한다(공기 중의 질소가스는 3기압 이하에서는 자극작용을 한다).
㉡ 질소가스 마취작용은 알코올 중독의 증상과 유사하다.
㉢ 작업력의 저하, 기분의 변환, 여러 종류의 다행증(euphoria)이 일어난다.
㉣ 수심 90~120m에서 환청, 환시, 조현증, 기억력 감퇴 등이 나타난다.

47 적용 화학물질은 밀랍, 탈수라노린, 파라핀, 유동파라핀, 탄산마그네슘이며 광산류, 유기산, 염류 및 무기염류 취급작업에 주로 사용하는 보호크림은?
① 친수성 크림 ② 소수성 크림
③ 차광크림   ④ 피막형 크림

풀이 소수성 물질 차단 피부보호제
㉠ 내수성 피막을 만들고 소수성으로 산을 중화한다.
㉡ 적용 화학물질은 밀랍, 탈수라노린, 파라핀, 탄산마그네슘이다.
㉢ 광산류, 유기산, 염류(무기염류) 취급작업 시 사용한다.

48 방사선량 중 흡수선량에 관한 설명과 가장 거리가 먼 것은?
① 공기가 방사선에 의해 이온화되는 것에 기초를 둔다.
② 모든 종류의 이온화방사선에 의한 외부노출, 내부노출 등 모든 경우에 적용한다.
③ 관용단위는 rad(피조사체 1g에 대하여 100erg의 에너지가 흡수되는 것)이다.
④ 조직(또는 물질)의 단위질량당 흡수된 에너지이다.

풀이 흡수선량은 조사량에 관계없이 물질의 단위질량당 흡수된 에너지량을 표시하는 단위이다.

49 다음 중 진동방지대책으로 가장 거리가 먼 것은?
① 완충물의 사용
② 공진점 진동수의 일치
③ 진동원의 제거
④ 진동의 전파경로 차단

풀이 공진점의 진동수 일치는 진동현상을 더욱더 가중시키는 것이다.

50 다음 중 '조도'에 관한 설명으로 틀린 것은 어느 것인가?
① 단위평면적에서 발산 또는 반사되는 광량, 즉 눈으로 느끼는 광원 또는 반사체의 밝기를 말한다.
② 단위로는 럭스(lux)를 사용한다.
③ 1foot candle=10.8lux이다.
④ 조도는 광원으로부터의 거리에 따라 달라진다.

풀이
㉠ 조도는 1루멘의 빛이 $1m^2$의 평면상에 수직으로 비칠 때의 밝기이다.
㉡ 단위면적에서 발산 또는 반사되는 광량을 광속발산도라 한다.

51 100톤의 프레스공정에서 측정한 8시간 음압수준이 93dB이었다. 근로자가 귀마개(NRR=10)를 착용하고 있을 때 근로자가 노출되는 음압수준은 얼마이며, 소음노출기준 초과여부 판정은? (단, 소음노출기준은 90dB로 가정)
① 91.5dB, 노출기준 초과
② 90.5dB, 노출기준 초과
③ 83.0dB, 노출기준 미만
④ 88.0dB, 노출기준 미만

[풀이] 차음효과 $= (NRR-7) \times 50\%$
$= (10-7) \times 0.5$
$= 1.5 dB$
∴ 노출음압수준 $= 93 - 1.5$
$= 91.5 dB$
소음노출기준이 90dB이므로 노출기준 초과 판정

52 산소농도가 6~10%인 산소결핍 작업장에서의 증상 기준으로 가장 알맞은 것은?

① 계산착오, 두통, 메스꺼움
② 의식 상실, 안면 창백, 전신 근육경련
③ 귀울림, 맥박수 증가, 호흡수 증가
④ 정신집중력 저하, 체온 상승, 판단력 저하

[풀이] **산소농도에 따른 인체장애**

산소 농도 (%)	산소 분압 (mmHg)	동맥혈의 산소 포화도 (%)	증 상
12~16	90~120	85~89	호흡수 증가, 맥박 증가, 정신집중 곤란, 두통, 이명, 신체기능 조절 손상 및 순환기 장애자 초기 증상 유발
9~14	60~105	74~87	불완전한 정신상태에 이르고 취한 것과 같으며 당시의 기억상실, 전신탈진, 체온상승, 호흡장애, 청색증 유발, 판단력 저하
6~10	45~70	33~74	의식불명, 안면창백, 전신근육경련, 중추신경장애, 청색증유발, 경련, 8분 내 100% 치명적, 6분 내 50% 치명적, 4~5분 내 치료로 회복 가능
4~6 및 이하	45 이하	33 이하	40초 내에 혼수상태, 호흡정지, 사망

53 전자기방사선(electromagnetic radiation)에 속하는 것은?

① 중성자
② UV선
③ X선
④ IR선

[풀이] **전리방사선의 종류**
㉠ 전자기방사선: X선, γ선
㉡ 입자방사선: α선, β선, 중성자

54 다음 중 방진마스크에 관한 설명으로 틀린 것은 어느 것인가?

① 방진마스크의 종류에는 격리식과 직결식, 면체여과식이 있으며 형태별로는 전면, 반면 마스크가 있다.
② 대상입자에 맞는 필터재질(비휘발성용, 휘발성용)을 사용한다.
③ 흡기, 배기 저항은 낮은 것이 좋으며 흡기저항 상승률도 낮은 것이 좋다.
④ 여과제의 탈착이 가능하여야 한다.

[풀이] **방진마스크**
㉠ 공기 중의 유해한 분진, 미스트, 흄 등을 여과재를 통해 제거하여 유해물질이 근로자의 호흡기를 통하여 체내에 유입되는 것을 방지하기 위해 사용되는 보호구를 말하며 분진제거용 필터는 일반적으로 압축된 섬유상 물질을 사용한다.
㉡ 산소농도가 정상적(산소농도 18% 이상)이고 유해물질의 농도가 규정 이하 농도의 먼지만 존재하는 작업장에서는 방진마스크를 사용한다.
㉢ 방진마스크는 비휘발성 입자에 대한 보호가 가능하다.

55 VDT 작업자의 스트레스성 요인에 의한 자각증상으로 틀린 것은?

① 심박수 증가
② 혈압 상승
③ 소화불량
④ 아드레날린분비 감소

[풀이] **VDT 작업과 관련된 정신적 스트레스 요인에 의한 생리적 반응**
㉠ 혈압 상승
㉡ 소화불량
㉢ 심박수 증가
㉣ 아드레날린분비 촉진
㉤ 두통

56 소음의 방향성은 소음원과 작업장 공간의 특성에 따라 결정된다. 다음 중 소음의 방향성(Q) 4를 설명한 것은? (단, Q : 지향계수)

① 소음원이 큰 작업장 한가운데 바닥에 놓여 있을 때
② 소음원이 작업장 벽 근처의 바닥에 있을 때
③ 소음원이 작업장의 모퉁이에 놓여있을 때
④ 소음원이 자유공간의 중심에 놓여있을 때

풀이 지향계수(Q)
㉠ $Q=1$: 소음원이 자유공간에 있을 때
㉡ $Q=2$: 소음원이 반자유공간에 있을 때
㉢ $Q=4$: 소음원이 두 면이 만나는 곳에 있을 때
㉣ $Q=8$: 소음원이 세 면이 만나는 곳에 있을 때

57 각각 87dB(A)의 음압수준이 발생하는 소음원이 2개가 있다. 2개의 소음원이 동시에 가동될 때 발생하는 음압수준은?

① 89dB(A)　② 90dB(A)
③ 91dB(A)　④ 92dB(A)

풀이 합성소음도(L_P) = $10\log(10^{8.7}+10^{8.7})$ = 90dB(A)

58 가로 15m, 세로 25m, 높이 3m인 어느 작업장의 음의 잔향시간을 측정해 보니 0.238sec였다. 이 작업장의 총 흡음력(sound absorption)을 30% 증가시키면 잔향시간은 몇 sec가 되겠는가?

① 0.217　② 0.196
③ 0.183　④ 0.157

풀이 증가 전 총 흡음력(A)
$T = \dfrac{0.161V}{A}$ 에서
$A = \dfrac{0.161V}{T} = \dfrac{0.161\times(15\times25\times3)}{0.238} = 761.03\text{m}^2$
∴ 총 흡음력 증가 후 잔향시간(T)
$T = \dfrac{0.161\times(15\times25\times3)}{761.03\times1.3} = 0.183\text{sec}$

59 작업에 기인하여 전신진동을 받을 수 있는 작업자로 가장 올바른 것은?

① 병타 작업자　② 착암 작업자
③ 해머 작업자　④ 교통기관 승무원

풀이 전신진동의 가장 큰 영향을 받는 작업자는 교통기관 승무원이다.

60 자외선에 관한 설명으로 틀린 것은?

① 피부암(280~320nm)을 유발한다.
② 구름이나 눈에 반사되며 대기오염의 지표이다.
③ 일명 화학선이라 하며 광화학반응의 인자로 작용한다.
④ 눈에 대한 영향은 320nm에서 가장 크다.

풀이 자외선의 눈 작용(장애)
㉠ 전기용접, 자외선 살균취급장 등에서 발생하는 자외선에 의해 전광성 안염인 급성각막염이 유발될 수 있다(일반적으로 6~12시간에 증상이 최고도에 달함).
㉡ 나이가 많을수록 자외선 흡수량이 많아져 백내장을 일으킬 수 있다.
㉢ 자외선의 파장에 따른 흡수정도에 따라 'arc-eye(welder's flash)'라고 일컬어지는 광각막염 및 결막염 등의 급성영향이 나타나며, 이는 270~280nm의 파장에서 주로 발생한다(눈의 각막과 결막에 흡수되어 안질환 유발).

제4과목 | 산업환기

61 작업장 내의 열부하량이 10,000kcal/hr이고, 온도가 35℃였다. 외기의 온도가 20℃라면 필요환기량(m³/hr)은 약 얼마인가?

① 925　② 1,667
③ 2,222　④ 6,500

풀이 발열 시 필요환기량(Q)
$Q(\text{m}^3/\text{hr}) = \dfrac{H_s}{0.3\Delta t}$
$= \dfrac{10,000}{0.3\times(35-20)} = 2,222.2\text{m}^2/\text{hr}$

정답 56.② 57.② 58.③ 59.④ 60.④ 61.③

62 다음 중 중력집진장치의 입자분리속도(침강속도)에 관한 설명으로 틀린 것은? (단, 등속침강상태이며, 스토크스의 법칙이 적용된다.)

① 중력가속도에 비례한다.
② 입자직경의 제곱에 비례한다.
③ 입자와 가스의 밀도차에 반비례한다.
④ 가스의 점성도에 반비례한다.

[풀이] 침강속도(V_g)
$$V_g = \frac{d_p^2 \times (\rho_p - \rho)g}{18\mu}$$
즉, 침강속도(V_g)는 입자와 가스의 밀도차($\rho_p - \rho$)에 비례한다.

63 덕트의 곡관은 압력손실을 줄이기 위하여 새우등 곡관을 사용한다. 덕트의 직경이 20cm일 경우 새우등(이음매)은 몇 개 이상으로 하는 것이 적절한가?

① 2개   ② 3개
③ 4개   ④ 5개

[풀이] 새우등 곡관
㉠ 직경이 15cm보다 작을 경우 새우등 3개 이상 사용
㉡ 직경이 15cm보다 클 경우 새우등 5개 이상 사용

64 사염화에틸렌(perchloroethylene) 5,000ppm이 공기 중에 존재한다면 공기와 사염화에틸렌혼합물의 유효비중(effective specific gravity)은 얼마인가? (단, 사염화에틸렌의 증기비중은 5.7이다.)

① 1.0235
② 1.0470
③ 1.1740
④ 1.4075

[풀이] 유효비중 $= \dfrac{(5{,}000 \times 5.7) + (995{,}000 \times 1.0)}{1{,}000{,}000}$
$= 1.0235$

65 다음 중 레이놀즈수(Re, Reynolds number)를 나타낸 식으로 옳은 것은? (단, V는 평균유속, D는 관의 직경, ρ는 공기의 밀도, μ는 유체의 점성계수, ν는 유체의 동점계수이다.)

① $Re = \dfrac{DV\rho}{\nu}$
② $Re = \dfrac{DV\nu}{\rho}$
③ $Re = \dfrac{DV}{\rho}$
④ $Re = \dfrac{D\rho}{V\mu}$

[풀이] 레이놀즈수(Re)
$Re = \dfrac{\rho V d}{\mu}$
$= \dfrac{Vd}{\nu}$
$= \dfrac{관성력}{점성력}$

여기서, Re : 레이놀즈수(무차원)
ρ : 유체의 밀도(kg/m³)
d : 유체가 흐르는 직경(m)
V : 유체의 평균유속(m/sec)
μ : 유체의 점성계수(kg/m · s(poise))
ν : 유체의 동점성계수(m²/sec)

66 다음 중 송풍기의 상사 법칙에 대한 설명으로 틀린 것은?

① 송풍기량은 송풍기의 회전속도에 정비례한다.
② 송풍기 풍압은 송풍기 회전날개의 직경에 정비례한다.
③ 송풍기 동력은 송풍기 회전속도의 세제곱에 비례한다.
④ 송풍기 풍압은 송풍기 회전속도의 제곱에 비례한다.

[풀이] 송풍기 상사 법칙(회전차 직경)
㉠ 풍량은 회전차 직경의 세제곱에 비례한다.
㉡ 풍압은 회전차 직경의 제곱에 비례한다.
㉢ 동력은 회전차 직경의 오제곱에 비례한다.

정답 62.③ 63.④ 64.① 65.① 66.②

67 다음 중 유해물질을 함유한 배기가스를 유입시켜 내부에서 회전시키고 그 원심력에 의하여 유해물질을 제거하는 방식의 제진장치는?

① 관성력 집진장치
② 사이클론집진장치
③ 여과집진장치
④ 벤투리스크러버

[풀이] **원심력 집진장치(cyclone)**
분진을 함유한 가스에 선회운동을 시켜서 가스로부터 분진을 분리·포집하는 장치이며, 가스 유입 및 유출 형식에 따라 접선유입식과 축류식으로 나눈다.

68 다음 중 덕트의 설치를 결정할 때 유의사항으로 가장 적절하지 않은 것은 어느 것인가?

① 가급적 원형 덕트를 사용한다.
② 곡관의 수를 적게 한다.
③ 청소구를 설치한다.
④ 곡관의 곡률반경을 작게 한다.

[풀이] **덕트 설치기준(설치 시 고려사항)**
㉠ 가능하면 길이는 짧게 하고 굴곡부의 수는 적게 할 것
㉡ 접속부의 안쪽은 돌출된 부분이 없도록 할 것
㉢ 청소구를 설치하는 등 청소하기 쉬운 구조로 할 것
㉣ 덕트 내부에 오염물질이 쌓이지 않도록 이송속도를 유지할 것
㉤ 연결부위 등은 외부공기가 들어오지 않도록 할 것(연결부위를 가능한 한 용접할 것)
㉥ 가능한 후드의 가까운 곳에 설치할 것
㉦ 송풍기를 연결할 때는 최소 덕트 직경의 6배 정도 직선구간을 확보할 것
㉧ 직관은 하향구배로 하고 직경이 다른 덕트를 연결할 때에는 경사 30° 이내의 테이퍼를 부착할 것
㉨ 원형 덕트가 사각형 덕트보다 덕트 내 유속분포가 균일하므로 가급적 원형 덕트를 사용하며, 부득이 사각형 덕트를 사용할 경우에는 가능한 정방형을 사용하고 곡관의 수를 적게 할 것
㉩ 곡관의 곡률반경은 최소 덕트 직경의 1.5 이상, 주로 2.0을 사용할 것
㉪ 수분이 응축될 경우 덕트 내로 들어가지 않도록 경사나 배수구를 마련할 것
㉫ 덕트의 마찰계수는 작게 하고, 분지관을 가급적 적게 할 것

69 다음 [보기]를 이용하여 일반적인 국소배기장치의 설계순서를 가장 적절하게 나열한 것은?

[보기]
㉮ 총 압력손실 계산
㉯ 제어속도 결정
㉰ 필요송풍량의 계산
㉱ 덕트 직경 산출
㉲ 공기정화기 선정
㉳ 후드의 형식 선정

① ㉳→㉯→㉰→㉱→㉲→㉮
② ㉯→㉰→㉮→㉱→㉲→㉳
③ ㉰→㉯→㉱→㉮→㉳→㉲
④ ㉳→㉰→㉯→㉱→㉱→㉲

[풀이] **국소배기장치의 설계순서**
후드 형식 선정 → 제어속도 결정 → 소요풍량 계산 → 반송속도 결정 → 덕트 직경 산출 → 후드크기 결정 → 덕트 배치와 설치장소 선정 → 공기정화장치 선정 → 국소배기 계통도와 배치도 작성 → 총 압력손실 계산 → 송풍기 선정

70 다음 중 사이클론에서 절단입경(cut–size, D_{pc})의 의미로 옳은 것은?

① 95% 이상의 처리효율로 제거되는 입자의 입경
② 75%의 처리효율로 제거되는 입자의 입경
③ 50%의 처리효율로 제거되는 입자의 입경
④ 25%의 처리효율로 제거되는 입자의 입경

[풀이] ㉠ **최소입경(임계입경)** : 사이클론에서 100% 처리효율로 제거되는 입자의 크기 의미
㉡ **절단입경(cut–size)** : 사이클론에서 50% 처리효율로 제거되는 입자의 크기 의미

71 슬롯 후드란 개구변의 폭(W)이 좁고, 길이(L)가 긴 것을 말하며 일반적으로 W/L 비가 몇 이하인 것을 말하는가?

① 0.1
② 0.2
③ 0.3
④ 0.4

| 풀이 | **외부식 슬롯 후드**
㉠ slot 후드는 후드 개방부분의 길이가 길고, 높이(폭)가 좁은 형태로 [높이(폭)/길이]의 비가 0.2 이하인 것을 말한다.
㉡ slot 후드에서도 플랜지를 부착하면 필요배기량을 줄일 수 있다(ACGIH : 환기량 30% 절약).
㉢ slot 후드의 가장자리에서도 공기의 흐름을 균일하게 하기 위해 사용한다.
㉣ slot 속도는 배기송풍량과는 관계가 없으며, 제어풍속은 slot 속도에 영향을 받지 않는다.
㉤ 플레넘 속도를 슬롯속도의 1/2 이하로 하는 것이 좋다.

72 자유공간에 떠 있는 직경 20cm인 원형 개구 후드의 개구면으로부터 20cm 떨어진 곳의 입자를 흡인하려고 한다. 제어풍속을 0.8m/sec로 할 때 덕트에서의 속도는 약 얼마인가?

① 7m/sec
② 11m/sec
③ 15m/sec
④ 18m/sec

| 풀이 | 필요송풍량(Q)
$Q = 60 \times V_c(10X^2 + A)$
$= 60 \times 0.8 \left[(10 \times 0.2^2) + \left(\dfrac{3.14 \times 0.2^2}{4}\right)\right]$
$= 20.7 \mathrm{m^3/min}(0.35\mathrm{m^3/sec})$
∴ 덕트 내 속도(V)
$V = \dfrac{Q}{A} = \dfrac{0.35\mathrm{m^3/sec}}{\left(\dfrac{3.14 \times 0.2^2\mathrm{m^2}}{4}\right)} = 10.99\mathrm{m/sec}$

73 총 압력손실 계산방법 중 정압조절평형법의 장점이 아닌 것은?

① 향후 변경이나 확장에 대해 유연성이 크다.
② 설계가 확실할 때는 가장 효율적인 시설이 된다.
③ 설계 시 잘못 설계된 분지관을 쉽게 발견할 수 있다.
④ 예기치 않은 침식 및 부식이나 퇴적문제가 일어나지 않는다.

| 풀이 | **정압조절평형법(유속조절평형법, 정압균형유지법)**
(1) 장점
㉠ 예기치 않는 침식, 부식, 분진퇴적으로 인한 축적(퇴적) 현상이 일어나지 않는다.
㉡ 잘못 설계된 분지관, 최대저항경로(저항이 큰 분지관) 선정이 잘못되어도 설계 시 쉽게 발견할 수 있다.
㉢ 설계가 정확할 때에는 가장 효율적인 시설이 된다.
㉣ 유속의 범위가 적절히 선택되면 덕트의 폐쇄가 일어나지 않는다.
(2) 단점
㉠ 설계 시 잘못된 유량을 고치기 어렵다(임의의 유량을 조절하기 어려움).
㉡ 설계가 복잡하고 시간이 걸린다.
㉢ 설계유량 산정이 잘못되었을 경우 수정은 덕트의 크기 변경을 필요로 한다.
㉣ 때에 따라 전체 필요한 최소유량보다 더 초과될 수 있다.
㉤ 설치 후 변경이나 확장에 대한 유연성이 낮다.
㉥ 효율개선 시 전체를 수정해야 한다.

74 근로자가 유해물질에 노출되지 않도록 유해물질을 포집하여 배출할 수 있도록 국소배기장치를 설치하고자 할 때 유의해야 할 사항으로 가장 거리가 먼 것은?

① 발산원 가까운 곳에 적합한 형태와 적정한 크기의 후드를 설치한다.
② 후드는 작업자가 흡인되는 오염기류 내에 노출되지 않도록 한다.
③ 후드, 덕트는 최대한 공기저항이 적게 설계되고, 자연적으로 분진이 퇴적되지 않도록 한다.
④ 발산원의 오염물질을 흡인하기 위해 제어풍속을 최대한으로 높인다.

| 풀이 | **제어속도**
작업조건을 고려하여 적정하게 선정되어야 하며 유해물을 후드 쪽으로 흡인하기 위하여 필요한 최소풍속을 말한다.

정답 72.② 73.① 74.④

75 다음 중 압력에 관한 설명으로 잘못된 것은 어느 것인가?

① 정압이 대기압보다 크면 (+)압력이다.
② 정압이 대기압보다 작은 경우도 있다.
③ 정압은 속도압과 관계없이 독립적으로 발생한다.
④ 속도압은 공기흐름으로 인하여 (-)압력이 발생한다.

풀이 속도압은 공기흐름으로 인하여 항상 0 또는 양압을 갖는다.

76 다음 중 후드의 개방면에서 측정한 속도인 면속도가 제어속도가 되는 형태의 후드는?

① 포위형 후드
② 포집형 후드
③ 푸시-풀형 후드
④ 캐노피형 후드

풀이 포위식 후드(부스형 후드)
㉠ 발생원을 완전히 포위하는 형태의 후드이고 후드의 개방면에서 측정한 속도인 면속도가 제어속도가 된다.
㉡ 국소배기시설의 후드 형태 중 가장 효과적인 형태이다. 즉, 필요환기량을 최소한으로 줄일 수 있다.
㉢ 후드의 개방면에서 측정한 면속도가 제어속도가 된다.
㉣ 유해물질의 완벽한 흡인이 가능하다(단, 충분한 개구면 속도를 유지하지 못할 경우 오염물질이 외부로 누출될 우려가 있음).
㉤ 유해물질 제거 공기량(송풍량)이 다른 형태보다 훨씬 적다.
㉥ 작업장 내 방해기류(난기류)의 영향을 거의 받지 않는다.

77 국소배기장치에서 후드의 유입계수는 0.7, 후드의 압력손실은 8.0mmH₂O일 때 후드의 속도압(mmH₂O)은 약 얼마인가?

① 6.7   ② 7.7
③ 8.7   ④ 9.7

풀이 후드의 압력손실(ΔP)
$\Delta P = F \times VP$
$\therefore VP = \dfrac{8.0}{\left(\dfrac{1}{0.7^2}-1\right)} = 7.7 \text{mmH}_2\text{O}$

78 다음 그림은 송풍기의 성능곡선과 시스템곡선이 만나는 송풍기 동작점을 나타낸 것이다. ㉮과 ㉯에 들어갈 용어로 옳은 것은?

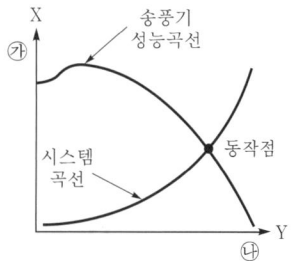

① ㉮ 송풍기 동압, ㉯ 덕트 유속
② ㉮ 덕트 유속, ㉯ 송풍기 동압
③ ㉮ 송풍기 정압, ㉯ 송풍량
④ ㉮ 송풍기 정압, ㉯ 송풍기 동압

풀이 동작점
송풍기 성능곡선과 시스템(요구)곡선이 만나는 점

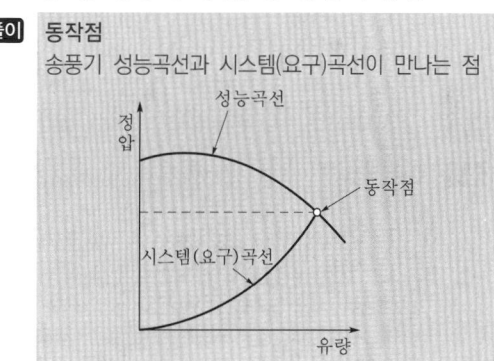

79 다음 중 전체환기의 적용조건으로 가장 거리가 먼 것은?

① 오염물질의 독성이 비교적 낮은 경우
② 오염물질의 발생량이 적은 경우
③ 오염물질이 시간에 따라 균일하게 발생하는 경우
④ 동일작업장소에 배출원이 한 곳에 집중되어 있는 경우

[풀이] **전체환기(희석환기) 적용 시 조건**
㉠ 유해물질의 독성이 비교적 낮은 경우, 즉 TLV가 높은 경우(가장 중요한 제한조건)
㉡ 동일한 작업장에 다수의 오염원이 분산되어 있는 경우
㉢ 유해물질이 시간에 따라 균일하게 발생할 경우
㉣ 유해물질의 발생량이 적은 경우 및 희석공기량이 많지 않아도 될 경우
㉤ 유해물질이 증기나 가스일 경우
㉥ 국소배기로 불가능한 경우
㉦ 배출원이 이동성인 경우
㉧ 가연성 가스의 농축으로 폭발의 위험이 있는 경우
㉨ 오염원이 근무자가 근무하는 장소로부터 멀리 떨어져 있는 경우

80 다음 중 산업환기에서 의미하는 '표준공기'에 대한 설명으로 옳은 것은?
① 표준공기는 0℃, 1기압(760mmHg)인 상태이다.
② 표준공기는 21℃, 1기압(760mmHg)인 상태이다.
③ 표준공기는 25℃, 1기압(760mmHg)인 상태이다.
④ 표준공기는 32℃, 1기압(760mmHg)인 상태이다.

[풀이] **표준공기**
(1) 정의
표준상태(STP)란 0℃, 1atm 상태를 말하며, 물리·화학 등 공학 분야에서 기준이 되는 상태로서 일반적으로 사용한다.
(2) 환경공학에서 표준상태는 기체의 체적을 Sm^3, Nm^3로 표시하여 사용한다.
(3) 산업환기 분야에서는 21℃(20℃), 1atm, 상대습도 50%인 상태의 공기를 표준공기로 사용한다.
㉠ 표준공기 밀도 : $1.203kg/m^3$
㉡ 표준공기 비중량 : $1.203kg_f/m^3$
㉢ 표준공기 동점성계수 : $1.502 \times 10^{-5} m^2/s$

정답 80.②

제3회 산업위생관리산업기사

과년도 출제문제 | 2009.07.26

제1과목 | 산업위생학 개론

01 다음 중 교대제의 운용방법으로 적절하지 않은 것은?
① 가능한 3조 3교대로 편성, 운용하는 것이 좋다.
② 야간근무는 2~3일 이상 연속으로 하지 않는다.
③ 야간근무의 교대시간은 심야에 하지 않도록 한다.
④ 연속된 야간근무의 종료 후 휴식시간은 48시간 이상으로 한다.

풀이 교대근무제 관리원칙(바람직한 교대제)
㉠ 각 반의 근무시간은 8시간씩 교대로 하고, 야근은 가능한 짧게 한다.
㉡ 2교대면 최저 3조의 정원을, 3교대면 4조를 편성한다.
㉢ 채용 후 건강관리로서 정기적으로 체중, 위장증상 등을 기록해야 하며, 근로자의 체중이 3kg 이상 감소하면 정밀검사를 받아야 한다.
㉣ 평균 주 작업시간은 40시간을 기준으로 갑반→을반→병반으로 순환하게 한다.
㉤ 근무시간의 간격은 15~16시간 이상으로 하는 것이 좋다.
㉥ 야근의 주기를 4~5일로 한다.
㉦ 신체의 적응을 위하여 야간근무의 연속일수는 2~3일로 하며 야간근무를 3일 이상 연속으로 하는 경우에는 피로축적현상이 나타나게 되므로 연속하여 3일을 넘기지 않도록 한다.
㉧ 야근 후 다음 반으로 가는 간격은 최저 48시간 이상의 휴식시간을 갖도록 하여야 한다.
㉨ 야근 교대시간은 상오 0시 이전에 하는 것이 좋다(심야시간을 피함).
㉩ 야근 시 가면은 반드시 필요하며, 보통 2~4시간(1시간 30분 이상)이 적합하다.
㉪ 야근 시 가면은 작업강도에 따라 30분에서 1시간 범위로 하는 것이 좋다.
㉫ 작업 시 가면시간은 적어도 1시간 30분 이상 주어야 수면효과가 있다고 볼 수 있다.
㉬ 상대적으로 가벼운 작업은 야간근무조에 배치하는 등 업무내용을 탄력적으로 조정해야 하며 야간작업자는 주간작업자보다 연간 쉬는 날이 더 많아야 한다.
㉭ 근로자가 교대일정을 미리 알 수 있도록 해야 한다.
㉮ 일반적으로 오전근무의 개시시간은 오전 9시로 한다.
㉯ 교대방식(교대근무 순환주기)은 낮근무, 저녁근무, 밤근무 순으로 한다. 즉, 정교대가 좋다.

02 이상기압으로 나타나는 화학적 장애 중 산소의 독성과 질소의 마취작용을 증강시키는 물질은?
① 일산화탄소 ② 이산화탄소
③ 사염화탄소 ④ 암모니아

풀이 고압환경 2차적 가압현상 관련물질
㉠ 질소 : 마취작용
㉡ 산소 : 산소중독
㉢ 이산화탄소 : 산소의 독성과 질소의 마취작용을 증가시킴

03 다음 중 산소결핍의 기준으로 옳은 것은?
① 공기 중의 산소농도가 16% 미만인 상태
② 공기 중의 산소농도가 18% 미만인 상태
③ 공기 중의 산소농도가 21% 미만인 상태
④ 공기 중의 산소농도가 23% 미만인 상태

풀이 산소결핍
공기 중의 산소농도가 18% 미만인 상태를 산소결핍이라 말한다.

정답 01.① 02.② 03.②

04 다음 중 재해도수율과 연천인율과의 일반적 관계를 올바르게 나타낸 것은?

① 연천인율은 재해도수율에 1.4를 곱한 값이다.
② 연천인율은 재해도수율을 1.4로 나눈 값이다.
③ 연천인율은 재해도수율에 2.4를 곱한 값이다.
④ 연천인율은 재해도수율을 2.4로 나눈 값이다.

풀이 도수율 = $\dfrac{연천인율}{2.4}$ (연천인율 = 도수율 × 2.4)

05 1900년대 초 진동공구에 의한 수지의 Raynaud 증상을 보고한 사람은?

① Rehn   ② Raynaud
③ Loriga   ④ Rudolf Virchow

풀이 Loriga(1911년)
진동공구에 의한 수지의 레이노(Raynaud) 현상을 상세히 보고하였다.

06 육체적 작업능력(PWC)이 16kcal/min인 근로자가 물체운반작업을 하고 있다. 작업 대사량은 7kcal/min이고, 휴식 시의 대사량이 2.0kcal/min일 때 휴식 및 작업 시간을 가장 적절히 배분한 것은? (단, Hertig의 식을 이용하며, 1일 8시간 작업기준이다.)

① 매 시간 약 5분 휴식하고, 55분 작업한다.
② 매 시간 약 10분 휴식하고, 50분 작업한다.
③ 매 시간 약 15분 휴식하고, 45분 작업한다.
④ 매 시간 약 20분 휴식하고, 40분 작업한다.

풀이 피로예방 휴식시간비 [$T_{\rm rest}$(%)]

$$T_{\rm rest} = \left[\dfrac{\text{PWC 의 1/3} - 작업대사량}{휴식대사량 - 작업대사량}\right] \times 100$$

$$= \left[\dfrac{\left(16 \times \dfrac{1}{3}\right) - 7}{2 - 7}\right] \times 100 = 33.33\%$$

∴ 휴식시간 = 60min × 0.3333 = 20min
  작업시간 = (60 − 20)min = 40min

07 다음 중 감압병(decompression sickness)의 직접적인 원인으로 옳은 것은?

① 혈액과 조직에 질소기포의 증가
② 혈액과 조직에 이산화탄소의 증가
③ 혈액과 조직에 산소의 증가
④ 혈액과 조직에 일산화탄소의 증가

풀이 감압병(decompression, 잠함병)
고압환경에서 Henry의 법칙에 따라 체내에 과다하게 용해되었던 불활성기체(질소 등)는 압력이 낮아질 때 과포화상태로 되어 혈액과 조직에 기포를 형성하여 혈액순환을 방해하거나 주위 조직에 기계적 영향을 줌으로써 다양한 증상을 일으키는데, 이 질환을 감압병이라고 하며 감압병의 직접적인 원인은 혈액과 조직에 질소기포의 증가이고, 감압병의 치료는 재가압 산소요법이 최상이며 잠함병을 케이슨병이라고도 한다.

08 다음 중 C_5-dip 현상은 어느 주파수에서 가장 잘 일어나는가?

① 1,000Hz
② 2,000Hz
③ 4,000Hz
④ 8,000Hz

풀이 C_5-dip 현상
소음성 난청의 초기단계로서 4,000Hz에서 청력장애가 현저히 커지는 현상이다.

09 다음 중 전신피로의 원인으로 볼 수 없는 것은?

① 산소공급 부족
② 혈중 젖산농도 저하
③ 혈중 포도당농도 저하
④ 근육 내 글리코겐 양의 감소

풀이 전신피로의 원인
㉠ 산소공급 부족
㉡ 혈중 포도당농도 저하(가장 큰 원인)
㉢ 혈중 젖산농도 증가
㉣ 근육 내 글리코겐 양의 감소
㉤ 작업강도의 증가

10 산업안전보건법상 작업환경의 측정에 있어 소음수준의 측정단위로 옳은 것은?

① dB(A)　　② dB(B)
③ dB(C)　　④ phon

> **[풀이]** 소음수준의 측정단위는 A 청감보정회로, 즉 dB(A)이다.

11 다음 중 피로한 근육에서 측정한 EMG(Electromyogram)를 정상근육에서 측정된 EMG와 비교할 때 나타나는 차이로 틀린 것은?

① 총 전압의 증가
② 평균주파수의 증가
③ 저주파(0~40Hz)에서 힘의 증가
④ 고주파(40~200Hz)에서 힘의 감소

> **[풀이]** 평균주파수 영역에서 힘의 감소가 피로한 근육에서 나타나는 특징이다.

12 화합물의 노출기준에 대한 설명인 것은?

① 노출기준 이하의 노출에서는 모든 근로자에게 건강상의 영향이 나타나지 않는다.
② 대기환경에서의 노출기준이 없는 화합물은 사업장 노출기준을 적용한다.
③ 노출기준은 변화될 수 있다.
④ 노출기준 이하에서는 직업병이 발생되지 않는 안전한 값이다.

> **[풀이]** ACGIH(미국정부산업위생전문가협의회)에서 권고하고 있는 허용농도(TLV) 적용상 주의사항
> ㉠ 대기오염평가 및 지표(관리)에 사용할 수 없다.
> ㉡ 24시간 노출 또는 정상작업시간을 초과한 노출에 대한 독성 평가에는 적용할 수 없다.
> ㉢ 기존의 질병이나 신체적 조건을 판단(증명 또는 반증 자료)하기 위한 척도로 사용될 수 없다.
> ㉣ 작업조건이 다른 나라에서 ACGIH-TLV를 그대로 사용할 수 없다.
> ㉤ 안전농도와 위험농도를 정확히 구분하는 경계선이 아니다.
> ㉥ 독성의 강도를 비교할 수 있는 지표는 아니다.
> ㉦ 반드시 산업보건(위생)전문가에 의하여 설명(해석), 적용되어야 한다.
> ㉧ 피부로 흡수되는 양은 고려하지 않은 기준이다.
> ㉨ 산업장의 유해조건을 평가하기 위한 지침이며, 건강장애를 예방하기 위한 지침이다.

13 무게 10kg인 물건을 근로자가 들어올리려고 한다. 해당 작업조건의 권고기준(RWL)이 5kg이고, 이동거리가 2cm(1분 2회씩 1일 8시간)일 때 중량물 취급지수(LI)는 얼마인가?

① 1　　② 2
③ 3　　④ 4

> **[풀이]** 중량물 취급지수(LI)
> $$LI = \frac{물체\ 무게(kg)}{RWL(kg)} = \frac{10}{5} = 2$$

14 산업위생전문가가 지켜야 할 윤리강령 중 '근로자에 대한 책임'에 관한 내용으로 틀린 것은?

① 산업위생전문가의 첫 번째 책임은 근로자의 건강을 보호하는 것임을 인식한다.
② 건강에 유해한 요소들을 측정, 평가, 관리하는 데 객관적인 태도를 유지한다.
③ 건강의 유해요인에 대한 정보와 필요한 예방대책에 대해 근로자들과 상담한다.
④ 신뢰를 중요시하고, 결과와 권고사항에 대하여 사전 협의토록 한다.

> **[풀이]** 산업위생전문가로서의 책임
> ㉠ 성실성과 학문적 실력 면에서 최고 수준을 유지한다(전문적 능력 배양 및 성실한 자세로 행동).
> ㉡ 과학적 방법의 적용과 자료의 해석에서 경험을 통한 전문가의 객관성을 유지한다(공인된 과학적 방법 적용, 해석).
> ㉢ 전문 분야로서의 산업위생을 학문적으로 발전시킨다.
> ㉣ 근로자, 사회 및 전문 직종의 이익을 위해 과학적 지식을 공개하고 발표한다.
> ㉤ 산업위생활동을 통해 얻은 개인 및 기업체의 기밀은 누설하지 않는다(정보는 비밀 유지).
> ㉥ 전문적 판단이 타협에 의하여 좌우될 수 있거나 이해관계가 있는 상황에는 개입하지 않는다.

정답 10.① 11.② 12.③ 13.② 14.④

15 다음 중 중량물 취급작업 시 적용되는 최대허용기준(MPL)과 감시기준(AL)과의 관계를 올바르게 나타낸 것은?

① $MPL=AL^2$ ② $MPL=AL^3$
③ $MPL=2AL$ ④ $MPL=3AL$

풀이 감시기준(AL)과 최대허용기준(MPL)의 관계
$MPL = 3AL$

16 다음 물질이 공기 중에 있을 때 혼합물질의 노출지수는 약 얼마인가? (단, 각각의 물질은 서로 상가작용을 한다.)

- acetone 400ppm(TLV=500ppm)
- heptane 150ppm(TLV=400ppm)
- methyl ethyl ketone 100ppm(TLV=200ppm)

① 1.1 ② 1.3
③ 1.5 ④ 1.7

풀이 노출지수(EI)
$$EI = \frac{400}{500} + \frac{150}{400} + \frac{100}{200} = 1.7$$

17 다음 중 산업안전보건법상 보건관리자의 직무에 해당하지 않는 것은?

① 물질안전보건자료의 작성
② 건강장애를 예방하기 위한 작업관리
③ 사업장 순회점검·지도 및 조치의 건의
④ 근로자의 건강관리·보건교육 및 건강증진지도

풀이 보건관리자의 직무(업무)
㉠ 산업안전보건위원회에서 심의·의결한 직무와 안전보건관리규정 및 취업규칙에서 정한 업무
㉡ 안전인증대상 기계·기구 등과 자율안전확인대상 기계·기구 등 중 보건과 관련된 보호구(보호구) 구입 시 적격품 선정에 관한 보좌 및 조언, 지도
㉢ 작성된 물질안전보건자료의 게시 또는 비치에 관한 보좌 및 조언, 지도
㉣ 위험성평가에 관한 보좌 및 조언, 지도
㉤ 산업보건의의 직무
㉥ 해당 사업장 보건교육계획의 수립 및 보건교육 실시에 관한 보좌 및 조언, 지도
㉦ 해당 사업장의 근로자를 보호하기 위한 다음의 조치에 해당하는 의료행위
  ⓐ 외상 등 흔히 볼 수 있는 환자의 치료
  ⓑ 응급처치가 필요한 사람에 대한 처치
  ⓒ 부상·질병의 악화를 방지하기 위한 처치
  ⓓ 건강진단 결과 발견된 질병자의 요양 지도 및 관리
  ⓔ ⓐ부터 ⓓ까지의 의료행위에 따르는 의약품의 투여
㉧ 작업장 내에서 사용되는 전체환기장치 및 국소배기장치 등에 관한 설비의 점검과 작업방법의 공학적 개선에 관한 보좌 및 조언, 지도
㉨ 사업장 순회점검·지도 및 조치의 건의
㉩ 산업재해 발생의 원인 조사·분석 및 재발방지를 위한 기술적 보좌 및 조언, 지도
㉪ 산업재해에 관한 통계의 유지와 관리를 위한 지도와 조언
㉫ 법 또는 법에 따른 명령으로 정한 보건에 관한 사항의 이행에 관한 보좌 및 조언, 지도
㉬ 업무수행 내용의 기록·유지
㉭ 그 밖에 작업관리 및 작업환경관리에 관한 사항

18 하인리히(Heinrich)의 재해구성비율에 관한 설명으로 옳은 것은?

① 전체인원 330명 중 무상해사고자는 300명이다.
② 전체인원 300명 중 경상의 재해자는 29명이다.
③ 재해구성비율은 '중상 : 경상 : 무상해사고 : 무상해·무사고'이다.
④ 사망이나 중상의 재해자는 전체인원 600명 중 1명의 비율을 가진다.

풀이 하인리히(Heinrich) 재해발생비율
1 : 29 : 300으로 중상 또는 사망 1회, 경상해 29회, 무상해 300회의 비율로 재해가 발생한다는 것을 의미한다.
㉠ 1 ⇨ 중상 또는 사망(중대사고, 주요재해)
㉡ 29 ⇨ 경상해(경미한 사고, 경미재해)
㉢ 300 ⇨ 무상해사고(near accident), 즉 사고가 일어나더라도 손실을 전혀 수반하지 않는 재해 (유사재해)

19 근육운동에 필요한 에너지는 혐기성 대사와 호기성 대사를 통해 생성된다. 다음 중 혐기성과 호기성 대사에 모두 에너지원으로 작용하는 것은?

① 지방(fat)
② 아데노신삼인산(ATP)
③ 단백질(protein)
④ 포도당(glucose)

풀이
㉠ 혐기성 대사
ATP ⇨ CP ⇨ glycogen or glucose(포도당)
㉡ 호기성 대사
(포도당, 단백질, 지방)+산소 ⇨ 에너지원

20 다음 중 사무실 공기관리 지침상의 오염물질에 대한 관리기준으로 옳은 것은?

① 미세먼지(PM 10) : 0.1ppm 이하
② 일산화탄소 : 100ppm 이하
③ 라돈 : 148Bq/m³ 이하
④ 이산화탄소 : 5,000ppm 이하

풀이 사무실 오염물질 관리기준

오염물질	관리기준
미세먼지(PM 10)	100μg/m³ 이하
초미세먼지(PM 2.5)	50μg/m³ 이하
일산화탄소(CO)	10ppm 이하
이산화탄소(CO₂)	1,000ppm 이하
이산화질소(NO₂)	0.1ppm 이하
포름알데히드(HCHO)	100μg/m³
총휘발성 유기화합물(TVOC)	500μg/m³ 이하
라돈(radon)	148Bq/m³ 이하
총부유세균	800CFU/m³ 이하
곰팡이	500CFU/m³ 이하

제2과목 | 작업환경 측정 및 평가

21 0.01%는 몇 ppm인가?

① 1   ② 10
③ 100   ④ 1,000

풀이 $0.01\% \times \dfrac{10,000\text{ppm}}{1\%} = 100\text{ppm}$

22 30%(W/V%) NaOH 용액의 농도는 몇 N인가? (단, Na의 원자량은 23이다.)

① 8.5   ② 7.5
③ 6.5   ④ 5.5

풀이
$N(\text{eq/L}) = \dfrac{30\text{g(W)}}{100\text{mL(V)}} \times \dfrac{1,000\text{mL}}{1\text{L}} \times \dfrac{1\text{eq}}{(40/1)\text{g}}$
$= 7.5\text{N}$

23 어떤 공장의 유해작업장에 50% heptane, 30% methylene chloride, 20% perchloro ethylene의 중량비로 혼합조성된 용제가 증발되어 작업환경을 오염시키고 있다면 이 작업장에서 혼합물의 허용농도는? (단, heptane TLV=1,600mg/m³, methylene chloride TLV=670mg/m³, perchloro ethylene TLV=760mg/m³이다.)

① 1,014mg/m³
② 994mg/m³
③ 977mg/m³
④ 926mg/m³

풀이 혼합물의 노출기준(mg/m³)
$= \dfrac{1}{\dfrac{0.5}{1,600} + \dfrac{0.3}{670} + \dfrac{0.2}{760}}$
$= 977.12\text{mg/m}^3$

24 어떤 공장에 소음레벨이 80dB인 선반기 8대가 가동되고 있다. 이때 작업장 내 소음의 합성음압레벨은?

① 87dB   ② 89dB
③ 91dB   ④ 93dB

풀이 합성소음도(L_P)
$L_P = 10\log(10^8 \times 8) = 89\text{dB}$

정답 19.④ 20.③ 21.③ 22.② 23.③ 24.②

25 다음은 작업장 소음측정 시간 및 횟수기준에 관한 내용이다. ( ) 안에 맞는 것은? (단, 고용노동부 고시 기준)

> 단위작업장소에서 소음수준은 규정된 측정위치 및 지점에서 1일 작업시간 동안 6시간 이상 연속 측정하거나 작업시간을 1시간 간격으로 나누어 6회 이상 측정하여야 한다. 다만, 소음의 발생특성이 연속음으로서 측정치가 변동이 없다고 자격자 또는 지정측정기관이 판단하는 경우에는 1시간 동안을 등간격으로 나누어 ( ) 측정할 수 있다.

① 2회 이상   ② 3회 이상
③ 4회 이상   ④ 5회 이상

풀이 소음측정 시간 및 횟수기준
㉠ 단위작업장소에서 소음수준은 규정된 측정위치 및 지점에서 1일 작업시간 동안 6시간 이상 연속 측정하거나 작업시간을 1시간 간격으로 나누어 6회 이상 측정하여야 한다.
㉡ 소음의 발생특성이 연속음으로서 측정치가 변동이 없다고 자격자 또는 지정측정기관이 판단한 경우에는 1시간 동안을 등간격으로 나누어 3회 이상 측정할 수 있다.
㉢ 단위작업장소에서의 소음발생시간이 6시간 이내인 경우나 소음발생원에서의 발생시간이 간헐적인 경우에는 발생시간 동안 연속 측정하거나 등간격으로 나누어 4회 이상 측정하여야 한다.

26 유량 및 용량을 보정하는 데 사용되는 1차 표준장비는?

① 습식 테스트미터
② 오리피스미터
③ 유리피스톤미터
④ 열선기류계

풀이 공기채취기구의 보정에 사용되는 1차 표준기구
㉠ 비누거품미터
㉡ 폐활량계
㉢ 가스치환병
㉣ 유리피스톤미터
㉤ 흑연피스톤미터
㉥ 피토튜브

27 다음 중 메틸에틸케톤이 20℃, 1기압에서 증기압이 71.2mmHg이면 포화농도(ppm)는 얼마인가?

① 약 93,700
② 약 94,700
③ 약 95,700
④ 약 96,700

풀이 포화농도(ppm) = $\dfrac{71.2}{760} \times 10^6 = 93,684\,\text{ppm}$

28 어떤 중금속의 작업환경 중 농도를 측정하고자 공기를 분당 2L씩 5시간 채취하여 분석한 결과 중금속 질량이 24mg이었다. 이때 공기 내 중금속 농도는 몇 mg/m³인가?

① 10   ② 20
③ 30   ④ 40

풀이 중금속농도(C)

$$C(\text{mg/m}^3) = \dfrac{\text{분석량}}{\text{부피}}$$
$$= \dfrac{24\,\text{mg}}{2\,\text{L/min} \times 300\,\text{min}}$$
$$= \dfrac{24\,\text{mg}}{600\,\text{L} \times \text{m}^3/1,000\,\text{L}}$$
$$= 40\,\text{mg/m}^3$$

29 옥외(태양광선이 내리쬐지 않는 장소)에서 WBGT(℃)를 산출하는 공식은? (단, T_{nwb} : 자연습구온도, T_g : 흑구온도, T_{db} : 건구온도)

① WBGT = $0.7T_{nwb} + 0.3T_{db}$
② WBGT = $0.7T_{nwb} + 0.3T_g$
③ WBGT = $0.7T_{nwb} + 0.2T_{db} + 0.1T_g$
④ WBGT = $0.7T_{nwb} + 0.2T_g + 0.1T_{db}$

풀이 습구흑구온도지수(WBGT)의 산출식
㉠ 옥외(태양광선이 내리쬐는 장소)
  WBGT(℃) = 0.7×자연습구온도 + 0.2×흑구온도 + 0.1×건구온도
㉡ 옥내 또는 옥외(태양광선이 내리쬐지 않는 장소)
  WBGT(℃) = 0.7×자연습구온도 + 0.3×흑구온도

정답 25.② 26.③ 27.① 28.④ 29.②

30 작업장 내 습도에 대한 설명이 잘못된 것은?
① 공기 중 상대습도가 높으면 불쾌감을 느낀다.
② 상대습도는 ppm으로 나타낸다.
③ 온도변화에 따라 포화수증기량은 변한다.
④ 온도변화에 따라 상대습도는 변한다.

[풀이] 상대습도는 %로 나타낸다.

31 폐자극가스와 가장 거리가 먼 것은?
① 염소   ② 포스겐
③ NO_x ④ 시안화수소

[풀이]
(1) 상기도 점막자극제
  ㉠ 암모니아
  ㉡ 염화수소
  ㉢ 아황산가스
  ㉣ 포름알데히드
  ㉤ 아크롤레인
  ㉥ 아세트알데히드
  ㉦ 크롬산
  ㉧ 산화에틸렌
  ㉨ 염산
  ㉩ 불산
(2) 상기도 점막 및 폐조직 자극제
  ㉠ 불소
  ㉡ 요오드
  ㉢ 염소
  ㉣ 오존
  ㉤ 브롬
(3) 종말(세)기관지 및 폐포점막 자극제
  ㉠ 이산화질소
  ㉡ 포스겐
  ㉢ 염화비소
(4) 기타 자극제
  사염화탄소

32 작업환경 중 유해금속을 분석할 때 사용되는 불꽃방식 원자흡광광도계에 관한 설명으로 틀린 것은?
① 가격이 흑연로장치에 비하여 저렴하다.
② 분석시간이 흑연로장치에 비하여 적게 소요된다.
③ 감도가 높아 혈액이나 소변시료에서의 유해금속 분석에 많이 이용된다.
④ 고체시료의 경우 전처리에 의하여 매트릭스를 제거해야 한다.

[풀이] **불꽃원자화장치의 장단점**
(1) 장점
  ㉠ 쉽고 간편하다.
  ㉡ 가격이 흑연로장치나 유도결합플라스마–원자발광분석기보다 저렴하다.
  ㉢ 분석이 빠르고, 정밀도가 높다(분석시간이 흑연로장치에 비해 적게 소요).
  ㉣ 기질의 영향이 적다.
(2) 단점
  ㉠ 많은 양의 시료(10mL)가 필요하며, 감도가 제한되어 있어 저농도에서 사용이 힘들다.
  ㉡ 용질이 고농도로 용해되어 있는 경우, 점성이 큰 용액은 분무구를 막을 수 있다.
  ㉢ 고체시료의 경우 전처리에 의하여 기질(매트릭스)을 제거해야 한다.

33 PVC막 여과지를 사용하여 채취하는 물질에 관한 내용과 가장 거리가 먼 것은 어느 것인가?
① 유리규산을 채취하여 X선 회절법으로 분석하는 데 적절하다.
② 6가크롬 그리고 아연산화물의 채취에 이용된다.
③ 압력에 강하여 석탄건류나 증류 등의 공정에서 발생하는 PAH_S 채취에 이용된다.
④ 수분에 대한 영향이 크지 않기 때문에 공해성 먼지 등의 중량분석을 위한 측정에 이용된다.

[풀이] ③항의 설명은 PTFE막 여과지에 관한 내용이다.

34 작업환경의 고열측정을 위한 자연습구온도계의 측정시간 기준으로 맞는 것은? (단, 고용노동부 고시 기준)
① 5분 이상   ② 10분 이상
③ 15분 이상   ④ 25분 이상

[정답] 30.② 31.④ 32.③ 33.③ 34.①

풀이 | 고열의 측정기기와 측정시간

구분	측정기기	측정시간
습구 온도	0.5℃ 간격의 눈금이 있는 아스만통풍건습계, 자연습구온도를 측정할 수 있는 기기 또는 이와 동등 이상의 성능이 있는 측정기기	• 아스만통풍건습계 : 25분 이상 • 자연습구온도계 : 5분 이상
흑구 및 습구 흑구 온도	직경이 5cm 이상 되는 흑구온도계 또는 습구흑구온도(WBGT)를 동시에 측정할 수 있는 기기	• 직경이 15cm일 경우 : 25분 이상 • 직경이 7.5cm 또는 5cm일 경우 : 5분 이상

※ 고시 변경사항, 학습 안 하셔도 무방합니다.

35 충격소음의 정의로 가장 알맞은 것은? (단, 고용노동부 고시 기준)

① 1초 이상의 간격을 유지하면서 최대음압수준이 130dB(A) 이상인 소음
② 10초 이상의 간격을 유지하면서 최대음압수준이 130dB(A) 이상인 소음
③ 1초 이상의 간격을 유지하면서 최대음압수준이 120dB(A) 이상인 소음
④ 10초 이상의 간격을 유지하면서 최대음압수준이 120dB(A) 이상인 소음

풀이 | 충격소음
소음이 1초 이상의 간격을 유지하면서 최대음압수준이 120dB(A) 이상인 소음을 충격소음이라 한다.

36 흡착제인 활성탄의 제한점으로 틀린 것은?

① 염화수소와 같은 고비점 화합물에 비효과적이다.
② 휘발성이 큰 저분자량의 탄화수소화합물의 채취효율이 떨어진다.
③ 비교적 높은 습도는 활성탄의 흡착용량을 저하시킨다.
④ 케톤의 경우 활성탄 표면에서 물을 포함하는 반응에 의해 파과되어 탈착률과 안전성에서 부적절하다.

풀이 | 활성탄의 제한점
㉠ 표면의 산화력으로 인해 반응성이 큰 멜캅탄, 알데히드 포집에는 부적합하다.
㉡ 케톤의 경우 활성탄 표면에서 물을 포함하는 반응에 의하여 파과되어 탈착률과 안정성에 부적절하다.
㉢ 메탄, 일산화탄소 등은 흡착되지 않는다.
㉣ 휘발성이 큰 저분자량의 탄화수소화합물의 채취효율이 떨어진다.
㉤ 끓는점이 낮은 저비점 화합물인 암모니아, 에틸렌, 염화수소, 포름알데히드 증기는 흡착속도가 높지 않아 비효과적이다.

37 3단 플라스틱 카세트에 직경 37mm, 5.0μm인 PVC 필터를 이용하여 먼지포집 시 필터무게는 채취 후 20.917mg이며 채취 전 무게는 14.316mg이었다. 공기채취량이 480L라면 포집된 먼지의 농도는? (단, 공시료의 무게 차이는 없었던 것으로 가정한다.)

① 4.34mg/m³   ② 7.42mg/m³
③ 10.3mg/m³   ④ 13.8mg/m³

풀이 | 먼지농도(C)

$$C(\text{mg/m}^3) = \frac{\text{채취 후 무게} - \text{채취 전 무게}}{\text{공기채취량}}$$

$$= \frac{(20.917 - 14.316)\text{mg}}{480\text{L} \times (\text{m}^3/1{,}000\text{L})} = 13.86\text{mg/m}^3$$

38 활성탄관을 연결한 저유량 공기시료 채취펌프를 이용하여 벤젠 증기(M.W=78g/mol)를 0.112m³ 채취하였다. GC를 이용하여 분석한 결과 323μg의 벤젠이 검출되었다면 벤젠 증기의 농도(ppm)는? (단, 온도 25℃, 압력 760mmHg이다.)

① 0.90   ② 1.84
③ 2.94   ④ 3.78

풀이 | 농도(C)

$$C(\text{mg/m}^3) = \frac{\text{질량(분석량)}}{\text{공기채취량}}$$

$$= \frac{323\mu g}{0.112\text{m}^3 \times (1{,}000\text{L/m}^3)}$$

$$= 2.88\mu g/L (= \text{mg/m}^3)$$

$$\therefore C(\text{ppm}) = 2.88\text{mg/m}^3 \times \frac{24.45}{78} = 0.90\text{ppm}$$

정답 35.③ 36.① 37.④ 38.①

39 작업환경측정을 위한 화학시험의 일반사항 중 용어에 관한 내용으로 틀린 것은? (단, 고용노동부 고시 기준)

① '감압'이란 따로 규정이 없는 한 15mmHg 이하를 뜻한다.
② '진공'이란 따로 규정이 없는 한 15mmHg 이하를 뜻한다.
③ 시험조작 중 '즉시'란 10초 이내에 표시된 조작을 하는 것을 말한다.
④ '약'이란 그 무게 또는 부피에 대하여 ±10% 이상의 차이가 있지 아니한 것을 말한다.

풀이 고용노동부 고시 화학시험의 일반사항 중 용어
㉠ '항량이 될 때까지 건조하다 또는 강열한다'란 규정된 건조온도에서 1시간 더 건조 또는 강열할 때 전후 무게의 차가 매 g당 0.3mg 이하일 때를 말한다.
㉡ 시험조작 중 '즉시'란 30초 이내에 표시된 조작을 하는 것을 말한다.
㉢ '감압 또는 진공'이란 따로 규정이 없는 한 15mmHg 이하를 뜻한다.
㉣ '이상', '초과', '이하', '미만'이라고 기재하였을 때 '이(以)'자가 쓰여진 쪽은 어느 것이나 기산점 또는 기준점인 숫자를 포함하며, '미만' 또는 '초과'는 기산점 또는 기준점의 숫자를 포함하지 않는다. 또 'a~b'라 표시한 것은 a 이상 b 이하를 말한다.
㉤ '바탕시험을 하여 보정한다.'란 시료에 대한 처리 및 측정을 할 때, 시료를 사용하지 않고 같은 방법으로 조작한 측정치를 빼는 것을 말한다.
㉥ 중량을 '정확하게 단다.'란 지시된 수치의 중량을 그 자릿수까지 단다는 것을 말한다.
㉦ '약'이란 그 무게 또는 부피에 대하여 ±10% 이상의 차가 있지 아니한 것을 말한다.
㉧ '검출한계'란 분석기기가 검출할 수 있는 가장 적은 양을 말한다.
㉨ '정량한계'란 분석기기가 정량할 수 있는 가장 적은 양을 말한다.
㉩ '회수율'이란 여과지에 채취된 성분을 추출과정을 거쳐 분석 시 실제 검출되는 비율을 말한다.
㉪ '탈착효율'이란 흡착제에 흡착된 성분을 추출과정을 거쳐 분석 시 실제 검출되는 비율을 말한다.

40 여과지의 공극보다 작은 입자가 여과지에 채취되는 기전은 여과이론으로 설명할 수 있다. 다음 중 펌프를 이용하여 공기를 흡인하여 채취할 때 크게 작용하는 기전이 아닌 것은?

① 간섭(차단)
② 중력침강
③ 관성충돌
④ 확산

풀이 여과포집 원리에 중요한 3가지 기전
㉠ 직접차단(간섭)
㉡ 관성충돌
㉢ 확산

제3과목 | 작업환경 관리

41 자연조명에 관한 설명으로 틀린 것은 어느 것인가?

① 유리창은 청결하여도 10~15% 조도가 감소한다.
② 지상에서의 태양조도는 10,000lux 정도이다.
③ 균일한 조명을 요하는 작업실은 동북 또는 북창이 좋다.
④ 실내의 일정지점의 조도와 옥외조도와의 비율을 주광률(%)이라 한다.

풀이 지상에서의 태양조도는 약 100,000lux 정도이며, 건물의 창 내측에서는 약 2,000lux 정도이다.

42 열경련의 주요원인이 되는 것은?

① 염분 손실
② 신체 말단부 혈액 부족
③ 순환기 부조화
④ 중추신경 이상

[풀이] **열경련**
(1) 발생
  ㉠ 지나친 발한에 의한 수분 및 혈중 염분 손실 시 발생한다(혈액의 현저한 농축 발생).
  ㉡ 땀을 많이 흘리고 동시에 염분이 없는 음료수를 많이 마셔서 염분 부족 시 발생한다.
  ㉢ 전해질의 유실 시 발생한다.
(2) 증상
  ㉠ 체온이 정상이거나 약간 상승하고 혈중 Cl⁻ 농도가 현저히 감소한다.
  ㉡ 낮은 혈중 염분농도와 팔과 다리의 근육경련이 일어난다(수의근 유통성 경련).
  ㉢ 통증을 수반하는 경련은 주로 작업 시 사용한 근육에서 흔히 발생한다.
  ㉣ 일시적으로 단백뇨가 나온다.
  ㉤ 중추신경계통의 장애는 일어나지 않는다.
  ㉥ 복부와 사지 근육에 강직, 동통이 일어나고 과도한 발한이 발생한다.
  ㉦ 수의근의 유통성 경련(주로 작업 시 사용한 근육에서 발생)이 일어나기 전에 현기증, 이명, 두통, 구역, 구토 등의 전구증상이 일어난다.
(3) 치료
  ㉠ 수분 및 NaCl을 보충한다(생리식염수 0.1% 공급).
  ㉡ 바람이 잘 통하는 곳에 눕혀 안정시킨다.
  ㉢ 체열방출을 촉진시킨다(작업복을 벗겨 전도와 복사에 의한 체열방출).
  ㉣ 증상이 심하면 생리식염수 1,000~2,000mL를 정맥주사한다.

43 작업장 진동의 발생원 대책과 가장 거리가 먼 것은?
① 불평형력의 균형
② 수진 측의 강성 변경
③ 동적 흡진
④ 기초중량의 부가 및 경감

[풀이]
(1) 수진 측의 강성 변경은 수진 측 대책이다.
(2) 발생원 대책
  ㉠ 가진력 감쇠
  ㉡ 불평형력의 평형(균형) 유지
  ㉢ 기초중량의 부가 및 경감
  ㉣ 탄성지지(방진재료)
  ㉤ 진동원 제거

44 잠수부가 해저 20m에서 작업을 할 때 인체가 받는 절대압은?
① 2기압   ② 3기압
③ 4기압   ④ 5기압

[풀이] 절대압 = 대기압+작용압
= 1기압+2기압(1기압/10m×20m)
= 3기압

45 전리방사선 중 알파(α)선에 관한 설명으로 틀린 것은?
① 선원(major source) : 방사선 원자핵
② 투과력 : 매우 쉽게 흡수
③ 상대적 생물학적 효과 : 10
④ 형태 : 고속의 전자(입자)

[풀이] **α선(α입자)**
㉠ 방사선 동위원소의 붕괴과정 중에서 원자핵에서 방출되는 입자로서 헬륨 원자의 핵과 같이 2개의 양자와 2개의 중성자로 구성되어 있다. 즉, 선원(major source)은 방사선 원자핵이고 고속의 He 입자형태이다.
㉡ 질량과 하전여부에 따라서 그 위험성이 결정된다.
㉢ 투과력은 가장 약하나(매우 쉽게 흡수) 전리작용은 가장 강하다.
㉣ 투과력이 약해 외부조사로 건강상의 위해가 오는 일은 드물며 피해부위는 내부노출이다.
㉤ 외부조사보다 동위원소를 체내 흡입, 섭취할 때의 내부조사의 피해가 가장 큰 전리방사선이다.

46 빛과 밝기의 단위에 관한 설명으로 틀린 것은?
① 광원으로부터 나오는 빛의 양을 광속이라 한다.
② 럭스는 광원으로부터 단위입체각으로 나가는 광속의 단위이다.
③ 광원으로부터 나오는 빛의 세기를 광도라고 한다.
④ 광도의 단위는 칸델라(cd)를 사용한다.

[풀이] 광원으로부터 단위입체각으로 나가는 광속의 단위는 루멘(lumen)이다.

정답 43.② 44.② 45.④ 46.②

47 유해작업환경 개선대책 중 대치(substitution)에 해당되는 내용으로 틀린 것은?

① 세탁 시 화재예방을 위하여 4클로로에틸렌 대신에 석유나프타 사용
② 수작업으로 페인트를 분무하는 것을 담그는 공정으로 자동화
③ 성냥제조 시 황린 대신 적린 사용
④ 작은 날개로 고속회전시키는 송풍기를 큰 날개로 저속회전시킴

풀이 세탁 시 화재예방을 위해 석유나프타 대신 퍼클로로에틸렌 사용

48 소음원이 작업장의 두 면(바닥면과 벽면)이 접하는 구석에 있을 때 지향계수(Q)는?

① 4
② 8
③ 16
④ 32

풀이 지향계수(Q)
㉠ 소음원이 자유공간(공중) : $Q=1$
㉡ 소음원이 반자유공간(바닥, 벽, 천장) : $Q=2$
㉢ 소음원이 두 면이 접하는 구석 : $Q=4$
㉣ 소음원이 세 면이 접하는 구석 : $Q=8$

49 다음은 소수성 보호크림의 작용기능에 관한 내용이다. ( ) 안에 알맞은 내용은?

( )을 만들고 소수성으로 산을 중화한다.

① 내염성 피막
② 탈수피막
③ 내수성 피막
④ 내유성 피막

풀이 소수성 물질 차단 피부보호제
㉠ 내수성 피막을 만들고 소수성으로 산을 중화한다.
㉡ 적용 화학물질은 밀랍, 탈수라노린, 파라핀, 탄산마그네슘이다.
㉢ 광산류, 유기산, 염류(무기염류) 취급작업 시 사용한다.

50 방독마스크 사용 시 유의사항으로 틀린 것은?

① 대상가스에 맞는 정화통을 사용할 것
② 유효시간이 불분명한 경우는 송기마스크나 자급식 호흡기를 사용할 것
③ 산소결핍 위험이 있는 경우는 송기마스크나 자급식 호흡기를 사용할 것
④ 사용 중에 조금이라도 가스냄새가 나는 경우는 송기마스크나 자급식 호흡기를 사용할 것

풀이 사용 중에 조금이라도 가스냄새가 나는 경우는 방독마스크를 사용할 것

51 산소결핍에 의해 가장 민감한 영향을 받는 신체부위는?

① 간장   ② 대뇌
③ 심장   ④ 폐

풀이 산소결핍에 가장 민감한 조직은 대뇌피질이고 생체 중 최대산소 소비기관은 뇌신경세포이다.

52 귀덮개의 장단점으로 가장 거리가 먼 것은 어느 것인가?

① 귀마개보다 차음효과가 일반적으로 크다.
② 귀마개보다 차음효과의 개인차가 적다.
③ 귀덮개의 크기는 여러 가지로 할 필요가 있다.
④ 오래 사용하여 귀걸이의 탄력성이 줄었을 때나 귀걸이가 휘었을 때는 차음효과가 떨어진다.

풀이 귀덮개
(1) 장점
㉠ 귀마개보다 일관성 있는 차음효과를 얻을 수 있다.
㉡ 귀마개보다 차음효과가 일반적으로 높다.
㉢ 동일한 크기의 귀덮개를 대부분의 근로자가 사용 가능하다(크기를 여러 가지로 할 필요가 없음).
㉣ 귀에 염증이 있어도 사용 가능하다(질병이 있을 때도 가능).
㉤ 귀마개보다 차음효과의 개인차가 적다.

정답 47.① 48.① 49.③ 50.④ 51.② 52.③

ⓑ 근로자들이 귀마개보다 쉽게 착용할 수 있고 착용법을 틀리거나 잃어버리는 일이 적다.
ⓐ 고음영역에서 차음효과가 탁월하다.

(2) 단점
㉠ 부착된 밴드에 의해 차음효과가 감소될 수 있다.
㉡ 고온에서 사용 시 불편하다(보호구 접촉면에 땀이 남).
㉢ 머리카락이 길 때와 안경테가 굵거나 잘 부착되지 않을 때는 사용하기가 불편하다.
㉣ 장시간 사용 시 꼭 끼는 느낌이 있다.
㉤ 보안경과 함께 사용하는 경우 다소 불편하며, 차음효과가 감소한다.
ⓑ 가격이 비싸고 운반과 보관이 쉽지 않다.
ⓐ 오래 사용하여 귀걸이의 탄력성이 줄었을 때나 귀걸이가 휘었을 때는 차음효과가 떨어진다.

53 작업장의 근로자가 NRR이 25인 귀마개를 착용하고 있다면 차음효과(dB)는?
① 9   ② 12
③ 15   ④ 18

풀이 차음효과=(NRR−7)×0.5
=(25−7)×0.5=9dB

54 레이저광선에 관한 설명으로 틀린 것은?
① 레이저광에 가장 민감한 표적기관은 눈이다.
② 레이저광 중 맥동파는 지속파보다 장애를 주는 정도가 크다.
③ 레이저광 중 Q−switch파는 에너지를 축적하여 지속파를 발생시킨다.
④ 레이저광은 출력이 대단히 강력하고 극히 좁은 범위이기 때문에 쉽게 산란하지 않는 특성이 있다.

풀이 레이저파 중 맥동파는 에너지의 양을 지속적으로 축적하여 강력한 파동을 발생시키는 것을 말한다.

55 전리방사선 중 입자방사선이 아닌 것은 어느 것인가?

① 알파선
② 베타선
③ 감마선
④ 중성자

풀이 전리방사선의 종류
㉠ 입자방사선 : α선, β선, 중성자
㉡ 전자기방사선 : X-ray, γ선

56 150sones인 음은 몇 phons인가?
① 103.3   ② 112.3
③ 124.3   ④ 136.3

풀이 음의 크기레벨(L_L)
$L_L = 33.3\log s + 40$
$= 33.3(\log 150) + 40 = 112.4$phons

57 인공조명 시 고려해야 할 사항으로 틀린 것은?
① 조도는 작업상 충분할 것
② 광색은 주광색에 가까울 것
③ 균등한 조도를 유지할 것
④ 광원은 우상방에 위치할 것

풀이 인공조명 시 고려사항
㉠ 작업에 충분한 조도를 낼 것
㉡ 조명도를 균등히 유지할 것(천장, 마루, 기계, 벽 등의 반사율을 크게 하면 조도를 일정하게 얻을 수 있음)
㉢ 폭발성 또는 발화성이 없으며, 유해가스를 발생하지 않을 것
㉣ 경제적이며, 취급이 용이할 것
㉤ 주광색에 가까운 광색으로 조도를 높여줄 것(백열전구와 고압수은등을 적절히 혼합시켜 주광에 가까운 빛을 얻음)
ⓑ 장시간 작업 시 가급적 간접조명이 되도록 설치할 것(직접조명, 즉 광원의 광밀도가 크면 나쁨)
ⓐ 일반적인 작업 시 빛은 작업대 좌상방에서 비추게 할 것
ⓞ 작은 물건의 식별과 같은 작업에는 음영이 생기지 않는 국소조명을 적용할 것
㊀ 광원 또는 전등의 휘도를 줄일 것
㊁ 광원을 시선에서 멀리 위치시킬 것
㊂ 눈이 부신 물체와 시선과의 각을 크게 할 것
㊃ 광원 주위를 밝게 하며, 조도비를 적정하게 할 것

58 적외선에 관한 내용으로 틀린 것은?
① 파장이 가시광선과 가까운 쪽을 근적외선, 먼 쪽을 원적외선이라 한다.
② 적외선은 대부분 화학작용을 수반하지 않는다.
③ 500nm 이하의 단파장 적외선이 눈의 각막에 손상을 준다.
④ 적외선 백내장은 초자공 백내장 등이라 불리며 수정체의 뒷부분에서 시작된다.

> **풀이** 적외선은 눈의 각막손상 및 만성적인 노출로 인한 안구건조증류를 유발할 수 있고 1,400nm 이상의 적외선은 각막손상을 유발한다.

59 음의 마스킹효과에 관한 설명으로 틀린 것은?
① 저음이 고음을 잘 마스킹한다.
② 두 음의 주파수가 비슷하면 마스킹효과가 없다.
③ 작업장 안에서의 back music으로 활용된다.
④ 음파의 간섭에 의하여 발생한다.

> **풀이** **음의 마스킹효과**
> 두 음이 동시에 있을 때 한쪽이 큰 경우 작은 음은 더 작게 들리는 현상으로 음의 간섭에 의해 일어난다.
> (1) 특징
> ㉠ 주파수가 낮은 음(저음)은 높은 음(고음)을 잘 마스킹한다.
> ㉡ 두 음의 주파수가 비슷할 때는 마스킹효과가 더욱 더 커진다.
> ㉢ 두 음의 주파수가 같을 때는 맥동현상에 의해 마스킹효과가 감소한다.
> (2) 이용
> ㉠ 작업장 및 공공장소 내부의 배경음악(bcak music)
> ㉡ 자동차 내부의 오디오음악

60 자연조명을 하고자 하는 집에서 창의 면적은 바닥면적의 몇 %로 만드는 것이 가장 이상적인가?
① 10~15   ② 15~20
③ 20~25   ④ 25~30

> **풀이** **창의 높이와 면적**
> ㉠ 보통 조도는 창을 크게 하는 것보다 창의 높이를 증가시키는 것이 효과적이다.
> ㉡ 횡으로 긴 창보다 종으로 넓은 창이 채광에 유리하다.
> ㉢ 채광을 위한 창의 면적은 방바닥 면적의 15~20%(1/5~1/6)가 이상적이다.

제4과목 | 산업환기

61 전체환기에 관한 설명으로 틀린 것은?
① 환기방식을 결정할 때 실내압의 압력에 주의해야 한다.
② 오염이 높은 작업장은 인근 공간에 유출을 피하기 위해 실내압을 양압(+)으로 유지한다.
③ 청정공기를 필요로 하는 작업장에는 실내의 압력을 양압(+)으로 유지하는 급기법을 적용한다.
④ 급기법은 고온작업장에, 배기법은 오염되어 있는 작업장에 적합하다.

> **풀이** (1) 급배기법
> ㉠ 급·배기를 동력에 의해 운전한다.
> ㉡ 가장 효과적인 인공환기방법이다.
> ㉢ 실내압을 양압이나 음압으로 조정 가능하다.
> ㉣ 정확한 환기량이 예측 가능하며, 작업환경 관리에 적합하다.
> (2) 급기법
> ㉠ 급기는 동력, 배기는 개구부로 자연 배출한다.
> ㉡ 고온 작업장에 많이 사용한다.
> ㉢ 실내압은 양압으로 유지되어 청정산업(전자산업, 식품산업, 의약산업)에 적용한다.
> ㉣ 청정공기가 필요한 작업장은 실내압을 양압(+)으로 유지한다.
> (3) 배기법
> ㉠ 급기는 개구부, 배기는 동력으로 한다.
> ㉡ 실내압은 음압으로 유지되어 오염이 높은 작업장에 적용한다.
> ㉢ 오염이 높은 작업장은 실내압을 음압(-)으로 유지해야 한다.

정답 58.③ 59.② 60.② 61.②

62 다음 중 레이놀즈(Reynolds)수의 계산에 필요하지 않은 인자는?
① 동점성계수 ② 관의 직경
③ 유체의 속도 ④ 관의 길이

풀이 레이놀즈수(Re)
$$Re = \frac{관성력}{점성력} = \frac{밀도 \times 속도 \times 직경}{점성계수}$$
$$= \frac{속도 \times 직경}{동점성계수}$$

63 속도압이 30mmH₂O이고, 유입계수가 0.82일 때 후드의 압력손실은 약 몇 mmH₂O인가?
① 5.4   ② 14.61
③ 15.39 ④ 24.6

풀이 후드의 압력손실(ΔP)
$\Delta P = F \times VP$
$F = \frac{1}{Ce^2} - 1 = \frac{1}{0.82^2} - 1 = 0.487$
$= 0.487 \times 30 = 14.61 \text{mmH}_2\text{O}$

64 국소배기장치에 부착하는 후드의 효과가 큰 것부터 작은 것 순서대로 올바르게 나열한 것은?
① 포위식 > 외부식 > 부스식
② 포위식 > 부스식 > 외부식
③ 외부식 > 포위식 > 부스식
④ 부스식 > 포위식 > 외부식

풀이 후드의 효과는 필요송풍량을 가장 경제적으로 처리하는가를 말한다. 따라서 후드의 흡입효과(포집효과)는 포위식>부스식>외부식 순으로 크다.

65 사이클론제진장치에서 입구의 유입유속 범위로 가장 적절한 것은? (단, 접선유입식 기준이며, 원통상부에서 접선방향으로 유입된다.)
① 1.5~3.0m/sec
② 3.0~7.0m/sec
③ 7.0~15.0m/sec
④ 15.0~25.0m/sec

풀이 원심력 집진장치(cyclone)의 입구 유속
㉠ 접선유입식 : 7~15m/sec
㉡ 축류식 : 10m/sec 전후

66 [그림]과 같이 노즐(nozzle) 분사구 개구면의 유속을 100%라 하고, 분사구 내경을 D라고 할 때 분사구 개구면의 유속이 50%로 감소되는 지점의 거리는?

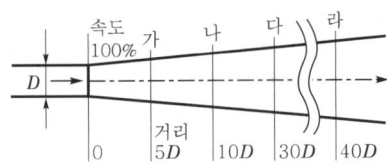

① $5D$
② $10D$
③ $30D$
④ $40D$

풀이 분사구 직경(D)과 중심속도(V_c)의 관계

67 공기정화장치 중의 하나인 벤투리스크러버의 점검내용이 아닌 것은?
① 각 부의 부식 여부
② 원추하부의 분진퇴적 여부
③ 세정수의 규정량 분출 여부
④ 내벽의 분진부착 및 퇴적 여부

풀이 벤투리스크러버 점검사항
㉠ 벤투리관, 전후의 압력차를 마노미터로 측정
㉡ 목(슬롯)부의 유속 측정
㉢ 세정액의 분무상태를 눈으로 확인 및 세정수의 규정량 분출 여부
㉣ 급수부, 노즐부의 슬러지, 스케일 등의 축적 등에 의한 막힘, 부식, 파손 여부 확인

68 다음 중 덕트 내에서 압력손실이 발생하는 경우로 볼 수 없는 것은?

① 정압이 낮은 경우
② 덕트 내부면과의 마찰
③ 가지덕트 단면적의 변화
④ 곡관이나 관의 확대에 의한 공기의 속도변화

풀이 덕트의 압력손실
㉠ 마찰압력손실: 덕트 내부면과의 마찰에 의해 발생
㉡ 난류압력손실: 곡관에 의한 공기기류의 방향전환이나 수축, 확대 등에 의한 덕트의 단면적 변화에 따른 난류속도의 증감에 의해 발생

69 송풍량이 증가해도 동력이 증가하지 않는 장점이 있어 한계부하 송풍기라고도 하는 원심력 송풍기는?

① 프로펠러 송풍기
② 전향 날개형 송풍기
③ 후향 날개형 송풍기
④ 방사 날개형 송풍기

풀이 터보형 송풍기(turbo fan)
㉠ 후향 날개형(후곡 날개형)(backward-curved blade fan)은 송풍량이 증가해도 동력이 증가하지 않는 장점을 가지고 있어 한계부하 송풍기라고도 한다.
㉡ 회전날개(깃)가 회전방향 반대편으로 경사지게 설계되어 있어 충분한 압력을 발생시킬 수 있다.
㉢ 소요정압이 떨어져도 동력은 크게 상승하지 않으므로 시설저항 및 운전상태가 변하여도 과부하가 걸리지 않는다.
㉣ 송풍기 성능곡선에서 동력곡선이 최대송풍량의 60~70%까지 증가하다가 감소하는 경향을 띠는 특성이 있다.
㉤ 고농도 분진 함유 공기를 이송시킬 경우 깃 뒷면에 분진이 퇴적하며 집진기 후단에 설치하여야 한다.
㉥ 깃의 모양은 두께가 균일한 것과 익형이 있다.
㉦ 원심력식 송풍기 중 가장 효율이 좋다.

70 산업환기의 표준상태에서 수은의 증기압은 0.0028mmHg이다. 이때 공기 중 수은 증기의 최고농도는 몇 mg/m³인가? (단, 수은의 분자량은 200.59이다.)

① 23.01
② 24.75
③ 30.66
④ 32.99

풀이
최고농도(ppm) = $\dfrac{0.0028}{760} \times 10^6 = 3.68$ ppm

∴ 최고농도(mg/m³) = $3.68 \times \dfrac{200.59}{24.1}$
= 30.66 mg/m³

71 다음 중 후드의 형식분류에서 포위식(부스식) 후드의 종류에 해당하는 것은?

① 슬롯형 후드
② 루바형 후드
③ 그리드형 후드
④ 드래프트챔버형 후드

풀이 후드의 형식과 적용작업

방식	형태	적용작업의 예
포위식	• 포위형 • 장갑부착 상자형	• 분쇄, 마무리작업, 공작기계, 체분저조 • 농약 등 유독물질 또는 독성 가스 취급
부스식	• 드래프트 챔버형 • 건축부스형	• 연마, 포장, 화학 분석 및 실험, 동위원소 취급, 연삭 • 산세척, 분무도장
외부식	• 슬롯형 • 루바형 • 그리드형 • 원형 또는 장방형	• 도금, 주조, 용해, 마무리 작업, 분무도장 • 주물의 모래털기작업 • 도장, 분쇄, 주형 해체 • 용해, 체분, 분쇄, 용접, 목공기계
레시버식	• 캐노피형 • 원형 또는 장방형 • 포위형(그라인더형)	• 가열로, 소입(담금질), 단조, 용융 • 연삭, 연마 • 탁상 그라인더, 용융, 가열로

72 다음 중 송풍기의 송풍량과 회전수의 관계를 올바르게 설명한 것은?

① 송풍량은 회전속도에 반비례한다.
② 송풍량은 회전속도에 정비례한다.
③ 송풍량은 회전속도의 제곱에 비례한다.
④ 송풍량은 회전속도의 세제곱에 비례한다.

정답 68.① 69.③ 70.③ 71.④ 72.②

풀이 송풍기 상사 법칙
㉠ 풍량은 회전수비에 비례한다.
㉡ 풍압은 회전수비의 제곱에 비례한다.
㉢ 동력은 회전수비의 세제곱에 비례한다.

73 다음 중 공기정화장치의 종류와 그 원리에 대한 설명이 잘못 연결된 것은?
① 벤투리스크러버는 정전기를 이용하여 분진을 반대전극에 부착시킨다.
② 사이클론집진장치는 원심력에 의하여 분진과 공기를 분리한다.
③ 여과집진장치는 처리가스의 필터를 구성하는 섬유와의 관성충돌, 차단, 확산 등에 의하여 집진된다.
④ 관성력 집진장치는 처리해야 할 가스를 방해판에 충돌시켜 기류의 방향을 급격하게 바꿈으로써 입자를 분리, 포집한다.

풀이 정전기를 이용하여 분진을 반대전극에 부착시키는 것은 전기집진장치의 원리이다.

74 전기집진장치의 장점과 거리가 먼 것은?
① 가연성 입자의 처리에 효과적이다.
② 넓은 범위의 입경과 분진농도에 집진효율이 좋다.
③ 압력손실이 낮으므로 운전 및 유지비가 저렴한 편이다.
④ 고온의 공기 중 분진을 처리할 수 있어 소각로와 철강로 등에 설치할 수 있다.

풀이 전기집진장치
(1) 장점
㉠ 집진효율이 높다(0.01μm 정도 포집 용이, 99.9% 정도 고집진 효율).
㉡ 광범위한 온도범위에서 적용이 가능하며, 폭발성 가스의 처리도 가능하다.
㉢ 고온의 입자성 물질(500℃ 전후) 처리가 가능하여 보일러와 철강로 등에 설치할 수 있다.
㉣ 압력손실이 낮고 대용량의 가스 처리가 가능하고 배출가스의 온도강하가 적다.
㉤ 운전 및 유지비가 저렴하다.
㉥ 회수가치 입자포집에 유리하며, 습식 및 건식으로 집진할 수 있다.
㉦ 넓은 범위의 입경과 분진농도에 집진효율이 높다.
㉧ 습식집진이 가능하다.

(2) 단점
㉠ 설치비용이 많이 든다.
㉡ 설치공간을 많이 차지한다.
㉢ 설치된 후에는 운전조건의 변화에 유연성이 적다.
㉣ 먼지성상에 따라 전처리시설이 요구된다.
㉤ 분진포집에 적용되며, 기체상 물질제거에는 곤란하다.
㉥ 전압변동과 같은 조건변동(부하변동)에 쉽게 적응이 곤란하다.
㉦ 가연성 입자의 처리가 곤란하다.

75 다음 중 후드의 개구면 속도를 균일하게 분포시키는 방법으로 적절하지 않은 것은?
① 덕트의 직경 확대
② 테이퍼 부착
③ 분리날개 설치
④ 슬롯 사용

풀이 후드 입구의 속도를 균일하게 하는 방법
㉠ 테이퍼 부착
㉡ 분리날개 설치
㉢ 슬롯 사용
㉣ 차폐막 이용

76 직경 30cm인 덕트 내부를 유량 100m³/min의 공기가 흐르고 있을 때, 덕트 내의 동압은 약 몇 mmH₂O인가? (단, 덕트 내의 공기는 21℃, 1기압으로 가정한다.)
① 5.84
② 23.57
③ 26.47
④ 34.07

풀이 $Q = A \times V$에서
$$V = \frac{Q}{A} = \frac{100 \text{m}^3/\text{min}}{\left(\frac{3.14 \times 0.3^2 \text{m}^2}{4}\right)}$$
$= 1415.43 \text{m/min} (= 23.59 \text{m/sec})$

$\therefore \text{VP} = \left(\frac{V}{4.043}\right)^2 = \left(\frac{23.59}{4.043}\right)^2 = 34.07 \text{mmH}_2\text{O}$

77 국소배기장치의 자체검사 시 압력측정과 관련된 장비가 아닌 것은?
① 발연관   ② 피토관
③ 마노미터   ④ 아네로이드 게이지

[풀이] 국소배기장치 압력측정기기
㉠ 피토관
㉡ U자 마노미터 및 경사 마노미터
㉢ 아네로이드 게이지
㉣ 마그네틱 게이지

78 자유공간에 떠 있는 직경이 20cm인 원형 개구 후드의 개구면으로부터 20cm 떨어진 곳의 입자를 흡인하려고 한다. 제어풍속을 0.8m/sec로 할 때 후드 정압 SP_h는 약 몇 mmH$_2$O인가? (단, 원형 개구 후드의 유입손실계수 F_h는 0.93이다.)
① -7.4   ② -8.5
③ -12.6   ④ -14.3

[풀이]
- 후드 정압(SP_h)
$$SP_h = VP(1+F_h)$$
$$VP = \left(\frac{V}{4.043}\right)^2 = \left(\frac{10.99}{4.043}\right)^2$$
$$= 7.39 \text{mmH}_2\text{O}$$
- $Q = 60 \times V_c(10X^2 + A)$
$$= 60 \times 0.8 \left[(10 \times 0.2^2) + \left(\frac{3.14 \times 0.2^2}{4}\right)\right]$$
$$= 20.71 \text{m}^3/\text{min}$$
- $V = \dfrac{Q}{A} = \dfrac{20.71 \text{m}^3/\text{min}}{\left(\dfrac{3.14 \times 0.2^2 \text{m}^2}{4}\right)}$
$$= 659.47 \text{m/min}(=10.99\text{m/sec})$$
∴ $SP_h = 7.39(1+0.93) = 14.26 \text{mmH}_2\text{O}$
(실제적으로 -14.26mmH$_2$O)

79 다음 중 속도압, 정압, 전압에 관한 설명으로 틀린 것은?
① 정압과 속도압을 합하면 전압이 된다.
② 속도압은 공기가 이동할 때 항상 발생한다.
③ 정압은 속도압과 관계없이 독립적으로 발생하며 대기압보다 낮을 때를 음압(-), 대기압보다 높을 때를 양압(+)이라 한다.
④ 속도압이란 정지상태의 공기를 일정한 속도로 흐르도록 가속화시키는 데 필요한 압력이며 공기의 운동에너지에 반비례한다.

[풀이] 동압(속도압)
㉠ 공기의 흐름방향으로 미치는 압력이고 단위체적의 유체가 갖고 있는 운동에너지이다. 즉, 동압은 공기의 운동에너지에 비례한다.
㉡ 정지상태의 유체에 작용하여 일정한 속도 또는 가속을 일으키는 압력으로 공기를 이동시킨다.
㉢ 공기의 운동에너지에 비례하여 항상 0 또는 양압을 갖는다. 즉, 동압은 공기가 이동하는 힘으로 항상 0 이상이다.
㉣ 동압은 송풍량과 덕트 직경이 일정하면 일정하다.
㉤ 정지상태의 유체에 작용하여 현재의 속도로 가속시키는 데 요구하는 압력이고 반대로 어떤 속도로 흐르는 유체를 정지시키는 데 필요한 압력으로서 흐름에 대항하는 압력이다.
㉥ duct에서 속도압은 duct의 반송속도를 추정하기 위해 측정한다.

80 다음 중 전체환기에서의 열평형 방정식(heat balance equation)과 관련이 없는 것은?
① 대류   ② 복사
③ 전도   ④ 증발

[풀이] 열평형 방정식
(1) 개요
㉠ 생체(인체)와 작업환경 사이의 열교환(체열생산 및 체열방산) 관계를 나타내는 식이다.
㉡ 인체와 작업환경 사이의 열교환은 주로 체내 열생산량(작업대사량), 전도, 대류, 복사, 증발 등에 의해 이루어진다.
(2) 열평형 방정식(열역학적 관계식)
$$\Delta S = M \pm C \pm R - E$$
여기서, ΔS : 생체열용량의 변화(인체의 열축적 또는 열손실)
M : 작업대사량(체내열생산량)
$(M-W)$ W : 작업수행으로 인한 손실열량
C : 대류에 의한 열교환
R : 복사에 의한 열교환
E : 증발(발한)에 의한 열손실(피부를 통한 증발)

정답 77.① 78.④ 79.④ 80.③

태양은 다시 떠오른다.
태양은 저녁이 되면 석양이 물든 지평선으로 지지만
아침이 되면 다시 떠오른다.
태양은 결코 이 세상을 어둠이 지배하도록
놓아두지 않는다.
태양이 있는 한 절망하지 않아도 된다.
희망이 곧 태양이다.
-헤밍웨이(Hemingway)-

제1회 산업위생관리산업기사

과년도 출제문제 | 2010.03.07

제1과목 | 산업위생학 개론

01 물질에 대한 생물학적 노출지수(BEI_s)를 측정하려 할 때 주말작업 종료 시에 시료를 채취하는 것은?

① 트리클로로에틸렌
② 이황화탄소
③ 일산화탄소
④ 자일렌(크실렌)

풀이 화학물질에 대한 대사산물(측정대상물질), 시료채취시기

화학물질	대사산물(측정대상물질) : 생물학적 노출지표	시료채취시기
납	혈액 중 납	중요치 않음
	소변 중 납	
카드뮴	소변 중 카드뮴	중요치 않음
	혈액 중 카드뮴	
일산화탄소	호기에서 일산화탄소	작업 종료 시
	혈액 중 carboxyhemoglobin	
벤젠	소변 중 총 페놀	작업 종료 시
	소변 중 t,t-뮤코닉산 (t,t-muconic acid)	
에틸벤젠	소변 중 만델린산	작업 종료 시
니트로벤젠	소변 중 p-nitrophenol	작업 종료 시
아세톤	소변 중 아세톤	작업 종료 시
톨루엔	혈액, 호기에서 톨루엔	작업 종료 시
	소변 중 o-크레졸	
크실렌	소변 중 메틸마뇨산	작업 종료 시
스티렌	소변 중 만델린산	작업 종료 시
트리클로로 에틸렌	소변 중 트리클로로초산 (삼염화초산)	주말작업 종료 시
테트라클로 로에틸렌	소변 중 트리클로로초산 (삼염화초산)	주말작업 종료 시
사염화 에틸렌	소변 중 트리클로로초산 (삼염화초산)	주말작업 종료 시
	소변 중 삼염화에탄올	
이황화탄소	소변 중 TTCA	-
	소변 중 이황화탄소	
노말헥산 (n-헥산)	소변 중 2,5-hexanedione	작업 종료 시
	소변 중 n-헥산	
메탄올	소변 중 메탄올	-
클로로벤젠	소변 중 총 4-chlorocatechol	작업 종료 시
	소변 중 총 p-chlorophenol	
크롬 (수용성 흄)	소변 중 총 크롬	주말작업 종료 시, 주간작업 중
N,N- 디메틸포름 아미드	소변 중 N-메틸포름아미드	작업 종료 시
페놀	소변 중 메틸마뇨산	작업 종료 시

02 근골격계 질환을 예방하기 위한 작업환경 개선의 방법으로 인체측정치를 이용한 작업환경의 설계가 있다. 이와 관련한 사항 중 가장 먼저 고려되어야 할 부분은?

① 조절가능 여부
② 최대치의 적용여부
③ 최소치의 적용여부
④ 평균치의 적용여부

풀이 근골격계 질환을 예방하기 위한 작업환경 개선의 방법으로 인체 측정치를 이용한 작업환경 설계 시 가장 먼저 고려하여야 할 사항은 조절가능 여부이다.

정답 01.① 02.①

10-1

03 다음 중 강도율을 바르게 나타낸 것은?

① $\dfrac{\text{근로손실일수}}{\text{총 근로시간수}} \times 10^3$

② $\dfrac{\text{재해건수}}{\text{평균종업원수}} \times 10^3$

③ $\dfrac{\text{재해건수}}{\text{총 근로시간수}} \times 10^6$

④ $\dfrac{\text{재해건수}}{\text{평균종업원수}} \times 10^6$

풀이 강도율은 연근로시간 1,000시간당 재해에 의해서 잃어버린 손실일수를 말한다.

04 다음 중 산업피로의 예방대책으로 볼 수 없는 것은?

① 불필요한 동작을 피하고 에너지 소모를 적게 한다.
② 각 개인마다 작업량을 조절한다.
③ 가능한 한 정적인 작업을 하도록 한다.
④ 작업환경을 정비, 정돈한다.

풀이 산업피로 예방대책
㉠ 불필요한 동작을 피하고, 에너지 소모를 적게 한다.
㉡ 동적인 작업을 늘리고, 정적인 작업을 줄인다.
㉢ 개인의 숙련도에 따라 작업속도와 작업량을 조절한다.
㉣ 작업시간 중 또는 작업 전후에 간단한 체조나 오락시간을 갖는다.
㉤ 장시간 한 번 휴식하는 것보다 단시간씩 여러 번 나누어 휴식하는 것이 피로회복에 도움이 된다.

05 다음 중 바람직한 교대근무제로 볼 수 있는 것은?

① 야간근무의 연속은 2~3일 정도로 한다.
② 연속근무의 경우 3교대 3조로 편성한다.
③ 야근종료 후의 휴식은 32시간 이내로 한다.
④ 야간 교대시간은 심야로 정한다.

풀이 교대근무제 관리원칙(바람직한 교대제)
㉠ 각 반의 근무시간은 8시간씩 교대로 하고, 야근은 가능한 짧게 한다.
㉡ 2교대면 최저 3조의 정원을, 3교대면 4조를 편성한다.
㉢ 채용 후 건강관리로서 정기적으로 체중, 위장증상 등을 기록해야 하며, 근로자의 체중이 3kg 이상 감소하면 정밀검사를 받아야 한다.
㉣ 평균 주 작업시간은 40시간을 기준으로 갑반→을반→병반으로 순환하게 한다.
㉤ 근무시간의 간격은 15~16시간 이상으로 하는 것이 좋다.
㉥ 야근의 주기를 4~5일로 한다.
㉦ 신체의 적응을 위하여 야간근무의 연속일수는 2~3일로 하며 야간근무를 3일 이상 연속으로 하는 경우에는 피로축적현상이 나타나게 되므로 연속하여 3일을 넘기지 않도록 한다.
㉧ 야근 후 다음 반으로 가는 간격은 최저 48시간 이상의 휴식시간을 갖도록 하여야 한다.
㉨ 야근 교대시간은 상오 0시 이전에 하는 것이 좋다(심야시간을 피함).
㉩ 야근 시 가면은 반드시 필요하며, 보통 2~4시간(1시간 30분 이상)이 적합하다.
㉪ 야근 시 가면은 작업강도에 따라 30분에서 1시간 범위로 하는 것이 좋다.
㉫ 작업 시 가면시간은 적어도 1시간 30분 이상 주어야 수면효과가 있다고 볼 수 있다.
㉬ 상대적으로 가벼운 작업은 야간근무조에 배치하는 등 업무내용을 탄력적으로 조정해야 하며 야간작업자는 주간작업자보다 연간 쉬는 날이 더 많아야 한다.
㉭ 근로자가 교대일정을 미리 알 수 있도록 해야 한다.
㉮ 일반적으로 오전근무의 개시시간은 오전 9시로 한다.
㉯ 교대방식(교대근무 순환주기)은 낮근무, 저녁근무, 밤근무 순으로 한다. 즉, 정교대가 좋다.

06 물리적 인자의 노출기준상 충격소음의 1일 노출횟수가 500회일 때 허용충격소음의 강도는 얼마인가?

① 110dB(A) ② 120dB(A)
③ 130dB(A) ④ 140dB(A)

풀이 우리나라 충격소음 노출기준

소음수준[dB(A)]	1일 작업시간 중 허용횟수
140	100
130	1,000
120	10,000

정답 03.① 04.③ 05.① 06.③

07 세계 최초의 직업성 암으로 보고된 음낭암의 원인물질로 규명된 것은?

① 검댕(soot)
② 구리(copper)
③ 납(lead)
④ 황(sulfur)

[풀이] Percivall Pott
㉠ 영국의 외과의사로 직업성 암을 최초로 보고하였으며, 어린이 굴뚝청소부에게 많이 발생하는 음낭암(scrotal cancer)을 발견하였다.
㉡ 암의 원인물질은 검댕 속 여러 종류의 다환 방향족 탄화수소(PAH)였다.
㉢ 굴뚝청소부법을 제정하도록 하였다(1788년).

08 다음 중 심리학적 적성검사로 가장 알맞은 것은?

① 지능검사
② 작업적응성 검사
③ 감각기능검사
④ 체력검사

[풀이] 심리학적 검사(심리학적 적성검사)
㉠ 지능검사 : 언어, 기억, 추리, 귀납 등에 대한 검사
㉡ 지각동작검사 : 수족협조, 운동속도, 형태지각 등에 대한 검사
㉢ 인성검사 : 성격, 태도, 정신상태에 대한 검사
㉣ 기능검사 : 직무에 관련된 기본 지식과 숙련도, 사고력 등의 검사

09 다음 중 20℃, 1기압에서 MEK(그램분자량 72.06) 100ppm은 몇 mg/m³인가?

① 294.7
② 299.7
③ 394.7
④ 399.7

[풀이] 우선 일반대기분야 표준상태에 의해 부피를 환산하면
$$22.4L \times \frac{273+20}{273} = 24.04L$$
$$\therefore mg/m^3 = 100ppm \times \frac{72.06}{24.04}$$
$$= 299.75 mg/m^3$$

10 다음 중 산업안전보건법상 용어의 정의가 잘못된 것은?

① 밀폐공간이라 함은 산소결핍, 유해가스로 인한 화재폭발 등의 위험이 있는 장소로서 별도로 정한 장소를 말한다.
② 산소결핍증이라 함은 산소가 결핍된 공기를 들이마심으로써 생기는 증상을 말한다.
③ 산소결핍이라 함은 공기 중의 산소농도가 18% 미만인 상태를 말한다.
④ 적정한 공기라 함은 산소농도의 범위가 18% 이상 23.5% 미만, 이산화탄소의 농도가 1.0% 미만, 황화수소의 농도가 100ppm 미만인 수준의 공기를 말한다.

[풀이] 적정한 공기
산소농도의 범위가 18% 이상 23.5% 미만, 이산화탄소의 농도가 1.5% 미만, 황화수소의 농도가 10ppm 미만, 일산화탄소의 농도가 30ppm 미만인 수준의 공기를 말한다.

11 다음 중 TLV의 적용상의 주의사항으로 옳은 것은?

① 반드시 산업위생전문가에 의하여 적용되어야 한다.
② TLV는 안전농도와 위험농도를 정확히 구분하는 경계선이 된다.
③ TLV는 독성의 강도를 비교할 수 있는 지표가 된다.
④ 기존의 질병이나 육체적 조건을 판단하기 위한 척도로 사용될 수 있다.

[풀이] ACGIH(미국정부산업위생전문가협의회)에서 권고하고 있는 허용농도(TLV) 적용상 주의사항
㉠ 대기오염평가 및 지표(관리)에 사용할 수 없다.
㉡ 24시간 노출 또는 정상작업시간을 초과한 노출에 대한 독성 평가에는 적용할 수 없다.
㉢ 기존의 질병이나 신체적 조건을 판단(증명 또는 반증 자료)하기 위한 척도로 사용될 수 없다.
㉣ 작업조건이 다른 나라에서 ACGIH-TLV를 그대로 사용할 수 없다.

정답 07.① 08.① 09.② 10.④ 11.①

⑩ 안전농도와 위험농도를 정확히 구분하는 경계선이 아니다.
ⓗ 독성의 강도를 비교할 수 있는 지표는 아니다.
ⓢ 반드시 산업보건(위생)전문가에 의하여 설명(해석), 적용되어야 한다.
ⓞ 피부로 흡수되는 양은 고려하지 않은 기준이다.
ⓩ 산업장의 유해조건을 평가하기 위한 지침이며, 건강장애를 예방하기 위한 지침이다.

12 다음 중 납이 인체에 미치는 영향과 가장 거리가 먼 것은?

① 조혈기능의 장애
② 신경계통의 장애
③ 신장에 미치는 장애
④ 간에 미치는 장애

풀이 납중독의 주요 증상(임상증상)
(1) 위장 계통의 장애(소화기장애)
   ㉠ 복부팽만감, 급성 복부 선통
   ㉡ 권태감, 불면증, 안면 창백, 노이로제
   ㉢ 연선(lead line)이 잇몸에 생긴다.
(2) 신경, 근육 계통의 장애
   ㉠ 손처짐, 팔과 손의 마비
   ㉡ 근육통, 관절통
   ㉢ 신장근의 쇠약
   ㉣ 납경련(근육의 피로가 원인)
(3) 중추신경장애
   ㉠ 뇌중독 증상으로 나타난다.
   ㉡ 유기납에 폭로 나타나는 경우 많다.
   ㉢ 두통, 안면 창백, 기억상실, 정신착란, 혼수 상태, 발작
(4) 조혈장애

13 일반적으로 산소 1L에 생산되는 에너지량은 몇 kcal 정도인가?

① 1.5
② 5
③ 9
④ 15

풀이 산소소비량을 작업대사량으로 환산하면 산소소비량 1L는 작업대사량(에너지량) 5kcal에 해당한다.

14 미국의 산업위생학회(AIHA)에서 정의하고 있는 산업위생의 정의에 포함되지 않는 용어는?

① 예측(anticipation)
② 측정(recognition)
③ 평가(evaluation)
④ 증진(promotion)

풀이 산업위생 정의에 있어 주요활동 4가지
예측, 측정, 평가, 관리

15 다음 중 작업환경에서 식품과 영양소에 대한 설명으로 틀린 것은?

① 단백질, 탄수화물, 지방, 무기질 및 비타민을 5대 영양소라 한다.
② 열량의 공급원은 탄수화물, 지방, 단백질이다.
③ 칼륨은 치아와 골격을 구성하며 철분은 혈액을 구성한다.
④ 신체의 생활기능을 조절하는 영양소에는 비타민, 무기질 등이 있다.

풀이 칼슘과 철분의 주요 특성
㉠ 칼슘 : 99%는 뼈와 치아를 형성하고 1%는 혈액에 존재하며 심장박동조절, 혈액응고, 근육수축 등의 작용을 하는 영양소이다.
㉡ 철분 : 체내에 산소를 공급해주는 헤모글로빈의 구성성분으로서 산소를 각 조직으로 운반하는 역할을 하며 부족 시 빈혈을 일으키기 쉬워 집중력을 떨어뜨리는 영양소이다.

16 다음 중 직업성 경견완 증후군 발생과 연관되는 작업으로 가장 거리가 먼 것은?

① 전화교환작업
② 키펀치작업
③ 금전등록기의 계산작업
④ 전기톱에 의한 벌목작업

풀이 직업성 경견완 증후군은 반복적이며 장기적으로 작업 시 발생한다.

17 다음 중 Viteles가 분류한 산업피로의 3가지 본질과 가장 거리가 먼 것은?

① 생체의 생리적 변화
② 피로감각
③ 작업량의 감소
④ 재해의 유발

[풀이] Viteles의 산업피로 본질 3대 요소
㉠ 생체의 생리적 변화(의학적)
㉡ 피로감각(심리학적)
㉢ 작업량의 감소(생산적)

18 미국의 산업안전보건연구원(NIOSH)의 정의에 따라 중량물 취급작업의 감시기준(AL)이 30kg이라면 최대허용기준(MPL)은 몇 kg인가?

① 45   ② 60
③ 75   ④ 90

[풀이] MPL(최대허용기준) = AL(감시기준)×3
= 30kg×3 = 90kg

19 다음 중 작업장에 존재하는 유해인자와 직업성 질환의 연결이 잘못된 것은?

① 망간 – 신경염
② 분진 – 규폐증
③ 이상기압 – 잠함병
④ 6가크롬 – 레이노병

[풀이] 유해인자별 발생 직업병
㉠ 크롬 : 폐암(크롬폐증)
㉡ 이상기압 : 폐수종(잠함병)
㉢ 고열 : 열사병
㉣ 방사선 : 피부염 및 백혈병
㉤ 소음 : 소음성 난청
㉥ 수은 : 무뇨증
㉦ 망간 : 신장염(파킨슨 증후군)
㉧ 석면 : 악성중피종
㉨ 한랭 : 동상
㉩ 조명 부족 : 근시, 안구진탕증
㉪ 진동 : Raynaud's 현상
㉫ 분진 : 규폐증

20 산업안전보건법에 의하면 최소 상시근로자 몇 명 이상의 사업장은 1명 이상의 보건관리자를 선임하여야 하는가?

① 10명 이상   ② 50명 이상
③ 100명 이상 ④ 300명 이상

[풀이] 산업안전보건법상 최소 50명 이상 상시근로자 사업장은 1명 이상의 보건관리자를 선임하여야 한다.

제2과목 | 작업환경 측정 및 평가

21 부피비로 0.01%는 몇 ppm인가?

① 10   ② 100
③ 1,000   ④ 10,000

[풀이] $\text{ppm} = 0.01\% \times \dfrac{10,000\text{ppm}}{1\%}$
$= 100\text{ppm}$

22 음압도 측정 시 정상청력을 가진 사람이 1,000Hz에서 가청할 수 있는 최소음압실효치는?

① 0.002N/m^2 ② 0.0002N/m^2
③ 0.00002N/m^2 ④ 0.000002N/m^2

[풀이] 1,000Hz에서 최소음압실효치
= $0.00002\text{N/m}^2 = 2\times10^{-5}\text{N/m}^2(2\times10^{-5}\text{Pa}) = 20\mu\text{Pa}$

23 작업환경 측정단위에 대한 설명으로 옳은 것은?

① 분진은 mL/m^3로 표시한다.
② 석면의 표시단위는 개수/m^3로 표시한다.
③ 고열(복사열 포함)의 측정단위는 습구흑구온도지수(WBGT)를 구하여 ℃로 표시한다.
④ 가스 및 증기의 노출기준 표시단위는 ppm 또는 mg/L 등으로 한다.

[풀이] **작업환경 측정단위**
㉠ 분진 → mg/m³
㉡ 석면 → 개/cm³
㉢ 가스 및 증기 → ppm or mg/m³

24 호흡성 먼지를 채취할 때 입자의 크기가 10μm 이상인 경우의 채취효율(폐의 침착률, 미국 ACGIH 기준)로 가장 적절한 것은?
① 75% ② 50%
③ 25% ④ 0%

[풀이] 호흡성 먼지의 입경범위가 0.5~5μm이므로 10μm 이상일 경우 채취효율은 0%이다.

25 직경분립충돌기 장치가 사이클론 분립장치보다 유리한 장점이 아닌 것은?
① 호흡기 부분별로 침착된 입자크기의 자료를 추정할 수 있다.
② 입자의 질량크기 분포를 얻을 수 있다.
③ 채취시간이 짧고 시료의 되튐 현상이 없다.
④ 흡입성, 흉곽성, 호흡성 입자의 크기별로 분포와 농도를 계산할 수 있다.

[풀이] **직경분립충돌기(cascade impactor)**
(1) 장점
  ㉠ 입자의 질량크기 분포를 얻을 수 있다(공기흐름속도를 조절하여 채취입자를 크기별로 구분 가능).
  ㉡ 호흡기의 부분별로 침착된 입자크기의 자료를 추정할 수 있다.
  ㉢ 흡입성, 흉곽성, 호흡성 입자의 크기별로 분포와 농도를 계산할 수 있다.
(2) 단점
  ㉠ 시료채취가 까다롭다. 즉 경험이 있는 전문가가 철저한 준비를 통해 이용해야 정확한 측정이 가능하다(작은 입자는 공기흐름속도를 크게 하여 충돌판에 포집할 수 없음).
  ㉡ 비용이 많이 든다.
  ㉢ 채취준비시간이 과다하다.
  ㉣ 되튐으로 인한 시료의 손실이 일어나 과소분석결과를 초래할 수 있어 유량을 2L/min 이하로 채취한다.
  ㉤ 공기가 옆에서 유입되지 않도록 각 충돌기의 조립과 장착을 철저히 해야 한다.

26 다음 중 ( ) 안에 옳은 내용은?

> 산업위생통계에서 측정방법의 정밀도는 동일집단에 속한 여러 개의 시료를 분석하여 평균치와 표준편차를 계산하고 표준편차를 평균치로 나눈값 즉, ( )로 평가한다.

① 분산수
② 기하평균치
③ 변이계수
④ 표준오차

[풀이] **변이계수(CV)**
$$CV(\%) = \frac{표준편차}{평균치} \times 100$$

27 분석에서의 계통오차(systematic error)가 아닌 것은?
① 외계오차 ② 개인오차
③ 기계오차 ④ 우발오차

[풀이] **계통오차의 종류**
(1) 외계오차(환경오차)
  ㉠ 측정 및 분석 시 온도나 습도와 같은 외계의 환경으로 생기는 오차
  ㉡ 대책(오차의 세기) : 보정값을 구하여 수정함으로써 오차를 제거할 수 있다.
(2) 기계오차(기기오차)
  ㉠ 사용하는 측정 및 분석 기기의 부정확성으로 인한 오차
  ㉡ 대책 : 기계의 교정에 의하여 오차를 제거할 수 있다.
(3) 개인오차
  ㉠ 측정자의 습관이나 선입관에 의한 오차
  ㉡ 대책 : 두 사람 이상 측정자의 측정을 비교하여 오차를 제거할 수 있다.

28 옥외작업장(태양광선이 내리쬐는 장소)의 자연습구온도가 29°C, 건구온도가 33°C, 흑구온도는 36°C, 기류속도가 1m/sec일 때 WBGT 지수의 값은?
① 약 31°C ② 약 32°C
③ 약 33°C ④ 약 34°C

[풀이] 옥외(태양광선이 내리쬐는 장소)의 WBGT
= (0.7 × 자연습구온도) + (0.2 × 흑구온도)
　+ (0.1 × 건구온도)
= (0.7 × 29℃) + (0.2 × 36℃) + (0.1 × 33℃)
= 30.8℃

29 여과포집에 적합한 여과재의 조건이 아닌 것은?
① 포집대상 입자의 입도분포에 대하여 포집효율이 높을 것
② 포집 시의 흡입저항은 될 수 있는 대로 낮을 것
③ 접거나 구부리더라도 파손되지 않고 찢어지지 않을 것
④ 될 수 있는 대로 흡습률이 높을 것

[풀이] 여과지(여과재) 선정 시 고려사항(구비조건)
㉠ 포집대상 입자의 입도분포에 대하여 포집효율이 높을 것
㉡ 포집 시의 흡인저항은 될 수 있는 대로 낮을 것 (압력손실이 적을 것)
㉢ 접거나 구부리더라도 파손되지 않고 찢어지지 않을 것
㉣ 될 수 있는 대로 가볍고 1매당 무게의 불균형이 적을 것
㉤ 될 수 있는 대로 흡습률이 낮을 것
㉥ 측정대상 물질의 분석상 방해가 되는 불순물을 함유하지 않을 것

30 가스크로마토그래피의 분리관의 성능은 분해능과 효율로 표시할 수 있다. 분해능을 높이려는 조작으로 틀린 것은?
① 분리관의 길이를 길게 한다.
② 고정상의 양을 많게 한다.
③ 고체 지지체의 입자크기를 작게 한다.
④ 일반적으로 저온에서 좋은 분해능을 보이므로 온도를 낮춘다.

[풀이] 분리관에서 분해능을 높이는 조작
㉠ 시료와 고정상의 양을 적게 한다.
㉡ 고체 지지체의 입자크기를 작게 한다.
㉢ 온도를 낮춘다.
㉣ 분리관의 길이를 길게 한다.

31 공기(10L)로부터 벤젠(분자량=78.1)을 고체흡착관에 채취하였다. 시료를 분석한 결과 벤젠의 양은 4mg이고 탈착효율은 95%였다. 공기 중 벤젠농도는? (단, 25℃, 1기압 기준)
① 약 87ppm　② 약 96ppm
③ 약 113ppm　④ 약 132ppm

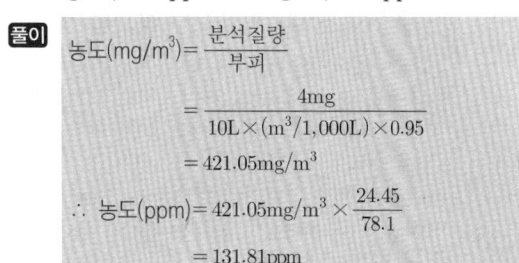

32 개인시료채취기(personal air sampler)로 1분당 2L의 유량으로 100분간 시료를 채취하였는데 채취 전 시료채취필터의 무게가 80mg, 채취 후 필터무게가 88mg일 때 계산된 분진농도는?
① 10mg/m³　② 20mg/m³
③ 40mg/m³　④ 80mg/m³

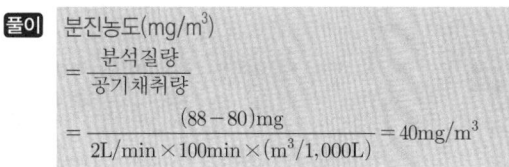

33 MCE막 여과지에 관한 설명으로 틀린 것은?
① MCE막 여과지의 원료인 셀룰로오스는 수분을 흡수하지 않기 때문에 중량분석에 잘 적용된다.
② MCE막 여과지는 산에 쉽게 용해된다.
③ 입자상 물질 중의 금속을 채취하여 원자흡광법으로 분석하는 데 적정하다.
④ 시료가 여과지의 표면 또는 표면 가까운 곳에 침착되므로 석면 등 현미경분석을 위한 시료채취에 이용된다.

[풀이] **MCE막 여과지(Mixed Cellulose Ester membrane filter)**
㉠ 산에 쉽게 용해된다.
㉡ 산업위생에서는 거의 대부분이 직경 37mm, 구멍 크기 0.45~0.8μm의 MCE막 여과지를 사용하고 있어 작은 입자의 금속과 fume 채취가 가능하다.
㉢ MCE막 여과지는 산에 쉽게 용해되고 가수분해되며, 습식 회화되기 때문에 공기 중 입자상 물질 중의 금속을 채취하여 원자흡광법으로 분석하는 데 적당하다.
㉣ 시료가 여과지의 표면 또는 가까운 곳에 침착되므로 석면, 유리섬유 등 현미경 분석을 위한 시료채취에도 이용된다.
㉤ 흡습성(원료인 셀룰로오스가 수분 흡수)이 높은 MCE막 여과지는 오차를 유발할 수 있어 중량 분석에 적합하지 않다.
㉥ MCE막 여과지는 산에 의해 쉽게 회화되기 때문에 원소분석에 적합하고 NIOSH에서는 금속, 석면, 살충제, 불소화합물 및 기타 무기물질에 추천되고 있다.

34 흡광광도법에서 세기 I_o의 단색광이 시료액을 통과하여 그 광의 50%가 흡수되었을 때 흡광도는?
① 0.3 ② 0.4
③ 0.5 ④ 0.6

[풀이] 흡광도 $A = \log\dfrac{1}{투과율}$
$= \log\dfrac{1}{(1-0.5)} = 0.3$

35 0.1watt의 소리에너지를 발생시키고 있는 자동차정비공장 리프트테이블 전동기의 음향파워레벨은? (단, 기준음향파워는 10^{-12}watt)
① 105dB ② 110dB
③ 115dB ④ 120dB

[풀이] 음향파워레벨(PWL)
$$PWL = 10\log\dfrac{W}{W_0}$$
$$= 10\log\dfrac{0.1\text{watt}}{10^{-12}\text{watt}}$$
$$= 110\text{dB}$$

36 작업환경공기 중의 벤젠농도를 측정하였더니 8mg/m³, 5mg/m³, 7mg/m³, 3mg/m³, 6mg/m³였다. 이들 값의 기하평균치(mg/m³)는?
① 6.3 ② 6.1
③ 5.5 ④ 5.2

[풀이] 기하평균(GM)
$$\log(\text{GM}) = \dfrac{\log X_1 + \log X_2 + \cdots + \log X_n}{N}$$
$$= \dfrac{\log 8 + \log 5 + \log 7 + \log 3 + \log 6}{5} = 0.74$$
$$\therefore \text{GM} = 10^{0.74} = 5.49\text{mg/m}^3$$

37 공기채취기구의 보정을 위한 1차 표준기기에 해당하는 것은?
① 가스치환병 ② 건식 가스미터
③ 열선기류계 ④ 습식 테스트미터

[풀이] **공기채취기구의 보정에 사용되는 1차 표준기구의 종류**

표준기구	일반 사용범위	정확도
비누거품미터 (soap bubble meter)	1mL/분 ~30L/분	±1% 이내
폐활량계 (spirometer)	100~600L	±1% 이내
가스치환병 (mariotte bottle)	10~500mL/분	±0.05 ~0.25%
유리피스톤미터 (glass piston meter)	10~200mL/분	±2% 이내
흑연피스톤미터 (frictionless piston meter)	1mL/분 ~50L/분	±1~2%
피토튜브 (pitot tube)	15mL/분 이하	±1% 이내

38 20℃, 1기압에서 에틸렌글리콜의 증기압이 0.05mmHg라면 포화농도(ppm)는?
① 44 ② 55
③ 66 ④ 77

[풀이] 포화농도(ppm) $= \dfrac{증기압(분압)}{760} \times 10^6$
$= \dfrac{0.05}{760} \times 10^6$
$= 65.79\text{ppm}$

[정답] 34.① 35.② 36.③ 37.① 38.③

39 고유량 공기채취펌프를 수동 무마찰거품관으로 보정하였다. 비눗방울이 500cm³의 부피까지 통과하는 데 17.5초가 걸렸다면 유량(L/min)은?

① 1.7 ② 2.3
③ 2.7 ④ 3.3

풀이 유량(L/min) = $\dfrac{500\text{mL} \times (\text{L}/1{,}000\text{mL})}{17.5\text{sec} \times (\text{min}/60\text{sec})}$ = 1.71L/min

40 입경이 10μm이고 비중이 1.2인 먼지입자의 침강속도는?

① 0.36cm/sec ② 0.48cm/sec
③ 0.63cm/sec ④ 0.82cm/sec

풀이 침강속도(Lippmann 식)
$V(\text{cm/sec}) = 0.003 \times \rho \times d^2$
$= 0.003 \times 1.2 \times 10^2 = 0.36\text{cm/sec}$

제3과목 | 작업환경 관리

41 다음 중금속 중 미나마타(minamata)병과 관계가 깊은 것은?

① 납(Pb)   ② 아연(Zn)
③ 수은(Hg) ④ 카드뮴(Cd)

풀이 수은에 의한 건강장애
㉠ 수은중독의 특징적인 증상은 구내염, 근육진전, 정신증상으로 분류된다.
㉡ 수족신경마비, 시신경장애, 정신이상, 보행장애 등의 장애가 나타난다.
㉢ 만성 노출 시 식욕부진, 신기능부전, 구내염을 발생시키고, 침을 많이 흘린다.
㉣ 치은부에는 황화수은의 청회색 침전물이 침착한다.
㉤ 혀나 손가락의 근육이 떨린다(수전증).
㉥ 정신증상으로는 중추신경통, 특히 뇌조직에 심한 증상이 나타나 정신기능이 상실될 수 있다(정신장애).
㉦ 유기수은(알킬수은) 중 메틸수은은 미나마타(minamata)병을 발생시킨다.

42 공학적 작업환경 관리대책 중 대치가 적절치 못한 것은?

① 세탁 시에 화재예방을 위하여 석유나프타 대신 4클로로에틸렌을 사용
② TCE 대신에 계면활성제를 사용하여 금속세척
③ 큰 날개에서 고속의 작은 날개 송풍기 사용으로 진동방지
④ 샌드블라스트 적용 시 모래를 대신하여 철가루 사용

풀이 ③ 송풍기의 작은 날개로 고속회전시키던 것을 큰 날개로 저속회전시킨다.

43 근로자가 귀덮개(NRR=27)를 착용하고 있는 경우 미국 OSHA의 방법으로 계산한다면 차음효과는?

① 5dB   ② 8dB
③ 10dB ④ 12dB

풀이 차음효과 = (NRR−7)×50%
= (27−7)×0.5
= 10dB

44 방진재인 공기스프링에 관한 설명으로 옳지 않은 것은?

① 부하능력이 광범위하다.
② 압축기 등의 부대시설이 필요하지 않다.
③ 구조가 복잡하고 시설비가 비싸다.
④ 사용 진폭이 적은 것이 많아 별도의 댐퍼가 필요한 경우가 많다.

풀이 공기스프링
(1) 장점
㉠ 지지하중이 크게 변하는 경우에는 높이 조정변에 의해 그 높이를 조절할 수 있어 설비의 높이를 일정 레벨로 유지시킬 수 있다.
㉡ 하중부하 변화에 따라 고유진동수를 일정하게 유지할 수 있다.
㉢ 부하능력이 광범위하고 자동제어가 가능하다.
㉣ 스프링 정수를 광범위하게 선택할 수 있다.

정답 39.① 40.① 41.③ 42.③ 43.③ 44.②

(2) 단점
  ㉠ 사용 진폭이 적은 것이 많아 별도의 댐퍼가 필요한 경우가 많다.
  ㉡ 구조가 복잡하고 시설비가 많이 든다.
  ㉢ 압축기 등 부대시설이 필요하다.
  ㉣ 안전사고(공기누출) 위험이 있다.

45 저온에 의한 생리반응으로 옳지 않은 것은?
① 말초혈관의 수축으로 표면조직에 냉각이 온다.
② 저온환경에서는 근육활동이 감소하여 식욕이 떨어진다.
③ 피부나 피하조직을 냉각시키는 환경온도 이하에서는 감염에 대한 저항력이 떨어지며 회복과정에 장애가 온다.
④ 피부혈관 수축으로 순환능력이 감소되어 상대적으로 혈류량이 증가하므로 혈압이 일시적으로 상승한다.

풀이 한랭(저온)환경에서의 생리적 기전(반응)
한랭환경에서는 체열방산 제한, 체열생산을 증가시키기 위한 생리적 반응이 일어난다.
㉠ 피부혈관이 수축(말초혈관이 수축)한다.
  • 피부혈관 수축과 더불어 혈장량 감소로 혈압이 일시적으로 저하되며 신체 내 열을 보호하는 기능을 한다.
  • 말초혈관의 수축으로 표면조직에 냉각이 오며 이는 1차적 생리 영향이다.
  • 피부혈관의 수축으로 피부온도가 감소하고 순환능력이 감소되어 혈압은 일시적으로 상승한다.
㉡ 근육긴장의 증가와 떨림 및 수의적인 운동이 증가한다.
㉢ 갑상선을 자극하여 호르몬 분비가 증가(화학적 대사작용이 증가)한다.
㉣ 부종, 저림, 가려움증, 심한 통증 등이 발생한다.
㉤ 피부표면의 혈관·피하조직이 수축 및 체표면적이 감소한다.
㉥ 피부의 급성일과성 염증반응은 한랭에 대한 폭로를 중지하면 2~3시간 내에 없어진다.
㉦ 피부나 피하조직을 냉각시키는 환경온도 이하에서는 감염에 대한 저항력이 떨어지며 회복과정에 장애가 온다.
㉧ 저온환경에서는 근육활동, 조직대사가 증가하여 식욕이 항진된다.

46 소음에 대한 차음을 위해 사용하는 귀덮개와 귀마개를 비교, 설명한 내용으로 옳지 않은 것은?
① 귀덮개의 크기를 여러 가지로 할 필요가 없다.
② 귀덮개는 고온다습한 작업장에서 착용하기 어렵다.
③ 귀덮개는 귀마개보다 작업자가 착용하고 있는지의 여부를 체크하기 쉽다.
④ 귀덮개는 귀마개보다 일반적으로 차음효과가 크지만 개인차가 크다.

풀이 귀덮개
(1) 장점
  ㉠ 귀마개보다 일관성 있는 차음효과를 얻을 수 있다.
  ㉡ 귀마개보다 차음효과가 일반적으로 높다.
  ㉢ 동일한 크기의 귀덮개를 대부분의 근로자가 사용 가능하다(크기를 여러 가지로 할 필요가 없음).
  ㉣ 귀에 염증이 있어도 사용 가능하다(질병이 있을 때도 가능).
  ㉤ 귀마개보다 차음효과의 개인차가 적다.
  ㉥ 근로자들이 귀마개보다 쉽게 착용할 수 있고 착용법을 틀리거나 잃어버리는 일이 적다.
  ㉦ 고음영역에서 차음효과가 탁월하다.
(2) 단점
  ㉠ 부착된 밴드에 의해 차음효과가 감소할 수 있다.
  ㉡ 고온에서 사용 시 불편하다(보호구 접촉면에 땀이 남).
  ㉢ 머리카락이 길 때와 안경테가 굵거나 잘 부착되지 않을 때는 사용하기가 불편하다.
  ㉣ 장시간 사용 시 꼭 끼는 느낌이 있다.
  ㉤ 보안경과 함께 사용하는 경우 다소 불편하며, 차음효과가 감소한다.
  ㉥ 가격이 비싸고 운반과 보관이 쉽지 않다.
  ㉦ 오래 사용하여 귀걸이의 탄력성이 줄었을 때나 귀걸이가 휘었을 때는 차음효과가 떨어진다.

47 생체와 환경 사이의 열교환에 영향을 미치는 요인과 가장 거리가 먼 것은?
① 기류   ② 기압
③ 기습   ④ 복사열

풀이 | 생체와 환경 사이의 열교환에 영향을 미치는 요인
㉠ 기류
㉡ 기온
㉢ 기습
㉣ 복사열

풀이 | 헬륨은 질소보다 확산속도가 빠르며, 체외로 배출되는 시간이 질소에 비하여 50% 정도밖에 걸리지 않는다.

48 고압환경에서의 2차적인 가압현상(화학적 장애)에 관한 내용으로 옳지 않은 것은?
① 공기 중의 질소가스는 4기압 이상에서 마취작용을 나타낸다.
② 산소의 분압이 2기압을 넘으면 산소중독 증세가 나타난다.
③ 산소중독 증상은 폭로가 중지된 후에도 상당기간 지속되어 비가역적인 증세를 유발한다.
④ 이산화탄소농도의 증가는 산소의 독성과 질소의 마취작용 그리고 감압증의 발생을 촉진한다.

풀이 | 고압산소에 대한 폭로가 중지되면 증상은 즉시 멈춘다. 즉, 가역적이다.

50 고온다습한 환경에 노출될 때 체온조절중추 특히 발한중추의 장애로 발생하며, 가장 특이적인 소견으로 땀을 흘리지 못하여 체열발산을 하지 못하는 고열장애는?
① 열사병   ② 열피비
③ 열경련   ④ 열실신

풀이 | **열사병(heatstroke)**
(1) 개요
㉠ 열사병은 고온다습한 환경(육체적 노동 또는 태양의 복사선을 두부에 직접적으로 받는 경우)에 노출될 때 뇌 온도의 상승으로 신체 내부의 체온조절 중추에 기능장애를 일으켜서 생기는 위급한 상태를 말한다.
㉡ 고열로 인해 발생하는 장애 중 가장 위험성이 크다.
㉢ 태양광선에 의한 열사병은 일사병(sunstroke)이라고 한다.
(2) 발생
㉠ 체온조절 중추(특히 발한 중추)의 기능장애에 의한다(체내에 열이 축적되어 발생).
㉡ 혈액 중의 염분량과는 관계없다.
㉢ 대사열의 증가는 작업부하와 작업환경에서 발생하는 열부하가 원인이 되어 발생하며, 열사병을 일으키는 데 크게 관여한다.

49 감압병의 예방과 치료에 관한 설명으로 옳지 않은 것은?
① 특별히 잠수에 익숙한 사람을 제외하고는 1분에 10m 정도씩 잠수하는 것이 안전하다.
② 감압이 끝날 무렵 순수한 산소를 흡입시키면 예방적 효과가 있을 뿐 아니라 감압시간을 25% 가량 단축시킨다.
③ 감압병 증상이 발생하였을 때에는 환자를 바로 원래의 고압환경에 복귀시키거나 인공적 고압실에 넣어 혈관 및 조직 속에 발생한 질소의 기포를 다시 용해시킨 다음 천천히 감압한다.
④ 헬륨은 질소보다 확산속도가 늦고 체외로 배출되는 시간이 질소에 비하여 2배 가량이 길어 고압환경에서 작업할 때에는 질소를 헬륨으로 대치한 공기를 호흡시킨다.

51 마이크로파가 건강에 미치는 영향에 관한 설명으로 옳지 않은 것은?
① 마이크로파의 생물학적 작용은 파장뿐만 아니라 출력, 노출시간, 노출된 조직에 따라서 다르다.
② 마이크로파는 백내장을 유발한다.
③ 생화학적 변화로는 콜린에스테라제의 활성치가 감소한다.
④ 마이크로파는 혈압을 상승시켜 결국 고혈압을 초래한다.

정답 48.③ 49.④ 50.① 51.④

[풀이] 마이크로파가 중추신경계통에 작용하여 혈압이 폭로 초기에는 상승하나 곧 억제효과를 내어 저혈압을 초래한다.

52 방사선량인 흡수선량에 관한 내용으로 틀린 것은?

① 관용단위는 rem으로 상대적 생물학적 효과를 고려한 것이다.
② 조직(또는 물질)의 단위질량당 흡수된 에너지의 개념이다.
③ 방사선이 물질과 상호작용한 결과, 그 물질의 단위질량에 흡수된 에너지를 의미한다.
④ 모든 종류의 이온화 방사선에 의한 외부노출, 내부노출 등 모든 경우에 적용된다.

[풀이] 흡수선량의 관용단위는 rad이며, 1rad는 피조사체 1g에 대하여 100erg의 방사선에너지가 흡수되는 선량단위이다.

53 다음 중에서 방독마스크의 사용가능 여부를 가장 정확히 확인할 수 있는 것은?

① 파과곡선
② 냄새유무
③ 자극유무
④ 용해곡선

[풀이] 흡수관의 수명은 시험가스가 파과되기 전까지의 시간을 의미하며 방독마스크의 사용가능 여부를 가장 정확히 확인할 수 있는 것은 파과곡선이다.

54 다음 중 수심 30m에서의 작용압은?

① 3기압
② 4기압
③ 5기압
④ 6기압

[풀이] 10m당 1기압의 작용을 받으므로, 수심 30m에서의 작용압은 3기압이다.

55 진동대책에 관한 설명으로 옳지 않은 것은 어느 것인가?

① 체인톱과 같이 발동기가 부착되어 있는 것을 전동기로 바꿈으로써 진동을 줄일 수 있다.
② 공구로부터 나오는 바람이 손에 접촉하도록 하여 보온을 유지하도록 한다.
③ 진동공구의 손잡이를 너무 세게 잡지 말도록 작업자에게 주의시킨다.
④ 진동공구는 가능한 한 공구를 기계적으로 지지(支持)하여 주어야 한다.

[풀이] **진동대책**
㉠ 작업 시에는 따뜻하게 체온을 유지해준다(14℃ 이하의 옥외작업에서는 보온대책 필요).
㉡ 진동공구의 무게는 10kg 이상 초과하지 않도록 한다.
㉢ 진동공구는 가능한 한 공구를 기계적으로 지지하여 준다.
㉣ 작업자는 공구의 손잡이를 너무 세게 잡지 않는다.
㉤ 진동공구의 사용 시에는 장갑(두꺼운 장갑)을 착용한다.
㉥ 총 동일한 시간을 휴식한다면 여러 번 자주 휴식하는 것이 좋다.
㉦ 체인톱과 같이 발동기가 부착되어 있는 것을 전동기로 바꾼다.
㉧ 진동공구를 사용하는 작업은 1일 2시간을 초과하지 말아야 한다.

56 저기압환경이 인체에 미치는 영향에 관한 설명으로 옳지 않은 것은?

① 저산소증은 잠수부가 급속하게 감압할 때와 같은 증상을 나타낸다.
② 고공성 폐수종은 어른보다 아이들에게 많이 발생한다.
③ 고공성 폐수종은 진해성 기침과 호흡곤란이 나타난다.
④ 고공성 폐수종으로 폐동맥 혈압이 저하하며 해면에 복귀 후 급격한 탈수증세를 유발한다.

[풀이] **고공성 폐수종**
  ㉠ 고공성 폐수종은 어른보다 순화적응속도가 느린 어린이에게 많이 일어난다.
  ㉡ 고공순화된 사람이 해면에 돌아올 때 자주 발생한다.
  ㉢ 산소공급과 해면 귀환으로 급속히 소실되며, 이 증세는 반복해서 발병하는 경향이 있다.
  ㉣ 진해성 기침, 호흡곤란, 폐동맥의 혈압 상승현상이 나타난다.

57 소음을 감소시키기 위한 대책으로 적합하지 않은 것은?
① 소음을 줄이기 위하여 병타법을 용접법으로 바꾼다.
② 소음을 줄이기 위하여 프레스법을 단조법으로 바꾼다.
③ 기계의 부분적 개량을 위하여 노즐, 버너 등을 개량하거나 공명부분을 차단한다.
④ 압축공기 구동기기를 전동기기로 대체한다.

[풀이] 소음을 줄이기 위하여 단조법을 프레스법으로 변경한다.

58 다음 (   ) 안에 옳은 내용은?

광원에서 빛을 이용할 때는 어느 방향으로 얼마만큼의 광속이 발산되고 있는지를 알 필요가 있다. 바로 이때 광원으로부터 나오는 빛의 세기를 (   )(이)라 한다.

① 조도
② 광도
③ 광량
④ 휘도

[풀이] **칸델라(candela, cd) ; 광도**
  ㉠ 광원으로부터 나오는 빛의 세기를 광도라고 한다.
  ㉡ 단위는 칸델라(cd)를 사용한다.
  ㉢ $101,325 N/m^2$ 압력하에서 백금의 응고점 온도에 있는 흑체의 $1m^2$인 평평한 표면 수직 방향의 광도를 1cd라 한다.

59 방진마스크의 선정기준으로 옳지 않은 것은?
① 무게가 가벼울 것
② 시야가 넓을 것
③ 흡기저항이 클 것
④ 포집효율이 높을 것

[풀이] **방진마스크의 선정조건(구비조건)**
  ㉠ 흡기저항 및 흡기저항 상승률이 낮을 것
    (일반적 흡기저항 범위 : $6~8mmH_2O$)
  ㉡ 배기저항이 낮을 것
    (일반적 배기저항 기준 : $6mmH_2O$ 이하)
  ㉢ 여과재 포집효율이 높을 것
  ㉣ 착용 시 시야확보가 용이할 것(하방시야가 60° 이상 되어야 함)
  ㉤ 중량은 가벼울 것
  ㉥ 안면에서의 밀착성이 클 것
  ㉦ 침입률 1% 이하까지 정확히 평가 가능할 것
  ㉧ 피부접촉부위가 부드러울 것
  ㉨ 사용 후 손질이 간단할 것
  ㉩ 무게중심은 안면에 강한 압박감을 주지 않는 위치에 있을 것

60 방사선의 외부노출에 대한 방어대책을 세울 경우에 착안하는 원칙과 가장 거리가 먼 것은?
① 차폐
② 개선
③ 거리
④ 시간

[풀이] **방사선의 외부노출에 대한 방어대책**
전리방사선 방어의 궁극적 목적은 가능한 한 방사선에 불필요하게 노출되는 것을 최소화하는 데 있다.
(1) 시간
  ㉠ 노출시간을 최대로 단축(조업시간 단축)
  ㉡ 충분한 시간 간격을 두고 방사능 취급작업을 하는 것은 반감기가 짧은 방사능 물질에 유용
(2) 거리
  방사능은 거리의 제곱에 비례하여 감소하므로 먼 거리일수록 쉽게 방어 가능
(3) 차폐
  ㉠ 큰 투과력을 갖는 방사선 차폐물은 원자번호가 크고 밀도가 큰 물질이 효과적
  ㉡ α선의 투과력은 약하여 얇은 알루미늄판으로도 방어 가능

정답 57.② 58.② 59.③ 60.②

제4과목 | 산업환기

61 직경이 D인 노즐의 분사구 속도는 분사구로부터 분출거리에 따라 그 속도가 떨어지는데 다음 중 분류중심의 속도가 거의 떨어지지 않는 거리로 옳은 것은?

① $5D$까지
② $10D$까지
③ $15D$까지
④ $20D$까지

풀이 분사구 직경(D)과 중심속도(V_c)의 관계
㉠ 후드의 분출기류 중 잠재중심부에 대한 설명이다. 즉, 배출구 직경의 약 5배($5D$) 정도까지는 분출중심속도의 변화가 거의 없다.
㉡

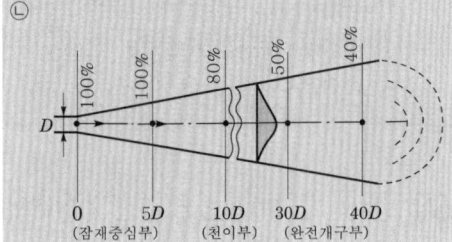

62 전기집진장치의 전기집진과정을 올바르게 나열한 것은?

> ㉮ 집진극으로부터 분진입자의 제거
> ㉯ 포집된 분진입자의 전하상실 및 중성화
> ㉰ 함진가스의 이온화
> ㉱ 분진입자의 집진극으로의 이동 및 포집
> ㉲ 분진입자의 대전

① ㉰→㉲→㉱→㉯→㉮
② ㉱→㉯→㉰→㉮→㉲
③ ㉲→㉰→㉮→㉱→㉯
④ ㉲→㉰→㉯→㉱→㉮

풀이 전기집진장치의 집진과정
함진가스의 이온화 → 분진입자의 대전 → 분진입자의 집진극으로의 이동 및 포집 → 포집된 분진입자의 전하상실 및 중성화 → 집진극으로부터 분진입자의 제거

63 다음 중 후드의 유입계수(Ce)에 관한 설명으로 틀린 것은?

① 후드의 유입효율을 나타낸다.
② 유입계수가 1에 가까울수록 압력손실이 작은 후드이다.
③ 유입손실계수가 0이면 유입계수는 1이 된다.
④ 유입계수는 $\dfrac{\text{이상적인 흡인유량}}{\text{실제 흡인유량}}$으로 정의된다.

풀이 유입계수(Ce) = $\dfrac{\text{실제 유량}}{\text{이론적인 유량}}$
    = $\dfrac{\text{실제 흡인유량}}{\text{이상적인 흡인유량}}$

후드유입손실계수(F) = $\dfrac{1}{Ce^2} - 1$

∴ 유입계수(Ce) = $\sqrt{\dfrac{1}{1+F}}$

64 속도압은 P_d, 비중량은 γ, 수두는 h, 중력가속도를 g라 할 때 다음 중 유체의 관 내 속도를 구하는 식으로 옳은 것은 어느 것인가?

① $\sqrt{\dfrac{2 \cdot g \cdot P_d}{\gamma}}$ ② $\sqrt{\dfrac{4 \cdot g \cdot h}{\gamma}}$

③ $\dfrac{\gamma \cdot P_d^2}{2 \cdot g}$ ④ $\dfrac{\gamma \cdot h^2}{2 \cdot g}$

풀이 VP(속도압) = $\dfrac{\gamma \cdot V^2}{2g}$ (mmH$_2$O)
여기서, γ : 비중(kg/m³)
    V : 공기속도(m/sec)
    g : 중력가속도(m/sec²)

65 다음 중 국소배기장치의 압력측정용 장비가 아닌 것은 어느 것인가?

① U자 마노미터
② 타코미터
③ 피토관
④ 경사 마노미터

정답 61.① 62.① 63.④ 64.① 65.②

[풀이]
(1) 타코미터는 회전축의 각 회전속도를 측정하는 장치이다.
(2) 압력측정기기
  ㉠ 피토관
  ㉡ U자 마노미터(U튜브형 마노미터)
   • 가장 간단한 압력측정기기이다.
   • U튜브에 상용하는 매체는 주로 물, 알코올, 수은, 기름 등이다.
  ㉢ 경사 마노미터
   • 일반적으로 10 : 1의 경사기울기를 갖는다.
   • 정밀측정 시 사용한다.
  ㉣ 아네로이드 게이지
   • 현장용으로 많이 사용한다.
   • 피토튜브로 정압, 속도압, 전압을 측정하고, 단일튜브로 정압을 측정한다.
  ㉤ 마크네헬릭 게이지
   • 휴대가 간편하며, 판독이 쉽다.
   • 마노미터보다 응답성능이 좋으며, 유지관리가 용이하다.

66 다음 중 국소배기시스템 설치 시 고려사항으로 적절하지 않은 것은?
① 후드는 덕트보다 두꺼운 재질을 선택한다.
② 송풍기를 연결할 때에는 최소 덕트 직경의 3배 정도는 직선구간으로 하여야 한다.
③ 가급적 원형 덕트를 사용한다.
④ 곡관의 곡률반경은 최소 덕트 직경의 1.5 이상으로 하며, 주로 2.0을 사용한다.

[풀이] 덕트 설치기준(설치 시 고려사항)
㉠ 가능하면 길이는 짧게 하고 굴곡부의 수는 적게 할 것
㉡ 접속부의 안쪽은 돌출된 부분이 없도록 할 것
㉢ 청소구를 설치하는 등 청소하기 쉬운 구조로 할 것
㉣ 덕트 내부에 오염물질이 쌓이지 않도록 이송속도를 유지할 것
㉤ 연결부위 등은 외부공기가 들어오지 않도록 할 것(연결부위를 가능한 한 용접할 것)
㉥ 가능한 후드의 가까운 곳에 설치할 것
㉦ 송풍기를 연결할 때는 최소 덕트 직경의 6배 정도 직선구간을 확보할 것
㉧ 직관은 하향구배로 하고 직경이 다른 덕트를 연결할 때에는 경사 30° 이내의 테이퍼를 부착할 것
㉨ 원형 덕트가 사각형 덕트보다 덕트 내 유속분포가 균일하므로 가급적 원형 덕트를 사용하며, 부득이 사각형 덕트를 사용할 경우에는 가능한 정방형을 사용하고 곡관의 수를 적게 할 것
㉩ 곡관의 곡률반경은 최소 덕트 직경의 1.5 이상, 주로 2.0을 사용할 것
㉪ 수분이 응축될 경우 덕트 내로 들어가지 않도록 경사나 배수구를 마련할 것
㉫ 덕트의 마찰계수는 작게 하고, 분지관을 가급적 적게 할 것

67 다음 중 덕트 제작 및 설치에 대한 고려사항으로 적절하지 않은 것은?
① 가급적 원형 덕트를 설치한다.
② 덕트의 연결부위는 가급적 용접하는 것을 피한다.
③ 직경이 다른 덕트를 연결할 때에는 경사 30° 이내의 테이퍼를 부착한다.
④ 수분이 응축될 경우 덕트 내로 들어가지 않도록 경사나 배수구를 마련한다.

[풀이] 연결부위는 외부공기가 들어오지 않도록 가능한 한 용접을 한다.

68 사염화에틸렌 20,000ppm이 공기 중에 존재한다면 공기와 사염화에틸렌혼합물의 유효비중은 얼마인가? (단, 사염화에틸렌의 증기비중은 5.7로 한다.)
① 1.107 ② 1.094
③ 1.075 ④ 1.047

[풀이]
$$\text{유효비중} = \frac{(20,000 \times 5.7) + (980,000 \times 1.0)}{1,000,000} = 1.094$$

69 다음 중 집진장치의 선정 시 반드시 고려해야 할 사항으로 볼 수 없는 것은?
① 집진효율
② 오염물질의 회수율
③ 오염물질의 농도 및 입자의 크기
④ 총 에너지요구량

정답 66.② 67.② 68.② 69.②

풀이 | 집진장치 선정 시 고려할 사항
㉠ 오염물질의 농도(비중) 및 입자크기, 입경분포
㉡ 유량, 집진율, 점착성, 전기저항
㉢ 함진가스의 폭발 및 가연성 여부
㉣ 배출가스 온도, 분진제거 및 처분방법, 총 에너지 요구량
㉤ 처리가스의 흐름특성과 용량

70 작업장에서 전체환기장치를 설치하고자 할 때 전체환기의 목적으로 볼 수 없는 것은?
① 온도와 습도를 조절한다.
② 화재나 폭발을 예방한다.
③ 유해물질의 농도를 감소시켜 건강을 유지시킨다.
④ 유해물질을 발생원에서 직접 제거시켜 근로자의 노출농도를 감소시킨다.

풀이 | 유해물질을 발생원에서 직접 제거시켜 근로자의 노출농도를 감소시키는 것은 국소배기의 목적이다.

71 다음 중 후드의 필요환기량을 감소시키는 방법으로 적절하지 않은 것은?
① 오염물질의 절대량을 감소시킨다.
② 가급적이면 공정을 적게 포위한다.
③ 후드 개구면에서 기류가 균일하게 분포하도록 설계한다.
④ 포집형을 사용할 때에는 가급적 배출오염원에 가깝게 설치한다.

풀이 | 후드가 갖추어야 할 사항(필요환기량을 감소시키는 방법)
㉠ 가능한 한 오염물질 발생원에 가까이 설치한다(포집형 및 레시버식 후드).
㉡ 제어속도는 작업조건을 고려하여 적정하게 선정한다.
㉢ 작업에 방해되지 않도록 설치하여야 한다.
㉣ 오염물질 발생 특성을 충분히 고려하여 설계하여야 한다.
㉤ 가급적이면 공정을 많이 포위한다.
㉥ 후드 개구면에서 기류가 균일하게 분포하도록 설계한다.
㉦ 공정에서 발생 또는 배출되는 오염물질의 절대량을 감소시킨다.

72 폭이 10cm이고, 길이가 1m인 1/4 원주형 슬롯 후드가 있다. 포착거리가 30cm이고, 포착속도가 0.4m/sec라면 필요송풍량은 약 얼마인가?
① $8.6 m^3/min$
② $11.5 m^3/min$
③ $20.1 m^3/min$
④ $32.5 m^3/min$

풀이 | 슬롯 후드 필요송풍량(Q) : $\frac{1}{4}$ 원주
$$Q(m^3/min) = 60 \cdot C \cdot L \cdot V_c \cdot X$$
$$= 60 \times 1.6 \times 1 \times 0.4 \times 0.3$$
$$= 11.52 m^3/min$$

73 국소배기용 덕트 설계 시 처리물질에 따라 반송속도가 결정된다. 다음 중 반송속도가 가장 느린 물질은?
① 털
② 주물사
③ 산화아연의 흄
④ 그라인더작업 발생먼지

풀이 | (1) 반송속도가 가장 느린 물질, 즉 오염물질의 비중이 가장 작은 것을 선택하면 된다.
(2) 유해물질에 따른 반응속도

유해물질	예	반송속도 (m/sec)
가스, 증기, 흄 및 극히 가벼운 물질	각종 가스, 증기, 산화아연 및 산화알루미늄 등의 흄, 목재분진, 솜먼지, 고무분, 합성수지분	10
가벼운 건조먼지	원면, 곡물분, 고무, 플라스틱, 경금속 분진	15
일반 공업 분진	털, 나무 부스러기, 대패 부스러기, 샌드블라스트, 그라인더 분진, 내화벽돌 분진	20
무거운 분진	납 분진, 주조 후 모래털기작업 시 먼지, 선반작업 시 먼지	25
무겁고 비교적 큰 입자의 젖은 먼지	젖은 납 분진, 젖은 주조 작업 발생 먼지	25 이상

정답 70.④ 71.② 72.② 73.③

74 0℃, 1기압에서 공기의 비중량은 1.293kg/m³이다. 65℃의 공기가 송풍관 내를 15m/sec의 유속으로 흐를 때 속도압은 약 몇 mmH₂O인가?

① 12　　② 13
③ 14　　④ 15

[풀이] 속도압(VP)

$$VP(mmH_2O) = \frac{\gamma V^2}{2g} = \frac{1.293 \times 15^2}{2 \times 9.8}$$
$$= 14.84 \, mmH_2O$$

∴ 온도보정 $VP = 14.84 \times \frac{273}{273+65}$
$$= 12 \, mmH_2O$$

75 작업장의 크기가 세로 10m, 가로 30m, 높이 6m이고, 필요환기량이 90m³/min일 때 1시간당 공기교환횟수는 몇 회이어야 하는가?

① 2회
② 3회
③ 4회
④ 6회

[풀이] 공기교환횟수(ACH)

$$ACH = \frac{필요환기량}{작업장 \ 용적}$$
$$= \frac{90m^3/min \times 60min/hr}{(10 \times 30 \times 6)m^3}$$
$$= 3회(시간당)$$

76 다음은 기류의 본질에 대한 내용이다. (㉮)와 (㉯)에 들어갈 내용이 알맞게 연결된 것은?

유체가 관 내를 아주 느린 속도로 흐를 때는 소용돌이나 선회운동을 일으키지 않고 관 벽에 평행으로 유동한다. 이와 같은 흐름을 (㉮)라 하며 속도가 빨라지면 관 내 흐름은 크고 작은 소용돌이가 혼합된 형태로 변하여 혼합 상태로 흐른다. 이런 모양의 흐름을 (㉯)라 한다.

① ㉮ 층류,　　㉯ 난류
② ㉮ 난류,　　㉯ 층류
③ ㉮ 유선운동,　㉯ 층류
④ ㉮ 난류,　　㉯ 유선운동

[풀이]
(1) 층류(laminar flow)
　㉠ 유체의 입자들이 규칙적인 유동상태가 되어 질서정연하게 흐르는 상태, 즉 유체가 관 내를 아주 느린 속도로 흐를 때 소용돌이나 선회운동을 일으키지 않고 관 벽에 평행으로 유동하는 흐름을 말한다.
　㉡ 관 내에서의 속도분포가 정상 포물선을 그리며 평균유속은 최대유속의 약 1/2이다.
(2) 난류(turbulent flow)
유체의 입자들이 불규칙적인 유동상태가 되어 상호 간 활발하게 운동량을 교환하면서 흐르는 상태, 즉 속도가 빨라지면 관 내 흐름은 크고 작은 소용돌이가 혼합된 형태로 변하며 혼합상태로 유동하는 흐름을 말한다.

77 다음 중 깃의 구조가 분진을 자체 정화할 수 있도록 되어있어 고농도 공기나 부식성이 강한 공기를 이송시키는 데 많이 사용되는 송풍기는?

① 다익팬형 원심송풍기
② 레이디얼팬형 원심송풍기
③ 터보 블로어형 송풍기
④ 축류형 송풍기

[풀이] 평판형 송풍기(radial fan)
㉠ 플레이트(plate) 송풍기, 방사 날개형 송풍기라고도 한다.
㉡ 날개(blade)가 다익형보다 적고, 직선이며 평판 모양을 하고 있어 강도가 매우 높게 설계되어 있다.
㉢ 깃의 구조가 분진을 자체 정화할 수 있도록 되어 있다.
㉣ 적용 : 시멘트, 미분탄, 곡물, 모래 등의 고농도 분진 함유 공기나 마모성이 강한 분진 이송용으로 사용된다.
㉤ 부식성이 강한 공기를 이송하는 데 많이 사용된다.
㉥ 압력은 다익팬보다 약간 높으며, 효율도 65%로 다익팬보다는 약간 높으나 터보팬보다는 낮다.
㉦ 습식 집진장치의 배치에 적합하며, 소음은 중간 정도이다.

78 밀가루공장 내에 설치된 제진장치의 용량은 8,000m³/min이고, 분진 발생원에서 제진기를 거쳐 송풍기까지의 전체압력손실이 50mmH₂O라면 송풍기의 동력은 약 몇 kW인가? (단, 송풍기의 효율은 0.6, 안전계수는 1.5로 한다.)

① 108.9 ② 157.9
③ 163.4 ④ 179.4

풀이 송풍기 소요동력(kW)
$$kW = \frac{Q \times \Delta P}{6,120 \times \eta} \times \alpha = \frac{8,000 \times 50}{6,120 \times 0.6} \times 1.5 = 163.4 kW$$

79 송풍기로 공기를 흡인할 때 덕트 내의 전압, 정압, 동압 상태를 올바르게 설명한 것은?

① 전압, 정압, 동압 모두 음압이다.
② 전압, 정압, 동압 모두 양압이다.
③ 전압과 정압은 음압이고, 동압은 양압이다.
④ 전압은 양압이고, 정압과 동압은 음압이다.

풀이 송풍기 전 단계인 덕트 내의 동압은 항상 양압이며 동압보다 정압(음압)이 크므로 전압도 음압이다.

80 어느 작업장 내에서는 톨루엔(분자량=92, TLV=100ppm)이 시간당 300g씩 증발되고 있다. 이 작업장에 전체환기장치를 설치할 경우 필요환기량은 약 얼마인가? (단, 주위는 21°C, 1기압이고, 여유계수는 6으로 하며, 톨루엔은 모두 공기와 완전혼합된 것으로 한다.)

① 73.04m³/min ② 78.59m³/min
③ 4382.61m³/min ④ 4715.22m³/min

풀이
- 사용량 : 300g/hr
- 발생률(G, L/hr)
  92g : 24.1L = 300g/hr : G
  $G = \frac{24.1L \times 300g/hr}{92g} = 78.59 L/hr$

∴ 필요환기량(Q)
$$Q = \frac{G}{TLV} \times K$$
$$= \frac{78.59 L/hr \times 1,000 mL/L}{100 mL/m^3} \times 6$$
$$= 4715.22 m^3/hr \times hr/60min$$
$$= 78.59 m^3/min$$

제2회 산업위생관리산업기사

과년도 출제문제 | 2010.05.09

제1과목 | 산업위생학 개론

01 전신피로의 정도를 평가하고자 할 때 작업을 마친 직후 회복기에 측정하는 항목은?
① 심박수
② 에너지소비량
③ 이산화탄소(CO_2) 배출량
④ 산소부채(oxygen debt)량

[풀이]
㉠ 전신피로 평가 : 심박수(heart rate)
㉡ 국소피로 평가 : 근전도(EMC)

02 미국정부산업위생전문가협의회에서는 작업대사량에 따라 작업강도를 3가지로 구분하였다. 다음 중 중등도 작업(moderate work)일 경우 작업대사량으로 옳은 것은?
① 100kcal/hr 이하
② 100~200kcal/hr
③ 200~350kcal/hr
④ 350~500kcal/hr

[풀이] 작업대사량에 따른 작업강도 분류(ACGIH, 우리나라 고용노동부)
㉠ 경작업 : 200kcal/hr까지 작업
㉡ 중등도작업 : 200~350kcal/hr까지 작업
㉢ 중(심한)작업 : 350~500kcal/hr까지 작업

03 다음 중 '노출기준 사용상의 유의사항'에 관한 설명으로 틀린 것은?
① 각 유해인자의 노출기준은 해당 유해인자가 단독으로 존재하는 경우의 노출기준을 말하며, 2종 또는 그 이상의 유해인자가 혼재하는 경우에는 길항작용으로 유해성이 증가할 수 있으므로 혼합물의 노출기준을 사용하여야 한다.
② 노출기준은 1일 8시간 작업을 기준으로 하여 제정된 것이므로 이를 이용할 때에는 근로시간, 작업의 강도, 온열조건, 이상기압 등의 노출기준 적용에 영향을 미칠 수 있으므로 이와 같은 제반요인에 대한 특별한 고려가 있어야 한다.
③ 노출기준은 대기오염의 평가 또는 관리상의 지표로 사용할 수 없다.
④ 유해인자에 대한 감수성은 개인에 따라 차이가 있으며 노출기준 이하의 작업환경에서도 직업성 질병이 이환되는 경우가 있다.

[풀이] **노출기준 사용상의 유의사항**
㉠ 각 유해인자의 노출기준은 해당 유해인자가 단독으로 존재하는 경우의 노출기준을 말하며, 2종 또는 그 이상의 유해인자가 혼재하는 경우에는 각 유해인자의 상가작용으로 유해성이 증가할 수 있으므로 제6조의 규정에 의하여 산출하는 노출기준을 사용하여야 한다.
㉡ 노출기준은 1일 8시간 작업을 기준으로 하여 제정된 것이므로 이를 이용할 때에는 근로시간, 작업의 강도, 온열조건, 이상기압 등이 노출기준 적용에 영향을 미칠 수 있으므로 이와 같은 제반요인에 대한 특별한 고려를 하여야 한다.
㉢ 유해인자에 대한 감수성은 개인에 따라 차이가 있으며 노출기준 이하의 작업환경에서도 직업성 질병에 이환되는 경우가 있으므로 노출기준을 직업병 진단에 사용하거나 노출기준 이하의 작업환경이라는 이유만으로 직업성 질병의 이환을 부정하는 근거 또는 반증자료로 사용하여서는 아니 된다.
㉣ 노출기준은 대기오염의 평가 또는 관리상의 지표로 사용하여서는 아니된다.

정답 01.① 02.③ 03.①

PART 02 과년도 출제문제

04 다음 중 산업위생통계에 있어 대푯값에 해당하지 않는 것은?
① 표준편차
② 산술평균
③ 가중평균
④ 중앙값

풀이 산업위생통계에 있어 대푯값에 해당하는 것은 중앙값, 산술평균값, 가중평균값, 최빈값 등이 있다. 표준편차는 관측값의 산포도, 즉 평균 가까이에 분포하고 있는지의 여부를 나타낸다.

05 인간공학에 적용하는 정적 치수(static dimensions)에 관한 설명으로 틀린 것은?
① 구조적 치수로 정적 자세에서 움직이지 않는 피측정자를 인체계측기로 측정한 것이다.
② 골격치수(팔꿈치와 손목 사이와 같은 관절 중심거리)와 외곽치수(머리둘레 등)로 구성된다.
③ 일반적으로 표(table)의 형태로 제시된다.
④ 동적인 치수에 비하여 데이터가 적다.

풀이 인간공학에 적용되는 인체 측정방법
(1) 정적 치수(static dimension)
㉠ 구조적 인체 치수라고도 한다.
㉡ 정적 자세에서 움직이지 않는 측정을 인체계측기로 측정한 것이다.
㉢ 골격 치수(팔꿈치와 손목 사이와 같은 관절 중심거리)와 외곽치수(머리둘레, 허리둘레 등)로 구성된다.
㉣ 보통 표(table)의 형태로 제시된다.
㉤ 동적인 치수에 비하여 데이터 수가 많다.
㉥ 구조적 인체 치수의 종류로는 팔길이, 앉은 키, 눈높이 등이 있다.
(2) 동적 치수(dynamic dimension)
㉠ 기능적 치수라고도 한다.
㉡ 육체적인 활동을 하는 상황에서 측정한 치수이다.
㉢ 정적인 데이터로부터 기능적 인체 치수로 환산하는 일반적인 원칙은 없다.
㉣ 다양한 움직임을 표로 제시하기 어렵다.
㉤ 정적인 치수에 비하여 상대적으로 데이터가 적다.

06 상시근로자가 300명인 신발 및 신발부품 제조업에서 산업안전보건법에 따라 선임하여야 하는 보건관리자에 관한 설명으로 옳은 것은?
① 선임하여야 하는 보건관리자의 수는 1명 이상이다.
② 보건관련 전공자 2명을 보건관리자로 선임하여야 한다.
③ 보건관리자의 자격을 가진 2명의 보건관리자를 선임하여야 하며, 그 중 1명은 의사나 간호사이어야 한다.
④ 보건관리자의 자격을 가진 3명의 보건관리자를 선임하여야 하며, 그 중 1명은 의사나 간호사이어야 한다.

풀이 신발 및 신발부품 제조업에서 상시근로자 50명 이상 500명 미만인 경우 보건관리자의 수는 1명 이상이다.

07 다음은 근로자 건강보호의 목적으로 수행되는 산업보건 분야의 업무에 대한 내용이다. 전문 분야별 주요 업무가 가장 적절하게 연결된 것은?
① 산업위생학 – 쾌적한 작업환경조성을 공학적으로 연구
② 산업의학 – 근로자의 건강과 안전을 연구
③ 인간공학 – 인간과 직업, 기계, 환경, 근로의 관계를 인문사회학적으로 연구
④ 산업간호학 – 근로자의 건강증진, 질병의 예방과 치료를 연구

풀이
② 산업의학 : 근로자에게 생기는 사고나 질병을 예방·치료하고 유지하기 위한 연구
③ 인간공학 : 인간과 직업, 기계, 환경, 근로의 관계를 과학적으로 연구
④ 산업간호학 : 근로자의 질병 예방 및 건강증진을 위한 교육 연구

정답 04.① 05.④ 06.① 07.①

08 다음 중 노출에 대한 생물학적 모니터링의 설명으로 틀린 것은?

① 근로자로부터 시료를 직접 채취하기 때문에 시료의 채취 및 분석이 용이하다.
② 기준값은 주 5일, 1일 8시간 노출을 기준으로 한다.
③ 공기 중의 농도보다도 근로자의 건강위험을 보다 직접적으로 평가할 수 있다.
④ 결정인자는 공기 중에서 흡수된 화학물질에 의하여 생긴 가역적인 생화학적 변화이다.

[풀이] 생물학적 모니터링은 시료채취 및 분석이 어렵고 분석 시 오염에 노출될 수 있다.

09 운반작업을 하는 젊은 근로자의 약한 손(오른손잡이의 경우 왼손)의 힘은 40kP이다. 이 근로자가 무게 10kg인 상자를 두 손으로 들어올릴 경우 적정작업시간은 약 몇 분인가? (단, 공식은 '671,120×작업강도$^{-2.222}$'를 적용한다.)

① 25분 ② 41분
③ 55분 ④ 122분

[풀이]
$(\%MS) = \dfrac{FS}{MS} \times 100$

$= \dfrac{5}{40} \times 100 = 12.5\%MS$

∴ 적정작업시간(sec) = $671,120 \times (\%MS)^{-2.222}$
$= 671,120 \times (12.5)^{-2.222}$
$= 2451.69 \text{sec} \times \text{min}/60\text{sec}$
$= 40.9 \text{min}$

10 다음 중 산업피로의 종류에 관한 설명으로 틀린 것은?

① 과로란 피로가 계속 축적된 상태로 4일 이내 회복되는 피로를 말한다.
② 정신피로란 중추신경계의 피로를 말한다.
③ 곤비는 과로상태가 축적되어 병적인 상태를 말한다.
④ 보통피로란 하루 잠을 자고 나면 완전히 회복되는 피로를 말한다.

[풀이] **피로의 3단계**
피로도가 증가하는 순서의 의미이며, 피로의 정도는 객관적 판단이 용이하지 않다.
㉠ 보통피로(1단계) : 하룻밤을 자고 나면 완전히 회복하는 상태이다.
㉡ 과로(2단계) : 다음날까지도 피로상태가 지속되는 피로의 축적으로, 단기간 휴식으로 회복될 수 있으며, 발병 단계는 아니다.
㉢ 곤비(3단계) : 과로의 축적으로 단시간에 회복될 수 없는 단계를 말하며, 심한 노동 후의 피로현상으로 병적 상태를 의미한다.

11 적성검사 중 생리적 기능검사에 속하지 않는 것은?

① 감각기능검사 ② 심폐기능검사
③ 체력검사   ④ 지각동작검사

[풀이]
(1) 생리적 기능검사(생리학적 적성검사)
  ㉠ 감각기능검사
  ㉡ 심폐기능검사
  ㉢ 체력검사
(2) 심리학적 검사(심리학적 적성검사)
  ㉠ 지능검사
  ㉡ 지각동작검사
  ㉢ 인성검사
  ㉣ 기능검사

12 바람직한 VDT(Video Display Terminal) 작업자세로 잘못된 것은?

① 무릎의 내각(knee angle)은 120° 전후가 되도록 한다.
② 아래팔은 손등과 일직선을 유지하여 손목이 꺾이지 않도록 한다.
③ 눈으로부터 화면까지의 시거리는 40cm 이상을 유지한다.
④ 작업자의 시선은 수평선상으로부터 아래로 10~15° 이내로 한다.

[풀이] 작업자의 발바닥 전면이 바닥면에 닿는 자세를 취하고 무릎의 내각은 90°가 되도록 한다.

정답 08.① 09.② 10.① 11.④ 12.①

13 다음 중 직업성 질환의 특성에 관한 설명으로 적절하지 않은 것은?

① 노출에 따른 질병증상이 발현되기까지 시간적 차이가 크다.
② 질병유발물질에는 인체에 대한 영향이 확인되지 않은 새로운 물질들이 많다.
③ 주로 유해인자에 장기간 노출됨으로써 발생한다.
④ 임상적 또는 병리적 소견으로 일반 질병과 명확히 구분할 수 있다.

[풀이] **직업성 질환의 특성**
㉠ 열악한 작업환경 및 유해인자에 장기간 노출된 후에 발생한다.
㉡ 폭로 시작과 첫 증상이 나타나기까지 장시간이 걸린다(질병증상이 발현되기까지 시간적 차이가 큼).
㉢ 인체에 대한 영향이 확인되지 않은 신물질(새로운 물질)이 있다.
㉣ 임상적 또는 병리적 소견이 일반 질병과 구별하기가 어렵다.
㉤ 많은 직업성 요인이 비직업성 요인에 상승작용을 일으킨다.
㉥ 임상의사가 관심이 적어 이를 간과하거나 직업력을 소홀히 한다.
㉦ 보상과 관련이 있다.

14 상시근로자가 100명인 A 사업장의 지난 1년간 재해통계를 조사한 결과 도수율이 4이고, 강도율이 1이었다. 이 사업장의 지난해 재해발생건수는 총 몇 건이었는가? (단, 근로자는 1일 10시간씩 연간 250일을 근무하였다.)

① 1   ② 4
③ 10   ④ 250

[풀이] 도수율 = $\frac{재해발생건수}{연근로시간수} \times 10^6$ 에서

$4 = \frac{재해발생건수}{10 \times 250 \times 100} \times 10^6$

∴ 재해발생건수 = 1

15 산업안전보건법상 '강렬한 소음작업'이라 함은 몇 dB(A) 이상의 소음이 1일 8시간 이상 발생하는 작업을 말하는가?

① 85   ② 90
③ 95   ④ 100

[풀이] **강렬한 소음작업**
㉠ 90dB 이상의 소음이 1일 8시간 이상 발생하는 작업
㉡ 95dB 이상의 소음이 1일 4시간 이상 발생하는 작업
㉢ 100dB 이상의 소음이 1일 2시간 이상 발생하는 작업
㉣ 105dB 이상의 소음이 1일 1시간 이상 발생하는 작업
㉤ 110dB 이상의 소음이 1일 30분 이상 발생하는 작업
㉥ 115dB 이상의 소음이 1일 15분 이상 발생하는 작업

16 개정된 NIOSH의 들기작업 권고기준에 따라 권장무게 한계가 8.5kg이고, 실제작업무게가 10kg일 때 들기지수(LI)는 약 얼마인가?

① 0.15   ② 0.18
③ 0.85   ④ 1.18

[풀이] 들기지수(LI) = $\frac{물체\ 무게(kg)}{RWL(kg)} = \frac{10kg}{8.5kg} = 1.18$

17 다음 중 외부환경의 변화에 신체반응의 항상성이 작용하는 현상을 무엇이라 하는가?

① 신체의 변성현상
② 신체의 순응현상
③ 신체의 회복현상
④ 신체의 이상현상

[풀이] **순화(순응)**
외부의 환경변화나 신체활동이 반복되어 인체조절기능이 숙련되고 습득된 상태를 순화라고 하며 고온순화는 외부의 환경영향요인이 고온일 경우이다. 또한 신체의 순응현상이란 외부환경의 변화에 신체반응의 항상성이 작용하는 현상을 의미한다.

18 다음 중 미국산업위생학술원(AAIH)에서 채택한 산업위생전문가가 지켜야 할 윤리강령의 구성이 아닌 것은?

① 전문가로서의 책임
② 근로자에 대한 책임
③ 기업주와 고객에 대한 책임
④ 사용자로서의 책임

> [풀이] 산업위생전문가의 윤리강령(AAIH)
> ㉠ 산업위생전문가로서의 책임
> ㉡ 근로자에 대한 책임
> ㉢ 기업주와 고객에 대한 책임
> ㉣ 일반대중에 대한 책임

19 다음 중 역사상 최초로 기록된 직업병은 어느 것인가?

① 음낭암
② 납중독
③ 수은중독
④ 진폐증

> [풀이] BC 4세기 Hippocrates에 의해 광산에서 납중독이 보고되었다.
> ※ 역사상 최초로 기록된 직업병 : 납중독

20 실내 공기오염물질 중 환기의 지표물질로서 주로 이용되는 것은?

① 이산화탄소
② 부유분진
③ 휘발성 유기화합물
④ 일산화탄소

> [풀이] 실내 공기오염의 지표(환기지표)로 CO_2 농도를 이용하며 실내허용농도는 0.1%이다.
> 이때 CO_2 자체는 건강에 큰 영향을 주는 물질이 아니며, 측정하기 어려운 다른 실내오염물질에 대한 지표물질로 사용되는 것이다.

제2과목 | 작업환경 측정 및 평가

21 흡광광도법으로 시료용액의 흡광도를 측정한 결과 흡광도가 검량선의 영역 밖이었다. 시료용액을 2배로 희석하여 흡광도를 측정한 결과 흡광도가 0.4였다면 이 시료용액의 농도는?

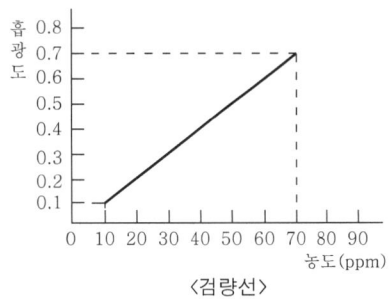
〈검량선〉

① 30ppm   ② 50ppm
③ 80ppm   ④ 100ppm

> [풀이] ㉠ 흡광도가 0.4일 때 시료용액의 농도는 40ppm이다.
> ㉡ 40ppm은 2배 희석한 농도이므로 원 시료용액의 농도는 80ppm(40ppm×2)이다.

22 가스크로마토그래피와 고성능 액체크로마토그래피의 비교로 옳지 않은 것은?

① 고성능 액체크로마토그래피는 분석시료의 용해성을 이용한다.
② 가스크로마토그래피의 분리기전은 이온배제, 이온교환, 이온분배이다.
③ 가스크로마토그래피의 이동상은 기체(가스)이고 고성능 액체크로마토그래피는 액체이다.
④ 가스크로마토그래피는 분석시료의 휘발성을 이용한다.

> [풀이] 가스크로마토그래피의 분리기전은 흡착, 탈착, 분배이다.

23 회수율 실험은 여과지를 이용하여 채취한 금속을 분석하는 데 보정하는 실험이다. 다음 중 회수율을 구하는 식은?

① 회수율(%) = $\dfrac{분석량}{첨가량} \times 100$

② 회수율(%) = $\dfrac{첨가량}{분석량} \times 100$

③ 회수율(%) = $\dfrac{분석량}{1-첨가량} \times 100$

④ 회수율(%) = $\dfrac{첨가량}{1-분석량} \times 100$

[정답] 19.② 20.① 21.③ 22.② 23.①

> **풀이** 회수율 시험
> ㉠ 시료채취에 사용하지 않은 동일한 여과지에 첨가된 양과 분석량의 비로 나타내며, 여과지를 이용하여 채취한 금속을 분석하는 데 보정하기 위해 행하는 실험이다.
> ㉡ MCE막 여과지에 금속농도 수준별로 일정량을 첨가한(spiked) 다음 분석하여 검출된(detected) 양의 비(%)를 구하는 실험은 회수율을 알기 위한 것이다.
> ㉢ 금속시료의 회화에 사용되는 왕수는 염산과 질산을 3:1의 몰비로 혼합한 용액이다.
> ㉣ 관련식 : 회수율(%) = $\frac{분석량}{첨가량} \times 100$

24 흡광광도 측정에서 투과퍼센트가 50%일 때 흡광도는?

① 0.1 ② 0.2
③ 0.3 ④ 0.4

> **풀이** 흡광도$(A) = \log \frac{1}{투과율} = \log \frac{1}{0.5} = 0.3$

25 입자상 물질의 채취를 위한 MCE막 여과지에 대한 설명으로 옳지 않은 것은?

① 산에 쉽게 용해된다.
② 입자상 물질 중의 금속을 채취하여 원자흡광법으로 분석하는 데 적정하다.
③ 시료가 여과지의 표면 또는 표면 가까운 곳에 침착하므로 석면, 유리섬유 등 현미경분석을 위한 시료채취에 이용한다.
④ 원료인 셀룰로오스가 흡습성이 적어 입자상 물질에 대한 중량분석에도 많이 사용한다.

> **풀이** MCE막 여과지(Mixed Cellulose Ester membrane filter)
> ㉠ 산에 쉽게 용해된다.
> ㉡ 산업위생에서는 거의 대부분이 직경 37mm, 구멍 크기 0.45~0.8μm의 MCE막 여과지를 사용하고 있어 작은 입자의 금속과 fume 채취가 가능하다.
> ㉢ MCE막 여과지는 산에 쉽게 용해되고 가수분해되며, 습식 회화되기 때문에 공기 중 입자상 물질 중의 금속을 채취하여 원자흡광법으로 분석하는 데 적당하다.
> ㉣ 시료가 여과지의 표면 또는 가까운 곳에 침착하므로 석면, 유리섬유 등 현미경 분석을 위한 시료채취에도 이용한다.
> ㉤ 흡습성(원료인 셀룰로오스가 수분 흡수)이 높은 MCE막 여과지는 오차를 유발할 수 있어 중량분석에 적합하지 않다.
> ㉥ MCE막 여과지는 산에 의해 쉽게 회화되기 때문에 원소분석에 적합하고 NIOSH에서는 금속, 석면, 살충제, 불소화합물 및 기타 무기물질에 추천하고 있다.

26 가스상 물질의 시료포집 시 실리카겔을 흡착제로 사용하도록 제시되는 화학물질로 가장 적절한 것은?

① 에스테르류 물질
② 아민류 물질
③ 할로겐화 탄화수소류 물질
④ 케톤류 물질

> **풀이** 실리카겔관을 사용하여 채취하기 용이한 시료
> ㉠ 극성류 유기용제(무기산 : 불산, 염산)
> ㉡ 방향족 아민류, 지방족 아민류
> ㉢ 아미노에탄올, 아마이드류
> ㉣ 니트로벤젠류, 페놀류

27 고유량 펌프를 이용하여 0.489m³의 공기를 채취하고, 실험실에서 여과지를 10% 질산 11mL로 용해하였다. 원자흡광광도계로 농도를 분석하고 검량선으로 비교분석한 결과 농도는 65μgPb/mL였다. 채취기간 중 납 먼지의 농도(mg/m³)는?

① 0.88
② 1.46
③ 2.34
④ 3.58

> **풀이** 농도(mg/m³) = $\frac{분석농도 \times 용액부피}{공기채취량}$
> $= \frac{65\mu g/mL \times 11mL}{0.489m^3}$
> $= 1462.16\mu g/m^3 \times 10^{-3}mg/\mu g$
> $= 1.46mg/m^3$

28 다음 중 1차 유량보정장치(1차 표준기구)에 해당되는 것은?

① 열선기류계 ② 습식 테스트미터
③ 오리피스미터 ④ 유리피스톤미터

[풀이] 1차 유량보정장치(1차 표준기구)
㉠ 비누거품미터
㉡ 폐활량계
㉢ 가스치환병
㉣ 유리피스톤미터
㉤ 흑연피스톤미터
㉥ 피토튜브

29 검지관을 이용한 작업환경측정에 대한 설명으로 가장 적절한 것은?

① 민감도와 특이도 모두가 높다.
② 민감도와 특이도 모두가 낮다.
③ 민감도는 낮으나 특이도는 높다.
④ 민감도는 높으나 특이도는 낮다.

[풀이] 검지관 측정법
(1) 장점
  ㉠ 사용이 간편하다.
  ㉡ 반응시간이 빨라 현장에서 바로 측정 결과를 알 수 있다.
  ㉢ 비전문가도 어느 정도 숙지하면 사용할 수 있지만 산업위생전문가의 지도 아래 사용되어야 한다.
  ㉣ 맨홀, 밀폐공간에서의 산소부족 또는 폭발성 가스로 인한 안전이 문제가 될 때 유용하게 사용된다.
  ㉤ 다른 측정방법이 복잡하거나 빠른 측정이 요구될 때 사용할 수 있다.
(2) 단점
  ㉠ 민감도가 낮아 비교적 고농도에만 적용이 가능하다.
  ㉡ 특이도가 낮아 다른 방해물질의 영향을 받기 쉽고 오차가 크다.
  ㉢ 대개 단시간 측정만 가능하다.
  ㉣ 한 검지관으로 단일물질만 측정 가능하여 각 오염물질에 맞는 검지관을 선정함에 따른 불편함이 있다.
  ㉤ 색변화에 따라 주관적으로 읽을 수 있어 판독자에 따라 변이가 심하며, 색변화가 시간에 따라 변하므로 제조자가 정한 시간에 읽어야 한다.
  ㉥ 미리 측정대상 물질의 동정이 되어 있어야 측정이 가능하다.

30 공기 중 납을 막 여과지로 시료포집한 후 분석한 결과 시료여과지에서는 4μg, 공시료 여과지에서는 0.005μg이 검출되었다. 회수율은 95%이고 공기시료 채취량은 100L였다면 공기 중 납의 농도(mg/m³)는? (단, 표준상태 기준)

① 0.02 ② 0.04
③ 0.083 ④ 0.16

[풀이]
$$\text{농도}(mg/m^3) = \frac{\text{시료분석량} - \text{공시료분석량}}{\text{공기채취량} \times \text{회수율}}$$

$$= \frac{(4-0.005)\mu g}{100L \times 0.95}$$

$$= \frac{3.995\mu g \times (10^{-3} mg/\mu g)}{100L \times (m^3/1,000L) \times 0.95}$$

$$= 0.04 mg/m^3$$

31 입자의 비중이 2.0이고 직경이 10μm인 분진의 침강속도(cm/sec)는?

① 0.3 ② 0.6
③ 0.9 ④ 1.2

[풀이] 침강속도(Lippmann 식)
$$V(cm/sec) = 0.003 \times \rho \times d^2$$
$$= 0.003 \times 2.0 \times 10^2 = 0.6 cm/sec$$

32 석면측정방법에 관한 설명으로 옳지 않은 것은?

① 편광현미경법 : 액상시료의 편광을 이용하여 석면을 분석한다.
② 위상차현미경법 : 다른 방법에 비해 간편하나 석면의 감별이 어렵다.
③ X선회절법 : 값이 비싸고 조작이 복잡하다.
④ 전자현미경법 : 공기 중 석면시료 분석에 가장 정확한 방법으로 석면의 감별 분석이 가능하다.

정답 28.④ 29.② 30.② 31.② 32.①

[풀이] **석면측정방법**
(1) 위상차현미경법
  ㉠ 석면측정에 이용되는 현미경으로 일반적으로 가장 많이 사용한다.
  ㉡ 막 여과지에 시료를 채취한 후 전처리하여 위상차현미경으로 분석한다.
  ㉢ 다른 방법에 비해 간편하나 석면의 감별이 어렵다.
(2) 전자현미경법
  ㉠ 석면분진 측정방법 중에서 공기 중 석면시료를 가장 정확하게 분석할 수 있다.
  ㉡ 석면의 성분분석(감별분석)이 가능하다.
  ㉢ 위상차현미경으로 볼 수 없는 매우 가는 섬유도 관찰 가능하다.
  ㉣ 값이 비싸고 분석시간이 많이 소요된다.
(3) 편광현미경법
  ㉠ 고형시료 분석에 사용하며 석면을 감별 분석할 수 있다.
  ㉡ 석면광물이 가지는 고유한 빛의 편광성을 이용한 것이다.
(4) X선회절법
  ㉠ 단결정 또는 분말시료(석면 포함 물질을 은막 여과지에 놓고 X선 조사)에 의한 단색 X선의 회절각을 변화시켜가며 회절선의 세기를 계수관으로 측정하여 X선의 세기나 각도를 자동적으로 기록하는 장치를 이용하는 방법이다.
  ㉡ 값이 비싸고, 조작이 복잡하다.
  ㉢ 고형시료 중 크리소타일 분석에 사용하며 토석, 암석, 광물성 분진 중의 유리규산(SiO_2) 함유율도 분석한다.

33 고온작업장의 고온 허용기준인 습구흑구온도지수(WBGT)의 옥내 허용기준 산출식은?

① WBGT(℃) = (0.7×흑구온도) + (0.3×자연습구온도)
② WBGT(℃) = (0.3×흑구온도) + (0.7×자연습구온도)
③ WBGT(℃) = (0.7×흑구온도) + (0.3×건구온도)
④ WBGT(℃) = (0.3×흑구온도) + (0.7×건구온도)

[풀이] **습구흑구온도지수(WBGT)의 산출식**
㉠ 옥외(태양광선이 내리쬐는 장소)
WBGT(℃) = 0.7×자연습구온도 + 0.2×흑구온도 + 0.1×건구온도
㉡ 옥내 또는 옥외(태양광선이 내리쬐지 않는 장소)
WBGT(℃) = 0.7×자연습구온도 + 0.3×흑구온도

34 가스교환지역인 폐포나 폐기도에 침착되었을 때 독성을 나타내는 흉곽성 입자상 물질(TPM)이 50% 침착되는 평균입자의 크기는? (단, 미국 ACGIH 정의 기준)

① 10 μm ② 5 μm
③ 4 μm ④ 2.5 μm

[풀이] **ACGIH 입자크기별 기준(TLV)**
(1) 흡입성 입자상 물질
  (IPM ; Inspirable Particulates Mass)
  ㉠ 호흡기의 어느 부위(비강, 인후두, 기관 등 호흡기의 기도 부위)에 침착하더라도 독성을 유발하는 분진이다.
  ㉡ 입경범위는 0~100 μm이다.
  ㉢ 평균입경(폐침착의 50%에 해당하는 입자의 크기)은 100 μm이다.
  ㉣ 침전분진은 재채기, 침, 코 등의 벌크(bulk) 세척기전으로 제거된다.
  ㉤ 비암이나 비중격천공을 일으키는 입자상 물질이 여기에 속한다.
(2) 흉곽성 입자상 물질
  (TPM ; Thoracic Particulates Mass)
  ㉠ 기도나 하기도(가스교환 부위)에 침착하여 독성을 나타내는 물질이다.
  ㉡ 평균입경은 10 μm이다.
  ㉢ 채취기구는 PM 10이다.
(3) 호흡성 입자상 물질
  (RPM ; Respirable Particulates Mass)
  ㉠ 가스교환 부위, 즉 폐포에 침착할 때 유해한 물질이다.
  ㉡ 평균입경은 4 μm(공기역학적 직경이 10 μm 미만인 먼지가 호흡성 입자상 물질)이다.
  ㉢ 채취기구는 10mm nylon cyclone이다.

35 어떤 분석방법의 검출한계가 0.1mg일 때 정량한계로 가장 적절한 값은?

① 0.20mg ② 0.33mg
③ 0.55mg ④ 1.05mg

[풀이] 정량한계(LOQ)는 검출한계(LOD)의 3.3배로 정의한다.
∴ 0.1mg × 3.3 = 0.33mg

정답 33.② 34.① 35.②

36 유도결합플라스마-원자발광분석기를 이용하여 금속을 분석할 때의 장단점으로 옳지 않은 것은?

① 검량선의 직선성 범위가 좁아 동시에 많은 금속을 분석할 수 있다.
② 원자들은 높은 온도에서 많은 복사선을 방출하므로 분광학적 방해영향이 있을 수 있다.
③ 화학물질에 의한 방해의 영향을 거의 받지 않는다.
④ 원자흡광광도계보다 더 좋거나 적어도 같은 정밀도를 갖는다.

> **풀이** **유도결합플라스마 분광광도계(ICP ; 원자발광분석기)**
> (1) 장점
> ⓐ 비금속을 포함한 대부분의 금속을 ppb 수준까지 측정할 수 있다.
> ⓑ 적은 양의 시료를 가지고 한 번에 많은 금속을 분석할 수 있는 것이 가장 큰 장점이다.
> ⓒ 한 번에 시료를 주입하여 10~20초 내에 30개 이상의 원소를 분석할 수 있다.
> ⓓ 화학물질에 의한 방해로부터 거의 영향을 받지 않는다.
> ⓔ 검량선의 직선성 범위가 넓다. 즉 직선성 확보가 유리하다.
> ⓕ 원자흡광광도계보다 더 줄거나 적어도 같은 정밀도를 갖는다.
> (2) 단점
> ⓐ 원자들은 높은 온도에서 많은 복사선을 방출하므로 분광학적 방해영향이 있다.
> ⓑ 시료분해 시 화합물 바탕방출이 있어 컴퓨터 처리과정에서 교정이 필요하다.
> ⓒ 유지관리 및 기기 구입가격이 높다.
> ⓓ 이온화 에너지가 낮은 원소들은 검출한계가 높고, 다른 금속의 이온화에 방해를 준다.

37 다음 내용은 무슨 법칙에 해당되는지 보기에서 고르면?

> 일정한 압력조건에서 부피와 온도는 비례한다.

① 라울트의 법칙
② 샤를의 법칙
③ 게이-뤼삭의 법칙
④ 보일의 법칙

> **풀이** **샤를의 법칙**
> 일정한 압력하에서 기체를 가열하면 온도가 1℃ 증가함에 따라 부피는 0℃ 부피의 1/273만큼 증가한다.

38 다음 중 '작업환경측정 및 지정측정기관 평가 등에 관한 고시'에서 정하고 있는 고열측정 구분에 의한 온도측정기기와 측정시간기준의 연결로 옳지 않은 것은 어느 것인가?

① 습구온도 : 0.5도 간격의 눈금이 있는 아스만통풍건습계 – 5분 이상
② 흑구 및 습구흑구 온도 : 직경이 5센티미터 이상되는 흑구온도계 또는 습구흑구 온도를 동시에 측정할 수 있는 기기 – 직경이 5센티미터일 경우 5분 이상
③ 흑구 및 습구흑구 온도 : 직경이 5센티미터 이상되는 흑구온도계 또는 습구흑구 온도를 동시에 측정할 수 있는 기기 – 직경이 15센티미터일 경우 25분 이상
④ 흑구 및 습구흑구 온도 : 직경이 5센티미터 이상되는 흑구온도계 또는 습구흑구 온도를 동시에 측정할 수 있는 기기 – 직경이 7.5센티미터일 경우 5분 이상

> **풀이** **고열의 측정기기와 측정시간**
>
> | 구 분 | 측정기기 | 측정시간 |
> | --- | --- | --- |
> | 습구온도 | 0.5℃ 간격의 눈금이 있는 아스만통풍건습계, 자연습구온도를 측정할 수 있는 기기 또는 이와 동등 이상의 성능이 있는 측정기기 | • 아스만통풍건습계 : 25분 이상
• 자연습구온도계 : 5분 이상 |
> | 흑구 및 습구흑구온도 | 직경이 5cm 이상 되는 흑구온도계 또는 습구흑구온도(WBGT)를 동시에 측정할 수 있는 기기 | • 직경이 15cm일 경우 : 25분 이상
• 직경이 7.5cm 또는 5cm일 경우 : 5분 이상 |
>
> ※ 고시 변경사항, 학습 안 하셔도 무방합니다.

정답 36.① 37.② 38.①

PART 02 과년도 출제문제

39 온도가 27°C일 때 체적이 1m³인 기체를 227°C 까지 온도를 상승시켰을 때 변화된 최종체적은? (단, 기타 조건은 변화 없음)

① 1.31m³   ② 1.42m³
③ 1.54m³   ④ 1.67m³

풀이 최종체적(V_2)
$$V_2 = V_1 \times \frac{T_2}{T_1} \times \frac{P_1}{P_2}$$
$$= 1\text{m}^3 \times \frac{273+227}{273+27} \times 1 = 1.67\text{m}^3$$

40 유기용제 취급 사업장의 톨루엔 농도가 각각 145ppm, 56ppm, 89ppm, 25ppm이었다. 이 사업장의 기하평균농도는?

① 75ppm   ② 70ppm
③ 65ppm   ④ 60ppm

풀이 기하평균(GM)
$$\log(\text{GM}) = \frac{\log 145 + \log 56 + \log 89 + \log 25}{4}$$
$$= 1.814$$
$$\therefore \text{GM} = 10^{1.814}$$
$$= 64.57\text{ppm}$$

제3과목 | 작업환경 관리

41 다음 중 비교원성 진폐증의 종류로 가장 알맞은 것은?

① 탄광부진폐증   ② 주석폐증
③ 규폐증   ④ 석면폐증

풀이
(1) 교원성 진폐증의 종류
  ㉠ 규폐증
  ㉡ 석면폐증
  ㉢ 탄광부진폐증
(2) 비교원성 진폐증의 종류
  ㉠ 용접공폐증
  ㉡ 주석폐증
  ㉢ 바륨폐증
  ㉣ 칼륨폐증

42 1촉광의 광원으로부터 단위입체각으로 나가는 광속의 단위는?

① 루멘(lumen)   ② 풋 캔들(foot candle)
③ 럭스(lux)   ④ 램버트(lambert)

풀이 루멘(lumen, lm) ; 광속
㉠ 광속의 국제단위로 기호는 lm으로 나타낸다.
㉡ 1촉광의 광원으로부터 한 단위입체각으로 나가는 광속의 단위이다.
㉢ 광속이란 광원으로부터 나오는 빛의 양을 의미하고 단위는 lumen이다.
㉣ 1촉광과의 관계는 1촉광=4π(12.57)루멘으로 나타낸다.

43 감압에 따른 기포형성량을 좌우하는 요인인 '조직에 용해된 가스량'을 결정하는 것은?

① 혈류를 변화시키는 상태
② 감압속도
③ 체내 지방량
④ 연령, 기온, 운동, 공포감, 음주상태

풀이 감압 시 조직 내 질소 기포형성량에 영향을 주는 요인
(1) 조직에 용해된 가스량
  체내 지방량, 고기압폭로의 정도와 시간으로 결정
(2) 혈류변화 정도(혈류를 변화시키는 상태)
  ㉠ 감압 시나 재감압 후에 생기기 쉽다.
  ㉡ 연령, 기온, 운동, 공포감, 음주와 관계가 있다.
(3) 감압속도

44 방진대책 중 전파경로대책으로 옳은 것은?

① 수진점의 기초중량의 부가 및 경감
② 수진측의 탄성지지
③ 수진측의 강성변경
④ 수진점 근방의 방진구

풀이 진동방지대책
(1) 발생원 대책
  ㉠ 가진력(기진력, 외력) 감쇠
  ㉡ 불평형력의 평형 유지
  ㉢ 기초중량의 부가 및 경감
  ㉣ 탄성지지(완충물 등 방진재 사용)
  ㉤ 진동원 제거
  ㉥ 동적 흡진

정답 39.④ 40.③ 41.② 42.① 43.③ 44.④

(2) 전파경로 대책
  ㉠ 진동의 전파경로 차단(방진구)
  ㉡ 거리감쇠
(3) 수진측 대책
  ㉠ 작업시간 단축 및 교대제 실시
  ㉡ 보건교육 실시
  ㉢ 수진측 탄성지지 및 강성 변경

45 방진마스크의 선정기준으로 옳지 않은 것은?
① 포집효율이 높은 것이 좋다.
② 흡기저항은 작은 것이 좋다.
③ 배기저항은 큰 것이 좋다.
④ 중량은 가벼운 것이 좋다.

[풀이] 방진마스크의 선정조건(구비조건)
㉠ 흡기저항 및 흡기저항 상승률이 낮을 것
  (일반적 흡기저항 범위 : 6~8mmH$_2$O)
㉡ 배기저항이 낮을 것
  (일반적 배기저항 기준 : 6mmH$_2$O 이하)
㉢ 여과재 포집효율이 높을 것
㉣ 착용 시 시야확보가 용이할 것(하방시야가 60° 이상 되어야 함)
㉤ 중량은 가벼울 것
㉥ 안면에서의 밀착성이 클 것
㉦ 침입률 1% 이하까지 정확히 평가 가능할 것
㉧ 피부접촉부위가 부드러울 것
㉨ 사용 후 손질이 간단할 것
㉩ 무게중심은 안면에 강한 압박감을 주지 않는 위치에 있을 것

46 채광에 관한 설명으로 옳지 않은 것은?
① 지상에서의 태양조도는 약 100,000lux 정도이며 건물의 창 내측은 약 2,000lux 정도이다.
② 균일한 조명을 요구하는 작업실은 북창이 좋다.
③ 창의 면적은 벽면적의 15~20%가 이상적이다.
④ 자연채광 시 실내 각 점의 개각은 4~5°, 입사각은 28° 이상이 좋다.

[풀이] 채광을 위한 창의 면적은 방바닥 면적의 15~20%가 이상적이다.

47 전리방사선 중 투과력이 가장 강한 것은?
① X선　② 중성자
③ 감마선　④ 알파선

[풀이]
㉠ 인체의 투과력 순서
  중성자 > X선 or γ선 > β선 > α선
㉡ 전리작용 순서
  α선 > β선 > X선 or γ선

48 작업과 보호구를 가장 적절하게 연결한 것은?
① 전기용접 – 차광안경
② 탱크 내 분무도장 – 방진마스크
③ 노면 토석굴착 – 송풍마스크
④ 병타기공정 – 고무제 보호의

[풀이]
② 탱크 내 분무도장 – 송기마스크
③ 노면 토석굴착 – 방진마스크
④ 병타기공정 – 청력보호구(귀마개, 귀덮개)

49 고압환경의 영향 중 2차적인 가압현상과 가장 거리가 먼 것은?
① 질소마취　② 산소중독
③ 폐 내 가스팽창　④ 이산화탄소중독

[풀이] 고압환경에서의 2차적 가압현상
㉠ 질소가스의 마취작용
㉡ 산소중독
㉢ 이산화탄소의 작용

50 고열로 인한 인체영향에 대한 설명으로 옳지 않은 것은?
① 열사병은 고열로 인하여 발생하는 건강장애 중 가장 위험성이 큰 것으로 체온조절계통이 기능을 잃어 발생한다.
② 열경련은 땀을 많이 흘려 신체의 염분손실을 충당하지 못할 때 발생한다.
③ 열발진이 일어난 경우 의복을 벗긴 다음 피부를 물수건으로 적셔 피부가 건조하게 되는 것을 방지한다.
④ 열경련 근로자에게 염분을 공급할 때에는 식염정제가 사용되어서는 안 된다.

정답　45.③　46.③　47.②　48.①　49.③　50.③

[풀이] 열성 발진의 치료는 냉목욕 후 차갑게 건조시키고 세균 감염 시 칼라민로션이나 아연화연고를 바른다.

51 유해한 작업환경에 대한 개선대책인 대치(substitution)의 내용과 가장 거리가 먼 것은?
① 공정의 변경   ② 시설의 변경
③ 작업자의 변경 ④ 유해물질의 변경

[풀이] 작업환경 개선(대치방법)
㉠ 공정의 변경
㉡ 시설의 변경
㉢ 유해물질의 변경

52 적용화학물질이 정제 벤드나이드겔, 염화비닐수지이며 분진, 전해약품 제조, 원료취급 작업에서 주로 사용되는 보호크림으로 가장 적절한 것은?
① 피막형 크림   ② 차광 크림
③ 소수성 크림   ④ 친수성 크림

[풀이] 피막형성형 피부보호제(피막형 크림)
㉠ 분진, 유리섬유 등에 대한 장애를 예방한다.
㉡ 적용 화학물질의 성분은 정제 벤드나이드겔, 염화비닐수지이다.
㉢ 피막형성 도포제를 바르고 장시간 작업 시 피부에 장애를 줄 수 있으므로 작업완료 후 즉시 닦아내야 한다.
㉣ 분진, 전해약품 제조, 원료취급 작업시 사용한다.

53 B 공장 집진기용 송풍기의 소음을 측정한 결과, 가동 시에는 90dB(A)이었으나, 가동 중지상태에서는 85dB(A)이었다. 이 송풍기의 실제소음도는?
① 86.2dB(A)   ② 87.1dB(A)
③ 88.3dB(A)   ④ 89.4dB(A)

[풀이] 소음의 차[dB(A)] $= 10\log(10^{9.0} - 10^{8.5})$
$= 88.35\,dB(A)$

54 1초 동안에 3.7×10¹⁰개의 원자붕괴가 일어나는 방사성 물질 양을 나타내는 방사능의 관용단위는?

① Ci   ② rad
③ rem ④ R

[풀이] 큐리(Curie, Ci), Bq(Becquerel)
㉠ 방사성 물질의 양 단위
㉡ 단위시간에 일어나는 방사선 붕괴율을 의미
㉢ radium이 붕괴하는 원자의 수를 기초로 하여 정해졌으며, 1초간 3.7×10^{10}개의 원자붕괴가 일어나는 방사성 물질의 양(방사능의 강도)으로 정의
㉣ $1Bq = 2.7 \times 10^{-11} Ci$

55 생산공정 변경 개선의 예와 가장 거리가 먼 것은?
① 페인트 도장 시 분사를 대신하여 담금 도장으로 변경한다.
② 송풍기는 작은 날개로 고속회전시키던 것을 큰 날개로 저속회전시킨다.
③ 도자기 제조공정에서 건조 전 실시하던 점토배합을 건조 후에 실시한다.
④ 금속을 두들겨 자르던 것을 톱으로 자르는 것으로 변경한다.

[풀이] 도자기 제조공정에서 건조 후 실시하던 점토배합을 건조 전에 실시한다.

56 다음 중 귀덮개(ear muff)의 장점과 가장 거리가 먼 내용은?
① 귀마개보다 차음효과가 일반적으로 크다.
② 귀덮개 크기의 다양화가 용이하다.
③ 귀마개보다 차음효과의 개인차가 작다.
④ 귀에 이상이 있을 때에도 사용할 수 있다.

[풀이] 귀덮개
(1) 장점
㉠ 귀마개보다 일관성 있는 차음효과를 얻을 수 있다.
㉡ 귀마개보다 차음효과가 일반적으로 높다.
㉢ 동일한 크기의 귀덮개를 대부분의 근로자가 사용 가능하다(크기를 여러 가지로 할 필요가 없음).
㉣ 귀에 염증이 있어도 사용 가능하다(질병이 있을 때도 가능).
㉤ 귀마개보다 차음효과의 개인차가 적다.

정답 51.③ 52.① 53.③ 54.① 55.③ 56.②

ⓑ 근로자들이 귀마개보다 쉽게 착용할 수 있고 착용법을 틀리거나 잃어버리는 일이 적다.
ⓐ 고음영역에서 차음효과가 탁월하다.

(2) 단점
  ㉠ 부착된 밴드에 의해 차음효과가 감소될 수 있다.
  ㉡ 고온에서 사용 시 불편하다(보호구 접촉면에 땀이 남).
  ㉢ 머리카락이 길 때와 안경테가 굵거나 잘 부착되지 않을 때는 사용하기가 불편하다.
  ㉣ 장시간 사용 시 꼭 끼는 느낌이 있다.
  ㉤ 보안경과 함께 사용하는 경우 다소 불편하며, 차음효과가 감소한다.
  ㉥ 가격이 비싸고 운반과 보관이 쉽지 않다.
  ㉦ 오래 사용하여 귀걸이의 탄력성이 줄었을 때나 귀걸이가 휘었을 때는 차음효과가 떨어진다.

57 방진마스크의 필터에 사용되는 재질과 가장 거리가 먼 것은?
① 활성탄 ② 합성섬유
③ 면 ④ 유리섬유

[풀이] 활성탄은 방독마스크의 흡수(흡착)제이다.

58 다음 조건에서 방독마스크의 사용 가능 시간은?

- 공기 중의 사염화탄소 농도 0.2%
- 사용 정화통의 정화능력은 사염화탄소 0.5%에서 50분간 사용 가능

① 110분 ② 125분
③ 145분 ④ 175분

[풀이] 사용가능시간 = $\dfrac{\text{표준유효시간} \times \text{시험가스 농도}}{\text{공기 중 유해가스 농도}}$
= $\dfrac{50 \times 0.5}{0.2}$
= 125분

59 보호구 밖의 농도가 300ppm이고 보호구 안의 농도가 12ppm이었을 때 보호계수(PF ; Protection Factor) 값은?
① 200 ② 100
③ 50 ④ 25

[풀이] 보호계수(PF) = $\dfrac{\text{보호구 밖의 농도}}{\text{보호구 안의 농도}} = \dfrac{300}{12} = 25$

60 다음 중 조명부족(조도부족)이 원인이 되는 질병으로 가장 적절한 것은?
① 안정피로 ② 녹내장
③ 전광성 안염 ④ 망막변성

[풀이]
(1) 조명부족이 원인이 되는 질병
  ㉠ 근시
  ㉡ 안정피로
  ㉢ 안구진탕증
(2) 조명과잉이 원인이 되는 질병
  ㉠ 시력장애
  ㉡ 시력협착

제4과목 | 산업환기

61 다음 중 송풍관 설계에 있어 압력손실을 줄이는 방법으로 적절하지 않은 것은?
① 마찰계수를 작게 한다.
② 분지관의 수를 가급적 적게 한다.
③ 곡관의 반경비(r/d)를 크게 한다.
④ 분지관을 주관에 접속할 때 90°에 가깝도록 한다.

[풀이] 분지관을 주관에 접속할 때 30°에 가깝게 하고 확대관을 이용하여 엇갈리게 연결한다.

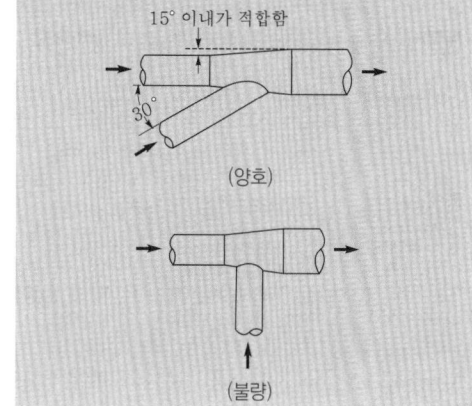

62 후드 개구면 속도를 균일하게 분포시키는 방법으로 도금조와 같이 비교적 길이가 긴 탱크에서 가장 적절하게 사용할 수 있는 것은?

① 테이퍼 부착   ② 분리날개 설치
③ 차폐막 이용   ④ 슬롯 사용

풀이 후드 입구의 공기흐름을 균일하게 하는 방법(후드 개구면 면속도를 균일하게 분포시키는 방법)
(1) 테이퍼(taper, 경사접합부) 설치
  경사각은 60° 이내로 설치하는 것이 바람직하다.
(2) 분리날개(splitter vanes) 설치
  ㉠ 후드 개구부를 몇 개로 나누어 유입하는 형식이다.
  ㉡ 분리날개의 부식 및 유해물질 축적 등 단점이 있다.
(2) 슬롯(slot) 사용
  도금조와 같이 길이가 긴 탱크에서 가장 적절하게 사용한다.
(3) 차폐막 이용

63 다음 중 산업환기에 관한 일반적인 설명으로 틀린 것은?

① 산업환기에서의 표준상태란 21℃, 760mmHg를 말한다.
② 산업환기에서 표준공기의 밀도는 1.203kg/m³ 정도이다.
③ 일정량의 공기부피는 절대온도에 반비례하여 증가한다.
④ 산업환기장치 내의 유체는 별도의 언급이 없는 한 표준공기로 취급한다.

풀이 공기부피는 절대온도에 비례하여 증가한다.
$$V_2 = V_1 \times \frac{T_2}{T_1} \times \frac{P_2}{P_1}$$

64 다음 중 희석환기를 적용하여서는 안 되는 경우는?

① 오염물질의 양이 비교적 적고, 희석공기량이 많지 않아도 될 경우
② 오염물질의 허용기준치가 매우 낮은 경우
③ 오염물질의 발산이 비교적 균일한 경우
④ 가연성 가스의 농축으로 폭발의 위험이 있는 경우

풀이 전체환기(희석환기) 적용 시 조건
㉠ 유해물질의 독성이 비교적 낮은 경우, 즉 TLV가 높은 경우(가장 중요한 제한조건)
㉡ 동일한 작업장에 다수의 오염원이 분산되어 있는 경우
㉢ 유해물질이 시간에 따라 균일하게 발생할 경우
㉣ 유해물질의 발생량이 적은 경우 및 희석공기량이 많지 않아도 될 경우
㉤ 유해물질이 증기나 가스일 경우
㉥ 국소배기로 불가능한 경우
㉦ 배출원이 이동성인 경우
㉧ 가연성 가스의 농축으로 폭발의 위험이 있는 경우
㉨ 오염원이 근무자가 근무하는 장소로부터 멀리 떨어져 있는 경우

65 다음 [그림]과 같은 송풍기 성능곡선에 대한 설명으로 옳은 것은?

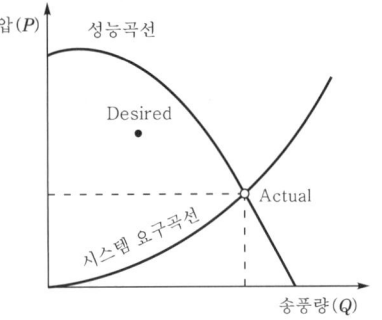

① 송풍기의 선정이 적절하여 원했던 송풍량이 나오는 경우이다.
② 성능이 약한 송풍기를 선정하여 송풍량이 작게 나오는 경우이다.
③ 송풍기의 선정은 적절하나 시스템의 압력손실이 과대평가되어 송풍량이 예상보다 많이 나오는 경우이다.
④ 너무 큰 송풍기를 선정하고, 시스템 압력손실도 과대평가된 경우이다.

풀이 압력손실을 과잉설계하여 너무 큰 송풍기를 선정한 경우이다.

66 후드의 유입계수가 0.7, 유입손실이 1.6mmH₂O일 때 후드의 속도압은 약 몇 mmH₂O인가?

① 1.54   ② 2.82
③ 3.45   ④ 4.82

[풀이] 후드의 유입손실(ΔP) = $F \times VP$

$$\therefore VP = \frac{\Delta P}{F} = \frac{1.6}{\left(\frac{1}{0.7^2}\right) - 1} = 1.54 \text{mmH}_2\text{O}$$

67 불필요한 고열로 인한 작업장을 환기시키려고 할 때 필요환기량(m³/hr)을 구하는 식으로 옳은 것은? (단, 급배기 또는 실내·외의 온도차를 Δt(℃), 작업장 내 열부하를 H_s(kcal/hr)라 한다.)

① $\dfrac{H_s}{1.2\Delta t}$ ② $H_s \times 1.2\Delta t$

③ $\dfrac{H_s}{0.3\Delta t}$ ④ $H_s \times 0.3\Delta t$

[풀이] 발열 시 필요환기량(방열 목적의 필요환기량)
㉠ 환기량 계산 시 현열(sensible heat)에 의한 열부하만 고려하여 계산한다.
㉡ 필요환기량(Q, m³/hr) = $\dfrac{H_s}{0.3\Delta t}$

여기서, Q : 필요환기량(m³/hr)
Δt : 급배기(실내·외)의 온도차(℃)
H_s : 작업장 내 열부하량(kcal/hr)

68 다음 중 세정식 집진장치에 관한 설명으로 틀린 것은?

① 비교적 큰 입자상 물질의 처리에 사용한다.
② 단일장치로 분진포집 및 가스흡수가 동시에 가능하다.
③ 포집된 분진은 오염되지 않고, 회수가 용이하다.
④ 미스트를 처리할 수 있으며, 포집효율을 변화시킬 수 있다.

[풀이] 세정식 집진시설
(1) 장점
㉠ 습한 가스, 점착성 입자를 폐색 없이 처리가 가능하다.
㉡ 인화성, 가열성, 폭발성 입자를 처리할 수 있다.
㉢ 고온가스의 취급이 용이하다.
㉣ 설치면적이 작아 초기비용이 적게 든다.
㉤ 단일장치로 입자상 외에 가스상 오염물을 제거할 수 있다.
㉥ demister 사용으로 미스트 처리가 가능하다.
㉦ 부식성 가스와 분진을 중화시킬 수 있다.
㉧ 집진효율을 다양화할 수 있다.
(2) 단점
㉠ 폐수 발생 및 폐슬러지 처리비용이 발생한다.
㉡ 공업용수를 과잉 사용한다.
㉢ 포집된 분진은 오염 가능성이 있고 회수가 어렵다.
㉣ 연소가스가 포함된 경우에는 부식 잠재성이 있다.
㉤ 추운 경우에 동결방지장치를 필요로 한다.
㉥ 백연발생으로 인한 재가열시설이 필요하다.
㉦ 배기의 상승 확산력을 저하한다.

69 자연환기방식에 의한 전체환기의 효율은 주로 무엇에 의해 결정되는가?

① 풍압과 실내·외 온도 차이
② 대기압과 오염물질의 농도
③ 오염물질의 농도와 실내·외의 습도 차이
④ 작업자수와 작업장 내부시설의 위치

[풀이] 자연환기방식은 작업장 내외의 온도, 압력 차이에 의해 발생하는 기류의 흐름을 자연적으로 이용하는 방식이다.

70 다음 중 송풍기에 관한 설명으로 틀린 것은?

① 평판송풍기는 장소의 제약이 없고 효율이 좋다.
② 원심송풍기로는 다익팬, 레이디얼팬, 터보팬 등이 있다.
③ 터보형 송풍기는 압력변동이 있어도 풍량의 변화가 비교적 작다.
④ 다익형 송풍기는 구조상 고속회전이 어렵고, 큰 동력의 용도에는 적합하지 않다.

정답 66.① 67.③ 68.③ 69.① 70.①

[풀이] 장소의 제약이 없고 효율이 좋은 원심력식 송풍기는 터보형 송풍기이다.

71 용접기에서 발생하는 용접흄을 배기시키기 위해 외부식 측방 원형 후드를 설치하기로 하였다. 제어속도를 1m/sec로 했을 때 플랜지 없는 원형 후드의 필요송풍량이 20m³/min으로 계산되었다면, 플랜지 있는 측방 원형 후드를 설치할 경우 필요송풍량은 몇 m³/min 정도가 되겠는가? (단, 제시된 조건 이외에는 모두 동일하다.)

① 10   ② 15
③ 20   ④ 25

[풀이] 필요송풍량 $= 20\text{m}^3/\text{min} \times (1 - 0.25) = 15\text{m}^3/\text{min}$

72 주형을 부수고 모래를 터는 장소에 포위식 후드를 설치하는 경우 최소제어풍속(m/sec)으로 옳은 것은?

① 0.5   ② 0.7
③ 1.0   ④ 1.2

[풀이] 제어속도 범위(ACGIH)

작업조건	작업공정 사례	제어속도 (m/sec)
• 움직이지 않는 공기 중에서 속도 없이 배출되는 작업조건 • 조용한 대기 중에 실제 거의 속도가 없는 상태로 발산하는 경우의 작업조건	• 액면에서 발생하는 가스나 증기, 흄 • 탱크에서 증발, 탈지시설	0.25~0.5
비교적 조용한(약간의 공기 움직임) 대기 중에서 저속도로 비산하는 작업조건	• 용접, 도금 작업 • 스프레이 도장 • 주형을 부수고 모래를 터는 장소	0.5~1.0
발생기류가 높고 유해물질이 활발하게 발생하는 작업조건	• 스프레이 도장, 용기충전 • 컨베이어 적재 • 분쇄기	1.0~2.5
초고속기류가 있는 작업장소에 초고속으로 비산하는 경우	• 회전연삭작업 • 연마작업 • 블라스트 작업	2.5~10

73 일반적으로 후드에서 정압과 속도압을 동시에 측정하고자 할 때 측정공의 위치는 후드 또는 덕트의 연결부로부터 얼마 정도 떨어져 있는 곳이 가장 적절한가?

① 후드 길이의 1~2배
② 후드 길이의 3~4배
③ 덕트 직경의 1~2배
④ 덕트 직경의 4~6배

[풀이] 후드에서 정압과 속도압을 동시에 측정하고자 할 때 측정공의 위치는 후드 또는 덕트의 연결부로부터 덕트 직경의 4~6배 정도 떨어져 있는 곳이 가장 적절하다.

74 가스(gas)를 제거하는 데 사용하는 충진탑(packed tower)은 주로 어떤 원리를 이용하여 가스를 제거하는가?

① 원심법
② 응축법
③ 재연소법
④ 흡수법

[풀이] 세정집진장치의 종류
(1) 유수식(가스분산형)
  ㉠ 물(액체) 속으로 처리가스를 유입하여 다량의 액막을 형성하여, 함진가스를 세정하는 방식이다.
  ㉡ 종류로는 S형 임펠러형, 로터형, 분수형, 나선안내익형, 오리피스 스크러버 등이 있다.
(2) 가압수식(액분산형)
  ㉠ 물(액체)을 가압 공급하여 함진가스를 세정하는 방식이다.
  ㉡ 종류로는 벤투리스크러버, 제트 스크러버, 사이클론 스크러버, 분무탑, 충진탑 등이 있다.
  ㉢ 벤투리스크러버는 가압수식에서 집진율이 가장 높아 광범위하게 사용한다.
(3) 회전식
  ㉠ 송풍기의 회전을 이용하여 액막, 기포를 형성시켜 함진가스를 세정하는 방식이다.
  ㉡ 종류로는 타이젠 워셔, 임펄스 스크러버 등이 있다.

75 주관에 25°로 분지관이 연결되어 있고 주관과 분지관의 속도압이 모두 25mmH₂O일 때 주관과 분지관의 합류에 의한 압력손실은 약 몇 mmH₂O인가? (단, 원형 합류관의 압력손실계수는 다음 [표]를 참고한다.)

합류각	압력손실계수	
	주 관	분지관
15°	0.2	0.09
20°		0.12
25°		0.15
30°		0.18
35°		0.21

① 6.25　② 8.75
③ 12.5　④ 15.0

풀이 압력손실(ΔP) = $\Delta P_1 + \Delta P_2$
= $(\xi_1 \times VP_1) + (\xi_2 \times VP_2)$
= $(0.2 \times 25) + (0.15 \times 25)$
= $8.75 mmH_2O$

76 다음 중 작업장 내의 실내환기량을 평가하는 방법과 거리가 먼 것은?
① 시간당 공기교환횟수
② 이산화탄소 농도를 이용하는 방법
③ tracer 가스를 이용하는 방법
④ 배기 중 내부공기의 수분함량 측정

풀이 실내환기량 평가방법
㉠ 시간당 공기교환횟수
㉡ 이산화탄소 농도를 이용하는 방법
㉢ tracer 가스를 이용하는 방법

77 국소배기장치 설치에는 오염물질의 제어효율뿐만 아니라 비용문제도 고려해야 한다. 다음 중 국소배기장치의 설치 및 에너지 비용 절감을 위해 가장 우선적으로 검토하여야 할 것은?
① 재료비 절감을 위해 덕트 직경을 가능한 줄인다.
② 송풍기 운전비 절감을 위해 댐퍼로 배기유량을 줄인다.
③ 후드 개구면적을 가능한 넓혀서 개방형으로 설치한다.
④ 후드를 오염물질 발생원에 최대한 근접시켜 필요송풍량을 줄인다.

풀이 국소배기에서 효율성 있는 운전을 하기 위해서 가장 먼저 고려할 사항은 필요송풍량 감소이다.

78 다음 중 정압에 관한 설명으로 틀린 것은?
① 정압은 속도압에서 전압을 뺀 값이다.
② 정압은 위치에너지에 속한다.
③ 밀폐공간에서 전압이 50mmHg이면 정압은 50mmHg이다.
④ 송풍기가 덕트 내의 공기를 흡인하는 경우 정압은 음압이다.

풀이 정압
㉠ 밀폐된 공간(duct) 내 사방으로 동일하게 미치는 압력, 즉 모든 방향에서 동일한 압력이며 송풍기 앞에서는 음압, 송풍기 뒤에서는 양압이다.
㉡ 공기흐름에 대한 저항을 나타내는 압력이며, 위치에너지에 속한다.
㉢ 밀폐공간에서 전압이 50mmHg이면 정압은 50mmHg이다.
㉣ 정압이 대기압보다 낮을 때는 음압(negative pressure)이고, 대기압보다 높을 때는 양압(positive pressure)으로 표시한다.
㉤ 정압은 단위체적의 유체가 압력이라는 형태로 나타나는 에너지이다.
㉥ 양압은 공간벽을 팽창시키려는 방향으로 미치는 압력이고 음압은 공간벽을 압축시키려는 방향으로 미치는 압력이다. 즉 유체를 압축시키거나 팽창시키려는 잠재에너지의 의미가 있다.
㉦ 정압을 때로는 저항압력 또는 마찰압력이라고 한다.
㉧ 정압은 속도압과 관계없이 독립적으로 발생한다.

79 다음 중 관 내경이 150mm인 직관을 통하여 50m³/min의 공기를 송풍할 때 관 내의 풍속은 약 몇 m/sec인가?
① 47　② 53
③ 68　④ 83

[풀이] $Q = A \times V$ 이므로

$$\therefore V = \frac{50\text{m}^3/\text{min}}{\left(\dfrac{3.14 \times 0.15^2}{4}\right)\text{m}^2}$$

$$= 2830.86 \text{m/min} \times \text{min}/60\text{sec}$$

$$= 47.18 \text{m/sec}$$

80 온도 5℃, 압력 700mmHg인 공기의 밀도 보정계수는 약 얼마인가?

① 0.988 ② 0.974
③ 0.961 ④ 0.954

[풀이] 밀도보정계수$(d_f) = \dfrac{273 + 21(P)}{(℃ + 273)(760)}$

$$= \frac{(273 + 21)(700)}{(5℃ + 273)(760)}$$

$$= 0.974$$

과년도 출제문제 | 2010.07.25

제3회 산업위생관리산업기사

제1과목 | 산업위생학 개론

01 직장에서의 당면문제를 진지한 태도로 해결하지 않고 현재보다 낮은 단계의 정신상태로 되돌아가려는 행동반응을 나타내는 부적응현상을 무엇이라고 하는가?
① 작업도피(evasion)
② 체념(resignation)
③ 퇴행(degeneration)
④ 구실(pretext)

풀이 퇴행은 성숙·발전해가는 과정에서 큰 위험이나 갈등을 겪었을 때, 그동안 이룩한 발달의 일부를 상실하고 마음의 상태가 과거의 낮은 발달단계로 후퇴하는 심리적 방어기제를 말한다.

02 다음 중 근골격계 질환을 예방하기 위한 개선사항으로 적절하지 않은 것은?
① 반복적인 작업을 연속적으로 수행하는 근로자에게는 집중력 향상을 위해 해당 작업 이외의 작업을 중간에 넣지 말아야 한다.
② 반복의 정도가 심한 경우에는 공정을 자동화하거나 다수의 근로자들이 교대하도록 하여 한 근로자의 반복작업시간을 가능한 한 줄이도록 한다.
③ 작업대의 높이는 작업 정면을 보면서 팔꿈치 각도가 90°를 이루는 자세로 작업할 수 있도록 조절하고 근로자와 작업면의 각도 등을 적절히 조절할 수 있도록 한다.
④ 작업영역은 정상작업영역 이내에서 이루어지도록 하고 부득이한 경우에 한해 최대작업영역에서 수행하되 그 작업이 최소화되도록 한다.

풀이 반복적인 작업을 연속적으로 수행하는 근로자에게는 해당 작업 이외의 작업을 중간에 넣어 동일한 작업자세를 피하게 하여 근골격계 질환을 예방한다.

03 다음 중 석재공장, 주물공장 등에서 발생하는 유리규산이 주원인이 되는 진폐의 종류는?
① 면폐증
② 활석폐증
③ 규폐증
④ 석면폐증

풀이 규폐증의 인체영향 및 특징
㉠ 규폐증은 결정형 규소(암석 : 석영분진, 이산화규소, 유리규산)에 직업적으로 노출된 근로자에게 발생한다.
㉡ 폐 조직에서 섬유상 결절이 발견된다.
㉢ 유리규산(SiO_2) 분진 흡입으로 폐에 만성섬유증식이 나타난다.
㉣ 유리규산(석영) 분진에 의한 규폐성 결정과 폐포벽 파괴 등 망상내피계 반응은 분진입자의 크기가 2~5μm일 때 자주 일어난다. 즉 채석장 및 모래분사 작업장 작업자들이 석영을 과도하게 흡입하여 발생한다.
㉤ 자각증상은 호흡곤란, 지속적인 기침, 다량의 담액 등이지만, 일반적으로는 자각증상 없이 서서히 진행된다(만성규폐증의 경우 10년 이상 지나서 증상이 나타남).
㉥ 고농도의 규소입자에 노출되면 급성 규폐증에 걸리며 열, 기침, 체중감소, 청색증이 나타난다.
㉦ 폐결핵을 합병증으로 폐하엽부위에 많이 생긴다.

정답 01.③ 02.① 03.③

PART 02 과년도 출제문제

04 상시근로자수가 600명인 A 사업장에서 연간 25건의 재해로 30명의 사상자가 발생하였다. 이 사업장의 도수율은 약 얼마인가? (단, 1일 9시간씩 1개월에 20일을 근무하였다.)

① 17.36 ② 19.26
③ 20.83 ④ 23.15

풀이
$$도수율 = \frac{재해발생건수}{연근로시간수} \times 10^6$$
$$= \frac{25}{9 \times 20 \times 12 \times 600} \times 10^6$$
$$= 19.29$$

05 methyl chloroform(TLV=350ppm)을 1일 12시간 작업할 때의 노출기준을 Brief & Scala 방법으로 보정하면 몇 ppm으로 하여야 하는가?

① 150 ② 175
③ 200 ④ 250

풀이
$$RF(보정계수) = \left(\frac{8}{H}\right) \times \frac{24-H}{16}$$
$$= \left(\frac{8}{12}\right) \times \frac{24-12}{16} = 0.5$$
∴ 보정된 노출기준 = TLV × RF
$$= 350ppm \times 0.5 = 175ppm$$

06 다음 중 작업대사율(RMR)을 구하는 식으로 옳은 것은?

① $\dfrac{작업 시 소비에너지 - 안정 시 소비에너지}{기초대사량}$

② $\dfrac{작업 시 소비에너지 - 기초대사량}{기초대사량}$

③ $\dfrac{작업 시 소비에너지 - 기초대사량}{안정 시 소비에너지}$

④ $\dfrac{작업 시 소비에너지 - 안정 시 소비에너지}{안정 시 소비에너지}$

풀이 작업대사율(RMR)
$$= \frac{작업대사량}{기초대사량}$$
$$= \frac{작업 시 소요열량 - 안정 시 소요열량}{기초대사량}$$

07 다음 중 산업위생의 정의에 포함되지 않는 산업위생전문가의 활동은?

① 지역주민의 혈액을 직접 채취하고 생체시료 중의 중금속을 분석한다.
② 지하상가 등에서 공기시료 등을 채취하여 유해인자를 조사한다.
③ 지역주민의 건강의식에 대하여 설문지로 조사한다.
④ 특정 사업장에서 발생한 직업병의 사회적인 영향에 대하여 조사한다.

풀이 ①항은 산업보건의의 활동이다.

08 다음 중 산업위생전문가로서의 책임에 관한 내용과 가장 거리가 먼 것은 어느 것인가?

① 기업체의 기밀은 누설하지 않는다.
② 성실성과 학문적 실력면에서 최고수준을 유지한다.
③ 전문적 판단이 타협에 의하여 좌우될 수 있는 경우는 확실한 근거로 전문적인 견해를 가지고 개입한다.
④ 과학적 방법의 적용과 자료의 해석에서 객관성을 유지한다.

풀이 **산업위생전문가로서의 책임**
㉠ 성실성과 학문적 실력 면에서 최고 수준을 유지한다(전문적 능력 배양 및 성실한 자세로 행동).
㉡ 과학적 방법의 적용과 자료의 해석에서 경험을 통한 전문가의 객관성을 유지한다(공인된 과학적 방법 적용, 해석).
㉢ 전문 분야로서의 산업위생을 학문적으로 발전시킨다.
㉣ 근로자, 사회 및 전문 직종의 이익을 위해 과학적 지식을 공개하고 발표한다.
㉤ 산업위생활동을 통해 얻은 개인 및 기업체의 기밀은 누설하지 않는다(정보는 비밀 유지).
㉥ 전문적 판단이 타협에 의하여 좌우될 수 있거나 이해관계가 있는 상황에는 개입하지 않는다.

정답 04.② 05.② 06.① 07.① 08.③

09 다음 중 영상표시단말기(VDT) 취급에 관한 설명으로 틀린 것은?

① 화면상의 문자와 배경과의 휘도비(contrast)를 높인다.
② 작업면에 도달하는 빛의 각도를 화면으로부터 45° 이내가 되도록 조명 및 채광을 제한한다.
③ 작업장 주변환경의 조도를 화면의 바탕색상이 검정색 계통일 때 300~500lux로 유지한다.
④ 영상표시단말기 작업을 주목적으로 하는 작업실 내의 온도는 18~24℃, 습도는 40~70%를 유지하여야 한다.

[풀이] 휘도비가 높게 되면 눈부심과 잔상효과가 나타난다. 즉, 문자는 어둡고 화면의 배경색은 밝게 하는 것이 눈의 피로현상을 감소시킨다.

10 다음 중 교대제의 운영방법으로 적절하지 않은 것은?

① 12시간 교대제를 우선적으로 적용한다.
② 야근은 2~3일 이상 연속하지 않는다.
③ 야근의 교대시간은 심야에 하지 않는다.
④ 3조 3교대의 연속근무는 가급적 피한다.

[풀이] **교대근무제 관리원칙(바람직한 교대제)**
㉠ 각 반의 근무시간은 8시간씩 교대로 하고, 야근은 가능한 짧게 한다.
㉡ 2교대면 최저 3조의 정원을, 3교대면 4조를 편성한다.
㉢ 채용 후 건강관리로서 정기적으로 체중, 위장증상 등을 기록해야 하며, 근로자의 체중이 3kg 이상 감소하면 정밀검사를 받아야 한다.
㉣ 평균 주 작업시간은 40시간을 기준으로 갑반→을반→병반으로 순환하게 한다.
㉤ 근무시간의 간격은 15~16시간 이상으로 하는 것이 좋다.
㉥ 야근의 주기를 4~5일로 한다.
㉦ 신체의 적응을 위하여 야간근무의 연속일수는 2~3일로 하며 야간근무를 3일 이상 연속으로 하는 경우에는 피로축적현상이 나타나게 되므로 연속하여 3일을 넘기지 않도록 한다.
㉧ 야근 후 다음 반으로 가는 간격은 최저 48시간 이상의 휴식시간을 갖도록 하여야 한다.
㉨ 야근 교대시간은 상오 0시 이전에 하는 것이 좋다(심야시간을 피함).
㉩ 야근 시 가면은 반드시 필요하며, 보통 2~4시간(1시간 30분 이상)이 적합하다.
㉪ 야근 시 가면은 작업강도에 따라 30분에서 1시간 범위로 하는 것이 좋다.
㉫ 작업 시 가면시간은 적어도 1시간 30분 이상 주어야 수면효과가 있다고 볼 수 있다.
㉬ 상대적으로 가벼운 작업은 야간근무조에 배치하는 등 업무내용을 탄력적으로 조정해야 하며 야간작업자는 주간작업자보다 연간 쉬는 날이 더 많아야 한다.
㉭ 근로자가 교대일정을 미리 알 수 있도록 해야 한다.
㉮ 일반적으로 오전근무의 개시시간은 오전 9시로 한다.
㉯ 교대방식(교대근무 순환주기)은 낮근무, 저녁근무, 밤근무 순으로 한다. 즉, 정교대가 좋다.

11 다음 중 혐기성 대사에서 혐기성 반응에 의해 에너지를 생산하지 않는 것은?

① 아데노신삼인산(ATP)
② 크레아틴인산(CP)
③ 포도당
④ 지방

[풀이] **혐기성 대사(anaerobic metabolism)**
(1) 근육에 저장된 화학적 에너지를 의미한다.
(2) 혐기성 대사 순서(시간대별)
ATP(아데노신삼인산) → CP(크레아틴인산) → glycogen(글리코겐) or glucose(포도당)
※ 근육운동에 동원되는 주요 에너지원 중 가장 먼저 소비되는 것은 ATP이다.

12 25℃, 1기압 상태에서 톨루엔(분자량 92) 50ppm은 약 몇 mg/m^3인가?

① 92
② 188
③ 376
④ 411

[풀이]
$$(mg/m^3) = ppm \times \frac{분자량}{24.45L}$$
$$= 50ppm \times \frac{92g}{24.45L} = 188.14 mg/m^3$$

정답 09.① 10.① 11.④ 12.②

13 다음 중 산업위생의 역사에 관한 설명으로 옳은 것은?

① 역사상 최초로 기록된 직업병은 수은중독이다.
② 최초의 직업성 암으로 보고된 것은 폐암이다.
③ 최초로 보고된 직업성 암의 원인물질은 납이었다.
④ 산업보건에 관한 법률로서 실제로 효과를 거둔 최초의 법은 영국의 '공장법'이다.

> **풀이**
> ① 역사상 최초로 기록된 직업병은 납중독이다.
> ② 최초의 직업성 암으로 보고된 것은 음낭암이다.
> ③ 최초로 보고된 직업성 암의 원인물질은 PAH(다환방향족탄화수소)이다.

14 NIOSH lifting guide에서 모든 조건이 최적의 작업상태라고 할 때 권장되는 최대무게(kg)는 얼마인가?

① 18
② 23
③ 30
④ 40

> **풀이**
> 중량상수 23kg은 모든 조건이 가장 좋지 않을 경우 허용되는 최대중량을 의미한다.

15 전신피로의 정도를 평가하려면 작업종료 후 심박수(heart rate)를 측정하여 이용한다. 다음 중 가장 심한 전신피로상태로 판단할 수 있는 경우는? (단, HR_1은 종료 후 30~60초 사이의 평균심박수이고, HR_2는 종료 후 60~90초 사이의 평균심박수이며, HR_3는 종료 후 150~180초 사이의 평균심박수이다.)

① HR_1이 120이고, HR_3와 HR_2의 차이가 15인 경우
② HR_1이 90이고, HR_3와 HR_2의 차이가 15인 경우
③ HR_1이 120이고, HR_3와 HR_2의 차이가 5인 경우
④ HR_1이 90이고, HR_3와 HR_2의 차이가 5인 경우

> **풀이**
> HR_1이 110을 초과하고, HR_3와 HR_2의 차이가 10 미만인 경우

16 다음 중 산업안전보건법상 강렬한 소음작업에 해당하는 것은?

① 90dB 이상의 소음이 1일 4시간 이상 발생하는 작업
② 95dB 이상의 소음이 1일 2시간 이상 발생하는 작업
③ 100dB 이상의 소음이 1일 1시간 이상 발생하는 작업
④ 110dB 이상의 소음이 1일 30분 이상 발생하는 작업

> **풀이**
> **강렬한 소음작업**
> ㉠ 90dB 이상의 소음이 1일 8시간 이상 발생하는 작업
> ㉡ 95dB 이상의 소음이 1일 4시간 이상 발생하는 작업
> ㉢ 100dB 이상의 소음이 1일 2시간 이상 발생하는 작업
> ㉣ 105dB 이상의 소음이 1일 1시간 이상 발생하는 작업
> ㉤ 110dB 이상의 소음이 1일 30분 이상 발생하는 작업
> ㉥ 115dB 이상의 소음이 1일 15분 이상 발생하는 작업

17 산업안전보건법상 보건관리자의 직무에 해당하지 않는 것은? (단, 기타 일반적인 작업관리 및 작업환경관리에 관한 사항은 제외한다.)

① 물질안전보건자료의 게시 또는 비치
② 근로자의 건강관리, 보건교육 및 건강증진 지도
③ 직업성 질환 발생의 원인조사 및 대책수립
④ 산업재해발생의 원인조사 및 재발방지를 위한 기술적 지도·조언

> **풀이**
> **보건관리자의 직무(업무)**
> ㉠ 산업안전보건위원회 또는 노사협의체에서 심의·의결한 업무와 안전보건관리규정 및 취업규칙에서 정한 업무

정답 13.④ 14.② 15.③ 16.④ 17.풀이 학습

ⓛ 안전인증대상 기계 등과 자율안전확인대상 기계 등 중 보건과 관련된 보호구(保護具) 구입 시 적격품 선정에 관한 보좌 및 지도·조언
ⓒ 위험성평가에 관한 보좌 및 지도·조언
ⓔ 작성된 물질안전보건자료의 게시 또는 비치에 관한 보좌 및 지도·조언
ⓜ 산업보건의의 직무
ⓗ 해당 사업장 보건교육계획의 수립 및 보건교육실시에 관한 보좌 및 지도·조언
ⓢ 해당 사업장의 근로자를 보호하기 위한 다음의 조치에 해당하는 의료행위
  ⓐ 자주 발생하는 가벼운 부상에 대한 치료
  ⓑ 응급처치가 필요한 사람에 대한 처치
  ⓒ 부상·질병의 악화를 방지하기 위한 처치
  ⓓ 건강진단 결과 발견된 질병자의 요양 지도 및 관리
  ⓔ ⓐ부터 ⓓ까지의 의료행위에 따르는 의약품의 투여
ⓞ 작업장 내에서 사용되는 전체환기장치 및 국소배기장치 등에 관한 설비의 점검과 작업방법의 공학적 개선에 관한 보좌 및 지도·조언
ⓩ 사업장 순회점검, 지도 및 조치 건의
ⓧ 산업재해 발생의 원인 조사·분석 및 재발방지를 위한 기술적 보좌 및 지도·조언
ⓨ 산업재해에 관한 통계의 유지·관리·분석을 위한 보좌 및 지도·조언
ⓣ 법 또는 법에 따른 명령으로 정한 보건에 관한 사항의 이행에 관한 보좌 및 지도·조언
ⓟ 업무 수행 내용의 기록·유지
ⓦ 그 밖에 보건과 관련된 작업관리 및 작업환경관리에 관한 사항으로서 고용노동부장관이 정하는 사항

※ 법 변경(2020년)사항이므로 풀이내용으로 학습 바랍니다.

18 다음 중 전신피로의 생리학적 원인과 가장 거리가 먼 것은?

① 산소공급 부족
② 혈중 젖산 농도의 감소
③ 혈중 포도당 농도의 저하
④ 근육 내 글리코겐 양의 감소

[풀이] **전신피로의 원인**
ⓐ 산소공급 부족
ⓑ 혈중 포도당 농도 저하(가장 큰 원인)
ⓒ 혈중 젖산 농도 증가
ⓓ 근육 내 글리코겐 양의 감소
ⓔ 작업강도의 증가

19 산업안전보건법의 '화학물질 및 물리적 인자의 노출기준'에서 정한 노출기준 표시단위로 잘못된 것은?

① 증기 : mg/m^3
② 석면분진 : 개수/m^3
③ 분진 : mg/m^3
④ 고온 : WBGT(℃)

[풀이] ② 석면분진 : 개수/cm^3

20 자극취가 있는 무색의 수용성 가스로 건축물에 사용되는 단열재와 섬유 옷감에서 주로 발생하고, 눈과 코를 자극하며 동물실험 결과 발암성이 있는 것으로 나타난 실내오염물질은?

① 황산화물 ② 벤젠
③ 라돈   ④ 포름알데히드

[풀이] **포름알데히드**
ⓐ 페놀수지의 원료로서 각종 합판, 칩보드, 가구, 단열재 등으로 사용되어 눈과 상부기도를 자극하여 기침, 눈물을 야기시키며 어지러움, 구토, 피부질환, 정서불안정의 증상을 나타낸다.
ⓑ 자극적인 냄새가 나고 메틸알데히드라고도 하며 일반주택 및 공공건물에 많이 사용하는 건축자재와 섬유옷감이 그 발생원이 되고 있다.
ⓒ 산업안전보건법상 사람에게 충분한 발암성 증거가 있는 물질(1A)로 분류되고 있다.

제2과목 | 작업환경 측정 및 평가

21 각각의 포집효율이 90%인 임핀저 2개를 직렬연결하여 시료를 채취하는 경우 최종 얻어지는 포집효율은?

① 92.0%   ② 95.0%
③ 96.0%   ④ 99.0%

[풀이] 총 포집효율(%) = $[\eta_1 + \eta_2(1-\eta_1)] \times 100$
= $[0.9 + 0.9(1-0.9)] \times 100 = 99.0\%$

정답 18.② 19.② 20.④ 21.④

22 공기 중 납의 과거농도가 0.01mg/m³로 알려진 축전지 제조공장의 근로자 노출농도를 측정하고자 한다. 정량한계(LOQ)가 5μg인 기기를 이용하여 분석하고자 할 때 채취하여야 할 최소의 공기량은?

① 5L
② 50L
③ 500L
④ 5m³

[풀이]

$$\text{채취최소부피} = \frac{\text{LOQ}}{\text{과거농도}} = \frac{5\mu g \times (10^{-3} mg/\mu g)}{0.01 mg/m^3}$$
$$= 0.5 m^3 \times 1,000 L/m^3$$
$$= 500 L$$

23 검지관의 장단점에 대한 설명으로 옳지 않은 것은?

① 사전에 측정대상 물질의 동정이 불가능한 경우에 사용한다.
② 다른 방해물질의 영향을 받기 쉬워 오차가 크다.
③ 민감도가 낮아 비교적 고농도에서 적용한다.
④ 다른 측정방법이 복잡하거나 빠른 측정이 요구될 때 사용할 수 있다.

[풀이] 검지관 측정법
(1) 장점
  ㉠ 사용이 간편하다.
  ㉡ 반응시간이 빨라 현장에서 바로 측정 결과를 알 수 있다.
  ㉢ 비전문가도 어느 정도 숙지하면 사용할 수 있지만 산업위생전문가의 지도 아래 사용되어야 한다.
  ㉣ 맨홀, 밀폐공간에서의 산소부족 또는 폭발성 가스로 인한 안전이 문제가 될 때 유용하게 사용된다.
  ㉤ 다른 측정방법이 복잡하거나 빠른 측정이 요구될 때 사용할 수 있다.
(2) 단점
  ㉠ 민감도가 낮아 비교적 고농도에만 적용이 가능하다.
  ㉡ 특이도가 낮아 다른 방해물질의 영향을 받기 쉽고 오차가 크다.
  ㉢ 대개 단시간 측정만 가능하다.
  ㉣ 한 검지관으로 단일물질만 측정 가능하여 각 오염물질에 맞는 검지관을 선정함에 따른 불편함이 있다.
  ㉤ 색변화에 따라 주관적으로 읽을 수 있어 판독자에 따라 변이가 심하며, 색변화가 시간에 따라 변하므로 제조자가 정한 시간에 읽어야 한다.
  ㉥ 미리 측정대상 물질의 동정이 되어 있어야 측정이 가능하다.

24 어떤 작업장에서 톨루엔을 활성탄관을 이용하여 0.2L/min으로 60분 동안 시료를 포집하여 분석한 결과 활성탄관의 앞층에서 1.2mg, 뒤층에서 0.1mg씩 검출되었다. 탈착효율이 100%라고 할 때 공기 중 농도는 어느 것인가? (단, 파과, 공시료는 고려하지 않음)

① 58.3mg/m³
② 108.3mg/m³
③ 158.3mg/m³
④ 208.3mg/m³

[풀이]

$$\text{농도}(mg/m^3) = \frac{\text{질량(분석)량}}{\text{공기채취량}}$$
$$= \frac{(1.2+0.1)mg}{0.2L/min \times 60min \times m^3/1,000L}$$
$$= 108.33 mg/m^3$$

25 폐포에 침착할 때 독성을 일으킬 수 있는 물질로서 평균입자의 크기가 4μm인 입자상 물질은? (단, ACGIH 기준)

① 흡입성 입자상 물질
② 흉곽성 입자상 물질
③ 복합성 입자상 물질
④ 호흡성 입자상 물질

[풀이] ACGIH의 입자크기별 기준
㉠ 흡입성 입자상 물질(IPM) : 평균입경 100μm
㉡ 흉곽성 입자상 물질(TPM) : 평균입경 10μm
㉢ 호흡성 입자상 물질(RPM) : 평균입경 4μm

정답 22.③ 23.① 24.② 25.④

26 작업장의 분진농도를 측정한 결과 2.3mg/m³, 2.2mg/m³, 2.5mg/m³, 5.2mg/m³, 3.3mg/m³ 였다. 이 작업장 분진농도의 기하평균값은?

① 약 2.83mg/m^3
② 약 2.93mg/m^3
③ 약 3.13mg/m^3
④ 약 3.23mg/m^3

[풀이] 기하평균(GM)
$$\log(GM) = \frac{\log 2.3 + \log 2.2 + \log 2.5 + \log 5.2 + \log 3.3}{5} = 0.467$$
$$\therefore GM = 10^{0.467} = 2.93\text{mg/m}^3$$

27 유해물질농도를 측정한 결과 벤젠 6ppm(노출기준 10ppm), 톨루엔 64ppm(노출기준 100ppm), n-헥산 12ppm(노출기준 50ppm) 이었다면 이들 물질의 복합노출지수(exposure index)는? (단, 상가작용 기준)

① 1.26   ② 1.48
③ 1.64   ④ 1.82

[풀이] 노출지수(EI)
$$EI = \frac{6}{10} + \frac{64}{100} + \frac{12}{50} = 1.48$$

28 태양이 내리쬐지 않는 옥외작업장에서 자연습구온도가 24℃이고 흑구온도가 26℃라면 작업환경의 WBGT는?

① 21.6℃   ② 22.6℃
③ 23.6℃   ④ 24.6℃

[풀이] 태양이 내리쬐지 않는 옥외작업장의 WBGT(℃)
= (0.7×자연습구온도)+(0.3×흑구온도)
= (0.7×24℃)+(0.3×26℃)
= 24.6℃

29 0.3N-$K_2Cr_2O_7$(분자량 294.18) 500mL를 만들 때 $K_2Cr_2O_7$의 필요량은?

① 2.1g   ② 4.9g
③ 6.3g   ④ 7.4g

[풀이]
$$\frac{0.3\text{eq}}{L} \times 0.5L = K_2Cr_2O_7(g) \times \frac{1\text{eq}}{(294.18/6)g}, (6:당량)$$
$$K_2Cr_2O_7(g) = 7.4g$$

30 1,000Hz 순음의 음의 세기레벨인 40dB의 음의 크기로 정의되는 것은?

① 1SIL   ② 1NRN
③ 1phon   ④ 1sone

[풀이] sone
㉠ 감각적인 음의 크기(loudness)를 나타내는 양이며 1,000Hz에서의 압력수준 dB을 기준으로 하여 등감곡선을 소리의 크기로 나타내는 단위이다.
㉡ 1,000Hz 순음의 음의 세기레벨인 40dB의 음의 크기를 1sone으로 정의한다.

31 입경이 14μm이고 밀도가 1.5g/cm³인 입자의 침강속도는?

① 0.95cm/sec
② 0.88cm/sec
③ 0.72cm/sec
④ 0.64cm/sec

[풀이] Lippmann 식, 침강속도(V)
$$V(\text{cm/sec}) = 0.003 \times \rho \times d^2$$
$$= 0.003 \times 1.5 \times 14^2 = 0.88\text{cm/sec}$$

32 변이계수에 관한 설명으로 옳지 않은 것은?

① 통계집단의 측정값들에 대한 균일성, 정밀성 정도를 표현한다.
② 변이계수는 %로 표현한다.
③ 단위가 서로 다른 집단이나 특성값의 상호 산포도를 비교하는 데 이용될 수 있다.
④ 변이계수=(산술평균/표준편차)×100 으로 계산한다.

[풀이]
$$변이계수 = \left(\frac{표준편차}{산술평균}\right) \times 100$$

[정답] 26.② 27.② 28.④ 29.④ 30.④ 31.② 32.④

33 개인시료포집기로 분당 1L씩 6시간 측정한 후 여과지를 산처리하여 시험용액 100mL를 만든 후 시료액 50mL를 취해 정량분석하니 Pb이 2.5μg/50mL였다면 작업환경 중 Pb의 농도(mg/m³)는?

① 0.034　② 0.064
③ 0.0102　④ 0.0139

풀이
$$농도(mg/m^3) = \frac{2.5\mu g/50mL \times 100mL}{1L/min \times 360min}$$
$$= 0.0139\mu g/L(mg/m^3)$$

34 소음의 음압도(SPL) 산정식으로 옳은 것은? (단, P : 대상음의 음압실효치, P_o : 최소 음압실효치)

① $10\log\dfrac{P}{P_o}$　② $20\log\dfrac{P}{P_o}$
③ $30\log\dfrac{P}{P_o}$　④ $40\log\dfrac{P}{P_o}$

풀이
음압수준(SPL) : 음압레벨, 음압도
$$SPL = 20\log\left(\frac{P}{P_o}\right)(dB)$$
여기서, SPL : 음압수준(음압도, 음압레벨)(dB)
P : 대상음의 음압(음압 실효치)(N/m²)
P_o : 기준음압 실효치(2×10⁻⁵N/m², 20μPa, 2×10⁻⁴dyne/cm²)

35 중심주파수가 2,000Hz일 때 1/1 옥타브밴드의 주파수범위로 옳은 것은? (단, 하한주파수~상한주파수)

① 1,010~2,020Hz
② 1,212~2,424Hz
③ 1,414~2,828Hz
④ 1,515~2,929Hz

풀이
㉠ f_C(중심주파수) = $\sqrt{2} f_L$(하한주파수)
$$f_L = \frac{f_C}{\sqrt{2}} = \frac{2,000}{\sqrt{2}} = 1414.21Hz$$
㉡ $f_C = \sqrt{f_L \times f_U}$ (상한주파수)
$$f_U = \frac{f_C^2}{f_L} = \frac{(2,000)^2}{1414.21} = 2828.43Hz$$

36 작업장 내 공기 중 아황산가스(SO_2)의 농도가 40ppm일 경우 이 물질의 농도를 용적백분율(%)로 표시하면 얼마인가? (단, SO_2 분자량=64)

① 4%　② 0.4%
③ 0.04%　④ 0.004%

풀이
$$40ppm \times \frac{1\%}{10,000ppm} = 0.004\%$$

37 사업장의 어떠한 부서에 70dB과 80dB의 소음이 발생하는 장비가 각각 설치되어 있다. 이 장비 2대가 동시에 가동될 때 발생하는 소음의 강도(음압레벨)는 몇 dB인가?

① 80.4　② 82.4
③ 84.5　④ 86.6

풀이
합성소음도(L_P)
$$L_P = 10\log(10^{7.0} + 10^{8.0}) = 80.4dB$$

38 투과퍼센트가 50%인 경우 흡광도는 어느 것인가?

① 0.65　② 0.52
③ 0.43　④ 0.30

풀이
흡광도(A)
$$A = \log\frac{1}{투과율} = \log\frac{1}{0.5} = 0.30$$

39 불꽃방식의 원자흡광광도계(AAS)의 장단점에 관한 설명과 가장 거리가 먼 것은?

① 가격이 유도결합플라스마 원자발광분석기(ICP)보다 저렴하다.
② 분석시간이 흑연로장치에 비하여 적게 소요된다.
③ 고체시료의 경우 전처리에 의하여 매트릭스를 제거해야 한다.
④ 적은 양의 시료를 가지고 동시에 많은 금속을 분석할 수 있다.

풀이 불꽃원자화장치의 장단점
(1) 장점
  ㉠ 쉽고 간편하다.
  ㉡ 가격이 흑연로장치나 유도결합플라스마-원자발광분석기보다 저렴하다.
  ㉢ 분석이 빠르고, 정밀도가 높다(분석시간이 흑연로장치에 비해 적게 소요).
  ㉣ 기질의 영향이 적다.
(2) 단점
  ㉠ 많은 양의 시료(10mL)가 필요하며, 감도가 제한되어 있어 저농도에서 사용이 힘들다.
  ㉡ 용질이 고농도로 용해되어 있는 경우, 점성이 큰 용액은 분무구를 막을 수 있다.
  ㉢ 고체시료의 경우 전처리에 의하여 기질(매트릭스)을 제거해야 한다.

40 500mL 용량의 뷰렛을 이용하여 비누거품 미터의 거품 통과시간을 3번 측정한 결과, 각각 10.5초, 10초, 9.5초였다. 이 개인시료 포집기의 포집유량은? (단, 기타 조건은 고려하지 않음)
① 0.3L/min
② 3L/min
③ 0.5L/min
④ 5L/min

풀이 평균 통과시간 = $\dfrac{10.5+10+9.5}{3}$ = 10sec이므로
포집유량
500mL : 10sec = x(mL) : 60sec
∴ x = 3,000mL/min(3L/min)

제3과목 | 작업환경 관리

41 감압에 따른 기포형성량을 좌우하는 요인과 가장 거리가 먼 것은?
① 조직에 용해된 가스량
② 혈류를 변화시키는 상태
③ 감압속도
④ 기포 순환주기

풀이 감압 시 조직 내 질소 기포형성량에 영향을 주는 요인
(1) 조직에 용해된 가스량
  체내 지방량, 고기압폭로의 정도와 시간으로 결정
(2) 혈류변화 정도(혈류를 변화시키는 상태)
  ㉠ 감압 시나 재감압 후에 생기기 쉽다.
  ㉡ 연령, 기온, 운동, 공포감, 음주와 관계가 있다.
(3) 감압속도

42 다음 중 방사선에 감수성이 가장 낮은 인체 조직은?
① 임파구
② 골수
③ 혈관
④ 눈의 수정체

풀이 전리방사선에 대한 감수성 순서
눈의 수정체, 임파구(선), 골수, 조혈기관 > 상피·내피 세포 > 근육세포 > 신경조직

43 고압에 의한 장애를 방지하기 위하여 인공적으로 만든 호흡용 혼합가스인 헬륨-산소 혼합가스에 관한 설명으로 옳지 않은 것은 어느 것인가?
① 호흡저항이 적다.
② 고압에서 마취작용이 강하여 심해잠수에는 사용하기 어렵다.
③ 헬륨은 체외로 배출되는 시간이 질소에 비하여 50% 정도 밖에 걸리지 않는다.
④ 헬륨은 질소보다 확산속도가 빠르다.

풀이 헬륨-산소 혼합가스는 호흡저항이 적어 심해잠수에 사용한다.

44 파장으로서 방사선의 특징으로 옳지 않은 것은?
① 빛의 속도로 이동한다.
② 물질과 만나면 흡수 또는 산란한다.
③ 자장이나 전장의 영향이 크다.
④ 간섭을 일으킨다.

정답 40.② 41.④ 42.③ 43.② 44.③

풀이 **방사선의 특성**
㉠ 전자기파로서의 전자기 방사선은 파동의 형태로 매개체가 없어도 진공상태에서 공간을 통하여 전파된다.
㉡ 파장으로서 빛의 속도로 이동, 직진한다.
㉢ 물질과 만나면 흡수 또는 산란한다. 또한 반사, 굴절, 확산될 수 있다.
㉣ 간섭을 일으킨다.
㉤ filtering 형태로 극성화될 수 있다.
㉥ 자장이나 전장에 영향을 받지 않는다.
㉦ 방사선 작업 시 작업자의 실질적인 방사선 폭로량을 위해 사용되는 것은 필름배지(film badge)이다.
㉧ 방사선 피폭으로 인한 체내 조직의 위험 정도를 하나의 양으로 유효선량을 구하기 위해서는 조직가중치를 곱하는데, 가중치가 가장 높은 조직은 생식선이다.
㉨ 원자력 산업 등에서 내부 피폭장애를 일으킬 수 있는 위험 핵종은 ^3H, ^{54}Mn, ^{59}Fe 등이다.

45 일반적으로 작업장 신축 시 창의 면적은 바닥면적의 어느 정도가 적당한가?
① 1/2~1/3 ② 1/3~1/4
③ 1/5~1/7 ④ 1/7~1/9

풀이 **창의 높이와 면적**
㉠ 보통 조도는 창을 크게 하는 것보다 창의 높이를 증가시키는 것이 효과적이다.
㉡ 횡으로 긴 창보다 종으로 넓은 창이 채광에 유리하다.
㉢ 채광을 위한 창의 면적은 방바닥 면적의 15~20%(1/5~1/6)가 이상적이다.

46 출력이 1.0W인 작은 음원에서 10m 떨어진 점의 음압레벨(SPL)은? (단, 무지향성 점음원이며, 자유공간에 있다고 가정함)
① 83dB ② 89dB
③ 93dB ④ 98dB

풀이 점음원, 자유공간의 음압레벨(SPL)
$SPL(dB) = PWL - 20\log r - 11$
$= 10\log\left(\dfrac{1.0}{10^{-12}}\right) - (20\log 10) - 11$
$= 89dB$

47 다음의 전리방사선 중 인체투과력이 가장 강한 것은?
① 알파선 ② 중성자
③ X선 ④ 감마선

풀이 전리방사선의 인체투과력
중성자 > X선 or γ선 > β선 > α선

48 작업환경개선대책 중 대치의 방법으로 옳지 않은 것은?
① 금속제품 도장용으로 유기용제를 수용성 도료로 전환한다.
② 아소염료의 합성에서 원료로 벤젠을 사용하던 것을 방부기능의 클로로폼으로 바꾼다.
③ 분체의 원료는 입자가 큰 것으로 바꾼다.
④ 금속제품의 탈지에 트리클로로에틸렌을 사용하던 것을 계면활성제로 전환한다.

풀이 아소염료의 합성원료인 벤지딘을 디클로로벤지딘으로 전환한다.

49 방독면의 정화통 능력이 사염화탄소 0.4%에 대하여 표준 유효시간이 100분인 경우, 사염화탄소의 농도가 0.1%인 환경에서 사용 가능한 시간은?
① 100분 ② 200분
③ 300분 ④ 400분

풀이 사용 가능한 시간(분)
$= \dfrac{\text{표준 유효시간(분)} \times \text{시험가스 농도}}{\text{유해가스 농도}}$
$= \dfrac{100 \times 0.4}{0.1} = 400$분

50 다음 중 가동 중인 시설에 대한 작업환경대책 중 성격이 다른 것은?
① 작업시간 변경 ② 작업량 조절
③ 순환 배치 ④ 공정 변경

풀이 ①, ②, ③항은 근로자의 작업조건에 대한 대책이다.

51 다음 중 청력보호구인 귀마개의 장점이 아닌 것은?

① 작아서 휴대하기가 편리하다.
② 고개를 움직이는 데 불편함이 없다.
③ 고온에서 착용하여도 불편함이 없다.
④ 짧은 시간 내에 제대로 착용할 수 있다.

풀이 귀마개
(1) 장점
  ㉠ 부피가 작아서 휴대가 쉽다.
  ㉡ 안경과 안전모 등에 방해가 되지 않는다.
  ㉢ 고온작업에서도 사용 가능하다.
  ㉣ 좁은 장소에서도 사용 가능하다.
  ㉤ 가격이 귀덮개보다 저렴하다.
(2) 단점
  ㉠ 귀에 질병이 있는 사람은 착용 불가능하다.
  ㉡ 여름에 땀이 많이 날 때는 외이도에 염증유발 가능성이 있다.
  ㉢ 제대로 착용하는 데 시간이 걸리며 요령을 습득하여야 한다.
  ㉣ 차음효과가 일반적으로 귀덮개보다 떨어진다.
  ㉤ 사람에 따라 차음효과 차이가 크다(개인차가 큼).
  ㉥ 더러운 손으로 만짐으로써 외청도를 오염시킬 수 있다(귀마개에 묻어 있는 오염물질이 귀에 들어갈 수 있음).

52 다음 중 방진마스크에 관한 설명으로 옳지 않은 것은?

① 종류에는 격리식과 직결식, 면체여과식이 있다.
② 비휘발성 입자에 대한 보호가 가능하다.
③ 필터 재질로는 활성탄이 가장 많이 사용된다.
④ 포집효율이 높고 흡기, 배기 저항이 낮은 것이 좋다.

풀이 ③항은 방독마스크에 관한 내용이며 방진마스크의 필터 재질로는 면, 합성섬유, 유리섬유 등을 사용한다.

53 이상기압에 관한 설명으로 옳지 않은 것은?

① 수면하에서 대기압을 포함한 압력을 절대압이라 한다.
② 공기 중의 질소가스는 2기압 이상에서 마취증세가 나타난다.
③ 고공성 폐수종은 어른보다 어린이에게 많이 일어난다.
④ 고공성 폐수종은 고공 순화된 사람이 해면에 돌아올 때에 흔히 일어난다.

풀이 질소가스의 마취작용
㉠ 공기 중의 질소가스는 정상기압에서는 비활성이지만 4기압 이상에서 마취작용을 일으키며 이를 다행증이라 한다(공기 중의 질소가스는 3기압 이하에서는 자극작용을 한다).
㉡ 질소가스 마취작용은 알코올 중독의 증상과 유사하다.
㉢ 작업력의 저하, 기분의 변환, 여러 종류의 다행증(euphoria)이 일어난다.
㉣ 수심 90~120m에서 환청, 환시, 조현증, 기억력 감퇴 등이 나타난다.

54 출력이 0.001W인 기계에서 나오는 파워레벨(PWL)은 몇 dB인가?

① 80 ② 90
③ 100 ④ 110

풀이
$$음향파워레벨(PWL) = 10\log\frac{W}{W_0}$$
$$= 10\log\frac{0.001}{10^{-12}} = 90\text{dB}$$

55 적외선에 관한 설명으로 옳지 않은 것은?

① 적외선은 대부분 화학작용을 수반하며 가시광선과 자외선 사이에 있다.
② 적외선에 강하게 노출되면 안검록염, 각막염, 홍채위축, 백내장 등 장애를 일으킬 수 있다.
③ 일명 열선이라고 하며 온도에 비례하여 적외선을 복사한다.
④ 적외선은 가시광선보다 긴 파장으로 가시광선과 가까운 쪽을 근적외선이라 한다.

풀이 적외선은 대부분 화학작용을 수반하지 않으며 가시광선보다 파장이 길고 약 760nm~1mm 범위에 있다.

정답 51.④ 52.③ 53.② 54.② 55.①

PART 02 과년도 출제문제

56 방진재인 공기스프링에 관한 설명으로 옳지 않은 것은?
① 부하능력이 광범위하다.
② 구조가 간단하고 시설비가 저렴하다.
③ 사용 진폭이 적은 것이 많으므로 별도의 damper가 필요한 경우가 많다.
④ 하중의 변화에 따라 고유진동수를 일정하게 유지할 수 있다.

풀이 공기스프링
(1) 장점
  ㉠ 지지하중이 크게 변하는 경우에는 높이 조정변에 의해 그 높이를 조절할 수 있어 설비의 높이를 일정 레벨로 유지시킬 수 있다.
  ㉡ 하중부하 변화에 따라 고유진동수를 일정하게 유지할 수 있다.
  ㉢ 부하능력이 광범위하고 자동제어가 가능하다.
  ㉣ 스프링 정수를 광범위하게 선택할 수 있다.
(2) 단점
  ㉠ 사용 진폭이 적은 것이 많아 별도의 댐퍼가 필요한 경우가 많다.
  ㉡ 구조가 복잡하고 시설비가 많이 든다.
  ㉢ 압축기 등 부대시설이 필요하다.
  ㉣ 안전사고(공기누출) 위험이 있다.

57 귀덮개의 장단점으로 옳지 않은 것은?
① 귀마개보다 개인차가 크다.
② 귀에 이상이 있을 때에도 사용할 수 있다.
③ 고온작업장에서 착용하기가 어렵다.
④ 착용법을 틀리는 일이 적다.

풀이 귀덮개
(1) 장점
  ㉠ 귀마개보다 일관성 있는 차음효과를 얻을 수 있다.
  ㉡ 귀마개보다 차음효과가 일반적으로 높다.
  ㉢ 동일한 크기의 귀덮개를 대부분의 근로자가 사용 가능하다(크기를 여러 가지로 할 필요가 없음).
  ㉣ 귀에 염증이 있어도 사용 가능하다(질병이 있을 때도 가능).
  ㉤ 귀마개보다 차음효과의 개인차가 적다.
  ㉥ 근로자들이 귀마개보다 쉽게 착용할 수 있고 착용법을 틀리거나 잃어버리는 일이 적다.
  ㉦ 고음영역에서 차음효과가 탁월하다.

(2) 단점
  ㉠ 부착된 밴드에 의해 차음효과가 감소될 수 있다.
  ㉡ 고온에서 사용 시 불편하다(보호구 접촉면에 땀이 남).
  ㉢ 머리카락이 길 때와 안경테가 굵거나 잘 부착되지 않을 때는 사용하기가 불편하다.
  ㉣ 장시간 사용 시 꼭 끼는 느낌이 있다.
  ㉤ 보안경과 함께 사용하는 경우 다소 불편하며, 차음효과가 감소한다.
  ㉥ 가격이 비싸고 운반과 보관이 쉽지 않다.
  ㉦ 오래 사용하여 귀걸이의 탄력성이 줄었을 때나 귀걸이가 휘었을 때는 차음효과가 떨어진다.

58 고열 작업환경에서 발생하는 열경련의 주요 원인은?
① 고온 순화 미흡에 따른 혈액순환 저하
② 고열에 의한 순환기 부조화
③ 신체의 염분 손실
④ 뇌온도 및 체온 상승

풀이 열경련의 발생
㉠ 지나친 발한에 의한 수분 및 혈중 염분 손실(혈액의 현저한 농축 발생)
㉡ 땀을 많이 흘리고 동시에 염분이 없는 음료수를 많이 마셔서 염분 부족 시 발생
㉢ 전해질의 유실 시 발생

59 광원으로부터 나오는 빛의 세기인 광도의 단위는?
① 촉광 ② 루멘
③ 럭스 ④ 폰

풀이 촉광(candle)
㉠ 빛의 세기인 광도를 나타내는 단위로 국제촉광을 사용한다.
㉡ 지름이 1인치인 촛불이 수평방향으로 비칠 때 빛의 광강도를 나타내는 단위이다.
㉢ 밝기는 광원으로부터 거리의 제곱에 반비례한다.
  조도$(E) = \dfrac{I}{r^2}$
  여기서, I : 광도(candle)
  r : 거리(m)

60 만성장애로서 고압환경에 반복 노출될 때에 가장 일어나기 쉬운 속발증이며 질소기포가 뼈의 소동맥을 막아서 일어나고 해당 부위에 경색이 일어나는 것은?

① 골응축
② 비감염성 골괴사
③ 종격기종
④ 혈관전색

[풀이] 비감염성 골괴사는 혈액응고로 인해 뼈력 괴사가 발생하는 것을 말한다.

제4과목 | 산업환기

61 A 작업장에서는 1시간에 0.5L의 메틸에틸케톤(MEK)이 증발하고 있다. MEK의 TLV가 200ppm이라면 이 작업장 전체를 환기시키기 위한 필요환기량(m^3/min)은 약 얼마인가? (단, 주위온도는 25℃, 1기압 상태이며, MEK의 분자량은 72.1, 비중은 0.805, 안전계수는 3이다.)

① 34.12
② 68.25
③ 83.56
④ 134.54

[풀이]
- 사용량(g/hr)
  = 0.5L/hr × 0.805g/mL × 1,000mL/L
  = 402.5g/hr
- 발생률(G, L/hr)
  72.1g : 24.45L = 402.5g/hr : G
  $G = \dfrac{24.45L \times 402.5g/hr}{72.1g}$
  = 136.49L/hr
- ∴ 필요환기량(Q)
  $Q = \dfrac{G}{TLV} \times K$
  = $\dfrac{136.49L/hr}{200ppm} \times 3$
  = $\dfrac{136.49L/hr \times 1,000mL/L}{200mL/m^3} \times 3$
  = 2,047.39m^3/hr × hr/60min
  = 34.12m^3/min

62 스프레이 도장, 용접, 도금 등 약간의 공기 움직임이 있고 낮은 속도로 오염물질이 배출되는 작업조건에 있어 제어속도의 범위로 가장 적절한 것은? (단, ACGIH에서의 권고사항을 기준으로 한다.)

① 0.25~0.5m/sec
② 0.5~1.0m/sec
③ 1.0~2.5m/sec
④ 2.5~10m/sec

[풀이] 제어속도 범위(ACGIH)

작업조건	작업공정 사례	제어속도 (m/sec)
• 움직이지 않는 공기 중에서 속도 없이 배출되는 작업조건 • 조용한 대기 중에 실제 거의 속도가 없는 상태로 발산하는 경우의 작업조건	• 액면에서 발생하는 가스나 증기, 흄 • 탱크에서 증발, 탈지시설	0.25~0.5
비교적 조용한(약간의 공기 움직임) 대기 중에서 저속도로 비산하는 작업조건	• 용접, 도금 작업 • 스프레이 도장 • 주형을 부수고 모래를 터는 장소	0.5~1.0
발생기류가 높고 유해물질이 활발하게 발생하는 작업조건	• 스프레이 도장, 용기충전 • 컨베이어 적재 • 분쇄기	1.0~2.5
초고속기류가 있는 작업장소에 초고속으로 비산하는 경우	• 회전연삭작업 • 연마작업 • 블라스트 작업	2.5~10

63 점흡인의 경우 후드의 흡인에 있어 개구부로부터 거리가 멀어짐에 따라 속도는 급격히 감소하는데 이때 개구면의 직경만큼 떨어질 경우 후드 흡인기류의 속도는 약 어느 정도로 감소하겠는가?

① $\dfrac{1}{10}$
② $\dfrac{1}{5}$
③ $\dfrac{1}{4}$
④ $\dfrac{1}{2}$

[풀이] 공기속도는 송풍기로 공기를 불 때 덕트 직경의 30배 거리에서는 1/10로 감소하나 공기를 흡인할 때는 기류의 방향과 관계없이 덕트 직경과 같은 거리에서 1/10로 감소한다.

정답 60.② 61.① 62.② 63.①

64 다음 중 전체환기의 설치조건으로 적절하지 않은 것은?
① 오염물질의 독성이 높은 경우
② 오염물질의 발생량이 적은 경우
③ 오염물질이 널리 퍼져있는 경우
④ 오염물질이 시간에 따라 균일하게 발생하는 경우

[풀이] 전체환기(희석환기) 적용 시 조건
㉠ 유해물질의 독성이 비교적 낮은 경우, 즉 TLV가 높은 경우(가장 중요한 제한조건)
㉡ 동일한 작업장에 다수의 오염원이 분산되어 있는 경우
㉢ 유해물질이 시간에 따라 균일하게 발생할 경우
㉣ 유해물질의 발생량이 적은 경우 및 희석공기량이 많지 않아도 될 경우
㉤ 유해물질이 증기나 가스일 경우
㉥ 국소배기로 불가능한 경우
㉦ 배출원이 이동성인 경우
㉧ 가연성 가스의 농축으로 폭발의 위험이 있는 경우
㉨ 오염원이 근무자가 근무하는 장소로부터 멀리 떨어져 있는 경우

65 직경이 180mm인 덕트 내 정압은 −58.5mmH₂O, 전압은 23.5mmH₂O였다. 이때 공기유량은 약 몇 m³/min인가?
① 42
② 56
③ 69
④ 81

[풀이] 공기유량(Q)
$Q(\mathrm{m^3/min}) = A \times V$

$A = \dfrac{3.14 \times 0.18^2}{4} = 0.025 \mathrm{m^2}$

$V = 4.043\sqrt{VP}$
$= 4.043\sqrt{82}$
$= 36.6 \mathrm{m/sec}$

$VP = TP - SP$
$= 23.5 - (-58.5)$
$= 82 \mathrm{mmH_2O}$

$= 0.025 \mathrm{m^2} \times 36.6 \mathrm{m/sec} \times 60 \mathrm{sec/min}$
$= 55 \mathrm{m^3/min}$

66 사이클론의 집진율을 높이는 방법으로 분진박스나 호퍼부에서 처리가스의 일부를 흡인하여 사이클론 내의 난류 현상을 억제시킴으로써 집진된 먼지의 비산을 방지시키는 방법은 어떤 효과를 이용하는 것인가?
① 블로다운 효과
② 멀티사이클론 효과
③ 원심력 효과
④ 중력침강 효과

[풀이] 블로다운(blow-down)
(1) 정의
사이클론의 집진효율을 향상시키기 위한 하나의 방법으로서 더스트박스 또는 호퍼부에서 처리가스의 5~10%를 흡인하여 선회기류의 교란을 방지하는 운전방식
(2) 효과
㉠ 사이클론 내의 난류현상을 억제시킴으로써 집진된 먼지의 비산을 방지(유효원심력 증대)
㉡ 집진효율 증대
㉢ 장치 내부의 먼지 퇴적을 억제하여 장치의 폐쇄현상을 방지(가교현상 방지)

67 다음 중 국소배기장치의 설계 시 후드의 성능을 유지하기 위한 방법과 가장 거리가 먼 것은?
① 제어속도의 유지
② 주위온도를 고려한 설계
③ 후드의 개구면적 확대
④ 송풍기의 용량 확보

[풀이] 후드의 개구면 확대는 소요풍량의 증가로 효율유지가 곤란하다.

68 다음 중 맹독성 물질을 제어하는 데 가장 적합한 후드의 형태는?
① 포위식
② 외부식 축방형
③ 외부식 슬롯형
④ 레시버식

정답 64.① 65.② 66.① 67.③ 68.①

[풀이] **포위식 후드(부스형 후드)**
㉠ 발생원을 완전히 포위하는 형태의 후드이고 후드의 개방면에서 측정한 속도인 면속도가 제어속도가 된다.
㉡ 국소배기시설의 후드 형태 중 가장 효과적인 형태이다. 즉, 필요환기량을 최소한으로 줄일 수 있다.
㉢ 후드의 개방면에서 측정한 면속도가 제어속도가 된다.
㉣ 유해물질의 완벽한 흡입이 가능하다(단, 충분한 개구면 속도를 유지하지 못할 경우 오염물질이 외부로 누출될 우려가 있음).
㉤ 유해물질 제거 공기량(송풍량)이 다른 형태보다 훨씬 적다.
㉥ 작업장 내 방해기류(난기류)의 영향을 거의 받지 않는다.
㉦ 부스형 후드는 포위식 후드의 일종이며, 포위식보다 큰 것을 의미한다.

69 다음 중 오염이 높은 작업장의 실내압으로 가장 적정한 것은?
① 양압(+) 유지
② 음압(−) 유지
③ 정압 유지
④ 동압 유지

[풀이] (1) 급배기법
㉠ 급·배기를 동력에 의해 운전한다.
㉡ 가장 효과적인 인공환기방법이다.
㉢ 실내압을 양압이나 음압으로 조정 가능하다.
㉣ 정확한 환기량이 예측 가능하며, 작업환경 관리에 적합하다.
(2) 급기법
㉠ 급기는 동력, 배기는 개구부로 자연 배출한다.
㉡ 고온 작업장에 많이 사용한다.
㉢ 실내압은 양압으로 유지되어 청정산업(전자산업, 식품산업, 의약산업)에 적용한다.
㉣ 청정공기가 필요한 작업장은 실내압을 양압(+)으로 유지한다.
(3) 배기법
㉠ 급기는 개구부, 배기는 동력으로 한다.
㉡ 실내압은 음압으로 유지되어 오염이 높은 작업장에 적용한다.
㉢ 오염이 높은 작업장은 실내압을 음압(−)으로 유지해야 한다.

70 고농도의 분진이 발생하는 작업장에서는 후드로 유입된 공기가 공기정화장치로 유입되기 전에 입경과 비중이 큰 입자를 제거할 수 있도록 전처리장치를 둔다. 전처리를 위한 집진기는 일반적으로 효율이 비교적 낮은 것을 사용하는데, 다음 중 전처리장치로 적합하지 않은 것은?
① 중력 집진기
② 원심력 집진기
③ 관성력 집진기
④ 여과집진기

[풀이] (1) 여과집진기 및 전기집진기는 후처리장치이다.
(2) 전처리 장치(1차 집진장치)
㉠ 중력 집진장치
㉡ 관성력 집진장치
㉢ 원심력 집진장치

71 다음 중 송풍기의 소요동력을 계산하는 데 필요한 인자로 볼 수 없는 것은?
① 회전수
② 송풍기의 효율
③ 풍량
④ 송풍기 전압

[풀이] 송풍기 소요동력(kW)
$$kW = \frac{Q \times \Delta P}{6,120 \times \eta} \times \alpha$$
여기서, Q : 송풍량(m³/min)
ΔP : 송풍기 유효전압(전압 : 정압)mmH₂O
η : 송풍기 효율(%)
α : 안전인자(여유율)(%)
$$HP = \frac{Q \times \Delta P}{4,500 \times \eta} \times \alpha$$

72 습한 납 분진, 철 분진, 주물사, 요업재료 등 일반적으로 무겁고 습한 분진의 반송속도(m/sec)로 가장 적당한 것은?
① 5~10
② 15
③ 20
④ 25 이상

정답 69.② 70.④ 71.① 72.④

[풀이] 유해물질에 따른 반송속도

유해물질	예	반송속도 (m/sec)
가스, 증기, 흄 및 극히 가벼운 물질	각종 가스, 증기, 산화아연 및 산화알루미늄 등의 흄, 목재 분진, 솜먼지, 고무분, 합성 수지분	10
가벼운 건조먼지	원면, 곡물분, 고무, 플라스틱, 경금속 분진	15
일반 공업 분진	털, 나무 부스러기, 대패 부스러기, 샌드블라스트, 그라인더 분진, 내화벽돌 분진	20
무거운 분진	납 분진, 주조 후 모래털기작업 시 먼지, 선반작업 시 먼지	25
무겁고 비교적 큰 입자의 젖은 먼지	젖은 납 분진, 젖은 주조작업 발생 먼지	25 이상

73 다음 [보기]를 이용하여 일반적인 국소배기장치의 설계순서를 가장 적절하게 나열한 것은?

[보기]
㉮ 총 압력손실의 계산
㉯ 제어속도 결정
㉰ 필요송풍량의 계산
㉱ 덕트 직경의 산출
㉲ 공기정화기 선정
㉳ 후드의 형식 선정

① ㉳→㉯→㉰→㉱→㉲→㉮
② ㉯→㉰→㉮→㉱→㉲→㉳
③ ㉰→㉯→㉱→㉮→㉳→㉲
④ ㉳→㉰→㉯→㉮→㉱→㉲

[풀이] 국소배기장치의 설계순서
후드의 형식 선정 → 제어속도 결정 → 소요풍량 계산 → 반송속도 결정 → 배관내경 산출 → 후드 크기 결정 → 배관의 배치와 설치장소 선정 → 공기정화장치 선정 → 국소배기 계통도와 배치도 작성 → 총 압력손실량 계산 → 송풍기 선정

74 다음 중 필요송풍량을 가장 적게 할 수 있는 슬롯형 후드는?

① 1/4 원주형
② 1/2 원주형
③ 3/4 원주형
④ 전 원주형

[풀이] 외부식 슬롯후드의 필요송풍량
$Q = 60 \cdot C \cdot L \cdot V_c \cdot X$
여기서, Q : 필요송풍량(m^3/min)
C : 형상계수[(전원주 ⇒ 5.0(ACGIH : 3.7)
$\frac{3}{4}$ 원주 ⇒ 4.1
$\frac{1}{2}$ 원주(플랜지 부착 경우와 동일) ⇒ 2.8(ACGIH : 2.6)
$\frac{1}{4}$ 원주 ⇒ 1.6)]
L : slot 개구면의 길이(m)
V_c : 제어속도(m/sec)
X : 포집점까지의 거리(m)

75 다음 중 레이놀즈수(Re)를 구하는 식으로 옳은 것은? (단, ρ는 공기밀도, d는 덕트의 직경, V는 공기유속, μ는 공기의 점성계수이다.)

① $\dfrac{\mu \rho V}{d}$
② $\dfrac{\mu d V}{\rho}$
③ $\dfrac{\rho d V}{\mu}$
④ $\dfrac{\mu \rho d}{V}$

[풀이] 레이놀즈수(Re)
$Re = \dfrac{관성력}{점성력} = \dfrac{\rho V d}{\mu} = \dfrac{Vd}{\nu}$

76 후드의 유입손실계수가 0.8, 덕트 내의 공기흐름속도가 20m/sec일 때 후드의 유입압력손실은 약 몇 mmH₂O인가? (단, 공기의 비중량은 1.2kgf/m³이다.)

① 14
② 16
③ 20
④ 24

[풀이] 후드의 유입압력손실(ΔP)
$\Delta P = F \times VP$
$F = 0.8$
$VP = \dfrac{\gamma V^2}{2g} = \dfrac{1.2 \times 20^2}{2 \times 9.8} = 24.49 \text{mmH}_2\text{O}$
$= 0.8 \times 24.49 = 19.59 \text{mmH}_2\text{O}$

77 21℃, 1기압하에서 벤젠 1.5L가 증발할 때 발생하는 증기의 용량은 약 몇 L 정도가 되겠는가? (단, 벤젠의 분자량은 78.11, 비중은 0.879이다.)

① 305.1
② 406.8
③ 457.7
④ 542.2

[풀이]
- 사용량(g) = $1.5L \times 0.879 g/mL \times 1,000 mL/L$
  = 1318.5g
- 증기발생량(L)
  78.11g : 24.1L = 1318.5g : x
  ∴ $x = \dfrac{24.1L \times 1318.5g}{78.11g} = 406.81L$

78 환기시설을 효율적으로 운영하기 위해서는 공기공급시스템이 필요한데 그 이유로 적절하지 않은 것은?

① 국소배기장치를 적정하게 작동하기 위해서이다.
② 작업장의 교차기류를 생성하기 위해서이다.
③ 근로자에게 영향을 미치는 냉각기류를 제거하기 위해서이다.
④ 실외공기가 정화되지 않은 채 건물 내로 유입되는 것을 막기 위해서이다.

[풀이] 공기공급시스템이 필요한 이유
㉠ 국소배기장치의 원활한 작동을 위하여
㉡ 국소배기장치의 효율 유지를 위하여
㉢ 안전사고를 예방하기 위하여
㉣ 에너지(연료)를 절약하기 위하여
㉤ 작업장 내의 방해기류(교차기류)가 생기는 것을 방지하기 위하여
㉥ 외부공기가 정화되지 않은 채 건물 내로 유입되는 것을 방지하기 위하여
㉦ 근로자에게 영향을 미치는 냉각기류를 제거하기 위하여

79 전자부품을 납땜하는 공정에 플랜지가 부착되지 않은 외부식 국소배기장치를 설치하고자 한다. 후드의 규격은 400mm×400mm, 제어거리를 20cm, 제어속도를 0.5m/sec, 그리고 반송속도를 1,200m/min으로 하고자 할 때 덕트의 직경은 약 몇 m로 해야 하는가?

① 0.018
② 0.180
③ 0.134
④ 0.013

[풀이] 필요송풍량(Q)
$Q = A \times V$에서
$A = \dfrac{Q}{V}$

$Q = 60 \times V_c(10X^2 + A)$
  = $60 \times 0.5[(10 \times 0.2^2) + (0.4 \times 0.4)]$
  = $16.8 m^3/min$
$V = 1,200 m/min$
$A = \dfrac{16.8 m^3/min}{1,200 m/min} = 0.014 m^2$
  = $\dfrac{3.14 \times D^2}{4}$
∴ $D = \sqrt{\dfrac{A \times 4}{3.14}} = \sqrt{\dfrac{0.014 \times 4}{3.14}} = 0.134 m$

80 다음 중 송풍기에 관한 설명으로 틀린 것은?

① 프로펠러 송풍기는 구조가 가장 간단하고, 적은 비용으로 많은 양의 공기를 이송시킬 수 있다.
② 방사 날개형 송풍기는 평판형 송풍기라고도 하며 고농도 분진함유 공기나 부식성이 강한 공기를 이송시키는 데 많이 이용된다.
③ 전향 날개형 송풍기는 동일 송풍량을 발생시키기 위한 임펠러 회전속도가 상대적으로 낮기 때문에 소음문제가 거의 발생하지 않는다.
④ 후향 날개형 송풍기는 회전날개가 회전방향 반대편으로 경사지게 설계되어 있어 충분한 압력을 발생시킬 수 있고, 전향 날개형 송풍기에 비해 효율이 떨어진다.

[풀이] 후향 날개형 송풍기는 전향 날개형 송풍기에 비해 효율이 높다.

정답 77.② 78.② 79.③ 80.④

적당히 모자란 가운데
그 부족한 부분을 채우기 위해
노력하는 나날의 삶 속에
행복이 있다.
-플라톤(Plato)-

과년도 출제문제 | 2011.03.20

제1회 산업위생관리산업기사

제1과목 | 산업위생학 개론

01 상호관계가 있는 것을 올바르게 연결한 것은?
① 레이노 현상 - 규폐증
② 파킨슨 증후군 - 비소
③ 금속열 - 산화아연
④ C_5-dip - 진동

풀이
① 레이노 현상 - 진동
② 파킨슨 증후군 - 망간(Mn)
④ C_5-dip - 소음

02 다음 중 산업위생관리의 목적 또는 업무와 가장 거리가 먼 것은?
① 직업성 질환의 확인 및 치료
② 작업환경 및 근로조건의 개선
③ 직업성 질환 유소견자의 작업전환
④ 산업재해의 예방과 작업능률의 향상

풀이 ①항은 산업의학의 업무이다.

03 다음 중 작업강도를 분류하는 2가지 척도로 가장 적절한 것은?
① 총 에너지소비량과 심박동률
② 실동률과 총 에너지소비량
③ 심박동률과 심전도
④ 계속작업의 한계시간과 실동률

풀이 작업강도를 분류하는 2가지 척도는 총 에너지소비량과 심장박동률이다.
- 작업강도(근로강도)
  ㉠ 작업강도는 하루의 총 작업시간을 통한 평균작업대사량으로 표현되며 일반적으로 열량소비량을 평가기준으로 한다. 즉, 작업을 할 때 소비되는 열량으로 작업의 강도를 측정한다. 연령을 고려한 심장박동률은 작업 시 필요한 에너지요구량(에너지대사율)에 의해 변화한다.
  ㉡ 작업할 때 소비되는 열량을 나타내기 위하여 성별, 연령별 및 체격의 크기를 고려한 작업대사율(RMR)이라는 지수를 사용한다.
  ㉢ 작업대사량은 작업강도를 작업에 소요되는 열량의 측면에서 보는 한 지표에 지나지 않는다.
  ㉣ 작업강도는 생리적으로 가능한 작업시간의 한계를 지배하는 가장 중요한 인자이다.
  ㉤ 작업대사량은 정신작업에는 적용이 불가하다.
  ㉥ 작업강도를 분류할 경우에는 실동률을 이용하기도 하며 작업강도가 클수록 실동률이 떨어지므로 휴식시간이 길어진다. 즉 작업강도가 클수록 작업시간이 짧아진다.

04 산업스트레스의 관리에 있어서 개인차원에서의 관리방법으로 가장 적절한 것은?
① 긴장이완 훈련
② 개인의 적응수준 제고
③ 사회적 지원의 제공
④ 조직구조와 기능의 변화

풀이
(1) 개인차원의 스트레스 관리기법
  ㉠ 자신의 한계와 문제의 징후를 인식하여 해결방안을 도출
  ㉡ 신체검사를 통하여 스트레스성 질환을 평가
  ㉢ 긴장이완 훈련(명상, 요가 등)을 통하여 생리적 휴식상태를 경험
  ㉣ 규칙적인 운동으로 스트레스를 줄이고, 직무 외적인 취미, 휴식 등에 참여하여 대처능력을 함양
(2) 집단(조직)차원의 스트레스 관리기법
  ㉠ 개인별 특성 요인을 고려한 작업근로환경
  ㉡ 작업계획 수립 시 적극적 참여 유도
  ㉢ 사회적 지위 및 일 재량권 부여
  ㉣ 근로자 수준별 작업 스케줄 운영
  ㉤ 적절한 작업과 휴식시간

정답 01.③ 02.① 03.① 04.①

05 미국국립산업안전보건연구원(NIOSH)의 중량물 취급작업에 대한 권고치 가운데 감시기준(AL)이 40kg일 때 최대허용기준(MPL)은 얼마인가?

① 60kg   ② 80kg
③ 120kg ④ 160kg

풀이 최대허용기준(MPL) = AL×3 = 40kg×3 = 120kg

06 다음 중 산업안전보건법상 보건관리자의 직무에 해당하지 않는 것은?

① 건강장애를 예방하기 위한 작업관리
② 물질안전보건자료의 게시 또는 비치
③ 근로자의 건강관리·보건교육 및 건강증진 지도
④ 산업재해발생의 원인조사 및 재발방지를 위한 기술적 지도·조언

풀이 보건관리자의 직무(업무)
㉠ 산업안전보건위원회 또는 노사협의체에서 심의·의결한 업무와 안전보건관리규정 및 취업규칙에서 정한 업무
㉡ 안전인증대상 기계 등과 자율안전확인대상 기계 등 중 보건과 관련된 보호구(保護具) 구입 시 적격품 선정에 관한 보좌 및 지도·조언
㉢ 위험성평가에 관한 보좌 및 지도·조언
㉣ 작성된 물질안전보건자료의 게시 또는 비치에 관한 보좌 및 지도·조언
㉤ 산업보건의의 직무
㉥ 해당 사업장 보건교육계획의 수립 및 보건교육실시에 관한 보좌 및 지도·조언
㉦ 해당 사업장의 근로자를 보호하기 위한 다음의 조치에 해당하는 의료행위
　ⓐ 자주 발생하는 가벼운 부상에 대한 치료
　ⓑ 응급처치가 필요한 사람에 대한 처치
　ⓒ 부상·질병의 악화를 방지하기 위한 처치
　ⓓ 건강진단 결과 발견된 질병자의 요양 지도 및 관리
　ⓔ ⓐ부터 ⓓ까지의 의료행위에 따르는 의약품의 투여
㉧ 작업장 내에서 사용되는 전체환기장치 및 국소배기장치 등에 관한 설비의 점검과 작업방법의 공학적 개선에 관한 보좌 및 지도·조언
㉨ 사업장 순회점검, 지도 및 조치 건의
㉩ 산업재해 발생의 원인 조사·분석 및 재발방지를 위한 기술적 보좌 및 지도·조언
㉪ 산업재해에 관한 통계의 유지·관리·분석을 위한 보좌 및 지도·조언
㉫ 법 또는 법에 따른 명령으로 정한 보건에 관한 사항의 이행에 관한 보좌 및 지도·조언
㉬ 업무 수행 내용의 기록·유지
㉭ 그 밖에 보건과 관련된 작업관리 및 작업환경관리에 관한 사항으로서 고용노동부장관이 정하는 사항

※ 법 변경(2020년)사항이므로 풀이내용으로 학습 바랍니다.

07 산업안전보건법령상 사업주는 근골격계 부담작업에 근로자를 종사하도록 하는 경우에는 몇 년마다 유해요인조사를 실시하여야 하는가?

① 1년   ② 2년
③ 3년   ④ 5년

풀이 근골격계 부담작업에 근로자를 종사하도록 하는 경우의 유해요인 조사사항
다음의 유해요인 조사를 3년마다 실시한다.
㉠ 설비·작업공정·작업량·작업속도 등 작업장 상황
㉡ 작업시간·작업자세·작업방법 등 작업조건
㉢ 작업과 관련된 근골격계 질환 징후 및 증상 유무 등

08 200명의 근로자가 1주일에 40시간 연간 50주로 근무하는 사업장이 있다. 1년 동안 30건의 재해로 인하여 25명의 재해자가 발생하였다면 이 사업장의 도수율은 얼마인가?

① 15   ② 36
③ 62.5   ④ 75

풀이
$$\text{도수율} = \frac{\text{재해 발생 건수}}{\text{연근로시간수}} \times 10^6$$
$$= \frac{30}{(200 \times 40 \times 50)} \times 10^6 = 75$$

09 다음 중 최초의 직업성 암으로 보고된 음낭암의 원인물질은?

① 검댕   ② 구리
③ 수은   ④ 납

정답 05.③ 06.풀이 학습 07.③ 08.④ 09.①

[풀이] Percivall Pott
㉠ 영국의 외과의사로 직업성 암을 최초로 보고하였으며, 어린이 굴뚝청소부에게 많이 발생하는 음낭암(scrotal cancer)을 발견하였다.
㉡ 암의 원인물질은 검댕 속 여러 종류의 다환 방향족 탄화수소(PAH)였다.
㉢ 굴뚝청소부법을 제정하도록 하였다(1788년).

10 다음 중 정교한 작업을 위한 작업대 높이의 개선방법으로 가장 적절한 것은?

① 팔꿈치 높이를 기준으로 한다.
② 팔꿈치 높이보다 5cm 정도 낮게 한다.
③ 팔꿈치 높이보다 10cm 정도 낮게 한다.
④ 팔꿈치 높이보다 5~10cm 정도 높게 한다.

[풀이] 작업대 높이의 개선방법
㉠ 경작업과 중작업 시 권장작업대의 높이는 팔꿈치 높이보다 낮게 작업대를 설치한다.
㉡ 정밀작업 시에는 팔꿈치 높이보다 약간 높게 설치된 작업대가 권장된다.
㉢ 작업대의 높이는 조절 가능한 것으로 선정하는 것이 좋다.

11 직업성 질환에 관한 설명으로 틀린 것은?

① 재해성 질병과 직업병으로 분류할 수 있다.
② 직업상 업무로 인하여 1차적으로 발생하는 질병을 원발성 질환이라 한다.
③ 장기적 경과를 가지므로 직업과의 인과관계를 명확하게 규명할 수 있다.
④ 합병증은 원발성 질환에서 떨어진 다른 부위에 같은 원인에 의한 제2의 질환을 일으키는 경우를 말한다.

[풀이] 직업과의 인과관계를 명확하게 규명할 수 없다. 즉, 직업관련성 질환은 다수의 원인에 의해서 발생한다.

12 산업피로의 발생요인 중 작업부하와 관련이 가장 적은 것은?

① 작업강도   ② 작업자세
③ 적응조건   ④ 조작방법

[풀이] 적응조건은 내적요인(개인조건)에 해당한다.

13 다음 중 바람직한 교대제로 볼 수 없는 것은 어느 것인가?

① 각 조의 근무시간은 8시간씩으로 한다.
② 교대방식은 역교대보다 정교대가 좋다.
③ 야간근무의 연속은 일주일 정도가 좋다.
④ 연속된 야간근무 종료 후의 휴식은 최저 48시간을 가지도록 한다.

[풀이] 교대근무제 관리원칙(바람직한 교대제)
㉠ 각 반의 근무시간은 8시간씩 교대로 하고, 야근은 가능한 짧게 한다.
㉡ 2교대면 최저 3조의 정원을, 3교대면 4조를 편성한다.
㉢ 채용 후 건강관리로서 정기적으로 체중, 위장증상 등을 기록해야 하며, 근로자의 체중이 3kg 이상 감소하면 정밀검사를 받아야 한다.
㉣ 평균 주 작업시간은 40시간을 기준으로 갑반→을반→병반으로 순환하게 한다.
㉤ 근무시간의 간격은 15~16시간 이상으로 하는 것이 좋다.
㉥ 야근의 주기를 4~5일로 한다.
㉦ 신체의 적응을 위하여 야간근무의 연속일수는 2~3일로 하며 야간근무를 3일 이상 연속으로 하는 경우에는 피로축적현상이 나타나게 되므로 연속하여 3일을 넘기지 않도록 한다.
㉧ 야근 후 다음 반으로 가는 간격은 최저 48시간 이상의 휴식시간을 갖도록 하여야 한다.
㉨ 야근 교대시간은 상오 0시 이전에 하는 것이 좋다(심야시간을 피함).
㉩ 야근 시 가면은 반드시 필요하며, 보통 2~4시간(1시간 30분 이상)이 적합하다.
㉪ 야근 시 가면은 작업강도에 따라 30분에서 1시간 범위로 하는 것이 좋다.
㉫ 작업 시 가면시간은 적어도 1시간 30분 이상 주어야 수면효과가 있다고 볼 수 있다.
㉬ 상대적으로 가벼운 작업은 야간근무조에 배치하는 등 업무내용을 탄력적으로 조정해야 하며 야간작업자는 주간작업자보다 연간 쉬는 날이 더 많아야 한다.
㉭ 근로자가 교대일정을 미리 알 수 있도록 해야 한다.
㉮ 일반적으로 오전근무의 개시시간은 오전 9시로 한다.
㉯ 교대방식(교대근무 순환주기)은 낮근무, 저녁근무, 밤근무 순으로 한다. 즉, 정교대가 좋다.

정답 10.④ 11.③ 12.③ 13.③

14 작업환경측정 및 정도관리 등에 관한 고시 상 소음수준의 측정단위로 옳은 것은?

① dB(A)
② dB(B)
③ dB(C)
④ dB(V)

[풀이] 소음수준의 측정단위는 A 청감보정회로 dB(A)이다.

15 다음 중 사무실 공기관리에 있어서 각 오염물질에 대한 관리기준으로 옳은 것은?

① 8시간 시간가중평균농도를 기준으로 한다.
② 단시간 노출기준을 기준으로 한다.
③ 최고노출기준을 기준으로 한다.
④ 작업장의 장소에 따라 다르다.

[풀이] 사무실 공기관리 지침상 관리기준은 8시간 시간가중평균농도(TWA)를 말한다.

16 산업피로의 예방대책으로 적절하지 않은 것은?

① 작업과정 중간에 적절한 휴식시간을 추가한다.
② 가능한 한 동적인 작업으로 전환한다.
③ 각 개인마다 동일한 작업량을 부여한다.
④ 작업환경을 정비하고 정리·정돈한다.

[풀이] 산업피로 예방대책
㉠ 불필요한 동작을 피하고, 에너지 소모를 적게 한다.
㉡ 동적인 작업을 늘리고, 정적인 작업을 줄인다.
㉢ 개인의 숙련도에 따라 작업속도와 작업량을 조절한다.
㉣ 작업시간 중 또는 작업 전후에 간단한 체조나 오락시간을 갖는다.
㉤ 장시간 한 번 휴식하는 것보다 단시간씩 여러 번 나누어 휴식하는 것이 피로회복에 도움이 된다.

17 다음 중 근육의 에너지원으로 가장 먼저 소비되는 것은?

① 포도당
② 산소
③ 글리코겐
④ 아데노신삼인산(ATP)

[풀이] 혐기성 대사(anaerobic metabolism)
(1) 근육에 저장된 화학적 에너지를 의미한다.
(2) 혐기성 대사 순서(시간대별)
ATP(아데노신삼인산) → CP(크레아틴인산) → glycogen(글리코겐) or glucose(포도당)
※ 근육운동에 동원되는 주요 에너지원 중 가장 먼저 소비되는 것은 ATP이다.

18 다음 중 근골격계 질환의 발생에 관한 설명으로 틀린 것은?

① 손목을 반복적으로 무리하게 사용하는 작업에서 발생하기 쉽다.
② 무거운 물건을 들어올리거나 밀고 당기고 운반하는 작업에서 많이 발생한다.
③ 오랜기간 동안 부자연스러운 작업자세로 작업하는 경우에 많이 발생한다.
④ 진동이 적고, 고온의 작업조건에서 주로 발생한다.

[풀이] 근골격계 질환은 진동이 있고, 저온의 작업조건에서 주로 발생한다.

19 다음 중 산업위생의 주요활동에서 맨 처음으로 요구되는 활동은?

① 인지
② 예측
③ 측정
④ 평가

[풀이] 산업위생활동의 기본 4요소
예측, 측정, 평가, 관리

20 메틸에틸케톤(MEK) 50ppm(TLV=200ppm), 트리클로로에틸렌(TCE) 25ppm(TLV=50ppm), 크실렌(xylene) 30ppm(TLV=100ppm)이 공기 중 혼합물로 존재할 경우 노출지수와 노출기준 초과여부로 옳은 것은? (단, 혼합물질은 상가작용을 한다.)

① 노출지수 0.95, 노출기준 미만
② 노출지수 1.05, 노출기준 초과
③ 노출지수 0.3, 노출기준 미만
④ 노출지수 0.5, 노출기준 미만

정답 14.① 15.① 16.③ 17.④ 18.④ 19.② 20.②

풀이
- ㉠ 노출지수(EI)= $\frac{50}{200}+\frac{25}{50}+\frac{30}{100}=1.05$
- ㉡ 1을 초과하므로 노출기준 초과 평가

제2과목 | 작업환경 측정 및 평가

21 검출한계(LOD)에 관한 내용으로 옳은 것은?
① 표준편차의 3배에 해당
② 표준편차의 5배에 해당
③ 표준편차의 10배에 해당
④ 표준편차의 20배에 해당

풀이
- ㉠ LOD=표준편차×3
- ㉡ LOQ=표준편차×10=LOD×3(3.3)

22 작업장에서 입자상 물질은 대개 여과원리에 따라 시료를 채취하며, 여과지의 공극보다 작은 입자가 여과지에 채취되는 기전은 여과 이론으로 설명할 수 있다. 다음 중 여과이론에 관여하는 기전과 가장 거리가 먼 것은?
① 중력침강   ② 정전기적 침강
③ 간섭   ④ 흡착

풀이 여과채취기전
㉠ 직접 차단
㉡ 관성충돌
㉢ 확산
㉣ 중력침강
㉤ 정전기 침강
㉥ 체질

23 어떤 공장의 유해작업장에 50% heptane, 30% methylene chloride, 20% perchloroethylene의 중량비로 혼합조성된 용제가 증발되어 작업환경을 오염시키고 있다면 이 작업장에서 혼합물의 허용농도는? (단, heptane TLV=1,600mg/m³, methylene chloride TLV=670mg/m³, perchloroethylene TLV=760mg/m³)
① 977mg/m³
② 984mg/m³
③ 992mg/m³
④ 1,016mg/m³

풀이 혼합물의 허용농도(mg/m³)
$$=\frac{1}{\frac{0.5}{1,600}+\frac{0.3}{670}+\frac{0.2}{760}}$$
$=977.12\text{mg/m}^3$

24 소음의 특성을 정확히 평가하기 위하여 주파수 분석을 실시해야 한다. 1/1 옥타브밴드로 분석 시 중심주파수(f_c)가 2,000Hz일 때 1/1 옥타브밴드 주파수범위[하한주파수(f_1)~상한주파수(f_2)]로 가장 적합한 것은? (단, $f_2=2f_1$, $f_c=(f_1\times f_2)^{\frac{1}{2}}$)
① 1014.4~2028.0Hz
② 1214.4~2428.8Hz
③ 1414.4~2828.8Hz
④ 1614.4~3228.8Hz

풀이 $f_C=\sqrt{2}f_r$에서
㉠ $f_r=\frac{f_C}{\sqrt{2}}=\frac{2,000}{\sqrt{2}}=1414.2\text{Hz}$
㉡ $f_U=2\times 1414.2=2828.4\text{Hz}$

25 흡착제인 활성탄의 제한점에 관한 설명으로 가장 거리가 먼 것은?
① 휘발성이 매우 큰 저분자량의 탄화수소 화합물의 채취효율이 떨어진다.
② 암모니아, 에틸렌, 염화수소와 같은 고비점 화합물에 비효과적이다.
③ 비교적 높은 습도는 활성탄의 흡착용량을 저하시킨다.
④ 케톤의 경우 활성탄 표면에서 물을 포함하는 반응에 의해서 파과되어, 탈착률과 안정성에서 부적절하다.

정답 21.① 22.④ 23.① 24.③ 25.②

[풀이] **활성탄의 제한점**
㉠ 표면의 산화력으로 인해 반응성이 큰 멜캅탄, 알데히드 포집에는 부적합하다.
㉡ 케톤의 경우 활성탄 표면에서 물을 포함하는 반응에 의하여 파과되어 탈착률과 안정성에 부적절하다.
㉢ 메탄, 일산화탄소 등은 흡착되지 않는다.
㉣ 휘발성이 큰 저분자량의 탄화수소화합물의 채취효율이 떨어진다.
㉤ 끓는점이 낮은 저비점 화합물인 암모니아, 에틸렌, 염화수소, 포름알데히드 증기는 흡착속도가 높지 않아 비효과적이다.

26 다음 중 1차 표준기기(primary standard)가 아닌 것은?

① 폐활량계(spirometer)
② 건식 가스미터(dry gas meter)
③ 가스치환병(mariotte bottle)
④ 유리피스톤미터(glass piston meter)

[풀이] 공기채취기구의 보정에 사용되는 1차 표준기구의 종류

표준기구	일반 사용범위	정확도
비누거품미터 (soap bubble meter)	1mL/분 ~30L/분	±1% 이내
폐활량계 (spirometer)	100~600L	±1% 이내
가스치환병 (mariotte bottle)	10~500mL/분	±0.05 ~0.25%
유리피스톤미터 (glass piston meter)	10~200mL/분	±2% 이내
흑연피스톤미터 (frictionless piston meter)	1mL/분 ~50L/분	±1~2%
피토튜브 (pitot tube)	15mL/분 이하	±1% 이내

27 공기 중 납을 채취한 여과지 시료를 분석하고자 한다. 회수율을 구한 결과 95%이고 시료 중 납 분석값은 0.05mg이었다. 시료를 회수율로 보정한 값은?

① 0.0050mg
② 0.0475mg
③ 0.0500mg
④ 0.0526mg

[풀이] 회수율 보정값 $= \dfrac{0.05\text{mg}}{0.95} = 0.0526\text{mg}$

28 흡광광도측정에서 최초광의 80%가 흡수되었다면 흡광도는?

① 0.7
② 0.8
③ 0.9
④ 1.0

[풀이] 흡광도 $= \log\left(\dfrac{1}{\text{투과도}}\right) = \log\left(\dfrac{1}{1-0.8}\right) = 0.7$

29 0.01N–NaOH 수용액 중의 $[H^+]$은 몇 mole/L인가?

① 1×10^{-2}
② 1×10^{-13}
③ 1×10^{-12}
④ 1×10^{-11}

[풀이] $NaOH \leftrightarrow Na^+ + OH^-$ (NaOH 1가 : N=M)
  1M   1M   1M
$H^+ \times OH^- = 1 \times 10^{-14}$M
$H^+ = \dfrac{1 \times 10^{-14}\text{M}}{OH^-} = \dfrac{1 \times 10^{-14}\text{M}}{0.01} = 1 \times 10^{-12}$M

30 목재공장의 작업환경 중 분진농도를 측정하였더니 5ppm, 7ppm, 5ppm, 7ppm, 6ppm, 7ppm이었다. 기하평균은?

① 6.1ppm
② 6.3ppm
③ 6.5ppm
④ 6.7ppm

[풀이] 기하평균(GM)
$\log(GM) = \dfrac{\log5 + \log7 + \log5 + \log7 + \log6 + \log7}{6}$
$= 0.785$
$\therefore GM = 10^{0.785} = 6.1$ppm

31 옥내작업장의 온도를 측정한 결과 자연습구온도 30℃, 흑구온도 28℃였다. 습구흑구온도지수(WBGT)는?

① 28.4℃
② 28.6℃
③ 29.4℃
④ 29.8℃

[풀이] 옥내 WBGT(℃)
$= (0.7 \times 자연습구온도) + (0.3 \times 흑구온도)$
$= (0.7 \times 30℃) + (0.3 \times 28℃)$
$= 29.4℃$

정답 26.② 27.④ 28.① 29.③ 30.① 31.③

32 실리카겔이 활성탄에 비해 갖는 장단점으로 옳지 않은 것은?

① 수분을 잘 흡수하는 단점을 가지고 있다.
② 활성탄으로 채취가 어려운 아닐린, 오르토-톨루이딘 등의 아민류나 몇몇 무기물질의 채취가 가능하다.
③ 추출액이 화학성분이나 기기분석에 방해물질로 작용하는 경우가 많다.
④ 이황화탄소를 탈착용매로 사용하지 않는다.

풀이 실리카겔의 장단점
(1) 장점
  ㉠ 극성이 강하여 극성 물질을 채취한 경우 물, 메탄올 등 다양한 용매로 쉽게 탈착한다.
  ㉡ 추출용액(탈착용매)이 화학분석이나 기기분석에 방해물질로 작용하는 경우는 많지 않다.
  ㉢ 활성탄으로 채취가 어려운 아닐린, 오르토-톨루이딘 등의 아민류나 몇몇 무기물질의 채취가 가능하다.
  ㉣ 매우 유독한 이황화탄소를 탈착용매로 사용하지 않는다.
(2) 단점
  ㉠ 친수성이기 때문에 우선적으로 물분자와 결합을 이루어 습도의 증가에 따른 흡착용량의 감소를 초래한다.
  ㉡ 습도가 높은 작업장에서는 다른 오염물질의 파과용량이 작아져 파과를 일으키기 쉽다.

33 코크스 제조공정에서 발생하는 코크스 오븐 배출물질을 채취하는 데 많이 이용하는 여과지는?

① PVC막 여과지 ② 은막 여과지
③ MCE막 여과지 ④ 유리섬유 여과지

풀이 은막 여과지(silver membrane filter)
㉠ 균일한 금속은을 소결하여 만들며 열적·화학적 안정성이 있다.
㉡ 코크스 제조공정에서 발생되는 코크스 오븐 배출물질, 콜타르피치 휘발물질, X선회절분석법을 적용하는 석영 또는 다핵방향족탄화수소 등을 채취하는 데 사용한다.
㉢ 결합제나 섬유가 포함되어 있지 않다.

34 분진발생 작업장에서 2.5L/min의 유량으로 5시간 동안 시료를 포집하고 시료채취 전후의 여과지 무게를 측정한 결과 각각 0.0721g과 0.0742g이었다. 작업장의 분진 농도는?

① 1.4mg/m^3
② 1.8mg/m^3
③ 2.4mg/m^3
④ 2.8mg/m^3

풀이
$$농도(\text{mg/m}^3) = \frac{(0.0742-0.0721)\text{g} \times (1,000\text{mg/g})}{(2.5\text{L/min} \times 300\text{min} \times \text{m}^3/1,000\text{L})}$$
$$= 2.8\text{L/min}$$

35 다음 중 시간가중 평균소음수준[dB(A)]을 구하는 식으로 가장 적합한 것은? [단, D : 누적소음노출량(%)이다.]

① $16.91\log\left(\dfrac{D}{100}\right)+80$
② $16.61\log\left(\dfrac{D}{100}\right)+80$
③ $16.91\log\left(\dfrac{D}{100}\right)+90$
④ $16.61\log\left(\dfrac{D}{100}\right)+90$

풀이
$$TWA = 16.61\log\left[\dfrac{D(\%)}{100}\right]+90[\text{dB(A)}]$$
여기서, TWA : 시간가중 평균소음수준[dB(A)]
  D : 누적소음노출량(%)
  100 : $(12.5 \times T;\ T=$노출시간)

36 다음 중 가스교환부위에 침착할 때 독성을 일으킬 수 있는 물질로서 평균입경이 $4\mu\text{m}$인 입자상 물질을 무엇이라 하는가? (단, ACGIH 기준)

① 흡입성 입자상 물질
② 흉곽성 입자상 물질
③ 복합성 입자상 물질
④ 호흡성 입자상 물질

[풀이] **ACGIH 입자크기별 기준(TLV)**
(1) 흡입성 입자상 물질
 (IPM ; Inspirable Particulates Mass)
 ㉠ 호흡기의 어느 부위(비강, 인후두, 기관 등 호흡기의 기도 부위)에 침착하더라도 독성을 유발하는 분진이다.
 ㉡ 입경범위는 0~100μm이다.
 ㉢ 평균입경(폐침착의 50%에 해당하는 입자의 크기)은 100μm이다.
 ㉣ 침전분진은 재채기, 침, 코 등의 벌크(bulk) 세척기전으로 제거된다.
 ㉤ 비암이나 비중격천공을 일으키는 입자상 물질이 여기에 속한다.
(2) 흉곽성 입자상 물질
 (TPM ; Thoracic Particulates Mass)
 ㉠ 기도나 하기도(가스교환 부위)에 침착하여 독성을 나타내는 물질이다.
 ㉡ 평균입경은 10μm이다.
 ㉢ 채취기구는 PM 10이다.
(3) 호흡성 입자상 물질
 (RPM ; Respirable Particulates Mass)
 ㉠ 가스교환 부위, 즉 폐포에 침착할 때 유해한 물질이다.
 ㉡ 평균입경은 4μm(공기역학적 직경이 10μm 미만인 먼지가 호흡성 입자상 물질)이다.
 ㉢ 채취기구는 10mm nylon cyclone이다.

37 비누거품미터를 이용하여 시료채취펌프의 유량을 보정하였다. 뷰렛의 용량이 1,000mL이고 비누거품의 통과시간은 28초일 때 유량(L/min)은?

① 2.14 ② 2.34
③ 2.54 ④ 2.74

[풀이] 유량(L/min) = $\dfrac{1{,}000\text{mL} \times (\text{L}/1{,}000\text{mL})}{28\text{sec} \times \text{min}/60\text{sec}}$
 = 2.14L/min

38 변이계수에 관한 설명으로 옳지 않은 것은?

① 통계집단의 측정값들에 대한 균일성, 정밀성 정도를 표현한 것이다.
② 평균값에 대한 표준편차의 크기를 백분율로 나타낸 수치이다.
③ 측정단위에 따라 적절한 보정상수를 적용하여 산출한다.
④ 평균값의 크기가 0에 가까울수록 변이계수의 의의는 작아진다.

[풀이] **변이계수(CV)**
 ㉠ 측정방법의 정밀도를 평가하는 계수이며, %로 표현되므로 측정단위와 무관하게 독립적으로 산출된다.
 ㉡ 통계집단의 측정값에 대한 균일성과 정밀성의 정도를 표현한 계수이다.
 ㉢ 단위가 서로 다른 집단이나 특성값의 상호산포도를 비교하는 데 이용될 수 있다.
 ㉣ 변이계수가 작을수록 자료가 평균 주위에 가깝게 분포한다는 의미이다(평균값의 크기가 0에 가까울수록 변이계수의 의미는 작아진다).
 ㉤ 표준편차의 수치가 평균치에 비해 몇 %가 되냐로 나타낸다.

39 음력이 1.0W인 작은 점음원으로부터 500m 떨어진 곳의 음압레벨(SPL, dB)은? (단, SPL = PWL − 20 log$r$ − 11)

① 약 50 ② 약 55
③ 약 60 ④ 약 65

[풀이] SPL = PWL − 20 log$r$ − 11
 PWL = $10 \log \dfrac{1.0}{10^{-12}}$ = 120dB
 = 120dB − (20 log 500) − 11 = 55.0dB

40 다음 중 직경분립충돌기의 장단점으로 옳지 않은 것은?

① 호흡기의 부분별로 침착된 입자크기의 자료를 추정할 수 있다.
② 채취준비시간이 짧고 시료의 채취가 쉽다.
③ 입자의 질량크기 분포를 얻을 수 있다.
④ 되튐으로 인한 시료손실이 일어날 수 있다.

[풀이] **직경분립충돌기(cascade impactor)**
(1) 장점
 ㉠ 입자의 질량크기 분포를 얻을 수 있다(공기흐름속도를 조절하여 채취입자를 크기별로 구분 가능).

정답 37.① 38.③ 39.② 40.②

ⓒ 호흡기의 부분별로 침착된 입자크기의 자료를 추정할 수 있다.
ⓒ 흡입성, 흉곽성, 호흡성 입자의 크기별로 분포와 농도를 계산할 수 있다.
(2) 단점
ⓐ 시료채취가 까다롭다. 즉 경험이 있는 전문가가 철저한 준비를 통해 이용해야 정확한 측정이 가능하다(작은 입자는 공기흐름속도를 크게 하여 충돌판에 포집할 수 없음).
ⓑ 비용이 많이 든다.
ⓒ 채취준비시간이 과다하다.
ⓓ 되튐으로 인한 시료의 손실이 일어나 과소분석결과를 초래할 수 있어 유량을 2L/min 이하로 채취한다.
ⓔ 공기가 옆에서 유입되지 않도록 각 충돌기의 조립과 장착을 철저히 해야 한다.

제3과목 | 작업환경 관리

41 소음방지를 위한 흡음재료의 선택 및 사용 시 주의사항으로 옳지 않은 것은?

① 흡음재료를 벽면에 부착할 때 한 곳에 집중하는 것보다 전체 내벽에 분산하여 부착하는 것이 흡음력을 증가시킨다.
② 실의 모서리나 가장자리부분에 흡음재를 부착시키면 흡음효과가 좋아진다.
③ 다공질재료는 산란되기 쉬우므로 표면을 얇은 직물로 피복하는 것이 바람직하다.
④ 막진동이나 판진동형의 것은 도장 여부에 따라 흡음률 차이가 크다.

[풀이] 막진동이나 판진동형의 것은 도장 여부에 따라 흡음률의 차이가 적다.

42 전리방사선의 단위로서 피조사체 1g에 대하여 100erg의 에너지가 흡수되는 양을 나타내는 것은?

① R   ② Ci
③ rad ④ IR

[풀이] 래드(rad)
ⓐ 흡수선량 단위
ⓑ 방사선이 물질과 상호작용한 결과 그 물질의 단위질량에 흡수된 에너지 의미
ⓒ 모든 종류의 이온화방사선에 의한 외부노출, 내부노출 등 모든 경우에 적용
ⓓ 조사량에 관계없이 조직(물질)의 단위질량당 흡수된 에너지량을 표시하는 단위
ⓔ 관용단위인 1rad는 피조사체 1g에 대하여 100erg의 방사선에너지가 흡수되는 선량단위 (=100erg/gram=10^{-2}J/kg)
ⓕ 100rad를 1Gy(Gray)로 사용

43 개인보호구에 관한 설명으로 옳은 것은 어느 것인가?

① 보호장구 재질인 천연고무(latex)는 극성 용제에는 효과적이나 비극성 용제에는 효과적이지 못하다.
② 눈 보호구의 차광도 번호(shade number)가 낮을수록 빛의 차단이 크다.
③ 미국 EPA에서 정한 차진평가수 NRR은 실제 작업현장에서의 차진효과(dB)를 그대로 나타내준다.
④ 귀덮개는 기본형, 준맞춤형, 맞춤형으로 구분된다.

[풀이]
② 낮을수록 ⇨ 높을수록
③ EPA ⇨ OSHA
④ 귀덮개는 EP형 하나이다.

44 빛과 밝기의 단위에 관한 설명으로 옳지 않은 것은?

① 광원으로부터 나오는 빛의 양을 광속이라 한다.
② 럭스는 광원으로부터 단위입체각으로 나가는 광속의 단위이다.
③ 광원으로부터 나오는 빛의 세기를 광도라고 한다.
④ 광도의 단위는 칸델라(cd)를 사용한다.

정답 41.④ 42.③ 43.① 44.②

풀이 루멘(lumen, lm) ; 광속
  ㉠ 광속의 국제단위로 기호는 lm으로 나타낸다.
  ㉡ 1촉광의 광원으로부터 한 단위입체각으로 나가는 광속의 단위이다.
  ㉢ 광속이란 광원으로부터 나오는 빛의 양을 의미하고 단위는 lumen이다.
  ㉣ 1촉광과의 관계는 1촉광=4π(12.57)루멘으로 나타낸다.

45 모 작업공정에서 발생하는 소음의 음압수준이 110dB(A)이고 근로자는 귀덮개(NRR=17)를 착용하고 있다면 근로자에게 실제 노출되는 음압수준은?
① 90dB(A)
② 95dB(A)
③ 100dB(A)
④ 105dB(A)

풀이 노출되는 음압수준 = 110dB(A) − 차음효과
차음효과 = (NRR − 7) × 0.5
       = (17 − 7) × 0.5
       = 5dB(A)
       = 110dB(A) − 5dB(A)
       = 105dB(A)

46 고열장애 중 신체의 염분손실을 충당하지 못할 때 발생하며, 이 질환을 가진 사람은 혈중 염분의 농도가 매우 낮기 때문에 염분관리가 중요한 것은?
① 열발진   ② 열경련
③ 열허탈   ④ 열사병

풀이 열경련의 발생
  ㉠ 지나친 발한에 의한 수분 및 혈중 염분 손실(혈액의 현저한 농축 발생)
  ㉡ 땀을 많이 흘리고 동시에 염분이 없는 음료수를 많이 마셔서 염분 부족 시 발생
  ㉢ 전해질의 유실 시 발생

47 고온작업장의 고온대책에 관한 설명으로 가장 거리가 먼 것은?
① 작업대사량 : 작업량 감소
② 대류 : 작업주기 증가
③ 급성 고열폭로 : 공랭, 수랭식 방열복 착용
④ 복사열 : 방열판으로 차단

풀이 대류 증가에 의한 방법은 작업장 주위 공기온도가 작업자 신체 피부온도보다 낮을 경우에만 적용 가능하다.

48 방진대책 중 발생원 대책과 가장 거리가 먼 것은?
① 동적 흡진
② 기초중량의 부가 및 경감
③ 수진점 근방 방진구 설치
④ 탄성지지

풀이 진동방지대책
(1) 발생원 대책
  ㉠ 가진력(기진력, 외력) 감쇠
  ㉡ 불평형력의 평형 유지
  ㉢ 기초중량의 부가 및 경감
  ㉣ 탄성지지(완충물 등 방진재 사용)
  ㉤ 진동원 제거
  ㉥ 동적 흡진
(2) 전파경로 대책
  ㉠ 진동의 전파경로 차단(방진구)
  ㉡ 거리감쇠
(3) 수진측 대책
  ㉠ 작업시간 단축 및 교대제 실시
  ㉡ 보건교육 실시
  ㉢ 수진측 탄성지지 및 강성 변경

49 잠수부가 해저 30m에서 작업할 때 인체가 받는 절대압은?
① 3기압
② 4기압
③ 5기압
④ 6기압

풀이 절대압 = 대기압 + 작용압
       = 1기압 + [30m × (1기압/10m)]
       = 4기압

50 방진재 중 금속스프링에 관한 설명으로 옳지 않은 것은?

① 공진 시에 전달률이 크다.
② 저주파 차진에 좋다.
③ 감쇠가 크다.
④ 환경요소에 대한 저항성이 크다.

풀이 금속스프링
(1) 장점
  ㉠ 저주파 차진에 좋다.
  ㉡ 환경요소에 대한 저항성이 크다.
  ㉢ 최대변위가 허용된다.
(2) 단점
  ㉠ 감쇠가 거의 없다.
  ㉡ 공진 시에 전달률이 매우 크다.
  ㉢ 로킹(rocking)이 일어난다.

51 현재 총 흡음량이 2,000sabins인 작업장 벽면에 흡음재를 강화하여 총 흡음량이 4,000sabins이 되었다. 이때 소음감소(noise reduction)량은?

① 3dB ② 6dB
③ 9dB ④ 12dB

풀이 소음감소량(NR)
$$NR = \log \frac{대책\ 후}{대책\ 전} = 10\log \frac{4,000}{2,000} = 3dB$$

52 ACGIH에 의한 발암물질의 구분기준으로 Group A3에 해당하는 것은?

① 인체 발암성 확인물질
② 동물 발암성 확인물질, 인체 발암성 모름
③ 인체 발암성 미분류물질
④ 인체 발암성 미의심물질

풀이 발암물질 구분
(1) 미국산업위생전문가협의회(ACGIH)
  ㉠ A1 : 인체 발암 확인(확정)물질[석면, 우라늄, Cr^{+6} 화합물]
  ㉡ A2 : 인체 발암이 의심되는 물질(발암 추정물질)
  ㉢ A3
    • 동물 발암성 확인물질
    • 인체 발암성을 모름
  ㉣ A4
    • 인체 발암성 미분류 물질
    • 인체 발암성이 확인되지 않은 물질
  ㉤ A5 : 인체 발암성 미의심 물질
(2) 국제암연구위원회(IARC)
  ㉠ Group1 : 인체 발암성 확정물질(확실한 발암물질)
  ㉡ Group2A : 인체 발암성 예측·추정물질(가능성이 높은 발암물질)
  ㉢ Group2B : 인체 발암성 가능성 물질(가능성이 있는 발암물질)
  ㉣ Group3 : 인체 발암성 미분류 물질(발암성이 불확실한 발암물질)
  ㉤ Group4 : 인체 발암성·비발암성 추정물질(발암성이 없는 물질)

53 자외선에 관한 설명으로 옳지 않은 것은?

① UV-B의 영향으로 피부암을 유발할 수 있다.
② 일명 화학선이라고 한다.
③ 약 100~400nm 파장범위의 전자파로 UV-A, UV-B, UV-C로 구분한다.
④ 성층권의 오존층은 200nm 이하의 자외선만 지구에 도달하게 한다.

풀이 290nm 이하의 단파장인 UV-C는 대기 중 오존분자 등의 가스성분에 의해 그 대부분이 흡수되어 지표면에 거의 도달하지 않는다.

54 적절히 밀착이 이루어진 호흡기 보호구를 훈련된 일련의 착용자들이 작업장에서 착용하였을 때 기대되는 최소보호 정도치를 무엇이라 하는가?

① 정도보호계수
② 할당보호계수
③ 밀착보호계수
④ 작업보호계수

풀이 할당보호계수(APF ; Assigned Protection Factor)
㉠ 작업장에서 보호구 착용 시 기대되는 최소보호 정도치를 의미한다.
㉡ APF 50의 의미는 APF 50의 보호구를 착용하고 작업 시 착용자는 외부 유해물질로부터 적어도 50배만큼 보호를 받을 수 있다는 의미이다.
㉢ APF가 가장 큰 것은 양압 호흡기 보호구 중 공기공급식(SCBA, 압력식) 전면형이다.

정답 50.③ 51.① 52.② 53.④ 54.②

55 다음 소음작업장에서 소음예방을 위한 전파경로대책과 가장 거리가 먼 것은 어느 것인가?
① 공장건물 내벽의 흡음처리
② 지향성 변환
③ 소음기(消音器) 설치
④ 방음벽 설치

풀이 소음대책
(1) 발생원 대책(음원대책)
　㉠ 발생원에서의 저감
　　• 유속 저감
　　• 마찰력 감소
　　• 충돌방지
　　• 공명방지
　　• 저소음형 기계의 사용(병타법을 용접법으로 변경, 단조법을 프레스법으로 변경, 압축공기 구동기기를 전동기기로 변경)
　㉡ 소음기 설치
　㉢ 방음 커버
　㉣ 방진, 제진
(2) 전파경로 대책
　㉠ 흡음(실내 흡음처리에 의한 음압레벨 저감)
　㉡ 차음(벽체의 투과손실 증가)
　㉢ 거리감쇠
　㉣ 지향성 변환(음원 방향의 변경)
(3) 수음자 대책
　㉠ 청력보호구(귀마개, 귀덮개)
　㉡ 작업방법 개선

56 작업환경관리를 위한 공학적 대책 중 공정대치의 설명으로 옳지 않은 것은?
① 볼트, 너트 작업을 줄이고 리벳팅작업으로 대치한다.
② 유기용제 세척공정을 스팀세척이나 비눗물 사용공정으로 대치한다.
③ 압축공기식 임팩트 렌치작업을 저소음 유압식 렌치로 대치한다.
④ 도자기 제조공정에서 건조 후 실시하던 점토배합을 건조 전에 실시한다.

풀이 소음저감을 위해 리벳팅작업을 볼트, 너트 작업으로 대치한다.

57 적용 화학물질은 밀랍, 탈수라놀린, 파라핀, 유동파라핀, 탄산마그네슘 등이며, 광산류, 유기산, 염류 및 무기염류 취급작업에 주로 사용하는 보호크림은?
① 친수성 크림　② 소수성 크림
③ 차광 크림　　④ 피막형 크림

풀이 소수성 물질 차단 피부보호제
㉠ 내수성 피막을 만들고 소수성으로 산을 중화한다.
㉡ 적용 화학물질은 밀랍, 탈수라놀린, 파라핀, 탄산마그네슘 등이다.
㉢ 광산류, 유기산, 염류(무기염류) 취급작업 시 사용한다.

58 고압환경에서 나타나는 질소의 마취작용에 관한 설명으로 옳지 않은 것은?
① 공기 중 질소가스는 2기압 이상에서 마취작용을 나타낸다.
② 작업력 저하, 기분의 변화 및 정도를 달리하는 다행증이 일어난다.
③ 질소의 지방용해도는 물에 대한 용해도보다 5배 정도 높다.
④ 고압환경의 2차적인 가압현상(화학적 장애)이다.

풀이 질소가스의 마취작용
㉠ 공기 중의 질소가스는 정상기압에서는 비활성이지만 4기압 이상에서 마취작용을 일으키며 이를 다행증이라 한다(공기 중의 질소가스는 3기압 이하에서는 자극작용을 한다).
㉡ 질소가스 마취작용은 알코올 중독의 증상과 유사하다.
㉢ 작업력의 저하, 기분의 변환, 여러 종류의 다행증(euphoria)이 일어난다.
㉣ 수심 90~120m에서 환청, 환시, 조현증, 기억력 감퇴 등이 나타난다.

59 석탄공장, 벽돌 제조, 도자기 제조 등과 관련해서 발생하고, 폐결핵과 같은 질환으로 이환될 가능성이 높은 진폐증으로 옳은 것은?
① 석면폐증　② 규폐증
③ 면폐증　　④ 용접폐증

정답　55.③　56.①　57.②　58.①　59.②

[풀이] 규폐증(silicosis)
(1) 개요
규폐증은 이집트의 미라에서도 발견되는 오랜 질병이며, 채석장 및 모래분사 작업장에 종사하는 작업자들이 석면을 과도하게 흡입하여 잘 걸리는 폐질환이다.
(2) 원인
㉠ 규폐증은 결정형 규소(암석 : 석영분진, 이산화규소, 유리규산)에 직업적으로 노출된 근로자에게 발생한다.
㉡ 주요원인물질은 혼합물질이며, 건축업, 도자기작업장, 채석장, 석재공장 등의 작업장에서 근무하는 근로자에게 발생한다.
㉢ 석재공장, 주물공장, 내화벽돌제조, 도자기제조 등에서 발생하는 유리규산이 주원인이다.
㉣ 유리규산(석영) 분진에 의한 규폐성 결절과 폐포벽 파괴 등 망상내피계 반응은 분진입자의 크기가 2~5μm일 때 자주 일어난다.
(3) 인체영향 및 특징
㉠ 폐 조직에서 섬유상 결절이 발견된다.
㉡ 유리규산(SiO_2) 분진 흡입으로 폐에 만성섬유증식이 나타난다.
㉢ 자각증상은 호흡곤란, 지속적인 기침, 다량의 담액 등이지만, 일반적으로는 자각증상 없이 서서히 진행된다(만성규폐증의 경우 10년 이상 지나서 증상이 나타남).
㉣ 고농도의 규소입자에 노출되면 급성규폐증에 걸리며 열, 기침, 체중감소, 청색증이 나타난다.
㉤ 폐결핵은 합병증으로 폐하엽 부위에 많이 생긴다.
㉥ 폐에 실리카가 쌓인 곳에서는 상처가 생기게 된다.

[풀이] 조명방법에 따른 조명의 종류
(1) 직접조명
㉠ 작업면의 빛 대부분이 광원 및 반사용 삿갓에서 직접 온다.
㉡ 기구의 구조에 따라 눈을 부시게 하거나 균일한 조도를 얻기 힘들다.
㉢ 반사갓을 이용하여 광속의 90~100%가 아래로 향하게 하는 방식이다.
㉣ 일정량의 전력으로 조명 시 가장 밝은 조명을 얻을 수 있다.
㉤ 장점 : 효율이 좋고, 천장면의 색조에 영향을 받지 않으며, 설치비용이 저렴하다.
㉥ 단점 : 눈부심, 균일한 조도를 얻기 힘들며, 강한 음영을 만든다.
(2) 간접조명
㉠ 광속의 90~100%를 위로 향해 발산하여 천장, 벽에서 확산시켜 균일한 조명도를 얻을 수 있는 방식이다.
㉡ 천장과 벽에 반사하여 작업면을 조명하는 방법이다.
㉢ 장점 : 눈부심이 없고, 균일한 조도를 얻을 수 있으며, 그림자가 없다.
㉣ 단점 : 효율이 나쁘고, 설치가 복잡하며, 실내의 입체감이 작아진다.

60 인공조명의 조명방법에 관한 설명으로 옳지 않은 것은?
① 간접조명은 강한 음영으로 분위기를 온화하게 만든다.
② 간접조명은 설비비가 많이 소요된다.
③ 직접조명은 작업면 빛의 대부분이 광원 및 반사용 삿갓에서 직접 온다.
④ 일반적으로 분류하는 인공적인 조명방법은 직접조명과 간접조명, 반간접조명 등으로 구분할 수 있다.

제4과목 | 산업환기

61 다음 중 전체환기를 설치하고자 할 때 적용되는 기본원칙과 가장 거리가 먼 것은 어느 것인가?
① 오염물질 사용량을 조사하여 필요환기량을 계산한다.
② 배출공기를 보충하기 위하여 실내공기와 동질의 공기를 공급한다.
③ 공기배출구와 근로자의 작업위치 사이에 오염원이 위치해야 한다.
④ 공기가 배출되면서 오염장소를 통과하도록 공기배출구와 유입구의 위치를 선정한다.

정답 60.① 61.②

[풀이] **전체환기(강제환기)시설 설치 기본원칙**
㉠ 오염물질 사용량을 조사하여 필요환기량을 계산한다.
㉡ 배출공기를 보충하기 위하여 청정공기를 공급한다.
㉢ 오염물질배출구는 가능한 한 오염원으로부터 가까운 곳에 설치하여 '점환기'의 효과를 얻는다.
㉣ 공기배출구와 근로자의 작업위치 사이에 오염원이 위치해야 한다.
㉤ 공기가 배출되면서 오염장소를 통과하도록 공기배출구와 유입구의 위치를 선정한다.
㉥ 작업장 내 압력을 경우에 따라서 양압이나 음압으로 조정해야 한다(오염원 주위에 다른 작업공정이 있으면 공기공급량을 배출량보다 작게 하여 음압을 형성시켜 주위 근로자에게 오염물질이 확산되지 않도록 한다).
㉦ 배출된 공기가 재유입되지 못하게 배출구 높이를 적절히 설계하고 창문이나 문 근처에 위치하지 않도록 한다.
㉧ 오염된 공기는 작업자가 호흡하기 전에 충분히 희석되어야 한다.
㉨ 오염물질 발생은 가능하면 비교적 일정한 속도로 유출되도록 조정해야 한다.

62 슬롯형 후드 중 후드면과 대상물질 사이의 거리, 제어속도, 후드 개구면의 길이가 같을 때 필요송풍량이 가장 적게 요구되는 것은 어느 것인가?

① 전원주 슬롯형 ② 1/4원주 슬롯형
③ 1/2원주 슬롯형 ④ 3/4원주 슬롯형

[풀이] **외부식 슬롯후드의 필요송풍량**
$Q = 60 \cdot C \cdot L \cdot V_c \cdot X$
여기서, Q : 필요송풍량(m³/min)
C : 형상계수[전원주 ⇨ 5.0(ACGIH : 3.7)
$\frac{3}{4}$원주 ⇨ 4.1
$\frac{1}{2}$원주(플랜지 부착 경우와 동일) ⇨ 2.8(ACGIH : 2.6)
$\frac{1}{4}$원주 ⇨ 1.6)]
L : slot 개구면의 길이(m)
V_c : 제어속도(m/sec)
X : 포집점까지의 거리(m)

63 송풍기로 공기를 불어줄 때, 공기의 속도는 토출 개구면의 직경이 d일 경우 개구면으로부터 $30d$ 떨어진 곳에서 약 1/10로 감소한다. 그렇다면 공기를 흡인할 때에는 흡인 개구면의 직경이 200mm일 때 개구면에서 얼마나 떨어지면 흡인속도가 약 1/10이 되는가?

① 200mm ② 400mm
③ 800mm ④ 6,000mm

[풀이] 공기속도는 송풍기로 공기를 불 때 덕트 직경의 30배 거리에서 1/10로 감소하나 공기를 흡인할 때는 기류의 방향과 관계없이 덕트 직경과 같은 거리에서 1/10로 감소한다.

64 1기압, 0°C에서 공기의 비중량을 1.293kg/m³라고 할 때 동일 기압에서 20°C라면, 공기의 비중량은 약 얼마인가?

① 0.84kg/m³ ② 1.10kg/m³
③ 1.205kg/m³ ④ 1.387kg/m³

[풀이] 공기의 비중량 $= \gamma \times \frac{273}{273 + °C} \times \frac{\rho}{760}$
$= 1.293 \times \left(\frac{273}{273 + 20}\right) \times \frac{760}{760}$
$= 1.205 \text{kg/m}^3$

65 다음 중 환기와 관련된 식이 잘못된 것은? (단, 관련 기호는 표를 참고하시오.)

기호	설명	기호	설명
Q	유량	SP_h	후드 정압
A	단면적	TP	전압
V	유속	VP	동압
D	직경	SP	정압
Ce	유입계수		

① $Q = AV$ ② $A = \frac{\pi D^2}{4}$
③ $Ce = \sqrt{\frac{VP}{SP_h}}$ ④ $VP = TP + SP$

[풀이] ④ $VP = TP - SP(TP = VP + SP)$

정답 62.② 63.① 64.③ 65.④

66 다음 중 덕트 내에서 피토관으로 속도압을 측정하여 반송속도를 추정할 때 반드시 필요한 자료가 아닌 것은?

① 횡단 측정지점에서의 덕트 면적
② 횡단 지점에서 지점별로 측정된 속도압
③ 횡단 측정지점과 측정시간에서 공기의 온도
④ 처리대상 공기 중 유해물질의 조성

[풀이] 피토관(피토튜브)을 이용한 보정방법
㉠ 공기흐름과 직접 마주치는 튜브 ⇨ 총(전체)압력측정
㉡ 외곽튜브 ⇨ 정압측정
㉢ 총압력－정압＝동압(속도압)
㉣ 유속＝$4.043\sqrt{동압}$

67 국소배기장치에서 후드의 유입계수가 0.8, 속도압이 45mmH₂O라면 후드의 압력손실은 약 몇 mmH₂O인가?

① 11.2
② 14.6
③ 21.9
④ 25.3

[풀이] 후드의 압력손실(ΔP)
$\Delta P = F \times VP$
$F = \dfrac{1}{Ce^2} - 1 = \dfrac{1}{0.8^2} - 1 = 0.5625$
$= 0.5625 \times 45 = 25.31 \text{mmH}_2\text{O}$

68 직경 30cm의 원형관 내에 50m³/min의 공기가 흐르고 있다. 관 길이 20m당 압력손실(mmH₂O)은 약 얼마인가? (단, 관의 마찰계수값은 0.019, 공기의 비중량은 1.2kg_f/m³이다.)

① 7.2
② 10.8
③ 18.6
④ 20.4

[풀이] 직관의 압력손실(ΔP)
$\Delta P = \lambda \times \dfrac{L}{D} \times \dfrac{\gamma V^2}{2g}$

$V = \dfrac{Q}{A} = \dfrac{50\text{m}^3/\text{min}}{\left(\dfrac{3.14 \times 0.3^2}{4}\right)\text{m}^3}$

$= 707.7\text{m/min} \times \text{min}/60\text{sec}$
$= 11.8\text{m/sec}$

$= 0.019 \times \dfrac{20}{0.3} \times \left(\dfrac{1.2 \times 11.8^2}{2 \times 9.8}\right)$
$= 10.79\text{mmH}_2\text{O}$

69 다음 설명에 해당하는 송풍기의 종류로 옳은 것은?

- 소요정압이 떨어져도 동력은 크게 상승하지 않으므로 시설저항 및 운전상태가 변하여도 과부하가 걸리지 않는다.
- 소음도 비교적 낮으나 구조가 가장 크다.
- 통상적으로 최고속도가 높으므로 효율이 높다.

① 축류형 송풍기
② 프로펠러팬형 송풍기
③ 다익형 송풍기
④ 터보팬형 송풍기

[풀이] 터보형 송풍기(turbo fan)
㉠ 후향 날개형(후곡 날개형)(backward-curved blade fan)은 송풍량이 증가해도 동력이 증가하지 않는 장점을 가지고 있어 한계부하 송풍기라고도 한다.
㉡ 회전날개(깃)가 회전방향 반대편으로 경사지게 설계되어 있어 충분한 압력을 발생시킬 수 있다.
㉢ 소요정압이 떨어져도 동력은 크게 상승하지 않으므로 시설저항 및 운전상태가 변하여도 과부하가 걸리지 않는다.
㉣ 송풍기 성능곡선에서 동력곡선이 최대송풍량의 60~70%까지 증가하다가 감소하는 경향을 띠는 특성이 있다.
㉤ 고농도 분진 함유 공기를 이송시킬 경우 깃 뒷면에 분진이 퇴적하며 집진기 후단에 설치하여야 한다.
㉥ 깃의 모양은 두께가 균일한 것과 익형이 있다.
㉦ 원심력식 송풍기 중 가장 효율이 좋다.

정답 66.④ 67.④ 68.② 69.④

70 다음 설명에 해당하는 집진장치로 옳은 것은?

- 고온가스의 처리가 가능하다.
- 가연성 입자의 처리가 곤란하다.
- 넓은 범위의 입경과 분진농도에 집진효율이 높다.
- 초기설비비가 많이 들고, 넓은 설치공간이 요구된다.

① 여과집진장치 ② 벤투리스크러버
③ 원심력 집진장치 ④ 전기집진장치

풀이 전기집진장치
(1) 장점
  ㉠ 집진효율이 높다(0.01μm 정도 포집 용이, 99.9% 정도 고집진 효율).
  ㉡ 광범위한 온도범위에서 적용이 가능하며, 폭발성 가스의 처리도 가능하다.
  ㉢ 고온의 입자성 물질(500℃ 전후) 처리가 가능하여 보일러나 철강로 등에 설치할 수 있다.
  ㉣ 압력손실이 낮고 대용량의 가스 처리가 가능하고 배출가스의 온도강하가 적다.
  ㉤ 운전 및 유지비가 저렴하다.
  ㉥ 회수가치 입자포집에 유리하며, 습식 및 건식으로 집진할 수 있다.
  ㉦ 넓은 범위의 입경과 분진농도에 집진효율이 높다.
  ㉧ 습식집진이 가능하다.
(2) 단점
  ㉠ 설치비용이 많이 든다.
  ㉡ 설치공간을 많이 차지한다.
  ㉢ 설치된 후에는 운전조건의 변화에 유연성이 적다.
  ㉣ 먼지성상에 따라 전처리시설이 요구된다.
  ㉤ 분진포집에 적용되며, 기체상 물질제거에는 곤란하다.
  ㉥ 전압변동과 같은 조건변동(부하변동)에 쉽게 적응이 곤란하다.
  ㉦ 가연성 입자의 처리가 곤란하다.

71 원형 덕트의 송풍량이 20m³/min이고, 반송속도가 15m/sec일 때 필요한 덕트의 내경은 약 몇 m인가?

① 0.17 ② 0.24
③ 0.50 ④ 0.75

풀이
$Q = A \times V$

$A = \dfrac{Q}{V} = \dfrac{20\text{m}^3/\text{min}}{15\text{m/sec} \times 60\text{sec/min}} = 0.022\text{m}^2$

$A = \dfrac{3.14 \times D^2}{4}$

$\therefore D = \sqrt{\dfrac{A \times 4}{3.14}} = \sqrt{\dfrac{0.022 \times 4}{3.14}} = 0.17\text{m}$

72 발생원에서 비산되는 분진, 가스, 증기, 흄 등을 비산 한계점 내에 있는 점에서 포집, 후드 개구부 내에 유입시키기 위하여 필요한 최소흡입속도를 무엇이라 하는가?

① 제어속도 ② 비산속도
③ 유입속도 ④ 반송속도

풀이 제어속도=포촉속도=포착속도

73 다음 중 층류에 대한 설명으로 틀린 것은?

① 유체입자가 관벽에 평행한 직선으로 흐르는 흐름이다.
② 레이놀즈수가 4,000 이상인 유체의 흐름이다.
③ 관 내에서의 속도분포가 정상포물선을 그린다.
④ 평균유속은 최대유속의 약 1/2 정도이다.

풀이 레이놀즈수의 크기에 따른 구분
 ㉠ 층류 : $Re < 2,100$
 ㉡ 천이영역 : $2,100 < Re < 4,000$
 ㉢ 난류 : $Re > 4,000$

74 유해작용이 다르고, 독립적인 영향을 나타내는 물질 3종류를 다루는 작업장에서 각 물질에 대한 필요환기량을 계산한 결과 120m³/min, 150m³/min, 200m³/min이었다. 이 작업장의 필요환기량은 얼마인가?

① 120m³/min ② 150m³/min
③ 200m³/min ④ 470m³/min

풀이 독립작용물질의 필요환기량은 가장 큰 값인 200m³/min을 필요환기량으로 한다.

75 피토튜브와 마노미터를 이용하여 측정한 덕트 내 동압이 20mmH₂O일 때 공기의 속도는 약 몇 m/sec인가? (단, 덕트 내의 공기는 21℃, 1기압으로 가정한다.)

① 14 ② 18
③ 22 ④ 24

[풀이]
$V = 4.043\sqrt{VP}$
$= 4.043\sqrt{20}$
$= 18.08 \text{m/sec}$

76 [그림]과 같이 Q_1과 Q_2에서 유입된 기류가 합류관인 Q_3로 흘러갈 때, Q_3의 유량(m^3/min)은 약 얼마인가? (단, 합류와 확대에 의한 압력손실은 무시한다.)

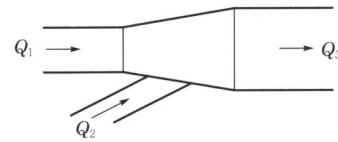

구 분	직경(mm)	유속(m/sec)
Q_1	200	10
Q_2	150	14
Q_3	350	–

① 33.7
② 36.3
③ 38.5
④ 40.2

[풀이]
$Q_3 = Q_1 + Q_2$
$Q_1 = A_1 \times V_1$
$= \left(\dfrac{3.14 \times 0.2^2}{4}\right)m^2 \times 10\text{m/sec}$
$\times 60\text{sec/min} = 18.84 m^3/\text{min}$
$Q_2 = A_2 \times V_2$
$= \left(\dfrac{3.14 \times 0.15^2}{4}\right)m^2 \times 14\text{m/sec}$
$\times 60\text{sec/min} = 14.84 m^3/\text{min}$
$= 18.84 + 14.84$
$= 33.68 m^3/\text{min}$

77 흡연실에서 발생하는 담배연기를 배기시키기 위해 전체환기를 실시하고자 한다. 흡연실의 크기는 2m(H)×4m(W)×4m(L)이고, 필요한 시간당 공기교환횟수를 10회로 할 경우 필요한 환기량은 약 몇 m^3/min인가? (단, 안전계수는 3으로 한다.)

① 5.3 ② 16
③ 320 ④ 960

[풀이]
$ACH = \dfrac{\text{필요환기량}}{\text{작업장 용적}}$ 에서
필요환기량 = ACH × 작업장 용적 × 안전계수
= 10회/hr × (2×4×4)m^3 × 3 × hr/60min
= 16m^3/min

78 세정집진장치 중 물을 가압·공급하여 함진배기를 세정하는 방법과 가장 거리가 먼 것은?

① 충진탑
② 벤투리스크러버
③ 임펠러형 스크러버
④ 분무탑

[풀이] 세정집진장치의 종류
(1) 유수식(가스분산형)
  ㉠ 물(액체) 속으로 처리가스를 유입하여 다량의 액막을 형성하여, 함진가스를 세정하는 방식이다.
  ㉡ 종류로는 S형 임펠러형, 로터형, 분수형, 나선안내익형, 오리피스 스크러버 등이 있다.
(2) 가압수식(액분산형)
  ㉠ 물(액체)을 가압 공급하여 함진가스를 세정하는 방식이다.
  ㉡ 종류로는 벤투리스크러버, 제트 스크러버, 사이클론 스크러버, 분무탑, 충진탑 등이 있다.
  ㉢ 벤투리스크러버는 가압수식에서 집진율이 가장 높아 광범위하게 사용한다.
(3) 회전식
  ㉠ 송풍기의 회전을 이용하여 액막, 기포를 형성시켜 함진가스를 세정하는 방식이다.
  ㉡ 종류로는 타이젠 워셔, 임펄스 스크러버 등이 있다.

정답 75.② 76.① 77.② 78.③

79 일반적으로 슬롯 후드는 개구면의 폭과 길이의 비가 얼마 이하일 경우를 말하는가?

① 0.1
② 0.2
③ 0.3
④ 0.4

풀이 외부식 슬롯 후드
㉠ slot 후드는 후드 개방부분의 길이가 길고, 높이(폭)가 좁은 형태로 [높이(폭)/길이]의 비가 0.2 이하인 것을 말한다.
㉡ slot 후드에서도 플랜지를 부착하면 필요배기량을 줄일 수 있다(ACGIH : 환기량 30% 절약).
㉢ slot 후드의 가장자리에서도 공기의 흐름을 균일하게 하기 위해 사용한다.
㉣ slot 속도는 배기송풍량과는 관계가 없으며, 제어풍속은 slot 속도에 영향을 받지 않는다.
㉤ 플레넘 속도를 슬롯속도의 1/2 이하로 하는 것이 좋다.

80 다음 중 공기정화장치인 사이클론에 대한 점검사항으로 적절하지 않은 것은?

① 원추 하부에 분진이 퇴적되어 있는가?
② 세정수는 규정량을 분출하고 있는가?
③ 내부에 역류를 일으키는 돌기나 요철이 있는가?
④ 외부 상통 및 원추 하부에 마모로 인한 구멍이 발생하였는가?

풀이 (1) ②항의 내용은 세정식 집진시설의 점검사항이다.
(2) **사이클론의 점검사항**
㉠ 분진배출구의 외관 및 내부 상태 및 분진 배출기능의 원활성을 확인한다.
㉡ 막힘의 유무를 테스트 해머로 조사한다.
㉢ 목부의 마찰도를 초음파 측정기 등으로 조사한다.
㉣ 배출부의 공기 유입상태를 확인한다.

정답 79.② 80.②

과년도 출제문제 | 2011.06.12

제2회 산업위생관리산업기사

제1과목 | 산업위생학 개론

01 다음 중 산업위생의 기본적인 과제와 관계가 가장 적은 것은?
① 신기술의 개발에 따른 새로운 질병의 치료에 관한 연구
② 작업능력의 신장과 저하에 따르는 작업조건의 연구
③ 작업능력의 신장과 저하에 따르는 정신적 조건의 연구
④ 작업환경에 의한 신체적 영향과 최적환경의 연구

풀이 ①항은 산업의학의 기본과제이다.

02 다음 중 인간공학적 방법에 의한 작업장 설계 시 정상작업영역의 범위로 가장 적절한 것은 어느 것인가?
① 서 있는 자세에서 팔과 다리를 뻗어 닿는 범위
② 앉은 자세에서 위팔과 아래팔을 곧게 뻗어서 닿는 범위
③ 서 있는 자세에서 물건을 잡을 수 있는 최대범위
④ 앉은 자세에서 위팔은 몸에 붙이고, 아래팔만 곧게 뻗어 닿는 범위

풀이 (1) 최대작업역(최대영역, maximum area)
㉠ 팔 전체가 수평상에 도달할 수 있는 작업 영역
㉡ 어깨에서 팔을 뻗어 도달할 수 있는 최대 영역
㉢ 아래팔(전완)과 위팔(상완)을 곧게 펴서 파악할 수 있는 영역
㉣ 움직이지 않고 상지를 뻗어서 닿는 범위

(2) 정상작업역(표준영역, normal area)
㉠ 상박부를 자연스런 위치에서 몸통부에 접하고 있을 때에 전박부가 수평면 위에서 쉽게 도달할 수 있는 운동범위
㉡ 위팔(상완)을 자연스럽게 수직으로 늘어뜨린 채 아래팔(전완)만으로 편안하게 뻗어 파악할 수 있는 영역
㉢ 움직이지 않고 전박과 손으로 조작할 수 있는 범위
㉣ 앉은 자세에서 위팔은 몸에 붙이고, 아래팔만 곧게 뻗어 닿는 범위
㉤ 약 34~45cm의 범위

03 작업자세는 피로 또는 작업능률과 관계가 깊다. 다음 중 가장 바람직하지 않은 자세는?
① 가능한 한 작업 중 움직임을 고정한다.
② 작업물체와 눈과의 거리는 약 30~40cm 정도 유지한다.
③ 작업대와 의자의 높이는 개인에게 적합하도록 조절한다.
④ 작업에 주로 사용하는 팔의 높이는 심장 높이로 유지한다.

풀이 가능한 한 작업 중 움직임을 자유롭게 한다. 즉, 동적인 작업을 늘리고, 정적인 작업을 줄인다.

04 미국정부산업위생전문가협의회(ACGIH)에서 구분한 작업대사량에 따른 작업강도 중 경작업(light work)일 경우의 작업대사량으로 옳은 것은?
① 100kcal/hr까지의 작업
② 200kcal/hr까지의 작업
③ 250kcal/hr까지의 작업
④ 300kcal/hr까지의 작업

정답 01.① 02.④ 03.① 04.②

[풀이] **작업대사량에 따른 작업강도**
㉠ 경작업 : 200kcal/hr까지의 열량이 소요되는 작업
㉡ 중등작업 : 200~350kcal/hr까지의 열량이 소요되는 작업
㉢ 중(격심)작업 : 350~500kcal/hr까지의 열량이 소요되는 작업

05 소음의 음압레벨(SPL ; Sound Pressure Level)을 올바르게 표현한 것은?
① $\log_{10}\left(\dfrac{P}{P_o}\right)$
② $10\log_{10}\left(\dfrac{P}{P_o}\right)$
③ $20\log_{10}\left(\dfrac{P}{P_o}\right)$
④ $40\log_{10}\left(\dfrac{P}{P_o}\right)$

[풀이] **음압수준(SPL) : 음압레벨, 음압도**
$SPL = 20\log\left(\dfrac{P}{P_o}\right)$ (dB)
여기서, SPL : 음압수준(음압도, 음압레벨)(dB)
P : 대상음의 음압(음압 실효치)(N/m²)
P_o : 기준음압 실효치(2×10^{-5}N/m², 20μPa, 2×10^{-4}dyne/cm²)

06 다음 중 산업보건의 기본적인 목표와 가장 관계가 깊은 것은?
① 질병의 진단
② 질병의 치료
③ 질병의 예방
④ 질병에 대한 보상

[풀이] 산업보건의 목표는 인간의 생활과 노동을 가장 적합한 상태에 있도록 함으로써 근로자들을 질병으로부터 보호하고 나아가서는 건강을 증진시키는 데 있다.

07 소음성 난청은 고주파대역인 4,000Hz에서 가장 많이 발생하는데 그 이유로 가장 적절한 것은?
① 작업장의 소음이 대부분 고주파이기 때문에
② 작업장의 소음이 대부분 저주파이기 때문에
③ 인체가 저주파보다 고주파에 대해 둔감하게 반응하기 때문에
④ 인체가 저주파보다 고주파에 대해 민감하게 반응하기 때문에

[풀이] **C₅-dip 현상**
㉠ 소음성 난청의 초기단계로 4,000Hz에서 청력장애가 현저히 커지는 현상이다.
㉡ 우리 귀는 고주파음에 대단히 민감하다. 특히 4,000Hz에서 소음성 난청이 가장 많이 발생한다.

08 다음 중 산업안전보건법에 따라 제조·수입·양도·제공 또는 사용이 금지되는 유해물질에 해당하는 것은?
① 황린(黃燐) 성냥
② 베릴륨
③ 염화비닐
④ 휘발성 콜타르피치

[풀이] **산업안전보건법상 제조 등이 금지되는 유해물질**
㉠ β-나프틸아민과 그 염
㉡ 4-니트로디페닐과 그 염
㉢ 백연을 포함한 페인트(포함된 중량의 비율이 2% 이하인 것은 제외)
㉣ 벤젠을 포함하는 고무풀(포함된 중량의 비율이 5% 이하인 것은 제외)
㉤ 석면
㉥ 폴리클로리네이티드 터페닐
㉦ 황린(黃燐) 성냥
㉧ ㉠, ㉡, ㉤ 또는 ㉥에 해당하는 물질을 포함한 화합물(포함된 중량의 비율이 1% 이하인 것은 제외)
㉨ "화학물질관리법"에 따른 금지물질
㉩ 그 밖에 보건상 해로운 물질로서 산업재해보상보험 및 예방심의위원회의 심의를 거쳐 고용노동부장관이 정하는 유해물질

09 다음 중 산업위생의 역사적 사실을 연결한 것으로 옳은 것은?
① 갈레노스 : 12세기, 납중독 보고
② 플리니 : 1세기, 방진마스크로 동물의 방광 사용
③ 히포크라테스 : B.C. 4세기, 산업보건의 시조
④ 아그리콜라 : 13세기, 구리광산의 산(酸) 증기 위험성 보고

[풀이] **플리니**
㉠ Pliny the Elder
㉡ 아연, 황의 유해성 주장
㉢ 동물의 방광막을 먼지마스크로 사용하도록 권장

정답 05.③ 06.③ 07.④ 08.① 09.②

10 다음 중 심리학적 적성검사로서 언어, 기억, 추리, 귀납 등의 인자에 대한 검사에 해당하는 것은?
① 지능검사 ② 지각동작검사
③ 감각기능검사 ④ 인성검사

풀이 심리학적 검사(심리학적 적성검사)
  ㉠ 지능검사 : 언어, 기억, 추리, 귀납 등에 대한 검사
  ㉡ 지각동작검사 : 수족협조, 운동속도, 형태지각 등에 대한 검사
  ㉢ 인성검사 : 성격, 태도, 정신상태에 대한 검사
  ㉣ 기능검사 : 직무와 관련된 기본 지식과 숙련도, 사고력 등의 검사

11 산업안전보건법에 따라 갱 내에서 고열이 발생하는 장소의 경우 갱 내의 기온은 몇 도 이하로 유지하여야 하는가?
① 21℃ ② 25℃
③ 32℃ ④ 37℃

풀이 산업안전보건기준에 관한 규칙에 사업주는 갱 내의 기온을 37도 이하로 유지하도록 하고 있다.

12 다음 중 국소피로를 평가하는 데 주로 사용되는 근전도검사에서 정상근육과 비교하여 피로한 근육에서 나타나는 특징으로 옳지 않은 것은?
① 총 전압의 증가
② 평균 주파수의 감소
③ 저주파수(0~40Hz)에서 힘의 증가
④ 고주파수(1,000~4,000Hz)에서 힘의 감소

풀이 고주파(40~200Hz) 영역에서 힘의 감소

13 에탄올(TLV 1,000ppm)을 사용하여 1일 10시간 작업이 이루어지는 장소에서의 보정된 허용농도는 약 얼마인가? (단, Brief와 Scala의 보정방법을 적용한다.)
① 300ppm
② 500ppm
③ 700ppm
④ 900ppm

풀이 보정된 허용농도 = TLV × RF
$$RF = \left(\frac{8}{10}\right) \times \left(\frac{24-10}{16}\right) = 0.7$$
$$= 1,000\text{ppm} \times 0.7$$
$$= 700\text{ppm}$$

14 노동에 필요한 에너지원은 근육에 저장된 화학적 에너지와 대사과정을 거쳐 생성되는 에너지로 구분된다. 근육운동의 에너지원이 대사에 주로 동원되는 순서(시간대별)를 가장 바르게 나타낸 것은? (단, 혐기성 대사이다.)
① glycogen → CP → ATP
② CP → glycogen → ATP
③ ATP → CP → glycogen
④ CP → ATP → glycogen

풀이 혐기성 대사(anaerobic metabolism)
(1) 근육에 저장된 화학적 에너지를 의미한다.
(2) 혐기성 대사 순서(시간대별)
  ATP(아데노신삼인산) → CP(크레아틴인산) → glycogen(글리코겐) or glucose(포도당)
※ 근육운동에 동원되는 주요 에너지원 중 가장 먼저 소비되는 것은 ATP이다.

15 허용농도에 '피부(skin)' 표시가 첨부되는 물질이 있다. 다음 중 '피부' 표시를 첨부하는 경우와 가장 관계가 먼 것은?
① 반복하여 피부에 도포했을 때 전신작용을 일으키는 물질의 경우
② 손이나 팔에 의한 흡수가 몸 전체 흡수에서 많은 부분을 차지하는 물질의 경우
③ 피부자극, 피부질환 및 감작(sensitization)을 일으키는 물질의 경우
④ 동물을 이용한 급성중독 실험결과 피부흡수에 의한 치사량(LD_{50})이 비교적 낮은 물질의 경우

[풀이] **노출기준에 피부(SKIN) 표시를 하여야 하는 물질**
㉠ 손이나 팔에 의한 흡수가 몸 전체 흡수에 지대한 영향을 주는 물질
㉡ 반복하여 피부에 도포했을 때 전신작용을 일으키는 물질
㉢ 급성 동물실험 결과 피부 흡수에 의한 치사량이 비교적 낮은 물질
㉣ 옥탄올-물 분배계수가 높아 피부 흡수가 용이한 물질
㉤ 피부 흡수가 전신작용에 중요한 역할을 하는 물질

16 다음 중 누적외상성 질환의 발생과 가장 관련이 적은 것은?

① 18℃ 이하에서 하역작업
② 큰 변화가 없는 동일한 연속동작의 운반작업
③ 진동이 수반되는 곳에서의 조립작업
④ 나무망치를 이용한 간헐성 분해작업

[풀이] **누적외상성 질환(근골격계 질환) 발생요인**
㉠ 반복적인 동작
㉡ 부적절한 작업자세
㉢ 무리한 힘의 사용(물건을 잡는 손의 힘)
㉣ 날카로운 변과의 신체접촉
㉤ 진동
㉥ 온도(저온)

17 다음 중 작업자의 교대제 편성상 고려사항과 그에 따른 관리방법으로 적절하지 않은 것은 어느 것인가?

① 야간근무의 연속일수는 5~6일로 조정한다.
② 근무시간은 8시간 교대로 하고, 야간근무는 짧게 한다.
③ 야간근무 교대시간은 상오 0시 이전이 바람직하다.
④ 야간근무 시 가면(假眠)시간은 1시간 30분 이상으로 한다.

[풀이] **교대근무제 관리원칙(바람직한 교대제)**
㉠ 각 반의 근무시간은 8시간씩 교대로 하고, 야근은 가능한 짧게 한다.
㉡ 2교대면 최저 3조의 정원을, 3교대면 4조를 편성한다.
㉢ 채용 후 건강관리로서 정기적으로 체중, 위장증상 등을 기록해야 하며, 근로자의 체중이 3kg 이상 감소하면 정밀검사를 받아야 한다.
㉣ 평균 주 작업시간은 40시간을 기준으로 갑반→을반→병반으로 순환하게 한다.
㉤ 근무시간의 간격은 15~16시간 이상으로 하는 것이 좋다.
㉥ 야근의 주기를 4~5일로 한다.
㉦ 신체의 적응을 위하여 야간근무의 연속일수는 2~3일로 하며 야간근무를 3일 이상 연속으로 하는 경우에는 피로축적현상이 나타나게 되므로 연속하여 3일을 넘기지 않도록 한다.
㉧ 야근 후 다음 반으로 가는 간격은 최저 48시간 이상의 휴식시간을 갖도록 하여야 한다.
㉨ 야근 교대시간은 상오 0시 이전에 하는 것이 좋다(심야시간을 피함).
㉩ 야근 시 가면은 반드시 필요하며, 보통 2~4시간(1시간 30분 이상)이 적합하다.
㉪ 야근 시 가면은 작업강도에 따라 30분에서 1시간 범위로 하는 것이 좋다.
㉫ 작업 시 가면시간은 적어도 1시간 30분 이상 주어야 수면효과가 있다고 볼 수 있다.
㉬ 상대적으로 가벼운 작업은 야간근무조에 배치하는 등 업무내용을 탄력적으로 조정해야 하며 야간작업자는 주간작업자보다 연간 쉬는 날이 더 많아야 한다.
㉭ 근로자가 교대일정을 미리 알 수 있도록 해야 한다.
㉮ 일반적으로 오전근무의 개시시간은 오전 9시로 한다.
㉯ 교대방식(교대근무 순환주기)은 낮근무, 저녁근무, 밤근무 순으로 한다. 즉, 정교대가 좋다.

18 미국국립산업안전보건연구원(NIOSH)에서는 중량물 취급작업에 대하여 감시기준(action limit)과 최대허용기준(maximum permissible limit)을 설정하여 권고하고 있다. 감시기준이 30kg일 때 최대허용기준은 얼마인가?

① 45kg
② 60kg
③ 75kg
④ 90kg

[풀이] $MPL = AL \times 3 = 30kg \times 3 = 90kg$

정답 16.④ 17.① 18.④

19 다음 중 산업안전보건법상 근로자 건강진단의 종류가 아닌 것은?

① 일반건강진단　② 배치 전 건강진단
③ 수시건강진단　④ 전문건강진단

풀이 건강진단의 종류
(1) 일반건강진단
　상시 사용하는 근로자의 건강관리를 위하여 사업주가 주기적으로 실시하는 건강진단을 말한다.
(2) 특수건강진단
　다음의 어느 하나에 해당하는 근로자의 건강관리를 위하여 사업주가 실시하는 건강진단을 말한다.
　㉠ 특수건강진단 대상 유해인자에 노출되는 업무(특수건강진단 대상업무)에 종사하는 근로자
　㉡ 근로자건강진단 실시결과 직업병 소견이 있는 근로자가 판정받아 작업전환을 하거나 작업장소를 변경하여 해당 판정의 원인이 된 특수건강진단 대상 업무에 종사하지 아니하는 사람으로서 해당 유해인자에 대한 건강진단이 필요하다는 의사의 소견이 있는 근로자
(3) 배치 전 건강진단
　특수건강진단 대상업무에 배치 전 업무적합성 평가를 위하여 사업주가 실시하는 건강진단을 말한다.
(4) 수시건강진단
　특수건강진단대상 업무로 인하여 해당 유해인자로 인한 것이라고 의심되는 직업성 천식, 직업성 피부염, 그 밖에 건강장애를 보이거나 의학적 소견이 있는 근로자에 대하여 사업주가 실시하는 건강진단을 말한다.
(5) 임시건강진단
　특수건강진단 대상 유해인자 또는 그 밖의 유해인자에 의한 중독여부, 질병에 걸렸는지 여부 또는 질병의 발생원인 등을 확인하기 위하여 지방고용노동관서의 장의 명령에 따라 사업주가 실시하는 건강진단을 말한다.
　㉠ 같은 부서에 근무하는 근로자 또는 같은 유해인자에 노출되는 근로자에게 유사한 질병의 자각, 타각증상이 발생한 경우
　㉡ 직업병 유소견자가 발생하거나 여러 명이 발생할 우려가 있는 경우
　㉢ 그 밖에 지방고용노동관서의 장이 필요하다고 판단하는 경우

20 A 작업장에서 500명의 근로자가 1년 동안 작업하던 중 8건의 재해로 인하여 10명의 재해자가 발생하였다면 이 사업장의 도수율은 약 얼마인가? (단, 근로자는 1주일에 44시간씩 연간 50주 근무하였다.)

① 7.3　② 9.1
③ 16　④ 20

풀이
$$도수율 = \frac{재해발생건수}{연근로시간수} \times 10^6$$
$$= \frac{8}{500 \times 44 \times 50} \times 10^6 = 7.27$$

제2과목 | 작업환경 측정 및 평가

21 일반측정사항인 화학시험의 일반사항 중 용어에 관한 내용으로 옳지 않은 것은? (단, 고용노동부 고시 기준)

① '감압 또는 진공'이란 따로 규정이 없는 한 15mmH₂O 이하를 뜻한다.
② 시험조작 중 '즉시'란 30초 이내에 표시된 조작을 하는 것을 말한다.
③ '약'이란 그 무게 또는 부피에 대하여 ±10% 이상의 차이가 있지 아니한 것을 말한다.
④ '항량이 될 때까지 건조한다'란 규정된 건조온도에서 1시간 더 건조할 때 전후 무게의 차가 매 g당 0.3mg 이하일 때를 말한다.

풀이 '감압 또는 진공'이란 따로 규정이 없는 한 15mmHg 이하를 뜻한다.

22 유도결합플라스마 원자발광분석기를 이용하여 금속을 분석할 때의 장단점으로 옳지 않은 것은?

① 원자흡광광도계보다 더 좋거나 적어도 같은 정밀도를 갖는다.
② 검량선의 직선성 범위가 좁아 재현성이 우수하다.
③ 화학물질에 의한 방해로부터 거의 영향을 받지 않는다.
④ 원자들은 높은 온도에서 많은 복사선을 방출하므로 분광학적 방해영향이 있을 수 있다.

정답　19.④　20.①　21.①　22.②

[풀이] 유도결합플라스마 분광광도계(ICP ; 원자발광분석기)
(1) 장점
  ㉠ 비금속을 포함한 대부분의 금속을 ppb 수준까지 측정할 수 있다.
  ㉡ 적은 양의 시료를 가지고 한 번에 많은 금속을 분석할 수 있는 것이 가장 큰 장점이다.
  ㉢ 한 번에 시료를 주입하여 10~20초 내에 30개 이상의 원소를 분석할 수 있다.
  ㉣ 화학물질에 의한 방해로부터 거의 영향을 받지 않는다.
  ㉤ 검량선의 직선성 범위가 넓다. 즉 직선성 확보가 유리하다.
  ㉥ 원자흡광광도계보다 더 줄거나 적어도 같은 정밀도를 갖는다.
(2) 단점
  ㉠ 원자들은 높은 온도에서 많은 복사선을 방출하므로 분광학적 방해영향이 있다.
  ㉡ 시료분해 시 화합물 바탕방출이 있어 컴퓨터 처리과정에서 교정이 필요하다.
  ㉢ 유지관리 및 기기 구입가격이 높다.
  ㉣ 이온화에너지가 낮은 원소들은 검출한계가 높고, 다른 금속의 이온화에 방해를 준다.

23 유해물질의 농도가 1%였다면 이 물질의 농도를 ppm으로 환산하면 얼마인가?
① 100 ② 1,000
③ 10,000 ④ 100,000

[풀이] 1% = 10^4 ppm

24 1차 표준기구로 활용되는 것은 어느 것인가?
① 습식 테스트미터 ② 로터미터
③ 폐활량계 ④ 열선기류계

[풀이] 공기채취기구의 보정에 사용되는 1차 표준기구의 종류

표준기구	일반 사용범위	정확도
비누거품미터 (soap bubble meter)	1mL/분 ~30L/분	±1% 이내
폐활량계(spirometer)	100~600L	±1% 이내
가스치환병 (mariotte bottle)	10~500mL/분	±0.05 ~0.25%
유리피스톤미터 (glass piston meter)	10~200mL/분	±2% 이내
흑연피스톤미터 (frictionless piston meter)	1mL/분 ~50L/분	±1~2%
피토튜브(pitot tube)	15mL/분 이하	±1% 이내

25 다음은 목재 가공공정에서 작업자에게 노출되는 분진의 측정농도이다. 기하평균(mg/m³)은?

[분진의 측정농도] (mg/m³)
3.5, 3.1, 4.1, 6.2, 8.2, 5.3, 3.5

① 4.2 ② 4.6
③ 5.1 ④ 5.4

[풀이]
$$\log GM = \frac{\log 3.5 + \log 3.1 + \log 4.1 + \log 6.2 + \log 8.2 + \log 5.3 + \log 3.5}{7} = 0.66$$
$$\therefore GM = 10^{0.66} = 4.57$$

26 흡광광도법에서 사용되는 흡수셀의 재질 중 자외부 파장범위에서 사용되는 흡수셀의 재질로 가장 옳은 것은?
① 석영제 ② 플라스틱제
③ 유리 ④ 도자기제

[풀이]
㉠ 자외 파장 → 석영
㉡ 가시·근적외 파장 → 유리
㉢ 근적외 파장 → 플라스틱

27 활성탄관에 비하여 실리카겔관(흡착)을 사용하여 채취하기 용이한 시료는?
① 알코올류 ② 방향족탄화수소류
③ 나프타류 ④ 니트로벤젠류

[풀이] 실리카겔관을 사용하여 채취하기 용이한 시료
㉠ 극성류의 유기용제, 산
㉡ 방향족 아민류, 지방족 아민류
㉢ 아미노에탄올, 아마이드류
㉣ 니트로벤젠류, 페놀류

28 자유공간(free-field)에서 거리가 5배 멀어지면 소음수준은 처음보다 몇 dB 감소하는가? (단, 점음원 기준)
① 11 ② 14
③ 17 ④ 19

[풀이] 점음원 거리 감쇠
$$20\log\frac{r_2}{r_1} = 20\log 5 = 14\text{dB}$$

정답 23.③ 24.③ 25.② 26.① 27.④ 28.②

29 다음은 표준기구에 관한 내용이다. ( ) 안에 옳은 내용은?

> 유량 및 용량 보정을 하는 데 있어서 1차 표준기구란 물리적 차원인 공간의 부피를 직접 측정할 수 있는 표준기구를 의미하는데 정확도가 ( ) 이내이다.

① ±1% ② ±3% ③ ±5% ④ ±10%

풀이 1차 표준기구(1차 유량 보정장치)
물리적 크기에 의해서 공간의 부피를 직접 측정할 수 있는 기구를 말하며, 기구 자체가 정확한 값을 제시한다. 즉, 정확도가 ±1% 이내이다.

30 흡착제인 활성탄의 제한점에 관한 설명으로 옳지 않은 것은?

① 휘발성이 매우 큰 저분자량의 탄화수소화합물의 채취효율이 떨어짐
② 암모니아, 에틸렌, 염화수소와 같은 저비점화합물에 비효과적임
③ 표면에 산화력이 없어 반응성이 작은 메르캅탄과 알데히드 포집에 부적합함
④ 비교적 높은 습도는 활성탄의 흡착용량을 저하시킴

풀이 활성탄의 제한점
㉠ 표면의 산화력으로 인해 반응성이 큰 메르캅탄, 알데히드 포집에는 부적합하다.
㉡ 케톤의 경우 활성탄 표면에서 물을 포함하는 반응에 의하여 파과되어 탈착률과 안정성에 부적절하다.
㉢ 메탄, 일산화탄소 등은 흡착되지 않는다.
㉣ 휘발성이 큰 저분자량의 탄화수소화합물의 채취효율이 떨어진다.
㉤ 끓는점이 낮은 저비점 화합물인 암모니아, 에틸렌, 염화수소, 포름알데히드 증기는 흡착속도가 높지 않아 비효과적이다.

31 입자채취를 위한 사이클론과 충돌기를 비교한 내용으로 옳지 않은 것은?

① 충돌기에 비하여 사이클론은 시료의 되튐으로 인한 손실염려가 없다.
② 사이클론의 경우 채취효율을 높이기 위한 매체의 코팅이 필요하다.
③ 충돌기에 비하여 사이클론이 호흡성 먼지에 대한 자료를 쉽게 얻을 수 있다.
④ 사이클론이 충돌기에 비하여 사용이 간편하고 경제적이다.

풀이 cyclone의 경우 매체의 코팅과 같은 별도의 특별한 처리가 필요 없다.

32 공기 중 석면시료 분석에 가장 정확한 방법으로 석면의 감별분석이 가능한 것은?

① 위상차현미경법 ② 전자현미경법
③ 편광현미경법   ④ X선회절법

풀이 석면측정방법
(1) 위상차현미경법
㉠ 석면측정에 이용되는 현미경으로 일반적으로 가장 많이 사용된다.
㉡ 막 여과지에 시료를 채취한 후 전처리하여 위상차현미경으로 분석한다.
㉢ 다른 방법에 비해 간편하나 석면의 감별이 어렵다.
(2) 전자현미경법
㉠ 석면분진 측정방법 중에서 공기 중 석면시료를 가장 정확하게 분석할 수 있다.
㉡ 석면의 성분분석(감별분석)이 가능하다.
㉢ 위상차현미경으로 볼 수 없는 매우 가는 섬유도 관찰 가능하다.
㉣ 값이 비싸고 분석시간이 많이 소요된다.
(3) 편광현미경법
㉠ 고형시료 분석에 사용하며 석면을 감별분석할 수 있다.
㉡ 석면광물이 가지는 고유한 빛의 편광성을 이용한 것이다.
(4) X선회절법
㉠ 단결정 또는 분말시료(석면 포함 물질을 은막 여과지에 놓고 X선 조사)에 의한 단색 X선의 회절각을 변화시켜가며 회절선의 세기를 계수관으로 측정하여 X선의 세기나 각도를 자동적으로 기록하는 장치를 이용하는 방법이다.
㉡ 값이 비싸고, 조작이 복잡하다.
㉢ 고형시료 중 크리소타일 분석에 사용하며 토석, 암석, 광물성 분진 중의 유리규산(SiO_2) 함유율도 분석한다.

정답 29.① 30.③ 31.② 32.②

33 알고 있는 공기 중 농도를 만들기 위한 방법인 dynamic method에 관한 설명으로 옳지 않은 것은?

① 일정한 용기에 원하는 농도의 가스상 물질을 집어넣어 알고 있는 농도를 제조한다.
② 다양한 농도 범위에서 제조 가능하다.
③ 지속적인 모니터링이 필요하다.
④ 다양한 실험을 할 수 있으며 가스, 증기, 에어로졸 실험도 가능하다.

풀이 dynamic method
㉠ 희석공기와 오염물질을 연속적으로 흘려주어 일정한 농도를 유지하면서 만드는 방법이다.
㉡ 알고 있는 공기 중 농도를 만드는 방법이다.
㉢ 농도변화를 줄 수 있고 온도·습도 조절이 가능하다.
㉣ 제조가 어렵고 비용도 많이 든다.
㉤ 다양한 농도범위에서 제조 가능하다.
㉥ 가스, 증기, 에어로졸 실험도 가능하다.
㉦ 소량의 누출이나 벽면에 의한 손실은 무시할 수 있다.
㉧ 지속적인 모니터링이 필요하다.
㉨ 매우 일정한 농도를 유지하기가 곤란하다.

34 빛의 세기 I_o의 단색광이 어떤 시료용액을 통과하여 그 광의 50%가 흡수되었을 때 흡광도는?

① 0.1 ② 0.3
③ 0.5 ④ 0.7

풀이 $$흡광도 = \log \frac{1}{투과율} = \log \frac{1}{(1-0.5)} = 0.3$$

35 수분에 대한 영향이 크지 않으므로 먼지의 중량 분석에 적절하고, 특히 유리규산을 채취하여 X선 회절법으로 분석하는 데 적절한 여과지는?

① MCE막 여과지 ② 유리섬유 여과지
③ PVC막 여과지 ④ 은막 여과지

풀이 MCE막 여과지(Mixed Cellulose Ester membrane filter)
㉠ 산에 쉽게 용해된다.
㉡ 산업위생에서는 거의 대부분이 직경 37mm, 구멍 크기 0.45~0.8μm의 MCE막 여과지를 사용하고 있어 작은 입자의 금속과 fume 채취가 가능하다.
㉢ MCE막 여과지는 산에 쉽게 용해되고 가수분해되며, 습식 회화되기 때문에 공기 중 입자상 물질 중의 금속을 채취하여 원자흡광법으로 분석하는 데 적당하다.
㉣ 시료가 여과지의 표면 또는 가까운 곳에 침착되므로 석면, 유리섬유 등 현미경 분석을 위한 시료채취에도 이용된다.
㉤ 흡습성(원료인 셀룰로오스가 수분 흡수)이 높은 MCE막 여과지는 오차를 유발할 수 있어 중량분석에 적합하지 않다.
㉥ MCE막 여과지는 산에 의해 쉽게 회화되기 때문에 원소분석에 적합하고 NIOSH에서는 금속, 석면, 살충제, 불소화합물 및 기타 무기물질에 추천하고 있다.

36 1,1,1-trichloroethane 1,750mg/m³를 ppm 단위로 환산하면 얼마인가? (단, 25℃, 1기압, 분자량은 133임)

① 227 ② 322
③ 452 ④ 527

풀이 $$ppm = 1,750 \, mg/m^3 \times \frac{24.45}{133} = 321.71 \, ppm$$

37 입자상 물질의 측정방법 중 용접흄 측정에 관한 설명으로 옳은 것은? (단, 고용노동부 고시 기준)

① 용접흄은 여과채취방법으로 하되 용접 보안면을 착용한 경우에는 보안면 반경 15cm 이하의 거리에서 채취한다.
② 용접흄은 여과채취방법으로 하되 용접 보안면을 착용한 경우에는 보안면 반경 30cm 이하의 거리에서 채취한다.
③ 용접흄은 여과채취방법으로 하되 용접 보안면을 착용한 경우에는 그 내부에서 채취한다.
④ 용접흄은 여과채취방법으로 하되 용접 보안면을 착용한 경우에는 용접 보안면 외부의 호흡기 위치에서 채취한다.

풀이 **용접흄 측정 및 분석 방법**
용접흄은 여과채취방법으로 하되 용접보안면을 착용한 경우에는 그 내부에서 채취하고 중량분석방법과 원자흡광분광기 또는 유도결합플라스마를 이용한 분석방법으로 측정한다.

38 고열측정에 관한 내용 중 습구온도를 측정하기 위한 0.5도 간격의 눈금이 있는 아스만통풍건습계의 측정시간기준은? (단, 고용노동부 고시 기준)

① 5분 이상
② 10분 이상
③ 15분 이상
④ 25분 이상

풀이 **고열의 측정기기와 측정시간**

구 분	측정기기	측정시간
습구 온도	0.5°C 간격의 눈금이 있는 아스만통풍건습계, 자연습구온도를 측정할 수 있는 기기 또는 이와 동등 이상의 성능이 있는 측정기기	• 아스만통풍건습계 : 25분 이상 • 자연습구온도계 : 5분 이상
흑구 및 습구 흑구 온도	직경이 5cm 이상 되는 흑구온도계 또는 습구흑구온도(WBGT)를 동시에 측정할 수 있는 기기	• 직경이 15cm일 경우 : 25분 이상 • 직경이 7.5cm 또는 5cm일 경우 : 5분 이상

※ 고시 변경사항, 학습 안 하셔도 무방합니다.

39 고체 흡착제로 공기 중 증기를 채취할 때 발생하는 파과현상에 관한 설명으로 옳지 않은 것은?

① 시료채취유량이 높으면 파과가 일어나기 쉽다.
② 고온일수록 흡착성질이 감소하여 파과가 일어나기 쉽다.
③ 극성 흡착제를 사용할 경우 습도로 인한 파과가 일어나기 쉽다.
④ 공기 중 오염물질의 농도가 높을수록 파과용량은 감소한다.

풀이 **흡착제를 이용한 시료채취 시 영향인자**
㉠ 온도 : 온도가 낮을수록 흡착에 좋으나 고온일수록 흡착대상 오염물질과 흡착제의 표면 사이 또는 2종 이상의 흡착대상 물질 간 반응속도가 증가하여 흡착성질이 감소하므로 파과가 일어나기 쉽다(모든 흡착은 발열반응이다).
㉡ 습도 : 극성 흡착제를 사용할 때 수증기가 흡착되기 때문에 파과가 일어나기 쉬우며 비교적 높은 습도는 활성탄의 흡착용량을 저하시킨다. 또한 습도가 높으면 파과공기량(파과가 일어날 때까지의 채취공기량)이 적어진다.
㉢ 시료채취속도(시료채취량) : 시료채취속도가 빠르고 코팅된 흡착제일수록 파과가 일어나기 쉽다.
㉣ 유해물질농도(포집된 오염물질의 농도) : 농도가 높으면 파과용량(흡착제에 흡착된 오염물질량)이 증가하나 파과공기량은 감소한다.
㉤ 혼합물 : 혼합기체의 경우 각 기체의 흡착량은 단독성분이 있을 때보다 적어지게 된다(혼합물 중 흡착제와 강한 결합을 하는 물질에 의하여 치환반응이 일어나기 때문).
㉥ 흡착제의 크기(흡착제의 비표면적) : 입자 크기가 작을수록 표면적 및 채취효율이 증가하지만 압력강하가 심하다(활성탄은 다른 흡착제에 비하여 큰 비표면적을 갖고 있다).
㉦ 흡착관의 크기(튜브의 내경 ; 흡착제의 양) : 흡착제의 양이 많아지면 전체 흡착제의 표면적이 증가하여 채취용량이 증가하므로 파과가 쉽게 발생하지 않는다.
㉧ 유해물질의 휘발성 및 다른 가스와의 흡착 경쟁력
㉨ 포집을 마친 후부터 분석까지의 시간

40 어떤 유기용제의 활성탄관에서의 탈착효율을 구하기 위해 실험을 하였다. 이 유기용제를 0.50mg을 첨가하였는데 분석결과 나온 값이 0.48mg이었다면 탈착효율은?

① 90%
② 92%
③ 94%
④ 96%

풀이
$$탈착효율(\%) = \frac{분석량}{첨가량} \times 100$$
$$= \frac{0.48}{0.5} \times 100 = 96\%$$

정답 38.④ 39.④ 40.④

제3과목 | 작업환경 관리

41 전리방사선인 전자기방사선(electromagnetic radiation)에 속하는 것은?
① β(베타)선 ② γ(감마)선
③ 중성자 ④ IR선

풀이
이온화방사선 ─ 전자기방사선(X-Ray, γ선)
(전리방사선) ─ 입자방사선(α선, β선, 중성자)

42 소음의 특성을 평가하는 데 주파수분석이 이용된다. 1/1 옥타브밴드의 중심주파수가 500Hz일 때 하한과 상한 주파수로 가장 적합한 것은? (단, 정비형 필터 기준)
① 354Hz, 708Hz ② 362Hz, 724Hz
③ 373Hz, 746Hz ④ 382Hz, 764Hz

풀이
㉠ 하한주파수$(f_L) = \dfrac{중심주파수(f_C)}{\sqrt{2}}$
$= \dfrac{500}{\sqrt{2}} = 353.6 Hz$
㉡ 상한주파수$(f_U) = \dfrac{f_C^2}{f_L} = \dfrac{(500)^2}{353.6} = 707.0 Hz$

43 다음 중 저온환경에서 발생할 수 있는 건강 장애에 관한 설명으로 옳지 않은 것은 어느 것인가?
① 전신체온 강하는 장시간의 한랭노출 시 체열의 손실로 말미암아 발생하는 급성 중증장애이다.
② 제3도 동상은 수포와 함께 광범위한 삼출성 염증이 일어나는 경우를 말한다.
③ 피로가 극에 달하면 체열의 손실이 급속히 이루어져 전신의 냉각상태가 수반되게 된다.
④ 참호족은 지속적인 국소의 산소결핍 때문이며 저온으로 모세혈관벽이 손상되는 것이다.

풀이
동상의 단계별 구분
(1) 제1도 동상(발적)
  ㉠ 홍반성 동상이라고도 한다.
  ㉡ 처음에는 말단부로의 혈행이 정체되어서 국소성 빈혈이 생기고, 환부의 피부는 창백하게 되어서 다소의 동통 또는 지각 이상을 초래한다.
  ㉢ 한랭작용이 이 시기에 중단되면 반사적으로 충혈이 일어나서 피부에 염증성 조홍을 일으키고 남보라색 부종성 조홍을 일으킨다.
(2) 제2도 동상(수포형성과 염증)
  ㉠ 수포성 동상이라고도 한다.
  ㉡ 물집이 생기거나 피부가 벗겨지는 결빙을 말한다.
  ㉢ 수포를 가진 광범위한 삼출성 염증이 생긴다.
  ㉣ 수포에는 혈액이 섞여 있는 경우가 많다.
  ㉤ 피부는 청남색으로 변하고 큰 수포를 형성하여 궤양, 화농으로 진행한다.
(3) 제3도 동상(조직괴사로 괴저발생)
  ㉠ 괴사성 동상이라고도 한다.
  ㉡ 한랭작용이 장시간 계속되었을 때 생기며 혈행은 완전히 정지된다. 동시에 조직성분도 붕괴되며, 그 부분의 조직괴사를 초래하여 괴상을 만든다.
  ㉢ 심하면 근육, 뼈까지 침해하여 이환부 전체가 괴사성이 되어 탈락되기도 한다.

44 다음 중 ( ) 안에 들어갈 내용으로 가장 적합한 것은?

> 소음계에서 A 특성(청감보정회로)은 ( )의 음의 크기에 상응하도록 주파수에 따른 반응을 보정하여 측정한 음압수준이다.

① 10phon ② 20phon
③ 30phon ④ 40phon

풀이 청감보정회로
㉠ 등청감곡선을 역으로 한 보정회로로 소음계에 내장되어 있다. 40phon, 70phon, 100phon의 등청감곡선과 비슷하게 주파수에 따른 반응을 보정하여 측정한 음압수준으로 순차적으로 A, B, C 청감보정회로(특성)라 한다.
㉡ A특성은 사람의 청감에 맞춘 것으로 순차적으로 40phon 등청감곡선과 비슷하게 주파수에 따른 반응을 보정하여 측정한 음압수준을 말한다 [dB(A), 저주파 대역을 보정한 청감보정회로].

45 비중은 5, 입자의 직경은 3μm인 먼지가 다른 방해기류 없이 층류이동을 할 경우 50cm의 침강챔버에 가라앉는 시간을 이론적으로 계산하면 얼마가 되는가?

① 약 3분
② 약 6분
③ 약 12분
④ 약 24분

[풀이] 침강속도(cm/sec) $= 0.003 \times 5 \times 3^2 = 0.135$ cm/sec

$$\therefore \text{시간} = \frac{\text{침강챔버 높이}}{\text{침강속도}}$$

$$= \frac{50\text{cm}}{0.135\text{cm/sec}}$$

$$= 370.37\text{sec} \times \text{min}/60\text{sec}$$

$$= 6.17\text{min}$$

46 전리방사선인 중성자에 관한 설명으로 옳지 않은 것은?

① 선원(major source) : 방사선 원자핵
② 투과력 : 매우 강한 투과력
③ 상대적 생물학적 효과 : 10
④ 형태 : (고속) 중성입자

[풀이] 중성자
㉠ 전기적인 성질이 없거나 파동성을 갖고 있는 입자방사선 등을 일컫는 간접전리방사선에 속한다.
㉡ 외부조사가 문제시되며, 전리방사선 중 투과력이 가장 강하다.
㉢ 큰 질량을 가지나 하전되어 있지 않으며, 즉 전하를 띠지 않는 입자이다.
㉣ 수소동위원소를 제외한 모든 원자핵에 존재하고 고속 중성입자의 형태이다.

47 공학적 작업환경대책인 대치(substitution) 중 물질의 대치에 관한 내용으로 가장 거리가 먼 것은?

① 보온재로 석면을 대신하여 유리섬유나 암면을 사용하였다.
② 금속 표면을 블라스팅할 때 사용재료로 모래 대신 철가루를 사용하였다.
③ 성냥 제조 시 황린 대신 적린을 사용하였다.
④ 소음을 줄이기 위해 리벳팅작업을 너트와 볼트 작업으로 전환하였다.

[풀이] ④항은 공정의 대치(변경) 내용이다.

48 방사선의 단위 중에서 1초 동안 3.7×10^{10}개의 원자붕괴가 일어나는 방사선 물질량을 1로 나타내는 것은?

① R
② Ci
③ rad
④ rem

[풀이] 큐리(Curie, Ci), Bq(Becquerel)
㉠ 방사성 물질의 양 단위
㉡ 단위시간에 일어나는 방사선 붕괴율을 의미
㉢ radium이 붕괴하는 원자의 수를 기초로 하여 정해졌으며, 1초간 3.7×10^{10}개의 원자붕괴가 일어나는 방사성 물질의 양(방사능의 강도)으로 정의
㉣ $1\text{Bq} = 2.7 \times 10^{-11}\text{Ci}$

49 열사병(heatstroke)에 관한 설명으로 가장 거리가 먼 것은?

① 신체 내부의 체온조절계통이 기능을 잃어 발생한다.
② 체열방산을 하지 못하여 체온이 41℃에서 43℃까지 상승할 수 있으며 사망에까지 이를 수 있다.
③ 일차적인 증상은 많은 땀의 발생으로 인한 탈수, 습하고 높은 피부온도 등이다.
④ 대사열의 증가는 작업부하와 작업환경에서 발생하는 열부하가 원인이 되어 발생하며 열사병을 일으키는 데 크게 관여하고 있다.

[풀이] 열사병
열사병의 일차적인 증상은 정신착란, 의식결여, 경련, 혼수, 건조하고 높은 피부온도, 체온상승이며 다음의 특징을 가진다.
㉠ 중추신경계의 장애이다.
㉡ 뇌막혈관이 노출되면 뇌 온도의 상승으로 체온조절 중추의 기능에 장애가 온다.

[정답] 45.② 46.① 47.④ 48.② 49.③

ⓒ 전신적인 발한 정지(땀을 흘리지 못하여 체열방산을 하지 못해 건조할 때가 많음) 증상을 나타낸다.
ⓓ 직장온도 상승(40℃ 이상의 직장온도), 즉 체열방산을 하지 못하여 체온이 41~43℃까지 급격하게 상승하여 사망한다.
ⓔ 초기에 조치가 취해지지 못하면 사망에 이를 수도 있다.
ⓕ 40%의 높은 치명률을 보이는 응급성 질환이다.
ⓖ 치료 후 4주 이내에는 다시 열에 노출되지 않도록 주의한다.

50 빛과 밝기의 단위에 관한 설명으로 옳지 않은 것은?

① 광원으로부터 나오는 빛의 세기를 광도라 하며 단위로는 칸델라를 사용한다.
② 루멘은 1촉광의 광원으로부터 단위입체각으로 나가는 광속의 단위이다.
③ 단위평면적에서 발산 또는 반사되는 광량, 즉 눈으로 느끼는 광원 또는 반사체의 밝기를 휘도라고 한다.
④ 방사에너지 흐름의 시간적 비율을 조도라 하며, 단위는 candle을 사용한다.

[풀이] 럭스(lux) ; 조도
㉠ 1루멘(lumen)의 빛이 1m²의 평면상에 수직으로 비칠 때의 밝기이다.
㉡ 1cd의 점광원으로부터 1m 떨어진 곳에 있는 광선의 수직인 면의 조명도이다.
㉢ 조도는 어떤 면에 들어오는 광속의 양에 비례하고 입사면의 단면적에 반비례한다.

$$조도(E) = \frac{lumen}{m^2}$$

㉣ 조도는 입사면의 단면적에 대한 광속의 비를 의미한다.

51 적외선에 관한 설명으로 옳지 않은 것은?

① 가시광선보다 긴 파장으로 가시광선에 가까운 쪽을 근적외선, 먼 쪽을 원적외선이라고 부른다.
② 적외선은 대부분 화학작용을 수반하지 않는다.

③ 적외선 백내장은 초자공 백내장 등으로 불리며 수정체의 뒷부분에서 시작된다.
④ 적외선은 지속적 적외선, 맥동적 적외선으로 구분된다.

[풀이] 지속파 및 맥동파로 분류되는 것은 레이저파이다.

52 방독마스크 사용상의 유의사항과 가장 거리가 먼 것은?

① 사용 중에 조금이라도 가스냄새가 나는 경우 새로운 정화통으로 교환할 것
② 유효시간이 불분명한 경우에는 예비용 정화통을 준비하여 활용할 것
③ 산소결핍 위험이 있는 경우는 송기마스크나 자급식 호흡기를 사용할 것
④ 대상가스에 맞는 정화통을 사용할 것

[풀이] 산소결핍위험이 있는 경우, 유효시간이 불분명한 경우는 송기마스크나 자급식 호흡기를 사용한다.

53 열평형 방정식에서 항상 음(-)의 값을 가지는 인자는 무엇인가?

① 복사   ② 대류
③ 증발   ④ 대사

[풀이] **열평형 방정식**
㉠ 생체(인체)와 작업환경 사이의 열교환(체열생산 및 체열방산) 관계를 나타내는 식이다.
㉡ 인체와 작업환경 사이의 열교환은 주로 체내열생산량(작업대사량), 전도, 대류, 복사, 증발 등에 의해 이루어진다.
㉢ 열평형 방정식은 열역학적 관계식에 따라 이루어진다.

$$\Delta S = M \pm C \pm R - E$$

여기서, ΔS : 생체열용량의 변화(인체의 열축적 또는 열손실)
M : 작업대사량(체내열생산량)
• $(M-W)W$: 작업수행으로 인한 손실열량
C : 대류에 의한 열교환
R : 복사에 의한 열교환
E : 증발(발한)에 의한 열손실(피부를 통한 증발)

54 인공조명 시 고려해야 할 사항과 가장 거리가 먼 것은?

① 광원은 간접조명과 우상방에 설치
② 발화성, 폭발성이 없을 것
③ 경제성, 취급의 간편
④ 균등한 조도 유지

[풀이] 인공조명 시 고려사항
㉠ 작업에 충분한 조도를 낼 것
㉡ 조명도를 균등히 유지할 것(천장, 마루, 기계, 벽 등의 반사율을 크게 하면 조도를 일정하게 얻을 수 있음)
㉢ 폭발성 또는 발화성이 없으며, 유해가스를 발생하지 않을 것
㉣ 경제적이며, 취급이 용이할 것
㉤ 주광색에 가까운 광색으로 조도를 높여줄 것(백열전구와 고압수은등을 적절히 혼합시켜 주광에 가까운 빛을 얻음)
㉥ 장시간 작업 시 가급적 간접조명이 되도록 설치할 것(직접조명, 즉 광원의 광밀도가 크면 나쁨)
㉦ 일반적인 작업 시 빛은 작업대 좌상방에서 비추게 할 것
㉧ 작은 물건의 식별과 같은 작업에는 음영이 생기지 않는 국소조명을 적용할 것
㉨ 광원 또는 전등의 휘도를 줄일 것
㉩ 광원을 시선에서 멀리 위치시킬 것
㉪ 눈이 부신 물체와 시선과의 각을 크게 할 것
㉫ 광원 주위를 밝게 하며, 조도비를 적정하게 할 것

55 다음 중 소음공해의 특징과 가장 거리가 먼 것은 어느 것인가?

① 감각공해이다.
② 축적성이 있다.
③ 주위의 진정이 많다.
④ 대책 후에 처리할 물질이 거의 발생하지 않는다.

[풀이] 소음공해의 특징
㉠ 축적성이 없다.
㉡ 국소다발적이다.
㉢ 대책 후 처리할 물질이 발생하지 않는다.
㉣ 감각적 공해이다.
㉤ 민원발생이 많다.

56 기대되는 공기 중의 농도가 30ppm이고, 노출기준이 2ppm이면 적어도 호흡기 보호구의 할당보호계수(APF)는 최소 얼마 이상인 것을 선택해야 하는가?

① 0.07   ② 2.5
③ 15   ④ 60

[풀이]
$$할당보호계수(APF) \geq \frac{공기\ 중의\ 농도}{노출기준}$$
$$\geq \frac{30}{2}(=15)$$

57 감압환경에서 감압에 따른 질소기포 형성량에 영향을 주는 요인과 가장 거리가 먼 것은 어느 것인가?

① 감압속도
② 조직에 용해된 가스량
③ 혈류를 변화시키는 상태
④ 폐 내 가스팽창

[풀이] 감압 시 조직 내 질소기포 형성량에 영향을 주는 요인
(1) 조직에 용해된 가스량
    체내 지방량, 고기압폭로의 정도와 시간으로 결정
(2) 혈류변화 정도(혈류를 변화시키는 상태)
    ㉠ 감압 시나 재감압 후에 생기기 쉽다.
    ㉡ 연령, 기온, 운동, 공포감, 음주와 관계가 있다.
(3) 감압속도

58 출력 0.01watt의 점음원으로부터 100m 떨어진 곳의 SPL은? (단, 무지향성 음원, 자유공간의 경우)

① 49dB
② 53dB
③ 59dB
④ 63dB

[풀이]
$$SPL = PWL - 20\log r - 11dB$$
$$= \left(10\log\frac{0.01}{10^{-12}}\right) - 20\log 100 - 11$$
$$= 49dB$$

정답 54.① 55.② 56.③ 57.④ 58.①

59 귀마개와 비교 시 귀덮개의 단점과 가장 거리가 먼 것은?

① 값이 비교적 비싸다.
② 착용여부 확인이 어렵다.
③ 보호구 접촉면에 땀이 난다.
④ 보안경과 함께 사용하는 경우 다소 불편하다.

풀이 귀덮개
(1) 장점
  ㉠ 귀마개보다 일관성 있는 차음효과를 얻을 수 있다.
  ㉡ 귀마개보다 차음효과가 일반적으로 높다.
  ㉢ 동일한 크기의 귀덮개를 대부분의 근로자가 사용 가능하다(크기를 여러 가지로 할 필요가 없음).
  ㉣ 귀에 염증이 있어도 사용 가능하다(질병이 있을 때도 가능).
  ㉤ 귀마개보다 차음효과의 개인차가 적다.
  ㉥ 근로자들이 귀마개보다 쉽게 착용할 수 있고 착용법을 틀리거나 잃어버리는 일이 적다.
  ㉦ 고음영역에서 차음효과가 탁월하다.
(2) 단점
  ㉠ 부착된 밴드에 의해 차음효과가 감소될 수 있다.
  ㉡ 고온에서 사용 시 불편하다(보호구 접촉면에 땀이 남).
  ㉢ 머리카락이 길 때와 안경테가 굵거나 잘 부착되지 않을 때는 사용하기가 불편하다.
  ㉣ 장시간 사용 시 꼭 끼는 느낌이 있다.
  ㉤ 보안경과 함께 사용하는 경우 다소 불편하며, 차음효과가 감소한다.
  ㉥ 가격이 비싸고 운반과 보관이 쉽지 않다.
  ㉦ 오래 사용하여 귀걸이의 탄력성이 줄었을 때나 귀걸이가 휘었을 때는 차음효과가 떨어진다.

60 어떤 작업장의 음압수준이 100dB(A)이고 근로자가 NRR이 27인 귀마개를 착용하고 있다면 근로자에게 실제적으로 가해지는 음압수준은? (단, 미국 OSHA 기준)

① 80dB   ② 85dB
③ 90dB   ④ 95dB

풀이
차음효과 $= (NRR-7) \times 0.5$
$= (27-7) \times 0.5$
$= 10dB$
∴ 노출되는 음압수준 $= 100dB(A) - 10dB(A)$
$= 90dB$

제4과목 | 산업환기

61 다음 중 국소배기시스템에 설치된 충만실(plenum chamber)에 있어 가장 우선적으로 높여야 하는 효율의 종류는?

① 정압효율
② 배기효율
③ 정화효율
④ 집진효율

풀이 플레넘(plenum) : 충만실
  ㉠ 후드 뒷부분에 위치하며 개구면 흡입유속의 강약을 작게 하면 일정하게 되므로 압력과 공기흐름을 균일하게 형성하는 데 필요한 장치이다.
  ㉡ 가능한 설치는 길게 한다.
  ㉢ 국소배기시스템에 설치된 충만실에 있어 가장 우선적으로 높여야 하는 효율은 배기효율이다.

62 어느 덕트에서 공기흐름의 평균속도압은 25mmH$_2$O였다. 덕트에서의 반송속도(m/sec)는 약 얼마인가? (단, 공기의 밀도는 1.21kg/m^{3}로 한다.)

① 15
② 20
③ 25
④ 30

풀이
속도압$(VP) = \dfrac{rV^2}{2g}$

∴ 속도$(V) = \sqrt{\dfrac{VP \cdot 2g}{r}}$
$= \sqrt{\dfrac{25 \times (2 \times 9.8)}{1.2}} = 20.2 \text{m/sec}$

63 다음 중 관성력 집진기에 관한 설명으로 틀린 것은?

① 집진효율을 높이기 위해서는 충돌 후 집진기 후단의 출구기류속도를 가능한 한 높여야 한다.
② 집진효율을 높이기 위해서는 압력손실이 증가하더라도 기류의 방향전환횟수를 늘린다.
③ 집진효율을 높이기 위해서는 충돌 전 처리배기속도는 입자의 성상에 따라 적당히 빠르게 한다.
④ 관성력 집진기는 미세한 입자보다는 입경이 큰 입자를 제거하는 전처리용으로 많이 사용된다.

[풀이] 집진기 후단의 출구기류의 속도는 가능한 작게 하여야 자체 비중에 의하여 집진된다.

64 온도 130℃, 기압 690mmHg 상태에서 50m³/min의 기체가 관 내를 흐르고 있다. 이 기체가 21℃, 1기압일 때의 유량은 약 몇 m³/min인가?

① 30.8 ② 33.1
③ 57.4 ④ 61.5

[풀이]
$$V_2 = V_1 \times \frac{T_2}{T_1} \times \frac{P_1}{P_2}$$
$$= 50 \text{m}^3/\text{min} \times \frac{(273+21℃)}{(273+130℃)} \times \frac{(690\text{mmHg})}{(760\text{mmHg})}$$
$$= 33.12 \text{m}^3/\text{min}$$

65 [그림]과 같이 작업대 위에 용접흄을 제거하기 위해 작업면 위에 플랜지가 붙은 외부식 후드를 설치했다. 개구면에서 포착점까지의 거리는 0.3m, 제어속도는 0.5m/sec, 후드 개구의 면적은 0.6m²일 때 Della Valle식을 이용한 필요송풍량(m³/min)은 약 얼마인가? (단, 후드 개구의 폭/높이는 0.2보다 크다.)

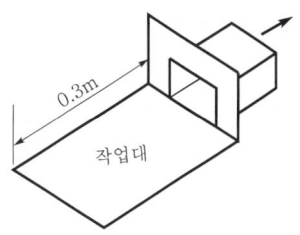

① 18 ② 23 ③ 34 ④ 45

[풀이] 바닥면(작업대)에 위치, 플랜지 부착 시 송풍량(Q)
$$Q = 60 \times 0.5 \times V_c(10X^2 + A)$$
$$= 60 \times 0.5 \times 0.5[(10 \times 0.3^2) + 0.6]$$
$$= 22.5 \text{m}^3/\text{min}$$

66 다음 중 후드의 유입계수는 0.8, 속도압은 15mmH₂O일 때 후드의 압력손실(mmH₂O)은 얼마인가?

① 7.2 ② 8.4 ③ 9.2 ④ 10.3

[풀이] 후드의 압력손실(mmH₂O) = $F \times VP$
$$F = \frac{1}{Ce^2} - 1$$
$$= \frac{1}{0.8^2} - 1$$
$$= 0.563$$
$$= 0.563 \times 15$$
$$= 8.43 \text{mmH}_2\text{O}$$

67 다음 중 직선 덕트 내의 압력손실에 관한 설명으로 옳은 것은?

① 정압의 제곱에 비례한다.
② 전압의 제곱에 비례한다.
③ 동압의 제곱에 비례한다.
④ 속도의 제곱에 비례한다.

정답 63.① 64.② 65.② 66.② 67.④

> **[풀이]** 압력손실
> $\Delta P = F \times \mathrm{VP}(\mathrm{mmH_2O})$: Darcy-Weisbach식
> 여기서, F(압력손실계수) $= 4 \times f \times \dfrac{L}{D}$
> $\qquad\qquad\qquad\qquad = \lambda \times \dfrac{L}{D}$
> 여기서, λ : 관마찰계수(무차원)
> $\qquad\qquad (\lambda = 4f,\ f$: 페닝마찰계수)
> $\qquad D$: 덕트 직경(m)
> $\qquad L$: 덕트 길이(m)
> VP(속도압) $= \dfrac{\gamma \cdot V^2}{2g}$ (mmH₂O)
> 여기서, γ : 비중(kg/m³)
> $\qquad V$: 공기속도(m/sec)
> $\qquad g$: 중력가속도(m/sec²)

68 다음 중 송풍기를 직렬로 연결하여 사용하는 경우로 가장 적절한 것은?

① 24시간 생산체제로 운전할 때
② 1대의 대형 송풍기를 사용할 수 없어 분할이 필요한 경우
③ 송풍기 정압이 1대의 송풍기로 얻을 수 있는 정압보다 더 필요한 경우
④ 송풍기가 고장이 나더라도 어느 정도의 송풍량을 확보할 필요가 있는 경우

> **[풀이]** 1대의 송풍기로 정압이 부족 시 추가 송풍기를 직렬로 연결하여 운전하면 정압을 상승시킬 수 있다.

69 다음 중 산업환기 분야에서의 표준상태를 일컫는 기온, 기압, 공기밀도를 올바르게 나타낸 것은?

① 기온 : 25℃, 기압 : 1기압, 공기밀도 : 1.1kg/m³
② 기온 : 21℃, 기압 : 1기압, 공기밀도 : 1.2kg/m³
③ 기온 : 0℃, 기압 : 1기압, 공기밀도 : 1.3kg/m³
④ 기온 : 0℃, 기압 : 1기압, 공기밀도 : 1.2kg/m³

> **[풀이]** 표준공기
> (1) 정의
> 표준상태(STP)란 0℃, 1atm 상태를 말하며, 물리·화학 등 공학 분야에서 기준이 되는 상태로서 일반적으로 사용한다.
> (2) 환경공학에서 표준상태는 기체의 체적을 Sm³, Nm³으로 표시하여 사용한다.
> (3) 산업환기 분야에서는 21℃(20℃), 1atm, 상대습도 50%인 상태의 공기를 표준공기로 사용한다.
> ㉠ 표준공기 밀도 : 1.203kg/m³
> ㉡ 표준공기 비중량 : 1.203kg$_f$/m³
> ㉢ 표준공기 동점성계수 : 1.502×10^{-5} m²/s

70 덕트의 시작점에서는 공기의 베나수축(vena contracta)이 일어난다. 다음 중 베나수축이 일반적으로 붕괴되는 지점으로 옳은 것은 어느 것인가?

① 덕트 직경의 약 1배 쯤에서
② 덕트 직경의 약 2배 쯤에서
③ 덕트 직경의 약 3배 쯤에서
④ 덕트 직경의 약 4배 쯤에서

> **[풀이]** 베나수축
> ㉠ 관 내로 공기가 유입될 때 기류의 직경이 감소하는 현상, 즉 기류면적의 축소현상을 말한다.
> ㉡ 베나수축에 의한 손실과 베나수축이 다시 확장될 때 발생하는 난류에 의한 손실을 합하여 유입손실이라 하고 후드의 형태에 큰 영향을 받는다.
> ㉢ 베나수축은 덕트 직경 D의 약 $0.2D$ 하류에 위치하며 덕트의 시작점에서 덕트 직경 D의 약 2배쯤에서 붕괴된다.
> ㉣ 베나수축 관 단면상에서의 유체 유속이 가장 빠른 부분은 관 중심부이다.
> ㉤ 베나수축현상이 심할수록 후드 유입손실은 증가하므로 수축이 최소화될 수 있는 후드형태를 선택해야 한다.
> ㉥ 베나수축이 일어나는 지점의 기류 면적은 덕트 면적의 70~100% 정도의 범위이다.

71 어느 공기정화장치의 압력손실이 200mmH₂O, 처리가스량이 2,000m³/min, 송풍기의 효율이 70%이다. 이 장치의 소요동력은 약 얼마인가?

① 9.5kW
② 10.7kW
③ 56kW
④ 93kW

정답 68.③ 69.② 70.② 71.④

[풀이]
$$\text{소요동력(kW)} = \frac{Q \times \Delta P}{6{,}120 \times \eta} \times \alpha$$
$$= \frac{2{,}000 \times 200}{6{,}120 \times 0.7} \times 1.0 = 93.4\text{kW}$$

72 유해작업장의 분진이 바닥이나 천장에 쌓여서 2차 발진된다. 이것을 방지하기 위한 공학적 대책으로 오염농도를 희석시키는데, 이때 사용되는 주요 대책방법으로 가장 적절한 것은?

① 국소배기시설 가동
② 개인보호구 착용
③ 전체환기시설 가동
④ 칸막이 설치

[풀이] 전체환기=희석환기

73 다음 중 국소배기장치의 시설 투자비용 및 운전비를 적게 하기 위한 방법으로 가장 적당한 것은?

① 가능한 제어속도 증대
② 후드의 개구면적 증가
③ 필요송풍량을 최소화시키는 후드의 형식 적용
④ 덕트의 가지관을 주관에 직각으로 연결

[풀이] 국소배기에서 효율성 있는 운전을 하기 위해서 가장 먼저 고려할 사항은 필요송풍량 감소이다.

74 접착제를 사용하는 A 공정에서는 메틸에틸 케톤(MEK)과 톨루엔이 발생, 공기 중으로 완전혼합된다. 두 물질은 모두 마취작용을 나타내므로 상가효과가 있다고 판단되며, 각 물질의 사용정보가 다음과 같을 때 필요 환기량(m^3/min)은 약 얼마인가? (단, 주위는 25℃, 1기압 상태이다.)

- MEK
  - 안전계수 : 4   - 분자량 : 72.1
  - 비중 : 0.805   - TLV : 200ppm
  - 사용량 : 시간당 2L

- 톨루엔
  - 안전계수 : 5   - 분자량 : 92.13
  - 비중 : 0.866   - TLV : 50ppm
  - 사용량 : 시간당 2L

① 181.9
② 557.0
③ 764.5
④ 946.4

[풀이] ㉠ MEK
- 사용량 = 2L/hr × 0.805g/mL × 1,000mL/L = 1,610g/hr
- 발생률 = $\frac{24.45\text{L} \times 1{,}610\text{g/hr}}{72.1\text{g}}$ = 546L/hr
- 필요환기량
  = $\frac{546\text{L/hr} \times 1{,}000\text{mL/L} \times \text{hr}/60\text{min}}{200\text{mL}/m^3} \times 4$
  = 182m^3/min

㉡ 톨루엔
- 사용량 = 2L/hr × 0.866g/mL × 1,000mL/L = 1,732g/hr
- 발생률 = $\frac{24.45\text{L} \times 1{,}732\text{g/hr}}{92.13\text{g}}$ = 459.6L/hr
- 필요환기량
  = $\frac{459.6\text{L/hr} \times 1{,}000\text{mL/L} \times \text{hr}/60\text{min}}{50\text{mL}/m^3} \times 5$
  = 766m^3/min

∴ 상가작용 = 182 + 766 = 948m^3/min

75 다음 중 재료를 분쇄하거나 독극물을 취급할 때 가장 적합한 후드는?

① 부스형
② 외부식 원형
③ 슬롯형
④ 외부식 캐노피형

[풀이] 포위식 후드(부스형 후드)
㉠ 발생원을 완전히 포위하는 형태의 후드이고 후드의 개방면에서 측정한 속도인 면속도가 제어속도가 된다.
㉡ 국소배기시설의 후드 형태 중 가장 효과적인 형태이다. 즉, 필요환기량을 최소한으로 줄일 수 있다.
㉢ 후드의 개방면에서 측정한 면속도가 제어속도가 된다.
㉣ 유해물질의 완벽한 흡입이 가능하다(단, 충분한 개구면 속도를 유지하지 못할 경우 오염물질이 외부로 누출될 우려가 있음).
㉤ 유해물질 제거 공기량(송풍량)이 다른 형태보다 훨씬 적다.
㉥ 작업장 내 방해기류(난기류)의 영향을 거의 받지 않는다.
㉦ 부스식 후드는 포위식 후드의 일종이며, 포위식보다 큰 것을 의미한다.

76 다음 중 덕트계에서 공기의 압력에 대한 설명으로 틀린 것은?

① 속도압은 공기가 이동하는 힘으로 항상 양(+)이다.
② 공기의 흐름은 압력차에 의해 이동하므로 송풍기 앞은 항상 음(−)이다.
③ 정압은 잠재적인 에너지로 공기의 이동에 소요되어 유용한 일을 하므로 항상 양(+)이다.
④ 국소배기장치의 배출구 압력은 항상 대기압보다 높아야 한다.

풀이 정압
㉠ 밀폐된 공간(duct) 내 사방으로 동일하게 미치는 압력, 즉 모든 방향에서 동일한 압력이며 송풍기 앞에서는 음압, 송풍기 뒤에서는 양압이다.
㉡ 공기흐름에 대한 저항을 나타내는 압력이며, 위치에너지에 속한다.
㉢ 밀폐공간에서 전압이 50mmHg이면 정압은 50mmHg이다.
㉣ 정압이 대기압보다 낮을 때는 음압(negative pressure)이고, 대기압보다 높을 때는 양압(positive pressure)으로 표시한다.
㉤ 정압은 단위체적의 유체가 압력이라는 형태로 나타나는 에너지이다.
㉥ 양압은 공간벽을 팽창시키려는 방향으로 미치는 압력이고 음압은 공간벽을 압축시키려는 방향으로 미치는 압력이다. 즉 유체를 압축시키거나 팽창시키려는 잠재에너지의 의미가 있다.
㉦ 정압을 때로는 저항압력 또는 마찰압력이라고 한다.
㉧ 정압은 속도압과 관계없이 독립적으로 발생한다.

77 한 유기용제의 증기압이 1.5mmHg일 때 1기압의 공기 중에서 도달할 수 있는 포화농도는 약 몇 ppm 정도인가?

① 2,000 ② 3,000
③ 4,000 ④ 5,000

풀이 포화농도(ppm) $= \dfrac{증기압}{760} \times 10^6$
$= \dfrac{1.5}{760} \times 10^6 = 1,973.68 \text{ppm}$

78 다음 중 전체환기법을 적용하는 대상작업장으로 가장 적절하지 않은 것은?

① 유해물질의 독성이 작을 때
② 유해물질의 배출원이 이동성일 때
③ 유해물질의 배출량이 시간에 따라 균일할 때
④ 유해물질의 배출원이 소수지역에 집중되어 있을 때

풀이 전체환기(희석환기) 적용 시 조건
㉠ 유해물질의 독성이 비교적 낮은 경우, 즉 TLV가 높은 경우(가장 중요한 제한조건)
㉡ 동일한 작업장에 다수의 오염원이 분산되어 있는 경우
㉢ 유해물질이 시간에 따라 균일하게 발생할 경우
㉣ 유해물질의 발생량이 적은 경우 및 희석공기량이 많지 않아도 될 경우
㉤ 유해물질이 증기나 가스일 경우
㉥ 국소배기로 불가능한 경우
㉦ 배출원이 이동성인 경우
㉧ 가연성 가스의 농축으로 폭발의 위험이 있는 경우
㉨ 오염원이 근무자가 근무하는 장소로부터 멀리 떨어져 있는 경우

79 다음 중 일반 공업분진(털, 나무부스러기, 대패부스러기, 샌드블라스트, 그라인더 분진, 내화벽돌 분진)의 일반적인 반송속도(m/sec)로 가장 적절한 것은?

① 10 ② 15
③ 20 ④ 25

풀이 유해물질에 따른 반송속도

유해물질	예	반송속도 (m/sec)
가스, 증기, 흄 및 극히 가벼운 물질	각종 가스, 증기, 산화아연 및 산화알루미늄 등의 흄, 목재분진, 솜먼지, 고무분, 합성수지분	10
가벼운 건조먼지	원면, 곡물분, 고무, 플라스틱, 경금속 분진	15
일반 공업 분진	털, 나무 부스러기, 대패 부스러기, 샌드블라스트, 그라인더 분진, 내화벽돌 분진	20
무거운 분진	납 분진, 주조 후 모래털기작업 시 먼지, 선반작업 시 먼지	25
무겁고 비교적 큰 입자의 젖은 먼지	젖은 납 분진, 젖은 주조작업 발생 먼지	25 이상

정답 76.③ 77.① 78.④ 79.③

80 다음 중 전기집진기의 장점이 아닌 것은?

① 습식으로 집진할 수 있다.
② 높은 포집효율을 나타낸다.
③ 가스상 오염물질을 제거할 수 있다.
④ 낮은 압력손실로 대량의 가스를 처리할 수 있다.

풀이 전기집진장치
(1) 장점
  ㉠ 집진효율이 높다(0.01μm 정도 포집 용이, 99.9% 정도 고집진 효율).
  ㉡ 광범위한 온도범위에서 적용이 가능하며, 폭발성 가스의 처리도 가능하다.
  ㉢ 고온의 입자성 물질(500℃ 전후) 처리가 가능하여 보일러와 철강로 등에 설치할 수 있다.
  ㉣ 압력손실이 낮고 대용량의 가스 처리가 가능하고 배출가스의 온도강하가 적다.
  ㉤ 운전 및 유지비가 저렴하다.
  ㉥ 회수가치 입자포집에 유리하며, 습식 및 건식으로 집진할 수 있다.
  ㉦ 넓은 범위의 입경과 분진농도에 집진효율이 높다.
  ㉧ 습식집진이 가능하다.
(2) 단점
  ㉠ 설치비용이 많이 든다.
  ㉡ 설치공간을 많이 차지한다.
  ㉢ 설치된 후에는 운전조건의 변화에 유연성이 적다.
  ㉣ 먼지성상에 따라 전처리시설이 요구된다.
  ㉤ 분진포집에 적용되며, 기체상 물질제거에는 곤란하다.
  ㉥ 전압변동과 같은 조건변동(부하변동)에 쉽게 적응이 곤란하다.
  ㉦ 가연성 입자의 처리가 곤란하다.

정답 80.③

제1과목 | 산업위생학 개론

01 다음 중 노동의 적응과 장애에 대한 설명으로 틀린 것은?

① 환경에 대한 인체의 적응에는 한도가 있으며 이러한 한도를 허용기준 또는 노출기준이라 한다.
② 작업에 따라서 신체형태와 기능에 국소적 변화가 일어나는 경우가 있는데 이것을 직업성 변이라고 한다.
③ 외부의 환경변화와 신체활동이 반복되거나 오래 계속되어 조절기능이 숙련된 상태를 순화라고 한다.
④ 인체에 어떠한 자극이건 간에 체내의 호르몬계를 중심으로 한 특유의 반응이 일어나는 것을 적응증상군(適應症狀群)이라 하며 이러한 상태를 스트레스라고 한다.

[풀이] 서한도
작업환경에 대한 인체의 적응한도, 즉 안전기준을 말한다.

02 다음 중 산업피로발생의 생리적인 원인이라고 볼 수 없는 것은?

① 신체조절기능의 저하
② 체내 노폐물의 감소
③ 체내에서 물리화학적 변조
④ 산소를 포함한 근육 내 에너지원의 부족

[풀이] 산업피로는 물질대사에 의한 노폐물인 젖산 등의 축적으로 근육, 신장 등의 기능을 저하시킨다.

03 다음 중 노출기준(TLV)의 적용상 주의사항으로 적절하지 않은 것은?

① 반드시 산업위생전문가에 의하여 적용되어야 한다.
② 독성의 강도를 비교할 수 있는 지표로 사용된다.
③ 대기오염평가 및 관리에 적용할 수 없다.
④ 기존의 질병이나 육체적 조건을 판단하기 위한 척도로 사용될 수 없다.

[풀이] ACGIH(미국정부산업위생전문가협의회)에서 권고하고 있는 허용농도(TLV) 적용상 주의사항
㉠ 대기오염평가 및 지표(관리)에 사용할 수 없다.
㉡ 24시간 노출 또는 정상작업시간을 초과한 노출에 대한 독성 평가에는 적용할 수 없다.
㉢ 기존의 질병이나 신체적 조건을 판단(증명 또는 반증 자료)하기 위한 척도로 사용될 수 없다.
㉣ 작업조건이 다른 나라에서 ACGIH-TLV를 그대로 사용할 수 없다.
㉤ 안전농도와 위험농도를 정확히 구분하는 경계선이 아니다.
㉥ 독성의 강도를 비교할 수 있는 지표는 아니다.
㉦ 반드시 산업보건(위생)전문가에 의하여 설명(해석), 적용되어야 한다.
㉧ 피부로 흡수되는 양은 고려하지 않은 기준이다.
㉨ 산업장의 유해조건을 평가하기 위한 지침이며, 건강장애를 예방하기 위한 지침이다.

정답 01.① 02.② 03.②

04 다음 설명에 해당하는 작업장으로 가장 적절한 것은?

> 이 작업장은 시안화합물이 많이 발생하며 사망사고 등 재해성 질환이 많다. 산(acid)을 많이 사용하는데 시안화합물은 산에 대해 불안정하고 공기 중 미량인 이산화탄소에 반응하여 맹독의 시안화수소가 발생하기도 한다. 또한 내식성, 내마모성 때문에 크롬을 많이 사용하여 피부궤양, 비중격천공, 암 등 다양한 직업병이 발생할 수 있다.

① 도금 ② 도장
③ 주조 ④ 크롬용접

풀이 내구성을 높이고 상품성을 위하여 금속 표면에 크롬, 니켈, 알루미늄 등을 입히는 공정이 도금이며 피부궤양, 비중격천공, 암 등을 유발한다.

05 다음 중 "모든 물질은 독성을 가지고 있으며, 중독을 유발하는 것은 용량(dose)에 의존한다."고 말한 사람은?

① Galen ② Paracelsus
③ Agricola ④ Hippocrates

풀이 Philippus Paracelsus(1493~1541년)
㉠ 폐질환 원인물질은 수은, 황, 염이라고 주장하였다.
㉡ 모든 화학물질은 독물이며, 독물이 아닌 화학물질은 없다. 따라서 적절한 양을 기준으로 독물 또는 치료약으로 구별된다고 주장하였으며, 독성학의 아버지로 불린다.
㉢ 모든 물질은 독성을 가지고 있으며, 중독을 유발하는 것은 용량(dose)에 의존한다고 주장하였다.

06 다음 중 근육노동에 있어서 특히 보급해야 할 비타민의 종류는?

① 비타민 A
② 비타민 B_1
③ 비타민 B_7
④ 비타민 D

풀이 비타민 B_1
㉠ 부족 시 각기병, 신경염을 유발하였다.
㉡ 작업강도가 높은 근로자의 근육에 호기적 산화를 촉진시켜 근육의 열량공급을 원활히 해 주는 영양소이다.
㉢ 근육운동(노동) 시 보급해야 한다.

07 다음 중 오염물질에 의한 직업병의 예방대책과 가장 거리가 먼 것은?

① 관련 보호구 착용
② 관련 물질의 대체
③ 정기적인 신체검사
④ 정기적인 예방접종

풀이 직업병의 예방대책
(1) 생산기술 및 작업환경 개선, 관련 유해물질의 대치
  ㉠ 유해물질 발생 방지
  ㉡ 안전하고 쾌적한 작업환경 확립
(2) 근로자 채용 시부터 의학적 관리
  ㉠ 유해물질로 인한 이상소견을 조기발견, 적절한 조치 강구
  ㉡ 정기적인 신체검사
(3) 개인위생 관리
  ㉠ 근로자 유해물질에 폭로되지 않도록 한다.
  ㉡ 개인보호구 착용(수동적, 즉 2차적 대책)

08 다음 중 산업안전보건법상 제조업의 경우 상시근로자가 몇 명 이상인 경우 보건관리자를 선임하여야 하는가?

① 5명 ② 50명
③ 100명 ④ 300명

풀이 산업안전보건법상 최소 50인 이상 상시근로자 사업장은 1인 이상의 보건관리자를 선임하여야 한다.

09 다음 중 산업안전보건법상 특수건강진단 대상 작업에 해당하지 않는 것은?

① 소음·진동 작업
② 방사선작업
③ 고온 및 저온 작업
④ 유해광선작업

[풀이] 특수건강진단 대상 유해인자에 노출되는 업무에 종사하는 근로자
⊙ 소음·진동 작업, 강렬한 소음작업 및 충격 소음작업
ⓒ 분진작업 또는 특정분진작업(면분진, 목분진, 용접흄, 유리섬유, 광물성 분진)
ⓒ 연과 무기화합물 및 4알킬연 작업
② 방사선, 고기압 및 저기압 작용 작업
◎ 유기용제(2-브로모프로판을 포함) 작업
ⓑ 특정 화학물질 등 취급작업
ⓢ 석면 및 미네랄 오일미스트 작업
◎ 오존 및 포스겐 작업
② 유해광선(자외선, 적외선, 마이크로파 및 라디오파) 작업

10 다음 중 중량물 취급작업에 있어 미국국립산업안전보건연구원(NIOSH)에서 제시한 감시기준(Action Limit)의 계산에 적용되는 요인이 아닌 것은?
① 물체의 이동거리
② 대상물체의 수평거리
③ 중량물 취급작업의 빈도
④ 중량물 취급작업자의 체중

[풀이] 감시기준(AL) 관계식
$$AL(kg) = 40\left(\frac{15}{H}\right)(1-0.004|V-75|)\left(0.7+\frac{7.5}{D}\right)\left(1-\frac{F}{F_{max}}\right)$$
여기서, H : 대상물체의 수평거리
V : 대상물체의 수직거리
D : 대상물체의 이동거리
F : 중량물 취급작업의 빈도

11 실내 공기오염물질 중 가스상 오염물질에 해당하지 않는 것은?
① 질소산화물   ② 포름알데히드
③ 알레르겐   ④ 오존

[풀이] 알레르겐은 알레르기 반응을 일으키는 물질로, 가스상 물질이 아닌 꽃가루, 동물의 털, 생선, 꽃 등을 통해 발생한다.

12 다음 중 경견완 장애가 가장 발생하기 쉬운 직업은?
① 커피 시음   ② 전산데이터 입력
③ 잠수작업   ④ 음식 배달

[풀이] 경견완 장애는 반복적으로 장기간 작업 시 발생한다.

13 작업강도에 관한 설명으로 틀린 것은?
① 일반적으로 열량소비량을 기준으로 한다.
② 하루의 총 작업시간을 통한 평균 작업대사량으로 나타낸다.
③ 작업강도를 분류할 경우에 실동률을 이용하기도 한다.
④ 기초대사량은 개인에 따라 차이가 크므로 고려되지 않는다.

[풀이] 작업강도는 작업을 할 때 소비되는 열량으로 측정하고 작업대사율로 주로 평가하며 작업대사율(RMR) 계산 시 기초대사량이 고려된다.

14 육체적 작업능력이 16kcal/min인 근로자가 1일 8시간 동안 물체를 운반하고 있다. 이때의 작업대사량이 7kcal/min이라고 할 때 이 사람이 쉬지 않고 계속하여 일할 수 있는 최대허용시간은 약 얼마인가? (단, 16kcal/min에 대한 작업시간은 4분이다.)
① 145분   ② 188분
③ 227분   ④ 245분

[풀이]
$\log T_{end} = 3.720 - 0.1949E$
$= 3.720 - (0.1949 \times 7) = 2.356$
∴ 최대허용시간(T_{end}) = $10^{2.356}$ = 227min

15 다음 중 충격소음이라 함은 '최대음압수준이 얼마 이상인 소음이 1초 이상의 간격으로 발생하는 것'을 말하는가?
① 90dB(A)   ② 100dB(A)
③ 120dB(A)   ④ 140dB(A)

[풀이] **충격소음**
소음이 1초 이상의 간격을 유지하면서 최대음압수준이 120dB(A) 이상인 소음을 충격소음이라 한다.

16 작업환경측정 및 정도관리 등에 관한 고시에서 1일 작업시간이 8시간을 초과하는 경우 노출기준을 비교, 평가할 수 있는 보정노출기준을 정하는 공식으로 옳은 것은 어느 것인가? (단, T는 노출시간/일, H는 작업시간/주를 말한다.)

① 급성중독물질인 경우 보정노출기준(1일간 기준)=8시간 노출기준 $\times \dfrac{8}{T}$

② 급성중독물질인 경우 보정노출기준(1일간 기준)=8시간 노출기준 $\times \dfrac{T}{8}$

③ 만성중독물질인 경우 보정노출기준(1일간 기준)=8시간 노출기준 $\times \dfrac{40}{T}$

④ 만성중독물질인 경우 보정노출기준(1주간 기준)=8시간 노출기준 $\times \dfrac{H}{40}$

[풀이] **비정상 작업시간에 대한 노출기준 보정**
㉠ 급성중독을 일으키는 물질(대표적 : 일산화탄소)
보정된 노출기준=8시간 노출기준 $\times \dfrac{8시간}{노출시간/일}$
㉡ 만성중독을 일으키는 물질(대표적 : 중금속)
보정된 노출기준=8시간 노출기준 $\times \dfrac{40시간}{작업시간/주}$

17 다음 중 산업위생관리의 목적에 대한 설명과 가장 거리가 먼 것은?
① 작업환경개선 및 직업병의 근원적 예방
② 직업성 질병 및 재해성 질병의 판정과 보상
③ 작업환경 및 작업조건의 인간공학적 개선
④ 작업자의 건강보호 및 생산성의 향상

[풀이] **산업위생관리의 목적**
㉠ 작업환경과 근로조건의 개선 및 직업병의 근원적 예방
㉡ 작업환경 및 작업조건의 인간공학적 개선(최적의 작업환경 및 작업조건으로 개선하여 질병을 예방)
㉢ 작업자의 건강보호 및 생산성 향상(근로자의 건강을 유지·증진시키고 작업능률을 향상)
㉣ 근로자들의 육체적, 정신적, 사회적 건강을 유지 및 증진
㉤ 산업재해의 예방 및 직업성 질환 유소견자의 작업전환

18 권장무게 한계가 3.1kg이고, 물체의 무게가 9kg일 때 중량물 취급지수는 약 얼마인가?
① 1.91
② 2.72
③ 2.90
④ 3.31

[풀이]
중량물 취급지수(LI) $= \dfrac{물체 \ 무게}{RWL}$
$= \dfrac{9\text{kg}}{3.1\text{kg}}$
$= 2.90$

19 다음 중 산업피로의 예방과 대책으로 적절하지 않은 것은?
① 충분한 수면을 취한다.
② 작업환경을 정리 · 정돈한다.
③ 너무 정적인 작업은 동적인 작업으로 전환한다.
④ 휴식은 한 번에 장시간 동안 하는 것이 바람직하다.

[풀이] **산업피로 예방대책**
㉠ 불필요한 동작을 피하고, 에너지 소모를 적게 한다.
㉡ 동적인 작업을 늘리고, 정적인 작업을 줄인다.
㉢ 개인의 숙련도에 따라 작업속도와 작업량을 조절한다.
㉣ 작업시간 중 또는 작업 전후에 간단한 체조나 오락시간을 갖는다.
㉤ 장시간 한 번 휴식하는 것보다 단시간씩 여러 번 나누어 휴식하는 것이 피로회복에 도움이 된다.

20 미국산업위생학회(AIHA)에서 정의한 산업위생의 정의를 가장 올바르게 설명한 것은?

① 모든 직업인의 육체적 장애를 예방하고 치료하는 학문이다.
② 작업장의 환경을 보다 쾌적하게 조성하여 작업에 종사하는 근로자들이 안전하게 작업하도록 하며, 이로 인하여 궁극적으로 생산성을 향상시키는 데 필요한 지식을 제공하는 과학이다.
③ 근로자나 일반 대중에게 질병, 건강장애와 안녕 방해, 또는 심각한 불쾌감과 비능률을 초래하는 작업환경요인 또는 스트레스를 예측, 인지, 측정, 평가 및 관리하는 과학이며 기술이다.
④ 근로자의 질병을 효율적으로 관리하며 적절한 치료를 통해 업무에 빨리 복귀시키는 데 적절한 자료를 제공하는 학문이다.

풀이 산업위생의 정의(AIHA)
근로자나 일반 대중에게 질병, 건강장애와 안녕 방해, 또는 심각한 불쾌감과 비능률을 초래하는 작업환경요인 또는 스트레스를 예측, 인지, 측정, 평가 및 관리하는 과학이며 기술이다.

제2과목 | 작업환경 측정 및 평가

21 500mL 수용액 속에 2g의 NaOH가 함유되어 있는 용액의 pH는? (단, 완전해리 기준)

① 13.0   ② 13.4
③ 13.6   ④ 13.8

풀이 $NaOH(mol/L) = \dfrac{2g}{500mL} \times \dfrac{1,000mL}{L} \times \dfrac{1mol}{40g}$
$= 0.1mol/L$
$NaOH \rightleftharpoons Na^+ + OH^-$
0.1M : 0.1M : 0.1M
$\therefore pH = 14 - pOH$
$= 14 - \log\dfrac{1}{[OH^-]} = 14 - \log\dfrac{1}{0.1} = 13.0$

22 활성탄관을 연결한 저유량 공기시료채취 펌프를 이용하여 벤젠증기(M.W=78g/mol)를 0.112m³ 채취하였다. GC를 이용하여 분석한 결과 657μg의 벤젠이 검출되었다면 벤젠증기의 농도(ppm)는? (단, 온도 25℃, 압력 760mmHg이다.)

① 0.90   ② 1.84
③ 2.94   ④ 3.78

풀이 $농도(mg/m^3) = \dfrac{657\mu g}{0.112m^3 \times 1,000L/m^3}$
$= 5.87\mu g/L(mg/m^3)$
$\therefore 농도(ppm) = 5.87mg/m^3 \times \dfrac{24.45}{78}$
$= 1.84ppm$

23 태양광선이 내리쬐지 않는 옥외작업장에서 고온의 영향을 평가하기 위하여 아스만 통풍건습계 및 흑구온도계 등으로 측정한 결과 자연습구온도 20℃, 건구온도 25℃, 흑구온도 20℃일 때 습구흑구온도지수(WBGT)는?

① 20℃   ② 22℃
③ 24℃   ④ 26℃

풀이 $WBGT(℃) = (0.7 \times 20℃) + (0.3 \times 20℃) = 20℃$

24 여과지의 공극보다 작은 입자가 여과지에 채취되는 기전은 여과이론으로 설명할 수 있는데 다음 중 펌프를 이용하여 공기를 흡인하고 시료를 채취할 때 크게 작용하는 기전으로 가장 거리가 먼 것은?

① 확산
② 간섭
③ 중력침강
④ 관성충돌

풀이 여과포집 원리에 중요한 3가지 기전
㉠ 직접차단(간섭)
㉡ 관성충돌
㉢ 확산

25 입경이 18μm이고 비중이 1.2인 먼지입자의 침강속도는? (단, 산업위생 분야에서 사용하는 간편식 사용)

① 약 0.6cm/sec ② 약 1.2cm/sec
③ 약 1.8cm/sec ④ 약 2.1cm/sec

[풀이]
침강속도(cm/sec) $= 0.003 \times \rho \times d^2$
$= 0.003 \times 1.2 \times 18^2$
$= 1.17 \text{cm/sec}$

26 ACGIH 및 NIOSH에서 사용되는 자외선의 노출기준단위는?

① J/nm ② mJ/cm^2
③ V/m^2 ④ W/Å

[풀이] ACGIH와 NIOSH에서는 자외선 노출단위를 J/m^2 (mJ/cm^2) 및 W/m^{2}를 이용한다.

27 유기용제 중 활성탄관을 사용하여 효과적으로 채취하기에 어려운 시료는 어느 것인가?

① 방향족 아민류
② 할로겐화 탄화수소류
③ 에스테르류
④ 케톤류

[풀이] 활성탄관을 사용하여 채취하기 용이한 시료
㉠ 비극성류의 유기용제
㉡ 방향족탄화수소류
㉢ 할로겐화 탄화수소류
㉣ 에스테르류
㉤ 케톤류
㉥ 알코올류

28 먼지입경에 따른 여과 메커니즘 및 채취효율에 관한 설명으로 가장 거리가 먼 것은?

① 0.3μm인 먼지가 가장 낮은 채취효율을 가진다.
② 관성충돌은 1μm 이상인 입자에서 공기의 면속도가 수 cm/sec 이상일 때 중요한 역할을 한다.
③ 입자크기는 차단, 관성충돌 등의 메커니즘에 영향을 미치는 중요한 요소이다.
④ 0.1μm 미만인 입자는 주로 간섭에 의하여 채취된다.

[풀이] 입자크기별 여과기전
㉠ 입경 0.1μm 미만 : 확산
㉡ 입경 0.1~0.5μm : 확산, 직접차단(간섭)
㉢ 입경 0.5μm 이상 : 관성충돌, 직접차단(간섭)
※ 가장 낮은 포집효율의 입경은 0.3μm이다.

29 누적소음노출량 측정기를 사용하여 소음을 측정하고자 할 때 우리나라 기준에 맞는 criteria 및 exchange rate는? (단, A 특성 보정)

① 80dB, 5dB
② 80dB, 10dB
③ 90dB, 5dB
④ 90dB, 10dB

[풀이] 누적소음노출량 측정기의 기기설정
㉠ criteria=90dB
㉡ exchange rate=5dB
㉢ threshold=80dB

30 100ppm을 %로 환산하면 다음 중 어느 것과 같은가?

① 1.0% ② 0.1%
③ 0.01% ④ 0.001%

[풀이] $100\text{ppm} \times \dfrac{\%}{10,000\text{ppm}} = 0.01\%$

31 산에 쉽게 용해되므로 입자상 물질 중의 금속을 채취하여 원자흡광법으로 분석하는 데 적당하며 유리섬유, 석면 등 현미경분석을 위한 시료채취에도 이용되는 막 여과지는?

① mixed cellulose ester membrane filter
② poly vinylchloride membrane filter
③ glass fiber membrane filter
④ trillon membrane filter

정답 25.② 26.② 27.① 28.④ 29.③ 30.③ 31.①

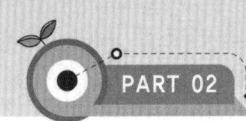

[풀이] **MCE막 여과지(Mixed Cellulose Ester membrane filter)**
㉠ 산에 쉽게 용해된다.
㉡ 산업위생에서는 거의 대부분이 직경 37mm, 구멍 크기 0.45~0.8μm의 MCE막 여과지를 사용하고 있어 작은 입자의 금속과 fume 채취가 가능하다.
㉢ MCE막 여과지는 산에 쉽게 용해되고 가수분해되며, 습식 회화되기 때문에 공기 중 입자상 물질 중의 금속을 채취하여 원자흡광법으로 분석하는 데 적당하다.
㉣ 시료가 여과지의 표면 또는 가까운 곳에 침착되므로 석면, 유리섬유 등 현미경 분석을 위한 시료채취에도 이용된다.
㉤ 흡습성(원료인 셀룰로오스가 수분 흡수)이 높은 MCE막 여과지는 오차를 유발할 수 있어 중량분석에 적합하지 않다.
㉥ MCE막 여과지는 산에 의해 쉽게 회화되기 때문에 원소분석에 적합하고 NIOSH에서는 금속, 석면, 살충제, 불소화합물 및 기타 무기물질에 추천하고 있다.

32 가스크로마토그래피로 물질을 분석할 때 분해능을 높이기 위한 조작으로 옳지 않은 것은?

① 분리관의 길이를 길게 한다.
② 고정상의 양을 다소 적게 한다.
③ 고체 지지체의 입자크기를 크게 한다.
④ 일반적으로 저온에서 좋은 분해능을 보이므로 온도를 낮춘다.

[풀이] **분리관의 분해능 높이기 위한 방법**
㉠ 시료와 고정상의 양을 적게 한다.
㉡ 고체 지지체의 입자크기를 작게 한다.
㉢ 온도를 낮춘다.
㉣ 분리관의 길이를 길게 한다(분해능은 길이의 제곱근에 비례).

33 시료채취방법에서 지역시료(area sampling) 포집의 장점과 거리가 먼 것은?

① 특정 공정의 농도분포의 변화 및 환기장치의 효율성 변화 등을 알 수 있다.
② 측정결과를 통해서 근로자에게 노출되는 유해인자의 배경농도와 시간별 변화 등을 평가할 수 있다.
③ 특정 공정의 계절별 농도변화 및 공정의 주기별 농도변화 등의 분석이 가능하다.
④ 근로자 개인시료의 채취를 대신할 수 있다.

[풀이] **지역시료(area sampling)**
(1) 작업환경측정을 실시할 때 시료채취의 한 방법으로서 시료채취기를 이용하여 가스·증기, 분진, 흄, 미스트 등 유해인자를 근로자의 정상 작업위치 또는 작업행동범위에서 호흡기 높이에 고정하여 채취하는 것을 말한다. 즉, 단위작업장소에 시료채취기를 설치하여 시료를 채취하는 방법이다.
(2) 근로자에게 노출되는 유해인자의 배경농도와 시간별 변화 등을 평가하며, 개인시료채취가 곤란한 경우 등 보조적으로 사용한다.
(3) 지역시료채취기는 개인시료채취를 대신할 수 없으며 근로자의 노출정도를 평가할 수 없다.
(4) 지역시료채취 적용 경우
  ㉠ 유해물질의 오염원이 확실하지 않은 경우
  ㉡ 환기시설의 성능을 평가하는 경우(작업환경 개선의 효과 측정)
  ㉢ 개인시료채취가 곤란한 경우
  ㉣ 특정 공정의 계절별 농도변화 및 공정의 주기별 농도변화를 확인하는 경우

34 원자흡광광도법에서 분석하려는 금속성분을 불꽃 중에서 원자화시킬 경우, 불꽃을 만들기 위하여 일반적으로 가장 많이 사용되는 가연성 가스와 조연성 가스의 조합은?

① 수소-산소
② 이산화질소-공기
③ 프로판-산소
④ 아세틸렌-공기

[풀이] **불꽃을 만들기 위한 조연성 가스와 가연성 가스의 조합**
(1) 아세틸렌 – 공기
  ㉠ 대부분의 연소 분석(일반적 많이 사용)
  ㉡ 불꽃의 화염온도 2,300℃ 부근
(2) 아세틸렌 – 아산화질소
  ㉠ 내화성 산화물을 만들기 쉬운 원소 분석(B, V, Ti, Si)
  ㉡ 불꽃의 화염온도 2,700℃ 부근
(3) 프로판 – 공기
  ㉠ 불꽃온도가 낮다.
  ㉡ 일부 원소에 대하여 높은 감도

11-44 정답 32.③ 33.④ 34.④

35 동일(유사)노출군을 가장 세분하여 분류하는 방법의 기준으로 가장 적합한 것은 어느 것인가?
① 공정 ② 작업범주
③ 조직 ④ 업무

풀이 동일노출그룹의 설정은 조직, 공정, 작업범주, 작업내용(업무)별로 구분하여 한다.

36 직경이 5cm인 흑구온도계의 측정시간으로 적합한 기준은? (단, 고용노동부 고시 기준)
① 5분 이상 ② 10분 이상
③ 15분 이상 ④ 25분 이상

풀이 고열의 측정기기와 측정시간

구 분	측정기기	측정시간
습구온도	0.5℃ 간격의 눈금이 있는 아스만통풍건습계, 자연습구온도를 측정할 수 있는 기기 또는 이와 동등 이상의 성능이 있는 측정기기	• 아스만통풍건습계 : 25분 이상 • 자연습구온도계 : 5분 이상
흑구 및 습구흑구온도	직경이 5cm 이상 되는 흑구온도계 또는 습구흑구온도(WBGT)를 동시에 측정할 수 있는 기기	• 직경이 15cm일 경우 : 25분 이상 • 직경이 7.5cm 또는 5cm일 경우 : 5분 이상

※ 고시 변경사항, 학습 안 하셔도 무방합니다.

37 다음 중 어떤 유해작업장의 일산화탄소(CO)가 14.9ppm이라면 이 공기 1Sm³ 중에 CO는 몇 mg 포함되어 있는가? (단, 조건은 0℃, 1기압 상태로 동일하다.)
① 10.8 ② 12.5
③ 15.3 ④ 18.6

풀이 $CO(mg) = 14.9ppm \times \dfrac{28}{22.4} = 18.63mg$

38 다음 중 작업환경측정에서 사용하는 2차 유량측정장치(2차 표준)에 해당되지 않는 것은 어느 것인가?

① 로터미터(rota meter)
② 오리피스미터(orifice meter)
③ 폐활량계미터(spiro meter)
④ 습식 테스트미터(wet-test-meter)

풀이 2차 표준기구의 종류

표준기구	일반 사용범위	정확도
로터미터 (rotameter)	1mL/분 이하	±1~25%
습식 테스트미터 (wet-test-meter)	0.5~230L/분	±0.5% 이내
건식 가스미터 (dry-gas-meter)	10~150L/분	±1% 이내
오리피스미터 (orifice meter)	–	±0.5% 이내
열선기류계 (thermo anemometer)	0.05~40.6m/초	±0.1% ~0.2%

39 어떤 분석방법의 검출한계가 0.2mg일 때 정량한계로 가장 적합한 것은?
① 0.30mg
② 0.33mg
③ 0.66mg
④ 2.0mg

풀이 정량한계=검출한계×3.3
     =0.2mg×3.3=0.66mg

40 다음 중 일반적으로 사용하는 순간시료채취기(grab sampling)가 아닌 것은?
① 버블러
② 진공플라스크
③ 시료채취백
④ 스테인리스스틸 캐니스터

풀이 일반적으로 사용하는 순간시료채취기
㉠ 진공플라스크
㉡ 검지관
㉢ 직독식 기기
㉣ 스테인리스스틸 캐니스터(수동형 캐니스터)
㉤ 시료채취백(플라스틱 bag)

정답 35.④ 36.① 37.④ 38.③ 39.③ 40.①

제3과목 | 작업환경 관리

41 자연조명에 관한 설명으로 옳지 않은 것은?
① 유리창은 청결하여도 10~15% 정도 조도가 감소한다.
② 지상에서의 태양조도는 약 100,000lux 정도이다.
③ 균일한 조명을 요하는 작업실은 서남창이 좋다.
④ 실내의 일정 지점의 조도와 옥외조도와의 비율을 주광률(%)이라 한다.

[풀이] **창의 방향**
㉠ 창의 방향은 많은 채광을 요구할 경우 남향이 좋다.
㉡ 균일한 조명을 요구하는 작업실은 북향(또는 동북향)이 좋다.
㉢ 북쪽 광선은 일중 조도의 변동이 작고 균등하여 눈의 피로가 적게 발생할 수 있다.

42 감압병 예방 및 치료에 관한 설명으로 옳지 않은 것은?
① 감압병의 증상이 발생하였을 경우 환자를 원래의 고압환경으로 복귀시킨다.
② 고압환경에서 작업할 때에는 질소를 아르곤으로 대치한 공기를 호흡시키는 것이 좋다.
③ 잠수 및 감압방법에 익숙한 사람을 제외하고는 1분에 10m 정도씩 잠수하는 것이 좋다.
④ 감압이 끝날 무렵에 순수한 산소를 흡인시키면 예방적 효과와 감압시간을 단축시킬 수 있다.

[풀이] **감압병의 예방 및 치료**
㉠ 고압환경에서의 작업시간을 제한하고 고압실 내의 작업에서는 이산화탄소의 분압이 증가하지 않도록 신선한 공기를 송기시킨다.
㉡ 감압이 끝날 무렵에 순수한 산소를 흡입시키면 예방적 효과가 있을 뿐 아니라 감압시간을 25% 가량 단축시킬 수 있다.
㉢ 고압환경에서 작업하는 근로자에게 질소를 헬륨으로 대치한 공기를 호흡시킨다.
㉣ 헬륨-산소 혼합가스는 호흡저항이 적어 심해잠수에 사용한다.
㉤ 일반적으로 1분에 10m 정도씩 잠수하는 것이 안전하다.
㉥ 감압병의 증상 발생 시에는 환자를 곧장 원래의 고압환경상태로 복귀시키거나 인공고압실에 넣어 혈관 및 조직 속에 발생한 질소의 기포를 다시 용해시킨 다음 천천히 감압한다.
㉦ Haldene의 실험근거상 정상기압보다 1.25기압을 넘지 않는 고압환경에는 아무리 오랫동안 폭로되거나 아무리 빨리 감압하더라도 기포를 형성하지 않는다.
㉧ 비만자의 작업을 금지시키고, 순환기에 이상이 있는 사람은 취업 또는 작업을 제한한다.
㉨ 헬륨은 질소보다 확산속도가 빠르며, 체외로 배출되는 시간이 질소에 비하여 50% 정도 밖에 걸리지 않는다.
㉩ 귀 등의 장애를 예방하기 위해서는 압력을 가하는 속도를 매 분당 $0.8kg/cm^2$ 이하가 되도록 한다.

43 전리방사선의 장애와 예방에 관한 설명으로 옳지 않은 것은?
① 방사선 노출수준은 거리에 반비례하여 증가하므로 발생원과의 거리를 관리하여야 한다.
② 방사선의 측정은 Geiger Muller counter 등을 사용하여 측정한다.
③ 개인근로자의 피폭량은 pocket dosimeter, film badge 등을 이용하여 측정한다.
④ 기준 초과의 가능성이 있는 경우에는 경보장치를 설치한다.

[풀이] 방사능은 거리의 제곱에 비례하여 감소하므로 먼 거리일수록 쉽게 방어가 가능하다.

44 근로자가 귀덮개(NRR=31)를 착용하고 있는 경우 미국 OSHA의 방법으로 계산한다면 차음효과는?
① 5dB ② 8dB
③ 10dB ④ 12dB

정답 41.③ 42.② 43.① 44.④

[풀이] 차음효과(dB) = (NRR − 7) × 0.5
= (31 − 7) × 0.5
= 12dB

45 다음은 진폐증의 대표적인 병리소견인 섬유증에 관한 설명이다. (   ) 안에 알맞은 것은?

> 섬유증이란 폐포, 폐포관, 모세기관지 등을 이루고 있는 세포들 사이에 (   )가 증식하는 병리적 현상이다.

① 실리카 섬유
② 유리 섬유
③ 콜라겐 섬유
④ 에멀션 섬유

[풀이] **진폐증**
㉠ 호흡성 분진(0.5~5μm) 흡입에 의해 폐에 조직반응을 일으킨 상태이다. 즉, 폐포가 섬유화되어(굳게 되어) 수축과 팽창을 할 수 없고, 결국 산소교환이 정상적으로 이루어지지 않는 현상을 말한다.
㉡ 흡입된 분진이 폐 조직에 축적되어 병적인 변화를 일으키는 질환을 총괄적으로 의미하는 용어를 진폐증이라 한다.
㉢ 호흡기를 통하여 폐에 침입하는 분진은 크게 무기성 분진과 유기성 분진으로 구분된다.
㉣ 진폐증의 대표적인 병리소견인 섬유증(fibrosis)이란 폐포, 폐포관, 모세기관지 등을 이루고 있는 세포들 사이에 콜라겐 섬유가 증식하는 병리적 현상이다.
㉤ 콜라겐 섬유가 증식하면 폐의 탄력성이 떨어져 호흡곤란, 지속적인 기침, 폐기능 저하를 가져온다.
㉥ 일반적으로 진폐증의 유병률과 노출기간은 비례하는 것으로 알려져 있다.

46 고압환경에서의 2차적인 가압현상(화학적 장애)에 관한 설명으로 옳지 않은 것은?

① 산소중독 증상은 고압산소에 의한 노출이 중지된 후에도 상당기간 지속되어 비가역적인 증세를 유발한다.
② 산소의 분압이 2기압을 넘으면 산소중독 증세가 나타난다.
③ 공기 중의 질소가스는 3기압하에서는 자극작용을 한다.
④ 이산화탄소농도의 증가는 산소의 독성과 질소의 마취작용 그리고 감압증의 발생을 촉진한다.

[풀이] 고압산소에 대한 폭로가 중지되면 증상은 즉시 멈춘다(가역적).

47 공기 중 오염물질을 분류함에 있어 상온, 상압에서 액체 또는 고체(임계온도가 25℃ 이상) 물질이 증기압에 따라 휘발 또는 승화하여 기체상태로 된 것을 무엇이라 하는가?

① 흄
② 증기
③ 미스트
④ 더스트

[풀이] (1) **가스(기체)**
㉠ 상온(25℃), 상압(760mmHg)에서 기체형태로 존재한다.
㉡ 공간을 완전하게 다 채울 수 있는 물질이다.
㉢ 공기의 구성 성분에는 질소, 산소, 아르곤, 이산화탄소, 헬륨, 수소 등이 있다.
(2) **증기**
㉠ 상온, 상압에서 액체 또는 고체인 물질이 기체화된 물질이다.
㉡ 임계온도가 25℃ 이상인 액체·고체 물질이 증기압에 따라 휘발 또는 승화하여 기체상태로 변한 것을 의미한다.
㉢ 농도가 높으면 응축하는 성질이 있다.

48 작업장에서의 방음대책을 음원대책과 전파경로대책으로 분류할 때 다음 중 음원대책으로 가장 거리가 먼 것은?

① 지향성 변환
② 소음기 설치
③ 발생원의 마찰력 감소
④ 벽체로 음원 밀폐

> [풀이] **소음대책**
> (1) 발생원 대책(음원대책)
>   ㉠ 발생원에서의 저감
>   • 유속 저감
>   • 마찰력 감소
>   • 충돌방지
>   • 공명방지
>   • 저소음형 기계의 사용(병타법을 용접법으로 변경, 단조법을 프레스법으로 변경, 압축공기 구동기기를 전동기로 변경)
>   ㉡ 소음기 설치
>   ㉢ 방음 커버
>   ㉣ 방진, 제진
> (2) 전파경로 대책
>   ㉠ 흡음(실내 흡음처리에 의한 음압레벨 저감)
>   ㉡ 차음(벽체의 투과손실 증가)
>   ㉢ 거리감쇠
>   ㉣ 지향성 변환(음원 방향의 변경)
> (3) 수음자 대책
>   ㉠ 청력보호구(귀마개, 귀덮개)
>   ㉡ 작업방법 개선

49 작업환경에서 발생하는 유해요인을 감소시키기 위한 공학적 대책과 가장 거리가 먼 것은?
① 유해성이 적은 물질로 대치
② 개인보호장구의 착용
③ 유해물질과 근로자 사이에 장벽 설치
④ 국소 및 전체 환기시설 설치

> [풀이] 개인보호장구의 착용은 수동적(간접적) 대책이다.

50 용접작업 시 발생하는 가스에 관한 설명으로 옳지 않은 것은?
① 강한 자외선에 의해 산소가 분해되면서 오존이 형성된다.
② 아크전압이 낮은 경우 불완전연소로 이황화탄소가 발생한다.
③ 이산화탄소 용접에서 이산화탄소가 일산화탄소로 환원된다.
④ 포스겐은 TCE로 세정된 철강재 용접 시에 발생한다.

> [풀이] 아크전압이 높은 경우의 불완전연소 : 흄 및 가스 발생이 증가한다.

51 자외선에 대한 생물학적 작용 중 옳지 않은 것은?
① 피부 홍반 형성과 색소침착
② 대장공 백내장
③ 전광성(전기성) 안염
④ 피부의 비후와 피부암

> [풀이] 나이가 많을수록 자외선 흡수량이 많아져 백내장을 일으킨다(대장공 백내장은 적외선이 원인).

52 공장 내부에 소음을 발생시키는 기계가 존재하는데, PWL=80dB인 기계 4대, PWL=85dB인 기계 2대가 동시에 가동할 때 PWL=의 합은?
① 82dB   ② 85dB
③ 87dB   ④ 90dB

> [풀이] $PWL의 합 = 10\log\left[(10^8 \times 4) + (10^{8.5} \times 2)\right]$
> $= 90.14\text{dB}$

53 방진재인 공기스프링에 관한 설명으로 옳지 않은 것은?
① 사용 진폭이 큰 것이 많아 별도의 댐퍼가 불필요한 경우가 많다.
② 구조가 복잡하고 시설비가 많이 든다.
③ 자동제어가 가능하다.
④ 하중의 변화에 따라 고유진동수를 일정하게 유지할 수 있다.

> [풀이] **공기스프링**
> (1) 장점
>   ㉠ 지지하중이 크게 변하는 경우에는 높이 조정변에 의해 그 높이를 조절할 수 있어 설비의 높이를 일정 레벨로 유지시킬 수 있다.
>   ㉡ 하중부하 변화에 따라 고유진동수를 일정하게 유지할 수 있다.
>   ㉢ 부하능력이 광범위하고 자동제어가 가능하다.
>   ㉣ 스프링 정수를 광범위하게 선택할 수 있다.

정답 49.② 50.② 51.② 52.④ 53.①

(2) 단점
   ㉠ 사용 진폭이 적은 것이 많아 별도의 댐퍼가 필요한 경우가 많다.
   ㉡ 구조가 복잡하고 시설비가 많이 든다.
   ㉢ 압축기 등 부대시설이 필요하다.
   ㉣ 안전사고(공기누출) 위험이 있다.

54 고열장애인 열경련에 관한 설명으로 가장 거리가 먼 것은?

① 보다 빠른 회복을 위해서는 수액으로 수분과 염분을 공급해서는 안 된다.
② 일반적으로 더운 환경에서 고된 육체적 작업을 하면서 땀으로 흘린 염분 손실을 충당하지 못할 때 발생한다.
③ 통증을 수반하는 경련은 주로 작업 시 사용한 근육에서 흔히 발생한다.
④ 염분의 공급 시에 식염정제가 사용되어서는 안 된다.

풀이 열경련
(1) 발생
   ㉠ 지나친 발한에 의한 수분 및 혈중 염분 손실 시 발생한다(혈액의 현저한 농축 발생).
   ㉡ 땀을 많이 흘리고 동시에 염분이 없는 음료수를 많이 마셔서 염분 부족 시 발생한다.
   ㉢ 전해질의 유실 시 발생한다.
(2) 증상
   ㉠ 체온이 정상이거나 약간 상승하고 혈중 Cl^- 농도가 현저히 감소한다.
   ㉡ 낮은 혈중 염분농도와 팔과 다리의 근육경련이 일어난다(수의근 유통성 경련).
   ㉢ 통증을 수반하는 경련은 주로 작업 시 사용한 근육에서 흔히 발생한다.
   ㉣ 일시적으로 단백뇨가 나온다.
   ㉤ 중추신경계통의 장애는 일어나지 않는다.
   ㉥ 복부와 사지 근육에 강직, 동통이 일어나고 과도한 발한이 발생한다.
   ㉦ 수의근의 유통성 경련(주로 작업 시 사용한 근육에서 발생)이 일어나기 전에 현기증, 이명, 두통, 구역, 구토 등의 전구증상이 일어난다.
(3) 치료
   ㉠ 수분 및 NaCl을 보충한다(생리식염수 0.1% 공급).
   ㉡ 바람이 잘 통하는 곳에 눕혀 안정시킨다.

㉢ 체열방출을 촉진시킨다(작업복을 벗겨 전도와 복사에 의한 체열방출).
㉣ 증상이 심하면 생리식염수 1,000~2,000mL를 정맥주사한다.

55 자외선 중 일명 화학적인 자외선이라 불리며, 안전과 보건 측면에 관심이 되는 자외선의 파장범위로 가장 적합한 것은?

① 400~515nm
② 300~415nm
③ 200~315nm
④ 100~215nm

풀이 200~315nm의 파장을 갖는 자외선을 안전과 보건 측면에서 중시하여 화학적 UV(화학선)라고도 하며 광화학반응으로 단백질과 핵산분자의 파괴, 변성작용을 한다.

56 다음 중 광원으로부터 나오는 빛의 세기인 광도(luminous intensity)의 단위로 적합한 것은?

① lumen   ② lux
③ candela   ④ foot lambert

풀이 칸델라(candela, cd) ; 광도
   ㉠ 광원으로부터 나오는 빛의 세기를 광도라고 한다.
   ㉡ 단위는 칸델라(cd)를 사용한다.
   ㉢ 101,325N/m² 압력하에서 백금의 응고점 온도에 있는 흑체의 1m²인 평평한 표면 수직 방향의 광도를 1cd라 한다.

57 고온환경에서 육체노동에 종사할 때 일어나기 쉬우며 말초혈관 확장에 따른 요구 증대만큼의 혈관운동조절이나 심박출력의 증대가 없을 때 또는 탈수로 말미암아 혈장량이 감소할 때 발생하는 고열장애의 종류로 가장 적합한 것은?

① 열피로   ② 열경련
③ 열사병   ④ 열성 발진

정답 54.① 55.③ 56.③ 57.①

[풀이] **열피로(heat exhaustion), 열탈진(열 소모)**
(1) 개요
고온환경에서 장시간 힘든 노동을 할 때 주로 미숙련공(고열에 순화되지 않은 작업자)에 많이 나타나며 현기증, 두통, 구토 등의 약한 증상에서부터 심한 경우는 허탈(collapse)로 빠져 의식을 잃을 수도 있다. 체온은 그다지 높지 않고(39℃ 정도까지) 맥박은 빨라지면서 약해지고 혈압은 낮아진다.
(2) 발생
  ㉠ 땀을 많이 흘려(과다 발한) 수분과 염분 손실이 많을 때
  ㉡ 탈수로 인해 혈장량이 감소할 때
  ㉢ 말초혈관 확장에 따른 요구 증대만큼의 혈관 운동조절이나 심박출력의 증대가 없을 때 발생(말초혈관 운동신경의 조절장애와 심박출력의 부족으로 순환부전)
  ㉣ 대뇌피질의 혈류량이 부족할 때
(3) 증상
  ㉠ 체온은 정상범위를 유지하고, 혈중 염소 농도는 정상이다.
  ㉡ 구강온도는 정상이거나 약간 상승하고 맥박수는 증가한다.
  ㉢ 혈액농축은 정상범위를 유지한다(혈당치는 감소하나 혈액 및 뇨 소견은 현저한 변화가 없음).
  ㉣ 실신, 허탈, 두통, 구역감, 현기증 증상을 주로 나타낸다.
  ㉤ 권태감, 졸도, 과다 발한, 냉습한 피부 등의 증상을 보이며, 직장온도가 경미하게 상승하는 경우도 있다.
(4) 치료
휴식 후 5% 포도당을 정맥주사한다.

58 가로 15m, 세로 25m, 높이 3m인 어느 작업장의 음의 잔향시간을 측정해 보니 0.238sec였다. 이 작업장의 총 흡음력(sound absorption)을 51.6% 증가시키면 잔향시간은 몇 sec가 되겠는가?
① 0.157 ② 0.183
③ 0.196 ④ 0.217

[풀이] 잔향시간(sec) = $0.161 \frac{V}{A}$
$A = 0.161 \times \frac{(15 \times 25 \times 3)}{0.238} = 761 m^2$

$= 0.161 \times \frac{(15 \times 25 \times 3)}{(761 \times 1.516)}$
$= 0.157 sec$

59 전리방사선 중 입자방사선이 아닌 것은?
① 알파선   ② 베타선
③ 엑스선   ④ 중성자

[풀이] 이온화방사선(전리방사선) ─ 전자기방사선(X-Ray, γ선)
                              └ 입자방사선(α선, β선, 중성자)

60 유기용제를 사용하는 도장작업의 관리방법에 관한 설명으로 옳지 않은 것은?
① 흡연 및 화기사용을 절대 금지시킨다.
② 작업장의 바닥을 청결하게 유지한다.
③ 보호장갑은 유기용제 등의 오염물질에 대한 흡수성이 우수한 것을 사용한다.
④ 옥외에서 스프레이 도장 작업 시 유해가스용 방독마스크를 착용한다.

[풀이] 보호장갑은 유기용제 등의 오염물질에 대한 흡수성이 없는 것을 사용한다.

제4과목 | 산업환기

61 다음 중 유해가스의 처리방법에 있어 연소에 의한 처리방법의 장점이 아닌 것은?
① 폐열을 회수하여 이용할 수 있다.
② 시설투자비와 유지관리비가 적게 든다.
③ 배기가스의 유량과 농도의 변화에 잘 적용할 수 있다.
④ 가스연소장치의 설계 및 운전조절을 통해 유해가스를 거의 완전히 제거할 수 있다.

[풀이] 연소법은 시설투자비와 유지관리비가 많이 든다.

정답 58.① 59.③ 60.③ 61.②

62 다음 중 방사성 동위원소나 독성가스를 취급하는 공정에 가장 적합한 후드의 형식은?

① 건축부스형 ② 캐노피형
③ 슬롯형   ④ 장갑부착 상자형

풀이 포위형 후드(부스형 후드)
㉠ 발생원을 완전히 포위하는 형태의 후드이고 후드의 개방면에서 측정한 속도로서 면속도가 제어속도가 된다.
㉡ 국소배기시설의 후드 형태 중 가장 효과적인 형태이다. 즉, 필요환기량을 최소한으로 줄일 수 있다.
㉢ 후드의 개방면에서 측정한 면속도가 제어속도가 된다.
㉣ 유해물질의 완벽한 흡입이 가능하다(단, 충분한 개구면 속도를 유지하지 못할 경우 오염물질이 외부로 누출될 우려가 있음).
㉤ 유해물질 제거 공기량(송풍량)이 다른 형태보다 훨씬 적다.
㉥ 작업장 내 방해기류(난기류)의 영향을 거의 받지 않는다.
㉦ 부스형 후드는 포위형 후드의 일종이며, 포위형보다 큰 것을 의미한다.

63 송풍기의 바로 앞부분(up stream)까지의 정압이 -200mmH₂O, 뒷부분(down stream)에서의 정압이 10mmH₂O이다. 송풍기의 바로 앞부분과 뒷부분에서의 속도압이 모두 8mmH₂O일 때 송풍기 정압(mmH₂O)은 얼마인가?

① 182   ② 190
③ 202   ④ 218

풀이 송풍기 정압$(mmH_2O) = 10 - (-200) - 8$
$= 202\,mmH_2O$

64 다음 중 제어속도에 관한 설명으로 옳은 것은?

① 제어속도가 높을수록 경제적이다.
② 제어속도를 증가시키기 위해서 송풍기 용량의 증가는 불가피하다.
③ 외부식 후드에서 후드와 작업지점과의 거리를 줄이면 제어속도가 증가한다.
④ 유해물질을 실내의 공기 중으로 분산시키지 않고 후드 내로 흡인하는 데 필요한 최대기류속도를 말한다.

풀이 ① 제어속도가 높을수록 유량이 증가되어 비경제적이다.
② 제어속도를 증가시키기 위해서는 후드와 발생원 간의 거리를 줄여야 한다.
④ 유해물질을 실내의 공기 중으로 분산시키지 않고 후드 내로 흡인하는 데 필요한 최소기류속도를 말한다.

65 슬롯(slot)형 후드의 처리유량이 60m³/min이고 슬롯의 개구면적이 0.04m²라면 슬롯의 속도압(mmH₂O)은 약 얼마인가?

① 18.2   ② 25.3
③ 38.2   ④ 43.3

풀이
속도압$(mmH_2O) = \left(\dfrac{V}{4.043}\right)^2$

$V = \dfrac{Q}{A}$

$= \dfrac{60\,m^3/min \times min/60sec}{0.04\,m^2}$

$= 25\,m/sec$

$= \left(\dfrac{25}{4.043}\right)^2$

$= 38.2\,mmH_2O$

66 다음 중 국소배기시스템 설치 시 고려사항으로 적절하지 않은 것은?

① 후드는 덕트보다 두꺼운 재질을 선택한다.
② 송풍기를 연결할 때에는 최소 덕트 직경의 3배 정도는 직선구간으로 하여야 한다.
③ 가급적 원형 덕트를 사용한다.
④ 곡관의 곡률반경은 최소 덕트 직경의 1.5배 이상으로 하며, 주로 2.0배를 사용한다.

풀이 덕트 설치기준(설치 시 고려사항)
㉠ 가능하면 길이는 짧게 하고 굴곡부의 수는 적게 할 것

정답 62.④ 63.③ 64.③ 65.③ 66.②

ⓛ 접속부의 안쪽은 돌출된 부분이 없도록 할 것
ⓒ 청소구를 설치하는 등 청소하기 쉬운 구조로 할 것
ⓔ 덕트 내부에 오염물질이 쌓이지 않도록 이송속도를 유지할 것
ⓜ 연결부위 등은 외부공기가 들어오지 않도록 할 것(연결부위를 가능한 한 용접할 것)
ⓗ 가능한 후드의 가까운 곳에 설치할 것
ⓢ 송풍기를 연결할 때는 최소 덕트 직경의 6배 정도 직선구간을 확보할 것
ⓞ 직관은 하향구배로 하고 직경이 다른 덕트를 연결할 때에는 경사 30° 이내의 테이퍼를 부착할 것
ⓩ 원형 덕트가 사각형 덕트보다 덕트 내 유속분포가 균일하므로 가급적 원형 덕트를 사용하며, 부득이 사각형 덕트를 사용할 경우에는 가능한 정방형을 사용하고 곡관의 수를 적게 할 것
ⓩ 곡관의 곡률반경은 최소 덕트 직경의 1.5 이상, 주로 2.0을 사용할 것
ⓚ 수분이 응축될 경우 덕트 내로 들어가지 않도록 경사나 배수구를 마련할 것
ⓔ 덕트의 마찰계수는 작게 하고, 분지관을 가급적 적게 할 것

① 평판 송풍기
② 다익 송풍기
③ 터보 송풍기
④ 프로펠러 송풍기

풀이 **다익형 송풍기(multi blade fan)**
㉠ 전향 날개형(전곡 날개형, forward-curved blade fan)이라고 하며, 많은 날개(blade)를 갖고 있다.
㉡ 송풍기의 임펠러가 다람쥐 쳇바퀴 모양으로 회전날개가 회전방향과 동일한 방향으로 설계되어 있다.
㉢ 동일 송풍량을 발생시키기 위한 임펠러 회전속도가 상대적으로 낮아 소음문제가 거의 없다.
㉣ 강도문제가 그리 중요하지 않기 때문에 저가로 제작이 가능하다.
㉤ 상승구배 특성이다.
㉥ 높은 압력손실에서는 송풍량이 급격하게 떨어지므로 이송시켜야 할 공기량이 많고 압력손실이 작게 걸리는 전체환기나 공기조화용으로 널리 사용된다.
㉦ 구조상 고속회전이 어렵고, 큰 동력의 용도에는 적합하지 않다.

67 국소배기장치의 덕트를 설계하여 설치하고자 한다. 덕트는 직경 200mm의 직관 및 곡관을 사용하도록 하였다. 이때 마찰손실을 감소시키기 위하여 곡관 부위의 새우등 곡관은 몇 개 이상이 가장 적당한가?
① 2 ② 3
③ 4 ④ 5

풀이 직경이 $D \leq 15$cm인 경우에는 새우등 3개 이상, $D > 15$cm인 경우에는 새우등 5개 이상을 사용

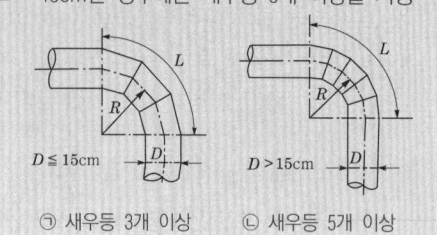

㉠ 새우등 3개 이상   ㉡ 새우등 5개 이상

68 다음 중 동일 풍량, 동일 풍압에 비해 가장 소형이며, 제한된 장소에서 사용이 가능한 원심력 송풍기는?

69 다음 중 국소배기장치의 일반적인 배열 순서로 가장 적합한 것은?
① 후드→송풍기→공기정화기→덕트
② 덕트→후드→송풍기→공기정화기
③ 후드→덕트→공기정화기→송풍기
④ 덕트→송풍기→공기정화기→후드

풀이 **국소배기장치의 구성 순서**
후드 → 덕트 → 공기정화장치 → 송풍기 → 배기덕트

70 가로 50cm, 세로 40cm인 개구면을 가진 포위식 후드의 제어속도가 0.5m/sec이어야 한다면 이때 필요송풍량(m²/min)은 약 얼마인가?
① 0.1 ② 6
③ 10   ④ 1,000

풀이 필요송풍량(m^3/min)
$= A \times V = (0.5 \times 0.4)m^2 \times 0.5m/sec \times 60sec/min$
$= 6m^3/min$

정답 67.④ 68.② 69.③ 70.②

71 다음 중 레이놀즈(Reynolds)수를 구할 때 고려되어야 할 요소가 아닌 것은?

① 공기속도 ② 덕트의 직경
③ 공기밀도 ④ 유입계수

[풀이] 레이놀즈수(Re)

$$Re = \frac{\rho Vd}{\mu} = \frac{Vd}{\nu} = \frac{관성력}{점성력}$$

여기서, Re : 레이놀즈수(무차원)
ρ : 유체의 밀도(kg/m³)
d : 유체가 흐르는 직경(m)
V : 유체의 평균유속(m/sec)
μ : 유체의 점성계수(kg/m·s(poise))
ν : 유체의 동점성계수(m²/sec)

72 플랜지가 부착된 슬롯형 후드의 필요송풍량은 플랜지가 없는 슬롯형 후드에 비하여 필요송풍량이 몇 %가 감소되는가? (단, 기타 조건의 변화는 없다.)

① 15 ② 30
③ 45 ④ 50

[풀이] 외부식 슬롯 후드

㉠ slot 후드는 후드 개방부분의 길이가 길고, 높이(폭)가 좁은 형태로 [높이(폭)/길이]의 비가 0.2 이하인 것을 말한다.
㉡ slot 후드에서도 플랜지를 부착하면 필요배기량을 줄일 수 있다(ACGIH : 환기량 30% 절약).
㉢ slot 후드의 가장자리에서도 공기의 흐름을 균일하게 하기 위해 사용한다.
㉣ slot 속도는 배기송풍량과는 관계가 없으며, 제어풍속은 slot 속도에 영향을 받지 않는다.
㉤ 플레넘 속도는 슬롯속도의 1/2 이하로 하는 것이 좋다.

73 다음 중 실내의 중량 절대습도가 80%, 외부의 중량 절대습도가 60%, 실내의 수증기가 시간당 3kg씩 발생할 때 수분 제거를 위하여 중량단위로 필요한 환기량(m³/min)은 약 얼마인가? (단, 공기의 비중량은 1.2kg_f/m³로 한다.)

① 0.21 ② 4.17
③ 7.52 ④ 12.50

[풀이]

필요환기량(m³/min)

$$= \frac{W}{1.2\Delta G}$$

$$= \frac{3\text{kg/hr} \times \text{hr}/60\text{min}}{1.2 \times (0.8 - 0.6)}$$

$$= 0.21 \text{m}^3/\text{min}$$

74 다음 중 국소배기장치에서 포촉점의 오염물질을 이송하기 위한 제어속도를 가장 크게 해야 하는 것은?

① 통조림작업, 컨베이어의 낙하구
② 액면에서 발생하는 가스, 증기, 흄
③ 저속 컨베이어, 용접작업, 도금작업
④ 연마작업, 블라스트 분사작업, 암석연마작업

[풀이] 제어속도 범위(ACGIH)

작업조건	작업공정 사례	제어속도 (m/sec)
• 움직이지 않는 공기 중에서 속도 없이 배출되는 작업조건 • 조용한 대기 중에 실제 거의 속도가 없는 상태로 발산하는 경우의 작업조건	• 액면에서 발생하는 가스나 증기, 흄 • 탱크에서 증발, 탈지시설	0.25~0.5
비교적 조용한(약간의 공기 움직임) 대기 중에서 저속도로 비산하는 작업조건	• 용접, 도금 작업 • 스프레이 도장 • 주형을 부수고 모래를 터는 장소	0.5~1.0
발생기류가 높고 유해물질이 활발하게 발생하는 작업조건	• 스프레이 도장, 용기충전 • 컨베이어 적재 • 분쇄기	1.0~2.5
초고속기류가 있는 작업장소에 초고속으로 비산하는 경우	• 회전연삭작업 • 연마작업 • 블라스트 작업	2.5~10

75 기체의 비중은 공기무게에 대한 같은 부피의 기체 무게비이다. 이산화탄소의 기체비중은 얼마인가? (단, 1몰의 공기질량은 28.97g으로 한다.)

① 1.52 ② 1.62
③ 1.72 ④ 1.82

정답 71.④ 72.② 73.① 74.④ 75.①

[풀이] 기체비중 = $\dfrac{CO_2 \text{ 질량}}{\text{공기질량}} = \dfrac{44g}{28.97g} = 1.52$

76 다음의 토출기류에 대한 설명 중 ( ) 안에 알맞은 값은?

> 공기의 토출속도는 덕트 직경의 30배 거리에서 약 ( )% 정도로 감소한다.

① 5 ② 10
③ 80 ④ 90

[풀이] **배기(송풍력)와 흡기(흡인력)의 차이**

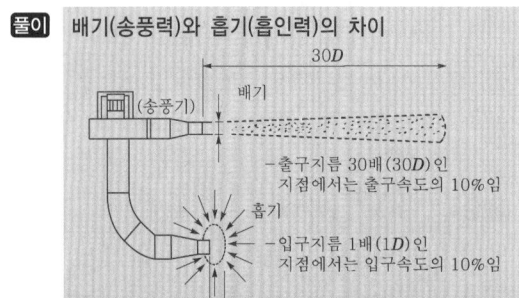

- 출구지름 30배(30D)인 지점에서는 출구속도의 10%임
- 입구지름 1배(1D)인 지점에서는 입구속도의 10%임

77 국소배기장치가 효과적인 기능을 발휘하기 위해서는 후드를 통해 배출되는 것과 같은 양의 공기가 외부로부터 보충되어야 한다. 이것을 무엇이라 하는가?

① 메이크업 에어(make up air)
② 충만실(plenum chamber)
③ 테이크오프(take off)
④ 번아웃(burn out)

[풀이] **공기공급(make-up air) 시스템**
㉠ 정의 : 공기공급시스템은 환기시설에 의해 작업장 내에서 배된 만큼의 공기를 작업장 내로 재공급하는 시스템을 말한다.
㉡ 의미 : 환기시설을 효율적으로 운영하기 위해서는 공기공급시스템이 필요하다. 즉, 국소배기장치가 효과적인 기능을 발휘하기 위해서는 후드를 통해 배출되는 것과 같은 양의 공기가 외부로부터 보충되어야 한다.

78 다음 중 전체환기시설을 설치하기 위한 조건으로 적절하지 않은 것은?

① 독성이 낮은 유해물질을 사용하고 있다.
② 공기 중 유해물질의 농도가 허용농도 이하로 낮다.
③ 유해물질의 발생농도는 낮으나 총 발생량은 많다.
④ 근로자의 작업위치가 유해물질 발생원으로부터 멀리 떨어져 있다.

[풀이] **전체환기(희석환기) 적용 시 조건**
㉠ 유해물질의 독성이 비교적 낮은 경우, 즉 TLV가 높은 경우(가장 중요한 제한조건)
㉡ 동일한 작업장에 다수의 오염원이 분산되어 있는 경우
㉢ 유해물질이 시간에 따라 균일하게 발생될 경우
㉣ 유해물질의 발생량이 적은 경우 및 희석공기량이 많지 않아도 될 경우
㉤ 유해물질이 증기나 가스일 경우
㉥ 국소배기로 불가능한 경우
㉦ 배출원이 이동성인 경우
㉧ 가연성 가스의 농축으로 폭발의 위험이 있는 경우
㉨ 오염원이 근무자가 근무하는 장소로부터 멀리 떨어져 있는 경우

79 폭발방지를 위한 환기량은 해당 물질의 공기 중 농도를 어느 수준 이하로 감소시키는 것인가?

① 노출기준 하한치 ② 폭발농도 하한치
③ 노출기준 상한치 ④ 폭발농도 상한치

[풀이] **폭발농도 하한치(%) : LEL**
㉠ 혼합가스의 연소가능범위를 폭발범위라 하며 그 최저농도를 폭발농도하한치(LEL), 최고농도를 폭발농도상한치(UEL)라 한다.
㉡ LEL이 25%이면 화재나 폭발을 예방하기 위해서는 공기 중 농도가 250,000ppm 이하로 유지되어야 한다.
㉢ 폭발성, 인화성이 있는 가스 및 증기 혹은 입자상 물질을 대상으로 한다.
㉣ LEL은 근로자의 건강을 위해 만들어 놓은 TLV보다 높은 값이다.
㉤ 단위는 %이며, 오븐이나 덕트처럼 밀폐되고 환기가 계속적으로 가동되고 있는 곳에서는 LEL의 1/4를 유지하는 것이 안전하다.
㉥ 가연성 가스가 공기 중의 산소와 혼합되어 있는 경우 혼합가스 조성에 따라 점화원에 의해 착화된다.

정답 76.② 77.① 78.③ 79.②

80 후드가 직관덕트와 일직선으로 연결된 경우 후드 정압의 측정지점은 일반적으로 덕트 직경의 몇 배 떨어진 지점인가?

① 0.1~0.5배 ② 0.5~1배
③ 1~2배 ④ 2~4배

풀이 후드 정압(속도압) 측정지점
㉠ 후드가 직관덕트와 일직선으로 연결된 경우 : 덕트 직경의 2~4배
㉡ 후드가 곡관덕트로 연결되는 경우 : 덕트 직경의 4~6배

정답 80.④

배우기만 하고
생각하지 않으면 어둡고,
또한 생각만 하고
배우지 아니하면 위태롭다.
-공자(孔子)-

제1회 산업위생관리산업기사

과년도 출제문제 | 2012.03.04

제1과목 | 산업위생학 개론

01 구리(Cu) 독성에 관한 인체실험 결과 안전흡수량이 체중 kg당 0.1mg이었다. 1일 8시간 작업 시 구리의 체내 흡수를 안전흡수량 이하로 유지하려면 공기 중 구리농도는 약 얼마 이하여야 하는가? (단, 성인근로자의 평균체중은 75kg, 작업 시 폐환기율은 1.2m³/hr, 체내 잔류율은 1.0이다.)
① 0.61mg/m³   ② 0.73mg/m³
③ 0.78mg/m³   ④ 0.85mg/m³

풀이
안전흡수량(mg) = $C \times T \times V \times R$
안전흡수량(SHD) = 0.1mg/kg × 75kg = 7.5mg
7.5 = C × 8 × 1.2 × 1
∴ C = 0.78mg/m³

02 다음 중 NIOSH에서 권장하는 중량물 취급작업 시 감시기준(action limit)이 20kg일 때 최대허용기준(MPL)은 몇 kg인가?
① 25   ② 30
③ 40   ④ 60

풀이 MPL = AL × 3 = 20kg × 3 = 60kg

03 산업위생의 정의 중 주요활동 4가지에 해당하지 않는 것은?
① 예측   ② 측정
③ 평가   ④ 기여

풀이 산업위생의 주요활동 4가지
㉠ 예측   ㉡ 측정
㉢ 평가   ㉣ 관리

04 다음 중 물질안전보건자료(MSDS)에 포함되어야 하는 항목이 아닌 것은? (단, 그 밖의 참고사항은 제외한다.)
① 응급조치 요령
② 물리화학적 특성
③ 운송에 필요한 정보
④ 최초 작성일자

풀이 물질안전보건자료(MSDS)에 포함되어야 하는 항목
㉠ 화학제품과 회사에 관한 정보
㉡ 유해·위험성
㉢ 구성성분의 명칭 및 함유량
㉣ 응급조치 요령
㉤ 폭발·화재 시 대처방법
㉥ 누출사고 시 대처방법
㉦ 취급 및 저장방법
㉧ 노출방지 및 개인보호구
㉨ 물리화학적 특성
㉩ 안정성 및 반응성
㉪ 독성에 관한 정보
㉫ 환경에 미치는 영향
㉬ 폐기 시 주의사항
㉭ 운송에 필요한 정보
㉮ 법적규제 현황

05 다음 중 생리적 기능검사에 해당되지 않는 것은?
① 감각기능검사
② 심폐기능검사
③ 체력검사
④ 지각동작검사

풀이 생리적 기능검사
㉠ 감각기능검사
㉡ 심폐기능검사
㉢ 체력검사

정답 01.③ 02.④ 03.④ 04.④ 05.④

06 우리나라에서 산업위생관리를 관장하는 정부 행정부처는?
① 환경부 ② 고용노동부
③ 보건복지부 ④ 행정자치부

[풀이] 산업위생관리 관장 행정부처 : 고용노동부

07 다음 중 산업피로를 측정할 때 국소피로를 평가하는 객관적인 방법은?
① 심전도
② 근전도
③ 부정맥지수
④ 작업종료 후 회복 시의 심박수

[풀이]
㉠ 국소피로 평가 : 근전도(EMG)
㉡ 전신피로 평가 : 심박수

08 다음 중 노출기준(TWA, ppm)이 가장 낮은 것은?
① 오존(O_3) ② 암모니아(NH_3)
③ 일산화탄소(CO) ④ 이산화탄소(CO_2)

[풀이]
① 오존(O_3) : 0.08ppm
② 암모니아(NH_3) : 35ppm
③ 일산화탄소(CO) : 30ppm
④ 이산화탄소(CO_2) : 5,000ppm

09 다음 중 생물학적 원인에 의한 직업성 질환을 유발하는 직종으로 볼 수 없는 것은?
① 제지 제조 ② 농부
③ 수의사 ④ 피혁 제조

[풀이] 제지 제조는 화학적 원인(질소가스, 아황산가스)에 의하여 직업성 질환을 유발한다.

10 미국산업위생학술원(AAIH)에서는 산업위생 분야에 종사하는 사람들이 반드시 지켜야 할 윤리강령을 채택하였는데 다음 중 해당하지 않는 것은?
① 전문가로서의 책임
② 근로자에 대한 책임
③ 검사기관으로서의 책임
④ 일반 대중에 대한 책임

[풀이] 산업위생전문가의 윤리강령(AAIH)
㉠ 산업위생전문가로서의 책임
㉡ 근로자에 대한 책임
㉢ 기업주와 고객에 대한 책임
㉣ 일반 대중에 대한 책임

11 다음 약어의 용어들은 무엇을 평가하는 데 사용되는가?

OWAS, RULA, REBA, JSI

① 작업장 국소 및 전체 환기효율 비교
② 직무스트레스 정도
③ 누적외상성 질환의 위험요인
④ 작업강도의 정량적 분석

[풀이] 누적외상성 질환의 위험요인 평가도구
㉠ OWAS
㉡ RULA
㉢ JSI
㉣ REBA
㉤ NLE
㉥ WAC
㉦ PATH

12 다음 중 작업대사율(RMR)에 관한 설명으로 옳은 것은?
① 기초대사량을 작업대사량으로 나눈값이다.
② 작업에 소모된 열량에서 기초대사량을 나눈값이다.
③ 작업에 소모된 열량에서 안정 시의 열량을 나눈값이다.
④ 작업에 소모된 열량에서 안정 시의 열량을 뺀 값에서 기초대사량을 나눈값이다.

정답 06.② 07.② 08.① 09.① 10.③ 11.③ 12.④

[풀이] 작업대사율(RMR) = $\dfrac{\text{작업대사량}}{\text{기초대사량}}$

= $\dfrac{\text{작업 시 소요열량} - \text{안정 시 소요열량}}{\text{기초대사량}}$

13 다음 중 NIOSH의 권고중량물한계기준(RWL ; Recommended Weight Limit)을 산정할 때 고려되는 인자가 아닌 것은?

① 수평계수
② 수직계수
③ 작업강도계수
④ 비대칭계수

[풀이] 권고중량물한계기준(RWL)
= LC × HM × VM × DM × AM × FM × CM
여기서, LC : 중량상수(23kg)
HM : 수평계수
VM : 수직계수
DM : 물체이동계수
AM : 비대칭계수
FM : 작업빈도계수
CM : 물체를 잡는 데 따른 계수

14 다음 중 도수율에 관한 설명으로 틀린 것은 어느 것인가?

① 산업재해의 발생빈도를 나타낸다.
② 재해의 경중, 즉 강도를 나타내는 척도이다.
③ 연근로시간 합계 100만 시간당의 발생 건수를 나타낸다.
④ 연근로시간수의 정확한 산출이 곤란한 경우 연간 2,400시간으로 한다.

[풀이] 도수율은 재해의 강도가 고려되지 않는다. 즉, 사망이나 경상을 동일하게 적용한다.

15 다음 중 교대근무의 운용방법으로 가장 적절한 것은?

① 신체의 적응을 위하여 야간근무는 5~7일 연속하여 실시한다.
② 야간근무 후 다음 반으로 가는 간격은 최소 48시간 이상을 가지도록 하여야 한다.
③ 근무의 연속성을 고려하여 가능한 한 3조 3교대로 한다.
④ 교대방식은 피로의 회복을 위하여 정교대보다 역교대방식으로 한다.

[풀이] 교대근무제 관리원칙(바람직한 교대제)
㉠ 각 반의 근무시간은 8시간씩 교대로 하고, 야근은 가능한 짧게 한다.
㉡ 2교대면 최저 3조의 정원을, 3교대면 4조를 편성한다.
㉢ 채용 후 건강관리로서 정기적으로 체중, 위장증상 등을 기록해야 하며, 근로자의 체중이 3kg 이상 감소하면 정밀검사를 받아야 한다.
㉣ 평균 주 작업시간은 40시간을 기준으로 갑반 → 을반 → 병반으로 순환하게 한다.
㉤ 근무시간의 간격은 15~16시간 이상으로 하는 것이 좋다.
㉥ 야근의 주기를 4~5일로 한다.
㉦ 신체의 적응을 위하여 야간근무의 연속일수는 2~3일로 하며 야간근무를 3일 이상 연속으로 하는 경우에는 피로축적현상이 나타나게 되므로 연속하여 3일을 넘기지 않도록 한다.
㉧ 야근 후 다음 반으로 가는 간격은 최저 48시간 이상의 휴식시간을 갖도록 하여야 한다.
㉨ 야근 교대시간은 상오 0시 이전에 하는 것이 좋다(심야시간을 피함).
㉩ 야근 시 가면은 반드시 필요하며, 보통 2~4시간(1시간 30분 이상)이 적합하다.
㉪ 야근 시 가면은 작업강도에 따라 30분에서 1시간 범위로 하는 것이 좋다.
㉫ 작업 시 가면시간은 적어도 1시간 30분 이상 주어야 수면효과가 있다고 볼 수 있다.
㉬ 상대적으로 가벼운 작업은 야간근무조에 배치하는 등 업무내용을 탄력적으로 조정해야 하며 야간작업자는 주간작업자보다 연간 쉬는 날이 더 많아야 한다.
㉭ 근로자가 교대일정을 미리 알 수 있도록 해야 한다.
㉮ 일반적으로 오전근무의 개시시간은 오전 9시로 한다.
㉯ 교대방식(교대근무 순환주기)은 낮근무, 저녁근무, 밤근무 순으로 한다. 즉, 정교대가 좋다.

정답 13.③ 14.② 15.②

16 다음 중 산업안전보건법상 보건관리자의 자격기준에 해당하지 않는 자는?
① '의료법'에 의한 의사
② '의료법'에 의한 간호사
③ '위생사에 관한 법률'에 의한 위생사
④ '고등교육법'에 의한 전문대학에서 산업보건 분야의 학위를 취득한 사람

[풀이] 보건관리자의 자격
㉠ "의료법"에 따른 의사
㉡ "의료법"에 따른 간호사
㉢ 산업보건지도사
㉣ "국가기술자격법"에 따른 산업위생관리산업기사 또는 대기환경산업기사 이상의 자격을 취득한 사람
㉤ "국가기술자격법"에 따른 인간공학기사 이상의 자격을 취득한 사람
㉥ "고등교육법"에 따른 전문대학 이상의 학교에서 산업보건 또는 산업위생 분야의 학위를 취득한 사람

17 다음 중 피로에 관한 설명으로 틀린 것은 어느 것인가?
① 피로의 자각증상은 피로의 정도와 반드시 일치하지는 않는다.
② 산업피로는 주로 작업강도와 양, 속도, 작업시간 등 외부적 요인에 의해서만 좌우된다.
③ 피로는 그 정도에 따라 보통피로, 과로, 곤비상태로 나눌 수 있다.
④ 피로의 본태는 에너지원의 소모, 피로물질의 체내 축적, 신체조절기능의 저하 등에서 기인한다.

[풀이] 피로는 정신적 기능과 신체적 기능의 저하가 통합된 생체반응이다.

18 다음 중 육체적 근육노동 시 특히 주의하여 보급해야 할 비타민의 종류는?
① 비타민 B_1 ② 비타민 B_2
③ 비타민 B_6 ④ 비타민 B_{12}

[풀이] 비타민 B_1
㉠ 부족 시 각기병, 신경염을 유발한다.
㉡ 작업강도가 높은 근로자의 근육에 호기적 산화를 촉진시켜 근육의 열량공급을 원활히 해 주는 영양소이다.
㉢ 근육운동(노동) 시 보급해야 한다.

19 화학적 유해인자에 대한 노출을 평가하는 방법은 크게 개인시료와 생물학적 모니터링(biological monitoring)이 있는데 다음 중 생물학적 모니터링에 이용되는 시료로 볼 수 없는 것은?
① 소변
② 유해인자의 노출량
③ 혈액
④ 인체조직이나 세포

[풀이] 생물학적 모니터링의 이용시료
㉠ 혈액
㉡ 소변
㉢ 호기
㉣ 모발 등 인체조직이나 세포

20 다음 중 산업안전보건법상 보관하여야 할 서류와 그 보존기간이 잘못 연결된 것은?
① 건강진단 결과를 증명하는 서류 : 5년간
② 작업환경측정 결과를 기록한 서류 : 3년간
③ 보건관리 업무대행에 관한 서류 : 3년간
④ 발암성 확인물질을 취급하는 근로자에 대한 건강진단 결과의 서류 : 30년간

[풀이] 작업환경측정 결과를 기록한 서류는 5년간 보존해야 한다.

제2과목 | 작업환경 측정 및 평가

21 nucleopore 여과지에 관한 설명으로 옳지 않은 것은?
① 폴리카보네이드로 만들어진다.
② 강도는 우수하나 화학물질과 열에는 불안정하다.
③ 구조가 막 여과지처럼 여과지 구멍이 겹치는 것이 아니고 체(sieve)처럼 구멍이 일직선으로 되어있다.
④ TEM 분석을 위한 석면의 채취에 이용된다.

[풀이] **nucleopore 여과지**
㉠ 폴리카보네이트 재질에 레이저빔을 쏘아 만들어지며, 구조가 막 여과지처럼 여과지 구멍이 겹치는 것이 아니고 체(sieve)처럼 구멍(공극)이 일직선으로 되어 있다.
㉡ TEM(전자현미경) 분석을 위한 석면의 채취에 이용된다.
㉢ 화학물질과 열에 안정적이다.
㉣ 표면이 매끄럽고 기공의 크기는 일반적으로 0.03~8μm 정도이다.

22 벤젠(C_6H_6)을 0.2L/min 유량으로 2시간 동안 채취하여 GC로 분석한 결과 10mg이었다. 공기 중 농도는 몇 ppm인가? (단, 25℃, 1기압 기준)
① 약 75   ② 약 96
③ 약 118 ④ 약 131

[풀이]
$$농도(mg/m^3) = \frac{10mg}{0.2L/min \times 120min \times m^3/1,000L}$$
$$= 416.67mg/m^3$$
$$\therefore 농도(ppm) = 416.67mg/m^3 \times \frac{24.45}{78}$$
$$= 130.61ppm$$

23 공기흡입유량, 측정시간, 회수율 및 시료 분석 등에 의한 오차가 각각 10%, 5%, 11% 및 4%일 때 누적오차는?

① 11.8%   ② 18.4%
③ 16.2%   ④ 22.6%

[풀이] 누적오차(%) = $\sqrt{10^2 + 5^2 + 11^2 + 4^2} = 16.17\%$

24 40%(W/V%) NaOH 용액의 농도는 몇 N인가? (단, Na 원자량은 23)
① 5.0N   ② 10.0N
③ 15.0N   ④ 20.0N

[풀이]
$$N(eq/L) = \frac{40g}{100mL} \times \frac{1,000mL}{1L} \times \frac{1eq}{(40/1)g} = 10.0N$$

25 어느 오염원에서 perchloroethylene 20%(TLV=670mg/m^3, 1mg/m^3=0.15ppm), methylene chloride 30%(TLV=720mg/m^3, 1mg/m^3=0.28ppm), heptane 50%(TLV=1,600mg/m^3, 1mg/m^3=0.25ppm)의 중량비로 조성된 용제가 증발되어 작업환경을 오염시켰을 경우 혼합물의 허용농도는?

① 673mg/m^3
② 794mg/m^3
③ 881mg/m^3
④ 973mg/m^3

[풀이] 혼합물의 허용농도(mg/m^3) = $\dfrac{1}{\dfrac{0.2}{670} + \dfrac{0.3}{720} + \dfrac{0.5}{1,600}}$
$= 973.07mg/m^3$

26 흡착제 중 실리카겔이 활성탄에 비해 갖는 장단점으로 옳지 않은 것은?
① 활성탄에 비해 수분을 잘 흡수하여 습도에 민감하다.
② 매우 유독한 이황화탄소를 탈착용매로 사용하지 않는다.
③ 활성탄에 비해 아닐린, 오르토-톨루이딘 등 아민류의 채취가 어렵다.
④ 추출액이 화학분석이나 기기분석에 방해물질로 작용하는 경우가 많지 않다.

정답 21.② 22.④ 23.③ 24.② 25.④ 26.③

풀이 실리카겔의 장단점
(1) 장점
  ㉠ 극성이 강하여 극성 물질을 채취한 경우 물, 메탄올 등 다양한 용매로 쉽게 탈착한다.
  ㉡ 추출용액(탈착용매)이 화학분석이나 기기분석에 방해물질로 작용하는 경우는 많지 않다.
  ㉢ 활성탄으로 채취가 어려운 아닐린, 오르토-톨루이딘 등의 아민류나 몇몇 무기물질의 채취가 가능하다.
  ㉣ 매우 유독한 이황화탄소를 탈착용매로 사용하지 않는다.
(2) 단점
  ㉠ 친수성이기 때문에 우선적으로 물분자와 결합을 이루어 습도의 증가에 따른 흡착용량의 감소를 초래한다.
  ㉡ 습도가 높은 작업장에서는 다른 오염물질의 파과용량이 작아져 파과를 일으키기 쉽다.

27 표준가스에 관한 법칙 중 일정한 부피조건에서 압력과 온도가 비례한다는 것을 나타내는 것은?
① 게이-뤼삭의 법칙
② 라울트의 법칙
③ 보일의 법칙
④ 하인리히의 법칙

풀이 게이-뤼삭의 기체반응의 법칙
화학반응에서 그 반응물 및 생성물이 모두 기체일 때는 등온, 등압하에서 측정한 이들 기체의 부피 사이에는 간단한 정수비 관계가 성립한다는 법칙(일정한 부피에서 압력과 온도는 비례한다는 표준가스법칙)이다.

28 고유량 공기채취펌프를 수동 무마찰거품관으로 보정하였다. 비눗방울이 450cm³의 부피(V)까지 통과하는 데 12.6초(T)가 걸렸다면 유량(Q)은 몇 L/min인가?
① 2.1　　② 3.2
③ 7.8　　④ 32.3

풀이
$$Q(\text{L/min}) = \frac{450\text{cm}^3 \times 1,000\text{L/m}^3 \times \text{m}^3/10^6\text{cm}^3}{12.6\text{sec} \times \text{min}/60\text{sec}}$$
$$= 2.14\text{L/min}$$

29 다음 중 옥외(태양광선이 내리쬐는 장소)에서 WBGT(습구흑구온도지수, ℃)를 산출하는 공식은? (단, T_{nwb} : 자연습구온도, T_g : 흑구온도, T_{db} : 건구온도)
① WBGT=$0.7T_{nwb}+0.3T_{db}$
② WBGT=$0.7T_{nwb}+0.3T_g$
③ WBGT=$0.7T_{nwb}+0.2T_{db}+0.1T_g$
④ WBGT=$0.7T_{nwb}+0.2T_g+0.1T_{db}$

풀이 습구흑구온도지수(WBGT)의 산출식
㉠ 옥외(태양광선이 내리쬐는 장소)
　WBGT(℃)=0.7×자연습구온도+0.2×흑구온도
　　＋0.1×건구온도
㉡ 옥내 또는 옥외(태양광선이 내리쬐지 않는 장소)
　WBGT(℃)=0.7×자연습구온도+0.3×흑구온도

30 포름알데히드(CH_2O) 15g은 몇 mmole인가?
① 0.5　　② 15
③ 200　　④ 500

풀이 mmole=15g/L×1mol/30g
　　　　＝0.5mole/L×10³mmole/mole
　　　　＝500mmole

31 가스상 물질의 순간시료채취에 사용되는 기구로 가장 거리가 먼 것은?
① 진공플라스크　② 미젯 임핀저
③ 플라스틱백　　④ 검지관

풀이 일반적으로 사용하는 순간시료채취기구
㉠ 진공플라스크
㉡ 검지관
㉢ 직독식 기기
㉣ 스테인리스스틸 캐니스터(수동형 캐니스터)
㉤ 시료채취백(플라스틱 bag)

32 정량한계(LOQ)에 관한 내용으로 옳은 것은?
① 표준편차의 3배
② 표준편차의 10배
③ 검출한계의 5배
④ 검출한계의 10배

풀이 정량한계는 검출한계의 3배, 표준편차의 10배이다.

정답 27.① 28.① 29.④ 30.④ 31.② 32.②

33 알고 있는 공기 중 농도 만드는 방법인 dynamic method에 관한 설명으로 옳지 않은 것은?

① 희석공기와 오염물질을 연속적으로 흘려주어 연속적으로 일정한 농도를 유지하면서 만드는 방법이다.
② 다양한 농도범위의 제조가 가능하다.
③ 소량의 누출이나 벽면에 의한 손실은 무시할 수 있다.
④ 만들기가 간단하고 가격이 저렴하다.

풀이 dynamic method
㉠ 희석공기와 오염물질을 연속적으로 흘려주어 일정한 농도를 유지하면서 만드는 방법이다.
㉡ 알고 있는 공기 중 농도를 만드는 방법이다.
㉢ 농도변화를 줄 수 있고 온도·습도 조절이 가능하다.
㉣ 제조가 어렵고 비용도 많이 든다.
㉤ 다양한 농도범위에서 제조 가능하다.
㉥ 가스, 증기, 에어로졸 실험도 가능하다.
㉦ 소량의 누출이나 벽면에 의한 손실은 무시할 수 있다.
㉧ 지속적인 모니터링이 필요하다.
㉨ 매우 일정한 농도를 유지하기가 곤란하다.

34 불꽃방식의 원자흡광광도계의 일반적인 장단점으로 옳지 않은 것은?

① 가격이 흑연로장치에 비하여 저렴하다.
② 분석시간이 흑연로장치에 비하여 길게 소요된다.
③ 시료량이 많이 소요되며 감도가 낮다.
④ 고체시료의 경우 전처리에 의하여 매트릭스를 제거하여야 한다.

풀이 불꽃원자화장치의 장단점
(1) 장점
㉠ 쉽고 간편하다.
㉡ 가격이 흑연로장치나 유도결합플라스마-원자발광분석기보다 저렴하다.
㉢ 분석이 빠르고, 정밀도가 높다(분석시간이 흑연로장치에 비해 적게 소요).
㉣ 기질의 영향이 적다.

(2) 단점
㉠ 많은 양의 시료(10mL)가 필요하며, 감도가 제한되어 있어 저농도에서 사용이 힘들다.
㉡ 용질이 고농도로 용해되어 있는 경우, 점성이 큰 용액은 분무구를 막을 수 있다.
㉢ 고체시료의 경우 전처리에 의하여 기질(매트릭스)을 제기해야 한다.

35 원자흡광분석기에서 빛의 강도가 I_o인 단색광이 어떤 시료용액을 통과할 때 그 빛의 85%가 흡수될 경우 흡광도는?

① 0.64   ② 0.76
③ 0.82   ④ 0.91

풀이 흡광도 $= \log \dfrac{1}{투과율} = \log\left(\dfrac{1}{1-0.85}\right) = 0.82$

36 '1차 표준'에 관한 설명으로 옳지 않은 것은?

① wet-test-meter(용량측정용)는 용량 측정을 위한 1차 표준으로 2차 표준용량 보정에 사용된다.
② 폐활량계는 과거에는 폐활량을 측정하는 데 사용되었으나 오늘날에는 1차 용량 표준으로 자주 사용된다.
③ 펌프의 유량을 보정하는 데 1차 표준으로 비누거품미터가 널리 사용된다.
④ 물리적 크기에 의해서 공간의 부피를 직접 측정할 수 있는 기구를 말한다.

풀이 wet-test-meter(습식 테스트미터)는 2차 표준기구이다.

37 어느 공장의 진동을 측정한 결과 측정대상 진동의 가속도 실효치가 0.03198m/sec²였다. 이때 진동가속도레벨(VAL)은? (단, 주파수=18Hz, 정현진동 기준)

① 65dB   ② 70dB
③ 75dB   ④ 80dB

풀이 $VAL = 20\log\left(\dfrac{A_{rms}}{A_r}\right) = 20\log\left(\dfrac{0.03198}{10^{-5}}\right) = 70.1\text{dB}$

정답 33.④ 34.② 35.③ 36.① 37.②

38 흡착제 중 다공성 중합체에 관한 설명으로 옳지 않은 것은?

① 활성탄보다 비표면적이 작다.
② 활성탄보다 흡착용량이 크며 반응성도 높다.
③ 테낙스 GC(Tenax GC)는 열안정성이 높아 열탈착에 의한 분석이 가능하다.
④ 특별한 물질에 대한 선택성이 좋다.

풀이 다공성 중합체(porous polymer)
(1) 활성탄에 비해 비표면적, 흡착용량, 반응성은 작지만 특수한 물질 채취에 유용하다.
(2) 대부분 스티렌, 에틸비닐벤젠, 디비닐벤젠 중 하나와 극성을 띤 비닐화합물과의 공중 중합체이다.
(3) 특별한 물질에 대하여 선택성이 좋은 경우가 있다.
(4) 장점
  ㉠ 아주 적은 양도 흡착제로부터 효율적으로 탈착이 가능하다.
  ㉡ 고온에서 열안정성이 매우 뛰어나기 때문에 열탈착이 가능하다.
  ㉢ 저농도 측정이 가능하다.
(5) 단점
  ㉠ 비휘발성 물질(대표적 : 이산화탄소)에 의하여 치환반응이 일어난다.
  ㉡ 시료가 산화·가수·결합 반응이 일어날 수 있다.
  ㉢ 아민류 및 글리콜류는 비가역적 흡착이 발생한다.
  ㉣ 반응성이 강한 기체(무기산, 이산화황)가 존재 시 시료가 화학적으로 변한다.

39 부탄올용액(흡수액)을 이용하여 시료를 채취한 후 분석된 시료량이 75μg이며, 공시료에 분석된 평균 시료량이 0.5μg, 공기채취량은 10L, 탈착효율이 92.5%일 때 이 가스상 물질의 농도는?

① 8.1mg/m³ ② 10.4mg/m³
③ 12.2mg/m³ ④ 14.8mg/m³

풀이 농도(mg/m³) = $\frac{(75-0.5)\mu g}{10L \times 0.925}$ = 8.05μg/L(mg/m³)

40 pH 2, pH 5인 두 수용액을 수산화나트륨으로 각각 중화시킬 때 중화제 NaOH의 투입량은 어떻게 되는가?

① pH 5인 경우보다 pH 2가 3배 더 소모된다.
② pH 5인 경우보다 pH 2가 9배 더 소모된다.
③ pH 5인 경우보다 pH 2가 30배 더 소모된다.
④ pH 5인 경우보다 pH 2가 1,000배 더 소모된다.

풀이
pH = $\log\frac{1}{[H^+]}$, $[H^+] = 10^{-pH}$
pH 2 경우 $[H^+] = 10^{-2}$, pH 5 경우 $[H^+] = 10^{-5}$
∴ 비율 = $\frac{10^{-2}}{10^{-5}}$ = 1,000배

제3과목 | 작업환경 관리

41 질소의 마취작용으로 틀린 것은?

① 예방으로는 질소 대신 마취현상이 적은 수소 또는 헬륨 같은 불활성 기체들로 대치한다.
② 대기압조건으로 복귀 후에도 대뇌장애 등 후유증이 발생한다.
③ 수심 90~120m에서 환청, 환시, 조울증, 기억력 감퇴 등이 나타난다.
④ 질소가스는 정상기압에서는 비활성이지만 4기압 이상에서는 마취작용을 나타낸다.

풀이 대기압조건으로 복귀 후에는 대뇌장애 등 후유증이 감소한다.

42 유해성이 적은 재료의 대치에 관한 설명으로 옳지 않은 것은?

① 아조염료 합성원료를 벤젠 대신 벤지딘으로 대치한다.
② 분체의 원료는 입자가 큰 것으로 대치한다.
③ 야광시계의 자판을 라듐 대신 인을 사용한다.
④ 금속제품의 탈지(脫脂)에 트리클로로에틸렌을 사용하던 것을 계면활성제로 대치한다.

풀이 ① 벤지딘 → 디클로로벤지딘

정답 38.② 39.① 40.④ 41.② 42.①

43 작업장에서 발생한 분진에 대한 작업환경 관리대책과 가장 거리가 먼 것은?

① 국소배기장치의 설치
② 발생원의 밀폐
③ 방독마스크의 지급 및 착용
④ 전체환기

풀이 (1) 분진 발생 억제(발진의 방지)
  ㉠ 작업공정 습식화
  - 분진의 방진대책 중 가장 효과적인 개선 대책
  - 착암, 파쇄, 연마, 절단 등의 공정에 적용
  - 취급물질은 물, 기름, 계면활성제 사용
  - 물을 분사할 경우 국소배기시설과의 병행 사용 시 주의(작은 입자들이 부유 가능성 이 있고, 이들이 덕트 등에 쌓여 굳게 됨으 로써 국소배기시설의 효율성을 저하시킴)
  - 시간이 경과하여 바닥에 굳어 있다 건조 되면 재비산되므로 주의
  ㉡ 대치
  - 원재료 및 사용재료의 변경(연마재의 사암 을 인공마석으로 교체)
  - 생산기술의 변경 및 개량
  - 작업공정의 변경
(2) 발생분진 비산방지방법
  ㉠ 해당 장소를 밀폐 및 포위
  ㉡ 국소배기
  - 밀폐가 되지 못하는 경우에 사용
  - 포위형 후드의 국소배기장치를 설치하며 해당 장소를 음압으로 유지시킬 것
  ㉢ 전체환기

44 전리방사선인 β입자에 관한 설명으로 옳지 않은 것은?

① 외부조사도 잠재적 위험이 되나 내부 조사가 더욱 큰 건강상의 문제를 일으킨다.
② 선원은 방사선 원자핵이며 형태는 고속의 전자(입자)이다.
③ α(알파)입자에 비해서 무겁고 속도가 느리다.
④ RBE는 1이다.

풀이 β선(β입자)
  ㉠ 선원은 원자핵이며, 형태는 고속의 전자(입자)이다.
  ㉡ 원자핵에서 방출되며 음전기로 하전되어 있다.
  ㉢ 원자핵에서 방출되는 전자의 흐름으로 α입자보 다 가볍고 속도는 10배 빠르므로 충돌할 때마다 튕겨져서 방향을 바꾼다.
  ㉣ 외부조사도 잠재적 위험이 되나 내부조사가 더 큰 건강상 위해를 일으킨다.

45 고온다습한 환경에 노출될 때 체온조절중 추, 특히 발한중추의 장애로 인하여 발생하 는 건강장애는?

① 열경련   ② 열사병
③ 열쇠약   ④ 열피로

풀이 열사병(heatstroke)
(1) 개요
  ㉠ 열사병은 고온다습한 환경(육체적 노동 또는 태양의 복사선을 두부에 직접적으로 받는 경 우)에 노출될 때 뇌 온도의 상승으로 신체 내부의 체온조절 중추에 기능장애를 일으켜 서 생기는 위급한 상태를 말한다.
  ㉡ 고열로 인해 발생하는 장애 중 가장 위험성 이 크다.
  ㉢ 태양광선에 의한 열사병은 일사병(sunstroke) 이라고 한다.
(2) 발생
  ㉠ 체온조절 중추(특히 발한 중추)의 기능장애 에 의한다(체내에 열이 축적되어 발생).
  ㉡ 혈액 중의 염분량과는 관계없다.
  ㉢ 대사열의 증가는 작업부하와 작업환경에서 발 생하는 열부하가 원인이 되어 발생하며, 열사 병을 일으키는 데 크게 관여한다.

46 자외선에 관한 설명으로 옳지 않은 것은?

① 인체에 유익한 건강선은 290~315nm 정 도이다.
② 구름이나 눈에 반사되지 않아 대기오염 의 지표로도 사용된다.
③ 일명 화학선이라고 하며 광화학반응으로 단 백질과 핵산분자의 파괴, 변성작용을 한다.
④ 피부암은 주로 UV-B에 영향을 받는다.

정답 43.③ 44.③ 45.② 46.②

[풀이] 자외선은 구름이나 눈에 반사되며 고층 구름이 낀 맑은 날에 가장 많고 대기오염의 지표로도 사용된다.

47 소음을 측정한 결과 dB(A)의 값과 dB(C)의 값이 서로 별 차이가 없을 때 이 소음의 특성은?

① 100Hz 이하의 저주파이다.
② 500Hz 정도의 중·저주파이다.
③ 100~500Hz 범위의 저주파이다.
④ 1,000Hz 이상의 고주파이다.

[풀이]
㉠ dB(A) ≪ dB(C) : 저주파 성분
㉡ dB(A) ≃ dB(C) : 고주파 성분

48 1foot candle의 정의는?

① 1루멘의 빛이 $1ft^2$의 평면상에 수직방향으로 비칠 때 그 평면의 밝기
② 1루멘의 빛이 $1cm^2$의 평면상에 수직방향으로 비칠 때 그 평면의 밝기
③ 1루멘의 빛이 $1m^2$의 평면상에 수직방향으로 비칠 때 그 평면의 밝기
④ 1루멘의 빛이 $1in^2$의 평면상에 수직방향으로 비칠 때 그 평면의 밝기

[풀이] 풋 캔들(foot candle)
(1) 정의
  ㉠ 1루멘의 빛이 $1ft^2$의 평면상에 수직으로 비칠 때 그 평면의 빛 밝기
  ㉡ 관계식 : 풋 캔들(ft cd) = $\dfrac{lumen}{ft^2}$
(2) 럭스와의 관계
  ㉠ 1ft cd=10.8lux
  ㉡ 1lux=0.093ft cd
(3) 빛의 밝기
  ㉠ 광원으로부터 거리의 제곱에 반비례한다.
  ㉡ 광원의 촉광에 정비례한다.
  ㉢ 조사평면과 광원에 대한 수직평면이 이루는 각(cosine)에 반비례한다.
  ㉣ 색깔과 감각, 평면상의 반사율에 따라 밝기가 달라진다.

49 지적온도에 영향을 미치는 인자에 관한 설명으로 옳지 않은 것은?

① 작업량이 클수록 체열생산량이 많아 지적온도가 높아진다.
② 여름철이 겨울철보다 높다.
③ 젊은 사람보다 노인들의 지적온도가 높다.
④ 더운 음식, 알코올 섭취 시 지적온도는 낮아진다.

[풀이] 작업량이 클수록 체열생산량이 많아 지적온도는 낮아진다.

50 할당보호계수(APF)가 25인 반면형 호흡기 보호구를 구리흄[노출기준(허용농도) 0.3mg/m³]이 존재하는 작업장에서 사용한다면 최대사용 농도(MUC, mg/m³)는?

① 3.5
② 5.5
③ 7.5
④ 9.5

[풀이] MUC =노출기준×APF
  =0.3×25
  =7.5

51 산업위생의 관리적 측면에서 대치방법인 공정 또는 시설의 변경내용으로 옳지 않은 것은?

① 가연성 물질을 저장할 경우 유리병보다는 철제통을 사용
② 페인트 도장 시 분사 대신 담금 도장으로 변경
③ 금속제품 이송 시 롤러의 재질을 철제에서 고무나 플라스틱을 사용
④ 큰 날개로 저속회전하는 송풍기 대신 작은 날개로 고속회전하는 송풍기 사용

[풀이] 송풍기의 작은 날개로 고속회전시키던 것을 큰 날개로 저속회전시킨다.

정답 47.④ 48.① 49.① 50.③ 51.④

52 용접방법과 조건은 흄과 가스 발생에 영향을 준다. 아크용접에서 용접흄 발생량을 증가시키는 원인으로 옳지 않은 것은?
① 봉 극성이 (−) 극성인 경우
② 아크 전압이 낮은 경우
③ 아크 길이가 긴 경우
④ 토치의 경사각도가 큰 경우

풀이 아크 전압이 높은 경우 불완전연소로 흄 및 가스 발생이 증가한다.

53 진동에 의한 국소장애인 레이노 현상에 관한 설명과 가장 거리가 먼 것은?
① 압축공기를 이용한 진동공구를 사용하는 근로자들의 손가락에서 발생한다.
② 진동공구의 진동수가 4~12Hz 범위인 경우에 발생하며 심한 경우 오한과 혈당치 변화가 초래된다.
③ 손가락에 있는 말초혈관운동의 장애로 인해 손가락이 창백해지고 동통을 느낀다.
④ 추위에 폭로되면 증상이 악화되며 dead finger 또는 white finger라고 부른다.

풀이 레이노 현상은 국소진동(8~1,500Hz)장애이다.

54 소음의 물리적 특성으로 옳지 않은 것은?
① 음의 높낮이는 음의 강도로 결정된다.
② 건강한 사람의 가청주파수는 20~20,000Hz이다.
③ 같은 크기의 에너지를 가진 소리라도 주파수에 따라 크기를 다르게 느낀다.
④ 회화음역은 250~3,000Hz 정도이다.

풀이 음의 높낮이는 음의 주파수로 결정된다.

55 피조사체 1g에 대하여 100erg의 방사선에너지가 흡수되는 선량단위의 약자를 나타낸 것은?

① R
② Ci
③ rem
④ rad

풀이 래드(rad)
㉠ 흡수선량 단위
㉡ 방사선이 물질과 상호작용한 결과 그 물질의 단위질량에 흡수된 에너지 의미
㉢ 모든 종류의 이온화방사선에 의한 외부노출, 내부노출 등 모든 경우에 적용
㉣ 조사량에 관계없이 조직(물질)의 단위질량당 흡수된 에너지량을 표시하는 단위
㉤ 관용단위인 1rad는 피조사체 1g에 대하여 100erg의 방사선에너지가 흡수되는 선량단위 (=100erg/gram=10^{-2}J/kg)
㉥ 100rad를 1Gy(Gray)로 사용

56 진동방지대책 중 발생원 대책으로 가장 옳은 것은?
① 수진점 근방의 방진구
② 수진측의 탄성 지지
③ 기초중량의 부가 및 경감
④ 거리 감쇠

풀이 진동방지대책 중 발생원 대책
㉠ 가진력(외력) 감쇠
㉡ 불평형력의 평형 유지
㉢ 기초중량의 부가 및 경감
㉣ 탄성 지지(완충물 등 방진재 사용)
㉤ 진동원 제거

57 귀덮개와 비교하여 귀마개에 대한 설명으로 옳지 않은 것은?
① 부피가 작아서 휴대하기가 편리하다.
② 좁은 장소에서 머리를 많이 움직이는 작업을 할 때 사용하기 편리하다.
③ 제대로 착용하는 데 시간이 적게 소요되며 용이하다.
④ 일반적으로 차음효과는 떨어진다.

정답 52.② 53.② 54.① 55.④ 56.③ 57.③

풀이 **귀마개**
(1) 장점
  ㉠ 부피가 작아서 휴대가 쉽다.
  ㉡ 착용하기가 간편하다.
  ㉢ 안경과 안전모 등에 방해가 되지 않는다.
  ㉣ 고온작업에서도 사용 가능하다.
  ㉤ 좁은 장소에서도 사용 가능하다.
  ㉥ 가격이 귀덮개보다 저렴하다.
(2) 단점
  ㉠ 귀에 질병이 있는 사람은 착용 불가능하다.
  ㉡ 여름에 땀이 많이 날 때는 외이도에 염증유발 가능성이 있다.
  ㉢ 제대로 착용하는 데 시간이 걸리며 요령을 습득하여야 한다.
  ㉣ 차음효과가 일반적으로 귀덮개보다 떨어진다.
  ㉤ 사람에 따라 차음효과 차이가 크다(개인차가 큼).
  ㉥ 더러운 손으로 만짐으로써 외청도를 오염시킬 수 있다(귀마개에 묻어 있는 오염물질이 귀에 들어갈 수 있음).

58 귀마개에 NRR=30이라고 적혀 있었다면 이 귀마개의 차음효과는? (단, 미국 OSHA의 산정기준에 따름)
① 23.0dB ② 15.0dB
③ 13.5dB ④ 11.5dB

풀이 차음효과=(NRR−7)×0.5=(30−7)×0.5=11.5dB

59 소음의 흡음제 특성과 가장 거리가 먼 것은 어느 것인가?
① 차음재료로도 널리 사용된다.
② 음에너지를 소량의 열에너지로 변환시킨다.
③ 잔향음의 에너지를 저감시킨다.
④ 공기에 의하여 전파되는 음을 저감시킨다.

풀이 흡음제는 차음재료로는 적당하지 않다.

60 방독마스크의 흡수제 재질로 적당하지 않은 것은?
① fiber glass
② silica gel
③ activated carbon
④ soda lime

풀이 **흡수제의 재질**
㉠ 활성탄(activated carbon) : 가장 많이 사용되는 물질이며 비극성(유기용제)에 일반적으로 사용
㉡ 실리카겔(silicagel) : 극성에 일반적으로 사용
㉢ 염화칼슘(soda lime)
㉣ 제오라이트

제4과목 | 산업환기

61 24시간 가동되는 작업장에서 환기하여야 할 작업장 실내 체적은 3,000m³이다. 환기시설에 의해 공급되는 공기의 유량이 4,000m³/hr일 때 이 작업장에서의 일일 환기횟수는 얼마인가?
① 25회
② 32회
③ 37회
④ 43회

풀이 일일 환기횟수(회/일) = 필요환기량/작업장 용적
$$= \frac{4,000 m^3/hr \times 24 hr/day}{3,000 m^3}$$
$$= 32회/day$$

62 톨루엔(분자량 92)의 증기발생량은 시간당 300g이다. 실내의 평균농도를 노출기준(50ppm) 이하로 하려면 유효환기량은 약 몇 m³/min인가? (단, 안전계수는 4이고, 공기의 온도는 21℃이다.)
① 83.83
② 104.78
③ 5029.57
④ 6286.96

정답 58.④ 59.① 60.① 61.② 62.②

[풀이]
- 사용량 = 300g/hr
- 발생률(G, L/hr)
  $92g : 24.1L = 300g/hr : G$
  $G = \dfrac{24.1L \times 300g/hr}{92g} = 78.59 L/hr$

  $\therefore$ 필요환기량 $= \dfrac{G}{TLV} \times K$
  $= \dfrac{78.59 L/hr \times 1,000 mL/L}{50 mL/m^3} \times 4$
  $= 6,286.96 m^3/hr \times hr/60min$
  $= 104.78 m^3/min$

63 어느 덕트에서 공기흐름의 평균속도압이 25mmH₂O였을 때 공기의 속도는 약 몇 m/sec인가?

① 10.2 ② 20.2
③ 25.2 ④ 40.2

[풀이] $V = 4.043\sqrt{VP} = 4.043 \times \sqrt{25} = 20.22 m/sec$

64 다음 중 덕트의 설계에 관한 사항으로 적절하지 않은 것은?

① 다지관의 경우 덕트의 직경을 조절하거나 송풍량을 조절하여 전체적으로 균형이 맞도록 설계한다.
② 사각형 덕트가 원형 덕트보다 덕트 내 유속분포가 균일하므로 가급적 사각형 덕트를 사용한다.
③ 덕트의 직경, 조도, 단면 확대 또는 수축, 곡관수 및 모양 등을 고려하여야 한다.
④ 정방형 덕트를 사용할 경우 원형 상당 직경을 구하여 설계에 이용한다.

[풀이] 원형 덕트가 사각형 덕트보다 덕트 내 유속분포가 균일하므로 가급적 원형 덕트를 사용한다.

65 유입계수가 0.6인 플랜지 부착 원형 후드가 있다. 덕트의 직경은 10cm이고, 필요환기량이 20m³/min라고 할 때 후드 정압(SP_h)은 약 몇 mmH₂O인가?

① -110.2 ② -236.4
③ -306.4 ④ -448.2

[풀이]
$SP_h = VP(1+F)$
$F = \dfrac{1}{Ce^2} - 1 = \dfrac{1}{0.6^2} - 1 = 1.78$
$VP = \left(\dfrac{V}{4.043}\right)^2$
$V = \dfrac{Q}{A} = \dfrac{20 m^3/min}{\left(\dfrac{3.14 \times 0.1^2}{4}\right) m^2}$
$= 2547.77 m/min \times min/60sec$
$= 42.46 m/sec$
$= \left(\dfrac{42.46}{4.043}\right)^2 = 110.29 mmH_2O$
$= 110.29(1+1.78)$
$= 306.62 mmH_2O$
(실제적으로 $-306.62 mmH_2O$)

66 공기정화장치인 집진장치의 선정 및 설계에 영향을 미치는 인자로 거리가 먼 것은?

① 오염물질의 회수율
② 요구되는 집진효율
③ 오염물질의 함진농도와 입경
④ 처리가스의 흐름특성과 용량 및 온도

[풀이] 집진장치 선정 시 고려할 사항
㉠ 오염물질의 농도(비중) 및 입자크기, 입경분포
㉡ 유량, 집진율, 점착성, 전기저항
㉢ 함진가스의 폭발 및 가연성 여부
㉣ 배출가스 온도, 분진제거 및 처분방법, 총 에너지 요구량
㉤ 처리가스의 흐름특성과 용량

67 입자의 직경이 1μm이고, 비중이 2.0인 입자의 침강속도는 얼마인가?

① 0.003cm/sec ② 0.006cm/sec
③ 0.01cm/sec   ④ 0.03cm/sec

[풀이] Lippmann 식 침강속도
$V = 0.003 \times \rho \times d^2$
$= 0.003 \times 2.0 \times 1^2$
$= 0.006 cm/sec$

정답 63.② 64.② 65.③ 66.① 67.②

68 슬롯 후드란 개구변의 폭(W)이 좁고, 길이(L)가 긴 것을 말하며 일반적으로 W/L 비가 몇 이하인 것을 말하는가?

① 0.1
② 0.2
③ 0.3
④ 0.4

[풀이] 외부식 슬롯 후드
㉠ slot 후드는 후드 개방부분의 길이가 길고, 높이(폭)가 좁은 형태로 [높이(폭)/길이]의 비가 0.2 이하인 것을 말한다.
㉡ slot 후드에서도 플랜지를 부착하면 필요배기량을 줄일 수 있다(ACGIH : 환기량 30% 절약).
㉢ slot 후드의 가장자리에서도 공기의 흐름을 균일하게 하기 위해 사용한다.
㉣ slot 속도는 배기송풍량과는 관계가 없으며, 제어풍속은 slot 속도에 영향을 받지 않는다.
㉤ 플레넘 속도는 슬롯속도의 1/2 이하로 하는 것이 좋다.

69 다음 중 덕트의 압력손실에 관한 설명으로 틀린 것은?

① 곡관의 반경비(반경/직경)가 클수록 압력손실은 증가한다.
② 합류관에서 합류각이 클수록 분지관의 압력손실은 증가한다.
③ 확대관이나 축소관에서는 확대각이나 축소각이 클수록 압력손실은 증가한다.
④ 비마개형 배기구에서 직경에 대한 높이의 비(높이/직경)가 작을수록 압력손실은 증가한다.

[풀이] 곡관 압력손실
㉠ 곡관 압력손실은 곡관의 덕트 직경(D)과 곡률 반경(R)의 비, 즉 곡률반경비(R/D)에 의해 주로 좌우되며 곡관의 크기, 모양, 속도, 연결, 덕트 상태에 의해서도 영향을 받는다.
㉡ 곡관의 반경비(R/D)를 크게 할수록 압력손실이 적어진다.
㉢ 곡관의 구부러지는 경사는 가능한 한 완만하게 하도록 하고 구부러지는 관의 중심선의 반지름(R)이 송풍관 직경의 2.5배 이상이 되도록 한다.

70 송풍량이 증가해도 동력이 증가하지 않는 장점이 있어 한계부하 송풍기라고도 하는 원심력 송풍기는?

① 프로펠러 송풍기
② 전향 날개형 송풍기
③ 후향 날개형 송풍기
④ 방사 날개형 송풍기

[풀이] 한계부하 송풍기=후향 날개형 송풍기=터보형 송풍기

71 다음 중 여과집진장치의 입자포집원리와 거리가 가장 먼 것은?

① 관성력
② 직접 차단
③ 원심력
④ 확산

[풀이] 여과집진장치의 입자포집원리
㉠ 관성충돌
㉡ 직접 차단
㉢ 확산
㉣ 정전기력

72 덕트 내 단위체적의 유체에 모든 방향으로 동일하게 영향을 주는 압력으로, 공기흐름에 대한 저항을 나타내는 압력은?

① 전압
② 속도압
③ 정압
④ 분압

[풀이] 정압
㉠ 밀폐된 공간(duct) 내 사방으로 동일하게 미치는 압력, 즉 모든 방향에서 동일한 압력이며 송풍기 앞에서는 음압, 송풍기 뒤에서는 양압이다.
㉡ 공기흐름에 대한 저항을 나타내는 압력이며, 위치에너지에 속한다.
㉢ 밀폐공간에서 전압이 50mmHg이면 정압은 50mmHg이다.
㉣ 정압이 대기압보다 낮을 때는 음압(negative pressure)이고, 대기압보다 높을 때는 양압(positive pressure)으로 표시한다.
㉤ 정압은 단위체적의 유체가 압력이라는 형태로 나타나는 에너지이다.
㉥ 양압은 공간벽을 팽창시키려는 방향으로 미치는 압력이고 음압은 공간벽을 압축시키려는 방향으로 미치는 압력이다. 즉, 유체를 압축시키거나 팽창시키려는 잠재에너지의 의미가 있다.
㉦ 정압을 때로는 저항압력 또는 마찰압력이라고 한다.
㉧ 정압은 속도압과 관계없이 독립적으로 발생한다.

73 다음 중 송풍기의 상사 법칙에서 회전수(N)와 송풍량(Q), 소요동력(L), 정압(P)과의 관계를 올바르게 나타낸 것은?

① $\dfrac{Q_1}{Q_2}=\left(\dfrac{N_1}{N_2}\right)^3$ ② $\dfrac{Q_1}{Q_2}=\left(\dfrac{N_1}{N_2}\right)^2$

③ $\dfrac{P_1}{P_2}=\left(\dfrac{N_1}{N_2}\right)^2$ ④ $\dfrac{L_1}{L_2}=\left(\dfrac{Q_1}{Q_2}\right)^2$

풀이 송풍기의 상사 법칙
㉠ 풍량은 회전수비에 비례한다.
㉡ 풍압은 회전수비의 제곱에 비례한다.
㉢ 동력은 회전수비의 세제곱에 비례한다.

74 후드의 열상승기류량이 10m³/min이고, 유도기류량이 15m³/min일 때 누입한계유량비(K_L)는 얼마인가? (단, 기타 조건은 무시한다.)

① 0.67   ② 1.5
③ 2.0   ④ 2.5

풀이 $K_L = \dfrac{유도기류량}{열상승기류량}$
$= \dfrac{15}{10} = 1.5$

75 복합환기시설의 합류점에서 각 분지관의 정압차가 5~20%일 때 정압평형이 유지되도록 하는 방법으로 가장 적절한 것은?

① 압력손실이 적은 분지관의 유량을 증가시킨다.
② 압력손실이 적은 분지관의 직경을 작게 한다.
③ 압력손실이 많은 분지관의 유량을 증가시킨다.
④ 압력손실이 많은 분지관의 직경을 작게 한다.

풀이 $0.8 \leq \dfrac{낮은 정압}{높은 정압} < 0.95$일 경우 정압이 낮은 쪽의 유량을 조정한다.

76 기압의 변화가 없는 상태에서 고열작업장의 건구온도가 40℃라면 이때 그 작업장 내의 공기밀도(kg/m³)는 약 얼마인가? (단, 0℃, 1기압, 공기밀도는 1.293kg/m³이다.)

① 1.05   ② 1.13
③ 1.16   ④ 1.20

풀이 공기밀도(kg/m³) $= 1.293 \times \dfrac{273}{273+40} \times \dfrac{760}{760}$
$= 1.13 \text{kg/m}^3$

77 다음 중 자연환기에 관한 설명으로 틀린 것은?

① 기계환기에 비해 소음이 적다.
② 외부의 대기조건에 상관없이 일정 수준의 환기효과를 유지할 수 있다.
③ 실내외 온도차가 높을수록 환기효율은 증가한다.
④ 건물이 높을수록 환기효율이 증가한다.

풀이 자연환기는 외부 기상조건과 내부조건에 따라 환기량이 일정하지 않아 작업환경 개선용으로 이용하는 데 제한적이다.

78 다음 중 제어속도에 관한 설명으로 틀린 것은?

① 포집속도라고도 한다.
② 유해물질이 후드로 유입되는 최대속도를 말한다.
③ 제어속도는 유해물질의 발생조건과 공기의 난기류속도 등에 의해 결정된다.
④ 같은 유해인자라도 후드의 모양과 방향에 따라 달라진다.

풀이 제어속도는 유해물질을 후드 쪽으로 흡인하기 위하여 필요한 최소풍속을 말한다.

79 다음 중 국소배기장치의 자체검사 시에 갖추어야 할 필수 측정기구로 볼 수 없는 것은?

① 줄자   ② 연기발생기
③ 청음기   ④ 피토관

정답 73.③ 74.② 75.① 76.② 77.② 78.② 79.④

풀이 국소배기장치 자체검사 시 필수 측정기구
㉠ 발연관(연기발생기 : smoke tester)
㉡ 청음기 또는 청음봉
㉢ 절연저항계
㉣ 표면온도계 및 초자온도계
㉤ 줄자

80 다음 중 보일-샤를의 법칙으로 옳은 것은? (단, T는 절대온도, P는 압력, V는 공기의 부피이다.)

① $\dfrac{T_1 P_1}{V_1} = \dfrac{T_2 P_2}{V_2}$ ② $\dfrac{V_1 P_1}{T_1} = \dfrac{V_2 P_2}{T_2}$

③ $\dfrac{T_1}{V_1 P_1} = \dfrac{V_2 P_2}{T_2}$ ④ $\dfrac{T_1 P_1}{V_1} = \dfrac{V_2 P_2}{T_2}$

풀이 보일-샤를의 법칙
온도와 압력이 동시에 변하면 일정량의 기체 부피는 압력에 반비례하고, 절대온도에 비례한다.

$\dfrac{P_1 V_1}{T_1} = \dfrac{P_2 V_2}{T_2}$

$V_2 = V_1 \times \dfrac{T_2}{T_1} \times \dfrac{P_1}{P_2}$

$P_2 = P_1 \times \dfrac{V_1}{V_2} \times \dfrac{T_2}{T_1}$

여기서, P_1, T_1, V_1 : 처음 압력, 온도, 부피
P_2, T_2, V_2 : 나중 압력, 온도, 부피

정답 80.②

제2회 산업위생관리산업기사

과년도 출제문제 | 2012.05.20

제1과목 | 산업위생학 개론

01 다음 중 일반적으로 근로자가 휴식 중일 때의 산소소비량(oxygen uptake)은 어느 정도인가?
① 0.25L/min   ② 0.75L/min
③ 1.5L/min   ④ 5.0L/min

풀이 산소소비량
㉠ 휴식 중 : 0.25L/min
㉡ 작업(운동) 중 : 5L/min

02 다음 중 강도율을 올바르게 나타낸 것은 어느 것인가?
① $\frac{\text{근로손실일수}}{\text{총 근로시간수}} \times 10^3$
② $\frac{\text{재해건수}}{\text{평균종업원수}} \times 10^3$
③ $\frac{\text{재해건수}}{\text{총 근로시간수}} \times 10^6$
④ $\frac{\text{재해건수}}{\text{평균종업원수}} \times 10^6$

풀이 강도율은 재해의 경중(정도) 즉, 강도를 나타내는 척도로 재해자수나 발생빈도에 관계없이 재해의 내용(상해정도)을 측정하는 척도이다.

03 다음 중 중량물 취급에 있어서 미국 NIOSH에서 중량물 최대허용한계(MPL)를 설정할 때의 기준으로 틀린 것은?
① MPL에 해당하는 작업은 L_5/S_1 디스크에 6,400N의 압력을 부하
② MPL에 해당하는 작업이 요구하는 에너지대사량은 5.0kcal/min을 초과
③ MPL을 초과하는 작업에서는 대부분의 근로자들에게 근육·골격 장애가 발생
④ 남성 근로자의 50% 미만과 여성 근로자의 10% 미만에서만 MPL 수준의 작업수행이 가능

풀이 남성 근로자의 25% 미만과 여성 근로자의 1% 미만에서만 MPL 수준의 작업수행이 가능하다.
- 최대허용한계(MPL) 설정 배경
㉠ 역학조사 결과
  MPL을 초과하는 작업에서는 대부분의 근로자에게 근육, 골격 장애가 나타난다.
㉡ 인간공학적 연구 결과
  L_5/S_1 디스크에 6,400N 압력 부하 시 대부분의 근로자가 견딜 수 없다.
㉢ 노동생리학적 연구 결과
  요구되는 에너지대사량은 5.0kcal/min을 초과한다.
㉣ 정신물리학적 연구 결과
  남성 25%, 여성 1% 미만에서만 MPL 수준의 작업이 가능하다.

04 다음 중 중독 시 비중격천공을 일으키는 물질은?
① 수은(Hg)
② 아연(Zn)
③ 카드뮴(Cd)
④ 크롬(Cr)

풀이 크롬(Cr)
금속 크롬, 여러 형태의 산화화합물로 존재하며 2가 크롬은 매우 불안정하고, 3가크롬은 매우 안정된 상태, 6가크롬은 비용해성으로 산화제, 색소로서 산업장에서 널리 사용되며 비중격연골에 천공이 대표적 증상이며 근래에 와서는 직업성 피부질환도 다량 발생하는 경향이 있다. 또한 3가크롬은 피부흡수가 어려우나 6가크롬은 쉽게 피부를 통과하여 6가크롬이 더 해롭다.

정답 01.① 02.① 03.④ 04.④

05 1일 12시간 톨루엔(TLV=50ppm)을 취급할 때 노출기준을 Brief & Scala의 방법으로 보정하면 얼마가 되는가?

① 15ppm ② 25ppm
③ 50ppm ④ 100ppm

풀이
$RF = \left(\dfrac{8}{12}\right) \times \dfrac{24-12}{16} = 0.5$
∴ 보정된 노출기준 = TLV × RF = 50 × 0.5 = 25ppm

06 다음 중 산업위생전문가로서의 책임에 대한 내용과 가장 거리가 먼 것은?

① 이해관계가 있는 상황에는 개입하지 않는다.
② 전문 분야로서의 산업위생을 학문적으로 발전시킨다.
③ 궁극적 책임은 기업주 또는 고객의 건강보호에 있다.
④ 과학적 방법의 적용과 자료의 해석에서 객관성을 유지한다.

풀이 산업위생전문가로서의 책임
㉠ 성실성과 학문적 실력 면에서 최고 수준을 유지한다(전문적 능력 배양 및 성실한 자세로 행동).
㉡ 과학적 방법의 적용과 자료의 해석에서 경험을 통한 전문가의 객관성을 유지한다(공인된 과학적 방법 적용, 해석).
㉢ 전문 분야로서의 산업위생을 학문적으로 발전시킨다.
㉣ 근로자, 사회 및 전문 직종의 이익을 위해 과학적 지식을 공개하고 발표한다.
㉤ 산업위생활동을 통해 얻은 개인 및 기업체의 기밀은 누설하지 않는다(정보는 비밀 유지).
㉥ 전문적 판단이 타협에 의하여 좌우될 수 있거나 이해관계가 있는 상황에는 개입하지 않는다.

07 기초대사량이 75kcal/hr이고, 작업대사량이 4kcal/min인 작업을 계속하여 수행하고자 할 때, 다음 식을 참고할 경우 계속작업한계시간은 약 얼마인가? (단, T_{end}는 계속작업한계시간, RMR은 작업대사율을 의미한다.)

$\log T_{end} = 3.724 - 3.25 \times \log RMR$

① 1.5시간 ② 2시간
③ 2.5시간 ④ 3시간

풀이
$\log T_{end} = 3.724 - 3.25 \times \log RMR$
$RMR = \dfrac{4kcal/min \times 60min/hr}{75kcal/hr} = 3.2$
$= 3.724 - (3.25 \times \log 3.2) = 2.082$
∴ $T_{end} = 10^{2.082} = 120.78 min \times hr/60min = 2hr$

08 산업안전보건법에서 정하고 있는 신규화학물질의 유해성·위험성 조사에서 제외되는 화학물질이 아닌 것은?

① 원소
② 방사성 물질
③ 일반 소비자의 생활용이 아닌 인공적으로 합성된 화학물질
④ 고용노동부장관이 환경부장관과 협의하여 고시하는 화학물질 목록에 기록되어 있는 물질

풀이 신규화학물질의 유해성·위험성 조사에서 제외되는 화학물질
㉠ 원소
㉡ 천연으로 산출된 화학물질
㉢ 건강기능식품
㉣ 군수품
㉤ 농약 및 원제
㉥ 마약류
㉦ 비료
㉧ 사료
㉨ 살생물물질 및 살생물제품
㉩ 식품 및 식품첨가물
㉪ 의약품 및 의약외품(醫藥外品)
㉫ 방사성 물질
㉬ 위생용품
㉭ 의료기기
㉮ 화학류
㉯ 화장품과 화장품에 사용되는 원료
㉰ 고용노동부장관이 명칭, 유해성·위험성, 근로자의 건강장해 예방을 위한 조치사항 및 연간 제조량·수입량을 공표한 물질로서 공표된 연간 제조량·수입량 이하로 제조하거나 수입한 물질
㉱ 고용노동부장관이 환경부장관과 협의하여 고시하는 화학물질 목록에 기록되어 있는 물질

09 작업환경측정 및 정도관리 등에 관한 고시에 있어 시료채취 근로자수는 단위작업장소에서 최고 노출근로자 몇 명 이상에 대하여 동시에 측정하도록 되어있는가?

① 2명
② 3명
③ 5명
④ 10명

풀이 시료채취 근로자수
㉠ 단위작업장소에서 최고 노출근로자 2명 이상에 대하여 동시에 개인시료방법으로 측정하되, 단위작업장소에 근로자가 1명인 경우에는 그러하지 아니하며, 동일 작업 근로자수가 10명을 초과하는 경우에는 매 5명당 1명 이상 추가하여 측정하여야 한다. 다만, 동일 작업 근로자수가 100명을 초과하는 경우에는 최대 시료채취근로자수를 20명으로 조정할 수 있다.
㉡ 지역시료채취방법으로 측정을 하는 경우 단위작업장소 내에서 2개 이상의 지점에 대하여 동시에 측정하여야 한다. 다만, 단위작업장소의 넓이가 50평방미터 이상인 경우에는 매 30평방미터마다 1개 지점 이상을 추가로 측정하여야 한다.

10 1940년대 일본에서 발생한 중금속 중독사건으로, 이른바 이타이이타이(itai-itai)병의 원인물질에 해당하는 것은?

① 납(Pb)
② 크롬(Cr)
③ 수은(Hg)
④ 카드뮴(Cd)

풀이 카드뮴(Cd)
1945년 일본에서 '이타이이타이'병이란 중독사건이 생겨 수많은 환자가 발생한 사례가 있으며 이는 생축적, 먹이사슬의 축적에 의한 카드뮴 폭로와 비타민 D의 결핍에 의한 것이었다. 우리나라에서는 1988년 한 도금업체에서 카드뮴 노출에 의한 사망 중독사건이 발표되었으나 정확한 원인규명은 하지 못했다.

11 다음 중 산업피로에 관한 설명으로 적절하지 않은 것은?

① 고단하다는 객관적이고 보편적인 느낌이다.
② 작업강도에 반응하는 육체적, 정신적 생체 현상이다.
③ 피로 자체는 질병이 아니라 가역적인 생체변화이다.
④ 피로가 오래되면 얼굴 부종, 허탈감의 증세가 온다.

풀이 산업피로는 고단하다는 주관적 느낌이라 할 수 있으며 피로현상은 개인차가 심히므로 작업에 대한 개체의 반응을 어디서부터 피로현상이라고 타각적 수치로 나타내기 어렵다.

12 다음 중 산업스트레스 발생요인으로 작용하는 집단 간의 갈등이 심한 경우의 해결기법으로 가장 적절하지 않은 것은?

① 경쟁의 자극
② 상위의 공동목표 설정
③ 문제의 공동해결법 토의
④ 집단구성원 간의 직무순환

풀이 산업 스트레스의 발생요인으로 작용하는 집단 간의 갈등이 심한 경우 해결방법
㉠ 상위의 공동목표 설정
㉡ 문제의 공동해결법 토의
㉢ 집단구성원 간의 직무 순환
㉣ 상위층에서 전제적 명령 및 자원의 확대

13 다음 중 직업성 피부질환에 영향을 주는 간접적 요인으로 볼 수 없는 것은?

① 아토피
② 마찰 및 진동
③ 인종
④ 개인위생

풀이 직업성 피부질환의 간접적 요인
㉠ 인종
㉡ 피부 종류
㉢ 연령, 성별
㉣ 땀
㉤ 계절
㉥ 비직업성 피부질환의 공존
㉦ 온도, 습도
㉧ 개인위생(청결)

정답 09.① 10.④ 11.① 12.① 13.②

14 다음 중 작업대사율이 7에 해당하는 작업을 하는 근로자의 실동률은 얼마인가? (단, 사이토와 오시마의 식을 활용한다.)

① 30% ② 40%
③ 50% ④ 60%

풀이 실동률(%) = $85 - (5 \times RMR) = 85 - (5 \times 7) = 50\%$

15 NIOSH에서는 권장무게한계(RWL)와 최대허용한계(MPL)에 따라 중량물 취급작업을 분류하고, 각각의 대책을 권고하고 있는데 MPL을 초과하는 경우에 대한 대책으로 가장 적절한 것은?

① 문제있는 근로자를 적절한 근로자로 교대시킨다.
② 반드시 공학적 방법을 적용하여 중량물 취급작업을 다시 설계한다.
③ 대부분의 정상 근로자들에게 적절한 작업조건으로 현 수준을 유지한다.
④ 적절한 근로자의 선택과 적정 배치 및 훈련 그리고 작업방법의 개선이 필요하다.

풀이 NIOSH의 중량물 취급작업의 분류와 대책
(1) MPL(최대허용한계) 초과인 경우
  반드시 공학적 개념을 도입하여 설계
(2) RWL(AL)과 MPL 사이인 경우
  ㉠ 원인 분석, 행정적 및 경영학적 개선을 하여 작업조건을 AL 이하로 내려야 한다.
  ㉡ 적합한 근로자 선정 및 적정 배치, 훈련, 작업방법 개선이 필요하다.
(3) RWL(AL) 이하인 경우
  적합한 작업조건(대부분의 정상 근로자들에게 적절한 작업조건으로 현 수준을 유지)

16 다음 중 산업안전보건법에 의한 역학조사의 대상으로 볼 수 없는 것은?

① 건강진단의 실시 결과만으로 직업성 질환에 걸렸는지 여부의 판단이 곤란한 근로자의 질병에 대하여 건강진단기관의 의사가 역학조사를 요청하는 경우
② 근로복지공단이 고용노동부장관이 정하는 바에 따라 업무상 질병 여부의 결정을 위하여 역학조사를 요청하는 경우
③ 건강진단의 실시 결과 근로자 또는 근로자의 가족이 역학조사를 요청하는 경우
④ 직업성 질환에 걸렸는지 여부로 사회적 물의를 일으킨 질병에 대하여 작업장 내 유해요인과의 연관성 규명이 필요한 경우로 지방고용노동관서의 장이 요청하는 경우

풀이 역학조사 대상
㉠ 건강진단의 실시결과만으로 직업성 질환 이환 여부의 판단이 곤란한 근로자의 질병에 대하여 사업주·근로자 대표·보건관리자(보건관리대행기관을 포함한다) 또는 건강진단기관의 의사가 역학조사를 요청하는 경우
㉡ 근로복지공단이 고용노동부장관이 정하는 바에 따라 업무상 질병 여부의 결정을 위하여 역학조사를 요청하는 경우
㉢ 공단이 직업성 질환의 예방을 위하여 필요하다고 판단하여 역학조사평가위원회의 심의를 거친 경우
㉣ 그 밖에 직업성 질환에 걸렸는지 여부로 사회적 물의를 일으킨 질병에 대하여 작업장 내 유해요인과의 연관성 규명이 필요한 경우 등으로서 지방노동관서의 장이 요청하는 경우

17 화학물질이 2종 이상 혼재하는 경우 다음 공식에 의하여 계산된 티값이 1을 초과하지 않으면 기준치를 초과하지 않는 것으로 인정할 때 이 공식을 적용하기 위하여 각각의 물질 사이의 관계는 어떤 작용을 하여야 하는가? (단, C는 화학물질 각각의 측정치, T는 화학물질 각각의 노출기준을 의미한다.)

$$EI = \frac{C_1}{T_1} + \frac{C_2}{T_2} + \cdots + \frac{C_n}{T_n}$$

① 가승작용(potentiation effect)
② 상가작용(additive effect)
③ 상승작용(synergistic effect)
④ 길항작용(antagonistic effect)

[풀이] **노출지수(EI ; Exposure Index)**
2가지 이상의 독성이 유사한 유해화학물질이 공기 중에 공존할 때는 대부분의 물질은 유해성의 상가작용(additive effect)을 나타내기 때문에 유해성 평가는 다음의 식에 의하여 계산된 노출지수에 의하여 결정한다.

노출지수(EI) = $\dfrac{C_1}{TLV_1} + \dfrac{C_2}{TLV_2} + \cdots + \dfrac{C_n}{TLV_n}$

여기서, C_n : 각 혼합물질의 공기 중 농도
　　　　TLV_n : 각 혼합물질의 노출기준
노출지수가 1을 초과하면 노출기준을 초과한다고 평가한다.

18 다음 중 산업위생의 정의에 있어 4가지 활동에 해당하지 않는 것은?

① 관리(control)
② 평가(evaluation)
③ 기록(record)
④ 예측(anticipation)

[풀이] 산업위생 정의에 있어 주요활동 4가지
㉠ 예측
㉡ 측정
㉢ 평가
㉣ 관리

19 다음 중 사업장 내에서 발생하는 근골격계 질환의 특징으로 틀린 것은?

① 자각증상으로 시작된다.
② 환자의 발생이 집단적이다.
③ 회복과 악화가 반복적이다.
④ 손상정도의 측정이 용이하다.

[풀이] 근골격계 질환의 특징
㉠ 노동력 손실에 따른 경제적 피해가 크다.
㉡ 근골격계 질환의 최우선 관리목표는 발생의 최소화이다.
㉢ 단편적인 작업환경 개선으로 좋아질 수 없다.
㉣ 한 번 악화되어도 회복은 가능하다(회복과 악화가 반복적).
㉤ 자각증상으로 시작되며, 환자 발생이 집단적이다.
㉥ 손상의 정도 측정이 용이하지 않다.

20 다음 중 피로측정 및 판정에 있어 가장 중요하며 객관적인 자료에 해당하는 것은?

① 개인적 느낌
② 작업능률 저하
③ 생체기능의 변화
④ 작업자세의 변화

[풀이] 피로측정 및 판정에 있어 가장 중요한 객관적인 자료는 생체기능의 변화이다.

제2과목 | 작업환경 측정 및 평가

21 일산화탄소 2m³가 10,000m³의 밀폐된 작업장에 방출되었다면 그 작업장 내의 일산화탄소 농도(ppm)는?

① 2　　② 20
③ 200　　④ 2,000

[풀이] CO(ppm) = $\dfrac{2m^3}{10,000m^3} \times 10^6 = 200\,ppm$

22 톨루엔(toluene, M.W=92.14)의 농도가 50ppm으로 추정되는 사업장에서 근로자 노출농도를 측정하고자 한다. 시료채취유량이 0.2L/min, 가스크로마토그래피의 정량한계가 0.2mg이라면 채취할 최소시간은? (단, 1기압, 25℃ 기준)

① 3.2분　　② 4.1분
③ 5.3분　　④ 7.5분

[풀이] 50ppm을 mg/m³로 환산
$(mg/m^3) = 50\,ppm \times \dfrac{92.14}{24.45} = 188.425\,mg/m^3$

최소부피 = $\dfrac{LOQ}{추정농도} = \dfrac{0.2mg}{188.425mg/m^3} = 0.00106m^3$

∴ 최소시간(min) = $\dfrac{0.00106m^3 \times 1,000L/m^3}{0.2L/min}$
　　　　　　　 = 5.31 min

정답 18.③ 19.④ 20.③ 21.③ 22.③

23 소리의 음압수준이 87dB인 기계 10대를 동시에 가동하면 전체 음압수준은?

① 약 93dB ② 약 97dB
③ 약 104dB ④ 약 108dB

[풀이] 합성소음도 $= 10\log(10^{8.7} \times 10) = 97\text{dB}$

24 원자흡광광도계는 다음 중 어떤 종류의 물질 분석에 널리 적용되는가?

① 금속
② 용매
③ 방향족탄화수소
④ 지방족 탄화수소

[풀이] **원자흡광광도법(atomic absorption spectrophotometry)**
시료를 적당한 방법으로 해리시켜 중성원자로 증기화하여 생긴 기저상태의 원자가 이 원자 증기층을 투과하는 특유 파장의 빛을 흡수하는 현상을 이용하여 광전 측광과 같은 개개의 특유 파장에 대한 흡광도를 측정하여 시료 중의 원소농도를 정량하는 방법으로 대기 또는 배출가스 중의 유해중금속, 기타 원소의 분석에 적용한다.

25 물리적 직경 중 등면적 직경에 관한 설명으로 옳은 것은?

① 과대평가할 가능성이 있다.
② 가장 정확한 직경이라 인정받고 있다.
③ 먼지의 한쪽 끝 가장자리와 다른 쪽 끝 가장자리 사이의 거리이다.
④ 먼지의 면적을 2등분하는 선의 길이이다.

[풀이] **기하학적(물리적) 직경**
(1) 마틴 직경(Martin diameter)
  ㉠ 먼지의 면적을 2등분하는 선의 길이로 선의 방향은 항상 일정하여야 한다.
  ㉡ 과소평가할 수 있는 단점이 있다.
  ㉢ 입자의 2차원 투영상을 구하여 그 투영면적을 2등분한 선분 중 어떤 기준선과 평행인 것의 길이(입자의 무게중심을 통과하는 외부 경계면에 접하는 이론적인 길이)를 직경으로 사용하는 방법이다.

(2) 페렛 직경(Feret diameter)
  ㉠ 먼지의 한쪽 끝 가장자리와 다른 쪽 가장자리 사이의 거리이다.
  ㉡ 과대평가될 가능성이 있는 입자상 물질의 직경이다.
(3) 등면적 직경(projected area diameter)
  ㉠ 먼지의 면적과 동일한 면적을 가진 원의 직경으로 가장 정확한 직경이다.
  ㉡ 측정은 현미경 접안경에 porton reticle을 삽입하여 측정한다.
  즉, $D = \sqrt{2^n}$
  여기서, D : 입자 직경(μm)
  　　　　 n : porton reticle에서 원의 번호

26 100g의 물에 40g의 NaCl을 가하여 용해시키면 몇 %(W/W%)의 NaCl 용액이 만들어지는가?

① 28.6 ② 32.7
③ 34.5 ④ 38.2

[풀이] NaCl 용액 $= \dfrac{40}{140} \times 100 = 28.57\%$

27 석면의 공기 중 농도를 나타내는 표준단위로 사용하는 것은?

① ppm
② μm/m^3
③ 개/cm^3
④ mg/m^3

[풀이] 개/cm^3 = 개/mL = 개/cc

28 에틸렌글리콜이 20℃, 1기압에서 증기압이 0.05mmHg이면 포화농도(ppm)는?

① 약 44
② 약 66
③ 약 88
④ 약 102

[풀이] 포화농도(ppm) $= \dfrac{0.05}{760} \times 10^6 = 65.79\text{ppm}$

정답 23.② 24.① 25.② 26.① 27.③ 28.②

29 다음 중 1차 표준기구에 해당되는 것은?

① spirometer
② thermo-anemometer
③ rotameter
④ wet-test-meter

[풀이] 공기채취기구의 보정에 사용되는 1차 표준기구의 종류

표준기구	일반 사용범위	정확도
비누거품미터 (soap bubble meter)	1mL/분 ~30L/분	±1% 이내
폐활량계(spirometer)	100~600L	±1% 이내
가스치환병 (mariotte bottle)	10~500mL/분	±0.05 ~0.25%
유리피스톤미터 (glass piston meter)	10~200mL/분	±2% 이내
흑연피스톤미터 (frictionless piston meter)	1mL/분 ~50L/분	±1~2%
피토튜브(pitot tube)	15mL/분 이하	±1% 이내

30 검지관의 장단점에 대한 설명으로 옳지 않은 것은?

① 사전에 측정대상물질의 동정이 불가능한 경우에 사용한다.
② 다른 방해물질의 영향을 받기 쉬워 오차가 크다.
③ 민감도가 낮아 비교적 고농도에서 적용한다.
④ 다른 측정방법이 복잡하거나 빠른 측정이 요구될 때 사용할 수 있다.

[풀이] 검지관 측정법
(1) 장점
 ㉠ 사용이 간편하다.
 ㉡ 반응시간이 빨라 현장에서 바로 측정 결과를 알 수 있다.
 ㉢ 비전문가도 어느 정도 숙지하면 사용할 수 있지만 산업위생전문가의 지도 아래 사용되어야 한다.
 ㉣ 맨홀, 밀폐공간에서의 산소부족 또는 폭발성 가스로 인한 안전이 문제가 될 때 유용하게 사용된다.
 ㉤ 다른 측정방법이 복잡하거나 빠른 측정이 요구될 때 사용할 수 있다.

(2) 단점
 ㉠ 민감도가 낮아 비교적 고농도에만 적용이 가능하다.
 ㉡ 특이도가 낮아 다른 방해물질의 영향을 받기 쉽고 오차가 크다.
 ㉢ 대개 단시간 측정만 가능하다.
 ㉣ 한 검지관으로 단일물질만 측정 가능하여 각 오염물질에 맞는 검지관을 선정함에 따른 불편함이 있다.
 ㉤ 색변화에 따라 주관적으로 읽을 수 있어 판독자에 따라 변이가 심하며, 색변화가 시간에 따라 변하므로 제조자가 정한 시간에 읽어야 한다.
 ㉥ 미리 측정대상 물질의 동정이 되어 있어야 측정이 가능하다.

31 용광로가 있는 철강 주물공장의 옥내 습구흑구온도지수(WBGT)는? (단, 건구온도=32℃, 자연습구온도=30℃, 흑구온도=34℃)

① 30.5℃　② 31.2℃
③ 32.5℃　④ 33.4℃

[풀이] 옥내 WBGT(℃)
=(0.7×자연습구온도)+(0.3×흑구온도)
=(0.7×30℃)+(0.3×34℃)=31.2℃

32 흡광광도법에서 세기 I_o의 단색광이 시료액을 통과하여 그 광의 50%가 흡수되었을 때 흡광도는?

① 0.6　② 0.5
③ 0.4　④ 0.3

[풀이] 흡광도$(A) = \log \dfrac{1}{투과율} = \log \dfrac{1}{0.5} = 0.3$

33 다음 중 실리카겔에 대한 친화력이 가장 큰 물질은?

① 케톤류　② 방향족탄화수소류
③ 올레핀류　④ 에스테르류

[풀이] 실리카겔의 친화력
물 > 알코올류 > 알데히드류 > 케톤류 > 에스테르류 > 방향족탄화수소 > 올레핀류 > 파라핀류

정답 29.① 30.① 31.② 32.④ 33.①

34 통계집단의 측정값들에 대한 균일성, 정밀성 정도를 표현하는 변이계수(%)의 산출식으로 옳은 것은?

① (표준오차÷기하평균)×100
② (표준편차÷기하평균)×100
③ (표준오차÷산술평균)×100
④ (표준편차÷산술평균)×100

[풀이] **변이계수(CV)**
㉠ 측정방법의 정밀도를 평가하는 계수이며, %로 표현되므로 측정단위와 무관하게 독립적으로 산출된다.
㉡ 통계집단의 측정값에 대한 균일성과 정밀성의 정도를 표현한 계수이다.
㉢ 단위가 서로 다른 집단이나 특성값의 상호산포도를 비교하는 데 이용될 수 있다.
㉣ 변이계수가 작을수록 자료가 평균 주위에 가깝게 분포한다는 의미이다(평균값의 크기가 0에 가까울수록 변이계수의 의미는 작아진다).
㉤ 표준편차의 수치가 평균치에 비해 몇 %가 되느냐로 나타낸다.

35 가스상 물질의 시료포집 시 사용하는 액체포집방법의 흡수효율을 높이기 위한 방법으로 옳지 않은 것은?

① 흡수용액의 온도를 낮추어 오염물질의 휘발성을 제한하는 방법
② 두 개 이상의 버블러를 연속적으로 연결하여 채취효율을 높이는 방법
③ 시료채취속도를 높여 채취유량을 줄이는 방법
④ 채취효율이 좋은 프리티드버블러 등의 기구를 사용하는 방법

[풀이] **흡수효율(채취효율)을 높이기 위한 방법**
㉠ 포집액의 온도를 낮추어 오염물질의 휘발성을 제한한다.
㉡ 두 개 이상의 임핀저나 버블러를 연속적(직렬)으로 연결하여 사용하는 것이 좋다.
㉢ 시료채취속도(채취물질이 흡수액을 통과하는 속도)를 낮춘다.
㉣ 기포의 체류시간을 길게 한다.
㉤ 기포와 액체의 접촉면적을 크게 한다(가는 구멍이 많은 fritted 버블러 사용).
㉥ 액체의 교반을 강하게 한다.
㉦ 흡수액의 양을 늘려준다.
㉧ 액체에 포집된 오염물질의 휘발성을 제거한다.

36 입경이 10μm이고 비중이 1.8인 먼지입자의 침강속도는?

① 0.36cm/sec   ② 0.48cm/sec
③ 0.54cm/sec   ④ 0.62cm/sec

[풀이] Lippmann 침강속도 식 $= 0.003 \times \rho \times d^2$
$= 0.003 \times 1.8 \times 10^2$
$= 0.54 \text{cm/sec}$

37 사이클론 분립장치가 관성충돌형 분립장치보다 유리한 장점이 아닌 것은?

① 매체의 코팅과 같은 별도의 특별한 처리가 필요없다.
② 호흡성 먼지에 대한 자료를 쉽게 얻을 수 있다.
③ 시료의 되튐 현상으로 인한 손실염려가 없다.
④ 입자의 질량크기별 분포를 얻을 수 있다.

[풀이] 입자의 질량크기별 분포를 얻을 수 있는 것은 관성충돌형 분립장치(cascade impactor)이다.

38 다음은 작업장 소음측정시간 및 횟수 기준에 관한 내용이다. ( ) 안의 내용으로 옳은 것은? (단, 고용노동부 고시 기준)

> 단위작업장소에서 소음수준은 규정된 측정위치 및 지점에서 1일 작업시간 동안 6시간 이상 연속 측정하거나 작업시간을 1시간 간격으로 나누어 6회 이상 측정하여야 한다. 다만, 소음의 발생 특성이 연속음으로서 측정치가 변동이 없다고 자격자 또는 지정측정기관이 판단하는 경우에는 1시간 동안을 등간격으로 나누어 (   ) 측정할 수 있다.

① 2회 이상   ② 3회 이상
③ 4회 이상   ④ 5회 이상

정답 34.④ 35.③ 36.③ 37.④ 38.②

[풀이] **소음측정 시간 및 횟수기준**
㉠ 단위작업장소에서 소음수준은 규정된 측정위치 및 지점에서 1일 작업시간 동안 6시간 이상 연속 측정하거나 작업시간을 1시간 간격으로 나누어 6회 이상 측정하여야 한다. 다만, 소음의 발생특성이 연속음으로서 측정치가 변동이 없다고 자격자 또는 지정측정기관이 판단한 경우에는 1시간 동안을 등간격으로 나누어 3회 이상 측정할 수 있다.
㉡ 단위작업장소에서의 소음발생시간이 6시간 이내인 경우나 소음발생원에서의 발생시간이 간헐적인 경우에는 발생시간 동안 연속 측정하거나 등간격으로 나누어 4회 이상 측정하여야 한다.

39 습구온도측정을 위해 아스만통풍건습계를 사용하는 경우, 측정시간 기준으로 옳은 것은? (단, 고용노동부 고시 기준)

① 25분 이상
② 20분 이상
③ 15분 이상
④ 5분 이상

[풀이] **고열의 측정기기와 측정시간**

구 분	측정기기	측정시간
습구 온도	0.5℃ 간격의 눈금이 있는 아스만통풍건습계, 자연습구온도를 측정할 수 있는 기기 또는 이와 동등 이상의 성능이 있는 측정기기	• 아스만통풍건습계 : 25분 이상 • 자연습구온도계 : 5분 이상
흑구 및 습구 흑구 온도	직경이 5cm 이상 되는 흑구온도계 또는 습구흑구온도(WBGT)를 동시에 측정할 수 있는 기기	• 직경이 15cm일 경우 : 25분 이상 • 직경이 7.5cm 또는 5cm일 경우 : 5분 이상

※ 고시 변경사항, 학습 안 하셔도 무방합니다.

40 여과에 의한 입자의 채취기전 중 공기의 흐름방향이 바뀔 때 입자상 물질은 계속 같은 방향으로 유지하려는 원리는 무엇인가?

① 관성충돌 ② 확산
③ 중력침강 ④ 차단

[풀이] **관성충돌(inertial impaction)**
㉠ 입경이 비교적 크고 입자가 기체유선에서 벗어나 급격하게 진로를 바꾸면 방향의 변화를 따르지 못한 입자의 방향지향성, 즉 관성 때문에 섬유층에 직접 충돌하여 포집되는 원리이다.
㉡ 유속이 빠를수록, 필터 섬유가 조밀할수록 이 원리에 의한 포집비율이 커진다.
㉢ 관성충돌은 1μm 이상인 입자에서 공기의 면속도가 수 cm/sec 이상일 때 중요한 역할을 한다.

제3과목 | 작업환경 관리

41 공학적 작업환경관리대책 중 격리에 해당하지 않는 것은?

① 저장탱크들 사이에 도랑 설치
② 소음발생작업장에 근로자용 부스 설치
③ 유해한 작업을 별도로 모아 일정한 시간에 처리
④ 페인트 분사공정을 함침작업으로 실시

[풀이] 페인트 분사공정을 함침작업으로 실시하는 것은 공학적 작업환경관리대책 중 공정의 변경에 해당한다.

42 열경련(heat cramps)에 관한 설명으로 옳은 것은?

① 열경련인 환자는 혈중 염분의 농도가 높기 때문에 염분관리가 중요하다.
② 열경련 환자에게 염분을 공급할 때 식염정제가 사용되어서는 안 된다.
③ 더운 환경에서 고된 육체적 작업으로 인한 수분의 고갈로 신체의 염분농도가 상승하여 발생하는 고열장애이다.
④ 통증을 수반하는 경련은 주로 작업 시 사용하지 않은 근육을 갑자기 사용했을 때 발생한다.

정답 39.① 40.① 41.④ 42.②

[풀이] **열경련**

(1) 발생
  ㉠ 지나친 발한에 의한 수분 및 혈중 염분 손실 시 발생한다(혈액의 현저한 농축 발생).
  ㉡ 땀을 많이 흘리고 동시에 염분이 없는 음료수를 많이 마셔서 염분 부족 시 발생한다.
  ㉢ 전해질의 유실 시 발생한다.

(2) 증상
  ㉠ 체온이 정상이거나 약간 상승하고 혈중 Cl⁻ 농도가 현저히 감소한다.
  ㉡ 낮은 혈중 염분농도와 팔과 다리의 근육경련이 일어난다(수의근 유통성 경련).
  ㉢ 통증을 수반하는 경련은 주로 작업 시 사용한 근육에서 흔히 발생한다.
  ㉣ 일시적으로 단백뇨가 나온다.
  ㉤ 중추신경계통의 장애는 일어나지 않는다.
  ㉥ 복부와 사지 근육에 강직, 동통이 일어나고 과도한 발한이 발생한다.
  ㉦ 수의근의 유통성 경련(주로 작업 시 사용한 근육에서 발생)이 일어나기 전에 현기증, 이명, 두통, 구역, 구토 등의 전구증상이 일어난다.

(3) 치료
  ㉠ 수분 및 NaCl을 보충한다(생리식염수 0.1% 공급).
  ㉡ 바람이 잘 통하는 곳에 눕혀 안정시킨다.
  ㉢ 체열방출을 촉진시킨다(작업복을 벗겨 전도와 복사에 의한 체열방출).
  ㉣ 증상이 심하면 생리식염수 1,000~2,000mL를 정맥주사한다.

43 저온환경에서 발생하는 2도 동상에 관한 설명으로 옳은 것은?

① 심부조직까지 동결되어 조직의 괴사로 괴저가 발생하는 경우
② 지속적인 저온으로 국소의 산소결핍으로 인해 모세혈관의 벽이 손상된 경우
③ 수포와 함께 광범위한 삼출성 염증이 일어나는 경우
④ 혈관이 확장되어 발적이 발생한 경우

[풀이] **동상의 단계별 구분**

(1) 제1도 동상(발적)
  ㉠ 홍반성 동상이라고도 한다.
  ㉡ 처음에는 말단부로의 혈행이 정체되어서 국소성 빈혈이 생기고, 환부의 피부는 창백하게 되어서 다소의 동통 또는 지각 이상을 초래한다.
  ㉢ 한랭작용이 이 시기에 중단되면 반사적으로 충혈이 일어나서 피부에 염증성 조홍을 일으키고 남보라색 부종성 조홍을 일으킨다.

(2) 제2도 동상(수포형성과 염증)
  ㉠ 수포성 동상이라고도 한다.
  ㉡ 물집이 생기거나 피부가 벗겨지는 결빙을 말한다.
  ㉢ 수포를 가진 광범위한 삼출성 염증이 생긴다.
  ㉣ 수포에는 혈액이 섞여 있는 경우가 많다.
  ㉤ 피부는 청남색으로 변하고 큰 수포를 형성하여 궤양, 화농으로 진행한다.

(3) 제3도 동상(조직괴사로 괴저발생)
  ㉠ 괴사성 동상이라고도 한다.
  ㉡ 한랭작용이 장시간 계속되었을 때 생기며 혈행은 완전히 정지된다. 동시에 조직성분도 붕괴되며, 그 부분에 조직괴사를 초래하여 괴상을 만든다.
  ㉢ 심하면 근육, 뼈까지 침해하여 이환부 전체가 괴사성이 되어 탈락되기도 한다.

44 다음 중 고열작업장의 작업환경관리대책으로 옳지 않은 것은?

① 작업자에게 개인별로 국소적인 송풍기를 지급한다.
② 작업장 내 낮은 습도를 유지한다.
③ 방수복(water-barrier)을 증발방지복(vapor-barrier)으로 바꾼다.
④ 열차단판인 알루미늄박판에 기름먼지가 묻지 않도록 청결을 유지한다.

[풀이] **고열작업장의 작업환경관리대책**
  ㉠ 작업자에게 국소적인 송풍기를 지급한다.
  ㉡ 작업장 내에 낮은 습도를 유지한다.
  ㉢ 열차단판인 알루미늄 박판에 기름먼지가 묻지 않도록 청결을 유지한다.
  ㉣ 기온이 35℃ 이상이면 피부에 닿는 기류를 줄이고 옷을 입혀야 한다.
  ㉤ 노출시간을 한 번에 길게 하는 것보다는 짧게 자주 하고, 휴식하는 것이 바람직하다.
  ㉥ 증발방지복(vapor barrier)보다는 일반 작업복이 적합하다.

45 100톤의 프레스공정에서 측정한 음압수준이 93dB(A)이었다. 근로자가 귀마개(NRR=27)를 착용하고 있을 때 근로자가 노출되는 음압수준은? (단, OSHA 기준)

① 79.0dB(A)　② 81.0dB(A)
③ 83.0dB(A)　④ 85.0dB(A)

풀이　노출되는 음압수준 = 93dB(A) − 차음효과
　　　　　차음효과 = (NRR−7)×0.5
　　　　　　　　　 = (27−7)×0.5
　　　　　　　　　 = 10dB(A)
　　　　　 = 93−10 = 83.0dB(A)

46 감압에 따른 기포형성량을 결정하는 요인과 가장 거리가 먼 것은?

① 조직에 용해된 가스량
② 조직순응 및 변이정도
③ 감압속도
④ 혈류를 변화시키는 상태

풀이　감압 시 조직 내 질소 기포형성량에 영향을 주는 요인
(1) 조직에 용해된 가스량
　　체내 지방량, 고기압폭로의 정도와 시간으로 결정
(2) 혈류변화 정도(혈류를 변화시키는 상태)
　　㉠ 감압 시나 재감압 후에 생기기 쉽다.
　　㉡ 연령, 기온, 운동, 공포감, 음주와 관계가 있다.
(3) 감압속도

47 비전리방사선인 극저주파 전자장에 관한 내용으로 옳지 않은 것은?

① 통상 1~300Hz의 주파수범위를 극저주파 전자장이라 한다.
② 직업적으로 지하철 운전기사, 발전소 기사 등 고압전선 가까이서 근무하는 근로자들의 노출이 크다.
③ 장기노출 시 피부장애와 안장애가 발생되는 것으로 알려져 있다.
④ 노출범위와 생물학적 영향면에서 가장 관심을 갖는 주파수영역은 전력공급계통의 교류와 관련되는 50~60Hz 범위이다.

풀이　장기적으로 노출 시 대표적인 증상은 두통, 불면증 등으로 생리적인 신경장애와 각종 순환기에 영향을 미친다.

48 다음의 전리방사선 중 입자방사선이 아닌 것은?

① α(알파)입자
② β(베타)입자
③ γ(감마)입자
④ 중성자

풀이　이온화방사선　┌ 전자기방사선(X-Ray, γ입자)
　　　(전리방사선)　└ 입자방사선(α입자, β입자, 중성자)

49 사업장의 유해물질을 물리적, 화학적 성질과 사용목적을 조사하여 유해성이 보다 작은 물질로 대치한 경우와 가장 거리가 먼 것은?

① 아조염료의 합성원료인 벤지딘을 대신하여 디클로로벤지딘으로 전환한 경우
② 단열재로서 사용하는 석면을 유리섬유로 전환한 경우
③ 금속 세척작업에 사용되는 트리클로로에틸렌을 계면활성제로 전환한 경우
④ 분체의 입자를 작은 입자로 전환한 경우

풀이　분체의 원료를 입자가 작은 것에서 큰 것으로 전환한다.

50 소음작업장의 개인보호구인 귀마개에 관한 설명으로 옳지 않은 것은?

① 귀마개는 좁은 장소에서 머리를 많이 움직이는 작업을 할 때 사용하기 편리하다.
② 오래 사용하여 귀걸이의 탄력성이 줄었을 때는 차음효과가 떨어진다.
③ 외청도에 이상이 없는 경우에 사용이 가능하며 또 이상이 없어도 사용시간에 제한을 받는다.
④ 제대로 착용하는 데 시간이 걸리고 요령을 습득하여야 한다.

정답　45.③　46.②　47.③　48.③　49.④　50.②

풀이 귀마개
(1) 장점
 ㉠ 부피가 작아서 휴대가 쉽다.
 ㉡ 안경과 안전모 등에 방해가 되지 않는다.
 ㉢ 고온작업에서도 사용 가능하다.
 ㉣ 좁은 장소에서도 사용 가능하다.
 ㉤ 가격이 귀덮개보다 저렴하다.
(2) 단점
 ㉠ 귀에 질병이 있는 사람은 착용 불가능하다.
 ㉡ 여름에 땀이 많이 날 때는 외이도에 염증유발 가능성이 있다.
 ㉢ 제대로 착용하는 데 시간이 걸리며 요령을 습득하여야 한다.
 ㉣ 차음효과가 일반적으로 귀덮개보다 떨어진다.
 ㉤ 사람에 따라 차음효과 차이가 크다(개인차가 큼).
 ㉥ 더러운 손으로 만짐으로써 외청도를 오염시킬 수 있다(귀마개에 묻어 있는 오염물질이 귀에 들어갈 수 있음).

51 음의 강도(sound intensity, I)와 음의 음압(sound pressure, P)과의 관계를 바르게 설명한 것은?

① 음의 강도는 음의 음압에 정비례한다.
② 음의 강도는 음의 음압의 제곱에 반비례한다.
③ 음의 강도는 음의 음압에 반비례한다.
④ 음의 강도는 음의 음압의 제곱에 비례한다.

풀이 $I = \dfrac{P^2}{\rho c}$
여기서, I : 음의 강도
 P : 음의 압력
 ρc : 음향 임피던스

52 다음 방진대책 중 발생원 대책으로 옳지 않은 것은?

① 가진력 증가
② 기초중량의 부가 및 경감
③ 탄성 지지
④ 동적 흡진

풀이 진동방지대책
(1) 발생원 대책
 ㉠ 가진력(기진력, 외력) 감쇠
 ㉡ 불평형력의 평형 유지
 ㉢ 기초중량의 부가 및 경감
 ㉣ 탄성지지(완충물 등 방진재 사용)
 ㉤ 진동원 제거
 ㉥ 동적 흡진
(2) 전파경로 대책
 ㉠ 진동의 전파경로 차단(방진구)
 ㉡ 거리감쇠
(3) 수진측 대책
 ㉠ 작업시간 단축 및 교대제 실시
 ㉡ 보건교육 실시
 ㉢ 수진측 탄성지지 및 강성 변경

53 입경이 10μm이고 비중이 1.2인 입자의 침강속도(cm/sec)는?

① 0.28
② 0.32
③ 0.36
④ 0.40

풀이 Lippmann 침강속도 $= 0.003 \times \rho \times d^2$
$= 0.003 \times 1.2 \times 10^2 = 0.36 \text{cm/sec}$

54 사람이 느끼는 최소진동역치는?

① 25±5dB
② 35±5dB
③ 45±5dB
④ 55±5dB

풀이 진동수(주파수)에 따른 구분
 ㉠ 전신진동 진동수(공해진동 진동수)
  1~80Hz(2~90Hz, 1~90Hz, 2~100Hz)
 ㉡ 국소진동 진동수
  8~1,500Hz
 ㉢ 사람이 느끼는 최소진동역치
  55±5dB

55 저온환경이 인체에 미치는 영향으로 옳지 않은 것은?

① 식욕 감소
② 혈압변화
③ 피부혈관의 수축
④ 근육긴장

풀이 저온환경에서는 조직대사가 증가하고, 근육활동이 감소하여 식욕이 항진된다.

정답 51.④ 52.① 53.③ 54.④ 55.①

56 방진마스크에 대한 설명 중 적합하지 않은 것은?

① 고체분진이나 유해성 fume, mist 등의 액체입자의 흡입방지를 위해서도 사용된다.
② 필터는 여과효율이 높고 흡기저항이 낮은 것이 좋다.
③ 충분한 산소가 있고 유해물의 농도가 규정 이하의 농도일 때 사용할 수 있다.
④ 필터는 활성탄계, 실리카겔계가 가장 많이 사용된다.

[풀이] ④항은 방독마스크에 관한 내용이고, 방진마스크의 여과재 재질은 면, 모, 유리섬유, 합성섬유 등이다.

57 다음 중 작업장의 조명에 관한 설명으로 옳지 않은 것은?

① 간접조명은 음영과 현휘로 인한 입체감과 조명효율이 높은 것이 장점이다.
② 반간접조명은 간접과 직접조명을 절충한 방법이다.
③ 직접조명은 작업면의 빛의 대부분이 광원 및 반사용 삿갓에서 직접 온다.
④ 직접조명은 기구의 구조에 따라 눈을 부시게 하거나 균일한 조도를 얻기 힘들다.

[풀이] **조명방법에 따른 조명의 종류**
(1) 직접조명
 ㉠ 작업면의 빛 대부분이 광원 및 반사용 삿갓에서 직접 온다.
 ㉡ 기구의 구조에 따라 눈을 부시게 하거나 균일한 조도를 얻기 힘들다.
 ㉢ 반사갓을 이용하여 광속의 90~100%가 아래로 향하게 하는 방식이다.
 ㉣ 일정량의 전력으로 조명 시 가장 밝은 조명을 얻을 수 있다.
 ㉤ 장점 : 효율이 좋고, 천장면의 색조에 영향을 받지 않으며, 설치비용이 저렴하다.
 ㉥ 단점 : 눈부심, 균일한 조도를 얻기 힘들며, 강한 음영을 만든다.

(2) 간접조명
 ㉠ 광속의 90~100%를 위로 향해 발산하여 천장, 벽에서 확산시켜 균일한 조도를 얻을 수 있는 방식이다.
 ㉡ 천장과 벽에 반사하여 작업면을 조명하는 방법이다.
 ㉢ 장점 : 눈부심이 없고, 균일한 조도를 얻을 수 있으며, 그림자가 없다.
 ㉣ 단점 : 효율이 나쁘고, 설치가 복잡하며, 실내의 입체감이 작아진다.

58 다음 중 고온의 영향으로 나타나는 일차적인 생리적 영향은?

① 수분과 염분 부족
② 신경계 장애
③ 피부기능 변화
④ 발한

[풀이] 고온의 영향으로 나타나는 일차적인 생리적 영향은 체표면의 한선(땀샘) 수 증가에 따른 발한이다.

59 방진재료인 금속스프링에 관한 설명으로 옳지 않은 것은?

① 최대변위가 허용된다.
② 저주파 차진에 좋다.
③ 감쇠가 거의 없다.
④ 공진 시 전달률이 작다.

[풀이] **금속스프링**
(1) 장점
 ㉠ 저주파 차진에 좋다.
 ㉡ 환경요소에 대한 저항성이 크다.
 ㉢ 최대변위가 허용된다.
(2) 단점
 ㉠ 감쇠가 거의 없다.
 ㉡ 공진 시에 전달률이 매우 크다.
 ㉢ 로킹(rocking)이 일어난다.

60 빛과 밝기의 단위 중 광도(luminous intensity)의 단위로 옳은 것은?

① 루멘
② 칸델라
③ 럭스
④ 풋 램버트

정답 56.④ 57.① 58.④ 59.④ 60.②

[풀이] 칸델라(candela, cd) ; 광도
㉠ 광원으로부터 나오는 빛의 세기를 광도라고 한다.
㉡ 단위는 칸델라(cd)를 사용한다.
㉢ 101,325N/m² 압력하에서 백금의 응고점 온도에 있는 흑체의 1m²인 평평한 표면 수직 방향의 광도를 1cd라 한다.

제4과목 | 산업환기

61 다음 중 약간의 공기 움직임이 있고 느린 속도로 배출되는 작업조건에서 스프레이 도장 작업을 할 때 제어속도(m/sec)로 가장 적절한 것은? (단, 미국산업위생전문가협의회 권고 기준에 따른다.)

① 0.8 ② 1.2
③ 2.1 ④ 2.8

[풀이] 제어속도 범위(ACGIH)

작업조건	작업공정 사례	제어속도 (m/sec)
• 움직이지 않는 공기 중에서 속도 없이 배출되는 작업조건 • 조용한 대기 중에 실제 거의 속도가 없는 상태로 발산하는 경우의 작업조건	• 액면에서 발생하는 가스나 증기, 흄 • 탱크에서 증발, 탈지시설	0.25~0.5
비교적 조용한(약간의 공기 움직임) 대기 중에서 저속도로 비산하는 작업조건	• 용접, 도금 작업 • 스프레이 도장 • 주형을 부수고 모래를 터는 장소	0.5~1.0
발생기류가 높고 유해물질이 활발하게 발생하는 작업조건	• 스프레이 도장, 용기충전 • 컨베이어 적재 • 분쇄기	1.0~2.5
초고속기류가 있는 작업장소에 초고속으로 비산하는 경우	• 회전연삭작업 • 연마작업 • 블라스트 작업	2.5~10

62 유입계수가 0.6인 플랜지 부착 원형 후드가 있다. 이때 후드의 유입손실계수는 얼마인가?

① 0.52 ② 0.98
③ 1.26 ④ 1.78

[풀이] 유입손실계수$(F) = \dfrac{1}{Ce^2} - 1 = \dfrac{1}{0.6^2} - 1 = 1.78$

63 다음 송풍기 성능곡선 [그림]에 대한 설명으로 옳은 것은?

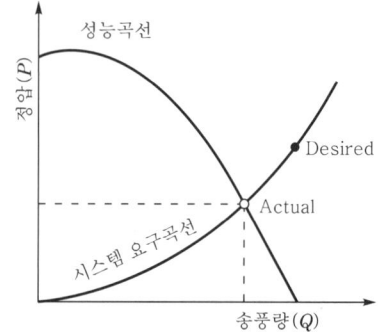

① 설계단계에서 예측했던 시스템 요구곡선이 잘 맞고, 송풍기의 선정도 적절하여 원했던 송풍량이 나오는 경우이다.
② 너무 큰 송풍기를 선정하고 시스템 압력손실도 과대평가된 경우이다.
③ 시스템 곡선의 예측은 적절하나 성능이 약한 송풍기를 선정하여 송풍량이 작게 나오는 경우이다.
④ 송풍기의 선정은 적절하나 시스템의 압력손실 예측이 과대평가되어 실제로는 압력손실이 작게 걸려 송풍량이 예상보다 많이 나오는 경우이다.

[풀이] 실제 풍량이 설계 풍량보다 적게 나오는 경우이다.

64 다음 중 전체환기를 설치하는 조건과 가장 거리가 먼 것은?
① 오염물질의 독성이 낮은 경우
② 오염물질이 한 곳에 집중되어 있는 경우
③ 유해물질의 발생량이 대체로 균일한 경우
④ 근무자와 오염원의 거리가 먼 경우

정답 61.① 62.④ 63.③ 64.②

풀이 | **전체환기(희석환기) 적용 시 조건**
- ㉠ 유해물질의 독성이 비교적 낮은 경우, 즉 TLV가 높은 경우(가장 중요한 제한조건)
- ㉡ 동일한 작업장에 다수의 오염원이 분산되어 있는 경우
- ㉢ 유해물질이 시간에 따라 균일하게 발생할 경우
- ㉣ 유해물질의 발생량이 적은 경우 및 희석공기량이 많지 않아도 될 경우
- ㉤ 유해물질이 증기나 가스일 경우
- ㉥ 국소배기로 불가능한 경우
- ㉦ 배출원이 이동성인 경우
- ㉧ 가연성 가스의 농축으로 폭발의 위험이 있는 경우
- ㉨ 오염원이 근무자가 근무하는 장소로부터 멀리 떨어져 있는 경우

65 다음 중 덕트의 설치를 결정할 때 유의사항으로 적절하지 않은 것은?

① 청소구를 설치한다.
② 곡관의 수를 적게 한다.
③ 가급적 원형 덕트를 사용한다.
④ 가능한 한 곡관의 곡률반경을 작게 한다.

풀이 | **덕트 설치기준(설치 시 고려사항)**
- ㉠ 가능하면 길이는 짧게 하고 굴곡부의 수는 적게 할 것
- ㉡ 접속부의 안쪽은 돌출된 부분이 없도록 할 것
- ㉢ 청소구를 설치하는 등 청소하기 쉬운 구조로 할 것
- ㉣ 덕트 내부에 오염물질이 쌓이지 않도록 이송속도를 유지할 것
- ㉤ 연결부위 등은 외부공기가 들어오지 않도록 할 것(연결부위를 가능한 한 용접할 것)
- ㉥ 가능한 후드의 가까운 곳에 설치할 것
- ㉦ 송풍기를 연결할 때는 최소 덕트 직경의 6배 정도 직선구간을 확보할 것
- ㉧ 직관은 하향구배로 하고 직경이 다른 덕트를 연결할 때에는 경사 30° 이내의 테이퍼를 부착할 것
- ㉨ 원형 덕트가 사각형 덕트보다 덕트 내 유속분포가 균일하므로 가급적 원형 덕트를 사용하며, 부득이 사각형 덕트를 사용할 경우에는 가능한 정방형을 사용하고 곡관의 수를 적게 할 것
- ㉩ 곡관의 곡률반경은 최소 덕트 직경의 1.5 이상, 주로 2.0을 사용할 것
- ㉪ 수분이 응축될 경우 덕트 내로 들어가지 않도록 경사나 배수구를 마련할 것
- ㉫ 덕트의 마찰계수는 작게 하고, 분지관을 가급적 적게 할 것

66 다음 중 수평의 원형 직관 단면에서 층류의 유체가 흐를 때 유속이 가장 빠른 부분은?

① 관 벽
② 관 중심부
③ 관 중심에서 외측으로 $\frac{1}{2}$ 지점
④ 관 중심에서 외측으로 $\frac{1}{3}$ 지점

풀이 | **층류(laminar flow)**
- ㉠ 유체의 입자들이 규칙적인 유동상태가 되어 질서정연하게 흐르는 상태, 즉 유체가 관 내를 아주 느린 속도로 흐를 때 소용돌이나 선회운동을 일으키지 않고 관 벽에 평행으로 유동하는 흐름을 말한다.
- ㉡ 관 내에서의 속도분포가 정상 포물선을 그리며 평균유속은 최대유속의 약 1/2이다.

67 공기정화장치의 입구와 출구의 정압이 동시에 감소되었다면 국소배기장치(설비)의 이상원인으로 가장 적절한 것은?

① 제진장치 내의 분진 퇴적
② 분지관과 후드 사이의 분진 퇴적
③ 분지관의 시험공과 후드 사이의 분진 퇴적
④ 송풍기의 능력 저하 또는 송풍기와 덕트의 연결부위 풀림

풀이 | **공기정화장치 전후에 정압이 감소한 경우의 원인**
- ㉠ 송풍기 자체의 성능이 저하되었다.
- ㉡ 송풍기 점검구의 마개가 열렸다.
- ㉢ 배기측 송풍관이 막혔다.
- ㉣ 송풍기와 송풍관의 flange 연결부위가 풀렸다.

68 자연환기방식에 의한 전체환기의 효율은 주로 무엇에 의해 결정되는가?

① 대기압과 오염물질의 농도
② 풍압과 실내외 온도 차이
③ 오염물질의 농도와 실내외 습도 차이
④ 작업자수와 작업장 내부 시설의 위치

[풀이] 자연환기방식은 작업장 내외의 온도, 압력 차이에 의해 발생하는 기류의 흐름을 자연적으로 이용하는 방식이다.

69 [그림]과 같은 덕트의 Ⅰ과 Ⅱ 단면에서 압력을 측정한 결과 Ⅰ 단면의 정압(PS_1)은 -10mmH$_2$O 였고, Ⅰ과 Ⅱ 단면의 동압은 각각 20mmH$_2$O 와 15mmH$_2$O였다. Ⅱ 단면의 정압(PS_2)이 -20mmH$_2$O였다면 단면 확대부에서의 압력 손실(mmH$_2$O)은 얼마인가?

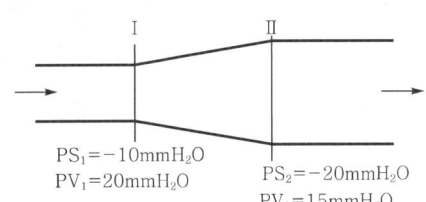

$PS_1 = -10$mmH$_2$O $PS_2 = -20$mmH$_2$O
$PV_1 = 20$mmH$_2$O $PV_2 = 15$mmH$_2$O

① 5　　② 10
③ 15　　④ 20

[풀이] $\Delta P = (VP_1 - VP_2) - (PS_2 - PS_1)$
$= (20 - 15) - [-20 - (-10)]$
$= 15$mmH$_2$O

70 작업장 내 열부하량이 15,000kcal/hr이며, 외기온도는 22℃, 작업장 내의 온도는 32℃ 이다. 이때 전체환기를 위한 필요환기량은 얼마인가?

① 83m^3/hr　　② 833m^3/hr
③ 4,500m^3/hr　　④ 5,000m^3/hr

[풀이] $Q = \dfrac{Hs}{0.3\Delta t} = \dfrac{15,000}{0.3 \times (32-22)} = 5,000$m^3/hr

71 플랜지가 붙은 1/4 원주형 슬롯형 후드가 있다. 포착거리가 30cm이고, 포착속도가 1m/sec일 때 필요송풍량(m^3/min)은 약 얼마인가?(단, slot의 폭은 0.1m, 길이는 0.9m 이다.)

① 25.9　　② 45.4
③ 66.4　　④ 81.0

[풀이] $Q = C \times L \times V_c \times X$
$= 1.6 \times 0.9$m $\times 1$m/sec $\times 0.3$m
$= 0.432$m^3/sec $\times 60$sec/min $= 25.92$m^3/min

72 다음 중 국소배기장치의 설계 시 송풍기의 동력을 결정할 때 가장 필요한 정보는?
① 송풍기 전압과 필요송풍량
② 송풍기 동압과 가격
③ 송풍기 전압과 크기
④ 송풍기 동압과 효율

[풀이] 송풍기 소요동력(kW)
$$kW = \dfrac{Q \times \Delta P}{6,120 \times \eta} \times \alpha$$
여기서, Q : 송풍량(m^3/min)
　　　　ΔP : 송풍기 유효전압(전압 ; 정압)mmH$_2$O
　　　　η : 송풍기 효율(%)
　　　　α : 안전인자(여유율)(%)
$$HP = \dfrac{Q \times \Delta P}{4,500 \times \eta} \times \alpha$$

73 직경이 300mm인 환기시설을 통해 150m^3/min 의 표준상태의 공기를 보낼 때 이 덕트 내의 유속(m/sec)은 약 얼마인가?
① 25.49　　② 31.46
③ 35.37　　④ 41.39

[풀이] V(m/sec) $= \dfrac{Q}{A} = \dfrac{150\text{m}^3/\text{min}}{\left[\dfrac{3.14 \times 0.3^2}{4}\right]\text{m}^2}$
$= 2123.14$m/min $\times$ min/60sec
$= 35.38$m/sec

74 작업장의 크기가 세로 20m, 가로 10m, 높이 6m이고, 필요환기량이 80m^3/min일 때 1시간당 공기교환횟수는 몇 회인가?
① 2회　　② 3회
③ 4회　　④ 5회

[풀이] 공기교환횟수(ACH)

$$ACH = \frac{필요환기량}{작업장 용적}$$

$$= \frac{80m^3/min \times 60min/hr}{(20\times10\times6)m^3} = 4회$$

75 다음 중 국소배기장치가 설치된 현장에서 가장 적합한 상황에 해당하는 것은?

① 최종 배출구가 작업장 내에 있다.
② 사용하지 않는 후드는 댐퍼로 차단되어 있다.
③ 증기가 발생하는 도장 작업지점에는 여과식 공기정화장치가 설치되어 있다.
④ 여름철 작업장 내에 대형 선풍기로 작업자에게 바람을 불어주고 있다.

[풀이]
① 최종배출구는 작업장 외부에 있어야 한다.
③ 증기가 발생하는 도장 작업지점에는 흡착법의 공기정화장치를 설치하여야 한다.
④ 공기가 배출되면서 오염장소를 통과하도록 하여야 한다.

76 다음 중 전기집진장치의 장점이 아닌 것은?

① 고온가스의 처리가 가능하다.
② 설치면적이 적고, 기체상 오염물질의 포집에 용이하다.
③ $0.01\mu m$ 정도의 미세입자 포집이 가능하여 높은 집진효율을 얻을 수 있다.
④ 압력손실이 낮고 대용량의 가스를 처리할 수 있다.

[풀이] **전기집진장치**
(1) 장점
  ㉠ 집진효율이 높다($0.01\mu m$ 정도 포집 용이, 99.9% 정도 고집진 효율).
  ㉡ 광범위한 온도범위에서 적용이 가능하며, 폭발성 가스의 처리도 가능하다.
  ㉢ 고온의 입자성 물질(500℃ 전후) 처리가 가능하여 보일러와 철강로 등에 설치할 수 있다.
  ㉣ 압력손실이 낮고 대용량의 가스 처리가 가능하고 배출가스의 온도강하가 적다.
  ㉤ 운전 및 유지비가 저렴하다.
  ㉥ 회수가치 입자포집에 유리하며, 습식 및 건식으로 집진할 수 있다.
  ㉦ 넓은 범위의 입경과 분진농도에 집진효율이 높다.
  ㉧ 습식집진이 가능하다.
(2) 단점
  ㉠ 설치비용이 많이 든다.
  ㉡ 설치공간을 많이 차지한다.
  ㉢ 설치된 후에는 운전조건의 변화에 유연성이 적다.
  ㉣ 먼지성상에 따라 전처리시설이 요구된다.
  ㉤ 분진포집에 적용되며, 기체상 물질제거에는 곤란하다.
  ㉥ 전압변동과 같은 조건변동(부하변동)에 쉽게 적응이 곤란하다.
  ㉦ 가연성 입자의 처리가 곤란하다.

77 다음 중 국소배기장치의 관 내 유속이나 압력을 측정하는 기구가 아닌 것은?

① 피토관   ② 열선식 풍속계
③ 타코미터 ④ 오리피스미터

[풀이] 타코미터는 회전하는 물체의 회전속도를 측정하는 계기, 즉 회전속도계를 말한다.

78 다음 중 공기를 후드로 끌어당기고(흡입기류) 불어주고(취출기류) 하는 과정에서의 공기 이동특성에 대한 설명으로 틀린 것은?

① 흡입기류는 취출기류에 비해서 거리에 따른 감소속도가 작다.
② 흡입기류는 취출기류에 비해서 거리에 따른 감소속도가 크다.
③ 흡입기류가 취출기류에 비해서 거리에 따른 감소속도가 크므로 후드는 가능하면 오염원에 가까이 설치해야 한다.
④ 후드의 포착거리가 일정거리 이상일 경우 푸시-풀(push-pull)형 환기장치가 필요하다.

[풀이] 흡입기류는 취출기류에 비해서 거리에 따른 감소속도가 크므로 필요유량을 대폭 감소시킬 수 있다.

정답 75.② 76.② 77.③ 78.①

79 다음 중 속도압, 정압, 전압에 관한 설명으로 틀린 것은?

① 정압과 속도압을 합하면 전압이 된다.
② 속도압은 공기가 이동할 때 항상 발생한다.
③ 정압은 속도압과 관계없이 독립적으로 발생하며 대기압보다 낮을 때를 음압(−), 대기압보다 높을 때를 양압(+)이라 한다.
④ 속도압이란 정지상태의 공기를 일정한 속도로 흐르도록 가속화시키는 데 필요한 압력이며 공기의 운동에너지에 반비례한다.

[풀이] 속도압은 공기의 운동에너지에 비례한다.
$$VP = \frac{rV^2}{2g}$$

80 분압이 1.5mmHg인 물질이 표준상태의 공기 중에서 도달할 수 있는 최고농도(용량농도)는 약 얼마인가?

① 0.2%   ② 1.1%
③ 2%   ④ 11%

[풀이]
$$최고농도(\%) = \frac{분압}{760} \times 10^2$$
$$= \frac{1.5}{760} \times 100$$
$$= 0.19\%$$

제3회 산업위생관리산업기사

과년도 출제문제 | 2012.08.26

제1과목 | 산업위생학 개론

01 산업안전보건법령상 건강진단기관이 건강진단을 실시하였을 때 그 결과를 고용노동부장관이 정하는 건강진단 개인표에 기록하고, 건강진단 실시일부터 며칠 이내에 근로자에게 송부하여야 하는가?
① 15일 ② 30일
③ 60일 ④ 90일

풀이 법령상 건강진단기관이 건강진단을 실시하였을 때 그 결과를 고용노동부장관이 정하는 건강진단 개인표에 기록하고, 건강진단 실시일로부터 30일 이내에 근로자에게 송부하여야 한다.

02 다음 중 근골격계 질환을 예방하기 위한 조치로 적절하지 않은 것은?
① 망치의 미끄러짐을 방지하기 위하여 망치자루에 고무밴딩을 하였다.
② 날카로운 책상 모서리에 팔의 하박부분이 자주 닿아 모서리에 헝겊을 대었다.
③ 작업으로 인해 생긴 체열을 쉽게 발산하기 위하여 작업장의 온도를 약 16℃ 이하로 유지시켰다.
④ 계속하여 왼쪽으로 굽혀 잡는 자세를 오른쪽으로 잡도록 유도하였다.

풀이 작업장의 온도는 일반적으로 상온(15~25℃)으로 유지하는 것이 바람직하다.

03 TLV가 20ppm인 styrene을 사용하는 작업장의 근로자가 1일 11시간 작업했을 때, OSHA 보정방법으로 보정한 허용기준은 약 얼마인가?
① 11.8ppm ② 13.8ppm
③ 14.6ppm ④ 16.6ppm

풀이
$$\text{보정된 허용기준} = TLV \times \frac{8시간}{(노출시간/일)}$$
$$= 20\text{ppm} \times \frac{8}{11}$$
$$= 14.55\text{ppm}$$

04 다음 중 사무실 공기관리지침에 있어 오염물질의 대상에 해당하지 않는 것은?
① 미세먼지(PM 10)
② 포름알데히드(HCHO)
③ 낙하세균(PM 50)
④ 총 부유세균

풀이 사무실 공기관리지침 오염물질 대상항목
㉠ 미세먼지(PM 10)
㉡ 초미세먼지(PM 2.5)
㉢ 일산화탄소(CO)
㉣ 이산화탄소(CO_2)
㉤ 이산화질소(NO_2)
㉥ 포름알데히드(HCHO)
㉦ 총 휘발성 유기화합물(TVOC)
㉧ 라돈(radon)
㉨ 총 부유세균
㉩ 곰팡이

05 운반작업을 하는 근로자의 약한 손(오른손잡이의 경우 왼손)의 힘은 40kP이다. 이 근로자가 무게 10kg인 상자를 두 손으로 들어올릴 경우 작업강도(%MS)는 얼마인가?
① 12.5 ② 15.0
③ 17.5 ④ 25.0

풀이 작업강도(%MS) $= \frac{10}{40+40} \times 100 = 12.5\%\text{MS}$

정답 01.② 02.③ 03.③ 04.③ 05.①

06 바람직한 교대제에 대한 설명으로 틀린 것은 어느 것인가?

① 2교대 시 최저 3조로 편성한다.
② 각 반의 근무시간은 8시간으로 한다.
③ 야간근무의 연속일수는 4~7일 이내로 한다.
④ 야근 후 다음 반으로 가는 간격은 48시간 이상으로 한다.

풀이 교대근무제 관리원칙(바람직한 교대제)
㉠ 각 반의 근무시간은 8시간씩 교대로 하고, 야근은 가능한 짧게 한다.
㉡ 2교대면 최저 3조의 정원을, 3교대면 4조를 편성한다.
㉢ 채용 후 건강관리로서 정기적으로 체중, 위장증상 등을 기록해야 하며, 근로자의 체중이 3kg 이상 감소하면 정밀검사를 받아야 한다.
㉣ 평균 주 작업시간은 40시간을 기준으로 갑반→을반→병반으로 순환하게 한다.
㉤ 근무시간의 간격은 15~16시간 이상으로 하는 것이 좋다.
㉥ 야근의 주기를 4~5일로 한다.
㉦ 신체의 적응을 위하여 야간근무의 연속일수는 2~3일로 하며 야간근무를 3일 이상 연속으로 하는 경우에는 피로축적현상이 나타나게 되므로 연속하여 3일을 넘기지 않도록 한다.
㉧ 야근 후 다음 반으로 가는 간격은 최저 48시간 이상의 휴식시간을 갖도록 하여야 한다.
㉨ 야근 교대시간은 상오 0시 이전에 하는 것이 좋다(심야시간을 피함).
㉩ 야근 시 가면은 반드시 필요하며, 보통 2~4시간(1시간 30분 이상)이 적합하다.
㉮ 야근 시 가면은 작업강도에 따라 30분에서 1시간 범위로 하는 것이 좋다.
㉯ 작업 시 가면시간은 적어도 1시간 30분 이상 주어야 수면효과가 있다고 볼 수 있다.
㉰ 상대적으로 가벼운 작업은 야간근무조에 배치하는 등 업무내용을 탄력적으로 조정해야 하며 야간작업자는 주간작업자보다 연간 쉬는 날이 더 많아야 한다.
㉱ 근로자가 교대일정을 미리 알 수 있도록 해야 한다.
㉲ 일반적으로 오전근무의 개시시간은 오전 9시로 한다.

④ 교대방식(교대근무 순환주기)은 낮근무, 저녁근무, 밤근무 순으로 한다. 즉, 정교대가 좋다.

07 다음 중 작업에 따른 발생 유해인자와 직업병의 연결이 잘못된 것은?

① 탈지작업 – 벤젠 – 간장애
② 초자공 – 적외선 – 백내장
③ 인쇄소 주자공 – 연 – 빈혈
④ 방사선기사 – 방사선 – 암 유발

풀이 탈지작업, 세척작업 – 유기용제 – 조혈장애, 재생불량성 빈혈

08 다음 중 역사상 최초로 기록된 직업병은 어느 것인가?

① 납중독
② 음낭암
③ 수은중독
④ 진폐증

풀이 B.C 4세기 Hippocrates에 의해 광산에서 납중독이 보고되었다.
※ 역사상 최초로 기록된 직업병 : 납중독

09 다음 중 재해율 통계방법에 있어 강도율을 나타낸 것은?

① $\dfrac{\text{연간 총 재해자수}}{\text{연평균근로자수}} \times 1,000$

② $\dfrac{\text{연간 총 재해자수}}{\text{연평균근로자수}} \times 1,000,000$

③ $\dfrac{\text{연간 재해발생건수}}{\text{연간 총 근로시간수}} \times 1,000,000$

④ $\dfrac{\text{연간 총 근로손실일수}}{\text{연간 총 근로시간수}} \times 1,000$

풀이 강도율은 재해의 경중(정도) 즉, 강도를 나타내는 척도로 재해자수나 발생빈도에 관계없이 재해의 내용(상해정도)을 측정하는 척도이다.

10 다음 중 산업안전보건법령상 기관석면조사 대상으로서 건축물이나 설비의 소유주 등이 고용노동부장관에게 등록한 자로 하여금 그 석면을 해체·제거하도록 하여야 하는 함유량과 면적기준으로 틀린 것은?

① 석면이 1wt%를 초과하여 함유된 분무재 또는 내화피복재를 사용한 경우
② 파이프에 사용된 보온재에서 석면이 1wt%를 초과하여 함유되어 있고, 그 보온재 길이의 합이 25m 이상인 경우
③ 석면이 1wt%를 초과하여 함유된 관련 규정에 해당하는 자재의 면적의 합이 15m² 이상 또는 그 부피의 합이 1m³ 이상인 경우
④ 철거·해체하려는 벽체재료, 바닥재, 천장재 및 지붕재 등의 자재에 석면이 1wt%를 초과하여 함유되어 있고 그 자재의 면적의 합이 50m² 이상인 경우

[풀이]
(1) **산업안전보건법상 석면 해체·제거 대상(일정 규모 이상의 건축물이나 설비)**
  ㉠ 건축물의 연면적 합계가 50m² 이상이면서 그 건축물의 철거·해체하려는 부분의 면적 합계가 50m² 이상인 경우
  ㉡ 주택의 연면적 합계가 200m² 이상이면서, 그 주택의 철거·해체하려는 부분의 면적 합계가 200m² 이상인 경우
  ㉢ 설비의 철거·해체하려는 부분에 다음의 어느 하나에 해당하는 자재를 사용한 면적의 합이 15m² 이상 또는 그 부피의 합이 1m³ 이상인 경우
    • 단열재
    • 보온재
    • 분무재
    • 내화피복재
    • 개스킷
    • 패킹재
    • 실링재
  ㉣ 파이프 길이의 합이 80m 이상이면서, 그 파이프의 철거·해체하려는 부분의 보온재로 사용된 길이의 합이 80m 이상인 경우
(2) **산업안전보건법상 석면 해체·제거 대상(석면함유량과 면적)**
  ㉠ 철거·해체하려는 벽체 재료, 바닥재, 천장재 및 지붕재 등의 자재에 석면이 1%(무게%)를 초과하여 함유되어 있고 그 자재의 면적의 합이 50m² 이상인 경우
  ㉡ 석면이 1%(무게%)를 초과하여 함유된 분무재 또는 내화피복재를 사용한 경우
  ㉢ 석면이 1%(무게%)를 초과하여 함유된 단열재, 보온재, 개스킷, 패킹재, 실링재의 면적의 합이 15m² 이상 또는 그 부피의 합이 1m³ 이상인 경우
  ㉣ 파이프에 사용된 보온재에서 석면이 1%(무게%)를 초과하여 함유되어 있고, 그 보온재 길이의 합이 80m 이상인 경우

11 다음 중 직업과 적성에 있어 생리적 적성검사에 해당하지 않는 것은?

① 감각기능검사
② 심폐기능검사
③ 체력검사
④ 지각동작검사

[풀이]
(1) **생리적 기능검사(생리학적 적성검사)**
  ㉠ 감각기능검사
  ㉡ 심폐기능검사
  ㉢ 체력검사
(2) **심리학적 검사(심리학적 적성검사)**
  ㉠ 지능검사
  ㉡ 지각동작검사
  ㉢ 인성검사
  ㉣ 기능검사

12 다음 중 작업장에서의 소음수준 측정방법으로 틀린 것은?

① 소음계의 청감보정회로는 A 특성으로 한다.
② 소음계 지시침의 동작은 빠른(fast) 상태로 한다.
③ 소음계의 지시치가 변동하지 않는 경우에는 해당 지시치를 그 측정점에서의 소음수준으로 한다.
④ 소음이 1초 이상의 간격을 유지하면서 최대음압수준이 120dB(A) 이상의 소음인 경우에는 소음수준에 따른 1분 동안의 발생횟수를 측정한다.

[풀이] ② 소음계 지시침의 동작은 느린(slow) 상태로 한다.

정답 10.② 11.④ 12.②

13 다음 중 산소결핍장소의 관리방법에 관한 내용으로 틀린 것은?

① 생체 중에서 산소결핍에 대하여 가장 민감한 조직은 뇌이다.
② 산소결핍이란 공기 중의 산소농도가 18% 미만인 상태를 말한다.
③ 산소결핍의 우려가 있는 경우에는 산소의 농도를 측정하는 사람을 지명하여 측정하도록 하여야 한다.
④ 맨홀 지하작업 등 산소결핍이 우려되는 장소에서는 근로자에게 구명밧줄과 방독마스크를 착용하게 하여야 한다.

[풀이] 산소결핍이 우려되는 장소에서는 방독마스크를 착용하여서는 절대로 안 된다.

14 개정된 NIOSH의 들기작업 권고기준에 따라 권장무게 한계가 8.5kg이고, 실제작업무게가 10kg일 때 들기지수(LI)는 약 얼마인가?

① 0.15   ② 0.18
③ 0.85   ④ 1.18

[풀이] 들기지수 = $\dfrac{\text{물체 무게(kg)}}{\text{RWL(kg)}} = \dfrac{10}{8.5} = 1.18$

15 국소피로를 평가하는 데 근전도(Electro myogram ; EMG)를 가장 많이 이용하고 있다. 피로한 근육에서 측정된 EMG는 정상근육에서 측정된 EMG와 비교할 때 차이가 있는데 다음 중 차이에 대한 설명으로 옳은 것은?

① 총 전압의 증가
② 평균주파수의 증가
③ 0~200Hz 저주파수에서의 힘의 증가
④ 500~1,000Hz 고주파수에서의 힘의 감소

[풀이] 정상근육과 비교하여 피로한 근육에서 나타나는 EMG의 특징
㉠ 저주파(0~40Hz) 영역에서 힘(전압)의 증가
㉡ 고주파(40~200Hz) 영역에서 힘(전압)의 감소
㉢ 평균주파수 영역에서 힘(전압)의 감소
㉣ 총 전압의 증가

16 산업피로는 작업부하, 노동시간, 휴식과 휴양, 개인적 적응조건 등으로 구분할 수 있는데 다음 중 개인적 적응조건과 관계가 가장 적은 것은?

① 영양상태
② 작업밀도
③ 숙련도
④ 적응능력

[풀이] 산업피로의 개인적응조건
㉠ 적응능력
㉡ 영양상태
㉢ 숙련정도
㉣ 신체적 조건

17 다음 중 허용농도(TLV) 적용상 주의할 내용으로 틀린 것은?

① 산업장의 유해조건을 평가하고 개선하기 위한 지침으로만 사용되어야 한다.
② 산업위생전문가에 의하여 적용되어야 한다.
③ 24시간 노출 또는 정상작업시간을 초과한 노출에 대한 독성평가에는 적용될 수 없다.
④ 대기오염 평가 및 관리에 적용될 수 없으며 단순히 독성의 강도를 비교, 평가할 수 있는 기준이다.

[풀이] ACGIH(미국정부산업위생전문가협의회)에서 권고하고 있는 허용농도(TLV) 적용상 주의사항
㉠ 대기오염평가 및 지표(관리)에 사용할 수 없다.
㉡ 24시간 노출 또는 정상작업시간을 초과한 노출에 대한 독성 평가에는 적용할 수 없다.
㉢ 기존의 질병이나 신체적 조건을 판단(증명 또는 반증 자료)하기 위한 척도로 사용될 수 없다.
㉣ 작업조건이 다른 나라에서 ACGIH-TLV를 그대로 사용할 수 없다.
㉤ 안전농도와 위험농도를 정확히 구분하는 경계선이 아니다.
㉥ 독성의 강도를 비교할 수 있는 지표는 아니다.
㉦ 반드시 산업보건(위생)전문가에 의하여 설명(해석), 적용되어야 한다.
㉧ 피부로 흡수되는 양은 고려하지 않은 기준이다.
㉨ 산업장의 유해조건을 평가하기 위한 지침이며, 건강장애를 예방하기 위한 지침이다.

정답 13.④ 14.④ 15.① 16.② 17.④

18 다음 중 감각온도의 3요소로 볼 수 없는 것은 어느 것인가?
① 기온　② 기압
③ 기류　④ 기습

풀이 감각온도(실효온도, 유효온도)
기온, 습도, 기류(감각온도 3요소)의 조건에 따라 결정되는 체감온도이다.

19 다음 중 산업위생(보건) 관련 기관과 그 약어의 연결이 잘못된 것은?
① 국제암연구소 : IARC
② 미국정부산업위생전문가협회 : ACGIH
③ 미국산업안전보건청 : NIOSH
④ 미국산업위생학회 : AIHA

풀이 미국산업안전보건청(OSHA ; Occupational Safety and Health Administration)

20 근육운동에 필요한 에너지 중 혐기성 대사에 사용되는 물질이 아닌 것은?
① 단백질
② 글리코겐
③ 크레아틴인산(CP)
④ 아데노신삼인산(ATP)

풀이 혐기성 대사(anaerobic metabolism)
(1) 근육에 저장된 화학적 에너지를 의미한다.
(2) 혐기성 대사 순서(시간대별)
ATP(아데노신삼인산) → CP(크레아틴인산) → glycogen(글리코겐) or glucose(포도당)
※ 근육운동에 동원되는 주요 에너지원 중 가장 먼저 소비되는 것은 ATP이다.

제2과목 | 작업환경 측정 및 평가

21 다음 중 실리카겔과의 친화력이 가장 큰 유기용제는?
① 방향족탄화수소류
② 케톤류
③ 에스테르류
④ 파라핀류

풀이 실리카겔의 친화력
물 > 알코올 > 알데히드류 > 케톤류 > 에스테르류 > 방향족탄화수소류 > 올레핀류 > 파라핀류

22 입자상 물질의 채취에 사용되는 막 여과지 중 화학물질과 열에 저항이 강한 특성을 가지고 있고 코크스 제조공정에서 발생하는 코크스 오븐 배출물질 채취에 사용되는 것은?
① 은막 여과지(silver membrane filter)
② 섬유상 여과지(fiber filter)
③ PTFE 여과지(Polytetrafluoroethylene filter)
④ MCE 여과지(mixed cellulose ester membrane filter)

풀이 은막 여과지(silver membrane filter)
㉠ 균일한 금속은을 소결하여 만들며 열적·화학적 안정성이 있다.
㉡ 코크스 제조공정에서 발생되는 코크스 오븐 배출물질, 콜타르피치 휘발물질, X선 회절분석법을 적용하는 석영 또는 다핵방향족탄화수소 등을 채취하는 데 사용한다.
㉢ 결합제나 섬유가 포함되어 있지 않다.

23 20℃, 1기압에서 100L의 공기 중에 벤젠 1mg을 혼합시켰다. 이때의 벤젠농도(C_6H_6, V/V)는?
① 약 2.1ppm　② 약 2.7ppm
③ 약 3.1ppm　④ 약 3.7ppm

풀이
$$\text{농도}(mg/m^3) = \frac{1mg}{100L \times m^3/1,000L}$$
$$= 10mg/m^3$$
$$\therefore \text{농도}(ppm) = 10mg/m^3 \times \frac{22.4 \times \left(\frac{273+20}{273}\right)}{78}$$
$$= 3.08ppm$$

24 실리카겔 흡착관에 대한 설명으로 옳지 않은 것은?

① 실리카겔은 극성이 강하여 극성 물질을 채취한 경우 물과 같은 일반 용매로는 탈착되기 어렵다.
② 추출용액이 화학분석이나 기기분석에 방해물질로 작용하는 경우가 많지 않다.
③ 유독한 이황화탄소를 탈착용매로 사용하지 않는다.
④ 활성탄으로 채취가 어려운 아닐린, 오르토-톨루이딘 등의 아민류 채취가 가능하다.

[풀이] 실리카겔은 극성 물질을 채취한 경우 물, 메탄올 등 다양한 용매로 쉽게 탈착 가능하다.

25 유량, 측정시간, 회수율, 분석에 의한 오차가 각각 15, 3, 5, 9일 때 누적오차는?

① 18.4% ② 19.4%
③ 20.4% ④ 21.4%

[풀이] 총(누적)오차 = $\sqrt{15^2 + 3^2 + 5^2 + 9^2} = 18.44\%$

26 물질을 취급 또는 보관하는 동안에 기체 또는 미생물이 침입하지 않도록 내용물을 보호하는 용기는? (단, 고용노동부 고시 기준)

① 밀폐용기 ② 밀봉용기
③ 기밀용기 ④ 차광용기

[풀이] 용기의 종류
㉠ 밀폐용기(密閉容器) : 취급 또는 저장하는 동안에 이물이 들어가거나 내용물이 손실되지 않도록 보호하는 용기
㉡ 기밀용기(機密容器) : 취급 또는 저장하는 동안에 밖으로부터 공기 및 다른 가스가 침입하지 않도록 내용물을 보호하는 용기
㉢ 밀봉용기(密封容器) : 취급 또는 저장하는 동안에 기체나 미생물이 침입하지 않도록 내용물을 보호하는 용기
㉣ 차광용기(遮光容器) : 광선이 투과하지 않는 용기 또는 투과하지 않도록 포장한 용기로 취급 또는 저장하는 동안에 내용물이 광화학적 변화를 일으키지 않도록 방지할 수 있는 용기

27 고열 측정구분이 습구온도이고, 측정기기가 자연습구온도계인 경우 측정시간기준은? (단, 고용노동부 고시 기준)

① 5분 이상
② 10분 이상
③ 15분 이상
④ 25분 이상

[풀이] 고열의 측정기기와 측정시간

구 분	측정기기	측정시간
습구온도	0.5℃ 간격의 눈금이 있는 아스만통풍건습계, 자연습구온도를 측정할 수 있는 기기 또는 이와 동등 이상의 성능이 있는 측정기기	• 아스만통풍습계 : 25분 이상 • 자연습구온도계 : 5분 이상
흑구 및 습구흑구온도	직경이 5cm 이상 되는 흑구온도계 또는 습구흑구온도(WBGT)를 동시에 측정할 수 있는 기기	• 직경이 15cm일 경우 : 25분 이상 • 직경이 7.5cm 또는 5cm일 경우 : 5분 이상

※ 고시 변경사항, 학습 안 하셔도 무방합니다.

28 세 개의 소음원 수준을 각각 측정해 보니 86dB, 88dB, 90dB이었다. 세 개의 소음원이 동시에 가동될 때 음압수준(dB)은 약 얼마인가?

① 90 ② 91
③ 92 ④ 93

[풀이] 합성소음도 = $10 \log(10^{8.6} + 10^{8.8} + 10^{9.0})$
= 93.1dB

29 가스상 물질의 분석 및 평가를 위해 '알고 있는 공기 중 농도'를 만드는 방법인 dynamic method에 관한 설명으로 옳지 않은 것은?

① 매우 일정한 농도를 유지하기 용이하다.
② 지속적인 모니터링이 필요하다.
③ 만들기가 복잡하고 가격이 고가이다.
④ 소량의 누출이나 벽면에 의한 손실은 무시할 수 있다.

[풀이] dynamic method
㉠ 희석공기와 오염물질을 연속적으로 흘려주어 일정한 농도를 유지하면서 만드는 방법이다.
㉡ 알고 있는 공기 중 농도를 만드는 방법이다.
㉢ 농도변화를 줄 수 있고 온도·습도 조절이 가능하다.
㉣ 제조가 어렵고 비용도 많이 든다.
㉤ 다양한 농도범위에서 제조 가능하다.
㉥ 가스, 증기, 에어로졸 실험도 가능하다.
㉦ 소량의 누출이나 벽면에 의한 손실은 무시할 수 있다.
㉧ 지속적인 모니터링이 필요하다.
㉨ 매우 일정한 농도를 유지하기가 곤란하다.

30 0.05N 수산화나트륨 용액 2,000mL를 만들기 위하여 필요한 NaOH의 그램(g)수는? (단, Na : 23)

① 2.0
② 4.0
③ 6.0
④ 8.0

[풀이] NaOH 0.05N은 0.05eq/L이고 1가 산화제
0.05eq/L×2L=NaOH(g)×1eq/(40/1)g
∴ NaOH(g)=4.0g

31 검지관의 단점이라 볼 수 없는 것은?

① 민감도와 특이도가 낮다.
② 각 오염물질에 맞는 검지관을 선정해야 하는 불편이 있을 수 있다.
③ 밀폐공간에서의 산소부족, 폭발성 가스로 인한 안전문제가 있는 곳은 사용할 수 없다.
④ 미리 측정대상물질의 동정이 되어 있어야 측정이 가능하다.

[풀이] 검지관 측정법
(1) 장점
㉠ 사용이 간편하다.
㉡ 반응시간이 빨라 현장에서 바로 측정 결과를 알 수 있다.
㉢ 비전문가도 어느 정도 숙지하면 사용할 수 있지만 산업위생전문가의 지도 아래 사용되어야 한다.
㉣ 맨홀, 밀폐공간에서의 산소부족 또는 폭발성 가스로 인한 안전이 문제가 될 때 유용하게 사용된다.
㉤ 다른 측정방법이 복잡하거나 빠른 측정이 요구될 때 사용할 수 있다.

(2) 단점
㉠ 민감도가 낮아 비교적 고농도에만 적용이 가능하다.
㉡ 특이도가 낮아 다른 방해물질의 영향을 받기 쉽고 오차가 크다.
㉢ 대개 단시간 측정만 가능하다.
㉣ 한 검지관으로 단일물질만 측정 가능하여 각 오염물질에 맞는 검지관을 선정함에 따른 불편함이 있다.
㉤ 색변화에 따라 주관적으로 읽을 수 있어 판독자에 따라 변이가 심하며, 색변화가 시간에 따라 변하므로 제조자가 정한 시간에 읽어야 한다.
㉥ 미리 측정대상 물질의 동정이 되어 있어야 측정이 가능하다.

32 검출한계와 정량한계에 관한 내용으로 옳지 않은 것은?

① 검출한계는 분석기기가 검출할 수 있는 가장 낮은 양
② 검출한계는 표준편차의 10배에 해당
③ 정량한계는 검출한계의 3배 또는 3.3배로 정의
④ 정량한계는 분석기기가 검출할 수 있는, 신뢰성을 가질 수 있는 양

[풀이] 정량한계(LOQ ; Limit Of Quantization)
㉠ 분석기마다 바탕선량과 구별하여 분석될 수 있는 최소의 양, 즉 분석결과가 어느 주어진 분석절차에 따라 합리적인 신뢰성을 가지고 정량분석할 수 있는 가장 작은 양이나 농도이다.
㉡ 도입 이유는 검출한계가 정량분석에서 만족스런 개념을 제공하지 못하기 때문에 검출한계의 개념을 보충하기 위해서이다.
㉢ 일반적으로 표준편차의 10배 또는 검출한계의 3배 또는 3.3배로 정의한다.
㉣ 정량한계를 기준으로 최소한으로 채취해야 하는 양이 결정된다.

정답 30.② 31.③ 32.②

33 어느 작업장의 벤젠농도를 5회 측정한 결과가 30ppm, 33ppm, 29ppm, 27ppm, 31ppm이었다면 기하평균농도(ppm)는 어느 것인가?

① 29.9
② 30.5
③ 30.9
④ 31.1

풀이
$$\log(GM) = \frac{\log30 + \log33 + \log29 + \log27 + \log31}{5}$$
$$= 1.476$$
$$\therefore GM = 10^{1.476} = 29.92\text{ppm}$$

34 총 먼지 채취 전 여과지의 질량은 15.51mg 이고 2.0L/min으로 7시간 시료채취 후 여과지의 질량은 19.95mg이었다. 이때 공기 중 총 먼지농도는? (단, 기타 조건은 고려하지 않음)

① 5.17mg/m^3
② 5.29mg/m^3
③ 5.62mg/m^3
④ 5.93mg/m^3

풀이
$$\text{농도}(\text{mg/m}^3) = \frac{(19.95 - 15.51)\text{mg}}{2.0\text{L/min} \times 420\text{min} \times \text{m}^3/1,000\text{L}}$$
$$= 5.29\text{mg/m}^3$$

35 다음 중 옥외(태양광선이 내리쬐지 않는 장소)에서 습구흑구온도지수(WBGT)의 산출 방법은? (단, NWB : 자연습구온도, DT : 건구온도, GT : 흑구온도)

① WBGT=0.7NWB+0.3GT
② WBGT=0.7NWB+0.3DT
③ WBGT=0.7NWB+0.2DT+0.1GT
④ WBGT=0.7NWB+0.2GT+0.1DT

풀이 습구흑구온도지수(WBGT)의 산출식
㉠ 옥외(태양광선이 내리쬐는 장소)
WBGT(℃)=0.7×자연습구온도+0.2×흑구온도+0.1×건구온도
㉡ 옥내 또는 옥외(태양광선이 내리쬐지 않는 장소)
WBGT(℃)=0.7×자연습구온도+0.3×흑구온도

36 TCE(분자량=131.39)에 노출되는 근로자의 노출농도를 측정하고자 한다. 추정되는 농도는 25ppm이고, 분석방법의 정량한계가 시료당 0.5mg일 때, 정량한계 이상의 시료량을 얻기 위해 채취하여야 하는 공기 최소량은? (단, 25℃, 1기압 기준)

① 2.4L
② 3.7L
③ 4.2L
④ 5.3L

풀이
$$(\text{mg/m}^3) = 25\text{ppm} \times \frac{131.39\text{g}}{24.45\text{L}} = 134.35\text{mg/m}^3$$
$$\frac{LOQ}{\text{추정농도}} = \frac{0.5\text{mg}}{134.35\text{mg/m}^3}$$
$$= 0.00372\text{m}^3 \times \frac{1,000\text{L}}{\text{m}^3} = 3.72\text{L}$$

37 작업환경측정에 사용되는 사이클론에 관한 내용으로 옳지 않은 것은?

① 공기 중에 부유되어 있는 먼지 중에서 호흡성 입자상 물질을 채취하고자 고안되었다.
② PVC 여과지가 있는 카세트 아래에 사이클론을 연결하고 펌프를 가동하여 시료를 채취한다.
③ 사이클론과 여과지 사이에 설치된 단계적 분리판으로 입자의 질량크기 분포를 얻을 수 있다.
④ 사이클론은 사용할 때마다 그 내부를 청소하고 검사해야 한다.

풀이 단계적 분리판으로 입자의 질량크기 분포를 얻을 수 있는 채취기구는 cascade impactor(입경분립충돌기)이다.

38 가스크로마토크래피로 이황화탄소, 메르캅탄류, 니트로메탄을 분석할 때 주로 사용하는 검출기는?

① 자외선검출기(FID)
② 열전도도검출기(TCD)
③ 전자화학검출기(ECD)
④ 불꽃광도검출기(FPD)

풀이 | 검출기의 종류 및 특징

검출기 종류	특징
불꽃이온화 검출기 (FID)	• 유기용제 분석 시 가장 많이 사용하는 검출기(운반기체 : 질소, 헬륨) • 매우 안정한 보조가스(수소-공기)의 기체흐름이 요구된다. • 큰 범위의 직선성, 비선택성, 넓은 용융성, 안정성, 높은 민감성 • 할로겐 함유 화합물에 대하여 민감도가 낮다. • 주분석대상 가스는 다핵방향족탄화수소류, 할로겐화 탄화수소류, 알코올류, 방향족탄화수소류, 이황화탄소, 니트로메탄, 메르캅탄류
열전도도 검출기 (TCD)	• 분석물질마다 다른 열전도도 차를 이용하는 원리 • 민감도는 FID의 약 1/1,000(운반가스 : 순도 99.8% 이상 수소, 헬륨) • 주분석대상 가스는 벤젠
전자포획형 검출기 또는 전자화학 검출기 (ECD)	• 유기화합물의 분석에 많이 사용(운반가스 : 순도 99.8% 이상 헬륨) • 검출한계는 50pg • 주분석대상 가스는 헬로겐화 탄화수소화합물, 사염화탄소, 벤조피렌니트로화합물, 유기금속화합물, 염소를 함유한 농약의 검출에 널리 사용 • 불순물 및 온도에 민감
불꽃광도 (전자)검출기 (FPD)	• 악취관계 물질 분석에 많이 사용(이황화탄소, 메르캅탄류) • 잔류 농약의 분석(유기인, 유기황화물)에 대하여 특히 감도가 좋음
광이온화 검출기(PID)	주분석대상 가스는 알칸계, 방향족, 에스테르류, 유기금속류
질소인 검출기 (NPD)	• 매우 안정한 보조가스(수소-공기)의 기체흐름이 요구된다. • 주분석대상 가스는 질소포함 화합물, 인포함 화합물

39 누적소음노출량 측정기로 소음을 측정하는 경우 소음계의 exchange rate 설정기준은? (단, 고용노동부 고시 기준)

① 1dB ② 3dB
③ 5dB ④ 10dB

풀이 | 누적소음노출량 측정기 설정기준
㉠ criteria : 90dB
㉡ exchange rate : 5dB
㉢ threshold : 80dB

40 다음의 2차 표준기구 중 주로 실험실에서 사용하는 것은?

① 로터미터
② 습식 테스트미터
③ 건식 가스미터
④ 열선기류계

풀이 | 습식 테스트미터는 실험실에서 주로 사용되고 건식 테스트미터는 주로 현장에서 사용된다.

제3과목 | 작업환경 관리

41 일반적으로 더운 환경에서 고된 육체적인 작업을 하면서 땀을 많이 흘릴 때 신체의 염분손실을 충당하지 못하여 발생하는 고열장애는?

① 열발진
② 열사병
③ 열실신
④ 열경련

풀이 | 열경련
(1) 발생
  ㉠ 지나친 발한에 의한 수분 및 혈중 염분 손실 시 발생한다(혈액의 현저한 농축 발생).
  ㉡ 땀을 많이 흘리고 동시에 염분이 없는 음료수를 많이 마셔서 염분 부족 시 발생한다.
  ㉢ 전해질의 유실 시 발생한다.
(2) 증상
  ㉠ 체온이 정상이거나 약간 상승하고 혈중 Cl⁻ 농도가 현저히 감소한다.
  ㉡ 낮은 혈중 염분농도와 팔과 다리의 근육경련이 일어난다(수의근 유통성 경련).
  ㉢ 통증을 수반하는 경련은 주로 작업 시 사용한 근육에서 흔히 발생한다.
  ㉣ 일시적으로 단백뇨가 나온다.
  ㉤ 중추신경계통의 장애는 일어나지 않는다.
  ㉥ 복부와 사지 근육에 강직, 동통이 일어나고 과도한 발한이 발생한다.
  ㉦ 수의근의 유통성 경련(주로 작업 시 사용한 근육에서 발생)이 일어나기 전에 현기증, 이명, 두통, 구역, 구토 등의 전구증상이 일어난다.

정답 39.③ 40.② 41.④

42 분진작업장의 작업환경관리대책 중 분진발생방지나 분진비산억제 대책으로 가장 적절한 것은?

① 작업의 강도를 경감시켜 작업자의 호흡량을 감소
② 작업자가 착용하는 방진마스크를 송기마스크로 교체
③ 광석 분쇄·연마작업 시 물을 분사하면서 하는 방법으로 변경
④ 분진발생공정과 타 공정을 교대로 근무하게 하여 노출시간 감소

풀이
(1) 분진발생억제(발진의 방지)
  ㉠ 작업공정 습식화
    • 분진의 방진대책 중 가장 효과적인 개선대책
    • 착암, 파쇄, 연마, 절단 등의 공정에 적용
    • 취급물질은 물, 기름, 계면활성제 사용
    • 물을 분사할 경우 국소배기시설과의 병행 사용 시 주의(작은 입자들이 부유 가능성이 있고, 이들이 덕트 등에 쌓여 굳게 됨으로써 국소배기시설의 효율성을 저하시킴)
    • 시간이 경과하여 바닥에 굳어 있다 건조되면 재비산되므로 주의
  ㉡ 대치
    • 원재료 및 사용재료의 변경(연마재의 사암을 인공마석으로 교체)
    • 생산기술의 변경 및 개량
    • 작업공정의 변경
(2) 발생분진 비산방지방법
  ㉠ 해당 장소를 밀폐 및 포위
  ㉡ 국소배기
    • 밀폐가 되지 못하는 경우에 사용
    • 포위형 후드의 국소배기장치를 설치하며 해당 장소를 음압으로 유지시킬 것
  ㉢ 전체환기

43 다음 중 산소농도가 9~14%일 때의 증상과 가장 거리가 먼 것은 어느 것인가? (단, 산소분압 60~105mmHg, 동맥혈 산소분압 40~55mmHg, 동맥혈 산소포화도 74~87%)

① 경련
② 체온 상승
③ 청색증
④ 판단력 둔화

풀이 산소농도에 따른 인체장애

산소농도(%)	산소분압(mmHg)	동맥혈의 산소포화도(%)	증상
12~16	90~120	85~89	호흡수 증가, 맥박 증가, 정신집중 곤란, 두통, 이명, 신체기능 조절 손상 및 순환기 장애자 초기 증상 유발
9~14	60~105	74~87	불완전한 정신상태에 이르고 취한 것과 같으며 당시의 기억상실, 전신탈진, 체온상승, 호흡장애, 청색증 유발, 판단력 저하
6~10	45~70	33~74	의식불명, 안면창백, 전신근육경련, 중추신경장애, 청색증유발, 경련, 8분 내 100% 치명적, 6분 내 50% 치명적, 4~5분 내 치료로 회복 가능
4~6 및 이하	45 이하	33 이하	40초 내에 혼수상태, 호흡정지, 사망

44 소음의 방향성은 소음원과 작업장 공간의 특성에 따라 결정된다. 다음 중 소음의 방향성(Q : 지향계수) 4를 옳게 설명한 것은 어느 것인가?

① 소음원이 작업장 한가운데 바닥에 놓여 있을 때
② 소음원이 작업장 두 면이 접하는 구석에 놓여있을 때
③ 소음원이 작업장 세 면이 접하는 구석에 놓여있을 때
④ 소음원이 작업장 네 면이 접하는 구석에 놓여있을 때

정답 42.③ 43.① 44.②

[풀이] 음원의 위치에 따른 지향성

음원이 자유공간 (공중)에 있을 때	음원이 반자유공간 (바닥 위)에 있을 때
지향계수(Q) = 1 지향지수(DI) = 0dB	지향계수(Q) = 2 지향지수(DI) = 3dB
음원이 두 면이 접하는 공간에 있을 때	음원이 세 면이 접하는 공간에 있을 때
지향계수(Q) = 4 지향지수(DI) = 6dB	지향계수(Q) = 8 지향지수(DI) = 9dB

45 MUC(Maximum Use Concentration) 계산식으로 옳은 것은? (단, TLV : 허용기준, PF : 보호계수)

① MUC=TLV×PF ② MUC=TLV/PF
③ MUC=PF/TLV ④ MUC=TLV+PF

[풀이] **최대사용농도(MUC ; Maximum Use Concentration)**
PF의 이용 보호구에 대한 최대사용농도의 의미이며, 다음의 관계식을 가진다.
MUC = 노출기준×PF

46 전신진동장애에 관한 설명으로 틀린 것은?

① 전신진동 노출 진동원은 교통기관, 중장비차량, 큰 기계 등이다.
② 60~90Hz에서 안구에 함께 공명 현상이 일어나 시력장애가 온다.
③ 3~6Hz에서 흉강, 4~5Hz에서 두개골이 공명 현상을 유발하여 장애를 일으킨다.
④ 전신진동 노출 시 산소소비량과 폐환기량이 증가하며 내분비계, 심장, 평형감각 등에 영향을 미친다.

[풀이] **공명(공진) 진동수**
㉠ 두부와 견부는 20~30Hz 진동에 공명(공진)하며, 안구는 60~90Hz 진동에 공명
㉡ 3Hz 이하 : motion sickness 느낌(급성적 증상으로 상복부의 통증과 팽만감 및 구토)
㉢ 6Hz : 가슴, 등에 심한 통증
㉣ 13Hz : 머리, 안면, 볼, 눈꺼풀 진동
㉤ 4~14Hz : 복통, 압박감 및 동통감
㉥ 9~20Hz : 대·소변 욕구, 무릎 탄력감
㉦ 20~30Hz : 시력 및 청력장애

47 피부노화에 주로 영향을 주는 비전리방사선은?

① UV-A   ② UV-B
③ UV-C   ④ UV-D

[풀이] **자외선의 분류**
㉠ UV-C(100~280nm : 발진, 경미한 홍반)
㉡ UV-B(280~315nm : 발진, 경미한 홍반, 피부암, 광결막염)
㉢ UV-A(315~400nm : 발진, 홍반, 백내장)

48 전리방사선의 단위 중 생체실효선량으로 옳은 것은?

① rad   ② R
③ RBE   ④ rem

[풀이] **렘(rem)**
㉠ 전리방사선의 흡수선량이 생체에 영향을 주는 정도를 표시하는 선당량(생체실효선량)의 단위
㉡ 생체에 대한 영향의 정도에 기초를 둔 단위
㉢ Röntgen Equivalent Man 의미
㉣ 관련식
rem = rad×RBE
여기서, rem : 생체실효선량
rad : 흡수선량
RBE : 상대적 생물학적 효과비(rad를 기준으로 방사선효과를 상대적으로 나타낸 것)
• X선, γ선, β입자 ⇨ 1(기준)
• 열중성자 ⇨ 2.5
• 느린중성자 ⇨ 5
• α입자, 양자, 고속중성자 ⇨ 10

정답 45.① 46.③ 47.② 48.④

49 직포공장의 소음(음압실효치)을 측정한 결과 4N/m²였다. 음압레벨은 몇 dB인가? (단, 사람이 들을 수 있는 최소음압실효치는 0.00002N/m²이다.)

① 89　　② 92
③ 98　　④ 106

풀이 $SPL = 20\log\dfrac{P}{P_o} = 20\log\dfrac{4}{2\times 10^{-5}} = 106\text{dB}$

50 채광에 관한 설명으로 틀린 것은?

① 균일한 조명을 요하는 작업실은 동북 또는 북창이 좋다.
② 창의 면적은 바닥면적의 15~20%가 이상적이다.
③ 실내 각 점의 개각은 4~5°가 좋다.
④ 입사각은 28° 이하가 좋다.

풀이 채광은 입사각이 28° 이상이 좋다.

51 다음 중 전자기 전리방사선은?

① α(알파)선　② β(베타)선
③ 중성자　　④ X선

풀이 전리방사선의 종류
㉠ 전자기방사선 : X-ray, γ선
㉡ 입자방사선 : α선, β선, 중성자

52 방진마스크에 관한 설명으로 틀린 것은 어느 것인가?

① 필터 재질로는 활성탄과 실리카겔이 주로 사용된다.
② 흡기저항 상승률은 낮은 것이 좋다.
③ 방진마스크의 종류는 격리식과 직결식, 면체여과식이 있다.
④ 비휘발성 입자에 대한 보호만 가능하며 가스 및 증기의 보호는 안 된다.

풀이 ①항은 방독마스크의 내용이며, 방진마스크의 여과재는 면, 모, 합성섬유, 유리섬유 등을 사용한다.

53 고기압환경에서의 화학적 장애에 관한 내용으로 틀린 것은?

① 4기압 이상에서 질소가스에 의한 마취작용이 나타난다.
② 질소는 물보다 지방에 5배 더 많이 용해된다.
③ 수중의 잠수자는 폐압착증을 예방하기 위하여 수압과 같은 압력의 압축기체를 호흡하여야 하며 이로 인한 산소분압 증가로 산소중독이 일어난다.
④ 산소중독을 예방하기 위해 산소 외의 가스를 수소 및 헬륨 같은 불활성 기체로 대치한다.

풀이 고압환경에서는 질소를 헬륨으로 대치한 공기를 호흡시킨다.

54 어떤 작업장의 음압수준이 100dB(A)이고 근로자가 NRR이 27인 귀마개를 착용하고 있다면 근로자의 실제음압수준[dB(A)]은?

① 83
② 85
③ 90
④ 93

풀이 노출 실제음압수준=노출음압수준-차음효과
차음효과 =(NRR-7)×0.5
　　　　=(27-7)×0.5
　　　　=10dB(A)
=100dB(A)-10dB(A)
=90dB(A)

55 화학물질인 알데히드(지방족)를 다루는 작업장에서 사용하는 장갑의 재질로 가장 적절한 것은?

① 네오프렌
② PVC
③ 니트릴
④ 부틸

풀이 **보호장구 재질에 따른 적용물질**
㉠ Neoprene 고무 : 비극성 용제, 극성 용제 중 알코올, 물, 케톤류 등에 효과적
㉡ 천연고무(latex) : 극성 용제 및 수용성 용액에 효과적(절단 및 찰과상 예방)
㉢ viton : 비극성 용제에 효과적
㉣ 면 : 고체상 물질(용제에는 사용 못함)
㉤ 가죽 : 용제에는 사용 못함(기본적인 찰과상 예방)
㉥ nitrile 고무 : 비극성 용제에 효과적
㉦ butyl 고무 : 극성 용제에 효과적(알데히드, 지방족)
㉧ ethylene vinyl alcohol : 대부분의 화학물질을 취급할 경우 효과적

56 다음 중 한랭환경에서 발생하는 제2도 동상의 증상으로 가장 적절한 것은 어느 것인가?
① 수포를 가진 광범위한 삼출성 염증이 일어난다.
② 따갑고 가려운 감각이 생긴다.
③ 심부조직까지 동결하며 조직의 괴사와 괴저가 일어난다.
④ 혈관이 확장하여 발적이 생긴다.

풀이 **동상의 단계별 구분**
(1) 제1도 동상(발적)
㉠ 홍반성 동상이라고도 한다.
㉡ 처음에는 말단부로의 혈행이 정체되어서 국소성 빈혈이 생기고, 환부의 피부는 창백하게 되어서 다소의 동통 또는 지각 이상을 초래한다.
㉢ 한랭작용이 이 시기에 중단되면 반사적으로 충혈이 일어나서 피부에 염증성 조홍을 일으키고 남보라색 부종성 조홍을 일으킨다.
(2) 제2도 동상(수포형성과 염증)
㉠ 수포성 동상이라고도 한다.
㉡ 물집이 생기거나 피부가 벗겨지는 결빙을 말한다.
㉢ 수포를 가진 광범위한 삼출성 염증이 생긴다.
㉣ 수포에는 혈액이 섞여 있는 경우가 많다.
㉤ 피부는 청남색으로 변하고 큰 수포를 형성하여 궤양, 화농으로 진행한다.
(3) 제3도 동상(조직괴사로 괴저발생)
㉠ 괴사성 동상이라고도 한다.
㉡ 한랭작용이 장시간 계속되었을 때 생기며 혈행은 완전히 정지된다. 동시에 조직성분도 붕괴되며, 그 부분의 조직괴사를 초래하여 괴상을 만든다.
㉢ 심하면 근육, 뼈까지 침해하여 이환부 전체가 괴사성이 되어 탈락되기도 한다.

57 작업환경개선대책 중 격리(isolation)에 대한 설명과 가장 거리가 먼 것은?
① 작업자와 유해요인 사이에 물체에 의한 장벽 이용
② 작업자와 유해요인 사이에 거리에 의한 장벽 이용
③ 작업자와 유해요인 사이에 시간에 의한 장벽 이용
④ 작업자와 유해요인 사이에 관리에 의한 장벽 이용

풀이 **격리(isolation)**
물리적, 거리적, 시간적인 격리를 의미하며 쉽게 적용할 수 있고 효과도 비교적 좋다.
(1) 저장물질의 격리
인화성이 강한 물질 저장 시 저장탱크 사이에 도랑을 파고 제방을 만든다.
(2) 시설의 격리
㉠ 방사능물질은 원격조정이나 자동화 감시체제를 이용한다.
㉡ 시끄러운 기기류에 방음커버를 씌운 경우가 이에 속한다.
(3) 공정의 격리
㉠ 일반적으로 비용이 많이 든다.
㉡ 자동차의 도장공정, 전기도금에 일반화되어 있다.
(4) 작업자의 격리
위생보호구를 사용한다.

58 청력보호를 위한 귀마개의 감음효과는 주로 어느 주파수영역에서 가장 크게 나타나는가?
① 회화음역주파수(125~250Hz)
② 가청주파수영역(500~2,000Hz)
③ 저주파수영역(100Hz 이하)
④ 고주파수영역(4,000Hz)

[풀이] **귀마개의 방음효과**
㉠ 일반적으로 양질의 보호구일 경우 귀마개의 감음효과는 주로 고주파영역(4,000Hz)에서 크게 나타나며 25~35dB(A) 정도, 귀덮개는 35~45dB(A) 정도의 차음효과가 있으며 두 개를 동시에 착용하면 추가로 3~5dB(A) 감음효과를 얻을 수 있다.
㉡ 귀마개는 40dB 이상의 차음효과가 있어야 하나 귀마개를 끼면 사람들과의 대화가 방해되므로 사람의 회화영역인 1,000Hz 이하의 주파수영역에서는 25dB 이상의 차음효과만 있어도 충분한 방음효과가 있는 것으로 인정한다.
㉢ 고음만 차단해 주는 귀마개(EP-2)와 저음부터 고음까지 차단해 주는 것(EP-1)이 있으므로 작업도중 작업자 간의 대화가 반드시 필요한 곳에서는 고음은 차단하고, 저음은 통과해 주는 귀마개(EP-2)를 선택한다.

59 작업환경의 관리원칙 중 격리와 가장 거리가 먼 것은?
① 인화물질 저장탱크와 탱크 사이에 도랑, 제방 설치
② 블라스팅 재료를 모래에서 철구슬로 전환
③ 고열, 소음작업 근로자용 부스 설치
④ 방사성 동위원소 취급 시 원격장치를 이용
[풀이] ②항은 작업환경 관리원칙 중 대치의 내용이다.

60 귀덮개의 장단점으로 가장 거리가 먼 것은?
① 귀덮개의 크기를 여러 가지로 할 필요가 없다.
② 귀마개보다 차음효과가 일반적으로 크다.
③ 잘못 착용하여 차음효과의 개인차가 크게 되는 경우가 많다.
④ 오래 사용하여 귀걸이의 탄력성이 줄었을 때나 귀걸이가 휘었을 때는 차음효과가 떨어진다.

[풀이] **귀덮개**
(1) 장점
㉠ 귀마개보다 일관성 있는 차음효과를 얻을 수 있다.
㉡ 귀마개보다 차음효과가 일반적으로 높다.
㉢ 동일한 크기의 귀덮개를 대부분의 근로자가 사용 가능하다(크기를 여러 가지로 할 필요가 없음).
㉣ 귀에 염증이 있어도 사용 가능하다(질병이 있을 때도 가능).
㉤ 귀마개보다 차음효과의 개인차가 적다.
㉥ 근로자들이 귀마개보다 쉽게 착용할 수 있고 착용법을 틀리거나 잃어버리는 일이 적다.
㉦ 고음영역에서 차음효과가 탁월하다.
(2) 단점
㉠ 부착된 밴드에 의해 차음효과가 감소될 수 있다.
㉡ 고온에서 사용 시 불편하다(보호구 접촉면에 땀이 남).
㉢ 머리카락이 길 때와 안경테가 굵거나 잘 부착되지 않을 때는 사용하기가 불편하다.
㉣ 장시간 사용 시 꼭 끼는 느낌이 있다.
㉤ 보안경과 함께 사용하는 경우 다소 불편하며, 차음효과가 감소한다.
㉥ 가격이 비싸고 운반과 보관이 쉽지 않다.
㉦ 오래 사용하여 귀걸이의 탄력성이 줄었을 때나 귀걸이가 휘었을 때는 차음효과가 떨어진다.

제4과목 | 산업환기

61 다음 중 후드의 설계 및 선정 시 고려해야 할 사항으로 가장 적절하지 않은 것은?
① 필요유량을 최소화한다.
② 오염원에 가능한 한 가까이 설치한다.
③ 개구부로 유입되는 공기의 속도분포가 균일하도록 한다.
④ 비중이 공기보다 무거운 유해물질은 바닥에 후드를 설치한다.

[풀이] **후드 선택 시 유의사항(후드의 선택지침)**
㉠ 필요환기량을 최소화하여야 한다.
㉡ 작업자의 호흡영역을 유해물질로부터 보호해야 한다.
㉢ ACGIH 및 OSHA의 설계기준을 준수해야 한다.
㉣ 작업자의 작업방해를 최소화할 수 있도록 설치되어야 한다.
㉤ 상당거리 떨어져 있어도 제어할 수 있다는 생각, 공기보다 무거운 증기는 후드 설치위치를 작업장 바닥에 설치해야 한다는 생각의 설계오류를 범하지 않도록 유의해야 한다.
㉥ 후드는 덕트보다 두꺼운 재질을 선택하고 오염물질의 물리화학적 성질을 고려하여 후드 재료를 선정한다.

62 다음 중 화재·폭발 방지를 위한 전체환기량 계산에 관한 설명으로 틀린 것은 어느 것인가?

① 화재·폭발 농도 하한치를 활용한다.
② 온도에 따른 보정계수는 120℃ 이상의 온도에서는 0.3을 적용한다.
③ 공정의 온도가 높으면 실제 필요환기량은 표준환기량에 대해서 절대온도에 따라 재계산한다.
④ 안전계수가 4라는 의미는 화재·폭발이 일어날 수 있는 농도에 대해 25% 이하로 낮춘다는 의미이다.

풀이 화재·폭발 방지 전체환기량에서 온도보정계수는 120℃까지는 1.0, 120℃ 이상에서는 0.7을 적용한다.

63 크롬도금 작업장에 가로 0.5m, 세로 2.0m인 부스식 후드를 설치하여 크롬산 미스트를 처리하고자 한다. 제어풍속을 0.5m/sec로 하면 필요송풍량(m³/min)은 약 얼마인가?

① 15
② 21
③ 30
④ 84

풀이
Q (m³/min)
$= A \times V$
$= (0.5 \times 2.0)\text{m}^2 \times 0.5\text{m/sec} \times 60\text{sec/min}$
$= 30\text{m}^3/\text{min}$

64 다음 중 송풍관 설계에 있어 압력손실을 줄이는 방법으로 적절하지 않은 것은 어느 것인가?

① 마찰계수를 작게 한다.
② 분지관의 수를 가급적 적게 한다.
③ 곡관의 반경비(r/d)를 크게 한다.
④ 분지관을 주관에 접속할 때 90°에 가깝도록 한다.

풀이 주관과 분지관을 연결 시 30°에 가깝게 하고 확대관을 이용하여 엇갈리게 연결한다.

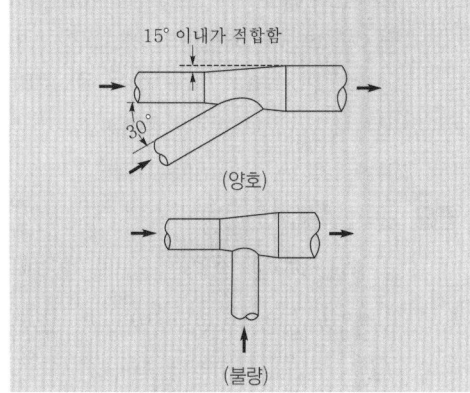

65 국소배기장치의 직선 덕트는 가로(a) 0.13m, 세로(b) 0.26m이고, 길이는 15m, 속도압은 20mmH₂O, 관마찰계수가 0.016일 때 덕트의 압력손실(mmH₂O)은 약 얼마인가? (단, 등가직경은 $\frac{2ab}{(a+b)}$ 로 구한다.)

① 12   ② 20
③ 28   ④ 26

풀이
압력손실(mmH₂O) $= \lambda \times \dfrac{L}{D} \times \text{VP}$

D(등가직경) $= \dfrac{2(0.13 \times 0.26)}{0.13 + 0.26}$
$= 0.173\text{m}$

$= 0.016 \times \dfrac{15}{0.173} \times 20$
$= 27.75\text{mmH}_2\text{O}$

66 다음 중 국소배기장치의 배기덕트 내 공기에 의한 마찰손실과 관련이 가장 적은 것은 어느 것인가?

① 공기속도   ② 덕트 직경
③ 공기조성   ④ 덕트 길이

풀이
덕트 압력손실(mmH₂O) $= \lambda(f) \times \dfrac{L}{D} \times \dfrac{\gamma V^2}{2g}$

∴ 덕트 압력손실은 속도의 제곱, 길이에 비례하고 직경에 반비례한다.

정답 62.② 63.③ 64.④ 65.③ 66.③

67 대기의 이산화탄소 농도가 0.03%, 실내 이산화탄소의 농도가 0.3%일 때 한 사람의 시간당 이산화탄소 배출량이 21L라면, 1인 1시간당 필요환기량($m^3/hr \cdot 인$)은 약 얼마인가?

① 5.4　　② 7.8
③ 9.2　　④ 11.4

[풀이] 필요환기량($m^3/hr \cdot 인$)
$= \dfrac{M}{C_s - C_o} \times 100$

$M = 21L/hr \cdot 인 \times m^3/1,000L$
$= 0.021 m^3/hr \cdot 인$

$= \dfrac{0.021 m^3/hr \cdot 인}{0.3 - 0.03} \times 100$
$= 7.78 m^3/hr \cdot 인$

68 다음 중 후드가 곡관 덕트로 연결되는 경우 속도압의 측정위치로 가장 적절한 것은?

① 덕트 직경의 1/2~1배 되는 지점
② 덕트 직경의 1~2배 되는 지점
③ 덕트 직경의 2~4배 되는 지점
④ 덕트 직경의 4~6배 되는 지점

[풀이] 후드 정압(속도압) 측정지점
㉠ 후드가 직관 덕트와 일직선으로 연결된 경우 : 덕트 직경의 2~4배
㉡ 후드가 곡관 덕트로 연결되는 경우 : 덕트 직경의 4~6배

69 직경이 200mm인 관에 유량이 100m^3/min인 공기가 흐르고 있을 때 공기의 속도는 약 얼마인가?

① 26m/sec　　② 53m/sec
③ 75m/sec　　④ 92m/sec

[풀이] $V = \dfrac{Q}{A} = \dfrac{100 m^3/min \times min/60sec}{\left(\dfrac{3.14 \times 0.2^2}{4}\right) m^2} = 53.08 m/sec$

70 다음 중 송풍기의 효율이 가장 우수한 형식은 어느 것인가?

① 터보형　　② 평판형
③ 축류형　　④ 다익형

[풀이] 송풍기 효율 순서
터보형 > 평판형 > 다익형

71 1기압 상태에서 1몰(mole)의 공기부피가 24.1L였다면 이때의 기온은 약 몇 ℃인가?

① 0℃　　② 18℃
③ 21℃　　④ 25℃

[풀이] 표준공기
(1) 정의 : 표준상태(STP)란 0℃, 1atm 상태를 말하며, 물리·화학 등 공학 분야에서 기준이 되는 상태로서 일반적으로 사용한다.
(2) 환경공학에서 표준상태는 기체의 체적을 Sm^3, Nm^3로 표시하여 사용한다.
(3) 산업환기 분야에서는 21℃(20℃), 1atm, 상대습도 50%인 상태의 공기를 표준공기로 사용한다.
　㉠ 표준공기 밀도 : 1.203kg/m^3
　㉡ 표준공기 비중량 : 1.203kg_f/m^3
　㉢ 표준공기 동점성계수 : $1.502 \times 10^{-5} m^2/s$

72 직경이 150mm인 덕트 내 정압은 $-64.5 mmH_2O$이고, 전압은 $-31.5 mmH_2O$였다. 이때 덕트 내의 공기속도(m/sec)는 약 얼마인가?

① 23.23　　② 32.09
③ 32.47　　④ 39.61

[풀이] $V(m/sec) = 4.043 \sqrt{VP}$
$VP = TP - SP$
　$= -31.5 - (-64.5) = 33 mmH_2O$
$= 4.043 \sqrt{33}$
$= 23.23 m/sec$

73 다음 중 분사구의 등속점에서 거리가 멀어질수록 기류속도가 작아져 분출기류의 속도가 50%로 줄어드는 부위를 무엇이라 하는가?

① 잠재중심부　　② 천이부
③ 완전개방부　　④ 흡인부

정답 67.② 68.④ 69.② 70.① 71.③ 72.① 73.②

[풀이] 분사구 직경(D)과 중심속도(V_c)의 관계

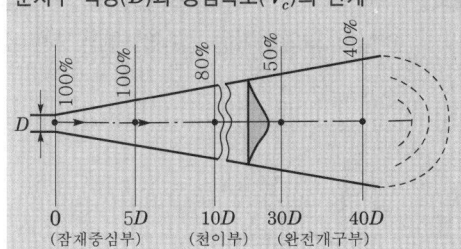

74 다음 중 덕트에서의 배풍량을 측정하기 위해 사용하는 기구가 아닌 것은?

① 피토관 ② 열선풍속계
③ 마노미터 ④ 스모크테스터

[풀이]
(1) smoke tester는 제어풍속의 흡인방향을 확인하기 위해 사용한다.
(2) 덕트 내 풍속측정계기
  ㉠ 피토관
    풍속 > 3m/sec에 사용
  ㉡ 풍차 풍속계
    풍속 > 1m/sec에 사용
  ㉢ 열선식 풍속계
    • 측정범위가 적은 것
      0.05m/sec < 풍속 < 1m/sec인 것을 사용
    • 측정범위가 큰 것
      0.05m/sec < 풍속 < 40m/sec인 것을 사용
  ㉣ 마노미터

75 다음 중 여과집진장치의 장점으로 틀린 것은 어느 것인가?

① 다양한 용량을 처리할 수 있다.
② 고온 및 부식성 물질의 포집이 가능하다.
③ 여러 가지 형태의 분진을 포집할 수 있다.
④ 가스의 양이나 밀도의 변화에 의해 영향을 받지 않는다.

[풀이] 고온 및 부식성 물질은 여과백의 수명을 단축시키는 단점이 있다.

76 다음 중 송풍기 벨트의 점검사항으로 늘어짐 한계표시를 올바르게 나타낸 것은?

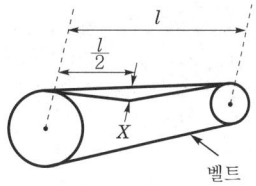

① $0.01l < X < 0.02l$
② $0.04l < X < 0.05l$
③ $0.07l < X < 0.08l$
④ $0.10l < X < 0.12l$

[풀이] 벨트를 손으로 눌러서 늘어진 치수를 조사한다.
→ 판정기준은 벨트의 늘어짐이 10~20mm일 것

77 자유공간에 떠 있는 직경 20cm인 원형 개구 후드의 개구면으로부터 20cm 떨어진 곳의 입자를 흡인하려고 한다. 제어풍속을 0.8m/sec로 할 때 속도압(mmH₂O)은 약 얼마인가?

① 7.4 ② 10.2
③ 12.5 ④ 15.6

[풀이]
• $Q = 60V_c(10X^2 + A)$
  $= 60\text{sec/min} \times 0.8\text{m/sec}$
  $\times \left[(10 \times 0.2^2)\text{m}^2 + \left(\dfrac{3.14 \times 0.2^2}{4}\right)\text{m}^2\right]$
  $= 20.71\text{m}^3/\text{min}$
• $VP = \left(\dfrac{V}{4.043}\right)^2$
  $V = \dfrac{20.71\text{m}^3/\text{min}}{\left(\dfrac{3.14 \times 0.2^2}{4}\right)\text{m}^2}$
  $= 659.46\text{m}^3/\text{min} \times \text{min}/60\text{sec}$
  $= 10.99\text{m/sec}$
  $= \left(\dfrac{10.99}{4.043}\right)^2 = 7.39\text{mmH}_2\text{O}$

78 다음 중 전체환기의 적용대상 작업장으로 가장 적절하지 않은 것은?

① 유해물질의 독성이 작을 때
② 유해물질의 배출량이 대체로 일정할 때
③ 유해물질의 배출원이 소수지역에 집중되어 있을 때
④ 근로자와 유해물질의 배출원이 충분히 멀리 있을 때

정답 74.④ 75.② 76.① 77.① 78.③

풀이 **전체환기(희석환기) 적용 시 조건**
㉠ 유해물질의 독성이 비교적 낮은 경우, 즉 TLV가 높은 경우(가장 중요한 제한조건)
㉡ 동일한 작업장에 다수의 오염원이 분산되어 있는 경우
㉢ 유해물질이 시간에 따라 균일하게 발생할 경우
㉣ 유해물질의 발생량이 적은 경우 및 희석공기량이 많지 않아도 될 경우
㉤ 유해물질이 증기나 가스일 경우
㉥ 국소배기로 불가능한 경우
㉦ 배출원이 이동성인 경우
㉧ 가연성 가스의 농축으로 폭발의 위험이 있는 경우
㉨ 오염원이 근무자가 근무하는 장소로부터 멀리 떨어져 있는 경우

79 흡착제 중에서 현재 가장 많이 사용하고 있으며, 비극성의 유기용제를 제거하는 데 유용한 것은?
① 활성탄
② 활성알루미나
③ 실리카겔
④ 합성제올라이트

풀이 대표적인 비극성 흡착제는 활성탄이며 극성 흡착제는 실리카겔, 활성알루미나 등이다.

80 다음 중 너무 큰 송풍기를 선정하여 시스템 압력손실이 과대평가된 경우에 해당하는 것은?

①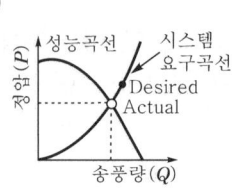

②

③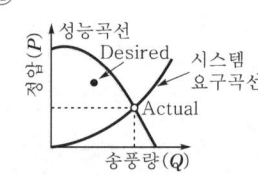

④

풀이 ① : 초기 측정치(정상적인 선정, Actual=Desired)
② : 시스템 요구곡선의 예측은 적절하나 성능이 약한 송풍기를 선정, 송풍량이 적게 나오는 경우
③ : 성능곡선의 예측은 적절하나 시스템의 압력손실이 과대평가된 경우
④ : 시스템 압력손실이 과대평가된 것으로 너무 큰 송풍기를 선정한 경우

과년도 출제문제 | 2013.03.10

제1회 산업위생관리산업기사

제1과목 | 산업위생학 개론

01 다음 중 신체적 결함과 부적합한 작업이 잘못 연결된 것은?
① 간기능 장애 – 화학공업
② 편평족 – 앉아서 하는 작업
③ 심계항진 – 격심작업, 고소작업
④ 고혈압 – 이상기온, 이상기압에서의 작업

풀이 신체적 결함과 부적합한 작업
㉠ 간기능 장애 : 화학공업(유기용제 취급작업)
㉡ 편평족 : 서서 하는 작업
㉢ 심계항진 : 격심작업, 고소작업
㉣ 고혈압 : 이상기온, 이상기압에서의 작업
㉤ 경견완 증후군 : 타이핑 작업

02 공장의 기계시설을 인간공학적으로 검토함에 있어서 준비단계를 가장 적절하게 설명한 것은?
① 인간-기계 관계의 구성인자의 특성을 명확히 알아낸다.
② 공장설계에 있어서의 기능적 특성, 제한점을 고려한다.
③ 인간-기계 관계 전반에 걸친 상황을 실험적으로 검토한다.
④ 각 작업을 수행하는 데 필요한 직종 간의 연결성을 고려한다.

풀이 인간공학 활용 3단계
인간공학은 공장의 기계시설에 있어 '준비 – 선택 – 검토'의 순서로 실제 적용하게 된다.
(1) 1단계 : 준비 단계
  ㉠ 인간공학에서 인간과 기계 관계 구성인자의 특성이 무엇인지를 알아야 하는 단계
  ㉡ 인간과 기계가 각기 맡은 일과 인간과 기계 관계가 어떠한 상태에서 조작될 것인지 명확히 알아야 하는 단계
(2) 2단계 : 선택 단계
  각 작업을 수행하는 데 필요한 직종 간의 연결성, 공정 설계에 있어서의 기능적 특성, 경제적 효율, 제한점을 고려하여 세부 설계를 하여야 하는 인간공학의 활용 단계
(3) 3단계 : 검토 단계
  공장의 기계 설계 시 인간공학적으로 인간과 기계 관계의 비합리적인 면을 수정 · 보완하는 단계

03 무게 10kg인 물건을 근로자가 들어올리려고 한다. 해당 작업조건의 권고기준(RWL)이 5kg이고, 이동거리가 20cm일 때 중량물 취급지수(LI)는 얼마인가? (단, 1분 2회씩 1일 8시간을 작업한다.)
① 1 ② 2
③ 3 ④ 4

풀이 중량물 취급지수(LI)
$$LI = \frac{물체\ 무게(kg)}{RWL(kg)} = \frac{10}{5} = 2$$

04 직업적 노출기준에 피부(SKIN) 표시가 첨부되는 물질이 있다. 다음 중 피부표시를 첨부하는 경우가 아닌 것은?
① 옥탄올-물 분배계수가 낮은 물질인 경우
② 반복하여 피부에 도포했을 때 전신작용을 일으키는 물질인 경우
③ 손이나 팔에 의한 흡수가 몸 전체흡수에 지대한 영향을 주는 물질인 경우
④ 동물의 급성중독 실험결과 피부흡수에 의한 치사량(LD_{50})이 비교적 낮은 물질인 경우

정답 01.② 02.① 03.② 04.①

> [풀이] **노출기준에 피부(SKIN) 표시를 하여야 하는 물질**
> ㉠ 손이나 팔에 의한 흡수가 몸 전체 흡수에 지대한 영향을 주는 물질
> ㉡ 반복하여 피부에 도포했을 때 전신작용을 일으키는 물질
> ㉢ 급성 동물실험 결과 피부 흡수에 의한 치사량이 비교적 낮은 물질
> ㉣ 옥탄올-물 분배계수가 높아 피부 흡수가 용이한 물질
> ㉤ 피부 흡수가 전신작용에 중요한 역할을 하는 물질

05 1940년대 일본에서 '이타이이타이병'으로 인하여 수많은 환자가 발생, 사망한 사례가 있었는데 이는 다음 중 어느 물질에 의한 것인가?

① 납　　　　② 크롬
③ 수은　　　④ 카드뮴

> [풀이] **카드뮴(Cd)**
> 1945년 일본에서 '이타이이타이'병이란 중독사건이 생겨 수많은 환자가 발생한 사례가 있으며 이는 생축적, 먹이사슬의 축적에 의한 카드뮴 폭로와 비타민 D의 결핍에 의한 것이었다. 우리나라에서는 1988년 한 도금업체에서 카드뮴 노출에 의한 사망 중독사건이 발표되었으나 정확한 원인규명은 하지 못했다.

06 다음 중 피로의 검사 및 측정 방법에 있어 생리적 방법에 해당하지 않는 것은 어느 것인가?

① 근력　　　　② 호흡순환기능
③ 연속반응시간　④ 대뇌피질활동

> [풀이] **산업피로 기능검사**
> (1) 연속측정법
> (2) 생리심리학적 검사법
> 　㉠ 역치측정
> 　㉡ 근력검사
> 　㉢ 행위검사
> (3) 생화학적 검사법
> 　㉠ 혈액검사
> 　㉡ 뇨단백검사
> (4) 생리적 검사법
> 　㉠ 연속반응시간
> 　㉡ 호흡순환기능
> 　㉢ 대뇌피질활동

07 다음 중 미국산업위생학술원(AAIH)에서 채택한 산업위생전문가가 지켜야 할 윤리강령의 구성이 아닌 것은?

① 전문가로서의 책임
② 국가에 대한 책임
③ 근로자에 대한 책임
④ 기업주와 고객에 대한 책임

> [풀이] **산업위생전문가의 윤리강령(AAIH)**
> ㉠ 산업위생전문가로서의 책임
> ㉡ 근로자에 대한 책임
> ㉢ 기업주와 고객에 대한 책임
> ㉣ 일반 대중에 대한 책임

08 다음 중 피로를 일으키는 인자에 있어 외적 요인에 해당하는 것은?

① 적응능력　　② 영양상태
③ 숙련정도　　④ 작업환경

> [풀이] **피로발생의 내적·외적 요인**
> (1) 피로발생의 외적 요인
> 　㉠ 작업환경
> 　㉡ 작업부하
> 　㉢ 생활조건
> (2) 피로발생의 내적 요인
> 　㉠ 적응능력
> 　㉡ 영양상태
> 　㉢ 숙련정도
> 　㉣ 신체적 조건

09 생산성 향상을 위해 기계와 작업대의 높이를 조절하고자 할 때 다음 중 작업자의 신체로부터 일할 수 있는 최대작업역에 관한 설명으로 옳은 것은?

① 작업자가 작업할 때 시선이 닿는 범위
② 작업자가 작업할 때 상지(上肢)를 뻗어서 닿는 범위
③ 작업자가 작업할 때 사지(四肢)를 뻗어서 닿는 범위
④ 작업자가 작업할 때 아래팔과 손으로 조작할 수 있는 범위

정답　05.④　06.①　07.②　08.④　09.②

[풀이]
(1) **최대작업역(최대영역, maximum area)**
   ㉠ 팔 전체가 수평상에 도달할 수 있는 작업 영역
   ㉡ 어깨로부터 팔을 뻗어 도달할 수 있는 최대 영역
   ㉢ 아래팔(전완)과 위팔(상완)을 곧게 펴서 파악할 수 있는 영역
   ㉣ 움직이지 않고 상지를 뻗어서 닿는 범위

(2) **정상작업역(표준영역, normal area)**
   ㉠ 상박부를 자연스런 위치에서 몸통부에 접하고 있을 때에 전박부가 수평면 위에서 쉽게 도착할 수 있는 운동범위
   ㉡ 위팔(상완)을 자연스럽게 수직으로 늘어뜨린 채 아래팔(전완)만으로 편안하게 뻗어 파악할 수 있는 영역
   ㉢ 움직이지 않고 전박과 손으로 조작할 수 있는 범위
   ㉣ 앉은 자세에서 위팔은 몸에 붙이고, 아래팔만 곧게 뻗어 닿는 범위
   ㉤ 약 34~45cm의 범위

10 다음 중 직업성 질환과 가장 관련이 적은 것은?
① 근골격계 질환
② 진폐증
③ 노인성 난청
④ 악성중피종

[풀이] 소음성 난청(영구성 난청)이 직업성 질환이며, 노인성 난청은 생리적 현상이다.

11 다음 중 재해통계지수를 잘못 나타낸 것은 어느 것인가?
① 종합재해지수 = $\sqrt{도수율 + 강도율}$
② 연천인율 = $\dfrac{연간재해자수}{연평균근로자수} \times 1,000$
③ 강도율 = $\dfrac{연간근로손실일수}{연간근로시간수} \times 1,000$
④ 도수율 = $\dfrac{연간재해발생건수}{연간근로시간수} \times 1,000,000$

[풀이] 종합재해지수 = $\sqrt{도수율 \times 강도율}$
인적사고 발생의 빈도 및 강도를 종합한 지표이다.

12 다음 중 생물학적 측정(모니터링)의 필요성과 가장 거리가 먼 것은?
① 채용 전 스크리닝 검사
② 노출량에 따른 작업 조정
③ 중독에 의한 치료대책 수립
④ 작업장 내 유해물질의 공기 중 농도 측정

[풀이] 작업장 내 유해물질의 공기 중 농도 측정은 개인시료에 관한 사항이다.

13 우리나라 노출기준에 있어 충격소음의 1일 노출횟수가 100회일 때 해당하는 충격소음의 강도기준은 얼마인가?
① 120dB(A)
② 130dB(A)
③ 140dB(A)
④ 150dB(A)

[풀이] **충격소음작업**
소음이 1초 이상의 간격으로 발생하는 작업
㉠ 120dB을 초과하는 소음이 1일 1만 회 이상 발생하는 작업
㉡ 130dB을 초과하는 소음이 1일 1천 회 이상 발생하는 작업
㉢ 140dB을 초과하는 소음이 1일 1백 회 이상 발생하는 작업

14 다음 중 입자상 물질의 호흡기 내 주요 침착 메커니즘이 아닌 것은?
① 충돌
② 침강
③ 확산
④ 흡수

[풀이] 입자상 물질의 호흡기 내 주요 침착 메커니즘
㉠ 충돌 ㉡ 침강 ㉢ 차단
㉣ 확산 ㉤ 정전기

15 최대 육체적 작업능력이 16kcal/min인 남성이 8시간 동안 피로를 느끼지 않고 일을 하기 위한 작업강도는 어느 정도인가?
① 12kcal/min
② 5.3kcal/min
③ 4kcal/min
④ 3.4kcal/min

[풀이] 작업강도 = $\dfrac{16\text{kcal/min}}{3} = 5.3\text{kcal/min}$

정답 10.③ 11.① 12.④ 13.③ 14.④ 15.②

PART 02 과년도 출제문제

16 다음 중 피부의 색소변성과 가장 거리가 먼 물질은?
① 타르(tar) ② 피치(pitch)
③ 크롬(Cr) ④ 페놀(phenol)

풀이 크롬은 피부궤양을 유발한다.

17 다음 중 작업환경 내의 감각온도를 산정하는 경우 온열요소로만 짝지어진 것은?
① 기온, 기습, 기압
② 기온, 기압, 작업강도
③ 기온, 기습, 기류
④ 기온, 기류, 작업강도

풀이 감각온도(실효온도, 유효온도)
기온, 습도, 기류(감각온도 3요소)의 조건에 따라 결정되는 체감온도이다.

18 톨루엔의 노출기준(TWA)이 50ppm일 때 1일 10시간 작업 시의 보정된 노출기준은 얼마인가? (단, Brief와 Scala의 보정방법을 이용한다.)
① 35ppm ② 50ppm
③ 75ppm ④ 100ppm

풀이
$$RF = \left(\frac{8}{H}\right) \times \frac{24-H}{16} = \left(\frac{8}{10}\right) \times \frac{24-10}{16} = 0.7$$
∴ 보정된 허용농도 = TLV × RF
= 50 × 0.7 = 35ppm

19 다음 중 산업안전보건법령상 보건관리자의 직무에 해당하지 않는 것은? (단, 산업위생관리기사를 취득한 보건관리자에 한한다.)
① 건강장애를 예방하기 위한 작업관리
② 물질안전보건자료의 게시 또는 비치
③ 사업장 순회점검·지도 및 조치의 건의
④ 근로자의 건강장애의 원인조사와 재발방지를 위한 의학적 조치

풀이 보건관리자의 직무(업무)
㉠ 산업안전보건위원회 또는 노사협의체에서 심의·의결한 업무와 안전보건관리규정 및 취업규칙에서 정한 업무
㉡ 안전인증대상 기계 등과 자율안전확인대상 기계 등 중 보건과 관련된 보호구(保護具) 구입 시 적격품 선정에 관한 보좌 및 지도·조언
㉢ 위험성평가에 관한 보좌 및 지도·조언
㉣ 작성된 물질안전보건자료의 게시 또는 비치에 관한 보좌 및 지도·조언
㉤ 산업보건의의 직무
㉥ 해당 사업장 보건교육계획의 수립 및 보건교육실시에 관한 보좌 및 지도·조언
㉦ 해당 사업장의 근로자를 보호하기 위한 다음의 조치에 해당하는 의료행위
  ⓐ 자주 발생하는 가벼운 부상에 대한 치료
  ⓑ 응급처치가 필요한 사람에 대한 처치
  ⓒ 부상·질병의 악화를 방지하기 위한 처치
  ⓓ 건강진단 결과 발견된 질병자의 요양 지도 및 관리
  ⓔ ⓐ부터 ⓓ까지의 의료행위에 따르는 의약품의 투여
㉧ 작업장 내에서 사용되는 전체환기장치 및 국소배기장치 등에 관한 설비의 점검과 작업방법의 공학적 개선에 관한 보좌 및 지도·조언
㉨ 사업장 순회점검, 지도 및 조치 건의
㉩ 산업재해 발생의 원인 조사·분석 및 재발방지를 위한 기술적 보좌 및 지도·조언
㉪ 산업재해에 관한 통계의 유지·관리·분석을 위한 보좌 및 지도·조언
㉫ 법 또는 법에 따른 명령으로 정한 보건에 관한 사항의 이행에 관한 보좌 및 지도·조언
㉬ 업무 수행 내용의 기록·유지
㉭ 그 밖에 보건과 관련된 작업관리 및 작업환경관리에 관한 사항으로서 고용노동부장관이 정하는 사항

※ 법 변경(2020년)사항이므로 풀이내용으로 학습 바랍니다.

20 다음 중 국제노동기구(ILO)와 세계보건기구(WHO) 공동위원회에서 정한 산업보건의 정의에 포함되어 있지 않은 내용은?
① 근로자의 건강진단 및 산업재해예방
② 근로자들의 육체적, 정신적, 사회적 건강을 유지·증진
③ 근로자를 생리적, 심리적으로 적합한 작업환경에 배치
④ 작업조건으로 인한 질병예방 및 건강에 유해한 취업방지

풀이 근로자 건강진단 및 산업재해예방은 산업위생 및 산업안전에서 다루는 분야이다.

정답 16.③ 17.③ 18.① 19.풀이 학습 20.①

제2과목 | 작업환경 측정 및 평가

21 다음 중 주로 문제가 되는 전신진동의 주파수 범위로 가장 알맞은 것은?
① 1~20Hz
② 2~80Hz
③ 100~300Hz
④ 500~1,000Hz

풀이
㉠ 전신진동 진동수 : 1~90Hz(2~80Hz)
㉡ 국소진동 진동수 : 8~1,500Hz

22 음의 실효치가 7.0dynes/cm² 일 때 음압수준(SPL)은?
① 87dB
② 91dB
③ 94dB
④ 96dB

풀이
$$SPL = 20\log\frac{P}{P_o} = 20\log\frac{7.0}{2\times10^{-4}} = 90.9\text{dB}$$

23 작업환경측정 분석 시 발생하는 계통오차의 원인과 가장 거리가 먼 것은?
① 불안정한 기기반응
② 부적절한 표준액의 제조
③ 시약의 오염
④ 분석물질의 낮은 회수율

풀이 계통오차의 종류
(1) 외계오차(환경오차)
  ㉠ 측정 및 분석 시 온도나 습도와 같은 외계의 환경으로 생기는 오차
  ㉡ 대책(오차의 세기) : 보정값을 구하여 수정함으로써 오차를 제거할 수 있다.
(2) 기계오차(기기오차)
  ㉠ 사용하는 측정 및 분석 기기의 부정확성으로 인한 오차
  ㉡ 대책 : 기계의 교정에 의하여 오차를 제거할 수 있다.
(3) 개인오차
  ㉠ 측정자의 습관이나 선입관에 의한 오차
  ㉡ 대책 : 두 사람 이상 측정자의 측정을 비교하여 오차를 제거할 수 있다.

24 수산화나트륨 4.0g을 1L의 물에 녹인 후 2N-HCl 용액으로 중화시킨다면 소요되는 2N-HCl 용액의 부피는? (단, Na 원자량은 23)
① 5mL
② 15mL
③ 25mL
④ 50mL

풀이
$$NV = N'V'$$
$$\frac{2\text{eq}}{L}\times V(\text{mL})\times\frac{L}{1,000\text{mL}}$$
$$= \frac{4\text{g}}{L}\times 1,000\text{mL}\times\frac{1\text{eq}}{40\text{g}}\times\frac{1L}{1,000\text{mL}}$$
$$\therefore V(\text{mL}) = 50\text{mL}$$

25 0.001%는 몇 ppb인가?
① 100
② 1,000
③ 10,000
④ 100,000

풀이
$$0.001\%\times\frac{10,000\text{ppm}}{\%} = 10\text{ppm}\times\frac{1,000\text{ppb}}{\text{ppm}}$$
$$= 10,000\text{ppb}$$

26 다음 중 (   ) 안에 들어갈 내용으로 옳은 것은?

> 산업위생통계에서 측정방법의 정밀도는 동일집단에 속한 여러 개의 시료를 분석하여 평균치와 표준편차를 계산하고 표준편차를 평균치로 나눈값, 즉 (   )로 평가한다.

① 분산수
② 기하평균치
③ 변이계수
④ 표준오차

풀이 변이계수(CV)
㉠ 측정방법의 정밀도를 평가하는 계수이며, %로 표현되므로 측정단위와 무관하게 독립적으로 산출된다.
㉡ 통계집단의 측정값에 대한 균일성과 정밀성의 정도를 표현한 계수이다.
㉢ 단위가 서로 다른 집단이나 특성값의 상호산포도를 비교하는 데 이용될 수 있다.
㉣ 변이계수가 작을수록 자료가 평균 주위에 가깝게 분포한다는 의미이다(평균값의 크기가 0에 가까울수록 변이계수의 의미는 작아진다).
㉤ 표준편차의 수치가 평균치에 비해 몇 %가 되느냐로 나타낸다.

정답 21.② 22.② 23.① 24.④ 25.③ 26.③

27 어느 가구공장의 소음을 측정한 결과 측정치가 다음과 같았다면 이 공장소음의 중앙값(median)은?

> 82dB(A), 90dB(A), 69dB(A), 84dB(A), 91dB(A), 85dB(A), 93dB(A), 89dB(A), 95dB(A)

① 91dB(A)　② 90dB(A)
③ 89dB(A)　④ 88dB(A)

풀이 측정치를 크기 순으로 배열하여 중앙에 오는 값
69dB(A), 82dB(A), 84dB(A), 85dB(A), <u>89dB(A)</u>, 90dB(A), 91dB(A), 93dB(A), 95dB(A)
　　　　　　　　　　　　　　　　　　중앙값

28 유량, 측정시간, 회수율 및 분석 등에 의한 오차가 각각 15%, 3%, 5% 및 3%일 때 누적오차(%)는?

① 7.4　② 14.2
③ 16.4　④ 31.0

풀이 누적오차(%) = $\sqrt{15^2 + 3^2 + 5^2 + 3^2} = 16.4\%$

29 압전결정판이 일정한 주파수로 진동할 때 먼지로 인하여 결정판의 질량이 달라지면 그 변화량에 비례하여 진동주파수가 달라지게 되는데, 이러한 현상을 이용한 직독식 먼지측정기는?

① 틴들(tyndall) 보정식 측정기
② piezo-electric 저울식 측정기
③ 전기장을 이용한 계측기
④ β선 흡수를 이용한 계측기

풀이 압전천칭식(piezobalance, piezo-electric, 저울식 측정기)
㉠ 분진측정 시 작업장 내의 분진이 중량으로 직접 숫자로 표시되며 압전형 분진계라고도 한다.
㉡ 포집된 분진에 의하여 달라진 압전결정판의 진동주파수에 의해 질량농도를 구하는 방식이다.
㉢ 공명된 진동을 이용한 직독식 기구(압전결정판이 일정한 주파수로 진동할 때 분진으로 인하여 결정판의 질량이 달라지면 그 변화량에 비례하여 진동주파수가 달라짐)이다.

30 미국 ACGIH에서 정의한 흉곽성 입자상 물질의 평균입경은?

① 3μm
② 4μm
③ 5μm
④ 10μm

풀이 ACGIH 입자크기별 기준(TLV)
(1) 흡입성 입자상 물질
(IPM ; Inspirable Particulates Mass)
㉠ 호흡기의 어느 부위(비강, 인후두, 기관 등 호흡기의 기도 부위)에 침착하더라도 독성을 유발하는 분진이다.
㉡ 입경범위는 0~100μm이다.
㉢ 평균입경(폐침착의 50%에 해당하는 입자의 크기)은 100μm이다.
㉣ 침전분진은 재채기, 침, 코 등의 벌크(bulk) 세척기전으로 제거된다.
㉤ 비암이나 비중격천공을 일으키는 입자상 물질이 여기에 속한다.
(2) 흉곽성 입자상 물질
(TPM ; Thoracic Particulates Mass)
㉠ 기도나 하기도(가스교환 부위)에 침착하여 독성을 나타내는 물질이다.
㉡ 평균입경은 10μm이다.
㉢ 채취기구는 PM 10이다.
(3) 호흡성 입자상 물질
(RPM ; Respirable Particulates Mass)
㉠ 가스교환 부위, 즉 폐포에 침착할 때 유해한 물질이다.
㉡ 평균입경은 4μm(공기역학적 직경이 10μm 미만인 먼지가 호흡성 입자상 물질)이다.
㉢ 채취기구는 10mm nylon cyclone이다.

31 음압이 100배 증가하면 음압수준은 몇 dB 증가하는가?

① 10
② 20
③ 30
④ 40

풀이 $SPL = 20\log\dfrac{P}{P_0}$
　　　$= 20\log 100 = 40dB$

정답　27.③　28.③　29.②　30.④　31.④

32 입자상 물질 중의 금속을 채취하는 데 사용되는 MCE막 여과지에 관한 설명으로 틀린 것은?

① 산에 쉽게 용해된다.
② 석면, 유리섬유 등 현미경 분석을 위한 시료채취에도 이용된다.
③ 시료가 여과지의 표면 또는 표면 가까운 데 침착된다.
④ 흡습성이 낮아 중량분석에 적합하다.

풀이 MCE막 여과지(Mixed Cellulose Ester membrane filter)
㉠ 산에 쉽게 용해된다.
㉡ 산업위생에서는 거의 대부분이 직경 37mm, 구멍크기 0.45~0.8μm의 MCE막 여과지를 사용하고 있어 작은 입자의 금속과 fume 채취가 가능하다.
㉢ MCE막 여과지는 산에 쉽게 용해되고 가수분해되며, 습식 회화되기 때문에 공기 중 입자상 물질 중의 금속을 채취하여 원자흡광법으로 분석하는 데 적당하다.
㉣ 시료가 여과지의 표면 또는 가까운 곳에 침착되므로 석면, 유리섬유 등 현미경 분석을 위한 시료채취에도 이용된다.
㉤ 흡습성(원료인 셀룰로오스가 수분 흡수)이 높은 MCE막 여과지는 오차를 유발할 수 있어 중량분석에 적합하지 않다.
㉥ MCE막 여과지는 산에 의해 쉽게 회화되기 때문에 원소분석에 적합하고 NIOSH에서는 금속, 석면, 살충제, 불소화합물 및 기타 무기물질에 추천하고 있다.

33 작업장에 98dB의 소음을 발생시키는 기계 한 대가 있다. 여기에 98dB의 소음이 발생하는 다른 기계 한 대를 더할 경우 소음수준은? (단, 기타 조건은 같다고 가정한다.)

① 99dB ② 101dB
③ 103dB ④ 105dB

풀이 $L_{합} = 10 \log(10^{9.8} + 10^{9.8})$
$= 101 dB$

34 직경분립충돌기가 사이클론 분립장치보다 유리한 장점이 아닌 것은?

① 호흡기 부분별로 침착된 입자크기의 자료를 추정할 수 있다.
② 입자의 질량크기 분포를 얻을 수 있다.
③ 채취시간이 짧고 시료의 되튐 현상이 없다.
④ 흡입성, 흉곽성, 호흡성 입자의 크기별로 분포와 농도를 계산할 수 있다.

풀이 직경분립충돌기(cascade impactor)
(1) 장점
㉠ 입자의 질량크기 분포를 얻을 수 있다(공기흐름속도를 조절하여 채취입자를 크기별로 구분 가능).
㉡ 호흡기의 부분별로 침착된 입자크기의 자료를 추정할 수 있다.
㉢ 흡입성, 흉곽성, 호흡성 입자의 크기별로 분포와 농도를 계산할 수 있다.
(2) 단점
㉠ 시료채취가 까다롭다. 즉 경험이 있는 전문가가 철저한 준비를 통해 이용해야 정확한 측정이 가능하다(작은 입자는 공기흐름속도를 크게 하여 충돌판에 포집할 수 없음).
㉡ 비용이 많이 든다.
㉢ 채취준비시간이 과다하다.
㉣ 되튐으로 인한 시료의 손실이 일어나 과소분석결과를 초래할 수 있어 유량을 2L/min 이하로 채취한다.
㉤ 공기가 옆에서 유입되지 않도록 각 충돌기의 조립과 장착을 철저히 해야 한다.

35 섬유상 여과지에 관한 설명으로 틀린 것은? (단, 막 여과지와 비교한 것이다.)

① 비싸다.
② 물리적인 강도가 높다.
③ 과부하에서도 채취효율이 높다.
④ 열에 강하다.

풀이 (1) 섬유상 여과지
㉠ 막 여과지에 비하여 가격이 비싸고 물리적 강도가 약하며 흡수성이 작다.
㉡ 막 여과지에 비해 열에 강하고 과부하에서도 채취효율이 높다.
㉢ 여과지 표면뿐만 아니라 단면 깊게 입자상 물질이 들어가므로 더 많은 입자상 물질을 채취할 수 있다.

정답 32.④ 33.② 34.③ 35.②

(2) 막 여과지
  ㉠ 작업환경측정 시 공기 중에 부유하고 있는 입자상 물질을 포집하기 위하여 사용되는 여과지이며, 유해물질은 여과지 표면이나 그 근처에서 채취된다.
  ㉡ 섬유상 여과지에 비하여 공기저항이 심하다.
  ㉢ 여과지 표면에 채취된 입자들이 이탈되는 경향이 있다.
  ㉣ 섬유상 여과지에 비하여 채취 입자상 물질이 작다.

36 가스상 또는 증기상 물질의 채취에 이용되는 흡착제 중의 하나인 다공성 중합체에 포함되지 않는 것은?
① Tenax GC   ② XAD관
③ chromosorb   ④ zeolite

풀이 다공성 중합체의 종류
  ㉠ Tenax관
  ㉡ XAD관
  ㉢ chromosorb
  ㉣ porapak
  ㉤ amherlite

37 작업환경 공기 중의 톨루엔 농도를 측정하였더니 $8mg/m^3$, $5mg/m^3$, $7mg/m^3$, $3mg/m^3$, $4mg/m^3$였다. 이들 값의 기하평균치(mg/m^3)는 어느 것인가?
① 3.07   ② 4.09
③ 5.07   ④ 6.09

풀이
$\log(GM)$
$= \dfrac{\log 8 + \log 5 + \log 7 + \log 3 + \log 4}{5} = 0.705$
$\therefore GM = 10^{0.705} = 5.07 mg/m^3$

38 개인시료채취기(personal air sampler)로 1분당 2L의 유량을 300분간 시료를 채취하였는데 채취 전 시료채취필터의 무게가 80mg, 채취 후 필터무게가 86mg이었다면 계산된 분진 농도는?

① $10mg/m^3$ ② $20mg/m^3$
③ $40mg/m^3$ ④ $80mg/m^3$

풀이 분진농도(mg/m^3)
$= \dfrac{(86-80)mg}{2L/min \times 300min \times m^3/1{,}000L}$
$= 10mg/m^3$

39 공기(10L)로부터 벤젠(분자량=78)을 고체흡착관에 채취하였다. 시료를 분석한 결과 벤젠의 양은 5mg이고 탈착효율은 95%였다. 공기 중 벤젠 농도는? (단, 25℃, 1기압 기준)
① 약 105ppm
② 약 125ppm
③ 약 145ppm
④ 약 165ppm

풀이
벤젠 농도(mg/m^3) $= \dfrac{5mg}{10L \times m^3/1{,}000L \times 0.95}$
$= 526.32 mg/m^3$
$\therefore$ 벤젠 농도(ppm) $= 526.32 mg/m^3 \times \dfrac{24.45}{78.1}$
$= 164.77 ppm$

40 측정기구의 보정을 위한 2차 표준으로서 유량 측정 시 가장 흔히 사용되는 것은?
① 비누거품미터
② 폐활량계
③ 유리피스톤미터
④ 로터미터

풀이 로터미터
  ㉠ 밑쪽으로 갈수록 점점 가늘어지는 수직관과 그 안에서 자유롭게 상하로 움직이는 float(부자)로 구성되어 있다.
  ㉡ 관은 유리나 투명 플라스틱으로 되어 있으며 눈금이 새겨져 있다.
  ㉢ 원리는 유체가 위쪽으로 흐름에 따라 float도 위로 올라가며 float와 관벽 사이의 접촉면에서 발생하는 압력강하가 float를 충분히 지지해 줄 때까지 올라간 float(부자)로의 눈금을 읽는다.
  ㉣ 최대유량과 최소유량의 비율이 10 : 1 범위이고 ±5% 이내의 정확성을 가진 보정선이 제공된다.

제3과목 | 작업환경 관리

41 고열작업환경에서 발생하는 열경련의 주요 원인은?

① 고온순화 미흡에 따른 혈액순환 저하
② 고열에 의한 순환기 부조화
③ 신체의 염분 손실
④ 뇌온도 및 체온 상승

> **[풀이] 열경련의 발생**
> ㉠ 지나친 발한에 의한 수분 및 혈중 염분 손실(혈액의 현저한 농축 발생)
> ㉡ 땀을 많이 흘리고 동시에 염분이 없는 음료수를 많이 마셔서 염분 부족 시 발생
> ㉢ 전해질의 유실 시 발생

42 작업환경개선을 위한 공학적인 대책과 가장 거리가 먼 것은?

① 환기
② 평가
③ 격리
④ 대치

> **[풀이] 작업환경개선의 공학적 대책**
> ㉠ 대치
> ㉡ 격리
> ㉢ 환기
> ㉣ 교육

43 열사병(heatstroke)이 발생했을 때 가장 적절한 응급처치방법은?

① 통풍이 잘되는 서늘한 곳에 눕히고 포도당 주사를 주입한다.
② 생리식염수를 정맥주사하거나 0.1% 식염수를 마시게 한다.
③ 얼음물에 몸을 담가서 체온을 39℃ 이하로 유지시켜 준다.
④ 스포츠음료나 설탕물을 마시게 한다.

> **[풀이] 열사병의 치료**
> ㉠ 체온조절 중추의 손상이 있을 때에는 치료효과를 거두기 어려우며 체온을 급히 하강시키기 위한 응급조치방법으로 얼음물에 담가서 체온을 39℃까지 내려주어야 한다.
> ㉡ 얼음물에 의한 응급조치가 불가능할 때는 찬물로 닦으면서 선풍기를 사용하여 증발냉각이라도 시도해야 한다.
> ㉢ 호흡곤란 시에는 산소를 공급해 준다.
> ㉣ 체열의 생산을 억제하기 위하여 항신진대사제 투여가 도움이 되나 체온 냉각 후 사용하는 것이 바람직하다.
> ㉤ 울열방지와 체열이동을 돕기 위하여 사지를 격렬하게 마찰시킨다.

44 기압으로 인한 화학적 장애(2차적인 가압현상) 중 질소로 인한 마취작용은 보통 몇 기압 이상에서 발생하는가?

① 2기압
② 3기압
③ 4기압
④ 5기압

> **[풀이] 질소가스의 마취작용**
> ㉠ 공기 중의 질소가스는 정상기압에서는 비활성이지만 4기압 이상에서 마취작용을 일으키며 이를 다행증이라 한다(공기 중의 질소가스는 3기압 이하에서는 자극작용을 한다).
> ㉡ 질소가스 마취작용은 알코올 중독의 증상과 유사하다.
> ㉢ 작업력의 저하, 기분의 변환, 여러 종류의 다행증(euphoria)이 일어난다.
> ㉣ 수심 90~120m에서 환청, 환시, 조현증, 기억력 감퇴 등이 나타난다.

45 어떤 음원에서 10m 떨어진 곳에서의 음의 세기레벨(sound intensity level)은 89dB이다. 음원에서 20m 떨어진 곳에서의 음의 세기레벨은? (단, 점음원이고 장애물이 없는 자유공간에서 구면상으로 전파한다고 가정한다.)

① 77dB
② 80dB
③ 83dB
④ 86dB

정답 41.③ 42.② 43.③ 44.③ 45.③

풀이

$$SPL_1 - SPL_2 = 20\log\frac{r_2}{r_1}$$

$$\therefore SPL_2 = SPL_1 - 20\log\frac{r_2}{r_1}$$

$$= 89 - 20\log\frac{20}{10}$$

$$= 82.98\text{dB}$$

46 청력보호구인 귀마개의 장점이 아닌 것은?

① 작아서 휴대하기 편리하다.
② 고개를 움직이는 데 불편함이 없다.
③ 고온에서 착용하여도 불편함이 없다.
④ 짧은 시간 내에 제대로 착용할 수 있다.

풀이

귀마개
(1) 장점
  ㉠ 부피가 작아서 휴대가 쉽다.
  ㉡ 안경과 안전모 등에 방해가 되지 않는다.
  ㉢ 고온작업에서도 사용 가능하다.
  ㉣ 좁은 장소에서도 사용 가능하다.
  ㉤ 가격이 귀덮개보다 저렴하다.
(2) 단점
  ㉠ 귀에 질병이 있는 사람은 착용 불가능하다.
  ㉡ 여름에 땀이 많이 날 때는 외이도에 염증유발 가능성이 있다.
  ㉢ 제대로 착용하는 데 시간이 걸리며 요령을 습득하여야 한다.
  ㉣ 차음효과가 일반적으로 귀덮개보다 떨어진다.
  ㉤ 사람에 따라 차음효과 차이가 크다(개인차가 큼).
  ㉥ 더러운 손으로 만짐으로써 외청도를 오염시킬 수 있다(귀마개에 묻어 있는 오염물질이 귀에 들어갈 수 있음).

47 보호구 밖의 농도가 300ppm이고 보호구 안의 농도가 12ppm이었을 때 보호계수(Protection Factor) 값은?

① 200
② 100
③ 50
④ 25

풀이

$$\text{보호계수(PF)} = \frac{\text{보호구 밖의 농도}}{\text{보호구 안의 농도}} = \frac{300}{12} = 25$$

48 이상기압 환경에 관한 설명 중 적합하지 않은 것은?

① 지구표면에서 공기의 압력은 평균 1kg/cm² 이며 이를 1기압이라고 한다.
② 수면하에서 압력은 수심이 10m 깊어질 때마다 1기압씩 더 걸린다.
③ 수심 20m에서의 절대압은 2기압이다.
④ 잠함작업이나 해저터널 굴진작업은 고압환경에 해당한다.

풀이

수심 20m인 곳의 절대압은 3기압이며, 작용압은 2기압이다. [절대압 = 대기압(1기압) + 작용압]

49 고압에 의한 장애를 방지하기 위하여 인공적으로 만든 호흡용 혼합가스인 헬륨-산소 혼합가스에 관한 설명으로 옳지 않은 것은?

① 호흡저항이 적다.
② 고압에서 마취작용이 강하여 심해 잠수작업에는 사용하기 힘들다.
③ 헬륨은 체외로 배출되는 시간이 질소에 비하여 50% 정도밖에 걸리지 않는다.
④ 헬륨은 질소보다 확산속도가 빠르다.

풀이

감압병의 예방 및 치료
㉠ 고압환경에서의 작업시간을 제한하고 고압실 내의 작업에서는 이산화탄소의 분압이 증가하지 않도록 신선한 공기를 송기시킨다.
㉡ 감압이 끝날 무렵에 순수한 산소를 흡입시키면 예방적 효과가 있을 뿐 아니라 감압시간을 25% 가량 단축시킬 수 있다.
㉢ 고압환경에서 작업하는 근로자에게 질소를 헬륨으로 대치한 공기를 호흡시킨다.
㉣ 헬륨-산소 혼합가스는 호흡저항이 적어 심해 잠수에 사용한다.
㉤ 일반적으로 1분에 10m 정도씩 잠수하는 것이 안전하다.
㉥ 감압병의 증상 발생 시에는 환자를 곧장 원래의 고압환경상태로 복귀시키거나 인공고압실에 넣어 혈관 및 조직 속에 발생한 질소의 기포를 다시 용해시킨 다음 천천히 감압한다.
㉦ Haldene의 실험근거상 정상기압보다 1.25기압을 넘지 않는 고압환경에는 아무리 오랫동안 폭로되거나 아무리 빨리 감압하더라도 기포를 형성하지 않는다.

◎ 비만자의 작업을 금지시키고, 순환기에 이상이 있는 사람은 취업 또는 작업을 제한한다.
㉠ 헬륨은 질소보다 확산속도가 빠르며, 체외로 배출되는 시간이 질소에 비하여 50% 정도 밖에 걸리지 않는다.
㉠ 귀 등의 장애를 예방하기 위해서는 압력을 가하는 속도를 분당 0.8kg/cm² 이하가 되도록 한다.

50 저산소증에 관한 설명으로 옳지 않은 것은?
① 저기압으로 인하여 발생하는 신체장애이다.
② 작업장 내 산소농도가 5%라면 혼수, 호흡감소 및 정지, 6~8분 후 심장이 정지한다.
③ 산소결핍에 가장 민감한 조직은 뇌이며, 특히 대뇌피질이다.
④ 정상공기의 산소함유량은 21% 정도이며 질소가 78%, 이산화탄소가 1% 정도를 차지하고 있다.

[풀이] 정상공기의 산소함유량은 21% 정도이며 질소가 78%, 아르곤이 약 1%(0.93%) 정도이다.
– 산소결핍증(hypoxia, 저산소증)
(1) 정의
저산소증이라고도 하며, 저산소상태에서 산소분압의 저하, 즉 저기압에 의하여 발생하는 질환이다.
(2) 특징
㉠ 산소결핍에 의한 질식사고가 가스재해 중에서 큰 비중을 차지한다.
㉡ 무경고성이고 급성적, 치명적이기 때문에 많은 희생자를 발생시킬 수 있다. 즉, 단시간 내에 비가역적 파괴현상을 나타낸다.
㉢ 생체 중 최대산소 소비기관은 뇌신경세포이다.
㉣ 산소결핍에 가장 민감한 조직은 대뇌피질이다.
㉤ 뇌는 산소소비가 가장 큰 장기로, 중량은 1.4kg에 불과하지만 소비량은 전신의 약 25%에 해당한다.
㉥ 혈액의 총 산소량은 혈액 100mL당 산소 20mL 정도이며, 인체 내에서 산소전달 역할을 한다. 즉, 혈액 중 적혈구가 산소전달 역할을 한다.
㉦ 신경조직 1g은 근육조직 1g과 비교하면 약 20배 정도의 산소를 소비한다.
(3) 인체증상
㉠ 산소공급 정지가 2분 이상일 경우 뇌의 활동성이 회복되지 않고 비가역적 파괴가 일어난다.
㉡ 산소농도가 5~6%라면 혼수, 호흡 감소 및 정지, 6~8분 후 심장이 정지된다.

51 가동 중인 시설에 대한 작업환경관리를 위하여 공정을 대치하는 경우, 유의할 사항으로 가장 옳은 것은?
① 일반적으로 비용이 가장 많이 드는 대책이라는 것을 유의한다.
② 일반적으로 유지 및 보수에 대해 많은 관심을 가진다.
③ 2-브로모프로판에 의한 생식독성 사례를 고찰한다.
④ 대용할 시설과 안전관계시설에 대한 지식이 필요하다.

[풀이] ④항은 시설의 변경에 관한 내용이다.

52 방사선량 중 흡수선량에 관한 설명과 가장 거리가 먼 것은?
① 공기가 방사선에 의해 이온화되는 것에 기초를 둠
② 모든 종류의 이온화 방사선에 의한 외부노출, 내부노출 등 모든 경우에 적용함
③ 관용단위는 rad(피조사체 1g에 대하여 100erg의 에너지가 흡수되는 것)임
④ 조직(또는 물질)의 단위질량당 흡수된 에너지임

[풀이] rad는 흡수선량 단위이며 방사선이 물질과 상호작용한 결과 그 물질의 단위질량에 흡수된 에너지의 의미이다.

53 자외선에 대한 설명 중 옳지 않은 것은?
① 인체에 유익한 건강선은 290~315nm 이다.
② 구름이나 눈에 반사되며, 대기오염의 지표로도 사용된다.
③ 일명 화학선이라고 하며 광화학반응으로 단백질과 핵산분자의 파괴, 변성작용을 한다.
④ 400~500nm의 파장은 주로 피부암을 유발한다.

[풀이] 자외선은 콜타르의 유도체, 벤조피렌, 안트라센화합물과 상호작용하여 피부암을 유발하며 관여하는 파장은 주로 280~320nm이다.

54 한랭장애 예방에 관한 설명으로 틀린 것은?
① 체온을 유지하기 위해 앉아서 장시간 작업한다.
② 금속의자 사용을 금지한다.
③ 외부 액체가 스며들지 않도록 방수처리된 의복을 입는다.
④ 고혈압, 심혈관질환 및 간장장애가 있는 사람은 한랭작업을 피하도록 한다.

[풀이] 체온을 유지하기 위해 앉아서 장시간 작업을 금한다.

55 단위시간에 일어나는 방사선 붕괴율, 즉 1초 동안에 3.7×10^{10}개의 원자붕괴가 일어나는 방사선 물질량을 나타내는 방사선 단위는?
① R ② Ci
③ rem ④ rad

[풀이] 큐리(Curie, Ci), Bq(Becquerel)
㉠ 방사성 물질의 양 단위
㉡ 단위시간에 일어나는 방사선 붕괴율을 의미
㉢ radium이 붕괴하는 원자의 수를 기초로 하여 정해졌으며, 1초간 3.7×10^{10}개의 원자붕괴가 일어나는 방사성 물질의 양(방사능의 강도)으로 정의
㉣ $1Bq = 2.7 \times 10^{-11}Ci$

56 1촉광의 광원으로부터 한 단위입체각으로 나가는 광속의 단위는?
① 루멘(lumen)
② 풋 캔들(foot candle)
③ 럭스(lux)
④ 램버트(lambert)

[풀이] 루멘(lumen, lm); 광속
㉠ 광속의 국제단위로 기호는 lm으로 나타낸다.
㉡ 1촉광의 광원으로부터 한 단위입체각으로 나가는 광속의 단위이다.
㉢ 광속이란 광원으로부터 나오는 빛의 양을 의미하고 단위는 lumen이다.
㉣ 1촉광과의 관계는 1촉광=4π(12.57)루멘으로 나타낸다.

57 다음 중 전리방사선에 속하는 것은?
① 가시광선 ② X선
③ 적외선 ④ 라디오파

[풀이] 전리방사선
㉠ 전자기방사선 : X-ray, γ선
㉡ 입자방사선 : α선, β선, 중성자

58 전신진동 중 수직진동에 있어서 인체에 가장 큰 피해를 주는 진동수 범위는?
① 0~2Hz ② 4~8Hz
③ 18~52Hz ④ 52~76Hz

[풀이] 전신진동의 민감진동수
㉠ 수직진동 : 4~8Hz
㉡ 수평진동 : 1~2Hz

59 차음재의 특성과 거리가 먼 것은?
① 상대적으로 고밀도이다.
② 기공이 많고 흡음재료로도 사용할 수 있다.
③ 음에너지를 감쇠시킨다.
④ 음의 투과를 저감하여 음을 억제시킨다.

[풀이] 차음재의 특성
㉠ 성상 : 상대적으로 고밀도이며, 기공이 없고 흡음재로는 바람직하지 않다.
㉡ 기능 : 음에너지를 감쇠시킨다. 즉, 음의 투과를 저감하여 음을 억제시킨다.
㉢ 용도 : 음의 투과율 저감(투과손실 증가)에 사용된다.

60 먼지의 한쪽 끝 가장자리와 다른 쪽 끝 가장자리 사이의 거리를 측정함으로써 입자상 물질의 크기를 과대평가할 가능성이 있는 직경은?
① Martin 직경 ② Feret 직경
③ 등면적 직경 ④ 공기역학적 직경

정답 54.① 55.② 56.① 57.② 58.② 59.② 60.②

[풀이] **기하학적(물리적) 직경**
(1) 마틴 직경(Martin diameter)
   ㉠ 먼지의 면적을 2등분하는 선의 길이로 선의 방향은 항상 일정하여야 한다.
   ㉡ 과소평가할 수 있는 단점이 있다.
   ㉢ 입자의 2차원 투영상을 구하여 그 투영면적을 2등분한 선분 중 어떤 기준선과 평행인 것의 길이(입자의 무게중심을 통과하는 외부 경계면에 접하는 이론적인 길이)를 직경으로 사용하는 방법이다.
(2) 페렛 직경(Feret diameter)
   ㉠ 먼지의 한쪽 끝 가장자리와 다른 쪽 가장자리 사이의 거리이다.
   ㉡ 과대평가될 가능성이 있는 입자상 물질의 직경이다.
(3) 등면적 직경(projected area diameter)
   ㉠ 먼지의 면적과 동일한 면적을 가진 원의 직경으로 가장 정확한 직경이다.
   ㉡ 측정은 현미경 접안경에 porton reticle을 삽입하여 측정한다.
   즉, $D = \sqrt{2^n}$
   여기서, D : 입자 직경(μm)
   n : porton reticle에서 원의 번호

제4과목 | 산업환기

61 다음 중 자연환기에 대한 설명으로 적절하지 않은 것은?

① 운전비용이 거의 들지 않는다.
② 에너지비용을 최소화할 수 있다.
③ 계절변화에 관계없이 안정적으로 사용할 수 있다.
④ 지붕 벤틸레이터, 창문, 출입문 등을 통한 환기방식이다.

[풀이] 자연환기는 계절변화에 불안정하다. 즉 여름보다 겨울철이 환기효율이 높다.

62 다음 중 국소배기장치에서 후드를 추가로 설치해도 쉽게 정압조절이 가능하고, 사용하지 않는 후드를 막아 다른 곳에 필요한 정압을 보낼 수 있어 현장에서 가장 편리하게 사용할 수 있는 압력균형방법은?

① 댐퍼조절법
② 회전수 변화
③ 압력조절법
④ 안내익조절법

[풀이] **송풍기의 풍량 조절방법**
(1) 회전수조절법(회전수 변환법)
   ㉠ 풍량을 크게 바꾸려고 할 때 가장 적절한 방법이다.
   ㉡ 구동용 풀리의 풀리비 조정에 의한 방법이 일반적으로 사용된다.
   ㉢ 비용은 고가이나 효율은 좋다.
(2) 안내익조절법(vane control법)
   ㉠ 송풍기 흡입구에 6~8매의 방사상 blade를 부착, 그 각도를 변경함으로써 풍량을 조절한다.
   ㉡ 다익, 레이디얼 팬보다 터보팬에 적용하는 것이 효과가 크다.
   ㉢ 큰 용량의 제진용으로 적용하는 것은 부적합하다.
(3) 댐퍼부착법(damper 조절법)
   ㉠ 후드를 추가로 설치해도 쉽게 압력조절이 가능하다.
   ㉡ 사용하지 않는 후드를 막아 다른 곳에 필요한 정압을 보낼 수 있어 현장에서 배관 내에 댐퍼를 설치하여 송풍량을 조절하기 가장 쉬운 방법이다.
   ㉢ 저항곡선의 모양을 변경하여 교차점을 바꾸는 방법이다.

63 작업장 내 실내 체적은 1,600m³이고, 환기량이 시간당 800m³라고 하면, 시간당 공기 교환횟수는 얼마인가?

① 0.5회   ② 1회
③ 2회   ④ 4회

[풀이] $ACH = \dfrac{\text{필요환기량}}{\text{작업장 용적}}$
$= \dfrac{800 \text{m}^3/\text{hr}}{1,600 \text{m}^3}$
$= 0.5$회(시간당)

정답 61.③ 62.① 63.①

64 외부식 포집형 후드에 플랜지를 부착하면 부착하지 않은 것보다 약 몇 % 정도의 필요송풍량을 줄일 수 있는가?

① 10%
② 25%
③ 50%
④ 75%

[풀이] 일반적으로 외부식 후드에 플랜지(flange)를 부착하면 후방 유입기류를 차단하고 후드 전면에서 포집범위가 확대되어 flange가 없는 후드에 비해 동일 지점에서 동일한 제어속도를 얻는 데 필요한 송풍량을 약 25% 감소시킬 수 있으며 플랜지 폭은 후드 단면적의 제곱근($\sqrt{A}$) 이상이 되어야 한다.

65 다음 중 분진 및 유해화학물질이 발생하는 작업장에 설치하는 국소배기장치 후드의 설치상 기본 유의사항으로 가장 적절하지 않은 것은?

① 최대한 발생원 부근에 설치할 것
② 발생원의 상태에 맞는 형태와 크기일 것
③ 발생원 부근에 최대제어속도를 만족하는 정상기류를 만들 것
④ 작업자가 후드에 흡인되는 오염기류 내에 들어가거나 노출되지 않도록 배치할 것

[풀이] 발생원 부근에 최소제어속도를 만족하는 정상기류를 만들어야 한다.

66 다음 중 B 사업장의 도장부스에서 발생된 유기용제 증기를 처리하기 위한 공기정화장치로 가장 적당한 것은?

① 흡착탑
② 전기집진기
③ 여과집진기
④ 원심력집진기

[풀이] **흡착법**
㉠ 원리 : 유체가 고체상 물질의 표면에 부착되는 성질을 이용하여 오염된 기체(주 : 유기용제)를 제거하는 원리이다.
㉡ 적용 : 회수가치가 있는 불연성 희박농도 가스의 처리에 가장 적합한 방법이 흡착법이다.

67 다음 중 슬롯(slot)형 후드에서 슬롯 속도와 제어풍속과의 관계를 설명한 것으로 가장 옳은 것은?

① 제어풍속은 슬롯 속도에 반비례한다.
② 제어풍속은 슬롯 속도의 제곱근이다.
③ 제어풍속은 슬롯 속도의 제곱에 비례한다.
④ 제어풍속은 슬롯 속도에 영향을 받지 않는다.

[풀이] **외부식 슬롯 후드**
㉠ slot 후드는 후드 개방부분의 길이가 길고, 높이(폭)가 좁은 형태로 [높이(폭)/길이]의 비가 0.2 이하인 것을 말한다.
㉡ slot 후드에서도 플랜지를 부착하면 필요배기량을 줄일 수 있다(ACGIH : 환기량 30% 절약).
㉢ slot 후드의 가장자리에서도 공기의 흐름을 균일하게 하기 위해 사용한다.
㉣ slot 속도는 배기송풍량과는 관계가 없으며, 제어풍속은 slot 속도에 영향을 받지 않는다.
㉤ 플레넘 속도는 슬롯속도의 1/2 이하로 하는 것이 좋다.

68 21℃, 1기압에서 벤젠 1.37L가 증발할 때 발생하는 증기의 용량은 약 몇 L 정도 되겠는가? (단, 벤젠의 분자량은 78.11, 비중은 0.879이다.)

① 298.5
② 327.5
③ 371.6
④ 438.4

[풀이]
• 벤젠 사용량 = 1.37L×0.879g/mL×1,000mL/L
　　　　　　= 1,204g
• 벤젠 발생부피
　78.11g : 24.1L = 1,204g : x(부피)
　∴ x(부피) = $\dfrac{24.1 \times 1,204g}{78.11g}$
　　　　　　= 371.55L

정답 64.② 65.③ 66.① 67.④ 68.③

69 다음 중 송풍기의 상사 법칙에 대한 설명으로 틀린 것은?

① 송풍량은 송풍기의 회전속도에 정비례한다.
② 송풍기 풍압은 송풍기 회전날개의 직경에 정비례한다.
③ 송풍기 동력은 송풍기 회전속도의 세제곱에 비례한다.
④ 송풍기 풍압은 송풍기 회전속도의 제곱에 비례한다.

풀이 송풍기의 상사 법칙
㉠ 풍량은 회전수비에 비례한다.
㉡ 풍압은 회전수비의 제곱에 비례한다.
㉢ 동력은 회전수비의 세제곱에 비례한다.

70 다음 중 덕트 내 유속에 관한 설명으로 옳은 것은?

① 덕트 내 압력손실은 유속에 반비례한다.
② 같은 송풍량인 경우 덕트의 직경이 클수록 유속은 커진다.
③ 같은 송풍량인 경우 덕트의 직경이 작을수록 유속은 작게 된다.
④ 주물사와 같은 단단한 입자상 물질의 유속을 너무 크게 하면 덕트 수명이 단축된다.

풀이
① 덕트 내 압력손실은 유속의 제곱에 비례한다.
② 같은 송풍량인 경우 덕트의 직경이 클수록 유속은 작아진다.
③ 같은 송풍량인 경우 덕트의 직경이 작을수록 유속은 커진다.

71 다음 중 일반적인 산업환기 배관 내 기류흐름의 레이놀즈 수 범위로 가장 올바른 것은?

① $10^{-7} \sim 10^{-3}$
② $10^{-11} \sim 10^{-7}$
③ $10^2 \sim 10^3$
④ $10^5 \sim 10^6$

풀이 일반적인 산업환기시설의 레이놀즈 수에 의한 유체흐름 형태는 난류, 즉 레이놀즈 수 범위는 $10^5 \sim 10^6$ 정도이다.

72 다음 중 push-pull형 환기장치에 관한 설명으로 틀린 것은?

① 도금조, 자동차 도장공정에서 이용할 수 있다.
② 일반적인 국소배기장치 후드보다 동력비가 가장 많이 든다.
③ 한쪽에서는 공기를 불어주고(push) 한쪽에서는 공기를 흡인(pull)하는 장치이다.
④ 공정상 포착거리가 길어서 단지 공기를 제어하는 일반적인 후드로는 효과가 낮을 때 이용하는 장치이다.

풀이 포집효율을 증가시키면서 필요유량을 대폭 감소시킬 수 있어 일반적인 국소배기장치 후드보다 동력비가 적게 소요된다.

73 다음 중 축류 송풍기 중 프로펠러 송풍기에 관한 설명으로 틀린 것은?

① 구조가 간단하고 값이 저렴하다.
② 많은 양의 공기를 값싸게 이송시킬 수 있다.
③ 압력손실이 비교적 큰 곳에서도 송풍량의 변화가 적은 장점이 있다.
④ 국소배기용보다는 압력손실이 비교적 작은 전체환기용으로 사용해야 한다.

풀이 축류 송풍기(axial flow fan)
(1) 전향 날개형 송풍기와 유사한 특징을 가지고 있으며, 원통형으로 되어 있다.
(2) 공기 이송 시 공기가 회전축(프로펠러)을 따라 직선방향으로 이송된다.
(3) 국소배기용보다는 압력손실이 비교적 작은 전체환기량으로 사용해야 한다.
(4) 공기는 날개의 앞부분에서 흡인되고 뒷부분 날개에서 배출되므로 공기의 유입과 유출은 동일한 방향으로 유출된다.
(5) 장점
 ㉠ 축방향 흐름이기 때문에 덕트에 바로 삽입할 수 있어 설치비용이 저렴하다.
 ㉡ 전동기와 직결할 수 있다.
 ㉢ 경량이고 재료비 및 설치비용이 저렴하다.

정답 69.② 70.④ 71.④ 72.② 73.③

(6) 단점
  ㉠ 풍압이 낮기 때문에 압력손실이 비교적 많이 걸리는 시스템에 사용했을 때 서징현상으로 진동과 소음이 심한 경우가 생긴다.
  ㉡ 최대송풍량의 70% 이하가 되도록 압력손실이 걸릴 경우 서징현상을 피할 수 없다.
  ㉢ 원심력송풍기보다 주속도가 커서 소음이 크다.
  ㉣ 규정풍량 외에는 효율이 갑자기 떨어지기 때문에 가열공기 또는 오염공기의 취급에는 부적당하다.

74 [그림]에서 $PS_1 = -30mmH_2O$, $PV_1 = PV_2 = 20mmH_2O$, $PS_2 = -35mmH_2O$일 때, 압력손실은 얼마인가? (단, 확대관)

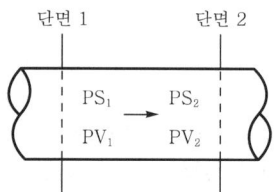

① $65mmH_2O$
② $45mmH_2O$
③ $15mmH_2O$
④ $5mmH_2O$

[풀이] $\Delta P = (PV_1 - PV_2) - (PS_2 - PS_1)$
$= (20 - 20) - [-35 - (-30)] = 5mmH_2O$

75 1시간 동안 균일하게 유해물질(A) 0.95L가 공기 중으로 증발되는 작업장에서 A 물질의 공기 중 농도를 노출기준(TLV-TWA=100ppm)의 50%로 유지하기 위한 전체환기의 필요환기량은 약 얼마인가? (단, 21℃, 1기압, A 물질의 비중은 0.866, 분자량은 92.13, 안전계수는 5로 하며, ACGIH의 공식을 활용한다.)

① $164m^3/min$
② $259m^3/min$
③ $359m^3/min$
④ $459m^3/min$

[풀이]
• 사용량 = 0.95L/hr × 0.866g/mL × 1,000mL/L
        = 822.7g/hr
• 발생률 G(L/hr)
  92.13g : 24.1L = 822.7g/hr : G

$G = \dfrac{24.1L \times 822.7g/hr}{92.13g} = 215.21L/hr$

∴ 필요환기량(Q)

$Q = \dfrac{G}{TLV} \times K = \dfrac{215.21L/hr}{50ppm} \times 5$

$= \dfrac{215.21L/hr \times 1,000mL/L}{50mL/m^3} \times 5$

$= 21,520.75m^3/hr \times hr/60min$

$= 358.68m^3/min$

76 다음 중 분진을 제거하기 위해 사용되는 사이클론에 관한 설명으로 틀린 것은?
① 주로 원심력이 작용한다.
② 관내경이 작을수록 효율이 좋다.
③ 성능에 큰 영향을 미치는 것은 사이클론의 직경이다.
④ 유입구의 공기속도가 빠를수록 분진제거효율은 나빠진다.

[풀이] cyclone의 특징
㉠ 설치장소에 구애받지 않고 설치비가 낮으며 고온가스, 고농도에서 운전 가능하다.
㉡ 가동부분이 적은 것이 기계적인 특징이고, 구조가 간단하여 유지, 보수 비용이 저렴하다.
㉢ 미세입자에 대한 집진효율이 낮고 먼지부하, 유량변동에 민감하다.
㉣ 점착성, 마모성, 조해성, 부식성 가스에 부적합하다.
㉤ 먼지 퇴적함에서 재유입, 재비산 가능성이 있다.
㉥ 단독 또는 전처리장치로 이용된다.
㉦ 배출가스로부터 분진회수 및 분리가 적은 비용으로 가능하다. 즉 비교적 적은 비용으로 큰 입자를 효과적으로 제거할 수 있다.
㉧ 미세한 입자를 원심분리하고자 할 때 가장 큰 영향인자는 사이클론의 직경이다.
㉨ 직렬 또는 병렬로 연결하여 사용이 가능하기 때문에 사용폭을 넓힐 수 있다.
㉩ 처리가스량이 많아질수록 내관경이 커져서 미립자의 분리가 잘 되지 않는다.
㉪ 사이클론 원통의 길이가 길어지면 선회기류가 증가하여 집진효율이 증가한다.
㉫ 입자 입경과 밀도가 클수록 집진효율이 증가한다.
㉬ 사이클론의 원통 직경이 클수록 집진효율이 감소한다.
㉭ 집진된 입자에 대한 블로다운 영향을 최대화하여야 한다.

77 다음 중 국소배기장치의 설치 및 에너지비용 절감을 위해 가장 우선적으로 검토해야 할 것은?

① 재료비 절감을 위해 덕트 직경을 가능한 줄인다.
② 송풍기 운전비 절감을 위해 댐퍼로 배기유량을 줄인다.
③ 후드 개구면적을 가능한 넓혀서 개방형으로 설치한다.
④ 후드를 오염물질 발생원에 최대한 근접시켜 필요송풍량을 줄인다.

[풀이] 국소배기에서 효율성 있는 운전을 하기 위하여 가장 먼저 고려할 사항은 필요송풍량 감소이다.

78 다음 중 덕트 내의 풍속측정에 사용되는 측정계기가 아닌 것은?

① 피토관　　② 회전속도측정기
③ 풍차풍속계　④ 열선식 풍속계

[풀이] 덕트 내 풍속측정계기
(1) 피토관
　풍속>3m/sec에 사용
(2) 풍차 풍속계
　풍속>1m/sec에 사용
(3) 열선식 풍속계
　㉠ 측정범위가 적은 것
　　0.05m/sec < 풍속 < 1m/sec인 것을 사용
　㉡ 측정범위가 큰 것
　　0.05m/sec < 풍속 < 40m/sec인 것을 사용
(4) 마노미터

79 온도가 50℃인 관 내부를 15m³/min의 기체가 흐르고 있을 때 0℃에서의 유량은 약 얼마인가? (단, 기압은 760mmHg로 일정하다.)

① $12.68 m^3/min$
② $14.74 m^3/min$
③ $15.05 m^3/min$
④ $17.29 m^3/min$

[풀이] $Q = 15 m^3/min \times \dfrac{273+0}{273+50} = 12.68 m^3/min$

80 27℃, 1기압에서 2L인 산소기체를 327℃, 2기압으로 변화시키면 그 부피는 몇 L가 되겠는가?

① 0.5　　② 1
③ 2　　　④ 4

[풀이]
$\dfrac{P_1 V_1}{T_1} = \dfrac{P_2 V_2}{T_2}$

$\therefore V_2 = V_1 \times \dfrac{P_1}{P_2} \times \dfrac{T_2}{T_1}$

$= 2L \times \dfrac{1}{2} \times \dfrac{273+327}{273+27} = 2L$

정답 77.④　78.②　79.①　80.③

제1과목 | 산업위생학 개론

01 미국산업안전보건연구원(NIOSH)에 의한 중량물취급작업의 감시기준이 30kg이라면 최대허용기준(MPL)은 몇 kg인가?
① 45kg ② 60kg
③ 75kg ④ 90kg

[풀이] MPL=AL×3=30kg×3=90kg

02 다음 중 산소결핍에 대하여 가장 민감한 조직은?
① 폐
② 말초신경계
③ 대뇌피질
④ 뇌간척수계

[풀이] 산소결핍에 가장 민감한 조직은 대뇌피질이며 생체 중 최대 산소 소비기관은 뇌신경세포이다.

03 다음 중 영양소 부족에 의한 결핍증의 연결이 잘못된 것은?
① 비타민 B_1 – 구루병
② 비타민 A – 야맹증
③ 단백질 – 전신 부종, 피부 반점
④ 비타민 K – 혈액응고 지연작용

[풀이] **비타민 B_1**
㉠ 부족 시 각기병, 신경염을 유발한다.
㉡ 작업강도가 높은 근로자의 근육에 호기적 산화를 촉진시켜 근육의 열량공급을 원활히 해 주는 영양소이다.
㉢ 근육운동(노동) 시 보급해야 한다.

04 기초대사량이 75kcal/hr이고, 작업대사량이 225kcal/hr인 작업을 계속 수행할 때, 작업한계시간은 약 얼마인가? (단, log계속작업한계시간=3.724−3.25×logRMR을 적용한다.)
① 1.5시간 ② 2시간
③ 2.5시간 ④ 3시간

[풀이]
$\log$계속작업한계시간 $= 3.724 - 3.25\log \text{RMR}$
$\text{RMR} = \dfrac{\text{작업대사량}}{\text{기초대사량}}$
$= \dfrac{225}{75} = 3$
$= 3.724 - 3.25\log 3 = 2.17$
∴ 계속작업한계시간 $= 10^{2.17} = 147.91\min(2.47\text{hr})$

05 산업안전보건법에 의한 '화학물질의 분류·표시 및 물질안전보건자료에 관한 기준'에서 정하는 경고표지의 색상으로 적합한 것은?
① 경고표지 전체의 바탕은 흰색으로, 글씨와 테두리는 검정색으로 하여야 한다.
② 경고표지 전체의 바탕은 흰색으로, 글씨와 테두리는 붉은색으로 하여야 한다.
③ 경고표지 전체의 바탕은 노란색으로, 글씨와 테두리는 검정색으로 하여야 한다.
④ 경고표지 전체의 바탕은 노란색으로, 글씨와 테두리는 붉은색으로 하여야 한다.

[풀이] **경고표지의 색상**
㉠ 경고표지 전체의 바탕은 흰색으로, 글씨와 테두리는 검정색으로 하여야 한다.
㉡ 비닐포대 등 바탕색을 흰색으로 하기 어려운 경우에는 그 포장 또는 용기의 표면을 바탕색으로 사용할 수 있다. 다만, 바탕색이 검정색에 가까운 용기 또는 포장인 경우에는 글씨와 테두리를 바탕색과 대비되는 색상으로 표시하여야 한다.

정답 01.④ 02.③ 03.① 04.③ 05.①

ⓒ 그림문자는 유해성·위험성을 나타내는 그림과 테두리로 구성하며, 유해성·위험성을 나타내는 그림은 검은색으로 하고, 그림문자의 테두리는 빨간색으로 하는 것을 원칙으로 하되 바탕색과 테두리의 구분이 어려운 경우 바탕색의 대비색상으로 할 수 있으며, 그림문자의 바탕은 흰색으로 한다. 다만, 1L 미만의 소량 용기 또는 포장으로서 경고표지를 용기 또는 포장에 직접 인쇄하고자 하는 경우에는 그 용기 또는 포장 표면의 색상이 두 가지 이상으로 착색되어 있는 경우에 한하여 용기 또는 포장에 주로 사용된 색상(검정색 계통은 제외한다)을 그림문자의 바탕색으로 할 수 있다.

06 온도 25℃, 1기압하에서 분당 200mL씩 100분 동안 채취한 공기 중 톨루엔(분자량 92)이 5mg 검출되었다. 톨루엔은 부피단위로 몇 ppm인가?

① 27
② 66
③ 272
④ 666

풀이
톨루엔(mg/m^3)
$$= \frac{5mg}{0.2L/min \times 100min \times m^3/1,000L}$$
$$= 250mg/m^3$$
∴ 톨루엔(ppm) $= 250mg/m^3 \times \frac{24.45}{92}$
$$= 66.44 ppm$$

07 다음 중 1940년대 일본에서 발생한 질병으로 '이타이이타이병'이라고도 하며, 만성중독 시 신장기능장애, 뼈 조직의 장애 등을 일으키는 원인물질은?

① 납
② 망간
③ 수은
④ 카드뮴

풀이 카드뮴(Cd)
1945년 일본에서 '이타이이타이'병이란 중독사건이 생겨 수많은 환자가 발생한 사례가 있으며 이는 생축적, 먹이사슬의 축적에 의한 카드뮴 폭로와 비타민 D의 결핍에 의한 것이었다. 우리나라에서는 1988년 한 도금업체에서 카드뮴 노출에 의한 사망 중독사건이 발표되었으나 정확한 원인규명은 하지 못했다.

08 미국산업위생학술원(American Academy of Industrial Hygiene)은 산업위생 분야에 종사하는 사람들이 반드시 지켜야 할 윤리강령을 채택하였다. 다음 설명 중 틀린 것은?

① 근로자, 사회 및 전문 직종의 이익을 위해 과학적 지식을 공개하고 발표한다.
② 전문적 판단이 타협에 의해 좌우될 수 있거나 이해관계가 있는 상황에는 개입하지 않는다.
③ 위험요인의 측정, 평가 및 관리에 있어서 외부의 압력에 굴하지 않고 소신껏 주관적 태도를 취한다.
④ 기업체의 기밀은 누설하지 않는다.

풀이 위험요인의 측정, 평가 및 관리에 있어서 외부영향력에 굴하지 않고 중립적(객관적) 태도를 취한다.

09 다음 중 산업위생의 중요성이 급속하게 대두된 원인과 거리가 가장 먼 것은?

① 산업현장에 취업하는 근로자수의 급격한 증가
② 근로자의 권익을 보호하고자 하는 시대적인 사회사조 대두
③ 노동생산성 향상을 위하여 인력관리측면에서 근로자 보호가 필요
④ 대기오염에 의한 질병으로 비용부담의 급속한 증가

풀이 ④항은 환경오염과 관련된 내용이며 산업위생분야는 주로 근로자와 작업환경을 다루고 있다.

10 산업안전보건법령상 보건에 관한 기술적인 사항에 관하여 사업주를 보좌하고 관리감독자에게 지도·조언을 할 수 있는 자는 누구인가?

① 보건관리자
② 관리책임자
③ 관리감독책임자
④ 명예산업안전보건감독관

정답 06.② 07.④ 08.③ 09.④ 10.①

[풀이] **보건관리자의 업무**
㉠ 산업안전보건위원회 또는 노사협의체에서 심의·의결한 업무와 안전보건관리규정 및 취업규칙에서 정한 업무
㉡ 안전인증대상 기계 등과 자율안전확인대상 기계 등 중 보건과 관련된 보호구(保護具) 구입 시 적격품 선정에 관한 보좌 및 지도·조언
㉢ 위험성평가에 관한 보좌 및 지도·조언
㉣ 작성된 물질안전보건자료의 게시 또는 비치에 관한 보좌 및 지도·조언
㉤ 산업보건의의 직무
㉥ 해당 사업장 보건교육계획의 수립 및 보건교육실시에 관한 보좌 및 지도·조언
㉦ 해당 사업장의 근로자를 보호하기 위한 다음의 조치에 해당하는 의료행위
 ⓐ 자주 발생하는 가벼운 부상에 대한 치료
 ⓑ 응급처치가 필요한 사람에 대한 처치
 ⓒ 부상·질병의 악화를 방지하기 위한 처치
 ⓓ 건강진단 결과 발견된 질병자의 요양 지도 및 관리
 ⓔ ⓐ부터 ⓓ까지의 의료행위에 따르는 의약품의 투여
㉧ 작업장 내에서 사용되는 전체환기장치 및 국소배기장치 등에 관한 설비의 점검과 작업방법의 공학적 개선에 관한 보좌 및 지도·조언
㉨ 사업장 순회점검, 지도 및 조치 건의
㉩ 산업재해 발생의 원인 조사·분석 및 재발방지를 위한 기술적 보좌 및 지도·조언
㉪ 산업재해에 관한 통계의 유지·관리·분석을 위한 보좌 및 지도·조언
㉫ 법 또는 법에 따른 명령으로 정한 보건에 관한 사항의 이행에 관한 보좌 및 지도·조언
㉬ 업무 수행 내용의 기록·유지
㉭ 그 밖에 보건과 관련된 작업관리 및 작업환경관리에 관한 사항으로서 고용노동부장관이 정하는 사항

11 다음 중 산업스트레스 반응에 따른 행동적 결과와 가장 거리가 먼 것은?
① 흡연
② 불면증
③ 행동의 격양
④ 알코올 및 약물 남용

[풀이] **산업스트레스 반응 결과**
(1) 행동적 결과
 ㉠ 흡연
 ㉡ 알코올 및 약물 남용
 ㉢ 행동 격양에 따른 돌발적 사고
 ㉣ 식욕 감퇴
(2) 심리적 결과
 ㉠ 가정 문제(가족 조직구성인원 문제)
 ㉡ 불면증으로 인한 수면부족
 ㉢ 성적 욕구 감퇴
(3) 생리적(의학적) 결과
 ㉠ 심혈관계 질환(심장)
 ㉡ 위장관계 질환
 ㉢ 기타 질환(두통, 피부질환, 암, 우울증 등)

12 다음 중 전신피로에 있어 생리학적 원인에 해당되지 않는 것은?
① 산소공급 부족
② 혈중 포도당 농도의 저하
③ 근육 내 글리코겐 양의 감소
④ 소변 중 크레아틴 양의 감소

[풀이] **전신피로의 원인**
㉠ 산소공급 부족
㉡ 혈중 포도당 농도 저하
㉢ 혈중 젖산 농도 증가
㉣ 근육 내 글리코겐 양의 감소
㉤ 작업강도의 증가

13 근골격계 질환을 예방하기 위한 작업환경 개선의 방법으로 인체측정치를 이용한 작업환경의 설계가 이루어질 때 다음 중 가장 먼저 고려되어야 할 사항은?
① 조절가능 여부
② 최대치의 적용 여부
③ 최소치의 적용 여부
④ 평균치의 적용 여부

[풀이] 근골격계 질환을 예방하기 위한 작업환경 개선의 방법으로 인체 측정치를 이용한 작업환경 설계 시 가장 먼저 고려하여야 할 사항은 조절가능 여부이다.

정답 11.② 12.④ 13.①

14 다음 중 ACGIH의 발암성 분류 및 유해물질을 올바르게 나열한 것은?

① A3 : beryllium, Pb
② A2 : arsenic(As), Cr^{+6}
③ A1 : benzene, asbestos
④ A4 : cadmium, carbon black

> [풀이] 인체 발암 확인물질(A1)의 종류
> ㉠ 석면
> ㉡ 벤지딘
> ㉢ 아크릴로니트릴
> ㉣ 6가크롬
> ㉤ 염화비닐
> ㉥ 콜타르피치 등

15 다음 중 산업재해의 발생빈도를 나타내는 지표는?

① 강도율
② 연천인율
③ 유병률
④ 도수율

> [풀이] 도수율(빈도율, FR)
> ㉠ 정의 : 재해의 발생빈도를 나타내는 것으로 연근로시간 합계 100만시간당의 재해발생건수
> ㉡ 계산식
> $$도수율 = \frac{일정기간 중 재해발생건수(재해자수)}{일정기간 중 연근로시간수} \times 1,000,000$$

16 다음 중 소음성 난청에 영향을 미치는 요소에 대한 설명으로 틀린 것은?

① 음압수준이 높을수록 유해하다.
② 고주파음이 저주파음보다 더욱 유해하다.
③ 간헐적인 소음노출이 계속적 소음노출보다 더 유해하다.
④ 소음에 노출된 모든 사람들이 똑같이 반응하지는 않으며, 감수성이 매우 높은 사람이 극소수 존재한다.

> [풀이] 소음성 난청에 영향을 미치는 요소
> ㉠ 소음크기 : 음압수준이 높을수록 영향이 크다.
> ㉡ 개인감수성 : 소음에 노출된 모든 사람이 똑같이 반응하지 않으며 감수성이 매우 높은 사람이 극소수 존재한다.
> ㉢ 소음의 주파수 구성 : 고주파음이 저주파음보다 영향이 크다.
> ㉣ 소음의 발생 특성 : 지속적인 소음노출이 단속적인(간헐적) 소음노출보다 더 큰 장애를 초래한다.

17 다음 중 작업대사율(RMR)에 관한 공식으로 틀린 것은?

① $\dfrac{작업대사량}{기초대사량}$

② $\dfrac{작업대사량 - 기초대사량}{기초대사량}$

③ $\dfrac{작업 시 소모열량 - 안정 시 열량}{기초대사량}$

④ $\dfrac{작업 시 산소소비량 - 안정 시 산소소비량}{기초대사 시 산소소비량}$

> [풀이]
> $$RMR = \frac{작업대사량}{기초대사량}$$
> $$= \frac{작업 시 소요열량 - 안정 시 소요열량}{기초대사량}$$

18 다음 중 상용근로자 건강진단의 목적과 가장 거리가 먼 것은?

① 근로자가 가진 질병의 조기발견
② 질병이환 근로자의 질병치료 및 취업 제한
③ 근로자가 일부에 부적합한 인적 특성을 지니고 있는지의 여부 확인
④ 일이 근로자 자신과 직장동료의 건강에 불리한 영향을 미치고 있는지의 여부 발견

> [풀이] 건강진단의 목적
> ㉠ 근로자가 가진 질병의 조기발견
> ㉡ 근로자가 일에 부적합한 인적 특성을 지니고 있는지 여부 확인
> ㉢ 일이 근로자 자신과 직장동료의 건강에 불리한 영향을 미치고 있는지의 여부 발견
> ㉣ 근로자의 질병을 예방하고 건강을 유지

[정답] 14.③ 15.④ 16.③ 17.② 18.②

19 사업장에서 건강영향이나 직업병 발생에 관여하는 것으로 작업요인이 큰 연관성을 갖고 있다. 다음 중 이러한 작업요인에 관한 설명으로 가장 적합하지 않은 것은?

① 작업시간은 하루 8시간, 1주 48시간을 원칙으로 가급적 준수한다.
② 작업요인으로는 적성배치 외에도 작업시간이나 교대제 등의 작업조건도 배려할 필요가 있다.
③ 교대제 근무에 대한 일주기 리듬의 생리적, 심리적 적응은 불완전하므로 생산적 이유 이외의 교대제는 하지 않는다.
④ 적성배치란 근로자의 생리적, 심리적 특성에 적합한 작업에 배치하는 것을 말한다.

[풀이] 작업시간은 하루 8시간, 1주 40시간을 원칙으로 가급적 준수한다.

20 작업환경측정 및 정도관리 등에 의한 고시에 의하여 공기 중 석면을 위상차현미경으로 분석할 경우 그 길이가 얼마 이상인 것을 계수하는가?

① $1\mu m$
② $5\mu m$
③ $10\mu m$
④ $15\mu m$

[풀이] 석면은 길이가 $5\mu m$ 이상이고 너비가 $5\mu m$보다 얇으면서 길이와 너비의 비가 3 : 1 이상의 형태를 지닌 고체를 말한다.

제2과목 | 작업환경 측정 및 평가

21 허용기준 대상 유해인자의 노출농도 측정 및 분석 방법 중 온도표시에 관한 내용으로 틀린 것은?

① 냉수는 15℃ 이하를 말한다.
② 온수는 50~60℃를 말한다.
③ 찬 곳은 따로 규정이 없는 한 0~15℃의 곳을 말한다.
④ 미온은 30~40℃이다.

[풀이] **온도표시의 기준**
㉠ 온도의 표시는 셀시우스(Celcius)법에 따라 아라비아 숫자의 오른쪽에 ℃를 붙인다. 절대온도는 K로 표시하고, 절대온도 0K은 -273℃로 한다.
㉡ 상온은 15~25℃, 실온은 1~35℃, 미온은 30~40℃로 하고, 찬 곳은 따로 규정이 없는 한 0~15℃의 곳을 말한다.
㉢ 냉수(冷水)는 15℃ 이하, 온수(溫水)는 60~70℃, 열수(熱水)는 약 100℃를 말한다.

22 100ppm을 %로 환산하면 몇 %인가?

① 1.0
② 0.1
③ 0.01
④ 0.001

[풀이] $100\text{ppm} \times \dfrac{1\%}{10{,}000\text{ppm}} = 0.01\%$

23 2차 표준기구와 가장 거리가 먼 것은?

① 오리피스미터
② 습식 테스트미터
③ 폐활량계
④ 열선기류계

[풀이] **2차 표준기구의 종류**
㉠ 로터미터
㉡ 습식 테스트미터
㉢ 건식 가스미터
㉣ 오리피스미터
㉤ 열선기류계

24 가스상 물질을 순간 시료채취방법으로 사용할 수 없는 경우는?

① 오염물질농도가 시간에 따라 변화되지 않을 때
② 시간가중평균치를 구하고자 할 때
③ 공기 중 오염물질의 농도가 높을 때
④ 검출기의 검출한계보다 공기 중 농도가 높을 때

풀이 순간 시료채취방법을 적용할 수 없는 경우
㉠ 오염물질의 농도가 시간에 따라 변할 때
㉡ 공기 중 오염물질의 농도가 낮을 때
㉢ 시간가중평균치를 구하고자 할 때

25 입자상 물질의 채취방법 중 직경분립충돌기의 장점과 가장 거리가 먼 것은?
① 호흡기의 부분별로 침착된 입자크기의 자료를 추정할 수 있다.
② 크기별 동시측정이 가능하여 소요비용이 절감된다.
③ 입자의 질량크기 분포를 얻을 수 있다.
④ 흡입성, 흉곽성, 호흡성 입자의 크기별로 분포와 농도를 계산할 수 있다.

풀이 직경분립충돌기의 장단점
(1) 장점
㉠ 입자의 질량크기 분포를 얻을 수 있다(공기흐름속도를 조절하여 채취입자를 크기별로 구분이 가능).
㉡ 호흡기의 부분별로 침착된 입자크기의 자료를 추정할 수 있고, 흡입성, 흉곽성, 호흡성 입자의 크기별로 분포와 농도를 계산할 수 있다.
(2) 단점
㉠ 시료채취가 까다롭다. 즉 경험이 있는 전문가가 철저한 준비를 통해 이용해야 정확한 측정이 가능하다(작은 입자는 공기흐름 속도를 크게 하여 충돌판에 포집할 수 없음).
㉡ 비용이 많이 든다.
㉢ 채취준비시간이 과다하다.
㉣ 되튐으로 인한 시료의 손실이 일어나 과소분석결과를 초래할 수 있어 유량을 2L/min 이하로 채취한다.
㉤ 공기가 옆에서 유입되지 않도록 각 충돌기의 조립과 장착을 철저히 해야 한다.

26 직경이 7.5cm인 흑구온도계의 측정시간으로 적절한 기준은? (단, 고용노동부 고시 기준)
① 5분 이상   ② 15분 이상
③ 20분 이상   ④ 25분 이상

풀이 고열의 측정기기와 측정시간

구 분	측정기기	측정시간
습구온도	0.5℃ 간격의 눈금이 있는 아스만통풍건습계, 자연습구온도를 측정할 수 있는 기기 또는 이와 동등 이상의 성능이 있는 측정기기	• 아스만통풍건습계 : 25분 이상 • 자연습구온도계 : 5분 이상
흑구 및 습구흑구온도	직경이 5cm 이상 되는 흑구온도계 또는 습구흑구온도(WBGT)를 동시에 측정할 수 있는 기기	• 직경이 15cm일 경우 : 25분 이상 • 직경이 7.5cm 또는 5cm일 경우 : 5분 이상

※ 고시 변경사항, 학습 안 하셔도 무방합니다.

27 소음측정에 관한 설명으로 틀린 것은? (단, 고용노동부 고시 기준)
① 소음수준을 측정할 때에는 측정대상이 되는 근로자의 근접된 위치의 귀높이에서 측정하여야 한다.
② 단위작업장소에서의 소음발생시간이 6시간 이내인 경우에는 발생시간을 등간격으로 나누어 2회 이상 측정하여야 한다.
③ 누적소음노출량 측정기로 소음을 측정하는 경우에는 criteria=90dB, exchange rate=5dB, threshold=80dB로 기기설정을 하여야 한다.
④ 소음이 1초 이상의 간격을 유지하면서 최대음압수준이 120dB(A) 이상의 소음인 경우에는 소음수준에 따른 1분 동안의 발생횟수를 측정하여야 한다.

풀이 단위작업장소에서의 소음발생시간이 6시간 이내인 경우나 소음발생원에서의 발생시간이 간헐적인 경우에는 발생시간 동안 연속 측정하거나 등간격으로 나누어 4회 이상 측정하여야 한다.

28 활성탄으로 시료채취 시 가장 많이 사용되는 탈착용매는?
① 에탄올   ② 이황화탄소
③ 헥산   ④ 클로로포름

정답 25.② 26.① 27.② 28.②

[풀이] **용매탈착**
(1) 비극성 물질의 탈착용매는 이황화탄소(CS_2)를 사용하고 극성 물질에는 이황화탄소와 다른 용매를 혼합하여 사용한다.
(2) 활성탄에 흡착된 증기(유기용제-방향족탄화수소)를 탈착시키는 데 일반적으로 사용되는 용매는 이황화탄소이다.
(3) 용매로 사용되는 이황화탄소의 단점
  ㉠ 독성 및 인화성이 크며 작업이 번잡하다.
  ㉡ 특히 심혈관계와 신경계에 독성이 매우 크고 취급 시 주의를 요한다.
  ㉢ 전처리 및 분석하는 장소의 환기에 유의하여야 한다.
(4) 용매로 사용되는 이황화탄소의 장점
  탈착효율이 좋고 가스크로마토그래피의 불꽃이온화검출기에서 반응성이 낮아 피크의 크기가 작게 나오므로 분석 시 유리하다.

29 검지관에 관한 설명으로 틀린 것은?
① 특이도가 높다.
② 비교적 고농도에만 적용이 가능하다.
③ 다른 방해물질의 영향을 받기 쉽다.
④ 한 검지관으로 단일물질만을 측정할 수 있어 각 오염물질에 맞는 검지관을 선정해야 한다.

[풀이] 검지관은 특이도가 낮아 다른 방해물질의 영향을 받기 쉽다.

30 출력이 0.4W인 작은 점음원으로부터 500m 떨어진 곳의 SPL(음압레벨)은?
(단, $SPL = PWL - 20\log r - 11$)
① 41dB
② 51dB
③ 61dB
④ 71dB

[풀이] $SPL = PWL - 20\log r - 11$
$= 10\log \dfrac{0.4}{10^{-12}} - 20\log 500 - 11$
$= 51.04\text{dB}$

31 흡습성이 적고 가벼워 먼지무게 분석, 유리규산 채취, 6가크롬 채취에 적용되는 여과지는 어느 것인가?
① 유리섬유 여과지
② 셀룰로오스에스테르(MCE)막 여과지
③ PVC막 여과지
④ 은막 여과지

[풀이] **PVC막 여과지**(Polyvinyl Chloride membrane filter)
㉠ PVC막 여과지는 가볍고, 흡습성이 낮기 때문에 분진의 중량분석에 사용된다.
㉡ 유리규산을 채취하여 X선 회절법으로 분석하는 데 적절하고 6가크롬, 아연산화합물의 채취에 이용한다.
㉢ 수분에 영향이 크지 않아 공해성 먼지, 총 먼지 등의 중량분석을 위한 측정에 사용한다.
㉣ 석탄먼지, 결정형 유리규산, 무정형 유리규산, 별도로 분리하지 않은 먼지 등을 대상으로 무게농도를 구하고자 할 때 PVC막 여과지로 채취한다.
㉤ 습기에 영향을 적게 받으며 전기적인 전하를 가지고 있어 채취 시 입자를 반발하여 채취효율을 떨어뜨리는 단점이 있으므로 채취 전에 이 필터를 세정용액으로 처리함으로써 이러한 오차를 줄일 수 있다.

32 25℃, 1atm에서 H_2S를 함유한 공기 500L를 흡수액 20mL에 통과시켰더니 액 중의 H_2S 양은 20mg이었다. 공기 중 H_2S의 농도(ppm)는?

포집효율 : 75%, S 원자량 : 32

① 19.5
② 24.6
③ 26.7
④ 38.4

[풀이] $H_2S(\text{mg/m}^3)$
$= \dfrac{20\text{mg}}{500\text{L} \times \text{m}^3/1{,}000\text{L} \times 0.75} = 53.33\text{mg/m}^3$
$\therefore H_2S(\text{ppm}) = 53.33\text{mg/m}^3 \times \dfrac{24.45}{34} = 38.35\text{ppm}$

33 입경이 14μm이고, 밀도가 1.5g/cm³인 입자의 침강속도는?

① 0.55cm/sec   ② 0.68cm/sec
③ 0.72cm/sec   ④ 0.88cm/sec

풀이
침강속도(cm/sec) $= 0.003 \times \rho \times d^2$
$= 0.003 \times 1.5 \times 14^2$
$= 0.88 \text{cm/sec}$

34 한 작업장의 분진농도를 측정한 결과 2.3mg/m³, 2.2mg/m³, 2.5mg/m³, 5.2mg/m³, 3.3mg/m³였다. 이 작업장 분진농도의 기하평균값은?

① 약 3.43mg/m³   ② 약 3.34mg/m³
③ 약 3.13mg/m³   ④ 약 2.93mg/m³

풀이
$\log(GM)$
$= \dfrac{\log 2.3 + \log 2.2 + \log 2.5 + \log 5.2 + \log 3.3}{5}$
$= 0.467$
$\therefore GM = 10^{0.467} = 2.93 \text{mg/m}^3$

35 1,000Hz 순음의 음세기레벨 40dB의 음크기는?

① 1SPL   ② 1sone
③ 1phon   ④ 1PWL

풀이 sone
㉠ 감각적인 음의 크기(loudness)를 나타내는 양이며 1,000Hz에서의 압력수준 dB을 기준으로 하여 등감곡선을 소리의 크기로 나타내는 단위이다.
㉡ 1,000Hz 순음의 음의 세기레벨 40dB의 음의 크기를 1sone으로 정의한다.

36 다음 내용은 무슨 법칙에 해당되는가?

| 일정한 부피조건에서 압력과 온도는 비례함 |

① 라울트의 법칙
② 샤를의 법칙
③ 게이-뤼삭의 법칙
④ 보일의 법칙

풀이 **게이-뤼삭의 기체반응의 법칙**
화학반응에서 그 반응물 및 생성물이 모두 기체일 때는 등온, 등압하에서 측정한 이들 기체의 부피 사이에는 간단한 정수비 관계가 성립한다는 법칙(일정한 부피에서 압력과 온도는 비례한다는 표준가스법칙)이다.

37 소음수준 측정 시 소음계의 청감보정회로는 어떻게 조정하여야 하는가? (단, 고용노동부 고시 기준)

① A 특성   ② C 특성
③ 빠름   ④ 느림

풀이 A 청감보정회로=A 특성=dB(A)

38 주물공장 내에서 비산하는 먼지를 측정하기 위해서 high volume air sampler를 사용하였다. 분당 3L로 60분간 포집하여 여과지를 건조시킨 후, 측정한 결과 2.46mg이었다. 주물공장 내 먼지 농도는? (단, 포집 전 여과지의 무게는 1.66mg, 공실험은 고려하지 않는다.)

① 2.44mg/m³   ② 3.54mg/m³
③ 4.44mg/m³   ④ 5.54mg/m³

풀이
먼지 농도(mg/m³)
$= \dfrac{(2.46-1.66)\text{mg}}{3\text{L/min} \times 60\text{min} \times \text{m}^3/1{,}000\text{L}} = 4.44 \text{mg/m}^3$

39 특정 상황에서는 측정기구 없이 수학적인 모델링 또는 공식을 이용하여 공기 중 해당 물질의 농도를 추정할 수 있다. 온도가 25℃ (1기압)인 밀폐된 공간에서 수은증기가 포화상태에 도달했을 때 공기 중 수은의 농도는? [단, 수은(원자량 201)의 증기압은 25℃, 1기압에서 0.002mmHg이다.]

① 26.3ppm   ② 26.3mg/m³
③ 21.6ppm   ④ 21.6mg/m³

풀이
$$포화농도(ppm) = \frac{0.002}{760} \times 10^6 = 2.63\text{ppm}$$
$$\therefore 포화농도(mg/m^3) = 2.63\text{ppm} \times \frac{201}{24.45}$$
$$= 21.63\text{mg/m}^3$$

40 공기 중 석면의 농도 표시는?
① 개/cc
② ppm
③ mg/m³
④ 길이/L

풀이 개/cc = 개/mL = 개/cm³

제3과목 | 작업환경 관리

41 B 공장 집진기용 송풍기의 소음을 측정한 결과, 가동 시는 90dB(A)이었으나, 가동 중지 상태에서는 85dB(A)이었다. 이 송풍기의 실제 소음도는?
① 86.2dB(A)
② 87.1dB(A)
③ 88.3dB(A)
④ 89.4dB(A)

풀이 송풍기 소음 = $10\log(10^9 - 10^{8.5}) = 88.35\text{dB}$

42 방진재인 금속스프링에 관한 내용으로 틀린 것은?
① 뒤틀리거나 오므라들지 않는다.
② 최대변위가 허용된다.
③ 고주파 차진에 좋다.
④ 온도, 부식, 용해 등에 대한 저항성이 크다.

풀이 금속스프링
(1) 장점
  ㉠ 저주파 차진에 좋다.
  ㉡ 환경요소에 대한 저항성이 크다.
  ㉢ 최대변위가 허용된다.
(2) 단점
  ㉠ 감쇠가 거의 없다.
  ㉡ 공진 시에 전달률이 매우 크다.
  ㉢ 로킹(rocking)이 일어난다.

43 다음 [조건]에서 방독마스크의 사용가능시간은?

[조건]
• 공기 중의 사염화탄소 농도는 0.2%
• 사용 정화통의 정화능력이 사염화탄소 0.7%에서 50분간 사용 가능

① 110분
② 125분
③ 145분
④ 175분

풀이
사용가능시간(min)
$$= \frac{표준유효시간 \times 시험가스\ 농도}{공기\ 중\ 유해가스\ 농도}$$
$$= \frac{0.7 \times 50}{0.2} = 175\text{min}$$

44 적외선에 관한 내용으로 틀린 것은?
① 적외선은 가시광선보다 파장이 길다.
② 적외선은 대부분 화학작용을 수반한다.
③ 태양에너지의 52%를 차지한다.
④ 적외선 백내장은 초자공 백내장이라 불리며, 수정체의 뒷부분에서 시작된다.

풀이 200~315nm의 파장을 갖는 자외선을 안전과 보건 측면에서 중시하여 화학적 UV(화학선)라고도 하며 광화학 반응으로 단백질과 핵산분자의 파괴, 변성작용을 한다.

45 귀덮개에 비하여 귀마개 사용상의 단점이라 볼 수 없는 것은?
① 귀마개 오염 시 감염될 가능성이 있다.
② 제대로 착용하는 데 시간이 걸리고 요령을 습득하여야 한다.
③ 외청도에 이상이 없을 때만 사용이 가능하다.
④ 보안경 사용 시 차음효과가 감소한다.

풀이 귀마개
(1) 장점
  ㉠ 부피가 작아서 휴대가 쉽다.
  ㉡ 안경과 안전모 등에 방해가 되지 않는다.
  ㉢ 고온작업에서도 사용 가능하다.
  ㉣ 좁은 장소에서도 사용 가능하다.
  ㉤ 가격이 귀덮개보다 저렴하다.

정답 40.① 41.③ 42.③ 43.④ 44.② 45.④

(2) 단점
  ㉠ 귀에 질병이 있는 사람은 착용 불가능하다.
  ㉡ 여름에 땀이 많이 날 때는 외이도에 염증유발 가능성이 있다.
  ㉢ 제대로 착용하는 데 시간이 걸리며 요령을 습득하여야 한다.
  ㉣ 차음효과가 일반적으로 귀덮개보다 떨어진다.
  ㉤ 사람에 따라 차음효과 차이가 크다(개인차가 큼).
  ㉥ 더러운 손으로 만짐으로써 외청도를 오염시킬 수 있다(귀마개에 묻어 있는 오염물질이 귀에 들어갈 수 있음).

46 저온에 따른 일차적 생리적 영향으로 가장 옳은 것은?

① 식욕 변화
② 혈압 변화
③ 피부혈관 수축
④ 말초냉각

풀이 저온에 대한 1차적 생리반응
  ㉠ 피부혈관의 수축
  ㉡ 근육긴장의 증가 및 떨림
  ㉢ 화학적 대사작용 증가
  ㉣ 체표면적 감소

47 잠수부가 수심 20m인 곳에서 작업하는 경우 이 근로자에게 작용하는 절대압은?

① 1기압
② 2기압
③ 3기압
④ 4기압

풀이 절대압 = 대기압 + 작용압
  = 1기압 + 2기압(10m당 1기압)
  = 3기압

48 다음 중 자외선의 생물학적 작용과 거리가 가장 먼 것은?

① 피부노화
② 색소침착
③ 구루병 발생
④ 피부암 발생

풀이 구루병은 주로 비타민 D의 결핍에 의해 발생하며 햇빛과 음식으로부터 섭취가 부족하여 발생하기도 한다.

49 저온에서 발생할 수 있는 장애와 가장 거리가 먼 것은?

① 상기도 손상
② 폐수종
③ 알레르기 반응
④ 참호족

풀이 저온 장애
  ㉠ 전신체온 강하
  ㉡ 동상
  ㉢ 참호족 및 침수족
  ㉣ 알레르기 반응
  ㉤ 상기도 손상
  ㉥ 피로증상
  ㉦ 작업능률 저하
  ㉧ 폐색성 혈전장애
  ㉨ 선단지람증

50 작업장 내 고열부하에 대한 관리대책으로 옳은 것은?

① 습도와 기류의 속도를 높인다.
② 일반 작업복보다는 증발방지복(vapor barrier)이 적합하다.
③ 기온이 35℃ 이상이면 피부에 닿는 기류를 줄이고 옷을 입어야 한다.
④ 노출시간을 짧게 자주 하는 것보다 한 번에 길게 하고 휴식하는 것이 바람직하다.

풀이 고열작업장의 작업환경 관리대책
  ㉠ 작업자에게 국소적인 송풍기를 지급한다.
  ㉡ 작업장 내에 낮은 습도를 유지한다.
  ㉢ 열차단판인 알루미늄 박판에 기름먼지가 묻지 않도록 청결을 유지한다.
  ㉣ 기온이 35℃ 이상이면 피부에 닿는 기류를 줄이고 옷을 입어야 한다.
  ㉤ 노출시간을 한 번에 길게 하는 것보다는 짧게 자주하고, 휴식하는 것이 바람직하다.
  ㉥ 증발방지복(vapor barrier)보다는 일반 작업복이 적합하다.

정답 46.③ 47.③ 48.③ 49.② 50.③

51 감압에 따른 기포형성량을 좌우하는 요인과 가장 거리가 먼 것은?
① 조직에 용해된 가스량
② 혈류를 변화시키는 상태
③ 감압속도
④ 기포순환주기

풀이 감압 시 조직 내 질소 기포형성량에 영향을 주는 요인
(1) 조직에 용해된 가스량
  체내 지방량, 고기압폭로의 정도와 시간으로 결정
(2) 혈류변화 정도(혈류를 변화시키는 상태)
  ㉠ 감압 시나 재감압 후에 생기기 쉽다.
  ㉡ 연령, 기온, 운동, 공포감, 음주와 관계가 있다.
(3) 감압속도

52 작업환경관리 중 공정의 개선내용으로 틀린 것은?
① 도자기 제조공정에서 건조 전 실시하던 점토배합을 건조 후에 실시하는 것
② 페인트 도장 시 분무하는 일을 페인트에 담그는 일로 바꾸는 것
③ 송풍기의 작은 날개로 고속회전시키는 대신 큰 날개로 저속회전시키는 것
④ 금속을 두드려서 자르는 대신에 톱으로 자르는 것

풀이 도자기 제조공정에서 건조 후 실시하던 점토배합을 건조 전에 실시한다.

53 전리방사선의 단위 중 흡수선량의 단위는?
① rad
② rem
③ curie
④ röntgen

풀이 래드(rad)
㉠ 흡수선량 단위
㉡ 방사선이 물질과 상호작용한 결과 그 물질의 단위질량에 흡수된 에너지 의미
㉢ 모든 종류의 이온화방사선에 의한 외부노출, 내부노출 등 모든 경우에 적용
㉣ 조사량에 관계없이 조직(물질)의 단위질량당 흡수된 에너지량을 표시하는 단위
㉤ 관용단위인 1rad는 피조사체 1g에 대하여 100erg의 방사선에너지가 흡수되는 선량단위 (=100erg/gram=10^{-2}J/kg)
㉥ 100rad를 1Gy(Gray)로 사용

54 고압환경에서의 질소마취는 몇 기압 이상의 작업환경에서 발생하는가?
① 1기압
② 2기압
③ 3기압
④ 4기압

풀이 질소가스의 마취작용
㉠ 공기 중의 질소가스는 정상기압에서는 비활성이지만 4기압 이상에서 마취작용을 일으키며 이를 다행증이라 한다(공기 중의 질소가스는 3기압 이하에서는 자극작용을 한다).
㉡ 질소가스 마취작용은 알코올 중독의 증상과 유사하다.
㉢ 작업력의 저하, 기분의 변환, 여러 종류의 다행증(euphoria)이 일어난다.
㉣ 수심 90~120m에서 환청, 환시, 조현증, 기억력 감퇴 등이 나타난다.

55 유해화학물질에 대한 발생원 대책으로 원재료의 대체방법을 열거한 예이다. 옳은 것만으로 짝지어진 것은?

㉮ 아조염료 합성 : 벤지딘 → 디클로로벤지딘
㉯ 금속세척작업 : 트리클로로에틸렌 → 계면활성제
㉰ 샌드블라스팅 : 모래 → 철가루
㉱ 야광시계의 자판 : 인 → 라듐

① ㉮, ㉯, ㉰
② ㉮, ㉰, ㉱
③ ㉯, ㉰, ㉱
④ 모두

풀이 야광시계의 자판에 라듐 대신 인을 사용한다.

56 채광에 관한 내용으로 틀린 것은?
① 창의 실내 각 점의 개각은 15° 이상이어야 한다.
② 실내 일정지점의 조도와 옥외 조도와의 비율을 %로 표시한 것을 주광률이라고 한다.
③ 창의 면적은 바닥면적의 15~20%가 이상적이다.
④ 균일한 조명을 요하는 작업실은 동북 또는 북창이 좋다.

[풀이] 창의 실내 각 점의 개각은 4~5°, 입사각은 28° 이상이 좋다.

57 방진마스크에 관한 설명으로 틀린 것은?
① 방진마스크의 종류에는 격리식과 직결식, 면체여과식이 있으며 형태별로는 전면, 반면 마스크가 있다.
② 대상입자에 맞는 필터재질(비휘발성용, 휘발성용)을 사용한다.
③ 흡기, 배기 저항은 낮은 것이 좋으며 흡기 저항 상승률도 낮은 것이 좋다.
④ 여과제의 탈착이 가능하여야 한다.

[풀이] 방진마스크는 비휘발성 입자에 대한 보호가 가능하다.

58 고열장애에 관한 설명이다. ( ) 안에 들어갈 내용으로 옳은 것은?

( )은/는 고열작업장에 순화되지 못한 근로자가 고열작업을 수행할 경우 신체 말단부에 혈액이 과다하게 저류되어 뇌의 혈액 흐름이 좋지 못하게 됨에 따라 뇌에 산소부족이 발생한다.

① 열허탈 ② 열경련
③ 열소모 ④ 열소진

[풀이] **열실신(heat syncope), 열허탈(heat collapse)**
(1) 개요
  ㉠ 고열환경에 노출될 때 혈관운동장애가 일어나 정맥혈이 말초혈관에 저류되고 심박출량 부족으로 초래되는 순환부전이다. 특히 대뇌피질의 혈류량 부족이 주원인으로 저혈압, 뇌의 산소부족으로 실신하거나 현기증을 느낀다.
  ㉡ 고열작업장에 순화되지 못한 근로자가 고열작업을 수행할 경우 신체말단부에 혈액이 과다하게 저류되어 혈액흐름이 좋지 못하게 됨에 따라 뇌에 산소부족이 발생하며, 운동에 의한 열피비라고도 한다.
(2) 발생
  ㉠ 고온에 순화되지 못한 근로자가 고열작업 수행 시
  ㉡ 갑작스런 자세변화, 장시간의 기립상태, 강한 운동 시, 즉 중근작업을 적어도 2시간 이상 하였을 경우
  ㉢ 염분과 수분의 부족현상은 관계없다.

59 다음의 음원 위치별 지향성에 관한 [그림]에서 지향계수는?

① 1 ② 2
③ 3 ④ 4

[풀이] **음원의 위치에 따른 지향성**

음원이 자유공간 (공중)에 있을 때	음원이 반자유공간 (바닥 위)에 있을 때
지향계수(Q) = 1 지향지수(DI) = 0dB	지향계수(Q) = 2 지향지수(DI) = 3dB
음원이 두 면이 접하는 공간에 있을 때	음원이 세 면이 접하는 공간에 있을 때
지향계수(Q) = 4 지향지수(DI) = 6dB	지향계수(Q) = 8 지향지수(DI) = 9dB

[정답] 56.① 57.② 58.① 59.④

60 산소농도가 6~10%인 산소결핍 작업장에서의 증상기준으로 가장 옳은 것은?

① 계산착오, 두통, 메스꺼움
② 의식 상실, 안면 창백, 전신 근육경련
③ 귀울림, 맥박수 증가, 호흡수 증가
④ 정신집중력 저하, 체온 상승, 판단력 저하

[풀이] 산소농도에 따른 인체장애

산소 농도 (%)	산소 분압 (mmHg)	동맥혈의 산소 포화도 (%)	증 상
12~16	90~120	85~89	호흡수 증가, 맥박 증가, 정신집중 곤란, 두통, 이명, 신체기능 조절 손상 및 순환기 장애자 초기 증상 유발
9~14	60~105	74~87	불완전한 정신상태에 이르고 취한 것과 같으며 당시의 기억상실, 전신 탈진, 체온상승, 호흡장애, 청색증 유발, 판단력 저하
6~10	45~70	33~74	의식불명, 안면창백, 전신 근육경련, 중추신경장애, 청색증유발, 경련, 8분 내 100% 치명적, 6분 내 50% 치명적, 4~5분 내 치료로 회복 가능
4~6 및 이하	45 이하	33 이하	40초 내에 혼수상태, 호흡정지, 사망

제4과목 | 산업환기

61 다음 설명에서 ( ) 안의 내용으로 올바르게 나열한 것은?

> 공기속도는 송풍기로 공기를 불 때 덕트 직경의 30배 거리에서 (㉮)로 감소하나 공기를 흡인할 때는 기류의 방향과 관계없이 덕트 직경과 같은 거리에서 (㉯)로 감소한다.

① ㉮: $\frac{1}{30}$, ㉯: $\frac{1}{10}$
② ㉮: $\frac{1}{10}$, ㉯: $\frac{1}{30}$
③ ㉮: $\frac{1}{30}$, ㉯: $\frac{1}{30}$
④ ㉮: $\frac{1}{10}$, ㉯: $\frac{1}{10}$

[풀이] 송풍기에 의한 기류의 흡기와 배기 시 흡기는 흡입면 직경의 1배인 위치에서는 입구유속의 10%로 되고, 배기는 출구면의 직경 30배인 위치에서 출구유속의 10%로 된다.

62 Della Valle가 제시한 원형이나 정사각형 후드의 필요송풍량 공식 '$Q = V(10X^2 + A)$'는 오염원에서 후드까지의 거리가 덕트 직경의 얼마 이내일 때에만 유효한가?

① 1.5배
② 2.5배
③ 3.0배
④ 5.0배

[풀이] Della Valle의 기본식 $Q = V(10X^2 + A)$ 적용은 오염원에서 후드까지의 거리가 덕트 직경의 1.5배 이내일 때 한다.

63 1μm 이상 분진의 포집은 99%가 관성충돌과 직접차단에 의하여 이루어지고, 0.1μm 이하의 분진은 확산과 정전기력에 의하여 포집되는 집진장치로 가장 적절한 것은?

① 관성력 집진장치
② 원심력 집진장치
③ 세정집진장치
④ 여과집진장치

[풀이] **여과집진장치(bag filter)**
함진가스를 여과재(filter media)에 통과시켜 입자를 분리, 포집하는 장치로서 1μm 이상의 분진의 포집은 99%가 관성충돌과 직접차단에 의하여 이루어지고, 0.1μm 이하의 분진은 확산과 정전기력에 의하여 포집하는 집진장치이다.

64 다음 중 송풍기의 풍량조절법이 아닌 것은?

① 회전수 변환법
② 안내익 조절법
③ damper 부착법
④ 송풍기 풍향변경법

풀이 송풍기의 풍량조절방법
(1) 회전수 조절법(회전수 변환법)
  ㉠ 풍량을 크게 바꾸려고 할 때 가장 적절한 방법이다.
  ㉡ 구동용 풀리의 풀리비 조정에 의한 방법이 일반적으로 사용된다.
  ㉢ 비용은 고가이나 효율은 좋다.
(2) 안내익 조절법(vane control법)
  ㉠ 송풍기 흡입구에 6~8매의 방사상 blade를 부착, 그 각도를 변경함으로써 풍량을 조절한다.
  ㉡ 다익, 레이디얼 팬보다 터보팬에 적용하는 것이 효과가 크다.
  ㉢ 큰 용량의 제진용으로 적용하는 것은 부적합하다.
(3) 댐퍼 부착법(damper 조절법)
  ㉠ 후드를 추가로 설치해도 쉽게 압력조절이 가능하다.
  ㉡ 사용하지 않는 후드를 막아 다른 곳에 필요한 정압을 보낼 수 있어 현장에서 배관 내에 댐퍼를 설치하여 송풍량을 조절하기 가장 쉬운 방법이다.
  ㉢ 저항곡선의 모양을 변경하여 교차점을 바꾸는 방법이다.

65 유체의 유량이 7,200m³/hr이고, 지름이 50cm인 강관을 흐를 때 유체의 유속은 약 얼마인가?

① 6.9m/sec
② 8.1m/sec
③ 9.6m/sec
④ 10.2m/sec

풀이 $Q = A \times V$

$$\therefore V = \frac{Q}{A} = \frac{7,200\text{m}^3/\text{hr} \times \text{hr}/3,600\text{sec}}{\left(\frac{3.14 \times 0.5^2}{4}\right)\text{m}^2}$$

$= 10.19\text{m/sec}$

66 다음 중 일정 용적을 갖는 작업장 내에서 매 시간 $M(\text{m}^3)$의 CO_2가 발생할 때 필요환기량(m³/hr) 공식으로 옳은 것은? [단, C_s는 작업환경 실내 CO_2 기준농도(%), C_o는 작업환경 실외 CO_2 농도(%)를 나타낸다.]

① $\left[\dfrac{M}{C_s - C_o}\right] \times 100$
② $\left[\dfrac{C_s - C_o}{M}\right] \times 100$
③ $\left[\dfrac{C_s}{C_o} \times M\right] \times 100$
④ $\left[\dfrac{C_o}{C_s} \times M\right] \times 100$

풀이 일정 기적을 갖는 작업장 내에서 매 시간 $M(\text{m}^3)$의 CO_2가 발생할 때 필요환기량(m³/hr)

필요환기량$(Q : \text{m}^3/\text{hr}) = \dfrac{M}{C_s - C_o} \times 100$

여기서, M : CO_2 발생량(m³/hr)
C_s : 작업환경 실내 CO_2 기준농도(%)(≒0.1%)
C_o : 작업환경 실외 CO_2 기준농도(%)(≒0.03%)

67 다음 중 국소배기설비 점검 시 반드시 갖추어야 할 필수장비로 볼 수 없는 것은?

① 청음기
② 연기발생기
③ 테스트해머
④ 절연저항계

풀이 국소배기설비 점검 시 반드시 갖추어야 할 필수장비
㉠ 발연관(연기발생기, smoke tester)
㉡ 청음기 또는 청음봉
㉢ 절연저항계
㉣ 표면온도계 및 초자온도계
㉤ 줄자

68 다음 중 덕트의 조도를 나타내는 상대조도에 대한 설명으로 옳은 것은?

① 절대표면조도를 유체밀도로 나눈값이다.
② 절대표면조도를 마찰손실로 나눈값이다.
③ 절대표면조도를 공기유속으로 나눈값이다.
④ 절대표면조도를 덕트 직경으로 나눈값이다.

풀이 상대조도 $= \dfrac{\text{절대표면조도}}{\text{덕트 직경}}$

69 다음 중 방형 후드의 가로와 세로의 비를 나타낸 것으로 같은 수치의 등속선이 가장 멀리까지 영향을 줄 수 있는 것은? (제어속도와 단면적은 일정하다.)

① 1 : 4 ② 1 : 3
③ 1 : 2 ④ 1 : 1

풀이 장방형 후드에서 제어속도와 단면적이 일정하다면 같은 수치의 등속선이 가장 멀리까지 영향을 줄 수 있는 가로와 세로의 비는 1 : 4 이다.

70 다음 중 국소배기시스템 설치 시 고려사항으로 적절하지 않은 것은?

① 가급적 원형 덕트를 사용한다.
② 후드는 덕트보다 두꺼운 재질을 선택한다.
③ 송풍기를 연결할 때에는 최소 덕트 반경의 6배 정도는 직선구간으로 하여야 한다.
④ 곡관의 곡률반경은 최소 덕트 직경의 1.5 이상으로 하며, 주로 2.0을 사용한다.

풀이 덕트 설치기준(설치 시 고려사항)
㉠ 가능하면 길이는 짧게 하고 굴곡부의 수는 적게 할 것
㉡ 접속부의 안쪽은 돌출된 부분이 없도록 할 것
㉢ 청소구를 설치하는 등 청소하기 쉬운 구조로 할 것
㉣ 덕트 내부에 오염물질이 쌓이지 않도록 이송속도를 유지할 것
㉤ 연결부위 등은 외부공기가 들어오지 않도록 할 것(연결부위를 가능한 한 용접할 것)
㉥ 가능한 후드의 가까운 곳에 설치할 것
㉦ 송풍기를 연결할 때는 최소 덕트 직경의 6배 정도 직선구간을 확보할 것
㉧ 직관은 하향구배로 하고 직경이 다른 덕트를 연결할 때에는 경사 30° 이내의 테이퍼를 부착할 것
㉨ 원형 덕트가 사각형 덕트보다 덕트 내 유속분포가 균일하므로 가급적 원형 덕트를 사용하며, 부득이 사각형 덕트를 사용할 경우에는 가능한 정방형을 사용하고 곡관의 수를 적게 할 것
㉩ 곡관의 곡률반경은 최소 덕트 직경의 1.5 이상, 주로 2.0을 사용할 것
㉪ 수분이 응축될 경우 덕트 내로 들어가지 않도록 경사나 배수구를 마련할 것
㉫ 덕트의 마찰계수는 작게 하고, 분지관을 가급적 적게 할 것

71 주형을 부수고 모래를 터는 장소에서 포위식 후드를 설치하는 경우의 최소제어풍속(m/sec)으로 옳은 것은?

① 0.5 ② 0.7
③ 1.0 ④ 1.2

풀이 제어속도 범위(ACGIH)

작업조건	작업공정 사례	제어속도 (m/sec)
• 움직이지 않는 공기 중에서 속도 없이 배출되는 작업조건 • 조용한 대기 중에 실제 거의 속도가 없는 상태로 발산하는 경우의 작업조건	• 액면에서 발생하는 가스나 증기, 흄 • 탱크에서 증발, 탈지시설	0.25~0.5
비교적 조용한(약간의 공기 움직임) 대기 중에서 저속도로 비산하는 작업조건	• 용접, 도금 작업 • 스프레이 도장 • 주형을 부수고 모래를 터는 장소	0.5~1.0
발생기류가 높고 유해물질이 활발하게 발생하는 작업조건	• 스프레이 도장, 용기충전 • 컨베이어 적재 • 분쇄기	1.0~2.5
초고속기류가 있는 작업장소에 초고속으로 비산하는 경우	• 회전연삭작업 • 연마작업 • 블라스트 작업	2.5~10

72 각형 직관에서 장변 0.3m, 단변 0.2m일 때 상당직경(equivalent diameter)은 약 몇 m인가?

① 0.24 ② 0.34
③ 0.44 ④ 0.54

풀이 상당직경 $= \dfrac{2ab}{a+b} = \dfrac{2(0.3 \times 0.2)}{0.3+0.2} = 0.24\text{m}$

73 다음 중 터보팬형 송풍기의 특징을 설명한 것으로 틀린 것은?

① 소음, 진동이 비교적 크다.
② 통상적으로 최고속도가 높아 효율이 높다.
③ 규정풍량 이외에서는 효율이 갑자기 떨어지는 단점이 있다.
④ 소요정압이 떨어져도 동력은 크게 상승하지 않으므로 시설저항 및 운전상태가 변하여도 과부하가 걸리지 않는다.

[풀이] 터보형 송풍기(turbo fan)
㉠ 후향 날개형(후곡 날개형)(backward-curved blade fan)은 송풍량이 증가해도 동력이 증가하지 않는 장점을 가지고 있어 한계부하 송풍기라고도 한다.
㉡ 회전날개(깃)가 회전방향 반대편으로 경사지게 설계되어 있어 충분한 압력을 발생시킬 수 있다.
㉢ 소요정압이 떨어져도 동력은 크게 상승하지 않으므로 시설저항 및 운전상태가 변하여도 과부하가 걸리지 않는다.
㉣ 송풍기 성능곡선에서 동력곡선이 최대송풍량의 60~70%까지 증가하다가 감소하는 경향을 띠는 특성이 있다.
㉤ 고농도 분진 함유 공기를 이송시킬 경우 깃 뒷면에 분진이 퇴적하며 집진기 후단에 설치하여야 한다.
㉥ 깃의 모양은 두께가 균일한 것과 익형이 있다.
㉦ 원심력식 송풍기 중 가장 효율이 좋다.

74 다음 중 0℃, 1기압에서 덕트 내의 공기유속이 10m/sec일 때 속도압(mmH₂O)은 약 얼마인가?
① 5.2 ② 6.6
③ 9.2 ④ 12.4

[풀이] $VP = \dfrac{\gamma V^2}{2g} = \dfrac{1.3 \times 10^2}{2 \times 9.8} = 6.63 \text{mmH}_2\text{O}$
(단, 0℃, 1기압, 비중 1.3 적용)

75 사염화에틸렌 2,000ppm이 공기 중에 존재한다면 공기와 사염화에틸렌혼합물의 유효비중(effective specific gravity)은 얼마인가? (단, 사염화에틸렌의 증기비중은 5.7이다.)
① 3.783 ② 2.342
③ 1.823 ④ 1.0094

[풀이] 유효비중 = $\dfrac{(2,000 \times 5.7) + (998,000 \times 1.0)}{1,000,000} = 1.0094$

76 온도는 3℃, 압력은 705mmHg인 공기의 밀도보정계수는 약 얼마인가?
① 0.998 ② 0.988
③ 0.978 ④ 0.968

[풀이] 밀도보정계수 = $\dfrac{(273+21) \times P}{(℃ + 273) \times 760}$
$= \dfrac{294 \times 705}{276 \times 760}$
$= 0.988$

77 다음 중 블로다운(blow-down) 효과에 대한 설명으로 틀린 것은?
① 사이클론의 부식방지 효과
② 사이클론의 집진효율을 높이는 효과
③ 사이클론 내의 원심력을 높이는 효과
④ 사이클론 내 집진먼지의 비산을 방지할 수 있는 효과

[풀이] 블로다운(blow-down)
(1) 정의
사이클론의 집진효율을 향상시키기 위한 하나의 방법으로서 더스트박스 또는 호퍼부에서 처리가스의 5~10%를 흡인하여 선회기류의 교란을 방지하는 운전방식
(2) 효과
㉠ 사이클론 내의 난류현상을 억제시킴으로써 집진된 먼지의 비산을 방지(유효원심력 증대)
㉡ 집진효율 증대
㉢ 장치 내부의 먼지 퇴적을 억제하여 장치의 폐쇄현상을 방지(가교현상 방지)

78 작업장 내의 열부하량이 200,000kcal/hr이며, 외부의 기온은 25℃이고, 작업장 내의 기온은 35℃이다. 이러한 작업장의 전체환기 필요환기량(m³/min)은 약 얼마인가?
① 1,100
② 1,600
③ 2,100
④ 2,600

[풀이] 필요환기량 = $\dfrac{H_s}{0.3 \Delta t}$
$= \dfrac{200,000}{0.3 \times (35-25)}$
$= 66666.67 \text{m}^3/\text{hr} \times \text{hr}/60\text{min}$
$= 1111.11 \text{m}^3/\text{min}$

79 다음 중 후드의 개방면에서 측정한 속도인 면속도가 제어속도가 되는 형태의 후드는?

① 포위형 후드
② 포집형 후드
③ 푸시-풀형 후드
④ 캐노피형 후드

풀이 포위형 후드(부스형 후드)
㉠ 발생원을 완전히 포위하는 형태의 후드이고 후드의 개방면에서 측정한 속도인 면속도가 제어속도가 된다.
㉡ 국소배기시설의 후드 형태 중 가장 효과적인 형태이다. 즉, 필요환기량을 최소한으로 줄일 수 있다.
㉢ 후드의 개방면에서 측정한 면속도가 제어속도가 된다.
㉣ 유해물질의 완벽한 흡입이 가능하다(단, 충분한 개구면 속도를 유지하지 못할 경우 오염물질이 외부로 누출될 우려가 있음).
㉤ 유해물질 제거 공기량(송풍량)이 다른 형태보다 훨씬 적다.
㉥ 작업장 내 방해기류(난기류)의 영향을 거의 받지 않는다.

80 다음 중 작업환경개선을 위한 전체환기시설의 설치조건으로 적절하지 않은 것은?

① 유해물질 발생량이 많아야 한다.
② 유해물질 발생이 비교적 균일해야 한다.
③ 독성이 낮은 유해물질을 사용하는 장소이어야 한다.
④ 공기 중 유해물질의 농도가 허용농도 이하여야 한다.

풀이 전체환기(희석환기) 적용 시 조건
㉠ 유해물질의 독성이 비교적 낮은 경우, 즉 TLV가 높은 경우(가장 중요한 제한조건)
㉡ 동일한 작업장에 다수의 오염원이 분산되어 있는 경우
㉢ 유해물질이 시간에 따라 균일하게 발생할 경우
㉣ 유해물질의 발생량이 적은 경우 및 희석공기량이 많지 않아도 될 경우
㉤ 유해물질이 증기나 가스일 경우
㉥ 국소배기로 불가능한 경우
㉦ 배출원이 이동성인 경우
㉧ 가연성 가스의 농축으로 폭발의 위험이 있는 경우
㉨ 오염원이 근무자가 근무하는 장소로부터 멀리 떨어져 있는 경우

정답 79.① 80.①

제3회 산업위생관리산업기사

과년도 출제문제 | 2013.08.18

제1과목 | 산업위생학 개론

01 다음 중 일반적으로 근로자가 휴식 중일 때의 산소소비량(oxygen uptake)으로 가장 적절한 것은?

① 0.01L/min ② 0.25L/min
③ 1.5L/min   ④ 3.0L/min

풀이 산소소비량
㉠ 근로자의 휴식 중 산소소비량 : 0.25L/min
㉡ 근로자의 운동 중 산소소비량 : 5L/min

02 우리나라 노출기준에서 충격소음의 1일 노출횟수가 1,000회에 해당되는 충격소음의 강도는 얼마인가?

① 110dB(A) ② 120dB(A)
③ 130dB(A) ④ 140dB(A)

풀이 충격소음작업
소음이 1초 이상의 간격으로 발생하는 작업으로, 다음에 해당하는 작업을 말한다.
㉠ 120dB을 초과하는 소음이 1일 1만 회 이상 발생하는 작업
㉡ 130dB을 초과하는 소음이 1일 1천 회 이상 발생하는 작업
㉢ 140dB을 초과하는 소음이 1일 1백 회 이상 발생하는 작업

03 400명의 근로자가 1일 8시간, 연간 300일을 근무하는 사업장이 있다. 1년 동안 30건의 재해가 발생하였다면 도수율은 얼마인가?

① 26.26   ② 28.75
③ 31.25   ④ 33.75

풀이
$$도수율 = \frac{재해발생건수}{연근로시간수} \times 10^6$$
$$= \frac{30}{8 \times 300 \times 400} \times 10^6 = 31.25$$

04 유기용제의 생물학적 모니터링에서 유기용제와 소변 중 대사산물의 짝이 잘못 이루어진 것은?

① 톨루엔 : o-크레졸
② 크실렌 : 메틸마뇨산
③ 스티렌 : 삼염화초산
④ 노말헥산 : 2,5-헥산디온

풀이 화학물질에 대한 대사산물(측정대상물질), 시료채취시기

화학물질	대사산물(측정대상물질) : 생물학적 노출지표	시료채취시기
납	혈액 중 납	중요치 않음
	소변 중 납	
카드뮴	소변 중 카드뮴	중요치 않음
	혈액 중 카드뮴	
일산화탄소	호기에서 일산화탄소	작업 종료 시
	혈액 중 carboxyhemoglobin	
벤젠	소변 중 총 페놀	작업 종료 시
	소변 중 t,t-뮤코닉산 (t,t-muconic acid)	
에틸벤젠	소변 중 만델린산	작업 종료 시
니트로벤젠	소변 중 p-nitrophenol	작업 종료 시
아세톤	소변 중 아세톤	작업 종료 시
톨루엔	혈액, 호기에서 톨루엔	작업 종료 시
	소변 중 o-크레졸	
크실렌	소변 중 메틸마뇨산	작업 종료 시
스티렌	소변 중 만델린산	작업 종료 시
트리클로로에틸렌	소변 중 트리클로로초산 (삼염화초산)	주말작업 종료 시
테트라클로로에틸렌	소변 중 트리클로로초산 (삼염화초산)	주말작업 종료 시

정답 01.② 02.③ 03.③ 04.③

화학물질	대사산물(측정대상물질) : 생물학적 노출지표	시료채취시기
트리클로로 에탄	소변 중 트리클로로초산 (삼염화초산)	주말작업 종료 시
사염화 에틸렌	소변 중 트리클로로초산 (삼염화초산)	주말작업 종료 시
	소변 중 삼염화에탄올	
이황화탄소	소변 중 TTCA	-
	소변 중 이황화탄소	
노말헥산 (n-헥산)	소변 중 2,5-hexanedione	작업 종료 시
	소변 중 n-헥산	
메탄올	소변 중 메탄올	-
클로로벤젠	소변 중 총 4-chlorocatechol	작업 종료 시
	소변 중 총 p-chlorophenol	
크롬 (수용성 흄)	소변 중 총 크롬	주말작업 종료 시, 주간작업 중
N,N- 디메틸포름 아미드	소변 중 N-메틸포름아미드	작업 종료 시
페놀	소변 중 메틸마뇨산	작업 종료 시

05 다음 중 산업위생의 활동에서 처음으로 요구되는 활동은?

① 인지
② 평가
③ 측정
④ 예측

[풀이] 산업위생의 정의(AIHA)
근로자나 일반 대중(지역주민)에게 질병, 건강장애와 안녕방해, 심각한 불쾌감 및 능률 저하 등을 초래하는 작업환경 요인과 스트레스를 예측, 측정, 평가하고 관리하는 과학과 기술이다(예측, 인지(확인), 평가, 관리 의미와 동일함).

06 다음 중 주관적 피로를 알아보기 위한 측정 방법으로 가장 적절한 것은?

① CMI 검사
② 생리심리적 검사
③ PPR 검사
④ 생리적 기능 검사

[풀이] CMI 검사는 피로의 주관적 자각증상을 측정하는 방법이다.

07 다음 중 ACGIH TLV의 적용상 주의사항으로 옳은 것은?

① 반드시 산업위생전문가에 의하여 적용되어야 한다.
② TLV는 안전농도와 위험농도를 정확히 구분하는 경계선이 된다.
③ TLV는 독성의 강도를 비교할 수 있는 지표가 된다.
④ 기존의 질병이나 육체적 조건을 판단하기 위한 척도로 사용될 수 있다.

[풀이] ACGIH(미국정부산업위생전문가협의회)에서 권고하고 있는 허용농도(TLV) 적용상 주의사항
㉠ 대기오염 평가 및 지표(관리)에 사용할 수 없다.
㉡ 24시간 노출 또는 정상작업시간을 초과한 노출에 대한 독성 평가에는 적용할 수 없다.
㉢ 기존의 질병이나 신체적 조건을 판단(증명 또는 반증자료)하기 위한 척도로 사용될 수 없다.
㉣ 작업조건이 다른 나라에서 ACGIH-TLV를 그대로 사용할 수 없다.
㉤ 안전농도와 위험농도를 정확히 구분하는 경계선이 아니다.
㉥ 독성의 강도를 비교할 수 있는 지표는 아니다.
㉦ 반드시 산업보건(위생)전문가에 의하여 설명(해석), 적용되어야 한다.
㉧ 피부로 흡수되는 양은 고려하지 않은 기준이다.
㉨ 산업장의 유해조건을 평가하기 위한 지침이며, 건강장애를 예방하기 위한 지침이다.

08 다음 중 산업안전보건법령상 보건관리자의 직무와 가장 거리가 먼 것은?

① 건강장애를 예방하기 위한 작업관리
② 직업성 질환 발생의 원인조사 및 대책수립
③ 근로자의 건강관리, 보건교육 및 건강증진 지도
④ 전체환기장치 및 국소배기장치 등에 관한 설계 및 시공

[풀이] 보건관리자의 직무(업무)
㉠ 산업안전보건위원회 또는 노사협의체에서 심의·의결한 업무와 안전보건관리규정 및 취업규칙에서 정한 업무
㉡ 안전인증대상 기계 등과 자율안전확인대상 기계 등 중 보건과 관련된 보호구(保護具) 구입 시 적격품 선정에 관한 보좌 및 지도·조언
㉢ 위험성평가에 관한 보좌 및 지도·조언
㉣ 작성된 물질안전보건자료의 게시 또는 비치에 관한 보좌 및 지도·조언
㉤ 산업보건의의 직무
㉥ 해당 사업장 보건교육계획의 수립 및 보건교육실시에 관한 보좌 및 지도·조언
㉦ 해당 사업장의 근로자를 보호하기 위한 다음의 조치에 해당하는 의료행위
 ⓐ 자주 발생하는 가벼운 부상에 대한 치료
 ⓑ 응급처치가 필요한 사람에 대한 처치
 ⓒ 부상·질병의 악화를 방지하기 위한 처치
 ⓓ 건강진단 결과 발견된 질병자의 요양 지도 및 관리
 ⓔ ⓐ부터 ⓓ까지의 의료행위에 따르는 의약품의 투여
㉧ 작업장 내에서 사용되는 전체환기장치 및 국소배기장치 등에 관한 설비의 점검과 작업방법의 공학적 개선에 관한 보좌 및 지도·조언
㉨ 사업장 순회점검, 지도 및 조치 건의
㉩ 산업재해 발생의 원인 조사·분석 및 재발방지를 위한 기술적 보좌 및 지도·조언
㉪ 산업재해에 관한 통계의 유지·관리·분석을 위한 보좌 및 지도·조언
㉫ 법 또는 법에 따른 명령으로 정한 보건에 관한 사항의 이행에 관한 보좌 및 지도·조언
㉬ 업무 수행 내용의 기록·유지
㉭ 그 밖에 보건과 관련된 작업관리 및 작업환경관리에 관한 사항으로서 고용노동부장관이 정하는 사항

※ 법 변경(2020년)사항이므로 풀이내용으로 학습 바랍니다.

09 다음 중 작업의 종류에 따른 영양관리방안으로 가장 적절하지 않은 것은?
① 근육작업자의 에너지 공급은 당질을 위주로 한다.
② 저온작업자에게는 식수와 식염을 우선 공급한다.
③ 중작업자에게는 단백질을 공급한다.
④ 저온작업자에게는 지방질을 공급한다.

[풀이] 고온작업자에게는 식수와 식염을 우선 공급하고, 저온작업자에게는 지방질을 공급한다.

10 다음 중 작업에 소모된 열량이 4,500kcal, 안정 시 열량이 1,000kcal, 기초대사량이 1,500kcal일 때 실동률은 약 얼마인가? (단, 사이토와 오시마의 경험식을 적용한다.)
① 70.0% ② 73.4%
③ 84.4% ④ 85.0%

[풀이]
$$RMR = \frac{\text{작업 시 소모열량} - \text{안정 시 소모열량}}{\text{기초대사량}}$$
$$= \frac{(4{,}500 - 1{,}000)\text{kcal}}{1{,}500\text{kcal}} = 2.33$$
∴ 실동률(%) $= 85 - (5 \times RMR)$
$= 85 - (5 \times 2.33) = 73.35\%$

11 다음 중 자동차 배터리 공장에서 공기 중 납과 황산이 동시에 발생하여 근로자 체내로 유입될 경우 어떠한 상호작용이 발생하는가?
① 상가작용 ② 독립작용
③ 길항작용 ④ 상승작용

[풀이] 독립작용
독성이 서로 다른 물질이 혼합되어 있을 경우 반응양상이 각각 달라 각 물질에 대하여 독립적으로 노출기준을 적용한다.
예시) ㉠ SO_2와 HCN
㉡ 질산과 카드뮴
㉢ 납과 황산

12 젊은 근로자의 약한 손 힘의 평균은 45kP이고, 작업강도(%MS)가 11.1%일 때 적정작업시간은? (단, 적정작업시간(초)=671,120×%MS$^{-2.222}$식을 적용한다.)
① 33분 ② 43분
③ 53분 ④ 63분

[풀이]
적정작업시간 $= 671{,}120 \times \%MS^{-2.222}$
$= 671{,}120 \times (11.1)^{-2.222}$
$= 3192.21\text{sec} \times \text{min}/60\text{sec} = 53.20\text{min}$

정답 09.② 10.② 11.② 12.③

PART 02 과년도 출제문제

13 다음 중 개인차원의 스트레스 관리에 대한 내용으로 가장 거리가 먼 것은?
① 건강검사 ② 운동과 취미생활
③ 긴장이완 훈련 ④ 직무의 순환

[풀이]
(1) 개인차원의 일반적 스트레스 관리기법
  ㉠ 자신의 한계와 문제의 징후를 인식하여 해결방안을 도출
  ㉡ 신체검사를 통하여 스트레스성 질환을 평가
  ㉢ 긴장이완 훈련(명상, 요가 등)을 통하여 생리적 휴식상태를 경험
  ㉣ 규칙적인 운동으로 스트레스를 줄이고, 직무 외적인 취미, 휴식 등에 참여하여 대처능력을 함양
(2) 집단(조직)차원의 관리기법
  ㉠ 개인별 특성 요인을 고려한 작업근로환경
  ㉡ 작업계획 수립 시 적극적 참여 유도
  ㉢ 사회적 지위 및 일 재량권 부여
  ㉣ 근로자 수준별 작업 스케줄 운영
  ㉤ 적절한 작업과 휴식시간

14 다음 중 '작업환경측정 및 지정측정기관 평가 등에 관한 고시'에서 농도를 mg/m³로 표시할 수 없는 것은?
① 가스 ② 분진
③ 흄(fume) ④ 석면

[풀이] 석면의 농도단위는 '개수/cm³'이다.

15 다음 중 어깨, 팔목, 손목, 목 등 상지(upper limb)의 분석에 초점을 두고 있기 때문에 하체보다는 상체의 작업부하가 많이 부과되는 작업의 작업자세에 대한 근육부하를 평가하는 도구로 가장 적합한 것은?
① OWAS ② RULA
③ REBA ④ 3DSSPP

[풀이] 누적외상성 질환 평가도구
(1) OWAS
  핀란드의 철강회사에서 근육을 발휘하기에 부적절한 작업자세를 구별해 낼 목적으로 개발한 평가기법이며, 작업자세에 의한 작업부하에 초점을 맞추었고, 현장 작업장에서 특별한 기구 없이 관찰에 의해서만 작업자세를 평가하는 도구이다.
(2) RULA
  어깨, 팔목, 손목, 목 등 상지의 분석에 초점을 두고 있기 때문에 하체보다는 상체의 작업부하가 많이 부과되는 작업의 자세에 대한 근육부하를 평가하는 도구이다.
(3) JSI
  주로 상지 말단의 직업관련성 근골격계 유해요인을 평가하기 위한 도구로 각각의 작업을 세분하여 평가하며, 작업을 정량적으로 평가함과 동시에 질적인 평가도 함께 고려한다.
(4) REBA
  ㉠ 신체 전체의 자세를 평가하는 도구로서 RULA가 상지에 국한되어 평가하는 단점을 보완한 평가 도구로, RULA보다 하지의 분석을 좀 더 자세히 평가할 수 있다.
  ㉡ 의료 관련 직종이나 다른 산업에서 예측이 힘든 다양한 자세들이 발생하는 경우를 대비하여 만들어진다.
(5) NLE
  들기작업에 대한 RWL을 쉽게 산출하여, 작업의 위험성을 예측하고 인간공학적인 작업방법의 개선을 통해 작업자의 직업성 요통을 사전에 예방하는 것이 목적이며, 정밀한 작업평가, 작업설계에 이용되는 평가도구이다.

16 다음 중 중량물 들기작업의 구분동작을 순서대로 올바르게 나열한 것은?

> ㉮ 발을 어깨너비 정도로 벌리고, 몸은 정확하게 균형을 유지한다.
> ㉯ 무릎을 굽힌다.
> ㉰ 중량물에 몸의 중심을 가깝게 한다.
> ㉱ 목과 등이 거의 일직선이 되도록 한다.
> ㉲ 가능하면 중량물을 양손으로 잡는다.
> ㉳ 등을 반듯이 유지하면서 무릎의 힘으로 일어난다.

① ㉮ → ㉯ → ㉰ → ㉱ → ㉲ → ㉳
② ㉮ → ㉰ → ㉯ → ㉱ → ㉲ → ㉳
③ ㉰ → ㉮ → ㉯ → ㉱ → ㉲ → ㉳
④ ㉰ → ㉮ → ㉯ → ㉲ → ㉱ → ㉳

정답 13.④ 14.④ 15.② 16.④

17 다음 중 산업피로의 증상으로 볼 수 없는 것은?
① 혈당치가 높아지고, 젖산이 감소한다.
② 호흡이 빨라지고, 혈액 중 이산화탄소량이 증가한다.
③ 일반적으로 체온이 높아지나 피로 정도가 심해지면 오히려 낮아진다.
④ 혈압은 초기에 높아지나 피로가 진행되면 오히려 낮아진다.

> **풀이** 혈액 내 혈당치가 낮아지고, 젖산과 탄산량이 증가하여 산혈증으로 된다.

18 다음 중 건강진단결과 건강관리 구분 'D₁'의 내용으로 옳은 것은?
① 건강진단 결과 질병이 의심되는 자
② 건강관리상 사후관리가 필요 없는 자
③ 직업성 질병의 소견을 보여 사후관리가 필요한 자
④ 일반질병으로 진전될 우려가 있어 추적관찰이 필요한 자

> **풀이** 건강관리 구분
>
> | 건강관리 구분 | | 건강관리 구분 내용 |
> |---|---|---|
> | A | | 건강관리상 사후관리가 필요 없는 자(건강한 근로자) |
> | C | C₁ | 직업성 질병으로 진전될 우려가 있어 추적관찰이 필요한 자(직업병 요관찰자) |
> | | C₂ | 일반질병으로 진전될 우려가 있어 추적관찰이 필요한 자(일반질병 요관찰자) |
> | D₁ | | 직업성 질병의 소견을 보여 사후관리가 필요한 자(직업병 유소견자) |
> | D₂ | | 일반질병의 소견을 보여 사후관리가 필요한 자(일반질병 유소견자) |
> | R | | 건강진단 1차 검사결과 건강수준의 평가가 곤란하거나 질병이 의심되는 근로자(제2차 건강진단 대상자) |
>
> ※ "U"는 2차 건강진단 대상임을 통보하고 30일을 경과하여 해당 검사가 이루어지지 않아 건강관리 구분을 판정할 수 없는 근로자

19 현재 우리나라에서 산업위생과 관련 있는 정부부처 및 단체, 연구소 등 관련 기관이 바르게 연결된 것은?
① 환경부 – 국립환경연구원
② 고용노동부 – 환경운동연합
③ 고용노동부 – 산업안전보건공단
④ 보건복지부 – 국립노동과학연구소

> **풀이** 산업위생관리 관장 행정부처
> ㉠ 고용노동부
> ㉡ 산업안전보건공단

20 다음 중 직업성 질환의 발생원인으로 볼 수 없는 것은?
① 국소적 난방
② 단순 반복작업
③ 격렬한 근육운동
④ 화학물질의 사용

> **풀이** 직업성 질환 발생원인
> ㉠ 작업환경의 온도, 복사열, 소음·진동, 유해광선 등 물리적 원인에 의하여 생기는 것
> ㉡ 분진에 의한 진폐증
> ㉢ 가스, 금속, 유기용제 등 화학적 물질에 의하여 생기는 중독증
> ㉣ 세균, 곰팡이 등 생물학적 원인에 의한 것
> ㉤ 단순반복작업 및 격렬한 근육운동

제2과목 | 작업환경 측정 및 평가

21 아세톤 2,000ppb는 몇 mg/m³인가? (단, 아세톤 분자량 : 58, 작업장 : 25℃, 1기압)
① 3.7
② 4.7
③ 5.7
④ 6.7

> **풀이** $\text{ppm} = 2,000\text{ppb} \times \text{ppm}/10^3\text{ppb} = 2\text{ppm}$
> $\therefore \text{mg/m}^3 = 2\text{ppm} \times \dfrac{58}{24.45} = 4.74\text{mg/m}^3$

정답 17.① 18.③ 19.③ 20.① 21.②

22 작업환경 공기 중의 헵탄(TLV=50ppm)이 30ppm이고, 트리클로로에틸렌(TLV=50ppm)이 10ppm이며, 테트라클로로에틸렌(TLV=50ppm)이 25ppm이다. 이러한 공기의 복합노출지수는? (단, 각 물질은 상가작용을 일으킨다.)

① 0.9
② 1.0
③ 1.3
④ 1.4

[풀이] 복합노출지수 = $\frac{30}{50} + \frac{10}{50} + \frac{25}{50} = 1.3$

23 0.01%(v/v)는 몇 ppb인가?

① 1,000
② 10,000
③ 100,000
④ 1,000,000

[풀이] $ppm = 0.01\% \times \frac{10,000 ppm}{1\%} = 100 ppm$

∴ $ppb = 100 ppm \times \frac{1,000 ppb}{ppm} = 100,000 ppb$

24 다음 중 1차 표준으로 사용되는 기구는?

① wet-test-meter
② rotameter
③ orifice meter
④ spirometer

[풀이] 공기채취기구의 보정에 사용되는 표준기구
(1) 1차 표준기구
  ㉠ 비누거품미터(soap bubble meter)
  ㉡ 폐활량계(spirometer)
  ㉢ 가스치환병(mariotte bottle)
  ㉣ 유리피스톤미터(glass piston meter)
  ㉤ 흑연피스톤미터(frictionless piston meter)
  ㉥ 피토튜브(pitot tube)
(2) 2차 표준기구
  ㉠ 로터미터(rotameter)
  ㉡ 습식 테스트미터(wet-test-meter)
  ㉢ 건식 가스미터(dry-gas-meter)
  ㉣ 오리피스미터(orifice meter)
  ㉤ 열선기류계(thermo anemometer)

25 흡착제인 활성탄의 제한점으로 틀린 것은?

① 염화수소와 같은 저비점 화합물에 비효과적임
② 휘발성이 큰 저분자량의 탄화수소화합물의 채취효율이 떨어짐
③ 표면 반응성이 작은 메르캅탄과 알데히드 포집에 부적합함
④ 케톤의 경우 활성탄 표면에서 물을 포함하는 반응에 의해 파과되어 탈착률과 안정성에서 부적절함

[풀이] 활성탄의 제한점
㉠ 표면의 산화력으로 인해 반응성이 큰 메르캅탄, 알데히드 포집에는 부적합하다.
㉡ 케톤의 경우 활성탄 표면에서 물을 포함하는 반응에 의하여 파과되어 탈착률과 안정성에 부적절하다.
㉢ 메탄, 일산화탄소 등은 흡착되지 않는다.
㉣ 휘발성이 큰 저분자량의 탄화수소화합물의 채취효율이 떨어진다.
㉤ 끓는점이 낮은 저비점 화합물인 암모니아, 에틸렌, 염화수소, 포름알데히드 증기는 흡착속도가 높지 않아 비효과적이다.

26 검지관 사용 시 단점이라 볼 수 없는 것은?

① 밀폐공간에서의 산소부족 또는 폭발성 가스 측정에는 측정자 안전이 문제된다.
② 민감도 및 특이도가 낮다.
③ 각 오염물질에 맞는 검지관을 선정해야 하는 불편이 있다.
④ 색 변화가 선명하지 않아 주관적으로 읽을 수 있어 판독자에 따라 변이가 심하다.

[풀이] 검지관 측정법
(1) 장점
  ㉠ 사용이 간편하다.
  ㉡ 반응시간이 빨라 현장에서 바로 측정 결과를 알 수 있다.
  ㉢ 비전문가도 어느 정도 숙지하면 사용할 수 있지만 산업위생전문가의 지도 아래 사용되어야 한다.

ⓔ 맨홀, 밀폐공간에서의 산소부족 또는 폭발성 가스로 인한 안전이 문제가 될 때 유용하게 사용된다.
ⓜ 다른 측정방법이 복잡하거나 빠른 측정이 요구될 때 사용할 수 있다.

(2) 단점
ⓐ 민감도가 낮아 비교적 고농도에만 적용이 가능하다.
ⓑ 특이도가 낮아 다른 방해물질의 영향을 받기 쉽고 오차가 크다.
ⓒ 대개 단시간 측정만 가능하다.
ⓓ 한 검지관으로 단일물질만 측정 가능하여 각 오염물질에 맞는 검지관을 선정함에 따른 불편함이 있다.
ⓔ 색변화에 따라 주관적으로 읽을 수 있어 판독자에 따라 변이가 심하며, 색변화가 시간에 따라 변하므로 제조자가 정한 시간에 읽어야 한다.
ⓕ 미리 측정대상 물질의 동정이 되어 있어야 측정이 가능하다.

27 석면의 측정방법 중 X선 회절법에 관한 설명으로 틀린 것은?

① 값이 비싸고 조작이 복잡하다.
② 1차 분석에 사용하며, 2차 분석에는 적용하기 어렵다.
③ 석면 포함 물질을 은막 여과지에 놓고 X선을 조사한다.
④ 고형시료 중 크리소타일 분석에 사용한다.

[풀이] X선 회절법은 석면의 1차 및 2차 분석에 적용할 수 있다.

28 소음의 음압수준(SPL) 산정식으로 옳은 것은? (단, P : 대상의 음압, P_o : 기준음압)

① $10 \log \dfrac{P}{P_o}$
② $20 \log \dfrac{P}{P_o}$
③ $30 \log \dfrac{P}{P_o}$
④ $40 \log \dfrac{P}{P_o}$

[풀이] 음압수준(SPL) : 음압레벨, 음압도
$$SPL = 20 \log \left(\dfrac{P}{P_o}\right) \text{(dB)}$$
여기서, SPL : 음압수준(음압도, 음압레벨)(dB)
P : 대상음의 음압(음압 실효치)(N/m²)
P_o : 기준음압 실효치(2×10^{-5} N/m², 20μPa, 2×10^{-4} dyne/cm²)

29 변이계수에 관한 설명으로 옳지 않은 것은?

① 통계집단의 측정값들에 대한 균일성, 정밀성 정도를 표현한다.
② 평균값의 크기가 0에 가까울수록 변이계수의 의의는 커진다.
③ 단위가 서로 다른 집단이나 특성값의 상호 산포도를 비교하는 데 이용될 수 있다.
④ 변이계수(%) = (표준편차/산술평균) × 100으로 계산된다.

[풀이] 변이계수가 작을수록 자료들이 평균 주위에 가깝게 분포한다는 의미이다. 평균값의 크기가 0에 가까울수록 변이계수의 의의는 작아진다.

30 0℃, 1atm에서 H₂ 1.0m³는 273℃, 700mmHg 상태에서 몇 m³인가?

① 약 2.2
② 약 2.7
③ 약 3.2
④ 약 3.7

[풀이]
$$\dfrac{P_1 V_1}{T_1} = \dfrac{P_2 V_2}{T_2}$$
$$\therefore V_2 = V_1 \times \dfrac{P_1}{P_2} \times \dfrac{T_2}{T_1}$$
$$= 1 \text{m}^3 \times \dfrac{760}{700} \times \dfrac{273+273}{273+0} = 2.17 \text{m}^3$$

31 개인 시료포집기를 사용하여 분당 1L로 6시간 측정한 후 여과지를 산 처리하여 시험용액 100mL로 만든 후 시료액 5mL를 취해 정량 분석하니 Pb이 2.5μg/5mL였다면 작업환경 중 Pb의 농도(mg/m³)는?

① 0.434
② 0.364
③ 0.202
④ 0.139

정답 27.② 28.② 29.② 30.① 31.④

[풀이]
$$농도(mg/m^3) = \frac{2.5\mu g/5mL \times 100mL}{1L/min \times 360min}$$
$$= 0.139\mu g/L(mg/m^3)$$

32 산과 염기에 관한 내용으로 틀린 것은?
① 산 : 양이온을 줄 수 있는 물질
② 염기 : 수소이온을 줄 수 있는 물질
③ 강산 : 수용액에서 거의 다(100%) 이온화하여 수소이온을 내는 물질
④ 강염기 : 수용액에서 거의 다(100%) 이온화하여 수산화이온을 내는 물질

[풀이] 염기는 수용액 중에서 수산이온을 생성하며, 산을 중화시키는 물질이다.

33 가스상 물질의 시료포집에 사용된 활성탄관의 탈착에 주로 사용하는 탈착용매는? (단, 비극성 물질 기준)
① 질산
② 노말헥산
③ 사염화탄소
④ 이황화탄소

[풀이] **용매탈착**
(1) 비극성 물질의 탈착용매는 이황화탄소(CS_2)를 사용하고 극성 물질에는 이황화탄소와 다른 용매를 혼합하여 사용한다.
(2) 활성탄에 흡착된 증기(유기용제-방향족탄화수소)를 탈착시키는 데 일반적으로 사용되는 용매는 이황화탄소이다.
(3) 용매로 사용되는 이황화탄소의 단점
  ㉠ 독성 및 인화성이 크며 작업이 번잡하다.
  ㉡ 특히 심혈관계와 신경계에 독성이 매우 크고 취급 시 주의를 요한다.
  ㉢ 전처리 및 분석하는 장소의 환기에 유의하여야 한다.
(4) 용매로 사용되는 이황화탄소의 장점
  탈착효율이 좋고 가스크로마토그래피의 불꽃이온화검출기에서 반응성이 낮아 피크의 크기가 작게 나오므로 분석 시 유리하다.

34 입자의 비중이 1.5이고, 직경이 10μm인 분진의 침강속도(cm/sec)는?
① 0.35
② 0.45
③ 0.55
④ 0.65

[풀이]
$$침강속도 = 0.003 \times \rho \times d^2$$
$$= 0.003 \times 1.5 \times 10^2 = 0.45 cm/sec$$

35 중심주파수가 500Hz일 때 1/1 옥타브밴드의 주파수범위로 옳은 것은? (단, 하한주파수~상한주파수)
① 353~707Hz
② 367~734Hz
③ 388~776Hz
④ 397~794Hz

[풀이]
㉠ $f_L = \dfrac{f_c}{\sqrt{2}} = \dfrac{500}{\sqrt{2}} = 353.55 Hz$
㉡ $f_U = \dfrac{f_c^2}{f_L} = \dfrac{500^2}{353.55} = 707.11 Hz$

36 어떤 작업장에서 톨루엔을 활성탄관을 이용하여 0.2L/min으로 30분 동안 시료를 포집하여 분석한 결과 활성탄관의 앞층에서 1.2mg, 뒤층에서 0.1mg씩 검출되었다. 탈착효율이 100%라고 할 때 공기 중 농도는? (단, 파과, 공시료는 고려하지 않음)
① 113mg/m³
② 138mg/m³
③ 183mg/m³
④ 217mg/m³

[풀이]
$$농도(mg/m^3) = \frac{(1.2+0.1)mg}{0.2L/min \times 30min \times m^3/1,000L}$$
$$= 216.67 mg/m^3$$

37 유량, 측정시간, 회수율 및 분석 등에 의한 오차가 각각 15%, 3%, 9% 및 5%일 때 누적오차(%)는?
① 약 18.4
② 약 20.3
③ 약 21.5
④ 약 23.5

[풀이] 누적오차 = $\sqrt{15^2+3^2+9^2+5^2} = 18.44\%$

38 ACGIH에서는 입자상 물질을 흡입성, 흉곽성, 호흡성으로 제시하고 있다. 호흡성 입자상 물질의 평균입경(폐포 침착률 50%)은 어느 것인가?

① 2μm
② 4μm
③ 10μm
④ 15μm

[풀이] ACGIH의 평균입경
㉠ 흡입성 입자상 물질(IPM) : 100μm
㉡ 흉곽성 입자상 물질(TPM) : 10μm
㉢ 호흡성 입자상 물질(RPM) : 4μm

39 직접포집방법에 사용되는 시료채취백에 대한 설명으로 옳은 것은?

① 시료채취백의 재질은 투과성이 커야 한다.
② 정확성과 정밀성이 매우 높은 방법이다.
③ 이전 시료채취로 인한 잔류효과가 적어야 한다.
④ 누출검사가 필요 없다.

[풀이]
① 백의 재질은 채취하고자 하는 오염물질에 대한 투과성이 낮아야 한다.
② 정확성과 정밀성이 높지 않은 방법이다.
④ 누출검사가 필요하다.

40 고유량 공기채취펌프를 수동 무마찰거품관으로 보정하였다. 비눗방울이 300cm³의 부피까지 통과하는 데 12.5초가 걸렸다면 유량(L/min)은?

① 1.4
② 2.4
③ 2.8
④ 3.8

[풀이]
$$유량(L/min) = \frac{300mL \times L/1,000mL}{12.5sec \times min/60sec} = 1.44 L/min$$

제3과목 | 작업환경 관리

41 저온에 의해 일차적으로 나타나는 생리적 영향으로 가장 적절한 것은?

① 말초혈관 확장에 따른 표면조직 냉각
② 근육긴장의 증가
③ 식욕 변화
④ 혈압 변화

[풀이] 저온의 1차적 생리반응
㉠ 피부혈관의 수축
㉡ 근육긴장의 증가 및 떨림
㉢ 화학적 대사작용 증가
㉣ 체표면적 감소

42 작업환경관리대책 중 대치의 내용으로 적절하지 못한 것은?

① 세탁 시에 화재예방을 위하여 벤젠 대신 1,1,1-클로로에틸렌 사용
② TCE 대신 계면활성제를 사용하여 금속 세척
③ 작은 날개로 고속회전시키던 것을 큰 날개로 저속회전
④ 샌드블라스트 적용 시 모래를 대신하여 철가루 사용

[풀이] 세탁 시에 화재예방을 위해 석유나프타 대신 퍼클로로에틸렌을 사용한다.

43 전신진동에서 공명현상이 나타날 수 있는 고유진동수(Hz)가 가장 낮은 신체부위는?

① 안구
② 흉강
③ 골반
④ 두개골

[풀이] 공명(공진) 진동수
㉠ 두부와 견부는 20~30Hz 진동에 공명(공진)하며, 안구는 60~90Hz 진동에 공명
㉡ 3Hz 이하 : motion sickness 느낌(급성적 증상으로 상복부의 통증과 팽만감 및 구토)
㉢ 6Hz : 가슴, 등에 심한 통증

- ② 13Hz : 머리, 안면, 볼, 눈꺼풀 진동
- ⑩ 4~14Hz : 복통, 압박감 및 동통감
- ⑭ 9~20Hz : 대·소변 욕구, 무릎 탄력감
- ④ 20~30Hz : 시력 및 청력장애

44 작업환경 중에서 발생하는 분진에 대한 방진대책을 수립하고자 한다. 다음 중 분진발생 방지대책으로 가장 적합한 방법은?

① 밀폐나 격리
② 물 등에 의한 취급물질의 습식화
③ 방진마스크나 송기마스크에 의한 흡입방지
④ 국소배기장치 설치

풀이
(1) 분진 발생 억제(발진의 방지)
  ㉠ 작업공정 습식화
    - 분진의 방진대책 중 가장 효과적인 개선대책
    - 착암, 파쇄, 연마, 절단 등의 공정에 적용
    - 취급물질은 물, 기름, 계면활성제 사용
    - 물을 분사할 경우 국소배기시설과의 병행사용 시 주의(작은 입자들이 부유 가능성이 있고, 이들이 덕트 등에 쌓여 굳게 됨으로써 국소배기시설의 효율성을 저하시킴)
    - 시간이 경과하여 바닥에 굳어 있다 건조되면 재비산되므로 주의
  ㉡ 대치
    - 원재료 및 사용재료의 변경(연마재의 사암을 인공마석으로 교체)
    - 생산기술의 변경 및 개량
    - 작업공정의 변경
(2) 발생분진 비산방지방법
  ㉠ 해당 장소를 밀폐 및 포위
  ㉡ 국소배기
    - 밀폐가 되지 못하는 경우에 사용
    - 포위형 후드의 국소배기장치를 설치하며 해당 장소를 음압으로 유지시킬 것
  ㉢ 전체환기

45 고압환경의 영향은 1차 가압현상과 2차 가압현상으로 구분된다. 다음 중 2차 가압현상과 가장 거리가 먼 것은?

① 산소중독
② 질소기포 형성
③ 이산화탄소중독
④ 질소마취

풀이
고압환경에서의 2차적 가압현상
㉠ 질소가스의 마취작용
㉡ 산소중독
㉢ 이산화탄소의 작용

46 방진마스크에 관한 설명으로 틀린 것은?

① 흡기, 배기 저항은 낮은 것이 좋다.
② 흡기저항 상승률은 높은 것이 좋다.
③ 무게중심은 안면에 강한 압박감을 주지 않는 위치에 있어야 한다.
④ 안면의 밀착성이 커야 하며, 중량은 가벼운 것이 좋다.

풀이
방진마스크의 선정조건(구비조건)
㉠ 흡기저항 및 흡기저항 상승률이 낮을 것
  (일반적 흡기저항 범위 : 6~8mmH$_2$O)
㉡ 배기저항이 낮을 것
  (일반적 배기저항 기준 : 6mmH$_2$O 이하)
㉢ 여과재 포집효율이 높을 것
㉣ 착용 시 시야확보가 용이할 것(하방시야가 60° 이상 되어야 함)
㉤ 중량은 가벼울 것
㉥ 안면에서의 밀착성이 클 것
㉦ 침입률 1% 이하까지 정확히 평가 가능할 것
㉧ 피부접촉부위가 부드러울 것
㉨ 사용 후 손질이 간단할 것
㉩ 무게중심은 안면에 강한 압박감을 주지 않는 위치에 있을 것

47 주물사업장 내 용해공정에서 습구흑구온도를 측정한 결과 자연습구온도 40℃, 흑구온도 42℃, 건구온도 41℃로 확인되었다면 습구흑구온도지수(WBGT)는?

① 41.5℃
② 40.6℃
③ 40.0℃
④ 39.6℃

풀이
WBGT(℃)
= (0.7×자연습구온도) + (0.3×흑구온도)
= (0.7×40℃) + (0.3×42℃) = 40.6℃

48 빛의 양의 단위인 루멘(lumen)에 대한 설명으로 가장 정확한 것은?

① 1lux의 광원으로부터 단위입체각으로 나가는 광도의 단위이다.
② 1lux의 광원으로부터 단위입체각으로 나가는 휘도의 단위이다.
③ 1촉광의 광원으로부터 단위입체각으로 나가는 조도의 단위이다.
④ 1촉광의 광원으로부터 단위입체각으로 나가는 광속의 단위이다.

풀이 루멘(lumen, lm) ; 광속
㉠ 광속의 국제단위로 기호는 lm으로 나타낸다.
㉡ 1촉광의 광원으로부터 한 단위입체각으로 나가는 광속의 단위이다.
㉢ 광속이란 광원으로부터 나오는 빛의 양을 의미하고 단위는 lumen이다.
㉣ 1촉광과의 관계는 1촉광=4π(12.57)루멘으로 나타낸다.

49 피조사체 1g에 대하여 100erg의 에너지가 흡수되는 것을 나타내는 흡수선량 단위는 어느 것인가?

① rad   ② Ci
③ rem   ④ Sv

풀이 래드(rad)
㉠ 흡수선량 단위
㉡ 방사선이 물질과 상호작용한 결과 그 물질의 단위질량에 흡수된 에너지 의미
㉢ 모든 종류의 이온화방사선에 의한 외부노출, 내부노출 등 모든 경우에 적용
㉣ 조사량에 관계없이 조직(물질)의 단위질량당 흡수된 에너지량을 표시하는 단위
㉤ 관용단위인 1rad는 피조사체 1g에 대하여 100erg의 방사선에너지가 흡수되는 선량단위 (=100erg/gram=10^{-2}J/kg)
㉥ 100rad를 1Gy(Gray)로 사용

50 방진재인 공기스프링에 관한 설명으로 옳지 않은 것은?

① 부하능력이 광범위하다.
② 구조가 복잡하고, 시설비가 많이 든다.
③ 사용 진폭이 적어 별도의 damper가 필요없다.
④ 하중의 변화에 따라 고유진동수를 일정하게 유지할 수 있다.

풀이 공기스프링
(1) 장점
 ㉠ 지지하중이 크게 변하는 경우에는 높이 조정변에 의해 그 높이를 조절할 수 있어 설비의 높이를 일정 레벨로 유지시킬 수 있다.
 ㉡ 하중부하 변화에 따라 고유진동수를 일정하게 유지할 수 있다.
 ㉢ 부하능력이 광범위하고 자동제어가 가능하다.
 ㉣ 스프링 정수를 광범위하게 선택할 수 있다.
(2) 단점
 ㉠ 사용 진폭이 적은 것이 많아 별도의 댐퍼가 필요한 경우가 많다.
 ㉡ 구조가 복잡하고 시설비가 많이 든다.
 ㉢ 압축기 등 부대시설이 필요하다.
 ㉣ 안전사고(공기누출) 위험이 있다.

51 한랭에 의한 건강장애에 관한 설명으로 틀린 것은?

① 저체온증의 발생은 장시간 한랭폭로와 체열상실에 따라 발생하는 급성 중증장애이다.
② 피부의 급성 일과성 염증반응은 한랭에 대한 폭로를 중지하면 2~3시간 내에 없어진다.
③ 3도 동상은 수포를 가진 광범위한 삼출성 염증이 일어나며, 이를 수포성 동상이라고도 한다.
④ 참호족, 침수족은 지속적인 한랭으로 모세혈관벽이 손상되어 국소부위의 산소결핍이 일어나기 때문에 유발된다.

풀이 제3도 동상은 괴사성 동상이라고도 하며, 한랭작용이 장시간 계속되었을 때 생기며 혈행은 완전히 정지되고 동시에 조직성분도 붕괴된다.

정답 48.④ 49.① 50.③ 51.③

52 음압도(SPL ; Sound Pressure Level)가 80dB인 소음과 음압도가 40dB인 소음과의 음압(sound pressure) 차이는 몇 배인가?

① 2배 ② 20배
③ 40배 ④ 100배

풀이 $SPL = 20\log\dfrac{P}{P_o}$ 에서

- $80 = 20\log\dfrac{P}{2\times 10^{-5}}$
  $P = 0.2\,\text{Pa}$
- $40 = 20\log\dfrac{P'}{2\times 10^{-5}}$
  $P' = 0.002\,\text{Pa}$

$\therefore \dfrac{0.2}{0.002} = 100$배

53 작업장의 근로자가 NRR이 15인 귀마개를 착용하고 있다면 차음효과(dB)는?

① 2 ② 4
③ 6 ④ 8

풀이 차음효과 = (NRR − 7) × 0.5
= (15 − 7) × 0.5 = 4dB

54 레이저광선에 의해 주로 장애를 받는 신체부위는?

① 생식기관 ② 조혈기관
③ 중추신경계 ④ 피부 및 눈

풀이 레이저에 대한 감수성이 가장 큰 신체부위, 즉 인체표적기관은 눈이며 피부에 대한 작용은 가역적이고 피부손상 등 피부에 여러 증상을 유발한다.

55 전리작용의 유무에 따라 전리방사선과 비전리방사선으로 분류가 된다. 다음 중 전리방사선에 해당하는 것은?

① 극저주파 ② 자외선
③ 엑스선 ④ 라디오파

풀이 전리방사선
㉠ 전자기방사선 : X-ray, γ선
㉡ 입자방사선 : α선, β선, 중성자

56 적외선에 관한 설명으로 틀린 것은?

① 온도에 비례하여 적외선을 복사한다.
② 태양에너지의 52% 정도를 차지한다.
③ 파장범위는 780nm~1mm로 가시광선과 마이크로파 사이에 있다.
④ 대부분 생체의 화학작용을 수반한다.

풀이 적외선은 물질에 흡수되어 열작용을 일으키므로 열선 또는 열복사라고 부르며, 적외선이 흡수되면 화학반응을 일으키는 것이 아니라 구성분자의 운동에너지를 증가시킨다.

57 음압이 2N/m²일 때 음압수준(dB)은?

① 90 ② 95
③ 100 ④ 105

풀이 $SPL = 20\log\dfrac{P}{P_o} = 20\log\dfrac{2}{2\times 10^{-5}} = 100\,\text{dB}$

58 소음관리대책 중 소음발생원 대책과 가장 거리가 먼 것은?

① 소음발생기구에 방진고무 설치
② 음원방향의 변경
③ 방음커버 설치
④ 흡음덕트 설치

풀이 소음대책
(1) 발생원 대책(음원대책)
  ㉠ 발생원에서의 저감
  - 유속 저감
  - 마찰력 감소
  - 충돌방지
  - 공명방지
  - 저소음형 기계의 사용(병타법을 용접법으로 변경, 단조법을 프레스법으로 변경, 압축공기 구동기기를 전동기기로 변경)
  ㉡ 소음기 설치
  ㉢ 방음커버
  ㉣ 방진, 제진
(2) 전파경로 대책
  ㉠ 흡음(실내 흡음처리에 의한 음압레벨 저감)
  ㉡ 차음(벽체의 투과손실 증가)
  ㉢ 거리감쇠
  ㉣ 지향성 변환(음원방향의 변경)

(3) 수음자 대책
   ㉠ 청력보호구(귀마개, 귀덮개)
   ㉡ 작업방법 개선

59 다음의 증상이 주로 발생하는 산소결핍 작업장의 산소농도로 적절한 것은?

> 판단력 저하, 두통, 귀울림, 메스꺼움, 기억상실, 전신 탈진, 체온 상승, 안면 창백

① 공기 중 산소농도가 16%인 작업장
② 공기 중 산소농도가 12%인 작업장
③ 공기 중 산소농도가 8%인 작업장
④ 공기 중 산소농도가 6%인 작업장

[풀이] 산소농도에 따른 신체장애

산소 농도(%)	산소분압 (mmHg)	동맥혈의 산소 포화도(%)	증 상
12~16	90~120	85~89	호흡수 증가, 맥박 증가, 정신집중 곤란, 두통, 이명, 신체기능조절 손상 및 순환기장애자 초기증상 유발
9~14	60~105	74~87	불완전한 정신상태에 이르고 취한 것과 같으며, 당시의 기억상실, 전신 탈진, 체온 상승, 호흡장애, 청색증 유발, 판단력 저하
6~10	45~70	33~74	의식불명, 안면 창백, 전신근육 경련, 중추신경장애, 청색증 유발, 경련, 8분 내 100% 치명적, 6분 내 50% 치명적, 4~5분 내 치료로 회복 가능
4~6 및 이하	45 이하	33 이하	40초 내에 혼수상태, 호흡정지, 사망

60 자외선에 관한 설명으로 틀린 것은?
① 피부암(280~320nm)을 유발한다.
② 구름이나 눈에 반사되며, 대기오염의 지표이다.
③ 일명 열선이라 하며, 화학적 작용은 크지 않다.
④ 눈에 대한 영향은 270nm에서 가장 크다.

[풀이] 자외선은 일명 화학선이라고도 하며, 여러 물질에 화학변화를 일으킨다.

제4과목 | 산업환기

61 다음 중 중력집진장치에서 집진효율을 향상시키는 방법으로 틀린 것은?
① 침강높이를 높게 한다.
② 수평도달거리를 길게 한다.
③ 처리가스 배기속도를 작게 한다.
④ 침강실 내의 배기기류를 균일하게 한다.

[풀이] 집진효율 향상방안(중력집진장치)
$$\eta = \frac{V_g}{V} \times \frac{L}{H} \times n$$
$$= \frac{d_p^2 \times (\rho_p - \rho) gL}{18\mu HV} \times n$$

여기서, η : 집진효율
V_g : 종말침강속도(m/sec)
V : 처리가스속도(m/sec)
L : 장치의 길이(m)
H : 장치의 높이(m)
n : 침전실의 단수(바닥면 포함)

㉠ 침강실 내의 처리가스속도가 작을수록 미세입자를 포집한다.
㉡ 침강실 내의 H가 낮고, L이 길수록 집진효율이 높아진다.
㉢ 침강실 내의 배기기류를 균일하게 한다.

62 다음 중 덕트 내의 공기흐름 및 속도압에 관한 내용으로 틀린 것은?
① 덕트의 면적이 일정하면 속도압도 일정하다.
② 속도압은 송풍기 앞에서 음의 부호를 갖는다.
③ 덕트 내 공기흐름은 대부분 난류영역에 속한다.
④ 일반적으로 덕트 중심부의 공기속도가 최대이다.

정답 59.② 60.③ 61.① 62.②

풀이 속도압(동압)은 공기의 운동에너지에 비례하여 항상 0 또는 양압을 갖는다.

63 1,830m 고도에서의 압력이 608mmHg일 때 공기밀도는 약 몇 kg/m³인가? (단, 1기압, 21℃일 때 공기의 밀도는 1.2kg/m³이다.)

① 0.66　② 0.76
③ 0.86　④ 0.96

풀이 공기밀도 $= 1.2\text{kg/m}^3 \times \dfrac{608}{760} = 0.96\text{kg/m}^3$

64 환기시스템에서 공기유량이 0.2m³/sec, 덕트 직경이 9.0cm, 후드 유입손실계수가 0.40일 때 후드 정압(mmH₂O)은 약 얼마인가?

① 42　② 55
③ 72　④ 85

풀이 후드 정압$(SP_h) = VP(1+F)$

$VP = \left(\dfrac{V}{4.043}\right)^2$

$V = \dfrac{Q}{A} = \dfrac{0.2\text{m}^3/\text{sec}}{\left(\dfrac{3.14 \times 0.09^2}{4}\right)\text{m}^2}$

$= 31.45\text{m/sec}$

$= \left(\dfrac{31.45}{4.043}\right)^2 = 60.51\text{mmH}_2\text{O}$

$= 60.51(1+0.4) = 84.72\text{mmH}_2\text{O}$

65 덕트의 장변이 40cm, 단변이 25cm인 장방형 덕트의 상당직경(cm)은 약 얼마인가?

① 30.8　② 28.8
③ 35.8　④ 38.8

풀이 상당직경 $= \dfrac{2ab}{a+b} = \dfrac{2(40\times 25)}{40+25} = 30.8\text{cm}$

66 다음 중 송풍기로 공기를 불어줄 때 공기속도가 덕트 직경의 몇 배 정도 거리에서 1/10로 감소하는가?

① 10배　② 20배
③ 30배　④ 40배

풀이 공기속도는 송풍기로 공기를 불 때 덕트 직경의 30배 거리에서 1/10로 감소하나 공기를 흡인할 때는 기류의 방향과 관계없이 덕트 직경과 같은 거리에서 1/10로 감소한다.

67 다음 중 국소배기장치를 유지 · 관리하기 위한 필수측정기와 관련이 없는 것은?

① 절연저항계　② 고도측정계
③ 열선풍속계　④ 스모크테스터

풀이 반드시 갖추어야 할 측정기(필수장비)
㉠ 발연관(연기발생기, smoke tester)
㉡ 청음기 또는 청음봉
㉢ 절연저항계
㉣ 표면온도계 및 초자온도계
㉤ 줄자

68 다음 중 송풍기의 회전수를 2배 증가시키면 동력은 몇 배로 증가하는가?

① 2배　② 4배
③ 8배　④ 16배

풀이 동력은 회전수비의 3승에 비례한다.
즉, $2^3 = 8$배이다.

69 다음 중 환기장치에서의 압력에 대한 설명으로 틀린 것은?

① 전압은 흐름의 방향으로 작용한다.
② 동압은 단위체적의 유체가 갖고 있는 운동에너지이다.
③ 동압은 때로는 저항압력 또는 마찰압력이라고도 한다.
④ 정압은 단위체적의 유체가 압력이라는 형태로 나타나는 에너지이다.

풀이 정압을 때로는 저항압력 또는 마찰압력이라고 하며 속도압과 관계없이 독립적으로 발생한다.

정답 63.④　64.④　65.①　66.③　67.②　68.③　69.③

70 A 강의실에 학생들이 모두 퇴실한 직후인 오후 5시에 측정한 공기 중 CO_2 농도는 1,200ppm이었고, 강의실이 빈 상태로 2시간이 경과한 오후 7시에 측정한 CO_2 농도는 400ppm이었다면 강의실의 시간당 공기교환횟수는 얼마인가? (단, 이때 외부공기 중의 CO_2 농도는 330ppm이었다.)

① 1.26　② 1.36
③ 1.46　④ 1.56

[풀이] 시간당 공기교환횟수

$$= \frac{\ln(\text{측정 초기농도} - \text{외부 } CO_2 \text{ 농도}) - \ln(\text{시간 지난 후 농도} - \text{외부 } CO_2 \text{ 농도})}{\text{경과된 시간}}$$

$$= \frac{\ln(1,200-330) - \ln(400-330)}{2hr}$$

$$= 1.26회(시간당)$$

71 다음 중 후드에서 포위식이 외부식에 비하여 효과적인 이유로 볼 수 없는 것은?

① 제어풍량이 적기 때문이다.
② 유해물질이 포위되기 때문이다.
③ 플랜지가 부착되어 있기 때문이다.
④ 영향을 미치는 외부기류를 사방면에서 차단하기 때문이다.

[풀이] 플랜지 부착은 외부식 후드에 해당한다.

72 다음 중 전체환기를 적용하기에 가장 적합하지 않은 곳은?

① 오염물질의 독성이 낮은 곳
② 오염물질의 발생원이 이동하는 곳
③ 오염물질 발생량이 많고 널리 퍼져있는 곳
④ 작업공정상 국소배기장치의 설치가 불가능한 곳

[풀이] 전체환기(희석환기) 적용 시 조건
㉠ 유해물질의 독성이 비교적 낮은 경우, 즉 TLV가 높은 경우(가장 중요한 제한조건)
㉡ 동일한 작업장에 다수의 오염원이 분산되어 있는 경우
㉢ 유해물질이 시간에 따라 균일하게 발생할 경우
㉣ 유해물질의 발생량이 적은 경우 및 희석공기량이 많지 않아도 될 경우
㉤ 유해물질이 증기나 가스일 경우
㉥ 국소배기로 불가능한 경우
㉦ 배출원이 이동성인 경우
㉧ 가연성 가스의 농축으로 폭발의 위험이 있는 경우
㉨ 오염원이 근무자가 근무하는 장소로부터 멀리 떨어져 있는 경우

73 관의 내경이 200mm인 직관에 50m³/min의 공기를 송풍할 때 관 내 기류의 평균유속(m/sec)은 약 얼마인가?

① 26.5
② 47.5
③ 50.4
④ 60.0

[풀이] 평균유속 $(V) = \dfrac{Q}{A}$

$$= \frac{50m^3/min}{\left(\dfrac{3.14 \times 0.2^2}{4}\right)m^2}$$

$$= 1592.36 m/min \times min/10sec$$

$$= 26.54 m/sec$$

74 21℃, 1기압에서 어떤 유기용제가 시간당 1L씩 증발하고 있다. 이 물질의 분자량이 78이고, 비중이 0.881이며, 허용기준이 100ppm일 때 전체환기 시 필요한 환기량(m³/min)은 약 얼마인가? (단, 안전계수는 4로 한다.)

① 116
② 182
③ 235
④ 274

[풀이]
• 사용량(g/hr)
  1L/hr × 0.881g/mL × 1,000mL/L = 881g/hr
• 발생률(G, L/hr)
  78g : 24.1L = 881g/hr : G
  $G = \dfrac{24.1L \times 881g/hr}{78g} = 272.2 L/hr$

정답 70.① 71.③ 72.③ 73.① 74.②

∴ 필요환기량(Q)

$$Q = \frac{G}{TLV} \times K \text{ (TLV 100ppm의 50\% 적용)}$$
$$= \frac{272.2\text{L/hr}}{100\text{ppm}} \times 4$$
$$= \frac{272.2\text{L/hr} \times 1{,}000\text{mL/L}}{100\text{mL/m}^3} \times 4$$
$$= 10888.25\text{m}^3/\text{hr} \times \text{hr}/60\text{min}$$
$$= 181.47\text{m}^3/\text{min}$$

75 1기압에서 직경 20cm인 덕트에 동점성계수 $2 \times 10^{-4}\text{m}^2/\text{sec}$인 기체가 10m/sec로 흐를 때 레이놀즈 수는 약 얼마인가?

① 1,000
② 2,000
③ 4,000
④ 10,000

풀이 $Re = \frac{VD}{\nu} = \frac{10 \times 0.2}{2 \times 10^{-4}} = 10{,}000$

76 다음 [그림]과 같이 국소배기장치에서 공기정화기가 막혔을 경우 정압의 절대값이 이전에 측정했을 때에 비해 어떻게 변하는가?

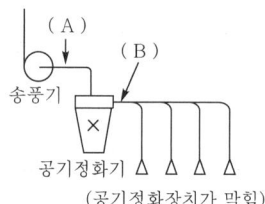
(공기정화장치가 막힘)

① A : 감소, B : 증가
② A : 증가, B : 감소
③ A : 감소, B : 감소
④ A : 거의 정상, B : 증가

풀이 **공기정화장치 전방감소, 후방 정압이 증가한 경우의 원인**
공기정화장치의 분진퇴적으로 인해 후방의 압력손실(정압)이 증가하고 공기정화장치 전단의 송풍량 감소로 인해 정압도 감소한다.

77 다음 중 오염공기를 후드로 흡인하는 데 필요한 속도를 무엇이라 하는가?

① 반송속도 ② 제어속도
③ 면속도   ④ 슬롯속도

풀이 **제어속도**
후드 근처에서 발생하는 오염물질을 주변의 방해기류를 극복하고 후드 쪽으로 흡인하기 위한 유체의 속도, 즉 유해물질을 후드 쪽으로 흡인하기 위하여 필요한 최소풍속을 말한다.

78 후드의 성능불량 원인이 아닌 경우는?

① 제어속도가 너무 큰 경우
② 송풍기의 용량이 부족한 경우
③ 후드 주변에 심한 난기류가 형성된 경우
④ 송풍관 내부에 분진이 과다하게 퇴적되어 있는 경우

풀이 **후드의 성능불량 원인**
㉠ 송풍기의 송풍량이 부족하다.
㉡ 발생원에서 후드 개구면까지의 거리가 길다.
㉢ 송풍관에 분진이 퇴적하였다.
㉣ 외기영향(난류)으로 후드 개구면의 기류제어가 불량이다.
㉤ 유해물질의 비산속도가 크다.
㉥ 집진장치 내 분진이 퇴적하였다.
㉦ 제어속도가 부족하다.

79 공중에 매달린 직사각형 외부식 후드의 개구면적이 4m^2이고, 발생원의 포착속도가 0.3m/sec이다. 발생원은 후드 개구면으로부터 2m 거리에 위치하고 있다면 이때 필요환기량(m^2/min)은 약 얼마인가?

① 132   ② 486
③ 792   ④ 945

풀이 자유공간 위치 및 플랜지 미부착의 외부식 후드
$$Q = 60 \cdot V_c (10X^2 + A)$$
$$= 60 \times 0.3 \times [(10 \times 2^2) + 4]$$
$$= 792\text{m}^3/\text{min}$$

80 다음 중 송풍기의 정압효율이 좋은 것부터 올바르게 나열한 것은?

① 방사형 > 다익형 > 터보형
② 터보형 > 다익형 > 방사형
③ 방사형 > 터보형 > 다익형
④ 터보형 > 방사형 > 다익형

[풀이] **송풍기의 정압효율 순서**
터보형 송풍기 > 방사형 송풍기 > 다익형 송풍기

정답 80.④

나의 최대 영광은 한 번도 실패하지
않은 것이 아니라, 넘어질 때마다
일어나는 것이다.
- 골드스미스(Goldsmith) -

과년도 출제문제 | 2014.03.02

제1회 산업위생관리산업기사

제1과목 | 산업위생학 개론

01 다음 중 심리학적 적성검사 항목이 아닌 것은?
① 감각기능검사
② 지능검사
③ 지각동작검사
④ 인성검사

풀이 심리학적 적성검사
㉠ 지능검사 : 언어, 기억, 추리, 귀납 등에 대한 검사
㉡ 지각동작검사 : 수족협조, 운동속도, 형태지각 등에 대한 검사
㉢ 인성검사 : 성격, 태도, 정신상태에 대한 검사
㉣ 기능검사 : 직무에 관련된 기본지식과 숙련도, 사고력 등의 검사

02 다음 중 산소결핍이 우려되고, 증기가 발산되는 유기화합물을 넣었던 탱크 내부에서 세척 및 페인트칠 업무를 하고자 할 때 근로자가 착용하여야 하는 보호구로 가장 적절한 것은?
① 위생마스크
② 방독마스크
③ 송기마스크
④ 방진마스크

풀이 송기마스크는 산소가 결핍된 환경 또는 유해물질의 농도가 높거나 독성이 강한 작업장에서 사용해야 한다.

03 인간의 능력을 낭비없이 발휘하면서 편하게 일을 할 수 있도록 동작경제의 원칙에 따라 작업방법을 개선하고자 할 때 다음 중 동작경제의 3원칙에 해당하지 않는 것은?
① 작업비용 산정의 원칙
② 신체의 사용에 관한 원칙
③ 작업장의 배치에 관한 원칙
④ 공구 및 설비의 설계에 관한 원칙

풀이 동작경제 3원칙
㉠ 신체의 사용에 관한 원칙(use of the human body)
㉡ 작업장의 배치에 관한 원칙(arrangement of the workplace)
㉢ 공구 및 설비의 설계에 관한 원칙(design of tools and equipment)

04 다음 중 산업위생과 관련된 정보를 얻을 수 있는 기관으로 관계가 가장 적은 것은?
① EPA
② AIHA
③ ACGIH
④ OSHA

풀이
① EPA(Environment Protection Agency) 미국환경보호청
② AIHA(American Industrial Hygiene Association) 미국산업위생학회
③ ACGIH(American Conference of Governmental Industrial Hygienists) 미국정부산업위생전문가협의회
④ OSHA(Occupational Safety and Health Administration) 미국산업안전보건청

05 다음 중 영상표시단말기(VDT) 작업으로 인하여 발생되는 질환과 직접적으로 연관이 가장 적은 것은?
① 안(眼)장애
② 청력 저하
③ 정신신경계 증상
④ 경견완 증후군 및 기타 근골격계 증상

정답 01.④ 02.③ 03.① 04.① 05.②

[풀이] **VDT 증후군으로 인한 발생질환**
㉠ 근골격계 증상
㉡ 눈의 피로(안장애)
㉢ 피부 증상
㉣ 정신적 스트레스(정신신경계 증상)
㉤ 전자파 장애

06 산업안전보건법령에서 산소결핍이란 공기 중의 산소농도가 얼마 미만인 상태를 말하는가?

① 17% ② 18%
③ 19% ④ 20%

[풀이] **산소결핍**
공기 중의 산소농도가 18% 미만인 상태를 말한다.

07 다음 중 작업환경의 유해요인에 있어 물리적 요인에 해당하지 않는 것은?

① 진동
② 소음
③ 고열
④ 분진

[풀이] **직업병의 원인물질(직업성 질환 유발물질)**
㉠ 물리적 요인 : 소음·진동, 유해광선(전리·비전리 방사선), 온도(온열), 이상기압, 한랭, 조명 등
㉡ 화학적 요인 : 화학물질(대표적 : 유기용제), 금속증기, 분진, 오존 등
㉢ 생물학적 요인 : 각종 바이러스, 진균, 리케차, 쥐 등
㉣ 인간공학적 요인 : 작업방법, 작업자세, 작업시간, 중량물 취급 등

08 미국산업위생학술원에서 채택한 산업위생전문가 윤리강령의 내용과 거리가 먼 것은?

① 기업체의 비밀은 누설하지 않는다.
② 위험요소와 예방조치에 관하여 근로자와 상담한다.
③ 사업주와 일반 대중의 건강보호가 1차적 책임이다.
④ 전문적 판단이 타협에 의해서 좌우될 수 있거나 이해관계가 있는 상황에서는 개입하지 않는다.

[풀이] **산업위생전문가로서의 책임(AAIH : 미국산업위생학술원)**
㉠ 성실성과 학문적 실력면에서 최고수준을 유지한다(전문적 능력 배양 및 성실한 자세로 행동).
㉡ 과학적 방법의 적용과 자료의 해석에서 경험을 통한 전문가의 객관성을 유지한다(공인된 과학적 방법 적용·해석).
㉢ 전문 분야로서의 산업위생을 학문적으로 발전시킨다.
㉣ 근로자, 사회 및 전문 직종의 이익을 위해 과학적 지식을 공개하고 발표한다.
㉤ 산업위생활동을 통해 얻은 개인 및 기업체의 기밀은 누설하지 않는다(정보는 비밀 유지).
㉥ 전문적 판단이 타협에 의하여 좌우될 수 있거나 이해관계가 있는 상황에는 개입하지 않는다.

09 10℃, 1기압에서 벤젠(C_6H_6) 10ppm을 mg/m³로 환산할 경우 약 얼마인가?

① 28.7 ② 30.6
③ 33.6 ④ 35.7

[풀이]
$$농도(mg/m^3) = 10ppm \times \frac{78}{22.4 \times \frac{273+10}{273}}$$
$$= 33.59 mg/m^3$$

10 우리나라의 산업위생 역사를 볼 때 1990년대 초반 각종 직업성 질환의 등장은 사회적으로 커다란 반향을 일으켰다. 인조견사를 만드는 데 쓰는 물질로서 특히 중추신경조직에 심각한 영향을 주므로 많은 직업병 환자를 양산하게 되었던 이 물질은 무엇인가?

① 벤젠
② 톨루엔
③ 이황화탄소
④ 노말헥산

[풀이] **이황화탄소(CS_2)**
  ㉠ 상온에서 무색 무취의 휘발성이 매우 높은(비점 46.3°C) 액체이며, 인화·폭발의 위험성이 있다.
  ㉡ 주로 인조견(비스코스레이온)과 셀로판 생산 및 농약공장, 사염화탄소 제조, 고무제품의 용제 등에서 사용된다.
  ㉢ 지용성 용매로 피부로도 흡수되며 독성작용으로는 급성 혹은 아급성 뇌병증을 유발한다.
  ㉣ 말초신경장애 현상으로 파킨슨 증후군을 유발하며 급성마비, 두통, 신경증상 등도 나타난다(감각 및 운동신경 모두 유발).
  ㉤ 급성으로 고농도 노출 시 사망할 수 있고 1,000ppm 수준에서 환상을 보는 정신이상을 유발(기질적 뇌손상, 말초신경병, 신경행동학적 이상)하며, 심한 경우 불안, 분노, 자살 성향 등을 보이기도 한다.
  ㉥ 만성 독성으로는 뇌경색증, 다발성신경염, 협심증, 신부전증 등을 유발한다.

11 산업안전보건법령상 작업환경 측정기관의 지정이 취소된 경우 지정이 취소된 날부터 몇 년 이내에 관련 기관으로 지정받을 수 없는가?
  ① 1년
  ② 2년
  ③ 3년
  ④ 5년

[풀이] 작업환경 측정기관의 지정이 취소된 경우 지정이 취소된 날부터 2년 이내에는 관련 기관으로 지정을 받을 수 없다.

12 다음 중 NIOSH의 중량물 취급에 관한 기준에 있어 최대허용기준(MPL)과 감시기준(AL)의 관계로 옳은 것은?
  ① $MPL = 3 \times AL$
  ② $AL = 3 \times MPL$
  ③ $MPL = \dfrac{3+AL}{AL}$
  ④ $AL = \dfrac{3+MPL}{MPL}$

[풀이] **감시기준(AL)과 최대허용기준(MPL)의 관계**
  $MPL = 3AL$

13 다음 중 호기적 산화를 도와서 근육의 열량공급을 원활하게 해주기 때문에 근육노동에 있어서 특히 주의해서 보충해 주어야 하는 것은?
  ① 비타민 A
  ② 비타민 B_1
  ③ 비타민 C
  ④ 비타민 D_4

[풀이] **비타민 B_1**
  ㉠ 부족 시 각기병, 신경염을 유발한다.
  ㉡ 작업강도가 높은 근로자의 근육에 호기적 산화를 촉진시켜 근육의 열량공급을 원활히 해 주는 영양소이다.
  ㉢ 근육운동(노동) 시 보급해야 한다.

14 다음 중 실내 공기오염물질의 지표물질로서 가장 많이 이용되는 것은?
  ① 부유분진
  ② 이산화탄소
  ③ 일산화탄소
  ④ 휘발성 유기화합물

[풀이] 실내 공기오염의 지표(환기지표)로 CO_2 농도를 이용하며 실내허용농도는 0.1%이다.
이때 CO_2 자체는 건강에 큰 영향을 주는 물질이 아니며, 측정하기 어려운 다른 실내오염물질에 대한 지표물질로 사용되는 것이다.

15 다음 중 산업피로의 방지대책으로 적당하지 않은 것은?
  ① 충분한 수면과 영양을 섭취하도록 한다.
  ② 작업 중 불필요한 동작을 피하고 에너지 소모를 적게 한다.
  ③ 휴식시간을 자주 갖는 것은 신체리듬에 부담을 주게 되므로 장시간 작업 후 장시간 휴식하는 것이 효과적이다.
  ④ 너무 정적인 작업은 피로를 가중시키므로 동적인 작업으로 전환한다.

정답 11.② 12.① 13.② 14.② 15.③

[풀이] **산업피로 예방대책**
㉠ 불필요한 동작을 피하고, 에너지 소모를 적게 한다.
㉡ 동적인 작업을 늘리고, 정적인 작업을 줄인다.
㉢ 개인의 숙련도에 따라 작업속도와 작업량을 조절한다.
㉣ 작업시간 중 또는 작업 전후에 간단한 체조나 오락시간을 갖는다.
㉤ 장시간 한 번 휴식하는 것보다 단시간씩 여러 번 나누어 휴식하는 것이 피로회복에 도움이 된다.

16 다음 중 산업피로로 인한 생리적 증상과 가장 거리가 먼 것은?
① 맥박이 느려지고, 혈당치가 높아진다.
② 호흡은 얕아지고, 호흡곤란이 오기도 한다.
③ 판단력이 흐려지고 지각기능이 둔해진다.
④ 소변량이 줄고 진한 갈색으로 변하며 심한 경우 단백뇨가 나타난다.

[풀이] 맥박 및 호흡이 빨라지고, 혈액 내 혈당치는 낮아진다.

17 다음 중 산업재해의 기본원인인 4M에 해당하지 않는 것은?
① Man
② Management
③ Media
④ Method

[풀이] **산업재해의 기본원인(4M)**
㉠ Man(사람) : 본인 이외의 사람으로 인간관계, 의사소통의 불량을 의미한다.
㉡ Machine(기계, 설비) : 기계, 설비 자체의 결함을 의미한다.
㉢ Media(작업환경, 작업방법) : 인간과 기계의 매개체를 말하며 작업자세, 작업동작의 결함을 의미한다.
㉣ Management(법규준수, 관리) : 안전교육과 훈련의 부족, 부하에 대한 지도·감독 부족을 의미한다.

18 다음 중 작업강도가 높아지는 요인으로 볼 수 없는 것은?
① 작업속도의 증가
② 작업인원의 감소
③ 작업종류의 증가
④ 작업변경의 감소

[풀이] 작업강도에 영향을 주는 요소는 에너지소비량, 작업속도, 작업자세, 작업범위, 작업의 위험성 등이다. 즉, 작업강도가 커지는 경우는 정밀작업일 때, 작업종류가 많을 때, 열량소비량이 많을 때, 작업속도가 빠를 때, 작업이 복잡할 때, 판단을 요할 때, 위험부담을 느낄 때, 작업인원이 감소할 때, 작업변경이 증가할 때, 대인접촉이나 제약조건이 빈번할 때이다.

19 다음 중 교대제 근무가 생체에 주는 영향에 대한 설명으로 틀린 것은?
① 야간작업 시 주간작업보다 체온 상승이 높으므로 작업능률이 떨어진다.
② 주간수면 시 혈액수분의 증가가 충분치 않고, 에너지대사량이 저하되지 않아 잠이 깊이 들지 않는다.
③ 야간근무는 오래 계속하더라도 습관화되기 어려우며 야간근무를 3일 이상 연속으로 하는 경우에는 피로축적 현상이 나타나게 된다.
④ 주간작업에서 야간작업으로 교대 시 이미 형성된 신체리듬은 즉시 새로운 조건에 맞게 변화되지 않으므로 활동력이 저하된다.

[풀이] 야간작업 시 체온상승은 주간작업 시보다 낮다.

20 다음 물질이 공기 중에 완전 혼합되었다고 가정할 때 혼합물질의 노출지수는 약 얼마인가? (단, 각각의 물질은 서로 상가작용을 한다.)

- acetone 400ppm(TLV=500ppm)
- heptane 150ppm(TLV=400ppm)
- methyl ethyl ketone 100ppm (TLV=200ppm)

① 1.1 ② 1.3
③ 1.5 ④ 1.7

[풀이] 노출지수(EI) = $\dfrac{400}{500} + \dfrac{150}{400} + \dfrac{100}{200} = 1.68$

정답 16.① 17.④ 18.④ 19.① 20.④

제2과목 | 작업환경 측정 및 평가

21 직경분립충돌기의 장점으로 틀린 것은?

① 입자의 질량크기 분포를 얻을 수 있다.
② 호흡기의 부분별로 침착된 입자크기의 자료를 추정할 수 있다.
③ 시료채취가 용이하고 비용이 저렴하다.
④ 흡입성, 흉곽성, 호흡성 입자의 크기별로 분포와 농도를 계산할 수 있다.

풀이 직경분립충돌기의 장단점
(1) 장점
  ㉠ 입자의 질량크기 분포를 얻을 수 있다(공기흐름속도를 조절하여 채취입자를 크기별로 구분 가능).
  ㉡ 호흡기의 부분별로 침착된 입자크기의 자료를 추정할 수 있고, 흡입성, 흉곽성, 호흡성 입자의 크기별로 분포와 농도를 계산할 수 있다.
(2) 단점
  ㉠ 시료채취가 까다롭다. 즉 경험이 있는 전문가가 철저한 준비를 통해 이용해야 정확한 측정이 가능하다(작은 입자는 공기흐름속도를 크게 하여 충돌판에 포집할 수 없음).
  ㉡ 비용이 많이 든다.
  ㉢ 채취 준비시간이 과다하다.
  ㉣ 되튐으로 인한 시료의 손실이 일어나 과소분석결과를 초래할 수 있어 유량을 2L/min 이하로 채취한다.
  ㉤ 공기가 옆에서 유입되지 않도록 각 충돌기의 조립과 장착을 철저히 해야 한다.

22 여과지의 종류 중 MCE membrane filter에 관한 내용으로 틀린 것은?

① 산에 쉽게 용해된다.
② 시료가 여과지의 표면 또는 표면 가까운 데에 침착되므로 석면, 유리섬유 등 현미경 분석을 위한 시료채취에 이용된다.
③ 입자상 물질 중의 금속을 채취하여 원자흡광광도법으로 분석하는 데 적당하다.
④ 입자상 물질에 대한 중량분석에 많이 사용된다.

풀이 MCE막 여과지(Mixed Cellulose Ester membrane filter)
  ㉠ 산에 쉽게 용해된다.
  ㉡ 산업위생에서는 거의 대부분이 직경 37mm, 구멍 크기 0.45~0.8μm의 MCE막 여과지를 사용하고 있어 작은 입자의 금속과 fume 채취가 가능하다.
  ㉢ MCE막 여과지는 산에 쉽게 용해되고 가수분해되며, 습식 회화되기 때문에 공기 중 입자상 물질 중의 금속을 채취하여 원자흡광법으로 분석하는 데 적당하다.
  ㉣ 시료가 여과지의 표면 또는 가까운 곳에 침착되므로 석면, 유리섬유 등 현미경 분석을 위한 시료채취에도 이용된다.
  ㉤ 흡습성(원료인 셀룰로오스가 수분 흡수)이 높은 MCE막 여과지는 오차를 유발할 수 있어 중량분석에 적합하지 않다.
  ㉥ MCE막 여과지는 산에 의해 쉽게 회화되기 때문에 원소분석에 적합하고 NIOSH에서는 금속, 석면, 살충제, 불소화합물 및 기타 무기물질에 추천하고 있다.

23 알고 있는 공기 중 농도를 만드는 방법인 dynamic method에 관한 내용으로 틀린 것은?

① 만들기 용이하고 가격이 저렴
② 온습도 조절 가능
③ 소량의 누출이나 벽면에 의한 손실은 무시할 수 있음
④ 다양한 농도범위 제조 가능

풀이 dynamic method
  ㉠ 희석공기와 오염물질을 연속적으로 흘려주어 일정한 농도를 유지하면서 만드는 방법이다.
  ㉡ 알고 있는 공기 중 농도를 만드는 방법이다.
  ㉢ 농도변화를 줄 수 있고 온도·습도 조절이 가능하다.
  ㉣ 제조가 어렵고 비용도 많이 든다.
  ㉤ 다양한 농도범위에서 제조 가능하다.
  ㉥ 가스, 증기, 에어로졸 실험도 가능하다.
  ㉦ 소량의 누출이나 벽면에 의한 손실은 무시할 수 있다.
  ㉧ 지속적인 모니터링이 필요하다.
  ㉨ 매우 일정한 농도를 유지하기가 곤란하다.

정답 21.③ 22.④ 23.①

24 순수한 물 1.0L의 mole수는?

① 35.6moles　② 45.6moles
③ 55.6moles　④ 65.6moles

풀이 M(mol/L)
= 1mol/18g × 0.9998425g/mL × 1,000mL/L
= 55.55mol/L(M)

25 유량, 측정시간, 회수율에 의한 오차가 각각 5%, 3%, 5%일 때 누적오차는?

① 6.2%　② 7.7%
③ 8.9%　④ 11.4%

풀이 누적오차 = $\sqrt{5^2+3^2+5^2}$ = 7.68%

26 입자의 가장자리를 이등분할 때의 직경으로, 과대평가의 위험성이 있는 입자상 물질의 실제크기를 측정하는 데 사용되는 직경 이름은?

① 마틴 직경
② 페렛 직경
③ 등거리 직경
④ 등면적 직경

풀이 기하학적(물리적) 직경
(1) 마틴 직경(Martin diameter)
　㉠ 먼지의 면적을 2등분하는 선의 길이로 선의 방향은 항상 일정하여야 한다.
　㉡ 과소평가할 수 있는 단점이 있다.
　㉢ 입자의 2차원 투영상을 구하여 그 투영면적을 2등분한 선분 중 어떤 기준선과 평행인 것의 길이(입자의 무게중심을 통과하는 외부 경계면에 접하는 이론적인 길이)를 직경으로 사용하는 방법이다.
(2) 페렛 직경(Feret diameter)
　㉠ 먼지의 한쪽 끝 가장자리와 다른 쪽 가장자리 사이의 거리이다.
　㉡ 과대평가될 가능성이 있는 입자상 물질의 직경이다.
(3) 등면적 직경(projected area diameter)
　㉠ 먼지의 면적과 동일한 면적을 가진 원의 직경으로 가장 정확한 직경이다.

㉡ 측정은 현미경 접안경에 porton reticle을 삽입하여 측정한다.
즉, $D = \sqrt{2^n}$
여기서, D : 입자 직경(μm)
　　　　n : porton reticle에서 원의 번호

27 다음 중 가스검지관의 특징에 관한 설명으로 틀린 것은?

① 색변화가 선명하지 않아 주관적으로 읽을 수 있다.
② 미리 측정대상물질의 동정이 되어 있어야 측정이 가능하다.
③ 민감도가 높아 비교적 저농도에 적용이 가능하다.
④ 특이도가 낮아 다른 방해물질의 영향을 받기 쉽다.

풀이 검지관 측정법
(1) 장점
　㉠ 사용이 간편하다.
　㉡ 반응시간이 빨라 현장에서 바로 측정 결과를 알 수 있다.
　㉢ 비전문가도 어느 정도 숙지하면 사용할 수 있지만 산업위생전문가의 지도 아래 사용되어야 한다.
　㉣ 맨홀, 밀폐공간에서의 산소부족 또는 폭발성 가스로 인한 안전이 문제가 될 때 유용하게 사용된다.
　㉤ 다른 측정방법이 복잡하거나 빠른 측정이 요구될 때 사용할 수 있다.
(2) 단점
　㉠ 민감도가 낮아 비교적 고농도에만 적용이 가능하다.
　㉡ 특이도가 낮아 다른 방해물질의 영향을 받기 쉽고 오차가 크다.
　㉢ 대개 단시간 측정만 가능하다.
　㉣ 한 검지관으로 단일물질만 측정 가능하여 각 오염물질에 맞는 검지관을 선정함에 따른 불편함이 있다.
　㉤ 색변화에 따라 주관적으로 읽을 수 있어 판독자에 따라 변이가 심하며, 색변화가 시간에 따라 변하므로 제조자가 정한 시간에 읽어야 한다.
　㉥ 미리 측정대상 물질의 동정이 되어 있어야 측정이 가능하다.

정답 24.③ 25.② 26.② 27.③

28 가스상 물질의 측정을 위한 능동식 시료채취 시 흡착관을 이용할 경우, 일반적인 시료채취 유량으로 적절한 것은? (단, 연속시료채취 기준)

① 0.2L/min 이하
② 1.0L/min 이하
③ 1.7L/min 이하
④ 2.5L/min 이하

풀이 능동식 시료채취
㉠ 흡착관 시료채취 유량 : 0.2L/min 이하
㉡ 흡수액 시료채취 유량 : 1.0L/min 이하

29 유기용제 측정매체인 실리카겔에 대한 장단점으로 틀린 것은?

① 활성탄보다는 비극성 물질에 대해 선택적으로 사용된다.
② 추출액이 화학분석이나 기기분석에 방해물질로 작용하는 경우가 많지 않다.
③ 습도가 높은 작업장에서는 다른 오염물질의 파과용량이 작아져 파과를 일으키기 쉽다.
④ 매우 유독한 이황화탄소를 탈착용매로 사용하지 않는다.

풀이 실리카겔의 장단점
(1) 장점
  ㉠ 극성이 강하여 극성 물질을 채취한 경우 물, 메탄올 등 다양한 용매로 쉽게 탈착한다.
  ㉡ 추출용액(탈착용매)이 화학분석이나 기기분석에 방해물질로 작용하는 경우는 많지 않다.
  ㉢ 활성탄으로 채취가 어려운 아닐린, 오르토-톨루이딘 등의 아민류나 몇몇 무기물질의 채취가 가능하다.
  ㉣ 매우 유독한 이황화탄소를 탈착용매로 사용하지 않는다.
(2) 단점
  ㉠ 친수성이기 때문에 우선적으로 물분자와 결합을 이루어 습도의 증가에 따른 흡착용량의 감소를 초래한다.
  ㉡ 습도가 높은 작업장에서는 다른 오염물질의 파과용량이 작아져 파과를 일으키기 쉽다.

30 일정한 온도조건에서 부피와 압력이 반비례한다는 표준가스 법칙은?

① 보일의 법칙
② 샤를의 법칙
③ 게이의 법칙
④ 뤼삭의 법칙

풀이 보일의 법칙
일정한 온도에서 기체부피는 그 압력에 반비례한다. 즉 압력이 2배 증가하면 부피는 처음의 1/2배로 감소한다.

31 유량 및 용량을 보정하는 데 사용되는 1차 표준장비는?

① 가스치환병
② 오리피스미터
③ 로터미터
④ 열선기류계

풀이 유량 및 용량 보정에 사용되는 1차 표준기구의 종류
㉠ 비누거품미터(soap bubble meter)
㉡ 폐활량계(spirometer)
㉢ 가스치환병(mariotte bottle)
㉣ 유리피스톤미터(glass piston meter)
㉤ 흑연피스톤미터(frictionless meter)
㉥ 피토튜브(pitot tube)

32 바이오에어로졸을 시료채취하여 2개의 배양접시에 배지를 사용하여 세균을 배양하였다. 시료채취 전의 유량은 24.6L/min이었으며, 시료채취 후의 유량은 27.6L/min이었다. 시료채취가 11분(T, min) 동안 시행되었다면 시료채취에 사용된 공기의 부피는?

① 276L   ② 287L
③ 293L   ④ 298L

풀이
$$\text{공기부피(L)} = \frac{(24.6+27.6)\text{L/min}}{2} \times 11\text{min}$$
$$= 287.1\text{L}$$

33 미국산업위생전문가협의회(ACGIH)의 먼지 입경 분류에 관한 설명으로 틀린 것은?

① 흡입성 먼지의 평균 입자크기는 $100\mu m$ 이다.
② 흡입성 먼지는 호흡기계의 어느 부위에 침착하더라도 독성을 나타내는 입자상 물질이다.
③ 흉곽성 먼지는 가스교환지역인 폐포나 폐기도에 침착되었을 때 독성을 나타내는 입자상 물질의 크기이다.
④ 호흡성 먼지의 평균 입자크기는 $10\mu m$ 이다.

풀이 ACGIH 입자크기별 기준(TLV)
(1) 흡입성 입자상 물질
  (IPM ; Inspirable Particulates Mass)
  ㉠ 호흡기의 어느 부위(비강, 인후두, 기관 등 호흡기의 기도 부위)에 침착하더라도 독성을 유발하는 분진이다.
  ㉡ 입경범위는 $0 \sim 100\mu m$이다.
  ㉢ 평균입경(폐침착의 50%에 해당하는 입자의 크기)은 $100\mu m$이다.
  ㉣ 침전분진은 재채기, 침, 코 등의 벌크(bulk) 세척기전으로 제거된다.
  ㉤ 비암이나 비중격천공을 일으키는 입자상 물질이 여기에 속한다.
(2) 흉곽성 입자상 물질
  (TPM ; Thoracic Particulates Mass)
  ㉠ 기도나 하기도(가스교환 부위)에 침착하여 독성을 나타내는 물질이다.
  ㉡ 평균입경은 $10\mu m$이다.
  ㉢ 채취기구는 PM 10이다.
(3) 호흡성 입자상 물질
  (RPM ; Respirable Particulates Mass)
  ㉠ 가스교환 부위, 즉 폐포에 침착할 때 유해한 물질이다.
  ㉡ 평균입경은 $4\mu m$(공기역학적 직경이 $10\mu m$ 미만의 먼지가 호흡성 입자상 물질)이다.
  ㉢ 채취기구는 10mm nylon cyclone이다.

34 500mL 중 $CuSO_4 \cdot 5H_2O$(분자량은 250) 31.2g을 포함한 용액은 몇 M인가?

① $0.12M - CuSO_4 \cdot 5H_2O$
② $0.25M - CuSO_4 \cdot 5H_2O$
③ $0.55M - CuSO_4 \cdot 5H_2O$
④ $0.75M - CuSO_4 \cdot 5H_2O$

풀이 M(mol/L)=1mol/250g×31.2g/0.5L
=0.249mol/L(M)

35 $2N-H_2SO_4$ 용액 800mL 중에 H_2SO_4는 몇 g 용해되어 있는가? (단, S 원자량은 32)

① 78.4 ② 96.5
③ 139.2 ④ 156.8

풀이 용해(g)$=2eq/L \times 0.8L \times \dfrac{(98/2)g}{1eq} = 78.4g$

36 허용기준 대상 유해인자의 노출농도 측정 및 분석을 위한 화학시험의 일반사항 중 용어에 관한 내용으로 틀린 것은? (단, 고용노동부 고시 기준)

① '회수율'이란 흡착제에 흡착된 성분을 추출과정을 거쳐 분석 시 실제 검출되는 비율을 말한다.
② '진공'이란 따로 규정이 없는 한 15mmHg 이하를 뜻한다.
③ 시험조작 중 '즉시'란 30초 이내에 표시된 조작을 하는 것을 말한다.
④ '약'이란 그 무게 또는 부피에 대하여 ±10% 이상의 차이가 있지 아니한 것을 말한다.

풀이 '회수율'이란 여과지에 채취된 성분을 추출과정을 거쳐 분석 시 실제 검출되는 비율을 말한다.

37 습구온도를 측정하기 위한 아스만통풍건습계의 측정시간 기준으로 적절한 것은? (단, 고용노동부 고시 기준)

① 5분 이상 ② 10분 이상
③ 15분 이상 ④ 25분 이상

정답 33.④ 34.② 35.① 36.① 37.④

[풀이] 고열의 측정기기와 측정시간

구 분	측정기기	측정시간
습구 온도	0.5℃ 간격의 눈금이 있는 아스만통풍건습계, 자연습구온도를 측정할 수 있는 기기 또는 이와 동등 이상의 성능이 있는 측정기기	• 아스만통풍건습계 : 25분 이상 • 자연습구온도계 : 5분 이상
흑구 및 습구 흑구 온도	직경이 5cm 이상 되는 흑구온도계 또는 습구흑구온도(WBGT)를 동시에 측정할 수 있는 기기	• 직경이 15cm일 경우 : 25분 이상 • 직경이 7.5cm 또는 5cm일 경우 : 5분 이상

※ 고시 변경사항, 학습 안 하셔도 무방합니다.

38 다음 중 실리카겔에 대한 친화력이 가장 큰 물질은?

① 케톤류　　② 에스테르류
③ 알데히드류　④ 올레핀류

[풀이] 실리카겔의 친화력(극성이 강한 순서)
물 > 알코올류 > 알데히드류 > 케톤류 > 에스테르류 > 방향족탄화수소류 > 올레핀류 > 파라핀류

39 공기 중 벤젠(분자량은 78.1)을 활성탄관에 0.1L/min의 유량으로 2시간 동안 채취하여 분석한 결과 2.5mg이 나왔다. 공기 중 벤젠의 농도는 몇 ppm인가? (단, 공시료에서는 벤젠이 검출되지 않았으며 25℃, 1기압 기준)

① 약 65　② 약 85
③ 약 115　④ 약 135

[풀이]
$$\text{농도}(mg/m^3) = \frac{2.5mg}{0.1L/min \times 120min \times m^3/1{,}000L}$$
$$= 208.33mg/m^3$$
$$\therefore \text{농도}(ppm) = 208.33mg/m^3 \times \frac{24.45}{78.1}$$
$$= 65.22ppm$$

40 크기가 1~50μm인 입자의 침강속도의 간편식과 단위로 옳은 것은? (단, V: 종단속도, SG: 입자의 밀도 또는 비중, d: 입자의 직경)

① $V = 0.003 \times SG \times d^2$, $V(cm/sec)$, $d(\mu m)$
② $V = 0.003 \times SG \times d^2$, $V(\mu m/sec)$, $d(\mu m)$
③ $V = 0.03 \times SG \times d^2$, $V(cm/sec)$, $d(\mu m)$
④ $V = 0.003 \times SG \times d^2$, $V(\mu m/sec)$, $d(\mu m)$

[풀이] Lippmann 식에 의한 침강속도
입자크기가 1~50μm인 경우 적용한다.
$V(cm/sec) = 0.003 \times \rho \times d^2$
여기서, V: 침강속도(cm/sec)
ρ: 입자 밀도(비중)(g/cm³)
d: 입자 직경(μm)

제3과목 | 작업환경 관리

41 저온에 의한 1차적 생리적 영향으로 옳은 것은?

① 말초냉각
② 피부혈관의 수축
③ 혈압변화
④ 식욕변화

[풀이] 저온의 1차적 생리반응
㉠ 피부혈관의 수축
㉡ 근육긴장의 증가 및 떨림
㉢ 화학적 대사작용 증가
㉣ 체표면적 감소

42 다음 전리방사선의 종류 중 투과력이 가장 강한 것은?

① 알파선　② 감마선
③ X선　　 ④ 중성자

[풀이] 인체투과력 순서
중성자 > X선 or γ선 > β선 > α선

43 전리방사선의 단위로서 피조사체 1g에 대하여 100erg의 에너지가 흡수되는 것은?

① rad　② Ci
③ R　　④ IR

정답 38.③ 39.① 40.① 41.② 42.④ 43.①

풀이 래드(rad)
㉠ 흡수선량 단위
㉡ 방사선이 물질과 상호작용한 결과 그 물질의 단위질량에 흡수된 에너지 의미
㉢ 모든 종류의 이온화방사선에 의한 외부노출, 내부노출 등 모든 경우에 적용
㉣ 조사량에 관계없이 조직(물질)의 단위질량당 흡수된 에너지량을 표시하는 단위
㉤ 관용단위인 1rad는 피조사체 1g에 대하여 100erg의 방사선에너지가 흡수되는 선량단위 ($=100erg/gram=10^{-2}J/kg$)
㉥ 100rad를 1Gy(Gray)로 사용

44 방진마스크에 관한 설명으로 옳지 않은 것은 어느 것인가?

① 가스 및 증기에 대해 보호가 안 된다.
② 비휘발성 입자에 대한 보호가 가능하다.
③ 필터 재질로는 활성탄이 가장 많이 사용된다.
④ 포집효율이 높고 흡기·배기 저항이 낮은 것이 좋다.

풀이 ③항은 방독마스크의 내용이며, 방진마스크의 여과재는 면, 모, 합성섬유, 유리섬유 등이 있다.

45 다음 중 국소진동에 의해 발생되는 레이노 현상(Raynaud's phenomenon)에 대한 설명으로 틀린 것은?

① 압축공기를 이용한 진동공구를 사용하는 근로자들의 손가락에서 주로 발생한다.
② 손가락에 있는 말초혈관운동의 장애로 초래된다.
③ 수근골에서의 탈석회화작용을 유발한다.
④ 추위에 노출되면 현상이 악화된다.

풀이 레이노 현상(Raynaud's phenomenon)
㉠ 손가락에 있는 말초혈관운동의 장애로 인하여 수지가 창백해지고 손이 차며 저리거나 통증이 오는 현상이다.
㉡ 한랭작업조건에서 특히 증상이 악화된다.
㉢ 압축공기를 이용한 진동공구, 즉 착암기 또는 해머 같은 공구를 장기간 사용한 근로자들의 손가락에 유발되기 쉬운 직업병이다.
㉣ dead finger 또는 white finger라고도 하고 발증까지 약 5년 정도 걸린다.

46 자외선이 피부에 미치는 영향에 관한 설명으로 틀린 것은?

① 자외선 노출에 의한 가장 심각한 만성영향은 피부암이다.
② 피부암의 90% 이상은 햇볕에 노출된 신체부위에서 발생한다.
③ 백인과 흑인의 피부암 발생률 차이는 크지 않다.
④ 대부분의 피부암은 상피세포 부위에서 발생한다.

풀이 자외선의 피부에 대한 작용(장애)
㉠ 자외선에 의하여 피부의 표피와 진피두께가 증가하여 피부의 비후가 온다.
㉡ 280nm 이하의 자외선은 대부분 표피에서 흡수, 280~320nm 자외선은 진피에서 흡수, 320~380nm 자외선은 표피(상피 : 각화층, 말피기층)에서 흡수된다.
㉢ 각질층 표피세포(말피기층)의 histamine의 양이 많아져 모세혈관 수축, 홍반형성에 이어 색소침착이 발생하며, 홍반형성은 300nm 부근(2,000~2,900Å)의 폭로가 가장 강한 영향을 미치며 멜라닌 색소침착은 300~420nm에서 영향을 미친다.
㉣ 반복하여 자외선에 노출될 경우 피부가 건조해지고 갈색을 띠게 하며 주름살이 많이 생기게 한다. 즉 피부노화에 영향을 미친다.
㉤ 피부투과력은 체표에서 0.1~0.2mm 정도이고 자외선 파장, 피부색, 피부표피의 두께에 좌우된다.
㉥ 옥외작업을 하면서 콜타르의 유도체, 벤조피렌, 안트라센화합물과 상호작용하여 피부암을 유발하며, 관여하는 파장은 주로 280~320nm이다.
㉦ 피부색과의 관계는 피부가 흰색일 때 가장 투과가 잘 되며, 흑색이 가장 투과가 안 된다. 따라서 백인과 흑인의 피부암 발생률 차이가 크다.
㉧ 자외선 노출에 가장 심각한 만성영향은 피부암이며, 피부암의 90% 이상은 햇볕에 노출된 신체부위에서 발생한다. 특히 대부분의 피부암은 상피세포 부위에서 발생한다.

47 출력이 0.01W인 기계에서 나오는 음향파워레벨(PWL)은 몇 dB인가?

① 80dB ② 90dB
③ 100dB ④ 110dB

풀이 $PWL = 10\log\dfrac{0.01}{10^{-12}} = 100\,dB$

48 인공조명 시 고려해야 할 사항으로 틀린 것은?

① 폭발과 발화성이 없을 것
② 광색은 주광색에 가까울 것
③ 유해가스를 발생하지 않을 것
④ 광원은 우상방에 위치할 것

풀이 인공조명 시 고려사항
㉠ 작업에 충분한 조도를 낼 것
㉡ 조명도를 균등히 유지할 것(천장, 마루, 기계, 벽 등의 반사율을 크게 하면 조도를 일정하게 얻을 수 있음)
㉢ 폭발성 또는 발화성이 없으며, 유해가스를 발생하지 않을 것
㉣ 경제적이며, 취급이 용이할 것
㉤ 주광색에 가까운 광색으로 조도를 높여줄 것(백열전구와 고압수은등을 적절히 혼합시켜 주광에 가까운 빛을 얻음)
㉥ 장시간 작업 시 가급적 간접조명이 되도록 설치할 것(직접조명, 즉 광원의 광밀도가 크면 나쁨)
㉦ 일반적인 작업 시 빛은 작업대 좌상방에서 비추게 할 것
㉧ 작은 물건의 식별과 같은 작업에는 음영이 생기지 않는 국소조명을 적용할 것
㉨ 광원 또는 전등의 휘도를 줄일 것
㉩ 광원을 시선에서 멀리 위치시킬 것
㉪ 눈이 부신 물체와 시선과의 각을 크게 할 것
㉫ 광원 주위를 밝게 하며, 조도비를 적정하게 할 것

49 전신진동장애에 관한 내용으로 틀린 것은?

① 전신진동 노출 진동원은 교통기관, 중장비차량 등이다.
② 전신진동 노출 시에는 산소소비량과 폐환기량이 급감하여 특히 대뇌혈류에 영향을 미친다.
③ 전신진동은 100Hz까지 문제이나 대개는 30Hz에서 문제가 되고 60~90Hz에서는 시력장애가 온다.
④ 외부진동의 진동수와 고유장기의 진동수가 일치하면 공명현상이 일어날 수 있다.

풀이 ②항은 국소진동장애에 관한 설명이다.

50 자외선 영역 중 Dorno선(인체에 유익한 건강선)이라 불리며 비타민 D 형성에 도움을 주는 파장영역으로 가장 적절한 것은?

① 200~235nm ② 240~285nm
③ 290~315nm ④ 320~395nm

풀이 280(290)~315nm[2,800(2,900)~3,150 Å, 1 Å(angstrom); SI 단위로 10^{-10}m]의 파장을 갖는 자외선을 도노선(Dorno-ray)이라고 하며 인체에 유익한 작용을 하여 건강선(생명선)이라고도 한다. 또한 소독작용, 비타민 D 형성, 피부의 색소침착 등 생물학적 작용이 강하다.

51 방진재료에 관한 설명으로 틀린 내용은?

① 방진고무는 고무 자체의 내부마찰에 의해 저항을 얻을 수 있어 고주파진동의 차진에 양호하다.
② 금속스프링은 감쇠가 거의 없으며 공진 시에 전달률이 매우 크다.
③ 공기스프링은 구조가 간단하고 자동제어가 가능하다.
④ felt는 재질도 여러 가지이며 방진재료라기 보다는 강체 간의 고체음 전파 억제에 사용한다.

풀이 공기스프링
(1) 장점
㉠ 지지하중이 크게 변하는 경우에는 높이 조정변에 의해 그 높이를 조절할 수 있어 설비의 높이를 일정 레벨로 유지시킬 수 있다.
㉡ 하중부하 변화에 따라 고유진동수를 일정하게 유지할 수 있다.

정답 47.③ 48.④ 49.② 50.③ 51.③

ⓒ 부하능력이 광범위하고 자동제어가 가능하다.
ⓔ 스프링 정수를 광범위하게 선택할 수 있다.
(2) 단점
ⓐ 사용 진폭이 적은 것이 많아 별도의 댐퍼가 필요한 경우가 많다.
ⓑ 구조가 복잡하고 시설비가 많이 든다.
ⓒ 압축기 등 부대시설이 필요하다.
ⓓ 안전사고(공기누출) 위험이 있다.

52 작업환경대책의 기본원리인 '대치'에 관한 내용으로 틀린 것은?
① 야광시계의 자판을 라듐에서 인으로 대치한다.
② 금속 표면을 블라스팅할 때 사용재료로서 모래 대신 철구슬을 사용한다.
③ 소음이 많은 너트와 볼트 작업을 리벳팅작업으로 전환한다.
④ 보온재로 석면 대신 유리섬유나 암면을 사용한다.

풀이: 소음이 많은 리벳팅작업을 너트와 볼트 작업으로 전환한다.

53 레이저가 다른 광원과 구별되는 특징으로 틀린 것은?
① 단일파장으로 단색성이 뛰어나다.
② 집광성과 방향조정이 용이하다.
③ 단위면적당 빛에너지가 크게 설계되어 있다.
④ 위상이 고르고 간섭현상이 일어나지 않는다.

풀이: 레이저는 위상이 고르고 간섭현상이 일어나기 쉽다. 또한 출력이 강하고 좁은 파장을 가지며, 쉽게 산란하지 않는 특성이 있다.

54 어떤 근로자가 음압수준이 100dB(A)인 작업장에 NRR이 27인 귀마개를 착용하였다. 이 근로자가 노출되는 음압수준은? (단, OSHA 방법으로 계산)

① 73.0dB(A)
② 86.5dB(A)
③ 90.0dB(A)
④ 95.5dB(A)

풀이:
차음효과 $= (NRR - 7) \times 0.5 = (27 - 7) \times 0.5$
$= 10 dB$
∴ 노출되는 음압수준 $= 100 - 10 = 90 dB(A)$

55 다음은 소수성 보호크림의 작용기능에 관한 내용이다. ( ) 안에 옳은 내용은?

( )을 만들고 소수성으로 산을 중화한다.

① 내염성 피막
② 탈수피막
③ 내수성 피막
④ 내유성 피막

풀이: 소수성 물질 차단 피부보호제
ⓐ 내수성 피막을 만들고 소수성으로 산을 중화한다.
ⓑ 적용 화학물질은 밀랍, 탈수라노린, 파라핀, 탄산마그네슘이다.
ⓒ 광산류, 유기산, 염류(무기염류) 취급작업 시 사용한다.

56 고온순화기전과 가장 거리가 먼 것은?
① 체온조절기전의 항진
② 더위에 대한 내성 증가
③ 열생산 감소
④ 열방산능력 감소

풀이: 고온에 순화되는 과정(생리적 변화)
ⓐ 체표면의 한선(땀샘) 수가 증가한다.
ⓑ 간기능이 저하된다(cholesterol/cholesterol ester의 비 감소).
ⓒ 처음에는 에너지대사량이 증가하고 체온이 상승하나 후에 근육이 이완되고, 열생산도 정상으로 된다.
ⓓ 위액분비가 줄고 산도가 감소하여 식욕부진, 소화불량을 유발한다.
ⓔ 교감신경에 의한 피부혈관이 확장된다.
ⓕ 노출피부의 표면적 증가 및 피부온도가 현저하게 상승한다.

ⓐ 장관 내 온도 하강, 맥박수 감소 및 발한과 호흡촉진을 유발한다.
ⓞ 심장박출량이 처음엔 증가하나, 나중엔 정상적으로 되돌아온다.
ⓩ 갑상선 자극 호르몬의 분비가 감소한다.
ⓚ 혈중 염분량의 현저한 감소 및 수분 부족상태가 발생한다(수분과 염분 부족은 1차적 생리반응은 아님).
ⓣ 땀 속의 염분 농도가 희박해진다.
ⓔ 알도스테론의 분비가 증가되어 염분의 배설량이 억제된다.

57 고압환경에서의 2차적인 가압현상이라 볼 수 없는 것은?
① 질소마취작용 ② 산소중독현상
③ 질소기포형성 ④ 이산화탄소중독

[풀이] **고압환경에서의 2차적 가압현상**
㉠ 질소가스의 마취작용
㉡ 산소중독
㉢ 이산화탄소의 작용

58 다음 중 귀덮개의 장단점으로 옳지 않은 것은?
① 착용법을 틀리는 일이 적다.
② 귀에 이상이 있을 때에도 사용할 수 있다.
③ 고온작업장에서 착용하기가 어렵다.
④ 귀마개보다 개인차가 크다.

[풀이] **귀덮개의 장단점**
(1) 장점
㉠ 귀마개보다 일관성 있는 차음효과를 얻을 수 있다.
㉡ 귀마개보다 차음효과가 일반적으로 높다.
㉢ 동일한 크기의 귀덮개를 대부분의 근로자가 사용할 수 있다(크기를 여러 가지로 할 필요가 없다).
㉣ 귀에 염증이 있어도 사용할 수 있다(질병이 있을 때도 가능).
㉤ 귀마개보다 차음효과의 개인차가 적다.
㉥ 근로자들이 귀마개보다 쉽게 착용할 수 있고 착용법을 틀리거나 잃어버리는 일이 적다.
㉦ 고음영역에서 차음효과가 탁월하다.

(2) 단점
㉠ 부착된 밴드에 의해 차음효과가 감소될 수 있다.
㉡ 고온에서 사용 시 불편하다(보호구 접촉면에 땀이 난다).
㉢ 머리카락이 길 때와 안경테가 굵거나 잘 부착되지 않을 때는 사용하기가 불편하다.
㉣ 장시간 사용 시 꼭 끼는 느낌이 든다.
㉤ 보안경과 함께 사용하는 경우 다소 불편하며 차음효과가 감소한다.
㉥ 가격이 비싸고 운반과 보관이 쉽지 않다.
㉦ 오래 사용하여 귀걸이의 탄력성이 줄었을 때나 귀걸이가 휘었을 때는 차음효과가 떨어진다.

59 열실신(heat syncope)에 관한 설명으로 틀린 것은?
① 열허탈증 또는 운동에 의한 열피비라고도 한다.
② 중근작업을 적어도 2시간 이상 하였을 때 발생한다.
③ 시원한 그늘에서 휴식시키고 염분과 수분을 경구로 보충한다.
④ 심한 경우 중추신경장애로 혼수상태에 이르게 된다.

[풀이] ④항은 열경련의 설명이다.

60 분진흡입에 따른 진폐증 분류 중 유기성 분진에 의한 진폐증은?
① 규폐증
② 용접공폐증
③ 탄소폐증
④ 농부폐증

[풀이] **분진의 종류에 따른 분류(임상적 분류)**
㉠ 유기성 분진에 의한 진폐증 : 농부폐증, 면폐증, 연초폐증, 설탕폐증, 목재분진폐증, 모발분진폐증
㉡ 무기성(광물성) 분진에 의한 진폐증 : 규폐증, 탄소폐증, 활석폐증, 탄광부진폐증, 철폐증, 베릴륨폐증, 흑연폐증, 규조토폐증, 주석폐증, 칼륨폐증, 바륨폐증, 용접공폐증, 석면폐증

정답 57.③ 58.④ 59.④ 60.④

제4과목 | 산업환기

61 속도압은 P_d, 비중량은 γ, 수두는 h, 중력가속도를 g라 할 때 다음 중 유체의 관 내 속도를 구하는 식으로 옳은 것은?

① $\sqrt{\dfrac{2 \cdot g \cdot P_d}{\gamma}}$

② $\dfrac{\sqrt{4 \cdot g \cdot h}}{\gamma}$

③ $\dfrac{\gamma \cdot P_d{}^2}{2 \cdot g}$

④ $\dfrac{\gamma \cdot h^2}{2 \cdot g}$

[풀이] 공기속도(V)와 속도압(VP)의 관계
$$VP = \dfrac{\gamma V^2}{2g}$$
$$\therefore V = \sqrt{\dfrac{2g \cdot VP}{\gamma}} \text{ (VP} = P_d)$$

62 주관에 45°로 분지관이 연결되어 있을 때 주관입구와 분지관의 속도압은 10mmH₂O로 같고, 압력손실계수는 각각 0.2와 0.28이다. 이때 주관과 분지관의 합류로 인한 압력손실은 약 얼마인가?

① 3mmH₂O
② 5mmH₂O
③ 7mmH₂O
④ 9mmH₂O

[풀이] $\Delta P = (0.2 \times 10) + (0.28 \times 10) = 4.8 \text{mmH}_2\text{O}$

63 국소배기장치의 덕트를 설계하여 설치하고자 한다. 덕트는 직경 200mm의 직관 및 곡관을 사용하도록 하였다. 이때 마찰손실을 감소시키기 위하여 곡관부위의 새우곡관 등은 최소 몇 개 이상이 가장 적당한가?

① 2
② 3
③ 4
④ 5

[풀이] 직경이 $D \leq 15$cm인 경우에는 새우등 3개 이상, $D >$ 15cm인 경우에는 새우등 5개 이상을 사용

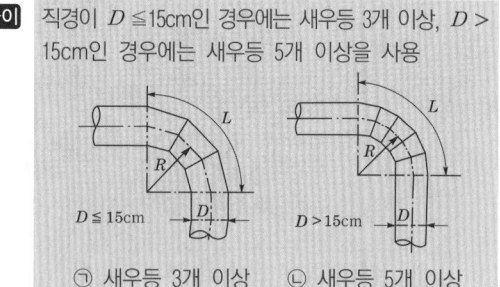

㉠ 새우등 3개 이상 ㉡ 새우등 5개 이상

64 1기압, 0℃에서 공기비중량을 1.293kg_f/m³라고 할 때 동일 기압에서 23℃ 공기의 비중량은 약 얼마인가?

① 0.95kg_f/m³
② 1.015kg_f/m³
③ 1.193kg_f/m³
④ 1.205kg_f/m³

[풀이] 공기비중량(kg_f/m³) $= 1.293 \times \dfrac{273}{273+23}$
$= 1.193 \text{kg}_f/\text{m}^3$

65 직경이 250mm인 직선 원형관을 통하여 풍량 100m³/min의 표준상태인 공기를 보낼 때 이 덕트 내의 유속은 약 얼마인가?

① 13.32m/sec
② 17.35m/sec
③ 26.44m/sec
④ 33.95m/sec

[풀이] $Q = A \times V$
$$\therefore V = \dfrac{Q}{A} = \dfrac{100\text{m}^3/\text{min} \times \text{min}/60\text{sec}}{\left(\dfrac{3.14 \times 0.25^2}{4}\right)\text{m}^2}$$
$= 33.97 \text{m/sec}$

66 다음 중 송풍기의 풍량, 풍압 및 동력 간의 관계를 올바르게 나타낸 것은? (단, Q는 풍량, N은 회전속도, P는 풍압, W는 동력이다.)

① $P \propto N^2$
② $W \propto N$
③ $Q \propto N^3$
④ $Q \propto N^2$

[풀이] 송풍기의 상사 법칙
㉠ 풍량은 회전수비에 비례한다.
㉡ 풍압은 회전수비의 제곱에 비례한다.
㉢ 동력은 회전수비의 세제곱에 비례한다.

정답 61.① 62.② 63.④ 64.③ 65.④ 66.①

67 다음 중 국소배기에서 덕트의 반송속도에 대한 설명으로 틀린 것은?

① 분진의 경우 반송속도가 느리면 덕트 내에 분진이 퇴적될 우려가 있다.
② 가스상 물질의 반송속도는 분진의 반송속도보다 늦다.
③ 덕트의 반송속도는 송풍기 용량에 맞춰 가능한 높게 설정한다.
④ 같은 공정에서 발생되는 분진이라도 수분이 있는 것은 반송속도를 높여야 한다.

[풀이] 반송속도는 오염물질을 이송하기 위한 송풍관 내 기류의 최소속도를 의미하며 유해물질의 종류에 맞게 선정되어야 한다.

68 일반적으로 국소배기장치의 기본설계를 위한 다음 과정 중 가장 먼저 실시하여야 하는 것은?

① 제어속도 결정
② 반송속도 결정
③ 후드의 크기 결정
④ 배관의 배치와 설치장소 결정

[풀이] 국소배기장치의 설계순서
후드 형식 선정 → 제어속도 결정 → 소요풍량 계산 → 반송속도 결정 → 배관내경 산출 → 후드의 크기 결정 → 배관의 배치와 설치장소 선정 → 공기정화장치 선정 → 국소배기 계통도와 배치도 작성 → 총 압력손실량 계산 → 송풍기 선정

69 다음 중 전기집진장치에 관한 설명으로 틀린 것은?

① 운전 및 유지비가 저렴하다.
② 기체상의 오염물질을 포집하는 데 매우 유리하다.
③ 넓은 범위의 입경과 분진농도에 집진효율이 높다.
④ 초기 설치비가 많이 들고, 넓은 설치공간이 요구된다.

[풀이] 전기집진장치
(1) 장점
 ㉠ 집진효율이 높다(0.01μm 정도 포집 용이, 99.9% 정도 고집진 효율).
 ㉡ 광범위한 온도범위에서 적용이 가능하며, 폭발성 가스의 처리도 가능하다.
 ㉢ 고온의 입자성 물질(500℃ 전후) 처리가 가능하여 보일러와 철강로 등에 설치할 수 있다.
 ㉣ 압력손실이 낮고 대용량의 가스 처리가 가능하며 배출가스의 온도강하가 적다.
 ㉤ 운전 및 유지비가 저렴하다.
 ㉥ 회수가치 입자포집에 유리하며, 습식 및 건식으로 집진할 수 있다.
 ㉦ 넓은 범위의 입경과 분진농도에 집진효율이 높다.
 ㉧ 습식집진이 가능하다.
(2) 단점
 ㉠ 설치비용이 많이 든다.
 ㉡ 설치공간을 많이 차지한다.
 ㉢ 설치된 후에는 운전조건의 변화에 유연성이 적다.
 ㉣ 먼지성상에 따라 전처리시설이 요구된다.
 ㉤ 분진포집에 적용되며, 기체상 물질제거에는 곤란하다.
 ㉥ 전압변동과 같은 조건변동(부하변동)에 쉽게 적응이 곤란하다.
 ㉦ 가연성 입자의 처리가 곤란하다.

70 산업안전보건법령에서 규정한 관리대상 유해물질의 상태 및 국소배기장치 후드의 형식에 따른 제어풍속으로 틀린 것은?

① 외부식 측방 흡인형(가스상) : 0.5m/sec
② 외부식 측방 흡인형(입자상) : 1.0m/sec
③ 외부식 상방 흡인형(가스상) : 1.0m/sec
④ 외부식 상방 흡인형(입자상) : 1.0m/sec

[풀이] 관리대상 유해물질 관련 국소배기장치 후드의 제어풍속

물질의 상태	후드 형식	제어풍속(m/sec)
가스상태	포위식 포위형	0.4
	외부식 측방흡인형	0.5
	외부식 하방흡인형	0.5
	외부식 상방흡인형	1.0
입자상태	포위식 포위형	0.7
	외부식 측방흡인형	1.0
	외부식 하방흡인형	1.0
	외부식 상방흡인형	1.2

정답 67.③ 68.① 69.② 70.④

71 일반적으로 사용하고 있는 흡착탑 점검을 위하여 압력계를 이용하여 흡착탑 차압을 측정하고자 한다. 다음 중 차압의 측정방법과 측정범위로 가장 적절한 것은?

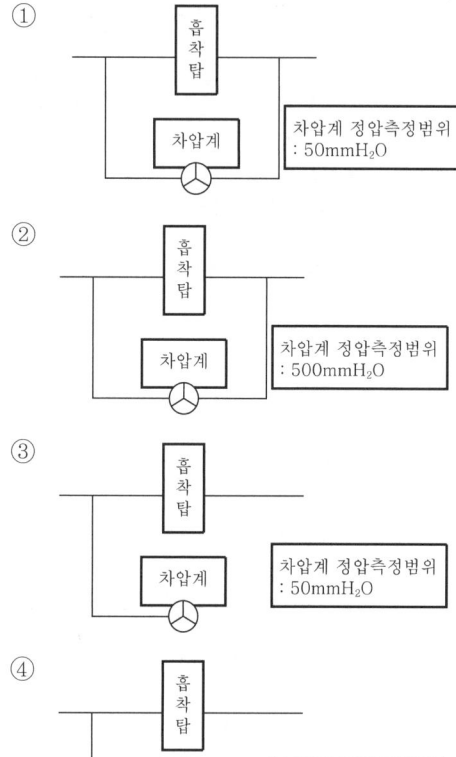

[풀이] 흡착탑 전후의 정압을 측정하며 일반적으로 흡착탑의 압력손실인 100~200mmH₂O보다 큰 측정범위의 차압계를 선정한다.

72 다음 중 덕트 내에서 피토관으로 속도압을 측정하여 반송속도를 추정할 때 반드시 필요한 자료가 아닌 것은?
① 횡단측정지점에서의 덕트 면적
② 횡단측정지점에서의 공기 중 유해물질의 조성
③ 횡단지점에서 지점별로 측정된 속도압
④ 횡단측정지점과 측정시간에서 공기의 온도

[풀이] 반송속도 측정 시 유해물질의 조성은 관계없다.

73 유해작용이 다르고, 서로 독립적인 영향을 나타내는 물질 3종류를 다루는 작업장에서 각 물질에 대한 필요환기량을 계산한 결과 120m³/min, 150m³/min, 180m³/min이었다. 이 작업장에서의 필요환기량은 얼마인가?
① 120m³/min
② 150m³/min
③ 180m³/min
④ 450m³/min

[풀이] 독립작용의 필요환기량은 가장 큰 환기량값을 택한다. 즉, 180m³/min이 필요환기량이다.

74 국소배기장치가 효과적인 기능을 발휘하기 위해서는 후드를 통해 배출되는 것과 같은 양의 공기가 외부로부터 보충되어야 한다. 이것을 무엇이라 하는가?
① 테이크 오프(take off)
② 충만실(plenum chamber)
③ 메이크업 에어(make up air)
④ 인 앤 아웃 에어(in & out air)

[풀이] 공기공급(make-up air) 시스템
㉠ 정의 : 공기공급시스템은 환기시설에 의해 작업장 내에서 배기된 만큼의 공기를 작업장 내로 재공급하는 시스템을 말한다.
㉡ 의미 : 환기시설을 효율적으로 운영하기 위해서는 공기공급시스템이 필요하다. 즉, 국소배기장치가 효과적인 기능을 발휘하기 위해서는 후드를 통해 배출되는 것과 같은 양의 공기가 외부로부터 보충되어야 한다.

75 후드의 선택지침으로 적절하지 않은 것은?
① 필요환기량을 최대화할 것
② 작업자의 호흡영역을 보호할 것
③ 추천된 설계사양을 사용할 것
④ 작업자가 사용하기 편리하도록 만들 것

[풀이] **후드의 선택지침**
㉠ 필요환기량을 최소화하여야 한다.
㉡ 작업자의 호흡영역을 유해물질로부터 보호해야 한다.
㉢ ACGIH 및 OSHA의 설계기준을 준수해야 한다.
㉣ 작업자의 작업방해를 최소화할 수 있도록 설치되어야 한다.
㉤ 상당거리 떨어져 있어도 제어할 수 있다는 생각, 공기보다 무거운 증기는 후드 설치위치를 작업장 바닥에 설치해야 한다는 생각의 설계오류를 범하지 않도록 유의해야 한다.
㉥ 후드는 덕트보다 두꺼운 재질을 선택하고 오염물질의 물리화학적 성질을 고려하여 후드 재료를 선정한다.

76 A 사업장에서 적용 중인 후드의 유입계수가 0.8이라면 유입손실계수는 약 얼마인가?
① 0.56
② 0.73
③ 0.83
④ 0.93

[풀이] 유입손실계수$(F) = \dfrac{1}{Ce^2} - 1 = \dfrac{1}{0.8^2} - 1 = 0.56$

77 다음 중 전압, 정압, 속도압에 관한 설명으로 틀린 것은?
① 속도압과 정압을 합한 값을 전압이라 한다.
② 속도압은 공기가 정지할 때 항상 발생한다.
③ 속도압이란 정지상태의 공기를 일정한 속도로 흐르도록 가속화시키는 데 필요한 압력을 말하며, 공기의 운동에너지에 비례한다.
④ 정압은 사방으로 동일하게 미치는 압력으로 공기를 압축 또는 팽창시키며, 공기 흐름에 대한 저항을 나타내는 압력으로 이용된다.

[풀이] 속도압은 정지상태의 유체에 작용하여 현재의 속도로 가속시키는 데 요구하는 압력이고 반대로 어떤 속도로 흐르는 유체를 정지시키는 데 필요한 압력으로서 흐름에 대항하는 압력이다.

78 다음 중 송풍기에 관한 설명으로 옳은 것은?
① 프로펠러 송풍기는 구조가 가장 간단하지만, 많은 양의 공기를 이송시키기 위해서는 그만큼의 많은 비용이 소모된다.
② 후향 날개형 송풍기는 회전날개가 회전방향 반대편으로 경사지게 설계되어 있어 충분한 압력을 발생시킬 수 있고, 전향 날개형 송풍기에 비해 효율이 떨어진다.
③ 저농도 분진 함유 공기나 금속성이 많이 함유된 공기를 이송시키는 데 많이 이용되는 송풍기는 방사 날개형 송풍기(평판형 송풍기)이다.
④ 동일 송풍량을 발생시키기 위한 전향 날개형 송풍기의 임펠러 회전속도는 상대적으로 낮기 때문에 소음문제가 거의 발생하지 않는다.

[풀이] ① 프로펠러 송풍기는 많은 양의 공기를 이송시킬 경우 비용이 적게 소요된다.
② 후향 날개형 송풍기는 전향 날개형 송풍기에 비해 효율이 우수하다.
③ 고농도 분진 함유 공기나 마모성이 강한 분진 이송용으로 사용되는 송풍기는 방사 날개형 송풍기이다.

79 신체의 열 생산과 주변 환경 사이의 열교환식(heat balance equation)과 관련 없는 것은?
① 대류
② 증발
③ 복사
④ 전도

[풀이] **열평형 방정식**
$\Delta S = M \pm C \pm R - E$
여기서, ΔS : 생체열용량의 변화(인체의 열축적 또는 열손실)
M : 작업대사량(체내 열생산량)
$(M-W)$ W : 작업수행으로 인한 손실열량
C : 대류에 의한 열교환
R : 복사에 의한 열교환
E : 증발(발한)에 의한 열손실(피부를 통한 증발)

정답 76.① 77.② 78.④ 79.④

80 자유공간에 떠 있는 직경 20cm인 원형 개구 후드의 개구면으로부터 20cm 떨어진 곳의 입자를 흡인하려고 한다. 제어풍속을 0.8m/sec로 할 때 필요환기량은 약 얼마인가?

① $5.8\text{m}^3/\text{min}$
② $10.5\text{m}^3/\text{min}$
③ $20.7\text{m}^3/\text{min}$
④ $30.4\text{m}^3/\text{min}$

풀이
$$\begin{aligned}Q &= V_c \times (10X^2 + A) \\ &= 0.8\text{m/sec} \times 60\text{sec/min} \\ &\quad \times \left[(10 \times 0.2^2) + \left(\frac{3.14 \times 0.2^2}{4}\right)\right]\text{m}^2 \\ &= 20.71\text{m}^3/\text{min}\end{aligned}$$

제1과목 | 산업위생학 개론

01 다음 중 산업안전보건법상 보건관리자의 자격에 해당되지 않는 것은?
① 「의료법」에 따른 의사
② 「의료법」에 따른 간호사
③ 「산업안전보건법」에 따른 산업안전지도사
④ 「고등교육법」에 따른 전문대학에서 산업위생 관련 학위를 취득한 사람

풀이 보건관리자의 자격
㉠ "의료법"에 따른 의사
㉡ "의료법"에 따른 간호사
㉢ 산업보건지도사
㉣ "국가기술자격법"에 따른 산업위생관리산업기사 또는 대기환경산업기사 이상의 자격을 취득한 사람
㉤ "국가기술자격법"에 따른 인간공학기사 이상의 자격을 취득한 사람
㉥ "고등교육법"에 따른 전문대학 이상의 학교에서 산업보건 또는 산업위생 분야의 학위를 취득한 사람

02 근육운동에 필요한 에너지를 생성하는 방법에는 혐기성 대사와 호기성 대사가 있다. 다음 중 혐기성 대사의 에너지원이 아닌 것은?
① 지방
② 크레아틴인산
③ 글리코겐
④ 아데노신삼인산

풀이 혐기성 대사

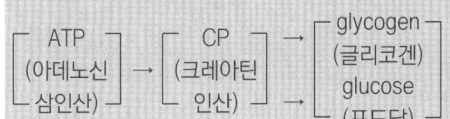

03 다음 중 인체의 구조에서 앉을 때, 서 있을 때, 물체를 들어올릴 때 및 쥘 때 발생하는 압력이 가장 많이 흡수되는 척추의 디스크는?
① L_1/S_9
② L_2/S_1
③ L_3/S_2
④ L_5/S_1

풀이 L_5/S_1 디스크(disc)
㉠ 척추의 디스크 중 앉을 때, 서 있을 때, 물체를 들어올릴 때 및 쥘 때 발생하는 압력이 가장 많이 흡수되는 디스크이다.
㉡ 인체 등의 구조는 경추가 7개, 흉추가 12개, 요추가 5개이고 그 아래에 천골로서 골반의 후벽을 이룬다. 여기서 요추의 5번째 L_5와 천골 사이에 있는 디스크가 있다. 이곳의 디스크를 L_5/S_1 disc라 한다.
㉢ 물체와 몸의 거리가 멀 경우 지렛대의 역할을 하는 L_5/S_1 디스크에 많은 부담을 주게 된다.

04 다음 중 영상표시단말기(VDT) 작업자의 건강장애를 예방하기 위한 방법으로 적절하지 않은 것은?
① 서류받침대는 화면과 같은 높이로 맞추어 작업한다.
② 작업자의 발바닥 전면이 바닥면에 닿는 자세를 취하도록 한다.
③ 위팔(upper arm)은 자연스럽게 늘어뜨리고, 팔꿈치 내각의 90° 이상으로 한다.
④ 작업자의 시선은 수평선상으로 10~15° 위를 바라보도록 한다.

풀이 화면을 향한 눈의 높이는 화면보다 약간 높은 것이 좋고 작업자의 시선은 수평선상으로부터 아래로 5~10° (10~15°) 이내일 것

정답 01.③ 02.① 03.④ 04.④

05 다음 중 산업위생관리담당자의 고유업무와 거리가 가장 먼 것은?
① 배출되는 폐수가 기준치에 맞는지 확인하고 관리한다.
② 호흡기 보호구(마스크)를 구매하여 지급·관리하고, 착용 여부를 확인한다.
③ 새로 사용하는 화학물질에 대한 물리·화학적 성상 및 특징 등을 확인한다.
④ 작업장 밖에서 소음을 측정하여 인근 지역 주민에게 과도한 소음이 전파되는지 확인한다.

풀이 ①항의 내용은 환경(수질)담당자의 교유업무이다.

06 다음 중 인간공학에 적용하는 정적 치수(static dimensions)에 관한 설명으로 틀린 것은 어느 것인가?
① 동적인 치수에 비하여 데이터가 적다.
② 일반적으로 표(table)의 형태로 제시된다.
③ 구조적 치수로 정적 자세에서 움직이지 않는 피측정자를 인체계측기로 측정한 것이다.
④ 골격 치수(팔꿈치와 손목 사이와 같은 관절 중심거리 등)와 외곽치수(머리둘레 등)로 구성된다.

풀이 인간공학에 적용되는 인체 측정방법
(1) 정적 치수(static dimension)
  ㉠ 구조적 인체 치수라고도 한다.
  ㉡ 정적 자세에서 움직이지 않는 피측정자를 인체계측기로 측정한 것이다.
  ㉢ 골격 치수(팔꿈치와 손목 사이와 같은 관절 중심거리)와 외곽치수(머리둘레, 허리둘레 등)로 구성된다.
  ㉣ 보통 표(table)의 형태로 제시된다.
  ㉤ 동적인 치수에 비하여 데이터 수가 많다.
  ㉥ 구조적 인체 치수의 종류로는 팔길이, 앉은키, 눈높이 등이 있다.
(2) 동적 치수(dynamic dimension)
  ㉠ 기능적 치수라고도 한다.
  ㉡ 육체적인 활동을 하는 상황에서 측정한 치수이다.
  ㉢ 정적인 데이터로부터 기능적 인체 치수로 환산하는 일반적인 원칙은 없다.
  ㉣ 다양한 움직임을 표로 제시하기 어렵다.
  ㉤ 정적인 치수에 비하여 상대적으로 데이터가 적다.

07 다음 중 피로의 예방대책으로 가장 적절하지 않은 것은?
① 불필요한 동작을 피하고 에너지 소모를 적게 한다.
② 동적작업은 피하고 되도록 정적작업을 수행한다.
③ 작업환경은 항상 정리, 정돈해 둔다.
④ 작업시간 중 적당한 때에 체조를 한다.

풀이 산업피로 예방대책
㉠ 불필요한 동작을 피하고, 에너지 소모를 적게 한다.
㉡ 동적인 작업을 늘리고, 정적인 작업을 줄인다.
㉢ 개인의 숙련도에 따라 작업속도와 작업량을 조절한다.
㉣ 작업시간 중 또는 작업 전후에 간단한 체조나 오락시간을 갖는다.
㉤ 장시간 한 번 휴식하는 것보다 단시간씩 여러 번 나누어 휴식하는 것이 피로회복에 도움이 된다.

08 운반작업을 하는 젊은 근로자의 약한 손(오른손잡이의 경우 왼손)의 힘이 50kP라 할 때 이 근로자가 무게 10kg인 상자를 두 손으로 들어 올릴 경우 작업강도는 얼마인가?
① 5.0%MS
② 10.0%MS
③ 15.0%MS
④ 25.0%MS

풀이 작업강도(%MS) $= \dfrac{RF}{MS} \times 100$
$= \dfrac{5}{50} \times 100 = 10.0\%MS$

09 1700년대 "직업인의 질병"을 발간하였으며 직업병의 원인을 작업장에서 사용하는 유해물질과 근로자들의 불완전한 작업자세나 과격한 동작으로 크게 두 가지로 구분한 인물은?

① Hippocrates
② Georgius Agricola
③ Percivall Pott
④ Bernardino Ramazzini

풀이 Bernardino Ramazzini(1633~1714년)
(1) 산업보건의 시조, 산업의학의 아버지로 불린다 (이탈리아 의사).
(2) 1700년에 저서 "직업인의 질병(De Morbis Artificum Diatriba)"을 발간하였다.
(3) 직업병의 원인을 크게 두 가지로 구분
 ㉠ 작업장에서 사용하는 유해물질
 ㉡ 근로자들의 불완전한 작업이나 과격한 동작
(4) 20세기 이전에 인간공학 분야에 관하여 원인과 대책을 언급하였다.

10 구리(Cu)의 공기 중 농도가 0.05mg/m³이다. 작업자의 노출시간이 8시간이며, 폐환기율은 1.25m³/hr, 체내 잔류율은 1이라고 할 때, 체내 흡수량은 얼마인가?

① 0.3mg ② 0.4mg
③ 0.5mg ④ 0.6mg

풀이 체내 흡수량(mg)
$= C \times T \times V \times R$
$= 0.05 mg/m^3 \times 8hr \times 1.25 m^3/hr \times 1.0$
$= 0.5 mg$

11 다음 중 화학물질의 분류·표시 및 물질안전보건자료에 관한 기준상 발암성 물질 구분에 있어 사람에게 충분한 발암성 증거가 있는 물질을 나타내는 것은?

① Ca
② A1
③ 1A
④ C1

풀이 우리나라 발암성 정보물질의 표기
㉠ 1A : 사람에게 충분한 발암성 증거가 있는 물질
㉡ 1B : 시험동물에서 발암성 증거가 충분히 있거나 시험동물과 사람 모두에게 제한된 발암성 증거가 있는 물질
㉢ 2 : 사람이나 동물에서 제한된 증거가 있지만, 구분 1로 분류하기에는 증거가 충분하지 않은 물질

12 다음 중 적성검사에 있어 생리적 기능검사에 속하지 않는 것은?

① 감각기능검사
② 심폐기능검사
③ 체력검사
④ 지각동작검사

풀이 (1) 생리적 기능검사(생리학적 적성검사)
 ㉠ 감각기능검사
 ㉡ 심폐기능검사
 ㉢ 체력검사
(2) 심리학적 검사(심리학적 적성검사)
 ㉠ 지능검사
 ㉡ 지각동작검사
 ㉢ 인성검사
 ㉣ 기능검사

13 다음 중 산업재해지표 사용 시 주의사항으로 적절하지 않은 것은?

① 집계된 재해의 범주를 명시해야 한다.
② 연간근로시간수는 실적에 따라 산출하고 추정은 금물이다.
③ 재해지수는 연간 또는 월간으로 산출할 수 있으나 사업장 규모가 작고 재해발생수가 적을 때는 의미가 거의 없다.
④ 재해지수는 재해발생 양상의 추세로 재해에 대한 원인 분석에 대치될 수 있다.

풀이 산업재해지표 사용 시 재해지수는 재해에 대한 원인분석에 대치될 수 없다.

정답 09.④ 10.③ 11.③ 12.④ 13.④

14 다음 중 국제노동기구(ILO) 협약에 제시된 산업보건관리업무와 가장 거리가 먼 것은?
① 직장에 있어서의 건강유해요인에 대한 위험성의 확인과 평가
② 작업방법의 개선과 새로운 설비에 대한 건강상 계획의 참여
③ 작업능률 향상과 생산성 재고에 관한 기획
④ 산업보건 교육, 훈련과 정보에 관한 협력

풀이 국제노동기구(ILO) 협약에 제시된 산업보건관리 업무
㉠ 직장에 있어서의 건강유해요인에 대한 위험성의 확인과 평가
㉡ 작업방법의 개선과 새로운 설비에 대한 건강상 계획의 참여
㉢ 산업보건 교육, 훈련과 정보에 관한 협력

15 다음 중 산업위생에서 유해인자를 구분할 때 가장 적합하지 않은 것은?
① 생물학적 유해인자
② 인간공학적 유해인자
③ 물리화학적 유해인자
④ 환경과학적 유해인자

풀이 유해인자 구분
㉠ 물리적 유해인자
㉡ 화학적 유해인자
㉢ 생물학적 유해인자
㉣ 인간공학적 유해인자

16 다음 중 산업안전보건법령상 건강진단 결과의 판정 결과 'C_1'의 의미로 옳은 것은?
① 경미한 이상소견이 있는 근로자
② 일반질병의 소견을 보여 사후관리가 필요한 근로자
③ 직업성 질병으로 진전될 우려가 있어 추적검사 등 관찰이 필요한 근로자
④ 건강진단 1차 검사결과 건강수준의 평가가 곤란하거나 질병이 의심되는 근로자

풀이 건강관리 구분

건강관리 구분		건강관리 구분 내용
A		건강관리상 사후관리가 필요 없는 자 (건강한 근로자)
C	C_1	직업성 질병으로 진전될 우려가 있어 추적관찰이 필요한 자(직업병 요관찰자)
	C_2	일반질병으로 진전될 우려가 있어 추적관찰이 필요한 자(일반질병 요관찰자)
	D_1	직업성 질병의 소견을 보여 사후관리가 필요한 자(직업병 유소견자)
	D_2	일반질병의 소견을 보여 사후관리가 필요한 자(일반질병 유소견자)
R		건강진단 1차 검사결과 건강수준의 평가가 곤란하거나 질병이 의심되는 근로자(제2차 건강진단 대상자)

※ "U"는 2차 건강진단 대상임을 통보하고 30일을 경과하여 해당 검사가 이루어지지 않아 건강관리 구분을 판정할 수 없는 근로자

17 다음 중 노출기준 선정의 이론적인 배경과 가장 거리가 먼 것은?
① 동물실험 자료
② 화학적 성질의 안정성
③ 인체실험 자료
④ 산업장 역학조사 자료

풀이 노출기준 선정 이론적 배경
㉠ 화학구조상의 유사성
㉡ 동물실험 자료
㉢ 인체실험 자료
㉣ 산업장 역학조사 자료

18 작업장의 기계화, 생산의 조직화, 기업의 경제성을 고려하여 모든 근로자가 근무를 하지 않으면 안 되는 중추시간(core time)을 설정하고, 지정된 주간 근무시간(예를 들어, 주 40시간) 내에서 자유 출퇴근을 인정하는 제도를 무엇이라 하는가?
① free-time제
② flex-time제
③ exchang-time제
④ variable-time제

정답 14.③ 15.④ 16.③ 17.② 18.②

풀이 flex-time제
작업장의 기계화, 생산의 조직화, 기업의 경제성을 고려하여 모든 근로자가 근무를 하지 않으면 안 되는 중추시간(core time)을 설정하고, 지정된 주간 근무시간 내에서 자유 출퇴근을 인정하는 제도이다. 즉, 작업상 전 근로자가 일하는 core time을 제외하고 주당 40시간 내외의 근로조건하에서 자유롭게 출퇴근하는 제도이다.

19 다음 중 Viteles가 분류한 산업피로의 3가지 본질과 가장 거리가 먼 것은?
① 재해의 유발
② 작업량의 감소
③ 피로감각
④ 생체의 생리적 변화

풀이 Viteles의 산업피로 본질 3대 요소
㉠ 생체의 생리적 변화(의학적)
㉡ 피로감각(심리학적)
㉢ 작업량의 감소(생산적)

20 소음성 난청에 대한 설명으로 틀린 것은 어느 것인가?
① 심한 소음에 노출되면 처음에는 일시적 청력변화를 초래하며, 이것은 소음 노출을 중지하면 노출 전의 상태로 회복된다.
② 소음성 난청의 청력손실은 처음에 1,000Hz에서 가장 현저하고, 점차 고주파음역과 저주파음역으로 퍼진다.
③ 심한 소음에 반복되어 노출되면 코르티기관에 손상이 발생하여 영구적 청력변화가 일어난다.
④ 소음성 난청에 영향을 미치는 요소 중 음압수준은 높을수록 유해하다.

풀이 소음성 난청은 초기 저음역(500Hz, 1,000Hz, 2,000Hz)에서보다 고음역(3,000Hz, 4,000Hz, 6,000Hz)에서 청력손실이 현저히 나타나고, 특히 4,000Hz에서 심하다.

제2과목 | 작업환경 측정 및 평가

21 다음 중 검지관측정법의 장단점을 설명한 것으로 틀린 것은?
① 숙련된 산업위생전문가가 아니더라도 어느 정도만 숙지하면 사용할 수 있다.
② 특이도가 낮다. 즉, 다른 방해물질의 영향을 받기 쉬워 오차가 크다.
③ 측정대상물질의 동정 없이도 측정이 용이하다.
④ 밀폐공간에서 산소부족 또는 폭발성 가스로 인한 안전이 문제가 될 때 유용하게 사용될 수 있다.

풀이 검지관측정법의 장단점
(1) 장점
㉠ 사용이 간편하다.
㉡ 반응시간이 빠르다(현장에서 바로 측정결과를 알 수 있다).
㉢ 비전문가도 어느 정도 숙지하면 사용할 수 있다.
㉣ 맨홀, 밀폐공간에서의 산소부족 또는 폭발성 가스로 인한 안전이 문제가 될 때 유용하게 사용된다.
(2) 단점
㉠ 민감도가 낮아 비교적 고농도에만 적용이 가능하다.
㉡ 특이도가 낮아 다른 방해물질의 영향을 받기 쉽다.
㉢ 대개 단시간 측정만 가능하다.
㉣ 한 검지관으로 단일물질만 측정이 가능하여 각 오염물질에 맞는 검지관을 선정함에 따른 불편함이 있다.
㉤ 색변화에 따라 주관적으로 읽을 수 있어 판독자에 따라 변이가 심하며 색변화가 시간에 따라 변하므로 제조자가 정한 시간에 읽어야 한다.
㉥ 미리 측정대상물질의 동정이 되어 있어야 측정이 가능하다.

22 작업환경측정 시 공기의 단시간(순간) 시료 포집에 이용되지 않는 것은?
① 포집백
② 주사기
③ 진공포집병
④ 임핀저

정답 19.① 20.② 21.③ 22.④

[풀이] **단시간(순간) 시료채취기구**
  ㉠ 진공플라스크(진공포집병)
  ㉡ 액체치환병
  ㉢ 주사기
  ㉣ 시료채취백(포집백)

23 공기 중 석면농도를 허용기준과 비교할 때 가장 일반적으로 사용되는 석면측정방법은 어느 것인가?

① 광학현미경법
② 전자현미경법
③ 위상차현미경법
④ 편광현미경법

[풀이] **석면측정방법**
(1) 위상차현미경법
  ㉠ 석면측정에 이용되는 현미경으로 일반적으로 가장 많이 사용된다.
  ㉡ 막 여과지에 시료를 채취한 후 전처리하여 위상차현미경으로 분석한다.
  ㉢ 다른 방법에 비해 간편하나 석면의 감별이 어렵다.
(2) 전자현미경법
  ㉠ 석면분진 측정방법 중에서 공기 중 석면시료를 가장 정확하게 분석할 수 있다.
  ㉡ 석면의 성분분석(감별분석)이 가능하다.
  ㉢ 위상차현미경으로 볼 수 없는 매우 가는 섬유도 관찰 가능하다.
  ㉣ 값이 비싸고 분석시간이 많이 소요된다.
(3) 편광현미경법
  ㉠ 고형시료 분석에 사용하며 석면을 감별 분석할 수 있다.
  ㉡ 석면광물이 가지는 고유한 빛의 편광성을 이용한 것이다.
(4) X선회절법
  ㉠ 단결정 또는 분말시료(석면 포함 물질을 은막 여과지에 놓고 X선 조사)에 의한 단색 X선의 회절각을 변화시켜 가며 회절선의 세기를 계수관으로 측정하여 X선의 세기나 각도를 자동적으로 기록하는 장치를 이용하는 방법이다.
  ㉡ 값이 비싸고, 조작이 복잡하다.
  ㉢ 고형시료 중 크리소타일 분석에 사용하며 토석, 암석, 광물성 분진 중의 유리규산(SiO_2) 함유율도 분석한다.

24 소음의 음압수준단위인 dB의 계산식은? (단, P : 음압, P_o : 기준음압)

① $dB = 10\log\left(\dfrac{P}{P_o}\right)$
② $dB = 20\log\left(\dfrac{P}{P_o}\right)$
③ $dB = 20\log P + \log P_o$
④ $dB = \log\dfrac{P}{P_o} + 20$

[풀이] **음압수준(SPL) : 음압레벨, 음압도**
$SPL = 20\log\left(\dfrac{P}{P_o}\right)$ (dB)

여기서, SPL : 음압수준(음압도, 음압레벨)(dB)
  P : 대상음의 음압(음압 실효치)(N/m^2)
  P_o : 기준음압 실효치(2×10^{-5} N/m^2, 20μPa, 2×10^{-4} dyne/cm^2)

25 옥외작업장(태양광선이 내리쬐는 장소)의 자연습구온도는 29℃, 건구온도는 33℃, 흑구온도는 36℃, 기류속도는 1m/sec일 때 WBGT 지수값은?

① 약 29.7℃
② 약 30.8℃
③ 약 31.6℃
④ 약 32.3℃

[풀이] 옥외(태양광선이 내리쬐는 장소)의 WBGT (℃)
= (0.7×자연습구온도)+(0.2×흑구온도)
  +(0.1×건구온도)
= (0.7×29℃)+(0.2×36℃)+(0.1×33℃)
= 30.8℃

26 미국의 ACGIH의 정의에서 가스교환부위, 즉 폐포에 침착하는 호흡성 먼지(RPM ; Respirable Particulate Mass)의 평균입경(50% 침착되는 평균 입자크기)은 어느 것인가?

① 10μm
② 4μm
③ 2μm
④ 1μm

[풀이] **ACGIH 입자크기별 기준**
(1) 흡입성 입자상 물질
 (IPM ; Inspirable Particulates Mass)
 ㉠ 호흡기 어느 부위에 침착하더라도 독성을 유발하는 분진이다.
 ㉡ 입경범위 : 0~100μm
 ㉢ 평균입경(폐침착의 50%에 해당하는 입자의 크기) : 100μm
 ㉣ 침전분진은 재채기, 침, 코 등의 벌크(bulk) 세척기전으로 제거된다.
(2) 흉곽성 입자상 물질
 (TPM ; Thoracic Particulates Mass)
 ㉠ 기도나 하기도(가스교환부위)에 침착하여 독성을 나타내는 물질이다.
 ㉡ 평균입경 : 10μm
 ㉢ 채취기구 : PM 10
(3) 호흡성 입자상 물질
 (RPM ; Respirable Particulates Mass)
 ㉠ 가스교환부위, 즉 폐포에 침착할 때 유해한 물질이다.
 ㉡ 평균입경 : 4μm
 ㉢ 채취기구 : 10mm nylon cyclone

27 작업장 내 소음측정 시 소음계의 청감보정회로는 어떤 특성에 맞추어 작업자의 노출수준을 평가하는가? (단, 고용노동부 고시 기준)

① A　　② B
③ C　　④ D

[풀이] A 청감보정회로=A 특성=dB(A)

28 입자상 물질의 채취를 위한 MCE막 여과지에 대한 설명으로 옳지 않은 것은?

① 산에 쉽게 용해된다.
② 입자상 물질 중의 금속을 채취하여 원자흡광법으로 분석하는 데 적정하다.
③ 석면, 유리섬유 등 현미경 분석을 위한 시료채취에 이용된다.
④ 원료인 셀룰로오스가 흡습성이 적어 입자상 물질에 대한 중량분석에도 많이 사용된다.

[풀이] **MCE막 여과지(Mixed Cellulose Ester membrane filter)**
㉠ 산에 쉽게 용해된다.
㉡ 산업위생에서는 거의 대부분이 직경 37mm, 구멍크기 0.45~0.8μm의 MCE막 여과지를 사용하고 있어 작은 입자의 금속과 fume 채취가 가능하다.
㉢ MCE막 여과지는 산에 쉽게 용해되고 가수분해되며, 습식 회화되기 때문에 공기 중 입자상 물질 중의 금속을 채취하여 원자흡광법으로 분석하는 데 적당하다.
㉣ 시료가 여과지의 표면 또는 가까운 곳에 침착되므로 석면, 유리섬유 등 현미경 분석을 위한 시료채취에도 이용된다.
㉤ 흡습성(원료인 셀룰로오스가 수분 흡수)이 높은 MCE막 여과지는 오차를 유발할 수 있어 중량분석에 적합하지 않다.
㉥ MCE막 여과지는 산에 의해 쉽게 회화되기 때문에 원소분석에 적합하고 NIOSH에서는 금속, 석면, 살충제, 불소화합물 및 기타 무기물질에 추천하고 있다.

29 고유량 펌프를 이용하여 0.489m³의 공기를 채취하고, 실험실에서 여과지를 10% 질산 11mL로 용해하였다. 원자흡광광도계로 농도를 분석하고 검량선으로 비교 분석한 결과, 농도가 32.5μgPb/mL였다면 채취기간 중 납 먼지의 농도(mg/m³)는?

① 0.58　　② 0.62
③ 0.73　　④ 0.89

[풀이] 납 먼지농도(mg/m³)
$$= \frac{\text{분석농도} \times \text{용액부피}}{\text{공기채취량}} = \frac{32.5\mu g/mL \times 11mL}{0.489m^3}$$
$$= 731.08\mu g/m^3 \times 10^{-3} mg/\mu g = 0.73 mg/m^3$$

30 탈착용매로 사용되는 이황화탄소에 관한 설명으로 틀린 것은?

① 주로 활성탄관으로 비극성 유기용제를 채취하였을 때 탈착용매로 사용한다.
② 이황화탄소는 유해성이 강하다.
③ 상온에서 휘발성이 약하여 분석에 영향이 적은 장점이 있다.
④ 탈착효율이 좋은 용매이며, 가스 크로마토그래피(FID)에서 피크가 작게 나온다.

정답 27.① 28.④ 29.③ 30.③

[풀이] **용매탈착**
(1) 비극성 물질의 탈착용매는 이황화탄소(CS_2)를 사용하고 극성 물질에는 이황화탄소와 다른 용매를 혼합하여 사용한다.
(2) 활성탄에 흡착된 증기(유기용제-방향족탄화수소)를 탈착시키는 데 일반적으로 사용되는 용매는 이황화탄소이다.
(3) 용매로 사용되는 이황화탄소의 단점
 ㉠ 독성 및 인화성이 크며 작업이 번잡하다.
 ㉡ 특히 심혈관계와 신경계에 독성이 매우 크고 취급 시 주의를 요한다.
 ㉢ 전처리 및 분석하는 장소의 환기에 유의하여야 한다.
(4) 용매로 사용되는 이황화탄소의 장점
 탈착효율이 좋고 가스크로마토그래피의 불꽃이온화검출기에서 반응성이 낮아 피크의 크기가 작게 나오므로 분석 시 유리하다.

31 혼합 유기용제의 구성비(중량비)는 다음과 같았다. 이 혼합물의 노출농도(TLV)는?

- 메틸클로로포름 30%(TLV=1,900mg/m³)
- 헵탄 50%(TLV=1,600mg/m³)
- 퍼클로로에틸렌 20%(TLV=335mg/m³)

① 937mg/m³
② 1,087mg/m³
③ 1,137mg/m³
④ 1,287mg/m³

[풀이] 혼합물의 노출기준(mg/m³)
$= \dfrac{1}{\dfrac{0.3}{1,900}+\dfrac{0.5}{1,600}+\dfrac{0.2}{335}}$
$= 936.85 \text{mg/m}^3$

32 사람들이 일반적으로 들을 수 있는 최대 가청주파수 범위로 가장 적절한 것은?

① 2~2,000Hz
② 20~20,000Hz
③ 200~200,000Hz
④ 2,000~2,000,000Hz

[풀이] **주파수**
㉠ 한 고정점을 1초 동안에 통과하는 고압력 부분과 저압력 부분을 포함한 압력변화의 완전한 주기(cycle) 수를 말하고 음의 높낮이를 나타내며, 보통 f로 표시하고 단위는 Hz(1/sec) 및 cps(cycle per second)를 사용한다.
㉡ 정상청력을 가진 사람의 가청주파수 영역은 20~20,000Hz이고 회화음역은 250~3,000Hz 정도이다.

33 공기 중 납을 막 여과지로 시료포집한 후 분석한 결과 시료 여과지에서는 6μg, 공시료 여과지에서는 0.005μg이 검출되었다. 회수율은 95%이고 공기 시료채취량은 100L였다면 공기 중 납의 농도(mg/m³)는?

① 약 0.028
② 약 0.045
③ 약 0.063
④ 약 0.082

[풀이] 납농도(mg/m³)
$= \dfrac{\text{시료채취분석량} - \text{공시료분석량}}{\text{공기채취량}}$
$= \dfrac{(6-0.005)\mu g \times 10^{-3} \text{mg}/\mu g}{100 \text{L} \times 0.95 \times \text{m}^3/1,000\text{L}}$
$= 0.063 \text{mg/m}^3$

34 다음 중 순간시료채취방법(가스상 물질)을 적용할 수 없는 경우와 가장 거리가 먼 것은?

① 오염물질의 농도가 시간에 따라 변할 때
② 공기 중 오염물질의 농도가 낮을 때
③ 시간가중평균치를 구하고자 할 때
④ 반응성이 없거나 비흡착성 가스상 물질을 채취할 때

[풀이] **순간시료채취방법을 적용할 수 없는 경우**
㉠ 오염물질의 농도가 시간에 따라 변할 때
㉡ 공기 중 오염물질의 농도가 낮을 때(유해물질이 농축되는 효과가 없기 때문에 검출기의 검출한계보다 공기 중 농도가 높아야 함)
㉢ 시간가중평균치를 구하고자 할 때

35 유사노출그룹(SEG ; Similar Exposure Group)을 설정하는 목적과 가장 거리가 먼 것은?

① 시료채취수를 경제적으로 결정하는 데 있다.
② 시료채취시간을 최대한 정확히 산출하는 데 있다.
③ 역학조사를 수행할 때 사건이 발생한 근로자가 속한 유사노출그룹의 노출농도를 근거로 노출원인을 추정할 수 있다.
④ 모든 근로자의 노출정도를 추정하고자 하는 데 있다.

[풀이] 유사노출군 설정 목적
㉠ 시료채취수를 경제적으로 하는 데 있다.
㉡ 모든 작업의 근로자에 대한 노출농도를 평가할 수 있다.
㉢ 역학조사 수행 시 해당 근로자가 속한 동일노출그룹의 노출농도를 근거로 노출원인 및 농도를 추정할 수 있다.
㉣ 작업장에서 모니터링하고 관리해야 할 우선적인 그룹을 결정하기 위함이다.

36 어떤 유해작업장에 일산화탄소(CO)가 0°C, 1기압 상태에서 100ppm이라면 이 공기 1m³ 중에 CO는 몇 mg 포함되어 있는가?

① 108　② 125
③ 153　④ 186

[풀이] $mg/m^3 = 100ppm \times \dfrac{28g}{22.4L} = 125mg/m^3$

37 각각의 포집효율이 80%인 임핀저 2개를 직렬연결하여 시료를 채취하는 경우 최종 얻어지는 포집효율은?

① 90.0%　② 92.0%
③ 94.0%　④ 96.0%

[풀이] 총 포집률(%) = $\eta_1 + \eta_2(1-\eta_1)$
= 0.8 + [0.8(1-0.8)]
= 0.96 × 100 = 96.0%

38 다음 중 1차 표준기구에 해당되는 것은?

① 폐활량계　② 열선기류계
③ 오리피스미터　④ 로터미터

[풀이] 공기채취기구의 보정에 사용되는 1차 표준기구의 종류
㉠ 비누거품미터
㉡ 폐활량계
㉢ 가스치환병
㉣ 유리피스톤미터
㉤ 흑연피스톤미터
㉥ 피토튜브

39 고열측정 구분에 의한 온도측정기기와 측정시간기준의 연결로 옳지 않은 것은? (단, 고용노동부 고시 기준)

① 습구온도 – 0.5도 간격의 눈금이 있는 아스만통풍건습계 – 5분 이상
② 흑구 및 습구흑구온도 – 직경이 5센티미터 이상 되는 흑구온도계 또는 습구흑구온도를 동시에 측정할 수 있는 기기 – 직경이 5센티미터일 경우 5분 이상
③ 흑구 및 습구흑구온도 – 직경이 5센티미터 이상 되는 흑구온도계 또는 습구흑구온도를 동시에 측정할 수 있는 기기 – 직경이 15센티미터일 경우 25분 이상
④ 흑구 및 습구흑구온도 – 직경이 5센티미터 이상 되는 흑구온도계 또는 습구흑구온도를 동시에 측정할 수 있는 기기 – 직경이 7.5센티미터일 경우 5분 이상

[풀이] 고열의 측정기기와 측정시간

구 분	측정기기	측정시간
습구온도	0.5°C 간격의 눈금이 있는 아스만통풍건습계, 자연습구온도를 측정할 수 있는 기기 또는 이와 동등 이상의 성능이 있는 측정기기	• 아스만통풍건습계 : 25분 이상 • 자연습구온도계 : 5분 이상
흑구 및 습구흑구온도	직경이 5cm 이상 되는 흑구온도계 또는 습구흑구온도(WBGT)를 동시에 측정할 수 있는 기기	• 직경이 15cm일 경우 : 25분 이상 • 직경이 7.5cm 또는 5cm일 경우 : 5분 이상

※ 고시 변경사항, 학습 안 하셔도 무방합니다.

정답 35.② 36.② 37.④ 38.① 39.①

40 가스 및 증기 시료채취방법 중 실리카겔에 의한 흡착방법에 관한 설명으로 적합하지 않은 것은?

① 일반적으로 탈착용매로 CS_2를 사용하지 않는다.
② 활성탄으로 채취가 어려운 아닐린, 오르토-톨루이딘 등의 아민류나 몇몇 무기물질의 채취가 가능하다.
③ 추출액이 화학분석이나 기기분석에 방해물질로 작용하는 경우가 있다.
④ 물을 잘 흡수하는 단점이 있다.

[풀이] **실리카겔의 장단점**
(1) 장점
  ㉠ 극성이 강하여 극성 물질을 채취한 경우 물, 메탄올 등 다양한 용매로 쉽게 탈착한다.
  ㉡ 추출용액(탈착용매)이 화학분석이나 기기분석에 방해물질로 작용하는 경우는 많지 않다.
  ㉢ 활성탄으로 채취가 어려운 아닐린, 오르토-톨루이딘 등의 아민류나 몇몇 무기물질의 채취가 가능하다.
  ㉣ 매우 유독한 이황화탄소를 탈착용매로 사용하지 않는다.
(2) 단점
  ㉠ 친수성이기 때문에 우선적으로 물분자와 결합을 이루어 습도의 증가에 따른 흡착용량의 감소를 초래한다.
  ㉡ 습도가 높은 작업장에서는 다른 오염물질의 파과용량이 작아져 파과를 일으키기 쉽다.

제3과목 | 작업환경 관리

41 200sones인 음은 몇 phons인가?

① 103.3 ② 108.3
③ 112.3 ④ 116.6

[풀이] phon = 33.3 log S + 40
     = (33.3 × log 200) + 40 = 116.6 phons

42 보호장구의 재질별로 효과적인 적용물질을 연결한 것으로 옳은 것은?

① butyl 고무 – 비극성 용제
② 면 – 비극성 용제
③ 천연고무(latex) – 극성 용제
④ viton – 극성 용제

[풀이] **보호장구 재질에 따른 적용물질**
㉠ Neoprene 고무 : 비극성 용제, 극성 용제 중 알코올, 물, 케톤류 등에 효과적
㉡ 천연고무(latex) : 극성 용제 및 수용성 용액에 효과적(절단 및 찰과상 예방)
㉢ viton : 비극성 용제에 효과적
㉣ 면 : 고체상 물질(용제에는 사용 못함)
㉤ 가죽 : 용제에는 사용 못함(기본적인 찰과상 예방)
㉥ nitrile 고무 : 비극성 용제에 효과적
㉦ butyl 고무 : 극성 용제에 효과적(알데히드, 지방족)
㉧ ethylene vinyl alcohol : 대부분의 화학물질을 취급할 경우 효과적

43 다음 중 귀마개에 대한 설명으로 옳지 않은 내용은? (단, 귀덮개와 비교 기준)

① 차음효과가 떨어진다.
② 착용시간이 빠르고 쉽다.
③ 외청도에 이상이 없는 경우에 사용이 가능하다.
④ 고온작업장에서 사용이 간편하다.

[풀이] **귀마개**
(1) 장점
  ㉠ 부피가 작아서 휴대가 쉽다.
  ㉡ 안경과 안전모 등에 방해가 되지 않는다.
  ㉢ 고온작업에서도 사용 가능하다.
  ㉣ 좁은 장소에서도 사용 가능하다.
  ㉤ 가격이 귀덮개보다 저렴하다.
(2) 단점
  ㉠ 귀에 질병이 있는 사람은 착용 불가능하다.
  ㉡ 여름에 땀이 많이 날 때는 외이도에 염증유발 가능성이 있다.
  ㉢ 제대로 착용하는 데 시간이 걸리며 요령을 습득하여야 한다.
  ㉣ 차음효과가 일반적으로 귀덮개보다 떨어진다.
  ㉤ 사람에 따라 차음효과 차이가 크다(개인차가 큼).
  ㉥ 더러운 손으로 만짐으로써 외청도를 오염시킬 수 있다(귀마개에 묻어 있는 오염물질이 귀에 들어갈 수 있음).

[정답] 40.③ 41.④ 42.③ 43.②

44 감압에 따른 기포형성량을 좌우하는 '조직에 용해된 가스량'을 결정하는 요인과 거리가 먼 것은?
① 고기압의 노출정도
② 고기압의 노출시간
③ 체내 지방량
④ 감압속도

[풀이] 감압 시 조직 내 질소 기포형성량에 영향을 주는 요인
(1) 조직에 용해된 가스량
  체내 지방량, 고기압폭로의 정도와 시간으로 결정
(2) 혈류변화 정도(혈류를 변화시키는 상태)
  ㉠ 감압 시나 재감압 후에 생기기 쉽다.
  ㉡ 연령, 기온, 운동, 공포감, 음주와 관계가 있다.
(3) 감압속도

45 방진재인 공기스프링에 관한 설명으로 옳지 않은 것은?
① 부하능력이 광범위하다.
② 압축기 등의 부대시설이 필요하지 않다.
③ 구조가 복잡하고 시설비가 많이 든다.
④ 사용 진폭이 적은 것이 많아 별도의 댐퍼가 필요한 경우가 많다.

[풀이] 공기스프링
(1) 장점
  ㉠ 지지하중이 크게 변하는 경우에는 높이 조정변에 의해 그 높이를 조절할 수 있어 설비의 높이를 일정 레벨로 유지시킬 수 있다.
  ㉡ 하중부하 변화에 따라 고유진동수를 일정하게 유지할 수 있다.
  ㉢ 부하능력이 광범위하고 자동제어가 가능하다.
  ㉣ 스프링 정수를 광범위하게 선택할 수 있다.
(2) 단점
  ㉠ 사용 진폭이 적은 것이 많아 별도의 댐퍼가 필요한 경우가 많다.
  ㉡ 구조가 복잡하고 시설비가 많이 든다.
  ㉢ 압축기 등 부대시설이 필요하다.
  ㉣ 안전사고(공기누출) 위험이 있다.

46 방독마스크 카트리지에 포함된 흡착제의 수명은 여러 환경요인에 영향을 받는다. 흡착제의 수명에 영향을 주는 환경요인과 가장 거리가 먼 것은?
① 작업장의 온도
② 작업장의 습도
③ 작업장의 유해물질농도
④ 작업장의 체적

[풀이] 방독마스크 정화통(카트리지, cartridge) 수명에 영향을 주는 인자
㉠ 작업장의 습도(상대습도) 및 온도
㉡ 착용자의 호흡률(노출조건)
㉢ 작업장 오염물질의 농도
㉣ 흡착제의 질과 양
㉤ 포장의 균일성과 밀도
㉥ 다른 가스, 증기와 혼합 유무

47 다음의 작업 중에서 적외선에 가장 많이 노출될 수 있는 작업에 해당되는 것은?
① 보석 세공작업
② 유리 가공작업
③ 전기용접
④ X선 촬영작업

[풀이] 적외선 발생원
㉠ 인공적 발생원 : 제철·제강업, 주물업, 용융유리취급업(용해로), 열처리작업(가열로), 용접작업, 야금공정, 레이저, 가열램프, 금속의 용해작업, 노작업
㉡ 자연적 발생원 : 태양광(태양복사에너지≒52%)

48 유해작업환경 개선대책 중 대치(substitution)에 해당되는 내용으로 옳지 않은 것은?
① 세탁 시 화재예방을 위하여 4클로로에틸렌 대신 석유나프타 사용
② 수작업으로 페인트를 분무하는 것을 담그는 공정으로 자동화
③ 성냥제조 시 황린 대신 적린 사용
④ 작은 날개로 고속회전시키던 송풍기를 큰 날개로 저속회전시킴

[풀이] 세탁 시 화재예방을 위해 석유나프타 대신 퍼클로로에틸렌으로 대치한다.

[정답] 44.④ 45.② 46.④ 47.② 48.①

49 고열장애에 관한 설명으로 옳지 않은 것은?
① 열사병은 신체 내부의 체온조절 계통이 기능을 잃어 발생한다.
② 열경련은 땀으로 인한 염분손실을 충당하지 못할 때 발생하며 장애가 발생하면 염분의 공급을 위해 식염정제를 사용한다.
③ 열허탈은 고열작업장에 순화되지 못한 근로자가 고열작업을 수행할 경우 신체 말단부에 혈액이 과다하게 저류되어 뇌의 혈액흐름이 좋지 못하게 됨에 따라 뇌에 산소가 부족하여 발생한다.
④ 일시적인 열피로는 고열에 순화되지 않은 작업자가 장시간 고열환경에서 정적인 작업을 할 경우 흔히 발생한다.

[풀이] 열경련의 치료로는 수분 및 생리식염수 0.1%를 공급한다.

50 공기 중 입자상 물질은 여러 기전에 의해 여과지에 채취된다. 차단, 간섭기전에 영향을 미치는 요소와 가장 거리가 먼 것은?
① 입자크기
② 입자밀도
③ 여과지의 공경(막 여과지)
④ 여과지의 고형분(solidity)

[풀이] **직접차단(간섭)의 영향인자**
㉠ 분진입자의 크기(직경)
㉡ 섬유의 직경
㉢ 여과지의 기공크기(직경)
㉣ 여과지의 고형성분

51 실내오염원인 라돈(radon)에 관한 설명으로 옳지 않은 것은?
① 라돈가스는 호흡하기 쉬운 방사선 물질이다.
② 라돈가스는 공기보다 9배가 무거워 지표에 가깝게 존재한다.
③ 라돈은 폐암의 발생률을 높이는 것으로 보고되었다.
④ 핵폐기물장 주변 또는 핵발전소 부근에서 주로 방출되고 있다.

[풀이] **라돈**
㉠ 자연적으로 존재하는 암석이나 토양에서 발생하는 thorium, uranium의 붕괴로 인해 생성되는 자연방사성 가스로 공기보다 9배가 무거워 지표에 가깝게 존재한다.
㉡ 무색, 무취, 무미한 가스로 인간의 감각에 의해 감지할 수 없다.
㉢ 라돈은 라듐의 α붕괴에서 발생하며, 호흡하기 쉬운 방사성 물질이다.
㉣ 라돈의 동위원소에는 Rn^{222}, Rn^{220}, Rn^{219}가 있으며, 이 중 반감기가 긴 Rn^{222}가 실내공간의 인체 위해성 측면에서 주요 관심대상이며 지하공간에 더 높은 농도를 보인다.
㉤ 방사성 기체로서 지하수, 흙, 석고실드, 콘크리트, 시멘트나 벽돌, 건축자재 등에서 발생하여 폐암 등을 발생시킨다.

52 사업장에서 일하는 근로자가 차음평가 수가 27인 귀마개를 착용하고 일하고 있다. 이 귀마개의 차음효과를 미국산업안전보건청(OSHA)에서 제시하고 있는 방법으로 계산하면 얼마인가?
① 5dB ② 10dB
③ 20dB ④ 27dB

[풀이] 차음효과(dB)=(NRR -7)×0.5=(27-7)×0.5=10dB

53 고온이 인체에 미치는 영향에서 일차적인 생리적 반응에 해당되지 않는 것은?
① 수분과 염분의 부족
② 피부혈관의 확장
③ 불감발한
④ 호흡증가

[풀이] **고온의 1차적 생리적 반응**
㉠ 피부혈관 확장
㉡ 발한(불감발한)
㉢ 근육이완
㉣ 호흡증가
㉤ 체표면적 증가

정답 49.② 50.② 51.④ 52.② 53.①

54 다음의 성분과 용도를 가진 보호크림은?

- 성분 : 정제 벤드나이드겔, 염화비닐수지
- 용도 : 분진, 전해약품 제조, 원료 취급작업

① 피막형 크림　② 차광 크림
③ 소수성 크림　④ 친수성 크림

[풀이] **피막형성형 피부보호제(피막형 크림)**
㉠ 분진, 유리섬유 등에 대한 장애를 예방한다.
㉡ 적용 화학물질의 성분은 정제 벤드나이드겔, 염화비닐 수지이다.
㉢ 피막형성 도포제를 바르고 장시간 작업 시 피부에 장애를 줄 수 있으므로 작업완료 후 즉시 닦아내야 한다.
㉣ 분진, 전해약품 제조, 원료취급 시 사용한다.

55 작업환경개선대책 중 대치의 방법으로 옳지 않은 것은?

① 금속제품 도장용으로 유기용제를 수용성 도료로 전환한다.
② 아조염류의 합성에서 원료로 디클로로벤지딘을 사용하던 것을 방부기능의 벤지딘으로 바꾼다.
③ 분체의 원료는 입자가 큰 것으로 바꾼다.
④ 금속제품의 탈지에 트리클로로에틸렌을 사용하던 것을 계면활성제로 전환한다.

[풀이] 아조염료의 합성원료인 벤지딘을 디클로로벤지딘으로 전환한다.

56 마이크로파가 건강에 미치는 영향에 관한 설명으로 옳지 않은 것은?

① 마이크로파의 생물학적 작용은 파장뿐만 아니라 출력, 노출시간, 노출된 조직에 따라서 다르다.
② 신체조직에 따른 투과력은 파장에 따라서 다르다.
③ 생화학적 변화로는 콜린에스테라제의 활성치가 증가한다.
④ 혈압은 노출 초기에 상승하다가 곧 억제효과를 내어 저혈압을 초래한다.

[풀이] 마이크로파의 생화학적 변화로는 콜린에스테라제의 활성치가 감소한다.

57 작업장의 이상적인 채광을 위해서 창의 면적은 바닥면적의 몇 %로 하는 것이 가장 좋은가?

① 5~10%　② 15~20%
③ 20~35%　④ 35~50%

[풀이] **창의 높이와 면적**
㉠ 보통 조도는 창을 크게 하는 것보다 창의 높이를 증가시키는 것이 효과적이다.
㉡ 횡으로 긴 창보다 종으로 넓은 창이 채광에 유리하다.
㉢ 채광을 위한 창의 면적은 방바닥 면적의 15~20%(1/5~1/6)가 이상적이다.

58 시력장애, 환청, 근육경련 등의 산소중독 증세가 나타나는 산소분압은 몇 기압 이상인가?

① 1기압　② 2기압
③ 3기압　④ 4기압

[풀이] **산소중독**
㉠ 산소의 분압이 2기압을 넘으면 산소중독 증상을 보인다. 즉, 3~4기압의 산소 혹은 이에 상당하는 공기 중 산소분압에 의하여 중추신경계의 장애에 기인하는 운동장애를 나타내는데 이것을 산소중독이라 한다.
㉡ 수중의 잠수자는 폐압착증을 예방하기 위하여 수압과 같은 압력의 압축기체를 호흡하여야 하며, 이로 인한 산소분압 증가로 산소중독이 일어난다.
㉢ 시력장애, 정신혼란, 간질 모양의 경련을 나타낸다.
㉣ 고압산소에 대한 폭로가 중지되면 증상은 즉시 멈춘다. 즉, 가역적이다.
㉤ 1기압에서 순산소는 인후를 자극하나 비교적 짧은 시간의 폭로라면 중독 증상은 나타나지 않는다.
㉥ 산소중독 작용은 운동이나 이산화탄소로 인해 악화된다.
㉦ 수지나 족지의 작열통, 시력장애, 정신혼란, 근육경련 등의 증상을 보이며 나아가서는 간질 모양의 경련을 나타낸다.

정답 54.① 55.② 56.③ 57.② 58.②

59 소음원이 바닥 위(반자유공간)에 있을 때 지향계수(Q)는?

① 1 ② 2
③ 3 ④ 4

[풀이] 소음원 지향계수
㉠ 공중(자유공간) : 1
㉡ 바닥, 벽, 천장(반자유공간) : 2
㉢ 두 면이 접하는 곳 : 4
㉣ 세 면이 접하는 곳 : 8

60 비전리방사선에 속하는 방사선은?

① X선
② β선
③ 중성자
④ 마이크로파

[풀이] 비전리방사선 종류
㉠ 자외선
㉡ 가시광선
㉢ 적외선
㉣ 라디오파
㉤ 마이크로파
㉥ 저주파
㉦ 극저주파

제4과목 | 산업환기

61 다음 중 국소배기장치의 투자비용과 전력소모비를 적게 하기 위하여 최우선으로 고려하여야 할 사항은?

① 덕트의 직경을 최대한 크게 한다.
② 후드의 필요송풍량을 최소화한다.
③ 제어속도를 최대한 증가시킨다.
④ 배기량을 많게 하기 위해 발생원과 후드 사이의 거리를 가능한 한 멀게 유지한다.

[풀이] 국소배기에서 효율성 있는 운전을 하기 위해서 가장 먼저 고려할 사항은 필요송풍량 감소이다.

62 배출구의 배기시설에 대한 일반적인 설치방법에 있어 '15-3-15' 중 '3'이 의미하는 내용으로 옳은 것은?

① 외기풍속의 3배로
② 배기속도는 3m/sec가 되도록
③ 유입구로부터 3m 떨어지게
④ 이웃하는 지붕보다 3m 높게

[풀이] 배기구 설치(15-3-15 규칙)
㉠ 배출구와 공기를 유입하는 흡입구는 서로 15m 이상 떨어져야 한다.
㉡ 배출구의 높이는 지붕 꼭대기나 공기유입구보다 위로 3m 이상 높게 하여야 한다.
㉢ 배출되는 공기는 재유입되지 않도록 배출가스 속도를 15m/sec 이상으로 유지한다.

63 다음 중 원심력(사이클론) 집진장치의 장점이 아닌 것은?

① 점성분진에 특히 효과적인 제거능력을 가지고 있다.
② 직렬 또는 병렬로 연결하면 사용폭을 보다 넓힐 수 있다.
③ 비교적 적은 비용으로 큰 입자를 효과적으로 제거할 수 있다.
④ 고온가스, 고농도가스 처리도 가능하며, 설치장소에 구애를 받지 않는다.

[풀이] 원심력 집진장치의 특징
㉠ 설치장소에 구애받지 않고 설치비가 낮으며 고온가스, 고농도에서 운전 가능하다.
㉡ 가동부분이 적은 것이 기계적인 특징이고, 구조가 간단하여 유지, 보수 비용이 저렴하다.
㉢ 미세입자에 대한 집진효율이 낮고 먼지부하, 유량변동에 민감하다.
㉣ 점착성, 마모성, 조해성, 부식성 가스에 부적합하다.
㉤ 먼지 퇴적함에서 재유입, 재비산 가능성이 있다.
㉥ 단독 또는 전처리장치로 이용된다.
㉦ 배출가스로부터 분진회수 및 분리가 적은 비용으로 가능하다. 즉 비교적 적은 비용으로 큰 입자를 효과적으로 제거할 수 있다.
㉧ 미세한 입자를 원심분리하고자 할 때 가장 큰 영향인자는 사이클론의 직경이다.

정답 59.② 60.④ 61.② 62.④ 63.①

ⓩ 직렬 또는 병렬로 연결하여 사용이 가능하기 때문에 사용폭을 넓힐 수 있다.
ⓧ 처리가스량이 많아질수록 내관경이 커져서 미립자의 분리가 잘 되지 않는다.
ⓒ 사이클론 원통의 길이가 길어지면 선회기류가 증가하여 집진효율이 증가한다.
ⓔ 입자입경과 밀도가 클수록 집진효율이 증가한다.
ⓟ 사이클론의 원통 직경이 클수록 집진효율이 감소한다.
ⓗ 집진된 입자에 대한 블로다운 영향을 최대화하여야 한다.
㉮ 원심력과 중력을 동시에 이용하기 때문에 입경이 크면 효율적이다.

64 다음 중 산업환기에 관한 설명으로 가장 적절하지 않은 것은?
① 작업장 실내·외 공기를 교환하여 주는 것이다.
② 작업환경상의 유해요인인 먼지, 화학물질, 고열 등을 관리한다.
③ 작업자의 건강보호를 위해 작업장 공기를 쾌적하게 하는 것이다.
④ 작업장에서 기계의 힘을 이용한 환기를 자연환기라 한다.

[풀이] 작업장에서 기계의 힘을 이용한 환기를 기계(강제)환기라 한다.

65 다음 중 용해로, 열처리로, 배소로 등의 가열로에서 가장 많이 사용하는 후드는?
① 슬롯형 후드
② 부스식 후드
③ 외부식 후드
④ 레시버식 캐노피형 후드

[풀이] 레시버식 캐노피형 후드의 적용공정(열상승력 이용)
㉠ 가열로
㉡ 용융로
㉢ 열처리로

66 다음 중 제어속도의 범위를 선택할 때 고려되는 사항으로 가장 거리가 먼 것은?
① 근로자수
② 작업장 내 기류
③ 유해물질의 사용량
④ 유해물질의 독성

[풀이] 제어속도 결정 시 고려사항
㉠ 유해물질의 비산방향(확산상태)
㉡ 유해물질의 비산거리(후드에서 오염원까지 거리)
㉢ 후드의 형식(모양)
㉣ 작업장 내 방해기류(난기류의 속도)
㉤ 유해물질의 성상(종류) : 유해물질의 사용량 및 독성

67 불필요한 열이 발생하는 작업장을 환기시키려고 할 때 필요환기량(m^3/hr)을 구하는 식으로 옳은 것은? (단, 급배기 또는 실내·외의 온도차를 Δt(℃), 작업장 내 열부하를 H_s(kcal/hr)라 한다.)
① $\dfrac{H_s}{1.2\Delta t}$
② $H_s \times 1.2\Delta t$
③ $\dfrac{H_s}{0.3\Delta t}$
④ $H_s \times 0.3\Delta t$

[풀이] **발열 시 필요환기량(방열 목적의 필요환기량)**
환기량 계산 시 현열(sensible heat)에 의한 열부하만 고려하여 계산한다.
필요환기량(Q, m^3/hr) $= \dfrac{H_s}{0.3\Delta t}$
여기서, Q : 필요환기량(m^3/hr)
H_s : 작업장 내 열부하량(kcal/hr)
Δt : 급배기(실내·외)의 온도차(℃)

68 국소배기용 덕트 설계 시 처리물질에 따라 반송속도가 결정된다. 다음 중 반송속도가 가장 느린 물질은?
① 곡분
② 합성수지분
③ 선반작업 발생먼지
④ 젖은 주조작업 발생먼지

정답 64.④ 65.④ 66.① 67.③ 68.②

[풀이] (1) 일반적으로 처리물질의 비중이 작은 것이 반송속도가 느리다.
(2) 유해물질에 따른 반송속도

유해물질	예	반송속도 (m/sec)
가스, 증기, 흄 및 극히 가벼운 물질	각종 가스, 증기, 산화아연 및 산화알루미늄 등의 흄, 목재분진, 솜먼지, 고무분, 합성수지분	10
가벼운 건조먼지	원면, 곡물분, 고무, 플라스틱, 경금속 분진	15
일반 공업 분진	털, 나무 부스러기, 대패 부스러기, 샌드블라스트, 그라인더 분진, 내화벽돌 분진	20
무거운 분진	납 분진, 주조 후 모래털기 작업 시 먼지, 선반작업 시 먼지	25
무겁고 비교적 큰 입자의 젖은 먼지	젖은 납 분진, 젖은 주조작업 발생 먼지	25 이상

② 오염물질이 널리 퍼져있는 작업장
③ 공기 중 오염물질 독성이 적은 작업장
④ 오염물질이 시간에 따라 균일하게 발생하는 작업장

[풀이] **전체환기(희석환기) 적용 시 조건**
㉠ 유해물질의 독성이 비교적 낮은 경우, 즉 TLV가 높은 경우(가장 중요한 제한조건)
㉡ 동일한 작업장에 다수의 오염원이 분산되어 있는 경우
㉢ 유해물질이 시간에 따라 균일하게 발생할 경우
㉣ 유해물질의 발생량이 적은 경우 및 희석공기량이 많지 않아도 될 경우
㉤ 유해물질이 증기나 가스일 경우
㉥ 국소배기로 불가능한 경우
㉦ 배출원이 이동성인 경우
㉧ 가연성 가스의 농축으로 폭발의 위험이 있는 경우
㉨ 오염원이 근무자가 근무하는 장소로부터 멀리 떨어져 있는 경우

69 후드의 유입계수가 0.85인 후드의 압력손실계수는 약 얼마인가?
① 0.38　② 0.52
③ 0.85　④ 1.03

[풀이] $F = \dfrac{1}{Ce^2} - 1 = \dfrac{1}{0.85^2} - 1 = 0.38$

70 다음 중 여과집진장치의 포집원리와 가장 거리가 먼 것은?
① 관성충돌　② 원심력
③ 직접차단　④ 확산

[풀이] **여과집진장치의 포집원리**
㉠ 관성충돌
㉡ 직접차단
㉢ 확산
㉣ 정전기력

71 다음 중 전체환기의 설치조건으로 적합하지 않은 작업장은?
① 금속흄의 농도가 높은 작업장

72 송풍기에 걸리는 전압이 200mmH₂O, 배풍량이 250m³/min, 송풍기의 효율이 70%이다. 여유율을 20%로 하였을 때 송풍기에 필요한 동력은 약 얼마인가?
① 6.8kW　② 9.8kW
③ 11.7kW　④ 14.1kW

[풀이]
$$kW = \dfrac{Q \times \Delta P}{6,120 \times \eta} \times 1.2$$
$$= \dfrac{250 \times 200}{6,120 \times 0.7} \times 1.2 = 14.01 kW$$

73 다음 중 국소배기장치의 기본설계를 위한 항목에 있어 가장 우선적으로 결정해야 할 항목은?
① 후드형식 선정　② 소요풍량 계산
③ 반송속도 결정　④ 제어속도 결정

[풀이] **국소배기장치의 설계순서**
후드형식 선정 → 제어속도 결정 → 소요풍량 계산 → 반송속도 결정 → 배관내경 산출 → 후드의 크기 결정 → 배관의 배치와 설치장소 선정 → 공기정화장치 선정 → 국소배기 계통도와 배치도 작성 → 총 압력손실량 계산 → 송풍기 선정

정답 69.① 70.② 71.① 72.④ 73.①

74 다음 중 덕트 설치 시의 주요 원칙으로 틀린 것은?

① 가능한 한 후드의 가까운 곳에 설치한다.
② 곡관의 수는 가능한 한 적게 하도록 한다.
③ 공기는 항상 위로 흐르도록 상향구배로 한다.
④ 덕트는 가능한 한 짧게 배치하도록 한다.

[풀이] 덕트 설치기준(설치 시 고려사항)
㉠ 가능하면 길이는 짧게 하고 굴곡부의 수는 적게 할 것
㉡ 접속부의 안쪽은 돌출된 부분이 없도록 할 것
㉢ 청소구를 설치하는 등 청소하기 쉬운 구조로 할 것
㉣ 덕트 내부에 오염물질이 쌓이지 않도록 이송속도를 유지할 것
㉤ 연결부위 등은 외부공기가 들어오지 않도록 할 것(연결부위를 가능한 한 용접할 것)
㉥ 가능한 후드의 가까운 곳에 설치할 것
㉦ 송풍기를 연결할 때는 최소 덕트 직경의 6배 정도 직선구간을 확보할 것
㉧ 직관은 하향구배로 하고 직경이 다른 덕트를 연결할 때에는 경사 30° 이내의 테이퍼를 부착할 것
㉨ 원형 덕트가 사각형 덕트보다 덕트 내 유속분포가 균일하므로 가급적 원형 덕트를 사용하며, 부득이 사각형 덕트를 사용할 경우에는 가능한 정방형을 사용하고 곡관의 수를 적게 할 것
㉩ 곡관의 곡률반경은 최소 덕트 직경의 1.5 이상, 주로 2.0을 사용할 것
㉪ 수분이 응축될 경우 덕트 내로 들어가지 않도록 경사나 배수구를 마련할 것
㉫ 덕트의 마찰계수는 작게 하고, 분지관을 가급적 적게 할 것

75 분진을 다량 함유하는 공기를 이송시키고자 할 때 송풍기를 잘못 선정하면 송풍기 날개에 분진이 퇴적되어 효율이 저하되는 경우가 많다. 다음 중 자체 정화기능을 가진 송풍기는?

① 터보 송풍기
② 방사 날개형 송풍기
③ 후향 날개형 송풍기
④ 전향 날개형 송풍기

[풀이] 평판형 송풍기(radial fan)
㉠ 플레이트(plate) 송풍기, 방사 날개형 송풍기라고도 한다.
㉡ 날개(blade)가 다익형보다 적고, 직선이며 평판 모양을 하고 있어 강도가 매우 높게 설계되어 있다.
㉢ 깃의 구조가 분진을 자체 정화할 수 있도록 되어 있다.
㉣ 적용 : 시멘트, 미분탄, 곡물, 모래 등의 고농도 분진 함유 공기나 마모성이 강한 분진이송용으로 사용된다.
㉤ 부식성이 강한 공기를 이송하는 데 많이 사용된다.
㉥ 압력은 다익팬보다 약간 높으며, 효율도 65%로 다익팬보다는 약간 높으나 터보팬보다는 낮다.
㉦ 습식 집진장치의 배기에 적합하며, 소음은 중간 정도이다.

76 다음 중 압력에 관한 설명으로 틀린 것은?

① 정압이 대기압보다 크면 (+) 압력이다.
② 정압이 대기압보다 작은 경우도 있다.
③ 정압은 속도압과 관계없이 독립적으로 발생한다.
④ 속도압은 공기흐름으로 인하여 (−) 압력이 발생한다.

[풀이] 속도압은 공기흐름으로 인하여 항상 (+) 압력이 발생한다.

77 플랜지가 부착되지 않은 장방형 측방 외부식 후드를 이용하여 연마작업에서 발생되는 분진을 포집·제거하고자 할 때 필요송풍량(m³/min)은? (단, 제어속도는 1m/sec, 오염원에서 후드까지의 거리는 50cm, 덕트 내 오염물질 반송속도는 20m/sec, 후드의 가로·세로의 크기는 50cm×70cm이다.)

① 86
② 128
③ 171
④ 205

[풀이]
$Q = V_c \times (10X^2 + A)$
$= 1\text{m/sec} \times [(10 \times 0.5^2)\text{m}^2 + (0.5 \times 0.7)\text{m}^2]$
$= 2.85\text{m}^3/\text{sec} \times 60\text{sec/min} = 171\text{m}^3/\text{min}$

정답 74.③ 75.② 76.④ 77.③

78 다음 중 1기압(atm)과 동일한 값은?
① 101.325kPa ② 760mmH₂O
③ 1.013kg/m² ④ 10332.27bar

풀이 압력단위
1기압=1atm=760mmHg
=10,332mmH₂O=1.0332kg$_f$/cm²
=10,332kg$_f$/m²=14.7Psi=760Torr
=10,332mmAq=10.332mH₂O
=1013.25hPa=1013.25mb=1.01325bar
=10,113×10⁵dyne/cm²
=1.013×10⁵Pa=101.325kPa

79 150℃, 720mmHg 상태에서 100m³인 공기는 21℃, 1기압에서는 약 얼마의 부피로 변하는가?
① 47.8m³
② 57.2m³
③ 65.8m³
④ 77.2m³

풀이
$$\frac{P_1 V_1}{T_1} = \frac{P_2 V_2}{T_2}$$
$$\therefore V_2 = V_1 \times \frac{T_2}{T_1} \times \frac{P_1}{P_2}$$
$$= 100\text{m}^3 \times \frac{273+21}{273+150} \times \frac{720}{760}$$
$$= 65.85\text{m}^3$$

80 다음 중 공기가 직경 30cm, 길이 1m의 원형 덕트를 통과할 때 발생하는 압력손실의 종류로 가장 올바르게 나열한 것은? (단, 21℃, 1기압으로 가정한다.)
① 마찰, 압축 ② 마찰, 난류
③ 압축, 팽창 ④ 난류, 팽창

풀이 duct의 압력손실
(1) 마찰 압력손실
 ㉠ 공기와 덕트면과의 접촉에 의한 마찰에 의해 발생한다.
 ㉡ 마찰손실에 영향을 미치는 인자
  • 공기속도
  • 덕트면의 성질(조도, 거칠기)
  • 덕트 직경
  • 공기밀도
  • 공기점도
  • 덕트의 형상
(2) 난류 압력손실
곡관에 의한 공기 기류의 방향전환이나 수축, 확대 등에 의한 덕트 단면적의 변화에 따른 난류속도의 증감에 의해 발생한다.

제3회 산업위생관리산업기사

과년도 출제문제 | 2014.08.17

제1과목 | 산업위생학 개론

01 다음 중 전신진동을 일으키는 주파수 범위로 가장 적절한 것은?
① 1~80Hz
② 200~500Hz
③ 1,000~2,000Hz
④ 4,000~8,000Hz

풀이 진동수(주파수)에 따른 구분
㉠ 전신진동 진동수(공해진동 진동수)
  1~80Hz(2~90Hz, 1~90Hz, 2~100Hz)
㉡ 국소진동 진동수
  8~1,500Hz
㉢ 인간이 느끼는 최소진동역치
  55±5dB

02 다음 중 산업피로의 증상으로 옳은 것은?
① 체온조절의 장애가 나타나며, 에너지소모량이 증가한다.
② 호흡이 얕고 빨라지며, 근육 내 글리코겐이 증가하게 된다.
③ 혈액 중의 젖산과 탄산량이 감소하여 산혈증을 일으킨다.
④ 소변의 양과 뇨 내 단백질이나 기타 교질 영양물질의 배설량이 줄어든다.

풀이
② 호흡이 얕고 빨라지며 근육 내 글리코겐이 감소하게 된다.
③ 혈액 중의 젖산과 탄산량이 증가하여 산혈증을 일으킨다.
④ 소변의 양과 뇨 내 단백질이나 기타 교질 영양물질의 배설량이 증가한다.

03 산업안전보건법령에서 정하고 있는 신규화학물질의 유해성·위험성 조사에서 제외되는 화학물질이 아닌 것은?
① 원소
② 방사성 물질
③ 일반 소비자의 생활용이 아닌 인공적으로 합성된 화학물질
④ 고용노동부장관이 환경부장관과 협의하여 고시하는 화학물질 목록에 기록되어 있는 물질

풀이 신규화학물질의 유해성·위험성 조사에서 제외되는 화학물질
㉠ 원소
㉡ 천연으로 산출된 화학물질
㉢ 건강기능식품
㉣ 군수품
㉤ 농약 및 원제
㉥ 마약류
㉦ 비료
㉧ 사료
㉨ 살생물물질 및 살생물제품
㉩ 식품 및 식품첨가물
㉪ 의약품 및 의약외품(醫藥外品)
㉫ 방사성 물질
㉬ 위생용품
㉭ 의료기기
㉮ 화학류
㉯ 화장품과 화장품에 사용되는 원료
㉰ 고용노동부장관이 명칭, 유해성·위험성, 근로자의 건강장해 예방을 위한 조치사항 및 연간 제조량·수입량을 공표한 물질로서 공표된 연간 제조량·수입량 이하로 제조하거나 수입한 물질
㉱ 고용노동부장관이 환경부장관과 협의하여 고시하는 화학물질 목록에 기록되어 있는 물질

정답 01.① 02.① 03.③

04 산업피로의 방지대책으로 잘못된 것은?

① 불필요한 동작을 피하고, 에너지 소모를 적게 한다.
② 작업시간 중 또는 작업 전후에 간단한 체조 등의 시간을 갖는다.
③ 너무 정적인 작업은 피로를 더하게 되므로 동적인 작업으로 전환한다.
④ 일반적으로 단시간씩 여러 번 나누어 휴식하는 것보다 장시간에 한 번 휴식하는 것이 피로회복에 도움이 된다.

풀이 산업피로 예방대책
㉠ 불필요한 동작을 피하고, 에너지 소모를 적게 한다.
㉡ 동적인 작업을 늘리고, 정적인 작업을 줄인다.
㉢ 개인의 숙련도에 따라 작업속도와 작업량을 조절한다.
㉣ 작업시간 중 또는 작업 전후에 간단한 체조나 오락시간을 갖는다.
㉤ 장시간 한 번 휴식하는 것보다 단시간씩 여러 번 나누어 휴식하는 것이 피로회복에 도움이 된다.

05 작업대사율(RMR)이 4인 작업을 하는 근로자의 실동률은 얼마인가? (단, 사이토와 오시마 식을 적용한다.)

① 55% ② 65%
③ 75% ④ 85%

풀이 실동률(%)=85-(5×RMR)=85-(5×4)=65%

06 스트레스(stress)는 외부의 스트레서(stressor)에 의해 신체에 항상성이 파괴되면서 나타나는 반응이다. 다음 설명에서 ( ) 안에 적절한 물질은?

> 인간은 스트레스 상태가 되면 부신피질에서 ( )이라는 호르몬이 과잉분비되어 뇌의 활동 등을 저해하게 된다.

① 도파민(dopamine)
② 코티졸(cortisol)
③ 옥시토신(oxytocin)
④ 아드레날린(adrenalin)

풀이 코티졸 호르몬은 사람이 스트레스를 받게 되면 근육의 단백질을 소멸시켜 에너지를 생성하도록 하고 지방을 복부에 저장하도록 하는 데 큰 역할을 한다.

07 다음 중 재해의 지표로 이용되는 지수의 산식이 틀린 것은?

① 도수율 = $\dfrac{\text{재해발생건수}}{\text{연간평균근로자수}} \times 1,000$

② 강도율 = $\dfrac{\text{근로손실일수}}{\text{연간근로시간수}} \times 1,000$

③ 연천인율 = $\dfrac{\text{연간재해자수}}{\text{연간평균근로자수}} \times 1,000$

④ 재해율 = $\dfrac{\text{재해자수}}{\text{전근로자수}} \times 100$

풀이 도수율 = $\dfrac{\text{재해발생건수}}{\text{연간근로시간수}} \times 10^6$

08 다음 중 NIOSH에서 권장하는 중량물 취급 작업 시 감시기준(Action Limit)이 20kg일 때 최대허용기준(MPL)은 몇 kg인가?

① 25 ② 30
③ 40 ④ 60

풀이 최대허용기준(MPL)=AL×3=20kg×3=60kg

09 다음 중 중량물 취급에 있어서 미국 NIOSH에서 중량물 최대허용한계(MPL)를 설정할 때의 기준으로 틀린 것은?

① MPL에 해당하는 작업은 L_5/S_1 디스크에 6,400N의 압력을 부하
② MPL에 해당하는 작업이 요구하는 에너지대사량은 5.0kcal/min을 초과
③ MPL을 초과하는 작업에서는 대부분의 근로자들에게 근육·골격 장애가 발생
④ 남성근로자의 50% 미만과 여성근로자의 10% 미만에서만 MPL 수준의 작업수행이 가능

풀이 남성근로자의 25% 미만과 여성근로자의 1% 미만에서만 MPL 수준의 작업수행이 가능하다.

10 다음 중 혐기성 대사에서 혐기성 반응에 의해 에너지를 생산하지 않는 것은?

① 지방
② 포도당
③ 크레아틴인산(CP)
④ 지방아데노신삼인산(ATP)

풀이
$$\begin{bmatrix} ATP \\ (아데노신 \\ 삼인산) \end{bmatrix} \rightarrow \begin{bmatrix} CP \\ (크레아틴 \\ 인산) \end{bmatrix} \rightarrow \begin{bmatrix} glycogen \\ (글리코겐) \\ glucose \\ (포도당) \end{bmatrix}$$

11 다음 중 신체적 결함으로 간기능 장애가 있는 작업자가 취업하고자 할 때 가장 적합하지 않은 작업은?

① 고소작업   ② 유기용제 취급작업
③ 분진발생작업   ④ 고열발생작업

풀이 신체적 결함과 부적합한 작업
㉠ 간기능장애 : 화학공업(유기용제 취급작업)
㉡ 편평족 : 서서 하는 작업
㉢ 심계항진 : 격심작업, 고소작업
㉣ 고혈압 : 이상기온, 이상기압에서의 작업
㉤ 경견완 증후군 : 타이핑 작업

12 산업안전보건법령에 명시된 근로자 건강관리를 위한 건강진단의 종류에 해당되지 않는 것은?

① 배치 전 건강진단
② 수시 건강진단
③ 종합 건강진단
④ 임시 건강진단

풀이 건강진단의 종류
㉠ 일반 건강진단
㉡ 특수 건강진단
㉢ 배치 전 건강진단
㉣ 수시 건강진단
㉤ 임시 건강진단

13 다음 중 교대작업자의 작업설계를 할 때 고려해야 할 사항으로 적절하지 않은 것은?

① 야간작업은 연속하여 3일을 넘기지 않도록 한다.
② 근무반 교대방향은 아침반→저녁반→야간반으로 정방향 순환이 되도록 한다.
③ 교대작업자 특히, 야간작업자는 주간작업자보다 연간 쉬는 날이 더 많아야 한다.
④ 야간반 근무를 모두 마친 후 아침반 근무에 들어가기 전 최소한 12시간 이상 휴식을 하도록 한다.

풀이 교대근무제 관리원칙(바람직한 교대제)
㉠ 각 반의 근무시간은 8시간씩 교대로 하고, 야근은 가능한 짧게 한다.
㉡ 2교대면 최저 3조의 정원을, 3교대면 4조를 편성한다.
㉢ 채용 후 건강관리로서 정기적으로 체중, 위장증상 등을 기록해야 하며, 근로자의 체중이 3kg 이상 감소하면 정밀검사를 받아야 한다.
㉣ 평균 주 작업시간은 40시간을 기준으로 갑반→을반→병반으로 순환하게 한다.
㉤ 근무시간의 간격은 15~16시간 이상으로 하는 것이 좋다.
㉥ 야근의 주기를 4~5일로 한다.
㉦ 신체의 적응을 위하여 야간근무의 연속일수는 2~3일로 하며 야간근무를 3일 이상 연속으로 하는 경우에는 피로축적현상이 나타나게 되므로 연속하여 3일을 넘기지 않도록 한다.
㉧ 야근 후 다음 반으로 가는 간격은 최저 48시간 이상의 휴식시간을 갖도록 하여야 한다.
㉨ 야근 교대시간은 상오 0시 이전에 하는 것이 좋다(심야시간을 피함).
㉩ 야근 시 가면은 반드시 필요하며, 보통 2~4시간(1시간 30분 이상)이 적합하다.
㉪ 야근 시 가면은 작업강도에 따라 30분에서 1시간 범위로 하는 것이 좋다.
㉫ 작업 시 가면시간은 적어도 1시간 30분 이상 주어야 수면효과가 있다고 볼 수 있다.
㉬ 상대적으로 가벼운 작업은 야간근무조에 배치하는 등 업무내용을 탄력적으로 조정해야 하며 야간작업자는 주간작업자보다 연간 쉬는 날이 더 많아야 한다.
㉭ 근로자가 교대일정을 미리 알 수 있도록 해야 한다.
㉮ 일반적으로 오전근무의 개시시간은 오전 9시로 한다.
㉯ 교대방식(교대근무 순환주기)은 낮근무, 저녁근무, 밤근무 순으로 한다. 즉, 정교대가 좋다.

정답 10.① 11.② 12.③ 13.④

14 다음 중 원인별로 분류한 직업성 질환과 직종이 잘못 연결된 것은?
① 비중격천공 : 도금
② 규폐증 : 채석, 채광
③ 열사병 : 제강, 요업
④ 무뇨증 : 잠수, 항공기 조종

풀이 무뇨증 : 전기분해, 농약제조, 계기

15 산업위생전문가가 지켜야 할 윤리강령 중 '기업주와 고객에 대한 책임'에 관한 내용에 해당하는 것은?
① 신뢰를 중요시하고, 결과와 권고사항에 대하여 사전 협의하도록 한다.
② 산업위생전문가의 첫 번째 책임은 근로자의 건강을 보호하는 것임을 인식한다.
③ 건강에 유해한 요소들을 측정, 평가, 관리하는 데 객관적인 태도를 유지한다.
④ 건강의 유해요인에 대한 정보와 필요한 예방대책에 대해 근로자들과 상담한다.

풀이 기업주와 고객에 대한 책임
㉠ 결과 및 결론을 뒷받침할 수 있도록 정확한 기록을 유지하고 산업위생사업을 전문가답게 전문부서들을 운영·관리한다.
㉡ 기업주와 고객보다는 근로자의 건강보호에 궁극적 책임을 두어 행동한다.
㉢ 쾌적한 작업환경을 조성하기 위하여 산업위생의 이론을 적용하고 책임 있게 행동한다.
㉣ 신뢰를 바탕으로 정직하게 권고 성실한 자세로 충고하며 결과와 개선점 및 권고사항을 정확히 보고한다(신뢰를 중요시하고, 결과와 권고사항에 대하여 사전 협의하도록 한다).

16 작업환경측정 및 정도관리 등에 관한 고시에서 입자상 물질의 농도 평가에 있어 1일 작업시간이 8시간을 초과하는 경우 노출기준을 비교·평가할 수 있는 보정 노출기준을 정하는 공식으로 옳은 것은? (단, T는 노출시간/일, H는 작업시간/주를 말한다.)

① 8시간 노출기준 × $\dfrac{T}{8}$
② 8시간 노출기준 × $\dfrac{45}{T}$
③ 8시간 노출기준 × $\dfrac{8}{T}$
④ 8시간 노출기준 × $\dfrac{T}{45}$

풀이 비정상 작업시간에 대한 노출기준 보정
㉠ 급성중독을 일으키는 물질(대표적 : 일산화탄소)
보정된 노출기준 = 8시간 노출기준 × $\dfrac{8시간}{노출시간/일}$
㉡ 만성중독을 일으키는 물질(대표적 : 중금속)
보정된 노출기준 = 8시간 노출기준 × $\dfrac{40시간}{작업시간/주}$

17 다음 중 산업위생의 정의에서 제시되는 주요 활동 4가지를 올바르게 나열한 것은?
① 예측, 인지, 평가, 치료
② 예측, 인지, 평가, 관리
③ 예측, 책임, 평가, 관리
④ 예측, 평가, 책임, 치료

풀이 산업위생의 정의(AIHA)
근로자나 일반 대중(지역주민)에게 질병, 건강장애와 안녕방해, 심각한 불쾌감 및 능률 저하 등을 초래하는 작업환경 요인과 스트레스를 예측, 측정, 평가하고 관리하는 과학과 기술이다(예측, 인지(확인), 평가, 관리 의미와 동일함).

18 1770년대 영국에서 굴뚝청소부로 일하던 10세 미만의 어린이에게서 음낭암을 발견하여 직업성 암을 최초로 보고한 사람은?
① T.M Legge ② Gulen
③ Coriga   ④ Percivall Pott

풀이 Percivall Pott
㉠ 영국의 외과의사로 직업성 암을 최초로 보고하였으며, 어린이 굴뚝청소부에게 많이 발생하는 음낭암(scrotal cancer)을 발견하였다.
㉡ 암의 원인물질은 검댕 속 여러 종류의 다환 방향족 탄화수소(PAH)였다.
㉢ 굴뚝청소부법을 제정하도록 하였다(1788년).

정답 14.④ 15.① 16.③ 17.② 18.④

19 methyl chloroform(TLV=350ppm)을 1일 12시간 작업할 때 노출기준을 Brief & Scala 방법으로 보정하면 몇 ppm으로 하여야 하는가?

① 150 ② 175
③ 200 ④ 250

풀이
$$RF = \left(\frac{8}{H}\right) \times \frac{24-H}{16} = \left(\frac{8}{12}\right) \times \frac{24-12}{16} = 0.5$$
∴ 보정된 노출기준 = TLV × RF
= 350ppm × 0.5 = 175ppm

20 인간의 육체적 작업능력을 평가하는 데에는 산소소비량이 활용된다. 산소소비량 1L는 몇 kcal의 작업대사량으로 환산할 수 있는가?

① 1.5 ② 3
③ 5   ④ 8

풀이 산소소비량 1L=5kcal(에너지량)

제2과목 | 작업환경 측정 및 평가

21 공기 중의 석면 시료분석방법 중 가장 정확한 방법으로 석면의 감별분석이 가능하며 위상차현미경으로 볼 수 없는 매우 가는 섬유도 관찰이 가능하나 값이 비싸고 분석시간이 많이 소요되는 석면측정방법은?

① 편광현미경법
② X선회절법
③ 직독식현미경법
④ 전자현미경법

풀이 석면측정방법 중 전자현미경법
㉠ 석면분진 측정방법 중에서 공기 중 석면시료를 가장 정확하게 분석할 수 있다.
㉡ 석면의 성분분석(감별분석)이 가능하다.
㉢ 위상차현미경으로 볼 수 없는 매우 가는 섬유도 관찰 가능하다.
㉣ 값이 비싸고 분석시간이 많이 소요된다.

22 가장 많이 사용되는 표준형 활성탄관의 경우, 앞층과 뒤층에 들어있는 활성탄의 양은? (단, 앞층 : 공기 입구 쪽)

① 앞층 : 50mg, 뒤층 : 100mg
② 앞층 : 100mg, 뒤층 : 50mg
③ 앞층 : 200mg, 뒤층 : 300mg
④ 앞층 : 300mg, 뒤층 : 200mg

풀이 활성탄 흡착관
㉠ 작업환경측정 시 많이 이용하는 흡착관은 앞층이 100mg, 뒤층이 50mg으로 되어 있는데 오염물질에 따라 다른 크기의 흡착제를 사용하기도 한다.
㉡ 표준형은 길이 7cm, 내경 4mm, 외경 6mm의 유리관에 20/40mesh의 활성탄이 우레탄폼으로 나뉜 앞층과 뒤층으로 구분되어 있다.
㉢ 앞·뒤 층의 구분 이유는 파과를 감지하기 위함이다.
㉣ 대용량의 흡착관은 앞층이 400mg, 뒤층이 200mg으로 되어 있으며, 휘발성이 큰 물질 및 낮은 농도의 물질을 채취할 경우 사용한다.
㉤ 일반적으로 앞층의 1/10 이상이 뒤층으로 넘어가면 파과가 일어났다고 하고 측정 결과로 사용할 수 없다.

23 흡착제 중 실리카겔이 활성탄에 비해 갖는 장단점으로 옳지 않은 것은?

① 활성탄에 비해 수분을 잘 흡수하여 습도에 민감한 단점이 있다.
② 매우 유독한 이황화탄소를 탈착용매로 사용하지 않는 장점이 있다.
③ 활성탄에 비해 아닐린, 오르토-톨루이딘 등 아민류의 채취가 어려운 단점이 있다.
④ 추출액이 화학분석이나 기기분석에 방해물질로 작용하는 경우가 많지 않은 장점이 있다.

풀이 실리카겔의 장단점
(1) 장점
㉠ 극성이 강하여 극성 물질을 채취한 경우 물, 메탄올 등 다양한 용매로 쉽게 탈착한다.
㉡ 추출용액(탈착용매)이 화학분석이나 기기분석에 방해물질로 작용하는 경우는 많지 않다.

ⓒ 활성탄으로 채취가 어려운 아닐린, 오르토-톨루이딘 등의 아민류나 몇몇 무기물질의 채취가 가능하다.
ⓔ 매우 유독한 이황화탄소를 탈착용매로 사용하지 않는다.
(2) 단점
ⓐ 친수성이기 때문에 우선적으로 물분자와 결합을 이루어 습도의 증가에 따른 흡착용량의 감소를 초래한다.
ⓑ 습도가 높은 작업장에서는 다른 오염물질의 파과용량이 작아져 파과를 일으키기 쉽다.

24 검지관의 장단점에 대한 설명으로 옳지 않은 것은?
① 다른 방해물질의 영향을 받기 쉬워 오차가 크다.
② 사전에 측정대상물질의 동정이 불가능한 경우에 사용한다.
③ 민감도가 낮아 비교적 고농도에서 사용한다.
④ 다른 측정방법이 복잡하거나 빠른 측정이 요구될 때 사용할 수 있다.

[풀이] 검지관 측정법
(1) 장점
ⓐ 사용이 간편하다.
ⓑ 반응시간이 빨라 현장에서 바로 측정 결과를 알 수 있다.
ⓒ 비전문가도 어느 정도 숙지하면 사용할 수 있지만 산업위생전문가의 지도 아래 사용되어야 한다.
ⓓ 맨홀, 밀폐공간에서의 산소부족 또는 폭발성 가스로 인한 안전이 문제가 될 때 유용하게 사용된다.
ⓔ 다른 측정방법이 복잡하거나 빠른 측정이 요구될 때 사용할 수 있다.
(2) 단점
ⓐ 민감도가 낮아 비교적 고농도에만 적용이 가능하다.
ⓑ 특이도가 낮아 다른 방해물질의 영향을 받기 쉽고 오차가 크다.
ⓒ 대개 단시간 측정만 가능하다.
ⓓ 한 검지관으로 단일물질만 측정 가능하여 각 오염물질에 맞는 검지관을 선정함에 따른 불편함이 있다.
ⓔ 색변화에 따라 주관적으로 읽을 수 있어 판독자에 따라 변이가 심하며, 색변화가 시간에 따라 변하므로 제조자가 정한 시간에 읽어야 한다.
ⓕ 미리 측정대상 물질의 동정이 되어 있어야 측정이 가능하다.

25 공기 흡입유량, 측정시간, 회수율 및 시료분석 등에 의한 오차가 각각 10%, 5%, 11% 및 4%일 때 누적오차는?
① 16.2%
② 18.4%
③ 20.2%
④ 22.4%

[풀이] 누적오차(%) $= \sqrt{10^2 + 5^2 + 11^2 + 4^2} = 16.19\%$

26 부피비로 0.001%는 몇 ppm인가?
① 10ppm
② 100ppm
③ 1,000ppm
④ 10,000ppm

[풀이] $0.001\% \times \dfrac{10,000\text{ppm}}{1\%} = 10\text{ppm}$

27 어떤 분석방법의 검출한계가 0.15mg일 때 정량한계로 가장 적합한 것은?
① 0.30mg
② 0.45mg
③ 0.90mg
④ 1.5mg

[풀이] 정량한계=검출한계×3=0.15mg×3=0.45mg

28 어느 오염원에서 perchloroethylene 40% (TLV=670mg/m³), methylene chloride 40% (TLV=720mg/m³) 및 heptane 20% (TLV=1,600mg/m³)의 중량비로 조성된 유기용매가 증발되어 작업장을 오염시키고 있다. 이들 혼합물의 허용농도는 몇 mg/m³인가?
① 약 910mg/m³
② 약 850mg/m³
③ 약 830mg/m³
④ 약 780mg/m³

정답 24.② 25.① 26.① 27.② 28.④

[풀이] 혼합물의 허용농도(mg/m³)
$$= \frac{1}{\frac{0.4}{670}+\frac{0.4}{720}+\frac{0.2}{1,600}} = 782.74 \text{mg/m}^3$$

29 입경이 18μm이고 비중이 1.2인 먼지입자의 침강속도는? (단, 산업위생분야에서 사용하는 간편식 사용)

① 약 0.62cm/sec
② 약 0.83cm/sec
③ 약 1.17cm/sec
④ 약 1.45cm/sec

[풀이] 침강속도(cm/sec) $= 0.003 \times \rho \times d^2$
$= 0.003 \times 1.2 \times 18^2$
$= 1.17 \text{cm/sec}$

30 산에 쉽게 용해되기 때문에 입자상 물질 중의 금속을 채취하여 원자흡광법으로 분석하는 데 적정하며, 시료가 여과지의 표면 또는 표면 가까운 데에 침착되므로 석면, 유리섬유 등 현미경 분석을 위한 시료채취에도 이용되는 막 여과지는?

① MCE
② PVC
③ PTFE
④ glass fiber filter

[풀이] MCE막 여과지(Mixed Cellulose Ester membrane filter)
㉠ 산에 쉽게 용해된다.
㉡ 산업위생에서는 거의 대부분이 직경 37mm, 구멍 크기 0.45~0.8μm의 MCE막 여과지를 사용하고 있어 작은 입자의 금속과 fume 채취가 가능하다.
㉢ MCE막 여과지는 산에 쉽게 용해되고 가수분해되며, 습식 회화되기 때문에 공기 중 입자상 물질 중의 금속을 채취하여 원자흡광법으로 분석하는 데 적당하다.
㉣ 시료가 여과지의 표면 또는 가까운 곳에 침착되므로 석면, 유리섬유 등 현미경 분석을 위한 시료채취에도 이용된다.
㉤ 흡습성(원료인 셀룰로오스가 수분 흡수)이 높은 MCE막 여과지는 오차를 유발할 수 있어 중량분석에 적합하지 않다.

㉥ MCE막 여과지는 산에 의해 쉽게 회화되기 때문에 원소분석에 적합하고 NIOSH에서는 금속, 석면, 살충제, 불소화합물 및 기타 무기물질에 추천하고 있다.

31 자유공간(free-field)에서 거리가 5배 멀어지면 소음수준은 초기보다 몇 dB 감소하는가? (단, 점음원 기준)

① 11dB
② 14dB
③ 17dB
④ 19dB

[풀이] $dB = 20\log \frac{r_2}{r_1} = 20\log 5 = 13.98 \text{dB}$

32 0.5N-H₂SO₄(분자량 98) 1,000mL를 만들 때 H₂SO₄의 필요량(g)은?

① 12.3
② 16.5
③ 20.3
④ 24.5

[풀이] $0.5\text{eq/L} \times 1\text{L} = H_2SO_4(g) \times \frac{1\text{eq}}{(98/2)\text{g}}$
∴ $H_2SO_4(g) = 24.5\text{g}$

33 다음 중 알고 있는 공기 중 농도 만드는 방법인 dynamic method에 관한 설명으로 옳지 않은 것은?

① 희석공기와 오염물질을 연속적으로 흘려주어 연속적으로 일정한 농도를 유지하면서 만드는 방법이다.
② 다양한 농도범위의 제조가 가능하다.
③ 소량의 누출이나 벽면에 의한 손실은 무시할 수 있다.
④ 만들기가 간단하고 가격이 저렴하다.

[풀이] dynamic method
㉠ 희석공기와 오염물질을 연속적으로 흘려주어 일정한 농도를 유지하면서 만드는 방법이다.
㉡ 알고 있는 공기 중 농도를 만드는 방법이다.
㉢ 농도변화를 줄 수 있고 온도·습도 조절이 가능하다.
㉣ 제조가 어렵고 비용도 많이 든다.
㉤ 다양한 농도범위에서 제조 가능하다.

정답 29.③ 30.① 31.② 32.④ 33.④

ⓑ 가스, 증기, 에어로졸 실험도 가능하다.
ⓢ 소량의 누출이나 벽면에 의한 손실은 무시할 수 있다.
ⓞ 지속적인 모니터링이 필요하다.
ⓩ 매우 일정한 농도를 유지하기가 곤란하다.

34 공기 중 톨루엔(TLV=100ppm)이 50ppm, 크실렌(TLV=100ppm)이 80ppm, 아세톤(TLV=750ppm)이 1,000ppm으로 측정되었다면 이 작업환경의 노출지수 및 노출기준 초과 여부는? (단, 상가작용 기준)

① 노출지수 : 2.633, 초과함
② 노출지수 : 2.053, 초과함
③ 노출지수 : 0.633, 초과함
④ 노출지수 : 0.833, 초과하지 않음

[풀이] 노출지수(EI) = $\frac{50}{100} + \frac{80}{100} + \frac{1,000}{750}$
= 2.63(초과)

35 옥내 작업환경의 자연습구온도를 측정하여 보니 30℃였고 흑구온도를 측정하여 보니 20℃였으며 건구온도를 측정하여 보니 19℃였다면 습구흑구온도지수(WBGT)는?

① 23℃ ② 25℃
③ 27℃ ④ 29℃

[풀이] 옥내 WBGT(℃)
= (0.7×자연습구온도) + (0.3×흑구온도)
= (0.7×30℃) + (0.3×20℃)
= 27℃

36 먼지의 직경 중 입자의 면적을 2등분하는 선의 길이로 과소평가의 위험이 있는 것은?

① 등면적 직경
② Feret 직경
③ Martin 직경
④ 공기역학적 직경

[풀이] 기하학적(물리적) 직경
(1) 마틴 직경(Martin diameter)
  ㉠ 먼지의 면적을 2등분하는 선의 길이로 선의 방향은 항상 일정하여야 한다.
  ㉡ 과소평가할 수 있는 단점이 있다.
  ㉢ 입자의 2차원 투영상을 구하여 그 투영면적을 2등분한 선분 중 어떤 기준선과 평행인 것의 길이(입자의 무게중심을 통과하는 외부 경계면에 접하는 이론적인 길이)를 직경으로 사용하는 방법이다.
(2) 페렛 직경(Feret diameter)
  ㉠ 먼지의 한쪽 끝 가장자리와 다른 쪽 가장자리 사이의 거리이다.
  ㉡ 과대평가될 가능성이 있는 입자상 물질의 직경이다.
(3) 등면적 직경(projected area diameter)
  ㉠ 먼지의 면적과 동일한 면적을 가진 원의 직경으로 가장 정확한 직경이다.
  ㉡ 측정은 현미경 접안경에 porton reticle을 삽입하여 측정한다.
   즉, $D = \sqrt{2^n}$
   여기서, D : 입자 직경(μm)
        n : porton reticle에서 원의 번호

37 사이클론 분립장치가 충돌형 분립장치보다 유리한 장점이 아닌 것은?

① 입자의 질량크기 분포를 얻을 수 있다.
② 사용이 간편하고 경제적이다.
③ 시료의 되튐 현상으로 인한 손실염려가 없다.
④ 매체의 코팅과 같은 별도의 특별한 처리가 필요 없다.

[풀이] 입자의 질량크기 분포를 얻을 수 있는 것은 충돌형 분립장치의 장점이다.
- 10mm nylon cyclone이 입경분립충돌기에 비해 갖는 장점
  ㉠ 사용이 간편하고 경제적이다.
  ㉡ 호흡성 먼지에 대한 자료를 쉽게 얻을 수 있다.
  ㉢ 시료입자의 되튐으로 인한 손실 염려가 없다.
  ㉣ 매체의 코팅과 같은 별도의 특별한 처리가 필요 없다.

정답 34.① 35.③ 36.③ 37.①

38 온도가 27°C인 때의 체적이 1m³인 기체를 127°C까지 상승시켰을 때 변화된 최종 체적은? (단, 기타 조건은 변화 없음)

① 1.13m³
② 1.33m³
③ 1.47m³
④ 1.73m³

[풀이] 최종 체적(m³) = $1m^3 \times \dfrac{273+127}{273+27}$ = 1.33m³

39 공기 100L 중에서 A 유기용제(분자량=92, 비중=0.87) 1mL가 모두 증발하였다면 공기 중 A 유기용제의 농도는 몇 ppm인가? (단, 25°C, 1기압 기준)

① 약 230
② 약 2,300
③ 약 270
④ 약 2,700

[풀이] 농도(mg/m³) = $\dfrac{1mL}{100L} \times 0.87g/mL$
= 0.0087g/L × 1,000mg/g × 1,000L/m³
= 8,700mg/m³
∴ 농도(ppm) = $8,700mg/m^3 \times \dfrac{24.45L}{92g}$
= 2,312ppm

40 다음 중 1차 표준기구로 활용되는 것은?

① 습식 테스트미터
② 로터미터
③ 폐활량계
④ 열선기류계

 공기채취기구의 보정에 사용되는 1차 표준기구의 종류
㉠ 비누거품미터
㉡ 폐활량계
㉢ 가스치환병
㉣ 유리피스톤미터
㉤ 흑연피스톤미터
㉥ 피토튜브

제3과목 | 작업환경 관리

41 어떤 소음의 음압이 20N/m²일 때 음압수준(dB)은?

① 80
② 100
③ 120
④ 140

[풀이] 음압수준(SPL) = $20\log \dfrac{P}{P_o}$
= $20\log \dfrac{20}{2 \times 10^{-5}}$ = 120dB

42 감압에 따른 기포형성량을 결정하는 요인과 가장 거리가 먼 것은?

① 조직에 용해된 가스량
② 조직순응 및 변이정도
③ 감압속도
④ 혈류를 변화시키는 상태

[풀이] **감압 시 조직 내 질소 기포형성량에 영향을 주는 요인**
(1) 조직에 용해된 가스량
  체내 지방량, 고기압폭로의 정도와 시간으로 결정
(2) 혈류변화 정도(혈류를 변화시키는 상태)
  ㉠ 감압 시나 재감압 후에 생기기 쉽다.
  ㉡ 연령, 기온, 운동, 공포감, 음주와 관계가 있다.
(3) 감압속도

43 유해성이 적은 재료로의 대치에 관한 설명으로 옳지 않은 것은?

① 세척작업에서 트리클로로에틸렌을 사염화탄소로 대치한다.
② 분체의 원료는 입자가 큰 것으로 대치한다.
③ 야광시계의 자판은 라듐 대신 인을 사용한다.
④ 금속제품의 탈지(脫脂)에 트리클로로에틸렌을 사용하던 것을 계면활성제로 대치한다.

[풀이] 세척작업에서 사용하는 사염화탄소를 트리클로로에틸렌으로 대치한다.

정답 38.② 39.② 40.③ 41.③ 42.② 43.①

44 1952년 영국 BMRC(British Medical Research Council)에서는 호흡성 먼지를 입경 몇 μm 미만으로 정의하였는가?

① 4.0μm
② 5.5μm
③ 7.1μm
④ 10.5μm

풀이 영국의학연구회(BMRC)의 호흡성 먼지
입경 7.1μm 미만의 먼지를 호흡성 먼지로 정의

45 소음의 특성을 평가하는 데 주파수 분석이 이용된다. 1/1 옥타브밴드의 중심주파수가 500Hz일 때 하한과 상한 주파수로 가장 적합한 것은? (단, 정비형 필터 기준)

① 354Hz, 708Hz
② 362Hz, 724Hz
③ 373Hz, 746Hz
④ 382Hz, 764Hz

풀이
㉠ $f_L = \dfrac{f_C}{\sqrt{2}} = \dfrac{500}{\sqrt{2}} = 353.55\text{Hz}$
㉡ $f_U = \dfrac{f_C^2}{f_L} = \dfrac{500^2}{353.55} = 707.11\text{Hz}$

46 작업장의 소음을 낮추기 위한 방안으로 천장과 벽에 흡음재를 설치하여 개선 전 총 흡음량 1,170sabins이, 개선 후 2,950sabins이 되었다. 개선 전 소음수준이 95dB이었다면 개선 후의 소음수준은?

① 93dB
② 91dB
③ 89dB
④ 87dB

풀이
$NR(저감량) = 10\log\dfrac{대책\ 후}{대책\ 전}$
$= 10\log\dfrac{2,950}{1,170} = 4\text{dB}$
∴ 개선 후 소음 = 95dB − 4dB = 91dB

47 100톤의 프레스 공정에서 측정한 음압수준이 93dB(A)이었다. 근로자가 귀마개(NRR=27)를 착용하고 있을 때 노출되는 음압수준은? (단, OSHA 기준)

① 83.0dB(A)
② 85.0dB(A)
③ 87.0dB(A)
④ 89.0dB(A)

풀이
차음효과 = (NRR − 7) × 0.5 = (27 − 7) × 0.5
= 10dB(A)
∴ 노출 음압수준 = 93dB(A) − 10dB(A)
= 83dB(A)

48 비타민 D를 형성하며, 건강선이라 하는 광선(자외선)의 파장범위로 가장 옳은 것은?

① 200~250nm
② 280~320nm
③ 360~450nm
④ 480~520nm

풀이 280(290)~315nm[2,800(2,900)~3,150Å, 1Å(angstrom); SI 단위로 10^{-10}m]의 파장을 갖는 자외선을 도노선(Dorno-ray)이라고 하며 인체에 유익한 작용을 하여 건강선(생명선)이라고도 한다. 또한 소독작용, 비타민 D 형성, 피부의 색소침착 등 생물학적 작용이 강하다.

49 다음 방진대책 중 발생원 대책으로 옳지 않은 것은?

① 가진력 증가
② 기초 중량의 부가 및 경감
③ 탄성지지
④ 동적흡진

풀이 진동의 발생원 대책
㉠ 가진력 감쇠
㉡ 불평형력의 평형 유지
㉢ 기초 중량의 부가 및 경감
㉣ 탄성지지
㉤ 진동원 제거
㉥ 동적흡진

50 할당보호계수(APF)가 25인 반면형 호흡기 보호구를 구리흄[노출기준(허용농도) 0.3mg/m³]이 존재하는 작업장에서 사용한다면 최대사용농도(MUC, mg/m³)는?

① 3.5　　② 5.5
③ 7.5　　④ 9.5

풀이
MUC = 노출기준 × APF
　　 = 0.3mg/m³ × 25 = 7.5mg/m³

51 저온에 의한 생리반응으로 옳지 않은 것은?

① 말초혈관의 수축으로 표면조직에 냉각이 온다.
② 저온환경에서는 근육활동이 감소하여 식욕이 떨어진다.
③ 피부나 피하조직을 냉각시키는 환경온도 이하에서는 감염에 대한 저항력이 떨어지며 회복과정에 장애가 온다.
④ 혈압이 일시적으로 상승한다.

풀이 한랭(저온)환경에서의 생리적 기전(반응)
한랭환경에서는 체열방산 제한, 체열생산을 증가시키기 위한 생리적 반응이 일어난다.
㉠ 피부혈관이 수축(말초혈관이 수축)한다.
 • 피부혈관 수축과 더불어 혈장량 감소로 혈압이 일시적으로 저하되며 신체 내 열을 보호하는 기능을 한다.
 • 말초혈관의 수축으로 표면조직의 냉각이 오며 이는 1차적 생리적 영향이다.
 • 피부혈관의 수축으로 피부온도가 감소하고 순환능력이 감소되어 혈압은 일시적으로 상승한다.
㉡ 근육긴장의 증가와 떨림 및 수의적인 운동이 증가한다.
㉢ 갑상선을 자극하여 호르몬 분비가 증가(화학적 대사작용이 증가)한다.
㉣ 부종, 저림, 가려움증, 심한 통증 등이 발생한다.
㉤ 피부표면의 혈관·피하조직이 수축 및 체표면적이 감소한다.
㉥ 피부의 급성일과성 염증반응은 한랭에 대한 폭로를 중지하면 2~3시간 내에 없어진다.
㉦ 피부나 피하조직을 냉각시키는 환경온도 이하에서는 감염에 대한 저항력이 떨어지며 회복과정에 장애가 온다.
㉧ 저온환경에서는 근육활동, 조직대사가 증가하여 식욕이 항진된다.

52 잠수부가 해저 30m에서 작업을 할 때 인체가 받는 절대압은?

① 3기압　　② 4기압
③ 5기압　　④ 6기압

풀이
절대압 = 작용압 + 1기압
　　　 = $\left(30m \times \dfrac{1기압}{10m}\right) + 1기압 = 4기압$

53 입자상 물질이 호흡기 내로 침작하는 작용기전이 아닌 것은?

① 중력침강　　② 회피
③ 확산　　　　④ 간섭

풀이 입자의 호흡기계 침적(축적)기전
㉠ 충돌(관성충돌)
㉡ 침강(중력침강)
㉢ 차단
㉣ 확산
㉤ 정전기

54 다음 중 진동방지 대책으로 가장 관계가 먼 것은?

① 완충물의 사용
② 공진 진동수의 일치
③ 진동원의 제거
④ 진동의 전파경로 차단

풀이 진동방지 대책
(1) 발생원 대책
　㉠ 가진력(기진력, 외력) 감쇠
　㉡ 불평형력의 평형 유지
　㉢ 기초 중량의 부가 및 경감
　㉣ 탄성지지(완충물 등 방진재 사용)
　㉤ 진동원 제거
　㉥ 동적흡진
(2) 전파경로 대책
　㉠ 진동의 전파경로 차단(방진구)
　㉡ 거리 감쇠

정답 50.③　51.②　52.②　53.②　54.②

(3) 수진측 대책
  ㉠ 작업시간 단축 및 교대제 실시
  ㉡ 보건교육 실시
  ㉢ 수진측 탄성지지 및 강성 변경

55 빛과 밝기의 단위에 관한 설명으로 옳지 않은 것은?

① 광원으로부터 나오는 빛의 세기를 광도라 하며 단위로는 칸델라를 사용한다.
② 루멘은 1촉광의 광원으로부터 단위입체각으로 나가는 광속의 단위이다.
③ 단위평면적에서 발산 또는 반사되는 광량, 즉 눈으로 느끼는 광원 또는 반사체의 밝기를 휘도라고 한다.
④ 조도는 광속의 양에 반비례하고 입사면의 단면적에 비례하며, 단위는 럭스(lux)이다.

[풀이] 조도는 어떤 면에 들어오는 광속의 양에 비례하고, 입사면의 단면적에 반비례한다.

56 뢴트겐(R) 단위 1R의 정의로 옳은 것은 어느 것인가?

① 2.58×10^{-4} 쿨롬/kg
② 4.58×10^{-4} 쿨롬/kg
③ 2.58×10^{4} 쿨롬/kg
④ 4.58×10^{4} 쿨롬/kg

[풀이] **뢴트겐(Röntgen, R)**
㉠ 조사선량 단위(노출선량의 단위)
㉡ 공기 중 생성되는 이온의 양으로 정의
㉢ 공기 1kg당 1쿨롬의 전하량을 갖는 이온을 생성하는 주로 X선 및 감마선의 조사량을 표시할 때 사용
㉣ 1R(뢴트겐)은 표준상태하에서 X선을 공기 1cc(cm³)에 조사해서 발생한 1정전단위(esu)의 이온(2.083×10⁹개의 이온쌍)을 생성하는 조사량
㉤ 1R은 1g의 공기에 83.3erg의 에너지가 주어질 때의 선량 의미
㉥ 1R은 2.58×10^{-4} 쿨롬/kg

57 고압환경에서 발생하는 2차적인 가압현상(화학적 장애)에 해당되지 않는 것은 어느 것인가?

① 일산화탄소중독
② 질소마취
③ 이산화탄소중독
④ 산소중독

[풀이] **고압환경에서의 2차적 가압현상**
㉠ 질소가스의 마취작용
㉡ 산소중독
㉢ 이산화탄소의 작용

58 밀폐공간에서 산소결핍이 발생하는 원인 중 산소소모에 관한 내용과 가장 거리가 먼 것은 어느 것인가?

① 화학반응 – 금속의 산화, 녹
② 연소 – 용접, 절단, 불
③ 사고에 의한 누설 – 저장탱크 파손
④ 미생물 작용

[풀이] ①, ②, ④항 모두 산소를 소모하는 반응이다.

59 다음 중 ( ) 안에 들어갈 수치로 옳은 것은 어느 것인가?

(㉮)Hz 순음의 음의 세기레벨 (㉯)dB의 음의 크기를 1sone이라 한다.

① ㉮ 4,000, ㉯ 20
② ㉮ 4,000, ㉯ 40
③ ㉮ 1,000, ㉯ 20
④ ㉮ 1,000, ㉯ 40

[풀이] **sone**
㉠ 감각적인 음의 크기(loudness)를 나타내는 양이며 1,000Hz에서의 압력수준 dB을 기준으로 하여 등감곡선을 소리의 크기로 나타내는 단위이다.
㉡ 1,000Hz 순음의 음의 세기레벨 40dB의 음의 크기를 1sone으로 정의한다.

정답 55.④ 56.① 57.① 58.③ 59.④

60 일반적으로 저주파 차진에 좋고 환경요소에 저항이 크나 감쇠가 거의 없고, 공진 시에 전달률이 매우 큰 방진재는?

① 금속스프링
② 방진고무
③ 공기스프링
④ 전단고무

[풀이] 금속스프링
(1) 장점
  ㉠ 저주파 차진에 좋다.
  ㉡ 환경요소에 대한 저항성이 크다.
  ㉢ 최대변위가 허용된다.
(2) 단점
  ㉠ 감쇠가 거의 없다.
  ㉡ 공진 시에 전달률이 매우 크다.
  ㉢ 로킹(rocking)이 일어난다.

제4과목 | 산업환기

---

61 작업장 실내의 체적은 1,800m³이다. 환기량을 10m³/min라고 하면, 시간당 환기횟수는 약 얼마가 되겠는가?

① 5회   ② 3회
③ 1회   ④ 0.3회

[풀이] 시간당 환기횟수(ACH)
$= \dfrac{\text{필요환기량}}{\text{작업장 용적}} = \dfrac{10\text{m}^3/\text{min} \times 60\text{min/hr}}{1,800\text{m}^3}$
$= 0.33$회/hr

62 다음 중 전체환기의 직접적인 목적과 가장 거리가 먼 것은?

① 화재나 폭발을 예방한다.
② 온도와 습도를 조절한다.
③ 유해물질의 농도를 감소시킨다.
④ 발생원에서 오염물질을 제거할 수 있다.

[풀이] ④항은 국소배기에 관한 내용이다.

63 다음 중 덕트의 설계에 관한 사항으로 적절하지 않은 것은?

① 덕트가 여러 개인 경우 덕트의 직경을 조절하거나 송풍량을 조절하여 전체적으로 균형이 맞도록 설계한다.
② 사각형 덕트가 원형 덕트보다 덕트 내 유속 분포가 균일하므로 가급적 사각형 덕트를 사용한다.
③ 덕트의 직경, 조도, 단면 확대 또는 수축, 곡관수 및 모양 등을 고려하여야 한다.
④ 정방형 덕트를 사용할 경우 원형 상당 직경을 구하여 설계에 이용한다.

[풀이] 원형 덕트가 사각형 덕트보다 덕트 내 유속분포가 균일하므로 가급적 원형 덕트를 사용한다.

64 테이블에 플랜지가 붙은 1/4 원주형 슬롯 후드가 있다. 제어거리가 30cm, 제어속도가 1m/sec일 때, 필요송풍량(m³/min)은 약 얼마인가? (단, 슬롯의 폭은 5cm, 길이는 10cm이다.)

① 2.88   ② 4.68
③ 8.64   ④ 12.64

[풀이]
$Q(\text{m}^3/\text{min}) = C \cdot L \cdot V_c \cdot X$
$= 1.6 \times 0.1\text{m} \times 1\text{m/sec} \times 0.3\text{m}$
$\times 60\text{sec/min}$
$= 2.88 \text{m}^3/\text{min}$

65 다음 중 집진장치 선정 시 반드시 고려해야 할 사항으로 볼 수 없는 것은?

① 총 에너지요구량
② 요구되는 집진효율
③ 오염물질의 회수효율
④ 오염물질의 함진농도와 입경

[풀이] 집진장치 선정 시 고려할 사항
㉠ 오염물질의 농도(비중) 및 입자크기, 입경분포
㉡ 유량, 집진율, 점착성, 전기저항
㉢ 함진가스의 폭발 및 가연성 여부

[정답] 60.① 61.④ 62.④ 63.② 64.① 65.③

㉣ 배출가스 온도, 분진제거 및 처분방법, 총 에너지요구량
㉤ 처리가스의 흐름특성과 용량

66 다음 중 공기밀도에 관한 설명으로 틀린 것은?
① 온도가 상승하면 공기가 팽창하여 밀도가 작아진다.
② 고공으로 올라갈수록 압력이 낮아져 공기는 팽창하고 밀도는 작아진다.
③ 다른 모든 조건이 일정할 경우 공기밀도는 절대온도에 비례하고, 압력에 반비례한다.
④ 공기 $1m^3$와 물 $1m^3$의 무게는 다르다.

[풀이] 다른 모든 조건이 일정할 경우 공기밀도는 절대온도에 반비례하고, 압력에 비례한다.

67 다음 중 스프레이 도장, 용기충전, 분쇄기 등 발생기류가 높고, 유해물질이 활발하게 발생하는 작업조건에 있어 제어속도의 범위로 가장 적절한 것은? (단, ACGIH에서의 권고사항을 기준으로 한다.)
① 0.25~0.5m/sec
② 0.5~1.0m/sec
③ 1.0~2.5m/sec
④ 2.5~10m/sec

[풀이] 제어속도 범위(ACGIH)

작업조건	작업공정 사례	제어속도 (m/sec)
• 움직이지 않는 공기 중에서 속도없이 배출되는 작업조건 • 조용한 대기 중에 실제 거의 속도가 없는 상태로 발산하는 경우의 작업조건	• 액면에서 발생하는 가스나 증기, 흄 • 탱크에서 증발, 탈지시설	0.25~0.5
비교적 조용한(약간의 공기 움직임) 대기 중에서 저속도로 비산하는 작업조건	• 용접, 도금작업 • 스프레이 도장 • 주형을 부수고 모래를 터는 장소	0.5~1.0
발생기류가 높고 유해물질이 활발하게 발생하는 작업조건	• 스프레이 도장, 용기충전 • 컨베이어 적재 • 분쇄기	1.0~2.5
초고속기류가 있는 작업장소에 초고속으로 비산하는 경우	• 회전연삭작업 • 연마작업 • 블라스트작업	2.5~10

68 다음 중 오염물질이 일정한 방향으로 배출되는 연삭기공정에서 일반적으로 사용되는 후드로 가장 적절한 것은?
① 포위식 후드 ② 포집형 후드
③ 캐노피 후드 ④ 레시버형 후드

[풀이] 레시버형 후드의 적용
㉠ 연삭, 연마(관성력 이용)
㉡ 가열로, 용융로 등(열상승력 이용)

69 자연환기방식에 의한 전체환기의 효율은 주로 무엇에 의해 결정되는가?
① 대기압과 오염물질의 농도
② 풍압과 실내·외 온도의 차이
③ 작업자수와 작업장 내부시설의 위치
④ 오염물질의 농도와 실내·외 습도의 차이

[풀이] 자연환기방식은 작업장 내외의 온도, 압력 차이에 의해 발생하는 기류의 흐름을 자연적으로 이용하는 방식이다.

70 다음 중 국소배기장치의 설치상 기본 유의사항으로 잘못된 것은?
① 발산원의 상태에 맞는 형과 크기일 것
② 후드의 흡인성능을 만족시키기 위해 발산원의 최소제어풍속을 만족시킬 것
③ 작업자가 후드의 기류 흡인부위에 충분히 들어가서 작업할 수 있도록 할 것
④ 분진이 관 내에 축적되지 않도록 관 내 풍속이 적정 범위 내에 있을 것

> [풀이] 작업자가 후드의 기류 흡인부위에서 벗어나 작업할 수 있도록 해야 한다.

71 자유공간에 떠 있는 직경 20cm인 원형 개구 후드의 개구면으로부터 20cm 떨어진 곳의 입자를 흡인하려고 한다. 제어풍속을 0.8m/sec로 할 때 덕트에서의 속도(m/sec)는 약 얼마인가?

① 7　　② 11
③ 15　　④ 18

> [풀이]
> $Q = V_c(10X^2 + A)$
> $= 0.8\text{m/sec}$
> $\times \left[(10 \times 0.2^2)\text{m}^2 + \left(\dfrac{3.14 \times 0.2^2}{4}\right)\text{m}^2\right]$
> $= 0.345\text{m}^3/\text{sec}$
> $\therefore V = \dfrac{Q}{A} = \dfrac{0.345\text{m}^3/\text{sec}}{\left(\dfrac{3.14 \times 0.2^2}{4}\right)\text{m}^2} = 10.99\text{m/sec}$

72 작업장 내 열부하량이 15,000kcal/hr이며, 외기온도는 22℃, 작업장 내의 온도는 32℃이다. 이때 전체환기를 위한 필요환기량은 얼마인가?

① 83m³/hr
② 833m³/hr
③ 4,500m³/hr
④ 5,000m³/hr

> [풀이]
> $Q = \dfrac{H_s}{0.3 \Delta t} = \dfrac{15,000}{0.3 \times (32-22)} = 5,000\text{m}^3/\text{hr}$

73 송풍기의 소요동력(kW)을 구하는 산식으로 옳은 것은? [단, Q_S는 송풍량(m³/min), P_{Tf}는 송풍기의 전압(mmH₂O)을 의미한다.]

① $\dfrac{Q_S \times P_{Tf}}{6,120}$　　② $\dfrac{Q_S}{6,120 \times P_{Tf}}$
③ $\dfrac{6,120 \times P_{Tf}}{Q_S}$　　④ $\dfrac{6,120}{Q_S \times P_{Tf}}$

> [풀이] 송풍기 소요동력(kW)
> $\text{kW} = \dfrac{Q \times \Delta P}{6,120 \times \eta} \times \alpha$
> 여기서, Q : 송풍량(m³/min)
> ΔP : 송풍기 유효전압(전압 ; 정압, mmH₂O)
> η : 송풍기 효율(%)
> α : 안전인자(여유율)(%)
> $\text{HP} = \dfrac{Q \times \Delta P}{4,500 \times \eta} \times \alpha$

74 도금공정에 벽에 고정된 외부식 국소배기장치가 설치되어 있다. 소요풍량이 10.5m³/min, 덕트의 직경이 10cm, 후드의 유입손실계수가 0.4일 때 후드의 유입손실(mmH₂O)은 약 얼마인가? (단, 덕트 내의 온도는 표준상태로 가정한다.)

① 12.15　　② 14.18
③ 16.27　　④ 18.25

> [풀이] 후드 유입손실
> $= F \times \text{VP}$
> $V = \dfrac{Q}{A} = \dfrac{10.5\text{m}^3/\text{min} \times \text{min}/60\text{sec}}{\left(\dfrac{3.14 \times 0.1^2}{4}\right)\text{m}^2}$
> $= 22.29\text{m/sec}$
> $\text{VP} = \left(\dfrac{V}{4.043}\right)^2 = \left(\dfrac{22.29}{4.043}\right)^2 = 30.4\text{mmH}_2\text{O}$
> $= 0.4 \times 30.4 = 12.16\text{mmH}_2\text{O}$

75 공기정화장치의 전후에서 정압감소가 발생하였다면, 다음 중 그 발생원인으로 가장 관계가 먼 것은?

① 송풍기의 능력 저하
② 송풍기 점검뚜껑의 열림
③ 송풍기와 송풍관의 연결부위가 풀림
④ 공기정화장치의 입구주관 내에 분진 퇴적

> [풀이] (1) 공기정화장치 전후에 정압감소가 발생한 경우의 원인
> ㉠ 송풍기 자체의 성능이 저하되었다.
> ㉡ 송풍기 점검구의 마개가 열렸다.
> ㉢ 배기측 송풍관이 막혔다.
> ㉣ 송풍기와 송풍관의 flange 연결부위가 풀렸다.

(2) 공기정화장치 전후에 정압증가가 발생한 경우의 원인
  ㉠ 공기정화장치 앞쪽 주송풍관 내에 분진이 퇴적하였다.
  ㉡ 공기정화장치 앞쪽 주송풍관 내에 이물질이 존재한다.

76 어느 유기용제의 증기압이 1.29mmHg일 때 1기압의 공기 중에서 도달할 수 있는 포화농도는 약 몇 ppm 정도인가?

① 1,000 ② 1,700
③ 2,800 ④ 3,600

풀이
$$포화농도 = \frac{증기압}{760} \times 10^6$$
$$= \frac{1.29}{760} \times 10^6 = 1697.37\text{ppm}$$

77 다음 중 덕트 내의 마찰손실에 관한 설명으로 틀린 것은?

① 속도압에 비례한다.
② 덕트의 직경에 비례한다.
③ 덕트의 길이에 비례한다.
④ 덕트 내 유속의 제곱에 비례한다.

풀이
$$\Delta P = \lambda \times \frac{L}{D} \times \frac{\gamma V^2}{2g}$$
∴ 마찰손실은 덕트의 직경(D)에 반비례한다.

78 온도 55℃, 압력 710mmHg인 공기의 밀도 보정계수는 약 얼마인가?

① 0.747 ② 0.837
③ 0.974 ④ 0.995

풀이
$$밀도보정계수 = \frac{(273+21)(P)}{(℃+273)(760)}$$
$$= \frac{(273+21)(710)}{(55+273)(760)} = 0.837$$

79 다음 중 국소배기시스템 설치 시 고려사항으로 가장 적절하지 않은 것은?

① 가급적 원형 덕트를 사용한다.
② 후드는 덕트보다 두꺼운 재질을 선택한다.
③ 송풍기를 연결할 때에는 최소 덕트 직경의 2배 정도는 직선구간으로 하여야 한다.
④ 곡관의 곡률반경은 최소 덕트 직경의 1.5배 이상으로 하며, 주로 2배를 사용한다.

풀이 덕트 설치기준(설치 시 고려사항)
㉠ 가능하면 길이는 짧게 하고 굴곡부의 수는 적게 할 것
㉡ 접속부의 안쪽은 돌출된 부분이 없도록 할 것
㉢ 청소구를 설치하는 등 청소하기 쉬운 구조로 할 것
㉣ 덕트 내부에 오염물질이 쌓이지 않도록 이송속도를 유지할 것
㉤ 연결부위 등은 외부공기가 들어오지 않도록 할 것(연결부위를 가능한 한 용접할 것)
㉥ 가능한 후드의 가까운 곳에 설치할 것
㉦ 송풍기를 연결할 때는 최소 덕트 직경의 6배 정도 직선구간을 확보할 것
㉧ 직관은 하향구배로 하고 직경이 다른 덕트를 연결할 때에는 경사 30° 이내의 테이퍼를 부착할 것
㉨ 원형 덕트가 사각형 덕트보다 덕트 내 유속분포가 균일하므로 가급적 원형 덕트를 사용하며, 부득이 사각형 덕트를 사용할 경우에는 가능한 정방형을 사용하고 곡관의 수를 적게 할 것
㉩ 곡관의 곡률반경은 최소 덕트 직경의 1.5 이상, 주로 2.0을 사용할 것
㉪ 수분이 응축될 경우 덕트 내로 들어가지 않도록 경사나 배수구를 마련할 것
㉫ 덕트의 마찰계수는 작게 하고, 분지관을 가급적 적게 할 것

80 다음 중 송풍기를 선정하는 데 반드시 필요하지 않은 요소는?

① 송풍량   ② 소요동력
③ 송풍기 정압 ④ 송풍기 속도압

풀이 송풍기 선정 시 필요 요소(평가표 명시사항)
㉠ 송풍량
㉡ 송풍기 정압
㉢ 송풍기 전압
㉣ 소요동력
㉤ 송풍기 크기 및 회전속도

정답 76.② 77.② 78.② 79.③ 80.④

제1회 산업위생관리산업기사

과년도 출제문제 | 2015.03.08

제1과목 | 산업위생학 개론

01 육체적 작업능력(PWC)이 16kcal/min인 근로자가 1일 8시간 동안 물체 운반작업을 하고 있다. 이때의 작업대사량은 7kcal/min일 때 이 사람이 쉬지 않고 계속 일을 할 수 있는 최대허용시간은 약 얼마인가? (단, $\log T_{end} = 3.720 - 0.1949 \cdot E$ 이다.)

① 4분　　② 83분
③ 141분　④ 227분

풀이
$\log T_{end} = 3.720 - 0.1949 \cdot E$
$E = 7kcal/min$
$\log T_{end} = 3.720 - (0.1949 \times 7) = 2.356$
∴ T_{end}(최대허용시간) $= 10^{2.356} = 227min$

02 Gordon은 재해원인 분석에 있어서의 역학적 기법의 유효성을 제창하였다. 재해와 상해발생에 관여하는 3가지 요인이 아닌 것은 어느 것인가?

① 화학요인
② 기계요인
③ 환경요인
④ 개체요인

풀이 재해와 상해 발생 관여 3요인(Gordon)
㉠ 기계요인
㉡ 환경요인
㉢ 개체요인

03 한랭환경에서 국소진동에 노출되는 경우 나타나는 현상으로 수지의 감각마비 등의 증상을 보이는 것은?

① Raynaud 증상
② heat exhaustion 증상
③ 참호족(trench foot) 증상
④ heatstroke 증상

풀이 레이노 현상(Raynaud's 현상)
㉠ 손가락에 있는 말초혈관운동의 장애로 인하여 수지가 창백해지고 손이 차며 저리거나 통증이 오는 현상이다.
㉡ 한랭작업조건에서 특히 증상이 악화된다.
㉢ 압축공기를 이용한 진동공구, 즉 착암기 또는 해머 같은 공구를 장기간 사용한 근로자들의 손가락에 유발되기 쉬운 직업병이다.
㉣ dead finger 또는 white finger라고도 하고 발증까지 약 5년 정도 걸린다.

04 다음 중 국제노동기구(ILO)의 '산업보건의 목표와 가장 관계가 적은 것을 나타낸 것은 어느 것인가?

① 노동과 노동조건으로 일어날 수 있는 건강장애로부터 근로자를 보호한다.
② 작업에 있어 근로자의 정신적·육체적 적응 특히, 채용 시 적정 배치한다.
③ 근로자의 정신적·육체적 안녕상태를 최대한으로 유지, 증진시킨다.
④ 근로자가 직업병으로 판단되었을 때 신속히 회복되도록 최대한으로 잘 치료한다.

풀이 국제노동기구(ILO)의 산업보건 목표
㉠ 노동과 노동조건으로 일어날 수 있는 건강장애로부터 근로자를 보호
㉡ 작업에 있어 근로자의 정신적·육체적 적응, 특히 채용 시 적정 배치
㉢ 근로자의 정신적·육체적 안녕상태를 최대한으로 유지·증진

정답 01.④ 02.① 03.① 04.④

05 사람이 머리를 숙이지 않고 정상적으로 VDT 작업을 할 때 모니터를 바라보는 작업자의 가장 적절한 시선 각도는?

① 수평선상으로부터 아래로 10~15°
② 수평선상으로부터 아래로 20~25°
③ 수평선상으로부터 위로 10~15°
④ 수평선상으로부터 위로 20~25°

풀이 화면을 향한 눈의 높이는 화면보다 약간 높은 것이 좋고, 작업자의 시선은 수평선상으로부터 아래로 10~15° 이내가 좋다.

06 1833년 산업보건에 관한 법률로서 실제로 효과를 거둔 최초의 법인 '공장법'을 제정한 국가는?

① 미국   ② 영국
③ 프랑스   ④ 독일

풀이 공장법(1833년)
(1) 산업보건에 관한 최초의 법률로서 실제로 효과를 거둔 최초의 법
(2) 19세기 영국 산업보건 발전의 계기
(3) 주요 내용
 ㉠ 감독관을 임명하여 공장을 감독
 ㉡ 직업연령을 13세 이상으로 제한
 ㉢ 18세 미만 야간작업 금지
 ㉣ 주간작업시간을 48시간으로 제한
 ㉤ 근로자교육을 의무화

07 다음 중 허리에 부담을 주어 요통을 유발할 수 있는 작업자세로서 가장 거리가 먼 것은 어느 것인가?

① 큰 수레에서 물건을 꺼내기 위하여 과도하게 허리를 숙이는 작업자세
② 높은 곳의 물건을 취급하기 위하여 어깨를 90도 이상 반복적으로 들리게 하는 작업자세
③ 낮은 작업대로 인하여 반복적으로 숙이는 작업자세
④ 측면으로 20도 이상 기우는 작업자세

풀이 ②항은 요통 유발 작업자세와 관계가 적다.

08 작업환경측정 및 정도관리 등에 관한 고시에 있어 정도관리의 구분에 해당하지 않는 것은?

① 의무정도관리   ② 임시정도관리
③ 수시정도관리   ④ 자율정도관리

풀이 정도관리 구분
㉠ 정기정도관리
㉡ 특별정도관리

※ 고시 변경사항이므로 풀이내용으로 학습하시기 바랍니다.

09 다음 중 산업위생전문가로서의 책임에 대한 내용과 가장 거리가 먼 것은?

① 이해관계가 있는 상황에는 개입하지 않는다.
② 전문 분야로서의 산업위생을 학문적으로 발전시킨다.
③ 궁극적 책임은 기업주 또는 고객의 건강보호에 있다.
④ 과학적 방법의 적용과 자료의 해석에서 객관성을 유지한다.

풀이 산업위생전문가로서의 책임
㉠ 성실성과 학문적 실력 면에서 최고 수준을 유지한다(전문적 능력 배양 및 성실한 자세로 행동).
㉡ 과학적 방법의 적용과 자료의 해석에서 경험을 통한 전문가의 객관성을 유지한다(공인된 과학적 방법 적용, 해석).
㉢ 전문 분야로서의 산업위생을 학문적으로 발전시킨다.
㉣ 근로자, 사회 및 전문 직종의 이익을 위해 과학적 지식을 공개하고 발표한다.
㉤ 산업위생활동을 통해 얻은 개인 및 기업체의 기밀은 누설하지 않는다(정보는 비밀 유지).
㉥ 전문적 판단이 타협에 의하여 좌우될 수 있거나 이해관계가 있는 상황에는 개입하지 않는다.

10 산업피로의 예방 방법으로 틀린 것은?

① 작업과정에 적절한 휴식시간을 삽입한다.
② 불필요한 동작을 피하고 에너지 소모를 줄인다.
③ 동적인 작업은 운동량이 많으므로 정적인 작업으로 전환한다.
④ 개인에 따른 작업부하량을 조절한다.

정답 05.① 06.② 07.② 08.① 09.③ 10.③

> **[풀이]** 산업피로 예방대책
> ㉠ 불필요한 동작을 피하고, 에너지 소모를 적게 한다.
> ㉡ 동적인 작업을 늘리고, 정적인 작업을 줄인다.
> ㉢ 개인의 숙련도에 따라 작업속도와 작업량을 조절한다.
> ㉣ 작업시간 중 또는 작업 전후에 간단한 체조나 오락시간을 갖는다.
> ㉤ 장시간 한 번 휴식하는 것보다 단시간씩 여러 번 나누어 휴식하는 것이 피로회복에 도움이 된다.

11 산업피로에 관한 설명으로 틀린 것은?

① 정신적, 육체적 노동 부하에 반응하는 생체의 태도라 할 수 있다.
② 피로는 가역적인 생체변화이다.
③ 정신적 피로와 신체적 피로는 일반적으로 구별하기 어렵다.
④ 피로의 정도는 객관적 판단이 용이하다.

> **[풀이]** 피로현상은 개인차가 심하므로 작업에 대한 개체의 반응을 어디서부터 피로현상이라고 타각적 수치로 나타내기 어려우며, 고단하다는 주관적 느낌이라 할 수 있다.

12 아연에 대한 인체실험결과 안전흡수량이 체중 kg당 0.12mg이었다. 1일 8시간 작업에서의 노출기준은 약 얼마인가? (단, 근로자의 평균 체중은 70kg, 폐환기율은 $1.2m^3/hr$로 한다.)

① $1.8mg/m^3$ ② $1.5mg/m^3$
③ $1.2mg/m^3$ ④ $0.9mg/m^3$

> **[풀이]** 체내 흡수량 $= C \times T \times V \times R$
> $\therefore C = \dfrac{0.12mg/kg \times 70kg}{8hr \times 1.2m^3/hr \times 1.0} = 0.9mg/m^3$

13 NIOSH lifting guide에서 모든 조건이 최적의 작업상태라고 할 때, 권장되는 최대무게(kg)는 얼마인가?

① 18kg ② 23kg
③ 30kg ④ 40kg

> **[풀이]** 중량상수(부하상수), 즉 23kg은 최적작업상태 권장 최대무게(모든 조건이 가장 좋지 않을 경우 허용되는 최대중량을 의미)이다.

14 다음 중 산업안전보건법령상 보건관리자의 자격기준에 해당하지 않는 자는?

① '의료법'에 의한 의사
② '의료법'에 의한 간호사
③ '위생사에 관한 법률'에 의한 위생사
④ '고등교육법'에 의한 전문대학에서 산업보건 관련 학위를 취득한 사람

> **[풀이]** 보건관리자의 자격
> ㉠ "의료법"에 따른 의사
> ㉡ "의료법"에 따른 간호사
> ㉢ 산업보건지도사
> ㉣ "국가기술자격법"에 따른 산업위생관리산업기사 또는 대기환경산업기사 이상의 자격을 취득한 사람
> ㉤ "국가기술자격법"에 따른 인간공학기사 이상의 자격을 취득한 사람
> ㉥ "고등교육법"에 따른 전문대학 이상의 학교에서 산업보건 또는 산업위생 분야의 학위를 취득한 사람

15 다음 중 상대 에너지대사율(RMR)에 관한 설명으로 틀린 것은?

① 연령은 고려하지 않은 지수이다.
② 작업대사량을 소요시간에 대한 가중평균으로 나타낸 것이다.
③ $\dfrac{\left(\begin{array}{c}\text{작업 시 소비에너지}\\-\text{안정 시 소비에너지}\end{array}\right)}{\text{기초대사량}}$ 로 산출할 수 있다.
④ RMR에 근거한 작업강도의 구분으로 경(輕)작업은 0~1, 중(重)작업은 4~7, 격심(激甚)작업은 7 이상의 값을 나타낸다.

> **[풀이]** 연령을 고려한 심장박동률은 작업 시 필요한 에너지요구량(에너지대사율)에 의해 변화한다.

정답 11.④ 12.④ 13.② 14.③ 15.①

16 NIOSH에서는 권장무게한계(RWL)와 최대 허용한계(MPL)에 따라 중량물 취급작업을 분류하고, 각각의 대책을 권고하고 있는데 MPL을 초과하는 경우에 대한 대책으로 가장 적절한 것은?

① 문제 있는 근로자를 적절한 근로자로 교대시킨다.
② 반드시 공학적 방법을 적용하여 중량물 취급작업을 다시 설계한다.
③ 대부분의 정상근로자들에게 적절한 작업조건으로 현 수준을 유지한다.
④ 적절한 근로자의 선택과 적정배치 및 훈련, 그리고 작업방법의 개선이 필요하다.

[풀이] NIOSH의 중량물 취급작업의 분류와 대책
(1) MPL(최대허용한계) 초과의 경우
  반드시 공학적 개념을 도입하여 설계
(2) RWL(AL)과 MPL 사이 경우
  ㉠ 원인 분석, 행정적 및 경영학적 개선을 하여 작업조건을 AL 이하로 내려야 함
  ㉡ 적합한 근로자 선정 및 적정 배치, 훈련, 작업방법 개선이 필요함
(3) RWL(AL) 이하인 경우
  적합한 작업조건(대부분의 정상근로자들에게 적절한 작업조건으로 현 수준을 유지)

17 다음 중 화학물질의 노출기준에 대한 설명으로 옳은 것은?

① 노출기준은 변화될 수 있다.
② 대기환경에서의 노출기준이 없는 화합물은 사업장 노출기준을 적용한다.
③ 노출기준 이하의 노출에서는 모든 근로자에게 건강상의 영향이 나타나지 않는다.
④ 노출기준 이하에서는 직업병이 발생하지 않는 안전한 값이다.

[풀이]
② 노출기준은 대기오염의 평가 또는 관리상의 지표로 사용할 수 없다.
③④ 유해인자(유해요인)에 대한 감수성은 개인에 따라 차이가 있으며 노출기준 이하의 작업환경에서도 직업상 질병이 발생하는 경우가 있으므로 노출기준 이하의 작업환경이라는 이유만으로 직업성 질병의 이환을 부정하는 근거 또는 반증자료로 사용할 수 없다.

18 산업안전보건법에 따라 최근 1년간 작업공정에서 공정설비의 변경, 작업방법의 변경, 설비의 이전, 사용 화학물질의 변경 등으로 작업환경측정결과에 영향을 주는 변화가 없는 경우로서 해당 유해인자에 대한 작업환경측정을 1년에 1회 이상으로 할 수 있는 경우는?

① 작업장 또는 작업공정이 신규로 가동되는 경우
② 작업공정 내 소음의 작업환경측정결과가 최근 2회 연속 90데시벨(dB) 미만인 경우
③ 작업공정 내 소음 외의 다른 모든 인자의 작업환경측정결과가 최근 2회 연속 노출기준 미만인 경우
④ 작업환경측정 대상 유해인자에 해당하는 화학적 인자의 측정치가 노출기준을 초과하는 경우

[풀이] 사업주는 최근 1년간 작업공정에서 공정설비의 변경, 작업방법의 변경, 설비의 이전, 사용 화학물질의 변경 등으로 작업환경측정결과에 영향을 주는 변화가 없는 경우로서 다음 어느 하나에 해당하는 경우에는 해당 유해인자에 대한 작업환경측정을 1년에 1회 이상 할 수 있다. 다만, 발암성 물질을 취급하는 작업공정은 그러하지 아니하다.
㉠ 작업공정 내 소음의 작업환경측정 결과가 최근 2회 연속 85데시벨(dB) 미만인 경우
㉡ 작업공정 내 소음 외의 다른 모든 인자의 작업환경측정 결과가 최근 2회 연속 노출기준 미만인 경우

정답 16.② 17.① 18.③

19 금속작업 근로자에게 발생된 만성중독의 특징으로 코점막의 염증, 비중격천공 등의 증상을 일으키는 물질은?

① 납
② 6가크롬
③ 수은
④ 카드뮴

풀이 6가크롬은 점막이 충혈되어 화농성 비염이 되고, 차례로 깊이 들어가서 궤양이 되고, 코점막의 염증, 비중격천공의 증상을 유발한다.

20 직장에서 당면 문제를 진지한 태도로 해결하지 않고 현재보다 낮은 단계의 정신상태로 되돌아가려는 행동반응을 나타내는 부적응현상을 무엇이라고 하는가?

① 작업도피(evasion)
② 체념(resignation)
③ 퇴행(degeneration)
④ 구실(pretext)

풀이 퇴행(degeneration)
직장에서 당면 문제를 진지한 태도로 해결하지 않고 현재보다 낮은 단계의 정신상태로 되돌아가려는 행동반응을 나타내는 부적응현상을 말한다.

제2과목 | 작업환경 측정 및 평가

21 500mL 수용액 속에 4g의 NaOH가 함유되어 있는 용액의 pH는? (단, 완전해리 기준, Na 원자량은 23이다.)

① 13.0
② 13.3
③ 13.6
④ 13.8

풀이 NaOH(mol/L)
$= \dfrac{4g}{500mL} \times \dfrac{1,000mL}{L} \times \dfrac{1mol}{40g} = 0.2 mol/L$

NaOH ⇌ Na$^+$ + OH$^-$
0.2M : 0.2M : 0.2M
∴ pH = 14 − pOH
$= 14 - \log\dfrac{1}{[OH^-]} = 14 - \log\dfrac{1}{0.2} = 13.3$

22 유도결합플라스마 원자발광분석기를 이용하여 금속을 분석할 때의 장단점으로 옳지 않은 것은?

① 원자흡광광도계보다 더 좋거나 적어도 같은 정밀도를 갖는다.
② 검량선의 직선성 범위가 좁아 재현성이 우수하다.
③ 화학물질에 의한 방해로부터 거의 영향을 받지 않는다.
④ 원자들은 높은 온도에서 많은 복사선을 방출하므로 분광학적 방해영향이 있을 수 있다.

풀이 유도결합플라스마 원자발광분석기의 장단점
(1) 장점
  ㉠ 비금속을 포함한 대부분의 금속을 ppb 수준까지 측정할 수 있다.
  ㉡ 적은 양의 시료를 가지고 한꺼번에 많은 금속을 분석할 수 있다는 것이 가장 큰 장점이다.
  ㉢ 시료를 한 번 주입하여 10~20초 내에 30개 이상의 원소를 분석할 수 있다.
  ㉣ 화학물질에 의한 방해로부터 영향을 거의 받지 않는다.
  ㉤ 검량선의 직선성 범위가 넓다. 즉, 직선성 확보가 유리하다.
  ㉥ 원자흡광광도계보다 더 좋거나 적어도 같은 정밀도를 가진다.
(2) 단점
  ㉠ 원자들은 높은 온도에서 많은 복사선을 방출하므로 분광학적 방해영향이 있다.
  ㉡ 시료분해 시 화합물 바탕방출이 있어 컴퓨터 처리과정에서 교정이 필요하다.
  ㉢ 유지관리 및 기기구입 가격이 높다.
  ㉣ 이온화에너지가 낮은 원소들은 검출한계가 높으며, 또한 다른 금속의 이온화에 방해를 준다.

23 벤젠 100mL에 디티존 0.1g을 넣어 녹인 후 이 원액을 10배 희석시키면 디티존은 몇 $\mu g/mL$ 용액이 되겠는가?

① $1\mu g/mL$
② $10\mu g/mL$
③ $100\mu g/mL$
④ $1,000\mu g/mL$

정답 19.② 20.③ 21.② 22.② 23.③

[풀이] $$용액(\mu g/mL) = \frac{0.1g \times 10^6 \mu g/g}{100mL \times 10} = 100 \mu g/mL$$

24 다음 물질 중 극성이 가장 강한 것은 어느 것인가?
① 알데히드류 ② 케톤류
③ 에스테르류 ④ 올레핀류

[풀이] 극성이 강한 순서
물 > 알코올류 > 알데히드류 > 케톤류 > 에스테르류 > 방향족탄화수소류 > 올레핀류 > 파라핀류

25 작업환경측정 시 사용하는 흡착제에 관한 설명 중 옳지 않은 것은?
① 대개 극성 오염물질에는 극성 흡착제를, 비극성 오염물질에는 비극성 흡착제를 사용한다.
② 일반적으로 흡착관의 앞층은 100mg, 뒤층은 50mg으로 되어 있으나 다른 크기의 것도 사용한다.
③ 채취효율을 높이기 위하여 흡착제에 시약을 처리하여 사용하기도 한다.
④ 활성탄은 불포화 탄소결합을 가진 분자를 선택적으로 흡착하는 능력이 있다.

[풀이] 실리카 및 알루미나 흡착제는 탄소의 불포화 결합을 가진 분자를 선택적으로 흡수한다.

26 옥외(태양광선이 내리쬐는 장소)에서 WBGT 측정 시 사용되는 식은?
① WBGT(℃)=0.7×자연습구온도+0.2×흑구온도+0.1×건구온도
② WBGT(℃)=0.7×건구온도+0.2×자연습구온도+0.1×흑구온도
③ WBGT(℃)=0.7×건구온도+0.2×흑구온도+0.1×자연습구온도
④ WBGT(℃)=0.7×자연습구온도+0.2×건구온도+0.1×흑구온도

[풀이] 습구흑구온도지수(WBGT)의 산출식
㉠ 옥외(태양광선이 내리쬐는 장소)
WBGT(℃)=0.7×자연습구온도+0.2×흑구온도+0.1×건구온도
㉡ 옥내 또는 옥외(태양광선이 내리쬐지 않는 장소)
WBGT(℃)=0.7×자연습구온도+0.3×흑구온도

27 다음 중 PVC막 여과지를 사용하여 채취하는 물질에 관한 내용과 가장 거리가 먼 것은 어느 것인가?
① 유리규산을 채취하여 X선 회절법으로 분석하는 데 적절하다.
② 6가크롬, 아연산화물의 채취에 이용된다.
③ 압력에 강하여 석탄건류나 증류 등의 공정에서 발생하는 PAHs 채취에 이용된다.
④ 수분에 대한 영향이 크지 않기 때문에 공해성 먼지 등의 중량분석을 위한 측정에 이용된다.

[풀이] PTFE막 여과지는 열, 화학물질, 압력 등에 강한 특성을 가지고 있어 석탄건류나 증류 등의 고열공정에서 발생하는 다핵방향족탄화수소를 채취하는 데 이용된다.

28 검지관 사용의 장점이라 볼 수 없는 것은?
① 사용이 간편하다.
② 전문가가 아니더라도 어느 정도만 숙지하면 사용할 수 있다.
③ 빠른 시간에 측정결과를 알 수 있어 주관적인 판독을 방지할 수 있다.
④ 맨홀, 밀폐공간에서의 산소 부족 또는 폭발성 가스로 인한 안전이 문제가 될 때 유용하게 사용할 수 있다.

[풀이] 검지관의 장단점
(1) 장점
㉠ 사용이 간편하다.
㉡ 반응시간이 빠르다(현장에서 바로 측정결과를 알 수 있다).
㉢ 비전문가도 어느 정도 숙지하면 사용할 수 있다(단, 산업위생전문가의 지도 아래 사용되어야 한다).

정답 24.① 25.④ 26.① 27.③ 28.③

ⓔ 맨홀, 밀폐공간에서의 산소 부족 또는 폭발성 가스로 인한 안전이 문제가 될 때 유용하게 사용된다.
ⓜ 다른 측정방법이 복잡하거나 빠른 측정이 요구될 때 사용할 수 있다.

(2) 단점
ⓐ 민감도가 낮아 비교적 고농도에만 적용이 가능하다.
ⓑ 특이도가 낮아 다른 방해물질의 영향을 받기 쉽다(오차가 크다).
ⓒ 대개 단시간 측정만 가능하다.
ⓓ 한 검지관으로 단일물질만 측정 가능하여 각 오염물질에 맞는 검지관을 선정함에 따른 불편함이 있다.
ⓔ 색 변화에 따라 주관적으로 읽을 수 있어 판독자에 따라 변이가 심하며 색변화가 시간에 따라 변하므로 제조자가 정한 시간에 읽어야 한다.
ⓕ 미리 측정대상물질의 동정이 되어 있어야 측정이 가능하다.

29 주물공장에서 근로자에게 노출되는 호흡성 먼지를 측정한 결과(mg/m³)가 다음과 같았다면 기하평균농도(mg/m³)는?

> 2.5, 2.1, 3.1, 5.2, 7.2

① 3.6 ② 3.8
③ 4.0 ④ 4.2

풀이
$$\log(GM) = \frac{\log 2.5 + \log 2.1 + \log 3.1 + \log 5.2 + \log 7.2}{5}$$
$$= 0.557$$
$$\therefore GM = 10^{0.557} = 3.6$$

30 PVC 필터를 이용하여 먼지 포집 시 필터무게는 채취 후 18.115mg이며 채취 전 무게는 14.316mg이었다. 공기 채취량이 400L 라면 포집된 먼지의 농도는? (단, 공시료의 무게 차이는 없었던 것으로 가정한다.)

① 8.0mg/m³ ② 8.5mg/m³
③ 9.0mg/m³ ④ 9.5mg/m³

풀이
$$농도(mg/m^3) = \frac{(18.115 - 14.316)mg}{400L \times m^3/1,000L} = 9.5 mg/m^3$$

31 자연습구온도계를 이용한 습구온도 측정시간 기준으로 옳은 것은? (단, 고용노동부 고시 기준)

① 25분 이상 ② 15분 이상
③ 5분 이상   ④ 3분 이상

풀이 고열의 측정기기와 측정시간

구분	측정기기	측정시간
습구온도	0.5℃ 간격의 눈금이 있는 아스만통풍건습계, 자연습구온도를 측정할 수 있는 기기 또는 이와 동등 이상의 성능이 있는 측정기기	• 아스만통풍건습계 : 25분 이상 • 자연습구온도계 : 5분 이상
흑구 및 습구흑구온도	직경이 5cm 이상 되는 흑구온도계 또는 습구흑구온도(WBGT)를 동시에 측정할 수 있는 기기	• 직경이 15cm일 경우 : 25분 이상 • 직경이 7.5cm 또는 5cm일 경우 : 5분 이상

※ 고시 변경사항, 학습 안 하셔도 무방합니다.

32 물질을 취급 또는 보관하는 동안에 이물(異物)이 들어가거나 내용물이 손실되지 않도록 보호하는 용기는?

① 밀봉용기 ② 밀폐용기
③ 기밀용기 ④ 폐쇄용기

풀이 용기의 종류
㉠ 밀폐용기(密閉容器) : 물질을 취급 또는 보관하는 동안에 이물(異物)이 들어가거나 내용물이 손실되지 않도록 보호하는 용기를 말한다.
㉡ 기밀용기(機密容器) : 물질을 취급 또는 보관하는 동안에 외부로부터의 공기 또는 다른 기체가 침입하지 않도록 내용물을 보호하는 용기를 말한다.
㉢ 밀봉용기(密封容器) : 물질을 취급 또는 보관하는 동안에 기체 또는 미생물이 침입하지 않도록 내용물을 보호하는 용기를 말한다.
㉣ 차광용기(遮光容器) : 광선이 투과되지 않는 갈색 용기 또는 투과하지 않도록 포장한 용기로서 취급 또는 보관하는 동안에 내용물의 광화학적 변화를 방지할 수 있는 용기를 말한다.

33 소리의 음압수준이 80dB인 기계 2대와 85dB인 기계 1대가 동시에 가동되었을 때 전체 음압수준은?

① 83dB ② 85dB
③ 87dB ④ 89dB

풀이 $L_합 = 10\log[(2\times10^8 + 10^{8.5})] = 87$dB

34 가스크로마토그래피를 구성하는 주요 요소와 가장 거리가 먼 것은?

① 단색화부 ② 검출기
③ 칼럼오븐 ④ 주입부

풀이 가스크로마토그래피의 구성요소
주입부(시료도입부) → 칼럼오븐(분리관) → 검출기

35 크로마토그래피의 분리관 성능을 표시하는 분해능을 높일 수 있는 조작으로 틀린 것은?

① 분리관의 길이를 길게 한다.
② 고정상의 양을 크게 한다.
③ 시료의 양을 적게 한다.
④ 고체지지체의 입자크기를 작게 한다.

풀이 분리관의 분해능을 높이기 위해서는 시료와 고정상의 양을 적게 한다.

36 공기채취기구의 보정을 위한 1차 표준기구에 해당되는 것은?

① 가스치환병 ② 건식 가스미터
③ 열선기류계 ④ 습식 테스트미터

풀이 공기채취기구의 보정에 사용되는 1차 표준기구
㉠ 비누거품미터(soap bubble meter)
㉡ 폐활량계(spirometer)
㉢ 가스치환병(mariotte bottle)
㉣ 유리 피스톤미터(glass piston meter)
㉤ 흑연 피스톤미터(frictionless piston meter)
㉥ 피토튜브(pitot tube)

37 다음 유기용제 중 활성탄관을 사용하여 효과적으로 채취할 수 없는 시료는?

① 할로겐화 탄화수소류
② 니트로벤젠류
③ 케톤류
④ 알코올류

풀이 (1) 실리카겔관을 사용하여 채취하기 용이한 시료
㉠ 극성류의 유기용제, 산(무기산 : 불산, 염산)
㉡ 방향족 아민류, 지방족 아민류
㉢ 아미노에탄올, 아마이드류
㉣ 니트로벤젠류, 페놀류
(2) 활성탄관을 사용하여 채취하기 용이한 시료
㉠ 비극성류의 유기용제
㉡ 각종 방향족 유기용제(방향족탄화수소류)
㉢ 할로겐화 지방족 유기용제(할로겐화 탄화수소류)
㉣ 에스테르류, 알코올류, 에테르류, 케톤류

38 어떤 분석방법의 검출한계가 0.2mg일 때 정량한계로 가장 적절한 값은?

① 0.11mg ② 0.33mg
③ 0.66mg ④ 0.99mg

풀이 정량한계=검출한계×3.3=0.2mg×3.3=0.66mg

39 석면의 농도를 표시하는 단위로 적절한 것은? (단, 고용노동부 고시 기준)

① 개/cm^3 ② 개/m^3
③ mm/L ④ cm/m^3

풀이 개/cm^3=개/cc=개/mL

40 입자상 물질을 채취하기 위해 사용되는 직경분립충돌기(cascade impactor)에 비해 사이클론이 갖는 장점과 가장 거리가 먼 것은 어느 것인가?

① 입자의 질량크기 분포를 얻을 수 있다.
② 매체의 코팅과 같은 별도의 특별한 처리가 필요없다.
③ 호흡성 먼지에 대한 자료를 쉽게 얻을 수 있다.
④ 충돌기에 비해 사용이 간편하고 경제적이다.

[풀이] **10mm nylon cyclone이 입경분립충돌기에 비해 갖는 장점**
㉠ 사용이 간편하고 경제적이다.
㉡ 호흡성 먼지에 대한 자료를 쉽게 얻을 수 있다.
㉢ 시료입자의 되튐으로 인한 손실 염려가 없다.
㉣ 매체의 코팅과 같은 별도의 특별한 처리가 필요 없다.

제3과목 | 작업환경 관리

41 소음성 난청의 초기단계에서 청력손실이 현저하게 나타나는 주파수(Hz)는?
① 1,000 ② 2,000
③ 4,000 ④ 8,000

[풀이] **C_5-dip 현상**
소음성 난청의 초기단계로 4,000Hz에서 청력장애가 현저히 커지는 현상이다.
※ 우리 귀는 고주파음에 대단히 민감하며, 특히 4,000Hz에서 소음성 난청이 가장 많이 발생한다.

42 전리방사선의 특성을 잘못 설명한 것은?
① X선은 전자를 가속하는 장치로부터 얻어지는 인공적인 전자파이다.
② α입자는 투과력은 약하나, 전리작용은 강하다.
③ β입자는 α입자에 비하여 무거워 충돌에 따른 영향이 크다.
④ 중성자는 α입자, β입자보다 투과력이 강하다.

[풀이] β입자는 원자핵에서 방출되는 전자의 흐름으로 α입자보다 가볍고 속도는 10배 빠르므로 충돌할 때마다 튕겨져서 방향을 바꾼다.

43 유해가스 중 단순 질식성 가스는 어느 것인가?
① 메탄 ② 아황산가스
③ 시안화수소 ④ 황화수소

[풀이] **질식제의 구분**
(1) 단순 질식제
 ㉠ 이산화탄소
 ㉡ 메탄가스
 ㉢ 질소가스
 ㉣ 수소가스
 ㉤ 에탄, 프로판
 ㉥ 에틸렌, 아세틸렌, 헬륨
(2) 화학적 질식제
 ㉠ 일산화탄소
 ㉡ 황화수소
 ㉢ 시안화수소
 ㉣ 아닐린

44 작업환경의 유해인자와 건강장애의 연결이 틀린 것은?
① 자외선 – 혈소판 수 감소
② 고온 – 열사병
③ 기압 – 잠함병
④ 적외선 – 백내장

[풀이] 자외선의 전신작용으로는 자극작용이 있으며, 대사가 항진되고 적혈구, 백혈구, 혈소판이 증가한다.

45 청력보호구인 귀마개에 관한 내용으로 틀린 것은? (단, 귀덮개 비교 기준)
① 다른 보호구와 동시에 사용할 수 있다.
② 고온작업장에서 불편없이 사용할 수 있다.
③ 착용시간이 짧고 쉽다.
④ 더러운 손으로 만짐으로써 외청도를 오염시킬 수 있다.

[풀이] **귀마개**
(1) 장점
 ㉠ 부피가 작아서 휴대가 쉽다.
 ㉡ 안경과 안전모 등에 방해가 되지 않는다.
 ㉢ 고온작업에서도 사용 가능하다.
 ㉣ 좁은 장소에서도 사용 가능하다.
 ㉤ 가격이 귀덮개보다 저렴하다.
(2) 단점
 ㉠ 귀에 질병이 있는 사람은 착용 불가능하다.

정답 41.③ 42.③ 43.① 44.① 45.③

ⓒ 여름에 땀이 많이 날 때는 외이도에 염증유발 가능성이 있다.
ⓒ 제대로 착용하는 데 시간이 걸리며 요령을 습득하여야 한다.
ⓔ 차음효과가 일반적으로 귀덮개보다 떨어진다.
ⓜ 사람에 따라 차음효과 차이가 크다(개인차가 큼).
ⓗ 더러운 손으로 만짐으로써 외청도를 오염시킬 수 있다(귀마개에 묻어 있는 오염물질이 귀에 들어갈 수 있음).

46 근로자가 귀덮개(NRR=31)를 착용하고 있는 경우 미국 OSHA의 방법으로 계산한다면 차음효과는?

① 5dB
② 8dB
③ 10dB
④ 12dB

[풀이] 차음효과=(NRR-7)×0.5=(31-7)×0.5=12dB

47 다음 중 고압환경에 관한 설명으로 알맞지 않은 것은?

① 산소의 분압이 2기압을 넘으면 산소중독 증세가 나타난다.
② 산소의 중독작용은 운동이나 이산화탄소의 존재로 보다 악화된다.
③ 폐 내의 가스가 팽창하고 질소기포를 형성한다.
④ 공기 중의 질소가스는 3기압하에서는 자극작용을 하고, 4기압 이상에서 마취작용을 나타낸다.

[풀이] 폐 내의 가스가 팽창하고 질소기포를 형성하는 것은 저압환경이다.

48 마이크로파와 라디오파 방사선이 건강에 미치는 영향에 관한 설명으로 틀린 것은?

① 일반적으로 150MHz 이하의 마이크로파와 라디오파는 신체를 완전히 투과하며 흡수되어도 감지되지 않는다.
② 마이크로파의 열작용에 영향을 가장 많이 받는 기관은 생식기와 눈이다.
③ 50~1,000MHz의 마이크로파에 노출될 경우 눈 수정체의 아스코르브산액 함량 급증으로 백내장이 유발된다.
④ 마이크로파와 라디오파는 하전을 시키지는 못하지만 생체 분자의 진동과 회전을 시킬 수 있어 조직의 온도를 상승시키는 열작용에 영향을 준다.

[풀이] 마이크로파 1,000~10,000MHz에서 백내장이 생기고, 아스코르브산(ascorbic산)의 감소증상이 나타난다.

49 작업환경의 관리원칙 중 '대치'에 관한 내용으로 틀린 것은?

① 세척작업에서 사염화탄소 대신 트리클로로에틸렌으로 전환
② 소음이 많이 발생하는 리벳팅 작업 대신 너트와 볼트 작업으로 전환
③ 제품의 표면마감에 사용되는 저속, 왕복형 절삭기 대신 소형, 고속회전식 그라인더로 대치
④ 조립공정에서 많이 사용하는 소음발생이 큰 압축공기식 임팩트 렌치를 저소음 유압식 렌치로 대치

[풀이] 고속회전식 그라인더 작업을 저속연마작업으로 변경한다.

50 더운 환경에서 심한 육체적인 작업을 하면서 땀을 많이 흘릴 때 많은 물을 마시지만 신체의 염분 손실을 충당하지 못할 때 발생하는 고열장애는?

① 열경련(heat cramps)
② 열사병(heatstroke)
③ 열실신(heat syncope)
④ 열허탈(heat collapse)

[풀이] **열경련**
(1) 발생
  ㉠ 지나친 발한에 의한 수분 및 혈중 염분 손실 시 발생한다(혈액의 현저한 농축 발생).
  ㉡ 땀을 많이 흘리고 동시에 염분이 없는 음료수를 많이 마셔서 염분 부족 시 발생한다.
  ㉢ 전해질의 유실 시 발생한다.
(2) 증상
  ㉠ 체온이 정상이거나 약간 상승하고 혈중 Cl⁻ 농도가 현저히 감소한다.
  ㉡ 낮은 혈중 염분농도와 팔과 다리의 근육경련이 일어난다(수의근 유통성 경련).
  ㉢ 통증을 수반하는 경련은 주로 작업 시 사용한 근육에서 흔히 발생한다.
  ㉣ 일시적으로 단백뇨가 나온다.
  ㉤ 중추신경계통의 장애는 일어나지 않는다.
  ㉥ 복부와 사지 근육에 강직, 동통이 일어나고 과도한 발한이 발생한다.
  ㉦ 수의근의 유통성 경련(주로 작업 시 사용한 근육에서 발생)이 일어나기 전에 현기증, 이명, 두통, 구역, 구토 등의 전구증상이 일어난다.

51 적용 화학물질이 정제 벤드나이드겔, 염화비닐수지이며, 분진, 전해약품 제조, 원료 취급작업에서 주로 사용되는 보호크림으로 가장 적절한 것은?
① 피막형 크림
② 차광 크림
③ 소수성 크림
④ 친수성 크림

[풀이] **피막형성형 피부보호제(피막형 크림)**
㉠ 분진, 유리섬유 등에 대한 장애를 예방한다.
㉡ 적용 화학물질의 성분은 정제 벤드나이드겔, 염화비닐수지이다.
㉢ 피막형성 도포제를 바르고 장시간 작업 시 피부에 장애를 줄 수 있으므로 작업완료 후 즉시 닦아내야 한다.
㉣ 분진, 전해약품 제조, 원료취급 시 사용한다.

52 다음의 산소결핍에 관한 내용 중 틀린 것은?
① 산소결핍이란 공기 중 산소농도가 20% 미만인 것을 말한다.
② 맨홀, 피트 및 물탱크 작업이 산소결핍 작업환경에 해당한다.
③ 생체 중에서 산소결핍에 대하여 가장 민감한 조직은 대뇌피질이다.
④ 일반적으로 공기의 산소분압의 저하는 바로 동맥혈의 산소분압 저하와 연결되어 뇌에 대한 산소 공급량의 감소를 초래한다.

[풀이] 산소결핍이란 공기 중 산소농도가 18% 미만인 것을 말하며, NIOSH에서는 19.5% 미만을 관리기준으로 설정하여 엄격하게 관리한다.

53 방진재인 공기스프링에 관한 설명으로 옳지 않은 것은?
① 사용 진폭의 범위가 넓어 별도의 댐퍼가 필요한 경우가 적다.
② 구조가 복잡하고 시설비가 많이 소요된다.
③ 자동제어가 가능하다.
④ 하중의 변화에 따라 고유진동수를 일정하게 유지할 수 있다.

[풀이] **공기스프링**
(1) 장점
  ㉠ 지지하중이 크게 변하는 경우에는 높이 조정변에 의해 그 높이를 조절할 수 있어 설비의 높이를 일정 레벨로 유지시킬 수 있다.
  ㉡ 하중부하 변화에 따라 고유진동수를 일정하게 유지할 수 있다.
  ㉢ 부하능력이 광범위하고 자동제어가 가능하다.
  ㉣ 스프링 정수를 광범위하게 선택할 수 있다.
(2) 단점
  ㉠ 사용 진폭이 적은 것이 많아 별도의 댐퍼가 필요한 경우가 많다.
  ㉡ 구조가 복잡하고 시설비가 많이 든다.
  ㉢ 압축기 등 부대시설이 필요하다.
  ㉣ 안전사고(공기누출) 위험이 있다.

54 귀덮개의 장점으로 틀린 것은?
① 귀마개보다 일반적으로 차음효과가 크며, 개인차이가 적다.
② 크기를 다양화하여 차음효과를 높일 수 있다.
③ 근로자들이 착용하고 있는지를 쉽게 확인할 수 있다.
④ 귀에 이상이 있을 때에도 착용할 수 있다.

정답 51.① 52.① 53.① 54.②

[풀이] **귀덮개**
(1) 장점
  ㉠ 귀마개보다 일관성 있는 차음효과를 얻을 수 있다.
  ㉡ 귀마개보다 차음효과가 일반적으로 높다.
  ㉢ 동일한 크기의 귀덮개를 대부분의 근로자가 사용 가능하다(크기를 여러 가지로 할 필요가 없음).
  ㉣ 귀에 염증이 있어도 사용 가능하다(질병이 있을 때도 가능).
  ㉤ 귀마개보다 차음효과의 개인차가 적다.
  ㉥ 근로자들이 귀마개보다 쉽게 착용할 수 있고 착용법을 틀리거나 잃어버리는 일이 적다.
  ㉦ 고음영역에서 차음효과가 탁월하다.
(2) 단점
  ㉠ 부착된 밴드에 의해 차음효과가 감소될 수 있다.
  ㉡ 고온에서 사용 시 불편하다(보호구 접촉면에 땀이 남).
  ㉢ 머리카락이 길 때와 안경테가 굵거나 잘 부착되지 않을 때는 사용하기가 불편하다.
  ㉣ 장시간 사용 시 꼭 끼는 느낌이 있다.
  ㉤ 보안경과 함께 사용하는 경우 다소 불편하며, 차음효과가 감소한다.
  ㉥ 가격이 비싸고 운반과 보관이 쉽지 않다.
  ㉦ 오래 사용하여 귀걸이의 탄력성이 줄었을 때나 귀걸이가 휘었을 때는 차음효과가 떨어진다.

55 다음 중 자극성이며 물에 대한 용해도가 가장 높은 물질은?
① 암모니아
② 염소
③ 포스겐
④ 이산화질소

[풀이] **암모니아(NH_3)**
  ㉠ 알칼리성으로 자극적인 냄새가 강한 무색의 기체이다.
  ㉡ 암모니아 주요 사용공정은 비료, 냉동제 등이다.
  ㉢ 물에 대해 용해가 잘 된다(수용성).
  ㉣ 폭발성(폭발범위 16~25%)이 있다.
  ㉤ 피부, 점막(코와 인후부)에 대한 자극성과 부식성이 강하여 고농도의 암모니아가 눈에 들어가면 시력장애를 일으킨다.
  ㉥ 중등도 이하의 농도에서 두통, 흉통, 오심, 구토 등을 일으킨다.
  ㉦ 고농도의 가스 흡입 시 폐수종을 일으키고, 중추작용에 의해 호흡정지를 초래한다.
  ㉧ 고용노동부 노출기준은 8시간 시간가중평균농도(TWA)로 25ppm이고, 단시간노출기준(STEL)은 35ppm이다.
  ㉨ 암모니아중독 시 비타민 C가 해독에 효과적이다.

56 다음 중 전신진동 장애의 원인으로 가장 적절한 것은?
① 중장비 차량의 운전
② 전기톱 작업
③ 착암기 작업
④ 해머 작업

[풀이] 전신진동을 받을 수 있는 대표적 작업자는 교통기관 승무원이며 ②, ③, ④항은 국소진동을 받을 수 있는 대표적 작업자이다.

57 빛과 밝기의 단위로 사용되는 측정량과 단위를 잘못 짝지은 것은?
① 조도 : 럭스(lux)
② 광도 : 칸델라(cd)
③ 휘도 : 와트(W)
④ 광속 : 루멘(lm)

[풀이] **휘도**
  ㉠ 단위 평면적에서 발산 또는 반사되는 광량, 즉 눈으로 느끼는 광원 또는 반사체의 밝기
  ㉡ 광원으로부터 복사되는 빛의 밝기를 의미
  ㉢ 단위 : nit($nt=cd/m^2$)

58 무거운 저속연장 사용으로 발생하는 진동에 의한 손의 장애에 관한 내용으로 틀린 것은? (단, 가벼운 고속연장과 비교 기준)
① 동통은 통상적으로 주증상이 아니다.
② 뼈의 퇴행성 변화는 없다.
③ 손가락의 창백현상이 특징적이다.
④ 때때로 부종이 발생할 수 있다.

[풀이] 심한 진동에 노출될 경우 일부 노출군에서 뼈, 관절 및 신경, 근육, 혈관 등 연부조직에서 병변이 나타난다.

정답 55.① 56.① 57.③ 58.②

59 채광(자연조명)에 관한 내용으로 옳은 것은?
① 창의 면적은 벽 면적의 15~20%가 이상적이다.
② 창의 면적은 벽 면적의 20~35%가 이상적이다.
③ 창의 면적은 바닥 면적의 15~20%가 이상적이다.
④ 창의 면적은 바닥 면적의 20~35%가 이상적이다.

[풀이] 창의 높이와 면적
㉠ 보통 조도는 창을 크게 하는 것보다 창의 높이를 증가시키는 것이 효과적이다.
㉡ 횡으로 긴 창보다 종으로 넓은 창이 채광에 유리하다.
㉢ 채광을 위한 창의 면적은 방바닥 면적의 15~20% (1/5~1/6)가 이상적이다.

60 감압환경으로 인한 장애 중 만성장애로서 고압환경에 반복 노출될 때에 가장 일어나기 쉬운 속발증이며 질소 기포가 뼈의 소동맥을 막아서 일어나고 해당 부위에 경색이 일어나는 것은?
① 기흉 ② 비감염성 골괴사
③ 종격기종 ④ 혈관전색

[풀이] 비감염성 골괴사는 혈액응고로 인해 뼈력이 괴사하는 것을 말한다.

제4과목 | 산업환기

61 유해가스 처리 제거기술 중 가스의 용해도와 관계가 가장 깊은 것은?
① 희석제거법 ② 흡착제거법
③ 연소제거법 ④ 흡수제거법

[풀이] 흡수법
유해가스가 액상에 잘 용해되거나 화학적으로 반응하는 성질을 이용하며 주로 물이나 수용액을 사용하기 때문에 물에 대한 가스의 용해도가 중요한 요인이다.

62 국소배기장치의 이송 덕트 설계에 있어서 분지관이 연결되는 주관 확대각의 범위로 가장 적절한 것은?

① 15° 이내 ② 30° 이내
③ 45° 이내 ④ 60° 이내

[풀이] 분지관의 연결

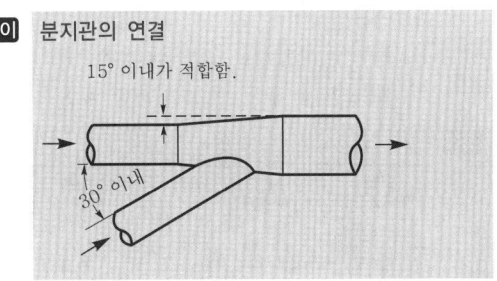

63 플랜지가 붙은 일반적인 형태의 외부식 후드(원형 또는 정사각형)가 공간에 위치하고 있다. 개구면의 단면적이 $0.5m^2$이고, 개구면으로부터 50cm되는 거리에서의 제어속도를 0.3m/sec가 되도록 설계하려고 한다. 이 후드의 필요환기량은 약 얼마인가?
① $56.3m^3/min$ ② $40.5m^3/min$
③ $36.7m^3/min$ ④ $25.2m^3/min$

[풀이]
$Q = 60 \times 0.75 \times V_c(10X^2 + A)$
$= 0.75m/sec \times 0.3[(10 \times 0.5^2) + 0.5]m^2$
$\times 60sec/min$
$= 40.5m^3/min$

64 다음 중 국소배기시스템에 설치된 충만실(plenum chamber)에 있어 가장 우선적으로 높여야 하는 효율의 종류는?
① 정압효율
② 집진효율
③ 정화효율
④ 배기효율

[풀이] 플레넘(plenum) : 충만실
ⓐ 후드 뒷부분에 위치하며 개구면 흡입유속의 강약을 작게 하여 일정하게 하므로 압력과 공기흐름을 균일하게 형성하는 데 필요한 장치이다.
ⓑ 가능한 설치는 길게 한다.
ⓒ 국소배기시스템에 설치된 충만실에 있어 가장 우선적으로 높여야 하는 효율은 배기효율이다.

65 다음 중 후드의 종류에서 외부식 후드가 아닌 것은?
① 루바형 후드   ② 그리드형 후드
③ 캐노피형 후드 ④ 슬롯형 후드

[풀이] 후드의 형식과 적용작업

방식	형태	적용작업의 예
포위식	・포위형 ・장갑부착 상자형	・분쇄, 마무리작업, 공작기계, 체분저조 ・농약 등 유독물질 또는 독성 가스 취급
부스식	・드래프트 챔버형 ・건축부스형	・연마, 포장, 화학 분석 및 실험, 동위원소 취급, 연삭 ・산세척, 분무도장
외부식	・슬롯형 ・루바형 ・그리드형 ・원형 또는 장방형	・도금, 주조, 용해, 마무리작업, 분무도장 ・주물의 모래털기작업 ・도장, 분쇄, 주형 해체 ・용해, 체분, 분쇄, 용접, 목공기계
레시버식	・캐노피형 ・원형 또는 장방형 ・포위형 (그라인더형)	・가열로, 소입(담금질), 단조, 용융 ・연삭, 연마 ・탁상 그라인더, 용융, 가열로

66 다음 중 전압, 속도압, 정압에 대한 설명으로 틀린 것은?
① 속도압은 항상 양압이다.
② 정압은 속도압에 의존하여 발생한다.
③ 전압은 속도압과 정압을 합한 값이다.
④ 송풍기의 전후 위치에 따라 덕트 내의 정압이 음(−)이나 양(+)으로 된다.

[풀이] 정압은 속도압과 관계없이 독립적으로 발생한다.

67 다음 중 일반적으로 제어속도를 결정하는 인자와 가장 거리가 먼 것은?
① 작업장 내의 온도와 습도
② 후드에서 오염원까지의 거리
③ 오염물질의 종류 및 확산상태
④ 후드의 모양과 작업장 내의 기류

[풀이] 제어속도 결정 시 고려사항
ⓐ 유해물질의 비산방향(확산상태)
ⓑ 유해물질의 비산거리(후드에서 오염원까지의 거리)
ⓒ 후드의 형식(모양)
ⓓ 작업장 내 방해기류(난기류의 속도)
ⓔ 유해물질의 성상(종류) : 유해물질의 사용량 및 독성

68 작업장에 전체환기장치를 설치하고자 한다. 다음 중 전체환기의 목적으로 볼 수 없는 것은?
① 화재나 폭발을 예방한다.
② 작업장의 온도와 습도를 조절한다.
③ 유해물질의 농도를 감소시켜 건강을 유지시킨다.
④ 유해물질을 발생원에서 직접 제거시켜 근로자의 노출농도를 감소시킨다.

[풀이] ④항의 내용은 국소배기이다.

69 전기집진기(ESP ; electrostatic precipitator)의 장점이라고 볼 수 없는 것은?
① 보일러와 철강로 등에 설치할 수 있다.
② 좁은 공간에서도 설치가 가능하다.
③ 고온의 입자상 물질도 처리가 가능하다.
④ 넓은 범위의 입경과 분진의 농도에서 집진효율이 높다.

[풀이] 전기집진장치
(1) 장점
ⓐ 집진효율이 높다(0.01μm 정도 포집 용이, 99.9% 정도 고집진 효율).
ⓑ 광범위한 온도범위에서 적용이 가능하며, 폭발성 가스의 처리도 가능하다.

ⓒ 고온의 입자성 물질(500℃ 전후) 처리가 가능하여 보일러와 철강로 등에 설치할 수 있다.
ⓔ 압력손실이 낮고 대용량의 가스 처리가 가능하고 배출가스의 온도강하가 적다.
ⓓ 운전 및 유지비가 저렴하다.
ⓑ 회수가치 입자포집에 유리하며, 습식 및 건식으로 집진할 수 있다.
ⓢ 넓은 범위의 입경과 분진농도에 집진효율이 높다.
ⓞ 습식집진이 가능하다.

(2) 단점
ⓐ 설치비용이 많이 든다.
ⓑ 설치공간을 많이 차지한다.
ⓒ 설치된 후에는 운전조건의 변화에 유연성이 적다.
ⓓ 먼지성상에 따라 전처리시설이 요구된다.
ⓔ 분진포집에 적용되며, 기체상 물질제거에는 곤란하다.
ⓗ 전압변동과 같은 조건변동(부하변동)에 쉽게 적응이 곤란하다.
ⓢ 가연성 입자의 처리가 곤란하다.

70 에너지 절약의 일환으로 실내공기를 재순환시켜 외부공기와 혼합하여 공급하는 경우가 많다. 재순환공기 중 CO_2의 농도가 700ppm, 급기 중 CO_2의 농도가 600ppm이었다면 급기 중 외부공기의 함량은 몇 %인가? (단, 외부공기 중 CO_2의 농도는 300ppm이다.)

① 25%   ② 43%
③ 50%   ④ 86%

풀이 급기 중 재순환량(%)

$$= \frac{\begin{pmatrix} \text{급기공기 중 } CO_2 \text{ 농도} \\ - \text{외부공기 중 } CO_2 \text{ 농도} \end{pmatrix}}{\begin{pmatrix} \text{재순환공기 중 } CO_2 \text{ 농도} \\ - \text{외부공기 중 } CO_2 \text{ 농도} \end{pmatrix}} \times 100$$

$$= \frac{600-300}{700-300} \times 100 = 75\%$$

∴ 급기 중 외부공기 포함량(%) = 100 - 75 = 25%

71 총 압력손실계산법 중 정압조절평형법의 단점에 해당하지 않는 것은?

① 설계 시 잘못된 유량을 수정하기가 어렵다.
② 설계가 복잡하고 시간이 걸린다.
③ 최대저항경로의 선정이 잘못되었을 경우 설계 시 발견이 어렵다.
④ 설계유량 산정이 잘못되었을 경우 수정은 덕트 크기의 변경을 필요로 한다.

풀이 정압조절평형법
(1) 장점
ⓐ 예기치 않는 침식, 부식, 분진퇴적으로 인한 축적(퇴적) 현상이 일어나지 않는다.
ⓑ 잘못 설계된 분지관, 최대저항경로(저항이 큰 분지관) 선정이 잘못되어도 설계 시 쉽게 발견할 수 있다.
ⓒ 설계가 정확할 때에는 가장 효율적인 시설이 된다.
ⓓ 유속의 범위가 적절히 선택되면 덕트의 폐쇄가 일어나지 않는다.

(2) 단점
ⓐ 설계 시 잘못된 유량을 고치기 어렵다(임의의 유량을 조절하기 어렵다).
ⓑ 설계가 복잡하고 시간이 걸린다.
ⓒ 설계유량 산정이 잘못되었을 경우 수정은 덕트의 크기 변경을 필요로 한다.
ⓓ 때에 따라 전체 필요한 최소유량보다 더 초과될 수 있다.
ⓔ 설치 후 변경이나 확장에 대한 유연성이 낮다.
ⓗ 효율개선 시 전체를 수정해야 한다.

72 다음 중 송풍기 상사 법칙으로 옳은 것은?
① 풍량은 회전수비의 제곱에 비례한다.
② 축동력은 회전수비의 제곱에 비례한다.
③ 축동력은 임펠러의 직경비에 반비례한다.
④ 송풍기 정압은 회전수비의 제곱에 비례한다.

풀이 송풍기 상사 법칙
(1) 회전수비
ⓐ 풍량은 회전수비에 비례
ⓑ 풍압은 회전수비의 제곱에 비례
ⓒ 동력은 회전수비의 세제곱에 비례
(2) 임펠러 직경비
ⓐ 풍량은 임펠러 직경비의 세제곱에 비례
ⓑ 풍압은 임펠러 직경비의 제곱에 비례
ⓒ 동력은 임펠러 직경비의 오제곱에 비례

정답 70.① 71.③ 72.④

73 산업환기에서의 표준상태에서 수은의 증기압은 0.0035mmHg이다. 이때 공기 중 수은증기의 최고 농도는 약 몇 mg/m³인가? (단, 수은의 분자량은 200.59이다.)

① 24.88 ② 30.66
③ 38.33 ④ 44.22

풀이
최고 농도(ppm) = $\dfrac{0.0035}{760} \times 10^6 = 4.6\text{ppm}$

∴ 최고 농도(mg/m³) = $4.6\text{ppm} \times \dfrac{200.59}{24.1}$
$= 38.33\text{mg/m}^3$

74 다음 중 국소배기장치에 주로 사용하는 터보 송풍기에 관한 설명으로 틀린 것은?

① 송풍량이 증가해도 동력이 증가하지 않는다.
② 방사 날개형 송풍기나 전향 날개형 송풍기에 비해 효율이 높다.
③ 직선 익근을 반경방향으로 부착시킨 것으로 구조가 간단하고 보수가 용이하다.
④ 고농도 분진함유 공기를 이송시킬 경우, 회전날개 뒷면에 퇴적되어 효율이 떨어진다.

풀이 터보형 송풍기(turbo fan)
㉠ 후향 날개형(후곡 날개형)(backward-curved blade fan)은 송풍량이 증가해도 동력이 증가하지 않는 장점을 가지고 있어 한계부하 송풍기라고도 한다.
㉡ 회전날개(깃)가 회전방향 반대편으로 경사지게 설계되어 있어 충분한 압력을 발생시킬 수 있다.
㉢ 소요정압이 떨어져도 동력은 크게 상승하지 않으므로 시설저항 및 운전상태가 변해도 과부하가 걸리지 않는다.
㉣ 송풍기 성능곡선에서 동력곡선이 최대송풍량의 60~70%까지 증가하다가 감소하는 경향을 띠는 특성이 있다.
㉤ 고농도 분진 함유 공기를 이송시킬 경우 깃 뒷면에 분진이 퇴적하며 집진기 후단에 설치하여야 한다.
㉥ 깃의 모양은 두께가 균일한 것과 익형이 있다.
㉦ 원심력식 송풍기 중 가장 효율이 좋다.

75 스프레이 도장, 용기충전 등 발생기류가 높고, 유해물질이 활발하게 발생하는 장소의 제어속도로 가장 적절한 것은? [단, 미국정부산업위생전문가협의회(ACGIH)의 권고치를 기준으로 한다.]

① 0.3m/sec
② 0.5m/sec
③ 1.5m/sec
④ 5.0m/sec

풀이 제어속도 범위(ACGIH)

작업조건	작업공정 사례	제어속도 (m/sec)
• 움직이지 않는 공기 중에서 속도없이 배출되는 작업조건 • 조용한 대기 중에 실제 거의 속도가 없는 상태로 발산하는 경우의 작업조건	• 액면에서 발생하는 가스나 증기, 흄 • 탱크에서 증발, 탈지시설	0.25~0.5
• 비교적 조용한(약간의 공기 움직임) 대기 중에서 저속도로 비산하는 작업조건	• 용접, 도금작업 • 스프레이 도장 • 주형을 부수고 모래를 터는 장소	0.5~1.0
• 발생기류가 높고 유해물질이 활발하게 발생하는 작업조건	• 스프레이 도장, 용기충전 • 컨베이어 적재 • 분쇄기	1.0~2.5
• 초고속기류가 있는 작업장소에 초고속으로 비산하는 경우	• 회전연삭작업 • 연마작업 • 블라스트작업	2.5~10

76 작업장의 크기가 세로 20m, 가로 30m, 높이 6m이고, 필요환기량이 120m³/min일 때 1시간당 공기 교환횟수는 몇 회인가?

① 1회 ② 2회
③ 3회 ④ 4회

풀이
1시간당 공기 교환횟수(ACH)
= $\dfrac{\text{필요환기량}}{\text{작업장 용적}}$
= $\dfrac{120\text{m}^3/\text{min} \times 60\text{min/hr}}{(20 \times 30 \times 6)\text{m}^3} = 2$회(시간당)

정답 73.③ 74.③ 75.③ 76.②

77 용융로 상부의 공기 용량은 200m³/min, 온도는 400℃, 1기압이다. 이것을 21℃, 1기압의 상태로 환산하면 공기의 용량은 약 몇 m³/min이 되겠는가?
① 82.6　　② 87.4
③ 93.4　　④ 116.6

풀이
$$Q(m^3/min) = 200m^3/min \times \frac{273+21}{273+400}$$
$$= 87.37 m^3/min$$

78 다음 중 실내의 중량 절대습도가 80kg/kg, 외부의 중량 절대습도가 60kg/kg, 실내의 수증기가 시간당 3kg씩 발생할 때, 수분 제거를 위하여 중량단위로 필요한 환기량(m³/min)은 약 얼마인가? (단, 공기의 비중량은 1.2kgf/m³로 한다.)
① 0.21　　② 4.17
③ 7.52　　④ 12.50

풀이
$$필요환기량(m^3/min) = \frac{W}{1.2 \Delta G}$$
$$= \frac{3kg/hr \times hr/60min}{1.2 \times (80-60)kg/kg} \times 100$$
$$= 0.21 m^3/min$$

79 일반적으로 외부식 후드에 플랜지를 부착하면 약 어느 정도 효율이 증가될 수 있는가? (단, 플랜지의 크기는 개구면적의 제곱근 이상으로 한다.)
① 15%　　② 25%
③ 35%　　④ 45%

풀이 일반적으로 외부식 후드에 플랜지(flange)를 부착하면 후방 유입기류를 차단하고 후드 전면에서 포집범위가 확대되어 flange가 없는 후드에 비해 동일 지점에서 동일한 제어속도를 얻는 데 필요한 송풍량을 약 25% 감소시킬 수 있으며 플랜지 폭은 후드 단면적의 제곱근($\sqrt{A}$) 이상이 되어야 한다.

80 다음 중 일반적으로 사용되는 국소배기장치의 계통도를 바르게 나열한 것은?
① 후드 → 덕트 → 공기정화장치 → 송풍기
② 후드 → 공기정화장치 → 덕트 → 송풍기
③ 덕트 → 공기정화장치 → 송풍기 → 후드
④ 후드 → 덕트 → 송풍기 → 공기정화장치

풀이 국소배기장치의 계통도
후드 → 덕트 → 공기정화장치 → 송풍기 → 배기덕트

정답 77.② 78.① 79.② 80.①

제2회 산업위생관리산업기사

과년도 출제문제 | 2015.05.31

제1과목 | 산업위생학 개론

01 산업현장에서 근로자에게 일어나는 산업피로현상은 외부적 요인과 신체적 요인 등 여러 인자들에 의해 복합적으로 발생하는데 다음 중 외부적 요인과 가장 관계가 적은 것은?
① 작업의 강도와 양의 적절성
② 작업시간과 작업자세의 적부
③ 작업의 숙련도 및 적응능력
④ 작업환경 조건

풀이 피로의 발생요인
(1) 내적 요인(개인 조건)
  ㉠ 적응능력
  ㉡ 영양상태
  ㉢ 숙련 정도
  ㉣ 신체적 조건
(2) 외적 요인
  ㉠ 작업환경
  ㉡ 작업부하(작업시간)
  ㉢ 생활조건

02 작업환경측정 및 정도관리 등에 관한 고시에 있어 시료채취 근로자수는 단위작업장소에서 최고 노출근로자 몇 명 이상에 대하여 동시에 측정하도록 되어 있는가?
① 2명   ② 3명
③ 5명   ④ 10명

풀이 시료채취 근로자수
㉠ 단위작업장소에서 최고 노출근로자 2명 이상에 대하여 동시에 개인시료방법으로 측정하되, 단위작업장소에 근로자가 1명인 경우에는 그러하지 아니하며, 동일 작업 근로자수가 10명을 초과하는 경우에는 매 5명당 1명 이상 추가하여 측정하여야 한다. 다만, 동일 작업 근로자수가 100명을 초과하는 경우에는 최대 시료채취근로자수를 20명으로 조정할 수 있다.
㉡ 지역시료채취방법으로 측정을 하는 경우 단위작업장소 내에서 2개 이상의 지점에 대하여 동시에 측정하여야 한다. 다만, 단위작업장소의 넓이가 50평방미터 이상인 경우에는 매 30평방미터마다 1개 지점 이상을 추가로 측정하여야 한다.

03 다음 중 직업병 예방대책과 가장 관계가 먼 것은?
① 개인보호구 지급
② 작업환경의 정리정돈
③ 근로자 후생 복지비 증액
④ 기업주에 대한 안전·보건 교육 실시

풀이 ③항은 예방대책과 관련이 없다.

04 다음 중 중량물 취급작업에 있어 미국산업안전보건연구원(NIOSH)에서 제시한 감시기준(Action Limit)의 계산에 적용되는 요인이 아닌 것은?
① 물체의 이동거리
② 대상물체의 수평거리
③ 중량물 취급작업의 빈도
④ 중량물 취급작업자의 체중

풀이 감시기준(AL) 관계식
$$AL(kg) = 40\left(\frac{15}{H}\right) \times (1 - 0.004|V - 75|) \times \left(0.7 + \frac{7.5}{D}\right) \times \left(1 - \frac{F}{F_{max}}\right)$$
여기서, H : 대상물체의 수평거리
V : 대상물체의 수직거리
D : 대상물체의 이동거리
F : 중량물 취급작업의 빈도

정답 01.③ 02.① 03.③ 04.④

05 16kcal/min의 작업시간은 4분이고, $\frac{16}{3}$ kcal/min에 대한 작업시간이 480분일 때 육체적 작업능력(PWC)이 16kcal/min인 근로자에 대한 허용작업시간(T_{end}, 분)과 작업대사량(E, kcal/min)의 관계식으로 옳은 것은?

① Log T_{end} = 3.150 − 0.1949 · E
② Log T_{end} = 3.720 − 0.1949 · E
③ Log T_{end} = 3.150 − 0.1847 · E
④ Log T_{end} = 3.720 − 0.1847 · E

[풀이] 피로예방 허용작업시간(작업강도에 따른 허용작업시간)
$\log T_{end} = 3.720 - 0.1949E$
여기서, E : 작업대사량(kcal/min)
T_{end} : 허용작업시간(min)

06 다음 중 산업안전보건법령상 기관석면조사 대상으로서 건축물이나 설비의 소유주 등이 고용노동부장관에게 등록한 자로 하여금 그 석면을 해체·제거하도록 하여야 하는 함유량과 면적기준으로 틀린 것은?

① 석면이 1wt%를 초과하여 함유된 분무재 또는 내화피복재를 사용한 경우
② 파이프에 사용된 보온재에서 석면이 1wt%를 초과하여 함유되어 있고, 그 보온재 길이의 합이 25m 이상인 경우
③ 석면이 1wt%를 초과하여 함유된 개스킷의 면적의 합이 15m² 이상 또는 그 부피의 합이 1m³ 이상인 경우
④ 철거·해체하려는 벽체재료, 바닥재, 천장재 및 지붕재 등의 자재에 석면이 1wt%를 초과하여 함유되어 있고 그 자재의 면적의 합이 50m² 이상인 경우

[풀이] 산업안전보건법상 석면 해체·제거 대상
(1) 일정 규모 이상의 건축물이나 설비
  ㉠ 건축물의 연면적 합계가 50m² 이상이면서 그 건축물의 철거·해체 하려는 부분의 면적 합계가 50m² 이상인 경우
  ㉡ 주택의 연면적 합계가 200m² 이상이면서 그 주택의 철거·해체 하려는 부분의 면적 합계가 200m² 이상인 경우
  ㉢ 설비의 철거·해체 하려는 부분에 다음 어느 하나에 해당하는 자재를 사용한 면적의 합이 15m² 이상 또는 그 부피의 합이 1m³ 이상인 경우
    • 단열재
    • 보온재
    • 분무재
    • 내화피복재
    • 개스킷
    • 패킹재
    • 실링재
  ㉣ 파이프 길이의 합이 80m 이상이면서 그 파이프의 철거·해체 하려는 부분의 보온재로 사용된 길이의 합이 80m 이상인 경우
(2) 석면함유량과 면적
  ㉠ 철거·해체 하려는 벽체 재료, 바닥재, 천장재 및 지붕재 등의 자재에 석면이 1%(무게%)를 초과하여 함유되어 있고 그 자재의 면적의 합이 50m² 이상인 경우
  ㉡ 석면이 1%(무게%)를 초과하여 함유된 분무재 또는 내화피복재를 사용한 경우
  ㉢ 석면이 1%(무게%)를 초과하여 함유된 단열재, 보온재, 개스킷, 패킹재, 실링재의 면적의 합이 15m² 이상 또는 그 부피의 합이 1m³ 이상인 경우
  ㉣ 파이프에 사용된 보온재에서 석면이 1%(무게%)를 초과하여 함유되어 있고, 그 보온재 길이의 합이 80m 이상인 경우

07 다음 중 산업위생관리의 목적 또는 업무와 가장 거리가 먼 것은?

① 직업성 질환의 확인 및 치료
② 작업환경 및 근로조건의 개선
③ 직업성 질환 유소견자의 작업 전환
④ 산업재해의 예방과 작업능률의 향상

[풀이] 산업위생관리의 목적
㉠ 작업환경과 근로조건의 개선 및 직업병의 근원적 예방
㉡ 작업환경 및 작업조건의 인간공학적 개선(최적의 작업환경 및 작업조건으로 개선하여 질병을 예방)

정답 05.② 06.② 07.①

ⓒ 작업자의 건강보호 및 생산성 향상(근로자의 건강을 유지·증진시키고 작업능률을 향상)
ⓔ 근로자들의 육체적, 정신적, 사회적 건강을 유지 및 증진
ⓜ 산업재해의 예방 및 직업성 질환 유소견자의 작업전환

08 다음 중 생물학적 모니터링의 대상물질 및 대사산물의 연결이 잘못된 것은?

① benzene : s-phenylmercapturic acid in urine
② carbon disulfide : t,t-muconic acid in blood
③ mecury : total inorganic mercury in blood
④ xylenes : methylhippuric acid in urine

풀이 carbon disulfide(CS_2)의 대사산물은 뇨 중 TTCA 및 뇨 중 CS_2이다.

09 다음 중 산업안전보건법령에서 정의한 강렬한 소음작업에 해당하는 작업은?

① 90dB 이상의 소음이 1일 4시간 이상 발생하는 작업
② 95dB 이상의 소음이 1일 2시간 이상 발생하는 작업
③ 100dB 이상의 소음이 1일 1시간 이상 발생하는 작업
④ 110dB 이상의 소음이 1일 30분 이상 발생하는 작업

풀이 강렬한 소음작업
ⓐ 90dB 이상의 소음이 1일 8시간 이상 발생하는 작업
ⓑ 95dB 이상의 소음이 1일 4시간 이상 발생하는 작업
ⓒ 100dB 이상의 소음이 1일 2시간 이상 발생하는 작업
ⓓ 105dB 이상의 소음이 1일 1시간 이상 발생하는 작업
ⓔ 110dB 이상의 소음이 1일 30분 이상 발생하는 작업
ⓕ 115dB 이상의 소음이 1일 15분 이상 발생하는 작업

10 척추의 디스크 중 물체를 들어올릴 때나 쥘 때 발생하는 압력이 영향을 주어 추간판 탈출증이 주로 발생하는 요추부분은?

① L_3/S_1 discs
② L_4/S_1 discs
③ L_5/S_1 discs
④ L_6/S_1 discs

풀이 L_5/S_1 디스크(disc)
ⓐ 척추의 디스크 중 앉을 때, 서 있을 때, 물체를 들어올릴 때 및 쥘 때 발생하는 압력이 가장 많이 흡수되는 디스크이다.
ⓑ 인체 등의 구조는 경추가 7개, 흉추가 12개, 요추가 5개이고 그 아래에 천골로써 골반의 후벽을 이룬다. 여기서 요추의 5번째 L_5와 천골 사이에 있는 디스크가 있다. 이곳의 디스크를 L_5/S_1 disc라 한다.
ⓒ 물체와 몸의 거리가 멀 경우 지렛대의 역할을 하는 L_5/S_1 디스크에 많은 부담을 주게 된다.

11 전자파방사선은 보통 전리방사선과 비전리방사선으로 구분한다. 다음 중 전리방사선에 해당되지 않는 것은?

① X선
② γ선
③ 중성자
④ 자외선

풀이 전리방사선
ⓐ 전자기방사선 : X-Ray, γ선
ⓑ 입자방사선 : α선, β선, 중성자

12 다음 중 NIOSH의 들기지침에서 권고중량물 한계기준(RWL : Recommended Weight Limit)을 산정할 때 고려되는 인자가 아닌 것은?

① 수평계수
② 수직계수
③ 작업강도계수
④ 비대칭계수

풀이 중량물취급 권고기준(권고중량물 한계기준) : RWL
RWL(kg)=LC×HM×VM×DM×AM×FM×CM
여기서, LC : 중량상수(부하상수)(23kg : 최적 작업상태 권장 최대무게, 즉 모든 조건이 가장 좋지 않을 경우 허용되는 최대 중량의 의미)
HM : 수평계수
VM : 수직계수
DM : 물체 이동거리계수
AM : 비대칭각도계수
FM : 작업빈도계수
CM : 물체를 잡는 데 따른 계수

13 기초대사량이 1.5kcal/min이고, 작업대사량이 225kcal/hr인 작업을 수행할 때, 이 작업의 실동률(%)은 얼마인가? (단, 사이토와 오시마의 경험식을 적용한다.)

① 61.5 ② 66.3
③ 72.5 ④ 77.5

풀이

작업대사율(RMR) = $\dfrac{\text{작업대사량}}{\text{기초대사량}}$

$= \dfrac{225\text{kcal/hr}}{1.5\text{kcal/min} \times 60\text{min/hr}} = 2.5$

∴ 실동률(%) = 85 − (5 × RMR)
= 85 − (5 × 2.5) = 72.5%

14 다음 중 직업과 적성에 있어 생리적 적성검사에 해당하지 않는 것은?

① 감각기능검사
② 심폐기능검사
③ 체력검사
④ 지각동작검사

풀이 적성검사 분류 및 특성
(1) 신체검사(신체적 적성검사, 체격검사)
(2) 생리적 기능검사(생리적 적성검사)
  ㉠ 감각기능검사
  ㉡ 심폐기능검사
  ㉢ 체력검사
(3) 심리학적 검사(심리학적 적성검사)
  ㉠ 지능검사
    언어, 기억, 추리, 귀납 등에 대한 검사
  ㉡ 지각동작검사
    수족협조, 운동속도, 형태지각 등에 대한 검사
  ㉢ 인성검사
    성격, 태도, 정신상태에 대한 검사
  ㉣ 기능검사
    직무에 관련된 기본 지식과 숙련도, 사고력 등의 검사

15 다음 설명에 해당하는 고열장애는?

고온환경에서 심한 육체적 노동을 할 때 잘 발생하며 그 기전은 지나친 발한에 의한 탈수와 염분 소실이다. 증상으로는 작업 시 많이 사용한 수의근(voluntary muscle)에 유통성 경련이 오는 것이 특징적이며, 이에 앞서 현기증, 이명, 두통, 구역, 구토 등의 전구증상이 나타난다.

① 열경련(heat cramp)
② 열사병(heatstroke)
③ 열발진(heat rashes)
④ 열허탈(heat collapse)

풀이 열경련
㉠ 더운 환경에서 고된 육체적인 작업을 장시간하면서 땀을 많이 흘릴 때 많은 물을 마시지만 신체의 염분 손실을 충당하지 못해(혈중 염분농도가 낮아짐) 발생하는 것으로 혈중 염분농도 관리가 중요한 고열장애이다.
㉡ 복부와 사지 근육에 강직, 동통이 일어나고 과도한 발한이 발생한다.
㉢ 수의근의 유통성 경련(주로 작업 시 사용한 근육에서 발생)이 일어나기 전에 현기증, 이명, 두통, 구역, 구토 등의 전구증상이 일어난다.

16 미국산업위생학회(AIHA)에서 정한 산업위생의 정의를 가장 올바르게 설명한 것은?

① 근로자의 신체발육, 생명연장 및 육체적, 정신적 효율을 증진시키는 제반 역할이다.
② 일반 대중의 육체적 건강과 쾌적한 환경을 조성하는 것을 목표로 하는 일이다.
③ 근로자의 육체적, 정신적 건강을 최고로 유지, 증진시키고 작업조건에 의한 질병을 예방하는 일이다.
④ 근로자나 일반 대중에게 질병, 건강장애, 불쾌감, 능률 저하 등을 초래하는 작업환경요인과 스트레스 등을 예측, 인식, 평가하고 관리하는 과학과 기술이다.

풀이 산업위생의 정의(AIHA)
근로자나 일반 대중(지역주민)에게 질병, 건강장애와 안녕방해, 심각한 불쾌감 및 능률 저하 등을 초래하는 작업환경 요인과 스트레스를 예측, 측정, 평가하고 관리하는 과학과 기술이다(예측, 인지(확인), 평가, 관리 의미와 동일함).

정답 13.③ 14.④ 15.① 16.④

17 주요 화학물질의 노출기준(TWA, ppm)이 가장 낮은 것은?

① 오존(O_3)
② 암모니아(NH_3)
③ 일산화탄소(CO)
④ 이산화탄소(CO_2)

풀이 주요 화학물질의 노출기준(TWA)
① 오존(O_3) : 0.08ppm
② 암모니아(NH_3) : 25ppm
③ 일산화탄소(CO) : 30ppm
④ 이산화탄소(CO_2) : 5,000ppm

18 다음 중 산업피로를 측정할 때 국소피로를 평가하는 객관적인 방법은?

① 심전도
② 근전도
③ 부정맥지수
④ 작업종료 후 회복 시의 심박수

풀이 산업피로 측정방법
㉠ 국소피로 : 근전도(EMG)
㉡ 전신피로 : 심박수(heart rate)

19 산업재해 통계에 사용하는 연천인율의 공식으로 옳은 것은?

① $\dfrac{재해발생건수}{연근로시간수} \times 10^6$
② $\dfrac{연간재해자수}{평균근로자수} \times 10^6$
③ $\dfrac{연간재해자수}{평균근로자수} \times 10^3$
④ $\dfrac{재해발생건수}{연근로시간수} \times 10^3$

풀이 연천인율은 재직근로자 1,000명당 1년간 발생한 재해자수를 말한다.

20 2004년도 우리나라에서 외국인 근로자들의 하지마비사건 발생으로 인하여 크게 사회문제가 됐던 물질은?

① 수은
② 이황화탄소
③ DMF
④ 노말헥산

풀이 노말헥산(n-헥산, [$CH_3(CH_2)_4CH_3$])
㉠ 투명한 휘발성 액체로 파라핀계 탄화수소의 대표적 유해물질이며 휘발성이 크고 극도로 인화하기 쉽다.
㉡ 페인트, 시너, 잉크 등의 용제로 사용되며 정밀기계의 세척제 등으로 사용한다.
㉢ 장기간 폭로될 경우 독성 말초신경장애가 초래되어 사지의 지각상실과 신근마비 등 다발성 신경장애를 일으킨다.
㉣ 2000년대 외국인 근로자에게 다발성 말초신경증을 집단으로 유발한 물질이다.
㉤ 체내 대사과정을 거쳐 2,5-Hexanedione 물질로 배설된다.

제2과목 | 작업환경 측정 및 평가

21 투과 퍼센트가 50%인 경우 흡광도는?

① 0.3
② 0.4
③ 0.5
④ 0.6

풀이
$$흡광도 = \log \dfrac{1}{투과율} = \log \dfrac{1}{(1-0.5)} = 0.3$$

22 다음은 노출기준을 설정하기 위한 이론적 배경을 설명한 것이다. 가장 거리가 먼 것은?

① 사업장 역학조사 등으로 얻은 자료를 근거로 설정한다.
② 동물실험을 한 결과를 근거로 설정한다.
③ 화학 구조상의 유사성과 연계하여 설정한다.
④ 물리적 안정성을 평가하여 설정한다.

풀이 노출기준 설정 이론적 배경
㉠ 화학 구조상의 유사성과 연계하여 설정
㉡ 동물실험 결과를 근거로 설정
㉢ 인체실험 자료를 근거로 설정
㉣ 사업장 역학조사 자료를 근거로 설정

정답 17.① 18.② 19.③ 20.④ 21.① 22.④

23 유도결합플라스마 원자발광분석기에 관한 설명으로 틀린 것은?
① 동시에 많은 금속을 분석할 수 있다.
② 원자들은 높은 온도에서 많은 복사선을 방출하므로 분광학적 방해영향이 있을 수 있다.
③ 검량선의 직선성 범위가 넓다.
④ 이온화에너지가 낮은 원소들은 검출한계가 낮다.

[풀이] 유도결합플라스마 원자발광분석기의 장단점
(1) 장점
 ㉠ 비금속을 포함한 대부분의 금속을 ppb 수준까지 측정할 수 있다.
 ㉡ 적은 양의 시료를 가지고 한꺼번에 많은 금속을 분석할 수 있다는 것이 가장 큰 장점이다.
 ㉢ 한 번의 시료를 주입하여 10~20초 내에 30개 이상의 원소를 분석할 수 있다.
 ㉣ 화학물질에 의한 방해로부터 영향을 거의 받지 않는다.
 ㉤ 검량선의 직선성 범위가 넓다. 즉 직선성 확보가 유리하다.
 ㉥ 원자흡광광도계보다 분석 정밀도가 높다.
(2) 단점
 ㉠ 원자들은 높은 온도에서 많은 복사선을 방출하므로 분광학적 방해영향이 있다.
 ㉡ 시료분해 시 화합물 바탕 방출이 있어 컴퓨터 처리과정에서 교정이 필요하다.
 ㉢ 유지관리 및 기기구입 가격이 높다.
 ㉣ 이온화에너지가 낮은 원소들은 검출한계가 높으며, 또한 다른 금속의 이온화에 방해를 준다.

24 공기 중 시료채취원리에서 반 데르 발스 힘과 관련 있는 것은?
① 미젯임핀저
② PVC filter
③ 활성탄관
④ 유리섬유여과지

[풀이] 활성탄관(고체흡착)은 반 데르 발스 힘, 즉 약한 인력의 물리적 흡착을 이용한다.

25 실리카겔 흡착관에 대한 설명으로 옳지 않은 것은?
① 실리카겔은 극성이 강하여 극성물질을 채취한 경우 물과 같은 일반 용매로는 탈착되기 어렵다.
② 추출용액이 화학분석이나 기기분석에 방해물질로 작용하는 경우가 많지 않다.
③ 유독한 이황화탄소를 탈착용매로 사용하지 않는다.
④ 활성탄으로 채취가 어려운 아닐린, 오르토 -톨루이딘 등의 아민류 채취가 가능하다.

[풀이] 실리카겔의 장단점
(1) 장점
 ㉠ 극성이 강하여 극성 물질을 채취한 경우 물, 메탄올 등 다양한 용매로 쉽게 탈착한다.
 ㉡ 추출용액(탈착용매)이 화학분석이나 기기분석에 방해물질로 작용하는 경우는 많지 않다.
 ㉢ 활성탄으로 채취가 어려운 아닐린, 오르토-톨루이딘 등의 아민류나 몇몇 무기물질의 채취가 가능하다.
 ㉣ 매우 유독한 이황화탄소를 탈착용매로 사용하지 않는다.
(2) 단점
 ㉠ 친수성이기 때문에 우선적으로 물분자와 결합을 이루어 습도의 증가에 따른 흡착용량의 감소를 초래한다.
 ㉡ 습도가 높은 작업장에서는 다른 오염물질의 파과용량이 작아져 파과를 일으키기 쉽다.

26 용광로가 있는 철강 주물공장 옥내 습구흑구온도지수(WBGT)는? (단, 건구온도 : 32℃, 자연습구온도 : 30℃, 흑구온도 : 34℃)
① 30.5℃
② 31.2℃
③ 32.5℃
④ 33.4℃

[풀이] 옥내 WBGT(℃) = (0.7×30℃) + (0.3×34℃)
= 31.2℃

정답 23.④ 24.③ 25.① 26.②

27 직독식 기구인 검지관의 사용 시 장점으로 틀린 것은?

① 복잡한 분석이 필요 없고 사용이 간편하다.
② 빠른 시간에 측정 결과를 알 수 있다.
③ 물질의 특이도(specificity)가 높다.
④ 맨홀, 밀폐공간에서 유용하게 사용할 수 있다.

[풀이] 검지관 측정법
(1) 장점
  ㉠ 사용이 간편하다.
  ㉡ 반응시간이 빨라 현장에서 바로 측정 결과를 알 수 있다.
  ㉢ 비전문가도 어느 정도 숙지하면 사용할 수 있지만 산업위생전문가의 지도 아래 사용되어야 한다.
  ㉣ 맨홀, 밀폐공간에서의 산소부족 또는 폭발성 가스로 인한 안전이 문제가 될 때 유용하게 사용된다.
  ㉤ 다른 측정방법이 복잡하거나 빠른 측정이 요구될 때 사용할 수 있다.
(2) 단점
  ㉠ 민감도가 낮아 비교적 고농도에만 적용이 가능하다.
  ㉡ 특이도가 낮아 다른 방해물질의 영향을 받기 쉽고 오차가 크다.
  ㉢ 대개 단시간 측정만 가능하다.
  ㉣ 한 검지관으로 단일물질만 측정 가능하여 각 오염물질에 맞는 검지관을 선정함에 따른 불편이 있다.
  ㉤ 색변화에 따라 주관적으로 읽을 수 있어 판독자에 따라 변이가 심하며, 색변화가 시간에 따라 변하므로 제조자가 정한 시간에 읽어야 한다.
  ㉥ 미리 측정대상 물질의 동정이 되어 있어야 측정이 가능하다.

28 정량한계(LOQ)에 관한 내용으로 옳은 것은?

① 표준편차의 3배
② 표준편차의 10배
③ 검출한계의 5배
④ 검출한계의 10배

[풀이]
㉠ LOD=표준편차×3
㉡ LOQ=표준편차×10=LOD×3(3.3)

29 오염원에서 perchloroethylene 20%(TLV : 670mg/m³), methylene chloride 30%(TLV : 720mg/m³) 및 heptane 50%(TLV : 1,600mg/m³)의 중량비로 조성된 용제가 증발되어 작업환경을 오염시켰을 경우, 작업장 내 노출기준은?

① 973mg/m³
② 1,085mg/m³
③ 1,191mg/m³
④ 1,212mg/m³

[풀이] 혼합물의 노출기준(mg/m³)
$$= \frac{1}{\frac{f_a}{TLV_a}+\frac{f_b}{TLV_b}+\frac{f_c}{TLV_c}}$$
$$= \frac{1}{\frac{0.2}{670}+\frac{0.3}{720}+\frac{0.5}{1,600}}$$
$$= 973.07 mg/m^3$$

30 0.01N-NaOH 수용액 중의 [H⁺]은 몇 mole/L인가?

① 1×10^{-2}
② 1×10^{-13}
③ 1×10^{-12}
④ 1×10^{-11}

[풀이]
pH=14-pOH
　　=14-log10⁻²=12
[H⁺]=10⁻ᵖᴴ=10⁻¹²

31 다음 중 1차 표준장비에 포함되지 않는 것은?

① 폐활량계(spirometer)
② 비누거품미터(soap bubble meter)
③ 가스치환병(mariotte bottle)
④ 열선기류계(thermo anemometer)

풀이 공기채취기구의 보정에 사용되는 1차 표준기구 종류

표준기구	일반 사용범위	정확도
비누거품미터 (soap bubble meter)	1mL/분~30L/분	±1% 이내
폐활량계 (spirometer)	100~600L	±1% 이내
가스치환병 (mariotte bottle)	10~500mL/분	±0.05 ~0.25%
유리피스톤미터 (glass piston meter)	10~200mL/분	±2% 이내
흑연피스톤미터 (frictionless piston meter)	1mL/분~50L/분	±1~2%
피토튜브 (pitot tube)	15mL/분 이하	±1% 이내

32 작업환경에서 공기 중 오염물질 농도 표시인 mppcf에 대한 설명으로 틀린 것은?

① million particle per cubic feet를 의미한다.
② OSHA PEL 중 mica와 graphite는 mppcf로 표시한다.
③ 1mppcf는 대략 35.31개/cm^3이다.
④ ACGIH TLVs의 mg/m^3와 mppcf 전환에서 14mppcf는 $1mg/m^3$이다.

풀이 mppcf(million particle per cubic feet)
㉠ 분진의 질이나 양과는 관계없이 단위 공기 중에 들어있는 분자량
㉡ 우리나라는 공기 1mL 속의 분자수로 표시하고, 미국의 경우는 $1ft^3$당 몇 백만 개 mppcf로 사용
㉢ 1mppcf=35.31입자(개)/mL=35.31입자(개)/cm^3
㉣ OSHA 노출기준(PEL) 중 mica와 graphite는 mppcf로 표시

33 공기 중에 부유하고 있는 분진을 충돌의 원리에 의해 입자크기별로 분리하여 측정할 수 있는 기기는?

① low volume sampler
② high volume sampler
③ personal distribution
④ cascade impactor

풀이 cascade impactor(입경분립충돌기, 직경분립충돌기, anderson impactor)
흡입성 입자상 물질, 흉곽성 입자상 물질, 호흡성 입자상 물질의 크기별로 측정하는 기구이며, 공기흐름이 층류일 경우 입자가 관성력에 의해 시료채취 표면에 충돌하여 채취하는 원리이다. 즉, 노즐로 주입되는 에어로졸의 유선이 충돌판 부근에서 급속하게 꺾이면 에어로졸상의 입자들 중 특정크기(절단입경; cut diameter)보다 큰 입자들은 유선을 따라가지 못하고 충돌판에 부착되고 절단입경보다 작은 입자들은 공기의 유선을 따라 이동하여 충돌판을 빠져나가는 원리이다.

34 먼지 시료채취에 사용되는 여과지에 대한 설명이 잘못된 것은?

① PTFE막 여과지는 농약이나 알칼리성 먼지채취에 적합하다.
② MCE막 여과지는 산에 쉽게 용해된다.
③ 은막 여과지는 코크스 제조공정에서 발생되는 코크스 오븐 배출물질 채취에 사용한다.
④ PVC막 여과지는 수분에 대한 영향이 크므로 용해성 시료채취에 사용한다.

풀이 PVC막 여과지는 수분의 영향이 크지 않아 공해성 먼지, 총 먼지 등의 중량분석을 위한 측정에 사용한다.

35 1,000Hz 순음의 음의 세기레벨 40dB의 음의 크기로 정의되는 것은?

① 1SIL
② 1NRN
③ 1phon
④ 1sone

풀이 sone
㉠ 감각적인 음의 크기(loudness)를 나타내는 양이며 1,000Hz에서의 압력수준 dB을 기준으로 하여 등감곡선을 소리의 크기로 나타내는 단위이다.
㉡ 1,000Hz 순음의 음의 세기레벨 40dB의 음의 크기를 1sone으로 정의한다.

36 원자흡광광도계는 다음 중 어떤 종류의 물질 분석에 널리 적용되는가?

① 금속
② 용매
③ 방향족탄화수소
④ 지방족 탄화수소

정답 32.④ 33.④ 34.④ 35.④ 36.①

풀이 원자흡광광도법(atomic absorption spectrophotometry)
시료를 적당한 방법으로 해리시켜 중성원자로 증기화하여 생긴 기저상태의 원자가 이 원자 증기층을 투과하는 특유 파장의 빛을 흡수하는 현상을 이용하여 광전 측광과 같은 개개의 특유 파장에 대한 흡광도를 측정하여 시료 중의 원소농도를 정량하는 방법으로 대기 또는 배출가스 중의 유해중금속, 기타 원소의 분석에 적용한다.

37 유해물질의 농도가 1%였다면 이 물질의 농도를 ppm으로 환산하면 얼마인가?
① 100
② 1,000
③ 10,000
④ 100,000

풀이 1% = 10^4 ppm

38 작업환경의 고열측정을 위한 자연습구온도계의 측정시간 기준으로 맞는 것은? (단, 고용노동부 고시 기준)
① 5분 이상
② 10분 이상
③ 15분 이상
④ 25분 이상

풀이 측정구분에 의한 측정기기와 측정시간

구 분	측정기기	측정시간
습구 온도	0.5℃ 간격의 눈금이 있는 아스만통풍건습계, 자연습구온도를 측정할 수 있는 기기 또는 이와 동등 이상의 성능이 있는 측정기기	• 아스만통풍건습계 : 25분 이상 • 자연습구온도계 : 5분 이상
흑구 및 습구 흑구 온도	직경이 5cm 이상 되는 흑구온도계 또는 습구흑구온도(WBGT)를 동시에 측정할 수 있는 기기	• 직경이 15cm일 경우 : 25분 이상 • 직경이 7.5cm 또는 5cm일 경우 : 5분 이상

※ 고시 변경사항, 학습 안 하셔도 무방합니다.

39 활성탄관을 연결한 저유량 공기 시료채취펌프를 이용하여 벤젠증기(M.W = 78g/mol)를 0.112m³ 채취하였다. GC를 이용하여 분석한 결과 657μg의 벤젠이 검출되었다면 벤젠증기의 농도(ppm)는? (단, 온도는 25℃, 압력은 760mmHg이다.)
① 0.90
② 1.84
③ 2.94
④ 3.78

풀이
$$벤젠증기의\ 농도(mg/m^3) = \frac{657\mu g \times mg/10^3 \mu g}{0.112 m^3}$$
$$= 5.87 mg/m^3$$
∴ 농도(ppm) = $5.87 mg/m^3 \times \frac{24.45}{78}$ = 1.84 ppm

40 시료채취 방법 중 지역시료(area sampling) 포집의 장점과 거리가 먼 것은?
① 특정 공정의 농도분포의 변화 및 환기장치의 효율성 변화 등을 알 수 있다.
② 측정결과를 통해서 근로자에게 노출되는 유해인자의 배경농도와 시간별 변화 등을 평가할 수 있다.
③ 특정 공정의 계절별 농도변화 및 공정의 주기별 농도변화 등의 분석이 가능하다.
④ 근로자 개인시료의 채취를 대신할 수 있다.

풀이 지역시료(area sampling)
(1) 작업환경측정을 실시할 때 시료채취의 한 방법으로서 시료채취기를 이용하여 가스·증기, 분진, 흄, 미스트 등 유해인자를 근로자의 정상 작업위치 또는 작업행동범위에서 호흡기 높이에 고정하여 채취하는 것을 말한다. 즉 단위작업장소에 시료채취기를 설치하여 시료를 채취하는 방법이다.
(2) 근로자에게 노출되는 유해인자의 배경농도와 시간별 변화 등을 평가하며, 개인시료채취가 곤란한 경우 등 보조적으로 사용한다.
(3) 지역시료채취는 개인시료채취를 대신할 수 없으며 근로자의 노출정도를 평가할 수 없다.
(4) 지역시료채취 적용 경우
  ㉠ 유해물질의 오염원이 확실하지 않은 경우
  ㉡ 환기시설의 성능을 평가하는 경우(작업환경개선의 효과 측정)
  ㉢ 개인시료채취가 곤란한 경우
  ㉣ 특정 공정의 계절별 농도변화 및 공정의 주기별 농도변화를 확인하는 경우

제3과목 | 작업환경 관리

41 일반적으로 더운 환경에서 고된 육체적인 작업을 하면서 땀을 많이 흘릴 때, 신체의 염분손실을 충당하지 못하여 발생하는 고열장애는?

① 열발진 　② 열사병
③ 열실신 　④ 열경련

[풀이] **열경련**
(1) 발생
  ㉠ 지나친 발한에 의한 수분 및 혈중 염분 손실 시 발생한다(혈액의 현저한 농축 발생).
  ㉡ 땀을 많이 흘리고 동시에 염분이 없는 음료수를 많이 마셔서 염분 부족 시 발생한다.
  ㉢ 전해질의 유실 시 발생한다.
(2) 증상
  ㉠ 체온이 정상이거나 약간 상승하고 혈중 Cl⁻ 농도가 현저히 감소한다.
  ㉡ 낮은 혈중 염분농도와 팔과 다리의 근육경련이 일어난다(수의근 유통성 경련).
  ㉢ 통증을 수반하는 경련은 주로 작업 시 사용한 근육에서 흔히 발생한다.
  ㉣ 일시적으로 단백뇨가 나온다.
  ㉤ 중추신경계통의 장애는 일어나지 않는다.
  ㉥ 복부와 사지 근육에 강직, 동통이 일어나고 과도한 발한이 발생한다.
  ㉦ 수의근의 유통성 경련(주로 작업 시 사용한 근육에서 발생)이 일어나기 전에 현기증, 이명, 두통, 구역, 구토 등의 전구증상이 일어난다.

42 방독마스크의 흡착제로 주로 사용되는 물질과 가장 거리가 먼 것은?

① 활성탄 　② 실리카겔
③ soda lime 　④ 금속섬유

[풀이] **방독마스크의 흡착제 재질**
(1) 활성탄(activated carbon)
  ㉠ 가장 많이 사용되는 물질
  ㉡ 비극성(유기용제)에 일반적으로 사용
(2) 실리카겔(silica gel) : 극성에 일반적으로 사용
(3) 염화칼슘(soda lime)
(4) 제올라이트

43 먼지와 흄의 차이를 정확히 설명한 것은?

① 먼지의 직경이 흄의 직경보다 크다.
② 일반적으로 먼지의 독성이 흄의 독성보다 강하다.
③ 먼지와 흄은 모두 고체물질의 충격이나 파쇄에 의하여 발생한다.
④ 먼지는 공기 중에서 쉽게 산화된다.

[풀이]
② 일반적으로 흄의 독성이 먼지의 독성보다 강하다.
③ 먼지는 충격이나 파쇄에 의해 발생, 흄은 금속의 연소과정에서 생성된다.
④ 흄은 공기 중에서 쉽게 산화된다.

44 고열작업환경에서 발생하는 열경련의 주요 원인은?

① 고온 순화 미흡에 따른 혈액순환 저하
② 고열에 의한 순환기 부조화
③ 신체의 염분 손실
④ 뇌온도 및 체온 상승

[풀이] **열경련의 발생**
  ㉠ 지나친 발한에 의한 수분 및 혈중 염분 손실(혈액의 현저한 농축 발생)
  ㉡ 땀을 많이 흘리고 동시에 염분이 없는 음료수를 많이 마셔서 염분 부족 시 발생
  ㉢ 전해질의 유실 시 발생

45 다음은 분진작업장의 관리방법을 설명한 것이다. 틀린 것은?

① 습식으로 작업한다.
② 작업장의 바닥에 적절히 수분을 공급한다.
③ 샌드블라스팅(sand blasting) 작업 시에는 모래 대신 철을 사용한다.
④ 유리규산 함량이 높은 모래를 사용하여 마모를 최소화한다.

[풀이]
(1) 분진 발생 억제(발진의 방지)
  ㉠ 작업공정 습식화
    • 분진의 방진대책 중 가장 효과적인 개선대책
    • 착암, 파쇄, 연마, 절단 등의 공정에 적용

정답 41.④ 42.④ 43.① 44.③ 45.④

- 취급물질은 물, 기름, 계면활성제 사용
- 물을 분사할 경우 국소배기시설과의 병행 사용 시 주의(작은 입자들이 부유 가능성이 있고, 이들이 덕트 등에 쌓여 굳게 됨으로써 국소배기시설의 효율성을 저하시킴)
- 시간이 경과하여 바닥에 굳어 있다 건조되면 재비산하므로 주의

ⓒ 대치
- 원재료 및 사용재료의 변경(연마재의 사암을 인공마석으로 교체)
- 생산기술의 변경 및 개량
- 작업공정의 변경

(2) **발생분진 비산방지방법**
㉠ 해당 장소를 밀폐 및 포위
ⓒ 국소배기
- 밀폐가 되지 못하는 경우에 사용
- 포위형 후드의 국소배기장치를 설치하며 해당 장소를 음압으로 유지시킬 것
ⓒ 전체환기

46 1촉광의 광원으로부터 한 단위입체각으로 나가는 광속의 단위는?
① lumen   ② lux
③ foot candle   ④ lambert

풀이 **루멘(lumen, lm) ; 광속**
㉠ 광속의 국제단위로 기호는 lm으로 나타낸다.
ⓒ 1촉광의 광원으로부터 한 단위입체각으로 나가는 광속의 단위이다.
ⓒ 광속이란 광원으로부터 나오는 빛의 양을 의미하고 단위는 lumen이다.
㉣ 1촉광과의 관계는 1촉광=4π(12.57)루멘으로 나타낸다.

47 어떤 작업장의 음압수준이 100dB(A)이고 근로자가 NRR이 27인 귀마개를 착용하고 있다면 근로자의 실제 음압수준[dB(A)]은?
① 83   ② 85
③ 90   ④ 93

풀이 차음효과=(NRR-7)×0.5
=(27-7)×0.5=10dB(A)
∴ 노출되는 음압수준=100-10
=90dB(A)

48 용접작업 시 발생하는 가스에 관한 설명으로 옳지 않은 것은?
① 강한 자외선에 의해 산소가 분해되면서 오존이 형성된다.
② 아크 전압이 낮은 경우 불완전연소로 이황화탄소가 발생한다.
③ 이산화탄소 용접에서 이산화탄소가 일산화탄소로 환원된다.
④ 포스겐은 TCE로 세정된 철강재 용접 시에 발생한다.

풀이 아크 전압이 높을 경우 불완전연소로 인하여 흄 및 가스 발생이 증가한다.

49 유해물질을 발산하는 공정에서 작업자가 수동작업을 하는 경우 해당 공정에 가장 현실적인 작업환경관리 대책은?
① 밀폐   ② 격리
③ 환기   ④ 교육

풀이 환기대책이 가장 공학적이고 현실적이다.

50 작업장에서 사용물질의 독성이나 위험성을 줄이기 위하여 사용물질을 변경하는 경우로 가장 타당한 것은?
① 유기합성용매로 지방족 화합물을 사용하던 것을 방향족 화합물의 휘발유계 용매로 전환한다.
② 금속제품의 탈지에 계면활성제를 사용하던 것을 트리클로로에틸렌으로 전환한다.
③ 분체의 원료는 입자가 큰 것으로 전환한다.
④ 금속제품 도장용으로 수용성 도료를 유기용제로 전환한다.

풀이 **유해물질의 변경**
㉠ 아조염료의 합성 원료인 벤지딘을 디클로로벤지딘으로 전환
ⓒ 금속제품의 탈지(세척)에 사용되는 트리클로로에틸렌(TCE)을 계면활성제로 전환
ⓒ 분체의 원료를 입자가 작은 것에서 큰 것으로 전환

ⓔ 유기합성용매로 벤젠(방향족)을 사용하던 것을 지방족 화합물로 전환
ⓓ 성냥제조 시 황린(백린) 대신 적린 사용 및 단열재(석면)를 유리섬유로 전환
ⓗ 금속제품 도장용으로 유기용제를 수용성 도료로 전환
ⓢ 세탁 시 세정제로 사용하는 벤젠을 1.1.1-트리클로로에탄으로 전환
ⓞ 세탁 시 화재예방을 위해 석유나프타 대신 퍼클로로에틸렌(4-클로로에틸렌) 사용
ⓩ 야광시계 자판을 라듐 대신 인 사용
ⓒ 세척작업에 사용되는 사염화탄소를 트리클로로에틸렌으로 전환
ⓚ 주물공정에서 실리카 모래 대신 그린(green) 모래로 주형을 채우도록 전환
ⓔ 금속표면을 블라스팅(샌드블라스트)할 때 사용재료로서 모래 대신 철구슬(철가루)로 전환
ⓜ 단열재로서 사용하는 석면을 유리섬유로 전환

51 고압작업 시 사람에게 마취작용을 일으키는 가스는?

① 산소 ② 수소
③ 질소 ④ 헬륨

[풀이] 고압환경에서의 2차적 가압현상
㉠ 질소가스의 마취작용
㉡ 산소중독
㉢ 이산화탄소의 작용

52 방독마스크 사용 시 유의사항으로 틀린 것은?

① 대상가스에 맞는 정화통을 사용할 것
② 유효시간이 불분명한 경우는 송기마스크나 자급식 호흡기를 사용할 것
③ 산소결핍 위험이 있는 경우는 송기마스크나 자급식 호흡기를 사용할 것
④ 사용 중에 조금이라도 가스냄새가 나는 경우는 송기마스크나 자급식 호흡기를 사용할 것

[풀이] 방독마스크 착용 중 가스냄새가 나거나 숨쉬기 답답하다고 느낄 때에는 즉시 작업을 중지하고 새로운 정화통으로 교환해야 한다.

53 진동방지 대책 중 발생원 대책으로 가장 옳은 것은?

① 수진점 근방의 방진구
② 수진측의 탄성지지
③ 기초중량의 부가 및 경감
④ 거리감쇠

[풀이] 진동방지 대책
(1) 발생원 대책
　㉠ 가진력(기진력, 외력) 감쇠
　㉡ 불평형력의 평형 유지
　㉢ 기초중량의 부가 및 경감
　㉣ 탄성지지(완충물 등 방진재 사용)
　㉤ 진동원 제거
(2) 전파경로 대책
　㉠ 진동의 전파경로 차단(방진구)
　㉡ 거리감쇠
(3) 수진측 대책
　㉠ 작업시간 단축 및 교대제 실시
　㉡ 보건교육 실시
　㉢ 수진측 탄성지지 및 강성 변경

54 빛과 밝기의 단위 중 광도(luminous intensity)의 단위로 옳은 것은?

① 루멘 ② 칸델라
③ 럭스 ④ 풋 램버트

[풀이] 칸델라(candela, cd) ; 광도
㉠ 광원으로부터 나오는 빛의 세기를 광도라고 한다.
㉡ 단위는 칸델라(cd)를 사용한다.
㉢ $101,325N/m^2$ 압력하에서 백금의 응고점 온도에 있는 흑체의 $1m^2$인 평평한 표면 수직 방향의 광도를 1cd라 한다.

55 고압환경에서 나타나는 질소의 마취작용에 관한 설명으로 옳지 않은 것은?

① 공기 중 질소가스는 2기압 이상에서 마취작용을 나타낸다.
② 작업력 저하, 기분의 변화 및 정도를 달리하는 다행증이 일어난다.
③ 질소의 지방 용해도는 물에 대한 용해도보다 5배 정도 높다.
④ 고압환경의 2차적인 가압현상(화학적 장애)이다.

정답 51.③ 52.④ 53.③ 54.② 55.①

[풀이] **질소가스의 마취작용**
㉠ 공기 중의 질소가스는 정상기압에서는 비활성이지만 4기압 이상에서 마취작용을 일으키며 이를 다행증이라 한다(공기 중의 질소가스는 3기압 이하에서는 자극작용을 한다).
㉡ 질소가스 마취작용은 알코올 중독의 증상과 유사하다.
㉢ 작업력의 저하, 기분의 변환, 여러 종류의 다행증(euphoria)이 일어난다.
㉣ 수심 90~120m에서 환청, 환시, 조현증, 기억력 감퇴 등이 나타난다.

56 공기공급식 호흡기보호구 중 자가공기공급장치에 관한 설명으로 알맞지 않은 것은?

① 개방식 : 호기에서 나온 공기는 장치 밖으로 배출되며, 사용시간은 30분에서 60분 정도이다.
② 개방식 : 소방관이 주로 사용하며, 호흡용 공기는 압축공기를 사용한다.
③ 폐쇄식 : 산소발생 장치에는 주로 H_2O_2를 사용한다.
④ 폐쇄식 : 개방식보다 가벼운 것이 장점이며, 사용시간은 30분에서 4시간 정도이다.

[풀이] **자가공기공급장치(SCBA)**
(1) 폐쇄식(closed circuit)
  ㉠ 호기 시 배출공기가 외부로 빠져나오지 않고 장치 내에서 순환
  ㉡ 개방식보다 가벼운 것이 장점
  ㉢ 사용시간은 30분에서 4시간 정도
  ㉣ 산소발생장치는 KO_2 사용
  ㉤ 단점으로는 반응이 시작되면 멈출 수 없는 것
(2) 개방식(open circuit)
  ㉠ 호기 시 배출공기가 장치 밖으로 배출
  ㉡ 사용시간은 30분에서 60분 정도
  ㉢ 호흡용 공기는 압축공기를 사용(단, 압축산소 사용은 폭발위험이 있기 때문에 절대 사용 불가)
  ㉣ 주로 소방관이 사용

57 어떤 음원의 PWL(power level)이 120dB이다. 이 음원에서 10m 떨어진 곳에서의 음의 세기레벨(sound intensity level)은? (단, 점음원이고 장애물이 없는 자유공간에서 구면상으로 전파한다고 가정한다.)

① 89dB ② 92dB
③ 95dB ④ 98dB

[풀이] 점음원, 자유공간(SPL)
$$SPL = PWL - 20\log r - 11$$
$$= 120dB - 20\log 10 - 11$$
$$= 89dB$$
일반적인 매질($\rho c ≒ 400$rays)에서는 SPL=SIL

58 총 흡음량이 1,000sabins인 작업장에 흡음시설을 강화하여 총 흡음량이 4,000sabins이 되었다. 소음감소(Noise Reduction)는 얼마가 되겠는가?

① 3dB
② 6dB
③ 9dB
④ 12dB

[풀이] 소음저감량(NR) $= 10\log \dfrac{대책\ 후}{대책\ 전}$
$= 10\log \dfrac{4,000}{1,000} = 6dB$

59 ACGIH에 의한 발암물질의 구분 기준으로 Group A3에 해당되는 것은?

① 인체 발암성 확인물질
② 동물 발암성 확인물질, 인체 발암성 모름
③ 인체 발암성 미분류 물질
④ 인체 발암성 미의심 물질

[풀이] **미국 산업위생전문가협의회(ACGIH)의 발암물질 구분**
(1) A1 : 인체 발암 확인(확정)물질
(2) A2 : 인체 발암이 의심되는 물질(발암 추정물질)
(3) A3
  ㉠ 동물 발암성 확인물질
  ㉡ 인체 발암성 모름
(4) A4
  ㉠ 인체 발암성 미분류 물질
  ㉡ 인체 발암성이 확인되지 않은 물질
(5) A5 : 인체 발암성 미의심 물질

60 저온환경이 인체에 미치는 영향으로 옳지 않은 것은?

① 식욕감소 ② 혈압변화
③ 피부혈관의 수축 ④ 근육긴장

[풀이] 한랭(저온)환경에서의 생리적 기전(반응)
한랭환경에서는 체열방산 제한, 체열생산을 증가시키기 위한 생리적 반응이 일어난다.
㉠ 피부혈관이 수축(말초혈관이 수축)한다.
  • 피부혈관 수축과 더불어 혈장량 감소로 혈압이 일시적으로 저하되며 신체 내 열을 보호하는 기능을 한다.
  • 말초혈관의 수축으로 표면조직의 냉각이 오며 이는 1차적 생리적 영향이다.
  • 피부혈관의 수축으로 피부온도가 감소하고 순환능력이 감소되어 혈압은 일시적으로 상승한다.
㉡ 근육긴장의 증가와 떨림 및 수의적인 운동이 증가한다.
㉢ 갑상선을 자극하여 호르몬 분비가 증가(화학적 대사작용이 증가)한다.
㉣ 부종, 저림, 가려움증, 심한 통증 등이 발생한다.
㉤ 피부표면의 혈관·피하조직이 수축 및 체표면적이 감소한다.
㉥ 피부의 급성일과성 염증반응은 한랭에 대한 폭로를 중지하면 2~3시간 내에 없어진다.
㉦ 피부나 피하조직을 냉각시키는 환경온도 이하에서는 감염에 대한 저항력이 떨어지며 회복과정에 장애가 온다.
㉧ 저온환경에서는 근육활동, 조직대사가 증가하여 식욕이 항진된다.

제4과목 | 산업환기

61 플랜지가 붙은 1/4 원주형 슬롯 후드가 있다. 포착거리가 30cm이고, 포착속도가 1m/sec일 때 필요송풍량(m³/min)은 약 얼마인가? (단, 슬롯의 폭은 0.1m, 길이는 0.9m이다.)

① 25.9 ② 45.4
③ 66.4 ④ 81.0

[풀이] 필요송풍량(m³/min)
$= C \times L \times V_c \times X = 1.6 \times 0.9\text{m} \times 1\text{m/sec} \times 0.3\text{m}$
$= 0.432\text{m}^3/\text{sec} \times 60\text{sec/min} = 25.92\text{m}^3/\text{min}$

62 다음은 기류의 본질에 대한 내용이다. ㉮와 ㉯에 들어갈 내용이 알맞게 연결된 것은 어느 것인가?

> 유체가 관 내를 아주 느린 속도로 흐를 때는 소용돌이나 선회운동을 일으키지 않고 관 벽에 평행으로 유동한다. 이와 같은 흐름을 (㉮)(이)라 하며 속도가 빨라지면 관 내 흐름은 크고 작은 소용돌이가 혼합된 형태로 변하여 혼합상태로 흐른다. 이런 모양의 흐름을 (㉯)(이)라 한다.

① ㉮ 층류, ㉯ 난류
② ㉮ 난류, ㉯ 층류
③ ㉮ 유선운동, ㉯ 층류
④ ㉮ 층류, ㉯ 천이유동

[풀이] (1) 층류(laminar flow)
㉠ 유체의 입자들이 규칙적인 유동상태가 되어 질서정연하게 흐르는 상태, 즉 유체가 관 내를 아주 느린 속도로 흐를 때 소용돌이나 선회운동을 일으키지 않고 관 벽에 평행으로 유동하는 흐름을 말한다.
㉡ 관 내에서의 속도분포가 정상 포물선을 그리며 평균유속은 최대유속의 약 1/2이다.
(2) 난류(turbulent flow)
유체의 입자들이 불규칙적인 유동상태가 되어 상호 간 활발하게 운동량을 교환하면서 흐르는 상태, 즉 속도가 빨라지면 관 내 흐름은 크고 작은 소용돌이가 혼합된 형태로 변하여 혼합상태로 유동하는 흐름을 말한다.

63 다음 중 국소배기장치의 올바른 송풍기 선정과정과 가장 거리가 먼 것은?

① 송풍량과 송풍압력을 가급적 큰 용량으로 선정한다.
② 덕트계의 압력손실 계산결과에 의하여 배풍기 전후의 압력차를 구한다.
③ 특성선도를 사용하여 필요한 정압, 풍량을 얻기 위한 회전수, 축동력, 사용모터 등을 구한다.
④ 배풍기와 덕트의 설치 장소를 고려하여 회전방향, 토출방향을 결정한다.

정답 60.① 61.① 62.① 63.①

> [풀이] 송풍기의 송풍량과 송풍압력은 시스템 요구곡선과 성능곡선에 의해 적정하게 선정하여야 한다.

64 다음 중 덕트의 설치를 결정할 때 유의사항으로 적절하지 않은 것은?

① 청소구를 설치한다.
② 곡관의 수를 적게 한다.
③ 가급적 원형 덕트를 사용한다.
④ 가능한 한 곡관의 곡률반경을 작게 한다.

> [풀이] 덕트 설치기준(설치 시 고려사항)
> ㉠ 가능하면 길이는 짧게 하고 굴곡부의 수는 적게 할 것
> ㉡ 접속부의 안쪽은 돌출된 부분이 없도록 할 것
> ㉢ 청소구를 설치하는 등 청소하기 쉬운 구조로 할 것
> ㉣ 덕트 내부에 오염물질이 쌓이지 않도록 이송속도를 유지할 것
> ㉤ 연결부위 등은 외부공기가 들어오지 않도록 할 것(연결부위를 가능한 한 용접할 것)
> ㉥ 가능한 후드의 가까운 곳에 설치할 것
> ㉦ 송풍기를 연결할 때는 최소 덕트 직경의 6배 정도 직선구간을 확보할 것
> ㉧ 직관은 하향구배로 하고 직경이 다른 덕트를 연결할 때에는 경사 30° 이내의 테이퍼를 부착할 것
> ㉨ 원형 덕트가 사각형 덕트보다 덕트 내 유속분포가 균일하므로 가급적 원형 덕트를 사용하며, 부득이 사각형 덕트를 사용할 경우에는 가능한 정방형을 사용하고 곡관의 수를 적게 할 것
> ㉩ 곡관의 곡률반경은 최소 덕트 직경의 1.5 이상, 주로 2.0을 사용할 것
> ㉪ 수분이 응축될 경우 덕트 내로 들어가지 않도록 경사나 배수구를 마련할 것
> ㉫ 덕트의 마찰계수는 작게 하고, 분지관을 가급적 적게 할 것

65 다음 중 전체환기가 필요한 경우로 가장 적합하지 않은 것은?

① 오염물질이 시간에 따라 균일하게 발생할 때
② 배출원이 고정되어 있을 때
③ 발생원이 다수 분산되어 있을 때
④ 유해물질이 허용농도 이하일 때

> [풀이] 전체환기(희석환기) 적용 시 조건
> ㉠ 유해물질의 독성이 비교적 낮은 경우, 즉 TLV가 높은 경우(가장 중요한 제한 조건)
> ㉡ 동일한 작업장에 다수의 오염원이 분산되어 있는 경우
> ㉢ 유해물질이 시간에 따라 균일하게 발생할 경우
> ㉣ 유해물질의 발생량이 적은 경우 및 희석공기량이 많지 않아도 될 경우
> ㉤ 유해물질이 증기나 가스일 경우
> ㉥ 국소배기로 불가능한 경우
> ㉦ 배출원이 이동성인 경우
> ㉧ 가연성 가스의 농축으로 폭발의 위험이 있는 경우
> ㉨ 오염원이 근무자가 근무하는 장소로부터 멀리 떨어져 있는 경우

66 다음 중 사이클론에서 절단입경(cut-size)의 의미로 옳은 것은?

① 95% 이상의 처리효율로 제거되는 입자의 입경
② 75%의 처리효율로 제거되는 입자의 입경
③ 50%의 처리효율로 제거되는 입자의 입경
④ 25%의 처리효율로 제거되는 입자의 입경

> [풀이] ㉠ 최소입경(임계입경) : 사이클론에서 100% 처리효율로 제거되는 입자의 크기 의미
> ㉡ 절단입경(cut-size) : 사이클론에서 50% 처리효율로 제거되는 입자의 크기 의미

67 톨루엔(M.W=92)의 증기 발생량은 시간당 200g이다. 실내의 평균농도를 억제농도(100ppm, 377mg/m³)로 하기 위해 전체환기를 할 경우 필요환기량(m³/min)은 약 얼마인가? (단, 주위는 21℃, 1기압 상태이며, 안전계수는 10이라 가정한다.)

① 8.7   ② 13.2
③ 16.7   ④ 23.3

> [풀이] • 사용량(200g/hr)
> • 발생률(G)
> 92g : 24.1L = 200g/hr : G
> $G = \dfrac{24.1L \times 200g/hr}{92g} = 52.39L/hr$

$$\therefore \text{필요환기량}(Q)$$
$$Q = \frac{G}{\text{TLV}} \times K = \frac{52.39\text{L/hr}}{100\text{ppm}} \times 1$$
$$= \frac{52.39\text{L/hr} \times 1,000\text{mL/L}}{100\text{mL/m}^3} \times 1$$
$$= 523.91\text{m}^3/\text{hr} \times \text{hr}/60\text{min} = 8.73\text{m}^3/\text{min}$$

68 후드에서의 유입손실이 전혀 없는 이상적인 후드의 유입계수는 얼마인가?

① 0   ② 0.5
③ 0.8   ④ 1.0

풀이 후드의 유입효율을 나타내며, Ce 가 1에 가까울수록 압력손실이 작은 hood를 의미한다. 즉 후드에서의 유입손실이 전혀 없는 이상적인 후드의 유입계수는 1.0이다.

69 온도 120℃, 650mmHg 상태에서 47m³/min의 기체가 관 내를 흐르고 있다. 이 기체가 21℃, 1기압일 때 유량(m³/min)은 약 얼마인가?

① 15.1   ② 28.4
③ 30.1   ④ 52.5

풀이
$$\frac{P_1 V_1}{T_1} = \frac{P_2 V_2}{T_2}$$
$$\therefore V_2 = \frac{P_1}{P_2} \times \frac{T_2}{T_1} \times V_1$$
$$= \frac{650}{760} \times \frac{273+21}{273+120} \times 47\text{m}^3/\text{min}$$
$$= 30.07\text{m}^3/\text{min}$$

70 다음 중 일반적인 국소배기시설의 배열 순서로 옳은 것은?

① 후드 → 송풍기 → 배기구 → 공기정화장치 → 덕트
② 후드 → 덕트 → 송풍기 → 공기정화장치 → 배기구
③ 후드 → 공기정화장치 → 덕트 → 배기구 → 송풍기
④ 후드 → 덕트 → 공기정화장치 → 송풍기 → 배기구

풀이 국소배기시설의 배열 순서
후드 → 덕트 → 공기정화장치 → 송풍기 → 배기덕트

71 분압이 1.5mmHg인 물질이 표준상태의 공기 중에서 도달할 수 있는 최고 농도(용량농도)는 약 얼마인가?

① 0.2%   ② 1.1%
③ 2%   ④ 11%

풀이
$$\text{최고농도}(\%) = \frac{\text{분압}}{760} \times 10^2 = \frac{1.5}{760} \times 10^2 = 0.2\%$$

72 다음 중 송풍기 법칙에 관한 설명으로 옳은 것은?

① 풍량은 송풍기의 회전속도에 반비례한다.
② 풍량은 송풍기의 회전속도에 정비례한다.
③ 풍량은 송풍기의 회전속도의 제곱에 비례한다.
④ 풍량은 송풍기의 회전속도의 세제곱에 비례한다.

풀이 송풍기 상사 법칙
㉠ 풍량은 회전수비에 비례한다.
㉡ 풍압은 회전수비의 제곱에 비례한다.
㉢ 동력은 회전수비의 세제곱에 비례한다.

73 다음 설명에 해당하는 국소배기와 관련한 용어는?

- 후드 근처에서 발생하는 오염물질을 주변의 방해기류를 극복하고 후드 쪽으로 흡인하기 위한 유체의 속도를 말한다.
- 후드 앞 오염원에서의 기류로서 오염공기를 후드로 흡인하는 데 필요하며 방해기류를 극복해야 한다.

① 슬롯속도   ② 면속도
③ 제어속도   ④ 플레넘속도

정답 68.④ 69.③ 70.④ 71.① 72.② 73.③

[풀이] 제어속도는 작업조건을 고려하여 적정하게 선정되어야 하며 유해물을 후드 쪽으로 흡인하기 위하여 필요한 최소풍속을 말한다.

74 국소배기장치에서 송풍량이 30m³/min이고 덕트의 직경이 200mm이면 이때 덕트 내의 속도는 약 몇 m/sec인가?

① 13
② 16
③ 19
④ 21

[풀이]
$$덕트속도(m/sec) = \frac{Q}{A}$$
$$= \frac{30\text{m}^3/\text{min} \times \text{min}/60\text{sec}}{\left(\frac{3.14 \times 0.2^2}{4}\right)\text{m}^2}$$
$$= 15.92 \text{m/sec}$$

75 다음 중 전기집진기의 장점이 아닌 것은?

① 습식으로 집진할 수 있다.
② 높은 포집효율을 나타낸다.
③ 가스상 오염물질을 제거할 수 있다.
④ 낮은 압력손실로 대량의 가스를 처리할 수 있다.

[풀이] **전기집진장치**
(1) 장점
  ㉠ 집진효율이 높다(0.01μm 정도 포집 용이, 99.9% 정도 고집진 효율).
  ㉡ 광범위한 온도범위에서 적용이 가능하며, 폭발성 가스의 처리도 가능하다.
  ㉢ 고온의 입자성 물질(500℃ 전후) 처리가 가능하여 보일러와 철강로 등에 설치할 수 있다.
  ㉣ 압력손실이 낮고 대용량의 가스 처리가 가능하고 배출가스의 온도강하가 적다.
  ㉤ 운전 및 유지비가 저렴하다.
  ㉥ 회수가치 입자포집에 유리하며, 습식 및 건식으로 집진할 수 있다.
  ㉦ 넓은 범위의 입경과 분진농도에 집진효율이 높다.
  ㉧ 습식집진이 가능하다.

(2) 단점
  ㉠ 설치비용이 많이 든다.
  ㉡ 설치공간을 많이 차지한다.
  ㉢ 설치된 후에는 운전조건의 변화에 유연성이 적다.
  ㉣ 먼지성상에 따라 전처리시설이 요구된다.
  ㉤ 분진포집에 적용되며, 기체상 물질제거에는 곤란하다.
  ㉥ 전압변동과 같은 조건변동(부하변동)에 쉽게 적응이 곤란하다.
  ㉦ 가연성 입자의 처리가 곤란하다.

76 다음 중 덕트계에서 공기의 압력에 대한 설명으로 틀린 것은?

① 속도압은 공기가 이동하는 힘으로 항상 0 이상이다.
② 공기의 흐름은 압력차에 의해 이동하므로 송풍기 앞은 항상 음(−)의 값을 갖는다.
③ 정압은 잠재적인 에너지로, 공기의 이동에 소요되어 유용한 일을 하므로 항상 양(+)의 값을 갖는다.
④ 국소배기장치의 배출구 압력은 항상 대기압보다 높아야 한다.

[풀이] 정압은 유체를 압축시키거나 팽창시키려는 잠재 에너지로 양압은 공간벽을 팽창시키려는 방향으로 미치는 압력이고 음압은 공간벽을 압축시키려는 방향으로 미치는 압력이다.

77 다음 중 작업장 내의 실내환기량을 평가하는 방법과 가장 거리가 먼 것은 어느 것인가?

① 시간당 공기교환 횟수
② 이산화탄소 농도를 이용하는 방법
③ tracer 가스를 이용하는 방법
④ 배기 중 내부공기의 수분함량측정

[풀이] 배기 중 내부공기의 수분함량측정으로 실내환기량을 평가할 수 없다.

78 다음 중 일반적으로 국소배기장치가 설치된 현장으로 가장 적합한 상황에 해당하는 것은?

① 최종 배출구가 작업장 내에 있다.
② 사용하지 않는 후드는 댐퍼로 차단되어 있다.
③ 증기가 발생하는 도장 작업지점에는 여과식 공기정화장치가 설치되어 있다.
④ 여름철 작업장 내에서는 오염물질 발생 장소를 향하여 대형 선풍기가 바람을 불어주고 있다.

[풀이]
① 최종 배출구는 작업장 외부에 있어야 한다.
③ 증기가 발생하는 도장 작업지점에는 흡착법의 공기정화장치를 설치하여야 한다.
④ 공기가 배출되면서 오염장소를 통과하도록 하여야 한다.

79 총 압력손실계산방법 중 정압조절평형법에 대한 설명으로 틀린 것은?

① 설계가 정확할 때는 가장 효율적인 시설이 된다.
② 송풍량은 근로자나 운전자의 의도대로 쉽게 변경된다.
③ 유속의 범위가 적절히 선택되면 덕트의 폐쇄가 일어나지 않는다.
④ 설계가 어렵고, 시간이 많이 걸린다.

[풀이] 정압조절평형법의 장단점
(1) 장점
 ㉠ 예기치 않은 침식, 부식, 분진퇴적으로 인한 축적(퇴적)현상이 일어나지 않는다.
 ㉡ 잘못 설계된 분지관, 최대저항 경로선정이 잘못되어도 설계 시 쉽게 발견할 수 있다.
 ㉢ 설계가 정확할 때는 가장 효율적인 시설이 된다.
 ㉣ 유속의 범위가 적절히 선택되면 덕트의 폐쇄가 일어나지 않는다.

(2) 단점
 ㉠ 설계 시 잘못된 유량을 고치기 어렵다(임의의 유량을 조절하기 어려움).
 ㉡ 설계가 복잡하고 시간이 걸린다.
 ㉢ 설계유량 산정이 잘못되었을 경우 수정은 덕트의 크기 변경을 필요로 한다.
 ㉣ 때에 따라 전체 필요한 최소유량보다 더 초과될 수 있다.
 ㉤ 설치 후 변경이나 확장에 대한 유연성이 낮다.
 ㉥ 효율개선 시 전체를 수정해야 한다.

80 다음 설명 중 ( ) 안에 들어갈 올바른 수치는?

> 슬롯 후드는 일반적으로 후드 개방 부분의 길이가 길고, 높이(혹은 폭)가 좁은 형태로 높이/길이의 비가 ( ) 이하인 경우를 말한다.

① 0.2 ② 0.5
③ 1.0 ④ 2.0

[풀이] 외부식 슬롯 후드
㉠ slot 후드는 후드 개방부분의 길이가 길고, 높이(폭)가 좁은 형태로 [높이(폭)/길이]의 비가 0.2 이하인 것을 말한다.
㉡ slot 후드에서도 플랜지를 부착하면 필요배기량을 줄일 수 있다(ACGIH : 환기량 30% 절약).
㉢ slot 후드의 가장자리에서도 공기의 흐름을 균일하게 하기 위해 사용한다.
㉣ slot 속도는 배기송풍량과는 관계가 없으며, 제어풍속은 slot 속도에 영향을 받지 않는다.
㉤ 플레넘 속도는 슬롯속도의 1/2 이하로 하는 것이 좋다.

정답 78.② 79.② 80.①

제3회 산업위생관리산업기사

과년도 출제문제 | 2015.08.16

제1과목 | 산업위생학 개론

01 1900년대 초 진동공구에 의한 수지의 Raynaud 증상을 보고한 사람은?
① Rehn
② Raynaud
③ Loriga
④ Rudolf Virchow

[풀이] 프랑스 의사 Maurice Loriga가 처음으로 국소적인 혈액공급의 감소를 유발하는 혈관경련으로 인해서 손가락 또는 발가락의 색상변화를 유발하는 현상을 발견한 것이 Raynaud 현상이다.

02 다음 중 직업성 난청(영구성 청력장애)에 대하여 가장 올바르게 설명한 것은?
① 고막이상의 병변이 있다.
② 청력손실이 생기면 회복될 수 있다.
③ Corti 기관에는 영향이 없고, 청신경에만 이상이 있다.
④ 전음계(傳音系)가 아니라, 감음계(感音系)의 장애를 말한다.

[풀이]
① 내이의 세포변성이 원인이다.
② 영구적인 청력저하, 즉 비가역적이다.
③ 청신경말단부 Corti 기관의 섬모세포에 손상이 발생한다.

03 무게 8kg인 물건을 근로자가 들어올리는 작업을 하려고 한다. 해당 작업조건의 권장무게한계(RWL)가 5kg이고, 이동거리가 20cm일 때에 들기지수(Lifting Index, LI)는 얼마인가? (단, 근로자는 10분 2회씩 1일 8시간 작업한다.)
① 1.2
② 1.6
③ 3.2
④ 4.0

[풀이] $LI = \dfrac{물체무게}{RWL} = \dfrac{8kg}{5kg} = 1.6$

04 실내 공기오염물질 중 이산화탄소(CO_2)에 대한 설명과 가장 거리가 먼 것은?
① 일반적으로 실내오염의 주요지표로 사용된다.
② 쾌적한 사무실 공기를 유지하기 위해 이산화탄소는 1,000ppm 이하로 관리한다.
③ 물질의 연소과정에서 산소의 공급이 부족할 경우 불완전연소에 의해 발생한다.
④ 이산화탄소의 증가는 산소의 부족을 초래하기 때문에 주요 실내오염물질의 하나로 다루어진다.

[풀이] 산소공급 부족 시 불완전연소에 의해 발생하는 물질은 일산화탄소(CO)이다.

05 다음 중 인간공학적 방법에 의한 작업장 설계 시 정상작업영역의 범위로 가장 적절한 것은?
① 서 있는 자세에서 팔과 다리를 뻗어 닿는 범위
② 서 있는 자세에서 물건을 잡을 수 있는 최대 범위
③ 앉은 자세에서 위팔과 아래팔을 곧게 뻗어서 닿는 범위
④ 앉은 자세에서 위팔은 몸에 붙이고, 아래팔만 곧게 뻗어 닿는 범위

정답 01.③ 02.④ 03.② 04.③ 05.④

[풀이] (1) 최대작업역(최대영역, maximum area)
  ㉠ 팔 전체가 수평상에 도달할 수 있는 작업 영역
  ㉡ 어깨에서 팔을 뻗어 도달할 수 있는 최대 영역
  ㉢ 아래팔(전완)과 위팔(상완)을 곧게 펴서 파악할 수 있는 영역
  ㉣ 움직이지 않고 상지를 뻗어서 닿는 범위

(2) 정상작업역(표준영역, normal area)
  ㉠ 상박부를 자연스런 위치에서 몸통부에 접하고 있을 때에 전박부가 수평면 위에서 쉽게 도달할 수 있는 운동범위
  ㉡ 위팔(상완)을 자연스럽게 수직으로 늘어뜨린 채 아래팔(전완)만으로 편안하게 뻗어 파악할 수 있는 영역
  ㉢ 움직이지 않고 전박과 손으로 조작할 수 있는 범위
  ㉣ 앉은 자세에서 위팔은 몸에 붙이고, 아래팔만 곧게 뻗어 닿는 범위
  ㉤ 약 34~45cm의 범위

06 산업안전보건법령상 건강진단기관이 건강진단을 실시하였을 때에는 그 결과를 고용노동부장관이 정하는 건강진단개인표에 기록하고, 건강진단 실시일부터 며칠 이내에 근로자에게 송부하여야 하는가?

① 15일 ② 30일
③ 45일 ④ 60일

[풀이] 법령상 건강진단기관이 건강진단을 실시하였을 때에 그 결과를 고용노동부장관이 정하는 건강진단 개인표에 기록하고, 건강진단 실시일로부터 30일 이내에 근로자에게 송부하여야 한다.

07 다음 중 바람직한 교대제 근무에 관한 내용으로 가장 거리가 먼 것은?

① 야간근무의 교대시간은 심야를 피해야 한다.
② 야간근무 종료 후 휴식은 48시간 이상으로 한다.
③ 교대 방식은 낮근무, 저녁근무, 밤근무 순으로 한다.
④ 야간근무는 신체의 적응을 위하여 최소 3일 이상 연속하여 한다.

[풀이] 교대근무제 관리원칙(바람직한 교대제)
  ㉠ 각 반의 근무시간은 8시간씩 교대로 하고, 야근은 가능한 짧게 한다.
  ㉡ 2교대면 최저 3조의 정원을, 3교대면 4조를 편성한다.
  ㉢ 채용 후 건강관리로서 정기적으로 체중, 위장증상 등을 기록해야 하며, 근로자의 체중이 3kg 이상 감소하면 정밀검사를 받아야 한다.
  ㉣ 평균 주 작업시간은 40시간을 기준으로 갑반→을반→병반으로 순환하게 한다.
  ㉤ 근무시간의 간격은 15~16시간 이상으로 하는 것이 좋다.
  ㉥ 야근의 주기를 4~5일로 한다.
  ㉦ 신체의 적응을 위하여 야간근무의 연속일수는 2~3일로 하며 야간근무를 3일 이상 연속으로 하는 경우에는 피로축적현상이 나타나게 되므로 연속하여 3일을 넘기지 않도록 한다.
  ㉧ 야근 후 다음 반으로 가는 간격은 최저 48시간 이상의 휴식시간을 갖도록 하여야 한다.
  ㉨ 야근 교대시간은 상오 0시 이전에 하는 것이 좋다(심야시간을 피함).
  ㉩ 야근 시 가면은 반드시 필요하며, 보통 2~4시간(1시간 30분 이상)이 적합하다.
  ㉪ 야근 시 가면은 작업강도에 따라 30분에서 1시간 범위로 하는 것이 좋다.
  ㉫ 작업 시 가면시간은 적어도 1시간 30분 이상 주어야 수면효과가 있다고 볼 수 있다.
  ㉬ 상대적으로 가벼운 작업은 야간근무조에 배치하는 등 업무내용을 탄력적으로 조정해야 하며 야간작업자는 주간작업자보다 연간 쉬는 날이 더 많아야 한다.
  ㉭ 근로자가 교대일정을 미리 알 수 있도록 해야 한다.
  ㉮ 일반적으로 오전근무의 개시시간은 오전 9시로 한다.
  ㉯ 교대방식(교대근무 순환주기)은 낮근무, 저녁근무, 밤근무 순으로 한다. 즉, 정교대가 좋다.

08 피로의 증상으로 틀린 것은 어느 것인가?

① 혈압은 초기에는 높아지나 피로가 진행되면 오히려 낮아진다.
② 소변의 양이 줄고, 소변 내의 단백질 또는 교질물질의 농도가 떨어진다.
③ 혈당치가 낮아지고 젖산과 탄산량이 증가하여 산혈증으로 된다.
④ 체온은 높아지나 피로정도가 심해지면 오히려 낮아진다.

풀이 소변의 양이 줄고 진한 갈색으로 변하며 심한 경우 단백뇨가 나타나며 뇨 내의 단백질 또는 교질물질의 배설량(농도)이 증가한다.

09 다음 중 산업위생관리의 목적에 대한 설명과 가장 거리가 먼 것은?
① 작업자의 건강보호 및 생산성의 향상
② 작업환경 개선 및 직업병의 근원적 예방
③ 직업성 질병 및 재해성 질병의 판정과 보상
④ 작업환경 및 작업조건의 인간공학적 개선

풀이 산업위생관리의 목적
㉠ 작업환경 개선과 근로조건의 개선 및 직업병의 근원적 예방
㉡ 작업환경 및 작업조건의 인간공학적 개선(최적의 작업환경 및 작업조건으로 개선하여 질병을 예방)
㉢ 작업자의 건강보호 및 생산성 향상(근로자의 건강을 유지·증진시키고 작업능률을 향상)
㉣ 근로자들의 육체적, 정신적, 사회적 건강 유지 및 증진
㉤ 산업재해의 예방 및 직업성 질환 유소견자의 작업전환

10 다음 중 '심한 전신피로 상태'로 판단할 수 있는 경우는?
① $HR_{30~60}$이 100을 초과하고, $HR_{150~180}$과 $HR_{60~90}$의 차이가 15 미만인 경우
② $HR_{30~60}$이 110을 초과하고, $HR_{150~180}$과 $HR_{60~90}$의 차이가 10 미만인 경우
③ $HR_{30~60}$이 100을 초과하고, $HR_{150~180}$과 $HR_{60~90}$의 차이가 10 미만인 경우
④ $HR_{30~60}$이 120을 초과하고, $HR_{150~180}$과 $HR_{60~90}$의 차이가 15 미만인 경우

풀이 심한 전신피로상태
HR_1이 110을 초과하고, HR_3과 HR_2의 차이가 10 미만일 때
여기서, HR_1 : 작업종료 후 30~60초 사이의 평균맥박수
HR_2 : 작업종료 후 60~90초 사이의 평균맥박수
HR_3 : 작업종료 후 150~180초 사이의 평균맥박수 (회복기 심박수 의미)

11 근육운동에 필요한 에너지는 혐기성 대사와 호기성 대사를 통해 생성된다. 다음 중 혐기성과 호기성 대사에 모두 에너지원으로 작용하는 것은?
① 지방(fat)
② 단백질(protein)
③ 포도당(glucose)
④ 아데노신삼인산(ATP)

풀이 포도당($C_6H_{12}O_6$)은 세포기능에 필요한 에너지의 원천으로 대사조절작용을 하며 혐기성 및 호기성 대사에 모두 에너지원으로 작용한다.

12 작업자가 유해물질에 어느 정도 노출되었는지를 파악하는 지표로서 작업자의 생체시료에서 대사산물 등을 측정하여 유해물질의 노출량을 추정하는 데 사용되는 것은?
① BEI
② TLV-TWA
③ TLV-S
④ excursion limit

풀이 생물학적 노출지수(BEI)
㉠ 혈액, 소변, 호기, 모발 등 생체시료(인체조직이나 세포)로부터 유해물질 그 자체 또는 유해물질의 대사산물 및 생화학적 변화를 반영하는 지표물질을 말하며, 근로자의 전반적인 노출량을 평가하는 기준으로 BEI를 사용한다.
㉡ 작업장의 공기 중 허용농도에 의존하는 것 이외에 근로자의 노출상태를 측정하는 방법으로 근로자들의 조직과 체액 또는 호기를 검사하여 건강장애를 일으키는 일이 없이 노출될 수 있는 양이 BEI이다.

13 다음 중 근골격계 질환에 관한 설명으로 틀린 것은?
① 부자연스러운 자세는 피한다.
② 작업 시 과도한 힘을 주지 않는다.
③ 연속적이고 반복적인 동작일 경우 발생률이 높다.
④ 수공구의 손잡이와 같은 경우에는 접촉 면적을 최대한 적게 하여 예방한다.

[풀이] **근골격계 질환을 줄이기 위한 작업관리방법**
① 수공구의 무게는 가능한 줄이고 손잡이는 접촉면적을 크게 한다.
② 손목, 팔꿈치, 허리가 뒤틀리지 않도록 한다. 즉, 부자연스러운 자세를 피한다.
③ 작업시간을 조절하고 과도한 힘을 주지 않는다.
④ 동일한 자세 작업을 피하고 작업대사량을 줄인다.
⑤ 근골격계 질환을 예방하기 위한 작업환경개선의 방법으로 인체 측정치를 이용한 작업환경설계 시 가장 먼저 고려하여야 할 사항은 조절 가능 여부이다.

14 다음 중 국제노동기구(ILO)와 세계보건기구(WHO) 공동위원회에서 제시한 산업보건의 정의에 포함되지 않는 사항은?

① 근로자의 생산성을 향상시킨다.
② 건강에 유해한 취업을 방지한다.
③ 근로자의 건강을 고도로 유지, 증진시킨다.
④ 근로자가 심리적으로 적합한 직무에 종사하게 한다.

[풀이] **산업보건의 정의**
(1) 기관
  세계보건기구(WHO)와 국제노동기구(ILO) 공동위원회
(2) 정의
  ① 근로자들의 육체적, 정신적, 사회적 건강을 고도로 유지, 증진
  ② 작업조건으로 인한 질병 예방 및 건강에 유해한 취업을 방지
  ③ 근로자를 생리적, 심리적으로 적합한 작업환경(직무)에 배치
(3) 기본 목표
  질병의 예방

15 산업안전보건법령상 보건관리자의 직무에 해당하지 않는 것은? (단, 기타 작업관리 및 작업환경관리에 관한 사항은 제외한다.)

① 사업장 순회점검 · 지도 및 조치의 건의
② 위험성평가에 관한 보좌 및 조언 · 지도
③ 물질안전보건자료의 게시 또는 비치에 관한 보좌 및 조언 · 지도
④ 산업안전보건관리비의 집행 감독 및 그 사용에 관한 수급인 간의 협의 · 조정

[풀이] **보건관리자의 직무(업무)**
① 산업안전보건위원회 또는 노사협의체에서 심의 · 의결한 업무와 안전보건관리규정 및 취업규칙에서 정한 업무
② 안전인증대상 기계 등과 자율안전확인대상 기계 등 중 보건과 관련된 보호구(保護具) 구입 시 적격품 선정에 관한 보좌 및 지도 · 조언
③ 위험성평가에 관한 보좌 및 지도 · 조언
④ 작성된 물질안전보건자료의 게시 또는 비치에 관한 보좌 및 지도 · 조언
⑤ 산업보건의의 직무
⑥ 해당 사업장 보건교육계획의 수립 및 보건교육실시에 관한 보좌 및 지도 · 조언
⑦ 해당 사업장의 근로자를 보호하기 위한 다음의 조치에 해당하는 의료행위
  ⓐ 자주 발생하는 가벼운 부상에 대한 치료
  ⓑ 응급처치가 필요한 사람에 대한 처치
  ⓒ 부상 · 질병의 악화를 방지하기 위한 처치
  ⓓ 건강진단 결과 발견된 질병자의 요양 지도 및 관리
  ⓔ ⓐ부터 ⓓ까지의 의료행위에 따르는 의약품의 투여
⑧ 작업장 내에서 사용되는 전체환기장치 및 국소배기장치 등에 관한 설비의 점검과 작업방법의 공학적 개선에 관한 보좌 및 지도 · 조언
⑨ 사업장 순회점검, 지도 및 조치 건의
⑩ 산업재해 발생의 원인 조사 · 분석 및 재발방지를 위한 기술적 보좌 및 지도 · 조언
⑪ 산업재해에 관한 통계의 유지 · 관리 · 분석을 위한 보좌 및 지도 · 조언
⑫ 법 또는 법에 따른 명령으로 정한 보건에 관한 사항의 이행에 관한 보좌 및 지도 · 조언
⑬ 업무 수행 내용의 기록 · 유지
⑭ 그 밖에 보건과 관련된 작업관리 및 작업환경관리에 관한 사항으로서 고용노동부장관이 정하는 사항

※ 법 변경(2020년)사항이므로 풀이내용으로 학습 바랍니다.

16 다음 중 산업위생통계에 있어 대푯값에 해당하지 않는 것은?

① 표준편차
② 산술평균
③ 가중평균
④ 중앙값

[풀이] 산업위생통계에 있어 대푯값에 해당하는 것은 중앙값, 산술평균값, 가중평균값, 최빈값 등이다.

정답 14.① 15.풀이 학습 16.①

17 1일 10시간 작업할 때 전신중독을 일으키는 methyl chloroform(노출기준 350ppm)의 노출기준은 얼마로 하여야 하는가? (단, Brief와 Scala의 보정 방법을 적용한다.)

① 200ppm   ② 245ppm
③ 280ppm   ④ 320ppm

[풀이]
$$RF = \left(\frac{8}{H}\right) \times \frac{24-H}{16} = \left(\frac{8}{10}\right) \times \frac{24-10}{16} = 0.7$$
∴ 보정된 노출기준 = TLV × RF
= 350ppm × 0.7 = 245ppm

18 다음 중 하인리히가 제시한 산업재해의 구성 비율을 올바르게 나타낸 것은? (단, 순서는 '사망 또는 중상해 : 경상 : 무상해 사고'이다.)

① 1 : 29 : 300
② 1 : 30 : 330
③ 1 : 29 : 600
④ 1 : 30 : 600

[풀이] 하인리히(Heinrich) 재해발생비율
1 : 29 : 300으로 중상 또는 사망 1회, 경상해 29회, 무상해 300회의 비율로 재해가 발생한다는 것을 의미한다.
㉠ 1 ⇨ 중상 또는 사망(중대사고, 주요재해)
㉡ 29 ⇨ 경상해(경미한 사고, 경미재해)
㉢ 300 ⇨ 무상해사고(near accident), 즉 사고가 일어나더라도 손실을 전혀 수반하지 않은 재해(유사재해)

19 다음 중 사업장에서 부적응의 결과로 나타나는 현상을 모두 나타낸 것은?

㉮ 생산성의 저하
㉯ 사고, 재해의 증가
㉰ 신경증의 증가
㉱ 규율의 문란

① ㉮, ㉯, ㉰
② ㉮, ㉰, ㉱
③ ㉯, ㉰, ㉱
④ ㉮, ㉯, ㉰, ㉱

[풀이] 부적응 결과 현상
㉠ 생산성의 저하
㉡ 사고, 재해의 증가
㉢ 신경증의 증가
㉣ 규율의 문란

20 기초대사량이 75kcal/hr이고, 작업대사량이 225kcal/hr인 작업을 수행할 때, 작업의 실동률은 약 얼마인가? (단, 사이토와 오시마의 경험식을 적용한다.)

① 50%   ② 60%
③ 70%   ④ 80%

[풀이]
실동률(%) = 85 − (5 × RMR)
$$RMR = \frac{작업대사량}{기초대사량} = \frac{225\text{kcal/hr}}{75\text{kcal/hr}} = 3$$
= 85 − (5 × 3) = 70%

제2과목 | 작업환경 측정 및 평가

21 다음 중 실리카겔과의 친화력이 가장 큰 유기용제는?

① 방향족탄화수소류
② 케톤류
③ 에스테르류
④ 파라핀류

[풀이] 실리카겔의 친화력(극성이 강한 순서)
물 > 알코올류 > 알데히드류 > 케톤류 > 에스테르류 > 방향족탄화수소류 > 올레핀류 > 파라핀류

22 작업환경측정의 목표에 관한 설명 중 틀린 것은?

① 근로자의 유해인자 노출 파악
② 환기시설 성능평가
③ 정부 노출기준과 비교
④ 호흡용 보호구 지급 결정

[풀이] **일반적 작업환경측정 목적**
㉠ 유해물질에 대한 근로자의 허용기준 초과여부를 결정한다.
㉡ 환기시설을 가동하기 전과 후의 공기 중 유해물질 농도를 측정하여 환기시설의 성능을 평가한다.
㉢ 역학조사 시 근로자의 노출량을 파악하여 노출량과 반응과의 관계를 평가한다.
㉣ 근로자의 노출이 법적 기준인 허용농도를 초과하는지의 여부를 판단한다.
㉤ 최소의 오차범위 내에서 최소의 시료수를 가지고 최대의 근로자를 보호한다.
㉥ 작업공정, 물질, 노출 요인의 변경으로 인해 근로자에 대한 과대한 노출의 가능성을 최소화한다.
㉦ 과거의 노출농도가 타당한가를 확인한다.
㉧ 노출기준을 초과하는 상황에서 근로자가 더 이상 노출되지 않게 보호한다.
㉨ ㉠~㉧ 중 가장 큰 목적은 근로자의 노출 정도를 알아내는 것으로 질병에 대한 질병 원인을 규명하는 것은 아니며, 근로자의 노출 수준을 간접적 방법으로 파악하는 것이다.

23 검지관의 장점에 대한 설명으로 틀린 것은?
① 사용이 간편하다.
② 특이도가 높다.
③ 반응시간이 빠르다.
④ 숙련된 산업위생전문가가 아니더라도 어느 정도 숙지하면 사용할 수 있다.

[풀이] **검지관 측정법**
(1) 장점
  ㉠ 사용이 간편하다.
  ㉡ 반응시간이 빨라 현장에서 바로 측정 결과를 알 수 있다.
  ㉢ 비전문가도 어느 정도 숙지하면 사용할 수 있지만 산업위생전문가의 지도 아래 사용되어야 한다.
  ㉣ 맨홀, 밀폐공간에서의 산소부족 또는 폭발성 가스로 인한 안전이 문제가 될 때 유용하게 사용한다.
  ㉤ 다른 측정방법이 복잡하거나 빠른 측정이 요구될 때 사용할 수 있다.
(2) 단점
  ㉠ 민감도가 낮아 비교적 고농도에만 적용이 가능하다.
  ㉡ 특이도가 낮아 다른 방해물질의 영향을 받기 쉽고 오차가 크다.
  ㉢ 대개 단시간 측정만 가능하다.
  ㉣ 한 검지관으로 단일물질만 측정 가능하여 각 오염물질에 맞는 검지관을 선정함에 따른 불편함이 있다.
  ㉤ 색변화에 따라 주관적으로 읽을 수 있어 판독자에 따라 변이가 심하며, 색변화가 시간에 따라 변하므로 제조자가 정한 시간에 읽어야 한다.
  ㉥ 미리 측정대상 물질의 동정이 되어 있어야 측정이 가능하다.

24 시료채취방법 중에서 개인시료 채취 시의 채취지점으로 가장 알맞은 것은? (단, 개인시료채취기 이용)
① 근로자의 호흡위치(호흡기중심 반경 30cm인 반구)
② 근로자의 호흡위치(호흡기중심 반경 60cm인 반구)
③ 근로자의 호흡위치(1.2~1.5m 높이의 고정된 위치)
④ 근로자의 호흡위치(측정하고자 하는 고정된 위치)

[풀이] **개인시료채취**
개인시료채취기를 이용하여 가스·증기·분진·흄(fume)·미스트(mist) 등을 근로자의 호흡위치(호흡기를 중심으로 반경 30cm인 반구)에서 채취하는 것을 말한다.

25 ( ) 안에 옳은 내용은?

> 산업위생통계에서 측정방법의 정밀도는 동일집단에 속한 여러 개의 시료를 분석하여 평균치와 표준편차를 계산하고 표준편차를 평균치로 나눈값, 즉 ( )로 평가한다.

① 분산수   ② 기하평균치
③ 변이계수   ④ 표준오차

[풀이] 변이계수(%) = $\dfrac{\text{표준편차}}{\text{평균치}} \times 100$

정답 23.② 24.① 25.③

26 8시간 작업하는 근로자가 200ppm 농도에 1시간, 100ppm 농도에 2시간, 50ppm에 3시간 동안 TCE에 노출되었다. 이 근로자의 8시간 TWA 농도는?

① 35.7ppm ② 68.7ppm
③ 91.7ppm ④ 116.7ppm

풀이
$$TWA = \frac{(1\times200)+(2\times100)+(3\times50)+(2\times0)}{8}$$
$$= 68.75 ppm$$

27 복사열 측정 시 사용하는 기기명은?

① kata온도계 ② 열선풍속계
③ 수은온도계 ④ 흑구온도계

풀이 복사열 측정
㉠ 작업환경측정의 표준방법으로 사용하며 흑구온도계는 복사온도를 측정한다.
㉡ 표준형의 직경은 15cm(0.5mm 동관), 무광택의 흑색도료(황동판, $CuSO_4$)로 도색되어 있다.
㉢ 실효복사온도는 흑구온도와 기온과의 차이를 말한다.
㉣ 흑구온도계 또는 습구흑구온도(WBGT)를 동시에 측정할 수 있는 기기를 이용한다.

28 어느 작업장의 벤젠농도를 5회 측정한 결과가 30ppm, 33ppm, 29ppm, 27ppm, 31ppm이었다면 기하평균농도(ppm)는?

① 29.9 ② 30.5
③ 30.9 ④ 31.1

풀이
$$\log(GM) = \frac{\log30+\log33+\log29+\log27+\log31}{5}$$
$$= 1.476$$
$$\therefore GM = 10^{1.476} = 29.9 ppm$$

29 공기(10L)로부터 벤젠(분자량=78)을 고체흡착관에 채취하였다. 시료를 분석한 결과 벤젠의 양은 5mg이고 탈착효율은 95%였다. 공기 중 벤젠 농도는? (단, 25℃, 1기압 기준)

① 약 105ppm ② 약 125ppm
③ 약 145ppm ④ 약 165ppm

풀이
$$농도(mg/m^3) = \frac{5mg}{(10L\times m^3/1,000L)\times0.95}$$
$$= 526.32 mg/m^3$$
$$\therefore 농도(ppm) = 526.32 mg/m^3 \times \frac{24.45}{78}$$
$$= 164.98 ppm$$

30 흡광광도법에서 세기 I_o의 단색광이 시료액을 통과하여 그 광의 50%가 흡수되었을 때 흡광도는?

① 0.6 ② 0.5
③ 0.4 ④ 0.3

풀이
$$흡광도 = \log\frac{1}{투과율} = \log\frac{1}{(1-0.5)} = 0.3$$

31 불꽃방식의 원자흡광도계의 일반적인 장단점으로 옳지 않은 것은?

① 가격이 흑연로장치에 비하여 저렴하다.
② 분석시간이 흑연로장치에 비하여 길게 소요된다.
③ 시료량이 많이 소요되며 감도가 낮다.
④ 고체 시료의 경우 전처리에 의하여 매트릭스를 제거하여야 한다.

풀이 불꽃방식의 원자흡광도계의 장단점
(1) 장점
㉠ 쉽고 간편하다.
㉡ 가격이 흑연로장치나 유도결합플라스마-원자발광분석기보다 저렴하다.
㉢ 분석이 빠르고 정밀도가 높다(분석시간이 흑연로장치에 비해 적게 소요).
㉣ 기질의 영향이 적다.
(2) 단점
㉠ 많은 양의 시료(10mL)가 필요하며 감도가 제한되어 있어 저농도에서 사용이 힘들다.
㉡ 용질이 고농도로 용해되어 있는 경우, 점성이 큰 용액은 분무구를 막을 수 있다.
㉢ 고체 시료의 경우 전처리에 의하여 기질(매트릭스)을 제거해야 한다.

정답 26.② 27.④ 28.① 29.④ 30.④ 31.②

32 50% 헵탄, 30% 메틸렌클로라이드, 20% 퍼클로로에틸렌의 중량비로 조성된 용제가 증발하여 작업환경을 오염시키고 있다. 순서에 따라 각각의 TLV는 1,600mg/m³(1mg/m³=0.25ppm), 720mg/m³(1mg/m³=0.28ppm), 670mg/m³(1mg/m³=0.15ppm)이다. 이 작업장의 혼합물의 허용농도(mg/m³)는? (단, 상가 작용 기준)

① 약 633 ② 약 743
③ 약 853 ④ 약 973

풀이 혼합물의 허용농도(mg/m³)
$$= \frac{1}{\frac{0.5}{1,600}+\frac{0.3}{720}+\frac{0.2}{670}} = 973.07 \text{mg/m}^3$$

33 토석, 암석 및 광물성 분진(석면분진 제외) 중의 유리규산(SiO_2) 함유율을 분석하는 방법은?

① 불꽃광전자 검출기(FTD)법
② 계수법
③ X선회절분석법
④ 위상차현미경법

풀이 석면측정방법
(1) 위상차현미경법
  ㉠ 석면측정에 이용되는 현미경으로 일반적으로 가장 많이 사용된다.
  ㉡ 막 여과지에 시료를 채취한 후 전처리하여 위상차현미경으로 분석한다.
  ㉢ 다른 방법에 비해 간편하나 석면의 감별이 어렵다.
(2) 전자현미경법
  ㉠ 석면분진 측정방법 중에서 공기 중 석면시료를 가장 정확하게 분석할 수 있다.
  ㉡ 석면의 성분분석(감별분석)이 가능하다.
  ㉢ 위상차현미경으로 볼 수 없는 매우 가는 섬유도 관찰 가능하다.
  ㉣ 값이 비싸고 분석시간이 많이 소요된다.
(3) 편광현미경법
  ㉠ 고형시료 분석에 사용하며 석면을 감별분석할 수 있다.
  ㉡ 석면광물이 가지는 고유한 빛의 편광성을 이용한 것이다.

(4) X선회절법
  ㉠ 단결정 또는 분말시료(석면 포함 물질을 은막 여과지에 놓고 X선 조사)에 의한 단색 X선의 회절각을 변화시켜가며 회절선의 세기를 계수관으로 측정하여 X선의 세기나 각도를 자동적으로 기록하는 장치를 이용하는 방법이다.
  ㉡ 값이 비싸고, 조작이 복잡하다.
  ㉢ 고형시료 중 크리소타일 분석에 사용하며 토석, 암석, 광물성 분진 중의 유리규산(SiO_2) 함유율도 분석한다.

34 다음은 작업장 소음측정 시간 및 횟수기준에 관한 내용이다. ( ) 안의 내용으로 옳은 것은 어느 것인가? (단, 고용노동부 고시 기준)

> 단위작업장소에서 소음수준은 규정된 측정위치 및 지점에서 1일 작업시간동안 6시간 이상 연속측정하거나 작업시간을 1시간 간격으로 나누어 6회 이상 측정하여야 한다. 다만, 소음의 발생특성이 연속음으로서 측정치가 변동이 없다고 자격자 또는 지정측정기관이 판단하는 경우에는 1시간 동안을 등간격으로 나누어 ( ) 측정할 수 있다.

① 2회 이상
② 3회 이상
③ 4회 이상
④ 5회 이상

풀이 소음측정 시간 및 횟수기준
㉠ 단위작업장소에서 소음수준은 규정된 측정위치 및 지점에서 1일 작업시간 동안 6시간 이상 연속 측정하거나 작업시간을 1시간 간격으로 나누어 6회 이상 측정하여야 한다. 다만, 소음의 발생특성이 연속음으로서 측정치가 변동이 없다고 자격자 또는 지정측정기관이 판단한 경우에는 1시간 동안을 등간격으로 나누어 3회 이상 측정할 수 있다.
㉡ 단위작업장소에서의 소음발생시간이 6시간 이내인 경우나 소음발생원에서의 발생시간이 간헐적인 경우에는 발생시간 동안 연속측정하거나 등간격으로 나누어 4회 이상 측정하여야 한다.

정답 32.④ 33.③ 34.②

35 지역시료채취의 용어 정의로 가장 옳은 것은? (단, 고용노동부 고시 기준)
① 시료채취기를 이용하여 가스, 증기, 분진, 흄, 미스트 등을 근로자의 작업위치에서 호흡기 높이로 이동하며 채취하는 것을 말한다.
② 시료채취기를 이용하여 가스, 증기, 분진, 흄, 미스트 등을 근로자의 작업행동 범위에서 호흡기 높이로 이동하며 채취하는 것을 말한다.
③ 시료채취기를 이용하여 가스, 증기, 분진, 흄, 미스트 등을 근로자의 작업위치에서 호흡기 높이에 고정하여 채취하는 것을 말한다.
④ 시료채취기를 이용하여 가스, 증기, 분진, 흄, 미스트 등을 근로자의 작업행동 범위에서 호흡기 높이에 고정하여 채취하는 것을 말한다.

풀이 지역시료(area sampling)
(1) 작업환경측정을 실시할 때 시료채취의 한 방법으로서 시료채취기를 이용하여 가스·증기, 분진, 흄, 미스트 등 유해인자를 근로자의 정상 작업위치 또는 작업행동범위에서 호흡기 높이에 고정하여 채취하는 것을 말한다. 즉 단위작업장소에 시료채취기를 설치하여 시료를 채취하는 방법이다.
(2) 근로자에게 노출되는 유해인자의 배경농도와 시간별 변화 등을 평가하며, 개인시료채취가 곤란한 경우 등 보조적으로 사용한다.
(3) 지역시료채취는 개인시료채취를 대신할 수 없으며 근로자의 노출정도를 평가할 수 없다.
(4) 지역시료채취 적용 경우
 ㉠ 유해물질의 오염원이 확실하지 않은 경우
 ㉡ 환기시설의 성능을 평가하는 경우(작업환경 개선의 효과 측정)
 ㉢ 개인시료채취가 곤란한 경우
 ㉣ 특정 공정의 계절별 농도변화 및 공정의 주기별 농도변화를 확인하는 경우

36 다음은 표준기구에 관한 내용이다. ( ) 안에 옳은 내용은?

유량 및 용량 보정을 하는 데 있어서 1차 표준기구란 물리적 차원인 공간의 부피를 직접 측정할 수 있는 표준기구를 의미하는데 정확도가 ( ) 이내이다.

① ±1% ② ±3%
③ ±5% ④ ±10%

풀이 1차 표준기구(1차 유량 보정장치)
물리적 크기에 의해서 공간의 부피를 직접 측정할 수 있는 기구를 말하며, 기구 자체가 정확한 값(±1% 이내)을 제시한다. 즉, 정확도가 ±1% 이내이다.

37 작업환경측정 분석 시 발생하는 계통오차의 원인과 가장 거리가 먼 것은?
① 불안정한 기기반응
② 부적절한 표준액의 제조
③ 시약의 오염
④ 분석물질의 낮은 회수율

풀이 계통오차의 원인
㉠ 부적절한 표준물질 제조(시약의 오염)
㉡ 표준시료의 분해
㉢ 잘못된 검량선
㉣ 부적절한 기구 보정
㉤ 분석물질의 낮은 회수율 적용
㉥ 부적절한 시료채취 여재의 사용

38 TLV(Threshold Limit Values)는 ACGIH에서 권장하는 작업장의 노출농도기준으로서 세계적으로 인정받고 있다. TLV에 관한 설명으로 틀린 것은?
① 대기오염의 평가 및 관리에 적용하지 않는다.
② 기존의 질병이나 육체적 조건을 판단하기 위한 척도로 사용될 수 없으며 안전농도와 위험농도를 구분하는 경계선이 아니다.
③ 근로자가 주기적으로 노출되는 경우 역 건강효과가 있는 농도의 최대치로 정의된다.
④ 정상작업시간을 초과한 노출에 대한 독성평가에는 적용할 수 없다.

정답 35.④ 36.① 37.① 38.③

[풀이] ACGIH(미국정부산업위생전문가협의회)에서 권고하고 있는 허용농도(TLV) 적용상 주의사항
㉠ 대기오염 평가 및 지표(관리)에 사용할 수 없다.
㉡ 24시간 노출 또는 정상작업시간을 초과한 노출에 대한 독성 평가에는 적용할 수 없다.
㉢ 기존의 질병이나 신체적 조건을 판단(증명 또는 반증자료)하기 위한 척도로 사용될 수 없다.
㉣ 작업조건이 다른 나라에서 ACGIH-TLV를 그대로 사용할 수 없다.
㉤ 안전농도와 위험농도를 정확히 구분하는 경계선이 아니다.
㉥ 독성의 강도를 비교할 수 있는 지표는 아니다.
㉦ 반드시 산업보건(위생)전문가에 의하여 설명(해석), 적용되어야 한다.
㉧ 피부로 흡수되는 양은 고려하지 않은 기준이다.
㉨ 산업장의 유해조건을 평가하기 위한 지침이며, 건강장애를 예방하기 위한 지침이다.

39 다음 중 작업장 내에서 발생하는 분진, 흄의 농도측정에 대한 설명으로 틀린 것은 어느 것인가?

① 토석, 암석 및 광물성 분진(석면분진 제외)의 농도는 여과포집방법에 의한 중량분석방법으로 측정한다.
② 흄의 농도는 여과포집방법에 의한 중량분석방법으로 측정한다.
③ 호흡성 분진은 분립장치를 이용한 여과포집방법으로 측정한다.
④ 면분진의 농도는 여과포집방법을 이용하여 시료공기를 채취하고 계수방법을 이용하여 측정한다.

[풀이] 입자상 물질 측정 및 분석 방법
㉠ 석면의 농도는 여과채취방법에 의한 계수방법 또는 이와 동등 이상의 분석방법으로 측정할 것
㉡ 광물성 분진은 여과채취방법에 의하여 석영, 크리스토바라이트, 트리디마이트를 분석할 수 있는 적합한 분석방법으로 측정한다. 다만 규산염 기타 광물성 분진은 중량분석방법으로 측정할 것
㉢ 용접흄은 여과채취방법으로 하되 용접보안면을 착용한 경우에는 그 내부에서 채취하고 중량분석방법과 원자흡광분광기 또는 유도결합플라스마를 이용한 분석방법으로 측정할 것
㉣ 석면, 광물성 분진 및 용접흄을 제외한 입자상 물질은 여과채취방법에 의한 중량분석방법이나 유해물질 종류에 따른 적합한 분석방법으로 측정할 것
㉤ 호흡성 분진은 호흡성 분진용 분립장치 또는 호흡성 분진을 채취할 수 있는 기기를 이용한 여과채취방법으로 측정할 것
㉥ 흡입성 분진은 흡입성 분진용 분립장치 또는 흡입성 분진을 채취할 수 있는 기기를 이용한 여과채취방법으로 측정할 것

40 회수율 실험은 여과지를 이용하여 채취한 금속을 분석하는 데 보정하는 실험이다. 다음 중 회수율을 구하는 식은?

① 회수율(%) = $\dfrac{분석량}{첨가량} \times 100$

② 회수율(%) = $\dfrac{첨가량}{분석량} \times 100$

③ 회수율(%) = $\dfrac{분석량}{1-첨가량} \times 100$

④ 회수율(%) = $\dfrac{첨가량}{1-분석량} \times 100$

[풀이] 회수율 시험
㉠ 시료채취에 사용하지 않은 동일한 여과지에 첨가된 양과 분석량의 비로 나타내며, 여과지를 이용하여 채취한 금속을 분석하는 데 보정하기 위해 행하는 실험이다.
㉡ MCE막 여과지에 금속농도 수준별로 일정량을 첨가한(spiked) 다음 분석하여 검출된(detected) 양의 비(%)를 구하는 실험은 회수율을 알기 위한 것이다.
㉢ 금속시료의 회화에 사용되는 왕수는 염산과 질산을 3:1의 몰비로 혼합한 용액이다.
㉣ 관련식 : 회수율(%) = $\dfrac{분석량}{첨가량} \times 100$

제3과목 | 작업환경 관리

41 유해한 작업환경에 대한 개선대책인 대치(substitution)의 내용과 가장 거리가 먼 것은?

① 공정의 변경   ② 시설의 변경
③ 작업자의 변경   ④ 물질의 변경

정답 39.④ 40.① 41.③

> [풀이] 작업환경 개선(대치방법)
> ㉠ 공정의 변경
> ㉡ 시설의 변경
> ㉢ 유해물질의 변경

42 일반적으로 작업장 신축 시 창의 면적은 바닥면적의 어느 정도가 적당한가?

① 1/2~1/3   ② 1/3~1/4
③ 1/5~1/7   ④ 1/7~1/9

> [풀이] 창의 높이와 면적
> ㉠ 보통 조도는 창을 크게 하는 것보다 창의 높이를 증가시키는 것이 효과적이다.
> ㉡ 횡으로 긴 창보다 종으로 넓은 창이 채광에 유리하다.
> ㉢ 채광을 위한 창의 면적은 방바닥 면적의 15~20%(1/5~1/6)가 이상적이다.

43 모 작업공정에서 발생하는 소음의 음압수준이 110dB(A)이고 근로자는 귀덮개(NRR=17)를 착용하고 있다면 근로자에게 실제 노출되는 음압수준은?

① 90dB(A)   ② 95dB(A)
③ 100dB(A)   ④ 105dB(A)

> [풀이] 차음효과=(NRR-7)×0.5
> =(17-7)×0.5=5dB(A)
> ∴ 노출되는 음압수준=110dB(A)-5dB(A)
> =105dB(A)

44 공기 중에 발산된 분진입자는 중력에 의하여 침강하는데 Stokes 식이 많이 사용되고 있다. Stokes 종말침전속도 식으로 맞는 것은? (단, ρ_1 : 먼지밀도, ρ : 공기밀도, μ : 공기의 동점성계수, γ : 먼지직경, g : 중력가속도)

① $V = \dfrac{(\rho - \rho_1)\mu\gamma^2}{18g}$

② $V = \dfrac{(\rho_1 - \rho)\mu\gamma}{18g}$

③ $V = \dfrac{(\rho_1 - \rho)g\gamma^2}{18\mu}$

④ $V = \dfrac{(\rho - \rho_1)g\gamma}{18\mu}$

> [풀이] Stokes 종말침전속도(분리속도)
> $V_g = \dfrac{d_p^2(\rho_p - \rho)g}{18\mu}$
> 여기서, V_g : 종말침강속도(m/sec)
> d_p : 입자의 직경(m)
> ρ_p : 입자의 밀도(kg/m³)
> ρ : 가스(공기)의 밀도(kg/m³)
> g : 중력가속도(9.8m/sec²)
> μ : 가스의 점도(점성계수)(kg/m·sec)

45 방진마스크의 올바른 사용법이라 할 수 없는 것은?

① 보관은 전용 보관상자에 넣거나 깨끗한 비닐봉지에 넣는다.
② 면체의 손질은 중성세제로 닦아 말리고 고무부분은 햇빛에 잘 말려 사용한다.
③ 필터의 수명은 환경상태나 보관정도에 따라 달라지나 통상 1개월 이내에 바꾸어 착용한다.
④ 필터에 부착된 분진은 세게 털지 말고 가볍게 털어 준다.

> [풀이] 면체의 손질은 중성세제로 닦아 말리고 고무부분은 자외선에 약하므로 그늘에서 말려야 하며 시너 등은 사용하지 말아야 한다.

46 작업환경개선의 기본원칙 중 대치(substitution)의 관리방법에 해당하지 않는 것은?

① 공정 변경
② 작업위치 변경
③ 유해물질 변경
④ 시설 변경

> [풀이] 작업환경개선(대치방법)
> ㉠ 공정의 변경
> ㉡ 시설의 변경
> ㉢ 유해물질의 변경

정답 42.③ 43.④ 44.③ 45.② 46.②

47 가로 15m, 세로 25m, 높이 3m인 어느 작업장의 음의 잔향시간을 측정해보니 0.238sec였다. 이 작업장의 총 흡음력(sound absorption)을 51.6% 증가시키면 잔향시간은 몇 sec가 되겠는가?
① 0.157 ② 0.183
③ 0.196 ④ 0.217

풀이
잔향시간$(T) = \dfrac{0.161V}{A}$

$0.238 = \dfrac{0.161 \times (15 \times 25 \times 3)\text{m}^3}{A}$

총 흡음력$(A) = 761.03\text{m}^2(\text{sabins})$

$= \dfrac{0.161 \times (15 \times 25 \times 3)}{761.03 \times (1.516)} = 0.157\text{sec}$

48 작업장에서 발생한 분진에 대한 작업환경 관리대책과 가장 거리가 먼 것은?
① 국소배기장치의 설치
② 발생원의 밀폐
③ 방독마스크의 지급 및 착용
④ 전체환기

풀이
(1) 분진 발생 억제(발진의 방지)
  ㉠ 작업공정 습식화
    • 분진의 방진대책 중 가장 효과적인 개선대책
    • 착암, 파쇄, 연마, 절단 등의 공정에 적용
    • 취급물질은 물, 기름, 계면활성제 사용
    • 물을 분사할 경우 국소배기시설과의 병행 사용 시 주의(작은 입자들이 부유 가능성이 있고, 이들이 덕트 등에 쌓여 굳게 됨으로써 국소배기시설의 효율성을 저하시킴)
    • 시간이 경과하여 바닥에 굳어 있다 건조되면 재비산하므로 주의
  ㉡ 대치
    • 원재료 및 사용재료의 변경(연마재의 사암을 인공마석으로 교체)
    • 생산기술의 변경 및 개량
    • 작업공정의 변경
(2) 발생분진 비산방지방법
  ㉠ 해당 장소를 밀폐 및 포위
  ㉡ 국소배기
    • 밀폐가 되지 못하는 경우에 사용
    • 포위형 후드의 국소배기장치를 설치하며 해당 장소를 음압으로 유지시킬 것
  ㉢ 전체환기

49 작업환경관리의 유해요인 중에서 물리학적 요인과 가장 거리가 먼 것은?
① 분진
② 전리방사선
③ 기온
④ 조명

풀이
직업병의 원인물질(직업성 질환 유발물질)
㉠ 물리적 요인 : 소음·진동, 유해광선(전리·비전리 방사선), 온도(온열), 이상기압, 한랭, 조명 등
㉡ 화학적 요인 : 화학물질(대표적 : 유기용제), 금속증기, 분진, 오존 등
㉢ 생물학적 요인 : 각종 바이러스, 진균, 리케차, 쥐 등
㉣ 인간공학적 요인 : 작업방법, 작업자세, 작업시간, 중량물 취급 등

50 전리방사선의 장애와 예방에 관한 설명으로 옳지 않은 것은?
① 방사선 노출 수준은 거리와 반비례하여 증가하므로 발생원과의 거리를 관리하여야 한다.
② 방사선의 측정은 Geiger Muller counter 등을 사용하여 측정한다.
③ 개인 근로자의 피폭량은 pocket dosimeter, film badge 등을 이용하여 측정한다.
④ 기준 초과의 가능성이 있는 경우에는 경보장치를 설치한다.

풀이
방사능은 거리의 제곱에 비례하여 감소하므로 먼거리일수록 방어를 쉽게 할 수 있다.

51 열중증 질환 중 열피로에 대한 설명으로 가장 거리가 먼 것은?
① 혈중 염소농도는 정상이다.
② 체온은 정상범위를 유지한다.
③ 말초혈관 확장에 따른 요구 증대만큼의 혈관운동 조절이나 심박출력의 증대가 없을 때 발생한다.
④ 탈수로 인하여 혈장량이 급격히 증가할 때 발생한다.

| 풀이 | 열피로의 발생
③ 땀을 많이 흘려(과다 발한) 수분과 염분 손실이 많을 때
⑤ 탈수로 인해 혈장량이 감소할 때
⑥ 말초혈관 확장에 따른 요구 증대만큼의 혈관운동 조절이나 심박출력의 증대가 없을 때
⑧ 대뇌피질의 혈류량이 부족할 때

52 고압환경의 영향 중 2차적인 가압현상과 가장 거리가 먼 것은?

① 질소마취
② 산소중독
③ 폐 내 가스 팽창
④ 이산화탄소 중독

| 풀이 | 고압환경에서의 2차적 가압현상
③ 질소가스의 마취작용
⑤ 산소중독
⑥ 이산화탄소의 작용

53 비중은 5, 입자의 직경은 3μm인 먼지가 다른 방해기류가 없이 층류이동을 할 경우 50cm의 침강 챔버에 가라앉는 시간을 이론적으로 계산하면 얼마가 되는가?

① 약 3분 ② 약 6분
③ 약 12분 ④ 약 24분

| 풀이 | 침강속도(cm/sec) $= 0.003 \times \rho \times d^2$
$= 0.003 \times 5 \times 3^2 = 0.135 \text{cm/sec}$

∴ 가라앉는 시간(min) $= \dfrac{50\text{cm}}{0.135\text{cm/sec}}$
$= 370\text{sec} \times \text{min}/60\text{sec}$
$= 6.17\text{min}$

54 다음 조건에서 방독마스크의 사용가능시간은?

• 공기 중의 사염화탄소 농도는 0.2%
• 사용 정화통의 정화능력은 사염화탄소 0.7%에서 50분간 사용 가능

① 110분 ② 125분
③ 145분 ④ 175분

| 풀이 | 사용가능시간(min)
$= \dfrac{\text{표준유효시간} \times \text{시험가스 농도}}{\text{공기 중 유해가스 농도}}$
$= \dfrac{0.7\% \times 50\text{min}}{0.2\%} = 175\text{min}$

55 고열장애인 열경련에 관한 설명으로 틀린 것은?

① 일반적으로 더운 환경에서 고된 육체적 작업을 하면서 땀으로 흘린 염분 손실을 충당하지 못할 때 발생한다.
② 염분을 공급할 때는 식염정제를 사용하여 빠른 공급이 될 수 있도록 하여야 한다.
③ 열경련 환자는 혈중 염분의 농도가 낮기 때문에 염분관리가 중요하다.
④ 통증을 수반하는 경련은 주로 작업 시 사용한 근육에서 흔히 발생한다.

| 풀이 | 열경련
(1) 발생
③ 지나친 발한에 의한 수분 및 혈중 염분 손실 시 발생한다(혈액의 현저한 농축 발생).
⑤ 땀을 많이 흘리고 동시에 염분이 없는 음료수를 많이 마셔서 염분 부족 시 발생한다.
⑥ 전해질의 유실 시 발생한다.
(2) 증상
③ 체온이 정상이거나 약간 상승하고 혈중 Cl⁻ 농도가 현저히 감소한다.
⑤ 낮은 혈중 염분농도와 팔과 다리의 근육경련이 일어난다(수의근 유통성 경련).
⑥ 통증을 수반하는 경련은 주로 작업 시 사용한 근육에서 흔히 발생한다.
⑧ 일시적으로 단백뇨가 나온다.
⑨ 중추신경계통의 장애는 일어나지 않는다.
⑩ 복부와 사지 근육에 강직, 동통이 일어나고 과도한 발한이 발생한다.
⑪ 수의근의 유통성 경련(주로 작업 시 사용한 근육에서 발생)이 일어나기 전에 현기증, 이명, 두통, 구역, 구토 등의 전구증상이 일어난다.
(3) 치료
③ 수분 및 NaCl을 보충한다(생리식염수 0.1% 공급).
⑤ 바람이 잘 통하는 곳에 눕혀 안정시킨다.
⑥ 체열방출을 촉진시킨다(작업복을 벗겨 전도와 복사에 의한 체열방출).
⑧ 증상이 심하면 생리식염수 1,000~2,000mL를 정맥주사한다.

56 사람이 느끼는 최소 진동역치는?
① 55±5dB ② 65±5dB
③ 75±5dB ④ 85±5dB

풀이 진동역치는 사람이 진동을 느낄 수 있는 최솟값을 의미하며 50~60dB 정도이다.

57 다음의 중금속 먼지 중 비중격천공의 원인 물질로 알려진 것은?
① 카드뮴 ② 수은
③ 크롬   ④ 니켈

풀이 크롬(Cr)
㉠ 금속 크롬, 여러 형태의 산화화합물로 존재하며 2가크롬은 매우 불안정하고, 3가크롬은 매우 안정된 상태, 6가크롬은 비용해성으로 산화제, 색소로서 산업장에서 널리 사용된다.
㉡ 비중격연골에 천공이 대표적 증상이며 근래에 와서는 직업성 피부질환도 다량 발생하는 경향이 있다.
㉢ 3가크롬은 피부흡수가 어려우나 6가크롬은 쉽게 피부를 통과하여 6가크롬이 더 해롭다.

58 도르노선(Dorno-ray)은 자외선의 대표적인 광선이다. 이 빛의 파장범위로 가장 적절한 것은?
① 215~270nm
② 290~315nm
③ 2,150~2,800nm
④ 2,900~3,150nm

풀이 280(290)~315nm[2,800(2,900)~3,150Å, 1Å(angstrom); SI 단위로 10^{-10}m]의 파장을 갖는 자외선을 도노선(Dorno-ray)이라고 하며 인체에 유익한 작용을 하여 건강선(생명선)이라고도 한다. 또한 소독작용, 비타민 D 형성, 피부의 색소침착 등 생물학적 작용이 강하다.

59 산소가 결핍된 장소에서 주로 사용하는 호흡용 보호구는?
① 방진마스크
② 일산화탄소용 방독마스크
③ 산성가스용 방독마스크
④ 호스마스크

풀이 산소결핍 장소에서는 송기마스크(호스마스크)를 사용하며 방진·방독 마스크 사용은 안 된다.

60 감압환경에서 감압에 따른 질소 기포형성량에 영향을 주는 요인과 가장 거리가 먼 것은?
① 감압속도
② 조직에 용해된 가스량
③ 혈류를 변화시키는 상태
④ 폐 내 가스 팽창

풀이 감압 시 조직 내 질소 기포형성량에 영향을 주는 요인
(1) 조직에 용해된 가스량
   체내지방량, 고기압폭로의 정도와 시간으로 결정
(2) 혈류변화 정도(혈류를 변화시키는 상태)
   ㉠ 감압 시나 재감압 후에 생기기 쉽다.
   ㉡ 연령, 기온, 운동, 공포감, 음주와 관계가 있다.
(3) 감압속도

제4과목 | 산업환기

61 다음 [그림]과 같이 단면적이 작은 쪽이 ㉮, 큰 쪽이 ㉯인 사각형 덕트의 확대관에 대한 압력손실을 구하는 방법으로 가장 적절한 것은? (단, 경사각은 $\theta_1 > \theta_2$ 이다.)

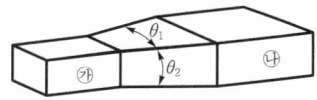

① θ_1의 각도를 경사각으로 한 단면적을 이용한다.
② θ_2의 각도를 경사각으로 한 단면적을 이용한다.
③ 두 각도의 평균값을 이용한 단면적을 이용한다.
④ 작은 쪽(㉮)과 큰 쪽(㉯)의 등가(상당) 직경을 이용한다.

> 풀이 장방형 덕트 직관의 압력손실 계산 시 상당(등가)직경을 적용한다.

> 풀이 정압을 저항압력 또는 마찰압력이라고도 하며 정압은 속도압과 관계없이 독립적으로 발생한다.

62 1mmH$_2$O를 환산한 값으로 틀린 것은 어느 것인가?

① 1kg$_f$/m^2
② 0.98N/m^2
③ 9.8Pa
④ 0.0735mmHg

> 풀이 $1\text{mmH}_2\text{O} \times \dfrac{1\text{N/m}^2}{1.020 \times 10^{-1}\text{mmH}_2\text{O}} = 9.8\text{N/m}^2$

63 공기정화장치의 입구와 출구의 정압이 동시에 감소되었다면 국소배기장치(설비)의 이상원인으로 가장 적절한 것은?

① 제진장치 내의 분진 퇴적
② 분지관과 후드 사이의 분진퇴적
③ 분지관의 시험공과 후드 사이의 분진퇴적
④ 송풍기의 능력저하 또는 송풍기와 덕트의 연결부위 풀림

> 풀이 공기정화장치 전후에 정압이 감소한 경우의 원인
> ㉠ 송풍기 자체의 성능이 저하되었다.
> ㉡ 송풍기 점검구의 마개가 열렸다.
> ㉢ 배기측 송풍관이 막혔다.
> ㉣ 송풍기와 송풍관의 flange 연결부위가 풀렸다.

64 다음 중 공기압력에 관한 설명으로 틀린 것은 어느 것인가?

① 압력은 정압, 동압 및 전압 3가지로 구분된다.
② 전압은 단위유체에 작용하는 정압과 동압의 총합이다.
③ 동압을 때로는 저항압력 또는 마찰압력이라고도 한다.
④ 동압은 정지상태의 공기를 일정한 속도로 흐르도록 가속화시키는 데 필요한 압력을 말한다.

65 원형 덕트의 송풍량이 24m^3/min이고, 반송속도가 12m/sec일 때 필요한 덕트의 내경은 약 몇 m인가?

① 0.151
② 0.206
③ 0.303
④ 0.502

> 풀이
> $A(\text{m}^2) = \dfrac{Q}{V}$
> $= \dfrac{24\text{m}^3/\text{min}}{12\text{m/sec} \times 60\text{sec/min}} = 0.033\text{m}^2$
> $A = \dfrac{3.14 \times D^2}{4}$
> $\therefore D = \sqrt{\dfrac{A \times 4}{3.14}} = \sqrt{\dfrac{0.033\text{m}^2 \times 4}{3.14}} = 0.206\text{m}$

66 다음 중 전체환기시설의 설치조건으로 적절하지 않은 것은?

① 오염물질의 독성이 매우 강한 경우
② 동일한 작업장에 오염원이 분산되어 있는 경우
③ 오염물질의 발생량이 비교적 적은 경우
④ 오염물질이 증기나 가스인 경우

> 풀이 **전체환기(희석환기) 적용 시 조건**
> ㉠ 유해물질의 독성이 비교적 낮은 경우, 즉 TLV가 높은 경우(가장 중요한 제한조건)
> ㉡ 동일한 작업장에 다수의 오염원이 분산되어 있는 경우
> ㉢ 유해물질이 시간에 따라 균일하게 발생할 경우
> ㉣ 유해물질의 발생량이 적은 경우 및 희석공기량이 많지 않아도 될 경우
> ㉤ 유해물질이 증기나 가스일 경우
> ㉥ 국소배기로 불가능한 경우
> ㉦ 배출원이 이동성인 경우
> ㉧ 가연성 가스의 농축으로 폭발의 위험이 있는 경우
> ㉨ 오염원이 근무자가 근무하는 장소로부터 멀리 떨어져 있는 경우

정답 62.② 63.④ 64.③ 65.② 66.①

67 고농도의 분진이 발생하는 작업장에서는 후드로 유입된 공기가 공기정화장치로 유입되기 전에 입경과 비중이 큰 입자를 제거할 수 있도록 전처리장치를 둔다. 전처리를 위한 집진기는 일반적으로 효율이 비교적 낮은 것을 사용하는데, 다음 중 전처리장치로 적합하지 않은 것은?

① 중력 집진기 ② 원심력 집진기
③ 관성력 집진기 ④ 여과집진기

[풀이] 전처리장치(1차 집진장치)
㉠ 중력 집진장치
㉡ 관성력 집진장치
㉢ 원심력 집진장치

68 온도가 150℃, 기압이 710mmHg인 상태에서 100m³의 공기는 온도 21℃, 기압 760mmHg인 상태에서 약 몇 m³로 변하는가?

① 65 ② 74
③ 134 ④ 154

[풀이]
$$\frac{P_1 V_1}{T_1} = \frac{P_2 V_2}{T_2}$$
$$\therefore V_2 = V_1 \times \frac{P_1}{P_2} \times \frac{T_2}{T_1}$$
$$= 100 m^3 \times \frac{710}{760} \times \frac{273+21}{273+150} = 64.93 m^3$$

69 다음 중 일반적으로 송풍기의 소요동력(kW)을 구하고자 할 때 관여하는 주요 인자로 볼 수 없는 것은?

① 풍량 ② 송풍기의 유효전압
③ 송풍기의 효율 ④ 송풍기의 종류

[풀이] 송풍기의 소요동력(kW)
$$kW = \frac{Q \times \Delta P}{6,120 \times \eta} \times \alpha$$
여기서, Q : 송풍량(m³/min)
ΔP : 송풍기의 유효전압
(전압 ; 정압)(mmH₂O)
η : 송풍기의 효율(%)
α : 안전인자(여유율)(%)

70 작업장의 크기가 12m×22m×45m인 곳에서의 톨루엔 농도가 400ppm이다. 이 작업장으로 600m³/min의 공기가 유입되고 있다면 톨루엔 농도를 100ppm까지 낮추는 데 필요한 환기시간은 약 얼마인가? (단, 공기와 톨루엔은 완전 혼합된다고 가정한다.)

① 27.45분 ② 31.44분
③ 35.45분 ④ 39.44분

[풀이]
$$t(min) = -\frac{V}{Q'} \ln\left(\frac{C_2}{C_1}\right)$$
$$= -\frac{(12 \times 22 \times 45)}{600} \times \ln\left(\frac{100}{400}\right) = 27.45 min$$

71 다음 중 송풍기에 관한 설명으로 틀린 것은?

① 평판송풍기는 타 송풍기에 비하여 효율이 낮아 미분탄, 톱밥 등을 비롯한 고농도 분진이나 마모성이 강한 분진의 이송용으로는 적당하지 않다.
② 원심송풍기에는 다익팬, 레이디얼팬, 터보팬 등이 해당한다.
③ 터보형 송풍기는 압력 변동이 있어도 풍량의 변화가 비교적 작다.
④ 다익형 송풍기는 구조상 고속회전이 어렵고, 큰 동력의 용도에는 적합하지 않다.

[풀이] 평판형 송풍기(radial fan)
㉠ 플레이트(plate) 송풍기, 방사 날개형 송풍기라고도 한다.
㉡ 날개(blade)가 다익형보다 적고, 직선이며 평판 모양을 하고 있어 강도가 매우 높게 설계되어 있다.
㉢ 깃의 구조가 분진을 자체 정화할 수 있도록 되어 있다.
㉣ 적용 : 시멘트, 미분탄, 곡물, 모래 등의 고농도 분진 함유 공기나 마모성이 강한 분진 이송용으로 사용된다.
㉤ 부식성이 강한 공기를 이송하는 데 많이 사용된다.
㉥ 압력은 다익팬보다 약간 높으며, 효율도 65%로 다익팬보다는 약간 높으나 터보팬보다는 낮다.
㉦ 습식 집진장치의 배치에 적합하며, 소음은 중간 정도이다.

정답 67.④ 68.① 69.④ 70.① 71.①

72 접착제를 사용하는 A 공정에서는 메틸에틸케톤(MEK)과 톨루엔이 발생, 공기 중으로 완전혼합된다. 두 물질은 모두 마취작용을 나타내므로 상가효과가 있다고 판단되며, 각 물질의 사용정보가 다음과 같을 때 필요환기량(m^3/min)은 약 얼마인가? (단, 주위는 25℃, 1기압 상태이다.)

> ㉮ MEK
> - 안전계수 : 4
> - 분자량 : 72.1
> - 비중 : 0.805
> - TLV : 200pm
> - 사용량 : 시간당 2L
> ㉯ 톨루엔
> - 안전계수 : 5
> - 분자량 : 92.13
> - 비중 : 0.866
> - TLV : 50ppm
> - 사용량 : 시간당 2L

① 181.9 ② 557.0
③ 764.5 ④ 946.4

[풀이] 상가작용 필요환기량(m^3/min)
=MEK 필요환기량+톨루엔 필요환기량
㉮ MEK 필요환기량
- 사용량(g/hr)
 =2L/hr×0.805g/mL×1,000mL/L=1,610g/hr
- 발생률(L/hr)
 $= \dfrac{24.45L \times 1,610g/hr}{72.1g} = 545.97L/hr$
- 필요환기량
 $= \dfrac{545.97L/hr}{200ppm} \times 4$
 $= \dfrac{545.97L/hr \times 1,000mL/L}{200mL/m^3} \times 4$
 $= 10919.42m^3/hr \times hr/60min = 182m^3/min$
㉯ 톨루엔 필요환기량
- 사용량(g/hr)
 =2L/hr×0.866g/mL×1,000mL/L=1,732g/hr
- 발생률(L/hr)
 $= \dfrac{24.45L \times 1,732g/hr}{92.13g} = 459.65L/hr$
- 필요환기량
 $= \dfrac{459.65L/hr}{50ppm} \times 5$
 $= \dfrac{459.65L/hr \times 1,000mL/L}{50mL/m^3} \times 5$
 $= 45964.83m^3/hr \times hr/60min = 766m^3/min$
∴ $182 + 766 = 948.08m^3/min$

73 [그림]과 같이 Q_1과 Q_2에서 유입된 기류가 합류관인 Q_3으로 흘러갈 때, Q_3의 유량(m^3/min)은 약 얼마인가? (단, 합류와 확대에 의한 압력손실은 무시한다.)

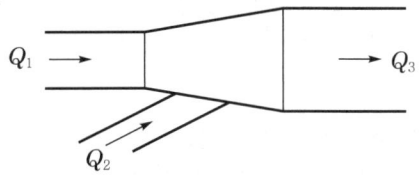

구 분	직경(mm)	유속(m/sec)
Q_1	200	10
Q_2	150	14
Q_3	350	–

① 33.7 ② 36.3
③ 38.5 ④ 40.2

[풀이]
- $Q_3 = Q_1 + Q_2$
- $Q_1 = \left(\dfrac{3.14 \times 0.2^2}{4}\right) m^2 \times 10m/sec$
 $= 0.314m^3/sec \times 60sec/min = 18.84m^3/min$
- $Q_2 = \left(\dfrac{3.14 \times 0.15^2}{4}\right) m^2 \times 14m/sec$
 $= 0.247m^3/sec \times 60sec/min = 14.84m^3/min$
∴ $18.84 + 14.84 = 33.68m^3/min$

74 국소배기장치 검사에 공기의 유속을 측정할 수 있는 유속계 중 가장 많이 쓰이는 것은?
① 그네 날개형
② 회전 날개형
③ 열선 풍속계
④ 연기 발생기

정답 72.④ 73.① 74.③

[풀이] **열선 풍속계(thermal anemometer)**
㉠ 미세한 백금 또는 텅스텐의 금속선이 공기와 접촉하여 금속의 온도가 변하고 이에 따라 전기저항이 변하여 유속을 측정한다. 따라서 기류속도가 낮을 때도 정확한 측정이 가능하다.
㉡ 가열된 공기가 지나가면서 빼앗는 열의 양은 공기의 속도에 비례한다는 원리를 이용하며 국소배기장치 검사에 공기유속을 측정하는 유속계 중 가장 많이 사용된다.
㉢ 속도센서 및 온도센서로 구성된 프로브(probe)을 사용하며 probe는 급기, 배기 개구부에서 직접 공기의 속도 측정, 저유속 측정, 실내공기 흐름 측정, 후드 유속을 측정하는 데 사용한다.
㉣ 부식성 환경, 가연성 환경, 분진량이 많은 경우에는 사용할 수 없다.

75 다음 중 필요환기량을 감소시키기 위한 후드의 선택 지침으로 적합하지 않은 것은?
① 가급적이면 공정을 많이 포위한다.
② 포집형 후드는 가급적 배출 오염원 가까이에 설치한다.
③ 후드 개구면의 속도는 빠를수록 효율적이다.
④ 후드 개구면에서의 기류가 균일하게 분포되도록 설계한다.

[풀이] **후드 선택 시 유의사항(후드의 선택지침)**
㉠ 필요환기량을 최소화하여야 한다.
㉡ 작업자의 호흡영역을 유해물질로부터 보호해야 한다.
㉢ ACGIH 및 OSHA의 설계기준을 준수해야 한다.
㉣ 작업자의 작업방해를 최소화할 수 있도록 설치되어야 한다.
㉤ 상당거리 떨어져 있어도 제어할 수 있다는 생각, 공기보다 무거운 증기는 후드 설치위치를 작업장 바닥에 설치해야 한다는 생각의 설계오류를 범하지 않도록 유의해야 한다.
㉥ 후드는 덕트보다 두꺼운 재질을 선택하고 오염물질의 물리화학적 성질을 고려하여 후드 재료를 선정한다.

76 다음 중 제어속도에 관한 설명으로 옳은 것은?

① 제어속도가 높을수록 경제적이다.
② 제어속도를 증가시키기 위해서 송풍기 용량의 증가는 불가피하다.
③ 외부식 후드에서 후드와 작업지점과의 거리를 줄이면 제어속도가 증가한다.
④ 유해물질을 실내의 공기 중으로 분산시키지 않고 후드 내로 흡인하는 데 필요한 최대기류속도를 말한다.

[풀이] ① 제어속도가 높을수록 유량이 증가되어 비경제적이다.
② 제어속도를 증가시키기 위해서는 후드와 발생원 간의 거리를 줄여야 한다.
④ 유해물질을 실내의 공기 중으로 분산시키지 않고 후드 내로 흡인하는 데 필요한 최소기류속도를 말한다.

77 후드의 유입손실계수가 0.8, 덕트 내의 공기흐름속도가 20m/sec일 때 후드의 유입압력손실은 약 몇 mmH₂O인가? (단, 공기의 비중량은 1.2kg$_f$/m³이다.)
① 14   ② 16
③ 20   ④ 24

[풀이] 유입압력손실(mmH₂O) = $F \times VP$
$$VP = \frac{rV^2}{2g} = \frac{1.2 \times 20^2}{2 \times 9.8}$$
$$= 24.49 \text{mmH}_2\text{O}$$
$$= 0.8 \times 24.49$$
$$= 19.59 \text{mmH}_2\text{O}$$

78 전자부품을 납땜하는 공정에 외부식 국소배기장치를 설치하려 한다. 후드의 규격은 가로, 세로 각각 400mm이고, 제어거리는 20cm, 제어속도는 0.5m/sec, 반송속도를 1,200m/min으로 하고자 할 때 필요소요풍량(m³/min)은 약 얼마인가? (단, 플랜지는 없으며 공간에 설치한다.)
① 13.2   ② 15.6
③ 16.8   ④ 18.4

정답 75.③ 76.③ 77.③ 78.③

[풀이]
$$Q = V_c(10X^2 + A)$$
$$= 0.5\text{m/sec} \times [(10 \times 0.2^2)\text{m}^2 + (0.4 \times 0.4)\text{m}^2]$$
$$= 0.28\text{m}^3/\text{sec} \times 60\text{sec/min} = 16.8\text{m}^3/\text{min}$$

79 90° 곡관의 곡률반경이 2.0일 때 압력손실계수는 0.27이다. 속도압이 15mmH₂O일 때 덕트 내 유속은 약 몇 m/sec인가? (단, 표준상태이며, 공기의 밀도는 1.2kg/m³이다.)

① 20.7 ② 15.7
③ 18.7 ④ 28.7

[풀이]
$$VP = \frac{rV^2}{2g}$$
$$\therefore V = \sqrt{\frac{VP \times 2g}{r}}$$
$$= \sqrt{\frac{15 \times 2 \times 9.8}{1.2}} = 15.65 \text{m/sec}$$

80 복합환기시설의 합류점에서 각 분지관의 정압차가 5~20%일 때 정압평형이 유지되도록 하는 방법으로 가장 적절한 것은?

① 압력손실이 적은 분지관의 유량을 증가시킨다.
② 압력손실이 적은 분지관의 직경을 작게 한다.
③ 압력손실이 많은 분지관의 유량을 증가시킨다.
④ 압력손실이 많은 분지관의 직경을 작게 한다.

[풀이]
$$Q_c = Q_d\sqrt{\frac{SP_2}{SP_1}}$$

여기서, Q_c : 보정유량(m³/min)
Q_d : 설계유량(m³/min)
SP_2 : 압력손실이 큰 관의 정압(지배정압) (mmH₂O)
SP_1 : 압력손실이 작은 관의 정압(mmH₂O)
(계산결과 높은 쪽 정압과 낮은 쪽 정압의 비(정압비)가 1.2 이하인 경우는 정압이 낮은 쪽의 유량을 증가시켜 압력을 조정하고 정압비가 1.2보다 클 경우는 정압이 낮은 쪽을 재설계하여야 한다.)

정답 79.② 80.①

제1회 산업위생관리산업기사

과년도 출제문제 | 2016.03.06

제1과목 | 산업위생학 개론

01 규폐증은 공기 중 분진 내에 어느 물질이 함유되어 있을 때 발생하는가?
① 석면
② 탄소가루
③ 크롬
④ 유리규산

풀이 규폐증(silicosis)
규폐증은 이집트의 미라에서도 발견되는 오랜 질병이며, 채석장 및 모래분사 작업장에 종사하는 작업자들이 석면을 과도하게 흡입하여 잘 걸리는 폐질환으로 SiO_2 함유먼지 0.5~5μm 크기에서 잘 유발된다. 즉 규폐증은 결정형 규소(암석 : 석영분진, 이산화규소, 유리규산)에 직업적으로 노출된 근로자에게 발생한다.

02 산업피로의 예방대책에 대한 설명으로 관계가 적은 것은?
① 작업환경을 정리정돈한다.
② 불필요한 동작을 피하고 에너지소모를 줄인다.
③ 너무 정적인 작업은 동적인 작업으로 전환한다.
④ 휴식은 한 번에 장시간을 취하는 것이 효과적이다.

풀이 산업피로 예방대책
㉠ 불필요한 동작을 피하고, 에너지 소모를 적게 한다.
㉡ 동적인 작업을 늘리고, 정적인 작업을 줄인다.
㉢ 개인의 숙련도에 따라 작업속도와 작업량을 조절한다.
㉣ 작업시간 중 또는 작업 전후에 간단한 체조나 오락시간을 갖는다.
㉤ 장시간 한 번 휴식하는 것보다 단시간씩 여러 번 나누어 휴식하는 것이 피로회복에 도움이 된다.

03 작업에 기인한 피로현상을 나타낸 것으로 적합하지 않은 것은?
① 취업 후 6개월 이내의 이직은 노동부담이 크므로써 오는 경우가 많다.
② 피로의 현상은 작업의 종류에 따라 차이가 있으며 개인적 차이는 적다.
③ 작업이 과중하면 피로의 원인이 되어 각종 질병을 유발할 수 있다.
④ 사업장에서 발생하는 피로는 작업부하, 작업환경, 작업시간 등의 영향으로 발생할 수 있다.

풀이 피로현상은 개인차가 심하므로 작업에 대한 개체의 반응을 어디서부터 피로현상이라고 타각적 수치로 나타내기 어렵다.

04 우리나라 산업안전보건법에 의하면 시료채취는 무엇을 기본으로 하는가?
① 지역시료채취
② 개인시료채취
③ 동일시료채취
④ 고체흡착시료채취

풀이 작업환경측정
개인시료채취를 원칙으로 하고 있으며 개인시료채취가 곤란한 경우에 한하여 지역시료를 채취할 수 있다.

05 산업안전보건법 중 작업환경측정대상 인자는 약 몇 종인가?
① 약 120종
② 약 190종
③ 약 460종
④ 약 690종

정답 01.④ 02.④ 03.② 04.② 05.②

풀이 작업환경측정대상 사업
유기화합물(113종), 금속류(23종), 산·알칼리류(17종), 가스상 물질류(15종), 허가대상유해물질(14종), 분진(6종), 금속가공유, 소음 및 고열 등으로 규정되어 있다.

06 유해물질과 생물학적 노출지표로 이용되는 대사산물의 연결이 잘못된 것은?
① 벤젠 – 소변 중의 총 페놀
② 톨루엔 – 소변 중의 만델린산
③ 크실렌 – 소변 중의 메틸마뇨산
④ 트리클로로에틸렌 – 소변 중의 트리클로로초산

풀이 톨루엔의 대사산물
㉠ 소변 : o-크레졸
㉡ 혈액, 호기 : 톨루엔

07 미국국립산업안전보건청(NIOSH)의 들기작업기준(Lifting Guideline)의 평가요소와 거리가 먼 것은?
① 수평거리
② 수직거리
③ 휴식시간
④ 비대칭 각도

풀이 NIOSH 중량물 들기지수(LI)
$$LI = \frac{물체무게}{RWL}$$
RWL(kg) = LC × HM × VM × DM × AM × FM × CM
여기서, LC : 중량상수(부하상수)(23kg : 최적 작업상태 권장 최대무게, 즉 모든 조건이 가장 좋지 않을 경우 허용되는 최대 중량의 의미)
HM : 수평계수
VM : 수직계수
DM : 물체 이동거리계수
AM : 비대칭각도계수
FM : 작업빈도계수
CM : 물체를 잡는 데 따른 계수 (커플링계수)

08 신체적 결함과 부적합한 작업이 잘못 연결된 것은?
① 간기능 장애 – 화학공업
② 편평족 – 앉아서 하는 작업
③ 심계항진 – 격심작업, 고소작업
④ 고혈압 – 이상기온, 이상기압에서의 작업

풀이 편평족은 서서하는 작업에는 부적합하다.

09 에너지 대사율(RMR : Relative Metabolic Rate)에 대한 설명으로 틀린 것은?
① RMR=(작업 시 에너지대사량-안정 시 에너지대사량)/기초대사량이다.
② RMR이 대략 4~7 정도이면 중(重)작업(동작, 속도가 큰 작업)에 속한다.
③ 총 에너지소모량은 기초에너지대사량과 휴식 시 에너지대사량을 합한 것이다.
④ 작업 시 에너지대사량은 휴식 후부터 작업종료 시까지의 에너지대사량을 나타낸다.

풀이 총 에너지소모량은 작업 시 소비된 에너지대사량에서 같은 시간의 안정 시 소비된 에너지대사량을 마이너스(−) 계산한 값이다.

10 근골격계 질환을 예방하기 위한 작업환경 개선의 방법으로 인체측정치를 이용한 작업환경의 설계가 이루어질 때 가장 먼저 고려되어야 할 사항은?
① 조절가능 여부
② 최대치의 적용 여부
③ 최소치의 적용 여부
④ 평균치의 적용 여부

풀이 근골격계 질환을 예방하기 위한 인체측정치를 이용한 작업환경 설계 시 조절가능여부를 가장 먼저 고려하여야 한다.

정답 06.② 07.③ 08.② 09.③ 10.①

11 산업위생의 영역 중 기본과제로서 거리가 먼 것은?

① 작업장에서 생산성 향상에 관한 연구
② 노동력의 재생산과 사회경제적 조건에 관한 연구
③ 작업능력의 향상과 저하에 따른 작업조건 및 정신적 조건의 연구
④ 최적 작업환경 조성에 관한 연구 및 유해 작업환경에 의한 신체적 영향 연구

[풀이] 산업위생의 영역 중 기본 과제
㉠ 작업능력의 향상과 저하에 따른 작업조건 및 정신적 조건의 연구
㉡ 최적 작업환경 조성에 관한 연구 및 유해 작업환경에 의한 신체적 영향 연구
㉢ 노동력의 재생산과 사회·경제적 조건에 관한 연구

12 "모든 물질은 독성을 가지고 있으며, 중독을 유발하는 것은 용량(dose)에 의존한다."고 말한 사람은?

① Galen
② Agricola
③ Hippocrates
④ Paracelsus

[풀이] Philippus Paracelsus(1493~1541년)
㉠ 폐질환의 원인물질은 수은, 황, 염이라고 주장하였다.
㉡ 모든 화학물질은 독성을 가지고 있으며, 독물이 아닌 화학물질은 없다. 따라서 적절한 양을 기준으로 독물과 치료약으로 구별된다. 즉 중독을 유발하는 것은 용량(dose)에 의존한다고 주장하였다.
㉢ 독성학의 아버지로 불린다.

13 미국 산업위생학술원(American Academy of Industrial Hygiene)은 산업위생 분야에 종사하는 전문가들이 반드시 지켜야 할 윤리강령을 채택하였다. 윤리강령에 대한 내용 중 틀린 것은?

① 궁극적 책임은 기업주와 고객보다 근로자의 건강보호에 있다.
② 근로자, 사회 및 전문 직종의 이익을 위해 과학적 지식을 공개하고 발표한다.
③ 근로자의 건강보호가 산업위생 전문가의 1차적인 책임이라는 것을 인식한다.
④ 기업주와 근로자 간 이해관계가 있는 상황에서 적극적으로 개입하여 문제를 해결한다.

[풀이] 산업위생전문가로서의 책임
㉠ 성실성과 학문적 실력 면에서 최고 수준을 유지한다(전문적 능력 배양 및 성실한 자세로 행동).
㉡ 과학적 방법의 적용과 자료의 해석에서 경험을 통한 전문가의 객관성을 유지한다(공인된 과학적 방법 적용, 해석).
㉢ 전문 분야로서의 산업위생을 학문적으로 발전시킨다.
㉣ 근로자, 사회 및 전문 직종의 이익을 위해 과학적 지식을 공개하고 발표한다.
㉤ 산업위생활동을 통해 얻은 개인 및 기업체의 기밀은 누설하지 않는다(정보는 비밀 유지).
㉥ 전문적 판단이 타협에 의하여 좌우될 수 있거나 이해관계가 있는 상황에는 개입하지 않는다.

14 작업강도는 작업대사율에 따라 5단계로 구분할 수 있다. 격심작업의 작업대사율은?

① 3 이상
② 5 이상
③ 7 이상
④ 9 이상

[풀이] RMR에 의한 작업강도 분류

RMR	작업(노동)강도	실노동률(%)
0~1	경작업(노동)	80 이상
1~2	중등작업(노동)	80~76
2~4	강작업(노동)	76~67
4~7	중작업(노동)	67~50
7 이상	격심작업(노동)	50 이하

15 납이 인체에 미치는 영향과 거리가 먼 것은?

① 신경계통의 장애
② 조혈기능에 장애
③ 간에 미치는 장애
④ 신장에 미치는 장애

정답 11.① 12.④ 13.④ 14.③ 15.③

풀이 납중독의 주요 증상(임상증상)
(1) 위장계통의 장애(소화기장애)
  ㉠ 복부팽만감, 급성 복부선통
  ㉡ 권태감, 불면증, 안면창백, 노이로제
  ㉢ 잇몸의 연선(lead line)
(2) 신경, 근육 계통의 장애
  ㉠ 손처짐, 팔과 손의 마비
  ㉡ 근육통, 관절통
  ㉢ 신장근의 쇠약
  ㉣ 근육의 피로로 인한 납경련
(3) 중추신경장애
  ㉠ 뇌중독 증상으로 나타난다.
  ㉡ 유기납에 폭로로 나타나는 경우가 많다.
  ㉢ 두통, 안면창백, 기억상실, 정신착란, 혼수상태, 발작

16 톨루엔의 노출기준(TWA)이 50ppm일 때 1일 10시간 작업 시의 보정된 노출기준은? (단, Brief와 Scala의 보정방법을 이용한다.)
① 35ppm
② 50ppm
③ 75ppm
④ 100ppm

풀이 보정된 노출기준=RF×TLV
$$RF = \frac{8}{10} \times \frac{24-10}{16} = 0.7$$
=0.7×50ppm=35ppm

17 감압(decompression)에 따른 기포형성량과 관련된 요인이 아닌 것은?
① 감압속도
② 혈류의 변화
③ 대기의 상대습도
④ 조직에 용해된 가스량

풀이 감압 시 조직 내 질소 기포형성량에 영향을 주는 요인
(1) 조직에 용해된 가스량
  체내 지방량, 고기압폭로의 정도와 시간으로 결정
(2) 혈류변화 정도(혈류를 변화시키는 상태)
  ㉠ 감압 시나 재감압 후에 생기기 쉽다.
  ㉡ 연령, 기온, 운동, 공포감, 음주와 관계가 있다.
(3) 감압속도

18 어떤 근로자가 물체 운반작업을 하고 있다. 1일 8시간 작업에 적합한 작업대사량은 5.3kcal/분, 해당 작업의 작업대사량은 6kcal/분, 휴식 시의 대사량은 1.3kcal/분이라면 Hertig의 식을 이용한 적절한 휴식시간 비율(%)은?
① 약 15%
② 약 20%
③ 약 25%
④ 약 30%

풀이
$$T_{rest}(\%) = \left[\frac{\text{1일 8시간 작업에 적합한 작업대사량} - \text{작업대사량}}{\text{휴식대사량} - \text{작업대사량}}\right] \times 100$$
$$= \left[\frac{5.3-6}{1.3-6}\right] \times 100$$
$$= 0.1489 \times 100 = 14.89\%$$

19 200명의 근로자가 1주일에 40시간 연간 50주로 근무하는 사업장이 있다. 1년 동안 30건의 재해로 인하여 25명의 재해자가 발생하였다면 이 사업장의 도수율은?
① 15
② 36
③ 62
④ 75

풀이
$$\text{도수율} = \frac{\text{재해발생건수}}{\text{연근로시간수}} \times 10^6$$
$$= \frac{30}{200 \times 40 \times 50} \times 10^6 = 75$$

20 산업안전보건법상 사무실 실내공기 오염물질의 측정방법(사무실 공기관리 지침)으로 틀린 것은?
① 미세먼지(PM 10) : PVC 필터에 의한 채취
② 이산화질소 : 고체흡착관에 의한 채취
③ 일산화탄소 : 전기화학검출기에 의한 채취
④ 이산화탄소 : 비분산적외선검출기에 의한 채취

[풀이]

사무실 실내공기 오염물질의 시료채취방법

오염물질	시료채취방법
미세먼지 (PM 10)	PM 10 샘플러(sampler)를 장착한 고용량 시료채취기에 의한 채취
초미세먼지 (PM 2.5)	PM 2.5 샘플러(sampler)를 장착한 고용량 시료채취기에 의한 채취
이산화탄소 (CO_2)	비분산적외선검출기에 의한 채취
일산화탄소 (CO)	비분산적외선검출기 또는 전기화학검출기에 의한 채취
이산화질소 (NO_2)	고체흡착관에 의한 시료채취
포름알데히드 (HCHO)	2,4-DNPH(2,4-Dinitrophenylhydrazine)가 코팅된 실리카겔관(silicagel tube)이 장착된 시료채취기에 의한 채취
총휘발성 유기화합물 (TVOC)	1. 고체흡착관 또는 2. 캐니스터(canister)로 채취
라돈 (radon)	라돈연속검출기(자동형), 알파트랙(수동형), 충전막 전리함(수동형) 측정 등
총부유세균	충돌법을 이용한 부유세균채취기(bioair sampler)로 채취
곰팡이	충돌법을 이용한 부유진균채취기(bioair sampler)로 채취

제2과목 | 작업환경 측정 및 평가

21 pH 2, pH 5인 두 수용액을 수산화나트륨으로 각각 중화시킬 때 중화제 NaOH의 투입량은 어떻게 되는가?

① pH 5인 경우보다 pH 2가 3배 더 소모된다.
② pH 5인 경우보다 pH 2가 9배 더 소모된다.
③ pH 5인 경우보다 pH 2가 30배 더 소모된다.
④ pH 5인 경우보다 pH 2가 1,000배 더 소모된다.

[풀이]
$pH = \log \dfrac{1}{[H^+]}$
$[H^+] = 10^{-pH}$
pH 2 경우 $[H^+] = 10^{-2}$, pH 5 경우 $[H^+] = 10^{-5}$
∴ 비율 $= \dfrac{10^{-2}}{10^{-5}} = 1,000$배

22 고유량 공기 채취펌프를 수동 무마찰 거품관으로 보정하였다. 비눗방울이 450cm³의 부피(V)까지 통과하는 데 12.6초(T) 걸렸다면 유량(Q)은?

① 2.1L/min
② 3.2L/min
③ 7.8L/min
④ 32.3L/min

[풀이]
$유량(Q) = \dfrac{450\text{mL} \times \text{L}/1,000\text{mL}}{12.6\text{sec} \times \text{min}/60\text{sec}} = 2.14\text{L/min}$

23 허용기준 대상 유해인자의 노출농도 측정 및 분석방법 중 온도표시에 관한 내용으로 틀린 것은? (단, 고용노동부 고시 기준)

① 미온은 30~40℃이다.
② 온수는 50~60℃를 말한다.
③ 냉수는 15℃ 이하를 말한다.
④ 찬 곳은 따로 규정이 없는 한 0~15℃의 곳을 말한다.

[풀이]
온도 표시 방법
㉠ 온도의 표시는 셀시우스(Celcius)법에 따라 아라비아숫자의 오른쪽에 ℃를 붙인다. 절대온도는 K로 표시하고 절대온도 0K는 -273℃로 한다.
㉡ 상온은 15~25℃, 실온은 1~35℃, 미온은 30~40℃로 하고, 찬 곳은 따로 규정이 없는 한 0~15℃의 곳을 말한다.
㉢ 냉수(冷水)는 15℃ 이하, 온수(溫水)는 60~70℃, 열수(熱水)는 약 100℃를 말한다.

24 황(S)과 인(P)을 포함한 화합물을 분석하는 데 일반적으로 사용되는 가스크로마토그래피 검출기는?

① 불꽃이온화검출기(FID)
② 열전도검출기(TCD)
③ 불꽃광전자검출기(FPD)
④ 전자포획검출기(ECD)

[풀이] 불꽃광도(전자)검출기(FPD)는 잔류농약의 분석(유기인, 유기황 화합물)에 대하여 특히 감도가 좋다.

정답 21.④ 22.① 23.② 24.③

25 TCE(분자량=131.39)에 노출되는 근로자의 노출농도를 측정하고자 한다. 추정되는 농도는 25ppm이고, 분석방법의 정량한계가 시료당 0.5mg일 때, 정량한계 이상의 시료량을 얻기 위해 채취하여야 하는 공기최소량은? (단, 25℃, 1기압 기준)

① 약 2.4L ② 약 3.8L
③ 약 4.2L ④ 약 5.3L

풀이 우선 추정농도 25ppm을 mg/m^3로 환산하면
$$mg/m^3 = 25ppm \times \frac{131.39g}{24.45L} = 134.35mg/m^3$$
정량한계를 기준으로 최소한으로 채취해야 하는 양이 결정되므로
$$\frac{LOQ}{추정농도} = \frac{0.5mg}{134.35mg/m^3}$$
$$= 0.00372m^3 \times \frac{1,000L}{m^3} = 3.72L$$

26 생물학적 노출지수에서 통계적으로 상관계수가 높게 나타날 수 있는 항목은?

① 공기 중 일산화탄소 농도와 혈중 무기 수은의 양
② 공기 중 이산화탄소 농도와 혈중 이황화탄소의 양
③ 공기 중 벤젠농도와 뇨 중 s-phenyl-mercapturic acid
④ 공기 중 분진농도와 난청도

풀이 벤젠의 생물학적 노출지표
㉠ 뇨 중 총 페놀(s-phenymercapturic-acid)
㉡ 뇨 중 t,t 뮤코닉산(t,t-muconicacid)

27 유량, 측정시간, 회수율, 분석에 의한 오차가 각각 15, 3, 5, 9일 때 누적오차는?

① 18.4% ② 19.4%
③ 20.4% ④ 21.4%

풀이 누적오차$(E_c) = \sqrt{15^2 + 3^2 + 5^2 + 9^2}$
$= 18.44\%$

28 개인시료채취기를 사용할 때 적용되는 근로자의 호흡위치의 정의로 가장 적정한 것은?

① 호흡기를 중심으로 직경 30cm인 반구
② 호흡기를 중심으로 반경 30cm인 반구
③ 호흡기를 중심으로 직경 45cm인 반구
④ 호흡기를 중심으로 반경 45cm인 반구

풀이 개인시료는 개인시료채취기를 이용하여 가스·증기·흄·미스트 등을 근로자 호흡위치(호흡기를 중심으로 반경 30cm인 반구)에서 채취하는 것을 말한다.

29 수동식 시료채취기 사용 시 결핍(starvation) 현상을 방지하면서 시료를 채취하기 위한 작업장 내의 최소한의 기류속도는? (단, 면적 대 길이의 비가 큰 뱃지형 수동식 시료채취기 기준)

① 최소한 0.001~0.005m/sec
② 최소한 0.05~0.1m/sec
③ 최소한 1.0~5.0m/sec
④ 최소한 5.0~10.0m/sec

풀이 결핍(starvation)현상
㉠ 수동식 시료채취기 사용 시 최소한의 기류가 있어야 하는데, 최소기류가 없어 채취가 표면에서 일단 확산에 대하여 오염물질이 제거되면 농도가 없어지거나 감소하는 현상이다.
㉡ 수동식 시료채취기의 표면에서 나타나는 결핍현상을 제거하는 데 필요한 가장 중요한 요소는 최소한의 기류 유지(0.05~0.1m/sec)이다.

30 일정한 물질에 대해 분석치가 참값에 얼마나 접근하였는가 하는 수치상의 표현은?

① 정확도 ② 분석도
③ 정밀도 ④ 대표도

풀이 ㉠ 정확도 : 분석치가 참값에 얼마나 접근하였는가 하는 수치상의 표현이다.
㉡ 정밀도 : 일정한 물질에 대해 반복 측정·분석을 했을 때 나타나는 자료 분석치의 변동 크기가 얼마나 작은가 하는 수치상의 표현이다.

정답 25.② 26.③ 27.① 28.② 29.② 30.①

31 음압이 100배 증가하면 음수준은 몇 dB 증가하는가?

① 10dB ② 20dB
③ 30dB ④ 40dB

풀이
$$SPL = 20\log\left(\frac{\frac{100}{2\times 10^{-5}}}{\frac{1}{2\times 10^{-5}}}\right) = 20\log 100 = 40\text{dB}$$

32 옥외(태양광선이 내리쬐지 않는 장소)에서 습구흑구온도지수(WBGT)의 산출방법은? (단, NWB : 자연습구온도, DT : 건구온도, GT : 흑구온도)

① WBGT=0.7NWB+0.3GT
② WBGT=0.7NWB+0.3DT
③ WBGT=0.7NWB+0.2DT+0.1GT
④ WBGT=0.7NWB+0.2GT+0.1DT

풀이
㉠ 옥외(태양광선이 내리쬐는 장소)
WBGT(℃)=0.7×자연습구온도+0.2×흑구온도 +0.1×건구온도
㉡ 옥내 또는 옥외(태양광선이 내리쬐지 않는 장소)
WBGT(℃)=0.7×자연습구온도+0.3×흑구온도

33 작업장 내 공기 중 아황산가스(SO_2)의 농도가 40ppm일 경우 이 물질의 농도는? [단, SO_2 분자량=64, 용적 백분율(%)로 표시]

① 4%   ② 0.4%
③ 0.04% ④ 0.004%

풀이
$$\text{농도}(\%) = 40\text{ppm} \times \frac{1\%}{10^4\text{ppm}} = 0.004\%$$

34 직경분립충돌기의 장단점으로 가장 거리가 먼 것은?

① 호흡기의 부분별로 침착된 입자크기의 자료를 추정할 수 있다.
② 채취 준비시간이 짧고 시료의 채취가 쉽다.
③ 입자의 질량크기 분포를 얻을 수 있다.
④ 되튐으로 인한 시료 손실이 일어날 수 있다.

풀이 직경분립충돌기(cascade impactor)의 장단점
(1) 장점
㉠ 입자의 질량 크기 분포를 얻을 수 있다(공기흐름속도를 조절하여 채취입자를 크기별로 구분 가능).
㉡ 호흡기의 부분별로 침착된 입자 크기의 자료를 추정할 수 있다.
㉢ 흡입성, 흉곽성, 호흡성 입자의 크기별로 분포와 농도를 계산할 수 있다.
(2) 단점
㉠ 시료채취가 까다롭다. 즉 경험이 있는 전문가가 철저한 준비를 통해 이용해야 정확한 측정이 가능하다(작은 입자는 공기흐름속도를 크게 하여 충돌판에 포집할 수 없음).
㉡ 비용이 많이 든다.
㉢ 채취준비시간이 과다하다.
㉣ 되튐으로 인한 시료의 손실이 일어나 과소분석결과를 초래할 수 있어 유량을 2L/min 이하로 채취한다.
㉤ 공기가 옆에서 유입되지 않도록 각 충돌기의 조립과 장착을 철저히 해야 한다.

35 미국에서 사용하는 먼지 수를 나타내는 방법으로서 mppcf의 단위를 사용한다. 1mppcf는 mL당 대략 몇 개의 입자를 나타내는가?

① 20   ② 35
③ 50   ④ 75

풀이 mppcf(million particles per cubic feet)
㉠ 분진의 질이나 양과는 관계없이 단위공기 중에 들어있는 분자량
㉡ 우리나라는 공기 mL 속에 분자 수로 표시하고, 미국의 경우는 $1ft^3$당 몇 백만 개 mppcf로 사용
㉢ 1mppcf=35.31입자(개)/mL=35.31입자(개)/cm^3
㉣ OSHA 노출기준(PEL) 중 mica와 graphite는 mppcf로 표시

36 세기 I_0의 단색광이 정색액을 통과하여 그 광의 70%가 흡수되었을 때의 흡광도는?

① 0.72   ② 0.62
③ 0.52   ④ 0.42

정답 31.④ 32.① 33.④ 34.② 35.② 36.③

[풀이]
$$흡광도(A) = \log\frac{1}{투과율}$$
$$= \log\frac{1}{(1-0.7)} = 0.52$$

37 어떤 유해물질을 분석하는 데 사용할 분석법의 검출한계는 5μg이다. 이 물질의 노출기준(0.5mg/m³)의 1/10에 해당되는 농도를 검출하기 위해서는 0.2L/분의 유량으로 몇 분을 채취하여야 하는가?

① 5분
② 50분
③ 500분
④ 5,000분

[풀이]
$$부피(L) = \frac{5\mu g \times mg/10^3 \mu g}{0.05 mg/m^3}$$
$$= 0.1 m^3 \times 1,000 L/m^3 = 100L$$
$$\therefore 시간 = \frac{100L}{0.2L/min}$$
$$= 500 min$$

38 여과포집에 적합한 여과재의 조건이 아닌 것은 어느 것인가?

① 포집대상 입자의 입도분포에 대하여 포집효율이 높을 것
② 포집 시의 흡입저항은 될 수 있는 대로 낮을 것
③ 접거나 구부리더라도 파손되지 않고 찢어지지 않을 것
④ 될 수 있는 대로 흡습률이 높을 것

[풀이] **여과지(여과재) 선정 시 고려사항(구비조건)**
㉠ 포집대상 입자의 입도분포에 대하여 포집효율이 높을 것
㉡ 포집 시의 흡입저항은 될 수 있는 대로 낮을 것 (압력손실이 적을 것)
㉢ 접거나 구부리더라도 파손되지 않고 찢어지지 않을 것
㉣ 될 수 있는 대로 가볍고 1매당 무게의 불균형이 적을 것
㉤ 될 수 있는 대로 흡습률이 낮을 것
㉥ 측정대상 물질의 분석상 방해가 되는 것과 같은 불순물을 함유하지 않을 것

39 고열측정에 관한 기준으로 ( )에 알맞은 내용은 어느 것인가? (단, 고용노동부 고시 기준)

측정은 단위작업장소에서 측정대상이 되는 근로자의 작업행동 범위에서 주 작업위치의 바닥면으로부터 ( )의 위치에서 할 것

① 50센티미터 이상, 120센티미터 이하
② 50센티미터 이상, 150센티미터 이하
③ 80센티미터 이상, 120센티미터 이하
④ 80센티미터 이상, 150센티미터 이하

[풀이] **고열측정위치**
주작업위치의 바닥면으로부터 50cm 이상, 150cm 이하

※ 고시 변경사항, 학습 안 하셔도 무방합니다.

40 다음 중 알고 있는 공기 중 농도를 만들기 위한 방법인 dynamic method에 관한 설명으로 가장 거리가 먼 것은 어느 것인가?

① 일정한 용기에 원하는 농도의 가스상 물질을 집어넣고 알고 있는 농도를 제조한다.
② 다양한 농도 범위에서 제조 가능하다.
③ 지속적인 모니터링이 필요하다.
④ 다양한 실험을 할 수 있으며, 가스, 증기, 에어로졸 실험도 가능하다.

[풀이] **dynamic method**
㉠ 희석공기와 오염물질을 연속적으로 흘려주어 연속적으로 일정한 농도를 유지하면서 만드는 방법
㉡ 알고 있는 공기 중 농도를 만드는 방법
㉢ 농도변화를 줄 수 있는 온도, 습도 조절이 가능함
㉣ 제조가 어렵고 비용도 많이 듦
㉤ 다양한 농도범위에서 제조 가능
㉥ 가스, 증기, 에어로졸 실험도 가능
㉦ 소량의 누출이나 벽면에 의한 손실은 무시할 수 있음
㉧ 지속적인 모니터링이 필요함
㉨ 매우 일정한 농도를 유지하기가 곤란함

정답 37.③ 38.④ 39.② 40.①

제3과목 | 작업환경 관리

41 저온에 의해 일차적으로 나타나는 생리적 영향으로 가장 적절한 것은?

① 말초혈관 확장에 따른 표면조직 냉각
② 근육긴장의 증가
③ 식욕 변화
④ 혈압 변화

> **풀이** 저온환경에서의 생리적 기전
> ㉠ 피부혈관(말초혈관 수축)
> ㉡ 근육긴장의 증가와 떨림 및 수의적인 운동 증가
> ㉢ 갑상선자극 호르몬 분비 증가(화학적 대사작용의 증가)
> ㉣ 부종, 저림, 가려움증, 심한 통증 등이 생성
> ㉤ 피부표면의 혈관·피하조직이 수축 및 체표면적의 감소
> ㉥ 감염에 대한 저항력이 떨어지며 회복과정에 장애가 온다.
> ㉦ 피부의 급성일과성 염증반응은 한랭에 대한 폭로를 중지하면 2~3시간 내에 없어진다.
> ㉧ 피부나 피하조직을 냉각시키는 환경온도 이하에서는 감염에 대한 저항력이 떨어지며 회복과정 장애가 온다.

42 MUC(Maximum Use Concentration) 계산식으로 옳은 것은? (단, TLV : 허용기준, PF : 보호계수)

① MUC=TLV×PF ② MUC=TLV/PF
③ MUC=PF/TLV ④ MUC=TLV+PF

> **풀이** 최대사용농도(MUC)
> MUC=노출기준(TLV)×APF(PF)

43 감압병(decompression sickness) 예방을 위한 환경관리 및 보건관리 대책으로 바르지 못한 것은?

① 질소가스 대신 헬륨가스를 흡입시켜 작업하게 한다.
② 감압을 가능한 한 짧은 시간에 시행한다.
③ 비만자의 작업을 금지시킨다.
④ 감압이 완료되면 산소를 흡입시킨다.

> **풀이** 감압은 신중하게 천천히 단계적으로 시행하며 작업시간의 규정을 엄격히 지켜야 한다.

44 기후요소 중 감각온도(등감온도)와 직접 관계가 없는 것은?

① 기온   ② 기습
③ 기류   ④ 기압

> **풀이** 감각온도(실효온도=유효온도)
> 기온, 습도, 기류의 조건에 따라 결정되는 체감온도이다.

45 저온환경에서 발생할 수 있는 건강장애에 관한 설명으로 가장 거리가 먼 것은?

① 전신체온강하는 장시간의 한랭 노출 시 체열의 손실로 말미암아 발생하는 급성 중증장애이다.
② 제3도 동상은 수포와 함께 광범위한 삼출성염증이 일어나는 경우를 말한다.
③ 피로가 극에 달하면 체열의 손실이 급속히 이루어져 전신의 냉각상태가 수반되게 된다.
④ 참호족은 지속적인 국소의 산소결핍 때문이며 저온으로 모세혈관벽이 손상되는 것이다.

> **풀이** 제3도 동상은 괴사성 동상으로 한랭작용이 장시간 계속됐을 때 생기며 혈행은 완전히 정지된다. 동시에 조직성분도 붕괴되며, 그 부분의 조직괴사를 초래하여 궤상을 만든다.

46 빛의 양의 단위인 루멘(lumen)에 대한 설명으로 가장 정확한 것은?

① 1lux의 광원으로부터 단위입체각으로 나가는 광도의 단위이다.
② 1lux의 광원으로부터 단위입체각으로 나가는 휘도의 단위이다.
③ 1촉광의 광원으로부터 단위입체각으로 나가는 조도의 단위이다.
④ 1촉광의 광원으로부터 단위입체각으로 나가는 광속의 단위이다.

정답 41.② 42.① 43.② 44.④ 45.② 46.④

풀이 루멘(lumen, lm) ; 광속
㉠ 광속의 국제단위로 기호는 lm으로 나타낸다.
㉡ 1촉광의 광원으로부터 한 단위입체각으로 나가는 광속의 단위이다.
㉢ 광속이란 광원으로부터 나오는 빛의 양을 의미하고 단위는 lumen이다.
㉣ 1촉광과의 관계는 1촉광=4π(12.57)루멘으로 나타낸다.

47 방진대책 중 전파경로대책에 해당하는 것은?
① 수진점의 기초중량의 부가 및 경감
② 수진측의 탄성지지
③ 수진측의 강성변경
④ 수진점 근방의 방진구

풀이 진동방지대책
(1) 발생원대책
  ㉠ 가진력(기진력, 외력) 감쇠
  ㉡ 불평형력의 평형 유지
  ㉢ 기초중량의 부가 및 경감
  ㉣ 탄성지지(완충물 등 방진재 사용)
  ㉤ 진동원 제거
  ㉥ 동적흡진(공진 감소)
(2) 전파경로대책
  ㉠ 진동의 전파경로 차단(방진구)
  ㉡ 거리감쇠
(3) 수진측대책
  ㉠ 작업시간 단축 및 교대제 실시
  ㉡ 보건교육 실시
  ㉢ 수진측 탄성지지 및 강성 변경

48 진동에 관한 설명으로 틀린 것은?
① 진동의 주파수는 그 주기현상을 가리키는 것으로 단위는 Hz이다.
② 전신진동 경우에는 8~1,500Hz, 국소진동의 경우에는 2~100Hz의 것이 주로 문제가 된다.
③ 진동의 크기를 나타내는 데는 변위, 속도, 가속도가 사용된다.
④ 공명은 외부에서 발생한 진동에 맞추어 생체가 진동하는 성질을 가리키며 실제로는 진동이 증폭된다.

풀이
㉠ 전신진동 진동수 : 2~100Hz
㉡ 국소진동 진동수 : 8~1,500Hz

49 방진마스크에 관한 설명으로 틀린 것은 어느 것인가?
① 흡기저항 상승률은 낮은 것이 좋다.
② 필터 재질로는 활성탄과 실리카겔이 주로 사용된다.
③ 방진마스크의 종류는 격리식과 직결식, 면체여과식이 있다.
④ 비휘발성 입자에 대한 보호만 가능하며 가스 및 증기의 보호는 안 된다.

풀이 ②항은 방독마스크의 내용이며 방진마스크 여과재의 재질은 면, 모, 유리섬유, 합성섬유, 금속섬유 등이다.

50 방진재인 공기스프링에 관한 설명으로 가장 거리가 먼 것은?
① 부하능력이 광범위하다.
② 구조가 복잡하고 시설비가 많이 든다.
③ 사용진폭이 적어 별도의 damper가 필요 없다.
④ 하중의 변화에 따라 고유진동수를 일정하게 유지할 수 있다.

풀이 공기스프링
(1) 장점
  ㉠ 지지하중이 크게 변하는 경우에는 높이 조정변에 의해 그 높이를 조절할 수 있어 설비의 높이를 일정 레벨로 유지시킬 수 있다.
  ㉡ 하중부하 변화에 따라 고유진동수를 일정하게 유지할 수 있다.
  ㉢ 부하능력이 광범위하고 자동제어가 가능하다.
  ㉣ 스프링 정수를 광범위하게 선택할 수 있다.
(2) 단점
  ㉠ 사용 진폭이 적은 것이 많아 별도의 댐퍼가 필요한 경우가 있다.
  ㉡ 구조가 복잡하고 시설비가 많이 든다.
  ㉢ 압축기 등 부대시설이 필요하다.
  ㉣ 안전사고(공기누출) 위험이 있다.

정답 47.④ 48.② 49.② 50.③

51 출력 0.1W의 점음원으로부터 100m 떨어진 곳의 SPL은? (단, SPL=PWL−20 log r−11)

① 약 50dB ② 약 60dB
③ 약 70dB ④ 약 80dB

[풀이] SPL=PWL−20 log r−11
$$PWL = 10 \log \frac{0.1}{10^{-12}} = 110dB$$
=110dB−20 log 100−11=59dB

52 기대되는 공기 중의 농도가 30ppm이고, 노출기준이 2ppm이면 적어도 호흡기 보호구의 할당보호계수(APF)는 최소 얼마 이상인 것을 선택해야 하는가?

① 0.07 ② 2.5
③ 15   ④ 60

[풀이] $APF \geq \frac{30}{2}(15)$, 즉 APF가 15 이상인 것을 선택한다.

53 전자파 방사선은 보통 진동수나 파장에 따라 전리방사선과 비전리방사선으로 분류한다. 다음 중 전리방사선에 해당되는 것은 어느 것인가?

① 자외선
② 마이크로파
③ 라디오파
④ X선

[풀이] 전리방사선
㉠ 전자기방사선(X-Ray, γ선)
㉡ 입자방사선(α선, β선, 중성자)

54 고압환경에서 작업하는 사람에게 마취작용(다행증)을 일으키는 가스는?

① 이산화탄소 ② 수소
③ 질소   ④ 헬륨

[풀이] 공기 중의 질소가스는 정상기압에서는 비활성이지만, 3기압하에서는 자극작용을 하고 4기압 이상에서 마취작용을 일으키며 이를 다행증이라 한다.

55 입자상물질의 크기를 측정하는 내용이다. ( )에 들어갈 내용이 순서대로 연결된 것은?

> 공기역학적 직경이란 대상먼지의 ( )와 같고, 밀도가 ( )이며 ( )인 먼지의 직경을 말한다.

① 침강속도, 1, 구형
② 침강속도, 2, 구형
③ 침강속도, 2, 사각형
④ 침강속도, 1, 사각형

[풀이] 공기역학적 직경(aero-dynamic diameter)
㉠ 대상 먼지와 침강속도가 같고 밀도가 1g/cm³이며, 구형인 먼지의 직경으로 환산된 직경이다.
㉡ 입자의 크기가 입자의 역학적 특성, 즉 침강속도(setting velocity) 또는 종단속도(terminal velocity)에 의하여 측정되는 입자의 크기를 말한다.
㉢ 입자의 공기 중 운동이나 호흡기 내의 침착기전을 설명할 때 유용하게 사용한다.

56 작업장에서 훈련된 착용자들이 적절히 밀착이 이루어진 호흡기 보호구를 착용하였을 때, 기대되는 최소보호정도치는?

① 정도보호계수
② 할당보호계수
③ 밀착보호계수
④ 작업보호계수

[풀이] 할당보호계수(APF)는 작업장에서 보호구 착용 시 기대되는 최소보호정도치를 의미한다.

57 방독마스크의 정화통의 성능을 시험할 때 사용하는 물질로 가장 알맞은 것은?

① 사염화탄소
② 부탄올
③ 메탄올
④ 이산화탄소

[풀이] 방독마스크 정화통(흡수관)의 수명은 시험가스가 파과되기 전까지의 시간을 의미하며 검정 시 사용하는 물질은 사염화탄소(CCl_4)이다.

정답 51.② 52.③ 53.④ 54.③ 55.① 56.② 57.①

58 분진작업장의 작업환경관리대책 중 분진발생방지나 분진비산 억제대책으로 가장 적절한 것은?

① 작업의 강도를 경감시켜 작업자의 호흡량을 감소
② 작업자가 착용하는 방진마스크를 송기마스크로 교체
③ 광석 분쇄, 연마작업 시 물을 분사하면서 하는 방법으로 변경
④ 분진발생공정과 타 공정을 교대로 근무하게 하여 노출시간 감소

[풀이] 분진 발생 억제(발진의 방지)
(1) 작업공정 습식화
 ㉠ 분진의 방진대책 중 가장 효과적인 개선대책이다.
 ㉡ 착암, 파쇄, 연마, 절단 등의 공정에 적용한다.
 ㉢ 취급물질로는 물, 기름, 계면활성제를 사용한다.
 ㉣ 물을 분사할 경우 국소배기시설과의 병행사용 시 주의한다(작은 입자들이 부유 가능성이 있고, 이들이 덕트 등에 쌓여 굳게 됨으로써 국소배기시설의 효율성을 저하시킴).
 ㉤ 시간이 경과하여 바닥에 굳어 있다 건조되면 재비산되므로 주의한다.
(2) 대치
 ㉠ 원재료 및 사용재료의 변경(연마재의 사암을 인공마석으로 교체)
 ㉡ 생산기술의 변경 및 개량
 ㉢ 작업공정의 변경

- 발생분진 비산 방지방법
(1) 해당 장소를 밀폐 및 포위
(2) 국소배기
 ㉠ 밀폐가 되지 못하는 경우에 사용한다.
 ㉡ 포위형 후드의 국소배기장치를 설치하며 해당 장소를 음압으로 유지시킨다.
(3) 전체환기

59 국소배기시스템이 정상적으로 작동하는지 확인하기 위하여 덕트의 한 지점에서 정압(SP)을 측정한 결과 10mmH₂O였고 전압(TP)은 35mmH₂O였다. 원형 덕트이고 내부직경이 30cm일 때 송풍량은?

① 36m³/min
② 56m³/min
③ 86m³/min
④ 106m³/min

[풀이] 송풍량$(Q) = A \times V$
$$VP = TP - SP = 35 - 10 = 25 mmH_2O$$
$$V = 4.043\sqrt{VP}$$
$$= 4.043 \times \sqrt{25} = 20.215 m/sec$$
$$= \left(\frac{3.14 \times 0.3^2}{4}\right)m^2 \times 20.215 m/sec$$
$$\times 60 sec/min$$
$$= 85.69 m^3/min$$

60 진폐증을 일으키는 분진 중에서 폐암을 유발시키는 분진은?

① 규산분진
② 석면분진
③ 활석분진
④ 규조토분진

[풀이] 폐암, 중피종암, 늑막암, 위암은 석면분진과 관계가 있다.

제4과목 | 산업환기

61 점흡인의 경우 후드의 흡인에 있어 개구부로부터 거리가 멀어짐에 따라 속도는 급격히 감소하는데 이때 개구면의 직경만큼 떨어질 경우 후드 흡인기류의 속도는 약 어느 정도로 감소하겠는가?

① $\frac{1}{10}$
② $\frac{1}{5}$
③ $\frac{1}{4}$
④ $\frac{1}{2}$

[풀이] 공기속도는 송풍기로 공기를 불 때 덕트직경의 30배 거리에서 1/10로 감소하나, 공기를 흡입할 때는 기류의 방향과 관계없이 덕트직경과 같은 거리에서 1/10로 감소한다.

62 입자의 직경이 1μm이고, 비중이 2.0인 입자의 침강속도는?

① 0.003cm/sec
② 0.006cm/sec
③ 0.01cm/sec
④ 0.03cm/sec

[풀이] 침강속도$(cm/sec) = 0.003 \times \rho \times d^2$
$$= 0.003 \times 2.0 \times 1^2 = 0.006 cm/sec$$

정답 58.③ 59.③ 60.② 61.① 62.②

63 대기압이 760mmHg이고, 기온이 25℃에서 톨루엔의 증기압은 약 30mmHg이다. 이때 포화증기농도는 약 몇 ppm인가?

① 10,000 ② 20,000
③ 30,000 ④ 40,000

풀이
$$\text{포화증기농도(ppm)} = \frac{\text{증기압(부분압)}}{760\text{mmHg}} \times 10^6$$
$$= \frac{30}{760} \times 10^6$$
$$= 39473.68\text{ppm}$$

64 분자량이 119.38, 비중이 1.49인 클로로포름 1L/hr를 사용하는 작업장에서 필요한 전체환기량(m³/min)은 약 얼마인가? (단, ACGIH의 방법을 적용하며, 여유계수는 6, 클로로포름의 노출기준[TWA]은 10ppm이다.)

① 2,000 ② 2,500
③ 3,000 ④ 3,500

풀이
$$Q = \frac{0.4 \times S \times W \times 10^6}{M.W \times C} \times K$$
$$= \frac{0.4 \times 1.49 \times 1 \times 10^6}{119.38 \times 10} \times 6$$
$$= 2995.48\text{m}^3/\text{min}$$

65 [그림]과 같이 작업대 위에 용접흄을 제거하기 위해 작업면 위에 플랜지가 붙은 외부식 후드를 설치했다. 개구면에서 포착점까지의 거리는 0.3m, 제어속도는 0.5m/sec, 후드개구의 면적이 0.6m²일 때 Della Valle식을 이용한 필요송풍량(m³/min)은 약 얼마인가? (단, 후드개구의 높이/폭은 0.2보다 크다.)

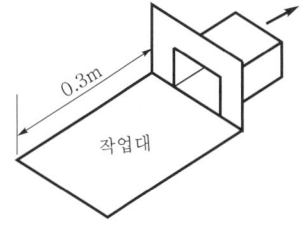

① 18 ② 23
③ 34 ④ 45

풀이 작업대 위치, flange 부착 외부식 후드
$$\text{필요송풍량}(Q) = 0.5 \times 0.5\text{m/sec} \times [(10 \times 0.3^2)\text{m}^2 + 0.6\text{m}^2] \times 60\text{sec/min}$$
$$= 23\text{m}^3/\text{min}$$

66 발생원에서 비산되는 분진, 가스, 증기, 흄 등 후드로 흡인한 유해물질을 덕트 내에 퇴적되지 않게 집진장치까지 운반하는 데 필요한 속도는?

① 반송속도
② 제어속도
③ 비산속도
④ 유입속도

풀이 반송속도
㉠ 후드로 흡인한 유해물질이 덕트 내에 퇴적하지 않게 공기정화장치까지 운반하는 데 필요한 최소속도를 반송속도라 한다.
㉡ 압력손실을 최소화하기 위해 낮아야 하지만 너무 낮게 되면 입자상 물질의 퇴적이 발생할 수 있어 주의를 요한다.
㉢ 반송속도를 너무 높게 하면 덕트 내면이 빠르게 마모되어 수명이 짧아진다.

67 국소배기장치의 설계 시 가장 먼저 결정하여야 하는 것은?

① 반송속도 결정
② 필요송풍량 결정
③ 후드의 형식 결정
④ 공기정화장치의 선정

풀이 국소배기장치의 설계순서

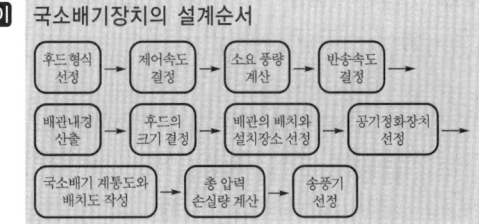

68 환기시설을 효율적으로 운영하기 위해서는 공기공급시스템이 필요한데 다음 중 필요한 이유로 틀린 것은?

① 작업장의 교차기류를 조성하기 위해서
② 국소배기장치를 적정하게 동작시키기 위해서
③ 근로자에게 영향을 미치는 냉각기류를 제거하기 위해서
④ 실외공기가 정화되지 않은 채 건물 내로 유입되는 것을 막기 위해서

[풀이] **공기공급시스템이 필요한 이유**
㉠ 국소배기장치의 원활한 작동을 위하여
㉡ 국소배기장치의 효율 유지를 위하여
㉢ 안전사고를 예방하기 위하여
㉣ 에너지(연료)를 절약하기 위하여
㉤ 작업장 내의 방해기류(교차기류)가 생기는 것을 방지하기 위하여
㉥ 외부공기가 정화되지 않은 채로 건물 내로 유입되는 것을 막기 위하여

69 다음 중 국소배기장치의 설계 시 후드의 성능을 유지하기 위한 방법이 아닌 것은 어느 것인가?

① 제어속도의 유지
② 송풍기 용량의 확보
③ 주위의 방해기류 제어
④ 후드의 개구면적 최대화

[풀이] 후드의 성능을 유지하기 위해서는 후드크기는 오염물질이 새지 않는 한 작은 편이 좋다.

70 전체환기법을 적용하고자 할 때 갖추어야 할 조건과 거리가 먼 것은?

① 배출원이 이동성일 경우
② 유해물질의 배출량의 변화가 클 경우
③ 배출원에서 유해물질 발생량이 적을 경우
④ 동일 작업장에 배출원 다수가 분산되어 있는 경우

[풀이] **전체환기(희석환기) 적용 시 조건**
㉠ 유해물질의 독성이 비교적 낮은 경우, 즉 TLV가 높은 경우 ⇨ 가장 중요한 제한조건
㉡ 동일한 작업장에 다수의 오염원이 분산되어 있는 경우
㉢ 유해물질이 시간에 따라 균일하게 발생될 경우
㉣ 유해물질의 발생량이 적은 경우 및 희석공기량이 많지 않아도 되는 경우
㉤ 유해물질이 증기나 가스일 경우
㉥ 국소배기로 불가능한 경우
㉦ 배출원이 이동성인 경우
㉧ 가연성 가스의 농축으로 폭발의 위험이 있는 경우
㉨ 오염원이 근무자가 근무하는 장소로부터 멀리 떨어져 있는 경우

71 국소배기장치에서 포촉점의 오염물질을 이송하기 위한 제어속도를 가장 크게 해야 하는 것은?

① 통조림작업, 컨베이어의 낙하구
② 액면에서 발생하는 가스, 증기, 흄
③ 저속 컨베이어, 용접작업, 도금작업
④ 연마작업, 블라스트분사작업, 암석연마작업

[풀이] 초고속기류가 있는 작업장소, 즉 회전연삭작업, 연마작업, 블라스트작업 등의 제어속도가 가장 크다.

72 0℃, 1기압에서 공기의 비중량은 1.293kg$_f$/m³이다. 65℃의 공기가 송풍관 내를 15m/sec의 유속으로 흐를 때 속도압은 약 몇 mmH$_2$O인가?

① 9
② 10
③ 12
④ 14

[풀이]
$$VP = \frac{\gamma V^2}{2g}$$
$$= \frac{\left(1.293 \times \frac{273}{273+65}\right) \times 15^2}{2 \times 9.8} = 11.99 \text{mmH}_2\text{O}$$

73 송풍기의 상사 법칙으로 틀린 것은?
① 송풍량은 송풍기의 회전속도에 정비례한다.
② 송풍기 동력은 송풍기 회전속도의 세제곱에 비례한다.
③ 송풍기 풍압은 송풍기 회전속도의 제곱에 비례한다.
④ 송풍기 풍압은 송풍기 회전날개의 직경에 정비례한다.

풀이 송풍기 상사 법칙(회전수 비)
㉠ 풍량은 회전수 비에 비례한다.
㉡ 풍압은 회전수 비의 제곱에 비례한다.
㉢ 동력은 회전수 비의 세제곱에 비례한다.

74 맹독성 물질을 제어하는 데 가장 적합한 후드의 형태는?
① 포위식
② 외부식 측방형
③ 레시버식
④ 외부식 슬롯형

풀이 포위식 후드는 내부가 음압이 형성되므로 독성가스 및 방사성 동위원소취급공정, 발암성 물질에 주로 사용된다.

75 덕트 제작 및 설치에 대한 고려사항으로 적절하지 않은 것은?
① 가급적 원형 덕트를 설치한다.
② 덕트 연결부위는 가급적 용접하는 것을 피한다.
③ 직경이 다른 덕트를 연결할 때에는 경사 30° 이내의 테이퍼를 부착한다.
④ 수분이 응축될 경우 덕트 내로 들어가지 않도록 경사나 배수구를 마련한다.

풀이 덕트 설치기준(설치 시 고려사항)
㉠ 가능하면 길이는 짧게 하고 굴곡부의 수는 적게 할 것
㉡ 접속부의 안쪽은 돌출된 부분이 없도록 할 것
㉢ 청소구를 설치하는 등 청소하기 쉬운 구조로 할 것
㉣ 덕트 내부에 오염물질이 쌓이지 않도록 이송속도를 유지할 것
㉤ 연결부위 등은 외부공기가 들어오지 않도록 할 것(연결부위를 가능한 한 용접할 것)
㉥ 가능한 후드의 가까운 곳에 설치할 것
㉦ 송풍기를 연결할 때는 최소 덕트 직경의 6배 정도 직선구간을 확보할 것
㉧ 직관은 하향구배로 하고 직경이 다른 덕트를 연결할 때에는 경사 30° 이내의 테이퍼를 부착할 것
㉨ 원형 덕트가 사각형 덕트보다 덕트 내 유속분포가 균일하므로 가급적 원형 덕트를 사용하며, 부득이 사각형 덕트를 사용할 경우에는 가능한 정방형을 사용하고 곡관의 수를 적게 할 것
㉩ 곡관의 곡률반경은 최소 덕트 직경의 1.5 이상, 주로 2.0을 사용할 것
㉪ 수분이 응축될 경우 덕트 내로 들어가지 않도록 경사나 배수구를 마련할 것
㉫ 덕트의 마찰계수는 작게 하고, 분지관을 가급적 적게 할 것

76 처리입경(μm)이 가장 작은 집진장치는?
① 중력집진장치
② 세정집진장치
③ 전기집진장치
④ 원심력집진장치

풀이 전기집진장치는 0.01~0.1μm 이하의 입경을 처리효율 99% 이상 처리가능하다.

77 여과집진장치의 장점으로 틀린 것은?
① 다양한 용량을 처리할 수 있다.
② 고온 및 부식성 물질의 포집이 가능하다.
③ 여러 가지 형태의 분진을 포집할 수 있다.
④ 가스의 양이나 밀도의 변화에 의해 영향을 받지 않는다.

풀이 여과집진장치의 장단점
(1) 장점
㉠ 집진효율이 높으며, 집진효율은 처리가스의 양과 밀도변화에 영향이 적다.
㉡ 다양한 용량을 처리할 수 있다.
㉢ 연속집진방식일 경우 먼지부하의 변동이 있어도 운전효율에는 영향이 없다.
㉣ 건식공정이므로 포집먼지의 처리가 쉽다. 즉 여러 가지 형태의 분진을 포집할 수 있다.
㉤ 여과재에 표면처리하여 가스상 물질을 처리할 수도 있다.
㉥ 설치적용범위가 광범위하다.
㉦ 탈진방법과 여과재의 사용에 따른 설계상의 융통성이 있다.

정답 73.④ 74.① 75.② 76.③ 77.②

(2) 단점
  ㉠ 고온, 산, 알칼리 가스일 경우 여과백의 수명이 단축된다.
  ㉡ 250℃ 이상의 고온가스 처리 경우 고가의 특수여과백을 사용해야 한다.
  ㉢ 산화성 먼지농도가 50g/m³ 이상일 때는 발화 위험이 있다.
  ㉣ 여과백 교체 시 비용 및 작업방법이 어렵다.
  ㉤ 가스가 노점온도 이하가 되면 수분이 생성되므로 주의를 요한다.
  ㉥ 섬유여포상에서 응축이 일어날 때 습한 가스를 취급할 수 없다.

78 덕트의 직경은 10cm이고, 필요환기량은 20m³/min이라고 할 때 후드의 속도압은 약 몇 mmH₂O인가?

① 15.5
② 50.8
③ 80.9
④ 110.2

[풀이]
$$VP = \left(\frac{V}{4.043}\right)^2$$

$$V = \frac{Q}{A} = \frac{20\text{m}^3/\text{min} \times \text{min}/60\text{sec}}{\left(\frac{3.14 \times 0.1^2}{4}\right)\text{m}^2}$$

$$= 42.46 \text{m/sec}$$

$$= \left(\frac{42.46}{4.043}\right)^2 = 110.31 \text{mmH}_2\text{O}$$

79 온도 3℃, 기압 705mmHg인 공기의 밀도 보정계수는 약 얼마인가?

① 0.948
② 0.956
③ 0.965
④ 0.988

[풀이]
$$밀도보정계수(d_f) = \frac{273 + 21}{273 + 3} \times \frac{705}{760} = 0.988$$

80 송풍기를 직렬로 연결하여 사용하는 경우로 적절한 것은?

① 24시간 생산체제로 운전할 때
② 1대의 대형 송풍기를 사용할 수 없어 분할이 필요한 경우
③ 송풍기 정압이 1대의 송풍기로 얻을 수 있는 정압보다 더 필요한 경우
④ 송풍기가 고장이 나더라도 어느 정도의 송풍량을 확보할 필요가 있는 경우

[풀이] 송풍기 정압이 1대의 송풍기로 얻을 수 있는 정압이 더 필요한 경우 송풍기를 직렬로 연결하여 사용하며 1대의 대형송풍기를 사용할 수 없어 분할이 필요한 경우 송풍기를 병렬로 사용한다.

제2회 산업위생관리산업기사

과년도 출제문제 | 2016.05.08

제1과목 | 산업위생학 개론

01 미국산업위생학술원(AAIH)은 산업위생분야에 종사하는 사람들이 지켜야 할 윤리강령을 채택하였다. 윤리강령의 주요사항과 거리가 먼 것은?
① 전문가로서의 책임
② 근로자에 대한 책임
③ 일반대중에 대한 책임
④ 환경관리에 대한 책임

풀이 AAIH의 산업위생전문가의 윤리강령
㉠ 산업위생전문가로서의 책임
㉡ 근로자에 대한 책임
㉢ 일반대중에 대한 책임
㉣ 기업주와 고객에 대한 책임

02 산업위생의 역사적 인물과 업적을 잘못 연결한 것은?
① Galen – 광산에서의 산 증기 위험성 보고
② Robert Owen – 굴뚝청소부법의 제정에 기여
③ Alice Hamilton – 유해물질 노출과 질병의 관계를 확인
④ Sir George Baker – 사이다 공장에서 납에 의한 복통 발표

풀이 Percivall Pott
㉠ 영국의 외과의사로 직업성 암을 최초로 보고하였으며, 어린이 굴뚝청소부에게 많이 발생하는 음낭암(scrotal cancer)을 발견하였다.
㉡ 암의 원인물질은 검댕 속 여러 종류의 다환 방향족 탄화수소(PAH)이다.
㉢ 굴뚝청소부법을 제정하도록 하였다(1788년).

03 육체적 작업능력이 15kcal/min인 성인 남성 근로자가 1일 8시간 동안 물체를 운반하고 있다. 작업대사량이 6.5kcal/min, 휴식 시의 대사량이 1.5kcal/min일 때 매시간별 휴식시간과 작업시간으로 가장 적합한 것은? (단, Hertig의 산식을 적용한다.)
① 12분 휴식, 48분 작업
② 18분 휴식, 42분 작업
③ 24분 휴식, 36분 작업
④ 30분 휴식, 30분 작업

풀이 휴식시간 비(%)
$$= \left[\frac{PWC의 \frac{1}{3} - 작업대사량}{휴식대사량 - 작업대사량}\right] \times 100$$
$$= \left[\frac{\left(15 \times \frac{1}{3}\right) - 6.5}{1.5 - 6.5}\right] \times 100 = 30\%$$
㉠ 휴식시간(min) = 60min × 0.3 = 18min
㉡ 작업시간(min) = 60min - 18min = 42min

04 산업피로를 예방하기 위한 개선대책으로 적당하지 않은 것은?
① 충분한 수면은 피로예방과 회복에 효과적이다.
② 작업속도를 빨리하여 되도록 작업시간을 단축시킨다.
③ 적절한 작업시간과 적절한 간격으로 휴식시간을 두어야 한다.
④ 과중한 육체적 노동은 기계화하여 육체적 부담을 줄이고, 너무 정적인 작업은 적정한 동적인 작업으로 전환한다.

정답 01.④ 02.② 03.② 04.②

풀이 산업피로 예방대책
- ㉠ 불필요한 동작을 피하고, 에너지 소모를 적게 한다.
- ㉡ 동적인 작업을 늘리고, 정적인 작업을 줄인다.
- ㉢ 개인의 숙련도에 따라 작업속도와 작업량을 조절한다.
- ㉣ 작업시간 중 또는 작업 전후에 간단한 체조나 오락시간을 갖는다.
- ㉤ 장시간 한 번 휴식하는 것보다 단시간씩 여러 번 나누어 휴식하는 것이 피로회복에 도움이 된다.

05 질병발생의 요인을 제거하면 질병발생이 얼마나 감소될 것인가를 말해주는 위험도를 나타내는 것은?
① 기여위험도 ② 상대위험도
③ 절대위험도 ④ 비교위험도

풀이 기여위험도(귀속위험도)
- ㉠ 비율차이 또는 위험도차이라고도 한다.
- ㉡ 위험요인을 갖고 있는 집단의 해당 질병발생률의 크기 중 위험요인이 기여하는 부분을 추정하기 위해 사용된다.
- ㉢ 어떤 유해요인에 노출되어 얼마만큼의 환자 수가 증가되어 있는지를 설명해 준다.
- ㉣ 순수하게 유해요인에 노출되어 나타난 위험도를 평가하기 위한 것이다.
- ㉤ 질병발생의 요인을 제거하면 질병발생이 얼마나 감소될 것인가를 설명해 준다.

06 크레졸의 노출기준에는 시간가중평균노출기준(TWA) 외에 '피부(SKIN)' 표시가 표시되어 있다. 이 표시에 대한 설명으로 틀린 것은?
① 피부자극, 피부질환 및 감작 등과 관련이 깊다.
② 피부의 상처는 이러한 물질의 흡수에 큰 영향을 미친다.
③ 점막과 눈 그리고 경피로 흡수되어 전신영향을 일으킬 수 있는 물질을 뜻한다.
④ 공기 중 노출농도의 측정과 함께 생물학적 지표가 되는 물질도 병행하여 측정한다.

풀이 SKIN 또는 피부(ACGIH)
- ㉠ 유해화학물질의 노출기준 또는 허용기준에 '피부' 또는 'SKIN'이라는 표시가 있을 경우 그 물질은 피부(경피)로 흡수되어 전체 노출량(전신영향)에 기여할 수 있다는 의미이다.
- ㉡ 피부자극, 피부질환 및 감각 등과는 관련이 없다.
- ㉢ 피부의 상처는 흡수에 큰 영향을 미치며 SKIN 표시가 있는 경우는 생물학적 지표가 되는 물질도 공기 중 노출농도 측정과 병행하여 측정한다.

07 권장무게한계가 3.1kg이고, 물체의 무게가 8kg일 때, 중량물 취급지수는 약 얼마인가?
① 1.91 ② 2.12
③ 2.58 ④ 2.90

풀이 중량물 취급지수(LI) = $\dfrac{\text{물체 무게}}{\text{RWL}} = \dfrac{8\text{kg}}{3.1\text{kg}} = 2.58$

08 직업병 발생요인 중 간접요인에 대한 설명과 거리가 먼 것은?
① 작업강도와 작업시간 모두 직업병 발생의 중요한 요인이다.
② 작업장의 환경은 직업병의 발생과 증세의 악화를 조장하는 원인이 될 수 있다.
③ 일반적으로 연소자의 직업병 발병률은 성인보다 낮게 나타나는 것으로 알려져 있다.
④ 작업의 종류가 같더라도 작업방법에 따라서 해당 직장에서 발생하는 질병의 종류와 발생빈도는 달라질 수 있다.

풀이 일반적으로 직업병은 젊은 연령층에서 발병률이 높게 나타난다.

09 인체가 외부의 환경 및 자극에 대하여 적응하고 인간의 신체상태를 일정하게 유지하려는 경향을 무엇이라 하는가?
① 반응(reaction)
② 조화(harmony)
③ 보상(compensation)
④ 항상성(homeostasis)

> [풀이] **항상성**
> 인체가 외부의 환경 및 자극에 대하여 적응하고 인간의 신체상태를 일정하게 유지하려는 경향을 말한다.

10 산업안전보건법령상 사업주는 근골격계 부담작업에 근로자를 종사하도록 하는 경우에는 몇 년마다 유해요인조사를 실시하여야 하는가?

① 1년　　② 2년
③ 3년　　④ 5년

> [풀이] **유해요인조사 주기(근골격계 부담작업)**
> 3년마다 유해요인조사 실시

11 산소결핍장소에서의 관리방법에 관한 내용으로 틀린 것은?

① 생체 중에서 산소결핍에 대하여 가장 민감한 조직은 뇌이다.
② 산소결핍이란 공기 중의 산소농도가 18% 미만인 상태를 말한다.
③ 산소결핍의 우려가 있는 경우에는 산소의 농도를 측정하는 사람을 지명하여 측정하도록 하여야 한다.
④ 맨홀 지하작업 등 산소결핍이 우려되는 장소에서는 근로자에게는 구명밧줄과 방독마스크를 착용하도록 하여야 한다.

> [풀이] 산소결핍장소에서는 방독마스크는 절대 착용하지 않는다. 방독마스크 착용 시 증상이 더욱더 악화된다.

12 산업안전보건법령상 제조·수입·양도·제공 또는 사용이 금지되는 유해물질에 해당하는 것은?

① 베릴륨
② 황린(黃燐) 성냥
③ 염화비닐
④ 휘발성 콜타르피치

> [풀이] **산업안전보건법상 제조 등이 금지되는 유해물질**
> ㉠ β-나프틸아민과 그 염
> ㉡ 4-니트로디페닐과 그 염
> ㉢ 백연을 포함한 페인트(포함된 중량의 비율이 2% 이하인 것은 제외)
> ㉣ 벤젠을 포함하는 고무풀(포함된 중량의 비율이 5% 이하인 것은 제외)
> ㉤ 석면
> ㉥ 폴리클로리네이티드 터페닐
> ㉦ 황린(黃燐) 성냥
> ㉧ ㉠, ㉡, ㉤ 또는 ㉥에 해당하는 물질을 포함한 화합물(포함된 중량의 비율이 1% 이하인 것은 제외)
> ㉨ "화학물질관리법"에 따른 금지물질
> ㉩ 그 밖에 보건상 해로운 물질로서 산업재해보상보험 및 예방심의위원회의 심의를 거쳐 고용노동부장관이 정하는 유해물질

13 작업강도와 작업대사율의 연결이 맞는 것은?

① 경작업 : 0~4
② 중등작업 : 4~5
③ 중(重)작업 : 5~6
④ 격심한 작업 : 10 이상

> [풀이] **작업강도와 작업대사율**
>
> | RMR | 작업강도 | 실노동률(%) |
> |---|---|---|
> | 0~1 | 경작업 | 80 이상 |
> | 1~2 | 중등작업 | 80~76 |
> | 2~4 | 강작업 | 76~67 |
> | 4~7 | 중작업 | 67~50 |
> | 7 이상 | 격심작업 | 50 이하 |

14 산업재해의 기본원인인 4M에 해당하지 않는 것은?

① Man　　② Media
③ Management　　④ Material

> [풀이] **산업재해의 기본원인(4M)**
> ㉠ Man
> ㉡ Machine
> ㉢ Media
> ㉣ Management

정답 10.③　11.④　12.②　13.③　14.④

15 피로의 증상과 거리가 먼 것은?
① 소변의 양이 줄고 진한 갈색을 나타낸다.
② 맥박이 빨라지고 회복되기까지 시간이 걸린다.
③ 체온이 높아지나 피로정도가 심해지면 도리어 낮아진다.
④ 혈당치가 낮아지고 젖산과 탄산 양이 감소한다.

풀이 혈당치가 낮아지고, 젖산과 탄산량이 증가하여 산혈증으로 된다.

16 일반적으로 성인 남성근로자가 운동할 때의 산소소비량(oxygen uptake)은 약 얼마까지 증가하는가?
① 0.25L/min   ② 2.5L/min
③ 5L/min   ④ 10L/min

풀이 산소소비량
㉠ 근로자의 휴식 중 산소소비량 : 0.25L/min
㉡ 근로자의 운동 중 산소소비량 : 5L/min

17 20℃, 1기압에서 MEK 50ppm은 약 몇 mg/m³인가? (단, MEK의 그램분자량 72.06이다.)
① 139.9   ② 149.9
③ 249.7   ④ 299.7

풀이
$$\text{농도}(mg/m^3) = 50\text{ppm} \times \left(\frac{72.06}{22.4 \times \frac{273+20}{273}}\right)$$
$$= 147.35 mg/m^3$$

18 소음의 정의를 설명한 것 중 맞는 것은?
① 불쾌하고 원하지 않는 소리
② 일정 범위의 강도를 갖는 소리
③ 주파수가 높고 규칙적으로 발생하는 소리
④ 주파수가 낮고 불규칙적으로 발생하는 소리

풀이 소음의 정의
소음은 공기의 진동에 의한 음파 중 인간에게 감각적으로 바람직하지 못한 소리, 즉 지나치게 강렬하여 불쾌감을 주거나 주의력을 빗나가게 하여 작업에 방해가 되는 음향을 말하는 것으로 산업안전보건법에서는 소음성 난청을 유발할 수 있는 85dB(A) 이상의 시끄러운 소리로 정의하고 있다.

19 산업위생활동의 기본 4요소와 거리가 먼 것은?
① 행정   ② 예측
③ 평가   ④ 관리

풀이 산업위생활동의 기본 4요소
㉠ 예측
㉡ 측정
㉢ 평가
㉣ 관리

20 산업스트레스의 관리에 있어서 개인 차원에서의 관리방법으로 맞는 것은?
① 긴장이완훈련
② 사회적 지원의 제공
③ 개인의 적응수준 제고
④ 조직구조와 기능의 변화

풀이 개인 차원의 일반적 산업스트레스 관리방법
㉠ 자신의 한계와 문제의 징후를 인식하여 해결방안을 도출
㉡ 신체검사를 통하여 스트레스성 질환을 평가
㉢ 긴장이완훈련(명상, 요가 등)을 통하여 생리적 휴식상태를 경험
㉣ 규칙적인 운동으로 스트레스를 줄이고, 직무 외적인 취미, 휴식 등에 참여하여 대처능력을 함양

제2과목 | 작업환경 측정 및 평가

21 입경이 14μm이고, 밀도가 1.5g/cm³인 입자의 침강속도(cm/sec)는?
① 0.55   ② 0.68
③ 0.72   ④ 0.88

정답 15.④ 16.③ 17.② 18.① 19.① 20.① 21.④

[풀이] 침강속도(cm/sec) = $0.003 \times \rho \times d^2$
= $0.003 \times 1.5 \times 14^2$
= 0.88 cm/sec

22 활성탄관에 비하여 실리카겔관(흡착)을 사용하여 채취하기 용이한 시료는?

① 알코올류
② 방향족탄화수소류
③ 나프타류
④ 니트로벤젠류

[풀이] 실리카겔관을 사용하여 채취하기 용이한 시료
㉠ 극성류의 유기용제, 산(무기산 : 불산, 염산)
㉡ 방향족 아민류, 지방족 아민류
㉢ 아미노에탄올, 아마이드류
㉣ 니트로벤젠류, 페놀류

23 가스상 물질의 분석 및 평가를 위해 '알고 있는 공기 중 농도'를 만드는 방법인 dynamic method에 관한 설명으로 옳지 않은 것은?

① 매우 일정한 농도를 유지하기 용이하다.
② 지속적인 모니터링이 필요하다.
③ 만들기가 복잡하고 가격이 고가이다.
④ 소량의 누출이나 벽면에 의한 손실은 무시할 수 있다.

[풀이] dynamic method
㉠ 희석공기와 오염물질을 연속적으로 흘려주어 일정한 농도를 유지하면서 만드는 방법이다.
㉡ 알고 있는 공기 중 농도를 만드는 방법이다.
㉢ 농도변화를 줄 수 있고 온도·습도 조절이 가능하다.
㉣ 제조가 어렵고 비용도 많이 든다.
㉤ 다양한 농도범위에서 제조가 가능하다.
㉥ 가스, 증기, 에어로졸 실험도 가능하다.
㉦ 소량의 누출이나 벽면에 의한 손실은 무시할 수 있다.
㉧ 지속적인 모니터링이 필요하다.
㉨ 매우 일정한 농도를 유지하기가 곤란하다.

24 유해화학물질 분석 시 침전법을 이용한 적정이 아닌 것은?

① Volhard법
② Mohr법
③ Fajans법
④ Stiehler법

[풀이] 침전적정법
침전을 생성시키는 반응을 이용하는 방법으로 질산은 적정이 대표적이며 Mohr method, Fajans method, Volhard method 등이 있다.

25 작업장의 작업환경 측정결과가 [보기]와 같았다면 이 작업장에 대한 평가로 가장 알맞은 것은? (단, 측정농도는 시간가중평균농도를 의미한다.)

[보기]
• 아세톤 : 400ppm(TLV : 750ppm)
• 부틸아세테이트 : 150ppm(TLV : 200ppm)
• 메틸에틸케톤 : 100ppm(TLV : 200ppm)

① 각각의 측정결과가 TLV를 초과하지 않으므로 노출기준농도를 초과하지 않는다.
② 각각의 측정결과가 노출기준농도를 초과하지는 않지만 여러 가지 유해물질이 공존하고 있으므로 노출기준을 초과한다고 보아야 한다.
③ 평가는 $\frac{C_1}{T_1} + \frac{C_2}{T_2} + \cdots + \frac{C_n}{T_n}$으로 계산하여 계산치를 볼 때 노출기준농도를 초과하고 있다. (C : 측정농도, T : TLV)
④ 혼합물의 측정결과는 $\frac{C_1 T_1 + C_2 T_2 + \cdots + C_n T_n}{8}$으로 평가하여 계산치를 볼 때 노출기준농도를 초과하고 있다. (C : 측정농도, T : 측정시간)

[풀이] EI = $\frac{400}{750} + \frac{150}{200} + \frac{100}{200}$ = 1.78(초과)

26 미국 ACGIH에서 정의한 흉곽성 입자상 물질의 평균입경(μm)은?

① 3
② 4
③ 5
④ 10

정답 22.④ 23.① 24.④ 25.③ 26.④

[풀이] ACGIH 입자 크기별 기준(TLV)
(1) 흡입성 입자상 물질
  (IPM ; Inspirable Particulates Mass)
  ㉠ 호흡기 어느 부위에 침착(비강, 인후두, 기관 등 호흡기의 기도부위)하더라도 독성을 유발하는 분진
  ㉡ 입경범위는 0~100μm
  ㉢ 평균입경(폐침착의 50%에 해당하는 입자의 크기)은 100μm
  ㉣ 침전분진은 재채기, 침, 코 등의 벌크(bulk) 세척기전으로 제거됨
  ㉤ 비암이나 비중격천공을 일으키는 입자상 물질이 여기에 속함
(2) 흉곽성 입자상 물질
  (TPM ; Thoracic Particulates Mass)
  ㉠ 기도나 하기도(가스교환부위)에 침착하여 독성을 나타내는 물질
  ㉡ 평균입경은 10μm
  ㉢ 채취기구는 PM10
(3) 호흡성 입자상 물질
  (RPM ; Respirable Particulates Mass)
  ㉠ 가스교환부위, 즉 폐포에 침착할 때 유해한 물질
  ㉡ 평균입경은 4μm(공기역학적 직경이 10μm 미만인 먼지)
  ㉢ 채취기구는 10mm nylon cyclone

27 허용기준 대상 유해인자의 노출농도측정 및 분석을 위한 화학시험의 일반사항 중 용어에 관한 내용으로 틀린 것은? (단, 고용노동부 고시 기준)
① "회수율"이란 흡착제에 흡착된 성분을 추출과정을 거쳐 분석 시 실제 검출되는 비율을 말한다.
② "진공"이란 따로 규정이 없는 한 15mmHg 이하를 뜻한다.
③ 시험조작 중 "즉시"란 30초 이내에 표시된 조작을 하는 것을 말한다.
④ "약"이란 그 무게 또는 부피에 대하여 ±10% 이상의 차이가 있지 아니한 것을 말한다.

[풀이] "회수율"이란 여과지에 채취된 성분을 추출과정을 거쳐 분석 시 실제 검출되는 비율을 말한다.

28 유기화합물을 운반기체와 함께 수소와 공기의 불꽃 속에 도입함으로써 생기는 이온의 증가를 이용한 검출기는?
① 열전도도형 검출기(TCD)
② 불꽃이온화형 검출기(FID)
③ 전자포획형 검출기(ECD)
④ 불꽃광전자형 검출기(FPD)

[풀이] **불꽃이온화검출기(FID)**
㉠ 분석물질을 운반기체와 함께 수소와 공기의 불꽃 속에 도입함으로써 생기는 이온의 증가를 이용하는 원리이다.
㉡ 유기용제 분석 시 가장 많이 사용하는 검출기이다(운반기체 : 질소, 헬륨).
㉢ 매우 안정한 보조가스(수소-공기)의 기체흐름이 요구된다.
㉣ 큰 범위의 직선성, 비선택성, 넓은 용융성, 안정성, 높은 민감성이 특징이다.
㉤ 할로겐 함유 화합물에 대하여 민감도가 낮다.
㉥ 주분석대상 가스는 다핵방향족탄화수소류, 할로겐화 탄화수소류, 알코올류, 방향족탄화수소류, 이황화탄소, 니트로메탄, 멜캅탄류이다.

29 크롬에 대한 흡광광도분석법에서 사용되는 발색액은?
① 디티존
② 디페닐카바지드
③ 알리자린콤플렉손
④ 디에틸디티오카바민산나트륨

[풀이] **크롬(흡광광도분석법)**
시료 중에 크롬을 과망간산칼륨을 사용하여 6가크롬으로 산화시킨 다음 산성에서 디페닐카바지드와 반응하여 생성되는 적자색 착화합물의 흡광도를 측정한다.

30 작업장 내의 조명상태를 조사하고자 할 때 측정해야 되는 기본항목에 포함되지 않는 것은?
① 조명도 ② 흡광도
③ 휘도   ④ 반사율

[풀이] 작업장 내의 조명상태를 조사하고자 할 때 측정 기본 항목
(1) 조명도
(2) 휘도
　㉠ 단위 평면적에서 발산 또는 반사되는 광량, 즉 눈으로 느끼는 광원 또는 반사체의 밝기
　㉡ 광원으로부터 복사되는 빛의 밝기를 의미
　㉢ 단위는 nit(nt=cd/m²)
(3) 반사율

31 직접포집방법에 사용되는 시료채취백의 특징으로 가장 거리가 먼 것은?
① 가볍고 가격이 저렴할 뿐 아니라 깨질 염려가 없다.
② 개인시료포집도 가능하다.
③ 연속시료채취가 가능하다.
④ 시료채취 후 장시간 보관이 가능하다.

[풀이] 시료채취백은 시료채취 후 장기간 보관이 곤란하다. 즉 장시간 보관 시 시료의 변질로 인한 정확성과 정밀성이 낮아진다.

32 공기 중 벤젠(분자량=78.1)을 활성탄관에 0.1L/분의 유량으로 2시간 동안 채취하여 분석한 결과 2.5mg이 나왔다. 공기 중 벤젠의 농도(ppm)는? (단, 공시료에서는 벤젠이 검출되지 않았으며 25℃, 1기압 기준)
① 약 65
② 약 85
③ 약 115
④ 약 135

[풀이]
$$농도(mg/m^3) = \frac{2.5mg}{0.1L/min \times 120min \times m^3/1,000L}$$
$$= 208.33 mg/m^3$$
$$농도(ppm) = 208.33 mg/m^3 \times \frac{24.45}{78.1} = 65.22 ppm$$

33 우리나라 작업장 내 공기 중의 석면섬유, 먼지, 입자상 물질, 벤젠, 그리고 방사성 물질 등의 농도와 대기 중 이산화황 농도의 측정결과를 분포화시킬 때 볼 수 있는 산업위생통계의 일반적인 분포는?
① 정규분포
② 대수정규분포
③ t-분포
④ f-분포

[풀이] 작업장 내 유해물질의 농도를 여러 번 측정할 경우 대체로 대수정규분포를 이루고 있다. 즉 산업위생통계의 일반적인 분포는 대수정규분포이다. 이처럼 대수로 자료를 변환하는 가장 큰 이유는 원재료가 정규분포를 하지 않으므로 자료 간의 변이를 줄여서 정규분포하도록 하기 위한 것이다.

34 납이 발생하는 공정에서 공기 중 납농도를 측정하기 위해 공기시료를 0.550m³ 채취하였고 이 시료를 10mL의 10% HNO₃에 용해시켰다. 원자흡광분석기를 이용하여 시료 중 납을 분석하여 검량선과 비교한 결과 시료용액 중 납의 농도가 49μg/mL로 나타났다면 채취한 시간 동안의 공기 중 납의 농도(mg/m³)는?
① 0.29
② 0.49
③ 0.69
④ 0.89

[풀이]
$$농도(mg/m^3) = \frac{49\mu g/mL \times 10mL}{0.550m^3}$$
$$= 890.91 \mu g/m^3 \times 10^{-3} mg/\mu g$$
$$= 0.89 mg/m^3$$

35 측정기구의 보정을 위한 비누거품미터(soap bubble meter)의 활용 시 두 눈금 통과 측정시간의 정확성 범위와 눈금도달 시간측정 시 초시계의 측정한계범위가 바르게 표기된 것은?
① 측정시간의 정확성 ±1초 이내이며, 초시계로 1초까지 측정한다.
② 측정시간의 정확성 ±2초 이내이며, 초시계로 0.1초까지 측정한다.
③ 측정시간의 정확성 ±1초 이내이며, 초시계로 0.01초까지 측정한다.
④ 측정시간의 정확성 ±1초 이내이며, 초시계로 0.1초까지 측정한다.

정답 31.④ 32.① 33.② 34.④ 35.④

[풀이] **비누거품미터**
㉠ 비교적 단순하고 경제적이며 정확성이 있기 때문에 작업환경측정에서 가장 널리 이용되는 유량보정기구이다.
㉡ 뷰렛 → 필터 → 펌프를 호스로 연결한다.
㉢ 측정시간의 정확도는 ±1% 이내이며 눈금 도달시간 측정 시 초시계의 측정한계 범위는 0.1sec까지 측정한다(단, 고유량에서는 가스가 거품을 통과할 수 있으므로 정확성이 떨어짐).
㉣ 뷰렛의 일정 부피를 비누거품이 상승하는 데 걸리는 시간을 측정 후 시간으로 나누어 유량으로 표시하며, 단위는 L/min이다.

36 실리카겔에 대한 친화력이 가장 큰 물질은?
① 케톤류
② 올레핀류
③ 에스테르류
④ 방향족탄화수소류

[풀이] **실리카겔의 친화력**
물 > 알코올류 > 알데히드류 > 케톤류 > 에스테르류 > 방향족탄화수소류 > 올레핀류 > 파라핀류

37 음압도 측정 시 정상청력을 가진 사람이 1,000Hz에서 가청할 수 있는 최소 음압 실효치(N/m^2)는?
① 0.002
② 0.0002
③ 0.00002
④ 0.000002

[풀이] ㉠ 가청음압범위 : $2 \times 10^{-5} \sim 60 N/m^2$
㉡ 가청소음도범위 : 0~130dB

38 가스크로마토그래피의 분리관의 성능은 분해능과 효율로 표시할 수 있다. 분해능을 높이려는 조작으로 틀린 것은?
① 분리관의 길이를 길게 한다.
② 고정상의 양을 크게 한다.
③ 고체지지체의 입자크기를 작게 한다.
④ 일반적으로 저온에서 좋은 분해능을 보이므로 온도를 낮춘다.

[풀이] 분리관의 분해능을 높이기 위해서는 시료와 고정상의 양을 작게 한다.

39 납분석 시 구연산 및 시안염을 가하여 약알칼리성으로 조제한 납용액에 디페닐티오카아비존을 가하면 납이온과의 반응에 의하여 생성되는 적색의 킬레이트 화합물을 유기용매로 추출해서 흡광도를 정량하는 분석법은?
① 디티존분석법
② 폴라로그래프분석법
③ 현광광도분석법
④ 이온분석법

[풀이] **납(디티존분석법)**
시료 중에 납이온이 디티존법과 반응하여 생성되는 납 디티존 착염을 사염화탄소로 추출하여 흡광도를 정량하는 방법이다.

40 고열측정 구분이 습구온도이고, 측정기기가 자연습구온도계인 경우 측정시간기준은? (단, 고용노동부 고시 기준)
① 5분 이상
② 10분 이상
③ 15분 이상
④ 25분 이상

[풀이] **측정구분에 의한 측정기기와 측정시간**

구 분	측정기기	측정시간
습구온도	0.5℃ 간격의 눈금이 있는 아스만통풍건습계, 자연습구온도를 측정할 수 있는 기기 또는 이와 동등 이상의 성능이 있는 측정기기	• 아스만통풍건습계 : 25분 이상 • 자연습구온도계 : 5분 이상
흑구 및 습구흑구온도	직경이 5cm 이상 되는 흑구온도계 또는 습구흑구온도(WBGT)를 동시에 측정할 수 있는 기기	• 직경이 15cm일 경우 : 25분 이상 • 직경이 7.5cm 또는 5cm일 경우 : 5분 이상

※ 고시 변경사항, 학습 안 하셔도 무방합니다.

정답 36.① 37.③ 38.② 39.① 40.①

제3과목 | 작업환경 관리

41 비교적 높은 증기압(vapor pressure)과 낮은 허용기준치를 갖는 유기용제를 사용하는 작업장을 관리할 때 가장 효과적인 방법은?
① 전체환기를 실시한다.
② 국소배기를 실시한다.
③ fan을 설치한다.
④ 칸막이를 설치한다.

풀이 국소배기
㉠ 국소배기는 유해물질의 발생원에 되도록 가까운 장소에서 동력에 의하여 발생되는 유해물질을 흡인, 배출하는 장치이다. 즉 유해물질이 발생원에서 이탈하여 확산되기 전에 포집, 제거하는 환기방법이 국소배기이다(압력차에 의한 공기의 이동을 의미함).
㉡ 비교적 높은 증기압과 낮은 허용기준치를 갖는 유기용제를 사용하는 작업장을 관리할 때 국소배기가 효과적인 방법이다.
㉢ 국소배기에서 효율성 있는 운전을 하기 위해서 가장 먼저 고려할 사항은 필요송풍량 감소이다.

42 감압에 따른 기포형성량을 좌우하는 요인과 가장 거리가 먼 것은?
① 조직에 용해된 가스량
② 혈류를 변화시키는 상태
③ 감압속도
④ 기포순환주기

풀이 감압 시 조직 내 질소 기포형성량에 영향을 주는 요인
(1) 조직에 용해된 가스량
　체내 지방량, 고기압폭로의 정도와 시간으로 결정
(2) 혈류변화 정도(혈류를 변화시키는 상태)
　㉠ 감압 시나 재감압 후에 생기기 쉽다.
　㉡ 연령, 기온, 운동, 공포감, 음주와 관계가 있다.
(3) 감압속도

43 인체에 대한 유해물질의 유해성을 좌우하는 인자가 아닌 것은 다음 중 어느 것인가?
① 노출농도
② 작업강도
③ 노출시간
④ 조명의 강도

풀이 유해물질이 인체에 미치는 건강영향을 결정하는 인자
㉠ 공기 중 농도
㉡ 폭로시간(폭로횟수)
㉢ 작업강도(호흡률)
㉣ 기상조건
㉤ 개인 감수성

44 다음의 가동 중인 시설에 대한 작업환경대책 중 성격이 다른 것은?
① 작업시간 변경
② 작업량 조절
③ 순환배치
④ 공정변경

풀이 공정변경은 작업환경 개선의 공학적 대책 중 대치에 속하며 나머지는 근로자에 대한 일반적 대책이다.

45 비전리방사선인 극저주파 전자장에 관한 내용으로 옳지 않은 것은?
① 통상 1~300Hz의 주파수 범위를 극저주파 전자장이라 한다.
② 직업적으로 지하철 운전기사, 발전소 기사 등 고압전선 가까이에서 근무하는 근로자들의 노출이 크다.
③ 장기노출 시 피부장애와 안장애가 발생되는 것으로 알려져 있다.
④ 노출범위와 생물학적 영향면에서 가장 관심을 갖는 주파수 영역은 전력공급 계통의 교류와 관련되는 50~60Hz 범위이다.

풀이 극저주파 방사선은 장기적 노출 시 대표적인 증상은 두통, 불면증 등의 생리적인 신경장애와 각종 순환기에 미치는 영향이다.

정답 41.② 42.④ 43.④ 44.④ 45.③

46 작업환경개선의 기본대책 중 하나인 대치의 방법과 가장 거리가 먼 것은?
① 시설의 변경 ② 공정의 변경
③ 물질의 변경 ④ 위치의 변경

풀이 작업환경 개선의 기본대책(대치)
㉠ 시설의 변경
㉡ 공정의 변경
㉢ 유해물질의 변경

47 피부보호크림의 종류 중 광산류, 유기산, 염류 및 무기염류 취급작업 시 주로 사용하는 것은? (단, 적용 화학물질은 밀랍, 탈수라노린, 파라핀, 유동파라핀, 탄산마그네슘)
① 친수성 크림   ② 소수성 크림
③ 차광크림   ④ 피막형 크림

풀이 소수성 물질 차단 피부보호제
㉠ 내수성 피막을 만들고 소수성으로 산을 중화한다.
㉡ 적용 화학물질은 밀랍, 탈수라노린, 파라핀, 유동파라핀, 탄산마그네슘 등이다.
㉢ 광산류, 유기산, 염류(무기염류) 취급작업 시 사용한다.

48 B공장 집진기용 송풍기의 소음을 측정한 결과, 가동 시는 90dB(A)이었으나, 가동중지상태에서는 85dB(A)이었다. 이 송풍기의 실제 소음도는?
① 86.2dB(A)   ② 87.1dB(A)
③ 88.3dB(A)   ④ 89.4dB(A)

풀이
$L_{차} = 10\log\left(10^{\frac{n_1}{10}} - 10^{\frac{n_2}{10}}\right)$
$= 10\log(10^{9.0} - 10^{8.5}) = 88.3 \text{dB(A)}$

49 출력 0.01watt의 점음원으로부터 100m 떨어진 곳의 SPL은? (단, 무지향성 음원, 자유공간의 경우)
① 49dB   ② 53dB
③ 59dB   ④ 63dB

풀이
$SPL = PWL - 20\log r - 11$
$= \left(10\log\dfrac{0.01}{10^{-12}}\right) - (20\log 100) - 11$
$= 49 \text{dB}$

50 입자상 물질의 호흡기 내 침착기전에서 먼지의 운동속도가 낮은 미세기관지나 폐포에서는 어떠한 기전이 중요한 역할을 하는가?
① 충돌
② 중력침강
③ 확산
④ 간섭

풀이 중력 침강(gravitional settling)
(1) 입경이 비교적 크고 비중이 큰 입자가 저속기류 중에서 중력에 의하여 침강되어 포집되는 원리이다.
(2) 면속도 약 5cm/sec 이하에서 작용한다.
(3) 영향인자
㉠ 입자의 크기(직경) 및 밀도
㉡ 섬유로의 접근속도(면속도)
㉢ 섬유의 공극률

51 적외선에 관한 설명으로 가장 거리가 먼 것은?
① 적외선은 대부분 화학작용을 수반하며 가시광선과 자외선 사이에 있다.
② 적외선에 강하게 노출되면 안검록염, 각막염, 홍채위축, 백내장 등 장애를 일으킬 수 있다.
③ 일명 열선이라고 하며 온도에 비례하여 적외선을 복사한다.
④ 적외선은 가시광선보다 긴 파장으로 가시광선과 가까운 쪽을 근적외선이라 한다.

풀이 적외선은 대부분 화학작용을 수반하지 않는다. 즉 적외선이 흡수되면 화학반응을 일으키는 것이 아니라 구성분자의 운동에너지를 증가시킨다.

정답 46.④ 47.② 48.③ 49.① 50.② 51.①

52 산업위생의 관리적 측면에서 대치방법인 공정 또는 시설의 변경내용으로 옳지 않은 것은?

① 가연성 물질을 저장할 경우 유리병보다는 철제통을 사용
② 페인트 도장 시 분사 대신 담금 도장으로 변경
③ 금속제품 이송 시 롤러의 재질을 철제에서 고무나 플라스틱을 사용
④ 큰 날개 저속의 송풍기 대신 작은 날개 고속회전하는 송풍기 사용

풀이 송풍기의 작은 날개로 고속회전시키던 것을 큰 날개로 저속회전시킨다.

53 작업장의 근로자가 NRR이 15인 귀마개를 착용하고 있다면 차음효과(dB)는?

① 2　　② 4
③ 6　　④ 8

풀이 차음효과(dB)=(NRR-7)×0.5
　　　　　　　　=(15-7)×0.5=4dB

54 질소의 마취작용에 관한 설명으로 옳지 않은 것은?

① 예방으로는 질소 대신 마취현상이 적은 수소 또는 헬륨 같은 불활성기체들로 대치한다.
② 대기압 조건으로 복귀 후에도 대뇌 장애 등 후유증이 발생한다.
③ 수심 90~120m에서 환청, 환시, 조울증, 기억력 감퇴 등이 나타난다.
④ 질소가스는 정상기압에서는 비활성이지만 4기압 이상에서는 마취작용을 나타낸다.

풀이 질소의 마취작용으로 작업력의 저하, 기분의 변환, 여러 종류의 다행증이 일어나며 알코올 중독의 증상과 유사하게 나타난다.

55 유해화학물질이 체내로 침투되어 해독되는 경우 해독반응에 가장 중요한 작용을 하는 것은?

① 적혈구　　② 효소
③ 림프　　　④ 백혈구

풀이 효소
유해화학물질이 체내로 침투되어 해독되는 경우 해독반응에 가장 중요한 작용을 하는 것이 효소이다.

56 공기 중에 트리클로로에틸렌(trichloroethylene)이 고농도로 존재하는 작업장에서 아크용접을 실시하는 경우 트리클로로에틸렌이 어떠한 물질로 전환될 수 있는가?

① 사염화탄소　　② 벤젠
③ 이산화질소　　④ 포스겐

풀이 포스겐($COCl_2$)
㉠ 무색의 기체로서 시판되고 있는 포스겐은 담황록색이며 독특한 자극성 냄새가 나며 가수분해되고 일반적으로 비중이 1.38정도로 크다.
㉡ 태양자외선과 산업장에서 발생하는 자외선은 공기 중의 NO_2와 올레핀계 탄화수소와 광학적 반응을 일으켜 트리클로로에틸렌을 독성이 강한 포스겐으로 전환시키는 광화학작용을 한다.
㉢ 공기 중에 트리클로로에틸렌이 고농도로 존재하는 작업장에서 아크용접을 실시하는 경우 트리클로로에틸렌이 포스겐으로 전환될 수 있다.
㉣ 독성은 염소보다 약 10배 정도 강하다.
㉤ 호흡기, 중추신경, 폐에 장애를 일으키고 폐수종을 유발하여 사망에 이른다.

57 분진으로 인한 진폐증을 예방하기 위한 대책으로서 적합하지 않은 것은?

① 분진발생원이 비교적 많고 분진농도가 높은 경우에는 국소배기장치의 설치보다 우선적으로 방진마스크 착용을 고려한다.
② 2차 비산분진이 발생하지 않도록 작업장 바닥을 청결히 한다.
③ 분진발생원과 근로자를 분리하는 방법으로 원격조정장치 등을 사용할 수 있다.
④ 연마, 분쇄, 주물작업 시에는 습식으로 작업하여 부유분진을 감소시키도록 해야 한다.

정답 52.④ 53.② 54.② 55.② 56.④ 57.①

풀이> 분진발생원이 비교적 많고 분진농도가 높은 경우에는 국소배기장치를 우선적으로 설치한다.

58 먼지의 한쪽 끝 가장자리와 다른 쪽 끝 가장자리 사이의 거리를 측정함으로써 입자상 물질의 크기를 과대평가할 가능성이 있는 직경은?

① Martin 직경
② Feret 직경
③ 등면적 직경
④ 공기역학적 직경

풀이> 페렛 직경(Feret diameter)
먼지의 한쪽 끝 가장자리와 다른 쪽 가장자리 사이의 거리로 과대평가될 가능성이 있는 입자성 물질의 직경이다.

59 감압병의 예방과 치료에 관한 설명으로 옳지 않은 것은?

① 특별히 잠수에 익숙한 사람을 제외하고는 1분에 10m 정도씩 잠수하는 것이 안전하다.
② 감압이 끝날 무렵 순수한 산소를 흡입시키면 예방적 효과가 있을 뿐 아니라 감압시간을 25% 가량 단축시킨다.
③ 감압병 증상이 발생하였을 때에는 환자를 바로 원래의 고압환경에 복귀시키거나 인공적 고압실에 넣어 혈관 및 조직 속에 발생한 질소의 기포를 다시 용해시킨 다음 천천히 감압한다.
④ 헬륨은 질소보다 확산속도가 작고 체외로 배출되는 시간이 질소에 비하여 2배 가량이 길어 고압환경에서 작업할 때는 질소를 헬륨으로 대치한 공기를 호흡시킨다.

풀이> 헬륨은 질소보다 확산속도가 크며, 체외로 배출되는 시간이 질소에 비하여 50% 정도밖에 걸리지 않는다.

60 자연조명을 하고자 하는 집에서 창의 면적은 바닥면적의 몇 %로 만드는 것이 가장 이상적인가?

① 10~15%
② 15~20%
③ 20~25%
④ 25~30%

풀이> 창의 높이와 면적
㉠ 보통 조도는 창을 크게 하는 것보다 창의 높이를 증가시키는 것이 효과적이다.
㉡ 횡으로 긴 창보다 종으로 넓은 창이 채광에 유리하다.
㉢ 채광을 위한 창의 면적은 방바닥 면적의 15~20%(1/5~1/6)가 이상적이다.

제4과목 | 산업환기

61 정방형 송풍관의 압력손실(ΔP)을 계산하는 식은? (단, λ : 마찰손실계수, l : 송풍관의 길이, P_v : 속도압, a, b : 변의 길이이다.)

① $\Delta P = \lambda l \left(\dfrac{b^2}{4a^2} \right) P_v$
② $\Delta P = \lambda l \left(\dfrac{a+b}{4ab} \right) P_v$
③ $\Delta P = \lambda l \left(\dfrac{b^2}{2a^2} \right) P_v$
④ $\Delta P = \lambda l \left(\dfrac{a+b}{2ab} \right) P_v$

풀이> $\Delta P = \lambda \times \dfrac{l}{\left(\dfrac{2ab}{a+b} \right)} \times P_v = \lambda \times \left(\dfrac{a+b}{2ab} \right) \times l \times P_v$

62 전체환기시설을 설치하기에 가장 적절한 곳은?

① 오염물질의 독성이 높은 경우
② 근로자가 오염원에서 가까운 경우
③ 오염물질이 한 곳에 모여 있는 경우
④ 오염물질이 시간에 따라 균일하게 발생하는 경우

정답 58.② 59.④ 60.② 61.④ 62.④

풀이 전체환기(희석환기) 적용 시 조건
㉠ 유해물질의 독성이 비교적 낮은 경우, 즉 TLV가 높은 경우 ⇨ 가장 중요한 제한조건
㉡ 동일한 작업장에 다수의 오염원이 분산되어 있는 경우
㉢ 유해물질이 시간에 따라 균일하게 발생할 경우
㉣ 유해물질의 발생량이 적은 경우 및 희석공기량이 많지 않아도 되는 경우
㉤ 유해물질이 증기나 가스일 경우
㉥ 국소배기로 불가능한 경우
㉦ 배출원이 이동성인 경우
㉧ 가연성 가스의 농축으로 폭발의 위험이 있는 경우
㉨ 오염원이 근무자가 근무하는 장소로부터 멀리 떨어져 있는 경우

63 송풍기 성능곡선과 시스템 요구곡선이 만나는 송풍기 동작점은 현장의 상황에 따라 여러 형태로 변할 수 있다. 송풍기가 역회전하고 있거나 성능이 저하되어 회전수가 부족한 경우를 나타내는 그림은?

①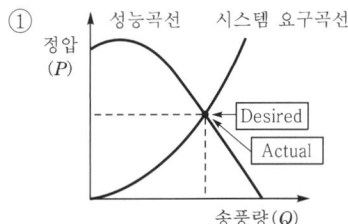

②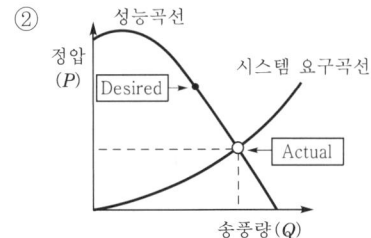

③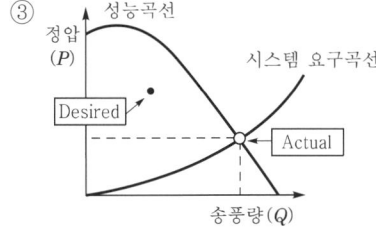

④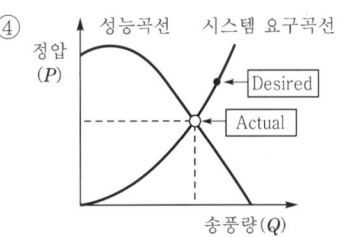

풀이 ④항은 시스템요구곡선의 예측은 적절하나 성능이 약한 송풍기를 선정하여 송풍량이 작게 나오는 경우이다.

64 톨루엔(분자량 92)의 증기발생량은 시간당 300g이다. 실내의 평균농도를 노출기준(55ppm) 이하로 하려면 유효환기량은 약 몇 m^3/min인가? (단, 안전계수는 4이고, 공기의 온도는 21°C이다.)

① 83.83　② 95.26
③ 104.78　④ 5715.42

풀이
• 사용량(g/hr)
　300g/hr
• 발생량(G, L/hr)
　92g : 24.1L = 300g/hr : G
　$G(L/hr) = \dfrac{24.1L \times 300g/hr}{92g} = 78.59 L/hr$
• 유효환기량(m^3/min)
　$Q = \dfrac{G}{TLV} \times K$
　$= \dfrac{78.59 L/hr \times 1,000 mL/L}{55 mL/m^3} \times 4$
　$= 5,715.42 m^3/hr \times hr/60min$
　$= 95.26 m^3/min$

65 표준상태에서 관 내 속도압을 측정한 결과 10mmH₂O였다면 관 내 유속은 약 얼마인가?

① 10.0m/sec
② 12.8m/sec
③ 18.1m/sec
④ 40.0m/sec

풀이
$V = 4.043 \times \sqrt{VP}$
$= 4.043 \times \sqrt{10}$
$= 12.79 m/sec$

정답 63.④　64.②　65.②

66 외부식 후드는 발생원과 어느 정도의 거리를 두게 되므로 발생원 주위의 방해기류가 발생되어 후드의 흡인유량을 증가시키는 요인이 된다. 방해기류의 방지를 위해 설치하는 설비가 아닌 것은?

① 댐퍼
② 플랜지
③ 칸막이
④ 풍향판

풀이 댐퍼는 유량을 조절하는 장치이다. 즉 사용하지 않는 후드를 막아 다른 곳에 필요한 정압을 보낼 수 있어 현장에서 duct 내에 댐퍼를 설치하여 송풍량을 조절하기 가장 쉬운 방법이다.

67 플랜지가 부착된 슬롯형 후드의 필요송풍량은 플랜지가 없는 슬롯형 후드에 비하여 필요송풍량이 몇 %가 감소되는가? (단, 기타 조건의 변화는 없다.)

① 15%
② 20%
③ 30%
④ 45%

풀이 slot 후드에 플랜지를 부착하면 잉여공기량을 줄일 수 있어 약 30% 정도의 필요송풍량을 줄일 수 있다.

68 전기집진장치의 장점이 아닌 것은?

① 고온가스의 처리가 가능하다.
② 압력손실이 낮고 대용량의 가스를 처리할 수 있다.
③ 설치면적이 적고, 기체상의 오염물질의 포집에 용이하다.
④ $0.01\mu m$ 정도의 미세입자의 포집이 가능하여 높은 집진효율을 얻을 수 있다.

풀이 전기집진장치의 장단점
(1) 장점
 ㉠ 집진효율이 높다($0.01\mu m$ 정도 포집 용이, 99.9% 정도 고집진효율).
 ㉡ 광범위한 온도범위에서 적용이 가능하며, 폭발성 가스의 처리도 가능하다.
 ㉢ 고온의 입자성 물질(500℃ 전후) 처리가 가능하여 보일러 및 철강로 등에 설치할 수 있다.
 ㉣ 압력손실이 낮고 대용량의 가스 처리가 가능하며 배출가스의 온도강하가 적다.
 ㉤ 운전 및 유지비가 저렴하다.
 ㉥ 회수가치 입자 포집에 유리하며, 습식 및 건식으로 집진할 수 있다.
 ㉦ 넓은 범위의 입경과 분진농도에 집진효율이 높다.
(2) 단점
 ㉠ 설치비용이 많이 든다.
 ㉡ 설치공간을 많이 차지한다.
 ㉢ 설치된 후에는 운전조건의 변화에 유연성이 적다.
 ㉣ 먼지성상에 따라 전처리시설이 요구된다.
 ㉤ 분진포집에 적용되며, 기체상 물질 제거에는 곤란하다.
 ㉥ 전압변동과 같은 조건변동(부하변동)에 쉽게 적응이 곤란하다.
 ㉦ 가연성 입자의 처리가 곤란하다.

69 덕트에서 공기흐름의 평균속도압은 16mmH₂O였다. 덕트에서의 반송속도(m/sec)는 약 얼마인가? (단, 공기의 밀도는 1.21kg/m³로 한다.)

① 10
② 16
③ 20
④ 25

풀이
$$V(\text{m/sec}) = \sqrt{\frac{\text{VP} \times 2g}{\gamma}}$$
$$= \sqrt{\frac{16 \times 2 \times 9.8}{1.21}} = 16.1\text{m/sec}$$

70 푸시-풀(push-pull) 후드에 관한 설명으로 맞는 것은?

① push 공기의 속도는 빠를수록 좋다.
② 일반적으로 상방흡인형 외부식 후드에 사용된다.
③ 후드와 작업지점과의 거리가 가까운 경우에 주로 활용된다.
④ 후드로부터 멀리 떨어져서 발생하는 유해물질을 후드 가까이 가도록 밀어준다.

풀이 ① push 공기속도가 너무 빠르면 원료의 손실이 크다.
② 일반적으로 측방흡인형 외부식 후드에 사용한다.
③ 후드와 작업지점과의 거리가 긴 경우에 주로 활용된다.

정답 66.① 67.③ 68.③ 69.② 70.④

71 덕트의 시작점에서는 공기의 베나수축(vena contracta)이 일어난다. 베나수축이 일반적으로 붕괴되는 지점으로 맞는 것은?

① 덕트직경의 약 2배쯤에서
② 덕트직경의 약 3배쯤에서
③ 덕트직경의 약 4배쯤에서
④ 덕트직경의 약 5배쯤에서

풀이 베나수축
㉠ 관 내로 공기가 유입될 때 기류의 직경이 감소하는 현상, 즉 기류면적의 축소현상을 말한다.
㉡ 베나수축은 덕트의 직경 D의 약 $0.2D$ 하류에 위치하며 덕트의 시작점에서 duct 직경 D의 약 2배쯤에서 붕괴된다.
㉢ 베나수축 관단면상에서의 유체 유속이 가장 빠른 부분은 관 중심부이다.
㉣ 베나수축현상이 심할수록 후드 유입손실은 증가되므로 수축이 최소화될 수 있는 후드형태를 선택해야 한다.

72 국소배기시스템 설치 시 고려사항으로 적절하지 않은 것은?

① 가급적 원형덕트를 사용한다.
② 후드는 덕트보다 두꺼운 재질을 선택한다.
③ 송풍기를 연결할 때에는 최소덕트반경의 6배 정도는 직선구간으로 하여야 한다.
④ 곡관의 곡률반경은 최소덕트직경의 1.5 이상으로 하며, 주로 2.0을 사용한다.

풀이 덕트 설치기준(설치 시 고려사항)
㉠ 가능하면 길이는 짧게 하고 굴곡부의 수는 적게 할 것
㉡ 접속부의 안쪽은 돌출된 부분이 없도록 할 것
㉢ 청소구를 설치하는 등 청소하기 쉬운 구조로 할 것
㉣ 덕트 내부에 오염물질이 쌓이지 않도록 이송속도를 유지할 것
㉤ 연결부위 등은 외부공기가 들어오지 않도록 할 것(연결부위를 가능한 한 용접할 것)
㉥ 가능한 후드의 가까운 곳에 설치할 것
㉦ 송풍기를 연결할 때는 최소 덕트 직경의 6배 정도 직선구간을 확보할 것
㉧ 직관은 하향구배로 하고 직경이 다른 덕트를 연결할 때에는 경사 30° 이내의 테이퍼를 부착할 것

㉨ 원형 덕트가 사각형 덕트보다 덕트 내 유속분포가 균일하므로 가급적 원형 덕트를 사용하며, 부득이 사각형 덕트를 사용할 경우에는 가능한 정방형을 사용하고 곡관의 수를 적게 할 것
㉩ 곡관의 곡률반경은 최소 덕트 직경의 1.5 이상, 주로 2.0을 사용할 것
㉪ 수분이 응축될 경우 덕트 내로 들어가지 않도록 경사나 배수구를 마련할 것
㉫ 덕트의 마찰계수는 작게 하고, 분지관을 가급적 적게 할 것

73 국소배기장치의 배기덕트 내 공기에 의한 마찰손실과 관련이 가장 적은 것은?

① 공기속도
② 덕트직경
③ 덕트길이
④ 공기조성

풀이 $\Delta P = f(\lambda) \times \dfrac{L}{D} \times \dfrac{\gamma V^2}{2g}$
즉 덕트 마찰손실과 공기 조성은 관계가 없다.

74 21℃, 1기압에서 벤젠 1.36L가 증발할 때 발생하는 증기의 용량은 약 몇 L 정도가 되겠는가? (단, 벤젠의 분자량은 78.11, 비중은 0.879이다.)

① 327.5
② 342.7
③ 368.8
④ 371.6

풀이
• 사용량 = $1.36\text{L} \times 0.879\text{g/mL} \times 1,000\text{mL/L}$
  = $1,195.44\text{g}$
• $78.11\text{g} : 24.1\text{L} = 1,195.44\text{g} : 부피(\text{L})$
∴ 부피(L) = $\dfrac{24.1\text{L} \times 1,195.44\text{g}}{78.11\text{g}} = 368.84\text{L}$

75 후드의 제어풍속을 측정하기에 가장 적합한 것은?

① 열선풍속계
② 피토관
③ 카타온도계
④ 마노미터

> **[풀이]** 제어속도 측정
> 포위식[부스식 및 레시버식(그라인더) 포함] 후드의 경우에는 개구면을 한 변이 0.5m 이하가 되도록 16개 이상(개구면이 현저히 작은 경우에는 2개 이상)의 등면적으로 분할하여 각 부분의 중심위치에서 후드 유입기류 속도를 열선식 풍속계로 측정하여 얻은 값의 최소치를 제어풍속으로 한다.

76 유량이 600m³/min인 배기가스 중의 분진을 2m/min의 여과속도로 bag filter에서 처리하고자 할 때 필요한 여포집진기의 면적은 얼마인가?

① 100m² ② 200m²
③ 300m² ④ 400m²

> **[풀이]** 여과면적(m²) = $\dfrac{Q}{V}$ = $\dfrac{600\text{m}^3/\text{min}}{2\text{m}/\text{min}}$ = 300m²

77 원형이나 정사각형의 후드인 경우 필요환기량은 Della Valle 공식[$Q = V(10X^2 + A)$]을 활용한다. 이 공식은 오염원에서 후드까지의 거리가 덕트직경의 몇 배 이내일 때만 유효한가?

① 1.5배 ② 2.5배
③ 3.5배 ④ 5.0배

> **[풀이]** Della Valle의 외부식 후드 기본식은 오염원에서 후드까지의 거리가 덕트 직경의 1.5배 이내에서만 유효하게 적용된다.

78 온도 95℃, 압력 720mmHg에서 부피 180m³인 기체가 있다. 21℃, 1기압에서 이 기체의 부피는 약 얼마가 되겠는가?

① 125.6m³ ② 136.2m³
③ 151.4m³ ④ 220.3m³

> **[풀이]** $V_2 = V_1 \times \dfrac{T_2}{T_1} \times \dfrac{P_1}{P_2}$
> $= 180\text{m}^3 \times \dfrac{273+21}{273+95} \times \dfrac{720}{760} = 136.24\text{m}^3$

79 일정 용적을 갖는 작업장 내에서 매시간 $M\text{m}^3$의 CO_2가 발생할 때 필요환기량(m³/hr) 공식으로 맞는 것은? (단, C_s는 작업환경 실내 CO_2 기준농도(%), C_o는 작업환경 실외 CO_2 농도(%)를 나타낸다.)

① $\dfrac{M}{C_s - C_o} \times 100$

② $\dfrac{C_s - C_o}{M} \times 100$

③ $\dfrac{C_s}{C_o} \times M \times 100$

④ $\dfrac{C_o}{C_s} \times M \times 100$

> **[풀이]** 이산화탄소 제거 시 필요환기량
> 일정 부피를 갖는 작업장 내에서 매 시간 $M(\text{m}^3)$의 CO_2가 발생할 때 필요환기량(m³/hr)
> 필요환기량(Q: m³/hr) = $\dfrac{M}{C_s - C_o} \times 100$
> 여기서, M : CO_2 발생량(m³/hr)
> C_s : 실내 CO_2 기준농도(%)
> C_o : 실외 CO_2 기준농도(%)

80 송풍량이 증가해도 동력이 증가하지 않는 장점을 가지며 한계부하 송풍기라고도 하는 송풍기는?

① 프로펠러형 송풍기
② 후향날개형 송풍기
③ 축류날개형 송풍기
④ 전향날개형 송풍기

> **[풀이]** 터보형 송풍기=후향(후곡)날개형 송풍기
> =한계부하 송풍기
> 터보형 송풍기는 소요정압이 떨어져도 동력은 크게 상승하지 않으므로 시설저항 및 운전상태가 변하여도 과부하가 발생되지 않는다.

제1과목 | 산업위생학 개론

01 미국산업위생학술원(AAIH)에서는 산업위생 분야에 종사하는 사람들이 반드시 지켜야 할 윤리강령을 채택하였는데, 이에 해당하지 않는 것은?

① 전문가로서의 책임
② 근로자에 대한 책임
③ 검사기관으로서의 책임
④ 일반대중에 대한 책임

풀이 산업위생분야 윤리강령
㉠ 산업위생 전문가로서의 책임
㉡ 근로자에 대한 책임
㉢ 기업주와 고객에 대한 책임
㉣ 일반대중에 대한 책임

02 산업안전보건법 시행규칙에 의거 근로를 금지하여야 하는 질병자에 해당되지 않는 것은?

① 조현병, 마비성 치매에 걸린 사람
② 전염의 우려가 있는 질병에 걸린 사람
③ 근골격계 질환으로 감염의 우려가 있는 질병을 가진 사람
④ 심장, 신장, 폐 등의 질환이 있는 사람으로서 근로에 의하여 병세가 악화될 우려가 있는 사람

풀이 근로금지 질병자
㉠ 전염될 우려가 있는 질병에 걸린 사람. 다만, 전염을 예방하기 위한 조치를 한 경우에는 그러하지 아니하다.
㉡ 조현병, 마비성 치매에 걸린 사람
㉢ 심장·신장·폐 등의 질환이 있는 사람으로서 근로에 의하여 병세가 악화될 우려가 있는 사람
㉣ ㉠~㉢항의 규정에 준하는 질병으로서 고용노동부 장관이 정하는 질병에 걸린 사람

03 다음의 중량물 들기작업의 구분 동작을 순서대로 나열한 것은?

㉮ 발을 어깨너비 정도로 벌리고 몸은 정확하게 균형을 유지한다.
㉯ 무릎을 굽힌다.
㉰ 중량물에 몸의 중심을 가깝게 한다.
㉱ 목과 등이 거의 일직선이 되도록 한다.
㉲ 가능하면 중량물을 양손으로 잡는다.
㉳ 등을 반듯이 유지하면서 무릎의 힘으로 일어난다.

① ㉮ → ㉯ → ㉰ → ㉱ → ㉲ → ㉳
② ㉮ → ㉰ → ㉯ → ㉱ → ㉲ → ㉳
③ ㉰ → ㉮ → ㉯ → ㉲ → ㉱ → ㉳
④ ㉰ → ㉮ → ㉯ → ㉱ → ㉲ → ㉳

풀이 중량물 들기작업의 동작 순서
㉠ 중량물에 몸의 중심을 가능한 가깝게 한다.
㉡ 발을 어깨너비 정도로 벌리고 몸은 정확하게 균형을 유지한다.
㉢ 무릎을 굽힌다.
㉣ 가능하면 중량물을 양손으로 잡는다.
㉤ 목과 등이 거의 일직선이 되도록 한다.
㉥ 등을 반듯이 유지하면서 무릎의 힘으로 일어난다.

04 25℃, 1기압 상태에서 톨루엔(분자량 92) 100ppm은 약 몇 mg/m³인가?

① 92
② 188
③ 376
④ 411

풀이 $mg/m^3 = 100ppm \times \dfrac{92}{24.45} = 376.28 mg/m^3$

정답 01.③ 02.③ 03.③ 04.③

05 석재공장, 주물공장 등에서 발생하는 유리규산이 주원인이 되는 진폐의 종류는?

① 면폐증
② 활석폐증
③ 규폐증
④ 석면폐증

풀이 규폐증은 석재공장, 주물공장, 내화벽돌 제조, 도자기 제조 등에서 발생하는 유리규산이 주원인이다.

06 국소피로와 관련된 설명 중 틀린 것은?

① 적정작업시간은 작업강도와 대수적으로 비례한다.
② 국소피로를 초래하기까지의 작업시간은 작업강도에 의해 결정된다.
③ 대사산물의 근육 내 축적과 근육 내 에너지 고갈이 국소피로를 유발한다.
④ 작업강도란 근로자가 가지고 있는 최대의 힘에 대한 작업이 요구하는 힘을 말한다.

풀이 적정작업시간은 작업강도와 대수적으로 반비례한다.

07 어떤 작업에 있어 작업 시 소요된 열량이 3,500kcal로 파악되었다. 기초대사량이 1,100kcal이고, 안정 시 열량이 기초대사량의 1.2배인 경우 작업대사율(Relative Metabolic Rate, RMR)은 약 얼마인가?

① 1.82
② 1.98
③ 2.65
④ 3.18

풀이
$$RMR = \frac{\text{작업대사량} - \text{안정 시 대사량}}{\text{기초대사량}}$$
$$= \frac{3,500\text{kcal} - (1,100 \times 1.2)\text{kcal}}{1,100\text{kcal}} = 1.98$$

08 정도관리의 목적은 오차를 찾아내고 그것을 제거 또는 예방하여 분석능력을 향상시키는 데 있다. 여기서 오차(error)에 대한 설명 중 틀린 것은?

① 오차란 참값과 측정치 간의 불일치 정도로 정의된다.
② 확률오차(random error)는 측정치의 정밀도로 정의된다.
③ 확률오차(random error)는 측정치의 변이가 불규칙적이어서 변이값을 예측할 수 없다.
④ 계통오차(systematic error)는 bias라고도 하며, 기준치와 측정치 간에 일정한 차이가 있음을 나타내며 대부분의 경우 원인을 찾아낼 수 없다.

풀이 계통오차
참값과 측정치 간에 일정한 차이가 있음을 나타내고 대부분의 경우 변이의 원인을 찾아낼 수 있으며, 크기와 부호를 추정할 수 있고 보정할 수 있다. 또한 계통오차가 작을 때는 정확하다고 말한다.

09 1940년대 일본에서 "이타이이타이병"으로 인하여 수많은 환자가 발생, 사망한 사례가 있었는데, 이는 어느 물질에 의한 것인가?

① 납
② 크롬
③ 수은
④ 카드뮴

풀이 1945년 일본에서 "이타이이타이병"이란 중독사건이 생겨 수많은 환자가 발생한 사례가 있으며, 우리나라에서는 1988년 한 도금업체에서 카드뮴 노출에 의한 사망 중독사건이 발표되었으나 정확한 원인규명은 하지 못했다. 이타이이타이병은 생축적, 먹이사슬의 축적에 의한 카드뮴 폭로와 비타민 D의 결핍에 의한 것이다.

10 다음 중 산업 스트레스의 반응에 따른 행동적 결과와 가장 거리가 먼 것은 어느 것인가?

① 흡연
② 불면증
③ 행동의 격양
④ 알코올 및 약물 남용

정답 05.③ 06.① 07.② 08.④ 09.④ 10.②

[풀이] 산업 스트레스 반응결과
(1) 행동적 결과
  ㉠ 흡연
  ㉡ 알코올 및 약물 남용
  ㉢ 행동 격양에 따른 돌발적 사고
  ㉣ 식욕 감퇴
(2) 심리적 결과
  ㉠ 가정 문제(가족 조직 구성인원 문제)
  ㉡ 불면증으로 인한 수면부족
  ㉢ 성적 욕구 감퇴
(3) 생리적(의학적) 결과
  ㉠ 심혈관계 질환(심장)
  ㉡ 위장관계 질환
  ㉢ 기타 질환(두통, 피부질환, 암, 우울증 등)

11 교대근무제를 실시하려고 할 때 교대근무자의 건강관리 대책을 위한 조건으로 틀린 것은?
① 수면·휴식 시설을 갖출 것
② 야근작업 후의 휴식시간은 8시간으로 할 것
③ 야근작업 시 작업량이 과중하지 않도록 할 것
④ 난방, 조명 등 환경조건을 적정하게 갖추도록 할 것

[풀이] 야근 후 다음 반으로 가는 간격은 최저 48시간 이상의 휴식시간을 갖도록 하여야 한다.

12 산업안전보건법상 최소 상시근로자 몇 인 이상의 사업장은 1인 이상의 보건관리자를 선임하여야 하는가?
① 10인 이상   ② 50인 이상
③ 100인 이상 ④ 300인 이상

[풀이] 최소 상시근로자 50인 이상 사업장은 1인 이상의 보건관리자를 선임하여야 한다.

13 직업성 경견완 증후군 발생과 연관되는 작업으로 가장 거리가 먼 것은?
① 키펀치 작업
② 전화교환 작업
③ 금전등록기의 계산 작업
④ 전기톱에 의한 벌목 작업

[풀이] ①, ②, ③항은 반복적 장시간 작업으로 근골격계 질환을 발생시킨다.

14 고열과 관련하여 인체에 영향을 주는 환경적 요인들을 온열인자(thermal factors)라고 한다. 다음 중 온열인자들로 묶여진 것은?
① 기온, 습도, 기류, 기압
② 기온, 습도, 기류, 복사열
③ 기온, 습도, 복사열, 전도
④ 기온, 습도, 기류, 공기밀도

[풀이] 온열인자(온열요소)
㉠ 기온
㉡ 기습(습도)
㉢ 기류
㉣ 복사열

15 산업피로를 측정할 때 국소근육활동 피로를 측정하는 객관적인 방법은 무엇인가?
① EMG   ② EEG
③ ECG   ④ EOG

[풀이] 국소근육활동 피로를 측정, 평가하는 데에는 객관적인 방법으로 근전도(EMG)를 가장 많이 이용한다.

16 작업환경측정 및 정도관리 등에 관한 고시에서 농도를 mg/m³으로 표시할 수 없는 것은?
① 가스
② 분진
③ 흄(fume)
④ 석면

[풀이] 화학적 인자의 가스, 증기, 분진, 흄(fume), 미스트(mist) 등의 농도는 피피엠(ppm) 또는 세제곱미터당 밀리그램(mg/m³)으로 표시한다. 다만, 석면의 농도 표시는 세제곱센티미터당 섬유 개수(개/cm³)로 표시한다.

정답 11.② 12.② 13.④ 14.② 15.① 16.④

PART 02 과년도 출제문제

17 작업의 종류에 따른 영양관리 방안으로 가장 적절하지 않은 것은?
① 중작업자에게는 단백질을 공급한다.
② 저온작업자에게는 지방질을 공급한다.
③ 근육작업자의 에너지 공급은 당질을 위주로 한다.
④ 저온작업자에게는 식수와 식염을 우선 공급한다.

풀이 저온작업자에게는 지방질을 우선 공급하여야 한다.

18 도수율에 대한 설명으로 틀린 것은?
① 근로손실일수를 알아야 한다.
② 재해발생건수를 알아야 한다.
③ 연근로시간수를 계산해야 한다.
④ 산업재해의 발생빈도를 나타내는 단위이다.

풀이 근로손실일수는 강도율 계산 시 필요하다.
- 도수율(빈도율, FR)
  ㉠ 정의 : 재해의 발생빈도를 나타내는 것으로 연근로시간 합계 100만 시간당의 재해발생건수
  ㉡ 계산식
  $$도수율 = \frac{일정기간\ 중\ 재해발생건수(재해자수)}{일정기간\ 중\ 연근로시간수} \times 10^6$$

19 일반적으로 근로자가 휴식 중일 때의 산소소비량(oxygen uptake)은 대략 어느 정도인가?
① 0.25L/min
② 0.75L/min
③ 1.50L/min
④ 2.00L/min

풀이
㉠ 휴식 중 산소소비량 : 0.25L/min
㉡ 운동 중 산소소비량 : 5L/min

20 미국산업위생학회(AIHA)에서 정한 산업위생의 정의를 맞게 설명한 것은?
① 모든 사람의 건강유지와 쾌적한 환경조성을 목표로 한다.
② 근로자의 생명연장 및 육체적, 정신적 능력을 증진시키기 위한 일련의 프로그램이다.
③ 근로자의 육체적, 정신적 건강을 최고로 유지·증진시킬 수 있도록 작업조건을 설정하는 기술이다.
④ 근로자에게 질병, 건강장애, 불쾌감 및 능률저하를 초래하는 작업환경 요인을 예측, 인식, 평가하고 관리하는 과학과 기술이다.

풀이 미국산업위생학회(AIHA ; American Industrial Hygiene Association, 1994)의 산업위생 정의
근로자나 일반대중에게 질병, 건강장애와 안녕방해, 심각한 불쾌감 및 능률저하 등을 초래하는 작업환경 요인과 스트레스를 예측, 측정, 평가하고 관리하는 과학과 기술이다(예측, 인지(확인), 평가, 관리 의미와 동일함).

제2과목 | 작업환경 측정 및 평가

21 고온작업장의 고온허용기준인 습구흑구온도지수(WBGT)의 옥내 허용기준 산출식은 어느 것인가?
① WBGT(℃)=(0.7×흑구온도)+(0.3×자연습구온도)
② WBGT(℃)=(0.3×흑구온도)+(0.7×자연습구온도)
③ WBGT(℃)=(0.7×흑구온도)+(0.3×건구온도)
④ WBGT(℃)=(0.3×흑구온도)+(0.7×건구온도)

풀이 습구흑구온도지수(WBGT)
㉠ 옥외(태양광선이 내리쬐는 장소)
 WBGT(℃)=0.7×자연습구온도+0.2×흑구온도+0.1×건구온도
㉡ 옥내 또는 옥외(태양광선이 내리쬐지 않는 장소)
 WBGT(℃)=0.7×자연습구온도+0.3×흑구온도

정답 17.④ 18.① 19.① 20.④ 21.②

22 다음 중 유해요인별 측정단위가 잘못 연결된 것은?

① 입자상 물질 : mg/m^3
② 소음 : dB(A)
③ 석면 : $\mu g/cc$
④ 가스상 물질 : ppm

[풀이] 석면의 단위
개/cc=개/mL=개/cm^3

23 허용농도에서 유해물질의 이름 앞에 "C" 표시가 있는데 이것의 의미는?

① 1일 8시간 평균농도
② 어떤 시점에서도 동수치를 넘어서는 안 된다는 상한치
③ 1일 15분 평균농도
④ 피부로 흡수되어 정신적 영향을 줄 수 있는 농도

[풀이] 최고노출기준(C ; Ceiling≒최고허용농도)
㉠ 근로자가 작업시간 동안 잠시라도 노출되어서는 안 되는 기준(농도)
㉡ 노출기준 앞에 "C"를 붙여 표시한다.
㉢ 어떤 시점에서 수치를 넘어서는 안 된다는 상한치를 뜻하는 것으로, 항상 표시된 농도 이하를 유지해야 한다는 의미이며, 자극성 가스나 독작용이 빠른 물질이 적용된다.

24 시간가중 평균소음수준(dB(A))을 구하는 식으로 가장 적합한 것은? [단, D : 누적소음 노출량(%)]

① $16.91 \log\left(\dfrac{D}{100}\right) + 80$
② $16.61 \log\left(\dfrac{D}{100}\right) + 80$
③ $16.91 \log\left(\dfrac{D}{100}\right) + 90$
④ $16.61 \log\left(\dfrac{D}{100}\right) + 90$

[풀이] 시간가중 평균소음수준(TWA)
$TWA = 16.61 \log\left(\dfrac{D}{100}\right) + 90$

25 배경소음(background noise)을 가장 올바르게 설명한 것은?

① 관측하는 장소에 있어서의 종합된 소음을 말한다.
② 환경소음 중 어느 특정소음을 대상으로 할 경우 그 이외의 소음을 말한다.
③ 레벨변화가 적고 거의 일정하다고 볼 수 있는 소음을 말한다.
④ 소음원을 특정시킨 경우 그 음원에 의하여 발생한 소음을 말한다.

[풀이] 배경소음
어떤 음을 대상으로 생각할 때 그 음이 아니면서 그 장소에 있는 소음을 대상음에 대한 배경소음이라 한다. 즉 환경소음 중 어느 특정소음을 대상으로 할 경우 그 이외의 소음을 말한다.

26 다음 내용이 설명하는 법칙은?

일정한 부피조건에서 압력과 온도는 비례함

① 라울트의 법칙
② 샤를의 법칙
③ 게이-뤼삭의 법칙
④ 보일의 법칙

[풀이] 게이-뤼삭 기체반응의 법칙
화학반응에서 그 반응물 및 생성물이 모두 기체일 때는 등온, 등압하에서 측정한 이들 기체의 부피 사이에는 간단한 정수비 관계가 성립한다는 법칙(일정한 부피에서 압력과 온도는 비례한다는 표준가스법칙)

27 소음의 예방관리 대책으로 음의 반향시간(reverberation time method)을 이용하는 방법으로 총 흡음량은 120dB이며, 작업공간의 부피는 80m^3일 때 이 작업공간에서 음의 반향시간(T)은 약 얼마인가?

① 0.24초
② 0.67초
③ 1.5초
④ 0.1초

[풀이] $T = \dfrac{0.161\,V}{A} = \dfrac{0.161 \times 80}{120} = 0.11 \text{sec}$

정답 22.③ 23.② 24.④ 25.② 26.③ 27.④

28 MCE막 여과지에 관한 설명으로 틀린 것은?

① MCE막 여과지의 원료인 셀룰로오스는 수분을 흡수하지 않기 때문에 중량분석에 잘 적용된다.
② MCE막 여과지는 산에 쉽게 용해된다.
③ 입자상 물질 중의 금속을 채취하여 원자흡광법으로 분석하는 데 적정하다.
④ 시료가 여과지의 표면 또는 표면 가까운 곳에 침착되므로 석면 등 현미경 분석을 위한 시료채취에 이용된다.

풀이 MCE막 여과지(Mixed Celluose Ester membrane filter)
㉠ 산에 쉽게 용해된다.
㉡ 산업위생에서는 거의 대부분이 직경 37mm, 구멍의 크기는 0.45~0.8μm의 MCE막 여과지를 사용하고 있다(작은 입자의 금속과 fume 채취 가능).
㉢ MCE막 여과지는 산에 쉽게 용해되고 가수분해되며, 습식회화되기 때문에 공기 중 입자상 물질 중의 금속을 채취하여 원자흡광법으로 분석하는 데 적당하다.
㉣ 시료가 여과지의 표면 또는 가까운 곳에 침착되므로 석면, 유리섬유 등 현미경 분석을 위한 시료채취에도 이용된다.
㉤ 흡습성(원료인 셀룰로오스가 수분 흡수)이 높은 MCE막 여과지는 오차를 유발할 수 있어 중량분석에 적합하지 않다.
㉥ MCE막 여과지는 산에 의해 쉽게 회화되기 때문에 원소분석에 적합하고 NIOSH에서는 금속, 석면, 살충제, 불소화합물 및 기타 무기물질에 추천되고 있다.

29 에틸렌글리콜이 20℃, 1기압에서 증기압이 0.05mmHg이면 포화농도(ppm)는?

① 약 44
② 약 66
③ 약 88
④ 약 102

풀이
$$포화농도(ppm) = \frac{증기압}{760} \times 10^6$$
$$= \frac{0.05}{760} \times 10^6$$
$$= 65.79 \text{ppm}$$

30 다음의 2차 표준기구 중 주로 실험실에서 사용하는 것은?

① 로터미터
② 습식 테스트미터
③ 건식 가스미터
④ 열선기류계

풀이
㉠ 습식 테스트미터 : 실험실에서 주로 사용
㉡ 건식 가스미터 : 현장에서 주로 사용

31 검지관 사용 시 단점이라 볼 수 없는 것은 어느 것인가?

① 밀폐공간에서 산소 부족 또는 폭발성 가스 측정에는 측정자 안전이 문제된다.
② 민감도 및 특이도가 낮다.
③ 각 오염물질에 맞는 검지관을 선정해야 하는 불편이 있다.
④ 색변화가 선명하지 않아 주관적으로 읽을 수 있어 판독자에 따라 변이가 심하다.

풀이 검지관 사용 시 장단점
(1) 장점
㉠ 사용이 간편하다.
㉡ 반응시간이 빠르다(현장에서 바로 측정결과를 알 수 있다).
㉢ 비전문가도 어느 정도 숙지하면 사용할 수 있다.
㉣ 맨홀, 밀폐공간에서의 산소 부족 또는 폭발성 가스로 인한 안전이 문제가 될 때 유용하게 사용된다.
(2) 단점
㉠ 민감도가 낮아 비교적 고농도에만 적용이 가능하다.
㉡ 특이도가 낮아 다른 방해물질의 영향을 받기 쉽다.
㉢ 대개 단시간 측정만 가능하다.
㉣ 한 검지관으로 단일물질만 측정 가능하여 각 오염물질에 맞는 검지관을 선정함에 따른 불편함이 있다.
㉤ 색변화에 따라 주관적으로 읽을 수 있어 판독자에 따라 변이가 심하며 색변화가 시간에 따라 변하므로 제조자가 정한 시간에 읽어야 한다.
㉥ 미리 측정대상물질의 동정이 되어 있어야 측정이 가능하다.

정답 28.① 29.② 30.② 31.①

32 소음측정을 위해 사용되는 지시소음계(sound level meter)는 산업장에서의 소음노출의 정도를 판단하기 위하여 사용되는 기본계기이다. 지시소음계에 관한 설명으로 틀린 것은 어느 것인가?

① 지시소음계는 마이크로폰, 증폭기 및 지시계 등으로 구성되어 있으며 소리의 세기 또는 에너지량을 음압수준으로 표시한다.
② 음량조절장치는 A특성, B특성, C특성을 나타내는 3가지의 주파수 보정회로로 되어 있다.
③ 보정회로를 붙인 이유는 주파수별로 음압수준에 대한 귀의 청각반응이 다르기 때문에 이를 보정하기 위함이다.
④ 대부분의 소음에너지가 1,000Hz 이하일 때에는 A, B, C의 각 특성치의 차이는 비슷하다.

> 풀이) 대부분의 소음에너지가 1,000Hz 이하일 때에는 A, B, C의 각 특성치의 차이는 커진다.
> 즉 A특성은 저주파 대역을 보정한 청감보정회로를 의미하며, C특성은 평탄특성을 나타낸다.

33 작업장 내 유해물질 측정에 대한 기초적인 이론을 잘 설명한 것으로 틀린 것은?

① 작업장 내 유해화학물질의 농도는 일반적으로 25℃, 760mmHg의 조건하에서 기준농도로써 나타낸다.
② 가스 또는 증기의 ppm과 mg/m³ 간의 상호 농도변환은 mg/m³ = ppm × $\frac{24.45}{M}$ (M : 분자량)으로 계산한다.
③ 가스란 상온상압하에서 기체상으로 존재하는 것을 말하며, 증기란 상온상압하에서 액체 또는 고체인 물질이 증기압에 따라 휘발 또는 승화하여 기체로 되어 있는 것을 말한다.
④ 유해물질의 측정에는 공기 중에 존재하는 유해물질의 농도를 그대로 측정하는 방법과 공기로부터 분리·농축하는 방법이 있다.

> 풀이) 피피엠(ppm)과 세제곱미터당 밀리그램(mg/m³) 간의 상호 농도변환
> 노출기준(mg/m³) = $\frac{\text{노출기준(ppm)} \times \text{그램분자량}}{24.45(25℃, 1기압)}$

34 다음 매체 중 흡착의 원리를 이용하여 시료를 채취하는 방법이 아닌 것은?

① 활성탄관
② 실리카겔관
③ molecular seive
④ PVC여과지

> 풀이) 흡착관의 종류
> ㉠ 활성탄관(charcoal tube)
> ㉡ 실리카겔관(silica gel tube)
> ㉢ 다공성 중합체(porous polymer)
> ㉣ 냉각트랩(cold trap)
> ㉤ 분자체 탄소(molecular seive)

35 한 작업장의 분진농도를 측정한 결과 2.3, 2.2, 2.5, 5.2, 3.3(mg/m³)이었다. 이 작업장 분진농도의 기하평균값(mg/m³)은?

① 약 3.43 ② 약 3.34
③ 약 3.13 ④ 약 2.93

> 풀이) $\log GM = \frac{\log 2.3 + \log 2.2 + \log 2.5 + \log 5.2 + \log 3.3}{5}$
> $= 0.467$
> ∴ $GM = 10^{0.467} = 2.93 \text{mg/m}^3$

36 분진에 대한 측정방법으로 가장 거리가 먼 것은?

① 직독식(digital) 분진계법
② 중량 분석법
③ 차콜(charcoal)튜브(활성탄)법
④ 임펀저(impinger)법

> 풀이) charcoal tube법은 가스상 물질 채취방법이다.

정답 32.④ 33.② 34.④ 35.④ 36.③

37 작업환경측정에 사용되는 사이클론에 관한 내용으로 가장 거리가 먼 것은?

① 공기 중에 부유되어 있는 먼지 중에서 호흡성 입자상 물질을 채취하고자 고안되었다.
② PVC 여과지가 있는 카세트 아래에 사이클론을 연결하고 펌프를 가동하여 시료를 채취한다.
③ 사이클론과 여과지 사이에 설치된 단계적 분리판으로 입자의 질량크기 분포를 얻을 수 있다.
④ 사이클론은 사용할 때마다 그 내부를 청소하고 검사해야 한다.

풀이 ③항은 직경분립충돌기(cascade impactor)의 내용이다.

38 비누거품미터를 이용하여 시료채취펌프의 유량을 보정하였다. 뷰렛의 용량이 1,000mL이고 비누거품의 통과시간은 28초일 때 유량(L/min)은 약 얼마인가?

① 2.14
② 2.34
③ 2.54
④ 2.74

풀이 $$유량(L/min) = \frac{1,000mL \times L/1,000mL}{28sec \times min/60sec} = 2.14L/min$$

39 측정소음도가 68dB(A)이고 배경소음이 50dB(A)이었다면, 이때의 대상소음도는?

① 50dB(A)
② 59dB(A)
③ 68dB(A)
④ 74dB(A)

풀이 두 소음의 차이가 10dB(A) 이상이면 작은 소음은 큰 소음에 영향을 미치지 못한다. 즉 대상소음도는 68dB(A)이다.

40 벤젠(C_6H_6)을 0.2L/min의 유량으로 2시간 동안 채취하여 GC로 분석한 결과 10mg이었다. 공기 중 농도(ppm)는? (단, 25℃, 1기압 기준)

① 약 75
② 약 96
③ 약 118
④ 약 130

풀이 $$농도(mg/m^3) = \frac{10mg}{0.2L/min \times 120min \times m^3/1,000L} = 416.67mg/m^3$$
$$농도(ppm) = 416.67mg/m^3 \times \frac{24.45}{78} = 130.61ppm$$

제3과목 | 작업환경 관리

41 아크용접작업을 하는 용접작업자의 근로자 건강보호를 위한 작업환경관리 방안으로 가장 거리가 먼 것은?

① 용접 흄 노출농도가 적절한지 살펴보고 특히 망간 등 중금속의 노출정도를 파악하는 것이 중요하다.
② 자외선의 노출여부 및 노출강도를 파악하고 적절한 보안경 착용여부를 점검한다.
③ 용접작업 주변에 TCE 세척작업 등 TCE의 노출이 있는지 확인한다.
④ 전기용접기로 발생하는 전자파에 노출될 우려가 있으므로 전자파 노출정도를 측정하고 이를 관리한다.

풀이 전기용접기에 의한 전자파 발생은 미비하다.

42 보호구 밖의 농도가 300ppm이고 보호구 안의 농도가 12ppm이었을 때 보호계수(Protection Factor, PF) 값은?

① 200
② 100
③ 50
④ 25

풀이 $$PF = \frac{C_o}{C_i} = \frac{300}{12} = 25$$

43 소음원으로부터의 거리와 음압수준은 역비례한다. 만일 거리가 2배 증가하면 음압수준은 약 몇 dB 감소하는가? (단, 점음원 기준)

① 2dB   ② 3dB
③ 6dB   ④ 9dB

[풀이] 점음원

㉠ $SPL_1 - SPL_2 = 2\log\left(\dfrac{r_2}{r_1}\right)(dB)$

여기서, SPL_1 : 음원으로부터 r_1(m) 떨어진 지점의 음압레벨
SPL_2 : 음원으로부터 r_2(m)($r_2 > r_1$) 떨어진 지점의 음압레벨
$SPL_1 - SPL_2$: 거리감쇠치(dB)

㉡ 점음원으로부터 거리가 2배 멀어질 때마다 음압레벨이 6dB(=20 log2)씩 감소 ⇨ 역2승 법칙

44 방독마스크의 흡수제의 재질로 적당하지 않은 것은?

① fiber glass
② silica gel
③ activated carbon
④ soda lime

[풀이] 흡수제의 재질
(1) 활성탄(activated carbon)
  ㉠ 가장 많이 사용되는 물질
  ㉡ 비극성(유기용제)에 일반적 사용
(2) 실리카겔(silica gel) : 극성에 일반적 사용
(3) 염화칼슘(soda lime)
(4) 제올라이트

45 분진발생공정에 대한 대책의 일환으로 국소배기장치를 들 수 있다. 연마 작업, 블라스트 작업과 같이 대단히 빠른 기동이 있는 작업장소에서 분진이 초고속으로 비산하는 경우 제어풍속의 범위는?

① 0.25~0.5m/sec
② 0.5~1.0m/sec
③ 1.0~2.5m/sec
④ 2.5~10.0m/sec

[풀이] 제어속도 범위(ACGIH)

작업조건	작업공정 사례	제어속도 (m/sec)
• 움직이지 않는 공기 중에서 속도 없이 배출되는 작업조건 • 조용한 대기 중에 실제 거의 속도가 없는 상태로 발산하는 작업조건	• 액면에서 발생하는 가스나 증기, 흄 • 탱크에서 증발, 탈지시설	0.25~0.5
비교적 조용한(약간의 공기 움직임) 대기 중에서 저속도로 비산하는 작업조건	• 용접, 도금 작업 • 스프레이 도장 • 주형을 부수고 모래를 터는 장소	0.5~1.0
발생기류가 높고 유해물질이 활발하게 발생하는 작업조건	• 스프레이 도장, 용기충전 • 컨베이어 적재 • 분쇄기	1.0~2.5
초고속기류가 있는 작업장소에 초고속으로 비산하는 작업조건	• 회전연삭작업 • 연마작업 • 블라스트 작업	2.5~10

46 호흡용 보호구에 관한 설명으로 틀린 것은?

① 오염물질을 정화하는 방법에 따라 공기정화식과 공기공급식으로 구분된다.
② 흡기저항이 큰 호흡용 보호구는 분진제거율이 높아 안전성이 확보된다.
③ 분진제거용 필터는 일반적으로 압축된 섬유상 물질을 사용한다.
④ 산소농도가 정상적이고 먼지만 존재하는 작업장에서는 방진마스크를 사용한다.

[풀이] 흡기저항이 낮은 호흡용 보호구는 분진제거율이 높아 안전성이 확보된다.

47 입자상 먼지는 크기에 따라 채취효율이 달라진다. 방진마스크의 여과효율을 검정할 때는 채취효율이 가장 낮은 크기의 먼지를 사용한다. 방진마스크의 여과효율을 검정할 때 국제적으로 사용하는 먼지의 크기(μm)는?

① 0.1   ② 0.3
③ 0.5   ④ 1.0

정답 43.③ 44.① 45.④ 46.② 47.②

[풀이] 방진마스크 여과효율 검정 입자크기
0.3μm(채취효율 가장 낮음)

48 산소결핍에 의해 가장 민감한 영향을 받는 신체부위는?
① 간장 ② 대뇌
③ 심장 ④ 폐

[풀이] 생체 중 최대산소소비기관은 뇌신경세포이며, 산소결핍에 가장 민감한 조직은 대뇌피질이다.

49 상대적 독성(수치는 독성의 크기)이 2+2 → 4와 같은 결과를 나타내는 화학적인 상호작용은?
① 상승작용 ② 상가작용
③ 길항작용 ④ 동일작용

[풀이] 상가작용(additive effect)
㉠ 작업환경 중의 유해인자가 2종 이상 혼재하는 경우에 있어서 혼재하는 유해인자가 인체의 같은 부위에 작용함으로써 그 유해성이 가중되는 것을 말한다.
㉡ 화학물질 및 물리적 인자의 노출기준에 있어 2종 이상의 화학물질이 공기 중에 혼재하는 경우에는 유해성이 인체의 서로 다른 조직에 영향을 미치는 근거가 없는 한 유해물질들 간의 상호작용을 나타낸다.
㉢ 상대적 독성 수치로 표현하면 2+3=5이다. 여기서 수치는 독성의 크기를 의미한다.

50 소음 작업장에서 소음 예방을 위한 전파경로 대책으로 가장 거리가 먼 것은?
① 공장건물 내벽의 흡음처리
② 지향성 변환
③ 소음기(消音器) 설치
④ 방음벽 설치

[풀이] 소음대책
(1) 발생원 대책(음원 대책)
㉠ 발생원에서의 저감 : 유속저감, 마찰력감소, 충돌방지, 공명방지, 저소음형 기계의 사용(병타법을 용접법으로 변경, 단조법을 프레스법으로 변경, 압축공기 구동기기를 전동기기로 변경)
㉡ 소음기 설치
㉢ 방음커버
㉣ 방진, 제진
(2) 전파경로 대책
㉠ 흡음 : 실내 흡음처리에 의한 음압레벨 저감
㉡ 차음 : 벽체의 투과손실 증가
㉢ 거리감쇠
㉣ 지향성 변환(음원 방향의 변경)
(3) 수음자 대책
㉠ 청력보호구(귀마개, 귀덮개)
㉡ 작업방법 개선

51 피부에 직접 유해물질이 닿지 않도록 피부보호용 크림이 사용되는데 사용물질에 따라 분류된다. 다음 피부보호제 중 이에 해당되지 않는 것은?
① 지용성 물질에 대한 피부보호제
② 수용성 피부보호제
③ 광과민성 물질에 대한 피부보호제
④ 수막형성형 피부보호제

[풀이] 산업용 피부보호제(피부보호용 도포제)
㉠ 피막형성형 피부보호제
㉡ 차광성 물질차단 피부보호제
㉢ 광과민성 물질차단 피부보호제
㉣ 지용성 물질차단 피부보호제
㉤ 수용성 물질차단 피부보호제
㉥ 소수성 물질차단 피부보호제

52 전리방사선 작업장에서 피폭량을 적게 하는 방법과 관계가 없는 것은?
① 노출시간 ② 거리
③ 차폐 ④ 물질대치

[풀이] 관리대책(방사선의 외부노출에 대한 방어대책)
(1) 시간
㉠ 노출시간을 최대로 단축(조업시간 단축)
㉡ 충분한 시간간격을 두고 방사능 취급작업을 하는 것은 반감기가 짧은 방사능 물질에 유용
(2) 거리 : 방사능은 거리의 제곱에 비례해서 감소하므로 먼 거리일수록 쉽게 방어 가능
(3) 차폐 : 큰 투과력을 갖는 방사선 차폐은 원자번호가 크고 밀도가 큰 물질이 효과적, 즉 α선의 투과력은 약하여 얇은 알루미늄판으로도 방어 가능

정답 48.② 49.② 50.③ 51.④ 52.④

53 방진마스크의 선정기준으로 가장 거리가 먼 것은?

① 시야가 넓을 것
② 무게가 가벼울 것
③ 흡기저항이 클 것
④ 포집효율이 높을 것

[풀이] 방진마스크의 선정조건(구비조건)
㉠ 흡기저항 및 흡기저항 상승률이 낮을 것
 (일반적 흡기저항 범위 : 6~8mmH₂O)
㉡ 배기저항이 낮을 것
 (일반적 배기저항 기준 : 6mmH₂O 이하)
㉢ 여과재 포집효율이 높을 것
㉣ 착용 시 시야확보가 용이할 것(하방시야가 60° 이상되어야 함)
㉤ 중량은 가벼울 것
㉥ 안면에서의 밀착성이 클 것
㉦ 침입률 1% 이하까지 정확히 평가 가능할 것
㉧ 피부 접촉부위가 부드러울 것
㉨ 사용 후 손질이 간단할 것
㉩ 흡기저항 상승률이 낮을 것
㉪ 무게중심은 안면에 강한 압박감을 주지 않는 위치에 있을 것

54 유해화학물질이 발산되는 사업장에서 근로자에게 가장 많이 침투되는 인체 침입경로는 어느 것인가?

① 호흡기   ② 소화기
③ 피부   ④ 점막

[풀이] 유해물질의 인체 침입경로
유해물질이 작업환경 중에서 인체에 들어오는 영향이 가장 큰 침입경로는 호흡기이고, 다음이 피부를 통해 흡수되고 전신중독을 일으킨다.

55 국소진동의 경우에 주로 문제가 되는 주파수 범위로 가장 알맞은 것은?

① 1~8Hz
② 8~1,500Hz
③ 1,500~4,000Hz
④ 4,000~6,000Hz

[풀이]
㉠ 전신진동 진동수 : 1~90Hz
㉡ 국소진동 진동수 : 8~1,500Hz

56 촉광에 대한 설명으로 틀린 것은?

① 단위는 럭스(lux)를 사용한다.
② 지름이 1인치되는 촛불이 수평방향으로 비칠 때 대략 1촉광의 빛을 낸다.
③ 빛의 광도를 나타내는 단위로 국제촉광을 사용한다.
④ 1촉=4π루멘의 관계가 성립한다.

[풀이] 촉광(candle)
㉠ 빛의 세기인 광도를 나타내는 단위로 국제촉광을 사용한다.
㉡ 지름이 1인치인 촛불이 수평방향으로 비칠 때 빛의 광강도를 나타내는 단위이다.
㉢ 밝기는 광원으로부터 거리의 제곱에 반비례한다.
$$조도(E) = \frac{I}{r^2}$$
여기서, I : 광도(candle)
r : 거리(m)

57 밀폐공간에 근로자를 종사하도록 할 때, 사업주는 건강장애 예방을 위해 조치를 취해야 한다. 이때의 조치사항으로 관계가 없는 것은?

① 사업장 내 밀폐공간의 위치파악 및 관리방안
② 안전보건 교육 및 훈련
③ 밀폐공간 작업 시 사전 확인이 필요한 사항에 대한 확인절차
④ 청력보호구의 착용 및 관리

[풀이] 밀폐공간 작업 프로그램 수립·시행 시 포함사항
㉠ 사업장 내 밀폐공간의 위치파악 및 관리방안
㉡ 밀폐공간 내 질식·중독 등을 일으킬 수 있는 유해·위험 요인의 파악 및 관리방안
㉢ 밀폐공간 작업 시 사전 확인이 필요한 사항에 대한 확인절차
㉣ 안전보건 교육 및 훈련
㉤ 그 밖에 밀폐공간 작업 근로자의 건강장애 예방에 관한 사항

정답 53.③ 54.① 55.② 56.① 57.④

58 산소결핍 가능 작업장에 대한 보건 및 작업관리 대책으로 가장 거리가 먼 것은?

① 작업자의 건강진단
② 환기
③ 작업 전 산소농도 측정
④ 보호구 착용(공기호흡기, 호스마스크)

풀이 산소결핍 작업장에 대한 작업관리 대책
㉠ 환기 : 작업 시 직전 및 작업 중에 해당 작업장을 적정한 공기상태가 유지되도록 환기
㉡ 작업 전 산소농도 측정
㉢ 보호구 착용 : 호스마스크, 공기호흡기, 산소호흡기 지급 및 상시점검
㉣ 안전대, 구명밧줄
㉤ 감시자 배치 및 응급처치
㉥ 작업자의 교육

59 반복하여 쪼일 경우 피부가 건조해지고 갈색을 띠게 하며 주름살이 많이 생기도록 작용하며, 눈의 각막과 결막에 흡수되어 안질환을 일으키기도 하는 것은?

① 자외선
② 적외선
③ 가시광선
④ 레이저(laser)

풀이 자외선의 파장에 따른 흡수정도에 따라 광각막염 및 결막염 등의 급성영향이 나타나며, 이는 270~280nm의 파장에서 주로 발생한다.

60 공기 중 오염물질을 분류함에 있어 상온, 상압에서 액체 또는 고체(임계온도가 25℃ 이상)물질이 증기압에 따라 휘발 또는 승화하여 기체상태로 된 것은?

① 흄
② 증기
③ 미스트
④ 더스트

풀이 기체는 상온(25℃), 상압(760mmHg)하에서 기체형태로 존재하며 공간을 완전하게 다 채울 수 있는 물질로서 공기의 구성성분인 질소, 산소, 아르곤, 이산화탄소, 헬륨, 수소 등이 가스이다. 증기는 상온, 상압 하에서 액체 또는 고체인 물질이 기체화된 것, 즉 임계온도가 25℃ 이상인 액체·고체 물질이 증기압에 따라 휘발 또는 승화하여 기체상태로 변한 것을 의미하며 농도가 높으면 응축한다.

제4과목 | 산업환기

61 기체의 비중은 공기무게에 대한 같은 부피의 기체 무게비이다. 이산화탄소의 기체비중은 약 얼마인가? (단, 1몰의 공기질량은 28.97g으로 한다.)

① 1.52
② 1.62
③ 1.72
④ 1.82

풀이 CO_2 비중 $= \dfrac{44g}{28.97g}$
$= 1.52$

62 온도가 150℃, 압력이 700mmHg일 때 200m³인 기체는 산업환기의 표준상태에서 약 얼마의 체적을 갖는가?

① 118.0m³
② 128.0m³
③ 138.0m³
④ 148.0m³

풀이
$V_2 = V_1 \times \dfrac{T_2}{T_1} \times \dfrac{P_1}{P_2}$
$= 200\text{m}^3 \times \dfrac{273+21}{273+150} \times \dfrac{700}{760}$
$= 128.03\text{m}^3$

63 국소배기장치에 대한 압력측정용 장비가 아닌 것은?

① 피토관
② U자 마노미터
③ smoke tube
④ 경사 마노미터

풀이 압력측정 기기
㉠ 피토관
㉡ U자 마노미터
㉢ 경사 마노미터
㉣ 아네로이드 게이지
㉤ 마그네헬릭 게이지

정답 58.① 59.① 60.② 61.① 62.② 63.③

64 다음 [그림]의 송풍기 성능곡선에 대한 설명으로 맞는 것은?

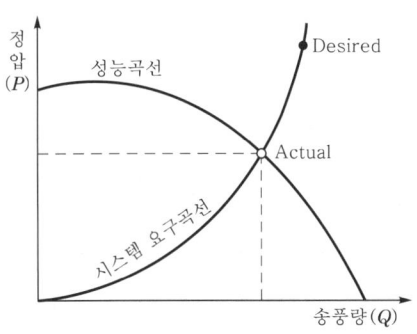

① 너무 큰 송풍기를 선정하고 시스템 압력손실도 과대평가된 경우이다.
② 시스템 곡선의 예측은 적절하나 성능이 약한 송풍기를 선정하여 송풍량이 적게 나오는 경우이다.
③ 설계단계에서 예측했던 시스템 요구곡선이 잘 맞고, 송풍기의 선정도 적절하여 원했던 송풍량이 나오는 경우이다.
④ 송풍기의 선정은 적절하나 시스템의 압력손실 예측이 과대평가되어 실제로는 압력손실이 작게 걸려 송풍량이 예상보다 많이 나오는 경우이다.

풀이 동작점
㉠ 송풍기 성능곡선과 시스템 요구곡선이 만나는 점
㉡ 만일 A점을 동작점으로 한다면 시스템 압력손실이 과대평가된 것이고, 너무 큰 송풍기를 선정한 것을 의미한다.

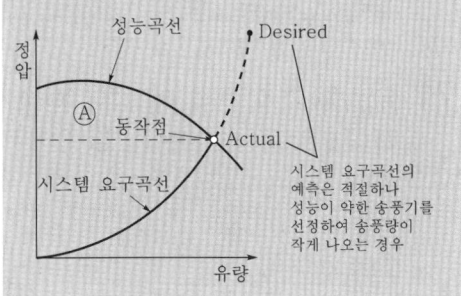

65 송풍기 벨트의 점검사항으로 늘어짐 한계표시를 맞게 한 것은?

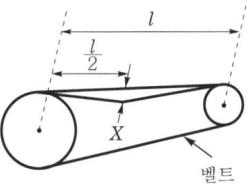

① $0.01l < X < 0.02l$
② $0.04l < X < 0.05l$
③ $0.07l < X < 0.08l$
④ $0.10l < X < 0.12l$

풀이 벨트 등의 상태
㉠ 송풍기를 정지하고, 벨트의 손상 및 고르지 못함, 활차의 손상, 편심기(잠금장치)의 헐거움 등의 유무를 조사한다.
㉡ 벨트를 손으로 눌러서 늘어진 치수를 조사한다.
⇨ 판정기준은 벨트의 늘어짐이 10~20mm일 것
㉢ 송풍기를 운전하여 벨트의 미끄러짐 및 흔들림의 유무를 조사한다.
㉣ 회전계를 사용하여 송풍기 회전수를 측정한다.

66 관의 내경이 200mm인 직관에 55m³/min의 공기를 송풍할 때 관 내 기류의 평균유속(m/sec)은 약 얼마인가?

① 19.5 ② 26.5
③ 29.2 ④ 47.5

풀이
$$Q = AV$$
$$V = \frac{Q}{A} = \frac{55\text{m}^3/\text{min} \times \text{min}/60\text{sec}}{\left(\frac{3.14 \times 0.2^2}{4}\right)\text{m}^2} = 29.19 \text{m/sec}$$

67 760mmHg, 20°C의 표준공기를 대상으로 했을 때 동점성 계수는 1.5×10^{-5}m²/sec이고, 풍속은 4m/sec, 내경이 507mm인 경우 관 내 기체의 Reynolds수는 약 얼마인가?

① 1.4×10^5 ② 2.7×10^6
③ 3.7×10^5 ④ 3.7×10^6

정답 64.② 65.① 66.③ 67.①

[풀이] $Re = \dfrac{VD}{v} = \dfrac{4\text{m/sec} \times 0.507\text{m}}{1.5 \times 10^{-5}\text{m}^2/\text{sec}} = 135,200$

68 전기집진장치의 장점이 아닌 것은?

① 가스상 오염물질의 처리가 용이하다.
② 고온의 분진함유 공기를 처리할 수 있다.
③ 넓은 범위의 입경과 분진농도에 집진효율이 높다.
④ 압력손실이 낮아 송풍기의 운전비용이 저렴하다.

[풀이] 전기집진장치의 장·단점
(1) 장점
  ㉠ 집진효율이 높다(0.01μm 정도 포집 용이, 99.9% 정도 고집진 효율).
  ㉡ 광범위한 온도범위에서 적용이 가능하며, 폭발성 가스의 처리도 가능하다.
  ㉢ 고온의 입자성 물질(500℃ 전후) 처리가 가능하여 보일러와 철강로 등에 설치할 수 있다.
  ㉣ 압력손실이 낮고 대용량의 가스처리가 가능하며 배출가스의 온도강하가 적다.
  ㉤ 운전 및 유지비가 저렴하다.
  ㉥ 회수가치 입자포집에 유리하며, 습식 및 건식으로 집진할 수 있다.
  ㉦ 넓은 범위의 입경과 분진농도에 집진효율이 높다.
(2) 단점
  ㉠ 설치비용이 많이 든다.
  ㉡ 설치공간을 많이 차지한다.
  ㉢ 설치된 후에는 운전조건의 변화에 유연성이 적다.
  ㉣ 먼지성상에 따라 전처리시설이 요구된다.
  ㉤ 분진포집에 적용되며, 기체상 물질제거에는 곤란하다.
  ㉥ 전압변동과 같은 조건변동(부하변동)에 쉽게 적응이 곤란하다.
  ㉦ 가연성 입자의 처리가 곤란하다.

69 국소배기장치와 전체환기시설을 비교한 것으로 틀린 것은?

① 국소배기장치는 오염물질을 발생원에서 쉽게 포집하여 제거할 수 있다.
② 국소배기장치는 크기가 큰 침강성 먼지도 제거할 수 있으므로 청소비와 청소인력이 절약된다.
③ 국소배기장치는 오염물질이 소량의 공기에 고농도로 포함되어 있으므로 필요송풍량을 줄일 수 있다.
④ 국소배기장치에서 배출되는 공기량이 많고 동시에 보충되어야 할 급기량도 많으므로 전체환기보다 경제적이지 못하다.

[풀이] 국소배기장치의 전체환기시설과 비교 시 장점
㉠ 전체환기는 희석에 의한 저감으로서 완전제거가 불가능하지만, 국소배기는 발생원상에서 포집, 제거하므로 유해물질 완전제거가 가능하다.
㉡ 국소배기는 전체환기에 비해 필요환기량이 적어 경제적이다.
㉢ 작업장 내의 방해기류나 부적절한 급기에 의한 영향을 적게 받는다.
㉣ 유해물질에 의한 작업장 내의 기계 및 시설물을 보호할 수 있다.
㉤ 비중이 큰 침강성 입자상 물질도 제거 가능하므로 작업장 관리(청소 등)비용을 절감할 수 있다.

70 제어속도에 관한 설명으로 틀린 것은?

① 포집속도라고도 한다.
② 유해물질이 후드로 유입되는 최대속도를 말한다.
③ 같은 유해인자라도 후드의 모양과 방향에 따라 달라진다.
④ 제어속도는 유해물질의 발생조건과 공기의 난기류 속도 등에 의해 결정된다.

[풀이] 제어속도는 유해물질이 후드로 유입되는 최소속도를 말한다.

71 유입계수가 0.80이고 속도압이 10mmH₂O일 때 후드의 유입손실은 약 얼마인가?

① 4.2mmH$_2$O
② 5.6mmH$_2$O
③ 6.2mmH$_2$O
④ 7.8mmH$_2$O

정답 68.① 69.④ 70.② 71.②

[풀이] 후드의 유입손실 = $F \times VP$

$$F = \frac{1}{Ce^2} - 1$$
$$= \frac{1}{0.8^2} - 1 = 0.563$$
$$= 0.563 \times 10 = 5.63 \text{mmH}_2\text{O}$$

72 국소배기장치의 필요송풍량을 최소화하기 위해 취해진 조치로 잘못된 것은?

① 오염물질 발생원을 가능한 밀폐한다.
② 플랜지 등을 설치하여 후드 유입기류를 조절한다.
③ 주위 방해기류를 최소화하여 후드의 기류형성이 쉽도록 한다.
④ 작업에 방해가 되지 않도록 후드와 오염물질 발생원 간의 거리를 멀게 한다.

[풀이] **후드가 갖추어야 할 사항(필요환기량을 감소시키는 방법)**
㉠ 가능한 한 오염물질 발생원에 가까이 설치한다 (포집형 및 레시버식 후드).
㉡ 제어속도는 작업조건을 고려하여 적정하게 선정한다.
㉢ 작업이 방해되지 않도록 설치하여야 한다.
㉣ 오염물질 발생특성을 충분히 고려하여 설계하여야 한다.
㉤ 가급적이면 공정을 많이 포위한다.
㉥ 후드 개구면에서 기류가 균일하게 분포되도록 설계한다.
㉦ 공정에서 발생 또는 배출되는 오염물질의 절대량을 감소시킨다.

73 총압력손실 계산방법 중 정압조절평형법의 장점이 아닌 것은?

① 향후 변경이나 확장에 대해 유연성이 크다.
② 설계가 확실할 때는 가장 효율적인 시설이 된다.
③ 설계 시 잘못 설계된 분지관을 쉽게 발견할 수 있다.
④ 예기치 않은 침식 및 부식이나 퇴적문제가 일어나지 않는다.

[풀이] **정압조절평형법**
(1) 장점
㉠ 예기치 않는 침식, 부식, 분진퇴적으로 인한 축적(퇴적)현상이 일어나지 않는다.
㉡ 잘못 설계된 분지관, 최대저항경로(저항이 큰 분지관) 선정이 잘못되어도 설계 시 쉽게 발견할 수 있다.
㉢ 설계가 정확할 때에는 가장 효율적인 시설이 된다.
㉣ 유속의 범위가 적절히 선택되면 덕트의 폐쇄가 일어나지 않는다.

(2) 단점
㉠ 설계 시 잘못된 유량을 고치기 어렵다(임의의 유량을 조절하기 어려움).
㉡ 설계가 복잡하고 시간이 걸린다.
㉢ 설계유량 산정이 잘못되었을 경우 수정은 덕트의 크기 변경을 필요로 한다.
㉣ 때에 따라 전체 필요한 최소유량보다 더 초과될 수 있다.
㉤ 설치 후 변경이나 확장에 대한 유연성이 낮다.
㉥ 효율개선 시 전체를 수정해야 한다.

74 A작업장에서는 1시간에 0.5L의 메틸에틸케톤(MEK)이 증발되고 있다. MEK의 TLV가 100ppm이라면 이 작업장 전체를 환기시키기 위한 필요환기량(m^3/min)은 약 얼마인가? (단, 주위온도는 25℃, 1기압 상태이며, MEK의 분자량은 72.1, 비중은 0.805, 안전계수는 3이다.)

① 17.06 ② 34.12
③ 68.25 ④ 83.56

[풀이]
• 사용량 = 0.5L/hr × 0.805g/mL × 1,000mL/L
  = 402.5g/hr
• 발생률(G, L/hr)
  72.1g : 24.45L = 402.5g/hr : G(L/hr)
  $G = \frac{24.45\text{L} \times 402.5\text{g/hr}}{72.1\text{g}} = 136.49\text{L/hr}$

∴ 필요환기량(Q, m^3/min)
$$Q = \frac{G}{\text{TLV}} \times K$$
$$= \frac{136.49\text{L/hr} \times 1,000\text{mL/L}}{100\text{mL/}m^3} \times 3$$
$$= 4,094.78 m^3/\text{hr} \times \text{hr}/60\text{min} = 68.25 m^3/\text{min}$$

정답 72.④ 73.① 74.③

75 push-pull형 환기장치에 관한 설명으로 틀린 것은?

① 도금조, 자동차 도장 공정에서 이용할 수 있다.
② 일반적인 국소배기장치 후드보다 동력비가 가장 많이 든다.
③ 한 쪽에서는 공기를 불어 주고(push), 한 쪽에서는 공기를 흡인(pull)하는 장치이다.
④ 공정상 포착거리가 길어서 단지 공기를 제어하는 일반적인 후드로는 효과가 낮을 때 이용하는 장치이다.

풀이 push-pull 후드는 포집효율을 증가시키면서 필요량을 대폭 감소시킬 수 있어 동력비를 절약할 수 있다.

76 작업장의 크기가 세로 20m, 가로 10m, 높이 6m, 필요환기량 60m³/min일 때 1시간당 공기교환횟수는 몇 회인가?

① 1회 ② 2회
③ 3회 ④ 4회

풀이
$$ACH = \frac{필요환기량}{작업장 용적}$$
$$= \frac{60\text{m}^3/\text{min} \times 60\text{min/hr}}{(20 \times 10 \times 6)\text{m}^3}$$
$$= 3회/\text{hr}$$

77 유기용제 작업장에 후드를 설치하고자 한다. 이때 가장 효율이 좋은 후드는?

① 외부식 상방형
② 외부식 하방형
③ 외부식 측방형
④ 포위식 부스형

풀이 포위식 후드(부스식 후드)
발생원을 완전히 포위하는 형태의 후드이고, 후드의 개방면에서 측정한 속도로서 면속도가 제어속도가 되며, 국소배기시설의 후드형태 중 가장 효과적인 형태이다. 즉, 필요환기량을 최소한으로 줄일 수 있다.

78 주관에 15°로 분지관이 연결되어 있고 주관과 분지관의 속도압이 모두 15mmH₂O일 때 주관과 분지관의 합류에 의한 압력손실은 몇 mmH₂O인가? (단, 원형 합류관의 압력손실계수는 다음 [표]를 참고한다.)

합류각	압력손실계수	
	주 관	분지관
15°		0.09
20°		0.12
25°	0.2	0.15
30°		0.18
35°		0.21

① 3.75 ② 4.35
③ 6.25 ④ 8.75

풀이 합류관의 압력손실 = $\Delta P_1 + \Delta P_2$
$= (0.2 \times 15) + (0.09 \times 15)$
$= 4.35\text{mmH}_2\text{O}$

79 일반적으로 덕트 내의 반송속도를 가장 크게 해야 하는 물질은?

① 증기   ② 목재분진
③ 고무분   ④ 주조분진

풀이 유해물질에 따른 반송속도

유해물질	예	반송속도 (m/sec)
가스, 증기, 흄 및 극히 가벼운 물질	각종 가스, 증기, 산화아연 및 산화알루미늄 등의 흄, 목재분진, 솜먼지, 고무분, 합성수지분	10
가벼운 건조먼지	원면, 곡물분, 고무, 플라스틱, 경금속 분진	15
일반 공업분진	털, 나무부스러기, 대패부스러기, 샌드블라스트, 그라인더분진, 내화벽돌분진	20
무거운 분진	납분진, 주조 후 모래털기 작업 시 먼지, 선반작업 시 먼지	25
무겁고 비교적 큰 입자의 젖은 먼지	젖은 납분진, 젖은 주조작업 발생 먼지	25 이상

정답 75.② 76.③ 77.④ 78.② 79.④

80 사이클론의 집진율을 높이는 방법으로 분진박스나 호퍼부에서 처리가스의 일부를 흡인하여 사이클론 내의 난류현상을 억제시킴으로써 집진된 먼지의 비산을 방지시키는 방법은 어떤 효과를 이용하는 것인가?

① 원심력 효과
② 중력침강 효과
③ 블로다운 효과
④ 멀티사이클론 효과

풀이 블로다운(blow-down)
(1) 정의
사이클론의 집진효율을 향상시키기 위한 하나의 방법으로서 더스트박스 또는 호퍼부에서 처리가스의 5~10%를 흡인하여 선회기류의 교란을 방지하는 운전방식
(2) 효과
㉠ 사이클론 내의 난류현상을 억제시킴으로써 집진된 먼지의 비산을 방지(유효원심력 증대)
㉡ 집진효율 증대
㉢ 장치 내부의 먼지퇴적을 억제하여 장치의 폐쇄현상 방지(가교현상 방지)

정답 80.③

오늘 할 수 있는 일에 전력을 다하라.
그러면 내일은 한 단계의 진보가 있을 것이다.

- 뉴턴(Newton) -

제1회 산업위생관리산업기사

과년도 출제문제 | 2017.03.05

제1과목 | 산업위생학 개론

01 국소피로를 평가하는 데는 근전도(electromyogram, EMG)가 가장 많이 이용되고 있다. 피로한 근육에서 측정된 EMG를 정상 근육에서 측정된 EMG와 비교할 때 차이가 있는데, 이 차이에 대한 설명으로 맞는 것은?
① 총 전압의 증가
② 평균주파수의 증가
③ 0~200Hz의 저주파수에서 힘의 증가
④ 500~1,000Hz의 고주파수에서 힘의 감소

풀이 정상근육과 비교하여 피로한 근육에서 나타나는 EMG의 특징
㉠ 저주파(0~40Hz) 영역에서 힘(전압)의 증가
㉡ 고주파(40~200Hz) 영역에서 힘(전압)의 감소
㉢ 평균주파수 영역에서 힘(전압)의 감소
㉣ 총 전압의 증가

02 재해율의 종류 중 천인율에 관한 설명으로 틀린 것은?
① 천인율(재해자수/평균근로자수)×1,000
② 근무시간이 다른 타 업종 간의 비교가 용이하다.
③ 각 사업장 간의 재해상황을 비교하는 자료로 활용된다.
④ 1년 동안 근로자 1,000명에 대하여 발생한 재해자수를 연천인율이라 한다.

풀이 천인율(연천인율)은 근무시간이 같은 동종업종 간의 비교가 용이하다.

03 국제노동기구(ILO)는 산업보건사업의 권장조건으로써 3가지 기본목표를 제시하고 있다. 다음 중 기본목표에 해당되지 않는 것은?
① 후진국 근로자의 작업조건을 선진국 수준으로 향상시키는 데 기여
② 노동과 노동조건으로 일어날 수 있는 건강장해로부터 근로자 보호
③ 근로자의 정신적·육체적 안녕 상태를 최대한으로 유지·증진시키는 데 기여
④ 작업에 있어서 근로자들의 정신적·육체적 적응, 특히 채용 시 적정 배치에 기여

풀이 산업보건사업의 기본목표[국제노동기구(ILO) 제시]
㉠ 노동과 노동조건으로 일어날 수 있는 건강장해로부터 근로자 보호
㉡ 근로자의 정신적·육체적 안녕 상태를 최대한으로 유지·증진시키는 데 기여
㉢ 작업에 있어서 근로자들의 정신적·육체적 적응, 특히 채용 시 적정 배치에 기여

04 산업안전보건법령상 보건에 관한 기술적인 사항에 관하여 사업주를 보좌하고 관리감독자에게 지도·조언을 할 수 있는 자는?
① 보건관리자
② 관리책임자
③ 관리감독책임자
④ 명예산업안전보건감독관

풀이 보건관리자의 역할
보건에 관한 기술적인 사항에 대하여 사업주와 안전보건관리책임자를 보좌하고 관리감독자와 안전담당자에게 보건에 관한 지도와 조언을 한다.

정답 01.① 02.② 03.① 04.①

17-1

05 인간-기계 시스템 설계 시 고려사항으로 틀린 것은?

① 시스템 설계 시 동작경제의 원칙을 만족하도록 고려하여야 한다.
② 최종적으로 완성된 시스템에 대해 부적합 여부의 결정을 수행하여야 한다.
③ 대상 시스템이 배치될 환경조건이 인간의 한계치를 만족하는가의 여부를 조사한다.
④ 인간과 기계가 다 같이 복수인 경우, 배치에 따른 개별적 효과가 우선적으로 고려되어야 한다.

풀이 인간-기계 시스템 설계 시 고려사항
㉠ 인간, 기계 혹은 목적으로 하는 대상물을 조합하는 종합 시스템 중에 존재하는 사실들을 파악하고 필요한 조건들을 명확히 표현한다.
㉡ 인간이 수행하여야 할 조작이 연속적인가 아니면 불연속적인가를 알아보기 위해 특성 조사를 실시한다.
㉢ 동작경제의 원칙을 만족하도록 고려하여야 한다.
㉣ 대상이 되는 시스템이 위치할 환경조건이 인간에 대한 한계치를 만족하는가의 여부를 조사한다.
㉤ 단독의 기계에 대하여 수행하여야 할 배치는 인간의 심리 및 기능과 부합되어 있어야 한다.
㉥ 인간과 기계가 다 같이 복수인 경우 전체를 포함하는 배치로부터 발생하는 종합적인 효과가 가장 중요하다.
㉦ 기계조작방법을 인간이 습득하려면 어떤 훈련방법이 어느 정도 필요한지를 시스템 활용을 통해 명확히 해두어야 한다.
㉧ 시스템 설계의 완료를 위해 조작의 안전성, 능률성, 보존의 용이성, 제작의 경제성 측면에서 재검토되어야 한다.
㉨ 완성된 시스템에 대해 최종적으로 불량의 여부에 대한 결정을 수행하여야 한다.

06 직업병과 관련 직종의 연결이 틀린 것은?

① 잠함병 - 제련공
② 면폐증 - 방직공
③ 백내장 - 초자공
④ 소음성 난청 - 조선공

풀이 잠함병과 관련된 직종은 잠수사(잠수공)이다. 고압 환경에서 Henry 법칙에 따라 체내에 과다하게 용해되어 있던 불활성 기체(질소 등)는 압력이 낮아질 때 과포화상태로 되면서 혈액과 조직에 기포를 형성하여 혈액순환을 방해하거나 주위 조직에 기계적 영향을 줌으로써 다양한 증상을 유발한다.

07 미국국립산업안전보건연구원(NIOSH)의 중량물 취급작업에 대한 권고치 중 감시기준(AL)이 40kg일 때의 최대허용기준(MPL)은?

① 60kg   ② 80kg
③ 120kg   ④ 160kg

풀이 MPL = 3AL
= 3×40kg = 120kg

08 유기용제의 생물학적 모니터링에서 유기용제와 소변 중 대사산물의 짝이 잘못 이루어진 것은?

① 톨루엔 : o-크레졸
② 스티렌 : 삼염화초산
③ 크실렌 : 메틸마뇨산
④ 노말헥산 : 2,5-헥산디온

풀이 스티렌의 소변 중 대사산물은 만델린산이다.

09 일반적으로 근로자가 휴식 중일 때 산소소비량(oxygen uptake)으로 가장 적절한 것은?

① 0.01L/min   ② 0.25L/min
③ 1.5L/min   ④ 3.0L/min

풀이 근로자의 산소소비량
㉠ 휴식 중 : 0.25L/min
㉡ 운동(작업) 중 : 5L/min

10 산업안전보건법상에서 제조 등이 금지되는 물질은?

① 비소   ② 일반섬유
③ 석면   ④ 6가크롬

정답 05.④ 06.① 07.③ 08.② 09.② 10.③

| 풀이 | 산업안전보건법상 제조 등이 금지되는 유해물질
㉠ β-나프틸아민과 그 염
㉡ 4-니트로디페닐과 그 염
㉢ 백연을 포함한 페인트(포함된 중량의 비율이 2% 이하인 것은 제외)
㉣ 벤젠을 포함하는 고무풀(포함된 중량의 비율이 5% 이하인 것은 제외)
㉤ 석면
㉥ 폴리클로리네이티드 터페닐
㉦ 황린(黃燐) 성냥
㉧ ㉠, ㉡, ㉤ 또는 ㉥에 해당하는 물질을 포함한 화합물(포함된 중량의 비율이 1% 이하인 것은 제외)
㉨ "화학물질관리법"에 따른 금지물질
㉩ 그 밖에 보건상 해로운 물질로서 산업재해보상보험 및 예방심의위원회의 심의를 거쳐 고용노동부장관이 정하는 유해물질 |

11 전신피로가 나타날 때 발생하는 생리학적 현상이 아닌 것은?

① 혈중 젖산 농도의 증가
② 혈중 포도당 농도의 저하
③ 산소소비량의 지속적 증가
④ 근육 내 글리코겐 양의 감소

| 풀이 | 전신피로의 원인
㉠ 산소공급 부족
㉡ 혈중 포도당 농도 저하
㉢ 혈중 젖산 농도 증가
㉣ 근육 내 글리코겐 양의 감소
㉤ 작업강도의 증가 |

12 다음 중 소음의 노출기준에 대한 설명으로 틀린 것은?

① 1일 8시간 작업에 대한 소음의 노출기준은 90dB(A)이다.
② 최대음압수준이 150dB(A)을 넘는 충격소음에 노출되어서는 안 된다.
③ 충격소음을 제외한 작업장에서의 소음은 115dB(A)을 초과해서는 안 된다.
④ 충격소음이란 최대음압수준이 120dB(A) 이상인 소음이 1초 이상의 간격으로 발생하는 것을 말한다.

| 풀이 | 최대음압수준이 140dB(A)을 넘는 충격소음에 노출되어서는 안 된다. |

13 직업성 피부장해를 예방하기 위한 방법 중 틀린 것은?

① 개인 방호
② 원료, 재료의 검토
③ 공정의 검토와 개선
④ 본인의 희망에 의한 배치

| 풀이 | 직업성 피부장해의 예방 방법으로 본인의 희망에 의한 배치는 거리가 멀다. |

14 개인 차원의 스트레스 관리에 대한 내용으로 가장 거리가 먼 것은?

① 건강 검사   ② 긴장이완훈련
③ 직무의 순환   ④ 운동과 취미생활

| 풀이 | 스트레스 관리기법의 구분
(1) 개인 차원의 일반적 관리기법
  ㉠ 자신의 한계와 문제의 징후를 인식하여 해결방안을 도출
  ㉡ 신체검사를 통하여 스트레스성 질환을 평가
  ㉢ 긴장이완훈련(명상, 요가 등)을 통하여 생리적 휴식상태를 경험
  ㉣ 규칙적인 운동으로 스트레스를 줄이고, 직무 외적인 취미, 휴식 등에 참여하여 대처능력을 함양
(2) 집단(조직) 차원의 관리기법
  ㉠ 개인별 특성 요인을 고려한 작업근로환경
  ㉡ 작업계획 수립 시 적극적 참여 유도
  ㉢ 사회적 지위 및 일 재량권 부여
  ㉣ 근로자 수준별 작업 스케줄 운영
  ㉤ 적절한 작업과 휴식시간 |

15 단순 질식제가 아닌 것은?

① 수소가스   ② 헬륨가스
③ 질소가스   ④ 암모니아가스

| 풀이 | 단순 질식제의 종류
㉠ 이산화탄소(CO_2)
㉡ 메탄가스(CH_4)
㉢ 질소가스(N_2)
㉣ 수소가스(H_2)
㉤ 에탄, 프로판, 에틸렌, 아세틸렌, 헬륨 |

16 각 국가 및 기관에서 사용하는 노출기준의 용어로 틀린 것은?

① 미국 : PEL(Permissilble Exposure Limits)
② 영국 : WEL(Workplace Exposure Limits)
③ 독일 : MAK(Maximum Concentration Values)
④ 스웨덴 : REL(Recommended Exposure Limits)

[풀이] REL은 미국국립산업안전보건연구원(NIOSH)의 노출기준 용어이다.

17 작업대사율이 7에 해당하는 작업을 하는 근로자의 실동률은? (단, 사이토와 오시마의 식을 활용한다.)

① 30%
② 40%
③ 50%
④ 60%

[풀이] 실동률(%) = 85 − (5 × RMR)
       = 85 − (5 × 7) = 50%

18 육체적 작업능력이 16kcal/min인 근로자가 1일 8시간 동안 물체를 운반하고 있다. 이때의 작업대사량이 7kcal/min이라고 할 때 이 사람이 쉬지 않고 계속하여 일할 수 있는 최대허용시간은 약 얼마인가? (단, 16kcal/min에 대한 작업시간은 4분이다.)

① 145분
② 188분
③ 227분
④ 245분

[풀이] $\log T_{end} = 3.720 - 0.1949 E$
       $= 3.720 - (0.1949 \times 7)$
       $= 2.355$
∴ T_{end}(허용작업시간) $= 10^{2.355} = 227$ min

19 근골격계 질환의 특징을 설명한 것으로 틀린 것은?

① 생산공정이 기계화·자동화되어도 꾸준하게 증가하고 있다.
② 우리나라의 경우 산업재해는 50인 미만의 영세 중소기업에서 약 70% 정도를 차지한다.
③ 우리나라에서는 건설업에서 근골격계 질환 발생이 가장 많고, 그 다음으로 제조업 순이다.
④ 근골격계 질환을 최대한 줄이기 위하여 조기 발견, 작업환경 개선, 적절한 의학적 조치 등을 취하여야 한다.

[풀이] 근골격계 질환은 50인 미만의 중소규모 사업장과 50대 이상 근로자에게서 많이 발생하며, 업종별로는 제조업 > 서비스업 > 건설업 순으로 발생하고 있다.

20 다음 중 산업안전보건법상 용어의 정의가 틀린 것은?

① 산소결핍이란 공기 중의 산소 농도가 18% 미만인 상태를 말한다.
② 산소결핍증이란 산소가 결핍된 공기를 들이마심으로써 생기는 증상을 말한다.
③ 밀폐공간이란 산소결핍, 유해가스로 인한 화재·폭발 등의 위험이 있는 장소로서 별도로 정한 장소를 말한다.
④ 적정공기란 산소 농도의 범위가 18% 이상 23.5% 미만, 이산화탄소의 농도가 1.0% 미만, 황화수소의 농도가 100ppm 미만인 수준의 공기를 말한다.

[풀이] 적정공기의 정의
㉠ 산소 농도의 범위가 18% 이상 23.5% 미만인 수준의 공기
㉡ 이산화탄소 농도가 1.5% 미만인 수준의 공기
㉢ 황화수소 농도가 10ppm 미만인 수준의 공기
㉣ 일산화탄소 농도가 30ppm 미만인 수준의 공기

정답 16.④ 17.③ 18.③ 19.③ 20.④

제2과목 | 작업환경 측정 및 평가

21 가스상 물질의 포집을 위한 기체 혹은 액체 치환병을 시료채취 전에 전동펌프 등을 이용한 채취대상 공기로 치환 시 채취효율에 대한 오차율이 0.03%일 때 가스시료 채취병의 공기치환횟수는?
① 18회 ② 12회
③ 8회   ④ 5회

풀이
공기교환횟수$(N) = \ln\left(\dfrac{100}{E}\right)$
$= \ln\left(\dfrac{100}{0.03}\right) = 8.11$회
여기서, E : 채취효율에 대한 오차율(%)

22 습구흑구온도지수(WBGT)를 사용하여 옥외 작업장의 고온 허용기준을 산출하는 공식은? (단, 태양광선이 내리쬐지 않는 장소)
① (0.7×자연습구온도)+(0.2×흑구온도)+(0.1×건구온도)
② (0.7×자연습구온도)+(0.2×건구온도)+(0.1×흑구온도)
③ (0.7×자연습구온도)+(0.3×흑구온도)
④ (0.7×자연습구온도)+(0.3×건구온도)

풀이 습구흑구온도지수(WBGT)
㉠ 옥외(태양광선이 내리쬐는 장소)
  WBGT(℃)=0.7×자연습구온도+0.2×흑구온도+0.1×건구온도
㉡ 옥내 또는 옥외(태양광선이 내리쬐지 않는 장소)
  WBGT(℃)=0.7×자연습구온도+0.3×흑구온도

23 도장 작업장에서 작업 시 발생되는 유기용제를 측정하여 정량·정성 분석을 하고자 한다. 이때 가장 적합한 분석기기는?
① 적외선분광광도계
② 흡광광도계
③ 가스크로마토그래피
④ 원자흡광광도계

풀이 가스크로마토그래피
기체 시료 또는 기화한 액체나 고체 시료를 운반가스로 고정상이 충전된 칼럼(또는 분리관) 내부를 이동시키면서 시료의 각 성분을 분리·전개시켜 정성 및 정량하는 분석기기로서, 허용기준대상 유해인자 중 휘발성 유기화합물의 분석방법에 적용한다.

24 방사선 작업 시 작업자의 실질적인 방사선 노출량을 평가하기 위해 사용되는 것은?
① 필름뱃지(film badge)
② Lux meter
③ 개인시료 포집장치
④ 상대농도 측정계

풀이 방사선 작업 시 개인근로자의 실질적인 방사선 노출량(피폭량)은 film badge, pocket dosemeter 등을 이용하여 측정·평가한다.

25 근로자가 순간적으로라도 유해물질에 초과되어서는 안 되는 농도를 표시해주는 허용기준의 종류는?
① TLV-TWA
② TLV-STEL
③ TLV-C
④ PEL

풀이 천장값 노출기준(TLV-C : ACGIH)
㉠ 어떤 시점에서도 넘어서는 안 되는 상한치이다.
㉡ 항상 표시된 농도 이하를 유지하여야 한다.
㉢ 노출기준이 초과되어 노출 시 즉각적으로 비가역적인 반응을 나타낸다.
㉣ 자극성 가스나 독작용이 빠른 물질 및 TLV-STEL이 설정되지 않는 물질에 적용한다.
㉤ 측정은 실제로 순간농도 측정이 불가능하며, 따라서 약 15분간 측정한다.

26 기류 측정기기라 할 수 없는 것은?
① 아스만통풍건습계
② Kata 온도계
③ 풍차풍속계
④ 열선풍속계

정답 21.③ 22.③ 23.③ 24.① 25.③ 26.①

[풀이] ① 아스만통풍건습계는 습도 측정기기이다.
– 기류 측정기기의 종류
㉠ 피토관
㉡ 회전날개형 풍속계
㉢ 그네날개형 풍속계
㉣ 열선풍속계
㉤ 카타온도계
㉥ 풍차풍속계
㉦ 풍향풍속계
㉧ 마노미터

27 다음 중 검지관에 관한 설명으로 틀린 것을 고르면?
① 특이도가 높다.
② 비교적 고농도에만 적용이 가능하다.
③ 다른 방해물질의 영향을 받기 쉽다.
④ 한 검지관으로 단일 물질만을 측정할 수 있어 각 오염물질에 맞는 검지관을 선정해야 한다.

[풀이] 검지관 사용 시 장단점
(1) 장점
㉠ 사용이 간편하다.
㉡ 반응시간이 빠르다(현장에서 바로 측정결과를 알 수 있다).
㉢ 비전문가도 어느 정도 숙지하면 사용할 수 있다.
㉣ 맨홀, 밀폐공간에서의 산소 부족 또는 폭발성 가스로 인한 안전이 문제가 될 때 유용하게 사용된다.
(2) 단점
㉠ 민감도가 낮아 비교적 고농도에만 적용이 가능하다.
㉡ 특이도가 낮아 다른 방해물질의 영향을 받기 쉽다.
㉢ 대개 단시간 측정만 가능하다.
㉣ 한 검지관으로 단일 물질만 측정 가능하여 각 오염물질에 맞는 검지관을 선정함에 따른 불편함이 있다.
㉤ 색변화에 따라 주관적으로 읽을 수 있어 판독자에 따라 변이가 심하며, 색변화가 시간에 따라 변하므로 제조자가 정한 시간에 읽어야 한다.
㉥ 미리 측정대상물질의 동정이 되어 있어야 측정이 가능하다.

28 다음 중 2차 표준기구에 해당하는 것을 고르면?
① 가스미터
② Pitot 튜브
③ 습식 테스트미터
④ 폐활량계

[풀이] 공기채취기구의 보정에 사용되는 표준기구
(1) 1차 표준기구
㉠ 비누거품미터(soap bubble meter)
㉡ 폐활량계(spirometer)
㉢ 가스치환병(mariotte bottle)
㉣ 유리피스톤미터(glass piston meter)
㉤ 흑연피스톤미터(frictionless piston meter)
㉥ 피토튜브(pitot tube)
(2) 2차 표준기구
㉠ 로터미터(rotameter)
㉡ 습식 테스트미터(wet-test-meter)
㉢ 건식 가스미터(dry-gas-meter)
㉣ 오리피스미터(orifice meter)
㉤ 열선기류계(thermo anemometer)

29 입자채취를 위한 사이클론과 충돌기를 비교한 내용으로 옳지 않은 것은?
① 충돌기에 비하여 사이클론은 시료의 되튐으로 인한 손실 염려가 없다.
② 사이클론의 경우 채취효율을 높이기 위한 매체의 코팅이 필요하다.
③ 충돌기에 비하여 사이클론은 호흡성 먼지에 대한 자료를 쉽게 얻을 수 있다.
④ 사이클론이 충돌기에 비하여 사용이 간편하고 경제적이다.

[풀이] 10mm nylon cyclone이 입경분립충돌기에 비해 갖는 장점
㉠ 사용이 간편하고 경제적이다.
㉡ 호흡성 먼지에 대한 자료를 쉽게 얻을 수 있다.
㉢ 시료입자의 되튐으로 인한 손실 염려가 없다.
㉣ 매체의 코팅과 같은 별도의 특별한 처리가 필요 없다.

정답 27.① 28.③ 29.②

30 아세톤 2,000ppb은 몇 mg/m^3인가? (단, 아세톤 분자량=58, 작업장 25℃, 1기압)

① 3.7　　② 4.7
③ 5.7　　④ 6.7

[풀이] 농도(mg/m^3) = 2,000ppb × 10^{-3}ppm/ppb × $\frac{58}{24.45}$
= 4.74 mg/m^3

31 유량, 측정시간, 회수율에 의한 오차가 각각 5%, 3%, 5%일 때 누적오차(%)는?

① 6.2　　② 7.7
③ 8.9　　④ 11.4

[풀이] 누적오차(%) = $\sqrt{5^2+3^2+5^2}$ = 7.68%

32 가스크로마토그래피에서 칼럼의 역할은?

① 전개가스의 예열
② 가스 전개와 시료의 혼합
③ 용매 탈착과 시료의 혼합
④ 시료성분의 분배와 분리

[풀이] 칼럼오븐(분리관, column)
㉠ 분리관은 주입된 시료가 각 성분에 따라 분리(분배)가 일어나는 부분으로 G.C에서 분석하고자 하는 물질을 지체시키는 역할을 한다.
㉡ 분배계수값 차이가 크다는 것은 분리가 잘 된다는 것을, 분배계수가 크다는 것은 분리관에 머무르는 시간이 길다는 것을 의미한다.
㉢ 칼럼오븐의 내용적은 분석에 필요한 길이의 칼럼을 수용할 수 있는 크기여야 한다. 또한 칼럼 내부의 온도를 조절할 수 있는 가열기구 및 이를 측정할 수 있는 측정기구가 갖추어져야 한다.

33 석면의 공기 중 농도를 표현하는 표준단위로 사용하는 것은?

① ppm　　② $\mu m/m^3$
③ 개/cm^3　　④ mg/m^3

[풀이] 석면 농도의 단위
개/cm^3 = 개/cc = 개/mL

34 가장 많이 사용되는 표준형 활성탄관의 경우, 앞 층과 뒤 층에 들어 있는 활성탄의 양은? (단, 앞 층 : 공기 입구 쪽)

① 앞 층 : 50mg, 뒤 층 : 100mg
② 앞 층 : 100mg, 뒤 층 : 50mg
③ 앞 층 : 200mg, 뒤 층 : 300mg
④ 앞 층 : 300mg, 뒤 층 : 200mg

[풀이] 활성탄관
㉠ 작업환경측정 시 많이 이용하는 흡착관은 앞 층이 100mg, 뒤 층이 50mg으로 되어 있는데, 오염물질에 따라 다른 크기의 흡착제를 사용하기도 한다.
㉡ 표준형은 길이 7cm, 내경 4mm, 외경 6mm의 유리관에 20/40mesh의 활성탄이 우레탄폼으로 나뉜 앞 층과 뒤 층으로 구분되어 있다.
㉢ 앞·뒤 층의 구분 이유는 파괴를 감지하기 위함이다.

35 이온크로마토그래피(IC)로 분석하기에 적합한 물질은?

① 무기수은　　② 크롬산
③ 사염화탄소　　④ 에탄올

[풀이] 이온크로마토그래피(IC)의 적용
㉠ 액체크로마토그래피의 한 종류로 이온성 물질 분석에 주로 사용한다.
㉡ 강수, 대기 중 먼지, 하천수 중 이온성분의 정성·정량 분석에 사용한다.
㉢ 음이온(황산, 질산, 인산, 염소) 및 무기산류(크롬산, 염산, 불산, 황산), 에탄올아민류, 알칼리, 황화수소의 특성 분석에 이용된다.

36 H_2SO_4(M.W=98) 4.9g이 100L의 수용액 속에 용해되었을 때 이 용액의 pH는? (단, 황산은 100% 전리한다.)

① 4　　② 3
③ 2　　④ 1

[풀이] H_2SO_4(mol/L) = $\frac{4.9g}{100L}$ × $\frac{1mol}{98g}$ = 0.0005 mol/L

$H_2SO_4 \rightleftharpoons 2H^+ + SO_4^{2-}$
0.0005M　　2×0.0005M　　0.0005M

pH = $\log\frac{1}{[H^+]}$ = $\log\frac{1}{2\times 0.0005}$ = 3

[정답] 30.② 31.② 32.④ 33.③ 34.② 35.② 36.②

37 1촉광의 광원으로부터 한 단위입체각으로 나가는 광속의 단위는?

① Lumen
② Foot Candle
③ Lambert
④ Candle

풀이 루멘(lumen, lm) : 광속
㉠ 광속의 국제단위로, 기호는 lm
㉡ 1촉광의 광원으로부터 한 단위입체각으로 나가는 광속의 단위
  ※ 광속 : 광원으로부터 나오는 빛의 양
㉢ 1촉광 = 4π(12.57)루멘

38 유사노출그룹(Similar Exposure Group ; SEG)을 결정하는 목적과 가장 거리가 먼 것은?

① 시료채취수를 경제적으로 결정하는 데 있다.
② 시료채취시간을 최대한 정확히 산출하는 데 있다.
③ 역학조사를 수행할 때 사건이 발생된 근로자가 속한 유사노출그룹의 노출농도를 근거로 노출원인을 추정할 수 있다.
④ 모든 근로자의 노출정도를 추정하고자 하는 데 있다.

풀이 동일노출그룹(HEG) 설정의 목적
㉠ 시료채취수를 경제적으로 하기 위함
㉡ 모든 작업의 근로자에 대한 노출농도를 평가
㉢ 역학조사 수행 시 해당 근로자가 속한 동일노출그룹의 노출농도를 근거로 노출 원인 및 농도를 측정
㉣ 작업장에서 모니터링하고 관리해야 할 우선적인 그룹을 결정하기 위함

39 총 먼지 채취 전 여과지의 질량은 15.51mg이고, 2.0L/분으로 7시간 시료채취 후 여과지의 질량은 19.95mg이었다. 이때 공기 중 총 먼지 농도(mg/m³)는? (단, 기타 조건은 고려하지 않는다.)

① 5.17
② 5.29
③ 5.62
④ 5.93

풀이
$$\text{먼지 농도(mg/m}^3) = \frac{(19.95-15.51)\text{mg}}{2.0\text{L/min} \times 420\text{min} \times \text{m}^3/1{,}000\text{L}}$$
$$= 5.29\text{mg/m}^3$$

40 어떤 분석방법의 검출한계가 0.15mg일 때 정량한계로 가장 적합한 것은?

① 0.3mg
② 0.45mg
③ 0.9mg
④ 1.mg

풀이 정량한계 = 검출한계 × 3(3.3)
= 0.15mg × 3
= 0.45mg

제3과목 | 작업환경 관리

41 전리방사선은 생체에 대하여 파괴적으로 작용하므로 엄격한 허용기준이 제정되어 있다. 다음 중 전리방사선으로만 짝지어진 것은?

① α선, 중성자, X선
② β선, 레이저, 자외선
③ α선, 라디오파, X선
④ β선, 중성자, 극저주파

풀이 전리방사선(이온화방사선)의 구분
㉠ 전자기방사선 : X-Ray, γ선
㉡ 입자방사선 : α선, β선, 중성자

42 공학적 작업환경 관리대책 중 격리에 해당하지 않는 것은?

① 저장탱크들 사이에 도랑 설치
② 소음발생 작업장에 근로자용 부스 설치
③ 유해한 작업을 별도로 모아 일정한 시간에 처리
④ 페인트 분사공정을 함침 작업으로 실시

정답 37.① 38.② 39.② 40.② 41.① 42.④

[풀이] 페인트 분사공정을 함침(dipping) 작업으로 실시하는 것은 대치 중 공정의 변경에 해당한다.

43 방독마스크의 유해인자와 카트리지 색깔의 연결이 틀린 것은?

① 유기용제 – 흑색
② 암모니아 – 녹색
③ 일산화탄소 – 청색
④ 아황산가스 – 황적색

[풀이]

흡수관 종류	색
유기화합물용	갈색
할로겐용, 황화수소용, 시안화수소용	회색
아황산용	노란색
암모니아용	녹색
복합용 및 겸용	• 복합용의 경우 : 해당 가스 모두 표시(2층 분리) • 겸용의 경우 : 백색과 해당 가스 모두 표시(2층 분리)

※ 법 변경(2020년)사항이므로 풀이내용으로 학습 바랍니다.

44 출력이 0.01W인 기계에서 나오는 음향파워레벨(PWL, dB)은?

① 80
② 90
③ 100
④ 110

[풀이] $PWL = 10\log \dfrac{0.01}{10^{-12}} = 100 \text{dB}$

45 고압환경에서 발생되는 2차적인 가압현상(화학적 장해)에 해당되지 않는 것은?

① 일산화탄소 중독
② 질소 마취
③ 이산화탄소 중독
④ 산소 중독

[풀이] **고압환경에서의 2차적 가압현상**
㉠ 질소가스의 마취작용
㉡ 산소 중독
㉢ 이산화탄소 중독

46 이상기압 환경에 관한 설명으로 적합하지 않은 것은?

① 지구 표면에서의 공기의 압력은 평균 1kg/cm^2이며, 이를 1기압이라고 한다.
② 수면하에서의 압력은 수심이 10m 깊어질 때마다 1기압씩 증가한다.
③ 수심 20m에서의 절대압은 2기압이다.
④ 잠함작업이나 해저터널 굴진작업은 고압환경에 해당된다.

[풀이] 수심 20m인 곳의 절대압은 3기압이며, 작용압은 2기압이다.

47 알데히드(지방족)를 다루는 작업장에서 사용하는 장갑의 재질로 가장 적절한 것은?

① 네오프렌   ② PVC
③ 니트릴   ④ 부틸

[풀이] **보호장구 재질에 따른 적용물질**
㉠ Neoprene 고무 : 비극성 용제, 극성 용제 중 알코올, 물, 케톤류 등에 효과적
㉡ 천연고무(latex) : 극성 용제 및 수용성 용액에 효과적(절단 및 찰과상 예방)
㉢ viton : 비극성 용제에 효과적
㉣ 면 : 고체상 물질(용제에는 사용 못함)
㉤ 가죽 : 용제에는 사용 못함(기본적인 찰과상 예방)
㉥ nitrile 고무 : 비극성 용제에 효과적
㉦ butyl 고무 : 극성 용제에 효과적(알데히드, 지방족)
㉧ ethylene vinyl alcohol : 대부분의 화학물질을 취급할 경우 효과적

48 장기간 사용하지 않은 오래된 우물에 들어가서 작업하는 경우 작업자가 반드시 착용해야 할 개인보호구는?

① 입자용 방진마스크
② 유기가스용 방독마스크
③ 일산화탄소용 방독마스크
④ 송기형 호스마스크

[풀이] 산소가 결핍된 환경 또는 유해물질의 농도가 늘거나 독성이 강한 작업장에서는 공기공급식 마스크를 착용하여야 한다. 대표적인 보호구로는 에어라인(송기형) 마스크와 자가공급장치(SCBA)가 있다.

정답 43.풀이 학습 44.③ 45.① 46.③ 47.④ 48.④

49 8시간 동안 어떤 근로자가 노출된 소음의 음력수준이 $10^{-2.8}$Watt이었다면, 노출수준(dB)은? (단, 기준음력=10^{-12}Watt)

① 90　　② 91
③ 92　　④ 93

풀이 노출수준(dB)=$10\log\dfrac{10^{-2.8}}{10^{-12}}$=92dB

50 밀폐공간 작업 시 작업의 부하인자에 대한 설명으로 잘못된 것은?

① 모든 옥외작업의 경우와 거의 같은 양상의 근력부하를 갖는다.
② 탱크 바닥에 있는 슬러지 등으로부터 황화수소가 발생한다.
③ 철의 녹 사이에 황화물이 혼합되어 있으면 황산화물이 공기 중에서 산화되어 발열하면서 아황산가스가 발생할 수 있다.
④ 산소 농도가 30% 이하(산업안전보건법 규정)가 되면 산소결핍증이 되기 쉽다.

풀이 산소결핍증은 산소가 결핍된 공기(공기 중 산소 농도가 18% 미만인 상태)를 들이마심으로써 생기는 증상을 말한다.

51 다음의 성분과 용도를 가진 보호크림은?

- 성분 : 정제 벤드나이드겔, 염화비닐수지
- 용도 : 분진, 전해약품 제조, 원료 취급작업

① 피막형 크림　　② 차광 크림
③ 소수성 크림　　④ 친수성 크림

풀이 **피막형성형 피부보호제(피막형 크림)**
㉠ 분진, 유리섬유 등에 대한 장애를 예방한다.
㉡ 적용 화학물질의 성분은 정제 벤드나이드겔, 염화비닐수지이다.
㉢ 피막형성 도포제를 바르고 장시간 작업 시 피부에 장애를 줄 수 있으므로 작업완료 후 즉시 닦아내야 한다.
㉣ 분진, 전해약품 제조, 원료 취급 시 사용한다.

52 자연조명에 관한 설명으로 틀린 것은?

① 천공광이란 태양광선의 직사광을 말하며 1년 동안 주광량의 50% 정도의 비율이다.
② 창의 면적은 바닥 면적의 15~20%가 이상적이다.
③ 지상에서의 태양조도는 약 100,000lux 정도이다.
④ 실내 일정 지점의 조도와 옥외 조도와의 비율을 %로 표시한 것을 주광률이라고 한다.

풀이 자연의 광원은 태양복사에너지에 의한 광이며, 이 광은 하늘에서 확산·산란되어 천공광(sky light)을 형성한다.

53 물질안전보건자료(MSDS)를 작성해야 하는 건강장해물질이 아닌 것은?

① 금수성 물질
② 부식성 물질
③ 과민성 물질
④ 변이원성 물질

풀이 물질안전보건자료(MSDS)를 작성해야 하는 건강장해물질의 종류
㉠ 부식성 물질
㉡ 과민성 물질
㉢ 자극성 물질
㉣ 변이원성 물질
㉤ 발암성 물질
㉥ 생식독성 물질

54 수심 50m에서의 압력은 수면보다 얼마가 높겠는가?

① 약 1kg/cm^2　　② 약 5kg/cm^2
③ 약 10kg/cm^2　　④ 약 50kg/cm^2

풀이 수면하에서의 압력은 수심이 10m 깊어질 때 1기압(kg/cm²)씩 증가한다.
$50\text{m} \times \dfrac{1\text{kg/cm}^2}{10\text{m}} = 5\text{kg/cm}^2$

정답 49.③　50.④　51.①　52.①　53.①　54.②

55 뢴트겐(R) 단위(1R)의 정의로 옳은 것은?

① 2.58×10^{-4} C/kg
② 4.58×10^{-4} C/kg
③ 2.58×10^{4} C/kg
④ 4.58×10^{4} C/kg

풀이 뢴트겐(Röntgen, R)
㉠ 조사선량 단위(노출선량의 단위)
㉡ 공기 중 생성되는 이온의 양으로 정의
㉢ 공기 1kg당 1쿨롬의 전하량을 갖는 이온을 생성하는 주로 X선 및 감마선의 조사량을 표시할 때 사용
㉣ 1R(뢴트겐)은 표준상태하에서 X선을 공기 1cc(cm³)에 조사해서 발생한 1정전단위(esu)의 이온(2.083×10⁹개의 이온쌍)을 생성하는 조사량
㉤ 1R은 1g의 공기에 83.3erg의 에너지가 주어질 때의 선량을 의미
㉥ 1R은 2.58×10^{-4}쿨롬/kg

56 청력보호구의 차음효과를 높이기 위한 내용으로 틀린 것은?

① 귀덮개 형식의 보호구는 머리카락이 길 때와 안경테가 굵거나 잘 부착되지 않을 때에는 사용하지 않는다.
② 청력보호구를 잘 고정시켜서 보호구 자체의 진동을 최소한으로 한다.
③ 청력보호구는 다기공의 재료로 만들어 흡음효과를 최대한 높이도록 한다.
④ 청력보호구는 머리의 모양이나 귓구멍에 잘 맞는 것을 사용한다.

풀이 청력보호구로는 기공이 많은 재료를 선택하지 않아야 한다.

57 동일한 작업장 내에서 서로 비슷한 인체 부위에 영향을 주는 유독성 물질을 여러 가지 사용하는 경우에 인체에 미치는 작용으로 옳은 것은?

① 독립작용   ② 상가작용
③ 대사작용   ④ 길항작용

풀이 화학물질 및 물리적 인자의 노출기준에 있어 2종 이상의 화학물질이 공기 중에 혼재하는 경우에는 유해성이 인체의 서로 다른 조직에 영향을 미치는 근거가 없는 한 유해물질들 간의 상호작용은 상가작용을 나타낸다.

58 공기 중 입자상 물질은 여러 기전에 의해 여과지에 채취된다. 차단·간섭 기전에 영향을 미치는 요소와 가장 거리가 먼 것은?

① 입자 크기
② 입자 밀도
③ 여과지의 공경(막여과지)
④ 여과지의 고형분(solidity)

풀이 여과포집기전 중 차단·간섭 기전에 영향을 미치는 요소
㉠ 입자 크기
㉡ 섬유 직경
㉢ 여과지의 공경(기공 크기)
㉣ 여과지의 고형성분

59 염료, 합성고무 등의 원료로 사용되며 저농도로 장기간 폭로 시 혈액장애, 간장장애를 일으키고 재생불량성 빈혈, 백혈병을 일으키는 유해화학물질은?

① 노말헥산   ② 벤젠
③ 사염화탄소 ④ 알킬수은

풀이 벤젠(C_6H_6)
㉠ 상온, 상압에서 향긋한 냄새를 가진 무색투명한 액체로, 방향족 화합물이다.
㉡ 장기간 폭로 시 혈액장애, 간장장애를 일으키고 재생불량성 빈혈, 백혈병(급성 뇌척수성)을 일으킨다.

60 다음 중 한랭환경에서 발생하는 제2도 동상의 증상은?

① 수포를 가진 광범위한 삼출성 염증이 일어난다.
② 따갑고 가려운 감각이 생긴다.
③ 심부조직까지 동결하며 조직의 괴사로 괴저가 일어난다.
④ 혈관이 확장하여 발적이 생긴다.

정답 55.① 56.③ 57.② 58.② 59.② 60.①

[풀이] 동상의 단계별 구분
(1) 제1도 동상(발적)
  ㉠ 홍반성 동상이라고도 한다.
  ㉡ 처음에는 말단부로의 혈행이 정체되어서 국소성 빈혈이 생기고, 환부의 피부는 창백하게 되어 다소의 동통 또는 지각 이상을 초래한다.
  ㉢ 한랭작용이 이 시기에 중단되면 반사적으로 충혈이 일어나서 피부에 염증성 조홍을 일으키고 남보라색 부종성 조홍을 일으킨다.
(2) 제2도 동상(수포 형성과 염증)
  ㉠ 수포성 동상이라고도 한다.
  ㉡ 물집이 생기거나 피부가 벗겨지는 결빙을 말한다.
  ㉢ 수포를 가진 광범위한 삼출성 염증이 생긴다.
  ㉣ 수포에는 혈액이 섞여 있는 경우가 많다.
  ㉤ 피부는 청남색으로 변하고 큰 수포를 형성하여 궤양, 화농으로 진행한다.
(3) 제3도 동상(조직괴사로 괴저 발생)
  ㉠ 괴사성 동상이라고도 한다.
  ㉡ 한랭작용이 장시간 계속되었을 때 생기며 혈행은 완전히 정지된다. 동시에 조직성분도 붕괴되며, 그 부분의 조직괴사를 초래하여 괴상을 만든다.
  ㉢ 심하면 근육, 뼈까지 침해하여 이환부 전체가 괴사성이 되어 탈락되기도 한다.

제4과목 | 산업환기

61 다음 중 후드의 압력손실과 비례하는 것을 고르면?
① 정압
② 대기압
③ 덕트의 직경
④ 속도압

[풀이] 후드의 압력손실(ΔP)
$$\Delta P = F \times VP \left(\frac{\gamma V^2}{2g}\right)$$
후드의 압력손실은 속도압에 비례한다.

62 Della Valle가 유도한 공식으로 외부식 후드의 필요환기량을 산출할 때 가장 큰 영향을 주는 인자는?
① 후드의 모양
② 후드의 재질
③ 후드의 개구면적
④ 후드로부터 오염원의 거리

[풀이] 외부식 후드의 필요환기량(Q)
$$Q = V(10X^2 + A)$$
필요환기량에 가장 큰 영향을 주는 인자는 X(후드로부터 오염원의 거리)이다.

63 다음 중 작업장의 공기를 전체환기로 하고자 할 경우의 조건으로 잘못된 것을 고르면?
① 유해물질의 독성이 높은 경우
② 동일 작업장에 다수의 오염원이 분산되어 있는 경우
③ 배출원에서 유해물질이 시간에 따라 균일하게 발생하는 경우
④ 근로자의 근무장소가 오염원에서 충분히 멀리 떨어져 있는 경우

[풀이] 전체환기(희석환기) 적용 시의 조건
㉠ 유해물질의 독성이 비교적 낮은 경우, 즉 TLV가 높은 경우 ⇒ 가장 중요한 제한조건
㉡ 동일한 작업장에 다수의 오염원이 분산되어 있는 경우
㉢ 유해물질이 시간에 따라 균일하게 발생할 경우
㉣ 유해물질의 발생량이 적은 경우 및 희석공기량이 많지 않아도 되는 경우
㉤ 유해물질이 증기나 가스일 경우
㉥ 국소배기로 불가능한 경우
㉦ 배출원이 이동성인 경우
㉧ 가연성 가스의 농축으로 폭발의 위험이 있는 경우
㉨ 오염원이 근무자가 근무하는 장소로부터 멀리 떨어져 있는 경우

정답 61.④ 62.④ 63.①

64 전체환기에서 오염물질 사용량(L)에 대한 필요환기량(m³/L)을 산출하는 공식은? (단, SG : 비중, K : 안전계수, M.W : 분자량, TLV : 노출기준이다.)

① $\dfrac{24.1 \times K \times 1,000,000}{M.W \times TLV}$

② $\dfrac{387 \times K \times 1,000,000}{M.W \times TLV}$

③ $\dfrac{24.1 \times SG \times K \times 1,000,000}{M.W \times TLV}$

④ $\dfrac{403 \times SG \times K \times 1,000,000}{M.W \times TLV}$

[풀이] 전체환기의 필요환기량(Q)

$Q = \dfrac{24.1 \times SG \times ER \times K \times 10^6}{M.W \times TLV}$

여기서, Q : 필요환기량(m³/hr)
SG : 비중(무차원)
ER : 단위시간당 오염물질 사용량(L/hr)
M.W : 분자량
TLV : 노출기준
K : 안전계수

65 관성력 집진기에 관한 설명으로 틀린 것은?

① 집진효율을 높이기 위해서는 충돌 후 집진기 후단의 출구기류속도를 가능한 한 높여야 한다.
② 집진효율을 높이기 위해서는 압력손실이 증가하더라도 기류의 방향전환횟수를 늘린다.
③ 관성력 집진기는 미세한 입자보다는 입경이 큰 입자를 제거하는 전처리용으로 많이 사용된다.
④ 집진효율을 높이기 위해서는 충돌 전 처리 배기속도를 입자의 성상에 따라 적당히 빠르게 한다.

[풀이] 관성력 집진기는 집진효율을 높이기 위해 충돌 전 처리배기가스 속도를 입자의 성상에 따라 적당히 빠르게 하고, 충돌 후 집진기 후단의 출구기류속도를 가능한 적게 한다.

66 직경 40cm인 덕트 내부를 유량 120m³/min의 공기가 흐르고 있을 때, 덕트 내의 동압은 약 몇 mmH₂O인가? (단, 덕트 내의 공기는 21℃, 1기압으로 가정한다.)

① 11.5 ② 15.5
③ 23.5 ④ 26.5

[풀이]

$VP = \left(\dfrac{V}{4.043}\right)^2$

$V = \left(\dfrac{Q}{A}\right) = \dfrac{120 \text{m}^3/\text{min} \times \text{min}/60\text{sec}}{\left(\dfrac{3.14 \times 0.4^2}{4}\right)\text{m}^2}$

$= 15.92 \text{m/sec}$

$= \left(\dfrac{15.92}{4.043}\right)^2 = 15.51 \text{mmH}_2\text{O}$

67 송풍량을 가장 적게 하여도 동일한 성능을 나타낼 수 있는 후드는?

① 플랜지가 붙고 공간에 있는 후드
② 플랜지가 없이 공간에 있는 후드
③ 플랜지가 붙고 테이블 면에 고정된 후드
④ 플랜지가 없이 테이블 면에 고정된 후드

[풀이] 외부식 후드 중 플랜지가 부착되고 테이블 면에 고정된 후드가 필요송풍량을 가장 많이 줄일 수 있는 경제적인 후드의 형태이다.

68 덕트 내 유속에 관한 설명으로 맞는 것은?

① 덕트 내 압력손실은 유속에 반비례한다.
② 같은 송풍량인 경우 덕트의 직경이 클수록 유속은 커진다.
③ 같은 송풍량인 경우 덕트의 직경이 작을수록 유속은 작아진다.
④ 주물사와 같은 단단한 입자상 물질의 유속을 너무 크게 하면 덕트 수명이 단축된다.

[풀이] ① 덕트 내 압력손실은 유속의 2승에 비례한다.
② 같은 송풍량인 경우 덕트의 직경이 클수록 유속은 작아진다.
③ 같은 송풍량인 경우 덕트의 직경이 작을수록 유속은 커진다.

정답 64.③ 65.① 66.② 67.③ 68.④

69 분진이 발생되는 공정에서 국소배기시설의 계통도(배열순서)로 가장 일반적인 것은?

① 후드 → 공기정화장치 → 덕트 → 송풍기 → 배기구
② 후드 → 덕트 → 공기정화장치 → 송풍기 → 배기구
③ 후드 → 송풍기 → 공기정화장치 → 덕트 → 배기구
④ 후드 → 덕트 → 송풍기 → 공기정화장치 → 배기구

풀이 국소배기시설의 계통순서
후드 → 덕트 → 공기정화장치 → 송풍기 → 배기구

70 대기의 이산화탄소 농도가 0.03%, 실내의 이산화탄소 농도가 0.3%일 때, 한 사람의 시간당 이산화탄소 배출량이 21L라면, 1인의 1시간당 필요환기량($m^3/hr·인$)은 약 얼마인가?

① 5.4 ② 7.8
③ 9.2 ④ 11.4

풀이 필요환기량(Q, $m^2/hr·인$)
$= \left(\dfrac{M}{C_s - C_o}\right) \times 100$
$M = 21L/hr·인 \times m^3/1,000L = 0.021 m^3/hr·인$
$= \dfrac{0.021 m^3/hr·인}{0.3 - 0.03} \times 100 = 7.78 m^3/hr·인$

71 국소배기장치 중 덕트의 관리방안으로 적합하지 않은 것은?

① 분진 등의 퇴적이 없어야 한다.
② 마모 또는 부식이 없어야 한다.
③ 덕트 내의 정압이 초기정압(ps)의 ±10% 이내이어야 한다.
④ 덕트 마모 방지를 위해 분진은 곡관에서의 속도를 낮게 유지해야 한다.

풀이 덕트 마모 방지를 위해 분진은 곡관에서의 속도를 높게 유지해야 한다.

72 페인트 공장에 설치된 국소배기장치의 풍량이 적정한지 타코미터를 이용하여 측정하고자 하였다. 설계 당시의 사양을 보니 풍량(Q)은 $40m^3/min$, 회전수는 1,120rpm이었으나, 실제로 측정하였더니 회전수가 1,000rpm이었다. 이때 실제 풍량은 약 얼마인가?

① $20.4 m^3/min$ ② $22.6 m^3/min$
③ $26.3 m^3/min$ ④ $35.7 m^3/min$

풀이
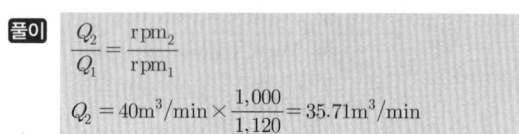
$\dfrac{Q_2}{Q_1} = \dfrac{rpm_2}{rpm_1}$
$Q_2 = 40 m^3/min \times \dfrac{1,000}{1,120} = 35.71 m^3/min$

73 [그림]과 같이 노즐(nozzle) 분사구 개구면의 유속을 100%라 하고, 분사구 내경을 D라고 할 때, 분사구 개구면의 유속이 50%로 감소되는 지점의 거리는?

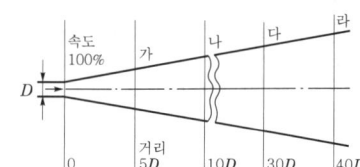

① $5D$ ② $10D$
③ $30D$ ④ $40D$

풀이 분사구 직경(D)과 중심속도(V_c)의 관계

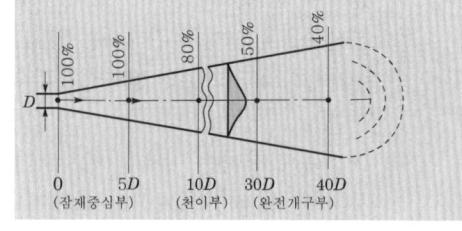

74 자유공간에 떠 있는 직경 20cm인 원형 개구 후드의 개구면으로부터 20cm 떨어진 곳의 입자를 흡인하려고 한다. 제어풍속을 0.8m/sec로 할 때 속도압(mmH₂O)은 약 얼마인가? (단, 기체 조건은 21℃, 1기압 상태이다.)

① 7.4 ② 10.2
③ 12.5 ④ 15.6

정답 69.② 70.② 71.④ 72.④ 73.③ 74.①

[풀이]
$$VP = \left(\frac{V}{4.043}\right)^2$$

$$V = \frac{Q}{A}$$

$$Q = 0.8\text{m/sec} \times \left[(10 \times 0.2^2)\text{m}^2 + \left(\frac{3.14 \times 0.2^2}{4}\right)\text{m}^2\right] = 0.345\text{m}^3/\text{sec}$$

$$= \frac{0.345\text{m}^3/\text{sec}}{\left(\frac{3.14 \times 0.2^2}{4}\right)\text{m}^2} = 10.99\text{m/sec}$$

$$= \left(\frac{10.99}{4.043}\right)^2 = 7.39\text{mmH}_2\text{O}$$

75 후드의 성능 불량 원인이 아닌 경우는?
① 제어속도가 너무 큰 경우
② 송풍기의 용량이 부족한 경우
③ 후드 주변에 심한 난기류가 형성된 경우
④ 송풍관 내부에 분진이 과다하게 퇴적되어 있는 경우

[풀이] **후드의 성능 불량 원인**
㉠ 송풍기의 송풍량 부족
㉡ 발생원에서 후드 개구면의 거리가 김
㉢ 송풍관의 분진 퇴적
㉣ 외기 영향으로 후드 개구면 기류 제어 불량
㉤ 유해물질의 비산속도가 큼
㉥ 집진장치 내 분진 퇴적
㉦ 송풍관 계통에서 다량의 공기 유입
㉧ 설비 증가로 인한 분지관 추후 설치로 송풍기 용량 부족

76 고농도 오염물질을 취급할 경우 오염물질이 주변 지역으로 확산되는 것을 방지하기 위해서 실내압은 어떤 상태로 유지하는 것이 적정한가?
① 정압 유지   ② 음압(-) 유지
③ 동압 유지   ④ 양압(+) 유지

[풀이] 고농도 오염물질을 취급할 경우 오염물질이 주변 지역으로 확산되는 것을 방지하기 위해서 실내압은 음압(-)으로 유지하는 것이 적정하다.

77 0℃, 760mmHg인 작업장에 메탄올(CH$_3$OH) 260mg/m^{3}가 있다면, 이는 몇 ppm인가?
① 2.9ppm   ② 11.6ppm
③ 182ppm   ④ 260ppm

[풀이] 농도(ppm)=260mg/m$^3 \times \frac{22.4}{32} = 182$ppm

78 중력집진장치에서 집진효율을 향상시키는 방법으로 틀린 것은?
① 침강높이를 크게 한다.
② 수평 도달거리를 길게 한다.
③ 처리가스 배기속도를 작게 한다.
④ 침강실 내의 배기 기류를 균일하게 한다.

[풀이] 중력집진장치에서 집진효율을 향상시키기 위해서는 침강실 내의 침강높이가 낮고 침강실의 길이가 길수록 집진효율이 높아진다.

79 정압과 속도압에 관한 설명으로 틀린 것은?
① 속도압은 언제나 (-)값이다.
② 정압과 속도압의 합이 전압이다.
③ 저압<대기압이면 (-)압력이다.
④ 정압>대기압이면 (+)압력이다.

[풀이] 속도압(동압)은 공기의 운동에너지에 비례하여 항상 0 또는 양압을 갖는다. 즉, 동압은 공기가 이동하는 힘으로 항상 0 이상이다.

80 송풍기의 정압 효율이 좋은 것부터 순서대로 나열한 것은?
① 방사형 > 다익형 > 터보형
② 터보형 > 다익형 > 방사형
③ 터보형 > 방사형 > 다익형
④ 방사형 > 터보형 > 다익형

[풀이] **송풍기의 효율**
터보형 > 방사형(평판형) > 다익형

정답 75.① 76.② 77.③ 78.① 79.① 80.③

제2회 산업위생관리산업기사

과년도 출제문제 | 2017.05.07

제1과목 | 산업위생학 개론

01 인간공학이 현대산업에서 중요시되는 이유로 가장 적합하지 않은 것은?

① 인간존중사상에서 볼 때 종전의 기계는 개선되어야 할 많은 문제점이 있음
② 생산 경쟁이 격심해짐에 따라 이 분야의 합리화를 통해 생산성을 증대시키고자 함
③ 근로자는 자동화된 생산과정 속에서 일하고 있으므로 기계와 인간과의 관계가 연구되어야 함
④ 자동화에 따른 근로자의 실직과 새로운 화학물질 사용으로 인한 직업병 예방이 필요함

풀이 인간공학이 현대사회(산업)에서 중요시되고 있는 이유
㉠ 인간존중의 차원에서 볼 때 종전의 기계는 개선되어야 할 문제점이 많기 때문이다.
㉡ 생산 경쟁이 격심해짐에 따라 이 분야를 합리화시킴으로써 생산성을 증대시키고자 하기 때문이다.
㉢ 자동화 또는 제어된 생산과정 속에서 일하고 있으므로 기계와 인간의 문제가 연구되어야 하기 때문이다.

02 산업피로를 측정할 때 전신피로를 측정하는 객관적인 방법은 무엇인가?

① 근력
② 근전도
③ 심전도
④ 작업종료 후 회복 시의 심박수

풀이 전신피로의 정도를 평가할 경우에는 작업종료 후 회복 시의 심박수를 측정하여 이용하며, 국소피로를 평가하는 데에는 근전도(EMG)를 가장 많이 이용한다.

03 직업적 노출기준에 피부(skin) 표시가 첨부되는 물질이 있다. 다음 중 피부 표시를 첨부하는 경우가 아닌 것은?

① 옥탄올 – 물 분배계수가 낮은 물질인 경우
② 반복하여 피부에 도포했을 때 전신작용을 일으키는 물질인 경우
③ 손이나 팔에 의한 흡수가 몸 전체 흡수에 지대한 영향을 주는 물질인 경우
④ 동물의 급성중독실험 결과 피부 흡수에 의한 치사량(LD_{50})이 비교적 낮은 물질인 경우

풀이 노출기준에 피부(skin) 표시를 하여야 하는 물질
㉠ 손이나 팔에 의한 흡수가 몸 전체 흡수에 지대한 영향을 주는 물질
㉡ 반복하여 피부에 도포했을 때 전신작용을 일으키는 물질
㉢ 급성동물실험 결과 피부 흡수에 의한 치사량이 비교적 낮은 물질
㉣ 옥탄올–물 분배계수가 높아 피부 흡수가 용이한 물질
㉤ 피부 흡수가 전신작용에 중요한 역할을 하는 물질

04 현재 우리나라에서 산업위생과 관련 있는 정부부처 및 단체, 연구소 등 관련 기관이 바르게 연결된 것은?

① 국민안전처 – 국립환경연구원
② 고용노동부 – 환경운동연합
③ 고용노동부 – 안전보건공단
④ 보건복지부 – 국립노동과학연구소

풀이 우리나라의 산업위생 관련 기관은 고용노동부 소속의 산업안전보건공단이다.

정답 01.④ 02.④ 03.① 04.③

05 작업강도가 높은 근로자의 근육에 호기적 산화로 연소를 도와주는 영양소는?

① 비타민 A ② 비타민 B_1
③ 비타민 D ④ 비타민 E

[풀이] 비타민 B_1은 작업강도가 높은 근로자의 근육에 호기적 산화를 촉진시켜 근육의 열량공급을 원활히 해주는 영양소이다.

06 상시근로자수가 600명인 A사업장에서 연간 25건의 재해로 30명의 사상자가 발생하였다. 이 사업장의 도수율은 약 얼마인가? (단, 1일 9시간씩, 1개월에 20일을 근무하였다.)

① 17.36 ② 19.29
③ 20.83 ④ 23.15

[풀이]
$$도수율 = \frac{재해발생건수}{연근로시간수} \times 10^6$$
$$= \frac{25}{9 \times 20 \times 12 \times 600} \times 10^6 = 19.29$$

07 자극취가 있는 무색의 수용성 가스로 건축물에 사용되는 단열재와 섬유 옷감에서 주로 발생되고, 눈과 코를 자극하며 동물실험 결과 발암성이 있는 것으로 나타난 실내공기 오염물질은?

① 벤젠 ② 황산화물
③ 라돈 ④ 포름알데히드

[풀이] 포름알데히드
㉠ 페놀수지의 원료로서 각종 합판, 칩보드, 가구, 단열재 등으로 사용되고, 눈과 상부기도를 자극하여 기침, 눈물을 야기시키며 어지러움, 구토, 피부질환, 정서불안정의 증상을 일으킨다.
㉡ 자극적인 냄새가 나는 무색의 수용성 가스로 메틸알데히드라고도 하며, 일반주택 및 공공건물에 많이 사용하는 건축자재와 섬유 옷감이 그 발생원이다.
㉢ 산업안전보건법상 사람에 충분한 발암성 증거가 있는 물질(1A)로 분류한다.

08 다음 중 직업성 질환에 관한 설명으로 틀린 것은?

① 재해성 질병과 직업병으로 분류할 수 있다.
② 장기적 경과를 가지므로 직업과의 인과관계를 명확하게 규명할 수 있다.
③ 직업상 업무로 인하여 1차적으로 발생하는 질병을 원발성 질환이라 한다.
④ 합병증은 원발성 질환에서 떨어진 다른 부위에 같은 원인에 의한 제2의 질환을 일으키는 경우를 의미한다.

[풀이] 직업성 질환은 개개인이 맡은 직무로 인하여 가스, 분진, 소음, 진동 등 유해성 인자가 몸에 장·단기간 침투, 축적됨으로 인해 발생하는 질환의 총칭으로, 직업과의 인과관계를 명확하게 규명하기가 어렵다.

09 유해물질 허용농도의 종류 중 근로자가 1일 작업시간 동안 잠시라도 노출되어서는 아니 되는 기준을 나타내는 것은?

① PEL ② TLV-TWA
③ TLV-C ④ TLV-STEL

[풀이] 최고노출기준(TLV-C)
㉠ 근로자가 작업시간 동안 잠시라도 노출되어서는 안 되는 기준(농도)이다.
㉡ 노출기준 앞에 'C'를 붙여 표시한다.
㉢ 어떤 시점에서 수치를 넘어서는 안 된다는 상한치를 뜻하는 것으로 항상 표시된 농도 이하를 유지해야 한다는 의미이며, 자극성 가스나 독작용이 빠른 물질에 적용한다.

10 산업안전보건법상 작업환경 측정대상 유해인자 중 물리적 인자에 해당하는 것은?

① 조도 ② 방사선
③ 소음 ④ 바이러스

[풀이] 작업환경 측정대상 유해인자 중 물리적 인자
㉠ 소음
㉡ 고열

정답 05.② 06.② 07.④ 08.② 09.③ 10.③

11 산업안전보건법상 보건관리자의 업무에 해당하지 않는 것은?

① 위험성평가에 관한 보좌 및 지도·조언
② 작업의 중지 및 재개에 관한 보좌 및 지도·조언
③ 물질안전보건자료의 게시 또는 비치에 관한 보좌 및 지도·조언
④ 산업재해 발생의 원인 조사·분석 및 재발방지를 위한 기술적 보좌 및 지도·조언

풀이 보건관리자의 업무
㉠ 산업안전보건위원회 또는 노사협의체에서 심의·의결한 업무와 안전보건관리규정 및 취업규칙에서 정한 업무
㉡ 안전인증대상 기계 등과 자율안전확인대상 기계 등 중 보건과 관련된 보호구(保護具) 구입 시 적격품 선정에 관한 보좌 및 지도·조언
㉢ 위험성평가에 관한 보좌 및 지도·조언
㉣ 작성된 물질안전보건자료의 게시 또는 비치에 관한 보좌 및 지도·조언
㉤ 산업보건의의 직무
㉥ 해당 사업장 보건교육계획의 수립 및 보건교육실시에 관한 보좌 및 지도·조언
㉦ 해당 사업장의 근로자를 보호하기 위한 다음의 조치에 해당하는 의료행위
 ⓐ 자주 발생하는 가벼운 부상에 대한 치료
 ⓑ 응급처치가 필요한 사람에 대한 처치
 ⓒ 부상·질병의 악화를 방지하기 위한 처치
 ⓓ 건강진단 결과 발견된 질병자의 요양 지도 및 관리
 ⓔ ⓐ부터 ⓓ까지의 의료행위에 따르는 의약품의 투여
㉧ 작업장 내에서 사용되는 전체환기장치 및 국소배기장치 등에 관한 설비의 점검과 작업방법의 공학적 개선에 관한 보좌 및 지도·조언
㉨ 사업장 순회점검, 지도 및 조치 건의
㉩ 산업재해 발생의 원인 조사·분석 및 재발방지를 위한 기술적 보좌 및 지도·조언
㉪ 산업재해에 관한 통계의 유지·관리·분석을 위한 보좌 및 지도·조언
㉫ 법 또는 법에 따른 명령으로 정한 보건에 관한 사항의 이행에 관한 보좌 및 지도·조언
㉬ 업무 수행 내용의 기록·유지
㉭ 그 밖에 보건과 관련된 작업관리 및 작업환경관리에 관한 사항으로서 고용노동부장관이 정하는 사항

12 다음 중 피로의 일반적인 정의와 가장 거리가 먼 것은?

① 작업능률이 떨어진다.
② "고단하다"는 주관적인 느낌이 있다.
③ 생체기능의 변화를 가져오는 현상이다.
④ 체내에서의 화학적 에너지가 증가한다.

풀이 피로는 생리학적 기능 변동으로 인해 생긴다고 할 수 있으며 활성에너지 요소인 영양소, 산소 등이 소모된다.

13 미국산업위생학술원(AAIH)에서 채택한 산업위생전문가의 윤리강령에 포함되지 않는 것은?

① 국가에 대한 책임
② 전문가로서의 책임
③ 근로자에 대한 책임
④ 일반대중에 대한 책임

풀이 산업위생분야의 윤리강령
㉠ 산업위생 전문가로서의 책임
㉡ 근로자에 대한 책임
㉢ 기업주와 고객에 대한 책임
㉣ 일반대중에 대한 책임

14 다음 중 들어 올리기 작업으로 적절하지 않은 자세는?

① 등을 굽히면서 다리를 편다.
② 가능한 짐은 양손으로 잡는다.
③ 무릎을 굽혀 물건을 들어 올린다.
④ 목과 등은 거의 일직선이 되게 한다.

풀이 중량물 들기작업의 동작 순서
㉠ 중량물에 몸의 중심을 가능한 가깝게 한다.
㉡ 발을 어깨 너비 정도로 벌리고, 몸은 정확하게 균형을 유지한다.
㉢ 무릎을 굽힌다.
㉣ 가능하면 중량물을 양손으로 잡는다.
㉤ 목과 등이 거의 일직선이 되도록 한다.
㉥ 등을 반듯이 유지하면서 무릎의 힘으로 일어난다.

정답 11.② 12.④ 13.① 14.①

15 육체적 작업능력(PWC)이 16kcal/min인 근로자가 물체운반작업을 하고 있다. 작업대사량은 7kcal/min, 휴식 시의 대사량이 2.0kcal/min일 때 휴식 및 작업시간을 가장 적절히 배분한 것은? (단, Hertig의 식을 이용하며, 1일 8시간 작업기준이다.)
① 매시간 약 5분 휴식하고, 55분 작업한다.
② 매시간 약 10분 휴식하고, 50분 작업한다.
③ 매시간 약 15분 휴식하고, 45분 작업한다.
④ 매시간 약 20분 휴식하고, 40분 작업한다.

풀이 휴식시간 비율(T_{rest})

$$T_{rest}(\%) = \left[\frac{\text{PWC의 } \frac{1}{3} - \text{작업대사량}}{\text{휴식대사량} - \text{작업대사량}}\right] \times 100$$

$$= \left[\frac{(16 \times \frac{1}{3}) - 7.0}{2.0 - 7.0}\right] \times 100 = 33.33\%$$

따라서, 휴식시간 = 60min × 0.3333 = 20min
∴ 작업시간 = (60 − 20)min = 40min

16 어떤 작업의 강도를 알기 위하여 작업대사율(RMR)을 구하려고 한다. 작업 시 소요된 열량이 5,000kcal, 기초대사량이 1,200kcal이고, 안정 시 열량이 기초대사량의 1.2배인 경우 작업대사율은 약 얼마인가?
① 1   ② 2
③ 3   ④ 4

풀이 작업대사율(RMR)

$$RMR = \frac{\text{작업 시 대사량} - \text{안정 시 대사량}}{\text{기초대사량}}$$

$$= \frac{5,000 - (1,200 \times 1.2)}{1,200}$$

$$= 2.97$$

17 산업 스트레스의 발생요인으로 작용하는 집단 간의 갈등이 심한 경우 해결기법으로 가장 적절하지 않은 것은?
① 경쟁의 자극
② 문제의 공동해결법 토의
③ 집단 구성원 간의 직무순환
④ 새로운 상위의 공동목표 설정

풀이 산업(직무) 스트레스 관리기법의 구분
(1) 개인 차원의 일반적 관리기법
  ㉠ 자신의 한계와 문제의 징후를 인식하여 해결방안을 도출
  ㉡ 신체검사를 통하여 스트레스성 질환을 평가
  ㉢ 긴장이완훈련(명상, 요가 등)을 통하여 생리적 휴식상태를 경험
  ㉣ 규칙적인 운동으로 스트레스를 줄이고, 직무 외적인 취미, 휴식 등에 참여하여 대처능력을 함양
(2) 집단(조직) 차원의 관리기법
  ㉠ 개인별 특성 요인을 고려한 작업근로환경
  ㉡ 작업계획 수립 시 적극적 참여 유도
  ㉢ 사회적 지위 및 일 재량권 부여
  ㉣ 근로자 수준별 작업 스케줄 운영
  ㉤ 적절한 작업과 휴식시간

18 작업장에서의 소음수준 측정방법으로 틀린 것은?
① 소음계의 청감보정회로는 A특성으로 한다.
② 소음계 지시침의 동작은 빠른(fast) 상태로 한다.
③ 소음계의 지시치가 변동하지 않는 경우에는 해당 지시치를 그 측정점에서의 소음수준으로 한다.
④ 소음이 1초 이상의 간격을 유지하면서 최대음압수준이 120dB(A) 이상의 소음인 경우에는 소음수준에 따른 1분 동안의 발생횟수를 측정한다.

풀이 소음계 지시침의 동작은 느린(slow) 상태로 한다.

정답 15.④ 16.③ 17.① 18.②

19 누적외상성 질환의 발생을 촉진하는 것이 아닌 것은?

① 진동
② 간헐성
③ 큰 변화가 없는 연속동작
④ 섭씨 21도 이하에서 작업

풀이 누적외상성 질환의 원인
㉠ 반복적인 동작
㉡ 부적절한 작업자세
㉢ 무리한 힘의 사용
㉣ 날카로운 면과의 신체접촉
㉤ 진동 및 온도(저온)

20 다음 중 산업위생의 정의에 대한 설명으로 틀린 것은?

① 직업병을 판정하는 분야도 포함된다.
② 작업환경관리는 산업위생의 중요한 분야이다.
③ 유해요인을 예측, 인지, 평가, 관리하는 학문이다.
④ 근로자와 일반대중에 대한 건강장애를 예방한다.

풀이 산업위생의 정의(AIHA)
근로자나 일반대중(지역주민)에게 질병, 건강장애와 안녕방해, 심각한 불쾌감 및 능률저하 등을 초래하는 작업환경 요인과 스트레스를 예측, 측정, 평가하고 관리하는 과학과 기술이다(예측, 인지(확인), 평가, 관리 의미와 동일함).

제2과목 | 작업환경 측정 및 평가

21 오염물질이 흡착관의 앞 층에 포화된 다음 뒤 층에 흡착되기 시작되어 기류를 따라 흡착관을 빠져나가는 현상은?

① 파과
② 흡착
③ 흡수
④ 탈착

풀이 파과
㉠ 공기 중 오염물이 시료채취 매체에 포함되지 않고 빠져나가는 현상이다.
㉡ 흡착관의 앞 층에 포화된 후 뒤 층에 흡착되기 시작하여 결국 흡착관을 빠져나가고, 파과가 일어나면 유해물질농도를 과소평가한다.
㉢ 일반적으로 앞 층의 1/10 이상이 뒤 층으로 넘어가면 파과가 일어났다고 하고 측정결과로 사용할 수 없다.

22 다음 중 유해물질과 농도 단위의 연결이 잘못된 것은?

① 흄 : ppm 또는 mg/m^3
② 석면 : ppm 또는 mg/m^3
③ 증기 : ppm 또는 mg/m^3
④ 습구흑구온도지수(WBGT) : ℃

풀이 석면의 농도 단위
개/cm^3 = 개/cc = 개/mL

23 다음 중 분석과 관련된 용어에 대한 설명 또는 계산방법으로 틀린 것은?

① 검출한계는 어느 정해진 분석절차로 신뢰성 있게 분석할 수 있는 분석물질의 가장 낮은 농도나 양이다.
② 정량한계는 어느 주어진 분석절차에 따라서 합리적인 신뢰성을 가지고 정량·분석할 수 있는 가장 작은 농도나 양이다.
③ 회수율(%) = $\dfrac{분석량}{첨가량} \times 100$
④ 탈착효율(%) = $\dfrac{첨가량}{분석량} \times 100$

풀이 탈착효율(%) = $\dfrac{분석량}{첨가량} \times 100$

24 산에 쉽게 용해되므로 입자상 물질 중의 금속을 채취하여 원자흡광법으로 분석하는데 적당하며, 석면의 현미경 분석을 위한 시료채취에도 이용되는 막여과지는?

① MCE 여과지
② PVC 여과지
③ 섬유상 여과지
④ PTFE 여과지

[풀이] **MCE막 여과지(Mixed Cellulose Ester membrane filter)**
㉠ 산업위생에서는 거의 대부분이 직경 37mm, 구멍 크기 0.45~0.8μm의 MCE막 여과지를 사용하고 있어 작은 입자의 금속과 fume 채취가 가능하다.
㉡ 산에 쉽게 용해되고 가수분해되며, 습식 회화되기 때문에 공기 중 입자상 물질 중의 금속을 채취하여 원자흡광법으로 분석하는 데 적당하다.
㉢ 시료가 여과지의 표면 또는 가까운 곳에 침착되므로 석면, 유리섬유 등 현미경 분석을 위한 시료채취에도 이용된다.
㉣ 흡습성(원료인 셀룰로오스가 수분 흡수)이 높아 오차를 유발할 수 있어 중량분석에 적합하지 않다.
㉤ 산에 의해 쉽게 회화되기 때문에 원소분석에 적합하고 NIOSH에서는 금속, 석면, 살충제, 불소화합물 및 기타 무기물질에 추천하고 있다.

25 기체크로마토그래피 – 질량분석기를 이용하여 물질 분석을 할 때 사용하는 일반적인 이동상 가스는 무엇인가?
① 헬륨
② 질소
③ 수소
④ 아르곤

[풀이] **기체크로마토그래피 – 질량분석기의 원리**
가스크로마토그래피의 칼럼 뒤에 캐리어가스(헬륨가스) 분리장치를 장착하여 캐리어가스의 농도를 낮춰서 질량분석기의 이온원으로 도입해 전 이온을 포획하고 각 성분의 양을 측정함과 동시에 분리된 각 성분의 질량스펙트럼을 수 초 이내로 주사하여 측정·분석한다.

26 우리나라 화학물질 및 물리적 인자의 노출기준에 없는 유해인자는? (단, 고용노동부 고시를 기준으로 한다.)
① 석면
② 소음
③ 진동
④ 고온

[풀이] 우리나라 화학물질 및 물리적 인자의 노출기준 중 진동은 미설정된 상태이다.

27 다음 중 고열 측정을 위한 습구온도 측정시간 기준으로 적절한 것은? (단, 고용노동부 고시를 기준으로 한다.)
① 자연습구온도계 25분 이상
② 아스만통풍건습계 25분 이상
③ 직경이 15센티미터일 경우 10분 이상
④ 직경이 7.5센티미터 또는 5센티미터일 경우 3분 이상

[풀이] **측정 구분에 의한 측정기기와 측정시간**

구 분	측정기기	측정시간
습구 온도	0.5℃ 간격의 눈금이 있는 아스만통풍건습계, 자연습구온도를 측정할 수 있는 기기 또는 이와 동등 이상의 성능이 있는 측정기기	• 아스만통풍건습계 : 25분 이상 • 자연습구온도계 : 5분 이상
흑구 및 습구 흑구 온도	직경이 5cm 이상 되는 흑구온도계 또는 습구흑구온도(WBGT)를 동시에 측정할 수 있는 기기	• 직경이 15cm일 경우 : 25분 이상 • 직경이 7.5cm 또는 5cm일 경우 : 5분 이상

※ 고시 변경사항, 학습 안 하셔도 무방합니다.

28 다음 중 산소농도 측정방법과 가장 거리가 먼 것은?
① 작업시간 동안 측정하여 시간가중평균치를 산출한다.
② 사용하기 전 측정기를 보정하고 성능을 확인한다.
③ 자동측정기 또는 검지기에 의한 검지관 측정법 중 한 가지를 선택하여 측정한다.
④ 측정은 공기를 채취관으로 측정기까지 흡인하여 측정기 내에 부착된 센서로 산소농도를 검출하는 채취식과 센서를 측정지점에 투입하여 검출하는 확산식이 있다.

[풀이] 산소농도는 작업시간 동안 측정하여 측정 결과의 최고값을 산출하고 적정 공기농도와 비교한다.

29 입자상 물질의 채취방법 중 직경분립충돌기의 장점과 가장 거리가 먼 것은?
① 입자의 크기 분포를 얻을 수 있다.
② 준비시간이 간단하며 소요비용이 저렴하다.
③ 호흡기의 부분별로 침착된 입자크기의 자료를 추정할 수 있다.
④ 흡입성, 흉곽성, 호흡성 입자의 크기별로 분포와 농도를 계산할 수 있다.

풀이 직경분립충돌기의 장단점
(1) 장점
 ㉠ 입자의 질량크기 분포를 얻을 수 있다(공기흐름속도를 조절하여 채취입자를 크기별로 구분 가능).
 ㉡ 호흡기의 부분별로 침착된 입자크기 자료를 추정할 수 있고, 흡입성, 흉곽성, 호흡성 입자의 크기별로 분포와 농도를 계산할 수 있다.
(2) 단점
 ㉠ 시료채취가 까다롭다. 즉 경험이 있는 전문가가 철저한 준비를 통해 이용해야 정확한 측정이 가능하다(작은 입자는 공기흐름속도를 크게 하여 충돌판에 포집할 수 없음).
 ㉡ 비용이 많이 든다.
 ㉢ 채취 준비시간이 과다하다.
 ㉣ 되튐으로 인한 시료의 손실이 일어나 과소분석결과를 초래할 수 있어 유량을 2L/min 이하로 채취한다.
 ㉤ 공기가 옆에서 유입되지 않도록 각 충돌기의 조립과 장착을 철저히 해야 한다.

30 옥내 작업환경의 자연습구온도가 30℃, 흑구온도가 20℃, 건구온도가 19℃일 때, 습구흑구온도지수(WBGT)는? (단, 고용노동부 고시를 기준으로 한다.)
① 23℃ ② 25℃
③ 27℃ ④ 29℃

풀이 옥내 WBGT(℃)
=(0.7×자연습구온도)+(0.3×흑구온도)
=(0.7×30℃)+(0.3×20℃)
=27℃

31 순수한 물 1.0L는 몇 mole인가?
① 35.6 ② 45.6
③ 55.6 ④ 65.6

풀이 M(mol/L)=1mol/18g×0.9998425g/mL×1,000mL/L
=55.55mol/L(M)

32 다음 중 시료채취전략을 수립하기 위해 조사하여야 할 항목과 가장 거리가 먼 것은?
① 유해인자의 특성
② 근로자들의 작업 특성
③ 국소배기장치의 특성
④ 작업장과 공정의 특성

풀이 정확한 시료채취전략 수립을 위한 조사항목
㉠ 발생되는 유해인자의 특성
㉡ 작업장과 공정의 특성
㉢ 근로자들의 작업 특성
㉣ 측정대상, 측정시간, 측정매체

33 톨루엔을 활성탄관을 이용하여 0.2L/분으로 30분 동안 시료를 포집하여 분석한 결과 활성탄관의 앞 층에서 1.2mg, 뒤 층에서 0.1mg씩 검출되었을 때, 공기 중 톨루엔의 농도는 약 몇 mg/m³인가? (단, 파과, 공시료는 고려하지 않으며, 탈착효율은 100%이다.)
① 113 ② 138
③ 183 ④ 217

풀이 $농도(mg/m^3) = \dfrac{(1.2+0.1)mg}{0.2L/min \times 30min \times m^3/1,000L}$
$= 216.67 mg/m^3$

34 일정한 물질에 대해 반복 측정 및 분석을 했을 때 나타나는 자료 분석치의 변동 크기가 얼마나 작은가 하는 수치상의 표현을 무엇이라 하는가?
① 정밀도 ② 정확도
③ 정성도 ④ 정량도

> [풀이] **정확도와 정밀도의 구분**
> ㉠ 정확도 : 분석치가 참값에 얼마나 접근하였는가 하는 수치상의 표현이다.
> ㉡ 정밀도 : 일정한 물질에 대해 반복 측정·분석을 했을 때 나타나는 자료 분석치의 변동 크기가 얼마나 작은가 하는 수치상의 표현이다.

35 음력이 1.0W인 작은 점음원으로부터 500m 떨어진 곳의 음압레벨은 약 몇 dB(A)인가? (단, 기준음력은 10^{-12}W이다.)
① 50　　　② 55
③ 60　　　④ 65

> [풀이] $SPL = PWL - 20\log r - 11$
> $= \left(10\log\dfrac{1.0}{10^{-12}}\right) - 20\log 500 - 11$
> $= 55 \text{dB(A)}$

36 다음 중 1차 표준기구에 관한 설명으로 틀린 것은?
① 로터미터는 유량을 측정하는 1차 표준기구이다.
② pitot 튜브는 기류를 측정하는 1차 표준기구이다.
③ 물리적 크기에 의해서 공간의 부피를 직접 측정할 수 있는 기구이다.
④ 펌프의 유량을 보정하는 데 1차 표준으로 비누거품미터를 사용할 수 있다.

> [풀이] **공기채취기구의 보정에 사용되는 표준기구**
> (1) 1차 표준기구
> ㉠ 비누거품미터(soap bubble meter)
> ㉡ 폐활량계(spirometer)
> ㉢ 가스치환병(mariotte bottle)
> ㉣ 유리피스톤미터(glass piston meter)
> ㉤ 흑연피스톤미터(frictionless piston meter)
> ㉥ 피토튜브(pitot tube)
> (2) 2차 표준기구
> ㉠ 로터미터(rotameter)
> ㉡ 습식 테스트미터(wet-test-meter)
> ㉢ 건식 가스미터(dry-gas-meter)
> ㉣ 오리피스미터(orifice meter)
> ㉤ 열선기류계(thermo anemometer)

37 1L에 5mg을 함유하는 카드뮴 용액의 흡광도가 30%였다면, 투광도가 60%일 때 카드뮴 용액의 농도는 약 몇 mg/L인가?
① 2.121　　　② 5.000
③ 7.161　　　④ 10.000

> [풀이] $5\text{mg/L} = K \times \log\dfrac{1}{0.7}$
> $K = 32.278$
> ∴ 농도 $= 32.278 \times \log\dfrac{1}{0.6} = 7.161 \text{mg/L}$

38 여과에 의한 입자의 채취 중 공기의 흐름방향이 바뀔 때 입자상 물질은 계속 같은 방향으로 유지하려는 원리는?
① 확산　　　② 차단
③ 관성충돌　　　④ 중력침강

> [풀이] **관성충돌(inertial impaction)**
> ㉠ 입경이 비교적 크고 입자가 기체 유선에서 벗어나 급격하게 진로를 바꾸면 방향의 변화를 따르지 못한 입자의 방향지향성, 즉 관성 때문에 섬유 층에 직접 충돌하여 포집되는 원리이다. 즉, 공기의 흐름방향이 바뀔 때 입자상 물질은 계속 같은 방향으로 유지하려는 원리를 이용한 것이다.
> ㉡ 유속이 빠를수록, 필터 섬유가 조밀할수록 이 원리에 의한 포집비율이 커진다.
> ㉢ 관성충돌은 1μm 이상인 입자에서 공기의 연속도가 수 cm/sec 이상일 때 중요한 역할을 한다.
> ㉣ 영향인자
> ⓐ 입자의 크기(직경) 및 밀도
> ⓑ 섬유로의 접근속도(면속도)
> ⓒ 섬유의 직경
> ⓓ 여과지의 기공 직경

39 공기 흡입유량, 측정시간, 회수율 및 시료분석 등에 의한 오차가 각각 10%, 5%, 11%, 4%일 때의 누적오차는 약 몇 %인가?
① 16.2　　　② 18.4
③ 20.2　　　④ 22.4

> [풀이] 누적오차(%) $= \sqrt{10^2 + 5^2 + 11^2 + 4^2}$
> $= 16.19\%$

[정답] 35.② 36.① 37.③ 38.③ 39.①

40 다음 중 활성탄으로 시료채취 시 가장 많이 사용되는 탈착용매는?
① 헥산
② 에탄올
③ 이황화탄소
④ 클로로포름

[풀이] 용매 탈착
(1) 개요
  ㉠ 비극성 물질의 탈착용매로는 이황화탄소(CS_2)를 사용하고, 극성 물질에는 이황화탄소와 다른 용매를 혼합하여 사용한다.
  ㉡ 활성탄에 흡착된 증기(유기용제-방향족탄화수소)를 탈착시키는 데 일반적으로 사용되는 용매는 이황화탄소이다.
(2) 용매로 사용되는 이황화탄소의 장점
  탈착효율이 좋고 가스크로마토그래피의 불꽃이온화검출기에서 반응성이 낮아 피크의 크기가 작게 나오므로 분석 시 유리하다.
(3) 용매로 사용되는 이황화탄소의 단점
  ㉠ 독성 및 인화성이 크며 작업이 번잡하다.
  ㉡ 특히 심혈관계와 신경계에 독성이 매우 크고 취급 시 주의를 요한다.
  ㉢ 전처리 및 분석하는 장소의 환기에 유의하여야 한다.

제3과목 | 작업환경 관리

41 다음 중 작업환경의 관리원칙으로 격리와 가장 거리가 먼 것은?
① 고열, 소음작업 근로자용 부스 설치
② 블라스팅 재료를 모래에서 철구슬로 전환
③ 방사성 동위원소 취급 시 원격장치를 이용
④ 인화물질 저장탱크와 탱크 사이에 도랑, 제방 설치

[풀이] 금속 표면을 블라스팅할 때 사용재료를 모래 대신 철구슬로 전환하는 것은 작업환경 관리원칙의 대치 중 유해물질의 변경이다.

42 암석을 채석하는 근로자들에게서 유리규산으로 발생되며, 증상으로는 발열, 호흡부전 등이 관찰되고, 폐암, 결핵과 같은 질환에 이환될 가능성이 있는 것은?
① 면폐증   ② 규폐증
③ 석면폐증 ④ 용접폐증

[풀이] 규폐증(silicosis)
(1) 개요
  규폐증은 이집트의 미라에서도 발견되는 오랜 질병이며, 채석장 및 모래분사작업장에 종사하는 작업자들이 석면을 과도하게 흡입하여 잘 걸리는 폐질환이다.
(2) 원인
  ㉠ 결정형 규소(암석 : 석영분진, 이산화규소, 유리규산)에 직업적으로 노출된 근로자에게 발생한다.
  ㉡ 주요 원인물질은 혼합물질이며, 건축업, 도자기작업장, 채석장, 석재공장 등의 작업장에서 근무하는 근로자에게 발생한다.
  ㉢ 석재공장, 주물공장, 내화벽돌 제조, 도자기 제조 등에서 발생하는 유리규산이 주원인이다.
  ㉣ 유리규산(석영) 분진에 의한 규폐성 결정과 폐포벽 파괴 등 망상내피계 반응은 분진입자의 크기가 2~5μm일 때 자주 일어난다.
(3) 인체영향 및 특징
  ㉠ 폐 조직에서 섬유상 결절이 발견된다.
  ㉡ 유리규산(SiO_2) 분진 흡입으로 폐에 만성섬유증식이 나타난다.
  ㉢ 자각증상으로는 호흡곤란, 지속적인 기침, 다량의 담액 등이 있지만, 일반적으로는 자각증상 없이 서서히 진행된다(만성규폐증의 경우 10년 이상 지나서 증상이 나타남).
  ㉣ 고농도의 규소입자에 노출되면 급성규폐증에 걸리며 열, 기침, 체중감소, 청색증이 나타난다.
  ㉤ 폐결핵은 합병증으로 폐하엽 부위에 많이 생긴다.
  ㉥ 폐에 실리카가 쌓인 곳에서는 상처가 생기게 된다.

43 소음의 음압이 20N/m²일 때 음압수준은 약 몇 dB(A)인가? (단, 기준음압은 0.00002N/m²를 적용한다.)
① 80   ② 100
③ 120   ④ 140

[풀이] 음압수준(SPL) = $20\log\dfrac{P}{P_o}$

$= 20\log\dfrac{20}{2\times 10^{-5}} = 120\text{dB(A)}$

44 가로 15m, 세로 25m, 높이 3m인 작업장에서 음의 잔향시간을 측정해보니 0.238sec였을 때, 작업장의 총 흡음력을 30% 증가시키면 잔향시간은 약 몇 sec인가?

① 0.217 ② 0.196
③ 0.183 ④ 0.157

[풀이] 잔향시간(T) = $\dfrac{0.161V}{A}$

A(총 흡음력) = $\dfrac{0.161\times(15\times 25\times 3)}{0.238} = 761.03\text{m}^2$

흡음력 30% 증가 시

$T = \dfrac{0.161\times(15\times 25\times 3)}{761.03\times 1.3} = 0.183\text{sec}$

45 진동은 수직진동, 수평진동으로 나누어지는데, 인간에게 민감하게 반응을 보이며 영향이 큰 진동수는 수직진동과 수평진동에서 각각 몇 Hz인가?

① 수직진동 : 4.0~8.0, 수평진동 : 2.0 이하
② 수직진동 : 2.0 이하, 수평진동 : 4.0~8.0
③ 수직진동 : 8.0~10.0, 수평진동 : 4.0 이하
④ 수직진동 : 4.0 이하, 수평진동 : 8.0~10.0

[풀이] 진동수에 따른 등감각곡선은 수직진동의 경우 4~8Hz 범위, 수평진동의 경우 1~2Hz 범위에서 가장 민감하다.

46 다음 중 가압현상에 따른 결과와 가장 거리가 먼 것은?

① 질소 마취 ② 산소 중독
③ 질소기포 형성 ④ 이산화탄소 중독

[풀이] 고압환경에서의 2차적 가압현상
㉠ 질소가스의 마취작용
㉡ 산소 중독
㉢ 이산화탄소 중독

47 분진이 발생되는 사업장의 작업공정 개선대책으로 틀린 것은?

① 생산공정을 자동화 또는 무인화
② 비산 방지를 위하여 공정을 습식화
③ 작업장 바닥은 물세척이 가능하도록 처리
④ 분진에 의한 폭발은 없으므로 근로자들의 보건분야만 관리

[풀이] (1) 분진 발생 억제(발진의 방지)
㉠ 작업공정 습식화
- 분진의 방진대책 중 가장 효과적인 개선대책
- 착암, 파쇄, 연마, 절단 등의 공정에 적용
- 취급물질은 물, 기름, 계면활성제 사용
- 물을 분사할 경우 국소배기시설과의 병행 사용 시 주의(작은 입자들이 부유 가능성이 있고, 이들이 덕트 등에 쌓여 굳게 됨으로써 국소배기시설의 효율성을 저하시킴)
- 시간이 경과하여 바닥에 굳어 있다 건조되면 재비산하므로 주의
㉡ 대치
- 원재료 및 사용재료의 변경(연마재의 사암을 인공마석으로 교체)
- 생산기술의 변경 및 개량
- 작업공정의 변경
(2) 발생분진 비산 방지방법
㉠ 해당 장소를 밀폐 및 포위
㉡ 국소배기
- 밀폐가 되지 못하는 경우에 사용
- 포위형 후드의 국소배기장치를 설치하며, 해당 장소를 음압으로 유지시킬 것
㉢ 전체환기

48 다음 중 자외선에 관한 설명과 가장 거리가 먼 것은?

① 피부암을 유발한다.
② 구름이나 눈에 반사되며 대기오염의 지표이다.
③ 일명 열선이라 하며 화학적 작용은 크지 않다.
④ 눈에 대한 영향은 270nm에서 가장 크다.

[풀이] 적외선은 물질에 흡수되어 열작용을 일으키므로 열선이라 하며 대부분 화학반응을 수반하지 않는다. 또한 자외선을 화학선이라고도 한다.

정답 44.③ 45.① 46.③ 47.④ 48.③

49 고열장해에 관한 설명 중 ( ) 안에 옳은 내용은?

> ( )은/는 고열작업장에 순화되지 못한 근로자가 고열작업을 수행할 경우 신체 말단부에 혈액이 과다하게 저류되어 뇌에 혈액흐름이 좋지 못하게 됨에 따라 뇌에 산소부족이 발생한다.

① 열허탈
② 열경련
③ 열소모
④ 열소진

풀이 열실신(heat syncope), 열허탈(heat collapse)
㉠ 고열환경에 노출될 때 혈관운동장애가 일어나 정맥혈이 말초혈관에 저류되고 심박출량 부족으로 초래하는 순환부전, 특히 대뇌피질의 혈류량 부족이 주원인으로 저혈압, 뇌의 산소부족으로 실신하거나 현기증을 느낀다.
㉡ 고열작업장에 순화되지 못한 근로자가 고열작업을 수행할 경우 신체 말단부에 혈액이 과다하게 저류되어 혈액흐름이 좋지 못하게 됨에 따라 뇌에 산소부족이 발생하며, 운동에 의한 열피비라고도 한다.

50 다음 중 공학적 작업환경대책의 대체 중 물질의 대체에 관한 내용으로 가장 거리가 먼 것은?

① 성냥 제조 시 황린 대신 적린을 사용하였다.
② 보온재로 석면을 대신하여 유리섬유나 암면을 사용하였다.
③ 야광시계의 자판에서 라듐을 대신하여 인을 사용하였다.
④ 유기용제를 사용하는 세척공정을 스팀 세척이나 비눗물을 사용하는 공정으로 대체하였다.

풀이 유기용제 세척공정을 스팀 세척이나 비눗물 사용 공정으로 대치하는 것은 공정의 변경이다.

51 귀마개에 NRR=30 이라고 적혀 있었다면 귀마개의 차음효과는 약 몇 dB(A)인가? (단, 미국 OSHA의 산정기준에 따른다.)

① 11.5
② 13.5
③ 15.0
④ 23.0

풀이 차음효과 = (NRR − 7) × 0.5
= (30 − 7) × 0.5 = 11.5dB(A)

52 다음 중 저산소상태에서 발생할 수 있는 질병으로 가장 적절한 것은?

① hypoxia
② crowd poison
③ oxygen poison
④ caisson disease

풀이 정상공기에서 산소의 함유량은 21% 정도이며, 질소가 78%, 아르곤이 약 1%(0.93%) 정도이다.
− 산소결핍증(hypoxia, 저산소증)
(1) 정의
저산소상태에서 산소분압의 저하, 즉 저기압에 의하여 발생하는 질환이다.
(2) 특징
㉠ 산소결핍에 의한 질식사고가 가스재해 중에서 큰 비중을 차지한다.
㉡ 무경고성이고 급성적·치명적이기 때문에 많은 희생자를 발생시킬 수 있다. 즉, 단시간 내에 비가역적 파괴현상을 나타낸다.
㉢ 생체 중 최대 산소소비기관은 뇌신경세포이다.
㉣ 산소결핍에 가장 민감한 조직은 대뇌피질이다.
㉤ 뇌는 산소소비가 가장 큰 장기로, 중량은 1.4kg에 불과하지만 소비량은 전신의 약 25%에 해당한다.
㉥ 혈액의 총 산소 함량은 혈액 100mL당 산소 20mL 정도이며, 혈액 중 적혈구가 인체 내에서 산소전달 역할을 한다.
㉦ 신경조직 1g은 근육조직 1g과 비교하면 약 20배 정도의 산소를 소비한다.
(3) 인체증상
㉠ 산소공급 정지가 2분 이상일 경우 뇌의 활동성이 회복되지 않고 비가역적 파괴가 일어난다.
㉡ 산소농도가 5~6%라면 혼수, 호흡 감소 및 정지, 6~8분 후 심장이 정지된다.

53 전리방사선의 단위로서 피조사체 1g에 대하여 100erg의 에너지가 흡수되는 것은?
① rad ② Ci
③ R   ④ IR

풀이 래드(rad)
㉠ 흡수선량 단위
㉡ 방사선이 물질과 상호작용한 결과 그 물질의 단위질량에 흡수된 에너지 의미
㉢ 모든 종류의 이온화방사선에 의한 외부노출, 내부노출 등 모든 경우에 적용
㉣ 조사량에 관계없이 조직(물질)의 단위질량당 흡수된 에너지량을 표시하는 단위
㉤ 관용단위인 1rad는 피조사체 1g에 대하여 100erg의 방사선에너지가 흡수되는 선량 단위 (=100erg/gram=10^{-2}J/kg)
㉥ 100rad를 1Gy(Gray)로 사용

54 방독면의 정화통 능력이 사염화탄소 0.4%에 대해서 표준유효시간 100분인 경우, 사염화탄소의 농도가 0.1%인 환경에서 사용 가능한 시간은?
① 100분 ② 200분
③ 300분 ④ 400분

풀이 사용 가능 시간(분)
$$= \frac{\text{표준유효시간} \times \text{시험가스 농도}}{\text{공기 중 유해가스 농도}}$$
$$= \frac{100분 \times 0.4\%}{0.1\%} = 400분$$

55 분진의 입경을 측정하기 위하여 현미경 접안경에 porton reticle을 삽입하여 분진을 측정한 결과 입자의 크기가 8로 적혀 있는 원의 크기와 비슷하였을 때, 분진의 입경은 약 몇 μm인가?
① 2   ② 4
③ 8   ④ 16

풀이 분진 입경 = $\sqrt{2^n} = \sqrt{2^8} = 16\mu m$

56 다음 중 산소결핍에 관한 내용으로 가장 거리가 먼 것은?
① 산소결핍이란 공기 중 산소농도가 21% 미만인 상태를 말한다.
② 생체 중에서 산소결핍에 대하여 가장 민감한 조직은 대뇌피질이다.
③ 산소결핍은 환기, 산소농도 측정, 보호구 착용을 통하여 피할 수 있다.
④ 일반적으로 공기의 산소분압 저하는 바로 동맥혈의 산소분압 저하와 연결되어 뇌에 대한 산소공급량의 감소를 초래한다.

풀이 산소결핍이란 21% 정도의 공기 중 산소비율이 상대적으로 적어져 대기압하의 산소농도가 18% 미만인 상태를 말한다.

57 다음 중 조도에 관한 설명과 가장 거리가 먼 것은?
① 1Foot candle은 10.8lux이다.
② 단위로는 럭스(lux)를 사용한다.
③ 광원의 밝기는 거리의 2승에 역비례한다.
④ 단위평면적에서 발산 또는 반사되는 광량, 즉 눈으로 느끼는 광원 또는 반사체의 밝기를 말한다.

풀이 ㉠ 조도는 1루멘의 빛이 $1m^2$의 평면상에 수직으로 비칠 때의 밝기이다.
㉡ 단위면적에서 발산 또는 반사되는 광량을 광속발산도라 한다.

58 다음 중 금속에 장기간 노출되었을 때 발생할 수 있는 건강장애로 잘못 연결된 것은?
① 납 – 빈혈
② 크롬 – 운동장애
③ 망간 – 보행장애
④ 수은 – 뇌신경세포 손상

정답 53.① 54.④ 55.④ 56.① 57.④ 58.②

[풀이] **크롬에 의한 건강장애**
(1) 급성중독
  ㉠ 신장장애 : 과뇨증(혈뇨증) 후 무뇨증을 일으키며, 요독증으로 10일 이내에 사망
  ㉡ 위장장애
  ㉢ 급성폐렴
(2) 만성중독
  ㉠ 점막장애 : 비중격천공
  ㉡ 피부장애 : 피부궤양을 야기(둥근 형태의 궤양)
  ㉢ 발암작용 : 장기간 흡입에 의한 기관지암, 폐암, 비강암(6가 크롬) 발생
  ㉣ 호흡기장애 : 크롬폐증 발생

59 다음 중 수은의 중독에 따른 대책으로 가장 거리가 먼 것은?
① BAL를 투여한다.
② EDTA를 투여한다.
③ 우유와 계란의 흰자를 먹는다.
④ 만성중독의 경우 수은 취급을 즉시 중지한다.

[풀이] **수은중독의 치료**
(1) 급성중독
  ㉠ 우유와 계란의 흰자를 먹여 단백질과 해당물질을 결합시켜 침전시킨다.
  ㉡ 위세척(5~10% S.F.S 용액)을 한다. 다만, 세척액은 200~300mL를 넘지 않도록 한다.
(2) 만성중독
  ㉠ 수은 취급을 즉시 중지한다.
  ㉡ BAL(British Anti Lewisite)을 투여한다.
  ㉢ 1일 10L의 등장식염수를 공급(이뇨작용 촉진)한다.
  ㉣ Ca-EDTA의 투여는 금기사항이다.

60 다음 중 작업환경 개선의 기본원칙과 가장 거리가 먼 것은?
① 교육   ② 환기
③ 휴식   ④ 공정변경

[풀이] **작업환경 개선의 기본원칙**
㉠ 대치(공정, 시설, 유해물질의 변경)
㉡ 격리
㉢ 환기
㉣ 교육

제4과목 | 산업환기

61 속도압은 P_d, 비중량은 γ, 수두는 h, 중력가속도를 g라 할 때, 유체의 관내 속도를 구하는 식으로 맞는 것은?

① $\dfrac{\gamma \cdot h^2}{2 \cdot g}$
② $\sqrt{\dfrac{2 \cdot g \cdot P_d}{\gamma}}$

③ $\dfrac{\gamma \cdot P_d^2}{2 \cdot g}$
④ $\sqrt{\dfrac{4 \cdot g \cdot h}{\gamma}}$

[풀이]
$P_d(\text{속도압}) = \dfrac{\gamma V^2}{2g}$

$V(\text{속도}) = \sqrt{\dfrac{2 \times g \times P_d}{\gamma}}$

62 국소배기장치의 설치 및 에너지비용 절감을 위해 가장 우선적으로 검토하여야 할 것은?
① 재료비 절감을 위해 덕트 직경을 가능한 줄인다.
② 후드 개구면적을 가능한 넓혀서 개방형으로 설치한다.
③ 송풍기의 운전비 절감을 위해 댐퍼로 배기유량을 줄인다.
④ 후드를 오염물질 발생원에 최대한 근접시켜 필요송풍량을 줄인다.

[풀이] 국소배기에서 효율성 있는 운전을 하기 위해서 가장 먼저 고려할 사항은 필요송풍량 감소이다.

63 송풍기로 공기를 불어줄 때, 공기 속도가 덕트 직경의 몇 배 정도 거리에서 1/10로 감소하는가?
① 10배   ② 20배
③ 30배   ④ 40배

[풀이] 공기 속도는 송풍기로 공기를 불 때 덕트 직경의 30배 거리에서 1/10로 감소하나, 공기를 흡인할 때는 기류의 방향과 관계없이 덕트 직경과 같은 거리에서 1/10로 감소한다.

64 배출구의 배기시설에 대한 일반적인 설치 방법에 있어 "15-3-15" 중 "3"이 의미하는 내용으로 맞는 것은?
① 외기풍속의 3배로
② 유입구로부터 3m 떨어지도록
③ 배기속도는 3m/s가 되도록
④ 이웃하는 지붕보다 3m 높게

[풀이] 배기구의 설치(15-3-15 규칙)
㉠ 배출구와 공기를 유입하는 흡입구는 서로 15m 이상 떨어져야 한다.
㉡ 배출구의 높이는 지붕 꼭대기나 공기 유입구보다 위로 3m 이상 높게 하여야 한다.
㉢ 배출되는 공기는 재유입되지 않도록 배출가스 속도를 15m/sec 이상으로 유지한다.

65 일반적인 국소배기장치의 순서로 가장 적절한 것은?
① 후드-덕트-공기정화장치-송풍기-배기구
② 후드-덕트-송풍기-공기정화장치-배기구
③ 후드-덕트-공기정화장치-배기구-송풍기
④ 후드-덕트-배기구-공기정화장치-송풍기

[풀이] 국소배기시설의 배열 순서
후드 → 덕트 → 공기정화장치 → 송풍기 → 배기덕트

66 해발고도가 1,220m인 곳에서의 대기압이 656mmHg이다. 이때 작업장에서 배출되는 공기의 온도가 200℃라면 이 공기의 밀도는 약 얼마인가? (단, 표준상태에서 공기의 밀도는 1.203kg/m³이다.)
① 0.25kg/m³
② 0.45kg/m³
③ 0.65kg/m³
④ 0.85kg/m³

[풀이] 공기밀도 $= 1.203 \text{kg/m}^3 \times \dfrac{273+21}{273+200} \times \dfrac{656}{760}$
$= 0.65 \text{kg/m}^3$

67 송풍기의 상사법칙에 관한 설명으로 틀린 것은?
① 풍량은 송풍기 회전수와 정비례한다.
② 풍압은 회전차의 직경에 반비례한다.
③ 풍압은 송풍기 회전수의 제곱에 비례한다.
④ 동력은 송풍기 회전수의 세제곱에 비례한다.

[풀이] 송풍기의 상사법칙
(1) 회전수비
㉠ 풍량은 회전수비에 비례
㉡ 풍압은 회전수비의 제곱에 비례
㉢ 동력은 회전수비의 세제곱에 비례
(2) 임펠러 직경비
㉠ 풍량은 임펠러 직경비의 세제곱에 비례
㉡ 풍압은 임펠러 직경비의 제곱에 비례
㉢ 동력은 임펠러 직경비의 오제곱에 비례

68 신체의 열생산과 주변 환경 사이의 열교환식(heat balance equation)과 관련이 없는 것은?
① 전도 ② 대류
③ 증발 ④ 복사

[풀이] 열평형방정식
$\Delta S = M \pm C \pm R - E$
여기서, ΔS : 생체열용량의 변화(인체의 열축적 또는 열손실)
M : 작업대사량(체내 열생산량)
$(M-W)$ W : 작업수행으로 인한 손실열량
C : 대류에 의한 열교환
R : 복사에 의한 열교환
E : 증발(발한)에 의한 열손실(피부를 통한 증발)

69 집진장치의 선정 시 반드시 고려해야 할 사항으로 볼 수 없는 것은?
① 총 에너지 요구량
② 요구되는 집진효율
③ 오염물질의 회수효율
④ 오염물질의 함진농도와 입경

정답 64.④ 65.① 66.③ 67.② 68.① 69.③

풀이 집진장치 선정 시 고려사항
㉠ 오염물질의 농도(비중) 및 입자크기, 입경분포
㉡ 유량, 집진율, 점착성, 전기저항
㉢ 함진가스의 폭발 및 가연성 여부
㉣ 배출가스 온도, 분진 제거 및 처분방법, 총 에너지 요구량
㉤ 처리가스의 흐름특성과 용량

70 제어속도(control velocity)에 대한 설명 중 틀린 것은?

① 먼지나 가스의 성상, 확산조건, 발생원 주변 기류 등에 따라서 크게 달라진다.
② 유해물질이 낮은 기류로 발생하는 도금 또는 용접 작업공정에서는 대략 0.5~1.0m/sec이다.
③ 제어풍속이라고도 하며 후드 앞 오염원에서의 기류로서 오염공기를 후드로 흡인하는 데 필요하다.
④ 유해물질 발생이 자연적이고, 기류가 전혀 없는 탱크로부터 유기용제가 증발할 때는 1.6~2.1m/sec이다.

풀이 제어속도 범위(ACGIH)

작업조건	작업공정 사례	제어속도 (m/sec)
• 움직이지 않는 공기 중에서 속도 없이 배출되는 작업조건 • 조용한 대기 중에 실제 거의 속도가 없는 상태로 발산하는 작업조건	• 액면에서 발생하는 가스나 증기, 흄 • 탱크에서 증발, 탈지시설	0.25~0.5
비교적 조용한(약간의 공기 움직임) 대기 중에서 저속도로 비산하는 작업조건	• 용접, 도금 작업 • 스프레이 도장 • 주형을 부수고 모래를 터는 장소	0.5~1.0
발생기류가 높고 유해물질이 활발하게 발생하는 작업조건	• 스프레이 도장, 용기 충전 • 컨베이어 적재 • 분쇄기	1.0~2.5
초고속기류가 있는 작업장소에 초고속으로 비산하는 작업조건	• 회전연삭작업 • 연마작업 • 블라스트 작업	2.5~10

71 산업환기에 있어 압력에 대한 설명으로 틀린 것은?

① 전압은 정압과 동압의 곱이다.
② 정압은 속도압과 관계없이 독립적으로 발생한다.
③ 송풍기 위치와 상관없이 동압은 항상 양압이다.
④ 정압은 송풍기 앞에서는 음압, 송풍기 뒤에서는 양압이다.

풀이 전압(TP)=동압(VP)+정압(SP)

72 후드에 플랜지(flange)를 부착하여 얻는 효과로 볼 수 없는 것은?

① 후드 전면의 포집범위가 넓어진다.
② 후드 폭을 줄일 수 있어 제어속도가 감소한다.
③ 동일한 흡인속도를 얻는 데 필요송풍량이 감소한다.
④ 등속흡인곡선에서 덕트 직경만큼 떨어진 부위의 유속이 덕트 유속의 7.5%를 초과한다.

풀이 일반적으로 외부식 후드에 플랜지를 부착하면 후방 유입기류를 차단하고 후드 전면에서 포집범위가 확대되어 플랜지가 없는 후드에 비해 동일 지점에서 동일한 제어속도를 얻는 데 필요한 송풍량을 약 25% 감소시킬 수 있다.

73 압력손실계수 F, 속도압 P_{V_1}이 각각 0.59, 10mmH$_2$O이고, 유입계수 Ce, 속도압 P_{V_2}가 각각 0.92, 10mmH$_2$O인 후드 2개의 전체 압력손실은 약 얼마인가?

① 5mmH$_2$O
② 8mmH$_2$O
③ 15mmH$_2$O
④ 20mmH$_2$O

[풀이] $\Delta P_T = \Delta P_1 + \Delta P_2$

$\Delta P_1 = F \times VP = 0.59 \times 10 = 5.9 \text{mmH}_2\text{O}$

$\Delta P_2 = F \times VP = \left(\dfrac{1}{0.92^2} - 1\right) \times 10$
$= 1.81 \text{mmH}_2\text{O}$

$= 5.9 + 1.81 = 7.71 \text{mmH}_2\text{O}$

74 세정집진장치 중 물을 가압·공급하여 함진배기를 세정하는 방법과 가장 거리가 먼 것은?

① 충진탑
② 벤투리 스크러버
③ 분무탑
④ 임펠러형 스크러버

[풀이] 가압수식 세정집진장치
㉠ 벤투리 스크러버
㉡ 제트 스크러버
㉢ 사이클론 스크러버
㉣ 분무탑 스크러버
㉤ 충진탑 스크러버

75 직경이 200mm인 직관을 통하여 100m³/min의 표준공기를 송풍할 때 10m당 압력손실(mmH₂O)은 약 얼마인가? (단, 배기덕트의 마찰손실계수는 0.005, 공기의 비중량은 1.2kg/m³이다.)

① 43
② 48
③ 53
④ 58

[풀이] 직관 압력손실(ΔP)

$\Delta P = \lambda \times \dfrac{L}{D} \times \dfrac{\gamma V^2}{2g}$

$V = \dfrac{Q}{A} = \dfrac{100\text{m}^3/\text{min} \times \text{min}/60\text{sec}}{\left(\dfrac{3.14 \times 0.2^2}{4}\right)\text{m}^2}$

$= 53.08 \text{m/sec}$

$= 0.005 \times \dfrac{10}{0.2} \times \dfrac{1.2 \times 53.08^2}{2 \times 9.8}$

$= 43.12 \text{mmH}_2\text{O}$

76 온도 5℃, 압력 700mmHg인 공기의 밀도 보정계수는 약 얼마인가?

① 0.988
② 0.974
③ 0.961
④ 0.954

[풀이] 밀도보정계수 $= \dfrac{(273+21) \times P}{(℃+273) \times 760}$

$= \dfrac{294}{(5+273)} \times \dfrac{700}{760} = 0.974$

77 송풍기를 선정하는 데 반드시 필요하지 않은 요소는?

① 송풍기 정압
② 송풍량
③ 송풍기 속도압
④ 소요동력

[풀이] 송풍기 선정 시 필요 요소(평가표 명시사항)
㉠ 송풍량
㉡ 송풍기 정압
㉢ 송풍기 전압
㉣ 소요동력
㉤ 송풍기 크기 및 회전속도

78 후드의 가로가 30cm, 높이가 20cm인 직사각형 후드를 플랜지가 부착된 상태로 바닥에 부착하여 설치하고자 한다. 제어풍속이 미치는 최대거리를 후드 개구면으로부터 약 20cm로 잡았을 때 필요한 환기량(m³/min)은 약 얼마인가? (단, 제어풍속은 0.5m/sec이다.)

① 6.9m³/min
② 15.8m³/min
③ 20.5m³/min
④ 25.7m³/min

[풀이] 필요환기량(Q)

$Q = 0.5 V_c (10 X^2 + A)$
$= 0.5 \times 0.5 \text{m/sec}$
$\times [(10 \times 0.2^2)\text{m}^2 + (0.3 \times 0.2)\text{m}^2] \times 60\text{sec/min}$
$= 6.9 \text{m}^3/\text{min}$

정답 74.④ 75.① 76.② 77.③ 78.①

79 덕트의 설계에 관한 사항으로 적절하지 않은 것은?

① 사각형 덕트를 사용할 경우 가급적 정방형을 사용한다.
② 덕트의 직경, 단면 확대 또는 수축, 곡관 수 및 모양 등을 고려해야 한다.
③ 사각형 덕트가 원형 덕트보다 덕트 내 유속분포가 균일하므로 가급적 사각형 덕트를 사용한다.
④ 덕트가 여러 개인 경우 덕트의 직경을 조절하거나 송풍량을 조절하여 전체적으로 균형이 맞도록 설계한다.

풀이 덕트 설치기준(설치 시 고려사항)
㉠ 가능하면 길이는 짧게 하고 굴곡부의 수는 적게 할 것
㉡ 접속부의 안쪽은 돌출된 부분이 없도록 할 것
㉢ 청소구를 설치하는 등 청소하기 쉬운 구조로 할 것
㉣ 덕트 내부에 오염물질이 쌓이지 않도록 이송속도를 유지할 것
㉤ 연결부위 등은 외부공기가 들어오지 않도록 할 것(연결부위를 가능한 한 용접할 것)
㉥ 가능한 후드의 가까운 곳에 설치할 것
㉦ 송풍기를 연결할 때는 최소 덕트 직경의 6배 정도 직선구간을 확보할 것
㉧ 직관은 하향구배로 하고 직경이 다른 덕트를 연결할 때에는 경사 30° 이내의 테이퍼를 부착할 것
㉨ 원형 덕트가 사각형 덕트보다 덕트 내 유속분포가 균일하므로 가급적 원형 덕트를 사용하며, 부득이 사각형 덕트를 사용할 경우에는 가능한 정방형을 사용하고 곡관의 수를 적게 할 것
㉩ 곡관의 곡률반경은 최소 덕트 직경의 1.5 이상, 주로 2.0을 사용할 것
㉪ 수분이 응축될 경우 덕트 내로 들어가지 않도록 경사나 배수구를 마련할 것
㉫ 덕트의 마찰계수는 작게 하고, 분지관을 가급적 적게 할 것

80 작업장 내 열부하량이 15,000kcal/hr이며, 외기온도는 22℃, 작업장 내의 온도는 32℃이다. 이때 전체환기를 위한 필요환기량은 얼마인가?

① $83\text{m}^3/\text{hr}$ ② $833\text{m}^3/\text{hr}$
③ $4,500\text{m}^3/\text{hr}$ ④ $5,000\text{m}^3/\text{hr}$

풀이 필요환기량(Q)
$$Q = \frac{H_s}{0.3\Delta t} = \frac{15,000}{0.3 \times (32-22)} = 5,000\text{m}^3/\text{hr}$$

과년도 출제문제 | 2017.08.26

제3회 산업위생관리산업기사

제1과목 | 산업위생학 개론

01 육체적 근육노동 시 특히 주의하여 보급해야 할 비타민의 종류는?
① 비타민 B_1
② 비타민 B_2
③ 비타민 B_6
④ 비타민 B_{12}

풀이 비타민 B_1
㉠ 부족 시 각기병, 신경염을 유발한다.
㉡ 작업강도가 높은 근로자의 근육에 호기적 산화를 촉진시켜 근육의 열량공급을 원활히 해 주는 영양소이다.
㉢ 근육운동(노동) 시 보급해야 한다.

02 노동의 적응과 장애에 대한 설명으로 틀린 것은?
① 환경에 대한 인체의 적응에는 한도가 있으며 이러한 한도를 허용기준 또는 노출기준이라 한다.
② 외부의 환경변화와 신체활동이 반복되거나 오래 계속되어 조절기능이 숙련된 상태를 순화라고 한다.
③ 작업에 따라서 신체 형태와 기능에 국소적 변화가 일어나는 경우가 있는데 이것을 직업성 변이라고 한다.
④ 인체에 어떠한 자극이건 간에 체내의 호르몬계를 중심으로 한 특유의 반응이 일어나는 것을 적응증상군(適應症狀群)이라 하며 이러한 상태를 스트레스라고 한다.

풀이 서한도
작업환경에 대한 인체의 적응한도, 즉 안전기준을 말한다.

03 1,000Hz에서의 음압수준(dB)을 기준으로 하여 등감곡선을 나타내는 단위를 무엇이라고 하는가?
① Hz
② sone
③ phon
④ cone

풀이 phon
㉠ 감각적인 음의 크기를 나타내는 양이다.
㉡ 1,000Hz 순음의 크기와 평균적으로 같은 크기로 느끼는, 1,000Hz 순음의 음압레벨로 나타낸 것이 phon이다.
㉢ 1,000Hz에서 압력수준 dB을 기준으로 하여 등감곡선을 소리의 크기로 나타낸 것이다.

04 우리나라의 작업환경측정 대상 유해인자 중 소음의 측정방법에 대한 설명으로 틀린 것은?
① 소음계의 청감보정회로는 A 특성으로 행해야 한다.
② 소음계 지시침의 동작은 빠른(fast) 상태로 한다.
③ 소음계의 지시치가 변동하지 않는 경우에는 해당 지시치를 그 측정점에서의 소음수준으로 한다.
④ 소음이 1초 이상의 간격을 유지하면서 최대음압수준이 120dB(A) 이상의 소음인 경우에는 소음수준에 따른 1분 동안의 발생횟수를 측정하여야 한다.

풀이 소음계 지시침의 동작은 느린(slow) 상태로 한다.

정답 01.① 02.① 03.③ 04.②

PART 02 과년도 출제문제

05 어떤 물질의 독성에 관한 인체실험 결과 안전흡수량이 체중(kg)당 0.2mg이었다. 체중이 70kg인 사람이 1일 8시간 작업 시 이 물질의 체내흡수를 안전흡수량 이하로 유지하려면 이 물질의 공기 중 농도를 다음 중 얼마 이하로 규제하여야 하겠는가? (단, 작업시 폐환기율은 1.25m³/hr, 체내 잔류율은 1.0이다.)

① 0.8mg/m³
② 1.4mg/m³
③ 2.0mg/m³
④ 2.6mg/m³

풀이
$$\text{농도}(mg/m^3) = \frac{SHD}{T \times V \times R}$$
$$= \frac{0.2mg/kg \times 70kg}{8hr \times 1.25m^3/hr \times 1.0}$$
$$= 1.4mg/m^3$$

06 특수건강진단의 실시주기로 잘못 연결된 것은 어느 것인가?

① 벤젠 – 3개월
② 사염화탄소 – 6개월
③ 광물성 분진 – 24개월
④ N,N-디메틸포름아미드 – 6개월

풀이 특수건강진단의 시기 및 주기

구분	대상 유해인자	시기 배치 후 첫 번째 특수건강진단	주기
1	N,N-디메틸아세트아미드 N,N-디메틸포름아미드	1개월 이내	6개월
2	벤젠	2개월 이내	6개월
3	1,1,2,2-테트라클로로에탄 사염화탄소 아크릴로니트릴 염화비닐	3개월 이내	6개월
4	석면, 면 분진	12개월 이내	12개월
5	광물성 분진 목재 분진 소음 및 충격소음	12개월 이내	24개월

07 산업피로의 예방과 대책으로 적절하지 않은 것은?

① 충분한 수면을 취한다.
② 작업환경을 정리·정돈한다.
③ 너무 정적인 작업은 동적인 작업으로 전환한다.
④ 휴식은 한 번에 장시간 동안 하는 것이 바람직하다.

풀이 산업피로 예방대책
㉠ 불필요한 동작을 피하고, 에너지 소모를 적게 한다.
㉡ 동적인 작업을 늘리고, 정적인 작업을 줄인다.
㉢ 개인의 숙련도에 따라 작업속도와 작업량을 조절한다.
㉣ 작업시간 중 또는 작업 전후에 간단한 체조나 오락시간을 갖는다.
㉤ 장시간 한 번 휴식하는 것보다 단시간씩 여러 번 나누어 휴식하는 것이 피로회복에 도움이 된다.

08 세계 최초로 보고된 "직업성 암"에 관한 내용으로 틀린 것은?

① 보고된 병명은 진폐증이다.
② 18세기 영국에서 보고되었다.
③ Percivall Pott에 의하여 규명되었다.
④ 발병자는 어린이 굴뚝청소부로, 원인물질은 검댕(soot)이었다.

풀이 Percivall Pott
㉠ 영국의 외과의사로 직업성 암을 최초로 보고하였으며, 어린이 굴뚝청소부에게 많이 발생하는 음낭암(scrotal cancer)을 발견하였다.
㉡ 암의 원인물질은 검댕 속 여러 종류의 다환 방향족탄화수소(PAH)이다.
㉢ 굴뚝청소부법을 제정하도록 하였다.(1788년)

09 작업장에 존재하는 유해인자와 직업성 질환의 연결이 잘못된 것은?

① 망간 – 신경염
② 분진 – 규폐증
③ 이상기압 – 잠함병
④ 6가크롬 – 레이노병

정답 05.② 06.① 07.④ 08.① 09.④

[풀이] **레이노 현상(Raynaud's 현상)**
㉠ 손가락에 있는 말초혈관운동의 장애로 인하여 수지가 창백해지고 손이 차며 저리거나 통증이 오는 현상이다.
㉡ 한랭작업조건에서 특히 증상이 악화된다.
㉢ 압축공기를 이용한 진동공구, 즉 착암기 또는 해머 같은 공구를 장기간 사용한 근로자들의 손가락에 유발되기 쉬운 직업병이다.
㉣ dead finger 또는 white finger라고도 하고 발증까지 약 5년 정도 걸린다.

10 산업보건의 기본적인 목표와 가장 관계가 깊은 것은?
① 질병의 진단
② 질병의 치료
③ 질병의 예방
④ 질병에 대한 보상

[풀이] **산업보건의 정의**
(1) 기관
  세계보건기구(WHO)와 국제노동기구(ILO) 공동위원회
(2) 정의
  ㉠ 근로자들의 육체적, 정신적, 사회적 건강을 고도로 유지, 증진
  ㉡ 작업조건으로 인한 질병 예방 및 건강에 유해한 취업을 방지
  ㉢ 근로자를 생리적, 심리적으로 적합한 작업환경(직무)에 배치
(3) 기본 목표
  질병의 예방

11 산업위생의 정의와 가장 거리가 먼 단어는?
① 예측 ② 감사
③ 측정 ④ 관리

[풀이] **미국산업위생학회(AIHA ; American Industrial Hygiene Association, 1994)의 산업위생 정의**
근로자나 일반대중에게 질병, 건강장애와 안녕방해, 심각한 불쾌감 및 능률저하 등을 초래하는 작업환경요인과 스트레스를 예측, 측정, 평가하고 관리하는 과학과 기술이다(예측, 인지(확인), 평가, 관리 의미와 동일함).

12 중량물 취급에 있어서 미국 NIOSH에서 중량물 최대허용한계(MPL)를 설정할 때의 기준으로 틀린 것은?
① MPL에 해당하는 작업은 L_5/S_1 디스크에 6,400N의 압력을 부하
② MPL에 해당하는 작업이 요구하는 에너지대사량은 5.0kcal/min을 초과
③ MPL을 초과하는 작업에서는 대부분의 근로자들에게 근육·골격 장애가 발생
④ 남성 근로자의 50% 미만과 여성 근로자의 10% 미만에서만 MPL 수준의 작업수행이 가능

[풀이] 남성 근로자의 25% 미만과 여성 근로자의 1% 미만에서만 MPL 수준의 작업수행이 가능하다.
- **최대허용한계(MPL) 설정 배경**
㉠ 역학조사 결과
  MPL을 초과하는 작업에서는 대부분의 근로자에게 근육, 골격 장애가 나타난다.
㉡ 인간공학적 연구 결과
  L_5/S_1 디스크에 6,400N 압력 부하 시 대부분의 근로자가 견딜 수 없다.
㉢ 노동생리학적 연구 결과
  요구되는 에너지대사량은 5.0kcal/min을 초과한다.
㉣ 정신물리학적 연구 결과
  남성 25%, 여성 1% 미만에서만 MPL 수준의 작업이 가능하다.

13 어떤 작업의 강도를 알기 위하여 작업 시 소요된 열량을 파악한 결과 3,500kcal로 나타났다. 기초대사량이 1,300kcal, 안정 시 열량이 기초대사량의 1.2배인 경우 작업대사율(RMR)은 약 얼마인가?
① 0.82 ② 1.22
③ 1.31 ④ 1.49

[풀이]
$$RMR = \frac{\text{작업 시 대사량} - \text{안정 시 대사량}}{\text{기초대사량}}$$
$$= \frac{3,500 - (1,300 \times 1.2)}{1,300}$$
$$= 1.49$$

14 젊은 근로자에 있어서 약한 손(오른손잡이인 경우 왼손)의 힘은 평균 45kP(kilopond)라고 한다. 이런 근로자가 무게 20kg인 상자를 두 손으로 들어 올릴 경우 작업강도(%MS)는 약 얼마인가?

① 11.2%
② 16.2%
③ 22.2%
④ 26.2%

[풀이]
작업강도(%MS) = $\frac{RF}{MS} \times 100$
= $\frac{10}{45} \times 100$
= 22.22%MS

15 실내환경의 공기오염에 따른 건강장애 용어와 관련이 없는 것은?

① 빌딩증후군(SBS)
② 새집증후군(SHS)
③ 복합화학물질 과민증(MCS)
④ VDT 증후군(VDT syndrome)

[풀이] VDT 증후군은 근골격계 질환과 관련된 용어이다.

16 재해의 지표로 이용되는 지수의 산식이 틀린 것은?

① 재해율 = $\frac{재해자수}{전근로자수} \times 100$
② 강도율 = $\frac{근로손실일수}{연간근로시간수} \times 1,000$
③ 도수율 = $\frac{재해발생건수}{연간평균근로자수} \times 1,000$
④ 연천인율 = $\frac{연간재해자수}{연간평균근로자수} \times 1,000$

[풀이] 근로손실일수는 강도율 계산 시 필요하다.
- 도수율(빈도율, FR)
㉠ 정의 : 재해의 발생빈도를 나타내는 것으로 연 근로시간 합계 100만 시간당의 재해발생건수
㉡ 계산식(도수율)
= $\frac{일정기간 중 재해발생건수(재해자수)}{일정기간 중 연근로시간수} \times 10^6$

17 동작경제의 원칙에 해당하지 않는 것은?

① 작업비용 산정의 원칙
② 신체의 사용에 관한 원칙
③ 작업장의 배치에 관한 원칙
④ 공구 및 설비 디자인에 관한 원칙

[풀이] 동작경제 3원칙
㉠ 신체의 사용에 관한 원칙(use of the human body)
㉡ 작업장의 배치에 관한 원칙(arrangement of the workplace)
㉢ 공구 및 설비의 설계에 관한 원칙(design of tools and equipment)

18 산업안전보건법의 궁극적 목적에 해당되지 않는 내용은?

① 산업재해를 예방
② 쾌적한 작업환경을 조성
③ 근로자의 재활을 통한 사업장 복귀
④ 근로자의 안전과 보건을 유지·증진

[풀이] 산업안전보건법의 목적
㉠ 산업재해 예방
㉡ 쾌적한 작업환경 조성
㉢ 근로자의 안전과 보건을 유지·증진

19 영상표시단말기(VDT) 취급근로자의 작업관리에 관한 설명으로 틀린 것은?

① 작업 화면상의 시야는 수평선상으로부터 아래로 15° 이상 25° 이하에 오도록 한다.
② 작업장 주변 환경의 조도를 화면의 바탕색상이 검정색 계통일 때는 300lux 이상, 500lux 이하를 유지한다.
③ 단색화면일 경우 색상은 일반적으로 어두운 배경에 황·녹색 또는 백색문자를 사용하고 적색 또는 청색의 문자는 가급적 사용하지 않는다.
④ 연속작업을 수행하는 근로자에 대해서는 영상표시단말기 작업 외의 작업을 중간에 넣거나 또는 다른 근로자와 교대로 실시하는 등 계속해서 영상표시단말기 작업을 수행하지 않도록 한다.

정답 14.③ 15.④ 16.③ 17.① 18.③ 19.①

[풀이] 화면을 향한 눈의 높이는 화면보다 약간 높은 것이 좋고, 작업자의 시선은 수평선상으로부터 아래로 10~15° 이내가 좋다.

20 산업안전보건법령에서 정하는 특별관리물질이 아닌 것은?

① 납 ② 톨루엔
③ 벤젠 ④ 1-브로모프로판

[풀이] **특별관리물질**
"산업안전보건법 시행규칙"에 따른 발암성, 생식세포변이원성, 생식독성물질 등 근로자에게 중대한 건강장애를 일으킬 우려가 있는 물질을 말한다.
㉠ 벤젠
㉡ 1,3-부타디엔
㉢ 1-브로모프로판
㉣ 2-브로모프로판
㉤ 사염화탄소
㉥ 에피클로로히드린
㉦ 트리클로로에틸렌
㉧ 페놀
㉨ 포름알데히드
㉩ 납 및 그 무기화합물
㉪ 니켈 및 그 화합물
㉫ 안티몬 및 그 화합물
㉬ 카드뮴 및 그 화합물
㉭ 6가크롬 및 그 화합물
㉮ pH 2.0 이하 황산
㉯ 산화에틸렌 외 20종

제2과목 | 작업환경 측정 및 평가

21 작업환경 내의 소음을 측정하였더니 105dB(A)의 소음(허용노출시간 60분)이 20분, 110dB(A)의 소음(허용노출시간 30분)이 20분, 115dB(A)의 소음(허용노출시간 15분)이 10분 발생되었다. 이때 소음노출량은 약 몇 %인가?

① 137 ② 147
③ 167 ④ 177

[풀이]
$$\text{소음노출량}(\%) = \left(\frac{C_1}{T_1} + \cdots \frac{C_n}{T_n}\right) \times 100$$
$$= \left(\frac{20}{60} + \frac{20}{30} + \frac{10}{15}\right) \times 100$$
$$= 166.67\%$$

22 다음 중 가스크로마토그래피에서 인접한 두 피크를 다르다고 인식하는 능력을 의미하는 것은?

① 분해능 ② 분배계수
③ 분리관의 효율 ④ 상대머무름시간

[풀이] 가스크로마토그래피 분리관의 성능은 분해능과 효율로 표시할 수 있으며, 분해능은 인접한 두 피크를 다르다고 인식하는 능력을 의미한다.

23 다음 내용은 고용노동부 작업환경측정 고시의 일부분이다. ㉮에 들어갈 내용은?

> "개인시료채취"란 개인시료채취기를 이용하여 가스·증기·분진·흄(fume)·미스트(mist) 등을 근로자의 호흡위치(㉮)에서 채취하는 것을 말한다.

① 호흡기를 중심으로 반경 10cm인 반구
② 호흡기를 중심으로 반경 30cm인 반구
③ 호흡기를 중심으로 반경 50cm인 반구
④ 호흡기를 중심으로 반경 100cm인 반구

[풀이] 개인시료는 개인시료채취기를 이용하여 가스·증기·흄·미스트 등을 근로자 호흡위치(호흡기를 중심으로 반경 30cm인 반구)에서 채취하는 것을 말한다.

24 직경분립충돌기와 비교하여 사이클론의 장점으로 틀린 것은?

① 사용이 간편하고 경제적이다.
② 입자의 질량크기별 분포를 얻을 수 있다.
③ 시료의 되튐 현상으로 인한 손실염려가 없다.
④ 매체의 코팅과 같은 별도의 특별한 처리가 필요 없다.

정답 20.② 21.③ 22.① 23.② 24.②

[풀이] **10mm nylon cyclone이 입경분립충돌기에 비해 갖는 장점**
㉠ 사용이 간편하고 경제적이다.
㉡ 호흡성 먼지에 대한 자료를 쉽게 얻을 수 있다.
㉢ 시료입자의 되튐으로 인한 손실 염려가 없다.
㉣ 매체의 코팅과 같은 별도의 특별한 처리가 필요 없다.

25 유해물질농도를 측정한 결과 벤젠이 6ppm (노출기준 10ppm), 톨루엔이 64ppm(노출기준 100ppm), n-헥산이 12ppm(노출기준 50ppm) 이었다면, 이들 물질의 복합노출지수(Exposure Index)는? (단, 상가 작용을 한다고 가정한다.)

① 1.26　② 1.48
③ 1.64　④ 1.82

[풀이] 복합노출지수(EI) $= \dfrac{6}{10} + \dfrac{64}{100} + \dfrac{12}{50} = 1.48$

26 측정 전 여과지의 무게는 0.40mg, 측정 후의 무게는 0.50mg이며, 공기채취유량을 2.0L/min으로 6시간 채취하였다면 먼지의 농도는 약 몇 mg/m³인가? (단, 공시료는 측정 전후의 무게 차이가 없다.)

① 0.139　② 1.139
③ 2.139　④ 3.139

[풀이] 농도(mg/m³) $= \dfrac{(0.50-0.40)\text{mg}}{2.0\text{L/min} \times 360\text{min} \times \text{m}^3/1{,}000\text{L}}$
$= 0.139\text{mg/m}^3$

27 알고 있는 공기 중 농도를 만드는 방법인 dynamic method에 관한 내용으로 옳지 않은 것은?

① 온습도 조절이 가능하다.
② 만들기 용이하고 가격이 저렴하다.
③ 다양한 농도범위에서 제조가 가능하다.
④ 소량의 누출이나 벽면에 의한 손실을 무시할 수 있다.

[풀이] **dynamic method**
㉠ 희석공기와 오염물질을 연속적으로 흘려주어 일정한 농도를 유지하면서 만드는 방법이다.
㉡ 알고 있는 공기 중 농도를 만드는 방법이다.
㉢ 농도변화를 줄 수 있고 온습도 조절이 가능하다.
㉣ 제조가 어렵고 비용도 많이 든다.
㉤ 다양한 농도범위에서 제조가 가능하다.
㉥ 가스, 증기, 에어로졸 실험도 가능하다.
㉦ 소량의 누출이나 벽면에 의한 손실은 무시할 수 있다.
㉧ 지속적인 모니터링이 필요하다.
㉨ 매우 일정한 농도를 유지하기가 곤란하다.

28 다음 중 실내의 기류측정에 가장 적합한 온도계는?

① 건구온도계
② 흑구온도계
③ 카타온도계
④ 습구온도계

[풀이] **카타온도계**
㉠ 카타의 냉각력을 이용하여 측정, 즉 알코올 눈금이 100°F(37.8℃)에서 95°F(35℃)까지 내려가는 데 소요되는 시간을 4~5회 측정 평균하여 카타 상수값을 이용하여 구하는 간접적 측정방법
㉡ 작업환경 내에 기류(옥내기류)의 방향이 일정치 않을 경우 기류속도 측정
㉢ 실내 0.2~0.5m/sec 정도의 불감기류 측정 시 기류속도를 측정

29 근로자의 납 노출을 측정한 결과 8시간 TWA가 0.065mg/m³였다. 미국 OSHA의 평가방법을 기준으로 신뢰하한값(LCL)과 그에 따른 판정으로 적절한 것은? (단, 시료채취 분석오차는 0.132이고, 허용기준은 0.05mg/m³이다.)

① LCL=1.168, 허용기준 초과
② LCL=0.911, 허용기준 미만
③ LCL=0.983, 허용기준 초과가능
④ LCL=0.584, 허용기준 미만

풀이
표준화 값(Y) = $\dfrac{TWA}{허용기준} = \dfrac{0.065}{0.05} = 1.3$
하한치 = $Y - SAE = 1.3 - 0.132 = 1.168$
하한치(1.168) > 1이므로, 허용기준 초과 판정

30 다음 중 1차 표준기구와 가장 거리가 먼 것은 어느 것인가?
① 폐활량계   ② 가스치환병
③ 건식가스미터   ④ 유리피스톤미터

풀이

공기채취기구의 보정에 사용되는 1차 표준기구 종류		
표준기구	일반 사용범위	정확도
비누거품미터 (soap bubble meter)	1mL/분~30L/분	±1% 이내
폐활량계(spirometer)	100~600L	±1% 이내
가스치환병 (mariotte bottle)	10~500mL/분	±0.05~0.25%
유리피스톤미터 (glass piston meter)	10~200mL/분	±2% 이내
흑연피스톤미터 (frictionless piston meter)	1mL/분~50L/분	±1~2%
피토튜브(pitot tube)	15mL/분 이하	±1% 이내

31 아스만통풍건습계의 습구온도 측정시간 기준으로 옳은 것은? (단, 고용노동부 고시를 기준으로 한다.)
① 5분 이상   ② 10분 이상
③ 15분 이상   ④ 25분 이상

풀이

측정구분에 의한 측정기기와 측정시간		
구분	측정기기	측정시간
습구 온도	0.5℃간격의 눈금이 있는 아스만통풍건습계, 자연습구온도를 측정할 수 있는 기기 또는 이와 동등 이상의 성능이 있는 측정기기	• 아스만통풍건습계 : 25분 이상 • 자연습구온도계 : 5분 이상
흑구 및 습구 흑구 온도	직경이 5cm 이상 되는 흑구온도계 또는 습구흑구온도(WBGT)를 동시에 측정할 수 있는 기기	• 직경이 15cm일 경우 : 25분 이상 • 직경이 7.5cm 또는 5cm일 경우 : 5분 이상

※ 고시 변경사항, 학습 안 하셔도 무방합니다.

32 산업환경에서 고열의 노출을 제한하는 데 가장 일반적으로 사용되는 지표는? (단, 고용노동부 고시를 기준으로 한다.)

① 수정감각온도
② 습구흑구온도지수
③ 8시간 발한 예측치
④ 건구온도, 흑구온도

풀이 고열작업장을 평가하는 지표 중 가장 보편적으로 쓰이는 온열지수는 습구흑구온도지수(WBGT)이다.

33 다음 중 불꽃방식의 원자흡광광도계(AAS)의 장단점에 관한 설명으로 가장 거리가 먼 것은?
① 작업환경 중 유해금속 분석을 할 수 있다.
② 분석시간이 흑연로장치에 비하여 적게 소요된다.
③ 고체시료의 경우 전처리에 의하여 매트릭스를 제거해야 한다.
④ 적은 양의 시료를 가지고 동시에 많은 금속을 분석할 수 있다.

풀이 **불꽃원자화장치의 장단점**
(1) 장점
  ㉠ 쉽고 간편하다.
  ㉡ 가격이 흑연로장치나 유도결합플라스마-원자발광분석기보다 저렴하다.
  ㉢ 분석이 빠르고, 정밀도가 높다(분석시간이 흑연로장치에 비해 적게 소요).
  ㉣ 기질의 영향이 적다.
(2) 단점
  ㉠ 많은 양의 시료(10mL)가 필요하며, 감도가 제한되어 있어 저농도에서 사용이 힘들다.
  ㉡ 용질이 고농도로 용해되어 있는 경우, 점성이 큰 용액은 분무구를 막을 수 있다.
  ㉢ 고체시료의 경우 전처리에 의하여 기질(매트릭스)을 제거해야 한다.

34 다음 중 석면의 농도를 표시하는 단위로 옳은 것은? (단, 고용노동부 고시 기준)
① 개/cm³   ② L/m³
③ mm/L   ④ cm/m³

풀이 **석면의 단위**
개/cc=개/mL=개/cm³

정답 30.③ 31.④ 32.② 33.④ 34.①

35 다음 중 가스크로마토그래프(GC)를 이용하여 유기용제를 분석할 때 가장 많이 사용하는 검출기는?

① 불꽃이온화검출기
② 전자포획검출기
③ 불꽃광도검출기
④ 열전도도검출기

풀이 불꽃이온화검출기(FID)
㉠ 분석물질을 운반기체와 함께 수소와 공기의 불꽃 속에 도입함으로써 생기는 이온의 증가를 이용하는 원리이다.
㉡ 유기용제 분석 시 가장 많이 사용하는 검출기이다(운반기체 : 질소, 헬륨).
㉢ 매우 안정한 보조가스(수소-공기)의 기체흐름이 요구된다.
㉣ 큰 범위의 직선성, 비선택성, 넓은 용융성, 안정성, 높은 민감성이 특징이다.
㉤ 할로겐 함유 화합물에 대하여 민감도가 낮다.
㉥ 주분석대상 가스는 다핵방향족탄화수소류, 할로겐화 탄화수소류, 알코올류, 방향족탄화수소류, 이황화탄소, 니트로메탄, 멜캅탄류이다.

36 다음 중 작업환경측정방법에서 전 작업시간을 일정시간별로 나누어 여러 개의 시료를 채취하는 방법은?

① 단시간 시료채취
② 무작위 시료채취
③ 부분적 연속시료채취
④ 전 작업시간 연속시료채취

풀이 전 작업시간 동안의 연속시료채취(full-period consecutive sample)
㉠ 작업장에서 시료채취 시 가장 좋은 방법이다(오차가 가장 낮은 방법).
㉡ 여러 개의 시료를 나누어서 채취한 경우 위험을 방지할 수 있다.
㉢ 여러 개의 측정 결과로 작업시간 동안 노출농도의 변화와 영향을 알 수 있다.
㉣ 오염물질의 농도가 시간에 따라 변할 때, 공기 중 오염물질의 농도가 낮을 때, 시간 가중평균치를 구하고자 할 때 연속 시료채취방법을 사용한다.

37 다음 중 가스크로마토그래피에서 이동상으로 사용되는 운반기체의 설명과 가장 거리가 먼 것은?

① 운반기체는 주로 질소와 헬륨이 사용된다.
② 운반기체를 기기에 연결시킬 때 누출부위가 없어야 하고 불순물을 제거할 수 있는 트랩을 장치한다.
③ 운반기체의 선택은 분석기기 지침서나 NIOSH 공정시험법에서 추천하는 가스를 사용하는 것이 바람직하다.
④ 운반기체는 검출기·분리관 및 시료에 영향을 주지 않도록 불활성이고 수분이 5% 미만으로 함유되어 있어야 한다.

풀이 운반기체는 수분 또는 불순물이 없는 고순도의 헬륨, 수소, 질소, 아르곤 등의 비활성기체를 사용한다.

38 시료채취방법에 따라 분류할 때, 활성탄관의 사용이 속하는 방법은?

① 직접포집법
② 액체포집법
③ 여과포집법
④ 고체포집법

풀이 고체포집법
시료공기를 고체의 입자층을 통해 흡입, 흡착하여 해당 고체입자에 측정하고자 하는 물질을 채취하는 방법을 말한다.

39 실리카겔관이 활성탄관에 비해 갖는 장점으로 옳지 않은 것은?

① 활성탄관에 비해서 수분을 잘 흡수한다.
② 유독한 이황화탄소를 탈착용매로 사용하지 않는다.
③ 극성물질을 채취한 경우 물, 메탄올 등 다양한 용매로 쉽게 탈착된다.
④ 추출액이 화학분석이나 기기분석에 방해물질로 작용하는 경우가 많지 않다.

정답 35.① 36.④ 37.④ 38.④ 39.①

[풀이] **실리카겔의 장단점**
(1) 장점
  ㉠ 극성이 강하여 극성 물질을 채취한 경우 물, 메탄올 등 다양한 용매로 쉽게 탈착한다.
  ㉡ 추출용액(탈착용매)이 화학분석이나 기기분석에 방해물질로 작용하는 경우는 많지 않다.
  ㉢ 활성탄으로 채취가 어려운 아닐린, 오르토-톨루이딘 등의 아민류나 몇몇 무기물질의 채취가 가능하다.
  ㉣ 매우 유독한 이황화탄소를 탈착용매로 사용하지 않는다.
(2) 단점
  ㉠ 친수성이기 때문에 우선적으로 물분자와 결합을 이루어 습도의 증가에 따른 흡착용량의 감소를 초래한다.
  ㉡ 습도가 높은 작업장에서는 다른 오염물질의 파괴용량이 작아져 파괴를 일으키기 쉽다.

40 원자흡광분석기에서 어떤 시료를 통과하여 나온 빛의 세기가 시료를 주입하지 않고 측정한 빛의 세기의 50%일 때 흡광도는 약 얼마인가?
① 0.1
② 0.3
③ 0.5
④ 0.7

[풀이] 흡광도$(A) = \log \dfrac{1}{\text{투과도}} = \log \dfrac{1}{0.5} = 0.3$

제3과목 | 작업환경 관리

41 다음 중 피부를 통하여 인체로 침입하는 대표적인 유해물질은?
① 라듐   ② 카드뮴
③ 무기수은   ④ 사염화탄소

[풀이] 사염화탄소(CCl_4)는 피부로도 흡수되며 피부, 간장, 신장, 소화기, 중추신경계에 장애를 일으키는데, 특히 간장에 대한 독성작용을 가진 물질로 유명하다.

42 다음 중 유해작업환경 개선원칙 중 대체의 방법과 가장 거리가 먼 것은?
① 시설의 변경   ② 공정의 변경
③ 유해물질 변경 ④ 작업자의 변경

[풀이] 작업환경 개선의 기본대책(대치)
㉠ 시설의 변경
㉡ 공정의 변경
㉢ 유해물질의 변경

43 방진마스크의 여과효율을 검정할 때 일반적으로 사용하는 먼지는 약 몇 μm인가?
① 0.03   ② 0.3
③ 3   ④ 30

[풀이] 방진마스크의 여과효율을 결정 시 국제적으로 사용하는 먼지의 크기는 채취효율이 가장 낮은 입경인 $0.3\mu m$이다.

44 다음 중 열사병에 관한 설명과 가장 거리가 먼 것은?
① 신체 내부의 체온조절계통이 기능을 잃어 발생한다.
② 일차적인 증상은 많은 땀의 발생으로 인한 탈수, 습하고 높은 피부온도 등이다.
③ 체열방산을 하지 못하여 체온이 41℃에서 4℃까지 상승할 수 있으며 혼수상태에 이를 수 있다.
④ 대사열의 증가는 작업부하와 작업환경에서 발생하는 열부하가 원인이 되어 발생하며 열사병을 일으키는 데 크게 관여하고 있다.

[풀이] 열사병의 일차적인 증상은 정신착란, 의식결여, 경련, 혼수, 건조하고 높은 피부온도, 체온상승이다.

45 소음원이 큰 작업장의 중앙 바닥에 놓여 있을 때 소음의 방향성(directivity)은?
① 1   ② 2
③ 3   ④ 4

정답 40.② 41.④ 42.④ 43.② 44.② 45.②

풀이 소음원 지향계수
㉠ 공중(자유공간) : 1
㉡ 바닥, 벽, 천장(반자유공간) : 2
㉢ 두 면이 접하는 곳 : 4
㉣ 세 면이 접하는 곳 : 8

46 밀폐공간에서 산소결핍이 발생하는 원인 중 산소 소모 원인에 관련된 내용으로 가장 거리가 먼 것은?

① 금속의 녹 생성과 같은 화학반응
② 제한된 공간 내에서 사람의 호흡
③ 용접, 절단, 불과 같은 연소반응
④ 저장탱크 파손과 같은 사고에 의한 누설

풀이 밀폐공간에서 산소결핍이 발생하는 원인
㉠ 화학반응(금속의 산화, 녹)
㉡ 연소(용접, 절단, 불)
㉢ 미생물 작용
㉣ 제한된 공간 내에서의 사람의 호흡

47 다음 중 귀덮개의 장단점으로 옳지 않은 것은?

① 귀마개보다 개인차가 크다.
② 고온의 작업장에서 불편하다.
③ 귀에 염증이 있어도 사용할 수 있다.
④ 귀덮개는 멀리서도 볼 수 있으므로 사용 여부를 확인하기 쉽다.

풀이 귀덮개
(1) 장점
㉠ 귀마개보다 일관성 있는 차음효과를 얻을 수 있다.
㉡ 귀마개보다 차음효과가 일반적으로 높다.
㉢ 동일한 크기의 귀덮개를 대부분의 근로자가 사용가능하다(크기를 여러 가지로 할 필요가 없음).
㉣ 귀에 염증이 있어도 사용 가능하다(질병이 있을 때도 가능).
㉤ 귀마개보다 차음효과의 개인차가 적다.
㉥ 근로자들이 귀마개보다 쉽게 착용할 수 있고 착용법을 틀리거나 잃어버리는 일이 적다.
㉦ 고음영역에서 차음효과가 탁월하다.

(2) 단점
㉠ 부착된 밴드에 의해 차음효과가 감소될 수 있다.
㉡ 고온에서 사용 시 불편하다(보호구 접촉면에 땀이 남).
㉢ 머리카락이 길 때와 안경테가 굵거나 잘 부착되지 않을 때는 사용하기가 불편하다.
㉣ 장시간 사용 시 꼭 끼는 느낌이 있다.
㉤ 보안경과 함께 사용하는 경우 다소 불편하며, 차음효과가 감소한다.
㉥ 가격이 비싸고 운반과 보관이 쉽지 않다.
㉦ 오래 사용하여 귀걸이의 탄력성이 줄었을 때나 귀걸이가 휘었을 때는 차음효과가 떨어진다.

48 고압작업장에서 감압병을 예방하기 위해서 질소 대신에 무엇으로 대체된 가스를 흡입하도록 해야 하는가?

① 헬륨
② 메탄
③ 아산화질소
④ 일산화질소

풀이 고압환경에서는 질소를 헬륨으로 대치한 공기를 호흡시킨다.

49 다음 중 저산소증에 관한 설명으로 옳지 않은 것은?

① 산소결핍에 가장 민감한 조직은 뇌이며, 특히 대뇌피질이다.
② 예방대책으로 환기, 산소농도 측정, 보호구 착용 등이 있다.
③ 작업장 내 산소농도가 5%라면 혼수, 호흡 감소 및 정지, 6~8분 후 심장이 정지한다.
④ 정상공기의 산소 함유량은 21% 정도이며 질소 78%, 이산화탄소가 1% 정도를 차지하고 있다.

풀이 정상공기의 산소 함유량은 21% 정도이며 질소가 78%, 아르곤이 0.93%, 이산화탄소가 0.035% 정도를 차지하고 있다.

정답 46.④ 47.① 48.① 49.④

50 고열장애 중 신체의 염분손실을 충당하지 못할 때 발생하며, 이 질환을 가진 사람은 혈중 염분의 농도가 매우 낮기 때문에 염분 관리가 중요하다. 다음 중 이 장애는 무엇인가?

① 열발진 ② 열경련
③ 열허탈 ④ 열사병

풀이 열경련
(1) 발생
 ㉠ 지나친 발한에 의한 수분 및 혈중 염분 손실 시 발생한다(혈액의 현저한 농축 발생).
 ㉡ 땀을 많이 흘리고 동시에 염분이 없는 음료수를 많이 마셔서 염분 부족 시 발생한다.
 ㉢ 전해질의 유실 시 발생한다.
(2) 증상
 ㉠ 체온이 정상이거나 약간 상승하고 혈중 Cl⁻ 농도가 현저히 감소한다.
 ㉡ 낮은 혈중 염분농도와 팔과 다리의 근육경련이 일어난다(수의근 유통성 경련).
 ㉢ 통증을 수반하는 경련은 주로 작업 시 사용한 근육에서 흔히 발생한다.
 ㉣ 일시적으로 단백뇨가 나온다.
 ㉤ 중추신경계통의 장애는 일어나지 않는다.
 ㉥ 복부와 사지 근육에 강직, 동통이 일어나고 과도한 발한이 발생한다.
 ㉦ 수의근의 유통성 경련(주로 작업 시 사용한 근육에서 발생)이 일어나기 전에 현기증, 이명, 두통, 구역, 구토 등의 전구증상이 일어난다.
(3) 치료
 ㉠ 수분 및 NaCl을 보충한다(생리식염수 0.1% 공급).
 ㉡ 바람이 잘 통하는 곳에 눕혀 안정시킨다.
 ㉢ 체열방출을 촉진시킨다(작업복을 벗겨 전도와 복사에 의한 체열방출).
 ㉣ 증상이 심하면 생리식염수 1,000~2,000mL를 정맥주사한다.

51 다음 중 저온에서 발생될 수 있는 장해와 가장 거리가 먼 것은?

① 폐수종 ② 참호족
③ 알러지 반응 ④ 상기도 손상

풀이 저온장애
 ㉠ 저체온증
 ㉡ 동상
 ㉢ 참호족, 침수족
 ㉣ Raynaud병
 ㉤ 선단지람증
 ㉥ 폐색성 혈전장애
 ㉦ 알레르기반응
 ㉧ 상기도 손상

52 입경이 10μm이고 비중 1.2인 입자의 침강속도는 약 몇 cm/sec인가?

① 0.28 ② 0.32
③ 0.36 ④ 0.40

풀이 침강속도(cm/sec) = $0.003 \times \rho \times d^2$
= $0.003 \times 1.2 \times 10^2$
= 0.36 cm/sec

53 다음 입자상 물질 중 노출기준의 단위가 나머지와 다른 것은? (단, 고용노동부 고시를 기준으로 한다.)

① 석면 ② 증기
③ 흄 ④ 미스트

풀이 석면단위
개/cm³ = 개/cc = 개/mL

54 음의 실측치가 2.0N/m²일 때 음압수준(SPL)은 몇 dB인가? (단, 기준음압은 0.00002N/m²이다.)

① 1 ② 10
③ 100 ④ 1,000

풀이 SPL = $20\log \dfrac{2.0}{2 \times 10^{-5}}$
= 100 dB

정답 50.② 51.① 52.③ 53.① 54.③

55 다음 중 소음에 대한 설명과 가장 거리가 먼 것은?

① 소음성 난청은 특히 4,000Hz에서 가장 현저한 청력손실이 일어난다.
② 1kHz의 순음과 같은 크기로 느끼는 각 주파수별 음압레벨을 연결한 선을 등청감곡선이라고 한다.
③ A 특성치와 C 특성치 간의 차이가 크면 저주파음이고, 차이가 작으면 고주파음이다.
④ 청감보정회로는 A, B, C 특성으로 구분하고, A 특성은 30폰, B 특성은 70폰, C 특성은 100폰의 음의 크기에 상응하도록 주파수에 따른 반응을 보정하여 각각 측정한 음압수준이다.

[풀이]
㉠ A청감보정회로(A 특성) : 40phon
㉡ B청감보정회로(B 특성) : 70phon
㉢ C청감보정회로(C 특성) : 100phon

56 무거운 저속연장 사용으로 발생하는 진동에 의한 손의 장애에 관한 내용으로 틀린 것은? (단, 가벼운 고속연장과 비교기준)

① 뼈의 퇴행성 변화는 없다.
② 부종이 때때로 발생할 수 있다.
③ 손가락의 창백 현상이 특징적이다.
④ 동통은 통상적으로 주증상이 아니다.

[풀이] 심한 진동에 노출될 경우 일부 노출군에서 뼈, 관절 및 신경, 근육, 혈관 등 연부조직에서 병변이 나타난다.

57 자외선에 대한 설명 중 옳지 않은 것은?

① 100~400nm의 파장값을 갖는다.
② 400nm의 파장은 주로 피부암을 유발한다.
③ 구름이나 눈에 반사되며, 대기오염의 지표로도 사용된다.
④ 일명 화학선이라고 하며 광화학반응으로 단백질과 핵산분자의 파괴, 변성작용을 한다.

[풀이] 자외선의 분류
㉠ UV-C(100~280nm : 발진, 경미한 홍반)
㉡ UV-B(280~315nm : 발진, 경미한 홍반, 피부암, 광결막염)
㉢ UV-A(315~400nm : 발진, 홍반, 백내장)

58 다음 중금속 중 미나마타병과 관계가 깊은 것은?

① 납(Pb)   ② 아연(Zn)
③ 수은(Hg) ④ 카드뮴(Cd)

[풀이] 유기수은 중 메틸수은은 미나마타병을 발생시킨다.

59 작업환경관리 대책 중 대체의 내용으로 적절하지 못한 것은?

① TCE 대신에 계면활성제를 사용하여 금속을 세척한다.
② 금속 표면을 블라스트할 때 모래를 대신하여 철구슬을 사용한다.
③ 소음이 많이 발생하는 리벳팅작업 대신 너트와 볼트 작업으로 전환한다.
④ 세탁 시 화재예방을 위하여 트리클로로에틸렌 대신 석유나프타를 사용한다.

[풀이] 세탁 시 화재예방을 위해 석유나프타 대신 퍼클로로에틸렌으로 대치한다.

60 다음 중 분진작업장의 작업환경관리 대책과 가장 거리가 먼 것은?

① 습식작업
② 발산원 밀폐
③ 방독마스크 착용
④ 국소배기장치 설치

[풀이] 분진작업장 환경관리
㉠ 습식작업
㉡ 발산원 밀폐
㉢ 대치(원재료 및 사용재료)
㉣ 방진마스크(개인보호구)

정답 55.④ 56.① 57.② 58.③ 59.④ 60.③

제4과목 | 산업환기

61 덕트 내에서 피토관으로 속도압을 측정하여 반송속도를 추정할 때, 반드시 필요한 자료가 아닌 것은?

① 횡단측정 지점에서의 덕트면적
② 횡단지점에서 지점별로 측정된 속도압
③ 횡단측정 지점과 측정시간에서 공기의 온도
④ 횡단측정 지점에서의 공기 중 유해물질의 조성

풀이 덕트 내에서 피토관으로 속도압을 측정하여 반송속도 추정 시 반드시 필요한 자료
㉠ 횡단 측정지점에서의 덕트 면적
㉡ 횡단 측정지점과 측정시간에서 공기의 온도
㉢ 횡단지점에서 지점별로 측정된 속도압

62 덕트 설치 시 고려사항으로 적절하지 않은 것은?

① 가급적 원형 덕트를 사용하는 것이 좋다.
② 덕트 연결부위는 용접하지 않는 것이 좋다.
③ 덕트와 송풍기 연결부위는 진동을 고려하여 유연한 재질로 한다.
④ 수분이 응축될 경우 덕트 내로 들어가지 않도록 하며 경사나 배수구를 마련한다.

풀이 덕트 설치기준(설치 시 고려사항)
㉠ 가능하면 길이는 짧게 하고 굴곡부의 수는 적게 할 것
㉡ 접속부의 안쪽은 돌출된 부분이 없도록 할 것
㉢ 청소구를 설치하는 등 청소하기 쉬운 구조로 할 것
㉣ 덕트 내부에 오염물질이 쌓이지 않도록 이송속도를 유지할 것
㉤ 연결부위 등은 외부공기가 들어오지 않도록 할 것(연결부위를 가능한 한 용접할 것)
㉥ 가능한 후드의 가까운 곳에 설치할 것
㉦ 송풍기를 연결할 때는 최소 덕트 직경의 6배 정도 직선구간을 확보할 것
㉧ 직관은 하향구배로 하고 직경이 다른 덕트를 연결할 때에는 경사 30° 이내의 테이퍼를 부착할 것
㉨ 원형 덕트가 사각형 덕트보다 덕트 내 유속분포가 균일하므로 가급적 원형 덕트를 사용하며, 부득이 사각형 덕트를 사용할 경우에는 가능한 정방형을 사용하고 곡관의 수를 적게 할 것
㉩ 곡관의 곡률반경은 최소 덕트 직경의 1.5 이상, 주로 2.0을 사용할 것
㉪ 수분이 응축될 경우 덕트 내로 들어가지 않도록 경사나 배수구를 마련할 것
㉫ 덕트의 마찰계수는 작게 하고, 분지관을 가급적 적게 할 것

63 산업환기에 관한 일반적인 설명으로 틀린 것은?

① 산업환기에서 표준공기의 밀도는 $1.203kg/m^3$ 정도이다.
② 일정량의 공기부피는 절대온도에 반비례하여 증가한다.
③ 산업환기에서의 표준상태란 21℃, 760mmHg를 의미한다.
④ 산업환기장치 내의 유체는 별도의 언급이 없는 한 표준공기로 취급한다.

풀이 산업환기에서 일정량의 공기부피는 절대온도에 비례하여 증가한다.

64 오염물질을 후드로 유입하는 데 필요한 기류의 속도는?

① 반송속도   ② 속도압
③ 제어속도   ④ 개구면속도

풀이 제어속도
후드 근처에서 발생하는 오염물질을 주변의 방해기류를 극복하고 후드 쪽으로 흡인하기 위한 유체의 속도, 즉 유해물질을 후드 쪽으로 흡인하기 위하여 필요한 최소풍속을 말한다.

65 송풍량이 $140m^3/min$이고, 송풍기의 유효전압이 $110mmH_2O$이다. 이때 송풍기 효율이 70%, 여유율을 1.2로 할 경우 송풍기의 소요동력은 약 얼마인가?

① 2.6kW   ② 3.7kW
③ 4.3kW   ④ 5.4kW

정답 61.④ 62.② 63.② 64.③ 65.③

풀이
$$\text{소요동력(kW)} = \frac{Q \times \Delta P}{6{,}120 \times \eta} \times \alpha = \frac{140 \times 110}{6{,}120 \times 0.7} \times 1.2$$
$$= 4.31\text{kW}$$

66 용해로에 레시버식 캐노피형 국소배기장치를 설치한다. 열상승기류량 Q_1은 30m³/min, 누입한계유량비 K_L은 2.5라고 할 때 소요송풍량은? (단, 난기류가 없다고 가정한다.)

① 105m³/min ② 125m³/min
③ 225m³/min ④ 285m³/min

풀이
$$Q(\text{m}^3/\text{min}) = Q_1(1+K_L)$$
$$= 30\text{m}^3/\text{min}(1+2.5)$$
$$= 105\text{m}^3/\text{min}$$

67 자유 공간에 떠 있는 직경 20cm인 원형개구 후드의 개구면으로부터 20cm 떨어진 곳의 입자를 흡인하려고 한다. 제어풍속을 0.8m/sec로 할 때, 덕트에서의 속도(m/ses)는 약 얼마인가?

① 7   ② 11
③ 15 ④ 18

풀이
$$Q = V_c(10X^2 + A)$$
$$= 0.8\text{m/sec} \times \left[(10 \times 0.2^2)\text{m}^2 + \left(\frac{3.14 \times 0.2^2}{4}\right)\text{m}^2\right]$$
$$= 0.345\text{m}^3/\text{sec}$$
$$\therefore V = \frac{Q}{A} = \frac{0.345\text{m}^3/\text{sec}}{\left(\frac{3.14 \times 0.2^2}{4}\right)\text{m}^2} = 10.99\text{m/sec}$$

68 환기시스템에서 덕트의 마찰손실에 대한 설명으로 틀린 것은? (단, Darcy-Weisbach 방정식 기준이다.)

① 마찰손실은 덕트 길이에 비례한다.
② 마찰손실은 덕트 직경에 반비례한다.
③ 마찰손실은 속도 제곱에 반비례한다.
④ 마찰손실은 Moody chart에서 구한 마찰계수를 적용하여 구한다.

풀이
$$\text{덕트 압력손실(mmH}_2\text{O)} = \lambda(f) \times \frac{L}{D} \times \frac{\gamma V^2}{2g}$$
∴ 덕트 압력손실은 속도의 제곱, 길이에 비례하고 직경에 반비례한다.

69 후드의 압력손실 계수(F_h)가 0.8이고, 속도압(VP)이 4.5mmH₂O라면, 이때 후드의 정압(mmH₂O)은 얼마인가?

① 7.1
② 8.1
③ 10.2
④ 11.2

풀이 $SP_h = VP(1+F) = 4.5(1+0.8) = 8.1\text{mmH}_2\text{O}$

70 레이놀즈(Reynolds)수를 구할 때, 고려되어야 할 요소가 아닌 것은?

① 유입계수
② 공기밀도
③ 공기속도
④ 덕트의 직경

풀이 레이놀즈수(Re)
$$Re = \frac{\rho V d}{\mu} = \frac{Vd}{\nu} = \frac{\text{관성력}}{\text{점성력}}$$
여기서, Re : 레이놀즈수(무차원)
ρ : 유체의 밀도(kg/m³)
d : 유체가 흐르는 직경(m)
V : 유체의 평균유속(m/sec)
μ : 유체의 점성계수(kg/m·s(poise))
ν : 유체의 동점성계수(m²/sec)

71 유해작용이 다르고, 서로 독립적인 영향을 나타내는 물질 3종류를 다루는 작업장에서 각 물질에 대한 필요환기량을 계산한 결과 120m³/min, 150m³/min, 180m³/min이었다. 이 작업장에서의 필요환기량은 얼마인가?

① 120m³/min   ② 150m³/min
③ 180m³/mn   ④ 450m³/min

정답 66.① 67.② 68.③ 69.② 70.① 71.③

[풀이] 독립작용을 할 경우는 가장 큰 환기량을 선정, 즉 180m³/min을 필요환기량으로 한다.

72 분진을 제거하기 위해 사용되는 원심력 집진장치에 관한 설명으로 틀린 것은?

① 주로 원심력이 작용한다.
② 사이클론에는 접선 유입식과 축류 유입식이 있다.
③ 현장에서 전처리용 집진장치로 널리 이용된다.
④ 점성분진을 처리할 경우 내부에 분진이 퇴적되어 압력손실이 감소한다.

[풀이] **원심력 집진장치의 특징**
㉠ 설치장소에 구애받지 않고 설치비가 낮으며 고온가스, 고농도에서 운전 가능하다.
㉡ 가동부분이 적은 것이 기계적인 특징이고, 구조가 간단하여 유지, 보수 비용이 저렴하다.
㉢ 미세입자에 대한 집진효율이 낮고 먼지부하, 유량변동에 민감하다.
㉣ 점착성, 마모성, 조해성, 부식성 가스에 부적합하다.
㉤ 먼지 퇴적함에서 재유입, 재비산 가능성이 있다.
㉥ 단독 또는 전처리장치로 이용된다.
㉦ 배출가스로부터 분진회수 및 분리가 적은 비용으로 가능하다. 즉 비교적 적은 비용으로 큰 입자를 효과적으로 제거할 수 있다.
㉧ 미세한 입자를 원심분리하고자 할 때 가장 큰 영향인자는 사이클론의 직경이다.
㉨ 직렬 또는 병렬로 연결하여 사용이 가능하기 때문에 사용폭을 넓힐 수 있다.
㉩ 처리가스량이 많아질수록 내관경이 커져서 미립자의 분리가 잘 되지 않는다.
㉪ 사이클론 원통의 길이가 길어지면 선회기류가 증가하여 집진효율이 증가한다.
㉫ 입자입경과 밀도가 클수록 집진효율이 증가한다.
㉬ 사이클론의 원통 직경이 클수록 집진효율이 감소한다.
㉭ 집진된 입자에 대한 블로다운 영향을 최대화하여야 한다.
㉮ 원심력과 중력을 동시에 이용하기 때문에 입경이 크면 효율적이다.

73 국소배기장치 설계 시 압력손실을 감소시킬 수 있는 방안과 가장 거리가 먼 것은?

① 가능하면 덕트 길이를 짧게 한다.
② 가능하면 후드를 오염원 가까운 곳에 설치한다.
③ 덕트 내면은 마찰계수가 적은 재료로 선정한다.
④ 덕트의 구부림은 최대로 하고, 구부림의 개소를 증가시킨다.

[풀이] 덕트의 구부림을 최소로 하고, 굴곡부의 수를 적게 할수록 압력손실을 저감할 수 있다.

74 원심력 송풍기 중 터보형에 대한 설명으로 틀린 것은?

① 분진이 다량 함유된 공기를 이송할 때 효율이 높다.
② 정압효율이 다른 원심형 송풍기에 비해 비교적 좋다.
③ 송풍량이 증가해도 동력이 증가하지 않는 장점이 있다.
④ 후향 날개형(backward curved blade) 송풍기로서 팬의 날이 회전방향에 반대되는 쪽으로 기울어진 형태이다.

[풀이] **터보형 송풍기(turbo fan)**
㉠ 후향 날개형(후곡 날개형)(backward-curved blade fan)은 송풍량이 증가해도 동력이 증가하지 않는 장점을 가지고 있어 한계부하 송풍기라고도 한다.
㉡ 회전날개(깃)가 회전방향 반대편으로 경사지게 설계되어 있어 충분한 압력을 발생시킬 수 있다.
㉢ 소요정압이 떨어져도 동력은 크게 상승하지 않으므로 시설저항 및 운전상태가 변해도 과부하가 걸리지 않는다.
㉣ 송풍기 성능곡선에서 동력곡선이 최대송풍량의 60~70%까지 증가하다가 감소하는 경향을 띠는 특성이 있다.
㉤ 고농도 분진 함유 공기를 이송시킬 경우 깃 뒷면에 분진이 퇴적하며 집진기 후단에 설치하여야 한다.
㉥ 깃의 모양은 두께가 균일한 것과 익형이 있다.
㉦ 원심력식 송풍기 중 가장 효율이 좋다.

정답 72.④ 73.④ 74.①

75 전체환기의 직접적인 목적과 가장 거리가 먼 것은?

① 화재나 폭발을 예방한다.
② 온도와 습도를 조절한다.
③ 유해물질의 농도를 감소시킨다.
④ 발생원에서 오염물질을 제거할 수 있다.

[풀이] 전체환기 목적
㉠ 유해물질 농도를 희석, 감소시켜 근로자의 건강을 유지, 증진한다.
㉡ 화재나 폭발을 예방한다.
㉢ 실내의 온도와 습도를 조절한다.

76 후드의 필요환기량을 감소시키는 방법으로 적절하지 않은 것은?

① 작업장 내 방해기류 영향을 최대화한다.
② 후드 개구면에서 기류가 균일하게 분포되도록 설계한다.
③ 포집형을 사용할 때에는 가급적 배출오염원에 가깝게 설치한다.
④ 공정에서의 발생 또는 배출되는 오염물질의 절대량을 감소시킨다.

[풀이] 후드가 갖추어야 할 사항(필요환기량을 감소시키는 방법)
㉠ 가능한 한 오염물질 발생원에 가까이 설치한다. (포집형 및 레시버식 후드)
㉡ 제어속도는 작업조건을 고려하여 적정하게 선정한다.
㉢ 작업이 방해되지 않도록 설치하여야 한다.
㉣ 오염물질 발생특성을 충분히 고려하여 설계하여야 한다.
㉤ 가급적이면 공정을 많이 포위한다.
㉥ 후드 개구면에서 기류가 균일하게 분포되도록 설계한다.
㉦ 공정에서 발생 또는 배출되는 오염물질의 절대량을 감소시킨다.

77 여과집진장치의 포집원리와 가장 거리가 먼 것은?

① 확산
② 관성충돌
③ 원심력
④ 직접차단

[풀이] 여과집진장치의 포집원리
㉠ 관성충돌
㉡ 직접차단
㉢ 확산
㉣ 정전기력

78 공기밀도에 관한 설명으로 틀린 것은?

① 공기 $1m^3$와 물 $1m^3$의 무게는 다르다.
② 온도가 상승하면 공기가 팽창하여 밀도가 작아진다.
③ 고공으로 올라갈수록 압력이 낮아져 공기는 팽창하고 밀도는 작아진다.
④ 다른 모든 조건이 일정할 경우 공기밀도는 절대온도에 비례하고 압력에 반비례한다.

[풀이] 다른 모든 조건이 일정할 경우 공기밀도는 절대온도에 반비례하고, 압력에 비례한다.

79 직경이 200mm인 관에 유량이 $100m^3/min$인 공기가 흐르고 있을 때, 공기의 속도는 약 얼마인가?

① 26m/sec   ② 53m/sec
③ 75m/sec   ④ 92m/sec

[풀이]
$$V(m/sec) = \frac{Q}{A}$$
$$= \frac{100m^3/min \times min/60sec}{\left(\frac{3.14 \times 0.2^2}{4}\right)m^2}$$
$$= 53.08 m/sec$$

80 국소배기장치의 자체검사 시 압력측정과 관련된 장비가 아닌 것은?

① 발연관   ② 마노미터
③ 피토관   ④ 드릴과 연성호스

[풀이] 압력측정 기기
㉠ 피토관
㉡ U자 마노미터
㉢ 경사 마노미터
㉣ 아네로이드 게이지
㉤ 마그네헬릭 게이지

정답 75.④ 76.① 77.③ 78.④ 79.② 80.①

제1회 산업위생관리산업기사

과년도 출제문제 | 2018.03.04

제1과목 | 산업위생학 개론

01 산업위생의 정의에 포함되지 않는 산업위생 전문가의 활동은?
① 지역 주민의 건강의식에 대하여 설문지로 조사한다.
② 지하상가 등에서 공기시료 등을 채취하여 유해인자를 조사한다.
③ 지역 주민의 혈액을 직접 채취하고 생체시료 중의 중금속을 분석한다.
④ 특정사업장에서 발생한 직업병의 사회적인 영향에 대하여 조사한다.

[풀이] 근로자의 혈액을 직접 채취하고, 생체시료 중의 중금속을 분석한다.

02 착암기 또는 해머(hammer) 같은 공구를 장기간 사용한 근로자에게 가장 유발되기 쉬운 국소진동에 의한 신체 증상은?
① 피부암
② 소화장애
③ 불면증
④ 레이노현상

[풀이] 레이노현상(Raynaud's 현상)
㉠ 손가락에 있는 말초혈관운동의 장애로 인하여 수지가 창백해지고 손이 차며 저리거나 통증이 오는 현상이다.
㉡ 한랭작업조건에서 특히 증상이 악화된다.
㉢ 압축공기를 이용한 진동공구, 즉 착암기 또는 해머 같은 공구를 장기간 사용한 근로자들의 손가락에 유발되기 쉬운 직업병이다.
㉣ dead finger 또는 white finger라고도 하고, 발증까지 약 5년 정도 걸린다.

03 산업안전보건법령상 보관하여야 할 서류와 그 보존기간이 잘못 연결된 것은?
① 건강진단결과를 증명하는 서류 : 5년간
② 보건관리업무 수탁에 관한 서류 : 3년간
③ 작업환경측정결과를 기록한 서류 : 3년간
④ 발암성 확인물질을 취급하는 근로자에 대한 건강진단결과의 서류 : 30년간

[풀이] 작업환경측정결과 기록서류는 5년간 보존한다.

04 자동차 부품을 생산하는 A공장에서 250명의 근로자가 1년 동안 작업하는 가운데 21건의 재해가 발생하였다면, 이 공장의 도수율은 약 얼마인가? (단, 1년에 300일, 1일에 8시간 근무)
① 35
② 36
③ 42
④ 43

[풀이]
$$도수율 = \frac{재해발생건수}{연근로시간수} \times 10^6$$
$$= \frac{21}{8 \times 300 \times 250} \times 10^6 = 35$$

05 근육운동에 필요한 에너지를 생성하는 방법에는 혐기성 대사와 호기성 대사가 있다. 혐기성 대사의 에너지원이 아닌 것은?
① 지방
② 크레아틴인산
③ 글리코겐
④ 아데노신삼인산(ATP)

[풀이] 혐기성 대사
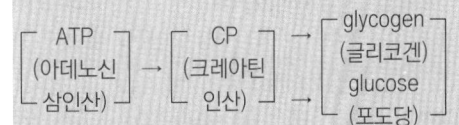
[ATP(아데노신삼인산)] → [CP(크레아틴인산)] → glycogen(글리코겐), glucose(포도당)

정답 01.③ 02.④ 03.③ 04.① 05.①

06 상온에서의 음속은 약 344m/sec이다. 주파수가 2kHz인 음의 파장은 얼마인가?

① 0.172m ② 1.72m
③ 17.2m   ④ 172m

[풀이] 음의 파장 = $\dfrac{음속}{주파수} = \dfrac{344 \text{m/sec}}{2,000 \text{ 1/sec}} = 0.172\text{m}$

07 산업위생전문가의 윤리강령 중 전문가로서의 책임과 가장 거리가 먼 것은?

① 학문적으로 최고수준을 유지한다.
② 이해관계가 상반되는 상황에는 개입하지 않는다.
③ 위험요인과 예방조치에 관하여 근로자와 상담한다.
④ 과학적 방법을 적용하고 자료해석에서 객관성을 유지한다.

[풀이] 산업위생전문가로서의 책임
㉠ 성실성과 학문적 실력 면에서 최고 수준을 유지한다(전문적 능력 배양 및 성실한 자세로 행동).
㉡ 과학적 방법의 적용과 자료의 해석에서 경험을 통한 전문가의 객관성을 유지한다(공인된 과학적 방법 적용, 해석).
㉢ 전문분야로서의 산업위생을 학문적으로 발전시킨다.
㉣ 근로자, 사회 및 전문직종의 이익을 위해 과학적 지식을 공개하고 발표한다.
㉤ 산업위생활동을 통해 얻은 개인 및 기업체의 기밀은 누설하지 않는다(정보는 비밀유지).
㉥ 전문적 판단이 타협에 의하여 좌우될 수 있거나 이해관계가 있는 상황에는 개입하지 않는다.

08 작업자세는 피로 또는 작업능률과 관계가 깊다. 가장 바람직하지 않은 자세는?

① 작업 중 가능한 한 움직임을 고정한다.
② 작업대와 의자의 높이는 개인에게 적합하도록 조절한다.
③ 작업물체와 눈과의 거리는 약 30~40cm 정도 유지한다.
④ 작업에 주로 사용하는 팔의 높이는 심장 높이로 유지한다.

[풀이] 작업 중 가능한 한 동적인 작업자세를 취한다.

09 한랭작업을 피해야 하는 대상자로 가장 거리가 먼 사람은?

① 심장질환자
② 고혈압환자
③ 위장장애자
④ 내분비장애자

[풀이] 한랭작업을 피해야 하는 대상자
㉠ 고혈압환자
㉡ 심혈관질환환자
㉢ 간장장애환자
㉣ 위장장애환자
㉤ 신장장애환자

10 노출기준 선정의 근거자료로 가장 거리가 먼 것은?

① 동물실험 자료
② 인체실험 자료
③ 산업장 역학조사 자료
④ 화학적 성질의 안정성

[풀이] 노출기준 선정의 근거자료
㉠ 화학구조상의 유사성
㉡ 동물실험 자료
㉢ 인체실험 자료
㉣ 산업장 역학조사 자료

11 미국산업위생전문가협의회(ACGIH)의 발암물질 구분 중 발암성 확인물질을 표시한 것은?

① A1 ② A2
③ A3 ④ A4

[풀이] 미국산업위생전문가협의회(ACGIH)의 발암물질 구분
(1) A1 : 인체 발암 확인(확정)물질
(2) A2 : 인체 발암이 의심되는 물질(발암 추정물질)
(3) A3
  ㉠ 동물 발암성 확인물질
  ㉡ 인체 발암성 모름
(4) A4
  ㉠ 인체 발암성 미분류 물질
  ㉡ 인체 발암성이 확인되지 않은 물질
(5) A5 : 인체 발암성 미의심 물질

정답 06.① 07.③ 08.① 09.④ 10.④ 11.①

12 산업심리학(industrial psychology)의 주된 접근방법은 무엇인가?

① 인지적 접근방법 및 행동적 접근방법
② 인지적 접근방법 및 생물학적 접근방법
③ 행동적 접근방법 및 정신분석적 접근방법
④ 생물학적 접근방법 및 정신분석적 접근방법

풀이 산업심리학은 인간의 행동을 심리학적으로 연구하여 산업활동 전반에 어떠한 영향을 미치는가를 연구하는 실천과학이며, 주된 접근방법은 인지적 접근방법 및 행동적 접근방법이다.

13 미국국립산업안전보건연구원(NIOSH)에서 정하고 있는 중량물 취급작업기준이 아닌 것은?

① 감시기준(Action Limit : AL)
② 허용기준(Threshold Limit Values : TLV)
③ 권고기준(Recommended Weight Limit : RWL)
④ 최대허용기준(Maximum Permissible Limit : MPL)

풀이 미국국립산업안전보건연구원(NIOSH) 중량물 취급 작업기준
㉠ AL : 감시기준
㉡ MPL : 최대허용기준
㉢ RWL : 권고기준

14 노출기준(TLV)의 적용에 관한 설명으로 적절하지 않은 것은?

① 대기오염 평가 및 관리에 적용할 수 없다.
② 반드시 산업위생전문가에 의하여 적용되어야 한다.
③ 독성의 강도를 비교할 수 있는 지표로 사용된다.
④ 기존의 질병이나 육체적 조건을 판단하기 위한 척도로 사용될 수 없다.

풀이 ACGIH(미국정부산업위생전문가협의회)에서 권고하고 있는 허용농도(TLV) 적용상 주의사항
㉠ 대기오염평가 및 지표(관리)에 사용할 수 없다.
㉡ 24시간 노출 또는 정상작업시간을 초과한 노출에 대한 독성평가에는 적용할 수 없다.
㉢ 기존의 질병이나 신체적 조건을 판단(증명 또는 반증 자료)하기 위한 척도로 사용될 수 없다.
㉣ 작업조건이 다른 나라에서 ACGIH-TLV를 그대로 사용할 수 없다.
㉤ 안전농도와 위험농도를 정확히 구분하는 경계선이 아니다.
㉥ 독성의 강도를 비교할 수 있는 지표는 아니다.
㉦ 반드시 산업보건(위생)전문가에 의하여 설명(해석), 적용되어야 한다.
㉧ 피부로 흡수되는 양은 고려하지 않은 기준이다.
㉨ 산업장의 유해조건을 평가하기 위한 지침이며, 건강장애를 예방하기 위한 지침이다.

15 작업대사율(RMR)=7로 격심한 작업을 하는 근로자의 실동률(%)은? (단, 사이토와 오시마의 식을 이용)

① 20   ② 30
③ 40   ④ 50

풀이 실동률(%)=85−(5×RMR)=85−(5×7)=50%

16 피로한 근육에서 측정된 근전도(EMG)의 특성만을 맞게 나열한 것은?

① 저주파(0~40Hz)에서 힘의 감소, 총 전압의 감소
② 저주파(0~40Hz)에서 힘의 증가, 평균주파수의 감소
③ 고주파(40~200Hz)에서 힘의 감소, 총 전압의 감소
④ 고주파(40~200Hz)에서 힘의 증가, 평균주파수의 감소

풀이 정상근육과 비교하여 피로한 근육에서 나타나는 EMG의 특징
㉠ 저주파(0~40Hz) 영역에서 힘(전압)의 증가
㉡ 고주파(40~200Hz) 영역에서 힘(전압)의 감소
㉢ 평균주파수 영역에서 힘(전압)의 감소
㉣ 총 전압의 증가

정답 12.① 13.② 14.③ 15.④ 16.②

17 한국의 산업위생 역사에 대한 역사의 연혁으로 틀린 것은?

① 산업보건연구원 개원 – 1992년
② 수은중독으로 문송면군의 사망 – 1988년
③ 한국산업위생학회 창립 – 1990년
④ 산업위생관련 자격제도 도입 – 1981년

[풀이] 산업위생관련 자격제도 도입은 1986년이다.

18 NIOSH에서 권장하는 중량물 취급작업 시 감시기준(AL)이 20kg일 때, 최대허용기준(MPL)은 몇 kg인가?

① 25
② 30
③ 40
④ 60

[풀이] $MPL = AL \times 3 = 20kg \times 3 = 60kg$

19 산업안전보건법상 신규화학물질의 유해성·위험성 조사에서 제외되는 화학물질이 아닌 것은?

① 원소
② 방사성 물질
③ 일반 소비자의 생활용이 아닌 인공적으로 합성된 화학물질
④ 고용노동부 장관이 환경부 장관과 협의하여 고시하는 화학물질 목록에 기록되어 있는 물질

[풀이] 신규화학물질의 유해성·위험성 조사에서 제외되는 화학물질
㉠ 원소
㉡ 천연으로 산출된 화학물질
㉢ 방사성 물질
㉣ 고용노동부 장관이 명칭을 공표한 물질
㉤ 고용노동부 장관이 환경부 장관과 협의하여 고시하는 화학물질 목록에 기록되어 있는 물질

20 고온다습한 작업환경에서 격심한 육체적 노동을 하거나 옥외에서 태양의 복사열을 두부에 직접적으로 받는 경우 체온조절 기능의 이상으로 발생하는 증상은?

① 열경련(heat cramp)
② 열사병(heat stroke)
③ 열피비(heat exhaustion)
④ 열쇠약(heat prostration)

[풀이] 열사병(heat stroke)
(1) 개요
 ㉠ 열사병은 고온다습한 환경(육체적 노동 또는 태양의 복사선을 두부에 직접적으로 받는 경우)에 노출될 때 뇌 온도의 상승으로 신체 내부의 체온조절 중추에 기능장애를 일으켜서 생기는 위급한 상태를 말한다.
 ㉡ 고열로 인해 발생하는 장애 중 가장 위험성이 크다.
 ㉢ 태양광선에 의한 열사병은 일사병(sunstroke)이라고 한다.
(2) 발생
 ㉠ 체온조절 중추(특히 발한 중추)의 기능장애에 의한다(체내에 열이 축적되어 발생).
 ㉡ 혈액 중의 염분량과는 관계없다.
 ㉢ 대사열의 증가는 작업부하와 작업환경에서 발생하는 열부하가 원인이 되어 발생하며, 열사병을 일으키는 데 크게 관여한다.

제2과목 | 작업환경 측정 및 평가

21 소음수준 측정 시 소음계의 청감보정회로는 어떻게 조정하여야 하는가? (단, 고용노동부 고시 기준)

① A특성
② C특성
③ S특성
④ K특성

[풀이] 소음수준 측정 시 소음계 청감보정회로는 A특성으로 행하며, 지시침의 동작은 느린(slow) 상태로 한다.

22 시료 채취방법에서 지역시료(area sample) 포집의 장점과 거리가 먼 것은?

① 근로자 개인시료의 채취를 대신할 수 있다.
② 특정공정의 농도분포의 변화 및 환기장치의 효율성 변화 등을 알 수 있다.
③ 특정공정의 계절별 농도변화 및 공정의 주기별 농도변화 등의 분석이 가능하다.
④ 측정결과를 통해서 근로자에게 노출되는 유해인자의 배경농도와 시간별 변화 등을 평가할 수 있다.

풀이 지역시료(area sampling)
(1) 작업환경측정을 실시할 때 시료 채취의 한 방법으로서 시료채취기를 이용하여 가스·증기, 분진, 흄, 미스트 등 유해인자를 근로자의 정상작업위치 또는 작업행동범위에서 호흡기 높이에 고정하여 채취하는 것을 말한다. 즉, 단위작업장소에 시료채취기를 설치하여 시료를 채취하는 방법이다.
(2) 근로자에게 노출되는 유해인자의 배경농도와 시간별 변화 등을 평가하며, 개인시료 채취가 곤란한 경우 등 보조적으로 사용한다.
(3) 지역시료채취는 개인시료 채취를 대신할 수 없으며, 근로자의 노출정도를 평가할 수 없다.
(4) 지역시료 채취 적용 경우
  ㉠ 유해물질의 오염원이 확실하지 않은 경우
  ㉡ 환기시설의 성능을 평가하는 경우(작업환경 개선의 효과 측정)
  ㉢ 개인시료 채취가 곤란한 경우
  ㉣ 특정공정의 계절별 농도변화 및 공정의 주기별 농도변화를 확인하는 경우

23 다음 중 기체 크로마토그래피에서 주입한 시료를 분리관을 거쳐 검출기까지 운반하는 가스에 대한 설명과 가장 거리가 먼 것은?

① 운반가스는 주로 질소, 헬륨이 사용된다.
② 운반가스는 활성이며, 순수하고 습기가 조금 있어야 한다.
③ 가스를 기기에 연결시킬 때 누출부위가 없어야 한다.
④ 운반가스의 순도는 99.99%, 전자포획검출기의 경우는 99.999% 이상의 순도를 유지해야 한다.

풀이 운반기체는 충전물이나 시료에 대하여 불활성이고 불순물 또는 수분이 없어야 하고 사용하는 검출기의 작동에 적합하며 순도는 99.99%(단, ECD는 99.999% 이상) 이상이어야 한다.

24 탈착용매로 사용되는 이황화탄소에 관한 설명으로 틀린 것은?

① 이황화탄소는 유해성이 강하다.
② 기체 크로마토그래피에서 피크가 크게 나와 분석에 영향을 준다.
③ 주로 활성탄관으로 비극성 유기용제를 채취하였을 때 탈착용매로 사용한다.
④ 상온에서 휘발성이 강하여 장시간 보관하면 휘발로 인해 분석농도가 정확하지 않다.

풀이 용매탈착
(1) 비극성 물질의 탈착용매는 이황화탄소(CS_2)를 사용하고, 극성 물질에는 이황화탄소와 다른 용매를 혼합하여 사용한다.
(2) 활성탄에 흡착된 증기(유기용제-방향족탄화수소)를 탈착시키는 데 일반적으로 사용되는 용매는 이황화탄소이다.
(3) 용매로 사용되는 이황화탄소의 단점
  ㉠ 독성 및 인화성이 크며, 작업이 번잡하다.
  ㉡ 특히 심혈관계와 신경계에 독성이 매우 크고, 취급 시 주의를 요한다.
  ㉢ 전처리 및 분석하는 장소의 환기에 유의하여야 한다.
(4) 용매로 사용되는 이황화탄소의 장점
  탈착효율이 좋고, 가스 크로마토그래피의 불꽃이온화검출기에서 반응성이 낮아 피크의 크기가 작게 나오므로 분석 시 유리하다.

25 다음 중 불꽃방식의 원자흡광분석장치의 일반적인 특징과 가장 거리가 먼 것은?

① 시료량이 많이 소요되며, 감도가 낮다.
② 가격이 흑연로장치에 비하여 저렴하다.
③ 분석시간이 흑연로장치에 비하여 길게 소요된다.
④ 고체시료의 경우 전처리에 의하여 매트릭스를 제거하여야 한다.

정답 22.① 23.② 24.② 25.③

풀이 불꽃원자화장치의 장·단점
(1) 장점
  ㉠ 쉽고 간편하다.
  ㉡ 가격이 흑연로장치나 유도결합플라스마-원자발광분석기보다 저렴하다.
  ㉢ 분석이 빠르고, 정밀도가 높다(분석시간이 흑연로장치에 비해 적게 소요).
  ㉣ 기질의 영향이 적다.
(2) 단점
  ㉠ 많은 양의 시료(10mL)가 필요하며, 감도가 제한되어 있어 저농도에서 사용이 힘들다.
  ㉡ 용질이 고농도로 용해되어 있는 경우, 점성이 큰 용액은 분무구를 막을 수 있다.
  ㉢ 고체시료의 경우 전처리에 의하여 기질(매트릭스)을 제거해야 한다.

26 작업환경 중 A가 30ppm, B가 20ppm, C가 25ppm 존재할 때, 작업환경 공기의 복합노출지수는? (단, A, B, C의 TLV는 각각 50ppm, 25ppm, 50ppm이고, A, B, C는 상가작용을 일으킨다.)
  ① 1.3   ② 1.5
  ③ 1.7   ④ 1.9

풀이 복합노출지수(EI) $= \dfrac{30}{50} + \dfrac{20}{25} + \dfrac{25}{50} = 1.9$

27 다음 중 극성이 가장 큰 물질은?
  ① 케톤류   ② 올레핀류
  ③ 에스테르류 ④ 알데히드류

풀이 실리카겔의 친화력(극성이 강한 순서)
물>알코올류>알데히드류>케톤류>에스테르류>방향족탄화수소류>올레핀류>파라핀류

28 원자흡광분석장치에서 단색광이 미지시료를 통과할 때, 최초광의 80%가 흡수되었다면 흡광도는 약 얼마인가?
  ① 0.7   ② 0.8
  ③ 0.9   ④ 1.0

풀이 흡광도 $= \log \dfrac{1}{\text{투과율}} = \log \dfrac{1}{(1-0.8)} = 0.7$

29 주물공장에서 근로자에게 노출되는 호흡성 먼지를 측정한 결과(mg/m³)가 다음과 같았다면 기하평균농도(mg/m³)는?

| 2.5 | 2.1 | 3.1 | 5.2 | 7.2 |

  ① 3.6   ② 3.8
  ③ 4.0   ④ 4.2

풀이 기하평균농도(GM)
$$\log GM = \dfrac{\log 2.5 + \log 2.1 + \log 3.1 + \log 5.2 + \log 7.2}{5}$$
$$= 0.556$$
$$GM = 10^{0.556} = 3.60 \text{mg/m}^3$$

30 500mL 용량의 뷰렛을 이용한 비누거품미터의 거품 통과시간을 3번 측정한 결과, 각각 10.5초, 10초, 9.5초일 때, 이 개인시료 포집기의 포집유량은 약 몇 L/분인가? (단, 기타 조건은 고려하지 않는다.)
  ① 0.3   ② 3
  ③ 0.5   ④ 5

풀이 포집유량(L/min) $= \dfrac{0.5\text{L}}{\left(\dfrac{10.5\text{sec}+10\text{sec}+9.5\text{sec}}{3}\right)}$
$= \dfrac{0.5\text{L}}{10\text{sec} \times \text{min}/60\text{sec}}$
$= 3\text{L/min}$

31 누적소음노출량측정기를 사용하여 소음을 측정할 때, 우리나라 기준에 맞는 criteria 및 exchange rate는? (단, 고용노동부 고시 기준)
  ① criteria : 80dB, exchange rate : 5dB
  ② criteria : 80dB, exchange rate : 10dB
  ③ criteria : 90dB, exchange rate : 5dB
  ④ criteria : 90dB, exchange rate : 10dB

풀이 누적소음노출량측정기의 기기 설정
  ㉠ criteria = 90dB
  ㉡ exchange rate = 5dB
  ㉢ threshold = 80dB

정답 26.④ 27.④ 28.① 29.① 30.② 31.③

32 유량, 측정시간, 회수율 및 분석 등에 의한 오차가 각각 15%, 3%, 9%, 5%일 때, 누적 오차는 약 몇 %인가?

① 18.4　　② 20.3
③ 21.5　　④ 23.5

풀이 누적오차(E_c) = $\sqrt{15^2 + 3^2 + 9^2 + 5^2}$ = 18.44%

33 입자상 물질의 크기를 표시하는 방법 중 어떤 입자가 동일한 종단침강속도를 가지며 밀도가 1g/cm³인 가상적인 구형 직경을 무엇이라고 하는가?

① 페렛직경　　② 마틴직경
③ 질량중위직경　　④ 공기역학적 직경

풀이 공기역학적 직경(aero-dynamic diameter) 대상먼지와 침강속도가 같고 단위밀도가 1g/cm³이며, 구형인 먼지의 직경으로 환산된 직경을 말한다.

34 태양이 내리쬐지 않는 옥외작업장에서 자연습구온도가 24℃이고 흑구온도가 26℃일 때, 작업환경의 습구흑구온도지수는 어느 것인가?

① 21.6℃　　② 22.6℃
③ 23.6℃　　④ 24.6℃

풀이 습구흑구온도지수(WBGT)
WBGT(℃) = (0.7×24℃) + (0.3×26℃)
= 24.6℃

35 측정에서 사용되는 용어에 대한 설명이 틀린 것은? (단, 고용노동부 고시 기준)

① '검출한계'란 분석기기가 검출할 수 있는 가장 작은 양을 말한다.
② '정량한계'란 분석기기가 정성적으로 측정할 수 있는 가장 작은 양을 말한다.
③ '회수율'이란 여과지에 채취된 성분을 추출과정을 거쳐 분석 시 실제 검출되는 비율을 말한다.
④ '탈착효율'이란 흡착제에 흡착된 성분을 추출과정을 거쳐 분석 시 실제 검출되는 비율을 말한다.

풀이 고용노동부 고시 화학시험의 일반사항 중 용어
㉠ '함량이 될 때까지 건조하다 또는 강열한다'란 규정된 건조온도에서 1시간 더 건조 또는 강열할 때 전후 무게의 차가 매 g당 0.3mg 이하일 때를 말한다.
㉡ 시험조작 중 '즉시'란 30초 이내에 표시된 조작을 하는 것을 말한다.
㉢ '감압 또는 진공'이란 따로 규정이 없는 한 15mmHg 이하를 뜻한다.
㉣ '이상' '초과' '이하' '미만'이라고 기재하였을 때 '이(以)' 자가 쓰여진 쪽의 어느 것이나 기산점 또는 기준점인 숫자를 포함하며, '미만' 또는 '초과'는 기산점 또는 기준점의 숫자를 포함하지 않는다. 또 'a~b'라 표시한 것은 a 이상 b 이하를 말한다.
㉤ '바탕시험을 하여 보정한다'란 시료에 대한 처리 및 측정을 할 때, 시료를 사용하지 않고 같은 방법으로 조작한 측정치를 빼는 것을 말한다.
㉥ 중량을 '정확하게 단다'란 지시된 수치의 중량을 그 자릿수까지 단다는 것을 말한다.
㉦ '약'이란 그 무게 또는 부피에 대하여 ±10% 이상의 차가 있지 아니한 것을 말한다.
㉧ '검출한계'란 분석기기가 검출할 수 있는 가장 적은 양을 말한다.
㉨ '정량한계'란 분석기기가 정량할 수 있는 가장 적은 양을 말한다.
㉩ '회수율'이란 여과지에 채취된 성분을 추출과정을 거쳐 분석 시 실제 검출되는 비율을 말한다.
㉪ '탈착효율'이란 흡착제에 흡착된 성분을 추출과정을 거쳐 분석 시 실제 검출되는 비율을 말한다.

36 PVC 필터를 이용하여 먼지 포집 시 필터무게는 채취 후 18.115mg이며, 채취 전 무게는 14.316mg이었다. 이 때 공기채취량이 400L라면, 포집된 먼지의 농도는 약 몇 mg/m³인가? (단, 공시료의 무게 차이는 없었던 것으로 가정)

① 8.0　　② 9.5
③ 8,000　　④ 9,500

풀이 농도(mg/m³) = $\dfrac{(18.115 - 14.316)\text{mg}}{400\text{L} \times \text{m}^3/1{,}000\text{L}}$ = 9.50 mg/m³

정답 32.① 33.④ 34.④ 35.② 36.②

37 2차 표준기구와 가장 거리가 먼 것은?

① 폐활량계
② 열선기류계
③ 오리피스미터
④ 습식 테스트미터

풀이 공기채취기구의 보정에 사용되는 표준기구
(1) 1차 표준기구
  ㉠ 비누거품미터(soap bubble meter)
  ㉡ 폐활량계(spirometer)
  ㉢ 가스치환병(mariotte bottle)
  ㉣ 유리피스톤미터(glass piston meter)
  ㉤ 흑연피스톤미터(frictionless piston meter)
  ㉥ 피토튜브(pitot tube)
(2) 2차 표준기구
  ㉠ 로터미터(rotameter)
  ㉡ 습식 테스트미터(wet-test-meter)
  ㉢ 건식 가스미터(dry-gas-meter)
  ㉣ 오리피스미터(orifice meter)
  ㉤ 열선기류계(thermo anemometer)

38 다음 흡착제 중 가장 많이 사용되는 것은?

① 활성탄
② 실리카겔
③ 알루미나
④ 마그네시아

풀이 작업환경 측정 시 많이 이용하는 흡착관은 앞층이 100mg, 뒤층이 50mg으로 되어 있는데, 가장 많이 사용되는 흡착제는 활성탄이다.

39 다음 중 흡착제인 활성탄에 대한 설명과 가장 거리가 먼 것은?

① 비극성류 유기용제의 흡착에 효과적이다.
② 휘발성이 큰 저분자량의 탄화수소화합물의 채취효율이 떨어진다.
③ 표면의 산화력이 작기 때문에 반응성이 큰 알데히드의 포집에 효과적이다.
④ 케톤의 경우 활성탄 표면에서 물을 포함하는 반응에 의해 파괴되어 탈착률과 안정성에서 부적절하다.

풀이 활성탄은 표면의 산화력으로 인해 반응성이 큰 멜캅탄, 알데히드 포집에는 부적합하다.

40 100ppm을 %로 환산하면 몇 %인가?

① 1%
② 0.1%
③ 0.01%
④ 0.001%

풀이 $(\%) = 100\text{ppm} \times \dfrac{1\%}{10{,}000\text{ppm}} = 0.01\%$

제3과목 | 작업환경 관리

41 다음 입자상 물질의 종류 중 연마, 분쇄, 절삭 등의 작업공정에서 고형물질이 파쇄되어 발생되는 미세한 고체입자를 무엇이라 하는가?

① 흄(fume)
② 먼지(dust)
③ 미스트(mist)
④ 연기(smoke)

풀이 먼지(dust)
  ㉠ 입자의 크기가 비교적 큰 고체입자로 석탄, 재, 시멘트와 같이 물질의 운송처리 과정에서 방출되며, 톱밥, 모래흙과 같이 기계의 작동 및 분쇄에 의하여 방출되기도 한다.
  ㉡ 입자의 크기는 1~100μm 정도이다.

42 다음 중 고압환경에서 인체작용인 2차적인 가압현상에 관한 설명과 가장 거리가 먼 것은?

① 산소의 분압이 2기압을 넘으면 산소중독증세가 나타난다.
② 이산화탄소는 산소의 독성과 질소의 마취작용을 증가시킨다.
③ 질소의 분압이 2기압이 넘으면 근육경련, 정신혼란과 같은 현상이 발생한다.
④ 4기압 이상에서 공기 중의 질소가스는 마취작용을 나타내며, 작업력의 저하, 기분의 변화, 다행증을 일으킨다.

[풀이] **산소중독**
㉠ 산소의 분압이 2기압이 넘으면 산소중독증상을 보인다. 즉, 3~4기압의 산소 혹은 이에 상당하는 공기 중 산소분압에 의하여 중추신경계의 장애에 기인하는 운동장애를 나타내는데 이것을 산소중독이라 한다.
㉡ 수중의 잠수자는 폐압착증을 예방하기 위하여 수압과 같은 압력의 압축기체를 호흡하여야 하며, 이로 인한 산소분압 증가로 산소중독이 일어난다.
㉢ 고압산소에 대한 폭로가 중지되면 증상은 즉시 멈춘다. 즉, 가역적이다.
㉣ 1기압에서 순산소는 인후를 자극하나 비교적 짧은 시간의 폭로라면 중독증상은 나타나지 않는다.
㉤ 산소중독작용은 운동이나 이산화탄소로 인해 악화된다.
㉥ 수지나 족지의 작열통, 시력장애, 정신혼란, 근육경련 등의 증상을 보이며, 나아가서는 간질 모양의 경련을 나타낸다.

43 음원에서 10m 떨어진 곳에서 음압수준이 89dB(A)일 때, 음원에서 20m 떨어진 곳에서의 음압수준은 약 몇 dB(A)인가? (단, 점음원이고, 장해물이 없는 자유공간에서 구면상으로 전파한다고 가정)
① 77   ② 80
③ 83   ④ 86

[풀이]
$$SPL_1 - SPL_2 = 20\log\frac{r_2}{r_1}$$
$$SPL_2 = SPL_1 - 20\log\frac{r_2}{r_1} = 89dB(A) - 20\log\frac{20}{10}$$
$$= 83.0dB(A)$$

44 작업공정에서 발생되는 소음의 음압수준이 90dB(A)이고 근로자는 귀덮개(NRR=27)를 착용하고 있다면, 근로자에게 실제 노출되는 음압수준은 약 몇 dB(A)인가? (단, OSHA 기준)
① 98   ② 90
③ 85   ④ 80

[풀이] 차음효과=(NRR−7)×0.5=(27−7)×0.5=10dB(A)
노출 음압수준=90dB(A)−10dB(A)=80dB(A)

45 저온에 의한 생리반응 중 이차적인 생리적 반응으로 옳지 않은 것은?
① 혈압이 일시적으로 상승된다.
② 피부혈관의 수축으로 순환기능이 감소된다.
③ 말초혈관의 수축으로 표면조직의 냉각이 온다.
④ 근육활동이 감소하여 식욕이 떨어진다.

[풀이] **저온의 2차적 생리적 반응**
㉠ 말초혈관의 수축으로 표면조직의 냉각
㉡ 식욕 변화(식욕 항진)
㉢ 혈압 일시적 상승(혈류량 증가)
㉣ 피부혈관의 수축으로 순환기능 감소

46 체내로 흡입하게 되면 부식성이 강하여 점막 등에 침착되어 궤양을 유발하고 장기적으로 취급하면 비중격천공을 일으키는 물질은?
① 크롬   ② 수은
③ 아세톤   ④ 카드뮴

[풀이] **크롬에 의한 건강장애**
(1) 급성중독
  ㉠ 신장장애 : 과뇨증(혈뇨증) 후 무뇨증을 일으키며, 요독증으로 10일 이내에 사망
  ㉡ 위장장애
  ㉢ 급성폐렴
(2) 만성중독
  ㉠ 점막장애 : 비중격천공
  ㉡ 피부장애 : 피부궤양을 야기(둥근 형태의 궤양)
  ㉢ 발암작용 : 장기간 흡입에 의한 기관지암, 폐암, 비강암(6가 크롬) 발생
  ㉣ 호흡기장애 : 크롬폐증 발생

47 다음 중 인체가 느낄 수 있는 최저한계 기류의 속도는 약 몇 m/sec인가?
① 0.5   ② 1
③ 5   ④ 10

[풀이] 인체가 기류를 느끼고 측정할 수 있는 최저한계는 0.5m/sec이고, 기류는 대류 및 증발과 관계가 있다.

정답 43.③ 44.④ 45.④ 46.① 47.①

48 다음 중 실내오염원인 라돈에 관한 설명과 가장 거리가 먼 것은?

① 라돈가스는 호흡하기 쉬운 방사선 물질이다.
② 라돈은 폐암의 발생률을 높이고 있는 것으로 보고되었다.
③ 라돈가스는 공기보다 9배 무거워 지표에 가깝게 존재한다.
④ 핵폐기물장 주변 또는 핵발전소 부근에서 주로 방출되고 있다.

풀이 라돈
㉠ 자연적으로 존재하는 암석이나 토양에서 발생하는 thorium, uranium의 붕괴로 인해 생성되는 자연방사성 가스로 공기보다 9배가 무거워 지표에 가깝게 존재한다.
㉡ 무색, 무취, 무미한 가스로 인간의 감각에 의해 감지할 수 없다.
㉢ 라돈은 라듐의 α붕괴에서 발생하며, 호흡하기 쉬운 방사성 물질이다.
㉣ 라돈의 동위원소에는 Rn^{222}, Rn^{220}, Rn^{219}가 있으며, 이 중 반감기가 긴 Rn^{222}가 실내공간의 인체 위해성 측면에서 주요 관심대상이며, 지하공간에 더 높은 농도를 보인다.
㉤ 방사성 기체로서 지하수, 흙, 석고실드, 콘크리트, 시멘트나 벽돌, 건축자재 등에서 발생하여 폐암 등을 발생시킨다.

49 다음 중 작업환경 개선대책 중 격리에 대한 설명과 가장 거리가 먼 것은?

① 작업자와 유해요인 사이에 물체에 의한 장벽을 이용한다.
② 작업자와 유해요인 사이에 명암에 의한 장벽을 이용한다.
③ 작업자와 유해요인 사이에 거리에 의한 장벽을 이용한다.
④ 작업자와 유해요인 사이에 시간에 의한 장벽을 이용한다.

풀이 명암에 의한 대책은 격리와 무관하다.

50 다음 중 비교원성 진폐증의 종류로 가장 알맞은 것은?

① 규폐증
② 주석폐증
③ 석면폐증
④ 탄광부 진폐증

풀이 비교원성 진폐증 종류
㉠ 용접공폐증
㉡ 주석폐증
㉢ 바륨폐증
㉣ 칼륨폐증

51 방진마스크의 밀착성 시험 중 정량적인 방법에 관한 설명으로 옳은 것은?

① 간단하게 실험할 수 있다.
② 누설의 판정기준이 지극히 개인적이다.
③ 시험장치가 비교적 저가이며, 측정조작이 쉽다.
④ 일반적으로 보호구의 안과 밖에서 농도의 차이나 압력의 차이로 밀착정도를 수적인 방법으로 나타낸다.

풀이 밀착도 검사(fit test)
(1) 얼굴 피부 접촉면과 보호구 안면부가 적합하게 밀착되는지를 추정하는 것이다.
(2) 측정방법
㉠ 정성적인 방법(QLFT) : 냄새, 맛, 자극물질을 이용
㉡ 정량적인 방법(QNFT) : 보호구 안과 밖에서 농도, 압력의 차이
(3) 밀착계수(FF)
㉠ QNFT를 이용하여 밀착정도를 나타내는 것을 의미한다.
㉡ 보호구 안 농도(C_i)와 밖에서 농도(C_o)를 측정하는 비로 나타낸다.
㉢ 높을수록 밀착정도가 우수하여 착용자 얼굴에 적합하다.

52 소음방지를 위한 흡음재료의 선택 및 사용상 주의사항으로 틀린 것은?
① 막진동이나 판진동형의 것은 도장여부에 따라 흡음률의 차이가 크다.
② 실의 모서리나 가장자리 부분에 흡음재를 부착시키면 흡음효과가 좋아진다.
③ 다공질 재료는 산란되기 쉬우므로 표면을 얇은 직물로 피복하는 것이 바람직하다.
④ 흡음재료를 벽면에 부착할 때 한곳에 집중하는 것보다 전체 내벽에 분산하여 부착하는 것이 흡음력을 증가시킨다.

[풀이] 막진동이나 판진동형의 흡음재료는 도장여부에 따라 흡음률의 차이가 적다.

53 작업환경 개선대책 중 대체의 방법으로 옳지 않은 것은?
① 분체의 원료는 입자가 큰 것으로 바꾼다.
② 야광시계의 자판에서 라듐을 인으로 대체한다.
③ 금속제품 도장용으로 유기용제를 수용성 도료로 전환한다.
④ 아조염료의 합성에서 원료로 디클로로벤지딘을 사용하던 것을 방부기능의 벤지딘으로 바꾼다.

[풀이] 아조염료의 합성원료인 벤지딘을 디클로로벤지딘으로 전환하는 것이 옳다.

54 산소농도 단계별 증상 중 산소농도가 6~10%인 산소결핍 작업장에서의 증상으로 가장 적절한 것은?
① 순간적인 실신이나 혼수
② 계산 착오, 두통, 매스꺼움
③ 귀울림, 맥박수 증가, 호흡수 증가
④ 의식 상실, 안면 창백, 전신근육 경련

[풀이] 산소농도에 따른 신체장애

산소 농도(%)	산소분압 (mmHg)	동맥혈의 산소 포화도(%)	증상
12~16	90~120	85~89	호흡수 증가, 맥박 증가, 정신집중 곤란, 두통, 이명, 신체기능조절 손상 및 순환기장애자 초기증상 유발
9~14	60~105	74~87	불완전한 정신상태에 이르고 취한 것과 같으며, 당시의 기억상실, 전신 탈진, 체온 상승, 호흡장애, 청색증 유발, 판단력 저하
6~10	45~70	33~74	의식불명, 안면 창백, 전신근육 경련, 중추신경장애, 청색증 유발, 경련, 8분 내 100% 치명적, 6분 내 50% 치명적, 4~5분 내 치료로 회복 가능
4~6 및 이하	45 이하	33 이하	40초 내에 혼수상태, 호흡정지, 사망

55 다음 전리방사선의 종류 중 투과력이 가장 강한 것은?
① X선
② 중성자
③ 알파선
④ 감마선

[풀이] 인체 투과력 순서
중성자 > X선 or γ선 > β선 > α선

56 방사선에 감수성이 가장 낮은 인체조직은?
① 골수
② 근육
③ 생식선
④ 림프세포

[풀이] 전리방사선에 대한 감수성 순서

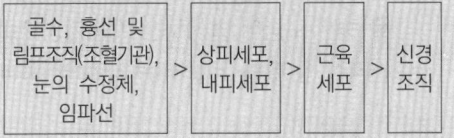

정답 52.① 53.④ 54.④ 55.② 56.②

57 작업환경 중에서 발생되는 분진에 대한 방진대책을 수립하고자 한다. 다음 중 분진 발생 방지대책으로 가장 적합한 방법은?
① 전체 환기
② 작업시간의 조정
③ 물 등에 의한 취급물질의 습식화
④ 방진마스크나 송기마스크에 의한 흡입 방지

풀이 분진작업장 환경관리
㉠ 습식작업
㉡ 발산원 밀폐
㉢ 대치(원재료 및 사용재료)
㉣ 방진마스크(개인보호구)

58 기계 A의 소음이 85dB(A), 기계 B의 소음이 84dB(A)일 때, 총 음압수준은 약 몇 dB(A)인가?
① 84.7
② 86.3
③ 87.5
④ 90.4

풀이 합성소음도($L_{합}$)
$L_{합} = 10\log(10^{8.5} + 10^{8.4}) = 87.54\text{dB(A)}$

59 할당보호계수가 25인 반면형 호흡기보호구를 구리흄이 존재하는 작업장에서 사용한다면 최대사용농도는 몇 mg/m³인가? (단, 허용농도는 0.3mg/m³이다.)
① 3.5
② 5.5
③ 7.5
④ 9.5

풀이 최대사용농도(MUC) = TLV × APF
= 0.3mg/m³ × 25 = 7.5mg/m³

60 깊은 물에서 올라오거나 감압실 내에서 감압을 하는 도중에 발생하는 기포형성으로 인해 건강상 문제를 유발하는 가스의 종류는?
① 질소
② 수소
③ 산소
④ 이산화탄소

풀이 감압 시 조직 내 질소기포 형성량에 영향을 주는 요인
(1) 조직에 용해된 가스량
체내 지방량, 고기압폭로의 정도와 시간으로 결정
(2) 혈류 변화정도(혈류를 변화시키는 상태)
㉠ 감압 시나 재감압 후에 생기기 쉽다.
㉡ 연령, 기온, 운동, 공포감, 음주와 관계가 있다.
(3) 감압속도

제4과목 | 산업환기

61 용융로 상부의 공기 용량은 200m³/min, 온도는 400℃, 1기압이다. 이것을 21℃, 1기압의 상태로 환산하면 공기의 용량은 약 몇 m³/min가 되겠는가?
① 82.6
② 87.4
③ 93.4
④ 116.6

풀이
$\dfrac{P_1 V_1}{T_1} = \dfrac{P_2 V_2}{T_2}$

공기 용량(V_2) = $V_1 \times \dfrac{T_2}{T_1} \times \dfrac{P_1}{P_2}$
= $200\text{m}^3/\text{min} \times \dfrac{273+21}{273+400} \times \dfrac{1}{1}$
= $87.37\text{m}^3/\text{min}$

62 다음 중 국소배기시스템에 설치된 충만실(plenum chamber)에 있어 가장 우선적으로 높여야 하는 효율의 종류는?
① 정압효율
② 집진효율
③ 배기효율
④ 정화효율

풀이 플레넘(plenum) : 충만실
㉠ 후드 뒷부분에 위치하며, 개구면 흡입유속의 강약을 작게 하여 일정하게 하므로 압력과 공기흐름을 균일하게 형성하는 데 필요한 장치이다.
㉡ 가능한 설치는 길게 한다.
㉢ 국소배기시스템에 설치된 충만실에 있어 가장 우선적으로 높여야 하는 효율은 배기효율이다.

정답 57.③ 58.③ 59.③ 60.① 61.② 62.③

63 전자부품을 납땜하는 공정에 외부식 국소배기장치를 설치하고자 한다. 후드의 규격은 400mm×400mm, 반송속도를 1,200m/min으로 하고자 할 때 덕트 내에서 속도압은 약 몇 mmH₂O인가? (단, 덕트 내의 온도는 21℃이며, 이때 가스의 밀도는 1.2kg/m³이다.)

① 24.5 ② 26.6
③ 27.4 ④ 28.5

[풀이]
$$속도압(VP) = \frac{\gamma V^2}{2g}$$
$$= \frac{1.2 \times (1,200 \text{m/min} \times \text{min/60sec})^2}{2 \times 9.8 \text{m/sec}^2}$$
$$= 24.49 \text{mmH}_2\text{O}$$

64 국소배기장치의 기본설계 시 가장 먼저 해야 하는 것은?

① 적정 제어풍속을 정한다.
② 후드의 형식을 선정한다.
③ 각각의 후드에 필요 송풍량을 계산한다.
④ 배관계통을 검토하고, 공기정화장치와 송풍기의 설치위치를 정한다.

[풀이] 국소배기장치의 설계순서

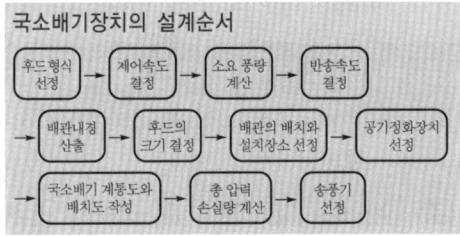

65 전자부품을 납땜하는 공정에 외부식 국소배기장치를 설치하고자 한다. 후드의 규격은 400mm×400mm, 제어거리(X)를 20cm, 제어속도(V_c)를 0.5m/sec로 하고자 할 때의 소요풍량(m³/min)보다 후드에 플랜지를 부착하여 공간에 설치하면 소요풍량(m³/min)은 얼마나 감소하는가?

① 1.2 ② 2.2
③ 3.2 ④ 4.2

[풀이]
소요풍량(Q)
$Q = V_c(10X^2 + A)$
$= 0.5 \text{m/sec} \times [(10 \times 0.2^2)\text{m}^2 + (0.4 \times 0.4)\text{m}^2]$
$\times 60 \text{sec/min}$
$= 16.8 \text{m}^3/\text{min}$
감소 소요풍량(Q')
$Q' = 16.8 \text{m}^3/\text{min} \times 0.25 = 4.2 \text{m}^3/\text{min}$

66 그림과 같이 Q_1과 Q_2에서 유입된 기류가 합류관인 Q_3로 흘러갈 때, Q_3의 유량(m³/min)은 약 얼마인가? (단, 합류와 확대에 의한 압력손실은 무시한다.)

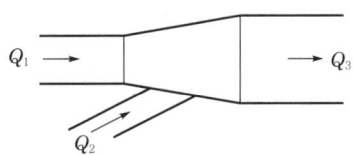

구 분	직경(mm)	유속(m/sec)
Q_1	200	10
Q_2	150	14
Q_3	350	-

① 33.7 ② 36.3
③ 38.5 ④ 40.2

[풀이]
- $Q_3 = Q_1 + Q_2$
- $Q_1 = \left(\frac{3.14 \times 0.2^2}{4}\right)\text{m}^2 \times 10\text{m/sec}$
  $= 0.314 \text{m}^3/\text{sec} \times 60\text{sec/min} = 18.84 \text{m}^3/\text{min}$
- $Q_2 = \left(\frac{3.14 \times 0.15^2}{4}\right)\text{m}^2 \times 14\text{m/sec}$
  $= 0.247 \text{m}^3/\text{sec} \times 60\text{sec/min} = 14.84 \text{m}^3/\text{min}$
∴ $18.84 + 14.84 = 33.68 \text{m}^3/\text{min}$

67 사염화에틸렌 2,000ppm이 공기 중에 존재한다면 공기와 사염화에틸렌 혼합물의 유효비중(effective specific gravity)은 얼마인가? (단, 사염화에틸렌의 증기비중은 5.70이다.)

① 1.0094 ② 1.823
③ 2.342 ④ 3.783

[풀이]
$$유효비중 = \frac{(5.7 \times 2,000) + (1.0 \times 998,000)}{1,000,000} = 1.0094$$

정답 63.① 64.② 65.④ 66.① 67.①

68 전체환기 방식에 대한 설명 중 틀린 것은?
① 자연환기는 기계환기보다 보수가 용이하다.
② 효율적인 자연환기는 냉방비 절감효과가 있다.
③ 청정공기가 필요한 작업장은 실내압을 양압(+)으로 유지한다.
④ 오염이 높은 작업장은 실내압을 매우 높은 양압(+)으로 유지하여야 한다.

풀이
(1) 급배기법
  ㉠ 급·배기를 동력에 의해 운전한다.
  ㉡ 가장 효과적인 인공환기 방법이다.
  ㉢ 실내압을 양압이나 음압으로 조정 가능하다.
  ㉣ 정확한 환기량이 예측 가능하며, 작업환경 관리에 적합하다.
(2) 급기법
  ㉠ 급기는 동력, 배기는 개구부로 자연배출한다.
  ㉡ 고온작업장에 많이 사용한다.
  ㉢ 실내압은 양압으로 유지되어 청정산업(전자산업, 식품산업, 의약산업)에 적용한다.
  ㉣ 청정공기가 필요한 작업장은 실내압을 양압(+)으로 유지한다.
(3) 배기법
  ㉠ 급기는 개구부, 배기는 동력으로 한다.
  ㉡ 실내압은 음압으로 유지되어 오염이 높은 작업장에 적용한다.
  ㉢ 오염이 높은 작업장은 실내압을 음압(−)으로 유지해야 한다.

69 국소배기장치의 압력손실이 증가되는 경우가 아닌 것은?
① 덕트를 길게 한다.
② 덕트의 직경을 줄인다.
③ 덕트를 급격하게 구부린다.
④ 곡관의 곡률반경을 크게 한다.

풀이 곡관 압력손실
㉠ 곡관 압력손실은 곡관의 덕트 직경(D)과 곡률반경(R)의 비, 즉 곡률반경비(R/D)에 의해 주로 좌우되며, 곡관의 크기, 모양, 속도, 연결, 덕트 상태에 의해서도 영향을 받는다.
㉡ 곡관의 반경비(R/D)를 크게 할수록 압력손실이 적어진다.
㉢ 곡관의 구부러지는 경사는 가능한 한 완만하게 하도록 하고 구부러지는 관의 중심선의 반지름(R)이 송풍관 직경의 2.5배 이상이 되도록 한다.

70 제어속도의 범위를 선택할 때 고려되는 사항으로 가장 거리가 먼 것은?
① 근로자 수
② 작업장 내 기류
③ 유해물질의 사용량
④ 유해물질의 독성

풀이 제어속도 결정 시 고려사항
㉠ 유해물질의 비산방향(확산상태)
㉡ 유해물질의 비산거리(후드에서 오염원까지 거리)
㉢ 후드의 형식(모양)
㉣ 작업장 내 방해기류(난기류의 속도)
㉤ 유해물질의 성상(종류) : 유해물질의 사용량 및 독성

71 정압, 속도압, 전압에 관한 설명 중 틀린 것은 어느 것인가?
① 정압이 대기압 보다 높으면 (+)압력이다.
② 정압이 대기압 보다 낮으면 (−)압력이다.
③ 정압과 속도압의 합을 총압 또는 전압이라고 한다.
④ 공기흐름이 기인하는 속도압은 항상 (−)압력이다.

풀이 속도압(동압)은 공기의 운동에너지에 비례하여 항상 0 또는 양압을 갖는다. 즉, 동압은 공기가 이동하는 힘으로 항상 0 이상이다.

72 유입계수(C_e)가 0.6인 플랜지 부착 원형후드가 있다. 이때 후드의 유입손실계수(F_h)는 얼마인가?
① 0.52
② 0.98
③ 1.26
④ 1.78

풀이 유입손실계수 = $\dfrac{1}{C_e^2} - 1 = \dfrac{1}{0.6^2} - 1 = 1.78$

73 에너지절약의 일환으로 실내공기를 재순환시켜 외부공기와 혼합하여 공급하는 경우가 많다. 재순환공기 중 CO_2의 농도가 700ppm, 급기 중 CO_2의 농도가 600ppm이었다면, 급기 중 외부공기의 함량은 몇 %인가? (단, 외부공기 중 CO_2의 농도는 300ppm이다.)

① 25%   ② 43%
③ 50%   ④ 86%

풀이 급기 중 재순환량(%)
$$= \frac{\text{급기공기 중 } CO_2 \text{ 농도} - \text{외부공기 중 } CO_2 \text{ 농도}}{\text{재순환공기 중 } CO_2 \text{ 농도} - \text{외부공기 중 } CO_2 \text{ 농도}} \times 100$$
$$= \frac{600-300}{700-300} \times 100 = 75\%$$
급기 중 외부공기 포함량(%) = 100 - 75 = 25%

74 송풍기 상사법칙과 관련이 없는 것은?

① 송풍량   ② 축동력
③ 회전수   ④ 덕트의 길이

풀이 송풍기의 상사법칙
(1) 회전수비
 ㉠ 풍량은 회전수비에 비례
 ㉡ 풍압은 회전수비의 제곱에 비례
 ㉢ 동력은 회전수비의 세제곱에 비례
(2) 임펠러 직경비
 ㉠ 풍량은 임펠러 직경비의 세제곱에 비례
 ㉡ 풍압은 임펠러 직경비의 제곱에 비례
 ㉢ 동력은 임펠러 직경비의 오제곱에 비례

75 사무실 직원이 모두 퇴근한 직후인 오후 6시에 측정한 공기 중 CO_2 농도는 1,200ppm, 사무실이 빈 상태로 3시간이 경과한 오후 9시에 측정한 CO_2 농도는 400ppm이었다면, 이 사무실의 시간당 공기교환횟수는? (단, 외부공기 중 CO_2 농도는 330ppm으로 가정)

① 0.68   ② 0.84
③ 0.93   ④ 1.26

풀이 시간당 공기교환횟수
$$= \frac{\ln(\text{측정초기 농도} - \text{외부 } CO_2 \text{ 농도}) - \ln(\text{시간경과 후 } CO_2 \text{ 농도} - \text{외부 } CO_2 \text{ 농도})}{\text{경과된 시간}}$$
$$= \frac{\ln(1,200-330) - \ln(400-330)}{3hr}$$
$$= 0.84회(\text{시간당})$$

76 전기집진기(ESP, electrostatic precipitator)의 장점이라고 볼 수 없는 것은?

① 좁은 공간에서도 설치가 가능하다.
② 보일러와 철강로 등에 설치할 수 있다.
③ 약 500℃ 전후 고온의 입자상 물질도 처리가 가능하다.
④ 넓은 범위의 입경과 분진의 농도에서 집진효율이 높다.

풀이 전기집진장치의 장·단점
(1) 장점
 ㉠ 집진효율이 높다(0.01μm 정도 포집 용이, 99.9% 정도 고집진효율).
 ㉡ 광범위한 온도범위에서 적용이 가능하며, 폭발성 가스의 처리도 가능하다.
 ㉢ 고온의 입자성 물질(500℃ 전후) 처리가 가능하여 보일러와 철강로 등에 설치할 수 있다.
 ㉣ 압력손실이 낮고, 대용량의 가스처리가 가능하며, 배출가스의 온도강하가 적다.
 ㉤ 운전 및 유지비가 저렴하다.
 ㉥ 회수가치 입자포집에 유리하며, 습식 및 건식으로 집진할 수 있다.
 ㉦ 넓은 범위의 입경과 분진농도에 집진효율이 높다.
(2) 단점
 ㉠ 설치비용이 많이 든다.
 ㉡ 설치공간을 많이 차지한다.
 ㉢ 설치된 후에는 운전조건의 변화에 유연성이 적다.
 ㉣ 먼지성상에 따라 전처리시설이 요구된다.
 ㉤ 분진포집에 적용되며, 기체상 물질 제거에는 곤란하다.
 ㉥ 전압변동과 같은 조건변동(부하변동)에 쉽게 적응이 곤란하다.
 ㉦ 가연성 입자의 처리가 곤란하다.

정답 73.① 74.④ 75.② 76.①

77 건조공기가 원형식 관내를 흐르고 있다. 속도압이 6mmH₂O이면 풍속은 약 얼마인가? (단, 건조공기의 비중량은 1.2kg_f/m³이며, 표준상태이다.)

① 5m/sec
② 10m/sec
③ 15m/sec
④ 20m/sec

풀이
$$VP = \frac{\gamma V^2}{2g}$$
$$V(\text{m/sec}) = \sqrt{\frac{VP \times 2g}{\gamma}}$$
$$= \sqrt{\frac{6 \times 2 \times 9.8}{1.2}} = 9.90 \text{m/sec}$$

78 국소배기장치의 설계 시 송풍기의 동력을 결정할 때 가장 필요한 정보는?

① 송풍기 동압과 가격
② 송풍기 동압과 효율
③ 송풍기 전압과 크기
④ 송풍기 전압과 필요송풍량

풀이
송풍기 동력(kW) = $\frac{Q \times \Delta P}{6{,}120 \times \eta} \times \alpha$

여기서, Q : 송풍량(m³/min)
ΔP : 송풍기 유효전압(전압, 정압)(mmH₂O)
η : 송풍기 효율(%)
α : 안전인자(여유율)

79 블로다운(blow down) 효과와 관련이 있는 공기정화장치는?

① 전기집진장치
② 원심력집진장치
③ 중력집진장치
④ 관성력집진장치

풀이 블로다운(blow-down)
(1) 정의
사이클론의 집진효율을 향상시키기 위한 하나의 방법으로서 더스트박스 또는 호퍼부에서 처리가스의 5~10%를 흡인하여 선회기류의 교란을 방지하는 운전방식
(2) 효과
㉠ 사이클론 내의 난류현상을 억제시킴으로써 집진된 먼지의 비산을 방지(유효원심력 증대)
㉡ 집진효율 증대
㉢ 장치 내부의 먼지 퇴적을 억제하여 장치의 폐쇄현상 방지(가교현상 방지)

80 작업공정에는 이상이 없다고 가정할 때, 다음의 후드를 효율이 가장 우수한 것부터 나쁜 순으로 나열한 것은? (단, 제어속도는 1m/sec, 제어거리는 0.5m, 개구면적은 2m²로 동일)

㉮ 포위식 후드
㉯ 테이블에 고정된 플랜지가 붙은 외부식 후드
㉰ 자유공간에 설치된 외부식 후드
㉱ 자유공간에 설치된 플랜지가 붙은 외부식 후드

① ㉮ → ㉰ → ㉯ → ㉱
② ㉯ → ㉮ → ㉰ → ㉱
③ ㉮ → ㉯ → ㉱ → ㉰
④ ㉯ → ㉮ → ㉱ → ㉰

풀이 후드 효율
포위식 후드 > 외부식 후드(테이블 고정, 플랜지 부착) > 외부식 후드(자유공간, 플랜지 부착) > 외부식 후드(자유공간, 플랜지 미부착)

제2회 산업위생관리산업기사

과년도 출제문제 | 2018.04.28

제1과목 | 산업위생학 개론

01 다음의 설명에서 ( ) 안에 들어갈 용어로 맞는 것은?

( )는 대류현상에 의해 발생하는 공기의 흐름을 뜻한다. 따뜻한 공기가 건물의 상층에서 새어나올 경우 실내공기는 하층에서 고층으로 이동하며 외부공기는 건물 저층의 입구를 통해 안으로 들어오게 된다. 이 ( )의 공기흐름은 계단 같은 수직공간, 엘리베이터의 통로, 기타 다른 구멍을 통해 층 사이에 오염물질을 이동시킬 수 있다.

① 연돌효과(stack effect)
② 균형효과(balance effect)
③ 호손효과(Hawthorne effect)
④ 공기연령효과(air-age effect)

풀이 연돌효과(stack effect)
건물 내·외부 공기의 밀도 차이로 인한 압력차에 의해 발생하는 공기의 흐름으로 압력차로 인하여 건물 내부로 들어온 공기의 흐름이 연돌(굴뚝)의 흐름과 유사하여 연돌효과라 한다.

02 다음 중 산업피로의 예방과 회복 대책으로 틀린 것은?
① 작업환경을 정리정돈한다.
② 커피, 홍차 또는 엽차를 마신다.
③ 적절한 간격으로 휴식시간을 둔다.
④ 작업속도를 가능한 늦게 하여 정적작업이 되도록 한다.

풀이 산업피로 예방대책
㉠ 커피, 홍차, 엽차 및 비타민 B_1은 피로회복에 도움이 되므로 공급한다.
㉡ 작업과정에 적절한 간격으로 휴식기간을 두고 충분한 영양을 취한다.
㉢ 작업환경을 정비·정돈한다.
㉣ 불필요한 동작을 피하고, 에너지 소모를 적게 한다.
㉤ 동적인 작업을 늘리고, 정적인 작업을 줄인다.
㉥ 개인의 숙련도에 따라 작업속도와 작업량을 조절한다(단위시간당 적정작업량을 도모하기 위하여 일 또는 월간 작업량을 적정화하여야 함).
㉦ 작업시간 중 또는 작업 전후에 간단한 체조나 오락시간을 갖는다.
㉧ 장시간 한 번 휴식하는 것보다 단시간씩 여러 번 나누어 휴식하는 것이 피로회복에 도움이 된다(정신신경작업에 있어서는 몸을 가볍게 움직이는 휴식이 좋음).
㉨ 과중한 육체적 노동은 기계화하여 육체적 부담을 줄인다.
㉩ 충분한 수면은 피로예방과 회복에 효과적이다.
㉪ 작업자세를 적정하게 유지하는 것이 좋다.

03 상시근로자가 300명인 신발 및 신발부품 제조업에서 산업안전보건법에 따라 선임하여야 하는 보건관리자에 관한 설명으로 옳은 것은?
① 선임하여야 하는 보건관리자의 수는 1명 이상이다.
② 보건관련 전공자 2명을 보건관리자로 선임하여야 한다.
③ 보건관리자의 자격을 가진 2명의 보건관리자를 선임하여야 하며, 그 중 1명은 의사나 간호사이어야 한다.
④ 보건관리자의 자격을 가진 3명의 보건관리자를 선임하여야 하며, 그 중 1명은 의사나 간호사이어야 한다.

정답 01.① 02.④ 03.①

[풀이] 신발 및 신발부품 제조업에서 상시근로자 50명 이상 500명 미만인 경우 보건관리자의 수는 1명 이상이다.

04 직업성 질환을 인정할 때 고려해야 할 사항으로 틀린 것은?
① 업무상 재해라고 할 수 있는 사건의 유무
② 작업환경과 그 작업에 종사한 기간 또는 유해작업의 정도
③ 같은 작업장에서 비슷한 증상을 나타내는 환자의 발생 유무
④ 의학상 특징적으로 나타나는 예상되는 임상검사 소견의 유무

[풀이] **직업성 질환을 인정할 때 고려사항(직업병 판단 시 참고자료)**
다음 사항을 조사하여 종합 판정한다.
㉠ 작업내용과 그 작업에 종사한 기간 또는 유해작업의 정도
㉡ 작업환경, 취급원료, 중간체, 부산물 및 제품 자체 등의 유해성 유무 또는 공기 중 유해물질의 농도
㉢ 유해물질에 의한 중독증
㉣ 직업병에서 특유하게 볼 수 있는 증상
㉤ 의학상 특징적으로 발생 예상되는 임상검사 소견의 유무
㉥ 유해물질에 폭로된 때부터 발병까지의 시간적 간격 및 증상의 경로
㉦ 발병 전의 신체적 이상
㉧ 과거 질병의 유무
㉨ 비슷한 증상을 나타내면서 업무에 기인하지 않은 다른 질환과의 상관성
㉩ 같은 작업장에서 비슷한 증상을 나타내면서도 업무에 기인하지 않은 다른 질환과의 상관성
㉪ 같은 작업장에서 비슷한 증상을 나타내는 환자의 발생 여부

05 사업주는 사업장에 쓰이는 모든 대상화학물질에 대한 물질안전보건자료를 취급근로자가 쉽게 볼 수 있도록 비치 및 게시하여야 한다. 비치 및 게시를 하기 위한 장소로 잘못된 것은?
① 대상화학물질 취급작업 공정 내
② 사업장 내 근로자가 가장 보기 쉬운 장소
③ 안전사고 또는 직업병 발생 우려가 있는 장소
④ 위급상황 시 보건관리자가 바로 활용할 수 있는 문서보관실

[풀이] 사업주는 사업장에 쓰이는 모든 대상화학물질에 대한 물질안전보건자료를 취급근로자가 쉽게 볼 수 있는 다음의 장소 중 어느 하나 이상의 장소에 게시 또는 갖추어 두고 정기 또는 수시로 점검·관리하여야 한다.
㉠ 대상화학물질 취급작업 공정 내
㉡ 안전사고 또는 직업병 발생 우려가 있는 장소
㉢ 사업장 내 근로자가 가장 보기 쉬운 장소

06 운반작업을 하는 젊은 근로자의 약한 손(오른손잡이의 경우 왼손)의 힘은 40kP이다. 이 근로자가 무게 10kg인 상자를 두 손으로 들어 올릴 경우 적정작업시간은 약 몇 분인가? (단, 공식은 $671,120 \times 작업강도^{-2.222}$를 적용)
① 25분
② 41분
③ 55분
④ 122분

[풀이] $\%MS = \dfrac{RF}{MS} \times 100 = \dfrac{5}{40} \times 100 = 12.5\%MS$

적정작업시간(min) $= 671,120 \times \%MS^{-2.222}$
$= 671,120 \times 12.5^{-2.222}$
$= 2451.69\text{sec} \times \text{min}/60\text{sec}$
$= 40.86\text{min}$

정답 04.① 05.④ 06.②

07 다음 약어의 용어들은 무엇을 평가하는 데 사용되는가?

> OWAS, RULA, REBA, JSI

① 직무 스트레스 정도
② 근골격계 질환의 위험요인
③ 뇌심혈관계 질환의 정량적 분석
④ 작업장 국소 및 전체 환기효율 비교

풀이 누적외상성 질환의 위험요인 평가도구
㉠ OWAS
㉡ RULA
㉢ JSI
㉣ REBA
㉤ NLE
㉥ WAC
㉦ PATH

08 산업위생분야에 관련된 단체와 그 약자를 연결한 것으로 틀린 것은?

① 영국산업위생학회 – BOHS
② 미국산업위생학회 – ACGIH
③ 미국직업안전위생관리국 – OSHA
④ 미국국립산업안전보건연구원 – NIOSH

풀이 미국산업위생학회 : AIHA

09 산업안전보건법의 '사무실 공기관리지침'에서 오염물질 관리기준이 설정되지 않은 것은?

① 총부유세균   ② CO(일산화탄소)
③ SO_2(이산화황) ④ CO_2(이산화탄소)

풀이 사무실 공기관리지침 오염물질 대상항목
㉠ 미세먼지(PM 10)
㉡ 초미세먼지(PM 2.5)
㉢ 일산화탄소(CO)
㉣ 이산화탄소(CO_2)
㉤ 이산화질소(NO_2)
㉥ 포름알데히드(HCHO)
㉦ 총휘발성 유기화합물(TVOC)
㉧ 라돈(radon)
㉨ 총부유세균
㉩ 곰팡이

10 인간공학에서 적용하는 정적치수(static dimensions)에 관한 설명으로 틀린 것은?

① 동적인 치수에 비하여 데이터가 적다.
② 일반적으로 표(table)의 형태로 제시된다.
③ 구조적 치수로 정적자세에서 움직이지 않는 피측정자를 인체계측기로 측정한 것이다.
④ 골격치수(팔꿈치와 손목 사이와 같은 관절 중심거리 등)와 외곽치수(머리둘레 등)로 구성된다.

풀이 인간공학에 적용되는 인체 측정방법
(1) 정적 치수(static dimension)
㉠ 구조적 인체치수라고도 한다.
㉡ 정적 자세에서 움직이지 않는 피측정자를 인체계측기로 측정한 것이다.
㉢ 골격치수(팔꿈치와 손목 사이와 같은 관절 중심거리)와 외곽치수(머리둘레, 허리둘레 등)로 구성된다.
㉣ 보통 표(table)의 형태로 제시된다.
㉤ 동적인 치수에 비하여 데이터 수가 많다.
㉥ 구조적 인체치수의 종류로는 팔길이, 앉은키, 눈높이 등이 있다.
(2) 동적 치수(dynamic dimension)
㉠ 기능적 치수라고도 한다.
㉡ 육체적인 활동을 하는 상황에서 측정한 치수이다.
㉢ 정적인 데이터로부터 기능적 인체치수로 환산하는 일반적인 원칙은 없다.
㉣ 다양한 움직임을 표로 제시하기 어렵다.
㉤ 정적인 치수에 비하여 상대적으로 데이터가 적다.

11 미국국립산업안전보건연구원에서는 중량물 취급작업에 대하여 감시기준(Action Limit)과 최대허용기준(Maximum Permissible Limit)을 설정하여 권고하고 있다. 감시기준이 30kg일 때 최대허용기준은 얼마인가?

① 45kg   ② 60kg
③ 75kg   ④ 90kg

풀이 최대허용기준(MPL)=감시기준(AL)×3
=30kg×3=90kg

정답 07.② 08.② 09.③ 10.① 11.④

12 산업안전보건법령상 보건관리자의 자격과 선임제도에 대한 설명으로 틀린 것은?

① 상시근로자 100인 이상 사업장은 보건관리자의 자격기준에 해당하는 자 중 1인 이상을 보건관리자로 선임하여야 한다.
② 보건관리대행은 보건관리자의 직무인 보건관리를 전문으로 행하는 외부기관에 위탁하여 수행하는 제도로 1990년부터 법적 근거를 갖고 시행되고 있다.
③ 작업환경상에 유해요인이 상존하는 제조업은 근로자의 수가 2,000명을 초과하는 경우에 「의료법」에 따른 의사 또는 간호사인 보건관리자 1인을 포함하는 2인의 보건관리자를 선임하여야 한다.
④ 보건관리자의 자격기준은 의료법에 의한 의사 또는 간호사, 산업안전보건법에 의한 산업보건지도사, 국가기술자격법에 의한 산업위생관리산업기사 또는 환경관리산업기사(대기분야에 한함) 등이다.

풀이 산업안전보건법상 최소 50인 이상 상시근로자 사업장은 1인 이상의 보건관리자를 선임하여야 한다.

13 화학물질이 2종 이상 혼재하는 경우, 다음 공식에 의하여 계산된 티값이 1을 초과하지 아니하면 기준치를 초과하지 아니하는 것으로 인정할 때, 이 공식을 적용하기 위하여 각각의 물질 사이의 관계는 어떤 작용을 하여야 하는가? (단, C는 화학물질 각각의 측정치, T는 화학물질 각각의 노출기준을 의미한다.)

$$EI = \frac{C_1}{T_1} + \frac{C_2}{T_2} + \cdots + \frac{C_n}{T_n}$$

① 가승작용(potentiation)
② 상가작용(additive effect)
③ 상승작용(synergistic effect)
④ 길항작용(antagonistic effect)

풀이 혼합물의 상가작용
화학물질이 2종 이상 혼재하는 경우 혼재하는 물질 간에 유해성이 인체의 서로 다른 부위에 작용한다는 증거가 없는 한 유해작용은 가중되므로 노출기준은 다음 식에 의하여 산출하는 수치가 1을 초과하지 아니하는 것으로 한다.

$$\frac{C_1}{T_1} + \frac{C_2}{T_2} + \cdots + \frac{C_n}{T_n}$$

여기서, C : 화학물질 각각의 측정치
T : 화학물질 각각의 노출기준

14 인조견, 셀로판 등에 이용되고 실험실에서 추출용 등의 시약으로 쓰이며 장기간에 걸쳐 고농도로 폭로되면 기질적 뇌손상, 말초신경병, 신경행동학적 이상, 시각·청각 장애 등이 발생하는 유기용제는 어느 것인가?

① 벤젠
② 사염화탄소
③ 메탄올
④ 이황화탄소

풀이 이황화탄소(CS_2)
㉠ 상온에서 무색 무취의 휘발성이 매우 높은(비점 46.3℃) 액체이며, 인화·폭발의 위험성이 있다.
㉡ 주로 인조견(비스코스레이온)과 셀로판 생산 및 농약공장, 사염화탄소 제조, 고무제품의 용제 등에서 사용된다.
㉢ 지용성 용매로 피부로도 흡수되며, 독성작용으로는 급성 혹은 아급성 뇌병증을 유발한다.
㉣ 말초신경장애 현상으로 파킨슨증후군을 유발하며, 급성마비, 두통, 신경증상 등도 나타난다(감각 및 운동신경 모두 유발).
㉤ 급성으로 고농도 노출 시 사망할 수 있고 1,000ppm 수준에서 환상을 보는 정신이상을 유발(기질적 뇌손상, 말초신경병, 신경행동학적 이상)하며, 심한 경우 불안, 분노, 자살 성향 등을 보이기도 한다.
㉥ 만성 독성으로는 뇌경색증, 다발성신경염, 협심증, 신부전증 등을 유발한다.

15 전신피로에 있어 생리학적 원인에 해당하지 않는 것은?

① 산소공급 부족
② 체내 젖산농도의 감소
③ 혈중 포도당농도의 저하
④ 근육 내 글리코겐량의 감소

[풀이] **전신피로의 원인**
㉠ 산소공급 부족
㉡ 혈중 포도당농도 저하(가장 큰 원인)
㉢ 혈중 젖산농도 증가
㉣ 근육 내 글리코겐 양의 감소
㉤ 작업강도의 증가

16 호기적 산화를 도와서 근육의 열량공급을 원활하게 해 주기 때문에 근육노동에 있어서 특히 주의해서 보충해 주어야 하는 것은?

① 비타민 A
② 비타민 C
③ 비타민 B_1
④ 비타민 D_4

[풀이] **비타민 B_1**
㉠ 부족 시 각기병, 신경염을 유발한다.
㉡ 작업강도가 높은 근로자의 근육에 호기적 산화를 촉진시켜 근육의 열량공급을 원활히 해 주는 영양소이다.
㉢ 근육운동(노동) 시 보급해야 한다.

17 산업위생전문가가 지켜야 할 윤리강령 중 "기업주와 고객에 대한 책임"에 관한 내용에 해당하는 것은?

① 신뢰를 중요시하고, 결과와 권고사항을 정확히 보고한다.
② 산업위생전문가의 첫 번째 책임은 근로자의 건강을 보호하는 것임을 인식한다.
③ 건강에 유해한 요소들을 측정, 평가, 관리하는 데 객관적인 태도를 유지한다.
④ 건강의 유해요인에 대한 정보와 필요한 예방대책에 대해 근로자들과 상담한다.

[풀이] **기업주와 고객에 대한 책임**
㉠ 결과 및 결론을 뒷받침할 수 있도록 정확한 기록을 유지하고 산업위생사업을 전문가답게 전문 부서들을 운영·관리한다.
㉡ 기업주와 고객보다는 근로자의 건강보호에 궁극적 책임을 두어 행동한다.
㉢ 쾌적한 작업환경을 조성하기 위하여 산업위생의 이론을 적용하고 책임 있게 행동한다.
㉣ 신뢰를 바탕으로 정직하게 권하고 성실한 자세로 충고하며 결과와 개선점 및 권고사항을 정확히 보고한다(신뢰를 중요시하고, 결과와 권고사항에 대하여 사전 협의하도록 한다).

18 ILO와 WHO 공동위원회의 산업보건에 대한 정의와 가장 관계가 적은 것은?

① 작업조건으로 인한 질병을 치료하는 학문과 기술
② 작업이 인간에게, 또 일하는 사람이 그 직무에 적합하도록 마련하는 것
③ 근로자를 생리적으로나 심리적으로 적합한 작업환경에 배치하여 일하도록 하는 것
④ 모든 직업에 종사하는 근로자들의 육체적, 정신적, 사회적 건강을 고도로 유지 증진시키는 것

[풀이] **산업보건의 정의**
(1) 기관
세계보건기구(WHO)와 국제노동기구(ILO) 공동위원회
(2) 정의
㉠ 근로자들의 육체적, 정신적, 사회적 건강을 고도로 유지, 증진
㉡ 작업조건으로 인한 질병 예방 및 건강에 유해한 취업을 방지
㉢ 근로자를 생리적, 심리적으로 적합한 작업환경(직무)에 배치
(3) 기본 목표
질병의 예방

19 스트레스(stress)는 외부의 스트레스 요인(stressor)에 의해 신체에 항상성이 파괴되면서 나타나는 반응이다. 다음의 설명 중 (   )에 해당하는 용어로 맞는 것은 어느 것인가?

> 인간은 스트레스 상태가 되면 부신피질에서 (   )이라는 호르몬이 과잉 분비되어 뇌의 활동 등을 저해하게 된다.

① 코티졸(cortisol)
② 도파민(dopamine)
③ 옥시토신(oxytocin)
④ 아드레날린(adrenalin)

정답 16.③ 17.① 18.① 19.①

[풀이] 스트레스(stress)
㉠ 인체에 어떠한 자극이건 간에 체내의 호르몬계를 중심으로 한 특유의 반응이 일어나는 것을 적응 증상군이라 하며, 이러한 상태를 스트레스라고 한다.
㉡ 외부의 스트레서(stressor)에 의해 신체에 항상성이 파괴되면서 나타나는 반응이다.
㉢ 인간은 스트레스 상태가 되면 부신피질에서 코티솔(cortisol)이라는 호르몬이 과잉분비되어 뇌의 활동 등을 저하하게 된다.
㉣ 위험이던 환경특성에 대한 개인의 반응이다.
㉤ 스트레스가 아주 없거나 너무 많을 때에는 역기능 스트레스로 작용한다.
㉥ 환경의 요구가 개인의 능력한계를 벗어날 때 발생하는 개인과 환경과의 불균형상태이다.
㉦ 스트레스를 지속적으로 받게 되면 인체는 자기 조절능력을 상실하여 스트레스로부터 벗어나지 못하고 심신장애 또는 다른 정신적 장애가 나타날 수 있다.

20 작업에 소모된 열량이 4,500kcal, 안정 시 열량이 1,000kcal, 기초대사량이 1,500kcal일 때, 실동률은 약 얼마인가? (단, 사이토(齋藤)와 오시마(大島) 경험식 적용)
① 70.0%   ② 73.3%
③ 84.4%   ④ 85.0%

[풀이]
$$RMR = \frac{\text{작업대사량}}{\text{기초대사량}} = \frac{(4,500-1,000)\text{kcal}}{1,500\text{kcal}} = 2.33$$
∴ 실동률(%) = $85 - (5 \times RMR) = 85 - (5 \times 2.33) = 73.35\%$

제2과목 | 작업환경 측정 및 평가

21 일반적인 사람이 느끼는 최소진동역치는 얼마인가?
① 55±5dB   ② 70±5dB
③ 90±5dB   ④ 105±5dB

[풀이] 인간이 느끼는 최소진동역치
55±5dB

22 고체포집법에 관한 설명으로 틀린 것은?
① 시료공기를 흡착력이 강한 고체의 작은 입자층을 통과시켜 포집하는 방법이다.
② 실리카겔은 산과 같은 극성물질의 포집에 사용되며 수분의 영향을 거의 받지 않으므로 널리 사용된다.
③ 시료의 채취는 사용하는 고체입자층의 포집효율을 고려하여 일정한 흡입유량으로 한다.
④ 포집된 유기물은 일반적으로 이황화탄소(CS_2)로 탈착하여 분석용 시료로 사용된다.

[풀이] 실리카겔은 친수성이기 때문에 우선적으로 물분자와 결합을 이루어 습도의 증가에 따른 흡착용량의 감소를 초래한다.

23 입자상 물질의 측정방법 중 용접흄 측정에 관한 설명으로 옳은 것은? (단, 고용노동부 고시 기준)
① 용접흄은 여과채취방법으로 하되 용접 보안면을 착용한 경우에는 보안면 반경 15cm 이하의 거리에서 채취한다.
② 용접흄은 여과채취방법으로 하되 용접 보안면을 착용한 경우에는 보안면 반경 30cm 이하의 거리에서 채취한다.
③ 용접흄은 여과채취방법으로 하되 용접 보안면을 착용한 경우에는 그 내부에서 채취한다.
④ 용접흄은 여과채취방법으로 하되 용접 보안면을 착용한 경우에는 용접 보안면 외부의 호흡기 위치에서 채취한다.

[풀이] 입자상 물질 측정 및 분석 방법
㉠ 석면의 농도는 여과채취방법에 의한 계수방법 또는 이와 동등 이상의 분석방법으로 측정할 것
㉡ 광물성 분진은 여과채취방법에 의하여 석영, 크리스토바라이트, 트리디마이트를 분석할 수 있는 적합한 분석방법으로 측정한다. 다만, 규산염과 기타 광물성 분진은 중량분석방법으로 측정할 것

ⓒ 용접흄은 여과채취방법으로 하되 용접보안면을 착용한 경우에는 그 내부에서 채취하고 중량분석방법과 원자흡광분광기 또는 유도결합플라스마를 이용한 분석방법으로 측정할 것
ⓓ 석면, 광물성 분진 및 용접흄을 제외한 입자상 물질은 여과채취방법에 의한 중량분석방법이나 유해물질 종류에 따른 적합한 분석방법으로 측정할 것
ⓔ 호흡성 분진은 호흡성 분진용 분립장치 또는 호흡성 분진을 채취할 수 있는 기기를 이용한 여과채취방법으로 측정할 것
ⓕ 흡입성 분진은 흡입성 분진용 분립장치 또는 흡입성 분진을 채취할 수 있는 기기를 이용한 여과채취방법으로 측정할 것

24 작업장 공기 중 사염화탄소(TLV=10ppm)가 5ppm, 1,2-디클로로에탄(TLV=50ppm)이 12ppm, 1,2-디브로메탄(TLV=20ppm)이 8ppm일 때 노출지수는? (단, 상가작용 기준)

① 1.04
② 1.14
③ 1.24
④ 1.34

[풀이] $EI = \frac{5}{10} + \frac{12}{50} + \frac{8}{20} = 1.14$

25 다음 중 중금속을 신속하고 정확하게 측정할 수 있는 측정기기는?

① 광학현미경
② 원자흡광광도계
③ 가스 크로마토그래피
④ 비분산적외선 가스분석계

[풀이] 원자흡광광도법(atomic absorption spectrophotometry)
시료를 적당한 방법으로 해리시켜 중성원자로 증기화하여 생긴 기저상태의 원자가 이 원자 증기층을 투과하는 특유파장의 빛을 흡수하는 현상을 이용하여 광전측광과 같은 개개의 특유파장에 대한 흡광도를 측정하여 시료 중의 원소농도를 정량하는 방법으로 대기 또는 배출가스 중의 유해중금속, 기타 원소의 분석에 적용한다.

26 Perchloroethylene 40%(TLV : 670mg/m³), Methylene chloride 40%(TLV : 720mg/m³), Heptane 20%(TLV : 1,600mg/m³)의 중량비로 조성된 유기용매가 증발되어 작업장을 오염시키고 있다. 이들 혼합물의 허용농도는 약 몇 mg/m³인가?

① 910
② 997
③ 876
④ 780

[풀이] 혼합물의 허용농도(mg/m³)
$$= \frac{1}{\frac{0.4}{670} + \frac{0.4}{720} + \frac{0.2}{1,600}} = 782.74 \text{mg/m}^3$$

27 흡광광도법에서 단색광이 시료액을 통과하여 그 광의 50%가 흡수되었을 때 흡광도는?

① 0.6
② 0.5
③ 0.4
④ 0.3

[풀이] 흡광도 $= \log \frac{1}{투과도} = \log \frac{1}{(1-0.5)} = 0.3$

28 공기 중에 부유하고 있는 분진을 충돌원리에 의해 입자크기별로 분리하여 측정할 수 있는 장비는?

① cascade impactor
② personal distribution
③ low volume sampler
④ high volume sampler

[풀이] cascade impactor(입경분립충돌기, 직경분립충돌기, anderson impactor)
흡입성 입자상 물질, 흉곽성 입자상 물질, 호흡성 입자상 물질의 크기별로 측정하는 기구이며, 공기흐름이 층류일 경우 입자가 관성력에 의해 시료채취 표면에 충돌하여 채취하는 원리이다. 즉, 노즐로 주입되는 에어로졸의 유선이 충돌판 부근에서 급속하게 꺾이면 에어로졸상의 입자들 중 특정크기(절단입경 ; cut diameter)보다 큰 입자들은 유선을 따라가지 못하고 충돌판에 부착되고 절단입경보다 작은 입자들은 공기의 유선을 따라 이동하여 충돌판을 빠져나가는 원리이다.

정답 24.② 25.② 26.④ 27.④ 28.①

29 인쇄 또는 도장 작업에서 사용하는 페인트, 시너 또는 유성도료 등에 의해 발생되는 유해인자 중 유기용제를 포집하는 방법은?
① 활성탄법
② 여과포집법
③ 직동식 분진측정계법
④ 증류수 흡수액 임핀저법

풀이 활성탄관을 사용하여 채취하기 용이한 시료
㉠ 비극성류의 유기용제
㉡ 각종 방향족 유기용제(방향족 탄화수소류)
㉢ 할로겐화 지방족 유기용제(할로겐화 탄화수소류)
㉣ 에스테르류, 알코올류, 에테르류, 케톤류

30 다음 중 측정기 또는 분석기기의 미비로 기인되는 것으로 실험자가 주의하면 제거 또는 보정이 가능한 오차는?
① 우발적 오차
② 무작위 오차
③ 계통적 오차
④ 시간적 오차

풀이 계통 오차
㉠ 참값과 측정치 간에 일정한 차이가 있음을 나타낸다.
㉡ 대부분의 경우 변이의 원인을 찾아낼 수 있으며, 크기와 부호를 추정 및 보정할 수 있다.
㉢ 계통오차가 작을 때는 정확하다고 말한다.

31 채취한 금속 분석에서 오차를 최소화하기 위해 여과지에 금속을 10μg 첨가하고 원자흡광광도계로 분석하였더니 9.5μg이 검출되었다. 실험에 보정하기 위한 회수율은 몇 %인가?
① 80
② 85
③ 90
④ 95

풀이 회수율(%) = $\frac{검출량}{첨가량} \times 100$
= $\frac{9.5}{10} \times 100 = 95\%$

32 음압이 100배 증가하면 음압 수준은 몇 dB 증가하는가?
① 10
② 20
③ 30
④ 40

풀이 $SPL = 20\log\left(\frac{\frac{100}{2 \times 10^{-5}}}{\frac{1}{2 \times 10^{-5}}}\right) = 20\log 100 = 40\text{dB}$

33 온도 27℃인 때의 체적이 1m³인 기체를 온도 127℃까지 상승시켰을 때의 체적은? (단, 기타 조건은 변화 없음)
① 1.13m³
② 1.33m³
③ 1.47m³
④ 1.73m³

풀이 체적(m³) = $1\text{m}^3 \times \frac{273+127}{273+27} = 1.33\text{m}^3$

34 지역시료 채취방법과 비교한 개인시료 채취방법의 장점으로 옳은 것은?
① 오염물질의 방출원을 찾아내기 쉽다.
② 작업자에게 노출되는 농도를 알 수 있다.
③ 어떤 장소의 고정된 위치에서 시료를 채취하기 때문에 경제적이다.
④ 특정 공정의 계절별 농도 변화, 농도분포의 변화, 공의 주기별 농도 변화를 알 수 있다.

풀이 개인시료 채취
개인시료채취기를 이용하여 가스·증기·분진·흄(fume)·미스트(mist) 등을 근로자의 호흡위치(호흡기를 중심으로 반경 30cm인 반구)에서 채취하는 것을 말한다.

35 실리카겔에 대한 친화력이 가장 큰 물질은?
① 파라핀계
② 에스테르류
③ 알데하이드류
④ 올레핀류

풀이 실리카겔의 친화력
물 > 알코올류 > 알데하이드류 > 케톤류 > 에스테르류 > 방향족탄화수소류 > 올레핀류 > 파라핀류

정답 29.① 30.③ 31.④ 32.④ 33.② 34.② 35.③

36 다음 중 기류 측정과 가장 거리가 먼 것은?

① 풍차풍속계
② 열선풍속계
③ 카타온도계
④ 아스만통풍건습계

[풀이] ④ 아스만통풍건습계는 습도 측정기기이다.
기류 측정기기의 종류
㉠ 피토관
㉡ 회전날개형 풍속계
㉢ 그네날개형 풍속계
㉣ 열선풍속계
㉤ 카타온도계
㉥ 풍차풍속계
㉦ 풍향풍속계
㉧ 마노미터

37 다음은 작업장 소음측정 시간 및 횟수 기준에 관한 내용이다. ( ) 안에 내용으로 옳은 것은? (단, 고용노동부 고시를 기준으로 한다.)

> 단위작업장소에서 소음수준은 규정된 측정위치 및 지점에서 1일 작업시간 동안 6시간 이상 연속측정하거나 작업시간을 1시간 간격으로 나누어 6회 이상 측정하여야 한다. 다만, 소음의 발생특성이 연속음으로서 측정치가 변동이 없다고 자격자 또는 지정측정기관이 판단하는 경우에는 1시간 동안을 등간격으로 나누어 ( ) 측정할 수 있다.

① 2회 이상   ② 3회 이상
③ 4회 이상   ④ 5회 이상

[풀이] **소음측정 시간 및 횟수 기준**
㉠ 단위작업장소에서 소음수준은 규정된 측정위치 및 지점에서 1일 작업시간 동안 6시간 이상 연속측정하거나 작업시간을 1시간 간격으로 나누어 6회 이상 측정하여야 한다. 다만, 소음의 발생특성이 연속음으로서 측정치가 변동이 없고 자격자 또는 지정측정기관이 판단한 경우에는 1시간 동안을 등간격으로 나누어 3회 이상 측정할 수 있다.

㉡ 단위작업장소에서의 소음발생시간이 6시간 이내인 경우나 소음발생원에서의 발생시간이 간헐적인 경우에는 발생시간 동안 연속측정하거나 등간격으로 나누어 4회 이상 측정하여야 한다.

38 흡착제 중 다공성 중합체에 관한 설명으로 틀린 것은?

① 활성탄보다 비표면적이 작다.
② 특별한 물질에 대한 선택성이 좋다.
③ 활성탄보다 흡착용량이 크며 반응성도 높다.
④ Tenax GC는 열안정성이 높아 열탈착에 의한 분석이 가능하다.

[풀이] **다공성 중합체(porous polymer)**
(1) 활성탄에 비해 비표면적, 흡착용량, 반응성은 작지만 특수한 물질 채취에 유용하다.
(2) 대부분 스티렌, 에틸비닐벤젠, 디비닐벤젠 중 하나와 극성을 띤 비닐화합물과의 공중 중합체이다.
(3) 특별한 물질에 대하여 선택성이 좋은 경우가 있다.
(4) 장점
 ㉠ 아주 적은 양도 흡착제로부터 효율적으로 탈착이 가능하다.
 ㉡ 고온에서 열안정성이 매우 뛰어나기 때문에 열탈착이 가능하다.
 ㉢ 저농도 측정이 가능하다.
(5) 단점
 ㉠ 비휘발성 물질(대표적 : 이산화탄소)에 의하여 치환반응이 일어난다.
 ㉡ 시료가 산화·가수·결합 반응이 일어날 수 있다.
 ㉢ 아민류 및 글리콜류는 비가역적 흡착이 발생한다.
 ㉣ 반응성이 강한 기체(무기산, 이산화황)가 존재 시 시료가 화학적으로 변한다.

39 2N-HCl 용액 100mL를 이용하여 0.5N 용액을 조제하려고 할 때 희석에 필요한 증류수의 양은?

① 100mL   ② 200mL
③ 300mL   ④ 400mL

정답 36.④ 37.② 38.③ 39.③

[풀이]
$$농도 = \frac{용질}{용액}$$
$$0.5 = \frac{100 \times 2}{100 + x}$$
$$0.5(100+x) = 200$$
$$50 + 0.5x = 200$$
$$0.5x = 150$$
$$\therefore x(증류수의 양) = 300\text{mL}$$

40 다음 중 1ppm과 같은 것은?
① 0.01% ② 0.001%
③ 0.0001% ④ 0.00001%

[풀이] $\% = 1\text{ppm} \times \frac{1\%}{10,000\text{ppm}} = 0.0001\%$

제3과목 | 작업환경관리

41 작업장 소음에 대한 차음효과는 벽체의 단위표면적에 대하여 벽체의 무게를 2배로 할 때마다 몇 dB씩 증가하는가?
① 3 ② 6
③ 9 ④ 12

[풀이] **차음의 질량법칙**
$TL = 20\log(m \cdot f) - 43\text{dB}$
벽체 무게를 2배로 하므로
$\therefore TL = 20\log 2 = 6.02\text{dB}$

42 분진 작업장의 작업환경관리대책 중 분진 발생방지나 분진 비산억제 대책으로 가장 적절한 것은?
① 작업의 강도를 경감시켜 작업자의 호흡량을 감소
② 작업자가 착용하는 방진마스크를 송기마스크로 교체
③ 광석 분쇄 · 연마 작업 시 물을 분사하면서 하는 방법으로 변경
④ 분진 발생공정과 타공정을 교대로 근무하게 하여 노출시간 감소

[풀이]
(1) 분진 발생억제(발진의 방지)
 ㉠ 작업공정 습식화
  • 분진의 방진대책 중 가장 효과적인 개선대책
  • 착암, 파쇄, 연마, 절단 등의 공정에 적용
  • 취급물질은 물, 기름, 계면활성제 사용
  • 물을 분사할 경우 국소배기시설과의 병행 사용 시 주의(작은 입자들이 부유 가능성이 있고, 이들이 덕트 등에 쌓여 굳게 됨으로써 국소배기시설의 효율성을 저하시킴)
  • 시간이 경과하여 바닥에 굳어 있다 건조되면 재비산하므로 주의
 ㉡ 대치
  • 원재료 및 사용재료의 변경(연마재의 사암을 인공마석으로 교체)
  • 생산기술의 변경 및 개량
  • 작업공정의 변경
(2) 발생분진 비산방지 방법
 ㉠ 해당 장소를 밀폐 및 포위
 ㉡ 국소배기
  • 밀폐가 되지 못하는 경우에 사용
  • 포위형 후드의 국소배기장치를 설치하며, 해당 장소를 음압으로 유지시킬 것
 ㉢ 전체환기

43 진동방지대책 중 발생원에 관한 대책으로 가장 옳은 것은?
① 거리감쇠를 크게 한다.
② 수진측에 탄성지지를 한다.
③ 수진점 근방에 방진구를 판다.
④ 기초중량을 부가 및 경감한다.

[풀이] **진동방지대책**
(1) 발생원대책
 ㉠ 가진력(기진력, 외력) 감쇠
 ㉡ 불평형력의 평형 유지
 ㉢ 기초중량의 부가 및 경감
 ㉣ 탄성지지(완충물 등 방진재 사용)
 ㉤ 진동원 제거
 ㉥ 동적 흡진(공진 감소)
(2) 전파경로대책
 ㉠ 진동의 전파경로 차단(방진구)
 ㉡ 거리감쇠
(3) 수진측대책
 ㉠ 작업시간 단축 및 교대제 실시
 ㉡ 보건교육 실시
 ㉢ 수진측 탄성지지 및 강성 변경

[정답] 40.③ 41.② 42.③ 43.④

44 폐에 깊숙이 들어갈 수 있는 호흡성 섬유라 한다. 이 섬유의 길이와 길이 대 너비의 비로 가장 적절한 것은?

① 길이 1μm 이상, 길이 대 너비의 비 5 : 1
② 길이 3μm 이상, 길이 대 너비의 비 2 : 1
③ 길이 3μm 이상, 길이 대 너비의 비 5 : 1
④ 길이 5μm 이상, 길이 대 너비의 비 3 : 1

[풀이] 섬유상(fiber) 입자(호흡성 섬유)
길이가 5μm 이상이고, 길이 대 너비의 비가 3 : 1 이상인 가늘고 긴 먼지로 석면섬유, 식물섬유, 유리섬유, 암면 등이 있다.

45 다음 중 수은 작업장의 작업환경관리대책으로 가장 적합하지 못한 것은?

① 수은 주입과정을 자동화시킨다.
② 수거한 수은은 물과 함께 통에 보관한다.
③ 수은은 쉽게 증발하기 때문에 작업장의 온도를 80℃로 유지한다.
④ 독성이 적은 대체품을 연구한다.

[풀이] **수은 작업환경관리대책**
㉠ 수은 주입과정을 자동화한다.
㉡ 수거한 수은은 물통에 보관한다.
㉢ 바닥은 틈이나 구멍이 나지 않는 재료를 사용하여 수은이 외부로 노출되는 것을 막는다.
㉣ 실내온도를 가능한 한 낮고 일정하게 유지시킨다.
㉤ 공정은 수은을 사용하지 않는 공정으로 변경한다.
㉥ 작업장 바닥에 흘린 수은은 즉시 제거, 청소한다.
㉦ 수은증기 발생 상방에 국소배기장치를 설치한다.

46 근로자가 귀덮개(NRR=31)를 착용하고 있는 경우 미국 OSHA의 방법으로 계산한다면, 차음효과는 몇 dB인가?

① 5   ② 8
③ 10   ④ 12

[풀이] 차음효과(dB) = (NRR−7)×0.5
= (31−7)×0.5
= 12dB

47 상온, 상압에서 액체 또는 고체 물질이 증기압에 따라 휘발 또는 승화하여 기체로 되는 것은?

① 흄   ② 증기
③ 가스   ④ 미스트

[풀이] 증기
㉠ 상온, 상압에서 액체 또는 고체인 물질이 기체화된 물질이다.
㉡ 임계온도가 25℃ 이상인 액체·고체 물질이 증기압에 따라 휘발 또는 승화하여 기체상태로 변한 것을 의미한다.
㉢ 농도가 높으면 응축하는 성질이 있다.

48 다음 중 채광에 관한 일반적인 설명으로 틀린 것은?

① 입사각은 28° 이하가 좋다.
② 실내 각 점의 개각은 4~5°가 좋다.
③ 창의 면적은 바닥면적의 15~20%가 이상적이다.
④ 균일한 조명을 요하는 작업실은 동북 또는 북창이 좋다.

[풀이] 창의 실내 각 점의 개각은 4~5°, 입사각은 28° 이상이 좋다.

49 다음 작업환경관리의 관리원칙 중 격리에 대한 내용과 가장 거리가 먼 것은?

① 도금조, 세척조, 분쇄기 등을 밀폐한다.
② 페인트 분무를 담그거나 전기흡착식 방법으로 한다.
③ 소음이 발생하는 경우 방음과 흡음재를 보강한 상자로 밀폐한다.
④ 고압이나 고속회전이 필요한 기계인 경우 강력한 콘크리트 시설에 방호벽을 쌓고 원격조정한다.

[풀이] ②항의 내용은 대치 중 공정의 변경이다.

정답 44.④ 45.③ 46.④ 47.② 48.① 49.②

50 다음 중 투과력이 가장 강한 것은?
① X선　　② 중성자
③ 감마선　　④ 알파선

[풀이] **인체 투과력 순서**
중성자 > X선 or γ선 > β선 > α선

51 진동에 관한 설명으로 틀린 것은?
① 진동량은 변위, 속도, 가속도로 표현한다.
② 진동의 주파수는 그 주기현상을 가리키는 것으로, 단위는 Hz이다.
③ 전신진동 노출 진동원은 주로 교통기관, 중장비차량, 큰 기계 등이다.
④ 전신진동인 경우에는 8~1,500Hz, 국소진동의 경우에는 2~100Hz의 것이 주로 문제가 된다.

[풀이]
• 전신진동 진동수 : 1~90Hz
• 국소진동 진동수 : 8~1,500Hz

52 자외선은 살균작용, 각막염, 피부암 및 비타민 D 합성에 밀접한 관계가 있다. 이 자외선의 가장 대표적인 광선을 Dorno-Ray라 하는데 이 광선의 파장으로 가장 적절한 것은?
① 280~315 Å
② 390~515 Å
③ 2,800~3,150 Å
④ 3,900~5,700 Å

[풀이] 280(290)~315nm[2,800(2,900)~3,150 Å, 1 Å(angstrom) ; SI 단위로 10^{-10}m]의 파장을 갖는 자외선을 도르노선(Dorno-Ray)이라고 하며, 인체에 유익한 작용을 하여 건강선(생명선)이라고도 한다. 또한 소독작용, 비타민 D 형성, 피부의 색소침착 등 생물학적 작용이 강하다.

53 출력 0.1W의 점음원으로부터 100m 떨어진 곳의 SPL은? (단, SPL=PWL$-20\log r-11$)
① 약 50dB　　② 약 60dB
③ 약 70dB　　④ 약 80dB

[풀이] $SPL = PWL - 20\log r - 11$
$= \left(10\log \dfrac{0.1}{10^{-12}}\right) - 20\log 100 - 11$
$= 59 dB$

54 유해작업환경 개선대책 중 대체에 해당되는 내용으로 옳지 않은 것은?
① 보온재로 유리섬유 대신 석면 사용
② 소음이 많이 발생하는 리베팅 작업 대신 너트와 볼트 작업으로 전환
③ 성냥제조 시 황린 대신 적린 사용
④ 작은 날개로 고속회전시키는 송풍기를 큰 날개로 저속회전시킴

[풀이] **유해물질의 변경**
㉠ 아조염료의 합성원료인 벤지딘을 디클로로벤지딘으로 전환
㉡ 금속제품의 탈지(세척)에 사용되는 트리클로로에틸렌(TCE)을 계면활성제로 전환
㉢ 분체의 원료를 입자가 작은 것에서 큰 것으로 전환
㉣ 유기합성용매로 벤젠(방향족)을 사용하던 것을 지방족화합물로 전환
㉤ 성냥제조 시 황린(백린) 대신 적린 사용 및 단열재(석면)를 유리섬유로 전환
㉥ 금속제품 도장용으로 유기용제를 수용성 도료로 전환
㉦ 세탁 시 세정제로 사용하는 벤젠을 1.1.1-트리클로로에탄으로 전환
㉧ 세탁 시 화재예방을 위해 석유나프타 대신 퍼클로로에틸렌(4-클로로에틸렌) 사용
㉨ 야광시계 자판을 라듐 대신 인 사용
㉩ 세척작업에 사용되는 사염화탄소를 트리클로로에틸렌으로 전환
㉪ 주물공정에서 실리카 모래 대신 그린(green) 모래로 주형을 채우도록 전환
㉫ 금속표면을 블라스팅(샌드블라스트)할 때 사용재료로서 모래 대신 철구슬(철가루)로 전환
㉬ 단열재로서 사용하는 석면을 유리섬유로 전환

55 고기압환경에서 발생할 수 있는 장애에 영향을 주는 화학물질과 가장 거리가 먼 것은?
① 산소　　② 질소
③ 아르곤　　④ 이산화탄소

[풀이] 고압환경에서의 2차적 가압현상
ⓐ 질소가스의 마취작용
ⓑ 산소 중독
ⓒ 이산화탄소 중독

56 감압환경에서 감압에 따른 질소기포 형성량에 영향을 주는 요인과 가장 거리가 먼 것은?
① 감압속도
② 폐 내 가스 팽창
③ 조직에 용해된 가스량
④ 혈류를 변화시키는 상태

[풀이] 감압 시 조직 내 질소기포 형성량에 영향을 주는 요인
(1) 조직에 용해된 가스량
    체내 지방량, 고기압폭로의 정도와 시간으로 결정
(2) 혈류 변화 정도(혈류를 변화시키는 상태)
    ⓐ 감압 시나 재감압 후에 생기기 쉽다.
    ⓑ 연령, 기온, 운동, 공포감, 음주와 관계가 있다.
(3) 감압속도

57 방진마스크의 종류가 아닌 것은?
① 특급
② 0급
③ 1급
④ 2급

[풀이] 방진마스크의 종류
ⓐ 특급
ⓑ 1급
ⓒ 2급

58 다음 중 방진마스크의 구비조건으로 틀린 것은?
① 흡기저항이 높을 것
② 배기저항이 낮을 것
③ 여과재 포집효율이 높을 것
④ 착용 시 시야확보가 용이할 것

[풀이] 방진마스크의 선정조건(구비조건)
ⓐ 흡기저항 및 흡기저항 상승률이 낮을 것
   (일반적 흡기저항 범위 : 6~8mmH₂O)
ⓑ 배기저항이 낮을 것
   (일반적 배기저항 기준 : 6mmH₂O 이하)
ⓒ 여과재 포집효율이 높을 것
ⓓ 착용 시 시야확보가 용이할 것(하방 시야가 60° 이상되어야 함)
ⓔ 중량은 가벼울 것
ⓕ 안면에서의 밀착성이 클 것
ⓖ 침입률 1% 이하까지 정확히 평가 가능할 것
ⓗ 피부 접촉부위가 부드러울 것
ⓘ 사용 후 손질이 간단할 것
ⓙ 흡기저항 상승률이 낮을 것
ⓚ 무게중심은 안면에 강한 압박감을 주지 않는 위치에 있을 것

59 다음 중 전리방사선이 아닌 것은?
① 알파선 ② 베타선
③ 중성자 ④ UV-선

[풀이]
이온화방사선 ─ 전자기방사선(X-Ray, γ입자)
(전리방사선) └ 입자방사선(α입자, β입자, 중성자)

60 다음 중 대상먼지와 같은 침강속도를 가지며 밀도가 1인 가상적인 구형 입자상 물질의 직경은?
① 마틴 직경
② 등면적 직경
③ 공기역학적 직경
④ 공기기하학적 직경

[풀이] 공기역학적 직경(aero-dynamic diameter)
ⓐ 대상먼지와 침강속도가 같고 밀도가 $1g/cm^3$이며, 구형인 먼지의 직경으로 환산된 직경이다.
ⓑ 입자의 크기가 입자의 역학적 특성, 즉 침강속도(setting velocity) 또는 종단속도(terminal velocity)에 의하여 측정되는 입자의 크기를 말한다.
ⓒ 입자의 공기 중 운동이나 호흡기 내의 침착기전을 설명할 때 유용하게 사용한다.

정답 56.② 57.② 58.① 59.④ 60.③

제4과목 | 산업환기

61 직경이 3μm이고, 비중이 6.6인 흄(fume)의 침강속도는 약 몇 cm/sec인가?
① 0.01
② 0.12
③ 0.18
④ 0.26

[풀이]
$$V(\text{cm/s}) = 0.003 \times \rho \times d^2$$
$$= 0.003 \times 6.6 \times 3^2$$
$$= 0.18 \, \text{cm/sec}$$

62 21℃, 1기압에서 벤젠 1.5L가 증발할 때 발생하는 증기의 용량은 약 몇 L인가? (단, 벤젠의 분자량은 78.11, 비중은 0.879이다.)
① 305.1
② 406.8
③ 457.7
④ 542.2

[풀이]
벤젠 사용량(g) = 1.5L × 0.879g/mL × 1,000mL/L
= 1318.5g
78.11g : 24.1L = 1318.5g : 부피(L)
∴ 부피(L) = $\dfrac{24.1L \times 1318.5g}{78.11g}$ = 406.81L

63 다음 설명 중 ( ) 안의 내용으로 올바르게 나열한 것은?

> 공기속도는 송풍기로 공기를 불 때 덕트 직경의 30배 거리에서 (㉮)로 감소하나 공기를 흡인할 때는 기류의 방향과 관계없이 덕트 직경과 같은 거리에서 (㉯)로 감소한다.

① ㉮ $\dfrac{1}{10}$, ㉯ $\dfrac{1}{10}$
② ㉮ $\dfrac{1}{10}$, ㉯ $\dfrac{1}{30}$
③ ㉮ $\dfrac{1}{30}$, ㉯ $\dfrac{1}{30}$
④ ㉮ $\dfrac{1}{30}$, ㉯ $\dfrac{1}{10}$

[풀이] 공기속도는 송풍기로 공기를 불 때 덕트 직경의 30배 거리에서 1/10로 감소하나, 공기를 흡인할 때는 기류의 방향과 관계없이 덕트 직경과 같은 거리에서 1/10로 감소한다.

64 작업환경 개선을 위한 전체환기시설의 설치조건으로 적절하지 않은 것은?
① 유해물질 발생량이 많아야 한다.
② 유해물질 발생이 비교적 균일해야 한다.
③ 독성이 낮은 유해물질을 사용하는 장소여야 한다.
④ 공기 중 유해물질의 농도가 허용농도 이하이어야 한다.

[풀이] **전체환기(희석환기) 적용 시의 조건**
㉠ 유해물질의 독성이 비교적 낮은 경우, 즉 TLV가 높은 경우 ⇨ 가장 중요한 제한조건
㉡ 동일한 작업장에 다수의 오염원이 분산되어 있는 경우
㉢ 유해물질이 시간에 따라 균일하게 발생할 경우
㉣ 유해물질의 발생량이 적은 경우 및 희석공기량이 많지 않아도 되는 경우
㉤ 유해물질이 증기나 가스일 경우
㉥ 국소배기로 불가능한 경우
㉦ 배출원이 이동성인 경우
㉧ 가연성 가스의 농축으로 폭발의 위험이 있는 경우
㉨ 오염원이 근무자가 근무하는 장소로부터 멀리 떨어져 있는 경우

65 화재·폭발 방지를 위한 전체환기량 계산에 관한 설명으로 틀린 것은?
① 화재·폭발 농도 하한치를 활용한다.
② 온도에 따른 보정계수는 120℃ 이상의 온도에서는 0.3을 적용한다.
③ 공정의 온도가 높으면 실제 필요환기량은 표준환기량에 대해서 절대온도에 따라 재계산한다.
④ 안전계수가 4라는 의미는 화재·폭발이 일어날 수 있는 농도에 대해 25% 이하로 낮춘다는 의미이다.

정답 61.③ 62.② 63.① 64.① 65.②

[풀이] 온도에 따른 보정계수(B)
ⓐ 120℃까지 $B=1.0$
ⓑ 120℃ 이상 $B=0.7$

66 송풍기의 효율이 0.60이고, 송풍기의 유효전압이 60mmH₂O일 때, 30m³/min의 공기를 송풍하는 데 필요한 동력(kW)은 약 얼마인가?
① 0.1   ② 0.3
③ 0.5   ④ 0.7

[풀이] 동력(kW) $= \dfrac{Q \times \Delta P}{6{,}120 \times \eta} \times \alpha$

$= \dfrac{30 \times 60}{6{,}120 \times 0.6} \times 1.0 = 0.49 \text{kW}$

67 국소배기장치가 효과적인 기능을 발휘하기 위해서는 후드를 통해 배출되는 것과 같은 양의 공기가 외부로부터 보충되어야 한다. 이것을 무엇이라 하는가?
① 테이크 오프(take off)
② 충만실(plenum chamber)
③ 메이크 업 에어(make up air)
④ 인 앤 아웃 에어(in & out air)

[풀이] 공기공급(make-up air) 시스템
ⓐ 정의 : 공기공급 시스템은 환기시설에 의해 작업장 내에서 배기된 만큼의 공기를 작업장 내로 재공급하는 시스템을 말한다.
ⓑ 의미 : 환기시설을 효율적으로 운영하기 위해서는 공기공급 시스템이 필요하다. 즉, 국소배기장치가 효과적인 기능을 발휘하기 위해서는 후드를 통해 배출되는 것과 같은 양의 공기가 외부로부터 보충되어야 한다.

68 국소배기장치의 덕트를 설계하여 설치하고자 한다. 덕트는 직경 200mm의 직관 및 곡관을 사용하도록 하였다. 이 때 마찰손실을 감소시키기 위하여 곡관부위의 새우곡관등은 최소 몇 개 이상이 가장 적당한가?
① 2   ② 3
③ 4   ④ 5

[풀이] 직경이 $D \leq$ 15cm인 경우에는 새우등 3개 이상, $D >$ 15cm인 경우에는 새우등 5개 이상을 사용

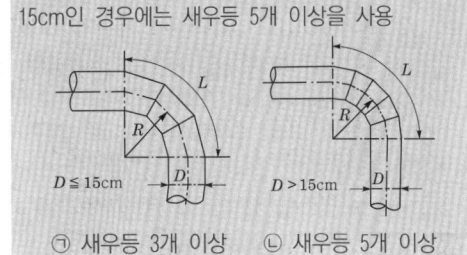

ⓐ 새우등 3개 이상   ⓑ 새우등 5개 이상

69 전기집진장치에 관한 설명으로 틀린 것은?
① 운전 및 유지비가 저렴하다.
② 넓은 범위의 입경과 분진농도에 집진효율이 높다.
③ 기체상의 오염물질을 포집하는 데 매우 유리하다.
④ 초기 설치비가 많이 들고, 넓은 설치공간이 요구된다.

[풀이] 전기집진장치의 장·단점
(1) 장점
ⓐ 집진효율이 높다(0.01μm 정도 포집 용이, 99.9% 정도 고집진효율).
ⓑ 광범위한 온도범위에서 적용이 가능하며, 폭발성 가스의 처리도 가능하다.
ⓒ 고온의 입자성 물질(500℃ 전후) 처리가 가능하여 보일러와 철강로 등에 설치할 수 있다.
ⓓ 압력손실이 낮고, 대용량의 가스 처리가 가능하며, 배출가스의 온도강하가 적다.
ⓔ 운전 및 유지비가 저렴하다.
ⓕ 회수가치 입자 포집에 유리하며, 습식 및 건식으로 집진할 수 있다.
ⓖ 넓은 범위의 입경과 분진농도에 집진효율이 높다.
(2) 단점
ⓐ 설치비용이 많이 든다.
ⓑ 설치공간을 많이 차지한다.
ⓒ 설치된 후에는 운전조건의 변화에 유연성이 적다.
ⓓ 먼지성상에 따라 전처리시설이 요구된다.
ⓔ 분진포집에 적용되며, 기체상 물질 제거에는 곤란하다.
ⓕ 전압변동과 같은 조건변동(부하변동)에 쉽게 적응이 곤란하다.
ⓖ 가연성 입자의 처리가 곤란하다.

정답 66.③ 67.③ 68.④ 69.③

70 반경비가 2.0인 90° 원형 곡관의 속도압은 20mmH₂O이고, 압력손실계수가 0.27이다. 이 곡관의 곡관각을 65°로 변경하면 압력손실은 얼마인가?

① 3.0mmH₂O   ② 3.9mmH₂O
③ 4.2mmH₂O   ④ 5.4mmH₂O

풀이 $\Delta P = \zeta \times VP \times \dfrac{\theta}{90} = 0.27 \times 20 \times \dfrac{65}{90} = 3.9 \text{mmH}_2\text{O}$

71 국소환기시설의 일반적인 배열순서로 가장 적합한 것은?

① 덕트 – 후드 – 송풍기 – 공기정화기
② 후드 – 송풍기 – 공기정화기 – 덕트
③ 덕트 – 송풍기 – 공기정화기 – 후드
④ 후드 – 덕트 – 공기정화기 – 송풍기

풀이 국소배기(환기)시설의 배열순서
후드 → 덕트 → 공기정화장치 → 송풍기 → 배기덕트

72 가스, 증기, 흄 및 극히 가벼운 물질의 반송속도(m/s)로 가장 적합한 것은?

① 5~10   ② 15~20
③ 20~23   ④ 23 이상

풀이
(1) 일반적으로 처리물질의 비중이 작은 것이 반송속도가 느리다.
(2) 유해물질에 따른 반송속도

유해물질	예	반송속도 (m/s)
가스, 증기, 흄 및 극히 가벼운 물질	각종 가스, 증기, 산화아연 및 산화알루미늄 등의 흄, 목재 분진, 솜먼지, 고무분, 합성수지분	10
가벼운 건조먼지	원면, 곡물분, 고무, 플라스틱, 경금속 분진	15
일반 공업 분진	털, 나무 부스러기, 대패 부스러기, 샌드블라스트, 그라인더 분진, 내화벽돌 분진	20
무거운 분진	납 분진, 주조 후 모래털기 작업 시 먼지, 선반작업 시 먼지	25
무겁고 비교적 큰 입자의 젖은 먼지	젖은 납 분진, 젖은 주조작업 발생 먼지	25 이상

73 필요송풍량을 $Q(\text{m}^3/\text{min})$, 후드의 단면적을 $a(\text{m}^2)$, 후드면과 대상물질 사이의 거리를 $X(\text{m})$, 그리고 제어속도를 $V_C(\text{m/s})$라 했을 때, 관계식으로 맞는 것은? (단, 형식은 외부식이다.)

① $Q = \dfrac{60 \times V_C \times X}{a}$

② $Q = \dfrac{60 \times V_C \times a}{X}$

③ $Q = 60 \times X \times a \times V_C$

④ $Q = 60 \times V_C \times (10X^2 + a)$

풀이 자유공간(공중) 위치, 플랜지 미부착
$Q = 60 \cdot V_C (10X^2 + A)$ ⇒ Della Valle식(기본식)
여기서, Q : 필요송풍량(m³/min)
V_C : 제어속도(m/sec)
A : 개구면적(m²)
X : 후드 중심선으로부터 발생원(오염원)까지의 거리(m)
위 공식은 오염원에서 후드까지의 거리가 덕트 직경의 1.5배 이내일 때만 유효하다.

74 다음의 내용과 가장 관련 있는 것은?

> 입자상 물질, 즉 분진, 미스트 또는 흄을 함유한 공기를 수평덕트에서 이송시킬 때 침강에 의해 덕트 하부에 퇴적되지 않게 하여야 하는 최소한의 유지조건

① 반송속도
② 덕트 내 정압
③ 공기 팽창률
④ 오염물질 제거율

풀이 반송속도
㉠ 후드로 흡인한 유해물질이 덕트 내에 퇴적하지 않게 공기정화장치까지 운반하는 데 필요한 최소속도를 반송속도라 한다.
㉡ 압력손실을 최소화하기 위해 낮아야 하지만 너무 낮게 되면 입자상 물질의 퇴적이 발생할 수 있어 주의를 요한다.
㉢ 반송속도를 너무 높게 하면 덕트 내면이 빠르게 마모되어 수명이 짧아진다.

정답 70.② 71.④ 72.① 73.④ 74.①

75 표준상태에서 동압(P_v)이 4mmH₂O라면, 관내 유속은? (단, 공기의 밀도량은 1.21kg/Sm³이다.)

① 5.1m/sec ② 5.3m/sec
③ 5.5m/sec ④ 8.0m/sec

풀이

$$VP = \frac{rV^2}{2g}$$

$$V = \sqrt{\frac{VP \times 2g}{r}} = \sqrt{\frac{4 \times 2 \times 9.8}{1.21}} = 8.05\text{m/sec}$$

76 외부식 포집형 후드에 플랜지를 부착하면 부착하지 않은 것보다 약 몇 % 정도의 필요송풍량을 줄일 수 있는가?

① 10% ② 25%
③ 50% ④ 75%

풀이 일반적으로 외부식 후드에 플랜지를 부착하면 후방 유입기류를 차단하고 후드 전면에서 포집범위가 확대되어 플랜지가 없는 후드에 비해 동일 지점에서 동일한 제어속도를 얻는 데 필요한 송풍량을 약 25% 감소시킬 수 있다.

77 송풍기에 관한 설명으로 맞는 것은?

① 프로펠러 송풍기는 구조가 가장 간단하지만, 많은 양의 공기를 이송시키기 위해서는 그 만큼의 많은 비용이 소요된다.
② 저농도 분진함유 공기나 금속성이 많이 함유된 공기를 이송시키는 데 많이 이용되는 송풍기는 방사날개형 송풍기(평판형 송풍기)이다.
③ 동일 송풍량을 발생시키기 위한 전향날개형 송풍기의 임펠러 회전속도는 상대적으로 낮기 때문에 소음문제가 거의 발생하지 않는다.
④ 후향날개형 송풍기는 회전날개가 회전방향 반대편으로 경사지게 설계되어 있어 충분한 압력을 발생시킬 수 있고, 전향날개형 송풍기에 비해 효율이 떨어진다.

풀이
① 프로펠러 송풍기는 구조가 가장 간단하여 재료비 및 설치비용이 저렴하다.
② 고농도 분진함유 공기나 마모성이 강한 분진 이송용으로 많이 이용되는 송풍기는 평판형이다.
④ 후향날개형 송풍기는 전향날개형 송풍기에 비해 효율이 매우 좋다.

78 유입계수가 0.6인 플랜지 부착 원형 후드가 있다. 덕트의 직경은 10cm이고, 필요환기량이 20m³/min이라고 할 때, 후드 정압(SP_h)은 약 몇 mmH₂O인가?

① -448.2 ② -306.4
③ -236.4 ④ -110.2

풀이

$SP_h = VP(1+F)$

• $F = \dfrac{1}{0.6^2} - 1 = 1.78$

• $VP = \left(\dfrac{V}{4.043}\right)^2$

• $V = \dfrac{20\text{m}^3/\text{min} \times 1\text{min}/60\text{sec}}{\left(\dfrac{3.14 \times 0.1^2}{4}\right)\text{m}^2}$

$\quad = 42.46\text{m/sec}$

$\quad = \left(\dfrac{42.46}{4.043}\right)^2 = 110.31\text{mmH}_2\text{O}$

$= 110.31(1+1.78)$

$= 306.66\text{mmH}_2\text{O}$

79 다음 중 공기정화장치 입구 및 출구의 정압이 동시에 감소되는 경우의 원인으로 맞는 것은?

① 송풍기의 능력 저하
② 분지관과 후드 사이의 분진 퇴적
③ 주관과 분지관 사이의 분진 퇴적
④ 공기정화장치 앞쪽 주관의 분진 퇴적

풀이 **공기정화장치 전후에 정압이 감소한 경우의 원인**
㉠ 송풍기 자체의 성능이 저하되었다.
㉡ 송풍기 점검구의 마개가 열렸다.
㉢ 배기측 송풍관이 막혔다.
㉣ 송풍기와 송풍관의 flange 연결부위가 풀렸다.

80 후드의 직경(F_3), 열원과 후드까지의 거리(H), 열원의 폭(E)과의 관계를 가장 적절히 나타낸 식은? (단, 레시버식 캐노피 후드 기준이다.)

① $F_3 = E + 0.3H$
② $F_3 = E + 0.5H$
③ $F_3 = E + 0.6H$
④ $F_3 = E + 0.8H$

풀이 열원과 캐노피 후드와의 관계

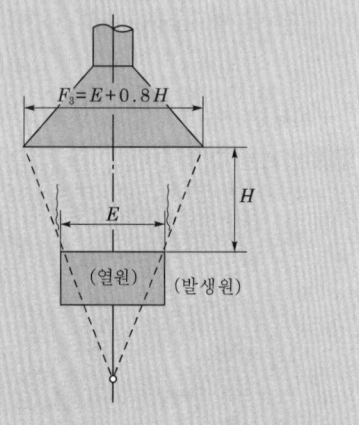

$F_3 = E + 0.8H$
여기서, F_3 : 후드의 직경
E : 열원의 직경(직사각형은 단변)
H : 후드 높이

제3회 산업위생관리산업기사

과년도 출제문제 | 2018.08.19

제1과목 | 산업위생학 개론

01 직업병의 예방대책에 관한 설명으로 가장 거리가 먼 것은?
① 유해요인을 적절하게 관리하여야 한다.
② 유해요인에 노출되고 있는 모든 근로자를 보호하여야 한다.
③ 건강장애에 대한 보건교육을 해당 근로자에게만 실시한다.
④ 근로자들이 업무를 수행하는 데 불편함이나 스트레스가 없도록 하여야 하며, 새로운 유해요인이 발생되지 않아야 한다.

풀이 건강장애에 대한 보건교육은 모든 근로자에게 실시하여야 한다.

02 미국산업위생학술원에서 채택한 산업위생전문가 윤리강령의 내용과 거리가 먼 것은?
① 기업체의 비밀은 누설하지 않는다.
② 사업주와 일반 대중의 건강보호가 1차적 책임이다.
③ 위험요소와 예방조치에 관하여 근로자와 상담한다.
④ 전문적 판단이 타협에 의해서 좌우될 수 있으나 이해관계가 있는 상황에서는 개입하지 않는다.

풀이 산업위생전문가로서의 책임
㉠ 성실성과 학문적 실력 면에서 최고 수준을 유지한다(전문적 능력 배양 및 성실한 자세로 행동).
㉡ 과학적 방법의 적용과 자료의 해석에서 경험을 통한 전문가의 객관성을 유지한다(공인된 과학적 방법 적용·해석).
㉢ 전문 분야로서의 산업위생을 학문적으로 발전시킨다.
㉣ 근로자, 사회 및 전문 직종의 이익을 위해 과학적 지식을 공개하고 발표한다.
㉤ 산업위생활동을 통해 얻은 개인 및 기업체의 기밀은 누설하지 않는다(정보는 비밀 유지).
㉥ 전문적 판단이 타협에 의하여 좌우될 수 있거나 이해관계가 있는 상황에는 개입하지 않는다.

03 유해물질의 허용농도의 종류 중 근로자가 1일 작업시간 동안 잠시라도 노출되어서는 안 되는 기준을 나타내는 것은?
① PEL
② TLV-TWA
③ TLV-C
④ TLV-STEL

풀이 최고노출기준(TLV-C)
㉠ 근로자가 작업시간 동안 잠시라도 노출되어서는 안 되는 기준(농도)이다.
㉡ 노출기준 앞에 'C'를 붙여 표시한다.
㉢ 어떤 시점에서 수치를 넘어서는 안 된다는 상한치를 뜻하는 것으로 항상 표시된 농도 이하를 유지해야 한다는 의미이며, 자극성 가스나 독작용이 빠른 물질에 적용한다.

04 작업자세는 에너지 소비량에 영향을 미친다. 다음 중 바람직한 작업자세가 아닌 것은?
① 정적 작업을 피한다.
② 불안정한 자세를 피한다.
③ 작업물체와 몸과의 거리를 약 30cm 유지하도록 한다.
④ 원활한 혈액의 순환을 위해 작업에 사용하는 신체부위를 심장 높이보다 아래에 두도록 한다.

풀이 원활한 혈액의 순환을 위해 작업에 사용하는 신체부위를 심장 높이보다 위에 두도록 한다.

정답 01.③ 02.② 03.③ 04.④

PART 02 과년도 출제문제

05 야간 교대근무자의 건강관리대책상 필요한 조건 중 관계가 가장 적은 것은?
① 난방, 조명 등 환경조건을 갖출 것
② 작업량이 과중하지 않도록 할 것
③ 야근에 부적합한 자를 가려내는 검진을 할 것
④ 육체적으로나 정신적으로 생체의 부담도가 심하게 나타나는 순으로 저녁근무, 밤근무, 낮근무 순서로 할 것

[풀이] 교대방식(교대근무 순환주기)은 낮근무, 저녁근무, 밤근무 순으로 한다. 즉 정교대가 바람직하다.

06 우리나라 산업위생의 역사에 있어서 1981년에 일어난 일과 가장 관계가 깊은 것은 어느 것인가?
① ILO 가입
② 근로기준법 제정
③ 산업안전보건법 공포
④ 한국산업위생학회 창립

[풀이] 1981년에는 산업안전보건법을 제정 공포(근로기준법, 동 시행령으로 산업위생의 전반적인 내용을 규제하기는 미흡하여 새롭게 독립적으로 제정)하였다.
※ 산업안전보건법 시행 : 1982년 7월 1일
(1) 산업안전보건법 목적
  ㉠ 근로자의 안전과 보건을 유지·증진
  ㉡ 산업재해 예방
  ㉢ 쾌적한 작업환경 조성
(2) 산업안전보건법 주요 내용
  ㉠ 안전보건관리책임자 고용
  ㉡ 작업환경측정의 의무화
  ㉢ 특수건강진단과 임시건강진단의 도입
  ㉣ 안전보건교육의 확립
(3) 노동청에서 고용노동부로 승격

07 재해율을 산정할 때 근로자가 사망한 경우에는 근로손실일수를 얼마로 하는가? (단, 국제노동기구의 기준에 따른다.)
① 3,000일 ② 4,000일
③ 5,500일 ④ 7,500일

[풀이] 사망 및 1, 2, 3급(신체장애등급)의 근로손실일수는 7,500일이다. 이는 재해로 인한 사망자의 평균연령 30세, 노동이 가능한 연령 55세, 1년 동안의 노동일수 300일을 근거로 본 것이다.

08 Shimonson이 말하는 산업피로현상이 아닌 것은?
① 활동자원의 소모
② 조절기능의 장애
③ 중간대사물질의 소모
④ 체내의 물리화학적 변화

[풀이] Shimonson의 산업피로현상
  ㉠ 중간대사물질의 축적
  ㉡ 활동자원의 소모
  ㉢ 체내의 물리화학적 변화
  ㉣ 조절기능의 장애

09 피로한 근육에서 측정된 근전도(EMG)의 특징으로 맞는 것은?
① 저주파수(0~40Hz) 힘의 증가, 총 전압의 감소
② 고주파수(40~200Hz) 힘의 감소, 총 전압의 증가
③ 저주파수(0~40Hz) 힘의 감소, 평균주파수의 증가
④ 고주파수(40~200Hz) 힘의 증가, 평균주파수의 감소

[풀이] 정상근육과 비교하여 피로한 근육에서 나타나는 EMG의 특징
  ㉠ 저주파(0~40Hz) 영역에서 힘(전압)의 증가
  ㉡ 고주파(40~200Hz) 영역에서 힘(전압)의 감소
  ㉢ 평균주파수 영역에서 힘(전압)의 감소
  ㉣ 총 전압의 증가

10 인체의 구조에서 앉을 때, 서 있을 때, 물체를 들어올릴 때 및 뛸 때 발생하는 압력이 가장 많이 흡수되는 척추의 디스크는?
① L_5/S_1 ② L_3/S_2
③ L_2/S_1 ④ L_1/S_5

정답 05.④ 06.③ 07.④ 08.③ 09.② 10.①

[풀이] L₅/S₁ 디스크(disc)
㉠ 척추의 디스크 중 앉을 때, 서 있을 때, 물체를 들어올릴 때 및 뛸 때 발생하는 압력이 가장 많이 흡수되는 디스크이다.
㉡ 인체의 구조는 경추가 7개, 흉추가 12개, 요추가 5개이고, 그 아래에 천골로서 골반의 후벽을 이룬다. 여기서 요추의 5번째 L_5와 천골 S_1 사이에 있는 디스크가 있다. 이곳의 디스크를 L_5/S_1 디스크라 한다.
㉢ 물체와 몸의 거리가 멀 경우 지렛대의 역할을 하는 L_5/S_1 디스크에 많은 부담을 주게 된다.

11 실내공기질관리법령상 다중이용시설에 적용되는 실내공기질 권고기준 대상항목이 아닌 것은?
① 석면
② 라돈
③ 이산화질소
④ 총휘발성유기화합물

[풀이] 실내공기질 권고기준 오염물질 항목
㉠ 이산화질소
㉡ 라돈
㉢ 총휘발성유기화합물
㉣ 곰팡이

12 태양광선이 없는 옥내 작업장의 WBGT(℃)를 나타내는 공식은 무엇인가? (단, NWB는 자연습구온도, DB는 건구온도, GT는 흑구온도이다.)
① WGBT=0.7NWB+0.3GT
② WGBT=0.7NWB+0.3DB
③ WGBT=0.7NWB+0.2GT+0.1DB
④ WGBT=0.7NWB+0.2DB+0.1GT

[풀이] 습구흑구온도지수(WBGT)
㉠ 옥외(태양광선이 내리쬐는 장소)
 WBGT(℃)=0.7×자연습구온도+0.2×흑구온도 +0.1×건구온도
㉡ 옥내 또는 옥외(태양광선이 내리쬐지 않는 장소)
 WBGT(℃)=0.7×자연습구온도+0.3×흑구온도

13 산업위생에 대한 일반적인 사항의 설명 중 틀린 것은?
① 유독물질 발생으로 인한 중독증을 관리하는 것으로 제조업 근로자가 주대상이다.
② 작업환경요인과 스트레스에 대해 예측, 인식, 평가, 관리하는 과학과 기술이다.
③ 사업장의 노출정도에 따라 사업장에서 발생하는 유해인자에 대해 적절한 관리와 대책을 제시한다.
④ 산업위생전문가는 전문가로서의 책임, 근로자에 대한 책임, 기업주와 고객에 대한 책임, 일반 대중에 대한 책임 등의 윤리강령을 준수할 필요가 있다.

[풀이] 산업위생은 모든 작업자의 건강보호 및 근로조건의 개선을 위한 것이다.

14 작업환경측정 및 정도관리 등에 관한 고시에 있어 시료채취 근로자수는 단위작업장소에서 최고 노출근로자 몇 명 이상에 대하여 동시에 측정하도록 되어 있는가?
① 2명
② 3명
③ 5명
④ 10명

[풀이] 시료채취 근로자수
㉠ 단위작업장소에서 최고 노출근로자 2명 이상에 대하여 동시에 개인시료방법으로 측정하되, 단위작업장소에 근로자가 1명인 경우에는 그러하지 아니하며, 동일 작업 근로자수가 10명을 초과하는 경우에는 매 5명당 1명 이상 추가하여 측정하여야 한다. 다만, 동일 작업 근로자수가 100명을 초과하는 경우에는 최대 시료채취근로자수를 20명으로 조정할 수 있다.
㉡ 지역시료채취방법으로 측정을 하는 경우 단위작업장소 내에서 2개 이상의 지점에 대하여 동시에 측정하여야 한다. 다만, 단위작업장소의 넓이가 50평방미터 이상인 경우에는 매 30평방미터마다 1개 지점 이상을 추가로 측정하여야 한다.

정답 11.① 12.② 13.① 14.①

15 산업안전보건법령상 최근 1년간 작업공정에서 공정설비의 변경, 작업방법의 변경, 설비의 이전, 사용화학물질의 변경 등으로 작업환경측정 결과에 영향을 주는 변화가 없는 경우로 해당 유해인자에 대한 작업환경측정을 1년에 1회 이상으로 할 수 있는 경우는?

① 작업장 또는 작업공정이 신규로 가동되는 경우
② 작업공정 내 소음의 작업환경측정 결과가 최근 2회 연속 90데시벨(dB) 미만인 경우
③ 작업환경측정 대상 유해인자에 해당하는 화학적 인자의 측정치가 노출기준을 초과하는 경우
④ 작업공정 내 소음 외의 다른 모든 인자의 작업환경측정 결과가 최근 2회 연속 노출기준 미만인 경우

풀이 사업주는 최근 1년간 작업공정에서 공정설비의 변경, 작업방법의 변경, 설비의 이전, 사용화학물질의 변경 등으로 작업환경측정 결과에 영향을 주는 변화가 없을 때 다음의 경우에 1년에 1회 이상 작업환경측정을 할 수 있다.
㉠ 작업공정 내 소음의 작업환경측정 결과가 최근 2회 연속 85dB 미만인 경우
㉡ 작업공정 내 소음 외의 다른 모든 인자의 작업환경측정 결과가 최근 2회 연속 노출기준 미만인 경우

16 산업안전보건법상 제조업에서 상시근로자가 몇 명 이상인 경우 보건관리자를 선임하여야 하는가?

① 5명
② 50명
③ 100명
④ 300명

풀이 상시근로자가 50인 이상인 제조업 사업장은 보건관리자의 자격기준에 해당하는 자 중 1인 이상을 보건관리자로 선임하여야 한다.

17 인간공학적 방법에 의한 작업장 설계 시 정상작업영역의 범위로 가장 적절한 것은?

① 물건을 잡을 수 있는 최대영역
② 팔과 다리를 뻗어 파악할 수 있는 영역
③ 상완과 전완을 곧게 뻗어서 파악할 수 있는 영역
④ 상완을 자연스럽게 수직으로 늘어뜨린 상태에서 전완을 뻗어 파악할 수 있는 영역

풀이 (1) 정상작업역(표준영역, normal area)
㉠ 상박부를 자연스런 위치에서 몸통부에 접하고 있을 때에 전박부가 수평면 위에서 쉽게 도착할 수 있는 운동범위
㉡ 위팔(상완)을 자연스럽게 수직으로 늘어뜨린 채 아래팔(전완)만으로 편안하게 뻗어 파악할 수 있는 영역
㉢ 움직이지 않고 전박과 손으로 조작할 수 있는 범위
㉣ 앉은 자세에서 위팔(상완)은 몸에 붙이고, 아래팔(전완)만 곧게 뻗어 닿는 범위
㉤ 약 34~45cm의 범위

(2) 최대작업역(최대영역, maximum area)
㉠ 팔 전체가 수평상에 도달할 수 있는 작업영역
㉡ 어깨로부터 팔을 뻗어 도달할 수 있는 최대영역
㉢ 아래팔(전완)과 위팔(상완)을 곧게 펴서 파악할 수 있는 영역
㉣ 움직이지 않고 상지를 뻗어서 닿는 범위

18 근골격계 질환을 예방하기 위한 조치로 적절한 것은?

① 손잡이에 완충물질을 사용하지 않는다.
② 작업의 방법이나 위치를 변화시키지 않는다.
③ 임팩트 렌치나 천공 해머를 사용하지 않는다.
④ 가능한 파워 그립보다 핀치 그립을 사용할 수 있도록 설계한다.

풀이 ① 손잡이에 완충물질을 사용한다.
② 작업의 방법이나 위치를 변화시킨다.
④ 가능하면 손가락으로 잡는 pinch grip보다는 손바닥으로 감싸 안아 잡는 power grip을 이용한다.

정답 15.④ 16.② 17.④ 18.③

19 국소피로와 관련한 작업강도와 적정 작업시간의 관계를 설명한 것 중 틀린 것은?

① 힘의 단위는 kP(kilo pound)로 표시한다.
② 적정 작업시간은 작업강도와 대수적으로 비례한다.
③ 1kP(kilo pound)는 2.2pounds의 중력에 해당한다.
④ 작업강도가 10% 미만인 경우 국소피로는 오지 않는다.

[풀이] **작업강도(%MS) 및 적정 작업시간**
㉠ 국소피로 초래까지의 작업시간은 작업강도에 의해 결정된다.
㉡ 적정 작업시간은 작업강도와 대수적으로 반비례한다.
㉢ 작업강도가 10% 미만인 경우 국소피로는 발생하지 않는다.
㉣ 1kP는 질량 1kg을 중력의 크기로 당기는 힘을 의미한다.

20 다음 중 생리학적 적성검사 항목이 아닌 것은 어느 것인가?

① 체력검사
② 지각동작검사
③ 감각기능검사
④ 심폐기능검사

[풀이] **적성검사의 분류 및 특성**
(1) 신체검사(신체적 적성검사, 체격검사)
(2) 생리적 기능검사(생리적 적성검사)
　㉠ 감각기능검사
　㉡ 심폐기능검사
　㉢ 체력검사
(3) 심리학적 검사(심리학적 적성검사)
　㉠ 지능검사
　　언어, 기억, 추리, 귀납 등에 대한 검사
　㉡ 지각동작검사
　　수족협조, 운동속도, 형태지각 등에 대한 검사
　㉢ 인성검사
　　성격, 태도, 정신상태에 대한 검사
　㉣ 기능검사
　　직무에 관련된 기본 지식과 숙련도, 사고력 등의 검사

제2과목 | 작업환경 측정 및 평가

21 개인시료채취기를 사용할 때 적용되는 근로자의 호흡위치로 옳은 것은? (단, 고용노동부 고시를 기준으로 한다.)

① 호흡기를 중심으로 직경 30cm인 반구
② 호흡기를 중심으로 반경 30cm인 반구
③ 호흡기를 중심으로 직경 45cm인 반구
④ 호흡기를 중심으로 반경 45cm인 반구

[풀이] 개인시료는 개인시료채취기를 이용하여 가스·증기·흄·미스트 등을 근로자 호흡위치(호흡기를 중심으로 반경 30cm인 반구)에서 채취한 것을 말한다.

22 작업환경측정 결과의 평가에서 작업시간 전체를 1개의 시료로 측정할 경우의 노출결과 구분이 바르게 표기된 것은?

① 하한치(LCL) > 1일 때 노출기준 미만
② 상한치(UCL) ≤ 1일 때 노출기준 초과
③ 하한치(LCL) ≤ 1, 상한치(UCL) < 1일 때 노출기준 초과 가능
④ 하한치(LCL) > 1일 때 노출기준 초과

[풀이] 하한치의 값이 1보다 클 경우 노출기준을 초과한 것으로 평가한다.
※ 하한치(LCL) = 표준화값(Y) − 시료채취 분석오차(SAE)

23 순간시료채취에서 가스나 증기상 물질을 직접 포집하는 방법이 아닌 것은?

① 주사기에 의한 포집
② 진공플라스크에 의한 포집
③ 시료채취백에 의한 포집
④ 흡착제에 의한 포집

[풀이] **단시간(순간) 시료채취기구**
㉠ 진공플라스크(진공포집병)
㉡ 액체치환병
㉢ 주사기
㉣ 시료채취백(포집백)

24 수분에 대한 영향이 크지 않으므로 먼지의 중량분석에 적절하고, 특히 유리규산을 채취하여 X선 회절법으로 분석하는 데 적합한 여과지는?

① MCE막 여과지
② 유리섬유 여과지
③ PVC막 여과지
④ 은막 여과지

[풀이] PVC막 여과지(Polyvinyl Chloride membrane filter)
㉠ PVC막 여과지는 가볍고 흡습성이 낮기 때문에 분진의 중량분석에 사용된다.
㉡ 유리규산을 채취하여 X선 회절법으로 분석하는 데 적절하고 6가크롬, 아연산화합물의 채취에 이용한다.
㉢ 수분에 영향이 크지 않아 공해성 먼지, 총먼지 등의 중량분석을 위한 측정에 사용한다.
㉣ 석탄먼지, 결정형 유리규산, 무정형 유리규산, 별도로 분리하지 않은 먼지 등을 대상으로 무게농도를 구하고자 할 때 PVC막 여과지로 채취한다.
㉤ 습기에 영향을 적게 받으려 전기적인 전하를 가지고 있어 채취 시 입자를 반발하여 채취효율을 떨어뜨리는 단점이 있으므로 채취 전에 이 필터를 세정용액으로 처리함으로써 이러한 오차를 줄일 수 있다.

25 증기상인 A물질 100ppm은 약 몇 mg/m³인가? (단, A물질의 분자량은 58이고, 25℃, 1기압을 기준으로 한다.)

① 237 ② 287
③ 325 ④ 349

[풀이] 농도(mg/m³) = 100ppm × $\frac{58}{24.45}$
= 237.22mg/m³

26 어느 작업장의 벤젠 농도(ppm)를 5회 측정한 결과가 각각 30, 33, 29, 27, 31일 때, 벤젠의 기하평균농도는 약 몇 ppm인가?

① 29.9 ② 30.5
③ 30.9 ④ 31.1

[풀이] $\log(GM) = \frac{\log 30 + \log 33 + \log 29 + \log 27 + \log 31}{5}$
$= 1.476$
∴ $GM = 10^{1.476} = 29.92 ppm$

27 각각의 포집효율이 80%인 임핀저 2개를 직렬로 연결하여 시료를 채취하는 경우 최종으로 얻어지는 포집효율은?

① 90% ② 92%
③ 94% ④ 96%

[풀이] $\eta_T = \eta_1 + \eta_2(1-\eta_1)$
$= 0.8 + [0.8 \times (1-0.8)] = 0.96 \times 100 = 96\%$

28 충격소음에 대한 설명으로 가장 적절한 것은?

① 최대음압수준 120dB(A) 이상의 소음이 1초 이상의 간격으로 발생하는 소음을 말한다.
② 최대음압수준 140dB(A) 이상의 소음이 1초 이상의 간격으로 발생하는 소음을 말한다.
③ 최대음압수준 120dB(A) 이상의 소음이 5초 이상의 간격으로 발생하는 소음을 말한다.
④ 최대음압수준 140dB(A) 이상의 소음이 5초 이상의 간격으로 발생하는 소음을 말한다.

[풀이] 충격소음
소음이 1초 이상의 간격을 유지하면서 최대음압수준이 120dB(A) 이상인 소음을 말하며, 소음수준에 따른 1분 동안의 발생횟수를 측정하여야 한다.

29 유량, 측정시간, 회수율, 분석에 의한 오차(%)가 각각 15, 3, 5, 9일 때의 누적오차는?

① 18.4% ② 19.4%
③ 20.4% ④ 21.4%

[풀이] 누적오차(%) = $\sqrt{15^2 + 3^2 + 5^2 + 9^2} = 18.44\%$

정답 24.③ 25.① 26.① 27.④ 28.① 29.①

30 혼합유기용제의 구성비(중량비)가 다음과 같을 때, 이 혼합물의 노출농도(TLV)는?

- 메틸클로로포름 30%(TLV : 1,900mg/m³)
- 헵탄 50%(TLV : 1,600mg/m³)
- 퍼클로로에틸렌 20%(TLV : 335mg/m³)

① 937mg/m³
② 1,087mg/m³
③ 1,137mg/m³
④ 1,287mg/m³

[풀이] 혼합물의 노출농도(mg/m³)
$$= \frac{1}{\left(\frac{0.3}{1,900} + \frac{0.5}{1,600}\right) + \left(\frac{0.2}{335}\right)} = 936.85 \text{mg/m}^3$$

31 여과지의 공극보다 작은 입자가 여과지에 채취되는 기전은 여과이론으로 설명할 수 있다. 다음 중 펌프를 이용하여 공기를 흡인하여 채취할 때 크게 작용하는 기전이 아닌 것은?

① 간섭
② 중력침강
③ 관성충돌
④ 확산

[풀이] 여과포집원리에 중요한 3가지 기전
㉠ 직접차단(간섭)
㉡ 관성충돌
㉢ 확산

32 A물건을 제작하는 공정에서 100% TCE를 사용하고 있다. 작업자의 잘못으로 TCE가 휘발되었다면 공기 중 TCE 포화농도는? (단, 0℃, 1기압에서 환기가 되지 않고, TCE의 증기압은 19mmHg이다.)

① 19,000ppm
② 22,000ppm
③ 25,000ppm
④ 28,000ppm

[풀이] 포화농도(ppm) $= \frac{증기압}{760} \times 10^6$
$= \frac{19}{760} \times 10^6$
$= 25,000 \text{ppm}$

33 다음 중 정량한계에 관한 내용으로 옳은 것은 어느 것인가? (단, 고용노동부 고시를 기준으로 한다.)

① 분석기기가 정량할 수 있는 가장 작은 오차를 말한다.
② 분석기기가 정량할 수 있는 가장 적은 양을 말한다.
③ 분석기기가 정량할 수 있는 가장 작은 정밀도를 말한다.
④ 분석기기가 정량할 수 있는 가장 작은 편차를 말한다.

[풀이] 정량한계과 검출한계(고용노동부 고시 기준)
㉠ "정량한계"란 분석기기가 정량할 수 있는 가장 적은 양을 말한다.
㉡ "검출한계"란 분석기기가 검출할 수 있는 가장 적은 양을 말한다.

34 실리카겔관을 이용하여 포집한 물질을 분석할 때 보정해야 하는 실험은?

① 특이성 실험
② 산화율 실험
③ 탈착효율 실험
④ 물질의 농도범위 실험

[풀이] 탈착률
㉠ 탈착은 경계면에 흡착된 어느 물질이 떨어져 나가 표면농도가 감소하는 현상으로 일반적 탈착률은 고체흡착관을 이용하여 채취한 유기용제를 분석하는 데 있어서 보정하는 것이다.
㉡ 탈착률은 채취에 사용하지 않은 동일한 흡착관에 첨가된 양과 분석량의 비로 표현된다.
탈착률(%) $= \frac{분석량}{첨가량} \times 100$
㉢ 탈착률 시험을 위한 첨가량은 작업장 예상농도의 일정범위(0.5~2배)에서 결정된다.

정답 30.① 31.② 32.③ 33.② 34.③

35 펌프를 사용하여 유속 1.7L/min으로 8시간 동안 공기를 포집하였을 때, 펌프에 포집된 공기의 양은 약 몇 m³인가?

① 0.82
② 1.41
③ 1.70
④ 2.14

[풀이] 포집공기량(m³)=1.7L/min×480min×m³/1,000L
=0.82m³

36 작업환경 측정단위에 대한 설명으로 옳은 것은?

① 분진은 mL/m³로 표시한다.
② 석면의 표시단위는 ppm/m³로 표시한다.
③ 고열(복사열 포함)의 측정단위는 습구흑구온도지수(WBGT)를 구하여 섭씨온도(℃)로 표시한다.
④ 가스 및 증기의 노출기준 표시단위는 MPa/L로 표시한다.

[풀이]
① 분진 : mg/m³
② 석면 : 개/cm³
④ 가스 및 증기 : ppm, mg/m³

37 용광로가 있는 철강 주물공장의 옥내 습구흑구온도지수(WBGT)는? (단, 작업장 내 건구온도는 32℃이고, 자연습구온도는 30℃이며, 흑구온도는 34℃이다.)

① 30.5℃
② 31.2℃
③ 32.5℃
④ 33.4℃

[풀이] 옥내 WBGT
WBGT(℃)=(0.7×자연습구온도)+(0.3×흑구온도)
=(0.7×30℃)+(0.3×34℃)
=31.2℃

38 흡착제인 활성탄의 제한점에 관한 설명으로 옳지 않은 것은?

① 휘발성이 매우 큰 저분자량의 탄화수소 화합물의 채취효율이 떨어진다.
② 암모니아, 에틸렌, 염화수소와 같은 저비점 화합물에 효과가 적다.
③ 표면에 산화력이 없어 반응성이 작은 알데하이드 포집에 부적합하다.
④ 비교적 높은 습도는 활성탄의 흡착용량을 저하시킨다.

[풀이] 활성탄의 제한점
㉠ 표면의 산화력으로 인해 반응성이 큰 메르캅탄, 알데하이드 포집에는 부적합하다.
㉡ 케톤의 경우 활성탄 표면에서 물을 포함하는 반응에 의하여 파괴되어 탈착률과 안정성에 부적절하다.
㉢ 메탄, 일산화탄소 등은 흡착되지 않는다.
㉣ 휘발성이 큰 저분자량의 탄화수소화합물의 채취효율이 떨어진다.
㉤ 끓는점이 낮은 저비점 화합물인 암모니아, 에틸렌, 염화수소, 포름알데하이드 증기는 흡착속도가 높지 않아 비효과적이다.

39 직경이 5μm이고 비중이 1.2인 먼지입자의 침강속도는 약 몇 cm/sec인가?

① 0.01
② 0.03
③ 0.09
④ 0.3

[풀이] 침강속도(cm/sec)=0.003×ρ×d²
=0.003×1.2×5²
=0.09cm/sec

40 흡광광도법에서 단색광이 시료액을 통과하여 그 광의 30%가 흡수되었을 때 흡광도는?

① 0.15
② 0.3
③ 0.45
④ 0.6

[풀이] 흡광도=$\log\dfrac{1}{\text{투과율}}=\log\dfrac{1}{(1-0.3)}=0.15$

정답 35.① 36.③ 37.② 38.③ 39.③ 40.①

제3과목 | 작업환경 관리

41 다음 중 소음과 관련된 내용으로 옳지 않은 것은?

① 음압수준은 음압과 기준음압의 비를 대수값으로 변환하고 제곱하여 산출한다.
② 사람의 귀는 자극의 절대물리량에 1차식으로 비례하여 반응한다.
③ 음 강도는 단위시간당 단위면적을 통과하는 음 에너지이다.
④ 음원에서 발생하는 에너지는 음력이다.

[풀이] 사람의 귀는 자극의 절대물리량에 대수적으로 비례하여 반응한다(웨버-페흐너의 법칙).

42 다음 중 적외선에 관한 설명으로 가장 거리가 먼 것은?

① 적외선은 대부분 화학작용을 수반하며 가시광선과 자외선 사이에 있다.
② 적외선에 강하게 노출되면 안검록염, 각막염, 홍채위축, 백내장 등을 일으킬 수 있다.
③ 일명 열선이라고 하며, 온도에 비례하여 적외선을 복사한다.
④ 적외선 중 가시광선과 가까운 쪽을 근적외선이라 한다.

[풀이] 적외선은 대부분 화학작용을 수반하지 않는다. 즉 적외선이 흡수되면 화학반응을 일으키는 것이 아니라 구성분자의 운동에너지를 증가시킨다.

43 일반적으로 더운 환경에서 고된 육체적인 작업을 하면서 땀을 많이 흘릴 때 신체의 염분 손실을 충당하지 못하여 발생하는 고열장애는?

① 열발진   ② 열사병
③ 열실신   ④ 열경련

[풀이] 열경련
(1) 발생
 ㉠ 지나친 발한에 의한 수분 및 혈중 염분 손실 시 발생한다(혈액의 현저한 농축 발생).
 ㉡ 땀을 많이 흘리고 동시에 염분이 없는 음료수를 많이 마셔서 염분 부족 시 발생한다.
 ㉢ 전해질의 유실 시 발생한다.
(2) 증상
 ㉠ 체온이 정상이거나 약간 상승하고 혈중 Cl⁻ 농도가 현저히 감소한다.
 ㉡ 낮은 혈중 염분농도와 팔과 다리의 근육경련이 일어난다(수의근 유통성 경련).
 ㉢ 통증을 수반하는 경련은 주로 작업 시 사용한 근육에서 흔히 발생한다.
 ㉣ 일시적으로 단백뇨가 나온다.
 ㉤ 중추신경계통의 장애는 일어나지 않는다.
 ㉥ 복부와 사지 근육에 강직, 동통이 일어나고, 과도한 발한이 발생한다.
 ㉦ 수의근의 유통성 경련(주로 작업 시 사용한 근육에서 발생)이 일어나기 전에 현기증, 이명, 두통, 구역, 구토 등의 전구증상이 일어난다.
(3) 치료
 ㉠ 수분 및 NaCl을 보충한다(생리식염수 0.1% 공급).
 ㉡ 바람이 잘 통하는 곳에 눕혀 안정시킨다.
 ㉢ 체열 방출을 촉진시킨다(작업복을 벗겨 전도와 복사에 의한 체열 방출).
 ㉣ 증상이 심하면 생리식염수 1,000~2,000mL를 정맥주사한다.

44 유해물질이 발생하는 공정에서 유해인자의 농도를 깨끗한 공기를 이용하여 그 유해물질을 관리하는 가장 적합한 작업환경관리 대책은?

① 밀폐
② 격리
③ 환기
④ 교육

[풀이] 유해물질이 발생하는 공정에서 작업자가 수동작업을 하는 경우 해당 공정에 가장 현실적이고 적합한 작업환경관리대책은 환기이다.

정답 41.② 42.① 43.④ 44.③

45 잠수부가 해저 30m에서 작업을 할 때 인체가 받는 절대압은?

① 3기압　② 4기압
③ 5기압　④ 6기압

풀이
절대압=대기압+작용압
　　　=1기압+3기압(10m당 1기압)
　　　=4기압

46 다음 중 납중독이 조혈기능에 미치는 영향으로 옳은 것은?

① 혈색소량 증가
② 적혈구수 증가
③ 혈청 내 철 감소
④ 적혈구 내 프로토포르피린 증가

풀이 납중독이 조혈기능에 미치는 영향
㉠ K^+과 수분이 손실된다.
㉡ 삼투압이 증가하여 적혈구가 위축된다.
㉢ 적혈구의 생존기간이 감소한다.
㉣ 적혈구 내 전해질이 감소한다.
㉤ 미숙적혈구(망상적혈구, 친염기성 적혈구)가 증가한다.
㉥ 혈색소량이 감소하고, 혈청 내 철이 증가한다.
㉦ 적혈구 내 프로토포르피린이 증가한다.
㉧ 소변 중 코프로포르피린이 증가한다.

47 입자(비중 5)의 직경이 $3\mu m$인 먼지가 다른 방해기류 없이 층류이동을 할 경우 50cm 높이의 챔버 상부에서 하부까지 침강할 때 필요한 시간은 약 몇 분인가?

① 3.1　② 6.2
③ 12.4　④ 24.8

풀이
침강속도(cm/sec)=$0.003 \times \rho \times d^2$
　　　　　　　　=$0.003 \times 5 \times 3^2$
　　　　　　　　=0.135cm/sec
∴ 필요시간(분)=$\frac{길이}{속도}$
　　　　　　　=$\frac{50cm}{0.135cm/sec \times 60sec/min}$
　　　　　　　=6.17min

48 밝기의 단위인 루멘(lumen)에 대한 설명으로 가장 정확한 것은?

① 1lux의 광원으로부터 단위입사각으로 나가는 광도의 단위이다.
② 1lux의 광원으로부터 단위입사각으로 나가는 휘도의 단위이다.
③ 1촉광의 광원으로부터 단위입사각으로 나가는 조도의 단위이다.
④ 1촉광의 광원으로부터 단위입사각으로 나가는 광속의 단위이다.

풀이 루멘(lumen) : lm
㉠ 1촉광의 광원으로부터 한 단위입체각으로 나가는 광속의 단위(국제단위)
　※ 광속 : 광원으로부터 나오는 빛의 양
㉡ 1촉광=$4\pi(12.57)$루멘

49 적용 화학물질이 정제 벤토나이트 겔, 염화비닐수지이며, 분진, 전해약품 제조, 원료 취급작업에서 주로 사용되는 보호크림으로 가장 적절한 것은?

① 피막형 크림
② 차광 크림
③ 소수성 크림
④ 친수성 크림

풀이 피막형성형 피부보호제(피막형 크림)
㉠ 분진, 유리섬유 등에 대한 장애를 예방한다.
㉡ 적용 화학물질의 성분은 정제 벤토나이트 겔, 염화비닐수지이다.
㉢ 피막형성 도포제를 바르고 장시간 작업 시 피부에 장애를 줄 수 있으므로 작업완료 후 즉시 닦아내야 한다.
㉣ 분진, 전해약품 제조, 원료 취급 시 사용한다.

50 음압이 $2N/m^2$일 때 음압수준은 몇 dB인가?

① 90　② 95
③ 100　④ 105

풀이
$SPL = 20\log\frac{P}{2 \times 10^{-5}} = 20\log\frac{2}{2 \times 10^{-5}} = 100dB$

정답　45.②　46.④　47.②　48.④　49.①　50.③

51 작업과 보호구를 가장 적절하게 연결한 것은?
① 전기용접 – 차광안경
② 노면토석굴착 – 방독마스크
③ 도금공장 – 내열복
④ Tank 내 분무도장 – 방진마스크

풀이
② 노면토석굴착 – 방진마스크
③ 도금공장 – 방독마스크
④ Tank 내 분무도장 – 송기마스크

52 보호장구의 재질별 효과적인 적용물질이 바르게 연결된 것은?
① 면 – 비극성 용제
② Butyl 고무 – 비극성 용제
③ 천연고무(latex) – 극성 용제
④ Viton – 극성 용제

풀이 보호장구 재질에 따른 적용물질
㉠ Neoprene 고무 : 비극성 용제, 극성 용제 중 알코올, 물, 케톤류 등에 효과적
㉡ 천연고무(latex) : 극성 용제 및 수용성 용액에 효과적(절단 및 찰과상 예방)
㉢ Viton : 비극성 용제에 효과적
㉣ 면 : 고체상 물질(용제에는 사용 못함)
㉤ 가죽 : 용제에는 사용 못함(기본적인 찰과상 예방)
㉥ Nitrile 고무 : 비극성 용제에 효과적
㉦ Butyl 고무 : 극성 용제에 효과적(알데하이드, 지방족)
㉨ Ethylene vinyl alcohol : 대부분의 화학물질을 취급할 경우 효과적

53 작업장에서 발생된 분진에 대한 작업환경 관리대책과 가장 거리가 먼 것은?
① 국소배기장치의 설치
② 발생원의 밀폐
③ 방독마스크의 지급 및 착용
④ 전체환기

풀이 분진작업장 환경관리
㉠ 습식 작업
㉡ 발산원 밀폐
㉢ 원재료 및 사용재료의 대치
㉣ 방진마스크(개인보호구) 지급 및 착용

54 일반적인 소음관리대책 중에서 소음원 대책에 해당하지 않는 것은?
① 소음기 설치
② 보호구 착용
③ 소음원의 밀폐와 격리
④ 공정의 변경

풀이 소음대책
(1) 발생원 대책(소음원 대책)
㉠ 발생원에서의 저감 : 유속저감, 마찰력감소, 충돌방지, 공명방지, 저소음형 기계의 사용(병타법을 용접법으로 변경, 단조법을 프레스법으로 변경, 압축공기 구동기기를 전동기기로 변경)
㉡ 소음기 설치
㉢ 방음커버 설치
㉣ 방진, 제진
(2) 전파경로 대책
㉠ 흡음 : 실내 흡음처리에 의한 음압레벨 저감
㉡ 차음 : 벽체의 투과손실 증가
㉢ 거리감쇠
㉣ 지향성 변환(음원 방향의 변경)
(3) 수음자 대책
㉠ 청력보호구(귀마개, 귀덮개)
㉡ 작업방법 개선

55 고압환경에서 가압에 의해 발생하는 장애로 볼 수 없는 것은?
① 질소 마취작용 ② 산소 중독현상
③ 질소기포 형성 ④ 이산화탄소 중독

풀이 고압환경에서의 2차적 가압현상
㉠ 질소가스의 마취작용
㉡ 산소 중독
㉢ 이산화탄소 중독

56 다음 중 피부노화와 피부암에 영향을 주는 비전리방사선은?
① UV-A   ② UV-B
③ UV-D   ④ UV-F

풀이 자외선의 분류와 영향
㉠ UV-C(100~280nm) : 발진, 경미한 홍반
㉡ UV-B(280~315nm) : 발진, 경미한 홍반, 피부암, 광결막염
㉢ UV-A(315~400nm) : 발진, 홍반, 백내장

정답 51.① 52.③ 53.③ 54.② 55.③ 56.②

57 다음 중 입자상 물질의 크기 표시에 있어서 입자의 면적을 이등분하는 직경으로 과소평가의 위험성이 있는 것은?
① Martin 직경
② Feret 직경
③ 공기역학적 직경
④ 등면적 직경

풀이 기하학적(물리적) 직경
(1) 마틴 직경(Martin diameter)
  ㉠ 먼지의 면적을 2등분하는 선의 길이로 선의 방향은 항상 일정하여야 한다.
  ㉡ 과소평가할 수 있는 단점이 있다.
  ㉢ 입자의 2차원 투영상을 구하여 그 투영면적을 2등분한 선분 중 어떤 기준선과 평행인 것의 길이(입자의 무게중심을 통과하는 외부 경계면에 접하는 이론적인 길이)를 직경으로 사용하는 방법이다.
(2) 페렛 직경(Feret diameter)
  ㉠ 먼지의 한쪽 끝 가장자리와 다른 쪽 가장자리 사이의 거리이다.
  ㉡ 과대평가될 가능성이 있는 입자상 물질의 직경이다.
(3) 등면적 직경(projected area diameter)
  ㉠ 먼지의 면적과 동일한 면적을 가진 원의 직경으로 가장 정확한 직경이다.
  ㉡ 측정은 현미경 접안경에 porton reticle을 삽입하여 측정한다.
  즉, $D = \sqrt{2^n}$
  여기서, D : 입자 직경(μm)
  n : porton reticle에서 원의 번호

58 다음 중 저온에 따른 일차적 생리적 영향은?
① 식욕 변화
② 혈압 변화
③ 말초 냉각
④ 피부혈관 수축

풀이 저온에 대한 1차적 생리반응
㉠ 피부혈관의 수축
㉡ 근육긴장의 증가 및 떨림
㉢ 화학적 대사작용 증가
㉣ 체표면적 감소

59 다음 중 소음성 난청에 대한 설명으로 옳지 않은 것은?
① 음압수준이 높을수록 유해하다.
② 저주파음이 고주파음보다 더욱 유해하다.
③ 간헐적 노출이 계속적 노출보다 덜 유해하다.
④ 심한 소음에 반복하여 노출되면 일시적 청력 변화는 영구적 청력 변화로 변한다.

풀이 소음성 난청에 영향을 미치는 요소
㉠ 소음 크기
  음압수준이 높을수록 영향이 크다.
㉡ 개인감수성
  소음에 노출된 모든 사람이 똑같이 반응하지 않으며, 감수성이 매우 높은 사람이 극소수 존재한다.
㉢ 소음의 주파수 구성
  고주파음이 저주파음보다 영향이 크다.
㉣ 소음의 발생 특성
  지속적인 소음 노출이 단속적인(간헐적인) 소음 노출보다 더 큰 장애를 초래한다.

60 다음 중 흄(fume)에 대한 설명으로 알맞은 내용은?
① 기체상태로 있던 무기물질이 승화하거나, 화학적 변화를 일으켜 형성된 고형의 미립자
② 금속을 용융하는 경우 발생되는 증기가 공기에 의해 산화되어 만들어진 미세한 금속산화물
③ 콜로이드보다 입자의 크기가 크고 단시간 동안 공기 중에 부유할 수 있는 고체입자
④ 액체물질이던 것이 미립자가 되어 공기 중에 분산된 입자

풀이 흄(fume)
금속이 용해되어 액상 물질로 되고 이것이 가스상 물질로 기화된 후 다시 응축된 고체 미립자로 보통 크기가 $0.1\mu m$ 또는 $1\mu m$ 이하이므로 호흡성 분진의 형태로 체내에 흡입되어 유해성도 커진다. 즉 흄은 금속이 용해되어 공기에 의해 산화되어 미립자가 분산하는 것이다.

제4과목 | 산업환기

61 다음 [그림]과 같이 국소배기장치에서 공기정화기가 막혔을 경우 정압의 절대값은 이전 측정에 비해 어떻게 변하는가?

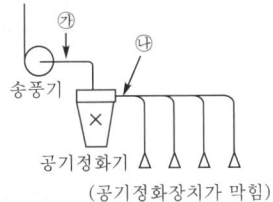
(공기정화장치가 막힘)

① ㉮ 감소, ㉯ 증가
② ㉮ 증가, ㉯ 감소
③ ㉮ 감소, ㉯ 감소
④ ㉮ 거의 정상, ㉯ 증상

풀이 (1) 송풍기의 정압이 갑자기 증가한 경우의 원인
  ㉠ 공기정화장치의 분진 퇴적
  ㉡ 덕트 계통의 분진 퇴적
  ㉢ 후드 댐퍼의 닫힘
  ㉣ 후드와 덕트, 덕트 연결부위의 풀림
  ㉤ 공기정화장치의 분진 취출구가 열림
(2) 공기정화장치의 전방 정압이 감소, 후방 정압이 증가한 경우의 원인 : 공기정화장치의 분진 퇴적으로 인한 압력손실의 증가

62 직경이 10cm인 원형 후드가 있다. 관 내를 흐르는 유량이 0.1m³/sec라면 후드 입구에서 15cm 떨어진 후드 축선상에서의 제어속도는? (단, Dalla Valle의 경험식을 이용한다.)

① 0.25m/sec ② 0.29m/sec
③ 0.35m/sec ④ 0.43m/sec

풀이
$Q = V_c(10X^2 + A)$
$V_c = \dfrac{Q}{10X^2 + A}$
$A = \left(\dfrac{3.14 \times 0.1^2}{4}\right)\text{m}^2 = 0.00785\text{m}^2$
$= \dfrac{0.1\text{m}^3/\text{sec}}{(10 \times 0.15^2)\text{m}^2 + 0.00785\text{m}^2}$
$= 0.43\text{m/sec}$

63 두 개의 덕트가 합류될 때 정압(SP)에 따른 개선사항이 잘못된 것은?

① 0.95 ≤ (낮은 SP/높은 SP) : 차이를 무시
② 두 개의 덕트가 합류될 때 정압의 차이가 없는 것이 이상적
③ (낮은 SP/높은 SP) < 0.8 : 정압이 높은 덕트의 직경을 다시 설계
④ 0.8 ≤ (낮은 SP/높은 SP) < 0.95 : 정압이 낮은 덕트의 유량을 조정

풀이 두 개의 덕트가 합류 시 정압(SP)에 따른 개선사항
㉠ 두 개의 덕트가 합류 시 정압의 차이가 없는 것 : 이상적
㉡ $\dfrac{\text{낮은 SP}}{\text{높은 SP}} < 0.8$: 정압이 낮은 덕트 직경을 재설계
㉢ $0.8 \leq \dfrac{\text{낮은 SP}}{\text{높은 SP}} < 0.95$: 정압이 낮은 쪽 유량 조정
㉣ $0.95 \leq \dfrac{\text{낮은 SP}}{\text{높은 SP}}$: 차이를 무시함

64 자유공간에 떠 있는 직경 30cm인 원형 개구 후드의 개구 면으로부터 30cm 떨어진 곳의 입자를 흡인하려고 한다. 제어풍속을 0.6m/sec로 할 때 후드 정압 SP_h는 약 몇 mmH₂O인가? (단, 원형 개구 후드의 유입손실계수 F_h는 0.93이다.)

① -14.0 ② -12.0
③ -10.0 ④ -8.0

풀이
$SP_h = VP(1+F)$
$Q = V_c(10X^2 + A)$
$= 0.6\text{m/sec} \times \left[(10 \times 0.3^2)\text{m}^2 + \left(\dfrac{3.14 \times 0.3^2}{4}\right)\text{m}^2\right]$
$= 0.582\text{m}^3/\text{sec}$
$V = \dfrac{Q}{A} = \dfrac{0.582\text{m}^3/\text{sec}}{\left(\dfrac{3.14 \times 0.3^2}{4}\right)\text{m}^2} = 8.24\text{m/sec}$
$VP = \left(\dfrac{V}{4.043}\right)^2 = \left(\dfrac{8.24}{4.043}\right)^2 = 4.16\text{mmH}_2\text{O}$
$\therefore SP_h = 4.16(1+0.93) = 8.02\text{mmH}_2\text{O}$
(실제적으로 -8.02mmH₂O)

정답 61.② 62.④ 63.③ 64.④

65 다음 설명에 해당하는 국소배기와 관련한 용어는?

> - 후드 근처에서 발생되는 오염물질을 주변의 방해기류를 극복하고 후드 쪽으로 흡인하기 위한 유체의 속도를 의미한다.
> - 후드 앞 오염원에서의 기류로 오염공기를 후드로 흡인하는 데 필요하며 방해기류를 극복해야 한다.

① 면속도
② 제어속도
③ 플레넘속도
④ 슬롯속도

풀이 제어속도
후드 근처에서 발생하는 오염물질을 주변의 방해기류를 극복하고 후드 쪽으로 흡인하기 위한 유체의 속도, 즉 유해물질을 후드 쪽으로 흡인하기 위하여 필요한 최소풍속을 말한다.

66 27℃, 1기압에서 2L의 산소기체를 327℃, 2기압으로 변화시키면 그 부피는 몇 L가 되겠는가?

① 0.5
② 1.0
③ 2.0
④ 4.0

풀이
$$V_2 = V_1 \times \frac{T_2}{T_1} \times \frac{P_1}{P_2}$$
$$= 2L \times \frac{273+327}{273+27} \times \frac{1}{2}$$
$$= 2.0L$$

67 국소배기시스템 설치 시 고려사항으로 가장 적절하지 않은 것은?

① 가급적 원형 덕트를 사용한다.
② 후드는 덕트보다 두꺼운 재질을 선택한다.
③ 곡관의 곡률반경은 최소덕트직경의 1.5배 이상으로 하며, 주로 2배를 사용한다.
④ 송풍기를 연결할 때에는 최소덕트직경의 2배 정도는 직선구간으로 하여야 한다.

풀이 덕트 설치기준(설치 시 고려사항)
㉠ 가능하면 길이는 짧게 하고 굴곡부의 수는 적게 할 것
㉡ 접속부의 안쪽은 돌출된 부분이 없도록 할 것
㉢ 청소구를 설치하는 등 청소하기 쉬운 구조로 할 것
㉣ 덕트 내부에 오염물질이 쌓이지 않도록 이송속도를 유지할 것
㉤ 연결부위 등은 외부공기가 들어오지 않도록 할 것(연결부위를 가능한 한 용접할 것)
㉥ 가능한 후드의 가까운 곳에 설치할 것
㉦ 송풍기를 연결할 때는 최소 덕트 직경의 6배 정도 직선구간을 확보할 것
㉧ 직관은 하향구배로 하고 직경이 다른 덕트를 연결할 때에는 경사 30° 이내의 테이퍼를 부착할 것
㉨ 원형 덕트가 사각형 덕트보다 덕트 내 유속분포가 균일하므로 가급적 원형 덕트를 사용하며, 부득이 사각형 덕트를 사용할 경우에는 가능한 정방형을 사용하고 곡관의 수를 적게 할 것
㉩ 곡관의 곡률반경은 최소 덕트 직경의 1.5 이상, 주로 2.0을 사용할 것
㉪ 수분이 응축될 경우 덕트 내로 들어가지 않도록 경사나 배수구를 마련할 것
㉫ 덕트의 마찰계수는 작게 하고, 분지관을 가급적 적게 할 것

68 다음 [그림]과 같이 단면적이 작은 쪽이 ㉮, 큰 쪽이 ㉯인 사각형 덕트의 확대관에 대한 압력손실을 구하는 방법으로 가장 적절한 것은? (단, 경사각은 $\theta_1 > \theta_2$ 이다.)

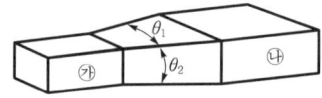

① θ_1의 각도를 경사각으로 한 단면적을 이용한다.
② θ_2의 각도를 경사각으로 한 단면적을 이용한다.
③ 두 각도의 평균값을 이용한 단면적을 이용한다.
④ 작은 쪽(㉮)과 큰 쪽(㉯)의 등가(상당) 직경을 이용한다.

풀이 장방형 덕트 직관의 압력손실 계산 시 상당(등가)직경을 적용한다.

69 국소배기장치에 주로 사용하는 터보 송풍기에 관한 설명으로 틀린 것은?

① 송풍량이 증가해도 동력이 증가하지 않는다.
② 방사날개형 송풍기나 전향날개형 송풍기에 비해 효율이 좋다.
③ 직선 익근을 반경 방향으로 부착시킨 것으로 구조가 간단하고 보수가 용이하다.
④ 고농도 분진 함유 공기를 이송시킬 경우, 회전날개 뒷면에 퇴적되어 효율이 떨어진다.

풀이 터보형 송풍기(turbo fan)
㉠ 후향날개형(후곡날개형, backward-curved blade fan)은 송풍량이 증가해도 동력이 증가하지 않는 장점을 가지고 있어 한계부하 송풍기라고도 한다.
㉡ 회전날개(깃)가 회전방향 반대편으로 경사지게 설계되어 있어 충분한 압력을 발생시킬 수 있다.
㉢ 소요정압이 떨어져도 동력은 크게 상승하지 않으므로 시설저항 및 운전상태가 변하여도 과부하가 걸리지 않는다.
㉣ 송풍기 성능곡선에서 동력곡선이 최대송풍량의 60~70%까지 증가하다가 감소하는 경향을 띠는 특성이 있다.
㉤ 고농도 분진 함유 공기를 이송시킬 경우 깃 뒷면에 분진이 퇴적하여 집진기 후단에 설치하여야 한다.
㉥ 깃의 모양은 두께가 균일한 것과 익형이 있다.
㉦ 원심력식 송풍기 중 가장 효율이 좋다.

70 유해 작업장의 분진이 바닥이나 천장에 쌓여서 2차 발진된다. 이것을 방지하기 위한 공학적 대책으로 오염농도를 희석시키는데, 이때 사용되는 주요 대책방법으로 가장 적절한 것은?

① 개인보호구 착용
② 칸막이 설치
③ 전체환기시설 가동
④ 소음기 설치

풀이 전체환기(희석환기)
작업장 전체를 대상으로 환기시키는 방식으로 유해인자가 발생한 후에 공기를 희석함으로써 유해인자의 농도를 낮추는 것을 의미한다.

71 사이클론의 집진효율을 향상시키기 위해 blow-down 방법을 이용할 때, 사이클론의 더스트박스 또는 멀티 사이클론의 호퍼부에서 처리배기량의 몇 %를 흡입하는 것이 가장 이상적인가?

① 1~3%   ② 5~10%
③ 15~20% ④ 25~30%

풀이 블로다운(blow-down)
(1) 정의
사이클론의 집진효율을 향상시키기 위한 하나의 방법으로서 더스트박스 또는 호퍼부에서 처리가스의 5~10%를 흡인하여 선회기류의 교란을 방지하는 운전방식
(2) 효과
㉠ 사이클론 내의 난류현상을 억제시킴으로써 집진된 먼지의 비산을 방지(유효원심력 증대)
㉡ 집진효율 증대
㉢ 장치 내부의 먼지 퇴적을 억제하여 장치의 폐쇄현상 방지(가교현상 방지)

72 전체환기를 적용하기에 가장 적합하지 않은 곳은?

① 오염물질의 독성이 낮은 곳
② 오염물질의 발생원이 이동하는 곳
③ 오염물질의 발생량이 많고 널리 퍼져 있는 곳
④ 작업공정상 국소배기장치의 설치가 불가능한 곳

풀이 전체환기(희석환기) 적용 시의 조건
㉠ 유해물질의 독성이 비교적 낮은 경우, 즉 TLV가 높은 경우 ⇨ 가장 중요한 제한조건
㉡ 동일한 작업장에 다수의 오염원이 분산되어 있는 경우
㉢ 유해물질이 시간에 따라 균일하게 발생할 경우
㉣ 유해물질의 발생량이 적은 경우 및 희석공기량이 많지 않아도 되는 경우
㉤ 유해물질이 증기나 가스일 경우
㉥ 국소배기로 불가능한 경우
㉦ 배출원이 이동성인 경우
㉧ 가연성 가스의 농축으로 폭발의 위험이 있는 경우
㉨ 오염원이 근무자가 근무하는 장소로부터 멀리 떨어져 있는 경우

정답 69.③ 70.③ 71.② 72.③

73 다음 후드의 종류에서 외부식 후드가 아닌 것은?

① 루바형 후드
② 그리드형 후드
③ 슬롯형 후드
④ 드래프트 챔버형 후드

[풀이] 후드의 형식과 적용작업

방식	형태	적용작업의 예
포위식	포위형	분쇄, 마무리작업, 공작기계, 제분저조
	장갑부착 상자형	농약 등 유독물질 또는 독성가스 취급
부스식	드래프트 챔버형	연마, 포장, 화학 분석 및 실험, 동위원소 취급, 연삭
	건축부스형	산세척, 분무도장
외부식	슬롯형	도금, 주조, 용해, 마무리작업, 분무도장
	루바형	주물의 모래털기작업
	그리드형	도장, 분쇄, 주형 해체
	원형 또는 장방형	용해, 체분, 분쇄, 용접, 목공기계
레시버식	캐노피형	가열로, 소입(담금질), 단조, 용융
	원형 또는 장방형	연삭, 연마
	포위형 (그라인더형)	탁상 그라인더, 용융, 가열로

74 송풍기의 소요동력을 계산하는 데 필요한 인자로 볼 수 없는 것은?

① 송풍기의 효율
② 풍량
③ 송풍기 날개수
④ 송풍기 전압

[풀이] 송풍기 소요동력(kW)

$$kW = \frac{Q \times \Delta P}{6,120 \times \eta} \times \alpha$$

여기서, Q : 송풍량(m³/min)
ΔP : 송풍기 유효전압(=전압=정압, mmH₂O)
η : 송풍기 효율(%)
α : 안전인자(여유율, %)

75 피토튜브와 마노미터를 이용하여 측정된 덕트 내 동압이 20mmH₂O일 때, 공기의 속도는 약 몇 m/sec인가? (단, 덕트 내의 공기는 21℃, 1기압으로 가정한다.)

① 14
② 18
③ 22
④ 24

[풀이]
$$VP = \left(\frac{V}{4.043}\right)^2$$
$$V(\mathrm{m/sec}) = 4.043\sqrt{VP} = 4.043\sqrt{20} = 18.08\mathrm{m/sec}$$

76 폭발방지를 위한 환기량은 해당 물질의 공기 중 농도를 어느 수준 이하로 감소시키는 것인가?

① 폭발농도 하한치
② 폭발농도 상한치
③ 노출기준 하한치
④ 노출기준 상한치

[풀이] 화재 및 폭발방지 전체환기량(Q)

$$Q(\mathrm{m^3/min}) = \frac{24.1 \times S \times W \times C}{MW \times LEL \times B} \times 10^2$$

여기서, S : 물질비중
W : 인화물질 사용량
C : 안전계수
MW : 유해물질 분자량
LEL : 폭발농도 하한치
B : 온도에 따른 보정상수

77 분압이 1.5mmHg인 물질이 표준상태의 공기 중에서 도달할 수 있는 최고농도(%)는 약 얼마인가?

① 0.2%   ② 1.1%
③ 2.0%   ④ 11.0%

[풀이]
$$최고농도(\%) = \frac{분압}{760} \times 10^2$$
$$= \frac{1.5}{760} \times 10^2 = 0.20\%$$

정답 73.④ 74.③ 75.② 76.① 77.①

78 실내 공기의 풍속을 측정하는 데 사용하는 기구는?
① 카타온도계 ② 유량계
③ 복사온도계 ④ 회전계

풀이 카타온도계
㉠ 카타의 냉각력을 이용하여 측정, 즉 알코올 눈금이 100°F(37.8°C)에서 95°F(35°C)까지 내려가는 데 소요되는 시간을 4~5회 측정 평균하여 카타 상수값을 이용하여 구하는 간접적 측정방법
㉡ 작업환경 내에 기류의 방향이 일정치 않을 경우 기류속도 측정
㉢ 실내 0.2~0.5m/sec 정도의 불감기류 측정 시 기류속도를 측정

79 톨루엔은 0°C일 때 증기압이 6.8mmHg이고, 25°C일 때는 증기압이 7.4mmHg이다. 기온이 0°C일 때와 25°C일 때의 포화농도 차이는 약 몇 ppm인가?
① 790 ② 810
③ 830 ④ 850

풀이
- 0°C일 때 포화농도 = $\frac{6.8}{760} \times 10^6 = 8947.37$ ppm
- 25°C일 때 포화농도 = $\frac{7.4}{760} \times 10^6 = 9736.84$ ppm
∴ 차이 = 9736.84 − 8947.37 = 789.47 ppm

80 국소환기장치에서 플랜지(flange)가 벽, 바닥, 천장 등에 접하고 있는 경우 필요환기량은 약 몇 %가 절약되는가?
① 10 ② 25
③ 30 ④ 50

풀이
- 외부식 후드 기본식
  $Q = V_c(10X^2 + A)$
- 외부식 후드(Flange 부착, Table상 위치)
  $Q = 0.5 \times V_c(10X^2 + A)$
∴ 필요환기량 절약(%) = $\frac{1 - 0.5}{1} \times 100 = 50\%$

정답 78.① 79.① 80.④

평범한 사람들은
시간을 어떻게 소비할까 생각하지만
지성인은
시간을 어떻게 사용할까 궁리한다.

― 쇼펜하우어(Schopenhauer) ―

제1회 산업위생관리산업기사

과년도 출제문제 | 2019.03.03

제1과목 | 산업위생학 개론

01 국제노동기구(ILO) 협약에 제시된 산업보건관리 업무와 가장 거리가 먼 것은?
① 산업보건교육, 훈련과 정보에 관한 협력
② 작업능률 향상과 생산성 제고에 관한 기획
③ 작업방법의 개선과 새로운 설비에 대한 건강상 계획의 참여
④ 직장에 있어서의 건강유해요인에 대한 위험성의 확인과 평가

풀이 국제노동기구(ILO) 협약에 제시된 산업보건관리 업무
㉠ 직장에 있어서의 건강유해요인에 대한 위험성의 확인과 평가
㉡ 작업방법의 개선과 새로운 설비에 대한 건강상 계획의 참여
㉢ 산업보건교육, 훈련과 정보에 관한 협력

02 산업피로의 종류 중, 과로상태가 축적되어 단기간의 휴식으로는 회복할 수 없는 병적인 상태로, 심하면 사망에까지 이를 수 있는 것은?
① 곤비 ② 피로
③ 과로 ④ 실신

풀이 피로의 3단계
피로도가 증가하는 순서의 의미이며, 피로의 정도는 객관적 판단이 용이하지 않다.
㉠ 보통피로(1단계): 하룻밤을 자고 나면 완전히 회복하는 상태이다.
㉡ 과로(2단계): 다음날까지도 피로상태가 지속되는 피로의 축적으로, 단기간 휴식으로 회복될 수 있으며, 발병 단계는 아니다.
㉢ 곤비(3단계): 과로의 축적으로 단시간에 회복될 수 없는 단계를 말하며, 심한 노동 후의 피로현상으로 병적 상태를 의미한다.

03 VDT 작업자세로 틀린 것은?
① 팔꿈치의 내각은 90도 이상이어야 함
② 발의 위치는 앞꿈치만 닿을 수 있도록 함
③ 화면과 근로자의 눈과의 거리는 40cm 이상이 되게 함
④ 의자에 앉을 때는 의자 깊숙이 앉아 의자 등받이에 등이 충분히 지지되어야 함

풀이 작업자의 발바닥 전면이 바닥면에 닿는 자세를 취한다.

04 미국산업위생학회(AIHA)의 산업위생에 대한 정의로 가장 적합한 것은?
① 근로자나 일반대중의 육체적, 정신적, 사회적 건강을 고도로 유지·증진시키는 과학과 기술
② 작업조건으로 인하여 근로자에게 발생할 수 있는 질병을 근본적으로 예방하고 치료하는 학문과 기술
③ 근로자나 일반대중에게 육체적, 생리적, 심리적으로 최적의 환경을 제공하여 최고의 작업능률을 높이기 위한 과학과 기술
④ 근로자나 일반대중에게 질병, 건강장애와 안녕방해, 심각한 불쾌감 및 능률저하 등을 초래하는 작업환경 요인과 스트레스를 예측, 측정, 평가하고 관리하는 과학과 기술

풀이 산업위생의 정의(AIHA)
근로자나 일반대중(지역주민)에게 질병, 건강장애와 안녕방해, 심각한 불쾌감 및 능률저하 등을 초래하는 작업환경 요인과 스트레스를 예측, 측정, 평가하고 관리하는 과학과 기술이다(예측, 인지(확인), 평가, 관리 의미와 동일함).

정답 01.② 02.① 03.② 04.④

05 NIOSH에서는 권장무게한계(RWL)와 최대허용한계(MPL)에 따라 중량물 취급작업을 분류하고, 각각의 대책을 권고하고 있는데 MPL을 초과하는 경우에 대한 대책으로 가장 적절한 것은?

① 문제있는 근로자를 적절한 근로자로 교대시킨다.
② 반드시 공학적 방법을 적용하여 중량물 취급작업을 다시 설계한다.
③ 대부분의 정상근로자들에게 적절한 작업조건으로 현 수준을 유지한다.
④ 적절한 근로자의 선택과 적정 배치 및 훈련, 그리고 작업방법의 개선이 필요하다.

풀이 NIOSH의 중량물 취급작업의 분류와 대책
(1) MPL(최대허용한계) 초과인 경우
  반드시 공학적 개념을 도입하여 설계
(2) RWL(AL)과 MPL 사이인 경우
  ㉠ 원인 분석, 행정적 및 경영학적 개선을 하여 작업조건을 AL 이하로 내려야 함
  ㉡ 적합한 근로자 선정 및 적정 배치, 훈련, 작업방법 개선이 필요함
(3) RWL(AL) 이하인 경우
  적합한 작업조건(대부분의 정상근로자들에게 적절한 작업조건으로 현 수준을 유지)

06 산업안전보건법령상 기관석면조사 대상으로서 건축물이나 설비의 소유주 등이 고용노동부장관에게 등록한 자로 하여금 그 석면을 해체·제거하도록 하여야 하는 함유량과 면적 기준으로 틀린 것은?

① 석면이 1퍼센트(무게퍼센트)를 초과하여 함유된 분무재 또는 내화피복재를 사용한 경우
② 파이프에 사용된 보온재에서 석면이 1퍼센트(무게퍼센트)를 초과하여 함유되어 있고, 그 보온재 길이의 합이 25미터 이상인 경우
③ 석면이 1퍼센트(무게퍼센트)를 초과하여 함유된 관련 규정에 해당하는 자재의 면적의 합이 15제곱미터 이상 또는 그 부피의 합이 1세제곱미터 이상인 경우
④ 철거·해체하려는 벽체재료, 바닥재, 천장재 및 지붕재 등의 자재에 석면이 1퍼센트(무게퍼센트)를 초과하여 함유되어 있고 그 자재의 면적의 합이 50제곱미터 이상인 경우

풀이 산업안전보건법상 석면 해체·제거 대상
(1) 일정 규모 이상의 건축물이나 설비
  ㉠ 건축물의 연면적 합계가 50m^2 이상이면서 그 건축물의 철거·해체하려는 부분의 면적 합계가 50m^2 이상인 경우
  ㉡ 주택의 연면적 합계가 200m^2 이상이면서 그 주택의 철거·해체하려는 부분의 면적 합계가 200m^2 이상인 경우
  ㉢ 설비의 철거·해체하려는 부분에 다음 어느 하나에 해당하는 자재를 사용한 면적의 합이 15m^2 이상 또는 그 부피의 합이 1m^3 이상인 경우
    • 단열재
    • 보온재
    • 분무재
    • 내화피복재
    • 개스킷
    • 패킹재
    • 실링재
  ㉣ 파이프 길이의 합이 80m 이상이면서 그 파이프의 철거·해체하려는 부분의 보온재로 사용된 길이의 합이 80m 이상인 경우
(2) 석면 함유량과 면적
  ㉠ 철거·해체하려는 벽체재료, 바닥재, 천장재 및 지붕재 등의 자재에 석면이 1%(무게%)를 초과하여 함유되어 있고, 그 자재의 면적의 합이 50m^2 이상인 경우
  ㉡ 석면이 1%(무게%)를 초과하여 함유된 분무재 또는 내화피복재를 사용한 경우
  ㉢ 석면이 1%(무게%)를 초과하여 함유된 단열재, 보온재, 개스킷, 패킹재, 실링재의 면적의 합이 15m^2 이상 또는 그 부피의 합이 1m^3 이상인 경우
  ㉣ 파이프에 사용된 보온재에서 석면이 1%(무게%)를 초과하여 함유되어 있고, 그 보온재 길이의 합이 80m 이상인 경우

07 화학물질의 분류·표시 및 물질안전보건자료에 관한 기준상 발암성 물질 구분에 있어 사람에게 충분한 발암성 증거가 있는 물질의 분류는?

① Ca
② Al
③ Cl
④ 1A

[풀이] 발암성 정보물질의 표기는 「화학물질의 분류, 표시 및 물질안전보건자료에 관한 기준」에 따라 다음과 같이 표기한다.
㉠ 1A : 사람에게 충분한 발암성 증거가 있는 물질
㉡ 1B : 실험동물에게 발암성 증거가 충분히 있거나 실험동물과 사람 모두에게 제한된 발암성 증거가 있는 물질
㉢ 2 : 사람이나 동물에서 제한된 증거가 있지만, 구분 1로 분류하기에는 증거가 충분하지 않은 물질

08 다음의 설명과 관련이 있는 것은?

> 진동작업에 따른 증상으로, 손과 손가락의 혈관이 수축하며 혈행(血行)이 감소하여 손이나 손가락이 창백해지고 바늘로 찌르듯이 저리며 통증이 심하다. 또한 추운 곳에서 작업할 때 더욱 악화될 수 있다.

① Raynaud's syndrome
② carpal tunnel syndrome
③ thoracic outlet syndrome
④ multiple chemical sensitivity

[풀이] 레이노 현상(Raynaud's 현상)
㉠ 손가락에 있는 말초혈관운동의 장애로 인하여 수지가 창백해지고 손이 차며 저리거나 통증이 오는 현상이다.
㉡ 한랭작업조건에서 특히 증상이 악화된다.
㉢ 압축공기를 이용한 진동공구, 즉 착암기 또는 해머 같은 공구를 장기간 사용한 근로자들의 손가락에 유발되기 쉬운 직업병이다.
㉣ dead finger 또는 white finger라고도 하고, 발증까지 약 5년 정도 걸린다.

09 재해발생 이론 중, 하인리히의 도미노 이론에서 재해예방을 위한 가장 효과적인 대책은?

① 사고 제거
② 인간결함 제거
③ 불안전한 상태 및 행동 제거
④ 유전적 요인과 사회환경 제거

[풀이] 하인리히의 도미노 이론에서 재해예방을 위한 가장 효과적인 대책은 불안전한 상태(물적 요인) 및 불안전한 행위(인적 요인)의 제거이다.

10 피로의 예방대책으로 가장 거리가 먼 것은?

① 작업환경은 항상 정리, 정돈한다.
② 작업시간 중 적당한 때에 체조를 한다.
③ 동적 작업은 피하고 되도록 정적 작업을 수행한다.
④ 불필요한 동작을 피하고 에너지 소모를 적게 한다.

[풀이] 산업피로 예방대책
㉠ 불필요한 동작을 피하고, 에너지 소모를 적게 한다.
㉡ 동적인 작업을 늘리고, 정적인 작업을 줄인다.
㉢ 개인의 숙련도에 따라 작업속도와 작업량을 조절한다.
㉣ 작업시간 중 또는 작업 전후에 간단한 체조나 오락 시간을 갖는다.
㉤ 장시간 한 번 휴식하는 것보다 단시간씩 여러 번 나누어 휴식하는 것이 피로회복에 도움이 된다.

11 PWC가 16.5kcal/min인 근로자가 1일 8시간 동안 물체를 운반하고 있다. 이때의 작업대사량은 10kcal/min이고, 휴식 시의 대사량은 1.2kcal/min이다. Hertig의 식을 이용했을 때 적절한 휴식시간 비율은 약 몇 %인가?

① 41
② 46
③ 51
④ 56

[풀이]
$$T_{rest}(\%) = \left[\frac{PWC의 \frac{1}{3} - 작업대사량}{휴식대사량 - 작업대사량}\right] \times 100$$
$$= \left[\frac{(16.5 \times \frac{1}{3}) - 10}{1.2 - 10}\right] \times 100 = 51.14\%$$

정답 07.④ 08.① 09.③ 10.③ 11.③

12 세계 최초의 직업성 암으로 보고된 음낭암의 원인물질로 규명된 것은?

① 납(lead)
② 황(sulfur)
③ 구리(copper)
④ 검댕(soot)

풀이 Percivall Pott
㉠ 영국의 외과의사로 직업성 암을 최초로 보고하였으며, 어린이 굴뚝청소부에게 많이 발생하는 음낭암(scrotal cancer)을 발견하였다.
㉡ 암의 원인물질은 검댕 속 여러 종류의 다환방향족탄화수소(PAH)이다.
㉢ 굴뚝청소부법을 제정하도록 하였다(1788년).

13 근육운동에 필요한 에너지는 혐기성 대사와 호기성 대사를 통해 생성된다. 혐기성과 호기성 대사에 모두 에너지원으로 작용하는 것은?

① 지방(fat)
② 단백질(protein)
③ 포도당(glucose)
④ 아데노신삼인산(ATP)

풀이 포도당($C_6H_{12}O_6$)은 세포기능에 필요한 에너지의 원천으로 대사조절작용을 하며 혐기성 및 호기성 대사에 모두 에너지원으로 작용한다.

14 생물학적 모니터링의 대상물질과 대사산물의 연결이 틀린 것은?

① 카드뮴 : 카드뮴(혈중)
② 수은 : 총 무기수은(혈중)
③ 크실렌 : 메틸마뇨산(소변 중)
④ 이황화탄소 : 카르복시헤모글로빈(혈중)

풀이 화학물질에 대한 대사산물(측정대상물질), 시료채취시기

화학물질	대사산물(측정대상물질) : 생물학적 노출지표	시료채취시기
납	혈액 중 납	중요치 않음
	소변 중 납	
카드뮴	소변 중 카드뮴	중요치 않음
	혈액 중 카드뮴	
일산화탄소	호기에서 일산화탄소	작업 종료 시
	혈액 중 carboxyhemoglobin	
벤젠	소변 중 총 페놀	작업 종료 시
	소변 중 t,t-뮤코닉산 (t,t-muconic acid)	
에틸벤젠	소변 중 만델린산	작업 종료 시
니트로벤젠	소변 중 p-nitrophenol	작업 종료 시
아세톤	소변 중 아세톤	작업 종료 시
톨루엔	혈액, 호기에서 톨루엔	작업 종료 시
	소변 중 o-크레졸	
크실렌	소변 중 메틸마뇨산	작업 종료 시
스티렌	소변 중 만델린산	작업 종료 시
트리클로로에틸렌	소변 중 트리클로로초산 (삼염화초산)	주말작업 종료 시
테트라클로로에틸렌	소변 중 트리클로로초산 (삼염화초산)	주말작업 종료 시
트리클로로에탄	소변 중 트리클로로초산 (삼염화초산)	주말작업 종료 시
사염화에틸렌	소변 중 트리클로로초산 (삼염화초산)	주말작업 종료 시
	소변 중 삼염화에탄올	
이황화탄소	소변 중 TTCA	–
	소변 중 이황화탄소	
노말헥산 (n-헥산)	소변 중 2,5-hexanedione	작업 종료 시
	소변 중 n-헥산	
메탄올	소변 중 메탄올	–
클로로벤젠	소변 중 총 4-chlorocatechol	작업 종료 시
	소변 중 총 p-chlorophenol	
크롬 (수용성 흄)	소변 중 총 크롬	주말작업 종료 시, 주간작업 중
N,N-디메틸포름아미드	소변 중 N-메틸포름아미드	작업 종료 시
페놀	소변 중 메틸마뇨산	작업 종료 시
수은	소변 중 총 무기수은	중요치 않음

정답 12.④ 13.③ 14.④

15 사무실 실내환경의 복사기, 전기기구, 전기집진기형 공기정화기에서 주로 발생되는 유해 공기오염물질은?

① O_3
② CO_2
③ VOCs
④ HCHO

[풀이] 오존(O_3)의 주요 특징
㉠ 특이한 냄새가 나며, 기체는 엷은 청색, 액체·고체는 각각 흑청색, 암자색을 나타낸다.
㉡ 분자량 48, 비중 1.67로 물에 난용성이다.
㉢ 실내 복사기, 전기기구, 공기정화기(전기집진기 형태)에서 주로 발생하는 실내공기 오염물질이다.

16 메틸에틸케톤(MEK) 50ppm(TLV 200ppm), 트리클로로에틸렌(TCE) 25ppm(TLV 50ppm), 크실렌(xylene) 30ppm(TLV 100ppm)이 공기 중 혼합물로 존재할 경우 노출지수와 노출기준 초과여부로 맞는 것은? (단, 혼합물질은 상가작용을 한다.)

① 노출지수 0.5, 노출기준 미만
② 노출지수 0.5, 노출기준 초과
③ 노출지수 1.05, 노출기준 미만
④ 노출지수 1.05, 노출기준 초과

[풀이] $EI = \dfrac{50}{200} + \dfrac{25}{50} + \dfrac{30}{100} = 1.05$
기준값 1보다 크므로, 노출기준 초과이다.

17 무게 10kg의 물건을 근로자가 들어 올리려고 한다. 해당 작업조건의 권고기준(RWL)이 5kg이고 이동거리가 20cm일 때, 중량물 취급지수(LI)는 얼마인가? (단, 1분 2회씩 1일 8시간을 작업한다.)

① 1
② 2
③ 3
④ 4

[풀이] $LI = \dfrac{\text{물체 무게}}{RWL} = \dfrac{10kg}{5kg} = 2$

18 작업대사율이 4인 경우 실동률은 약 몇 %인가? (단, 사이토와 오시마 식 적용)

① 25
② 40
③ 65
④ 85

[풀이] 실동률(%) = $85 - (5 \times RMR)$
= $85 - (5 \times 4) = 65\%$

19 산업피로의 발생요인 중 작업부하와 관련이 가장 적은 것은?

① 적응조건
② 작업강도
③ 작업자세
④ 조작방법

[풀이] 피로의 가장 큰 영향인자
(1) 피로에 가장 큰 영향을 미치는 요소는 작업강도이다.
(2) 작업강도(작업부하)에 영향을 미치는 중요한 요인
㉠ 작업의 정밀도
㉡ 작업자세
㉢ 대인접촉 빈도
㉣ 에너지 소비량, 작업속도, 작업시간, 조작방법 등

20 상용 근로자의 건강진단 목적과 가장 거리가 먼 것은?

① 근로자가 가진 질병의 조기발견
② 질병이환 근로자의 질병 치료 및 취업 제한
③ 근로자가 일에 부적합한 인적 특성을 지니고 있는지 여부 확인
④ 일이 근로자 자신과 직장동료의 건강에 불리한 영향을 미치고 있는지 여부의 발견

[풀이] 건강진단의 목적
㉠ 근로자가 가진 질병의 조기발견
㉡ 근로자가 일에 부적합한 인적 특성을 지니고 있는지 여부 확인
㉢ 일이 근로자 자신과 직장동료의 건강에 불리한 영향을 미치고 있는지의 여부 발견
㉣ 근로자의 질병을 예방하고 건강을 유지

제2과목 | 작업환경 측정 및 평가

21 다음 중 작업장 내 소음을 측정 시 소음계의 청감보정회로로 옳은 것은? (단, 고용노동부 고시 기준)
① A특성 ② W특성
③ E특성 ④ S특성

[풀이] 소음계의 청감보정회로는 A특성으로 행하여야 한다.

22 가스 및 증기시료 채취 시 사용되는 고체흡착식 방식 중 활성탄에 관한 설명과 가장 거리가 먼 것은?
① 증기압이 낮고 반응성이 있는 물질의 분리에 사용된다.
② 제조과정 중 탄화과정은 약 600℃의 무산소상태에서 이루어진다.
③ 포집한 시료는 이황화탄소로 탈착시켜 가스크로마토그래피로 미량 분석이 가능하다.
④ 사업장에서 작업 시 발생되는 유기용제를 포집하기 위해 가장 많이 사용된다.

[풀이]
㉠ 활성탄은 흡착질의 농도 및 상대증기압이 높을수록 흡착량이 증가된다.
㉡ 활성탄은 표면의 산화력으로 인해 반응성이 큰 물질 흡착에는 부적합하다.

23 작업장의 습도에 대한 설명으로 틀린 것은?
① 상대습도는 ppm으로 나타낸다.
② 온도변화에 따라 상대습도는 변한다.
③ 온도변화에 따라 포화수증기량은 변한다.
④ 공기 중 상대습도가 높으면 불쾌감을 느낀다.

[풀이] 상대습도(비교습도)
단위부피의 공기 속에 현재 함유되어 있는 수증기의 양과 그 온도에서 단위부피의 공기 속에 함유할 수 있는 최대의 수증기량(포화수증기량)과의 비를 백분율(%)로 나타낸 것, 즉 기체 중의 수증기압과 그것과 같은 온도의 포화수증기압을 백분율로 나타낸 값이다.

24 먼지 입경에 따른 여과 메커니즘 및 채취효율에 관한 설명과 가장 거리가 먼 것은?
① 약 $0.3\mu m$인 입자가 가장 낮은 채취효율을 가진다.
② $0.1\mu m$ 미만인 입자는 주로 간섭에 의하여 채취된다.
③ $0.1 \sim 0.5\mu m$ 입자는 주로 확산 및 간섭에 의하여 채취된다.
④ 입자크기는 먼지채취효율에 영향을 미치는 중요한 요소이다.

[풀이] 입자크기별 여과기전
㉠ 입경 $0.1\mu m$ 미만 : 확산
㉡ 입경 $0.1 \sim 0.5\mu m$: 확산, 직접차단(간섭)
㉢ 입경 $0.5\mu m$ 이상 : 관성충돌, 직접차단(간섭)
※ 가장 낮은 포집효율의 입경은 $0.3\mu m$이다.

25 자동차 도장공정에서 노출되는 톨루엔의 측정결과 85ppm이고, 1일 10시간 작업한다고 가정할 때, 고용노동부에서 규정한 보정노출기준(ppm)과 노출평가결과는? (단, 톨루엔의 8시간 노출기준은 100ppm이라고 가정)
① 보정노출기준 : 30, 노출평가결과 : 미만
② 보정노출기준 : 50, 노출평가결과 : 미만
③ 보정노출기준 : 80, 노출평가결과 : 초과
④ 보정노출기준 : 125, 노출평가결과 : 초과

[풀이]
$$\text{보정된 노출기준} = \text{8시간 노출기준} \times \frac{\text{8시간}}{\text{노출시간}}$$
$$= 100\text{ppm} \times \frac{8}{10}$$
$$= 80\text{ppm}$$
측정된 농도 85ppm이 보정된 노출기준 80ppm보다 크므로, 노출기준 초과로 판정한다.

26 가스상 물질의 시료 포집 시 사용하는 액체포집방법의 흡수효율을 높이기 위한 방법으로 옳지 않은 것은?

① 시료채취속도를 높여 채취유량을 줄이는 방법
② 채취효율이 좋은 프리티드 버블러 등의 기구를 사용하는 방법
③ 흡수용액의 온도를 낮추어 오염물질의 휘발성을 제한하는 방법
④ 두 개 이상의 버블러를 연속적으로 연결하여 채취효율을 높이는 방법

> **풀이** 흡수효율(채취효율)을 높이기 위한 방법
> ㉠ 포집액의 온도를 낮추어 오염물질의 휘발성을 제한한다.
> ㉡ 두 개 이상의 임핀저나 버블러를 연속적(직렬)으로 연결하여 사용하는 것이 좋다.
> ㉢ 시료채취속도(채취물질이 흡수액을 통과하는 속도)를 낮춘다.
> ㉣ 기포의 체류시간을 길게 한다.
> ㉤ 기포와 액체의 접촉면적을 크게 한다(가는 구멍이 많은 fritted 버블러 사용).
> ㉥ 액체의 교반을 강하게 한다.
> ㉦ 흡수액의 양을 늘려준다.
> ㉧ 액체에 포집된 오염물질의 휘발성을 제거한다.

27 옥외 작업장(태양광선이 내리쬐는 장소)의 WBGT 지수값은 얼마인가? (단, 자연습구온도 : 29℃, 건구온도 : 33℃, 흑구온도 : 36℃, 기류속도 : 1m/sec이고, 고용노동부 고시 기준)

① 29.7℃
② 30.8℃
③ 31.6℃
④ 32.3℃

> **풀이** 옥외(태양광선이 내리쬐는 장소)의 WBGT (℃)
> =(0.7×자연습구온도)+(0.2×흑구온도)
> +(0.1×건구온도)
> =(0.7×29℃)+(0.2×36℃)+(0.1×33℃)
> =30.8℃

28 다음 중 직경분립충돌기의 특징과 가장 거리가 먼 것은?

① 입자의 질량크기 분포를 얻을 수 있다.
② 시료채취가 용이하고 비용이 저렴하다.
③ 흡입성, 흉곽성, 호흡성 입자의 크기별로 분포를 얻을 수 있다.
④ 호흡기에 부분별로 침착된 입자크기의 자료를 추정할 수 있다.

> **풀이** 직경분립충돌기의 장단점
> (1) 장점
> ㉠ 입자의 질량크기 분포를 얻을 수 있다(공기흐름속도를 조절하여 채취입자를 크기별로 구분 가능).
> ㉡ 호흡기의 부분별로 침착된 입자크기 자료를 추정할 수 있고, 흡입성, 흉곽성, 호흡성 입자의 크기별로 분포와 농도를 계산할 수 있다.
> (2) 단점
> ㉠ 시료채취가 까다롭다. 즉 경험이 있는 전문가가 철저한 준비를 통해 이용해야 정확한 측정이 가능하다(작은 입자는 공기흐름속도를 크게 하여 충돌판에 포집할 수 없음).
> ㉡ 비용이 많이 든다.
> ㉢ 채취 준비시간이 과다하다.
> ㉣ 되튐으로 인한 시료의 손실이 일어나 과소분석결과를 초래할 수 있어 유량을 2L/min 이하로 채취한다.
> ㉤ 공기가 옆에서 유입되지 않도록 각 충돌기의 조립과 장착을 철저히 해야 한다.

29 1,1,1-trichloroethane 1,750mg/m³를 ppm 단위로 환산한 것은? (단, 25℃, 1기압이고, 1,1,1-trichloroethane의 분자량은 133이다.)

① 약 227ppm
② 약 322ppm
③ 약 452ppm
④ 약 527ppm

> **풀이** 농도(ppm) = $1,750 \text{mg/m}^3 \times \dfrac{24.45 \text{mL}}{133 \text{mg}}$
> = $321.71 \text{mL/m}^3 \text{(ppm)}$

정답 26.① 27.② 28.② 29.②

30 기체크로마토그래피와 고성능 액체크로마토그래피의 비교로 옳지 않은 것은?

① 기체크로마토그래피는 분석 시료의 휘발성을 이용한다.
② 고성능 액체크로마토그래피는 분석 시료의 용해성을 이용한다.
③ 기체크로마토그래피의 분리기전은 이온배제, 이온교환, 이온분배이다.
④ 기체크로마토그래피의 이동상은 기체이고 고성능 액체크로마토그래피의 이동상은 액체이다.

풀이 **기체크로마토그래피(gas chromatography)**
기체 시료 또는 기화한 액체나 고체 시료를 운반가스(carrier gas)의 분리관(칼럼) 내 충전물의 흡착성 또는 용해성 차이에 따라 전개(분석 시료의 휘발성을 이용)시켜 분리관 내에서 이동속도가 달라지는 것을 이용, 각 성분의 크로마토그래피적(크로마토그램)을 이용하여 성분을 정성 및 정량하는 분석기기이다.

31 납흄에 노출되고 있는 근로자의 납 노출농도를 측정한 결과 0.056mg/m³였다. 미국 OSHA의 평가방법에 따라 이 근로자의 노출을 평가하면? (단, 시료채취 및 분석오차(SAE)=0.082이고, 납에 대한 허용기준은 0.05mg/m³이다.)

① 판정할 수 없음
② 허용기준을 초과함
③ 허용기준을 초과하지 않음
④ 허용기준을 초과할 가능성이 있음

풀이 표준화 값(Y) = $\dfrac{TWA}{허용기준}$ = $\dfrac{0.056}{0.05}$ = 1.12
하한치 = $Y - SAE$ = 1.12 − 0.082 = 1.038
하한치(1.038) > 1이므로, 허용기준을 초과한다고 평가한다.

32 유사노출그룹을 가장 세분하게 분류할 때, 다음 중 분류기준으로 가장 적합한 것은?

① 공정   ② 조직
③ 업무   ④ 작업범주

풀이 HEG는 조직, 공정, 작업범주, 작업내용(업무) 순으로 세분하여 설정한다.

33 다음 입자상 물질의 크기 표시 중 입자의 면적을 2등분하는 선의 길이로 과소평가의 위험이 있는 것은?

① 페렛 직경   ② 마틴 직경
③ 등면적 직경   ④ 공기역학적 직경

풀이 **기하학적(물리적) 직경**
(1) 마틴 직경(Martin diameter)
 ㉠ 먼지의 면적을 2등분하는 선의 길이로 선의 방향은 항상 일정하여야 한다.
 ㉡ 과소평가할 수 있는 단점이 있다.
 ㉢ 입자의 2차원 투영상을 구하여 그 투영면적을 2등분한 선분 중 어떤 기준선과 평행인 것의 길이(입자의 무게중심을 통과하는 외부경계면에 접하는 이론적인 길이)를 직경으로 사용하는 방법이다.
(2) 페렛 직경(Feret diameter)
 ㉠ 먼지의 한쪽 끝 가장자리와 다른 쪽 가장자리 사이의 거리이다.
 ㉡ 과대평가될 가능성이 있는 입자상 물질의 직경이다.
(3) 등면적 직경(projected area diameter)
 ㉠ 먼지의 면적과 동일한 면적을 가진 원의 직경으로 가장 정확한 직경이다.
 ㉡ 측정은 현미경 접안경에 porton reticle을 삽입하여 측정한다.
 즉, $D = \sqrt{2^n}$
 여기서, D : 입자 직경(μm)
 n : porton reticle에서 원의 번호

34 여과지에 금속농도 100mg을 첨가한 후 분석하여 검출된 양이 80mg이었다면 회수율은 몇 %인가?

① 40   ② 80
③ 125   ④ 150

풀이 회수율 = $\dfrac{검출량}{첨가량} \times 100$
= $\dfrac{80\text{mg}}{100\text{mg}} \times 100$ = 80%

정답 30.③ 31.② 32.③ 33.② 34.②

35 다음 중 일반적인 사람이 들을 수 있는 가청주파수 범위로 가장 적절한 것은?

① 약 2~2,000Hz
② 약 20~20,000Hz
③ 약 200~200,000Hz
④ 약 2,000~2,000,000Hz

> 풀이 **주파수의 주요 특징**
> ㉠ 한 고정점을 1초 동안에 통과하는 고압력 부분과 저압력 부분을 포함한 압력변화의 완전한 주기(cycle) 수를 말하고 음의 높낮이를 나타낸다. 보통 f로 표시하고, 단위는 Hz(1/sec) 및 cps(cycle per second)를 사용한다.
> ㉡ 정상 청력을 가진 사람의 가청주파수 영역은 20~20,000Hz이고 회화음역은 250~3,000Hz 정도이다.

36 공기 중 석면시료분석에 가장 정확한 방법으로 석면의 감별분석이 가능하며 위상차현미경으로 볼 수 없는 매우 가는 섬유도 관찰이 가능하지만, 값이 비싸고 분석시간이 많이 소요되는 방법은?

① X선 회절법 ② 편광현미경법
③ 전자현미경법 ④ 직독식 현미경법

> 풀이 **석면측정방법 중 전자현미경법의 특징**
> ㉠ 석면분진 측정방법 중에서 공기 중 석면시료를 가장 정확하게 분석할 수 있다.
> ㉡ 석면의 성분분석(감별분석)이 가능하다.
> ㉢ 위상차현미경으로 볼 수 없는 매우 가는 섬유도 관찰 가능하다.
> ㉣ 값이 비싸고 분석시간이 많이 소요된다.

37 탈착효율실험은 고체흡착관을 이용하여 채취한 유기용제의 분석에 관련된 실험이다. 이 실험의 목적과 가장 거리가 먼 것은?

① 탈착효율의 보정
② 시약의 오염 보정
③ 흡착관의 오염 보정
④ 여과지의 오염 보정

> 풀이 (1) ④항의 여과지의 오염 보정은 회수율 실험의 목적이다.
> (2) **고체흡착관의 탈착효율실험 목적**
> ㉠ 탈착효율의 보정
> ㉡ 시약의 오염 보정
> ㉢ 흡착관의 오염 보정

38 다음 중 활성탄관으로 포집한 시료를 열탈착할 때의 특징으로 옳은 것은?

① 작업이 번잡하다.
② 탈착효율이 나쁘다.
③ 300℃ 이상 고온에서 사용 가능하다.
④ 한 번에 모든 시료가 주입되어 여분의 분석물질이 남지 않는다.

> 풀이 **열탈착**
> ㉠ 흡착관에 열을 가하여 탈착하는 방법으로 탈착이 자동으로 수행되며 탈착된 분석물질이 가스크로마토그래피로 직접 주입되도록 되어 있다.
> ㉡ 분자체 탄소, 다공중합체에서 주로 사용한다.
> ㉢ 용매탈착보다 간편하나 활성탄을 이용하여 시료를 채취한 경우 열탈착에 필요한 300℃ 이상에서는 많은 분석물질이 분해되어 사용이 제한된다.
> ㉣ 열탈착은 한 번에 모든 시료가 주입된다.

39 다음 중 표준기구에 관한 설명으로 가장 거리가 먼 것은?

① 폐활량계는 1차 용량표준으로 자주 사용된다.
② 펌프의 유량을 보정하는 데 1차 표준으로 비누거품미터가 널리 사용된다.
③ 1차 표준기구는 물리적 차원인 공간의 부피를 직접 측정할 수 있는 기구를 말한다.
④ wet-test-meter(용량측정용)는 용량측정을 위한 1차 표준으로 2차 표준용량 보정에 사용된다.

정답 35.② 36.③ 37.④ 38.④ 39.④

[풀이] 공기채취기구의 보정에 사용되는 표준기구
(1) 1차 표준기구
  ㉠ 비누거품미터(soap bubble meter)
  ㉡ 폐활량계(spirometer)
  ㉢ 가스치환병(mariotte bottle)
  ㉣ 유리피스톤미터(glass piston meter)
  ㉤ 흑연피스톤미터(frictionless piston meter)
  ㉥ 피토튜브(pitot tube)
(2) 2차 표준기구
  ㉠ 로터미터(rotameter)
  ㉡ 습식 테스트미터(wet-test-meter)
  ㉢ 건식 가스미터(dry-gas-meter)
  ㉣ 오리피스미터(orifice meter)
  ㉤ 열선기류계(thermo anemometer)

40 흡습성이 적고 가벼워 먼지의 중량분석, 유리규산 채취, 6가 크롬 채취에 적용되는 여과지는?

① PVC 여과지
② 은막 여과지
③ 유리섬유 여과지
④ 셀룰로오스에스테르 여과지

[풀이] PVC막 여과지(Polyvinyl Chloride membrane filter)
㉠ PVC막 여과지는 가볍고 흡습성이 낮기 때문에 분진의 중량분석에 사용된다.
㉡ 유리규산을 채취하여 X선 회절법으로 분석하는 데 적절하고 6가 크롬, 아연산화합물의 채취에 이용한다.
㉢ 수분에 영향이 크지 않아 공해성 먼지, 총 먼지 등의 중량분석을 위한 측정에 사용한다.
㉣ 석탄먼지, 결정형 유리규산, 무정형 유리규산, 별도로 분리하지 않은 먼지 등을 대상으로 무게농도를 구하고자 할 때 PVC막 여과지로 채취한다.
㉤ 습기에 영향을 적게 받으려 전기적인 전하를 가지고 있어 채취 시 입자를 반발하여 채취효율을 떨어뜨리는 단점이 있으므로 채취 전에 이 필터를 세정용액으로 처리함으로써 이러한 오차를 줄일 수 있다.

제3과목 | 작업환경 관리

41 방진마스크의 여과효율을 검정할 때 사용하는 먼지의 크기는 몇 μm인가?

① 0.1　　② 0.3
③ 0.5　　④ 1.0

[풀이] 방진마스크의 여과효율을 검정 시 국제적으로 사용하는 먼지의 크기는 채취효율이 가장 낮은 입경인 $0.3\mu m$이다.

42 다음 중 입자상 물질에 속하지 않는 것은?

① 흄　　② 분진
③ 증기　④ 미스트

[풀이] 증기
㉠ 상온, 상압에서 액체 또는 고체인 물질이 기체화된 물질이다.
㉡ 임계온도가 25℃ 이상인 액체·고체 물질이 증기압에 따라 휘발 또는 승화하여 기체상태로 변한 것을 의미한다.
㉢ 농도가 높으면 응축하는 성질이 있다.

43 다음 중 적외선에 관한 설명과 가장 거리가 먼 것은?

① 가시광선보다 긴 파장으로 가시광선에 가까운 쪽을 근적외선, 먼 쪽을 원적외선이라고 부른다.
② 적외선은 일반적으로 화학작용을 수반하지 않는다.
③ 적외선에 강하게 노출되면 각막염, 백내장과 같은 장애를 일으킬 수 있다.
④ 적외선은 지속적 적외선, 맥동적 적외선으로 구분된다.

[풀이] 적외선의 분류
㉠ IR-C(0.1~1mm : 원적외선)
㉡ IR-B(1.4~10μm : 중적외선)
㉢ IR-A(700~1,400nm : 근적외선)

44 음압레벨이 80dB로 동일한 두 소음이 합쳐질 경우 총 음압레벨은 약 몇 dB인가?

① 81　　② 83
③ 85　　④ 87

[풀이] $L_{합} = 10\log(10^8 \times 2) = 83dB$

45 다음 중 감압병 예방을 위한 환경관리 및 보건관리 대책과 가장 거리가 먼 것은?

① 질소가스 대신 헬륨가스를 흡입시켜 작업하게 한다.
② 감압을 가능한 한 짧은 시간에 실행한다.
③ 비만자의 작업을 금지시킨다.
④ 감압이 완료되면 산소를 흡입시킨다.

[풀이] **감압병의 예방 및 치료**
㉠ 고압환경에서의 작업시간을 제한하고 고압실 내의 작업에서는 이산화탄소의 분압이 증가하지 않도록 신선한 공기를 송기시킨다.
㉡ 감압이 끝날 무렵에 순수한 산소를 흡입시키면 예방적 효과가 있을 뿐 아니라 감압시간을 25%가량 단축시킬 수 있다.
㉢ 고압환경에서 작업하는 근로자에게 질소를 헬륨으로 대치한 공기를 호흡시킨다.
㉣ 헬륨-산소 혼합가스는 호흡저항이 적어 심해 잠수에 사용한다.
㉤ 일반적으로 1분에 10m 정도씩 잠수하는 것이 안전하다.
㉥ 감압병의 증상 발생 시에는 환자를 곧장 원래의 고압환경상태로 복귀시키거나 인공고압실에 넣어 혈관 및 조직 속에 발생한 질소의 기포를 다시 용해시킨 다음 천천히 감압한다.
㉦ Haldene의 실험근거상 정상기압보다 1.25기압을 넘지 않는 고압환경에는 아무리 오랫동안 폭로되거나 아무리 빨리 감압하더라도 기포를 형성하지 않는다.
㉧ 비만자의 작업을 금지시키고, 순환기에 이상이 있는 사람은 취업 또는 작업을 제한한다.
㉨ 헬륨은 질소보다 확산속도가 빠르며, 체외로 배출되는 시간이 질소에 비하여 50% 정도 밖에 걸리지 않는다.
㉩ 귀 등의 장애를 예방하기 위해서는 압력을 가하는 속도가 분당 $0.8kg/cm^2$ 이하가 되도록 한다.

46 다음 중 한랭작업장에서 위생상 준수해야 할 사항과 가장 거리가 먼 것은?

① 건조한 양말의 착용
② 적절한 온열장치 이용
③ 팔다리 운동으로 혈액순환 촉진
④ 약간 작은 장갑과 방한화의 착용

[풀이] **한랭작업장에서 취해야 할 개인위생상 준수사항**
㉠ 팔다리 운동으로 혈액순환 촉진
㉡ 약간 큰 장갑과 방한화의 착용
㉢ 건조한 양말의 착용
㉣ 과도한 음주, 흡연 삼가
㉤ 과도한 피로를 피하고 충분한 식사
㉥ 더운물과 더운 음식 자주 섭취
㉦ 외피는 통기성이 적고 함기성이 큰 것 착용
㉧ 오랫동안 찬물, 눈, 얼음에서 작업하지 말 것
㉨ 의복이나 구두 등의 습기를 제거할 것

47 밀폐공간에서 작업할 때의 관리방법으로 옳지 않은 것은?

① 비상시 탈출할 수 있는 경로를 확인 후 작업을 시작한다.
② 작업장에 들어가기 전에 산소농도와 유해물질의 농도를 측정한다.
③ 환기량은 급기량이 배기량보다 약 10% 많게 한다.
④ 산소결핍 및 황화수소의 노출이 과도하게 우려되는 작업장에서는 방독마스크를 착용한다.

[풀이] 산소가 결핍된 환경 또는 유해물질의 농도가 늘거나 독성이 강한 작업장에서는 공기공급식 마스크를 착용하여야 한다. 대표적인 보호구로는 에어라인(송기형) 마스크와 자가공급장치(SCBA)가 있다.

48 다음 중 비타민 D의 형성과 같이 생물학적 작용이 활발하게 일어나게 하는 Dorno선과 가장 관계있는 것은?

① UV-A　　② UV-B
③ UV-C　　④ UV-S

정답 44.② 45.② 46.④ 47.④ 48.②

[풀이] (1) 도르노선(Dorno-ray)
280(290)~315nm[2,800(2,900)~3,150Å, 1Å(angstrom); SI 단위로 10^{-10}m]의 파장을 갖는 자외선을 도르노선이라고 하며, 인체에 유익한 작용을 하여 건강선(생명선)이라고도 한다. 또한 소독작용, 비타민 D의 형성, 피부의 색소침착 등 생물학적 작용이 강하다.
(2) 자외선의 분류와 영향
  ㉠ UV-C(100~280nm) : 발진, 경미한 홍반
  ㉡ UV-B(280~315nm) : 발진, 경미한 홍반, 피부암, 광결막염
  ㉢ UV-A(315~400nm) : 발진, 홍반, 백내장

49 1/1 옥타브밴드의 중심주파수가 500Hz일 때, 하한과 상한 주파수로 가장 적합한 것은? (단, 정비형 필터 기준)
① 354Hz, 707Hz
② 362Hz, 724Hz
③ 373Hz, 746Hz
④ 382Hz, 764Hz

[풀이]
㉠ 하한주파수$(f_L) = \dfrac{중심주파수(f_C)}{\sqrt{2}}$
$= \dfrac{500}{\sqrt{2}} = 353.6$Hz
㉡ 상한주파수$(f_U) = \dfrac{f_C^2}{f_L} = \dfrac{(500)^2}{353.6} = 707.0$Hz

50 분진흡입에 따른 진폐증 분류 중 유기성 분진에 의한 진폐증은?
① 규폐증
② 주석폐증
③ 농부폐증
④ 탄소폐증

[풀이] 분진의 종류에 따른 분류(임상적 분류)
㉠ 유기성 분진에 의한 진폐증 : 농부폐증, 면폐증, 연초폐증, 설탕폐증, 목재분진폐증, 모발분진폐증
㉡ 무기성(광물성) 분진에 의한 진폐증 : 규폐증, 탄소폐증, 활석폐증, 탄광부진폐증, 철폐증, 베릴륨폐증, 흑연폐증, 규조토폐증, 주석폐증, 칼륨폐증, 바륨폐증, 용접공폐증, 석면폐증

51 입자상 물질이 호흡기 내로 침착하는 작용 기전이 아닌 것은?
① 침강   ② 확산
③ 회피   ④ 충돌

[풀이] 입자의 호흡기계 침적(축적)기전
㉠ 충돌(관성충돌)
㉡ 침강(중력침강)
㉢ 차단
㉣ 확산
㉤ 정전기

52 다음 [그림]에서 음원의 방향성(directivity)은 어느 것인가?

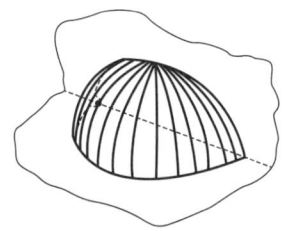

① 1   ② 2
③ 3   ④ 4

[풀이] 음원의 위치에 따른 지향성

음원이 자유공간 (공중)에 있을 때	음원이 반자유공간 (바닥 위)에 있을 때
지향계수$(Q) = 1$ 지향지수$(DI) = 0$dB	지향계수$(Q) = 2$ 지향지수$(DI) = 3$dB
음원이 두 면이 접하는 공간에 있을 때	음원이 세 면이 접하는 공간에 있을 때
지향계수$(Q) = 4$ 지향지수$(DI) = 6$dB	지향계수$(Q) = 8$ 지향지수$(DI) = 9$dB

53 작업장에서 훈련된 착용자들이 적절히 밀착이 이루어진 호흡기보호구를 착용하였을 때, 기대되는 최소보호정도치는?

① 정도보호계수
② 밀착보호계수
③ 할당보호계수
④ 기밀보호계수

풀이 할당보호계수(APF)는 작업장에서 보호구 착용 시 기대되는 최소보호정도치를 의미한다.

54 인공조명의 조명방법에 관한 설명으로 옳지 않은 것은?

① 간접조명은 강한 음영으로 분위기를 온화하게 만든다.
② 간접조명은 설비비가 많이 소요된다.
③ 직접조명은 조명효율이 크다.
④ 일반적으로 분류하는 인공적인 조명방법은 직접조명, 간접조명, 반간접조명 등으로 구분할 수 있다.

풀이 강한 음영은 직접조명에서 나타난다.

55 다음 중 음압레벨(L_P)을 구하는 식은?
(단, P : 측정되는 음압, P_o : 기준음압)

① $L_P = 10\log_{10}\dfrac{P_o}{P}$
② $L_P = 10\log_{10}\dfrac{P}{P_o}$
③ $L_P = 20\log_{10}\dfrac{P_o}{P}$
④ $L_P = 20\log_{10}\dfrac{P}{P_o}$

풀이
음압수준(SPL) $= 20\log\left(\dfrac{P}{P_o}\right)$(dB)
여기서, SPL : 음압수준(음압도, 음압레벨)(dB)
P : 대상 음의 음압(음압 실효치)(N/m²)
P_o : 기준음압 실효치(2×10^{-5} N/m², 20μPa, 2×10^{-4} dyne/cm²)

56 다음 중 방진마스크의 종류가 아닌 것은?

① 0급
② 1급
③ 2급
④ 특급

풀이 방진마스크의 종류
㉠ 특급
㉡ 1급
㉢ 2급

57 다음 중 작업과 관련 위생보호구가 올바르게 짝지어진 것은?

① 전기 용접작업 – 차광안경
② 분무 도장작업 – 방진마스크
③ 갱내의 토석 굴착작업 – 방독마스크
④ 철판 절단을 위한 프레스작업 – 고무제 보호의

풀이 전기 용접작업의 경우 개인보호구는 용접 헬멧 또는 흄용 방진마스크, 차광안경 등이다.

58 다음 중 먼지 시료를 채취하는 여과지 선정의 고려사항과 가장 거리가 먼 것은?

① 여과지 무게
② 흡습성
③ 기계적인 강도
④ 채취효율

풀이 여과지(여과재) 선정 시 고려사항(구비조건)
㉠ 포집대상 입자의 입도분포에 대하여 포집효율이 높을 것
㉡ 포집 시의 흡인저항은 될 수 있는 대로 낮을 것 (압력손실이 적을 것)
㉢ 접거나 구부리더라도 파손되지 않고 찢어지지 않을 것
㉣ 될 수 있는 대로 가볍고 1매당 무게의 불균형이 적을 것
㉤ 될 수 있는 대로 흡습률이 낮을 것
㉥ 측정대상 물질의 분석상 방해가 되는 것과 같은 불순물을 함유하지 않을 것

정답 53.③ 54.① 55.④ 56.① 57.① 58.①

59 다음 중 이상기압에 관한 설명으로 옳지 않은 것은?

① 수면하에서의 압력은 수심이 10m가 깊어질 때마다 약 1기압씩 높아진다.
② 공기 중의 질소가스는 2기압 이상에서 마취증세가 나타난다.
③ 고공성 폐수종은 어른보다 어린이에게 많이 일어난다.
④ 급격한 감압 조건에서는 혈액과 조직에 용해되어 있던 질소가 기포를 형성하는 현상이 일어난다.

풀이 질소가스의 마취작용
㉠ 공기 중의 질소가스는 정상기압에서는 비활성이지만 4기압 이상에서 마취작용을 일으키며 이를 다행증이라 한다(공기 중의 질소가스는 3기압 이하에서는 자극작용을 한다).
㉡ 질소가스 마취작용은 알코올 중독의 증상과 유사하다.
㉢ 작업력의 저하, 기분의 변환, 여러 종류의 다행증(euphoria)이 일어난다.
㉣ 수심 90~120m에서 환청, 환시, 조현증, 기억력 감퇴 등이 나타난다.

60 다음 중 저온환경에서 발생할 수 있는 건강장애는?

① 감압증
② 산식증
③ 고산병
④ 참호족

풀이 저온장애
㉠ 전신체온 강하
㉡ 동상
㉢ 참호족 및 침수족
㉣ 알레르기 반응
㉤ 상기도 손상
㉥ 피로증상
㉦ 작업능률 저하
㉧ 폐색성 혈전장애
㉨ 선단지람증

제4과목 | 산업환기

61 자유공간에 떠 있는 직경 20cm인 원형개구 후드의 개구면으로부터 20cm 떨어진 곳의 입자를 흡인하려고 한다. 제어풍속을 0.8m/sec로 할 때 필요환기량은 약 몇 m³/min인가?

① 5.8
② 10.5
③ 20.7
④ 30.4

풀이 외부식 후드(기본식)
$$Q = V_c(10X^2 + A)$$
$$= 0.8\text{m/sec} \times \left[(10 \times 0.2^2)\text{m}^2 + \left(\frac{3.14 \times 0.2^2}{4}\right)\text{m}^2\right]$$
$$\times 60\text{sec/min}$$
$$= 20.7\text{m}^3/\text{min}$$

62 다음 중 산업환기 시스템에 대한 설명으로 틀린 것은?

① 원형 덕트를 우선시 한다.
② 합류점에서 정압이 큰 쪽이 공기흐름을 지배하므로 지배정압(SP governing)이라 한다.
③ 댐퍼를 이용한 균형방법은 주로 시설 설치 전에 댐퍼를 가지덕트에 설치하여 유량을 조절하게 한다.
④ 후드 정압은 정지상태의 공기를 가속시키는 데 필요한 에너지(속도압)와 난류손실의 합으로 표현된다.

풀이 ③ 댐퍼를 이용한 균형방법은 주로 시설 설치 후에 댐퍼를 가지덕트에 설치하여 압력을 조정하고, 평형을 유지하는 방법이다.

정답 59.② 60.④ 61.③ 62.③

63 다음 중 원심력을 이용한 공기정화장치에 해당하는 것은?

① 백필터(bag filter)
② 스크러버(scrubber)
③ 사이클론(cyclone)
④ 충진탑(packed tower)

풀이 원심력 집진장치(cyclone)
분진을 함유한 가스에 선회운동을 시켜서 가스로부터 분진을 분리·포집하는 장치이며, 가스 유입 및 유출 형식에 따라 접선유입식과 축류식으로 나눈다.

64 전체환기시설의 설치조건으로 가장 거리가 먼 것은?

① 오염물질이 증기나 가스인 경우
② 오염물질의 발생량이 비교적 적은 경우
③ 오염물질의 노출기준값이 매우 작은 경우
④ 동일한 작업장에 오염원이 분산되어 있는 경우

풀이 전체환기(희석환기) 적용 시의 조건
㉠ 유해물질의 독성이 비교적 낮은 경우, 즉 TLV가 높은 경우 ⇨ 가장 중요한 제한조건
㉡ 동일한 작업장에 다수의 오염원이 분산되어 있는 경우
㉢ 유해물질이 시간에 따라 균일하게 발생할 경우
㉣ 유해물질의 발생량이 적은 경우 및 희석공기량이 많지 않아도 되는 경우
㉤ 유해물질이 증기나 가스일 경우
㉥ 국소배기로 불가능한 경우
㉦ 배출원이 이동성인 경우
㉧ 가연성 가스의 농축으로 폭발의 위험이 있는 경우
㉨ 오염원이 근무자가 근무하는 장소로부터 멀리 떨어져 있는 경우

65 후드에서의 유입손실이 전혀 없는 이상적인 후드의 유입계수는 얼마인가?

① 0   ② 0.5
③ 0.8 ④ 1.0

풀이 유입계수는 후드의 유입효율을 나타내며, Ce가 1에 가까울수록 압력손실이 작은 후드를 의미한다. 즉, 후드에서의 유입손실이 전혀 없는 이상적인 후드의 유입계수는 1.0이다.

66 다음의 내용에서 ㉮, ㉯에 해당하는 숫자로 알맞은 것은?

산업환기 시스템에서 공기유량(m^3/sec)이 일정할 때, 덕트 직경을 3배로 하면 유속은 (㉮), 직경은 그대로 하고 유속을 1/4로 하면 압력손실은 (㉯)로 변한다.

① ㉮ 1/3, ㉯ 1/8
② ㉮ 1/12, ㉯ 1/6
③ ㉮ 1/6, ㉯ 1/12
④ ㉮ 1/9, ㉯ 1/16

풀이 $Q = A \times V = \left(\dfrac{3.14 \times D^2}{4}\right) \times V$ 에서, Q 일정

∴ 유속 $= \dfrac{D^2}{(3D)^2} = \dfrac{1}{9}$

$\Delta P = \lambda \times \dfrac{L}{D} \times \dfrac{\gamma V^2}{2g}$ 에서, ΔP 일정

∴ 압력손실 $= \dfrac{(1/4 V)^2}{V^2} = \dfrac{1}{16}$

67 작업장 내의 열부하량이 200,000kcal/hr이며, 외부의 기온은 25℃이고, 작업장 내의 기온은 35℃이다. 이러한 작업장의 전체환기에 필요환기량(m^3/min)은 약 얼마인가?

① 1,100
② 1,600
③ 2,100
④ 2,600

풀이
$Q(m^3/min) = \dfrac{H_s}{0.3 \Delta t}$
$= \dfrac{200,000 kcal/hr \times hr/60min}{0.3 \times (35-25)℃}$
$= 1111.11 m^3/min$

68 유해가스의 처리방법 중, 연소를 통한 처리방법에 대한 설명이 아닌 것은?

① 처리경비가 저렴하다.
② 제거효율이 매우 높다.
③ 저농도 유해물질에도 적합하다.
④ 배기가스의 온도를 높여야 한다.

풀이 연소법은 보조연료 사용으로 처리경비가 많이 든다.

69 급기구와 배기구의 직경을 d라 할 때 급기구와 배기구로부터 각각 일정 거리에서의 유속이 최초속도의 10%가 되는 거리는 얼마인가?

① 급기구 : $1d$, 배기구 : $30d$
② 급기구 : $2d$, 배기구 : $10d$
③ 급기구 : $10d$, 배기구 : $2d$
④ 급기구 : $30d$, 배기구 : $1d$

풀이 송풍기에 의한 기류의 흡기와 배기 시 흡기는 흡입면 직경의 1배인 위치에서 입구 유속의 10%로 되고, 배기는 출구면 직경의 30배인 위치에서 출구 유속의 10%로 된다.

70 [보기]를 이용하여 일반적인 국소배기장치의 설계순서를 가장 적절하게 나열한 것은?

> ㉮ 반송속도의 결정
> ㉯ 제어속도의 결정
> ㉰ 송풍기의 선정
> ㉱ 후드 크기의 결정
> ㉲ 덕트 직경의 산출
> ㉳ 필요송풍량의 계산

① ㉳ → ㉯ → ㉰ → ㉱ → ㉲ → ㉮
② ㉳ → ㉰ → ㉯ → ㉱ → ㉮ → ㉲
③ ㉰ → ㉯ → ㉱ → ㉮ → ㉳ → ㉲
④ ㉯ → ㉳ → ㉮ → ㉲ → ㉱ → ㉰

풀이 국소배기장치의 설계순서

후드 형식 선정 → 제어속도 결정 → 소요 풍량 계산 → 반송속도 결정 → 배관 내경 산출 → 후드의 크기 결정 → 배관의 배치와 설치장소 선정 → 공기정화장치 선정 → 국소배기 계통도와 배치도 작성 → 총 압력손실량 계산 → 송풍기 선정

71 국소배기장치의 투자비용과 전력소모비를 적게 하기 위하여 최우선으로 고려하여야 할 사항은?

① 제어속도를 최대한 증가시킨다.
② 덕트의 직경을 최대한 크게 한다.
③ 후드의 필요송풍량을 최소화한다.
④ 배기량을 많게 하기 위해 발생원과 후드 사이의 거리를 가능한 한 멀게 한다.

풀이 국소배기에서 효율성 있는 운전을 하기 위해서 가장 먼저 고려할 사항은 필요송풍량 감소이다.

72 작업장의 크기가 세로 20m, 가로 30m, 높이 6m이고, 필요환기량이 120m³/min일 때, 1시간당 공기교환횟수는 몇 회인가?

① 1 ② 2
③ 3 ④ 4

풀이
$$ACH = \frac{필요환기량}{작업장 \text{ } 용적} = \frac{120\text{m}^3/\text{min} \times 60\text{min/hr}}{(20 \times 30 \times 6)\text{m}^3} = 2회(시간당)$$

73 자연환기방식에 의한 전체환기의 효율은 주로 무엇에 의해 결정되는가?

① 풍압과 실내·외 온도 차이
② 대기압과 오염물질의 농도
③ 오염물질의 농도와 실내·외 습도 차이
④ 작업자 수와 작업장 내부 시설의 위치

풀이 자연환기방식은 작업장 내·외의 온도와 압력 차이에 의해 발생하는 기류의 흐름을 자연적으로 이용하는 방식이다.

정답 68.① 69.① 70.④ 71.③ 72.② 73.①

74 전압, 속도압, 정압에 대한 설명으로 틀린 것은?

① 속도압은 항상 양압이다.
② 정압은 속도압에 의존하여 발생한다.
③ 전압은 속도압과 정압을 합한 값이다.
④ 송풍기의 전후 위치에 따라 덕트 내의 정압이 음(−)이나 양(+)으로 된다.

풀이 정압
㉠ 밀폐된 공간(duct) 내 사방으로 동일하게 미치는 압력, 즉 모든 방향에서 동일한 압력이며 송풍기 앞에서는 음압, 송풍기 뒤에서는 양압이다.
㉡ 공기흐름에 대한 저항을 나타내는 압력이며, 위치에너지에 속한다.
㉢ 밀폐공간에서의 전압이 50mmHg일 경우에 정압은 50mmHg이다.
㉣ 정압이 대기압보다 낮을 때는 음압(negative pressure)이고, 대기압보다 높을 때는 양압(positive pressure)으로 표시한다.
㉤ 정압은 단위체적의 유체가 압력이라는 형태로 나타나는 에너지이다.
㉥ 양압은 공간벽을 팽창시키려는 방향으로 미치는 압력이고, 음압은 공간벽을 압축시키려는 방향으로 미치는 압력이다. 즉, 유체를 압축시키거나 팽창시키려는 잠재에너지의 의미가 있다.
㉦ 정압을 때로는 저항압력 또는 마찰압력이라고 한다.
㉧ 정압은 속도압과 관계없이 독립적으로 발생한다.

75 어느 공기정화장치의 압력손실이 300mmH$_2$O, 처리가스량이 1,000m^3/min, 송풍기의 효율이 80%이다. 이 장치의 소요동력은 약 몇 kW인가?

① 56.9
② 61.3
③ 72.5
④ 80.6

풀이
$$\text{소요동력(kW)} = \frac{Q \times \Delta P}{6{,}120 \times \eta} \times \alpha$$
$$= \frac{1{,}000 \times 300}{6{,}120 \times 0.8}$$
$$= 61.27\text{kW}$$

76 80℃에서 공기의 부피가 5m^{3}일 때, 21℃에서 이 공기의 부피는 약 몇 m^{3}인가? (단, 공기의 밀도는 1.2kg/m^{3}이고, 기압의 변동은 없다.)

① 4.2   ② 4.8
③ 5.2   ④ 5.6

풀이
$$\text{부피(m}^3\text{)} = 5\text{m}^3 \times \frac{273 + 21}{273 + 80}$$
$$= 4.16\text{m}^3$$

77 송풍기의 바로 앞부분(up stream)까지의 정압이 −200mmH$_2$O, 뒷부분(down stream)에서의 정압이 10mmH$_2$O이다. 송풍기의 바로 앞부분과 뒷부분에서의 속도압이 모두 8mmH$_2$O일 때, 송풍기 정압(mmH$_2$O)은 얼마인가?

① 182   ② 190
③ 202   ④ 218

풀이
$$FSP = (SP_{out} - SP_{in}) - VP_{in}$$
$$= [10 - (-200)] - 8$$
$$= 202\text{mmH}_2\text{O}$$

78 제어속도에 관한 설명으로 옳은 것은?

① 제어속도가 높을수록 경제적이다.
② 제어속도를 증가시키기 위해서 송풍기 용량의 증가는 불가피하다.
③ 외부식 후드에서 후드와 작업지점과의 거리를 줄이면 제어속도가 증가한다.
④ 유해물질을 실내의 공기 중으로 분산시키지 않고 후드 내로 흡인하는 데 필요한 최대기류속도를 의미한다.

풀이
① 제어속도가 낮을수록 경제적이다.
② 제어속도를 증가시키기 위해서는 후드형태를 조정한다.
④ 유해물질을 실내의 공기 중으로 분산시키지 않고 후드 내로 흡인하는 데 필요한 최소기류속도를 의미한다.

정답 74.② 75.② 76.① 77.③ 78.③

79 후드의 형태 중, 포위식이 외부식에 비하여 효과적인 이유로 볼 수 없는 것은?
① 제어풍량이 적기 때문이다.
② 유해물질이 포위되기 때문이다.
③ 플랜지가 부착되어 있기 때문이다.
④ 영향을 미치는 외부기류를 사방면에서 차단하기 때문이다.

[풀이] **포위형 후드(부스형 후드)**
㉠ 발생원을 완전히 포위하는 형태의 후드이고 후드의 개방면에서 측정한 속도인 면속도가 제어속도가 된다.
㉡ 국소배기시설의 후드 형태 중 가장 효과적인 형태이다. 즉, 필요환기량을 최소한으로 줄일 수 있다.
㉢ 후드의 개방면에서 측정한 면속도가 제어속도가 된다.
㉣ 유해물질의 완벽한 흡입이 가능하다(단, 충분한 개구면 속도를 유지하지 못할 경우 오염물질이 외부로 누출될 우려가 있음).
㉤ 유해물질 제거 공기량(송풍량)이 다른 형태보다 훨씬 적다.
㉥ 작업장 내 방해기류(난기류)의 영향을 거의 받지 않는다.

80 사염화에틸렌 10,000ppm이 공기 중에 존재한다면 공기와 사염화에틸렌 혼합물의 유효비중은 얼마인가? (단, 사염화에틸렌의 증기비중은 5.7)
① 1.0047
② 1.047
③ 1.47
④ 10.47

[풀이] 유효비중 = $\dfrac{(10,000 \times 5.7) + (990,000 \times 1.0)}{1,000,000}$
= 1.047

제2회 산업위생관리산업기사

과년도 출제문제 | 2019.04.27

제1과목 | 산업위생학 개론

01 산업위생과 관련된 정보를 얻을 수 있는 기관으로 관계가 가장 적은 것은?
① EPA   ② AIHA
③ OSHA ④ ACGIH

풀이
① EPA(Environment Protection Agency) 미국환경보호청
② AIHA(American Industrial Hygiene Association) 미국산업위생학회
③ OSHA(Occupational Safety and Health Administration) 미국산업안전보건청
④ ACGIH(American Conference of Governmental Industrial Hygienists) 미국정부산업위생전문가협의회

02 피로의 예방대책과 가장 거리가 먼 것은?
① 개인별 작업량을 조절한다.
② 작업환경을 정비·정돈한다.
③ 동적 작업을 정적 작업으로 바꾼다.
④ 작업과정에 적절한 간격으로 휴식시간을 둔다.

풀이 산업피로 예방대책
㉠ 불필요한 동작을 피하고, 에너지 소모를 적게 한다.
㉡ 동적인 작업을 늘리고, 정적인 작업을 줄인다.
㉢ 개인의 숙련도에 따라 작업속도와 작업량을 조절한다.
㉣ 작업시간 중 또는 작업 전후에 간단한 체조나 오락시간을 갖는다.
㉤ 장시간 한 번 휴식하는 것보다 단시간씩 여러 번 나누어 휴식하는 것이 피로회복에 도움이 된다.

03 ACGIH TLV의 적용상 주의사항으로 맞는 것은?
① TLV는 독성의 강도를 비교할 수 있는 지표가 된다.
② 반드시 산업위생전문가에 의하여 적용되어야 한다.
③ TLV는 안전농도와 위험농도를 정확히 구분하는 경계선이 된다.
④ 기존의 질병이나 육체적 조건을 판단하기 위한 척도로 사용될 수 있다.

풀이 ACGIH(미국정부산업위생전문가협의회)에서 권고하고 있는 허용농도(TLV) 적용상 주의사항
㉠ 대기오염 평가 및 지표(관리)에 사용할 수 없다.
㉡ 24시간 노출 또는 정상작업시간을 초과한 노출에 대한 독성 평가에는 적용할 수 없다.
㉢ 기존의 질병이나 신체적 조건을 판단(증명 또는 반증자료)하기 위한 척도로 사용될 수 없다.
㉣ 작업조건이 다른 나라에서 ACGIH-TLV를 그대로 사용할 수 없다.
㉤ 안전농도와 위험농도를 정확히 구분하는 경계선이 아니다.
㉥ 독성의 강도를 비교할 수 있는 지표는 아니다.
㉦ 반드시 산업보건(위생)전문가에 의하여 설명(해석), 적용되어야 한다.
㉧ 피부로 흡수되는 양은 고려하지 않은 기준이다.
㉨ 산업장의 유해조건을 평가하기 위한 지침이며, 건강장애를 예방하기 위한 지침이다.

04 VDT 증후군에 해당하지 않는 질병은?
① 안면피부염
② 눈 질환
③ 감광성 간질
④ 전리방사선 질환

정답 01.① 02.③ 03.② 04.④

[풀이] VDT 증후군(VDT syndrome) 관련 질병
㉠ 근골격계 증상
㉡ 눈 질환(눈의 피로 및 장애)
㉢ 피부증상(안면피부염)
㉣ 정신적 스트레스(정신, 신경계 장애)
㉤ 전자파 장애
㉥ 감광성 간질

05 작업환경측정 및 정도관리 등에 관한 고시에 있어 정도관리의 실시 시기 및 구분에 관한 설명으로 틀린 것은?

① 정기정도관리는 매년 분기별로 각 1회 실시한다.
② 작업환경측정기관으로 지정받고자 하는 경우 특별정도관리를 실시한다.
③ 정기정도관리의 세부실시계획은 실무위원회가 정하는 바에 따른다.
④ 정기·특별정도관리 결과 부적합 평가를 받은 기관은 최초 도래하는 해당 정도관리를 다시 받아야 한다.

[풀이] ① 정기정도관리는 매년 1회 이상 실시한다.
- 특별정도관리를 실시하는 경우
  ㉠ 작업환경측정기관으로 지정받고자 하는 경우
  ㉡ 직전 정기정도관리에 불합격한 경우
  ㉢ 대상 기관이 부실측정과 관련한 민원을 야기하는 등 운영위원회에서 특별정도관리가 필요하다고 인정하는 경우

06 원인별로 분류한 직업병과 직종이 잘못 연결된 것은?

① 규폐증 – 채석광, 채광부
② 구내염, 피부염 – 제강공
③ 소화기 질병 – 시계공, 정밀기계공
④ 탄저병, 파상풍 – 피혁제조, 축산, 제분

[풀이] ㉠ 근시 – 시계공
㉡ 안구진탕증 – 정밀기계공

07 실내환경의 빌딩 관련 질환에 관한 설명으로 틀린 것은?

① 레지오넬라 질환은 주요 호흡기 질병의 원인균 중 하나로서 1년까지도 물속에서 생존하는 균으로 알려져 있다.
② 과민성 폐렴은 고농도의 알레르기 유발 물질에 직접 노출되거나 저농도에 지속적으로 노출될 때 발생한다.
③ SBS(Sick Building Syndrome)는 점유자들이 건물에서 보내는 시간과 관계하여 특별한 증상 없이 건강과 편안함에 영향을 받는 것을 의미한다.
④ BRI(Building Related Illness)는 건물 공기에 대한 노출로 인해 야기된 질병을 지칭하는 것으로, 증상의 진단이 불가능하며 직접적인 원인은 알 수 없는 질병을 뜻한다.

[풀이] 빌딩 관련 질병현상(BRI ; Building Related Illness)
㉠ 건물 공기에 대한 노출로 인해 야기된 질병을 의미하며 병인균(etiologic agent)에 의해 발발되는 레지오넬라병(legionnaire's disease), 결핵, 폐렴 등이 있다.
㉡ 증상의 진단이 가능하며 공기 중에 부유하는 물질이 직접적인 원인이 되는 질병을 의미한다.
㉢ 빌딩증후군(SBS)에 비해 비교적 증상의 발현 및 회복은 느리지만 병의 원인파악이 가능한 질병이다.

08 피로측정 분류법과 측정대상 항목이 올바르게 연결된 것은?

① 자율신경검사 – 시각, 청각, 촉각
② 운동기능검사 – GSR, 연속반응시간
③ 순환기능검사 – 심박수, 혈압, 혈류량
④ 심적기능검사 – 호흡기 중의 산소농도

[풀이] ① 자율신경검사 – 호흡기 중의 산소농도
② 운동기능검사 – 시각, 청각, 촉각
④ 심적기능검사 – GSR(피부 전기전도도), 연속반응시간

정답 05.① 06.③ 07.④ 08.③

09 1일 12시간 톨루엔(TLV 50ppm)을 취급할 때 노출기준을 Brief&Scala의 방법으로 보정하면 얼마가 되는가?

① 15ppm   ② 25ppm
③ 50ppm   ④ 100pmm

풀이 보정된 노출기준
= TLV × RF
$RF = \left(\dfrac{8}{H}\right) \times \dfrac{24-H}{16} = \left(\dfrac{8}{12}\right) \times \dfrac{24-12}{16} = 0.5$
= 50ppm × 0.5 = 25ppm

10 심한 근육노동을 하는 근로자에게 충분히 공급되어야 할 비타민은?

① 비타민 A
② 비타민 B_1
③ 비타민 C
④ 비타민 B_2

풀이 비타민 B_1
㉠ 부족 시 각기병, 신경염을 유발한다.
㉡ 작업강도가 높은 근로자의 근육에 호기적 산화를 촉진시켜 근육의 열량공급을 원활하게 하는 영양소이다.
㉢ 근육운동(노동) 시 보급해야 한다.

11 교대근무제를 실시하려고 할 때, 교대제 관리원칙으로 틀린 것은?

① 야근은 2~3일 이상 연속하지 않을 것
② 근무시간의 간격은 24시간 이상으로 할 것
③ 야근 시 가면이 필요하며 이를 제도화 할 것
④ 각 반의 근로시간은 8시간을 기준으로 할 것

풀이 교대근무제 관리원칙(바람직한 교대제)
㉠ 각 반의 근무시간은 8시간씩 교대로 하고, 야근은 가능한 짧게 한다.
㉡ 2교대의 경우 최저 3조의 정원을, 3교대의 경우 4조를 편성한다.
㉢ 채용 후 건강관리로서 정기적으로 체중, 위장증상 등을 기록해야 하며, 근로자의 체중이 3kg 이상 감소하면 정밀검사를 받아야 한다.
㉣ 평균 주 작업시간은 40시간을 기준으로 갑반 → 을반 → 병반으로 순환하게 한다.
㉤ 근무시간의 간격은 15~16시간 이상으로 하는 것이 좋다.
㉥ 야근의 주기를 4~5일로 한다.
㉦ 신체 적응을 위하여 야간근무의 연속일수는 2~3일로 하며, 야간근무를 3일 이상 연속으로 하는 경우에는 피로축적현상이 나타나게 되므로 연속하여 3일을 넘기지 않도록 한다.
㉧ 야근 후 다음 반으로 가는 간격은 최저 48시간 이상의 휴식시간을 갖도록 하여야 한다.
㉨ 야근 교대시간은 상오 0시 이전에 하는 것이 좋다(심야시간을 피함).
㉩ 야근 시 가면은 반드시 필요하며, 보통 2~4시간(1시간 30분 이상)이 적합하다.
㉪ 야근 시 가면은 작업강도에 따라 30분에서 1시간 범위로 하는 것이 좋다.
㉫ 작업 시 가면시간은 적어도 1시간 30분 이상 주어야 수면효과가 있다고 볼 수 있다.
㉬ 상대적으로 가벼운 작업은 야간근무조에 배치하는 등 업무내용을 탄력적으로 조정해야 하며 야간작업자는 주간작업자보다 연간 쉬는 날이 더 많아야 한다.
㉭ 근로자가 교대일정을 미리 알 수 있도록 해야 한다.
㉮ 일반적으로 오전근무의 개시시간은 오전 9시로 한다.
㉯ 교대방식(교대근무 순환주기)은 낮근무, 저녁근무, 밤근무 순으로 한다. 즉, 정교대가 좋다.

12 일본에서 발생한 중금속 중독사건으로, 이른바 이타이이타이(itai-itai)병의 원인물질에 해당하는 것은?

① 크롬(Cr)   ② 납(Pb)
③ 수은(Hg)   ④ 카드뮴(Cd)

풀이 일본에서는 "이타이이타이병"이란 카드뮴 중독사건이 생겨 수많은 환자가 발생한 사례가 있다. 이타이이타이병은 생축적, 먹이사슬의 축적에 의한 카드뮴 폭로와 비타민 D의 결핍에 의한 것이다. 우리나라에서는 1988년 한 도금업체에서 카드뮴 노출에 의한 사망 중독사건이 발표되었으나 정확한 원인규명은 하지 못했다.

13 직업과 적성에 있어 생리적 적성검사에 해당하지 않는 것은?

① 체력검사
② 지각동작검사
③ 감각기능검사
④ 심폐기능검사

[풀이] 적성검사의 분류 및 특성
(1) 신체검사(신체적 적성검사, 체격검사)
(2) 생리적 기능검사(생리적 적성검사)
  ㉠ 감각기능검사
  ㉡ 심폐기능검사
  ㉢ 체력검사
(3) 심리학적 검사(심리학적 적성검사)
  ㉠ 지능검사 : 언어, 기억, 추리, 귀납 등에 대한 검사
  ㉡ 지각동작검사 : 수족협조, 운동속도, 형태지각 등에 대한 검사
  ㉢ 인성검사 : 성격, 태도, 정신상태에 대한 검사
  ㉣ 기능검사 : 직무에 관련된 기본 지식과 숙련도, 사고력 등의 검사

14 기초대사량이 1.5kcal/min이고, 작업대사량이 225kcal/hr인 사람이 작업을 수행할 때, 작업의 실동률(%)은 얼마인가? (단, 사이토와 오시마의 경험식을 적용)

① 61.5   ② 66.3
③ 72.5   ④ 77.5

[풀이] 실동률(%) = 85 − (5 × RMR)

$$RMR = \frac{작업대사량}{기초대사량}$$

$$= \frac{225\text{kcal/hr} \times \text{hr}/60\text{min}}{1.5\text{kcal/min}}$$

$$= 2.5$$

$$= 85 − (5 × 2.5) = 72.5\%$$

15 피로를 일으키는 인자에 있어 외적 요인에 해당하는 것은?

① 작업환경   ② 적응능력
③ 영양상태   ④ 숙련정도

[풀이] 피로의 발생요인
(1) 내적 요인(개인적응조건)
  ㉠ 적응능력
  ㉡ 영양상태
  ㉢ 숙련정도
  ㉣ 신체적 조건
(2) 외적 요인
  ㉠ 작업환경
  ㉡ 작업부하(작업자세, 작업강도, 조작방법)
  ㉢ 생활조건

16 사고(事故)와 재해(災害)에 대한 설명 중 틀린 것은?

① 재해란 일반적으로 사고의 결과로 일어난, 인명이나 재산상의 손실을 가져올 수 있는 계획되지 않거나 예상하지 못한 사건을 의미한다.
② 재해는 인명의 상해를 수반하는 경우가 대부분인데 이 경우를 상해라 하고, 인명 상해나 물적 손실 등 일체의 피해가 없는 사고를 아차사고(near accident)라고 한다.
③ 버드의 법칙은 1 : 10 : 30 : 600이라는 비율을 도출하여 하인리히의 법칙과 다른 면을 보여주고 있다. 차이점이라면 30건의 물적 손해만 생긴 소위 무상해사고를 별도로 구분한 것이다.
④ 하인리히 법칙은 한 사람의 중상자가 발생하였다고 하면 같은 원인으로 30명의 경상자가 생겼을 것이고, 같은 성질의 사고가 있었으나 부상을 입지 않은 무상해자가 생겼다고 할 때 330번은 무상해, 30번은 경상, 1번은 사망이라는 비율로 된다는 것이다.

[풀이] 하인리히(Heinrich)의 재해발생비율
1 : 29 : 300으로 증상 또는 사망 1회, 경상해 29회, 무상해 300회의 비율로 재해가 발생한다는 것을 의미한다.
㉠ 1 ⇨ 중상 또는 사망(중대사고, 주요 재해)
㉡ 29 ⇨ 경상해(경미한 사고, 경미재해)
㉢ 300 ⇨ 무상해사고(near accident), 즉 사고가 일어나더라도 손실을 전혀 수반하지 않은 재해(유사재해)

정답 13.② 14.③ 15.① 16.④

17 석면에 대한 설명으로 틀린 것은?

① 우리나라 석면의 노출기준은 0.5개/cc이다.
② 석면 관련 질병으로는 석면폐, 악성중피종, 폐암 등이 있다.
③ 석면 함유 물질이란 순수한 석면만으로 제조되거나 석면에 다른 섬유물질이나 비섬유질이 혼합된 물질을 의미한다.
④ 건축물에 사용되는 석면 대체품은 유리면, 암면 등 인조광물섬유 보온재와 석고보드, 세라믹섬유 등의 규산칼슘 보온재가 있다.

[풀이] ① 우리나라 석면의 노출기준은 0.1개/cc이다.

18 산업안전보건법령에서 정의한 강렬한 소음작업에 해당하는 작업은?

① 90dB 이상의 소음이 1일 4시간 이상 발생되는 작업
② 95dB 이상의 소음이 1일 2시간 이상 발생되는 작업
③ 100dB 이상의 소음이 1일 1시간 이상 발생되는 작업
④ 110dB 이상의 소음이 1일 30분 이상 발생되는 작업

[풀이] 강렬한 소음작업
㉠ 90dB 이상의 소음이 1일 8시간 이상 발생하는 작업
㉡ 95dB 이상의 소음이 1일 4시간 이상 발생하는 작업
㉢ 100dB 이상의 소음이 1일 2시간 이상 발생하는 작업
㉣ 105dB 이상의 소음이 1일 1시간 이상 발생하는 작업
㉤ 110dB 이상의 소음이 1일 30분 이상 발생하는 작업
㉥ 115dB 이상의 소음이 1일 15분 이상 발생하는 작업

19 미국 NIOSH에서 제안된 인양작업(lifting)의 감시기준(AL)에 대한 설정기준의 내용으로 틀린 것은?

① 남자의 99%, 여자의 75%가 작업 가능하다.
② 작업강도, 즉 에너지 소비량이 3.5kcal/min이다.
③ 5번 요추와 1번 천추에 미치는 압력이 3,400N 부하이다.
④ AL을 초과하면 대부분의 근로자들에게 근육 및 골격장애가 발생한다.

[풀이] NIOSH 감시기준(AL) 설정배경(설정기준)
㉠ 역학조사 결과
　소수 근로자들에게 장애 위험도 증가
㉡ 생물역학적 연구 결과
　L_5/S_1 디스크에 가하는 압력이 3,400N 미만인 경우 대부분의 근로자가 견딤
㉢ 노동생리학적 연구 결과
　요구되는 에너지 대사량 3.5kcal/min
㉣ 정신물리학적 연구 결과
　남자 99%, 여자 75% 이상에서 AL 수준의 작업 가능

20 산업안전보건법령상 보건관리자의 자격기준에 해당하지 않는 자는?

①「의료법」에 의한 의사
②「의료법」에 의한 간호사
③「위생사에 관한 법률」에 의한 위생사
④「고등교육법」에 의한 전문대학에서 산업보건 분야 학위를 취득한 사람

[풀이] 보건관리자의 자격
㉠「의료법」에 따른 의사
㉡「의료법」에 따른 간호사
㉢ 산업보건지도사
㉣「국가기술자격법」에 따른 산업위생관리산업기사 또는 대기환경산업기사 이상의 자격을 취득한 사람
㉤「국가기술자격법」에 따른 인간공학기사 이상의 자격을 취득한 사람
㉥「고등교육법」에 따른 전문대학 이상의 학교에서 산업보건 또는 산업위생 분야의 학위를 취득한 사람

정답 17.① 18.④ 19.④ 20.③

제2과목 | 작업환경 측정 및 평가

21 공기 중에 톨루엔(TLV=100ppm)이 50ppm, 크실렌(TLV=100ppm)이 80ppm, 아세톤(TLV=750ppm)이 1,000ppm으로 측정되었다면, 이 작업환경의 노출지수 및 노출기준 초과여부는?
(단, 상가작용 가정)

① 노출지수 : 2.63, 초과함
② 노출지수 : 2.05, 초과함
③ 노출지수 : 0.63, 초과하지 않음
④ 노출지수 : 0.83, 초과하지 않음

풀이 $EI = \dfrac{50}{100} + \dfrac{80}{100} + \dfrac{1,000}{750} = 2.63$
기준값 1보다 크므로 초과 평가

22 다음 중 ( ) 안에 들어갈 내용으로 옳은 것은?

> 산업위생통계에서 측정방법의 정밀도는 동일 집단에 속한 여러 개의 시료를 분석하여 평균치와 표준편차를 계산하고 표준편차를 평균치로 나눈 값, 즉 ( )로 평가한다.

① 분산수
② 기하평균치
③ 변이계수
④ 표준오차

풀이 변이계수(CV)
㉠ 측정방법의 정밀도를 평가하는 계수이며, %로 표현되므로 측정단위와 무관하게 독립적으로 산출된다.
㉡ 통계집단의 측정값에 대한 균일성과 정밀성의 정도를 표현한 계수이다.
㉢ 단위가 서로 다른 집단이나 특성값의 상호 산포도를 비교하는 데 이용될 수 있다.
㉣ 변이계수가 작을수록 자료가 평균 주위에 가깝게 분포한다는 의미이다(평균값의 크기가 0에 가까울수록 변이계수의 의미는 작아진다).
㉤ 표준편차의 수치가 평균치에 비해 몇 %가 되느냐로 나타낸다.

23 통계자료표에서 M±SD가 의미하는 것은?

① 평균치와 표준편차
② 평균치와 표준오차
③ 최빈치와 표준편차
④ 중앙치와 표준오차

풀이 평균(M ; Mean)
표준편차(SD ; Standard Deviation)
따라서, M±SD는 평균치와 표준편차를 의미한다.

24 어느 작업환경의 소음을 측정하여 보니 허용기준 4시간인 95dB(A)의 소음이 210분 발생되어 있었고, 허용기준 8시간인 90dB(A)의 소음이 270분 발생되고 있었을 때, 노출지수는 약 얼마인가? (단, 상가효과를 고려)

① 1.14   ② 1.24
③ 1.34   ④ 1.44

풀이 $EI = \dfrac{210}{240} + \dfrac{270}{480} = 1.44$

25 흡광광도법으로 시료용액의 흡광도를 측정한 결과 흡광도가 검량선의 영역 밖이었다. 시료용액을 2배로 희석하여 흡광도를 측정한 결과 흡광도가 0.4였을 때, 이 시료용액의 농도는?

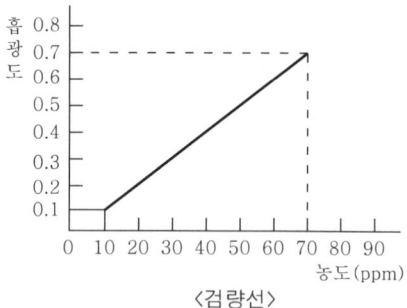

〈검량선〉

① 20ppm   ② 40ppm
③ 80ppm   ④ 160ppm

풀이 흡광도가 0.4일 때 시료용액의 농도는 40ppm이다. 이때 40ppm은 2배 희석한 농도이므로 원 시료용액의 농도는 80ppm(40ppm×2)이다.

정답 21.① 22.③ 23.① 24.④ 25.③

26 충격소음에 대한 설명으로 옳은 것은? (단, 고용노동부 고시 기준)

① 최대음압수준에 130dB(A) 이상인 소음이 1초 이상의 간격으로 발생하는 것
② 최대음압수준에 130dB(A) 이상인 소음이 10초 이상의 간격으로 발생하는 것
③ 최대음압수준에 120dB(A) 이상인 소음이 1초 이상의 간격으로 발생하는 것
④ 최대음압수준에 120dB(A) 이상인 소음이 10초 이상의 간격으로 발생하는 것

풀이 충격소음
소음이 1초 이상의 간격을 유지하면서 최대음압수준이 120dB(A) 이상인 소음을 말하며, 소음수준에 따른 1분 동안의 발생횟수를 측정하여야 한다.

27 다음 중 석면에 관한 설명으로 틀린 것은?

① 석면의 종류에는 백석면, 갈석면, 청석면 등이 있다.
② 시료 채취에는 셀룰로스 에스테르 막여과지를 사용한다.
③ 시료 채취 시 유량보정은 시료 채취 전후에 실시한다.
④ 석면분진의 농도는 여과포집법에 의한 중량분석방법으로 측정한다.

풀이 석면의 농도는 여과채취방법에 의한 계수방법 또는 이와 동등 이상의 분석방법으로 측정한다.

28 다음 중 태양광선이 내리쬐지 않는 옥외작업장에서 자연습구온도가 20℃, 건구온도가 25℃, 흑구온도가 20℃일 때, 습구흑구온도지수(WBGT)는?

① 20℃   ② 20.5℃
③ 22.5℃ ④ 23℃

풀이 WBGT(℃)
=(0.7×자연습구온도)+(0.3×흑구온도)
=(0.7×20℃)+(0.3×20℃)=20℃

29 소음측정에 관한 설명으로 틀린 것은? (단, 고용노동부 고시 기준)

① 소음수준을 측정할 때에는 측정대상이 되는 근로자의 주 작업행동범위의 작업근로자 귀 높이에 설치하여야 한다.
② 단위작업장소에서의 소음발생시간이 6시간 이내인 경우에는 발생시간을 등간격으로 나누어 2회 이상 측정하여야 한다.
③ 누적소음노출량 측정기로 소음을 측정하는 경우에는 criteria는 90dB, exchange rate는 5dB, threshold는 80dB로 기기를 설정해야 한다.
④ 소음이 1초 이상의 간격을 유지하면서 최대음압수준이 120dB(A) 이상의 소음인 경우에는 소음수준에 따른 1분 동안의 발생횟수를 측정하여야 한다.

풀이 소음측정 시간 및 횟수 기준
㉠ 단위작업장소에서 소음수준은 규정된 측정위치 및 지점에서 1일 작업시간 동안 6시간 이상 연속 측정하거나 작업시간을 1시간 간격으로 나누어 6회 이상 측정하여야 한다. 다만, 소음의 발생특성이 연속음으로서 측정치가 변동이 없다고 자격자 또는 지정 측정기관이 판단한 경우에는 1시간 동안을 등간격으로 나누어 3회 이상 측정할 수 있다.
㉡ 단위작업장소에서의 소음발생시간이 6시간 이내인 경우나 소음발생원에서의 발생시간이 간헐적인 경우에는 발생시간 동안 연속 측정하거나 등간격으로 나누어 4회 이상 측정하여야 한다.

30 유해화학물질 분석 시 침전법을 이용한 적정이 아닌 것은?

① Volhard법   ② Mohr법
③ Fajans법   ④ Stiehler법

풀이 침전적정법
침전을 생성시키는 반응을 이용하는 방법으로 질산은 적정이 대표적이며 Mohr method, Fajans method, Volhard method 등이 있다.

정답 26.③ 27.④ 28.① 29.② 30.④

31 작업환경 중 유해금속을 분석할 때 사용되는 불꽃방식 원자흡광광도계에 관한 설명으로 틀린 것은?

① 가격이 흑연로장치에 비하여 저렴하다.
② 분석시간이 흑연로장치에 비하여 적게 소요된다.
③ 감도가 높아 혈액이나 소변 시료에서의 유해금속 분석에 많이 이용된다.
④ 고체시료의 경우 전처리에 의하여 매트릭스를 제거해야 한다.

풀이 불꽃원자화장치의 장단점
(1) 장점
  ㉠ 쉽고 간편하다.
  ㉡ 가격이 흑연로장치나 유도결합플라스마-원자발광분석기보다 저렴하다.
  ㉢ 분석이 빠르고, 정밀도가 높다(분석시간이 흑연로장치에 비해 적게 소요).
  ㉣ 기질의 영향이 적다.
(2) 단점
  ㉠ 많은 양의 시료(10mL)가 필요하며, 감도가 제한되어 있어 저농도에서 사용이 힘들다.
  ㉡ 용질이 고농도로 용해되어 있는 경우, 점성이 큰 용액은 분무구를 막을 수 있다.
  ㉢ 고체시료의 경우 전처리에 의하여 기질(매트릭스)을 제거해야 한다.

32 물질 Y에 대한 20℃, 1기압에서의 증기압이 0.05mmHg이면, 물질 Y의 공기 중 포화농도는 약 몇 ppm인가?

① 44
② 66
③ 88
④ 102

풀이
$$포화농도(ppm) = \frac{증기압}{760} \times 10^6$$
$$= \frac{0.05}{760} \times 10^6$$
$$= 65.79\,ppm$$

33 다음 중 시료채취방법 중에서 개인시료 채취 시 채취지점으로 옳은 것은? (단, 고용노동부 고시 기준)

① 근로자의 호흡위치(호흡기를 중심으로 반경 30cm인 반구)
② 근로자의 호흡위치(호흡기를 중심으로 반경 60cm인 반구)
③ 근로자의 호흡위치(바닥면을 기준으로 1.2~1.5m 높이의 고정된 위치)
④ 근로자의 호흡위치(바닥면을 기준으로 0.9~1.2m 높이의 고정된 위치)

풀이 개인시료는 개인시료 채취기를 이용하여 가스·증기·흄·미스트 등을 근로자 호흡위치(호흡기를 중심으로 반경 30cm인 반구)에서 채취한 것을 말한다.

34 다음 중 온도표시에 관한 내용으로 틀린 것은? (단, 고용노동부 고시 기준)

① 미온은 30~40℃를 말한다.
② 온수는 40~50℃를 말한다.
③ 냉수는 15℃ 이하를 말한다.
④ 찬 곳은 따로 규정이 없는 한 0~15℃의 곳을 말한다.

풀이 온도표시방법
㉠ 온도의 표시는 셀시우스(Celcius)법에 따라 아라비아숫자의 오른쪽에 ℃를 붙인다. 절대온도는 K로 표시하고 절대온도 0K는 -273℃로 한다.
㉡ 상온은 15~25℃, 실온은 1~35℃, 미온은 30~40℃로 하고, 찬 곳은 따로 규정이 없는 한 0~15℃의 곳을 말한다.
㉢ 냉수(冷水)는 15℃ 이하, 온수(溫水)는 60~70℃, 열수(熱水)는 약 100℃를 말한다.

35 유량 및 용량을 보정하는 데 사용되는 1차 표준장비는?

① 오리피스미터
② 로터미터
③ 열선기류계
④ 가스치환병

[풀이] **공기채취기구의 보정에 사용되는 표준기구**
(1) 1차 표준기구
 ㉠ 비누거품미터(soap bubble meter)
 ㉡ 폐활량계(spirometer)
 ㉢ 가스치환병(mariotte bottle)
 ㉣ 유리피스톤미터(glass piston meter)
 ㉤ 흑연피스톤미터(frictionless piston meter)
 ㉥ 피토튜브(pitot tube)
(2) 2차 표준기구
 ㉠ 로터미터(rotameter)
 ㉡ 습식 테스트미터(wet-test-meter)
 ㉢ 건식 가스미터(dry-gas-meter)
 ㉣ 오리피스미터(orifice meter)
 ㉤ 열선기류계(thermo anemometer)

36 공기 중 석면 농도의 단위로 옳은 것은?
① 개/cm^3 ② ppm
③ mg/m^3 ④ g/m^2

[풀이] **석면의 단위**
개/cc=개/mL=개/cm^3

37 100g의 물에 40g의 용질 A을 첨가하여 혼합물을 만들었을 때, 혼합물 중 용질 A의 중량%(wt%)는 약 얼마인가? (단, 용질 A가 충분히 용해한다고 가정)
① 28.6wt% ② 32.7wt%
③ 34.5wt% ④ 40.0wt%

[풀이] 용질 중량%(wt%)= $\dfrac{용질}{용매+용질}$
$= \dfrac{40g}{100g+40g} \times 100$
$= 28.57wt\%$

38 회수율 실험은 여과지를 이용하여 채취한 금속을 분석한 것을 보정하는 실험이다. 다음 중 회수율을 구하는 식은?
① 회수율(%)= $\dfrac{분석량}{첨가량} \times 100$
② 회수율(%)= $\dfrac{첨가량}{분석량} \times 100$
③ 회수율(%)= $\dfrac{분석량}{1-첨가량} \times 100$
④ 회수율(%)= $\dfrac{첨가량}{1-분석량} \times 100$

[풀이] **회수율 실험**
㉠ 시료채취에 사용하지 않은 동일한 여과지에 첨가된 양과 분석량의 비로 나타내며, 여과지를 이용하여 채취한 금속을 분석하는 데 보정하기 위해 행하는 실험이다.
㉡ MCE막 여과지에 금속농도 수준별로 일정량을 첨가한(spiked) 다음 분석하여 검출된(detected) 양의 비(%)를 구한다.
회수율(%)= $\dfrac{분석량}{첨가량} \times 100$
㉢ 금속시료의 회화에 사용되는 왕수는 염산과 질산을 3:1의 몰비로 혼합한 용액이다.

39 입자의 가장자리를 이등분하는 직경으로 과대평가의 위험성이 있는 입자상 물질의 직경은?
① 마틴 직경 ② 페렛 직경
③ 등거리 직경 ④ 등면적 직경

[풀이] **기하학적(물리적) 직경**
(1) 마틴 직경(Martin diameter)
 ㉠ 먼지의 면적을 2등분하는 선의 길이로 선의 방향은 항상 일정하여야 한다.
 ㉡ 과소평가할 수 있는 단점이 있다.
 ㉢ 입자의 2차원 투영상을 구하여 그 투영면적을 2등분한 선분 중 어떤 기준선과 평행인 것의 길이(입자의 무게중심을 통과하는 외부 경계면에 접하는 이론적인 길이)를 직경으로 사용하는 방법이다.
(2) 페렛 직경(Feret diameter)
 ㉠ 먼지의 한쪽 끝 가장자리와 다른 쪽 가장자리 사이의 거리이다.
 ㉡ 과대평가될 가능성이 있는 입자상 물질의 직경이다.
(3) 등면적 직경(projected area diameter)
 ㉠ 먼지의 면적과 동일한 면적을 가진 원의 직경으로 가장 정확한 직경이다.
 ㉡ 측정은 현미경 접안경에 porton reticle을 삽입하여 측정한다.
 즉, $D = \sqrt{2^n}$
 여기서, D : 입자 직경(μm)
 n : porton reticle에서 원의 번호

정답 36.① 37.① 38.① 39.②

40 다음 중 PVC막 여과지를 사용하여 채취하는 물질에 관한 내용과 가장 거리가 먼 것은?

① 유리규산을 채취하여 X-선 회절법으로 분석하는 데 적절하다.
② 6가 크롬, 아연산화물의 채취에 이용된다.
③ 압력에 강하여 석탄건류나 증류 등의 공정에서 발생하는 PAHs 채취에 이용된다.
④ 수분에 대한 영향이 크지 않기 때문에 공해성 먼지 등의 중량분석을 위한 측정에 이용된다.

풀이 PVC막 여과지(Polyvinyl Chloride membrane filter)
㉠ PVC막 여과지는 가볍고 흡습성이 낮기 때문에 분진의 중량분석에 사용된다.
㉡ 유리규산을 채취하여 X-선 회절법으로 분석하는 데 적절하고 6가크롬, 아연산화합물의 채취에 이용한다.
㉢ 수분에 영향이 크지 않아 공해성 먼지, 총먼지 등의 중량분석을 위한 측정에 사용한다.
㉣ 석탄먼지, 결정형 유리규산, 무정형 유리규산, 별도로 분리하지 않은 먼지 등을 대상으로 무게농도를 구하고자 할 때 PVC막 여과지로 채취한다.
㉤ 습기에 영향을 적게 받으려 전기적인 전하를 가지고 있어 채취 시 입자를 반발하여 채취효율을 떨어뜨리는 단점이 있으므로 채취 전에 이 필터를 세정용액으로 처리함으로써 이러한 오차를 줄일 수 있다.

제3과목 | 작업환경 관리

41 출력 0.01W의 점음원으로부터 100m 떨어진 곳의 음압수준은? (단, 무지향성 음원, 자유공간의 경우)

① 49dB ② 53dB
③ 59dB ④ 63dB

풀이
$$SPL = PWL - 20\log r - 11$$
$$= \left(10\log\frac{0.01}{10^{-12}}\right) - 20\log 100 - 11$$
$$= 49\text{dB}$$

42 공기 중에 발산된 분진입자는 중력에 의하여 침강하는데 스토크스식이 많이 사용되고 있다. 침강속도식으로 맞는 것은? (단, V : 침강속도, ρ_1 : 먼지 밀도, ρ : 공기밀도, μ : 공기의 점성, d : 먼지 직경, g : 중력가속도)

① $V = \dfrac{2(\rho - \rho_1)\mu d^2}{9g}$

② $V = \dfrac{2(\rho_1 - \rho)\mu d}{9g}$

③ $V = \dfrac{(\rho_1 - \rho)gd^2}{18\mu}$

④ $V = \dfrac{(\rho - \rho_1)gd}{18\mu}$

풀이 Stokes 종말침전속도(분리속도)
$$V_g = \frac{d_p^2(\rho_p - \rho)g}{18\mu}$$
여기서, V_g : 종말침강속도(m/sec)
d_p : 입자의 직경(m)
ρ_p : 입자의 밀도(kg/m³)
ρ : 가스(공기)의 밀도(kg/m³)
g : 중력가속도(9.8m/sec²)
μ : 가스의 점도(점성계수)(kg/m·sec)

43 진폐증을 일으키는 분진 중에서 폐암과 가장 관련이 많은 것은?

① 규산분진 ② 석면분진
③ 활석분진 ④ 규조토분진

풀이 폐암, 중피종암, 늑막암, 위암은 석면분진과 관계가 있다.

44 다음 중 방진재료와 가장 거리가 먼 것은?

① 방진고무 ② 코르크
③ 펠트 ④ 강화된 유리섬유

풀이 방진재료
㉠ 공기스프링
㉡ 금속스프링
㉢ 방진고무
㉣ 코르크, 펠트

정답 40.③ 41.① 42.③ 43.② 44.④

45 다음 중 먼지가 발생하는 작업장에서 가장 완벽한 대책은?

① 근로자가 방진마스크를 착용한다.
② 발생된 먼지를 습식법으로 제어한다.
③ 전체환기를 실시한다.
④ 발생원을 완전히 밀폐한다.

> [풀이] 먼지가 발생하는 작업장에서 가장 완벽한 대책은 발생원 자체를 완벽하게 밀폐하는 것이다.

46 기압에 관한 설명으로 틀린 것은?

① 1기압은 수은주로 760mmHg에 해당한다.
② 수면하에서의 압력은 수심이 10m 깊어질 때마다 1기압씩 증가한다.
③ 수심 20m에서의 절대압을 2기압이다.
④ 잠함작업이나 해저터널 굴진작업 내 압력은 대기압보다 높다.

> [풀이] 절대압 = 대기압 + 작용압
> $= 1\text{기압} + \left(\dfrac{1\text{기압}}{10\text{m}} \times 20\text{m}\right) = 3\text{기압}$

47 고압 환경에서 작업하는 사람에게 마취작용(다행증)을 일으키는 가스는?

① 이산화탄소 ② 질소
③ 수소   ④ 헬륨

> [풀이] 공기 중의 질소가스는 정상기압에서는 비활성이지만, 3기압하에서는 자극작용을 하고, 4기압 이상에서는 마취작용을 일으키며 이를 다행증이라 한다.

48 유기용제를 사용하는 도장작업의 관리방법에 관한 설명으로 옳지 않은 것은?

① 흡연 및 화기사용을 금지시킨다.
② 작업장의 바닥을 청결하게 유지한다.
③ 보호장갑은 유기용제에 대한 흡수성이 우수한 것을 사용한다.
④ 옥외에서 스프레이 도장작업 시 유해가스용 방독마스크를 착용한다.

> [풀이] ③ 보호장갑은 유기용제 등의 오염물질에 대한 흡수성이 없는 것을 사용한다.

49 다음 중 유해한 작업환경에 대한 개선대책인 대치의 내용과 가장 거리가 먼 것은?

① 공정의 변경   ② 작업자의 변경
③ 시설의 변경   ④ 물질의 변경

> [풀이] 작업환경 개선의 기본대책(대치)
> ㉠ 시설의 변경
> ㉡ 공정의 변경
> ㉢ 유해물질의 변경

50 1촉광의 광원으로부터 단위입체각으로 나가는 광속의 단위는?

① lumen   ② foot-candle
③ lux   ④ lambert

> [풀이] 루멘(lumen) : lm
> ㉠ 1촉광의 광원으로부터 한 단위입체각으로 나가는 광속의 단위(국제단위)
>   ※ 광속 : 광원으로부터 나오는 빛의 양
> ㉡ 1촉광 = 4π(12.57)루멘

51 청력 보호를 위한 귀마개의 감음효과는 주로 어느 주파수 영역에서 가장 크게 나타나는가?

① 회화음역 주파수 영역
② 가청주파수 영역
③ 저주파수 영역
④ 고주파수 영역

> [풀이] 귀마개의 감음효과
> ㉠ 일반적으로 양질의 보호구일 경우 귀마개의 감음효과는 주로 고주파 영역(4,000Hz)에서 25~35dB(A) 정도로 크게 나타나고 귀덮개는 35~45dB(A) 정도의 차음효과가 있으며, 두 개를 동시에 착용하면 추가로 3~5dB(A) 감음효과를 얻을 수 있다.
> ㉡ 귀마개는 40dB 이상의 차음효과가 있어야 하나 귀마개를 끼면 사람들과의 대화가 방해되므로 사람의 회화영역인 1,000Hz 이하의 주파수 영역에서는 25dB 이상의 차음효과만 있어도 충분한 방음효과가 있는 것으로 인정한다.

52 피부 보호장구의 재질과 적용 화학물질로 올바르게 연결되지 않은 것은?

① Neoprene 고무 – 비극성 용제
② Nitrile 고무 – 비극성 용제
③ Butyl 고무 – 비극성 용제
④ Polyvinyl Chloride 고무 – 수용성 용제

풀이 보호장구 재질에 따른 적용물질
㉠ Neoprene 고무 : 비극성 용제, 극성 용제 중 알코올, 물, 케톤류 등에 효과적
㉡ 천연고무(latex) : 극성 용제 및 수용성 용액에 효과적(절단 및 찰과상 예방)
㉢ Viton : 비극성 용제에 효과적
㉣ 면 : 고체상 물질(용제에는 사용 못함)
㉤ 가죽 : 용제에는 사용 못함(기본적인 찰과상 예방)
㉥ Nitrile 고무 : 비극성 용제에 효과적
㉦ Butyl 고무 : 극성 용제에 효과적(알데하이드, 지방족)
㉧ Ethylene vinyl alcohol : 대부분의 화학물질을 취급할 경우 효과적

53 공기 중 입자상 물질은 여러 기전에 의해 여과지에 채취된다. 차단·간섭 기전에 영향을 미치는 요소와 가장 거리가 먼 것은?

① 입자 크기
② 입자 밀도
③ 여과지의 공경
④ 여과질의 고형분

풀이 여과포집기전 중 차단·간섭 기전에 영향을 미치는 요소
㉠ 입자 크기
㉡ 섬유 직경
㉢ 여과지의 공경(기공 크기)
㉣ 여과지의 고형성분

54 일반적으로 사람이 느끼는 최소진동역치는?

① 25±5dB
② 35±5dB
③ 45±5dB
④ 55±5dB

풀이 진동역치는 사람이 진동을 느낄 수 있는 최솟값을 의미하며 50~60dB 정도이다.

55 다음 중 산소 결핍의 위험이 적은 작업장소는?

① 전기 용접작업을 하는 작업장
② 장기간 미사용한 우물의 내부
③ 장시간 밀폐된 화학물질의 저장탱크
④ 화학물질 저장을 위한 지하실

풀이 ②, ③, ④의 우물 내부, 저장탱크, 지하실은 산소 결핍을 유발시킬 수 있다.

56 저온 환경에서 발생할 수 있는 건강장애에 관한 설명으로 틀린 것은?

① 전신 체온강하는 장시간의 한랭 노출 시 체열의 손실로 인해 발생하는 급성 중증 장애이다.
② 제3도 동상은 수포와 함께 광범위한 삼출성 염증이 일어나는 경우를 말한다.
③ 피로가 극에 달하면 체열의 손실이 급속히 이루어져 전신의 냉각상태가 수반된다.
④ 참호족은 지속적인 국소의 산소결핍 때문이며 저온으로 모세혈관 벽이 손상되는 것이다.

풀이 제3도 동상은 괴사성 동상으로 한랭작용이 장시간 계속됐을 때 생기며 혈행이 완전히 정지된다. 동시에 조직성분도 붕괴되며, 그 부분의 조직괴사를 초래하여 궤상을 만든다.

57 저온 환경이 인체에 미치는 영향으로 옳지 않는 것은?

① 식욕 감소
② 혈압 변화
③ 근육 긴장
④ 피부혈관의 수축

풀이 저온의 2차적 생리반응
㉠ 말초혈관의 수축으로 표면조직의 냉각
㉡ 식욕 변화(식욕 항진)
㉢ 혈압의 일시적 상승(혈류량 증가)
㉣ 피부혈관의 수축으로 순환기능 감소

정답 52.③ 53.② 54.④ 55.① 56.② 57.①

58 영상표시단말기(VDT)로 작업하는 사업장의 환경관리에 대한 설명과 가장 거리가 먼 것은?

① 작업 중 시야에 들어오는 화면, 키보드, 서류 등의 주요 표면 밝기는 차이를 두어 입체감이 있도록 한다.
② 실내조명은 화면과 명암의 대조가 심하지 않고 동시에 눈부시지 않도록 하여야 한다.
③ 정전기 방지는 접지를 이용하거나 알코올 등으로 화면을 세척한다.
④ 작업장 주변 환경의 조도는 화면의 바탕 색상이 검은색일 때에는 300~500lux를 유지하면 좋다.

풀이 작업 중 시야에 들어오는 화면, 키보드, 서류 등의 주요 표면 밝기의 차이를 작게 한다. 너무 높을 경우 번쩍거리는 현상이 일어나기 쉽다.

59 다음 중 밀폐공간 작업에서 사용하는 호흡보호구로 가장 적절한 것은?

① 방진마스크   ② 송기마스크
③ 방독마스크   ④ 반면형 마스크

풀이 산소결핍장소에서는 송기마스크(호스마스크)를 사용하며, 방진·방독 마스크를 사용하면 안 된다.

60 밀폐공간 작업 시 작업의 부하인자에 대한 설명으로 틀린 것은?

① 모든 옥외작업의 경우와 거의 같은 양상의 근력부하를 갖는다.
② 탱크 바닥에 있는 슬러지 등으로부터 황화수소가 발생한다.
③ 철의 녹 사이에 황화물이 혼합되어 있으면 아황산가스가 발생할 수 있다.
④ 산소농도가 25% 이하가 되면 산소결핍증이 되기 쉽다.

풀이 산소결핍증은 산소가 결핍된 공기(공기 중 산소 농도가 18% 미만인 상태)를 들이마심으로써 생기는 증상을 말한다.

제4과목 | 산업환기

61 아세톤이 공기 중에 10,000ppm으로 존재한다. 아세톤 증기비중이 2.0이라면, 이때 혼합물의 유효비중은?

① 0.98
② 1.01
③ 1.04
④ 1.07

풀이
$$\text{유효비중} = \frac{(2.0 \times 10,000) + (1.0 \times 990,000)}{1,000,000}$$
$$= 1.01$$

62 터보팬형 송풍기의 특징을 설명한 것으로 틀린 것은?

① 소음은 비교적 낮으나 구조가 가장 크다.
② 통상적으로 최고속도가 높으므로 효율이 높다.
③ 규정풍량 이외에서는 효율이 갑자기 떨어지는 단점이 있다.
④ 소요정압이 떨어져도 동력은 크게 상승하지 않으므로 시설저항 및 운전상태가 변하여도 과부하가 걸리지 않는다.

풀이
터보형 송풍기(turbo fan)
㉠ 후향날개형(후곡날개형, backward-curved blade fan)은 송풍량이 증가해도 동력이 증가하지 않는 장점을 가지고 있어 한계부하 송풍기라고도 한다.
㉡ 회전날개(깃)가 회전방향 반대편으로 경사지게 설계되어 있어 충분한 압력을 발생시킬 수 있다.
㉢ 소요정압이 떨어져도 동력은 크게 상승하지 않으므로 시설저항 및 운전상태가 변하여도 과부하가 걸리지 않는다.
㉣ 송풍기 성능곡선에서 동력곡선이 최대송풍량의 60~70%까지 증가하다가 감소하는 경향을 띠는 특성이 있다.
㉤ 고농도 분진 함유 공기를 이송시킬 경우 깃 뒷면에 분진이 퇴적하여 집진기 후단에 설치하여야 한다.
㉥ 깃의 모양은 두께가 균일한 것과 익형이 있다.
㉦ 원심력식 송풍기 중 가장 효율이 좋다.

정답 58.① 59.② 60.④ 61.② 62.③

63 국소배기장치에서 송풍량이 30m³/min이고 덕트의 직경이 200mm이면, 이때 덕트 내의 속도는 약 몇 m/sec인가? (단, 원형 덕트인 경우)

① 13 ② 16
③ 19 ④ 21

풀이 $Q = A \times V$

$$V(\text{m/sec}) = \frac{Q}{A} = \frac{30\text{m}^3/\text{min} \times \text{min}/60\text{sec}}{\left(\frac{3.14 \times 0.2^2}{4}\right)\text{m}^2}$$

$$= 15.92 \text{m/sec}$$

64 국소배기장치에서 후드를 추가로 설치해도 쉽게 정압조절이 가능하고, 사용하지 않는 후드를 막아 다른 곳에 필요한 정압을 보낼 수 있어 현장에서 가장 편리하게 사용할 수 있는 압력균형방법은?

① 댐퍼 조절법   ② 회전수 변화
③ 압력 조절법   ④ 안내익 조절법

풀이 송풍기의 풍량조절방법
(1) 회전수 조절법(회전수 변환법)
  ㉠ 풍량을 크게 바꾸려고 할 때 가장 적절한 방법이다.
  ㉡ 구동용 풀리의 풀리비 조정에 의한 방법이 일반적으로 사용된다.
  ㉢ 비용은 고가이나 효율은 좋다.
(2) 안내익 조절법(vane control법)
  ㉠ 송풍기 흡입구에 6~8매의 방사상 blade를 부착, 그 각도를 변경함으로써 풍량을 조절한다.
  ㉡ 다익, 레이디얼 팬보다 터보팬에 적용하는 것이 효과가 크다.
  ㉢ 큰 용량의 제진용으로 적용하는 것은 부적합하다.
(3) 댐퍼 부착법(damper 조절법)
  ㉠ 후드를 추가로 설치해도 쉽게 압력조절이 가능하다.
  ㉡ 사용하지 않는 후드를 막아 다른 곳에 필요한 정압을 보낼 수 있어 현장에서 배관 내에 댐퍼를 설치하여 송풍량을 조절하기 가장 쉬운 방법이다.
  ㉢ 저항곡선의 모양을 변경하여 교차점을 바꾸는 방법이다.

65 일반적으로 국소배기장치를 가동할 경우에 가장 적합한 상황에 해당하는 것은?

① 최종 배출구가 작업장 내에 있다.
② 사용하지 않는 후드는 댐퍼로 차단되어 있다.
③ 증기가 발생하는 도장 작업지점에는 여과식 공기정화장치가 설치되어 있다.
④ 여름철 작업장 내에서는 오염물질 발생장소를 향하여 대형 선풍기가 바람을 불어주고 있다.

풀이 ① 최종 배출구는 작업장 밖에 있는 것이 좋다.
③ 증기가 발생하는 도장 작업지점에는 흡착탑 공기정화장치를 설치한다.
④ 여름철 작업장 내에서는 오염물질 배출방향으로 대형 선풍기를 위치한다.

66 덕트 내에서 압력손실이 발생되는 경우로 볼 수 없는 것은?

① 정압이 높은 경우
② 덕트 내부 면과 마찰
③ 가지 덕트 단면적이 변화
④ 곡관이나 관의 확대에 의한 공기의 속도 변화

풀이 덕트(duct)의 압력손실
(1) 마찰 압력손실
  공기와 덕트 면과의 접촉에 의한 마찰에 의해 발생하며, 마찰손실에 영향을 미치는 인자는 다음과 같다.
  ㉠ 공기 속도
  ㉡ 공기 밀도
  ㉢ 공기 점도
  ㉣ 덕트 면의 성질(조도, 거칠기)
  ㉤ 덕트 직경
  ㉥ 덕트의 형상
(2) 난류 압력손실
  곡관에 의한 공기 기류의 방향전환이나 수축, 확대 등에 의한 덕트 단면적의 변화에 따른 난류속도의 증감에 의해 발생한다.

67 접착제를 사용하는 A공정에서는 메틸에틸케톤(MEK)과 톨루엔이 발생, 공기 중으로 완전혼합된다. 두 물질은 모두 마취작용을 하므로 상가효과가 있다고 판단되며, 각 물질의 사용정보가 다음과 같을 때 필요환기량(m^3/min)은 약 얼마인가? (단, 주위는 25℃, 1기압 상태)

㉮ MEK
- 안전계수 : 4
- 분자량 : 72.1
- 비중 : 0.805
- TLV : 200ppm
- 사용량 : 시간당 2L

㉯ 톨루엔
- 안전계수 : 5
- 분자량 : 92.13
- 비중 : 0.866
- TLV : 50ppm
- 사용량 : 시간당 2L

① 182
② 558
③ 765
④ 946

풀이 상가작용의 필요환기량(m^3/min)
= MEK 필요환기량 + 톨루엔 필요환기량

㉮ MEK 필요환기량
- 사용량(g/hr)
 = 2L/hr × 0.805g/mL × 1,000mL/L = 1,610g/hr
- 발생률(L/hr)
 = $\frac{24.45L \times 1,610g/hr}{72.1g}$ = 545.97L/hr
- 필요환기량
 = $\frac{545.97L/hr}{200ppm} \times 4$
 = $\frac{545.97L/hr \times 1,000mL/L}{200mL/m^3} \times 4$
 = 10919.42m^3/hr × hr/60min = 182m^3/min

㉯ 톨루엔 필요환기량
- 사용량(g/hr)
 = 2L/hr × 0.866g/mL × 1,000mL/L = 1,732g/hr
- 발생률(L/hr)
 = $\frac{24.45L \times 1,732g/hr}{92.13g}$ = 459.65L/hr

- 필요환기량
 = $\frac{459.65L/hr}{50ppm} \times 5$
 = $\frac{459.65L/hr \times 1,000mL/L}{50mL/m^3} \times 5$
 = 45964.83m^3/hr × hr/60min = 766m^3/min
∴ 182 + 766 = 948m^3/min

68 국소배기장치를 유지·관리하기 위한 자체검사 관련 필수 측정기와 관련이 없는 것은?
① 절연저항계
② 열선풍속계
③ 스모크테스터
④ 고도측정계

풀이 반드시 갖추어야 할 측정기(필수장비)
㉠ 발연관(연기발생기, smoke tester)
㉡ 청음기 또는 청음봉
㉢ 절연저항계
㉣ 표면온도계 및 초자온도계
㉤ 줄자

69 그림과 같은 송풍기 성능곡선에 대한 설명으로 맞는 것은?

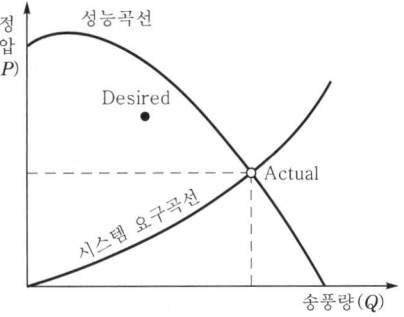

① 송풍기의 선정이 적절하여 원했던 송풍량이 나오는 경우이다.
② 성능이 약한 송풍기를 선정하여 송풍량이 작게 나오는 경우이다.
③ 너무 큰 송풍기를 선정하고, 시스템 압력손실도 과대평가된 경우이다.
④ 송풍기의 선정은 적절하나 시스템의 압력손실이 과대평가되어 송풍량이 예상보다 많이 나오는 경우이다.

정답 67.④ 68.④ 69.③

풀이 동작점
송풍기 성능곡선과 시스템 요구곡선이 만나는 점으로, 만일 A점을 동작점으로 한다면 시스템 압력손실이 과대평가된 것이고, 너무 큰 송풍기를 선정한 것을 의미한다.

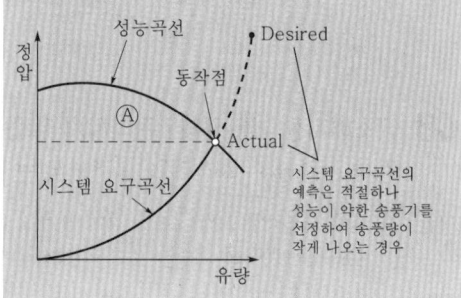

70 전체환기가 필요한 경우가 아닌 것은?
① 배출원이 고정되어 있을 때
② 유해물질이 허용농도 이하일 때
③ 발생원이 다수 분산되어 있을 때
④ 오염물질이 시간에 따라 균일하게 발생될 때

풀이 전체환기(희석환기) 적용 시의 조건
㉠ 유해물질의 독성이 비교적 낮은 경우, 즉 TLV가 높은 경우 ⇨ 가장 중요한 제한조건
㉡ 동일한 작업장에 다수의 오염원이 분산되어 있는 경우
㉢ 유해물질이 시간에 따라 균일하게 발생할 경우
㉣ 유해물질의 발생량이 적은 경우 및 희석공기량이 많지 않아도 되는 경우
㉤ 유해물질이 증기나 가스일 경우
㉥ 국소배기로 불가능한 경우
㉦ 배출원이 이동성인 경우
㉧ 가연성 가스의 농축으로 폭발의 위험이 있는 경우
㉨ 오염원이 근무자가 근무하는 장소로부터 멀리 떨어져 있는 경우

71 직경이 38cm, 유효높이 5m인 원통형 백필터를 사용하여 $0.5m^3/sec$의 함진가스를 처리할 때, 여과속도(cm/sec)는 약 얼마인가?
① 6.4 ② 7.4
③ 8.4 ④ 9.4

풀이
$$여과속도 = \frac{총\ 처리가스량}{총\ 여과면적(원통형 = \pi \times D \times L)}$$
$$= \frac{0.5m^3/sec}{3.14 \times 0.38m \times 5m}$$
$$= 0.084m/sec \times 100cm/m = 8.4cm/sec$$

72 24시간 가동되는 작업장에서 환기하여야 할 작업장 실내 체적은 $3,000m^3$이다. 환기시설에 의해 공급되는 공기의 유량이 $4,000m^3/hr$일 때, 이 작업장에서의 시간당 환기횟수는 얼마인가?
① 1.2회 ② 1.3회
③ 1.4회 ④ 1.5회

풀이
$$시간당환기횟수(ACH) = \frac{유량}{체적}$$
$$= \frac{4,000m^3/hr}{3,000m^3}$$
$$= 1.33회(시간당)$$

73 산업환기에서 의미하는 표준공기에 대한 설명으로 맞는 것은?
① 표준공기는 0℃, 1기압(760mmHg)인 상태이다.
② 표준공기는 21℃, 1기압(760mmHg)인 상태이다.
③ 표준공기는 25℃, 1기압(760mmHg)인 상태이다.
④ 표준공기는 32℃, 1기압(760mmHg)인 상태이다.

풀이 표준공기
㉠ 표준상태(STP)란 0℃, 1atm 상태를 말하며, 물리·화학 등 공학 분야에서 기준이 되는 상태로서 일반적으로 사용한다.
㉡ 환경공학에서 표준상태는 기체의 체적을 Sm^3, Nm^3로 표시하여 사용한다.
㉢ 산업환기 분야에서는 21℃(20℃), 1atm, 상대습도 50%인 상태의 공기를 표준공기로 사용한다.
• 표준공기 밀도 : $1.203kg/m^3$
• 표준공기 비중량 : $1.203kg_f/m^3$
• 표준공기 동점성계수 : $1.502 \times 10^{-5} m^2/sec$

정답 70.① 71.③ 72.② 73.②

74 표준공기 21℃(비중량 $\gamma=1.2kg/m^3$)에서 800m/min의 유속으로 흐르는 공기의 속도압은 몇 mmH_2O인가?

① 10.9
② 24.6
③ 35.6
④ 53.2

[풀이]
$$VP = \frac{\gamma V^2}{2g}$$
$$V = 800m/min \times min/60sec = 13.33m/sec$$
$$= \frac{1.2 \times 13.33^2}{2 \times 9.8} = 10.88mmH_2O$$

75 탱크에서 증발, 탈지와 같이 기류의 이동이 없는 공기 중에서 속도 없이 배출되는 작업조건인 경우 제어속도의 범위로 가장 적절한 것은? (단, 미국정부산업위생전문가협의회의 권고기준)

① 0.10~0.15m/sec
② 0.15~0.25m/sec
③ 0.25~0.50m/sec
④ 0.50~1.00m/sec

[풀이] 제어속도 범위(ACGIH)

작업조건	작업공정 사례	제어속도 (m/sec)
• 움직이지 않는 공기 중에서 속도 없이 배출되는 작업조건 • 조용한 대기 중에 실제 거의 속도가 없는 상태로 발산하는 작업조건	• 액면에서 발생하는 가스나 증기, 흄 • 탱크에서 증발, 탈지 시설	0.25~0.5
비교적 조용한(약간의 공기 움직임) 대기 중에서 저속도로 비산하는 작업조건	• 용접, 도금 작업 • 스프레이 도장 • 주형을 부수고 모래를 터는 장소	0.5~1.0
발생기류가 높고 유해물질이 활발하게 발생하는 작업조건	• 스프레이 도장, 용기 충전 • 컨베이어 적재 • 분쇄기	1.0~2.5
초고속기류가 있는 작업장소에 초고속으로 비산하는 작업조건	• 회전연삭 작업 • 연마 작업 • 블라스트 작업	2.5~10

76 SF_6가스를 이용하여 주택의 침투(자연환기)를 측정하려고 한다. 시간(t)=0분일 때 SF_6 농도는 $40\mu g/m^3$이고, 시간(t)=30분일 때 $7\mu g/m^3$였다. 주택의 체적이 $1,500m^3$라면, 이 주택의 침투(또는 자연환기)량은 몇 m^3/hr인가? (단, 기계환기는 전혀 없고, 중간과정의 결과는 소수점 셋째 자리에서 반올림하여 구한다.)

① 5,130
② 5,235
③ 5,335
④ 5,735

[풀이]
$$t = \frac{V}{Q'}\ln\left(\frac{C_2}{C_1}\right)$$
$$Q' = -\frac{V}{t}\ln\left(\frac{C_2}{C_1}\right)$$
$$= -\frac{1,500m^3}{30min \times hr/60min} \times \ln\left(\frac{7}{40}\right)$$
$$= 5228.91m^3/hr$$
여기서, Q' : 자연환기량(유효환기량)

77 전자부품을 납땜하는 공정에 외부식 국소배기장치를 설치하고자 한다. 후드의 규격은 가로·세로 각각 400mm이고, 제어거리는 20cm, 제어속도는 0.5m/sec, 반송속도를 1,200m/min으로 하고자 할 때 필요 소요풍량(m^3/min)은? (단, 플랜지는 없으며, 자유공간에 설치)

① 13.2
② 15.6
③ 16.8
④ 18.4

[풀이]
$$Q(m^3/min)$$
$$= V_c(10X^2 + A)$$
$$= 0.5m/sec \times [(10 \times 0.2^2)m^2 + (0.4 \times 0.4)m^2]$$
$$\times 60sec/min$$
$$= 16.80m^3/min$$

정답 74.① 75.③ 76.② 77.③

78 전기집진기의 장점이 아닌 것은?

① 운전 및 유지비가 비싸다.
② 넓은 범위의 입경과 분진농도에 집진효율이 높다.
③ 압력손실이 낮으므로 송풍기의 가동비용이 저렴하다.
④ 고온가스를 처리할 수 있어 보일러와 철강로 등에 설치할 수 있다.

풀이 전기집진장치의 장·단점
(1) 장점
  ㉠ 집진효율이 높다(0.01μm 정도 포집 용이, 99.9% 정도 고집진효율).
  ㉡ 광범위한 온도범위에서 적용이 가능하며, 폭발성 가스의 처리도 가능하다.
  ㉢ 고온의 입자성 물질(500℃ 전후) 처리가 가능하여 보일러와 철강로 등에 설치할 수 있다.
  ㉣ 압력손실이 낮고, 대용량의 가스 처리가 가능하며, 배출가스의 온도강하가 적다.
  ㉤ 운전 및 유지비가 저렴하다.
  ㉥ 회수가치 입자 포집에 유리하며, 습식 및 건식으로 집진할 수 있다.
  ㉦ 넓은 범위의 입경과 분진농도에 집진효율이 높다.
(2) 단점
  ㉠ 설치비용이 많이 든다.
  ㉡ 설치공간을 많이 차지한다.
  ㉢ 설치된 후에는 운전조건의 변화에 유연성이 적다.
  ㉣ 먼지성상에 따라 전처리시설이 요구된다.
  ㉤ 분진포집에 적용되며, 기체상 물질 제거에는 곤란하다.
  ㉥ 전압변동과 같은 조건변동(부하변동)에 쉽게 적응이 곤란하다.
  ㉦ 가연성 입자의 처리가 곤란하다.

79 푸시-풀(push-pull) 후드에서 효율적인 조(tank)의 길이로 맞는 것은?

① 1.0~2.2m ② 1.2~2.4m
③ 1.4~2.6m ④ 1.5~3.0m

풀이 push-pull hood 적용 시 효율적인 탱크의 깊이는 약 1.2~2.4m이다.

80 덕트의 설치를 결정할 때 유의사항으로 적절하지 않은 것은?

① 청소구를 설치한다.
② 곡관의 수를 적게 한다.
③ 가급적 원형 덕트를 사용한다.
④ 가능한 곡관의 곡률반경을 작게 한다.

풀이 덕트 설치기준(설치 시 고려사항)
㉠ 가능하면 길이는 짧게 하고 굴곡부의 수는 적게 할 것
㉡ 접속부의 안쪽은 돌출된 부분이 없도록 할 것
㉢ 청소구를 설치하는 등 청소하기 쉬운 구조로 할 것
㉣ 덕트 내부에 오염물질이 쌓이지 않도록 이송속도를 유지할 것
㉤ 연결부위 등은 외부공기가 들어오지 않도록 할 것(연결부위를 가능한 한 용접할 것)
㉥ 가능한 후드의 가까운 곳에 설치할 것
㉦ 송풍기를 연결할 때는 최소 덕트 직경의 6배 정도 직선구간을 확보할 것
㉧ 직관은 하향구배로 하고 직경이 다른 덕트를 연결할 때에는 경사 30° 이내의 테이퍼를 부착할 것
㉨ 원형 덕트가 사각형 덕트보다 덕트 내 유속분포가 균일하므로 가급적 원형 덕트를 사용하며, 부득이 사각형 덕트를 사용할 경우에는 가능한 정방형을 사용하고 곡관의 수를 적게 할 것
㉩ 곡관의 곡률반경은 최소 덕트 직경의 1.5 이상, 주로 2.0을 사용할 것
㉪ 수분이 응축될 경우 덕트 내로 들어가지 않도록 경사나 배수구를 마련할 것
㉫ 덕트의 마찰계수는 작게 하고, 분지관을 가급적 적게 할 것

정답 78.① 79.② 80.④

제3회 산업위생관리산업기사

과년도 출제문제 | 2019.08.04

제1과목 | 산업위생학 개론

01 산업안전보건법령상 바람직한 VDT(Video Display Terminal) 작업자세로 틀린 것은?

① 무릎 내각(knee angle)은 120° 전후가 되도록 한다.
② 아래팔은 손등과 일직선을 유지하여 손목이 꺾이지 않도록 한다.
③ 눈으로부터 화면까지의 시거리는 40cm 이상을 유지한다.
④ 작업자의 시선은 수평선상으로부터 아래로 10~15° 이내로 한다.

풀이 무릎의 내각은 90° 전후가 되도록 한다.

02 다음 중 산업안전보건법령상 보건관리자의 업무에 해당하지 않는 것은?

① 물질안전보건자료의 작성
② 산업재해 발생의 원인 조사·분석 및 재발방지를 위한 기술적 보좌 및 지도·조언
③ 산업안전보건위원회에서 심의·의결한 업무와 안전보건관리규정 및 취업규칙에서 정한 업무
④ 안전인증대상 기계 등과 자율안전확인대상 기계 등 중 보건과 관련된 보호구 구입 시 적격품 선정에 관한 보좌 및 지도·조언

풀이 보건관리자의 업무
㉠ 산업안전보건위원회 또는 노사협의체에서 심의·의결한 업무와 안전보건관리규정 및 취업규칙에서 정한 업무
㉡ 안전인증대상 기계 등과 자율안전확인대상 기계 등 중 보건과 관련된 보호구(保護具) 구입 시 적격품 선정에 관한 보좌 및 지도·조언
㉢ 위험성평가에 관한 보좌 및 지도·조언
㉣ 작성된 물질안전보건자료의 게시 또는 비치에 관한 보좌 및 지도·조언
㉤ 산업보건의의 직무
㉥ 해당 사업장 보건교육계획의 수립 및 보건교육실시에 관한 보좌 및 지도·조언
㉦ 해당 사업장의 근로자를 보호하기 위한 다음의 조치에 해당하는 의료행위
  ⓐ 자주 발생하는 가벼운 부상에 대한 치료
  ⓑ 응급처치가 필요한 사람에 대한 처치
  ⓒ 부상·질병의 악화를 방지하기 위한 처치
  ⓓ 건강진단 결과 발견된 질병자의 요양 지도 및 관리
  ⓔ ⓐ부터 ⓓ까지의 의료행위에 따르는 의약품의 투여
㉧ 작업장 내에서 사용되는 전체환기장치 및 국소배기장치 등에 관한 설비의 점검과 작업방법의 공학적 개선에 관한 보좌 및 지도·조언
㉨ 사업장 순회점검, 지도 및 조치 건의
㉩ 산업재해 발생의 원인 조사·분석 및 재발방지를 위한 기술적 보좌 및 지도·조언
㉪ 산업재해에 관한 통계의 유지·관리·분석을 위한 보좌 및 지도·조언
㉫ 법 또는 법에 따른 명령으로 정한 보건에 관한 사항의 이행에 관한 보좌 및 지도·조언
㉬ 업무 수행 내용의 기록·유지
㉭ 그 밖에 보건과 관련된 작업관리 및 작업환경관리에 관한 사항으로서 고용노동부장관이 정하는 사항

03 400명의 근로자가 1일 8시간, 연간 300일을 근무하는 사업장이 있다. 1년 동안 30건의 재해가 발생하였다면 도수율은?

① 26.26 ② 28.75
③ 31.25 ④ 33.75

정답 01.① 02.① 03.③

[풀이] 도수율 = $\dfrac{\text{재해발생건수}}{\text{연근로시간수}} \times 10^6$
= $\dfrac{30}{400 \times 8 \times 300} \times 10^6 = 31.25$

04 공장의 기계시설을 인간공학적으로 검토할 때, 준비 단계에서 검토할 내용으로 적절한 것은 어느 것인가?
① 공장설계에 있어서의 기능적 특성, 제한점을 고려한다.
② 인간-기계 관계의 구성인자 특성을 명확히 알아낸다.
③ 각 작업을 수행하는 데 필요한 직종 간의 연결성을 고려한다.
④ 인간-기계 관계 전반에 걸친 상황을 실험적으로 검토한다.

[풀이] **인간공학 활용 3단계**
인간공학은 공장의 기계시설에 있어 '준비 – 선택 – 검토'의 순서로 실제 적용하게 된다.
(1) 1단계 : 준비 단계
  ㉠ 인간공학에서 인간과 기계 관계 구성인자의 특성이 무엇인지를 알아야 하는 단계
  ㉡ 인간과 기계가 각기 맡은 일과 인간과 기계 관계가 어떠한 상태에서 조작될 것인지 명확히 알아야 하는 단계
(2) 2단계 : 선택 단계
  각 작업을 수행하는 데 필요한 직종 간의 연결성, 공정 설계에 있어서의 기능적 특성, 경제적 효율, 제한점을 고려하여 세부 설계를 하여야 하는 인간공학의 활용 단계
(3) 3단계 : 검토 단계
  공장의 기계 설계 시 인간공학적으로 인간과 기계 관계의 비합리적인 면을 수정·보완하는 단계

05 산업안전보건법령상 작업환경측정에서 소음수준의 측정단위로 옳은 것은?
① phon ② dB(A)
③ dB(B) ④ dB(C)

[풀이] **작업환경측정에서 소음수준 측정단위**
dB(A) : A청감보정회로

06 산업안전보건법령상 쾌적한 사무실 공기를 유지하기 위해 관리해야 할 사무실 오염물질에 해당하지 않는 것은?
① 흄 ② 이산화질소
③ 포름알데히드 ④ 총휘발성 유기화합물

[풀이] **사무실 공기관리지침 오염물질 대상항목**
㉠ 미세먼지(PM 10)
㉡ 초미세먼지(PM 2.5)
㉢ 일산화탄소(CO)
㉣ 이산화탄소(CO_2)
㉤ 이산화질소(NO_2)
㉥ 포름알데히드(HCHO)
㉦ 총휘발성 유기화합물(TVOC)
㉧ 라돈(radon)
㉨ 총부유세균
㉩ 곰팡이

07 피로의 예방대책으로 적절하지 않은 것은?
① 적당한 작업속도를 유지한다.
② 불필요한 동작을 피하도록 한다.
③ 너무 정적인 작업은 동적인 작업으로 바꾸도록 한다.
④ 카페인이 적당히 들어 있는 커피, 홍차 및 엽차를 마신다.

[풀이] **산업피로 예방대책**
㉠ 커피, 홍차, 엽차 및 비타민 B_1은 피로회복에 도움이 되므로 공급한다.
㉡ 작업과정에 적절한 간격으로 휴식기간을 두고 충분한 영양을 취한다.
㉢ 작업환경을 정비·정돈한다.
㉣ 불필요한 동작을 피하고, 에너지 소모를 적게 한다.
㉤ 동적인 작업을 늘리고, 정적인 작업을 줄인다.
㉥ 개인의 숙련도에 따라 작업속도와 작업량을 조절한다(단위시간당 적정작업량을 도모하기 위하여 일 또는 월간 작업량을 적정화하여야 함).
㉦ 작업시간 중 또는 작업 전후에 간단한 체조나 오락시간을 갖는다.
㉧ 장시간 한 번 휴식하는 것보다 단시간씩 여러 번 나누어 휴식하는 것이 피로회복에 도움이 된다(정신신경작업에 있어서는 몸을 가볍게 움직이는 휴식이 좋음).
㉨ 과중한 육체적 노동은 기계화하여 육체적 부담을 줄인다.
㉩ 충분한 수면은 피로예방과 회복에 효과적이다.
㉪ 작업자세를 적정하게 유지하는 것이 좋다.

정답 04.② 05.② 06.① 07.④

08 기초대사량이 75kcal/hr이고, 작업대사량이 4kcal/min인 작업을 계속하여 수행하고자 할 때, 아래 식을 참고하면 계속작업한계시간은? (단, T_{end}는 계속작업한계시간, RMR은 작업대사율을 의미한다.)

$$\log T_{end} = 3.724 - 3.25 \times \log RMR$$

① 1.5시간   ② 2시간
③ 2.5시간   ④ 3시간

풀이
log계속작업한계시간
$= 3.724 - 3.25 \times \log RMR$
$RMR = \dfrac{\text{작업대사량}}{\text{기초대사량}}$
$= \dfrac{4\text{kcal/min} \times 60\text{min/hr}}{75\text{kcal/hr}}$
$= 3.2$
$= 3.724 - 3.25\log 3.2 = 2.08$
∴ 계속작업한계시간 $= 10^{2.08}$
$= 120.22\text{min} \times \text{hr}/60\text{min}$
$= 2\text{hr}$

09 NIOSH에서 정한 중량물 취급작업 권고치(Action Limit, AL)에 영향을 가장 많이 주는 요인은 무엇인가?

① 빈도   ② 수평거리
③ 수직거리   ④ 이동거리

풀이 중량물 취급작업 권고치의 영향 정도
작업빈도 > 수평거리 > 수직거리 > 이동거리

10 물질에 관한 생물학적 노출지수(BEI)를 측정하려 할 때, 반감기가 5시간을 넘어서 주중(週中)에 축적될 수 있는 물질로 주말작업 종료 시에 시료를 채취하는 것은?

① 이황화탄소
② 자일렌(크실렌)
③ 일산화탄소
④ 트리클로로에틸렌

풀이 화학물질에 대한 대사산물(측정대상물질), 시료채취시기

화학물질	대사산물(측정대상물질) : 생물학적 노출지표	시료채취시기
납	혈액 중 납	중요치 않음
	소변 중 납	
카드뮴	소변 중 카드뮴	중요치 않음
	혈액 중 카드뮴	
일산화탄소	호기에서 일산화탄소	작업 종료 시
	혈액 중 carboxyhemoglobin	
벤젠	소변 중 총 페놀	작업 종료 시
	소변 중 t,t-뮤코닉산 (t,t-muconic acid)	
에틸벤젠	소변 중 만델린산	작업 종료 시
니트로벤젠	소변 중 p-nitrophenol	작업 종료 시
아세톤	소변 중 아세톤	작업 종료 시
톨루엔	혈액, 호기에서 톨루엔	작업 종료 시
	소변 중 o-크레졸	
크실렌	소변 중 메틸마뇨산	작업 종료 시
스티렌	소변 중 만델린산	작업 종료 시
트리클로로에틸렌	소변 중 트리클로로초산 (삼염화초산)	주말작업 종료 시
테트라클로로에틸렌	소변 중 트리클로로초산 (삼염화초산)	주말작업 종료 시

화학물질	대사산물(측정대상물질) : 생물학적 노출지표	시료채취시기
트리클로로에탄	소변 중 트리클로로초산 (삼염화초산)	주말작업 종료 시
사염화에틸렌	소변 중 트리클로로초산 (삼염화초산)	주말작업 종료 시
	소변 중 삼염화에탄올	
이황화탄소	소변 중 TTCA	-
	소변 중 이황화탄소	
노말헥산 (n-헥산)	소변 중 2,5-hexanedione	작업 종료 시
	소변 중 n-헥산	
메탄올	소변 중 메탄올	-
클로로벤젠	소변 중 총 4-chlorocatechol	작업 종료 시
	소변 중 총 p-chlorophenol	
크롬 (수용성 흄)	소변 중 총 크롬	주말작업 종료 시, 주간작업 중
N,N-디메틸포름아미드	소변 중 N-메틸포름아미드	작업 종료 시
페놀	소변 중 메틸마뇨산	작업 종료 시

정답 08.② 09.① 10.④

11 다음 중 외부환경의 변화에 신체반응의 항상성이 작용하는 현상의 명칭으로 적합한 것은?

① 신체의 변성현상
② 신체의 회복현상
③ 신체의 이상현상
④ 신체의 순응현상

풀이 신체의 순응현상이란 외부환경의 변화에 신체반응의 항상성이 작용하는 현상이다.

12 산업안전보건법령상의 충격소음 노출기준에서 충격소음의 강도가 140dB(A)일 때 1일 노출횟수는 어느 것인가?

① 10   ② 100
③ 1,000   ④ 10,000

풀이 **충격소음작업**
소음이 1초 이상의 간격으로 발생하는 작업으로, 다음에 해당하는 작업을 말한다.
㉠ 120dB을 초과하는 소음이 1일 1만 회 이상 발생하는 작업
㉡ 130dB을 초과하는 소음이 1일 1천 회 이상 발생하는 작업
㉢ 140dB을 초과하는 소음이 1일 1백 회 이상 발생하는 작업

13 어떤 작업의 강도를 알기 위하여 작업대사율(RMR)을 구하려고 한다. 작업 시 소요된 열량이 5,000kcal, 기초대사량이 1,200kcal, 안전 시 열량이 기초대사량의 1.2배인 경우 작업대사율은 약 얼마인가?

① 1   ② 2
③ 3   ④ 4

풀이 작업대사율(RMR)
$= \dfrac{\text{작업 시 소요열량} - \text{안정 시 소요열량}}{\text{기초대사량}}$
$= \dfrac{5,000 - (1,200 \times 1.2)}{1,200}$
$= 2.97$

14 직업성 피부질환과 원인이 되는 화학적 요인의 연결로 옳지 않은 것은?

① 색소 감소 – 모노벤질에테르
② 색소 증가 – 콜타르
③ 색소 감소 – 하이드로퀴논
④ 색소 증가 – 3차부틸페놀

풀이 **색소 증가 원인물질**
㉠ 콜타르
㉡ 햇빛
㉢ 만성피부염

15 국제노동기구(ILO)와 세계보건기구(WHO)의 공동위원회에서 정한 산업보건 정의에 포함된 내용으로 적합하지 않은 것은?

① 근로자의 건강진단 및 산업재해 예방
② 근로자들의 육체적, 정신적, 사회적 건강을 유지, 증진
③ 근로자를 생리적, 심리적으로 적합한 작업환경에 배치
④ 작업조건으로 인한 질병 예방 및 건강에 유해한 취업방지

풀이 **산업보건의 정의**
(1) 기관
세계보건기구(WHO)와 국제노동기구(ILO) 공동위원회
(2) 정의
㉠ 근로자들의 육체적, 정신적, 사회적 건강을 고도로 유지, 증진
㉡ 작업조건으로 인한 질병 예방 및 건강에 유해한 취업을 방지
㉢ 근로자를 생리적, 심리적으로 적합한 작업환경(직무)에 배치
(3) 기본 목표
질병의 예방

정답 11.④ 12.② 13.③ 14.④ 15.①

16 다음 중 산업안전보건법령상 보건관리자의 자격에 해당되지 않는 것은?

① 「의료법」에 따른 의사
② 「의료법」에 따른 간호사
③ 「산업안전보건법」에 따른 산업안전지도사
④ 「고등교육법」에 따른 전문대학에서 산업위생 분야의 학위를 취득한 사람

> [풀이] 보건관리자의 자격
> ㉠ "의료법"에 따른 의사
> ㉡ "의료법"에 따른 간호사
> ㉢ "산업안전보건법"에 따른 산업보건지도사
> ㉣ "국가기술자격법"에 따른 산업위생관리산업기사 또는 대기환경산업기사 이상의 자격을 취득한 사람
> ㉤ "국가기술자격법"에 따른 인간공학기사 이상의 자격을 취득한 사람
> ㉥ "고등교육법"에 따른 전문대학 이상의 학교에서 산업보건 또는 산업위생 분야의 학위를 취득한 사람

17 사업장에서 부적응의 결과로 나타나는 현상을 모두 고른 것은?

| ㉮ 생산성의 저하 | ㉯ 사고/재해의 증가 |
| ㉰ 신경증의 증가 | ㉱ 규율의 문란 |

① ㉮, ㉯, ㉰
② ㉮, ㉰, ㉱
③ ㉯, ㉰, ㉱
④ ㉮, ㉯, ㉰, ㉱

> [풀이] 부적응 결과 현상
> ㉠ 생산성의 저하
> ㉡ 사고, 재해의 증가
> ㉢ 신경증의 증가
> ㉣ 규율의 문란

18 미국산업위생학술원(AIHA)에서 채택한 산업위생전문가가 지켜야 할 윤리강령의 구성이 아닌 것은?

① 국가에 대한 책임
② 전문가로서의 책임
③ 근로자에 대한 책임
④ 기업주와 고객에 대한 책임

> [풀이] 산업위생분야의 윤리강령
> ㉠ 산업위생 전문가로서의 책임
> ㉡ 근로자에 대한 책임
> ㉢ 기업주와 고객에 대한 책임
> ㉣ 일반대중에 대한 책임

19 다음 중 그리스의 히포크라테스에 의하여 역사상 최초로 기록된 직업병은?

① 납중독
② 음낭암
③ 진폐증
④ 수은중독

> [풀이] Hippocrates(B.C. 4세기)
> ㉠ 광산에서의 납중독 보고(역사상 최초로 기록된 직업병 : 납중독)
> ㉡ 직업과 질병의 상관관계의 예를 제시

20 피로에 관한 설명으로 옳지 않은 것은?

① 정신피로나 신체피로가 각각 단독으로 나타나는 경우는 매우 희박하다.
② 정신피로는 주로 말초신경계의 피로를, 근육피로는 중추신경계의 피로를 의미한다.
③ 과로는 하룻밤 잠을 잘 자고 난 다음날까지도 피로상태가 계속되는 것을 의미한다.
④ 피로는 질병이 아니며 원래 가역적인 생체반응이고 건강장애에 대한 경고적 반응이다.

> [풀이] 정신피로는 주로 중추신경계의 피로를, 근육피로는 주로 말초신경계의 피로를 의미한다.

제2과목 | 작업환경 측정 및 평가

21 다음 중 유사노출그룹을 분류하는 단계가 바르게 표시된 것은?

① 조직 → 공정 → 작업범주 → 유해인자
② 조직 → 작업범주 → 공정 → 유해인자
③ 조직 → 유해인자 → 공정 → 작업범주
④ 조직 → 작업범주 → 유해인자 → 공정

[정답] 16.③ 17.④ 18.① 19.① 20.② 21.①

> **[풀이]** 유사노출그룹 분류단계
> 조직 → 공정 → 작업범주 → 유해인자

22 펌프의 유량을 보정하는 데 1차 표준으로서 가장 널리 사용하는 기기는?

① 오리피스미터　② 비누거품미터
③ 건식 가스미터　④ 로터미터

> **[풀이]** **공기채취기구의 보정에 사용되는 표준기구**
> (1) 1차 표준기구
> 　㉠ 비누거품미터(soap bubble meter)
> 　㉡ 폐활량계(spirometer)
> 　㉢ 가스치환병(mariotte bottle)
> 　㉣ 유리피스톤미터(glass piston meter)
> 　㉤ 흑연피스톤미터(frictionless piston meter)
> 　㉥ 피토튜브(pitot tube)
> (2) 2차 표준기구
> 　㉠ 로터미터(rotameter)
> 　㉡ 습식 테스트미터(wet-test-meter)
> 　㉢ 건식 가스미터(dry-gas-meter)
> 　㉣ 오리피스미터(orifice meter)
> 　㉤ 열선기류계(thermo anemometer)

23 입자상 물질을 채취하기 위해 사용하는 직경분립충돌기에 비해 사이클론이 갖는 장점과 가장 거리가 먼 것은?

① 입자의 질량크기 분포를 얻을 수 있다.
② 매체의 코팅과 같은 별도의 특별한 처리가 필요 없다.
③ 호흡성 먼지에 대한 자료를 쉽게 얻을 수 있다.
④ 충돌기에 비해 사용이 간편하고 경제적이다.

> **[풀이]** **10mm nylon cyclone이 입경분립충돌기에 비해 갖는 장점**
> ㉠ 사용이 간편하고 경제적이다.
> ㉡ 호흡성 먼지에 대한 자료를 쉽게 얻을 수 있다.
> ㉢ 시료입자의 되튐으로 인한 손실 염려가 없다.
> ㉣ 매체의 코팅과 같은 별도의 특별한 처리가 필요 없다.

24 태양광선이 내리쬐지 않는 옥내의 습구흑구온도지수(WBGT) 계산식은?

① WBGT=(0.7×흑구온도)+(0.3×자연습구온도)
② WBGT=(0.3×흑구온도)+(0.7×자연습구온도)
③ WBGT=(0.7×흑구온도)+(0.3×건구온도)
④ WBGT=(0.3×흑구온도)+(0.7×건구온도)

> **[풀이]** **습구흑구온도지수(WBGT)**
> ㉠ 옥외(태양광선이 내리쬐는 장소)
> 　WBGT(℃)=0.7×자연습구온도+0.2×흑구온도
> 　　　　　　+0.1×건구온도
> ㉡ 옥내 또는 옥외(태양광선이 내리쬐지 않는 장소)
> 　WBGT(℃)=0.7×자연습구온도+0.3×흑구온도

25 납과 그 화합물을 여과지로 채취한 후 농도를 분석할 수 있는 기기는?

① 원자흡광분석기
② 이온크로마토그래피
③ 광학현미경
④ 액체크로마토그래피

> **[풀이]** 납과 그 화합물은 MCE막 여과지로 채취하여 원자흡광분석기로 분석한다.

26 흑연로 장치가 부착된 원자흡광광도계로 카드뮴을 측정 시 blank 시료를 10번 분석한 결과 표준편차가 $0.03\mu g/L$였다. 이 분석법의 검출한계는 약 몇 $\mu g/L$인가?

① 0.01　② 0.03
③ 0.09　④ 0.15

> **[풀이]** $LOQ = 10 \times 표준편차$
> $표준편차 = \dfrac{LOQ}{10} = \dfrac{LOD \times 3.3}{10}$
> $LOD = \dfrac{표준편차 \times 10}{3.3} = \dfrac{0.03\mu g/L \times 10}{3.3} = 0.09\mu g/L$

정답　22.②　23.①　24.②　25.①　26.③

27 석면의 공기 중 농도를 나타내는 표준단위로 사용하는 것은? (단, 고용노동부 고시 기준)

① ppm
② 개/cm³
③ μm/m³
④ mg/m³

풀이 석면농도단위
개/cm³=개/mL=개/cc

28 가스교환부위에 침착할 때 독성을 일으킬 수 있는 물질로서 평균입경이 4μm인 입자상 물질은? (단, ACGIH 기준)

① 흡입성 입자상 물질
② 흉곽성 입자상 물질
③ 복합성 입자상 물질
④ 호흡성 입자상 물질

풀이 ACGIH 입자 크기별 기준(TLV)
(1) 흡입성 입자상 물질
 (IPM ; Inspirable Particulates Mass)
 ㉠ 호흡기 어느 부위에 침착(비강, 인후두, 기관 등 호흡기의 기도부위)하더라도 독성을 유발하는 분진
 ㉡ 입경범위는 0~100μm
 ㉢ 평균입경(폐침착의 50%에 해당하는 입자의 크기)은 100μm
 ㉣ 침전분진은 재채기, 침, 코 등의 벌크(bulk) 세척기전으로 제거됨
 ㉤ 비암이나 비중격천공을 일으키는 입자상 물질이 여기에 속함
(2) 흉곽성 입자상 물질
 (TPM ; Thoracic Particulates Mass)
 ㉠ 기도나 하기도(가스교환부위)에 침착하여 독성을 나타내는 물질
 ㉡ 평균입경은 10μm
 ㉢ 채취기구는 PM10
(3) 호흡성 입자상 물질
 (RPM ; Respirable Particulates Mass)
 ㉠ 가스교환부위, 즉 폐포에 침착할 때 유해한 물질
 ㉡ 평균입경은 4μm(공기역학적 직경이 10μm 미만인 먼지)
 ㉢ 채취기구는 10mm nylon cyclone

29 가스크로마토그래피 내에서 운반기체가 흐르는 순서로 알맞은 것은?

① 분리관 → 시료주입구 → 기록계 → 검출기
② 분리관 → 검출기 → 시료주입구 → 기록계
③ 시료주입구 → 분리관 → 기록계 → 검출기
④ 시료주입구 → 분리관 → 검출기 → 기록계

풀이 가스크로마토그래피의 기기구성도
시료주입구 → 분리관 → 검출기 → 기록계

30 액체포집법과 관련있는 것은?

① 실리카겔관
② 필터
③ 활성탄관
④ 임핀저

풀이 액체포집 채취기구
㉠ 미젯임핀저
㉡ 프리티드버블러
㉢ 소형가스흡수관
㉣ 소형버블러

31 작업환경측정 결과가 다음과 같을 때, 노출지수는? (단, 상가작용 가정)

- 아세톤 : 400ppm(TLV=750ppm)
- 부틸아세테이트 : 150ppm(TLV=200ppm)
- 메틸에틸케톤 : 100ppm(TLV=200ppm)

① 11.5
② 5.56
③ 1.78
④ 0.78

풀이 노출지수(EI)=$\frac{400}{750}+\frac{150}{200}+\frac{100}{200}=1.78$

32 강렬한 소음에 노출되는 6시간 동안의 누적 소음노출량은 110%였을 때, 근로자는 평균적으로 몇 dB의 소음수준에 노출된 것인가?

① 90.8
② 91.8
③ 92.8
④ 93.8

풀이 TWA=$16.61\log\frac{110}{12.5\times 6}+90=92.76$dB(A)

정답 27.② 28.④ 29.④ 30.④ 31.③ 32.③

33 작업장의 일산화탄소 농도가 14.9ppm이라면 이 공기 1m³ 중에 일산화탄소는 약 몇 mg인가? (단, 0℃, 1기압 상태)

① 10.8
② 12.5
③ 15.3
④ 18.6

풀이 $CO(mg/m^3) = 14.9ppm \times \dfrac{28}{22.4} = 18.63 mg/m^3$

34 MCE막 여과지에 관한 설명으로 틀린 것은?

① MCE막 여과지는 수분을 흡수하지 않기 때문에 중량분석에 잘 적용된다.
② MCE막 여과지는 산에 쉽게 용해된다.
③ 입자상 물질 중 금속을 채취하여 원자흡광법으로 분석하는 데 적절하다.
④ 시료가 여과지의 표면 또는 표면 가까운 곳에 침착되므로 석면의 현미경분석을 위한 시료채취에 이용된다.

풀이 MCE막 여과지(Mixed Cellulose Ester membrane filter)
㉠ 산업위생에서는 거의 대부분이 직경 37mm, 구멍 크기 0.45~0.8μm의 MCE막 여과지를 사용하고 있어 작은 입자의 금속과 fume 채취가 가능하다.
㉡ 산에 쉽게 용해되고 가수분해되며, 습식 회화되기 때문에 공기 중 입자상 물질 중의 금속을 채취하여 원자흡광법으로 분석하는 데 적당하다.
㉢ 시료가 여과지의 표면 또는 가까운 곳에 침착되므로 석면, 유리섬유 등 현미경 분석을 위한 시료채취에도 이용된다.
㉣ 흡습성(원료인 셀룰로오스가 수분 흡수)이 높아 오차를 유발할 수 있어 중량분석에 적합하지 않다.
㉤ 산에 의해 쉽게 회화되기 때문에 원소분석에 적합하고 NIOSH에서는 금속, 석면, 살충제, 불소화합물 및 기타 무기물질에 추천하고 있다.

35 하루 11시간 일할 때, 톨루엔(TLV=100ppm)의 노출기준을 Brief와 Scala의 보정방법을 이용하여 보정하면 얼마인가?
(단, 1일 노출시간을 기준으로 할 때, TLV 보정계수=$8/H \times (24-H)/16$)

① 0.38ppm
② 38ppm
③ 59ppm
④ 169ppm

풀이 보정노출기준 = TLV × RF
$RF = \dfrac{8}{11} \times \dfrac{24-11}{16} = 0.59$
$= 100ppm \times 0.59 = 59ppm$

36 부피비로 0.001%는 몇 ppm인가?

① 10
② 100
③ 1,000
④ 10,000

풀이 $ppm = 0.001\% \times \dfrac{10,000ppm}{1\%} = 10ppm$

37 배경소음(background noise)을 가장 올바르게 설명한 것은?

① 관측하는 장소에 있어서의 종합된 소음을 말한다.
② 환경소음 중 어느 특정소음을 대상으로 할 경우 그 이외의 소음을 말한다.
③ 레벨변화가 적고 거의 일정하다고 볼 수 있는 소음을 말한다.
④ 소음원을 특정시킨 경우 그 음원에 의하여 발생한 소음을 말한다.

풀이 배경소음
어떤 음을 대상으로 생각할 때 그 음이 아니면서 그 장소에 있는 소음을 대상음에 대한 배경소음이라 한다. 즉 환경소음 중 어느 특정소음을 대상으로 할 경우 그 이외의 소음을 말한다.

38 가스상 물질을 검지관방식으로 측정하는 내용의 일부이다. ( ) 안에 들어갈 내용으로 옳은 것은? (단, 고용노동부 고시 기준)

> 검지관방식으로 측정하는 경우에는 1일 작업시간 동안 1시간 간격으로 (㉮)회 이상 측정하되 측정시간마다 (㉯)회 이상 반복 측정하여 평균값을 산출하여야 한다.

① ㉮ 6, ㉯ 2
② ㉮ 4, ㉯ 1
③ ㉮ 10, ㉯ 2
④ ㉮ 12, ㉯ 1

> [풀이] **검지관방식의 측정**
> 검지관방식으로 측정하는 경우에는 1일 작업시간 동안 1시간 간격으로 6회 이상 측정하되 측정시간마다 2회 이상 반복 측정하여 평균값을 산출하여야 한다. 다만, 가스상 물질의 발생시간이 6시간 이내일 때에는 작업시간 동안 1시간 간격으로 나누어 측정하여야 한다.

39 벤젠 100mL에 디티존 0.1g을 넣어 녹인 용액을 10배 희석시키면 디티존의 농도는 약 몇 μg/mL인가?

① 1 ② 10
③ 100 ④ 1,000

> [풀이] 농도$(\mu g/mL) = \dfrac{0.1g \times 10^6 \mu g/g}{100mL} \times \dfrac{1}{10} = 100 \mu g/mL$

40 고열의 측정방법에 대한 내용이 다음과 같을 때, ( ) 안에 들어갈 내용으로 옳은 것은? (단, 고용노동부 고시 기준)

> 측정기기를 설치한 후 일정시간 안정화시킨 다음 측정을 실시하고, 고열작업에 대해 측정하고자 할 경우에는 1일 작업시간 중 최대로 높은 고열에 노출되고 있는 ( ) 간격으로 연속하여 측정한다.

① 5분을 1분
② 10분을 1분
③ 1시간을 10분
④ 8시간을 1시간

> [풀이] **고열 측정방법**
> ㉠ 측정은 단위작업장소에서 측정대상이 되는 근로자의 주작업위치에서 측정한다.
> ㉡ 측정기의 위치는 바닥면으로부터 50센티미터 이상, 150센티미터 이하의 위치에서 측정한다.
> ㉢ 측정기를 설치한 후 충분히 안정화시킨 상태에서 1일 작업시간 중 가장 높은 고열에 노출되는 시간을 10분 간격으로 연속하여 측정한다.
> ※ 법 변경(2020년)사항이므로 풀이내용으로 학습 바랍니다.

제3과목 | 작업환경 관리

41 고압에 의한 장애를 방지하기 위하여 인공적으로 만든 호흡용 혼합가스인 헬륨-산소혼합가스에 관한 설명으로 옳지 않은 것은?

① 질소 대신에 헬륨을 사용한 가스이다.
② 헬륨의 분자량이 작아서 호흡저항이 적다.
③ 고압에서 마취작용이 강하여 심해잠수에는 사용하기 어렵다.
④ 헬륨은 체외로 배출되는 시간이 질소에 비하여 50% 정도 밖에 걸리지 않는다.

> [풀이] 헬륨-산소혼합가스는 호흡저항이 적어 심해잠수에 사용한다.

42 다음 중 아크용접에서 용접흄 발생량을 증가시키는 경우와 가장 거리가 먼 것은?

① 아크길이가 긴 경우
② 아크전압이 낮은 경우
③ 봉 극성이 (-) 극성인 경우
④ 토치의 경사각도가 큰 경우

> [풀이] **아크용접 시 용접흄의 증가원인**
> ㉠ 봉극성이 (-) 극성인 경우
> ㉡ 아크전압이 높은 경우
> ㉢ 아크길이가 긴 경우
> ㉣ 토치의 경사각도가 큰 경우

43 다음 중 작업장에서 사용물질의 독성이나 위험성을 줄이기 위하여 사용물질을 변경하는 경우로 가장 적절한 것은?

① 분체의 원료는 입자가 큰 것으로 전환한다.
② 금속제품 도장용으로 수용성 도료를 유기용제로 전환한다.
③ 아조염료 합성원료로 디클로로벤지딘을 벤지딘으로 전환한다.
④ 금속제품의 탈지에 계면활성제를 사용하던 것을 트리클로로에틸렌으로 전환한다.

정답 39.③ 40.풀이 학습 41.③ 42.② 43.①

[풀이] **유해물질의 변경**
㉠ 아조염료의 합성원료인 벤지딘을 디클로로벤지딘으로 전환
㉡ 금속제품의 탈지(세척)에 사용되는 트리클로로에틸렌(TCE)을 계면활성제로 전환
㉢ 분체의 원료를 입자가 작은 것에서 큰 것으로 전환
㉣ 유기합성용매로 벤젠(방향족)을 사용하던 것을 지방족화합물로 전환
㉤ 성냥제조 시 황린(백린) 대신 적린 사용 및 단열재(석면)를 유리섬유로 전환
㉥ 금속제품 도장용으로 유기용제를 수용성 도료로 전환
㉦ 세탁 시 세정제로 사용하는 벤젠을 1.1.1-트리클로로에탄으로 전환
㉧ 세탁 시 화재예방을 위해 석유나프타 대신 퍼클로로에틸렌(4-클로로에틸렌) 사용
㉨ 야광시계 자판을 라듐 대신 인 사용
㉩ 세척작업에 사용되는 사염화탄소를 트리클로로에틸렌으로 전환
㉪ 주물공정에서 실리카 모래 대신 그린(green) 모래로 주형을 채우도록 전환
㉫ 금속표면을 블라스팅(샌드블라스트)할 때 사용 재료로서 모래 대신 철구슬(철가루)로 전환
㉬ 단열재로서 사용하는 석면을 유리섬유로 전환

44 다음 중 환경개선에 관한 내용과 가장 거리가 먼 것은?
① 분진작업에는 습식방법의 고려가 필요하다.
② 제진장치의 선정에 있어서는 함유분진의 입경분포를 고려한다.
③ 유기용제를 사용하는 경우에는 되도록 휘발성이 적은 물질로 대체한다.
④ 전체환기장치의 경우 공기의 입구와 출구를 근접한 위치에 설치하여 환기효과를 증대한다.

[풀이] 전체환기장치의 경우 오염물질 배출구는 가능한 한 오염원으로부터 가까운 곳에 설치하여 '점환기'의 효과를 얻는다.

45 물질안전보건자료(MSDS)에 포함되는 내용이 아닌 것은?
① 작업환경측정방법
② 제품명
③ 안전·보건상의 취급 주의사항
④ 건강 및 환경에 대한 유해성, 물리적 위험성

[풀이] **물질안전보건자료(MSDS)의 포함내용**
㉠ 제품명
㉡ 물질안전보건자료 대상물질을 구성하는 화학물질 중 분류기준에 해당하는 화학물질의 명칭 및 함유량
㉢ 안전·보건상의 취급 주의사항
㉣ 건강 및 환경에 대한 유해성, 물리적 위험성
㉤ 물리·화학적 특성 등 고용노동부령으로 정하는 사항

46 고온작업환경에서의 열중증 예방대책으로 가장 잘 짝지어진 것은?

| ㉮ 열원의 차폐 |
| ㉯ 근로시간 및 작업강도의 조절 |
| ㉰ 보호구의 착용 |
| ㉱ 수분 및 염분의 공급 |

① ㉮, ㉯　　② ㉯, ㉰
③ ㉮, ㉯, ㉰　　④ ㉮, ㉯, ㉰, ㉱

[풀이] **열중증 예방대책**
㉠ 열원 차단(복사열 차단)
㉡ 근로시간 및 작업강도의 조절
㉢ 보호구 착용(방열복 착용)
㉣ 수분 및 염분 공급
㉤ 적성배치(고온순화)
㉥ 휴게실 설치

47 출력이 0.005W인 음원의 음력수준은 약 몇 dB인가?
① 83　　② 93
③ 97　　④ 100

[풀이] $PWL = 10\log\dfrac{W}{W_0}(dB) = 10\log\dfrac{0.005}{10^{-12}} = 97.0dB$

정답 44.④　45.①　46.④　47.③

48 온도표시에 관한 내용으로 틀린 것은?
(단, 고용노동부 고시 기준)

① 실온은 15~20℃를 말한다.
② 미온은 30~40℃를 말한다.
③ 상온은 15~25℃를 말한다.
④ 찬 곳은 따로 규정이 없는 한 0~15℃인 곳을 말한다.

풀이 온도표시
㉠ 상온은 15~25℃, 실온은 1~35℃, 미온은 30~40℃로 하고, 찬 곳은 따로 규정이 없는 한 0~15℃인 곳을 말한다.
㉡ 냉수(冷水)는 15℃ 이하, 온수(溫水)는 60~70℃, 열수(熱水)는 약 100℃를 말한다.

49 다음 중 전리방사선의 장애와 예방에 관한 설명으로 가장 거리가 먼 것은?

① 작업절차 등을 고려하여 방사선에 노출되는 시간을 짧게 한다.
② 방사선의 종류, 에너지에 따라 적절한 차폐대책을 수립한다.
③ 방사선원을 납, 철, 콘크리트 등으로 차폐하여 작업장의 방사선량률을 저하시킨다.
④ 방사선 노출수준은 거리에 반비례하여 증가하므로 발생원과의 거리를 관리하여야 한다.

풀이 방사선 노출수준은 거리의 제곱에 비례해서 감소하므로 발생원과의 거리를 관리하여야 한다.

50 다음 중 산소가 결핍된 장소에서 사용할 보호구로 가장 적절한 것은?

① 방진마스크
② 에어라인 마스크
③ 산성가스용 방독마스크
④ 일산화탄소용 방독마스크

풀이 송기마스크 구분

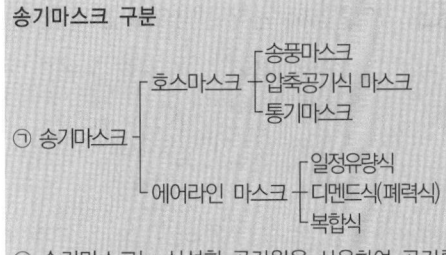

㉡ 송기마스크는 신선한 공기원을 사용하여 공기를 호스에 의해 송기함으로써 산소결핍으로 인한 위험을 방지하기 위하여 사용한다.

51 다음 중 분진작업장의 관리방법에 대한 설명으로 가장 거리가 먼 것은?

① 습식으로 작업한다.
② 작업장의 바닥에 적절히 수분을 공급한다.
③ 샌드블라스팅 작업 시에는 모래 대신 철을 사용한다.
④ 유리규산함량이 높은 모래를 사용하여 마모를 최소화한다.

풀이 유리규산함량이 낮은 모래를 사용하여 마모를 최소화한다.

52 다음 중 방독마스크의 흡착제로 주로 사용되는 물질과 가장 거리가 먼 것은?

① 활성탄
② 금속섬유
③ 실리카겔
④ 소다라임

풀이 흡수제의 재질
(1) 활성탄(activated carbon)
   ㉠ 가장 많이 사용되는 물질
   ㉡ 비극성(유기용제)에 일반적 사용
(2) 실리카겔(silica gel) : 극성에 일반적 사용
(3) 염화칼슘(soda lime)
(4) 제올라이트

정답 48.① 49.④ 50.② 51.④ 52.②

53 고압환경에 관한 설명으로 옳지 않은 것은?

① 산소의 분압이 2기압을 넘으면 산소중독증세가 나타난다.
② 폐 내의 가스가 팽창하고 질소기포를 형성한다.
③ 공기 중의 질소는 4기압 이상에서 마취작용을 나타낸다.
④ 산소의 중독작용은 운동이나 이산화탄소의 존재로 보다 악화된다.

[풀이] 폐 내의 가스가 팽창하고 질소기포를 형성하는 것은 저압환경이다.

54 점음원에서 발생하는 소음이 10m 떨어진 곳에서 음압레벨이 100dB일 때, 이 음원에서 30m 떨어진 곳의 음압레벨은 약 몇 dB인가? (단, 점음원이고 장해물이 없는 자유공간에서 구면상으로 전파한다고 가정)

① 72.3dB
② 88.1dB
③ 90.5dB
④ 92.3dB

[풀이]
$$SPL_1 - SPL_2 = 20\log\frac{r_2}{r_1}$$
$$100dB - SPL_2 = 20\log\frac{30}{10}$$
$$\therefore SPL_2 = 100dB - 20\log\frac{30}{10} = 90.46dB$$

55 다음 중 자외선에 관한 설명으로 가장 거리가 먼 것은?

① 자외선의 파장은 가시광선보다 작다.
② 자외선에 노출되어 피부암이 발생할 수 있다.
③ 구름이나 눈에 반사되지 않아 대기오염의 지표로도 사용된다.
④ 일명 화학선이라고 하며 광화학반응으로 단백질과 핵산분자의 파괴, 변성작용을 한다.

[풀이] 자외선은 대략 100~400nm(12.4~3.2eV)의 범위이고 구름이나 눈에 반사되며, 고층구름이 낀 맑은 날에 가장 많고 대기오염의 지표로도 사용된다.

56 벽돌제조, 도자기제조 과정 등에서 발생하고, 폐암, 결핵과 같은 질환을 유발하는 진폐증은 어느 것인가?

① 규폐증
② 면폐증
③ 석면폐증
④ 용접폐증

[풀이] **규폐증(silicosis)**
(1) 개요
  규폐증은 이집트의 미라에서도 발견되는 오랜 질병이며, 채석장 및 모래분사 작업장에 종사하는 작업자들이 석면을 과도하게 흡입하여 잘 걸리는 폐질환이다.
(2) 원인
  ㉠ 규폐증은 결정형 규소(암석 : 석영분진, 이산화규소, 유리규산)에 직업적으로 노출된 근로자에게 발생한다.
  ㉡ 주요원인물질은 혼합물질이며, 건축업, 도자기작업장, 채석장, 석재공장 등의 작업장에서 근무하는 근로자에게 발생한다.
  ㉢ 석재공장, 주물공장, 내화벽돌제조, 도자기제조 등에서 발생하는 유리규산이 주원인이다.
  ㉣ 유리규산(석영) 분진에 의한 규폐성 결절과 폐포벽 파괴 등 망상내피계 반응은 분진입자의 크기가 2~5μm일 때 자주 일어난다.
(3) 인체영향 및 특징
  ㉠ 폐 조직에서 섬유상 결절이 발견된다.
  ㉡ 유리규산(SiO_2) 분진 흡입으로 폐에 만성섬유증식이 나타난다.
  ㉢ 자각증상은 호흡곤란, 지속적인 기침, 다량의 담액 등이지만, 일반적으로는 자각증상 없이 서서히 진행된다(만성규폐증의 경우 10년 이상 지나서 증상이 나타남).
  ㉣ 고농도의 규소입자에 노출되면 급성규폐증에 걸리며 열, 기침, 체중감소, 청색증이 나타난다.
  ㉤ 폐결핵은 합병증으로 폐하엽 부위에 많이 생긴다.
  ㉥ 폐에 실리카가 쌓인 곳에서는 상처가 생기게 된다.

정답 53.② 54.③ 55.③ 56.①

57 수심 20m인 곳에서 작업하는 잠수부에게 작용하는 절대압은?

① 1기압 ② 2기압
③ 3기압 ④ 4기압

풀이 절대압 = 대기압+작용압
= 1기압+2기압(10m당 1기압) = 3기압

58 전리방사선 중 입자방사선이 아닌 것은?

① α(알파)입자 ② β(베타)입자
③ γ(감마)입자 ④ 중성자

풀이 이온화방사선 ┌ 전자기방사선(X-Ray, γ입자)
(전리방사선) └ 입자방사선(α입자, β입자, 중성자)

59 재질이 일정하지 않고 균일하지 않아 정확한 설계가 곤란하며 처짐을 크게 할 수 없어 진동방지보다는 고체음의 전파방지에 유익한 방진재료는?

① 코르크 ② 방진고무
③ 공기용수철 ④ 금속코일용수철

풀이 코르크
㉠ 재질이 일정하지 않고 균일하지 않으므로 정확한 설계가 곤란하다.
㉡ 처짐을 크게 할 수 없으며 고유진동수가 10Hz 전후밖에 되지 않아 진동방지라기보다는 강체 간 고체음의 전파방지에 유익한 방진재료이다.

60 소음노출량계로 측정한 노출량이 200%일 경우 8시간 시간가중평균(TWA)은 약 몇 dB인가? (단, 우리나라 소음의 노출기준 적용)

① 80dB ② 90dB
③ 95dB ④ 100dB

풀이 $TWA = 16.61 \log \frac{D(\%)}{100} + 90$
$= 16.61 \log \frac{200}{100} + 90 = 95dB(A)$

제4과목 | 산업환기

61 후드의 선정원칙으로 틀린 것은?

① 필요환기량을 최대한으로 한다.
② 추천된 설계사양을 사용해야 한다.
③ 작업자의 호흡영역을 보호해야 한다.
④ 작업자가 사용하기 편리하도록 한다.

풀이 후드 선택 시 유의사항(후드의 선택지침)
㉠ 필요환기량을 최소화하여야 한다.
㉡ 작업자의 호흡영역을 유해물질로부터 보호해야 한다.
㉢ ACGIH 및 OSHA의 설계기준을 준수해야 한다.
㉣ 작업자의 작업방해를 최소화할 수 있도록 설치되어야 한다.
㉤ 상당거리가 떨어져 있어도 제어할 수 있다는 생각, 공기보다 무거운 증기는 후드 설치위치를 작업장 바닥에 설치해야 한다는 생각의 설계오류를 범하지 않도록 유의해야 한다.
㉥ 후드는 덕트보다 두꺼운 재질을 선택하고 오염물질의 물리화학적 성질을 고려하여 후드재료를 선정한다.

62 국소배기장치의 원형덕트 직경은 0.173m이고, 직선 길이는 15m, 속도압은 20mmH₂O, 관마찰계수가 0.016일 때, 덕트의 압력손실(mmH₂O)은 약 얼마인가?

① 12 ② 20
③ 26 ④ 28

풀이 $\Delta P = \lambda \times \frac{L}{D} \times VP$
$= 0.016 \times \frac{15}{0.173} \times 20 = 27.75 mmH_2O$

63 작업장 내의 실내환기량을 평가하는 방법으로 거리가 먼 것은?

① 시간당 공기교환횟수
② tracer 가스를 이용하는 방법
③ 이산화탄소 농도를 이용하는 방법
④ 배기 중 내부공기의 수분함량 측정

정답 57.③ 58.③ 59.① 60.③ 61.① 62.④ 63.④

[풀이] **실내환기량 평가방법**
㉠ 시간당 공기교환횟수
㉡ 이산화탄소 농도를 이용하는 방법
㉢ tracer 가스를 이용하는 방법

64 다음은 덕트 내 기류에 대한 내용이다. ㉮와 ㉯에 들어갈 내용으로 맞는 것은?

> 유체가 관내를 아주 느린 속도로 흐를 때는 소용돌이나 선회운동을 일으키지 않고 관 벽에 평행으로 유동한다. 이와 같은 흐름을 (㉮)(이)라 하며 속도가 빨라지면 관 내 흐름은 크고 작은 소용돌이가 혼합된 형태로 변하여 혼합상태로 흐른다. 이런 모양의 흐름을 (㉯)(이)라 한다.

① ㉮ 난류,   ㉯ 층류
② ㉮ 층류,   ㉯ 난류
③ ㉮ 유선운동, ㉯ 층류
④ ㉮ 층류,   ㉯ 천이유동

[풀이] (1) **층류(laminar flow)**
㉠ 유체의 입자들이 규칙적인 유동상태가 되어 질서정연하게 흐르는 상태, 즉 유체가 관내를 아주 느린 속도로 흐를 때 소용돌이나 선회운동을 일으키지 않고 관 벽에 평행으로 유동하는 흐름을 말한다.
㉡ 관내에서의 속도분포가 정상 포물선을 그리며 평균유속은 최대유속의 약 1/2이다.
(2) **난류(turbulent flow)**
유체의 입자들이 불규칙적인 유동상태가 되어 상호간 활발하게 운동량을 교환하면서 흐르는 상태, 즉 속도가 빨라지면 관내 흐름은 크고 작은 소용돌이가 혼합된 형태로 변하여 혼합상태로 유동하는 흐름을 말한다.

65 주형을 부수고 모래를 터는 장소에 포위식 후드를 설치하는 경우, 최소제어풍속으로 알맞은 것은?

① 0.5m/sec
② 0.7m/sec
③ 1.0m/sec
④ 1.2m/sec

[풀이] **제어속도 범위(ACGIH)**

작업조건	작업공정 사례	제어속도 (m/sec)
• 움직이지 않는 공기 중에서 속도 없이 배출되는 작업조건 • 조용한 대기 중에 실제 거의 속도가 없는 상태로 발산하는 작업조건	• 액면에서 발생하는 가스나 증기, 흄 • 탱크에서 증발, 탈지시설	0.25~0.5
비교적 조용한(약간의 공기 움직임) 대기 중에서 저속도로 비산하는 작업조건	• 용접, 도금 작업 • 스프레이 도장 • 주형을 부수고 모래를 터는 장소	0.5~1.0
발생기류가 높고 유해물질이 활발하게 발생하는 작업조건	• 스프레이 도장, 용기 충전 • 컨베이어 적재 • 분쇄기	1.0~2.5
초고속기류가 있는 작업장소에 초고속으로 비산하는 작업조건	• 회전연삭작업 • 연마작업 • 블라스트 작업	2.5~10

66 어느 각형 직관에서 장변이 0.3m, 단변이 0.2m일 때, 상당직경(equivalent diameter)은 약 몇 m인가?

① 0.24
② 0.34
③ 0.44
④ 0.54

[풀이] 상당직경 $= \dfrac{2ab}{a+b} = \dfrac{(2 \times 0.3 \times 0.2)\text{m}^2}{(0.3+0.2)\text{m}} = 0.24\text{m}$

67 송풍기에 관한 설명으로 틀린 것은?

① 원심력 송풍기로는 다익팬, 레이디얼팬, 터보팬 등이 해당한다.
② 터보형 송풍기는 압력변동이 있어도 풍량의 변화가 비교적 작다.
③ 다익형 송풍기는 구조상 고속회전이 어렵고, 큰 동력의 용도에는 적합하지 않다.
④ 평판형 송풍기는 타 송풍기에 비하여 효율이 낮아 미분탄, 톱밥 등을 비롯한 고농도 분진이나 마모성이 강한 분진의 이송용으로는 적당하지 않다.

정답 64.② 65.② 66.① 67.④

[풀이] 평판형 송풍기(radial fan)
㉠ 플레이트(plate) 송풍기, 방사 날개형 송풍기라고도 한다.
㉡ 날개(blade)가 다익형보다 적고, 직선이며 평판 모양을 하고 있어 강도가 매우 높게 설계되어 있다.
㉢ 깃의 구조가 분진을 자체 정화할 수 있도록 되어 있다.
㉣ 적용 : 시멘트, 미분탄, 곡물, 모래 등의 고농도 분진 함유 공기나 마모성이 강한 분진 이송용으로 사용된다.
㉤ 부식성이 강한 공기를 이송하는 데 많이 사용된다.
㉥ 압력은 다익팬보다 약간 높으며, 효율도 65%로 다익팬보다는 약간 높으나 터보팬보다는 낮다.
㉦ 습식 집진장치의 배치에 적합하며, 소음은 중간 정도이다.

68 송풍기의 동작점(point of operation)에 대한 설명으로 옳은 것은?

① 송풍기의 정압과 송풍기의 전압이 만나는 점
② 송풍기의 성능곡선과 시스템요구곡선이 만나는 점
③ 급기 및 배기에 따른 음압과 양압이 송풍기에 영향을 주는 점
④ 송풍량이 Q일 때 시스템의 압력손실을 나타낸 곡선

[풀이] 송풍기 동작점(작동점)
송풍기의 성능곡선과 시스템요구(저항)곡선이 만나는 점이다.

69 150℃, 720mmHg에서 100m³인 공기는 21℃, 1기압에서는 약 얼마의 부피로 변하는가?

① 47.8m³ ② 57.2m³
③ 65.8m³ ④ 77.2m³

[풀이]
$$V_2 = V_1 \times \frac{T_2}{T_1} \times \frac{P_1}{P_2}$$
$$= 100m^3 \times \frac{273+21}{273+150} \times \frac{720}{760}$$
$$= 65.85m^3$$

70 다음 [조건]에서 캐노피(canopy) 후드의 필요환기량(m³/sec)은?

- 장변 : 2m
- 단변 : 1.5m
- 개구면과 배출원과의 높이 : 0.6m
- 제어속도 : 0.25m/sec
- 고열배출원이 아니며, 사방이 노출된 상태

① 1.47 ② 2.47
③ 3.47 ④ 4.47

[풀이] $H/L \leq 0.3$ 조건 필요송풍량(Q)
$Q = 1.4 \times P \times H \times V$
$= 1.4 \times 7m \times 0.6m \times 0.25m/sec = 1.47m^3/sec$

71 일반적으로 사용하는 흡착탑 점검을 위해 압력계를 이용하여 흡착탑 차압을 측정하고자 한다. 차압의 측정범위와 측정방법으로 가장 적절한 것은?

①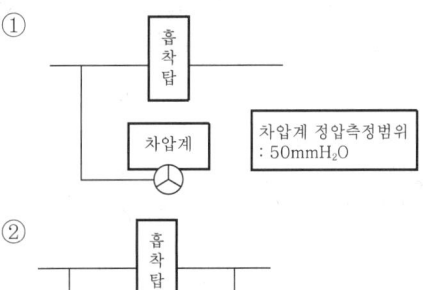

②

③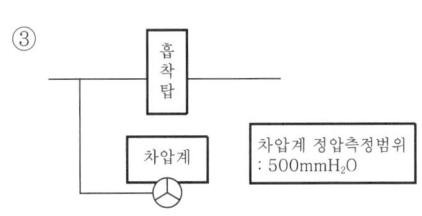

④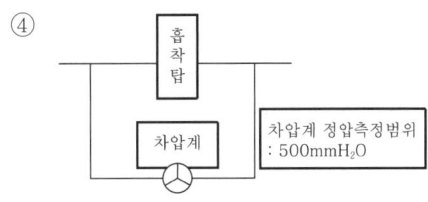

정답 68.② 69.③ 70.① 71.④

[풀이] 흡착탑 전후의 정압을 측정하며 일반적으로 흡착탑의 압력손실인 100~200mmH₂O보다 큰 측정범위의 차압계를 선정한다.

72 직경이 150mm인 덕트 내 정압은 −64.5mmH₂O이고, 전압은 −31.5mmH₂O이다. 이때 덕트 내의 공기속도(m/sec)는 약 얼마인가?

① 23.23　　② 32.09
③ 32.47　　④ 39.61

[풀이]
$V(\text{m/sec}) = 4.043\sqrt{VP}$
$VP = TP - SP$
$= -31.5 - (-64.5) = 33\text{mmH}_2\text{O}$
$= 4.043\sqrt{33}$
$= 23.23\text{m/sec}$

73 용접용 후드의 정압이 처음에는 18mmH₂O였고, 이때의 유량은 50m³/min이었다. 최근에 조사해 본 결과 정압이 14mmH₂O였다면, 최근의 유량(m³/min)은?

① 44.10　　② 46.10
③ 48.10　　④ 50.10

[풀이]
$Q_2 = Q_1 \times \sqrt{\dfrac{SP_2}{SP_1}}$
$= 50\text{m}^3/\text{min} \times \sqrt{\dfrac{14}{18}} = 44.10\text{m}^3/\text{min}$

74 작업장 내에서 톨루엔(분자량=92, TLV=50ppm)이 시간당 300g씩 증발되고 있다. 이 작업장에 전체환기장치를 설치할 경우 필요환기량은 약 얼마인가? (단, 주위는 21℃, 1기압이고, 여유계수는 5로 하며, 비중은 0.87, 톨루엔은 모두 공기와 완전혼합된 것으로 한다.)

① 110.98m³/min
② 130.98m³/min
③ 4382.60m³/min
④ 7858.70m³/min

[풀이]
• 사용량(g/hr) : 300g/hr
• 발생률(G : L/hr)
$92g : 24.1L = 300g/hr : G$
$G = \dfrac{24.1L \times 300g/hr}{92g}$
$= 78.59\text{L/hr}$
∴ 필요환기량(Q)
$Q(\text{m}^3/\text{min}) = \dfrac{G}{TLV} \times K$
$= \dfrac{78.59\text{L/hr} \times \text{hr}/60\text{min} \times 1,000\text{mL/L}}{50\text{mL/m}^3} \times 5.0$
$= 130.98\text{m}^3/\text{min}$

75 일반적으로 후드에서 정압과 속도압을 동시에 측정하고자 할 때 측정공의 위치는 후드 또는 덕트의 연결부로부터 얼마 정도 떨어져 있는 것이 가장 적절한가?

① 후드길이의 1~2배 지점
② 후드길이의 3~4배 지점
③ 덕트직경의 1~2배 지점
④ 덕트직경의 4~6배 지점

[풀이] 후드 정압(속도압) 측정지점
㉠ 후드가 직관덕트와 일직선으로 연결된 경우 : 덕트 직경의 2~4배
㉡ 후드가 곡관덕트로 연결되는 경우 : 덕트 직경의 4~6배

76 다음 설명에 해당하는 집진장치로 알맞은 것은 어느 것인가?

• 고온가스의 처리가 가능하다.
• 가연성 입자의 처리가 곤란하다.
• 넓은 범위의 입경과 분진농도에 집진효율이 높다.
• 초기 설치비가 많이 들고, 넓은 설치공간이 요구된다.

① 여과집진장치
② 벤투리스크러버
③ 전기집진장치
④ 원심력집진장치

정답　72.①　73.①　74.②　75.④　76.③

[풀이] 전기집진장치의 장·단점
(1) 장점
  ㉠ 집진효율이 높다(0.01μm 정도 포집 용이, 99.9% 정도 고집진효율).
  ㉡ 광범위한 온도범위에서 적용이 가능하며, 폭발성 가스의 처리도 가능하다.
  ㉢ 고온의 입자성 물질(500℃ 전후) 처리가 가능하여 보일러와 철강로 등에 설치할 수 있다.
  ㉣ 압력손실이 낮고, 대용량의 가스 처리가 가능하며, 배출가스의 온도강하가 적다.
  ㉤ 운전 및 유지비가 저렴하다.
  ㉥ 회수가치 입자 포집에 유리하며, 습식 및 건식으로 집진할 수 있다.
  ㉦ 넓은 범위의 입경과 분진농도에 집진효율이 높다.
(2) 단점
  ㉠ 설치비용이 많이 든다.
  ㉡ 설치공간을 많이 차지한다.
  ㉢ 설치된 후에는 운전조건의 변화에 유연성이 적다.
  ㉣ 먼지성상에 따라 전처리시설이 요구된다.
  ㉤ 분진포집에 적용되며, 기체상 물질 제거에는 곤란하다.
  ㉥ 전압변동과 같은 조건변동(부하변동)에 쉽게 적응이 곤란하다.
  ㉦ 가연성 입자의 처리가 곤란하다.

77 환기와 관련한 식으로 옳지 않은 것은? (단, 관련 기호는 표 참고)

기호	설명	기호	설명
Q	유량	SP_h	후드 정압
A	단면적	TP	전압
V	유속	VP	동압
D	직경	SP	정압
Ce	유입계수		

① $Q = AV$
② $A = \dfrac{\pi D^2}{4}$
③ $VP = TP + SP$
④ $Ce = \sqrt{\dfrac{VP}{SP_h}}$

[풀이] ③ $VP = TP - SP (TP = VP + SP)$

78 포위식 후드의 장점이 아닌 것은?
① 작업장의 완전한 오염방지 가능
② 난기류 등의 영향을 거의 받지 않음
③ 다른 종류의 후드보다 작업방해가 적음
④ 최소의 환기량으로 유해물질의 제거 가능

[풀이] 포위식 후드(부스형 후드)
㉠ 발생원을 완전히 포위하는 형태의 후드이고 후드의 개방면에서 측정한 속도인 면속도가 제어속도가 된다.
㉡ 국소배기시설의 후드 형태 중 가장 효과적인 형태이다. 즉, 필요환기량을 최소한으로 줄일 수 있다.
㉢ 후드의 개방면에서 측정한 면속도가 제어속도가 된다.
㉣ 유해물질의 완벽한 흡입이 가능하다(단, 충분한 개구면 속도를 유지하지 못할 경우 오염물질이 외부로 누출될 우려가 있음).
㉤ 유해물질 제거 공기량(송풍량)이 다른 형태보다 훨씬 적다.
㉥ 작업장 내 방해기류(난기류)의 영향을 거의 받지 않는다.
㉦ 부스식 후드는 포위식 후드의 일종이며, 포위식보다 큰 것을 의미한다.

79 다음 중 전체환기시설을 설치하기 위한 조건으로 적절하지 않은 것은?
① 유해물질의 발생량이 많다.
② 독성이 낮은 유해물질을 사용하고 있다.
③ 공기 중 유해물질의 농도가 허용농도 이하로 낮다.
④ 근로자의 작업위치가 유해물질 발생원으로부터 멀리 떨어져 있다.

[풀이] 전체환기(희석환기) 적용 시의 조건
㉠ 유해물질의 독성이 비교적 낮은 경우, 즉 TLV가 높은 경우 ⇨ 가장 중요한 제한조건
㉡ 동일한 작업장에 다수의 오염원이 분산되어 있는 경우
㉢ 유해물질이 시간에 따라 균일하게 발생할 경우
㉣ 유해물질의 발생량이 적은 경우 및 희석공기량이 많지 않아도 되는 경우
㉤ 유해물질이 증기나 가스일 경우
㉥ 국소배기로 불가능한 경우
㉦ 배출원이 이동성인 경우
㉧ 가연성 가스의 농축으로 폭발의 위험이 있는 경우
㉨ 오염원이 근무자가 근무하는 장소로부터 멀리 떨어져 있는 경우

정답 77.③ 78.③ 79.①

80 후드의 유입계수가 0.75이고, 관내 기류속도가 25m/sec일 때, 후드의 압력손실은 약 몇 mmH₂O인가? (단, 표준상태에서 공기의 밀도는 1.20kg/m³로 한다.)

① 22
② 25
③ 30
④ 31

풀이
$\Delta P = F \times VP$
$F = \dfrac{1}{Ce^2} - 1 = \dfrac{1}{0.75^2} - 1 = 0.78$
$VP = \dfrac{\gamma V^2}{2g} = \dfrac{1.20 \times 25^2}{2 \times 9.8} = 38.27 \text{mmH}_2\text{O}$
$= 0.78 \times 38.27 = 29.85 \text{mmH}_2\text{O}$

제1과목 | 산업위생학 개론

01 정교한 작업을 위한 작업대 높이의 개선방법으로 가장 적절한 것은?
① 팔꿈치 높이를 기준으로 한다.
② 팔꿈치 높이보다 5cm 정도 낮게 한다.
③ 팔꿈치 높이보다 10cm 정도 낮게 한다.
④ 팔꿈치 높이보다 5~10cm 정도 높게 한다.

[풀이] 작업대 높이의 개선방법
㉠ 경작업과 중작업 시 팔꿈치 높이보다 낮게 설치된 작업대가 권장된다.
㉡ 정밀작업 시에는 팔꿈치 높이보다 약간 높게 설치된 작업대가 권장된다.
㉢ 작업대의 높이는 조절 가능한 것으로 선정하는 것이 좋다.

02 상시근로자가 100명인 A사업장의 지난 1년간 재해통계를 조사한 결과 도수율이 4이고, 강도율이 1이었다. 이 사업장의 지난해 재해발생건수는 총 몇 건이었는가? (단, 근로자는 1일 10시간씩 연간 250일을 근무하였다.)
① 1   ② 4
③ 10 ④ 250

[풀이]
도수율 = $\dfrac{\text{재해발생건수}}{\text{연 근로시간수}} \times 10^6$ 에서

$4 = \dfrac{\text{재해발생건수}}{10 \times 250 \times 100} \times 10^6$

∴ 재해발생건수 = 1

03 피로를 가장 적게 하고 생산량을 최고로 증대시킬 수 있는 경제적인 작업속도는?
① 부상속도   ② 지적속도
③ 허용속도   ④ 발한속도

[풀이] 지적속도
작업자의 체격과 숙련도, 작업환경에 따라 피로를 가장 적게 하면서 생산량을 최고로 올릴 수 있는 가장 경제적인 작업속도를 의미한다.

04 산업안전보건법령상 역학조사의 대상으로 볼 수 없는 것은?
① 건강진단의 실시 결과 근로자 또는 근로자의 가족이 역학조사를 요청하는 경우
② 근로복지공단이 고용노동부장관이 정하는 바에 따라 업무상 질병 여부의 결정을 위하여 역학조사를 요청하는 경우
③ 건강진단의 실시 결과만으로 직업성 질환에 걸렸는지를 판단하기 곤란한 근로자의 질병에 대하여 건강진단기관의 의사가 역학조사를 요청하는 경우
④ 직업성 질환에 걸렸는지 여부로 사회적 물의를 일으킨 질병에 대하여 작업장 내 유해요인과의 연관성 규명이 필요한 경우로 지방고용노동관서의 장이 요청하는 경우

[풀이] 역학조사 대상
㉠ 건강진단의 실시 결과만으로 직업성 질환 이환 여부의 판단이 곤란한 근로자의 질병에 대하여 사업주·근로자대표·보건관리자(보건관리 대행기관을 포함한다) 또는 건강진단기관의 의사가 역학조사를 요청하는 경우
㉡ 근로복지공단이 고용노동부장관이 정하는 바에 따라 업무상 질병 여부의 결정을 위하여 역학조사를 요청하는 경우
㉢ 공단이 직업성 질환의 예방을 위하여 필요하다고 판단하여 역학조사 평가위원회의 심의를 거친 경우
㉣ 그 밖에 직업성 질환에 걸렸는지 여부로 사회적 물의를 일으킨 질병에 대하여 작업장 내 유해요인과의 연관성 규명이 필요한 경우 등으로서 지방노동관서의 장이 요청하는 경우

[정답] 01.④ 02.① 03.② 04.①

05 산업안전보건법령상 보건관리자의 업무에 해당하지 않는 것은?
① 사업장 순회점검, 지도 및 조치 건의
② 위험성평가에 관한 보좌 및 지도·조언
③ 물질안전보건자료의 게시 또는 비치에 관한 보좌 및 지도·조언
④ 산업안전보건관리비의 집행 감독 및 그 사용에 관한 수급인 간의 협의·조정

[풀이] 보건관리자의 업무
㉠ 산업안전보건위원회 또는 노사협의체에서 심의·의결한 업무와 안전보건관리규정 및 취업규칙에서 정한 업무
㉡ 안전인증대상 기계 등과 자율안전확인대상 기계 등 중 보건과 관련된 보호구(保護具) 구입 시 적격품 선정에 관한 보좌 및 지도·조언
㉢ 위험성평가에 관한 보좌 및 지도·조언
㉣ 작성된 물질안전보건자료의 게시 또는 비치에 관한 보좌 및 지도·조언
㉤ 산업보건의의 직무
㉥ 해당 사업장 보건교육계획의 수립 및 보건교육 실시에 관한 보좌 및 지도·조언
㉦ 해당 사업장의 근로자를 보호하기 위한 다음의 조치에 해당하는 의료행위
　ⓐ 자주 발생하는 가벼운 부상에 대한 치료
　ⓑ 응급처치가 필요한 사람에 대한 처치
　ⓒ 부상·질병의 악화를 방지하기 위한 처치
　ⓓ 건강진단 결과 발견된 질병자의 요양 지도 및 관리
　ⓔ ⓐ부터 ⓓ까지의 의료행위에 따르는 의약품의 투여
㉧ 작업장 내에서 사용되는 전체 환기장치 및 국소배기장치 등에 관한 설비의 점검과 작업방법의 공학적 개선에 관한 보좌 및 지도·조언
㉨ 사업장 순회점검, 지도 및 조치 건의
㉩ 산업재해 발생의 원인 조사·분석 및 재발 방지를 위한 기술적 보좌 및 지도·조언
㉪ 산업재해에 관한 통계의 유지·관리·분석을 위한 보좌 및 지도·조언
㉫ 법 또는 법에 따른 명령으로 정한 보건에 관한 사항의 이행에 관한 보좌 및 지도·조언
㉬ 업무 수행 내용의 기록·유지.
㉭ 그 밖에 보건과 관련된 작업관리 및 작업환경관리에 관한 사항으로서 고용노동부장관이 정하는 사항

06 직업병이 발생된 원진레이온에서 원인이 되었던 물질은?
① 납 ② 수은
③ 이황화탄소 ④ 사염화탄소

[풀이] 원진레이온㈜의 이황화탄소(CS_2) 중독
㉠ 1991년에 중독을 발견하여, 1998년에 집단적으로 발생
㉡ 펄프를 이황화탄소와 적용시켜 비스코스레이온을 만드는 공정에서 발생
㉢ 중고 기계를 가동하여 많은 오염물질 누출이 주원인이었으며, 사용했던 기기나 장비는 직업병 발생이 사회문제가 되자 중국으로 수출
㉣ 작업환경측정 및 근로자 건강진단을 소홀히 하여 예방에 실패한 대표적인 예
㉤ 급성 고농도 노출 시 사망, 1,000ppm 수준에서는 정신이상 유발
㉥ 만성중독으로 뇌경색증, 다발성 신경염, 협심증, 신부전증 유발

07 누적외상성 질환의 발생과 가장 관련이 적은 것은?
① 18℃ 이하에서 하역작업
② 진동이 수반되는 곳에서의 조립작업
③ 나무망치를 이용한 간헐성 분해작업
④ 큰 변화가 없는 동일한 연속동작의 운반작업

[풀이] ③ 나무망치를 이용한 작업에서 누적외상성 질환의 발생과 관련이 있는 것은 간헐성 분해작업이 아니라, 연속성 분해작업이다.

08 만성중독 시 나타나는 특징으로 코점막의 염증, 비중격천공 등의 증상이 나타나는 대표적인 물질은?
① 납 ② 크롬
③ 망간 ④ 니켈

[풀이] 크롬(6가 크롬)에 중독되면 점막이 충혈되어 화농성 비염이 되고, 차례로 깊이 들어가서 궤양이 되며, 코점막의 염증, 비중격천공의 증상을 유발한다.

09 직업병을 일으키는 물리적인 원인에 해당되지 않는 것은?
① 온도　② 유해광선
③ 유기용제　④ 이상기압

풀이 직업병의 원인물질(직업성 질환 유발물질)
㉠ 물리적 요인 : 소음·진동, 유해광선(전리·비전리 방사선), 온도(온열), 이상기압, 한랭, 조명 등
㉡ 화학적 요인 : 화학물질(대표적 물질 : 유기용제), 금속증기, 분진, 오존 등
㉢ 생물학적 요인 : 각종 바이러스, 진균, 리케차, 쥐 등
㉣ 인간공학적 요인 : 작업방법, 작업자세, 작업시간, 중량물취급 등

10 산업안전보건법령에 의한 「화학물질 및 물리적 인자의 노출기준」에서 정한 노출기준 표시단위로 옳지 않은 것은?
① 증기 : ppm
② 고온 : WBGT(℃)
③ 분진 : mg/m^3
④ 석면분진 : 개수/m^3

풀이 ④ 석면의 농도단위는 '개수/cm^3'이다.

11 다음 적성검사 중 심리학적 검사에 해당되지 않는 것은?
① 지능검사　② 인성검사
③ 감각기능검사　④ 지각동작검사

풀이 적성검사의 분류 및 특성
(1) 신체검사(신체적 적성검사, 체격검사)
(2) 생리적 기능검사(생리적 적성검사)
　㉠ 감각기능검사
　㉡ 심폐기능검사
　㉢ 체력검사
(3) 심리학적 검사(심리학적 적성검사)
　㉠ 지능검사 : 언어, 기억, 추리, 귀납 등에 대한 검사
　㉡ 지각동작검사 : 수족협조, 운동속도, 형태지각 등에 대한 검사
　㉢ 인성검사 : 성격, 태도, 정신상태 등에 대한 검사
　㉣ 기능검사 : 직무에 관련된 기본지식과 숙련도, 사고력 등에 대한 검사

12 피로 측정 및 판정에서 가장 중요하며 객관적인 자료에 해당하는 것은?
① 개인적 느낌　② 생체기능의 변화
③ 작업능률 저하　④ 작업자세의 변화

풀이 피로 측정 및 판정에서 가장 중요하며 객관적인 자료는 생체기능의 변화이다. 즉, 피로는 생리학적 기능변동으로 인하여 생긴다고 할 수 있다.

13 작업자가 유해물질에 어느 정도 노출되었는 지를 파악하는 지표로서 작업자의 생체시료에서 대사산물 등을 측정하여 유해물질의 노출량을 추정하는 데 사용되는 것은?
① BEI　② TLV－TWA
③ TLV－S　④ Excursion limit

풀이 생물학적 노출지수(BEI)
㉠ 혈액, 소변, 호기, 모발 등 생체시료(인체조직이나 세포)로부터 유해물질 그 자체 또는 유해물질의 대사산물 및 생화학적 변화를 반영하는 지표물질이다.
㉡ 작업장의 공기 중 허용농도에 의존하는 것 이외에 근로자의 노출상태(전반적인 노출량)를 평가하는 기준으로 사용하며, 근로자들의 조직과 체액 또는 호기를 검사하여 건강장애를 일으키는 일 없이 노출될 수 있는 양을 의미한다.

14 산업안전보건법령에 의한 「화학물질의 분류·표시 및 물질안전보건자료에 관한 기준」에서 정하는 경고표지의 색상으로 옳은 것은?
① 경고표지 전체의 바탕은 흰색으로, 글씨와 테두리는 검은색으로 하여야 한다.
② 경고표지 전체의 바탕은 흰색으로, 글씨와 테두리는 붉은색으로 하여야 한다.
③ 경고표지 전체의 바탕은 노란색으로, 글씨와 테두리는 검은색으로 하여야 한다.
④ 경고표지 전체의 바탕은 노란색으로, 글씨와 테두리는 붉은색으로 하여야 한다.

정답 09.③　10.④　11.③　12.②　13.①　14.①

풀이 **경고표지의 색상**
㉠ 경고표지 전체의 바탕은 흰색으로, 글씨와 테두리는 검은색으로 하여야 한다.
㉡ 비닐포대 등 바탕색을 흰색으로 하기 어려운 경우에는 그 포장 또는 용기의 표면을 바탕색으로 사용할 수 있다. 다만, 바탕색이 검은색에 가까운 용기 또는 포장인 경우에는 글씨와 테두리를 바탕색과 대비되는 색상으로 표시하여야 한다.
㉢ 그림문자는 유해성·위험성을 나타내는 그림과 테두리로 구성하며, 유해성·위험성을 나타내는 그림은 검은색으로 하고, 그림문자의 테두리는 빨간색으로 하는 것을 원칙으로 하되, 바탕색과 테두리의 구분이 어려운 경우 바탕색의 대비색상으로 할 수 있으며, 그림문자의 바탕은 흰색으로 한다. 다만, 1L 미만의 소량 용기 또는 포장으로서 경고표지를 용기 또는 포장에 직접 인쇄하고자 하는 경우에는 그 용기 또는 포장 표면의 색상이 두 가지 이상으로 착색되어 있는 경우에 한하여 용기 또는 포장에 주로 사용된 색상(검은색 계통은 제외한다)을 그림문자의 바탕색으로 할 수 있다.

15 육체적 작업능력(PWC)이 16kcal/min인 근로자가 물체 운반작업을 하고 있다. 작업대사량은 7kcal/min, 휴식 시의 대사량이 2kcal/min일 때 휴식 및 작업 시간을 가장 적절히 배분한 것은? (단, Hertig의 식을 이용하며, 1일 8시간 작업 기준이다.)
① 매시간 약 5분 휴식하고, 55분 작업한다.
② 매시간 약 10분 휴식하고, 50분 작업한다.
③ 매시간 약 15분 휴식하고, 45분 작업한다.
④ 매시간 약 20분 휴식하고, 40분 작업한다.

풀이 휴식시간 비율(T_{rest})
$$T_{rest}(\%) = \left[\frac{PWC의 \frac{1}{3} - 작업대사량}{휴식대사량 - 작업대사량}\right] \times 100$$
$$= \left[\frac{(16 \times \frac{1}{3}) - 7.0}{2.0 - 7.0}\right] \times 100$$
$$= 33.33\%$$
따라서, 휴식시간 = 60min × 0.3333 = 20min
∴ 작업시간 = (60-20)min = 40min

16 미국의 ACGIH, AIHA, ABIH 등에서 채택한 산업위생에 종사하는 사람들이 반드시 지켜야 할 윤리강령 중 전문가로서의 책임에 해당하지 않는 것은?
① 전문 분야로서의 산업위생을 학문적으로 발전시킨다.
② 과학적 방법을 적용하고 자료 해석에 객관성을 유지한다.
③ 근로자, 사회 및 전문 분야의 이익을 위해 과학적 지식을 공개한다.
④ 위험요인의 측정, 평가 및 관리에 있어서 외부의 압력에 굴하지 않고 중립적 태도를 취한다.

풀이 **산업위생전문가로서의 책임**
㉠ 성실성과 학문적 실력 면에서 최고수준을 유지한다(전문적 능력 배양 및 성실한 자세로 행동).
㉡ 과학적 방법의 적용과 자료의 해석에서 경험을 통한 전문가의 객관성을 유지한다(공인된 과학적 방법 적용·해석).
㉢ 전문 분야로서의 산업위생을 학문적으로 발전시킨다.
㉣ 근로자, 사회 및 전문 직종의 이익을 위해 과학적 지식을 공개하고 발표한다.
㉤ 산업위생활동을 통해 얻은 개인 및 기업체의 기밀은 누설하지 않는다(정보는 비밀 유지).
㉥ 전문적 판단이 타협에 의하여 좌우될 수 있거나 이해관계가 있는 상황에는 개입하지 않는다.

17 산업위생의 기본적인 과제와 가장 거리가 먼 것은?
① 작업환경에 의한 신체적 영향과 최적 환경의 연구
② 작업능력의 신장과 저하에 따르는 정신적 조건의 연구
③ 작업능력의 신장과 저하에 따르는 작업 조건의 연구
④ 신기술 개발에 따른 새로운 질병의 치료에 관한 연구

[풀이] 산업위생의 기본과제
㉠ 작업능력의 향상과 저하에 따른 작업조건 및 정신적 조건의 연구
㉡ 최적작업환경 조성에 관한 연구 및 유해작업환경에 의한 신체적 영향 연구
㉢ 노동력의 재생산과 사회·경제적 조건에 관한 연구

18 NIOSH의 들기작업 권장무게한계(RWL)에서 중량물상수와 수평위치값의 기준으로 옳은 것은?

① 중량물상수 : 18kg, 수평위치값 : 20cm
② 중량물상수 : 20kg, 수평위치값 : 23cm
③ 중량물상수 : 23kg, 수평위치값 : 25cm
④ 중량물상수 : 25kg, 수평위치값 : 30cm

[풀이] 중량물취급 권고기준(권고중량물 한계기준) : RWL
RWL(kg)=LC×HM×VM×DM×AM×FM×CM
여기서, LC : 중량상수(부하상수)
(23kg : 최적작업상태 권장 최대무게, 즉 모든 조건이 가장 좋지 않을 경우 허용되는 최대중량을 의미)
HM : 수평계수
VM : 수직계수
DM : 물체 이동거리계수
AM : 비대칭각도계수
FM : 작업빈도계수
CM : 물체를 잡는 데 따른 계수

19 작업에 소요된 열량이 400kcal/시간인 작업의 작업대사율(RMR)은 약 얼마인가? (단, 작업자의 기초대사량은 60kcal/시간이며, 안정 시 열량은 기초대사량의 1.2배이다.)

① 2.8 ② 3.4
③ 4.5 ④ 5.5

[풀이] 작업대사율(RMR)
$= \dfrac{\text{작업 시 소요열량} - \text{안정 시 소요열량}}{\text{기초대사량}}$
$= \dfrac{400\text{kcal/hr} - (60 \times 1.2)\text{kcal/hr}}{60\text{kcal/hr}}$
$= 5.47$

20 혐기성 대사에서 혐기성 반응에 의해 에너지를 생산하지 않는 것은?

① 지방
② 포도당
③ 크레아틴인산(CP)
④ 아데노신삼인산(ATP)

[풀이] 혐기성 대사 과정

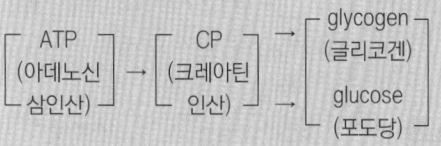

제2과목 | 작업환경 측정 및 평가

21 산에 쉽게 용해되므로 입자상 물질 중의 금속을 채취하여 원자흡광법으로 분석하는 데 적당하며, 석면의 현미경 분석을 위한 시료채취에도 이용되는 여과지는?

① PVC막 여과지
② 섬유상 여과지
③ PTFE막 여과지
④ MCE막 여과지

[풀이] MCE막 여과지(Mixed Cellulose Ester membrane filter)
㉠ 산업위생에서는 거의 대부분이 직경 37mm, 구멍 크기 0.45~0.8μm의 MCE막 여과지를 사용하고 있어 작은 입자의 금속과 흄(fume) 채취가 가능하다.
㉡ 산에 쉽게 용해되고 가수분해되며, 흡습 회화되기 때문에 공기 중 입자상 물질 중의 금속을 채취하여 원자흡광법으로 분석하는 데 적당하다.
㉢ 산에 의해 쉽게 회화되기 때문에 원소분석에 적합하고 NIOSH에서는 금속, 석면, 살충제, 불소화합물 및 기타 무기물질에 추천하고 있다.
㉣ 시료가 여과지의 표면 또는 가까운 곳에 침착되므로 석면, 유리섬유 등 현미경 분석을 위한 시료채취에도 이용된다.
㉤ 흡습성(원료인 셀룰로오스가 수분 흡수)이 높아 오차를 유발할 수 있어 중량분석에 적합하지 않다.

22 검지관 측정법의 장·단점으로 틀린 것은?
① 숙련된 산업위생전문가가 아니더라도 어느 정도만 숙지하면 사용할 수 있다.
② 다른 방해물질의 영향을 받기 쉬워 오차가 크다.
③ 근로자에게 노출된 TWA를 측정하는 데 유리하다.
④ 밀폐공간에서 산소부족 또는 폭발성 가스로 인한 안전이 문제가 될 때 유용하게 사용될 수 있다.

풀이 검지관 측정법의 장단점
(1) 장점
 ㉠ 사용이 간편하다.
 ㉡ 반응시간이 빨라 현장에서 바로 측정결과를 알 수 있다.
 ㉢ 비전문가도 어느 정도 숙지하면 사용할 수 있지만, 산업위생전문가의 지도 아래 사용되어야 한다.
 ㉣ 맨홀, 밀폐공간에서의 산소부족 또는 폭발성 가스로 인한 안전이 문제가 될 때 유용하게 사용된다.
 ㉤ 다른 측정방법이 복잡하거나 빠른 측정이 요구될 때 사용할 수 있다.
(2) 단점
 ㉠ 민감도가 낮아 비교적 고농도에만 적용이 가능하다.
 ㉡ 특이도가 낮아 다른 방해물질의 영향을 받기 쉽고 오차가 크다.
 ㉢ 대개 단시간 측정만 가능하다.
 ㉣ 한 검지관으로 단일물질만 측정 가능하여 각 오염물질에 맞는 검지관을 선정함에 따른 불편함이 있다.
 ㉤ 색변화에 따라 주관적으로 읽을 수 있어 판독자에 따라 변이가 심하며, 색변화가 시간에 따라 변하므로 제조자가 정한 시간에 읽어야 한다.
 ㉥ 미리 측정대상물질의 동정이 되어 있어야 측정이 가능하다.

23 포스겐($COCl_2$)가스 농도가 $120\mu g/m^3$이었을 때, ppm으로 환산하면 약 몇 ppm인가? (단, $COCl_2$의 분자량은 99이고, 25℃, 1기압을 기준으로 한다.)
① 0.03 ② 0.2
③ 2.6 ④ 29

풀이 농도(ppm) = $120\mu g/m^3 \times \dfrac{24.45mL}{99mg} \times 1mg/10^3\mu g$
= $0.03 mL/m^3$(ppm)

24 코크스 제조공정에서 발생되는 코크스오븐 배출물질을 채취하는 데 많이 이용되는 여과지는?
① PVC막 여과지
② 은막 여과지
③ MCE막 여과지
④ 유리섬유 여과지

풀이 은막 여과지(silver membrane filter)
 ㉠ 균일한 금속은을 소결하여 만들며 열적·화학적 안정성이 있다.
 ㉡ 코크스 제조공정에서 발생되는 코크스오븐 배출물질, 콜타르피치 휘발물질, X선 회절분석법을 적용하는 석영 또는 다핵방향족 탄화수소 등을 채취하는 데 사용한다.
 ㉢ 결합제나 섬유가 포함되어 있지 않다.

25 원자흡광분석기에서 빛이 어떤 시료용액을 통과할 때 그 빛의 85%가 흡수될 경우의 흡광도는?
① 0.64 ② 0.76
③ 0.82 ④ 0.91

풀이 흡광도 = $\log \dfrac{1}{투과도} = \log \dfrac{1}{(1-0.85)} = 0.82$

26 고유량 공기채취 펌프를 수동 무마찰 거품관으로 보정하였다. 비눗방울이 $300 cm^3$의 부피까지 통과하는 데 12.5초가 걸렸다면 유량(L/min)은?
① 1.4 ② 2.4
③ 2.8 ④ 3.8

풀이 유량(Q) = $\dfrac{300mL \times 1L/1,000mL}{12.5sec \times 1min/60sec}$
= $1.44 L/min$

27 사업장에 70dB과 80dB의 소음이 발생되는 장비가 각각 설치되어 있을 경우, 장비 2대가 동시에 가동할 때 발생되는 소음은 몇 dB인가?

① 75.0
② 80.4
③ 82.4
④ 86.6

풀이
$L_{합} = 10\log(10^7 + 10^8)$
$= 80.41 dB$

28 일정한 부피조건에서 가스의 압력과 온도가 비례한다는 것과 관계있는 것은?

① 게이-뤼삭의 법칙
② 라울의 법칙
③ 보일의 법칙
④ 하인리히의 법칙

풀이 **게이-뤼삭의 기체반응 법칙**
화학반응에서 그 반응물 및 생성물이 모두 기체일 때는 등온·등압에서 측정한 이들 기체의 부피 사이에는 간단한 정수비 관계가 성립한다는 법칙(일정한 부피에서 압력과 온도는 비례한다는 표준가스 법칙)

29 소음의 음압수준(L_P)을 구하는 식은? (단, P : 음압, P_o : 기준음압)

① $L_P = 10\log\left(\dfrac{P}{P_o}\right)$
② $L_P = 20\log P + \log P_o$
③ $L_P = \log\dfrac{P}{P_o} + 20$
④ $L_P = 20\log\left(\dfrac{P}{P_o}\right)$

풀이 **음압수준(SPL) : 음압레벨, 음압도**
$\text{SPL(dB)} = 20\log\left(\dfrac{P}{P_o}\right)$
여기서, SPL : 음압수준(음압레벨, 음압도, dB)
P : 대상음의 음압(음압 실효치, N/m^2)
P_o : 기준음압 실효치
($2\times10^{-5} N/m^2$, $20\mu Pa$, $2\times10^{-4} dyne/cm^2$)

30 주물공장 내에서 비산되는 먼지를 측정하기 위해서 High volume air sampler를 사용하였을 때, 분당 3L로 60분간 포집한 결과 여과지의 무게가 2.46mg이면, 주물공장 내 먼지 농도는 약 몇 mg/m^3인가? (단, 포집 전 여과지의 무게는 1.66mg이다.)

① 2.44
② 3.54
③ 4.44
④ 5.54

풀이
$농도(mg/m^3) = \dfrac{(2.46-1.66)mg}{3L/min \times 60min \times m^3/1,000L}$
$= 4.44 mg/m^3$

31 가스크로마토그래피-질량분석기(GC-MS)를 이용하여 물질 분석을 할 때 사용하는 일반적인 이동상 가스는 무엇인가?

① 헬륨
② 질소
③ 수소
④ 아르곤

풀이 **가스크로마토그래피-질량분석기의 원리**
가스(기체)크로마토그래피의 칼럼 뒤에 캐리어가스(헬륨가스) 분리장치를 장착하여 캐리어가스의 농도를 낮춰서 질량분석기의 이온원으로 도입해 전 이온을 포획하고, 각 성분의 양을 측정함과 동시에 분리된 각 성분의 질량스펙트럼을 수 초 이내로 주사하여 측정·분석한다.

32 다음 중 고분자 화합물질의 분석에 적합하며 이동상으로 액체를 사용하는 분석기기는?

① GC
② XRD
③ ICP
④ HPLC

풀이 **고성능 액체 크로마토그래피**
(HPLC ; High Performance Liquid Chromatography)
물질을 이동상과 충전제와의 분배에 따라 분리하므로 분리물질별로 적당한 이동상으로 액체를 사용하는 분석기이다. 이동상인 액체가 분리관에 흐르게 하기 위해 압력을 가할 수 있는 펌프가 필요하고, 고분자 화합물질의 분석에 적합하다.

정답 27.② 28.① 29.④ 30.③ 31.① 32.④

33 다음 중 가스상 물질을 채취하는 흡착제로서 활성탄 대비 실리카겔이 갖는 장점이 아닌 것은?

① 극성 물질을 채취한 경우 물, 메탄올 등 다양한 용매로 쉽게 탈착된다.
② 비교적 고온에서도 흡착이 가능하다.
③ 추출액이 화학분석이나 기기분석에 방해물질로 작용하는 경우가 많지 않다.
④ 활성탄으로 채취가 어려운 아닐린과 같은 아민류나 몇몇 무기물질의 채취도 가능하다.

풀이 실리카겔의 장단점
(1) 장점
  ㉠ 극성이 강하여 극성 물질을 채취한 경우 물, 메탄올 등 다양한 용매로 쉽게 탈착한다.
  ㉡ 추출용액(탈착용매)이 화학분석이나 기기분석에 방해물질로 작용하는 경우는 많지 않다.
  ㉢ 활성탄으로 채취가 어려운 아닐린, 오르토-톨루이딘 등의 아민류나 몇몇 무기물질의 채취가 가능하다.
  ㉣ 매우 유독한 이황화탄소를 탈착용매로 사용하지 않는다.
(2) 단점
  ㉠ 친수성이기 때문에 우선적으로 물분자와 결합을 이루어 습도의 증가에 따른 흡착용량의 감소를 초래한다.
  ㉡ 습도가 높은 작업장에서는 다른 오염물질의 파괴용량이 작아져 파괴를 일으키기 쉽다.

34 부탄올 흡수액을 이용하여 시료를 채취한 후 분석된 양이 75μg이며, 공시료에 분석된 평균 양은 0.5μg, 공기채취량은 10L일 때, 부탄의 농도는 약 몇 mg/m³인가? (단, 탈착효율은 100%이다.)

① 7.45 ② 9.1
③ 11.4 ④ 14.8

풀이
$$농도(mg/m^3) = \frac{(75-0.5)\mu g \times mg/10^3 \mu g}{10L \times m^3/1{,}000L}$$
$$= 7.45 mg/m^3$$

35 음력이 1.0W인 작은 점음원으로부터 500m 떨어진 곳의 음압레벨은 약 dB(A)인가? (단, 기준음력은 10^{-12}W이다.)

① 50 ② 55
③ 60 ④ 65

풀이
$$SPL = PWL - 20\log r - 11$$
$$= \left(10\log\frac{1.0}{10^{-12}}\right) - 20\log 500 - 11$$
$$= 55 dB(A)$$

36 다음 중 가스크로마토그래피(GC)에서 이황화탄소, 니트로메탄을 분석할 때 주로 사용하는 검출기는?

① 불꽃이온화검출기(FID)
② 열전도도검출기(TCD)
③ 전자포획검출기(ECD)
④ 불꽃광전자검출기(FPD)

풀이 불꽃광도(전자)검출기(FPD)
㉠ 악취 관계물질(이황화탄소, 멜캅탄류, 니트로메탄) 분석에 많이 사용된다.
㉡ 잔류농약의 분석(유기인, 유기황화합물)에 대하여 특히 감도가 좋다.

37 다음 중 1차 표준기구가 아닌 것은?

① 가스치환병 ② 건식 가스미터
③ 폐활량계   ④ 비누거품미터

풀이 공기채취기구의 보정에 사용되는 표준기구
(1) 1차 표준기구
  ㉠ 비누거품미터(soap bubble meter)
  ㉡ 폐활량계(spirometer)
  ㉢ 가스치환병(mariotte bottle)
  ㉣ 유리피스톤미터(glass piston meter)
  ㉤ 흑연피스톤미터(frictionless piston meter)
  ㉥ 피토튜브(pitot tube)
(2) 2차 표준기구
  ㉠ 로터미터(rotameter)
  ㉡ 습식 테스트미터(wet-test-meter)
  ㉢ 건식 가스미터(dry-gas-meter)
  ㉣ 오리피스미터(orifice meter)
  ㉤ 열선기류계(thermo anemometer)

정답 33.② 34.① 35.② 36.④ 37.②

38 하루 8시간 작업하는 근로자가 200ppm 농도에 1시간, 100ppm 농도에 2시간, 50ppm에 3시간 동안 TCE에 노출되었을 때, 이 근로자의 8시간 동안 TWA 농도는?

① 약 35.8ppm ② 약 68.8ppm
③ 약 91.8ppm ④ 약 116.8ppm

[풀이]
$$TWA = \frac{(1\times200)+(2\times100)+(3\times50)+(2\times0)}{8}$$
$$= 68.75\text{ppm}$$

39 누적소음노출량 측정기로 소음을 측정하는 경우 소음계의 Exchange rate 설정기준은? (단, 고용노동부 고시를 기준으로 한다.)

① 1dB ② 3dB
③ 5dB ④ 10dB

[풀이] 기기 설정
Exchange rate(전환율) : 5dB

40 공기 중 석면 농도를 허용기준과 비교할 때 가장 일반적으로 사용되는 석면 측정방법은?

① 광학현미경법
② 전자현미경법
③ 위상차현미경법
④ 직독식 현미경법

[풀이] 석면 측정방법
(1) 위상차현미경법
 ㉠ 석면 측정에 이용되는 현미경으로, 일반적으로 가장 많이 사용된다.
 ㉡ 막 여과지에 시료를 채취한 후 전처리하여 위상차현미경으로 분석한다.
 ㉢ 다른 방법에 비해 간편하나, 석면의 감별이 어렵다.
(2) 전자현미경법
 ㉠ 석면분진 측정방법 중에서 공기 중 석면시료를 가장 정확하게 분석할 수 있다.
 ㉡ 석면의 성분 분석(감별분석)이 가능하다.
 ㉢ 위상차현미경으로 볼 수 없는 매우 가는 섬유도 관찰 가능하다.
 ㉣ 값이 비싸고 분석시간이 많이 소요된다.

(3) 편광현미경법
 ㉠ 고형시료 분석에 사용하며 석면을 감별분석할 수 있다.
 ㉡ 석면광물이 가지는 고유한 빛의 편광성을 이용한 것이다.
(4) X선회절법
 ㉠ 단결정 또는 분말시료(석면 포함 물질을 은막 여과지에 놓고 X선 조사)에 의한 단색 X선의 회절각을 변화시켜가며 회절선의 세기를 계수관으로 측정하여 X선의 세기나 각도를 자동적으로 기록하는 장치를 이용하는 방법이다.
 ㉡ 값이 비싸고, 조작이 복잡하다.
 ㉢ 고형시료 중 크리소타일 분석에 사용하며 토석, 암석, 광물성 분진 중의 유리규산(SiO_2) 함유율도 분석한다.

제3과목 | 작업환경 관리

41 주물사업장에서 습구흑구온도를 측정한 결과 자연습구온도 40℃, 흑구온도 42℃, 건구온도 41℃로 확인되었다면 습구흑구온도지수는? (단, 옥외(태양광선이 내리쬐지 않는 장소)를 기준으로 한다.)

① 41.5℃ ② 40.6℃
③ 40.0℃ ④ 39.6℃

[풀이] 옥외(태양광선이 내리쬐지 않는 장소)
WBGT(℃) = (0.7×자연습구온도)+(0.3×흑구온도)
   = (0.7×40℃)+(0.3×42℃) = 40.6℃

42 염료, 합성고무 등의 원료로 사용되며 저농도로 장기간 폭로 시 혈액장애, 간장장애를 일으키고 재생불량성 빈혈, 백혈병까지 발병할 수 있는 물질은?

① 노르말헥산 ② 벤젠
③ 사염화탄소 ④ 알킬수은

[풀이] 벤젠(C_6H_6)
 ㉠ 상온·상압에서 향긋한 냄새를 가진 무색투명한 액체로, 방향족 화합물이다.
 ㉡ 장기간 폭로 시 혈액장애, 간장장애를 일으키고 재생불량성 빈혈, 백혈병(급성 뇌척수성)을 일으킨다.

정답 38.② 39.③ 40.③ 41.② 42.②

43 비중격천공의 원인물질로 알려진 중금속은?
① 카드뮴(Cd)
② 수은(Hg)
③ 크롬(Cr)
④ 니켈(Ni)

풀이 크롬에 의한 건강장애
(1) 급성중독
  ㉠ 신장장애 : 과뇨증(혈뇨증) 후 무뇨증을 일으키며, 요독증으로 10일 이내에 사망
  ㉡ 위장장애
  ㉢ 급성폐렴
(2) 만성중독
  ㉠ 점막장애 : 비중격천공
  ㉡ 피부장애 : 피부궤양을 야기(둥근 형태의 궤양)
  ㉢ 발암작용 : 장기간 흡입에 의한 기관지암, 폐암, 비강암(6가 크롬) 발생
  ㉣ 호흡기장애 : 크롬폐증 발생

44 공기 중 트리클로로에틸렌이 고농도로 존재하는 작업장에서 아크 용접을 실시하는 경우 트리클로로에틸렌은 어떠한 물질로 전환될 수 있는가?
① 사염화탄소 ② 벤젠
③ 이산화질소 ④ 포스겐

풀이 포스겐($COCl_2$)
㉠ 무색의 기체로서, 시판되고 있는 포스겐은 담황록색으로 독특한 자극성 냄새가 나며 가수분해되고 일반적으로 비중이 1.38 정도로 크다.
㉡ 태양자외선과 산업장에서 발생하는 자외선은 공기 중의 NO_2와 올레핀계 탄화수소와 광학적 반응을 일으켜 트리클로로에틸렌을 독성이 강한 포스겐으로 전환시키는 광화학작용을 한다.
㉢ 공기 중에 트리클로로에틸렌이 고농도로 존재하는 작업장에서 아크 용접을 실시하는 경우 트리클로로에틸렌이 포스겐으로 전환될 수 있다.
㉣ 독성은 염소보다 약 10배 정도 강하다.
㉤ 호흡기, 중추신경, 폐에 장애를 일으키고 폐수종을 유발하여 사망에 이른다.
㉥ 고용노동부 노출기준은 TWA로 0.1ppm이다.
㉦ 산업안전보건규칙상 관리대상 유해물질의 가스상 물질류이다.

45 분진이 발생되는 사업장의 작업공정 개선대책으로 틀린 것은?
① 생산공정을 자동화 또는 무인화
② 비산 방지를 위하여 공정을 습식화
③ 작업장 바닥을 물세척이 가능하게 처리
④ 분진에 의한 폭발은 없으므로 근로자의 보건 분야 집중 관리

풀이 분진에 의한 폭발도 고려하여 작업공정 개선대책을 하여야 한다.

46 인공조명을 선정 및 설치할 때, 고려사항으로 틀린 것은?
① 폭발과 발화성이 없을 것
② 균등한 조도를 유지할 것
③ 유해가스를 발생하지 않을 것
④ 광원은 우하방에 위치할 것

풀이 인공조명의 선정·설치 시 고려사항
㉠ 작업에 충분한 조도를 낼 것
㉡ 조명도를 균등하게 유지할 것(천장, 마루, 기계, 벽 등의 반사율을 크게 하면 조도를 일정하게 얻을 수 있음)
㉢ 폭발성 또는 발화성이 없으며, 유해가스를 발생하지 않을 것
㉣ 경제적이며, 취급이 용이할 것
㉤ 주광색에 가까운 광색으로 조도를 높여줄 것(백열전구와 고압수은등을 적절히 혼합시켜 주광에 가까운 빛을 얻음)
㉥ 장시간 작업 시 가급적 간접조명이 되도록 설치할 것(직접조명, 즉 광원의 광밀도가 크면 나쁨)
㉦ 일반적인 작업 시 빛은 작업대 좌상방에서 비추게 할 것
㉧ 작은 물건의 식별과 같은 작업에는 음영이 생기지 않는 국소조명을 적용할 것
㉨ 광원 또는 전등의 휘도를 줄일 것
㉩ 광원을 시선에서 멀리 위치시킬 것
㉪ 눈이 부신 물체와 시선과의 각을 크게 할 것
㉫ 광원 주위를 밝게 하며, 조도비를 적정하게 할 것

정답 43.③ 44.④ 45.④ 46.④

47 전신진동의 주파수 범위로 적절한 것은?
① 1~100Hz
② 100~250Hz
③ 250~1,000Hz
④ 1,000~4,000Hz

풀이 진동수(주파수)에 따른 구분
㉠ 전신진동(공해진동) 진동수 : 1~80Hz
  (2~90Hz, 1~90Hz, 2~100Hz)
㉡ 국소진동 진동수 : 8~1,500Hz
㉢ 인간이 느끼는 최소진동역치 : 55±5dB

48 소음의 차음을 위해 사용하는 귀덮개와 귀마개를 비교 설명한 내용으로 잘못된 것은?
① 귀덮개는 한 가지의 크기로 여러 사람에게 적용 가능하다.
② 귀덮개는 고온다습한 작업장에서 착용하기 어렵다.
③ 귀덮개는 귀마개보다 작업자가 착용하고 있는지 여부를 체크하기 쉽다.
④ 귀덮개는 귀마개보다 개인차가 크다.

풀이 귀덮개의 장단점
(1) 장점
㉠ 귀마개보다 일반적으로 높고(고음영역에서 탁월) 일관성 있는 차음효과를 얻을 수 있다(개인차가 적음).
㉡ 동일한 크기의 귀덮개를 대부분의 근로자가 사용 가능하다(크기를 여러 가지로 할 필요 없음).
㉢ 귀에 염증(질병)이 있어도 사용 가능하다.
㉣ 귀마개보다 쉽게 착용할 수 있고, 착용법을 틀리거나 잃어버리는 일이 적다.
(2) 단점
㉠ 부착된 밴드에 의해 차음효과가 감소될 수 있다.
㉡ 고온에서 사용 시 불편하다(보호구 접촉면에 땀이 남).
㉢ 머리카락이 길 때와 안경테가 굵거나 잘 부착되지 않을 때는 사용이 불편하다.
㉣ 장시간 사용 시 꼭 끼는 느낌이 있다.
㉤ 보안경과 함께 사용하는 경우 다소 불편하며, 차음효과가 감소된다.
㉥ 오래 사용하여 귀걸이의 탄력성이 줄었을 때나 귀걸이가 휘었을 때는 차음효과가 떨어진다.
㉦ 가격이 비싸고 운반과 보관이 쉽지 않다.

49 공기 중 유해물질의 농도표시를 할 때 ppm 단위를 사용하지 않는 물질은? (단, 고용노동부 고시를 기준으로 한다.)
① 석면
② 증기
③ 가스
④ 분진

풀이 석면의 단위 : 개/cm^3=개/mL=개/cc

50 밀폐공간에서 작업할 때의 관리대책으로 틀린 것은?
① 작업지휘자를 선임하여 작업을 지휘한다.
② 환기는 급기량보다 배기량이 많도록 조절한다.
③ 작업 전에 산소 농도가 18% 이상이 되는지 확인한다.
④ 작업 전에 폭발성 가스 농도는 폭발하한 농도의 10% 이하가 되는지 확인한다.

풀이 ② 환기는 배기량보다 급기량이 약간 많도록 조절한다.

51 고압환경의 영향 중 2차적인 가압현상과 가장 거리가 먼 것은?
① 질소마취
② 폐 내 가스팽창
③ 산소중독
④ 이산화탄소중독

풀이 ② 폐 내의 가스가 팽창하고 질소기포를 형성하는 것은 저압환경의 현상이다.

52 고압환경에서 나타나는 질소의 마취작용에 관한 설명으로 옳지 않은 것은?
① 공기 중 질소가스는 4기압 이상에서 마취작용을 나타낸다.
② 작업력 저하, 기분의 변화 및 정도를 달리하는 다행증이 일어난다.
③ 질소의 물에 대한 용해도는 지방에 대한 용해도보다 5배 정도 높다.
④ 고압환경의 화학적 장해이다.

풀이 ③ 질소의 지방에 대한 용해도는 물에 대한 용해도보다 5배 정도 높아, 감압에 따른 용해질소의 기포 형성 효과가 나타난다.

정답 47.① 48.④ 49.① 50.② 51.② 52.③

53. 유해화학물질에 대한 발생원 대책으로 원재료의 대체방법이 다음과 같을 때, 옳은 것만으로 짝지어진 것은?

> ㉮ 아조염료 합성 – 벤지딘을 디클로로벤지딘으로 교체
> ㉯ 성냥 제조 – 백린(황린)을 적린으로 교체
> ㉰ 샌드블라스팅 – 모래를 철구슬로 교체
> ㉱ 야광시계의 자판 – 인을 라듐으로 교체

① ㉮, ㉯, ㉰
② ㉮, ㉰, ㉱
③ ㉯, ㉰, ㉱
④ ㉮, ㉯, ㉰, ㉱

풀이 유해물질의 변경
㉠ 아조염료의 합성원료인 벤지딘을 디클로로벤지딘으로 전환
㉡ 금속제품의 탈지(세척)에 사용되는 트리클로로에틸렌(TCE)을 계면활성제로 전환
㉢ 분체의 원료를 입자가 작은 것에서 큰 것으로 전환
㉣ 유기합성용매로 벤젠(방향족)을 사용하던 것을 지방족 화합물로 전환
㉤ 성냥 제조 시 황린(백린) 대신 적린 사용 및 단열재(석면)를 유리섬유로 전환
㉥ 금속제품 도장용으로 유기용제를 수용성 도료로 전환
㉦ 세탁 시 세정제로 사용하는 벤젠을 1,1,1-트리클로로에탄으로 전환
㉧ 세탁 시 화재 예방을 위해 석유나프타 대신 퍼클로로에틸렌(4-클로로에틸렌) 사용
㉨ 야광시계 자판으로 라듐 대신 인 사용
㉩ 세척작업에 사용되는 사염화탄소를 트리클로로에틸렌으로 전환
㉪ 주물공정에서 실리카 모래 대신 그린(green) 모래로 주형을 채우도록 전환
㉫ 금속 표면을 블라스팅(샌드블라스트)할 때 사용 재료로서 모래 대신 철구슬(철가루)로 전환
㉬ 단열재로서 사용하는 석면을 유리섬유로 전환

54. 방독마스크 내 흡수제의 재질로 적당하지 않은 것은?

① Fiber glass
② Silica gel
③ Activated carbon
④ Soda lime

풀이 흡수제의 재질
㉠ 활성탄(activated carbon)
 • 가장 많이 사용되는 물질
 • 비극성(유기용제)에 일반적 사용
㉡ 실리카겔(silica gel) : 극성에 일반적으로 사용
㉢ 염화칼슘(soda lime)
㉣ 제올라이트

55. 방독마스크의 정화통 능력이 사염화탄소 0.4%에 대해서 표준유효시간 100분인 경우, 사염화탄소의 농도가 0.15%인 환경에서 사용 가능한 시간은?

① 약 267분
② 약 200분
③ 약 100분
④ 약 67분

풀이 사용 가능 시간(분)
$$= \frac{표준유효시간 \times 시험가스\ 농도}{공기\ 중\ 유해가스\ 농도}$$
$$= \frac{100분 \times 0.4\%}{0.15\%} = 266.67분$$

56. 가로 15m, 세로 25m, 높이 3m인 작업장에 음의 잔향시간을 측정해보니 0.238초였을 때, 작업장의 총흡음력을 30% 증가시키면 변경된 잔향시간은 약 몇 초인가?

① 0.217
② 0.196
③ 0.183
④ 0.157

풀이 잔향시간(T) $= \frac{0.161V}{A}$

A(총흡음력) $= \frac{0.161 \times (15 \times 25 \times 3)}{0.238} = 761.03\,m^2$

흡음력 30% 증가 시,
$T = \frac{0.161 \times (15 \times 25 \times 3)}{761.03 \times 1.3} = 0.183초$

57. 다음 중 전리방사선에 속하는 것은?

① 가시광선
② X선
③ 적외선
④ 라디오파

풀이 이온화방사선(전리방사선)
– 전자기방사선(X-Ray, γ입자)
– 입자방사선(α입자, β입자, 중성자)

정답 53.① 54.① 55.① 56.③ 57.②

58 방독마스크의 방독물질별 정화통 외부 측면의 표시색 연결이 틀린 것은?

① 유기화합물용 정화통 – 갈색
② 암모니아용 정화통 – 녹색
③ 할로겐용 정화통 – 파란색
④ 아황산용 정화통 – 노란색

[풀이] 정화통의 외부 측면 색상

흡수관 종류	색
유기화합물용	갈색
할로겐용, 황화수소용, 시안화수소용	회색
아황산용	노란색
암모니아용	녹색
복합용 및 겸용	• 복합용 : 해당 가스 모두 표시 (2층 분리) • 겸용 : 백색과 해당 가스 모두 표시 (2층 분리)

59 차음평가수(NRR)가 27인 귀마개를 착용하고 일하고 있을 때, 차음효과는 몇 dB인가? (단, 미국산업안전보건청(OSHA)을 기준으로 한다.)

① 5   ② 10
③ 20   ④ 27

[풀이] 차음효과 = (NRR − 7) × 0.5
= (27 − 7) × 0.5
= 10dB

60 다음 작업 중 적외선에 가장 많이 노출될 수 있는 작업에 해당되는 것은?

① 보석 세공작업   ② 초자 제조작업
③ 수산 양식작업   ④ X선 촬영작업

[풀이] 적외선의 인공발생원
㉠ 제철·제강업, 주물업
㉡ 용융유리 취급업(초자 제조작업)
㉢ 용접작업, 야금공정
㉣ 가열램프, 금속의 용해작업

제4과목 | 산업환기

61 환기장치에서 관경이 350mm인 직관을 통하여 풍량 100m³/min의 표준공기를 송풍할 때 관내 평균풍속은 약 몇 m/sec인가?

① 17   ② 32
③ 42   ④ 52

[풀이]
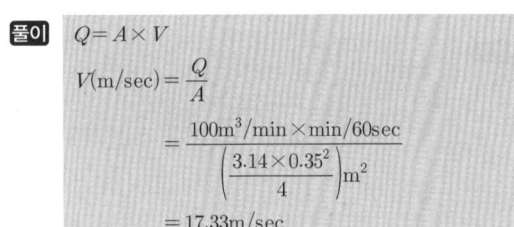
$Q = A \times V$
$V(\text{m/sec}) = \dfrac{Q}{A}$
$= \dfrac{100\text{m}^3/\text{min} \times \text{min}/60\text{sec}}{\left(\dfrac{3.14 \times 0.35^2}{4}\right)\text{m}^2}$
$= 17.33 \text{m/sec}$

62 A사업장에서 적용 중인 후드의 유입계수가 0.8이라면, 유입손실계수는 약 얼마인가?

① 0.56   ② 0.73
③ 0.83   ④ 0.93

[풀이] 유입손실계수 $(F) = \dfrac{1}{Ce^2} - 1$
$= \dfrac{1}{0.8^2} - 1$
$= 0.56$

63 일반적으로 제어속도를 결정하는 인자와 가장 거리가 먼 것은?

① 작업장 내의 온도와 습도
② 후드에서 오염원까지의 거리
③ 오염물질의 종류 및 확산상태
④ 후드의 모양과 작업장 내의 기류

[풀이] 제어속도 결정 시 고려사항
㉠ 유해물질의 비산방향(확산상태)
㉡ 유해물질의 비산거리(후드에서 오염원까지의 거리)
㉢ 후드의 형식(모양)
㉣ 작업장 내 방해기류(난기류의 속도)
㉤ 유해물질의 성상(종류) : 유해물질의 사용량 및 독성

정답 58.③ 59.② 60.② 61.① 62.① 63.①

64 실내의 중량 절대습도가 80kg/kg, 외부의 중량 절대습도가 60kg/kg, 실내의 수증기가 시간당 3kg씩 발생할 때 수분 제거를 위하여 중량 단위로 필요한 환기량(m³/min)은 약 얼마인가? (단, 공기의 비중량은 1.2kgf/m³로 한다.)

① 0.21 ② 4.17
③ 7.52 ④ 12.50

풀이
$$필요환기량(m^3/min) = \frac{W}{1.2\Delta G}$$
$$= \frac{3kg/hr \times hr/60min}{1.2 \times (80-60)kg/kg} \times 100$$
$$= 0.21 m^3/min$$

65 송풍기의 정압효율이 가장 우수한 형식은?
① 평판형 ② 터보형
③ 축류형 ④ 다익형

풀이 송풍기의 효율
터보형 > 방사형(평판형) > 다익형

66 전압, 정압, 속도압에 관한 설명으로 옳지 않은 것은?
① 속도압과 정압을 합한 값을 전압이라 한다.
② 속도압은 공기가 정지할 때 항상 발생한다.
③ 정압은 사방으로 동일하게 미치는 압력으로 공기를 압축 또는 팽창시키며, 공기 흐름에 대한 저항을 나타내는 압력으로 이용된다.
④ 속도압이란 정지상태의 공기를 일정한 속도로 흐르도록 가속화시키는 데 필요한 압력을 의미하며, 공기의 운동에너지에 비례한다.

풀이 속도압은 정지상태의 유체에 작용하여 현재의 속도로 가속시키는 데 요구하는 압력이고, 반대로 어떤 속도로 흐르는 유체를 정지시키는 데 필요한 압력으로서 흐름에 대항하는 압력이다.

67 플랜지가 붙은 슬롯 후드가 있다. 제어거리가 30cm, 제어속도가 1m/s일 때, 필요송풍량(m³/min)은 약 얼마인가? (단, 슬롯의 길이는 10cm이다.)

① 2.88 ② 4.68
③ 8.6 ④ 12.64

풀이
$$필요송풍량(m^3/min)$$
$$= C \times L \times V_c \times X$$
$$= 2.6 \times 0.1m \times 1m/s \times 0.3m \times 60s/min$$
$$= 4.68 m^3/min$$

68 외부식 후드의 흡인기능 불량 원인과 거리가 먼 것은?
① 송풍기의 용량이 부족한 경우
② 제어속도가 필요속도보다 큰 경우
③ 후드 입구에 심한 난기류가 형성된 경우
④ 송풍관과 덕트 연결부에 공기누설량이 큰 경우

풀이 후드의 성능 불량 원인
㉠ 송풍기의 송풍량이 부족하다.
㉡ 발생원에서 후드 개구면까지의 거리가 길다.
㉢ 송풍관에 분진이 퇴적하였다.
㉣ 외기영향(난류)으로 후드 개구면의 기류 제어가 불량이다.
㉤ 유해물질의 비산속도가 크다.
㉥ 집진장치 내 분진이 퇴적하였다.
㉦ 제어속도가 부족하다.

69 입자상 물질의 원심력을 집진장치에 주로 이용하는 공기정화장치는?
① 침강실
② 벤투리스크러버
③ 사이클론
④ 백(bag) 필터

풀이 원심력 집진장치(cyclone)
분진을 함유한 가스에 선회운동을 시켜 가스로부터 분진을 분리·포집하는 장치로, 가스 유입 및 유출 형식에 따라 접선유입식과 축류식으로 나눈다.

70 전체환기시설의 설치 전제조건과 가장 거리가 먼 것은?
① 오염물질의 발생량이 적은 경우
② 오염물질의 독성이 비교적 낮은 경우
③ 오염물질이 시간에 따라 균일하게 발생하는 경우
④ 동일 작업장소에 배출원이 한 곳에 집중되어 있는 경우

> 풀이 전체환기(희석환기) 적용 시의 조건
> ㉠ 유해물질의 독성이 비교적 낮은 경우, 즉 TLV가 높은 경우 ➡ 가장 중요한 제한조건
> ㉡ 동일한 작업장에 다수의 오염원이 분산되어 있는 경우
> ㉢ 유해물질이 시간에 따라 균일하게 발생할 경우
> ㉣ 유해물질의 발생량이 적은 경우 및 희석공기량이 많지 않아도 되는 경우
> ㉤ 유해물질이 증기나 가스일 경우
> ㉥ 국소배기로 불가능한 경우
> ㉦ 배출원이 이동성인 경우
> ㉧ 가연성 가스의 농축으로 폭발 위험이 있는 경우
> ㉨ 오염원이 근로자가 근무하는 장소로부터 멀리 떨어져 있는 경우

71 1기압, 0℃에서 공기 비중량이 $1.293 kg_f/m^3$ 일 경우, 동일 기압에서 23℃일 때, 공기의 비중량은 약 얼마인가?
① $0.950 kg_f/m^3$
② $1.015 kg_f/m^3$
③ $1.193 kg_f/m^3$
④ $1.205 kg_f/m^3$

> 풀이 공기 비중량$(kg_f/m^3) = 1.293 kg_f/m^3 \times \dfrac{273+0}{273+23}$
> $= 1.193 kg_f/m^3$

72 공기정화장치의 입구와 출구의 정압이 동시에 감소되었다면, 국소배기장치(설비)의 이상원인으로 가장 적합한 것은?
① 제진장치 내의 분진 퇴적
② 분지관과 후드 사이의 분진 퇴적
③ 분지관의 시험공과 후드 사이의 분진 퇴적
④ 송풍기의 능력 저하 또는 송풍기와 덕트의 연결부위 풀림

> 풀이 공기정화장치 전후에 정압이 감소한 경우의 원인
> ㉠ 송풍기 자체의 성능이 저하되었다.
> ㉡ 송풍기 점검구의 마개가 열렸다.
> ㉢ 배기 측 송풍관이 막혔다.
> ㉣ 송풍기와 송풍관의 플랜지(flange) 연결부위가 풀렸다.

73 송풍관 내에서 기류의 압력손실 원인과 관계가 가장 적은 것은?
① 기체의 속도
② 송풍관의 형상
③ 분진의 크기
④ 송풍관의 직경

> 풀이 덕트(duct)의 압력손실
> (1) 마찰 압력손실
> 공기와 덕트 면과의 접촉에 의한 마찰에 의해 발생하며, 마찰손실에 영향을 미치는 인자는 다음과 같다.
> ㉠ 공기 속도
> ㉡ 공기 밀도
> ㉢ 공기 점도
> ㉣ 덕트 면의 성질(조도, 거칠기)
> ㉤ 덕트 직경
> ㉥ 덕트 형상
> (2) 난류 압력손실
> 곡관에 의한 공기 기류의 방향전환이나 수축, 확대 등에 의한 덕트 단면적의 변화에 따른 난류속도의 증감에 의해 발생한다.

74 후드를 선정 및 설계할 때 고려해야 할 사항으로 옳지 않은 것은?
① 가급적이면 공정을 많이 포위한다.
② 가급적 후드를 배출 오염원에 가깝게 설치한다.
③ 후드 개구 면에서 기류가 균일하게 분포되도록 설계한다.
④ 공정에서 발생·배출되는 오염물질의 절대량은 최소발생량을 기준으로 한다.

> 풀이 ④ 공정에서 발생·배출되는 오염물질의 절대량은 최대발생량을 기준으로 한다.

정답 70.④ 71.③ 72.④ 73.③ 74.④

75 Push-Pull형 환기장치에 관한 설명으로 옳지 않은 것은?

① 도금조, 자동차 도장공정에서 이용할 수 있다.
② 일반적인 국소배기장치 후드보다 동력비가 많이 든다.
③ 한쪽에서는 공기를 불어 주고(push) 한쪽에서는 공기를 흡인(pull)하는 장치이다.
④ 공정상 포착거리가 길어서 단지 공기를 제어하는 일반적인 후드로는 효과가 낮을 때 이용하는 장치이다.

[풀이] ② Push-Pull형 환기장치는 일반적인 국소배기장치 후드보다 동력비가 적게 든다.

76 자동차 공업사에서 톨루엔이 분당 8g 증발되고 있다. 톨루엔의 MW는 92이고, 노출기준은 50ppm이다. 톨루엔의 공기 중 농도를 노출기준 이하로 유지하고자 한다면 이를 위해서 공급해 주어야 할 전체환기량(m^3/min)은? (단, 혼합물을 위한 여유계수(K)는 5이다.)

① 120
② 180
③ 210
④ 240

[풀이]
- 사용량 = 8g/min
- 발생률(G, L/min)
  92g : 24.1L = 8g/min : G
  $G = \dfrac{24.1L \times 8g/min}{92g} = 2.096L/min$
- 필요환기량 $= \dfrac{G}{TLV} \times K$
  $= \dfrac{2.096L/min \times 1,000mL/L}{50mL/m^3} \times 5$
  $= 209.6 m^3/min$

77 직경이 $2\mu m$, 비중이 6.6인 산화철 흄(fume)의 침강속도는 약 얼마인가?

① 0.08m/min   ② 0.08cm/s
③ 0.8m/min   ④ 0.8cm/s

[풀이]
$V(cm/sec) = 0.003 \times \rho \times d^2$
$= 0.003 \times 6.6 \times 2^2$
$= 0.08 cm/sec$

78 작업장의 크기가 12m×22m×45m인 곳에서의 톨루엔 농도가 400ppm이다. 이 작업장으로 600m^3/min의 공기가 유입되고 있다면 톨루엔 농도를 100ppm까지 낮추는 데 필요한 환기시간은 약 얼마인가? (단, 공기와 톨루엔은 완전혼합된다고 가정한다.)

① 27.45분   ② 31.44분
③ 35.45분   ④ 39.44분

[풀이]
$t(min) = -\dfrac{V}{Q'} \ln\left(\dfrac{C_2}{C_1}\right)$
$= -\dfrac{(12 \times 22 \times 45)}{600} \times \ln\left(\dfrac{100}{400}\right)$
$= 27.45 min$

79 국소배기설비 점검 시 반드시 갖추어야 할 필수장비로 볼 수 없는 것은?

① 청음기
② 연기발생기
③ 테스트 해머
④ 절연저항계

[풀이] 국소배기설비 점검 시 반드시 갖추어야 할 측정기(필수장비)
㉠ 발연관(연기발생기, smoke tester)
㉡ 청음기 또는 청음봉
㉢ 절연저항계
㉣ 표면온도계 및 초자온도계
㉤ 줄자

정답 75.② 76.③ 77.② 78.① 79.③

80 송풍기의 상사법칙에서 회전수(N)와 송풍량(Q), 소요동력(L), 정압(P)과의 관계를 올바르게 나타낸 것은?

① $\dfrac{Q_1}{Q_2} = \left(\dfrac{N_1}{N_2}\right)^2$ ② $\dfrac{Q_1}{Q_2} = \left(\dfrac{N_1}{N_2}\right)^3$

③ $\dfrac{P_1}{P_2} = \left(\dfrac{N_1}{N_2}\right)^2$ ④ $\dfrac{L_1}{L_2} = \left(\dfrac{Q_1}{Q_2}\right)^2$

풀이 송풍기의 상사법칙
(1) 회전수비
 ㉠ 풍량은 회전수비에 비례
 ㉡ 풍압은 회전수비의 제곱에 비례
 ㉢ 동력은 회전수비의 세제곱에 비례
(2) 임펠러 직경비
 ㉠ 풍량은 임펠러 직경비의 세제곱에 비례
 ㉡ 풍압은 임펠러 직경비의 제곱에 비례
 ㉢ 동력은 임펠러 직경비의 오제곱에 비례

정답 80.③

제1과목 | 산업위생학 개론

01 작업강도와 관련된 내용으로 잘못된 것은?
① 실동률은 95−5×RMR로 구할 수 있다.
② 일반적으로 열량 소비량을 기준으로 평가한다.
③ 작업대사율(RMR)은 작업대사량을 기초대사량으로 나눈 값이다.
④ 작업대사율(RMR)은 작업강도를 에너지 소비량으로 나타낸 하나의 지표이지, 작업강도를 정확하게 나타냈다고는 할 수 없다.

풀이 ① 실동률(%)=85−(5×RMR)

02 NIOSH의 중량물 취급기준으로 적용할 수 있는 작업상황이 아닌 것은?
① 작업장 내의 온도가 적절해야 한다.
② 물체를 잡을 때 불편함이 없어야 한다.
③ 빠른 속도로 두 손으로 들어 올리는 작업이라야 한다.
④ 물체의 폭이 75cm 이하로서 두 손을 적당히 벌리고 작업할 수 있어야 한다.

풀이 ③ 보통 속도로 두 손으로 들어 올리는 작업을 기준으로 한다.

03 미국산업위생학술원(AAIH)은 산업위생전문가들이 지켜야 할 윤리강령을 채택하고 있다. 윤리강령의 4개 분류에 속하지 않는 것은?

① 전문가로서의 책임
② 근로자에 대한 책임
③ 기업주와 고객에 대한 책임
④ 정부와 공직사회에 대한 책임

풀이 AAIH의 산업위생전문가의 윤리강령
㉠ 산업위생전문가로서의 책임
㉡ 근로자에 대한 책임
㉢ 기업주와 고객에 대한 책임
㉣ 일반 대중에 대한 책임

04 산업안전보건법령상 건강진단기관이 건강진단을 실시하였을 때에는 그 결과를 고용노동부장관이 정하는 건강진단개인표에 기록하고, 건강진단을 실시한 날로부터 며칠 이내에 근로자에게 송부하여야 하는가?
① 15일   ② 30일
③ 45일   ④ 60일

풀이 법령상 건강진단기관이 건강진단을 실시하였을 때에 그 결과를 고용노동부장관이 정하는 건강진단개인표에 기록하고, 건강진단 실시일로부터 30일 이내에 근로자에게 송부하여야 한다.

05 근로자에 있어서 약한 손(오른손잡이의 경우 왼손)의 힘은 평균 40kp(kilopond)라고 한다. 이러한 근로자가 무게 10kg인 상자를 두 손으로 들어 올릴 경우의 작업강도(%MS)는?
① 12.5   ② 25
③ 40   ④ 80

풀이 작업강도(%MS) $= \dfrac{RF}{MS} \times 100$

$= \dfrac{5}{40} \times 100 = 12.5\%MS$

정답 01.① 02.③ 03.④ 04.② 05.①

06 근로자가 휴식 중일 때의 산소소비량(oxygen uptake)이 약 0.25L/min일 경우 운동 중일 때의 산소소비량은 약 얼마까지 증가하는가? (단, 일반적인 성인 남성의 경우이며, 산소공급이 충분하다고 가정한다.)

① 2.0L/min
② 5.0L/min
③ 9.5L/min
④ 15.0L/min

풀이 근로자의 산소소비량
㉠ 휴식 중 : 0.25L/min
㉡ 운동(작업) 중 : 5L/min

07 산업위생활동 범위인 예측, 인식, 평가, 관리 중 인식(recognition)에 대한 설명으로 옳지 않은 것은?

① 상황이 존재(설치)하는 상태에서 유해인자에 대한 문제점을 찾아내는 것이다.
② 현장조사로 정량적인 유해인자의 양을 측정하는 것으로 시료의 채취와 분석이다.
③ 인식 단계에서의 이러한 활동들은 사업장의 특성, 근로자의 작업특성, 유해인자의 특성에 근거한다.
④ 건강에 장해를 줄 수 있는 물리적·화학적·생물학적·인간공학적 유해인자 목록을 작성하고, 작업내용을 검토하고, 설치된 각종 대책과 관련된 조치들을 조사하는 활동이다.

풀이 ② 현장조사로 정량적인 유해인자의 양을 측정하는 시료의 채취와 분석은 산업위생활동 중 '측정'에 해당한다.

08 다음 중 영양소와 그 영양소의 결핍으로 인한 주된 증상의 연결로 옳지 않은 것은?

① 비타민 A – 야맹증
② 비타민 B_1 – 구루병
③ 비타민 B_2 – 구강염, 구순염
④ 비타민 K – 혈액 응고작용 지연

풀이 비타민 B_1
㉠ 부족 시 각기병, 신경염을 유발한다.
㉡ 작업강도가 높은 근로자의 근육에 호기적 산화를 촉진시켜 근육의 열량공급을 원활하게 하는 영양소이다.
㉢ 근육운동(노동) 시 보급해야 한다.

09 일하는 데 가장 적합한 환경을 지적환경(optimum working environment)이라고 한다. 이러한 지적환경을 평가하는 방법과 거리가 먼 것은?

① 신체적(physical) 방법
② 생산적(productive) 방법
③ 생리적(physiological) 방법
④ 정신적(psychological) 방법

풀이 지적환경
일하는 데 가장 적합한 환경이며, 평가방법으로는 생리적·정신적·생산적 방법이 있다.

10 작업대사율(RMR)이 10인 작업을 하는 근로자의 계속작업 한계시간은 약 몇 분인가?

① 0.5분
② 1.5분
③ 3.0분
④ 4.5분

풀이 계속작업 한계시간(CMT)
$\log CMT = 3.724 - 3.23 \log RMR$
$= 3.724 - 3.23 \log 10 = 0.494$
$CMT = 10^{0.494} = 3.12$분

11 Methyl chloroform(TLV=350ppm)을 1일 12시간 작업할 때 노출기준을 Brief & Scala 방법으로 보정하면 몇 ppm으로 하여야 하는가?

① 150
② 175
③ 200
④ 250

풀이 보정된 노출기준 = TLV × RF
$RF = \left(\frac{8}{12}\right) \times \left(\frac{24-12}{16}\right) = 0.5$
$= 350 \text{ppm} \times 0.5 = 175 \text{ppm}$

정답 06.② 07.② 08.② 09.① 10.③ 11.②

12 다음 피로의 종류 중 다음 날까지 피로상태가 계속 유지되는 것은?

① 과로 ② 전신피로
③ 피로 ④ 국소피로

[풀이] **피로의 3단계**
피로도가 증가하는 순서를 의미하며, 피로의 정도는 객관적 판단이 용이하지 않다.
㉠ 보통피로(1단계) : 하룻밤을 자고 나면 완전히 회복하는 상태이다.
㉡ 과로(2단계) : 다음 날까지도 피로상태가 지속되는 상태로, 단기간 휴식으로 회복될 수 있으며, 발병단계는 아니다.
㉢ 곤비(3단계) : 과로의 축적으로 단시간에 회복될 수 없는 단계를 말하며, 심한 노동 후의 피로현상으로 병적 상태를 의미한다.

13 접착제 등의 원료로 사용되며 피부나 호흡기에 자극을 주어 새집증후군의 주요한 원인으로 지목되고 있는 실내공기 중 오염물질은?

① 라돈 ② 이산화질소
③ 오존 ④ 포름알데히드

[풀이] **포름알데히드**
㉠ 페놀수지의 원료로서 각종 합판, 칩보드, 가구, 단열재 등으로 사용되고, 눈과 상부기도를 자극하여 기침, 눈물을 야기시키며 어지러움, 구토, 피부질환, 정서불안정의 증상을 일으킨다.
㉡ 자극적인 냄새가 나는 무색의 수용성 가스로 메틸알데히드라고도 하며, 일반주택 및 공공건물에 많이 사용하는 건축자재와 섬유 옷감이 그 발생원이다.
㉢ 산업안전보건법상 사람에 충분한 발암성 증거가 있는 물질(1A)로 분류한다.

14 산업안전보건법령상 작업환경측정 시 측정의 기본 시료채취방법은?

① 개인시료채취
② 지역시료채취
③ 직독식 시료채취
④ 고체흡착 시료채취

[풀이] **개인시료(personal sampling)**
㉠ 작업환경측정을 실시한 경우 시료채취의 한 방법으로서 개인시료채취기를 이용하여 가스·증기, 흄, 미스트 등을 근로자 호흡위치(호흡기를 중심으로 반경 30cm인 반구)에서 채취하는 것을 말한다.
㉡ 개인시료채취방법은 분석화학의 발달로 미량분석이 가능하게 됨에 따라 시료채취기기의 소형화도 쉽게 이루어질 수 있다.
㉢ 작업환경측정은 개인시료채취를 원칙으로 하고 있으며, 개인시료채취가 곤란한 경우에 한하여 지역시료를 채취할 수 있다(지역시료는 개인시료의 보조수단).
㉣ 대상이 근로자일 경우 노출되는 유해인자의 양이나 강도를 간접적으로 측정하는 방법이다.
㉤ 개인시료의 활용은 노출기준 평가 시 이용된다.

15 근골격계 질환을 예방하기 위한 작업환경 개선의 방법으로 인체측정치를 이용한 작업환경의 설계가 이루어질 때, 다음 중 가장 먼저 고려되어야 할 사항은?

① 조절 가능 여부
② 최대치의 적용 여부
③ 최소치의 적용 여부
④ 평균치의 적용 여부

[풀이] 근골격계 질환을 예방하기 위하여 인체측정치를 이용한 작업환경 설계 시 조절 가능 여부를 가장 먼저 고려하여야 한다.

16 재해율 통계방법 중 강도율을 나타낸 것은?

① $\dfrac{\text{연간 총재해자수}}{\text{연평균 근로자수}} \times 1,000$

② $\dfrac{\text{연간 총재해자수}}{\text{연평균 근로자수}} \times 1,000,000$

③ $\dfrac{\text{연간 총근로손실일수}}{\text{연간 총근로시간수}} \times 1,000$

④ $\dfrac{\text{연간 재해발생건수}}{\text{연간 총근로시간수}} \times 1,000,000$

[풀이] 강도율은 연근로시간 1,000시간당 재해로 인해 잃어버린 근로손실일수를 의미한다.

정답 12.① 13.④ 14.① 15.① 16.③

17 한국의 산업위생 역사 중 연도와 활동이 잘못 연결된 것은?
① 1958년 – 석탄공사 장성병원 중앙실험실 설치
② 1962년 – 가톨릭 산업의학연구소 설립
③ 1989년 – 작업환경측정 정도관리제도 도입
④ 1990년 – 한국산업위생학회 창립

풀이 ③ 작업환경측정 정도관리제도의 도입은 1992년이다.

18 규폐증은 공기 중 분진에 어느 물질이 함유되어 있을 때 주로 발생하는가?
① 석면   ② 목재
③ 크롬   ④ 유리규산

풀이 규폐증(silicosis)
규폐증은 이집트의 미라에서도 발견되는 오랜 질병이며, 채석장 및 모래분사작업장에 종사하는 작업자들이 석면을 과도하게 흡입하여 걸리는 폐질환으로, SiO_2 함유 먼지 0.5~5μm 크기에서 잘 유발된다. 즉, 규폐증은 결정형 규소(암석 : 석영분진, 이산화규소, 유리규산)에 직업적으로 노출된 근로자에게 발생한다.

19 산업안전보건법령상 사무실 공기관리지침 중 오염물질 관리기준이 설정되지 않은 것은?
① 이산화황   ② 총부유세균
③ 일산화탄소   ④ 이산화탄소

풀이 사무실 오염물질의 관리기준

오염물질	관리기준
미세먼지(PM 10)	100$\mu g/m^3$ 이하
초미세먼지(PM 2.5)	50$\mu g/m^3$ 이하
이산화탄소(CO_2)	1,000ppm 이하
일산화탄소(CO)	10ppm 이하
이산화질소(NO_2)	0.1ppm 이하
포름알데히드(HCHO)	100$\mu g/m^3$ 이하
총휘발성 유기화합물(TVOC)	500$\mu g/m^3$ 이하
라돈(radon)	148Bq/m^3 이하
총부유세균	800CFU/m^3 이하
곰팡이	500CFU/m^3 이하

20 산업안전보건법령상 석면 해체 작업장의 석면농도 측정방법으로 옳지 않은 것은? (단, 작업장은 실내이며, 석면 해체·제거 작업이 모두 완료되어 작업장의 밀폐시설 등이 정상적으로 가동되는 상태이다.)
① 밀폐막이 손상되지 않고 외부로부터 작업장이 차폐되어 있음을 확인해야 한다.
② 작업이 완료되면 작업장 바닥이 젖어 있거나 물이 고여 있지 않음을 확인해야 한다.
③ 작업장 내 침전된 분진이 비산(飛散)될 경우 근로자에게 영향을 미치므로 비산이 되기 전 즉시 시료를 채취한다.
④ 시료채취펌프를 이용하여 멤브레인 여과지(Mixed Cellulose Ester membrane filter)로 공기 중 입자상 물질을 여과 채취한다.

풀이 ③ 작업장 내 침전된 분진을 비산시킨 후 측정하여야 한다.

제2과목 | 작업환경 측정 및 평가

21 직접포집방법에 사용되는 시료채취백의 특징과 거리가 먼 것은?
① 가볍고 가격이 저렴할 뿐 아니라 깨질 염려가 없다.
② 개인시료 포집도 가능하다.
③ 연속시료채취가 가능하다.
④ 시료채취 후 장시간 보관이 가능하다.

풀이 시료채취백(포집백)의 특징
㉠ 가볍고 가격이 저렴하다.
㉡ 깨질 염려가 없다.
㉢ 개인시료 포집 및 연속시료채취가 가능하다.
㉣ 시료채취 후 장시간 보관이 불가능하다.

정답 17.③ 18.④ 19.① 20.③ 21.④

22 유량, 측정시간, 회수율 및 분석 등에 의한 오차가 각각 15%, 3%, 9%, 5%일 때, 누적오차(%)는?

① 18.4
② 20.3
③ 21.5
④ 23.5

풀이 누적오차(E_c) = $\sqrt{15^2 + 3^2 + 9^2 + 5^2}$ = 18.44%

23 가스상 유해물질을 검지관방식으로 측정하는 경우 측정시간 간격과 측정횟수로 옳은 것은? (단, 고용노동부 고시를 기준으로 한다.)

① 측정지점에서 1일 작업시간 동안 1시간 간격으로 3회 이상 측정하여야 한다.
② 측정지점에서 1일 작업시간 동안 1시간 간격으로 4회 이상 측정하여야 한다.
③ 측정지점에서 1일 작업시간 동안 1시간 간격으로 6회 이상 측정하여야 한다.
④ 측정지점에서 1일 작업시간 동안 1시간 간격으로 8회 이상 측정하여야 한다.

풀이 검지관방식의 측정
검지관방식으로 측정하는 경우에는 1일 작업시간 동안 1시간 간격으로 6회 이상 측정하되, 측정시간마다 2회 이상 반복 측정하여 평균값을 산출하여야 한다. 다만, 가스상 물질의 발생시간이 6시간 이내일 때에는 작업시간 동안 1시간 간격으로 나누어 측정하여야 한다.

24 검출한계(LOD)에 관한 내용으로 옳은 것은?

① 표준편차의 3배에 해당
② 표준편차의 5배에 해당
③ 표준편차의 10배에 해당
④ 표준편차의 20배에 해당

풀이
㉠ 검출한계(LOD) = 표준편차 × 3
㉡ 정량한계(LOQ) = 표준편차 × 10 = LOD × 3(3.3)

25 검지관의 장점에 대한 설명으로 틀린 것은?

① 사용이 간편하다.
② 특이도가 높다.
③ 반응시간이 빠르다.
④ 산업보건전문가가 아니더라도 어느 정도 숙지하면 사용할 수 있다.

풀이 검지관 측정법의 장단점
(1) 장점
㉠ 사용이 간편하다.
㉡ 반응시간이 빨라 현장에서 바로 측정결과를 알 수 있다.
㉢ 비전문가도 어느 정도 숙지하면 사용할 수 있지만, 산업위생전문가의 지도 아래 사용되어야 한다.
㉣ 맨홀, 밀폐공간에서의 산소부족 또는 폭발성 가스로 인한 안전이 문제가 될 때 유용하게 사용된다.
㉤ 다른 측정방법이 복잡하거나 빠른 측정이 요구될 때 사용할 수 있다.
(2) 단점
㉠ 민감도가 낮아 비교적 고농도에만 적용이 가능하다.
㉡ 특이도가 낮아 다른 방해물질의 영향을 받기 쉽고 오차가 크다.
㉢ 대개 단시간 측정만 가능하다.
㉣ 한 검지관으로 단일물질만 측정 가능하여 각 오염물질에 맞는 검지관을 선정함에 따른 불편함이 있다.
㉤ 색변화에 따라 주관적으로 읽을 수 있어 판독자에 따라 변이가 심하며, 색변화가 시간에 따라 변하므로 제조자가 정한 시간에 읽어야 한다.
㉥ 미리 측정대상물질의 동정이 되어 있어야 측정이 가능하다.

26 여과지의 종류 중 MEC membrane filter에 관한 내용으로 틀린 것은?

① 셀룰로오스부터 PVC, PTFE까지 다양한 원료로 제조된다.
② 시료가 여과지의 표면 또는 표면 가까운 데에 침착되므로 석면, 유리섬유 등 현미경 분석을 위한 시료채취에 이용된다.
③ 입자상 물질에 대한 중량분석에 많이 사용된다.
④ 입자상 물질 중의 금속을 채취하여 원자흡광광도법으로 분석하는 데 적정하다.

[풀이] **MCE막 여과지(Mixed Cellulose Ester membrane filter)**
㉠ 산업위생에서는 거의 대부분이 직경 37mm, 구멍 크기 0.45~0.8μm의 MCE막 여과지를 사용하고 있어 작은 입자의 금속과 흄(fume) 채취가 가능하다.
㉡ 산에 쉽게 용해되고 가수분해되며, 습식 회화되기 때문에 공기 중 입자상 물질 중의 금속을 채취하여 원자흡광법으로 분석하는 데 적당하다.
㉢ 산에 의해 쉽게 회화되기 때문에 원소분석에 적합하고, NIOSH에서는 금속, 석면, 살충제, 불소화합물 및 기타 무기물질 분석에 추천하고 있다.
㉣ 시료가 여과지의 표면 또는 가까운 곳에 침착되므로 석면, 유리섬유 등 현미경 분석을 위한 시료채취에도 이용된다.
㉤ 흡습성(원료인 셀룰로오스가 수분 흡수)이 높아 오차를 유발할 수 있어 중량분석에 적합하지 않다.

27 다음 중 개인용 방사선 측정기로 의료용 진단에서 가장 널리 사용되고 있는 측정기는?
① X-선 필름
② Lux meter
③ 개인시료 포집장치
④ 상대농도 측정계

[풀이] 방사선 작업 시 개인용 방사선 측정기로 의료용 진단에서 가장 널리 사용되고 있는 측정기는 X-선 필름(film badge)이다.

28 아세톤, 부틸아세테이트, 메틸에틸케톤 1:2:1 혼합물의 허용농도(ppm)는? (단, 아세톤, 부틸아세테이트, 메틸에틸케톤의 TLV값은 750, 200, 200ppm이다.)
① 약 225
② 약 235
③ 약 245
④ 약 255

[풀이] 각 유해물질의 중량비를 구하면,
• 아세톤 = $\frac{1}{4} \times 100 = 25\%$
• 부틸아세테이트 = $\frac{2}{4} \times 100 = 50\%$
• 메틸에틸케톤 = $\frac{1}{4} \times 100 = 25\%$
∴ 혼합물의 노출기준(ppm)
$= \frac{1}{\frac{0.25}{750} + \frac{0.5}{200} + \frac{0.25}{200}} = 244.90 \text{ppm}$

29 근로자가 노출되는 소음의 주파수 특성을 파악하여 공학적인 소음관리대책을 세우고자 할 때 적용하는 소음계로 가장 적당한 것은?
① 보통 소음계
② 적분형 소음계
③ 누적소음폭로량 측정계
④ 옥타브밴드분석 소음계

[풀이] **옥타브밴드분석 소음계**
소음의 주파수 특성을 파악하여 공학적인 소음관리대책을 세우고자 할 때 적용하는 소음계이다.

30 시료 전처리인 회화(ashing)에 대한 설명 중 틀린 것은?
① 회화용액에 주로 사용되는 것은 염산과 질산이다.
② 회화 시 실험용기에 의한 영향은 거의 없으므로 일반 유리제품을 사용한다.
③ 분석하고자 하는 금속을 제외한 나머지의 기질과 산을 제거하는 과정을 회화라 한다.
④ 시료가 다상의 성분일 경우에는 여러 종류의 산을 혼합하여 사용한다.

[풀이] ② 회화 시 실험용기에 의한 영향이 있으므로 테프론 재질의 제품을 사용한다.

31 분석기기마다 바탕선량(background)과 구별하여 분석될 수 있는 가장 적은 분석물질의 양을 무엇이라 하는가?
① 검출한계(Limit Of Detection ; LOD)
② 정량한계(Limit Of Quantization ; LOQ)
③ 특이성(specificity)
④ 검량선(calibration graph)

[풀이] **검출한계(LOD ; Limit Of Detection)**
㉠ 분석기기마다 바탕선량과 구별하여 분석될 수 있는 가장 적은 분석물질의 양을 말한다.
㉡ 분석에 이용되는 공시료와 통계적으로 다르게 분석될 수 있는 가장 낮은 농도로 분석기기가 검출할 수 있는 가장 작은 양, 즉 주어진 신뢰수준에서 검출 가능한 분석물의 질량이다.

정답 27.① 28.③ 29.④ 30.② 31.①

PART 02 과년도 출제문제

32 미국산업위생전문가협의회(ACGIH)에서 정의한 흉곽성 입자상 물질의 평균입경(μm)은 얼마인가?

① 3 ② 4
③ 5 ④ 10

[풀이] ACGIH의 입자 크기별 기준(TLV)
(1) 흡입성 입자상 물질
 (IPM ; Inspirable Particulates Mass)
 ㉠ 호흡기 어느 부위에 침착(비강, 인후두, 기관 등 호흡기의 기도 부위)하더라도 독성을 유발하는 분진
 ㉡ 입경범위는 0~100μm
 ㉢ 평균입경(폐 침착의 50%에 해당하는 입자의 크기)은 100μm
 ㉣ 침전분진은 재채기, 침, 코 등의 벌크(bulk) 세척기전으로 제거됨
 ㉤ 비암이나 비중격천공을 일으키는 입자상 물질이 여기에 속함
(2) 흉곽성 입자상 물질
 (TPM ; Thoracic Particulates Mass)
 ㉠ 기도나 하기도(가스교환 부위)에 침착하여 독성을 나타내는 물질
 ㉡ 평균입경은 10μm
 ㉢ 채취기구는 PM10
(3) 호흡성 입자상 물질
 (RPM ; Respirable Particulates Mass)
 ㉠ 가스교환 부위, 즉 폐포에 침착할 때 유해한 물질
 ㉡ 평균입경은 4μm(공기역학적 직경이 10μm 미만인 먼지)
 ㉢ 채취기구는 10mm nylon cyclone

33 하루 중 80dB(A)의 소음이 발생되는 장소에서 1/3 근무하고, 70dB(A)의 소음이 발생하는 장소에서 2/3 근무한다고 할 때, 이 근로자의 평균소음피폭량[dB(A)]은?

① 80 ② 78
③ 76 ④ 74

[풀이] $L_{평균} = 10\log\left[\left(10^8 \times \frac{1}{3}\right) + \left(10^7 \times \frac{2}{3}\right)\right] = 76.02 \text{dB(A)}$

34 활성탄에 흡착된 증기(유기용제-방향족 탄화수소)를 탈착시키는 데 일반적으로 사용하는 용매는?

① Chloroform
② Methyl chloroform
③ H_2O
④ CS_2

[풀이] 용매 탈착
(1) 개요
 ㉠ 비극성 물질의 탈착용매로는 이황화탄소(CS_2)를 사용하고, 극성 물질에는 이황화탄소와 다른 용매를 혼합하여 사용한다.
 ㉡ 활성탄에 흡착된 증기(유기용제-방향족 탄화수소)를 탈착시키는 데 일반적으로 사용되는 용매는 이황화탄소이다.
(2) 용매로 사용되는 이황화탄소의 장점
 탈착효율이 좋고, 가스크로마토그래피의 불꽃이온화검출기에서 반응성이 낮아 피크의 크기가 작게 나오므로 분석 시 유리하다.
(3) 용매로 사용되는 이황화탄소의 단점
 독성 및 인화성이 크며, 작업이 번잡하다. 특히 심혈관계와 신경계에 독성이 매우 크고 취급 시 주의를 요하며, 전처리 및 분석하는 장소의 환기에 유의하여야 한다.

35 가스크로마토그래피(GC) 분리관의 성능은 분해능과 효율로 표시할 수 있다. 분해능을 높이려는 조작으로 틀린 것은?

① 분리관의 길이를 길게 한다.
② 이론층 해당 높이를 최대로 하는 속도로 운반가스의 유속을 결정한다.
③ 고체 지지체의 입자 크기를 작게 한다.
④ 일반적으로 저온에서 좋은 분해능을 보이므로 온도를 낮춘다.

[풀이] 분리관의 분해능을 높이기 위한 방법
㉠ 시료와 고정상의 양을 적게 한다.
㉡ 고체 지지체의 입자 크기를 작게 한다.
㉢ 온도를 낮춘다.
㉣ 분리관의 길이를 길게 한다(분해능은 길이의 제곱근에 비례).

정답 32.④ 33.③ 34.④ 35.②

36 소음계의 성능에 관한 설명으로 틀린 것은?
① 측정 가능 주파수 범위는 31.5Hz~8kHz 이상이어야 한다.
② 지시계기의 눈금오차는 0.5dB 이내이어야 한다.
③ 측정 가능 소음도 범위는 10~150dB 이상이어야 한다.
④ 자동차 소음 측정에 사용되는 것의 측정 가능 소음도 범위는 45~130dB 이상이어야 한다.

풀이 소음계의 성능
㉠ 측정 가능 주파수 범위는 31.5Hz~8kHz 이상이어야 한다.
㉡ 측정 가능 소음도 범위는 35~130dB 이상이어야 한다(다만, 자동차 소음 측정에 사용되는 것은 45~130dB 이상으로 한다).
㉢ 특성별(A특성 및 C특성) 표준입사각의 응답과 그 편차는 KS C IEC 61672-1의 표 2를 만족하여야 한다.
㉣ 레벨레인지 변환기가 있는 기기에 있어서 레벨레인지 변환기의 전환오차는 0.5dB 이내이어야 한다.
㉤ 지시계기의 눈금오차는 0.5dB 이내이어야 한다.

37 20mL의 1% sodium bisulfite를 담은 임핀저를 이용하여 포름알데히드가 함유된 공기 0.4m³을 채취하여 비색법으로 분석하였다. 검량선과 비교한 결과 시료용액 중 포름알데히드 농도는 40μg/mL이었다. 공기 중 포름알데히드 농도(ppm)는? (단, 25℃, 1기압 기준이며, 포름알데히드의 분자량은 30g/mol이다.)
① 0.8 ② 1.6
③ 3.2 ④ 6.4

풀이
$$농도(mg/m^3) = \frac{40\mu g/mL \times 20mL \times mg/10^3\mu g}{0.4m^3}$$
$$= 2mg/m^3$$
$$농도(ppm) = 2mg/m^3 \times \frac{24.45}{30}$$
$$= 1.63ppm$$

38 임핀저(impinger)를 이용하여 채취할 수 있는 물질이 아닌 것은?
① 각종 금속류의 먼지
② 이소시아네이트(isocyanates)류
③ 톨루엔 디아민(toluene diamine)
④ 활성탄관이나 실리카겔로 흡착이 되지 않는 증기, 가스와 산

풀이 ① 각종 금속류의 먼지는 MCE막 여과지를 이용하여 채취한다.

39 다음 내용은 고용노동부 작업환경측정 고시의 일부분이다. ㉮에 들어갈 내용은?

"개인시료채취"란 개인시료채취기를 이용하여 가스·증기·분진·흄(fume)·미스트(mist) 등을 근로자의 호흡위치(㉮)에서 채취하는 것을 말한다.

① 호흡기를 중심으로 반경 10cm인 반구
② 호흡기를 중심으로 반경 30cm인 반구
③ 호흡기를 중심으로 반경 50cm인 반구
④ 호흡기를 중심으로 반경 100cm인 반구

풀이 개인시료는 개인시료채취기를 이용하여 가스·증기·흄·미스트 등을 근로자 호흡위치(호흡기를 중심으로 반경 30cm인 반구)에서 채취하는 것을 말한다.

40 공기 중 입자상 물질의 여과에 의한 채취원리가 아닌 것은?
① 직접차단(direct interception)
② 관성충돌(inertial impaction)
③ 확산(diffusion)
④ 흡착(adsorption)

풀이 여과 채취원리
㉠ 직접차단(간섭)
㉡ 관성충돌
㉢ 확산
㉣ 중력침강
㉤ 정전기침강
㉥ 체질

정답 36.③ 37.② 38.① 39.② 40.④

제3과목 | 작업환경 관리

41 방진마스크의 필터에 사용되는 재질과 가장 거리가 먼 것은?

① 활성탄
② 합성섬유
③ 면
④ 유리섬유

[풀이] 방진마스크의 여과재 재질
㉠ 면
㉡ 모
㉢ 합성섬유
㉣ 유리섬유

42 음압레벨이 80dB인 소음과 40dB인 소음과의 음압 차이는?

① 2배 ② 20배
③ 40배 ④ 100배

[풀이]
• $80 = 20\log\dfrac{P_1}{2\times10^{-5}}$

  $4 = \log\dfrac{P_1}{2\times10^{-5}}$

  $P_1 = 10^4 \times 2\times10^{-5} \text{N/m}^2$

• $40 = 20\log\dfrac{P_2}{2\times10^{-5}}$

  $2 = \log\dfrac{P_2}{2\times10^{-5}}$

  $P_2 = 10^2 \times 2\times10^{-5} \text{N/m}^2$

∴ 음압 차이 = $\dfrac{10^4 \times 2\times10^{-5}}{10^2 \times 2\times10^{-5}} = 10^2 = 100$배

43 소음방지대책으로 가장 효과적인 방법은?

① 소음원의 제거 및 억제
② 음향재료에 의한 흡음
③ 장해물에 의한 차음
④ 소음기 이용

[풀이] 소음방지대책으로 가장 효과적인 방법은 소음원의 제거 및 억제, 즉 발생원(소음원)에서의 대책이다.

44 자외선이 피부에 작용하는 설명으로 틀린 것은?

① 1,000~2,800Å의 자외선에 노출 시 홍반현상 및 즉시 색소침착 발생
② 2,800~3,200Å의 자외선에 노출 시 피부암 발생 가능
③ 자외선 조사량이 너무 많을 시 모세혈관 벽의 투과성 증가
④ 자외선에 노출 시 표피의 두께 증가

[풀이] 자외선의 피부에 대한 작용(장애)
㉠ 자외선에 의하여 피부의 표피와 진피 두께가 증가하여 피부의 비후가 온다.
㉡ 280nm 이하의 자외선은 대부분 표피에서 흡수되고, 280~320nm 자외선은 진피에서 흡수되며, 320~380nm 자외선은 표피(상피 : 각화층, 말피기층)에서 흡수된다.
㉢ 각질층 표피세포(말피기층)의 histamine 양이 많아져 모세혈관 수축, 홍반 형성에 이어 색소침착이 발생하고, 홍반 형성은 300nm 부근(2,000~2,900Å)의 폭로가 가장 강한 영향을 미치며 멜라닌색소 침착은 300~420nm에서 영향을 미친다.
㉣ 반복하여 자외선에 노출될 경우 피부가 건조해지고 갈색을 띠게 하며 주름살이 많이 생기게 한다. 즉 피부노화에 영향을 미친다.
㉤ 피부투과력은 체표에서 0.1~0.2mm 정도이고 자외선 파장, 피부색, 피부표피의 두께에 좌우된다.
㉥ 옥외작업 시 콜타르의 유도체, 벤조피렌, 안트라센화합물과 상호작용하여 피부암을 유발하며, 관여하는 파장은 주로 280~320nm이다.
㉦ 피부색과의 관계는 피부가 흰색일 때 가장 투과가 잘 되며, 흑색이 가장 투과가 안 된다. 따라서 백인과 흑인의 피부암 발생률 차이가 크다.
㉧ 자외선 노출에 가장 심각한 만성영향은 피부암이며, 피부암의 90% 이상은 햇볕에 노출된 신체 부위에서 발생한다. 특히 대부분의 피부암은 상피세포 부위에서 발생한다.

45 정화능력이 사염화탄소의 농도 0.7%에서 50분인 방독마스크를 사염화탄소의 농도가 0.2%인 작업장에서 사용할 때 방독마스크의 사용 가능한 시간(분)은?

① 110 ② 125
③ 145 ④ 175

[정답] 41.① 42.④ 43.① 44.① 45.④

[풀이] 사용 가능 시간(분)
$$= \frac{\text{표준유효시간} \times \text{시험가스 농도}}{\text{공기 중 유해가스 농도}} = \frac{50분 \times 0.7\%}{0.2\%}$$
$$= 175분$$

46 자연채광에 관한 설명으로 틀린 것은?
① 창의 방향은 많은 채광을 요구하는 경우 남향이 좋다.
② 균일한 조명을 요하는 작업실은 북창이 좋다.
③ 창의 면적은 벽 면적의 15~20%가 이상 적이다.
④ 실내각점의 개각은 4~5°, 입사각은 28° 이상이 좋다.

[풀이] ③ 창의 면적은 바닥 면적의 15~20%가 이상적이다.

47 음원에서 10m 떨어진 곳에서 음압수준이 89dB(A)일 때, 음원에서 20m 떨어진 곳에서의 음압수준[dB(A)]은? (단, 점음원이고, 장해물이 없는 자유공간에서 구면상으로 전파한다고 가정한다.)
① 77　　② 80
③ 83　　④ 86

[풀이]
$$SPL_1 - SPL_2 = 20\log\frac{r_2}{r_1}$$
$$89dB - SPL_2 = 20\log\frac{20}{10}$$
$$SPL_2 = 89dB - 20\log\frac{20}{10} = 82.98dB$$

48 다음 중 작업에 기인하여 전신진동을 받을 수 있는 작업자로 가장 올바른 것은?
① 병타 작업자
② 착암 작업자
③ 해머 작업자
④ 교통기관 승무원

[풀이] 전신진동의 가장 큰 영향을 받는 작업자는 교통기관 승무원이다.

49 유해화학물질이 체내로 침투되어 해독되는 경우 해독반응에 가장 중요한 작용을 하는 것은?
① 적혈구　　② 효소
③ 림프　　④ 백혈구

[풀이] 유해화학물질이 체내로 침투되어 해독되는 경우 해독반응에 가장 중요한 작용을 하는 것은 효소이다.

50 안전보건규칙상 적정공기의 물질별 농도범위로 틀린 것은?
① 산소 - 18% 이상, 23.5% 미만
② 이산화탄소 - 2.0% 미만
③ 일산화탄소 - 30ppm 미만
④ 황화수소 - 10ppm 미만

[풀이] 보기 물질의 적정공기 농도범위는 각각 다음과 같다.
① 산소농도의 범위가 18% 이상, 23.5% 미만인 수준의 공기
② 이산화탄소 농도가 1.5% 미만인 수준의 공기
③ 일산화탄소 농도가 30ppm 미만인 수준의 공기
④ 황화수소 농도가 10ppm 미만인 수준의 공기

51 공기역학적 직경의 의미로 옳은 것은?
① 먼지의 면적을 2등분하는 선의 길이
② 먼지와 침강속도가 같고, 밀도가 1이며, 구형인 먼지의 직경
③ 먼지의 한쪽 끝 가장자리에서 다른 쪽 끝 가장자리까지의 거리
④ 먼지의 면적과 동일한 면적을 가지는 구형의 직경

[풀이] 공기역학적 직경(aero-dynamic diameter)
㉠ 대상 먼지와 침강속도가 같고 밀도가 $1g/cm^3$이며, 구형인 먼지의 직경으로 환산된 직경이다.
㉡ 입자의 크기가 입자의 역학적 특성, 즉 침강속도(setting velocity) 또는 종단속도(terminal velocity)에 의하여 측정되는 입자의 크기를 말한다.
㉢ 입자의 공기 중 운동이나 호흡기 내의 침착기전을 설명할 때 유용하게 사용한다.

정답 46.③ 47.③ 48.④ 49.② 50.② 51.②

52 감압병 예방 및 치료에 관한 설명으로 옳지 않은 것은?

① 감압병의 증상이 발생하였을 경우 환자를 원래의 고압환경으로 복귀시킨다.
② 고압환경에서 작업할 때에는 질소를 아르곤으로 대치한 공기를 호흡시키는 것이 좋다.
③ 잠수 및 감압방법에 익숙한 사람을 제외하고는 1분에 10m 정도씩 잠수하는 것이 좋다.
④ 감압이 끝날 무렵에 순수한 산소를 흡입시키면 예방적 효과와 감압시간을 단축시킬 수 있다.

풀이 **감압병의 예방 및 치료**
㉠ 고압환경에서의 작업시간을 제한하고 고압실 내의 작업에서는 이산화탄소의 분압이 증가하지 않도록 신선한 공기를 송기시킨다.
㉡ 감압이 끝날 무렵에 순수한 산소를 흡입시키면 예방효과가 있을 뿐 아니라 감압시간을 25% 가량 단축시킬 수 있다.
㉢ 고압환경에서 작업하는 근로자에게는 질소를 헬륨으로 대치한 공기를 호흡시킨다.
㉣ 헬륨-산소 혼합가스는 호흡저항이 적어 심해 잠수에 사용한다.
㉤ 일반적으로 1분에 10m 정도씩 잠수하는 것이 안전하다.
㉥ 감압병의 증상 발생 시에는 환자를 곧장 원래의 고압환경 상태로 복귀시키거나 인공고압실에 넣어 혈관 및 조직 속에 발생한 질소의 기포를 다시 용해시킨 다음 천천히 감압한다.
㉦ Haldene의 실험근거상 정상기압보다 1.25기압을 넘지 않는 고압환경에서는 아무리 오랫동안 폭로되거나 빨리 감압하더라도 기포를 형성하지 않는다.
㉧ 비만자의 작업을 금지시키고, 순환기에 이상이 있는 사람은 취업 또는 작업을 제한한다.
㉨ 헬륨은 질소보다 확산속도가 빠르며, 체외로 배출되는 시간이 질소에 비하여 50% 정도 밖에 걸리지 않는다.
㉩ 귀 등의 장애를 예방하기 위해서는 압력을 가하는 속도를 분당 $0.8kg/cm^2$ 이하가 되도록 한다.

53 장기간 사용하지 않은 오래된 우물에 들어가서 작업하는 경우 작업자가 반드시 착용해야 할 개인보호구는?

① 입자용 방진마스크
② 유기가스용 방독마스크
③ 일산화탄소용 방독마스크
④ 송기형 호스마스크

풀이 산소결핍장소에서는 송기마스크(호스마스크)를 사용하며, 방진·방독 마스크를 사용하면 안 된다.

54 수은 작업장의 작업환경관리대책으로 가장 적합하지 않은 것은?

① 수은 주입과정을 자동화시킨다.
② 수거한 수은은 물과 함께 통에 보관한다.
③ 수은은 쉽게 증발하기 때문에 작업장의 온도를 80℃로 유지한다.
④ 독성이 적은 대체품을 연구한다.

풀이 **수은의 작업환경관리대책**
㉠ 수은 주입과정을 자동화한다.
㉡ 수거한 수은은 물통에 보관한다.
㉢ 바닥은 틈이나 구멍이 나지 않는 재료를 사용하여 수은이 외부로 노출되는 것을 막는다.
㉣ 실내온도를 가능한 한 낮고 일정하게 유지시킨다.
㉤ 공정은 수은을 사용하지 않는 공정으로 변경한다.
㉥ 작업장 바닥에 흘린 수은은 즉시 제거·청소한다.
㉦ 수은증기 발생 상방에 국소배기장치를 설치한다.

55 고압환경에서 발생할 수 있는 장해에 영향을 주는 화학물질과 가장 거리가 먼 것은?

① 산소
② 질소
③ 아르곤
④ 이산화탄소

풀이 **고압환경에서의 2차적 가압현상**
㉠ 질소가스의 마취작용
㉡ 산소중독
㉢ 이산화탄소중독

56 작업장의 조명관리에 관한 설명으로 옳지 않은 것은?

① 간접조명은 음영과 현휘로 인한 입체감과 조명효율이 높은 것이 장점이다.
② 반간접조명은 간접과 직접 조명을 절충한 방법이다.
③ 직접조명은 작업 면의 빛의 대부분이 광원 및 반사용 삿갓에서 직접 온다.
④ 직접조명은 기구의 구조에 따라 눈을 부시게 하거나 균일한 조도를 얻기 힘들다.

[풀이] 조명방법에 따른 조명의 종류
(1) 직접조명
  ㉠ 작업 면 빛의 대부분이 광원 및 반사용 삿갓에서 직접 온다.
  ㉡ 기구의 구조에 따라 눈을 부시게 하거나 균일한 조도를 얻기 힘들다.
  ㉢ 반사갓을 이용하여 광속의 90~100%가 아래로 향하게 하는 방식이다.
  ㉣ 일정량의 전력으로 조명 시 가장 밝은 조명을 얻을 수 있다.
  ㉤ 장점 : 효율이 좋고, 천장 면의 색조에 영향을 받지 않으며, 설치비용이 저렴하다.
  ㉥ 단점 : 눈부심, 균일한 조도를 얻기 힘들며, 강한 음영을 만든다.
(2) 간접조명
  ㉠ 광속의 90~100%를 위로 향해 발산하여 천장, 벽에서 확산시켜 균일한 조명도를 얻을 수 있는 방식이다.
  ㉡ 천장과 벽에 반사하여 작업 면을 조명하는 방법이다.
  ㉢ 장점 : 눈부심이 없고, 균일한 조도를 얻을 수 있으며, 그림자가 없다.
  ㉣ 단점 : 효율이 나쁘고 설치가 복잡하며, 실내의 입체감이 작아진다.

57 보호구 밖의 농도가 300ppm이고 보호구 안의 농도가 12ppm이었을 때 보호계수(Protection Factor, PF)는?

① 200 ② 100
③ 50   ④ 25

[풀이] $PF = \dfrac{C_o}{C_i} = \dfrac{300}{12} = 25$

58 작업 중 잠시라도 초과되어서는 안 되는 농도를 나타낸 단위는?

① TLV   ② TLV-TWA
③ TLV-C   ④ TLV-STEL

[풀이] 최고노출기준(최고허용농도, C ; Ceiling)
㉠ 근로자가 작업시간 동안 잠시라도 노출되어서는 안 되는 기준(농도)
㉡ 노출기준 앞에 'C'를 붙여 표시
㉢ 어떤 시점에서 수치를 넘어서는 안 된다는 상한치를 뜻하는 것으로, 항상 표시된 농도 이하를 유지해야 한다는 의미이며, 자극성 가스나 독작용이 빠른 물질에 적용

59 금속에 장기간 노출되었을 때 발생할 수 있는 건강장애가 잘못 연결된 것은?

① 납 – 빈혈
② 크롬 – 운동장애
③ 망간 – 보행장애
④ 수은 – 뇌신경세포 손상

[풀이] 크롬에 의한 건강장애
(1) 급성중독
  ㉠ 신장장애 : 과뇨증(혈뇨증) 후 무뇨증을 일으키며, 요독증으로 10일 이내에 사망
  ㉡ 위장장애
  ㉢ 급성폐렴
(2) 만성중독
  ㉠ 점막장애 : 비중격천공
  ㉡ 피부장애 : 피부궤양을 야기(둥근 형태의 궤양)
  ㉢ 발암작용 : 장기간 흡입에 의한 기관지암, 폐암, 비강암(6가 크롬) 발생
  ㉣ 호흡기장애 : 크롬폐증 발생

60 태양복사광선의 파장범위에 따른 구분으로 옳은 것은?

① 300nm – 적외선
② 600nm – 자외선
③ 700nm – 가시광선
④ 900nm – Dorno선

정답 56.① 57.④ 58.③ 59.② 60.③

[풀이] 태양복사광선의 파장범위
- ㉠ 자외선 : 100~400nm
- ㉡ 가시광선 : 400~760nm
- ㉢ 적외선 : 760nm~1mm
- ㉣ Dorno선 : 280~315nm

제4과목 | 산업환기

61 산업안전보건법령에서 규정한 관리대상 유해물질 관련 물질의 상태 및 국소배기장치 후드의 형식에 따른 제어풍속으로 틀린 것은?

① 외부식 상방흡인형(가스상) : 1.0m/s
② 외부식 측방흡인형(가스상) : 0.5m/s
③ 외부식 상방흡인형(입자상) : 1.0m/s
④ 외부식 측방흡인형(입자상) : 1.0m/s

[풀이] 관리대상 유해물질 관련 국소배기장치 후드의 제어풍속

물질의 상태	후드 형식	제어풍속(m/s)
가스상태	포위식 포위형	0.4
	외부식 측방흡인형	0.5
	외부식 하방흡인형	0.5
	외부식 상방흡인형	1.0
입자상태	포위식 포위형	0.7
	외부식 측방흡인형	1.0
	외부식 하방흡인형	1.0
	외부식 상방흡인형	1.2

62 일반적으로 외부식 후드에 플랜지를 부착하면 약 어느 정도 효율이 증가될 수 있는가? (단, 플랜지의 크기는 개구면적의 제곱근 이상으로 한다.)

① 15% ② 25%
③ 35% ④ 45%

[풀이] 일반적으로 외부식 후드에 플랜지를 부착하면 후방 유입기류를 차단하고 후드 전면에서 포집범위가 확대되어 플랜지가 없는 후드에 비해 동일 지점에서 동일한 제어속도를 얻는 데 필요한 송풍량을 약 25% 감소시킬 수 있다.

63 흡인유량을 320m³/min에서 200m³/min으로 감소시킬 경우 소요동력은 몇 % 감소하는가?

① 14.4 ② 18.4
③ 20.4 ④ 24.4

[풀이] 동력은 유량의 3승에 비례
$$\left(\frac{Q_2}{Q_1}\right)^3 = \left(\frac{kW_2}{kW_1}\right)$$
$$\frac{320^3 - 200^3}{320^3} \times 100 = 75.59\%$$
∴ 감소율 = 100 − 75.59 = 24.41%

64 송풍기의 설계 시 주의사항으로 옳지 않은 것은?

① 송풍관의 중량을 송풍기에 가중시키지 않는다.
② 송풍기의 덕트 연결부위는 송풍기와 덕트가 같이 진동할 수 있도록 직접 연결한다.
③ 배기가스의 입자의 종류와 농도 등을 고려하여 송풍기의 형식과 내마모구조를 고려한다.
④ 송풍량과 송풍압력을 만족시켜 예상되는 풍량의 변동범위 내에서 과부하하지 않고 운전이 되도록 한다.

[풀이] 송풍기 설계 시 주의사항
- ㉠ 송풍량과 송풍압력을 완전히 만족시켜 예상되는 풍량의 범위 내에서 과부하하지 않고 안전한 운전이 되도록 한다.
- ㉡ 송풍관의 중량을 송풍기에 가중시키지 않는다.
- ㉢ 송풍배기의 입자 농도와 마모성을 고려하여 송풍기의 형식과 내마모구조를 설계한다.
- ㉣ 먼지와 함께 부식성 가스를 흡인하는 경우 송풍기의 자재 선정에 유의하여야 한다.
- ㉤ 흡입 및 배출 방향이 송풍기 자체 성능에 영향을 미치지 않도록 한다.
- ㉥ 송풍기와 덕트 사이에 플렉시블(flexible)을 설치하여 진동을 절연한다.
- ㉦ 송풍기 정압이 1대의 송풍기로 얻을 수 있는 정압보다 더 필요한 경우 송풍기를 직렬로 연결한다.

65 대기압이 760mmHg이고, 기온이 25℃에서 톨루엔의 증기압은 약 30mmHg이다. 이때 포화증기 농도는 약 몇 ppm인가?

① 10,000
② 20,000
③ 30,000
④ 40,000

풀이
포화증기 농도(ppm) = $\dfrac{증기압(부분압)}{760\text{mmHg}} \times 10^6$

$= \dfrac{30}{760} \times 10^6 = 39473.68\text{ppm}$

66 덕트 제작 및 설치에 대한 고려사항으로 옳지 않은 것은?

① 가급적 원형 덕트를 설치한다.
② 덕트 열결부위는 가급적 용접하는 것을 피한다.
③ 직경이 다른 덕트를 연결할 때에는 경사 30° 이내의 테이퍼를 부착한다.
④ 수분이 응축될 경우 덕트 내로 들어가지 않도록 경사나 배수구를 마련한다.

풀이
덕트 설치기준(설치 시 고려사항)
㉠ 가능하면 길이는 짧게 하고 굴곡부의 수는 적게 할 것
㉡ 접속부의 안쪽은 돌출된 부분이 없도록 할 것
㉢ 청소구를 설치하는 등 청소하기 쉬운 구조로 할 것
㉣ 덕트 내부에 오염물질이 쌓이지 않도록 이송속도를 유지할 것
㉤ 연결부위 등은 외부공기가 들어오지 않도록 할 것(연결부위를 가능한 한 용접할 것)
㉥ 가능한 후드의 가까운 곳에 설치할 것
㉦ 송풍기를 연결할 때는 최소 덕트 직경의 6배 정도 직선구간을 확보할 것
㉧ 직관은 하향구배로 하고 직경이 다른 덕트를 연결할 때에는 경사 30° 이내의 테이퍼를 부착할 것
㉨ 원형 덕트가 사각형 덕트보다 덕트 내 유속분포가 균일하므로 가급적 원형 덕트를 사용하며, 부득이 사각형 덕트를 사용할 경우에는 가능한 정방형을 사용하고 곡관의 수를 적게 할 것
㉩ 곡관의 곡률반경은 최소 덕트 직경의 1.5 이상, 주로 2.0을 사용할 것
㉪ 수분이 응축될 경우 덕트 내로 들어가지 않도록 경사나 배수구를 마련할 것
㉫ 덕트의 마찰계수는 작게 하고, 분지관을 가급적 적게 할 것

67 메틸에틸케톤이 5L/h로 발산되는 작업장에 대해 전체환기를 시키고자 할 경우 필요환기량(m³/min)은? (단, 메틸에틸케톤 분자량은 72.06, 비중은 0.805, 21℃, 1기압 기준, 안전계수는 2, TLV는 200ppm이다.)

① 224
② 244
③ 264
④ 284

풀이
• 사용량(g/h)
  5L/h × 0.805g/mL × 1,000mL/L = 4,025g/h
• 발생률(G, L/h)
  72.06g : 24.1L = 4,025g/h : G
  $G = \dfrac{24.1\text{L} \times 4,025\text{g/h}}{72.06\text{g}} = 1,346.1\text{L/h}$
∴ 필요환기량(Q)
  $Q = \dfrac{G}{\text{TLV}} \times K$
  $= \dfrac{1,346.1\text{L/h}}{200\text{ppm}} \times 2$
  $= \dfrac{1,346.1\text{L/h} \times 1,000\text{mL/L}}{200\text{mL/m}^3} \times 2$
  $= 13,461\text{m}^3/\text{h} \times \text{h}/60\text{min}$
  $= 224.35\text{m}^3/\text{min}$

68 국소배기장치의 배기덕트 내 공기에 의한 마찰손실과 관련이 없는 것은?

① 공기 조성
② 공기 속도
③ 덕트 직경
④ 덕트 길이

풀이
덕트의 압력손실
(1) 마찰 압력손실
  공기와 덕트 면과의 접촉에 의한 마찰에 의해 발생하며, 마찰손실에 영향을 미치는 인자는 다음과 같다.
  ㉠ 공기 속도
  ㉡ 공기 밀도
  ㉢ 공기 점도
  ㉣ 덕트 면의 성질(조도, 거칠기)
  ㉤ 덕트 직경
  ㉥ 덕트의 형상
(2) 난류 압력손실
  곡관에 의한 공기 기류의 방향전환이나 수축, 확대 등에 의한 덕트 단면적의 변화에 따른 난류속도의 증감에 의해 발생한다.

정답 65.④ 66.② 67.① 68.①

69 습한 납 분진, 철 분진, 주물사, 요업재료 등과 같이 일반적으로 무겁고 습한 분진의 반송속도(m/s)로 옳은 것은?

① 5~10 ② 15
③ 20 ④ 25 이상

[풀이] 유해물질에 따른 반송속도

유해물질	예	반송속도 (m/s)
가스, 증기, 흄 및 극히 가벼운 물질	각종 가스, 증기, 산화아연 및 산화알루미늄 등의 흄, 목재 분진, 솜먼지, 고무분, 합성수지분	10
가벼운 건조먼지	원면, 곡물분, 고무, 플라스틱, 경금속 분진	15
일반 공업 분진	털, 나무 부스러기, 대패 부스러기, 샌드블라스트, 그라인더 분진, 내화벽돌 분진	20
무거운 분진	납 분진, 주조 후 모래털기 작업 시 먼지, 선반 작업 시 먼지	25
무겁고 비교적 큰 입자의 젖은 먼지	젖은 납 분진, 젖은 주조 작업 발생 먼지	25 이상

※ 일반적으로 처리물질의 비중이 작은 것이 반송속도가 느리다.

70 환기 시스템 자체검사 시에 필요한 측정기로서 공기의 유속 측정과 관련이 없는 장비는?

① 피토관
② 열선풍속계
③ 스모크 테스터
④ 흑구건구온도계

[풀이] ④ 흑구건구온도계는 온도지수를 측정하는 장비이다.

71 국소배기장치의 설계 시 후드의 성능을 유지하기 위한 방법이 아닌 것은?

① 제어속도를 유지한다.
② 주위의 방해기류를 제어한다.
③ 후드의 개구면적을 최소화한다.
④ 가급적 배출오염원과 멀리 설치한다.

[풀이] 후드가 갖추어야 할 사항(필요환기량을 감소시키는 방법)
㉠ 가능한 한 오염물질 발생원에 가까이 설치한다. (포집식 및 레시버식 후드)
㉡ 제어속도는 작업조건을 고려하여 적정하게 선정한다.
㉢ 작업이 방해되지 않도록 설치하여야 한다.
㉣ 오염물질 발생 특성을 충분히 고려하여 설계하여야 한다.
㉤ 가급적이면 공정을 많이 포위한다.
㉥ 후드 개구 면에서 기류가 균일하게 분포되도록 설계한다.
㉦ 공정에서 발생 또는 배출되는 오염물질의 절대량을 감소시킨다.

72 스크러버(scrubber)라고도 불리며 분진 및 가스 함유 공기를 물과 접촉시킴으로써 오염물질을 제거하는 방법의 공기정화장치는?

① 세정 집진장치
② 전기 집진장치
③ 여포 집진장치
④ 원심력 집진장치

[풀이] 세정 집진장치의 종류
(1) 유수식(가스분산형)
  ㉠ 물(액체)속으로 처리가스를 유입함으로써 다량의 액막을 형성하여, 함진가스를 세정하는 방식이다.
  ㉡ 종류로는 S형 임펠러형, 로터형, 분수형, 나선안내익형, 오리피스 스크러버 등이 있다.
(2) 가압수식(액분산형)
  ㉠ 물(액체)을 가압 공급하여 함진가스를 세정하는 방식이다.
  ㉡ 종류로는 벤투리 스크러버, 제트 스크러버, 사이클론 스크러버, 분무탑, 충진탑 등이 있다.
  ㉢ 벤투리 스크러버는 가압수식에서 집진율이 가장 높아 광범위하게 사용한다.
(3) 회전식
  ㉠ 송풍기의 회전을 이용하여 액막, 기포를 형성시켜 함진가스를 세정하는 방식이다.
  ㉡ 종류로는 타이젠 워셔, 임펄스 스크러버 등이 있다.

73 그림과 같이 작업대 위의 용접 흄을 제거하기 위해 작업면 위에 플랜지가 붙은 외부식 후드를 설치했다. 개구면에서 포착점까지의 거리는 0.3m, 제어속도는 0.5m/s, 후드 개구의 면적이 0.6m²일 때 Della valle 식을 이용한 필요송풍량(m³/min)은 약 얼마인가? (단, 후드 개구의 폭/높이는 0.2보다 크다.)

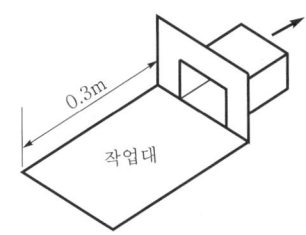

① 18 ② 23
③ 32 ④ 45

풀이 작업대(table) 위·플랜지(flange) 부착 외부식 후드 필요송풍량(Q)
$= 0.5 \times 0.5\text{m/s} \times [(10 \times 0.3^2)\text{m}^2 + 0.6\text{m}^2] \times 60\text{s/min}$
$= 23\text{m}^3/\text{min}$

74 환기시설을 효율적으로 운영하기 위해서는 공기공급시스템이 필요한데, 그 이유로 적절하지 않은 것은?

① 연료를 절약하기 위해서
② 작업장의 교차기류를 활용하기 위해서
③ 근로자에게 영향을 미치는 냉각기류를 제거하기 위해서
④ 실외공기가 정화되지 않은 채 건물 내로 유입되는 것을 막기 위해서

풀이 공기공급시스템이 필요한 이유
㉠ 국소배기장치의 원활한 작동을 위하여
㉡ 국소배기장치의 효율 유지를 위하여
㉢ 안전사고를 예방하기 위하여
㉣ 에너지(연료)를 절약하기 위하여
㉤ 작업장 내의 방해기류(교차기류)가 생기는 것을 방지하기 위하여
㉥ 외부공기가 정화되지 않은 채로 건물 내로 유입되는 것을 막기 위하여

75 20℃, 1기압에서의 유체의 점성계수는 1.8×10^{-5}kg/sec·m이고, 공기밀도는 1.2kg/m³, 유속은 1.0m/sec이며, 덕트 직경이 0.5m일 경우의 레이놀즈수는?

① 1.27×10^5
② 1.79×10^5
③ 2.78×10^4
④ 3.33×10^4

풀이 $Re = \dfrac{\rho VD}{\mu}$
$= \dfrac{1.2\text{kg/m}^3 \times 1.0\text{m/sec} \times 0.5\text{m}}{1.8 \times 10^{-5}\text{kg/sec·m}} = 3.33 \times 10^4$

76 0℃, 1기압에서 공기의 비중량은 1.293kgf/m³이다. 65℃의 공기가 송풍관 내를 15m/s의 유속으로 흐를 때, 속도압은 약 몇 mmH₂O인가?

① 20 ② 16
③ 12 ④ 18

풀이 $VP = \dfrac{\gamma V^2}{2g}$
$= \dfrac{\left(1.293 \times \dfrac{273}{273+65}\right) \times 15^2}{2 \times 9.8} = 11.99\text{mmH}_2\text{O}$

77 다음 중 압력에 관한 설명으로 옳지 않은 것은?

① 정압이 대기압보다 작은 경우도 있다.
② 정압과 속도압의 합은 전압이라고 한다.
③ 속도압은 공기흐름으로 인하여 (−)압력이 발생한다.
④ 정압은 속도압과 관계없이 독립적으로 발생한다.

풀이 속도압(동압)은 공기의 운동에너지에 비례하여 항상 0 또는 양압을 갖는다. 즉, 동압은 공기가 이동하는 힘으로, 항상 0 이상이다.

정답 73.② 74.② 75.④ 76.③ 77.③

78 후드의 형식 분류 중 포위식 후드에 해당하는 것은?

① 슬롯형
② 캐노피형
③ 건축부스형
④ 그리드형

[풀이] 후드의 형식과 적용작업

방식	형태	적용작업의 예
포위식	포위형	분쇄, 마무리작업, 공작기계, 제분제조
	장갑부착 상자형	농약 등 유독물질 또는 독성가스 취급
부스식	드래프트 챔버형	연마, 포장, 화학 분석 및 실험, 동위원소 취급, 연삭
	건축부스형	산세척, 분무도장
외부식	슬롯형	도금, 주조, 용해, 마무리작업, 분무도장
	루바형	주물의 모래털기작업
	그리드형	도장, 분쇄, 주형 해체
	원형 또는 장방형	용해, 체분, 분쇄, 용접, 목공기계
레시버식	캐노피형	가열로, 소입(담금질), 단조, 용융
	원형 또는 장방형	연삭, 연마
	포위형 (그라인더형)	탁상 그라인더, 용융, 가열로

※ 부스식은 포위식에 포함된다(부스식을 포위식으로 포괄하여 부름).

79 흡착법에서 사용하는 흡착제 중 일반적으로 사용되고 있으며, 비극성의 유기용제를 제거하는 데 유용한 것은?

① 활성탄
② 실리카겔
③ 활성알루미나
④ 합성제올라이트

[풀이] 흡착제 중 활성탄은 비극성의 유기용제를 흡착 제거하는 데 용이하다.

80 다음 중 전체환기방식을 적용하기에 적절하지 못한 것은?

① 목재분진
② 톨루엔 증기
③ 이산화탄소
④ 아세톤 증기

[풀이] 가스·증기상 물질은 전체환기방식을 적용하고, 입자상 물질은 국소배기방식을 적용한다.

제1회 산업위생관리산업기사

CBT 기출복원문제 | 2021.03.02

제1과목 | 산업위생학 개론

01 교대근무제를 운영함에 있어서 고려되어야 할 사항으로 가장 적절한 것은?

① 야간근무의 연속은 4~5일로 한다.
② 일반적으로 오전근무의 개시시간은 오전 11시로 한다.
③ 야간근무 종료 후 다음 야간근무를 시작할 때까지의 간격은 8시간으로 한다.
④ 3교대제일 경우 최저 4개조로 편성한다.

풀이 교대근무제 관리원칙(바람직한 교대제)
㉠ 각 반의 근무시간은 8시간씩 교대로 하고, 야근은 가능한 짧게 한다.
㉡ 2교대면 최저 3조의 정원을, 3교대면 4조를 편성한다.
㉢ 채용 후 건강관리로서 정기적으로 체중, 위장증상 등을 기록해야 하며, 근로자의 체중이 3kg 이상 감소하면 정밀검사를 받아야 한다.
㉣ 평균 주 작업시간은 40시간을 기준으로 갑반→을반→병반으로 순환하게 한다.
㉤ 근무시간의 간격은 15~16시간 이상으로 하는 것이 좋다.
㉥ 야근의 주기를 4~5일로 한다.

02 NIOSH에서 권고하는 중량물 취급작업기준에서 감시기준(AL)과 최대허용기준(MPL)의 관계를 바르게 나타낸 것은?

① MPL=2AL
② MPL=3AL
③ MPL=5AL
④ MPL=7AL

풀이 감시기준(AL)과 최대허용기준(MPL)의 관계
MPL=AL×3

03 산업피로를 예방하기 위한 개선대책으로 적당하지 않은 것은?

① 과중한 육체적 노동은 기계화하여 육체적 부담을 줄이고, 너무 정적인 작업은 적정한 동적인 작업으로 전환한다.
② 작업속도를 빨리하여 되도록 작업시간을 단축시킨다.
③ 적절한 작업시간과 적절한 간격으로 휴식시간을 두어야 한다.
④ 충분한 수면은 피로예방과 회복에 효과적이다.

풀이 산업피로 예방대책
㉠ 커피, 홍차, 엽차 및 비타민 B_1은 피로회복에 도움이 되므로 공급한다.
㉡ 작업과정에 적절한 간격으로 휴식기간을 두고 충분한 영양을 취한다.
㉢ 작업환경을 정비·정돈한다.
㉣ 불필요한 동작을 피하고, 에너지 소모를 적게 한다.
㉤ 동적인 작업을 늘리고, 정적인 작업을 줄인다.
㉥ 개인의 숙련도에 따라 작업속도와 작업량을 조절한다(단위시간당 적정작업량을 도모하기 위하여 일 또는 월간 작업량을 적정화하여야 함).
㉦ 작업시간 중 또는 작업 전후에 간단한 체조나 오락시간을 갖는다.
㉧ 장시간 한 번 휴식하는 것보다 단시간씩 여러 번 나누어 휴식하는 것이 피로회복에 도움이 된다(정신신경작업에 있어서는 몸을 가볍게 움직이는 휴식이 좋음).
㉨ 과중한 육체적 노동은 기계화하여 육체적 부담을 줄인다.
㉩ 충분한 수면은 피로예방과 회복에 효과적이다.
㉪ 작업자세를 적정하게 유지하는 것이 좋다.

정답 01.④ 02.② 03.②

04 평균 근로자가 850명인 사업장에서 연간 100건의 업무재해가 발생하였다. 1일 9시간 연 300일을 작업하고 연간 작업손실시간이 40,000시간이었다면 이 사업장의 도수율은 약 얼마인가?

① 35.46
② 37.25
③ 43.57
④ 44.35

풀이
$$도수율 = \frac{일정\ 기간\ 중\ 재해발생건수}{일정\ 기간\ 중\ 연근로시간수} \times 10^6$$
$$= \frac{100}{(9 \times 300 \times 850) - 40,000} \times 10^6$$
$$= 44.35$$

05 근로자 한쪽 손의 최대 힘은 50kP(kilopound) 정도이다. 이 근로자가 무게 20kg인 상자를 두 팔로 들어올릴 경우 작업강도(%MS)와 적정작업시간은 얼마인가?

① 작업강도 : 20%MS, 적정작업시간 : 약 6분
② 작업강도 : 40%MS, 적정작업시간 : 약 6분
③ 작업강도 : 20%MS, 적정작업시간 : 약 3분
④ 작업강도 : 40%MS, 적정작업시간 : 약 3분

풀이
$$작업강도(\%MS) = \frac{RF}{MS} \times 100$$
여기서, RF : 20kg 상자를 두 손으로 들어올리므로 한 손에 미치는 힘은 10kg
MS : 한쪽 손의 최대 힘이 50kP이므로 약한 곳의 힘은 평균 25kP

㉠ 작업강도$(\%MS) = \frac{10}{25} \times 100 = 40\%MS$

㉡ 적정작업시간$(sec) = 671,120 \times \%MS^{-2.222}$
$= 671,120 \times 40^{-2.222}$
$= 184\,sec \times min/60sec$
$= 3.06\,min$

06 미국산업위생학술원(AAIH)은 산업위생 분야에 종사하는 사람들이 지켜야 할 윤리강령을 채택하였다. 다음 중 윤리강령의 내용과 거리가 먼 것은?

① 전문가로서의 책임
② 근로자에 대한 책임
③ 일반 대중에 대한 책임
④ 환경관리에 대한 책임

풀이 **AAIH의 산업위생전문가의 윤리강령**
㉠ 산업위생전문가로서의 책임
㉡ 근로자에 대한 책임
㉢ 기업주와 고객에 대한 책임
㉣ 일반 대중에 대한 책임

07 다음 중 질병발생의 요인을 제거하면 질병발생이 얼마나 감소될 것인가를 말해주는 위험도는?

① 상대위험도
② 절대위험도
③ 비교위험도
④ 기여위험도

풀이
(1) **기여위험도(귀속위험도)**
㉠ 비율 차이 또는 위험도 차이라고도 한다.
㉡ 위험요인을 갖고 있는 집단의 해당 질병발생률의 크기 중 위험요인이 기여하는 부분을 추정하기 위해 사용된다.
㉢ 어떤 유해요인에 노출되어 얼마만큼의 환자 수가 증가되어 있는지를 설명해준다.
㉣ 순수하게 유해요인에 노출되어 나타난 위험도를 평가하기 위한 것이다.
㉤ 질병발생의 요인을 제거하면 질병발생이 얼마나 감소될 것인가를 설명해준다.

(2) **상대위험도(상대위험비, 비교위험도)**
㉠ 비율비 또는 위험비라고도 한다.
㉡ 비노출군에 비해 노출군에서 얼마나 질병에 걸릴 위험도가 큰가를 나타낸다. 즉 위험요인을 갖고 있는 군이 위험요인을 갖고 있지 않은 군에 비하여 질병의 발생률이 몇 배인가를 나타내는 것이다.

08 ACGIH에서는 작업대사량에 따라 작업강도를 3가지로 구분하였다. 심한 작업(heavy work)일 경우 작업대사량은 어느 정도가 되는가?
① 200~350kcal/hr
② 350~500kcal/hr
③ 500~750kcal/min
④ 750~1,000kcal/min

[풀이] 작업 시 소비열량(작업대사량)에 따른 작업강도 분류 (ACGIH, 고용노동부)
㉠ 경작업 : 200kcal/hr까지 작업
㉡ 중등도작업 : 200~350kcal/hr까지 작업
㉢ 중작업(심한 작업) : 350~500kcal/hr까지 작업

09 다음 중 피로발생의 메커니즘에 관한 설명 중 적합하지 않은 것은?
① 산소, 영양소 등 에너지원의 소모에 기여한다.
② 신진대사에 의하여 노폐물, 즉 피로물질의 체내 축적에 기인한다.
③ 근육 내 글리코겐 양의 증가에 기인한다.
④ 여러 가지 신체기능의 저하에 기인한다.

[풀이] 피로의 발생기전(본태)
㉠ 활성에너지 요소인 영양소, 산소 등 소모(에너지 소모)
㉡ 물질대사에 의한 노폐물인 젖산 등의 축적(중간대사물질의 축적)으로 인한 근육, 신장 등 기능 저하
㉢ 체내의 항상성 상실(체내에서의 물리화학적 변조)
㉣ 여러 가지 신체조절기능의 저하
㉤ 크레아티닌, 젖산, 초성포도당, 시스테인을 피로물질이라고 한다.
㉥ 근육 내 글리코겐 양의 감소에 기인한다.

10 유해물질 허용농도의 종류 중 근로자가 1일 작업시간 동안 잠시라도 노출되어서는 안 되는 기준을 나타내는 것은?
① TLV-TWA ② TLV-C
③ TLV-STEL ④ PEL

[풀이] 천장값 노출기준(TLV-C : ACGIH)
㉠ 어떤 시점에서도 넘어서는 안 된다는 상한치이다.
㉡ 항상 표시된 농도 이하를 유지하여야 한다.
㉢ 노출기준에 초과되어 노출 시 즉각적으로 비가역적인 반응을 나타낸다.
㉣ 자극성 가스나 독작용이 빠른 물질 및 TLV-STEL이 설정되지 않는 물질에 적용한다.
㉤ 측정은 실제로 순간농도 측정이 불가능하며 따라서 약 15분간 측정한다.

11 다음 중 심리학적 적성검사항목이 아닌 것은 어느 것인가?
① 감각기능검사   ② 지능검사
③ 지각동작검사   ④ 인성검사

[풀이] 심리학적 검사(심리학적 적성검사)
㉠ 지능검사 : 언어, 기억, 추리, 귀납 등에 대한 검사
㉡ 지각동작검사 : 수족협조, 운동속도, 형태지각 등에 대한 검사
㉢ 인성검사 : 성격, 태도, 정신상태에 대한 검사
㉣ 기능검사 : 직무에 관련된 기본 지식과 숙련도, 사고력 등의 검사

12 감각온도의 3요소로 볼 수 없는 것은?
① 기온   ② 기습
③ 기류   ④ 기압

[풀이] 감각온도(실효온도, 유효온도)
기온, 기습(습도), 기류(감각온도 3요소)의 조건에 따라 결정되는 체감온도이다.

13 작업대사율(RMR)이 4인 작업을 하는 근로자의 실동률(%)은 얼마인가? (단, 사이토와 오시마 식을 적용한다.)
① 55   ② 65
③ 75   ④ 85

[풀이] 실동률(실노동률, %)
$= 85 - (5 \times RMR)$: 사이토와 오시마 공식
$= 85 - (5 \times 4)$
$= 65\%$

[정답] 08.② 09.③ 10.② 11.① 12.④ 13.②

14 혈액을 이용한 생물학적 모니터링의 장점으로 옳은 것은?

① 보관, 처치가 용이하다.
② 시료채취 시 근로자의 부담이 적다.
③ 시료채취 시 오염되는 경우가 적다.
④ 약물동력학적 변이요인들의 영향이 적다.

풀이 **혈액을 이용한 생물학적 모니터링의 특징**
㉠ 시료채취과정에서 오염될 가능성이 적다.
㉡ 휘발성 물질시료의 손실방지를 위하여 최대용량을 채취해야 한다.
㉢ 채취 시 고무마개의 혈액흡착을 고려하여야 한다.
㉣ 생물학적 기준치는 정맥혈을 기준으로 하며, 동맥혈에는 적용할 수 없다.
㉤ 분석방법 선택 시 특정 물질의 단백질 결합을 고려해야 한다.
㉥ 보관, 처치에 주의를 요한다.
㉦ 시료채취 시 근로자가 부담을 가질 수 있다.
㉧ 약물동력학적 변이요인들의 영향을 받는다.

15 산업안전보건법상 '강렬한 소음작업'이라 함은 얼마 이상의 소음이 1일 8시간 이상 발생하는 작업을 말하는가?

① 85dB(A)
② 90dB(A)
③ 95dB(A)
④ 100dB(A)

풀이 ㉠ **소음작업** : 1일 8시간 작업을 기준으로 85dB 이상의 소음이 발생하는 작업
㉡ **강렬한 소음작업** : 90dB 이상의 소음이 1일 8시간 이상 발생하는 작업

16 산업안전보건법상 보건관리자의 직무에 해당하지 않는 것은?

① 위험성평가에 관한 보좌 및 지도·조언
② 작성된 물질안전보건자료의 게시 또는 비치에 관한 보좌 및 지도·조언
③ 업무 수행 내용의 기록·유지
④ 산업재해 발생의 원인 조사 및 재발 방지대책의 수립에 관한 사항

풀이 **보건관리자의 직무(업무)**
㉠ 산업안전보건위원회 또는 노사협의체에서 심의·의결한 업무와 안전보건관리규정 및 취업규칙에서 정한 업무
㉡ 안전인증대상 기계 등과 자율안전확인대상 기계 등 중 보건과 관련된 보호구(保護具) 구입 시 적격품 선정에 관한 보좌 및 지도·조언
㉢ 위험성평가에 관한 보좌 및 지도·조언
㉣ 작성된 물질안전보건자료의 게시 또는 비치에 관한 보좌 및 지도·조언
㉤ 산업보건의의 직무
㉥ 해당 사업장 보건교육계획의 수립 및 보건교육실시에 관한 보좌 및 지도·조언
㉦ 해당 사업장의 근로자를 보호하기 위한 다음의 조치에 해당하는 의료행위
　ⓐ 자주 발생하는 가벼운 부상에 대한 치료
　ⓑ 응급처치가 필요한 사람에 대한 처치
　ⓒ 부상·질병의 악화를 방지하기 위한 처치
　ⓓ 건강진단 결과 발견된 질병자의 요양 지도 및 관리
　ⓔ ⓐ부터 ⓓ까지의 의료행위에 따르는 의약품의 투여
㉧ 작업장 내에서 사용되는 전체환기장치 및 국소배기장치 등에 관한 설비의 점검과 작업방법의 공학적 개선에 관한 보좌 및 지도·조언
㉨ 사업장 순회점검, 지도 및 조치 건의
㉩ 산업재해 발생의 원인 조사·분석 및 재발방지를 위한 기술적 보좌 및 지도·조언
㉪ 산업재해에 관한 통계의 유지·관리·분석을 위한 보좌 및 지도·조언
㉫ 법 또는 법에 따른 명령으로 정한 보건에 관한 사항의 이행에 관한 보좌 및 지도·조언
㉬ 업무 수행 내용의 기록·유지
㉭ 그 밖에 보건과 관련된 작업관리 및 작업환경관리에 관한 사항으로서 고용노동부장관이 정하는 사항

17 작업장에서 독성이 유사한 물질들이 공기 중에 혼합물로 존재한다면 이 물질들은 무슨 작용을 일으키는 것으로 가정하여 혼합물 노출지수를 적용하는가?

① 상승작용
② 상가작용
③ 길항작용
④ 독립작용

풀이 각 유해인자의 노출기준은 해당 유해인자가 단독으로 존재하는 경우의 노출기준을 말하며, 2종 또는 그 이상의 유해인자가 혼재하는 경우에는 각 유해인자의 상가작용으로 유해성이 증가할 수 있으므로 상가작용으로 가정하여 혼합물의 노출기준을 사용하여야 한다.

18 육체적 작업능력(PWC)을 결정할 수 있는 기능으로 가장 적절한 것은?

① 개인의 심폐기능
② 개인의 근력기능
③ 개인의 정신적 기능
④ 개인의 훈련, 적응 기능

[풀이] **육체적 작업능력(PWC)**
㉠ 젊은 남성이 피로를 느끼지 않고 하루에 4분간 계속할 수 있는 작업강도를 말하며, 그 강도는 일반적으로 평균 16kcal/min 정도이다(여성 평균 : 12kcal/min).
㉡ 하루 8시간(480분) 작업 시에는 PWC의 1/3에 해당된다. 즉 남성은 5.3kcal/min, 여성은 4kcal/min에 해당하며 PWC를 결정할 수 있는 기능은 개인의 심폐기능이다.

19 이상기압으로 나타나는 화학적 장애 중 산소의 독성과 질소의 마취작용을 증강시키는 물질은?

① 일산화탄소
② 이산화탄소
③ 사염화탄소
④ 암모니아

[풀이] **고압환경 2차적 가압현상 관련물질**
㉠ 질소 : 마취작용
㉡ 산소 : 산소중독
㉢ 이산화탄소 : 산소의 독성과 질소의 마취작용을 증가시킴

20 1900년대 초 진동공구에 의한 수지의 Raynaud 증상을 보고한 사람은?

① Rehn
② Raynaud
③ Loriga
④ Rudolf Virchow

[풀이] **Loriga(1911년)**
진동공구에 의한 수지의 레이노(Raynaud) 현상을 상세히 보고하였다.

제2과목 | 작업환경 측정 및 평가

21 어떤 중금속의 작업환경 중 농도를 측정하고자 공기를 분당 2L씩 5시간 채취하여 분석한 결과 중금속 질량이 24mg이었다. 이때 공기 내 중금속 농도는 몇 mg/m³인가?

① 10   ② 20
③ 30   ④ 40

[풀이] 중금속 농도(C)

$$C(\text{mg/m}^3) = \frac{\text{분석량}}{\text{부피}}$$

$$= \frac{24\text{mg}}{2\text{L/min} \times 300\text{min}}$$

$$= \frac{24\text{mg}}{600\text{L} \times \text{m}^3/1{,}000\text{L}} = 40\text{mg/m}^3$$

22 20°C, 1기압에서 100L의 공기 중에 벤젠 1mg을 혼합시켰다. 이때의 벤젠 농도(V/V)는?

① 약 1.2ppm   ② 약 3.1ppm
③ 약 5.2ppm   ④ 약 6.7ppm

[풀이] 벤젠 발생량(G, L)
78,000mg : 24L = 1mg : G

$$G = \frac{24\text{L} \times 1\text{mg}}{78{,}000\text{mg}} = 0.0003077\text{L}$$

∴ 벤젠 농도(V/V) = $\frac{0.0003077\text{L}}{100\text{L}} \times 10^6 = 3.08$ppm

23 유량 및 용량을 보정하는 데 사용되는 1차 표준장비는?

① 습식 테스트미터
② 오리피스미터
③ 유리피스톤미터
④ 열선기류계

[풀이] **공기채취기구의 보정에 사용되는 1차 표준기구**
㉠ 비누거품미터
㉡ 폐활량계
㉢ 가스치환병
㉣ 유리피스톤미터
㉤ 흑연피스톤미터
㉥ 피토튜브

정답 18.① 19.② 20.③ 21.④ 22.② 23.③

24 다음은 작업장 소음측정 시간 및 횟수 기준에 관한 내용이다. ( ) 안에 맞는 것은? (단, 고용노동부고시 기준)

> 단위작업장소에서 소음수준은 규정된 측정위치 및 지점에서 1일 작업시간 동안 6시간 이상 연속 측정하거나 작업시간을 1시간 간격으로 나누어 6회 이상 측정하여야 한다. 다만, 소음의 발생특성이 연속음으로서 측정치가 변동이 없다고 자격자 또는 지정측정기관이 판단하는 경우에는 1시간 동안을 등간격으로 나누어 ( ) 측정할 수 있다.

① 2회 이상   ② 3회 이상
③ 4회 이상   ④ 5회 이상

풀이 소음측정 시간 및 횟수 기준
㉠ 단위작업장소에서 소음수준은 규정된 측정위치 및 지점에서 1일 작업시간 동안 6시간 이상 연속 측정하거나 작업시간을 1시간 간격으로 나누어 6회 이상 측정하여야 한다.
㉡ 소음의 발생특성이 연속음으로서 측정치가 변동이 없다고 자격자 또는 지정측정기관이 판단한 경우에는 1시간 동안을 등간격으로 나누어 3회 이상 측정할 수 있다.
㉢ 단위작업장소에서의 소음발생시간이 6시간 이내인 경우나 소음발생원에서의 발생시간이 간헐적인 경우에는 발생시간 동안 연속 측정하거나 등간격으로 나누어 4회 이상 측정하여야 한다.

25 원자흡광광도 분석장치의 구성순서로 알맞은 것은?

① 시료원자화부 → 단색화부 → 광원부 → 측광부
② 단색화부 → 측광부 → 시료원자화부 → 광원부
③ 광원부 → 시료원자화부 → 단색화부 → 측광부
④ 측광부 → 단색화부 → 광원부 → 시료원자화부

풀이 원자흡광광도 분석장치의 구성순서
광원부 → 시료원자화부 → 단색화부 → 측광부(검출부)

26 활성탄에 흡착된 증기(유기용제-방향족탄화수소)를 탈착시키는 데 일반적으로 사용되는 용매는?

① Chloroform   ② Methyl chloroform
③ H_2O ④ CS_2

풀이 용매탈착
(1) 비극성 물질의 탈착용매는 이황화탄소(CS_2)를 사용하고 극성 물질에는 이황화탄소와 다른 용매를 혼합하여 사용한다.
(2) 활성탄에 흡착된 증기(유기용제-방향족탄화수소)를 탈착시키는 데 일반적으로 사용되는 용매는 이황화탄소이다.
(3) 용매로 사용되는 이황화탄소의 단점
㉠ 독성 및 인화성이 크며 작업이 번잡하다.
㉡ 특히 심혈관계와 신경계에 독성이 매우 크고 취급 시 주의를 요한다.
㉢ 전처리 및 분석하는 장소의 환기에 유의하여야 한다.
(4) 용매로 사용되는 이황화탄소의 장점
탈착효율이 좋고 가스 크로마토그래피의 불꽃이온화검출기에서 반응성이 낮아 피크의 크기가 작게 나오므로 분석 시 유리하다.

27 통계집단의 측정값들에 대한 균일성, 정밀성 정도를 표현하는 변이계수(%)의 산출식으로 맞는 것은?

① (표준편차/산술평균)×100
② (표준편차/기하평균)×100
③ (표준오차/산술평균)×100
④ (표준오차/기하평균)×100

풀이 변이계수(CV)
㉠ 측정방법의 정밀도를 평가하는 계수이며, %로 표현되므로 측정단위와 무관하게 독립적으로 산출된다.
㉡ 통계집단의 측정값에 대한 균일성과 정밀성의 정도를 표현한 계수이다.
㉢ 단위가 서로 다른 집단이나 특성값의 상호산포도를 비교하는 데 이용될 수 있다.
㉣ 변이계수가 작을수록 자료가 평균 주위에 가깝게 분포한다는 의미이다(평균값의 크기가 0에 가까울수록 변이계수의 의미는 작아진다).
㉤ 표준편차의 수치가 평균치에 비해 몇 %가 되느냐로 나타낸다.

28 작업환경측정의 목표를 설명한 것으로 틀린 것은?

① 근로자의 유해인자 노출 파악을 위한 직접방법이다.
② 역학조사 시 근로자의 노출량을 파악한다.
③ 환기시설을 가동하기 전과 후에 공기 중 유해물질 농도를 측정하여 성능을 평가한다.
④ 근로자의 노출이 법적 기준인 허용농도를 초과하는지의 여부를 판단한다.

> **풀이** 작업환경 측정의 가장 큰 목적은 근로자의 노출정도를 알아내는 것으로, 질병에 대한 원인을 규명하는 것은 아니며 근로자의 노출수준을 간접적인 방법으로 파악하는 것이다.

29 검지관의 단점이라 볼 수 없는 것은?

① 민감도와 특이도가 낮다.
② 각 오염물질에 맞는 검지관을 선정해야 하는 불편이 있을 수 있다.
③ 밀폐공간에서의 산소부족, 폭발성 가스로 인한 안전 문제가 되는 곳은 사용할 수 없다.
④ 색 변화가 선명하지 않아 주관적으로 읽을 수 있어 판독자에 따라 변이가 심하다.

> **풀이** **검지관 측정법**
> (1) 장점
>   ㉠ 사용이 간편하다.
>   ㉡ 반응시간이 빨라 현장에서 바로 측정 결과를 알 수 있다.
>   ㉢ 비전문가도 어느 정도 숙지하면 사용할 수 있지만 산업위생전문가의 지도 아래 사용되어야 한다.
>   ㉣ 맨홀, 밀폐공간에서의 산소부족 또는 폭발성 가스로 인한 안전이 문제가 될 때 유용하게 사용된다.
>   ㉤ 다른 측정방법이 복잡하거나 빠른 측정이 요구될 때 사용할 수 있다.
> (2) 단점
>   ㉠ 민감도가 낮아 비교적 고농도에만 적용이 가능하다.
>   ㉡ 특이도가 낮아 다른 방해물질의 영향을 받기 쉽고 오차가 크다.
>   ㉢ 대개 단시간 측정만 가능하다.
>   ㉣ 한 검지관으로 단일물질만 측정 가능하여 각 오염물질에 맞는 검지관을 선정함에 따른 불편함이 있다.
>   ㉤ 색변화에 따라 주관적으로 읽을 수 있어 판독자에 따라 변이가 심하며, 색변화가 시간에 따라 변하므로 제조자가 정한 시간에 읽어야 한다.
>   ㉥ 미리 측정대상 물질의 동정이 되어 있어야 측정이 가능하다.

30 ACGIH에서는 입자상 물질을 흡입성, 흉곽성, 호흡성으로 제시하고 있다. 호흡성 입자상 물질의 평균입경(폐포침착률 50%)은 얼마인가?

① 5μm ② 4μm
③ 3μm ④ 2μm

> **풀이** **ACGIH의 입자크기별 기준**
> ㉠ 흡입성 입자상 물질 : 평균입경 100μm
> ㉡ 흉곽성 입자상 물질 : 평균입경 10μm
> ㉢ 호흡성 입자상 물질 : 평균입경 4μm

31 다음 유기용제 중 활성탄관을 사용하여 효과적으로 채취하기 어려운 시료는 어느 것인가?

① 할로겐화 탄화수소류
② 니트로벤젠류
③ 케톤류
④ 알코올류

> **풀이**
> (1) **실리카겔관을 사용하여 채취하기 용이한 시료**
>   ㉠ 극성류의 유기용제, 산(무기산 : 불산, 염산)
>   ㉡ 방향족 아민류, 지방족 아민류
>   ㉢ 아미노에탄올, 아마이드류
>   ㉣ 니트로벤젠류, 페놀류
> (2) **활성탄관을 사용하여 채취하기 용이한 시료**
>   ㉠ 비극성류의 유기용제
>   ㉡ 각종 방향족 유기용제(방향족 탄화수소류)
>   ㉢ 할로겐화 지방족 유기용제(할로겐화 탄화수소류)
>   ㉣ 에스테르류, 알코올류, 에테르류, 케톤류

정답 28.① 29.③ 30.② 31.②

32 어떤 유기용제의 활성탄관에서의 탈착효율을 구하기 위해 실험하였다. 이 유기용제를 0.50mg을 첨가하였는데 분석결과 나온 값은 0.48mg이었다면 탈착효율은?

① 90%   ② 92%
③ 94%   ④ 96%

풀이
$$탈착효율(\%) = \frac{분석량}{첨가량} \times 100$$
$$= \frac{0.48}{0.50} \times 100$$
$$= 96\%$$

33 주로 문제가 되는 전신진동의 주파수 범위로 가장 알맞은 것은?

① 1~20Hz
② 2~80Hz
③ 100~300Hz
④ 500~1,000Hz

풀이
㉠ 전신진동 진동수 : 1~90Hz(2~80Hz)
㉡ 국소진동 진동수 : 8~1,500Hz

34 다음 중 습구흑구온도지수(WBGT)를 사용하여 옥외 작업장의 고온 허용기준을 산출하는 공식으로 알맞은 것은? (단, 태양광선이 내리쬐지 않는 장소)

① (0.7×자연습구온도)+(0.2×흑구온도)+(0.1×건구온도)
② (0.7×자연습구온도)+(0.2×건구온도)+(0.1×흑구온도)
③ (0.7×자연습구온도)+(0.3×흑구온도)
④ (0.7×자연습구온도)+(0.3×건구온도)

풀이 습구흑구온도지수(WBGT)의 산출식
㉠ 옥외(태양광선이 내리쬐는 장소)
WBGT(℃)=0.7×자연습구온도+0.2×흑구온도+0.1×건구온도
㉡ 옥내 또는 옥외(태양광선이 내리쬐지 않는 장소)
WBGT(℃)=0.7×자연습구온도+0.3×흑구온도

35 유량, 측정시간, 회수율 및 분석 등에 의한 오차가 각각 15%, 3%, 9% 및 5%일 때 누적오차(%)는?

① 약 14.5   ② 약 16.5
③ 약 18.5   ④ 약 20.5

풀이
$$누적오차(E_c) = \sqrt{15^2 + 3^2 + 9^2 + 5^2}$$
$$= 18.5\%$$

36 개인시료채취를 위해 개인시료채취기를 사용할 때 적용되는 근로자의 호흡위치의 정의로 가장 적정한 것은?

① 호흡기를 중심으로 직경 30cm인 반구
② 호흡기를 중심으로 반경 30cm인 반구
③ 호흡기를 중심으로 직경 45cm인 반구
④ 호흡기를 중심으로 반경 45cm인 반구

풀이 개인시료채취
개인시료채취기를 이용하여 가스·증기·분진·흄(fume)·미스트(mist) 등을 근로자의 호흡위치(호흡기를 중심으로 반경 30cm인 반구)에서 채취하는 것을 말한다.

37 충격소음에 관한 정의로 가장 알맞은 것은? (단, 고용노동부고시 기준)

① 소음이 1초 이상의 간격을 유지하면서 최대음압수준이 120dB(A) 이상인 소음
② 소음이 1초 이상의 간격을 유지하면서 최대음압수준이 130dB(A) 이상인 소음
③ 소음이 10초 이상의 간격을 유지하면서 최대음압수준이 120dB(A) 이상인 소음
④ 소음이 10초 이상의 간격을 유지하면서 최대음압수준이 130dB(A) 이상인 소음

풀이 충격소음과 연속음의 정의
㉠ 충격소음 : 소음이 1초 이상의 간격을 유지하면서 최대음압수준이 120dB(A) 이상인 소음
㉡ 연속음 : 소음발생 간격이 1초 미만을 유지하면서 계속적으로 발생되는 소음

정답 32.④ 33.② 34.③ 35.③ 36.② 37.①

38 여과포집에 사용되는 여과재의 조건으로 틀린 것은?
① 포집대상 입자의 입도분포에 대하여 포집효율이 높을 것
② 포집 시의 흡인저항은 될 수 있는 대로 낮을 것
③ 충분한 흡습률을 유지할 것
④ 될 수 있는 대로 가볍고 1매당 무게의 불균형이 적을 것

[풀이] 여과지(여과재) 선정 시 고려사항(구비조건)
㉠ 포집대상 입자의 입도분포에 대하여 포집효율이 높을 것
㉡ 포집 시의 흡인저항은 될 수 있는 대로 낮을 것 (압력손실이 적을 것)
㉢ 접거나 구부리더라도 파손되지 않고 찢어지지 않을 것
㉣ 될 수 있는 대로 가볍고 1매당 무게의 불균형이 적을 것
㉤ 될 수 있는 대로 흡습률이 낮을 것
㉥ 측정대상 물질의 분석상 방해가 되는 불순물을 함유하지 않을 것

39 수동식 시료채취기 사용 시 결핍(starvation) 현상을 방지하면서 시료를 채취하기 위한 작업장 내 최소한의 기류속도는? (단, 면적 대 길이의 비가 큰 배지형 수동식 시료채취기 기준)
① 최소한 0.001~0.005m/sec
② 최소한 0.05~0.1m/sec
③ 최소한 1.0~5.0m/sec
④ 최소한 5.0~10.0m/sec

[풀이] 결핍(starvation) 현상
수동식 시료채취기 사용 시 최소한의 기류가 있어야 하는데, 최소기류가 없어 채취기 표면에서 일단 확산에 의하여 오염물질이 제거되면 농도가 없어지거나 감소하는 현상을 말하며, 수동식 시료채취기의 표면에서 나타나는 결핍현상을 제거하는 데 필요한 가장 중요한 요소는 최소한의 기류 유지(0.05~0.1m/sec)이다.

40 동일(유사)노출군을 가장 세분하여 분류하는 방법의 기준으로 가장 적합한 것은?
① 공정
② 작업범주
③ 조직
④ 업무

[풀이] 동일노출그룹은 조직, 공정, 작업범주, 작업내용(업무)으로 구분하여 설정한다.

제3과목 | 작업환경 관리

41 작업에 기인하여 전신진동을 받을 수 있는 작업자로 가장 올바른 것은?
① 병타 작업자
② 착암 작업자
③ 해머 작업자
④ 교통기관 승무원

[풀이] 전신진동을 받을 수 있는 대표적 작업자는 교통기관 승무원이다.

42 1촉광의 광원으로부터 한 단위입체각으로 나가는 광속의 단위는?
① lumen
② lux
③ foot candle
④ lambert

[풀이] 루멘(lumen, lm) ; 광속
㉠ 광속의 국제단위로 기호는 lm으로 나타낸다.
㉡ 1촉광의 광원으로부터 한 단위입체각으로 나가는 광속의 단위이다.
㉢ 광속이란 광원으로부터 나오는 빛의 양을 의미하고 단위는 lumen이다.
㉣ 1촉광과의 관계는 1촉광=4π(12.57)루멘으로 나타낸다.

정답 38.③ 39.② 40.④ 41.④ 42.①

43 고압환경에서의 인체작용인 2차적 가압현상(화학적 장애)에 관한 설명으로 알맞지 않은 것은?

① 이산화탄소는 산소의 독성과 질소의 마취작용을 증가시킨다.
② 4기압 이상에서 공기 중의 질소가스는 마취작용을 나타내 작업력의 저하, 기분의 변환, 여러 정도의 다행증(euphoria)을 발생시킨다.
③ 산소의 분압이 2기압이 넘으면 산소중독 증세가 나타난다.
④ 고압환경의 이산화탄소 농도는 대기압으로 환산하여 0.02%를 초과해서는 안 된다.

풀이 **2차적 가압현상**
고압하의 대기가스의 독성 때문에 나타나는 현상으로 2차성 압력현상이다.
(1) 질소가스의 마취작용
  ㉠ 공기 중의 질소가스는 정상기압에서는 비활성이지만 4기압 이상에서는 마취작용을 일으키며 이를 다행증이라 한다(공기 중의 질소가스는 3기압 이하에서는 자극작용을 한다).
  ㉡ 질소가스 마취작용은 알코올 중독의 증상과 유사하다.
  ㉢ 작업력의 저하, 기분의 변환, 여러 종류의 다행증(euphoria)이 일어난다.
  ㉣ 수심 90~120m에서 환청, 환시, 조현증, 기억력 감퇴 등이 나타난다.
(2) 산소중독
  ㉠ 산소의 분압이 2기압을 넘으면 산소중독 증상이 나타난다. 즉, 3~4기압의 산소 혹은 이에 상당하는 공기 중 산소분압에 의하여 중추신경계의 장애에 기인하는 운동장애를 나타내는데 이것을 산소중독이라 한다.
  ㉡ 수중의 잠수자는 폐압착증을 예방하기 위하여 수압과 같은 압력의 압축기체를 호흡하여야 하며, 이로 인한 산소분압 증가로 산소중독이 일어난다.
  ㉢ 고압산소에 대한 폭로가 중지되면 증상은 즉시 멈춘다. 즉, 가역적이다.
  ㉣ 1기압에서 순산소는 인후를 자극하나 비교적 짧은 시간의 폭로라면 중독 증상은 나타나지 않는다.
  ㉤ 산소중독 작용은 운동이나 이산화탄소로 인해 악화된다.
  ㉥ 수지나 족지의 작열통, 시력장애, 정신혼란, 근육경련 등의 증상을 보이며 나아가서는 간질 모양의 경련을 나타낸다.
(3) 이산화탄소의 작용
  ㉠ 이산화탄소 농도의 증가는 산소의 독성과 질소의 마취작용을 증가시키는 역할을 하고 감압증의 발생을 촉진시킨다.
  ㉡ 이산화탄소 농도가 고압환경에서 대기압으로 환산하여 0.2%를 초과해서는 안 된다.
  ㉢ 동통성 관절장애(bends)도 이산화탄소의 분압 증가에 따라 보다 많이 발생한다.

44 근로자가 귀덮개(NRR=17)를 착용하고 있는 경우 미국 OSHA의 방법으로 계산한다면 차음효과는?

① 5dB ② 8dB
③ 10dB ④ 12dB

풀이 귀덮개의 차음효과=(NRR−7)×50%
=(17−7)×0.5
=5dB(A)

45 다음 내용이 나타내는 소음기의 성능 표시는?

> 소음원에 소음기를 부착하기 전과 후의 공간상의 어떤 특정 위치에서 측정한 음압레벨의 차와 그 측정위치로 정의

① 감쇠치 ② 감음량
③ 투과손실치 ④ 삽입손실치

풀이 **소음기 성능 표시**
㉠ 삽입손실치(IL) : 소음원에 소음기를 부착하기 전과 후의 공간상의 어떤 특정 위치에서 측정한 음압레벨의 차와 그 측정위치로 정의한다.
㉡ 감쇠치(ΔL) : 소음기 내의 두 지점 사이의 음향파워의 감쇠치로 정의한다.
㉢ 감음량(NR) : 소음기가 있는 상태에서 소음기 입구 및 출구에서 측정된 음압레벨의 차로 정의한다.
㉣ 투과손실치(TL) : 소음기를 투과한 음향출력에 대한 소음기에 입사된 음향출력의 비(입사된 음향출력/투과된 음향출력)를 상용대수 취한 후 10을 곱한 값으로 정의한다.

46 산소결핍증 예방을 위한 공통적인 원칙과 가장 거리가 먼 것은?
① 작업자의 건강진단
② 환기
③ 작업 전 산소농도 측정
④ 보호구 착용(공기호흡기, 호스마스크)

> [풀이] 산소결핍 위험 작업장의 관리대책
> ㉠ 환기 : 작업 직전 및 작업 중에 해당 작업장을 적정한 공기상태로 유지되도록 환기
> ㉡ 보호구 착용 : 호스마스크, 공기호흡기, 산소호흡기 지급 및 상시 점검
> ㉢ 작업 전 산소농도 측정
> ㉣ 안전대, 구명밧줄
> ㉤ 감시자 배치 및 응급처치
> ㉥ 작업자의 교육

47 공기 중 트리클로로에틸렌(trichloroethylene)이 고농도로 존재하는 작업장에서 아크 용접을 실시하는 경우 트리클로로에틸렌이 어떠한 물질로 전환될 수 있는가?
① 사염화탄소
② 벤젠
③ 이산화질소
④ 포스겐

> [풀이] 포스겐($COCl_2$)
> ㉠ 무색의 기체로서 시판되고 있는 포스겐은 담황록색이며 독특한 자극성 냄새가 나며 가수분해되고 일반적으로 비중이 1.38 정도로 크다.
> ㉡ 태양자외선과 산업장에서 발생하는 자외선은 공기 중의 NO_2와 올레핀계 탄화수소와 광학적 반응을 일으켜 트리클로로에틸렌을 독성이 강한 포스겐으로 전환시키는 광화학작용을 한다.
> ㉢ 공기 중에 트리클로로에틸렌이 고농도로 존재하는 작업장에서 아크용접을 실시하는 경우 트리클로로에틸렌이 포스겐으로 전환될 수 있다.
> ㉣ 독성은 염소보다 약 10배 정도 강하다.
> ㉤ 호흡기, 중추신경, 폐에 장애를 일으키고 폐수종을 유발하여 사망에 이른다.
> ㉥ 고용노동부 노출기준은 TWA로 0.1ppm이다.
> ㉦ 산업안전보건규칙상 관리대상 유해물질의 가스상 물질류이다.

48 유해물질이 호흡기로 들어올 때 인체가 가지고 있는 방어 메커니즘으로 조합된 것으로 가장 적절한 것은?
① 점액 섬모운동과 대식세포에 의한 정화
② 면역작용과 대식세포의 확산
③ 점액 섬모운동과 면역작용에 의한 배출
④ 폐포의 활발한 가스교환과 대식세포의 확산

> [풀이] 인체 방어기전
> (1) 점액 섬모운동
> ㉠ 가장 기초적인 방어기전(작용)이며, 점액 섬모운동에 의한 배출시스템으로 폐로 이동하는 과정에서 이물질을 제거하는 역할을 한다.
> ㉡ 기관지(벽)에서의 방어기전을 의미한다.
> ㉢ 정화작용을 방해하는 물질로는 카드뮴, 니켈, 황화합물 등이다.
> (2) 대식세포에 의한 작용(정화)
> ㉠ 대식세포가 방출하는 효소에 의해 용해되어 제거된다(용해작용).
> ㉡ 폐포의 방어기전을 의미한다.
> ㉢ 대식세포에 의해 용해되지 않는 대표적 독성물질은 유리규산, 석면 등이다.

49 다음의 성분과 용도를 가진 보호크림은 무엇인가?

> • 성분 : 정제 벤드나이드겔, 염화비닐수지
> • 용도 : 분진, 전해약품 제조, 원료 취급작업

① 소수성 크림
② 차광크림
③ 피막형 크림
④ 친수성 크림

> [풀이] 피막형성형 피부보호제(피막형 크림)
> ㉠ 분진, 유리섬유 등에 대한 장애를 예방한다.
> ㉡ 적용 화학물질의 성분은 정제 벤드나이드겔, 염화비닐수지이다.
> ㉢ 피막형성 도포제를 바르고 장시간 작업 시 피부에 장애를 줄 수 있으므로 작업완료 후 즉시 닦아내야 한다.
> ㉣ 분진, 전해약품 제조, 원료 취급 시 사용한다.

정답 46.① 47.④ 48.① 49.③

50 작업환경관리를 위한 공학적 대책 중 공정 대치의 설명으로 옳지 않은 것은?

① 볼트, 너트 작업을 줄이고 리벳팅 작업으로 대치한다.
② 유기용제 세척공정을 스팀세척이나 비눗물 사용공정으로 대치한다.
③ 압축공기식 임팩트 렌치 작업을 저소음 유압식 렌치로 대치한다.
④ 도자기 제조공정에서 건조 후 실시하던 점토배합을 건조 전에 실시한다.

풀이 ① 리벳팅 작업을 볼트, 너트 작업으로 대치한다.

51 방사선은 전리방사선과 비전리방사선으로 구분된다. 전리방사선은 생체에 대하여 파괴적으로 작용하므로 엄격한 허용기준이 제정되어 있다. 전리방사선으로만 짝지어진 것은?

① α선, 중성자, X선
② β선, 레이저, 자외선
③ α선, 라디오파, X선
④ β선, 중성자, 극저주파

풀이
이온화방사선 ┬ 전자기방사선(X-Ray, γ선)
(전리방사선) └ 입자방사선(α선, β선, 중성자)

52 도르노선(Dorno-ray)은 자외선의 대표적인 광선이다. 이 빛의 파장범위로 가장 적절한 것은?

① 290~315nm
② 215~280nm
③ 2,900~3,150nm
④ 2,150~2,800nm

풀이 도르노선(Dorno-ray ; 건강선)
290~315nm(2,900~3,150Å)

53 다음의 감압병 예방 및 치료에 관한 설명 중에서 적당하지 않은 것은?

① 감압병의 증상이 발생하였을 경우 환자를 원래의 고압환경으로 복귀시켜서는 안 된다.
② 고압환경에서 작업할 때에는 질소를 헬륨으로 대치한 공기를 호흡시키는 것이 좋다.
③ 잠수 및 감압방법에 익숙한 사람을 제외하고는 1분에 10m 정도씩 잠수하는 것이 좋다.
④ 감압이 끝날 무렵에 순수한 산소를 흡입시키면 예방적 효과와 감압시간을 단축시킬 수 있다.

풀이 감압병의 예방 및 치료
㉠ 고압환경에서의 작업시간을 제한하고 고압실 내의 작업에서는 이산화탄소의 분압이 증가하지 않도록 신선한 공기를 송기시킨다.
㉡ 감압이 끝날 무렵에 순수한 산소를 흡입시키면 예방적 효과가 있을 뿐 아니라 감압시간을 25% 가량 단축시킬 수 있다.
㉢ 고압환경에서 작업하는 근로자에게 질소를 헬륨으로 대치한 공기를 호흡시킨다.
㉣ 헬륨-산소 혼합가스는 호흡저항이 적어 심해잠수에 사용한다.
㉤ 일반적으로 1분에 10m 정도씩 잠수하는 것이 안전하다.
㉥ 감압병의 증상 발생 시에는 환자를 곧장 원래의 고압환경상태로 복귀시키거나 인공고압실에 넣어 혈관 및 조직 속에 발생한 질소의 기포를 다시 용해시킨 다음 천천히 감압한다.
㉦ Haldene의 실험근거상 정상기압보다 1.25기압을 넘지 않는 고압환경에는 아무리 오랫동안 폭로되거나 아무리 빨리 감압하더라도 기포를 형성하지 않는다.
㉧ 비만자의 작업을 금지시키고, 순환기에 이상이 있는 사람은 취업 또는 작업을 제한한다.
㉨ 헬륨은 질소보다 확산속도가 크며, 체외로 배출되는 시간이 질소에 비하여 50% 정도 밖에 걸리지 않는다.
㉩ 귀 등의 장애를 예방하기 위해서는 압력을 가하는 속도를 매 분당 0.8kg/cm² 이하가 되도록 한다.

54 할당보호계수(APF)가 15인 반면형 호흡기 보호구를 구리흄(노출기준 0.1mg/m³)이 존재하는 작업장에서 사용한다면 최대사용농도(MUC, mg/m³)는?

① 1.5
② 7.5
③ 75
④ 150

[풀이] 최대사용농도(MUC, mg/m³)
= 노출기준 × APF = 0.1 × 15 = 1.5mg/m³

55 청력보호구의 차음효과를 높이기 위한 유의사항으로 틀린 것은?

① 사용자의 머리와 귓구멍에 잘 맞아야 할 것
② 흡음률을 높이기 위해 기공(氣孔)이 많은 재료를 선택할 것
③ 청력보호구를 잘 고정시켜서 보호구 자체의 진동을 최소화할 것
④ 귀덮개 형식의 보호구는 머리카락이 길 때 사용하지 않을 것

[풀이] 청력보호구의 차음효과를 높이기 위한 유의사항
㉠ 사용자 머리의 모양이나 귓구멍에 잘 맞아야 할 것
㉡ 기공이 많은 재료를 선택하지 말 것
㉢ 청력보호구를 잘 고정시켜서 보호구 자체의 진동을 최소화할 것
㉣ 귀덮개 형식의 보호구는 머리카락이 길 때와 안경테가 굵어서 잘 부착되지 않을 때에는 사용하지 말 것

56 채광계획으로 적절하지 못한 것은?

① 실내 각 점의 개각은 4~5°
② 입사각은 28° 이상
③ 창의 면적은 전체 벽면적의 15~20%
④ 균일한 조명을 요하는 작업실은 북창

[풀이] 채광을 위한 창의 면적은 방바닥 면적의 15~20%$\left(\frac{1}{5} \sim \frac{1}{6}\right)$가 이상적이다.

57 차음재의 특징으로 틀린 것은?

① 상대적으로 고밀도이다.
② 음에너지를 감쇠시킨다.
③ 음의 투과를 저감하여 음을 억제시킨다.
④ 기공이 많아 흡음재료로도 사용한다.

[풀이] 차음재의 특성
㉠ 성상 : 상대적으로 고밀도이며, 기공이 없고 흡음재로는 바람직하지 않다.
㉡ 기능 : 음에너지를 감쇠시킨다. 즉 음의 투과를 저감하여 음을 억제시킨다.
㉢ 용도 : 음의 투과율 저감(투과손실 증가)에 사용한다.

58 감압환경에서 감압에 따른 기포형성량에 영향을 주는 요인과 가장 거리가 먼 것은?

① 폐 내 가스팽창
② 조직에 용해된 가스량
③ 혈류를 변화시키는 상태
④ 감압속도

[풀이] 감압 시 조직 내 질소 기포형성량에 영향을 주는 요인
(1) 조직에 용해된 가스량
  체내 지방량, 고기압 폭로의 정도와 시간으로 결정
(2) 혈류변화 정도(혈류를 변화시키는 상태)
  ㉠ 감압 시나 재감압 후에 생기기 쉽다.
  ㉡ 연령, 기온, 운동, 공포감, 음주와 관계가 있다.
(3) 감압속도

59 다음 중 재질이 일정하지 않고 균일하지 않아 정확한 설계가 곤란하며 처짐을 크게 할 수 없어 진동 방지라기보다는 고체음의 전파 방지에 유익한 방진재료는?

① 방진고무   ② 공기 용수철
③ 코르크   ④ 금속코일 용수철

[풀이] 코르크
㉠ 재질이 일정하지 않고 균일하지 않으므로 정확한 설계가 곤란하다.
㉡ 처짐을 크게 할 수 없으며 고유진동수가 10Hz 전후밖에 되지 않아 진동 방지라기보다는 강체 간 고체음의 전파 방지에 유익한 방진재료이다.

정답 54.① 55.② 56.③ 57.④ 58.① 59.③

60 분진작업장의 관리방법을 설명한 것으로 틀린 것은?

① 습식으로 작업한다.
② 작업장의 바닥에 적절히 수분을 공급한다.
③ 샌드블라스팅(sand blasting) 작업 시에는 모래 대신 철을 사용한다.
④ 유리규산 함량이 높은 모래를 사용하여 마모를 최소화한다.

풀이 ④ 유리규산(SiO_2) 함량이 적은 모래를 사용하여 마모를 최소화한다.

제4과목 | 산업환기

61 실험실에서 독성이 강한 시약을 다루는 작업을 한다면 어떠한 후드를 설치하는 것이 가장 적당한가?

① 외부식 후드
② 캐노피 후드
③ 포위식 후드
④ 포집형 후드

풀이 포위식 후드
㉠ 발생원을 완전히 포위하는 형태의 후드이고 후드의 개방면에서 측정한 속도로서 면속도가 제어속도가 된다.
㉡ 국소배기시설의 후드 형태 중 가장 효과적인 형태이다. 즉, 필요환기량을 최소한으로 줄일 수 있다.
㉢ 독성가스 및 방사성 동위원소 취급공정, 발암성 물질에 주로 사용한다.

62 전체환기시설의 설치조건에 해당하지 않는 것은?

① 오염물질의 노출기준값이 매우 작은 경우
② 동일한 작업장에 오염원이 분산되어 있는 경우
③ 오염물질의 발생량이 비교적 적은 경우
④ 오염물질이 증기나 가스인 경우

풀이 전체환기(희석환기) 적용 시 조건
㉠ 유해물질의 독성이 비교적 낮은 경우, 즉 TLV가 높은 경우(가장 중요한 제한조건)
㉡ 동일한 작업장에 다수의 오염원이 분산되어 있는 경우
㉢ 유해물질이 시간에 따라 균일하게 발생할 경우
㉣ 유해물질의 발생량이 적은 경우 및 희석공기량이 많지 않아도 될 경우
㉤ 유해물질이 증기나 가스일 경우
㉥ 국소배기로 불가능한 경우
㉦ 배출원이 이동성인 경우
㉧ 가연성 가스의 농축으로 폭발의 위험이 있는 경우
㉨ 오염원이 근무자가 근무하는 장소로부터 멀리 떨어져 있는 경우

63 국소배기시스템 설치 시 고려사항으로 적절하지 않은 것은?

① 후드는 덕트보다 두꺼운 재질을 선택한다.
② 송풍기를 연결할 때에는 최소 덕트 직경의 3배 정도는 직선구간으로 하여야 한다.
③ 가급적 원형 덕트를 사용한다.
④ 곡관의 곡률반경은 최소 덕트 직경의 1.5배 이상으로 하며, 주로 2.0을 사용한다.

풀이 ② 송풍기를 연결할 때에는 최소 덕트 직경의 6배 정도 직선구간을 확보하여야 한다.

64 온도 95℃, 압력 720mmHg에서 부피 200m³인 기체가 있다. 21℃, 1atm에서 이 기체의 부피는 얼마가 되겠는가?

① 140.6m³
② 151.4m³
③ 220.3m³
④ 285.6m³

풀이
$$\frac{P_1 V_1}{T_1} = \frac{P_2 V_2}{T_2} \text{(보일-샤를의 법칙)}$$

$$\therefore V_2 = V_1 \times \frac{T_2}{T_1} \times \frac{P_1}{P_2}$$

$$= 200\text{m}^3 \times \frac{273+21}{273+95} \times \frac{720}{760}$$

$$= 151.4\text{m}^3$$

정답 60.④ 61.③ 62.① 63.② 64.②

65 다음 중 제어속도의 범위를 선택할 때 고려되는 사항으로 가장 거리가 먼 것은?

① 근로자수
② 작업장 내 기류
③ 유해물질의 사용량
④ 유해물질의 독성

풀이 제어속도 결정 시 고려사항
㉠ 유해물질의 비산방향(확산상태)
㉡ 유해물질의 비산거리(후드에서 오염원까지 거리)
㉢ 후드의 형식(모양)
㉣ 작업장 내 방해기류(난기류의 속도)
㉤ 유해물질의 성상(종류) : 유해물질의 사용량 및 독성

66 다음 중 국소배기장치의 자체검사 시에 갖추어야 할 필수 측정기구가 아닌 것은 어느 것인가?

① 줄자
② 연기발생기
③ 표면온도계
④ 열선풍속계

풀이 국소배기장치의 자체검사 시 필수 측정기구
㉠ 발연관(연기발생기, smoke tester)
㉡ 청음기 또는 청음봉
㉢ 절연저항계
㉣ 표면온도계 및 초자온도계
㉤ 줄자

67 원심력을 이용한 공기정화장치에 해당하는 것은?

① 백필터(bag filter)
② 스크러버(scrubber)
③ 사이클론(cyclone)
④ 충진탑(packed tower)

풀이 원심력 집진장치(cyclone)
분진을 함유하는 가스에 선회운동을 시켜서 가스로부터 분진을 분리·포집하는 장치이며, 가스 유입 및 유출 형식에 따라 접선유입식과 축류식으로 나누어져 있다.

68 사염화에틸렌 20,000ppm이 공기 중에 존재한다면 공기와 사염화에틸렌 혼합물의 유효비중은 얼마인가? (단, 사염화에틸렌의 증기비중은 5.7로 한다.)

① 1.107
② 1.094
③ 1.075
④ 1.047

풀이
$$\text{유효비중} = \frac{(20,000 \times 5.7) + (980,000 \times 1.0)}{1,000,000}$$
$$= 1.094$$

69 유해가스 처리법 중 회수가치가 있는 불연성 저농도가스의 처리에 가장 적합한 것은?

① 촉매산화법
② 연소법
③ 침전법
④ 흡착법

풀이 흡착법
유체가 고체상 물질의 표면에 부착되는 성질을 이용하여 오염된 기체(주 : 유기용제)를 제거하는 원리이다. 특히 회수가치가 있는 불연성 희박농도 가스의 처리에 가장 적합한 방법이 흡착법이다.

70 다음 중 일반적으로 덕트 내의 반송속도를 가장 크게 해야 하는 물질은?

① 증기
② 고무분
③ 목재 분진
④ 주조 분진

풀이 유해물질에 따른 반송속도

유해물질	예	반송속도 (m/sec)
가스, 증기, 흄 및 극히 가벼운 물질	각종 가스, 증기, 산화아연 및 산화알루미늄 등의 흄, 목재 분진, 솜먼지, 고무분, 합성수지분	10
가벼운 건조먼지	원면, 곡물분, 고무, 플라스틱, 경금속 분진	15
일반 공업 분진	털, 나무 부스러기, 대패 부스러기, 샌드블라스트, 그라인더 분진, 내화벽돌 분진	20
무거운 분진	납 분진, 주조 후 모래털기작업 시 먼지, 선반작업 시 먼지	25
무겁고 비교적 큰 입자의 젖은 먼지	젖은 납 분진, 젖은 주조작업 발생 먼지	25 이상

정답 65.① 66.④ 67.③ 68.② 69.④ 70.④

71 송풍기의 효율이 0.6이고, 송풍기의 유효전압이 60mmH₂O일 때 30m³/min의 공기를 송풍하는 데 필요한 동력(kW)은 약 얼마인가?

① 0.1 ② 0.3
③ 0.5 ④ 0.7

풀이 소요동력(kW) $= \dfrac{Q \times \Delta P}{6,120 \times \eta} \times \alpha$

$= \dfrac{30 \times 60}{6,120 \times 0.6} \times 1 = 0.49 \text{kW}$

72 국소배기장치에서 후드의 유입계수가 0.8, 속도압이 45mmH₂O라면 후드의 압력손실은 약 몇 mmH₂O인가?

① 11.2 ② 14.6
③ 21.9 ④ 25.3

풀이 후드의 압력손실(ΔP)

$= F \times \text{VP} = \left(\dfrac{1}{Ce^2} - 1\right) \times \text{VP}$

$= \left(\dfrac{1}{0.8^2} - 1\right) \times 45$

$= 25.3 \text{mmH}_2\text{O}$

73 덕트의 조도를 나타내는 상대조도에 대한 설명으로 옳은 것은?

① 절대표준조도를 유체밀도로 나눈 값이다.
② 절대표면조도를 마찰손실로 나눈 값이다.
③ 절대표면조도를 공기 유속으로 나눈 값이다.
④ 절대표면조도를 덕트 직경으로 나눈 값이다.

풀이 상대조도 $= \dfrac{\text{절대표면조도}}{\text{덕트 직경}}$

74 송풍기의 풍량조절법에 속하지 않는 것은?

① 회전수 변화법
② Vane control법
③ Damper 부착법
④ 송풍기 풍향 변경법

풀이 송풍기의 풍량조절방법
㉠ 회전수 조절법(회전수 변환법)
㉡ 안내익 조절법(vane control법)
㉢ 댐퍼부착법(damper 조절법)

75 메틸에틸케톤이 5L/hr로 발산되는 작업장에 대해 전체환기를 시키고자 할 경우 필요 환기량(m³/min)은? (단, 메틸에틸케톤 분자량은 72.06, 비중은 0.805, 21℃, 1기압 기준, 안전계수 2, TLV는 200ppm이다.)

① 225
② 245
③ 265
④ 285

풀이
• 사용량(g/hr)
  $5\text{L/hr} \times 0.805 \text{g/mL} \times 1,000 \text{mL/L} = 4,025 \text{g/hr}$
• 발생률(G, L/hr)
  $72.1\text{g} : 24.1\text{L} = 4,025\text{g/hr} : G$
  $G = \dfrac{24.1\text{L} \times 4,025\text{g/hr}}{72.1\text{g}} = 1,345.4 \text{L/hr}$
∴ 필요환기량(Q)

$Q = \dfrac{G}{\text{TLV}} \times K$

$= \dfrac{1,345.4 \text{L/hr}}{200 \text{ppm}} \times 2$

$= \dfrac{1,345.4 \text{L/hr} \times 1,000 \text{mL/L}}{200 \text{mL/m}^3} \times 2$

$= 13,454 \text{m}^3/\text{hr} \times \text{hr}/60\text{min}$

$= 224.2 \text{m}^3/\text{min}$

76 관 내경이 200mm인 직관을 통해 100m³/min의 공기를 송풍할 때 관 내 풍속은 약 몇 m/sec인가?

① 38 ② 53
③ 68 ④ 83

풀이 $Q = A \times V$이므로

∴ $V = \dfrac{Q}{A} = \dfrac{100}{\left(\dfrac{3.14 \times 0.2^2}{4}\right)}$

$= 3,184 \text{m/min} \times \text{min}/60\text{sec}$

$= 53.07 \text{m/sec}$

정답 71.③ 72.④ 73.④ 74.④ 75.① 76.②

77 다음 중 후드의 선택지침으로 적절하지 않은 것은?

① 필요환기량을 최대화할 것
② 작업자의 호흡영역을 보호할 것
③ 추천된 설계사양을 사용할 것
④ 작업자가 사용하기 편리하도록 만들 것

풀이 후드 선택 시 유의사항(후드의 선택지침)
㉠ 필요환기량을 최소화하여야 한다.
㉡ 작업자의 호흡영역을 유해물질로부터 보호해야 한다.
㉢ ACGIH 및 OSHA의 설계기준을 준수해야 한다.
㉣ 작업자의 작업방해를 최소화할 수 있도록 설치하여야 한다.
㉤ 상당거리 떨어져 있어도 제어할 수 있다는 생각, 공기보다 무거운 증기는 후드 설치위치를 작업장 바닥에 설치해야 한다는 생각의 설계오류를 범하지 않도록 유의해야 한다.
㉥ 후드는 덕트보다 두꺼운 재질을 선택하고 오염물질의 물리화학적 성질을 고려하여 후드 재료를 선정한다.

78 톨루엔은 0℃일 때 증기압이 6.8mmHg이고, 25℃일 때는 증기압이 28.4mmHg이다. 기온이 0℃일 때와 25℃일 때의 포화농도 차이는 약 몇 ppm인가?

① 28,420
② 36,420
③ 42,140
④ 50,240

풀이
• 0℃일 때 포화농도 = $\dfrac{6.8}{760} \times 10^6 = 8,947$ ppm
• 25℃일 때 포화농도 = $\dfrac{28.4}{760} \times 10^6 = 37,368$ ppm
∴ 포화농도 차이 = 37,368 − 8,947 = 28,421 ppm

79 다음 중 국소배기설비 점검 시 반드시 갖추어야 할 필수장비로 볼 수 없는 것은?

① 청음기　② 연기발생기
③ 테스트 해머　④ 절연저항계

풀이 국소배기설비 점검 시 반드시 갖추어야 할 필수장비
㉠ 연기발생기
㉡ 청음기
㉢ 절연저항계
㉣ 표면온도계
㉤ 초자온도계
㉥ 줄자

80 [그림]과 같은 덕트의 Ⅰ과 Ⅱ 단면에서 압력을 측정한 결과 Ⅰ 단면의 정압(PS_1)은 −10mmH₂O였고, Ⅰ과 Ⅱ 단면의 동압은 각각 20mmH₂O와 15mmH₂O였다. Ⅱ 단면의 정압(PS_2)이 −20mmH₂O이었다면 단면 확대부에서의 압력손실(mmH₂O)은?

• $PS_1 = -10\,mmH_2O$
• $PS_2 = -20\,mmH_2O$
• $PV_1 = 20\,mmH_2O$
• $PV_2 = 15\,mmH_2O$

① 5
② 10
③ 15
④ 20

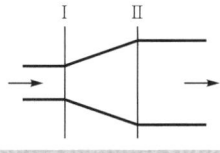

풀이 확대부 압력손실(ΔP)
= $(VP_1 - VP_2) - (SP_2 - SP_1)$
= $(20-15) - [-20-(-10)]$
= $15\,mmH_2O$
Note : VP = PV, SP = PS

제2회 산업위생관리산업기사

CBT 기출복원문제 | 2021.05.09

제1과목 | 산업위생학 개론

01 다음 중 산업위생 분야와 관련된 단체 및 그 약자를 잘못 연결한 것은?
① 미국국립산업안전보건연구원 – NIOSH
② 미국산업위생학회 – ACGIH
③ 미국직업안전위생관리국 – OSHA
④ 영국산업위생학회 – BOHS

풀이 ② ACGIH – 미국정부산업위생전문가협의회

02 1775년 영국의 외과의사인 Percivall Pott에 의해 최초로 보고된 '음낭암'의 원인물질은?
① 벤젠
② 검댕
③ 면
④ 납

풀이 Percivall Pott
㉠ 영국의 외과의사로 직업성 암을 최초로 보고하였으며, 어린이 굴뚝청소부에게 많이 발생하는 음낭암(scrotal cancer)을 발견하였다.
㉡ 암의 원인물질은 검댕 속 여러 종류의 다환 방향족 탄화수소(PAH)였다.
㉢ 굴뚝청소부법을 제정하도록 하였다(1788년).

03 작업대사량이 4,000kcal이고, 기초대사량이 1,500kcal인 작업자가 계속하여 작업할 수 있는 계속작업한계시간(CMT)은 약 얼마인가? (단, log(CMT) = 3.724 − 3.23 log(RMR)를 적용한다.)
① 118분
② 168분
③ 218분
④ 268분

풀이
$$RMR = \frac{작업대사량}{기초대사량} = \frac{4,000 kcal}{1,500 kcal} = 2.67$$
$$\log(CMT) = 3.724 - 3.23 \log(RMR)$$
$$= 3.724 - 3.23 \log 2.67 = 2.34$$
$$\therefore CMT = 10^{2.34} = 218분$$

04 다음 중 산업안전보건법에 의한 역학조사의 대상으로 볼 수 없는 것은?
① 건강진단의 실시 결과만으로 직업성 질환 이환 여부의 판단이 곤란한 근로자의 질병에 대하여 건강진단기관의 의사가 역학조사를 요청하는 경우
② 근로복지공단이 고용노동부장관이 정하는 바에 따라 업무상 질병 여부의 결정을 위하여 역학조사를 요청하는 경우
③ 건강진단의 실시 결과 근로자 또는 근로자의 가족이 역학조사를 요청하는 경우
④ 직업성 질환의 이환 여부로 사회적 물의를 일으킨 질병에 대하여 작업장 내 유해요인과의 연관성 규명이 필요한 경우

풀이 역학조사 대상
㉠ 건강진단의 실시 결과만으로 직업성 질환 이환 여부의 판단이 곤란한 근로자의 질병에 대하여 사업주·근로자 대표·보건관리자(보건관리대행기관을 포함한다) 또는 건강진단기관의 의사가 역학조사를 요청하는 경우
㉡ 근로복지공단이 고용노동부장관이 정하는 바에 따라 업무상 질병 여부의 결정을 위하여 역학조사를 요청하는 경우
㉢ 공단이 직업성 질환의 예방을 위하여 필요하다고 판단하여 역학조사평가위원회의 심의를 거친 경우
㉣ 그 밖에 직업성 질환에 걸렸는지 여부로 사회적 물의를 일으킨 질병에 대하여 작업장 내 유해요인과의 연관성 규명이 필요한 경우 등으로서 지방노동관서의 장이 요청하는 경우

05
작업에 소요된 열량이 920kcal, 기초대사량 90kcal, 안정 시 열량은 기초대사량의 1.2배일 경우 작업대사율(RMR)은 약 얼마인가?

① 11 ② 9
③ 7   ④ 5

풀이
$$작업대사율(RMR) = \frac{작업\ 시\ 열량 - 안정\ 시\ 열량}{기초대사량}$$
$$= \frac{920\text{kcal} - (90\text{kcal} \times 1.2)}{90\text{kcal}}$$
$$= 9$$

06
착암기 또는 해머(hammer) 같은 공구를 장기간 사용한 근로자에게 가장 유발되기 쉬운 직업병은?

① 피부암   ② 레이노 현상
③ 불면증   ④ 소화장애

풀이 레이노 현상(Raynaud's 현상)
㉠ 손가락에 있는 말초혈관운동의 장애로 인하여 수지가 창백해지고 손이 차며 저리거나 통증이 오는 현상이다.
㉡ 한랭작업조건에서 특히 증상이 악화된다.
㉢ 압축공기를 이용한 진동공구, 즉 착암기 또는 해머 같은 공구를 장기간 사용한 근로자들의 손가락에 유발되기 쉬운 직업병이다.
㉣ dead finger 또는 white finger라고도 하고 발증까지 약 5년 정도 걸린다.

07
다음 중 직업병을 일으키는 물리적인 원인에 해당되지 않는 것은?

① 온도   ② 유해광선
③ 이상기압 ④ 유기용제

풀이 직업병의 원인물질(직업성 질환 유발물질)
㉠ 물리적 요인 : 소음 · 진동, 유해광선(전리 · 비전리 방사선), 온도(온열), 이상기압, 한랭, 조명 등
㉡ 화학적 요인 : 화학물질(대표적 : 유기용제), 금속증기, 분진, 오존 등
㉢ 생물학적 요인 : 각종 바이러스, 진균, 리케차, 쥐 등
㉣ 인간공학적 요인 : 작업방법, 작업자세, 작업시간, 중량물 취급 등

08
다음 약어의 용어들은 무엇을 평가하는 데 사용되는가?

> OWAS, RULA, REBA, JSI

① 작업장 국소 및 전체환기효율 비교
② 직무 스트레스 정도
③ 누적외상성 질환의 위험요인
④ 작업강도의 정량적 분석

풀이 누적외상성 질환의 위험요인 평가도구
㉠ OWAS   ㉡ RULA
㉢ JSI   ㉣ REBA
㉤ NLE   ㉥ WAC
㉦ PATH

09
피로한 근육과 정상근육의 근전도(EMG)를 측정했을 때 피로한 근육에 나타나는 현상으로 틀린 것은?

① 저주파수(0~40Hz)에서는 힘의 증가
② 고주파수(40~200Hz)에서는 힘의 감소
③ 평균 주파수의 감소
④ 총 전압의 감소

풀이 정상근육과 비교하여 피로한 근육에서 나타나는 EMG의 특징
㉠ 저주파(0~40Hz) 영역에서 힘(전압)의 증가
㉡ 고주파(40~200Hz) 영역에서 힘(전압)의 감소
㉢ 평균 주파수 영역에서 힘(전압)의 감소
㉣ 총 전압의 증가

10
다음 중 강도율을 바르게 나타낸 것은?

① $\dfrac{\text{근로손실일수}}{\text{총 근로시간수}} \times 10^3$

② $\dfrac{\text{재해건수}}{\text{평균 종업원수}} \times 10^3$

③ $\dfrac{\text{재해건수}}{\text{총 근로시간수}} \times 10^6$

④ $\dfrac{\text{재해건수}}{\text{평균 종업원수}} \times 10^6$

풀이 강도율은 연근로시간 1,000시간당 재해에 의해서 잃어버린 근로손실일수를 의미한다.

정답 05.② 06.② 07.④ 08.③ 09.④ 10.①

11 다음 중 화학적으로 원발성 접촉피부염을 일으키는 1차 자극물질과 가장 거리가 먼 것은?
① 종이 ② 용제
③ 알칼리 ④ 금속염

풀이 자극성 접촉피부염
㉠ 접촉피부염의 대부분을 차지한다.
㉡ 자극에 의한 원발성 피부염이 가장 많은 부분을 차지한다.
㉢ 원발성 피부염의 원인물질은 산, 알칼리, 용제, 금속염 등이다.
㉣ 원인물질은 크게 수분, 합성화학물질, 생물성 화학물질로 구분한다.
㉤ 홍반과 부종을 동반하는 것이 특징이다.
㉥ 면역학적 반응에 따라 과거 노출경험과는 관계가 없다.

12 다음 중 산업피로의 증상으로 틀린 것은?
① 맥박이 빨라진다.
② 혈당치가 높아진다.
③ 젖산과 탄산량이 증가한다.
④ 판단력이 흐려지고, 권태감과 졸음이 온다.

풀이 산업피로의 증상
㉠ 체온은 처음에는 높아지나 피로 정도가 심해지면 오히려 낮아진다.
㉡ 혈압은 초기에는 높아지나 피로가 진행되면 오히려 낮아진다.
㉢ 혈액 내 혈당치가 낮아지고 젖산과 탄산량이 증가하여 산혈증으로 된다.
㉣ 맥박 및 호흡이 빨라지며 에너지 소모량이 증가한다.
㉤ 체온상승과 호흡중추의 흥분이 온다.

13 상호 관계가 있는 것으로만 연결된 것은?
① 규폐증 : 레이노 현상
② 비소 : 파킨슨 증후군
③ 산화아연 : 금속열
④ C_5-dip : 진동

풀이
① 규폐증 : 폐질환
② 비소 : 피부암(피부염)
④ C_5-dip : 청력손실

14 실내 공기오염물질 중 환기의 지표물질로서 주로 이용되는 것은?
① 이산화탄소
② 부유분진
③ 휘발성 유기화합물
④ 일산화탄소

풀이 실내 공기오염의 지표(환기지표)로 CO_2 농도를 이용하며 실내허용농도는 0.1%이다. 이때 CO_2 자체는 건강에 큰 영향을 주는 물질이 아니며, 측정하기 어려운 다른 실내오염물질에 대한 지표물질로 사용되는 것이다.

15 공기 중에 혼합물로 toluene 70ppm(TLV 100ppm), xylene 60ppm(TLV 100ppm), n-hexane 30ppm(TLV 50ppm)이 존재하는 경우 복합노출지수는 얼마인가?
① 1.1 ② 1.5
③ 1.9 ④ 2.3

풀이
$$복합노출지수(EI) = \frac{C_1}{TLV_1} + \cdots + \frac{C_n}{TLV_n}$$
$$= \frac{70}{100} + \frac{60}{100} + \frac{30}{50}$$
$$= 1.9$$

16 다음 중 근육운동에 필요한 에너지 중 혐기성 대사에 사용되는 것이 아닌 것은 어느 것인가?
① 단백질
② 글리코겐
③ 크레아틴인산(CP)
④ 아데노신삼인산(ATP)

풀이 혐기성 대사(anaerobic metabolism)
㉠ 근육에 저장된 화학적 에너지를 의미한다.
㉡ 혐기성 대사 순서(시간대별)
ATP(아데노신삼인산) → CP(크레아틴인산) → glycogen(글리코겐) or glucose(포도당)
※ 근육운동에 동원되는 주요 에너지원 중 가장 먼저 소비되는 것은 ATP이다.

정답 11.① 12.② 13.③ 14.① 15.③ 16.①

17 ( ) 안에 알맞은 것은?

> 화학물질 및 물리적 인자의 노출기준에 있어서 단시간노출기준(STEL)이라 함은 근로자가 1회에 (㉮)분간 유해요인에 노출되는 경우의 기준으로 1시간 이상인 1일 작업시간 동안 (㉯) 이상 노출이 허용될 수 있는 기준을 말한다.

① ㉮ 30, ㉯ 6회
② ㉮ 30, ㉯ 4회
③ ㉮ 15, ㉯ 6회
④ ㉮ 15, ㉯ 4회

풀이 단시간노출농도(STEL ; Short Term Exposure Limits)
근로자가 1회 15분간 유해인자에 노출되는 경우의 기준(허용농도)을 의미하며, 이 기준 이하에서는 노출간격이 1시간 이상인 경우 1일 작업시간 동안 4회까지 노출이 허용될 수 있다. 또한 고농도에서 급성중독을 초래하는 물질에 적용된다.

18 육체적 작업능력(PWC)이 16kcal/min인 근로자가 물체운반작업을 하고 있다. 작업대사량은 7kcal/min, 휴식 시의 대사량은 2.0kcal/min일 때 휴식 및 작업시간을 가장 적절히 배분한 것은? (단, Hertig의 식을 이용하며, 1일 8시간 작업기준이다.)

① 매 시간 약 5분 휴식하고, 55분 작업한다.
② 매 시간 약 10분 휴식하고, 50분 작업한다.
③ 매 시간 약 15분 휴식하고, 45분 작업한다.
④ 매 시간 약 20분 휴식하고, 40분 작업한다.

풀이 Hertig식을 적용하여 휴식시간(비율)을 구하면

$$T_{rest}(\%) = \left[\frac{PWC의 \frac{1}{3} - 작업대사량}{휴식대사량 - 작업대사량}\right] \times 100$$

$$= \left[\frac{(16 \times \frac{1}{3}) - 7}{2 - 7}\right] \times 100$$

$$= 33.3\%$$

∴ 휴식시간 = 60min × 0.333 = 20min
작업시간 = (60 − 20)min = 40min

19 다음은 어떠한 법칙에 대한 설명인가?

> 단시간 노출되었을 때 유해물질의 지수는 유해물질의 농도와 노출시간의 곱으로 계산한다.

① Halden의 법칙
② Lambert의 법칙
③ Henry의 법칙
④ Haber의 법칙

풀이 Haber 법칙
유해물질지수(K) = 유해물질농도(C) × 노출시간(T)

20 인체의 구조에 있어서 앉을 때, 서 있을 때, 물체를 들어올릴 때 및 쥘 때 발생하는 압력이 가장 많이 흡수되는 척추의 디스크는?

① L_1/S_5
② L_2/S_1
③ L_3/S_2
④ L_5/S_1

풀이 L_5/S_1 디스크(disc)
㉠ 척추의 디스크 중 앉을 때, 서 있을 때, 물체를 들어 올릴 때 및 쥘 때 발생하는 압력이 가장 많이 흡수되는 디스크이다.
㉡ 인체의 구조는 경추가 7개, 흉추가 12개, 요추가 5개이고 그 아래에 천골로써 골반의 후벽을 이룬다. 여기서 요추의 5번째 L_5와 천골 사이에 있는 디스크가 있다. 이곳의 디스크를 L_5/S_1 disc라 한다.
㉢ 물체와 몸의 거리가 멀 경우 지렛대의 역할을 하는 L_5/S_1 디스크에 많은 부담을 주게 된다.

제2과목 | 작업환경 측정 및 평가

21 어떤 공장에 소음레벨이 80dB인 선반기 8대가 가동되고 있다. 이때 작업장 내 소음의 합성음압레벨은?

① 87dB
② 89dB
③ 91dB
④ 93dB

풀이 합성소음도(L_P) = $10\log(10^8 \times 8) = 89$dB

22 메틸에틸케톤이 20℃, 1기압에서 증기압이 71.2mmHg이면 포화농도(ppm)는 얼마인가?

① 약 93,700
② 약 94,700
③ 약 95,700
④ 약 96,700

[풀이] 포화농도(ppm) = $\dfrac{71.2}{760} \times 10^6 = 93,684 \text{ppm}$

23 어떤 중금속의 작업환경 중 농도를 측정하고자 공기를 분당 2L씩 5시간 채취하여 분석한 결과 중금속 질량이 24mg이었다. 이때 공기 내 중금속 농도는 몇 mg/m³인가?

① 10   ② 20
③ 30   ④ 40

[풀이] 중금속농도(C)

$C(\text{mg/m}^3) = \dfrac{\text{분석량}}{\text{부피}}$

$= \dfrac{24\text{mg}}{2\text{L/min} \times 300\text{min}}$

$= \dfrac{24\text{mg}}{600\text{L} \times \text{m}^3/1,000\text{L}}$

$= 40\text{mg/m}^3$

24 다른 물질의 존재에 관계없이 분석하고자 하는 대상물질을 정확히 분석할 수 있는 능력을 무엇이라고 하는가?

① 검출한계특성
② 정량한계특성
③ 특이성(specificity)
④ 재현성(reproducibility)

[풀이] 특이성
㉠ 다른 물질의 존재에 관계없이 분석하고자 하는 대상물질을 정확하게 분석할 수 있는 능력을 말한다.
㉡ 정확도와 정밀도를 가진 다른 독립적인 방법과 비교하는 것이 특이성을 결정하는 일반적인 수단이다.

25 작업장 내 습도에 대한 설명이 잘못된 것은?

① 공기 중 상대습도가 높으면 불쾌감을 느낀다.
② 상대습도는 ppm으로 나타낸다.
③ 온도변화에 따라 포화수증기량은 변한다.
④ 온도변화에 따라 상대습도는 변한다.

[풀이] ② 상대습도는 %로 나타낸다.

26 이황화탄소(CS_2)를 GC(가스크로마토그래피)를 이용하여 분석할 경우 가장 감도가 좋은 검출기는?

① FID(불꽃이온화검출기)
② ECD(전자포획검출기)
③ FPD(불꽃광도검출기)
④ TCD(열전도도검출기)

[풀이] 가스크로마토그래피(GC)의 검출기 및 주분석 대상가스
㉠ FID(불꽃이온화검출기) : 다핵방향족 탄화수소류, 할로겐화 탄화수소류, 알코올류
㉡ TCD(열전도도검출기) : 벤젠
㉢ ECD(전자포획형검출기) : 할로겐화 탄화수소화합물, 사염화탄소, 유기금속화합물
㉣ FPD(불꽃광도검출기) : 이황화탄소, 메르캅탄류, 잔류농약
㉤ PID(광이온화검출기) : 에스테르류, 유기금속류, 알칸류
㉥ NPD(질소인검출기) : 질소포함 화합물, 인포함 화합물

27 흡착제 중 실리카겔이 활성탄에 비해 갖는 장점이 아닌 것은?

① 수분을 잘 흡수하여 습도가 높은 환경에도 흡착능 감소가 적다.
② 매우 유독한 이황화탄소를 탈착용매로 사용하지 않는다.
③ 극성물질로 채취할 경우 물, 메탄올 등 다양한 용매로 쉽게 탈착된다.
④ 추출액이 화학분석이나 기기분석에 방해물질로 작용하는 경우가 많지 않다.

[풀이] **실리카겔의 장단점**
(1) 장점
  ㉠ 극성이 강하여 극성 물질을 채취한 경우 물, 메탄올 등 다양한 용매로 쉽게 탈착한다.
  ㉡ 추출용액(탈착용매)이 화학분석이나 기기분석에 방해물질로 작용하는 경우는 많지 않다.
  ㉢ 활성탄으로 채취가 어려운 아닐린, 오르토-톨루이딘 등의 아민류나 몇몇 무기물질의 채취가 가능하다.
  ㉣ 매우 유독한 이황화탄소를 탈착용매로 사용하지 않는다.
(2) 단점
  ㉠ 친수성이기 때문에 우선적으로 물분자와 결합을 이루어 습도의 증가에 따른 흡착용량의 감소를 초래한다.
  ㉡ 습도가 높은 작업장에서는 다른 오염물질의 파과용량이 작아져 파과를 일으키기 쉽다.

28 소음수준 측정방법에 관한 설명으로 틀린 것은?
① 소음수준을 측정할 때에는 측정대상이 되는 근로자의 근접한 위치의 귀 높이에서 측정하여야 한다.
② 충격소음인 경우에는 소음수준에 따른 5분 동안의 발생횟수를 측정한다.
③ 누적소음노출량 측정기로 소음을 측정하는 경우에는 criteria=90dB, exchange rate=5dB, threshold=80dB로 기기설정을 하여야 한다.
④ 소음이 1초 이상의 간격을 유지하면서 최대음압수준이 120dB(A) 이상인 소음을 충격소음이라 한다.

[풀이] ② 충격소음인 경우에는 소음수준에 따른 1분 동안의 발생횟수를 측정하여야 한다.

29 옥외작업장(태양광선이 내리쬐는 장소)의 자연습구온도=29℃, 건구온도=33℃, 흑구온도=36℃, 기류속도=1m/sec일 때 WBGT 지수값은?
① 약 33℃   ② 약 31℃
③ 약 28℃   ④ 약 26℃

[풀이] 옥외작업장(태양광선이 내리쬐는 장소)의 WBGT(℃)
= 0.7×자연습구온도+0.2×흑구온도+0.1×건구온도
= (0.7×29℃)+(0.2×36℃)+(0.1×33℃)
= 30.8℃

30 시료채취방법 중에서 개인시료채취 시의 채취지점으로 가장 알맞은 것은? (단, 개인시료채취기 이용)
① 근로자의 호흡위치(호흡기 중심반경 30cm인 반구)
② 근로자의 호흡위치(호흡기 중심반경 60cm인 반구)
③ 근로자의 호흡위치(1.2~1.5m 높이의 고정된 위치)
④ 근로자의 호흡위치(측정하고자 하는 고정된 위치)

[풀이] ㉠ 개인시료채취
개인시료채취기를 이용하여 가스·증기·분진·흄(fume)·미스트(mist) 등을 근로자의 호흡위치(호흡기를 중심으로 반경 30cm인 반구)에서 채취하는 것을 말한다.
㉡ 지역시료채취
시료채취기를 이용하여 가스·증기·분진·흄(fume)·미스트(mist) 등을 근로자의 작업행동 범위에서 호흡기 높이에 고정하여 채취하는 것을 말한다.

31 가스상 물질의 시료포집 시 사용하는 액체포집방법의 흡수효율을 높이기 위한 방법으로 맞지 않는 것은?
① 흡수용액의 온도를 낮추어 오염물질의 휘발성을 제한하는 방법
② 두 개 이상의 버블러를 연속적으로 연결하여 채취효율을 높이는 방법
③ 시료채취속도를 높여 채취유량을 줄이는 방법
④ 채취효율이 좋은 프리티드 버블러 등의 기구를 사용하는 방법

정답 28.② 29.② 30.① 31.③

[풀이] **흡수효율(채취효율)을 높이기 위한 방법**
㉠ 포집액의 온도를 낮추어 오염물질의 휘발성을 제한한다.
㉡ 두 개 이상의 임핀저나 버블러를 연속적(직렬)으로 연결하여 사용하는 것이 좋다.
㉢ 시료채취속도(채취물질이 흡수액을 통과하는 속도)를 낮춘다.
㉣ 기포의 체류시간을 길게 한다.
㉤ 기포와 액체의 접촉면적을 크게 한다(가는 구멍이 많은 fritted 버블러 사용).
㉥ 액체의 교반을 강하게 한다.
㉦ 흡수액의 양을 늘려준다.
㉧ 액체에 포집된 오염물질의 휘발성을 제거한다.

32 흡착제 중 다공성 중합체에 관한 설명으로 틀린 것은?
① 활성탄보다 비표면적이 작다.
② 활성탄보다 흡착용량이 크며 반응성도 높다.
③ 테낙스 GC(tenax GC)는 열안정성이 높아 열탈착에 의한 분석이 가능하다.
④ 특별한 물질에 대한 선택성이 좋다.

[풀이] **다공성 중합체(porous polymer)**
(1) 활성탄에 비해 비표면적, 흡착용량, 반응성은 작지만 특수한 물질 채취에 유용하다.
(2) 대부분 스티렌, 에틸비닐벤젠, 디비닐벤젠 중 하나와 극성을 띤 비닐화합물과의 공중 중합체이다.
(3) 특별한 물질에 대하여 선택성이 좋은 경우가 있다.
(4) 장점
 ㉠ 아주 적은 양도 흡착제로부터 효율적으로 탈착이 가능하다.
 ㉡ 고온에서 열안정성이 매우 뛰어나기 때문에 열탈착이 가능하다.
 ㉢ 저농도 측정이 가능하다.
(5) 단점
 ㉠ 비휘발성 물질(대표적 : 이산화탄소)에 의하여 치환반응이 일어난다.
 ㉡ 시료가 산화·가수·결합 반응이 일어날 수 있다.
 ㉢ 아민류 및 글리콜류는 비가역적 흡착이 발생한다.
 ㉣ 반응성이 강한 기체(무기산, 이산화황)가 존재 시 시료가 화학적으로 변한다.

33 흡광광도법에서 세기 I_o의 단색광이 시료액을 통과하여 그 광의 80%가 흡수되었을 때 흡광도는?
① 0.6
② 0.7
③ 0.8
④ 0.9

[풀이]
$$흡광도(A) = \log \frac{1}{투과율}$$
$$투과율 = \frac{100-80}{100} = 0.2$$
$$= \log \frac{1}{0.2} = 0.7$$

34 어느 가구공장의 소음을 측정한 결과 측정치가 다음과 같았다면 이 공장 소음의 중앙값(median)은?

82dB(A), 90dB(A), 79dB(A), 84dB(A), 91dB(A), 85dB(A), 93dB(A), 88dB(A), 95dB(A)

① 91dB(A)
② 90dB(A)
③ 88dB(A)
④ 86dB(A)

[풀이]
• 중앙치란 N개의 측정치를 크기 순서로 배열 시 중앙에 오는 값을 의미한다.
• 79dB(A), 82dB(A), 84dB(A), 85dB(A), 88dB(A), 90dB(A), 91dB(A), 93dB(A), 95dB(A)의 크기 순서 중 중앙에 오는 값은 88dB(A)이다.

35 빛파장의 단위로 사용되는 Å(angstrom)을 국제표준단위계(SI)로 바르게 나타낸 것은?
① 10^{-6} m
② 10^{-8} m
③ 10^{-10} m
④ 10^{-12} m

[풀이] **길이 단위**
㉠ Å = 10^{-10} m
㉡ 1,000nm = 1μm, 1μm = 10^{-6} m
㉢ 1inch = 0.0254m
㉣ 1ft = 0.3048m

36 분석에서의 계통오차(systematic error)가 아닌 것은?

① 외계오차
② 우발오차
③ 기계오차
④ 개인오차

> [풀이] **계통오차의 종류**
> (1) 외계오차(환경오차)
> ㉠ 측정 및 분석 시 온도나 습도와 같은 외계의 환경으로 생기는 오차이다.
> ㉡ 대책(오차의 세기) : 보정값을 구하여 수정함으로써 오차를 제거할 수 있다.
> (2) 기계오차(기기오차)
> ㉠ 사용하는 측정 및 분석 기기의 부정확성으로 인한 오차이다.
> ㉡ 대책 : 기계의 교정에 의하여 오차를 제거할 수 있다.
> (3) 개인오차
> ㉠ 측정자의 습관이나 선입관에 의한 오차이다.
> ㉡ 대책 : 두 사람 이상 측정자의 측정을 비교하여 오차를 제거할 수 있다.

37 입자상 물질의 채취에 사용하는 막 여과지 중 화학물질과 열에 저항이 강한 특성을 가지고 있고 코크스 제조공정에서 발생하는 코크스 오븐 배출물질 채취에 사용되는 것은?

① 은막 여과지(silver membrane filter)
② 섬유상 여과지(fiber filter)
③ PVC 여과지(polyvinyl chloride filter)
④ MCE 여과지(Mixed Cellulose Ester membrane filter)

> [풀이] **은막 여과지(silver membrane filter)**
> ㉠ 균일한 금속은을 소결하여 만들며 열적·화학적 안정성이 있다.
> ㉡ 코크스 제조공정에서 발생하는 코크스 오븐 배출물질, 콜타르피치 휘발물질, X선 회절분석법을 적용하는 석영 또는 다핵방향족탄화수소 등을 채취하는 데 사용한다.
> ㉢ 결합제나 섬유가 포함되어 있지 않다.

38 작업환경측정의 표시단위에 대한 연결이 잘못된 것은?

① 분진(석면분진 포함) : mg/m^3
② 화학적 인자의 흄 : ppm, mg/m^3
③ 고열(복사열 포함) : 습구흑구온도지수를 구하여 섭씨온도로 표시
④ 화학적 인자의 증기 : ppm, mg/m^3

> [풀이] ① 분진(석면분진 제외) : mg/m^3

39 일정한 압력조건에서 부피와 온도가 비례한다는 표준가스 법칙은?

① 보일의 법칙
② 샤를의 법칙
③ 게이의 법칙
④ 뤼삭의 법칙

> [풀이] ㉠ **보일의 법칙** : 일정한 온도에서 기체부피는 그 압력에 반비례한다. 즉 압력이 2배 증가하면 부피는 처음의 $\frac{1}{2}$ 배로 감소한다.
> ㉡ **샤를의 법칙** : 일정한 압력하에서 기체를 가열하면 온도가 1℃ 증가함에 따라 부피는 0℃ 부피의 $\frac{1}{273}$ 만큼 증가한다.
> ㉢ **게이-뤼삭의 기체반응의 법칙** : 화학반응에서 그 반응물 및 생성물이 모두 기체일 때는 등온, 등압하에서 측정한 이들 기체의 부피 사이에는 간단한 정수비 관계가 성립한다.

40 직경이 5μm이고 비중이 1.2인 먼지입자의 침강속도는 약 몇 cm/sec인가?

① 0.01
② 0.03
③ 0.09
④ 0.3

> [풀이] 침강속도(cm/sec) $= 0.003 \times \rho \times d^2$
> $= 0.003 \times 1.2 \times 5^2$
> $= 0.09$ cm/sec

정답 36.② 37.① 38.① 39.② 40.③

제3과목 | 작업환경 관리

41 다음 중 분진이나 유리섬유로부터 피부를 보호하기 위하여 사용하는 피부보호제는?
① 수용성 피부보호제
② 지용성 피부보호제
③ 피막형성형 피부보호제
④ 광과민성 물질에 대한 피부보호제

[풀이] 피막형성형 피부보호제(피막형 크림)
㉠ 분진, 유리섬유 등에 대한 장애를 예방한다.
㉡ 적용 화학물질의 성분은 정제 벤드나이드겔, 염화비닐수지이다.
㉢ 피막형성 도포제를 바르고 장시간 작업 시 피부에 장애를 줄 수 있으므로 작업완료 후 즉시 닦아내야 한다.
㉣ 분진, 전해약품 제조, 원료 취급 시 사용한다.

42 유해성이 적은 재료로의 대치에 관한 설명으로 알맞지 않은 것은?
① 유기합성용매로 벤젠을 사용하던 것을 지방족 화합물의 휘발유계 용매로 전환한다.
② 분체의 원료는 입자가 작은 것으로 전환한다.
③ 금속제품 도장용으로 유기용제를 사용하던 것을 수용성 도료로 전환한다.
④ 금속제품의 탈지(脫脂)에 트리클로로에틸렌을 사용하던 것을 계면활성제로 전환한다.

[풀이] ② 분체의 원료를 입자가 작은 것에서 큰 것으로 전환한다.

43 비교원성 진폐증에 관한 설명으로 틀린 것은?
① 폐조직이 정상임
② 규폐증, 석면폐증이 대표적임
③ 간질반응이 경미함
④ 분진에 대한 조직반응은 가역성인 경우가 많음

[풀이] 진폐증 분류(병리적 변화에 따른 분류)
(1) 교원성 진폐증
㉠ 폐포조직의 비가역적 변화나 파괴가 있다.
㉡ 간질반응이 명백하고 그 정도가 심하다.
㉢ 폐 조직의 병리적 반응이 영구적이다.
㉣ 대표적 진폐증으로는 규폐증, 석면폐증, 탄광부진폐증이 있다.
(2) 비교원성 진폐증
㉠ 폐조직이 정상이며 망상섬유로 구성되어 있다.
㉡ 간질반응이 경미하다.
㉢ 분진에 의한 조직반응은 가역적인 경우가 많다.
㉣ 대표적 진폐증으로는 용접공폐증, 주석폐증, 바륨폐증, 칼륨폐증이 있다.

44 다음 인체조직 중 전리방사선에 대하여 감수성이 가장 적은 것은?
① 눈의 수정체 ② 혈관
③ 골수 ④ 임파선

[풀이] 전리방사선에 대한 감수성 순서
골수, 흉선 및 림프조직(조혈기관), 눈의 수정체, 임파선 > 상피세포, 내피세포 > 근육세포 > 신경조직

45 사람이 느끼는 최소진동역치는?
① 55±5dB ② 65±5dB
③ 75±5dB ④ 85±5dB

[풀이] 진동수(주파수)에 따른 구분
㉠ 전신진동 진동수(공해진동 진동수)
1~80Hz(2~90Hz, 1~90Hz, 2~100Hz)
㉡ 국소진동 진동수
8~1,500Hz
㉢ 인간이 느끼는 최소진동역치
55±5dB

46 소음의 특성을 평가하는 데 주파수 분석이 이용된다. 1/1 옥타브밴드의 중심주파수가 500Hz일 때 하한과 상한 주파수로 가장 적절한 것은? (단, 정비형 필터 기준)
① 355Hz, 710Hz ② 365Hz, 730Hz
③ 375Hz, 750Hz ④ 385Hz, 770Hz

정답 41.③ 42.② 43.② 44.② 45.① 46.①

[풀이] $f_c(\text{중심주파수}) = \sqrt{2}\, f_L$

∴ $f_L(\text{하한 주파수}) = \dfrac{f_c}{\sqrt{2}} = \dfrac{500}{\sqrt{2}} = 353.5\text{Hz}$

$f_c(\text{중심주파수}) = \sqrt{f_L \times f_U}$

∴ $f_U(\text{상한 주파수}) = \dfrac{f_c^2}{f_L} = \dfrac{500^2}{353.5} = 707.2\text{Hz}$

47 다핵방향족 탄화수소류(PAH)에 관한 설명으로 틀린 것은?

① 담배의 흡연 또는 연소공정에서 주로 생성된다.
② 비극성의 지용성 화합물로 소화관을 통하여 쉽게 흡수된다.
③ 대사 중에 배설이 되지 않는 발암성 물질인 알데히드를 생성한다.
④ PAH는 대사가 거의 되지 않는 방향족 고리로 구성되어 있다.

[풀이] 다핵방향족 탄화수소류(PAH, 일반적으로 시토크롬 P-448이라 함)
㉠ PAH는 벤젠고리가 2개 이상 연결된 것으로 20여 가지 이상이 있다.
㉡ PAH는 대사가 거의 되지 않는 방향족 고리로 구성되어 있다.
㉢ 철강제조업의 코크스제조공정, 담배의 흡연, 연소공정, 석탄건류, 아스팔트 포장, 굴뚝 청소 시 발생한다.
㉣ PAH는 비극성의 지용성 화합물이며 소화관을 통하여 흡수된다.
㉤ PAH는 시토크롬 P-450의 준개체단에 의하여 대사되고, PAH의 대사에 관여하는 효소는 P-448로 대사되는 중간산물이 발암성을 나타낸다.
㉥ 대사 중에 산화아렌(arene oxide)을 생성하고 잠재적 독성이 있다.
㉦ 연속적으로 폭로된다는 것은 불가피하게 발암성으로 진행됨을 의미한다.
㉧ PAH는 배설을 쉽게 하기 위하여 수용성으로 대사되는데 체내에서 먼저 PAH가 hydroxylation(수산화)되어 수용성을 돕는다.
㉨ PAH의 발암성 강도는 독성강도와 연관성이 크다.
㉩ ACGIH의 TLV는 TWA로 10ppm이다.
㉪ 인체발암추정물질(A2)로 분류한다.

48 고압작업장에서 감압병을 예방하기 위해서 질소 대신에 어떤 가스로 대치된 공기를 흡입하도록 해야 하는가?

① 헬륨
② 메탄
③ 아산화질소
④ 일산화질소

[풀이] 헬륨은 질소보다 확산속도가 크며, 체외로 배출되는 시간이 질소에 비하여 50% 정도밖에 걸리지 않는다.

49 어떤 근로자가 음압수준이 100dB(A)인 작업장에 NRR이 27인 귀마개를 착용하였다. 이 근로자가 노출되는 음압수준은 얼마이겠는가? (단, OSHA 방법으로 계산)

① 73.0dB(A)   ② 86.5dB(A)
③ 90.0dB(A)   ④ 95.5dB(A)

[풀이] 귀마개의 차음효과 = (NRR-7)×50%
= (27-7)×0.5
= 10dB(A)
∴ 근로자 노출 음압수준 = 100dB(A) - 10dB(A)
= 90.0dB(A)

50 저온에 의한 2차적인 생리반응을 바르게 설명한 것은?

① 저온환경에서는 조직대사가 증가되어 식욕이 떨어진다.
② 저온환경에서는 근육활동이 감소하여 식욕이 떨어진다.
③ 말초혈관의 수축으로 표면조직에 냉각이 온다.
④ 피부혈관 수축으로 혈류량이 감소하므로 혈압이 일시적으로 저하된다.

[풀이] 저온의 2차적 생리반응
㉠ 표면조직의 냉각
㉡ 식욕변화(식욕항진)
㉢ 혈압 일시적 상승(혈류량 증가)

정답 47.③ 48.① 49.③ 50.③

51 광원으로부터 나오는 빛의 세기인 광도의 단위는?

① 촉광 ② 루멘
③ 럭스 ④ 램버트

풀이 촉광(candle)
㉠ 빛의 세기인 광도를 나타내는 단위로 국제촉광을 사용한다.
㉡ 지름이 1인치인 촛불이 수평방향으로 비칠 때 빛의 광강도를 나타내는 단위이다.
㉢ 밝기는 광원으로부터 거리의 제곱에 반비례한다.
$$조도(E) = \frac{I}{r^2}$$
여기서, I : 광도(candle)
r : 거리(m)

52 ACGIH에 의한 발암물질의 구분기준으로 'A4'에 해당되는 것은?

① 인체 발암성 확인물질
② 동물 발암성 확인물질, 인체 발암성 모름
③ 인체 발암성 미분류 물질
④ 인체 발암성 미의심 물질

풀이 ACGIH의 발암성 구분
㉠ A1 : 인체 발암 확정물질
㉡ A2 : 인체 발암이 의심되는 물질, 발암추정물질
㉢ A3 : 동물 발암성 확인물질, 인체 발암성 모름
㉣ A4 : 인체 발암성 미분류 물질(인체 발암성이 확인되지 않은 물질)
㉤ A5 : 인체 발암성 미의심 물질

53 방독마스크의 흡수제의 재질로 적당하지 않은 것은?

① fiber glass
② silica gel
③ activated carbon
④ soda lime

풀이 방독마스크의 흡수제 재질
㉠ 활성탄
㉡ 실리카겔
㉢ 염화칼슘(soda lime)
㉣ 제오라이트

54 잠수부가 수심 20m인 곳에서 작업하는 경우 이 근로자에게 작용하는 절대압은?

① 1기압 ② 2기압
③ 3기압 ④ 4기압

풀이 절대압 = 대기압 + 작용압
= 1기압 + 2기압(10m당 1기압) = 3기압

55 미국 ACGIH에서 모든 입자상 물질에 대하여 침착하는 부위 및 먼지 입경에 따라 분류하는 것 중 가스교환지역인 폐포나 폐기도에 침착되었을 때 독성을 나타내는 입자상 물질의 크기로 50%가 침착되는 평균입자의 크기가 10μm인 것은?

① 흡입성 입자상 물질
② 흉곽성 입자상 물질
③ 호흡성 입자상 물질
④ 폐포성 입자상 물질

풀이 ACGIH 입자 크기별 기준(TLV)
(1) 흡입성 입자상 물질
(IPM ; Inspirable Particulates Mass)
㉠ 호흡기의 어느 부위(비강, 인두, 기관 등 호흡기의 기도 부위)에 침착하더라도 독성을 유발하는 분진이다.
㉡ 입경범위는 0~100μm이다.
㉢ 평균입경(폐침착의 50%에 해당하는 입자의 크기)은 100μm이다.
㉣ 침전분진은 재채기, 침, 코 등의 벌크(bulk) 세척기전으로 제거된다.
㉤ 비암이나 비중격천공을 일으키는 입자상 물질이 여기에 속한다.
(2) 흉곽성 입자상 물질
(TPM ; Thoracic Particulates Mass)
㉠ 기도나 하기도(가스교환 부위)에 침착하여 독성을 나타내는 물질이다.
㉡ 평균입경은 10μm이다.
㉢ 채취기구는 PM 10이다.
(3) 호흡성 입자상 물질
(RPM ; Respirable Particulates Mass)
㉠ 가스교환 부위, 즉 폐포에 침착할 때 유해한 물질이다.
㉡ 평균입경은 4μm(공기역학적 직경이 10μm 미만인 먼지가 호흡성 입자상 물질)이다.
㉢ 채취기구는 10mm nylon cyclone이다.

정답 51.① 52.③ 53.① 54.③ 55.②

56 의식상실과 중추신경계장애가 발생하는 산소결핍 작업장 조건은?

① 공기 중 산소농도가 10%인 작업장
② 공기 중 산소농도가 12%인 작업장
③ 공기 중 산소농도가 14%인 작업장
④ 공기 중 산소농도가 16%인 작업장

풀이 산소농도에 따른 인체장애

산소 농도(%)	산소 분압(mmHg)	동맥혈의 산소 포화도(%)	증 상
12~16	90~120	85~89	호흡수 증가, 맥박 증가, 정신집중 곤란, 두통, 이명, 신체기능조절 손상 및 순환장애자 초기증상 유발
9~14	60~105	74~87	불완전한 정신상태에 이르고 취한 것과 같으며 당시의 기억상실, 전신탈진, 체온상승, 호흡장애, 청색증 유발, 판단력 저하
6~10	45~70	33~74	의식불명, 안면창백, 전신근육경련, 중추신경장애, 청색증 유발, 경련, 8분 내 100% 치명적, 6분 내 50% 치명적, 4~5분 내 치료로 회복 가능
4~6 및 이하	45 이하	33 이하	40초 내에 혼수상태, 호흡정지, 사망

57 알레르기성 접촉피부염의 진단에 가장 유용한 검사방법은?

① 면역글로불린 검사
② 조직검사
③ 첩포검사
④ 일반혈액 검사

풀이 첩포시험(patch test)
㉠ 알레르기성 접촉피부염의 진단에 필수적이며 가장 중요한 임상시험이다.
㉡ 피부염의 원인물질로 예상되는 화학물질을 피부에 도포하고, 48시간 동안 덮어둔 후 피부염의 발생여부를 확인한다.
㉢ 첩포시험 결과 침윤, 부종이 지속된 경우를 알레르기성 접촉피부염으로 판독한다.

58 고열장애에 관한 설명으로 틀린 것은 어느 것인가?

① 열사병은 신체 내부의 체온조절계통이 기능을 잃어 발생한다.
② 열경련은 땀으로 인한 염분손실을 충당하지 못할 때 발생하며, 장애가 발생하면 염분의 공급을 위해 식염정제를 사용한다.
③ 열허탈은 고열작업장에 순화되지 못한 근로자가 고열작업을 수행할 경우 신체 말단부에 혈액이 과다하게 저류되어 뇌의 혈액흐름이 좋지 못하게 됨에 따라 뇌에 산소가 부족하여 발생한다.
④ 일시적인 열피로는 고열에 순화되지 않은 작업자가 장시간 고열환경에서 정적인 작업을 할 경우 흔히 발생한다.

풀이 ② 열경련은 땀을 많이 흘리고 동시에 염분이 없는 음료수를 많이 마셔서 염분이 부족할 경우 발생하며, 수분 및 NaCl 보충으로 생리식염수 0.1%를 공급한다.

59 다음 중 자외선에 관한 설명으로 틀린 것은?

① 인체에 유익한 건강선은 290~315nm 정도이다.
② 구름이나 눈에 반사되며, 고층 구름이 낀 맑은 날에 가장 많고 대기오염의 지표로도 사용된다.
③ 일명 화학선이라고 하며 광화학반응으로 단백질과 핵산분자의 파괴, 변성작용을 한다.
④ 피부의 자외선 투과정도는 피부 표피두께와는 관계가 없고 피부에 포함된 멜라닌색소의 정도에 따른다.

풀이 자외선의 피부 투과정도에 영향을 미치는 인자
㉠ 자외선의 파장
㉡ 피부색
㉢ 피부 표피의 두께

정답 56.① 57.③ 58.② 59.④

60 음압도(SPL ; Sound Pressure Level)가 80dB인 소음이 음압도가 40dB인 소음보다 실제음압(sound pressure)이 몇 배 더 강한가?
① 2배 ② 10배
③ 100배 ④ 10,000배

풀이 $SPL = 20\log\dfrac{P}{2\times10^{-5}}$ 이므로

- $80 = 20\log\dfrac{P_1}{2\times10^{-5}}$ 에서, $P_1 = 0.2\text{N/m}^2$
- $40 = 20\log\dfrac{P_2}{2\times10^{-5}}$ 에서, $P_2 = 0.002\text{N/m}^2$

∴ $\dfrac{P_1}{P_2} = \dfrac{0.2}{0.002} = 100$배

제4과목 | 산업환기

61 송풍기 상사 법칙과 관련이 없는 것은?
① 송풍량 ② 축동력
③ 덕트의 길이 ④ 회전수

풀이 송풍기 상사 법칙
㉠ 풍량은 회전수비에 비례한다.
㉡ 풍압은 회전수비의 제곱에 비례한다.
㉢ 동력은 회전수비의 세제곱에 비례한다.

62 국소환기시설의 일반적인 배열로 가장 적절한 것은?
① 후드 → 공기정화시설 → 배관 → 송풍기 → 배출구
② 공기정화시설 → 후드 → 배관 → 송풍기 → 배출구
③ 후드 → 배관 → 공기정화시설 → 송풍기 → 배출구
④ 후드 → 배관 → 송풍기 → 공기정화시설 → 배출구

풀이 국소배기장치의 계통
후드 → 덕트 → 공기정화장치 → 송풍기 → 배기덕트

63 다음 중 세정집진장치의 종류가 아닌 것은 어느 것인가?
① 유수식
② 가압수식
③ 충진탑식
④ 사이클론식

풀이 세정집진장치의 종류
(1) 유수식(가스분산형)
 ㉠ 물(액체) 속으로 처리가스를 유입하여 다량의 액막을 형성하여, 함진가스를 세정하는 방식이다.
 ㉡ 종류로는 S형 임펠러형, 로터형, 분수형, 나선안내익형, 오리피스 스크러버 등이 있다.
(2) 가압수식(액분산형)
 ㉠ 물(액체)을 가압 공급하여 함진가스를 세정하는 방식이다.
 ㉡ 종류로는 벤투리 스크러버, 제트 스크러버, 사이클론 스크러버, 분무탑, 충진탑 등이 있다.
 ㉢ 벤투리 스크러버는 가압수식에서 집진율이 가장 높아 광범위하게 사용한다.
(3) 회전식
 ㉠ 송풍기의 회전을 이용하여 액막, 기포를 형성시켜 함진가스를 세정하는 방식이다.
 ㉡ 종류로는 타이젠 워셔, 임펄스 스크러버 등이 있다.

64 기온이 21℃이고, 고도가 1,830m인 경우 공기밀도는 약 몇 kg/m³인가? (단, 1기압하 21℃일 때 공기의 밀도는 1.2kg/m³, 1,830m 고도에서의 압력은 608mmHg이다.)
① 0.66
② 0.76
③ 0.86
④ 0.96

풀이 밀도보정계수$(d_f) = \dfrac{(273+21)(P)}{(℃+273)(760)}$
$= \dfrac{(294)(608)}{(21+273)(760)} = 0.8$

∴ 실제공기밀도$(\rho_a) = \rho_s \times d_f$
$= 1.2 \times 0.8 = 0.96\text{kg/m}^3$

65 총 압력손실 계산법 중 정압조절평형법의 단점에 해당하지 않는 것은?

① 설계 시 잘못된 유량을 수정하기가 어렵다.
② 설계가 복잡하고 시간이 걸린다.
③ 최대저항경로의 선정이 잘못되었을 경우 설계 시 발견이 어렵다.
④ 설계유량 산정이 잘못되었을 경우, 수정은 덕트 크기의 변경을 필요로 한다.

풀이 정압조절평형법(유속조절평형법, 정압균형유지법)
(1) 장점
 ㉠ 예기치 않는 침식, 부식, 분진퇴적으로 인한 축적(퇴적) 현상이 일어나지 않는다.
 ㉡ 잘못 설계된 분지관, 최대저항경로(저항이 큰 분지관) 선정이 잘못되어도 설계 시 쉽게 발견할 수 있다.
 ㉢ 설계가 정확할 때에는 가장 효율적인 시설이 된다.
 ㉣ 유속의 범위가 적절히 선택되면 덕트의 폐쇄가 일어나지 않는다.
(2) 단점
 ㉠ 설계 시 잘못된 유량을 고치기 어렵다(임의의 유량을 조절하기 어려움).
 ㉡ 설계가 복잡하고 시간이 걸린다.
 ㉢ 설계유량 산정이 잘못되었을 경우 수정은 덕트의 크기 변경을 필요로 한다.
 ㉣ 때에 따라 전체 필요한 최소유량보다 더 초과될 수 있다.
 ㉤ 설치 후 변경이나 확장에 대한 유연성이 낮다.
 ㉥ 효율개선 시 전체를 수정해야 한다.

66 플랜지가 없는 원형 후드에 플랜지를 부착할 경우 필요환기량은 어느 정도 감소하겠는가?

① 15% ② 25%
③ 50% ④ 60%

풀이 일반적으로 외부식 후드에 플랜지(flange)를 부착하면 후방 유입기류를 차단하고 후드 전면에서 포집범위가 확대되어 flange가 없는 후드에 비해 동일 지점에서 동일한 제어속도를 얻는 데 필요한 송풍량을 약 25% 감소시킬 수 있으며 플랜지 폭은 후드 단면적의 제곱근($\sqrt{A}$) 이상이 되어야 한다.

67 일반적으로 발생원에 대한 제어속도 V_c (control velocity)가 가장 큰 작업공정은 어느 것인가?

① 연마작업 ② 인쇄작업
③ 도장작업 ④ 도금작업

풀이 제어속도 범위(ACGIH)

작업조건	작업공정 사례	제어속도 (m/sec)
• 움직이지 않는 공기 중에서 속도 없이 배출되는 작업조건 • 조용한 대기 중에 실제 거의 속도가 없는 상태로 발산하는 경우의 작업조건	• 액면에서 발생하는 가스나 증기, 흄 • 탱크에서 증발, 탈지시설	0.25~0.5
비교적 조용한(약간의 공기 움직임) 대기 중에서 저속도로 비산하는 작업조건	• 용접, 도금 작업 • 스프레이 도장 • 주형을 부수고 모래를 터는 장소	0.5~1.0
발생기류가 높고 유해물질이 활발하게 발생하는 작업조건	• 스프레이 도장, 용기충전 • 컨베이어 적재 • 분쇄기	1.0~2.5
초고속기류가 있는 작업장소에 초고속으로 비산하는 경우	• 회전연삭작업 • 연마작업 • 블라스트 작업	2.5~10

68 가로 380mm, 세로 760mm의 곧은 각관 내에 280m³/min의 표준공기가 흐르고 있을 때 길이 5m당 압력손실은 약 몇 mmH₂O인가? (단, 관의 마찰계수는 0.019, 공기의 비중량은 1.2kgf/m³이다.)

① 9 ② 7
③ 5 ④ 3

풀이 덕트 압력손실(mmH$_2$O)$= \lambda \times \dfrac{L}{D} \times \dfrac{\gamma V^2}{2g}$

$D(\text{상당직경}) = \dfrac{2ab}{a+b} = \dfrac{2(0.38 \times 0.76)}{0.38+0.76} = 0.5\text{m}$

$V(\text{속도}) = \dfrac{Q}{A} = \dfrac{280\text{m}^3/\text{min}}{0.38\text{m} \times 0.76\text{m}}$
$= 969.53\text{m/min}(16.16\text{m/sec})$

∴ 덕트 압력손실 $= 0.019 \times \dfrac{5}{0.5} \times \dfrac{1.2 \times 16.16^2}{2 \times 9.8}$
$= 3.03\text{mmH}_2\text{O}$

정답 65.③ 66.② 67.① 68.④

69 전기집진기(ESP ; Electrostatic Precipitator)의 장점이라고 볼 수 없는 것은?

① 보일러와 철강로 등에 설치할 수 있다.
② 좁은 공간에서도 설치가 가능하다.
③ 고온의 입자상 물질도 처리가 가능하다.
④ 넓은 범위의 입경과 분진의 농도에서 집진효율이 높다.

풀이 전기집진장치
(1) 장점
  ㉠ 집진효율이 높다(0.01µm 정도 포집 용이, 99.9% 정도 고집진 효율).
  ㉡ 광범위한 온도범위에서 적용이 가능하며, 폭발성 가스의 처리도 가능하다.
  ㉢ 고온의 입자성 물질(500℃ 전후) 처리가 가능하여 보일러와 철강로 등에 설치할 수 있다.
  ㉣ 압력손실이 낮고 대용량의 가스 처리가 가능하고 배출가스의 온도강하가 적다.
  ㉤ 운전 및 유지비가 저렴하다.
  ㉥ 회수가치 입자포집에 유리하며, 습식 및 건식으로 집진할 수 있다.
  ㉦ 넓은 범위의 입경과 분진농도에 집진효율이 높다.
  ㉧ 습식집진이 가능하다.
(2) 단점
  ㉠ 설치비용이 많이 든다.
  ㉡ 설치공간을 많이 차지한다.
  ㉢ 설치된 후에는 운전조건의 변화에 유연성이 적다.
  ㉣ 먼지성상에 따라 전처리시설이 요구된다.
  ㉤ 분진포집에 적용하며, 기체상 물질제거에는 곤란하다.

70 다음 중 국소환기시설의 자체검사 시 필요한 필수장비에 속하는 것은?

① 청음봉   ② 회전계
③ 열선풍속계 ④ 수주마노미터

풀이 반드시 갖추어야 할 측정기(필수장비)
  ㉠ 발연관(연기발생기, smoke tester)
  ㉡ 청음기 또는 청음봉
  ㉢ 절연저항계
  ㉣ 표면온도계 및 초자온도계
  ㉤ 줄자

71 작업공정에는 이상이 없다고 가정할 때 [보기]의 후드를 가장 우수한 것부터 나쁜 순으로 나열한 것은? (단, 제어속도는 1m/sec, 제어거리는 0.5m, 개구면적은 2m²로 동일하다.)

[보기]
㉮ 포위식 후드
㉯ 테이블에 고정된 플랜지가 붙은 외부식 후드
㉰ 자유공간에 설치된 외부식 후드
㉱ 자유공간에 설치된 플랜지가 붙은 외부식 후드

① ㉮ → ㉰ → ㉯ → ㉱
② ㉯ → ㉮ → ㉰ → ㉱
③ ㉮ → ㉯ → ㉱ → ㉰
④ ㉯ → ㉮ → ㉱ → ㉰

풀이 포위식 후드가 가장 효과적인 형태이며 자유공간에 설치되고 플랜지가 없는 외부식 후드의 유량이 가장 커 비경제적인 후드의 형태이다.

72 전체환기의 설치가 적합하지 않은 작업장은?

① 공기 중 오염물질 독성이 적은 작업장
② 금속흄의 농도가 높은 작업장
③ 오염물질이 널리 퍼져있는 작업장
④ 오염물질이 시간에 따라 균일하게 발생되는 작업장

풀이 전체환기(희석환기) 적용 시 조건
  ㉠ 유해물질의 독성이 비교적 낮은 경우, 즉 TLV가 높은 경우(가장 중요한 제한조건)
  ㉡ 동일한 작업장에 다수의 오염원이 분산되어 있는 경우
  ㉢ 유해물질이 시간에 따라 균일하게 발생할 경우
  ㉣ 유해물질의 발생량이 적은 경우 및 희석공기량이 많지 않아도 될 경우
  ㉤ 유해물질이 증기나 가스일 경우
  ㉥ 국소배기로 불가능한 경우
  ㉦ 배출원이 이동성인 경우
  ㉧ 가연성 가스의 농축으로 폭발의 위험이 있는 경우
  ㉨ 오염원이 근무자가 근무하는 장소로부터 멀리 떨어져 있는 경우

73 다음 중 층류에 대한 설명으로 틀린 것은?
① 유체입자가 관벽에 평행한 직선으로 흐르는 흐름이다.
② 레이놀즈수가 4,000 이상인 유체의 흐름이다.
③ 관 내에서의 속도분포가 정상 포물선을 그린다.
④ 평균유속은 최대유속의 약 1/2이다.

풀이 레이놀즈수의 크기에 따른 구분
㉠ 층류 : $Re < 2,100$
㉡ 천이영역 : $2,100 < Re < 4,000$
㉢ 난류 : $Re > 4,000$

74 일반적으로 국소환기시설을 설계할 때 가장 먼저 해야 하는 것은?
① 후드의 형식 선정
② 송풍기의 선정
③ 후드 크기의 결정
④ 제어속도의 결정

풀이 국소배기장치의 설계순서
후드형식 선정 → 제어속도 결정 → 소요풍량 계산 → 반송속도 결정 → 배관내경 산출 → 후드의 크기 결정 → 배관의 배치와 설치장소 선정 → 공기정화장치 선정 → 국소배기 계통도와 배치도 작성 → 총 압력손실량 계산 → 송풍기 선정

75 송풍기 법칙에 대한 설명 중 옳은 것은 어느 것인가?
① 풍량은 송풍기의 회전속도에 반비례한다.
② 풍량은 송풍기의 회전속도에 정비례한다.
③ 풍량은 송풍기의 회전속도의 제곱에 비례한다.
④ 풍량은 송풍기의 회전속도의 세제곱에 비례한다.

풀이 송풍기 법칙(회전속도 비)
㉠ 풍량은 송풍기의 회전속도에 정비례한다.
㉡ 풍압은 송풍기의 회전속도의 제곱에 비례한다.
㉢ 동력은 송풍기의 회전속도의 세제곱에 비례한다.

76 Della Valle가 유도한 공식으로 외부식 후드의 필요환기량을 산출할 때 가장 큰 영향을 주는 인자는?
① 후드 모양
② 후드의 재질
③ 후드의 개구면적
④ 후드로부터의 오염원 거리

풀이 $Q = 60 \cdot V_c (10X^2 + A)$에서 필요환기량($Q$)에 가장 큰 영향을 주는 인자는 후드로부터의 오염원 거리(X)이다.

77 다음의 유해가스처리 제거기술 중 가스의 용해도와 관계가 깊은 것은?
① 흡수제거법   ② 흡착제거법
③ 연소제거법   ④ 희석제거법

풀이 흡수법
(1) 유해가스가 액상에 잘 용해되거나 화학적으로 반응하는 성질을 이용하며, 주로 물이나 수용액을 사용하기 때문에 물에 대한 가스의 용해도가 중요한 요인이다.
(2) 제거효율에 영향을 미치는 인자
㉠ 접촉시간
㉡ 기액 접촉면적
㉢ 흡수제의 농도
㉣ 반응속도

78 다음 중 정유공장의 비상구조설비(emergency relief system)로부터 비정상적으로 발생하는 고농도의 VOC를 처리하는 데 제거효율이 가장 높은 처리방법은?
① 소각로   ② 촉매연소법
③ 불꽃연소법   ④ 가열연소법

풀이 직접연소(불꽃연소)
㉠ 유해가스를 연기기 내에서 직접 태우는 방법이다.
㉡ CO, HC, H_2, NH_3의 유독가스 제거 및 정유공장의 비상구조설비로부터 비정상적으로 발생하는 고농도 VOC를 처리하는 데 사용된다.
㉢ 연소조건(시간, 온도, 혼합 : 3T)이 적당하면 유해가스의 완벽한 산화처리가 가능하다.

정답 73.② 74.① 75.② 76.④ 77.① 78.③

79 작업장의 크기가 12m×22m×45m인 곳에서의 톨루엔 농도가 400ppm이다. 이 작업장으로 600m³/min의 공기가 유입되고 있다면 톨루엔 농도를 100ppm까지 낮추는 데 필요한 환기시간은 약 얼마인가? (단, 공기와 톨루엔은 완전혼합된다고 가정한다.)

① 27.45분 ② 31.44분
③ 35.45분 ④ 39.44분

풀이
$$t = -\frac{V}{Q'}\ln\left(\frac{C_2}{C_1}\right)$$
- $V = 12m \times 22m \times 45m = 11,880m^3$
- $C_1 = 400ppm$
- $C_2 = 100ppm$

$$= -\frac{11,880}{600}\ln\left(\frac{100}{400}\right) = 27.45\text{min}$$

80 후드의 열상승기류량이 10m³/min이고, 유도기류량이 15m³/min일 때 누입한계유량비(K_L)는? (단, 기타 조건은 무시한다.)

① 0.67 ② 1.5
③ 2.0   ④ 2.5

풀이
$$\text{누입한계유량비}(K_L) = \frac{\text{유도기류량}}{\text{열상승기류량}}$$
$$= \frac{15}{10} = 1.5$$

제3회 산업위생관리산업기사

CBT 기출복원문제 | 2021.08.08

제1과목 | 산업위생학 개론

01 노동에 필요한 에너지원은 근육에 저장된 화학적 에너지와 대사과정을 거쳐 생성되는 에너지로 구분된다. 근육운동의 에너지원이 대사에 주로 동원되는 순서(시간대별)를 가장 바르게 나타낸 것은? (단, 혐기성 대사이다.)

① glycogen → CP → ATP
② CP → glycogen → ATP
③ ATP → CP → glycogen
④ CP → ATP → glycogen

[풀이] 혐기성 대사(anaerobic metabolism)
㉠ 근육에 저장된 화학적 에너지를 의미한다.
㉡ 혐기성 대사 순서(시간대별)
ATP(아데노신삼인산) → CP(크레아틴인산) → glycogen(글리코겐) or glucose(포도당)
※ 근육운동에 동원되는 주요 에너지원 중 가장 먼저 소비되는 것은 ATP이다.

02 구리(Cu) 독성에 관한 인체실험 결과 안전흡수량이 체중 kg당 0.1mg이었다. 1일 8시간 작업 시 구리의 체내흡수를 안전흡수량 이하로 유지하려면 공기 중 구리농도는 약 얼마 이하여야 하는가? (단, 성인근로자 평균체중은 75kg, 작업 시 폐환기율은 1.2m³/hr, 체내잔류율은 1.0이다.)

① 0.61mg/m^3
② 0.73mg/m^3
③ 0.78mg/m^3
④ 0.85mg/m^3

[풀이] 체내흡수량(mg) = $C \times T \times V \times R$
• 체내흡수량(SHD) = 0.1mg/kg × 75kg = 7.5mg
• T : 노출시간 = 8hr
• V : 폐환기율 = 1.2m³/hr
• R : 체내잔류율 = 1.0
$7.5 = C \times 8 \times 1.2 \times 1.0$
∴ 농도(C) = 0.78mg/m³

03 다음 중 허용농도(TLV) 적용상의 주의사항으로 틀린 것은?

① 독성의 강도를 비교할 수 있는 지표이다.
② 대기오염평가 및 관리에 적용할 수 없다.
③ 기존의 질병이나 육체적 조건을 판단하기 위한 척도로 사용될 수 없다.
④ 안전농도와 위험농도를 구분하는 경계기준이 아니다.

[풀이] ACGIH(미국정부산업위생전문가협의회)에서 권고하고 있는 허용농도(TLV) 적용상 주의사항
㉠ 대기오염평가 및 지표(관리)에 사용할 수 없다.
㉡ 24시간 노출 또는 정상작업시간을 초과한 노출에 대한 독성 평가에는 적용할 수 없다.
㉢ 기존의 질병이나 신체적 조건을 판단(증명 또는 반증 자료)하기 위한 척도로 사용할 수 없다.
㉣ 작업조건이 다른 나라에서 ACGIH-TLV를 그대로 사용할 수 없다.
㉤ 안전농도와 위험농도를 정확히 구분하는 경계선이 아니다.
㉥ 독성의 강도를 비교할 수 있는 지표는 아니다.
㉦ 반드시 산업보건(위생)전문가에 의하여 설명(해석), 적용되어야 한다.
㉧ 피부로 흡수되는 양은 고려하지 않은 기준이다.
㉨ 산업장의 유해조건을 평가하기 위한 지침이며, 건강장애를 예방하기 위한 지침이다.

정답 01.③ 02.③ 03.①

PART 02 과년도 출제문제

04 작업강도와 이에 따른 주작업의 작업대사율의 범위가 가장 적절하게 짝지어진 것은?
① 경작업 : 0~2
② 격심작업 : 4~7
③ 중작업 : 2~4
④ 중등작업 : 1~2

풀이 RMR에 의한 작업강도 분류

RMR	작업(노동)강도	실노동률(%)
0~1	경작업(노동)	80 이상
1~2	중등작업(노동)	80~76
2~4	강작업(노동)	76~67
4~7	중작업(노동)	67~50
7 이상	격심작업(노동)	50 이하

05 다음 중 작업강도에 관한 설명으로 적절하지 않은 것은?
① 작업대사율로 주로 평가된다.
② 성별, 연령, 체격조건에 따라 차이를 보인다.
③ 작업을 할 때 소비되는 열량으로 작업의 강도를 측정한다.
④ 대인접촉이 적고, 작업이 단순하며, 열량소비량이 많을 때 작업강도는 커진다.

풀이 작업강도가 커지는 경우(작업강도에 영향을 미치는 요인)
㉠ 정밀작업일 때
㉡ 작업종류가 많을 때
㉢ 열량소비량이 많을 때
㉣ 작업속도가 빠를 때
㉤ 작업이 복잡할 때
㉥ 판단을 요할 때
㉦ 작업인원이 감소할 때
㉧ 위험부담을 느낄 때
㉨ 대인접촉이나 제약조건이 빈번할 때

06 산업피로를 측정할 때 국소근육활동피로를 측정하는 객관적인 방법은 무엇인가?
① EEG
② EMG
③ ECG
④ EOG

풀이 국소근육활동피로를 측정·평가하는 데에는 근전도(EMG)를 가장 많이 이용한다.
※ 전신피로의 평가는 심박수를 측정하여 이용한다.

07 사업장 내에서의 근골격계 질환의 특징으로 틀린 것은?
① 자각증상으로 시작된다.
② 환자 발생이 집단적이다.
③ 손상의 정도 측정이 용이하다.
④ 회복과 악화가 반복적이다.

풀이 근골격계 질환의 특징
㉠ 노동력 손실에 따른 경제적 피해가 크다.
㉡ 근골격계 질환의 최우선 관리목표는 발생의 최소화이다.
㉢ 단편적인 작업환경 개선으로 좋아질 수 없다.
㉣ 한 번 악화되어도 회복은 가능하다(회복과 악화가 반복적).
㉤ 자각증상으로 시작되며, 환자 발생이 집단적이다.
㉥ 손상의 정도 측정이 용이하지 않다.

08 어떤 공장에서 250명의 근로자가 1년 동안 작업하는 가운데 21건의 재해가 발생하였다. 이때 공장에서 발생한 재해의 도수율은? (단, 연간 작업일수는 290일, 1일 근로시간은 8시간)
① 29.76
② 36.21
③ 42.26
④ 48.51

풀이
$$도수율 = \frac{일정기간 \ 중 \ 재해발생건수}{일정기간 \ 중 \ 연근로시간수} \times 10^6$$
$$= \frac{21}{290 \times 8 \times 250} \times 10^6 = 36.21$$

09 열사병의 가장 중요한 원인은?
① 혈액 중의 염분농도 저하
② 순환기계 부조화
③ 뇌온도 상승에 의한 중추신경 마비
④ 간기능 장애

[풀이] **열사병(heatstroke)**
㉠ 열사병은 고온다습한 환경(육체적 노동 또는 태양의 복사선을 두부에 직접적으로 받는 경우)에 노출될 때 뇌 온도의 상승으로 신체 내부의 체온조절 중추에 기능장애를 일으켜서 생기는 위급한 상태를 말한다.
㉡ 고열로 인해 발생하는 장애 중 가장 위험성이 크다.
㉢ 태양광선에 의한 열사병은 일사병(sunstroke)이라고 한다.

10 미국산업위생학회(AIHA)에서 정한 산업위생의 정의를 가장 올바르게 설명한 것은 어느 것인가?
① 모든 사람의 건강유지와 쾌적한 환경조성을 목표로 한다.
② 근로자의 생명연장 및 육체적, 정신적 능력을 증진시키기 위한 일련의 프로그램이다.
③ 근로자의 육체적, 정신적 건강을 최고로 유지·증진시킬 수 있도록 작업조건을 설정하는 기술이다.
④ 근로자에게 질병, 건강장애, 불쾌감 및 능률저하를 초래하는 작업환경 요인을 예측, 측정, 평가하고 관리하는 과학과 기술이다.

[풀이] **산업위생의 정의(AIHA)**
근로자나 일반 대중(지역주민)에게 질병, 건강장애와 안녕방해, 심각한 불쾌감 및 능률저하 등을 초래하는 작업환경 요인과 스트레스를 예측, 측정, 평가하고 관리하는 과학과 기술이다[예측, 인지(확인), 평가, 관리 의미와 동일함].

11 작업환경 내의 산소농도는 최소 몇 % 이상으로 하여야 하는가?
① 10   ② 14
③ 16   ④ 18

[풀이] 산소결핍은 공기 중의 산소농도가 18% 미만인 상태를 말한다.

12 미국정부산업위생전문가협의회(ACGIH)에서는 작업대사량에 따라 작업강도를 3가지로 구분하였다. 다음 중 중등도작업(moderate work)일 경우의 작업대사량에 해당하는 것은?
① 150kcal/hr
② 250kcal/hr
③ 400kcal/hr
④ 500kcal/hr

[풀이] **ACGIH의 작업강도 3가지 구분**
㉠ 경작업 : 200kcal/hr까지의 열량이 소요되는 작업
㉡ 중등작업 : 200~350kcal/hr까지의 열량이 소요되는 작업
㉢ 중작업 : 350~500kcal/hr까지의 열량이 소요되는 작업

13 입자상 물질의 크기를 나타내는 방법 중 먼지의 면적을 2등분하는 선의 길이로 표시되는 직경을 무엇이라 하는가?
① 공기역학적 직경
② Martin 직경
③ 등면적 직경
④ Feret 직경

[풀이] **마틴직경(Martin diameter)**
㉠ 먼지의 면적을 2등분하는 선의 길이로 선의 방향은 항상 일정하여야 하며, 과소평가할 수 있는 단점이 있다.
㉡ 입자의 2차원 투영상을 구하여 그 투영면적을 2등분한 선분 중 어떤 기준선과 평행인 것의 길이(입자의 무게중심을 통과하는 외부 경계면에 접하는 이론적인 길이)를 직경으로 사용하는 방법이다.

14 Vitamin D 생성과 가장 관계가 깊은 광선의 파장은?
① 280~320Å   ② 280~320nm
③ 380~760Å   ④ 380~760nm

[풀이] 비타민 D 생성은 주로 280~320nm의 자외선 파장에서 광화학적 작용을 일으켜 진피층에서 형성되고, 부족 시 구루병이 발생한다.

정답 10.④ 11.④ 12.② 13.② 14.②

15 육체적 작업능력(PWC)이 분당 16kcal인 근로자가 1일 8시간 동안 물체를 운반하고 있으며, 이때의 작업대사량은 12kcal/min이다. 휴식 시의 대사량이 1.5kcal/min이었다면 이 사람이 쉬지 않고 계속하여 일할 수 있는 최대허용시간은 약 얼마인가?

① 188분 ② 145분
③ 24분   ④ 4분

풀이
$\log T_{end} = 3.720 - 0.1949 E$
$= 3.720 - 0.1949 \times 12$
$= 1.381$
$\therefore T_{end}(최대허용시간) = 10^{1.381} = 24\min$

16 산업피로의 측정 시 생화학적 검사의 측정 항목으로만 나열된 것은?

① 혈액, 뇨
② 근력, 근활동
③ 심박수, 혈압
④ 호흡수, 에너지대사

풀이 산업피로 기능검사
(1) 연속측정법
(2) 생리심리학적 검사법
  ㉠ 역치측정
  ㉡ 근력검사
  ㉢ 행위검사
(3) 생화학적 검사법
  ㉠ 혈액검사
  ㉡ 뇨단백검사
(4) 생리적 검사법
  ㉠ 연속반응시간
  ㉡ 호흡순환기능
  ㉢ 대뇌피질활동

17 실내환경의 공기오염에 따른 건강장애 용어와 관련이 없는 것은?

① 빌딩 증후군(SBS)
② 새건물 증후군(SHS)
③ VDT 증후군(VDT syndrome)
④ 복합화학물질 과민증(MCS)

풀이 VDT 증후군(VDT syndrome)
VDT 증후군이란 VDT를 오랜 기간 취급하는 작업자에게 발생하는 근골격계 질환, 안정피로 등의 안장애, 정전기 등에 의한 피부발진, 정신적 스트레스, 전자기파와 관련된 건강장애 등을 모두 합하여 부르는 용어이다. 이 증상들은 서로 독립적으로 나타나는 것이 아니라 복합적으로 발생하기 때문에 하나의 증후군이라 부른다.

18 우리나라에서 학계에 처음으로 보고된 직업병은?

① 직업성 난청 ② 납중독
③ 진폐증   ④ 수은중독

풀이 우리나라에서 처음으로 학계에 보고된 직업병은 진폐증이며, 최근 특수건강진단을 통해 가장 많이 발생되고 있는 직업병 유소견자는 소음성 난청 유소견자이다.

19 다음 중 C_5-dip 현상은 어느 주파수에서 가장 잘 일어나는가?

① 1,000Hz
② 2,000Hz
③ 4,000Hz
④ 8,000Hz

풀이 C_5-dip 현상
소음성 난청의 초기단계로서 4,000Hz에서 청력장애가 현저히 커지는 현상이다.

20 무게 10kg인 물건을 근로자가 들어올리려고 한다. 해당 작업조건의 권고기준(RWL)이 5kg이고, 이동거리가 2cm(1분 2회씩 1일 8시간)일 때 중량물 취급지수(LI)는 얼마인가?

① 1 ② 2
③ 3 ④ 4

풀이 중량물 취급지수(LI)
$LI = \dfrac{물체\ 무게(kg)}{RWL(kg)} = \dfrac{10}{5} = 2$

제2과목 | 작업환경 측정 및 평가

21 0.01%는 몇 ppm인가?
① 1　　② 10
③ 100　　④ 1,000

[풀이] $0.01\% \times \dfrac{10,000\text{ppm}}{1\%} = 100\text{ppm}$

22 어떤 공장의 유해작업장에 50% heptane, 30% methylene chloride, 20% perchloro ethylene의 중량비로 혼합 조성된 용제가 증발되어 작업환경을 오염시키고 있다면 이 작업장에서 혼합물의 허용농도는? (단, heptane TLV=1,600mg/m³, methylene chloride TLV=670mg/m³, perchloro ethylene TLV=760mg/m³이다.)

① 1,014mg/m³
② 994mg/m³
③ 977mg/m³
④ 926mg/m³

[풀이] 혼합물의 노출기준(mg/m³)
$$= \dfrac{1}{\dfrac{0.5}{1,600} + \dfrac{0.3}{670} + \dfrac{0.2}{760}}$$
$$= 977.12\text{mg/m}^3$$

23 여과지의 공극보다 작은 입자가 여과지에 채취되는 기전은 여과이론으로 설명할 수 있다. 다음 중 펌프를 이용하여 공기를 흡인하여 채취할 때 크게 작용하는 기전이 아닌 것은?
① 간섭(차단)　　② 중력침강
③ 관성충돌　　④ 확산

[풀이] 여과포집 원리에 중요한 3가지 기전
㉠ 직접차단(간섭)
㉡ 관성충돌
㉢ 확산

24 작업환경 중 유해금속을 분석할 때 사용되는 불꽃방식 원자흡광광도계에 관한 설명으로 틀린 것은?
① 가격이 흑연로장치에 비하여 저렴하다.
② 분석시간이 흑연로장치에 비하여 적게 소요된다.
③ 감도가 높아 혈액이나 소변 시료에서의 유해금속 분석에 많이 이용된다.
④ 고체시료의 경우 전처리에 의하여 매트릭스를 제거해야 한다.

[풀이] 불꽃원자화장치의 장단점
(1) 장점
　㉠ 쉽고 간편하다.
　㉡ 가격이 흑연로장치나 유도결합플라스마-원자발광분석기보다 저렴하다.
　㉢ 분석이 빠르고, 정밀도가 높다(분석시간이 흑연로장치에 비해 적게 소요).
　㉣ 기질의 영향이 적다.
(2) 단점
　㉠ 많은 양의 시료(10mL)가 필요하며, 감도가 제한되어 있어 저농도에서 사용이 힘들다.
　㉡ 용질이 고농도로 용해되어 있는 경우, 점성이 큰 용액은 분무구를 막을 수 있다.
　㉢ 고체시료의 경우 전처리에 의하여 기질(매트릭스)을 제거해야 한다.

25 활성탄관을 연결한 저유량 공기시료 채취펌프를 이용하여 벤젠 증기(M.W=78g/mol)를 0.112m³ 채취하였다. GC를 이용하여 분석한 결과 323μg의 벤젠이 검출되었다면 벤젠 증기의 농도(ppm)는? (단, 온도 25℃, 압력 760mmHg이다.)

① 0.90　　② 1.84
③ 2.94　　④ 3.78

[풀이] 농도 $C(\text{mg/m}^3) = \dfrac{\text{질량(분석량)}}{\text{공기채취량}}$
$$= \dfrac{323\mu g}{0.112\text{m}^3 \times (1,000\text{L/m}^3)}$$
$$= 2.88\mu g/L (= \text{mg/m}^3)$$
$\therefore C(\text{ppm}) = 2.88\text{mg/m}^3 \times \dfrac{24.45}{78} = 0.90\text{ppm}$

정답 21.③　22.③　23.②　24.③　25.①

26 작업환경측정을 위한 화학시험의 일반사항 중 용어에 관한 내용으로 틀린 것은? (단, 고용노동부고시 기준)

① '감압'이란 따로 규정이 없는 한 15mmHg 이하를 뜻한다.
② '진공'이란 따로 규정이 없는 한 15mmHg 이하를 뜻한다.
③ 시험조작 중 '즉시'란 10초 이내에 표시된 조작을 하는 것을 말한다.
④ '약'이란 그 무게 또는 부피에 대하여 ±10% 이상의 차이가 있지 아니한 것을 말한다.

풀이 고용노동부 고시 화학시험의 일반사항 중 용어
㉠ '항량이 될 때까지 건조하다 또는 강열한다'란 규정된 건조온도에서 1시간 더 건조 또는 강열할 때 전후 무게의 차가 매 g당 0.3mg 이하일 때를 말한다.
㉡ 시험조작 중 '즉시'란 30초 이내에 표시된 조작을 하는 것을 말한다.
㉢ '감압 또는 진공'이란 따로 규정이 없는 한 15mmHg 이하를 뜻한다.
㉣ '이상' '초과' '이하' '미만'이라고 기재하였을 때 '이(以)' 자가 쓰여진 쪽은 어느 것이나 기산점 또는 기준점인 숫자를 포함하며, '미만' 또는 '초과'는 기산점 또는 기준점의 숫자를 포함하지 않는다. 또 'a~b'라 표시한 것은 a 이상 b 이하를 말한다.
㉤ '바탕시험을 하여 보정한다.'란 시료에 대한 처리 및 측정을 할 때, 시료를 사용하지 않고 같은 방법으로 조작한 측정치를 빼는 것을 말한다.
㉥ 중량을 '정확하게 단다.'란 지시된 수치의 중량을 그 자릿수까지 단다는 것을 말한다.
㉦ '약'이란 그 무게 또는 부피에 대하여 ±10% 이상의 차이가 있지 아니한 것을 말한다.
㉧ '검출한계'란 분석기기가 검출할 수 있는 가장 적은 양을 말한다.
㉨ '정량한계'란 분석기기가 정량할 수 있는 가장 적은 양을 말한다.
㉩ '회수율'이란 여과지에 채취된 성분을 추출과정을 거쳐 분석 시 실제 검출되는 비율을 말한다.
㉪ '탈착효율'이란 흡착제에 흡착된 성분을 추출과정을 거쳐 분석 시 실제 검출되는 비율을 말한다.

27 흡착제인 활성탄의 제한점으로 틀린 것은?

① 염화수소와 같은 고비점 화합물에 비효과적이다.
② 휘발성이 큰 저분자량의 탄화수소화합물의 채취효율이 떨어진다.
③ 비교적 높은 습도는 활성탄의 흡착용량을 저하시킨다.
④ 케톤의 경우 활성탄 표면에서 물을 포함하는 반응에 의해 파과되어 탈착률과 안전성에서 부적절하다.

풀이 활성탄의 제한점
㉠ 표면의 산화력으로 인해 반응성이 큰 멜캅탄, 알데히드 포집에는 부적합하다.
㉡ 케톤의 경우 활성탄 표면에서 물을 포함하는 반응에 의하여 파과되어 탈착률과 안정성에 부적절하다.
㉢ 메탄, 일산화탄소 등은 흡착되지 않는다.
㉣ 휘발성이 큰 저분자량의 탄화수소화합물의 채취효율이 떨어진다.
㉤ 끓는점이 낮은 저비점 화합물인 암모니아, 에틸렌, 염화수소, 포름알데히드 증기는 흡착속도가 높지 않아 비효과적이다.

28 입경이 14μm이고 밀도가 1.3g/cm³인 입자의 침강속도는?

① 0.19cm/sec
② 0.35cm/sec
③ 0.52cm/sec
④ 0.76cm/sec

풀이 Lippmann 식에 의한 침강속도
$V(\text{cm/sec}) = 0.003 \times \rho \times d^2$
$= 0.003 \times 1.3 \times 14^2 = 0.76 \text{cm/sec}$

29 석면의 측정방법 중 X선 회절법에 관한 설명으로 틀린 것은?

① 값이 비싸고 조작이 복잡하다.
② 1차 분석에 사용하며, 2차 분석에는 적용하기 어렵다.
③ 석면 포함물질을 은막 여과지에 놓고 X선을 조사한다.
④ 고형 시료 중 크리소타일 분석에 사용한다.

정답 26.③ 27.① 28.④ 29.②

풀이 석면측정방법
(1) 위상차현미경법
 ㉠ 석면측정에 이용되는 현미경으로 일반적으로 가장 많이 사용된다.
 ㉡ 막 여과지에 시료를 채취한 후 전처리하여 위상차현미경으로 분석한다.
 ㉢ 다른 방법에 비해 간편하나 석면의 감별이 어렵다.
(2) 전자현미경법
 ㉠ 석면분진 측정방법 중에서 공기 중 석면시료를 가장 정확하게 분석할 수 있다.
 ㉡ 석면의 성분분석(감별분석)이 가능하다.
 ㉢ 위상차현미경으로 볼 수 없는 매우 가는 섬유도 관찰 가능하다.
 ㉣ 값이 비싸고 분석시간이 많이 소요된다.
(3) 편광현미경법
 ㉠ 고형시료 분석에 사용하며 석면을 감별분석할 수 있다.
 ㉡ 석면광물이 가지는 고유한 빛의 편광성을 이용한 것이다.
(4) X선회절법
 ㉠ 단결정 또는 분말시료(석면 포함 물질을 은막 여과지에 놓고 X선 조사)에 의한 단색 X선의 회절각을 변화시켜가며 회절선의 세기를 계수관으로 측정하여 X선의 세기나 각도를 자동적으로 기록하는 장치를 이용하는 방법이다.
 ㉡ 값이 비싸고, 조작이 복잡하다.
 ㉢ 고형시료 중 크리소타일 분석에 사용하며 토석, 암석, 광물성 분진 중의 유리규산(SiO_2) 함유율도 분석한다.

30 작업환경 공기 중의 벤젠 농도를 측정하였더니 8mg/m³, 5mg/m³, 7mg/m³, 3mg/m³, 6mg/m³였다. 이들 값의 기하평균치(mg/m³)는 얼마인가?
① 5.3
② 5.5
③ 5.7
④ 5.9

풀이
$$\log(GM) = \frac{\log 8 + \log 5 + \log 7 + \log 3 + \log 6}{5}$$
$$= 0.74$$
$$\therefore GM = 10^{0.74} = 5.5 \text{mg/m}^3$$

31 입자상 물질의 채취방법 중 직경분립충돌기의 장점으로 틀린 것은?
① 호흡기의 부분별로 침착된 입자 크기의 자료를 추정할 수 있다.
② 크기별 동시 측정이 가능하여 측정준비 소요시간이 단축된다.
③ 입자의 질량 크기 분포를 얻을 수 있다.
④ 흡입성, 흉곽성, 호흡성 입자의 크기별로 분포와 농도를 계산할 수 있다.

풀이 직경분립충돌기(cascade impactor)
(1) 장점
 ㉠ 입자의 질량 크기 분포를 얻을 수 있다(공기 흐름속도를 조절하여 채취입자를 크기별로 구분 가능).
 ㉡ 호흡기의 부분별로 침착된 입자 크기의 자료를 추정할 수 있다.
 ㉢ 흡입성, 흉곽성, 호흡성 입자의 크기별로 분포와 농도를 계산할 수 있다.
(2) 단점
 ㉠ 시료채취가 까다롭다. 즉 경험이 있는 전문가가 철저한 준비를 통해 이용해야 정확한 측정이 가능하다(작은 입자는 공기흐름속도를 크게 하여 충돌판에 포집할 수 없음).
 ㉡ 비용이 많이 든다.
 ㉢ 채취준비시간이 과다하다.
 ㉣ 되튐으로 인한 시료의 손실이 일어나 과소분석결과를 초래할 수 있어 유량을 2L/min 이하로 채취한다.
 ㉤ 공기가 옆에서 유입되지 않도록 각 충돌기의 조립과 장착을 철저히 해야 한다.

32 다음 중 변이계수에 관한 설명으로 틀린 것은 어느 것인가?
① 통계집단의 측정값들에 대한 균일성, 정밀성 정도를 표현한 것이다.
② 평균값에 대한 표준편차의 크기를 백분율로 나타낸 수치이다.
③ 변이계수는 %로 표현되므로 측정단위와 무관하게 독립적으로 산출된다.
④ 평균값의 크기가 0에 가까울수록 변이계수의 의의는 커진다.

정답 30.② 31.② 32.④

[풀이] **변이계수(CV)**
㉠ 측정방법의 정밀도를 평가하는 계수이며, %로 표현되므로 측정단위와 무관하게 독립적으로 산출된다.
㉡ 통계집단의 측정값에 대한 균일성과 정밀성의 정도를 표현한 계수이다.
㉢ 단위가 서로 다른 집단이나 특성값의 상호산포도를 비교하는 데 이용될 수 있다.
㉣ 변이계수가 작을수록 자료가 평균 주위에 가깝게 분포한다는 의미이다(평균값의 크기가 0에 가까울수록 변이계수의 의미는 작아진다).
㉤ 표준편차의 수치가 평균치에 비해 몇 %가 되느냐로 나타낸다.

33 1차 표준기기로서 펌프의 유량을 보정하는 데 가장 널리 활용되는 기구는?

① 비누거품미터
② 로터미터
③ 오리피스미터
④ 열선기류계

[풀이] **비누거품미터**
㉠ 비교적 단순하고 경제적이며 정확성이 있기 때문에 작업환경측정에서 가장 널리 이용되는 유량보정기구이다.
㉡ 뷰렛 → 필터 → 펌프를 호스로 연결한다.
㉢ 측정시간의 정확도는 ±1% 이내이며, 눈금 도달 시간 측정 시 초시계의 측정한계범위는 0.1sec까지 측정한다(단, 고유량에서는 가스가 거품을 통과할 수 있으므로 정확성이 떨어짐).
㉣ 뷰렛의 일정 부피를 비누거품이 상승하는 데 걸리는 시간을 측정한 후 시간으로 나누어 유량으로 표시하며, 단위는 L/min이다.

34 공기 중에 부유하다가 호흡기를 통해 폐에 침착하여 진폐증의 원인이 되는 먼지의 크기범위로 가장 알맞은 것은? (단, 입자형이며, 직경 기준)

① 10~100 μm
② 20~50 μm
③ 5~15 μm
④ 0.5~5 μm

[풀이] 호흡성 먼지 크기 : 0.5~5 μm

35 다음 중 섬유상 여과지에 관한 설명으로 틀린 것은? (단, 막 여과지와 비교)

① 비싸다.
② 물리적인 강도가 높다.
③ 과부하에서도 채취효율이 높다.
④ 열에 강하다.

[풀이] (1) **섬유상 여과지**
㉠ 막 여과지에 비하여 가격이 높고 물리적 강도가 약하며 흡수성이 작다.
㉡ 막 여과지에 비해 열에 강하고 과부하에서도 채취효율이 높다.
㉢ 여과지 표면뿐만 아니라 단면 깊게 입자상 물질이 들어가므로 더 많은 입자상 물질을 채취할 수 있다.

(2) **막 여과지**
㉠ 작업환경측정 시 공기 중에 부유하고 있는 입자상 물질을 포집하기 위하여 사용되는 여과지이며, 유해물질은 여과지 표면이나 그 근처에 채취된다.
㉡ 섬유상 여과지에 비하여 공기저항이 심하다.
㉢ 여과지 표면에 채취된 입자들이 이탈되는 경향이 있다.
㉣ 섬유상 여과지에 비하여 채취 입자상 물질이 작다.

36 공기 중 분진 시료채취를 위한 펌프의 유량을 비누거품미터로 보정하였다. 비누거품막이 1L를 통과하는 데 걸린 시간이 27.1초, 27.2초, 27.3초였다. 펌프의 평균유량은 몇 L/min인가?

① 2.12
② 2.21
③ 2.32
④ 2.45

[풀이]
• 27.1초 ⇨ 1L : 27.1sec = x : 60sec/min
x = 2.214L/min
• 27.2초 ⇨ 1L : 27.2sec = x : 60sec/min
x = 2.206L/min
• 27.3초 ⇨ 1L : 27.3sec = x : 60sec/min
x = 2.198L/min
∴ 평균유량 = $\dfrac{2.214 + 2.206 + 2.198}{3}$
= 2.206L/min

37 여러 가지 금속을 동시에 분석할 수 있는 분석기기로 가장 적절한 것은?
① 흡광광도분석기
② 가스크로마토그래피
③ ICP
④ HPLC

> **풀이** 유도결합플라스마 분광광도계(ICP ; 원자발광분석기)
> (1) 장점
> ㉠ 비금속을 포함한 대부분의 금속을 ppb 수준까지 측정할 수 있다.
> ㉡ 적은 양의 시료를 가지고 한 번에 많은 금속을 분석할 수 있는 것이 가장 큰 장점이다.
> ㉢ 한 번에 시료를 주입하여 10~20초 내에 30개 이상의 원소를 분석할 수 있다.
> ㉣ 화학물질에 의한 방해로부터 영향을 거의 받지 않는다.
> ㉤ 검량선의 직선성 범위가 넓다. 즉, 직선성 확보가 유리하다.
> ㉥ 원자흡광광도계보다 더 줄거나 적어도 같은 정밀도를 갖는다.
> (2) 단점
> ㉠ 원자들은 높은 온도에서 많은 복사선을 방출하므로 분광학적 방해영향이 있다.
> ㉡ 시료분해 시 화합물 바탕방출이 있어 컴퓨터 처리과정에서 교정이 필요하다.
> ㉢ 유지관리 및 기기 구입가격이 높다.
> ㉣ 이온화에너지가 낮은 원소들은 검출한계가 높고, 다른 금속의 이온화에 방해를 준다.

38 흡광광도법에 사용되는 흡수셀의 재질 중 근적외부 파장범위에 사용되는 흡수셀의 재질로 알맞은 것은?
① 석영제
② 플라스틱제
③ 펄프제
④ 도자기제

> **풀이** 흡수셀의 재질
> ㉠ 유리 : 가시 · 근적외파장에 사용
> ㉡ 석영 : 자외파장에 사용
> ㉢ 플라스틱 : 근적외파장에 사용

39 입자상 물질의 크기를 측정하는 데 사용되는 물리적(기하학적) 직경 중 먼지의 면적을 2등분하는 선의 길이로 선의 방향은 항상 일정하여야 하며 과소평가할 수 있는 단점이 있는 것은?
① 마틴 직경
② 페렛 직경
③ 공기역학적 직경
④ 등면적 직경

> **풀이** 기하학적(물리적) 직경
> (1) 마틴 직경(Martin diameter)
> ㉠ 먼지의 면적을 2등분하는 선의 길이로 선의 방향은 항상 일정하여야 한다.
> ㉡ 과소평가할 수 있는 단점이 있다.
> ㉢ 입자의 2차원 투영상을 구하여 그 투영면적을 2등분한 선분 중 어떤 기준선과 평행인 것의 길이(입자의 무게중심을 통과하는 외부 경계면에 접하는 이론적인 길이)를 직경으로 사용하는 방법이다.
> (2) 페렛 직경(Feret diameter)
> ㉠ 먼지의 한쪽 끝 가장자리와 다른 쪽 가장자리 사이의 거리이다.
> ㉡ 과대평가될 가능성이 있는 입자상 물질의 직경이다.
> (3) 등면적 직경(projected area diameter)
> ㉠ 먼지의 면적과 동일한 면적을 가진 원의 직경으로 가장 정확한 직경이다.
> ㉡ 측정은 현미경 접안경에 porton reticle을 삽입하여 측정한다.
> 즉, $D=\sqrt{2^n}$
> 여기서, D : 입자 직경(μm)
> n : porton reticle에서 원의 번호

40 다음 중 실리카겔에 대한 친화력이 가장 큰 물질은?
① 알코올류
② 에스테르류
③ 파라핀류
④ 올레핀류

> **풀이** 실리카겔의 친화력(극성이 강한 순서)
> 물 > 알코올류 > 알데히드류 > 에스테르류 > 방향족 탄화수소류 > 올레핀류 > 파라핀류

정답 37.③ 38.② 39.① 40.①

제3과목 | 작업환경 관리

41 전리방사선의 단위로서 피조사체 1g에 대하여 100erg의 에너지가 인체조직에 흡수되는 양을 나타내는 것은?

① R
② Ci
③ rad
④ IR

풀이 래드(rad)
㉠ 흡수선량 단위
㉡ 방사선이 물질과 상호작용한 결과 그 물질의 단위질량에 흡수된 에너지를 의미
㉢ 모든 종류의 이온화방사선에 의한 외부노출, 내부노출 등 모든 경우에 적용
㉣ 조사량에 관계없이 조직(물질)의 단위질량당 흡수된 에너지량을 표시하는 단위
㉤ 관용단위인 1rad는 피조사체 1g에 대하여 100erg의 방사선에너지가 흡수되는 선량단위 ($=100erg/gram=10^{-2}J/kg$)
㉥ 100rad를 1Gy(Gray)로 사용

42 다음 중 자외선에 관한 설명으로 틀린 것은?

① 자외선의 살균작용은 254nm 파장 정도에서 가장 강하다.
② 일명 화학선이라고 하며 주로 눈과 피부에 피해를 준다.
③ 눈에는 390nm 파장 정도에서 가장 영향이 크다.
④ Dorno ray는 290~315nm 정도의 범위이다.

풀이 자외선의 눈 작용(장애)
㉠ 전기용접, 자외선 살균취급장 등에서 발생하는 자외선에 의해 전광성 안염인 급성각막염이 유발될 수 있다(일반적으로 6~12시간에 증상이 최고도에 달함).
㉡ 나이가 많을수록 자외선 흡수량이 많아져 백내장을 일으킬 수 있다.
㉢ 자외선의 파장에 따른 흡수정도에 따라 'arc-eye(welder's flash)'라고 일컬어지는 광각막염 및 결막염 등의 급성영향이 나타나며, 이는 270~280nm의 파장에서 주로 발생한다(눈의 각막과 결막에 흡수되어 안질환 유발).

43 귀덮개와 비교하여 귀마개에 대한 설명으로 틀린 것은?

① 부피가 작아서 휴대하기 편리하다.
② 좁은 장소에서 머리를 많이 움직이는 작업을 할 때 사용하기가 편리하다.
③ 제대로 착용하는 데 시간이 걸리고 요령을 습득하여야 한다.
④ 일반적으로 차음효과가 우수하다.

풀이 귀마개
(1) 장점
㉠ 부피가 작아서 휴대가 쉽다.
㉡ 안경과 안전모 등에 방해가 되지 않는다.
㉢ 고온작업에서도 사용 가능하다.
㉣ 좁은 장소에서도 사용 가능하다.
㉤ 가격이 귀덮개보다 저렴하다.
(2) 단점
㉠ 귀에 질병이 있는 사람은 착용이 불가능하다.
㉡ 여름에 땀이 많이 날 때는 외이도에 염증유발 가능성이 있다.
㉢ 제대로 착용하는 데 시간이 걸리며 요령을 습득하여야 한다.
㉣ 차음효과가 일반적으로 귀덮개보다 떨어진다.
㉤ 사람에 따라 차음효과 차이가 크다(개인차가 큼).
㉥ 더러운 손으로 만짐으로써 외청도를 오염시킬 수 있다(귀마개에 묻어 있는 오염물질이 귀에 들어갈 수 있음).

44 미세한 먼지(0.5μm 이하)가 폐포에 침착될 때 가장 크게 작용하는 기전은?

① 충돌
② 정전기 침강
③ 확산
④ 간섭

풀이 입자크기에 따른 작용기전
(1) 1μm 이하 입자
㉠ 확산에 의한 축적이 이루어진다.
㉡ 호흡기계 중 폐포 내에 축적이 이루어진다.
(2) 1~5(8)μm 입자
㉠ 주로 침강(침전)에 의한 축적이 이루어진다.
㉡ 호흡기계 중 기관, 기관지(세기관지) 내에 축적이 이루어진다.
(3) 5~30μm 입자
㉠ 주로 관성충돌에 의한 축적이 이루어진다.
㉡ 호흡기계 중 코와 인후 부위에 축적이 이루어진다.

정답 41.③ 42.③ 43.④ 44.③

45 다음의 전리방사선 중 상대적 생물학적 효과가 가장 큰 것은?
① X선
② 베타선
③ 감마선
④ 중성자

풀이 상대적 생물학적 효과비(RBE)
㉠ 1 : X선, γ선, β선
㉡ 2.5 : 열중성자
㉢ 5 : 느린 중성자
㉣ 10 : α선, 양자, 고속중성자

46 저온환경에서 발생할 수 있는 건강장애에 관한 설명으로 틀린 것은?
① 전신체온 강하는 단시간 내 급랭에 따라 일시적으로 발생하는 가역적 급성경증장애이다.
② 제2도 동상은 수포와 함께 광범위한 삼출성 염증이 일어나는 경우를 말한다.
③ 피로가 극에 달하면 체열의 손실이 급속히 이루어져 전신의 냉각상태가 수반되게 된다.
④ 참호족은 지속적인 국소의 산소결핍 때문이며 저온으로 모세혈관벽이 손상되는 것이다.

풀이 ① 전신체온 강하는 장시간의 한랭 폭로에 따른 일시적 체온상실에 따라 발생하는 급성중증장애이다.

47 채광을 위한 창의 면적은 바닥 면적의 몇 %가 이상적인가?
① 10~15   ② 15~20
③ 20~25   ④ 25~30

풀이 창의 높이와 면적
㉠ 보통 조도는 창을 크게 하는 것보다 창의 높이를 증가시키는 것이 효과적이다.
㉡ 횡으로 긴 창보다 종으로 넓은 창이 채광에 유리하다.
㉢ 채광을 위한 창의 면적은 방바닥 면적의 15~20% (1/5~1/6)가 이상적이다.

48 다음 중금속 중 미나마타(minamata)병과 관계가 깊은 것은?
① 납(Pb)   ② 아연(Zn)
③ 수은(Hg)   ④ 카드뮴(Cd)

풀이 수은에 의한 건강장애
㉠ 수은중독의 특징적인 증상은 구내염, 근육진전, 정신증상으로 분류된다.
㉡ 수족신경마비, 시신경장애, 정신이상, 보행장애 등의 장애가 나타난다.
㉢ 만성 노출 시 식욕부진, 신기능부전, 구내염을 발생시키고, 침을 많이 흘린다.
㉣ 치은부에는 황화수은의 청회색 침전물이 침착된다.
㉤ 혀나 손가락의 근육이 떨린다(수전증).
㉥ 정신증상으로는 중추신경계통, 특히 뇌조직에 심한 증상이 나타나 정신기능이 상실될 수 있다(정신장애).
㉦ 유기수은(알킬수은) 중 메틸수은은 미나마타(minamata)병을 발생시킨다.

49 작업장 소음에 대한 차음효과는 벽체의 단위 표면적에 대하여 벽체의 무게를 2배로 할 때 마다 몇 dB씩 증가하는가?
① 3   ② 6
③ 9   ④ 12

풀이 차음의 질량법칙
$TL = 20\log(m \cdot f) - 43dB$
벽체 무게를 2배로 하므로, $TL = 20\log2 = 6.02dB$

50 소음을 감소시키기 위한 대책이다. 이 중 적합하지 않은 것은?
① 소음을 줄이기 위하여 병타법을 용접법으로 바꾼다.
② 소음을 줄이기 위하여 프레스법을 단조법으로 바꾼다.
③ 기계의 부분적 개량은 노즐, 버너 등을 개량하거나 공명부분을 차단한다.
④ 압축공기 구동기기를 전동기기로 대체한다.

풀이 ② 소음을 줄이기 위하여 단조법을 프레스법으로 바꾼다.

정답 45.④ 46.① 47.② 48.③ 49.② 50.②

51 열경련에 관한 설명으로 알맞지 않은 것은?

① 급격한 체온 냉각조치가 필요하다.
② 체온이 약간 상승하고, 혈중 Cl⁻ 농도가 현저히 감소한다.
③ 일시적으로 단백뇨가 나온다.
④ 복부와 사지근육에 강직, 동통이 일어난다.

풀이 열경련
(1) 발생
  ㉠ 지나친 발한에 의한 수분 및 혈중 염분 손실 시 발생한다(혈액의 현저한 농축 발생).
  ㉡ 땀을 많이 흘리고 동시에 염분이 없는 음료수를 많이 마셔서 염분 부족 시 발생한다.
  ㉢ 전해질의 유실 시 발생한다.
(2) 증상
  ㉠ 체온이 정상이거나 약간 상승하고 혈중 Cl⁻ 농도가 현저히 감소한다.
  ㉡ 낮은 혈중 염분농도와 팔과 다리의 근육경련이 일어난다(수의근 유통성 경련).
  ㉢ 통증을 수반하는 경련은 주로 작업 시 사용한 근육에서 흔히 발생한다.
  ㉣ 일시적으로 단백뇨가 나온다.
  ㉤ 중추신경계통의 장애는 일어나지 않는다.
  ㉥ 복부와 사지 근육에 강직, 동통이 일어나고 과도한 발한이 발생한다.
  ㉦ 수의근의 유통성 경련(주로 작업 시 사용한 근육에서 발생)이 일어나기 전에 현기증, 이명, 두통, 구역, 구토 등의 전구증상이 일어난다.
(3) 치료
  ㉠ 수분 및 NaCl을 보충한다(생리식염수 0.1% 공급).
  ㉡ 바람이 잘 통하는 곳에 눕혀 안정시킨다.
  ㉢ 체열방출을 촉진시킨다(작업복을 벗겨 전도와 복사에 의한 체열방출).
  ㉣ 증상이 심하면 생리식염수 1,000~2,000mL를 정맥주사한다.

52 전리방사선 중 알파(α)선에 관한 설명으로 틀린 것은?

① 선원(major source) : 방사선 원자핵
② 투과력 : 매우 쉽게 투과
③ 상대적 생물학적 효과 : 10
④ 형태 : 고속의 He(입자)

풀이 α선(α입자)
㉠ 방사선 동위원소의 붕괴과정 중에서 원자핵에서 방출되는 입자로서 헬륨 원자의 핵과 같이 2개의 양자와 2개의 중성자로 구성되어 있다. 즉, 선원(major source)은 방사선 원자핵이고 고속의 He 입자형태이다.
㉡ 질량과 하전여부에 따라서 그 위험성이 결정된다.
㉢ 투과력은 가장 약하나(매우 쉽게 흡수) 전리작용은 가장 강하다.
㉣ 투과력이 약해 외부조사로 건강상의 위해가 오는 일은 드물며 피해부위는 내부노출이다.
㉤ 외부조사보다 동위원소를 체내 흡입, 섭취할 때의 내부조사의 피해가 가장 큰 전리방사선이다.
㉥ 상대적 생물학적 효과는 10이다.

53 수은 작업장의 작업환경관리대책으로 적합하지 못한 것은?

① 수은 주입과정을 자동화시킨다.
② 수거한 수은은 물통에 보관한다.
③ 바닥은 다공질의 재료를 사용하여 수은이 외부로 노출되는 것을 막는다.
④ 실내온도를 가능한 한 낮고 일정하게 유지시킨다.

풀이 수은 작업환경관리대책
㉠ 수은 주입과정을 자동화한다.
㉡ 수거한 수은은 물통에 보관한다.
㉢ 바닥은 틈이나 구멍이 나지 않는 재료를 사용하여 수은이 외부로 노출되는 것을 막는다.
㉣ 실내온도를 가능한 한 낮고 일정하게 유지시킨다.
㉤ 공정은 수은을 사용하지 않는 공정으로 변경한다.
㉥ 작업장 바닥에 흘린 수은은 즉시 제거, 청소한다.
㉦ 수은증기 발생 상방에 국소배기장치를 설치한다.

54 흡입분진의 종류에 따른 진폐증 중 유기성 분진에 의한 진폐증은?

① 농부폐증
② 용접공폐증
③ 탄소폐증
④ 규폐증

풀이 분진의 종류에 따른 분류(임상적 분류)
㉠ 유기성 분진에 의한 진폐증 : 농부폐증, 면폐증, 연초폐증, 설탕폐증, 목재분진폐증, 모발분진폐증
㉡ 무기성(광물성) 분진에 의한 진폐증 : 규폐증, 탄소폐증, 활석폐증, 탄광부진폐증, 철폐증, 베릴륨폐증, 흑연폐증, 규조토폐증, 주석폐증, 칼륨폐증, 바륨폐증, 용접공폐증, 석면폐증

55. 전자기파로서의 전자기방사선은 파동의 형태로 매개체가 없는 진공상태에서 공간을 통하여 전파된다. 파장으로서 방사선의 특징으로 틀린 것은?

① 물질과 만나면 흡수 또는 산란한다.
② 간섭을 일으키지 않는다.
③ 자장이나 전장의 영향을 받지 않는다.
④ 물질을 만나면 반사, 굴절, 확산될 수 있다.

[풀이] 방사선의 특성
㉠ 전자기파로서의 전자기방사선은 파동의 형태로 매개체가 없어도 진공상태에서 공간을 통하여 전파된다.
㉡ 파장으로서 빛의 속도로 이동, 직진한다.
㉢ 물질과 만나면 흡수 또는 산란한다. 또한 반사, 굴절, 확산될 수 있다.
㉣ 간섭을 일으킨다.
㉤ filtering 형태로 극성화될 수 있다.
㉥ 자장이나 전장에 영향을 받지 않는다.
㉦ 방사선 작업 시 작업자의 실질적인 방사선 폭로량을 위해 사용되는 것은 필름배지(film badge)이다.
㉧ 방사선 피폭으로 인한 체내 조직의 위험 정도를 하나의 양으로 유효선량을 구하기 위해서는 조직가중치를 곱하는데, 가중치가 가장 높은 조직은 생식선이다.
㉨ 원자력 산업 등에서 내부 피폭장애를 일으킬 수 있는 위험 핵종은 ^3H, ^{54}Mn, ^{59}Fe 등이다.

56. 방진마스크에 대한 설명 중 적합하지 않은 것은?

① 고체분진이나 유해성 fume, mist 등의 액체입자의 흡입방지를 위해서도 사용된다.
② 필터는 여과효율이 높고 흡입저항이 큰 것이 좋다.
③ 충분한 산소가 있고 유해물의 농도가 규정 이하의 농도일 때 사용할 수 있다.
④ 필터의 재질로는 합성섬유, 유리섬유 및 금속섬유 등이 사용된다.

[풀이] ② 필터는 흡기저항 및 배기저항이 낮은 것이 좋다.

57. 다음 산소결핍에 관한 내용 중 틀린 것은 어느 것인가?

① 산소결핍 장소에서 작업 시 방독마스크를 착용한다.
② 정상 공기 중의 산소분압은 해면에 있어서 159mmHg 정도이다.
③ 생체 중에서 산소결핍에 대하여 가장 민감한 조직은 대뇌피질이다.
④ 공기 중의 산소결핍은 무경고적이고 급성적, 치명적이다.

[풀이] 고농도 작업장(IDLH : 순간적으로 건강이나 생명에 위험을 줄 수 있는 유해물질의 고농도 상태)이나 산소결핍의 위험이 있는 작업장(산소농도 18% 이하)에서는 절대 사용해서는 안 되며 대상 가스에 맞는 정화통을 사용하여야 한다. 산소결핍 위험이 있는 경우, 유효시간이 불분명한 경우는 송기마스크나 자급식 호흡기를 사용한다.

58. ( ) 안에 알맞은 것은?

소음계에서 A특성(청감보정회로)은 ( )의 음의 크기에 상응하도록 주파수에 따른 반응을 보정하여 측정한 음압수준이다.

① 30phon
② 40phon
③ 50phon
④ 60phon

[풀이] 청감보정회로
㉠ 등청감곡선을 역으로 한 보정회로로 소음계에 내장되어 있다. 40phon, 70phon, 100phon의 등청감곡선과 비슷하게 주파수에 따른 반응을 보정하여 측정한 음압수준으로 순차적으로 A, B, C 청감보정회로(특성)라 한다.
㉡ A특성은 사람의 청감에 맞춘 것으로 순차적으로 40phon 등청감곡선과 비슷하게 주파수에 따른 반응을 보정하여 측정한 음압수준을 말한다. dB(A)로 표시하며, 저주파 대역을 보정한 청감보정회로이다.

[정답] 55.② 56.② 57.① 58.②

59 보호장구의 효과적인 재질별 적용물질로 틀린 것은?

① butyl 고무 – 극성 용제
② 면 – 비극성 용제
③ 천연고무(latex) – 수용성 용액, 극성 용제
④ nitrile 고무 – 비극성 용제

[풀이] **보호장구 재질에 따른 적용물질**
㉠ Neoprene 고무 : 비극성 용제, 극성 용제 중 알코올, 물, 케톤류 등에 효과적
㉡ 천연고무(latex) : 극성 용제 및 수용성 용액에 효과적(절단 및 찰과상 예방)
㉢ viton : 비극성 용제에 효과적
㉣ 면 : 고체상 물질(용제에는 사용 못함)
㉤ 가죽 : 용제에는 사용 못함(기본적인 찰과상 예방)
㉥ nitrile 고무 : 비극성 용제에 효과적
㉦ butyl 고무 : 극성 용제에 효과적(알데히드, 지방족)
㉧ ethylene vinyl alcohol : 대부분의 화학물질을 취급할 경우 효과적

60 일반적으로 저주파 차진에 좋고 환경요소에 저항이 크나 감쇠가 거의 없고 공진 시에 전달률이 매우 큰 방진재료는?

① 금속스프링
② 방진고무
③ 공기스프링
④ 전단고무

[풀이] **금속스프링**
(1) 장점
  ㉠ 저주파 차진에 좋다.
  ㉡ 환경요소에 대한 저항성이 크다.
  ㉢ 최대변위가 허용된다.
(2) 단점
  ㉠ 감쇠가 거의 없다.
  ㉡ 공진 시에 전달률이 매우 크다.
  ㉢ 로킹(rocking)이 일어난다.

제4과목 | 산업환기

61 여과집진장치에 사용되는 탈진장치의 종류가 아닌 것은?

① 진동형
② 수동형
③ 역기류형
④ 역제트형

[풀이] **여과집진장치 탈진방법**
㉠ 진동형(shaker type)
㉡ 역기류형(reverse air flow type)
㉢ 펄스제트형(pulse-jet type)

62 송풍기의 소요동력을 구하고자 할 때 필요한 인자가 아닌 것은?

① 송풍기의 효율
② 풍량
③ 송풍기의 유효전압
④ 송풍기의 종류

[풀이] **송풍기 소요동력**
$$kW = \frac{Q \times \Delta P}{6,120 \times \eta} \times \alpha$$
여기서, Q : 송풍량(m^3/min)
ΔP : 송풍기 유효전압(전압 ; 정압)mmH$_2$O
η : 송풍기 효율(%)
α : 안전인자(여유율)(%)
$$HP = \frac{Q \times \Delta P}{4,500 \times \eta} \times \alpha$$

63 사이클론 제진장치에서 입구의 유입유속의 범위로 가장 적절한 것은? (단, 접선 유입식 기준이며 원통상부에서 접선방향으로 유입된다.)

① 1.5~3.0m/sec
② 3.0~7.0m/sec
③ 7.0~15.0m/sec
④ 15.0~25.0m/sec

[풀이] **원심력 집진장치(cyclone)의 입구유속**
㉠ 접선 유입식 : 7~15m/sec
㉡ 축류식 : 10m/sec 전후

64 풍압이 바뀌어도 풍량의 변화가 비교적 작고 병렬로 연결하여도 풍량에는 지장이 없으며 동력 특성의 상승도 완만하여 어느 정도 올라가면 포화되는 현상이 있기 때문에 소요풍압이 떨어져도 마력은 크게 올라가지 않는 장점이 있는 송풍기로 가장 적절한 것은?

① 다익 송풍기   ② 터보 송풍기
③ 평판 송풍기   ④ 축류 송풍기

풀이 터보형 송풍기(turbo fan)
㉠ 후향 날개형(후곡 날개형)(backward-curved blade fan)은 송풍량이 증가해도 동력이 증가하지 않는 장점을 가지고 있어 한계부하 송풍기라고도 한다.
㉡ 회전날개(깃)가 회전방향 반대편으로 경사지게 설계되어 있어 충분한 압력을 발생시킬 수 있다.
㉢ 소요정압이 떨어져도 동력은 크게 상승하지 않으므로 시설저항 및 운전상태가 변하여도 과부하가 걸리지 않는다.
㉣ 송풍기 성능곡선에서 동력곡선이 최대송풍량의 60~70%까지 증가하다가 감소하는 경향을 띠는 특성이 있다.
㉤ 고농도 분진 함유 공기를 이송시킬 경우 깃 뒷면에 분진이 퇴적하며 집진기 후단에 설치하여야 한다.
㉥ 깃의 모양은 두께가 균일한 것과 익형이 있다.
㉦ 원심력식 송풍기 중 가장 효율이 좋다.

65 1mmH₂O는 약 몇 파스칼(Pa)인가?

① 0.098   ② 0.98
③ 9.8   ④ 98

풀이
- $1mmH_2O \times \dfrac{1.013 \times 10^5 Pa}{10,332 mmH_2O} = 9.8 Pa$
- $1Pa = 1N/m^2 = 10^{-5} bar$
  $= 10\, dyne/cm^2$
  $= 1.020 \times 10^{-1}\, mmH_2O$
  $= 9.869 \times 10^{-6}\, atm$
  $= 7.501 \times 10^{-6}\, Torr(mmHg)$
  $= 1.451 \times 10^{-4}\, lb/in^2$
- 대기압 $= 1 atm$
  $= 1.013 \times 10^5 Pa$
  $= 14.7\, lb/in^2$
  $= 1.013\, bar$
  $= 1,013\, mbar$

66 사이클론의 집진효율을 향상시키기 위해 blow-down 방법을 이용할 때 사이클론의 더스트박스 또는 멀티사이클론의 호퍼부에서 처리배기량의 몇 %를 흡입하는 것이 가장 이상적인가?

① 1~3%   ② 5~10%
③ 15~20% ④ 25~30%

풀이 블로다운(blow-down)
(1) 정의
사이클론의 집진효율을 향상시키기 위한 하나의 방법으로서 더스트박스 또는 호퍼부에서 처리가스의 5~10%를 흡인하여 선회기류의 교란을 방지하는 운전방식
(2) 효과
㉠ 사이클론 내의 난류현상을 억제시킴으로써 집진된 먼지의 비산을 방지(유효원심력 증대)
㉡ 집진효율 증대
㉢ 장치 내부의 먼지 퇴적을 억제하여 장치의 폐쇄현상을 방지(가교현상 방지)

67 A작업장에서는 1시간에 0.5L의 메틸에틸케톤(MEK)이 증발하고 있다. MEK의 TLV가 200ppm이라면 이 작업장 전체를 환기시키기 위한 필요환기량(m³/min)은 약 얼마인가? (단, 주위 온도는 25℃, 1기압 상태이며, MEK의 분자량은 72.1, 비중은 0.805, 안전계수는 6이다.)

① 58.45   ② 68.25
③ 83.56   ④ 134.54

풀이
- 사용량(g/hr)
  $= 0.5 L/hr \times 0.805 g/mL \times 1,000 mL/L$
  $= 402.5 g/hr$
- 발생률(G, L/hr) $= \dfrac{24.45 L \times 402.5 g/hr}{72.1 g}$
  $= 136.49 L/hr$
- ∴ 필요환기량(Q) $= \dfrac{G}{TLV} \times K$
  $= \dfrac{136.49 L/hr \times 1,000 mL/L}{200 mL/m^3} \times 6$
  $= 4,094.78 m^3/hr \times hr/60min$
  $= 68.25 m^3/min$

정답 64.② 65.③ 66.② 67.②

68 도금조처럼 상부가 개방되어 있고, 개방면적이 넓어 한쪽 후드에서의 흡입만으로 충분한 흡인력이 발생하지 않는 경우에 가장 적합한 후드는?

① 슬롯 후드
② 캐노피 후드
③ push-pull 후드
④ 저유량-고유속 후드

풀이 push-pull 후드
(1) 개요
  ㉠ 제어길이가 비교적 길어서 외부식 후드에 의한 제어효과가 문제가 되는 경우, 즉 공정상 포착거리가 길어서 단지 공기를 제어하는 일반적인 후드로는 효과가 낮을 때 이용하는 장치로 공기를 불어주고(push) 당겨주는(pull) 장치로 되어 있다.
  ㉡ 개방조 한 변에서 압축공기를 이용하여 오염물질이 발생하는 표면에 공기를 불어 반대쪽에 오염물질이 도달하게 한다.
(2) 적용
  ㉠ 도금조 및 자동차 도장공정과 같이 오염물질 발생원의 개방면적이 큰(발산면의 폭이 넓은) 작업공정에 주로 많이 적용한다.
  ㉡ 포착거리(제어거리)가 일정거리 이상일 경우 push-pull형 환기장치를 적용한다.

69 전자부품을 납땜하는 공정에 외부식 국소배기장치를 설치하고자 한다. 후드의 규격은 400×400mm, 제어거리를 20cm, 제어속도를 0.5m/sec, 그리고 반송속도를 1,200m/min으로 하고자 할 때 덕트 내에서 속도압은 약 몇 mmH₂O인가? (단, 덕트 내의 온도는 21℃이며, 이때 가스의 비중량은 1.2kg_f/m³이다.)

① 24.5
② 26.6
③ 27.4
④ 28.5

풀이 속도압(VP) $= \dfrac{\gamma V^2}{2g}$

$V = 1,200\text{m/min} \times \text{min}/60\text{sec}$
$\quad = 20\text{m/sec}$
$\quad = \dfrac{1.2 \times 20^2}{2 \times 9.8} = 24.5\text{mmH}_2\text{O}$

70 국소배기장치의 설계 시 가장 먼저 결정하여야 하는 것은?

① 필요송풍량 결정
② 반송속도 결정
③ 후드의 형식 결정
④ 공기정화장치의 선정

풀이 국소배기장치 설계순서
후드 형식 선정 → 제어속도 결정 → 소요풍량 계산 → 반송속도 결정 → 배관 내경 산출 → 후드 크기 결정 → 배관배치 및 설치장소 선정 → 공기정화장치 선정 → 국소배기계통도와 배치도 작성 → 총 압력손실량 계산 → 송풍기 선정

71 산업환기에 있어 압력에 대한 설명으로 틀린 것은?

① 전압은 정압과 동압의 곱이다.
② 정압은 속도압과 관계없이 독립적으로 발생한다.
③ 송풍기 위치와 상관없이 동압은 항상 0 또는 양압이다.
④ 정압은 송풍기 앞에서는 음압, 송풍기 뒤에서는 양압이다.

풀이 전압
  ㉠ 전압은 단위유체에 작용하는 정압과 동압의 총합이다.
  ㉡ 시설 내에 필요한 단위체적당 전에너지를 나타낸다.
  ㉢ 유체의 흐름방향으로 작용한다.
  ㉣ 정압과 동압은 상호변환 가능하며, 그 변환에 의해 정압, 동압의 값이 변화하더라도 그 합인 전압은 에너지의 득, 실이 없다면 관의 전 길이에 걸쳐 일정하다. 이를 베르누이 정리라 한다. 즉 유입된 에너지의 총량은 유출된 에너지의 총량과 같다는 의미이다.
  ㉤ 속도변화가 현저한 축소관 및 확대관 등에서는 완전한 변환이 일어나지 않고 약간의 에너지손실이 존재하며, 이러한 에너지손실은 보통 정압손실의 형태를 취한다.
  ㉥ 흐름이 가속되는 경우 정압이 동압으로 변화될 때의 손실은 매우 적지만 흐름이 감속되는 경우 유체가 와류를 일으키기 쉬우므로 동압이 정압으로 변화될 때의 손실은 크다.

72 후드의 유입손실계수가 0.7일 때 유입계수는 약 얼마인가?

① 0.55
② 0.66
③ 0.77
④ 0.88

풀이 유입계수(C_e) = $\sqrt{\dfrac{1}{1+F}} = \sqrt{\dfrac{1}{1+0.7}} = 0.77$

73 전기집진장치(ESP)의 장점이 아닌 것은?

① 고온가스를 처리할 수 있다.
② 압력손실이 낮다.
③ 설치공간을 적게 차지한다.
④ 넓은 범위의 입경과 분진농도에 집진효율이 높다.

풀이 전기집진장치
(1) 장점
  ㉠ 집진효율이 높다(0.01μm 정도 포집 용이, 99.9% 정도 고집진 효율).
  ㉡ 광범위한 온도범위에서 적용이 가능하며, 폭발성 가스의 처리도 가능하다.
  ㉢ 고온의 입자성 물질(500℃ 전후) 처리가 가능하여 보일러와 철강로 등에 설치할 수 있다.
  ㉣ 압력손실이 낮고 대용량의 가스 처리가 가능하고 배출가스의 온도강하가 적다.
  ㉤ 운전 및 유지비가 저렴하다.
  ㉥ 회수가치 입자포집에 유리하며, 습식 및 건식으로 집진할 수 있다.
  ㉦ 넓은 범위의 입경과 분진농도에 집진효율이 높다.
  ㉧ 습식집진이 가능하다.
(2) 단점
  ㉠ 설치비용이 많이 든다.
  ㉡ 설치공간을 많이 차지한다.
  ㉢ 설치된 후에는 운전조건의 변화에 유연성이 적다.
  ㉣ 먼지성상에 따라 전처리시설이 요구된다.
  ㉤ 분진포집에 적용되며, 기체상 물질제거에는 곤란하다.
  ㉥ 전압변동과 같은 조건변동(부하변동)에 쉽게 적응이 곤란하다.
  ㉦ 가연성 입자의 처리가 곤란하다.

74 유입계수가 0.5인 후드의 압력손실계수는 얼마인가?

① 0.75 ② 0.25
③ 0.2   ④ 3.0

풀이 후드 압력손실계수(F)
$= \dfrac{1}{(\text{유입계수})^2} - 1 = \dfrac{1}{0.5^2} - 1 = 3.0$

75 전자부품을 납땜하는 공정에 외부식 국소배기장치를 설치하고자 한다. 후드의 규격은 400mm×400mm, 제어거리를 20cm, 제어속도를 0.5m/sec, 그리고 반송속도를 1,200m/min으로 하고자 할 때 덕트의 직경은 약 몇 m로 해야 하는가?

① 0.018 ② 0.180
③ 0.133 ④ 0.013

풀이
• $Q = 60 \times V_c \times (10X^2 + A)$
 $= 60 \times 0.5 \times [(10 \times 0.2^2) + (0.4 \times 0.4)]$
 $= 16.8 \text{m}^3/\text{min}$ 이므로
• $Q = A \times V$에서
 $A = \dfrac{Q}{V} = \dfrac{16.8 \text{m}^3/\text{min}}{1,200 \text{m/min}} = 0.014 \text{m}^2$ 이다.
 $A = \dfrac{3.14 \times D^2}{4}$ 이므로
 $\therefore D = \sqrt{\dfrac{A \times 4}{3.14}} = \sqrt{\dfrac{0.014 \times 4}{3.14}} = 0.133 \text{m}$

76 덕트의 직경은 10cm이고, 필요환기량은 20m³/min이라고 할 때 후드의 속도압은 약 몇 mmH₂O인가?

① 15.5   ② 50.8
③ 80.9   ④ 110.2

풀이 $Q = A \times V$에서
$V = \dfrac{Q}{A} = \dfrac{20 \text{m}^3/\text{min}}{\left(\dfrac{3.14 \times 0.1^2}{4}\right)\text{m}^2}$
$= 2,547.77 \text{m/min} (42.46 \text{m/sec})$
$\therefore \text{VP} = \left(\dfrac{V}{4.043}\right)^2 = \left(\dfrac{42.46}{4.043}\right)^2 = 110.3 \text{mmH}_2\text{O}$

정답 72.③ 73.③ 74.④ 75.③ 76.④

77 덕트의 설치를 결정할 때 유의사항이 아닌 것은?

① 가급적 원형 덕트를 사용한다.
② 곡관의 수를 적게 한다.
③ 청소구를 설치한다.
④ 곡관의 곡률반경을 작게 한다.

풀이 덕트 설치기준(설치 시 고려사항)
㉠ 가능하면 길이는 짧게 하고 굴곡부의 수는 적게 할 것
㉡ 접속부의 안쪽은 돌출된 부분이 없도록 할 것
㉢ 청소구를 설치하는 등 청소하기 쉬운 구조로 할 것
㉣ 덕트 내부에 오염물질이 쌓이지 않도록 이송속도를 유지할 것
㉤ 연결부위 등은 외부공기가 들어오지 않도록 할 것(연결부위를 가능한 한 용접할 것)
㉥ 가능한 후드의 가까운 곳에 설치할 것
㉦ 송풍기를 연결할 때는 최소 덕트 직경의 6배 정도 직선구간을 확보할 것
㉧ 직관은 하향구배로 하고 직경이 다른 덕트를 연결할 때에는 경사 30° 이내의 테이퍼를 부착할 것
㉨ 원형 덕트가 사각형 덕트보다 덕트 내 유속분포가 균일하므로 가급적 원형 덕트를 사용하며, 부득이 사각형 덕트를 사용할 경우에는 가능한 정방형을 사용하고 곡관의 수를 적게 할 것
㉩ 곡관의 곡률반경은 최소 덕트 직경의 1.5 이상, 주로 2.0을 사용할 것
㉪ 수분이 응축될 경우 덕트 내로 들어가지 않도록 경사나 배수구를 마련할 것
㉫ 덕트의 마찰계수는 작게 하고, 분지관을 가급적 적게 할 것

78 50℃의 관 내부를 15m³/min의 기체가 흐르고 있을 때 0℃에서의 유량은 얼마인가? (단, 기압은 760mmHg로 일정하다.)

① 12.68m³/min
② 14.74m³/min
③ 15.05m³/min
④ 17.29m³/min

풀이 $15\text{m}^3/\text{min} \times \dfrac{273}{273+50} = 12.68\text{m}^3/\text{min}$

79 국소배기장치의 이송덕트 설계에 있어서 분지관이 연결되는 주관 확대각의 범위로 가장 적절한 것은?

주관의 확대각

① 15° 이내 ② 30° 이내
③ 45° 이내 ④ 60° 이내

풀이 합류관 연결방법
㉠ 주관과 분지관을 연결 시 확대관을 이용하여 엇갈리게 연결한다.
㉡ 분지관과 분지관 사이 거리는 덕트 지름의 6배 이상이 바람직하다.
㉢ 분지관이 연결되는 주관의 확대각은 15° 이내가 적합하다.
㉣ 주관측 확대관의 길이는 확대부 직경과 축소부 직경차의 5배 이상 되는 것이 바람직하다.
㉤ 분지관의 수를 가급적 적게 하여 압력손실을 줄인다.
㉥ 합류각이 클수록 분지관의 압력손실은 증가한다.

80 송풍관 내에 20℃의 공기가 22m/sec의 속도로 흐를 때 속도압은 약 얼마인가? (단, 0℃ 공기의 밀도는 1.293kg/m³, 기압은 1atm이다.)

① 19.6mmH₂O ② 22.4mmH₂O
③ 24.6mmH₂O ④ 29.8mmH₂O

풀이
$$\text{속도압(VP)} = \dfrac{\gamma V^2}{2g}$$
$$= \dfrac{1.293 \times 22^2}{2 \times 9.8} \times \dfrac{273}{273+20}$$
$$= 29.8\text{mmH}_2\text{O}$$

제1회 CBT 기출복원문제 | 2022.03.05

산업위생관리산업기사

제1과목 | 산업위생학 개론

01 근골격계 질환을 예방하기 위한 작업환경 개선의 방법으로 인체측정치를 이용한 작업환경의 설계가 있다. 이와 관련한 사항 중 가장 먼저 고려되어야 할 부분은?

① 조절가능 여부
② 최대치의 적용여부
③ 최소치의 적용여부
④ 평균치의 적용여부

풀이 근골격계 질환을 예방하기 위한 작업환경 개선의 방법으로 인체 측정치를 이용한 작업환경 설계 시 가장 먼저 고려하여야 할 사항은 조절가능 여부이다.

02 다음 중 TLV의 적용상의 주의사항으로 옳은 것은?

① 반드시 산업위생전문가에 의하여 적용되어야 한다.
② TLV는 안전농도와 위험농도를 정확히 구분하는 경계선이 된다.
③ TLV는 독성의 강도를 비교할 수 있는 지표가 된다.
④ 기존의 질병이나 육체적 조건을 판단하기 위한 척도로 사용될 수 있다.

풀이 ACGIH(미국정부산업위생전문가협의회)에서 권고하고 있는 허용농도(TLV) 적용상 주의사항
㉠ 대기오염평가 및 지표(관리)에 사용할 수 없다.
㉡ 24시간 노출 또는 정상작업시간을 초과한 노출에 대한 독성 평가에는 적용할 수 없다.
㉢ 기존의 질병이나 신체적 조건을 판단(증명 또는 반증 자료)하기 위한 척도로 사용될 수 없다.
㉣ 작업조건이 다른 나라에서 ACGIH-TLV를 그대로 사용할 수 없다.

03 세계 최초의 직업성 암으로 보고된 음낭암의 원인물질로 규명된 것은?

① 검댕(soot)   ② 구리(copper)
③ 납(lead)   ④ 황(sulfur)

풀이 Percivall Pott
㉠ 영국의 외과의사로 직업성 암을 최초로 보고하였으며, 어린이 굴뚝청소부에게 많이 발생하는 음낭암(scrotal cancer)을 발견하였다.
㉡ 암의 원인물질은 검댕 속 여러 종류의 다환방향족 탄화수소(PAH)였다.
㉢ 굴뚝청소부법을 제정하도록 하였다(1788년).

04 산업안전보건법에 의하면 최소 상시근로자 몇 명 이상의 사업장은 1명 이상의 보건관리자를 선임하여야 하는가?

① 10명 이상   ② 50명 이상
③ 100명 이상 ④ 300명 이상

풀이 산업안전보건법상 최소 50명 이상 상시근로자 사업장은 1명 이상의 보건관리자를 선임하여야 한다.

05 미국정부산업위생전문가협의회에서는 작업대사량에 따라 작업강도를 3가지로 구분하였다. 다음 중 중등도 작업(moderate work)일 경우 작업대사량으로 옳은 것은?

① 100kcal/hr 이하
② 100~200kcal/hr
③ 200~350kcal/hr
④ 350~500kcal/hr

풀이 작업대사량에 따른 작업강도 분류(ACGIH, 우리나라 고용노동부)
㉠ 경작업 : 200kcal/hr까지 작업
㉡ 중등도작업 : 200~350kcal/hr까지 작업
㉢ 중(심한)작업 : 350~500kcal/hr까지 작업

정답 01.① 02.① 03.① 04.② 05.③

06 다음 중 노출에 대한 생물학적 모니터링의 설명으로 틀린 것은?

① 근로자로부터 시료를 직접 채취하기 때문에 시료의 채취 및 분석이 용이하다.
② 기준값은 주 5일, 1일 8시간 노출을 기준으로 한다.
③ 공기 중의 농도보다도 근로자의 건강위험을 보다 직접적으로 평가할 수 있다.
④ 결정인자는 공기 중에서 흡수된 화학물질에 의하여 생긴 가역적인 생화학적 변화이다.

풀이 생물학적 모니터링은 시료 채취 및 분석이 어렵고 분석 시 오염에 노출될 수 있다.

07 운반작업을 하는 젊은 근로자의 약한 손(오른손잡이의 경우 왼손)의 힘은 40kP이다. 이 근로자가 무게 10kg인 상자를 두 손으로 들어올릴 경우 적정작업시간은 약 몇 분인가? (단, 공식은 '671,120×작업강도$^{-2.222}$'를 적용한다.)

① 25분 ② 41분
③ 55분 ④ 122분

풀이
$(\%MS) = \dfrac{FS}{MS} \times 100 = \dfrac{5}{40} \times 100 = 12.5\%MS$

∴ 적정작업시간(sec) $= 671,120 \times (\%MS)^{-2.222}$
$= 671,120 \times (12.5)^{-2.222}$
$= 2451.69 \text{sec} \times \min/60\text{sec}$
$= 40.9 \min$

08 개정된 NIOSH의 들기작업 권고기준에 따라 권장무게 한계가 8.5kg이고, 실제작업무게가 10kg일 때 들기지수(LI)는 약 얼마인가?

① 0.15 ② 0.18
③ 0.85 ④ 1.18

풀이
들기지수(LI) $= \dfrac{\text{물체 무게(kg)}}{RWL(\text{kg})}$
$= \dfrac{10\text{kg}}{8.5\text{kg}} = 1.18$

09 다음 중 작업대사율(RMR)을 구하는 식으로 옳은 것은?

① $\dfrac{\text{작업 시 소비에너지} - \text{안정 시 소비에너지}}{\text{기초대사량}}$

② $\dfrac{\text{작업 시 소비에너지} - \text{기초대사량}}{\text{기초대사량}}$

③ $\dfrac{\text{작업 시 소비에너지} - \text{기초대사량}}{\text{안정 시 소비에너지}}$

④ $\dfrac{\text{작업 시 소비에너지} - \text{안정 시 소비에너지}}{\text{안정 시 소비에너지}}$

풀이 작업대사율(RMR)
$= \dfrac{\text{작업대사량}}{\text{기초대사량}}$
$= \dfrac{\text{작업 시 소요열량} - \text{안정 시 소요열량}}{\text{기초대사량}}$

10 다음 중 산업위생전문가로서의 책임에 관한 내용과 가장 거리가 먼 것은?

① 기업체의 기밀은 누설하지 않는다.
② 성실성과 학문적 실력 면에서 최고수준을 유지한다.
③ 전문적 판단이 타협에 의하여 좌우될 수 있는 경우는 확실한 근거로 전문적인 견해를 가지고 개입한다.
④ 과학적 방법의 적용과 자료의 해석에서 객관성을 유지한다.

풀이 산업위생전문가로서의 책임
㉠ 성실성과 학문적 실력 면에서 최고수준을 유지한다(전문적 능력 배양 및 성실한 자세로 행동).
㉡ 과학적 방법의 적용과 자료의 해석에서 경험을 통한 전문가의 객관성을 유지한다(공인된 과학적 방법 적용, 해석).
㉢ 전문 분야로서의 산업위생을 학문적으로 발전시킨다.
㉣ 근로자, 사회 및 전문 직종의 이익을 위해 과학적 지식을 공개하고 발표한다.
㉤ 산업위생활동을 통해 얻은 개인 및 기업체의 기밀은 누설하지 않는다(정보는 비밀 유지).
㉥ 전문적 판단이 타협에 의하여 좌우될 수 있거나 이해관계가 있는 상황에는 개입하지 않는다.

정답 06.① 07.② 08.④ 09.① 10.③

11 바람직한 VDT(Video Display Terminal) 작업자세로 잘못된 것은?

① 무릎의 내각(knee angle)은 120° 전후가 되도록 한다.
② 아래팔은 손등과 일직선을 유지하여 손목이 꺾이지 않도록 한다.
③ 눈으로부터 화면까지의 시거리는 40cm 이상을 유지한다.
④ 작업자의 시선은 수평선상으로부터 아래로 10~15° 이내로 한다.

풀이 작업자의 발바닥 전면이 바닥면에 닿는 자세를 취하고 무릎의 내각은 90°가 되도록 한다.

12 다음 중 산업위생관리의 목적 또는 업무와 가장 거리가 먼 것은?

① 직업성 질환의 확인 및 치료
② 작업환경 및 근로조건의 개선
③ 직업성 질환 유소견자의 작업전환
④ 산업재해의 예방과 작업능률의 향상

풀이 ①항은 산업의학의 업무이다.

13 다음 중 산업피로의 예방대책으로 적절하지 않은 것은?

① 작업과정 중간에 적절한 휴식시간을 추가한다.
② 가능한 한 동적인 작업으로 전환한다.
③ 각 개인마다 동일한 작업량을 부여한다.
④ 작업환경을 정비하고 정리·정돈한다.

풀이 산업피로 예방대책
㉠ 불필요한 동작을 피하고, 에너지 소모를 적게 한다.
㉡ 동적인 작업을 늘리고, 정적인 작업을 줄인다.
㉢ 개인의 숙련도에 따라 작업속도와 작업량을 조절한다.
㉣ 작업시간 중 또는 작업 전후에 간단한 체조나 오락시간을 갖는다.
㉤ 장시간 한 번 휴식하는 것보다 단시간씩 여러 번 나누어 휴식하는 것이 피로회복에 도움이 된다.

14 NIOSH lifting guide에서 모든 조건이 최적의 작업상태라고 할 때 권장되는 최대무게(kg)는?

① 18 ② 23
③ 30 ④ 40

풀이 중량상수 23kg은 모든 조건이 가장 좋지 않을 경우 허용되는 최대중량을 의미한다.

15 다음 중 산업위생의 기본적인 과제와 관계가 가장 적은 것은?

① 신기술의 개발에 따른 새로운 질병의 치료에 관한 연구
② 작업능력의 신장과 저하에 따르는 작업조건의 연구
③ 작업능력의 신장과 저하에 따르는 정신적 조건의 연구
④ 작업환경에 의한 신체적 영향과 최적환경의 연구

풀이 ①항은 산업의학의 기본과제이다.

16 다음 중 인간공학적 방법에 의한 작업장 설계 시 정상작업영역의 범위로 가장 적절한 것은?

① 서 있는 자세에서 팔과 다리를 뻗어 닿는 범위
② 앉은 자세에서 위팔과 아래팔을 곧게 뻗어서 닿는 범위
③ 서 있는 자세에서 물건을 잡을 수 있는 최대범위
④ 앉은 자세에서 위팔은 몸에 붙이고, 아래팔만 곧게 뻗어 닿는 범위

풀이 정상작업역(표준영역, normal area)
㉠ 상박부를 자연스런 위치에서 몸통부에 접하고 있을 때에 전박부가 수평면 위에서 쉽게 도착할 수 있는 운동범위
㉡ 위팔(상완)을 자연스럽게 수직으로 늘어뜨린 채 아래팔(전완)만으로 편안하게 뻗어 파악할 수 있는 영역
㉢ 움직이지 않고 전박과 손으로 조작할 수 있는 범위
㉣ 앉은 자세에서 위팔은 몸에 붙이고, 아래팔만 곧게 뻗어 닿는 범위
㉤ 약 34~45cm의 범위

정답 11.① 12.① 13.③ 14.② 15.① 16.④

17 다음 중 노동의 적응과 장애에 대한 설명으로 틀린 것은?

① 환경에 대한 인체의 적응에는 한도가 있으며 이러한 한도를 허용기준 또는 노출기준이라 한다.
② 작업에 따라서 신체형태와 기능에 국소적 변화가 일어나는 경우가 있는데 이것을 직업성 변이라고 한다.
③ 외부의 환경변화와 신체활동이 반복되거나 오래 계속되어 조절기능이 숙련된 상태를 순화라고 한다.
④ 인체에 어떠한 자극이건 간에 체내의 호르몬계를 중심으로 한 특유의 반응이 일어나는 것을 적응증상군(適應症狀群)이라 하며 이러한 상태를 스트레스라고 한다.

[풀이] 서한도
작업환경에 대한 인체의 적응한도, 즉 안전기준을 말한다.

18 다음 중 "모든 물질은 독성을 가지고 있으며, 중독을 유발하는 것은 용량(dose)에 의존한다."고 말한 사람은?

① Galen   ② Paracelsus
③ Agricola   ④ Hippocrates

[풀이] Philippus Paracelsus(1493~1541년)
㉠ 폐질환 원인물질은 수은, 황, 염이라고 주장하였다.
㉡ 모든 화학물질은 독물이며, 독물이 아닌 화학물질은 없다. 따라서 적절한 양을 기준으로 독물 또는 치료약으로 구별된다고 주장하였으며, 독성학의 아버지로 불린다.
㉢ 모든 물질은 독성을 가지고 있으며, 중독을 유발하는 것은 용량(dose)에 의존한다고 주장하였다.

19 다음 중 근육노동에 있어서 특히 보급해야 할 비타민의 종류는?

① 비타민 A   ② 비타민 B_1
③ 비타민 B_7 ④ 비타민 D

[풀이] 비타민 B_1
㉠ 부족 시 각기병, 신경염을 유발하였다.
㉡ 작업강도가 높은 근로자의 근육에 호기적 산화를 촉진시켜 근육의 열량공급을 원활히 해 주는 영양소이다.
㉢ 근육운동(노동) 시 보급해야 한다.

20 다음 중 노출기준(TWA, ppm)이 가장 낮은 것은?

① 오존(O_3)
② 암모니아(NH_3)
③ 일산화탄소(CO)
④ 이산화탄소(CO_2)

[풀이]
① 오존(O_3) : 0.08ppm
② 암모니아(NH_3) : 35ppm
③ 일산화탄소(CO) : 30ppm
④ 이산화탄소(CO_2) : 5,000ppm

제2과목 | 작업환경 측정 및 평가

21 부피비로 0.01%는 몇 ppm인가?

① 10   ② 100
③ 1,000   ④ 10,000

[풀이]
$$ppm = 0.01\% \times \frac{10,000ppm}{1\%}$$
$$= 100ppm$$

22 옥외작업장(태양광선이 내리쬐는 장소)의 자연습구온도가 29℃, 건구온도가 33℃, 흑구온도는 36℃, 기류속도가 1m/sec일 때 WBGT 지수의 값은?

① 약 31℃   ② 약 32℃
③ 약 33℃   ④ 약 34℃

[풀이] 옥외(태양광선이 내리쬐는 장소)의 WBGT
= (0.7×자연습구온도)+(0.2×흑구온도)
  +(0.1×건구온도)
= (0.7×29℃)+(0.2×36℃)+(0.1×33℃)
= 30.8℃

정답 17.① 18.② 19.② 20.① 21.② 22.①

23 직경분립충돌기 장치가 사이클론 분립장치보다 유리한 장점이 아닌 것은?

① 호흡기 부분별로 침착된 입자크기의 자료를 추정할 수 있다.
② 입자의 질량크기 분포를 얻을 수 있다.
③ 채취시간이 짧고 시료의 되튐 현상이 없다.
④ 흡입성, 흉곽성, 호흡성 입자의 크기별로 분포와 농도를 계산할 수 있다.

풀이 직경분립충돌기(cascade impactor)
(1) 장점
  ㉠ 입자의 질량크기 분포를 얻을 수 있다(공기흐름속도를 조절하여 채취입자를 크기별로 구분 가능).
  ㉡ 호흡기의 부분별로 침착된 입자크기의 자료를 추정할 수 있다.
  ㉢ 흡입성, 흉곽성, 호흡성 입자의 크기별로 분포와 농도를 계산할 수 있다.
(2) 단점
  ㉠ 시료채취가 까다롭다. 즉 경험이 있는 전문가가 철저한 준비를 통해 이용해야 정확한 측정이 가능하다(작은 입자는 공기흐름속도를 크게 하여 충돌판에 포집할 수 없음).
  ㉡ 비용이 많이 든다.
  ㉢ 채취준비시간이 과다하다.
  ㉣ 되튐으로 인한 시료의 손실이 일어나 과소분석결과를 초래할 수 있어 유량을 2L/min 이하로 채취한다.
  ㉤ 공기가 옆에서 유입되지 않도록 각 충돌기의 조립과 장착을 철저히 해야 한다.

24 공기(10L)로부터 벤젠(분자량=78.1)을 고체흡착관에 채취하였다. 시료를 분석한 결과 벤젠의 양은 4mg이고 탈착효율은 95%였다. 공기 중 벤젠농도는? (단, 25℃, 1기압 기준)

① 약 87ppm   ② 약 96ppm
③ 약 113ppm ④ 약 132ppm

풀이 농도(mg/m^3) = $\dfrac{\text{분석질량}}{\text{부피}}$

$= \dfrac{4mg}{10L \times (m^3/1{,}000L) \times 0.95}$

$= 421.05 mg/m^3$

∴ 농도(ppm) $= 421.05 mg/m^3 \times \dfrac{24.45}{78.1}$

$= 131.81 ppm$

25 작업환경공기 중의 벤젠농도를 측정하였더니 $8mg/m^3$, $5mg/m^3$, $7mg/m^3$, $3mg/m^3$, $6mg/m^3$였다. 이들 값의 기하평균치(mg/m^3)는?

① 6.3   ② 6.1
③ 5.5   ④ 5.2

풀이 기하평균(GM)

$\log(GM) = \dfrac{\log X_1 + \log X_2 + \cdots + \log X_n}{N}$

$= \dfrac{\log 8 + \log 5 + \log 7 + \log 3 + \log 6}{5} = 0.74$

∴ $GM = 10^{0.74} = 5.49 mg/m^3$

26 가스크로마토그래피와 고성능 액체크로마토그래피의 비교로 옳지 않은 것은?

① 고성능 액체크로마토그래피는 분석시료의 용해성을 이용한다.
② 가스크로마토그래피의 분리기전은 이온배제, 이온교환, 이온분배이다.
③ 가스크로마토그래피의 이동상은 기체(가스)이고 고성능 액체크로마토그래피는 액체이다.
④ 가스크로마토그래피는 분석시료의 휘발성을 이용한다.

풀이 ② 가스크로마토그래피의 분리기전은 흡착, 탈착, 분배이다.

27 가스상 물질의 시료포집 시 실리카겔을 흡착제로 사용하도록 제시되는 화학물질로 가장 적절한 것은?

① 에스테르류 물질
② 아민류 물질
③ 할로겐화 탄화수소류 물질
④ 케톤류 물질

풀이 실리카겔관을 사용하여 채취하기 용이한 시료
㉠ 극성류 유기용제(무기산 : 불산, 염산)
㉡ 방향족 아민류, 지방족 아민류
㉢ 아미노에탄올, 아마이드류
㉣ 니트로벤젠류, 페놀류

정답 23.③ 24.④ 25.③ 26.② 27.②

28 검지관을 이용한 작업환경측정에 대한 설명으로 가장 적절한 것은?

① 민감도와 특이도 모두가 높다.
② 민감도와 특이도 모두가 낮다.
③ 민감도는 낮으나 특이도는 높다.
④ 민감도는 높으나 특이도는 낮다.

풀이 검지관 측정법
(1) 장점
   ㉠ 사용이 간편하다.
   ㉡ 반응시간이 빨라 현장에서 바로 측정 결과를 알 수 있다.
   ㉢ 비전문가도 어느 정도 숙지하면 사용할 수 있지만 산업위생전문가의 지도 아래 사용되어야 한다.
   ㉣ 맨홀, 밀폐공간에서의 산소부족 또는 폭발성 가스로 인한 안전이 문제가 될 때 유용하게 사용된다.
   ㉤ 다른 측정방법이 복잡하거나 빠른 측정이 요구될 때 사용할 수 있다.
(2) 단점
   ㉠ 민감도가 낮아 비교적 고농도에만 적용이 가능하다.
   ㉡ 특이도가 낮아 다른 방해물질의 영향을 받기 쉽고 오차가 크다.
   ㉢ 대개 단시간 측정만 가능하다.
   ㉣ 한 검지관으로 단일물질만 측정 가능하여 각 오염물질에 맞는 검지관을 선정함에 따른 불편함이 있다.
   ㉤ 색변화에 따라 주관적으로 읽을 수 있어 판독자에 따라 변이가 심하며, 색변화가 시간에 따라 변하므로 제조자가 정한 시간에 읽어야 한다.

29 1,000Hz 순음의 음의 세기레벨인 40dB의 음의 크기로 정의되는 것은?

① 1SIL   ② 1NRN
③ 1phon ④ 1sone

풀이 sone
㉠ 감각적인 음의 크기(loudness)를 나타내는 양이며, 1,000Hz에서의 압력수준 dB을 기준으로 하여 등감곡선을 소리의 크기로 나타내는 단위이다.
㉡ 1,000Hz 순음의 음의 세기레벨인 40dB의 음의 크기를 1sone으로 정의한다.

30 각각의 포집효율이 90%인 임핀저 2개를 직렬연결하여 시료를 채취하는 경우 최종 얻어지는 포집효율은?

① 92.0%   ② 95.0%
③ 96.0%   ④ 99.0%

풀이 총 포집효율(%) = $[\eta_1 + \eta_2(1-\eta_1)] \times 100$
= $[0.9 + 0.9(1-0.9)] \times 100 = 99.0\%$

31 불꽃방식의 원자흡광광도계(AAS)의 장단점에 관한 설명과 가장 거리가 먼 것은?

① 가격이 유도결합플라스마 원자발광분석기(ICP)보다 저렴하다.
② 분석시간이 흑연로장치에 비하여 적게 소요된다.
③ 고체시료의 경우 전처리에 의하여 매트릭스를 제거해야 한다.
④ 적은 양의 시료를 가지고 동시에 많은 금속을 분석할 수 있다.

풀이 불꽃원자화장치의 장단점
(1) 장점
   ㉠ 쉽고 간편하다.
   ㉡ 가격이 흑연로장치나 유도결합플라스마-원자발광분석기보다 저렴하다.
   ㉢ 분석이 빠르고, 정밀도가 높다(분석시간이 흑연로장치에 비해 적게 소요).
   ㉣ 기질의 영향이 적다.
(2) 단점
   ㉠ 많은 양의 시료(10mL)가 필요하며, 감도가 제한되어 있어 저농도에서 사용이 힘들다.
   ㉡ 용질이 고농도로 용해되어 있는 경우, 점성이 큰 용액은 분무구를 막을 수 있다.
   ㉢ 고체시료의 경우 전처리에 의하여 기질(매트릭스)을 제거해야 한다.

32 음력이 1.0W인 작은 점음원으로부터 500m 떨어진 곳의 음압레벨(SPL, dB)은? (단, SPL = PWL - 20log$r$ - 11)

① 약 50   ② 약 55
③ 약 60   ④ 약 65

정답 28.② 29.④ 30.④ 31.④ 32.②

풀이
$$SPL = PWL - 20\log r - 11$$
$$PWL = 10\log\frac{1.0}{10^{-12}} = 120\text{dB}$$
$$= 120\text{dB} - (20\log 500) - 11 = 55.0\text{dB}$$

33 흡착제인 활성탄의 제한점에 관한 설명으로 가장 거리가 먼 것은?

① 휘발성이 매우 큰 저분자량의 탄화수소 화합물의 채취효율이 떨어진다.
② 암모니아, 에틸렌, 염화수소와 같은 고비점 화합물에 비효과적이다.
③ 비교적 높은 습도는 활성탄의 흡착용량을 저하시킨다.
④ 케톤의 경우 활성탄 표면에서 물을 포함하는 반응에 의해서 파과되어, 탈착률과 안정성에서 부적절하다.

풀이 활성탄의 제한점
㉠ 표면의 산화력으로 인해 반응성이 큰 멜캅탄, 알데히드 포집에는 부적합하다.
㉡ 케톤의 경우 활성탄 표면에서 물을 포함하는 반응에 의하여 파과되어 탈착률과 안정성에 부적절하다.
㉢ 메탄, 일산화탄소 등은 흡착되지 않는다.
㉣ 휘발성이 큰 저분자량의 탄화수소화합물의 채취효율이 떨어진다.
㉤ 끓는점이 낮은 저비점 화합물인 암모니아, 에틸렌, 염화수소, 포름알데히드 증기는 흡착속도가 높지 않아 비효과적이다.

34 누적소음노출량 측정기를 사용하여 소음을 측정하고자 할 때 우리나라 기준에 맞는 criteria 및 exchange rate는? (단, A특성 보정)

① 80dB, 5dB
② 80dB, 10dB
③ 90dB, 5dB
④ 90dB, 10dB

풀이 누적소음노출량 측정기의 기기설정
㉠ criteria = 90dB
㉡ exchange rate = 5dB
㉢ threshold = 80dB

35 공기 중 석면시료 분석에 가장 정확한 방법으로 석면의 감별분석이 가능한 것은?

① 위상차현미경법 ② 전자현미경법
③ 편광현미경법   ④ X선회절법

풀이 석면측정방법
(1) 위상차현미경법
  ㉠ 석면측정에 이용되는 현미경으로 일반적으로 가장 많이 사용된다.
  ㉡ 막 여과지에 시료를 채취한 후 전처리하여 위상차현미경으로 분석한다.
  ㉢ 다른 방법에 비해 간편하나 석면의 감별이 어렵다.
(2) 전자현미경법
  ㉠ 석면분진 측정방법 중에서 공기 중 석면시료를 가장 정확하게 분석할 수 있다.
  ㉡ 석면의 성분분석(감별분석)이 가능하다.
  ㉢ 위상차현미경으로 볼 수 없는 매우 가는 섬유도 관찰 가능하다.
  ㉣ 값이 비싸고 분석시간이 많이 소요된다.
(3) 편광현미경법
  ㉠ 고형시료 분석에 사용하며 석면을 감별분석할 수 있다.
  ㉡ 석면광물이 가지는 고유한 빛의 편광성을 이용한 것이다.
(4) X선회절법
  ㉠ 단결정 또는 분말시료(석면 포함 물질을 은막 여과지에 놓고 X선 조사)에 의한 단색 X선의 회절각을 변화시켜가며 회절선의 세기를 계수관으로 측정하여 X선의 세기나 각도를 자동적으로 기록하는 장치를 이용하는 방법이다.
  ㉡ 값이 비싸고, 조작이 복잡하다.
  ㉢ 고형시료 중 크리소타일 분석에 사용하며 토석, 암석, 광물성 분진 중의 유리규산(SiO_2) 함유율도 분석한다.

36 동일(유사)노출군을 가장 세분하여 분류하는 방법의 기준으로 가장 적합한 것은 어느 것인가?

① 공정   ② 작업범주
③ 조직   ④ 업무

풀이 동일노출그룹의 설정은 조직, 공정, 작업범주, 작업내용(업무)별로 구분하여 한다.

정답 33.② 34.③ 35.② 36.④

37 흡착제 중 실리카겔이 활성탄에 비해 갖는 장단점으로 옳지 않은 것은?

① 활성탄에 비해 수분을 잘 흡수하여 습도에 민감하다.
② 매우 유독한 이황화탄소를 탈착용매로 사용하지 않는다.
③ 활성탄에 비해 아닐린, 오르토-톨루이딘 등 아민류의 채취가 어렵다.
④ 추출액이 화학분석이나 기기분석에 방해물질로 작용하는 경우가 많지 않다.

풀이 실리카겔의 장단점
(1) 장점
  ㉠ 극성이 강하여 극성 물질을 채취한 경우 물, 메탄올 등 다양한 용매로 쉽게 탈착한다.
  ㉡ 추출용액(탈착용매)이 화학분석이나 기기분석에 방해물질로 작용하는 경우는 많지 않다.
  ㉢ 활성탄으로 채취가 어려운 아닐린, 오르토-톨루이딘 등의 아민류나 몇몇 무기물질의 채취가 가능하다.
  ㉣ 매우 유독한 이황화탄소를 탈착용매로 사용하지 않는다.
(2) 단점
  ㉠ 친수성이기 때문에 우선적으로 물분자와 결합을 이루어 습도의 증가에 따른 흡착용량의 감소를 초래한다.
  ㉡ 습도가 높은 작업장에서는 다른 오염물질의 파과용량이 작아져 파과를 일으키기 쉽다.

38 Nucleopore 여과지에 관한 설명으로 옳지 않은 것은?

① 폴리카보네이트로 만들어진다.
② 강도는 우수하나 화학물질과 열에는 불안정하다.
③ 구조가 막 여과지처럼 여과지 구멍이 겹치는 것이 아니고 체(sieve)처럼 구멍이 일직선으로 되어있다.
④ TEM 분석을 위한 석면의 채취에 이용된다.

풀이 Nucleopore 여과지
㉠ 폴리카보네이트 재질에 레이저빔을 쏘아 만들어지며, 구조가 막 여과지처럼 여과지 구멍이 겹치는 것이 아니고 체(sieve)처럼 구멍(공극)이 일직선으로 되어 있다.
㉡ TEM(전자현미경) 분석을 위한 석면의 채취에 이용된다.
㉢ 화학물질과 열에 안정적이다.
㉣ 표면이 매끄럽고 기공의 크기는 일반적으로 0.03~8μm 정도이다.

39 어느 오염원에서 perchloroethylene 20%(TLV=670mg/m³, 1mg/m³=0.15ppm), methylene chloride 30%(TLV=720mg/m³, 1mg/m³=0.28ppm), heptane 50%(TLV=1,600mg/m³, 1mg/m³=0.25ppm)의 중량비로 조성된 용제가 증발되어 작업환경을 오염시켰을 경우 혼합물의 허용농도는?

① 673mg/m³
② 794mg/m³
③ 881mg/m³
④ 973mg/m³

풀이 혼합물의 허용농도(mg/m³) = $\dfrac{1}{\dfrac{0.2}{670}+\dfrac{0.3}{720}+\dfrac{0.5}{1,600}}$
= 973.07mg/m³

40 다음은 작업장 소음측정시간 및 횟수 기준에 관한 내용이다. ( ) 안의 내용으로 옳은 것은? (단, 고용노동부 고시 기준)

단위작업장소에서 소음수준은 규정된 측정위치 및 지점에서 1일 작업시간 동안 6시간 이상 연속 측정하거나 작업시간을 1시간 간격으로 나누어 6회 이상 측정하여야 한다. 다만, 소음의 발생 특성이 연속음으로서 측정치가 변동이 없다고 자격자 또는 지정측정기관이 판단하는 경우에는 1시간 동안을 등간격으로 나누어 ( ) 측정할 수 있다.

① 2회 이상
② 3회 이상
③ 4회 이상
④ 5회 이상

정답 37.③ 38.② 39.④ 40.②

[풀이] **소음측정 시간 및 횟수기준**
㉠ 단위작업장소에서 소음수준은 규정된 측정위치 및 지점에서 1일 작업시간 동안 6시간 이상 연속 측정하거나 작업시간을 1시간 간격으로 나누어 6회 이상 측정하여야 한다. 다만, 소음의 발생특성이 연속음으로서 측정치가 변동이 없다고 자격자 또는 지정측정기관이 판단한 경우에는 1시간 동안을 등간격으로 나누어 3회 이상 측정할 수 있다.
㉡ 단위작업장소에서의 소음발생시간이 6시간 이내인 경우나 소음발생원에서의 발생시간이 간헐적인 경우에는 발생시간 동안 연속 측정하거나 등간격으로 나누어 4회 이상 측정하여야 한다.

제3과목 | 작업환경 관리

41 방진재인 공기스프링에 관한 설명으로 옳지 않은 것은?
① 부하능력이 광범위하다.
② 압축기 등의 부대시설이 필요하지 않다.
③ 구조가 복잡하고 시설비가 비싸다.
④ 사용 진폭이 적은 것이 많아 별도의 댐퍼가 필요한 경우가 많다.

[풀이] **공기스프링**
(1) 장점
 ㉠ 지지하중이 크게 변하는 경우에는 높이 조정 변에 의해 그 높이를 조절할 수 있어 설비의 높이를 일정 레벨로 유지시킬 수 있다.
 ㉡ 하중부하 변화에 따라 고유진동수를 일정하게 유지할 수 있다.
 ㉢ 부하능력이 광범위하고 자동제어가 가능하다.
 ㉣ 스프링 정수를 광범위하게 선택할 수 있다.
(2) 단점
 ㉠ 사용 진폭이 적은 것이 많아 별도의 댐퍼가 필요한 경우가 많다.
 ㉡ 구조가 복잡하고 시설비가 많이 든다.
 ㉢ 압축기 등 부대시설이 필요하다.
 ㉣ 안전사고(공기누출) 위험이 있다.

42 소음에 대한 차음을 위해 사용하는 귀덮개와 귀마개를 비교, 설명한 내용으로 틀린 것은?
① 귀덮개의 크기를 여러 가지로 할 필요가 없다.
② 귀덮개는 고온다습한 작업장에서 착용하기 어렵다.
③ 귀덮개는 귀마개보다 작업자가 착용하고 있는지의 여부를 체크하기 쉽다.
④ 귀덮개는 귀마개보다 일반적으로 차음효과가 크지만 개인차가 크다.

[풀이] **귀덮개**
(1) 장점
 ㉠ 귀마개보다 일관성 있는 차음효과를 얻을 수 있다.
 ㉡ 귀마개보다 차음효과가 일반적으로 높다.
 ㉢ 동일한 크기의 귀덮개를 대부분의 근로자가 사용 가능하다(크기를 여러 가지로 할 필요가 없음).
 ㉣ 귀에 염증이 있어도 사용 가능하다(질병이 있을 때도 가능).
 ㉤ 귀마개보다 차음효과의 개인차가 적다.
 ㉥ 근로자들이 귀마개보다 쉽게 착용할 수 있고 착용법을 틀리거나 잃어버리는 일이 적다.
 ㉦ 고음영역에서 차음효과가 탁월하다.
(2) 단점
 ㉠ 부착된 밴드에 의해 차음효과가 감소할 수 있다.
 ㉡ 고온에서 사용 시 불편하다(보호구 접촉면에 땀이 남).
 ㉢ 머리카락이 길 때와 안경테가 굵거나 잘 부착되지 않을 때는 사용하기가 불편하다.
 ㉣ 장시간 사용 시 꼭 끼는 느낌이 있다.
 ㉤ 보안경과 함께 사용하는 경우 다소 불편하며, 차음효과가 감소한다.
 ㉥ 가격이 비싸고 운반과 보관이 쉽지 않다.
 ㉦ 오래 사용하여 귀걸이의 탄력성이 줄었을 때나 귀걸이가 휘었을 때는 차음효과가 떨어진다.

43 다음 중 수심 30m에서의 작용압은?
① 3기압 ② 4기압
③ 5기압 ④ 6기압

[풀이] 10m당 1기압의 작용을 받으므로, 수심 30m에서의 작용압은 3기압이다.

[정답] 41.② 42.④ 43.①

44 다음 중금속 중 미나마타(minamata)병과 관계가 깊은 것은?

① 납(Pb)　② 아연(Zn)
③ 수은(Hg)　④ 카드뮴(Cd)

> **풀이** 수은에 의한 건강장애
> ㉠ 수은중독의 특징적인 증상은 구내염, 근육진전, 정신증상으로 분류된다.
> ㉡ 수족신경마비, 시신경장애, 정신이상, 보행장애 등의 장애가 나타난다.
> ㉢ 만성 노출 시 식욕부진, 신기능부전, 구내염을 발생시키고, 침을 많이 흘린다.
> ㉣ 치은부에는 황화수은의 청회색 침전물이 침착한다.
> ㉤ 혀나 손가락의 근육이 떨린다(수전증).
> ㉥ 정신증상으로는 중추신경계통, 특히 뇌조직에 심한 증상이 나타나 정신기능이 상실될 수 있다(정신장애).
> ㉦ 유기수은(알킬수은) 중 메틸수은은 미나마타(minamata)병을 발생시킨다.

45 마이크로파가 건강에 미치는 영향에 관한 설명으로 옳지 않은 것은?

① 마이크로파의 생물학적 작용은 파장뿐만 아니라 출력, 노출시간, 노출된 조직에 따라서 다르다.
② 마이크로파는 백내장을 유발한다.
③ 생화학적 변화로는 콜린에스테라제의 활성치가 감소한다.
④ 마이크로파는 혈압을 상승시켜 결국 고혈압을 초래한다.

> **풀이** 마이크로파가 중추신경계통에 작용하여 혈압이 폭로 초기에는 상승하나 곧 억제효과를 내어 저혈압을 초래한다.

46 방사선의 외부노출에 대한 방어대책을 세울 경우에 착안하는 원칙과 가장 거리가 먼 것은?

① 차폐　② 개선
③ 거리　④ 시간

> **풀이** 방사선의 외부노출에 대한 방어대책
> 전리방사선 방어의 궁극적 목적은 가능한 한 방사선에 불필요하게 노출되는 것을 최소화하는 데 있다.
> (1) 시간
> 　㉠ 노출시간을 최대로 단축(조업시간 단축)
> 　㉡ 충분한 시간 간격을 두고 방사능 취급작업을 하는 것은 반감기가 짧은 방사능 물질에 유용
> (2) 거리
> 　방사능은 거리의 제곱에 비례하여 감소하므로 먼 거리일수록 쉽게 방어 가능
> (3) 차폐
> 　㉠ 큰 투과력을 갖는 방사선 차폐물은 원자번호가 크고 밀도가 큰 물질이 효과적
> 　㉡ α선의 투과력은 약하여 얇은 알루미늄판으로도 방어 가능

47 1촉광의 광원으로부터 단위입체각으로 나가는 광속의 단위는?

① 루멘(lumen)　② 풋 캔들(foot candle)
③ 럭스(lux)　④ 램버트(lambert)

> **풀이** 루멘(lumen, lm) ; 광속
> ㉠ 광속의 국제단위로 기호는 lm으로 나타낸다.
> ㉡ 1촉광의 광원으로부터 한 단위입체각으로 나가는 광속의 단위이다.
> ㉢ 광속이란 광원으로부터 나오는 빛의 양을 의미하고 단위는 lumen이다.
> ㉣ 1촉광과의 관계는 1촉광=4π(12.57)루멘으로 나타낸다.

48 채광에 관한 설명으로 옳지 않은 것은?

① 지상에서의 태양조도는 약 100,000lux 정도이며 건물의 창 내측은 약 2,000lux 정도이다.
② 균일한 조명을 요구하는 작업실은 북창이 좋다.
③ 창의 면적은 벽면적의 15~20%가 이상적이다.
④ 자연채광 시 실내 각 점의 개각은 4~5°, 입사각은 28° 이상이 좋다.

> **풀이** ③ 채광을 위한 창의 면적은 방바닥 면적의 15~20%가 이상적이다.

정답 44.③ 45.④ 46.② 47.① 48.③

49 고압환경의 영향 중 2차적인 가압현상과 가장 거리가 먼 것은?
① 질소마취 ② 산소중독
③ 폐 내 가스팽창 ④ 이산화탄소중독

풀이 고압환경에서의 2차적 가압현상
㉠ 질소가스의 마취작용
㉡ 산소중독
㉢ 이산화탄소의 작용

50 적용화학물질이 정제 벤드나이드겔, 염화비닐수지이며 분진, 전해약품 제조, 원료취급 작업에서 주로 사용되는 보호크림으로 가장 적절한 것은?
① 피막형 크림 ② 차광 크림
③ 소수성 크림 ④ 친수성 크림

풀이 피막형성형 피부보호제(피막형 크림)
㉠ 분진, 유리섬유 등에 대한 장애를 예방한다.
㉡ 적용 화학물질의 성분은 정제 벤드나이드겔, 염화비닐수지이다.
㉢ 피막형성 도포제를 바르고 장시간 작업 시 피부에 장애를 줄 수 있으므로 작업완료 후 즉시 닦아내야 한다.
㉣ 분진, 전해약품 제조, 원료취급 작업시 사용한다.

51 B 공장 집진기용 송풍기의 소음을 측정한 결과, 가동 시에는 90dB(A)이었으나, 가동 중지상태에서는 85dB(A)이었다. 이 송풍기의 실제소음도는?
① 86.2dB(A) ② 87.1dB(A)
③ 88.3dB(A) ④ 89.4dB(A)

풀이 소음의 차[dB(A)] = $10\log(10^{9.0} - 10^{8.5})$
= 88.35dB(A)

52 방진마스크의 필터에 사용되는 재질과 가장 거리가 먼 것은?
① 활성탄 ② 합성섬유
③ 면 ④ 유리섬유

풀이 ① 활성탄은 방독마스크의 흡수(흡착)제이다.

53 다음의 전리방사선 중 인체투과력이 가장 강한 것은?
① 알파선 ② 중성자
③ X선 ④ 감마선

풀이 전리방사선의 인체투과력
중성자 > X선 or γ선 > β선 > α선

54 이상기압에 관한 설명으로 옳지 않은 것은?
① 수면하에서 대기압을 포함한 압력을 절대압이라 한다.
② 공기 중의 질소가스는 2기압 이상에서 마취증세가 나타난다.
③ 고공성 폐수종은 어른보다 어린이에게 많이 일어난다.
④ 고공성 폐수종은 고공 순화된 사람이 해면에 돌아올 때에 흔히 일어난다.

풀이 질소가스의 마취작용
㉠ 공기 중의 질소가스는 정상기압에서는 비활성이지만 4기압 이상에서 마취작용을 일으키며 이를 다행증이라 한다(공기 중의 질소가스는 3기압 이하에서는 자극작용을 한다).
㉡ 질소가스 마취작용은 알코올 중독의 증상과 유사하다.
㉢ 작업력의 저하, 기분의 변환, 여러 종류의 다행증(euphoria)이 일어난다.
㉣ 수심 90~120m에서 환청, 환시, 조현증, 기억력 감퇴 등이 나타난다.

55 고열 작업환경에서 발생하는 열경련의 주요 원인은?
① 고온 순화 미흡에 따른 혈액순환 저하
② 고열에 의한 순환기 부조화
③ 신체의 염분 손실
④ 뇌온도 및 체온 상승

풀이 열경련의 발생
㉠ 지나친 발한에 의한 수분 및 혈중 염분 손실(혈액의 현저한 농축 발생)
㉡ 땀을 많이 흘리고 동시에 염분이 없는 음료수를 많이 마셔서 염분 부족 시 발생
㉢ 전해질의 유실 시 발생

정답 49.③ 50.① 51.③ 52.① 53.② 54.② 55.③

56 개인보호구에 관한 설명으로 옳은 것은 어느 것인가?

① 보호장구 재질인 천연고무(latex)는 극성 용제에는 효과적이나 비극성 용제에는 효과적이지 못하다.
② 눈 보호구의 차광도 번호(shade number)가 낮을수록 빛의 차단이 크다.
③ 미국 EPA에서 정한 차진평가수 NRR은 실제 작업현장에서의 차진효과(dB)를 그대로 나타내준다.
④ 귀덮개는 기본형, 준맞춤형, 맞춤형으로 구분된다.

[풀이]
② 낮을수록 ⇨ 높을수록
③ EPA ⇨ OSHA
④ 귀덮개는 EP형 하나이다.

57 현재 총 흡음량이 2,000sabins인 작업장 벽면에 흡음재를 강화하여 총 흡음량이 4,000sabins이 되었다. 이때 소음감소(noise reduction)량은?

① 3dB
② 6dB
③ 9dB
④ 12dB

[풀이] 소음감소량(NR)
$$NR = \log \frac{\text{대책 후}}{\text{대책 전}} = 10\log\frac{4,000}{2,000} = 3\text{dB}$$

58 다음 중 자외선에 관한 설명으로 옳지 않은 것은?

① UV-B의 영향으로 피부암을 유발할 수 있다.
② 일명 화학선이라고 한다.
③ 약 100~400nm 파장범위의 전자파로 UV-A, UV-B, UV-C로 구분한다.
④ 성층권의 오존층은 200nm 이하의 자외선만 지구에 도달하게 한다.

[풀이] 290nm 이하의 단파장인 UV-C는 대기 중 오존분자 등의 가스성분에 의해 그 대부분이 흡수되어 지표면에 거의 도달하지 않는다.

59 다음 중 저온환경에서 발생할 수 있는 건강 장애에 관한 설명으로 옳지 않은 것은?

① 전신체온 강하는 장시간의 한랭노출 시 체열의 손실로 말미암아 발생하는 급성 중증장애이다.
② 제3도 동상은 수포와 함께 광범위한 삼출성 염증이 일어나는 경우를 말한다.
③ 피로가 극에 달하면 체열의 손실이 급속히 이루어져 전신의 냉각상태가 수반되게 된다.
④ 참호족은 지속적인 국소의 산소결핍 때문이며 저온으로 모세혈관벽이 손상되는 것이다.

[풀이] 동상의 단계별 구분
(1) 제1도 동상(발적)
  ㉠ 홍반성 동상이라고도 한다.
  ㉡ 처음에는 말단부로의 혈행이 정체되어서 국소성 빈혈이 생기고, 환부의 피부는 창백하게 되어서 다소의 동통 또는 지각 이상을 초래한다.
  ㉢ 한랭작용이 이 시기에 중단되면 반사적으로 충혈이 일어나서 피부에 염증성 조홍을 일으키고 남보라색 부종성 조홍을 일으킨다.
(2) 제2도 동상(수포형성과 염증)
  ㉠ 수포성 동상이라고도 한다.
  ㉡ 물집이 생기거나 피부가 벗겨지는 결빙을 말한다.
  ㉢ 수포를 가진 광범위한 삼출성 염증이 생긴다.
  ㉣ 수포에는 혈액이 섞여 있는 경우가 많다.
  ㉤ 피부는 청남색으로 변하고 큰 수포를 형성하여 궤양, 화농으로 진행한다.
(3) 제3도 동상(조직괴사로 괴저발생)
  ㉠ 괴사성 동상이라고도 한다.
  ㉡ 한랭작용이 장시간 계속되었을 때 생기며 혈행은 완전히 정지된다. 동시에 조직성분도 붕괴되며, 그 부분의 조직괴사를 초래하여 괴상을 만든다.
  ㉢ 심하면 근육, 뼈까지 침해하여 이환부 전체가 괴사성이 되어 탈락되기도 한다.

60 열평형 방정식에서 항상 음(-)의 값을 가지는 인자는 무엇인가?
① 복사 ② 대류
③ 증발 ④ 대사

[풀이] 열평형 방정식
㉠ 생체(인체)와 작업환경 사이의 열교환(체열생산 및 체열방산) 관계를 나타내는 식이다.
㉡ 인체와 작업환경 사이의 열교환은 주로 체내열 생산량(작업대사량), 전도, 대류, 복사, 증발 등에 의해 이루어진다.
㉢ 열평형 방정식은 열역학적 관계식에 따라 이루어진다.
$\Delta S = M \pm C \pm R - E$
여기서, ΔS : 생체열용량의 변화(인체의 열축적 또는 열손실)
M : 작업대사량(체내열생산량)
· $(M-W) W$: 작업수행으로 인한 손실열량
C : 대류에 의한 열교환
R : 복사에 의한 열교환
E : 증발(발한)에 의한 열손실(피부를 통한 증발)

제4과목 | 산업환기

61 직경이 D인 노즐의 분사구 속도는 분사구로부터 분출거리에 따라 그 속도가 떨어지는데 다음 중 분류중심의 속도가 거의 떨어지지 않는 거리로 옳은 것은?
① $5D$까지 ② $10D$까지
③ $15D$까지 ④ $20D$까지

[풀이] 분사구 직경(D)과 중심속도(V_c)의 관계
㉠ 후드의 분출기류 중 잠재중심부에 대한 설명이다. 즉, 배출구 직경의 약 5배($5D$) 정도까지는 분출중심속도의 변화가 거의 없다.
㉡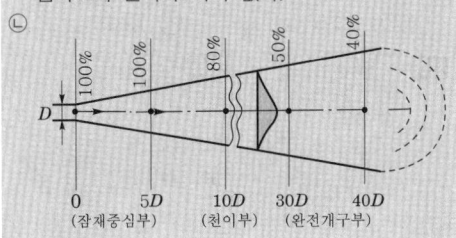

62 속도압은 P_d, 비중량은 γ, 수두는 h, 중력가속도를 g라 할 때, 다음 중 유체의 관내 속도를 구하는 식으로 옳은 것은 어느 것인가?
① $\sqrt{\dfrac{2 \cdot g \cdot P_d}{\gamma}}$ ② $\sqrt{\dfrac{4 \cdot g \cdot h}{\gamma}}$
③ $\dfrac{\gamma \cdot P_d^2}{2 \cdot g}$ ④ $\dfrac{\gamma \cdot h^2}{2 \cdot g}$

[풀이]
VP(속도압) $= \dfrac{\gamma \cdot V^2}{2g}$ (mmH₂O)
여기서, γ : 비중(kg/m³)
V : 공기속도(m/sec)
g : 중력가속도(m/sec²)

63 작업장에서 전체환기장치를 설치하고자 할 때 전체환기의 목적으로 볼 수 없는 것은?
① 온도와 습도를 조절한다.
② 화재나 폭발을 예방한다.
③ 유해물질의 농도를 감소시켜 건강을 유지시킨다.
④ 유해물질을 발생원에서 직접 제거시켜 근로자의 노출농도를 감소시킨다.

[풀이] 유해물질을 발생원에서 직접 제거시켜 근로자의 노출농도를 감소시키는 것은 국소배기의 목적이다.

64 작업장의 크기가 세로 10m, 가로 30m, 높이 6m이고, 필요환기량이 90m³/min일 때 1시간당 공기교환횟수는 몇 회이어야 하는가?
① 2회 ② 3회
③ 4회 ④ 6회

[풀이] 공기교환횟수(ACH)
$\text{ACH} = \dfrac{\text{필요환기량}}{\text{작업장 용적}}$
$= \dfrac{90\text{m}^3/\text{min} \times 60\text{min/hr}}{(10 \times 30 \times 6)\text{m}^3}$
$= 3$회(시간당)

65 밀가루공장 내에 설치된 제진장치의 용량은 8,000m³/min이고, 분진 발생원에서 제진기를 거쳐 송풍기까지의 전체압력손실이 50mmH₂O라면 송풍기의 동력은 약 몇 kW인가? (단, 송풍기의 효율은 0.6, 안전계수는 1.5로 한다.)

① 108.9 ② 157.9
③ 163.4 ④ 179.4

풀이 송풍기 소요동력(kW)
$$kW = \frac{Q \times \Delta P}{6,120 \times \eta} \times \alpha = \frac{8,000 \times 50}{6,120 \times 0.6} \times 1.5 = 163.4 \text{kW}$$

66 후드 개구면 속도를 균일하게 분포시키는 방법으로 도금조와 같이 비교적 길이가 긴 탱크에서 가장 적절하게 사용할 수 있는 것은?

① 테이퍼 부착 ② 분리날개 설치
③ 차폐막 이용 ④ 슬롯 사용

풀이 후드 입구의 공기흐름을 균일하게 하는 방법(후드 개구면 면속도를 균일하게 분포시키는 방법)
(1) 테이퍼(taper, 경사접합부) 설치
   경사각은 60° 이내로 설치하는 것이 바람직하다.
(2) 분리날개(splitter vanes) 설치
   ㉠ 후드 개구부를 몇 개로 나누어 유입하는 형식이다.
   ㉡ 분리날개의 부식 및 유해물질 축적 등 단점이 있다.
(2) 슬롯(slot) 사용
   도금조와 같이 길이가 긴 탱크에서 가장 적절하게 사용한다.
(3) 차폐막 이용

67 다음 중 세정식 집진장치에 관한 설명으로 틀린 것은?

① 비교적 큰 입자상 물질의 처리에 사용한다.
② 단일장치로 분진포집 및 가스흡수가 동시에 가능하다.
③ 포집된 분진은 오염되지 않고, 회수가 용이하다.
④ 미스트를 처리할 수 있으며, 포집효율을 변화시킬 수 있다.

풀이 세정식 집진시설
(1) 장점
   ㉠ 습한 가스, 점착성 입자를 폐색 없이 처리가 가능하다.
   ㉡ 인화성, 가열성, 폭발성 입자를 처리할 수 있다.
   ㉢ 고온가스의 취급이 용이하다.
   ㉣ 설치면적이 작아 초기비용이 적게 든다.
   ㉤ 단일장치로 입자상 외에 가스상 오염물을 제거할 수 있다.
   ㉥ demister 사용으로 미스트 처리가 가능하다.
   ㉦ 부식성 가스와 분진을 중화시킬 수 있다.
   ㉧ 집진효율을 다양화할 수 있다.
(2) 단점
   ㉠ 폐수 발생 및 폐슬러지 처리비용이 발생한다.
   ㉡ 공업용수를 과잉 사용한다.
   ㉢ 포집된 분진은 오염 가능성이 있고 회수가 어렵다.
   ㉣ 연소가스가 포함된 경우에는 부식 잠재성이 있다.
   ㉤ 추운 경우에 동결방지장치를 필요로 한다.
   ㉥ 백연발생으로 인한 재가열시설이 필요하다.
   ㉦ 배기의 상승 확산력을 저하한다.

68 주관에 25°로 분지관이 연결되어 있고 주관과 분지관의 속도압이 모두 25mmH₂O일 때 주관과 분지관의 합류에 의한 압력손실은 약 몇 mmH₂O인가? (단, 원형 합류관의 압력손실계수는 다음 [표]를 참고한다.)

합류각	압력손실계수	
	주 관	분지관
15°		0.09
20°		0.12
25°	0.2	0.15
30°		0.18
35°		0.21

① 6.25 ② 8.75
③ 12.5 ④ 15.0

풀이
$$\begin{aligned}
\text{압력손실}(\Delta P) &= \Delta P_1 + \Delta P_2 \\
&= (\xi_1 \times VP_1) + (\xi_2 \times VP_2) \\
&= (0.2 \times 25) + (0.15 \times 25) \\
&= 8.75 \text{mmH}_2\text{O}
\end{aligned}$$

69 다음 중 송풍기에 관한 설명으로 틀린 것은?

① 평판송풍기는 장소의 제약이 없고 효율이 좋다.
② 원심송풍기로는 다익팬, 레이디얼팬, 터보팬 등이 있다.
③ 터보형 송풍기는 압력변동이 있어도 풍량의 변화가 비교적 작다.
④ 다익형 송풍기는 구조상 고속회전이 어렵고, 큰 동력의 용도에는 적합하지 않다.

풀이 장소의 제약이 없고 효율이 좋은 원심력식 송풍기는 터보형 송풍기이다.

70 사이클론의 집진율을 높이는 방법으로 분진박스나 호퍼부에서 처리가스의 일부를 흡인하여 사이클론 내의 난류 현상을 억제시킴으로써 집진된 먼지의 비산을 방지시키는 방법은 어떤 효과를 이용하는 것인가?

① 블로다운 효과
② 멀티사이클론 효과
③ 원심력 효과
④ 중력침강 효과

풀이 블로다운(blow-down)
(1) 정의
사이클론의 집진효율을 향상시키기 위한 하나의 방법으로서 더스트박스 또는 호퍼부에서 처리가스의 5~10%를 흡인하여 선회기류의 교란을 방지하는 운전방식
(2) 효과
㉠ 사이클론 내의 난류현상을 억제시킴으로써 집진된 먼지의 비산을 방지(유효원심력 증대)
㉡ 집진효율 증대
㉢ 장치 내부의 먼지 퇴적을 억제하여 장치의 폐쇄현상을 방지(가교현상 방지)

71 온도 5℃, 압력 700mmHg인 공기의 밀도보정계수는 약 얼마인가?

① 0.988
② 0.974
③ 0.961
④ 0.954

풀이
$$밀도보정계수(d_f) = \frac{273+21(P)}{(℃+273)(760)}$$
$$= \frac{(273+21)(700)}{(5℃+273)(760)}$$
$$= 0.974$$

72 다음 중 전체환기를 설치하고자 할 때 적용되는 기본원칙과 가장 거리가 먼 것은 어느 것인가?

① 오염물질 사용량을 조사하여 필요환기량을 계산한다.
② 배출공기를 보충하기 위하여 실내공기와 동질의 공기를 공급한다.
③ 공기배출구와 근로자의 작업위치 사이에 오염원이 위치해야 한다.
④ 공기가 배출되면서 오염장소를 통과하도록 공기배출구와 유입구의 위치를 선정한다.

풀이 전체환기(강제환기)시설 설치 기본원칙
㉠ 오염물질 사용량을 조사하여 필요환기량을 계산한다.
㉡ 배출공기를 보충하기 위하여 청정공기를 공급한다.
㉢ 오염물질배출구는 가능한 한 오염원으로부터 가까운 곳에 설치하여 '점환기'의 효과를 얻는다.
㉣ 공기배출구와 근로자의 작업위치 사이에 오염원이 위치해야 한다.
㉤ 공기가 배출되면서 오염장소를 통과하도록 공기배출구와 유입구의 위치를 선정한다.
㉥ 작업장 내 압력을 경우에 따라서 양압이나 음압으로 조정해야 한다(오염원 주위에 다른 작업공정이 있으면 공기공급량을 배출량보다 작게 하여 음압을 형성시켜 주위 근로자에게 오염물질이 확산되지 않도록 한다).
㉦ 배출된 공기가 재유입되지 못하게 배출구 높이를 적절히 설계하고 창문이나 문 근처에 위치하지 않도록 한다.
㉧ 오염된 공기는 작업자가 호흡하기 전에 충분히 희석되어야 한다.
㉨ 오염물질 발생은 가능하면 비교적 일정한 속도로 유출되도록 조정해야 한다.

73 다음 중 맹독성 물질을 제어하는 데 가장 적합한 후드의 형태는?
① 포위식
② 외부식 축방형
③ 외부식 슬롯형
④ 레시버식

풀이 포위식 후드(부스형 후드)
㉠ 발생원을 완전히 포위하는 형태의 후드이고 후드의 개방면에서 측정한 속도인 면속도가 제어속도가 된다.
㉡ 국소배기시설의 후드 형태 중 가장 효과적인 형태이다. 즉, 필요환기량을 최소한으로 줄일 수 있다.
㉢ 후드의 개방면에서 측정한 면속도가 제어속도가 된다.
㉣ 유해물질의 완벽한 흡입이 가능하다(단, 충분한 개구면 속도를 유지하지 못할 경우 오염물질이 외부로 누출될 우려가 있음).
㉤ 유해물질 제거 공기량(송풍량)이 다른 형태보다 훨씬 적다.
㉥ 작업장 내 방해기류(난기류)의 영향을 거의 받지 않는다.
㉦ 부스형 후드는 포위식 후드의 일종이며, 포위식보다 큰 것을 의미한다.

74 다음 중 층류에 대한 설명으로 틀린 것은?
① 유체입자가 관벽에 평행한 직선으로 흐르는 흐름이다.
② 레이놀즈수가 4,000 이상인 유체의 흐름이다.
③ 관 내에서의 속도분포가 정상포물선을 그린다.
④ 평균유속은 최대유속의 약 1/2 정도이다.

풀이 레이놀즈수의 크기에 따른 구분
㉠ 층류 : $Re < 2,100$
㉡ 천이영역 : $2,100 < Re < 4,000$
㉢ 난류 : $Re > 4,000$

75 일반적으로 슬롯 후드는 개구면의 폭과 길이의 비가 얼마 이하일 경우를 말하는가?
① 0.1
② 0.2
③ 0.3
④ 0.4

풀이 외부식 슬롯 후드
㉠ slot 후드는 후드 개방부분의 길이가 길고, 높이(폭)가 좁은 형태로 [높이(폭)/길이]의 비가 0.2 이하인 것을 말한다.
㉡ slot 후드에서도 플랜지를 부착하면 필요배기량을 줄일 수 있다(ACGIH : 환기량 30% 절약).
㉢ slot 후드의 가장자리에서도 공기의 흐름을 균일하게 하기 위해 사용한다.
㉣ slot 속도는 배기송풍량과는 관계가 없으며, 제어풍속은 slot 속도에 영향을 받지 않는다.
㉤ 플레넘 속도를 슬롯속도의 1/2 이하로 하는 것이 좋다.

76 다음 중 덕트 내에서 피토관으로 속도압을 측정하여 반송속도를 추정할 때 반드시 필요한 자료가 아닌 것은?
① 횡단 측정지점에서의 덕트 면적
② 횡단 지점에서 지점별로 측정된 속도압
③ 횡단 측정지점과 측정시간에서 공기의 온도
④ 처리대상 공기 중 유해물질의 조성

풀이 덕트 내 반송속도 추정 시 유해물질의 조성은 관계가 없다.

77 온도 130℃, 기압 690mmHg의 상태에서 50m³/min의 기체가 관 내를 흐르고 있다. 이 기체가 21℃, 1기압일 때의 유량은 약 몇 m³/min인가?
① 30.8
② 33.1
③ 57.4
④ 61.5

풀이
$$V_2 = V_1 \times \frac{T_2}{T_1} \times \frac{P_1}{P_2}$$
$$= 50\text{m}^3/\text{min} \times \frac{(273+21℃)}{(273+130℃)} \times \frac{(690\text{mmHg})}{(760\text{mmHg})}$$
$$= 33.12\text{m}^3/\text{min}$$

정답 73.① 74.② 75.② 76.④ 77.②

78 접착제를 사용하는 A 공정에서는 메틸에틸 케톤(MEK)과 톨루엔이 발생, 공기 중으로 완전혼합된다. 두 물질은 모두 마취작용을 나타내므로 상가효과가 있다고 판단되며, 각 물질의 사용정보가 다음과 같을 때 필요환기량(m^3/min)은 약 얼마인가? (단, 주위는 25℃, 1기압 상태이다.)

- MEK
  - 안전계수 : 4
  - 분자량 : 72.1
  - 비중 : 0.805
  - TLV : 200ppm
  - 사용량 : 시간당 2L
- 톨루엔
  - 안전계수 : 5
  - 분자량 : 92.13
  - 비중 : 0.866
  - TLV : 50ppm
  - 사용량 : 시간당 2L

① 181.9 ② 557.0
③ 764.5 ④ 946.4

풀이
㉠ MEK
- 사용량 $= 2L/hr \times 0.805g/mL \times 1,000mL/L$
  $= 1,610g/hr$
- 발생률 $= \dfrac{24.45L \times 1,610g/hr}{72.1g} = 546L/hr$
- 필요환기량
  $= \dfrac{546L/hr \times 1,000mL/L \times hr/60min}{200mL/m^3} \times 4$
  $= 182m^3/min$

㉡ 톨루엔
- 사용량 $= 2L/hr \times 0.866g/mL \times 1,000mL/L$
  $= 1,732g/hr$
- 발생률 $= \dfrac{24.45L \times 1,732g/hr}{92.13g} = 459.6L/hr$
- 필요환기량
  $= \dfrac{459.6L/hr \times 1,000mL/L \times hr/60min}{50mL/m^3} \times 5$
  $= 766m^3/min$

∴ 상가작용 $= 182 + 766 = 948m^3/min$

79 다음 중 직선 덕트 내의 압력손실에 관한 설명으로 옳은 것은?

① 정압의 제곱에 비례한다.
② 전압의 제곱에 비례한다.
③ 동압의 제곱에 비례한다.
④ 속도의 제곱에 비례한다.

풀이 압력손실
$\Delta P = F \times VP(mmH_2O)$: Darcy-Weisbach식

- F(압력손실계수) $= 4 \times f \times \dfrac{L}{D}$
  $= \lambda \times \dfrac{L}{D}$

  여기서, λ : 관마찰계수(무차원)
  ($\lambda = 4f$, f : 페닝마찰계수)
  D : 덕트 직경(m)
  L : 덕트 길이(m)

- VP(속도압) $= \dfrac{\gamma \cdot V^2}{2g}$ (mmH_2O)

  여기서, γ : 비중(kg/m^3)
  V : 공기속도(m/sec)
  g : 중력가속도(m/sec^2)

80 다음 중 국소배기장치의 일반적인 배열 순서로 가장 적합한 것은?

① 후드 → 송풍기 → 공기정화기 → 덕트
② 덕트 → 후드 → 송풍기 → 공기정화기
③ 후드 → 덕트 → 공기정화기 → 송풍기
④ 덕트 → 송풍기 → 공기정화기 → 후드

풀이 국소배기장치의 구성 순서
후드 → 덕트 → 공기정화장치 → 송풍기 → 배기덕트

정답 78.④ 79.④ 80.③

제2회 산업위생관리산업기사

CBT 기출복원문제 | 2022.04.24

제1과목 | 산업위생학 개론

01 다음 중 산업피로의 예방대책으로 볼 수 없는 것은?
① 불필요한 동작을 피하고 에너지 소모를 적게 한다.
② 각 개인마다 작업량을 조절한다.
③ 가능한 한 정적인 작업을 하도록 한다.
④ 작업환경을 정비, 정돈한다.

풀이 산업피로 예방대책
㉠ 불필요한 동작을 피하고, 에너지 소모를 적게 한다.
㉡ 동적인 작업을 늘리고, 정적인 작업을 줄인다.
㉢ 개인의 숙련도에 따라 작업속도와 작업량을 조절한다.
㉣ 작업시간 중 또는 작업 전후에 간단한 체조나 오락시간을 갖는다.
㉤ 장시간 한 번 휴식하는 것보다 단시간씩 여러 번 나누어 휴식하는 것이 피로회복에 도움이 된다.

02 다음 중 심리학적 적성검사로 가장 알맞은 것은?
① 지능검사 ② 작업적응성 검사
③ 감각기능검사 ④ 체력검사

풀이 심리학적 검사(심리학적 적성검사)
㉠ 지능검사 : 언어, 기억, 추리, 귀납 등에 대한 검사
㉡ 지각동작검사 : 수족협조, 운동속도, 형태지각 등에 대한 검사
㉢ 인성검사 : 성격, 태도, 정신상태에 대한 검사
㉣ 기능검사 : 직무에 관련된 기본 지식과 숙련도, 사고력 등의 검사

03 다음 중 납이 인체에 미치는 영향과 가장 거리가 먼 것은?
① 조혈기능의 장애
② 신경계통의 장애
③ 신장에 미치는 장애
④ 간에 미치는 장애

풀이 납중독의 주요 증상(임상증상)
(1) 위장 계통의 장애(소화기장애)
　㉠ 복부팽만감, 급성 복부 선통
　㉡ 권태감, 불면증, 안면 창백, 노이로제
　㉢ 연선(lead line)이 잇몸에 생긴다.
(2) 신경, 근육 계통의 장애
　㉠ 손처짐, 팔과 손의 마비
　㉡ 근육통, 관절통
　㉢ 신장근의 쇠약
　㉣ 납경련(근육의 피로가 원인)
(3) 중추신경장애
　㉠ 뇌중독 증상으로 나타난다.
　㉡ 유기납에 폭로로 나타나는 경우 많다.
　㉢ 두통, 안면 창백, 기억상실, 정신착란, 혼수상태, 발작
(4) 조혈장애

04 미국의 산업안전보건연구원(NIOSH)의 정의에 따라 중량물 취급작업의 감시기준(AL)이 30kg일 경우 최대허용기준(MPL)은 몇 kg인가?
① 45 ② 60
③ 75 ④ 90

풀이 MPL(최대허용기준) = AL(감시기준)×3
= 30kg×3
= 90kg

정답 01.③ 02.① 03.④ 04.④

05 다음 중 '노출기준 사용상의 유의사항'에 관한 설명으로 틀린 것은?

① 각 유해인자의 노출기준은 해당 유해인자가 단독으로 존재하는 경우의 노출기준을 말하며, 2종 또는 그 이상의 유해인자가 혼재하는 경우에는 길항작용으로 유해성이 증가할 수 있으므로 혼합물의 노출기준을 사용하여야 한다.
② 노출기준은 1일 8시간 작업을 기준으로 하여 제정된 것이므로 이를 이용할 때에는 근로시간, 작업의 강도, 온열조건, 이상기압 등의 노출기준 적용에 영향을 미칠 수 있으므로 이와 같은 제반요인에 대한 특별한 고려가 있어야 한다.
③ 노출기준은 대기오염의 평가 또는 관리상의 지표로 사용할 수 없다.
④ 유해인자에 대한 감수성은 개인에 따라 차이가 있으며 노출기준 이하의 작업환경에서도 직업성 질병이 이환되는 경우가 있다.

풀이 노출기준 사용상의 유의사항
㉠ 각 유해인자의 노출기준은 해당 유해인자가 단독으로 존재하는 경우의 노출기준을 말하며, 2종 또는 그 이상의 유해인자가 혼재하는 경우에는 각 유해인자의 상가작용으로 유해성이 증가할 수 있으므로 제6조의 규정에 의하여 산출하는 노출기준을 사용하여야 한다.
㉡ 노출기준은 1일 8시간 작업을 기준으로 하여 제정된 것이므로 이를 이용할 때에는 근로시간, 작업의 강도, 온열조건, 이상기압 등이 노출기준 적용에 영향을 미칠 수 있으므로 이와 같은 제반요인에 대한 특별한 고려를 하여야 한다.
㉢ 유해인자에 대한 감수성은 개인에 따라 차이가 있으며 노출기준 이하의 작업환경에서도 직업성 질병에 이환되는 경우가 있으므로 노출기준을 직업병 진단에 사용하거나 노출기준 이하의 작업환경이라는 이유만으로 직업성 질병의 이환을 부정하는 근거 또는 반증자료로 사용하여서는 아니 된다.
㉣ 노출기준은 대기오염의 평가 또는 관리상의 지표로 사용하여서는 아니 된다.

06 인간공학에 적용하는 정적 치수(static dimensions)에 관한 설명으로 틀린 것은?

① 구조적 치수로 정적 자세에서 움직이지 않는 피측정자를 인체계측기로 측정한 것이다.
② 골격치수(팔꿈치와 손목 사이와 같은 관절 중심거리)와 외곽치수(머리둘레 등)로 구성된다.
③ 일반적으로 표(table)의 형태로 제시된다.
④ 동적인 치수에 비하여 데이터가 적다.

풀이 인간공학에 적용되는 인체 측정방법
(1) 정적 치수(static dimension)
 ㉠ 구조적 인체 치수라고도 한다.
 ㉡ 정적 자세에서 움직이지 않는 측정을 인체계측기로 측정한 것이다.
 ㉢ 골격 치수(팔꿈치와 손목 사이와 같은 관절 중심거리)와 외곽치수(머리둘레, 허리둘레 등)로 구성된다.
 ㉣ 보통 표(table)의 형태로 제시된다.
 ㉤ 동적인 치수에 비하여 데이터 수가 많다.
 ㉥ 구조적 인체 치수의 종류로는 팔길이, 앉은 키, 눈높이 등이 있다.
(2) 동적 치수(dynamic dimension)
 ㉠ 기능적 치수라고도 한다.
 ㉡ 육체적인 활동을 하는 상황에서 측정한 치수이다.
 ㉢ 정적인 데이터로부터 기능적 인체 치수로 환산하는 일반적인 원칙은 없다.
 ㉣ 다양한 움직임을 표로 제시하기 어렵다.
 ㉤ 정적인 치수에 비하여 상대적으로 데이터가 적다.

07 상시근로자수가 600명인 A사업장에서 연간 25건의 재해로 30명의 사상자가 발생하였다. 이 사업장의 도수율은 약 얼마인가? (단, 1일 9시간씩 1개월에 20일을 근무하였다.)

① 17.36 ② 19.26
③ 20.83 ④ 23.15

풀이
$$\text{도수율} = \frac{\text{재해발생건수}}{\text{연근로시간수}} \times 10^6$$
$$= \frac{25}{9 \times 20 \times 12 \times 600} \times 10^6$$
$$= 19.29$$

정답 05.① 06.④ 07.②

08 다음 중 직업성 질환의 특성에 관한 설명으로 적절하지 않은 것은?

① 노출에 따른 질병증상이 발현되기까지 시간적 차이가 크다.
② 질병유발물질에는 인체에 대한 영향이 확인되지 않은 새로운 물질들이 많다.
③ 주로 유해인자에 장기간 노출됨으로써 발생한다.
④ 임상적 또는 병리적 소견으로 일반 질병과 명확히 구분할 수 있다.

풀이 직업성 질환의 특성
㉠ 열악한 작업환경 및 유해인자에 장기간 노출된 후에 발생한다.
㉡ 폭로 시작과 첫 증상이 나타나기까지 장시간이 걸린다(질병증상이 발현되기까지 시간적 차이가 큼).
㉢ 인체에 대한 영향이 확인되지 않은 신물질(새로운 물질)이 있다.
㉣ 임상적 또는 병리적 소견이 일반 질병과 구별하기가 어렵다.
㉤ 많은 직업성 요인이 비직업성 요인에 상승작용을 일으킨다.
㉥ 임상의사가 관심이 적어 이를 간과하거나 직업력을 소홀히 한다.
㉦ 보상과 관련이 있다.

09 다음 중 역사상 최초로 기록된 직업병은?

① 음낭암 ② 납중독
③ 수은중독 ④ 진폐증

풀이 BC 4세기 Hippocrates에 의해 광산에서 납중독이 보고되었다.
※ 역사상 최초로 기록된 직업병 : 납중독

10 상호관계가 있는 것을 올바르게 연결한 것은?

① 레이노 현상 – 규폐증
② 파킨슨 증후군 – 비소
③ 금속열 – 산화아연
④ C_5-dip – 진동

풀이 ① 레이노 현상 – 진동
② 파킨슨 증후군 – 망간(Mn)
④ C_5-dip – 소음

11 산업안전보건법상 '강렬한 소음작업'이라 함은 몇 dB(A) 이상의 소음이 1일 8시간 이상 발생하는 작업을 말하는가?

① 85 ② 90
③ 95 ④ 100

풀이 강렬한 소음작업
㉠ 90dB 이상의 소음이 1일 8시간 이상 발생하는 작업
㉡ 95dB 이상의 소음이 1일 4시간 이상 발생하는 작업
㉢ 100dB 이상의 소음이 1일 2시간 이상 발생하는 작업
㉣ 105dB 이상의 소음이 1일 1시간 이상 발생하는 작업
㉤ 110dB 이상의 소음이 1일 30분 이상 발생하는 작업
㉥ 115dB 이상의 소음이 1일 15분 이상 발생하는 작업

12 자극취가 있는 무색의 수용성 가스로 건축물에 사용되는 단열재와 섬유 옷감에서 주로 발생하고, 눈과 코를 자극하며 동물실험결과 발암성이 있는 것으로 나타난 실내오염물질은?

① 황산화물 ② 벤젠
③ 라돈 ④ 포름알데히드

풀이 포름알데히드
㉠ 페놀수지의 원료로서 각종 합판, 칩보드, 가구, 단열재 등으로 사용되어 눈과 상부기도를 자극하여 기침, 눈물을 야기시키며 어지러움, 구토, 피부질환, 정서불안정의 증상을 나타낸다.
㉡ 자극적인 냄새가 나고 메틸알데히드라고도 하며 일반주택 및 공공건물에 많이 사용하는 건축자재와 섬유옷감이 그 발생원이 되고 있다.
㉢ 산업안전보건법상 사람에게 충분한 발암성 증거가 있는 물질(1A)로 분류되고 있다.

13 다음 중 사무실 공기관리에 있어서 각 오염물질에 대한 관리기준으로 옳은 것은?

① 8시간 시간가중평균농도를 기준으로 한다.
② 단시간 노출기준을 기준으로 한다.
③ 최고노출기준을 기준으로 한다.
④ 작업장의 장소에 따라 다르다.

풀이 사무실 공기관리 지침상 관리기준은 8시간 시간가중평균농도(TWA)를 말한다.

정답 08.④ 09.② 10.③ 11.② 12.④ 13.①

14 산업스트레스의 관리에 있어서 개인차원에서의 관리방법으로 가장 적절한 것은?

① 긴장이완 훈련
② 개인의 적응수준 제고
③ 사회적 지원의 제공
④ 조직구조와 기능의 변화

풀이
(1) 개인차원의 스트레스 관리기법
  ㉠ 자신의 한계와 문제의 징후를 인식하여 해결방안을 도출
  ㉡ 신체검사를 통하여 스트레스성 질환을 평가
  ㉢ 긴장이완 훈련(명상, 요가 등)을 통하여 생리적 휴식상태를 경험
  ㉣ 규칙적인 운동으로 스트레스를 줄이고, 직무 외적인 취미, 휴식 등에 참여하여 대처능력을 함양
(2) 집단(조직)차원의 스트레스 관리기법
  ㉠ 개인별 특성 요인을 고려한 작업근로환경
  ㉡ 작업계획 수립 시 적극적 참여 유도
  ㉢ 사회적 지위 및 일 재량권 부여
  ㉣ 근로자 수준별 작업 스케줄 운영
  ㉤ 적절한 작업과 휴식시간

15 다음 중 산업보건의 기본적인 목표와 가장 관계가 깊은 것은?

① 질병의 진단
② 질병의 치료
③ 질병의 예방
④ 질병에 대한 보상

풀이 산업보건의 목표는 인간의 생활과 노동을 가장 적합한 상태에 있도록 함으로써 근로자들을 질병으로부터 보호하고 나아가서는 건강을 증진시키는 데 있다.

16 다음 중 산업안전보건법에 따라 제조·수입·양도·제공 또는 사용이 금지되는 유해물질에 해당하는 것은?

① 황린(黃燐) 성냥
② 베릴륨
③ 염화비닐
④ 휘발성 콜타르피치

풀이 산업안전보건법상 제조 등이 금지되는 유해물질
㉠ β-나프틸아민과 그 염
㉡ 4-니트로디페닐과 그 염
㉢ 백연을 포함한 페인트(포함된 중량의 비율이 2% 이하인 것은 제외)
㉣ 벤젠을 포함하는 고무풀(포함된 중량의 비율이 5% 이하인 것은 제외)
㉤ 석면
㉥ 폴리클로리네이티드 터페닐
㉦ 황린(黃燐) 성냥
㉧ ㉠, ㉡, ㉤ 또는 ㉥에 해당하는 물질을 포함한 화합물(포함된 중량의 비율이 1% 이하인 것은 제외)
㉨ "화학물질관리법"에 따른 금지물질
㉩ 그 밖에 보건상 해로운 물질로서 산업재해보상보험 및 예방심의위원회의 심의를 거쳐 고용노동부장관이 정하는 유해물질

17 다음 중 누적외상성 질환의 발생과 가장 관련이 적은 것은?

① 18℃ 이하에서 하역작업
② 큰 변화가 없는 동일한 연속동작의 운반작업
③ 진동이 수반되는 곳에서의 조립작업
④ 나무망치를 이용한 간헐성 분해작업

풀이 누적외상성 질환(근골격계 질환) 발생요인
㉠ 반복적인 동작
㉡ 부적절한 작업자세
㉢ 무리한 힘의 사용(물건을 잡는 손의 힘)
㉣ 날카로운 면과의 신체접촉
㉤ 진동
㉥ 온도(저온)

18 다음 중 산업안전보건법상 제조업의 경우 상시근로자가 몇 명 이상인 경우 보건관리자를 선임하여야 하는가?

① 5명   ② 50명
③ 100명   ④ 300명

풀이 산업안전보건법상 최소 50명 이상 상시근로자 사업장은 1명 이상의 보건관리자를 선임하여야 한다.

정답 14.① 15.③ 16.① 17.④ 18.②

19 육체적 작업능력이 16kcal/min인 근로자가 1일 8시간 동안 물체를 운반하고 있다. 이때의 작업대사량이 7kcal/min이라고 할 때 이 사람이 쉬지 않고 계속하여 일할 수 있는 최대허용시간은 약 얼마인가? (단, 16kcal/min에 대한 작업시간은 4분이다.)

① 145분　　② 188분
③ 227분　　④ 245분

풀이
$\log T_{end} = 3.720 - 0.1949 E$
$= 3.720 - (0.1949 \times 7) = 2.356$
∴ 최대허용시간(T_{end}) = $10^{2.356}$ = 227min

20 다음 약어의 용어들은 무엇을 평가하는 데 사용되는가?

OWAS, RULA, REBA, JSI

① 작업장 국소 및 전체 환기효율 비교
② 직무스트레스 정도
③ 누적외상성 질환의 위험요인
④ 작업강도의 정량적 분석

풀이 누적외상성 질환의 위험요인 평가도구
㉠ OWAS　　㉡ RULA
㉢ JSI　　㉣ REBA
㉤ NLE　　㉥ WAC
㉦ PATH

제2과목 | 작업환경 측정 및 평가

21 음압도 측정 시 정상청력을 가진 사람이 1,000Hz에서 가청할 수 있는 최소음압실효치는?

① $0.002 N/m^2$　　② $0.0002 N/m^2$
③ $0.00002 N/m^2$　　④ $0.000002 N/m^2$

풀이 1,000Hz에서 최소음압실효치
= $0.00002 N/m^2 = 2 \times 10^{-5} N/m^2 (2 \times 10^{-5} Pa) = 20 \mu Pa$

22 다음 중 (　) 안에 옳은 내용은?

산업위생통계에서 측정방법의 정밀도는 동일집단에 속한 여러 개의 시료를 분석하여 평균치와 표준편차를 계산하고 표준편차를 평균치로 나눈값 즉, (　　)로 평가한다.

① 분산수　　② 기하평균치
③ 변이계수　　④ 표준오차

풀이 변이계수(CV)
$CV(\%) = \dfrac{\text{표준편차}}{\text{평균치}} \times 100$

23 여과포집에 적합한 여과재의 조건이 아닌 것은?

① 포집대상 입자의 입도분포에 대하여 포집효율이 높을 것
② 포집 시의 흡입저항은 될 수 있는 대로 낮을 것
③ 접거나 구부리더라도 파손되지 않고 찢어지지 않을 것
④ 될 수 있는 대로 흡습률이 높을 것

풀이 여과지(여과재) 선정 시 고려사항(구비조건)
㉠ 포집대상 입자의 입도분포에 대하여 포집효율이 높을 것
㉡ 포집 시의 흡입저항은 될 수 있는 대로 낮을 것 (압력손실이 적을 것)
㉢ 접거나 구부리더라도 파손되지 않고 찢어지지 않을 것
㉣ 될 수 있는 대로 가볍고 1매당 무게의 불균형이 적을 것
㉤ 될 수 있는 대로 흡습률이 낮을 것
㉥ 측정대상 물질의 분석상 방해가 되는 불순물을 함유하지 않을 것

24 0.1watt의 소리에너지를 발생시키고 있는 자동차정비공장 리프트테이블 전동기의 음향파워레벨은? (단, 기준음향파워는 10^{-12}watt)

① 105dB　　② 110dB
③ 115dB　　④ 120dB

정답 19.③ 20.③ 21.③ 22.③ 23.④ 24.②

[풀이] 음향파워레벨(PWL)

$$PWL = 10\log\frac{W}{W_0}$$
$$= 10\log\frac{0.1\text{watt}}{10^{-12}\text{watt}}$$
$$= 110\text{dB}$$

25 회수율 실험은 여과지를 이용하여 채취한 금속을 분석하는 데 보정하는 실험이다. 다음 중 회수율을 구하는 식은?

① 회수율(%) = $\frac{분석량}{첨가량} \times 100$

② 회수율(%) = $\frac{첨가량}{분석량} \times 100$

③ 회수율(%) = $\frac{분석량}{1-첨가량} \times 100$

④ 회수율(%) = $\frac{첨가량}{1-분석량} \times 100$

[풀이] 회수율 시험
㉠ 시료채취에 사용하지 않은 동일한 여과지에 첨가된 양과 분석량의 비로 나타내며, 여과지를 이용하여 채취한 금속을 분석하는 데 보정하기 위해 행하는 실험이다.
㉡ MCE막 여과지에 금속농도 수준별로 일정량을 첨가한(spiked) 다음 분석하여 검출된(detected) 양의 비(%)를 구하는 실험은 회수율을 알기 위한 것이다.
㉢ 금속시료의 회화에 사용되는 왕수는 염산과 질산을 3 : 1의 몰비로 혼합한 용액이다.
㉣ 관련식 : 회수율(%) = $\frac{분석량}{첨가량} \times 100$

26 다음 중 1차 유량보정장치(1차 표준기구)에 해당되는 것은?

① 열선기류계   ② 습식 테스트미터
③ 오리피스미터 ④ 유리피스톤미터

[풀이] 1차 유량보정장치(1차 표준기구)
㉠ 비누거품미터
㉡ 폐활량계
㉢ 가스치환병
㉣ 유리피스톤미터
㉤ 흑연피스톤미터
㉥ 피토튜브

27 석면측정방법에 관한 설명으로 옳지 않은 것은?

① 편광현미경법 : 액상시료의 편광을 이용하여 석면을 분석한다.
② 위상차현미경법 : 다른 방법에 비해 간편하나 석면의 감별이 어렵다.
③ X선회절법 : 값이 비싸고 조작이 복잡하다.
④ 전자현미경법 : 공기 중 석면시료 분석에 가장 정확한 방법으로 석면의 감별 분석이 가능하다.

[풀이] 석면측정방법
(1) 위상차현미경법
  ㉠ 석면측정에 이용되는 현미경으로 일반적으로 가장 많이 사용한다.
  ㉡ 막 여과지에 시료를 채취한 후 전처리하여 위상차현미경으로 분석한다.
  ㉢ 다른 방법에 비해 간편하나 석면의 감별이 어렵다.
(2) 전자현미경법
  ㉠ 석면분진 측정방법 중에서 공기 중 석면시료를 가장 정확하게 분석할 수 있다.
  ㉡ 석면의 성분분석(감별분석)이 가능하다.
  ㉢ 위상차현미경으로 볼 수 없는 매우 가는 섬유도 관찰 가능하다.
  ㉣ 값이 비싸고 분석시간이 많이 소요된다.
(3) 편광현미경법
  ㉠ 고형시료 분석에 사용하며 석면을 감별 분석할 수 있다.
  ㉡ 석면광물이 가지는 고유한 빛의 편광성을 이용한 것이다.
(4) X선회절법
  ㉠ 단결정 또는 분말시료(석면 포함 물질을 은막 여과지에 놓고 X선 조사)에 의한 단색 X선의 회절각을 변화시키며 회절선의 세기를 계수관으로 측정하여 X선의 세기나 각도를 자동적으로 기록하는 장치를 이용하는 방법이다.
  ㉡ 값이 비싸고, 조작이 복잡하다.
  ㉢ 고형시료 중 크리소타일 분석에 사용하며 토석, 암석, 광물성 분진 중의 유리규산(SiO_2) 함유율도 분석한다.

[정답] 25.① 26.④ 27.①

28 개인시료채취기(personal air sampler)로 1분당 2L의 유량으로 100분간 시료를 채취하였는데 채취 전 시료채취필터의 무게가 80mg, 채취 후 필터무게가 88mg일 때 계산된 분진농도는?

① 10mg/m³   ② 20mg/m³
③ 40mg/m³   ④ 80mg/m³

풀이
$$\text{분진농도(mg/m}^3) = \frac{\text{분석질량}}{\text{공기채취량}}$$
$$= \frac{(88-80)\text{mg}}{2\text{L/min} \times 100\text{min} \times (\text{m}^3/1{,}000\text{L})} = 40\text{mg/m}^3$$

29 공기 중 납의 과거농도가 0.01mg/m³로 알려진 축전지 제조공장의 근로자 노출농도를 측정하고자 한다. 정량한계(LOQ)가 5μg인 기기를 이용하여 분석하고자 할 때 채취하여야 할 최소의 공기량은?

① 5L   ② 50L
③ 500L   ④ 5m³

풀이
$$\text{채취최소부피} = \frac{\text{LOQ}}{\text{과거농도}} = \frac{5\mu g \times (10^{-3}\text{mg}/\mu g)}{0.01\text{mg/m}^3}$$
$$= 0.5\text{m}^3 \times 1{,}000\text{L/m}^3$$
$$= 500\text{L}$$

30 유도결합플라스마-원자발광분석기를 이용하여 금속을 분석할 때의 장단점으로 옳지 않은 것은?

① 검량선의 직선성 범위가 좁아 동시에 많은 금속을 분석할 수 있다.
② 원자들은 높은 온도에서 많은 복사선을 방출하므로 분광학적 방해영향이 있을 수 있다.
③ 화학물질에 의한 방해의 영향을 거의 받지 않는다.
④ 원자흡광광도계보다 더 좋거나 적어도 같은 정밀도를 갖는다.

풀이 유도결합플라스마 분광광도계(ICP ; 원자발광분석기)
(1) 장점
 ㉠ 비금속을 포함한 대부분의 금속을 ppb 수준까지 측정할 수 있다.
 ㉡ 적은 양의 시료를 가지고 한 번에 많은 금속을 분석할 수 있는 것이 가장 큰 장점이다.
 ㉢ 한 번에 시료를 주입하여 10~20초 내에 30개 이상의 원소를 분석할 수 있다.
 ㉣ 화학물질에 의한 방해로부터 거의 영향을 받지 않는다.
 ㉤ 검량선의 직선성 범위가 넓다. 즉 직선성 확보가 유리하다.
 ㉥ 원자흡광광도계보다 더 좋거나 적어도 같은 정밀도를 갖는다.
(2) 단점
 ㉠ 원자들은 높은 온도에서 많은 복사선을 방출하므로 분광학적 방해영향이 있다.
 ㉡ 시료분해 시 화합물 바탕방출이 있어 컴퓨터 처리과정에서 교정이 필요하다.
 ㉢ 유지관리 및 기기 구입가격이 높다.
 ㉣ 이온화 에너지가 낮은 원소들은 검출한계가 높고, 다른 금속의 이온화에 방해를 준다.

31 검출한계(LOD)에 관한 내용으로 옳은 것은?

① 표준편차의 3배에 해당
② 표준편차의 5배에 해당
③ 표준편차의 10배에 해당
④ 표준편차의 20배에 해당

풀이
㉠ LOD=표준편차×3
㉡ LOQ=표준편차×10=LOD×3(3.3)

32 다음 중 시간가중 평균소음수준[dB(A)]을 구하는 식으로 가장 적합한 것은? [단, D : 누적소음노출량(%)이다.]

① $16.91\log\left(\dfrac{D}{100}\right)+80$
② $16.61\log\left(\dfrac{D}{100}\right)+80$
③ $16.91\log\left(\dfrac{D}{100}\right)+90$
④ $16.61\log\left(\dfrac{D}{100}\right)+90$

정답 28.③ 29.③ 30.① 31.① 32.④

풀이

$$TWA = 16.61 \log\left[\frac{D(\%)}{100}\right] + 90[dB(A)]$$

여기서, TWA : 시간가중 평균소음수준[dB(A)]
 D : 누적소음노출량(%)
 100 : (12.5 × T; T=노출시간)

33 일반측정사항인 화학시험의 일반사항 중 용어에 관한 내용으로 옳지 않은 것은? (단, 고용노동부 고시 기준)

① '감압 또는 진공'이란 따로 규정이 없는 한 15mmH₂O 이하를 뜻한다.
② 시험조작 중 '즉시'란 30초 이내에 표시된 조작을 하는 것을 말한다.
③ '약'이란 그 무게 또는 부피에 대하여 ±10% 이상의 차이가 있지 아니한 것을 말한다.
④ '항량이 될 때까지 건조한다'란 규정된 건조온도에서 1시간 더 건조할 때 전후 무게의 차가 매 g당 0.3mg 이하일 때를 말한다.

풀이 ① '감압 또는 진공'이란 따로 규정이 없는 한 15mmHg 이하를 뜻한다.

34 흡광광도법에서 사용되는 흡수셀의 재질 중 자외부 파장범위에서 사용되는 흡수셀의 재질로 가장 옳은 것은?

① 석영제   ② 플라스틱제
③ 유리   ④ 도자기제

풀이 ㉠ 자외 파장 → 석영
 ㉡ 가시·근적외 파장 → 유리
 ㉢ 근적외 파장 → 플라스틱

35 유기용제 중 활성탄관을 사용하여 효과적으로 채취하기에 어려운 시료는 어느 것인가?

① 방향족 아민류
② 할로겐화 탄화수소류
③ 에스테르류
④ 케톤류

풀이 활성탄관을 사용하여 채취하기 용이한 시료
㉠ 비극성류의 유기용제
㉡ 방향족탄화수소류
㉢ 할로겐화 탄화수소류
㉣ 에스테르류
㉤ 케톤류
㉥ 알코올류

36 다음 중 일반적으로 사용하는 순간시료채취기(grab sampling)가 아닌 것은?

① 버블러
② 진공플라스크
③ 시료채취백
④ 스테인리스스틸 캐니스터

풀이 일반적으로 사용하는 순간시료채취기
㉠ 진공플라스크
㉡ 검지관
㉢ 직독식 기기
㉣ 스테인리스스틸 캐니스터(수동형 캐니스터)
㉤ 시료채취백(플라스틱 bag)

37 공기흡입유량, 측정시간, 회수율 및 시료 분석 등에 의한 오차가 각각 10%, 5%, 11% 및 4%일 때 누적오차는?

① 11.8%
② 18.4%
③ 16.2%
④ 22.6%

풀이 누적오차(%) = $\sqrt{10^2 + 5^2 + 11^2 + 4^2}$ = 16.17%

38 다음 중 주로 문제가 되는 전신진동의 주파수 범위로 가장 알맞은 것은?

① 1~20Hz
② 2~80Hz
③ 100~300Hz
④ 500~1,000Hz

풀이 ㉠ 전신진동 진동수 : 1~90Hz(2~80Hz)
 ㉡ 국소진동 진동수 : 8~1,500Hz

정답 33.① 34.① 35.① 36.① 37.③ 38.②

39 가스상 물질의 시료포집 시 사용하는 액체 포집방법의 흡수효율을 높이기 위한 방법으로 옳지 않은 것은?

① 흡수용액의 온도를 낮추어 오염물질의 휘발성을 제한하는 방법
② 두 개 이상의 버블러를 연속적으로 연결하여 채취효율을 높이는 방법
③ 시료채취속도를 높여 채취유량을 줄이는 방법
④ 채취효율이 좋은 프리티드버블러 등의 기구를 사용하는 방법

풀이 흡수효율(채취효율)을 높이기 위한 방법
㉠ 포집액의 온도를 낮추어 오염물질의 휘발성을 제한한다.
㉡ 두 개 이상의 임핀저나 버블러를 연속적(직렬)으로 연결하여 사용하는 것이 좋다.
㉢ 시료채취속도(채취물질이 흡수액을 통과하는 속도)를 낮춘다.
㉣ 기포의 체류시간을 길게 한다.
㉤ 기포와 액체의 접촉면적을 크게 한다(가는 구멍이 많은 fritted 버블러 사용).
㉥ 액체의 교반을 강하게 한다.
㉦ 흡수액의 양을 늘려준다.
㉧ 액체에 포집된 오염물질의 휘발성을 제거한다.

40 어느 공장의 진동을 측정한 결과 측정대상 진동의 가속도 실효치가 0.03198m/sec²였다. 이때 진동가속도레벨(VAL)은? (단, 주파수=18Hz, 정현진동 기준)

① 65dB
② 70dB
③ 75dB
④ 80dB

풀이
$$VAL = 20\log\left(\frac{A_{rms}}{A_r}\right)$$
$$= 20\log\left(\frac{0.03198}{10^{-5}}\right)$$
$$= 70.1 \text{dB}$$

제3과목 | 작업환경 관리

41 공학적 작업환경 관리대책 중 대치가 적절치 못한 것은?

① 세탁 시에 화재예방을 위하여 석유나프타 대신 4클로로에틸렌을 사용
② TCE 대신에 계면활성제를 사용하여 금속세척
③ 큰 날개에서 고속의 작은 날개 송풍기 사용으로 진동방지
④ 샌드블라스트 적용 시 모래를 대신하여 철가루 사용

풀이 ③ 송풍기의 작은 날개로 고속회전시키던 것을 큰 날개로 저속회전시킨다.

42 고압환경에서의 2차적인 가압현상(화학적 장애)에 관한 내용으로 옳지 않은 것은?

① 공기 중의 질소가스는 4기압 이상에서 마취작용을 나타낸다.
② 산소의 분압이 2기압을 넘으면 산소중독 증세가 나타난다.
③ 산소중독 증상은 폭로가 중지된 후에도 상당기간 지속되어 비가역적인 증세를 유발한다.
④ 이산화탄소농도의 증가는 산소의 독성과 질소의 마취작용 그리고 감압증의 발생을 촉진한다.

풀이 고압산소에 대한 폭로가 중지되면 증상은 즉시 멈춘다. 즉, 가역적이다.

43 다음 중에서 방독마스크의 사용가능 여부를 가장 정확히 확인할 수 있는 것은?

① 파과곡선 ② 냄새유무
③ 자극유무 ④ 용해곡선

풀이 흡수관의 수명은 시험가스가 파과되기 전까지의 시간을 의미하며 방독마스크의 사용가능 여부를 가장 정확히 확인할 수 있는 것은 파과곡선이다.

44 진동대책에 관한 설명으로 옳지 않은 것은 어느 것인가?

① 체인톱과 같이 발동기가 부착되어 있는 것을 전동기로 바꿈으로써 진동을 줄일 수 있다.
② 공구로부터 나오는 바람이 손에 접촉하도록 하여 보온을 유지하도록 한다.
③ 진동공구의 손잡이를 너무 세게 잡지 말도록 작업자에게 주의시킨다.
④ 진동공구는 가능한 한 공구를 기계적으로 지지(支持)하여 주어야 한다.

풀이 진동대책
㉠ 작업 시에는 따뜻하게 체온을 유지해준다(14℃ 이하의 옥외작업에서는 보온대책 필요).
㉡ 진동공구의 무게는 10kg 이상 초과하지 않도록 한다.
㉢ 진동공구는 가능한 한 공구를 기계적으로 지지하여 준다.
㉣ 작업자는 공구의 손잡이를 너무 세게 잡지 않는다.
㉤ 진동공구의 사용 시에는 장갑(두꺼운 장갑)을 착용한다.
㉥ 총 동일한 시간을 휴식한다면 여러 번 자주 휴식하는 것이 좋다.
㉦ 체인톱과 같이 발동기가 부착되어 있는 것을 전동기로 바꾼다.
㉧ 진동공구를 사용하는 작업은 1일 2시간을 초과하지 말아야 한다.

45 저온에 의한 생리반응으로 옳지 않은 것은?

① 말초혈관의 수축으로 표면조직에 냉각이 온다.
② 저온환경에서는 근육활동이 감소하여 식욕이 떨어진다.
③ 피부나 피하조직을 냉각시키는 환경온도 이하에서는 감염에 대한 저항력이 떨어지며 회복과정에 장애가 온다.
④ 피부혈관 수축으로 순환능력이 감소되어 상대적으로 혈류량이 증가하므로 혈압이 일시적으로 상승한다.

풀이 한랭(저온)환경에서의 생리적 기전(반응)
한랭환경에서는 체열방산 제한, 체열생산을 증가시키기 위한 생리적 반응이 일어난다.
(1) 피부혈관이 수축(말초혈관이 수축)한다.
 ㉠ 피부혈관 수축과 더불어 혈장량 감소로 혈압이 일시적으로 저하되며 신체 내 열을 보호하는 기능을 한다.
 ㉡ 말초혈관의 수축으로 표면조직에 냉각이 오며 이는 1차적 생리 영향이다.
 ㉢ 피부혈관의 수축으로 피부온도가 감소하고 순환능력이 감소되어 혈압은 일시적으로 상승한다.
(2) 근육긴장의 증가와 떨림 및 수의적인 운동이 증가한다.
(3) 갑상선을 자극하여 호르몬 분비가 증가(화학적 대사작용이 증가)한다.
(4) 부종, 저림, 가려움증, 심한 통증 등이 발생한다.
(5) 피부표면의 혈관·피하조직이 수축 및 체표면적이 감소한다.
(6) 피부의 급성일과성 염증반응은 한랭에 대한 폭로를 중지하면 2~3시간 내에 없어진다.
(7) 피부나 피하조직을 냉각시키는 환경온도 이하에서는 감염에 대한 저항력이 떨어지며 회복과정에 장애가 온다.
(8) 저온환경에서는 근육활동, 조직대사가 증가하여 식욕이 항진된다.

46 보호구 밖의 농도가 300ppm이고 보호구 안의 농도가 12ppm이었을 때 보호계수(PF ; Protection Factor) 값은?

① 200   ② 100
③ 50   ④ 25

풀이 보호계수(PF) = $\dfrac{\text{보호구 밖의 농도}}{\text{보호구 안의 농도}} = \dfrac{300}{12} = 25$

47 전리방사선 중 투과력이 가장 강한 것은?

① X선   ② 중성자
③ 감마선 ④ 알파선

풀이 ㉠ 인체의 투과력 순서
중성자 > X선 or γ선 > β선 > α선
㉡ 전리작용 순서
α선 > β선 > X선 or γ선

정답 44.② 45.② 46.④ 47.②

48 소음을 감소시키기 위한 대책으로 적합하지 않은 것은?

① 소음을 줄이기 위하여 병타법을 용접법으로 바꾼다.
② 소음을 줄이기 위하여 프레스법을 단조법으로 바꾼다.
③ 기계의 부분적 개량을 위하여 노즐, 버너 등을 개량하거나 공명부분을 차단한다.
④ 압축공기 구동기기를 전동기기로 대체한다.

풀이 ② 소음을 줄이기 위하여 단조법을 프레스법으로 변경한다.

49 고열로 인한 인체영향에 대한 설명으로 옳지 않은 것은?

① 열사병은 고열로 인하여 발생하는 건강장애 중 가장 위험성이 큰 것으로 체온조절계통이 기능을 잃어 발생한다.
② 열경련은 땀을 많이 흘려 신체의 염분손실을 충당하지 못할 때 발생한다.
③ 열발진이 일어난 경우 의복을 벗긴 다음 피부를 물수건으로 적셔 피부가 건조하게 되는 것을 방지한다.
④ 열경련 근로자에게 염분을 공급할 때에는 식염정제가 사용되어서는 안 된다.

풀이 ③ 열성 발진의 치료는 냉목욕 후 차갑게 건조시키고 세균 감염 시 칼라민로션이나 아연화연고를 바른다.

50 출력이 0.001W인 기계에서 나오는 파워레벨(PWL)은 몇 dB인가?

① 80 ② 90
③ 100 ④ 110

풀이 음향파워레벨(PWL) $= 10\log\dfrac{W}{W_0}$
$= 10\log\dfrac{0.001}{10^{-12}}$
$= 90\text{dB}$

51 감압에 따른 기포형성량을 좌우하는 요인인 '조직에 용해된 가스량'을 결정하는 것은?

① 혈류를 변화시키는 상태
② 감압속도
③ 체내 지방량
④ 연령, 기온, 운동, 공포감, 음주상태

풀이 감압 시 조직 내 질소 기포형성량에 영향을 주는 요인
(1) 조직에 용해된 가스량
    체내 지방량, 고기압폭로의 정도와 시간으로 결정
(2) 혈류변화 정도(혈류를 변화시키는 상태)
    ㉠ 감압 시나 재감압 후에 생기기 쉽다.
    ㉡ 연령, 기온, 운동, 공포감, 음주와 관계가 있다.
(3) 감압속도

52 다음 중 조명부족(조도부족)이 원인이 되는 질병으로 가장 적절한 것은?

① 안정피로
② 녹내장
③ 전광성 안염
④ 망막변성

풀이 (1) 조명부족이 원인이 되는 질병
    ㉠ 근시
    ㉡ 안정피로
    ㉢ 안구진탕증
(2) 조명과잉이 원인이 되는 질병
    ㉠ 시력장애
    ㉡ 시력협착

53 1초 동안에 3.7×10^{10}개의 원자붕괴가 일어나는 방사성 물질 양을 나타내는 방사능의 관용단위는?

① Ci ② rad
③ rem ④ R

풀이 큐리(Curie, Ci), Bq(Becquerel)
㉠ 방사성 물질의 양 단위
㉡ 단위시간에 일어나는 방사선 붕괴율을 의미
㉢ radium이 붕괴하는 원자의 수를 기초로 하여 정해졌으며, 1초간 3.7×10^{10}개의 원자붕괴가 일어나는 방사성 물질의 양(방사능의 강도)으로 정의
㉣ $1\text{Bq}=2.7\times10^{-11}\text{Ci}$

정답 48.② 49.③ 50.② 51.③ 52.① 53.①

54 다음 중 청력보호구인 귀마개의 장점이 아닌 것은?

① 작아서 휴대하기가 편리하다.
② 고개를 움직이는 데 불편함이 없다.
③ 고온에서 착용하여도 불편함이 없다.
④ 짧은 시간 내에 제대로 착용할 수 있다.

풀이 귀마개의 장단점
(1) 장점
  ㉠ 부피가 작아서 휴대가 쉽다.
  ㉡ 안경과 안전모 등에 방해가 되지 않는다.
  ㉢ 고온작업에서도 사용 가능하다.
  ㉣ 좁은 장소에서도 사용 가능하다.
  ㉤ 가격이 귀덮개보다 저렴하다.
(2) 단점
  ㉠ 귀에 질병이 있는 사람은 착용 불가능하다.
  ㉡ 여름에 땀이 많이 날 때는 외이도에 염증유발 가능성이 있다.
  ㉢ 제대로 착용하는 데 시간이 걸리며 요령을 습득하여야 한다.
  ㉣ 차음효과가 일반적으로 귀덮개보다 떨어진다.
  ㉤ 사람에 따라 차음효과 차이가 크다(개인차가 큼).
  ㉥ 더러운 손으로 만짐으로써 외청도를 오염시킬 수 있다(귀마개에 묻어 있는 오염물질이 귀에 들어갈 수 있음).

55 광원으로부터 나오는 빛의 세기인 광도의 단위는?

① 촉광
② 루멘
③ 럭스
④ 폰

풀이 촉광(candle)
㉠ 빛의 세기인 광도를 나타내는 단위로 국제촉광을 사용한다.
㉡ 지름이 1인치인 촛불이 수평방향으로 비칠 때 빛의 광강도를 나타내는 단위이다.
㉢ 밝기는 광원으로부터 거리의 제곱에 반비례한다.
조도(E) = $\dfrac{I}{r^2}$
여기서, I : 광도(candle)
r : 거리(m)

56 모 작업공정에서 발생하는 소음의 음압수준이 110dB(A)이고 근로자는 귀덮개(NRR=17)를 착용하고 있다면 근로자에게 실제 노출되는 음압수준은?

① 90dB(A)
② 95dB(A)
③ 100dB(A)
④ 105dB(A)

풀이 노출되는 음압수준 = 110dB(A) - 차음효과
= 110dB(A) - 5dB(A)
= 105dB(A)
이때, 차음효과 = (NRR-7)×0.5
= (17-7)×0.5 = 5dB(A)

57 ACGIH에 의한 발암물질의 구분기준으로 Group A3에 해당하는 것은?

① 인체 발암성 확인물질
② 동물 발암성 확인물질, 인체 발암성 모름
③ 인체 발암성 미분류물질
④ 인체 발암성 미의심물질

풀이 발암물질 구분
(1) 미국산업위생전문가협의회(ACGIH)
  ㉠ A1 : 인체 발암 확인(확정)물질[석면, 우라늄, Cr^{+6} 화합물]
  ㉡ A2 : 인체 발암이 의심되는 물질(발암 추정물질)
  ㉢ A3
    • 동물 발암성 확인물질
    • 인체 발암성을 모름
  ㉣ A4
    • 인체 발암성 미분류 물질
    • 인체 발암성이 확인되지 않은 물질
  ㉤ A5 : 인체 발암성 미의심 물질
(2) 국제암연구위원회(IARC)
  ㉠ Group1 : 인체 발암성 확정물질(확실한 발암물질)
  ㉡ Group2A : 인체 발암성 예측·추정물질(가능성이 높은 발암물질)
  ㉢ Group2B : 인체 발암성 가능성 물질(가능성이 있는 발암물질)
  ㉣ Group3 : 인체 발암성 미분류 물질(발암성이 불확실한 발암물질)
  ㉤ Group4 : 인체 발암성·비발암성 추정물질(발암성이 없는 물질)

58 인공조명의 조명방법에 관한 설명으로 옳지 않은 것은?

① 간접조명은 강한 음영으로 분위기를 온화하게 만든다.
② 간접조명은 설비비가 많이 소요된다.
③ 직접조명은 작업면 빛의 대부분이 광원 및 반사용 삿갓에서 직접 온다.
④ 일반적으로 분류하는 인공적인 조명방법은 직접조명과 간접조명, 반간접조명 등으로 구분할 수 있다.

[풀이] 조명방법에 따른 조명의 종류
(1) 직접조명
  ㉠ 작업면의 빛 대부분이 광원 및 반사용 삿갓에서 직접 온다.
  ㉡ 기구의 구조에 따라 눈을 부시게 하거나 균일한 조도를 얻기 힘들다.
  ㉢ 반사갓을 이용하여 광속의 90~100%가 아래로 향하게 하는 방식이다.
  ㉣ 일정량의 전력으로 조명 시 가장 밝은 조명을 얻을 수 있다.
  ㉤ 장점 : 효율이 좋고, 천장면의 색조에 영향을 받지 않으며, 설치비용이 저렴하다.
  ㉥ 단점 : 눈부심, 균일한 조도를 얻기 힘들며, 강한 음영을 만든다.
(2) 간접조명
  ㉠ 광속의 90~100%를 위로 향해 발산하여 천장, 벽에서 확산시켜 균일한 조명도를 얻을 수 있는 방식이다.
  ㉡ 천장과 벽에 반사하여 작업면을 조명하는 방법이다.
  ㉢ 장점 : 눈부심이 없고, 균일한 조도를 얻을 수 있으며, 그림자가 없다.
  ㉣ 단점 : 효율이 나쁘고, 설치가 복잡하며, 실내의 입체감이 작아진다.

59 소음의 특성을 평가하는 데 주파수분석이 이용된다. 1/1 옥타브밴드의 중심주파수가 500Hz일 때 하한과 상한 주파수로 가장 적합한 것은? (단, 정비형 필터 기준)

① 354Hz, 708Hz ② 362Hz, 724Hz
③ 373Hz, 746Hz ④ 382Hz, 764Hz

[풀이]
㉠ 하한 주파수$(f_L) = \dfrac{중심주파수(f_C)}{\sqrt{2}}$
$= \dfrac{500}{\sqrt{2}} = 353.6$Hz
㉡ 상한 주파수$(f_U) = \dfrac{f_C^2}{f_L} = \dfrac{(500)^2}{353.6} = 707.0$Hz

60 자연조명에 관한 설명으로 옳지 않은 것은?

① 유리창은 청결하여도 10~15% 정도 조도가 감소한다.
② 지상에서의 태양조도는 약 100,000lux 정도이다.
③ 균일한 조명을 요하는 작업실은 서남창이 좋다.
④ 실내의 일정 지점의 조도와 옥외조도와의 비율을 주광률(%)이라 한다.

[풀이] 창의 방향
㉠ 창의 방향은 많은 채광을 요구할 경우 남향이 좋다.
㉡ 균일한 조명을 요구하는 작업실은 북향(또는 동북향)이 좋다.
㉢ 북쪽 광선은 일중 조도의 변동이 작고 균등하여 눈의 피로가 적게 발생할 수 있다.

제4과목 | 산업환기

61 전기집진장치의 전기집진과정을 올바르게 나열한 것은?

㉮ 집진극으로부터 분진입자의 제거
㉯ 포집된 분진입자의 전하상실 및 중성화
㉰ 함진가스의 이온화
㉱ 분진입자의 집진극으로의 이동 및 포집
㉲ 분진입자의 대전

① ㉰ → ㉲ → ㉱ → ㉯ → ㉮
② ㉱ → ㉯ → ㉰ → ㉮ → ㉲
③ ㉲ → ㉰ → ㉮ → ㉱ → ㉯
④ ㉲ → ㉰ → ㉯ → ㉱ → ㉮

[풀이] **전기집진장치의 집진과정**
함진가스의 이온화 → 분진입자의 대전 → 분진입자의 집진극으로의 이동 및 포집 → 포집된 분진입자의 전하상실 및 중성화 → 집진극으로부터 분진입자의 제거

62 다음 중 후드의 필요환기량을 감소시키는 방법으로 적절하지 않은 것은?

① 오염물질의 절대량을 감소시킨다.
② 가급적이면 공정을 적게 포위한다.
③ 후드 개구면에서 기류가 균일하게 분포하도록 설계한다.
④ 포집형을 사용할 때에는 가급적 배출오염원에 가깝게 설치한다.

[풀이] **후드가 갖추어야 할 사항(필요환기량을 감소시키는 방법)**
㉠ 가능한 한 오염물질 발생원에 가까이 설치한다(포집형 및 레시버식 후드).
㉡ 제어속도는 작업조건을 고려하여 적정하게 선정한다.
㉢ 작업에 방해되지 않도록 설치하여야 한다.
㉣ 오염물질 발생 특성을 충분히 고려하여 설계하여야 한다.
㉤ 가급적이면 공정을 많이 포위한다.
㉥ 후드 개구면에서 기류가 균일하게 분포하도록 설계한다.
㉦ 공정에서 발생 또는 배출되는 오염물질의 절대량을 감소시킨다.

63 다음 중 국소배기시스템 설치 시 고려사항으로 적절하지 않은 것은?

① 후드는 덕트보다 두꺼운 재질을 선택한다.
② 송풍기를 연결할 때에는 최소 덕트 직경의 3배 정도는 직선구간으로 하여야 한다.
③ 가급적 원형 덕트를 사용한다.
④ 곡관의 곡률반경은 최소 덕트 직경의 1.5 이상으로 하며, 주로 2.0을 사용한다.

[풀이] **덕트 설치기준(설치 시 고려사항)**
㉠ 가능하면 길이는 짧게 하고 굴곡부의 수는 적게 할 것
㉡ 접속부의 안쪽은 돌출된 부분이 없도록 할 것
㉢ 청소구를 설치하는 등 청소하기 쉬운 구조로 할 것
㉣ 덕트 내부에 오염물질이 쌓이지 않도록 이송속도를 유지할 것
㉤ 연결부위 등은 외부공기가 들어오지 않도록 할 것(연결부위를 가능한 한 용접할 것)
㉥ 가능한 후드의 가까운 곳에 설치할 것
㉦ 송풍기를 연결할 때는 최소 덕트 직경의 6배 정도 직선구간을 확보할 것
㉧ 직관은 하향구배로 하고 직경이 다른 덕트를 연결할 때에는 경사 30° 이내의 테이퍼를 부착할 것
㉨ 원형 덕트가 사각형 덕트보다 덕트 내 유속분포가 균일하므로 가급적 원형 덕트를 사용하며, 부득이 사각형 덕트를 사용할 경우에는 가능한 정방형을 사용하고 곡관의 수를 적게 할 것
㉩ 곡관의 곡률반경은 최소 덕트 직경의 1.5 이상, 주로 2.0을 사용할 것
㉪ 수분이 응축될 경우 덕트 내로 들어가지 않도록 경사나 배수구를 마련할 것
㉫ 덕트의 마찰계수는 작게 하고, 분지관을 가급적 적게 할 것

64 다음 중 깃의 구조가 분진을 자체 정화할 수 있도록 되어있어 고농도 공기나 부식성이 강한 공기를 이송시키는 데 많이 사용되는 송풍기는?

① 다익팬형 원심송풍기
② 레이디얼팬형 원심송풍기
③ 터보 블로어형 송풍기
④ 축류형 송풍기

[풀이] **평판형 송풍기(radial fan)**
㉠ 플레이트(plate) 송풍기, 방사 날개형 송풍기라고도 한다.
㉡ 날개(blade)가 다익형보다 적고, 직선이며 평판 모양을 하고 있어 강도가 매우 높게 설계되어 있다.
㉢ 깃의 구조가 분진을 자체 정화할 수 있도록 되어 있다.
㉣ 적용 : 시멘트, 미분탄, 곡물, 모래 등의 고농도 분진 함유 공기나 마모성이 강한 분진 이송용으로 사용된다.
㉤ 부식성이 강한 공기를 이송하는 데 많이 사용된다.
㉥ 압력은 다익팬보다 약간 높으며, 효율도 65%로 다익팬보다는 약간 높으나 터보팬보다는 낮다.
㉦ 습식 집진장치의 배치에 적합하며, 소음은 중간 정도이다.

정답 62.② 63.② 64.②

65 어느 작업장 내에서는 톨루엔(분자량=92, TLV=100ppm)이 시간당 300g씩 증발되고 있다. 이 작업장에 전체환기장치를 설치할 경우 필요환기량은 약 얼마인가? (단, 주위는 21℃, 1기압이고, 여유계수는 6으로 하며, 톨루엔은 모두 공기와 완전혼합된 것으로 한다.)

① 73.04m³/min
② 78.59m³/min
③ 4382.61m³/min
④ 4715.22m³/min

풀이
- 사용량 : 300g/hr
- 발생률(G, L/hr)
  92g : 24.1L = 300g/hr : G
  $G = \dfrac{24.1L \times 300g/hr}{92g} = 78.59L/hr$
- ∴ 필요환기량(Q)
  $Q = \dfrac{G}{TLV} \times K$
  $= \dfrac{78.59L/hr \times 1,000mL/L}{100mL/m^3} \times 6$
  $= 4715.22m^3/hr \times hr/60min$
  $= 78.59m^3/min$

66 다음 중 희석환기를 적용하여서는 안 되는 경우는?

① 오염물질의 양이 비교적 적고, 희석공기량이 많지 않아도 될 경우
② 오염물질의 허용기준치가 매우 낮은 경우
③ 오염물질의 발산이 비교적 균일한 경우
④ 가연성 가스의 농축으로 폭발의 위험이 있는 경우

풀이 전체환기(희석환기) 적용 시 조건
㉠ 유해물질의 독성이 비교적 낮은 경우, 즉 TLV가 높은 경우(가장 중요한 제한조건)
㉡ 동일한 작업장에 다수의 오염원이 분산되어 있는 경우
㉢ 유해물질이 시간에 따라 균일하게 발생할 경우
㉣ 유해물질의 발생량이 적은 경우 및 희석공기량이 많지 않아도 될 경우
㉤ 유해물질이 증기나 가스일 경우

㉥ 국소배기로 불가능한 경우
㉦ 배출원이 이동성인 경우
㉧ 가연성 가스의 농축으로 폭발의 위험이 있는 경우
㉨ 오염원이 근무자가 근무하는 장소로부터 멀리 떨어져 있는 경우

67 후드의 유입계수가 0.7, 유입손실이 1.6mmH₂O일 때 후드의 속도압은 약 몇 mmH₂O인가?

① 1.54   ② 2.82
③ 3.45   ④ 4.82

풀이 후드의 유입손실(ΔP) = $F \times VP$
∴ $VP = \dfrac{\Delta P}{F}$
$= \dfrac{1.6}{\left(\dfrac{1}{0.7^2}\right)-1} = 1.54 mmH_2O$

68 용접기에서 발생하는 용접흄을 배기시키기 위해 외부식 측방 원형 후드를 설치하기로 하였다. 제어속도를 1m/sec로 했을 때 플랜지 없는 원형 후드의 필요송풍량이 20m³/min으로 계산되었다면, 플랜지 있는 측방 원형 후드를 설치할 경우 필요송풍량은 몇 m³/min 정도가 되겠는가? (단, 제시된 조건 이외에는 모두 동일하다.)

① 10   ② 15
③ 20   ④ 25

풀이 필요송풍량 = 20m³/min × (1−0.25) = 15m³/min

69 다음 중 작업장 내의 실내환기량을 평가하는 방법과 거리가 먼 것은?

① 시간당 공기교환횟수
② 이산화탄소 농도를 이용하는 방법
③ tracer 가스를 이용하는 방법
④ 배기 중 내부공기의 수분함량 측정

풀이 실내환기량 평가방법
㉠ 시간당 공기교환횟수
㉡ 이산화탄소 농도를 이용하는 방법
㉢ tracer 가스를 이용하는 방법

70 다음 중 정압에 관한 설명으로 틀린 것은?
① 정압은 속도압에서 전압을 뺀 값이다.
② 정압은 위치에너지에 속한다.
③ 밀폐공간에서 전압이 50mmHg이면 정압은 50mmHg이다.
④ 송풍기가 덕트 내의 공기를 흡인하는 경우 정압은 음압이다.

풀이 정압
㉠ 밀폐된 공간(duct) 내 사방으로 동일하게 미치는 압력, 즉 모든 방향에서 동일한 압력이며 송풍기 앞에서는 음압, 송풍기 뒤에서는 양압이다.
㉡ 공기흐름에 대한 저항을 나타내는 압력이며, 위치에너지에 속한다.
㉢ 밀폐공간에서 전압이 50mmHg이면 정압은 50mmHg이다.
㉣ 정압이 대기압보다 낮을 때는 음압(negative pressure)이고, 대기압보다 높을 때는 양압(positive pressure)으로 표시한다.
㉤ 정압은 단위체적의 유체가 압력이라는 형태로 나타나는 에너지이다.
㉥ 양압은 공간벽을 팽창시키려는 방향으로 미치는 압력이고 음압은 공간벽을 압축시키려는 방향으로 미치는 압력이다. 즉 유체를 압축시키거나 팽창시키려는 잠재에너지의 의미가 있다.
㉦ 정압을 때로는 저항압력 또는 마찰압력이라고 한다.
㉧ 정압은 속도압과 관계없이 독립적으로 발생한다.

71 고농도의 분진이 발생하는 작업장에서는 후드로 유입된 공기가 공기정화장치로 유입되기 전에 입경과 비중이 큰 입자를 제거할 수 있도록 전처리장치를 둔다. 전처리를 위한 집진기는 일반적으로 효율이 비교적 낮은 것을 사용하는데, 다음 중 전처리장치로 적합하지 않은 것은?
① 중력 집진기　② 원심력 집진기
③ 관성력 집진기　④ 여과집진기

풀이 ④ 여과집진기 및 전기집진기는 후처리장치이다.
- 전처리 장치(1차 집진장치)
　㉠ 중력 집진장치
　㉡ 관성력 집진장치
　㉢ 원심력 집진장치

72 습한 납 분진, 철 분진, 주물사, 요업재료 등 일반적으로 무겁고 습한 분진의 반송속도(m/sec)로 가장 적당한 것은?
① 5~10　② 15
③ 20　④ 25 이상

풀이 유해물질에 따른 반송속도

유해물질	예	반송속도(m/sec)
가스, 증기, 흄 및 극히 가벼운 물질	각종 가스, 증기, 산화아연 및 산화알루미늄 등의 흄, 목재분진, 솜먼지, 고무분, 합성수지분	10
가벼운 건조먼지	원면, 곡물분, 고무, 플라스틱, 경금속 분진	15
일반 공업 분진	털, 나무 부스러기, 대패 부스러기, 샌드블라스트, 그라인더 분진, 내화벽돌 분진	20
무거운 분진	납 분진, 주조 후 모래털기작업 시 먼지, 선반작업 시 먼지	25
무겁고 비교적 큰 입자의 젖은 먼지	젖은 납 분진, 젖은 주조작업 발생 먼지	25 이상

73 [그림]과 같이 작업대 위에 용접흄을 제거하기 위해 작업면 위에 플랜지가 붙은 외부식 후드를 설치했다. 개구면에서 포착점까지의 거리는 0.3m, 제어속도는 0.5m/sec, 후드 개구의 면적은 0.6m² 일 때 Della Valle식을 이용한 필요송풍량(m³/min)은 약 얼마인가? (단, 후드 개구의 폭/높이는 0.2보다 크다.)

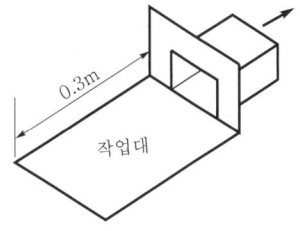

① 18　② 23
③ 34　④ 45

풀이 바닥면(작업대)에 위치, 플랜지 부착 시 송풍량(Q)
$$Q = 60 \times 0.5 \times V_c(10X^2 + A)$$
$$= 60 \times 0.5 \times 0.5[(10 \times 0.3^2) + 0.6] = 22.5 \text{m}^3/\text{min}$$

74 후드의 유입손실계수가 0.8, 덕트 내의 공기흐름속도가 20m/sec일 때 후드의 유입압력손실은 약 몇 mmH₂O인가? (단, 공기의 비중량은 1.2kg_f/m³이다.)

① 14　② 16
③ 20　④ 24

풀이 후드의 유입압력손실(ΔP)
$\Delta P = F \times VP$
$F = 0.8$
$VP = \dfrac{\gamma V^2}{2g} = \dfrac{1.2 \times 20^2}{2 \times 9.8} = 24.49 \text{mmH}_2\text{O}$
$= 0.8 \times 24.49 = 19.59 \text{mmH}_2\text{O}$

75 다음 중 국소배기시스템에 설치된 충만실(plenum chamber)에 있어 가장 우선적으로 높여야 하는 효율의 종류는?

① 정압효율
② 배기효율
③ 정화효율
④ 집진효율

풀이 플레넘(plenum : 충만실)
㉠ 후드 뒷부분에 위치하며 개구면 흡입유속의 강약을 작게 하면 일정하게 되므로 압력과 공기흐름을 균일하게 형성하는 데 필요한 장치이다.
㉡ 가능한 설치는 길게 한다.
㉢ 국소배기시스템에 설치된 충만실에 있어 가장 우선적으로 높여야 하는 효율은 배기효율이다.

76 전자부품을 납땜하는 공정에 플랜지가 부착되지 않은 외부식 국소배기장치를 설치하고자 한다. 후드의 규격은 400mm×400mm, 제어거리를 20cm, 제어속도를 0.5m/sec, 그리고 반송속도를 1,200m/min으로 하고자 할 때 덕트의 직경은 약 몇 m로 해야 하는가?

① 0.018　② 0.180
③ 0.134　④ 0.013

풀이 필요송풍량 $Q = A \times V$에서
$A = \dfrac{Q}{V}$
$Q = 60 \times V_c(10X^2 + A)$
$= 60 \times 0.5[(10 \times 0.2^2) + (0.4 \times 0.4)]$
$= 16.8 \text{m}^3/\text{min}$
$V = 1,200 \text{m/min}$
$= \dfrac{16.8 \text{m}^3/\text{min}}{1,200 \text{m/min}} = 0.014 \text{m}^2$
$A = \dfrac{3.14 \times D^2}{4}$
$\therefore D = \sqrt{\dfrac{A \times 4}{3.14}} = \sqrt{\dfrac{0.014 \times 4}{3.14}} = 0.134 \text{m}$

77 [그림]과 같이 Q_1과 Q_2에서 유입된 기류가 합류관인 Q_3로 흘러갈 때, Q_3의 유량(m³/min)은 약 얼마인가? (단, 합류와 확대에 의한 압력손실은 무시한다.)

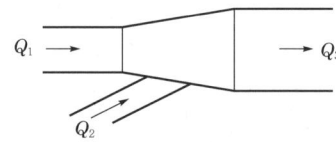

구 분	직경(mm)	유속(m/sec)
Q_1	200	10
Q_2	150	14
Q_3	350	-

① 33.7　② 36.3
③ 38.5　④ 40.2

풀이 $Q_3 = Q_1 + Q_2$
$Q_1 = A_1 \times V_1$
$= \left(\dfrac{3.14 \times 0.2^2}{4}\right) \text{m}^2 \times 10 \text{m/sec}$
$\times 60 \text{sec/min} = 18.84 \text{m}^3/\text{min}$
$Q_2 = A_2 \times V_2$
$= \left(\dfrac{3.14 \times 0.15^2}{4}\right) \text{m}^2 \times 14 \text{m/sec}$
$\times 60 \text{sec/min} = 14.84 \text{m}^3/\text{min}$
$= 18.84 + 14.84$
$= 33.68 \text{m}^3/\text{min}$

정답 74.③ 75.② 76.③ 77.①

78 국소배기장치의 덕트를 설계하여 설치하고자 한다. 덕트는 직경 200mm의 직관 및 곡관을 사용하도록 하였다. 이때 마찰손실을 감소시키기 위하여 곡관 부위의 새우등 곡관은 몇 개 이상이 가장 적당한가?
① 2 ② 3
③ 4 ④ 5

[풀이] 직경이 $D \leq 15cm$인 경우에는 새우등 3개 이상, $D > 15cm$인 경우에는 새우등 5개 이상을 사용한다.
㉠ 새우등 3개 이상 ㉡ 새우등 5개 이상

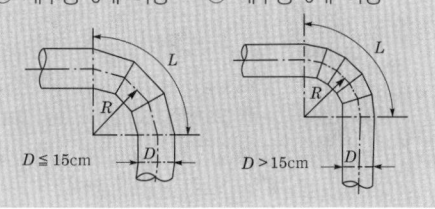

79 국소배기장치가 효과적인 기능을 발휘하기 위해서는 후드를 통해 배출되는 것과 같은 양의 공기가 외부로부터 보충되어야 한다. 이것을 무엇이라 하는가?
① 메이크업 에어(make up air)
② 충만실(plenum chamber)
③ 테이크오프(take off)
④ 번아웃(burn out)

[풀이] 공기공급(make-up air) 시스템
㉠ 정의: 공기공급시스템은 환기시설에 의해 작업장 내에서 배기된 만큼의 공기를 작업장 내로 재공급하는 시스템을 말한다.
㉡ 의미: 환기시설을 효율적으로 운영하기 위해서는 공기공급시스템이 필요하다. 즉, 국소배기장치가 효과적인 기능을 발휘하기 위해서는 후드를 통해 배출되는 것과 같은 양의 공기가 외부로부터 보충되어야 한다.

80 덕트의 시작점에서는 공기의 베나수축(vena contracta)이 일어난다. 다음 중 베나수축이 일반적으로 붕괴되는 지점으로 옳은 것은 어느 것인가?
① 덕트 직경의 약 1배 쯤에서
② 덕트 직경의 약 2배 쯤에서
③ 덕트 직경의 약 3배 쯤에서
④ 덕트 직경의 약 4배 쯤에서

[풀이] 베나수축
㉠ 관 내로 공기가 유입될 때 기류의 직경이 감소하는 현상, 즉 기류면적의 축소현상을 말한다.
㉡ 베나수축에 의한 손실과 베나수축이 다시 확장될 때 발생하는 난류에 의한 손실을 합하여 유입손실이라 하고 후드의 형태에 큰 영향을 받는다.
㉢ 베나수축은 덕트 직경 D의 약 $0.2D$ 하류에 위치하며 덕트의 시작점에서 덕트 직경 D의 약 2배쯤에서 붕괴된다.
㉣ 베나수축 관 단면상에서의 유체 유속이 가장 빠른 부분은 관 중심부이다.
㉤ 베나수축현상이 심할수록 후드 유입손실은 증가하므로 수축이 최소화될 수 있는 후드형태를 선택해야 한다.
㉥ 베나수축이 일어나는 지점의 기류 면적은 덕트 면적의 70~100% 정도의 범위이다.

제3회 산업위생관리산업기사

CBT 기출복원문제 | 2022.07.02

제1과목 | 산업위생학 개론

01 다음 중 20℃, 1기압에서 MEK(그램분자량 72.06) 100ppm은 몇 mg/m³인가?
① 294.7 ② 299.7
③ 394.7 ④ 399.7

풀이 우선 일반대기분야 표준상태에 의해 부피를 환산하면
$$22.4L \times \frac{273+20}{273} = 24.04L$$
$$\therefore mg/m^3 = 100ppm \times \frac{72.06}{24.04}$$
$$= 299.75 mg/m^3$$

02 미국의 산업위생학회(AIHA)에서 정의하고 있는 산업위생의 정의에 포함되지 않는 용어는?
① 예측(anticipation)
② 측정(recognition)
③ 평가(evaluation)
④ 증진(promotion)

풀이 산업위생 정의에 있어 주요활동 4가지
예측, 측정, 평가, 관리

03 다음 중 바람직한 교대근무제로 볼 수 있는 것은?
① 야간근무의 연속은 2~3일 정도로 한다.
② 연속근무의 경우 3교대 3조로 편성한다.
③ 야근종료 후의 휴식은 32시간 이내로 한다.
④ 야간 교대시간은 심야로 정한다.

풀이 교대근무제 관리원칙(바람직한 교대제)
㉠ 각 반의 근무시간은 8시간씩 교대로 하고, 야근은 가능한 짧게 한다.
㉡ 2교대면 최저 3조의 정원을, 3교대면 4조를 편성한다.
㉢ 채용 후 건강관리로서 정기적으로 체중, 위장증상 등을 기록해야 하며, 근로자의 체중이 3kg 이상 감소하면 정밀검사를 받아야 한다.
㉣ 평균 주 작업시간은 40시간을 기준으로 갑반→을반→병반으로 순환하게 한다.
㉤ 근무시간의 간격은 15~16시간 이상으로 하는 것이 좋다.
㉥ 야근의 주기를 4~5일로 한다.
㉦ 신체의 적응을 위하여 야간근무의 연속일수는 2~3일로 하며 야간근무를 3일 이상 연속으로 하는 경우에는 피로축적현상이 나타나게 되므로 연속하여 3일을 넘기지 않도록 한다.
㉧ 야근 후 다음 반으로 가는 간격은 최저 48시간 이상의 휴식시간을 갖도록 하여야 한다.
㉨ 야근 교대시간은 상오 0시 이전에 하는 것이 좋다(심야시간을 피함).
㉩ 야근 시 가면은 반드시 필요하며, 보통 2~4시간(1시간 30분 이상)이 적합하다.
㉪ 야근 시 가면은 작업강도에 따라 30분에서 1시간 범위로 하는 것이 좋다.
㉫ 작업 시 가면시간은 적어도 1시간 30분 이상 주어야 수면효과가 있다고 볼 수 있다.
㉬ 상대적으로 가벼운 작업은 야간근무조에 배치하는 등 업무내용을 탄력적으로 조정해야 하며 야간작업자는 주간작업자보다 연간 쉬는 날이 더 많아야 한다.
㉭ 근로자가 교대일정을 미리 알 수 있도록 해야 한다.
㉮ 일반적으로 오전근무의 개시시간은 오전 9시로 한다.
㉯ 교대방식(교대근무 순환주기)은 낮근무, 저녁근무, 밤근무 순으로 한다. 즉, 정교대가 좋다.

정답 01.② 02.④ 03.①

04 전신피로의 정도를 평가하고자 할 때 작업을 마친 직후 회복기에 측정하는 항목은?

① 심박수
② 에너지소비량
③ 이산화탄소(CO_2) 배출량
④ 산소부채(oxygen debt)량

풀이
㉠ 전신피로 평가 : 심박수(heart rate)
㉡ 국소피로 평가 : 근전도(EMC)

05 다음 중 산업위생통계에 있어 대푯값에 해당하지 않는 것은?

① 표준편차
② 산술평균
③ 가중평균
④ 중앙값

풀이
산업위생통계에 있어 대푯값에 해당하는 것은 중앙값, 산술평균값, 가중평균값, 최빈값 등이 있다. 표준편차는 관측값의 산포도, 즉 평균 가까이에 분포하고 있는지의 여부를 나타낸다.

06 다음 중 산업피로의 종류에 관한 설명으로 틀린 것은?

① 과로란 피로가 계속 축적된 상태로 4일 이내 회복되는 피로를 말한다.
② 정신피로란 중추신경계의 피로를 말한다.
③ 곤비는 과로상태가 축적되어 병적인 상태를 말한다.
④ 보통피로란 하루 잠을 자고 나면 완전히 회복되는 피로를 말한다.

풀이
피로의 3단계
피로도가 증가하는 순서의 의미이며, 피로의 정도는 객관적 판단이 용이하지 않다.
㉠ 보통피로(1단계) : 하룻밤을 자고 나면 완전히 회복하는 상태이다.
㉡ 과로(2단계) : 다음날까지도 피로상태가 지속되는 피로의 축적으로, 단기간 휴식으로 회복될 수 있으며, 발병 단계는 아니다.
㉢ 곤비(3단계) : 과로의 축적으로 단시간에 회복될 수 없는 단계를 말하며, 심한 노동 후의 피로현상으로 병적 상태를 의미한다.

07 상시근로자가 100명인 A사업장의 지난 1년간 재해통계를 조사한 결과 도수율이 40이고, 강도율이 10이었다. 이 사업장의 지난해 재해발생건수는 총 몇 건이었는가? (단, 근로자는 1일 10시간씩 연간 250일을 근무하였다.)

① 1
② 4
③ 10
④ 250

풀이
도수율 = $\dfrac{\text{재해발생건수}}{\text{연근로시간수}} \times 10^6$ 에서

$4 = \dfrac{\text{재해발생건수}}{10 \times 250 \times 100} \times 10^6$

∴ 재해발생건수 = 1

08 실내 공기오염물질 중 환기의 지표물질로서 주로 이용되는 것은?

① 이산화탄소
② 부유분진
③ 휘발성 유기화합물
④ 일산화탄소

풀이
실내 공기오염의 지표(환기지표)로 CO_2 농도를 이용하며 실내허용농도는 0.1%이다.
이때 CO_2 자체는 건강에 큰 영향을 주는 물질이 아니며, 측정하기 어려운 다른 실내오염물질에 대한 지표물질로 사용되는 것이다.

09 다음 중 혐기성 대사에서 혐기성 반응에 의해 에너지를 생산하지 않는 것은?

① 아데노신삼인산(ATP)
② 크레아틴인산(CP)
③ 포도당
④ 지방

풀이
혐기성 대사(anaerobic metabolism)
㉠ 근육에 저장된 화학적 에너지를 의미한다.
㉡ 혐기성 대사 순서(시간대별)
ATP(아데노신삼인산) → CP(크레아틴인산) → glycogen(글리코겐) or glucose(포도당)
※ 근육운동에 동원되는 주요 에너지원 중 가장 먼저 소비되는 것은 ATP이다.

10 다음 중 석재공장, 주물공장 등에서 발생하는 유리규산이 주원인이 되는 진폐의 종류는?

① 면폐증　　② 활석폐증
③ 규폐증　　④ 석면폐증

풀이 규폐증의 인체영향 및 특징
㉠ 규폐증은 결정형 규소(암석: 석영분진, 이산화규소, 유리규산)에 직업적으로 노출된 근로자에게 발생한다.
㉡ 폐 조직에서 섬유상 결절이 발견된다.
㉢ 유리규산(SiO_2) 분진 흡입으로 폐에 만성섬유증식이 나타난다.
㉣ 유리규산(석영) 분진에 의한 규폐성 결절과 폐포벽 파괴 등 망상내피계 반응은 분진입자의 크기가 2~5μm일 때 자주 일어난다. 즉 채석장 및 모래분사 작업장 작업자들이 석영을 과도하게 흡입하여 발생한다.
㉤ 자각증상은 호흡곤란, 지속적인 기침, 다량의 담액 등이지만, 일반적으로는 자각증상 없이 서서히 진행된다(만성규폐증의 경우 10년 이상 지나서 증상이 나타남).
㉥ 고농도의 규소입자에 노출되면 급성 규폐증에 걸리며 열, 기침, 체중감소, 청색증이 나타난다.
㉦ 폐결핵을 합병증으로 폐하엽부위에 많이 생긴다.

11 methyl chloroform(TLV=350ppm)을 1일 12시간 작업할 때의 노출기준을 Brief & Scala 방법으로 보정하면 몇 ppm으로 하여야 하는가?

① 150　　② 175
③ 200　　④ 250

풀이
$$RF(보정계수) = \left(\frac{8}{H}\right) \times \frac{24-H}{16}$$
$$= \left(\frac{8}{12}\right) \times \frac{24-12}{16} = 0.5$$
∴ 보정된 노출기준 = TLV × RF
= 350ppm × 0.5 = 175ppm

12 산업안전보건법의 '화학물질 및 물리적 인자의 노출기준'에서 정한 노출기준 표시단위로 잘못된 것은?

① 증기 : mg/m^3　　② 석면분진 : 개수/m^3
③ 분진 : mg/m^3　　④ 고온 : WBGT(℃)

풀이 ② 석면분진 : 개수/cm^3

13 다음 중 정교한 작업을 위한 작업대 높이의 개선방법으로 가장 적절한 것은?

① 팔꿈치 높이를 기준으로 한다.
② 팔꿈치 높이보다 5cm 정도 낮게 한다.
③ 팔꿈치 높이보다 10cm 정도 낮게 한다.
④ 팔꿈치 높이보다 5~10cm 정도 높게 한다.

풀이 작업대 높이의 개선방법
㉠ 경작업과 중작업 시 권장작업대의 높이는 팔꿈치 높이보다 낮게 작업대를 설치한다.
㉡ 정밀작업 시에는 팔꿈치 높이보다 약간 높게 설치된 작업대가 권장된다.
㉢ 작업대의 높이는 조절 가능한 것으로 선정하는 것이 좋다.

14 메틸에틸케톤(MEK) 50ppm(TLV=200ppm), 트리클로로에틸렌(TCE) 25ppm(TLV=50ppm), 크실렌(xylene) 30ppm(TLV=100ppm)이 공기 중 혼합물로 존재할 경우 노출지수와 노출기준 초과여부로 옳은 것은? (단, 혼합물질은 상가작용을 한다.)

① 노출지수 0.95, 노출기준 미만
② 노출지수 1.05, 노출기준 초과
③ 노출지수 0.3, 노출기준 미만
④ 노출지수 0.5, 노출기준 미만

풀이
㉠ 노출지수(EI) = $\frac{50}{200} + \frac{25}{50} + \frac{30}{100} = 1.05$
㉡ 1을 초과하므로 노출기준 초과 평가

15 소음성 난청은 고주파대역인 4,000Hz에서 가장 많이 발생하는데 그 이유로 가장 적절한 것은?

① 작업장의 소음이 대부분 고주파이기 때문에
② 작업장의 소음이 대부분 저주파이기 때문에
③ 인체가 저주파보다 고주파에 대해 둔감하게 반응하기 때문에
④ 인체가 저주파보다 고주파에 대해 민감하게 반응하기 때문에

정답 10.③ 11.② 12.② 13.④ 14.② 15.④

풀이 C_5-dip 현상
㉠ 소음성 난청의 초기단계로 4,000Hz에서 청력장애가 현저히 커지는 현상이다.
㉡ 우리 귀는 고주파음에 대단히 민감하다. 특히 4,000Hz에서 소음성 난청이 가장 많이 발생한다.

16 허용농도에 '피부(skin)' 표시가 첨부되는 물질이 있다. 다음 중 '피부' 표시를 첨부하는 경우와 가장 관계가 먼 것은?

① 반복하여 피부에 도포했을 때 전신작용을 일으키는 물질의 경우
② 손이나 팔에 의한 흡수가 몸 전체 흡수에서 많은 부분을 차지하는 물질의 경우
③ 피부자극, 피부질환 및 감작(sensitization)을 일으키는 물질의 경우
④ 동물을 이용한 급성중독 실험결과 피부흡수에 의한 치사량(LD_{50})이 비교적 낮은 물질의 경우

풀이 노출기준에 피부(skin) 표시를 하여야 하는 물질
㉠ 손이나 팔에 의한 흡수가 몸 전체 흡수에 지대한 영향을 주는 물질
㉡ 반복하여 피부에 도포했을 때 전신작용을 일으키는 물질
㉢ 급성 동물실험 결과 피부 흡수에 의한 치사량이 비교적 낮은 물질
㉣ 옥탄올-물 분배계수가 높아 피부 흡수가 용이한 물질
㉤ 피부 흡수가 전신작용에 중요한 역할을 하는 물질

17 구리(Cu) 독성에 관한 인체실험 결과 안전흡수량이 체중 kg당 0.1mg이었다. 1일 8시간 작업 시 구리의 체내 흡수를 안전흡수량 이하로 유지하려면 공기 중 구리농도는 약 얼마 이하여야 하는가? (단, 성인근로자의 평균체중은 75kg, 작업 시 폐환기율은 1.2m³/hr, 체내 잔류율은 1.0이다.)

① 0.61mg/m³ ② 0.73mg/m³
③ 0.78mg/m³ ④ 0.85mg/m³

풀이 안전흡수량(mg) = $C \times T \times V \times R$
안전흡수량(SHD) = 0.1mg/kg × 75kg = 7.5mg
7.5 = C × 8 × 1.2 × 1
∴ C = 0.78mg/m³

18 다음 중 산업안전보건법상 근로자 건강진단의 종류가 아닌 것은?

① 일반건강진단 ② 배치 전 건강진단
③ 수시건강진단 ④ 전문건강진단

풀이 건강진단의 종류
(1) 일반건강진단
상시 사용하는 근로자의 건강관리를 위하여 사업주가 주기적으로 실시하는 건강진단을 말한다.
(2) 특수건강진단
다음의 어느 하나에 해당하는 근로자의 건강관리를 위하여 사업주가 실시하는 건강진단을 말한다.
㉠ 특수건강진단 대상 유해인자에 노출되는 업무(특수건강진단 대상업무)에 종사하는 근로자
㉡ 근로자건강진단 실시결과 직업병 소견이 있는 근로자가 판정받아 작업전환을 하거나 작업장소를 변경하여 해당 판정의 원인이 된 특수건강진단 대상 업무에 종사하지 아니하는 사람으로서 해당 유해인자에 대한 건강진단이 필요하다는 의사의 소견이 있는 근로자
(3) 배치 전 건강진단
특수건강진단 대상업무에 배치 전 업무적합성 평가를 위하여 사업주가 실시하는 건강진단을 말한다.
(4) 수시건강진단
특수건강진단대상 업무로 인하여 해당 유해인자로 인한 것이라고 의심되는 직업성 천식, 직업성 피부염, 그 밖에 건강장애를 보이거나 의학적 소견이 있는 근로자에 대하여 사업주가 실시하는 건강진단을 말한다.
(5) 임시건강진단
특수건강진단 대상 유해인자 또는 그 밖의 유해인자에 의한 중독여부, 질병에 걸렸는지 여부 또는 질병의 발생원인 등을 확인하기 위하여 지방고용노동관서의 장의 명령에 따라 사업주가 실시하는 건강진단을 말한다.
㉠ 같은 부서에 근무하는 근로자 또는 같은 유해인자에 노출되는 근로자에게 유사한 질병의 자각, 타각증상이 발생한 경우
㉡ 직업병 유소견자가 발생하거나 여러 명이 발생할 우려가 있는 경우
㉢ 그 밖에 지방고용노동관서의 장이 필요하다고 판단하는 경우

19 실내 공기오염물질 중 가스상 오염물질에 해당하지 않는 것은?

① 질소산화물　② 포름알데히드
③ 알레르겐　　④ 오존

[풀이] 알레르겐은 알레르기 반응을 일으키는 물질로, 가스상 물질이 아닌 꽃가루, 동물의 털, 생선, 꽃 등을 통해 발생한다.

20 다음 중 산업안전보건법상 보건관리자의 자격기준에 해당하지 않는 자는?

① '의료법'에 의한 의사
② '의료법'에 의한 간호사
③ '위생사에 관한 법률'에 의한 위생사
④ '고등교육법'에 의한 전문대학에서 산업보건 분야 학위를 취득한 사람

[풀이] 보건관리자의 자격
㉠ "의료법"에 따른 의사
㉡ "의료법"에 따른 간호사
㉢ 산업보건지도사
㉣ "국가기술자격법"에 따른 산업위생관리산업기사 또는 대기환경산업기사 이상의 자격을 취득한 사람
㉤ "국가기술자격법"에 따른 인간공학기사 이상의 자격을 취득한 사람
㉥ "고등교육법"에 따른 전문대학 이상의 학교에서 산업보건 또는 산업위생 분야의 학위를 취득한 사람

제2과목 | 작업환경 측정 및 평가

21 작업환경 측정단위에 대한 설명으로 옳은 것은?

① 분진은 mL/m^3로 표시한다.
② 석면의 표시단위는 개수/m^3로 표시한다.
③ 고열(복사열 포함)의 측정단위는 습구흑구온도지수(WBGT)를 구하여 ℃로 표시한다.
④ 가스 및 증기의 노출기준 표시단위는 ppm 또는 mg/L 등으로 한다.

[풀이] 작업환경 측정단위
㉠ 분진 → mg/m^3
㉡ 석면 → 개/cm^3
㉢ 가스 및 증기 → ppm or mg/m^3

22 분석에서의 계통오차(systematic error)가 아닌 것은?

① 외계오차
② 개인오차
③ 기계오차
④ 우발오차

[풀이] 계통오차의 종류
(1) 외계오차(환경오차)
　㉠ 측정 및 분석 시 온도나 습도와 같은 외계의 환경으로 생기는 오차
　㉡ 대책(오차의 세기) : 보정값을 구하여 수정함으로써 오차를 제거할 수 있다.
(2) 기계오차(기기오차)
　㉠ 사용하는 측정 및 분석 기기의 부정확성으로 인한 오차
　㉡ 대책 : 기계의 교정에 의하여 오차를 제거할 수 있다.
(3) 개인오차
　㉠ 측정자의 습관이나 선입관에 의한 오차
　㉡ 대책 : 두 사람 이상 측정자의 측정을 비교하여 오차를 제거할 수 있다.

23 가스크로마토그래피의 분리관의 성능은 분해능과 효율로 표시할 수 있다. 분해능을 높이려는 조작으로 틀린 것은?

① 분리관의 길이를 길게 한다.
② 고정상의 양을 많게 한다.
③ 고체 지지체의 입자크기를 작게 한다.
④ 일반적으로 저온에서 좋은 분해능을 보이므로 온도를 낮춘다.

[풀이] 분리관에서 분해능을 높이는 조작
㉠ 시료와 고정상의 양을 적게 한다.
㉡ 고체 지지체의 입자크기를 작게 한다.
㉢ 온도를 낮춘다.
㉣ 분리관의 길이를 길게 한다.

24 MCE막 여과지에 관한 설명으로 틀린 것은?
① MCE막 여과지의 원료인 셀룰로오스는 수분을 흡수하지 않기 때문에 중량분석에 잘 적용된다.
② MCE막 여과지는 산에 쉽게 용해된다.
③ 입자상 물질 중의 금속을 채취하여 원자흡광법으로 분석하는 데 적정하다.
④ 시료가 여과지의 표면 또는 표면 가까운 곳에 침착되므로 석면 등 현미경분석을 위한 시료채취에 이용된다.

풀이 MCE막 여과지(Mixed Cellulose Ester membrane filter)
㉠ 산에 쉽게 용해된다.
㉡ 산업위생에서는 거의 대부분이 직경 37mm, 구멍 크기 0.45~0.8μm의 MCE막 여과지를 사용하고 있어 작은 입자의 금속과 fume 채취가 가능하다.
㉢ MCE막 여과지는 산에 쉽게 용해되고 가수분해되며, 습식 회화되기 때문에 공기 중 입자상 물질 중의 금속을 채취하여 원자흡광법으로 분석하는 데 적당하다.
㉣ 시료가 여과지의 표면 또는 가까운 곳에 침착되므로 석면, 유리섬유 등 현미경 분석을 위한 시료채취에도 이용된다.
㉤ 흡습성(원료인 셀룰로오스가 수분 흡수)이 높은 MCE막 여과지는 오차를 유발할 수 있어 중량분석에 적합하지 않다.
㉥ MCE막 여과지는 산에 의해 쉽게 회화되기 때문에 원소분석에 적합하고 NIOSH에서는 금속, 석면, 살충제, 불소화합물 및 기타 무기물질에 추천되고 있다.

25 흡광광도법에서 세기 I_o의 단색광이 시료액을 통과하여 그 광의 50%가 흡수되었을 때 흡광도는?
① 0.3   ② 0.4
③ 0.5   ④ 0.6

풀이 흡광도 $A = \log \dfrac{1}{투과율}$
$= \log \dfrac{1}{(1-0.5)} = 0.3$

26 20℃, 1기압에서 에틸렌글리콜의 증기압이 0.05mmHg라면 포화농도(ppm)는?
① 44   ② 55
③ 66   ④ 77

풀이 포화농도(ppm) $= \dfrac{증기압(분압)}{760} \times 10^6$
$= \dfrac{0.05}{760} \times 10^6$
$= 65.79\text{ppm}$

27 입경이 10μm이고 비중이 1.2인 먼지입자의 침강속도는?
① 0.36cm/sec   ② 0.48cm/sec
③ 0.63cm/sec   ④ 0.82cm/sec

풀이 침강속도(Lippmann 식)
$V(\text{cm/sec}) = 0.003 \times \rho \times d^2$
$= 0.003 \times 1.2 \times 10^2 = 0.36\text{cm/sec}$

28 다음 내용은 무슨 법칙에 해당되는지 보기에서 고르면?

> 일정한 압력조건에서 부피와 온도는 비례한다.

① 라울트의 법칙
② 샤를의 법칙
③ 게이-뤼삭의 법칙
④ 보일의 법칙

풀이 샤를의 법칙
일정한 압력하에서 기체를 가열하면 온도가 1℃ 증가함에 따라 부피는 0℃ 부피의 1/273만큼 증가한다.

29 작업장 내 공기 중 아황산가스(SO_2)의 농도가 40ppm일 경우 이 물질의 농도를 용적백분율(%)로 표시하면 얼마인가? (단, SO_2 분자량=64)
① 4%   ② 0.4%
③ 0.04% ④ 0.004%

풀이 $40\text{ppm} \times \dfrac{1\%}{10,000\text{ppm}} = 0.004\%$

정답 24.① 25.① 26.③ 27.① 28.② 29.④

30 가스교환지역인 폐포나 폐기도에 침착되었을 때 독성을 나타내는 흉곽성 입자상 물질(TPM)이 50% 침착되는 평균입자의 크기는? (단, 미국 ACGIH 정의 기준)

① 10μm ② 5μm
③ 4μm ④ 2.5μm

풀이 ACGIH 입자크기별 기준(TLV)
(1) 흡입성 입자상 물질
 (IPM ; Inspirable Particulates Mass)
 ㉠ 호흡기의 어느 부위(비강, 인후두, 기관 등 호흡기의 기도 부위)에 침착하더라도 독성을 유발하는 분진이다.
 ㉡ 입경범위는 0~100μm이다.
 ㉢ 평균입경(폐침착 50%에 해당하는 입자의 크기)은 100μm이다.
 ㉣ 침전분진은 재채기, 침, 코 등의 벌크(bulk) 세척기전으로 제거된다.
 ㉤ 비암이나 비중격천공을 일으키는 입자상 물질이 여기에 속한다.
(2) 흉곽성 입자상 물질
 (TPM ; Thoracic Particulates Mass)
 ㉠ 기도나 하기도(가스교환 부위)에 침착하여 독성을 나타내는 물질이다.
 ㉡ 평균입경은 10μm이다.
 ㉢ 채취기구는 PM 10이다.
(3) 호흡성 입자상 물질
 (RPM ; Respirable Particulates Mass)
 ㉠ 가스교환 부위, 즉 폐포에 침착할 때 유해한 물질이다.
 ㉡ 평균입경은 4μm(공기역학적 직경이 10μm 미만인 먼지가 호흡성 입자상 물질)이다.
 ㉢ 채취기구는 10mm nylon cyclone이다.

31 비누거품미터를 이용하여 시료채취펌프의 유량을 보정하였다. 뷰렛의 용량이 1,000mL이고 비누거품의 통과시간은 28초일 때 유량(L/min)은?

① 2.14 ② 2.34
③ 2.54 ④ 2.74

풀이
$$유량(L/min) = \frac{1,000mL \times (L/1,000mL)}{(28sec \times min/60sec)}$$
$$= 2.14 L/min$$

32 작업장에서 입자상 물질은 대개 여과원리에 따라 시료를 채취하며, 여과지의 공극보다 작은 입자가 여과지에 채취되는 기전은 여과이론으로 설명할 수 있다. 다음 중 여과이론에 관여하는 기전과 가장 거리가 먼 것은?

① 중력침강
② 정전기적 침강
③ 간섭
④ 흡착

풀이 여과채취기전
㉠ 직접 차단
㉡ 관성충돌
㉢ 확산
㉣ 중력침강
㉤ 정전기 침강
㉥ 체질

33 알고 있는 공기 중 농도를 만들기 위한 방법인 dynamic method에 관한 설명으로 옳지 않은 것은?

① 일정한 용기에 원하는 농도의 가스상 물질을 집어넣어 알고 있는 농도를 제조한다.
② 다양한 농도 범위에서 제조 가능하다.
③ 지속적인 모니터링이 필요하다.
④ 다양한 실험을 할 수 있으며 가스, 증기, 에어로졸 실험도 가능하다.

풀이 Dynamic method
㉠ 희석공기와 오염물질을 연속적으로 흘려주어 일정한 농도를 유지하면서 만드는 방법이다.
㉡ 알고 있는 공기 중 농도를 만드는 방법이다.
㉢ 농도변화를 줄 수 있고 온도·습도 조절이 가능하다.
㉣ 제조가 어렵고 비용도 많이 든다.
㉤ 다양한 농도범위에서 제조 가능하다.
㉥ 가스, 증기, 에어로졸 실험도 가능하다.
㉦ 소량의 누출이나 벽면에 의한 손실은 무시할 수 있다.
㉧ 지속적인 모니터링이 필요하다.
㉨ 매우 일정한 농도를 유지하기가 곤란하다.

34 ACGIH 및 NIOSH에서 사용되는 자외선의 노출기준단위는?

① J/nm
② mJ/cm^2
③ V/m^2
④ W/Å

[풀이] ACGIH와 NIOSH에서는 자외선 노출단위를 J/m^2 (mJ/cm^2) 및 W/m^{2}를 이용한다.

35 원자흡광광도법에서 분석하려는 금속성분을 불꽃 중에서 원자화시킬 경우, 불꽃을 만들기 위하여 일반적으로 가장 많이 사용되는 가연성 가스와 조연성 가스의 조합은?

① 수소-산소
② 이산화질소-공기
③ 프로판-산소
④ 아세틸렌-공기

[풀이] 불꽃을 만들기 위한 조연성 가스와 가연성 가스의 조합
(1) 아세틸렌 - 공기
  ㉠ 대부분의 연소 분석(일반적 많이 사용)
  ㉡ 불꽃의 화염온도 2,300℃ 부근
(2) 아세틸렌 - 아산화질소
  ㉠ 내화성 산화물을 만들기 쉬운 원소 분석(B, V, Ti, Si)
  ㉡ 불꽃의 화염온도 2,700℃ 부근
(3) 프로판 - 공기
  ㉠ 불꽃온도가 낮다.
  ㉡ 일부 원소에 대하여 높은 감도

36 어느 오염원에서 perchloroethylene 20% (TLV=670mg/m^3, 1mg/m^3=0.15ppm), methylene chloride 30%(TLV=720mg/m^3, 1mg/m^3=0.28ppm), heptane 50%(TLV=1,600mg/m^3, 1mg/m^3=0.25ppm)의 중량비로 조성된 용제가 증발되어 작업환경을 오염시켰을 경우 혼합물의 허용농도는?

① 673mg/m^3
② 794mg/m^3
③ 881mg/m^3
④ 973mg/m^3

[풀이] 혼합물의 허용농도(mg/m^3) = $\dfrac{1}{\dfrac{0.2}{670}+\dfrac{0.3}{720}+\dfrac{0.5}{1,600}}$
= 973.07mg/m^3

37 흡착제 중 다공성 중합체에 관한 설명으로 옳지 않은 것은?

① 활성탄보다 비표면적이 작다.
② 활성탄보다 흡착용량이 크며 반응성도 높다.
③ 테낙스 GC(Tenax GC)는 열안정성이 높아 열탈착에 의한 분석이 가능하다.
④ 특별한 물질에 대한 선택성이 좋다.

[풀이] 다공성 중합체(porous polymer)
(1) 활성탄에 비해 비표면적, 흡착용량, 반응성은 작지만 특수한 물질 채취에 유용하다.
(2) 대부분 스티렌, 에틸비닐벤젠, 디비닐벤젠 중 하나와 극성을 띤 비닐화합물과의 공중 중합체이다.
(3) 특별한 물질에 대하여 선택성이 좋은 경우가 있다.
(4) 장점
  ㉠ 아주 적은 양도 흡착제로부터 효율적으로 탈착이 가능하다.
  ㉡ 고온에서 열안정성이 매우 뛰어나기 때문에 열탈착이 가능하다.
  ㉢ 저농도 측정이 가능하다.
(5) 단점
  ㉠ 비휘발성 물질(대표적 : 이산화탄소)에 의하여 치환반응이 일어난다.
  ㉡ 시료가 산화·가수·결합 반응이 일어날 수 있다.
  ㉢ 아민류 및 글리콜류는 비가역적 흡착이 발생한다.
  ㉣ 반응성이 강한 기체(무기산, 이산화황)가 존재 시 시료가 화학적으로 변한다.

38 pH 2, pH 5인 두 수용액을 수산화나트륨으로 각각 중화시킬 때 중화제 NaOH의 투입량은 어떻게 되는가?

① pH 5인 경우보다 pH 2가 3배 더 소모된다.
② pH 5인 경우보다 pH 2가 9배 더 소모된다.
③ pH 5인 경우보다 pH 2가 30배 더 소모된다.
④ pH 5인 경우보다 pH 2가 1,000배 더 소모된다.

[풀이] pH = $\log\dfrac{1}{[H^+]}$, $[H^+]=10^{-pH}$
pH 2인 경우 $[H^+]=10^{-2}$, pH 5인 경우 $[H^+]=10^{-5}$
∴ 비율 = $\dfrac{10^{-2}}{10^{-5}}$ = 1,000배

정답 34.② 35.④ 36.④ 37.② 38.④

39 소리의 음압수준이 87dB인 기계 10대를 동시에 가동하면 전체 음압수준은?

① 약 93dB　　② 약 97dB
③ 약 104dB　　④ 약 108dB

풀이 합성소음도 = $10\log(10^{8.7} \times 10) = 97\text{dB}$

40 다음 중 실리카겔에 대한 친화력이 가장 큰 물질은?

① 케톤류　　② 방향족탄화수소류
③ 올레핀류　　④ 에스테르류

풀이 실리카겔의 친화력
물 > 알코올류 > 알데히드류 > 케톤류 > 에스테르류 > 방향족탄화수소 > 올레핀류 > 파라핀류

제3과목 | 작업환경 관리

41 감압병의 예방과 치료에 관한 설명으로 옳지 않은 것은?

① 특별히 잠수에 익숙한 사람을 제외하고는 1분에 10m 정도씩 잠수하는 것이 안전하다.
② 감압이 끝날 무렵 순수한 산소를 흡입시키면 예방적 효과가 있을 뿐 아니라 감압시간을 25% 가량 단축시킨다.
③ 감압병 증상이 발생하였을 때에는 환자를 바로 원래의 고압환경에 복귀시키거나 인공적 고압실에 넣어 혈관 및 조직 속에 발생한 질소의 기포를 다시 용해시킨 다음 천천히 감압한다.
④ 헬륨은 질소보다 확산속도가 늦고 체외로 배출되는 시간이 질소에 비하여 2배 가량이 길어 고압환경에서 작업할 때에는 질소를 헬륨으로 대치한 공기를 호흡시킨다.

풀이 ④ 헬륨은 질소보다 확산속도가 빠르며, 체외로 배출되는 시간이 질소에 비하여 50% 정도밖에 걸리지 않는다.

42 근로자가 귀덮개(NRR=27)를 착용하고 있는 경우 미국 OSHA의 방법으로 계산한다면 차음효과는?

① 5dB　　② 8dB
③ 10dB　　④ 12dB

풀이 차음효과 = (NRR-7)×50%
= (27-7)×0.5
= 10dB

43 고온다습한 환경에 노출될 때 체온조절중추 특히 발한중추의 장애로 발생하며, 가장 특이적인 소견으로 땀을 흘리지 못하여 체열발산을 하지 못하는 고열장애는?

① 열사병　　② 열피비
③ 열경련　　④ 열실신

풀이 열사병(heatstroke)
(1) 개요
　㉠ 열사병은 고온다습한 환경(육체적 노동 또는 태양의 복사선을 두부에 직접적으로 받는 경우)에 노출될 때 뇌 온도의 상승으로 신체 내부의 체온조절 중추에 기능장애를 일으켜서 생기는 위급한 상태를 말한다.
　㉡ 고열로 인해 발생하는 장애 중 가장 위험성이 크다.
　㉢ 태양광선에 의한 열사병은 일사병(sunstroke)이라고 한다.
(2) 발생
　㉠ 체온조절 중추(특히 발한 중추)의 기능장애에 의한다(체내에 열이 축적되어 발생).
　㉡ 혈액 중의 염분량과는 관계없다.
　㉢ 대사열의 증가는 작업부하와 작업환경에서 발생하는 열부하가 원인이 되어 발생하며, 열사병을 일으키는 데 크게 관여한다.

44 방진마스크의 선정기준으로 옳지 않은 것은?

① 무게가 가벼울 것
② 시야가 넓을 것
③ 흡기저항이 클 것
④ 포집효율이 높을 것

정답 39.② 40.① 41.④ 42.③ 43.① 44.③

[풀이] 방진마스크의 선정조건(구비조건)
㉠ 흡기저항 및 흡기저항 상승률이 낮을 것
　(일반적 흡기저항 범위 : 6~8mmH₂O)
㉡ 배기저항이 낮을 것
　(일반적 배기저항 기준 : 6mmH₂O 이하)
㉢ 여과재 포집효율이 높을 것
㉣ 착용 시 시야확보가 용이할 것(하방시야가 60° 이상 되어야 함)
㉤ 중량은 가벼울 것
㉥ 안면에서의 밀착성이 클 것
㉦ 침입률 1% 이하까지 정확히 평가 가능할 것
㉧ 피부접촉부위가 부드러울 것
㉨ 사용 후 손질이 간단할 것
㉩ 무게중심은 안면에 강한 압박감을 주지 않는 위치에 있을 것

45 다음 (　) 안에 옳은 내용은?

> 광원에서 빛을 이용할 때는 어느 방향으로 얼마만큼의 광속이 발산되고 있는지를 알 필요가 있다. 바로 이때 광원으로부터 나오는 빛의 세기를 (　)(이)라 한다.

① 조도　　② 광도
③ 광량　　④ 휘도

[풀이] 칸델라(candela, cd) ; 광도
㉠ 광원으로부터 나오는 빛의 세기를 광도라고 한다.
㉡ 단위는 칸델라(cd)를 사용한다.
㉢ 101,325N/m² 압력하에서 백금의 응고점 온도에 있는 흑체의 1m²인 평평한 표면 수직 방향의 광도를 1cd라 한다.

46 다음 중 비교원성 진폐증의 종류로 가장 알맞은 것은?

① 탄광부진폐증　② 주석폐증
③ 규폐증　　　　④ 석면폐증

[풀이]
(1) 교원성 진폐증의 종류
　㉠ 규폐증
　㉡ 석면폐증
　㉢ 탄광부진폐증
(2) 비교원성 진폐증의 종류
　㉠ 용접공폐증
　㉡ 주석폐증
　㉢ 바륨폐증
　㉣ 칼륨폐증

47 방진대책 중 전파경로대책으로 옳은 것은?

① 수진점의 기초중량의 부가 및 경감
② 수진측의 탄성지지
③ 수진측의 강성변경
④ 수진점 근방의 방진구

[풀이] 진동방지대책
(1) 발생원 대책
　㉠ 가진력(기진력, 외력) 감쇠
　㉡ 불평형력의 평형 유지
　㉢ 기초중량의 부가 및 경감
　㉣ 탄성지지(완충물 등 방진재 사용)
　㉤ 진동원 제거
　㉥ 동적 흡진
(2) 전파경로 대책
　㉠ 진동의 전파경로 차단(방진구)
　㉡ 거리감쇠
(3) 수진측 대책

48 작업과 보호구를 가장 적절하게 연결한 것은?

① 전기용접 – 차광안경
② 탱크 내 분무도장 – 방진마스크
③ 노면 토석굴착 – 송풍마스크
④ 병타기공정 – 고무제 보호의

[풀이]
② 탱크 내 분무도장 – 송기마스크
③ 노면 토석굴착 – 방진마스크
④ 병타기공정 – 청력보호구(귀마개, 귀덮개)
　㉠ 작업시간 단축 및 교대제 실시
　㉡ 보건교육 실시
　㉢ 수진측 탄성지지 및 강성 변경

49 유해한 작업환경에 대한 개선대책인 대치(substitution)의 내용과 가장 거리가 먼 것은?

① 공정의 변경
② 시설의 변경
③ 작업자의 변경
④ 유해물질의 변경

[풀이] 작업환경 개선(대치방법)
㉠ 공정의 변경
㉡ 시설의 변경
㉢ 유해물질의 변경

정답 45.② 46.② 47.④ 48.① 49.③

50 다음 조건에서 방독마스크의 사용가능시간은 얼마인가?

> • 공기 중의 사염화탄소 농도 0.2%
> • 사용 정화통의 정화능력은 사염화탄소 0.5%에서 50분간 사용 가능

① 110분
② 125분
③ 145분
④ 175분

풀이
$$\text{사용가능시간} = \frac{\text{표준유효시간} \times \text{시험가스 농도}}{\text{공기 중 유해가스 농도}}$$
$$= \frac{50 \times 0.5}{0.2}$$
$$= 125분$$

51 다음 중 방사선에 감수성이 가장 낮은 인체 조직은?

① 임파구
② 골수
③ 혈관
④ 눈의 수정체

풀이 **전리방사선에 대한 감수성 순서**
눈의 수정체, 임파구(선), 골수, 조혈기관 > 상피·내피 세포 > 근육세포 > 신경조직

52 일반적으로 작업장 신축 시 창의 면적은 바닥면적의 어느 정도가 적당한가?

① 1/2~1/3
② 1/3~1/4
③ 1/5~1/7
④ 1/7~1/9

풀이 **창의 높이와 면적**
㉠ 보통 조도는 창을 크게 하는 것보다 창의 높이를 증가시키는 것이 효과적이다.
㉡ 횡으로 긴 창보다 종으로 넓은 창이 채광에 유리하다.
㉢ 채광을 위한 창의 면적은 방바닥 면적의 15~20%(1/5~1/6)가 이상적이다.

53 출력이 1.0W인 작은 음원에서 10m 떨어진 점의 음압레벨(SPL)은? (단, 무지향성 점음원이며, 자유공간에 있다고 가정함)

① 83dB
② 89dB
③ 93dB
④ 98dB

풀이 점음원, 자유공간의 음압레벨(SPL)
$$\text{SPL(dB)} = \text{PWL} - 20\log r - 11$$
$$= 10\log\left(\frac{1.0}{10^{-12}}\right) - (20\log 10) - 11 = 89\text{dB}$$

54 적외선에 관한 설명으로 옳지 않은 것은?

① 적외선은 대부분 화학작용을 수반하며 가시광선과 자외선 사이에 있다.
② 적외선에 강하게 노출되면 안검록염, 각막염, 홍채위축, 백내장 등 장애를 일으킬 수 있다.
③ 일명 열선이라고 하며 온도에 비례하여 적외선을 복사한다.
④ 적외선은 가시광선보다 긴 파장으로 가시광선과 가까운 쪽을 근적외선이라 한다.

풀이 ① 적외선은 대부분 화학작용을 수반하지 않으며 가시광선보다 파장이 길고 약 760nm~1mm 범위에 있다.

55 방진재 중 금속스프링에 관한 설명으로 옳지 않은 것은?

① 공진 시에 전달률이 크다.
② 저주파 차진에 좋다.
③ 감쇠가 크다.
④ 환경요소에 대한 저항성이 크다.

풀이 **금속스프링**
(1) 장점
㉠ 저주파 차진에 좋다.
㉡ 환경요소에 대한 저항성이 크다.
㉢ 최대변위가 허용된다.
(2) 단점
㉠ 감쇠가 거의 없다.
㉡ 공진 시에 전달률이 매우 크다.
㉢ 로킹(rocking)이 일어난다.

56 잠수부가 해저 30m에서 작업할 때 인체가 받는 절대압은?
① 3기압   ② 4기압
③ 5기압   ④ 6기압

풀이 절대압 = 대기압 + 작용압
= 1기압 + [30m × (1기압/10m)]
= 4기압

57 석탄공장, 벽돌 제조, 도자기 제조 등과 관련해서 발생하고, 폐결핵과 같은 질환으로 이환될 가능성이 높은 진폐증으로 옳은 것은?
① 석면폐증   ② 규폐증
③ 면폐증   ④ 용접폐증

풀이 규폐증(silicosis)
(1) 개요
규폐증은 이집트의 미라에서도 발견되는 오랜 질병이며, 채석장 및 모래분사 작업장에 종사하는 작업자들이 석면을 과도하게 흡입하여 잘 걸리는 폐질환이다.
(2) 원인
㉠ 규폐증은 결정형 규소(암석 : 석영분진, 이산화규소, 유리규산)에 직업적으로 노출된 근로자에게 발생한다.
㉡ 주요원인물질은 혼합물질이며, 건축업, 도자기작업장, 채석장, 석탄공장 등의 작업장에서 근무하는 근로자에게 발생한다.
㉢ 석재공장, 주물공장, 내화벽돌제조, 도자기제조 등에서 발생하는 유리규산이 주원인이다.
㉣ 유리규산(석영) 분진에 의한 규폐성 결정과 폐포벽 파괴 등 망상내피계 반응은 분진입자의 크기가 2~5μm일 때 자주 일어난다.
(3) 인체영향 및 특징
㉠ 폐 조직에서 섬유상 결절이 발견된다.
㉡ 유리규산(SiO_2) 분진 흡입으로 폐에 만성섬유증식이 나타난다.
㉢ 자각증상은 호흡곤란, 지속적인 기침, 다량의 담액 등이지만, 일반적으로는 자각증상 없이 서서히 진행된다(만성규폐증의 경우 10년 이상 지나서 증상이 나타남).
㉣ 고농도의 규소입자에 노출되면 급성규폐증에 걸리며 열, 기침, 체중감소, 청색증이 나타난다.
㉤ 폐결핵은 합병증으로 폐하엽 부위에 많이 생긴다.
㉥ 폐에 실리카가 쌓인 곳에서는 상처가 생기게 된다.

58 전리방사선인 전자기방사선(electromagnetic radiation)에 속하는 것은?
① β(베타)선   ② γ(감마)선
③ 중성자   ④ IR선

풀이 이온화방사선(전리방사선) ― 전자기방사선(X-Ray, γ선)
입자방사선(α선, β선, 중성자)

59 다음 중 ( ) 안에 들어갈 내용으로 가장 적합한 것은?

소음계에서 A 특성(청감보정회로)은 ( )의 음의 크기에 상응하도록 주파수에 따른 반응을 보정하여 측정한 음압수준이다.

① 10phon   ② 20phon
③ 30phon   ④ 40phon

풀이 청감보정회로
㉠ 등청감곡선을 역으로 한 보정회로로 소음계에 내장되어 있다. 40phon, 70phon, 100phon의 등청감곡선과 비슷하게 주파수에 따른 반응을 보정하여 측정한 음압수준으로 순차적으로 A, B, C 청감보정회로(특성)라 한다.
㉡ A특성은 사람의 청감에 맞춘 것으로 순차적으로 40phon 등청감곡선과 비슷하게 주파수에 따른 반응을 보정하여 측정한 음압수준을 말한다 [dB(A), 저주파 대역을 보정한 청감보정회로].

60 자외선 중 일명 화학적인 자외선이라 불리며, 안전과 보건 측면에 관심이 되는 자외선의 파장범위로 가장 적합한 것은?
① 400~515nm
② 300~415nm
③ 200~315nm
④ 100~215nm

풀이 200~315nm의 파장을 갖는 자외선을 안전과 보건 측면에서 중시하여 화학적 UV(화학선)라고도 하며 광화학반응으로 단백질과 핵산분자의 파괴, 변성작용을 한다.

정답 56.② 57.② 58.② 59.④ 60.③

제4과목 | 산업환기

61 다음 중 후드의 유입계수(Ce)에 관한 설명으로 틀린 것은?

① 후드의 유입효율을 나타낸다.
② 유입계수가 1에 가까울수록 압력손실이 작은 후드이다.
③ 유입손실계수가 0이면 유입계수는 1이 된다.
④ 유입계수는 $\dfrac{\text{이상적인 흡인유량}}{\text{실제 흡인유량}}$으로 정의된다.

[풀이]
유입계수(Ce) = $\dfrac{\text{실제 유량}}{\text{이론적인 유량}}$
= $\dfrac{\text{실제 흡인유량}}{\text{이상적인 흡인유량}}$

후드 유입손실계수(F) = $\dfrac{1}{Ce^2} - 1$

$\therefore$ 유입계수(Ce) = $\sqrt{\dfrac{1}{1+F}}$

62 사염화에틸렌 20,000ppm이 공기 중에 존재한다면 공기와 사염화에틸렌혼합물의 유효비중은 얼마인가? (단, 사염화에틸렌의 증기비중은 5.7로 한다.)

① 1.107   ② 1.094
③ 1.075   ④ 1.047

[풀이]
유효비중 = $\dfrac{(20{,}000 \times 5.7) + (980{,}000 \times 1.0)}{1{,}000{,}000}$
= 1.094

63 폭이 10cm이고, 길이가 1m인 1/4 원주형 슬롯 후드가 있다. 포착거리가 30cm이고, 포착속도가 0.4m/sec라면 필요송풍량은 약 얼마인가?

① 8.6m³/min   ② 11.5m³/min
③ 20.1m³/min   ④ 32.5m³/min

[풀이]
슬롯 후드 필요송풍량(Q) : $\dfrac{1}{4}$ 원주
$Q(\text{m}^3/\text{min}) = 60 \cdot C \cdot L \cdot V_c \cdot X$
$= 60 \times 1.6 \times 1 \times 0.4 \times 0.3$
$= 11.52 \text{m}^3/\text{min}$

64 송풍기로 공기를 흡인할 때 덕트 내의 전압, 정압, 동압 상태를 올바르게 설명한 것은?

① 전압, 정압, 동압 모두 음압이다.
② 전압, 정압, 동압 모두 양압이다.
③ 전압과 정압은 음압이고, 동압은 양압이다.
④ 전압은 양압이고, 정압과 동압은 음압이다.

[풀이] 송풍기 전 단계인 덕트 내의 동압은 항상 양압이며 동압보다 정압(음압)이 크므로 전압도 음압이다.

65 다음 중 송풍관 설계에 있어 압력손실을 줄이는 방법으로 적절하지 않은 것은?

① 마찰계수를 작게 한다.
② 분지관의 수를 가급적 적게 한다.
③ 곡관의 반경비(r/d)를 크게 한다.
④ 분지관을 주관에 접속할 때 90°에 가깝도록 한다.

[풀이] 분지관을 주관에 접속할 때 30°에 가깝게 하고 확대관을 이용하여 엇갈리게 연결한다.

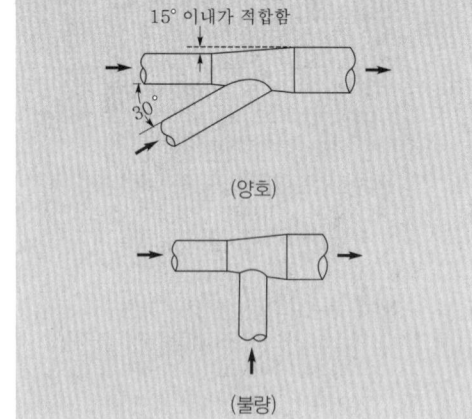

정답 61.④ 62.② 63.② 64.③ 65.④

66 불필요한 고열로 인한 작업장을 환기시키려고 할 때 필요환기량(m³/hr)을 구하는 식으로 옳은 것은? (단, 급배기 또는 실내·외의 온도차를 Δt(℃), 작업장 내 열부하를 H_s(kcal/hr)라 한다.)

① $\dfrac{H_s}{1.2\Delta t}$ ② $H_s \times 1.2\Delta t$

③ $\dfrac{H_s}{0.3\Delta t}$ ④ $H_s \times 0.3\Delta t$

풀이 발열 시 필요환기량(방열 목적의 필요환기량)
㉠ 환기량 계산 시 현열(sensible heat)에 의한 열부하만 고려하여 계산한다.
㉡ 필요환기량(Q, m³/hr) = $\dfrac{H_s}{0.3\Delta t}$

여기서, Q : 필요환기량(m³/hr)
Δt : 급배기(실내·외)의 온도차(℃)
H_s : 작업장 내 열부하량(kcal/hr)

67 주형을 부수고 모래를 터는 장소에 포위식 후드를 설치하는 경우 최소제어풍속(m/sec)으로 옳은 것은?

① 0.5 ② 0.7
③ 1.0 ④ 1.2

풀이 제어속도 범위(ACGIH)

작업조건	작업공정 사례	제어속도 (m/sec)
• 움직이지 않는 공기 중에서 속도 없이 배출되는 작업조건 • 조용한 대기 중에 실제 거의 속도가 없는 상태로 발산하는 경우의 작업조건	• 액면에서 발생하는 가스나 증기, 흄 • 탱크에서 증발, 탈지시설	0.25~0.5
비교적 조용한(약간의 공기 움직임) 대기 중에서 저속도로 비산하는 작업조건	• 용접, 도금 작업 • 스프레이 도장 • 주형을 부수고 모래를 터는 장소	0.5~1.0
발생기류가 높고 유해물질이 활발하게 발생하는 작업조건	• 스프레이 도장, 용기충전 • 컨베이어 적재 • 분쇄기	1.0~2.5
초고속기류가 있는 작업장소에 초고속으로 비산하는 경우	• 회전연삭작업 • 연마작업 • 블라스트 작업	2.5~10

68 자연환기방식에 의한 전체환기의 효율은 주로 무엇에 의해 결정되는가?

① 풍압과 실내·외 온도 차이
② 대기압과 오염물질의 농도
③ 오염물질의 농도와 실내·외의 습도 차이
④ 작업자수와 작업장 내부시설의 위치

풀이 자연환기방식은 작업장 내외의 온도, 압력 차이에 의해 발생하는 기류의 흐름을 자연적으로 이용하는 방식이다.

69 A작업장에서는 1시간에 0.5L의 메틸에틸케톤(MEK)이 증발하고 있다. MEK의 TLV가 200ppm이라면 이 작업장 전체를 환기시키기 위한 필요환기량(m³/min)은 약 얼마인가? (단, 주위온도는 25℃, 1기압 상태이며, MEK의 분자량은 72.1, 비중은 0.805, 안전계수는 3이다.)

① 34.12
② 68.25
③ 83.56
④ 134.54

풀이
• 사용량(g/hr)
= 0.5L/hr × 0.805g/mL × 1,000mL/L
= 402.5g/hr

• 발생률(G, L/hr)
72.1g : 24.45L = 402.5g/hr : G
$G = \dfrac{24.45L \times 402.5g/hr}{72.1g}$
= 136.49L/hr

∴ 필요환기량(Q)
$Q = \dfrac{G}{TLV} \times K$
$= \dfrac{136.49L/hr}{200ppm} \times 3$
$= \dfrac{136.49L/hr \times 1,000mL/L}{200mL/m^3} \times 3$
= 2,047.39m³/hr × hr/60min
= 34.12m³/min

70 국소배기장치 설치에는 오염물질의 제어효율뿐만 아니라 비용문제도 고려해야 한다. 다음 중 국소배기장치의 설치 및 에너지 비용 절감을 위해 가장 우선적으로 검토하여야 할 것은?

① 재료비 절감을 위해 덕트 직경을 가능한 줄인다.
② 송풍기 운전비 절감을 위해 댐퍼로 배기유량을 줄인다.
③ 후드 개구면적을 가능한 넓혀서 개방형으로 설치한다.
④ 후드를 오염물질 발생원에 최대한 근접시켜 필요송풍량을 줄인다.

풀이 국소배기에서 효율성 있는 운전을 하기 위해서 가장 먼저 고려할 사항은 필요송풍량 감소이다.

71 직경이 180mm인 덕트 내 정압은 −58.5mmH₂O, 전압은 23.5mmH₂O였다. 이때 공기유량은 약 몇 m³/min인가?

① 42 ② 56
③ 69 ④ 81

풀이 공기유량(Q)
$Q(\mathrm{m^3/min}) = A \times V$
$A = \dfrac{3.14 \times 0.18^2}{4} = 0.025 \mathrm{m^2}$
$V = 4.043\sqrt{VP}$
$\quad = 4.043\sqrt{82} = 36.6 \mathrm{m/sec}$
$VP = TP - SP$
$\quad = 23.5 - (-58.5) = 82\mathrm{mmH_2O}$
$= 0.025\mathrm{m^2} \times 36.6\mathrm{m/sec} \times 60\mathrm{sec/min}$
$= 55\mathrm{m^3/min}$

72 직경 30cm의 원형관 내에 50m³/min의 공기가 흐르고 있다. 관 길이 20m당 압력손실(mmH₂O)은 약 얼마인가? (단, 관의 마찰계수 값은 0.019, 공기의 비중량은 1.2kg₁/m³이다.)

① 7.2 ② 10.8
③ 18.6 ④ 20.4

풀이 직관의 압력손실(ΔP)
$\Delta P = \lambda \times \dfrac{L}{D} \times \dfrac{\gamma V^2}{2g}$
$V = \dfrac{Q}{A} = \dfrac{50\mathrm{m^3/min}}{\left(\dfrac{3.14 \times 0.3^2}{4}\right)\mathrm{m^3}}$
$\quad = 707.7\mathrm{m/min} \times \mathrm{min/60sec}$
$\quad = 11.8\mathrm{m/sec}$
$= 0.019 \times \dfrac{20}{0.3} \times \left(\dfrac{1.2 \times 11.8^2}{2 \times 9.8}\right)$
$= 10.79\mathrm{mmH_2O}$

73 다음 설명에 해당하는 송풍기의 종류로 옳은 것은?

- 소요정압이 떨어져도 동력은 크게 상승하지 않으므로 시설저항 및 운전상태가 변하여도 과부하가 걸리지 않는다.
- 소음도 비교적 낮으나 구조가 가장 크다.
- 통상적으로 최고속도가 높으므로 효율이 높다.

① 축류형 송풍기
② 프로펠러팬형 송풍기
③ 다익형 송풍기
④ 터보팬형 송풍기

풀이 터보형 송풍기(turbo fan)
㉠ 후항 날개형(후곡 날개형)(backward-curved blade fan)은 송풍량이 증가해도 동력이 증가하지 않는 장점을 가지고 있어 한계부하 송풍기라고도 한다.
㉡ 회전날개(깃)가 회전방향 반대편으로 경사지게 설계되어 있어 충분한 압력을 발생시킬 수 있다.
㉢ 소요정압이 떨어져도 동력은 크게 상승하지 않으므로 시설저항 및 운전상태가 변하여도 과부하가 걸리지 않는다.
㉣ 송풍기 성능곡선에서 동력곡선이 최대송풍량의 60~70%까지 증가하다가 감소하는 경향을 띠는 특성이 있다.
㉤ 고농도 분진 함유 공기를 이송시킬 경우 깃 뒷면에 분진이 퇴적하며 집진기 후단에 설치하여야 한다.
㉥ 깃의 모양은 두께가 균일한 것과 익형이 있다.
㉦ 원심력식 송풍기 중 가장 효율이 좋다.

정답 70.④ 71.② 72.② 73.④

74 다음 [보기]를 이용하여 일반적인 국소배기장치의 설계순서를 가장 적절하게 나열한 것은?

[보기]
㉮ 총 압력손실의 계산
㉯ 제어속도 결정
㉰ 필요송풍량의 계산
㉱ 덕트 직경의 산출
㉲ 공기정화기 선정
㉳ 후드의 형식 선정

① ㉳→㉯→㉰→㉱→㉲→㉮
② ㉯→㉰→㉮→㉱→㉲→㉳
③ ㉰→㉯→㉳→㉮→㉳→㉲
④ ㉳→㉰→㉯→㉮→㉱→㉲

풀이 국소배기장치의 설계순서
후드의 형식 선정 → 제어속도 결정 → 소요풍량 계산 → 반송속도 결정 → 배관내경 산출 → 후드 크기 결정 → 배관의 배치와 설치장소 선정 → 공기정화장치 선정 → 국소배기 계통도와 배치도 작성 → 총 압력손실량 계산 → 송풍기 선정

75 다음 중 송풍기에 관한 설명으로 틀린 것은?
① 프로펠러 송풍기는 구조가 가장 간단하고, 적은 비용으로 많은 양의 공기를 이송시킬 수 있다.
② 방사 날개형 송풍기는 평판형 송풍기라고도 하며 고농도 분진함유 공기나 부식성이 강한 공기를 이송시키는 데 많이 이용된다.
③ 전향 날개형 송풍기는 동일 송풍량을 발생시키기 위한 임펠러 회전속도가 상대적으로 낮기 때문에 소음문제가 거의 발생하지 않는다.
④ 후향 날개형 송풍기는 회전날개가 회전방향 반대편으로 경사지게 설계되어 있어 충분한 압력을 발생시킬 수 있고, 전향 날개형 송풍기에 비해 효율이 떨어진다.

풀이 ④ 후향 날개형 송풍기는 전향 날개형 송풍기에 비해 효율이 높다.

76 다음 중 관성력 집진기에 관한 설명으로 틀린 것은?
① 집진효율을 높이기 위해서는 충돌 후 집진기 후단의 출구기류속도를 가능한 한 높여야 한다.
② 집진효율을 높이기 위해서는 압력손실이 증가하더라도 기류의 방향전환횟수를 늘린다.
③ 집진효율을 높이기 위해서는 충돌 전 처리배기속도는 입자의 성상에 따라 적당히 빠르게 한다.
④ 관성력 집진기는 미세한 입자보다는 입경이 큰 입자를 제거하는 전처리용으로 많이 사용된다.

풀이 ① 집진기 후단의 출구기류의 속도는 가능한 작게 하여야 자체 비중에 의하여 집진된다.

77 한 유기용제의 증기압이 1.5mmHg일 때 1기압의 공기 중에서 도달할 수 있는 포화농도는 약 몇 ppm 정도인가?
① 2,000　② 3,000
③ 4,000　④ 5,000

풀이
$$포화농도(ppm) = \frac{증기압}{760} \times 10^6$$
$$= \frac{1.5}{760} \times 10^6 = 1973.68 ppm$$

78 다음 중 유해가스의 처리방법에 있어 연소에 의한 처리방법의 장점이 아닌 것은?
① 폐열을 회수하여 이용할 수 있다.
② 시설투자비와 유지관리비가 적게 든다.
③ 배기가스의 유량과 농도의 변화에 잘 적용할 수 있다.
④ 가스연소장치의 설계 및 운전조절을 통해 유해가스를 거의 완전히 제거할 수 있다.

풀이 ② 연소법은 시설투자비와 유지관리비가 많이 든다.

정답 74.① 75.④ 76.① 77.① 78.②

79 폭발방지를 위한 환기량은 해당 물질의 공기 중 농도를 어느 수준 이하로 감소시키는 것인가?

① 노출기준 하한치
② 폭발농도 하한치
③ 노출기준 상한치
④ 폭발농도 상한치

[풀이] 폭발농도 하한치(%) : LEL
㉠ 혼합가스의 연소가능범위를 폭발범위라 하며 그 최저농도를 폭발농도하한치(LEL), 최고농도를 폭발농도상한치(UEL)라 한다.
㉡ LEL이 25%이면 화재나 폭발을 예방하기 위해서는 공기 중 농도가 250,000ppm 이하로 유지되어야 한다.
㉢ 폭발성, 인화성이 있는 가스 및 증기 혹은 입자상 물질을 대상으로 한다.
㉣ LEL은 근로자의 건강을 위해 만들어 놓은 TLV 보다 높은 값이다.
㉤ 단위는 %이며, 오븐이나 덕트처럼 밀폐되고 환기가 계속적으로 가동되고 있는 곳에서는 LEL의 1/4를 유지하는 것이 안전하다.
㉥ 가연성 가스가 공기 중의 산소와 혼합되어 있는 경우 혼합가스 조성에 따라 점화원에 의해 착화된다.

80 송풍기의 바로 앞부분(up stream)까지의 정압이 −200mmH$_2$O, 뒷부분(down stream)에서의 정압이 10mmH$_2$O이다. 송풍기의 바로 앞부분과 뒷부분에서의 속도압이 모두 8mmH$_2$O일 때 송풍기 정압(mmH$_2$O)은 얼마인가?

① 182
② 190
③ 202
④ 218

[풀이] 송풍기 정압(mmH$_2$O) $= 10 - (-200) - 8$
$= 202 \, \text{mmH}_2\text{O}$

제1회 산업위생관리산업기사

CBT 기출복원문제 | 2023.03.05

제1과목 | 산업위생학 개론

01 공기 중에 혼합물로 toluene 70ppm(TLV 100ppm), xylene 60ppm(TLV 100ppm), n-hexane 30ppm(TLV 50ppm)이 존재하는 경우 복합노출지수는 얼마인가?
① 1.1
② 1.5
③ 1.9
④ 2.3

풀이 복합노출지수(EI) = $\dfrac{C_1}{TLV_1} + \cdots + \dfrac{C_n}{TLV_n}$
= $\dfrac{70}{100} + \dfrac{60}{100} + \dfrac{30}{50} = 1.9$

02 작업자가 유해물질에 어느 정도 노출되었는지를 파악하는 지표로서 작업자의 생체시료에서 대사산물 등을 측정하여 유해물질의 노출량을 추정하는 데 사용되는 것은?
① BEI
② TLV-TWA
③ TLV-S
④ excursion limit

풀이 생물학적 노출지수(BEI)
㉠ 혈액, 소변, 호기, 모발 등 생체시료(인체조직이나 세포)로부터 유해물질 그 자체 또는 유해물질의 대사산물 및 생화학적 변화를 반영하는 지표물질을 말하며, 근로자의 전반적인 노출량을 평가하는 기준으로 BEI를 사용한다.
㉡ 작업장의 공기 중 허용농도에 의존하는 것 이외에 근로자의 노출상태를 측정하는 방법으로 근로자들의 조직과 체액 또는 호기를 검사하여 건강장애를 일으키는 일이 없이 노출될 수 있는 양이다.

03 다음 중 산업위생전문가로서의 책임에 대한 내용과 가장 거리가 먼 것은?
① 이해관계가 있는 상황에는 개입하지 않는다.
② 전문 분야로서의 산업위생을 학문적으로 발전시킨다.
③ 궁극적 책임은 기업주 또는 고객의 건강보호에 있다.
④ 과학적 방법의 적용과 자료의 해석에서 객관성을 유지한다.

풀이 산업위생전문가로서의 책임
㉠ 성실성과 학문적 실력 면에서 최고 수준을 유지한다(전문적 능력 배양 및 성실한 자세로 행동).
㉡ 과학적 방법의 적용과 자료의 해석에서 경험을 통한 전문가의 객관성을 유지한다(공인된 과학적 방법 적용, 해석).
㉢ 전문 분야로서의 산업위생을 학문적으로 발전시킨다.
㉣ 근로자, 사회 및 전문 직종의 이익을 위해 과학적 지식을 공개하고 발표한다.
㉤ 산업위생활동을 통해 얻은 개인 및 기업체의 기밀은 누설하지 않는다(정보는 비밀 유지).
㉥ 전문적 판단이 타협에 의하여 좌우될 수 있거나 이해관계가 있는 상황에는 개입하지 않는다.

04 NIOSH lifting guide에서 모든 조건이 최적의 작업상태라고 할 때, 권장되는 최대무게 (kg)는 얼마인가?
① 18kg
② 23kg
③ 30kg
④ 40kg

풀이 중량상수(부하상수), 즉 23kg은 최적 작업상태의 권장 최대무게(모든 조건이 가장 좋지 않을 경우 허용되는 최대중량을 의미)이다.

정답 01.③ 02.① 03.③ 04.②

05 산업안전보건법에 따라 최근 1년간 작업공정에서 공정설비의 변경, 작업방법의 변경, 설비의 이전, 사용 화학물질의 변경 등으로 작업환경측정 결과에 영향을 주는 변화가 없는 경우로서 해당 유해인자에 대한 작업환경측정을 1년에 1회 이상으로 할 수 있는 경우는?

① 작업장 또는 작업공정이 신규로 가동되는 경우
② 작업공정 내 소음의 작업환경측정 결과가 최근 2회 연속 90데시벨(dB) 미만인 경우
③ 작업공정 내 소음 외의 다른 모든 인자의 작업환경측정 결과가 최근 2회 연속 노출기준 미만인 경우
④ 작업환경측정 대상 유해인자에 해당하는 화학적 인자의 측정치가 노출기준을 초과하는 경우

풀이 사업주는 최근 1년간 작업공정에서 공정설비의 변경, 작업방법의 변경, 설비의 이전, 사용 화학물질의 변경 등으로 작업환경측정 결과에 영향을 주는 변화가 없는 경우로서 다음 어느 하나에 해당하는 경우에는 해당 유해인자에 대한 작업환경측정을 1년에 1회 이상 할 수 있다. 다만, 발암성 물질을 취급하는 작업공정은 그러하지 아니하다.
㉠ 작업공정 내 소음의 작업환경측정 결과가 최근 2회 연속 85데시벨(dB) 미만인 경우
㉡ 작업공정 내 소음 외의 다른 모든 인자의 작업환경측정 결과가 최근 2회 연속 노출기준 미만인 경우

06 주요 화학물질의 노출기준(TWA, ppm)이 가장 낮은 것은?

① 오존(O_3)
② 암모니아(NH_3)
③ 일산화탄소(CO)
④ 이산화탄소(CO_2)

풀이
① 오존(O_3) : 0.08ppm
② 암모니아(NH_3) : 25ppm
③ 일산화탄소(CO) : 30ppm
④ 이산화탄소(CO_2) : 5,000ppm

07 다음 중 산업안전보건법령에서 정의한 강렬한 소음작업에 해당하는 작업은?

① 90dB 이상의 소음이 1일 4시간 이상 발생하는 작업
② 95dB 이상의 소음이 1일 2시간 이상 발생하는 작업
③ 100dB 이상의 소음이 1일 1시간 이상 발생하는 작업
④ 110dB 이상의 소음이 1일 30분 이상 발생하는 작업

풀이 강렬한 소음작업
㉠ 90dB 이상의 소음이 1일 8시간 이상 발생하는 작업
㉡ 95dB 이상의 소음이 1일 4시간 이상 발생하는 작업
㉢ 100dB 이상의 소음이 1일 2시간 이상 발생하는 작업
㉣ 105dB 이상의 소음이 1일 1시간 이상 발생하는 작업
㉤ 110dB 이상의 소음이 1일 30분 이상 발생하는 작업
㉥ 115dB 이상의 소음이 1일 15분 이상 발생하는 작업

08 작업환경측정 및 정도관리 등에 관한 고시에 있어 시료채취 근로자수는 단위작업장소에서 최고 노출근로자 몇 명 이상에 대하여 동시에 측정하도록 되어 있는가?

① 2명
② 3명
③ 5명
④ 10명

풀이 시료채취 근로자수
㉠ 단위작업장소에서 최고 노출근로자 2명 이상에 대하여 동시에 개인시료방법으로 측정하되, 단위작업장소에 근로자가 1명인 경우에는 그러하지 아니하며, 동일 작업 근로자수가 10명을 초과하는 경우에는 매 5명당 1명 이상 추가하여 측정하여야 한다. 다만, 동일 작업 근로자수가 100명을 초과하는 경우에는 최대 시료채취근로자수를 20명으로 조정할 수 있다.
㉡ 지역시료채취방법으로 측정을 하는 경우 단위작업장소 내에서 2개 이상의 지점에 대하여 동시에 측정하여야 한다. 다만, 단위작업장소의 넓이가 50평방미터 이상인 경우에는 매 30평방미터마다 1개 지점 이상을 추가로 측정하여야 한다.

정답 05.③ 06.① 07.④ 08.①

09 무게 8kg인 물건을 근로자가 들어올리는 작업을 하려고 한다. 해당 작업조건의 권장무게한계(RWL)가 5kg이고, 이동거리가 20cm일 때 들기지수(Lifting Index, LI)는 얼마인가? (단, 근로자는 10분 2회씩 1일 8시간 작업한다.)

① 1.2 ② 1.6
③ 3.2 ④ 4.0

풀이 $LI = \dfrac{\text{물체무게}}{RWL} = \dfrac{8kg}{5kg} = 1.6$

10 감압(decompression)에 따른 기포 형성량과 관련된 요인이 아닌 것은?

① 감압속도
② 혈류의 변화
③ 대기의 상대습도
④ 조직에 용해된 가스량

풀이 감압 시 조직 내 질소기포 형성량에 영향을 주는 요인
㉠ 조직에 용해된 가스량
  체내 지방량, 고기압폭로의 정도와 시간으로 결정
㉡ 혈류변화 정도(혈류를 변화시키는 상태)
  • 감압 시나 재감압 후에 생기기 쉽다.
  • 연령, 기온, 운동, 공포감, 음주와 관계가 있다.
㉢ 감압속도

11 미국산업위생학술원(AAIH)에서는 산업위생 분야에 종사하는 사람들이 반드시 지켜야 할 윤리강령을 채택하였는데, 이에 해당하지 않는 것은?

① 전문가로서의 책임
② 근로자에 대한 책임
③ 검사기관으로서의 책임
④ 일반대중에 대한 책임

풀이 산업위생 분야 윤리강령
㉠ 산업위생 전문가로서의 책임
㉡ 근로자에 대한 책임
㉢ 기업주와 고객에 대한 책임
㉣ 일반대중에 대한 책임

12 석재공장, 주물공장 등에서 발생하는 유리규산이 주원인이 되는 진폐의 종류는?

① 면폐증
② 활석폐증
③ 규폐증
④ 석면폐증

풀이 규폐증은 석재공장, 주물공장, 내화벽돌 제조, 도자기 제조 등에서 발생하는 유리규산이 주원인이다.

13 다음 중 산업 스트레스의 반응에 따른 행동적 결과와 가장 거리가 먼 것은?

① 흡연
② 불면증
③ 행동의 격양
④ 알코올 및 약물 남용

풀이 산업 스트레스 반응결과
(1) 행동적 결과
  ㉠ 흡연
  ㉡ 알코올 및 약물 남용
  ㉢ 행동 격양에 따른 돌발적 사고
  ㉣ 식욕 감퇴
(2) 심리적 결과
  ㉠ 가정 문제(가족 조직 구성인원 문제)
  ㉡ 불면증으로 인한 수면부족
  ㉢ 성적 욕구 감퇴
(3) 생리적(의학적) 결과
  ㉠ 심혈관계 질환(심장)
  ㉡ 위장관계 질환
  ㉢ 기타 질환(두통, 피부질환, 암, 우울증 등)

14 산업안전보건법상 최소 상시근로자 몇 명 이상의 사업장은 1명 이상의 보건관리자를 선임하여야 하는가?

① 10명 이상
② 50명 이상
③ 100명 이상
④ 300명 이상

풀이 최소 상시근로자 50명 이상 사업장은 1명 이상의 보건관리자를 선임하여야 한다.

정답 09.② 10.③ 11.③ 12.③ 13.② 14.②

15 도수율에 대한 설명으로 틀린 것은?

① 근로손실일수를 알아야 한다.
② 재해발생건수를 알아야 한다.
③ 연근로시간수를 계산해야 한다.
④ 산업재해의 발생빈도를 나타내는 단위이다.

풀이
① 근로손실일수는 강도율 계산 시 필요하다.
- 도수율(빈도율, FR)
  ㉠ 정의 : 재해의 발생빈도를 나타내는 것으로 연근로시간 합계 100만 시간당의 재해발생건수
  ㉡ 계산식
  도수율 $= \dfrac{\text{일정 기간 중 재해발생건수(재해자수)}}{\text{일정 기간 중 연근로시간수}} \times 10^6$

16 국제노동기구(ILO)는 산업보건사업의 권장조건으로 3가지 기본목표를 제시하고 있다. 다음 중 기본목표에 해당되지 않는 것은?

① 후진국 근로자의 작업조건을 선진국 수준으로 향상시키는 데 기여
② 노동과 노동조건으로 일어날 수 있는 건강장해로부터 근로자 보호
③ 근로자의 정신적·육체적 안녕 상태를 최대한으로 유지·증진시키는 데 기여
④ 작업에 있어서 근로자들의 정신적·육체적 적응, 특히 채용 시 적정 배치에 기여

풀이
산업보건사업의 기본목표[국제노동기구(ILO) 제시]
㉠ 노동과 노동조건으로 일어날 수 있는 건강장해로부터 근로자 보호
㉡ 근로자의 정신적·육체적 안녕 상태를 최대한으로 유지·증진시키는 데 기여
㉢ 작업에 있어서 근로자들의 정신적·육체적 적응, 특히 채용 시 적정 배치에 기여

17 유기용제의 생물학적 모니터링에서 유기용제와 소변 중 대사산물의 짝이 잘못 이루어진 것은?

① 톨루엔 : o-크레졸
② 스티렌 : 삼염화초산
③ 크실렌 : 메틸마뇨산
④ 노말헥산 : 2,5-헥산디온

풀이 스티렌의 소변 중 대사산물은 만델린산이다.

18 육체적 작업능력이 16kcal/min인 근로자가 1일 8시간 동안 물체를 운반하고 있다. 이때의 작업대사량이 7kcal/min이라고 할 때 이 사람이 쉬지 않고 계속하여 일할 수 있는 최대허용시간은 약 얼마인가? (단, 16kcal/min에 대한 작업시간은 4분이다.)

① 145분   ② 188분
③ 227분   ④ 245분

풀이
$\log T_{end} = 3.720 - 0.1949E$
$= 3.720 - (0.1949 \times 7)$
$= 2.355$
$\therefore T_{end}(\text{허용작업시간}) = 10^{2.355} = 227\text{min}$

19 직업적 노출기준에 피부(skin) 표시가 첨부되는 물질이 있다. 다음 중 피부 표시를 첨부하는 경우가 아닌 것은?

① 옥탄올-물 분배계수가 낮은 물질인 경우
② 반복하여 피부에 도포했을 때 전신작용을 일으키는 물질인 경우
③ 손이나 팔에 의한 흡수가 몸 전체 흡수에 지대한 영향을 주는 물질인 경우
④ 동물의 급성중독실험 결과 피부 흡수에 의한 치사량(LD_{50})이 비교적 낮은 물질인 경우

풀이
노출기준에 피부(skin) 표시를 하여야 하는 물질
㉠ 손이나 팔에 의한 흡수가 몸 전체 흡수에 지대한 영향을 주는 물질
㉡ 반복하여 피부에 도포했을 때 전신작용을 일으키는 물질
㉢ 급성동물실험 결과 피부 흡수에 의한 치사량이 비교적 낮은 물질
㉣ 옥탄올-물 분배계수가 높아 피부 흡수가 용이한 물질
㉤ 피부 흡수가 전신작용에 중요한 역할을 하는 물질

20 작업장에서의 소음수준 측정방법으로 틀린 것은?

① 소음계의 청감보정회로는 A특성으로 한다.
② 소음계 지시침의 동작은 빠른(fast) 상태로 한다.
③ 소음계의 지시치가 변동하지 않는 경우에는 해당 지시치를 그 측정점에서의 소음수준으로 한다.
④ 소음이 1초 이상의 간격을 유지하면서 최대음압수준이 120dB(A) 이상의 소음인 경우에는 소음수준에 따른 1분 동안의 발생횟수를 측정한다.

풀이 ② 소음계 지시침의 동작은 느린(slow) 상태로 한다.

제2과목 | 작업환경 측정 및 평가

21 유도결합플라스마 원자발광분석기를 이용하여 금속을 분석할 때의 장단점으로 옳지 않은 것은?

① 원자흡광광도계보다 더 좋거나 적어도 같은 정밀도를 갖는다.
② 검량선의 직선성 범위가 좁아 재현성이 우수하다.
③ 화학물질에 의한 방해로부터 거의 영향을 받지 않는다.
④ 원자들은 높은 온도에서 많은 복사선을 방출하므로 분광학적 방해영향이 있을 수 있다.

풀이 유도결합플라스마 원자발광분석기의 장단점
(1) 장점
  ㉠ 비금속을 포함한 대부분의 금속을 ppb 수준까지 측정할 수 있다.
  ㉡ 적은 양의 시료를 가지고 한꺼번에 많은 금속을 분석할 수 있다는 것이 가장 큰 장점이다.
  ㉢ 시료를 한 번 주입하여 10~20초 내에 30개 이상의 원소를 분석할 수 있다.
  ㉣ 화학물질에 의한 방해로부터 영향을 거의 받지 않는다.
  ㉤ 검량선의 직선성 범위가 넓다. 즉, 직선성 확보가 유리하다.
  ㉥ 원자흡광광도계보다 더 좋거나 적어도 같은 정밀도를 가진다.
(2) 단점
  ㉠ 원자들은 높은 온도에서 많은 복사선을 방출하므로 분광학적 방해영향이 있다.
  ㉡ 시료분해 시 화합물 바탕방출이 있어 컴퓨터 처리과정에서 교정이 필요하다.
  ㉢ 유지관리 및 기기구입 가격이 높다.
  ㉣ 이온화 에너지가 낮은 원소들은 검출한계가 높으며, 또한 다른 금속의 이온화에 방해를 준다.

22 다음 중 PVC막 여과지를 사용하여 채취하는 물질에 관한 내용과 가장 거리가 먼 것은?

① 유리규산을 채취하여 X선 회절법으로 분석하는 데 적절하다.
② 6가크롬, 아연산화물의 채취에 이용된다.
③ 압력에 강하여 석탄건류나 증류 등의 공정에서 발생하는 PAHs 채취에 이용된다.
④ 수분에 대한 영향이 크지 않기 때문에 공해성 먼지 등의 중량 분석을 위한 측정에 이용된다.

풀이 PTFE막 여과지는 열, 화학물질, 압력 등에 강한 특성을 가지고 있어 석탄건류나 증류 등의 고열 공정에서 발생하는 다핵방향족 탄화수소를 채취하는 데 이용된다.

23 입경이 $14\mu m$이고 밀도가 $1.3g/cm^3$인 입자의 침강속도는?

① 0.19cm/sec
② 0.35cm/sec
③ 0.52cm/sec
④ 0.76cm/sec

풀이 Lippmann 식에 의한 침강속도
$$V(cm/sec) = 0.003 \times \rho \times d^2$$
$$= 0.003 \times 1.3 \times 14^2$$
$$= 0.76 cm/sec$$

정답 20.② 21.② 22.③ 23.④

24 다음 유기용제 중 활성탄관을 사용하여 효과적으로 채취할 수 없는 시료는?

① 할로겐화 탄화수소류
② 니트로벤젠류
③ 케톤류
④ 알코올류

풀이
(1) 실리카겔관을 사용하여 채취하기 용이한 시료
  ㉠ 극성류의 유기용제, 산(무기산 : 불산, 염산)
  ㉡ 방향족 아민류, 지방족 아민류
  ㉢ 아미노에탄올, 아마이드류
  ㉣ 니트로벤젠류, 페놀류
(2) 활성탄관을 사용하여 채취하기 용이한 시료
  ㉠ 비극성류의 유기용제
  ㉡ 각종 방향족 유기용제(방향족 탄화수소류)
  ㉢ 할로겐화 지방족 유기용제(할로겐화 탄화수소류)
  ㉣ 에스테르류, 알코올류, 에테르류, 케톤류

25 입자상 물질을 채취하기 위해 사용되는 직경분립충돌기(cascade impactor)에 비해 사이클론이 갖는 장점이 아닌 것은?

① 입자의 질량크기 분포를 얻을 수 있다.
② 매체의 코팅과 같은 별도의 특별한 처리가 필요 없다.
③ 호흡성 먼지에 대한 자료를 쉽게 얻을 수 있다.
④ 충돌기에 비해 사용이 간편하고 경제적이다.

풀이 10mm nylon cyclone이 입경분립충돌기에 비해 갖는 장점
㉠ 사용이 간편하고 경제적이다.
㉡ 호흡성 먼지에 대한 자료를 쉽게 얻을 수 있다.
㉢ 시료입자의 되튐으로 인한 손실 염려가 없다.
㉣ 매체의 코팅과 같은 별도의 특별한 처리가 필요 없다.

26 투과퍼센트가 50%인 경우 흡광도는?

① 0.3   ② 0.4
③ 0.5   ④ 0.6

풀이
$$흡광도 = \log \frac{1}{투과율}$$
$$= \log \frac{1}{(1-0.5)} = 0.3$$

27 유해물질의 농도가 1%였다면 이 물질의 농도를 ppm으로 환산하면 얼마인가?

① 100
② 1,000
③ 10,000
④ 100,000

풀이 $1\% = 10^4 \text{ppm}$

28 작업환경측정의 목표에 관한 설명 중 틀린 것은?

① 근로자의 유해인자 노출 파악
② 환기시설 성능 평가
③ 정부 노출기준과 비교
④ 호흡용 보호구 지급 결정

풀이 일반적 작업환경측정 목적
㉠ 유해물질에 대한 근로자의 허용기준 초과여부를 결정한다.
㉡ 환기시설을 가동하기 전과 후의 공기 중 유해물질 농도를 측정하여 환기시설의 성능을 평가한다.
㉢ 역학조사 시 근로자의 노출량을 파악하여 노출량과 반응과의 관계를 평가한다.
㉣ 근로자의 노출이 법적 기준인 허용농도를 초과하는지의 여부를 판단한다.
㉤ 최소의 오차범위 내에서 최소의 시료수를 가지고 최대의 근로자를 보호한다.
㉥ 작업공정, 물질, 노출 요인의 변경으로 인해 근로자에 대한 과대한 노출의 가능성을 최소화한다.
㉦ 과거의 노출농도가 타당한가를 확인한다.
㉧ 노출기준을 초과하는 상황에서 근로자가 더 이상 노출되지 않게 보호한다.
㉨ ㉠~㉧ 중 가장 큰 목적은 근로자의 노출정도를 알아내는 것으로 질병에 대한 원인을 규명하는 것은 아니며, 근로자의 노출수준을 간접적 방법으로 파악하는 것이다.

정답 24.② 25.① 26.① 27.③ 28.④

29 불꽃방식의 원자흡광광도계의 일반적인 장단점으로 옳지 않은 것은?

① 가격이 흑연로장치에 비하여 저렴하다.
② 분석시간이 흑연로장치에 비하여 길게 소요된다.
③ 시료량이 많이 소요되며 감도가 낮다.
④ 고체 시료의 경우 전처리에 의하여 매트릭스를 제거하여야 한다.

풀이 불꽃방식의 원자흡광광도계의 장단점
(1) 장점
  ㉠ 쉽고 간편하다.
  ㉡ 가격이 흑연로장치나 유도결합플라스마-원자발광분석기보다 저렴하다.
  ㉢ 분석이 빠르고 정밀도가 높다(분석시간이 흑연로장치에 비해 적게 소요).
  ㉣ 기질의 영향이 적다.
(2) 단점
  ㉠ 많은 양의 시료(10mL)가 필요하며 감도가 제한되어 있어 저농도에서 사용이 힘들다.
  ㉡ 용질이 고농도로 용해되어 있는 경우, 점성이 큰 용액은 분무구를 막을 수 있다.
  ㉢ 고체 시료의 경우 전처리에 의하여 기질(매트릭스)을 제거해야 한다.

30 다음은 작업장 소음측정시간 및 횟수 기준에 관한 내용이다. ( ) 안의 내용으로 옳은 것은 어느 것인가? (단, 고용노동부 고시 기준)

> 단위작업장소에서 소음수준은 규정된 측정위치 및 지점에서 1일 작업시간 동안 6시간 이상 연속 측정하거나 작업시간을 1시간 간격으로 나누어 6회 이상 측정하여야 한다. 다만, 소음의 발생특성이 연속음으로서 측정치가 변동이 없다고 자격자 또는 지정측정기관이 판단하는 경우에는 1시간 동안을 등간격으로 나누어 (　) 측정할 수 있다.

① 2회 이상 ② 3회 이상
③ 4회 이상 ④ 5회 이상

풀이 소음측정시간 및 횟수 기준
㉠ 단위작업장소에서 소음수준은 규정된 측정위치 및 지점에서 1일 작업시간 동안 6시간 이상 연속 측정하거나 작업시간을 1시간 간격으로 나누어 6회 이상 측정하여야 한다. 다만, 소음의 발생특성이 연속음으로서 측정치가 변동이 없다고 자격자 또는 지정측정기관이 판단한 경우에는 1시간 동안을 등간격으로 나누어 3회 이상 측정할 수 있다.
㉡ 단위작업장소에서의 소음발생시간이 6시간 이내인 경우나 소음발생원에서의 발생시간이 간헐적인 경우에는 발생시간 동안 연속 측정하거나 등간격으로 나누어 4회 이상 측정하여야 한다.

31 작업환경 내의 소음을 측정하였더니 105dB(A)의 소음(허용노출시간 60분)이 20분, 110dB(A)의 소음(허용노출시간 30분)이 20분, 115dB(A)의 소음(허용노출시간 15분)이 10분 발생되었다. 이때 소음노출량은 약 몇 %인가?

① 137 ② 147
③ 167 ④ 177

풀이
$$\text{소음노출량}(\%) = \left(\frac{C_1}{T_1} + \cdots + \frac{C_n}{T_n}\right) \times 100$$
$$= \left(\frac{20}{60} + \frac{20}{30} + \frac{10}{15}\right) \times 100$$
$$= 166.67\%$$

32 측정 전 여과지의 무게는 0.40mg, 측정 후의 무게는 0.50mg이며, 공기채취유량을 2.0L/min으로 6시간 채취하였다면 먼지의 농도는 약 몇 mg/m³인가? (단, 공시료는 측정 전후의 무게 차이가 없다.)

① 0.139 ② 1.139
③ 2.139 ④ 3.139

풀이
$$\text{농도}(\text{mg/m}^3) = \frac{(0.50 - 0.40)\text{mg}}{2.0\text{L/min} \times 360\text{min} \times \text{m}^3/1{,}000\text{L}}$$
$$= 0.139\text{mg/m}^3$$

정답 29.② 30.② 31.③ 32.①

33 근로자의 납 노출을 측정한 결과 8시간 TWA가 0.065mg/m³였다. 미국 OSHA의 평가방법을 기준으로 신뢰하한값(LCL)과 그에 따른 판정으로 적절한 것은? (단, 시료채취 분석오차는 0.132이고, 허용기준은 0.05mg/m³이다.)

① LCL=1.168, 허용기준 초과
② LCL=0.911, 허용기준 미만
③ LCL=0.983, 허용기준 초과 가능
④ LCL=0.584, 허용기준 미만

풀이 표준화값(Y) = $\dfrac{TWA}{허용기준}$ = $\dfrac{0.065}{0.05}$ = 1.3
하한치 = Y − SAE = 1.3 − 0.132 = 1.168
하한치(1.168) > 1이므로, 허용기준 초과 판정

34 일정한 물질에 대해 반복 측정 및 분석을 했을 때 나타나는 자료 분석치의 변동 크기가 얼마나 작은가 하는 수치상의 표현을 무엇이라 하는가?

① 정밀도 ② 정확도
③ 정성도 ④ 정량도

풀이 정확도와 정밀도의 구분
㉠ 정확도 : 분석치가 참값에 얼마나 접근하였는가 하는 수치상의 표현이다.
㉡ 정밀도 : 일정한 물질에 대해 반복 측정·분석을 했을 때 나타나는 자료 분석치의 변동 크기가 얼마나 작은가 하는 수치상의 표현이다.

35 가스상 물질의 포집을 위한 기체 혹은 액체 치환병을 시료채취 전에 전동펌프 등을 이용한 채취대상 공기로 치환 시 채취효율에 대한 오차율이 0.03%일 때 가스시료 채취병의 공기치환횟수는?

① 18회 ② 12회
③ 8회   ④ 5회

풀이 공기교환횟수(N) = $\ln\left(\dfrac{100}{E}\right)$ = $\ln\left(\dfrac{100}{0.03}\right)$ = 8.11회
여기서, E : 채취효율에 대한 오차율(%)

36 가스크로마토그래피에서 칼럼의 역할은?

① 전개가스의 예열
② 가스 전개와 시료의 혼합
③ 용매 탈착과 시료의 혼합
④ 시료성분의 분배와 분리

풀이 칼럼오븐(분리관, column)
㉠ 분리관은 주입된 시료가 각 성분에 따라 분리(분배)가 일어나는 부분으로 G.C에서 분석하고자 하는 물질을 지체시키는 역할을 한다.
㉡ 분배계수값 차이가 크다는 것은 분리가 잘 된다는 것을, 분배계수가 크다는 것은 분리관에 머무르는 시간이 길다는 것을 의미한다.
㉢ 칼럼오븐의 내용적은 분석에 필요한 길이의 칼럼을 수용할 수 있는 크기여야 한다. 또한 칼럼 내부의 온도를 조절할 수 있는 가열기구 및 이를 측정할 수 있는 측정기구가 갖추어져야 한다.

37 시간가중 평균소음수준(dB(A))을 구하는 식으로 가장 적합한 것은? (단, D : 누적소음 노출량(%))

① $16.91\log\left(\dfrac{D}{100}\right) + 80$
② $16.61\log\left(\dfrac{D}{100}\right) + 80$
③ $16.91\log\left(\dfrac{D}{100}\right) + 90$
④ $16.61\log\left(\dfrac{D}{100}\right) + 90$

풀이 시간가중 평균소음수준(TWA)
TWA(dB(A)) = $16.61\log\left(\dfrac{D}{100}\right) + 90$

38 비누거품미터를 이용하여 시료채취펌프의 유량을 보정하였다. 뷰렛의 용량이 1,000mL이고 비누거품의 통과시간은 28초일 때 유량(L/min)은 약 얼마인가?

① 2.14 ② 2.34
③ 2.54 ④ 2.74

풀이 유량(L/min) = $\dfrac{1{,}000\text{mL} \times \text{L}/1{,}000\text{mL}}{28\text{sec} \times \text{min}/60\text{sec}}$ = 2.14L/min

정답 33.① 34.① 35.③ 36.④ 37.④ 38.①

39 미국 ACGIH에서 정의한 흉곽성 입자상 물질의 평균입경(μm)은?

① 3　　② 4
③ 5　　④ 10

[풀이] ACGIH 입자 크기별 기준(TLV)
(1) 흡입성 입자상 물질
 (IPM ; Inspirable Particulates Mass)
 ㉠ 호흡기 어느 부위에 침착(비강, 인후두, 기관 등 호흡기의 기도 부위)하더라도 독성을 유발하는 분진
 ㉡ 입경범위는 0~100μm
 ㉢ 평균입경(폐 침착의 50%에 해당하는 입자의 크기)은 100μm
 ㉣ 침전분진은 재채기, 침, 코 등의 벌크(bulk) 세척기전으로 제거됨
 ㉤ 비암이나 비중격천공을 일으키는 입자상 물질이 여기에 속함
(2) 흉곽성 입자상 물질
 (TPM ; Thoracic Particulates Mass)
 ㉠ 기도나 하기도(가스교환 부위)에 침착하여 독성을 나타내는 물질
 ㉡ 평균입경 = 10μm
 ㉢ 채취기구는 PM10
(3) 호흡성 입자상 물질
 (RPM ; Respirable Particulates Mass)
 ㉠ 가스교환 부위, 즉 폐포에 침착할 때 유해한 물질
 ㉡ 평균입경은 4μm(공기역학적 직경이 10μm 미만인 먼지)
 ㉢ 채취기구는 10mm nylon cyclone

40 MCE막 여과지에 관한 설명으로 틀린 것은?

① MCE막 여과지의 원료인 셀룰로오스는 수분을 흡수하지 않기 때문에 중량분석에 잘 적용된다.
② MCE막 여과지는 산에 쉽게 용해된다.
③ 입자상 물질 중의 금속을 채취하여 원자흡광법으로 분석하는 데 적정하다.
④ 시료가 여과지의 표면 또는 표면 가까운 곳에 침착되므로 석면 등 현미경 분석을 위한 시료채취에 이용된다.

[풀이] MCE막 여과지(Mixed Celluose Ester membrane filter)
㉠ 산업위생에서는 거의 대부분이 직경 37mm, 구멍의 크기는 0.45~0.8μm의 MCE막 여과지를 사용한다(작은 입자의 금속과 fume 채취 가능).
㉡ 산에 쉽게 용해되고 가수분해되며, 습식 회화되기 때문에 공기 중 입자상 물질 중의 금속을 채취하여 원자흡광법으로 분석하는 데 적당하다.
㉢ 시료가 여과지의 표면 또는 가까운 곳에 침착되므로 석면, 유리섬유 등 현미경 분석을 위한 시료채취에도 이용된다.
㉣ 흡습성(원료인 셀룰로오스가 수분 흡수)이 높은 MCE막 여과지는 오차를 유발할 수 있어 중량분석에 적합하지 않다.
㉤ 산에 의해 쉽게 회화되기 때문에 원소분석에 적합하고 NIOSH에서는 금속, 석면, 살충제, 불소화합물 및 기타 무기물질에 추천하고 있다.

제3과목 | 작업환경 관리

41 소음성 난청의 초기단계에서 청력손실이 현저하게 나타나는 주파수(Hz)는?

① 1,000　　② 2,000
③ 4,000　　④ 8,000

[풀이] C_5-dip 현상
소음성 난청의 초기단계로 4,000Hz에서 청력장애가 현저히 커지는 현상이다.
※ 우리 귀는 고주파음에 대단히 민감하며, 특히 4,000Hz에서 소음성 난청이 가장 많이 발생한다.

42 작업환경의 유해인자와 건강장애의 연결이 틀린 것은?

① 자외선 - 혈소판 수 감소
② 고온 - 열사병
③ 기압 - 잠함병
④ 적외선 - 백내장

[풀이] 자외선의 전신작용으로는 자극작용이 있으며, 대사가 항진되고 적혈구, 백혈구, 혈소판이 증가한다.

43 마이크로파와 라디오파 방사선이 건강에 미치는 영향에 관한 설명으로 틀린 것은?

① 일반적으로 150MHz 이하의 마이크로파와 라디오파는 신체를 완전히 투과하며 흡수되어도 감지되지 않는다.
② 마이크로파의 열작용에 영향을 가장 많이 받는 기관은 생식기와 눈이다.
③ 50~1,000MHz의 마이크로파에 노출될 경우 눈 수정체의 아스코르브산액 함량 급증으로 백내장이 유발된다.
④ 마이크로파와 라디오파는 하전을 시키지는 못하지만 생체 분자의 진동과 회전을 시킬 수 있어 조직의 온도를 상승시키는 열작용에 영향을 준다.

풀이 마이크로파 1,000~10,000MHz에서 백내장이 생기고, 아스코르브산(ascorbic산)의 감소증상이 나타난다.

44 적용 화학물질이 정제 벤드나이드겔, 염화비닐수지이며, 분진, 전해약품 제조, 원료 취급작업에서 주로 사용되는 보호크림으로 가장 적절한 것은?

① 피막형 크림 ② 차광 크림
③ 소수성 크림 ④ 친수성 크림

풀이 피막형성형 피부보호제(피막형 크림)
㉠ 분진, 유리섬유 등에 대한 장애를 예방한다.
㉡ 적용 화학물질의 성분은 정제 벤드나이드겔, 염화비닐수지이다.
㉢ 피막형성 도포제를 바르고 장시간 작업 시 피부에 장애를 줄 수 있으므로 작업 완료 후 즉시 닦아내야 한다.
㉣ 분진, 전해약품 제조, 원료 취급 시 사용한다.

45 다음 중 고압환경에 관한 설명으로 알맞지 않은 것은?

① 산소의 분압이 2기압을 넘으면 산소중독 증세가 나타난다.
② 산소의 중독작용은 운동이나 이산화탄소의 존재로 보다 악화된다.
③ 폐 내의 가스가 팽창하고 질소기포를 형성한다.
④ 공기 중의 질소가스는 3기압하에서는 자극작용을 하고, 4기압 이상에서 마취작용을 나타낸다.

풀이 폐 내의 가스가 팽창하고 질소기포를 형성하는 것은 저압환경이다.

46 다음 중 자극성이며 물에 대한 용해도가 가장 높은 물질은?

① 암모니아 ② 염소
③ 포스겐 ④ 이산화질소

풀이 암모니아(NH_3)
㉠ 알칼리성으로 자극적인 냄새가 강한 무색의 기체이다.
㉡ 암모니아 주요 사용공정은 비료, 냉동제 등이다.
㉢ 물에 대해 용해가 잘 된다(수용성).
㉣ 폭발성(폭발범위 16~25%)이 있다.
㉤ 피부, 점막(코와 인후부)에 대한 자극성과 부식성이 강하여 고농도의 암모니아가 눈에 들어가면 시력장애를 일으킨다.
㉥ 중등도 이하의 농도에서 두통, 흉통, 오심, 구토 등을 일으킨다.
㉦ 고농도의 가스 흡입 시 폐수종을 일으키고, 중추작용에 의해 호흡정지를 초래한다.
㉧ 고용노동부 노출기준은 8시간 시간가중평균농도(TWA)로 25ppm이고, 단시간노출기준(STEL)은 35ppm이다.
㉨ 암모니아중독 시 비타민 C가 해독에 효과적이다.

47 먼지와 흄의 차이를 정확히 설명한 것은?

① 먼지의 직경이 흄의 직경보다 크다.
② 일반적으로 먼지의 독성이 흄의 독성보다 강하다.
③ 먼지와 흄은 모두 고체 물질의 충격이나 파쇄에 의하여 발생한다.
④ 먼지는 공기 중에서 쉽게 산화된다.

풀이
② 일반적으로 흄의 독성이 먼지의 독성보다 강하다.
③ 먼지는 충격이나 파쇄에 의해 발생하고, 흄은 금속의 연소과정에서 생성된다.
④ 흄은 공기 중에서 쉽게 산화된다.

48 다음 중 채광(자연조명)에 관한 내용으로 옳은 것은?

① 창의 면적은 벽 면적의 15~20%가 이상적이다.
② 창의 면적은 벽 면적의 20~35%가 이상적이다.
③ 창의 면적은 바닥 면적의 15~20%가 이상적이다.
④ 창의 면적은 바닥 면적의 20~35%가 이상적이다.

풀이 창의 높이와 면적
㉠ 보통 조도는 창을 크게 하는 것보다 창의 높이를 증가시키는 것이 효과적이다.
㉡ 횡으로 긴 창보다 종으로 넓은 창이 채광에 유리하다.
㉢ 채광을 위한 창의 면적은 방바닥 면적의 15~20% (1/5~1/6)가 이상적이다.

49 용접작업 시 발생하는 가스에 관한 설명으로 옳지 않은 것은?

① 강한 자외선에 의해 산소가 분해되면서 오존이 형성된다.
② 아크 전압이 낮은 경우 불완전연소로 이황화탄소가 발생한다.
③ 이산화탄소 용접에서 이산화탄소가 일산화탄소로 환원된다.
④ 포스겐은 TCE로 세정된 철강재 용접 시에 발생한다.

풀이 아크 전압이 높을 경우 불완전연소로 인하여 흄 및 가스 발생이 증가한다.

50 어떤 음원의 PWL(power level)이 120dB이다. 이 음원에서 10m 떨어진 곳에서의 음의 세기레벨(sound intensity level)은? (단, 점음원이고 장애물이 없는 자유공간에서 구면상으로 전파한다고 가정한다.)

① 89dB ② 92dB
③ 95dB ④ 98dB

풀이 점음원, 자유공간(SPL)
$SPL = PWL - 20\log r - 11$
$= 120dB - 20\log 10 - 11 = 89dB$
일반적인 매질($\rho c \fallingdotseq 400$rays)에서는 SPL=SIL

51 진동방지 대책 중 발생원 대책으로 가장 옳은 것은?

① 수진점 근방의 방진구
② 수진 측의 탄성 지지
③ 기초중량의 부가 및 경감
④ 거리 감쇠

풀이 진동방지 대책
(1) 발생원 대책
㉠ 가진력(기진력, 외력) 감쇠
㉡ 불평형력의 평형 유지
㉢ 기초중량의 부가 및 경감
㉣ 탄성 지지(완충물 등 방진재 사용)
㉤ 진동원 제거
(2) 전파경로 대책
㉠ 진동의 전파경로 차단(방진구)
㉡ 거리 감쇠
(3) 수진 측 대책
㉠ 작업시간 단축 및 교대제 실시
㉡ 보건교육 실시
㉢ 수진 측 탄성 지지 및 강성 변경

52 방진마스크의 올바른 사용법이라 할 수 없는 것은?

① 보관은 전용 보관상자에 넣거나 깨끗한 비닐봉지에 넣는다.
② 면체의 손질은 중성세제로 닦아 말리고 고무부분은 햇빛에 잘 말려 사용한다.
③ 필터의 수명은 환경상태나 보관정도에 따라 달라지나 통상 1개월 이내에 바꾸어 착용한다.
④ 필터에 부착된 분진은 세게 털지 말고 가볍게 털어준다.

풀이 면체의 손질은 중성세제로 닦아 말리고 고무부분은 자외선에 약하므로 그늘에서 말려야 하며 시너 등은 사용하지 말아야 한다.

정답 48.③ 49.② 50.① 51.③ 52.②

53 저온환경이 인체에 미치는 영향으로 옳지 않은 것은?

① 식욕감소
② 혈압변화
③ 피부혈관의 수축
④ 근육긴장

풀이 한랭(저온)환경에서의 생리적 기전(반응)
한랭환경에서는 체열방산 제한, 체열생산을 증가시키기 위한 생리적 반응이 일어난다.
㉠ 피부혈관이 수축(말초혈관이 수축)한다.
- 피부혈관 수축과 더불어 혈장량 감소로 혈압이 일시적으로 저하되며 신체 내 열을 보호하는 기능을 한다.
- 말초혈관의 수축으로 표면조직의 냉각이 오며 이는 1차적 생리적 영향이다.
- 피부혈관의 수축으로 피부온도가 감소하고 순환능력이 감소되어 혈압은 일시적으로 상승한다.

㉡ 근육긴장의 증가와 떨림 및 수의적 운동이 증가한다.
㉢ 갑상선을 자극하여 호르몬 분비가 증가(화학적 대사작용이 증가)한다.
㉣ 부종, 저림, 가려움증, 심한 통증 등이 발생한다.
㉤ 피부 표면의 혈관·피하조직이 수축 및 체표면적이 감소한다.
㉥ 피부의 급성일과성 염증반응은 한랭에 대한 폭로를 중지하면 2~3시간 내에 없어진다.
㉦ 피부나 피하조직을 냉각시키는 환경온도 이하에서는 감염에 대한 저항력이 떨어지며 회복과정에 장애가 온다.
㉧ 저온환경에서는 근육활동, 조직대사가 증가하여 식욕이 항진된다.

54 다음 중 사람이 느끼는 최소 진동역치로 적절한 것은?

① 55±5dB
② 65±5dB
③ 75±5dB
④ 85±5dB

풀이 진동역치는 사람이 진동을 느낄 수 있는 최솟값을 의미하며 50~60dB 정도이다.

55 전리방사선의 장애와 예방에 관한 설명으로 옳지 않은 것은?

① 방사선 노출수준은 거리와 반비례하여 증가하므로 발생원과의 거리를 관리하여야 한다.
② 방사선의 측정은 Geiger Muller counter 등을 사용하여 측정한다.
③ 개인 근로자의 피폭량은 pocket dosimeter, film badge 등을 이용하여 측정한다.
④ 기준 초과의 가능성이 있는 경우에는 경보장치를 설치한다.

풀이 방사능은 거리의 제곱에 비례하여 감소하므로 먼 거리일수록 방어를 쉽게 할 수 있다.

56 산소가 결핍된 장소에서 주로 사용하는 호흡용 보호구는?

① 방진마스크
② 일산화탄소용 방독마스크
③ 산성가스용 방독마스크
④ 호스마스크

풀이 산소결핍 장소에서는 송기마스크(호스마스크)를 사용하며 방진·방독 마스크 사용은 안 된다.

57 진동에 관한 설명으로 틀린 것은?

① 진동의 주파수는 그 주기현상을 가리키는 것으로 단위는 Hz이다.
② 전신진동의 경우에는 8~1,500Hz, 국소진동의 경우에는 2~100Hz의 것이 주로 문제가 된다.
③ 진동의 크기를 나타내는 데는 변위, 속도, 가속도가 사용된다.
④ 공명은 외부에서 발생한 진동에 맞추어 생체가 진동하는 성질을 가리키며 실제로는 진동이 증폭된다.

풀이 ㉠ 전신진동 진동수 : 2~100Hz
㉡ 국소진동 진동수 : 8~1,500Hz

58 감압병(decompression sickness) 예방을 위한 환경관리 및 보건관리 대책으로 바르지 못한 것은?

① 질소가스 대신 헬륨가스를 흡입시켜 작업하게 한다.
② 감압을 가능한 한 짧은 시간에 시행한다.
③ 비만자의 작업을 금지시킨다.
④ 감압이 완료되면 산소를 흡입시킨다.

풀이 감압은 신중하게, 천천히, 단계적으로 시행하며 작업시간의 규정을 엄격히 지켜야 한다.

59 기대되는 공기 중의 농도가 30ppm이고, 노출기준이 2ppm이면 적어도 호흡기 보호구의 할당보호계수(APF)는 최소 얼마 이상인 것을 선택해야 하는가?

① 0.07
② 2.5
③ 15
④ 60

풀이 $APF \geq \dfrac{30}{2}(15)$
즉, APF가 15 이상인 것을 선택한다.

60 다음 중 방독마스크의 정화통의 성능을 시험할 때 사용하는 물질로 가장 알맞은 것은 어느 것인가?

① 사염화탄소
② 부탄올
③ 메탄올
④ 이산화탄소

풀이 방독마스크 정화통(흡수관)의 수명은 시험가스가 파과되기 전까지의 시간을 의미하며 검정 시 사용하는 물질은 사염화탄소(CCl_4)이다.

제4과목 | 산업환기

61 유해가스 처리 제거기술 중 가스의 용해도와 관계가 가장 깊은 것은?

① 희석제거법　② 흡착제거법
③ 연소제거법　④ 흡수제거법

풀이 흡수법
유해가스가 액상에 잘 용해되거나 화학적으로 반응하는 성질을 이용하며 주로 물이나 수용액을 사용하기 때문에 물에 대한 가스의 용해도가 중요한 요인이다.

62 다음 중 국소배기시스템에 설치된 충만실(plenum chamber)에 있어 가장 우선적으로 높여야 하는 효율의 종류는?

① 정압효율　② 집진효율
③ 정화효율　④ 배기효율

풀이 플레넘(plenum, 충만실)
㉠ 후드 뒷부분에 위치하며 개구면 흡입유속의 강약을 작게 하여 일정하게 하므로 압력과 공기흐름을 균일하게 형성하는 데 필요한 장치이다.
㉡ 가능한 설치는 길게 한다.
㉢ 국소배기시스템에 설치된 충만실에 있어 가장 우선적으로 높여야 하는 효율은 배기효율이다.

63 작업장에 전체환기장치를 설치하고자 한다. 다음 중 전체환기의 목적으로 볼 수 없는 것은?

① 화재나 폭발을 예방한다.
② 작업장의 온도와 습도를 조절한다.
③ 유해물질의 농도를 감소시켜 건강을 유지시킨다.
④ 유해물질을 발생원에서 직접 제거시켜 근로자의 노출농도를 감소시킨다.

풀이 ④항은 국소배기의 설명이다.

정답 58.② 59.③ 60.① 61.④ 62.④ 63.④

64 에너지 절약의 일환으로 실내공기를 재순환시켜 외부공기와 혼합하여 공급하는 경우가 많다. 재순환공기 중 CO_2의 농도가 700ppm, 급기 중 CO_2의 농도가 600ppm이었다면 급기 중 외부공기의 함량은 몇 %인가? (단, 외부공기 중 CO_2의 농도는 300ppm이다.)

① 25% ② 43%
③ 50% ④ 86%

풀이
급기 중 재순환량(%)
$$= \frac{\begin{pmatrix}급기공기\ 중\ CO_2\ 농도\\-외부공기\ 중\ CO_2\ 농도\end{pmatrix}}{\begin{pmatrix}재순환공기\ 중\ CO_2\ 농도\\-외부공기\ 중\ CO_2\ 농도\end{pmatrix}} \times 100$$
$$= \frac{600-300}{700-300} \times 100 = 75\%$$
∴ 급기 중 외부공기 포함량(%) = 100 − 75 = 25%

65 다음 중 국소배기장치에 주로 사용하는 터보 송풍기에 관한 설명으로 틀린 것은?

① 송풍량이 증가해도 동력이 증가하지 않는다.
② 방사날개형 송풍기나 전향날개형 송풍기에 비해 효율이 높다.
③ 직선 익근을 반경방향으로 부착시킨 것으로 구조가 간단하고 보수가 용이하다.
④ 고농도 분진 함유 공기를 이송시킬 경우, 회전날개 뒷면에 퇴적되어 효율이 떨어진다.

풀이 **터보형 송풍기(turbo fan)**
㉠ 후향날개형(후곡날개형, backward-curved blade fan)은 송풍량이 증가해도 동력이 증가하지 않는 장점을 가지고 있어 한계부하 송풍기라고도 한다.
㉡ 회전날개(깃)가 회전방향 반대편으로 경사지게 설계되어 있어 충분한 압력을 발생시킬 수 있다.
㉢ 소요정압이 떨어져도 동력은 크게 상승하지 않으므로 시설저항 및 운전상태가 변해도 과부하가 걸리지 않는다.
㉣ 송풍기 성능곡선에서 동력곡선이 최대송풍량의 60~70%까지 증가하다가 감소하는 경향을 띠는 특성이 있다.
㉤ 고농도 분진 함유 공기를 이송시킬 경우 깃 뒷면에 분진이 퇴적하며 집진기 후단에 설치하여야 한다.
㉥ 깃의 모양은 두께가 균일한 것과 익형이 있다.
㉦ 원심력식 송풍기 중 가장 효율이 좋다.

66 다음 중 실내의 중량 절대습도가 80kg/kg, 외부의 중량 절대습도가 60kg/kg, 실내의 수증기가 시간당 3kg씩 발생할 때, 수분 제거를 위하여 중량단위로 필요한 환기량(m^3/min)은 약 얼마인가? (단, 공기의 비중량은 1.2kg$_f$/m^3로 한다.)

① 0.21 ② 4.17
③ 7.52 ④ 12.50

풀이
필요환기량(m^3/min) $= \dfrac{W}{1.2\Delta G}$
$$= \frac{3kg/hr \times hr/60min}{1.2 \times (80-60)kg/kg} \times 100$$
$$= 0.21 m^3/min$$

67 다음 중 일반적으로 사용되는 국소배기장치의 계통도를 바르게 나열한 것은?

① 후드 → 덕트 → 공기정화장치 → 송풍기
② 후드 → 공기정화장치 → 덕트 → 송풍기
③ 덕트 → 공기정화장치 → 송풍기 → 후드
④ 후드 → 덕트 → 송풍기 → 공기정화장치

풀이 **국소배기장치의 계통도**
후드 → 덕트 → 공기정화장치 → 송풍기 → 배기덕트

68 플랜지가 붙은 1/4 원주형 슬롯 후드가 있다. 포착거리가 30cm이고, 포착속도가 1m/sec일 때 필요송풍량(m^3/min)은 약 얼마인가? (단, 슬롯의 폭은 0.1m, 길이는 0.9m이다.)

① 25.9 ② 45.4
③ 66.4 ④ 81.0

풀이
필요송풍량(m^3/min) $= C \times L \times V_c \times X$
$= 1.6 \times 0.9m \times 1m/sec \times 0.3m$
$= 0.432 m^3/sec \times 60sec/min$
$= 25.92 m^3/min$

정답 64.① 65.③ 66.① 67.① 68.①

69 다음 중 전기집진기의 장점이 아닌 것은?

① 습식으로 집진할 수 있다.
② 높은 포집효율을 나타낸다.
③ 가스상 오염물질을 제거할 수 있다.
④ 낮은 압력손실로 대량의 가스를 처리할 수 있다.

풀이 전기집진장치
(1) 장점
  ㉠ 집진효율이 높다(0.01μm 정도 포집 용이, 99.9% 정도 고집진효율).
  ㉡ 광범위한 온도범위에서 적용이 가능하며, 폭발성 가스의 처리도 가능하다.
  ㉢ 고온의 입자성 물질(500℃ 전후) 처리가 가능하여 보일러와 철강로 등에 설치할 수 있다.
  ㉣ 압력손실이 낮고 대용량의 가스 처리가 가능하고 배출가스의 온도강하가 적다.
  ㉤ 운전 및 유지비가 저렴하다.
  ㉥ 회수가치 입자 포집에 유리하며, 습식 및 건식으로 집진할 수 있다.
  ㉦ 넓은 범위의 입경과 분진농도에 집진효율이 높다.
  ㉧ 습식 집진이 가능하다.
(2) 단점
  ㉠ 설치비용이 많이 든다.
  ㉡ 설치공간을 많이 차지한다.
  ㉢ 설치된 후에는 운전조건의 변화에 유연성이 적다.
  ㉣ 먼지성상에 따라 전처리시설이 요구된다.
  ㉤ 분진 포집에 적용되며, 기체상 물질 제거에는 곤란하다.
  ㉥ 전압변동과 같은 조건변동(부하변동)에 쉽게 적응이 곤란하다.
  ㉦ 가연성 입자의 처리가 곤란하다.

70 총 압력손실 계산방법 중 정압조절평형법에 대한 설명으로 틀린 것은?

① 설계가 정확할 때는 가장 효율적인 시설이 된다.
② 송풍량은 근로자나 운전자의 의도대로 쉽게 변경된다.
③ 유속의 범위가 적절히 선택되면 덕트의 폐쇄가 일어나지 않는다.
④ 설계가 어렵고, 시간이 많이 걸린다.

풀이 정압조절평형법의 장단점
(1) 장점
  ㉠ 예기치 않은 침식, 부식, 분진 퇴적으로 인한 축적(퇴적)현상이 일어나지 않는다.
  ㉡ 잘못 설계된 분지관, 최대저항경로 선정이 잘못되어도 설계 시 쉽게 발견할 수 있다.
  ㉢ 설계가 정확할 때는 가장 효율적인 시설이 된다.
  ㉣ 유속의 범위가 적절히 선택되면 덕트의 폐쇄가 일어나지 않는다.
(2) 단점
  ㉠ 설계 시 잘못된 유량을 고치기 어렵다(임의의 유량을 조절하기 어려움).
  ㉡ 설계가 복잡하고 시간이 걸린다.
  ㉢ 설계유량 산정이 잘못되었을 경우 수정은 덕트의 크기 변경을 필요로 한다.
  ㉣ 때에 따라 전체 필요한 최소유량보다 더 초과될 수 있다.
  ㉤ 설치 후 변경이나 확장에 대한 유연성이 낮다.
  ㉥ 효율 개선 시 전체를 수정해야 한다.

71 다음 설명에서 ( ) 안에 들어갈 수치로 적절한 것은?

> 슬롯 후드는 일반적으로 후드 개방 부분의 길이가 길고, 높이(혹은 폭)가 좁은 형태로 높이/길이의 비가 ( ) 이하인 경우를 말한다.

① 0.2 ② 0.5
③ 1.0 ④ 2.0

풀이 외부식 슬롯 후드
㉠ 슬롯(slot) 후드는 후드 개방 부분의 길이가 길고, 높이(폭)가 좁은 형태로 [높이(폭)/길이]의 비가 0.2 이하인 것을 말한다.
㉡ 슬롯 후드에서도 플랜지를 부착하면 필요배기량을 줄일 수 있다(ACGIH : 환기량 30% 절약).
㉢ 슬롯 후드의 가장자리에서도 공기의 흐름을 균일하게 하기 위해 사용한다.
㉣ 슬롯 속도는 배기송풍량과는 관계가 없으며, 제어풍속은 슬롯 속도에 영향을 받지 않는다.
㉤ 플레넘 속도는 슬롯 속도의 1/2 이하로 하는 것이 좋다.

정답 69.③ 70.② 71.①

72 원형 덕트의 송풍량이 24m³/min이고, 반송속도가 12m/sec일 때 필요한 덕트의 내경은 약 몇 m인가?

① 0.151   ② 0.206
③ 0.303   ④ 0.502

풀이
$$A(m^2) = \frac{Q}{V} = \frac{24m^3/min}{12m/sec \times 60sec/min} = 0.033m^2$$
$$A = \frac{3.14 \times D^2}{4}$$
$$\therefore D = \sqrt{\frac{A \times 4}{3.14}} = \sqrt{\frac{0.033m^2 \times 4}{3.14}} = 0.206m$$

73 작업장의 크기가 12m×22m×45m인 곳에서의 톨루엔 농도가 400ppm이다. 이 작업장으로 600m³/min의 공기가 유입되고 있다면 톨루엔 농도를 100ppm까지 낮추는 데 필요한 환기시간은 약 얼마인가? (단, 공기와 톨루엔은 완전 혼합된다고 가정한다.)

① 27.45분   ② 31.44분
③ 35.45분   ④ 39.44분

풀이
$$t(min) = -\frac{V}{Q'} \ln\left(\frac{C_2}{C_1}\right)$$
$$= -\frac{(12 \times 22 \times 45)}{600} \times \ln\left(\frac{100}{400}\right) = 27.45 min$$

74 발생원에서 비산되는 분진, 가스, 증기, 흄 등 후드로 흡인한 유해물질을 덕트 내에 퇴적되지 않게 집진장치까지 운반하는 데 필요한 속도는?

① 반송속도   ② 제어속도
③ 비산속도   ④ 유입속도

풀이
반송속도
㉠ 후드로 흡인한 유해물질이 덕트 내에 퇴적하지 않게 공기정화장치까지 운반하는 데 필요한 최소속도를 반송속도라 한다.
㉡ 압력손실을 최소화하기 위해 낮아야 하지만 너무 낮게 되면 입자상 물질의 퇴적이 발생할 수 있어 주의를 요한다.
㉢ 반송속도를 너무 높게 하면 덕트 내면이 빠르게 마모되어 수명이 짧아진다.

75 [그림]과 같이 Q_1과 Q_2에서 유입된 기류가 합류관인 Q_3으로 흘러갈 때, Q_3의 유량(m³/min)은 약 얼마인가? (단, 합류와 확대에 의한 압력손실은 무시한다.)

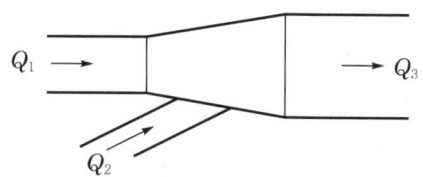

구 분	직경(mm)	유속(m/sec)
Q_1	200	10
Q_2	150	14
Q_3	350	—

① 33.7   ② 36.3
③ 38.5   ④ 40.2

풀이
$Q_3 = Q_1 + Q_2$

- $Q_1 = \left(\frac{3.14 \times 0.2^2}{4}\right) m^2 \times 10 m/sec$
  $= 0.314 m^3/sec \times 60 sec/min$
  $= 18.84 m^3/min$

- $Q_2 = \left(\frac{3.14 \times 0.15^2}{4}\right) m^2 \times 14 m/sec$
  $= 0.247 m^3/sec \times 60 sec/min$
  $= 14.84 m^3/min$

$\therefore 18.84 + 14.84 = 33.68 m^3/min$

76 국소배기장치의 설계 시 가장 먼저 결정하여야 하는 것은?

① 반송속도 결정
② 필요송풍량 결정
③ 후드의 형식 결정
④ 공기정화장치의 선정

풀이
국소배기장치의 설계순서
후드 형식 선정 → 제어속도 결정 → 소요풍량 계산 → 반송속도 결정 → 배관 내경 산출 → 후드의 크기 결정 → 배관의 배치와 설치장소 선정 → 공기정화장치 선정 → 국소배기 계통도와 배치도 작성 → 총 압력손실량 계산 → 송풍기 선정

77 맹독성 물질을 제어하는 데 가장 적합한 후드의 형태는?

① 포위식 ② 외부식 측방형
③ 레시버식 ④ 외부식 슬롯형

[풀이] 포위식 후드는 내부가 음압이 형성되므로 독성 가스 및 방사성 동위원소 취급 공정, 발암성 물질에 주로 사용된다.

78 환기시설을 효율적으로 운영하기 위해서는 공기공급시스템이 필요한데, 다음 중 필요한 이유로 틀린 것은?

① 작업장의 교차기류를 조성하기 위해서
② 국소배기장치를 적정하게 동작시키기 위해서
③ 근로자에게 영향을 미치는 냉각기류를 제거하기 위해서
④ 실외 공기가 정화되지 않은 채 건물 내로 유입되는 것을 막기 위해서

[풀이] 공기공급시스템이 필요한 이유
㉠ 국소배기장치의 원활한 작동을 위하여
㉡ 국소배기장치의 효율 유지를 위하여
㉢ 안전사고를 예방하기 위하여
㉣ 에너지(연료)를 절약하기 위하여
㉤ 작업장 내의 방해기류(교차기류)가 생기는 것을 방지하기 위하여
㉥ 외부 공기가 정화되지 않은 채로 건물 내로 유입되는 것을 막기 위하여

79 덕트에서 공기흐름의 평균속도압은 16mmH₂O였다. 덕트에서의 반송속도(m/sec)는 약 얼마인가? (단, 공기의 밀도는 1.21kg/m³로 한다.)

① 10 ② 16
③ 20 ④ 25

[풀이]
$$V(\text{m/sec}) = \sqrt{\frac{VP \times 2g}{\gamma}}$$
$$= \sqrt{\frac{16 \times 2 \times 9.8}{1.21}} = 16.1 \text{m/sec}$$

80 여과집진장치의 장점으로 틀린 것은?

① 다양한 용량을 처리할 수 있다.
② 고온 및 부식성 물질의 포집이 가능하다.
③ 여러 가지 형태의 분진을 포집할 수 있다.
④ 가스의 양이나 밀도의 변화에 의해 영향을 받지 않는다.

[풀이] 여과집진장치의 장단점
(1) 장점
㉠ 집진효율이 높으며, 집진효율은 처리가스의 양과 밀도 변화에 영향이 적다.
㉡ 다양한 용량을 처리할 수 있다.
㉢ 연속집진방식일 경우 먼지부하의 변동이 있어도 운전효율에는 영향이 없다.
㉣ 건식 공정이므로 포집먼지의 처리가 쉽다. 즉 여러 가지 형태의 분진을 포집할 수 있다.
㉤ 여과재에 표면 처리하여 가스상 물질을 처리할 수도 있다.
㉥ 설치적용범위가 광범위하다.
㉦ 탈진방법과 여과재의 사용에 따른 설계상의 융통성이 있다.

(2) 단점
㉠ 고온, 산, 알칼리 가스일 경우 여과백의 수명이 단축된다.
㉡ 250℃ 이상의 고온가스 처리인 경우 고가의 특수 여과백을 사용해야 한다.
㉢ 산화성 먼지 농도가 50g/m³ 이상일 때는 발화위험이 있다.
㉣ 여과백 교체 시 비용이 많이 들고, 작업방법이 어렵다.
㉤ 가스가 노점온도 이하가 되면 수분이 생성되므로 주의를 요한다.
㉥ 섬유여포상에서 응축이 일어날 때 습한 가스를 취급할 수 없다.

정답 77.① 78.① 79.② 80.②

제2회 산업위생관리산업기사

CBT 기출복원문제 | 2023.05.05

제1과목 | 산업위생학 개론

01 다음 설명에 해당하는 고열장애는?

> 고온 환경에서 심한 육체적 노동을 할 때 잘 발생하며 그 기전은 지나친 발한에 의한 탈수와 염분 소실이다. 증상으로는 작업 시 많이 사용한 수의근(voluntary muscle)에 유통성 경련이 오는 것이 특징적이며, 이에 앞서 현기증, 이명, 두통, 구역, 구토 등의 전구증상이 나타난다.

① 열경련(heat cramp)
② 열사병(heatstroke)
③ 열발진(heat rashes)
④ 열허탈(heat collapse)

풀이 열경련
㉠ 더운 환경에서 고된 육체적인 작업을 장시간하면서 땀을 많이 흘릴 때 많은 물을 마시지만 신체의 염분 손실을 충당하지 못해(혈중 염분 농도가 낮아짐) 발생하는 것으로 혈중 염분 농도 관리가 중요한 고열장애이다.
㉡ 복부와 사지 근육에 강직, 동통이 일어나고 과도한 발한이 발생한다.
㉢ 수의근의 유통성 경련(주로 작업 시 사용한 근육에서 발생)이 일어나기 전에 현기증, 이명, 두통, 구역, 구토 등의 전구증상이 일어난다.

02 기초대사량이 1.5kcal/min이고, 작업대사량이 225kcal/hr인 작업을 수행할 때, 이 작업의 실동률(%)은 얼마인가? (단, 사이토와 오시마의 경험식을 적용한다.)

① 61.5   ② 66.3
③ 72.5   ④ 77.5

풀이
$$작업대사율(RMR) = \frac{작업대사량}{기초대사량}$$
$$= \frac{225\text{kcal/hr}}{1.5\text{kcal/min} \times 60\text{min/hr}}$$
$$= 2.5$$
∴ 실동률(%) = 85 − (5 × RMR)
  = 85 − (5 × 2.5)
  = 72.5%

03 산업피로의 예방 방법으로 틀린 것은?

① 작업과정에 적절한 휴식시간을 삽입한다.
② 불필요한 동작을 피하고 에너지 소모를 줄인다.
③ 동적인 작업은 운동량이 많으므로 정적인 작업으로 전환한다.
④ 개인에 따른 작업부하량을 조절한다.

풀이 산업피로 예방대책
㉠ 불필요한 동작을 피하고, 에너지 소모를 적게 한다.
㉡ 동적인 작업을 늘리고, 정적인 작업을 줄인다.
㉢ 개인의 숙련도에 따라 작업속도와 작업량을 조절한다.
㉣ 작업시간 중 또는 작업 전후에 간단한 체조나 오락시간을 갖는다.
㉤ 장시간 한 번 휴식하는 것보다 단시간씩 여러 번 나누어 휴식하는 것이 피로회복에 도움이 된다.

04 다음 중 산업안전보건법령상 보건관리자의 자격기준에 해당하지 않는 자는?

① '의료법'에 의한 의사
② '의료법'에 의한 간호사
③ '위생사에 관한 법률'에 의한 위생사
④ '고등교육법'에 의한 전문대학에서 산업보건 관련 학위를 취득한 사람

정답 01.① 02.③ 03.③ 04.③

풀이 **보건관리자의 자격**
㉠ "의료법"에 따른 의사
㉡ "의료법"에 따른 간호사
㉢ 산업보건지도사
㉣ "국가기술자격법"에 따른 산업위생관리산업기사 또는 대기환경산업기사 이상의 자격을 취득한 사람
㉤ "국가기술자격법"에 따른 인간공학기사 이상의 자격을 취득한 사람
㉥ "고등교육법"에 따른 전문대학 이상의 학교에서 산업보건 또는 산업위생 분야의 학위를 취득한 사람

05 금속 작업 근로자에게 발생된 만성중독의 특징으로 코점막의 염증, 비중격천공 등의 증상을 일으키는 물질은?

① 납
② 6가크롬
③ 수은
④ 카드뮴

풀이 6가크롬은 점막이 충혈되어 화농성 비염이 되고, 차례로 깊이 들어가서 궤양이 되고, 코점막의 염증, 비중격천공의 증상을 유발한다.

06 다음 중 중량물 취급작업에 있어 미국산업안전보건연구원(NIOSH)에서 제시한 감시기준(Action Limit)의 계산에 적용되는 요인이 아닌 것은?

① 물체의 이동거리
② 대상 물체의 수평거리
③ 중량물 취급작업의 빈도
④ 중량물 취급작업자의 체중

풀이 **감시기준(AL) 관계식**
$$AL(kg) = 40\left(\frac{15}{H}\right) \times (1 - 0.004|V-75|) \times \left(0.7 + \frac{7.5}{D}\right) \times \left(1 - \frac{F}{F_{max}}\right)$$
여기서, H : 대상 물체의 수평거리
V : 대상 물체의 수직거리
D : 대상 물체의 이동거리
F : 중량물 취급작업의 빈도

07 다음 중 작업장에 존재하는 유해인자와 직업성 질환의 연결이 잘못된 것은?

① 망간 – 신경염
② 분진 – 규폐증
③ 이상기압 – 잠함병
④ 6가크롬 – 레이노병

풀이 **유해인자별 발생 직업병**
㉠ 크롬 : 폐암(크롬폐증)
㉡ 이상기압 : 폐수종(잠함병)
㉢ 고열 : 열사병
㉣ 방사선 : 피부염 및 백혈병
㉤ 소음 : 소음성 난청
㉥ 수은 : 무뇨증
㉦ 망간 : 신장염(파킨슨 증후군)
㉧ 석면 : 악성중피종
㉨ 한랭 : 동상
㉩ 조명 부족 : 근시, 안구진탕증
㉪ 진동 : Raynaud's 현상
㉫ 분진 : 규폐증

08 심리학적 적성검사로 가장 알맞은 것은?

① 지능검사
② 작업적응성 검사
③ 감각기능검사
④ 체력검사

풀이 **심리학적 검사(심리학적 적성검사)**
㉠ 지능검사 : 언어, 기억, 추리, 귀납 등에 대한 검사
㉡ 지각동작검사 : 수족협조, 운동속도, 형태지각 등에 대한 검사
㉢ 인성검사 : 성격, 태도, 정신상태에 대한 검사
㉣ 기능검사 : 직무에 관련된 기본 지식과 숙련도, 사고력 등의 검사

09 1일 10시간 작업할 때 전신중독을 일으키는 methyl chloroform(노출기준 350ppm)의 노출기준은 얼마로 하여야 하는가? (단, Brief와 Scala의 보정방법을 적용한다.)

① 200ppm
② 245ppm
③ 280ppm
④ 320ppm

풀이 $RF = \left(\frac{8}{H}\right) \times \frac{24-H}{16} = \left(\frac{8}{10}\right) \times \frac{24-10}{16} = 0.7$
∴ 보정된 노출기준 = TLV × RF
= 350ppm × 0.7 = 245ppm

정답 05.② 06.④ 07.④ 08.① 09.②

10 피로의 증상으로 틀린 것은?
① 혈압은 초기에는 높아지나 피로가 진행되면 오히려 낮아진다.
② 소변의 양이 줄고, 소변 내의 단백질 또는 교질물질의 농도가 떨어진다.
③ 혈당치가 낮아지고 젖산과 탄산량이 증가하여 산혈증으로 된다.
④ 체온은 높아지나 피로정도가 심해지면 오히려 낮아진다.

[풀이] 소변의 양이 줄고 진한 갈색으로 변하며 심한 경우 단백뇨가 나타나며 소변 내의 단백질 또는 교질물질의 배설량(농도)이 증가한다.

11 어떤 작업에 있어 작업 시 소요된 열량이 3,500kcal였다. 기초대사량이 1,100kcal이고, 안정 시 열량이 기초대사량의 1.2배인 경우 작업대사율(Relative Metabolic Rate, RMR)은 약 얼마인가?
① 1.82
② 1.98
③ 2.65
④ 3.18

[풀이]
$$RMR = \frac{작업대사량 - 안정\ 시\ 대사량}{기초대사량}$$
$$= \frac{3,500\text{kcal} - (1,100 \times 1.2)\text{kcal}}{1,100\text{kcal}}$$
$$= 1.98$$

12 직업성 경견완 증후군 발생과 연관되는 작업으로 가장 거리가 먼 것은?
① 키펀치 작업
② 전화교환 작업
③ 금전등록기의 계산 작업
④ 전기톱에 의한 벌목 작업

[풀이] ①, ②, ③항은 반복적인 장시간 작업으로 근골격계 질환을 발생시킨다.

13 다음의 중량물 들기작업의 구분 동작을 순서대로 나열한 것은?

㉮ 발을 어깨너비 정도로 벌리고 몸은 정확하게 균형을 유지한다.
㉯ 무릎을 굽힌다.
㉰ 중량물에 몸의 중심을 가깝게 한다.
㉱ 목과 등이 거의 일직선이 되도록 한다.
㉲ 가능하면 중량물을 양손으로 잡는다.
㉳ 등을 반듯이 유지하면서 무릎의 힘으로 일어난다.

① ㉮ → ㉯ → ㉰ → ㉱ → ㉲ → ㉳
② ㉮ → ㉰ → ㉯ → ㉱ → ㉲ → ㉳
③ ㉰ → ㉮ → ㉯ → ㉲ → ㉱ → ㉳
④ ㉰ → ㉮ → ㉯ → ㉱ → ㉲ → ㉳

[풀이] 중량물 들기작업의 동작 순서
㉠ 중량물에 몸의 중심을 가능한 가깝게 한다.
㉡ 발을 어깨너비 정도로 벌리고 몸은 정확하게 균형을 유지한다.
㉢ 무릎을 굽힌다.
㉣ 가능하면 중량물을 양손으로 잡는다.
㉤ 목과 등이 거의 일직선이 되도록 한다.
㉥ 등을 반듯하게 유지하면서 무릎 힘으로 일어난다.

14 미국산업위생학회(AIHA)에서 정한 산업위생의 정의를 맞게 설명한 것은?
① 모든 사람의 건강 유지와 쾌적한 환경 조성을 목표로 한다.
② 근로자의 생명 연장 및 육체적·정신적 능력을 증진시키기 위한 일련의 프로그램이다.
③ 근로자의 육체적·정신적 건강을 최고로 유지·증진시킬 수 있도록 작업조건을 설정하는 기술이다.
④ 근로자에게 질병, 건강장애, 불쾌감 및 능률저하를 초래하는 작업환경 요인을 예측·인식·평가하고 관리하는 과학과 기술이다.

정답 10.② 11.② 12.④ 13.③ 14.④

> [풀이] **미국산업위생학회(AIHA ; American Industrial Hygiene Association, 1994)의 산업위생 정의**
> 근로자나 일반대중에게 질병, 건강장애와 안녕방해, 심각한 불쾌감 및 능률저하 등을 초래하는 작업환경 요인과 스트레스를 예측·측정·평가하고 관리하는 과학과 기술이다(예측, 인지(확인), 평가, 관리 의미와 동일함).

15 인간-기계 시스템 설계 시 고려사항으로 틀린 것은?

① 시스템 설계 시 동작경제의 원칙을 만족하도록 고려하여야 한다.
② 최종적으로 완성된 시스템에 대해 부적합 여부의 결정을 수행하여야 한다.
③ 대상 시스템이 배치될 환경조건이 인간의 한계치를 만족하는가의 여부를 조사한다.
④ 인간과 기계가 다 같이 복수인 경우, 배치에 따른 개별적 효과가 우선적으로 고려되어야 한다.

> [풀이] **인간-기계 시스템 설계 시 고려사항**
> ㉠ 인간, 기계 혹은 목적으로 하는 대상물을 조합하는 종합 시스템 중에 존재하는 사실들을 파악하고 필요한 조건들을 명확히 표현한다.
> ㉡ 인간이 수행하여야 할 조작이 연속적인가 아니면 불연속적인가를 알아보기 위해 특성 조사를 실시한다.
> ㉢ 동작경제의 원칙을 만족하도록 고려하여야 한다.
> ㉣ 대상이 되는 시스템이 위치할 환경조건이 인간에 대한 한계치를 만족하는가의 여부를 조사한다.
> ㉤ 단독의 기계에 대하여 수행하여야 할 배치는 인간의 심리 및 기능과 부합되어 있어야 한다.
> ㉥ 인간과 기계가 다 같이 복수인 경우 전체를 포함하는 배치로부터 발생하는 종합적인 효과가 가장 중요하다.
> ㉦ 기계 조작방법을 인간이 습득하려면 어떤 훈련방법이 어느 정도 필요한지를 시스템 활용을 통해 명확히 해두어야 한다.
> ㉧ 시스템 설계의 완료를 위해 조작의 안전성, 능률성, 보존의 용이성, 제작의 경제성 측면에서 재검토되어야 한다.
> ㉨ 완성된 시스템에 대해 최종적으로 불량의 여부에 대한 결정을 수행하여야 한다.

16 산업피로를 측정할 때 국소근육활동 피로를 측정하는 객관적인 방법은 무엇인가?

① EMG　　② EEG
③ ECG　　④ EOG

> [풀이] 국소근육활동 피로를 측정·평가하는 데에는 객관적인 방법으로 근전도(EMG)를 가장 많이 이용한다.

17 전신피로가 나타날 때 발생하는 생리학적 현상이 아닌 것은?

① 혈중 젖산 농도의 증가
② 혈중 포도당 농도의 저하
③ 산소 소비량의 지속적 증가
④ 근육 내 글리코겐 양의 감소

> [풀이] **전신피로의 원인**
> ㉠ 산소공급 부족
> ㉡ 혈중 포도당 농도 저하
> ㉢ 혈중 젖산 농도 증가
> ㉣ 근육 내 글리코겐 양의 감소
> ㉤ 작업강도의 증가

18 다음 중 산업안전보건법상 용어의 정의가 틀린 것은?

① 산소결핍이란 공기 중의 산소 농도가 18% 미만인 상태를 말한다.
② 산소결핍증이란 산소가 결핍된 공기를 들이마심으로써 생기는 증상을 말한다.
③ 밀폐공간이란 산소결핍, 유해가스로 인한 화재·폭발 등의 위험이 있는 장소로서 별도로 정한 장소를 말한다.
④ 적정공기란 산소 농도의 범위가 18% 이상 23.5% 미만, 이산화탄소의 농도가 1.0% 미만, 황화수소의 농도가 100ppm 미만인 수준의 공기를 말한다.

> [풀이] **적정공기의 정의**
> ㉠ 산소 농도의 범위가 18% 이상 23.5% 미만인 수준의 공기
> ㉡ 이산화탄소 농도가 1.5% 미만인 수준의 공기
> ㉢ 황화수소 농도가 10ppm 미만인 수준의 공기
> ㉣ 일산화탄소 농도가 30ppm 미만인 수준의 공기

19 자극취가 있는 무색의 수용성 가스로 건축물에 사용되는 단열재와 섬유 옷감에서 주로 발생되고, 눈과 코를 자극하며 동물실험 결과 발암성이 있는 것으로 나타난 실내공기 오염물질은?

① 벤젠　　　② 황산화물
③ 라돈　　　④ 포름알데히드

풀이 | **포름알데히드**
㉠ 페놀수지의 원료로서 각종 합판, 칩보드, 가구, 단열재 등으로 사용되고, 눈과 상부 기도를 자극하여 기침, 눈물을 야기시키며 어지러움, 구토, 피부질환, 정서불안정의 증상을 일으킨다.
㉡ 자극적인 냄새가 나는 무색의 수용성 가스로 메틸알데히드라고도 하며, 일반주택 및 공공건물에 많이 사용하는 건축자재와 섬유 옷감이 그 발생원이다.
㉢ 산업안전보건법상 사람에 충분한 발암성 증거가 있는 물질(1A)로 분류한다.

20 누적외상성 질환의 발생을 촉진하는 것이 아닌 것은?

① 진동
② 간헐성
③ 큰 변화가 없는 연속 동작
④ 섭씨 21도 이하에서 작업

풀이 | **누적외상성 질환의 원인**
㉠ 반복적인 동작
㉡ 부적절한 작업자세
㉢ 무리한 힘의 사용
㉣ 날카로운 면과의 신체접촉
㉤ 진동 및 온도(저온)

제2과목 | 작업환경 측정 및 평가

21 다음 물질 중 극성이 가장 강한 것은?

① 알데히드류　② 케톤류
③ 에스테르류　④ 올레핀류

풀이 | **극성이 강한 순서**
물 > 알코올류 > 알데히드류 > 케톤류 > 에스테르류 > 방향족탄화수소류 > 올레핀류 > 파라핀류

22 검지관 사용의 장점이라 볼 수 없는 것은?

① 사용이 간편하다.
② 전문가가 아니더라도 어느 정도만 숙지하면 사용할 수 있다.
③ 빠른 시간에 측정결과를 알 수 있어 주관적인 판독을 방지할 수 있다.
④ 맨홀, 밀폐공간에서의 산소 부족 또는 폭발성 가스로 인한 안전이 문제가 될 때 유용하게 사용할 수 있다.

풀이 | **검지관의 장단점**
(1) 장점
㉠ 사용이 간편하다.
㉡ 반응시간이 빠르다(현장에서 바로 측정결과를 알 수 있다).
㉢ 비전문가도 어느 정도 숙지하면 사용할 수 있다(단, 산업위생전문가의 지도 아래 사용되어야 한다).
㉣ 맨홀, 밀폐공간에서의 산소 부족 또는 폭발성 가스로 인한 안전이 문제가 될 때 유용하게 사용된다.
㉤ 다른 측정방법이 복잡하거나 빠른 측정이 요구될 때 사용할 수 있다.

(2) 단점
㉠ 민감도가 낮아 비교적 고농도에만 적용이 가능하다.
㉡ 특이도가 낮아 다른 방해물질의 영향을 받기 쉽다(오차가 크다).
㉢ 대개 단시간 측정만 가능하다.
㉣ 한 검지관으로 단일물질만 측정 가능하여 각 오염물질에 맞는 검지관을 선정함에 따른 불편함이 있다.
㉤ 색 변화에 따라 주관적으로 읽을 수 있어 판독자에 따라 변이가 심하며 색변화가 시간에 따라 변하므로 제조자가 정한 시간에 읽어야 한다.
㉥ 미리 측정대상 물질의 동정이 되어 있어야 측정이 가능하다.

23 소리의 음압수준이 80dB인 기계 2대와 85dB인 기계 1대가 동시에 가동되었을 때 전체 음압수준은?

① 83dB　　　② 85dB
③ 87dB　　　④ 89dB

풀이 | $L_\text{합} = 10\log[(2 \times 10^8 + 10^{8.5})] = 87\text{dB}$

정답 19.④ 20.② 21.① 22.③ 23.③

24 실리카겔 흡착관에 대한 설명으로 틀린 것은?
① 실리카겔은 극성이 강하여 극성 물질을 채취한 경우 물과 같은 일반 용매로는 탈착되기 어렵다.
② 추출용액이 화학분석이나 기기분석에 방해물질로 작용하는 경우가 많지 않다.
③ 유독한 이황화탄소를 탈착용매로 사용하지 않는다.
④ 활성탄으로 채취가 어려운 아닐린, 오르토-톨루이딘 등의 아민류 채취가 가능하다.

[풀이] 실리카겔의 장단점
(1) 장점
  ㉠ 극성이 강하여 극성 물질을 채취한 경우 물, 메탄올 등 다양한 용매로 쉽게 탈착한다.
  ㉡ 추출용액(탈착용매)이 화학분석이나 기기분석에 방해물질로 작용하는 경우는 많지 않다.
  ㉢ 활성탄으로 채취가 어려운 아닐린, 오르토-톨루이딘 등의 아민류나 몇몇 무기물질의 채취가 가능하다.
  ㉣ 매우 유독한 이황화탄소를 탈착용매로 사용하지 않는다.
(2) 단점
  ㉠ 친수성이기 때문에 우선적으로 물분자와 결합을 이루어 습도의 증가에 따른 흡착용량의 감소를 초래한다.
  ㉡ 습도가 높은 작업장에서는 다른 오염물질의 파과용량이 작아져 파과를 일으키기 쉽다.

25 먼지 시료채취에 사용되는 여과지에 대한 설명이 잘못된 것은?
① PTFE막 여과지는 농약이나 알칼리성 먼지 채취에 적합하다.
② MCE막 여과지는 산에 쉽게 용해된다.
③ 은막 여과지는 코크스 제조공정에서 발생되는 코크스 오븐 배출물질 채취에 사용한다.
④ PVC막 여과지는 수분에 대한 영향이 크므로 용해성 시료채취에 사용한다.

[풀이] PVC막 여과지는 수분의 영향이 크지 않아 공해성 먼지, 총 먼지 등의 중량분석을 위한 측정에 사용한다.

26 어떤 분석방법의 검출한계가 0.2mg일 때 정량한계로 가장 적절한 값은?
① 0.11mg ② 0.33mg
③ 0.66mg ④ 0.99mg

[풀이]
정량한계=검출한계×3.3
=0.2mg×3.3
=0.66mg

27 활성탄관을 연결한 저유량 공기 시료채취펌프를 이용하여 벤젠 증기(M.W=78g/mol)를 $0.112m^3$ 채취하였다. GC를 이용하여 분석한 결과 657μg의 벤젠이 검출되었다면 벤젠 증기의 농도(ppm)는? (단, 온도는 25℃, 압력은 760mmHg이다.)
① 0.90 ② 1.84
③ 2.94 ④ 3.78

[풀이]
벤젠 증기의 농도$(mg/m^3) = \dfrac{657\mu g \times mg/10^3 \mu g}{0.112m^3}$
$= 5.87 mg/m^3$
∴ 농도$(ppm) = 5.87 mg/m^3 \times \dfrac{24.45}{78} = 1.84 ppm$

28 시료채취방법 중에서 개인시료채취 시의 채취지점으로 가장 알맞은 것은? (단, 개인시료채취기 이용)
① 근로자의 호흡위치(호흡기 중심 반경 30cm인 반구)
② 근로자의 호흡위치(호흡기 중심 반경 60cm인 반구)
③ 근로자의 호흡위치(1.2~1.5m 높이의 고정된 위치)
④ 근로자의 호흡위치(측정하고자 하는 고정된 위치)

[풀이] 개인시료채취
개인시료채취기를 이용하여 가스·증기·분진·흄(fume)·미스트(mist) 등을 근로자의 호흡위치(호흡기를 중심으로 반경 30cm인 반구)에서 채취하는 것을 말한다.

정답 24.① 25.④ 26.③ 27.② 28.①

29 50% 헵탄, 30% 메틸렌클로라이드, 20% 퍼클로로에틸렌의 중량비로 조성된 용제가 증발하여 작업환경을 오염시키고 있다. 순서에 따라 각각의 TLV는 1,600mg/m³(1mg/m³=0.25ppm), 720mg/m³(1mg/m³=0.28ppm), 670mg/m³(1mg/m³=0.15ppm)이다. 이 작업장의 혼합물의 허용농도(mg/m³)는? (단, 상가작용 기준)

① 약 633 ② 약 743
③ 약 853 ④ 약 973

풀이 혼합물의 허용농도(mg/m³)
$$= \frac{1}{\frac{0.5}{1,600}+\frac{0.3}{720}+\frac{0.2}{670}} = 973.07 \text{mg/m}^3$$

30 지역시료채취의 용어 정의로 가장 옳은 것은? (단, 고용노동부 고시 기준)

① 시료채취기를 이용하여 가스, 증기, 분진, 흄, 미스트 등을 근로자의 작업위치에서 호흡기 높이로 이동하며 채취하는 것을 말한다.
② 시료채취기를 이용하여 가스, 증기, 분진, 흄, 미스트 등을 근로자의 작업행동범위에서 호흡기 높이로 이동하며 채취하는 것을 말한다.
③ 시료채취기를 이용하여 가스, 증기, 분진, 흄, 미스트 등을 근로자의 작업위치에서 호흡기 높이에 고정하여 채취하는 것을 말한다.
④ 시료채취기를 이용하여 가스, 증기, 분진, 흄, 미스트 등을 근로자의 작업행동범위에서 호흡기 높이에 고정하여 채취하는 것을 말한다.

풀이 지역시료(area sampling)
㉠ 작업환경측정을 실시할 때 시료채취의 한 방법으로서 시료채취기를 이용하여 가스·증기, 분진, 흄, 미스트 등 유해인자를 근로자의 정상 작업위치 또는 작업행동범위에서 호흡기 높이에 고정하여 채취하는 것을 말한다. 즉 단위작업장소에 시료채취기를 설치하여 시료를 채취하는 방법이다.
㉡ 근로자에게 노출되는 유해인자의 배경농도와 시간별 변화 등을 평가하며, 개인시료채취가 곤란한 경우 등 보조적으로 사용한다.
㉢ 지역시료채취는 개인시료채취를 대신할 수 없으며 근로자의 노출정도를 평가할 수 없다.
㉣ 지역시료채취를 적용하는 경우
• 유해물질의 오염원이 확실하지 않은 경우
• 환기시설의 성능을 평가하는 경우(작업환경개선의 효과 측정)
• 개인시료채취가 곤란한 경우
• 특정 공정의 계절별 농도변화 및 공정의 주기별 농도변화를 확인하는 경우

31 다음 중 가스크로마토그래피에서 인접한 두 피크를 다르다고 인식하는 능력을 의미하는 것은?

① 분해능 ② 분배계수
③ 분리관의 효율 ④ 상대머무름시간

풀이 가스크로마토그래피 분리관의 성능은 분해능과 효율로 표시할 수 있으며, 분해능은 인접한 두 피크를 다르다고 인식하는 능력을 의미한다.

32 알고 있는 공기 중 농도를 만드는 방법인 dynamic method에 관한 내용으로 옳지 않은 것은?

① 온습도 조절이 가능하다.
② 만들기 용이하고 가격이 저렴하다.
③ 다양한 농도범위에서 제조가 가능하다.
④ 소량의 누출이나 벽면에 의한 손실을 무시할 수 있다.

풀이 Dynamic method
㉠ 희석공기와 오염물질을 연속적으로 흘려주어 일정한 농도를 유지하면서 만드는 방법이다.
㉡ 알고 있는 공기 중 농도를 만드는 방법이다.
㉢ 농도변화를 줄 수 있고 온습도 조절이 가능하다.
㉣ 제조가 어렵고 비용도 많이 든다.
㉤ 다양한 농도범위에서 제조가 가능하다.
㉥ 가스, 증기, 에어로졸 실험도 가능하다.
㉦ 소량의 누출이나 벽면에 의한 손실은 무시할 수 있다.
㉧ 지속적인 모니터링이 필요하다.
㉨ 매우 일정한 농도를 유지하기가 곤란하다.

33 다음 중 석면의 농도를 표시하는 단위로 옳은 것은? (단, 고용노동부 고시 기준)
① 개/cm³
② L/m³
③ mm/L
④ cm/m³

풀이 **석면의 단위**
개/cc=개/mL=개/cm³

34 톨루엔을 활성탄관을 이용하여 0.2L/분으로 30분 동안 시료를 포집하여 분석한 결과 활성탄관의 앞 층에서 1.2mg, 뒤 층에서 0.1mg씩 검출되었을 때, 공기 중 톨루엔의 농도는 약 몇 mg/m³인가? (단, 파과, 공시료는 고려하지 않으며, 탈착효율은 100%이다.)
① 113
② 138
③ 183
④ 217

풀이 $농도(mg/m^3) = \dfrac{(1.2+0.1)mg}{0.2L/min \times 30min \times m^3/1,000L}$
$= 216.67 mg/m^3$

35 도장 작업장에서 작업 시 발생되는 유기용제를 측정하여 정량·정성 분석을 하고자 한다. 이때 가장 적합한 분석기기는?
① 적외선분광광도계
② 흡광광도계
③ 가스크로마토그래피
④ 원자흡광광도계

풀이 **가스크로마토그래피**
기체 시료 또는 기화한 액체나 고체 시료를 운반가스로 고정상이 충전된 칼럼(또는 분리관) 내부를 이동시키면서 시료의 각 성분을 분리·전개시켜 정성 및 정량하는 분석기기로서, 허용기준대상 유해인자 중 휘발성 유기화합물의 분석방법에 적용한다.

36 이온크로마토그래피(IC)로 분석하기에 적합한 물질은?
① 무기수은   ② 크롬산
③ 사염화탄소   ④ 에탄올

풀이 **이온크로마토그래피(IC)의 적용**
㉠ 액체크로마토그래피의 한 종류로 이온성 물질 분석에 주로 사용한다.
㉡ 강수, 대기 중 먼지, 하천수 중 이온성분의 정성·정량 분석에 사용한다.
㉢ 음이온(황산, 질산, 인산, 염소) 및 무기산류(크롬산, 염산, 불산, 황산), 에탄올아민류, 알칼리, 황화수소의 특성 분석에 이용된다.

37 배경소음(background noise)을 가장 올바르게 설명한 것은?
① 관측하는 장소에 있어서의 종합된 소음을 말한다.
② 환경소음 중 어느 특정 소음을 대상으로 할 경우 그 이외의 소음을 말한다.
③ 레벨변화가 적고 거의 일정하다고 볼 수 있는 소음을 말한다.
④ 소음원을 특정시킨 경우 그 음원에 의하여 발생한 소음을 말한다.

풀이 **배경소음**
어떤 음을 대상으로 생각할 때 그 음이 아니면서 그 장소에 있는 소음을 대상음에 대한 배경소음이라 한다. 즉 환경소음 중 어느 특정 소음을 대상으로 할 경우 그 이외의 소음을 말한다.

38 측정소음도가 68dB(A), 배경소음이 50dB(A)이었다면, 이때의 대상소음도는?
① 50dB(A)
② 59dB(A)
③ 68dB(A)
④ 74dB(A)

풀이 두 소음의 차이가 10dB(A) 이상이면 작은 소음은 큰 소음에 영향을 미치지 못한다. 즉 대상소음도는 68dB(A)이다.

정답 33.① 34.④ 35.③ 36.② 37.② 38.③

39 작업장 내 유해물질 측정에 대한 기초적인 이론을 설명한 것으로 틀린 것은?

① 작업장 내 유해화학물질의 농도는 일반적으로 25℃, 760mmHg의 조건하에서 기준농도로 나타낸다.
② 가스 또는 증기의 ppm과 mg/m³ 간의 상호 농도변환은 mg/m³ = ppm × $\frac{24.45}{M}$ (M : 분자량)으로 계산한다.
③ 가스란 상온·상압하에서 기체상으로 존재하는 것을 말하며, 증기란 상온·상압하에서 액체 또는 고체인 물질이 증기압에 따라 휘발 또는 승화하여 기체로 되어 있는 것을 말한다.
④ 유해물질의 측정에는 공기 중에 존재하는 유해물질의 농도를 그대로 측정하는 방법과 공기로부터 분리·농축하는 방법이 있다.

풀이 피피엠(ppm)과 세제곱미터당 밀리그램(mg/m³) 간의 상호 농도변환

노출기준(mg/m³) = $\frac{노출기준(ppm) \times 그램분자량}{24.45(25℃, 1기압)}$

40 작업장의 작업환경측정 결과가 [보기]와 같았다면 이 작업장에 대한 평가로 가장 알맞은 것은? (단, 측정농도는 시간가중평균농도를 의미한다.)

[보기]
- 아세톤 : 400ppm(TLV : 750ppm)
- 부틸아세테이트 : 150ppm(TLV : 200ppm)
- 메틸에틸케톤 : 100ppm(TLV : 200ppm)

① 각각의 측정 결과가 TLV를 초과하지 않으므로 노출기준농도를 초과하지 않는다.
② 각각의 측정 결과가 노출기준농도를 초과하지는 않지만 여러 가지 유해물질이 공존하고 있으므로 노출기준을 초과한다고 보아야 한다.
③ 평가는 $\frac{C_1}{T_1} + \frac{C_2}{T_2} + \cdots + \frac{C_n}{T_n}$ 으로 계산하여 계산치를 볼 때 노출기준농도를 초과하고 있다(C : 측정농도, T : TLV).
④ 혼합물의 측정 결과는 $\frac{\left(\begin{array}{c}C_1 T_1 + C_2 T_2 \\ + \cdots + C_n T_n\end{array}\right)}{8}$ 으로 평가하여 계산치를 볼 때 노출기준농도를 초과하고 있다(C : 측정농도, T : 측정시간).

풀이 EI = $\frac{400}{750} + \frac{150}{200} + \frac{100}{200} = 1.78$(초과)

제3과목 | 작업환경 관리

41 전리방사선의 특성을 잘못 설명한 것은?

① X선은 전자를 가속하는 장치로부터 얻어지는 인공적인 전자파이다.
② α입자는 투과력은 약하나, 전리작용은 강하다.
③ β입자는 α입자에 비하여 무거워 충돌에 따른 영향이 크다.
④ 중성자는 α입자, β입자보다 투과력이 강하다.

풀이 β입자는 원자핵에서 방출되는 전자의 흐름으로 α입자보다 가볍고 속도는 10배 빠르므로 충돌할 때마다 튕겨져서 방향을 바꾼다.

42 청력보호구인 귀마개에 관한 내용으로 틀린 것은? (단, 귀덮개 비교 기준)

① 다른 보호구와 동시에 사용할 수 있다.
② 고온 작업장에서 불편 없이 사용할 수 있다.
③ 착용시간이 짧고 쉽다.
④ 더러운 손으로 만짐으로써 외청도를 오염시킬 수 있다.

[풀이] 귀마개
(1) 장점
  ㉠ 부피가 작아서 휴대가 쉽다.
  ㉡ 안경과 안전모 등에 방해가 되지 않는다.
  ㉢ 고온 작업에서도 사용 가능하다.
  ㉣ 좁은 장소에서도 사용 가능하다.
  ㉤ 가격이 귀덮개보다 저렴하다.
(2) 단점
  ㉠ 귀에 질병이 있는 사람은 착용 불가능하다.
  ㉡ 여름에 땀이 많이 날 때는 외이도에 염증 유발 가능성이 있다.
  ㉢ 제대로 착용하는 데 시간이 걸리며 요령을 습득하여야 한다.
  ㉣ 차음효과가 일반적으로 귀덮개보다 떨어진다.
  ㉤ 사람에 따라 차음효과 차이가 크다(개인차가 큼).
  ㉥ 더러운 손으로 만짐으로써 외청도를 오염시킬 수 있다(귀마개에 묻어 있는 오염물질이 귀에 들어갈 수 있음).

43 작업환경의 관리원칙 중 '대치'에 관한 내용으로 틀린 것은?
① 세척작업에서 사염화탄소 대신 트리클로로에틸렌으로 전환
② 소음이 많이 발생하는 리벳팅 작업 대신 너트와 볼트 작업으로 전환
③ 제품의 표면 마감에 사용되는 저속·왕복형 절삭기 대신 소형·고속회전식 그라인더로 대치
④ 조립공정에서 많이 사용하는 소음 발생이 큰 압축공기식 임팩트 렌치를 저소음 유압식 렌치로 대치

[풀이] 고속회전식 그라인더 작업을 저속연마작업으로 변경한다.

44 근로자가 귀덮개(NRR=31)를 착용하고 있는 경우 미국 OSHA의 방법으로 계산한다면 차음효과는?
① 5dB ② 8dB
③ 10dB ④ 12dB

[풀이] 차음효과=(NRR−7)×0.5=(31−7)×0.5=12dB

45 산소결핍에 관한 설명으로 잘못된 것은?
① 산소결핍이란 공기 중 산소 농도가 20% 미만인 것을 말한다.
② 맨홀, 피트 및 물탱크 작업이 산소결핍 작업환경에 해당한다.
③ 생체 중에서 산소결핍에 대하여 가장 민감한 조직은 대뇌피질이다.
④ 일반적으로 공기의 산소분압의 저하는 바로 동맥혈의 산소분압 저하와 연결되어 뇌에 대한 산소 공급량의 감소를 초래한다.

[풀이] 산소결핍이란 공기 중 산소 농도가 18% 미만인 것을 말하며, NIOSH에서는 19.5% 미만을 관리기준으로 설정하여 엄격하게 관리한다.

46 다음 중 전신진동 장애의 원인으로 가장 적절한 것은?
① 중장비 차량의 운전
② 전기톱 작업
③ 착암기 작업
④ 해머 작업

[풀이] 전신진동을 받을 수 있는 대표적 작업자는 교통기관 승무원이다.
②, ③, ④항은 국소진동을 받을 수 있는 대표적 작업자이다.

47 감압환경으로 인한 장애 중 만성장애로서 고압환경에 반복 노출될 때에 가장 일어나기 쉬운 속발증이며 질소기포가 뼈의 소동맥을 막아서 일어나고 해당 부위에 경색이 일어나는 것은?
① 기흉
② 비감염성 골괴사
③ 종격기종
④ 혈관전색

[풀이] 비감염성 골괴사는 혈액응고로 인해 뼈력이 괴사하는 것을 말한다.

정답 43.③ 44.④ 45.① 46.① 47.②

48 방독마스크 사용 시 유의사항으로 틀린 것은?

① 대상 가스에 맞는 정화통을 사용할 것
② 유효시간이 불분명한 경우는 송기마스크나 자급식 호흡기를 사용할 것
③ 산소결핍 위험이 있는 경우는 송기마스크나 자급식 호흡기를 사용할 것
④ 사용 중에 조금이라도 가스 냄새가 나는 경우는 송기마스크나 자급식 호흡기를 사용할 것

풀이 방독마스크 착용 중 가스 냄새가 나거나 숨쉬기 답답하다고 느낄 때에는 즉시 작업을 중지하고 새로운 정화통으로 교환해야 한다.

49 고압환경에서 나타나는 질소의 마취작용에 관한 설명으로 옳지 않은 것은?

① 공기 중 질소가스는 2기압 이상에서 마취작용을 나타낸다.
② 작업력 저하, 기분의 변화 및 정도를 달리하는 다행증이 일어난다.
③ 질소의 지방 용해도는 물에 대한 용해도보다 5배 정도 높다.
④ 고압환경의 2차적인 가압현상(화학적 장애)이다.

풀이 질소가스의 마취작용
㉠ 공기 중의 질소가스는 정상기압에서는 비활성이지만 4기압 이상에서 마취작용을 일으키며 이를 다행증이라 한다(공기 중의 질소가스는 3기압 이하에서는 자극작용을 한다).
㉡ 질소가스 마취작용은 알코올 중독의 증상과 유사하다.
㉢ 작업력의 저하, 기분의 변환, 여러 종류의 다행증(euphoria)이 일어난다.
㉣ 수심 90~120m에서 환청, 환시, 조현증, 기억력 감퇴 등이 나타난다.

50 고열 작업환경에서 발생하는 열경련의 주요 원인은?

① 고온 순화 미흡에 따른 혈액순환 저하
② 고열에 의한 순환기 부조화
③ 신체의 염분 손실
④ 뇌온도 및 체온 상승

풀이 열경련의 발생
㉠ 지나친 발한에 의한 수분 및 혈중 염분 손실(혈액의 현저한 농축 발생)
㉡ 땀을 많이 흘리고 동시에 염분이 없는 음료수를 많이 마셔서 염분 부족 시 발생
㉢ 전해질의 유실 시 발생

51 다음 중 유해한 작업환경에 대한 개선대책인 대치(substitution)의 내용과 가장 거리가 먼 것은?

① 공정의 변경   ② 시설의 변경
③ 작업자의 변경 ④ 물질의 변경

풀이 작업환경 개선(대치방법)
㉠ 공정의 변경
㉡ 시설의 변경
㉢ 유해물질의 변경

52 총 흡음량이 1,000sabins인 작업장에 흡음시설을 강화하여 총 흡음량이 4,000sabins이 되었다. 소음감소(Noise Reduction)는 얼마가 되겠는가?

① 3dB   ② 6dB
③ 9dB   ④ 12dB

풀이
$$\text{소음저감량(NR)} = 10\log\frac{\text{대책 후}}{\text{대책 전}}$$
$$= 10\log\frac{4,000}{1,000} = 6\text{dB}$$

53 작업환경관리의 유해요인 중에서 물리학적 요인과 가장 거리가 먼 것은?

① 분진   ② 전리방사선
③ 기온   ④ 조명

풀이 직업병의 원인물질(직업성 질환 유발물질)
㉠ 물리적 요인 : 소음·진동, 유해광선(전리·비전리 방사선), 온도(온열), 이상기압, 한랭, 조명 등
㉡ 화학적 요인 : 화학물질(대표적 : 유기용제), 금속증기, 분진, 오존 등
㉢ 생물학적 요인 : 각종 바이러스, 진균, 리케차, 쥐 등
㉣ 인간공학적 요인 : 작업방법, 작업자세, 작업시간, 중량물 취급 등

정답 48.④ 49.① 50.③ 51.③ 52.② 53.①

54 열중증질환 중 열피로에 대한 설명으로 가장 거리가 먼 것은?
① 혈중 염소 농도는 정상이다.
② 체온은 정상범위를 유지한다.
③ 말초혈관 확장에 따른 요구 증대만큼의 혈관운동 조절이나 심박출력의 증대가 없을 때 발생한다.
④ 탈수로 인하여 혈장량이 급격히 증가할 때 발생한다.

[풀이] 열피로의 발생
㉠ 땀을 많이 흘려(과다 발한) 수분과 염분 손실이 많을 때
㉡ 탈수로 인해 혈장량이 감소할 때
㉢ 말초혈관 확장에 따른 요구 증대만큼의 혈관운동 조절이나 심박출력의 증대가 없을 때
㉣ 대뇌피질의 혈류량이 부족할 때

55 다음의 중금속 먼지 중 비중격천공의 원인물질로 알려진 것은?
① 카드뮴   ② 수은
③ 크롬   ④ 니켈

[풀이] 크롬(Cr)
㉠ 금속 크롬, 여러 형태의 산화화합물로 존재하며, 2가크롬은 매우 불안정하고, 3가크롬은 매우 안정된 상태이며, 6가크롬은 비용해성으로 산화제, 색소로서 산업장에서 널리 사용된다.
㉡ 비중격연골에 천공이 대표적 증상이며, 근래에 와서는 직업성 피부질환도 다량 발생하는 경향이 있다.
㉢ 3가크롬은 피부흡수가 어려우나, 6가크롬은 쉽게 피부를 통과하여 6가크롬이 더 해롭다.

56 방진재인 공기스프링에 관한 설명으로 가장 거리가 먼 것은?
① 부하능력이 광범위하다.
② 구조가 복잡하고 시설비가 많이 든다.
③ 사용 진폭이 적어 별도의 damper가 필요 없다.
④ 하중의 변화에 따라 고유진동수를 일정하게 유지할 수 있다.

[풀이] 공기스프링
(1) 장점
㉠ 지지하중이 크게 변하는 경우에는 높이 조정변에 의해 그 높이를 조절할 수 있어 설비의 높이를 일정 레벨로 유지시킬 수 있다.
㉡ 하중부하 변화에 따라 고유진동수를 일정하게 유지할 수 있다.
㉢ 부하능력이 광범위하고 자동제어가 가능하다.
㉣ 스프링정수를 광범위하게 선택할 수 있다.
(2) 단점
㉠ 사용 진폭이 적은 것이 많아 별도의 댐퍼가 필요한 경우가 있다.
㉡ 구조가 복잡하고 시설비가 많이 든다.
㉢ 압축기 등 부대시설이 필요하다.
㉣ 안전사고(공기 누출) 위험이 있다.

57 감압환경에서 감압에 따른 질소기포 형성량에 영향을 주는 요인과 가장 거리가 먼 것은?
① 감압속도
② 조직에 용해된 가스량
③ 혈류를 변화시키는 상태
④ 폐 내 가스 팽창

[풀이] 감압 시 조직 내 질소기포 형성량에 영향을 주는 요인
㉠ 조직에 용해된 가스량
  체내지방량, 고기압폭로의 정도와 시간으로 결정
㉡ 혈류변화 정도(혈류를 변화시키는 상태)
  • 감압 시나 재감압 후에 생기기 쉽다.
  • 연령, 기온, 운동, 공포감, 음주와 관계가 있다.
㉢ 감압속도

58 기후요소 중 감각온도(등감온도)와 직접 관계가 없는 것은?
① 기온
② 기습
③ 기류
④ 기압

[풀이] 감각온도(실효온도, 유효온도)
기온, 습도, 기류의 조건에 따라 결정되는 체감온도이다.

정답 54.④ 55.③ 56.③ 57.④ 58.④

59 전자파 방사선은 보통 진동수나 파장에 따라 전리방사선과 비전리방사선으로 분류한다. 다음 중 전리방사선에 해당되는 것은?
① 자외선
② 마이크로파
③ 라디오파
④ X선

풀이 전리방사선
㉠ 전자기방사선(X-Ray, γ선)
㉡ 입자방사선(α선, β선, 중성자)

60 진폐증을 일으키는 분진 중에서 폐암을 유발시키는 분진은?
① 규산분진   ② 석면분진
③ 활석분진   ④ 규조토분진

풀이 폐암, 중피종암, 늑막암, 위암은 석면분진과 관계가 있다.

제4과목 | 산업환기

61 국소배기장치의 이송 덕트 설계에 있어서 분지관이 연결되는 주관 확대각의 범위로 가장 적절한 것은?

주관의 확대각

① 15° 이내   ② 30° 이내
③ 45° 이내   ④ 60° 이내

풀이 분지관의 연결
15° 이내가 적합함.

62 다음 중 전압, 속도압, 정압에 대한 설명으로 틀린 것은?
① 속도압은 항상 양압이다.
② 정압은 속도압에 의존하여 발생한다.
③ 전압은 속도압과 정압을 합한 값이다.
④ 송풍기의 전후 위치에 따라 덕트 내의 정압이 음(-)이나 양(+)으로 된다.

풀이 정압은 속도압과 관계없이 독립적으로 발생한다.

63 전기집진기(ESP ; electrostatic precipitator)의 장점이라고 볼 수 없는 것은?
① 보일러와 철강로 등에 설치할 수 있다.
② 좁은 공간에서도 설치가 가능하다.
③ 고온의 입자상 물질도 처리가 가능하다.
④ 넓은 범위의 입경과 분진의 농도에서 집진효율이 높다.

풀이 전기집진장치
(1) 장점
㉠ 집진효율이 높다(0.01μm 정도 포집 용이, 99.9% 정도 고집진효율).
㉡ 광범위한 온도범위에서 적용이 가능하며, 폭발성 가스의 처리도 가능하다.
㉢ 고온의 입자성 물질(500℃ 전후) 처리가 가능하여 보일러와 철강로 등에 설치할 수 있다.
㉣ 압력손실이 낮고 대용량의 가스 처리가 가능하고 배출가스의 온도강하가 적다.
㉤ 운전 및 유지비가 저렴하다.
㉥ 회수가치 입자 포집에 유리하며, 습식 및 건식으로 집진할 수 있다.
㉦ 넓은 범위의 입경과 분진농도에 집진효율이 높다.
㉧ 습식 집진이 가능하다.
(2) 단점
㉠ 설치비용이 많이 든다.
㉡ 설치공간을 많이 차지한다.
㉢ 설치된 후에는 운전조건의 변화에 유연성이 적다.
㉣ 먼지성상에 따라 전처리시설이 요구된다.
㉤ 분진 포집에 적용되며, 기체상 물질 제거에는 곤란하다.
㉥ 전압변동과 같은 조건변동(부하변동)에 쉽게 적응이 곤란하다.
㉦ 가연성 입자의 처리가 곤란하다.

64 산업환기에서의 표준상태에서 수은의 증기압은 0.0035mmHg이다. 이때 공기 중 수은증기의 최고농도는 약 몇 mg/m³인가? (단, 수은의 분자량은 200.59이다.)

① 24.88 ② 30.66
③ 38.33 ④ 44.22

풀이 최고농도(ppm) = $\frac{0.0035}{760} \times 10^6$ = 4.6ppm

∴ 최고농도(mg/m³) = 4.6ppm × $\frac{200.59}{24.1}$
= 38.33mg/m³

65 스프레이 도장, 용기 충전 등 발생기류가 높고, 유해물질이 활발하게 발생하는 장소의 제어속도로 가장 적절한 것은? (단, 미국정부 산업위생전문가협의회(ACGIH)의 권고치를 기준으로 한다.)

① 0.3m/sec
② 0.5m/sec
③ 1.5m/sec
④ 5.0m/sec

풀이 제어속도 범위(ACGIH)

작업조건	작업공정 사례	제어속도 (m/sec)
• 움직이지 않는 공기 중에서 속도 없이 배출되는 작업조건 • 조용한 대기 중에 실제 거의 속도가 없는 상태로 발산하는 경우의 작업조건	• 액면에서 발생하는 가스나 증기, 흄 • 탱크에서 증발 · 탈지 시설	0.25~0.5
비교적 조용한(약간의 공기 움직임) 대기 중에서 저속도로 비산하는 작업조건	• 용접, 도금 작업 • 스프레이 도장 • 주형을 부수고 모래를 터는 장소	0.5~1.0
발생기류가 높고 유해물질이 활발하게 발생하는 작업조건	• 스프레이 도장, 용기 충전 • 컨베이어 적재 • 분쇄기	1.0~2.5
초고속 기류가 있는 작업장소에 초고속으로 비산하는 경우	• 회전연삭작업 • 연마작업 • 블라스트작업	2.5~10

66 용융로 상부의 공기 용량은 200m³/min, 온도는 400℃, 1기압이다. 이것을 21℃, 1기압의 상태로 환산하면 공기의 용량은 약 몇 m³/min이 되겠는가?

① 82.6
② 87.4
③ 93.4
④ 116.6

풀이 $Q(\text{m}^3/\text{min}) = 200\text{m}^3/\text{min} \times \frac{273+21}{273+400}$
= 87.37m³/min

67 다음은 기류의 본질에 대한 내용이다. ㉮와 ㉯에 들어갈 내용이 알맞게 연결된 것은?

> 유체가 관 내를 아주 느린 속도로 흐를 때는 소용돌이나 선회운동을 일으키지 않고 관 벽에 평행으로 유동한다. 이와 같은 흐름을 (㉮)(이)라 하며 속도가 빨라지면 관 내 흐름은 크고 작은 소용돌이가 혼합된 형태로 변하여 혼합상태로 흐른다. 이런 모양의 흐름을 (㉯)(이)라 한다.

① ㉮ 층류, ㉯ 난류
② ㉮ 난류, ㉯ 층류
③ ㉮ 유선운동, ㉯ 층류
④ ㉮ 층류, ㉯ 천이유동

풀이
(1) **층류(laminar flow)**
  ㉠ 유체의 입자들이 규칙적인 유동상태가 되어 질서정연하게 흐르는 상태, 즉 유체가 관 내를 아주 느린 속도로 흐를 때 소용돌이나 선회운동을 일으키지 않고 관 벽에 평행으로 유동하는 흐름을 말한다.
  ㉡ 관 내에서의 속도분포가 정상 포물선을 그리며 평균유속은 최대유속의 약 1/2이다.
(2) **난류(turbulent flow)**
  유체의 입자들이 불규칙적인 유동상태가 되어 상호 간 활발하게 운동량을 교환하면서 흐르는 상태, 즉 속도가 빨라지면 관 내 흐름은 크고 작은 소용돌이가 혼합된 형태로 변하여 혼합상태로 유동하는 흐름을 말한다.

68 다음 중 국소배기장치의 올바른 송풍기 선정과정과 가장 거리가 먼 것은?

① 송풍량과 송풍압력을 가급적 큰 용량으로 선정한다.
② 덕트계의 압력손실 계산결과에 의하여 배풍기 전후의 압력차를 구한다.
③ 특성선도를 사용하여 필요한 정압, 풍량을 얻기 위한 회전수, 축동력, 사용 모터 등을 구한다.
④ 배풍기와 덕트의 설치장소를 고려하여 회전방향, 토출방향을 결정한다.

풀이 송풍기의 송풍량과 송풍압력은 시스템 요구곡선과 성능곡선에 의해 적정하게 선정하여야 한다.

69 톨루엔(M.W=92)의 증기 발생량은 시간당 200g이다. 실내의 평균농도를 억제농도(100ppm, 377mg/m³)로 하기 위해 전체환기를 할 경우 필요환기량(m³/min)은 약 얼마인가? (단, 주위는 21℃, 1기압 상태이며, 안전계수는 10이라 가정한다.)

① 8.7   ② 13.2
③ 16.7   ④ 23.3

풀이
- 사용량=200g/hr
- 발생률(G)
  92g : 24.1L = 200g/hr : G
  $G = \dfrac{24.1L \times 200g/hr}{92g} = 52.39L/hr$
- ∴ 필요환기량(Q)
  $Q = \dfrac{G}{TLV} \times K = \dfrac{52.39L/hr}{100ppm} \times 1$
  $= \dfrac{52.39L/hr \times 1,000mL/L}{100mL/m^3} \times 1$
  $= 523.91m^3/hr \times hr/60min = 8.73m^3/min$

70 1mmH₂O를 환산한 값으로 틀린 것은?

① $1kg_f/m^2$ ② $0.98N/m^2$
③ $9.8Pa$ ④ $0.0735mmHg$

풀이 $1mmH_2O \times \dfrac{1N/m^2}{1.020 \times 10^{-1} mmH_2O} = 9.8N/m^2$

71 국소배기장치에서 송풍량이 30m³/min이고 덕트의 직경이 200mm이면 이때 덕트 내의 속도는 약 몇 m/sec인가?

① 13
② 16
③ 19
④ 21

풀이
덕트 속도(m/sec) $= \dfrac{Q}{A}$
$= \dfrac{30m^3/min \times min/60sec}{\left(\dfrac{3.14 \times 0.2^2}{4}\right)m^2}$
$= 15.92m/sec$

72 다음 중 송풍기에 관한 설명으로 틀린 것은 어느 것인가?

① 평판 송풍기는 타 송풍기에 비하여 효율이 낮아 미분탄, 톱밥 등을 비롯한 고농도 분진이나 마모성이 강한 분진의 이송용으로는 적당하지 않다.
② 원심 송풍기에는 다익팬, 레이디얼팬, 터보팬 등이 해당한다.
③ 터보형 송풍기는 압력 변동이 있어도 풍량의 변화가 비교적 작다.
④ 다익형 송풍기는 구조상 고속회전이 어렵고, 큰 동력의 용도에는 적합하지 않다.

풀이 평판형 송풍기(radial fan)
㉠ 플레이트(plate) 송풍기, 방사날개형 송풍기라고도 한다.
㉡ 날개(blade)가 다익형보다 적고, 직선이며 평판 모양을 하고 있어 강도가 매우 높게 설계되어 있다.
㉢ 깃의 구조가 분진을 자체 정화할 수 있도록 되어 있다.
㉣ 적용 : 시멘트, 미분탄, 곡물, 모래 등의 고농도 분진 함유 공기나 마모성이 강한 분진 이송용으로 사용된다.
㉤ 부식성이 강한 공기를 이송하는 데 많이 사용된다.
㉥ 압력은 다익팬보다 약간 높으며, 효율도 65%로 다익팬보다는 약간 높으나 터보팬보다는 낮다.
㉦ 습식 집진장치의 배치에 적합하며, 소음은 중간 정도이다.

73 고농도의 분진이 발생하는 작업장에서는 후드로 유입된 공기가 공기정화장치로 유입되기 전에 입경과 비중이 큰 입자를 제거할 수 있도록 전처리장치를 둔다. 전처리를 위한 집진기는 일반적으로 효율이 비교적 낮은 것을 사용하는데, 다음 중 전처리장치로 적합하지 않은 것은?

① 중력 집진기
② 원심력 집진기
③ 관성력 집진기
④ 여과 집진기

풀이 전처리장치(1차 집진장치)
㉠ 중력 집진장치
㉡ 관성력 집진장치
㉢ 원심력 집진장치

74 국소배기장치 검사에 공기의 유속을 측정할 수 있는 유속계 중 가장 많이 쓰이는 것은?

① 그네 날개형
② 회전 날개형
③ 열선 풍속계
④ 연기 발생기

풀이 열선 풍속계(thermal anemometer)
㉠ 미세한 백금 또는 텅스텐의 금속선이 공기와 접촉하여 금속의 온도가 변하고 이에 따라 전기저항이 변하여 유속을 측정한다. 따라서 기류속도가 낮을 때도 정확한 측정이 가능하다.
㉡ 가열된 공기가 지나가면서 빼앗는 열의 양은 공기의 속도에 비례한다는 원리를 이용하며 국소배기장치 검사에 공기 유속을 측정하는 유속계 중 가장 많이 사용된다.
㉢ 속도센서 및 온도센서로 구성된 프로브(probe)을 사용하며, probe는 급기·배기 개구부에서 직접 공기의 속도 측정, 저유속 측정, 실내공기 흐름 측정, 후드 유속을 측정하는 데 사용한다.
㉣ 부식성 환경, 가연성 환경, 분진량이 많은 경우에는 사용할 수 없다.

75 90° 곡관의 곡률반경이 2.0일 때 압력손실계수는 0.27이다. 속도압이 15mmH₂O일 때 덕트 내 유속은 약 몇 m/sec인가? (단, 표준상태이며, 공기의 밀도는 1.2kg/m³이다.)

① 20.7
② 15.7
③ 18.7
④ 28.7

풀이
$$VP = \frac{\gamma V^2}{2g}$$
$$\therefore V = \sqrt{\frac{VP \times 2g}{\gamma}} = \sqrt{\frac{15 \times 2 \times 9.8}{1.2}} = 15.65 \text{m/sec}$$

76 다음 중 제어속도에 관한 설명으로 옳은 것은?

① 제어속도가 높을수록 경제적이다.
② 제어속도를 증가시키기 위해서 송풍기 용량의 증가는 불가피하다.
③ 외부식 후드에서 후드와 작업지점과의 거리를 줄이면 제어속도가 증가한다.
④ 유해물질을 실내의 공기 중으로 분산시키지 않고 후드 내로 흡인하는 데 필요한 최대기류속도를 말한다.

풀이
① 제어속도가 높을수록 유량이 증가되어 비경제적이다.
② 제어속도를 증가시키기 위해서는 후드와 발생원 간의 거리를 줄여야 한다.
④ 유해물질을 실내의 공기 중으로 분산시키지 않고 후드 내로 흡인하는 데 필요한 최소기류속도를 말한다.

77 다음 중 처리입경(μm)이 가장 작은 집진장치는?

① 중력집진장치
② 세정집진장치
③ 전기집진장치
④ 원심력집진장치

풀이 전기집진장치는 0.01~0.1μm 이하의 입경을 처리효율 99% 이상으로 처리 가능하다.

정답 73.④ 74.③ 75.② 76.③ 77.③

78 [그림]과 같이 작업대 위에 용접흄을 제거하기 위해 작업면 위에 플랜지가 붙은 외부식 후드를 설치했다. 개구면에서 포착점까지의 거리는 0.3m, 제어속도는 0.5m/sec, 후드 개구의 면적이 0.6m²일 때 Della Valle 식을 이용한 필요송풍량(m³/min)은 약 얼마인가? (단, 후드 개구의 높이/폭은 0.2보다 크다.)

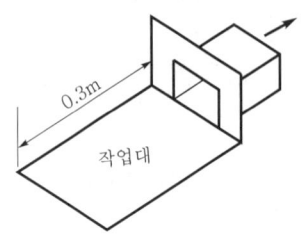

① 18
② 23
③ 34
④ 45

[풀이] 작업대 위치, flange 부착 외부식 후드
필요송풍량(Q)
$= 0.5 \times 0.5\text{m/sec} \times [(10 \times 0.3^2)\text{m}^2 + 0.6\text{m}^2]$
$\quad \times 60\text{sec/min}$
$= 23\text{m}^3/\text{min}$

79 송풍기를 직렬로 연결하여 사용하는 경우로 적절한 것은?

① 24시간 생산체제로 운전할 때
② 1대의 대형 송풍기를 사용할 수 없어 분할이 필요한 경우
③ 송풍기 정압이 1대의 송풍기로 얻을 수 있는 정압보다 더 필요한 경우
④ 송풍기가 고장이 나더라도 어느 정도의 송풍량을 확보할 필요가 있는 경우

[풀이] 송풍기 정압이 1대의 송풍기로 얻을 수 있는 정압이 더 필요한 경우 송풍기를 직렬로 연결하여 사용하며 1대의 대형송풍기를 사용할 수 없어 분할이 필요한 경우 송풍기를 병렬로 사용한다.

80 덕트의 시작점에서는 공기의 베나수축(vena contracta)이 일어난다. 베나수축이 일반적으로 붕괴되는 지점으로 맞는 것은?

① 덕트 직경의 약 2배쯤에서
② 덕트 직경의 약 3배쯤에서
③ 덕트 직경의 약 4배쯤에서
④ 덕트 직경의 약 5배쯤에서

[풀이] 베나수축
㉠ 관 내로 공기가 유입될 때 기류의 직경이 감소하는 현상, 즉 기류면적의 축소현상을 말한다.
㉡ 베나수축은 덕트의 직경 D의 약 $0.2D$ 하류에 위치하며 덕트의 시작점에서 D의 약 2배쯤에서 붕괴된다.
㉢ 베나수축 관단면상에서의 유체 유속이 가장 빠른 부분은 관 중심부이다.
㉣ 베나수축현상이 심할수록 후드 유입손실은 증가되므로 수축이 최소화될 수 있는 후드 형태를 선택해야 한다.

정답 78.② 79.③ 80.①

제3회 산업위생관리산업기사

CBT 기출복원문제 | 2023.07.05

제1과목 | 산업위생학 개론

01 1일 10시간 작업할 때 전신중독을 일으키는 methyl chloroform(노출기준 350ppm)의 노출기준은 얼마로 하여야 하는가? (단, Brief와 Scala의 보정 방법을 적용한다.)

① 200ppm
② 245ppm
③ 280ppm
④ 320ppm

풀이
$RF = \left(\dfrac{8}{H}\right) \times \dfrac{24-H}{16} = \left(\dfrac{8}{10}\right) \times \dfrac{24-10}{16} = 0.7$
∴ 보정된 노출기준 = TLV × RF
= 350ppm × 0.7 = 245ppm

02 한랭환경에서 국소진동에 노출되는 경우 나타나는 현상으로 수지의 감각마비 등의 증상을 보이는 것은?

① Raynaud 증상
② Heat exhaustion 증상
③ 참호족(trench foot) 증상
④ Heatstroke 증상

풀이 레이노 현상(Raynaud's 현상)
㉠ 손가락에 있는 말초혈관운동의 장애로 인하여 수지가 창백해지고 손이 차며 저리거나 통증이 오는 현상이다.
㉡ 한랭작업조건에서 특히 증상이 악화된다.
㉢ 압축공기를 이용한 진동공구, 즉 착암기 또는 해머 같은 공구를 장기간 사용한 근로자들의 손가락에 유발되기 쉬운 직업병이다.
㉣ Dead finger 또는 white finger라고도 하고, 발증까지 약 5년 정도 걸린다.

03 아연에 대한 인체실험결과 안전흡수량이 체중 kg당 0.12mg이었다. 1일 8시간 작업에서의 노출기준은 약 얼마인가? (단, 근로자의 평균체중은 70kg, 폐환기율은 1.2m³/hr로 한다.)

① 1.8mg/m³
② 1.5mg/m³
③ 1.2mg/m³
④ 0.9mg/m³

풀이 체내 흡수량 = $C \times T \times V \times R$
∴ $C = \dfrac{0.12\text{mg/kg} \times 70\text{kg}}{8\text{hr} \times 1.2\text{m}^3/\text{hr} \times 1.0} = 0.9\text{mg/m}^3$

04 다음 중 직업과 적성에 있어 생리적 적성검사에 해당하지 않는 것은?

① 감각기능검사
② 심폐기능검사
③ 체력검사
④ 지각동작검사

풀이 적성검사 분류 및 특성
(1) 신체검사(신체적 적성검사, 체격검사)
(2) 생리적 기능검사(생리적 적성검사)
  ㉠ 감각기능검사
  ㉡ 심폐기능검사
  ㉢ 체력검사
(3) 심리학적 검사(심리학적 적성검사)
  ㉠ 지능검사
    언어, 기억, 추리, 귀납 등에 대한 검사
  ㉡ 지각동작검사
    수족협조, 운동속도, 형태지각 등에 대한 검사
  ㉢ 인성검사
    성격, 태도, 정신상태에 대한 검사
  ㉣ 기능검사
    직무에 관련된 기본 지식과 숙련도, 사고력 등의 검사

정답 01.② 02.① 03.④ 04.④

05 다음 중 상대 에너지대사율(RMR)에 관한 설명으로 틀린 것은?

① 연령은 고려하지 않은 지수이다.
② 작업대사량을 소요시간에 대한 가중평균으로 나타낸 것이다.
③ $\dfrac{\left(\begin{array}{c}\text{작업 시 소비에너지}\\-\text{안정 시 소비에너지}\end{array}\right)}{\text{기초대사량}}$ 로 산출할 수 있다.
④ RMR에 근거한 작업강도의 구분으로 경(輕)작업은 0~1, 중(重)작업은 4~7, 격심(激甚)작업은 7 이상의 값을 나타낸다.

풀이 연령을 고려한 심장박동률은 작업 시 필요한 에너지요구량(에너지대사율)에 의해 변화한다.

06 직장에서 당면한 문제를 진지한 태도로 해결하지 않고 현재보다 낮은 단계의 정신상태로 되돌아가려는 행동반응을 나타내는 부적응현상을 무엇이라고 하는가?

① 작업도피(evasion)
② 체념(resignation)
③ 퇴행(degeneration)
④ 구실(pretext)

풀이 퇴행(degeneration)
직장에서 당면 문제를 진지한 태도로 해결하지 않고 현재보다 낮은 단계의 정신상태로 되돌아가려는 행동반응을 나타내는 부적응현상을 말한다.

07 1900년대 초 진동공구에 의한 수지의 Raynaud 증상을 보고한 사람은?

① Rehn
② Raynaud
③ Loriga
④ Rudolf Virchow

풀이 프랑스 의사 Maurice Loriga가 처음으로 국소적인 혈액공급의 감소를 유발하는 혈관경련으로 인해서 손가락 또는 발가락의 색상변화를 유발하는 현상을 발견한 것이 Raynaud 현상이다.

08 다음 중 산업위생관리의 목적 또는 업무와 가장 거리가 먼 것은?

① 직업성 질환의 확인 및 치료
② 작업환경 및 근로조건의 개선
③ 직업성 질환 유소견자의 작업 전환
④ 산업재해의 예방과 작업능률의 향상

풀이 산업위생관리의 목적
㉠ 작업환경과 근로조건의 개선 및 직업병의 근원적 예방
㉡ 작업환경 및 작업조건의 인간공학적 개선(최적의 작업환경 및 작업조건으로 개선하여 질병을 예방)
㉢ 작업자의 건강보호 및 생산성 향상(근로자의 건강을 유지·증진시키고 작업능률을 향상)
㉣ 근로자들의 육체적·정신적·사회적 건강을 유지 및 증진
㉤ 산업재해의 예방 및 직업성 질환 유소견자의 작업전환

09 근육운동에 필요한 에너지는 혐기성 대사와 호기성 대사를 통해 생성된다. 다음 중 혐기성과 호기성 대사에 모두 에너지원으로 작용하는 것은?

① 지방(fat)
② 단백질(protein)
③ 포도당(glucose)
④ 아데노신삼인산(ATP)

풀이 포도당($C_6H_{12}O_6$)은 세포기능에 필요한 에너지의 원천으로 대사조절작용을 하며 혐기성 및 호기성 대사에 모두 에너지원으로 작용한다.

10 어떤 근로자가 물체 운반작업을 하고 있다. 1일 8시간 작업에 적합한 작업대사량은 5.3kcal/분, 해당 작업의 작업대사량은 6kcal/분, 휴식 시의 대사량은 1.3kcal/분이라면 Hertig의 식을 이용한 적절한 휴식시간 비율(%)은?

① 약 15% ② 약 20%
③ 약 25% ④ 약 30%

[풀이]
$$T_{rest}(\%) = \left(\dfrac{\text{1일 8시간 작업에 적합한 작업대사량} - \text{작업대사량}}{\text{휴식대사량} - \text{작업대사량}}\right) \times 100$$
$$= \left(\dfrac{5.3-6}{1.3-6}\right) \times 100$$
$$= 0.1489 \times 100 = 14.89\%$$

11 25℃, 1기압 상태에서 톨루엔(분자량=92) 100ppm은 약 몇 mg/m³인가?

① 92　　② 188
③ 376　　④ 411

[풀이] $mg/m^3 = 100ppm \times \dfrac{92}{24.45} = 376.28 mg/m^3$

12 1940년대 일본에서 "이타이이타이병"으로 인하여 수많은 환자가 발생, 사망한 사례가 있었는데, 이는 어느 물질에 의한 것인가?

① 납　　② 크롬
③ 수은　　④ 카드뮴

[풀이] 1945년 일본에서 이타이이타이병이란 중독사건이 생겨 수많은 환자가 발생한 사례가 있으며, 우리나라에서는 1988년 한 도금업체에서 카드뮴 노출에 의한 사망 중독사건이 발표되었으나 정확한 원인규명은 하지 못했다. 이타이이타이병은 생축적, 먹이사슬의 축적에 의한 카드뮴 폭로와 비타민 D의 결핍에 의한 것이다.

13 고열과 관련하여 인체에 영향을 주는 환경적 요인들을 온열인자(thermal factors)라고 한다. 다음 중 온열인자들로 묶여진 것은?

① 기온, 습도, 기류, 기압
② 기온, 습도, 기류, 복사열
③ 기온, 습도, 복사열, 전도
④ 기온, 습도, 기류, 공기밀도

[풀이] 온열인자(온열요소)
㉠ 기온
㉡ 기습(습도)
㉢ 기류
㉣ 복사열

14 작업환경측정 및 정도관리 등에 관한 고시에 따라 농도를 mg/m³으로 표시할 수 없는 것은?

① 가스
② 분진
③ 흄(fume)
④ 석면

[풀이] 화학적 인자의 가스, 증기, 분진, 흄(fume), 미스트(mist) 등의 농도는 피피엠(ppm) 또는 세제곱미터당 밀리그램(mg/m³)으로 표시한다. 다만, 석면의 농도 표시는 세제곱센티미터당 섬유 개수(개/cm³)로 표시한다.

15 재해율의 종류 중 천인율에 관한 설명으로 틀린 것은?

① 천인율(재해자수/평균근로자수)×1,000
② 근무시간이 다른 타 업종 간의 비교가 용이하다.
③ 각 사업장 간의 재해상황을 비교하는 자료로 활용된다.
④ 1년 동안 근로자 1,000명에 대하여 발생한 재해자수를 연천인율이라 한다.

[풀이] 천인율(연천인율)은 근무시간이 같은 동종업종 간의 비교가 용이하다.

16 직업병과 관련 직종의 연결이 틀린 것은?

① 잠함병 - 제련공
② 면폐증 - 방직공
③ 백내장 - 초자공
④ 소음성 난청 - 조선공

[풀이] 잠함병과 관련된 직종은 잠수사(잠수공)이다. 고압 환경에서 Henry 법칙에 따라 체내에 과다하게 용해되어 있던 불활성 기체(질소 등)는 압력이 낮아질 때 과포화상태로 되면서 혈액과 조직에 기포를 형성하여 혈액순환을 방해하거나 주위 조직에 기계적 영향을 줌으로써 다양한 증상을 유발한다.

정답　11.③　12.④　13.②　14.④　15.②　16.①

17 근골격계 질환을 예방하기 위한 작업환경 개선의 방법으로 인체측정치를 이용한 작업환경의 설계가 있다. 이와 관련한 사항 중 가장 먼저 고려되어야 할 부분은?

① 조절가능 여부
② 최대치의 적용여부
③ 최소치의 적용여부
④ 평균치의 적용여부

풀이 근골격계 질환을 예방하기 위한 작업환경 개선의 방법으로 인체 측정치를 이용한 작업환경 설계 시 가장 먼저 고려하여야 할 사항은 조절가능 여부이다.

18 인간공학이 현대산업에서 중요시되는 이유로 가장 적합하지 않은 것은?

① 인간존중사상에서 볼 때 종전의 기계는 개선되어야 할 많은 문제점이 있음
② 생산 경쟁이 격심해짐에 따라 이 분야의 합리화를 통해 생산성을 증대시키고자 함
③ 근로자는 자동화된 생산과정 속에서 일하고 있으므로 기계와 인간과의 관계가 연구되어야 함
④ 자동화에 따른 근로자의 실직과 새로운 화학물질 사용으로 인한 직업병 예방이 필요함

풀이 인간공학이 현대사회(산업)에서 중요시되는 이유
㉠ 인간존중의 차원에서 볼 때 종전의 기계는 개선되어야 할 문제점이 많기 때문이다.
㉡ 생산 경쟁이 격심해짐에 따라 이 분야를 합리화시킴으로써 생산성을 증대시키고자 하기 때문이다.
㉢ 자동화 또는 제어된 생산과정 속에서 일하고 있으므로 기계와 인간의 문제가 연구되어야 하기 때문이다.

19 유해물질 허용농도의 종류 중 근로자가 1일 작업시간 동안 잠시라도 노출되어서는 아니 되는 기준을 나타내는 것은?

① PEL
② TLV-TWA
③ TLV-C
④ TLV-STEL

풀이 최고노출기준(TLV-C)
㉠ 근로자가 작업시간 동안 잠시라도 노출되어서는 안 되는 기준(농도)이다.
㉡ 노출기준 앞에 'C'를 붙여 표시한다.
㉢ 어떤 시점에서 수치를 넘어서는 안 된다는 상한치를 뜻하는 것으로 항상 표시된 농도 이하를 유지해야 한다는 의미이며, 자극성 가스나 독작용이 빠른 물질에 적용한다.

20 육체적 근육노동 시 특히 주의하여 보급해야 할 비타민의 종류는?

① 비타민 B_1
② 비타민 B_2
③ 비타민 B_6
④ 비타민 B_{12}

풀이 비타민 B_1
㉠ 부족 시 각기병, 신경염을 유발한다.
㉡ 작업강도가 높은 근로자의 근육에 호기적 산화를 촉진시켜 근육의 열량 공급을 원활히 해 주는 영양소이다.
㉢ 근육운동(노동) 시 보급해야 한다.

제2과목 | 작업환경 측정 및 평가

21 옥외(태양광선이 내리쬐는 장소)에서 WBGT 측정 시 사용되는 식은?

① WBGT(℃)=0.7×자연습구온도+0.2×흑구온도+0.1×건구온도
② WBGT(℃)=0.7×건구온도+0.2×자연습구온도+0.1×흑구온도
③ WBGT(℃)=0.7×건구온도+0.2×흑구온도+0.1×자연습구온도
④ WBGT(℃)=0.7×자연습구온도+0.2×건구온도+0.1×흑구온도

풀이 습구흑구온도지수(WBGT)의 산출식
㉠ 옥외(태양광선이 내리쬐는 장소)
WBGT(℃)=0.7×자연습구온도+0.2×흑구온도+0.1×건구온도
㉡ 옥내 또는 옥외(태양광선이 내리쬐지 않는 장소)
WBGT(℃)=0.7×자연습구온도+0.3×흑구온도

22 주물공장에서 근로자에게 노출되는 호흡성 먼지를 측정한 결과(mg/m³)가 다음과 같았다면 기하평균농도(mg/m³)는?

> 2.5, 2.1, 3.1, 5.2, 7.2

① 3.6 ② 3.8
③ 4.0 ④ 4.2

풀이
$$\log(GM) = \frac{\log 2.5 + \log 2.1 + \log 3.1 + \log 5.2 + \log 7.2}{5}$$
$$= 0.557$$
$$\therefore GM = 10^{0.557} = 3.6\,mg/m^3$$

23 공기채취기구의 보정을 위한 1차 표준기구에 해당되는 것은?

① 가스치환병   ② 건식 가스미터
③ 열선기류계   ④ 습식 테스트미터

풀이 공기채취기구의 보정에 사용되는 1차 표준기구
㉠ 비누거품미터(soap bubble meter)
㉡ 폐활량계(spirometer)
㉢ 가스치환병(mariotte bottle)
㉣ 유리 피스톤미터(glass piston meter)
㉤ 흑연 피스톤미터(frictionless piston meter)
㉥ 피토튜브(pitot tube)

24 석면의 농도를 표시하는 단위로 적절한 것은? (단, 고용노동부 고시 기준)

① 개/cm³   ② 개/m³
③ mm/L   ④ cm/m³

풀이 개/cm³=개/cc=개/mL

25 직독식 기구인 검지관의 사용 시 장점으로 틀린 것은?

① 복잡한 분석이 필요 없고 사용이 간편하다.
② 빠른 시간에 측정 결과를 알 수 있다.
③ 물질의 특이도(specificity)가 높다.
④ 맨홀, 밀폐공간에서 유용하게 사용할 수 있다.

풀이 검지관 측정법
(1) 장점
  ㉠ 사용이 간편하다.
  ㉡ 반응시간이 빨라 현장에서 바로 측정 결과를 알 수 있다.
  ㉢ 비전문가도 어느 정도 숙지하면 사용할 수 있지만 산업위생전문가의 지도 아래 사용해야 한다.
  ㉣ 맨홀, 밀폐공간에서의 산소부족 또는 폭발성 가스로 인한 안전이 문제가 될 때 유용하게 사용된다.
  ㉤ 다른 측정방법이 복잡하거나 빠른 측정이 요구될 때 사용할 수 있다.
(2) 단점
  ㉠ 민감도가 낮아 비교적 고농도에만 적용이 가능하다.
  ㉡ 특이도가 낮아 다른 방해물질의 영향을 받기 쉽고 오차가 크다.
  ㉢ 대개 단시간 측정만 가능하다.
  ㉣ 한 검지관으로 단일물질만 측정 가능하여 각 오염물질에 맞는 검지관을 선정함에 따른 불편함이 있다.
  ㉤ 색변화에 따라 주관적으로 읽을 수 있어 판독자에 따라 변이가 심하며, 색변화가 시간에 따라 변하므로 제조자가 정한 시간에 읽어야 한다.
  ㉥ 미리 측정대상 물질의 동정이 되어 있어야 측정이 가능하다.

26 ( ) 안에 옳은 내용은?

> 산업위생통계에서 측정방법의 정밀도는 동일 집단에 속한 여러 개의 시료를 분석하여 평균치와 표준편차를 계산하고 표준편차를 평균치로 나눈값, 즉 ( )로 평가한다.

① 분산수   ② 기하평균치
③ 변이계수 ④ 표준오차

풀이 변이계수(%) $= \dfrac{\text{표준편차}}{\text{평균치}} \times 100$

27 1,000Hz 순음의 음의 세기레벨 40dB의 음의 크기로 정의되는 것은?

① 1SIL   ② 1NRN
③ 1phon   ④ 1sone

[풀이] sone
㉠ 감각적인 음의 크기(loudness)를 나타내는 양이며 1,000Hz에서의 압력수준 dB을 기준으로 하여 등감곡선을 소리의 크기로 나타내는 단위이다.
㉡ 1,000Hz 순음의 음의 세기레벨 40dB의 음의 크기를 1sone으로 정의한다.

28 토석, 암석 및 광물성 분진(석면분진 제외) 중의 유리규산(SiO_2) 함유율을 분석하는 방법은?

① 불꽃광전자검출기(FTD)법
② 계수법
③ X선회절분석법
④ 위상차현미경법

[풀이] 석면측정방법
(1) 위상차현미경법
  ㉠ 석면 측정에 이용되는 현미경으로 일반적으로 가장 많이 사용된다.
  ㉡ 막 여과지에 시료를 채취한 후 전처리하여 위상차현미경으로 분석한다.
  ㉢ 다른 방법에 비해 간편하나 석면의 감별이 어렵다.
(2) 전자현미경법
  ㉠ 석면분진 측정방법 중에서 공기 중 석면시료를 가장 정확하게 분석할 수 있다.
  ㉡ 석면의 성분 분석(감별분석)이 가능하다.
  ㉢ 위상차현미경으로 볼 수 없는 매우 가는 섬유도 관찰 가능하다.
  ㉣ 값이 비싸고, 분석시간이 많이 소요된다.
(3) 편광현미경법
  ㉠ 고형시료 분석에 사용하며 석면을 감별분석할 수 있다.
  ㉡ 석면광물이 가지는 고유한 빛의 편광성을 이용한 것이다.
(4) X선회절법
  ㉠ 단결정 또는 분말시료(석면 포함 물질을 은막 여과지에 놓고 X선 조사)에 의한 단색 X선의 회절각을 변화시켜가며 회절선의 세기를 계수관으로 측정하여 X선의 세기나 각도를 자동적으로 기록하는 장치를 이용하는 방법이다.
  ㉡ 값이 비싸고, 조작이 복잡하다.
  ㉢ 고형시료 중 크리소타일 분석에 사용하며 토석, 암석, 광물성 분진 중의 유리규산(SiO_2) 함유율도 분석한다.

29 다음 중 작업장 내에서 발생하는 분진, 흄의 농도 측정에 대한 설명으로 틀린 것은?

① 토석, 암석 및 광물성 분진(석면분진 제외)의 농도는 여과포집방법에 의한 중량분석방법으로 측정한다.
② 흄의 농도는 여과포집방법에 의한 중량분석방법으로 측정한다.
③ 호흡성 분진은 분립장치를 이용한 여과포집방법으로 측정한다.
④ 면분진의 농도는 여과포집방법을 이용하여 시료공기를 채취하고 계수방법을 이용하여 측정한다.

[풀이] 입자상 물질 측정 및 분석 방법
㉠ 석면의 농도는 여과채취방법에 의한 계수방법 또는 이와 동등 이상의 분석방법으로 측정할 것
㉡ 광물성 분진은 여과채취방법에 의하여 석영, 크리스토바라이트, 트리디마이트를 분석할 수 있는 적합한 분석방법으로 측정한다. 다만 규산염과 기타 광물성 분진은 중량분석방법으로 측정할 것
㉢ 용접흄은 여과채취방법으로 하되, 용접보안면을 착용한 경우에는 그 내부에서 채취하고 중량분석방법과 원자흡광분광기 또는 유도결합플라스마를 이용한 분석방법으로 측정할 것
㉣ 석면, 광물성 분진 및 용접흄을 제외한 입자상 물질은 여과채취방법에 의한 중량분석방법이나 유해물질 종류에 따른 적합한 분석방법으로 측정할 것
㉤ 호흡성 분진은 호흡성 분진용 분립장치 또는 호흡성 분진을 채취할 수 있는 기기를 이용한 여과채취방법으로 측정할 것
㉥ 흡입성 분진은 흡입성 분진용 분립장치 또는 흡입성 분진을 채취할 수 있는 기기를 이용한 여과채취방법으로 측정할 것

30 공기(10L)로부터 벤젠(분자량=78)을 고체흡착관에 채취하였다. 시료를 분석한 결과 벤젠의 양은 5mg이고 탈착효율은 95%였다. 공기 중 벤젠 농도는? (단, 25℃, 1기압 기준)

① 약 105ppm   ② 약 125ppm
③ 약 145ppm   ④ 약 165ppm

정답 28.③ 29.④ 30.④

[풀이]
$$\text{농도}(mg/m^3) = \frac{5mg}{(10L \times m^3/1,000L) \times 0.95}$$
$$= 526.32 mg/m^3$$
$$\therefore \text{농도}(ppm) = 526.32 mg/m^3 \times \frac{24.45}{78}$$
$$= 164.98 ppm$$

31 흡착제 중 다공성 중합체에 관한 설명으로 틀린 것은?

① 활성탄보다 비표면적이 작다.
② 활성탄보다 흡착용량이 크며 반응성도 높다.
③ 테낙스 GC(tenax GC)는 열안정성이 높아 열탈착에 의한 분석이 가능하다.
④ 특별한 물질에 대한 선택성이 좋다.

[풀이] **다공성 중합체(porous polymer)**
㉠ 활성탄에 비해 비표면적, 흡착용량, 반응성은 작지만 특수한 물질 채취에 유용하다.
㉡ 대부분 스티렌, 에틸비닐벤젠, 디비닐벤젠 중 하나와 극성을 띤 비닐화합물과의 공중 중합체이다.
㉢ 특별한 물질에 대하여 선택성이 좋은 경우가 있다.
㉣ 장점
  • 아주 적은 양도 흡착제로부터 효율적으로 탈착이 가능하다.
  • 고온에서 열안정성이 매우 뛰어나기 때문에 열탈착이 가능하다.
  • 저농도 측정이 가능하다.
㉤ 단점
  • 비휘발성 물질(대표적 : 이산화탄소)에 의하여 치환반응이 일어난다.
  • 시료가 산화·가수·결합 반응이 일어날 수 있다.
  • 아민류 및 글리콜류는 비가역적 흡착이 발생한다.
  • 반응성이 강한 기체(무기산, 이산화황)가 존재 시 시료가 화학적으로 변한다.

32 오염물질이 흡착관의 앞 층에 포화된 다음 뒤 층에 흡착되기 시작되어 기류를 따라 흡착관을 빠져나가는 현상은?

① 파과 ② 흡착
③ 흡수 ④ 탈착

[풀이] **파과**
㉠ 공기 중 오염물이 시료채취 매체에 포함되지 않고 빠져나가는 현상이다.
㉡ 흡착관의 앞 층에 포화된 후 뒤 층에 흡착되기 시작하여 결국 흡착관을 빠져나가고, 파과가 일어나면 유해물질 농도를 과소평가한다.
㉢ 일반적으로 앞 층의 1/10 이상이 뒤 층으로 넘어가면 파과가 일어났다고 하고 측정결과로 사용할 수 없다.

33 다음 중 실내의 기류 측정에 가장 적합한 온도계는?

① 건구온도계 ② 흑구온도계
③ 카타온도계 ④ 습구온도계

[풀이] **카타온도계**
㉠ 카타의 냉각력을 이용하여 측정, 즉 알코올 눈금이 100°F(37.8°C)에서 95°F(35°C)까지 내려가는 데 소요되는 시간을 4~5회 측정·평균하여 카타 상수값을 이용하여 구하는 간접적 측정방법
㉡ 작업환경 내에 기류(옥내기류)의 방향이 일정하지 않을 경우 기류속도 측정
㉢ 실내 0.2~0.5m/sec 정도의 불감기류 측정 시 기류 속도를 측정

34 입자채취를 위한 사이클론과 충돌기를 비교한 내용으로 옳지 않은 것은?

① 충돌기에 비하여 사이클론은 시료의 되튐으로 인한 손실 염려가 없다.
② 사이클론의 경우 채취효율을 높이기 위한 매체의 코팅이 필요하다.
③ 충돌기에 비하여 사이클론은 호흡성 먼지에 대한 자료를 쉽게 얻을 수 있다.
④ 사이클론이 충돌기에 비하여 사용이 간편하고 경제적이다.

[풀이] **10mm nylon cyclone이 입경분립충돌기에 비해 갖는 장점**
㉠ 사용이 간편하고 경제적이다.
㉡ 호흡성 먼지에 대한 자료를 쉽게 얻을 수 있다.
㉢ 시료입자의 되튐으로 인한 손실 염려가 없다.
㉣ 매체의 코팅과 같은 별도의 특별한 처리가 필요 없다.

정답 31.② 32.① 33.③ 34.②

35 공기 흡입유량, 측정시간, 회수율 및 시료분석 등에 의한 오차가 각각 10%, 5%, 11%, 4%일 때의 누적오차는 약 몇 %인가?

① 16.2
② 18.4
③ 20.2
④ 22.4

풀이 누적오차(%) = $\sqrt{10^2 + 5^2 + 11^2 + 4^2}$ = 16.19%

36 유사노출그룹(Similar Exposure Group ; SEG)을 결정하는 목적과 가장 거리가 먼 것은?

① 시료채취수를 경제적으로 결정하는 데 있다.
② 시료채취시간을 최대한 정확히 산출하는 데 있다.
③ 역학조사를 수행할 때 사건이 발생된 근로자가 속한 유사노출그룹의 노출농도를 근거로 노출원인을 추정할 수 있다.
④ 모든 근로자의 노출정도를 추정하고자 하는 데 있다.

풀이 동일노출그룹(HEG) 설정의 목적
㉠ 시료채취수를 경제적으로 하기 위함
㉡ 모든 작업의 근로자에 대한 노출농도를 평가
㉢ 역학조사 수행 시 해당 근로자가 속한 동일 노출그룹의 노출농도를 근거로 노출 원인 및 농도를 측정
㉣ 작업장에서 모니터링하고 관리해야 할 우선적인 그룹을 결정하기 위함

37 다음 내용이 설명하는 법칙은?

일정한 부피조건에서 압력과 온도는 비례함

① 라울의 법칙
② 샤를의 법칙
③ 게이-뤼삭의 법칙
④ 보일의 법칙

풀이 게이-뤼삭의 기체반응 법칙
화학반응에서 그 반응물 및 생성물이 모두 기체일 때는 등온·등압하에서 측정한 이들 기체의 부피 사이에는 간단한 정수비 관계가 성립한다는 법칙(일정한 부피에서 압력과 온도는 비례한다는 표준가스 법칙)

38 입경이 14μm이고, 밀도가 1.5g/cm³인 입자의 침강속도(cm/sec)는?

① 0.55
② 0.68
③ 0.72
④ 0.88

풀이 침강속도(cm/sec) = $0.003 \times \rho \times d^2$
= $0.003 \times 1.5 \times 14^2$
= 0.88cm/sec

39 다음 매체 중 흡착의 원리를 이용하여 시료를 채취하는 방법이 아닌 것은?

① 활성탄관
② 실리카겔관
③ Molecular seive
④ PVC 여과지

풀이 흡착관의 종류
㉠ 활성탄관(charcoal tube)
㉡ 실리카겔관(silica gel tube)
㉢ 다공성 중합체(porous polymer)
㉣ 냉각 트랩(cold trap)
㉤ 분자체 탄소(molecular seive)

40 직접포집방법에 사용되는 시료채취백의 특징으로 가장 거리가 먼 것은?

① 가볍고 가격이 저렴할 뿐 아니라 깨질 염려가 없다.
② 개인시료포집도 가능하다.
③ 연속시료채취가 가능하다.
④ 시료채취 후 장시간 보관이 가능하다.

풀이 시료채취백은 시료채취 후 장기간 보관이 곤란하다. 즉, 장시간 보관 시 시료의 변질로 인한 정확성과 정밀성이 낮아진다.

제3과목 | 작업환경 관리

41 다음 유해가스 중 단순 질식성 가스는?
① 메탄
② 아황산가스
③ 시안화수소
④ 황화수소

풀이 질식제의 구분
(1) 단순 질식제
   ㉠ 이산화탄소
   ㉡ 메탄가스
   ㉢ 질소가스
   ㉣ 수소가스
   ㉤ 에탄, 프로판
   ㉥ 에틸렌, 아세틸렌, 헬륨
(2) 화학적 질식제
   ㉠ 일산화탄소
   ㉡ 황화수소
   ㉢ 시안화수소
   ㉣ 아닐린

42 고압환경에 관한 설명으로 잘못된 것은?
① 산소의 분압이 2기압을 넘으면 산소중독 증세가 나타난다.
② 산소의 중독작용은 운동이나 이산화탄소의 존재로 보다 악화된다.
③ 폐 내의 가스가 팽창하고 질소기포를 형성한다.
④ 공기 중의 질소가스는 3기압하에서는 자극작용을 하고, 4기압 이상에서 마취작용을 나타낸다.

풀이 폐 내의 가스가 팽창하고 질소기포를 형성하는 것은 저압환경이다.

43 더운 환경에서 심한 육체적인 작업을 하면서 땀을 많이 흘릴 때 많은 물을 마시지만 신체의 염분 손실을 충당하지 못할 때 발생하는 고열장애는?
① 열경련(heat cramps)
② 열사병(heatstroke)
③ 열실신(heat syncope)
④ 열허탈(heat collapse)

풀이 열경련
(1) 발생
   ㉠ 지나친 발한에 의한 수분 및 혈중 염분 손실 시 발생한다(혈액의 현저한 농축 발생).
   ㉡ 땀을 많이 흘리고 동시에 염분이 없는 음료수를 많이 마셔서 염분 부족 시 발생한다.
   ㉢ 전해질의 유실 시 발생한다.
(2) 증상
   ㉠ 체온이 정상이거나 약간 상승하고 혈중 Cl⁻ 농도가 현저히 감소한다.
   ㉡ 낮은 혈중 염분 농도와 팔과 다리의 근육경련이 일어난다(수의근 유통성 경련).
   ㉢ 통증을 수반하는 경련은 주로 작업 시 사용한 근육에서 흔히 발생한다.
   ㉣ 일시적으로 단백뇨가 나온다.
   ㉤ 중추신경계통의 장애는 일어나지 않는다.
   ㉥ 복부와 사지 근육에 강직, 동통이 일어나고 과도한 발한이 발생한다.
   ㉦ 수의근의 유통성 경련(주로 작업 시 사용한 근육에서 발생)이 일어나기 전에 현기증, 이명, 두통, 구역, 구토 등의 전구증상이 일어난다.

44 방진재인 공기스프링에 관한 설명으로 옳지 않은 것은?
① 사용 진폭의 범위가 넓어 별도의 댐퍼가 필요한 경우가 적다.
② 구조가 복잡하고 시설비가 많이 소요된다.
③ 자동제어가 가능하다.
④ 하중의 변화에 따라 고유진동수를 일정하게 유지할 수 있다.

풀이 공기스프링
(1) 장점
   ㉠ 지지하중이 크게 변하는 경우에는 높이 조정변에 의해 그 높이를 조절할 수 있어 설비의 높이를 일정 레벨로 유지시킬 수 있다.
   ㉡ 하중부하 변화에 따라 고유진동수를 일정하게 유지할 수 있다.
   ㉢ 부하능력이 광범위하고 자동제어가 가능하다.
   ㉣ 스프링정수를 광범위하게 선택할 수 있다.
(2) 단점
   ㉠ 사용 진폭이 적은 것이 많아 별도의 댐퍼가 필요한 경우가 많다.
   ㉡ 구조가 복잡하고 시설비가 많이 든다.
   ㉢ 압축기 등 부대시설이 필요하다.
   ㉣ 안전사고(공기 누출) 위험이 있다.

정답 41.① 42.③ 43.① 44.①

PART 02 과년도 출제문제

45 귀덮개의 장점으로 틀린 것은?
① 귀마개보다 일반적으로 차음효과가 크며, 개인차이가 적다.
② 크기를 다양화하여 차음효과를 높일 수 있다.
③ 근로자들이 착용하고 있는지를 쉽게 확인할 수 있다.
④ 귀에 이상이 있을 때에도 착용할 수 있다.

[풀이] 귀덮개
(1) 장점
  ㉠ 귀마개보다 일관성 있는 차음효과를 얻을 수 있다.
  ㉡ 귀마개보다 차음효과가 일반적으로 높다.
  ㉢ 동일한 크기의 귀덮개를 대부분의 근로자가 사용 가능하다(크기를 여러 가지로 할 필요가 없음).
  ㉣ 귀에 염증이 있어도 사용 가능하다(질병이 있을 때도 가능).
  ㉤ 귀마개보다 차음효과의 개인차가 적다.
  ㉥ 근로자들이 귀마개보다 쉽게 착용할 수 있고 착용법을 틀리거나 잃어버리는 일이 적다.
  ㉦ 고음영역에서 차음효과가 탁월하다.
(2) 단점
  ㉠ 부착된 밴드에 의해 차음효과가 감소될 수 있다.
  ㉡ 고온에서 사용 시 불편하다(보호구 접촉면에 땀이 남).
  ㉢ 머리카락이 길 때와 안경테가 굵거나 잘 부착되지 않을 때는 사용하기가 불편하다.
  ㉣ 장시간 사용 시 꼭 끼는 느낌이 있다.
  ㉤ 보안경과 함께 사용하는 경우 다소 불편하며, 차음효과가 감소한다.
  ㉥ 가격이 비싸고 운반과 보관이 쉽지 않다.
  ㉦ 오래 사용하여 귀걸이의 탄력성이 줄었을 때나 귀걸이가 휘었을 때는 차음효과가 떨어진다.

46 빛과 밝기의 단위로 사용되는 측정량과 단위를 잘못 짝지은 것은?
① 조도 : 럭스(lux) ② 광도 : 칸델라(cd)
③ 휘도 : 와트(W)   ④ 광속 : 루멘(lm)

[풀이] 휘도
  ㉠ 단위 평면적에서 발산 또는 반사되는 광량, 즉 눈으로 느끼는 광원 또는 반사체의 밝기
  ㉡ 광원으로부터 복사되는 빛의 밝기를 의미
  ㉢ 단위 : nit(nt=cd/m^2)

47 방독마스크의 흡착제로 주로 사용되는 물질과 가장 거리가 먼 것은?
① 활성탄   ② 실리카겔
③ soda lime ④ 금속섬유

[풀이] 방독마스크의 흡착제 재질
  ㉠ 활성탄(activated carbon)
    • 가장 많이 사용되는 물질
    • 비극성(유기용제)에 일반적으로 사용
  ㉡ 실리카겔(silica gel) : 극성에 일반적으로 사용
  ㉢ 염화칼슘(soda lime)
  ㉣ 제올라이트

48 다음 중 분진작업장의 관리방법을 설명한 것으로 틀린 것은?
① 습식으로 작업한다.
② 작업장의 바닥에 적절히 수분을 공급한다.
③ 샌드블라스팅(sand blasting) 작업 시에는 모래 대신 철을 사용한다.
④ 유리규산 함량이 높은 모래를 사용하여 마모를 최소화한다.

[풀이]
(1) 분진 발생 억제(발진의 방지)
  ㉠ 작업공정 습식화
    • 분진의 방진대책 중 가장 효과적인 개선대책
    • 착암, 파쇄, 연마, 절단 등의 공정에 적용
    • 취급물질은 물, 기름, 계면활성제 사용
    • 물을 분사할 경우 국소배기시설과의 병행 사용 시 주의(작은 입자들이 부유 가능성이 있고, 이들이 덕트 등에 쌓여 굳게 됨으로써 국소배기시설의 효율성을 저하시킴)
    • 시간이 경과하여 바닥에 굳어 있다 건조되면 재비산하므로 주의
  ㉡ 대치
    • 원재료 및 사용재료의 변경(연마재의 사암을 인공마석으로 교체)
    • 생산기술의 변경 및 개량
    • 작업공정의 변경
(2) 발생분진 비산 방지방법
  ㉠ 해당 장소를 밀폐 및 포위
  ㉡ 국소배기
    • 밀폐가 되지 못하는 경우에 사용
    • 포위형 후드의 국소배기장치를 설치하며 해당 장소를 음압으로 유지시킬 것
  ㉢ 전체환기

정답 45.② 46.③ 47.④ 48.④

49 어떤 작업장의 음압수준이 100dB(A)이고 근로자가 NRR이 27인 귀마개를 착용하고 있다면 근로자의 실제 음압수준[dB(A)]은?

① 83　　　　　② 85
③ 90　　　　　④ 93

[풀이] 차음효과=(NRR-7)×0.5=(27-7)×0.5=10dB(A)
∴ 노출되는 음압수준=100-10=90dB(A)

50 공기공급식 호흡기 보호구 중 자가공기공급장치에 관한 설명으로 알맞지 않은 것은?

① 개방식 : 호기에서 나온 공기는 장치 밖으로 배출되며, 사용시간은 30분에서 60분 정도이다.
② 개방식 : 소방관이 주로 사용하며, 호흡용 공기는 압축공기를 사용한다.
③ 폐쇄식 : 산소발생장치에는 주로 H_2O_2를 사용한다.
④ 폐쇄식 : 개방식보다 가벼운 것이 장점이며, 사용시간은 30분에서 4시간 정도이다.

[풀이] 자가공기공급장치(SCBA)
(1) 폐쇄식(closed circuit)
　㉠ 호기 시 배출공기가 외부로 빠져나오지 않고 장치 내에서 순환
　㉡ 개방식보다 가벼운 것이 장점
　㉢ 사용시간은 30분에서 4시간 정도
　㉣ 산소발생장치는 KO_2 사용
　㉤ 단점으로는 반응이 시작하면 멈출 수 없는 것
(2) 개방식(open circuit)
　㉠ 호기 시 배출공기가 장치 밖으로 배출
　㉡ 사용시간은 30분에서 60분 정도
　㉢ 호흡용 공기는 압축공기를 사용(단, 압축산소 사용은 폭발위험이 있기 때문에 절대 사용 불가)
　㉣ 주로 소방관이 사용

51 일반적으로 작업장 신축 시 창의 면적은 바닥면적의 어느 정도가 적당한가?

① 1/2~1/3　　② 1/3~1/4
③ 1/5~1/7　　④ 1/7~1/9

[풀이] 창의 높이와 면적
㉠ 보통 조도는 창을 크게 하는 것보다 창의 높이를 증가시키는 것이 효과적이다.
㉡ 횡으로 긴 창보다 종으로 넓은 창이 채광에 유리하다.
㉢ 채광을 위한 창의 면적은 방바닥 면적의 15~20%(1/5~1/6)가 이상적이다.

52 ACGIH에 의한 발암물질의 구분 기준으로 Group A3에 해당되는 것은?

① 인체 발암성 확인물질
② 동물 발암성 확인물질, 인체 발암성 모름
③ 인체 발암성 미분류 물질
④ 인체 발암성 미의심 물질

[풀이] 미국 산업위생전문가협회(ACGIH)의 발암물질 구분
㉠ A1 : 인체 발암 확인(확정)물질
㉡ A2 : 인체 발암이 의심되는 물질(발암 추정물질)
㉢ A3
　• 동물 발암성 확인물질
　• 인체 발암성 모름
㉣ A4
　• 인체 발암성 미분류 물질
　• 인체 발암성이 확인되지 않은 물질
㉤ A5 : 인체 발암성 미의심 물질

53 가로 15m, 세로 25m, 높이 3m인 어느 작업장의 음의 잔향시간을 측정해보니 0.238sec였다. 이 작업장의 총 흡음력(sound absorption)을 51.6% 증가시키면 잔향시간은 몇 sec가 되겠는가?

① 0.157　　　② 0.183
③ 0.196　　　④ 0.217

[풀이] 잔향시간$(T) = \dfrac{0.161 V}{A}$

$0.238 = \dfrac{0.161 \times (15 \times 25 \times 3)\mathrm{m}^3}{A}$

총 흡음력$(A) = 761.03 \mathrm{m}^2$(sabins)

∴ $T = \dfrac{0.161 \times (15 \times 25 \times 3)}{761.03 \times (1.516)} = 0.157 \mathrm{sec}$

정답 49.③ 50.③ 51.③ 52.② 53.①

54 다음의 조건에서 방독마스크의 사용 가능 시간은?

> • 공기 중의 사염화탄소 농도는 0.2%
> • 사용 정화통의 정화능력은 사염화탄소 0.7%에서 50분간 사용 가능

① 110분   ② 125분
③ 145분   ④ 175분

풀이
사용 가능시간(min)
$= \dfrac{표준유효시간 \times 시험가스 농도}{공기 중 유해가스 농도}$
$= \dfrac{0.7\% \times 50\text{min}}{0.2\%}$
$= 175\text{min}$

55 도르노선(Dorno-ray)은 자외선의 대표적인 광선이다. 이 빛의 파장범위로 가장 적절한 것은?

① 215~270nm
② 290~315nm
③ 2,150~2,800nm
④ 2,900~3,150nm

풀이 280(290)~315nm[2,800(2,900)~3,150 Å, 1 Å (angstrom) ; SI 단위로 10^{-10}m]의 파장을 갖는 자외선을 도노선(Dorno-ray)이라고 하며, 인체에 유익한 작용을 하여 건강선(생명선)이라고도 한다. 또한 소독작용, 비타민 D 형성, 피부의 색소침착 등 생물학적 작용이 강하다.

56 MUC(Maximum Use Concentration) 계산식으로 옳은 것은? (단, TLV : 허용기준, PF : 보호계수)

① MUC=TLV×PF
② MUC=TLV/PF
③ MUC=PF/TLV
④ MUC=TLV+PF

풀이 최대사용농도(MUC)
MUC=노출기준(TLV)×APF(PF)

57 빛의 양의 단위인 루멘(lumen)에 대한 설명으로 가장 정확한 것은?

① 1lux의 광원으로부터 단위입체각으로 나가는 광도의 단위이다.
② 1lux의 광원으로부터 단위입체각으로 나가는 휘도의 단위이다.
③ 1촉광의 광원으로부터 단위입체각으로 나가는 조도의 단위이다.
④ 1촉광의 광원으로부터 단위입체각으로 나가는 광속의 단위이다.

풀이 루멘(lumen, lm) ; 광속
㉠ 광속의 국제단위로, 기호는 lm으로 나타낸다.
㉡ 1촉광의 광원으로부터 한 단위입체각으로 나가는 광속의 단위이다.
㉢ 광속이란 광원으로부터 나오는 빛의 양을 의미하고 단위는 lumen이다.
㉣ 1촉광과의 관계는 1촉광=4π(12.57)루멘으로 나타낸다.

58 다음은 입자상 물질의 크기를 측정하는 내용이다. ( )에 들어갈 내용이 순서대로 연결된 것은?

> 공기역학적 직경이란 대상 먼지의 ( )와 같고, 밀도가 ( )이며, ( )인 먼지의 직경을 말한다.

① 침강속도, 1, 구형
② 침강속도, 2, 구형
③ 침강속도, 2, 사각형
④ 침강속도, 1, 사각형

풀이 공기역학적 직경(aero-dynamic diameter)
㉠ 대상 먼지와 침강속도가 같고 밀도가 1g/cm^3이며, 구형인 먼지의 직경으로 환산된 직경이다.
㉡ 입자의 크기가 입자의 역학적 특성, 즉 침강속도(setting velocity) 또는 종단속도(terminal velocity)에 의하여 측정되는 입자의 크기를 말한다.
㉢ 입자의 공기 중 운동이나 호흡기 내의 침착기전을 설명할 때 유용하게 사용한다.

정답 54.④ 55.② 56.① 57.④ 58.①

59 출력 0.1W의 점음원으로부터 100m 떨어진 곳의 SPL은? (단, SPL=PWL−20 log r−11)

① 약 50dB ② 약 60dB
③ 약 70dB ④ 약 80dB

[풀이]
SPL=PWL−20 log r−11
PWL=10 log $\frac{0.1}{10^{-12}}$ =110dB
=110dB−20 log 100−11=59dB

60 유해화학물질이 체내로 침투되어 해독되는 경우 해독반응에 가장 중요한 작용을 하는 것은?

① 적혈구
② 효소
③ 림프
④ 백혈구

[풀이] 효소
유해화학물질이 체내로 침투되어 해독되는 경우 해독반응에 가장 중요한 작용을 하는 것이 효소이다.

제4과목 | 산업환기

61 플랜지가 붙은 일반적인 형태의 외부식 후드(원형 또는 정사각형)가 공간에 위치하고 있다. 개구면의 단면적이 0.5m²이고, 개구면으로부터 50cm 되는 거리에서의 제어속도를 0.3m/sec가 되도록 설계하려고 한다. 이 후드의 필요환기량은 약 얼마인가?

① 56.3m³/min
② 40.5m³/min
③ 36.7m³/min
④ 25.2m³/min

[풀이]
$Q = 60 \times 0.75 \times V_c (10X^2 + A)$
= 0.75m/sec × 0.3[(10×0.5²)+0.5]m²
× 60sec/min
= 40.5m³/min

62 다음 중 일반적으로 제어속도를 결정하는 인자와 가장 거리가 먼 것은?

① 작업장 내의 온도와 습도
② 후드에서 오염원까지의 거리
③ 오염물질의 종류 및 확산상태
④ 후드의 모양과 작업장 내의 기류

[풀이] 제어속도 결정 시 고려사항
㉠ 유해물질의 비산방향(확산상태)
㉡ 유해물질의 비산거리(후드에서 오염원까지의 거리)
㉢ 후드의 형식(모양)
㉣ 작업장 내 방해기류(난기류의 속도)
㉤ 유해물질의 성상(종류) : 유해물질의 사용량 및 독성

63 총 압력손실계산법 중 정압조절평형법의 단점에 해당하지 않는 것은?

① 설계 시 잘못된 유량의 수정이 어렵다.
② 설계가 복잡하고 시간이 걸린다.
③ 최대저항경로의 선정이 잘못되었을 경우 설계 시 발견이 어렵다.
④ 설계유량 산정이 잘못되었을 경우 수정은 덕트 크기의 변경을 필요로 한다.

[풀이] 정압조절평형법
(1) 장점
㉠ 예기치 않는 침식, 부식, 분진 퇴적으로 인한 축적(퇴적)현상이 일어나지 않는다.
㉡ 잘못 설계된 분지관, 최대저항경로(저항이 큰 분지관) 선정이 잘못되어도 설계 시 쉽게 발견할 수 있다.
㉢ 설계가 정확할 경우 가장 효율적인 시설이 된다.
㉣ 유속의 범위가 적절히 선택되면 덕트의 폐쇄가 일어나지 않는다.
(2) 단점
㉠ 설계 시 잘못된 유량을 고치기 어렵다(임의의 유량을 조절하기 어렵다).
㉡ 설계가 복잡하고 시간이 걸린다.
㉢ 설계유량 산정이 잘못되었을 경우 수정은 덕트의 크기 변경을 필요로 한다.
㉣ 때에 따라 전체 필요한 최소유량보다 더 초과될 수 있다.
㉤ 설치 후 변경이나 확장에 대한 유연성이 낮다.
㉥ 효율 개선 시 전체를 수정해야 한다.

64 다음 중 송풍기 상사법칙으로 옳은 것은?
① 풍량은 회전수비의 제곱에 비례한다.
② 축동력은 회전수비의 제곱에 비례한다.
③ 축동력은 임펠러의 직경비에 반비례한다.
④ 송풍기 정압은 회전수비의 제곱에 비례한다.

[풀이] 송풍기 상사법칙
(1) 회전수비
  ㉠ 풍량은 회전수비에 비례
  ㉡ 풍압은 회전수비의 제곱에 비례
  ㉢ 동력은 회전수비의 세제곱에 비례
(2) 임펠러 직경비
  ㉠ 풍량은 임펠러 직경비의 세제곱에 비례
  ㉡ 풍압은 임펠러 직경비의 제곱에 비례
  ㉢ 동력은 임펠러 직경비의 오제곱에 비례

65 작업장의 크기가 세로 20m, 가로 30m, 높이 6m이고, 필요환기량이 120m³/min일 때 1시간당 공기교환횟수는 몇 회인가?
① 1회
② 2회
③ 3회
④ 4회

[풀이] 1시간당 공기교환횟수(ACH)
$= \dfrac{필요환기량}{작업장 용적}$
$= \dfrac{120\text{m}^3/\text{min} \times 60\text{min/hr}}{(20 \times 30 \times 6)\text{m}^3} = 2회(시간당)$

66 일반적으로 외부식 후드에 플랜지를 부착하면 약 어느 정도 효율이 증가될 수 있는가? (단, 플랜지의 크기는 개구면적의 제곱근 이상으로 한다.)
① 15%
② 25%
③ 35%
④ 45%

[풀이] 일반적으로 외부식 후드에 플랜지(flange)를 부착하면 후방 유입기류를 차단하고 후드 전면에서 포집범위가 확대되어 flange가 없는 후드에 비해 동일 지점에서 동일한 제어속도를 얻는 데 필요한 송풍량을 약 25% 감소시킬 수 있으며 플랜지 폭은 후드 단면적의 제곱근($\sqrt{A}$) 이상이 되어야 한다.

67 다음 중 덕트의 설치를 결정할 때 유의사항으로 적절하지 않은 것은?
① 청소구를 설치한다.
② 곡관의 수를 적게 한다.
③ 가급적 원형 덕트를 사용한다.
④ 가능한 한 곡관의 곡률반경을 작게 한다.

[풀이] 덕트 설치기준(설치 시 고려사항)
㉠ 가능하면 길이는 짧게 하고 굴곡부의 수는 적게 할 것
㉡ 접속부의 안쪽은 돌출된 부분이 없도록 할 것
㉢ 청소구를 설치하는 등 청소하기 쉬운 구조로 할 것
㉣ 덕트 내부에 오염물질이 쌓이지 않도록 이송속도를 유지할 것
㉤ 연결부위 등은 외부공기가 들어오지 않도록 할 것(연결부위를 가능한 한 용접할 것)
㉥ 가능한 후드의 가까운 곳에 설치할 것
㉦ 송풍기를 연결할 때는 최소 덕트 직경의 6배 정도 직선구간을 확보할 것
㉧ 직관은 하향구배로 하고 직경이 다른 덕트를 연결할 때에는 경사 30° 이내의 테이퍼를 부착할 것
㉨ 원형 덕트가 사각형 덕트보다 덕트 내 유속분포가 균일하므로 가급적 원형 덕트를 사용하며, 부득이 사각형 덕트를 사용할 경우에는 가능한 정방형을 사용하고 곡관의 수를 적게 할 것
㉩ 곡관의 곡률반경은 최소 덕트 직경의 1.5 이상, 주로 2.0을 사용할 것
㉪ 수분이 응축될 경우 덕트 내로 들어가지 않도록 경사나 배수구를 마련할 것
㉫ 덕트의 마찰계수는 작게 하고, 분지관을 가급적 적게 할 것

68 다음 중 사이클론에서 절단입경(cut-size)의 의미로 옳은 것은?
① 95% 이상의 처리효율로 제거되는 입자의 입경
② 75%의 처리효율로 제거되는 입자의 입경
③ 50%의 처리효율로 제거되는 입자의 입경
④ 25%의 처리효율로 제거되는 입자의 입경

[풀이]
㉠ 최소입경(임계입경) : 사이클론에서 100% 처리효율로 제거되는 입자의 크기 의미
㉡ 절단입경(cut-size) : 사이클론에서 50% 처리효율로 제거되는 입자의 크기 의미

정답 64.④ 65.② 66.② 67.④ 68.③

69 온도 120℃, 650mmHg 상태에서 47m³/min의 기체가 관 내를 흐르고 있다. 이 기체가 21℃, 1기압일 때 유량(m³/min)은 약 얼마인가?

① 15.1　　② 28.4
③ 30.1　　④ 52.5

[풀이]
$$\frac{P_1 V_1}{T_1} = \frac{P_2 V_2}{T_2}$$
$$\therefore V_2 = \frac{P_1}{P_2} \times \frac{T_2}{T_1} \times V_1$$
$$= \frac{650}{760} \times \frac{273+21}{273+120} \times 47 \text{m}^3/\text{min}$$
$$= 30.07 \text{m}^3/\text{min}$$

70 다음 중 국소배기장치의 올바른 송풍기 선정과정과 가장 거리가 먼 것은?

① 송풍량과 송풍압력을 가급적 큰 용량으로 선정한다.
② 덕트계의 압력손실 계산결과에 의하여 배풍기 전후의 압력차를 구한다.
③ 특성선도를 사용하여 필요한 정압, 풍량을 얻기 위한 회전수, 축동력, 사용 모터 등을 구한다.
④ 배풍기와 덕트의 설치장소를 고려하여 회전방향, 토출방향을 결정한다.

[풀이] 송풍기의 송풍량과 송풍압력은 시스템 요구곡선과 성능곡선에 의해 적정하게 선정하여야 한다.

71 다음 중 덕트계에서 공기의 압력에 대한 설명으로 틀린 것은?

① 속도압은 공기가 이동하는 힘으로 항상 0 이상이다.
② 공기의 흐름은 압력차에 의해 이동하므로 송풍기 앞은 항상 음(−)의 값을 갖는다.
③ 정압은 잠재적인 에너지로, 공기의 이동에 소요되어 유용한 일을 하므로 항상 양(+)의 값을 갖는다.
④ 국소배기장치의 배출구 압력은 항상 대기압보다 높아야 한다.

[풀이] 정압은 유체를 압축시키거나 팽창시키려는 잠재 에너지로 양압은 공간벽을 팽창시키려는 방향으로 미치는 압력이고, 음압은 공간벽을 압축시키려는 방향으로 미치는 압력이다.

72 다음 중 일반적으로 송풍기의 소요동력(kW)을 구하고자 할 때 관여하는 주요 인자로 볼 수 없는 것은?

① 풍량　　② 송풍기의 유효전압
③ 송풍기의 효율　　④ 송풍기의 종류

[풀이] 송풍기의 소요동력(kW)
$$kW = \frac{Q \times \Delta P}{6,120 \times \eta} \times \alpha$$
여기서, Q : 송풍량(m³/min)
　　　　ΔP : 송풍기의 유효전압
　　　　　　(전압 ; 정압)(mmH₂O)
　　　　η : 송풍기의 효율(%)
　　　　α : 안전인자(여유율)(%)

73 다음 중 필요환기량을 감소시키기 위한 후드의 선택지침으로 적합하지 않은 것은?

① 가급적이면 공정을 많이 포위한다.
② 포집형 후드는 가급적 배출 오염원 가까이에 설치한다.
③ 후드 개구면의 속도는 빠를수록 효율적이다.
④ 후드 개구면에서의 기류가 균일하게 분포되도록 설계한다.

[풀이] 후드 선택 시 유의사항(후드의 선택지침)
㉠ 필요환기량을 최소화하여야 한다.
㉡ 작업자의 호흡영역을 유해물질로부터 보호해야 한다.
㉢ ACGIH 및 OSHA의 설계기준을 준수해야 한다.
㉣ 작업자의 작업 방해를 최소화할 수 있도록 설치하여야 한다.
㉤ 상당거리 떨어져 있어도 제어할 수 있다는 생각, 공기보다 무거운 증기는 후드 설치위치를 작업장 바닥에 설치해야 한다는 생각의 설계오류를 범하지 않도록 유의해야 한다.
㉥ 후드는 덕트보다 두꺼운 재질을 선택하고 오염물질의 물리화학적 성질을 고려하여 후드 재료를 선정한다.

정답 69.③　70.①　71.③　72.④　73.③

74 접착제를 사용하는 A공정에서는 메틸에틸 케톤(MEK)과 톨루엔이 발생, 공기 중으로 완전 혼합된다. 두 물질은 모두 마취작용을 나타내므로 상가효과가 있다고 판단되며, 각 물질의 사용정보가 다음과 같을 때 필요 환기량(m^3/min)은 약 얼마인가? (단, 주위는 25℃, 1기압 상태이다.)

> ㉮ MEK
> - 안전계수 : 4
> - 분자량 : 72.1
> - 비중 : 0.805
> - TLV : 200pm
> - 사용량 : 시간당 2L
>
> ㉯ 톨루엔
> - 안전계수 : 5
> - 분자량 : 92.13
> - 비중 : 0.866
> - TLV : 50ppm
> - 사용량 : 시간당 2L

① 181.9 ② 557.0
③ 764.5 ④ 946.4

풀이 상가작용 필요환기량(m^3/min)
=MEK 필요환기량+톨루엔 필요환기량
㉮ MEK 필요환기량
- 사용량(g/hr)
  =2L/hr×0.805g/mL×1,000mL/L=1,610g/hr
- 발생률(L/hr)
  $= \dfrac{24.45L \times 1,610g/hr}{72.1g} = 545.97L/hr$
- 필요환기량
  $= \dfrac{545.97L/hr}{200ppm} \times 4$
  $= \dfrac{545.97L/hr \times 1,000mL/L}{200mL/m^3} \times 4$
  $= 10919.42m^3/hr \times hr/60min = 182m^3/min$

㉯ 톨루엔 필요환기량
- 사용량(g/hr)
  =2L/hr×0.866g/mL×1,000mL/L=1,732g/hr
- 발생률(L/hr)
  $= \dfrac{24.45L \times 1,732g/hr}{92.13g} = 459.65L/hr$

- 필요환기량
  $= \dfrac{459.65L/hr}{50ppm} \times 5$
  $= \dfrac{459.65L/hr \times 1,000mL/L}{50mL/m^3} \times 5$
  $= 45964.83m^3/hr \times hr/60min = 766m^3/min$
∴ $182 + 766 = 948.08m^3/min$

75 후드의 유입손실계수가 0.8, 덕트 내의 공기흐름속도가 20m/sec일 때 후드의 유입 압력손실은 약 몇 mmH₂O인가? (단, 공기의 비중량은 1.2kg$_f$/m^3이다.)

① 14
② 16
③ 20
④ 24

풀이 유입 압력손실(mmH₂O)
$= F \times VP$
$VP = \dfrac{\gamma V^2}{2g} = \dfrac{1.2 \times 20^2}{2 \times 9.8} = 24.49 mmH_2O$
$= 0.8 \times 24.49$
$= 19.59 mmH_2O$

76 전자부품을 납땜하는 공정에 외부식 국소 배기장치를 설치하려 한다. 후드의 규격은 가로, 세로 각각 400mm이고, 제어거리는 20cm, 제어속도는 0.5m/sec, 반송속도를 1,200m/min으로 하고자 할 때 필요소요풍량(m^3/min)은 약 얼마인가? (단, 플랜지는 없으며, 공간에 설치한다.)

① 13.2
② 15.6
③ 16.8
④ 18.4

풀이 $Q = V_c(10X^2 + A)$
$= 0.5m/sec \times [(10 \times 0.2^2)m^2 + (0.4 \times 0.4)m^2]$
$= 0.28m^3/sec \times 60sec/min$
$= 16.8m^3/min$

77 여과집진장치의 장점으로 틀린 것은?

① 다양한 용량을 처리할 수 있다.
② 고온 및 부식성 물질의 포집이 가능하다.
③ 여러 가지 형태의 분진을 포집할 수 있다.
④ 가스의 양이나 밀도의 변화에 의해 영향을 받지 않는다.

풀이 여과집진장치의 장단점
(1) 장점
 ㉠ 집진효율이 높으며, 집진효율은 처리가스의 양과 밀도 변화에 영향이 적다.
 ㉡ 다양한 용량을 처리할 수 있다.
 ㉢ 연속집진방식일 경우 먼지부하의 변동이 있어도 운전효율에는 영향이 없다.
 ㉣ 건식 공정이므로 포집먼지의 처리가 쉽다. 즉 여러 가지 형태의 분진을 포집할 수 있다.
 ㉤ 여과재에 표면 처리하여 가스상 물질을 처리할 수도 있다.
 ㉥ 설치적용범위가 광범위하다.
 ㉦ 탈진방법과 여과재의 사용에 따른 설계상의 융통성이 있다.
(2) 단점
 ㉠ 고온, 산, 알칼리 가스일 경우 여과백의 수명이 단축된다.
 ㉡ 250℃ 이상의 고온가스 처리인 경우 고가의 특수 여과백을 사용해야 한다.
 ㉢ 산화성 먼지 농도가 50g/m³ 이상일 때는 발화 위험이 있다.
 ㉣ 여과백 교체 시 비용이 많이 들고, 작업방법이 어렵다.
 ㉤ 가스가 노점온도 이하가 되면 수분이 생성되므로 주의를 요한다.
 ㉥ 섬유여포상에서 응축이 일어날 때 습한 가스를 취급할 수 없다.

78 온도 3℃, 기압 705mmHg인 공기의 밀도 보정계수는 약 얼마인가?

① 0.948   ② 0.956
③ 0.965   ④ 0.988

풀이 밀도보정계수$(d_f) = \dfrac{273+21}{273+3} \times \dfrac{705}{760} = 0.988$

79 후드의 제어풍속을 측정하기에 가장 적합한 것은?

① 열선풍속계   ② 피토관
③ 카타온도계   ④ 마노미터

풀이 제어속도 측정
포위식[부스식 및 레시버식(그라인더) 포함] 후드의 경우에는 개구면을 한 변이 0.5m 이하가 되도록 16개 이상(개구면이 현저히 작은 경우에는 2개 이상)의 등면적으로 분할하여 각 부분의 중심위치에서 후드 유입기류 속도를 열선식 풍속계로 측정하여 얻은 값의 최소치를 제어풍속으로 한다.

80 원형이나 정사각형의 후드인 경우 필요환기량은 Della Valle 공식[$Q = V(10X^2 + A)$]을 활용한다. 이 공식은 오염원에서 후드까지의 거리가 덕트 직경의 몇 배 이내일 때만 유효한가?

① 1.5배   ② 2.5배
③ 3.5배   ④ 5.0배

풀이 Della Valle의 외부식 후드 기본식은 오염원에서 후드까지의 거리가 덕트 직경의 1.5배 이내에서만 유효하게 적용된다.

성공한 사람의 달력에는
"오늘(Today)"이라는 단어가
실패한 사람의 달력에는
"내일(Tomorrow)"이라는 단어가 적혀 있고,

성공한 사람의 시계에는
"지금(Now)"이라는 로고가
실패한 사람의 시계에는
"다음(Next)"이라는 로고가 찍혀 있다고 합니다.
☆
내일(Tomorrow)보다는 오늘(Today)을,
다음(Next)보다는 지금(Now)의 시간을 소중히 여기는
당신의 멋진 미래를 기대합니다. ^^

제1회 산업위생관리산업기사

CBT 기출복원문제 | 2024.03.05

제1과목 | 산업위생학 개론

01 다음 중 근골격계 질환의 발생에 관한 설명으로 틀린 것은?
① 손목을 반복적으로 무리하게 사용하는 작업에서 발생하기 쉽다.
② 무거운 물건을 들어 올리거나 밀고 당기고 운반하는 작업에서 많이 발생한다.
③ 오랜 기간 동안 부자연스러운 작업자세로 작업하는 경우에 많이 발생한다.
④ 진동이 적고, 고온의 작업조건에서 주로 발생한다.

풀이 근골격계 질환은 진동이 있고, 저온의 작업조건에서 주로 발생한다.

02 다음 중 산업 스트레스의 반응에 따른 행동적 결과와 가장 거리가 먼 것은?
① 흡연
② 불면증
③ 행동의 격양
④ 알코올 및 약물 남용

풀이 산업 스트레스 반응결과
(1) 행동적 결과
  ㉠ 흡연
  ㉡ 알코올 및 약물 남용
  ㉢ 행동 격양에 따른 돌발적 사고
  ㉣ 식욕 감퇴
(2) 심리적 결과
  ㉠ 가정 문제(가족조직 구성인원 문제)
  ㉡ 불면증으로 인한 수면 부족
  ㉢ 성적 욕구 감퇴
(3) 생리적(의학적) 결과
  ㉠ 심혈관계 질환(심장)
  ㉡ 위장관계 질환
  ㉢ 기타 질환(두통, 피부질환, 암, 우울증 등)

03 작업대사율이 7에 해당하는 작업을 하는 근로자의 실동률은? (단, 사이토와 오시마의 식을 활용한다.)
① 30%
② 40%
③ 50%
④ 60%

풀이 실동률(%) = 85 − (5×RMR) = 85 − (5×7) = 50%

04 다음 중 사무실 공기관리에 있어서 각 오염물질에 대한 관리기준으로 옳은 것은?
① 8시간 시간가중평균농도를 기준으로 한다.
② 단시간 노출기준을 기준으로 한다.
③ 최고노출기준을 기준으로 한다.
④ 작업장의 장소에 따라 다르다.

풀이 사무실 공기관리 지침상 관리기준은 8시간 시간가중평균농도(TWA)를 말한다.

05 메틸에틸케톤(MEK) 50ppm(TLV=200ppm), 트리클로로에틸렌(TCE) 25ppm(TLV=50ppm), 크실렌(xylene) 30ppm(TLV=100ppm)이 공기 중 혼합물로 존재할 경우 노출지수와 노출기준 초과 여부로 옳은 것은? (단, 혼합물질은 상가작용을 한다.)
① 노출지수 0.95, 노출기준 미만
② 노출지수 1.05, 노출기준 초과
③ 노출지수 0.3, 노출기준 미만
④ 노출지수 0.5, 노출기준 미만

풀이
㉠ 노출지수(EI) = $\frac{50}{200} + \frac{25}{50} + \frac{30}{100} = 1.05$
㉡ 1을 초과하므로 노출기준 초과 평가

정답 01.④ 02.② 03.③ 04.① 05.②

06 다음 중 작업강도를 분류하는 2가지 척도로 가장 적절한 것은?

① 총 에너지소비량과 심박동률
② 실동률과 총 에너지소비량
③ 심박동률과 심전도
④ 계속작업의 한계시간과 실동률

풀이 작업강도를 분류하는 2가지 척도는 총 에너지소비량과 심장박동률이다.
- 작업강도(근로강도)
  ㉠ 작업강도는 하루의 총 작업시간을 통한 평균작업대사량으로 표현되며 일반적으로 열량소비량을 평가기준으로 한다. 즉, 작업을 할 때 소비되는 열량으로 작업의 강도를 측정한다. 연령을 고려한 심장박동률은 작업 시 필요한 에너지요구량(에너지대사율)에 의해 변화한다.
  ㉡ 작업할 때 소비되는 열량을 나타내기 위하여 성별, 연령별 및 체격의 크기를 고려한 작업대사율(RMR)이라는 지수를 사용한다.
  ㉢ 작업대사량은 작업강도를 작업에 소요되는 열량의 측면에서 보는 한 지표에 지나지 않는다.
  ㉣ 작업강도는 생리적으로 가능한 작업시간의 한계를 지배하는 가장 중요한 인자이다.
  ㉤ 작업대사량은 정신작업에는 적용이 불가하다.
  ㉥ 작업강도를 분류할 경우에는 실동률을 이용하기도 하며 작업강도가 클수록 실동률이 떨어지므로 휴식시간이 길어진다. 즉 작업강도가 클수록 작업시간이 짧아진다.

07 작업자세는 피로 또는 작업능률과 관계가 깊다. 다음 중 가장 바람직하지 않은 자세는?

① 가능한 한 작업 중 움직임을 고정한다.
② 작업물체와 눈과의 거리는 약 30~40cm 정도 유지한다.
③ 작업대와 의자의 높이는 개인에게 적합하도록 조절한다.
④ 작업에 주로 사용하는 팔의 높이는 심장 높이로 유지한다.

풀이 가능한 한 작업 중 움직임을 자유롭게 한다. 즉, 동적인 작업을 늘리고, 정적인 작업을 줄인다.

08 산업피로의 발생요인 중 작업부하와 관련이 가장 적은 것은?

① 작업강도   ② 작업자세
③ 적응조건   ④ 조작방법

풀이 적응조건은 내적 요인(개인조건)에 해당한다.

09 소음성 난청은 고주파대역인 4,000Hz에서 가장 많이 발생하는데 그 이유로 가장 적절한 것은?

① 작업장의 소음이 대부분 고주파이기 때문에
② 작업장의 소음이 대부분 저주파이기 때문에
③ 인체가 저주파보다 고주파에 대해 둔감하게 반응하기 때문에
④ 인체가 저주파보다 고주파에 대해 민감하게 반응하기 때문에

풀이 C_5-dip 현상
㉠ 소음성 난청의 초기단계로 4,000Hz에서 청력장애가 현저히 커지는 현상이다.
㉡ 우리 귀는 고주파음에 대단히 민감하다. 특히 4,000Hz에서 소음성 난청이 가장 많이 발생한다.

10 다음 중 심리학적 적성검사로서 언어, 기억, 추리, 귀납 등의 인자에 대한 검사에 해당하는 것은?

① 지능검사
② 지각동작검사
③ 감각기능검사
④ 인성검사

풀이 심리학적 검사(심리학적 적성검사)
㉠ 지능검사 : 언어, 기억, 추리, 귀납 등에 대한 검사
㉡ 지각동작검사 : 수족협조, 운동속도, 형태지각 등에 대한 검사
㉢ 인성검사 : 성격, 태도, 정신상태에 대한 검사
㉣ 기능검사 : 직무와 관련된 기본 지식과 숙련도, 사고력 등의 검사

11 에탄올(TLV 1,000ppm)을 사용하여 1일 10시간 작업이 이루어지는 장소에서의 보정된 허용농도는 약 얼마인가? (단, Brief와 Scala의 보정방법을 적용한다.)

① 300ppm ② 500ppm
③ 700ppm ④ 900ppm

[풀이] 보정된 허용농도 = TLV × RF
$$RF = \left(\frac{8}{10}\right) \times \left(\frac{24-10}{16}\right) = 0.7$$
$$= 1,000\text{ppm} \times 0.7$$
$$= 700\text{ppm}$$

12 다음 중 누적외상성 질환의 발생과 가장 관련이 적은 것은?

① 18°C 이하에서 하역작업
② 큰 변화가 없는 동일한 연속 동작의 운반작업
③ 진동이 수반되는 곳에서의 조립작업
④ 나무망치를 이용한 간헐성 분해작업

[풀이] 누적외상성 질환(근골격계 질환) 발생요인
㉠ 반복적인 동작
㉡ 부적절한 작업자세
㉢ 무리한 힘의 사용(물건을 잡는 손의 힘)
㉣ 날카로운 면과의 신체접촉
㉤ 진동
㉥ 온도(저온)

13 A작업장에서 500명의 근로자가 1년 동안 작업하던 중 8건의 재해로 인하여 10명의 재해자가 발생하였다면 이 사업장의 도수율은 약 얼마인가? (단, 근로자는 1주일에 44시간씩 연간 50주 근무하였다.)

① 7.3 ② 9.1
③ 16   ④ 20

[풀이] 도수율 = $\frac{\text{재해 발생 건수}}{\text{연 근로시간수}} \times 10^6$
$$= \frac{8}{500 \times 44 \times 50} \times 10^6 = 7.27$$

14 다음 중 노동의 적응과 장애에 대한 설명으로 틀린 것은?

① 환경에 대한 인체의 적응에는 한도가 있으며 이러한 한도를 허용기준 또는 노출기준이라 한다.
② 작업에 따라서 신체형태와 기능에 국소적 변화가 일어나는 경우가 있는데 이것을 직업성 변이라고 한다.
③ 외부의 환경변화와 신체활동이 반복되거나 오래 계속되어 조절기능이 숙련된 상태를 순화라고 한다.
④ 인체에 어떠한 자극이건 간에 체내의 호르몬계를 중심으로 한 특유의 반응이 일어나는 것을 적응증상군(適應症狀群)이라 하며 이러한 상태를 스트레스라고 한다.

[풀이] 서한도
작업환경에 대한 인체의 적응한도, 즉 안전기준을 말한다.

15 다음 설명에 해당하는 작업장으로 가장 적절한 것은?

이 작업장은 시안화합물이 많이 발생하며 사망사고 등 재해성 질환이 많다. 산(acid)을 많이 사용하는데 시안화합물은 산에 대해 불안정하고 공기 중 미량인 이산화탄소에 반응하여 맹독의 시안화수소가 발생하기도 한다. 또한 내식성, 내마모성 때문에 크롬을 많이 사용하여 피부궤양, 비중격천공, 암 등 다양한 직업병이 발생할 수 있다.

① 도금   ② 도장
③ 주조   ④ 크롬용접

[풀이] 내구성을 높이고 상품성을 위하여 금속 표면에 크롬, 니켈, 알루미늄 등을 입히는 공정이 도금이며 피부궤양, 비중격천공, 암 등을 유발한다.

정답 11.③ 12.④ 13.① 14.① 15.①

PART 02 과년도 출제문제

16 각 국가 및 기관에서 사용하는 노출기준의 용어로 틀린 것은?
① 미국 : PEL(Permissilble Exposure Limits)
② 영국 : WEL(Workplace Exposure Limits)
③ 독일 : MAK(Maximum Concentration Values)
④ 스웨덴 : REL(Recommended Exposure Limits)

풀이 REL은 미국국립산업안전보건연구원(NIOSH)의 노출기준 용어이다.

17 다음 중 산업안전보건법상 보건관리자의 자격기준에 해당하지 않는 자는?
① 「의료법」에 의한 의사
② 「의료법」에 의한 간호사
③ 「위생사에 관한 법률」에 의한 위생사
④ 「고등교육법」에 의한 전문대학에서 산업보건 분야의 학위를 취득한 사람

풀이 보건관리자의 자격
㉠ 「의료법」에 따른 의사
㉡ 「의료법」에 따른 간호사
㉢ 산업보건지도사
㉣ 「국가기술자격법」에 따른 산업위생관리산업기사 또는 대기환경산업기사 이상의 자격을 취득한 사람
㉤ 「국가기술자격법」에 따른 인간공학기사 이상의 자격을 취득한 사람
㉥ 「고등교육법」에 따른 전문대학 이상의 학교에서 산업보건 또는 산업위생 분야의 학위를 취득한 사람

18 다음 중 경견완 장애가 가장 발생하기 쉬운 직업은?
① 커피 시음   ② 전산데이터 입력
③ 잠수작업   ④ 음식 배달

풀이 경견완 장애는 반복적으로 장기간 작업하는 경우에 발생한다.

19 우리나라에서 산업위생관리를 관장하는 정부 행정부처는?
① 환경부
② 고용노동부
③ 보건복지부
④ 행정자치부

풀이 산업위생관리를 관장하는 정부 행정부처는 고용노동부이다.

20 다음 중 산업안전보건법상 용어의 정의가 틀린 것은?
① 산소결핍이란 공기 중의 산소 농도가 18% 미만인 상태를 말한다.
② 산소결핍증이란 산소가 결핍된 공기를 들이마심으로써 생기는 증상을 말한다.
③ 밀폐공간이란 산소결핍, 유해가스로 인한 화재·폭발 등의 위험이 있는 장소로서 별도로 정한 장소를 말한다.
④ 적정공기란 산소 농도의 범위가 18% 이상 23.5% 미만, 이산화탄소의 농도가 1.0% 미만, 황화수소의 농도가 100ppm 미만인 수준의 공기를 말한다.

풀이 적정공기의 정의
㉠ 산소 농도의 범위가 18% 이상 23.5% 미만인 수준의 공기
㉡ 이산화탄소 농도가 1.5% 미만인 수준의 공기
㉢ 황화수소 농도가 10ppm 미만인 수준의 공기
㉣ 일산화탄소 농도가 30ppm 미만인 수준의 공기

정답 16.④ 17.③ 18.② 19.② 20.④

제2과목 | 작업환경 측정 및 평가

21 Nucleopore 여과지에 관한 설명으로 옳지 않은 것은?
① 폴리카보네이트로 만들어진다.
② 강도는 우수하나 화학물질과 열에는 불안정하다.
③ 구조가 막 여과지처럼 여과지 구멍이 겹치는 것이 아니고 체(sieve)처럼 구멍이 일직선으로 되어있다.
④ TEM 분석을 위한 석면의 채취에 이용된다.

풀이 Nucleopore 여과지
㉠ 폴리카보네이트 재질에 레이저빔을 쏘아 만들어지며, 구조가 막 여과지처럼 여과지 구멍이 겹치는 것이 아니고 체(sieve)처럼 구멍(공극)이 일직선으로 되어 있다.
㉡ TEM(전자현미경) 분석을 위한 석면의 채취에 이용된다.
㉢ 화학물질과 열에 안정적이다.
㉣ 표면이 매끄럽고 기공의 크기는 일반적으로 0.03~8μm 정도이다.

22 어느 오염원에서 perchloroethylene 20%(TLV=670mg/m³, 1mg/m³=0.15ppm), methylene chloride 30%(TLV=720mg/m³, 1mg/m³=0.28ppm), heptane 50%(TLV=1,600mg/m³, 1mg/m³=0.25ppm)의 중량비로 조성된 용제가 증발되어 작업환경을 오염시켰을 경우 혼합물의 허용농도는?
① 673mg/m³
② 794mg/m³
③ 881mg/m³
④ 973mg/m³

풀이 혼합물의 허용농도(mg/m³)= $\dfrac{1}{\dfrac{0.2}{670}+\dfrac{0.3}{720}+\dfrac{0.5}{1,600}}$
= 973.07mg/m³

23 고유량 공기채취펌프를 수동 무마찰거품관으로 보정하였다. 비눗방울이 450cm³의 부피(V)까지 통과하는 데 12.6초(T)가 걸렸다면 유량(Q)은 몇 L/min인가?
① 2.1
② 3.2
③ 7.8
④ 32.3

풀이 $Q(\text{L/min}) = \dfrac{450\text{cm}^3 \times 1,000\text{L/m}^3 \times \text{m}^3/10^6\text{cm}^3}{12.6\text{sec} \times \text{min}/60\text{sec}}$
= 2.14L/min

24 정량한계(LOQ)에 관한 내용으로 옳은 것은?
① 표준편차의 3배
② 표준편차의 10배
③ 검출한계의 5배
④ 검출한계의 10배

풀이 정량한계는 검출한계의 3배, 표준편차의 10배이다.

25 원자흡광분석기에서 빛의 강도가 I_o인 단색광이 어떤 시료용액을 통과할 때 그 빛의 85%가 흡수될 경우 흡광도는?
① 0.64   ② 0.76
③ 0.82   ④ 0.91

풀이 흡광도 = $\log\dfrac{1}{\text{투과율}} = \log\left(\dfrac{1}{1-0.85}\right) = 0.82$

26 일산화탄소 2m³가 10,000m³의 밀폐된 작업장에 방출되었다면 그 작업장 내의 일산화탄소 농도(ppm)는?
① 2   ② 20
③ 200   ④ 2,000

풀이 $CO(\text{ppm}) = \dfrac{2\text{m}^3}{10,000\text{m}^3} \times 10^6 = 200\text{ppm}$

정답 21.② 22.④ 23.① 24.② 25.③ 26.③

27 흡착제 중 다공성 중합체에 관한 설명으로 옳지 않은 것은?

① 활성탄보다 비표면적이 작다.
② 활성탄보다 흡착용량이 크며 반응성도 높다.
③ 테낙스 GC(Tenax GC)는 열안정성이 높아 열탈착에 의한 분석이 가능하다.
④ 특별한 물질에 대한 선택성이 좋다.

[풀이] **다공성 중합체(porous polymer)**
(1) 활성탄에 비해 비표면적, 흡착용량, 반응성은 작지만 특수한 물질 채취에 유용하다.
(2) 대부분 스티렌, 에틸비닐벤젠, 디비닐벤젠 중 하나와 극성을 띤 비닐화합물과의 공중 중합체이다.
(3) 특별한 물질에 대하여 선택성이 좋은 경우가 있다.
(4) 장점
 ㉠ 아주 적은 양도 흡착제로부터 효율적으로 탈착이 가능하다.
 ㉡ 고온에서 열안정성이 매우 뛰어나기 때문에 열탈착이 가능하다.
 ㉢ 저농도 측정이 가능하다.
(5) 단점
 ㉠ 비휘발성 물질(대표적 물질 : 이산화탄소)에 의하여 치환반응이 일어난다.
 ㉡ 시료가 산화·가수·결합 반응이 일어날 수 있다.
 ㉢ 아민류 및 글리콜류는 비가역적 흡착이 발생한다.
 ㉣ 반응성이 강한 기체(무기산, 이산화황)가 존재 시 시료가 화학적으로 변한다.

28 원자흡광광도계는 다음 중 어떤 종류의 물질 분석에 널리 적용되는가?

① 금속
② 용매
③ 방향족 탄화수소
④ 지방족 탄화수소

[풀이] **원자흡광광도법(atomic absorption spectrophotometry)**
시료를 적당한 방법으로 해리시켜 중성원자로 증기화하여 생긴 기저상태의 원자가 이 원자 증기층을 투과하는 특유 파장의 빛을 흡수하는 현상을 이용하여 광전 측광과 같은 개개의 특유 파장에 대한 흡광도를 측정하여 시료 중의 원소농도를 정량하는 방법으로 대기 또는 배출가스 중의 유해중금속, 기타 원소의 분석에 적용한다.

29 석면의 공기 중 농도를 나타내는 표준단위로 사용하는 것은?

① ppm ② $\mu m/m^3$
③ 개/cm^3 ④ mg/m^3

[풀이] 개/cm^3 = 개/mL = 개/cc

30 검지관의 장단점으로 옳지 않은 것은?

① 사전에 측정대상 물질의 동정이 불가능한 경우에 사용한다.
② 다른 방해물질의 영향을 받기 쉬워 오차가 크다.
③ 민감도가 낮아 비교적 고농도에서 적용한다.
④ 다른 측정방법이 복잡하거나 빠른 측정이 요구될 때 사용할 수 있다.

[풀이] **검지관 측정법**
(1) 장점
 ㉠ 사용이 간편하다.
 ㉡ 반응시간이 빨라 현장에서 바로 측정결과를 알 수 있다.
 ㉢ 비전문가도 어느 정도 숙지하면 사용할 수 있지만 산업위생전문가의 지도 아래 사용해야 한다.
 ㉣ 맨홀, 밀폐공간에서의 산소부족 또는 폭발성 가스로 인한 안전이 문제가 될 때 유용하게 사용된다.
 ㉤ 다른 측정방법이 복잡하거나 빠른 측정이 요구될 때 사용할 수 있다.
(2) 단점
 ㉠ 민감도가 낮아 비교적 고농도에만 적용이 가능하다.
 ㉡ 특이도가 낮아 다른 방해물질의 영향을 받기 쉽고 오차가 크다.
 ㉢ 대개 단시간 측정만 가능하다.
 ㉣ 한 검지관으로 단일물질만 측정 가능하여 각 오염물질에 맞는 검지관을 선정함에 따른 불편함이 있다.
 ㉤ 색변화에 따라 주관적으로 읽을 수 있어 판독자에 따라 변이가 심하며, 색변화가 시간에 따라 변하므로 제조자가 정한 시간에 읽어야 한다.
 ㉥ 미리 측정대상 물질의 동정이 되어 있어야 측정이 가능하다.

정답 27.② 28.① 29.③ 30.①

31 가스상 물질의 시료포집 시 사용하는 액체 포집방법의 흡수효율을 높이기 위한 방법으로 옳지 않은 것은?

① 흡수용액의 온도를 낮추어 오염물질의 휘발성을 제한하는 방법
② 두 개 이상의 버블러를 연속적으로 연결하여 채취효율을 높이는 방법
③ 시료채취속도를 높여 채취유량을 줄이는 방법
④ 채취효율이 좋은 프리티드버블러 등의 기구를 사용하는 방법

풀이 흡수효율(채취효율)을 높이기 위한 방법
㉠ 포집액의 온도를 낮추어 오염물질의 휘발성을 제한한다.
㉡ 두 개 이상의 임핀저나 버블러를 연속적(직렬)으로 연결하여 사용하는 것이 좋다.
㉢ 시료채취속도(채취물질이 흡수액을 통과하는 속도)를 낮춘다.
㉣ 기포의 체류시간을 길게 한다.
㉤ 기포와 액체의 접촉면적을 크게 한다(가는 구멍이 많은 fritted 버블러 사용).
㉥ 액체의 교반을 강하게 한다.
㉦ 흡수액의 양을 늘려준다.
㉧ 액체에 포집된 오염물질의 휘발성을 제거한다.

32 다음은 작업장 소음측정 시간 및 횟수 기준에 관한 내용이다. ( ) 안의 내용으로 옳은 것은? (단, 고용노동부 고시 기준)

> 단위작업장소에서 소음수준은 규정된 측정위치 및 지점에서 1일 작업시간 동안 6시간 이상 연속 측정하거나 작업시간을 1시간 간격으로 나누어 6회 이상 측정하여야 한다. 다만, 소음의 발생 특성이 연속음으로서 측정치가 변동이 없다고 자격자 또는 지정측정기관이 판단하는 경우에는 1시간 동안을 등간격으로 나누어 ( ) 측정할 수 있다.

① 2회 이상 ② 3회 이상
③ 4회 이상 ④ 5회 이상

풀이 소음측정 시간 및 횟수기준
㉠ 단위작업장소에서 소음수준은 규정된 측정위치 및 지점에서 1일 작업시간 동안 6시간 이상 연속 측정하거나 작업시간을 1시간 간격으로 나누어 6회 이상 측정하여야 한다. 다만, 소음의 발생특성이 연속음으로서 측정치가 변동이 없다고 자격자 또는 지정측정기관이 판단한 경우에는 1시간 동안을 등간격으로 나누어 3회 이상 측정할 수 있다.
㉡ 단위작업장소에서의 소음발생시간이 6시간 이내인 경우나 소음발생원에서의 발생시간이 간헐적인 경우에는 발생시간 동안 연속 측정하거나 등간격으로 나누어 4회 이상 측정하여야 한다.

33 물질을 취급 또는 보관하는 동안에 기체 또는 미생물이 침입하지 않도록 내용물을 보호하는 용기는? (단, 고용노동부 고시 기준)

① 밀폐용기 ② 밀봉용기
③ 기밀용기 ④ 차광용기

풀이 용기의 종류
㉠ 밀폐용기(密閉容器) : 취급 또는 저장하는 동안에 이물이 들어가거나 내용물이 손실되지 않도록 보호하는 용기
㉡ 기밀용기(機密容器) : 취급 또는 저장하는 동안에 밖으로부터 공기 및 다른 가스가 침입하지 않도록 내용물을 보호하는 용기
㉢ 밀봉용기(密封容器) : 취급 또는 저장하는 동안에 기체나 미생물이 침입하지 않도록 내용물을 보호하는 용기
㉣ 차광용기(遮光容器) : 광선이 투과하지 않는 용기 또는 투과하지 않도록 포장한 용기로 취급 또는 저장하는 동안에 내용물이 광화학적 변화를 일으키지 않도록 방지할 수 있는 용기

34 어느 작업장의 벤젠농도를 5회 측정한 결과가 30ppm, 33ppm, 29ppm, 27ppm, 31ppm이었다면 기하평균농도(ppm)는?

① 29.9 ② 30.5
③ 30.9 ④ 31.1

풀이
$$\log(GM) = \frac{\log 30 + \log 33 + \log 29 + \log 27 + \log 31}{5}$$
$$= 1.476$$
$$\therefore GM = 10^{1.476} = 29.92 \text{ppm}$$

35 누적소음노출량 측정기로 소음을 측정하는 경우 소음계의 exchange rate 설정기준은? (단, 고용노동부 고시 기준)

① 1dB　② 3dB
③ 5dB　④ 10dB

[풀이] 누적소음노출량 측정기 설정기준
- ⊙ criteria : 90dB
- ⓒ exchange rate : 5dB
- ⓒ threshold : 80dB

36 0.001%는 몇 ppb인가?

① 100　② 1,000
③ 10,000　④ 100,000

[풀이]
$$0.001\% \times \frac{10,000\text{ppm}}{\%} = 10\text{ppm} \times \frac{1,000\text{ppb}}{\text{ppm}}$$
$$= 10,000\text{ppb}$$

37 압전결정판이 일정한 주파수로 진동할 때 먼지로 인하여 결정판의 질량이 달라지면 그 변화량에 비례하여 진동주파수가 달라지게 되는데, 이러한 현상을 이용한 직독식 먼지측정기는?

① 틴들(tyndall) 보정식 측정기
② Piezo-electric 저울식 측정기
③ 전기장을 이용한 계측기
④ β선 흡수를 이용한 계측기

[풀이] 압전천칭식(piezobalance, piezo-electric, 저울식 측정기)
- ⊙ 분진 측정 시 작업장 내의 분진이 중량으로 직접 숫자로 표시되며 압전형 분진계라고도 한다.
- ⓒ 포집된 분진에 의하여 달라진 압전결정판의 진동주파수에 의해 질량농도를 구하는 방식이다.
- ⓒ 공명된 진동을 이용한 직독식 기구(압전결정판이 일정한 주파수로 진동할 때 분진으로 인하여 결정판의 질량이 달라지면 그 변화량에 비례하여 진동주파수가 달라짐)이다.

38 섬유상 여과지에 관한 설명으로 틀린 것은? (단, 막 여과지와 비교한 것이다.)

① 비싸다.
② 물리적인 강도가 높다.
③ 과부하에서도 채취효율이 높다.
④ 열에 강하다.

[풀이]
(1) 섬유상 여과지
- ⊙ 막 여과지에 비하여 가격이 비싸고 물리적 강도가 약하며 흡수성이 작다.
- ⓒ 막 여과지에 비해 열에 강하고 과부하에서도 채취효율이 높다.
- ⓒ 여과지 표면뿐만 아니라 단면 깊게 입자상 물질이 들어가므로 더 많은 입자상 물질을 채취할 수 있다.

(2) 막 여과지
- ⊙ 작업환경측정 시 공기 중에 부유하고 있는 입자상 물질을 포집하기 위하여 사용되는 여과지이며, 유해물질은 여과지 표면이나 그 근처에서 채취된다.
- ⓒ 섬유상 여과지에 비하여 공기저항이 심하다.
- ⓒ 여과지 표면에 채취된 입자들이 이탈되는 경향이 있다.
- ⓔ 섬유상 여과지에 비하여 채취 입자상 물질이 작다.

39 활성탄으로 시료채취 시 가장 많이 사용되는 탈착용매는?

① 에탄올　② 이황화탄소
③ 헥산　④ 클로로포름

[풀이] 용매탈착
(1) 비극성 물질의 탈착용매는 이황화탄소(CS_2)를 사용하고 극성 물질에는 이황화탄소와 다른 용매를 혼합하여 사용한다.
(2) 활성탄에 흡착된 증기(유기용제-방향족 탄화수소)를 탈착시키는 데 일반적으로 사용되는 용매는 이황화탄소이다.
(3) 용매로 사용되는 이황화탄소의 단점
- ⊙ 독성 및 인화성이 크며 작업이 번잡하다.
- ⓒ 특히 심혈관계와 신경계에 독성이 매우 크고 취급 시 주의를 요한다.
- ⓒ 전처리 및 분석하는 장소의 환기에 유의하여야 한다.
(4) 용매로 사용되는 이황화탄소의 장점
탈착효율이 좋고 가스 크로마토그래피의 불꽃이온화검출기에서 반응성이 낮아 피크의 크기가 작게 나오므로 분석 시 유리하다.

40 입경이 14μm이고, 밀도가 1.5g/cm³인 입자의 침강속도는?

① 0.55cm/sec ② 0.68cm/sec
③ 0.72cm/sec ④ 0.88cm/sec

풀이
$$침강속도(cm/sec) = 0.003 \times \rho \times d^2$$
$$= 0.003 \times 1.5 \times 14^2$$
$$= 0.88 cm/sec$$

제3과목 | 작업환경 관리

41 소음방지를 위한 흡음 재료의 선택 및 사용 시 주의사항으로 옳지 않은 것은?

① 흡음 재료를 벽면에 부착할 때 한 곳에 집중하는 것보다 전체 내벽에 분산하여 부착하는 것이 흡음력을 증가시킨다.
② 실의 모서리나 가장자리 부분에 흡음재를 부착시키면 흡음효과가 좋아진다.
③ 다공질 재료는 산란되기 쉬우므로 표면을 얇은 직물로 피복하는 것이 바람직하다.
④ 막진동이나 판진동형의 것은 도장 여부에 따라 흡음률 차이가 크다.

풀이 막진동이나 판진동형의 것은 도장 여부에 따라 흡음률의 차이가 적다.

42 빛과 밝기의 단위에 관한 설명으로 옳지 않은 것은?

① 광원으로부터 나오는 빛의 양을 광속이라 한다.
② 럭스는 광원으로부터 단위입체각으로 나가는 광속의 단위이다.
③ 광원으로부터 나오는 빛의 세기를 광도라고 한다.
④ 광도의 단위는 칸델라(cd)를 사용한다.

풀이 루멘(lumen, lm); 광속
㉠ 광속의 국제단위로 기호는 lm으로 나타낸다.
㉡ 1촉광의 광원으로부터 한 단위입체각으로 나가는 광속의 단위이다.
㉢ 광속이란 광원으로부터 나오는 빛의 양을 의미하고 단위는 lumen이다.
㉣ 1촉광과의 관계는 1촉광=4π(12.57)루멘으로 나타낸다.

43 방진재 중 금속스프링에 관한 설명으로 옳지 않은 것은?

① 공진 시에 전달률이 크다.
② 저주파 차진에 좋다.
③ 감쇠가 크다.
④ 환경요소에 대한 저항성이 크다.

풀이 금속스프링
(1) 장점
 ㉠ 저주파 차진에 좋다.
 ㉡ 환경요소에 대한 저항성이 크다.
 ㉢ 최대변위가 허용된다.
(2) 단점
 ㉠ 감쇠가 거의 없다.
 ㉡ 공진 시에 전달률이 매우 크다.
 ㉢ 로킹(rocking)이 일어난다.

44 다음 중 자외선에 관한 설명으로 옳지 않은 것은?

① UV-B의 영향으로 피부암을 유발할 수 있다.
② 일명 화학선이라고 한다.
③ 약 100~400nm 파장범위의 전자파로 UV-A, UV-B, UV-C로 구분한다.
④ 성층권의 오존층은 200nm 이하의 자외선만 지구에 도달하게 한다.

풀이 290nm 이하의 단파장인 UV-C는 대기 중 오존분자 등의 가스성분에 의해 그 대부분이 흡수되어 지표면에 거의 도달하지 않는다.

45 고온 작업장의 고온 대책에 관한 설명으로 가장 거리가 먼 것은?

① 작업대사량 : 작업량 감소
② 대류 : 작업주기 증가
③ 급성 고열 폭로 : 공랭, 수랭식 방열복 착용
④ 복사열 : 방열판으로 차단

[풀이] 대류 증가에 의한 방법은 작업장 주위 공기온도가 작업자 신체 피부온도보다 낮을 경우에만 적용 가능하다.

46 작업환경관리를 위한 공학적 대책 중 공정대치의 설명으로 옳지 않은 것은?

① 볼트, 너트 작업을 줄이고 리베팅 작업으로 대치한다.
② 유기용제 세척공정을 스팀세척이나 비눗물 사용 공정으로 대치한다.
③ 압축공기식 임팩트 렌치작업을 저소음 유압식 렌치로 대치한다.
④ 도자기 제조공정에서 건조 후 실시하던 점토배합을 건조 전에 실시한다.

[풀이] 소음 저감을 위해 리베팅 작업을 볼트, 너트 작업으로 대치한다.

47 소음의 특성을 평가하는 데 주파수분석이 이용된다. 1/1 옥타브밴드의 중심주파수가 500Hz일 때 하한과 상한 주파수로 가장 적합한 것은? (단, 정비형 필터 기준)

① 354Hz, 708Hz
② 362Hz, 724Hz
③ 373Hz, 746Hz
④ 382Hz, 764Hz

[풀이]
㉠ 하한주파수$(f_L) = \dfrac{중심주파수(f_C)}{\sqrt{2}}$
$= \dfrac{500}{\sqrt{2}} = 353.6\text{Hz}$

㉡ 상한주파수$(f_U) = \dfrac{f_C^2}{f_L} = \dfrac{(500)^2}{353.6} = 707.0\text{Hz}$

48 감압병 예방 및 치료에 관한 설명으로 옳지 않은 것은?

① 감압병의 증상이 발생하였을 경우 환자를 원래의 고압환경으로 복귀시킨다.
② 고압환경에서 작업할 때에는 질소를 아르곤으로 대치한 공기를 호흡시키는 것이 좋다.
③ 잠수 및 감압 방법에 익숙한 사람을 제외하고는 1분에 10m 정도씩 잠수하는 것이 좋다.
④ 감압이 끝날 무렵에 순수한 산소를 흡인시키면 예방적 효과와 감압시간을 단축시킬 수 있다.

[풀이] **감압병의 예방 및 치료**
㉠ 고압환경에서의 작업시간을 제한하고 고압실 내의 작업에서는 이산화탄소의 분압이 증가하지 않도록 신선한 공기를 송기시킨다.
㉡ 감압이 끝날 무렵에 순수한 산소를 흡입시키면 예방적 효과가 있을 뿐 아니라 감압시간을 25%가량 단축시킬 수 있다.
㉢ 고압환경에서 작업하는 근로자에게 질소를 헬륨으로 대치한 공기를 호흡시킨다.
㉣ 헬륨-산소 혼합가스는 호흡저항이 적어 심해잠수에 사용한다.
㉤ 일반적으로 1분에 10m 정도씩 잠수하는 것이 안전하다.
㉥ 감압병의 증상 발생 시에는 환자를 곧장 원래의 고압환경상태로 복귀시키거나 인공고압실에 넣어 혈관 및 조직 속에 발생한 질소의 기포를 다시 용해시킨 다음 천천히 감압한다.
㉦ Haldene의 실험근거상 정상기압보다 1.25기압을 넘지 않는 고압환경에는 아무리 오랫동안 폭로되거나 아무리 빨리 감압하더라도 기포를 형성하지 않는다.
㉧ 비만자의 작업을 금지시키고, 순환기에 이상이 있는 사람은 취업 또는 작업을 제한한다.
㉨ 헬륨은 질소보다 확산속도가 빠르며, 체외로 배출되는 시간이 질소에 비하여 50% 정도 밖에 걸리지 않는다.
㉩ 귀 등의 장애를 예방하기 위해서는 압력을 가하는 속도를 매 분당 0.8kg/cm² 이하가 되도록 한다.

정답 45.② 46.① 47.① 48.②

49 석탄공장, 벽돌 제조, 도자기 제조 등과 관련해서 발생하고, 폐결핵과 같은 질환으로 이환될 가능성이 높은 진폐증으로 옳은 것은?

① 석면폐증 ② 규폐증
③ 면폐증   ④ 용접폐증

[풀이] 규폐증(silicosis)
(1) 개요
규폐증은 이집트의 미라에서도 발견되는 오랜 질병이며, 채석장 및 모래분사 작업장에 종사하는 작업자들이 석면을 과도하게 흡입하여 잘 걸리는 폐질환이다.
(2) 원인
㉠ 규폐증은 결정형 규소(암석 : 석영분진, 이산화규소, 유리규산)에 직업적으로 노출된 근로자에게 발생한다.
㉡ 주요 원인물질은 혼합물질이며, 건축업, 도자기 작업장, 채석장, 석재공장 등의 작업장에서 근무하는 근로자에게 발생한다.
㉢ 석재공장, 주물공장, 내화벽돌 제조, 도자기 제조 등에서 발생하는 유리규산이 주원인이다.
㉣ 유리규산(석영) 분진에 의한 규폐성 결절과 폐포벽 파괴 등 망상내피계 반응은 분진입자의 크기가 2~5μm일 때 자주 일어난다.
(3) 인체영향 및 특징
㉠ 폐 조직에서 섬유상 결절이 발견된다.
㉡ 유리규산(SiO_2) 분진 흡입으로 폐에 만성섬유증식이 나타난다.
㉢ 자각증상은 호흡곤란, 지속적인 기침, 다량의 담액 등이지만, 일반적으로는 자각증상 없이 서서히 진행된다(만성규폐증의 경우 10년 이상 지나서 증상이 나타남).
㉣ 고농도의 규소입자에 노출되면 급성규폐증에 걸리며 열, 기침, 체중감소, 청색증이 나타난다.
㉤ 폐결핵은 합병증으로 폐하엽 부위에 많이 생긴다.
㉥ 폐에 실리카가 쌓인 곳에서는 상처가 생기게 된다.

50 다음 중 ( ) 안에 들어갈 내용으로 가장 적합한 것은?

> 소음계에서 A특성(청감보정회로)은 ( )의 음의 크기에 상응하도록 주파수에 따른 반응을 보정하여 측정한 음압수준이다.

① 10phon   ② 20phon
③ 30phon   ④ 40phon

[풀이] 청감보정회로
㉠ 등청감곡선을 역으로 한 보정회로로 소음계에 내장되어 있다. 40phon, 70phon, 100phon의 등청감곡선과 비슷하게 주파수에 따른 반응을 보정하여 측정한 음압수준으로 순차적으로 A, B, C 청감보정회로(특성)라 한다.
㉡ A특성은 사람의 청감에 맞춘 것으로 순차적으로 40phon 등청감곡선과 비슷하게 주파수에 따른 반응을 보정하여 측정한 음압수준을 말한다[dB(A), 저주파 대역을 보정한 청감보정회로].

51 방사선의 단위 중에서 1초 동안 3.7×10^{10}개의 원자붕괴가 일어나는 방사선 물질량을 1로 나타내는 것은?

① R   ② Ci
③ rad   ④ rem

[풀이] 큐리(Curie, Ci), Bq(Becquerel)
㉠ 방사성 물질의 양 단위
㉡ 단위시간에 일어나는 방사선 붕괴율을 의미
㉢ radium이 붕괴하는 원자의 수를 기초로 하여 정해졌으며, 1초간 3.7×10^{10}개의 원자붕괴가 일어나는 방사성 물질의 양(방사능의 강도)으로 정의
㉣ $1Bq = 2.7 \times 10^{-11} Ci$

52 다음 중 적외선에 관한 설명으로 옳지 않은 것은?

① 가시광선보다 긴 파장으로 가시광선에 가까운 쪽을 근적외선, 먼 쪽을 원적외선이라고 부른다.
② 적외선은 대부분 화학작용을 수반하지 않는다.
③ 적외선 백내장은 초자공 백내장 등으로 불리며 수정체의 뒷부분에서 시작된다.
④ 적외선은 지속적 적외선, 맥동적 적외선으로 구분된다.

[풀이] 지속파 및 맥동파로 분류되는 것은 레이저파이다.

정답 49.② 50.④ 51.② 52.④

53 귀마개와 비교 시 귀덮개의 단점과 가장 거리가 먼 것은?

① 값이 비교적 비싸다.
② 착용 여부 확인이 어렵다.
③ 보호구 접촉면에 땀이 난다.
④ 보안경과 함께 사용하는 경우 다소 불편하다.

풀이 귀덮개
(1) 장점
 ㉠ 귀마개보다 일관성 있는 차음효과를 얻을 수 있다.
 ㉡ 귀마개보다 차음효과가 일반적으로 높다.
 ㉢ 동일한 크기의 귀덮개를 대부분의 근로자가 사용 가능하다(크기를 여러 가지로 할 필요가 없음).
 ㉣ 귀에 염증이 있어도 사용 가능하다(질병이 있을 때도 가능).
 ㉤ 귀마개보다 차음효과의 개인차가 적다.
 ㉥ 근로자들이 귀마개보다 쉽게 착용할 수 있고 착용법을 틀리거나 잃어버리는 일이 적다.
 ㉦ 고음영역에서 차음효과가 탁월하다.
(2) 단점
 ㉠ 부착된 밴드에 의해 차음효과가 감소될 수 있다.
 ㉡ 고온에서 사용 시 불편하다(보호구 접촉면에 땀이 남).
 ㉢ 머리카락이 길 때와 안경테가 굵거나 잘 부착되지 않을 때는 사용하기가 불편하다.
 ㉣ 장시간 사용 시 꼭 끼는 느낌이 있다.
 ㉤ 보안경과 함께 사용하는 경우 다소 불편하며, 차음효과가 감소한다.
 ㉥ 가격이 비싸고 운반과 보관이 쉽지 않다.
 ㉦ 오래 사용하여 귀걸이의 탄력성이 줄었을 때나 귀걸이가 휘었을 때는 차음효과가 떨어진다.

54 다음 중 소음공해의 특징이 아닌 것은?

① 감각공해이다.
② 축적성이 있다.
③ 주위의 진정이 많다.
④ 대책 후에 처리할 물질이 거의 발생하지 않는다.

풀이 소음공해의 특징
 ㉠ 축적성이 없다.
 ㉡ 국소다발적이다.
 ㉢ 대책 후 처리할 물질이 발생하지 않는다.
 ㉣ 감각적 공해이다.
 ㉤ 민원발생이 많다.

55 고압환경에서의 2차적인 가압현상(화학적 장애)에 관한 설명으로 옳지 않은 것은?

① 산소중독 증상은 고압산소에 의한 노출이 중지된 후에도 상당기간 지속되어 비가역적인 증세를 유발한다.
② 산소의 분압이 2기압을 넘으면 산소중독 증세가 나타난다.
③ 공기 중의 질소가스는 3기압하에서는 자극작용을 한다.
④ 이산화탄소 농도의 증가는 산소의 독성과 질소의 마취작용 그리고 감압증의 발생을 촉진한다.

풀이 고압산소에 대한 폭로가 중지되면 증상은 즉시 멈춘다(가역적).

56 용접작업 시 발생하는 가스에 관한 설명으로 옳지 않은 것은?

① 강한 자외선에 의해 산소가 분해되면서 오존이 형성된다.
② 아크전압이 낮은 경우 불완전연소로 이황화탄소가 발생한다.
③ 이산화탄소 용접에서 이산화탄소가 일산화탄소로 환원된다.
④ 포스겐은 TCE로 세정된 철강재 용접 시에 발생한다.

풀이 아크전압이 높은 경우의 불완전연소 : 흄 및 가스 발생이 증가한다.

정답 53.② 54.② 55.① 56.②

57 진동에 의한 국소장애인 레이노 현상에 관한 설명과 가장 거리가 먼 것은?

① 압축공기를 이용한 진동공구를 사용하는 근로자들의 손가락에서 발생한다.
② 진동공구의 진동수가 4~12Hz 범위인 경우에 발생하며 심한 경우 오한과 혈당치 변화가 초래된다.
③ 손가락에 있는 말초혈관운동의 장애로 인해 손가락이 창백해지고 동통을 느낀다.
④ 추위에 폭로되면 증상이 악화되며 dead finger 또는 white finger라고 부른다.

[풀이] 레이노 현상은 국소진동(8~1,500Hz)장애이다.

58 전리방사선인 β입자에 관한 설명으로 옳지 않은 것은?

① 외부조사도 잠재적 위험이 되나 내부조사가 더욱 큰 건강상의 문제를 일으킨다.
② 선원은 방사선 원자핵이며 형태는 고속의 전자(입자)이다.
③ α(알파)입자에 비해서 무겁고 속도가 느리다.
④ RBE는 1이다.

[풀이] β선(β입자)
㉠ 선원은 원자핵이며, 형태는 고속의 전자(입자)이다.
㉡ 원자핵에서 방출되며 음전기로 하전되어 있다.
㉢ 원자핵에서 방출되는 전자의 흐름으로 α입자보다 가볍고 속도는 10배 빠르므로 충돌할 때마다 튕겨져서 방향을 바꾼다.
㉣ 외부조사도 잠재적 위험이 되나 내부조사가 더 큰 건강상 위해를 일으킨다.

59 소음을 측정한 결과 dB(A) 값과 dB(C) 값이 서로 별 차이가 없을 때 이 소음의 특성은?

① 100Hz 이하의 저주파이다.
② 500Hz 정도의 중·저주파이다.
③ 100~500Hz 범위의 저주파이다.
④ 1,000Hz 이상의 고주파이다.

[풀이]
㉠ dB(A) ≪ dB(C) : 저주파 성분
㉡ dB(A) ≃ dB(C) : 고주파 성분

60 고열장애인 열경련에 관한 설명으로 가장 거리가 먼 것은?

① 보다 빠른 회복을 위해서는 수액으로 수분과 염분을 공급해서는 안 된다.
② 일반적으로 더운 환경에서 고된 육체적 작업을 하면서 땀으로 흘린 염분 손실을 충당하지 못할 때 발생한다.
③ 통증을 수반하는 경련은 주로 작업 시 사용한 근육에서 흔히 발생한다.
④ 염분의 공급 시에 식염정제가 사용되어서는 안 된다.

[풀이] 열경련
(1) 발생
㉠ 지나친 발한에 의한 수분 및 혈중 염분 손실 시 발생한다(혈액의 현저한 농축 발생).
㉡ 땀을 많이 흘리고 동시에 염분이 없는 음료수를 많이 마셔서 염분 부족 시 발생한다.
㉢ 전해질의 유실 시 발생한다.
(2) 증상
㉠ 체온이 정상이거나 약간 상승하고 혈중 Cl^- 농도가 현저히 감소한다.
㉡ 낮은 혈중 염분농도와 팔과 다리의 근육경련이 일어난다(수의근 유통성 경련).
㉢ 통증을 수반하는 경련은 주로 작업 시 사용한 근육에서 흔히 발생한다.
㉣ 일시적으로 단백뇨가 나온다.
㉤ 중추신경계통의 장애는 일어나지 않는다.
㉥ 복부와 사지 근육에 강직, 동통이 일어나고 과도한 발한이 발생한다.
㉦ 수의근의 유통성 경련(주로 작업 시 사용한 근육에서 발생)이 일어나기 전에 현기증, 이명, 두통, 구역, 구토 등의 전구증상이 일어난다.
(3) 치료
㉠ 수분 및 NaCl을 보충한다(생리식염수 0.1% 공급).
㉡ 바람이 잘 통하는 곳에 눕혀 안정시킨다.
㉢ 체열방출을 촉진시킨다(작업복을 벗겨 전도와 복사에 의한 체열방출).
㉣ 증상이 심하면 생리식염수 1,000~2,000mL를 정맥 주사한다.

정답 57.② 58.③ 59.④ 60.①

제4과목 | 산업환기

61 어느 덕트에서 공기흐름의 평균속도압이 25mmH₂O였을 때 공기의 속도는 약 몇 m/sec인가?
① 10.2
② 20.2
③ 25.2
④ 40.2

풀이
$V = 4.043\sqrt{VP}$
$= 4.043 \times \sqrt{25}$
$= 20.22 \text{m/sec}$

62 공기정화장치인 집진장치의 선정 및 설계에 영향을 미치는 인자로 거리가 먼 것은?
① 오염물질의 회수율
② 요구되는 집진효율
③ 오염물질의 함진농도와 입경
④ 처리가스의 흐름특성과 용량 및 온도

풀이 집진장치 선정 시 고려할 사항
㉠ 오염물질의 농도(비중) 및 입자크기, 입경분포
㉡ 유량, 집진율, 점착성, 전기저항
㉢ 함진가스의 폭발 및 가연성 여부
㉣ 배출가스 온도, 분진제거 및 처분방법, 총 에너지 요구량
㉤ 처리가스의 흐름특성과 용량

63 다음 중 덕트의 압력손실에 관한 설명으로 틀린 것은?
① 곡관의 반경비(반경/직경)가 클수록 압력손실은 증가한다.
② 합류관에서 합류각이 클수록 분지관의 압력손실은 증가한다.
③ 확대관이나 축소관에서는 확대각이나 축소각이 클수록 압력손실은 증가한다.
④ 비마개형 배기구에서 직경에 대한 높이의 비(높이/직경)가 작을수록 압력손실은 증가한다.

풀이 곡관 압력손실
㉠ 곡관 압력손실은 곡관의 덕트 직경(D)과 곡률반경(R)의 비, 즉 곡률반경비(R/D)에 의해 주로 좌우되며 곡관의 크기, 모양, 속도, 연결, 덕트 상태에 의해서도 영향을 받는다.
㉡ 곡관의 반경비(R/D)를 크게 할수록 압력손실이 적어진다.
㉢ 곡관의 구부러지는 경사는 가능한 한 완만하게 하도록 하고 구부러지는 관의 중심선의 반지름(R)이 송풍관 직경의 2.5배 이상이 되도록 한다.

64 덕트 내 단위체적의 유체에 모든 방향으로 동일하게 영향을 주는 압력으로, 공기흐름에 대한 저항을 나타내는 압력은?
① 전압
② 속도압
③ 정압
④ 분압

풀이 정압
㉠ 밀폐된 공간(duct) 내 사방으로 동일하게 미치는 압력, 즉 모든 방향에서 동일한 압력이며 송풍기 앞에서는 음압, 송풍기 뒤에서는 양압이다.
㉡ 공기흐름에 대한 저항을 나타내는 압력이며, 위치에너지에 속한다.
㉢ 밀폐공간에서 전압이 50mmHg이면 정압은 50mmHg이다.
㉣ 정압이 대기압보다 낮을 때는 음압(negative pressure)이고, 대기압보다 높을 때는 양압(positive pressure)으로 표시한다.
㉤ 정압은 단위체적의 유체가 압력이라는 형태로 나타나는 에너지이다.
㉥ 양압은 공간벽을 팽창시키려는 방향으로 미치는 압력이고 음압은 공간벽을 압축시키려는 방향으로 미치는 압력이다. 즉, 유체를 압축시키거나 팽창시키려는 잠재에너지의 의미가 있다.
㉦ 정압을 때로는 저항압력 또는 마찰압력이라고 한다.
㉧ 정압은 속도압과 관계없이 독립적으로 발생한다.

65 유입계수가 0.6인 플랜지 부착 원형 후드가 있다. 이때 후드의 유입손실계수는?
① 0.52
② 0.98
③ 1.26
④ 1.78

풀이
유입손실계수$(F) = \dfrac{1}{Ce^2} - 1 = \dfrac{1}{0.6^2} - 1 = 1.78$

정답 61.② 62.① 63.① 64.③ 65.④

66 기압의 변화가 없는 상태에서 고열작업장의 건구온도가 40℃라면 이때 그 작업장 내의 공기밀도(kg/m³)는 약 얼마인가? (단, 0℃, 1기압, 공기밀도는 1.293kg/m³이다.)

① 1.05
② 1.13
③ 1.16
④ 1.20

풀이 공기밀도(kg/m³) = $1.293 \times \dfrac{273}{273+40} \times \dfrac{760}{760}$
= 1.13kg/m^3

67 다음 중 국소배기장치의 자체검사 시에 갖추어야 할 필수 측정기구로 볼 수 없는 것은?

① 줄자
② 연기발생기
③ 청음기
④ 피토관

풀이 국소배기장치 자체검사 시 필수 측정기구
㉠ 발연관(연기발생기 : smoke tester)
㉡ 청음기 또는 청음봉
㉢ 절연저항계
㉣ 표면온도계 및 초자온도계
㉤ 줄자

68 후드의 열상승기류량이 10m³/min이고, 유도기류량이 15m³/min일 때 누입한계유량비(K_L)는 얼마인가? (단, 기타 조건은 무시한다.)

① 0.67   ② 1.5
③ 2.0   ④ 2.5

풀이 $K_L = \dfrac{\text{유도기류량}}{\text{열상승기류량}}$
$= \dfrac{15}{10}$
$= 1.5$

69 다음 중 수평의 원형 직관 단면에서 층류의 유체가 흐를 때 유속이 가장 빠른 부분은?

① 관 벽
② 관 중심부
③ 관 중심에서 외측으로 $\dfrac{1}{2}$ 지점
④ 관 중심에서 외측으로 $\dfrac{1}{3}$ 지점

풀이 층류(laminar flow)
㉠ 유체의 입자들이 규칙적인 유동상태가 되어 질서정연하게 흐르는 상태, 즉 유체가 관 내를 아주 느린 속도로 흐를 때 소용돌이나 선회운동을 일으키지 않고 관 벽에 평행으로 유동하는 흐름을 말한다.
㉡ 관 내에서의 속도분포가 정상 포물선을 그리며 평균유속은 최대유속의 약 1/2이다.

70 작업장 내 열부하량이 15,000kcal/hr이며, 외기온도는 22℃, 작업장 내의 온도는 32℃이다. 이때 전체환기를 위한 필요환기량은 얼마인가?

① 83m³/hr
② 833m³/hr
③ 4,500m³/hr
④ 5,000m³/hr

풀이 $Q = \dfrac{Hs}{0.3\Delta t} = \dfrac{15,000}{0.3 \times (32-22)} = 5,000 \text{m}^3/\text{hr}$

71 직경이 300mm인 환기시설을 통해 150m³/min의 표준상태의 공기를 보낼 때 이 덕트 내의 유속(m/sec)은 약 얼마인가?

① 25.49   ② 31.46
③ 35.37   ④ 41.39

풀이 $V(\text{m/sec}) = \dfrac{Q}{A} = \dfrac{150 \text{m}^3/\text{min}}{\left(\dfrac{3.14 \times 0.3^2}{4}\right)\text{m}^2}$
$= 2123.14 \text{m/min} \times \text{min}/60\text{sec}$
$= 35.38 \text{m/sec}$

정답 66.② 67.④ 68.② 69.② 70.④ 71.③

72 다음 중 전기집진장치의 장점이 아닌 것은?
① 고온가스의 처리가 가능하다.
② 설치면적이 적고, 기체상 오염물질의 포집에 용이하다.
③ 0.01μm 정도의 미세입자 포집이 가능하여 높은 집진효율을 얻을 수 있다.
④ 압력손실이 낮고 대용량의 가스를 처리할 수 있다.

풀이 전기집진장치
(1) 장점
  ㉠ 집진효율이 높다(0.01μm 정도 포집 용이, 99.9% 정도 고집진 효율).
  ㉡ 광범위한 온도범위에서 적용이 가능하며, 폭발성 가스의 처리도 가능하다.
  ㉢ 고온의 입자성 물질(500℃ 전후) 처리가 가능하여 보일러와 철강로 등에 설치할 수 있다.
  ㉣ 압력손실이 낮고 대용량의 가스 처리가 가능하고 배출가스의 온도강하가 적다.
  ㉤ 운전 및 유지비가 저렴하다.
  ㉥ 회수가치 입자 포집에 유리하며, 습식 및 건식으로 집진할 수 있다.
  ㉦ 넓은 범위의 입경과 분진농도에 집진효율이 높다.
  ㉧ 습식 집진이 가능하다.
(2) 단점
  ㉠ 설치비용이 많이 든다.
  ㉡ 설치공간을 많이 차지한다.
  ㉢ 설치된 후에는 운전조건의 변화에 유연성이 적다.
  ㉣ 먼지성상에 따라 전처리시설이 요구된다.
  ㉤ 분진 포집에 적용되며, 기체상 물질 제거에는 곤란하다.
  ㉥ 전압변동과 같은 조건변동(부하변동)에 쉽게 적응이 곤란하다.
  ㉦ 가연성 입자의 처리가 곤란하다.

73 다음 중 송풍기의 효율이 가장 우수한 형식은 어느 것인가?
① 터보형   ② 평판형
③ 축류형   ④ 다익형

풀이 송풍기 효율 순서
터보형 > 평판형 > 다익형

74 크롬도금 작업장에 가로 0.5m, 세로 2.0m인 부스식 후드를 설치하여 크롬산 미스트를 처리하고자 한다. 제어풍속을 0.5m/sec로 하면 필요송풍량(m³/min)은 약 얼마인가?
① 15   ② 21
③ 30   ④ 84

풀이
$Q\,(\text{m}^3/\text{min})$
$= A \times V$
$= (0.5 \times 2.0)\text{m}^2 \times 0.5\text{m/sec} \times 60\text{sec/min}$
$= 30\,\text{m}^3/\text{min}$

75 다음 중 국소배기장치의 배기덕트 내 공기에 의한 마찰손실과 관련이 가장 적은 것은?
① 공기속도   ② 덕트 직경
③ 공기조성   ④ 덕트 길이

풀이
덕트 압력손실$(\text{mmH}_2\text{O}) = \lambda(f) \times \dfrac{L}{D} \times \dfrac{\gamma V^2}{2g}$

∴ 덕트 압력손실은 속도의 제곱, 길이에 비례하고 직경에 반비례한다.

76 다음 중 분사구의 등속점에서 거리가 멀어질수록 기류속도가 작아져 분출기류의 속도가 50%로 줄어드는 부위를 무엇이라 하는가?
① 잠재중심부
② 천이부
③ 완전개방부
④ 흡인부

풀이 분사구 직경(D)과 중심속도(V_c)의 관계

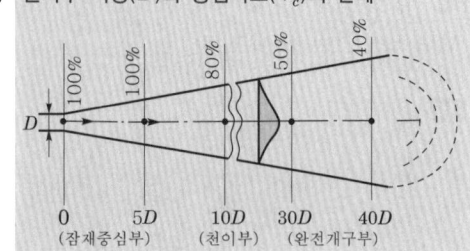

77 다음 중 송풍기 벨트의 점검사항으로 늘어짐 한계표시를 올바르게 나타낸 것은?

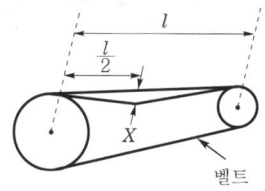

① $0.01l < X < 0.02l$
② $0.04l < X < 0.05l$
③ $0.07l < X < 0.08l$
④ $0.10l < X < 0.12l$

풀이 벨트를 손으로 눌러서 늘어진 치수를 조사한다.
→ 판정기준은 벨트의 늘어짐이 10~20mm일 것

78 외부식 포집형 후드에 플랜지를 부착하면 부착하지 않은 것보다 약 몇 % 정도의 필요송풍량을 줄일 수 있는가?

① 10% ② 25%
③ 50% ④ 75%

풀이 일반적으로 외부식 후드에 플랜지(flange)를 부착하면 후방 유입기류를 차단하고 후드 전면에서 포집범위가 확대되어 flange가 없는 후드에 비해 동일 지점에서 동일한 제어속도를 얻는 데 필요한 송풍량을 약 25% 감소시킬 수 있으며 플랜지 폭은 후드 단면적의 제곱근($\sqrt{A}$) 이상이 되어야 한다.

79 21℃, 1기압에서 벤젠 1.37L가 증발할 때 발생하는 증기의 용량은 약 몇 L 정도 되겠는가? (단, 벤젠의 분자량은 78.11, 비중은 0.879이다.)

① 298.5 ② 327.5
③ 371.6 ④ 438.4

풀이
• 벤젠 사용량 = $1.37L \times 0.879g/mL \times 1,000mL/L$
  $= 1,204g$
• 벤젠 발생부피
  $78.11g : 24.1L = 1,204g : x(부피)$
  $\therefore x(부피) = \dfrac{24.1L \times 1,204g}{78.11g}$
  $= 371.55L$

80 다음 중 축류 송풍기 중 프로펠러 송풍기에 관한 설명으로 틀린 것은?

① 구조가 간단하고 값이 저렴하다.
② 많은 양의 공기를 값싸게 이송시킬 수 있다.
③ 압력손실이 비교적 큰 곳에서도 송풍량의 변화가 적은 장점이 있다.
④ 국소배기용보다는 압력손실이 비교적 작은 전체환기용으로 사용해야 한다.

풀이 축류 송풍기(axial flow fan)
(1) 전향 날개형 송풍기와 유사한 특징을 가지고 있으며, 원통형으로 되어 있다.
(2) 공기 이송 시 공기가 회전축(프로펠러)을 따라 직선방향으로 이송된다.
(3) 국소배기용보다는 압력손실이 비교적 작은 전체환기량으로 사용해야 한다.
(4) 공기는 날개의 앞부분에서 흡인되고 뒷부분 날개에서 배출되므로 공기의 유입과 유출은 동일한 방향으로 유출된다.
(5) 장점
  ㉠ 축방향 흐름이기 때문에 덕트에 바로 삽입할 수 있어 설치비용이 저렴하다.
  ㉡ 전동기와 직결할 수 있다.
  ㉢ 경량이고 재료비 및 설치비용이 저렴하다.
(6) 단점
  ㉠ 풍압이 낮기 때문에 압력손실이 비교적 많이 걸리는 시스템에 사용했을 때 서징현상으로 진동과 소음이 심한 경우가 생긴다.
  ㉡ 최대송풍량의 70% 이하가 되도록 압력손실이 걸릴 경우 서징현상을 피할 수 없다.
  ㉢ 원심력송풍기보다 주속도가 커서 소음이 크다.
  ㉣ 규정풍량 외에는 효율이 갑자기 떨어지기 때문에 가열공기 또는 오염공기의 취급에는 부적당하다.

정답 77.① 78.② 79.③ 80.③

제2회 산업위생관리산업기사

CBT 기출복원문제 | 2024.05.09

제1과목 | 산업위생학 개론

01 다음 중 산업위생관리의 목적 또는 업무와 가장 거리가 먼 것은?
① 직업성 질환의 확인 및 치료
② 작업환경 및 근로조건의 개선
③ 직업성 질환 유소견자의 작업전환
④ 산업재해의 예방과 작업능률의 향상

풀이 ① 직업성 질환의 확인·치료는 산업의학의 업무이다.

02 미국국립산업안전보건연구원(NIOSH)의 중량물 취급작업에 대한 권고치 가운데 감시기준(AL)이 40kg일 때 최대허용기준(MPL)은 얼마인가?
① 60kg   ② 80kg
③ 120kg   ④ 160kg

풀이 최대허용기준(MPL) = AL × 3 = 40kg × 3 = 120kg

03 다음 중 최초의 직업성 암으로 보고된 음낭암의 원인물질은?
① 검댕   ② 구리
③ 수은   ④ 납

풀이 Percivall Pott
㉠ 영국의 외과의사로 직업성 암을 최초로 보고하였으며, 어린이 굴뚝청소부에게 많이 발생하는 음낭암(scrotal cancer)을 발견하였다.
㉡ 암의 원인물질은 검댕 속 여러 종류의 다환방향족 탄화수소(PAH)였다.
㉢ 「굴뚝청소부법」을 제정하도록 하였다(1788년).

04 직업성 질환에 관한 설명으로 틀린 것은?
① 재해성 질병과 직업병으로 분류할 수 있다.
② 직업상 업무로 인하여 1차적으로 발생하는 질병을 원발성 질환이라 한다.
③ 장기적 경과를 가지므로 직업과의 인과관계를 명확하게 규명할 수 있다.
④ 합병증은 원발성 질환에서 떨어진 다른 부위에 같은 원인에 의한 제2의 질환을 일으키는 경우를 말한다.

풀이 직업과의 인과관계를 명확하게 규명할 수 없다. 즉, 직업관련성 질환은 다수의 원인에 의해서 발생한다.

05 작업환경측정 및 정도관리 등에 관한 고시상 소음수준의 측정단위로 옳은 것은?
① dB(A)   ② dB(B)
③ dB(C)   ④ dB(V)

풀이 소음수준의 측정단위는 A청감보정회로 dB(A)이다.

06 다음 중 근육의 에너지원으로 가장 먼저 소비되는 것은?
① 포도당
② 산소
③ 글리코겐
④ 아데노신삼인산(ATP)

풀이 혐기성 대사(anaerobic metabolism)
(1) 근육에 저장된 화학적 에너지를 의미한다.
(2) 혐기성 대사 순서(시간대별)
ATP(아데노신삼인산) → CP(크레아틴인산) → glycogen(글리코겐) or glucose(포도당)
※ 근육운동에 동원되는 주요 에너지원 중 가장 먼저 소비되는 것은 ATP이다.

정답 01.① 02.③ 03.① 04.③ 05.① 06.④

07 다음 중 산업위생의 기본적인 과제와 관계가 가장 적은 것은?
① 신기술의 개발에 따른 새로운 질병의 치료에 관한 연구
② 작업능력의 신장과 저하에 따르는 작업조건의 연구
③ 작업능력의 신장과 저하에 따르는 정신적 조건의 연구
④ 작업환경에 의한 신체적 영향과 최적환경의 연구

풀이 ① 신기술의 개발에 따른 새로운 질병의 치료에 관한 연구는 산업의학의 기본과제이다.

08 미국정부산업위생전문가협의회(ACGIH)에서 구분한 작업대사량에 따른 작업강도 중 경작업(light work)일 경우의 작업대사량으로 옳은 것은?
① 100kcal/hr까지의 작업
② 200kcal/hr까지의 작업
③ 250kcal/hr까지의 작업
④ 300kcal/hr까지의 작업

풀이 작업대사량에 따른 작업강도
㉠ 경작업 : 200kcal/hr까지의 열량이 소요되는 작업
㉡ 중등작업 : 200~350kcal/hr까지의 열량이 소요되는 작업
㉢ 중(격심)작업 : 350~500kcal/hr까지의 열량이 소요되는 작업

09 다음 중 산업보건의 기본적인 목표와 가장 관계가 깊은 것은?
① 질병의 진단
② 질병의 치료
③ 질병의 예방
④ 질병에 대한 보상

풀이 산업보건의 목표는 인간의 생활과 노동을 가장 적합한 상태에 있도록 함으로써 근로자들을 질병으로부터 보호하고 나아가서는 건강을 증진시키는 데 있다.

10 다음 중 산업위생의 역사적 사실을 연결한 것으로 옳은 것은?
① 갈레노스 : 12세기, 납중독 보고
② 플리니 : 1세기, 방진마스크로 동물의 방광 사용
③ 히포크라테스 : B.C. 4세기, 산업보건의 시조
④ 아그리콜라 : 13세기, 구리광산의 산(酸) 증기 위험성 보고

풀이 플리니(Pliny the Elder)
㉠ 아연, 황의 유해성 주장
㉡ 동물의 방광막을 먼지마스크로 사용하도록 권장

11 다음 중 국소피로를 평가하는 데 주로 사용되는 근전도검사에서 정상근육과 비교하여 피로한 근육에서 나타나는 특징으로 옳지 않은 것은?
① 총 전압의 증가
② 평균 주파수의 감소
③ 저주파수(0~40Hz)에서 힘의 증가
④ 고주파수(1,000~4,000Hz)에서 힘의 감소

풀이 고주파(40~200Hz) 영역에서 힘의 감소

12 다음 중 산업피로 발생의 생리적인 원인이라고 볼 수 없는 것은?
① 신체조절기능의 저하
② 체내 노폐물의 감소
③ 체내에서 물리화학적 변조
④ 산소를 포함한 근육 내 에너지원의 부족

풀이 산업피로는 물질대사에 의한 노폐물인 젖산 등의 축적으로 근육, 신장 등의 기능을 저하시킨다.

정답 07.① 08.② 09.③ 10.② 11.④ 12.②

13 허용농도에 '피부(skin)' 표시가 첨부되는 물질이 있다. 다음 중 '피부' 표시를 첨부하는 경우와 가장 관계가 먼 것은?

① 반복하여 피부에 도포했을 때 전신작용을 일으키는 물질의 경우
② 손이나 팔에 의한 흡수가 몸 전체 흡수에서 많은 부분을 차지하는 물질의 경우
③ 피부자극, 피부질환 및 감작(sensitization)을 일으키는 물질의 경우
④ 동물을 이용한 급성중독실험 결과 피부흡수에 의한 치사량(LD$_{50}$)이 비교적 낮은 물질의 경우

풀이 노출기준에 피부(SKIN) 표시를 하여야 하는 물질
㉠ 손이나 팔에 의한 흡수가 몸 전체 흡수에 지대한 영향을 주는 물질
㉡ 반복하여 피부에 도포했을 때 전신작용을 일으키는 물질
㉢ 급성 동물실험 결과 피부 흡수에 의한 치사량이 비교적 낮은 물질
㉣ 옥탄올-물 분배계수가 높아 피부 흡수가 용이한 물질
㉤ 피부 흡수가 전신작용에 중요한 역할을 하는 물질

14 다음 중 "모든 물질은 독성을 가지고 있으며, 중독을 유발하는 것은 용량(dose)에 의존한다"고 말한 사람은?

① Galen   ② Paracelsus
③ Agricola   ④ Hippocrates

풀이 Philippus Paracelsus(1493~1541년)
㉠ 폐질환 원인물질은 수은, 황, 염이라고 주장하였다.
㉡ 모든 화학물질은 독물이며, 독물이 아닌 화학물질은 없다. 따라서 적절한 양을 기준으로 독물 또는 치료약으로 구별된다고 주장하였으며, 독성학의 아버지로 불린다.
㉢ 모든 물질은 독성을 가지고 있으며, 중독을 유발하는 것은 용량(dose)에 의존한다고 주장하였다.

15 다음 중 산업안전보건법상 근로자 건강진단의 종류가 아닌 것은?

① 일반건강진단
② 배치 전 건강진단
③ 수시건강진단
④ 전문건강진단

풀이 건강진단의 종류
(1) 일반건강진단
상시 사용하는 근로자의 건강관리를 위하여 사업주가 주기적으로 실시하는 건강진단을 말한다.
(2) 특수건강진단
다음의 어느 하나에 해당하는 근로자의 건강관리를 위하여 사업주가 실시하는 건강진단을 말한다.
㉠ 특수건강진단 대상 유해인자에 노출되는 업무(특수건강진단 대상 업무)에 종사하는 근로자
㉡ 근로자건강진단 실시결과 직업병 소견이 있는 근로자가 판정받아 작업전환을 하거나 작업장소를 변경하여 해당 판정의 원인이 된 특수건강진단 대상 업무에 종사하지 아니하는 사람으로서 해당 유해인자에 대한 건강진단이 필요하다는 의사의 소견이 있는 근로자
(3) 배치 전 건강진단
특수건강진단 대상 업무에 배치 전 업무적합성 평가를 위하여 사업주가 실시하는 건강진단을 말한다.
(4) 수시건강진단
특수건강진단 대상 업무로 인하여 해당 유해인자로 인한 것이라고 의심되는 직업성 천식, 직업성 피부염, 그 밖에 건강장애를 보이거나 의학적 소견이 있는 근로자에 대하여 사업주가 실시하는 건강진단을 말한다.
(5) 임시건강진단
특수건강진단 대상 유해인자 또는 그 밖의 유해인자에 의한 중독 여부, 질병에 걸렸는지 여부 또는 질병의 발생원인 등을 확인하기 위하여 지방고용노동관서의 장의 명령에 따라 사업주가 실시하는 건강진단을 말한다.
㉠ 같은 부서에 근무하는 근로자 또는 같은 유해인자에 노출되는 근로자에게 유사한 질병의 자각, 타각증상이 발생한 경우
㉡ 직업병 유소견자가 발생하거나 여러 명이 발생할 우려가 있는 경우
㉢ 그 밖에 지방고용노동관서의 장이 필요하다고 판단하는 경우

16 다음 중 오염물질에 의한 직업병의 예방대책과 가장 거리가 먼 것은?
① 관련 보호구 착용
② 관련 물질의 대체
③ 정기적인 신체검사
④ 정기적인 예방접종

> **풀이** 직업병의 예방대책
> (1) 생산기술 및 작업환경 개선, 관련 유해물질의 대치
>   ㉠ 유해물질 발생 방지
>   ㉡ 안전하고 쾌적한 작업환경 확립
> (2) 근로자 채용 시부터 의학적 관리
>   ㉠ 유해물질로 인한 이상소견을 조기발견, 적절한 조치 강구
>   ㉡ 정기적인 신체검사
> (3) 개인위생 관리
>   ㉠ 근로자 유해물질에 폭로되지 않도록 한다.
>   ㉡ 개인보호구 착용(수동적, 즉 2차적 대책)

17 실내 공기오염물질 중 가스상 오염물질에 해당하지 않는 것은?
① 질소산화물
② 포름알데히드
③ 알레르겐
④ 오존

> **풀이** 알레르겐은 알레르기 반응을 일으키는 물질로, 가스상 물질이 아닌 꽃가루, 동물의 털, 생선, 꽃 등을 통해 발생한다.

18 다음 중 충격소음이라 함은 '최대음압수준이 얼마 이상인 소음이 1초 이상의 간격으로 발생하는 것'을 말하는가?
① 90dB(A)   ② 100dB(A)
③ 120dB(A)   ④ 140dB(A)

> **풀이** 충격소음
> 소음이 1초 이상의 간격을 유지하면서 최대음압수준이 120dB(A) 이상인 소음을 충격소음이라 한다.

19 다음 중 물질안전보건자료(MSDS)에 포함되어야 하는 항목이 아닌 것은? (단, 그 밖의 참고사항은 제외한다.)
① 응급조치 요령
② 물리화학적 특성
③ 운송에 필요한 정보
④ 최초 작성일자

> **풀이** 물질안전보건자료(MSDS)에 포함되어야 하는 항목
> ㉠ 화학제품과 회사에 관한 정보
> ㉡ 유해·위험성
> ㉢ 구성 성분의 명칭 및 함유량
> ㉣ 응급조치 요령
> ㉤ 폭발·화재 시 대처방법
> ㉥ 누출사고 시 대처방법
> ㉦ 취급 및 저장 방법
> ㉧ 노출 방지 및 개인보호구
> ㉨ 물리화학적 특성
> ㉩ 안정성 및 반응성
> ㉪ 독성에 관한 정보
> ㉫ 환경에 미치는 영향
> ㉬ 폐기 시 주의사항
> ㉭ 운송에 필요한 정보
> ㉮ 법적 규제 현황

20 미국산업위생학술원(AAIH)에서는 산업위생 분야에 종사하는 사람들이 반드시 지켜야 할 윤리강령을 채택하였는데 다음 중 해당하지 않는 것은?
① 전문가로서의 책임
② 근로자에 대한 책임
③ 검사기관으로서의 책임
④ 일반 대중에 대한 책임

> **풀이** 산업위생전문가의 윤리강령(AAIH)
> ㉠ 산업위생전문가로서의 책임
> ㉡ 근로자에 대한 책임
> ㉢ 기업주와 고객에 대한 책임
> ㉣ 일반 대중에 대한 책임

정답 16.④ 17.③ 18.③ 19.④ 20.③

제2과목 | 작업환경 측정 및 평가

21 공기흡입유량, 측정시간, 회수율 및 시료 분석 등에 의한 오차가 각각 10%, 5%, 11% 및 4%일 때 누적오차는?

① 11.8% ② 18.4%
③ 16.2% ④ 22.6%

풀이 누적오차(%) = $\sqrt{10^2+5^2+11^2+4^2} = 16.17\%$

22 어느 공장의 진동을 측정한 결과 측정대상 진동의 가속도 실효치가 0.03198m/sec²였다. 이때 진동가속도레벨(VAL)은? (단, 주파수는 18Hz, 정현진동 기준)

① 65dB ② 70dB
③ 75dB ④ 80dB

풀이 $VAL = 20\log\left(\dfrac{A_{rms}}{A_r}\right) = 20\log\left(\dfrac{0.03198}{10^{-5}}\right) = 70.1 dB$

23 가스상 물질의 순간시료채취에 사용되는 기구로 가장 거리가 먼 것은?

① 진공플라스크 ② 미젯 임핀저
③ 플라스틱백 ④ 검지관

풀이 일반적으로 사용하는 순간시료채취기구
㉠ 진공플라스크
㉡ 검지관
㉢ 직독식 기기
㉣ 스테인리스스틸 캐니스터(수동형 캐니스터)
㉤ 시료채취백(플라스틱 bag)

24 불꽃방식 원자흡광광도계의 일반적인 장단점으로 옳지 않은 것은?

① 가격이 흑연로장치에 비하여 저렴하다.
② 흑연로장치에 비해 분석시간이 길다.
③ 시료량이 많이 소요되며 감도가 낮다.
④ 고체 시료의 경우 전처리에 의하여 매트릭스를 제거하여야 한다.

풀이 불꽃원자화장치의 장단점
(1) 장점
㉠ 쉽고 간편하다.
㉡ 가격이 흑연로장치나 유도결합플라스마-원자발광분석기보다 저렴하다.
㉢ 분석이 빠르고, 정밀도가 높다(분석시간이 흑연로장치에 비해 적게 소요).
㉣ 기질의 영향이 적다.
(2) 단점
㉠ 많은 양의 시료(10mL)가 필요하며, 감도가 제한되어 있어 저농도에서 사용이 힘들다.
㉡ 용질이 고농도로 용해되어 있는 경우, 점성이 큰 용액은 분무구를 막을 수 있다.
㉢ 고체 시료의 경우 전처리에 의하여 기질(매트릭스)을 제거해야 한다.

25 표준가스에 관한 법칙 중 일정한 부피조건에서 압력과 온도가 비례한다는 법칙은?

① 게이-뤼삭의 법칙
② 라울의 법칙
③ 보일의 법칙
④ 하인리히의 법칙

풀이 게이-뤼삭의 기체반응의 법칙
화학반응에서 그 반응물 및 생성물이 모두 기체일 때 등온·등압하에서 측정한 이들 기체의 부피 사이에는 간단한 정수비 관계가 성립한다는 법칙(일정한 부피에서 압력과 온도는 비례한다는 표준가스 법칙)이다.

26 pH 2, pH 5인 두 수용액을 수산화나트륨으로 각각 중화시킬 때 중화제 NaOH의 투입량은 어떻게 되는가?

① pH 5인 경우보다 pH 2가 3배 더 소모된다.
② pH 5인 경우보다 pH 2가 9배 더 소모된다.
③ pH 5인 경우보다 pH 2가 30배 더 소모된다.
④ pH 5인 경우보다 pH 2가 1,000배 더 소모된다.

풀이 $pH = \log\dfrac{1}{[H^+]}$, $[H^+] = 10^{-pH}$
pH 2 경우 $[H^+] = 10^{-2}$, pH 5 경우 $[H^+] = 10^{-5}$
∴ 비율 = $\dfrac{10^{-2}}{10^{-5}} = 1,000$배

27 소리의 음압수준이 87dB인 기계 10대를 동시에 가동하면 전체 음압수준은?

① 약 93dB ② 약 97dB
③ 약 104dB ④ 약 108dB

[풀이] 합성소음도 = $10\log(10^{8.7} \times 10) = 97$dB

28 물리적 직경 중 등면적 직경에 관한 설명으로 옳은 것은?

① 과대평가할 가능성이 있다.
② 가장 정확한 직경이라 인정받고 있다.
③ 먼지의 한쪽 끝 가장자리와 다른 쪽 끝 가장자리 사이의 거리이다.
④ 먼지의 면적을 2등분하는 선의 길이이다.

[풀이] 기하학적(물리적) 직경
(1) 마틴 직경(Martin diameter)
 ㉠ 먼지의 면적을 2등분하는 선의 길이로 선의 방향은 항상 일정하여야 한다.
 ㉡ 과소평가할 수 있는 단점이 있다.
 ㉢ 입자의 2차원 투영상을 구하여 그 투영면적을 2등분한 선분 중 어떤 기준선과 평행인 것의 길이(입자의 무게중심을 통과하는 외부 경계면에 접하는 이론적인 길이)를 직경으로 사용하는 방법이다.
(2) 페렛 직경(Feret diameter)
 먼지의 한쪽 끝 가장자리와 다른 쪽 가장자리 사이의 거리로, 과대평가될 가능성이 있는 입자상 물질의 직경이다.
(3) 등면적 직경(projected area diameter)
 ㉠ 먼지의 면적과 동일한 면적을 가진 원의 직경으로 가장 정확한 직경이다.
 ㉡ 측정은 현미경 접안경에 porton reticle을 삽입하여 측정한다.
 즉, $D = \sqrt{2^n}$
 여기서, D : 입자 직경(μm)
  n : porton reticle에서 원의 번호

29 다음 중 1차 표준기구에 해당되는 것은?

① Spirometer
② Thermo-anemometer
③ Rotameter
④ Wet-test-meter

[풀이] 공기채취기구의 보정에 사용되는 1차 표준기구의 종류

표준기구	일반 사용범위	정확도
비누거품미터(soap bubble meter)	1mL/분~30L/분	±1% 이내
폐활량계(spirometer)	100~600L	±1% 이내
가스치환병(mariotte bottle)	10~500mL/분	±0.05~0.25%
유리피스톤미터(glass piston meter)	10~200mL/분	±2% 이내
흑연피스톤미터(frictionless piston meter)	1mL/분~50L/분	±1~2%
피토튜브(pitot tube)	15mL/분 이하	±1% 이내

30 통계집단의 측정값들에 대한 균일성, 정밀성 정도를 표현하는 변이계수(%)의 산출식은?

① (표준오차÷기하평균)×100
② (표준편차÷기하평균)×100
③ (표준오차÷산술평균)×100
④ (표준편차÷산술평균)×100

[풀이] 변이계수(CV)
 ㉠ 측정방법 정밀도를 평가하는 계수이며, %로 표현되므로 측정단위와 무관하게 독립적으로 산출된다.
 ㉡ 통계집단의 측정값에 대한 균일성과 정밀성의 정도를 표현한 계수이다.
 ㉢ 단위가 서로 다른 집단이나 특성값의 상호산포도를 비교하는 데 이용될 수 있다.
 ㉣ 변이계수가 작을수록 자료가 평균 주위에 가깝게 분포한다는 의미이다(평균값의 크기가 0에 가까울수록 변이계수의 의미는 작아진다).
 ㉤ 표준편차의 수치가 평균치에 비해 몇 %가 되느냐로 나타낸다.

31 사이클론 분립장치가 관성충돌형 분립장치보다 유리한 장점이 아닌 것은?

① 매체의 코팅과 같은 별도의 특별한 처리가 필요 없다.
② 호흡성 먼지에 대한 자료를 쉽게 얻을 수 있다.
③ 시료의 되튐 현상으로 인한 손실 염려가 없다.
④ 입자의 질량크기별 분포를 얻을 수 있다.

[풀이] 입자의 질량크기별 분포를 얻을 수 있는 것은 관성충돌형 분립장치(cascade impactor)이다.

32 입자상 물질의 채취에 사용되는 막 여과지 중 화학물질과 열에 저항이 강한 특성을 가지고 있고 코크스 제조공정에서 발생하는 코크스 오븐 배출물질 채취에 사용되는 것은?

① 은막 여과지(silver membrane filter)
② 섬유상 여과지(fiber filter)
③ PTFE 여과지(Polytetrafluoroethylene filter)
④ MCE 여과지(Mixed Cellulose Ester membrane filter)

풀이 은막 여과지(silver membrane filter)
㉠ 균일한 금속은을 소결하여 만들며 열적·화학적 안정성이 있다.
㉡ 코크스 제조공정에서 발생되는 코크스 오븐 배출물질, 콜타르피치 휘발물질, X선 회절분석법을 적용하는 석영 또는 다핵방향족 탄화수소 등을 채취하는 데 사용한다.
㉢ 결합제나 섬유가 포함되어 있지 않다.

33 검출한계와 정량한계에 관한 내용으로 옳지 않은 것은?

① 검출한계는 분석기기가 검출할 수 있는 가장 낮은 양
② 검출한계는 표준편차의 10배에 해당
③ 정량한계는 검출한계의 3배 또는 3.3배로 정의
④ 정량한계는 분석기기가 검출할 수 있는, 신뢰성을 가질 수 있는 양

풀이 정량한계(LOQ ; Limit Of Quantization)
㉠ 분석기마다 바탕선량과 구별하여 분석될 수 있는 최소의 양, 즉 분석결과가 어느 주어진 분석 절차에 따라 합리적인 신뢰성을 가지고 정량분석할 수 있는 가장 작은 양이나 농도이다.
㉡ 도입 이유는 검출한계가 정량분석에서 만족스런 개념을 제공하지 못하기 때문에 검출한계의 개념을 보충하기 위해서이다.
㉢ 일반적으로 표준편차의 10배 또는 검출한계의 3배 또는 3.3배로 정의한다.
㉣ 정량한계를 기준으로 최소한으로 채취해야 하는 양이 결정된다.

34 가스 크로마토크래피로 이황화탄소, 메르캅탄류, 니트로메탄을 분석할 때 주로 사용하는 검출기는?

① 자외선검출기(FID)
② 열전도도검출기(TCD)
③ 전자화학검출기(ECD)
④ 불꽃광도검출기(FPD)

풀이 검출기의 종류 및 특징

검출기 종류	특 징
불꽃이온화 검출기 (FID)	• 유기용제 분석 시 가장 많이 사용하는 검출기(운반기체 : 질소, 헬륨) • 매우 안정한 보조가스(수소-공기)의 기체흐름이 요구된다. • 큰 범위의 직선성, 비선택성, 넓은 용융성, 안정성, 높은 민감성 • 할로겐 함유 화합물에 대하여 민감도가 낮다. • 주분석대상 가스는 다핵방향족 탄화수소류, 할로겐화 탄화수소류, 알코올류, 방향족 탄화수소류, 이황화탄소, 니트로메탄, 메르캅탄류
열전도도 검출기 (TCD)	• 분석물질마다 다른 열전도도 차를 이용하는 원리 • 민감도는 FID의 약 1/1,000(운반가스 : 순도 99.8% 이상 수소, 헬륨) • 주분석대상 가스는 벤젠
전자포획형 검출기 또는 전자화학 검출기 (ECD)	• 유기화합물의 분석에 많이 사용(운반가스 : 순도 99.8% 이상 헬륨) • 검출한계는 50pg • 주분석대상 가스는 헬로겐화 탄화수소 화합물, 사염화탄소, 벤조피렌니트로 화합물, 유기금속화합물, 염소를 함유한 농약의 검출에 널리 사용 • 불순물 및 온도에 민감
불꽃광도 (전자)검출기 (FPD)	• 악취 관계물질 분석에 많이 사용(이황화탄소, 메르캅탄류) • 잔류 농약의 분석(유기인, 유기황화합물)에 대하여 특히 감도가 좋음
광이온화 검출기(PID)	주분석대상 가스는 알칸계, 방향족, 에스테르류, 유기금속류
질소인 검출기 (NPD)	• 매우 안정한 보조가스(수소-공기)의 기체흐름이 요구된다. • 주분석대상 가스는 질소 포함 화합물, 인 포함 화합물

35 다음 중 가스 크로마토그래피에서 인접한 두 피크를 다르다고 인식하는 능력을 의미하는 것은?

① 분해능　　② 분배계수
③ 분리관의 효율　　④ 상대머무름시간

풀이 가스 크로마토그래피 분리관의 성능은 분해능과 효율로 표시할 수 있으며, 분해능은 인접한 두 피크를 다르다고 인식하는 능력을 의미한다.

36 어느 가구공장의 소음을 측정한 결과 측정치가 다음과 같았다면 이 공장소음의 중앙값(median)은?

| 82dB(A), 90dB(A), 69dB(A), 84dB(A), 91dB(A), 85dB(A), 93dB(A), 89dB(A), 95dB(A) |

① 91dB(A)　　② 90dB(A)
③ 89dB(A)　　④ 88dB(A)

풀이 측정치를 크기 순으로 배열하여 중앙에 오는 값
69dB(A), 82dB(A), 84dB(A), 85dB(A), <u>89dB(A)</u>,
　　　　　　　　　　　　　　　　　　중앙값
90dB(A), 91dB(A), 93dB(A), 95dB(A)

37 미국 ACGIH에서 정의한 흉곽성 입자상 물질의 평균입경은?

① $3\mu m$　　② $4\mu m$
③ $5\mu m$　　④ $10\mu m$

풀이 ACGIH 입자크기별 기준(TLV)
(1) 흡입성 입자상 물질
　(IPM ; Inspirable Particulates Mass)
　㉠ 호흡기의 어느 부위(비강, 인두후, 기관 등 호흡기의 기도 부위)에 침착하더라도 독성을 유발하는 분진이다.
　㉡ 입경범위는 $0 \sim 100\mu m$이다.
　㉢ 평균입경(폐침착의 50%에 해당하는 입자의 크기)은 $100\mu m$이다.
　㉣ 침전분진은 재채기, 침, 코 등의 벌크(bulk) 세척기전으로 제거된다.
　㉤ 비암이나 비중격천공을 일으키는 입자상 물질이 여기에 속한다.

(2) 흉곽성 입자상 물질
　(TPM ; Thoracic Particulates Mass)
　㉠ 기도나 하기도(가스교환 부위)에 침착하여 독성을 나타내는 물질이다.
　㉡ 평균입경은 $10\mu m$이다.
　㉢ 채취기구는 PM 10이다.
(3) 호흡성 입자상 물질
　(RPM ; Respirable Particulates Mass)
　㉠ 가스교환 부위, 즉 폐포에 침착할 때 유해한 물질이다.
　㉡ 평균입경은 $4\mu m$(공기역학적 직경이 $10\mu m$ 미만인 먼지가 호흡성 입자상 물질)이다.
　㉢ 채취기구는 10mm nylon cyclone이다.

38 직경분립충돌기가 사이클론 분립장치보다 유리한 장점이 아닌 것은?

① 호흡기 부분별로 침착된 입자크기의 자료를 추정할 수 있다.
② 입자의 질량크기 분포를 얻을 수 있다.
③ 채취시간이 짧고 시료의 되튐 현상이 없다.
④ 흡입성·흉곽성·호흡성 입자의 크기별로 분포와 농도를 계산할 수 있다.

풀이 직경분립충돌기(cascade impactor)
(1) 장점
　㉠ 입자의 질량크기 분포를 얻을 수 있다(공기흐름속도를 조절하여 채취입자를 크기별로 구분 가능).
　㉡ 호흡기의 부분별로 침착된 입자크기의 자료를 추정할 수 있다.
　㉢ 흡입성, 흉곽성, 호흡성 입자의 크기별로 분포와 농도를 계산할 수 있다.
(2) 단점
　㉠ 시료채취가 까다롭다. 즉 경험이 있는 전문가가 철저한 준비를 통해 이용해야 정확한 측정이 가능하다(작은 입자는 공기흐름속도를 크게 하여 충돌판에 포집할 수 없음).
　㉡ 비용이 많이 든다.
　㉢ 채취준비시간이 과다하다.
　㉣ 되튐으로 인한 시료의 손실이 일어나 과소분석결과를 초래할 수 있어 유량을 2L/min 이하로 채취한다.
　㉤ 공기가 옆에서 유입되지 않도록 각 충돌기의 조립과 장착을 철저히 해야 한다.

정답 35.① 36.③ 37.④ 38.③

39 개인시료채취기(personal air sampler)로 1분당 2L의 유량을 300분간 시료를 채취하였는데 채취 전 시료채취필터의 무게가 80mg, 채취 후 필터무게가 86mg이었다면 계산된 분진 농도는?

① 10mg/m³　② 20mg/m³
③ 40mg/m³　④ 80mg/m³

풀이 분진 농도(mg/m³)
$$= \frac{(86-80)\text{mg}}{2\text{L/min} \times 300\text{min} \times \text{m}^3/1{,}000\text{L}}$$
$$= 10\text{mg/m}^3$$

40 출력이 0.4W인 작은 점음원으로부터 500m 떨어진 곳의 SPL(음압레벨)은?
(단, SPL=PWL−20 log r −11)

① 41dB　② 51dB
③ 61dB　④ 71dB

풀이 $SPL = PWL - 20\log r - 11$
$$= 10\log\frac{0.4}{10^{-12}} - 20\log 500 - 11$$
$$= 51.04\text{dB}$$

제3과목 | 작업환경 관리

41 개인보호구에 관한 설명으로 옳은 것은 어느 것인가?

① 보호장구 재질인 천연고무(latex)는 극성 용제에는 효과적이나 비극성 용제에는 효과적이지 못하다.
② 눈 보호구의 차광도 번호(shade number)가 낮을수록 빛의 차단이 크다.
③ 미국 EPA에서 정한 차진평가수 NRR은 실제 작업현장에서의 차진효과(dB)를 그대로 나타내준다.
④ 귀덮개는 기본형, 준맞춤형, 맞춤형으로 구분된다.

풀이 ② 낮을수록 ⇨ 높을수록
③ EPA ⇨ OSHA
④ 귀덮개는 EP형 하나이다.

42 고열장애 중 신체의 염분 손실을 충당하지 못할 때 발생하며, 이 질환을 가진 사람은 혈중 염분의 농도가 매우 낮기 때문에 염분 관리가 중요한 것은?

① 열발진　② 열경련
③ 열허탈　④ 열사병

풀이 **열경련의 발생**
㉠ 지나친 발한에 의한 수분 및 혈중 염분 손실(혈액의 현저한 농축 발생)
㉡ 땀을 많이 흘리고 동시에 염분이 없는 음료수를 많이 마셔서 염분 부족 시 발생
㉢ 전해질의 유실 시 발생

43 고압환경에서 나타나는 질소의 마취작용에 관한 설명으로 옳지 않은 것은?

① 공기 중 질소가스는 2기압 이상에서 마취작용을 나타낸다.
② 작업력 저하, 기분의 변화 및 정도를 달리하는 다행증이 일어난다.
③ 질소의 지방용해도는 물에 대한 용해도보다 5배 정도 높다.
④ 고압환경의 2차적인 가압현상(화학적 장애)이다.

풀이 **질소가스의 마취작용**
㉠ 공기 중의 질소가스는 정상기압에서는 비활성이지만 4기압 이상에서 마취작용을 일으키며 이를 다행증이라 한다(공기 중의 질소가스는 3기압 이하에서는 자극작용을 한다).
㉡ 질소가스 마취작용은 알코올 중독의 증상과 유사하다.
㉢ 작업력의 저하, 기분의 변환, 여러 종류의 다행증(euphoria)이 일어난다.
㉣ 수심 90~120m에서 환청, 환시, 조현증, 기억력 감퇴 등이 나타난다.

44 잠수부가 해저 30m에서 작업할 때 인체가 받는 절대압은?

① 3기압
② 4기압
③ 5기압
④ 6기압

[풀이] 절대압 = 대기압+작용압
= 1기압+[30m×(1기압/10m)]
= 4기압

45 ACGIH에 의한 발암물질의 구분 기준에 따라 Group A3에 해당하는 것은?

① 인체 발암성 확인물질
② 동물 발암성 확인물질, 인체 발암성 모름
③ 인체 발암성 미분류물질
④ 인체 발암성 미의심물질

[풀이] 발암물질 구분
(1) 미국산업위생전문가협의회(ACGIH)
　㉠ A1 : 인체 발암 확인(확정)물질[석면, 우라늄, Cr^{+6} 화합물]
　㉡ A2 : 인체 발암이 의심되는 물질(발암 추정물질)
　㉢ A3
　　• 동물 발암성 확인물질
　　• 인체 발암성을 모름
　㉣ A4
　　• 인체 발암성 미분류 물질
　　• 인체 발암성이 확인되지 않은 물질
　㉤ A5 : 인체 발암성 미의심 물질
(2) 국제암연구위원회(IARC)
　㉠ Group 1 : 인체 발암성 확정물질(확실한 발암물질)
　㉡ Group 2A : 인체 발암성 예측·추정 물질(가능성이 높은 발암물질)
　㉢ Group 2B : 인체 발암성 가능성 물질(가능성이 있는 발암물질)
　㉣ Group 3 : 인체 발암성 미분류 물질(발암성이 불확실한 발암물질)
　㉤ Group 4 : 인체 발암성·비발암성 추정물질(발암성이 없는 물질)

46 소음작업장에서 소음예방을 위한 전파경로대책과 가장 거리가 먼 것은?

① 공장건물 내벽의 흡음 처리
② 지향성 변환
③ 소음기(消音器) 설치
④ 방음벽 설치

[풀이] 소음대책
(1) 발생원 대책(음원대책)
　㉠ 발생원에서의 저감
　　• 유속 저감
　　• 마찰력 감소
　　• 충돌방지
　　• 공명방지
　　• 저소음형 기계의 사용(병타법을 용접법으로 변경, 단조법을 프레스법으로 변경, 압축공기 구동기기를 전동기기로 변경)
　㉡ 소음기 설치
　㉢ 방음 커버
　㉣ 방진, 제진
(2) 전파경로 대책
　㉠ 흡음(실내 흡음 처리에 의한 음압레벨 저감)
　㉡ 차음(벽체의 투과손실 증가)
　㉢ 거리감쇠
　㉣ 지향성 변환(음원 방향의 변경)
(3) 수음자 대책
　㉠ 청력보호구(귀마개, 귀덮개)
　㉡ 작업방법 개선

47 전리방사선인 전자기방사선(electromagnetic radiation)에 속하는 것은?

① β(베타)선
② γ(감마)선
③ 중성자
④ IR선

[풀이] 이온화방사선(전리방사선) ┬ 전자기방사선(X-Ray, γ선)
　　　　　　　　　　　　　　└ 입자방사선(α선, β선, 중성자)

정답 44.② 45.② 46.③ 47.②

48 다음 중 저온환경에서 발생할 수 있는 건강장애에 관한 설명으로 옳지 않은 것은?

① 전신체온 강하는 장시간의 한랭 노출 시 체열의 손실로 말미암아 발생하는 급성 중증장애이다.
② 제3도 동상은 수포와 함께 광범위한 삼출성 염증이 일어나는 경우를 말한다.
③ 피로가 극에 달하면 체열의 손실이 급속히 이루어져 전신의 냉각상태가 수반되게 된다.
④ 참호족은 지속적인 국소의 산소결핍 때문이며 저온으로 모세혈관벽이 손상되는 것이다.

풀이 동상의 단계별 구분
(1) 제1도 동상(발적)
  ㉠ 홍반성 동상이라고도 한다.
  ㉡ 처음에는 말단부로의 혈행이 정체되어서 국소성 빈혈이 생기고, 환부의 피부는 창백하게 되어 다소의 동통 또는 지각 이상을 초래한다.
  ㉢ 한랭작용이 이 시기에 중단되면 반사적으로 충혈이 일어나서 피부에 염증성 조홍을 일으키고 남보라색 부종성 조홍을 일으킨다.
(2) 제2도 동상(수포 형성과 염증)
  ㉠ 수포성 동상이라고도 한다.
  ㉡ 물집이 생기거나 피부가 벗겨지는 결빙을 말한다.
  ㉢ 수포를 가진 광범위한 삼출성 염증이 생긴다.
  ㉣ 수포에는 혈액이 섞여 있는 경우가 많다.
  ㉤ 피부는 청남색으로 변하고 큰 수포를 형성하여 궤양, 화농으로 진행한다.
(3) 제3도 동상(조직괴사로 괴저 발생)
  ㉠ 괴사성 동상이라고도 한다.
  ㉡ 한랭작용이 장시간 계속되었을 때 생기며 혈행은 완전히 정지된다. 동시에 조직성분도 붕괴되며, 그 부분의 조직괴사를 초래하여 괴상을 만든다.
  ㉢ 심하면 근육, 뼈까지 침해하여 이환부 전체가 괴사성이 되어 탈락되기도 한다.

49 비중은 5, 입자의 직경은 $3\mu m$인 먼지가 다른 방해기류 없이 층류이동을 할 경우 50cm의 침강챔버에 가라앉는 시간을 이론적으로 계산하면 얼마가 되는가?

① 약 3분   ② 약 6분
③ 약 12분 ④ 약 24분

풀이
침강속도(cm/sec) = $0.003 \times 5 \times 3^2$
= 0.135cm/sec
∴ 시간 = $\dfrac{침강챔버 높이}{침강속도}$
= $\dfrac{50cm}{0.135cm/sec}$
= 370.37sec × min/60sec
= 6.17min

50 빛과 밝기의 단위에 관한 설명으로 옳지 않은 것은?

① 광원으로부터 나오는 빛의 세기를 광도라 하며 단위로는 칸델라를 사용한다.
② 루멘은 1촉광의 광원으로부터 단위입체각으로 나가는 광속의 단위이다.
③ 단위평면적에서 발산 또는 반사되는 광량, 즉 눈으로 느끼는 광원 또는 반사체의 밝기를 휘도라고 한다.
④ 방사에너지 흐름의 시간적 비율을 조도라 하며, 단위는 candle을 사용한다.

풀이 럭스(lux) ; 조도
㉠ 1루멘(lumen)의 빛이 $1m^2$의 평면상에 수직으로 비칠 때의 밝기이다.
㉡ 1cd의 점광원으로부터 1m 떨어진 곳에 있는 광선의 수직인 면의 조명도이다.
㉢ 조도는 어떤 면에 들어오는 광속의 양에 비례하고 입사면의 단면적에 반비례한다.
조도(E) = $\dfrac{lumen}{m^2}$
㉣ 조도는 입사면의 단면적에 대한 광속의 비를 의미한다.

51 공학적 작업환경대책인 대치(substitution) 중 물질의 대치에 관한 내용으로 잘못된 것은?

① 보온재로 석면을 대신하여 유리섬유나 암면을 사용하였다.
② 금속 표면을 블라스팅할 때 사용재료로 모래 대신 철가루를 사용하였다.
③ 성냥 제조 시 황린 대신 적린을 사용하였다.
④ 소음을 줄이기 위해 리베팅 작업을 너트와 볼트 작업으로 전환하였다.

풀이 ④항은 공정의 대치(변경) 내용이다.

52 열평형 방정식에서 항상 음(−)의 값을 가지는 인자는 무엇인가?

① 복사   ② 대류
③ 증발   ④ 대사

풀이 열평형 방정식
㉠ 생체(인체)와 작업환경 사이의 열교환(체열생산 및 체열방산) 관계를 나타내는 식이다.
㉡ 인체와 작업환경 사이의 열교환은 주로 체내열생산량(작업대사량), 전도, 대류, 복사, 증발 등에 의해 이루어진다.
㉢ 열평형 방정식은 열역학적 관계식에 따라 이루어진다.
$\Delta S = M \pm C \pm R - E$
여기서,
ΔS : 생체열용량의 변화(인체의 열축적 또는 열손실)
M : 작업대사량(체내열생산량)
• $(M-W)$ W : 작업수행으로 인한 손실열량
C : 대류에 의한 열교환
R : 복사에 의한 열교환
E : 증발(발한)에 의한 열손실(피부를 통한 증발)

53 감압환경에서 감압에 따른 질소기포 형성량에 영향을 주는 요인이 아닌 것은?

① 감압속도
② 조직에 용해된 가스량
③ 혈류를 변화시키는 상태
④ 폐 내 가스 팽창

풀이 감압 시 조직 내 질소기포 형성량에 영향을 주는 요인
(1) 조직에 용해된 가스량
  체내 지방량, 고기압폭로의 정도와 시간으로 결정
(2) 혈류변화 정도(혈류를 변화시키는 상태)
  ㉠ 감압 시나 재감압 후에 생기기 쉽다.
  ㉡ 연령, 기온, 운동, 공포감, 음주와 관계가 있다.
(3) 감압속도

54 자연조명에 관한 설명으로 옳지 않은 것은?

① 유리창은 청결하여도 10~15% 정도 조도가 감소한다.
② 지상에서의 태양조도는 약 100,000lux 정도이다.
③ 균일한 조명을 요하는 작업실은 서남창이 좋다.
④ 실내의 일정 지점의 조도와 옥외 조도와의 비율을 주광률(%)이라 한다.

풀이 창의 방향
㉠ 창의 방향은 많은 채광을 요구할 경우 남향이 좋다.
㉡ 균일한 조명을 요구하는 작업실은 북향(또는 동북향)이 좋다.
㉢ 북쪽 광선은 일중 조도의 변동이 작고 균등하여 눈의 피로가 적게 발생할 수 있다.

55 청력보호구의 차음효과를 높이기 위한 내용으로 틀린 것은?

① 귀덮개 형식의 보호구는 머리카락이 길 때와 안경테가 굵거나 잘 부착되지 않을 때에는 사용하지 않는다.
② 청력보호구를 잘 고정시켜서 보호구 자체의 진동을 최소한으로 한다.
③ 청력보호구는 다기공의 재료로 만들어 흡음효과를 최대한 높이도록 한다.
④ 청력보호구는 머리의 모양이나 귓구멍에 잘 맞는 것을 사용한다.

풀이 청력보호구로는 기공이 많은 재료를 선택하지 않아야 한다.

정답 51.④ 52.③ 53.④ 54.③ 55.③

56 다음은 진폐증의 대표적인 병리소견인 섬유증에 관한 설명이다. ( ) 안에 알맞은 것은?

> 섬유증이란 폐포, 폐포관, 모세기관지 등을 이루고 있는 세포들 사이에 ( )가 증식하는 병리적 현상이다.

① 실리카 섬유　② 유리 섬유
③ 콜라겐 섬유　④ 에멀션 섬유

풀이 진폐증
㉠ 호흡성 분진(0.5~5μm) 흡입에 의해 폐에 조직반응을 일으킨 상태이다. 즉, 폐포가 섬유화되어(굳게 되어) 수축과 팽창을 할 수 없고, 결국 산소교환이 정상적으로 이루어지지 않는 현상을 말한다.
㉡ 흡입된 분진이 폐 조직에 축적되어 병적인 변화를 일으키는 질환을 총괄적으로 의미하는 용어를 진폐증이라 한다.
㉢ 호흡기를 통하여 폐에 침입하는 분진은 크게 무기성 분진과 유기성 분진으로 구분된다.
㉣ 진폐증의 대표적인 병리소견인 섬유증(fibrosis)이란 폐포, 폐포관, 모세기관지 등을 이루고 있는 세포들 사이에 콜라겐 섬유가 증식하는 병리적 현상이다.
㉤ 콜라겐 섬유가 증식하면 폐의 탄력성이 떨어져 호흡곤란, 지속적인 기침, 폐기능 저하를 가져온다.
㉥ 일반적으로 진폐증의 유병률과 노출기간은 비례하는 것으로 알려져 있다.

57 다음 중 광원으로부터 나오는 빛의 세기인 광도(luminous intensity)의 단위로 적합한 것은?

① lumen　② lux
③ candela　④ foot lambert

풀이 칸델라(candela, cd) ; 광도
㉠ 광원으로부터 나오는 빛의 세기를 광도라고 한다.
㉡ 단위는 칸델라(cd)를 사용한다.
㉢ 101,325N/m² 압력하에서 백금의 응고점 온도에 있는 흑체의 1m²인 평평한 표면 수직 방향의 광도를 1cd라 한다.

58 공기 중 오염물질을 분류함에 있어 상온·상압에서 액체 또는 고체(임계온도가 25℃ 이상) 물질이 증기압에 따라 휘발 또는 승화하여 기체상태로 된 것을 무엇이라 하는가?

① 흄　② 증기
③ 미스트　④ 더스트

풀이
(1) 가스(기체)
㉠ 상온(25℃), 상압(760mmHg)하에서 기체형태로 존재한다.
㉡ 공간을 완전하게 다 채울 수 있는 물질이다.
㉢ 공기의 구성 성분에는 질소, 산소, 아르곤, 이산화탄소, 헬륨, 수소 등이 있다.
(2) 증기
㉠ 상온·상압에서 액체 또는 고체인 물질이 기체화된 물질이다.
㉡ 임계온도가 25℃ 이상인 액체·고체 물질이 증기압에 따라 휘발 또는 승화하여 기체상태로 변한 것을 의미한다.
㉢ 농도가 높으면 응축하는 성질이 있다.

59 방진재인 공기스프링에 관한 설명으로 옳지 않은 것은?

① 사용진폭이 큰 것이 많아 별도의 댐퍼가 불필요한 경우가 많다.
② 구조가 복잡하고 시설비가 많이 든다.
③ 자동제어가 가능하다.
④ 하중의 변화에 따라 고유진동수를 일정하게 유지할 수 있다.

풀이 공기스프링
(1) 장점
㉠ 지지하중이 크게 변하는 경우에는 높이 조정변에 의해 그 높이를 조절할 수 있어 설비의 높이를 일정 레벨로 유지시킬 수 있다.
㉡ 하중부하 변화에 따라 고유진동수를 일정하게 유지할 수 있다.
㉢ 부하능력이 광범위하고 자동제어가 가능하다.
㉣ 스프링정수를 광범위하게 선택할 수 있다.
(2) 단점
㉠ 사용진폭이 적은 것이 많아 별도의 댐퍼가 필요한 경우가 많다.
㉡ 구조가 복잡하고 시설비가 많이 든다.
㉢ 압축기 등 부대시설이 필요하다.
㉣ 안전사고(공기누출) 위험이 있다.

정답　56.③　57.③　58.②　59.①

60 유기용제를 사용하는 도장작업의 관리방법에 관한 설명으로 옳지 않은 것은?

① 흡연 및 화기 사용을 절대 금지시킨다.
② 작업장의 바닥을 청결하게 유지한다.
③ 보호장갑은 유기용제 등의 오염물질에 대한 흡수성이 우수한 것을 사용한다.
④ 옥외에서 스프레이 도장 작업 시 유해가스용 방독마스크를 착용한다.

풀이 보호장갑은 유기용제 등의 오염물질에 대한 흡수성이 없는 것을 사용한다.

제4과목 | 산업환기

61 다음 중 약간의 공기 움직임이 있고 느린 속도로 배출되는 작업조건에서 스프레이 도장 작업을 할 때 제어속도(m/sec)로 가장 적절한 것은? (단, 미국산업위생전문가협의회 권고 기준에 따른다.)

① 0.8 ② 1.2
③ 2.1 ④ 2.8

풀이 제어속도 범위(ACGIH)

작업조건	작업공정 사례	제어속도 (m/sec)
• 움직이지 않는 공기 중에서 속도 없이 배출되는 작업조건 • 조용한 대기 중에 실제 거의 속도가 없는 상태로 발산하는 경우의 작업조건	• 액면에서 발생하는 가스나 증기, 흄 • 탱크에서 증발, 탈지시설	0.25~0.5
비교적 조용한(약간의 공기 움직임) 대기 중에서 저속도로 비산하는 작업조건	• 용접, 도금 작업 • 스프레이 도장 • 주형을 부수고 모래를 터는 장소	0.5~1.0
발생기류가 높고 유해물질이 활발하게 발생하는 작업조건	• 스프레이 도장, 용기 충전 • 컨베이어 적재 • 분쇄기	1.0~2.5
초고속기류가 있는 작업장소에 초고속으로 비산하는 경우	• 회전연삭 작업 • 연마 작업 • 블라스트 작업	2.5~10

62 유입계수가 0.6인 플랜지 부착 원형 후드가 있다. 덕트의 직경은 10cm이고, 필요환기량이 20m³/min라고 할 때 후드 정압(SP_h)은 약 몇 mmH₂O인가?

① −110.2
② −236.4
③ −306.4
④ −448.2

풀이
$$SP_h = VP(1+F)$$
$$F = \frac{1}{Ce^2} - 1 = \frac{1}{0.6^2} - 1 = 1.78$$
$$VP = \left(\frac{V}{4.043}\right)^2$$
$$V = \frac{Q}{A} = \frac{20\text{m}^3/\text{min}}{\left(\frac{3.14 \times 0.1^2}{4}\right)\text{m}^2}$$
$$= 2547.77\text{m/min} \times \text{min}/60\text{sec}$$
$$= 42.46\text{m/sec}$$
$$= \left(\frac{42.46}{4.043}\right)^2 = 110.29\text{mmH}_2\text{O}$$
$$= 110.29(1+1.78)$$
$$= 306.62\text{mmH}_2\text{O}$$
(실제적으로 −306.62mmH₂O)

63 슬롯 후드란 개구변의 폭(W)이 좁고, 길이 (L)가 긴 것을 말하며 일반적으로 W/L비가 몇 이하인 것을 말하는가?

① 0.1 ② 0.2
③ 0.3 ④ 0.4

풀이 외부식 슬롯 후드
㉠ slot 후드는 후드 개방부분의 길이가 길고, 높이(폭)가 좁은 형태로 [높이(폭)/길이]의 비가 0.2 이하인 것을 말한다.
㉡ slot 후드에서도 플랜지를 부착하면 필요배기량을 줄일 수 있다(ACGIH : 환기량 30% 절약).
㉢ slot 후드의 가장자리에서도 공기의 흐름을 균일하게 하기 위해 사용한다.
㉣ slot 속도는 배기송풍량과는 관계가 없으며, 제어풍속은 slot 속도에 영향을 받지 않는다.
㉤ 플레넘 속도는 슬롯 속도의 1/2 이하로 하는 것이 좋다.

정답 60.③ 61.① 62.③ 63.②

64 다음 중 여과집진장치의 입자포집원리와 거리가 가장 먼 것은?

① 관성력
② 직접 차단
③ 원심력
④ 확산

[풀이] 여과집진장치의 입자포집원리
㉠ 관성충돌
㉡ 직접 차단
㉢ 확산
㉣ 정전기력

65 복합환기시설의 합류점에서 각 분지관의 정압차가 5~20%일 때 정압평형이 유지되도록 하는 방법으로 가장 적절한 것은?

① 압력손실이 적은 분지관의 유량을 증가시킨다.
② 압력손실이 적은 분지관의 직경을 작게 한다.
③ 압력손실이 많은 분지관의 유량을 증가시킨다.
④ 압력손실이 많은 분지관의 직경을 작게 한다.

[풀이] $0.8 \leq \frac{\text{낮은 정압}}{\text{높은 정압}} < 0.95$일 경우 정압이 낮은 쪽의 유량을 조정한다.

66 고농도 오염물질을 취급할 경우 오염물질이 주변 지역으로 확산되는 것을 방지하기 위해서 실내압은 어떤 상태로 유지하는 것이 적정한가?

① 정압 유지
② 음압(-) 유지
③ 동압 유지
④ 양압(+) 유지

[풀이] 고농도 오염물질을 취급할 경우 오염물질이 주변 지역으로 확산되는 것을 방지하기 위해서 실내압은 음압(-)으로 유지하는 것이 적정하다.

67 톨루엔(분자량 92)의 증기발생량은 시간당 300g이다. 실내 평균농도를 노출기준(50ppm) 이하로 하려면 유효환기량은 약 몇 m^3/min인가? (단, 안전계수는 4이고, 공기의 온도는 21℃이다.)

① 83.83
② 104.78
③ 5029.57
④ 6286.96

[풀이]
• 사용량=300g/hr
• 발생률(G, L/hr)
 92g : 24.1L = 300g/hr : G
 $G = \frac{24.1L \times 300g/hr}{92g} = 78.59 L/hr$

∴ 필요환기량 $= \frac{G}{TLV} \times K$
$= \frac{78.59 L/hr \times 1,000 mL/L}{50 mL/m^3} \times 4$
$= 6286.96 m^3/hr \times hr/60min$
$= 104.78 m^3/min$

68 [그림]과 같은 덕트의 Ⅰ과 Ⅱ 단면에서 압력을 측정한 결과 Ⅰ 단면의 정압(PS_1)은 -10mmH₂O였고, Ⅰ과 Ⅱ 단면의 동압은 각각 20mmH₂O와 15mmH₂O였다. Ⅱ 단면의 정압(PS_2)이 -20mmH₂O였다면 단면 확대부에서의 압력손실(mmH₂O)은 얼마인가?

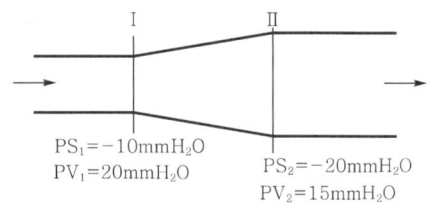

① 5
② 10
③ 15
④ 20

[풀이] $\Delta P = (VP_1 - VP_2) - (PS_2 - PS_1)$
$= (20-15) - [-20-(-10)]$
$= 15 mmH_2O$

69 다음 중 덕트의 설치를 결정할 때 유의사항으로 적절하지 않은 것은?

① 청소구를 설치한다.
② 곡관의 수를 적게 한다.
③ 가급적 원형 덕트를 사용한다.
④ 가능한 한 곡관의 곡률반경을 작게 한다.

[풀이] 덕트 설치기준(설치 시 고려사항)
㉠ 가능하면 길이는 짧게 하고 굴곡부의 수는 적게 할 것
㉡ 접속부의 안쪽은 돌출된 부분이 없도록 할 것
㉢ 청소구를 설치하는 등 청소하기 쉬운 구조로 할 것
㉣ 덕트 내부에 오염물질이 쌓이지 않도록 이송속도를 유지할 것
㉤ 연결부위 등은 외부공기가 들어오지 않도록 할 것(연결부위를 가능한 한 용접할 것)
㉥ 가능한 후드의 가까운 곳에 설치할 것
㉦ 송풍기를 연결할 때는 최소 덕트 직경의 6배 정도 직선구간을 확보할 것
㉧ 직관은 하향구배로 하고 직경이 다른 덕트를 연결할 때에는 경사 30° 이내의 테이퍼를 부착할 것
㉨ 원형 덕트가 사각형 덕트보다 덕트 내 유속 분포가 균일하므로 가급적 원형 덕트를 사용하며, 부득이 사각형 덕트를 사용할 경우에는 가능한 정방형을 사용하고 곡관의 수를 적게 할 것
㉩ 곡관의 곡률반경은 최소 덕트 직경의 1.5 이상, 주로 2.0을 사용할 것
㉪ 수분이 응축될 경우 덕트 내로 들어가지 않도록 경사나 배수구를 마련할 것
㉫ 덕트의 마찰계수는 작게 하고, 분지관을 가급적 적게 할 것

70 다음 중 국소배기장치의 관 내 유속이나 압력을 측정하는 기구가 아닌 것은?

① 피토관
② 열선식 풍속계
③ 타코미터
④ 오리피스미터

[풀이] 타코미터는 회전하는 물체의 회전속도를 측정하는 계기, 즉 회전속도계를 말한다.

71 다음 중 국소배기장치의 설계 시 송풍기의 동력을 결정할 때 가장 필요한 정보는?

① 송풍기 전압과 필요송풍량
② 송풍기 동압과 가격
③ 송풍기 전압과 크기
④ 송풍기 동압과 효율

[풀이] 송풍기 소요동력(kW)

$$kW = \frac{Q \times \Delta P}{6{,}120 \times \eta} \times \alpha$$

여기서, Q : 송풍량(m^3/min)
ΔP : 송풍기 유효전압
(전압 ; 정압, mmH_2O)
η : 송풍기 효율(%)
α : 안전인자(여유율)(%)

$$HP = \frac{Q \times \Delta P}{4{,}500 \times \eta} \times \alpha$$

72 다음 중 후드의 설계 및 선정 시 고려해야 할 사항으로 가장 적절하지 않은 것은?

① 필요유량을 최소화한다.
② 오염원에 가능한 한 가까이 설치한다.
③ 개구부로 유입되는 공기의 속도분포가 균일하도록 한다.
④ 비중이 공기보다 무거운 유해물질은 바닥에 후드를 설치한다.

[풀이] 후드 선택 시 유의사항(후드의 선택지침)
㉠ 필요환기량을 최소화하여야 한다.
㉡ 작업자의 호흡영역을 유해물질로부터 보호해야 한다.
㉢ ACGIH 및 OSHA의 설계기준을 준수해야 한다.
㉣ 작업자의 작업방해를 최소화할 수 있도록 설치되어야 한다.
㉤ 상당거리 떨어져 있어도 제어할 수 있다는 생각, 공기보다 무거운 증기는 후드 설치위치를 작업장 바닥에 설치해야 한다는 생각의 설계오류를 범하지 않도록 유의해야 한다.
㉥ 후드는 덕트보다 두꺼운 재질을 선택하고 오염물질의 물리·화학적 성질을 고려하여 후드 재료를 선정한다.

73 다음 중 송풍관 설계에 있어 압력손실을 줄이는 방법으로 적절하지 않은 것은?

① 마찰계수를 작게 한다.
② 분지관의 수를 가급적 적게 한다.
③ 곡관의 반경비(r/d)를 크게 한다.
④ 분지관을 주관에 접속할 때 90°에 가깝도록 한다.

[풀이] 주관과 분지관을 연결 시 30°에 가깝게 하고 확대관을 이용하여 엇갈리게 연결한다.

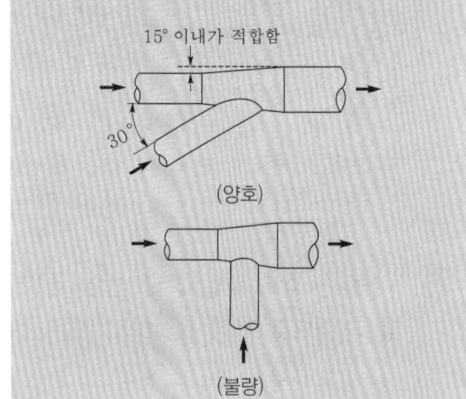

74 국소배기장치의 직선 덕트는 가로(a) 0.13m, 세로(b) 0.26m이고, 길이는 15m, 속도압은 20mmH₂O, 관마찰계수가 0.016일 때 덕트의 압력손실(mmH₂O)은 약 얼마인가? (단, 등가직경은 $\dfrac{2ab}{(a+b)}$로 구한다.)

① 12 ② 20
③ 28 ④ 26

[풀이]
압력손실(mmH₂O) = $\lambda \times \dfrac{L}{D} \times VP$

$D(등가직경) = \dfrac{2(0.13 \times 0.26)}{0.13 + 0.26}$
$= 0.173\text{m}$
$= 0.016 \times \dfrac{15}{0.173} \times 20$
$= 27.75\text{mmH}_2\text{O}$

75 다음 중 후드가 곡관 덕트로 연결되는 경우 속도압의 측정위치로 가장 적절한 것은?

① 덕트 직경의 1/2~1배 되는 지점
② 덕트 직경의 1~2배 되는 지점
③ 덕트 직경의 2~4배 되는 지점
④ 덕트 직경의 4~6배 되는 지점

[풀이] 후드 정압(속도압) 측정지점
㉠ 후드가 직관 덕트와 일직선으로 연결된 경우 : 덕트 직경의 2~4배
㉡ 후드가 곡관 덕트로 연결되는 경우 : 덕트 직경의 4~6배

76 직경 150mm인 덕트 내 정압은 −64.5mmH₂O이고, 전압은 −31.5mmH₂O였다. 이때 덕트 내의 공기속도(m/sec)는 약 얼마인가?

① 23.23
② 32.09
③ 32.47
④ 39.61

[풀이]
$V(\text{m/sec}) = 4.043\sqrt{VP}$
$VP = TP - SP$
$= -31.5 - (-64.5) = 33\text{mmH}_2\text{O}$
$= 4.043\sqrt{33}$
$= 23.23\text{m/sec}$

77 다음 중 여과집진장치의 장점으로 적절하지 않은 것은?

① 다양한 용량을 처리할 수 있다.
② 고온 및 부식성 물질의 포집이 가능하다.
③ 여러 가지 형태의 분진을 포집할 수 있다.
④ 가스의 양이나 밀도의 변화에 의해 영향을 받지 않는다.

[풀이] 고온 및 부식성 물질은 여과백의 수명을 단축시키는 단점이 있다.

78 다음 중 분진을 제거하기 위해 사용되는 사이클론에 관한 설명으로 틀린 것은?

① 주로 원심력이 작용한다.
② 관 내경이 작을수록 효율이 좋다.
③ 성능에 큰 영향을 미치는 것은 사이클론의 직경이다.
④ 유입구의 공기속도가 빠를수록 분진 제거효율은 나빠진다.

풀이 **Cyclone의 특징**
㉠ 설치장소에 구애받지 않고 설치비가 낮으며 고온가스, 고농도에서 운전 가능하다.
㉡ 가동부분이 적은 것이 기계적인 특징이고, 구조가 간단하여 유지·보수 비용이 저렴하다.
㉢ 미세입자에 대한 집진효율이 낮고 먼지부하, 유량변동에 민감하다.
㉣ 점착성, 마모성, 조해성, 부식성 가스에 부적합하다.
㉤ 먼지 퇴적함에서 재유입, 재비산 가능성이 있다.
㉥ 단독 또는 전처리장치로 이용된다.
㉦ 배출가스로부터 분진 회수 및 분리가 적은 비용으로 가능하다. 즉 비교적 적은 비용으로 큰 입자를 효과적으로 제거할 수 있다.
㉧ 미세한 입자를 원심분리하고자 할 때 가장 큰 영향인자는 사이클론의 직경이다.
㉨ 직렬 또는 병렬로 연결하여 사용이 가능하기 때문에 사용폭을 넓힐 수 있다.
㉩ 처리가스량이 많아질수록 내관경이 커져서 미립자의 분리가 잘 되지 않는다.
㉪ 사이클론 원통의 길이가 길어지면 선회기류가 증가하여 집진효율이 증가한다.
㉫ 입자 입경과 밀도가 클수록 집진효율이 증가한다.
㉬ 사이클론의 원통 직경이 클수록 집진효율이 감소한다.
㉭ 집진된 입자에 대한 블로다운 영향을 최대화하여야 한다.

79 다음 중 B사업장의 도장부스에서 발생된 유기용제 증기를 처리하기 위한 공기정화장치로 가장 적당한 것은?

① 흡착탑
② 전기집진기
③ 여과집진기
④ 원심력집진기

풀이 **흡착법**
㉠ 원리 : 유체가 고체상 물질의 표면에 부착되는 성질을 이용하여 오염된 기체(주로 유기용제)를 제거하는 원리이다.
㉡ 적용 : 회수가치가 있는 불연성 희박농도 가스의 처리에 가장 적합한 방법이 흡착법이다.

80 다음 중 일반적인 산업환기 배관 내 기류흐름의 레이놀즈수 범위로 가장 올바른 것은?

① $10^{-7} \sim 10^{-3}$
② $10^{-11} \sim 10^{-7}$
③ $10^{2} \sim 10^{3}$
④ $10^{5} \sim 10^{6}$

풀이 일반적인 산업환기시설의 레이놀즈수에 의한 유체 흐름형태는 난류, 즉 레이놀즈수 범위는 $10^5 \sim 10^6$ 정도이다.

정답 78.④ 79.① 80.④

CBT 기출복원문제 | 2024.07.05

제3회 산업위생관리산업기사

제1과목 | 산업위생학 개론

01 다음 중 상호관계가 있는 것을 올바르게 연결한 것은?
① 레이노 현상 – 규폐증
② 파킨슨 증후군 – 비소
③ 금속열 – 산화아연
④ C_5-dip – 진동

풀이
① 레이노 현상 – 진동
② 파킨슨 증후군 – 망간(Mn)
④ C_5-dip – 소음

02 산업스트레스의 관리에 있어서 개인차원에서의 관리방법으로 가장 적절한 것은?
① 긴장이완 훈련
② 개인의 적응수준 제고
③ 사회적 지원의 제공
④ 조직구조와 기능의 변화

풀이
(1) 개인차원의 스트레스 관리기법
  ㉠ 자신의 한계와 문제의 징후를 인식하여 해결방안을 도출
  ㉡ 신체검사를 통하여 스트레스성 질환을 평가
  ㉢ 긴장이완 훈련(명상, 요가 등)을 통하여 생리적 휴식상태를 경험
  ㉣ 규칙적인 운동으로 스트레스를 줄이고, 직무외적인 취미, 휴식 등에 참여하여 대처능력을 함양
(2) 집단(조직)차원의 스트레스 관리기법
  ㉠ 개인별 특성 요인을 고려한 작업근로환경
  ㉡ 작업계획 수립 시 적극적 참여 유도
  ㉢ 사회적 지위 및 일 재량권 부여
  ㉣ 근로자 수준별 작업 스케줄 운영
  ㉤ 적절한 작업과 휴식시간

03 산업안전보건법령상 사업주는 근골격계 부담작업에 근로자를 종사하도록 하는 경우에는 몇 년마다 유해요인조사를 실시하여야 하는가?
① 1년
② 2년
③ 3년
④ 5년

풀이
근골격계 부담작업에 근로자를 종사하도록 하는 경우의 유해요인 조사사항
다음의 유해요인 조사를 3년마다 실시한다.
㉠ 설비·작업공정·작업량·작업속도 등 작업장상황
㉡ 작업시간·작업자세·작업방법 등 작업조건
㉢ 작업과 관련된 근골격계 질환 징후 및 증상 유무 등

04 다음 중 정교한 작업을 위한 작업대 높이의 개선방법으로 가장 적절한 것은?
① 팔꿈치 높이를 기준으로 한다.
② 팔꿈치 높이보다 5cm 정도 낮게 한다.
③ 팔꿈치 높이보다 10cm 정도 낮게 한다.
④ 팔꿈치 높이보다 5~10cm 정도 높게 한다.

풀이
작업대 높이의 개선방법
㉠ 경작업과 중작업 시 권장 작업대의 높이는 팔꿈치 높이보다 낮게 작업대를 설치한다.
㉡ 정밀작업 시에는 팔꿈치 높이보다 약간 높게 설치된 작업대가 권장된다.
㉢ 작업대의 높이는 조절 가능한 것으로 선정하는 것이 좋다.

정답 01.③ 02.① 03.③ 04.④

05 다음 중 바람직한 교대제로 볼 수 없는 것은?
① 각 조의 근무시간은 8시간씩으로 한다.
② 교대방식은 역교대보다 정교대가 좋다.
③ 야간근무의 연속은 일주일 정도가 좋다.
④ 연속된 야간근무 종료 후의 휴식은 최저 48시간을 가지도록 한다.

풀이 교대근무제 관리원칙(바람직한 교대제)
㉠ 각 반의 근무시간은 8시간씩 교대로 하고, 야근은 가능한 짧게 한다.
㉡ 2교대면 최저 3조의 정원을, 3교대면 4조를 편성한다.
㉢ 채용 후 건강관리로서 정기적으로 체중, 위장증상 등을 기록해야 하며, 근로자의 체중이 3kg 이상 감소하면 정밀검사를 받아야 한다.
㉣ 평균 주 작업시간은 40시간을 기준으로 갑반→을반→병반으로 순환하게 한다.
㉤ 근무시간의 간격은 15~16시간 이상으로 하는 것이 좋다.
㉥ 야근의 주기를 4~5일로 한다.
㉦ 신체의 적응을 위하여 야간근무의 연속일수는 2~3일로 하며 야간근무를 3일 이상 연속으로 하는 경우에는 피로축적현상이 나타나게 되므로 연속하여 3일을 넘기지 않도록 한다.
㉧ 야근 후 다음 반으로 가는 간격은 최저 48시간 이상의 휴식시간을 갖도록 하여야 한다.
㉨ 야근 교대시간은 상오 0시 이전에 하는 것이 좋다(심야시간을 피함).
㉩ 야근 시 가면은 반드시 필요하며, 보통 2~4시간 (1시간 30분 이상)이 적합하다.
㉠ 야근 시 가면은 작업강도에 따라 30분에서 1시간 범위로 하는 것이 좋다.
㉡ 작업 시 가면시간은 적어도 1시간 30분 이상 주어야 수면효과가 있다고 볼 수 있다.
㉢ 상대적으로 가벼운 작업은 야간근무조에 배치하는 등 업무내용을 탄력적으로 조정해야 하며 야간작업자는 주간작업자보다 연간 쉬는 날이 더 많아야 한다.
㉣ 근로자가 교대일정을 미리 알 수 있도록 해야 한다.
㉥ 일반적으로 오전근무의 개시시간은 오전 9시로 한다.
㉦ 교대방식(교대근무 순환주기)은 낮근무, 저녁근무, 밤근무 순으로 한다. 즉, 정교대가 좋다.

06 다음 중 산업위생의 주요 활동에서 맨 처음으로 요구되는 활동은?
① 인지
② 예측
③ 측정
④ 평가

풀이 산업위생활동의 기본 4요소
예측, 측정, 평가, 관리

07 인간공학적 방법에 의한 작업장 설계 시 정상작업영역의 범위로 가장 적절한 것은?
① 서 있는 자세에서 팔과 다리를 뻗어 닿는 범위
② 앉은 자세에서 위팔과 아래팔을 곧게 뻗어서 닿는 범위
③ 서 있는 자세에서 물건을 잡을 수 있는 최대범위
④ 앉은 자세에서 위팔은 몸에 붙이고, 아래팔만 곧게 뻗어 닿는 범위

풀이
(1) 최대작업역(최대영역, maximum area)
㉠ 팔 전체가 수평상에 도달할 수 있는 작업 영역
㉡ 어깨에서 팔을 뻗어 도달할 수 있는 최대 영역
㉢ 아래팔(전완)과 위팔(상완)을 곧게 펴서 파악할 수 있는 영역
㉣ 움직이지 않고 상지를 뻗어서 닿는 범위
(2) 정상작업역(표준영역, normal area)
㉠ 상박부를 자연스런 위치에서 몸통부에 접하고 있을 때에 전박부가 수평면 위에서 쉽게 도착할 수 있는 운동범위
㉡ 위팔(상완)을 자연스럽게 수직으로 늘어뜨린 채 아래팔(전완)만으로 편안하게 뻗어 파악할 수 있는 영역
㉢ 움직이지 않고 전박과 손으로 조작할 수 있는 범위
㉣ 앉은 자세에서 위팔은 몸에 붙이고, 아래팔만 곧게 뻗어 닿는 범위
㉤ 약 34~45cm의 범위

08 다음 중 산업피로 예방대책으로 적절하지 않은 것은?

① 작업과정 중간에 적절한 휴식시간을 추가한다.
② 가능한 한 동적인 작업으로 전환한다.
③ 각 개인마다 동일한 작업량을 부여한다.
④ 작업환경을 정비하고 정리·정돈한다.

풀이 산업피로 예방대책
㉠ 불필요한 동작을 피하고, 에너지 소모를 적게 한다.
㉡ 동적인 작업을 늘리고, 정적인 작업을 줄인다.
㉢ 개인의 숙련도에 따라 작업속도와 작업량을 조절한다.
㉣ 작업시간 중 또는 작업 전후에 간단한 체조나 오락시간을 갖는다.
㉤ 장시간 한 번 휴식하는 것보다 단시간씩 여러 번 나누어 휴식하는 것이 피로회복에 도움이 된다.

09 소음의 음압레벨(SPL ; Sound Pressure Level)을 올바르게 표현한 것은?

① $\log_{10}\left(\dfrac{P}{P_o}\right)$　　② $10\log_{10}\left(\dfrac{P}{P_o}\right)$
③ $20\log_{10}\left(\dfrac{P}{P_o}\right)$　　④ $40\log_{10}\left(\dfrac{P}{P_o}\right)$

풀이 음압수준(SPL) : 음압레벨, 음압도
$SPL = 20\log\left(\dfrac{P}{P_o}\right)$ (dB)
여기서, SPL : 음압수준(음압도, 음압레벨)(dB)
　　　　P : 대상음의 음압(음압 실효치)(N/m²)
　　　　P_o : 기준음압 실효치(2×10^{-5} N/m², 20μPa, 2×10^{-4} dyne/cm²)

10 다음 중 산업안전보건법에 따라 제조·수입·양도·제공 또는 사용이 금지되는 유해물질에 해당하는 것은?

① 황린(黃燐) 성냥
② 베릴륨
③ 염화비닐
④ 휘발성 콜타르피치

풀이 산업안전보건법상 제조 등이 금지되는 유해물질
㉠ β-나프틸아민과 그 염
㉡ 4-니트로디페닐과 그 염
㉢ 백연을 포함한 페인트(포함된 중량의 비율이 2% 이하인 것은 제외)
㉣ 벤젠을 포함하는 고무풀(포함된 중량의 비율이 5% 이하인 것은 제외)
㉤ 석면
㉥ 폴리클로리네이티드 터페닐
㉦ 황린(黃燐) 성냥
㉧ ㉠, ㉡, ㉤ 또는 ㉥에 해당하는 물질을 포함한 화합물(포함된 중량의 비율이 1% 이하인 것은 제외)
㉨ 「화학물질관리법」에 따른 금지물질
㉩ 그 밖에 보건상 해로운 물질로서 산업재해보상보험 및 예방심의위원회의 심의를 거쳐 고용노동부장관이 정하는 유해물질

11 산업안전보건법에 따라 갱 내에서 고열이 발생하는 장소의 경우 갱 내의 기온은 몇 도 이하로 유지하여야 하는가?

① 21℃　　② 25℃
③ 32℃　　④ 37℃

풀이 「산업안전보건기준에 관한 규칙」에서 사업주는 갱 내의 기온을 37도 이하로 유지하도록 하고 있다.

12 노동에 필요한 에너지원은 근육에 저장된 화학적 에너지와 대사과정을 거쳐 생성되는 에너지로 구분된다. 근육운동의 에너지원이 대사에 주로 동원되는 순서(시간대별)를 가장 바르게 나타낸 것은? (단, 혐기성 대사이다.)

① glycogen → CP → ATP
② CP → glycogen → ATP
③ ATP → CP → glycogen
④ CP → ATP → glycogen

풀이 혐기성 대사(anaerobic metabolism)
(1) 근육에 저장된 화학적 에너지를 의미한다.
(2) 혐기성 대사 순서(시간대별)
ATP(아데노신삼인산) → CP(크레아틴인산) → glycogen(글리코겐) or glucose(포도당)
※ 근육운동에 동원되는 주요 에너지원 중 가장 먼저 소비되는 것은 ATP이다.

정답　08.③　09.③　10.①　11.④　12.③

13 어떤 작업의 강도를 알기 위하여 작업대사율(RMR)을 구하려고 한다. 작업 시 소요된 열량이 5,000kcal, 기초대사량이 1,200kcal이고, 안정 시 열량이 기초대사량의 1.2배인 경우 작업대사율은 약 얼마인가?

① 1　　　② 2
③ 3　　　④ 4

풀이 작업대사율(RMR)
$$RMR = \frac{\text{작업 시 대사량} - \text{안정 시 대사량}}{\text{기초대사량}}$$
$$= \frac{5,000 - (1,200 \times 1.2)}{1,200}$$
$$= 2.97$$

14 다음 중 노출기준(TLV)의 적용상 주의사항으로 적절하지 않은 것은?

① 반드시 산업위생전문가에 의하여 적용되어야 한다.
② 독성의 강도를 비교할 수 있는 지표로 사용된다.
③ 대기오염 평가 및 관리에 적용할 수 없다.
④ 기존의 질병이나 육체적 조건을 판단하기 위한 척도로 사용될 수 없다.

풀이 ACGIH(미국정부산업위생전문가협의회)에서 권고하고 있는 허용농도(TLV) 적용상 주의사항
㉠ 대기오염 평가 및 지표(관리)에 사용할 수 없다.
㉡ 24시간 노출 또는 정상작업시간을 초과한 노출에 대한 독성 평가에는 적용할 수 없다.
㉢ 기존의 질병이나 신체적 조건을 판단(증명 또는 반증 자료)하기 위한 척도로 사용될 수 없다.
㉣ 작업조건이 다른 나라에서 ACGIH-TLV를 그대로 사용할 수 없다.
㉤ 안전농도와 위험농도를 정확히 구분하는 경계선이 아니다.
㉥ 독성의 강도를 비교할 수 있는 지표는 아니다.
㉦ 반드시 산업보건(위생)전문가에 의하여 설명(해석), 적용되어야 한다.
㉧ 피부로 흡수되는 양은 고려하지 않은 기준이다.
㉨ 산업장의 유해조건을 평가하기 위한 지침이며, 건강장애를 예방하기 위한 지침이다.

15 다음 중 근육노동에 있어서 특히 보급해야 할 비타민의 종류는?

① 비타민 A　　　② 비타민 B_1
③ 비타민 B_7　　　④ 비타민 D

풀이 비타민 B_1
㉠ 부족 시 각기병, 신경염을 유발하였다.
㉡ 작업강도가 높은 근로자의 근육에 호기적 산화를 촉진시켜 근육의 열량공급을 원활히 해 주는 영양소이다.
㉢ 근육운동(노동) 시 보급해야 한다.

16 다음 중 중량물 취급작업에 있어 미국국립산업안전보건연구원(NIOSH)에서 제시한 감시기준(Action Limit)의 계산에 적용되는 요인이 아닌 것은?

① 물체의 이동거리
② 대상 물체의 수평거리
③ 중량물 취급작업의 빈도
④ 중량물 취급작업자의 체중

풀이 감시기준(AL) 관계식
$$AL(kg) = 40\left(\frac{15}{H}\right)(1 - 0.004|V-75|)\left(0.7 + \frac{7.5}{D}\right)\left(1 - \frac{F}{F_{max}}\right)$$
여기서, H : 대상 물체의 수평거리
　　　　V : 대상 물체의 수직거리
　　　　D : 대상 물체의 이동거리
　　　　F : 중량물 취급작업의 빈도

17 권장무게한계가 3.1kg이고, 물체의 무게가 9kg일 때 중량물 취급지수는 약 얼마인가?

① 1.91　　　② 2.72
③ 2.90　　　④ 3.31

풀이 중량물 취급지수(LI) $= \frac{\text{물체 무게}}{RWL}$
$$= \frac{9kg}{3.1kg}$$
$$= 2.90$$

정답 13.③　14.②　15.②　16.④　17.③

18 육체적 작업능력이 16kcal/min인 근로자가 1일 8시간 동안 물체를 운반하고 있다. 이때의 작업대사량이 7kcal/min이라고 할 때 이 사람이 쉬지 않고 계속하여 일할 수 있는 최대허용시간은 약 얼마인가? (단, 16kcal/min에 대한 작업시간은 4분이다.)

① 145분　　② 188분
③ 227분　　④ 245분

[풀이]
$\log T_{end} = 3.720 - 0.1949E$
$= 3.720 - (0.1949 \times 7) = 2.356$
∴ 최대허용시간(T_{end}) $= 10^{2.356} = 227$min

19 구리(Cu) 독성에 관한 인체실험 결과 안전흡수량이 체중 kg당 0.1mg이었다. 1일 8시간 작업 시 구리의 체내 흡수를 안전흡수량 이하로 유지하려면 공기 중 구리 농도는 약 얼마 이하여야 하는가? (단, 성인 근로자의 평균 체중은 75kg, 작업 시 폐환기율은 1.2m³/hr, 체내 잔류율은 1.0이다.)

① 0.61mg/m³　　② 0.73mg/m³
③ 0.78mg/m³　　④ 0.85mg/m³

[풀이]
안전흡수량(mg) $= C \times T \times V \times R$
안전흡수량(SHD) $= 0.1$mg/kg $\times 75$kg $= 7.5$mg
$7.5 = C \times 8 \times 1.2 \times 1$
∴ $C = 0.78$mg/m³

20 다음 중 노출기준(TWA, ppm)이 가장 낮은 것은?

① 오존(O_3)
② 암모니아(NH_3)
③ 일산화탄소(CO)
④ 이산화탄소(CO_2)

[풀이]
① 오존(O_3) : 0.08ppm
② 암모니아(NH_3) : 35ppm
③ 일산화탄소(CO) : 30ppm
④ 이산화탄소(CO_2) : 5,000ppm

제2과목 | 작업환경 측정 및 평가

21 벤젠(C_6H_6)을 0.2L/min 유량으로 2시간 동안 채취하여 GC로 분석한 결과 10mg이었다. 공기 중 농도는 몇 ppm인가? (단, 25℃, 1기압 기준)

① 약 75　　② 약 96
③ 약 118　　④ 약 131

[풀이]
농도(mg/m³) $= \dfrac{10\text{mg}}{0.2\text{L/min} \times 120\text{min} \times \text{m}^3/1{,}000\text{L}}$
$= 416.67$mg/m³
∴ 농도(ppm) $= 416.67$mg/m³ $\times \dfrac{24.45}{78}$
$= 130.61$ppm

22 흡착제 중 실리카겔이 활성탄에 비해 갖는 장단점으로 옳지 않은 것은?

① 활성탄에 비해 수분을 잘 흡수하여 습도에 민감하다.
② 매우 유독한 이황화탄소를 탈착용매로 사용하지 않는다.
③ 활성탄에 비해 아닐린, 오르토-톨루이딘 등 아민류의 채취가 어렵다.
④ 추출액이 화학분석이나 기기분석에 방해물질로 작용하는 경우가 많지 않다.

[풀이] 실리카겔의 장단점
(1) 장점
　㉠ 극성이 강하여 극성 물질을 채취한 경우 물, 메탄올 등 다양한 용매로 쉽게 탈착한다.
　㉡ 추출용액(탈착용매)이 화학분석이나 기기분석에 방해물질로 작용하는 경우는 많지 않다.
　㉢ 활성탄으로 채취가 어려운 아닐린, 오르토-톨루이딘 등의 아민류나 몇몇 무기물질의 채취가 가능하다.
　㉣ 매우 유독한 이황화탄소를 탈착용매로 사용하지 않는다.
(2) 단점
　㉠ 친수성이기 때문에 우선적으로 물분자와 결합을 이루어 습도의 증가에 따른 흡착용량의 감소를 초래한다.
　㉡ 습도가 높은 작업장에서는 다른 오염물질의 파과용량이 작아져 파과를 일으키기 쉽다.

정답 18.③ 19.③ 20.① 21.④ 22.③

23 다음 중 옥외(태양광선이 내리쬐는 장소)에서 WBGT(습구흑구온도지수, ℃)를 산출하는 공식은? (단, T_{nwb} : 자연습구온도, T_g : 흑구온도, T_{db} : 건구온도)

① WBGT=$0.7T_{nwb}+0.3T_{db}$
② WBGT=$0.7T_{nwb}+0.3T_g$
③ WBGT=$0.7T_{nwb}+0.2T_{db}+0.1T_g$
④ WBGT=$0.7T_{nwb}+0.2T_g+0.1T_{db}$

풀이 습구흑구온도지수(WBGT)의 산출식
㉠ 옥외(태양광선이 내리쬐는 장소)
WBGT(℃)=0.7×자연습구온도+0.2×흑구온도
 +0.1×건구온도
㉡ 옥내 또는 옥외(태양광선이 내리쬐지 않는 장소)
WBGT(℃)=0.7×자연습구온도+0.3×흑구온도

24 다음 중 알고 있는 공기 중 농도 만드는 방법인 dynamic method에 관한 설명으로 옳지 않은 것은?

① 희석공기와 오염물질을 연속적으로 흘려주어 연속적으로 일정한 농도를 유지하면서 만드는 방법이다.
② 다양한 농도범위의 제조가 가능하다.
③ 소량의 누출이나 벽면에 의한 손실은 무시할 수 있다.
④ 만들기가 간단하고 가격이 저렴하다.

풀이 Dynamic method
㉠ 희석공기와 오염물질을 연속적으로 흘려주어 일정한 농도를 유지하면서 만드는 방법이다.
㉡ 알고 있는 공기 중 농도를 만드는 방법이다.
㉢ 농도변화를 줄 수 있고 온도·습도 조절이 가능하다.
㉣ 제조가 어렵고 비용도 많이 든다.
㉤ 다양한 농도범위에서 제조 가능하다.
㉥ 가스, 증기, 에어로졸 실험도 가능하다.
㉦ 소량의 누출이나 벽면에 의한 손실은 무시할 수 있다.
㉧ 지속적인 모니터링이 필요하다.
㉨ 매우 일정한 농도를 유지하기가 곤란하다.

25 '1차 표준'에 관한 설명으로 옳지 않은 것은?

① Wet-test-meter(용량측정용)는 용량측정을 위한 1차 표준으로 2차 표준용량 보정에 사용된다.
② 폐활량계는 과거에는 폐활량을 측정하는 데 사용되었으나 오늘날에는 1차 용량 표준으로 자주 사용된다.
③ 펌프의 유량을 보정하는 데 1차 표준으로 비누거품미터가 널리 사용된다.
④ 물리적 크기에 의해서 공간의 부피를 직접 측정할 수 있는 기구를 말한다.

풀이 Wet-test-meter(습식 테스트미터)는 2차 표준기구이다.

26 부탄올용액(흡수액)을 이용하여 시료를 채취한 후 분석된 시료량이 75μg이며, 공시료에 분석된 평균 시료량이 0.5μg, 공기채취량은 10L, 탈착효율이 92.5%일 때 이 가스상 물질의 농도는?

① 8.1mg/m³   ② 10.4mg/m³
③ 12.2mg/m³ ④ 14.8mg/m³

풀이 농도(mg/m³)=$\dfrac{(75-0.5)\mu g}{10L \times 0.925}$=8.05μg/L(mg/m³)

27 오염물질이 흡착관의 앞 층에 포화된 다음 뒤 층에 흡착되기 시작되어 기류를 따라 흡착관을 빠져나가는 현상은?

① 파과   ② 흡착
③ 흡수   ④ 탈착

풀이 파과
㉠ 공기 중 오염물이 시료채취 매체에 포함되지 않고 빠져나가는 현상이다.
㉡ 흡착관의 앞 층에 포화된 후 뒤 층에 흡착되기 시작하여 결국 흡착관을 빠져나가고, 파과가 일어나면 유해물질 농도를 과소평가한다.
㉢ 일반적으로 앞 층의 1/10 이상이 뒤 층으로 넘어가면 파과가 일어났다고 하고 측정결과로 사용할 수 없다.

정답 23.④ 24.④ 25.① 26.① 27.①

28 톨루엔(toluene, M.W=92.14)의 농도가 50ppm으로 추정되는 사업장에서 근로자 노출농도를 측정하고자 한다. 시료채취유량이 0.2L/min, 가스 크로마토그래피의 정량한계가 0.2mg이라면 채취할 최소시간은? (단, 1기압, 25℃ 기준)

① 3.2분 ② 4.1분
③ 5.3분 ④ 7.5분

풀이 50ppm을 mg/m³로 환산

$(mg/m^3) = 50ppm \times \dfrac{92.14}{24.45} = 188.425 mg/m^3$

최소부피 $= \dfrac{LOQ}{추정\,농도} = \dfrac{0.2mg}{188.425mg/m^3} = 0.00106m^3$

∴ 최소시간(min) $= \dfrac{0.00106m^3 \times 1,000L/m^3}{0.2L/min}$

$= 5.31 min$

29 원자흡광광도계는 다음 중 어떤 종류의 물질 분석에 널리 적용되는가?

① 금속
② 용매
③ 방향족 탄화수소
④ 지방족 탄화수소

풀이 원자흡광광도법(atomic absorption spectrophotometry)
시료를 적당한 방법으로 해리시켜 중성원자로 증기화하여 생긴 기저상태의 원자가 이 원자 증기층을 투과하는 특유 파장의 빛을 흡수하는 현상을 이용하여 광전측광과 같은 개개의 특유 파장에 대한 흡광도를 측정하여 시료 중의 원소농도를 정량하는 방법으로 대기 또는 배출가스 중의 유해중금속, 기타 원소의 분석에 적용한다.

30 에틸렌글리콜이 20℃, 1기압에서 증기압이 0.05mmHg이면 포화농도(ppm)는?

① 약 44 ② 약 66
③ 약 88 ④ 약 102

풀이 포화농도(ppm) $= \dfrac{0.05}{760} \times 10^6 = 65.79 ppm$

31 입경이 10μm이고 비중이 1.8인 먼지 입자의 침강속도는?

① 0.36cm/sec
② 0.48cm/sec
③ 0.54cm/sec
④ 0.62cm/sec

풀이 Lippmann 침강속도 식 $= 0.003 \times \rho \times d^2$

$= 0.003 \times 1.8 \times 10^2$
$= 0.54 cm/sec$

32 여과에 의한 입자의 채취기전 중 공기의 흐름방향이 바뀔 때 입자상 물질은 계속 같은 방향으로 유지하려는 원리는 무엇인가?

① 관성충돌 ② 확산
③ 중력침강 ④ 차단

풀이 관성충돌(inertial impaction)
㉠ 입경이 비교적 크고 입자가 기체유선에서 벗어나 급격하게 진로를 바꾸면 방향의 변화를 따르지 못한 입자의 방향지향성, 즉 관성 때문에 섬유층에 직접 충돌하여 포집되는 원리이다.
㉡ 유속이 빠를수록, 필터 섬유가 조밀할수록 이 원리에 의한 포집비율이 커진다.
㉢ 관성충돌은 1μm 이상인 입자에서 공기의 면속도가 수 cm/sec 이상일 때 중요한 역할을 한다.

33 다음 중 시료채취전략을 수립하기 위해 조사하여야 할 항목이 아닌 것은?

① 유해인자의 특성
② 근로자들의 작업 특성
③ 국소배기장치의 특성
④ 작업장과 공정의 특성

풀이 정확한 시료채취전략 수립을 위한 조사항목
㉠ 발생되는 유해인자의 특성
㉡ 작업장과 공정의 특성
㉢ 근로자들의 작업 특성
㉣ 측정대상, 측정시간, 측정매체

34 작업환경측정에 사용되는 사이클론에 관한 내용으로 옳지 않은 것은?

① 공기 중에 부유되어 있는 먼지 중에서 호흡성 입자상 물질을 채취하고자 고안되었다.
② PVC 여과지가 있는 카세트 아래에 사이클론을 연결하고 펌프를 가동하여 시료를 채취한다.
③ 사이클론과 여과지 사이에 설치된 단계적 분리판으로 입자의 질량크기 분포를 얻을 수 있다.
④ 사이클론은 사용할 때마다 그 내부를 청소하고 검사해야 한다.

풀이 단계적 분리판으로 입자의 질량크기 분포를 얻을 수 있는 채취기구는 cascade impactor(입경분립충돌기)이다.

35 일정한 물질에 대해 반복 측정 및 분석을 했을 때 나타나는 자료 분석치의 변동 크기가 얼마나 작은가 하는 수치상의 표현을 무엇이라 하는가?

① 정밀도 ② 정확도
③ 정성도 ④ 정량도

풀이 정확도와 정밀도의 구분
㉠ 정확도 : 분석치가 참값에 얼마나 접근하였는가 하는 수치상의 표현이다.
㉡ 정밀도 : 일정한 물질에 대해 반복 측정·분석을 했을 때 나타나는 자료 분석치의 변동 크기가 얼마나 작은가 하는 수치상의 표현이다.

36 다음 중 주로 문제가 되는 전신진동의 주파수 범위로 가장 알맞은 것은?

① 1~20Hz   ② 2~80Hz
③ 100~300Hz ④ 500~1,000Hz

풀이 ㉠ 전신진동 진동수 : 1~90Hz(2~80Hz)
㉡ 국소진동 진동수 : 8~1,500Hz

37 다음 중 ( ) 안에 들어갈 내용으로 옳은 것은?

산업위생 통계에서 측정방법의 정밀도는 동일 집단에 속한 여러 개의 시료를 분석하여 평균치와 표준편차를 계산하고 표준편차를 평균치로 나눈값, 즉 ( )로 평가한다.

① 분산수   ② 기하평균치
③ 변이계수   ④ 표준오차

풀이 변이계수(CV)
㉠ 측정방법의 정밀도를 평가하는 계수이며, %로 표현되므로 측정단위와 무관하게 독립적으로 산출된다.
㉡ 통계집단의 측정값에 대한 균일성과 정밀성의 정도를 표현한 계수이다.
㉢ 단위가 서로 다른 집단이나 특성값의 상호 산포도를 비교하는 데 이용될 수 있다.
㉣ 변이계수가 작을수록 자료가 평균 주위에 가깝게 분포한다는 의미이다(평균값의 크기가 0에 가까울수록 변이계수의 의미는 작아진다).
㉤ 표준편차의 수치가 평균치에 비해 몇 %가 되냐로 나타낸다.

38 측정기구의 보정을 위한 2차 표준으로서 유량 측정 시 가장 흔히 사용되는 것은?

① 비누거품미터
② 폐활량계
③ 유리피스톤미터
④ 로터미터

풀이 로터미터
㉠ 밑쪽으로 갈수록 점점 가늘어지는 수직관과 그 안에서 자유롭게 상하로 움직이는 float(부자)로 구성되어 있다.
㉡ 관은 유리나 투명 플라스틱으로 되어 있으며 눈금이 새겨져 있다.
㉢ 원리는 유체가 위쪽으로 흐름에 따라 float도 위로 올라가며 float와 관벽 사이의 접촉면에서 발생하는 압력강하가 float를 충분히 지지해 줄 때까지 올라간 float(부자)로의 눈금을 읽는다.
㉣ 최대유량과 최소유량의 비율이 10 : 1 범위이고 ±5% 이내의 정확성을 가진 보정선이 제공된다.

정답 34.③ 35.① 36.② 37.③ 38.④

39 입자상 물질 중의 금속을 채취하는 데 사용되는 MCE막 여과지에 관한 설명으로 틀린 것은?

① 산에 쉽게 용해된다.
② 석면, 유리섬유 등 현미경 분석을 위한 시료채취에도 이용된다.
③ 시료가 여과지의 표면 또는 표면 가까운 데 침착된다.
④ 흡습성이 낮아 중량분석에 적합하다.

풀이 MCE막 여과지(Mixed Cellulose Ester membrane filter)
㉠ 산에 쉽게 용해된다.
㉡ 산업위생에서는 거의 대부분이 직경 37mm, 구멍 크기 0.45~0.8μm의 MCE막 여과지를 사용하고 있어 작은 입자의 금속과 fume 채취가 가능하다.
㉢ MCE막 여과지는 산에 쉽게 용해되고 가수분해되며, 습식 회화되기 때문에 공기 중 입자상 물질 중의 금속을 채취하여 원자흡광법으로 분석하는 데 적당하다.
㉣ 시료가 여과지의 표면 또는 가까운 곳에 침착되므로 석면, 유리섬유 등 현미경 분석을 위한 시료채취에도 이용된다.
㉤ 흡습성(원료인 셀룰로오스가 수분 흡수)이 높은 MCE막 여과지는 오차를 유발할 수 있어 중량분석에 적합하지 않다.
㉥ MCE막 여과지는 산에 의해 쉽게 회화되기 때문에 원소분석에 적합하고 NIOSH에서는 금속, 석면, 살충제, 불소화합물 및 기타 무기물질에 추천하고 있다.

40 가스상 또는 증기상 물질의 채취에 이용되는 흡착제 중의 하나인 다공성 중합체에 포함되지 않는 것은?

① Tenax GC   ② XAD관
③ Chromosorb   ④ Zeolite

풀이 다공성 중합체의 종류
㉠ Tenax관
㉡ XAD관
㉢ Chromosorb
㉣ Porapak
㉤ Amherlite

제3과목 | 작업환경 관리

41 전리방사선의 단위로서 피조사체 1g에 대하여 100erg의 에너지가 흡수되는 양을 나타내는 것은?

① R   ② Ci
③ rad   ④ IR

풀이 래드(rad)
㉠ 흡수선량 단위
㉡ 방사선이 물질과 상호작용한 결과 그 물질의 단위질량에 흡수된 에너지 의미
㉢ 모든 종류의 이온화방사선에 의한 외부노출, 내부노출 등 모든 경우에 적용
㉣ 조사량에 관계없이 조직(물질)의 단위질량당 흡수된 에너지량을 표시하는 단위
㉤ 관용단위인 1rad는 피조사체 1g에 대하여 100erg의 방사선에너지가 흡수되는 선량단위 (=100erg/gram=10^{-2}J/kg)
㉥ 100rad를 1Gy(Gray)로 사용

42 방진대책 중 발생원 대책과 가장 거리가 먼 것은?

① 동적 흡진
② 기초중량의 부가 및 경감
③ 수진점 근방 방진구 설치
④ 탄성 지지

풀이 진동방지대책
(1) 발생원 대책
 ㉠ 가진력(기진력, 외력) 감쇠
 ㉡ 불평형력의 평형 유지
 ㉢ 기초중량의 부가 및 경감
 ㉣ 탄성 지지(완충물 등 방진재 사용)
 ㉤ 진동원 제거
 ㉥ 동적 흡진
(2) 전파경로 대책
 ㉠ 진동의 전파경로 차단(방진구)
 ㉡ 거리감쇠
(3) 수진측 대책
 ㉠ 작업시간 단축 및 교대제 실시
 ㉡ 보건교육 실시
 ㉢ 수진 측 탄성 지지 및 강성 변경

정답 39.④ 40.④ 41.③ 42.③

43 모 작업공정에서 발생하는 소음의 음압수준이 110dB(A)이고 근로자는 귀덮개(NRR=17)를 착용하고 있다면 근로자에게 실제 노출되는 음압수준은?

① 90dB(A)   ② 95dB(A)
③ 100dB(A) ④ 105dB(A)

풀이
노출되는 음압수준 = 110dB(A) − 차음효과
차음효과 = (NRR−7)×0.5
= (17−7)×0.5
= 5dB(A)
= 110dB(A) − 5dB(A)
= 105dB(A)

44 현재 총 흡음량이 2,000sabins인 작업장 벽면에 흡음재를 강화하여 총 흡음량이 4,000sabins이 되었다. 이때 소음감소(noise reduction)량은?

① 3dB   ② 6dB
③ 9dB   ④ 12dB

풀이
소음감소량(NR)
$NR = \log\dfrac{\text{대책 후}}{\text{대책 전}} = 10\log\dfrac{4,000}{2,000} = 3dB$

45 적절히 밀착이 이루어진 호흡기 보호구를 훈련된 일련의 착용자들이 작업장에서 착용하였을 때 기대되는 최소보호 정도치를 무엇이라 하는가?

① 정도보호계수
② 할당보호계수
③ 밀착보호계수
④ 작업보호계수

풀이
할당보호계수(APF ; Assigned Protection Factor)
㉠ 작업장에서 보호구 착용 시 기대되는 최소보호 정도치를 의미한다.
㉡ APF 50의 의미는 APF 50의 보호구를 착용하고 작업 시 착용자는 외부 유해물질로부터 적어도 50배만큼 보호를 받을 수 있다는 의미이다.
㉢ APF가 가장 큰 것은 양압 호흡기 보호구 중 공기공급식(SCBA, 압력식) 전면형이다.

46 다음 중 저온환경에서 발생할 수 있는 건강장애에 관한 설명으로 옳지 않은 것은?

① 전신체온 강하는 장시간의 한랭 노출 시 체열의 손실로 말미암아 발생하는 급성 중증장애이다.
② 제3도 동상은 수포와 함께 광범위한 삼출성 염증이 일어나는 경우를 말한다.
③ 피로가 극에 달하면 체열의 손실이 급속히 이루어져 전신의 냉각상태가 수반되게 된다.
④ 참호족은 지속적인 국소의 산소결핍 때문이며 저온으로 모세혈관벽이 손상되는 것이다.

풀이
동상의 단계별 구분
(1) 제1도 동상(발적)
㉠ 홍반성 동상이라고도 한다.
㉡ 처음에는 말단부로의 혈행이 정체되어서 국소성 빈혈이 생기고, 환부의 피부는 창백하게 되어서 다소의 동통 또는 지각 이상을 초래한다.
㉢ 한랭작용이 이 시기에 중단되면 반사적으로 충혈이 일어나서 피부에 염증성 조홍을 일으키고 남보라색 부종성 조홍을 일으킨다.
(2) 제2도 동상(수포 형성과 염증)
㉠ 수포성 동상이라고도 한다.
㉡ 물집이 생기거나 피부가 벗겨지는 결빙을 말한다.
㉢ 수포를 가진 광범위한 삼출성 염증이 생긴다.
㉣ 수포에는 혈액이 섞여 있는 경우가 많다.
㉤ 피부는 청남색으로 변하고 큰 수포를 형성하여 궤양, 화농으로 진행한다.
(3) 제3도 동상(조직괴사로 괴저 발생)
㉠ 괴사성 동상이라고도 한다.
㉡ 한랭작용이 장시간 계속되었을 때 생기며 혈행은 완전히 정지된다. 동시에 조직성분도 붕괴되며, 그 부분의 조직괴사를 초래하여 괴상을 만든다.
㉢ 심하면 근육, 뼈까지 침해하여 이환부 전체가 괴사성이 되어 탈락되기도 한다.

정답 43.④ 44.① 45.② 46.②

47 다음 중 산소결핍에 관한 내용으로 가장 거리가 먼 것은?

① 산소결핍이란 공기 중 산소농도가 21% 미만인 상태를 말한다.
② 생체 중에서 산소결핍에 대하여 가장 민감한 조직은 대뇌피질이다.
③ 산소결핍은 환기, 산소농도 측정, 보호구 착용을 통하여 피할 수 있다.
④ 일반적으로 공기의 산소분압 저하는 바로 동맥혈의 산소분압 저하와 연결되어 뇌에 대한 산소공급량의 감소를 초래한다.

[풀이] 산소결핍이란 21% 정도의 공기 중 산소비율이 상대적으로 적어져 대기압하의 산소농도가 18% 미만인 상태를 말한다.

48 적용 화학물질은 밀랍, 탈수라노린, 파라핀, 유동파라핀, 탄산마그네슘 등이며, 광산류, 유기산, 염류 및 무기염류 취급작업에 주로 사용하는 보호크림은?

① 친수성 크림
② 소수성 크림
③ 차광 크림
④ 피막형 크림

[풀이] 소수성 물질 차단 피부보호제
㉠ 내수성 피막을 만들고 소수성으로 산을 중화한다.
㉡ 적용 화학물질은 밀랍, 탈수라노린, 파라핀, 탄산마그네슘 등이다.
㉢ 광산류, 유기산, 염류(무기염류) 취급작업 시 사용한다.

49 작업환경에서 발생하는 유해요인을 감소시키기 위한 공학적 대책이 아닌 것은?

① 유해성이 적은 물질로 대치
② 개인보호장구의 착용
③ 유해물질과 근로자 사이에 장벽 설치
④ 국소 및 전체 환기시설 설치

[풀이] 개인보호장구의 착용은 수동적(간접적) 대책이다.

50 자외선에 대한 생물학적 작용이 아닌 것은?

① 피부 홍반 형성과 색소침착
② 대장공 백내장
③ 전광성(전기성) 안염
④ 피부의 비후와 피부암

[풀이] 나이가 많을수록 자외선 흡수량이 많아져 백내장을 일으킨다(대장공 백내장은 적외선이 원인).

51 인공조명의 조명방법에 관한 설명으로 옳지 않은 것은?

① 간접조명은 강한 음영으로 분위기를 온화하게 만든다.
② 간접조명은 설비비가 많이 소요된다.
③ 직접조명은 작업면 빛의 대부분이 광원 및 반사용 삿갓에서 직접 온다.
④ 일반적으로 분류하는 인공적인 조명방법은 직접조명과 간접조명, 반간접조명 등으로 구분할 수 있다.

[풀이] 조명방법에 따른 조명의 종류
(1) 직접조명
 ㉠ 작업면의 빛 대부분이 광원 및 반사용 삿갓에서 직접 온다.
 ㉡ 기구의 구조에 따라 눈을 부시게 하거나 균일한 조도를 얻기 힘들다.
 ㉢ 반사갓을 이용하여 광속의 90~100%가 아래로 향하게 하는 방식이다.
 ㉣ 일정량의 전력으로 조명 시 가장 밝은 조명을 얻을 수 있다.
 ㉤ 장점 : 효율이 좋고, 천장면의 색조에 영향을 받지 않으며, 설치비용이 저렴하다.
 ㉥ 단점 : 눈부심, 균일한 조도를 얻기 힘들며, 강한 음영을 만든다.
(2) 간접조명
 ㉠ 광속의 90~100%를 위로 향해 발산하여 천장, 벽에서 확산시켜 균일한 조명도를 얻을 수 있는 방식이다.
 ㉡ 천장과 벽에 반사하여 작업면을 조명하는 방법이다.
 ㉢ 장점 : 눈부심이 없고, 균일한 조도를 얻을 수 있으며, 그림자가 없다.
 ㉣ 단점 : 효율이 나쁘고, 설치가 복잡하며, 실내의 입체감이 작아진다.

정답 47.① 48.② 49.② 50.② 51.①

52 열사병(heatstroke)에 관한 설명으로 가장 거리가 먼 것은?
① 신체 내부의 체온조절계통이 기능을 잃어 발생한다.
② 체열방산을 하지 못하여 체온이 41℃에서 43℃까지 상승할 수 있으며 사망에까지 이를 수 있다.
③ 일차적인 증상은 많은 땀의 발생으로 인한 탈수, 습하고 높은 피부온도 등이다.
④ 대사열의 증가는 작업부하와 작업환경에서 발생하는 열부하가 원인이 되어 발생하며 열사병을 일으키는 데 크게 관여하고 있다.

풀이 **열사병**
㉠ 열사병의 일차적인 증상은 정신착란, 의식결여, 경련, 혼수, 건조하고 높은 피부온도, 체온상승이다.
㉡ 중추신경계의 장애이다.
㉢ 뇌막혈관이 노출되면 뇌 온도의 상승으로 체온조절중추의 기능에 장애가 온다.
㉣ 전신적인 발한 정지(땀을 흘리지 못하여 체열방산을 하지 못해 건조할 때가 많음) 증상을 나타낸다.
㉤ 직장온도 상승(40℃ 이상의 직장온도), 즉 체열방산을 하지 못하여 체온이 41~43℃까지 급격하게 상승하여 사망한다.
㉥ 초기에 조치가 취해지지 못하면 사망에 이를 수도 있다.
㉦ 40%의 높은 치명률을 보이는 응급성 질환이다.
㉧ 치료 후 4주 이내에는 다시 열에 노출되지 않도록 주의한다.

53 방독마스크 사용상의 유의사항과 가장 거리가 먼 것은?
① 사용 중에 조금이라도 가스 냄새가 나는 경우 새로운 정화통으로 교환할 것
② 유효시간이 불분명한 경우에는 예비용 정화통을 준비하여 활용할 것
③ 산소결핍 위험이 있는 경우는 송기마스크나 자급식 호흡기를 사용할 것
④ 대상 가스에 맞는 정화통을 사용할 것

풀이 산소결핍 위험이 있는 경우, 유효시간이 불분명한 경우는 송기마스크나 자급식 호흡기를 사용한다.

54 기대되는 공기 중의 농도가 30ppm이고, 노출기준이 2ppm이면 적어도 호흡기 보호구의 할당보호계수(APF)는 최소 얼마 이상인 것을 선택해야 하는가?
① 0.07
② 2.5
③ 15
④ 60

풀이 할당보호계수(APF) $\geq \dfrac{\text{공기 중 농도}}{\text{노출기준}}$
$\geq \dfrac{30}{2}(=15)$

55 방독면의 정화통 능력이 사염화탄소 0.4%에 대해서 표준유효시간 100분인 경우, 사염화탄소의 농도가 0.1%인 환경에서 사용 가능한 시간은?
① 100분
② 200분
③ 300분
④ 400분

풀이 사용 가능 시간(분)
$= \dfrac{\text{표준유효시간} \times \text{시험가스 농도}}{\text{공기 중 유해가스 농도}}$
$= \dfrac{100분 \times 0.4\%}{0.1\%} = 400분$

56 자외선 중 일명 화학적인 자외선이라 불리며, 안전과 보건 측면에 관심이 되는 자외선의 파장범위로 가장 적합한 것은?
① 400~515nm
② 300~415nm
③ 200~315nm
④ 100~215nm

풀이 200~315nm의 파장을 갖는 자외선을 안전과 보건 측면에서 중시하여 화학적 UV(화학선)라고도 하며 광화학반응으로 단백질과 핵산분자의 파괴, 변성작용을 한다.

정답 52.③ 53.② 54.③ 55.④ 56.③

57 가로 15m, 세로 25m, 높이 3m인 어느 작업장의 음의 잔향시간을 측정해 보니 0.238sec였다. 이 작업장의 총 흡음력(sound absorption)을 51.6% 증가시키면 잔향시간은 몇 sec가 되겠는가?

① 0.157　　② 0.183
③ 0.196　　④ 0.217

풀이
잔향시간(sec) = $0.161 \dfrac{V}{A}$

$A = 0.161 \times \dfrac{(15 \times 25 \times 3)}{0.238} = 761 \text{m}^2$

$= 0.161 \times \dfrac{(15 \times 25 \times 3)}{(761 \times 1.516)}$

$= 0.157 \text{sec}$

58 작업장에서 발생한 분진에 대한 작업환경 관리대책과 가장 거리가 먼 것은?

① 국소배기장치의 설치
② 발생원의 밀폐
③ 방독마스크의 지급 및 착용
④ 전체환기

풀이
(1) 분진 발생 억제(발진의 방지)
  ㉠ 작업공정 습식화
  • 방진대책 중 가장 효과적인 개선대책
  • 착암, 파쇄, 연마, 절단 등의 공정에 적용
  • 취급물질은 물, 기름, 계면활성제 사용
  • 물을 분사할 경우 국소배기시설과의 병행 사용 시 주의(작은 입자들이 부유 가능성이 있고, 이들이 덕트 등에 쌓여 굳게 됨으로써 국소배기시설의 효율성을 저하시킴)
  • 시간이 경과하여 바닥에 굳어 있다 건조되면 재비산되므로 주의
  ㉡ 대치
  • 원재료 및 사용재료의 변경(연마재의 사암을 인공마석으로 교체)
  • 생산기술의 변경 및 개량
  • 작업공정의 변경
(2) 발생분진 비산 방지방법
  ㉠ 해당 장소를 밀폐 및 포위
  ㉡ 국소배기
  • 밀폐가 되지 못하는 경우에 사용
  • 포위형 후드의 국소배기장치를 설치하며 해당 장소를 음압으로 유지시킬 것
  ㉢ 전체환기

59 할당보호계수(APF)가 25인 반면형 호흡기 보호구를 구리흄[노출기준(허용농도) 0.3mg/m³]이 존재하는 작업장에서 사용한다면 최대사용농도(MUC, mg/m³)는?

① 3.5　　② 5.5
③ 7.5　　④ 9.5

풀이
MUC = 노출기준 × APF
　　 = 0.3 × 25
　　 = 7.5

60 다음 중 작업환경 개선의 기본원칙과 가장 거리가 먼 것은?

① 교육　　② 환기
③ 휴식　　④ 공정변경

풀이 작업환경 개선의 기본원칙
㉠ 대치(공정, 시설, 유해물질의 변경)
㉡ 격리
㉢ 환기
㉣ 교육

제4과목 | 산업환기

61 24시간 가동되는 작업장에서 환기하여야 할 작업장 실내 체적은 3,000m³이다. 환기시설에 의해 공급되는 공기의 유량이 4,000m³/hr일 때 이 작업장에서의 일일 환기횟수는 얼마인가?

① 25회　　② 32회
③ 37회　　④ 43회

풀이
일일 환기횟수(회/일) = $\dfrac{\text{필요환기량}}{\text{작업장 용적}}$

$= \dfrac{4{,}000 \text{m}^3/\text{hr} \times 24 \text{hr/day}}{3{,}000 \text{m}^3}$

= 32회/day

62 다음 중 덕트의 설계에 관한 사항으로 적절하지 않은 것은?

① 다지관의 경우 덕트의 직경을 조절하거나 송풍량을 조절하여 전체적으로 균형이 맞도록 설계한다.
② 사각형 덕트가 원형 덕트보다 덕트 내 유속분포가 균일하므로 가급적 사각형 덕트를 사용한다.
③ 덕트의 직경, 조도, 단면 확대 또는 수축, 곡관 수 및 모양 등을 고려하여야 한다.
④ 정방형 덕트를 사용할 경우 원형 상당 직경을 구하여 설계에 이용한다.

풀이 원형 덕트가 사각형 덕트보다 덕트 내 유속분포가 균일하므로 가급적 원형 덕트를 사용한다.

63 온도 5℃, 압력 700mmHg인 공기의 밀도 보정계수는 약 얼마인가?

① 0.988
② 0.974
③ 0.961
④ 0.954

풀이
밀도보정계수 $= \dfrac{(273+21) \times P}{(℃+273) \times 760}$
$= \dfrac{294}{(5+273)} \times \dfrac{700}{760}$
$= 0.974$

64 송풍량이 증가해도 동력이 증가하지 않는 장점이 있어 한계부하 송풍기라고도 하는 원심력 송풍기는?

① 프로펠러 송풍기
② 전향 날개형 송풍기
③ 후향 날개형 송풍기
④ 방사 날개형 송풍기

풀이 한계부하 송풍기=후향 날개형 송풍기=터보형 송풍기

65 다음 중 송풍기의 상사법칙에서 회전수(N)와 송풍량(Q), 소요동력(L), 정압(P)과의 관계를 올바르게 나타낸 것은?

① $\dfrac{Q_1}{Q_2} = \left(\dfrac{N_1}{N_2}\right)^3$ ② $\dfrac{Q_1}{Q_2} = \left(\dfrac{N_1}{N_2}\right)^2$

③ $\dfrac{P_1}{P_2} = \left(\dfrac{N_1}{N_2}\right)^2$ ④ $\dfrac{L_1}{L_2} = \left(\dfrac{Q_1}{Q_2}\right)^2$

풀이 송풍기의 상사법칙
㉠ 풍량은 회전수비에 비례한다.
㉡ 풍압은 회전수비의 제곱에 비례한다.
㉢ 동력은 회전수비의 세제곱에 비례한다.

66 다음 중 자연환기에 관한 설명으로 틀린 것은?

① 기계환기에 비해 소음이 적다.
② 외부의 대기조건에 상관없이 일정 수준의 환기효과를 유지할 수 있다.
③ 실내·외 온도차가 높을수록 환기효율은 증가한다.
④ 건물이 높을수록 환기효율이 증가한다.

풀이 자연환기는 외부 기상조건과 내부 조건에 따라 환기량이 일정하지 않아 작업환경 개선용으로, 이용하는 데 제한적이다.

67 다음 중 보일-샤를의 법칙으로 옳은 것은? (단, T는 절대온도, P는 압력, V는 공기의 부피이다.)

① $\dfrac{T_1 P_1}{V_1} = \dfrac{T_2 P_2}{V_2}$ ② $\dfrac{V_1 P_1}{T_1} = \dfrac{V_2 P_2}{T_2}$

③ $\dfrac{T_1}{V_1 P_1} = \dfrac{V_2 P_2}{T_2}$ ④ $\dfrac{T_1 P_1}{V_1} = \dfrac{V_2 P_2}{T_2}$

풀이 보일-샤를의 법칙
온도와 압력이 동시에 변하면 일정량의 기체 부피는 압력에 반비례하고, 절대온도에 비례한다.
$\dfrac{P_1 V_1}{T_1} = \dfrac{P_2 V_2}{T_2}$
$V_2 = V_1 \times \dfrac{T_2}{T_1} \times \dfrac{P_1}{P_2}$, $P_2 = P_1 \times \dfrac{V_1}{V_2} \times \dfrac{T_2}{T_1}$
여기서, P_1, T_1, V_1 : 처음 압력, 온도, 부피
P_2, T_2, V_2 : 나중 압력, 온도, 부피

정답 62.② 63.② 64.③ 65.③ 66.② 67.②

68 다음 중 전체환기를 설치하는 조건과 가장 거리가 먼 것은?

① 오염물질의 독성이 낮은 경우
② 오염물질이 한 곳에 집중되어 있는 경우
③ 유해물질의 발생량이 대체로 균일한 경우
④ 근무자와 오염원의 거리가 먼 경우

[풀이] 전체환기(희석환기) 적용 시 조건
㉠ 유해물질의 독성이 비교적 낮은 경우, 즉 TLV가 높은 경우(가장 중요한 제한조건)
㉡ 동일한 작업장에 다수의 오염원이 분산되어 있는 경우
㉢ 유해물질이 시간에 따라 균일하게 발생할 경우
㉣ 유해물질의 발생량이 적은 경우 및 희석공기량이 많지 않아도 될 경우
㉤ 유해물질이 증기나 가스일 경우
㉥ 국소배기로 불가능한 경우
㉦ 배출원이 이동성인 경우
㉧ 가연성 가스의 농축으로 폭발의 위험이 있는 경우
㉨ 오염원이 근무자가 근무하는 장소로부터 멀리 떨어져 있는 경우

69 공기정화장치의 입구와 출구의 정압이 동시에 감소되었다면 국소배기장치(설비)의 이상원인으로 가장 적절한 것은?

① 제진장치 내의 분진 퇴적
② 분지관과 후드 사이의 분진 퇴적
③ 분지관의 시험공과 후드 사이의 분진 퇴적
④ 송풍기의 능력 저하 또는 송풍기와 덕트의 연결부위 풀림

[풀이] 공기정화장치 전후에 정압이 감소한 경우의 원인
㉠ 송풍기 자체의 성능이 저하되었다.
㉡ 송풍기 점검구의 마개가 열렸다.
㉢ 배기 측 송풍관이 막혔다.
㉣ 송풍기와 송풍관의 flange 연결부위가 풀렸다.

70 플랜지가 붙은 1/4 원주형 슬롯형 후드가 있다. 포착거리가 30cm이고, 포착속도가 1m/sec일 때 필요송풍량(m³/min)은 약 얼마인가? (단, slot의 폭은 0.1m, 길이는 0.9m이다.)

① 25.9
② 45.4
③ 66.4
④ 81.0

[풀이]
$Q = C \times L \times V_c \times X$
$= 1.6 \times 0.9\text{m} \times 1\text{m/sec} \times 0.3\text{m}$
$= 0.432\text{m}^3/\text{sec} \times 60\text{sec/min} = 25.92\text{m}^3/\text{min}$

71 다음 중 국소배기장치가 설치된 현장에서 가장 적합한 상황에 해당하는 것은?

① 최종 배출구가 작업장 내에 있다.
② 사용하지 않는 후드는 댐퍼로 차단되어 있다.
③ 증기가 발생하는 도장 작업지점에는 여과식 공기정화장치가 설치되어 있다.
④ 여름철 작업장 내에 대형 선풍기로 작업자에게 바람을 불어주고 있다.

[풀이]
① 최종배출구는 작업장 외부에 있어야 한다.
③ 증기가 발생하는 도장 작업지점에는 흡착법의 공기정화장치를 설치하여야 한다.
④ 공기가 배출되면서 오염장소를 통과하도록 하여야 한다.

72 분압이 1.5mmHg인 물질이 표준상태의 공기 중에서 도달할 수 있는 최고농도(용량농도)는 약 얼마인가?

① 0.2%
② 1.1%
③ 2%
④ 11%

[풀이]
$\text{최고농도}(\%) = \dfrac{\text{분압}}{760} \times 10^2$
$= \dfrac{1.5}{760} \times 100$
$= 0.19\%$

정답 68.② 69.④ 70.① 71.② 72.①

73 다음 중 화재·폭발 방지를 위한 전체환기량 계산에 관한 설명으로 틀린 것은?

① 화재·폭발 농도 하한치를 활용한다.
② 온도에 따른 보정계수는 120℃ 이상의 온도에서는 0.3을 적용한다.
③ 공정의 온도가 높으면 실제 필요환기량은 표준환기량에 대해서 절대온도에 따라 재계산한다.
④ 안전계수가 4라는 의미는 화재·폭발이 일어날 수 있는 농도에 대해 25% 이하로 낮춘다는 의미이다.

[풀이] 화재·폭발 방지 전체환기량에서 온도보정계수는 120℃까지는 1.0, 120℃ 이상에서는 0.7을 적용한다.

74 1기압 상태에서 1몰(mole)의 공기부피가 24.1L였다면 이때의 기온은 약 몇 ℃인가?

① 0℃ ② 18℃
③ 21℃ ④ 25℃

[풀이] 표준공기
㉠ 표준상태(STP)란 0℃, 1atm 상태를 말하며, 물리·화학 등 공학 분야에서 기준이 되는 상태로서 일반적으로 사용한다.
㉡ 환경공학에서 표준상태는 기체의 체적을 Sm^3, Nm^3로 표시하여 사용한다.
㉢ 산업환기 분야에서는 21℃(20℃), 1atm, 상대습도 50%인 상태의 공기를 표준공기로 사용한다.
• 표준공기 밀도 : $1.203kg/m^3$
• 표준공기 비중량 : $1.203kg_f/m^3$
• 표준공기 동점성계수 : $1.502 \times 10^{-5} m^2/s$

75 대기의 이산화탄소 농도가 0.03%, 실내 이산화탄소의 농도가 0.3%일 때 한 사람의 시간당 이산화탄소 배출량이 21L라면, 1인 1시간당 필요환기량(m^3/hr·인)은 약 얼마인가?

① 5.4 ② 7.8
③ 9.2 ④ 11.4

[풀이] 필요환기량(m^3/hr·인)
$= \dfrac{M}{C_s - C_o} \times 100$
$M = 21L/hr$·인 $\times m^3/1,000L = 0.021 m^3/hr$·인
$= \dfrac{0.021 m^3/hr \cdot 인}{0.3 - 0.03} \times 100$
$= 7.78 m^3/hr$·인

76 다음 중 덕트에서의 배풍량을 측정하기 위해 사용하는 기구가 아닌 것은?

① 피토관 ② 열선풍속계
③ 마노미터 ④ 스모크테스터

[풀이] ④ 스모크테스터(smoke tester)는 제어풍속의 흡인 방향을 확인하기 위해 사용한다.
덕트 내 풍속 측정계기
㉠ 피토관 : 풍속 > 3m/sec에 사용
㉡ 풍차 풍속계 : 풍속 > 1m/sec에 사용
㉢ 열선식 풍속계
• 측정범위가 적은 것
0.05m/sec < 풍속 < 1m/sec인 것을 사용
• 측정범위가 큰 것
0.05m/sec < 풍속 < 40m/sec인 것을 사용
㉣ 마노미터

77 자유공간에 떠 있는 직경 20cm인 원형 개구 후드의 개구면으로부터 20cm 떨어진 곳의 입자를 흡인하려고 한다. 제어풍속을 0.8m/sec로 할 때 속도압(mmH₂O)은 약 얼마인가?

① 7.4 ② 10.2
③ 12.5 ④ 15.6

[풀이]
• $Q = 60 V_c (10 X^2 + A)$
$= 60 sec/min \times 0.8 m/sec$
$\times \left[(10 \times 0.2^2) m^2 + \left(\dfrac{3.14 \times 0.2^2}{4} \right) m^2 \right]$
$= 20.71 m^3/min$
• $VP = \left(\dfrac{V}{4.043} \right)^2$
$V = \dfrac{20.71 m^3/min}{\left(\dfrac{3.14 \times 0.2^2}{4} \right) m^2}$
$= 659.46 m^3/min \times min/60sec$
$= 10.99 m/sec$
$= \left(\dfrac{10.99}{4.043} \right)^2 = 7.39 mmH_2O$

정답 73.② 74.③ 75.② 76.④ 77.①

78 다음 중 슬롯(slot)형 후드에서 슬롯 속도와 제어풍속과의 관계를 설명한 것으로 가장 옳은 것은?

① 제어풍속은 슬롯 속도에 반비례한다.
② 제어풍속은 슬롯 속도의 제곱근이다.
③ 제어풍속은 슬롯 속도의 제곱에 비례한다.
④ 제어풍속은 슬롯 속도에 영향을 받지 않는다.

풀이 외부식 슬롯 후드
㉠ slot 후드는 후드 개방부분의 길이가 길고, 높이(폭)가 좁은 형태로 [높이(폭)/길이]의 비가 0.2 이하인 것을 말한다.
㉡ slot 후드에서도 플랜지를 부착하면 필요배기량을 줄일 수 있다(ACGIH : 환기량 30% 절약).
㉢ slot 후드의 가장자리에서도 공기의 흐름을 균일하게 하기 위해 사용한다.
㉣ slot 속도는 배기송풍량과는 관계가 없으며, 제어풍속은 slot 속도에 영향을 받지 않는다.
㉤ 플레넘 속도는 슬롯속도의 1/2 이하로 하는 것이 좋다.

79 다음 중 국소배기장치의 설치 및 에너지비용 절감을 위해 가장 우선적으로 검토해야 할 것은?

① 재료비 절감을 위해 덕트 직경을 가능한 줄인다.
② 송풍기 운전비 절감을 위해 댐퍼로 배기유량을 줄인다.
③ 후드 개구면적을 가능한 넓혀서 개방형으로 설치한다.
④ 후드를 오염물질 발생원에 최대한 근접시켜 필요송풍량을 줄인다.

풀이 국소배기에서 효율성 있는 운전을 하기 위하여 가장 먼저 고려할 사항은 필요송풍량 감소이다.

80 다음 중 국소배기장치에서 후드를 추가로 설치해도 쉽게 정압조절이 가능하고, 사용하지 않는 후드를 막아 다른 곳에 필요한 정압을 보낼 수 있어 현장에서 가장 편리하게 사용할 수 있는 압력균형방법은?

① 댐퍼조절법   ② 회전수 변화
③ 압력조절법   ④ 안내익조절법

풀이 송풍기의 풍량 조절방법
(1) 회전수조절법(회전수 변환법)
㉠ 풍량을 크게 바꾸려고 할 때 가장 적절한 방법이다.
㉡ 구동용 풀리의 풀리비 조정에 의한 방법이 일반적으로 사용된다.
㉢ 비용은 고가이나 효율은 좋다.
(2) 안내익조절법(vane control법)
㉠ 송풍기 흡입구에 6~8매의 방사상 blade를 부착, 그 각도를 변경함으로써 풍량을 조절한다.
㉡ 다익, 레이디얼 팬보다 터보팬에 적용하는 것이 효과가 크다.
㉢ 큰 용량의 제진용으로 적용하는 것은 부적합하다.
(3) 댐퍼부착법(damper 조절법)
㉠ 후드를 추가로 설치해도 쉽게 압력조절이 가능하다.
㉡ 사용하지 않는 후드를 막아 다른 곳에 필요한 정압을 보낼 수 있어 현장에서 배관 내에 댐퍼를 설치하여 송풍량을 조절하기 가장 쉬운 방법이다.
㉢ 저항곡선의 모양을 변경하여 교차점을 바꾸는 방법이다.

제1회 산업위생관리산업기사

CBT 기출복원문제 | 2025.02.07

제1과목 | 산업위생학 개론

01 ( ) 안에 알맞은 것은?

> 화학물질 및 물리적 인자의 노출기준에 있어서 단시간노출기준(STEL)이라 함은 근로자가 1회에 (㉮)분간 유해요인에 노출되는 경우의 기준으로 1시간 이상인 1일 작업시간 동안 (㉯) 이상 노출이 허용될 수 있는 기준을 말한다.

① ㉮ 30, ㉯ 6회 ② ㉮ 30, ㉯ 4회
③ ㉮ 15, ㉯ 6회 ④ ㉮ 15, ㉯ 4회

풀이 단시간노출농도(STEL ; Short Term Exposure Limits)
근로자가 1회 15분간 유해인자에 노출되는 경우의 기준(허용농도)을 의미하며, 이 기준 이하에서는 노출간격이 1시간 이상인 경우 1일 작업시간 동안 4회까지 노출이 허용될 수 있다. 또한 고농도에서 급성중독을 초래하는 물질에 적용된다.

02 다음 중 에너지대사율(RMR)을 올바르게 나타낸 것은?

① $RMR = \dfrac{\text{작업에 소요된 열량}}{\text{기초대사량}}$

② $RMR = \dfrac{\text{기초대사량}}{\text{작업대사량}}$

③ $RMR = \dfrac{\text{작업대사량}}{\text{기초대사량}}$

④ $RMR = \dfrac{\text{기초대사량}}{\text{작업에 소요된 열량}}$

풀이
$RMR = \dfrac{\text{작업대사량}}{\text{기초대사량}}$
$\quad = \dfrac{\text{작업 시 소요열량} - \text{안정 시 소요열량}}{\text{기초대사량}}$

03 피로한 근육에서 측정된 근전도(EMG)의 특징을 올바르게 나타낸 것은?

① 저주파(0~40Hz)에서 힘의 감소
　- 총 전압의 감소
② 고주파(40~200Hz)에서 힘의 감소
　- 총 전압의 감소
③ 저주파(0~40Hz)에서 힘의 증가
　- 평균주파수의 감소
④ 고주파(40~200Hz)에서 힘의 증가
　- 평균주파수의 감소

풀이 정상근육과 비교하여 피로한 근육에서 나타나는 EMG의 특징
㉠ 저주파(0~40Hz)에서 힘의 증가
㉡ 고주파(40~200Hz)에서 힘의 감소
㉢ 평균주파수의 감소
㉣ 총 전압의 증가

04 육체적 작업능력(PWC)을 결정할 수 있는 기능으로 가장 적절한 것은?

① 개인의 심폐기능
② 개인의 근력기능
③ 개인의 정신적 기능
④ 개인의 훈련, 적응 기능

풀이 육체적 작업능력(PWC)
㉠ 젊은 남성이 피로를 느끼지 않고 하루에 4분간 계속할 수 있는 작업강도를 말하며, 그 강도는 일반적으로 평균 16kcal/min 정도이다(여성 평균 : 12kcal/min).
㉡ 하루 8시간(480분) 작업 시에는 PWC의 1/3에 해당된다. 즉 남성은 5.3kcal/min, 여성은 4kcal/min에 해당하며 PWC를 결정할 수 있는 기능은 개인의 심폐기능이다.

정답 01.④ 02.③ 03.③ 04.①

05 Vitamin D 생성과 가장 관계가 깊은 광선의 파장은?
① 280~320Å ② 280~320nm
③ 380~760Å ④ 380~760nm

풀이 비타민 D 생성은 주로 280~320nm의 자외선 파장에서 광화학적 작용을 일으켜 진피층에서 형성되고, 부족 시 구루병이 발생한다.

06 중량물 취급작업에 있어 미국국립산업안전보건연구원(NIOSH)에서 제시한 감시기준(Action Limit) 계산식에 적용되는 요인이 아닌 것은?
① 대상물체의 수평거리
② 물체의 이동거리
③ 중량물 취급작업의 빈도
④ 중량물 취급작업의 시간

풀이 NIOSH의 감시기준(AL)

$$AL(kg) = 40\left(\frac{15}{H}\right)(1 - 0.004|V - 75|)$$
$$\left(0.7 + \frac{7.5}{D}\right)\left(1 - \frac{F}{F_{max}}\right)$$

여기서, H : 대상물체의 수평거리
V : 대상물체의 수직거리
D : 대상물체의 이동거리
F : 중량물 취급작업의 빈도

07 미국산업위생학술원(AAIH)에서 채택한 산업위생전문가의 윤리강령에 포함되지 않는 것은?
① 전문가로서의 책임
② 근로자에 대한 책임
③ 국가에 대한 책임
④ 일반 대중에 대한 책임

풀이 AAIH의 산업위생전문가의 윤리강령
㉠ 산업위생전문가로서의 책임
㉡ 근로자에 대한 책임
㉢ 기업주와 고객에 대한 책임
㉣ 일반 대중에 대한 책임

08 우리나라에서 학계에 처음으로 보고된 직업병은?
① 직업성 난청 ② 납중독
③ 진폐증   ④ 수은중독

풀이 우리나라에서 처음으로 학계에 보고된 직업병은 진폐증이며, 최근 특수건강진단을 통해 가장 많이 발생되고 있는 직업병 유소견자는 소음성 난청 유소견자이다.

09 직업성 질환의 특성에 대한 설명으로 적절하지 않은 것은?
① 노출에 따른 질병증상이 발현되기까지 시간적 차이가 크다.
② 질병유발 물질에는 인체에 대한 영향이 확인되지 않은 새로운 물질들이 많다.
③ 주로 유해인자에 장기간 노출됨으로써 발생한다.
④ 임상적 또는 병리적 소견으로 일반 질병과 명확히 구분할 수 있다.

풀이 직업성 질환의 특성
㉠ 열악한 작업환경 및 유해인자에 장기간 노출된 후에 발생한다.
㉡ 폭로 시작과 첫 증상이 나타나기까지 장시간이 걸린다(질병증상이 발현되기까지 시간적 차이가 큼).
㉢ 인체에 대한 영향이 확인되지 않은 신물질(새로운 물질)이 있다.
㉣ 임상적 또는 병리적 소견이 일반 질병과 구별하기가 어렵다.
㉤ 많은 직업성 요인이 비직업성 요인에 상승작용을 일으킨다.
㉥ 임상의사가 관심이 적어 이를 간과하거나 직업력을 소홀히한다.
㉦ 보상과 관련이 있다.

10 피부의 색소변성과 거리가 가장 먼 물질은?
① 타르(tar)   ② 크롬(Cr)
③ 피치(pitch) ④ 페놀(phenol)

풀이 크롬은 피부궤양을 야기한다.

11 미국정부산업위생전문가협의회(ACGIH)에서 제시한 작업대사량에 따라 작업강도를 구분할 때 경작업에 해당하는 소비열량은?

① 200kcal/hr 이하
② 300kcal/hr 이하
③ 400kcal/hr 이하
④ 500kcal/hr 이하

풀이 ACGIH의 작업대사량에 따른 작업강도 구분(고용노동부)
㉠ 경작업 : 200kcal/hr까지의 열량이 소요되는 작업
㉡ 중등도작업 : 200~350kcal/hr까지의 열량이 소요되는 작업
㉢ 중작업(심한 작업) : 350~500kcal/hr까지의 열량이 소요되는 작업

12 작업장에서 독성이 유사한 물질들이 공기 중에 혼합물로 존재한다면 이 물질들은 무슨 작용을 일으키는 것으로 가정하여 혼합물 노출지수를 적용하는가?

① 상승작용
② 상가작용
③ 길항작용
④ 독립작용

풀이 각 유해인자의 노출기준은 해당 유해인자가 단독으로 존재하는 경우의 노출기준을 말하며, 2종 또는 그 이상의 유해인자가 혼재하는 경우에는 각 유해인자의 상가작용으로 유해성이 증가할 수 있으므로 상가작용으로 가정하여 혼합물의 노출기준을 사용하여야 한다.

13 산업재해 통계 중 강도율에 관한 설명으로 틀린 것은?

① 재해의 경중, 즉 강도를 나타내는 척도이다.
② 연근로시간 1,000시간당 재해로 인하여 손실된 근로일수를 말한다.
③ 사망 시 근로손실일수는 7,500일이다.
④ 재해발생건수와 재해자수는 동일 개념으로 적용한다.

풀이 강도율(SR)은 재해자수나 발생빈도에 관계없이 상해 정도를 측정하는 척도이다.

14 다음은 어떠한 법칙에 대한 설명인가?

> 단시간 노출되었을 때 유해물질의 지수는 유해물질의 농도와 노출시간의 곱으로 계산한다.

① Halden의 법칙
② Lambert의 법칙
③ Henry의 법칙
④ Haber의 법칙

풀이 Haber 법칙
유해물질지수(K)=유해물질 농도(C)×노출시간(T)

15 다음 중 산업피로에 관한 설명으로 적절하지 않은 것은?

① 곤비는 과로의 축적으로 단기간에 회복될 수 없는 단계를 말한다.
② 국소피로와 전신피로는 신체피로 부위의 크기로 구분한다.
③ 피로는 비가역적인 생체의 변화로 건강장애의 일종이다.
④ 정신적 피로와 신체적 피로는 보통 함께 나타나 구별하기 어렵다.

풀이 피로 자체는 질병이 아니라 가역적인 생체변화이며, 육체적·정신적·신경적인 노동부하에 반응하는 생체의 태도이다.

16 작업강도의 일반적인 평가기준으로 가장 적절한 것은?

① 혈당치 변화량
② 작업시간 및 밀도
③ 총 작업시간
④ 열량소비량

풀이 작업강도는 하루의 총 작업시간을 통한 평균작업대사량으로 표현되며 일반적으로 열량소비량을 평가기준으로 한다. 즉, 작업을 할 때 소비되는 열량으로 작업의 강도를 측정한다.

정답 11.① 12.② 13.④ 14.④ 15.③ 16.④

17 근골격계 질환에 대한 설명으로 틀린 것은?

① 연속적이고 반복적인 동작일 경우 발생률이 높다.
② 수공구의 손잡이와 같은 경우에는 접촉면적을 최대한 적게 하여 예방한다.
③ 부자연스러운 자세는 피한다.
④ 과도한 힘을 주지 않는다.

풀이 근골격계 질환을 줄이기 위한 작업관리방법
㉠ 수공구의 무게는 가능한 줄이고 손잡이는 접촉면적을 크게 한다.
㉡ 손목, 팔꿈치, 허리가 뒤틀리지 않도록 한다. 즉, 부자연스러운 자세를 피한다.
㉢ 작업시간을 조절하고 과도한 힘을 주지 않는다.
㉣ 동일한 자세로 장시간 하는 작업을 피하고 작업대사량을 줄인다.
㉤ 근골격계 질환을 예방하기 위한 작업환경 개선의 방법으로 인체 측정치를 이용한 작업환경 설계 시 가장 먼저 고려하여야 할 사항은 조절 가능 여부이다.

18 육체적 작업능력(PWC)이 16kcal/min인 근로자가 물체 운반작업을 하고 있다. 작업대사량은 7kcal/min, 휴식 시의 대사량은 2.0kcal/min일 때 휴식 및 작업 시간을 가장 적절히 배분한 것은? (단, Hertig의 식을 이용하며, 1일 8시간 작업 기준이다.)

① 매 시간 약 5분 휴식하고, 55분 작업한다.
② 매 시간 약 10분 휴식하고, 50분 작업한다.
③ 매 시간 약 15분 휴식하고, 45분 작업한다.
④ 매 시간 약 20분 휴식하고, 40분 작업한다.

풀이 Hertig 식을 적용하여 휴식시간(비율)을 구하면,

$$T_{rest}(\%) = \left[\frac{PWC의 \frac{1}{3} - 작업대사량}{휴식대사량 - 작업대사량}\right] \times 100$$

$$= \left[\frac{(16 \times \frac{1}{3}) - 7}{2 - 7}\right] \times 100$$

$$= 33.3\%$$

∴ 휴식시간 = 60min × 0.333 = 20min
 작업시간 = (60 − 20)min = 40min

19 인체의 구조에 있어서 앉을 때, 서 있을 때, 물체를 들어 올릴 때 및 쥘 때 발생하는 압력이 가장 많이 흡수되는 척추의 디스크는?

① L_1/S_5 ② L_2/S_1
③ L_3/S_2 ④ L_5/S_1

풀이 L_5/S_1 디스크(disc)
㉠ 척추의 디스크 중 앉을 때, 서 있을 때, 물체를 들어 올릴 때 및 쥘 때 발생하는 압력이 가장 많이 흡수되는 디스크이다.
㉡ 인체의 구조는 경추가 7개, 흉추가 12개, 요추가 5개이고 그 아래에 천골로 골반의 후벽을 이룬다. 여기서 요추의 5번째 L_5와 천골 사이에 있는 디스크가 있다. 이 디스크를 L_5/S_1 디스크라 한다.
㉢ 물체와 몸의 거리가 멀 경우 지렛대의 역할을 하는 L_5/S_1 디스크에 많은 부담을 주게 된다.

20 유해물질의 최고노출기준의 표기로 옳은 것은?

① TLV−TWA ② TLV−S
③ TLV−C   ④ BLV

풀이 천장값 노출기준(TLV−C : ACGIH)
㉠ 어떤 시점에서도 넘어서는 안 된다는 상한치이다.
㉡ 항상 표시된 농도 이하를 유지하여야 한다.
㉢ 노출기준에 초과되어 노출 시 즉각적으로 비가역적인 반응을 나타낸다.
㉣ 자극성 가스나 독작용이 빠른 물질 및 TLV−STEL이 설정되지 않는 물질에 적용한다.
㉤ 측정은 실제로 순간농도 측정이 불가능하며, 따라서 약 15분간 측정한다.

제2과목 | 작업환경 측정 및 평가

21 1차 표준장비에 포함되지 않는 것은?

① 폐활량계(spirometer)
② 비누거품미터(soap bubble meter)
③ 가스치환병(mariotte bottle)
④ 열선기류계(thermo anemometer)

풀이 공기채취기구의 보정에 사용되는 표준기구
(1) 1차 표준기구(장비)
   ㉠ 비누거품미터(soap bubble meter)
   ㉡ 폐활량계(spirometer)
   ㉢ 가스치환병(mariotte bottle)
   ㉣ 유리피스톤미터(glass piston meter)
   ㉤ 흑연피스톤미터(frictionless meter)
   ㉥ 피토튜브(pitot tube)
(2) 2차 표준기구(장비)
   ㉠ 로터미터(rotameter)
   ㉡ 습식 테스트미터(wet test meter)
   ㉢ 건식 가스미터(dry gas meter)
   ㉣ 오리피스미터(orifice meter)
   ㉤ 열선기류계(thermo anemometer)

22 흡착제 중 실리카겔이 활성탄에 비해 갖는 장점이 아닌 것은?

① 수분을 잘 흡수하여 습도가 높은 환경에도 흡착능 감소가 적다.
② 매우 유독한 이황화탄소를 탈착용매로 사용하지 않는다.
③ 극성 물질로 채취할 경우 물, 메탄올 등 다양한 용매로 쉽게 탈착된다.
④ 추출액이 화학분석이나 기기분석에 방해물질로 작용하는 경우가 많지 않다.

풀이 실리카겔의 장단점
(1) 장점
   ㉠ 극성이 강하여 극성 물질을 채취한 경우 물, 메탄올 등 다양한 용매로 쉽게 탈착한다.
   ㉡ 추출용액(탈착용매)이 화학분석이나 기기분석에 방해물질로 작용하는 경우는 많지 않다.
   ㉢ 활성탄으로 채취가 어려운 아닐린, 오르토-톨루이딘 등의 아민류나 몇몇 무기물질의 채취가 가능하다.
   ㉣ 매우 유독한 이황화탄소를 탈착용매로 사용하지 않는다.
(2) 단점
   ㉠ 친수성이기 때문에 우선적으로 물분자와 결합을 이루어 습도의 증가에 따른 흡착용량의 감소를 초래한다.
   ㉡ 습도가 높은 작업장에서는 다른 오염물질의 파과용량이 작아져 파과를 일으키기 쉽다.

23 ACGIH 및 NIOSH에서 사용하는 자외선의 노출기준 단위는?

① J/nm
② mJ/cm^2
③ V/m^2
④ W/Å

풀이 ACGIH 및 NIOSH에서 사용하는 자외선의 노출기준(TLV) 단위는 W/m^2, J/m^2, mJ/cm^2이다.

24 50% 헵탄, 30% 메틸렌클로라이드, 20% 퍼클로로에틸렌의 중량비로 조성된 용제가 증발되어 작업환경을 오염시키고 있다. 순서에 따라 각각의 TLV는 $1,600mg/m^3$($1mg/m^3$= 0.25ppm), $720mg/m^3$($1mg/m^3$=0.28ppm), $670mg/m^3$($1mg/m^3$=0.15ppm)이다. 이 작업장의 혼합물의 허용농도(ppm)는? (단, 상가작용 기준이다.)

① 약 213
② 약 233
③ 약 253
④ 약 273

풀이
- 혼합물의 TLV(mg/m^3)
$$= \frac{1}{\frac{f_a}{TLV_a} + \cdots + \frac{f_n}{TLV_n}}$$
$$= \frac{1}{\frac{0.5}{1,600} + \frac{0.3}{720} + \frac{0.2}{670}} = 973.07 mg/m^3$$

- 각 물질별로 구분
  헵탄 = $973.07 \times 0.5 = 486.5 mg/m^3$
  메틸렌클로라이드 = $973.07 \times 0.3 = 291.9 mg/m^3$
  퍼클로로에틸렌 = $973.07 \times 0.2 = 194.6 mg/m^3$

- ppm 단위로 환산
  헵탄 = $486.5 mg/m^3 \times 0.25 = 121.6 ppm$
  메틸렌클로라이드 = $291.9 mg/m^3 \times 0.28$
  $= 81.7 ppm$
  퍼클로로에틸렌 = $194.6 mg/m^3 \times 0.15$
  $= 29.1 ppm$

∴ 혼합물의 TLV(ppm)
  $= 121.6 + 81.7 + 29.1 = 232.5 ppm$

정답 22.① 23.② 24.②

25 석면의 측정방법 중 X선 회절법에 관한 설명으로 틀린 것은?
① 값이 비싸고 조작이 복잡하다.
② 1차 분석에 사용하며, 2차 분석에는 적용하기 어렵다.
③ 석면 포함 물질을 은막 여과지에 놓고 X선을 조사한다.
④ 고형 시료 중 크리소타일 분석에 사용한다.

풀이 석면 측정방법
(1) 위상차현미경법
  ㉠ 석면 측정에 이용되는 현미경으로 일반적으로 가장 많이 사용된다.
  ㉡ 막 여과지에 시료를 채취한 후 전처리하여 위상차현미경으로 분석한다.
  ㉢ 다른 방법에 비해 간편하나 석면의 감별이 어렵다.
(2) 전자현미경법
  ㉠ 석면분진 측정방법 중에서 공기 중 석면시료를 가장 정확하게 분석할 수 있다.
  ㉡ 석면의 성분 분석(감별분석)이 가능하다.
  ㉢ 위상차현미경으로 볼 수 없는 매우 가는 섬유도 관찰 가능하다.
  ㉣ 값이 비싸고 분석시간이 많이 소요된다.
(3) 편광현미경법
  ㉠ 고형시료 분석에 사용하며 석면을 감별분석할 수 있다.
  ㉡ 석면광물이 가지는 고유한 빛의 편광성을 이용한 것이다.
(4) X선회절법
  ㉠ 단결정 또는 분말시료(석면 포함 물질을 은막 여과지에 놓고 X선 조사)에 의한 단색 X선의 회절각을 변화시켜가며 회절선의 세기를 계수관으로 측정하여 X선의 세기나 각도를 자동으로 기록하는 장치를 이용하는 방법이다.
  ㉡ 값이 비싸고, 조작이 복잡하다.
  ㉢ 고형시료 중 크리소타일 분석에 사용하며 토석, 암석, 광물성 분진 중의 유리규산(SiO_2) 함유율도 분석한다.

26 다음 중 폐 자극가스가 아닌 것은?
① 염소   ② 포스겐
③ NO_x ④ 암모니아

풀이 호흡기에 대한 자극작용
(1) 상기도 점막자극제
  ㉠ 암모니아
  ㉡ 염화수소
  ㉢ 아황산가스
  ㉣ 포름알데히드
  ㉤ 아크롤레인
  ㉥ 아세트알데히드
  ㉦ 크롬산
  ㉧ 산화에틸렌
  ㉨ 염산
  ㉩ 불산
(2) 상기도 점막 및 폐조직 자극제
  ㉠ 불소
  ㉡ 요오드
  ㉢ 염소
  ㉣ 오존
  ㉤ 브롬
(3) 종말(세)기관지 및 폐포점막 자극제
  ㉠ 이산화질소
  ㉡ 포스겐
  ㉢ 염화비소
(4) 기타 자극제
  사염화탄소

27 금속 분석과 관련된 설명으로 틀린 것은?
① 일반적으로 금속 분석에 이용되는 분석기기는 유도결합플라스마와 원자흡광분석기이다.
② 금속 표준용액을 일정 기간 보관해야 될 경우 적절한 용기는 유리병이다.
③ ICP는 한 번에 여러 금속을 동시에 분석할 수 있다.
④ 시료가 검량선의 범위를 벗어나는 경우 외삽하여 추정하지 말고 시료를 희석하여 범위 내로 들어오게 한다.

풀이 금속 표준용액을 일정 기간 보관해야 할 경우에는 외부로 빛이 완전히 차단되는 용기를 사용하여야 한다.

정답 25.② 26.④ 27.②

28 다른 물질의 존재에 관계없이 분석하고자 하는 대상물질을 정확히 분석할 수 있는 능력을 무엇이라고 하는가?

① 검출한계특성
② 정량한계특성
③ 특이성(specificity)
④ 재현성(reproducibility)

[풀이] 특이성
㉠ 다른 물질의 존재에 관계없이 분석하고자 하는 대상물질을 정확하게 분석할 수 있는 능력을 말한다.
㉡ 정확도와 정밀도를 가진 다른 독립적인 방법과 비교하는 것이 특이성을 결정하는 일반적인 수단이다.

29 20mL의 1% sodium bisulfite를 담은 임핀저를 이용하여 포름알데히드가 함유된 공기 $0.480m^3$를 채취하고, 비색법으로 분석하였다. 검량선과 비교한 결과 시료용액 중 포름알데히드 농도는 $50\mu g/mL$였다면, 공기 중 포름알데히드 농도는 몇 ppm인가? (단, 25℃, 1기압 기준이며, 포름알데히드의 분자량은 30이다.)

① 약 0.8ppm
② 약 1.7ppm
③ 약 3.5ppm
④ 약 5.4ppm

[풀이]
$$농도(mg/m^3) = \frac{50\mu g/mL \times 20mL}{0.480m^3}$$
$$= 2083.33\mu g/m^3 \times 10^{-3}mg/\mu g$$
$$= 2.083mg/m^3$$
$$\therefore 농도(ppm) = 2.083mg/m^3 \times \frac{24.45L}{30g} = 1.69ppm$$

30 이황화탄소(CS_2)를 GC(가스 크로마토그래피)를 이용하여 분석할 경우 가장 감도가 좋은 검출기는?

① FID(불꽃이온화검출기)
② ECD(전자포획검출기)
③ FPD(불꽃광도검출기)
④ TCD(열전도도검출기)

[풀이] 가스 크로마토그래피(GC)의 검출기 및 주분석대상가스
㉠ FID(불꽃이온화검출기) : 다핵방향족 탄화수소류, 할로겐화 탄화수소류, 알코올류
㉡ TCD(열전도도검출기) : 벤젠
㉢ ECD(전자포획형검출기) : 할로겐화 탄화수소화합물, 사염화탄소, 유기금속화합물
㉣ FPD(불꽃광도검출기) : 이황화탄소, 메르캅탄류, 잔류농약
㉤ PID(광이온화검출기) : 에스테르류, 유기금속류, 알칸계
㉥ NPD(질소인검출기) : 질소 포함 화합물, 인 포함 화합물

31 활성탄관으로 유기용제시료를 채취할 때 공시료의 처리방법으로 가장 적합한 것은?

① 관 끝을 깨지 않은 상태로 실험실의 냉장고에 그대로 보관한다.
② 현장에서 관 끝을 깨고 관 끝을 폴리에틸렌 마개로 막지 않고 현장시료와 동일한 방법으로 운반·보관한다.
③ 관 끝을 깨지 않은 상태로 현장시료와 동일한 방법으로 운반·보관한다.
④ 현장에서 관 끝을 깨고 관 끝을 폴리에틸렌 마개로 막고 현장시료와 동일한 방법으로 운반·보관한다.

[풀이] 활성탄관으로 유기용제시료를 채취할 때 공시료의 처리는 현장에서 관 끝을 깨고 그 끝을 폴리에틸렌 마개로 막아 현장시료와 동일한 방법으로 운반·보관한다.

32 20℃, 1기압에서 100L의 공기 중에 벤젠 1mg을 혼합시켰다. 이때의 벤젠 농도(V/V)는?

① 약 1.2ppm
② 약 3.1ppm
③ 약 5.2ppm
④ 약 6.7ppm

[풀이] 벤젠 발생량(G, L)
$$78,000mg : 24L = 1mg : G$$
$$G = \frac{24L \times 1mg}{78,000mg} = 0.0003077L$$
$$\therefore 벤젠\ 농도(V/V) = \frac{0.0003077L}{100L} \times 10^6 = 3.08ppm$$

정답 28.③ 29.② 30.③ 31.④ 32.②

33 검지관의 단점이라 볼 수 없는 것은?
① 민감도와 특이도가 낮다.
② 각 오염물질에 맞는 검지관을 선정해야 하는 불편이 있을 수 있다.
③ 밀폐공간에서의 산소부족, 폭발성 가스로 인한 안전문제가 되는 곳은 사용할 수 없다.
④ 색 변화가 선명하지 않아 주관적으로 읽을 수 있어 판독자에 따라 변이가 심하다.

풀이 검지관 측정법
(1) 장점
  ㉠ 사용이 간편하다.
  ㉡ 반응시간이 빨라 현장에서 바로 측정결과를 알 수 있다.
  ㉢ 비전문가도 어느 정도 숙지하면 사용할 수 있지만 산업위생전문가의 지도 아래 사용되어야 한다.
  ㉣ 맨홀, 밀폐공간에서의 산소부족 또는 폭발성 가스로 인한 안전이 문제가 될 때 유용하게 사용된다.
  ㉤ 다른 측정방법이 복잡하거나 빠른 측정이 요구될 때 사용할 수 있다.
(2) 단점
  ㉠ 민감도가 낮아 비교적 고농도에만 적용이 가능하다.
  ㉡ 특이도가 낮아 다른 방해물질의 영향을 받기 쉽고 오차가 크다.
  ㉢ 대개 단시간 측정만 가능하다.
  ㉣ 한 검지관으로 단일물질만 측정 가능하여 각 오염물질에 맞는 검지관을 선정함에 따른 불편함이 있다.
  ㉤ 색변화에 따라 주관적으로 읽을 수 있어 판독자에 따라 변이가 심하며, 색변화가 시간에 따라 변하므로 제조자가 정한 시간에 읽어야 한다.
  ㉥ 미리 측정대상물질의 동정이 되어 있어야 측정이 가능하다.

34 활성탄에 흡착된 증기(유기용제-방향족 탄화수소)를 탈착시키는 데 일반적으로 사용되는 용매는?
① Chloroform
② Methyl chloroform
③ H_2O
④ CS_2

풀이 용매 탈착
(1) 비극성 물질의 탈착용매는 이황화탄소(CS_2)를 사용하고, 극성 물질에는 이황화탄소와 다른 용매를 혼합하여 사용한다.
(2) 활성탄에 흡착된 증기(유기용제-방향족 탄화수소)를 탈착시키는 데 일반적으로 사용되는 용매는 이황화탄소이다.
(3) 용매로 사용되는 이황화탄소의 단점
  ㉠ 독성 및 인화성이 크며, 작업이 번잡하다.
  ㉡ 특히 심혈관계와 신경계에 독성이 매우 크고 취급 시 주의를 요한다.
  ㉢ 전처리 및 분석하는 장소의 환기에 유의하여야 한다.
(4) 용매로 사용되는 이황화탄소의 장점
  탈착효율이 좋고 가스 크로마토그래피의 불꽃이온화검출기에서 반응성이 낮아 피크의 크기가 작게 나오므로 분석 시 유리하다.

35 ( ) 안에 알맞은 내용은?

섬유상 여과지는 막 여과지에 비해 (㉮), 물리적인 강도가(는) (㉯).

① ㉮ 비싸고, ㉯ 강하다
② ㉮ 싸고,   ㉯ 강하다
③ ㉮ 비싸고, ㉯ 약하다
④ ㉮ 싸고,   ㉯ 약하다

풀이 섬유상 여과지는 막 여과지에 비해 가격이 비싸고 물리적 강도가 약하며 흡습성이 작다. 또한 열에 강하고 과부하에서도 채취효율이 높다.

36 작업환경 측정의 목표를 설명한 것으로 틀린 것은?
① 근로자의 유해인자 노출 파악을 위한 직접방법이다.
② 역학조사 시 근로자의 노출량을 파악한다.
③ 환기시설을 가동하기 전과 후에 공기 중 유해물질 농도를 측정하여 성능을 평가한다.
④ 근로자의 노출이 법적 기준인 허용농도를 초과하는지의 여부를 판단한다.

> [풀이] 작업환경 측정의 가장 큰 목적은 근로자의 노출정도를 알아내는 것으로, 질병에 대한 원인을 규명하는 것은 아니며 근로자의 노출수준을 간접적인 방법으로 파악하는 것이다.

37 통계집단의 측정값들에 대한 균일성·정밀성 정도를 표현하는 변이계수(%)의 산출식으로 맞는 것은?

① (표준편차/산술평균)×100
② (표준편차/기하평균)×100
③ (표준오차/산술평균)×100
④ (표준오차/기하평균)×100

> [풀이] **변이계수(CV)**
> ㉠ 측정방법의 정밀도를 평가하는 계수이며, %로 표현되므로 측정단위와 무관하게 독립적으로 산출된다.
> ㉡ 통계집단의 측정값에 대한 균일성과 정밀성의 정도를 표현한 계수이다.
> ㉢ 단위가 서로 다른 집단이나 특성값의 상호산포도를 비교하는 데 이용될 수 있다.
> ㉣ 변이계수가 작을수록 자료가 평균 주위에 가깝게 분포한다는 의미이다(평균값의 크기가 0에 가까울수록 변이계수의 의미는 작아진다).
> ㉤ 표준편차의 수치가 평균치에 비해 몇 %가 되느냐로 나타낸다.

38 원자흡광광도 분석장치의 구성순서로 알맞은 것은?

① 시료원자화부 → 단색화부 → 광원부 → 측광부
② 단색화부 → 측광부 → 시료원자화부 → 광원부
③ 광원부 → 시료원자화부 → 단색화부 → 측광부
④ 측광부 → 단색화부 → 광원부 → 시료원자화부

> [풀이] **원자흡광광도 분석장치의 구성순서**
> 광원부 → 시료원자화부 → 단색화부 → 측광부(검출부)

39 여과지 표면과 포집공기 사이의 농도구배(기울기) 차이에 의해 오염물질이 채취되는 여과포집의 원리는?

① 차단
② 확산
③ 관성충돌
④ 체(sieving)거름

> [풀이] **확산(diffusion)**
> ㉠ 유속이 느릴 때 포집된 입자층에 의해 유효하게 작용하는 포집기구로서 미세입자의 불규칙적인 운동, 즉 브라운 운동에 의한 포집원리이다.
> ㉡ 입자상 물질의 채취(카세트에 장착된 여과지 이용) 시 펌프를 이용, 공기를 흡인하여 시료채취 시 크게 작용하는 기전이 확산이다.
> ㉢ 영향인자
> • 입자의 크기(직경) ⇨ 가장 중요한 인자
> • 입자의 농도 차이[여과지 표면과 포집공기 사이의 농도구배(기울기) 차이]
> • 섬유로의 접근속도(면속도)
> • 섬유의 직경
> • 여과지의 기공 직경

40 벤젠(C_6H_6)을 0.2L/min 유량으로 2시간 동안 채취하여 GC로 분석한 결과 5mg이었다. 공기 중 농도는 몇 ppm인가? (단, 25℃, 1기압 기준이다.)

① 약 25
② 약 45
③ 약 65
④ 약 85

> [풀이]
> $$농도(mg/m^3) = \frac{질량(분석)}{공기채취량}$$
> $$= \frac{5mg}{0.2L/min \times 120min \times m^3/1,000L}$$
> $$= 208.33 mg/m^3$$
> ∴ 농도(ppm) $= 208.33 mg/m^3 \times \frac{24.45}{78.1}$
> $= 65.22 ppm$

정답 37.① 38.③ 39.② 40.③

제3과목 | 작업환경 관리

41 고압환경에서의 2차적 가압현상(화학적 장애)과 가장 거리가 먼 것은?
① 일산화탄소(CO)의 작용
② 질소(N_2)의 작용
③ 이산화탄소(CO_2)의 작용
④ 산소(O_2) 중독

> **풀이** 고압환경에서의 2차적 가압현상
> ㉠ 질소가스의 마취작용
> ㉡ 산소중독
> ㉢ 이산화탄소의 작용

42 다음 중 재질이 일정하지 않고 균일하지 않아 정확한 설계가 곤란하며 처짐을 크게 할 수 없어 진동 방지라기보다는 고체음의 전파 방지에 유익한 방진재료는?
① 방진고무
② 공기용수철
③ 코르크
④ 금속코일용수철

> **풀이** 코르크
> ㉠ 재질이 일정하지 않고 균일하지 않으므로 정확한 설계가 곤란하다.
> ㉡ 처짐을 크게 할 수 없으며 고유진동수가 10Hz 전후밖에 되지 않아 진동 방지라기보다는 강체 간 고체음의 전파 방지에 유익한 방진재료이다.

43 분진작업장의 관리방법을 설명한 것으로 틀린 것은?
① 습식으로 작업한다.
② 작업장의 바닥에 적절히 수분을 공급한다.
③ 샌드블라스팅(sand blasting) 작업 시에는 모래 대신 철을 사용한다.
④ 유리규산 함량이 높은 모래를 사용하여 마모를 최소화한다.

> **풀이** 유리규산(SiO_2) 함량이 적은 모래를 사용하여 마모를 최소화한다.

44 작업장에서 사용물질의 독성이나 위험성을 줄이기 위하여 사용물질을 변경하는 경우로 가장 타당한 것은?
① 유기합성용매로 지방족 화합물을 사용하던 것을 방향족 화합물의 휘발유계 용매로 전환한다.
② 금속제품 탈지에 계면활성제를 사용하던 것을 트리클로로에틸렌으로 전환한다.
③ 분체의 원료는 입자가 큰 것으로 전환한다.
④ 금속제품 도장용으로 수용성 도료를 유기용제로 전환한다.

> **풀이**
> ① 유기합성용매로 벤젠(방향족)을 사용하던 것을 지방족 화합물로 전환한다.
> ② 금속제품의 탈지(세척)에 사용되는 트리클로로에틸렌(TCE)을 계면활성제로 전환한다.
> ④ 금속제품 도장용으로 유기용제를 수용성 도료로 전환한다.

45 개인보호구에 관한 설명으로 맞는 것은?
① 천연고무(latex)는 극성과 비극성 화합물에 모두 효과적이다.
② 눈 보호구의 차광도 번호(shade number)가 크면 빛의 차광효과가 크다.
③ 미국 EPA에서 정한 차진평가수 NRR은 실제 작업현장에서의 차진효과(dB)를 그대로 나타내 준다.
④ 귀덮개는 기본형, 준맞춤형, 맞춤형으로 구분된다.

> **풀이**
> ① 천연고무(latex)는 극성 용제 및 수용성 용액에 효과적이다
> ③ 차음평가수 NRR은 실제 작업현장에서의 차음효과(dB)를 나타낸다.
> ④ 귀덮개의 종류 EM 하나이다.

정답 41.① 42.③ 43.④ 44.③ 45.②

46 산소결핍에 관한 내용 중 틀린 것은?
① 산소결핍 장소에서 작업 시 방독마스크를 착용한다.
② 정상 공기 중의 산소분압은 해면에 있어서 159mmHg 정도이다.
③ 생체 중에서 산소결핍에 대하여 가장 민감한 조직은 대뇌피질이다.
④ 공기 중의 산소결핍은 무경고적이고 급성적·치명적이다.

[풀이] 고농도 작업장(IDLH : 순간적으로 건강이나 생명에 위험을 줄 수 있는 유해물질의 고농도 상태)이나 산소결핍의 위험이 있는 작업장(산소농도 18% 이하)에서는 절대 사용해서는 안 되며 대상 가스에 맞는 정화통을 사용하여야 한다. 산소결핍 위험이 있는 경우, 유효시간이 불분명한 경우는 송기마스크나 자급식 호흡기를 사용한다.

47 다음 청감보정회로의 설명에서 ( ) 안에 들어갈 알맞은 내용은?

> 소음계에서 A특성(청감보정회로)은 ( )의 음의 크기에 상응하도록 주파수에 따른 반응을 보정하여 측정한 음압수준이다.

① 30phon
② 40phon
③ 50phon
④ 60phon

[풀이] 청감보정회로
㉠ 등청감곡선을 역으로 한 보정회로로 소음계에 내장되어 있다. 40phon, 70phon, 100phon의 등청감곡선과 비슷하게 주파수에 따른 반응을 보정하여 측정한 음압수준으로, 순차적으로 A, B, C 청감보정회로(특성)라 한다.
㉡ A특성은 사람의 청감에 맞춘 것으로 순차적으로 40phon의 등청감곡선과 비슷하게 주파수에 따른 반응을 보정하여 측정한 음압수준을 말한다. dB(A)로 표시하며, 저주파 대역을 보정한 청감보정회로이다.

48 진폐증과 진폐증을 일으키는 원인이 되는 분진에 관한 설명 중 틀린 것은?
① 진폐증 발생에 관여하는 호흡성 분진의 직경은 0.5~5μm 정도이다.
② 비교원성 진폐증은 폐조직이 정상이고 망상섬유로 구성되어 있다.
③ 진폐증의 유병률과 노출기간은 비례하는 것으로 알려져 있다.
④ 주로 납, 수은 등 금속성 분진 흡입으로 진폐증이 발생한다.

[풀이] 진폐증은 호흡성 분진(0.5~5μm) 흡입에 의해 폐에 조직반응을 일으킨 상태, 즉 폐포가 섬유화되어 수축과 팽창을 할 수 없고 결국 산소교환이 정상적으로 이루어지지 않는 현상이다.

49 귀덮개에 대한 설명으로 틀린 것은?
① 고음영역보다 저음영역에서 차음효과가 탁월하다.
② 귀마개보다 쉽게 착용할 수 있고 착용법이 틀리거나 잃어버리는 일이 적다.
③ 귀에 질병이 있을 때도 사용이 가능하다.
④ 크기를 여러 가지로 할 필요가 없다.

[풀이] 귀덮개는 저음영역에서 20dB 이상, 고음영역에서 45dB 이상의 차음효과가 있다.

50 진동 대책에 관한 설명으로 잘못된 것은?
① 체인톱과 같이 발동기가 부착되어 있는 것을 전동기로 바꿈으로써 진동을 줄일 수 있다.
② 공구로부터 나오는 바람이 손에 접촉하도록 하여 보온을 유지하도록 한다.
③ 진동공구의 손잡이를 너무 세게 잡지 않도록 작업자에게 주의시킨다.
④ 진동공구는 가능한 한 공구를 기계적으로 지지(支持)하여 주어야 한다.

[풀이] 공구로부터 나오는 바람이 손에 직접 접촉하지 않도록 하여 따뜻하게 체온을 유지해 준다.

정답 46.① 47.② 48.④ 49.① 50.②

51 고온다습한 환경에 노출될 때 체온조절 중추, 특히 발한 중추의 장애로 발생하며 가장 특이적인 소견은 땀을 흘리지 못하여 체열 발산을 하지 못하는 건강장애는?

① 열사병　　② 열피비
③ 열경련　　④ 열실신

풀이 **열사병(heat stroke)**
(1) 개요
  ㉠ 열사병은 고온다습한 환경(육체적 노동 또는 태양의 복사선을 두부에 직접적으로 받는 경우)에 노출될 때 뇌 온도의 상승으로 신체 내부의 체온조절 중추에 기능장애를 일으켜서 생기는 위급한 상태를 말한다.
  ㉡ 고열로 인해 발생하는 장애 중 가장 위험성이 크다.
  ㉢ 태양광선에 의한 열사병은 일사병(sun stroke)이라고 한다.
(2) 발생
  ㉠ 체온조절 중추(특히 발한 중추)의 기능장애에 의한다(체내에 열이 축적되어 발생).
  ㉡ 혈액 중의 염분량과는 관계없다.
  ㉢ 대사열의 증가는 작업부하와 작업환경에서 발생하는 열부하가 원인이 되어 발생하며, 열사병을 일으키는 데 크게 관여한다.

52 일반적으로 저주파 차진에 좋고 환경요소에 저항이 크나 감쇠가 거의 없고 공진 시에 전달률이 매우 큰 방진재료는?

① 금속스프링
② 방진고무
③ 공기스프링
④ 전단고무

풀이 **금속스프링**
(1) 장점
  ㉠ 저주파 차진에 좋다.
  ㉡ 환경요소에 대한 저항성이 크다.
  ㉢ 최대변위가 허용된다.
(2) 단점
  ㉠ 감쇠가 거의 없다.
  ㉡ 공진 시에 전달률이 매우 크다.
  ㉢ 로킹(rocking)이 일어난다.

53 열중증 질환 중 '열피로'에 대한 설명으로 가장 거리가 먼 것은?

① 혈중 염소 농도는 정상이다.
② 체온은 정상범위를 유지한다.
③ 말초혈관 확장에 따른 요구 증대만큼의 혈관운동 조절이나 심박출력의 증대가 없을 때 발생한다.
④ 탈수로 인하여 혈장량이 급격히 증가할 때 발생한다.

풀이 **열피로(heat exhaustion), 열탈진(열소모)**
(1) 개요
  고온환경에서 장시간 힘든 노동을 할 때 주로 미숙련공(고열에 순화되지 않은 작업자)에 많이 나타나며 현기증, 두통, 구토 등의 약한 증상에서부터 심한 경우는 허탈(collapse)로 빠져 의식을 잃을 수도 있다. 체온은 그다지 높지 않고(39℃ 정도까지) 맥박은 빨라지면서 약해지고 혈압은 낮아진다.
(2) 발생
  ㉠ 땀을 많이 흘려(과다 발한) 수분과 염분 손실이 많을 때
  ㉡ 탈수로 인해 혈장량이 감소할 때
  ㉢ 말초혈관 확장에 따른 요구 증대만큼의 혈관운동조절이나 심박출력의 증대가 없을 때 발생(말초혈관 운동신경의 조절장애와 심박출력의 부족으로 순환 부전)
  ㉣ 대뇌피질의 혈류량이 부족할 때
(3) 증상
  ㉠ 체온은 정상범위를 유지하고, 혈중 염소 농도는 정상이다.
  ㉡ 구강 온도는 정상이거나 약간 상승하고 맥박수는 증가한다.
  ㉢ 혈액농축은 정상범위를 유지한다(혈당치는 감소하나 혈액 및 소변 소견은 현저한 변화가 없음).
  ㉣ 실신, 허탈, 두통, 구역감, 현기증 증상을 주로 나타낸다.
  ㉤ 권태감, 졸도, 과다 발한, 냉습한 피부 등의 증상을 보이며, 직장 온도가 경미하게 상승하는 경우도 있다.
(4) 치료
  휴식 후 5% 포도당을 정맥주사한다.

54 다음 전리방사선 중 입자상의 방사선이 아닌 것은?
① 알파선 ② 베타선
③ 감마선 ④ 중성자

> **풀이** 전리방사선의 종류
> ㉠ 전자기방사선 : X-ray, γ선
> ㉡ 입자방사선 : α선, β선, 중성자

55 X선을 공기 $1cm^3$에 조사하여 발생한 ion에 의하여 1정전단위의 전기량이 운반되는 선량을 1로 나타내는 단위는? (단, 0℃, 1기압 기준이다.)
① 퀴리(Ci) ② 렘(rem)
③ RBE ④ 뢴트겐(R)

> **풀이** 뢴트겐(Röntgen, R)
> ㉠ 조사선량 단위(노출선량의 단위)이다.
> ㉡ 공기 중 생성되는 이온의 양으로 정의한다.
> ㉢ 공기 1kg당 1쿨롬의 전하량을 갖는 이온을 생성하는, 주로 X선 및 감마선의 조사량을 표시할 때 사용한다.
> ㉣ 1R(뢴트겐)은 표준상태하에서 X선을 공기 1cc(cm^3)에 조사해서 발생한 1정전단위(esu)의 이온(2.083×10^9개의 이온쌍)을 생성하는 조사량이다.
> ㉤ 1R은 1g의 공기에 83.3erg의 에너지가 주어질 때의 선량을 의미한다.
> ㉥ $1R = 2.58 \times 10^{-4}$쿨롬/kg

56 유기용제를 사용하는 도장작업의 관리방법에 대한 내용으로 틀린 것은?
① 흡연 및 화기 사용을 절대 금지시킨다.
② MSDS의 비치와 안전보건교육을 실시한다.
③ 보호장갑은 유기용제 등의 오염물질에 대한 흡수성이 우수한 것을 사용한다.
④ 옥외에서 스프레이 도장 작업 시 유해가스용 방독마스크를 착용한다.

> **풀이** 보호장갑은 유기용제 등의 오염물질에 대한 차단성이 우수한 것을 사용한다.

57 한랭환경에서 발생하는 제2도 동상의 증상으로 가장 적절한 것은?
① 수포를 가진 광범위한 삼출성 염증이 일어난다.
② 따갑고 가려운 감각이 생긴다.
③ 심부조직까지 동결하며 조직의 괴사와 괴저가 일어난다.
④ 혈관이 확장하여 발적이 생긴다.

> **풀이** 동상의 단계별 구분
> (1) 제1도 동상(발적)
> ㉠ 홍반성 동상이라고도 한다.
> ㉡ 처음에는 말단부로의 혈행이 정체되어서 국소성 빈혈이 생기고, 환부의 피부는 창백하게 되어서 다소의 동통 또는 지각 이상을 초래한다.
> ㉢ 한랭작용이 이 시기에 중단되면 반사적으로 충혈이 일어나서 피부에 염증성 조홍을 일으키고 남보라색 부종성 조홍을 일으킨다.
> (2) 제2도 동상(수포 형성과 염증)
> ㉠ 수포성 동상이라고도 한다.
> ㉡ 물집이 생기거나 피부가 벗겨지는 결빙을 말한다.
> ㉢ 수포를 가진 광범위한 삼출성 염증이 생긴다.
> ㉣ 수포에는 혈액이 섞여 있는 경우가 많다.
> ㉤ 피부는 청남색으로 변하고 큰 수포를 형성하여 궤양, 화농으로 진행한다.
> (3) 제3도 동상(조직 괴사로 괴저 발생)
> ㉠ 괴사성 동상이라고도 한다.
> ㉡ 한랭 작용이 장시간 계속되었을 때 생기며 혈행은 완전히 정지된다. 동시에 조직성분도 붕괴되며, 그 부분의 조직 괴사를 초래하여 괴상을 만든다.
> ㉢ 심하면 근육, 뼈까지 침해해서 이환부 전체가 괴사성이 되어 탈락되기도 한다.

58 전신진동에 관한 설명으로 틀린 것은?
① 전신진동으로 산소 소비량 증가
② 전신진동은 2~100Hz까지가 주로 문제가 됨
③ 전신진동에 의해 안구, 내장 등이 공명됨
④ 혈압 및 맥박 상승으로 피부 전기저항 증가

정답 54.③ 55.④ 56.③ 57.① 58.④

[풀이] 전신진동으로 인해 말초혈관은 수축, 혈압은 상승, 맥박수는 증가하고 피부 전기저항은 저하한다.

59 방독마스크의 흡수제로 사용되는 물질과 가장 거리가 먼 것은?
① 실리카겔(silicagel)
② 활성탄(activated carbon)
③ 소다라임(soda lime)
④ 소프스톤(soapstone)

[풀이] 흡수제의 재질
㉠ 활성탄(activated carbon) : 가장 많이 사용되는 물질이며 비극성(유기용제)에 일반적으로 사용
㉡ 실리카겔(silicagel) : 극성에 일반적으로 사용
㉢ 염화칼슘(soda lime)
㉣ 제오라이트

60 다음 중 빛의 밝기의 단위인 루멘(lumen)에 대한 설명으로 가장 알맞은 것은?
① 1lux의 광원으로부터 한 단위입체각으로 나가는 조도의 단위이다.
② 1lux의 광원으로부터 한 단위입체각으로 나가는 광속의 단위이다.
③ 1촉광의 광원으로부터 한 단위입체각으로 나가는 조도의 단위이다.
④ 1촉광의 광원으로부터 한 단위입체각으로 나가는 광속의 단위이다.

[풀이] 루멘(lumen, lm) ; 광속
㉠ 광속의 국제단위로 기호로는 lm으로 나타낸다.
㉡ 1촉광의 광원으로부터 한 단위입체각으로 나가는 광속의 단위이다.
㉢ 광속이란 광원으로부터 나오는 빛의 양을 의미하고 단위는 lumen이다.
㉣ 1촉광과의 관계는 1촉광=4π(12.57)루멘으로 나타낸다.

제4과목 | 산업환기

61 여과집진장치에 사용되는 탈진장치의 종류가 아닌 것은?
① 진동형 ② 수동형
③ 역기류형 ④ 역제트형

[풀이] 여과집진장치 탈진방법
㉠ 진동형(shaker type)
㉡ 역기류형(reverse air flow type)
㉢ 펄스제트형(pulse-jet type)

62 송풍기의 소요동력을 구하고자 할 때 필요한 인자가 아닌 것은?
① 송풍기의 효율
② 풍량
③ 송풍기의 유효전압
④ 송풍기의 종류

[풀이] 송풍기 소요동력(kW)
$$kW = \frac{Q \times \Delta P}{6,120 \times \eta} \times \alpha$$
여기서, Q : 송풍량(m^3/min)
ΔP : 송풍기 유효전압(전압 ; 정압)(mmH$_2$O)
η : 송풍기 효율(%)
α : 안전인자(여유율)(%)
$$HP = \frac{Q \times \Delta P}{4,500 \times \eta} \times \alpha$$

63 주관에 45°로 분지관이 연결되어 있을 때 주관 입구와 분지관의 속도압은 10mmH$_2$O로 같고, 압력손실계수는 각각 0.2와 0.28이다. 이때 주관과 분지관의 합류로 인한 압력손실은 약 얼마인가?
① 3mmH$_2$O ② 5mmH$_2$O
③ 7mmH$_2$O ④ 9mmH$_2$O

[풀이]
$$\begin{aligned}압력손실(\Delta P) &= \Delta P_1 + \Delta P_2 \\ &= (\zeta_1 \times VP_1) + (\zeta_2 \times VP_2) \\ &= (0.2 \times 10) + (0.28 \times 10) \\ &= 4.8 mmH_2O\end{aligned}$$

64 풍압이 바뀌어도 풍량의 변화가 비교적 작고, 병렬로 연결하여도 풍량에는 지장이 없으며 동력 특성의 상승도 완만하여 어느 정도 올라가면 포화되는 현상이 있기 때문에 소요풍압이 떨어져도 마력은 크게 올라가지 않는 장점이 있는 송풍기로 가장 적절한 것은?

① 다익 송풍기
② 터보 송풍기
③ 평판 송풍기
④ 축류 송풍기

풀이 터보형 송풍기(turbo fan)
㉠ 후향 날개형(후곡 날개형, backward-curved blade fan)은 송풍량이 증가해도 동력이 증가하지 않는 장점을 가지고 있어 한계부하 송풍기라고도 한다.
㉡ 회전날개(깃)가 회전방향 반대편으로 경사지게 설계되어 있어 충분한 압력을 발생시킬 수 있다.
㉢ 소요정압이 떨어져도 동력은 크게 상승하지 않으므로 시설저항 및 운전상태가 변하여도 과부하가 걸리지 않는다.
㉣ 송풍기 성능곡선에서 동력곡선이 최대송풍량의 60~70%까지 증가하다가 감소하는 경향을 띠는 특성이 있다.
㉤ 고농도 분진 함유 공기를 이송시킬 경우 깃 뒷면에 분진이 퇴적하며 집진기 후단에 설치하여야 한다.
㉥ 깃의 모양은 두께가 균일한 것과 익형이 있다.
㉦ 원심력식 송풍기 중 가장 효율이 좋다.

65 세정제진장치의 입자포집 원리를 설명한 것으로 틀린 것은?

① 분진을 함유한 가스를 선회운동(旋回運動)시켜서 입자가 원심력을 갖게 한다.
② 액적(液滴)에 입자가 충돌하여 부착된다.
③ 입자를 핵으로 한 증기의 응결에 따라서 응집성을 촉진한다.
④ 액막(液膜) 및 기포에 입자가 접촉·부착한다.

풀이 분진을 함유한 가스를 선회운동시켜 입자의 원심력을 포집 원리로 이용한 제진장치는 원심력 제진장치이다.

66 슬롯형 후드 중에서 후드면과 대상물질 사이의 거리, 제어속도, 후드 개구면의 길이가 같을 때 필요송풍량이 가장 적게 요구되는 것은?

① 전원주 슬롯형
② 1/4 원주 슬롯형
③ 1/2 원주 슬롯형
④ 3/4 원주 슬롯형

풀이 외부식 슬롯후드의 필요송풍량
$Q = 60 \cdot C \cdot L \cdot V_c \cdot X$
여기서, Q : 필요송풍량(m³/min)
C : 형상계수
[(전원주 ⇨ 5.0(ACGIH : 3.7)
$\frac{3}{4}$원주 ⇨ 4.1
$\frac{1}{2}$원주(플랜지 부착 경우와 동일)
⇨ 2.8(ACGIH : 2.6)
$\frac{1}{4}$원주 ⇨ 1.6)]
L : slot 개구면의 길이(m)
V_c : 제어속도(m/sec)
X : 포집점까지의 거리(m)

67 사이클론 제진장치에서 입구의 유입유속 범위로 가장 적절한 것은? (단, 접선 유입식 기준이며, 원통 상부에서 접선 방향으로 유입된다.)

① 1.5~3.0m/sec ② 3.0~7.0m/sec
③ 7.0~15.0m/sec ④ 15.0~25.0m/sec

풀이 원심력 집진장치(cyclone)의 입구 유속
㉠ 접선 유입식 : 7~15m/sec
㉡ 축류식 : 10m/sec 전후

68 전체환기시설의 설치조건에 해당하지 않는 것은?

① 오염물질의 노출기준값이 매우 작은 경우
② 동일한 작업장에 오염원이 분산되어 있는 경우
③ 오염물질의 발생량이 비교적 적은 경우
④ 오염물질이 증기나 가스인 경우

정답 64.② 65.① 66.② 67.③ 68.①

[풀이] **전체환기(희석환기) 적용 시 조건**
① 유해물질의 독성이 비교적 낮은 경우, 즉 TLV가 높은 경우(가장 중요한 제한조건)
② 동일한 작업장에 다수의 오염원이 분산되어 있는 경우
③ 유해물질이 시간에 따라 균일하게 발생할 경우
④ 유해물질의 발생량이 적은 경우 및 희석공기량이 많지 않아도 될 경우
⑤ 유해물질이 증기나 가스일 경우
⑥ 국소배기로 불가능한 경우
⑦ 배출원이 이동성인 경우
⑧ 가연성 가스의 농축으로 폭발의 위험이 있는 경우
⑨ 오염원이 근무자가 근무하는 장소로부터 멀리 떨어져 있는 경우

69 분자량이 119.38, 비중이 1.49인 클로로포름 1kg/hr을 사용하는 작업장에서 필요한 전체환기량(m³/min)은 약 얼마인가? (단, ACGIH의 방법을 적용하며, 여유계수는 6, 노출기준은 10ppm이다.)

① 2,000 ② 2,500
③ 3,000 ④ 3,500

[풀이] ACGIH 방법을 적용한 필요환기량(Q)

$$Q(\text{m}^3/\text{min})$$
$$= \frac{0.0241 \times 사용량(\text{g/hr}) \times 여유계수 \times 10^6}{\text{M.W} \times \text{TLV}}$$
$$= \frac{0.0241 \times 1,000 \times 6 \times 10^6}{119.38 \times 10}$$
$$= 121125.81 \text{m}^3/\text{hr}$$
$$= 2,018 \text{m}^3/\text{min}$$

70 국소배기시스템 설치 시 고려사항으로 적절하지 않은 것은?

① 후드는 덕트보다 두꺼운 재질을 선택한다.
② 송풍기를 연결할 때에는 최소 덕트 직경의 3배 정도는 직선구간으로 하여야 한다.
③ 가급적 원형 덕트를 사용한다.
④ 곡관의 곡률반경은 최소 덕트 직경의 1.5배 이상으로 하며, 주로 2.0을 사용한다.

[풀이] 송풍기를 연결할 때에는 최소 덕트 직경의 6배 정도는 직선구간을 확보하여야 한다.

71 실험실에서 독성이 강한 시약을 다루는 작업을 한다면 어떠한 후드를 설치하는 것이 가장 적당한가?

① 외부식 후드
② 캐노피 후드
③ 포위식 후드
④ 포집형 후드

[풀이] **포위식 후드**
① 발생원을 완전히 포위하는 형태의 후드이고 후드의 개방면에서 측정한 속도로서 면속도가 제어속도가 된다.
② 국소배기시설의 후드 형태 중 가장 효과적인 형태이다. 즉, 필요환기량을 최소한으로 줄일 수 있다.
③ 독성 가스 및 방사성 동위원소 취급공정, 발암성 물질에 주로 사용한다.

72 온도 95℃, 압력 720mmHg에서 부피 200m³인 기체가 있다. 21℃, 1atm에서 이 기체의 부피는 얼마가 되겠는가?

① 140.6m³ ② 151.4m³
③ 220.3m³ ④ 285.6m³

[풀이] $\frac{P_1 V_1}{T_1} = \frac{P_2 V_2}{T_2}$ (보일-샤를의 법칙)

$$\therefore V_2 = V_1 \times \frac{T_2}{T_1} \times \frac{P_1}{P_2}$$
$$= 200 \text{m}^3 \times \frac{273+21}{273+95} \times \frac{720}{760}$$
$$= 151.4 \text{m}^3$$

73 송풍기 상사 법칙과 관련이 없는 것은?

① 송풍량   ② 축동력
③ 덕트의 길이 ④ 회전수

[풀이] **송풍기 상사 법칙**
① 풍량은 회전수비에 비례한다.
② 풍압은 회전수비의 제곱에 비례한다.
③ 동력은 회전수비의 세제곱에 비례한다.

정답 69.① 70.② 71.③ 72.② 73.③

74 국소환기시설의 일반적인 배열로 가장 적절한 것은?

① 후드 → 공기정화시설 → 배관 → 송풍기 → 배출구
② 공기정화시설 → 후드 → 배관 → 송풍기 → 배출구
③ 후드 → 배관 → 공기정화시설 → 송풍기 → 배출구
④ 후드 → 배관 → 송풍기 → 공기정화시설 → 배출구

풀이 국소배기장치의 계통
후드 → 덕트 → 공기정화장치 → 송풍기 → 배기덕트

75 다음 중 세정집진장치의 종류가 아닌 것은?

① 유수식
② 가압수식
③ 충진탑식
④ 사이클론식

풀이 세정집진장치의 종류
(1) 유수식(가스분산형)
  ㉠ 물(액체) 속으로 처리가스를 유입하여 다량의 액막을 형성하여, 함진가스를 세정하는 방식이다.
  ㉡ 종류로는 S형 임펠러형, 로터형, 분수형, 나선안내익형, 오리피스 스크러버 등이 있다.
(2) 가압수식(액분산형)
  ㉠ 물(액체)을 가압 공급하여 함진가스를 세정하는 방식이다.
  ㉡ 종류로는 벤투리 스크러버, 제트 스크러버, 사이클론 스크러버, 분무탑, 충진탑 등이 있다.
  ㉢ 벤투리 스크러버는 가압수식에서 집진율이 가장 높아 광범위하게 사용한다.
(3) 회전식
  ㉠ 송풍기의 회전을 이용하여 액막, 기포를 형성시켜 함진가스를 세정하는 방식이다.
  ㉡ 종류로는 타이젠 워셔, 임펄스 스크러버 등이 있다.

76 총 압력손실 계산법 중 정압조절평형법의 단점에 해당하지 않는 것은?

① 설계 시 잘못된 유량을 수정하기가 어렵다.
② 설계가 복잡하고 시간이 걸린다.
③ 최대저항경로의 선정이 잘못되었을 경우 설계 시 발견이 어렵다.
④ 설계유량 산정이 잘못되었을 경우, 수정은 덕트 크기의 변경을 필요로 한다.

풀이 정압조절평형법(유속조절평형법, 정압균형유지법)
(1) 장점
  ㉠ 예기치 않는 침식, 부식, 분진퇴적으로 인한 축적(퇴적) 현상이 일어나지 않는다.
  ㉡ 잘못 설계된 분지관 또는 최대저항경로(저항이 큰 분지관) 선정이 잘못되어도 설계 시 쉽게 발견할 수 있다.
  ㉢ 설계가 정확할 때에는 가장 효율적인 시설이 된다.
  ㉣ 유속의 범위가 적절히 선택되면 덕트의 폐쇄가 일어나지 않는다.
(2) 단점
  ㉠ 설계 시 잘못된 유량을 고치기 어렵다(임의의 유량을 조절하기 어려움).
  ㉡ 설계가 복잡하고 시간이 걸린다.
  ㉢ 설계유량 산정이 잘못되었을 경우 수정은 덕트의 크기 변경을 필요로 한다.
  ㉣ 때에 따라 전체 필요한 최소유량보다 더 초과될 수 있다.
  ㉤ 설치 후 변경이나 확장에 대한 유연성이 낮다.
  ㉥ 효율 개선 시 전체를 수정해야 한다.

77 후드가 곡관덕트로 연결되는 경우 속도압의 측정위치로 가장 적절한 것은?

① 덕트 직경의 $\frac{1}{2}$~1배 되는 지점
② 덕트 직경의 1~2배 되는 지점
③ 덕트 직경의 2~4배 되는 지점
④ 덕트 직경의 4~6배 되는 지점

풀이 후드가 곡관덕트로 연결되는 경우 속도압의 측정위치는 덕트 직경의 4~6배 되는 지점이다.

78 중력집진장치에서 집진효율을 향상시키는 방법으로 적절하지 않은 것은?

① 처리가스 배기속도를 작게 한다.
② 수평도달거리를 길게 한다.
③ 침강실 내의 배기 기류를 균일하게 한다.
④ 침강높이를 크게 한다.

풀이 다음 중력집진장치의 집진효율 계산식에 따라, 침강높이(H)는 작게 해야 집진효율을 향상시킬 수 있다.

$$\eta = \frac{V_g}{V} \times \frac{L}{H} \times n$$

여기서, η : 집진효율
 V_g : 종말침강속도
 V : 처리가스 배기속도
 L : 장치의 길이
 H : 장치의 높이(침강높이)
 n : 침전실의 단수

79 다음 중 일반적으로 발생원에 대한 제어속도 V_c(control velocity)가 가장 큰 작업공정은?

① 연마작업　　② 인쇄작업
③ 도장작업　　④ 도금작업

풀이 제어속도 범위(ACGIH)

작업조건	작업공정 사례	제어속도 (m/sec)
• 움직이지 않는 공기 중에서 속도 없이 배출되는 작업조건 • 조용한 대기 중에 실제 거의 속도가 없는 상태로 발산하는 경우의 작업조건	• 액면에서 발생하는 가스나 증기, 흄 • 탱크에서 증발·탈지 시설	0.25~0.5
비교적 조용한(약간의 공기 움직임) 대기 중에서 저속도로 비산하는 작업조건	• 용접·도금 작업 • 스프레이 도장 • 주형을 부수고 모래를 터는 장소	0.5~1.0
발생기류가 높고 유해물질이 활발하게 발생하는 작업조건	• 스프레이 도장, 용기 충전 • 컨베이어 적재 • 분쇄기	1.0~2.5
초고속기류가 있는 작업장소에 초고속으로 비산하는 경우	• 회전연삭작업 • 연마작업 • 블라스트 작업	2.5~10

80 송풍관 내에서 기류의 압력손실 원인과 관계가 가장 적은 것은?

① 기체의 속도
② 송풍관의 형상
③ 송풍관의 직경
④ 분진의 크기

풀이 덕트 내 마찰손실에 영향을 미치는 인자
㉠ 공기 속도
㉡ 덕트면의 성질(조도)
㉢ 덕트 직경
㉣ 공기 밀도, 점도
㉤ 덕트의 형상

제2회 산업위생관리산업기사

CBT 기출복원문제 | 2025.05.10

제1과목 | 산업위생학 개론

01 혈액을 이용한 생물학적 모니터링의 장점으로 옳은 것은?
① 보관, 처치가 용이하다.
② 시료채취 시 근로자의 부담이 적다.
③ 시료채취 시 오염되는 경우가 적다.
④ 약물동력학적 변이요인들의 영향이 적다.

풀이 혈액을 이용한 생물학적 모니터링의 특징
㉠ 시료채취과정에서 오염될 가능성이 적다.
㉡ 휘발성 물질시료의 손실 방지를 위하여 최대용량을 채취해야 한다.
㉢ 채취 시 고무마개의 혈액 흡착을 고려하여야 한다.
㉣ 생물학적 기준치는 정맥혈을 기준으로 하며, 동맥혈에는 적용할 수 없다.
㉤ 분석방법 선택 시 특정 물질의 단백질 결합을 고려해야 한다.
㉥ 보관, 처치에 주의를 요한다.
㉦ 시료채취 시 근로자가 부담을 가질 수 있다.
㉧ 약물동력학적 변이요인들의 영향을 받는다.

02 육체적 작업능력(PWC)이 16kcal/min인 근로자가 1일 8시간 동안 물체 운반작업을 하고 있다. 이때의 작업대사량이 7kcal/min이라면, 이 사람이 쉬지 않고 계속 일을 할 수 있는 최대허용시간은 약 얼마인가? (단, $\log T_{end} = 3.720 - 0.1949E$ 이다.)
① 4분   ② 83분
③ 141분   ④ 227분

풀이 최대허용시간(T_{end})
$\log T_{end} = 3.720 - 0.1949E$
$= 3.720 - 0.1949 \times 7 = 2.356$
∴ T_{end}(최대허용시간) $= 10^{2.356} = 227 \min$

03 다음 중 역사상 최초로 기록된 직업병은?
① 납중독
② 음낭암
③ 진폐증
④ 수은중독

풀이 BC 4세기 Hippocrates에 의해 광산에서 납중독이 보고되었다.
※ 역사상 최초로 기록된 직업병 : 납중독

04 고열에 의한 만성 체력소모를 말하는 것이며, 건강장애로 전신권태, 위장장애, 불면, 빈혈 등을 나타내는 고열폭로에 의한 증상은?
① 열경련(heat cramp)
② 열성발진(heat rash)
③ 열피로(heat exhaustion)
④ 열쇠약(heat prostration)

풀이 열쇠약증은 더위한계를 넘은 상태, 즉 힘없는 상태를 말한다.

05 미국국립산업안전보건연구원(NIOSH)의 중량물 취급작업에 대한 권고치 가운데 감시기준(AL)이 40kg일 때 최대허용기준(MPL)은 얼마인가?
① 60kg
② 80kg
③ 120kg
④ 160kg

풀이 최대허용기준(MPL) = 감시기준(AL) × 3
= 40kg × 3
= 120kg

정답 01.③ 02.④ 03.① 04.④ 05.③

06 바람직한 교대제 근무에 관한 내용으로 가장 거리가 먼 것은?

① 야근은 최소 3일 이상 연속하여야 한다.
② 야근의 교대시간은 심야를 피해야 한다.
③ 야근 종료 후 휴식은 48시간 이상으로 한다.
④ 교대방식은 낮근무, 저녁근무, 밤근무 순으로 한다.

풀이 교대근무제 관리원칙(바람직한 교대제)
㉠ 각 반의 근무시간은 8시간씩 교대로 하고, 야근은 가능한 짧게 한다.
㉡ 2교대인 경우 최소 3조의 정원을, 3교대인 경우 4조를 편성한다.
㉢ 채용 후 건강관리로 체중, 위장증상 등을 정기적으로 기록해야 하며, 근로자의 체중이 3kg 이상 감소하면 정밀검사를 받아야 한다.
㉣ 평균 주작업시간은 40시간을 기준으로, '갑반 → 을반 → 병반'으로 순환하게 된다.
㉤ 근무시간의 간격은 15~16시간 이상으로 하는 것이 좋다.
㉥ 야근의 주기는 4~5일로 한다.
㉦ 신체 적응을 위하여 야간근무의 연속일수는 2~3일로 하며, 야간근무를 3일 이상 연속으로 하는 경우에는 피로 축적현상이 나타나게 되므로 연속하여 3일을 넘기지 않도록 한다.
㉧ 야근 후 다음 반으로 가는 간격은 최저 48시간 이상의 휴식시간을 갖도록 하여야 한다.
㉨ 야근 교대시간은 상오 0시 이전에 하는 것이 좋다(심야시간을 피함).
㉩ 야근 시 가면은 반드시 필요하며, 보통 2~4시간(1시간 30분 이상)이 적합하다.
㉪ 야근 시 가면은 작업강도에 따라 30분~1시간 범위로 하는 것이 좋다.
㉫ 작업 시 가면시간은 적어도 1시간 30분 이상 주어야 수면효과가 있다고 볼 수 있다.
㉬ 상대적으로 가벼운 작업은 야간근무조에 배치하는 등 업무내용을 탄력적으로 조정해야 하며, 야간작업자는 주간작업자보다 연간 쉬는 날이 더 많아야 한다.
㉭ 근로자가 교대일정을 미리 알 수 있도록 해야 한다.
㉮ 일반적으로 오전근무의 개시시간은 오전 9시로 한다.
㉯ 교대방식(교대근무 순환주기)은 '낮근무 → 저녁근무 → 밤근무' 순으로 한다. 즉, 정교대가 좋다.

07 도수율에 관한 설명으로 틀린 것은?

① 산업재해의 발생빈도를 나타낸다.
② 재해의 경중, 즉 강도를 나타내는 척도이다.
③ 연근로시간 합계 100만 시간당의 발생건수를 나타낸다.
④ 연근로시간수의 정확한 산출이 곤란한 경우 연간 2,400시간으로 한다.

풀이 재해의 경중(정도), 즉 강도를 나타내는 척도는 강도율(SR)이다.

08 산업피로의 측정 시 생화학적 검사의 측정항목으로만 나열된 것은?

① 혈액, 소변
② 근력, 근활동
③ 심박수, 혈압
④ 호흡수, 에너지대사

풀이 산업피로 기능검사
(1) 연속측정법
(2) 생리심리학적 검사법
㉠ 역치측정
㉡ 근력검사
㉢ 행위검사
(3) 생화학적 검사법
㉠ 혈액검사
㉡ 뇨단백검사
(4) 생리적 검사법
㉠ 연속반응시간
㉡ 호흡순환기능
㉢ 대뇌피질활동

09 작업환경 내의 산소 농도는 최소 몇 % 이상으로 하여야 하는가?

① 10   ② 14
③ 16   ④ 18

풀이 산소결핍은 공기 중의 산소 농도가 18% 미만인 상태를 말한다.

10 공기 중에 혼합물로 toluene 70ppm(TLV 100ppm), xylene 60ppm(TLV 100ppm), n-hexane 30ppm(TLV 50ppm)이 존재하는 경우 복합노출지수는 얼마인가?

① 1.1 ② 1.5
③ 1.9 ④ 2.3

풀이 복합노출지수(EI) $= \dfrac{C_1}{TLV_1} + \cdots + \dfrac{C_n}{TLV_n}$
$= \dfrac{70}{100} + \dfrac{60}{100} + \dfrac{30}{50} = 1.9$

11 산업안전보건법상 '강렬한 소음작업'이라 함은 얼마 이상의 소음이 1일 8시간 이상 발생하는 작업을 말하는가?

① 85dB(A) ② 90dB(A)
③ 95dB(A) ④ 100dB(A)

풀이
㉠ 소음작업 : 1일 8시간 작업을 기준으로 85dB 이상의 소음이 발생하는 작업
㉡ 강렬한 소음작업 : 90dB 이상의 소음이 1일 8시간 이상 발생하는 작업

12 작업대사율(RMR)이 4인 작업을 하는 근로자의 실동률(%)은 얼마인가? (단, 사이토와 오시마 식을 적용한다.)

① 55 ② 65
③ 75 ④ 85

풀이 실동률(실노동률, %)
$= 85 - (5 \times RMR)$: 사이토와 오시마 공식
$= 85 - (5 \times 4)$
$= 65\%$

13 상호관계가 있는 것으로만 연결된 것은?

① 규폐증 : 레이노 현상
② 비소 : 파킨슨 증후군
③ 산화아연 : 금속열
④ C_5-dip : 진동

풀이
① 규폐증 : 폐질환
② 비소 : 피부암(피부염)
④ C_5-dip : 청력손실

14 재해율의 종류 중 '천인율'에 관한 설명으로 틀린 것은?

① 천인율=(재해자수/평균 근로자수)×1,000
② 근무시간이 다른 타 업종 간의 비교가 용이하다.
③ 각 사업장 간의 재해상황을 비교하는 자료로 활용된다.
④ 1년 동안에 근로자 1,000명에 대하여 발생한 재해자수를 연천인율이라 한다.

풀이 연천인율은 근무시간이 같은 동종 업체끼리만 비교가 가능하다.

15 직업성 질환을 인정할 때 고려해야 할 사항으로 틀린 것은?

① 업무상 재해라고 할 수 있는 사건의 유무
② 작업환경과 그 작업에 종사한 기간 또는 유해작업의 정도
③ 의학상 특징적으로 나타나는 예상되는 임상검사 소견의 유무
④ 같은 작업장에서 비슷한 증상을 나타내는 환자의 발생 유무

풀이 ②, ③, ④항 이외의 고려사항으로는 다음과 같은 것들이 있다.
㉠ 작업환경, 취급원료, 중간체, 부산물 및 제품 자체 등의 유해성 유무 또는 공기 중 유해물질의 농도
㉡ 유해물질에 의한 중독증
㉢ 직업병에서 특이하게 볼 수 있는 증상
㉣ 유해물질에 폭로된 때부터 발병까지의 시간적 간격 및 증상의 경로
㉤ 발병 전의 신체적 이상
㉥ 과거 질병의 유무
㉦ 비슷한 증상을 나타내면서 업무에 기인하지 않은 다른 질환과의 상관성

정답 10.③ 11.② 12.② 13.③ 14.② 15.①

16 산업안전보건법상 보건관리자의 직무에 해당하지 않는 것은?

① 위험성평가에 관한 보좌 및 지도·조언
② 산업보건의의 직무
③ 사업장 순회점검, 지도 및 조치 건의
④ 건강진단 결과 발견된 질병자의 치료행위

풀이 보건관리자의 직무(업무)
㉠ 산업안전보건위원회 또는 노사협의체에서 심의·의결한 업무와 안전보건관리규정 및 취업규칙에서 정한 업무
㉡ 안전인증대상 기계 등과 자율안전확인대상 기계 등 중 보건과 관련된 보호구(保護具) 구입 시 적격품 선정에 관한 보좌 및 지도·조언
㉢ 위험성평가에 관한 보좌 및 지도·조언
㉣ 작성된 물질안전보건자료의 게시 또는 비치에 관한 보좌 및 지도·조언
㉤ 산업보건의의 직무
㉥ 해당 사업장 보건교육계획의 수립 및 보건교육실시에 관한 보좌 및 지도·조언
㉦ 해당 사업장의 근로자를 보호하기 위한 다음의 조치에 해당하는 의료행위
  ⓐ 자주 발생하는 가벼운 부상에 대한 치료
  ⓑ 응급처치가 필요한 사람에 대한 처치
  ⓒ 부상·질병의 악화를 방지하기 위한 처치
  ⓓ 건강진단 결과 발견된 질병자의 요양 지도 및 관리
  ⓔ ⓐ부터 ⓓ까지의 의료행위에 따르는 의약품의 투여
㉧ 작업장 내에서 사용되는 전체환기장치 및 국소배기장치 등에 관한 설비의 점검과 작업방법의 공학적 개선에 관한 보좌 및 지도·조언
㉨ 사업장 순회점검, 지도 및 조치 건의
㉩ 산업재해 발생의 원인 조사·분석 및 재발방지를 위한 기술적 보좌 및 지도·조언
㉪ 산업재해에 관한 통계의 유지·관리·분석을 위한 보좌 및 지도·조언
㉫ 법 또는 법에 따른 명령으로 정한 보건에 관한 사항의 이행에 관한 보좌 및 지도·조언
㉬ 업무 수행 내용의 기록·유지
㉭ 그 밖에 보건과 관련된 작업관리 및 작업환경관리에 관한 사항으로서 고용노동부장관이 정하는 사항

17 실내환경의 공기오염에 따른 건강장애 용어와 관련이 없는 것은?

① 빌딩 증후군(SBS)
② 새건물 증후군(SHS)
③ VDT 증후군(VDT syndrome)
④ 복합화학물질 과민증(MCS)

풀이 VDT 증후군(VDT syndrome)
VDT 증후군이란 VDT를 오랜 기간 취급하는 작업자에게 발생하는 근골격계 질환, 안정피로 등의 안장애, 정전기 등에 의한 피부발진, 정신적 스트레스, 전자기파와 관련된 건강장애 등을 모두 합하여 부르는 용어이다. 이 증상들은 서로 독립적으로 나타나는 것이 아니라 복합적으로 발생하기 때문에 하나의 증후군이라 부른다.

18 다음 중 근육운동에 필요한 에너지 중 혐기성 대사에 사용되는 것이 아닌 것은?

① 단백질
② 글리코겐
③ 크레아틴인산(CP)
④ 아데노신삼인산(ATP)

풀이 혐기성 대사(anaerobic metabolism)
㉠ 근육에 저장된 화학적 에너지를 의미한다.
㉡ 혐기성 대사 순서(시간대별)
ATP(아데노신삼인산) → CP(크레아틴인산) → glycogen(글리코겐) or glucose(포도당)
※ 근육운동에 동원되는 주요 에너지원 중 가장 먼저 소비되는 것은 ATP이다.

19 원인별로 분류한 직업성 질환과 직종이 잘못 연결된 것은?

① 열사병 – 제강, 요업
② 규폐증 – 채석, 채광
③ 비중격천공 – 도금
④ 무뇨증 – 잠수, 항공기 조종

풀이 ④ 무뇨증 – 농약 제조, 전기분해

정답 16.④ 17.③ 18.① 19.④

20 산업피로의 증상으로 옳은 것은?

① 체온조절의 장애가 나타나며, 에너지 소모량이 증가한다.
② 호흡이 얕고 빨라지며, 근육 내 글리코겐이 증가하게 된다.
③ 혈액 중의 젖산과 탄산량이 감소하여 산혈증을 일으킨다.
④ 소변의 양과 소변 내 단백질이나 기타 교질영양물질의 배설량이 줄어든다.

[풀이] 산업피로의 증상
㉠ 체온은 처음에는 높아지나 피로정도가 심해지면 오히려 낮아진다(체온조절기능 저하).
㉡ 혈압은 초기에는 높아지나 피로가 진행되면 오히려 낮아진다.
㉢ 혈액 내 혈당치가 낮아지고 젖산과 탄산량이 증가하여 산혈증으로 된다.
㉣ 맥박 및 호흡이 빨라지며 에너지 소모량이 증가한다.
㉤ 체온 상승과 호흡중추의 흥분이 온다(체온 상승이 호흡중추를 자극하여 에너지 소모량을 증가시킴).
㉥ 권태감과 졸음이 오고 주의력이 산만해지며 판단력이 흐려진다.
㉦ 식은땀이 나고 입이 자주 마른다.
㉧ 호흡이 얕고 빠른데, 이는 혈액 중 이산화탄소량이 증가하여 호흡중추를 자극하기 때문이다.
㉨ 맛, 냄새, 시각, 촉각 등 지각기능이 둔해지고 반사기능이 낮아진다.
㉩ 소변의 양이 줄고 진한 갈색으로 변하며, 심한 경우 단백뇨가 나타나고, 소변 내 단백질 또는 교질물질의 배설량(농도)이 증가한다.

제2과목 | 작업환경 측정 및 평가

21 ACGIH에서는 입자상 물질을 흡입성, 흉곽성, 호흡성으로 제시하고 있다. 호흡성 입자상 물질의 평균입경(폐포침착률 50%)은 얼마인가?

① $5\mu m$ ② $4\mu m$
③ $3\mu m$ ④ $2\mu m$

[풀이] ACGIH의 입자크기별 기준
㉠ 흡입성 입자상 물질 : 평균입경 $100\mu m$
㉡ 흉곽성 입자상 물질 : 평균입경 $10\mu m$
㉢ 호흡성 입자상 물질 : 평균입경 $4\mu m$

22 유기용제 중 활성탄관을 사용하여 효과적으로 채취하기 어려운 시료는?

① 할로겐화 탄화수소류
② 니트로벤젠류
③ 케톤류
④ 알코올류

[풀이]
(1) 실리카겔관을 사용하여 채취하기 용이한 시료
㉠ 극성류의 유기용제, 산(무기산 : 불산, 염산)
㉡ 방향족 아민류, 지방족 아민류
㉢ 아미노에탄올, 아미드류
㉣ 니트로벤젠류, 페놀류
(2) 활성탄관을 사용하여 채취하기 용이한 시료
㉠ 비극성류의 유기용제
㉡ 각종 방향족 유기용제(방향족 탄화수소류)
㉢ 할로겐화 지방족 유기용제(할로겐화 탄화수소류)
㉣ 에스테르류, 알코올류, 에테르류, 케톤류

23 어떤 유기용제의 활성탄관에서의 탈착효율을 구하기 위해 실험하였다. 이 유기용제를 0.50mg을 첨가하였는데, 분석결과 나온 값이 0.48mg이었다면 탈착효율은?

① 90% ② 92%
③ 94% ④ 96%

[풀이] 탈착효율(%) = $\dfrac{\text{분석량}}{\text{첨가량}} \times 100 = \dfrac{0.48}{0.50} \times 100 = 96\%$

24 부피비로 0.1%는 몇 ppm인가?

① 10
② 100
③ 1,000
④ 10,000

[풀이] $0.1\% \times \dfrac{10,000\text{ppm}}{\%} = 1,000\text{ppm}$

정답 20.① 21.② 22.② 23.④ 24.③

25 TLV(Threshold Limit Values)는 ACGIH에서 권장하는 작업장의 노출농도 기준으로서 세계적으로 인정받고 있다. TLV에 관한 설명으로 틀린 것은?

① 대기오염의 평가 및 관리에 적용하지 않는다.
② 기존의 질병이나 육체적 조건을 판단하기 위한 척도로 사용될 수 없으며 안전과 위험농도를 구분하는 경계선이 아니다.
③ 근로자가 주기적으로 노출되는 경우 역건강효과가 있는 농도의 최대치로 정의된다.
④ 정상작업시간을 초과한 노출에 대한 독성 평가에는 적용할 수 없다.

[풀이] ACGIH(미국정부산업위생전문가협의회)에서 권고하고 있는 허용농도(TLV) 적용상 주의사항
㉠ 대기오염 평가 및 지표(관리)에 사용할 수 없다.
㉡ 24시간 노출 또는 정상작업시간을 초과한 노출에 대한 독성 평가에는 적용할 수 없다.
㉢ 기존의 질병이나 신체적 조건을 판단(증명 또는 반증 자료)하기 위한 척도로 사용될 수 없다.
㉣ 작업조건이 다른 나라에서 ACGIH-TLV를 그대로 사용할 수 없다.
㉤ 안전농도와 위험농도를 정확히 구분하는 경계선이 아니다.
㉥ 독성의 강도를 비교할 수 있는 지표는 아니다.
㉦ 반드시 산업보건(위생)전문가에 의하여 설명(해석)·적용되어야 한다.
㉧ 피부로 흡수되는 양은 고려하지 않은 기준이다.
㉨ 산업장의 유해조건을 평가하기 위한 지침이며, 건강장애를 예방하기 위한 지침이다.

26 주로 문제가 되는 전신진동의 주파수 범위로 가장 알맞은 것은?

① 1~20Hz
② 2~80Hz
③ 100~300Hz
④ 500~1,000Hz

[풀이] ㉠ 전신진동 진동수 : 1~90Hz(2~80Hz)
㉡ 국소진동 진동수 : 8~1,500Hz

27 개인시료채취기(personal air sampler)로 1분당 2L의 유량으로 100분간 시료를 채취하였는데 채취 전 시료채취 필터의 무게가 80mg, 채취 후 필터 무게가 82mg일 때, 계산된 분진 농도는?

① $10mg/m^3$ ② $15mg/m^3$
③ $20mg/m^3$ ④ $25mg/m^3$

[풀이]
$$농도(mg/m^3) = \frac{분석량}{시료채취량}$$
$$= \frac{(82-80)mg}{2L/min \times 100min \times 10^{-3}m^3/L}$$
$$= 10mg/m^3$$

28 소음수준 측정방법에 관한 설명으로 틀린 것은?

① 소음수준을 측정할 때에는 측정대상이 되는 근로자의 근접한 위치의 귀 높이에서 측정하여야 한다.
② 충격소음인 경우에는 소음수준에 따른 5분 동안의 발생횟수를 측정한다.
③ 누적소음노출량 측정기로 소음을 측정하는 경우에는 criteria=90dB, exchange rate=5dB, threshold=80dB로 기기 설정을 하여야 한다.
④ 소음이 1초 이상의 간격을 유지하면서 최대음압수준이 120dB(A) 이상인 소음을 충격소음이라 한다.

[풀이] 충격소음인 경우에는 소음수준에 따른 1분 동안의 발생횟수를 측정하여야 한다.

29 다음 중 디티존분석법으로 분석할 수 없는 물질은?

① Cd   ② Hg
③ Pb   ④ Cr^{6+}

[풀이] ④ 6가크롬(Cr^{6+})은 디페닐카바지드 분석법을 적용한다.

30 자유공간(free-field)에서 거리가 3배 멀어지면 소음수준은 초기보다 몇 dB 감소하는가? (단, 점음원 기준이다.)

① 3.5
② 5.5
③ 7.5
④ 9.5

풀이 점음원의 거리 감쇠

$$SPL_1 - SPL_2 = 20\log\frac{r_2}{r_1}$$
$$= 20\log\frac{3}{1}$$
$$= 20\log 3 = 9.5 dB$$

31 옥외작업장(태양광선이 내리쬐는 장소)의 자연습구온도는 29℃, 건구온도는 33℃, 흑구온도는 36℃, 기류속도는 1m/sec일 때, WBGT 지수값은?

① 약 33℃
② 약 31℃
③ 약 28℃
④ 약 26℃

풀이 옥외작업장(태양광선이 내리쬐는 장소)의 WBGT(℃)
= 0.7×자연습구온도+0.2×흑구온도+0.1×건구온도
= (0.7×29℃)+(0.2×36℃)+(0.1×33℃)
= 30.8℃

32 시료채취방법 중에서 개인시료채취 시의 채취지점으로 가장 알맞은 것은? (단, 개인시료채취기를 이용한다.)

① 근로자의 호흡위치(호흡기 중심반경 30cm인 반구)
② 근로자의 호흡위치(호흡기 중심반경 60cm인 반구)
③ 근로자의 호흡위치(1.2~1.5m 높이의 고정된 위치)
④ 근로자의 호흡위치(측정하고자 하는 고정된 위치)

풀이
㉠ 개인시료채취 : 개인시료채취기를 이용하여 가스·증기·분진·흄(fume)·미스트(mist) 등을 근로자의 호흡위치(호흡기를 중심으로 반경 30cm인 반구)에서 채취하는 것을 말한다.
㉡ 지역시료채취 : 시료채취기를 이용하여 가스·증기·분진·흄(fume)·미스트(mist) 등을 근로자의 작업행동범위에서 호흡기 높이에 고정하여 채취하는 것을 말한다.

33 작업환경에서 공기 중 오염물질 농도 표시인 mppcf에 대한 설명으로 틀린 것은?

① million particle per cubic feet를 의미한다.
② OSHA PEL 중 mica와 graphite는 mppcf로 표시한다.
③ 1mppcf는 대략 35.31개/cm³이다.
④ ACGIH TLVs의 mg/m³와 mppcf 전환에서 14mppcf는 1mg/m³이다.

풀이 mppcf(million particle per cubic feet)
㉠ 분진의 질이나 양과는 관계없이 단위공기 중에 들어있는 분자량
㉡ 우리나라는 공기 mL 속의 분자수로 표시하고, 미국의 경우는 1ft³당 몇백만 개 mppcf로 사용
㉢ 1mppcf=35.31입자(개)/mL=35.31입자(개)/cm³
㉣ OSHA 노출기준(PEL) 중 mica와 graphite는 mppcf로 표시
㉤ mppcf는 수량농도 입자수, mg/m³는 중량농도를 의미

34 입경이 14μm이고 밀도가 1.3g/cm³인 입자의 침강속도는?

① 0.19cm/sec
② 0.35cm/sec
③ 0.52cm/sec
④ 0.76cm/sec

풀이 Lippmann 식에 의한 침강속도
$$V(cm/sec) = 0.003 \times \rho \times d^2$$
$$= 0.003 \times 1.3 \times 14^2$$
$$= 0.76 cm/sec$$

정답 30.④ 31.② 32.① 33.④ 34.④

PART 02 과년도 출제문제

35 다음 중 1차 표준기기(primary standard)가 아닌 것은?

① 폐활량계(spirometer)
② 비누거품미터(soap bubble meter)
③ 가스치환병(mariotte bottle)
④ 로터미터(rota meter)

[풀이] 공기채취기구의 보정에 사용되는 1차 표준기구의 종류

표준기구	일반 사용범위	정확도
비누거품미터 (soap bubble meter)	1mL/분 ~30L/분	±1% 이내
폐활량계 (spirometer)	100~600L	±1% 이내
가스치환병 (mariotte bottle)	10~500mL/분	±0.05 ~0.25%
유리피스톤미터 (glass piston meter)	10~200mL/분	±2% 이내
흑연피스톤미터 (frictionless piston meter)	1mL/분 ~50L/분	±1~2%
피토튜브 (pitot tube)	15mL/분 이하	±1% 이내

36 A물건을 제작하는 공정에서 100% TCE를 사용하고 있다. 작업자의 잘못으로 TCE가 휘발되었다면 공기 중 TCE 포화농도는? (단, 0°C, 1기압 기준이며, 환기는 고려하지 않고, TCE 증기압은 19mmHg, TCE는 충분한 양이 휘발된다.)

① 19,000ppm
② 22,000ppm
③ 25,000ppm
④ 28,000ppm

[풀이]
$$포화농도(ppm) = \frac{C}{760mmHg} \times 10^6$$
$$= \frac{19}{760} \times 10^6$$
$$= 25,000ppm$$

37 가스상 물질의 시료 포집 시 사용하는 액체 포집방법의 흡수효율을 높이기 위한 방법으로 맞지 않는 것은?

① 흡수용액의 온도를 낮추어 오염물질의 휘발성을 제한하는 방법
② 두 개 이상의 버블러를 연속적으로 연결하여 채취효율을 높이는 방법
③ 시료채취속도를 높여 채취유량을 줄이는 방법
④ 채취효율이 좋은 프리티드버블러 등의 기구를 사용하는 방법

[풀이] 흡수효율(채취효율)을 높이기 위한 방법
㉠ 포집액의 온도를 낮추어 오염물질의 휘발성을 제한한다.
㉡ 두 개 이상의 임핀저나 버블러를 연속적(직렬)으로 연결하여 사용하는 것이 좋다.
㉢ 시료채취속도(채취물질이 흡수액을 통과하는 속도)를 낮춘다.
㉣ 기포의 체류시간을 길게 한다.
㉤ 기포와 액체의 접촉면적을 크게 한다(가는 구멍이 많은 fritted 버블러 사용).
㉥ 액체의 교반을 강하게 한다.
㉦ 흡수액의 양을 늘려준다.
㉧ 액체에 포집된 오염물질의 휘발성을 제거한다.

38 입자상 물질을 채취하는 방법과 가장 거리가 먼 것은?

① 카세트에 장착된 여과지에 의한 여과방법으로 시료채취
② 사이클론과 여과방법을 이용하여 호흡성 크기의 입자를 채취
③ 확산 및 체거름 방법을 이용한 흡착 검지관식 시료채취
④ 입자상 물질을 cascade impactor의 충돌원리를 이용하여 크기별로 채취

[풀이] 입자상 물질 채취방법
㉠ 카세트
㉡ 10mm nylon cyclone
㉢ cascade impactor

정답 35.④ 36.③ 37.③ 38.③

39 흡착제 중 다공성 중합체에 관한 설명으로 틀린 것은?

① 활성탄보다 비표면적이 작다.
② 활성탄보다 흡착용량이 크며 반응성도 높다.
③ 테낙스 GC(tenax GC)는 열안정성이 높아 열탈착에 의한 분석이 가능하다.
④ 특별한 물질에 대한 선택성이 좋다.

[풀이] 다공성 중합체(porous polymer)
㉠ 활성탄에 비해 비표면적, 흡착용량, 반응성은 작지만, 특수한 물질 채취에 유용하다.
㉡ 대부분 스티렌, 에틸비닐벤젠, 디비닐벤젠 중 하나와 극성을 띤 비닐화합물과의 공중 중합체이다.
㉢ 특별한 물질에 대하여 선택성이 좋은 경우가 있다.
㉣ 장점
- 아주 적은 양도 흡착제로부터 효율적으로 탈착이 가능하다.
- 고온에서 열안정성이 매우 뛰어나기 때문에 열탈착이 가능하다.
- 저농도 측정이 가능하다.

㉤ 단점
- 비휘발성 물질(대표적 : 이산화탄소)에 의하여 치환반응이 일어난다.
- 시료가 산화·가수·결합 반응이 일어날 수 있다.
- 아민류 및 글리콜류는 비가역적 흡착이 발생한다.
- 반응성이 강한 기체(무기산, 이산화황)가 존재 시 시료가 화학적으로 변한다.

40 어느 오염원에서 다음 조건과 같은 중량비로 조성된 용제가 증발되어 작업환경을 오염시켰을 경우, 혼합물의 허용농도는?

- perchloroethylene 20%
  (TLV=670mg/m³, 1mg/m³=0.15ppm)
- methylene chloride 30%
  (TLV=720mg/m³, 1mg/m³=0.28ppm)
- heptane 50%
  (TLV=1,600mg/m³, 1mg/m³=0.25ppm)

① 973mg/m³ ② 594mg/m³
③ 481mg/m³ ④ 232mg/m³

[풀이]
혼합물의 허용농도(mg/m³)
$$= \frac{1}{\frac{f_a}{TLV_a}+\cdots+\frac{f_n}{TLV_n}}$$
$$= \frac{1}{\frac{0.2}{670}+\frac{0.3}{720}+\frac{0.5}{1,600}}$$
$$= 973.07 mg/m^3$$

제3과목 | 작업환경 관리

41 어떤 작업공정에서 발생하는 소음의 음압수준이 110dB(A)이고 근로자는 귀덮개(NRR=20)를 착용하고 있다. 차음효과 및 근로자에게 노출되는 음압수준이 알맞게 연결된 것은?

① 차음효과 : 6.5dB(A), 근로자 노출음압수준 : 103.5dB(A)
② 차음효과 : 2.5dB(A), 근로자 노출음압수준 : 107.5dB(A)
③ 차음효과 : 10.5dB(A), 근로자 노출음압수준 : 99.5dB(A)
④ 차음효과 : 5.0dB(A), 근로자 노출음압수준 : 105.0dB(A)

[풀이]
㉠ 차음효과 = (NRR−7)×50%
= (20−7)×0.5 = 6.5dB
㉡ 노출되는 음압수준 = 110−6.5 = 103.5dB

42 유기성 분진에 의한 진폐증은?

① 탄광부진폐증 ② 용접공폐증
③ 농부폐증   ④ 흑연폐증

[풀이] 분진의 종류에 따른 분류(임상적 분류)
㉠ 유기성 분진에 의한 진폐증 : 농부폐증, 면폐증, 연초폐증, 설탕폐증, 목재분진폐증, 모발분진폐증
㉡ 무기성(광물성) 분진에 의한 진폐증 : 규폐증, 탄소폐증, 활석폐증, 탄광부진폐증, 철폐증, 베릴륨폐증, 흑연폐증, 규조토폐증, 주석폐증, 칼륨폐증, 바륨폐증, 용접공폐증, 석면폐증

43 전리방사선 중 알파(α)선에 관한 설명으로 틀린 것은?

① 선원(major source) : 방사선 원자핵
② 투과력 : 매우 쉽게 투과
③ 상대적 생물학적 효과 : 10
④ 형태 : 고속의 He(입자)

풀이 α선(α입자)
㉠ 방사선 동위원소의 붕괴과정 중에서 원자핵에서 방출되는 입자로서 헬륨 원자의 핵과 같이 2개의 양자와 2개의 중성자로 구성되어 있다. 즉, 선원(major source)은 방사선 원자핵이고 고속의 He 입자 형태이다.
㉡ 질량과 하전 여부에 따라서 그 위험성이 결정된다.
㉢ 투과력은 가장 약하나(매우 쉽게 흡수) 전리작용은 가장 강하다.
㉣ 투과력이 약해 외부조사로 건강상의 위해가 오는 일은 드물며 피해부위는 내부노출이다.
㉤ 외부조사보다 동위원소를 체내 흡입·섭취할 때의 내부조사의 피해가 가장 큰 전리방사선이다.

44 방사선은 전리방사선과 비전리방사선으로 구분된다. 전리방사선은 생체에 대하여 파괴적으로 작용하므로 엄격한 허용기준이 제정되어 있다. 전리방사선으로만 짝지어진 것은?

① α선, 중성자, X선
② β선, 레이저, 자외선
③ α선, 라디오파, X선
④ β선, 중성자, 극저주파

풀이 이온화방사선 ┌ 전자기방사선(X-Ray, γ선)
(전리방사선) └ 입자방사선(α선, β선, 중성자)

45 보호장구의 효과적인 재질별 적용물질로 틀린 것은?

① Butyl 고무 – 극성 용제
② 면 – 비극성 용제
③ 천연고무(latex) – 수용성 용액, 극성 용제
④ Nitrile 고무 – 비극성 용제

풀이 보호장구 재질에 따른 적용물질
㉠ Neoprene 고무 : 비극성 용제, 극성 용제 중 알코올, 물, 케톤류 등에 효과적
㉡ 천연고무(latex) : 극성 용제 및 수용성 용액에 효과적(절단 및 찰과상 예방)
㉢ Viton : 비극성 용제에 효과적
㉣ 면 : 고체상 물질(용제에는 사용 못함)
㉤ 가죽 : 용제에는 사용 못함(기본적인 찰과상 예방)
㉥ Nitrile 고무 : 비극성 용제에 효과적
㉦ Butyl 고무 : 극성 용제에 효과적(알데히드, 지방족)
㉧ Ethylene vinyl alcohol : 대부분의 화학물질을 취급할 경우 효과적

46 용접작업 시 발생하는 가스에 관한 설명으로 틀린 것은?

① 강한 자외선에 의해 산소가 분해되면서 오존이 형성·발생된다.
② 아크전압이 낮은 경우 불완전연소로 이황화탄소가 발생한다.
③ 이산화탄소 용접에서 이산화탄소가 일산화탄소로 환원되어 발생한다.
④ 포스겐은 TCE로 세정된 철강재 용접 시에 발생한다.

풀이 용접에서 발생하는 가스상 물질
㉠ 불소 : 플럭스와 피복재에서 발생한다.
㉡ 오존 : 용접아크광에서 발생하는 175~210nm의 자외선에 의해 산소분자가 두 개의 산소원자로 유리되어 다른 산소분자와 결합하여 3개의 원자를 가진 오존이 발생한다.
㉢ 질소산화물 : 오존과 마찬가지로 공기 중 산소와 자외선의 반응에 의하여 일산화질소가 생성되고, 이것이 다시 이산화질소로 된다. 이산화질소가 대부분이고, 일산화질소도 일부 발생한다.
㉣ 일산화탄소 : 일산화탄소는 가스금속 아크용접에서 이산화탄소가 환원되어 발생하므로 CO_2 용접이나 보호가스 중 이산화탄소의 함량이 증가하면 많이 발생한다.
㉤ 포스겐 : 트리클로로에틸렌(TCE) 등 염소계 유기용제로 세정된 철강재의 용접에서는 화학반응으로 dichloroacetyl chloride 및 포스겐이 발생한다.
㉥ 포스핀 : 인산염 녹방지 피막 처리를 한 철강재의 용접으로 포스핀이 발생한다.

정답 43.② 44.① 45.② 46.②

47 도르노선(Dorno-ray)은 자외선의 대표적인 광선이다. 이 빛의 파장범위로 가장 적절한 것은?

① 290~315nm
② 215~280nm
③ 2,900~3,150nm
④ 2,150~2,800nm

풀이 도르노선(Dorno-ray ; 건강선)
290~315nm(2,900~3,150 Å)

48 작업환경 개선대책 중 대치의 방법으로 틀린 것은?

① 금속제품 도장용으로 유기용제를 수용성 도료로 전환한다.
② 아조염료의 합성에서 원료로 디클로로벤지딘을 사용하던 것을 클로로폼으로 바꾼다.
③ 분체의 원료는 입자가 큰 것으로 바꾼다.
④ 금속제품의 탈지에 트리클로로에틸렌을 사용하던 것을 계면활성제로 전환한다.

풀이 아조염료의 합성원료인 벤지딘을 디클로로벤지딘으로 전환한다.

49 감압병 예방 및 치료에 관한 설명으로 적절하지 않은 것은?

① 감압병의 증상이 발생하였을 경우 환자를 원래의 고압환경으로 복귀시켜서는 안 된다.
② 고압환경에서 작업할 때에는 질소를 헬륨으로 대치한 공기를 호흡시키는 것이 좋다.
③ 잠수 및 감압방법에 익숙한 사람을 제외하고는 1분에 10m 정도씩 잠수하는 것이 좋다.
④ 감압이 끝날 무렵에 순수한 산소를 흡입시키면 예방적 효과와 감압시간을 단축시킬 수 있다.

풀이 감압병의 예방 및 치료
㉠ 고압환경에서의 작업시간을 제한하고 고압실 내의 작업에서는 이산화탄소의 분압이 증가하지 않도록 신선한 공기를 송기시킨다.
㉡ 감압이 끝날 무렵에 순수한 산소를 흡입시키면 예방적 효과가 있을 뿐 아니라 감압시간을 25% 가량 단축시킬 수 있다.
㉢ 고압환경에서 작업하는 근로자에게 질소를 헬륨으로 대치한 공기를 호흡시킨다.
㉣ 헬륨-산소 혼합가스는 호흡저항이 적어 심해잠수에 사용한다.
㉤ 일반적으로 1분에 10m 정도씩 잠수하는 것이 안전하다.
㉥ 감압병의 증상 발생 시에는 환자를 곧장 원래의 고압환경 상태로 복귀시키거나 인공고압실에 넣어 혈관 및 조직 속에 발생한 질소의 기포를 다시 용해시킨 다음, 천천히 감압한다.
㉦ Haldene의 실험근거상 정상기압보다 1.25기압을 넘지 않는 고압환경에는 아무리 오랫동안 폭로되거나 아무리 빨리 감압하더라도 기포를 형성하지 않는다.
㉧ 비만자의 작업을 금지시키고, 순환기에 이상이 있는 사람은 취업 또는 작업을 제한한다.
㉨ 헬륨은 질소보다 확산속도가 크며, 체외로 배출되는 시간이 질소에 비하여 50% 정도 밖에 걸리지 않는다.
㉩ 귀 등의 장애를 예방하기 위해서는 압력을 가하는 속도를 매 분당 $0.8kg/cm^2$ 이하가 되도록 한다.

50 할당보호계수(APF)가 15인 반면형 호흡기 보호구를 구리 흄(노출기준 $0.1mg/m^3$)이 존재하는 작업장에서 사용한다면 최대사용농도(MUC, mg/m^3)는?

① 1.5
② 7.5
③ 75
④ 150

풀이 최대사용농도(MUC, mg/m^3)
=노출기준×APF
=0.1×15
=1.5mg/m^3

정답 47.① 48.② 49.① 50.①

51 방진마스크의 구비조건으로 틀린 것은?
① 여과재 포집효율이 높을 것
② 흡기저항이 높을 것
③ 배기저항이 낮을 것
④ 착용 시 시야 확보가 용이할 것

풀이 방진마스크의 선정조건(구비조건)
㉠ 흡기저항 및 흡기저항 상승률이 낮을 것(일반적 흡기저항 범위 : 6~8mmH₂O)
㉡ 배기저항이 낮을 것(일반적 배기저항 기준 : 6mmH₂O 이하)
㉢ 여과재 포집효율이 높을 것
㉣ 착용 시 시야확보가 용이할 것(하방시야가 60° 이상 되어야 함)
㉤ 중량은 가벼울 것
㉥ 안면에서의 밀착성이 클 것
㉦ 침입률 1% 이하까지 정확히 평가 가능할 것
㉧ 피부접촉부위가 부드러울 것
㉨ 사용 후 손질이 간단할 것
㉩ 무게중심은 안면에 강한 압박감을 주지 않는 위치에 있을 것

52 NIOSH에서 정한 고열부하에 대한 관리대책으로 틀린 것은?
① 복사열 : 몸의 노출부분을 덮는다.
② 인체 열생산 : 작업부하량을 줄인다.
③ 인체 열생산 : 격심작업은 기계의 도움을 받는다.
④ 대류 : 기온이 35℃ 이상이면 기류의 속도를 높이고 옷을 얇게 입는다.

풀이 고열작업장의 작업환경 관리대책
㉠ 작업자에게 국소적인 송풍기를 지급한다.
㉡ 작업장 내에 낮은 습도를 유지한다.
㉢ 열차단판인 알루미늄박판에 기름먼지가 묻지 않도록 청결을 유지한다.
㉣ 노출시간을 한 번에 길게 하는 것보다는 짧게 자주 하고, 휴식하는 것이 바람직하다.
㉤ 증발방지복(vapor barrier)보다는 일반 작업복이 적합하다.
㉥ 기온이 35℃ 이상이면 피부에 닿는 기류를 줄이고 옷을 입혀야 한다.

53 방사선량인 흡수선량에 관한 내용으로 틀린 것은?
① 관용단위 : rad(피조사체 1g에 대하여 100erg의 에너지가 흡수되는 것)
② 개념 : 조직(또는 물질)의 단위질량당 흡수된 에너지
③ 적용 : 방사선이 물질과 상호작용한 결과, 그 물질의 단위질량에 흡수된 에너지를 의미
④ SI 단위 : Ci(1초 동안 흡수된 쿨롬 전기량)

풀이 흡수선량 일반 단위 : rad
흡수선량 SI 단위 : Gy] 1Gy=100rad

54 자외선에 대한 생물학적 작용 중 옳지 않은 것은?
① 피부 홍반 형성과 색소침착
② 피부의 비후와 피부암
③ 전광성(전기성) 안염
④ 초자공 백내장

풀이 초자공 백내장(만성폭로)을 발병하는 인자는 적외선이다.

55 차음재의 특징으로 틀린 것은?
① 상대적으로 고밀도이다.
② 음에너지를 감쇠시킨다.
③ 음의 투과를 저감하여 음을 억제시킨다.
④ 기공이 많아 흡음재료로도 사용한다.

풀이 차음재의 특성
㉠ 성상 : 상대적으로 고밀도이며, 기공이 없고 흡음재로는 바람직하지 않다.
㉡ 기능 : 음에너지를 감쇠시킨다. 즉, 음의 투과를 저감하여 음을 억제시킨다.
㉢ 용도 : 음의 투과율 저감(투과손실 증가)에 사용한다.

56 청력보호구의 차음효과를 높이기 위한 유의사항으로 틀린 것은?

① 사용자의 머리와 귓구멍에 잘 맞을 것
② 흡음률을 높이기 위해 기공(氣孔)이 많은 재료를 선택할 것
③ 청력보호구를 잘 고정시켜서 보호구 자체의 진동을 최소화할 것
④ 귀덮개 형식의 보호구는 머리카락이 길 때 사용하지 않을 것

풀이 청력보호구의 차음효과를 높이기 위한 유의사항
㉠ 사용자 머리의 모양이나 귓구멍에 잘 맞을 것
㉡ 기공이 많은 재료를 선택하지 않을 것
㉢ 청력보호구를 잘 고정시켜서 보호구 자체의 진동을 최소화할 것
㉣ 귀덮개 형식의 보호구는 머리카락이 길 때와 안경테가 굵어서 잘 부착되지 않을 때에는 사용하지 않을 것

57 채광계획으로 적절하지 못한 것은?

① 실내 각 점의 개각은 4~5°
② 입사각은 28° 이상
③ 창의 면적은 전체 벽면적의 15~20%
④ 균일한 조명을 요하는 작업실은 북창

풀이 채광을 위한 창의 면적은 방바닥 면적의 15~20% $\left(\frac{1}{5} \sim \frac{1}{6}\right)$가 이상적이다.

58 다음의 내용 중에서 열경련에 대한 올바른 설명만으로 짝지은 것은?

㉮ 혈중 염소이온의 현저한 감소가 발생한다.
㉯ 혈액의 현저한 농축이 발생한다.
㉰ 주증상은 실신, 허탈, 혼수이다.
㉱ 휴식과 5% 포도당을 공급하여 치료한다.

① ㉮, ㉰
② ㉯, ㉰
③ ㉯, ㉱
④ ㉮, ㉯

풀이 열경련
(1) 발생
㉠ 지나친 발한에 의한 수분 및 혈중 염분 손실 시 발생한다(혈액의 현저한 농축 발생).
㉡ 땀을 많이 흘리고 동시에 염분이 없는 음료수를 많이 마셔서 염분 부족 시 발생한다.
㉢ 전해질의 유실 시 발생한다.
(2) 증상
㉠ 체온이 정상이거나 약간 상승하고 혈중 Cl⁻ 농도가 현저히 감소한다.
㉡ 낮은 혈중 염분 농도와 팔과 다리의 근육경련이 일어난다(수의근 유통성 경련).
㉢ 통증을 수반하는 경련은 주로 작업 시 사용한 근육에서 흔히 발생한다.
㉣ 일시적으로 단백뇨가 나온다.
㉤ 중추신경계통의 장애는 일어나지 않는다.
㉥ 복부와 사지 근육에 강직, 동통이 일어나고 과도한 발한이 발생한다.
㉦ 수의근의 유통성 경련(주로 작업 시 사용한 근육에서 발생)이 일어나기 전에 현기증, 이명, 두통, 구역, 구토 등의 전구증상이 일어난다.
(3) 치료
㉠ 수분 및 NaCl을 보충한다(생리식염수 0.1% 공급).
㉡ 바람이 잘 통하는 곳에 눕혀 안정시킨다.
㉢ 체열 방출을 촉진시킨다(작업복을 벗겨 전도와 복사에 의한 체열 방출).
㉣ 증상이 심하면 생리식염수 1,000~2,000mL를 정맥주사한다.

59 감압환경에서 감압에 따른 기포형성량에 영향을 주는 요인과 가장 거리가 먼 것은?

① 폐 내 가스 팽창
② 조직에 용해된 가스량
③ 혈류를 변화시키는 상태
④ 감압속도

풀이 감압 시 조직 내 질소 기포형성량에 영향을 주는 요인
㉠ 조직에 용해된 가스량
  체내 지방량, 고기압 폭로의 정도와 시간으로 결정
㉡ 혈류변화 정도(혈류를 변화시키는 상태)
  • 감압 시나 재감압 후에 생기기 쉽다.
  • 연령, 기온, 운동, 공포감, 음주와 관계가 있다.
㉢ 감압속도

60 고압작업 시 사람에게 마취작용을 일으키는 가스는?

① 산소 ② 수소
③ 질소 ④ 헬륨

풀이 고압환경에서의 2차적 가압현상
㉠ 질소가스의 마취작용
㉡ 산소중독
㉢ 이산화탄소의 작용

제4과목 | 산업환기

61 전기집진기(ESP ; Electrostatic Precipitator)의 장점이라고 볼 수 없는 것은?

① 보일러와 철강로 등에 설치할 수 있다.
② 좁은 공간에서도 설치가 가능하다.
③ 고온의 입자상 물질도 처리가 가능하다.
④ 넓은 범위의 입경과 분진의 농도에서 집진효율이 높다.

풀이 전기집진장치
(1) 장점
㉠ 집진효율이 높다(0.01μm 정도 포집 용이, 99.9% 정도 고집진효율).
㉡ 광범위한 온도범위에서 적용이 가능하며, 폭발성 가스의 처리도 가능하다.
㉢ 고온의 입자성 물질(500℃ 전후) 처리가 가능하여 보일러와 철강로 등에 설치할 수 있다.
㉣ 압력손실이 낮고 대용량의 가스 처리가 가능하며 배출가스의 온도강하가 적다.
㉤ 운전 및 유지비가 저렴하다.
㉥ 회수가치 입자 포집에 유리하며, 습식 및 건식으로 집진할 수 있다.
㉦ 넓은 범위의 입경과 분진 농도에 집진효율이 높다.
㉨ 습식 집진이 가능하다.
(2) 단점
㉠ 설치비용이 많이 든다.
㉡ 설치공간을 많이 차지한다.
㉢ 설치된 후에는 운전조건의 변화에 유연성이 적다.
㉣ 먼지 성상에 따라 전처리시설이 요구된다.

㉤ 분진 포집에 적용하며, 기체상 물질 제거에는 곤란하다.
㉥ 전압변동과 같은 조건변동(부하변동)에 쉽게 적응이 곤란하다.
㉦ 가연성 입자의 처리가 곤란하다.

62 다음 중 제어속도의 범위를 선택할 때 고려되는 사항으로 가장 거리가 먼 것은?

① 근로자수
② 작업장 내 기류
③ 유해물질의 사용량
④ 유해물질의 독성

풀이 제어속도 결정 시 고려사항
㉠ 유해물질의 비산방향(확산상태)
㉡ 유해물질의 비산거리(후드에서 오염원까지 거리)
㉢ 후드의 형식(모양)
㉣ 작업장 내 방해기류(난기류의 속도)
㉤ 유해물질의 성상(종류) : 유해물질의 사용량 및 독성

63 다음 중 국소배기장치의 자체검사 시에 갖추어야 할 필수 측정기구가 아닌 것은?

① 줄자 ② 연기발생기
③ 표면온도계 ④ 열선풍속계

풀이 국소배기장치의 자체검사 시 필수 측정기구
㉠ 발연관(연기발생기, smoke tester)
㉡ 청음기 또는 청음봉
㉢ 절연저항계
㉣ 표면온도계 및 초자온도계
㉤ 줄자

64 원심력을 이용한 공기정화장치에 해당하는 것은?

① 백필터(bag filter)
② 스크러버(scrubber)
③ 사이클론(cyclone)
④ 충진탑(packed tower)

풀이 원심력 집진장치(cyclone)
분진을 함유하는 가스에 선회운동을 시켜서 가스로부터 분진을 분리·포집하는 장치이며, 가스 유입 및 유출 형식에 따라 접선유입식과 축류식으로 구분된다.

정답 60.③ 61.② 62.① 63.④ 64.③

65 기온이 21℃이고, 고도가 1,830m인 경우 공기밀도는 약 몇 kg/m³인가? (단, 1기압, 21℃일 때 공기의 밀도는 1.2kg/m³, 1,830m 고도에서의 압력은 608mmHg이다.)

① 0.66
② 0.76
③ 0.86
④ 0.96

풀이
밀도보정계수(d_f) = $\dfrac{(273+21)(P)}{(℃+273)(760)}$
= $\dfrac{(294)(608)}{(21+273)(760)}$ = 0.8
∴ 실제 공기밀도(ρ_a) = $\rho_s \times d_f$
= 1.2 × 0.8 = 0.96kg/m³

66 플랜지가 없는 원형 후드에 플랜지를 부착할 경우 필요환기량은 어느 정도 감소하겠는가?

① 15%
② 25%
③ 50%
④ 60%

풀이 일반적으로 외부식 후드에 플랜지(flange)를 부착하면 후방 유입기류를 차단하고 후드 전면에서 포집범위가 확대되어 flange가 없는 후드에 비해 동일 지점에서 동일한 제어속도를 얻는 데 필요한 송풍량을 약 25% 감소시킬 수 있으며 플랜지 폭은 후드 단면적의 제곱근($\sqrt{A}$) 이상이 되어야 한다.

67 1μm 이상 분진의 포집은 99%가 관성충돌과 직접 차단에 의하여 이루어지고, 0.1μm 이하의 분진은 확산과 정전기력에 의하여 포집되는 집진장치로 가장 적절한 것은?

① 관성력 집진장치
② 원심력 집진장치
③ 세정 집진장치
④ 여과 집진장치

풀이 여과 집진장치(bag filter)
함진가스를 여과재(filter media)에 통과시켜 입자를 분리·포집하는 장치로서 1μm 이상 분진의 포집은 99%가 관성충돌과 직접 차단에 의하여 이루어지고, 0.1μm 이하의 분진은 확산과 정전기력에 의하여 포집하는 집진장치이다.

68 가로 380mm, 세로 760mm의 곧은 각관 내에 280m³/min의 표준공기가 흐르고 있을 때 길이 5m당 압력손실은 약 몇 mmH₂O인가? (단, 관의 마찰계수는 0.019, 공기의 비중량은 1.2kg_f/m³이다.)

① 9
② 7
③ 5
④ 3

풀이
덕트 압력손실(mmH₂O) = $\lambda \times \dfrac{L}{D} \times \dfrac{\gamma V^2}{2g}$
D(상당직경) = $\dfrac{2ab}{a+b}$ = $\dfrac{2(0.38 \times 0.76)}{0.38+0.76}$ = 0.5m
V(속도) = $\dfrac{Q}{A}$ = $\dfrac{280\text{m}^3/\text{min}}{0.38\text{m} \times 0.76\text{m}}$
= 969.53m/min(16.16m/sec)
∴ 덕트 압력손실 = $0.019 \times \dfrac{5}{0.5} \times \dfrac{1.2 \times 16.16^2}{2 \times 9.8}$
= 3.03mmH₂O

69 사이클론의 집진효율을 향상시키기 위해 blow-down 방법을 이용할 때 사이클론의 더스트박스 또는 멀티사이클론의 호퍼부에서 처리배기량의 몇 %를 흡입하는 것이 가장 이상적인가?

① 1~3%
② 5~10%
③ 15~20%
④ 25~30%

풀이 블로다운(blow-down)
(1) 정의
사이클론의 집진효율을 향상시키기 위한 하나의 방법으로서 더스트박스 또는 호퍼부에서 처리가스의 5~10%를 흡인하여 선회기류의 교란을 방지하는 운전방식
(2) 효과
 ㉠ 사이클론 내의 난류현상을 억제시킴으로써 집진된 먼지의 비산을 방지(유효원심력 증대)
 ㉡ 집진효율 증대
 ㉢ 장치 내부의 먼지 퇴적을 억제하여 장치의 폐쇄현상을 방지(가교현상 방지)

정답 65.④ 66.② 67.④ 68.④ 69.②

70 작업장 공기를 전체환기로 하고자 할 때의 조건으로 틀린 것은?

① 근로자의 근무장소가 오염원에서 충분히 멀리 떨어져 있는 경우
② 배출원에서 유해물질이 시간에 따라 균일하게 발생하는 경우
③ 동일 작업장에 다수의 오염원이 분산되어 있는 경우
④ 유해물질의 독성이 높은 경우

[풀이] 전체환기(희석환기) 적용 시 조건
㉠ 유해물질의 독성이 비교적 낮은 경우, 즉 TLV가 높은 경우(가장 중요한 제한조건)
㉡ 동일한 작업장에 다수의 오염원이 분산되어 있는 경우
㉢ 유해물질이 시간에 따라 균일하게 발생할 경우
㉣ 유해물질의 발생량이 적은 경우 및 희석공기량이 많지 않아도 될 경우
㉤ 유해물질이 증기나 가스일 경우
㉥ 국소배기로 불가능한 경우
㉦ 배출원이 이동성인 경우
㉧ 가연성 가스의 농축으로 폭발의 위험이 있는 경우
㉨ 오염원이 근무자가 근무하는 장소로부터 멀리 떨어져 있는 경우

71 1mmH$_2$O는 약 몇 파스칼(Pa)인가?

① 0.098 ② 0.98
③ 9.8   ④ 98

[풀이]
- $1\text{mmH}_2\text{O} \times \dfrac{1.013 \times 10^5 \text{Pa}}{10.332 \text{mmH}_2\text{O}} = 9.8\text{Pa}$
- $1\text{Pa} = 1\text{N/m}^2 = 10^{-5}\text{bar}$
  $= 10\text{dyne/cm}^2$
  $= 1.020 \times 10^{-1}\text{mmH}_2\text{O}$
  $= 9.869 \times 10^{-6}\text{atm}$
  $= 7.501 \times 10^{-6}\text{Torr(mmHg)}$
  $= 1.451 \times 10^{-4}\text{lb/in}^2$
- 대기압 $= 1\text{atm}$
  $= 1.013 \times 10^5 \text{Pa}$
  $= 14.7\text{lb/in}^2$
  $= 1.013\text{bar}$
  $= 1,013\text{mbar}$

72 스프레이 도장, 용기 충전 등 발생기류가 높고, 유해물질이 활발하게 발생하는 장소의 제어속도로 가장 적절한 것은? (단, 미국정부산업위생전문가협의회(ACGIH)의 권고치를 기준으로 한다.)

① 0.5m/sec
② 0.8m/sec
③ 1.5m/sec
④ 3.0m/sec

[풀이] 제어속도 범위(ACGIH)

작업조건	작업공정 사례	제어속도(m/sec)
• 움직이지 않는 공기 중에서 속도 없이 배출되는 작업조건 • 조용한 대기 중에 실제 거의 속도가 없는 상태로 발산하는 경우의 작업조건	• 액면에서 발생하는 가스나 증기, 흄 • 탱크에서 증발·탈지 시설	0.25~0.5
비교적 조용한(약간의 공기 움직임) 대기 중에서 저속도로 비산하는 작업조건	• 용접·도금 작업 • 스프레이 도장 • 주형을 부수고 모래를 터는 장소	0.5~1.0
발생기류가 높고 유해물질이 활발하게 발생하는 작업조건	• 스프레이 도장, 용기 충전 • 컨베이어 적재 • 분쇄기	1.0~2.5
초고속기류가 있는 작업장소에 초고속으로 비산하는 경우	• 회전연삭작업 • 연마작업 • 블라스트 작업	2.5~10

73 송풍기 상사법칙으로 옳은 것은?

① 풍량은 회전수비의 제곱에 비례한다.
② 축동력은 회전수비의 제곱에 비례한다.
③ 축동력은 임펠러의 직경비에 반비례한다.
④ 송풍기 정압은 회전수비의 제곱에 비례한다.

[풀이] 송풍기 상사법칙
㉠ 풍량은 회전수비에 비례한다.
㉡ 축동력은 회전수비의 세제곱에 비례한다.
㉢ 축동력은 임펠러의 직경비의 오제곱에 비례한다.

74 도금조처럼 상부가 개방되어 있고, 개방면적이 넓어 한쪽 후드에서의 흡입만으로 충분한 흡인력이 발생하지 않는 경우에 가장 적합한 후드는?

① 슬롯 후드
② 캐노피 후드
③ Push-pull 후드
④ 저유량-고유속 후드

풀이 Push-pull 후드
(1) 개요
　㉠ 제어길이가 비교적 길어서 외부식 후드에 의한 제어효과가 문제가 되는 경우, 즉 공정상 포착거리가 길어서 단지 공기를 제어하는 일반적인 후드로는 효과가 낮을 때 이용하는 장치로, 공기를 불어주고(push) 당겨주는(pull) 장치로 되어 있다.
　㉡ 개방조 한 변에서 압축공기를 이용하여 오염물질이 발생하는 표면에 공기를 불어 반대쪽에 오염물질이 도달하게 한다.
(2) 적용
　㉠ 도금조 및 자동차 도장공정과 같이 오염물질 발생원의 개방면적이 큰(발산면의 폭이 넓은) 작업공정에 주로 많이 적용한다.
　㉡ 포착거리(제어거리)가 일정 거리 이상일 경우 push-pull형 환기장치를 적용한다.

75 전자부품을 납땜하는 공정에 외부식 국소배기장치를 설치하고자 한다. 후드의 규격은 400×400mm, 제어거리를 20cm, 제어속도를 0.5m/sec, 그리고 반송속도를 1,200m/min으로 하고자 할 때 덕트 내에서 속도압은 약 몇 mmH₂O인가? (단, 덕트 내의 온도는 21℃이며, 이때 가스의 비중량은 1.2kgf/m³이다.)

① 24.5　② 26.6
③ 27.4　④ 28.5

풀이 속도압$(VP) = \dfrac{\gamma V^2}{2g}$
$V = 1{,}200\text{m/min} \times \text{min}/60\text{sec}$
$\quad = 20\text{m/sec}$
$\quad = \dfrac{1.2 \times 20^2}{2 \times 9.8} = 24.5\text{mmH}_2\text{O}$

76 국소배기장치의 설계 시 가장 먼저 결정하여야 하는 것은?

① 필요송풍량 결정
② 반송속도 결정
③ 후드의 형식 결정
④ 공기정화장치의 선정

풀이 국소배기장치 설계순서
후드 형식 선정 → 제어속도 결정 → 소요풍량 계산 → 반송속도 결정 → 배관 내경 산출 → 후드 크기 결정 → 배관 배치와 설치장소 선정 → 공기정화장치 선정 → 국소배기계통도와 배치도 작성 → 총 압력손실량 계산 → 송풍기 선정

77 후드의 유입손실계수가 0.7일 때 유입계수는 약 얼마인가?

① 0.55　② 0.66
③ 0.77　④ 0.88

풀이 유입계수$(C_e) = \sqrt{\dfrac{1}{1+F}}$
$\quad = \sqrt{\dfrac{1}{1+0.7}}$
$\quad = 0.77$

78 레이놀즈수(Re)를 구하는 식으로 옳은 것은? (단, ρ는 공기밀도, d는 덕트의 직경, V는 공기유속, μ는 공기의 점성계수이다.)

① $\dfrac{\mu \rho V}{d}$　② $\dfrac{\mu d V}{\rho}$
③ $\dfrac{\rho d V}{\mu}$　④ $\dfrac{\mu \rho d}{V}$

풀이 레이놀즈수(Re)
$Re = \dfrac{\rho V d}{\mu} = \dfrac{V d}{\nu} = \dfrac{\text{관성력}}{\text{점성력}}$
여기서, Re : 레이놀즈수(무차원)
　ρ : 유체의 밀도(kg/m³)
　V : 유체의 평균유속(m/sec)
　d : 유체가 흐르는 직경(m)
　μ : 유체의 점성계수(kg/m·s(poise))
　ν : 유체의 동점성계수(m²/sec)

정답 74.③　75.①　76.③　77.③　78.③

79 A작업장에서는 1시간에 0.5L의 메틸에틸케톤(MEK)이 증발하고 있다. MEK의 TLV가 200ppm이라면 이 작업장 전체를 환기시키기 위한 필요환기량(m³/min)은 약 얼마인가? (단, 주위 온도는 25℃, 1기압 상태이며, MEK의 분자량은 72.1, 비중은 0.805, 안전계수는 6이다.)

① 58.45 ② 68.25
③ 83.56 ④ 134.54

[풀이]
- 사용량(g/hr)
  = 0.5L/hr × 0.805g/mL × 1,000mL/L
  = 402.5g/hr
- 발생률(G, L/hr) = $\dfrac{24.45L \times 402.5g/hr}{72.1g}$
  = 136.49L/hr

∴ 필요환기량(Q) = $\dfrac{G}{TLV} \times K$

  = $\dfrac{136.49L/hr \times 1,000mL/L}{200mL/m^3} \times 6$

  = 4,094.78m³/hr × hr/60min
  = 68.25m³/min

80 작업공정에는 이상이 없다고 가정할 때 [보기]의 후드를 가장 우수한 것부터 나쁜 순으로 나열한 것은? (단, 제어속도는 1m/sec, 제어거리는 0.5m, 개구면적은 2m²로 동일하다.)

[보기]
㉮ 포위식 후드
㉯ 테이블에 고정된 플랜지가 붙은 외부식 후드
㉰ 자유공간에 설치된 외부식 후드
㉱ 자유공간에 설치된 플랜지가 붙은 외부식 후드

① ㉮ → ㉰ → ㉯ → ㉱
② ㉯ → ㉮ → ㉰ → ㉱
③ ㉮ → ㉯ → ㉱ → ㉰
④ ㉯ → ㉮ → ㉱ → ㉰

[풀이] 포위식 후드가 가장 효과적인 형태이며, 자유공간에 설치되고 플랜지가 없는 외부식 후드의 유량이 가장 커 비경제적인 후드의 형태이다.

제3회 산업위생관리산업기사

CBT 기출복원문제 | 2025.08.09

제1과목 | 산업위생학 개론

01 유해물질 허용농도의 종류 중 근로자가 1일 작업시간 동안 잠시라도 노출되어서는 안 되는 기준을 나타내는 것은?
① TLV-TWA
② TLV-C
③ TLV-STEL
④ PEL

풀이 천장값 노출기준(TLV-C : ACGIH)
㉠ 어떤 시점에서도 넘어서는 안 되는 상한치이다.
㉡ 항상 표시된 농도 이하를 유지하여야 한다.
㉢ 노출기준에 초과되어 노출 시 즉각적으로 비가역적인 반응을 나타낸다.
㉣ 자극성 가스나 독작용이 빠른 물질 및 TLV-STEL이 설정되지 않는 물질에 적용한다.
㉤ 실제로 순간농도 측정이 불가능하므로, 약 15분간 측정한다.

02 다음 중 심리학적 적성검사 항목이 아닌 것은?
① 감각기능검사
② 지능검사
③ 지각동작검사
④ 인성검사

풀이 심리학적 검사(심리학적 적성검사)
㉠ 지능검사 : 언어, 기억, 추리, 귀납 등에 대한 검사
㉡ 지각동작검사 : 수족협조, 운동속도, 형태지각 등에 대한 검사
㉢ 인성검사 : 성격, 태도, 정신상태에 대한 검사
㉣ 기능검사 : 직무에 관련된 기본 지식과 숙련도, 사고력 등의 검사

03 재해율을 산정할 때 근로자가 사망한 경우에는 근로손실일수를 얼마로 하는가? (단, 국제노동기구의 기준에 따른다.)
① 3,000일
② 4,000일
③ 5,500일
④ 7,500일

풀이 사망 및 1급, 2급, 3급(신체장애등급)의 근로손실일수는 7,500일이다.

04 다음 중 강도율을 바르게 나타낸 것은?
① $\dfrac{근로손실일수}{총 근로시간수} \times 10^3$
② $\dfrac{재해건수}{평균 종업원수} \times 10^3$
③ $\dfrac{재해건수}{총 근로시간수} \times 10^6$
④ $\dfrac{재해건수}{평균 종업원수} \times 10^6$

풀이 강도율은 연근로시간 1,000시간당 재해에 의해서 잃어버린 근로손실일수를 의미한다.

05 다음 중 감각온도의 3요소로 볼 수 없는 것은?
① 기온
② 기습
③ 기류
④ 기압

풀이 감각온도(실효온도, 유효온도)
기온, 습도, 기류(감각온도의 3요소)의 조건에 따라 결정되는 체감온도이다.

정답 01.② 02.① 03.④ 04.① 05.④

PART 02 과년도 출제문제

06 다음 중 바람직한 교대제로 적절하지 않은 것은?
① 각 조의 근무시간은 8시간씩으로 한다.
② 연속된 야근의 종료 후의 휴식은 최저 48시간을 가지도록 한다.
③ 야근의 연속은 일주일 정도가 좋다.
④ 교대방식은 역교대보다 정교대가 좋다.

풀이 교대근무제 관리원칙(바람직한 교대제)
㉠ 각 반의 근무시간은 8시간씩 교대로 하고, 야근은 가능한 짧게 한다.
㉡ 2교대인 경우 최소 3조의 정원을, 3교대인 경우 4조를 편성한다.
㉢ 채용 후 건강관리로 체중, 위장증상 등을 정기적으로 기록해야 하며, 근로자의 체중이 3kg 이상 감소하면 정밀검사를 받아야 한다.
㉣ 평균 주작업시간은 40시간을 기준으로, '갑반 → 을반 → 병반'으로 순환하게 된다.
㉤ 근무시간의 간격은 15~16시간 이상으로 하는 것이 좋다.
㉥ 야근의 주기는 4~5일로 한다.
㉦ 신체 적응을 위하여 야간근무의 연속일수는 2~3일로 하며, 야간근무를 3일 이상 연속으로 하는 경우에는 피로 축적현상이 나타나게 되므로 연속하여 3일을 넘기지 않도록 한다.
㉧ 야근 후 다음 반으로 가는 간격은 최저 48시간 이상의 휴식시간을 갖도록 하여야 한다.
㉨ 야근 교대시간은 상오 0시 이전에 하는 것이 좋다(심야시간을 피함).
㉩ 야근 시 가면은 반드시 필요하며, 보통 2~4시간(1시간 30분 이상)이 적합하다.
㉪ 야근 시 가면은 작업강도에 따라 30분~1시간 범위로 하는 것이 좋다.
㉫ 작업 시 가면시간은 적어도 1시간 30분 이상 주어야 수면효과가 있다고 볼 수 있다.
㉬ 상대적으로 가벼운 작업은 야간근무조에 배치하는 등 업무내용을 탄력적으로 조정해야 하며, 야간작업자는 주간작업자보다 연간 쉬는 날이 더 많아야 한다.
㉭ 근로자가 교대일정을 미리 알 수 있도록 해야 한다.
㉮ 일반적으로 오전근무의 개시시간은 오전 9시로 한다.
㉯ 교대방식(교대근무 순환주기)은 '낮근무 → 저녁근무 → 밤근무' 순으로 한다. 즉, 정교대가 좋다.

07 다음 중 인류역사상 최초로 기록된 직업병은?
① 납중독 ② 진폐증
③ 수은중독 ④ 카드뮴중독

풀이 BC 4세기 Hippocrates에 의해 광산에서 납중독이 보고되었다.
※ 역사상 최초로 기록된 직업병 : 납중독

08 다음 중 화학적으로 원발성 접촉피부염을 일으키는 1차 자극물질과 가장 거리가 먼 것은?
① 종이 ② 용제
③ 알칼리 ④ 금속염

풀이 자극성 접촉피부염
㉠ 접촉피부염의 대부분을 차지한다.
㉡ 자극에 의한 원발성 피부염이 가장 많은 부분을 차지한다.
㉢ 원발성 피부염의 원인물질은 산, 알칼리, 용제, 금속염 등이다.
㉣ 원인물질은 크게 수분, 합성화학물질, 생물성 화학물질로 구분한다.
㉤ 홍반과 부종을 동반하는 것이 특징이다.
㉥ 면역학적 반응에 따라 과거 노출경험과는 관계가 없다.

09 다음 중 산업피로의 증상으로 틀린 것은?
① 맥박이 빨라진다.
② 혈당치가 높아진다.
③ 젖산과 탄산량이 증가한다.
④ 판단력이 흐려지고, 권태감과 졸음이 온다.

풀이 산업피로의 증상
㉠ 체온은 처음에는 높아지나, 피로정도가 심해지면 오히려 낮아진다.
㉡ 혈압은 초기에는 높아지나, 피로가 진행되면 오히려 낮아진다.
㉢ 혈액 내 혈당치가 낮아지고 젖산과 탄산량이 증가하여 산혈증으로 된다.
㉣ 맥박 및 호흡이 빨라지며 에너지 소모량이 증가한다.
㉤ 체온 상승과 호흡중추의 흥분이 온다.

정답 06.③ 07.① 08.① 09.②

10 전신피로의 정도를 평가하려면 작업 종료 후 심박수(heart rate)를 측정하여 이용한다. 다음 중 가장 심한 전신피로상태로 판단할 수 있는 경우는? (단, HR_1은 종료 후 30~60초 사이의 평균심박수, HR_2는 종료 후 60~90초 사이의 평균심박수이고, HR_3은 종료 후 150~180초 사이의 평균심박수이다.)

① HR_1이 120이고, HR_3과 HR_2의 차이가 15인 경우
② HR_1이 90이고, HR_3과 HR_2의 차이가 15인 경우
③ HR_1이 120이고, HR_3과 HR_2의 차이가 5인 경우
④ HR_1이 90이고, HR_3과 HR_2의 차이가 5인 경우

풀이 HR_1이 110을 초과하고, HR_3과 HR_2의 차이가 10 미만인 경우의 항을 찾으면 된다.

11 미국산업위생학회(AIHA)에서 정한 산업위생의 정의를 가장 올바르게 설명한 것은?

① 모든 사람의 건강 유지와 쾌적한 환경 조성을 목표로 한다.
② 근로자의 생명 연장 및 육체적 · 정신적 능력을 증진시키기 위한 일련의 프로그램이다.
③ 근로자의 육체적 · 정신적 건강을 최고로 유지 · 증진시킬 수 있도록 작업조건을 설정하는 기술이다.
④ 근로자에게 질병, 건강장애, 불쾌감 및 능률 저하를 초래하는 작업환경 요인을 예측 · 측정 · 평가하고 관리하는 과학과 기술이다.

풀이 산업위생의 정의(AIHA)
근로자나 일반 대중(지역주민)에게 질병, 건강장애와 안녕 방해, 심각한 불쾌감 및 능률 저하 등을 초래하는 작업환경 요인과 스트레스를 예측 · 측정 · 평가하고 관리하는 과학과 기술이다[예측, 인지(확인), 평가, 관리 의미와 동일함].

12 미국정부산업위생전문가협의회(ACGIH)에서는 작업대사량에 따라 작업강도를 3가지로 구분하였다. 중등도작업(moderate work)일 경우의 작업대사량에 해당하는 것은?

① 150kcal/hr ② 250kcal/hr
③ 400kcal/hr ④ 500kcal/hr

풀이 ACGIH의 작업대사량에 따른 작업강도 구분(고용노동부)
㉠ 경작업 : 200kcal/hr까지의 열량이 소요되는 작업
㉡ 중등작업 : 200~350kcal/hr까지의 열량이 소요되는 작업
㉢ 중작업 : 350~500kcal/hr까지의 열량이 소요되는 작업

13 물리적 유해인자에 속하지 않는 것은?

① 소음   ② 전리방사선
③ 유기용제   ④ 이상기압

풀이 직업병의 원인물질(직업성 질환 유발물질)
㉠ 물리적 요인 : 소음 · 진동, 유해광선(전리 · 비전리 방사선), 온도(온열), 이상기압, 한랭, 조명 등
㉡ 화학적 요인 : 화학물질(대표적 물질 : 유기용제), 금속증기, 분진, 오존 등
㉢ 생물학적 요인 : 각종 바이러스, 진균, 리케차, 쥐 등
㉣ 인간공학적 요인 : 작업방법, 작업자세, 작업시간, 중량물 취급 등

14 입자상 물질의 크기를 나타내는 방법 중 먼지의 면적을 2등분하는 선의 길이로 표시되는 직경을 무엇이라 하는가?

① 공기역학적 직경
② Martin 직경
③ 등면적 직경
④ Feret 직경

풀이 마틴직경(Martin diameter)
㉠ 먼지의 면적을 2등분하는 선의 길이로 선의 방향은 항상 일정하여야 하며, 과소평가할 수 있는 단점이 있다.
㉡ 입자의 2차원 투영상을 구하여 그 투영면적을 2등분한 선분 중 어떤 기준선과 평행인 것의 길이(입자의 무게중심을 통과하는 외부 경계면에 접하는 이론적인 길이)를 직경으로 사용하는 방법이다.

정답 10.③ 11.④ 12.② 13.③ 14.②

15 다음 중 노출에 대한 생물학적 모니터링에 관한 설명으로 틀린 것은?

① 근로자로부터 시료를 직접 채취하기 때문에 시료의 채취 및 분석이 용이하다.
② 기준값이 되는 생물학적 노출지수는 주 5일, 1일 8시간 노출을 기준으로 한다.
③ 공기 중의 농도보다도 근로자의 건강위험을 보다 직접적으로 평가할 수 있다.
④ 결정인자는 공기 중에서 흡수된 화학물질에 의하여 생긴 가역적인 생화학적 변화이다.

풀이 생물학적 모니터링의 장점 및 단점
(1) 장점
  ㉠ 공기 중의 농도를 측정하는 것보다 건강상의 위험을 보다 직접적으로 평가할 수 있다.
  ㉡ 모든 노출경로(소화기, 호흡기, 피부 등)에 의한 종합적인 노출을 평가할 수 있다.
  ㉢ 개인시료보다 건강상의 악영향을 보다 직접적으로 평가할 수 있다.
  ㉣ 건강상의 위험에 대하여 보다 정확한 평가를 할 수 있다.
  ㉤ 인체 내 흡수된 내재용량이나 중요한 조직부위에 영향을 미치는 양을 모니터링할 수 있다.
(2) 단점
  ㉠ 시료채취가 어렵다.
  ㉡ 유기시료의 특이성이 존재하고 복잡하다.
  ㉢ 각 근로자의 생물학적 차이가 나타날 수 있다.
  ㉣ 분석에 어려움이 있고, 분석 시 오염에 노출될 수 있다.

16 육체적 작업능력(PWC)이 분당 16kcal인 근로자가 1일 8시간 동안 물체를 운반하고 있다. 이때의 작업대사량은 12kcal/min이다. 휴식 시의 대사량이 1.5kcal/min이었다면 이 사람이 쉬지 않고 계속하여 일할 수 있는 최대허용시간은 약 얼마인가?

① 188분   ② 145분
③ 24분   ④ 4분

풀이
$\log T_{end} = 3.720 - 0.1949 E$
$= 3.720 - 0.1949 \times 12$
$= 1.381$
$\therefore T_{end}(\text{최대허용시간}) = 10^{1.381} = 24\text{min}$

17 작업대사율이 4인 경우 실동률은 약 얼마인가? (단, 사이토 오시마 식을 적용한다.)

① 25%   ② 40%
③ 65%   ④ 85%

풀이 실동률(%) = 85 − (5×RMR)
= 85 − (5×4) = 65%

18 다음 중 누적외상성 질환(CTDs)의 주요 요인과 가장 거리가 먼 것은?

① 저온 작업
② 근로자의 체중
③ 작업자세
④ 물건을 잡는 손의 힘

풀이 근골격계 질환의 원인
  ㉠ 반복적인 동작
  ㉡ 부적절한 작업자세
  ㉢ 무리한 힘의 사용
  ㉣ 날카로운 면과의 신체 접촉
  ㉤ 진동 및 온도(저온)

19 국소피로를 평가하기 위하여 근전도(EMG) 검사를 실시한 결과, 피로한 근육에서 측정된 현상이라 볼 수 없는 것은?

① 저주파수(0~40Hz) 영역에서 힘(전압)의 증가
② 고주파수(40~200Hz) 영역에서 힘(전압)의 감소
③ 평균주파수 영역에서 힘(전압)의 증가
④ 총 전압의 증가

풀이 ③ 평균주파수 영역에서 힘(전압)의 감소

20 실내공기 오염물질 중 환기의 지표물질로서 주로 이용되는 것은?

① 이산화탄소
② 부유분진
③ 휘발성 유기화합물
④ 일산화탄소

[풀이] 실내공기 오염의 지표(환기지표)로 CO_2 농도를 이용하며 실내허용농도는 0.1%이다. 이때 CO_2 자체는 건강에 큰 영향을 주는 물질이 아니며, 측정하기 어려운 다른 실내오염물질에 대한 지표물질로 사용되는 것이다.

제2과목 | 작업환경 측정 및 평가

21 소리의 음압수준이 80dB인 기계 2대와 85dB인 기계 1대가 동시에 가동되었을 때 전체 소리의 음압수준은?

① 83dB
② 85dB
③ 87dB
④ 89dB

[풀이] 합성소음도(L_p) $= 10\log[(2\times10^{8.0}) + (1\times10^{8.5})]$
$= 87$dB

22 흡광광도법에서 세기 I_o의 단색광이 시료액을 통과하여 그 광의 80%가 흡수되었을 때 흡광도는?

① 0.6 ② 0.7
③ 0.8 ④ 0.9

[풀이] 흡광도(A) $= \log\dfrac{1}{\text{투과율}}$
• 투과율 $= \dfrac{100-80}{100} = 0.2$
$= \log\dfrac{1}{0.2} = 0.7$

23 주물공장 내에서 비산되는 분진을 측정하기 위하여 low volume air sampler를 사용하였다. 분당 30L로 30분간 포집하여 여과지를 건조시킨 후 측량한 결과가 22.46mg이었다면, 주물공장 내 분진의 농도는? (단, 포집 전 여과지의 무게는 17.66mg이다.)

① 4.3mg/m^3
② 4.6mg/m^3
③ 5.3mg/m^3
④ 5.6mg/m^3

[풀이] 농도(mg/m^3)
$= \dfrac{\text{포집 후 여과지 무게} - \text{포집 전 여과지 무게}}{\text{공기채취량}}$
$= \dfrac{(22.46 - 17.66)\text{mg}}{30\text{L/min} \times 30\text{min} \times (\text{m}^3/1,000\text{L})}$
$= 5.33$mg/m^3

24 작업장 내 공기 중 아황산가스(SO_2)의 농도가 40ppm일 경우, 이 물질의 농도를 용적백분율(%)로 표시하면 얼마인가? (단, SO_2의 분자량은 64이다.)

① 4% ② 0.4%
③ 0.04% ④ 0.004%

[풀이] $40\text{ppm} \times \dfrac{1\%}{10,000\text{ppm}} = 0.004\%$

25 작업환경 공기 중의 벤젠 농도를 측정하였더니 8mg/m^3, 5mg/m^3, 7mg/m^3, 3mg/m^3, 6mg/m^{3}였다. 이들 값의 기하평균치(mg/m^3)는 얼마인가?

① 5.3 ② 5.5
③ 5.7 ④ 5.9

[풀이] $\log(\text{GM}) = \dfrac{\log8 + \log5 + \log7 + \log3 + \log6}{5} = 0.74$
$\therefore \text{GM} = 10^{0.74} = 5.5$mg/m^3

정답 20.① 21.③ 22.② 23.③ 24.④ 25.②

26 입자상 물질의 채취방법 중 직경분립충돌기의 장점으로 틀린 것은?

① 호흡기의 부분별로 침착된 입자 크기의 자료를 추정할 수 있다.
② 크기별 동시 측정이 가능하여 측정준비 소요시간이 단축된다.
③ 입자의 질량 크기 분포를 얻을 수 있다.
④ 흡입성·흉곽성·호흡성 입자의 크기별로 분포와 농도를 계산할 수 있다.

풀이 직경분립충돌기(cascade impactor)
(1) 장점
  ㉠ 입자의 질량 크기 분포를 얻을 수 있다(공기 흐름속도를 조절하여 채취입자를 크기별로 구분 가능).
  ㉡ 호흡기의 부분별로 침착된 입자크기의 자료를 추정할 수 있다.
  ㉢ 흡입성·흉곽성·호흡성 입자의 크기별로 분포와 농도를 계산할 수 있다.
(2) 단점
  ㉠ 시료채취가 까다롭다. 즉, 경험이 있는 전문가가 철저한 준비를 통해 이용해야 정확한 측정이 가능하다(작은 입자는 공기 흐름속도를 크게 하여 충돌판에 포집할 수 없음).
  ㉡ 비용이 많이 든다.
  ㉢ 채취 준비시간이 과다하다.
  ㉣ 되튐으로 인한 시료의 손실이 일어나 과소분석결과를 초래할 수 있어 유량을 2L/min 이하로 채취한다.
  ㉤ 공기가 옆에서 유입되지 않도록 각 충돌기의 조립과 장착을 철저히 해야 한다.

27 다음 중 변이계수에 관한 설명으로 적절하지 않은 것은?

① 통계집단의 측정값들에 대한 균일성, 정밀성 정도를 표현한 것이다.
② 평균값에 대한 표준편차의 크기를 백분율로 나타낸 수치이다.
③ 변이계수는 %로 표현되므로 측정단위와 무관하게 독립적으로 산출된다.
④ 평균값의 크기가 0에 가까울수록 변이계수의 의의는 커진다.

풀이 변이계수(CV)
㉠ 측정방법의 정밀도를 평가하는 계수이며, %로 표현되므로 측정단위와 무관하게 독립적으로 산출된다.
㉡ 통계집단의 측정값에 대한 균일성과 정밀성의 정도를 표현한 계수이다.
㉢ 단위가 서로 다른 집단이나 특성값의 상호 산포도를 비교하는 데 이용될 수 있다.
㉣ 변이계수가 작을수록 자료가 평균 주위에 가깝게 분포한다는 의미이다(평균값의 크기가 0에 가까울수록 변이계수의 의미는 작아진다).
㉤ 표준편차의 수치가 평균치에 비해 몇 %가 되느냐로 나타낸다.

28 공기채취기구의 보정을 위한 1차 표준기기에 해당되는 것은?

① 오리피스미터 ② 유리피스톤미터
③ 열선기류계   ④ 습식 테스트미터

풀이 공기채취기구의 보정에 사용되는 1차 표준기구의 종류

표준기구	일반 사용범위	정확도
비누거품미터 (soap bubble meter)	1mL/분 ~30L/분	±1% 이내
폐활량계 (spirometer)	100~600L	±1% 이내
가스치환병 (mariotte bottle)	10~500mL/분	±0.05 ~0.25%
유리피스톤미터 (glass piston meter)	10~200mL/분	±2% 이내
흑연피스톤미터 (frictionless piston meter)	1mL/분 ~50L/분	±1~2%
피토튜브 (pitot tube)	15mL/분 이하	±1% 이내

29 100g의 물에 40g의 NaCl을 가하여 용해시키면 몇 %(W/W%)의 NaCl 용액이 만들어지는가?

① 28.6   ② 32.7
③ 34.5   ④ 38.2

풀이 $\text{NaCl}(W/W\%) = \dfrac{40g}{100g + 40g} \times 100 = 28.57\%$

30 옥외에 설치된 소각로에서 소각 시 높은 고온이 발생하고 있다. 조건이 다음과 같은 경우 이 옥외작업장에서 작업하는 근로자에 대한 온열지수(WBGT)는 몇 ℃인가? (단, 태양광선이 내리쬐는 장소이다.)

- 자연습구온도 : 20℃
- 건구온도 : 25℃
- 흑구온도 : 30℃

① 27.5
② 25.5
③ 22.5
④ 20.5

풀이 태양광선이 내리쬐는 장소에서의 WBGT(℃)
= (0.7×자연습구온도)+(0.2×흑구온도)
 +(0.1×건구온도)
= (0.7×20℃)+(0.2×30℃)+(0.1×25℃) = 22.5℃

31 어느 가구공장의 소음을 측정한 결과 측정치가 다음과 같았다면 이 공장 소음의 중앙값(median)은?

82dB(A), 90dB(A), 79dB(A), 84dB(A),
91dB(A), 85dB(A), 93dB(A), 88dB(A),
95dB(A)

① 91dB(A)
② 90dB(A)
③ 88dB(A)
④ 86dB(A)

풀이 중앙치값이란 N개의 측정치를 크기 순서로 배열 시 중앙에 오는 값으로, 79dB(A), 82dB(A), 84dB(A), 85dB(A), 88dB(A), 90dB(A), 91dB(A), 93dB(A), 95dB(A)의 크기 순서 중 중앙에 오는 값은 88dB(A)이다.

32 소음의 음압도(SPL)의 식으로 옳은 것은? (단, P_o는 최소음압실효치로, $P_o = 2×10^{-5}$ N/m²이다.)

① $10 \log \dfrac{P}{P_o}$
② $20 \log \dfrac{P}{P_o}$
③ $30 \log \dfrac{P}{P_o}$
④ $40 \log \dfrac{P}{P_o}$

풀이 음압수준(SPL) : 음압레벨, 음압도
$SPL = 20 \log \left(\dfrac{P}{P_o}\right)$ (dB)
여기서, SPL : 음압수준(음압도, 음압레벨)(dB)
P : 대상음의 음압(음압 실효치)(N/m²)
P_o : 기준음압 실효치($2×10^{-5}$N/m², 20μPa, $2×10^{-4}$dyne/cm²)

33 특정 상황에서는 측정기구 없이 수학적인 모델링 또는 공식을 이용하여 공기 중 해당 물질의 농도를 추정할 수 있다. 온도가 25℃인 밀폐된 공간에서 수은증기가 포화상태에 도달했을 때의 공기 중 수은의 농도는? [단, 수은의 증기압은 25℃, 1기압(원자량=201)에서 0.002mmHg이다.]

① 26.3ppm
② 26.3mg/m³
③ 21.6mg/m³
④ 21.6ppm

풀이 최고농도(포화농도) = $\dfrac{0.002}{760} × 10^6 = 2.63$ppm
∴ 농도(mg/m³) = 2.63ppm × $\dfrac{201}{24.45}$
 = 21.63mg/m³

34 다음 중 시간가중 평균소음수준[dB(A)]을 구하는 식으로 가장 적절한 것은? (단, D는 누적소음노출량(%)이다.)

① $16.91 \log \left(\dfrac{D}{100}\right) + 90$
② $16.61 \log \left(\dfrac{D}{100}\right) + 90$
③ $16.91 \log \left(\dfrac{D}{100}\right) + 80$
④ $16.61 \log \left(\dfrac{D}{100}\right) + 80$

풀이 $TWA = 16.61 \log \left(\dfrac{D(\%)}{100}\right) + 90$ [dB(A)]
여기서, TWA : 시간가중 평균소음수준[dB(A)]
D : 누적소음폭로량(%)
100 : ($12.5×T$; T : 노출시간)

35 공기(10L)로부터 벤젠(분자량=78.1)을 고체 흡착관에 채취하였다. 시료를 분석한 결과 벤젠의 양은 2mg이고 탈착효율은 95%였다. 공기 중 벤젠 농도는? (단, 25℃, 1기압 기준)

① 약 53ppm   ② 약 66ppm
③ 약 78ppm   ④ 약 82ppm

풀이
$$\text{농도}(mg/m^3) = \frac{\text{질량}}{\text{부피(공기채취량)} \times \text{탈착효율}}$$
$$= \frac{2mg}{10L \times (m^3/1,000L) \times 0.95}$$
$$= 210.53 mg/m^3$$
$$\therefore \text{농도}(ppm) = 210.53 mg/m^3 \times \frac{24.45}{78.1} = 65.9 ppm$$

36 작업환경 측정 및 정도관리 등에 관한 고시상 고열 측정에 관한 내용으로 틀린 것은?

① 습구흑구온도지수(WBGT)를 측정할 수 있는 기기를 사용한다.
② 단위작업장소에서 측정대상이 되는 근로자의 주작업위치에서 측정한다.
③ 측정기기의 위치는 바닥면으로부터 50센티미터 이상, 150센티미터 이하의 위치에서 측정한다.
④ 1일 작업시간 중 가장 높은 고열에 노출되는 1시간을 20분 간격으로 연속 측정한다.

풀이 ④ 1일 작업시간 중 가장 높은 고열에 노출되는 1시간을 10분 간격으로 연속 측정한다.

37 가스검지관의 특징으로 틀린 것은?

① 색변화가 선명하지 않아 주관적으로 읽을 수 있다.
② 반응시간이 빨라 빠른 시간에 측정결과를 알 수 있다.
③ 민감도가 낮아 비교적 고농도에 적용이 가능하다.
④ 특이도가 높아 다른 방해물질의 영향이 크다.

풀이 검지관 측정법
(1) 장점
  ㉠ 사용이 간편하다.
  ㉡ 반응시간이 빨라 현장에서 바로 측정결과를 알 수 있다.
  ㉢ 비전문가도 어느 정도 숙지하면 사용할 수 있지만 산업위생전문가의 지도 아래 사용되어야 한다.
  ㉣ 맨홀, 밀폐공간에서의 산소 부족 또는 폭발성 가스로 인한 안전이 문제가 될 때 유용하게 사용된다.
  ㉤ 다른 측정방법이 복잡하거나 빠른 측정이 요구될 때 사용할 수 있다.
(2) 단점
  ㉠ 민감도가 낮아 비교적 고농도에만 적용이 가능하다.
  ㉡ 특이도가 낮아 다른 방해물질의 영향을 받기 쉽고 오차가 크다.
  ㉢ 대개 단시간 측정만 가능하다.
  ㉣ 한 검지관으로 단일물질만 측정 가능하여 각 오염물질에 맞는 검지관을 선정함에 따른 불편함이 있다.
  ㉤ 색변화에 따라 주관적으로 읽을 수 있어 판독자에 따라 변이가 심하며, 색변화가 시간에 따라 변하므로 제조자가 정한 시간에 읽어야 한다.
  ㉥ 미리 측정대상 물질의 동정이 되어 있어야 측정이 가능하다.

38 다음 유기용제 중 시료채취를 위해 일반적으로 실리카겔 흡착튜브를 사용하는 것은?

① 알코올류
② 방향족 탄화수소류
③ 니트로벤젠류
④ 할로겐화 탄화수소류

풀이
(1) 실리카겔관을 사용하여 채취하기 용이한 시료
  ㉠ 극성류의 유기용제, 산(무기산 : 불산, 염산)
  ㉡ 방향족 아민류, 지방족 아민류
  ㉢ 아미노에탄올, 아마이드류
  ㉣ 니트로벤젠류, 페놀류
(2) 활성탄관을 사용하여 채취하기 용이한 시료
  ㉠ 비극성류의 유기용제
  ㉡ 각종 방향족 유기용제(방향족 탄화수소류)
  ㉢ 할로겐화 지방족 유기용제(할로겐화 탄화수소류)
  ㉣ 에스테르류, 알코올류, 에테르류, 케톤류

정답 35.② 36.④ 37.④ 38.③

39 분석에서의 계통오차(systematic error)가 아닌 것은?

① 외계오차
② 우발오차
③ 기계오차
④ 개인오차

풀이 계통오차의 종류
(1) 외계오차(환경오차)
  ㉠ 측정 및 분석 시 온도나 습도와 같은 외계의 환경으로 생기는 오차이다.
  ㉡ 대책(오차의 세기) : 보정값을 구하여 수정함으로써 오차를 제거할 수 있다.
(2) 기계오차(기기오차)
  ㉠ 사용하는 측정 및 분석 기기의 부정확성으로 인한 오차이다.
  ㉡ 대책 : 기계의 교정에 의하여 오차를 제거할 수 있다.
(3) 개인오차
  ㉠ 측정자의 습관이나 선입관에 의한 오차이다.
  ㉡ 대책 : 두 사람 이상 측정자의 측정을 비교하여 오차를 제거할 수 있다.

40 입자상 물질의 채취에 사용하는 막 여과지 중 화학물질과 열에 저항이 강한 특성을 가지고 있고 코크스 제조공정에서 발생하는 코크스 오븐 배출물질 채취에 사용되는 것은?

① 은막 여과지(silver membrane filter)
② 섬유상 여과지(fiber filter)
③ PVC 여과지(polyvinyl chloride filter)
④ MCE 여과지(Mixed Cellulose Ester membrane filter)

풀이 은막 여과지(silver membrane filter)
㉠ 균일한 금속은을 소결하여 만들며 열적·화학적 안정성이 있다.
㉡ 코크스 제조공정에서 발생하는 코크스오븐 배출물질, 콜타르피치 휘발물질, X선 회절분석법을 적용하는 석영 또는 다핵방향족 탄화수소 등을 채취하는 데 사용한다.
㉢ 결합제나 섬유가 포함되어 있지 않다.

제3과목 | 작업환경 관리

41 알레르기성 접촉피부염의 진단에 가장 유용한 검사방법은?

① 면역글로불린 검사
② 조직검사
③ 첩포검사
④ 일반혈액검사

풀이 첩포시험(patch test)
㉠ 알레르기성 접촉피부염의 진단에 필수적이며 가장 중요한 임상시험이다.
㉡ 피부염의 원인물질로 예상되는 화학물질을 피부에 도포하고, 48시간 동안 덮어둔 후 피부염의 발생 여부를 확인한다.
㉢ 첩포시험 결과 침윤, 부종이 지속된 경우를 알레르기성 접촉피부염으로 판독한다.

42 고열장애에 관한 설명으로 틀린 것은?

① 열사병은 신체 내부의 체온조절 계통이 기능을 잃어 발생한다.
② 열경련은 땀으로 인한 염분 손실을 충당하지 못할 때 발생하며, 장애가 발생하면 염분의 공급을 위해 식염정제를 사용한다.
③ 열허탈은 고열작업장에 순화되지 못한 근로자가 고열작업을 수행할 경우 신체 말단부에 혈액이 과다하게 저류되어 뇌의 혈액 흐름이 좋지 못하게 됨에 따라 뇌에 산소가 부족하여 발생한다.
④ 일시적인 열피로는 고열에 순화되지 않은 작업자가 장시간 고열환경에서 정적인 작업을 할 경우 흔히 발생한다.

풀이 열경련은 땀을 많이 흘리고 동시에 염분이 없는 음료수를 많이 마셔서 염분이 부족할 경우 발생하며, 수분 및 NaCl 보충으로 생리식염수 0.1%를 공급한다.

정답 39.② 40.① 41.③ 42.②

43 다음 중 사람이 느끼는 최소 진동역치로 옳은 것은?
① 25±5dB ② 35±5dB
③ 45±5dB ④ 55±5dB

풀이 진동역치는 사람이 진동을 느낄 수 있는 최소값을 의미하며, 50~60dB 정도이다.

44 다음 중 자외선에 관한 설명으로 틀린 것은?
① 인체에 유익한 건강선은 290~315nm 정도이다.
② 구름이나 눈에 반사되며, 고층 구름이 낀 맑은 날에 가장 많고 대기오염의 지표로도 사용된다.
③ 일명 화학선이라고 하며 광화학반응으로 단백질과 핵산분자의 파괴, 변성 작용을 한다.
④ 피부의 자외선 투과정도는 피부 표피 두께와는 관계가 없고 피부에 포함된 멜라닌색소의 정도에 따른다.

풀이 자외선의 피부 투과정도에 영향을 미치는 인자
㉠ 자외선의 파장
㉡ 피부색
㉢ 피부 표피의 두께

45 다음 중 채광과 조명단위에 관한 내용으로 틀린 것은?
① 촉광은 빛의 광도를 나타내는 단위로 지름이 1인치 되는 촛불이 수평방향으로 비칠 때 대략 1촉광의 빛을 낸다.
② 루멘은 광원으로부터 나오는 빛의 세기인 광도의 단위이다.
③ 창 면적은 바닥 면적의 15~20%가 이상적이다.
④ 실내 일정 지점의 조도와 옥외 조도와의 비율을 %로 표시한 것을 주광률(daylight factor)이라고 한다.

풀이 루멘(lumen, lm) ; 광속
㉠ 광속의 국제단위로 기호는 lm으로 나타낸다.
㉡ 1촉광의 광원으로부터 한 단위입체각으로 나가는 광속의 단위이다.
㉢ 광속이란 광원으로부터 나오는 빛의 양을 의미하고 단위는 lumen이다.
㉣ 1촉광과의 관계는 1촉광=4π(12.57)루멘으로 나타낸다.

46 다음 중 전자기 전리방사선은?
① α(알파)선 ② β(베타)선
③ γ(감마)선 ④ 중성자

풀이 이온화방사선(전리방사선) ─ 전자기방사선(X-Ray, γ선)
─ 입자방사선(α선, β선, 중성자)

47 귀마개의 단점이라 볼 수 없는 것은? (단, 귀덮개와 비교 기준이다.)
① 차음효과가 떨어진다.
② 제대로 착용하는 데 시간이 걸리며, 요령을 습득하여야 한다.
③ 외청도에 이상이 없는 경우에 사용이 가능하다.
④ 고온작업장에서는 사용이 불편하다.

풀이 귀마개
(1) 장점
㉠ 부피가 작아서 휴대가 쉽다.
㉡ 안경과 안전모 등에 방해가 되지 않는다.
㉢ 고온작업에서도 사용 가능하다.
㉣ 좁은 장소에서도 사용 가능하다.
㉤ 가격이 귀덮개보다 저렴하다.
(2) 단점
㉠ 귀에 질병이 있는 사람은 착용이 불가능하다.
㉡ 여름에 땀이 많이 날 때는 외이도에 염증 유발 가능성이 있다.
㉢ 제대로 착용하는 데 시간이 걸리며 요령을 습득하여야 한다.
㉣ 차음효과가 일반적으로 귀덮개보다 떨어진다.
㉤ 사람에 따라 차음효과 차이가 크다(개인차가 큼).
㉥ 더러운 손으로 만짐으로써 외청도를 오염시킬 수 있다(귀마개에 묻어 있는 오염물질이 귀에 들어갈 수 있음).

정답 43.④ 44.④ 45.② 46.③ 47.④

48 흡입분진의 종류에 따른 진폐증 중 유기성 분진에 의한 진폐증은?

① 농부폐증 ② 용접공폐증
③ 탄소폐증 ④ 규폐증

[풀이] **분진의 종류에 따른 분류(임상적 분류)**
㉠ 유기성 분진에 의한 진폐증 : 농부폐증, 면폐증, 연초폐증, 설탕폐증, 목재분진폐증, 모발분진폐증
㉡ 무기성(광물성) 분진에 의한 진폐증 : 규폐증, 탄소폐증, 활석폐증, 탄광부진폐증, 철폐증, 베릴륨폐증, 흑연폐증, 규조토폐증, 주석폐증, 칼륨폐증, 바륨폐증, 용접공폐증, 석면폐증

49 전자기파로서의 전자기방사선은 파동의 형태로 매개체가 없는 진공상태에서 공간을 통하여 전파된다. 파장으로서 방사선의 특징으로 틀린 것은?

① 물질과 만나면 흡수 또는 산란한다.
② 간섭을 일으키지 않는다.
③ 자장이나 전장의 영향을 받지 않는다.
④ 물질을 만나면 반사, 굴절, 확산될 수 있다.

[풀이] **방사선의 특성**
㉠ 전자기파로서의 전자기방사선은 파동의 형태로 매개체가 없어도 진공상태에서 공간을 통하여 전파된다.
㉡ 파장으로서 빛의 속도로 이동·직진한다.
㉢ 물질과 만나면 흡수 또는 산란한다. 또한 반사, 굴절, 확산될 수 있다.
㉣ 간섭을 일으킨다.
㉤ Filtering 형태로 극성화될 수 있다.
㉥ 자장이나 전장에 영향을 받지 않는다.
㉦ 방사선 작업 시 작업자의 실질적인 방사선 폭로량을 위해 사용되는 것은 필름배지(film badge)이다.
㉧ 방사선 피폭으로 인한 체내 조직의 위험정도를 하나의 양으로 유효선량을 구하기 위해서는 조직가중치를 곱하는데, 가중치가 가장 높은 조직은 생식선이다.
㉨ 원자력 산업 등에서 내부 피폭장애를 일으킬 수 있는 위험 핵종은 ^{3}H, ^{54}Mn, ^{59}Fe 등이다.

50 방진마스크에 대한 설명 중 적합하지 않은 것은?

① 고체 분진이나 유해성 fume, mist 등의 액체 입자의 흡입 방지를 위해서도 사용된다.
② 필터는 여과효율이 높고 흡입저항이 큰 것이 좋다.
③ 충분한 산소가 있고 유해물의 농도가 규정 이하의 농도일 때 사용할 수 있다.
④ 필터의 재질로는 합성섬유, 유리섬유 및 금속섬유 등이 사용된다.

[풀이] 필터는 흡기저항 및 배기저항이 낮은 것이 좋다.

51 음압도(SPL ; Sound Pressure Level)가 80dB인 소음이 음압도가 40dB인 소음보다 실제 음압(sound pressure)이 몇 배 더 강한가?

① 2배
② 10배
③ 100배
④ 10,000배

[풀이]
$$SPL = 20\log\frac{P}{2\times 10^{-5}}$$
• $80 = 20\log\frac{P_1}{2\times 10^{-5}}$ 에서, $P_1 = 0.2\text{N/m}^2$
• $40 = 20\log\frac{P_2}{2\times 10^{-5}}$ 에서, $P_2 = 0.002\text{N/m}^2$
∴ $\frac{P_1}{P_2} = \frac{0.2}{0.002} = 100$배

52 다음 중 한랭작업장에서 개인위생상 준수해야 할 사항과 가장 거리가 먼 내용은?

① 팔다리 운동으로 혈액순환 촉진
② 약간 큰 장갑과 방한화의 착용
③ 건조한 양말의 착용
④ 적절한 식염수의 섭취

[풀이] ④항은 고온환경 작업에 관련된 내용이다.

정답 48.① 49.② 50.② 51.③ 52.④

53 공기공급식 호흡기 보호구 중 자가공기공급장치에 관한 설명으로 적절하지 않은 것은?

① 개방식 : 호기에서 나온 공기는 장치 밖으로 배출되며 사용시간은 30분에서 60분 정도이다.
② 개방식 : 소방관이 주로 사용하며 호흡용 공기는 압축공기를 사용한다.
③ 폐쇄식 : 산소발생장치에는 주로 H_2O_2를 사용한다.
④ 폐쇄식 : 개방식보다 가벼운 것이 장점이며 사용시간은 30분에서 4시간 정도이다.

[풀이] **자가공기공급장치(SCBA)**
(1) 폐쇄식(closed circuit)
 ㉠ 호기 시 배출공기가 외부로 빠져나오지 않고 장치 내에서 순환한다.
 ㉡ 개방식보다 가벼운 것이 장점이다.
 ㉢ 사용시간은 30분에서 4시간 정도이다.
 ㉣ 산소발생장치는 KO_2를 사용한다.
 ㉤ 단점으로는 반응이 시작하면 멈출 수 없는 것이다.
(2) 개방식(open circuit)
 ㉠ 호기 시 배출공기가 장치 밖으로 배출된다.
 ㉡ 사용시간은 30분에서 60분 정도이다.
 ㉢ 호흡용 공기는 압축공기를 사용한다(단, 압축산소 사용은 폭발 위험이 있기 때문에 절대 사용 불가).
 ㉣ 주로 소방관이 사용한다.

54 전리방사선의 영향에 대한 감수성이 가장 적은 인체 내 조직은?

① 혈관, 복막 등 내피세포
② 흉선 및 림프조직
③ 눈의 수정체
④ 임파선

[풀이] **전리방사선에 대한 감수성 순서**

골수, 흉선 및 림프조직(조혈기관), 눈의 수정체, 임파선	>	상피세포, 내피세포	>	근육세포	>	신경조직

55 인체에 피부암을 일으키는 것으로 알려져 있어 산업보건학적으로 주된 관심영역인 자외선은?

① UV-A(파장 : 315~400nm)
② UV-B(파장 : 280~315nm)
③ UV-C(파장 : 220~280nm)
④ UV-D(파장 : 355~450nm)

[풀이] **자외선의 분류**
 ㉠ UV-C(100~280nm) : 발진, 경미한 홍반
 ㉡ UV-B(280~315nm) : 발진, 경미한 홍반, 피부암, 광결막염
 ㉢ UV-A(315~400nm) : 발진, 홍반, 백내장

56 장애물이 없는 자유공간에서 구면상으로 전파하는 점음원이 있다. 이 음원의 Power Level(PWL)이 90dB인 경우 거리가 10m 떨어진 곳에서의 음압레벨(SPL; Sound Pressure Level)은?

① 59dB
② 64dB
③ 69dB
④ 74dB

[풀이] 무지향성 점음원, 자유공간인 경우
$SPL = PWL - 20\log r - 11 \text{(dB)}$
$= 90 - 20\log 10 - 11 = 59\text{dB}$

57 고압환경에서의 2차적인 가압현상(화학적 장애)에 관한 내용으로 틀린 것은?

① 공기 중의 질소가스는 4기압 이상에서 마취작용을 나타낸다.
② 산소의 분압이 2기압을 넘으면 산소중독 증세가 나타난다.
③ 산소중독 증세는 폭로가 중지된 후에도 비가역적인 후유증을 초래한다.
④ 이산화탄소 농도의 증가는 산소의 독성과 질소의 마취작용, 그리고 감압증의 발생을 촉진시킨다.

> **풀이** 고압산소에 대한 폭로가 중지되면 증상은 즉시 멈춘다. 즉, 가역적이다.

58 다음 중 이상기압 작업에 대한 설명으로 틀린 것은?

① 잠수작업의 경우 일반적으로 1분에 30m 정도씩 잠수하는 것이 안전하다.
② 감압이 끝날 무렵 순수산소 흡입은 감압병의 예방효과뿐만 아니라 감압시간을 25% 가량 단축시킨다.
③ 고공성 폐수종은 어른보다 어린이에게 많이 일어난다.
④ 5,000m 이상의 고공비행 종사자에게 가장 큰 문제가 되는 것은 산소부족이다.

> **풀이** 잠수작업은 일반적으로 1분에 10m 정도씩 잠수하는 것이 안전하다.

59 공기공급식 호흡기 보호구인 air line식의 종류가 아닌 것은?

① 폐쇄식(closed-circuit) 마스크
② 폐력식(demand) 마스크
③ 압력식(pressure demand) 마스크
④ 연속흐름식(continuous flow) 마스크

> **풀이** 에어라인 마스크
> (1) 폐력식(demand)
> ㉠ 착용자가 호흡 시 발생하는 압력에 따라 레귤레이터에 의해 공기를 공급한다.
> ㉡ 보호구 내부 음압이 생기므로 누설 가능성이 있어 주의를 요한다.
> (2) 압력식(pressure demand)
> ㉠ 흡기 및 호기 시 일정량의 압력이 보호구 내부에 항상 걸리도록 레귤레이터에 의해 공기를 공급한다.
> ㉡ 항상 보호구 내부 양압이 걸리므로 누설현상이 적다.
> (3) 연속흐름식(continuous flow)
> 압축기에서 일정량의 공기가 항상 충분히 공급된다.

60 암모니아나 염화수소가 상기도에 심한 자극을 유발하는 물리화학적 이유는?

① 미극성   ② 높은 수용성
③ 낮은 증기압 ④ 높은 휘발성

> **풀이** 호흡기에 대한 자극작용은 유해물질의 용해도에 따라서 다르며, 이에 따라 자극제를 상기도 점막 자극제, 상기도 점막 및 폐조직 자극제, 종말기관지 및 폐포점막 자극제로 구분한다.

제4과목 | 산업환기

61 후드의 개구면이 좁고 길어서 '폭 : 길이'의 비율이 0.2 이하인 후드를 무엇이라 하는가?

① 캐노피 후드   ② 레시버식 후드
③ 슬롯형 후드   ④ 푸시-풀 후드

> **풀이** 외부식 슬롯(slot) 후드
> ㉠ 슬롯 후드는 후드 개방부분의 길이가 길고, 높이(폭)가 좁은 형태로 [높이(폭)/길이]의 비가 0.2 이하인 것을 말한다.
> ㉡ 슬롯 후드에서도 플랜지를 부착하면 필요배기량을 줄일 수 있다(ACGIH : 환기량 30% 절약).
> ㉢ 슬롯 후드의 가장자리에서도 공기의 흐름을 균일하게 하기 위해 사용한다.
> ㉣ 슬롯 속도는 배기송풍량과는 관계가 없으며, 제어풍속은 슬롯 속도에 영향을 받지 않는다.
> ㉤ 플레넘 속도를 슬롯 속도의 1/2 이하로 하는 것이 좋다.

62 사염화에틸렌 20,000ppm이 공기 중에 존재한다면 공기와 사염화에틸렌 혼합물의 유효비중은 얼마인가? (단, 사염화에틸렌의 증기비중은 5.7로 한다.)

① 1.107   ② 1.094
③ 1.075   ④ 1.047

> **풀이** 유효비중 $= \dfrac{(20,000 \times 5.7) + (980,000 \times 1.0)}{1,000,000} = 1.094$

정답 58.① 59.① 60.② 61.③ 62.②

63 유해가스 처리법 중 회수가치가 있는 불연성 저농도 가스의 처리에 가장 적합한 것은?

① 촉매산화법
② 연소법
③ 침전법
④ 흡착법

풀이 흡착법
유체가 고체상 물질의 표면에 부착되는 성질을 이용하여 오염된 기체(주로 유기용제)를 제거하는 원리이다. 특히 회수가치가 있는 불연성 희박농도 가스의 처리에 가장 적합한 방법이 흡착법이다.

64 총 압력손실 계산방법 중 정압조절평형법에 대한 설명으로 틀린 것은?

① 설계가 정확할 때는 가장 효율적인 시설이 된다.
② 송풍량은 근로자나 운전자의 의도대로 쉽게 변경된다.
③ 유속의 범위가 적절히 선택되면 덕트의 폐쇄가 일어나지 않는다.
④ 설계가 어렵고, 시간이 많이 걸린다.

풀이 정압조절평형법(유속조절평형법, 정압균형유지법)
(1) 장점
  ㉠ 예기치 않는 침식, 부식, 분진퇴적으로 인한 축적(퇴적) 현상이 일어나지 않는다.
  ㉡ 잘못 설계된 분지관 또는 최대저항경로(저항이 큰 분지관) 선정이 잘못되어도 설계 시 쉽게 발견할 수 있다.
  ㉢ 설계가 정확할 때에는 가장 효율적인 시설이 된다.
  ㉣ 유속의 범위가 적절히 선택되면 덕트의 폐쇄가 일어나지 않는다.
(2) 단점
  ㉠ 설계 시 잘못된 유량을 고치기 어렵다(임의의 유량을 조절하기 어려움).
  ㉡ 설계가 복잡하고 시간이 걸린다.
  ㉢ 설계유량 산정이 잘못되었을 경우 수정은 덕트의 크기 변경을 필요로 한다.
  ㉣ 때에 따라 전체 필요한 최소유량보다 더 초과될 수 있다.
  ㉤ 설치 후 변경이나 확장에 대한 유연성이 낮다.
  ㉥ 효율 개선 시 전체를 수정해야 한다.

65 송풍기의 효율이 0.60이고, 송풍기의 유효전압이 60mmH₂O일 때 30m³/min의 공기를 송풍하는 데 필요한 동력(kW)은 약 얼마인가?

① 0.1   ② 0.3
③ 0.5   ④ 0.7

풀이
$$\text{소요동력(kW)} = \frac{Q \times \Delta P}{6{,}120 \times \eta} \times \alpha$$
$$= \frac{30 \times 60}{6{,}120 \times 0.6} \times 1 = 0.49 \text{kW}$$

66 다음 중 일반적으로 덕트 내의 반송속도를 가장 크게 해야 하는 물질은?

① 증기   ② 고무분
③ 목재 분진 ④ 주조 분진

풀이 유해물질에 따른 반응속도

유해물질	예	반송속도 (m/sec)
가스, 증기, 흄 및 극히 가벼운 물질	각종 가스, 증기, 산화아연 및 산화알루미늄 등의 흄, 목재분진, 솜먼지, 고무분, 합성수지분	10
가벼운 건조먼지	원면, 곡물분, 고무, 플라스틱, 경금속 분진	15
일반 공업 분진	털, 나무 부스러기, 대패 부스러기, 샌드블라스트, 그라인더 분진, 내화벽돌 분진	20
무거운 분진	납 분진, 주조 후 모래털기작업 시 먼지, 선반작업 시 먼지	25
무겁고 비교적 큰 입자의 젖은 먼지	젖은 납 분진, 젖은 주조작업 발생 먼지	25 이상

67 다음 중 맹독성 물질을 제어하는 데 가장 적합한 후드의 형태는?

① 포위식   ② 외부식 측방형
③ 외부식 슬롯형 ④ 레시버식

풀이 포위식 후드
㉠ 발생원을 완전히 포위하는 형태의 후드이고, 후드의 개방면에서 측정한 속도인 면속도가 제어속도가 된다.
㉡ 국소배기시설의 후드 형태 중 가장 효과적인 형태이다. 즉, 필요환기량을 최소한으로 줄일 수 있다.
㉢ 독성 가스 및 방사성 동위원소 취급공정, 발암성 물질에 주로 사용한다.

정답 63.④ 64.② 65.③ 66.④ 67.①

68 일반적으로 외부식 후드에 플랜지를 부착하면 약 어느 정도의 효율이 증가할 수 있는가? (단, 플랜지의 크기는 개구면적의 제곱근 이상으로 한다.)

① 15% ② 25%
③ 35% ④ 45%

[풀이] 일반적으로 외부식 후드에 플랜지(flange)를 부착하면 후방 유입기류를 차단하고 후드 전면에서 포집범위가 확대되어 flange가 없는 후드에 비해 동일 지점에서 동일한 제어속도를 얻는 데 필요한 송풍량을 약 25% 감소시킬 수 있으며 플랜지 폭은 후드 단면적의 제곱근($\sqrt{A}$) 이상이 되어야 한다.

69 다음 중 국소환기시설의 자체검사 시 필요한 필수장비에 속하는 것은?

① 청음봉
② 회전계
③ 열선풍속계
④ 수주마노미터

[풀이] 반드시 갖추어야 할 측정기(필수장비)
㉠ 발연관(연기발생기, smoke tester)
㉡ 청음기 또는 청음봉
㉢ 절연저항계
㉣ 표면온도계 및 초자온도계
㉤ 줄자

70 다음 중 층류에 대한 설명으로 틀린 것은?

① 유체입자가 관벽에 평행한 직선으로 흐르는 흐름이다.
② 레이놀즈수가 4,000 이상인 유체의 흐름이다.
③ 관 내에서의 속도분포가 정상 포물선을 그린다.
④ 평균유속은 최대유속의 약 1/2이다.

[풀이] 레이놀즈수의 크기에 따른 구분
㉠ 층류 : $Re < 2,100$
㉡ 천이영역 : $2,100 < Re < 4,000$
㉢ 난류 : $Re > 4,000$

71 일반적으로 국소환기시설을 설계할 때 가장 먼저 해야 하는 것은?

① 후드의 형식 선정
② 송풍기의 선정
③ 후드 크기의 결정
④ 제어속도의 결정

[풀이] 국소배기장치의 설계순서
후드 형식 선정 → 제어속도 결정 → 소요풍량 계산 → 반송속도 결정 → 배관 내경 산출 → 후드 크기 결정 → 배관 배치와 설치장소 선정 → 공기정화장치 선정 → 국소배기계통도와 배치도 작성 → 총 압력손실량 계산 → 송풍기 선정

72 산업환기에 있어 압력에 대한 설명으로 틀린 것은?

① 전압은 정압과 동압의 곱이다.
② 정압은 속도압과 관계없이 독립적으로 발생한다.
③ 송풍기 위치와 상관없이 동압은 항상 0 또는 양압이다.
④ 정압은 송풍기 앞에서는 음압, 송풍기 뒤에서는 양압이다.

[풀이] 전압
㉠ 전압은 단위유체에 작용하는 정압과 동압의 총합이다.
㉡ 시설 내에 필요한 단위체적당 전에너지를 나타낸다.
㉢ 유체의 흐름방향으로 작용한다.
㉣ 정압과 동압은 상호변환이 가능하며, 그 변환에 의해 정압, 동압의 값이 변화하더라도 그 합인 전압은 에너지의 득실이 없다면 관의 전 길이에 걸쳐 일정하다. 이를 베르누이 정리라 한다. 즉, 유입된 에너지의 총량은 유출된 에너지의 총량과 같다는 의미이다.
㉤ 속도변화가 현저한 축소관 및 확대관 등에서는 완전한 변환이 일어나지 않고 약간의 에너지 손실이 존재하며, 이러한 에너지 손실은 보통 정압 손실의 형태를 취한다.
㉥ 흐름이 가속되는 경우 정압이 동압으로 변화될 때의 손실은 매우 적지만 흐름이 감속되는 경우 유체가 와류를 일으키기 쉬우므로 동압이 정압으로 변화될 때의 손실은 크다.

정답 68.② 69.① 70.② 71.① 72.①

73 송풍기의 회전수는 N, 송풍량은 Q, 정압은 P, 축동력은 L이라 할 때 송풍기의 상사법칙을 올바르게 나타낸 것은?

① $Q^2 \propto N$
② $L \propto N^4$
③ $P \propto N^2$
④ $L \propto N^2$

풀이 송풍기의 상사법칙(회전수비)
㉠ 풍량은 회전수비에 비례한다.
㉡ 정압은 회전수비의 2승에 비례한다.
㉢ 동력은 회전수비의 3승에 비례한다.

74 전기집진장치(ESP)의 장점이 아닌 것은?

① 고온가스를 처리할 수 있다.
② 압력손실이 낮다.
③ 설치공간을 적게 차지한다.
④ 넓은 범위의 입경과 분진 농도에 집진효율이 높다.

풀이 전기집진장치
(1) 장점
 ㉠ 집진효율이 높다(0.01μm 정도 포집 용이, 99.9% 정도 고집진효율).
 ㉡ 광범위한 온도범위에서 적용이 가능하며, 폭발성 가스의 처리도 가능하다.
 ㉢ 고온의 입자성 물질(500℃ 전후) 처리가 가능하여 보일러와 철강로 등에 설치할 수 있다.
 ㉣ 압력손실이 낮고 대용량의 가스 처리가 가능하며 배출가스의 온도강하가 적다.
 ㉤ 운전 및 유지비가 저렴하다.
 ㉥ 회수가치 입자 포집에 유리하며, 습식 및 건식으로 집진할 수 있다.
 ㉦ 넓은 범위의 입경과 분진 농도에 집진효율이 높다.
 ㉧ 습식 집진이 가능하다.
(2) 단점
 ㉠ 설치비용이 많이 든다.
 ㉡ 설치공간을 많이 차지한다.
 ㉢ 설치된 후에는 운전조건의 변화에 유연성이 적다.
 ㉣ 먼지 성상에 따라 전처리시설이 요구된다.
 ㉤ 분진 포집에 적용되며, 기체상 물질 제거에는 곤란하다.
 ㉥ 전압변동과 같은 조건변동(부하변동)에 쉽게 적응이 곤란하다.
 ㉦ 가연성 입자의 처리가 곤란하다.

75 사이클론 집진장치에서 미세한 입자를 원심분리하고자 할 때 가장 큰 영향을 주는 인자는?

① 입구 유속
② 사이클론의 직경
③ 압력손실
④ 유입가스 중의 분진 농도

풀이 사이클론(cyclone)의 특징
㉠ 설치장소에 구애받지 않고 설치비가 낮으며, 고온가스, 고농도에서 운전 가능하다.
㉡ 가동부분이 적은 것이 기계적인 특징이고, 구조가 간단하여 유지·보수 비용이 저렴하다.
㉢ 미세입자에 대한 집진효율이 낮고 먼지부하, 유량변동에 민감하다.
㉣ 점착성·마모성·조해성·부식성 가스에 부적합하다.
㉤ 먼지 퇴적함에서 재유입·재비산 가능성이 있다.
㉥ 단독 또는 전처리장치로 이용된다.
㉦ 배출가스로부터 분진 회수 및 분리가 적은 비용으로 가능하다. 즉, 비교적 적은 비용으로 큰 입자를 효과적으로 제거할 수 있다.
㉧ 미세한 입자를 원심분리하고자 할 때 가장 큰 영향인자는 사이클론의 직경이다.
㉨ 직렬 또는 병렬로 연결하여 사용이 가능하기 때문에 사용폭을 넓힐 수 있다.
㉩ 처리가스량이 많아질수록 내관경이 커져서 미립자의 분리가 잘 되지 않는다.
㉪ 사이클론 원통의 길이가 길어지면 선회기류가 증가하여 집진효율이 증가한다.
㉫ 입자 입경과 밀도가 클수록 집진효율이 증가한다.
㉬ 사이클론의 원통 직경이 클수록 집진효율이 감소한다.
㉭ 집진된 입자에 대한 블로다운 영향을 최대화하여야 한다.

76 유입계수가 0.5인 후드의 압력손실계수는 얼마인가?

① 0.75
② 0.25
③ 0.2
④ 3.0

풀이 후드 압력손실계수$(F) = \dfrac{1}{(\text{유입계수})^2} - 1$
$= \dfrac{1}{0.5^2} - 1 = 3.0$

정답 73.③ 74.③ 75.② 76.④

77 온도가 150℃, 기압이 710mmHg인 상태에서 100m³인 공기는 온도 21℃, 기압 760mmHg인 상태에서 약 몇 m³로 변하는가?

① 65
② 74
③ 134
④ 154

[풀이]
$$\frac{P_1 V_1}{T_1} = \frac{P_2 V_2}{T_2}$$
$$\therefore V_2 = V_1 \times \frac{T_2}{T_1} \times \frac{P_1}{P_2}$$
$$= 100 \times \frac{21+273}{150+273} \times \frac{710}{760} = 64.93 \text{m}^3$$

78 전자부품을 납땜하는 공정에 외부식 국소배기장치를 설치하고자 한다. 후드의 규격을 400mm×400mm, 제어거리를 20cm, 제어속도를 0.5m/sec, 그리고 반송속도를 1,200m/min으로 하고자 할 때, 덕트의 직경은 약 몇 m로 해야 하는가?

① 0.018   ② 0.180
③ 0.133   ④ 0.013

[풀이]
- $Q = 60 \times V_c \times (10X^2 + A)$
  $= 60 \times 0.5 \times [(10 \times 0.2^2) + (0.4 \times 0.4)]$
  $= 16.8 \text{m}^3/\text{min}$
- $Q = A \times V$에서,
  $A = \frac{Q}{V} = \frac{16.8 \text{m}^3/\text{min}}{1,200 \text{m/min}} = 0.014 \text{m}^2$이다.
  $A = \frac{3.14 \times D^2}{4}$이므로
  $\therefore D = \sqrt{\frac{A \times 4}{3.14}} = \sqrt{\frac{0.014 \times 4}{3.14}} = 0.133 \text{m}$

79 일반적인 국소배기장치의 구성으로 가장 적절한 것은?

① 후드 – 덕트 – 공기정화장치 – 송풍기 – 배기구
② 후드 – 덕트 – 송풍기 – 공기정화장치 – 배기구
③ 후드 – 덕트 – 공기정화장치 – 배기구 – 송풍기
④ 후드 – 덕트 – 배기구 – 공기정화장치 – 송풍기

[풀이] 국소배기장치의 구성 순서
후드 → 덕트 → 공기정화장치 → 송풍기 → 배기덕트

80 덕트의 직경은 10cm이고, 필요환기량은 20m³/min이라고 할 때, 후드의 속도압은 약 몇 mmH₂O인가?

① 15.5   ② 50.8
③ 80.9   ④ 110.2

[풀이]
$Q = A \times V$에서,
$V = \frac{Q}{A}$
$= \frac{20 \text{m}^3/\text{min}}{\left(\frac{3.14 \times 0.1^2}{4}\right) \text{m}^2}$
$= 2,547.77 \text{m/min} (42.46 \text{m/sec})$
$\therefore \text{VP} = \left(\frac{V}{4.043}\right)^2 = \left(\frac{42.46}{4.043}\right)^2 = 110.3 \text{mmH}_2\text{O}$

정답 77.① 78.③ 79.① 80.④

MEMO

MEMO

MEMO

MEMO

M · E · M · O

M·E·M·O

산업위생관리산업기사 기출문제집 필기

2017. 1. 24. 초 판 1쇄 발행
2026. 1. 7. 개정 9판 1쇄(통산 13쇄) 발행

지은이 | 서영민, 조만희
펴낸이 | 이종춘
펴낸곳 | BM (주)도서출판 성안당

주소 | 04032 서울시 마포구 양화로 127 첨단빌딩 3층(출판기획 R&D 센터)
　　　 10881 경기도 파주시 문발로 112 파주 출판 문화도시(제작 및 물류)
전화 | 02) 3142-0036
　　　 031) 950-6300
팩스 | 031) 955-0510
등록 | 1973. 2. 1. 제406-2005-000046호
출판사 홈페이지 | www.cyber.co.kr
ISBN | 978-89-315-8503-2 (13530)
정가 | 35,000원

이 책을 만든 사람들
책임 | 최옥현
진행 | 이용화, 곽민선
교정 · 교열 | 곽민선
전산편집 | 이다혜
표지 디자인 | 박원석
홍보 | 김계향, 임진성, 김주승, 최정민, 이해솜
국제부 | 이선민, 조혜란
마케팅 | 구본철, 차정욱, 오영일, 나진호, 강호묵
마케팅 지원 | 장상범
제작 | 김유석

이 책의 어느 부분도 저작권자나 BM (주)도서출판 성안당 발행인의 승인 문서 없이 일부 또는 전부를 사진 복사나 디스크 복사 및 기타 정보 재생 시스템을 비롯하여 현재 알려지거나 향후 발명될 어떤 전기적, 기계적 또는 다른 수단을 통해 복사하거나 재생하거나 이용할 수 없음.

※ 잘못된 책은 바꾸어 드립니다.